Sherman K. Stein

Einführungskurs Höhere Mathematik

Grundlagen – Beispiele – Aufgaben

Shermann K. Stein

Einführungskurs Höhere Mathematik

Grundlagen
Beispiele
Aufgaben

Mit 887 Bildern,
525 vollständig durchgerechneten
Beispielen und
4759 Aufgaben

V

Friedr. Vieweg & Sohn Braunschweig/Wiesbaden

CIP-Kurztitelaufnahme der Deutschen Bibliothek

Stein, Sherman K.:
Einführungskurs höhere Mathematik: Grundlagen, Beispiele, Aufgaben / Sherman K. Stein. [Übers.: Ernst Streeruwitz]. – Braunschweig, Wiesbaden: Vieweg, 1981.
Einheitssacht.: Calculus and analytic geometry ⟨dt.⟩

Titel der Originalausgabe:

Sherman K. Stein
Calculus and Analytic Geometry

Wissenschaftliche Beratung: *Roman Sexl*
Übersetzung: *Ernst Streeruwitz*
Verlagsredaktion: *Alfred Schubert*

1981

Softcover reprint of the hardcover 1st edition 1981

Satz: Vieweg, Braunschweig

Buchbinder: Hunke & Schröder, Iserlohn

ISBN-13: 978-3-322-83032-6 e-ISBN-13: 978-3-322-83031-9
DOI: 10.1007/978-3-322-83031-9

Vorwort

Das Ziel dieses Buches ist es, dem Studenten und dem Lehrer einen leicht lesbaren und abwechslungsreichen Text an die Hand zu geben, der die wichtigsten Gebiete der Infinitesimalrechnung in einer und in mehreren Variablen so einfach wie möglich darbietet.

Viele Studenten beschäftigen sich mit höherer Mathematik, ehe der eine oder andere sich entschließt, Mathematik als Hauptfach oder als Beruf auszuwählen. Gerade deshalb habe ich viele Beispiele und Übungen zusammengestellt, sei es nun zur Anreicherung der Darstellung oder auch zur Unterhaltung des Lesers; jedenfalls aber, um dem Studenten den Zusammenhang zwischen mathematischen Konzepten und der realen Welt möglichst umfassend zu erschließen. Dies gilt etwa für das Beispiel des Motors, die Ausschöpfung natürlicher Ressourcen, Beispiele aus dem Wirtschaftsleben oder der Weltraumfahrt.

Ich habe eine Menge Aufgaben aufgenommen, die mit Hilfe eines Taschenrechners behandelt werden können. Für manche von ihnen werden nur die arithmetischen Operationen benötigt. Einige der Übungen beziehen sich auf bereits ausführlich besprochene Begriffe, andere bereiten künftige Entwicklungen vor. Dies gilt beispielsweise bezüglich der Grenzwerte und Reihen.

Analytische Geometrie

Der Teil der analytischen Geometrie, der in der höheren Mathematik benötigt wird, wird schrittweise in zwölf Kapiteln und entsprechend den jeweiligen Erfordernissen eingeführt. (Diese Kapitel passen nahtlos in den Ablauf des Textes.) Sieben dieser Kapitel behandeln Grundbegriffe wie den Graphen einer Funktion, den Anstieg einer Geraden, Polarkoordinaten, Parameterdarstellungen, rechtwinkelige Koordinaten im Raum sowie räumliche Flächen. Fünf weitere Kapitel entwickeln geometrische Konzepte, die zur Behandlung von Integralen erforderlich sind: Die Bestimmung von Schnittlängen und Querschnittsflächen, die Beschreibung von ebenen und räumlichen Gebieten mit Hilfe von Koordinaten. Insbesondere wird die geometrische Behandlung mehrfacher Integrale von der rechnerischen Auswertung dieser Integrale getrennt behandelt.

Differentiation

Die Differentiation transzendenter Funktionen wird aus zwei Gründen sehr bald eingeführt. Zunächst sind die transzendenten Funktionen für die praktischen Anwendungen wesentlich wichtiger als die Polynome. Zum zweiten läßt sich die Idee des Grenzwertes an Hand der Ableitung des Sinus und der logarithmischen Funktion wesentlich deutlicher veranschaulichen, als dies bei der Ableitung von Polynomen der Fall ist. (Dort nämlich kann Δx ohne Schwierigkeiten auch gleich Null sein.)

Anwendungen

Zusätzlich zu den üblichen geometrischen und physikalischen Anwendungen enthält der Text zahlreiche Veranschaulichungen aus anderen Gebieten. In den Übungen und Beispielen tritt beispielsweise das Problem der idealen Menge, der gegenwärtige Wert eines künftigen Einkommens, der Multiplikatoreffekt, die homogene Gleichung der Produktion sowie Beispiele aus dem Zinswesen auf. Ein ganzes Kapitel ist der Poisson-Verteilung und der Idee des mathematischen Modells gewidmet.

Integrationsformeln

Kapitel 9 enthält alle Standardverfahren zur Berechnung von Integralen. Trotzdem empfehle ich nochmals die Verwendung von Integraltafeln. Sollte nicht genug Zeit zur Behandlung des gesamten Kapitels 9 zur Verfügung stehen, so kann man die Abschnitte 9.6 bis 9.9, in denen die Partialbrüche und Spezialverfahren behandelt werden, auslassen. Jedenfalls sollte man sich das Integral von $1/(a^2 - x^2)$ einprägen. Der Dozent sollte besonders die zahlreichen Beispiele und Übungen berücksichtigen, in denen nichtelementare Integrale von Funktionen wie

$$e^{x^2},\ (\sin x)/x,\ \sqrt{\sin x},\ \sqrt{1-x^3}\ \text{ und }\ \sqrt{x}\sqrt[3]{1-x}$$

behandelt werden. Überhaupt sollten die Integrationsformeln zugunsten der Anwendungen des Integrals zurückgestellt werden. Zum Beispiel wird in einer Übung gezeigt, daß die Bogenlänge entlang der Kurve $y = x^n$ für positive ganze Zahlen n nur im Falle $n = 1$ oder 2 durch elementare

Integrale gegeben ist. Man sollte nicht „Berge besteigen, weil sie nun einmal da sind"; man sollte nicht Integrale ausrechnen, „weil sie elementar sind". Aus dem gleichen Grund darf der Rechenaufwand bei der Auswertung mehrfacher Integrale nicht von der grundsätzlichen Bedeutung des bestimmten Integrals über eine Ebene oder über ein räumliches Gebiet ablenken.

Mehrfache Integrale

Die Auswertung von Integralen über ein ebenes oder räumliches Gebiet mit Hilfe mehrfacher Integrale wird auf intuitiver Basis entwickelt, ohne doppelte oder dreifache Näherungssummen einzuführen. Die Formel für die Anwendung rechtwinkeliger Koordinaten oder Polarkoordinaten (insbesondere der Faktor r im Integranden) werden anschaulich erklärt. Die Berechnung von räumlichen Integralen ist durch mehrere Kapitel von der Berechnung zweidimensionaler Integrale getrennt, so daß der Leser langsam in die mehrfache Integration eingeführt wird – im Gegensatz zu der üblichen „Schocktherapie".

Übungen

Die Übungen werden im allgemeinen durch quadratische Trennzeichen (■ oder ■■) in drei verschiedene Kategorien eingeteilt. In der ersten und umfangreichsten Gruppe sind Standardaufgaben enthalten, die für den Leser die Definitionen und Rechnungen grundsätzlich veranschaulichen sollen. Die zweite Gruppe umfaßt umfangreichere Berechnungen oder führt etwas über den Text hinaus. Die Beispiele der letzten Gruppe behandeln schließlich alternative Gesichtspunkte oder theoretische Ansätze und sind manchmal etwas schwieriger; sie sollten nur sparsam eingesetzt werden, etwa im Rahmen von Wiederholungen. Das Buch enthält wesentlich mehr Übungen, als vernünftigerweise während einer typischen Vorlesung behandelt werden können. Gerade dadurch kann der Dozent auf umfangreiches Übungs- und Beispielmaterial zurückgreifen. Für den Studenten bietet das Übungsmaterial Gelegenheit zur Wiederholung und zur Überprüfung seines Wissens.

Zusammenfassungen

Jedes Kapitel schließt mit einem ganz wesentlichen Abschnitt, der Zusammenfassung. Sie gibt dem Leser einen Überblick über das gesamte Kapitel. Alle neuen Begriffe und Symbole sowie die wichtigsten Ergebnisse werden wiederholt. Testaufgaben schließen sich an. Insgesamt bilden diese Zusammenfassungen eine Leitlinie für die Durcharbeitung des Buches. Die Übungsaufgaben der einzelnen Abschnitte dienen im strengen Sinne nicht der Wiederholung. Allerdings wird durch neue Anwendungen oder alternativen Ansätze die Möglichkeit gegeben, das Verständnis nochmals zu überprüfen.

Theorie und Beweise

Meiner Meinung nach muß das Hauptgewicht einer Einführung in die höhere Mathematik bei den Anwendungen liegen; dies entspricht auch der Interessenslage der Studenten. Die exakte Begründung der höheren Mathematik sollte fortgeschrittenen Lehrbüchern und der exakten Analysis überlassen bleiben: So wird etwa die Idee des Grenzwertes auf verschiedenen arithmetischen Operationen begründet; die exakte Definition mit Hilfe von ϵ und δ findet sich im Anhang. Der Logarithmus wird als Umkehrfunktion der Exponentialfunktion behandelt, so daß der Student beide Funktionen gemeinsam kennenlernt; die Behandlung des Logarithmus als Integral ist zwar wesentlich eleganter und für den Dozenten daher amüsanter, wird aber vom Anfänger zumeist als unnatürlich empfunden. Die Kettenregel für die Ableitung von $f \circ g$ läßt sich für $g'(x) \neq 0$ leicht beweisen. Der Fall $g'(x) = 0$ wird in einer Übungsaufgabe untersucht. Schließlich ist zur Begründung einer Aussage häufig sowohl ein heuristisches Argument als auch ein Beweis angeführt. Der Dozent kann den Beweis gelegentlich beiseite lassen.

Zeitaufwand

Ganz grob entspricht jeder Abschnitt einer Vorlesungsstunde, obwohl einzelne Abschnitte länger und andere wieder kürzer sind. Ohne die Zusammenfassungen enthält der Text 137 Abschnitte. 27 von ihnen können unter Umständen ausgelassen werden, nämlich das natürliche Wachstum (6.4), spezielle Integrationsverfahren (9.6 bis 9.9), Newtons Verfahren (11.4), der Winkel zwischen einer Geraden und einer Tangente (11.5), der Schwerpunkt (13.5), die harmonische Bewegung (15.3), der Fehler bei der Abschätzung eines Integrales (15.4), die allgemeine binomische Reihe (15.5), die Reihen für $f(x;y)$ (15.6), das Moment einer Funktion (Kapitel 16), Modelle (Kapitel 17), der Beschleunigungsvektor (20.3 bis 20.5), Lagrange-Multiplikatoren (20.8) und das Vertauschen von Grenzwerten (Kapitel 23). So werden in etwa 110 Abschnitte die wesentlichen Grundlagen der Höheren Mathematik bis hin zum Stokesschen Theorem entwickelt.

Die ersten 18 Kapitel enthalten ohne Zusammenfassungen 108 Abschnitte, und behandeln die Höhere Mathematik inklusive der Reihen, der partiellen Ableitungen und der mehrfachen Integralen. Von diesen Abschnitten sind etwa 90 besonders wichtig. Die Kapitel und Abschnitte wurden so gestaltet, daß dem Dozenten ein Maximum an Flexibilität verbleibt. Die graphische Darstellung des Inhalts (siehe nächste Seite) zeigt den Zusammenhang der einzelnen Kapitel.

Das Studium des Buches

Der Student sollte jeden Abschnitt sorgfältig und vollständig lesen, ehe er sich mit den Übungsaufgaben beschäftigt. Insbesondere sollten die Beispiele des Textes selbständig und ohne Zuhilfenahme des Buches gelöst werden, um die Aufarbeitung des dargestellten Stoffes zu überprüfen.

Dank

Zunächst möchte ich den Lesern der ersten Auflage danken, die mich zu vielen Änderungen für diese zweite Auflage angeregt haben. Die Professoren Konrad John Heuvers und Zane C. Motteler von der Michigan Technological University, Charles V. Heuer vom Concordia College und Dale Varberg von der Hamline University haben ebenfalls verschiedene Verbesserungen vorgeschlagen.

Die Professoren Franke Deane vom Berkshire Community Collegs, Paul C. Shields von der University of Toledo und Henry Alder von der University of California, Davis, haben bei der Überarbeitung des Manuskriptes mitgewirkt.

Meine Kollegen in Davis haben mir ebenfalls zahlreiche Anregungen gegeben. Insbesondere haben die Professoren Henry Alder, Curtis Fulton und Donald Norton mir immer wieder ihre täglichen Erfahrungen bei der Verwendung des Textes in ihren Vorlesungen vermittelt.

Sherman K. Stein

Der Plan des Buches

Das Symbol $(a) \to (b)$ stellt den natürlichen Übergang von Kapitel (a) zu Kapitel (b) dar; manchmal dient Kapitel (a) der Vorbereitung von Kapitel (b). Ob das Studium von (a) zur Behandlung von (b) unbedingt erforderlich ist, hängt zumeist davon ab, welche Teile aus (b) vom Dozenten behandelt und welche ausgelassen werden.

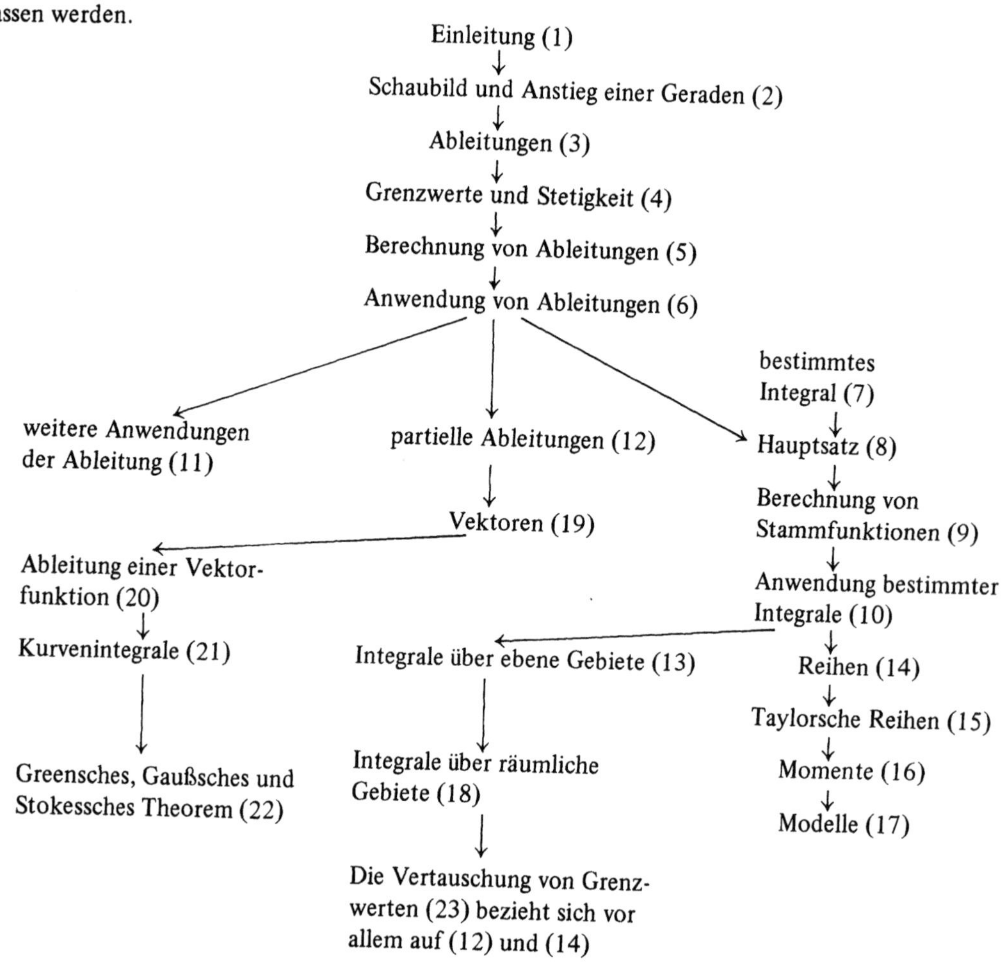

Inhaltsverzeichnis

1 Die zwei Hauptprobleme der Infinitesimalrechnung

Bewegt sich ein Körper gleichmäßig während eines Zeitraumes von 2 Sekunden um 6 Meter, so ist seine Geschwindigkeit leicht zu bestimmen:

$$\text{Geschwindigkeit} = \frac{\text{Weg}}{\text{Zeit}} = \frac{6 \text{ Meter}}{2 \text{ Sekunden}}$$
$$= 3 \text{ Meter pro Sekunde}$$

Nehmen wir nun an, das Objekt bewege sich mit variabler Geschwindigkeit. Wie können wir dann die momentane Geschwindigkeit für jeden Zeitpunkt bestimmen, wenn wir für jedes beliebige Zeitintervall die Länge seines Weges kennen? Beispielsweise möge ein Stein in den ersten t Sekunden seines Falles $5\,t^2$ Meter zurücklegen, wie dies auch Galilei seinerzeit gefunden hat. Wie groß ist die Geschwindigkeit des Steines t Sekunden nach Beginn seines Falles? Die Antwort auf diese Frage wird im Abschnitt 1.1 gegeben und führt auf das erste der beiden Hauptgebiete der Infinitesimalrechnung, auf die Differentialrechnung.

Man kann die Frage auch umkehren: Ein Körper bewege sich mit veränderlicher Geschwindigkeit, deren Größe in jedem Augenblick bekannt ist; wie können wir dann den jeweils zurückgelegten Weg finden? Beträgt zum Beispiel die Geschwindigkeit einer Rakete t^2 Meter pro Sekunde, wie weit bewegt sie sich dann in den ersten 3 Sekunden? Diese Frage werden wir im Abschnitt 1.2 genauer formulieren, aber erst in Kapitel 7 beantworten. Sie führt uns auf das zweite der beiden Hauptgebiete der Infinitesimalrechnung, nämlich die Berechnung bestimmter Integrale.

1.1 Die Berechnung der veränderlichen Geschwindigkeit aus dem zurückgelegten Weg

Nehmen wir an, ein Stein fällt aus der Ruhelage während eines Zeitraumes von t Sekunden um $5\,t^2$ Meter. Wie groß ist seine Geschwindigkeit nach t Sekunden? Der Einfachheit halber betrachten wir einen speziellen Wert, nämlich $t = 2$. Wir suchen also die Geschwindigkeit nach zwei Sekunden.

Zuerst veranschaulichen wir durch eine vertikale Linie die Lage des Steines (Bild 1.1).

In der ersten halbe Sekunde fällt der Stein $5(\frac{1}{2})^2$ m $= 1{,}25$ m. In der ersten Sekunde fällt er insgesamt $5(1)^2 \text{ m} = 5$ m. Während der zweiten halben Sekunde fällt der Stein daher $(5 - 1{,}25)$ m $= 3{,}75$ m, also dreimal so weit wie in der ersten halben Sekunde.

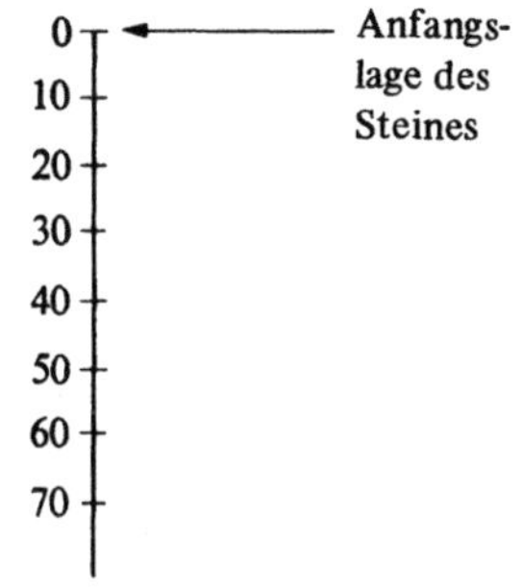

Bild 1.1

Während der Stein fällt, wächst seine Geschwindigkeit.

Um nun die Geschwindigkeit des Steines zur Zeit $t = 2$ festzustellen, müssen wir seinen Weg während eines kurzen Zeitintervalles im Anschluß an eben diese ersten 2 s bestimmen. Wir können nicht erwarten, die Geschwindigkeit aus der Beobachtung während eines Augenblicks (nämlich genau nach 2 s) zu bestimmen, genausowenig wie ein Photograph die Geschwindigkeit des Steines aus einer einzigen Aufnahme errechnen könnte. Aus zwei knapp hintereinander gemachten Aufnahmen läßt sich die Geschwindigkeit jedoch zumindest abschätzen.

Untersuchen wir ein bestimmtes Zeitintervall, etwa zwischen $t = 2$ und $t = 2{,}1$, insgesamt also 0,1 s. Aus der Formel $5\,t^2$ ergibt sich für den zurückgelegten Weg (Bild 1.2)

$$5(2{,}1)^2 \text{ m} - 5(2)^2 \text{ m} = 5 \cdot 4{,}41 \text{ m} - 5 \cdot 4 \text{ m}$$
$$= 22{,}05 \text{ m} - 20 \text{ m} = 2{,}05 \text{ m}.$$

Unsere Berechnung zeigt, daß der Stein in diesem Zeitintervall von 0,1 s um 2,05 m fällt.

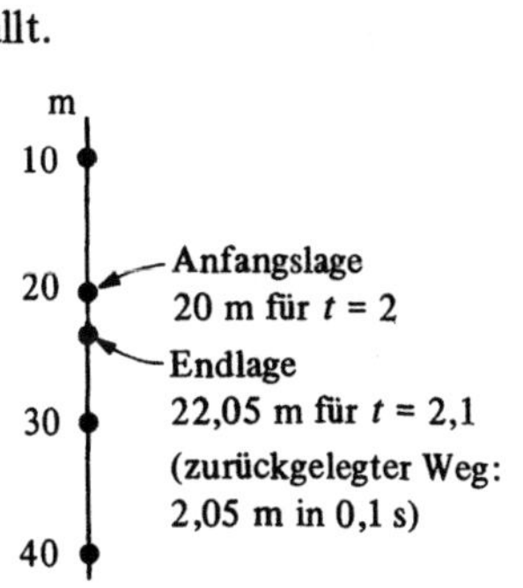

Bild 1.2

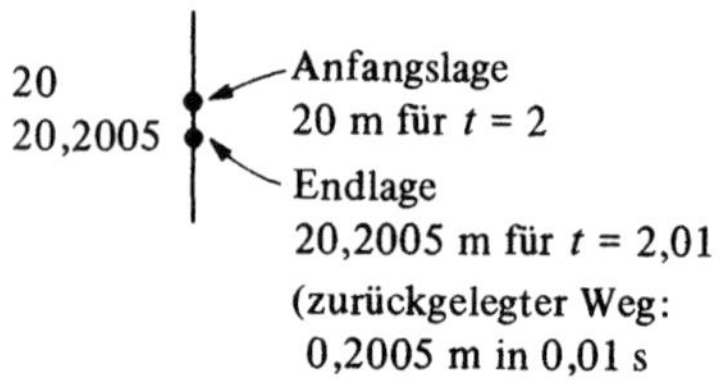

Bild 1.3

Eine realistische *Schätzung* der Geschwindigkeit des Steines zur Zeit $t = 2$ ergibt daher

$$\frac{\text{Weg}}{\text{Zeit}} = \frac{2{,}05\text{ m}}{0{,}1\text{ s}} = 20{,}5\text{ m/s}.$$

Man kann sich diesen Wert auch als mittlere Geschwindigkeit während des kurzen Zeitintervalls von $t = 2$ bis $t = 2{,}1$ vorstellen.

Eine genauere Schätzung kann durch die Wahl eines kürzeren Zeitintervalls erreicht werden. Nimmt man etwa ein Intervall von nur 0,01 s, zwischen $t = 2$ und $t = 2{,}01$, so fällt der Stein in diesem kurzen Zeitintervall (Bild 1.3)

$$\begin{aligned} 5(2{,}01)^2\text{ m} - 5(2)^2\text{ m} &= 5 \cdot (4{,}0401)\text{ m} - 5(4)\text{ m} \\ &= 20{,}2005\text{ m} - 20\text{ m} \\ &= 0{,}2005\text{ m}. \end{aligned}$$

Die Verwendung des kürzeren Zeitintervalls ergibt eine genauere Schätzung der Geschwindigkeit zur Zeit $t = 2$, nämlich

$$\frac{0{,}2005\text{ m}}{0{,}01\text{ s}} = 20{,}05\text{ m/s}.$$

Die mittlere Geschwindigkeit in diesem kürzeren Zeitintervall beträgt daher 20,05 m/s.

Statt nun die mittlere Geschwindigkeit für immer kürzere Zeitintervalle auszurechnen, werden wir das *allgemeine* kurze Zeitintervall algebraisch behandeln. Wir beginnen mit $t = 2$ und beobachten bis t_1 (lies: t eins). t_1 sei größer als 2. Dieses Zeitintervall hat eine Dauer von

$$(t_1 - 2)\text{ s}.$$

In dieser Zeit fällt der Stein um

$$5t_1^2 - 5(2)^2\text{ m}$$

und der Quotient

$$\frac{5t_1^2 - 5(2)^2}{t_1 - 2}\text{ m/s}$$

gibt eine Abschätzung für die Geschwindigkeit nach zwei Fallsekunden. Je näher t_1 bei zwei ist, um so besser wird der tatsächliche Wert der Geschwindigkeit zur Zeit $t = 2$ angenähert.

Man kann den Quotienten

$$\frac{5t_1^2 - 5(2)^2}{t_1 - 2}$$

in eine handlichere Form bringen:

$$\begin{aligned} \frac{5t_1^2 - 5(2)^2}{t_1 - 2} &= 5\,\frac{t_1^2 - 2^2}{t_1 - 2} \\ &= 5\,\frac{(t_1 + 2)(t_1 - 2)}{t_1 - 2} \\ &= 5(t_1 + 2). \end{aligned}$$

Zusammengefaßt:

$$\frac{5t_1^2 - 5(2)^2}{t_1 - 2} = 5(t_1 + 2).$$

Diese algebraische Identität gilt für alle Werte von $t_1 \neq 2$.

Merksatz für spätere Rechnungen: Die Umformung von $t_1^2 - 2^2$ in

$$(t_1 + 2)(t_1 - 2)$$

folgt aus der algebraischen Identität

$$c^2 - d^2 = (c + d)(c - d).$$

Nähert sich der Wert von t_1 immer stärker 2 an, so nähert sich der Ausdruck

$$5(t_1 + 2)$$

dem Wert

$$5(2 + 2) = 20.$$

Es scheint daher vernünftig, dem fallenden Stein nach 2 s eine Geschwindigkeit von

$$20\text{ m/s}$$

zuzumessen.

Damit haben wir die Geschwindigkeit zur Zeit $t = 2$ gefunden. Bevor wir die Geschwindigkeit für jede beliebige Zeit t ermitteln, ist folgendes zu beachten: In der obigen Schlußfolgerung ist an keiner Stelle t_1 gleich 2 gesetzt worden. Für $t_1 = 2$ hat die Größe „Mittlere Geschwindigkeit zwischen der Zeit 2 s und der Zeit 2 s, also während 0 s“, keinen physikalischen Sinn. In einem solchen Zeitintervall legt der Stein eine Strecke von 0 m zurück. Der Quotient

$$\frac{\text{Abstand}}{\text{Zeit}}$$

ergibt in diesem Falle den sinnlosen Ausdruck

$$\frac{0}{0}.$$

Ebenso, wie wir die Geschwindigkeit des fallenden Steines zur Zeit $t = 2$ gefunden haben, können wir für jeden beliebigen anderen Zeitpunkt t vorgehen. Betrachten wir beispielsweise ein kleines Intervall vom Zeitpunkt t bis zum Zeitpunkt t_1. Dieses Intervall hat eine Dauer von $t_1 - t$ und ist in Bild 1.4 dargestellt. In diesem Zeitintervall fällt der Stein

$$(5t_1^2 - 5t^2)\ \text{m}.$$

Also liefert

$$\frac{5t_1^2 - 5t^2}{t_1 - t}\ \text{m/s}$$

eine vernünftige Abschätzung für die Geschwindigkeit zur Zeit t. Umformung dieses Quotienten führt auf

$$5\,\frac{t_1^2 - t^2}{t_1 - t} = 5\,\frac{(t_1 + t)(t_1 - t)}{t_1 - t} = 5(t_1 + t).$$

Nähert sich t_1 immer mehr t, so strebt der Ausdruck

$$5(t_1 + t)$$

allmählich nach

$$10\,t.$$

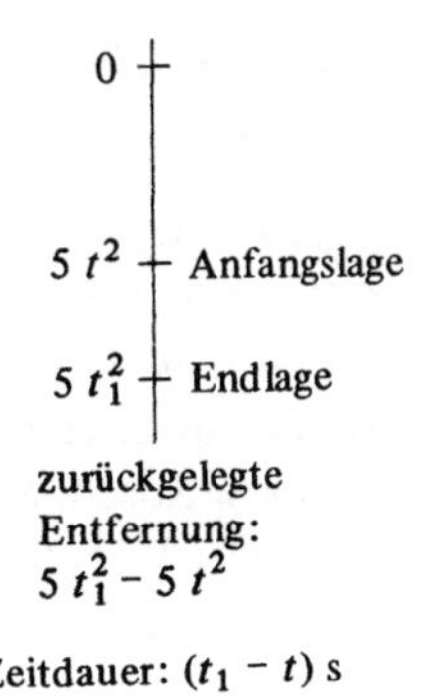

Bild 1.4

Daher beträgt die Geschwindigkeit nach t Sekunden genau $10\,t$ (m/s).

Die allgemeine Formel für die Geschwindigkeit des Steines ergibt im Fall $t = 2$ sofort $10(2)$ m/s = 20 m/s, in Übereinstimmung mit unserer vorhergehenden Rechnung. Weiterhin zeigt der Ausdruck $10\,t$, daß die Geschwindigkeit proportional zur Zeit wächst.

Ebenso, wie wir die Geschwindigkeit des fallenden Steines berechnet haben, können wir die Geschwindigkeit irgendeines anderen Objektes ermitteln, dessen Bewegung durch einen anderen Ausdruck als $5\,t^2$ beschrieben wird. Die Vorgangsweise ist die gleiche, während die spezielle Algebra von Fall zu Fall verschieden ist. Die Übungen 8, 10, 12 und 13 geben Beispiele hierfür.

Die mathematische Operation, die wir in diesem Kapitel ausgeführt haben, nennt man *Differentation.* Wir sagen, daß sich durch Differenzieren von $5\,t^2$ der Ausdruck $10\,t$ ergibt, oder daß die *Ableitung* von $5\,t^2$ gleich $10\,t$ ist.

In Kapitel 3 werden die Überlegungen dieses Abschnittes verallgemeinert. Wie sich dort zeigen wird, stellt die Geschwindigkeit eines bewegten Objektes nur eine von vielen Anwendungen des Differenzierens dar.

Übungen:

1. In der folgenden Tabelle ist die Bewegung eines bestimmten Objektes in Abhängigkeit von der Zeit beschrieben.

Zeit s	zurückgelegter Weg bis zur angegebenen Zeit m
1	4,2
1,01	4,3
1,1	5,7

(*a*) Wie groß ist die mittlere Geschwindigkeit des Objektes zwischen $t = 1$ und $t = 1{,}1$?
(*b*) Wie groß ist die mittlere Geschwindigkeit zwischen $t = 1$ und $t = 1{,}01$?

2. (*a*) Ein Stein fällt in den ersten t Sekunden $5\,t^2$ Meter. Wie weit fällt er von $t = 1$ bis $t = 1{,}01$?
(*b*) Wie groß ist seine mittlere Geschwindigkeit im Zeitintervall von $t = 1$ bis $t = 1{,}01$?

3. Man berechne die Geschwindigkeit des Steines aus Übung 2 zur Zeit $t = 1$. Dazu betrachte man das Zeitintervall von $t = 1$ bis t_1, wobei t_1 größer als 1 ist.
(*a*) Wie weit fällt der Stein in diesem Zeitintervall?
(*b*) Wie groß ist das Zeitintervall?
(*c*) Welche Abschätzung für die Geschwindigkeit zur Zeit $t = 1$ ergibt sich aus diesen Angaben?
(*d*) Man bestimme die Geschwindigkeit zur Zeit $t = 1$, wobei t_1 gegen 1 strebt.

4. Nach der im Text abgeleiteten Formel beträgt die Geschwindigkeit des fallenden Steines nach t Sekunden $10\,t$ (m/s). Man berechne daraus die Geschwindigkeit für t gleich (*a*) 0, (*b*) 0,5, (*c*) 1, (*d*) 4.

5. Ein bestimmtes Objekt bewegt sich in den ersten t Sekunden seiner Bewegung t^2 Meter. Man bestimme seine Geschwindigkeit zur Zeit t und verwende dazu ein kleines Zeitintervall von t bis t_1, wobei t_1 gegen t strebt.

■

6. Um die Geschwindigkeit des Steines zur Zeit $t = 2$ zu bestimmen, wurde im Text ein kleines Intervall untersucht, das zur Zeit $t = 2$ beginnt. Genausogut könnte man von einem Intervall ausgehen, das bei $t = 2$ endet.

(*a*) Wie weit fällt der Stein in der Zeit von $t = 1{,}99$ bis $t = 2$?
(*b*) Wie groß ist das Zeitintervall in (*a*)?
(*c*) Man gebe eine Abschätzung für die Geschwindigkeit zur Zeit $t = 2$, unter Verwendung von (*a*) und (*b*).
(*d*) t_1 sei kleiner als 2. Man bestimme die mittlere Geschwindigkeit in diesem Intervall.
(*e*) Wie groß wird die Geschwindigkeit, wenn t_1 nach 2 strebt?

Übung 8 beschreibt ein Objekt, das in den ersten t Sekunden t^3 Meter zurücklegt. In Übung 7 wird zur Vorbereitung auf Übung 8 eine algebraische Identität abgeleitet.

7. Man zeige durch direktes Ausmultiplizieren, daß

$$c^3 - d^3 = (c^2 + cd + d^2)(c - d).$$

8. Ein bestimmtes Objekt bewegt sich während der ersten t Sekunden t^3 Meter.

(*a*) Wie weit bewegt es sich bis zur Zeit t_1?
(*b*) Wie weit bewegt es sich von t bis zur Zeit t_1?
(*c*) Wie groß ist das Zeitintervall von t bis t_1?
(*d*) Man verwende (*b*), (*c*) und das Ergebnis aus Übung 7, um für die mittlere Geschwindigkeit im Intervall von t bis t_1 den Ausdruck

$$(t_1^2 + t_1 t + t^2)\ (\mathrm{m/s})$$

herzuleiten.
(*e*) Mit Hilfe von (*d*) zeige man, daß die Geschwindigkeit zur Zeit t gleich $3t^2$ m/s ist.

9. Man berechne unter Verwendung der Formel 8 (*e*) die Geschwindigkeit des Objektes in m/s nach

(*a*) 0,5 s
(*b*) 1 s
(*c*) 2 s.

10. Man zeige direkt

$$c^4 - d^4 = (c^3 + c^2 d + cd^2 + d^3)(c - d).$$

11. Ein Objekt bewegt sich in den ersten t Sekunden t^4 Meter. Man zeige unter Verwendung des Resultats aus Übung 10, daß seine Geschwindigkeit zur Zeit t durch $4t^3$ Meter pro Sekunde gegeben ist.

12. Ein Körper bewegt sich während der ersten t Sekunden seiner Bewegung t^5 Meter. Man finde seine Geschwindigkeit zur Zeit t. (Eine algebraische Identität für $c^5 - b^5$ wird hierzu benötigt.)

■■

13. Ein Körper bewege sich in den ersten t Sekunden $\sqrt{t}$ Meter.

(*a*) Wie groß ist seine mittlere Geschwindigkeit von $t = 4$ bis $t = 4{,}1$. (Man verwende eine Tafel für Quadratwurzeln oder einen Rechner.)
(*b*) Man bestimme die Geschwindigkeit zur Zeit $t = 4$ mit Hilfe der allgemeinen im Text entwickelten Methode. (Die einzelnen algebraischen Stufen sind entsprechend zu modifizieren.)

14. Eine erschöpfte Schnecke bewege sich entlang der x-Achse nach rechts und erreiche nach t Sekunden, $t \geqslant 1$, den Punkt mit der Koordinate $1 - 1/t$ Meter.

(*a*) Welchem Punkt nähert sich die Schnecke, wenn t anwächst?
(*b*) Wie groß ist ihre Geschwindigkeit zur Zeit $t = 3$?
(*c*) Man gebe die Geschwindigkeit für jeden Punkt $t \geqslant 1$ an.

15. Die Zuwachsrate des zurückgelegten Weges heißt Geschwindigkeit. Analog bezeichnet man die Änderungsrate der Geschwindigkeit als *Beschleunigung*. Zum Beispiel kann ein Acht-Zylinder Automobil in 15 s von 80 auf 120 km/h beschleunigen. Dies ergibt eine *mittlere Beschleunigung* von 50 km/h in 15 s oder 3,3 km/h pro Sekunde = 0,00092 km/s^2. Man betrachte ein Objekt, dessen Geschwindigkeit zur Zeit t Sekunden mit t^2 Meter pro Sekunde gemessen wird.

(*a*) Man berechne die mittlere Beschleunigung vom Zeitpunkt $t = 2$ bis $t = 2{,}1$.
(*b*) Man berechne die mittlere Beschleunigung von $t = 2$ bis t_1, wobei t_1 größer als 2 ist.
(*c*) Wenn t_1 immer näher an 2 herankommt, berechne man die Beschleunigung zur Zeit $t = 2$.

1.2 Die Berechnung des Weges bei veränderlicher Geschwindigkeit

Ein Körper, der sich mit einer konstanten Geschwindigkeit von 1 m/s bewegt, legt in t Sekunden genau t Meter zurück. Der Weg eines mit konstanter Geschwindigkeit bewegten Körpers ist einfach durch

$$\text{Weg} = \text{Geschwindigkeit} \cdot \text{Zeit}$$

gegeben. Was geschieht aber, wenn etwa eine Rakete zur Zeit t eine Geschwindigkeit von t^2 m/s erreicht? Welchen Weg legt sie in den ersten t Sekunden zurück? Diese Frage ist für das zweite Hauptproblem der Infinitesimalrechnung charakteristisch. Sie führt zur Umkehrung des Problems aus Abschnitt 1.1: Nun ist die veränderliche Geschwindigkeit des Objektes vorgegeben, und der zurückgelegte Weg wird gesucht. In Abschnitt 1.1 war der Weg vorgegeben und die Geschwindigkeit zu ermitteln.

Um einen ersten Eindruck zu gewinnen, berechnen wir zunächst, wie weit sich die Rakete in den ersten drei Sekunden bewegt.

Am Beginn ihrer Bahn ist die Rakete sehr langsam, da die Geschwindigkeit zur Zeit $t = 0$ durch $0^2 = 0$ m/s gegeben wird. Sie bewegt sich am Ende des Zeitintervalls sehr schnell, da zur Zeit $t = 3$ ihre Geschwindigkeit nun 3^2 m/s = 9 m/s beträgt. In den ersten 3 s legt die Rakete daher zumindest

$$0 \text{ m/s} \cdot 3 \text{ s} = 0 \text{ m}$$

und höchstens

$$9 \text{ m/s} \cdot 3 \text{ s} = 27 \text{ m}$$

zurück. Damit ist der in den ersten drei Sekunden tatsächlich zurückgelegte Weg jedenfalls eingeschränkt. Obwohl die Geschwindigkeit der Rakete kontinuierlich ansteigt, variiert sie in kleinen Zeitintervallen dennoch sehr wenig. Teilen wir daher das Zeitintervall von 3 s in kleinere, etwa sechs, Intervalle von je 0,5 s. Die Summe aller Wege, die in jedem der kleinen Zeitintervalle zurückgelegt wurden, gibt eine Schätzung für den gesamten in den drei ersten Sekunden zurückgelegten Weg.

Das Diagramm 1.5 stellt die ersten drei Sekunden dar:

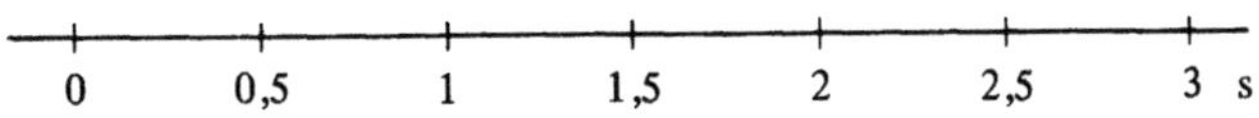

Bild 1.5

Wie weit bewegt sich die Rakete in der ersten halben Sekunde, von $t = 0$ bis $t = 0{,}5$? Die genaue Antwort wissen wir nicht, da sich auch in diesem kleinen Intervall Zeit und Geschwindigkeit ändern. Wie wir aber wissen, wächst die Geschwindigkeit kontinuierlich, ihr Maximalwert in diesem Intervall ist $0{,}5^2$ m/s (die Geschwindigkeit zu jeder Zeit t beträgt t^2 m/s). Der Minimalwert am Anfang des Intervalls ist 0^2 m/s = 0 m/s. Daher legt die Rakete in der ersten halben Sekunde mindestens

$$0^2 \text{ m/s} \cdot 0{,}5 \text{ m} = 0 \text{ m}$$

und höchstens

$$0{,}5^2 \text{ m/s} \cdot 0{,}5 \text{ m} = 0{,}125 \text{ m}$$

zurück.

In der zweiten halben Sekunde, von $t = 0{,}5$ bis 1, gehen wir auf ähnliche Weise vor. Die Mindestgeschwindigkeit beträgt $0{,}5^2$ m/s, die Höchstgeschwindigkeit 1^2 m/s. Der zurückgelegte Weg beträgt daher in der zweiten halben Sekunde mindestens

$$0{,}5^2 \text{ m/s} \cdot 0{,}5 \text{ s} = 0{,}125 \text{ m}$$

und höchstens

$$1^2 \text{ m/s} \cdot 0{,}5 \text{ s} = 0{,}5 \text{ m}.$$

Auf ähnliche Weise können wir auch in den übrigen vier Halbsekunden vorgehen. Daraus folgt für die in den ersten drei Sekunden zurückgelegte Distanz als Minimalwert

$$0 \text{ m} + 0{,}125 \text{ m} + 0{,}5 \text{ m} + 1{,}125 \text{ m} + 2 \text{ m} + 3{,}125 \text{ m} = 6{,}875 \text{ m}$$

und als Maximalwert

$$0{,}125 \text{ m} + 0{,}5 \text{ m} + 1{,}25 \text{ m} + 2 \text{ m} + 3{,}125 \text{ m} + 4{,}5 \text{ m} = 11{,}375 \text{ m}.$$

Die Rechnungen sind in der folgenden Tabelle zusammengefaßt.

Zeitintervall	*Zurückgelegter Weg* *mindestens* m	*höchstens* m
erste halbe Sekunde	0	0,125
zweite halbe Sekunde	0,125	0,5
dritte halbe Sekunde	0,5	1,125
vierte halbe Sekunde	1,125	2
fünfte halbe Sekunde	2	3,125
sechste halbe Sekunde	3,125	4,5

Der in den ersten drei Sekunden zurückgelegte Weg liegt also zwischen 6,875 m und 11,275 m. Dies ist schon genauer als die erste grobe Abschätzung, die einen Wert zwischen 0 m und 27 m ergab. Noch genauere Werte ergeben sich, wenn man das 3-Sekunden-Intervall in noch kleinere Teile zerlegt. Da sich die Geschwindigkeit während der immer kleineren Intervalle immer weniger ändert, liefert in diesen Intervallen die Formel für den zurückgelegten Weg bei konstanter Geschwindigkeit, nämlich

$$\text{Weg} = \text{Geschwindigkeit} \cdot \text{Zeit}$$

immer bessere Näherungen. Wird zum Beispiel das 3-Sekunden-Intervall in 30 Subintervalle mit einer Dauer von je 0,1 s zerlegt, so ergibt sich für den zurückgelegten Weg ein Wert zwischen 8,565 m und 9,455 m.

Wir fassen die bisherigen Ergebnisse in einer Tabelle zusammen.

Anzahl der Intervalle	*Dauer eines Intervalls* s	*Minimaler Wert* m	*Maximaler Wert* m
1	3	0,0	27,0
6	0,5	6,875	11,375
30	0,1	8,565	9,455

Wird das 3-Sekunden-Intervall in immer kleinere Teilintervalle unterteilt, so müßte der obere und untere Wert des zurückgelegten Weges immer näher an den wirklichen Weg herankommen.

Tatsächlich nähern sich beide Werte bei immer feinerer Unterteilung mehr und mehr an 9 m an. (Also wird der tatsächlich in 3 Sekunden zurückgelegte Weg 9 m betragen.) Allerdings ist die Herleitung dieses Resultates etwas komplizierter als diejenige von Abschnitt 1.1. Sie wird daher bis zu Kap. 7 zurückgestellt. Dort wird das zweite Hauptproblem der Infinitesimalrechnung, das *bestimmte Integral* behandelt. Für das bestimmte Integral von t^2 zwischen 0 und 3 wird der Wert 9 hergeleitet. Das Aufsuchen des zurückgelegten Weges bei gegebener Geschwindigkeit ist nur eine von vielen Anwendungen des bestimmten Integrals. (Eine andere Anwendung wird in den Übungen 9 und 10 diskutiert.)

Übungen:

1. Ein Objekt bewegt sich 5 s lang niemals schneller als 10 m/s und niemals langsamer als 8 m/s. Was kann man über den in dieser Zeit zurückgelegten Weg aussagen?
2. Man gebe eine obere und eine untere Schranke für den Weg der Rakete an, wenn das 3-Sekunden-Intervall in neun gleiche Teile unterteilt wird.
3. Man gebe eine obere und eine untere Schranke für den von der Rakete in den ersten 2 s zurückgelegten Weg an,
   (*a*) wenn das Zeitintervall halbiert,
   (*b*) wenn das Zeitintervall geviertelt,
   (*c*) wenn das Zeitintervall in sechs gleiche Teile geteilt wird. Wie in Kap. 7 gezeigt wird, ist der exakte Weg durch 8/3 m gegeben.

Die in diesem Abschnitt diskutierte Rakete hatte zur Zeit t eine Geschwindigkeit von t^2 m/s. Die nächsten drei Übungen behandeln ein einfaches Problem: Ein Objekt bewegt sich zur Zeit t mit einer Geschwindigkeit von t m/s.

4. Ein Motorrad fährt zur Zeit t mit t m/s.
   (*a*) Man zeige, daß es in der ersten halben Sekunde, von der Zeit $t = 0$ bis $t = 0{,}5$ höchstens 0,25 m zurücklegt.
   (*b*) Man zeige, daß es in der zweiten halben Sekunde von $t = 0{,}5$ bis $t = 1$, mindestens 0,25 m aber höchstens 0,75 m zurücklegt.
5. Man setze Übung 4 fort und zeige durch Unterteilen des Ein-Sekunden-Intervalles in vier Teile, daß das Motorrad mindestens ______ Meter und höchstens ______ Meter zurücklegt.
6. Man setze Übung 5 fort und teile das Intervall in 10 gleiche Teile. Das Motorrad legt mindestens ______ Meter und höchstens ______ Meter zurück. Man fertige eine Zeichnung an. (Wie in Kap. 7 gezeigt wird, beträgt der zurückgelegte Weg exakt 0,5 m.)
7. Eine Wanze kriecht zur Zeit t (in Stunden) mit einer Geschwindigkeit von $\sqrt{t}$ m/h, $t \geqslant 0$. Man berechne jene Strecke, die sie in den drei Stunden von $t = 1$ bis $t = 4$ bewältigt.
   (*a*) Man gebe eine obere und eine untere Schranke und teile hierzu das Intervall in drei gleiche Teile. (Man verwende eine Tabelle von Quadratwurzeln oder einen Rechner.)
   (*b*) Man finde eine obere und untere Schranke durch Unterteilen in sechs Teilintervalle gleicher Länge.
8. Ein Insekt bewegt sich zur Stunde t mit einer Geschwindigkeit von $1/t$ m/h, $t \geqslant 1$. Man finde die Strecke, die es in den zwei Stunden von $t = 2$ bis $t = 4$ zurücklegt. Man gebe eine obere und eine untere Schranke durch Unterteilen in
   (*a*) zwei gleiche Intervalle, (*b*) vier gleiche Intervalle,
   (*c*) sechs gleiche Intervalle.
   (Man verwende eine Reziprokentabelle oder einen Rechner!)
9. Die linke Kurve in Bild 1.6 zeigt die Fläche unterhalb der Kurve $y = x^2$ zwischen $x = 0$, $x = 3$ und oberhalb der x-Achse. Mit Hilfe der sechs eingezeichneten Rechtecke zeige man, daß die Fläche kleiner als 11,88 Quadrateinheiten ist.

Bild 1.6

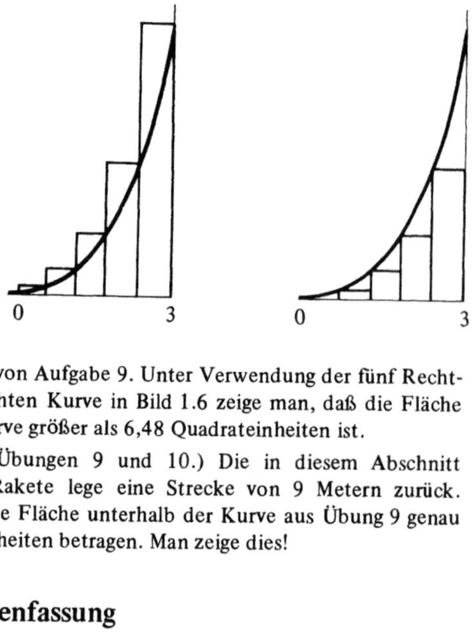

10. Fortsetzung von Aufgabe 9. Unter Verwendung der fünf Rechtecke der rechten Kurve in Bild 1.6 zeige man, daß die Fläche unter der Kurve größer als 6,48 Quadrateinheiten ist.
11. (Vergleiche Übungen 9 und 10.) Die in diesem Abschnitt diskutierte Rakete lege eine Strecke von 9 Metern zurück. Dann muß die Fläche unterhalb der Kurve aus Übung 9 genau 9 Quadrateinheiten betragen. Man zeige dies!

1.3 Zusammenfassung

In Abschnitt 1.1 wurde die momentane Geschwindigkeit eines fallenden Steines untersucht. Ein Stein, der während der ersten t Sekunden um $5t^2$ Meter fällt, besitzt zur Zeit t eine Geschwindigkeit von $10t$ Metern pro Sekunde. Dieses Ergebnis haben wir auf Umwegen gewonnen. Zunächst wird die mittlere Geschwindigkeit in einem kurzen Zeitintervall von t bis t_1 untersucht und dann der Grenzwert bei Annäherung von t_1 an t bestimmt. Mit dieser Methode werden in Kap. 3 andere Probleme, wie Anstieg einer Kurve, Dichte der Materie und optische Vergrößerung behandelt. Die Bestimmung der Geschwindigkeit illustriert eine Möglichkeit zur Berechnung der Ableitung.

Abschnitt 1.2 behandelt das umgekehrte Problem. In diesem Fall bewegt sich eine Rakete mit t^2 Metern pro Sekunde und wir suchen ihren Weg während eines gegebenen Zeitintervalls, etwa in den ersten drei Sekunden. Die exakte Antwort wird bis zu Kap. 7 zurückgestellt; wir haben hier jedoch Verfahren zur genaueren Schätzung kennengelernt. Das exakte Lösungsverfahren heißt Integration.

Die in Abschnitt 1.1 eingeführte Ableitung ist im allgemeinen ein Maß für die Rate einer Veränderung; die genaue Definition und Diskussion folgt in Kap. 3. Das bestimmte Integral errechnet aus der veränderlichen Zuwachsrate die Gesamtveränderung. In Kap. 7 werden wir mit seiner Hilfe Flächen und Volumeninhalte berechnen, die viel komplexer sind, als die Dreiecke, Rechtecke, Quader und Kugeln der Schulgeometrie.

Testaufgaben zu Kapitel 1

1. Ein Objekt bewegt sich bis zur Zeit t um t^3 Meter.
   (*a*) Wie weit bewegt es sich im Zeitintervall von 1 s bis 1,2 s?
   (*b*) Wie groß ist die mittlere Geschwindigkeit in diesem Zeitraum?
2. Die folgende Tabelle zeigt Tachometerablesungen während der Fahrt eines Autos, dessen Geschwindigkeit ständig zunimmt.

Zeit, h	(Mittag) 0	0,2	0,4	0,6	0,8	1
Geschwindigkeit km/h	30	38	44	49	52	54

   Das Auto legt (*a*) weniger als 47,4 km, (*b*) mehr als 42,6 km zurück. Man zeige dies!
3. Ein Objekt bewegt sich in den ersten t Sekunden um $(2t^3 + 5t)$ Meter. Man gebe die Geschwindigkeit zur Zeit $t = 2$ an. (Man stelle die Bewegung graphisch dar.)
4. Ein Objekt bewegt sich zur Zeit t mit t^3 Metern pro Sekunde. Man gebe eine obere und eine untere Schranke für den gesamten im Zeitintervall von $t = 1$ bis $t = 2$ zurückgelegten Weg an. Hierzu teile man das Zeitintervall in
   (*a*) zwei gleiche Intervalle,
   (*b*) drei gleiche Intervalle.
   (Die exakte Distanz beträgt 3,75 m, wie in Kap. 7 gezeigt wird.)

Testfragen zur Algebra

Dies ist ein Quiz bezüglich einiger wichtiger algebraischer Formeln. Man korrigiere alle falschen Antworten.

1. Der Ausdruck $2x(y + 3x)$ ist gleich
   (*a*) $2xy + 3x$ (*b*) $2xy + 6x$
   (*c*) $2xy + 6x^2$ (*d*) $2xy + 9x^2$
2. Der Ausdruck $(a + b)^2$ ist gleich
   (*a*) $a^2 + b^2$ (*b*) $a^2 + b$
   (*c*) $a^2 + ab + b^2$ (*d*) $a^2 + 2ab + b^2$
3. Der Ausdruck $(3 + x)(5 + y)$ ist gleich
   (*a*) $15 + xy$ (*b*) $15 + 3x + 5y + xy$
   (*c*) $15 + 5x + 3y + xy$ (*d*) $5x + 3y$
4. Die Lösungen der Gleichung $x^3 - 3x = 0$ lauten:
   (*a*) $0, 3, -3$ (*b*) $0, \sqrt{3}, -\sqrt{3}$
   (*c*) $1, 1, 27$ (*d*) nur 0
5. Die Zahl $\sqrt{2} - 1$ ist eine Lösung der Gleichung:
   (*a*) $x^2 - 2 = 1$ (*b*) $x^2 - 2x - 1 = 0$
   (*c*) $x^2 + 2x - 1 = 0$ (*d*) $x^2 + 2x + 1 = 0$
6. Für $\frac{1}{x} = \frac{1}{a} + \frac{1}{b}$ ist x gleich
   (*a*) $a + b$ (*b*) $(a + b)/2$
   (*c*) $ab/(a + b)$ (*d*) $(a + b)/(a^2 + b^2)$
7. Die beiden Gleichungen
   $y = 3x - 1$
   $y = 5x - 2$
   haben die Lösungen:
   (*a*) $x = \frac{1}{2}, y = \frac{3}{2}$ (*b*) $x = -\frac{3}{2}, y = -\frac{11}{2}$
   (*c*) $x = \frac{1}{2}, y = \frac{1}{2}$ (*d*) $x = 5, y = 3$
8. Die Zahl $-4[7 - 3(6-9)]$ ist gleich
   (*a*) 9, (*b*) −8, (*c*) 64, (*d*) −64.
9. Die Zahl $\sqrt{20} + \sqrt{45}$ läßt sich vereinfachen zu:
   (*a*) $\sqrt{65}$, (*b*) $13\sqrt{5}$, (*c*) $13 + \sqrt{5}$, (*d*) $5\sqrt{5}$.
10. Für $(2x + 1)(x - 1) = 1$ ist x gleich
   (*a*) $-\frac{1}{2}$ oder 1, (*b*) $(1 \pm \sqrt{17})/4$, (*c*) $\frac{1}{2}$, (*d*) 0 und 2.
11. Der Ausdruck $\sqrt{a + b}$ für positive a und b ist gleich:
   (*a*) $\sqrt{a} + \sqrt{b}$, (*b*) $a^{1/2} + b^{1/2}$, (*c*) $\sqrt{a} + b$,
   (*d*) ist keiner von diesen Ausdrücken.
12. Der Ausdruck $\frac{x - 3}{x^2 - 9}$ läßt sich vereinfachen zu
   (*a*) $\frac{1}{x} + \frac{1}{3}$, (*b*) $\frac{1}{x + 3}$, (*c*) $\frac{1}{x} - \frac{1}{3}$
   (*d*) keinem von diesen Ausdrücken.
13. Der Ausdruck $\frac{1}{a + b} + \frac{1}{a - b}$ ist gleich
   (*a*) $\frac{2}{a^2 - b^2}$, (*b*) $\frac{2}{a^2 + b^2}$, (*c*) $\frac{2a}{a^2 - b^2}$
   (*d*) $\frac{a}{a^2 - b^2}$
14. Der Ausdruck $\sqrt{x^2 + 9x^4}$ für positive x ist gleich:
   (*a*) $x + 3x^2$, (*b*) $x\sqrt{1 + 9x^2}$, (*c*) $\sqrt{10}x^3$
   (*d*) $x^2\sqrt{1 + 9x^2}$.
15. Der Wert von $x^3 - 3x$ für $x = -1$ lautet
   (*a*) 6, (*b*) 0, (*c*) 4, (*d*) 2.

2 Funktionen und ihre Schaubilder; der Anstieg einer Geraden

Um die Ideen von Kap. 1 weiter zu entwickeln, müssen wir neue Konzepte und Definitionen einführen. Am wichtigsten sind die Begriffe *Funktion* und *Schaubild,* die in diesem Kapitel behandelt und in Abschnitt 2.3 auf den Spezialfall der geraden Linie angewendet werden. Insbesondere wird der Anstieg einer Geraden definiert. Im 3. Kapitel werden alle diese Begriffe zur Definition der Ableitung herangezogen.

2.1 Funktionen

Ein fallender Stein – siehe Abschnitt 1.1 – legt in den ersten t Sekunden $5t^2$ Meter zurück. Mit anderen Worten: t ist die Zeit (in Sekunden), und $5t^2$ ist der in den ersten t Sekunden zurückgelegte Weg (in Metern). Diese Zuordnung zwischen Weg und verstrichener Zeit ist eine typische Funktion, wie wir sie in der Folge ganz allgemein definieren werden.

Definition: X und Y seien zwei Mengen. Unter einer *Funktion* versteht man eine Vorschrift oder eine Regel, die jedem Element x aus X auf eindeutige Weise ein Element y aus Y zuordnet.

Unter einer Menge verstehen wir eine Sammlung von Objekten und Zahlen, sogenannten *Elementen.* In der Mathematik sind die Elemente üblicherweise Zahlen. Mengen können aber genausogut auch aus Personen, Städten aufgebaut sein (siehe Kap. 5 und 6).

In den nächsten drei Beispielen diskutieren wir einige sehr allgemeine und wichtige Funktionen.

Beispiel 1: Verdoppelungsfunktion. Seien X und Y beide die Menge der reellen Zahlen. Betrachten wir jene Funktion, die jeder Zahl x die verdoppelte Zahl $2x$ zuordnet. Welchen Wert ordnet diese Funktion der Zahl 3 zu? Welchen Wert der Zahl -3? Der Zahl 0?

Lösung: Da die Funktion jeder Zahl x die Zahl $2x$ zuordnet, erhalten wir die folgenden Zuordnungen:

$2 \cdot 3 = 6$ zu 3,

$2 \cdot (-3) = -6$ zu -3,

und

$2 \cdot 0 = 0$ zu 0. ●

Bezeichnung: Eine Funktion wird üblicherweise mit dem Buchstaben f bezeichnet. Das Element, das die Funktion f einer Zahl x zuordnet, wird mit

$$f(x)$$

bezeichnet. Wir lesen: „f von x".

Ist f etwa die Verdoppelungsfunktion, so gilt $f(x) = 2x$. Oft werden auch die Buchstaben g und h verwendet. So kann die Verdoppelungsfunktion auch durch $h(x) = 2x$ dargestellt werden.

Beispiel 2: Die Quadratfunktion. Seien X und Y beide die Menge der reellen Zahlen. Sei f jene Funktion, die jeder Zahl x das Quadrat von x zuordnet. Man suche $f(3)$, $f(-3)$ und $f(0)$.

Lösung: Für die Quadratfunktion erhalten wir die Beschreibung

$$f(x) = x^2.$$

Im Speziellen gilt

$$f(3) = 3^2 = 9,$$

$$f(-3) = (-3)^2 = 9$$

und

$$f(0) = 0^2 = 0. \bullet$$

Definition: Wir nennen $f(x)$ den *Wert von f* an der Stelle x.

So ist etwa der Wert der Quadratfunktion an der Stelle 5 gleich 25.

Beispiel 3: Die Kubusfunktion. f sei die Funktion, deren Wert an der Stelle x gleich x^3 ist.

$$f(x) = x^3.$$

Man gebe den Wert von f für $x = \frac{1}{2}$ an. Wie groß ist der Wert von f an der Stelle 2?

Lösung: Der Wert von f für $x = \frac{1}{2}$ beträgt

$$f(\tfrac{1}{2}) = (\tfrac{1}{2})^3 = \tfrac{1}{8}.$$

Der Wert von f an der Stelle 2 ist

$$f(2) = 2^3 = 8. \bullet$$

Für den fallenden Stein umfaßten die Mengen X und Y alle nicht negativen Zahlen. Jeder Zeit t wird der Weg des Steines in den ersten t Sekunden, nämlich $5\,t^2$, zugeordnet: Diese Funktion beschreibt die Bewegung des Steines.

Beispiel 4: Ist f die Kubikwurzelfunktion, $f(x) = \sqrt[3]{x}$, so gebe man $f(8), f(-1)$ und $f(0)$ an.

Lösung:

$$f(8) = \sqrt[3]{8} = 2$$
$$f(-1) = \sqrt[3]{-1} = -1$$
$$f(0) = \sqrt[3]{0} = 0. \bullet$$

Das nächste Beispiel definiert eine Funktion nicht durch eine algebraische Formel, sondern durch eine *Tabelle.*

Beispiel 5: Ordnen wir durch eine Tabelle jeder Stadt in den Vereinigten Staaten ihre Bevölkerungszahl zu, so erhalten wir ebenfalls eine Funktion. In diesem Fall ist X die Menge aller Städte in den Vereinigten Staaten, und Y ist die Menge aller positiven ganzen Zahlen. Eine solche Tabelle ordnet jeder Stadt x ihre Bevölkerungszahl $f(x)$ zu. Zum Beispiel ergab die Zählung des Jahres 1970:

New York 7 771 730
San Francisco 704 209.

Als Funktion geschrieben:

f(New York) = 7 771 730
f(San Francisco) = 704 209. •

Eine Funktion kann gelegentlich auch nur durch Worte angegeben werden, wie etwa im nächsten Beispiel.

Beispiel 6: Man ordne jedem Zeitpunkt die jeweilige Weltbevölkerungszahl zu. Im Jahre 1977 betrug sie etwa 3,8 Milliarden, also $f(1977) = 3{,}8$ Milliarden. Für das Ende der letzten Eiszeit schätzt man die Bevölkerung etwa auf 5 Millionen oder $f(-8000) = 5$ Millionen. Die folgende Tabelle zeigt verschiedene Werte dieser Funktion.

Jahr	−8000	0	1650	1810	1920	1966	1977
Bevölkerung in Milliarden	0,005	0,25	0,50	1	2	3	3,8

Bild 2.1 zeigt einen langsamen Anstieg der Weltbevölkerung durch tausende von Jahren, dann den Einbruch als Folge von Seuchen und schließlich den schnellen Anstieg der letzten zwei Jahrhunderte.

Obwohl die Werte dieser Funktion natürlich nur ganze Zahlen sind, wird sie meist als kontinuierlich variierende Kurve dargestellt. •

In Kapitel 2.2 werden verschiedene Funktionen durch Formeln definiert und ihre Schaubilder diskutiert.

Die nächsten beiden Beispiele behandeln einen neuen Aspekt des Funktionsbegriffes.

Beispiel 7: Die Absolut-Wert-Funktion. Man definiere eine Funktion f:

$$\text{Sei } f(x) = \begin{cases} x & \text{wenn } x \text{ positiv ist} \\ -x & \text{wenn } x \text{ negativ ist} \\ 0 & \text{wenn } x \text{ gleich } 0 \text{ ist.} \end{cases}$$

Diese Funktion heißt die *Absolut-Wert-Funktion.* Man berechne $f(3)$ und $f(-3)$.

Lösung: $f(3) = 3$, wenn 3 positiv ist und $f(-3) = -(-3) = 3$.

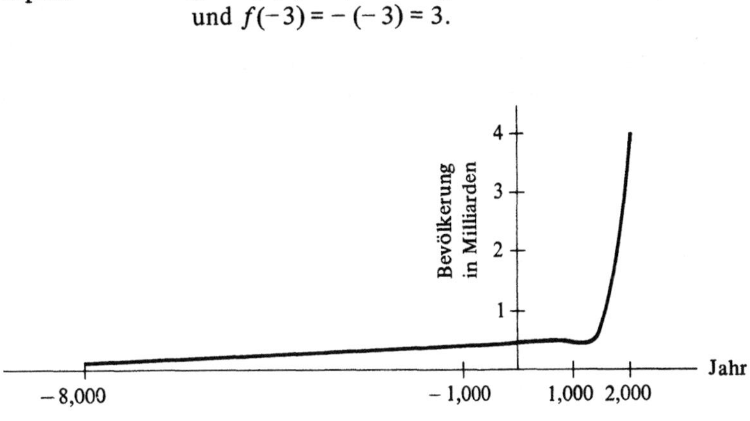

Bild 2.1

Die Absolut-Wert-Funktion ordnet jeder Zahl ihren Abstand vom Nullpunkt zu. Der Absolut-Wert von x wird mit $|x|$ bezeichnet. Es gilt

$$|3| = 3, \quad |-3| = 3. \bullet$$

Beispiel 8: Sei $f(x) = \sqrt{x^2}$. Man berechne $f(3)$ und $f(-3)$.

Lösung: $f(3) = \sqrt{3^2} = \sqrt{9} = 3$

und $f(-3) = \sqrt{(-3)^2} = \sqrt{9} = 3$. •

Die Funktion von Beispiel 8 ergibt dieselben Werte wie die Absolut-Wert-Funktion von Beispiel 7, obwohl sich die beiden Definitionen völlig unterscheiden. Zwei Funktionen, die für jeden Wert von x die gleiche Zuordnung treffen, werden als ein und dieselbe Funktion betrachtet, auch wenn ihre Beschreibungen und Definitionen völlig verschieden sind. Ein anderes Beispiel: Eine Funktion ordnet jeder Zahl x die Zahl $x^2 - 1$ zu; sie stimmt mit der Funktion überein, die jeder Zahl x die Zahl $(x + 1) \cdot (x - 1)$ zuordnet.

Der Definitionsbereich einer Funktion. Eine Funktion ordnet jedem Element x aus X ein Element $f(x)$ aus Y zu. Für unsere Zwecke wird Y üblicherweise die Menge der reellen Zahlen und X irgendeine Untermenge der reellen Zahlen sein. Diese Menge nennt man den *Definitionsbereich* der Funktion. Der Definitionsbereich wird üblicherweise nicht angegeben, da er zumeist aus der Beschreibung der Funktion unmittelbar ersichtlich ist. Ordnet etwa die Funktion f jeder Zahl ihre Quadratwurzel zu, so besteht ihr Definitionsbereich aus allen nichtnegativen Zahlen, denn negative Zahlen besitzen keine reelle Quadratwurzel. f sei die „Kehrwert"-Funktion, die jeder Zahl x nach der algebraischen Formel

$$f(x) = \frac{1}{x},$$

ihren Kehrwert zuordnet. Ihr Definitionsbereich besteht aus allen Zahlen, ausgenommen 0, denn 0 besitzt keinen Kehrwert.

Man kann eine Funktion auch als „Input-Output"-Automaten auffassen. Wirft man ein Element x in den Automaten, so wird ein Element $f(x)$ ausgeworfen, wie man etwa aus dem Bild 2.2 ersehen kann.

Umfassen die Mengen X und Y reelle Zahlen, so können wir uns die Funktion f genausogut als eine komplizierte Linse vorstellen, die x von einem Dia auf $f(x)$ auf einen Projektionsschirm abbildet (Bild 2.3).

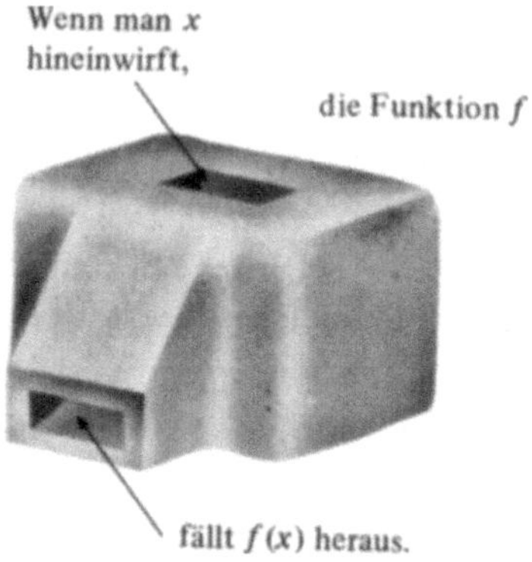

Bild 2.2

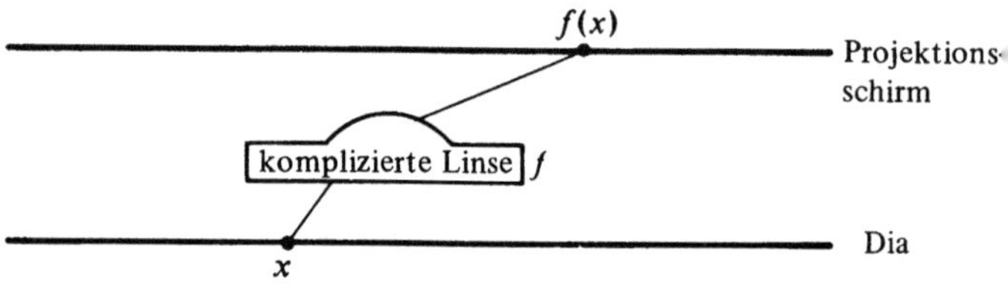

Bild 2.3

Beim Umgang mit Funktionen müssen wir stets grundsätzlich zwischen der Funktion f und der Zahl $f(x)$ unterscheiden, die einem bestimmten individuellen Element x zugeordnet wird. In der Praxis aber werden wir eine Funktion f oft durch ihre Formel $f(x)$ darstellen. Anstatt „Quadratfunktion" werden wir einfach sagen: „die Funktion x^2".

Übungen:

1. f sei die Quadratfunktion. Man gebe $f(x)$ an für x gleich
   (*a*) -4, (*b*) 4, (*c*) $\sqrt{2}$, (*d*) 0.
2. (*a*) Man gebe $f(8)$ an, wenn f die Kubikwurzelfunktion ist.
   (*b*) Man gebe $g(8)$ an, wenn g die Absolutwertfunktion ist.
   (*c*) Man gebe $h(8)$ an, wenn h die Kehrwertfunktion ist.
3. Wie lautet der Definitionsbereich der Funktion f, gegeben durch $f(x)$
   (*a*) x^3? (*b*) $\sqrt[3]{x}$? (*c*) $\sqrt{x}$? (*d*) $\frac{3}{x}$? (*e*) $2x + 1$?
   (*f*) $\frac{1}{[x(x+1)]}$?

Die Übungen 4 bis 8 diskutieren bestimmte Quotienten, die uns in Abschnitt 3.1 und später noch oft begegnen werden.

4. f sei die Quadratfunktion $f(x) = x^2$. Man berechne
   (*a*) $f(3{,}01)$ (*b*) $f(3)$
   (*c*) $f(3{,}01) - f(3)$ (*d*) $\frac{f(3{,}01) - f(3)}{0{,}01}$

5. Sei $f(t) = 5t^2$. Man berechne:

(*a*) $f(1)$ (*b*) $f(1{,}1)$

(*c*) $f(1{,}1) - f(1)$ (*d*) $\dfrac{f(1{,}1) - f(1)}{1{,}1 - 1}$

6. Sei $f(x) = 1/x$. Man berechne in Dezimalform:

(*a*) $\dfrac{f(4) - f(3)}{4 - 3}$ (*b*) $\dfrac{f(3{,}1) - f(3)}{3{,}1 - 3}$.

(*c*) $\dfrac{f(2{,}9) - f(3)}{2{,}9 - 3}$

7. Sei $f(x) = \sqrt{x}$. Man berechne in Dezimalform:

(*a*) $\dfrac{f(5) - f(4)}{5 - 4}$ (*b*) $\dfrac{f(4{,}1) - f(4)}{4{,}1 - 4}$

(*c*) $\dfrac{f(3{,}9) - f(4)}{3{,}9 - 4}$

8. Man berechne $[f(x + h) - f(x)]/h$ und vereinfache durch gewöhnliche Algebra für

(*a*) die Quadratfunktion,
(*b*) die Kubusfunktion,
(*c*) die Verdopplungsfunktion,
(*d*) die Kehrwertfunktion.

9. f sei die Kehrwertfunktion $1/x$. Man berechne in Dezimalform:

(*a*) $f(5)$ (*b*) $f(-2)$

(*c*) $f(0{,}1)$ (*d*) $f(2{,}5)$

(*e*) $f(2)$ (*f*) $\dfrac{f(2{,}5) - f(2)}{2{,}5 - 2}$

10. Man berechne in Dezimalform $(f(2{,}5) - f(2))/(2{,}5 - 2)$ für (*a*) die Verdopplungsfunktion, (*b*) die Kubusfunktion, (*c*) die Kehrwertfunktion.

11. f sei die Quadratfunktion. Man gebe einen möglichst einfachen Ausdruck für folgende Größen an:

(*a*) $f(4) - f(3)$ (*b*) $f(x) - f(3)$

(*c*) $f(3{,}1) - f(3)$ (*d*) $f(3 + 1) - f(2)$.

12. Sei $f(x) = x^2$. Man berechne :

(*a*) $f(2 + 0{,}5)$ (*b*) $f(2 - 0{,}1)$.

13. Sei $f(x) = 1/x$. Man berechne:

(*a*) $f(4)$, (*b*) $f(1)$, (*c*) $f(4 + 1)$, (*d*) $f(4 + 1) - f(4)$.

14. f sei die Kehrwertfunktion $f(x) = 1/x$. Man gebe einen möglichst einfachen Ausdruck für folgende Größen an:

(*a*) $f(3) - f(2)$ (*b*) $f(2{,}25) - f(2)$

(*c*) $f(t) - f(2)$ (*d*) $f(x) - f(2)$

(*e*) $f(2 + 1/2) - f(2)$ (*f*) $f(2 - 2/5) - f(2)$

(*g*) $f(2 + h) - f(2)$.

15. f sei die Quadratwurzelfunktion $f(x) = \sqrt{x}, x \geqslant 0$. Diese Funktion ist in jedem Handbuch für Mathematik tabelliert. Man berechne folgende Ausdrücke

$$\frac{f(x_1) - f(x)}{x_1 - x}$$

für (*a*) $x_1 = 4{,}3$ und $x = 4$,
(*b*) $x_1 = 4{,}2$ und $x = 4$,
(*c*) $x_1 = 4{,}1$ und $x = 4$.

■

16. In der folgenden Tabelle wird die Anzahl von Flugzeugen angegeben, die am letzten Tag des jeweiligen Jahres im Besitz amerikanischer Fluggesellschaften standen

Jahr	1950	1955	1960	1965	1968	1969	1970
Anzahl der Flugzeuge	1220	1409	1867	1806	2317	2363	2390

Man stelle diese Funktion graphisch dar!

17. $f(t)$ sei die Anzahl der neuen Buchtitel, die in den Vereinigten Staaten im Jahr t publiziert wurden. Die Tabelle zeigt einige wenige Werte dieser Funktion.

Jahr	1950	1955	1960	1965	1970	1972
neue Titel in Tausenden	11	13	15	29	36	38

(*a*) Man zeichne die Punkte für die sechs zitierten Jahre ein.
(*b*) Man gebe ein Diagramm dieser Funktion.

18. Was bedeutet der Ausdruck $(f(t_1) - f(t))/(t_1 - t)$, für $t_1 > t$, wenn

(*a*) $f(t)$ der von einem Objekt in den ersten t Sekunden zurückgelegte Weg ist?
(*b*) $f(t)$ die Geschwindigkeit eines Objektes zur Zeit t ist?

19. Sei $f(x) = x^2$. Der folgende Ausdruck soll algebraisch vereinfacht werden:

$$\frac{f(t_1) - f(t)}{t_1 - t}$$

20. Sei $f(x) = 5x$. Man zeige

$$\frac{f(t_1) - f(t)}{t_1 - t} = 5$$

■■

21. f sei die Quadratfunktion.

(*a*) Man zeige $f(1) = f(-1)$.
(*b*) Man berechne $f(f(3))$. Man berechne zuerst $f(3)$.
(*c*) Man zeige $f(f(x)) = x^4$ für alle x.

22. f sei jene Funktion, die durch die Formel $f(x) = x/(x - 1)$ definiert ist.

(*a*) Wie lautet der Definitionsbereich von f?
(*b*) Wie groß ist $f(2)$?
(*c*) Wie groß ist $f(-1)$?
(*d*) Wie groß ist $f(f(2))$? Man berechne zuerst $f(2)$.
(*e*) Wie groß ist $f(f(3))$?
(*f*) Man zeige $f(f(x)) = x$, ausgenommen für $x = 1$ und $x = 0$.

23. f sei die Funktion, die durch die Formel $f(x) = 1/(1-x)$ definiert ist.

(*a*) Wie lautet der Definitionsbereich von f?
(*b*) Wie groß ist $f(2)$? $f(f(2))$? $f(f(f(2)))$?
(*c*) Man zeige $f(f(f(x))) = x$ (ausgenommen für $x = 1$ und $x = 0$).

24. Welche der angegebenen Funktionen erfüllt für alle Werte von a und b in ihrem Definitionsbereich folgende Beziehung: $f(a+b) = f(a) + f(b)$?

(*a*) $f(x) = 3x$ (*b*) $f(x) = 3x + 2$
(*c*) $f(x) = x^2$ (*d*) $f(x) = -x$
(*e*) $f(x) = 1/x$ (*f*) $f(x) = |x|$

25. Welche der folgenden Funktionen erfüllt für alle Zahlen a und b aus ihrem Definitionsbereich folgende Relation: $f(ab) = f(a)f(b)$?

(*a*) $f(x) = x^2$ (*b*) $f(x) = 1/x$
(*c*) $f(x) = 3x$ (*d*) $f(x) = \sqrt{x}$
(*e*) $f(x) = x + 4$ (*f*) $f(x) = |x|$

2.2 Die Wertetabelle und das Schaubild einer Funktion

Wie auch immer eine Funktion definiert wird, sie kann wie in den Beispielen 5 und 6 des Abschnittes 2.1 durch eine Wertetabelle dargestellt werden. In der Infinitesimalrechnung wird eine Funktion üblicherweise durch eine Formel gegeben. Setzen wir in diese Formel einige wenige Zahlen ein, so liefert die entstehende Tabelle spezifische Werte der Funktion.

Beispiel 1: Sei $f(x) = x^2$. Man berechne f für einige wenige Punkte x und gebe eine kurze Wertetabelle an:

Lösung: $f(0) = 0$

$f(1) = 1 \qquad f(-1) = 1$

$f(2) = 4 \qquad f(-2) = 4$

$f(\frac{1}{2}) = \frac{1}{4} \qquad f(-\frac{1}{2}) = \frac{1}{4}$

Diese sieben Werte können in folgender Wertetabelle zusammengestellt werden:

x	0	$\frac{1}{2}$	1	$-\frac{1}{2}$	-1	-2	2
$f(x)$	0	$\frac{1}{4}$	1	$\frac{1}{4}$	1	4	4

Selbstverständlich ist die Berechnung für ganzzahlige Werte von x einfacher, aber im Prinzip kann jede Zahl für x eingesetzt werden. ●

In der Tabelle des 1. Beispiels wurden sieben x-Werte verwendet. Die Tabelle wird um so länger, je mehr Werte von x man untersucht. Theoretisch kann in die Tabelle der Wert von f für jeden beliebigen Wert von x eingetragen werden, in der Praxis beschränkt man sich jedoch zumeist auf einige wenige Werte.

Mit Hilfe der Tabelle von Beispiel 1 kann ein Bild oder Schaubild der Quadratfunktion gezeichnet werden. So entnehmen wir dem Ende der obigen Tabelle die Information

$$f(2) = 4.$$

Diese Tatsache kann auch durch Darstellung eines Punktes mit x-Koordinate 2 und y-Koordinate 4 festgehalten werden. Wie aus Bild 2.4 hervorgeht, wird dieser Punkt kurz mit $(2; 4)$ bezeichnet.

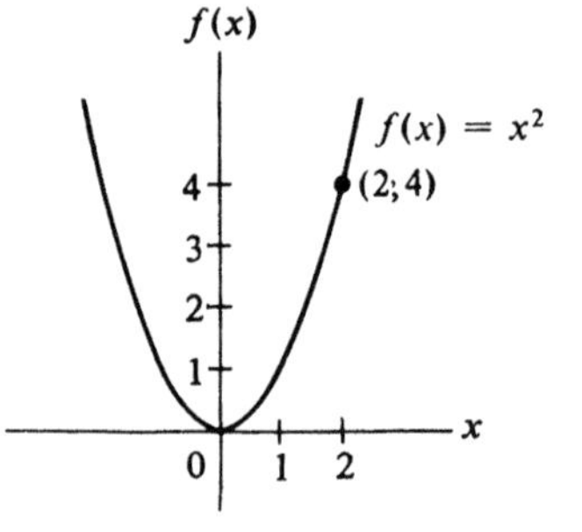

Bild 2.4

Selbstverständlich ist die Quadratfunktion für alle Werte von x definiert, nicht nur für die sieben zufällig gewählten Werte von x. Diese sieben Werte zeigen jedoch schon das allgemeine Verhalten der Funktion. Eine freihändige Zeichnung ergänzt die fehlenden Punkte und gibt eine Vorstellung vom Verhalten der Kurve für große Werte von $|x|$. Die Kurve ist eine gewöhnliche Parabel, wie sie dem Leser aus dem Profil eines Scheinwerfers geläufig ist. Der Fachausdruck für eine solche Skizze ist *Schaubild* oder *Graph*.

Definition: f sei eine Funktion, deren Eingabewerte x und Ausgabewerte $f(x)$ jeweils gewöhnliche Zahlen sind. Die Menge der Punkte

$$(x, f(x))$$

nennt man *Schaubild* oder *Graph der Funktion*.

Bei dieser Darstellung einer Funktion wird zumeist die horizontale Achse für den Eingabewert x und die vertikale Achse für den Ausgabewert $f(x)$ verwendet. Um das Schaubild einer Funktion zu zeichnen, fertigt man zunächst eine kurze Tabelle an.

Beispiel 2: Man zeichne das Schaubild der Absolut-Wert-Funktion

$$f(x) = |x|.$$

Lösung: Zuerst wird eine einfache Tabelle angelegt:

x	0	1	−1	2	−2
$f(x) = \|x\|$	0	1	1	2	1

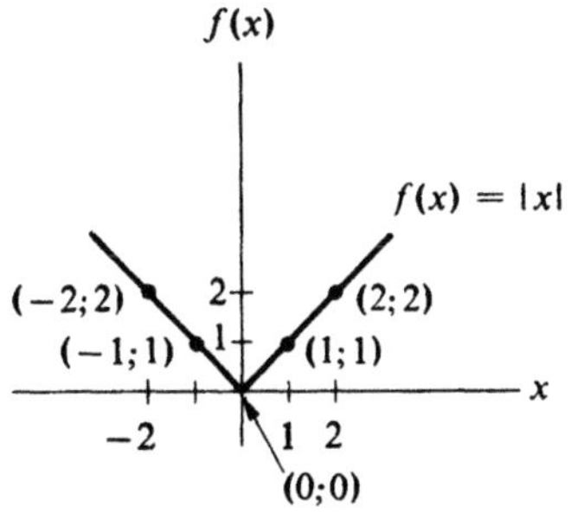

Bild 2.5

Nun werden die zugehörigen Punkte einzeln gezeichnet und durch die Kurve verbunden (Bild 2.5). Das Schaubild hat im Punkt (0; 0) eine scharfe Ecke. Es besteht aus zwei geraden Strahlen, die einander im Punkt (0; 0) treffen. •

Gelegentlich ist das Schaubild einer Funktion vorgegeben, aus dem dann die speziellen Werte abgelesen werden können. Das nächste Beispiel illustriert dies.

Beispiel 3: Das automatische Zeichengerät einer Wetterstation hält die Temperatur eines Tages als Funktion der 24 Stunden graphisch fest (Bild 2.6). Man beschreibe das Verhalten der Temperatur im Laufe des Tages.

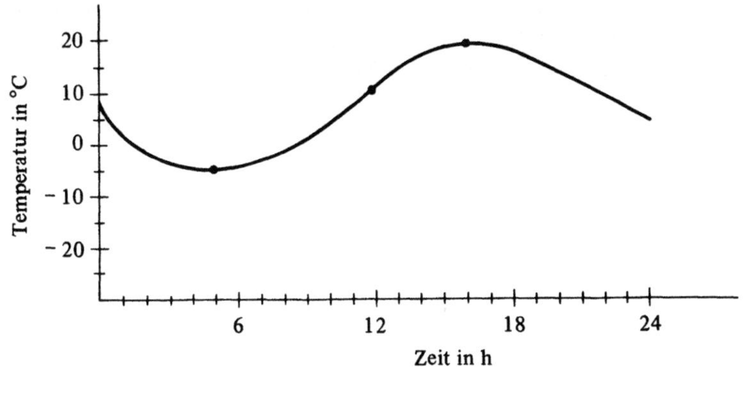

Bild 2.6

Lösung: $f(t)$ sei die Temperatur zur Zeit t. Die niedrigste Temperatur lag um 5 Uhr früh vor, dies entspricht dem tiefsten Punkt des Schaubildes. Durch Verschieben einer zur Temperaturachse parallelen Skala finden wir

$$f(5) = -5.$$

Zur Mittagszeit betrug die Temperatur 10 °C.

$$f(12) = 10.$$

Um 4 Uhr nachmittags ($t = 16$), hatte die Temperatur ihren Maximalwert

$$f(16) = 20.$$

Wie das Schaubild zeigt, folgte an diesem Tag auf einen kalten Morgen ein warmer Nachmittag, die Abkühlung setzte erst um 4 Uhr nachmittags ein. •

Aus dem Schaubild kann oft auf einen Blick eine ganze Menge Information über die Funktion entnommen werden. Dies zeigt auch das nächste Beispiel.

Beispiel 4: Schaubild der Kehrwertfunktion mit der Formel

$$f(x) = \frac{1}{x} \quad (x \neq 0).$$

Lösung: Für $x = 0$ ist die Funktion nicht definiert. Aus diesem Grund ist es sehr zweckmäßig, Werte von x in der Nähe von 0 zu betrachten. Außerdem sollten sehr große Werte $|x|$ in die Tabelle aufgenommen werden, um das Verhalten von $f(x)$ für große $|x|$ zu testen.

x	$\frac{1}{10}$	10	1	2	$-\frac{1}{10}$	−10	−1	−2
$f(x)$	10	$\frac{1}{10}$	1	$\frac{1}{2}$	−10	$-\frac{1}{10}$	−1	$-\frac{1}{2}$

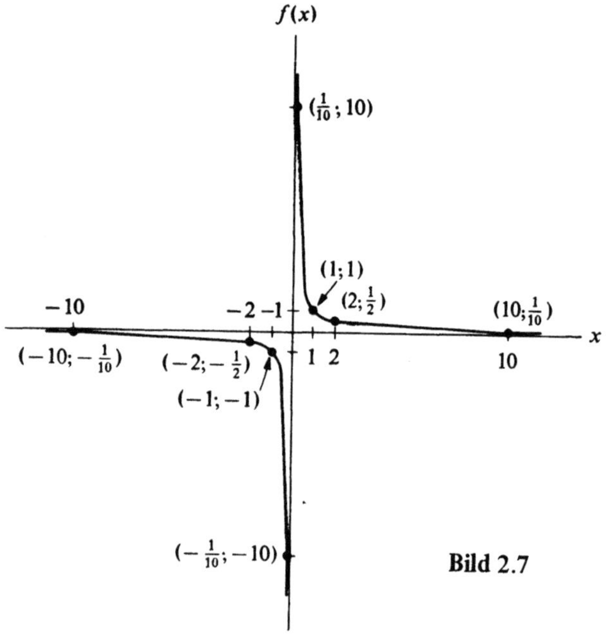

Bild 2.7

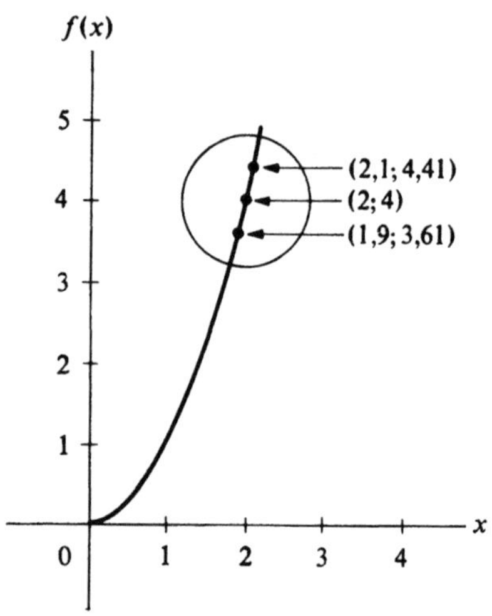

Bild 2.8

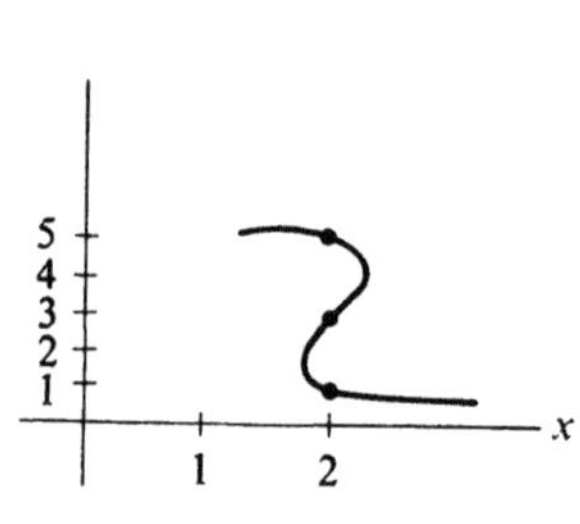

Bild 2.9

Wenn diese acht Punkte aufgetragen sind, kann die ganze Kurve leicht gezeichnet werden. Das Schaubild 2.7 zeigt zwei identische Teile. Ganz rechts außen und ganz links außen strebt die Kurve immer näher an die x-Achse heran, ohne sie jemals zu berühren. Ebenso nähert sich die Kurve der y-Achse, wenn x nach Null strebt. Die Kurve wird *Hyperbel* genannt. ●

In Kap. 3 wird das Schaubild in der Umgebung eines jeden Punktes studiert. Das nächste Beispiel illustriert einige Rechnungen, die wir hierzu ausführen müssen.

Beispiel 5: Man zeichne das Schaubild von $f(x) = x^2$ in der Umgebung des Punktes $(2;4)$.

Lösung: In Beispiel 1 ergab sich aus $f(2) = 4$, daß der Punkt $(2;4)$ auf der Kurve liegt. Man untersucht Werte von x in der Nähe von 2 und fertigt eine kurze Tabelle an.

x	2	2,1	1,9
$f(x) = x^2$	4	$(2{,}1)^2 = 4{,}41$	$(1{,}9)^2 = 3{,}61$

Dann trägt man die Punkte $(2;2^2) = (2;4)$, $(2{,}1;(2{,}1)^2) = (2{,}1;4{,}41)$ und $(1{,}9;(1{,}9)^2) = (1{,}9;3{,}61)$ auf. Der zugehörige Abschnitt des Schaubildes ist fast eine gerade Linie, wie Bild 2.8 zeigt. Selbstverständlich ist es schwierig, die eng benachbarten Punkte sehr genau zu zeichnen. Durch eine größere Skala könnte in diesem Fall auch die Darstellung der Kurve vergrößert werden. ●

Bis jetzt waren alle betrachteten Kurven als Schaubilder einer Funktion gegeben. Jedoch nicht jede Kurve ist gleichzeitig Schaubild einer Funktion. Dies gilt beispielsweise für die Kurve in Bild 2.9. Das Schaubild einer beliebigen Funktion wird von einer Parallelen zur y-Achse höchstens in einem Punkt geschnitten. (Das muß nicht notwendigerweise für eine Parallele zur x-Achse gelten! Wieso?) In der Kurve des Bildes 2.9 würde eine vertikale Linie durch den Punkt $(2;0)$ die Kurve in drei Punkte schneiden. Diese Punkte sind $(2;1)$, $(2;3)$ und $(2;5)$. Nach der Definition einer Funktion ordnet jedoch eine Funktion der Zahl zwei nur eine und nicht drei Zahlen zu.

Übungen:

1. Sei $f(x) = 4x^2$.

   (*a*) Man ergänze die Tabelle

x	3	2	1	0	−1	−2	−3
$f(x)$							

   (*b*) Man zeichne die sieben Punkte von (*a*) in ein Schaubild ein und ergänze die Kurve.

2. Diese Übung behandelt die Verdopplungsfunktion $f(x) = 2x$.
   (*a*) Man ergänze die Tabelle

x	2	1	0	-1	-2
$f(x)$					

   (*b*) Man zeichne die fünf Punkte und das Schaubild von f.

3. Diese Übung behandelt die Kubusfunktion $f(x) = x^3$.
   (*a*) Man ergänze die Tabelle

x	0	$\frac{1}{2}$	1	2	$-\frac{1}{2}$	-1	-2
$f(x) = x^3$							

   (*b*) Man zeichne die sieben Punkte von (*a*) und das Schaubild f.

4. Sei $f(x) = 2/x$.
   (*a*) Wie lautet der Definitionsbereich von f?
   (*b*) Man fertige eine Tabelle für f an, die Werte von x in der Nähe von 0 und sehr große Werte von $|x|$ beinhaltet.
   (*c*) Man zeichne das Schaubild von f.

5. Man zeichne das Schaubild der Funktion f mit der Formel

$$f(x) = -x.$$

6. Eine bestimmte Funktion ist folgendermaßen definiert: Zu x addiere man 1 und bilde das Quadrat! Das Resultat ist $f(x)$.
   (*a*) Man berechne $f(2)$.
   (*b*) Man ergänze diese Tabelle.

x	-2	-1	0	1	2
$f(x)$					

   (*c*) Man zeichne das Schaubild.

7. Eine komplizierte Linse projiziert die Punkte eines linearen Spaltes auf einen Schirm (Bild 2.10). In dem Bild ist der Weg von vier Lichtstrahlen eingezeichnet. Der Punkt x des Spaltes wird auf den Punkt $f(x)$ des Schirms abgebildet.
   (*a*) Was sind die Werte von $f(0), f(1), f(2), f(3)$?

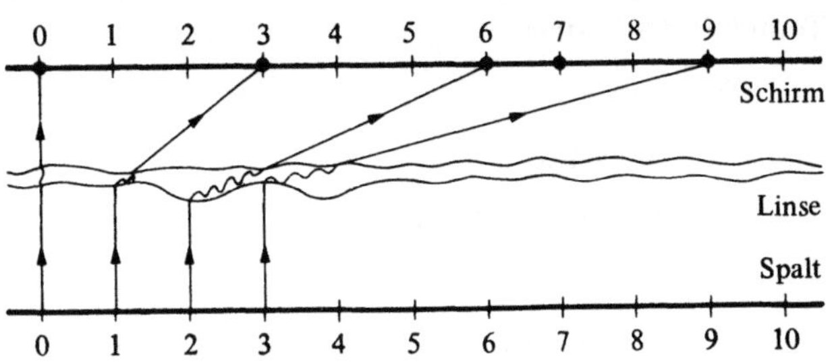

Bild 2.10

   (*b*) Man ergänze folgende Tabelle.

x	0	1	2	3
$f(x)$				

   (*c*) Man zeichne die vier Punkte von (*b*).

8. Man zeichne das Schaubild von $f(x) = x^2 + 1$.
9. Man zeichne das Schaubild von $f(x) = 4x + 1$.
10. Man zeichne das Schaubild von $f(x) = x^2 - x$.
11. Man zeichne das Schaubild von $f(x) = 1/(1 + x)$.
12. Man zeichne das Schaubild von $f(x) = (x - 1)^2$.
13. (*a*) Für welchen Wert von x wird $x^3 - 2x^2 = 0$?
    (*b*) Man zeichne das Schaubild $f(x) = x^3 - 2x^2$.
14. Man zeichne das Schaubild $f(x) = x^4$. Man berücksichtige besonders die Punkte in der Nähe von $x = 0$.
15. Man ergänze folgende Tabelle der Quadratfunktion.

x	1	1,1	0,9
$f(x)$			

   Man zeichne das Schaubild f in der Nähe von $(1; 1)$.

16. Man zeichne $f(x) = x(x + 1)(x - 1)$.
    (*a*) Für welche Werte von x gilt $f(x) = 0$?
    (*b*) Wo schneidet das Schaubild die x-Achse?
    (*c*) Wo schneidet das Schaubild die y-Achse?
17. Man zeichne das Schaubild von $y = (x - 3)^2 + 4$.
18. Sei $f(x) = x + 1/x$.
    (*a*) Wie lautet der Definitionsbereich von f?
    (*b*) Man zeichne das Schaubild von f.
    Bemerkung: In Kap. 6 wird gezeigt, daß der niedrigste Punkt auf dem Schaubild für $x = 1$ auftritt.
19. Sei $f(x) = ax^2 + bx + c$, mit den Konstanten a, b, c; a sowie $b^2 - 4ac$ seien positiv.
    (*a*) Man zeige

$$ax^2 + bx + c = a\left(x + \frac{b}{2a}\right)^2 + \frac{4ac - b^2}{4a} \quad .$$

    (*b*) Der kleinste Wert von $f(x)$ ergibt sich für $x = (4ac - b^2)/4a$. Man zeige dies!
    (*c*) Der kleinste Wert liegt auf dem Schaubild von f genau in der Mitte zwischen den beiden Schnittpunkten der Kurve mit der x-Achse. Man zeige dies.
20. Sei $f(x) = ax^2 + bx + c$, mit den Konstanten a, b, c; a sei positiv. Wie viele Punkte des Schaubildes von f liegen unter den folgenden Voraussetzungen auf der x-Achse: $b^2 - 4ac$ ist
    (*a*) positiv,
    (*b*) negativ,
    (*c*) Null.
21. Man zeichne das Schaubild der Funktion $y = 2^x$. Sie ist für das Studium des Bevölkerungswachstums außerordentlich wichtig.

2.3 Der Anstieg einer Geraden

In diesem Abschnitt werden die Schaubilder von Funktionen mit der Darstellung

$$f(x) = ax + b$$

untersucht. Dabei sind a und b feste Zahlen.

Die ersten drei Beispiele behandeln Schaubilder einer solchen Funktion, sowie den Einfluß der beiden Zahlen a und b auf das Verhalten des jeweiligen Schaubildes. Zuerst wollen wir die Veränderung des Schaubildes in Abhängigkeit von a untersuchen. Dazu setzen wir zunächst b gleich 0. Die Formel lautet dann

$$f(x) = ax$$

Beispiel 1: Man zeichne das Schaubild der Funktion mit der Formel

$$f(x) = 2x.$$

(Also $a = 2$ und $b = 0$.)

Lösung: Wir beginnen mit einer Tabelle der folgenden Werte:

x	-1	0	1	2
$2x$	-2	0	2	4

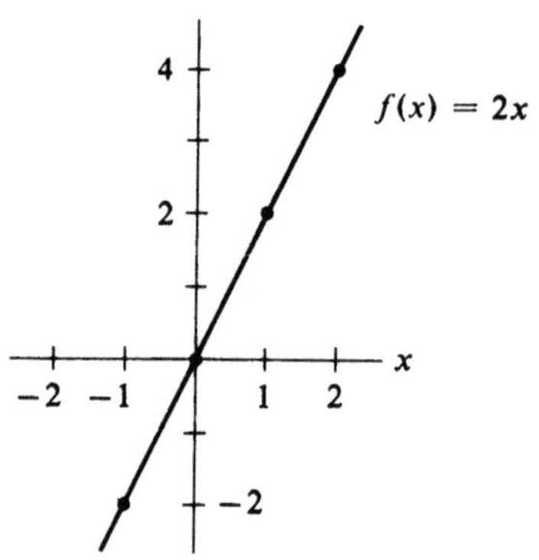

Bild 2.11

Die vier zugehörigen Punkte werden in ein Koordinatensystem eingetragen (Bild 2.11). Das Schaubild ist eine gerade Linie, die durch den Ursprung (0; 0) geht und relativ steil verläuft. ●

Im nächsten Beispiel setzen wir anstatt $a = 2$ (Beispiel 1) für die Zahl a den Wert drei ein. Wie wirkt sich dies auf das Schaubild aus?

Beispiel 2: Man zeichne das Schaubild der Funktion mit der Formel

$$f(x) = 3x.$$

Lösung: Wieder beginnen wir mit einer Tabelle von spezifischen Werten:

x	-1	0	1	2
$3x$	-3	0	3	6

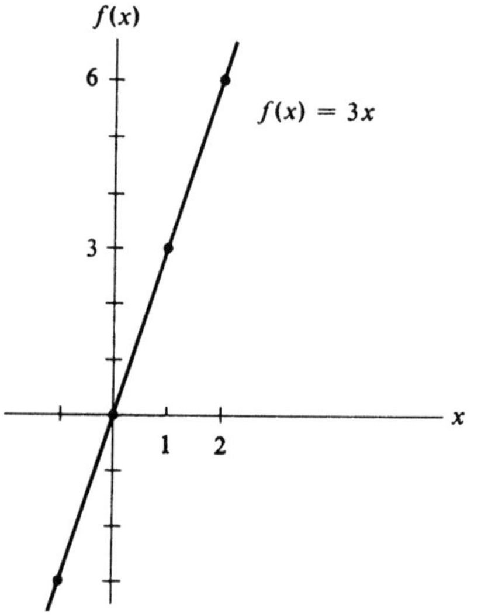

Bild 2.12

Das Schaubild zeigt Bild 2.12. Es hat die Gestalt einer geraden Linie, die durch den Punkt (0; 0) geht, aber steiler als im vorhergehenden Beispiel verläuft. ●

Aus den Beispielen 1 und 2 kann man entnehmen, daß dem Schaubild einer Funktion

$$f(x) = ax$$

für beliebiges konstantes a eine Gerade durch den Ursprung (0; 0) entspricht. Im nächsten Beispiel ist der konstante Term b in der Formel

$$f(x) = ax + b$$

von Null verschieden.

Beispiel 3: Schaubild der Funktion f mit der Formel

$$f(x) = 2x + 1.$$

Lösung: Wie üblich legen wir zuerst eine Wertetabelle an:

x	-1	0	1	2
$2x + 1$	-1	1	3	5

Dann wird das Schaubild in ein Koordinatensystem eingezeichnet. Die gerade Linie für diese Funktion ist genauso steil wie die Gerade von Beispiel 1. Allerdings schneidet sie die y-Achse um eine Einheit höher und geht daher nicht durch den Punkt (0; 0).

Das Schaubild von

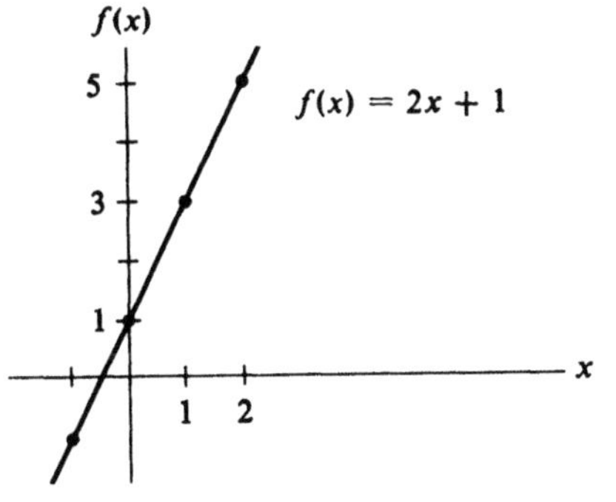

Bild 2.13

$$f(x) = 2x + 1$$

ist gegenüber dem Schaubild von

$$f(x) = 2x$$

um eine Einheit nach oben verschoben. ●

Wie diese drei Beispiele zeigen, ist das Schaubild der Funktion

$$f(x) = ax + b$$

immer eine gerade Linie. Die Zahl a bestimmt dabei, wie steil die Linie verläuft. Die Zahl b bestimmt hingegen den Schnittpunkt mit der y-Achse. Dieser Punkt wird *y-Schnitt* genannt. Das Schaubild der Funktion

$$f(x) = ax + b$$

ist gegenüber dem Schaubild von

$$f(x) = ax$$

um den Betrag $|b|$ nach oben oder nach unten verschoben; ist b negativ, so wird das Schaubild nach unten verschoben, ist b positiv, so wird das Schaubild nach oben verschoben. So ist das Schaubild der Funktion $f(x) = 2x - 5$ gegenüber dem Schaubild von $f(x) = 2x$ um fünf Einheiten nach unten verschoben.

Wir wollen diese beiden Tatsachen etwas genauer untersuchen. Zur Abkürzung bezeichnen wir $f(x)$ in Zukunft mit y. Unsere Gleichung lautet dann

$$y = ax + b.$$

Für $x = 0$ folgt

$$\begin{aligned} y &= a \cdot 0 + b \\ &= 0 + b \\ &= b. \end{aligned}$$

Bekanntlich bestimmt die Zahl a, wie steil das Schaubild der Funktion $y = ax + b$ verläuft. Um dies genauer zu formulieren, müssen wir den Begriff der *Steigung* einführen.

Man betrachte zwei Punkte $(x_1; y_1)$ und $(x_2; y_2)$ einer sehr steilen Geraden (Bild 2.14). Einem Zuwachs der horizontalen Koordinate von x_1 nach x_2, also der Differenz $x_2 - x_1$, entspricht ein viel größerer Zuwachs in der Vertikalen $y_2 - y_1$. Kurz gesagt: Der Quotient

$$\frac{y_2 - y_1}{x_2 - x_1}$$

ist groß.

Nun betrachten wir zwei Punkte $(x_1; y_1)$ und $(x_2; y_2)$ einer fast horizontalen Geraden (Bild 2.15). In diesem Fall entspricht einem Zuwachs der horizontalen Koordinate um $x_2 - x_1$ ein viel kleinerer Zuwachs der Vertikalen von $y_2 - y_1$. Der Quotient

$$\frac{y_2 - y_1}{x_2 - x_1}$$

ist klein.

Bild 2.14

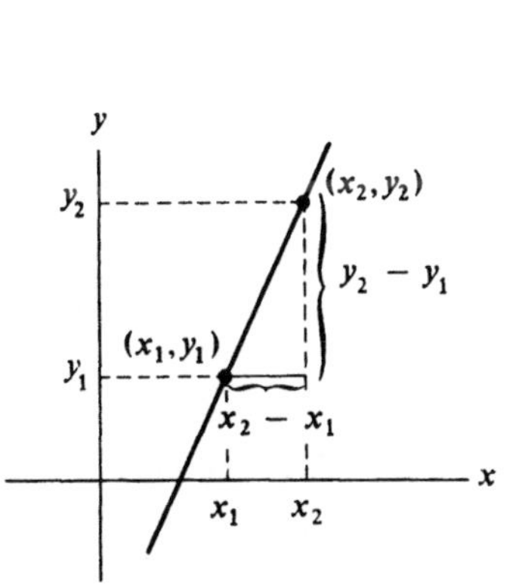

Bild 2.15

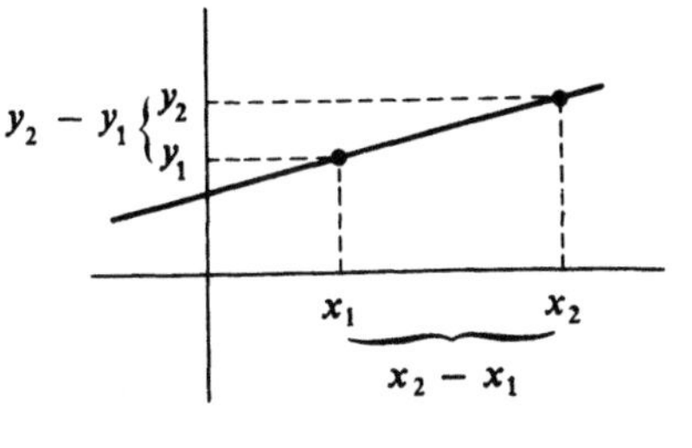

So liegt es nahe, den Quotienten

$$\frac{y_2 - y_1}{x_2 - x_1}$$

als vernünftiges Maß für die „Steilheit" einer Geraden einzuführen. Vorher müssen wir jedoch sicher sein, ob der Wert dieses Quotienten für alle beliebigen Paare von Punkten $(x_1; y_1)$ und $(x_2; y_2)$ auf unserer Geraden der gleiche ist. Das nachfolgende Theorem formuliert gerade diese Behauptung.

Theorem: Man betrachte die Gerade

$$y = ax + b.$$

Wir wählen ein beliebiges Paar verschiedener Punkte $(x_1; y_1)$ und $(x_2; y_2)$ auf der Geraden. Dann hat der Quotient

$$\frac{y_2 - y_1}{x_2 - x_1}$$

stets den Wert a des Koeffizienten von x in der Formel

$$y = ax + b.$$

Beweis: Man wähle x_1 und x_2. Dann gilt $y_1 = ax_1 + b$ und $y_2 = ax_2 + b$. Es folgt

$$\begin{aligned} \frac{y_2 - y_1}{x_2 - x_1} &= \frac{(ax_2 + b) - (ax_1 + b)}{x_2 - x_1} \\ &= \frac{ax_2 - ax_1 + b - b}{x_2 - x_1} \\ &= \frac{a(x_2 - x_1)}{x_2 - x_1} \\ &= a. \end{aligned}$$

Damit ist das Theorem bewiesen. •

Dieses Theorem ist die Grundlage der folgenden Definition.

Definition: *Der Anstieg einer Geraden.* Man betrachte das Schaubild einer Geraden $y = ax + b$ in einem Koordinatensystem. $(x_1; y_1)$ und $(x_2; y_2)$ seien zwei verschiedene Punkte auf der Geraden. Der Quotient

$$\frac{y_2 - y_1}{x_2 - x_1}$$

wird der *Anstieg der Geraden* genannt.

Wie der Beweis des Theorems gezeigt hat, gleicht der Anstieg der Geraden $y = ax + b$ dem Koeffizienten a von x. Die Zahl b hat auf den Anstieg keinen Einfluß; dies war auch aus den Beispielen 1, 2 und 3 unmittelbar ersichtlich. So fassen wir zusammen:

Folgerung: Unabhängig von b ist der Anstieg der Geraden

$y = ax + b$ gleich a.

Der Anstieg der Geraden

$$y = -2x + 3$$

ist gleich dem Koeffizienten von x, also -2. In diesem Falle ist der Anstieg negativ. Für zwei beliebige Punkte $(x_1; y_1)$ und $(x_2; y_1)$ auf dieser Geraden wird der Quotient

$$\frac{y_2 - y_1}{x_2 - x_1}$$

negativ sein. Ist mit anderen Worten die Differenz $x_2 - x_1$ positiv (wenn x_2 größer als x_1 ist), dann ist $y_2 - y_1$ negativ (y_2 ist kleiner als y_1). Bewegt man sich also auf der Geraden *nach rechts*, so bewegt man sich zwangsläufig gleichzeitig *nach unten*. Diese Tatsache ist aus dem Schaubild der Geraden unmittelbar ersichtlich. Um die Gerade zu zeichnen, benötigen wir nur zwei Punkte. Der Einfachheit halber wählen wir $x = 0$ und $x = 1$, sowie zur Kontrolle noch einen weiteren Wert von x, etwa $x = 2$. Bild 2.16 zeigt das Ergebnis.

x	0	1	2
$-2x + 3$	3	1	-1

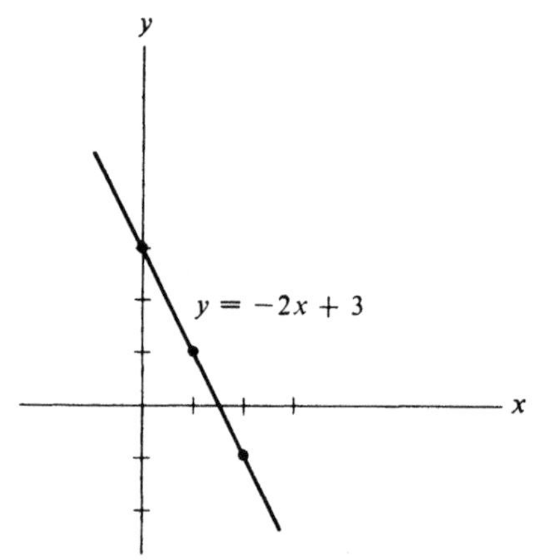

Bild 2.16

Für eine zur y-Achse parallele Gerade ist der Anstieg nicht definiert, da für zwei beliebige Punkte $(x_1; y_1)$ und $(x_2; y_2)$ auf einer solchen Geraden $x_2 = x_1$ gilt. Daher ist der Nenner des Bruches

$$\frac{y_2 - y_1}{x_2 - x_1}$$

gleich 0. Der Bruch ist nicht definiert.

Für eine zur x-Achse parallele Gerade, eine Horizontale, ist der Anstieg definiert. Für zwei beliebige Punkte $(x_1; y_1)$ und $(x_2; y_2)$ auf einer solchen Geraden gilt $y_2 = y_1$; daher hat der Bruch

$$\frac{y_2 - y_1}{x_2 - x_1}$$

den Wert 0 (der Bruch ist in diesem Falle nicht sinnlos, da der Nenner nicht 0 ist). Also hat eine horizontale Gerade den Anstieg 0. Dies folgt auch aus unserem Theorem, demzufolge eine Gerade $y = ax + b$ den Anstieg a aufweist. Eine horizontale Linie, die die y-Achse in b schneidet, hat die Gleichung

$$y = b$$

oder

$$y = 0x + b.$$

Beispiel 4: Durch die Funktion f sei jedem Wert x die Zahl drei zugeordnet. Man zeichne das Schaubild von f.

Lösung: Eine Wertetabelle von f ergibt:

x	−2	0	1	3
$f(x)$	3	3	3	3

Der Wert in der unteren Reihe ist immer drei. Die y-Koordinate eines jeden Punktes auf dem Schaubild ist daher gleich drei (Bild 2.17). Das Schaubild ist eine horizontale Gerade.

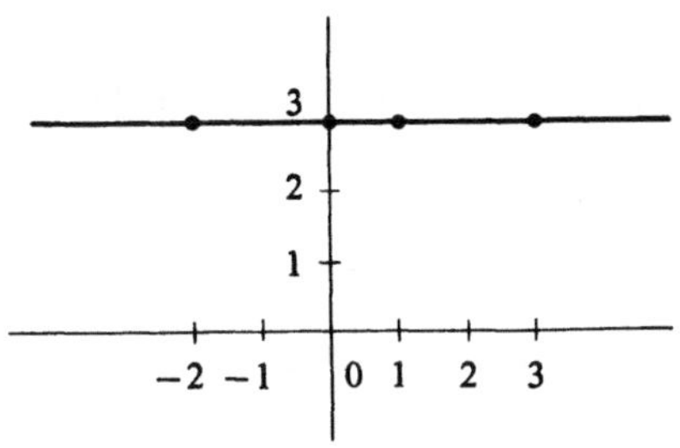

Bild 2.17

Eine Funktion, die (wie in Beispiel 4) allen Werten der unabhängigen Veränderlichen x ein und dieselbe Zahl zuordnet, nennt man *konstante Funktion*. Ihr Schaubild ist eine horizontale Gerade. Jede Funktion der Form $f(x) = ax + b$ nennt man *lineare Funktion*, da ihr Schaubild einer Geraden entspricht.

Übungen:

1. Man bestimme den Anstieg der Geraden durch die Punkte:
   (*a*) (2; 3) und (4; 7) (*b*) (1; 4) und (2; 2)
   (*c*) (4; 6) und (11; 6) (*d*) (1; 5) und (−3; 8).
2. Man bestimme den Anstieg der Geraden durch die Punkte:
   (*a*) (2; 4) und (3; 9)
   (*b*) (2; 4) und $(2{,}1; 2{,}1^2)$
   (*c*) (2; 4) und $(1{,}9; 1{,}9^2)$
   (*d*) (2; 4) und $(2 + h; (2 + h)^2)$
   (*e*) (2; 4) und $(x_1; x_1^2)$.
3. Man bestimme den Anstieg und den Schnitt der Geraden mit der y-Achse:
   (*a*) $y = 3x + 2$ (*b*) $y = 3x - 2$
   (*c*) $y = 4x$ (*d*) $y = 5$
   (*e*) $y = -4x$ (*f*) $y = x + 2$.
4. Man zeichne die Geraden
   (*a*) $y = 3x$ (*b*) $y = 3x + 1$ (*c*) $y = 3x - 1$.
5. Man zeichne die Geraden
   (*a*) $y = \frac{-x}{2}$ (*b*) $y = \frac{-x}{2} + 1$ (*c*) $y = \frac{-x}{2} - 1$
6. In Bild 2.18 bestimme man das Vorzeichen des Anstieges jeder der Geraden (positiv, negativ oder 0).

Bild 2.18

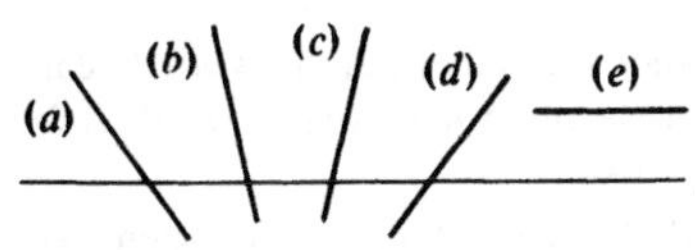

7. Man stelle die folgenden Geraden in der Form $y = ax + b$ dar:
   (*a*) der Anstieg sei 5 und der Schnitt mit der y-Achse sei −1;
   (*b*) der Anstieg sei 1 und die Gerade gehe durch den Punkt (0; 2);
   (*c*) die Gerade sei horizontal und gehe durch den Punkt (0; 4).
8. Man stelle die Gerade durch die Punkte (1; 2) und (0; 5) in der Form $y = ax + b$ dar.
9. Man stelle die Gerade durch die Punkte (2; 4) und (1; 5) in der Form $y = ax + b$ dar.

■

10. Eine Gerade mit Anstieg 3 geht durch den Punkt (1; 2). Man stelle die Gerade in der Form $y = ax + b$ dar.

11. Liegen die Punkte $(1;-2)$, $(4;5)$ und $(8;13)$ auf einer Geraden?

■■

12. Man ermittle den Punkt, in dem sich die beiden Geraden $y = 2x + 1$ und $y = 5x - 3$ schneiden.

Die nächsten Beispiele untersuchen die Parallelität von Geraden.

13. Zwei verschiedene Geraden einer Ebene heißen parallel, wenn sie sich nicht schneiden. (Jede Gerade ist zu sich selbst parallel.)

(*a*) Die beiden Geraden $y = a_1x + b_1$ und $y = a_2x + b_2$ sind nicht parallel, wenn a_1 nicht gleich a_2 ist. Man zeige dies!

(*b*) Die beiden Geraden $y = a_1x + b_1$ und $y = a_2x + b_2$ sind parallel, wenn a_1 gleich a_2 ist. Man zeige dies!

Zwei Gerade sind also dann und nur dann parallel, wenn sie den gleichen Anstieg besitzen.

14. Die Gerade $y = ax + b$ gehe durch die Punkte $(1;4)$ und $(2;-3)$. Man bestimme a und b.

15. Man zeichne das Schaubild der Geraden $y = 3x$ und $y = -\frac{1}{3}x$. (Beispiele 16 und 17 zeigen, daß die beiden einen rechten Winkel bilden.)

16. In Anhang B wird gezeigt, daß der Abstand zwischen den Punkten $(x_1;y_1)$ und $(x_2;y_2)$ durch

$$\sqrt{(x_2-x_1)^2+(y_2-y_1)^2}$$

gegeben ist. Wie wir aus der elementaren Geometrie wissen, bilden in einem Dreieck mit den Seiten a, b und c die beiden Seiten a und b dann und nur dann einen rechten Winkel, wenn die Gleichung $a^2 + b^2 = c^2$ gilt. Mit Hilfe dieser Formel zeige man, daß die Gerade durch die Punkte $(0;0)$ und $(x_1;y_1)$ zu der Geraden durch die Punkte $(0;0)$ und $(x_2;y_2)$ dann und nur dann senkrecht steht, wenn die Relation $x_1x_2 + y_1y_2 = 0$ erfüllt ist.

Aus den Beispielen 17 und 13 folgt, daß zwei Geraden (von denen keine parallel zu einer der Achsen ist) dann und nur dann aufeinander senkrecht stehen, wenn das Produkt ihrer beiden Anstiege gleich -1 ist.

17. (Vgl. Übung 16). a_1 und a_2 seien zwei von Null verschiedene Konstanten.

(*a*) Der Punkt $(1;a_1)$ liegt auf der Geraden $y = a_1x$ und der Punkt $(1;a_2)$ auf der Geraden $y = a_2x$. Man zeige dies!

(*b*) Die beiden Geraden $y = a_1x$ und $y = a_2x$ sind dann und nur dann zueinander senkrecht, wenn das Produkt ihrer beiden Anstiege gleich -1 ist, also $a_1a_2 = -1$. Man zeige dies!

2.4 Zusammenfassung

In diesem Kapitel wurden die Begriffe Funktion, Wertetabelle und Schaubild erklärt. Außerdem wurde ein spezieller Typ von Funktionen mit der Formel

$$f(x) = ax + b$$

diskutiert. Das zugehörige Schaubild ist eine Gerade. Eine Funktion ordnet jedem Element x aus einer Menge, genannt der *Definitionsbereich*, ein Element $f(x)$ aus einer anderen Menge zu. (Die beiden Mengen können, müssen aber nicht gleich sein.) In den bisherigen Kapiteln dieses Buches waren sowohl x als auch $f(x)$ gewöhnliche Zahlen. Das Schaubild einer solchen Funktion wird in einem Koordinatensystem dargestellt und besteht aus allen Punkten $(x;f(x))$. So ist $f(x)$ die y-Koordinate und x ist die x-Koordinate eines jeden Punktes des Schaubildes.

Im folgenden bringen wir eine Zusammenstellung der wichtigsten Funktionen dieses Kapitels.

Gleichung für f	*Form des Schaubildes*
$f(x) = x^2$	U-Form
$f(x) = \lvert x \rvert$	V-Form mit einer Ecke bei $(0;0)$
$f(x) = \frac{1}{x}$	Hyperbel mit zwei Ästen, die sich den Achsen nähern
$f(x) = ax + b$	Gerade mit dem Anstieg a und dem Schnitt der y-Achse bei b
$f(x) = b$	Horizontale Gerade in der Höhe b

Der Anstieg einer Geraden durch die Punkte $(x_1;y_1)$ und $(x_2;y_2)$ ist durch den Quotienten

$$\frac{y_2-y_1}{x_2-x_1}$$

definiert. Dieser Quotient ist von den beiden gewählten Punkten der Geraden unabhängig. Ist der Anstieg positiv, so steigt die Gerade von links nach rechts an. Ist der Quotient negativ, fällt die Gerade von links nach rechts ab.

Wichtige Ergebnisse

Die Gerade durch $(x_1;y_1)$ und $(x_2;y_2)$ besitzt den Anstieg

$$\frac{y_2-y_1}{x_2-x_1}.$$

Eine horizontale Gerade hat den Anstieg 0. Der Anstieg einer senkrechten Geraden ist nicht definiert. Die Gerade $y = ax + b$ hat den Anstieg a und schneidet die y-Achse in b.

Begriffe und Symbole

Funktion f
Absolutwert $|x|$
Quadratfunktion
Quadratwurzelfunktion
Kubusfunktion
reziproke Funktion
Wert oder Bild $f(x)$
Schaubild oder Graph
Definitionsbereich
Tabelle
Anstieg
y-Schnitt
konstante Funktion
lineare Funktion

Testaufgaben zu Kapitel 2

1. Sei $f(x) = \sqrt{x+1}$.
   (*a*) Wie lautet der Definitionsbereich von f?
   (*b*) Man gebe eine Tabelle und das Schaubild von f an.
2. Warum ist der Anstieg der Geraden $y = ax + b$ gleich a?
3. Man bestimme den Anstieg von folgenden Geraden.
   (*a*) $y = -\frac{1}{3}x + 2$ (*b*) $y = -x$
   (*c*) $y = -4$.
4. (*a*) Man zeichne ein Schaubild der Funktion
   $$f(x) = 3x^2 - 9x + 7.$$
   (*b*) Schneidet dieses Schaubild die x-Achse?

Die Rechnungen der Beispiele 5 und 6 werden für das nächste Kapitel wichtig sein.

5. Sei $f(x) = x^3 + 2x$. Man berechne
   (*a*) $\frac{f(2) - f(1)}{2 - 1}$ (*b*) $\frac{f(1,1) - f(1)}{1,1 - 1}$
6. Man stelle den Quotienten
   $$\frac{f(1+h) - f(1)}{h} \quad (h \text{ ungleich } 0)$$
   für folgende Funktionen so einfach wie möglich dar:
   (*a*) $f(x) = x^2$ (*b*) $f(x) = 8x - 3$
   (*c*) $f(x) = 5/x$ (*d*) $f(x) = x^3 + 2x$
7. Man zeichne das Schaubild von f für
   (*a*) $f(x) = \frac{x}{2} - \frac{1}{4}$ (*b*) $f(x) = x^4 - x^2$
   (*c*) $f(x) = \frac{1}{x^2 - 1}$
8. Der Punkt (1; 4) liege auf dem Schaubild einer Funktion f. Kann dann
   (*a*) der Punkt (5; 1),
   (*b*) der Punkt (1; 5),
   (*c*) der Punkt (5; 4)
   ebenfalls auf dem Schaubild liegen?

Übungen zu Kapitel 2

1. Eine Funktion f sei folgendermaßen definiert: Zu x addiere man zwei, bilde dann das Quadrat und schließlich den Kehrwert.
   (*a*) Wie lautet die Formel für $f(x)$.
   (*b*) Man zeichne ein Schaubild.
   (*c*) Wie lautet der Definitionsbereich von f?
2. Man stelle den Quotienten
   $$\frac{f(x_2) - f(x_1)}{x_2 - x_1}$$
   für folgende Funktionen so einfach wie möglich dar:
   (*a*) $f(x) = x^2 + 5$, (*b*) $f(x) = -1/x^2$,
   (*c*) $f(x) = 3x + 2$.
3. (*a*) Man zeichne die Funktionen $f(x) = 2x - 1/x$ und $f(x) = x$.
   (*b*) In welchen Punkten schneiden einander die beiden Schaubilder?
4. Sei $f(x) = |x|$. Man berechne
   (*a*) $\frac{f(1) - f(0)}{1 - 0}$ (*b*) $\frac{f(0,1) - f(0)}{0,1 - 0}$
   (*c*) $\frac{f(-0,1) - f(0)}{-0,1 - 0}$
5. Sei $f(x) = x^2$. Man zeige für beliebige Zahlen a und b:
   $$f(a+b) = f(a) + f(b) + 2ab.$$
6. Für welche der folgenden Funktionen gilt im ganzen Definitionsbereich $f(-a) = f(a)$?
   (*a*) $f(x) = 3x + 2$ (*b*) $f(x) = x^2$
   (*c*) $f(x) = x^3 + x$ (*d*) $f(x) = x^2 + x$
   (*e*) $f(x) = 1/x$ (*f*) $f(x) = x^4 - 5|x|$
7. Man stelle folgende Gerade in der Form $y = ax + b$ dar:
   (*a*) Anstieg $-\frac{1}{2}$, durch den Punkt $(0; \frac{3}{2})$,
   (*b*) durch die Punkte (0; − 2) und (2; 5).
8. Ist die Gerade durch die Punkte (− 2; 1) und (3; 8) parallel zu der Geraden durch die Punkte (3; − 2) und (10; 8)?
9. Eine Gerade hat die Gleichung $y = ax + b$. Was kann über a ausgesagt werden, wenn die Gerade
   (*a*) fast senkrecht ist (fast parallel zur y-Achse),
   (*b*) fast horizontal ist (fast parallel zur x-Achse),
   (*c*) abfällt, wenn man sich nach rechts bewegt,
   (*d*) ansteigt, wenn man sich nach rechts bewegt?

10. Man berechne $f(2 + 0{,}5) - f(2)$ für

(*a*) $f(x) = x^2 - 3x + 4$,

(*b*) $f(x) = x/(x + 1)$.

11. Man bestimme $f(f(2))$ für

(*a*) $f(x) = 1/x$, (*b*) $f(x) = -x$,

(*c*) $f(x) = x^3$, (*d*) $f(x) = 3x - 2$.

12. Eine Funktion sei durch die Kurve in Bild 2.19 gegeben. Man bestimme

(*a*) $f(0)$, (*b*) $f(1)$,

(*c*) $f(2)$, (*d*) $f(3)$.

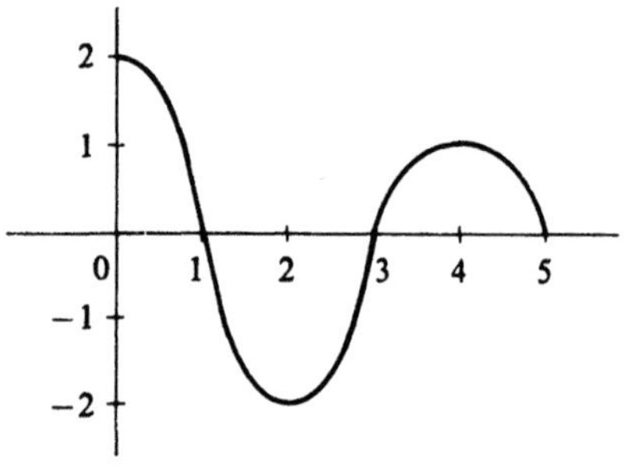

Bild 2.19

13. Dies ist ein Auszug aus der Tabelle einer bestimmten Funktion f

x	1	1,5	2	2,5
$f(x)$	2	3	4	6

Man bestimme

(*a*) $f(1)$, (*b*) $f(f(1))$,

(*c*) $f(1) + f(1{,}5)$.

3 Die Ableitung

In diesem Kapitel wird der Begriff der Ableitung eingeführt. Dies ist einer der wichtigsten Begriffe der Infinitesimalrechnung. Er soll an Beispielen aus Geometrie und Physik erläutert werden.

3.1 Vier Variationen zu einem Thema

Wir beginnen mit vier Problemen, die zunächst zusammenhanglos erscheinen. Sie betreffen die Begriffe Geschwindigkeit, Anstieg, Vergrößerung und Dichte. Etwas Arithmetik wird zeigen, daß diese Probleme nur verschiedene Versionen einer einzigen mathematischen Idee sind, die wir bereits in Abschnitt 1.1 kennengelernt haben. Wir wiederholen das dort besprochene Beispiel des fallenden Steines.

Problem 1: Ein Stein fällt $5t^2$ Meter in t Sekunden. Wie groß ist seine Geschwindigkeit nach 2 s?

Das nächste Problem behandelt die *Tangente* an eine Kurve (Bild 3.1). Vorläufig definieren wir eine *Tangente* an eine Kurve in einem Punkt P als diejenige Gerade, die durch diesen Punkt P geht und dort die gleiche Richtung wie die Kurve besitzt. Später wird dieser Begriff genauer definiert.

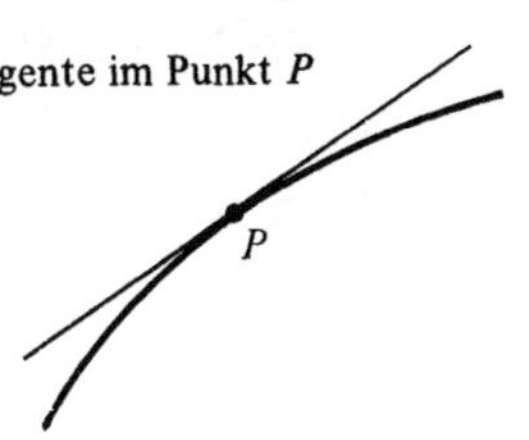

Bild 3.1

Problem 2: Wie groß ist im Punkt $P = (2; 4)$ der Anstieg der Tangente an den Graphen von $y = x^2$ (Bild 3.2)?

Zur Vorbereitung des nächsten Problems wollen wir folgende Definition vorausschicken.

Definition: a und b seien zwei Zahlen und $a < b$. Das *Intervall* $[a; b]$ besteht aus allen reellen Zahlen x mit

$$a \leqslant x \leqslant b.$$

Das Intervall $[a; b]$ reicht auf der Zahlengeraden von a bis b (Bild 3.3).

Bild 3.2

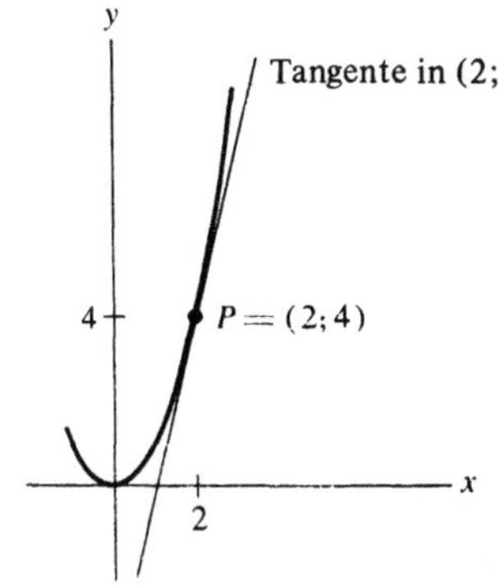

Bild 3.3

Das Intervall $[a; b]$

Bild 3.4

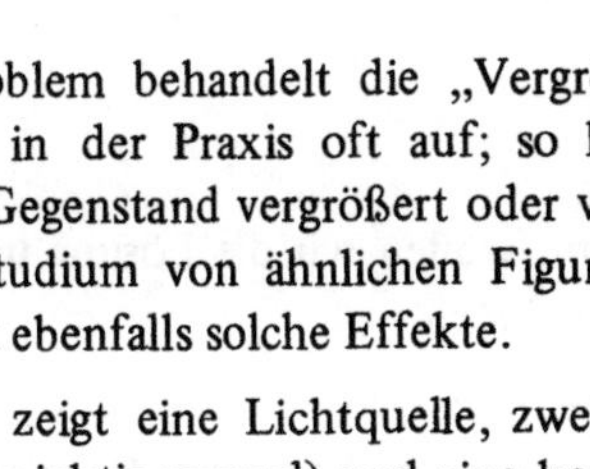

Das dritte Problem behandelt die „Vergrößerung“. Dieser Begriff tritt in der Praxis oft auf; so kann eine Photographie einen Gegenstand vergrößert oder verkleinert wiedergeben. Das Studium von ähnlichen Figuren in der Geometrie behandelt ebenfalls solche Effekte.

Problem 3: Bild 3.4 zeigt eine Lichtquelle, zwei Geraden (ein Dia und eine Projektionswand) und eine komplizierte Linse. Diese Anordnung projiziere jeden Punkt der unteren Linie mit der Koordinate x auf einen Punkt der oberen Linie, dessen Koordinate gleich x^2 sei. Dabei wird der Punkt 2 auf den Punkt 4 projiziert und 3 nach 9. Das Bild des Intervalls $[2; 3]$ ist daher das Intervall $[4; 9]$ und besitzt die fünffache Länge von $[2; 3]$. Die Projektion des Intervalls $[0; \frac{1}{3}]$ fällt auf $[0; \frac{1}{9}]$. Das Intervall wird auf ein Drittel verkürzt. Für sehr große x vergrößert die Linse stark; für kleine verkleinert die Linse. Wie groß ist ihre Vergrößerung im Punkt $x = 2$?

Das nächste Problem untersucht den Begriff der Dichte. Die Dichte von Wasser ist $1\,\mathrm{g/cm^3}$, während die Dichte von Blei etwa $11{,}3\,\mathrm{g/cm^3}$ beträgt. Luft hat eine Dichte von nur $0{,}0013\,\mathrm{g/cm^3}$. Die Dicht eines Gegenstandes kann von Punkt zu Punkt variieren; so ist die Dichte der Materie in der Nähe des Erdmittelpunktes viel größer als an der Erdoberfläche. Die *mittlere* Dichte der Erde beträgt etwa $5{,}5\,\mathrm{g/cm^3}$, mehr als das fünffache der Dichte von Wasser.

Der Begriff der Dichte kann als konkretes Beispiel für verschiedene mathematische Konzepte dienen und wird später noch mehrmals auftreten. Das nächste Problem behandelt eine gespannte Saite variabler Dichte, die in g/cm Saitenlänge angegeben sei. Die Materie wird dabei als ein Kontinuum und nicht als eine Aneinanderreihung von isolierten Molekülen betrachtet.

Problem 4: Gegeben sei eine inhomogene, 10 cm lange Saite. Die Masse der ersten x Zentimeter betrage x^2 Gramm. So hat die linke Hälfte der Saite eine Masse von 25 g. Offensichtlich ist die rechte Hälfte wesentlich dichter als die linke. Wie groß ist nun die Dichte in Gramm pro Zentimeter bei $x = 2$?

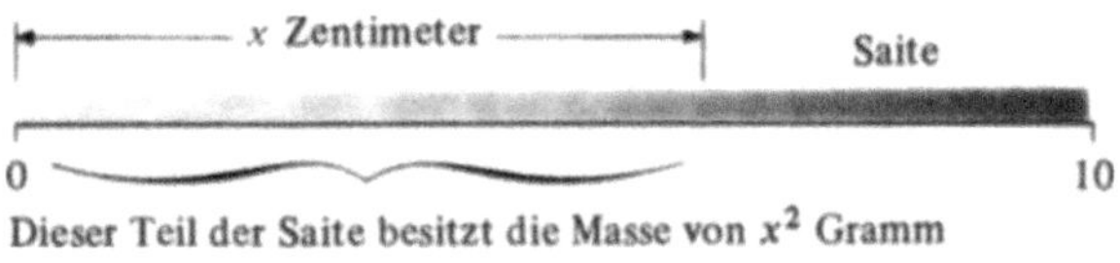

Bild 3.5

Nun wollen wir die Lösung unserer vier Probleme in Angriff nehmen.

Lösung von Problem 1 (Geschwindigkeit): Dieses Problem wurde bereits in Abschnitt 1.1 gelöst. Zur Zeit $t = 2$ beträgt die Geschwindigkeit 20 m/s. Der Quotient

$$\frac{5t^2 - 5(2)^2}{t - 2}$$

erreicht nämlich den Wert 20, wenn t sich dem Wert 2 nähert. ●

Lösung von Problem 2 (Anstieg): Zunächst könnte man versuchen, die Kurve $y = x^2$ sorgfältig zu zeichnen und im Punkt $(2; 4)$ die Tangente zu ziehen. Obwohl diese Methode manchmal nützlich sein kann, ist ihre Genauigkeit jedoch begrenzt (wie wir später in den Übungen sehen werden). Speziell in unserem Fall ist die Tangente fast vertikal und ein kleiner Fehler in der Messung des Winkels zwischen der Tangente und der x-Achse verursacht einen großen Fehler in der Berechnung des Anstiegs.

Wir werden deshalb eine andere Methode anwenden, die die Analogie dieser Aufgabe mit Problem 1 zeigt. Wir berechnen zunächst den Anstieg einer bestimmten Geraden, die eine gute Approximation für die Tangente im Punkt $P = (2; 4)$ ist. Um eine solche Gerade zu finden, betrachten wir nahe von P einen Punkt Q auf der Kurve $y = x^2$, etwa den Punkt $Q = (2{,}1; 2{,}1^2)$, und berechnen den Anstieg der Geraden durch die Punkte P und Q (Bilder 3.6 und 3.7). Der Anstieg dieser Geraden ist durch

$$\frac{2{,}1^2 - 2^2}{2{,}1 - 2}$$

gegeben. Es folgt

$$\frac{4{,}41 - 4}{0{,}1} = \frac{0{,}41}{0{,}1} = 4{,}1.$$

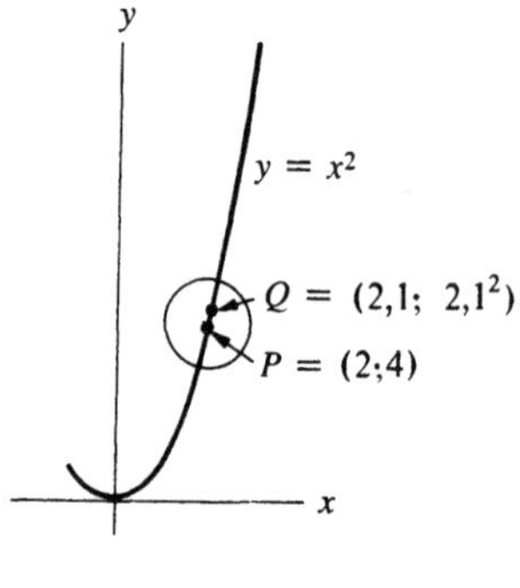

Bild 3.6

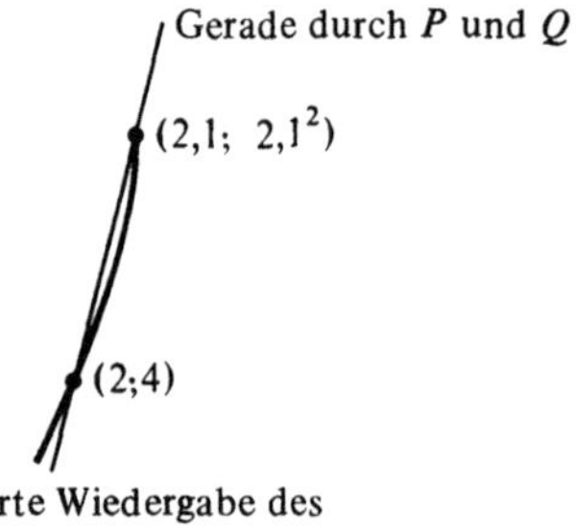

Bild 3.7

vergrößerte Wiedergabe des eingekreisten Gebietes von Bild 3.6

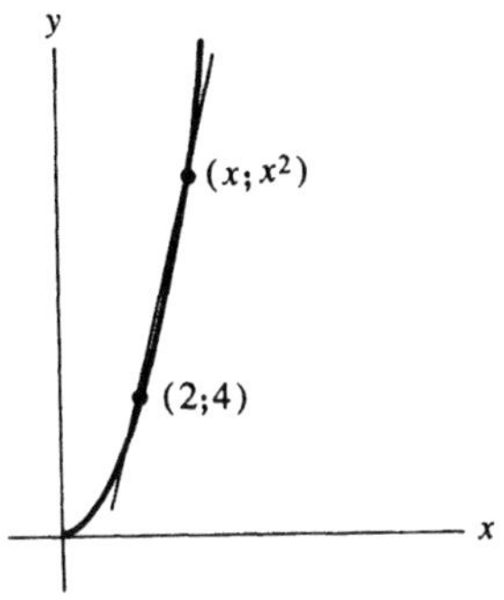

Bild 3.8

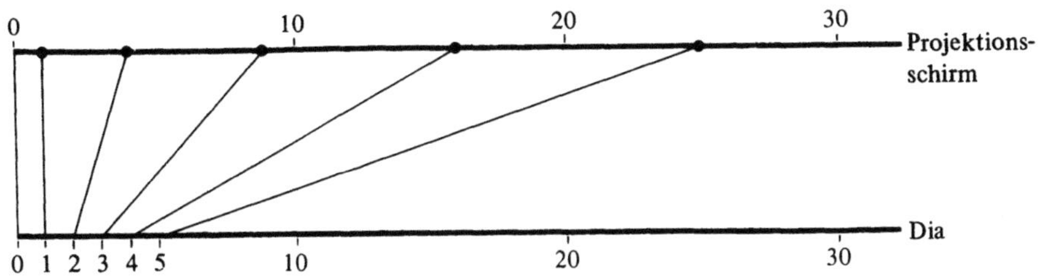

Bild 3.9

Eine erste Schätzung des Anstiegs der Tangente ist daher 4,1. Dieses Ergebnis folgt auch ohne Diskussion des Schaubildes durch direkte Rechnung.

Um eine bessere Schätzung zu finden, könnten wir diesen Prozeß für eine Gerade durch die Punkte $P = (2; 4)$ und $Q = (2{,}01; 2{,}01^2)$ wiederholen. Es ist jedoch günstiger von einem beliebigen Punkt Q auszugehen. So betrachten wir eine Gerade durch die Punkte $P = (2; 4)$ und $Q = (x; x^2)$; x möge in der Nähe von 2 liegen (Bild 3.8). Die Gerade hat den Anstieg

$$\frac{x^2-2}{x-2} = \frac{(x-2)(x+2)}{x-2} = x+2.$$

Wenn x nach 2 strebt, nähert sich $x + 2$ immer mehr 4. Daher hat die Tangente im Punkt (2; 4) den Anstieg 4. •

Lösung des Problems 3 (Vergrößerung): Die Linse projiziert den Punkt mit der Koordinate 2 auf den Punkt mit der Koordinate 2^2: Das Bild von 2 ist $2^2 = 4$. Das Bild von 3 ist $3^2 = 9$; das Bild von 5 ist $5^2 = 25$. Wir wollen einige Punkte mit ihren Bildern durch gerade Linien verbinden (Bild 3.9). Das Diagramm zeigt, wie das Intervall [2; 3] des Dias auf das Intervall [4; 9] auf der Wand vergrößert wird, dies entspricht einer fünffachen Vergrößerung. Analog wird das Intervall [3; 4] des Dias auf das Intervall [9; 16] auf der Wand abgebildet. Dies entspricht einer siebenfachen Vergrößerung. Die Vergrößerung der Linse steigt also von links nach rechts an.

Um die Vergrößerung im Punkt 2 des Dias zu berechnen, betrachten wir die Projektion des kleinen Intervalls [2; 2,1] auf den Bildschirm. Da das Bild von 2 bei 2^2 und das von 2,1 bei $2{,}1^2$ liegt, wird das gesamte Intervall [2; 2,1] mit der Länge 0,1 auf das Intervall $[2^2; 2{,}1^2]$ von der Länge

$$2{,}1^2 - 2^2 = 0{,}41$$

abgebildet. Der Vergrößerungsfaktor für das Intervall [2; 2,1] beträgt also

$$\frac{0{,}41}{0{,}1} = 4{,}1.$$

Dieses Ergebnis von 4,1 ist ein Näherungswert für die Vergrößerung bei $x = 2$.

Der nächste Schritt läßt sich leicht absehen. Anstelle nun ein engeres Intervall zu untersuchen, etwa [2; 2,01], betrachten wir ein allgemeines Intervall mit dem linken Ende 2.

Das Intervall $[2; x]$ wird auf $[2^2; x^2]$ abgebildet, $-x$ sei größer als 2 $-$. Da das Intervall $[2; x]$ die Länge $x - 2$ und das Intervall $[2^2; x^2]$ die Länge $x^2 - 2^2$ besitzt, ist der Vergrößerungsfaktor für das Intervall $[2; x]$ gleich

$$\frac{x^2-2^2}{x-2} = x+2.$$

Dieser Quotient nähert sich dem Wert 4, wenn x gegen 2 geht. Die Vergrößerung an der Stelle 2 ist also gleich 4. •

Lösung von Problem 4 (Dichte): Um die Dichte der Saite für $x = 2$ zu bestimmen, berechnen wir die Masse des Materials im Intervall [2; 2,1] (Bild 3.10).

Die Saite hat in diesem Intervall die Masse $(2{,}1^2 - 2^2)$ g oder

$$(4{,}41 - 4)\text{ g} = 0{,}41\text{ g}.$$

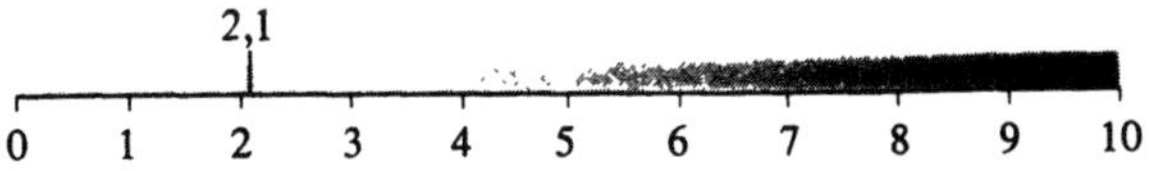

Bild 3.10

Nun betrachten wir wie in den früheren Problemen die Dichte in einem typischen kleinen Intervall $[2; x]$. Die Masse in diesem Intervall beträgt

$$(x^2 - 2^2)\ \text{g}.$$

Das Intervall hat die Länge von $(x - 2)$ cm. So ist die Dichte des Materials in diesem Intervall durch

$$\frac{x^2 - 2^2}{x - 2}\ \text{g/cm} = (x + 2)\ \text{g/cm}$$

gegeben. Nähert sich x dem Wert 2, so nimmt dieser Quotient allmählich den Wert 4 an: 2 cm vom linken Ende der Saite erhalten wir eine Dichte von 4 g/cm. •

Vom mathematischen Standpunkt aus führt uns ein und dasselbe Verfahren zu der Geschwindigkeit des Steins, zum Anstieg der Tangente, zu der Vergrößerung einer Linse und zur Dichte entlang einer Saite. Jedes dieser Probleme untersucht denselben Quotienten. Jedesmal studieren wir das Verhalten dieses Quotienten für den Fall, in dem x (oder t) sich dem Wert 2 nähert.

Dieses Verfahren wird im nächsten Abschnitt verallgemeinert und mit dem Begriff der Ableitungen in Verbindung gebracht.

Übungen:

1. Diese Übung zeigt die Grenzen der graphischen Bestimmung des Anstiegs einer Tangente an eine Kurve.
   (*a*) Man zeichne die Kurve $y = x^2$ so sorgfältig wie möglich.
   (*b*) Man zeichne so sorgfältig wie möglich die Tangente im Punkt (4; 16).
   (*c*) Man bestimme den Anstieg der Tangente mit Hilfe eines Lineals.
   (*d*) Man bestimme den Anstieg der Geraden durch die Punkte (4; 16) und $(4{,}01; 4{,}01^2)$.
   (*e*) Man bestimme den Anstieg der Geraden durch die Punkte (4; 16) und $(3{,}99; 3{,}99^2)$.
   (*f*) Man vergleiche die Resultate von (*c*) mit denen von (*d*) und (*e*).
2. Welche Abschätzung erhält man für
   (*a*) die Geschwindigkeit des Steins in Problem 1 aus der Untersuchung des Zeitintervalls von 2 s bis 2,001 s;
   (*b*) den Anstieg der Tangente im Problem 2, wenn man als zweiten Punkt auf der Kurve den Punkt $(2{,}001; 2{,}001^2)$ verwendet;
   (*c*) die Vergrößerung des Intervalls [2; 2,001] aus Problem 3;
   (*d*) die Dichte im Intervall [2; 2,001] aus Problem 4?
3. (*a*) Man zeichne die Kurve $y = x^2$ so sorgfältig wie möglich.
   (*b*) Man zeichne mit freier Hand die Tangente im Punkt (− 1; 1).
   (*c*) Wie groß ist der Anstieg der Geraden aus (*b*)?
   (*d*) Mit Hilfe des entsprechenden Quotienten zeige man, daß die Tangente bei (− 1; 1) den Anstieg − 2 besitzt.
4. Man bestimme die Dichte der Saite aus Problem 4 in einem Punkt x Zentimeter vom linken Ende entfernt. Man betrachte dazu die Masse in einem kleinen Intervall von $[x; x_1]$ wobei $x_1 > x$ gilt.
5. Man bestimme die Vergrößerung der Linse aus Problem 3 in einem beliebigen Punkt x aus der Vergrößerung eines kleinen Intervalls $[x; x_1]$ mit $x_1 > x$.
6. Man bestimme den Anstieg der Tangente an die Kurve $y = x^2$ aus Problem 2 in einem beliebigen Punkt $P = (x; x^2)$. Man untersuche hierzu den Anstieg der Geraden durch P und einen benachbarten Punkt $Q = (x_1; x_1^2)$.
7. Man schätze
   (*a*) den Anstieg der Tangente an die Kurve $y = x^2$ im Punkt $P = (3; 9)$ aus der Geraden durch P und den benachbarten Punkt $Q = (3{,}1; 3{,}1^2)$;
   (*b*) die Vergrößerung der Linse aus Problem 3 in $x = 3$ aus der Vergrößerung des Intervalls [3; 3,1];
   (*c*) die Dichte der Saite aus Problem 4 an der Stelle $x = 3$ durch Untersuchung des Intervalls [3; 3,01].
8. Um welchen Faktor vergrößert die Linse aus Problem 3 das Intervall
   (*a*) [1; 1,1]? (*b*) [1; 1,01]?
   (*c*) [1; 1,001]?
   (*d*) Wie groß ist die Vergrößerung für $x = 1$?
9. Ein Objekt bewegt sich in t Sekunden $2t^2 + t$ Meter.
   (*a*) Man bestimme die mittlere Geschwindigkeit während eines Zeitintervalls $[1; t]$ mit $t > 1$.
   (*b*) t nähere sich immer mehr 1 an, man bestimme daraus die Geschwindigkeit zur Zeit 1.
10. (*a*) Man zeichne das Schaubild der Kurve $y = 2x^2 + x$.
    (*b*) Man lege mit freier Hand im Punkt (1; 3) die Tangente an die Kurve. Man bestimme den Anstieg dieser Tangente mit Hilfe eines Lineals.
    (*c*) Man zeichne die Gerade durch die Punkte (1; 3) und $(x; 2x^2 + x)$.
    (*d*) Man bestimme den Anstieg der Geraden aus (*c*).
    (*e*) x nähere sich immer stärker 1. Man bestimme daraus den Anstieg der Tangente in (1; 3). Wie genau war die Abschätzung (*b*)?
11. (*a*) Man bestimme den Anstieg an die Kurve $y = 3x^2 - x + 2$ im Punkt $P = (x; 3x^2 - x + 2)$ mit Hilfe benachbarter Punkte.
    (*b*) An welchem Punkt dieser Kurve ist die Tangente horizontal?
12. (*a*) Man zeichne die Kurve $y = x + 1/x$.
    (*b*) Man schätze den Anstieg der Tangente an die Kurve im Punkt (1; 2).
    (*c*) Mit Hilfe benachbarter Punkte bestimme man den Anstieg der Tangente im Punkt (1; 2). Wie genau war die Schätzung (*b*)? ■

13. (*a*) In dieser Übung wird die algebraische Identität $c^3 - d^3 = (c^2 + cd + d^2)(c - d)$ benötigt. Man überprüfe sie zunächst.
(*b*) Man zeichne die Kurve $y = x^3$ und schätze den Anstieg der Tangente im Punkt (0; 0).
(*c*) Mit Hilfe benachbarter Punkte bestimme man den Anstieg der Tangente an die Kurve im Punkt (0; 0).

14. Man bestimme im Punkt (1; 1) den Anstieg der Tangente an die Kurve $y = x^3$ mit Hilfe benachbarter Punkte. Die Identität aus Übung 13 (*a*) wird dabei nützlich sein.

15. Eine Linse projiziert den Punkt mit der Koordinate x auf den Punkt mit der Koordinate x^3. Man bestimme die Vergrößerung an der Stelle $x = \frac{1}{2}$. (Siehe die Identität aus Aufgabe 13 (*a*).)

Die nächsten zwei Übungen wenden die Grundgedanken der bisher behandelten Probleme auf Biologie und Wirtschaft an.

16. Eine wachsende Bakterienkultur besitzt nach t Minuten eine Masse von t^2 Gramm.
(*a*) Um wieviel wächst die Kultur im Zeitintervall [2; 2,01]?
(*b*) Wie groß ist die Wachstumsrate im Zeitintervall [2; 2,01]?
(*c*) Wie groß ist die Wachstumsrate für $t = 2$?

17. Ein aufstrebendes Unternehmen hat in den ersten t Jahren einen Gewinn von t^2 Millionen DM erwirtschaftet. Von der Zeit $t = 3$ zur Zeit $t = 3{,}5$ (d.h. in der ersten Hälfte des vierten Jahres) beträgt der Gewinn $(3{,}5^2 - 3^2)$ Millionen DM. Dies ergibt eine Gewinnrate von

$$\frac{3{,}5^2 - 3^2}{0{,}5} \text{ Millionen DM/a} = 6{,}5 \text{ Millionen DM/a}.$$

(*a*) Wie groß ist die „jährliche" Gewinnrate im Zeitintervall [3; 3,1]?
(*b*) Wie groß ist die „jährliche" Gewinnrate im Zeitintervall [3; 3,01]?
(*c*) Wie groß ist die „jährliche" Gewinnrate nach 3 Jahren?

■■

18. Wir legen im Punkt (1; 1) an die Kurve $y = x^2$ eine Tangente. Führt sie durch den Punkt (6; 12)?

19. Ein Astronaut reist entlang der Kurve $y = x^2$ von links nach rechts. Wenn er in einem bestimmten Punkt das Triebwerk abstellt, so bewegt er sich entlang der zu diesem Punkt gehörigen Tangente weiter. In welchem Punkt muß er das Triebwerk abstellen, um den Punkt
(*a*) (4; 9), (*b*) (4; −9)
zu erreichen?

20. (*a*) Man zeichne die Kurve $y = x^3 - x^2$.
(*b*) Man bestimme den Anstieg der Tangente an die Kurve in einem beliebigen Punkt $(x; x^3 - x^2)$ und verwende hierzu benachbarte Punkte. Die Identität von Übung 13 (*a*) wird nützlich sein.
(*c*) Man finde auf der Kurve alle Punkte mit einer horizontalen Tangente.
(*d*) Man bestimme alle Punkte, in denen die Tangente den Anstieg 1 hat.

21. Man beantworte dieselben Fragen wie in Übung 20 für die Kurve $y = x^3 - x$.

22. Man vergleiche die Übungen 19 und 21. Wo muß der Astronaut, der entlang der Kurve $y = x^3 - x$ von links nach rechts fliegt, das Triebwerk abstellen, um den Punkt (2; 2) zu erreichen?

3.2 Die Ableitung eines Polynoms

Um das Geschwindigkeitsproblem (Abschnitte 1.1 und 3.1) zu lösen, mußten wir den Quotienten

$$\frac{5t^2 - 5(2)^2}{t - 2} = 5\frac{t^2 - 2^2}{t - 2}$$

in der Nähe von $t = 2$ untersuchen. Die Bestimmung des Anstiegs, der Vergrößerung und das Dichteproblem führten uns zu ähnlichen Überlegungen für den Quotienten

$$\frac{x^2 - 2^2}{x - 2}.$$

Diese Quotienten ergaben sich aus den beiden vorgegebenen Ausdrücken $5t^2$ und x^2. Wir können unsere vier Probleme aber auch für völlig andere Ausdrücke studieren. Beispiel 1 soll dies erläutern.

Beispiel 1: Man bestimme im Punkt $P = (1; 1^3)$ den Anstieg der Tangente an die Kurve $y = x^3$.

Lösung: Es ist nicht notwendig, die Kurve zu zeichnen. Wir gehen wie bei Problem 2 vor und wählen einen Punkt $Q = (x; x^3)$ auf der Kurve. Die Gerade durch die Punkte $P = (1; 1^3)$ und Q hat den Anstieg

$$\frac{x^3 - 1^3}{x - 1}.$$

Um den Zähler zu vereinfachen, verwenden wir die algebraische Identität

$$c^3 - d^3 = (c^2 + cd + d^2)(c - d).$$

Für $c = x$ und $d = 1$ ergibt dies

$$x^3 - 1^3 = (x^2 + x \cdot 1 + 1^2)(x - 1).$$

Der Anstieg der Geraden durch P und Q beträgt daher

$$\frac{(x^2 + x + 1)(x - 1)}{x - 1}$$

oder

$$x^2 + x + 1.$$

Strebt nun x gegen 1, so erreicht der Anstieg der Geraden durch P und Q den Wert

$$1 + 1 + 1 = 3.$$

Die Tangente im Punkt $(1; 1^3)$ hat folglich den Anstieg 3.

Um unser Ergebnis zu überprüfen, zeichnen wir das Schaubild von $y = x^3$. Zuerst fertigen wir eine Tabelle für die Kurve $y = x^3$ an:

x	-2	-1	0	1	2
x^2	-8	-1	0	1	8

Nun zeichnen wir die Kurve $y = x^3$ durch die fünf angegebenen Punkte (Bild 3.11). Die Tangente in Punkt (1; 1) ist steil und hat einen positiven Anstieg; die Zahl 3 für den Wert des Anstiegs ist daher plausibel. •

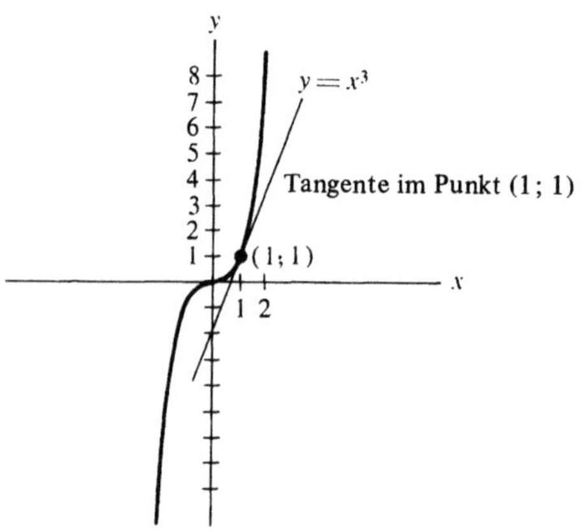

Bild 3.11

Jedes der folgenden Probleme kann analog zu Beispiel 1 behandelt werden:

Ein Objekt bewegt sich in den ersten t Sekunden um t^3 Meter. Wie groß ist seine Geschwindigkeit nach 1 s?

Eine Linse projiziert den Punkt mit der Koordinate x auf den Punkt mit der Koordinate x^3. Wie groß ist die Vergrößerung an der Stelle $x = 1$?

Die ersten x Zentimeter einer Saite haben eine Masse von x^3 Gramm. Wie groß ist die Dichte der Saite für $x = 1$ cm?

Um diese drei Fragen zu beantworten, sind völlig identische algebraische Schritte notwendig. Die Geschwindigkeit beträgt 3 m/s; die Vergrößerung ist dreifach; die Dichte ist durch 3 g/cm gegeben.

Selbstverständlich müssen wir unsere Betrachtungen nicht auf den Punkt $x = 1$ beschränken. So berechnen wir im nächsten Beispiel den Anstieg der Tangente für einen beliebigen Punkt $P = (x; x^3)$ der Kurve $y = x^3$.

Beispiel 2: Man bestimme im Punkt $P = (x; x^3)$ den Anstieg der Tangente an die Kurve $y = x^3$.

Lösung: In diesem Fall bezeichnen wir den zu P benachbarten Punkt mit

$$Q = (x_1; x_1^3).$$

Der Anstieg der Geraden durch P und Q beträgt

$$\frac{x_1^3 - x^3}{x_1 - x}.$$

Aus der Identität

$$c^3 - d^3 = (c^2 + cd + d^2)(c - d)$$

folgt

$$x_1^3 - x^3 = (x_1^2 + x_1 x + x^2)(x_1 - x).$$

Daher ist der Anstieg der Geraden durch P und Q gleich

$$\frac{(x_1^2 + x_1 x + x^2)(x_1 - x)}{x_1 - x}.$$

Dies ergibt durch Kürzen

$$x_1^2 + x_1 x + x^2.$$

Erreicht x_1 den Wert x, so nimmt dieser Ausdruck den Wert

$$x^2 + xx + x^2 = 3x^2$$

an.

Die Tangente im Punkt $(x; x^3)$ hat daher den Anstieg $3x^2$. •

Dieses Ergebnis umfaßt auch den speziellen Fall von Beispiel 1 ($x = 1$). Für $x = 0$ wird der Ausdruck $3x^2$ ebenfalls 0. Daher ist die Tangente im Punkt (0; 0) horizontal. Es mag zunächst sonderbar erscheinen, daß eine Tangente die Kurve *kreuzen* kann. Wesentlich für die Definition der Tangente war jedoch ausschließlich die Übereinstimmung ihrer Richtung mit der Richtung der Kurve im jeweils betrachteten Punkt.

Eine Bezeichnung für „x_1 nähert sich x“. Üblicherweise wird die Formulierung, „x_1 nähert sich x“, durch das Symbol

$$x_1 \to x$$

abgekürzt. Wie wir in Beispiel 2 gesehen haben, folgt aus $x_1 \to x$ unmittelbar

$$\frac{x_1^3 - x^3}{x_1 - x} \to 3x^2.$$

Wir können dies noch einfacher schreiben:

$$\lim_{x_1 \to x} \frac{x_1^3 - x^3}{x_1 - x} = 3x^2.$$

Wir sagen dann: „Wenn x_1 gegen x strebt, so ist der Limes von

$$\frac{x_1^3 - x^3}{x_1 - x}$$

gleich $3x^2$“.

Die Bezeichnungen $x_1 \to x$ und $\lim\limits_{x_1 \to x}$ werden in der Infinitesimalrechnung häufig auftreten. Im nächsten Kapitel wird der Limesbegriff ausführlich behandelt.

Die Ableitung: Ausgehend von der Funktion x^3 erhalten wir eine andere Funktion $3x^2$. Diese Funktion $3x^2$ wird die *Ableitung* der Funktion x^3 genannt. Die formale Definition der Ableitung folgt im nächsten Abschnitt. Sie wird in den Kapiteln 4 und 7 eine fundamentale Rolle spielen. Zur Berechnung der Ableitung müssen wir das Verhalten eines bestimmten Quotienten für $x_1 \to x$ ermitteln. Dabei ist es gleichgültig, ob die Ableitung als Geschwindigkeit, als Anstieg, als Vergrößerung oder Dichte interpretiert wird.

Mit Hilfe einer algebraischen Identität können wir auch die Ableitung der Funktion x^n für jede positive ganze Zahl n berechnen. Wir verwenden dabei die Formel

$$c^n - d^n = (c^{n-1} + c^{n-2}d + c^{n-3}d^2 + \dots + d^{n-1})(c - d).$$

Multipliziert man die beiden Klammerausdrücke auf der rechten Seite aus, so heben sich tatsächlich sämtliche Produkte mit Ausnahme von c^n und $-d^n$ auf. Diese Formel wird in den Beweis des folgenden Theorems eingehen. Wir schreiben

$$x_1^n - x^n = (x_1^{n-1} + x_1^{n-2}x + x_1^{n-3}x^2 + \dots + x^{n-1})(x_1 - x).$$

Theorem: Für jede positive ganze Zahl ist die Ableitung von x^n durch nx^{n-1} gegeben.

Beweis: Der Beweis verläuft analog zu Beispiel 2, nur ist die Zahl 3 durch die Zahl n ersetzt. Wir müssen das Verhalten des Quotienten

$$\frac{x_1^n - x^n}{x_1 - x}$$

für $x_1 \to x$ bestimmen. Die Identität

$$x^n - x^n = (x_1^{n-1} + x_1^{n-2}x + x_1^{n-3}x^2 + \dots + x^{n-1})(x_1 - x)$$

ergibt für den Quotienten nun die Darstellung

$$\frac{(x_1^{n-1} + x_1^{n-2}x + x_1^{n-3}x^2 + \dots + x^{n-1})(x_1 - x)}{x_1 - x}.$$

Dies ist weiter gleich

$$x_1^{n-1} + x_1^{n-2}x + x_1^{n-3}x^2 + \dots + x^{n-1}.$$

Für $x_1 \to x$ erreicht dieser Ausdruck den Wert

$$\begin{aligned} x^{n-1} &+ x^{n-2}x + x^{n-3}x^2 + \dots + x^{n-1} \\ &= x^{n-1} + x^{n-1} + x^{n-1} + \dots + x^{n-1} \\ &= nx^{n-1}, \end{aligned}$$

da genau n Summanden vorhanden sind. Damit ist das Theorem bewiesen. ●

Die direkte Anwendung dieses Theorems zeigt zum Beispiel:

Die Ableitung von x^5 ist $5x^{5-1} = 5x^4$.
Die Ableitung von x^4 ist $4x^{4-1} = 4x^3$.
Die Ableitung von x^3 ist $3x^{3-1} = 3x^2$.
Die Ableitung von x^2 ist $2x^{2-1} = 2x$.
Die Ableitung von x^1 ist $1x^0 = 1$.

(Die Gerade mit der Formel $y = x$ hat bekanntlich den Anstieg 1.)

Es folgen einige Probleme, die mit Hilfe der soeben bewiesenen Formel gelöst werden können.

Frage: Wie groß ist im Punkt $(2; 2^4)$ der Anstieg der Tangente an die Kurve $y = x^4$?

Antwort: Da die Ableitung von x^4 gleich $4x^3$ beträgt, ist der Anstieg gleich $4 \cdot 2^3 = 32$.

Frage: Ein Objekt legt in den ersten t Sekunden t^5 Meter zurück. Wie groß ist seine Geschwindigkeit zur Zeit $t = 3$?

Antwort: Da die Ableitung von t^5 gleich $5t^4$ beträgt, ist die Geschwindigkeit zur Zeit $t = 3$ durch $5 \cdot 3^4$ m/s $= 405$ m/s gegeben.

Ähnliche Fragen hinsichtlich Vergrößerung und Dichte können nun ebenfalls direkt beantwortet werden.

Im nächsten Beispiel wird die Ableitung der Funktion f, mit der Formel $f(x) = 5x^3$, hergeleitet. Dabei untersuchen wir den Einfluß des Koeffizienten 5 auf die Ableitung.

Beispiel 3: Man bestimme die Ableitung der Funktion $5x^3$.

Lösung: Aufgrund der Definition der Ableitung müssen wir

$$\lim_{x_1 \to x} \frac{5x_1^3 - 5x^3}{x_1 - x}$$

bestimmen. Wie in Beispiel 2 gezeigt wurde, gilt

$$x_1^3 - x^3 = (x_1^2 + x_1 x + x^2)(x_1 - x).$$

Das heißt

$$\begin{aligned} \frac{5x_1^3 - 5x^3}{x_1 - x} &= \frac{5(x_1^3 - x^3)}{x_1 - x} \\ &= \frac{5(x_1^2 + x_1 x + x^2)(x_1 - x)}{x_1 - x} \\ &= 5(x_1^2 + x_1 x + x^2). \end{aligned}$$

Daher folgt

$$\begin{aligned} \lim_{x_1 \to x} \frac{5x_1^3 - 5x^3}{x_1 - x} &= \lim_{x_1 \to x} (5x_1^2 + x_1 x + x^2) \\ &= 5(x^2 + xx + x^2) \\ &= 5(3x^2) \\ &= 15x^2. \end{aligned}$$

Die Ableitung von $5x^3$ ist also das Fünffache der Ableitung von x^3. ●

Analog kann man ganz allgemein zeigen, daß für jede beliebige Konstante c und für jede positive ganze Zahl n die Ableitung von cx^n durch cnx^{n-1} gegeben ist. So ist die Ableitung von $-5x^2$ gleich $-5(2x) = -10x$.

Im nächsten Beispiel behandeln wir die Ableitung eines Polynoms.

Beispiel 4: Man bestimme die Ableitung der Funktion f mit der Formel

$$f(x) = x^3 - 5x^2 + 6x + 2.$$

Lösung: In diesem Fall erhalten wir für den Quotienten

$$\begin{aligned} &\frac{(x_1^3 - 5x_1^2 + 6x_1 + 2) - (x^3 - 5x^2 + 6x + 2)}{x_1 - x} \\ &= \frac{x_1^3 - x^3 - 5(x_1^2 - x^2) + 6(x_1 - x) + 2 - 2}{x_1 - x} \\ &= \frac{x_1^3 - x^3}{x_1 - x} - 5\frac{x_1^2 - x^2}{x_1 - x} + 6\frac{x_1 - x}{x_1 - x} \\ &= \frac{x_1^3 - x^3}{x_1 - x} - 5\frac{x_1^2 - x^2}{x_1 - x} + 6. \end{aligned}$$

Für $x_1 \to x$ vereinfacht sich der letzte Ausdruck auf

$$3x^2 - 5(2x) + 6 = 3x^2 - 10x + 6.$$

Die Ableitung von $x^3 - 5x^2 + 6x + 2$ ist also $3x^2 - 10x + 6$. ●

Die Ableitung eines Polynoms: Der konstante Term 2 des Polynoms aus Beispiel 4 trägt zur Ableitung nichts bei. Der Term $6x$ liefert 6. Der Term x^3 ergibt $3x^2$, dies ist die Ableitung von x^3. Der Term $-5x^2$ trägt schließlich $-10x$ bei. Demnach ist die Ableitung jedes Polynoms einfach gleich der Summe der Ableitungen der einzelnen Terme. Dieser allgemeine Satz wird in Abschnitt 5.5 bewiesen. Die Ableitung von

$$6x^4 + 2x^3 + 9x^2 - 7x + 4$$

ist daher gegeben durch

$$24x^3 + 6x^2 + 18x - 7.$$

Übungen:

1. Wie groß ist die Ableitung von
   (*a*) x^2 für $x = 3$? (*b*) x^4 für $x = -1$?
   (*c*) x^5 für $x = 2$? (*d*) x^6 für $x = 0$?
   (*e*) $16x^2$ für $x = \frac{1}{2}$? (*f*) $-\frac{1}{2}x^7$ für $x = 2$?
2. Man bestimme die Ableitung von $6x^2 + 3x + 2$ aus der Definition der Ableitung.

Für die Übungen 3 bis 11 verwende man die oben hergeleiteten Formeln.

3. Man bestimme die Ableitung von
   (*a*) $5x^3 - x^2 - 2x + 5$ für $x = 1$,
   (*b*) $x^7 - x^6 + x + 3$ für $x = 0$,
   (*c*) $4x^{10} - 10x^4 + 8x$ für $x = -1$.
4. Man bestimme die Ableitung von $6x^5 - x^4 + 3x^3 + 2x + 5$ für $x = 1$.

5. Man bestimme die Ableitung von $2x^8 - 6x + 2$ für $x = -1$.
6. Man bestimme die Ableitung von $\frac{1}{2}x^7 - 4x$ für $x = 0$.
7. Ein Teilchen bewegt sich in t Sekunden $2t^4 + t^3$ Meter. Man bestimme seine Geschwindigkeit zur Zeit $t = 2$.
8. Man bestimme im Punkt (1; 2) den Anstieg der Tangente an die Kurve $y = -x^5 + 2x^3 + x$.
9. Die ersten x Zentimeter einer Saite haben die Masse von $2x^5 + x$ Gramm. Wie groß ist die Dichte für $x = 3$.
10. Eine Linse projiziert den Punkt x auf den Punkt $x^6 + 3x^2 + x$. Man bestimme ihre Vergrößerung für $x = 1$.
11. Ein bestimmtes Objekt fällt in t Sekunden um $5t^2 + 20t$ Meter.
    (*a*) Man bestimme seine Geschwindigkeit zur Zeit t.
    (*b*) Wie groß ist seine Geschwindigkeit am Beginn der Bewegung für $t = 0$?

■

12. (*a*) Man beweise
    $$c^5 - d^5 = (c^4 + c^3d + c^2d^2 + cd^3 + d^4)(c - d).$$
    (*b*) Mit Hilfe der Formel von (*a*) zeige man, daß die Ableitung von x^5 gleich $5x^4$ ist.
13. (*a*) Man zeichne das Schaubild der Kurve $y = x^5 - 5x$.
    (*b*) Wo schneidet die Kurve die x-Achse?
    (*c*) In welchem Punkt ist die Tangente horizontal?
14. (*a*) Man zeichne das Schaubild von $y = 3x^2 + 5x + 6$.
    (*b*) Man schätze die x-Koordinate des Punktes ab, in dem die Tangente horizontal verläuft.
    (*c*) Mit Hilfe der Ableitung löse man (*b*) exakt.
15. Man zeichne im Punkt $(\frac{1}{2}; \frac{1}{16})$, die Tangente an die Kurve $y = x^4$, ohne das Schaubild der Funktion zu zeichnen.

■■

16. Welchen Zahlenwert erreicht $(x^5 - 1)/(x^3 - 1)$ für $x \to 1$?
17. Man bestimme die Ableitung von
    (*a*) $f(x) = (2x + 1)^2$,
    (*b*) $f(x) = (3x + 1) \cdot (3x - 1)$. *Vorsicht!*
18. (*a*) Man bestimme die Ableitung von $f(x) = x(x - 1)^2$.
    (*b*) In welchem Punkt des Schaubildes ist die Tangente horizontal?
    (*c*) Man zeichne das Schaubild von $y = x(x - 1)^2$.
    (*d*) Wie groß ist vermutlich der größte Wert von $x(x - 1)^2$ für x aus dem Intervall $[0; 1]$.
19. Seien a, b, c, d und e Konstanten und $a \neq 0$.
    (*a*) Wie viele Punkte der x-Achse können maximal auf der folgenden Kurve liegen:
    $$y = ax^4 + bx^3 + cx^2 + dx + e.$$
    (*b*) Wie viele horizontale Tangenten kann die Kurve maximal besitzen?
20. Man gebe zwei Beispiele für ein Polynom mit der Ableitung $x^3 - x^2$.

3.3 Die Ableitung einer Funktion

In Abschnitt 3.2 wurde die Ableitung der Funktion $f(x) = x^n$ gefunden und die Ableitungen von Polynomen berechnet. Man kann genausogut die Ableitung anderer Funktionen, wie etwa

$$f(x) = \frac{1}{x}$$

und

$$f(x) = \sqrt{x}$$

berechnen.

Zuerst wollen wir die Ableitung allgemein definieren und dann die Ableitungen dieser beiden speziellen Funktionen berechnen. In der folgenden Herleitung verwenden wir den Funktionsbegriff und verallgemeinern die Rechnungen des vorhergehenden Abschnittes.

Definition der Ableitung einer Funktion: f sei eine Funktion, bei der sowohl der Definitionsbereich, als auch der Wertebereich aus reellen Zahlen besteht. Sei x irgendeine Zahl aus dem Definitionsbereich von f. Existiert

$$\lim_{x_1 \to x} \frac{f(x_1) - f(x)}{x_1 - x},$$

so nennen wir diesen Grenzwert „Ableitung von f an der Stelle x".

Wir betrachten einige Beispiele:

Beispiel 1: Man gebe die Ableitung der Kehrwertfunktion f

$$f(x) = \frac{1}{x}.$$

Lösung: Da der Definitionsbereich die Zahl 0 ausschließt, betrachten wir nur den Fall $x \neq 0$. Der Quotient

$$\frac{f(x_1) - f(x)}{x_1 - x}$$

hat die Gestalt

$$\frac{1/x_1 - 1/x}{x_1 - x} \qquad x_1 \neq x$$

oder

$$\frac{(x - x_1)/xx_1}{x_1 - x} \quad \text{und} \quad \frac{(x - x_1)\,1}{(x_1 - x)\,xx_1}.$$

Mit $x - x_1 = -(x_1 - x)$, vereinfacht sich dies zu

$$\frac{-1}{xx_1}.$$

Wie verhält sich dieser Quotient für $x_1 \to x$? Wie groß ist also

$$\lim_{x_1 \to x} \frac{-1}{xx_1}?$$

Dieser Grenzwert ist nicht schwer zu berechnen:

$$\lim_{x_1 \to x} \frac{-1}{xx_1} = -\frac{1}{xx} = -\frac{1}{x^2}.$$

Die Ableitung der Funktion $1/x$ ist somit durch die Funktion $-1/x^2$ gegeben. ●

Die Formel für die Ableitung von $1/x$ sollte man sich einprägen!

Ist das Ergebnis von Beispiel 1 plausibel? Da x^2 für alle Werte von x positiv bleibt, ist der Anstieg $-1/x^2$ immer negativ. Ferner ist der Betrag $-1/x^2$ für kleine x sehr groß, die Tangenten werden dort sehr steil. Ist hingegen x sehr groß, so wird $-1/x^2$ klein und negativ. Die Tangenten werden fast horizontal, sind aber leicht abwärts geneigt.

Stimmen diese Schlußfolgerungen mit dem Schaubild der Funktion überein? Das Schaubild von $1/x$ (siehe auch Abschnitt 2.2) ist in Bild 3.12 gezeigt.

Alle unsere Aussagen werden bestätigt. Die Tangenten haben alle negativen Anstieg; darüber hinaus sind sie für kleine x sehr steil und werden für große $|x|$ fast horizontal.

Beispiel 2: Wie lautet die Ableitung der Quadratwurzelfunktion.

Lösung: Untersuchen wir

$$\lim_{x_1 \to x} \frac{f(x_1) - f(x)}{x_1 - x}$$

im Fall $f(x) = \sqrt{x}$. Da die Quadratwurzelfunktion für negative Zahlen nicht definiert ist, beschränken wir uns auf $x \geqslant 0$. Die Werte der Quadratwurzel sind nicht negativ. In diesem Fall gilt

$$f(x) = \sqrt{x} \quad \text{und} \quad f(x_1) = \sqrt{x_1}.$$

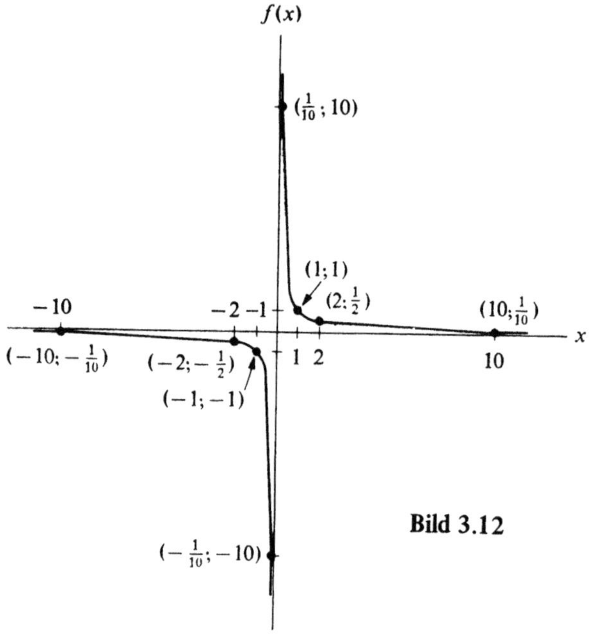

Bild 3.12

Der Quotient

$$\frac{f(x_1) - f(x)}{x_1 - x}$$

ist in diesem Falle gleich

$$\frac{\sqrt{x_1} - \sqrt{x}}{x_1 - x}.$$

Wie verhält sich dieser Quotient für $x_1 \to x$? Sowohl der Zähler als auch der Nenner streben gegen 0. Um den sinnlosen Ausdruck 0/0 zu umgehen, müssen wir den Quotienten mit Hilfe von algebraischen Identitäten umformen. Die Formel für $c^n - d^n$ aus Abschnitt 3.2 ist hier nicht von Nutzen. Statt dessen multiplizieren wir Zähler und Nenner mit $\sqrt{x_1} + \sqrt{x}$, um im Nenner $x_1 - x$ zu erhalten:

$$\begin{aligned}
\frac{\sqrt{x_1} - \sqrt{x}}{x_1 - x} &= \frac{(\sqrt{x_1} - \sqrt{x})(\sqrt{x_1} + \sqrt{x})}{(x_1 - x)(\sqrt{x_1} + \sqrt{x})} \\
&= \frac{(\sqrt{x_1})^2 - (\sqrt{x})^2}{(x_1 - x)(\sqrt{x_1} + \sqrt{x})} \\
&= \frac{x_1 - x}{(x_1 - x)(\sqrt{x_1} + \sqrt{x})} \\
&= \frac{1}{\sqrt{x_1} + \sqrt{x}} \qquad x_1 \neq x.
\end{aligned}$$

Wir untersuchen nun den viel einfacheren Ausdruck

$$\frac{1}{\sqrt{x_1}+\sqrt{x}}$$

für $x_1 \to x$. Wir unterscheiden die beiden Fälle $x > 0$ und $x = 0$. Im ersten Fall $x > 0$ gilt für $x_1 \to x$

$$\frac{1}{\sqrt{x_1}+\sqrt{x}} = \frac{1}{\sqrt{x}+\sqrt{x}} = \frac{1}{2\sqrt{x}} .$$

Also ist die Ableitung der Quadratwurzelfunktion im Punkt $x > 0$ gleich

$$\frac{1}{2\sqrt{x}} .$$

Die Formel für die Ableitung $\sqrt{x}$ *sollte man sich einprägen!*

Für $x = 0$ erhalten wir

$$\frac{1}{\sqrt{x_1}+\sqrt{x}} = \frac{1}{\sqrt{x_1}+0} = \frac{1}{\sqrt{x_1}} .$$

Für $x_1 \to 0$ wird der Quotient $1/\sqrt{x_1}$ immer größer und größer; er besitzt keinen Grenzwert. Die Ableitung der Quadratwurzelfunktion ist daher an der Stelle $x = 0$ nicht definiert. ●

Ist das Ergebnis von Beispiel 2 plausibel? Demnach wäre für große x der Anstieg der Tangente in $(x; \sqrt{x})$ fast Null, da der Ausdruck $1/(2\sqrt{x})$ fast Null wird. Um den Graphen zu zeichnen, gehen wir von der Tabelle

x	0	1	4	9	16	25
$\sqrt{x}$	0	1	2	3	4	5

aus. Aus den angegebenen sechs Punkten läßt sich die Kurve leicht zeichnen (Bild 3.13). Weit rechts ist die Tangente tatsächlich fast horizontal, wie die Formel $1/(2\sqrt{x})$ anzeigt. In der Nähe von $x = 0$ ist die Ableitung $1/(2\sqrt{x})$ groß. Die Kurve wird dort immer steiler.

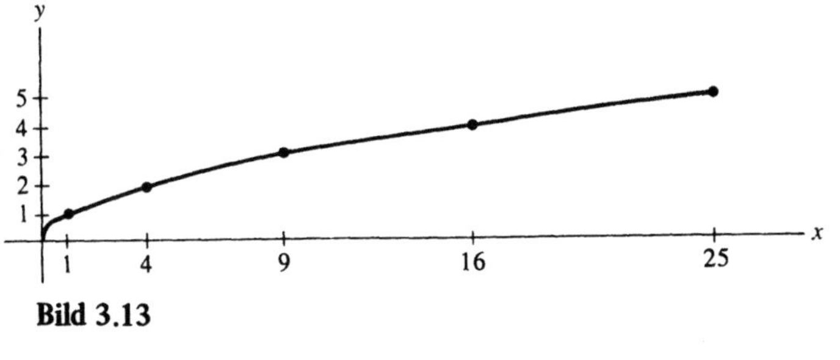

Bild 3.13

Man könnte aus den bisherigen Beispielen den Eindruck gewinnen, daß jede auf der gesamten Zahlengeraden definierte Funktion auch für alle Werte von x eine Ableitung besitzt. Dies ist jedoch nicht der Fall. Das nächste Beispiel zeigt, daß die Absolutwertfunktion für $x = 0$ keine Ableitung besitzt.

Beispiel 3: Das Schaubild der Funktion f mit der Formel $f(x) = |x|$ wurde bereits in Abschnitt 2.2 diskutiert. Der scharfe Knick bei (0; 0) (Bild 3.14) wirft die Frage auf, wie die Tangente dort definiert werden könnte. Tatsächlich besitzt diese Funktion keine Ableitung für $x = 0$. Man beweise dies!

Bild 3.14

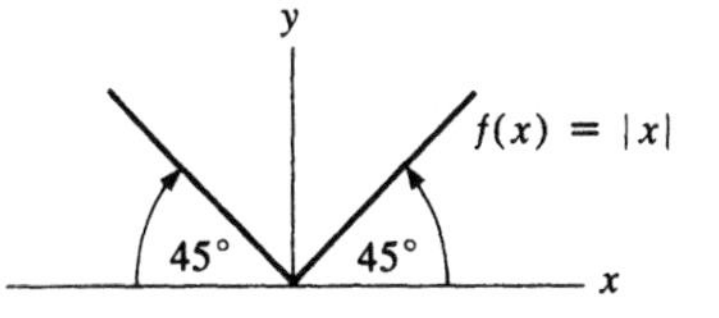

Lösung: Für positive Werte von x_1 gilt $f(x_1) = x_1$ und der Quotient

$$\frac{f(x_1)-f(x)}{x_1-x}$$

ist gleich

$$\frac{x_1-0}{x_1-0}$$

oder

$$1.$$

x_1 kann aber auch negativ sein, denn wir können uns von jeder der beiden Seiten an 0 annähern. Für negative x_1 gilt $f(x_1) = -x_1$ und der Quotient wird zu

$$\frac{-x_1-0}{x_1-0}$$

oder

$$-1.$$

Da der Quotient verschiedene Werte annimmt, je nachdem ob sich x_1 von rechts oder von links Null nähert, gibt es für $x_1 \to 0$ keinen eindeutigen Wert des Quotienten

$$\frac{f(x_1)-f(0)}{x_1-0} .$$

Die Absolutwertfunktion besitzt also für $x = 0$ keine Ableitung. Mit anderen Worten

$$\lim_{x_1 \to 0} \frac{f(x_1) - f(0)}{x_1 - 0}$$

existiert nicht. •

Für alle anderen Werte von x besitzt die Funktion $|x|$ hingegen eine Ableitung. Man sagt daher, sie sei in jedem Punkt x differenzierbar, ausgenommen $x = 0$. Allgemein gilt folgende Definition.

Definition: Eine Funktion f heißt *differenzierbar an der Stelle* x, wenn

$$\lim_{x_1 \to x} \frac{f(x_1) - f(x)}{x_1 - x}$$

existiert. Ist eine Funktion für jeden Wert x ihres Definitionsbereiches differenzierbar, so nennt man die Funktion *differenzierbar.*

So ist zum Beispiel die Quadratfunktion differenzierbar. Tatsächlich sind die meisten in der Praxis auftretenden Funktionen differenzierbar. Andererseits ist weder die Absolutwertfunktion noch die Quadratwurzelfunktion für $x = 0$ differenzierbar. Viele wichtige Funktionen sind für alle Werte ihres Definitionsbereiches mit Ausnahme einiger isolierter Punkte differenzierbar.

Das Schaubild einer typischen Funktion f ist eine Kurve. Zunächst zeichnen wir $f(x)$ und $f(x_1)$, dann interpretieren wir den Quotienten

$$\frac{f(x_1) - f(x)}{x_1 - x}$$

aus dem Schaubild der Kurve (Bild 3.15). Der Zähler

$$f(x_1) - f(x)$$

entspricht der vertikalen Seite und der Nenner $x_1 - x$ entspricht der horizontalen Seite eines rechtwinkeligen Dreiecks.

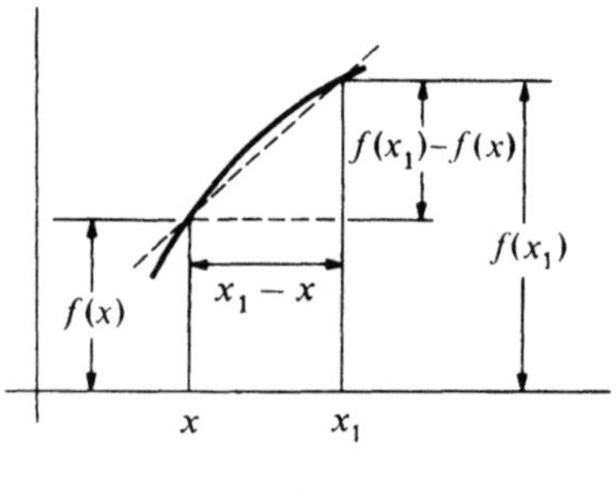

Bild 3.15

Der Quotient gibt den Anstieg der Geraden durch die Punkte $(x; f(x))$ und $(x_1; f(x_1))$. Diese Deutung haben wir bereits bei der Berechnung der Tangente an das Schaubild von $y = x^2$ im Punkt (2; 4) benützt.

Die Schreibweise x und $x + h$: Manchmal ist es vorteilhaft für die Größe x_1

$$x_1 = x + h$$

zu setzen, wobei h als klein angenommen wird (Bild 3.16).

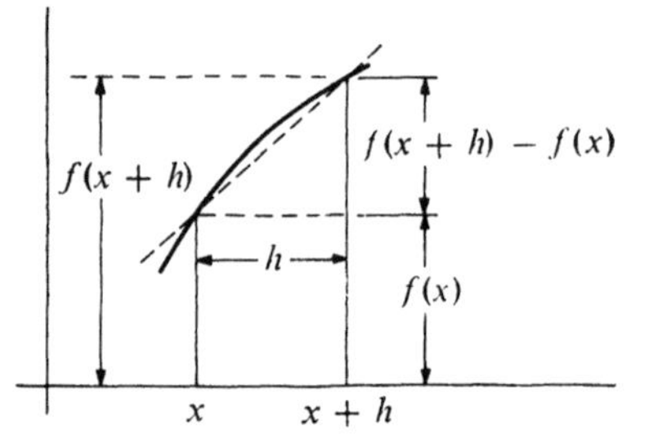

Bild 3.16

Der Quotient

$$\frac{f(x_1) - f(x)}{x_1 - x}$$

schreibt sich dann

$$\frac{f(x+h) - f(x)}{h}.$$

Die Ableitung ist nun durch

$$\lim_{h \to 0} \frac{f(x+h) - f(x)}{h}$$

gegeben. Dies ist zwar die gleiche Definition der Ableitung wie zuvor, jedoch führt sie zu anderen algebraischen Manipulationen. Die Ableitungen der trinonometrischen, der Exponential- und der Logarithmusfunktionen können mit Hilfe der Bezeichnungen x und $x + h$ leichter berechnet werden, als mit Hilfe unserer ursprünglichen Definition (siehe Kap. 5).

Um die beiden Bezeichnungen zu vergleichen, wollen wir zunächst die Ableitung der Quadratfunktion berechnen, indem wir anstelle von x und x_1 nun x und $x + h$ setzen. (Das Resultat ist bereits bekannt und sollte gleich $2x$ sein.)

Beispiel 4: Man berechne

$$\lim_{h \to 0} \frac{f(x+h) - f(x)}{h}$$

für die Quadratfunktion.

Lösung: Da der Wert der Quadratfunktion immer durch das Quadrat des Eingabewertes gegeben ist, erhalten wir

$$f(x+h) = (x+h)^2$$

und

$$f(x) = x^2.$$

Der Quotient

$$\frac{f(x+h)-f(x)}{h} = \frac{(x+h)^2 - x^2}{h}$$

kann vereinfacht werden:

$$\frac{(x+h)^2 - x^2}{h} = \frac{x^2 + 2xh + h^2 - x^2}{h}$$

$$= \frac{2xh + h^2}{h}$$

$$= 2x + h.$$

Die Algebra dieser Umformungen unterscheidet sich deutlich von unserer früheren Berechnung. Anstelle der Identität $c^2 - d^2 = (c-d)\ (c+d)$ verwenden wir jetzt zur Berechnung von $(x+h)^2$ die Relation

$$(c+d)^2 = c^2 + 2cd + d^2.$$

Schließlich müssen wir $2x + h$ für $h \to 0$ untersuchen: In diesem Falle gilt $2x + h \to 2x$. Folglich erhalten wir für $\lim\limits_{h\to 0}\ (2x+h) = 2x$. Die Ableitung ist wie erwartet gleich $2x$. ●

Mit Hilfe des Begriffs der Ableitung sind wir nun in der Lage, die Begriffe *Tangente, Geschwindigkeit, Vergrößerung* und *Dichte* exakt zu definieren. Wir haben diese Größen bisher mehr intuitiv behandelt. Ihre exakten Definitionen ergeben sich aus der Übereinstimmung unserer Rechnungen bei den vier Problemen von Abschnitt 3.1.

Definition der Tangente an eine Kurve: Die Tangente an das Schaubild einer Funktion f im Punkt $P = (x; y)$ ist jene Gerade durch P, deren Anstieg durch die Ableitung von f an der Stelle x gegeben ist.

Die Geschwindigkeit eines Körpers ist im alltäglichen Sinne niemals negativ. In der Physik hingegen kann sie jedoch je nach ihrer Richtung sowohl positiv als auch negativ sein. Dem alltäglichen Geschwindigkeitsbegriff entspricht der Absolutwert der physikalischen Geschwindigkeit.

Definition der Geschwindigkeit eines Teilchens auf einer geradlinigen Bahn: Ein Objekt sei zur Zeit t am Ort $f(t)$. Seine Geschwindigkeit zur Zeit t ist dann durch die Ableitung von f gegeben. Der Absolutwert der Geschwindigkeit entspricht dem alltäglichen Geschwindigkeitsbegriff.

Definition der Vergrößerung eines linearen Projektors: Die Vergrößerung einer Linse, die den Punkt x von einer Geraden auf den Punkt $f(x)$ einer anderen Geraden projiziert, ist durch die Ableitung von f an der Stelle x gegeben.

Definition der Dichte eines Materials: Die Dichte eines Materials, das entlang einer Geraden in den ersten x Zentimetern eine Masse von $f(x)$ Gramm besitzt, ist durch die Ableitung von f an der Stelle x gegeben.

Der Anstieg einer Geraden war durch den Quotienten $(y_2 - y_1)/(x_2 - x_1)$ definiert, wobei $P_1 = (x_1; y_1)$ und $P_2 = (x_2; y_2)$ zwei verschiedene Punkte der Geraden waren. Wir können nun ganz allgemein den Anstieg einer Kurve in einem beliebigen Punkt definieren.

Definition des Anstiegs einer Kurve: Der Anstieg des Schaubildes einer Funktion f im Punkt $(x; f(x))$ ist durch die Ableitung von f an der Stelle x gegeben.

Es gibt mehrere Bezeichnungsweisen für die Ableitung einer Funktion f. Die einfachste ist f' (man lese „ f Strich"). Die Ableitung von f an der Stelle x ist dann einfach $f'(x)$. Der Satz: „Die Ableitung der Kubusfunktion ist dreimal die Quadratfunktion" wird geschrieben:

$$(x^3)' = 3x^2.$$

Ähnlich gilt

$$(x^2)' = 2x$$

$$\left(\frac{1}{x}\right)' = \frac{-1}{x^2}$$

und

$$(\sqrt{x})' = \frac{1}{2\sqrt{x}}.$$

Die Ableitung gibt die Rate einer Veränderung an. Die Ableitung einer Funktion kann man sich immer als die Rate ihrer Veränderung vorstellen. Beschreibt die Funktion die Lage eines bewegten Teilchens, so gibt die Ableitung die Geschwindigkeit des Teilchens; die Geschwindigkeit wiederum beschreibt jene Rate, mit der sich die Lage des Teilchens ändert. Wenn die Funktion den y-Wert entlang einer Kurve beschreibt, so ist die Ableitung der Anstieg der Kurve; der Anstieg einer Kurve gibt an, wie schnell sich der y-Wert ändert, wenn sich x ändert.

Übungen:

In den Übungen 1 bis 6 ist die Ableitung der angegebenen Funktion nach der Formel

$$\lim_{x_1 \to x} \frac{f(x_1) - f(x)}{x_1 - x}$$

zu berechnen.

1. $3\sqrt{x} + 4$.
2. $1/\sqrt{x}$.
3. $6x^2 + 3x + 2$.
4. x^3.
5. $1/x^2$.
6. $2x + 3/x$.
7. f sei die Funktion mit der Formel $f(x) = x^2$. Man berechne als Dezimalzahl

$$\frac{f(x+h) - f(x)}{h}$$

für (*a*) $x = 3$ und $h = 0{,}1$; für (*b*) $x = 3$ und $h = 0{,}01$; für (*c*) $x = 3$ und $h = -0{,}1$.

In den Übungen 8 und 9 ist die Ableitung mit Hilfe der Formel

$$\lim_{h \to 0} \frac{f(x+h) - f(x)}{h}$$

zu berechnen.

8. $3x^2 + 5/x$.
9. $5 + 2x + 3\sqrt{x}$.
10. Eine Schnecke kriecht $\sqrt{t}$ Meter in t Sekunden. Wie groß ist ihre Geschwindigkeit für t gleich
    (*a*) $\frac{1}{9}$? (*b*) 1?
    (*c*) 4? (*d*) 9?
11. Die ersten x Zentimeter einer Saite haben eine Masse von $\sqrt{x}$ Gramm. Wie groß ist die Dichte für x gleich
    (*a*) $\frac{1}{4}$? (*b*) 1?
    Ist die Dichte für $x = 0$ definiert?

■

12. Aus Beispiel 2 wissen wir, daß die Ableitung der Quadratwurzel $y = \sqrt{x}$ in der Nähe von (0; 0) sehr steil ist. Man überprüfe dies durch Ergänzung der folgenden Tabelle für $y = \sqrt{x}$ und x aus [0; 1].

x	0	0,16	0,25	0,49	0,64	0,81	1,00
$\sqrt{x}$				0,7			

13. (*a*) Man zeichne das Schaubild der Funktion $1/x$.
    (*b*) Man zeichne die Gerade durch (1; 1) und $(1 + h;\ 1/(1 + h))$ für $h = 2$, $h = 1$ und $h = \frac{1}{4}$.
    (*c*) Wie groß ist der Anstieg der Tangente an das Schaubild im Punkt (1; 1)? (Beispiel 1 gab die generelle Formel.)
    (*d*) Man zeichne die Tangente aus (*c*) unter Verwendung des Anstiegs. Welchen Winkel schließt die Tangente mit der x-Achse ein?
14. f sei die Funktion, deren Wert bei x gleich $1/x^3$ ist.
    (*a*) Man vereinfache den Ausdruck
    $(f(x_1) - f(x))/(x_1 - x)$
    so weit wie möglich.
    (*b*) Unter Verwendung von (*a*) ist die Ableitung von f zu berechnen.
15. Man zeichne ein Schaubild von $y = x^3$.
    (*a*) Warum kann man die Tangente an das Schaubild im Punkte (0; 0) nicht als „jene Gerade durch (0; 0) definieren, die das Schaubild nur einmal schneidet"?
    (*b*) Warum kann man die Tangente an das Schaubild in (1; 1) nicht als „jene Gerade durch (1; 1) definieren, die das Schaubild nur einmal schneidet"?
    (*c*) Wie ist die Tangente in jedem Punkt des Schaubildes definiert?

Das nächste Beispiel behandelt eine Linse mit negativer Vergrößerung. Dies heißt, daß die Linse links und rechts vertauscht: Liegt x_1 rechts von x, so liegt das Bild von x_1 links vom Bild von x.

16. Eine Linse projiziert den Punkt x auf den Punkt $1/x$.
    (*a*) Wie stark wird das Intervall [0,5; 0,6] vergrößert?
    (*b*) Wie stark ist die Vergrößerung bei 0,5?
    (*c*) Wie stark ist die Vergrößerung im Intervall [2; 2,1]?
    (*d*) Wie stark ist die Vergrößerung bei 2?

■■

17. (*a*) Ist $(x^3 + x^2)'$ gleich $(x^3)' + (x^2)'$?
    (*b*) Ist $(x^3x^2)'$ gleich $(x^3)'(x^2)'$?
    (*c*) Ist $(x^3/x^2)'$ gleich $(x^3)'/(x^2)'$?
18. Die Höhe eines in die Luft geworfenen Balles beträgt nach t Sekunden $(64t - 5t^2)$ Meter.
    (*a*) Man zeige, daß seine Geschwindigkeit nach t Sekunden gleich $(64 - 10t)$ Meter pro Sekunde ist.
    (*b*) Wie groß ist seine Geschwindigkeit für $t = 0$? $t = 1$? $t = 2$? $t = 3$?
    (*c*) Wie groß ist der Absolutwert seiner Geschwindigkeit für $t = 0$? $t = 1$? $t = 2$? und $t = 3$?
    (*d*) Für welche Werte von t steigt der Ball auf? Für welche fällt er?
19. Beim Studium des Einsickerns von Wasser in den Ackerboden werden manchmal Gleichungen wie $y = \sqrt{t}$ verwendet: Das Wasser dringt in t Sekunden $\sqrt{t}$ Meter ein.
    (*a*) Was ist dann die physikalische Bedeutung der Ableitung $1/(2\sqrt{t})$?
    (*b*) Was sagt (*a*) für große t über die Rate aus, mit der das Wasser in den Ackerboden eindringt.
20. f sei die Exponentialfunktion mit der Formel $f(x) = 10^x$.
    (*a*) Man ergänze die folgende Tabelle

x	−2	−1	0	1
10^x	0,01			10

(*b*) Man zeichne die Funktion für x aus $[-2; 1]$. (Für beide Achsen sollte derselbe Maßstab verwendet werden.)

(*c*) Unter Verwendung eines Lineals zeichne man grob die Tangente im Punkt $(0; 1)$.

(*d*) Man gebe eine Schätzung des Anstiegs der Geraden aus (*c*) an, am besten mit Hilfe eines in Zentimetern markierten Lineals.

(*e*) Die Ableitung von 10^x bei $x = 0$ ist durch

$$\lim_{h \to 0} \frac{10^h - 1}{h}$$

gegeben. Man zeige dies!

(*f*) Der Grenzwert aus (*e*) ist schwer zu berechnen. Welche Schätzung gibt (*d*) für diesen Grenzwert an?

(*g*) Man bezeichne den Grenzwert in (*e*) einfach mit c und zeige $(10^x)' = c\,10^x$.

3.4 Zusammenfassung

Vier verschiedene Probleme führten uns auf den Begriff der Ableitung: Geschwindigkeit eines bewegten Teilchens, Tangente an eine Kurve, Vergrößerung durch eine Linse und Massendichte längs einer Saite.

Der Wert der Ableitung einer Funktion f an der Stelle x ist definiert als

$$\lim_{x_1 \to x} \frac{f(x_1) - f(x)}{x_1 - x}$$

oder gleichbedeutend als

$$\lim_{h \to 0} \frac{f(x+h) - f(x)}{h}.$$

Für die wichtigsten Funktionen der Infinitesimalrechnung und ihre Anwendungen existiert dieser Grenzwert im gesamten Definitionsbereich der Funktion mit höchstens einigen Ausnahmen. So besitzt die Absolutwertfunktion für $x = 0$ keine Ableitung.

Eine häufige Bezeichnung für die Ableitung einer Funktion f ist f'. Die Ableitung selbst ist ebenfalls eine Funktion, da sie jeder Zahl x die Ableitung an der Stelle x zuordnet. Speziell wurde gezeigt:

$$(x^n)' = nx^{n-1} \qquad n = 1, 2, 3, 4, \ldots,$$

$$(\sqrt{x})' = \frac{1}{2\sqrt{x}},$$

$$\left(\frac{1}{x}\right)' = -\frac{1}{x^2}.$$

Mit Hilfe des Ableitungsbegriffes konnten präzise Definitionen für die Tangente in einem Punkt einer Kurve, für den Anstieg der Kurve in diesem Punkt, für die Geschwindigkeit und deren Absolutwert, für die Vergrößerung und für die Dichte gegeben werden.

Genauso wie die Geschwindigkeit ein Maß für die zeitliche Veränderung des Abstands darstellt, so gibt die Ableitung im allgemeinen ein Maß für die „Wachstumsrate" einer Funktion.

Verursacht eine leichte Veränderung im Eingabewert einer Funktion bereits eine große Veränderung im Funktionswert, so ist die Ableitung sehr groß. Im allgemeinen ist die Ableitung ein Maß für die Veränderungsrate einer Größe.

Die Tabelle auf S. 38 ist wichtig und sollte sorgfältig studiert werden. Die fünfte und sechste Zeile basieren auf den Übungen 16 und 17 von Abschnitt 3.1. Die letzte Zeile beschreibt das allgemeinere Konzept. Die anderen Zeilen geben spezielle Anwendungen der Ableitung.

Begriffe und Symbole

Intervall $[a, b]$	differenzierbar
Grenzwert	Anstieg einer Kurve
$x_1 \to x$, $\lim\limits_{x_1 \to x}$	Geschwindigkeit
Ableitung: f'	Vergrößerung
differenzierbar an der Stelle x	Dichte

Wichtige Ergebnisse

$(x^2)' = 2x$, $(x^3)' = 3x^2$.

Oder allgemeiner

$$(x^n)' = nx^{n-1} \qquad n = 1, 2, 3, 4, \ldots$$

$$\left(\frac{1}{x}\right)' = -\frac{1}{x^2} \qquad x \neq 0$$

$$(\sqrt{x})' = \frac{1}{2\sqrt{x}} \qquad x \neq 0$$

$$(cx^n)' = cnx^{n-1} \qquad n = 1, 2, 3, 4, \ldots.$$

Die Ableitung eines Polynoms ist die Summe der Ableitungen seiner einzelnen Terme.

Wenn x bedeutet	*dann gibt $f(x)$*	$\frac{f(x+h)-f(x)}{h}$ *gibt*	*für $h \to 0$ gibt der Quotient*
die Abszisse eines Punktes in der Ebene	die Ordinate dieses Punktes	den Anstieg einer bestimmten Geraden	den Anstieg der Tangente
die Zeit	den Ort eines geradlinig bewegten Teilchens	die mittlere Geschwindigkeit für ein Zeitintervall	die Geschwindigkeit zur Zeit x
einen Punkt auf einer linearen Skala	seine Projektion auf einen linearen Schirm	die mittlere Vergrößerung	die Vergrößerung bei x
die Lage eines Punktes auf einer inhomogenen Saite	die Masse zwischen 0 und x	die mittlere Dichte	die Dichte bei x
die Zeit	Masse einer Bakterienkultur zur Zeit x	die mittlere Wachstumsrate in einem Zeitintervall	die Wachstumsrate zur Zeit x
die Zeit	gesamten Gewinn bis zur Zeit x	mittlere Gewinnrate in einem Zeitintervall	Gewinnrate zur Zeit x
eine beliebige Zahl	eine Zahl, die von x abhängt	einen Quotienten: die Veränderung des Funktionswertes dividiert durch die Veränderung des Eingabewertes	die Ableitung an der Stelle x (die Zuwachsrate der Funktion hinsichtlich x)

Testaufgaben zu Kapitel 3

1. Man definiere die Ableitung einer Funktion.
2. Man bestimme die Ableitung von $x^2 + 3/x$ für $x = 2$.
3. Man berechne die Ableitung von
   (*a*) $5x^3 - x^2 + 2$ für $x = 1$;
   (*b*) $1/x$ für $x = -1$;
   (*c*) $\sqrt{x}$ für $x = \frac{1}{4}$.
4. f sei eine differenzierbare Funktion und x_1 und x seien zwei Zahlen mit $x_1 > x$. Man interpretiere $f(x_1) - f(x)$, $x_1 - x$ und den Quotienten $(f(x_1) - f(x))/(x_1 - x)$ unter folgenden Voraussetzungen
   (*a*) $f(x)$ ist die Höhe einer Rakete x Sekunden nach dem Start.
   (*b*) $f(x)$ ist die Anzahl von Bakterien in einer Kultur zur Zeit x;
   (*c*) $f(x)$ ist die Masse der ersten x Zentimeter einer Saite;
   (*d*) $f(x)$ ist das Bild des Punktes x.
5. Man finde $(x^4)'$ unter Verwendung
   (*a*) der x- und x_1-Notation,
   (*b*) der x- und $x + h$-Notation.
6. Man definiere
   (*a*) die Tangente an eine Kurve,
   (*b*) die Geschwindigkeit,
   (*c*) den Absolutwert der Geschwindigkeit.
7. Anhand einer Skizze zeige man für eine typische Funktion f
   (*a*) die Gerade mit dem Anstieg
   $$(f(x_1) - f(x))/(x_1 - x),$$
   (*b*) die Tangente im Punkt $(x; f(x))$.

Übungen zu Kapitel 3

1. Wie groß ist die Ableitung von
   (*a*) $x^5 - 3x^4 + 2x + 6$?
   (*b*) $1/x$?
   (*c*) $\sqrt{x}$?
   (*d*) $1/x^2$?
2. Man zeichne das Schaubild $y = 2x^3 - 15x^2 + 36x$ und zeige im besonderen, wo die Kurve die x-Achse schneidet und wo die Tangente horizontal ist.
3. Man bestimme die Ableitung von $(x^2 + 1)^2$.
4. Man erkläre aus der Definition der Ableitung warum $f(x) = |x - 1|$ für $x = 1$ nicht differenzierbar ist.
5. a_0, a_1, a_2, a_3 seien feste Zahlen. Mit Hilfe der x_1- und x-Notation zeige man
   $$(a_0x^3 + a_1x^2 + a_2x + a_3)' = 3a_0x^2 + 2a_1x + a_2.$$
6. Sei f eine Funktion mit der Formel $f(x) = 3/(x + 1)$. Man bestimme f' für $x = 2$ und verwende die x- und x_1-Notation.
7. f sei die Funktion, deren Wert für x gleich $4x^2$ ist.
   (*a*) Man berechne $(f(2{,}1) - f(2))/0{,}1$.
   (*b*) Wie lautet die Interpretation des Quotienten aus (*a*), wenn $f(x)$ den gesamten Gewinn einer Firma (in Millionen DM) in den ersten x Jahren bezeichnet?
   (*c*) Wie lautet die Interpretation des Quotienten aus (*a*) wenn $f(x)$ die Höhe der Ordinate im Schaubild von $y = 4x^2$ bedeutet?
   (*d*) Wie lautet die Interpretation des Quotienten aus (*a*), wenn $f(x)$ die Strecke angibt, die ein Teilchen in den ersten x Sekunden zurücklegt.

8. Es folgt ein kurzer Auszug aus der Tabelle für die Kubikwurzelfunktion f, mit $f(x) = \sqrt[3]{x}$.

x	62	63	64	65	66
$\sqrt[3]{x}$	3,9579	3,9791	4,0000	4,0207	4,0412

(*a*) Mit $x_1 = 65$ und $x = 64$ schätze man $(\sqrt[3]{x})'$ für $x = 64$.
(*b*) Mit $x_1 = 63$ und $x = 64$ schätze man $(\sqrt[3]{x})'$ für $x = 64$.
(*c*) Mit $x = 64$ und $h = -2$ schätze man $(\sqrt[3]{x})'$ für $x = 64$.
(*d*) Mit $x = 64$ und $h = 2$ schätze man $(\sqrt[3]{x})'$ für $x = 64$.

9. Eine Linse projiziere den Punkt x der x-Achse auf den Punkt x^3 einer linearen Projektionswand.

(*a*) Wie stark wird das Intervall von $[2; 2{,}1]$ vergrößert?
(*b*) Wie stark wird das Intervall von $[1{,}9; 2]$ vergrößert?
(*c*) Wie stark ist die Vergrößerung für $x = 2$?

10. Man stelle $(f(2+h) - f(2))/h$ so einfach wie möglich dar, für

(*a*) $f(x) = 4x^2$; (*b*) $f(x) = 7/x$;
(*c*) $f(x) = 3x + 5$; (*d*) $f(x) = 4$ für alle x.

11. Man stelle den Quotienten $(f(x_1) - f(1))/(x_1 - 1)$ so einfach wie möglich dar für

(*a*) $f(x) = 5x^3$; (*b*) $f(x) = 3/x^2$;
(*c*) $f(x) = 6x - 1$; (*d*) $f(x) = 4x^2 - x + 6$.

12. Wenn die Funktion f das Gewicht einer Person (unabhängig vom Alter) angibt, dann gibt die Ableitung f' ______ .

13. (*a*) Wenn die Funktion f den Verkaufswert eines Autos (in Abhängigkeit von seinem Baujahr) bezeichnet, dann gibt f' ______ .
(*b*) Wann ist in (*a*) die Ableitung negativ, positiv? Was ist der häufigere Fall?

14. (*a*) Die ersten x Zentimeter einer Saite haben eine Masse von $3x^4$ Gramm. Wie groß ist die Dichte für $x = 1$?
(*b*) Man beschreibe ein Vergrößerungsproblem, das mathematisch zu (*a*) äquivalent ist.
(*c*) Man beschreibe ein Geschwindigkeitsproblem, das mathematisch zu (*a*) äquivalent ist.

15. Gegeben ist die Temperaturkarte eines kalten Tages (Bild 3.17). f sei jene Funktion, die der Zeit t die Temperatur zu dieser Zeit zuordnet. Aus dem Schaubild entnehmen wir $f(12) = 25$.

(*a*) Für welches t ist $f(t) = 0$?
(*b*) Für welche t ist die Ableitung von f gleich 0?
(*c*) Für welche t ist $f(t) \geqslant 0$?
(*d*) Für welche t ist die Ableitung $\geqslant 0$?

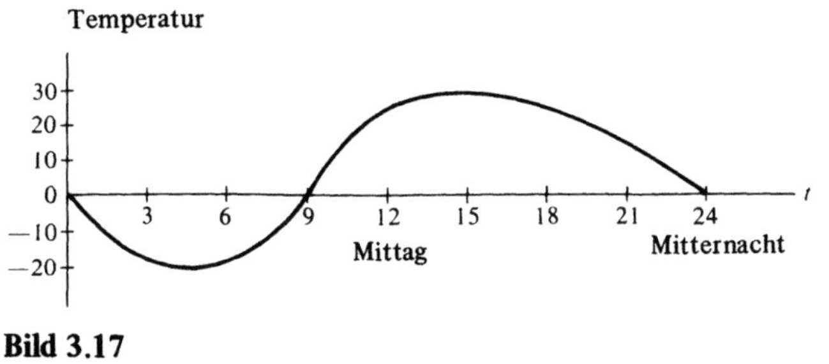

Bild 3.17

(*e*) Für welche t ist die Ableitung $\leqslant 0$?
(*f*) Zu welcher Zeit war die Temperatur am niedrigsten? Und zu welcher Zeit am höchstens?

16. Man stelle $(f(x+h) - f(x))/h$ so einfach wie möglich dar für

(*a*) f gleich der Quadratfunktion und x gleich 5;
(*b*) f gleich der Kehrwertfunktion und x gleich 2;
(*c*) f gleich der Kubusfunktion und x gleich 4.

17. f sei die Funktion mit der Formel $f(x) = 5x - 2$.

(*a*) Man stelle $(f(x+h) - f(x))/h$ so einfach wie möglich dar.
(*b*) Aus (*a*) bestimme man $(5x - 2)'$.

18. (*a*) Man betrachte die Gerade mit Anstieg m durch den Punkt $(x_1; y_1)$. Sei $(x; y)$ ein Punkt der Geraden und vom Punkt $(x_1; y_1)$ verschieden. Man zeige

$$\frac{y - y_1}{x - x_1} = m.$$

(*b*) Das Schaubild der Gleichung $y = y_1 + m(x - x_1)$ stellt die Gerade durch $(x_1; y_1)$ mit Anstieg m dar. Man zeige dies!

19. (Siehe Übung 18.) Man bestimme im Punkt $(1; -1)$ die Gleichung der Tangene an die Kurve $y = x^3 - 2x^2$.

20. (Siehe Übung 18.) Man bestimme im Punkt $(2; 16)$ die Gleichung der Tangene an die Kurve $y = 2x^4 - 6x^2 + 8$.

■■

21. Man bestimme

$$\lim_{x \to 4} \frac{x^2 - 16}{\sqrt{x} - 2}.$$

22. Man bestimme

$$\lim_{h \to 0} \frac{f(x + 2h) - f(x)}{h}$$

für (*a*) $f(x) = x^2$, (*b*) $f(x) = 1/x$.

23. (*a*) Man bestimme mit der Formel für die Ableitung eines Polynoms $(x^3 - 3x)'$.
(*b*) Für welche Werte von x ist die Ableitung in (*a*) positiv? negativ? gleich Null?
(*c*) Man zeichne das Schaubild $y = x^3 - 3x$, zeichne einige Punkte und verwende die Information aus (*b*).

24. (*a*) Man zeichne freihändig die Kurve einer typischen Funktion f.
(*b*) Man markiere an der Kurve die Punkte $P_0 = (x; f(x))$, $P_1 = (x + h; f(x + h))$ und $P_2 = (x - h; f(x - h))$.
(*c*) Der Anstieg der Geraden durch P_1 und P_2 ist durch

$$\frac{f(x+h) - f(x-h)}{2h}$$

gegeben. Man zeige dies.
(*d*) Angenommen die Funktion sei differenzierbar. Wie lautet vermutlich der Grenzwert des Ausdruckes

$$\lim_{h \to 0} \frac{f(x+h) - f(x-h)}{2h}?$$

(*e*) Man berechne diesen Grenzwert für $f(x) = x^3$.

Die restlichen Übungen geben anschauliche Beispiele für einen neuen Aspekt des Grenzwertbegriffes, der Hauptgegenstand des nächsten Kapitels sein wird (wir benötigen in der Folge einen Taschenrechner).

25. Wie verhält sich die Zahl $(0{,}99)^n$, wenn n immer größere positive ganze Werte annimmt? Man berechne $(0{,}99)^n$ etwa für $n = 5, 10$ und 20.

26. Wie verhält sich der Quotient

$$\frac{2x^2 + x}{3x^2 + 5x}$$

(*a*) für x in der Nähe von 0 (etwa $x = 0{,}1$),
(*b*) für sehr große x (etwa $x = 20$)?

27. Wenn der Taschenrechner ein $\sqrt{x}$-Programm besitzt, wie verhält sich $\sqrt{x^2 + x} - x$ für sehr große positive x, etwa $x = 10$ und $x = 100$ (Taschenrechner!)

28. (*a*) Man bestimme die Werte von $(1 + 1/n)^n$ für $n = 1, 2, 3, 4, 5, \ldots$ und größere positive Werte von n. Desgleichen für $n = -2, -3$ und große negative Werte von n.
(*b*) Dasselbe für $(1 - 1/n)^n$.
(*c*) Was läßt sich daraus für die Ausdrücke in (*a*) und (*b*) schließen, wenn n immer größer wird?

29. Wenn der Taschenrechner ein $\sqrt[n]{x}$-Programm besitzt, soll die Ableitung von $f(x) = \sqrt[3]{x}$ für $x = 8$ abgeschätzt werden.

30. Man verwende das y^x-Programm des Taschenrechners, zur Abschätzung der Ableitung von $f(x) = 2^x$ für $x = 3$.

4 Grenzwerte und stetige Funktionen

Im vorigen Kapitel wurde die Definition der Ableitung auf den Begriff des Grenzwertes zurückgeführt. Dieser und der damit nahe verwandte Begriff der stetigen Funktion werden nun weiter untersucht. Darüber hinaus diskutieren wir zwei spezielle Grenzwerte, die zur Berechnung der Ableitung gebräuchlicher Funktionen benötigt werden. Einer dieser Grenzwerte betrifft die Exponentialfunktion, der andere die Trigonometrie. Wir beginnen mit einem Überblick über diese beiden Gebiete.

4.1 Überblick über die Exponentialfunktion

Mit zwei Zahlen a und b können drei grundlegende Operationen ausgeführt werden:

die Addition $a + b$;
die Multiplikation ab; und
die Exponentiation b^a.

Wir geben nun einen Überblick über die dritte dieser Operationen, die Exponentiation.

Wir befassen uns hier mit *reellen Zahlen*. Man kann sie sich als Punkte auf der Zahlengeraden vorstellen (Bild 4.1). Jedem Punkt entspricht eine bestimmte reelle Zahl. Die auf der Zahlengeraden markierten Punkte entsprechen den *ganzen Zahlen*:

$$\dots, -3, -2, -1, 0, 1, 2, 3, \dots$$

Zahlen rechts von Null werden *positiv*, diejenigen links von Null *negativ* genannt.

Definition der rationalen Zahl: Den Quotienten zweier ganzer Zahlen

$$\frac{m}{n} \text{ mit } n \neq 0$$

nennen wir *rationale* Zahl. n ist in unseren Betrachtungen immer positiv. Rationale Zahlen mit einem vorgegebenen Nenner sind auf der Zahlengeraden äquidistant verteilt. Bild 4.2 zeigt einige rationale Zahlen, die den Nenner $n = 5$ besitzen. Es ist schwierig, die rationalen Zahlen mit einem Nenner von 1 Million auf der Zahlengeraden aufzuzeichnen, da sie sehr nahe beieinander liegen.

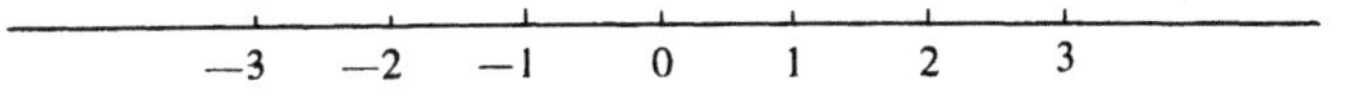

Bild 4.1

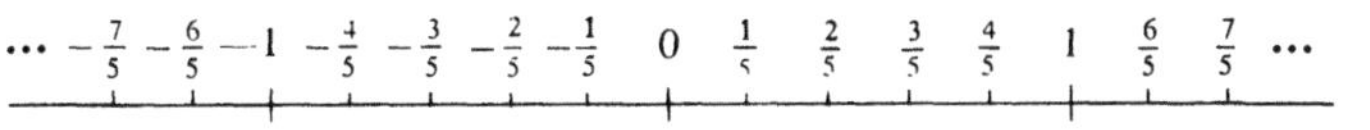

Bild 4.2

Bild 4.3

Es gibt aber auch Punkte auf der Zahlengeraden, die keine rationalen Zahlen sind. Zum Beispiel ist es unmöglich, $\sqrt{2}$ als Quotient zweier ganzer Zahlen zu schreiben (siehe Übung 22). Andererseits ist $\sqrt{2}$ ungefähr 1,414 oder

$$\sqrt{2} \approx 1{,}414.$$

Das heißt, $\sqrt{2}$ beschreibt einen Punkt, der zwischen $\frac{7}{5} = 1{,}4$ und $\frac{8}{5} = 1{,}6$ liegt (Bild 4.3).

Definition der irrationalen Zahl. Kann eine Zahl nicht als Quotient zweier ganzer Zahlen geschrieben werden, so wird sie *irrational* genannt: Die Zahl $\sqrt{2}$ ist irrational.

Jede irrationale Zahl kann durch rationale Zahlen beliebig genau approximiert werden. So gilt

$$1{,}414 < \sqrt{2} < 1{,}415,$$

da

$$1{,}414^2 = 1{,}999\,396$$

und

$$1{,}415^2 = 2{,}002\,225.$$

Definition der Basis und des Exponenten. Nach diesen Vorbereitungen wollen wir die Definition der Exponentialfunktion b^x wiederholen; dabei ist b eine bestimmte positive Zahl, die *Basis*. Die Zahl x wird *Exponent* genannt. Um die weiteren Überlegungen möglichst einfach zu gestalten, wollen wir die Definition von 2^x wiederholen. Ist x eine positive ganze Zahl, so ist 2^x gleich dem Produkt von x-mal dem Faktor 2, also:

$$2^5 = 2 \cdot 2 \cdot 2 \cdot 2 \cdot 2 = 32;$$
$$2^4 = 2 \cdot 2 \cdot 2 \cdot 2 = 16;$$
$$2^3 = 2 \cdot 2 \cdot 2 = 8;$$
$$2^2 = 2 \cdot 2 = 4;$$
$$2^1 = 2.$$

Man beachte:

$$\underbrace{2^2}_{2 \cdot 2} \cdot \underbrace{2^3}_{2 \cdot 2 \cdot 2} = \underbrace{2^{2+3}}_{2 \cdot 2 \cdot 2 \cdot 2 \cdot 2}$$

Ganz allgemein gilt für zwei positive ganze Zahlen x und y

$$2^{x+y} = 2^x \cdot 2^y.$$

Grundgesetz der Exponentialfunktion. Durch dieses *Grundgesetz der Exponentialfunktion* wird 2^x auch dann definiert, wenn x *keine* ganze positive Zahl ist.

Der Exponent 0. Was bedeutet etwa 2^0? Soll das Grundgesetz der Exponentialfunktion für alle Exponenten gelten, so folgt im speziellen

$$2^{0+1} = 2^0 \cdot 2^1$$

oder

$$2^1 = 2^0 \cdot 2^1.$$

Da $2^1 = 2$ ist, sagt diese Gleichung

$$2 = 2^0 \cdot 2.$$

Gilt daher das Grundgesetz der Exponentialfunktion allgemein, so folgt aus obiger Gleichung $2^0 = 1$; also definieren wir 2^0 als 1.

$$2^0 = 1.$$

Was bedeutet nun $2^{-1}, 2^{-2}, 2^{-3}, \ldots$? Um das Grundgesetz der Exponentialfunktion beizubehalten, müssen wir

$$2^3 \cdot 2^{-3} = 2^{3+(-3)}$$

setzen. Andererseits ist $2^{3+(-3)} = 2^0 = 1$, es folgt $2^3 \cdot 2^{-3} = 1$. Soll daher 2^{-3} einen Sinn haben, so muß dies der Kehrwert von 2^3 sein, also

$$2^{-3} = \frac{1}{2^3} = \frac{1}{8}.$$

Negative ganze Exponenten. Wir definieren daher allgemein für jede ganze Zahl n

$$2^{-n} = \frac{1}{2^n}.$$

Damit ist die Exponentialfunktion 2^x für *jede ganze Zahl x* definiert. Wir wollen nun das Schaubild $y = 2^x$ für ganze Werte von x konstruieren (Bild 4.4).

Bild 4.4

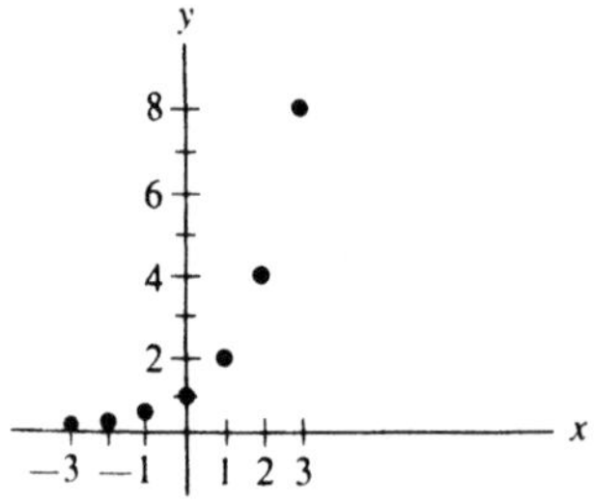

Es liegt nahe, eine glatte Kurve durch diese Punkte zu legen. Aber 2^x ist bis jetzt nur für ganzzahlige Werte von x definiert.

Wie ist etwa $2^{1/2}$ zu definieren? Wieder folgt aus dem Grundgesetz der Exponentialfunktion

$$2^{1/2} \cdot 2^{1/2} = 2^{1/2+1/2} = 2^1 = 2.$$

Daher ist $2^{1/2}$ eine Lösung der Gleichung

$$x^2 = 2.$$

Bild 4.5

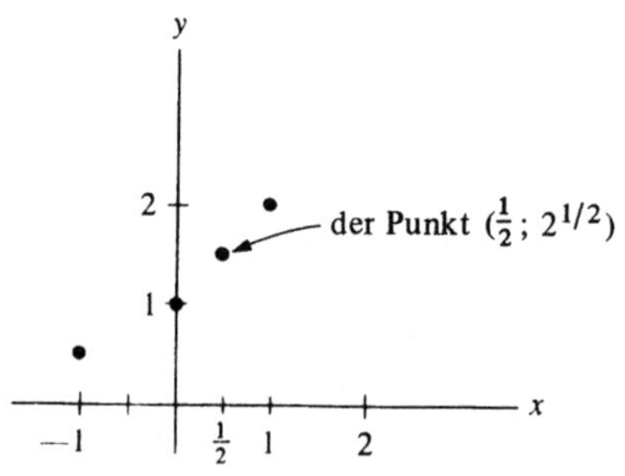

Wählen wir die positive oder negative Lösung dieser Gleichung? Aus dem Schaubild erwarten wir $2^{1/2} > 0$. Wir definieren daher $2^{1/2} = \sqrt{2}$ = Quadratwurzel aus 2; $2^{1/2}$ ist etwa gleich 1,4 und fügt sich gut in das Schaubild (Bild 4.5).

Völlig analog kann $2^{1/3}$ aus dem Grundgesetz der Exponentialfunktion bestimmt werden:

$$\begin{aligned} 2^{1/3} \cdot 2^{1/3} \cdot 2^{1/3} &= 2^{1/3+1/3+1/3} \\ &= 2^1 \\ &= 2. \end{aligned}$$

$2^{1/3}$ ist daher eine Lösung der Gleichung

$$x^3 = 2.$$

Diese Gleichung hat nur eine Lösung, sie wird *Kubikwurzel von* 2 genannt und mit $\sqrt[3]{2}$ bezeichnet. Wir definieren daher

$$2^{1/3} = \sqrt[3]{2}.$$

Der zugehörige Zahlenwert beträgt etwa 1,26.

Völlig analog definieren wir für jede positive ganze Zahl n nun $2^{1/n}$ als positive Wurzel der Gleichung $x^n = 2$, das heißt

$$2^{1/n} = \sqrt[n]{2}.$$

Man beachte

$$(2^{1/n})^n = 2.$$

Rationale Exponenten. Wie ist $2^{3/4}$ zu definieren? Aus dem Grundgesetz der Exponentialfunktion folgt

$$2^{1/4} \cdot 2^{1/4} \cdot 2^{1/4} = 2^{3/4}$$

oder kurz

$$2^{3/4} = (2^{1/4})^3.$$

m sei eine ganze Zahl und n eine positive ganze Zahl, so definieren wir allgemein

$$2^{m/n} = (2^{1/n})^m.$$

Damit ist 2^x für jede rationale Zahl x definiert.

Irrationale Exponenten. Wie wird 2^x für irrationale x definiert? Wie ist etwa $2^{\sqrt{2}}$ definiert? Zunächst könnten wir $\sqrt{2}$ durch eine Dezimalzahl annähern, d.h.

$$\sqrt{2} = 1{,}414\,213\,56\ \ldots.$$

Die aufeinanderfolgenden Dezimalzahlen 1,4, 1,41, 1414 usw. sind rationale Zahlen. So ist 1,414 = 1414/1000 und $2^{1/4}$, $2^{1{,}41}$, $2^{1{,}414}$ usw. sind definiert. Die folgende Tabelle gibt die entsprechenden Werte wieder:

x	1,4	1,41	1,414	1,4142	1,414 21
2^x	2,639 01 ...	2,657 37 ...	2,664 74 ...	2,665 11 ...	2,665 13

Strebt die Dezimalnäherung x immer mehr und mehr nach $\sqrt{2}$, so erreicht die Zahl 2^x einen Grenzwert, wie sich zeigen läßt. Dieser Grenzwert wird $2^{\sqrt{2}}$ genannt und beträgt $2^{\sqrt{2}} = 2{,}665\,14\ \ldots$. Analog definiert man 2^x für jeden beliebigen irrationalen Exponenten x. Damit ist 2^x für alle reellen Zahlen x definiert.

Für eine beliebige positive Basis b wird b^x analog definiert. So gilt etwa

$$b^{-3} = \frac{1}{b^3}$$

$$b^{1/2} = \sqrt{b}$$

$$b^{1/3} = \sqrt[3]{b}$$

usw.

Beispiel 1: Man berechne $64^{1/3}$, $64^{2/3}$, $64^{1/2}$ und $64^{-2/3}$.

Lösung: $64^{1/3}$ ist die Kubikwurzel von 64 oder $\sqrt[3]{64}$ und beträgt 4.

$$64^{2/3} = (64^{1/3})^2 = 4^2 = 16;$$

$$64^{1/2} = \sqrt{64} = 8;$$

$$64^{-2/3} = (64^{1/3})^{-2} = 4^{-2} = \frac{1}{16} = 0{,}0625. \bullet$$

Beispiel 2: Man bestimme eine Dezimalnäherung von $2^{1/3}$, der Kubikwurzel von 2.

Lösung: Am einfachsten ist es, das y^x-Programm eines Taschenrechners zu verwenden. Ebenso können wir in einer Tabelle der Kubikwurzeln nachsehen, wie sie in jedem mathematischen Tabellenwerk enthalten ist. (Auf sechs Dezimalstellen genau entnimmt man $\sqrt[3]{2} = 1{,}259\,921$.)

Wir können aber auch „experimentell“ vorgehen und dabei einiges lernen. Wegen $1^3 = 1$ und $1{,}5^3 = 3{,}375$ muß die Kubikwurzel von 2 zwischen 1 und 1,5 liegen:

$$1 < \sqrt[3]{2} < 1{,}5.$$

Analog untersuchen wir 1,2 und berechnen $1{,}2^3 = 1{,}728$, dies ist kleiner als 2, es folgt

$$1{,}2 < \sqrt[3]{2} < 1{,}5.$$

Wir wollen nun sehen, ob 1,3 größer oder kleiner als $\sqrt[3]{2}$ ist; $1{,}3^3 = 2{,}197$ ist größer als 2, d.h. $1{,}3 > \sqrt[3]{2}$ und daher gilt

$$1{,}2 < \sqrt[3]{2} < 1{,}3.$$

So wird die Dezimalentwicklung von $\sqrt[3]{2}$ mit 1,2 beginnen:

$$2^{1/3} \approx 1{,}2.$$

Wir haben somit eine erste Schätzung für die Größe von $2^{1/3}$ gewonnen. ●

Andere Gesetze der Exponentialfunktion. Wir kennen, abgesehen vom Grundgesetz, noch andere wichtige Gesetze der Exponentialrechnung. Es sind dies (für positive a und b und beliebige x und y):

$(b^x)^y = b^{xy}$	Potenz einer Potenz;
$(ab)^x = a^x b^x$	Potenz eines Produkts;
$\left(\dfrac{a}{b}\right)^x = \dfrac{a^x}{b^x}$	Potenz eines Quotienten.

0^x ist nur für positive x definiert, es gilt dann $0^x = 0$.

Übungen:

1. Man berechne:
(*a*) $64^{1/2}$, (*b*) $64^{1/3}$, (*c*) $64^{-1/3}$, (*d*) $64^{2/3}$,
(*e*) $64^{-5/6}$.
2. Man berechne:
(*a*) $\sqrt{81}$, (*b*) $\sqrt{\sqrt{81}}$, (*c*) $81^{-1/4}$, (*d*) $81^{5/4}$.
3. Man stelle durch eine Dezimalzahl dar:
(*a*) 10^{-1}, (*b*) $5 \cdot 10^{-2} + 3 \cdot 10^{-3}$, (*c*) $6 \cdot 10^2 + 6 \cdot 10^{-2}$.
4. (*a*) Man ergänze die folgende Tabelle

x	2	1	0	−1	−2
3^x					

(*b*) Man verwende (*a*) zur graphischen Darstellung von $y = 3^x$.
5. Man berechne:
(*a*) 16^0, (*b*) $16^{1/4}$, (*c*) $16^{2/4}$, (*d*) $16^{3/4}$, (*e*) $16^{-1/4}$.
6. Mit Hilfe von Übung 5 zeichne man das Schaubild von $y = 16^x$.
7. Man schreibe in der Form 2^x:
(*a*) 4, (*b*) $\frac{1}{8}$, (*c*) $\sqrt{2}$, (*d*) 0,5, (*e*) 1, (*f*) $\sqrt[3]{2}$, (*g*) 0,25,
(*h*) $\sqrt{8}$.
8. Einer Tabelle von Quadratwurzeln entnehmen wir $\sqrt{5} \approx 2{,}236$. Welche Zahl ist größer, $\sqrt{5}$ oder 2,236?
9. Man stelle jeden der folgenden Terme in der Form b^x dar:
(*a*) $(\sqrt[3]{b})^2$, (*b*) $1/b^2$, (*c*) $1/\sqrt{b}$, (*d*) $1/\sqrt[3]{b}$, (*e*) $(1/b)^5$,
(*f*) $\sqrt{\sqrt[3]{b}}$.
10. Man zeige ohne Tabellenwerk, daß $2{,}7 < 20^{1/3} < 2{,}8$ ist.
11. Man berechne:
(*a*) $(\sqrt{5})^4$, (*b*) $(2^{1/3})^6$, (*c*) $(1/3)^{-2}$, (*d*) $(\sqrt[3]{1/2})^{-6}$.
12. Diese Übung veranschaulicht das Gesetz $(b^x)^y = b^{xy}$. Unter Verwendung der bekannten Definitionen berechne man beide Seiten der folgenden Gleichungen und überprüfe die Formel $(b^x)^y = b^{xy}$.
(*a*) $(b^3)^4 = b^{3 \cdot 4}$, (*b*) $(b^{1/2})^2 = b^{(1/2)(2)}$,
(*c*) $(b^{-1})^{-1} = b^{(-1)(-1)}$, (*d*) $(b^2)^{-1} = b^{2(-1)}$.
13. Diese Übung veranschaulicht das Gesetz $(ab)^x = a^x b^x$. Unter Verwendung unserer Definitionen überprüfe man
(*a*) $a^3 b^3 = (ab)^3$, (*b*) $a^{-1} b^{-1} = (ab)^{-1}$,
(*c*) $a^{1/2} b^{1/2} = (ab)^{1/2}$.
Hinweis für (*c*): Man betrachte das Quadrat der beiden Seiten.
14. Man zeige, daß $2^{x+h} - 2^x = 2^x(2^h - 1)$.

■

15. Man zeige, daß
$$\left(1 + \frac{h}{x}\right)^{1/h} = \left[\left(1 + \frac{h}{x}\right)^{x/h}\right]^{1/x}.$$
16. Immer wieder wird irrtümlich angenommen, $(a + b)^x$ sei gleich $a^x + b^x$. Man suche spezielle Zahlen a, b und x, die diese Gleichung nicht erfüllen.
17. Man zeige, daß $b/\sqrt[3]{b} = \sqrt[3]{b^2}$.
18. Diese Übung diskutiert das Schaubild von $y = b^x$, für $0 < b < 1$. Als Beispiel betrachten wir $b = 1/2$.
(*a*) Man ergänze die folgende Tabelle

x	−2	−1	0	1	2
$(\frac{1}{2})^x$					

(*b*) Man verwende die Tabelle von (*a*) und skizziere das Schaubild von $y = (1/2)^x$.
(*c*) Man zeichne in dasselbe Koordinatensystem das Schaubild der Funktion $y = 2^x$.
(*d*) Wie verhält sich das Schaubild aus (*b*) zu demjenigen von $y = 2^x$?
19. Wir definieren $b^{2/4}$ als $(b^{1/4})^2$ und $b^{1/2}$ als die Quadratwurzel von b. Man zeige $b^{2/4} = b^{1/2}$.

■■

20. x sei eine positive Zahl. Für welche Werte von x gilt
(*a*) $x < x^2$? (*b*) $x^2 < x$?
(*c*) $x^2 < x^3$? (*d*) $x^3 < x^2$?
21. Für welche positiven Werte von x gilt
(*a*) $\sqrt{x} < \sqrt[3]{x}$, (*b*) $\sqrt[3]{x} < \sqrt{x}$?
22. Die Zahl $\sqrt{2}$ ist nicht rational, wie in dieser Übung bewiesen wird. Der Beweis geht von der Faktorisierung positiver ganzer Zahlen in Primzahlen aus.

Eine ganze Zahl – größer als 1 – wird Primzahl genannt, wenn sie nicht als Produkt von kleineren ganzen Zahlen darstellbar ist. Die ersten 10 Primzahlen sind 2, 3, 5, 7, 11, 13, 17, 19, 23 und 29. Wir verwenden folgendes Resultat aus der

Zahlentheorie: Jede ganze Zahl – größer als 1 – ist entweder eine Primzahl oder kann eindeutig als Produkt von Primzahlen dargestellt werden (die Reihenfolge der Primfaktoren ist unwichtig). So sind

$$2 \cdot 2 \cdot 3, \quad 2 \cdot 3 \cdot 2 \text{ und } 3 \cdot 2 \cdot 2$$

die einzigen Faktorisierungen von 12 in Primzahlen; sie werden nicht unterschieden.

(*a*) Die ganze Zahl I sei das Produkt von d Primzahlen. Dann ist I^2 das Produkt von $2d$ Primzahlen (daraus folgt, daß I^2 das Produkt einer geraden Anzahl von Primzahlen ist).
(*b*) Für jede ganze Zahl n ist $2n^2$ das Produkt einer ungeraden Anzahl von Primzahlen.
(*c*) Wenn $\sqrt{2}$ als Quotient von 2 ganzen Zahlen $\sqrt{2} = m/n$ geschrieben werden kann, dann muß $2n^2 = m^2$ sein. Leite aus (*a*) und (*b*) einen Widerspruch ab.

23. (Siehe Übung 22.) Besitzt die positive ganze Zahl I eine rationale Quadratwurzel, so ist I das Quadrat einer ganzen Zahl. Man zeige dies!

24. Man verwende Übung 22
(*a*) und beweise, daß die $\sqrt[3]{2}$ nicht rational ist.
(*b*) Man bestimme alle positiven ganzen Zahlen mit rationalen Kubikwurzeln.

Für die nächsten Übungen benötigen wir einen Taschenrechner.

25. Vor etwa 3500 Jahren berechneten die Mathematiker in Babylon für $\sqrt{a}$ aus einer ersten Schätzung g_1 mit Hilfe der Formel

$$g_2 = \frac{g_1 + \frac{a}{g_1}}{2}$$

einen zweiten Näherungswert g_2. Wiederholung dieses Prozesses ergibt als sukzessive Näherungen von $\sqrt{a}$ eine Folge von Zahlen $g_2, g_3, \ldots$. Sei $a = 5$ und $g_1 = 2$. Man berechne (*a*) g_2, (*b*) g_3.

26. Mit Hilfe eines Taschenrechners und der Methode von Übung 25 berechne man auf 2 Dezimalen
(*a*) $\sqrt{7}$, (*b*) $\sqrt{19}$.

27. (Vgl. Übung 25.) Für $g_1 > \sqrt{a}$ zeige man
(*a*) $g_2 > \sqrt{a}$ und (*b*) $g_2 < g_1$.

28. (Vgl. Übung 25.) Um auf einem Rechner, der nur die vier Grundrechnungsarten beherrscht, eine Abschätzung von $\sqrt[3]{a}$ zu erhalten, kann folgendes Verfahren angewendet werden. Man gebe eine Schätzung g_1 für $\sqrt[3]{a}$. Dann bilde man

$$g_2 = \frac{2}{3} g_1 + \frac{1}{3} \frac{a}{g_1^2} \,.$$

(*a*) Ist g_1 exakt gleich $\sqrt[3]{a}$, dann gilt $g_2 = g_1$. Man zeige dies!
(*b*) Man zeige $g_2 = 2(g_1^3 + a)/3g_1^2$. Dies kann ohne Speicher oder Bleistift berechnet werden.
(*c*) Man berechne $\sqrt[3]{10}$ mit $g_1 = 2$. Man berechne Näherungswerte g_2, g_3 bis die Schätzung in den ersten zwei Dezimalstellen konstant ist.

29. Der Ausdruck 0^0 war nicht definiert. Sind die positive Zahl b und die Zahl x beide in der Nähe von 0, so könnte man hoffen, daß auch b^x in der Nähe einer bestimmten festen Zahl liegt. In diesem Fall könnte 0^0 definiert werden. Mit Hilfe des y^x-Programms zeigen wir, daß b^x *nicht* in der Nähe irgendeiner bestimmten Zahl liegt, wenn b und x beide nahe bei Null sind. Man berechne
(*a*) $(0{,}001)^{0{,}001}$, (*b*) $(0{,}000\,000\,1)^{0{,}1}$.
Man berechne ebenso $(0{,}001)^0$ und $0^{0{,}001}$.

30. Ein Rechner besitze ein Quadratwurzelprogramm und ein Kehrwertprogramm. Wie kann man dann folgende Größen berechnen:
(*a*) $5^{1/4}$, (*b*) $5^{1/8}$, (*c*) $5^{3/8}$, (*d*) $5^{-1/4}$?

4.2 Die Zahl e

Die Untersuchung der Verzinsung von Bankkonten führt uns zu einer der wichtigsten Zahlen der gesamten Analysis. Angenommen, eine Bank zahlt 100 % Zinsen pro Jahr. Eine eingezahlte DM bringt nach einem Jahr 1 DM Zinsen und wir erhalten am Ende des Jahres

$$1\text{ DM} + 1\text{ DM} = 2\text{ DM}.$$

Kapitalisiert die Bank die Zinsen zweimal pro Jahr, dann liegen am Ende des ersten halben Jahres

$$1\text{ DM} + \tfrac{1}{2}\text{ DM}$$

auf dem Konto und nach dem zweiten halben Jahr Zinsen von

$$(1 + \tfrac{1}{2})(\tfrac{1}{2})\text{ DM}.$$

Dies sind am Ende des Jahres

$$(1 + \tfrac{1}{2})\text{ DM} + (1 + \tfrac{1}{2})(\tfrac{1}{2})\text{ DM}$$

oder

$$(1 + \tfrac{1}{2})(1 + \tfrac{1}{2})\text{ DM}$$

oder

$$(1 + \tfrac{1}{2})^2\text{ DM}$$

und schließlich

$$2{,}25\text{ DM},$$

also mehr, als sich bei einer einmal jährlicher Kapitalisierung ergibt.

Eine Konkurrenzbank offeriert, die Zinsen dreimal pro Jahr zuzuschlagen. Am Ende eines Jahres wird aus 1 DM

$$(1+\tfrac{1}{3})^3 \text{ DM} \quad \text{oder ungefähr} \quad 2{,}37 \text{ DM}.$$

Eine dritte Bank schlägt die Zinsen monatlich zu. Am Jahresende wird aus 1 DM

$$\left(1+\frac{1}{12}\right)^{12} \text{DM}$$

oder ungefähr 2,61 DM.

Wie kapitalisiert sich 1 DM pro Jahr, wenn die Zinsen jede Woche zugeschlagen werden? Wenn sie jeden Tag zugeschlagen werden? Jede Stunde? Jede Minute? Jede Sekunde? Dieses Bankproblem führt auf eine rein mathamtische Frage: Wie verhält sich der Ausdruck

$$\left(1+\frac{1}{n}\right)^n$$

wenn die ganze Zahl n immer größer und größer wird?

Für sehr große n wird

$$\left(1+\frac{1}{n}\right)^n$$

von zwei Tendenzen beeinflußt: Da $1+(1/n)$ mit wachsendem n gegen 1 strebt, nähert sich

$$\left(1+\frac{1}{n}\right)^n$$

einem Produkt von lauter Einsern und sollte demnach in der Nähe von 1 liegen. Andererseits wird $1+(1/n)$ genau n mal mit sich multipliziert, um den Ausdruck

$$\left(1+\frac{1}{n}\right)^n$$

zu erhalten. So könnte

$$\left(1+\frac{1}{n}\right)^n$$

auch beliebig anwachsen.

Mit Hilfe eines Rechners ergaben sich die in der folgenden Tabelle auf zwei Dezimalen angegebenen Zahlen.

n	1	2	3	12	20	100
$\left(1+\frac{1}{n}\right)^n$	2	2,25	2,37	2,61	2,65	2,70

Am Ende dieses Kapitels wird gezeigt, daß mit ansteigendem n auch $(1 + 1/n)^n$ ansteigt. (Dies trifft sich mit der Absicht der Konkurrenzbank.) Ebenso wird gezeigt werden, daß die Zahl $(1 + 1/n)^n$ für alle positiven Zahlen n immer kleiner als vier ist (also geht die Bank nicht bankrott). Aufgrund dieser beiden Überlegungen und der grundlegenden Eigenschaften von reellen Zahlen wird $(1 + 1/n)^n$ für ansteigende n immer näher und näher an eine bestimmte Zahl – nicht größer als vier – herankommen. Diese spezifische Zahl hat eine Dezimaldarstellung, die mit 2,718 28 ... beginnt. Sie wird in Erinnerung an den im 18. Jahrhundert lebenden Schweizer Mathematiker Euler „e“ genannt.

Definition von e: Die bisherigen Überlegungen können durch

$$\lim_{n\to\infty}\left(1+\frac{1}{n}\right)^n = \mathrm{e} = 2{,}718\ \ldots .$$

zusammengefaßt werden. Das Symbol „ $\lim\limits_{n\to\infty}$ “ lesen wir:

„der Limes für n gegen unendlich von ... “

Der Ausdruck $(1+1/n)^n$ nähert sich für immer größere n dem Wert e.

Wird diese mathematische Diskussion wieder auf unsere finanziellen Überlegungen übertragen, so folgt für jede auf der Bank deponierte DM ein Zuwachs auf höchstens 2,718 28 DM, ganz gleich wie oft die Bank im Jahr ihre Zinsen von 100 Prozent kapitalisiert. Die zentrale Bedeutung der Zahl e für die Infinitesimalrechnung werden wir erst im nächsten Kapitel erkennen.

Ist n sehr groß, so wird $1/n$ sehr klein; n ist der Kehrwert von $1/n$. Ist x daher eine kleine positive Zahl von der Form

$$x=\frac{1}{n}$$

(n sei eine beliebige positive ganze Zahl), so liegt

$$(1+x)^{1/x}$$

in der Nähe von e. Diese Tatsache wird in Abschnitt 4.4 angewendet.

Im Hinblick auf spätere Überlegungen müssen wir den Ausdruck

$$\left(1+\frac{1}{n}\right)^n$$

auch für eine *negative* ganze Zahl n mit großem Absolutwert untersuchen. Für $n = -4$ ergibt sich etwa

$$\left(1+\frac{1}{n}\right)^n = \left(1+\frac{1}{-4}\right)^{-4} = \left(1-\frac{1}{4}\right)^{-4} = \left(\frac{3}{4}\right)^{-4} = \left(\frac{4}{3}\right)^{4} = \frac{256}{81} \approx 3{,}16.$$

Für $n = -10$ erhalten wir ebenso

$$\left(1+\frac{1}{n}\right)^n \approx 2{,}87.$$

Nimmt die negative ganze Zahl n immer größere und größere Absolutbeträge an, so ergibt sich wieder

$$\left(1+\frac{1}{n}\right)^n \to \mathrm{e}.$$

(Dies wird in den Übungen 10 bis 13 bewiesen werden.) In der üblichen Bezeichnung schreiben wir

$$\lim_{n \to -\infty} \left(1+\frac{1}{n}\right)^n = \mathrm{e}.$$

Wird n negativ mit großem Absolutbetrag, so ist $1/n$ eine kleine negative Zahl. Ist $x = 1/n$ klein für irgendeine negative ganze Zahl n, so liegt $(1+x)^{1/x}$ in der Nähe von e. Auch dieser Umstand wird in Abschnitt 4.4 verwendet.

Nun müssen wir aber beweisen, daß $(1 + 1/n)^n$ für ansteigende n ebenfalls ansteigt und immer kleiner als 4 bleibt. Der Beweis basiert auf der ersten der beiden Ungleichungen des folgenden Lemma[1]). Beide Ungleichungen werden wir in Kap. 7 auf andere Probleme anwenden.

Lemma: c und d seien Zahlen mit $c > d \geqslant 0$ und n sei eine positive ganze Zahl, dann gilt

$$c^{n+1} - d^{n+1} < (n+1)c^n(c-d), \qquad (1)$$

$$c^{n+1} - d^{n+1} > (n+1)d^n(c-d). \qquad (2)$$

[1]) Darunter versteht man einen *Hilfssatz*, der zum Beweis eines Lehrsatzes, eines *Theorems*, erforderlich ist.

Beweis: Der Einfachheit halber untersuchen wir den Fall $n = 3$ und $n + 1 = 4$. Dann gilt

$$c^{n+1} - d^{n+1} = c^4 - d^4,$$

$$c^4 - d^4 = (c^3 + c^2d + cd^2 + d^3)(c-d).$$

Diese Identität kann ohne weiteres durch Ausmultiplizieren auf der rechten Seite überprüft werden. Ersetzen wir nun d durch c, so wird der Ausdruck größer, und die rechte Seite ist *kleiner* als

$$(c^3 + c^2 \cdot c + c \cdot c^2 + c^3)(c-d),$$

oder

$$4c^3(c-d).$$

Daraus folgt direkt

$$c^4 - d^4 < 4c^3(c-d).$$

und die Ungleichung (1) ist für $n = 3$ bewiesen. Ein ähnliches Argument läßt sich für jede positive ganze Zahl n angeben.

Um die Ungleichung (2) für $n = 3$ zu beweisen, beginnen wir wieder mit der Gleichung

$$c^4 - d^4 = (c^3 + c^2d + cd^2 + d^3)(c-d).$$

Ihre rechte Seite ist *größer* als

$$(d^3 + d^2 \cdot d + d \cdot d^2 + d^3)(c-d).$$

Ersetzt man nämlich c durch d, so wird der Ausdruck kleiner und es folgt

$$c^4 - d^4 > 4d^3(c-d).$$

Damit ist die Ungleichung (2) für $n = 3$ bewiesen. Ein ähnliches Argument läßt sich für jede positive ganze Zahl n angeben. ●

Mit Hilfe dieses Lemmas können wir die folgenden zwei Theoreme beweisen.

Theorem 1: Für jede positive ganze Zahl n gilt

$$\left(1+\frac{1}{n}\right)^n < \left(1+\frac{1}{n+1}\right)^{n+1}.$$

Beweis: Aus der Ungleichung (1) folgt mit

$$c = 1 + \frac{1}{n} \quad \text{und} \quad d = 1 + \frac{1}{n+1}$$

– es gilt $c > d$ – unmittelbar

$$\left(1+\frac{1}{n}\right)^{n+1} - \left(1+\frac{1}{n+1}\right)^{n+1}$$

$$< (n+1)\left(1+\frac{1}{n}\right)^{n}\cdot\left[\left(1+\frac{1}{n}\right)-\left(1+\frac{1}{n+1}\right)\right]$$

oder

$$\left(1+\frac{1}{n}\right)\left(1+\frac{1}{n}\right)^{n}-\left(1+\frac{1}{n+1}\right)^{n+1}$$

$$< (n+1)\left(1+\frac{1}{n}\right)^{n}\left(\frac{1}{n(n+1)}\right).$$

Kürzen des Faktors $(n+1)$ auf der rechten Seite ergibt

$$\left(1+\frac{1}{n}\right)\left(1+\frac{1}{n}\right)^{n}-\left(1+\frac{1}{n+1}\right)^{n+1} < \frac{1}{n}\left(1+\frac{1}{n}\right)^{n}.$$

Durch einfache Umformungen erhalten wir die gewünschte Ungleichung

$$\left(1+\frac{1}{n}\right)^{n} < \left(1+\frac{1}{n+1}\right)^{n+1}$$

und Theorem 1 ist bewiesen. ●

Theorem 2: Für jede positive ganze Zahl n gilt

$$\left(1+\frac{1}{n}\right)^{n} < 4.$$

Beweis: Aus der Ungleichung (1) folgt mit $c = 1 + 1/2n$ und $d = 1$ (es gilt $c > d$) unmittelbar

$$\left(1+\frac{1}{2n}\right)^{n+1} - 1^{n+1} < (n+1)\left(1+\frac{1}{2n}\right)^{n}\left[\left(1+\frac{1}{2n}\right)-1\right],$$

oder

$$\left(1+\frac{1}{2n}\right)\left(1+\frac{1}{2n}\right)^{n} - 1 < (n+1)\left(1+\frac{1}{2n}\right)^{n}\left(\frac{1}{2n}\right),$$

und

$$\left(1+\frac{1}{2n}\right)\left(1+\frac{1}{2n}\right)^{n} - 1 < \left(\frac{1}{2}+\frac{1}{2n}\right)\left(1+\frac{1}{2n}\right)^{n}.$$

Durch einfache Umformungen ergibt sich

$$\frac{1}{2}\left(1+\frac{1}{2n}\right)^{n} < 1,$$

$$\left(1+\frac{1}{2n}\right)^{n} < 2.$$

Quadrieren der letzten Ungleichung führt zu

$$\left(1+\frac{1}{2n}\right)^{2n} < 4.$$

Nun ist $2n$ eine *gerade* ganze Zahl und das Theorem 2 ist zunächst nur für gerade ganze Zahlen bewiesen. Da aber die Folge $(1 + 1/n)^n$ mit n ansteigt, gilt Theorem 2 auch für ungerade n. Damit ist das Theorem 2 für beliebige n bewiesen.

Es ist nicht notwendig, sich die Beweise von Theorem 1 und Theorem 2 einzuprägen. Das obige Lemma wird hingegen später noch öfter verwendet werden.

Übungen:

1. Man berechne $(1 + 1/n)^n$ auf zwei Dezimalen für
   (*a*) $n = 5$, (*b*) $n = -5$.
2. Man berechne $(1 + x)^{1/x}$ auf zwei Dezimalen für x gleich
   (*a*) $\frac{1}{2}$, (*b*) $\frac{1}{3}$, (*c*) $-\frac{1}{2}$, (*d*) $-\frac{1}{3}$.
   In Abschnitt 4.4 wird das Verhalten der Funktion $f(x) = (1 + x)^{1/x}$ für x aus der Umgebung von 0 untersucht.
3. Man berechne $(1 - 1/n)^n$ auf zwei Dezimalstellen für n gleich
   (*a*) 2, (*b*) 3, (*c*) 4.
   (Übung 14 zeigt, daß $(1 - 1/n)^n$ für große positive ganze n in der Nähe von $1/e \approx 0{,}37$ liegt.)
4. (*a*) Man definiere e,
   (*b*) und gebe die Dezimaldarstellung auf drei Stellen hinter dem Komma an.
5. Man berechne
   (*a*) $\lim\limits_{n\to\infty} (1 + 1/n)^{100}$, (*b*) $\lim\limits_{n\to\infty} (1 + \frac{1}{2}n)^n$.
   Hinweis: $(1 + \frac{1}{2}n)^n = [(1 + \frac{1}{2}n)^{2n}]^{1/2}$.
6. Man überprüfe die Ungleichung (1) für $c = 1{,}1$ und $d = 1$.
7. Man beweise das Lemma für $n = 4$.

■

8. Eine Bank zahlt 5 % Zinsen pro Jahr, die n mal pro Jahr kapitalisiert werden.
   (*a*) Am Ende eines Jahres ist die Einlage 1 DM auf $(1 + 0{,}05/n)^n$ DM angewachsen. Man zeige dies!
   (*b*) Man zeige
   $$\lim_{n\to\infty}\left(1+\frac{0{,}05}{n}\right)^{n} = e^{0{,}05}.$$
9. Man berechne
   $$\lim_{n\to\infty}\left(\frac{n+2}{n+1}\right)^{n}.$$

Die nächsten vier Übungen zeigen, daß aus der Definition

$$\lim_{n \to \infty} \left(1 + \frac{1}{n}\right)^n = e$$

für *negative* ganze Zahlen n mit immer größerem Absolutbetrag folgt

$$\left(1 + \frac{1}{n}\right)^n \to e.$$

10. n sei eine negative ganze Zahl $n = -p$, wobei p eine positive ganze Zahl ist. Man zeige

$$\left(1 + \frac{1}{n}\right)^n = \left(\frac{p}{p-1}\right)^p.$$

11. Sei $q = p - 1$, wobei p wie in Übung 10 definiert ist. Man zeige

$$\left(\frac{p}{p-1}\right)^p = \left(1 + \frac{1}{q}\right)^q \left(1 + \frac{1}{q}\right).$$

12. Wenn die Zahl q aus Übung 11 immer größer wird, wie verhält sich dann

(*a*) $\left(1 + \frac{1}{q}\right)^q$?

(*b*) $1 + \frac{1}{q}$?

(*c*) $\left(1 + \frac{1}{q}\right)^q \left(1 + \frac{1}{q}\right)$?

13. Mit Hilfe der Übungen 10 bis 12 zeige man, daß der Ausdruck $(1 + 1/n)^n$ für negative Zahlen mit großem Absolutbetrag in der Nähe von e liegt.

■■

14. Man zeige

$$\lim_{n \to \infty} \left(1 - \frac{1}{n}\right)^n = \frac{1}{e} \approx 0{,}37.$$

15. Wegen Theorem 2 ist für alle positiven ganzen Zahlen n der Ausdruck $(1 + 1/n)^n$ immer kleiner als 4. Diese Übung präzisiert diese Aussage.

(*a*) Aus der Ungleichung (1) folgt mit $c = 1 + 1/mn$ und $d = 1$ (m und n seien positive ganze Zahlen mit $m > 1$)

$$\left(1 + \frac{1}{mn}\right)^{mn} < \left(\frac{m}{m-1}\right)^m.$$

(*b*) Man setze in (*a*) $m = 6$ und zeige, daß $e < 2{,}99$. Für die nächste Übung benötigt man einen Rechner.

16. Die Zahl e ist für alle positiven ganzen Zahlen n größer als $(1 + 1/n)^n$ und für alle ganzen Zahlen $m > 1$ (siehe Übung 15 (*a*)), kleiner als $[m/(m-1)]^m$. Man wähle spezielle Werte für n und m (wie etwa 10, 20 oder noch größer) und berechne nun e mit möglichst großer Genauigkeit, etwa auf zwei Dezimalstellen.

4.3 Der Grenzwert einer reellen Funktion

In Abschnitt 3.3 wurde die Ableitung einer Funktion f als der Grenzwert eines bestimmten Quotienten definiert (sofern er existiert). Der Begriff des Grenzwertes ist einer der wichtigsten Begriffe der Infinitesimalrechnung. Aus diesem Grunde werden wir ihn an einer Vielzahl von Beispielen studieren. Im Anschluß an Beispiel 4 wird der Begriff *Grenzwert* präzise definiert.

Beispiel 1: Sei $f(x) = 2x^2 + 1$. Wie verhält sich $f(x)$, wenn sich x immer mehr 3 nähert?

Lösung: Wir beginnen mit einer Wertetabelle von $f(x)$ in der Nähe von $x = 3$.

x	3,1	3,01	3,001	2,999	2,99	2,9
$f(x)$	20,22	19,120 2	19,012 002	18,988 002	18,880 2	17,82

Liegt x in der Nähe von 3, so liegt $2x^2 + 1$ in der Nähe von $2(3)^2 + 1 = 19$. Wir sagen: „Der Grenzwert von $2x^2 + 1$ ist gleich 19, wenn x nach 3 strebt". Wir schreiben

$$\lim_{x \to 3} (2x^2 + 1) = 19. \quad \bullet$$

Beispiel 1 war nicht besonders schwierig. Das nächste Beispiel ist etwas komplizierter.

Beispiel 2: Sei $f(x) = (x^3 - 1)/(x - 1)$. Diese Funktion ist für $x = 1$ nicht definiert, da dort sowohl der Zähler als auch der Nenner 0 werden. Wie aber verhält sich $f(x)$, wenn x *in der Nähe von* 1 *liegt, aber nicht gleich* 1 wird?

Lösung: Zuerst legen wir für die Umgebung von 1 die folgende Wertetabelle an.

x	1,1	1,01	0,9	0,99
$f(x)$	3,31	3,030 1	2,71	2,970 1

So gilt etwa

$$f(1{,}01) = \frac{(1{,}01)^3 - 1}{1{,}01 - 1} = \frac{1{,}030\,301 - 1}{0{,}01} = 3{,}030\,1.$$

Zwei Faktoren beeinflussen das Verhalten der Funktion $(x^3 - 1)/(x - 1)$ in der Nähe von 1. *Einerseits strebt der der Zähler* $x^3 - 1$ *nach* 0; *normalerweise geht dann auch der Bruch selbst nach* 0. *Andererseits strebt der Nenner* $x - 1$ *ebenfalls nach* 0; *Division durch eine kleine Zahl führt zu sehr großen Werten.* Was ist nun das Resultat dieser beiden gegensätzlichen Einflüsse?

Die algebraische Identität

$$x^3 - 1 = (x^2 + x + 1)(x - 1)$$

hilft uns bei der Lösung unseres Problems:

$$\lim_{x \to 1} \frac{x^3 - 1}{x - 1} = \lim_{x \to 1} \frac{(x^2 + x + 1)(x - 1)}{x - 1}$$
$$= \lim_{x \to 1} (x^2 + x + 1)$$
$$= 1^2 + 1 + 1$$
$$= 3.$$

Der Grenzwert ist 3, wie man bereits auf Grund der Tabelle vermuten konnte. ●

Beispiel 3: Man betrachte die Funktion f mit der Formel

$$f(x) = \frac{x}{|x|}.$$

Der Definitionsbereich dieser Funktion umfaßt jede Zahl ausgenommen 0. So gilt

$$f(3) = \frac{3}{|3|} = \frac{3}{3} = 1$$

und

$$f(-2) = \frac{-2}{|-2|} = \frac{-2}{2} = -1.$$

Für positive x gilt $f(x) = 1$. Für negative x gilt $f(x) = -1$. Dies kann man direkt durch das Schaubild 4.6 von f darstellen. Das Schaubild schneidet die y-Achse jedoch nicht, da f für $x = 0$ nicht definiert ist. Die kleinen Ringe bei (0; 1) und (0; −1) sollen andeuten, daß diese Punkte nicht auf dem Schaubild liegen. Wie verhält sich $f(x)$ für $x \to 0$?

Lösung: Geht x von positiven Werten her gegen 0, so gilt $f(x) \to 1$, da wir für jede positive Zahl $f(x) = 1$ erhalten.

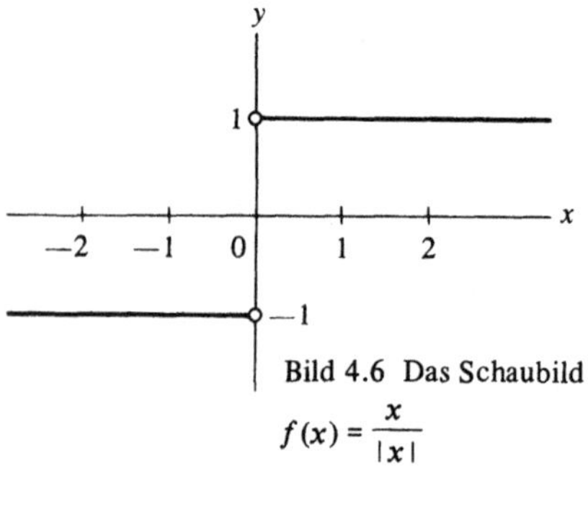

Bild 4.6 Das Schaubild von $f(x) = \frac{x}{|x|}$

Bild 4.6

Strebt x von negativen Zahlen her gegen 0, so ergibt sich $f(x) \to -1$, da für jede negative Zahl $f(x) = -1$ gilt.

Für x aus der Umgebung von 0 können wir also keine eindeutige Zahl angeben, in deren Umgebung $f(x)$ liegen muß. Daher existiert

$$\lim_{x \to 0} f(x)$$

nicht, oder

$$\lim_{x \to 0} \frac{x}{|x|}$$

existiert *nicht*. Hingegen existiert für $a \neq 0$ stets

$$\lim_{x \to a} f(x)$$

und ist gleich 1 für positive a und −1 für negative a. Wir sehen also, daß $\lim_{x \to a} f(x)$ für alle a ausgenommen $a = 0$ existiert. ●

Ob die Funktion f an der Stelle a einen Limes besitzt hängt nicht vom Wert $f(a)$ selbst ab. Tatsächlich muß die Zahl a nicht einmal im Definitionsbereich von f liegen. Betrachten wir etwa die Beispiele 2 und 3. In Beispiel 1 lag die Zahl $a\,(= 3)$ im Definitionsbereich von f, aber dieses Faktum beeinflußte unsere Überlegungen nicht. Stets war nur das Verhalten von $f(x)$ in der Umgebung von $x = a$ wichtig.

Man beachte: Die Ableitung einer Funktion f ist an der Stelle x definiert als

$$\lim_{x_1 \to x} \frac{f(x_1) - f(x)}{x_1 - x}$$

In diesem Fall wird x festgehalten und spielt daher die bisherige Rolle von a. Wir untersuchen hier die Funktion, die der Zahl x_1 – aus der Umgebung von x – den Wert

$$\frac{f(x_1) - f(x)}{x_1 - x}$$

zuordnet. Wird nun die Funktion g durch

$$g(x_1) = \frac{f(x_1) - f(x)}{x_1 - x}$$

definiert, dann ist die Ableitung von f an der Stelle x durch

$$\lim_{x_1 \to x} g(x_1)$$

gegeben. Das nächste Beispiel erläutert dies an einem speziellen Fall.

Beispiel 4: Sei $f(x) = x^3$. Bei festgehaltenem x definieren wir die Funktion g durch folgende Gleichung:

$$g(x_1) = \frac{f(x_1) - f(x)}{x_1 - x} = \frac{x_1^3 - x^3}{x_1 - x}.$$

(Dieser Quotient wird zur Definition der Ableitung an der Stelle x verwendet.) Man bestimme

$$\lim_{x_1 \to x} g(x_1).$$

Lösung:

$$\lim_{x_1 \to x} g(x_1) = f'(x) = (x^3)' = 3x^2. \quad \bullet$$

Die bisherigen Beispiele bereiten die Einführung des Grenzwertbegriffes vor, den wir in der Folge häufig verwenden werden. Nachstehende Definition ist hierzu und für die weiteren Theoreme nützlich.

Definition: Seien a und b zwei Zahlen mit $a < b$. Das *offene Intervall* $(a; b)$ besteht aus allen reellen Zahlen x mit

$$a < x < b.$$

Das offene Intervall $(a; b)$ entsteht aus dem Intervall $[a; b]$ einfach durch Elimination der Werte a und b. Um Verwechslungen vorzubeugen, wird das Intervall $[a; b]$ auch das *geschlossene Intervall* $[a; b]$ genannt. Die Übereinstimmung der Bezeichnung $(a; b)$ mit jener für den Punkt $(a; b)$ sollte keine Verwirrung hervorrufen; aus dem Text wird immer eindeutig hervorgehen, welche der beiden Bedeutungen gemeint ist.

Bezeichnungen: Das geschlossene Intervall $[a; b]$ wird üblicherweise durch

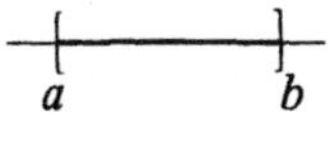 oder 

und das offene Intervall $(a; b)$ durch

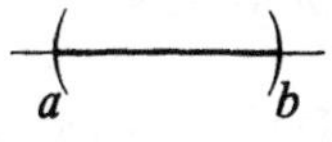 oder 

dargestellt. In den Skizzen bezeichnet der kleine Ring das Fehlen eines bestimmten Punktes; ein voller Kreis veranschaulicht die Existenz dieses Punktes.

Eine formale Definition des Grenzwertes ist in Anhang C gegeben.

Betrachten wir nun eine Funktion f und eine Zahl a, die dem Definitionsbereich von f nicht angehören muß. Um das Verhalten von $f(x)$ für Werte von x aus der Umgebung von a zu studieren, muß der Definitionsbereich der Funktion auch Zahlen beliebig nahe bei a umfassen. Diese Annahme wird in jede der folgenden Definitionen aufgenommen.

Bild 4.7 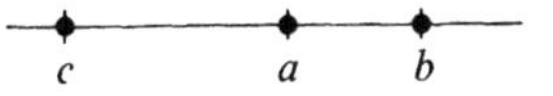

Definition des Grenzwertes oder Limes von $f(x)$ an der Stelle a: f sei eine Funktion und a eine bestimmte Zahl. Der Definitionsbereich von f möge offene Intervalle $(a; b)$ und $(c; a)$ mit bestimmten Zahlen $b > a$ und $c < a$ umfassen (Bild 4.7). Läßt man nun x sowohl von rechts als auch von links nach a streben und nähert sich $f(x)$ dabei einem eindeutigen Wert L, dann wird L der Grenzwert oder Limes von $f(x)$ für $x \to a$ genannt. Man schreibt

$$\lim_{x \to a} f(x) = L$$

oder

$$f(x) \to L \quad \text{für } x \to a.$$

In Beispiel 1 haben wir

$$\lim_{x \to 3} (2x^2 + 1) = 19$$

gefunden. Dies illustriert unsere Definition für $a = 3$ und $f(x) = 2x^2 + 1$. Daß $x = 3$ hier im Definitionsbereich von f liegt, ist unwesentlich. In Beispiel 2 ergab sich

$$\lim_{x \to 1} \frac{x^3 - 1}{x - 1} = 3.$$

Dies illustriert ebenfalls für $a = 1$ und $f(x) = (x^3 - 1)/(x - 1)$ unsere Definition. In diesem Falle war $f(x)$ für $x = 1$ nicht definiert.

Beispiel 3 untersuchte das Verhalten der Funktion $f(x) = x/|x|$ in der Umgebung von 0. Für $x \to 0$ nähert sich $f(x)$ keiner eindeutigen Zahl. Hingegen strebt $f(x) \to +1$, wenn x dem Wert Null von der positiven Seite zustrebt. Analog strebt $f(x) \to -1$, wenn x von negativen Zahlen her nach Null strebt. Dieses Verhalten ist für den Begriff des einseitigen Grenzwertes typisch, den wir nun definieren wollen.

Definition des Rechtsseitigen Limes von $f(x)$ an der Stelle a: f sei eine Funktion und a eine bestimmte Zahl. Nehmen wir an, daß der Definitionsbereich von f ein offenes Intervall $(a; b)$ mit einer bestimmten Zahl $b > a$ umfaßt. Wenn nun x von rechts her gegen a strebt und sich $f(x)$ dabei einer bestimmten Zahl L nähert, so wird L der rechtsseitige Grenzwert von f oder rechtsseitiger Limes von $f(x)$ für $x \to a$ genannt. Wir schreiben dann

$$\lim_{x \to a^+} f(x) = L \quad \text{oder} \quad \lim_{x \downarrow a} f(x) = L$$

und

$$f(x) \to L \text{ für } x \to a^+ \quad \text{oder} \quad f(x) \to L \text{ für } x \downarrow a.$$

Der linksseitige Grenzwert oder Limes ist ähnlich definiert. In diesem Falle muß der Definitionsbereich von f ein offenes Intervall der Form $(c; a)$ mit einer bestimmten Zahl $c < a$ umfassen. $f(x)$ wird dann für den Fall untersucht, in dem x von links gegen a strebt. Die Bezeichnungen für den linksseitigen Limes sind

$$\lim_{x \to a^-} f(x) = L \quad \text{oder} \quad \lim_{x \uparrow a} f(x) = L$$

und

$$f(x) \to L \text{ für } x \to a^- \quad \text{oder} \quad f(x) \to L \text{ für } x \uparrow a.$$

Wie wir in Beispiel 3 gesehen haben, gilt

$$\lim_{x \to 0^+} \frac{x}{|x|} = 1 \quad \text{und} \quad \lim_{x \to 0^-} \frac{x}{|x|} = -1.$$

Wir können ebenso

$$\frac{x}{|x|} \to 1 \text{ für } x \to 0^+$$

schreiben.

Beispiel 5: Sei

$$f(x) = \frac{\sqrt{x^3 - 1}}{\sqrt{x^2 - 1}}.$$

Diese Funktion ist nur für $x > 1$ definiert, da die Quadratwurzel einer negativen Zahl nicht bestimmt ist. Wie verhält sich nun $f(x)$, wenn x von der rechten Seite immer näher und näher an 1 herankommt? Existiert $\lim_{x \to 1^+} f(x)$?

Lösung: Für x in der Nähe von 1 liegen sowohl $x^3 - 1$ als auch $x^2 - 1$ in der Nähe von 0. Daher sind $\sqrt{x^3 - 1}$ und $\sqrt{x^2 - 1}$ fast 0. So wie in Beispiel 2 und 4 gibt es zwei Einflüsse von denen der eine $f(x)$ verkleinern und der andere vergrößern will. Mit Hilfe algebraischer Umformungen kann man zeigen, wie sich diese beiden Einflüsse kompensieren:

$$f(x) = \frac{\sqrt{x^3 - 1}}{\sqrt{x^2 - 1}} \qquad x > 1$$

$$= \frac{\sqrt{(x^2 + x + 1)(x - 1)}}{\sqrt{(x + 1)(x - 1)}}$$

$$= \sqrt{\frac{x^2 + x + 1}{x + 1}}.$$

Nun können wir das Verhalten von $f(x)$ für $x \to 1$ leicht ablesen. $f(x)$ strebt nach

$$\sqrt{\frac{1^2 + 1 + 1}{1 + 1}} = \sqrt{\frac{3}{2}}.$$

Oder kurz: für $x \to 1^+$ gilt $f(x) \to \sqrt{\frac{3}{2}}$. ●

Wenn sowohl der rechtsseitige, als auch der linksseitige Limes von f an der Stelle a existieren und wenn die beiden Limiten übereinstimmen, dann existiert auch $\lim_{x \to a} f(x)$. Sind jedoch der rechtsseitige und der linksseitige Limes nicht gleich, so existiert $\lim_{x \to a} f(x)$ nicht. Das nächste Beispiel illustriert diese drei Grenzwertbegriffe nochmals.

Beispiel 6: Man skizziere das Schaubild einer hypothetischen Funktion f mit den folgenden Eigenschaften:

1. Der Definitionsbereich von f umfaßt die gesamte x-Achse.
2. $f(1) = 2$.
3. $\lim_{x \to 1} f(x) = 3$.
4. $\lim_{x \to 2^+} f(x) = 2$.
5. $\lim_{x \to 2^-} f(x)$ existiert nicht.
6. $f(2) = 1$.
7. $\lim_{x \to a} f(x)$ existiert für alle anderen Werte von a.

Lösung: Man skizziere mit freier Hand zunächst die Umgebung von $x = 1$ und $x = 2$. Das Bild 4.8 stellt nur eine von unendlich vielen Möglichkeiten dar. Man beachte die Verwendung von Ringen und Vollkreisen. ●

Derart komplizierte Funktionen wie in Beispiel 6 werden in der Infinitesimalrechnung allerdings selten auftreten. Dieses Beispiel verhält sich zu den vorgehenden Definitionen etwa wie das Phänomen „Krankheit" zur „Gesundheit".

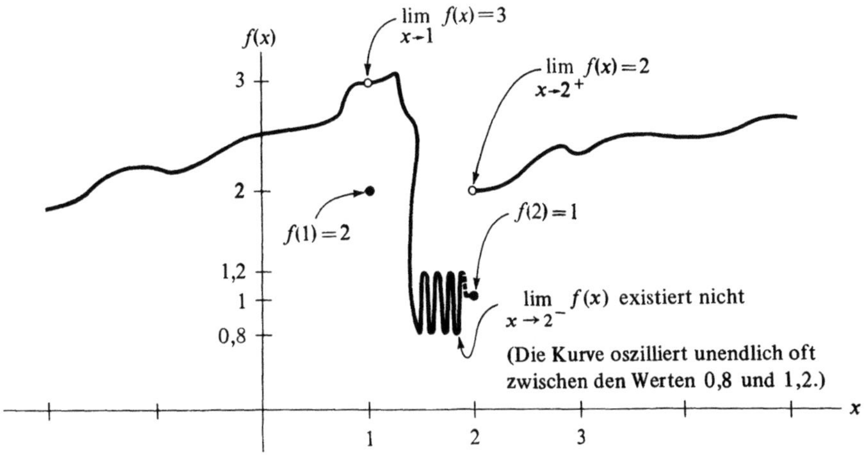

Bild 4.8

Abschließend betrachten wir

$$\lim_{x \to 3} \frac{1 + x^2}{1 + x^2}.$$

Für alle x gilt $(1 + x^2)/(1 + x^2) = 1$ oder

$$\lim_{x \to 3} \frac{1 + x^2}{1 + x^2} = \lim_{x \to 3} 1 = 1.$$

Ist $f(x)$ für alle x gleich einer festen ganzen Zahl L, dann folgt ganz allgemein

$$\lim_{x \to a} f(x) = L.$$

Die Aussage „der Limes von L ist gleich L" oder „L strebt gegen L" mag in diesem Fall seltsam erscheinen, stimmt aber mit unserer Definition überein.

Übungen:

In den Übungen 1 bis 15 ist zu untersuchen, ob der Limes existiert und welchen Wert er besitzt.

1. $\lim_{x \to 3} \frac{x^2 - 3}{x + 2}$
2. $\lim_{x \to 3} \frac{x^2 - 9}{x - 3}$
3. $\lim_{x \to 0^+} \sqrt{x}$
4. $\lim_{x \to 0} \sqrt{x}$
5. $\lim_{x \to 3} \frac{(1/x) - \frac{1}{2}}{x - 2}$
6. $\lim_{x \to 2} \frac{(1/x) - \frac{1}{2}}{x - 2}$
7. $\lim_{h \to 1} \frac{(1 + h)^3 - 1}{h}$
8. $\lim_{h \to 0} \frac{(1 + h)^3 - 1}{h}$
9. $\lim_{x \to 2} \sqrt{2 - x}$
10. $\lim_{x \downarrow 1} \frac{x - 1}{|x - 1|}$
11. $\lim_{x \uparrow 1} \frac{x - 1}{|x - 1|}$
12. $\lim_{x \to 1} \frac{x - 1}{|x - 1|}$
13. $\lim_{x \to -2} \frac{x^3 + 8}{x + 2}$
14. $\lim_{x \to 4^+} \sqrt{x - 4} + 2$
15. $\lim_{x \to 0} \frac{\sqrt{x + 4} - 2}{x}$

In den Übungen 16 bis 21 sind die Schaubilder verschiedener Funktionen dargestellt. Man gebe Zahlen a an, für die einer oder mehrere der Limiten $\lim_{x \to a^+} f(x)$, $\lim_{x \to a^-} f(x)$ und $\lim_{x \to a} f(x)$ existieren. Welcher dieser Limiten existiert jeweils?

16.

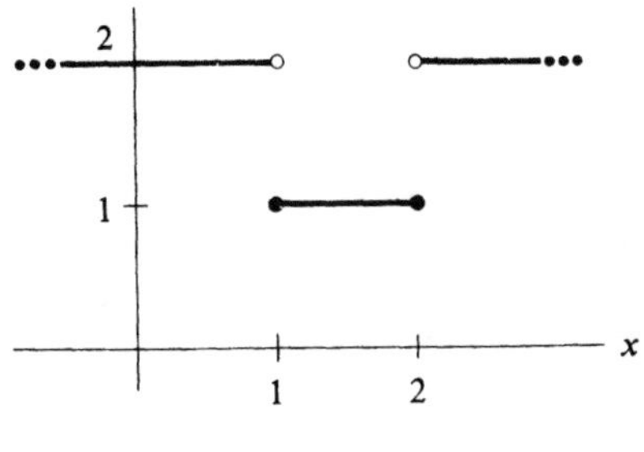

Bild 4.9

17.

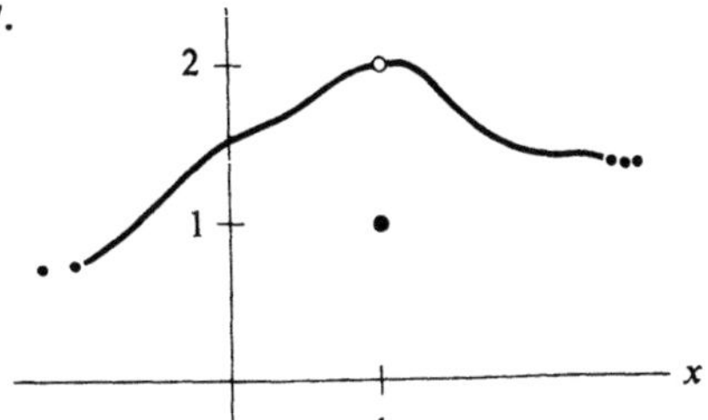

Bild 4.10

18. Wenn x gleich einer ganzen Zahl ist, gilt $f(x) = 1$.

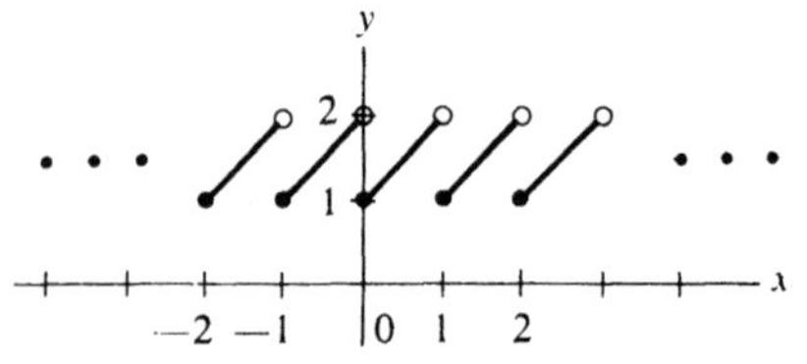

Bild 4.11

19. $f(1) = 1$, $f(x) = 2$ für alle anderen x.

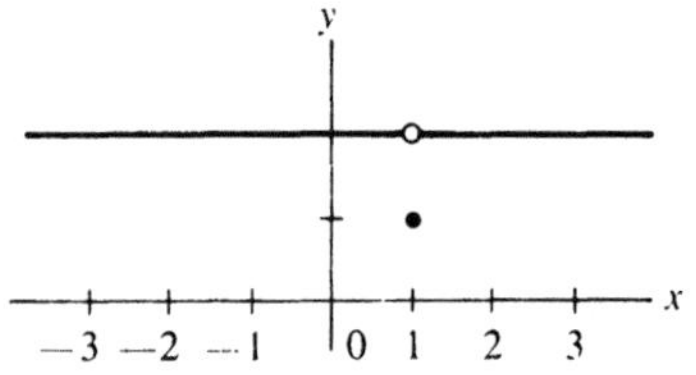

Bild 4.12

20. $f(x) = \begin{cases} 0 & \text{für } x < 0 \\ x^2 & \text{für } x > 0 \end{cases}$

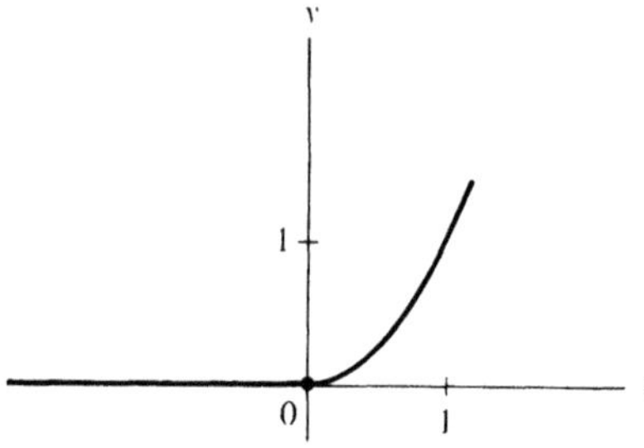

Bild 4.13

21. Dieses Schaubild oszilliert unendlich oft zwischen den Werten 0 und 2.

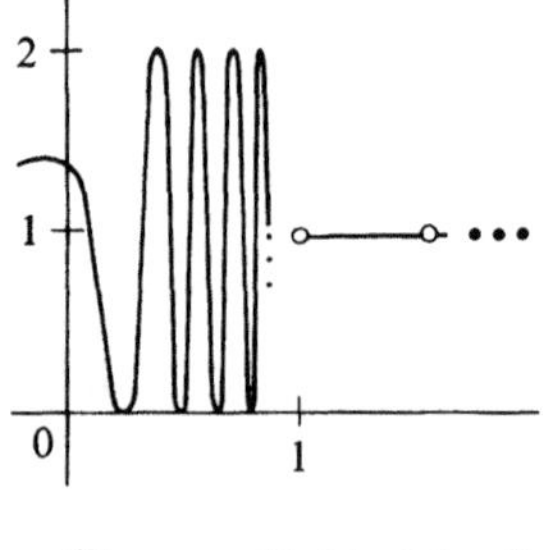

Bild 4.14

In den Übungen 22 bis 26 soll die Skizze einer hypothetischen Funktion f entworfen werden, die alle geforderten Eigenschaften besitzt. Eine geschlossene Formel für die Funktion ist nicht aufzustellen.

22. Der Definitionsbereich sei $(0; 2)$; $\lim_{x \to a} f(x)$ existiert für jedes $a \neq 1$; $\lim_{x \to 1^+} f(x) = 3$; $\lim_{x \to 1^-} f(x) = 4$; $\lim_{x \to 2^-} f(x)$ existiert nicht; $\lim_{x \to 0^+} f(x)$ existiert.

23. Der Definitionsbereich sei $(0; 3)$; $\lim_{x \to a} f(x) = 1$ gelte für jedes a; $f(1) = 3$.

24. Der Definitionsbereich ist die x-Achse; $f(1) = 3$; $\lim_{x \to 1^+} f(x) = 4$; $\lim_{x \to 1^-} f(x) = 3$; $\lim_{x \to a} f(x) = f(a)$ für alle anderen a.

25. Der Definitionsbereich sei die x-Achse. Für $x \to 1^+$ geht $f(x) \to 3$; für $x \to 1^-$ geht $f(x) \to 2$; $f(1) = 0$; $\lim_{x \to a} f(x)$ existiert für allen anderen a.

26. Der Definitionsbereich sei $[2; 3]$; $\lim_{x \to 2^+} f(x)$ existiert nicht; $\lim_{x \to 3} f(x) = 1$; $\lim_{x \to a} f(x)$ existiert für alle anderen a.

27. Man definiere eine Funktion f

$$f(x) = \begin{cases} 1 & \text{wenn } x \text{ eine ganze Zahl ist} \\ 0 & \text{wenn } x \text{ keine ganze Zahl ist.} \end{cases}$$

(a) Man zeichne das Schaubild von f.
(b) Existiert $\lim_{x \to 3} f(x)$?
(c) Existiert $\lim_{x \to 3{,}5} f(x)$?
(d) Für welche Zahlen a existiert $\lim_{x \to a} f(x)$?

28. (a) Man zeichne die Funktion f mit der Formel

$$f(x) = x + |x|.$$

(b) Für welche Zahlen a existiert $\lim_{x \to a} f(x)$?

29. Man definiere f folgendermaßen:

$$f(x) = \begin{cases} x & \text{für rationale } x \\ -x & \text{für irrationale } x \end{cases}$$

(a) Welche Gestalt hat das Schaubild dieser Funktion?
(b) Existiert $\lim_{x \to 1} f(x)$?
(c) Existiert $\lim_{x \to \sqrt{2}} f(x)$?
(d) Existiert $\lim_{x \to 0} f(x)$?
(e) Für welche Zahlen a existiert $\lim_{x \to a} f(x)$?

■

30. Der Grenzwert

$$\lim_{h \to 0} \frac{2^h - 1}{h}$$

wird im nächsten Kapitel bestimmt werden; angenommen, er existiert!

(a) Dieser Grenzwert gibt die Ableitung der Exponentialfunktion 2^x an der Stelle $x = 0$. Man zeige dies!
(b) Man skizziere das Schaubild der Funktion $y = 2^x$.
(c) Man bestimme den Anstieg einer Geraden durch die Punkte $(\frac{1}{2}; 2^{1/2})$ und $(0; 1)$ mit Hilfe der Approximation $\sqrt{2} \approx 1{,}4$.

(*d*) Man bestimme den Anstieg einer Geraden durch die Punkte $(-\frac{1}{2};\ 2^{-1/2})$ und $(0;\ 1)$ mit Hilfe der Approximation $\sqrt{2} \approx 1{,}4$.

(*e*) Welchen Hinweis geben die Beispiele (*c*) und (*d*) für den numerischen Wert von

$$\lim_{h \to 0} \frac{2^h - 1}{h}?$$

■■

Für die nächste Übung wird ein Rechner benötigt.

31. Man untersuche das Verhalten von $(1/x)^x$ für positive x in der Umgebung von 0. Was kann über $\lim_{x \downarrow 0} (1/x)^x$ gesagt werden?

4.4 Mehr über Grenzwerte und die Zahl e

In den nächsten Kapiteln werden oft gewisse Eigenschaften von Limiten benötigt. Sind insbesondere f und g zwei Funktionen und gilt

$$\lim_{x \to a} f(x) = A \quad \text{und} \quad \lim_{x \to a} g(x) = B$$

so folgt, wie im Anhang C bewiesen werden wird,

$$\lim_{x \to a} [f(x) + g(x)] = A + B;$$

$$\lim_{x \to a} [f(x) - g(x)] = A - B;$$

$$\lim_{x \to a} [f(x) g(x)] = AB;$$

$$\lim_{x \to a} \frac{f(x)}{g(x)} = \frac{A}{B} \quad \text{für } B \neq 0.$$

Diese vier grundlegenden Theoreme sind plausibel, man sollte sie sich einprägen.

Sehr oft wird das Verhalten einer Funktion $f(x)$ für sehr große positive x untersucht. Beispiel 1 illustriert dies und erweitert gleichzeitig den Grenzwertbegriff.

Beispiel 1: Wie verhält sich

$$f(x) = \frac{5x^2 + 2}{7x^3 + 3}$$

für sehr große positive x?

Lösung: Für sehr große x wird der Zähler $5x^2 + 2$ sehr groß, dies vergrößert den Quotienten. Andererseits wird der Nenner sehr groß und verkleinert den Quotienten. Nur eine exakte Berechnung kann entscheiden, welcher dieser beiden Effekte überwiegt.

Wir finden

$$f(x) = \frac{5x^2 + 2}{7x^3 + 3} = \frac{x^2 (5 + 2/x^2)}{x^3 (7 + 3/x^3)} = \frac{1 (5 + 2/x^2)}{x (7 + 3/x^3)}.$$

Für große x geht nun $1/x \to 0$, $2/x^2 \to 0$ und $3/x^3 \to 0$. Wir finden daher

$$f(x) \to 0 \cdot \frac{5 + 0}{7 + 0},$$

$$f(x) \to 0. \bullet$$

Die Aussage: „Durchläuft x immer größere positivere Werte, so nähert sich $f(x)$ der Zahl L“, wird üblicherweise abgekürzt:

$$\lim_{x \to \infty} f(x) = L.$$

Aufsuchen des Grenzwerts eines Quotienten von Polynomen: Wie Beispiel 1 gezeigt hat, kann der Grenzwert eines Quotienten von zwei Polynomen für $x \to \infty$ am einfachsten bestimmt werden, wenn aus dem Zähler und dem Nenner die höchste Potenz von x herausfaktorisiert wird.

Im nächsten Beispiel wird $f(x)$ selbst beliebig groß.

Beispiel 2: Wie verhält sich $f(x) = 1/x$ in der Nähe von $x = 0$?

Lösung: Der Kehrwert einer kleinen Zahl x hat einen großen Absolutwert. Für $x = 0{,}01$ gilt $1/x = 100$; für $x = -0{,}01$ gilt $1/x = -100$. Nähert sich also x von rechts an Null, so ist $1/x$ positiv und wird beliebig groß. Wir schreiben:

$$\lim_{x \to 0^+} \frac{1}{x} = \infty.$$

Nähert sich x von links an Null, so ist $1/x$ negativ und nimmt beliebig große Absolutwerte an. Wir schreiben:

$$\lim_{x \to 0^-} \frac{1}{x} = -\infty. \bullet$$

Diese verschiedenen Grenzwertbegriffe zeigen alle die gleiche Struktur. Wir geben hier einige typische Fälle an. Formale Definitionen werden in Anhang C gegeben. Unsere

Bezeichnung	*in Worten*	*Bedeutung*
$\lim_{x \to a} f(x) = L$	Für x gegen a strebt $f(x)$ gegen L	Bereits in Abschnitt 4.2 diskutiert.
$\lim_{x \to \infty} f(x) = L$	Für x gegen plus Unendlich strebt $f(x)$ gegen L	$f(x)$ ist definiert für alle x ab einer bestimmten Zahl und nähert sich dem Wert L, wenn x große positive Werte durchläuft.
$\lim_{x \to -\infty} f(x) = L$	Für x gegen minus Unendlich strebt $f(x)$ gegen L	$f(x)$ ist definiert für alle x links von einer bestimmten Zahl und erreicht den Wert L, wenn die negative Zahl x große Absolutwerte annimmt.
$\lim_{x \to \infty} f(x) = \infty$	Für x gegen Unendlich strebt $f(x)$ gegen plus Unendlich	$f(x)$ ist definiert für alle x ab einer bestimmten Zahl und wird beliebig groß, wenn x große positive Werte durchläuft.
$\lim_{x \to a^+} f(x) = \infty$	Strebt x von rechts gegen a, so strebt $f(x)$ gegen plus Unendlich	$f(x)$ ist in einem bestimmten offenen Intervall $(a; b)$ definiert und wird beliebig groß, wenn x den Wert a von rechts her anstrebt.
$\lim_{x \to a^+} f(x) = -\infty$	Strebt x von rechts gegen a, so strebt $f(x)$ gegen minus Unendlich	$f(x)$ ist in einem offenen Intervall $(a; b)$ definiert und wird negativ mit beliebig großem Absolutbetrag, wenn x den Wert a von rechts anstrebt.

vereinfachten Definitionen sind zunächst durchaus hinreichend.

Andere Bezeichnungen wie

$$\lim_{x \to a} f(x) = -\infty,$$

$$\lim_{x \to a^-} f(x) = \infty$$

$$\lim_{x \to \infty} f(x) = -\infty$$

sind analog definiert.

Das nächste Beispiel wendet diese Begriffe auf die Diskussion eines Schaubildes an. Gleichzeitig wird einer der wichtigsten Grenzwerte in der Infinitesimalrechnung untersucht, nämlich

$$\lim_{x \to 0} (1 + x)^{1/x}.$$

Beispiel 3: Sei $f(x) = (1 + x)^{1/x}$. Man zeichne das Schaubild von f.

Lösung: Wir betrachten nur Werte $x > -1$, so daß die Basis $1 + x$ positiv bleibt. Für $x = 0$ ist die Funktion nicht definiert, da der Exponent von $(1 + x)^{1/x}$, nämlich $1/x$, für $x = 0$ nicht bestimmt ist.

Für jede ganze Zahl n, ob positiv oder negativ, gilt

$$f\left(\frac{1}{n}\right) = \left(1 + \frac{1}{n}\right)^{1/(1/n)} = \left(1 + \frac{1}{n}\right)^n.$$

Diesen Ausdruck haben wir in Abschnitt 4.2 untersucht. Wir erinnern uns an

$$\lim_{n \to \infty} \left(1 + \frac{1}{n}\right)^n = \mathrm{e} \approx 2{,}718$$

und

$$\lim_{n \to -\infty} \left(1 + \frac{1}{n}\right)^n = \mathrm{e} \approx 2{,}718.$$

Ist also x eine positive oder negative kleine Zahl von der Form $1/n$, dann liegt

$f(x)$ in der Nähe von e.

Wie gezeigt werden kann, liegt auch für kleine x, deren Kehrwert keine ganze Zahl ist,

$f(x)$ nahe bei e.

(Siehe Übung 35.) Wir schreiben

$$\lim_{x \to 0} (1 + x)^{1/x} = \mathrm{e}.$$

Das Schaubild von f ist für kleine x aus dem Bild 4.15 zu ersehen.

Wie verhält sich $f(x)$ schließlich in der Nähe von -1 und für große positive x?

Betrachten wir zunächst den Fall $x > -1$ in der Nähe von -1. Wir setzen $x = -0{,}99$ und finden

$$f(-0{,}99) = [1 + (-0{,}99)]^{1/-0{,}99} = 0{,}01^{-1/0{,}99} = \frac{1}{0{,}01^{1/0{,}99}}.$$

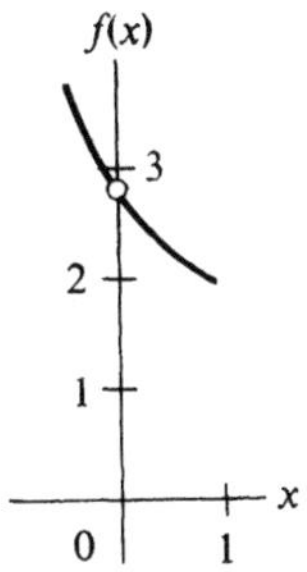

Bild 4.15

Nun liegt 0,01 in der Nähe von 0 und der Exponent 1/0,99 ist fast gleich 1. Das heißt

$$0{,}01^{1/0{,}99}$$

liegt in der Nähe von 0 und ist positiv. Daher ist $f(-0{,}99)$ eine große postivie Zahl. In diesem Fall gibt es keine entgegengesetzten Einflüsse; wir können daher schreiben

$$\lim_{x \to -1} (1+x)^{1/x} = \infty.$$

Mit Hilfe dieser Information können wir das Schaubild von f zeichnen (Bild 4.16).

Schließlich müssen wir noch das Verhalten von $(1+x)^{1/x}$ für große positive Werte von x untersuchen. Dazu betrachten wir etwa $x = 10$. In diesem Fall gilt

$$(1+x)^{1/x} = (1+10)^{1/10} = 11^{1/10} = \sqrt[10]{11}.$$

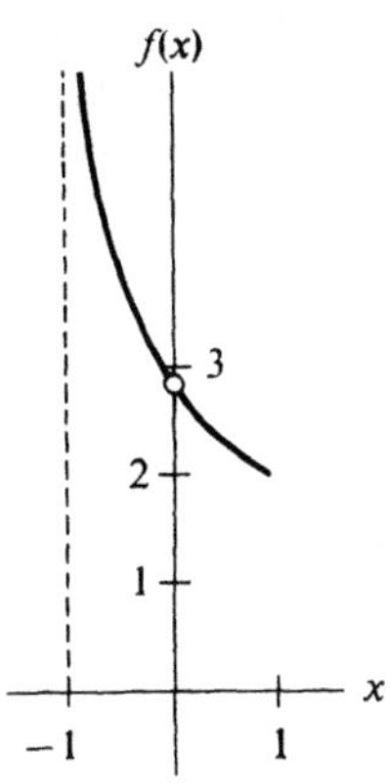

Bild 4.16

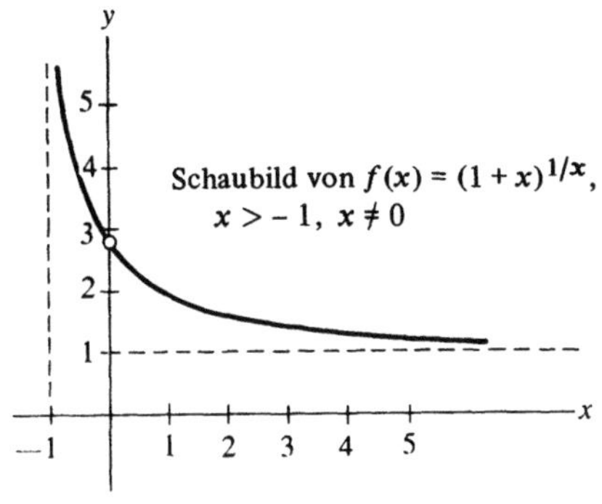

Bild 4.17

Die zehnte Wurzel von 11 ist nur wenig größer als 1. Mit den Methoden von Kap. 6 werden wir leicht sehen, daß

$$\lim_{x \to \infty} (1+x)^{1/x} = 1.$$

Das Schaubild von f hat daher die in Bild 4.17 dargestellte Form. ●

Für Kap. 5 benötigen wir die Aussage

$$\lim_{x \to 0} (1+x)^{1/x} = e$$

in der folgenden Form: „$(1 + \text{eine kleine Zahl } s)^{\text{Kehrwert von } s}$ ist ungefähr gleich e".

So gilt dann

$$\lim_{x \to 0} \left(1 + \frac{x}{2}\right)^{2/x} = e$$

da $2/x$ der Kehrwert einer kleinen Zahl $x/2$ ist, sofern x in der Nähe von 0 liegt.

Übungen:

In den Übungen 1 bis 26 sind die angegebenen Grenzwerte aufzusuchen.

1. $\lim_{x \to \infty} \frac{5x^2+2}{7x^2+3}$
2. $\lim_{x \to \infty} \frac{6x^2+3}{4x+1}$
3. $\lim_{x \to -\infty} \frac{6x^3+2x^2+1}{5x^2-1}$
4. $\lim_{x \to \infty} \frac{x^2+(1/x)}{x^2-(1/x)}$
5. $\lim_{x \to 0} \frac{x^2+(1/x)}{x^2-(1/x)}$
6. $\lim_{x \to 1^+} \frac{x}{x-1}$
7. $\lim_{x \to 1^-} \frac{x}{x-1}$
8. $\lim_{x \to \infty} \frac{x}{x+1}$

9. $\lim_{x \to -\infty} 2^x$

10. $\lim_{x \to \infty} 2^x$

11. $\lim_{x \to 0^+} (2+x)^{1/x}$

12. $\lim_{x \to 0^-} (2+x)^{1/x}$

13. $\lim_{x \to \infty} \left[\frac{1}{x-(x^2/2)} - \frac{1}{x}\right]$

14. $\lim_{x \to 0} \left[\frac{1}{x-(x^2/2)} - \frac{1}{x}\right]$

15. $\lim_{x \to \infty} \left[\frac{1}{x+1} - \frac{1}{x}\right]$

16. $\lim_{x \to 0^+} \left[\frac{1}{x+1} - \frac{1}{x}\right]$

17. $\lim_{x \to 0^-} \left[\frac{1}{x+1} - \frac{1}{x}\right]$

18. $\lim_{x \to \infty} \frac{2^x}{3^x}$

19. $\lim_{x \to 0^+} \frac{2^x+3}{2^x-1}$

20. $\lim_{x \to 0^-} \frac{2^x+3}{2^x-1}$

21. $\lim_{x \to \infty} \frac{2^x+3}{2^x-1}$

22. $\lim_{x \to -\infty} \frac{2^x+3}{2^x+1}$

23. $\lim_{x \to \infty} \left[\frac{1}{x-1} - \frac{1}{x^2-1}\right]$

24. $\lim_{x \to 1^+} \left[\frac{1}{x-1} - \frac{1}{x^2-1}\right]$

25. $\lim_{x \to 1^+} \frac{\sqrt{x^2-1}}{\sqrt{x^3-1}}$

26. $\lim_{x \to \infty} \frac{x}{\sqrt{2x^2+1}}$

Die Übungen 27 bis 30 untersuchen $\lim_{x \to 0} (1+x)^{1/x} = \mathrm{e}$.

27. Man berechne $f(x) = (1+x)^{1/x}$ auf zwei Dezimalstellen für $x = 1/3, 1/4, 1/5, -1/3, -1/4, -1/5$.

28. Man berechne $\lim_{x \to 0} (1+3x)^{2/x}$.

29. Man berechne $\lim_{x \to 0} (1+x^2)^{1/x}$.

30. x sei fest und ungleich 0. Man bestimme $\lim_{h \to 0} (1+h/x)^{x/h}$.

■

In den Übungen 31 bis 33 ist das Schaubild einer hypothetischen Funktion mit den jeweils angegebenen Eigenschaften zu zeichnen.

31. $f(1) = 2$, $\lim_{x \to 1^+} f(x) = \infty$, $\lim_{x \to 1^-} f(x) = \infty$.

32. $f(1) = 1$, $\lim_{x \to 1^+} f(x) = -\infty$, $\lim_{x \to 1^-} f(x) = \infty$.

33. $f(0) = 1$, $\lim_{x \to 0} f(x) = 2$, $\lim_{x \to \infty} f(x) = 1$.

34. Man gebe ein Beispiel von zwei Funktionen f und g mit $\lim_{x \to 0} f(x) = 0$, $\lim_{x \to 0} g(x) = 0$ und

(*a*) $\lim_{x \to 0} f(x)/g(x) = 3$;

(*b*) $\lim_{x \to 0} f(x)/g(x) = 0$;

(*c*) $\lim_{x \to 0} f(x)/g(x) = \infty$.

35. x sei eine positive Zahl kleiner 1.

(*a*) Es gibt eine und nur eine positive ganze Zahl n mit

$$\frac{1}{n+1} < x \leqslant \frac{1}{n} \qquad \text{oder} \qquad n+1 > \frac{1}{x} \geqslant n.$$

Man zeige dies!

(*b*) Man zeige

$$(1+x)^{1/x} \leqslant \left(1+\frac{1}{n}\right)^{1/x} < \left(1+\frac{1}{n}\right)^{n+1} = \left(1+\frac{1}{n}\right)^{n}\left(1+\frac{1}{n}\right).$$

(*c*) Analog zeige man

$$(1+x)^{1/x} > \frac{[1+1/(n+1)]^{n+1}}{1+1/(n+1)}.$$

(*d*) Mit Hilfe von (*b*) und (*c*) zeige man für $x \to 0^+$

$$(1+x)^{1/x} \to \mathrm{e}.$$

Ein analoges Argument läßt sich auf negative Werte von x anwenden.

■■

36. Man zeichne sehr sorgfältig das Schaubild der Funktion $f(x) = x^c$ für positive x aus der Umgebung von 0 und

(*a*) $c = 1$;

(*b*) $0 < c < 1$;

(*c*) $c > 1$.

Für welche Werte von c erreicht das Schaubild den Punkt (0; 0) horizontal und für welche vertikal?

Für die restlichen Übungen verwende man einen Rechner: Es sind Grenzwerte zu berechnen, die im Detail später gebraucht werden.

37. Man berechne $(1+x)^{1/x}$ für $x = 10, 20, 30$. Wird $(1+x)^{1/x}$ für $x \to \infty$ den Wert 1 erreichen?

38. (*a*) Man berechne $x/2^x$ für $x = 3, 5, 10$ usw.
(*b*) Wie verhält sich $x/2^x$ für $x \to \infty$?

39. (*a*) Man berechne $x^5/2^x$ für $x = 3, 10, 20, 30$ usw.
(*b*) Wie verhält sich die Funktion $x^5/2^x$ für $x \to \infty$?

40. Wie verhält sich $x^2/(1{,}01^x)$ für große x?

41. Wie verhält sich $[(2^x + 8^x)/2]^{1/x}$ für $x \to 0$?

42. (*a*) Man berechne $(1+x)^{1/x}$ für $x = 0{,}012$ und $x = -0{,}012$.
(*b*) Was geschieht für $x \to 0$?

4.5 Trigonometrische Grundbegriffe

Im Abschnitt 4.6 wird der sehr wichtige Grenzwert eines bestimmten trigonometrischen Ausdrucks untersucht. Der vorliegende Abschnitt ist eingefügt, um unsere trigonometrischen Kenntnisse aufzufrischen.

In der Infinitesimalrechnung treten die drei trigonometrischen Funktionen Sinus, Kosinus und Tangens am

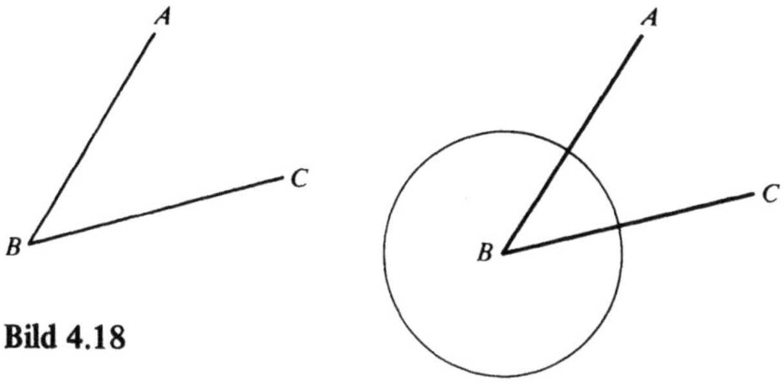

Bild 4.18

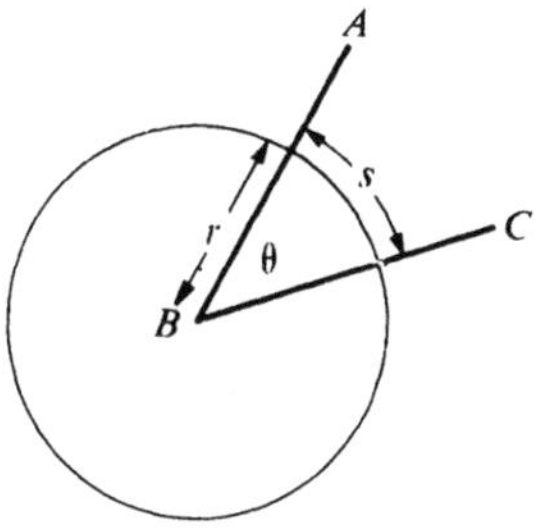

Bild 4.19

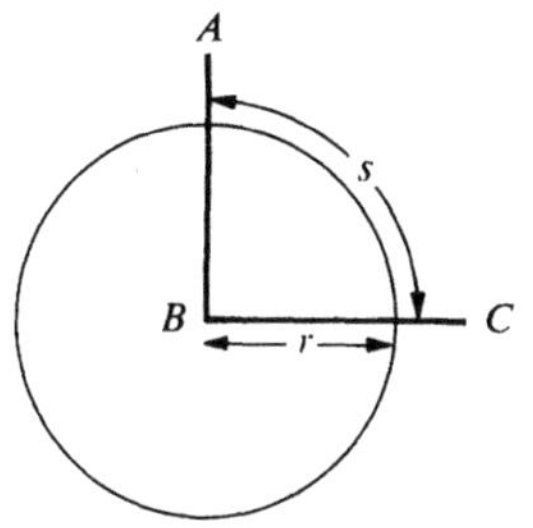

Bild 4.20

häufigsten auf. Die Verfahren zur Berechnung unbekannter Seiten und Winkel eines Dreiecks werden hier seltener benötigt. Der folgende Überblick geht bei der Definition der trigonometrischen Funktionen von der Beziehung zwischen Winkel und Kreisbogen aus.

Wir können zur Beschreibung eines Winkels einen Kreisbogen verwenden (anstelle von „Winkelgraden", die von den babylonischen Astronomen eingeführt wurden). Zur Messung des Winkels ABC (Bild 4.18) zeichnen wir einen Kreis mit dem Mittelpunkt B. Besitzt der Kreis den Radius r (Bild 4.19) und schneidet der Winkel aus ihm ein Bogenstück der Länge s, so ist der Quotient s/r ein Maß für den Winkel und wir sagen: „Der Winkel besitzt das *Bogenmaß* von s/r *Radiant* (rad). Üblicherweise wird ein Winkel mit dem Buchstaben θ bezeichnet; wir schreiben daher

$$\theta = \frac{s}{r} \text{ Radiant (rad) oder kürzer } \theta = \frac{s}{r}\,.$$

Beispiel 1: Man bestimme das Bogenmaß des rechten Winkels ABC (Bild 4.20).

Lösung: Man zeichnet einen Kreis mit Radius r und Mittelpunkt B und berechnet den Quotienten s/r. Der Umfang eines Kreises vom Radius r beträgt $2\pi r$. Der rechte Winkel schneidet genau ein Viertel des Gesamtumfanges heraus.

Es gilt

$$s = \frac{1}{4}\,2\pi r = \frac{\pi r}{2}$$

und

$$\theta = \frac{s}{r} = \frac{\pi r/2}{r} = \frac{\pi}{2}\,.$$

Daher hat ein rechter Winkel das Maß von $\pi/2$ rad (etwa 1,57 rad). ●

Der gestreckte Winkel besteht aus zwei rechten Winkeln und hat daher ein Maß von 180° oder π Radiant. Diese Aussage ist für die Umrechnung von Winkelgraden in Winkelbögen und von Winkelbögen in Winkelgrade sehr hilfreich. Es wird hierzu einfach das Verhältnis

$$\frac{\text{Winkelgrade}}{180} = \frac{\text{Bogenmaß in rad}}{\pi}$$

verwendet.

Beispiel 2: Wie groß ist das Bogenmaß eines Winkels von 30°.

Lösung: Das Verhältnis beträgt in diesem Fall

$$\frac{30}{180} = \frac{\text{Bogenmaß}}{\pi}$$

und wir erhalten

$$\text{Bogenmaß} = \pi\,\frac{30}{180} = \frac{\pi}{6} \quad ●$$

Beispiel 3: Wie viele Winkelgrade besitzt ein Winkel von 1 rad?

Lösung: In diesem Fall ergibt sich

$$\frac{\text{Winkelgrade}}{180} = \frac{1}{\pi}$$

und

$$\text{Winkelgrade} = \frac{180}{\pi} \approx \frac{180}{3{,}14} \approx 57{,}3°.$$

Das heißt, dem Winkel mit einem Bogenmaß von 1 rad entsprechen etwa 57,3°, etwas weniger als 60°. ●

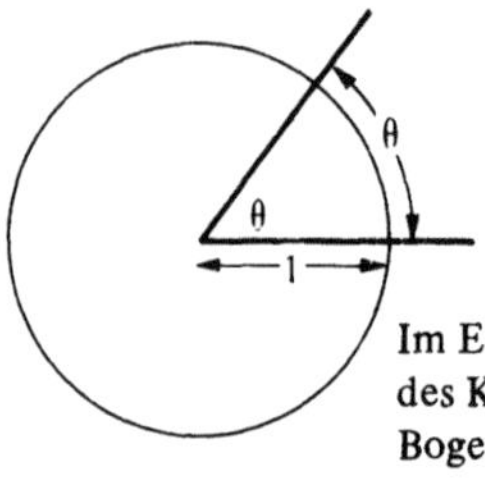

Bild 4.21 Im Einheitskreis ist die Länge des Kreisbogens gleich dem Bogenmaß des Winkels

Im Fall des *Einheitskreises* (Kreis mit dem Radius 1) nimmt die Formel

$$\theta = \frac{s}{r}$$

die Gestalt

$$\theta = \frac{s}{1} = s$$

an. In diesem Fall ist die Länge des Kreisbogens gleich dem Bogenmaß des Winkels (Bild 4.21).

Bisher wurde jeder Zahl θ aus dem Intervall $[0; 2\pi]$ ein Winkel zugeordnet. Als nächstes ordnen wir jeder *positiven* Zahl θ einen Winkel zu. Der Einfachheit halber betrachten wir einen Einheitskreis und legen einen der Schenkel des Winkels in die Richtung der positiven x-Achse. Um den zweiten Schenkel des Winkels von θ Radiant zu zeichnen, gehen wir gegen den Uhrzeigersinn entlang des Einheitskreises weiter bis zur Bogenlänge θ. Der Punkt P, den wir auf diese Weise erreichen, bestimmt den zweiten Schenkel. Wenn etwa der Winkel $\theta = 5\pi/2$ beträgt, gehen wir zunächst einmal um den gesamten Kreis herum und erreichen dann schließlich den Punkt P oberhalb des Kreismittelpunktes. Wir erhalten in diesem Fall wieder einen rechten Winkel, der ebenso durch $\pi/2$ beschrieben werden kann (Bild 4.22).

Jedesmal, wenn wir genau einmal um den ganzen Kreis herumgehen, erhöhen wir das Bogenmaß eines Winkels um 2π. Mit anderen Worten, ein rechter Winkel von $\pi/2$ hat eine unendliche Anzahl von äquivalenten Beschreibungen:

$$\frac{\pi}{2}, \ \frac{\pi}{2} + 2\pi = \frac{5\pi}{2}, \ \frac{\pi}{2} + 4\pi = \frac{9\pi}{2}, \ldots .$$

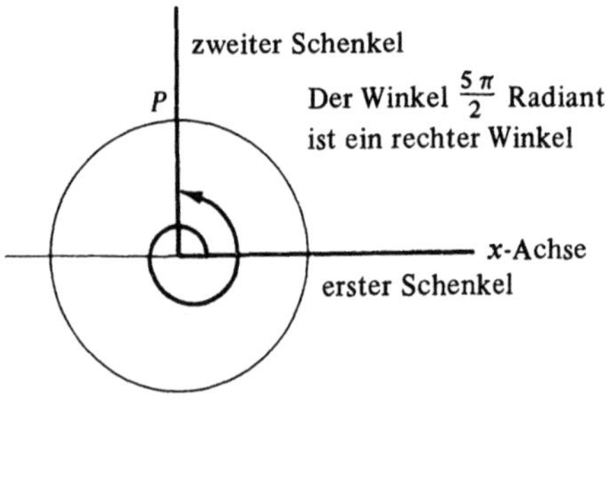

Bild 4.22

Um negativen Zahlen θ einen Winkel zuzuordnen, gehen wir *im Uhrzeigersinn* entlang des Einheitskreises um einen Winkel $|\theta|$. So wollen wir etwa den Winkel $-\pi/2$ zeichnen. Wir beginnen beim Punkt $(1; 0)$ und bewegen uns entlang des Einheitskreises im Uhrzeigersinn um einen rechten Winkel bis zum Punkt P, der direkt unter dem Mittelpunkt des Kreises liegt (Bild 4.23). Man beachte, daß der Winkel von $-\pi/2$ mit einem Winkel von $3\pi/2$ identisch ist.

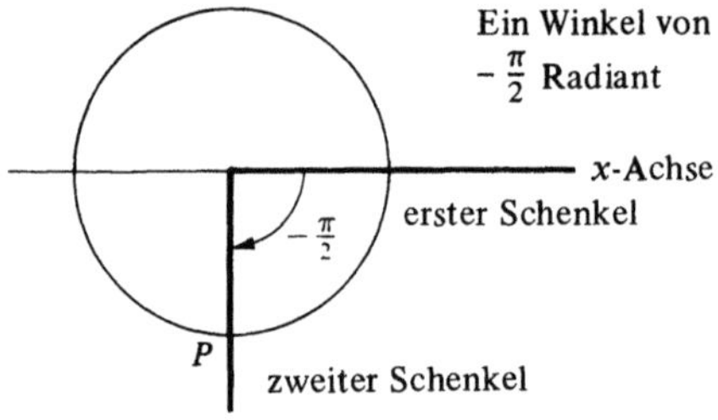

Bild 4.23

Nun definieren wir die beiden fundamentalen Funktionen der Trigonometrie, den Sinus und den Kosinus.

Definition der Funktionen Sinus und Kosinus: Jeder Zahl θ wird der Sinus von θ – bezeichnet mit $\sin\theta$ – und der Kosinus von θ – bezeichnet mit $\cos\theta$ – zugeordnet: Man zeichne einen Winkel von θ Radiant, dessen erster Schenkel in der positiven x-Achse und dessen Scheitel bei $(0; 0)$ liegt (Bild 4.24). Der zweite Schenkel schneidet den Einheits-

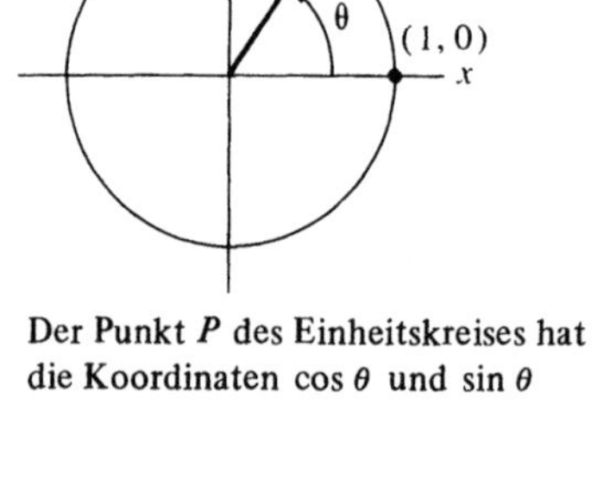

Bild 4.24 Der Punkt P des Einheitskreises hat die Koordinaten $\cos\theta$ und $\sin\theta$

kreis mit dem Mittelpunkt (0; 0) im Punkt P. Die x-Koordinate des Punktes P gibt $\cos\theta$, die y-Koordinate von P gibt $\sin\theta$.

Beispiel 4: Man bestimme $\cos\pi/2$ und $\sin\pi/2$.

Lösung: Für $\theta = \pi/2$ erhalten wir einen rechten Winkel und der Punkt P hat die Koordinaten (0; 1). Es folgt:

$$\cos\frac{\pi}{2} = 0 \quad \text{und} \quad \sin\frac{\pi}{2} = 1. \bullet$$

Beispiel 5: Man bestimme $\cos(-\pi)$ und $\sin(-\pi)$.

Lösung: Für $\theta = -\pi$ besitzt der Punkt P die Koordinaten (−1; 0). Es folgt:

$$\cos(-\pi) = -1 \quad \text{und} \quad \sin(-\pi) = 0. \bullet$$

Die trigonometrischen Funktionen erfüllen bestimmte Identitäten. Da eine Änderung des Winkels θ um 2π denselben Punkt P auf dem Kreis reproduziert, gilt zu allererst:

$$\cos(\theta + 2\pi) = \cos\theta$$

und

$$\sin(\theta + 2\pi) = \sin\theta.$$

Man sagt daher auch: Kosinus und Sinus besitzen eine Periode von 2π. Ebenso folgt aus der Symmetrie des Einheitskreises (Bild 4.25):

$$\cos(-\theta) = \cos\theta$$

und

$$\sin(-\theta) = -\sin\theta.$$

Die Zahlen $\cos\theta$ und $\sin\theta$ sind durch folgende Gleichung verbunden

$$\cos^2\theta + \sin^2\theta = 1$$

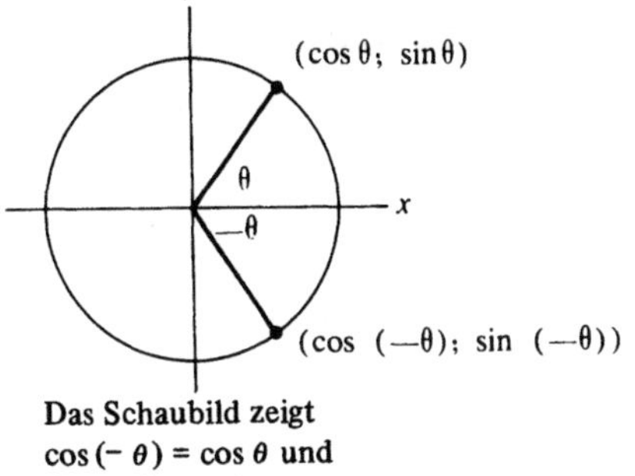

Das Schaubild zeigt $\cos(-\theta) = \cos\theta$ und $\sin(-\theta) = -\sin\theta$.

Bild 4.25

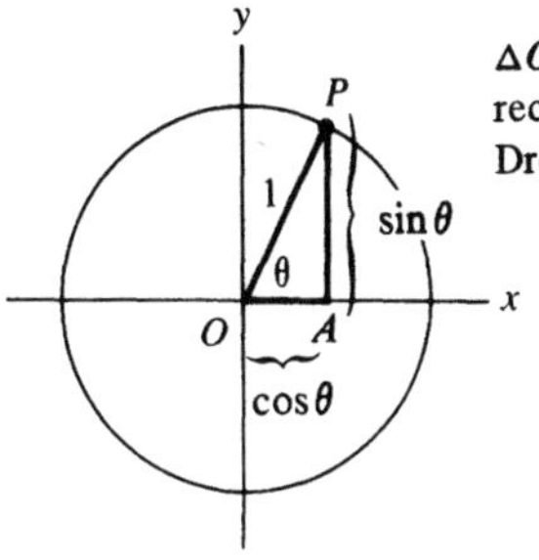

Bild 4.26

ΔOAP ist ein rechtwinkliges Dreieck

($\cos^2\theta$ steht vereinfachend für $(\cos\theta)^2$). Zum Beweis dieser Formel braucht man nur den pythagoräischen Lehrsatz auf das rechtwinkelige Dreieck OAP anzuwenden (Bild 4.26).

Mit Hilfe dieser Beziehung zwischen $\cos\theta$ und $\sin\theta$ bestimmen wir in den nächsten beiden Beispielen die Werte von $\cos\pi/4$, $\sin\pi/4$, $\cos\pi/3$ und $\sin\pi/3$.

Beispiel 6: Man bestimme $\cos\pi/4$ und $\sin\pi/4$.

Lösung: Ist der Winkel gleich $\pi/4$ (45°), so zeigt eine Skizze sofort, daß der Kosinus und der Sinus übereinstimmen. Das heißt

$$\cos\frac{\pi}{4} = \sin\frac{\pi}{4},$$

$$\cos^2\frac{\pi}{4} + \cos^2\frac{\pi}{4} = 1$$

oder

$$2\cos^2\frac{\pi}{4} = 1.$$

Es folgt:

$$\cos^2\frac{\pi}{4} = \frac{1}{2}.$$

Das $\cos\pi/4$ positiv ist, gilt

$$\cos\frac{\pi}{4} = \sqrt{\frac{1}{2}} = \frac{\sqrt{2}}{2}$$

$$(\approx 0{,}707),$$

$$\cos\frac{\pi}{4} = \frac{\sqrt{2}}{2} = \sin\frac{\pi}{4}. \bullet$$

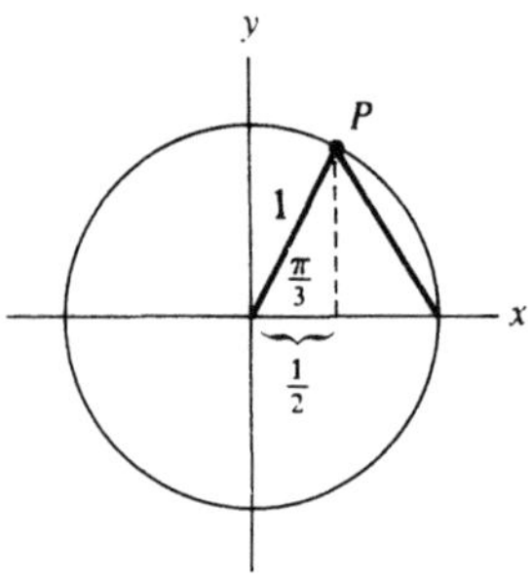

Bild 4.27

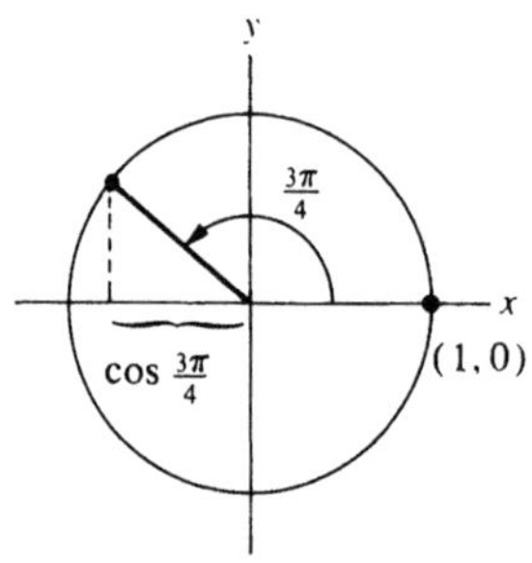

Bild 4.28

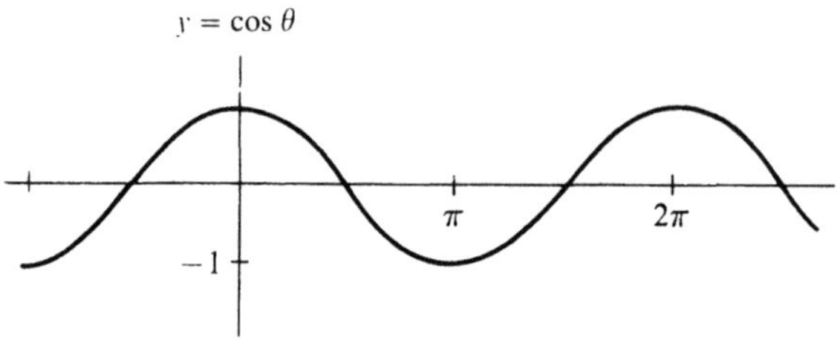

Bild 4.29

Beispiel 7: Man bestimme $\cos \pi/3$ und $\sin \pi/3$.
Lösung: Der Winkel $\pi/3$ (60°) ist der Winkel in einem gleichseitigen Dreieck. Man zeichne ein solches Dreieck in den Einheitskreis (Bild 4.27). Aus der Zeichnung folgt

$$\cos \frac{\pi}{3} = \frac{1}{2}.$$

Daher gilt

$$\left(\frac{1}{2}\right)^2 + \sin^2 \frac{\pi}{3} = 1$$

$$\sin^2 \frac{\pi}{3} = \frac{3}{4}$$

$$\sin \frac{\pi}{3} = \frac{\sqrt{3}}{2}$$

$$(\approx 0{,}866). \bullet$$

Ist $\cos \pi/4$ bekannt, so kann auch der Kosinus eines Vielfachen von $\pi/4$ durch entsprechende Betrachtungen am Einheitskreis gefunden werden. Man suche etwa $\cos 3\pi/4$ und zeichne dazu einen Winkel von $3\pi/4$ Radiant (Bild 4.28); $\cos 3\pi/4$ ist negativ und sein Absolutbetrag gleich $\sqrt{2}/2$. Wir erhalten

$$\cos \frac{3\pi}{4} = -\frac{\sqrt{2}}{2}.$$

Ein ähnliches Verfahren ergibt den Kosinus eines Vielfachen von $\pi/6$. Mit Hilfe solcher Überlegungen können wir eine Wertetabelle für die Kosinusfunktion aufstellen.

θ	0	$\frac{\pi}{6}$	$\frac{\pi}{4}$	$\frac{\pi}{3}$	$\frac{\pi}{2}$	$\frac{2\pi}{3}$	$\frac{3\pi}{4}$	$\frac{5\pi}{6}$	π	$\frac{7\pi}{6}$	$\frac{4\pi}{3}$	$\frac{3\pi}{2}$	2π
$\cos\theta$	1	$\frac{\sqrt{3}}{2}$	$\frac{\sqrt{2}}{2}$	$\frac{1}{2}$	0	$\frac{-1}{2}$	$\frac{-\sqrt{2}}{2}$	$\frac{-\sqrt{3}}{2}$	-1	$\frac{-\sqrt{3}}{2}$	$\frac{-1}{2}$	0	1

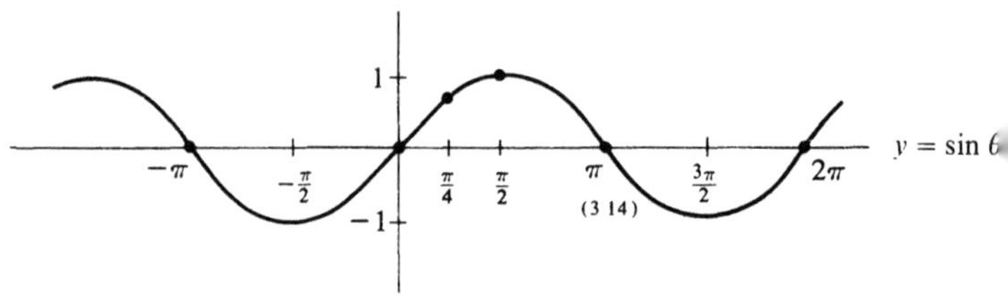

Bild 4.30

Um den Kosinus eines Winkels aufzufinden, ist es einfacher, den Einheitskreis und den Winkel aufzuzeichnen, als die Tabelle zu benutzen. Diese Tabelle gibt uns jedoch genügend Information, um das Schaubild der Kosinusfunktion darzustellen. Nach der Formel $\cos(\theta + 2\pi) = \cos\theta$ besteht das Schaubild aus einem Abschnitt zwischen 0 und 2π mit unendlicher Wiederholung (Bild 4.29).

In analoger Weise kann das Schaubild von Sinus θ skizziert werden (Bild 4.30).

Vier wichtige Beziehungen gelten zwischen dem Kosinus und dem Sinus der Summe sowie der Differenz von zwei Winkeln einerseits und den Kosinus- und Sinuswerten der einzelnen Winkel andererseits:

$$\cos(A + B) = \cos A \cos B - \sin A \sin B;$$

$$\sin(A + B) = \sin A \cos B + \cos A \sin B;$$

$$\cos(A - B) = \cos A \cos B + \sin A \sin B;$$

$$\sin(A - B) = \sin A \cos B - \cos A \sin B.$$

Diese vier Identitäten werden in den Übungen 20 bis 24 abgeleitet. Daraus ergeben sich die folgenden Identitäten für die doppelten Winkel:

$$\cos 2\theta = \cos^2 \theta - \sin^2 \theta$$

$$\cos 2\theta = 2 \cos^2 \theta - 1$$

$$\cos 2\theta = 1 - 2 \sin^2 \theta$$

$$\sin 2\theta = 2 \sin \theta \cos \theta$$

$$\sin^2 \theta = \frac{1 - \cos 2\theta}{2}$$

$$\cos^2 \theta = \frac{1 + \cos 2\theta}{2}.$$

Abgesehen von Sinus und Kosinus ist die Tangensfunktion die wichtigste trigonometrische Funktion.

Definition der Tangensfunktion: Jeder Zahl θ, die sich von $\pi/2$ oder $-\pi/2$ nicht durch ein Vielfaches von 2π unterscheidet, ist der Tangens von θ, abgekürzt $\tan\theta$, wie folgt zugeordnet: Man zeichne einen Winkel von θ Radiant, dessen erster Schenkel die positive x-Achse ist und dessen Scheitel bei (0; 0) liegt (Bild 4.31). Die Gerade L verläuft durch (1; 0) parallel zur y-Achse. Diese Gerade und der zweite Schenkel des Winkels schneiden einander im Punkt Q. Die y-Koordinate von Q wird $\tan\theta$ genannt.

Wie man aus Bild 4.31 entnehmen kann, wird $\tan\theta$ für θ nahe unterhalb $\pi/2$ sehr groß. Ist θ etwas größer als $\pi/2$, so wird der Absolutbetrag von $\tan\theta$ groß und $\tan\theta$ negativ. Während $\cos\theta$ und $\sin\theta$ niemals größer als 1 sind, kann $\tan\theta$ beliebig große Werte annehmen. Für

$$\frac{\pi}{2} < \theta < \pi$$

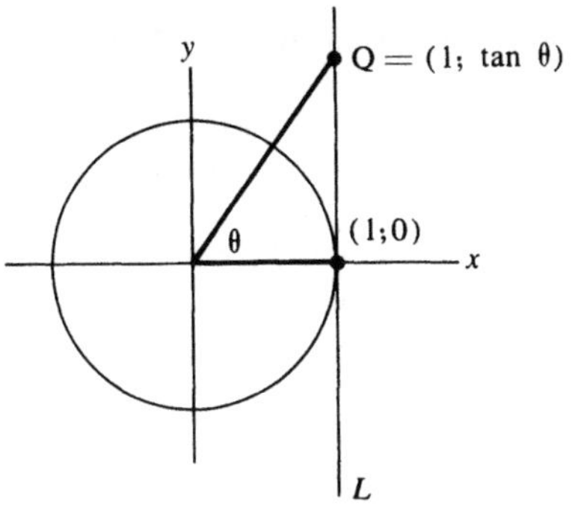

Bild 4.31

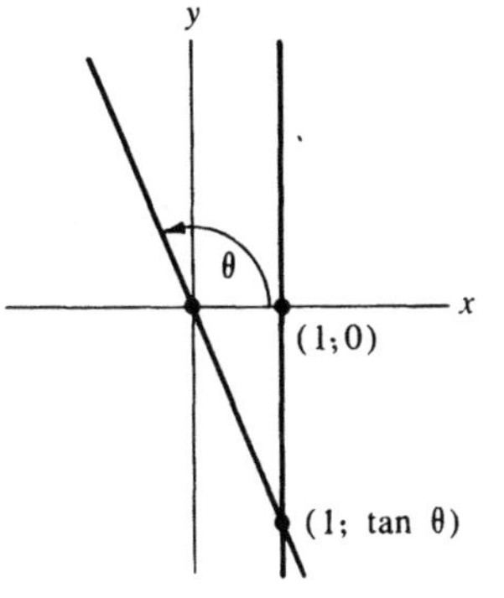

Bild 4.32

(Winkel aus dem zweiten Quadranten) ist $\tan\theta$ negativ (Bild 4.32). Aus der Definition folgt

$$\tan(\theta + \pi) = \tan\theta.$$

Während sich die Schaubilder von Kosinus und Sinus nach einem Intervall von 2π wiederholen, ist dies für die Tangensfunktion häufiger der Fall, nämlich bereits nach einem Intervall der Länge π. Der Tangens besitzt die Periode π. Die Funktionen $\cos\theta$, $\sin\theta$ und $\tan\theta$ sind in Logarithmentafeln zu finden und sind auf den meisten Taschenrechnern verfügbar.

Die Funktionen $\tan\theta$, $\sin\theta$ und $\cos\theta$ sind durch folgende Gleichung verbunden:

$$\tan\theta = \frac{\sin\theta}{\cos\theta}.$$

Man kann dies sehr leicht aus dem Bild 4.33 ablesen. Aus der Ähnlichkeit der beiden Dreiecke ΔOBQ und ΔOAP erkennt man

$$\frac{\tan\theta}{1} = \frac{\sin\theta}{\cos\theta} \quad \text{oder} \quad \tan\theta = \frac{\sin\theta}{\cos\theta}.$$

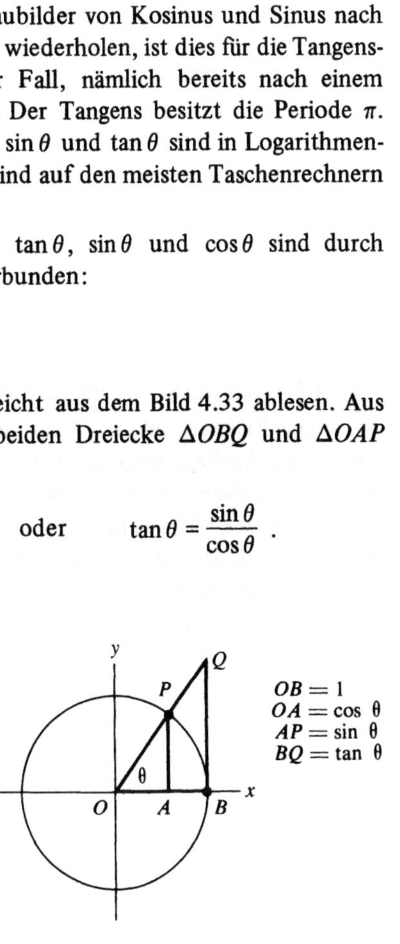

Bild 4.33

Folgende Identitäten bezüglich der Tangensfunktion sind sehr nützlich:

$$\tan(A-B)=\frac{\tan A-\tan B}{1+\tan A\tan B},$$

$$\tan(A+B)=\frac{\tan A+\tan B}{1-\tan A\tan B},$$

$$\tan 2\theta=\frac{2\tan\theta}{1-\tan^2\theta}.$$

Man sieht sehr leicht

$$\tan 0 = 0$$

und

$$\tan\frac{\pi}{4}=1.$$

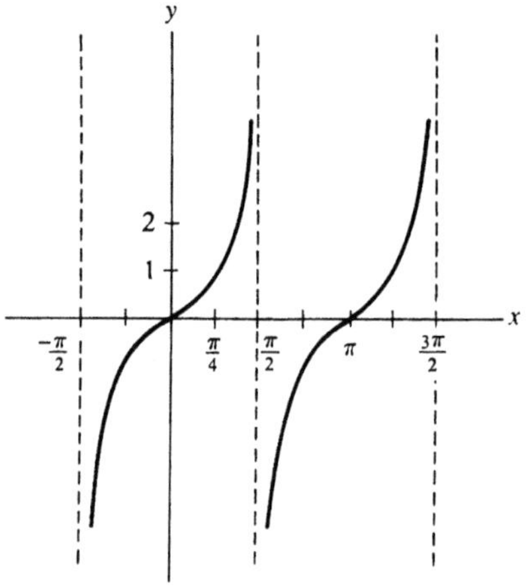

Bild 4.34

Bild 4.34 zeigt das Schaubild der Tangensfunktion.

Die Tangensfunktion liefert uns eine neue Interpretation des Anstiegs einer Geraden. Eine Gerade L schließe mit der positiven x-Achse einen Winkel θ ein. Dann ist der Anstieg der Geraden gleich dem Tangens von θ. Ist der Anstieg bekannt, so kann der Winkel mit Hilfe einer Tabelle von $\tan\theta$ berechnet werden. Ist der Anstieg etwa gleich 2, so beträgt der Winkel ungefähr 1,1 rad oder 63° (Bild 4.35).

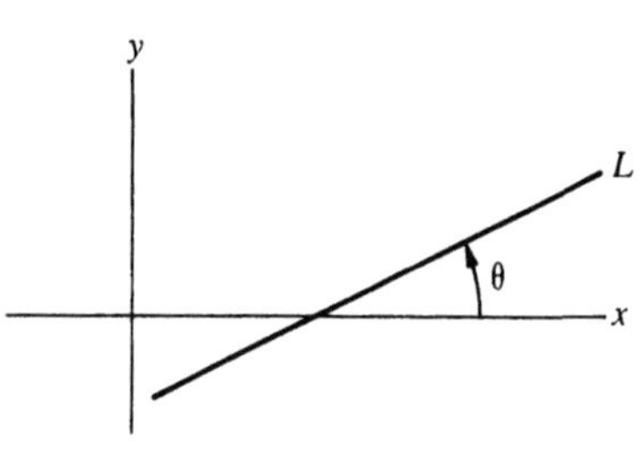

Bild 4.35

Sind zwei Seiten eines Dreiecks a und b und der Winkel θ zwischen diesen beiden Seiten bekannt, so kann die Länge der dritten Seite c bestimmt werden. Dies leistet der sogenannte *Kosinussatz*:

$$c^2=a^2+b^2-2ab\cos\theta.$$

Der Beweis folgt in Übung 28.

Übungen:

1. Wie groß ist das Bogenmaß der folgenden Winkel?
   (*a*) 90°, (*b*) 30°, (*c*) 120°, (*d*) 270°, (*e*) 360°.
2. Wie groß ist das Gradmaß der folgenden Winkel mit dem Bogenmaß:
   (*a*) $3\pi/4$, (*b*) $\pi/3$, (*c*) $2\pi/3$, (*d*) 4π
3. Ein Winkel schneidet aus einem Kreis mit dem Radius 3 cm einen Bogen von 5 cm heraus.
   (*a*) Wie groß ist das Maß des Winkels in Radiant?
   (*b*) Wie groß ist das Maß des Winkels in Grad?
4. Wie groß ist das Bogenstück eines Kreises mit dem Radius 3 cm, das durch einen Winkel von 0,5 rad definiert wird?
5. (*a*) Man drücke einen Winkel von 3 rad in Grad aus.
   (*b*) Man drücke einen Winkel von 1° in Radiant aus.
6. Welches Bogenstück schneidet einen Winkel von 1,5 rad aus einem Kreis mit Radius
   (*a*) 3 cm, (*b*) 4 cm, (*c*) 5 cm heraus?
7. Wie würde man einen Winkel von 2 rad zeichnen!
   (*a*) Mit einem Winkelmesser im Gradmaß?
   (*b*) Mit einer Schnur?
8. Man bestimme $\cos\pi/6$ und $\sin\pi/6$.
9. (*a*) Man ergänze die folgende Tabelle mit Hilfe einer Skizze des Einheitskreises:

θ	0	$\frac{\pi}{6}$	$\frac{\pi}{4}$	$\frac{\pi}{3}$	$\frac{\pi}{2}$	π	$\frac{3\pi}{2}$	2π
$\sin\theta$								

   (*b*) Man zeichne die Sinusfunktion.
10. Man überprüfe die Identität für $\cos(A+B)$ mit $A=\pi/6$ und $B=\pi/3$.
11. Man beweise die Identität für $\cos 2\theta$ aus der Identität für $\cos(A+B)$.
12. Mit Hilfe der Skizze eines Winkels in einem Einheitskreis bestimme das Vorzeichen (+ oder −) der Funktion in den folgenden Fällen:
    (*a*) $\sin\theta,\ \pi<\theta<2\pi$, (*b*) $\tan\theta,\ \pi<\theta<3\pi/2$,
    (*c*) $\cos\theta,\ -\pi/2<\theta<\pi/2$, (*d*) $\tan\theta,\ \pi/2<\theta<\pi$.
13. Welchen Winkel schließt eine Gerade mit der positiven x-Achse ein, wenn ihr Anstieg durch
    (*a*) 1, (*b*) $\frac{1}{2}$, (*c*) −1, (*d*) 2, (*e*) $\sqrt{3}$
    gegeben ist.

14. Man betrachte einen spitzen Winkel θ in einem rechtwinkeligen Dreieck (Bild 4.36). Mit Hilfe ähnlicher Dreiecke im rechten Teil des Bildes zeige man

(*a*) $\cos\theta = a/c$, (*b*) $\sin\theta = b/c$,
(*c*) $\tan\theta = b/a$.

Diese Gleichungen für Kosinus, Sinus und Tangens werden zu deren Definition im Bereich $0 < \theta < \pi/2$ herangezogen.

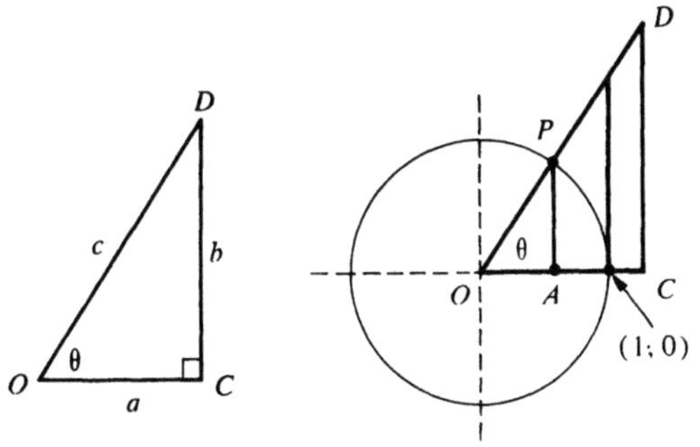

Bild 4.36

15. (Siehe Übung 14(*c*).) Man berechne aus dem Dreieck ΔOCD des Bildes 4.37 $\cos\pi/3$, $\sin\pi/3$ und $\tan\pi/3$ (ΔODE ist gleichseitig). Eine Skizze des ΔOCD gibt die Werte von $\cos\pi/3$, $\sin\pi/3$ und $\tan\pi/3$.

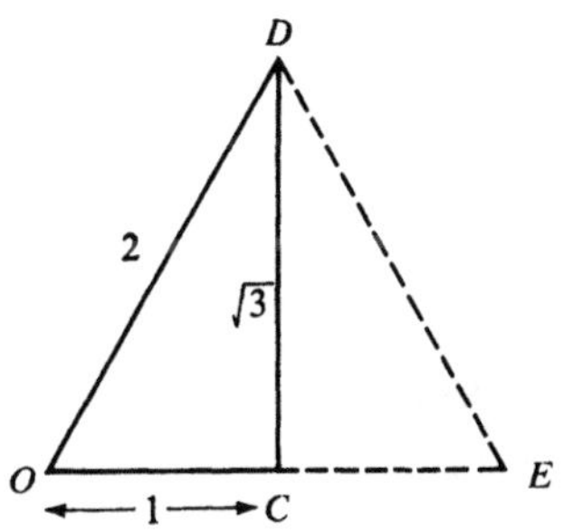

Bild 4.37

16. Man verwende das ΔOCD aus Übung 15 und berechne die Werte von $\cos\pi/6$, $\sin\pi/6$ und $\tan\pi/6$.
Hinweis: Siehe Übung 14.

17. (Siehe Übung 14.) Man berechne die Länge x in den Dreiecken des Bildes 4.38.

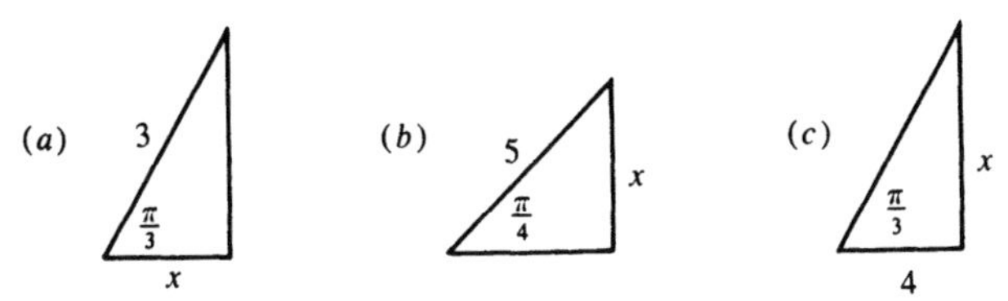

Bild 4.38

18. Man verwende den pythagoräischen Lehrsatz, um die Entfernung d zwischen zwei Punkten $(x_1; y_1)$ und $(x_2; y_2)$ zu berechnen. d ist durch die Formel

$$d = \sqrt{(x_2 - x_1)^2 + (y_2 - y_1)^2}$$

gegeben. Man zeige dies!

19. Man verwende die Gleichung aus Übung 18, um den Abstand zwischen folgenden Punkten zu berechnen.

(*a*) (7; 3) und (4; 7),
(*b*) $(x; y)$ und (0; 0),
(*c*) $(\cos\theta; \sin\theta)$ und (1; 0).

■

20. Diese Übung beweist die Gleichung

$$\cos(A + B) = \cos A \cos B - \sin A \sin B.$$

Dabei wird die Abstandsformel von Übung 18 verwendet.

(*a*) Man betrachte Bild 4.39 des Einheitskreises und zeige, daß die Streckenabschnitte $\overline{PQ}$ und $\overline{RS}$ die gleiche Länge haben.

(*b*) Man zeige, daß

$$Q = (\cos(A + B), \sin(A + B)),$$
$$S = (\cos B, \sin B),$$
$$R = (\cos A, -\sin A).$$

(*c*) Unter Verwendung der Koordinaten von (*b*) zeige man

$$\overline{PQ}^2 = 2 - 2\cos(A + B).$$

(*d*) Unter Verwendung der Koordinaten von (*b*) zeige man

$$\overline{RS}^2 = 2 - 2\cos A \cos B + 2\sin A \sin B.$$

(*e*) Man beweise daraus die Identität für $\cos(A + B)$.

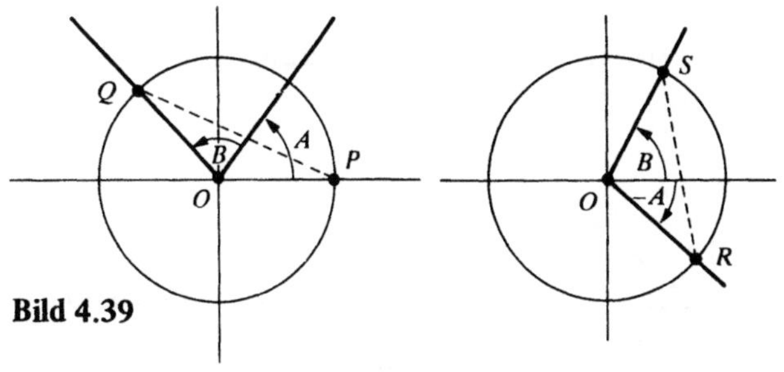

Bild 4.39

21. Man ersetze in der Identität für $\cos(A + B)$ B durch $-B$ und leite folgende Identität ab:

$$\cos(A - B) = \cos A \cos B + \sin A \sin B.$$

22. Unter Verwendung der Identität für $\cos(A - B)$ zeige man:

$$\cos\left(\frac{\pi}{2} - \theta\right) = \sin\theta.$$

23. Man zeige unter Verwendung der Identität in Übung 22 und der Identität für $\cos(A - B)$ die Gleichung

$$\sin(A - B) = \sin A \cos B - \cos A \sin B.$$

24. Man leite aus der Identität für $\sin(A - B)$ die Identität

$$\sin(A+B) = \sin A \cos B + \cos A \sin B$$

ab.

25. Aus der Gleichung für $\cos(A + B)$ läßt sich zeigen:

(*a*) $\cos 2\theta = \cos^2\theta - \sin^2\theta$,

(*b*) $\cos 2\theta = 2\cos^2\theta - 1 = 1 - 2\sin^2\theta$.

Man zeige ferner, daß

(*c*) $\cos\theta = \pm\sqrt{\dfrac{1+\cos 2\theta}{2}}$,

(*d*) $\sin\theta = \pm\sqrt{\dfrac{1-\cos 2\theta}{2}}$.

■■

26. Man zeige unter Verwendung der Identitäten für $\cos(A - B)$ und $\sin(A - B)$ die folgende Gleichung:

$$\tan(A-B) = \frac{\tan A - \tan B}{1 + \tan A \tan B}.$$

27. Es gibt noch drei weitere trigonometrische Funktionen:

$$\sec\theta = \frac{1}{\cos\theta}, \quad \cot\theta = \frac{\cos\theta}{\sin\theta}, \quad \operatorname{cosec}\theta = \frac{1}{\sin\theta}.$$

Sie werden *Sekans, Kotangens* und *Kosekans* genannt.

(*a*) Man berechne $\sec\theta$ für $\theta = \pi/3, \pi/4, \pi/6$ und 0.

(*b*) Man zeichne das Schaubild $y = \sec\theta$.

(*c*) Man zeige $\cot\theta = 1/\tan\theta$.

(*d*) Man zeige $\sec^2\theta = 1 + \tan^2\theta$ und $\operatorname{cosec}^2\theta = 1 + \cot^2\theta$.

28. In dieser Übung wird der Kosinussatz für den Fall $0 < \theta < \pi/2$ bewiesen. Man betrachte dazu Bild 4.40.

(*a*) Man zeige $\overline{CD} = a\cos\theta$ und $\overline{AD} = b - a\cos\theta$.

(*b*) Man zeige $a^2 - a^2\cos\theta = h^2 = c^2 - (b - a\cos\theta)^2$.

(*c*) Man beweise aus (*b*) den Kosinussatz.

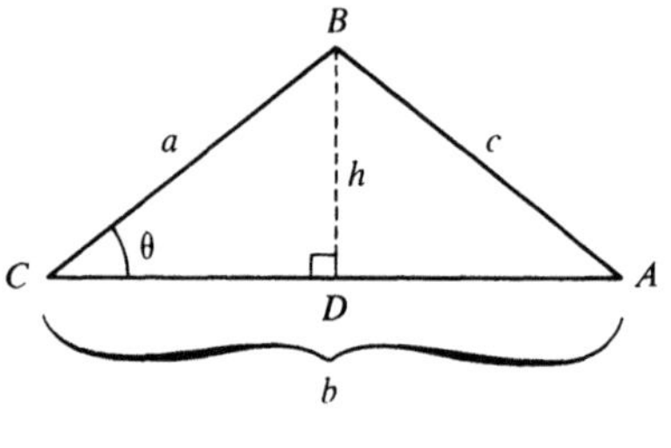

Bild 4.40

29. Der Anstieg einer Geraden, die die x-Achse unter einem Winkel θ schneidet, ist gleich $\tan\theta$. Man zeige dies!

Hinweis: Man betrachte die Gerade durch den Ursprung und den Punkt $(\cos\theta; \sin\theta)$.

In den nächsten Übungen werden einige für den nächsten Abschnitt benötigte Limiten untersucht. Man verwende dazu einen Taschenrechner.

30. Man verwende die Programmtaste „$\sin x$" für „Sinus eines Winkels von x Radiant".

(*a*) Man berechne $(\sin x)/x$ für $x = 1{,}5$; 1; 0,1 und 0,001.

(*b*) Was folgt daraus für das Verhalten von $(\sin x)/x$ bei $x \to 0$?

31. Man verwende das Programm „SIN x" für „Sinus eines Winkels von x Grad".

(*a*) Man berechne $(\mathrm{SIN}\,x)/x$ für $x = 30, 20, 10, 5$ und 1.

(*b*) Was folgt daraus für das Verhalten von $(\mathrm{SIN}\,x)/x$ bei $x \to 0$?

32. Man verwende das Programm „$\cos x$" für „Kosinus eines Winkels von x Radiant".

(*a*) Man berechne $(1 - \cos x)/x^2$ für $x = 1$; 0,5 und 0,1.

(*b*) Was folgt daraus für den Grenzwert von $(1 - \cos x)/x^2$ bei $x \to 0$?

4.6 Der Grenzwert von $(\sin\theta)/\theta$ für $\theta \to 0$

Im nächsten Kapitel wird aus dem Grenzwert

$$\lim_{\theta\to 0}\frac{\sin\theta}{\theta}$$

die Ableitung der trigonometrischen Funktionen berechnet. Diesen Grenzwert müssen wir daher näher untersuchen.

Zu allererst soll uns die Skizze eines kleinen Winkels in einem Einheitskreis eine Abschätzung der Größe dieses Grenzwertes geben (Bild 4.41). Da der Winkel im Bogenmaß gemessen wird und der Kreis den Radius 1 besitzt ist die Länge des Bogens $\widehat{PB}$ gleich θ. Nach der Definition von $\sin\theta$ ist die Länge von $\overline{PA} = \sin\theta$. Das heißt

$$\frac{\sin\theta}{\theta} = \frac{\text{Länge der Strecke } \overline{PA}}{\text{Länge des Bogens } \widehat{PB}}.$$

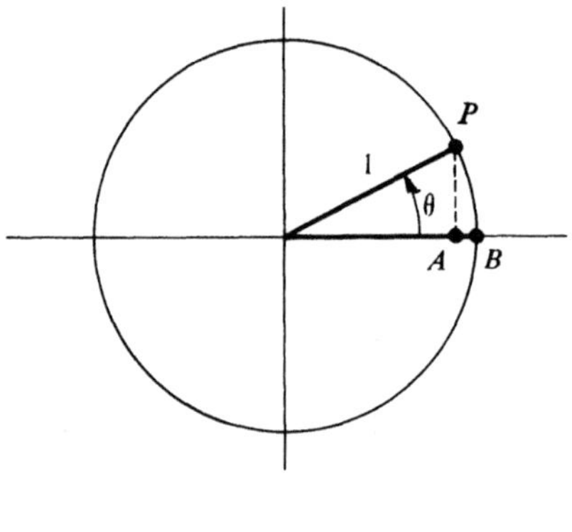

Bild 4.41

Wird θ sehr klein, so sind sowohl die Längen von $\overline{PA}$ als auch von $\widehat{PB}$ sehr klein. Hingegen wird für sehr kleine θ sich $\overline{PA}$ kaum von $\widehat{PB}$ unterscheiden und es sieht so aus, als ob der Quotient

$$\frac{\text{Länge der Strecke } \overline{PA}}{\text{Länge des Bogens } \widehat{PB}}$$

in der Nähe von 1 liegt. Wir vermuten daher

$$\lim_{\theta \to 0} \frac{\sin\theta}{\theta} = 1.$$

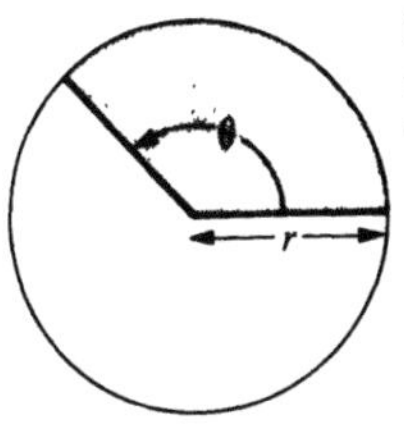

Der gerasterte Sektor entspricht dem Winkel θ

Bild 4.42

Wir zeigen nun durch Vergleich verschiedener Kreisflächen, daß unsere Vermutung zutrifft. Zuerst benötigen wir eine Formel für die Fläche des Kreissektors, der durch einen Winkel θ (im Bogenmaß) ausgeschnitten wird (Bild 4.42). Ist der Winkel gleich 2π, so umfaßt der Kreissektor den gesamten Kreis mit dem Radius r; daher hat er eine Fläche von πr^2. Da die Fläche dieses Sektors proportional zu θ ist, folgt nun

$$\frac{\text{Fläche des Sektors}}{\pi r^2} = \frac{\theta}{2\pi}.$$

Aus dieser Gleichung ergibt sich direkt

$$\text{Fläche des Sektors} = \frac{\theta}{2\pi}\,\pi r^2 = \frac{\theta r^2}{2}.$$

(Diese Formel wird in späteren Kapiteln benötigt. Es ist einfacher, sich die Proportion anstelle der Formel selbst zu merken. Man vergißt nämlich sehr leicht den Nenner 2 und die Tatsache, daß die Zahl π in dieser Gleichung *nicht* auftritt.)

Das nächste Theorem beschreibt das Verhalten von $\sin\theta/\theta$ für θ in der Nähe von 0.

Theorem: $\sin\theta$ sei der Sinus eines Winkels von θ Radiant. Dann gilt

$$\lim_{\theta \to 0} \frac{\sin\theta}{\theta} = 1.$$

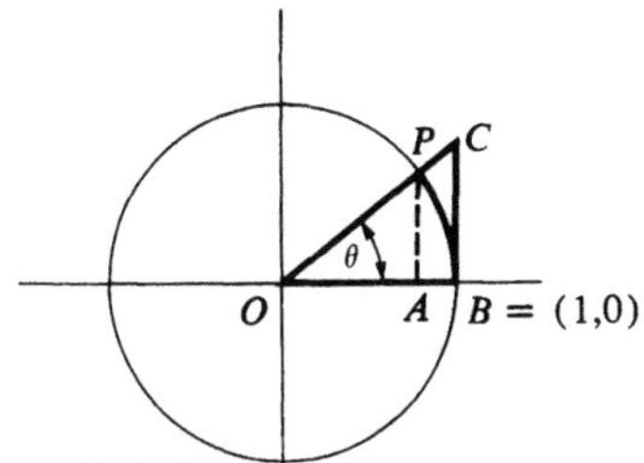

Bild 4.43

In diesem Einheitskreis gilt:
$\overline{OA} = \cos\theta$
$\overline{OB} = 1$
$\overline{AP} = \sin\theta$

Beweis: Es ist ausreichend, nur Winkel $\theta > 0$ zu betrachten, denn

$$\frac{\sin(-\theta)}{-\theta} = \frac{-\sin\theta}{-\theta} = \frac{\sin\theta}{\theta}.$$

Darüberhinaus ist es zweckmäßig, sich auf Werte von θ unterhalb $\pi/2$ zu beschränken.

Wir vergleichen die Flächen der drei Gebiete im Bild 4.43: ΔOAP, den Sektor OBP und ΔOBC. Man erkennt sofort

$$\text{Fläche des } \Delta OAP < \text{Fläche des Sektors } OBP < \\ < \text{Fläche des } \Delta OBC. \quad (1)$$

Nun gilt

$$\text{Fläche des } \Delta OAP = \tfrac{1}{2} \cdot \text{Grundlinie} \cdot \text{Höhe} \\ = \tfrac{1}{2} \cos\theta \cdot \sin\theta$$

$$\text{Fläche des Sektors } OBP = \frac{\theta(1)^2}{2} = \frac{\theta}{2}.$$

Um die Fläche des ΔOBC zu berechnen, benötigen wir die Länge $\overline{BC}$. Da ΔOAP und ΔOBC ähnlich sind, sind ihre entsprechenden Seiten proportional:

$$\frac{\overline{AP}}{\overline{OA}} = \frac{\overline{BC}}{\overline{OB}}.$$

Daher gilt:

$$\frac{\sin\theta}{\cos\theta} = \frac{\overline{BC}}{1} \quad \text{und} \quad \overline{BC} = \frac{\sin\theta}{\cos\theta}$$

$$\text{Fläche des } \Delta OBC = \frac{1}{2}\,\overline{OB} \cdot \overline{BC} = \frac{1}{2}\,\frac{\sin\theta}{\cos\theta}.$$

Nun drücken wir die Flächen in Ungleichung (1) alle durch den Winkel θ aus:

$$\frac{1}{2}\cos\theta\,\sin\theta < \frac{\theta}{2} < \frac{1}{2}\,\frac{\sin\theta}{\cos\theta}$$

oder

$$\cos\theta\,\sin\theta < \theta < \frac{\sin\theta}{\cos\theta}\,.$$

Dividieren wir durch die positive Zahl $\sin\theta$ so erhalten wir die Ungleichung

$$\cos\theta < \frac{\theta}{\sin\theta} < \frac{1}{\cos\theta}\,.$$

Ein kurzer Blick auf den Einheitskreis zeigt uns,

$$\lim_{\theta\to 0}\cos\theta = 1$$

und weiter

$$\lim_{\theta\to 0}\frac{1}{\cos\theta} = \frac{1}{1} = 1.$$

Also erreichen für $\theta \to 0$ sowohl $\cos\theta$ als auch $1/\cos\theta$ den Wert 1. Da der Quotient $\theta/\sin\theta$ zwischen den Werten von $\cos\theta$ und $1/\cos\theta$ eingeschränkt ist, muß er ebenfalls gegen 1 streben:

$$\lim_{\theta\to 0}\frac{\theta}{\sin\theta} = 1.$$

Wenn nun $\theta/\sin\theta \to 1$ geht, so strebt der Kehrwert $\sin\theta/\theta$ ebenfalls gegen 1. Daher folgt

$$\lim_{\theta\to 0}\frac{\sin\theta}{\theta} = 1,$$

wie wir bereits vorweggenommen haben. ●

Den Grenzwert

$$\lim_{\theta\to 0}\frac{1-\cos\theta}{\theta}$$

benötigen wir ebenfalls im nächsten Kapitel. Die Größe dieses Grenzwertes ist – sofern er existiert – nicht leicht abzuschätzen. Für $\theta \to 0$ erreicht der Zähler $1-\cos\theta$ den Wert 0; desgleichen der Nenner. Der Zähler beeinflußt den Quotienten in Richtung kleiner Zahlen, der Nenner in Richtung großer Zahlen. Wie im folgenden Theorem gezeigt wird, überwiegt der Einfluß des Zählers und der Quotient strebt mit $\theta \to 0$ den Wert 0 an.

Theorem: $\cos\theta$ sei der Kosinus eines Winkels von θ Radiant. Dann gilt

$$\lim_{\theta\to 0}\frac{1-\cos\theta}{\theta} = 0.$$

Beweis:

$$\frac{1-\cos\theta}{\theta} = \frac{1-\cos\theta}{\theta}\,\frac{1+\cos\theta}{1+\cos\theta} = \frac{1-\cos^2\theta}{\theta(1+\cos\theta)} = \frac{\sin^2\theta}{\theta(1+\cos\theta)} = \frac{\sin\theta}{\theta}\,\frac{\sin\theta}{1+\cos\theta}.$$

Daraus folgt:

$$\lim_{\theta\to 0}\frac{1-\cos\theta}{\theta} = \lim_{\theta\to 0}\left(\frac{\sin\theta}{\theta}\,\frac{\sin\theta}{1+\cos\theta}\right) = 1\,\frac{0}{1+1} = 0.$$

Daher gilt:

$$\lim_{\theta\to 0}\frac{1-\cos\theta}{\theta} = 0.$$

Somit ist $1-\cos\theta$ sehr viel kleiner als θ, wenn θ selbst sehr klein ist. ●

Übungen:

1. Wie groß ist die Fläche eines Kreissektors mit
   (*a*) Radius 3 und Winkel $\pi/2$?
   (*b*) Radius 1 und Winkel θ?
   (*c*) Radius 2 und Winkel θ?
2. Wie groß ist die Fläche eines Kreissektors mit Radius 6 cm, der durch einen Winkel von
   (*a*) $\pi/4$ rad herausgeschnitten wird?
   (*b*) 3 rad?
   (*c*) 45°?
3. Man verwende die Werte von $\sin\theta$ (Winkel im Bogenmaß), um die folgende Tabelle (auf zwei Dezimalen) zu ergänzen:

θ	$\frac{\pi}{2}$	$\frac{\pi}{4}$	$\frac{\pi}{6}$
$\frac{\sin\theta}{\theta}$			

In den Übungen 4 bis 12 sind die angegebenen Grenzwerte zu berechnen. Jeder davon kann mit Hilfe der Grenzwerte $\lim_{\theta \to 0} \sin\theta/\theta = 1$ und $\lim_{\theta \to 0} (1 - \cos\theta)/\theta = 0$ bestimmt werden.

4. $\lim_{\theta \to 0} \frac{\sin 3\theta}{3\theta}$ **5.** $\lim_{\theta \to 0} \frac{1 - \cos\theta}{\sin\theta}$

6. $\lim_{x \to 0} \frac{\tan x}{x}$ **7.** $\lim_{x \to 0} \frac{\sin 2x}{\sin 3x}$

8. $\lim_{\theta \to 0} \frac{1 - \cos\theta}{\theta^2}$ **9.** $\lim_{\theta \to 0^+} \frac{1 - \cos\theta}{\theta^3}$

10. $\lim_{\theta \to \pi/2} \frac{\cos\theta}{(\pi/2) - \theta}$ **11.** $\lim_{\theta \to 0} \frac{\sin 3\theta}{1 - \cos\theta}$

12. $\lim_{x \to \infty} x \sin \frac{1}{x}$

13. Sei $f(x) = \sin(1/x)$ für $x \neq 0$.

(*a*) Man ergänze die folgende Tabelle

x	$\frac{1}{3\pi}$	$\frac{1}{5\pi/2}$	$\frac{1}{2\pi}$	$\frac{1}{3\pi/2}$	$\frac{1}{\pi}$	100
$f(x)$						

(*b*) Man zeichne das Schaubild von f.

(*c*) Der Grenzwert $\lim_{x \to 0} \sin(1/x)$ existiert nicht. Man zeige dies!

(*d*) Man bestimme $\lim_{x \to \infty} \sin(1/x)$.

14. Man verwende eine Tabelle von $\sin\theta$ (θ im Gradmaß), um die folgende Tabelle zu ergänzen.

θ (Grad)	90	45	30	10	5	1
$\frac{\sin\theta}{\theta}$						

Der Quotient $(\sin\theta)/\theta$ (θ in Grad) wird also für $\theta \to 0$ nicht gegen 1, sondern gegen eine Zahl streben, deren Dezimaldarstellung mit 0,017 beginnt. In der nächsten Übung wird gezeigt, daß dieser Grenzwert, für Winkel im Gradmaß durch

$$\lim_{\theta \to 0} \frac{\sin\theta}{\theta} = \frac{\pi}{180}.$$

gegeben ist.

■

15. Sei SIN θ der Sinus von Winkeln im Gradmaß, dann gilt

$$\text{SIN}\,\theta = \sin\frac{\pi\theta}{180},$$

wobei $\sin x$ der Sinus eines Winkels im Bogenmaß ist.

(*a*) Man zeige, daß

$$\frac{\text{SIN}\,\theta}{\theta} = \frac{\sin(\pi\theta/180)}{\pi\theta/180}\,\frac{\pi}{180}.$$

(*b*) Man verwende die Gleichung aus (*a*), um zu zeigen, daß

$$\lim_{\theta \to 0} \frac{\text{SIN}\,\theta}{\theta} = \frac{\pi}{180}.$$

16. (Siehe Übung 15.) Liegt θ in der Nähe von 0, so liegt $\sin\theta/\theta$ in der Nähe von 1, sofern θ im Bogenmaß gemessen wird und $\sin\theta$ etwa gleich θ ist.

(*a*) Für Winkel θ im Gradmaß ist SIN θ etwa gleich $\theta\pi/180 \approx 0{,}017\,\theta$. Man zeige dies!

(*b*) Wie gut ist diese Approximation für $\theta = 30°$, für $\theta = 10°$, für $\theta = 5°$ und für $\theta = 1°$? Die Näherung SIN $\theta \approx 0{,}017\,\theta$ wird in Anwendungen oft benutzt.

■■

17. Eine Funktion ist durch die Gleichung $f(x) = (\sin x/x)$ definiert.

(*a*) Wie lautet der Definitionsbereich von f?

(*b*) Man ergänze die folgende Tabelle:

x	$\frac{\pi}{6}$	$\frac{\pi}{2}$	π	$\frac{3\pi}{2}$	2π
$f(x)$					

(*c*) Man zeichne das Schaubild von f und betrachte insbesondere das Verhalten für x in der Nähe von 0 und für sehr große $|x|$.

18. (*a*) Man bestimme die Ableitung von $f(x) = \sin x$ für $x = 0$.

(*b*) Man zeichne das Schaubild von $y = \sin x$ unter Verwendung von gleichen Einheiten für beide Achsen.

(*c*) Unter welchem Winkel schneidet das Schaubild die x-Achse im Punkt (0; 0)?

19. (*a*) Man definiere die Ableitung einer Funktion unter Verwendung der „x und $x + h$" Bezeichnung.

(*b*) Mit Hilfe der Definition (*a*) zeige man $(\sin x)' = \cos x$. (Die Grenzwerte von $\sin h/h$ und $(1 - \cos h)/h$ für $h \to 0$ werden verwendet.)

20. (Siehe Übung 19.) Man zeige unter Verwendung der Definition der Ableitung $(\cos x)' = -\sin x$.

Für die in den letzten zwei Übungen untersuchten trigonometrischen Grenzwerte wird wieder ein Taschenrechner benötigt. Die Grenzwerte selbst werden in Kapitel 6 bestimmt werden.

21. Man untersuche das Verhalten der Funktion $(\theta - \sin\theta)/\theta^3$ für sehr kleine θ.

22. Man untersuche das Verhalten von $(\cos\theta - 1 + \theta^2/2)\theta^4$ für sehr kleine θ.

4.7 Stetige Funktionen

Differenzierbare Funktionen besitzen in jedem Punkt x ihres Definitionsbereichs eine Ableitung. In jedem Punkt P des Schaubildes einer solchen Funktion existiert daher eine Tangente und das Schaubild zeigt in jedem Punkt P

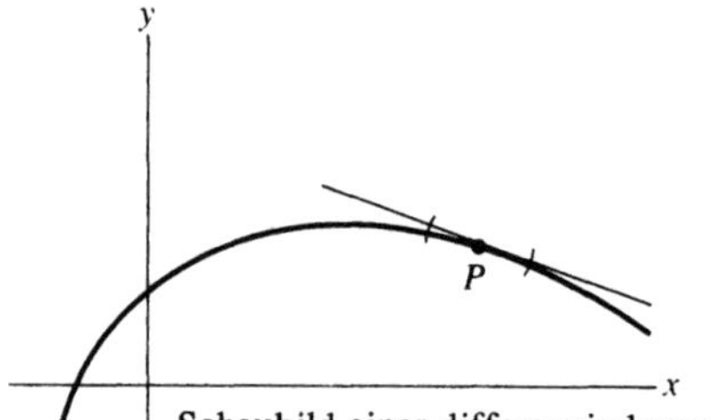

Bild 4.44

Schaubild einer differenzierbaren Funktion. Ein kleiner Abschnitt der Kurve um den Punkt P wird durch einen kleinen Abschnitt der Tangente repräsentiert.

Bild 4.45

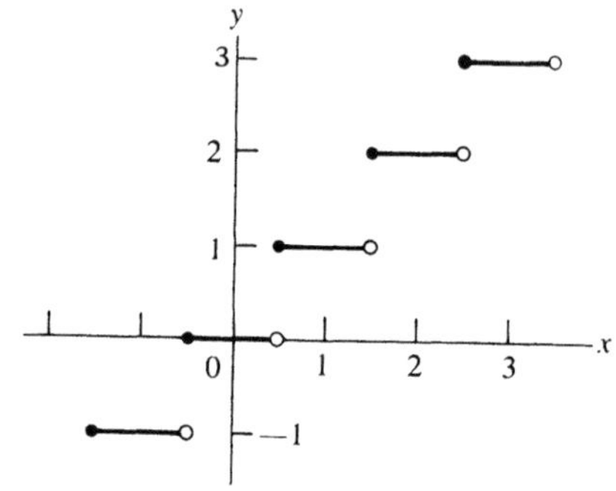

eine eindeutige Richtung. Wie in Bild 4.44 dargestellt ist, entsprechen kleine Abschnitte der Kurve rund um den Punkt P sehr kleine Abschnitte der zugehörigen Tangente. Die Infinitesimalrechnung untersucht zumeist Funktionen, deren Schaubilder lokal wie gerade Linien aussehen, etwa x^2, x^3 oder $1/x$. Andererseits gibt es wichtige Funktionen, deren Schaubilder nicht so einfach aussehen, wie die Absolutwertfunktion $|x|$, die bekanntlich bei $x = 0$ nicht differenzierbar ist; ihr Schaubild (siehe Abschnitt 2.2) besitzt im Punkt (0; 0) eine scharfe Ecke.

Das Schaubild einer Funktion kann aber nicht nur „Ecken", sondern auch „Sprünge" zeigen.

Beispiel 1: Man zeige das Schaubild der folgenden *Rundungsfunktion*

$$f(x)\begin{cases} = \text{die zu } x \text{ nächste ganze Zahl, (wenn } x \text{ nicht genau in der Mitte zwischen zwei aufeinanderfolgenden ganzen Zahlen liegt)} \\ = x + \frac{1}{2}, \text{ wenn } x \text{ genau in der Mitte zwischen zwei aufeinanderfolgenden ganzen Zahlen liegt.} \end{cases}$$

Lösung: Wir berechnen zunächst einige Werte von $f(x)$, wobei x ungefähr in der Mitte zwischen zwei ganzen Zahlen liegt:

$$f(2{,}4) = 2, \quad f(2{,}5) = 3, \quad f(2{,}6) = 3.$$

Der $\lim\limits_{x \to 2{,}5} f(x)$ existiert nicht, denn links nahe bei 2,5 ist $f(x) = 2$; rechts nahe bei 2,5 ist $f(x) = 3$: Das Schaubild „springt" bei 2,5. Für $2{,}5 < x < 3{,}5$ gilt $f(x) = 3$ und das Schaubild von f besteht aus waagerechten geraden Abschnitten ohne den jeweiligen rechten Endpunkt. Wie man aus Bild 4.45 entnehmen kann, ist das gesamte Schaubild aus solchen Abschnitten aufgebaut.

Der plötzliche Wechsel, den der Wert der Funktion genau in der Mitte zwischen zwei aufeinanderfolgenden ganzen Zahlen vollzieht, zeigt sich als eine Unterbrechung des Schaubildes. ●

Es gibt viele Funktionen, die nicht so „glatt" sind wie die differenzierbaren, aber auch nicht so „sprunghaft" wie die soeben in Beispiel 1 studierte Funktion. Diese Klasse besteht aus den *stetigen* Funktionen. Anschaulich gesprochen, kann man eine stetige Funktion zeichnen – ihr Wertebereich sei ein bestimmtes Intervall oder die x-Achse – ohne dabei den Bleistift vom Papier zu heben. Obwohl dies natürlich nicht die exakte Definition ist, beschreibt sie bereits die Grundeigenschaft einer stetigen Funktion. Demnach ist insbesondere die Absolutwertfunktion eine stetige Funktion, während die Rundungsfunktion nicht stetig ist.

Die korrekte Definition einer stetigen Funktion f ist sehr leicht zu formulieren, wenn der Definitionsbereich ein offenes Intervall oder die gesamte x-Achse umfaßt. Funktionen mit anderen Definitionsbereichen sind manchmal schwieriger zu behandeln. So besteht etwa der Definitionsbereich der Funktion $f(x) = \sqrt{x}$ aus allen Werten von $x \geqslant 0$. Ihr Schaubild hat keine Sprünge und die Definition der Stetigkeit muß so gefaßt werden, daß auch diese Funktion stetig ist.

Wir wollen zuerst den Begriff *Stetigkeit an einer Stelle a* definieren. In diese exakte Definition geht der Begriff des Grenzwertes ein. Je nach Lage der Stelle a müssen wir verschiedene Definitionen wählen.

Definition der stetigen Funktion an einer Stelle im Inneren eines offenen Intervalls, das im Definitionsbereich liegt. Sei a ein Wert aus dem Definitionsbereich der Funktion f

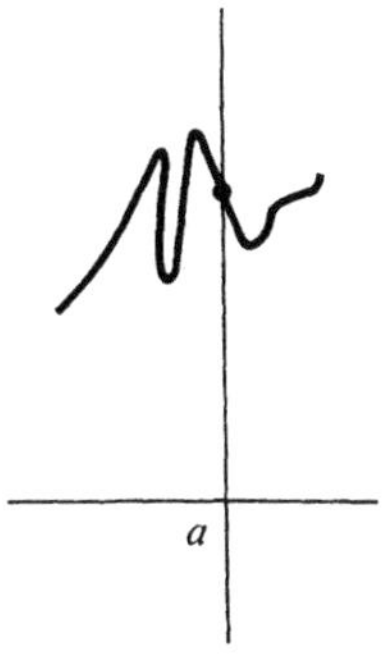

Bild 4.46

und $f(a)$ daher definiert (Bild 4.46). Ferner sei $f(x)$ defininiert für alle x in einem offenen Intervall, das a umschließt. Dann heißt die Funktion f *stetig an der Stelle a*, wenn

1. $\lim\limits_{x \to a} f(x)$ existiert und
2. dieser Limes gleich $f(a)$ ist.

(Wenn „$\lim\limits_{x \to a} f(x)$ existiert", so ist dieser Grenzwert auch endlich.)

Die Funktion aus Beispiel 1 ist für jeden Wert a stetig, der nicht genau in der Mitte zwischen zwei aufeinanderfolgenden ganzen Zahlen liegt. Dort nämlich, etwa für $a = \frac{1}{2}$, ist die Funktion nicht stetig, denn

$$\lim_{x \to 1/2} f(x)$$

existiert nicht.

Im nächsten Beispiel existiert zwar $\lim\limits_{x \to a} f(x)$, f ist jedoch an der Stelle a nicht stetig.

Beispiel 2: Sei

$$f(x) = \begin{cases} = 2 & \text{für ganze Zahlen } x \\ = 1 & \text{wenn } x \text{ keine ganze Zahl ist.} \end{cases}$$

Man zeige, daß f an der Stelle $x = 3$ nicht stetig ist.

Lösung: Das Schaubild von f ist in Bild 4.47 dargestellt. Ist f stetig für $a = 3$? Zuerst untersuchen wir $\lim\limits_{x \to 3} f(x)$.

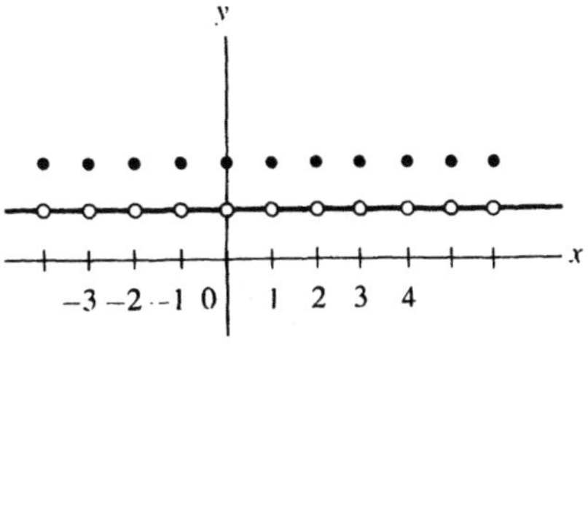

Bild 4.47

Dieser Grenzwert existiert, da für x in der Nähe von 3, $f(x) = 1$, d.h.

$$\lim_{x \to 3} f(x) = 1.$$

Andererseits ist für $x = 3$ der Wert dieser Funktion 2,

$$f(3) \neq \lim_{x \to 3} f(x),$$

so daß f für $x = 3$ nicht stetig ist. Hingegen ist f für jede Zahl a stetig, die nicht gleich einer ganzen Zahl ist. ●

Ist eine Funktion für die gesamte x-Achse definiert und an jeder Stelle a stetig, dann wird sie *stetige Funktion* genannt (der Leser möge überprüfen, daß $f(x) = |x|$ stetig ist). Noch immer sind Funktionen wie $\sqrt{x}$ oder $\sqrt{1-x^2}$ unbestimmt. Der Definitionsbereich von $\sqrt{1-x^2}$ ist das geschlossene Intervall $[-1; 1]$. Das Schaubild von $\sqrt{1-x^2}$ hat selbstverständlich keine Sprünge und die Funktion sollte daher ebenfalls unter den Begriff „stetig" fallen. Mit Hilfe der folgenden Definitionen werden wir auch solche Funktionen erfassen.

Die beiden folgenden Definitionen der Stetigkeit unterscheiden sich von bisherigen nur durch den Definitionsbereich der Funktion. Häufig werden sie auch als Definitionen der *rechtsseitigen und linksseitigen Stetigkeit* bezeichnet.

Definition der Stetigkeit einer Funktion am linken Endpunkt eines Intervalls: Sei a eine Zahl im Definitionsbereich der Funktion f und $f(a)$ daher definiert. Sei ferner $f(x)$ definiert für alle x in einem geschlossenen Intervall $[a; b]$, aber *nicht* für jedes x aus einem bestimmten offenen Intervall $(c; a)$. Dann heißt die Funktion stetig für $x = a$, wenn

1. $\lim\limits_{x \to a^+} f(x)$ existiert und
2. dieser Limes gleich $f(a)$ ist.

Die entsprechende Darstellung dieser Definition zeigt Bild 4.48. Demnach ist $\sqrt{x}$ stetig für $a = 0$. Desgleichen ist $\sqrt{1-x^2}$ stetig bei $a = -1$. Die nächste Definition garantiert uns, daß die Funktion $\sqrt{1-x^2}$ auch für $x = 1$ stetig ist.

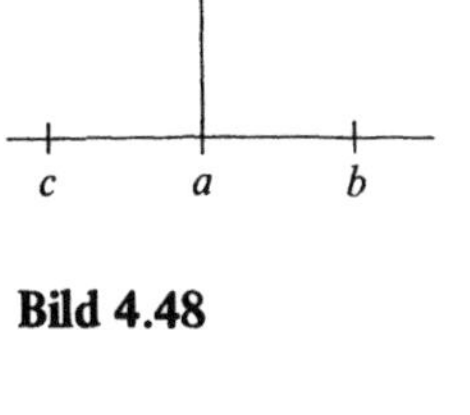

Bild 4.48

Definition der Stetigkeit einer Funktion am rechten Endpunkt eines Intervalls: a sei eine Zahl aus dem Definitionsbereich der Funktion und daher $f(a)$ definiert. Ferner sei $f(x)$ definiert für alle x in einem geschlossenen Intervall $[b; a]$, jedoch *nicht* für alle x in einem bestimmten offenen Intervall $(a; c)$. Dann heißt die Funktion f stetig für $x = a$, wenn

1. $\lim\limits_{x \to a^-} f(x)$ existiert und
2. dieser Limes gleich $f(a)$ ist.

Ein Beispiel für diese Definition zeigt Bild 4.49. Nun sind wir in der Lage, eine stetige Funktion ganz allgemein zu definieren.

Definition der stetigen Funktion: Eine Funktion, die in jedem Punkt ihres Definitionsbereiches stetig ist, wird stetige Funktion genannt.

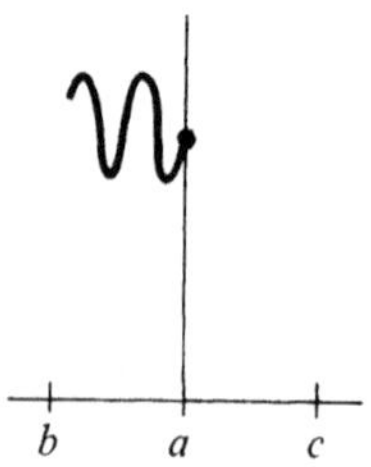

Bild 4.49

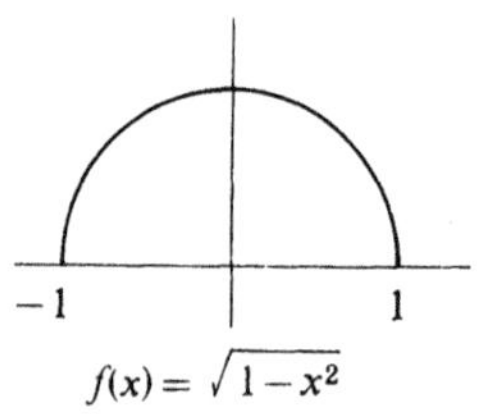

Bild 4.50

Beispiel 3: Man zeige, daß $f(x) = \sqrt{1-x^2}$ eine stetige Funktion ist.

Lösung: Das Schaubild von $f(x) = \sqrt{1-x^2}$ ist in Bild 4.50 dargestellt. Ist f in jedem Punkt seines Definitionsbereiches $[-1; +1]$ stetig?

Wir müssen drei Fälle unterscheiden:

$$(1)\ -1 < a < 1, \quad (2)\ a = -1, \quad (3)\ a = 1.$$

Im Fall (1) existiert $\lim\limits_{x \to a} f(x)$ und ist gleich $f(a)$. (Ein exakter Beweis dieser Tatsache wird in fortgeschrittenen Kursen der Infinitesimalrechnung behandelt.) Im Fall (2) existiert $\lim\limits_{x \to -1^+} f(x)$, tatsächlich ist er Null. Ferner gilt

$$f(-1) = \sqrt{1-(-1)^2} = 0$$

und f ist stetig bei $a = -1$. Auf ähnliche Weise zeigt man die Stetigkeit für $a = 1$. So ist die Funktion f stetig. •

Obwohl man die Stetigkeit meist als eine globale Eigenschaft des Schaubildes vor Augen hat, bezieht sich dieser Begriff genau genommen auf eine lokale Eigenschaft der Funktion in der Umgebung eines jeden ihrer Punkte.

Das nächste Beispiel vertieft unser Verständnis der Stetigkeit.

Beispiel 4: Ist die *Kehrwertfunktion* $f(x) = 1/x$ stetig (Bild 4.51)?

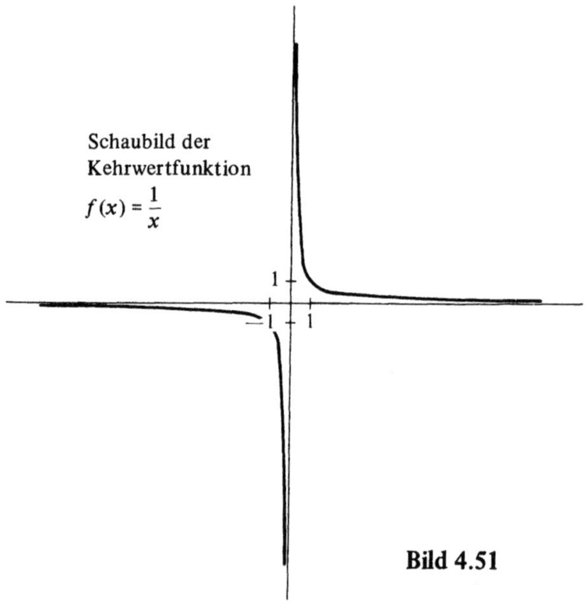

Bild 4.51

Lösung: Zunächst würde man sagen: „Nein, da gibt es offensichtlich eine Menge Schwierigkeiten in der Nähe von $a = 0$". Nun ist es richtig, daß $\lim\limits_{x \to 0} f(x)$, nicht existiert. Andererseits aber liegt 0 nicht im Definitionsbereich von $1/x$ und die Funktion $1/x$ ist in jedem Punkt ihres Definitionsbereiches stetig und daher eine stetige Funktion. •

Die mathematische Bezeichnung für „schöne, vernünftige Kurve" heißt *stetig.* Das Schaubild einer stetigen Funktion kann scharfe Ecken besitzen, aber es kann keine plötzlichen Sprünge zeigen. Kennt man die Werte einer stetigen Funktion f in der Nähe einer Stelle a, so kann man ihren Wert für $x = a$ berechnen

$$f(a) = \lim_{x \to a} f(x).$$

Ist nämlich f an der Stelle a stetig, so gilt

$$\lim_{x \to a} f(x) = f\left(\lim_{x \to a} x\right) \quad \text{mit} \quad \lim_{x \to a} x = a.$$

Strenge Beweise der Stetigkeit häufig verwendeter Funktionen (Polynome, Exponentialfunktionen, Quadratwurzeln und trigonometrische Funktionen) hängen von der exakten Definition der Grenzwerte ab und sind in Anhang C wiedergegeben. Fortgeschrittene Kurse der Infinitesimalrechnung behandeln dies ausführlich. Der interessierte Leser findet im Anhang C einen Beweis für die Stetigkeit von Polynomen.

Die Gleichung

$$\lim_{x \to a} f(x) = f(a)$$

kann auch in der Form

$$\lim_{x \to a} (f(x) - f(a)) = 0$$

geschrieben werden. Diese Umformung ist für den Beweis des folgenden Theorems von Nutzen, demzufolge eine differenzierbare Funktion erwartungsgemäß auch stetig ist.

Theorem: Ist f differenzierbar für $x = a$, so ist f auch stetig für $x = a$.

Beweis: Wir wollen zeigen, daß

$$\lim_{x \to a} (f(x) - f(a)) = 0.$$

Da f bei a differenzierbar ist und die Ableitung $f'(a)$ bzw.

$$\lim_{x \to a} \frac{f(x) - f(a)}{x - a}$$

existiert, ergibt sich

$$\begin{aligned} \lim_{x \to a} [f(x) - f(a)] &= \lim_{x \to a} \frac{f(x) - f(a)}{x - a} (x - a) \\ &= \lim_{x \to a} \frac{f(x) - f(a)}{x - a} \lim_{x \to a} (x - a) \\ &= f'(a) 0 \\ &= 0. \end{aligned}$$

Damit ist der Beweis abgeschlossen. •

Die Absolutwertfunktion $|x|$ ist für $x = 0$ stetig, aber nicht differenzierbar: Stetigkeit impliziert nicht Differenzierbarkeit. Es gibt sogar Funktionen, die entlang der gesamten x-Achse stetig sind, aber nirgendwo eine Ableitung besitzen. Im Jahr 1834 hat Bolzano das erste Beispiel einer solchen Funktion konstruiert.

Stetige Funktionen (aufgrund des soeben bewiesenen Theorems insbesondere auch differenzierbare Funktionen) zeigen eine sehr wichtige Eigenschaft, die im nächsten Theorem formuliert wird. Der Beweis des Theorems wird nicht ausgeführt, da er zu langwierig ist.

Der Zwischenwertsatz: Sei f stetig im abgeschlossenen Intervall $[a; b]$. Sei m eine Zahl zwischen $f(a)$ und $f(b)$. [Das heißt $f(a) \leqslant m \leqslant f(b)$ für $f(a) \leqslant f(b)$ oder $f(a) \geqslant m \geqslant f(b)$ für $f(a) \geqslant f(b)$.] Dann existiert mindestens eine Zahl X im Intervall $[a; b]$ mit $f(X) = m$.

Mit anderen Worten sagt der Zwischenwertsatz folgendes: Eine stetige Funktion, die in einem abgeschlossenen Intervall $[a; b]$ definiert ist, nimmt alle Werte zwischen $f(a)$ und $f(b)$ an. Daher muß eine waagerechte Gerade der Höhe m das Schaubild von f mindestens einmal schneiden, sofern m nur zwischen $f(a)$ und $f(b)$ liegt (Bild 4.52). Führt man also einen Bleistift entlang des Schaubildes einer stetigen Funktion von einer „Höhe" zur anderen, so muß er dabei alle dazwischenliegenden „Höhen" durchlaufen.

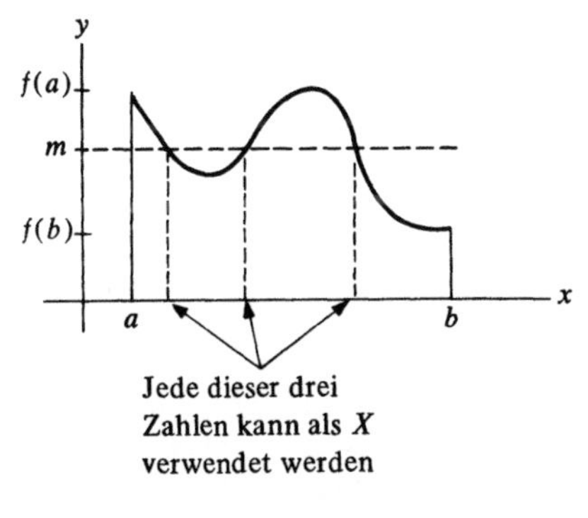

Bild 4.52

Beispiel 5: Mit Hilfe des Zwischenwertsatzes zeige man, daß die Gleichung

$$x^4 + 4x - 6 = 0$$

eine Lösung im Intervall $[1; 2]$ besitzt.

Lösung: Die Funktion $f(x) = x^4 + 4x - 6$ ist wie jedes Polynom stetig. Nun gilt

$$f(1) = 1^4 + 4 \cdot 1 - 6 = -1$$

und

$$f(2) = 2^4 + 4(2) - 6 = 18.$$

Entsprechend dem Zwischenwertsatz, in diesem Fall für $a = 1$ und $b = 2$, nimmt f für x aus dem abgeschlossenen Intervall $[1; 2]$ sämtliche Werte zwischen -1 und 18 an. Insbesondere folgt aus $-1 < 0 < 18$, daß die Gleichung

$$x^4 + 4x - 6 = 0$$

im Intervall $[1; 2]$ eine Lösung besitzt. ●

Der Zwischenwertsatz wird uns in späteren Kapiteln immer wieder begegnen.

Übungen:

In den Übungen 1 bis 6 ist das Schaubild einer Funktion dargestellt, die im Intervall $[0; 1]$ definiert ist. Man gebe jene Werte von a an, für die die Funktion nicht stetig ist.

1.

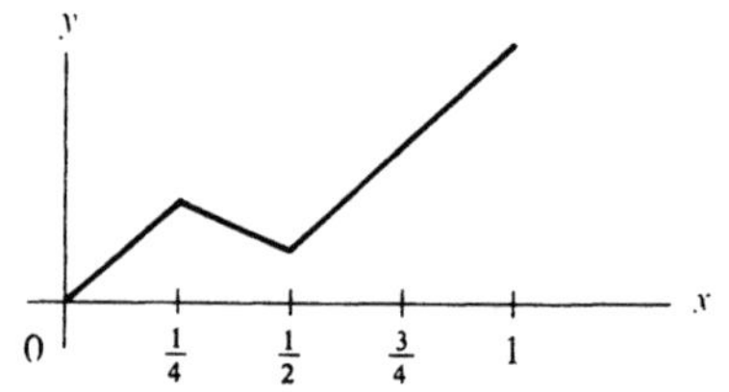

Bild 4.53

2.

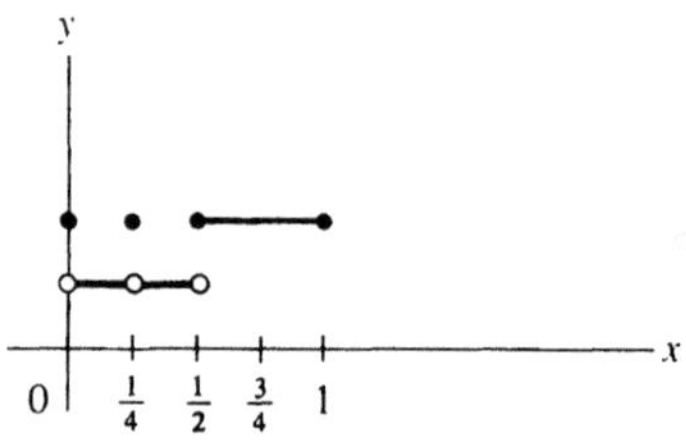

Bild 4.54

3.

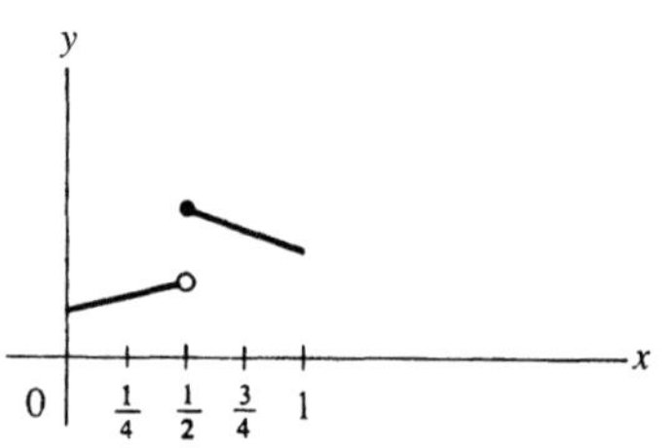

Bild 4.55

4.

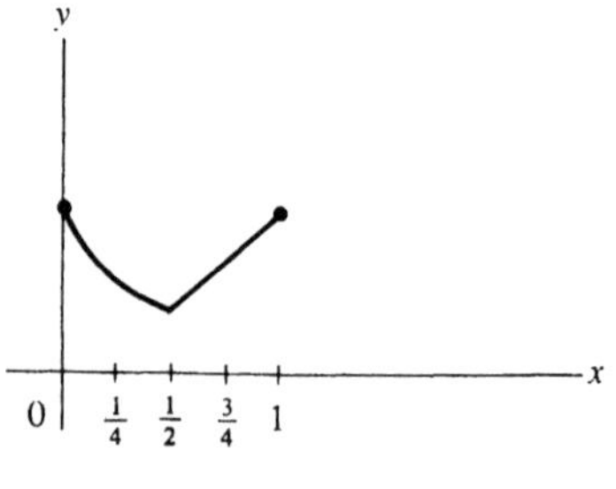

Bild 4.56

5.

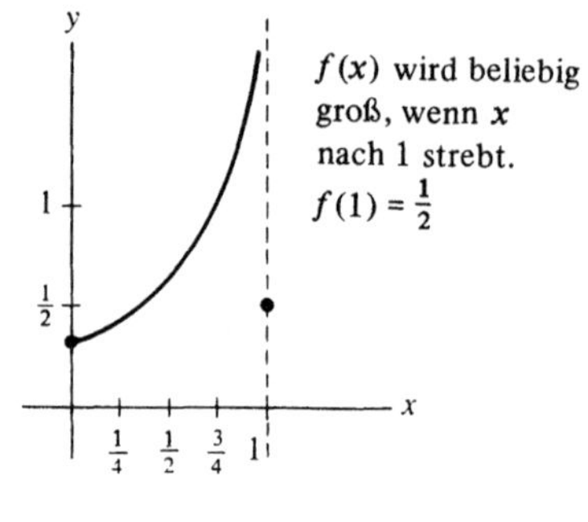

Bild 4.57

6.

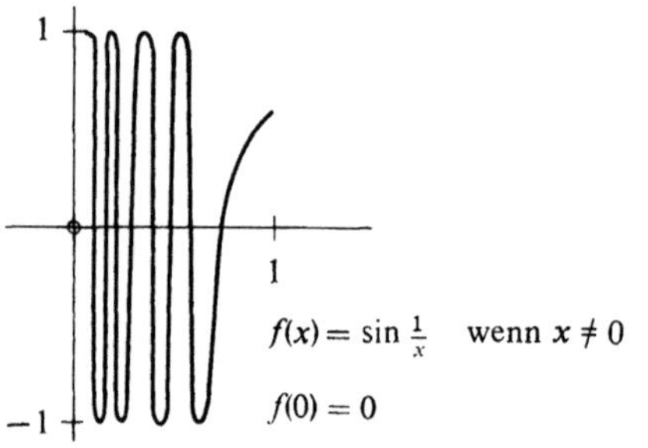

Bild 4.58

Das Bild der Funktion oszilliert unendlich oft zwischen den Werten $y = 1$ und $y = -1$

7. Sei $f(x) = \sin x/x$ für $x \neq 0$. Kann $f(0)$ so definiert werden, daß f an der Stelle 0 stetig ist?
8. Sei $f(x) = 2x$ für $x > 1$ und $f(x) = x^2$ für $x < 1$.
   (*a*) Man skizziere das Schaubild von f.
   (*b*) Kann man $f(1)$ so definieren, daß f stetig ist?
9. Sei $f(x) = (1 + x)^{1/x}$ für $x > -1$ und $x \neq 0$.
   (*a*) Kann man $f(0)$ so definieren, daß f für alle $x > -1$ stetig ist?
   (*b*) Kann man $f(-1)$ und $f(0)$ so definieren, daß f im gesamten Bereich für $x \geqslant -1$ stetig ist?
10. Sei $f(x) = (x^3 - 1)/(x - 1)$ für $x \neq 1$. Kann man $f(1)$ so definieren, daß f eine stetige Funktion wird?

Die Übungen 11 bis 17 beziehen sich auf den Zwischenwertsatz. Man verifiziere den Zwischenwertsatz für die gegebene Funktion f, das gegebene Intervall $[a; b]$ und den gegebenen Wert m. Man bestimme in jedem Fall alle Werte X.

11. Funktion $3x + 5$; Intervall $[1; 2]$; $m = 10$.
12. Funktion $x^2 - 2x$; Intervall $[-1; 4]$; $m = 5$.
13. Funktion $\sin x$; Intervall $[\pi/2; 11\pi/2]$; $m = 0$.
14. Funktion $\cos x$; Intervall $[0; 5\pi]$; $m = 0$.
15. Funktion $\cos x$; Intervall $[0; 5\pi]$; $m = \frac{1}{2}$.
16. Funktion 2^x; Intervall $[0; 3]$; $m = 4$.
17. Funktion $x^3 - x$; Intervall $[-2; 2]$; $m = 0$.

18. Die Gleichung $2^x - 3x = 0$ besitzt eine Lösung im Intervall $[0; 1]$. Man zeige dies.

19. Die Gleichung $x + \sin x = 1$ besitzt im Intervall $[0; \pi/2]$ eine Lösung. Man zeige dies.

■

20. Die Gleichung $x^3 = 2^x$ besitzt im Intervall $[1; 2]$ eine Lösung. Man zeige dies. *Hinweis:* Man betrachte die Funktion $f(x) = x^3 - 2^x$.

21. Mit Hilfe des Zwischenwertsatzes zeige man, daß die Gleichung $3x^3 + 11x^2 - 5x = 2$ eine Lösung besitzt.

22. (*a*) Ist eine Funktion längs der gesamten x-Achse definiert und für $x = a$ stetig, ist sie dann notwendigerweise für $x = a$ differenzierbar?

(*b*) Ist eine Funktion für $x = a$ differenzierbar, ist sie dann notwendigerweise stetig für $x = a$?

23. Die stetige Funktion f ist für alle x auf der x-Achse definiert. Für rationale x sei $f(x) = x$. Folgt daraus $f(x) = x$ auch für irrationale x?

24. Sei $f(x) = \sin x$, $a = 0$ und $b = 5\pi/2$.

(*a*) Man zeichne das Schaubild der Funktion f von $x = 0$ bis $x = 5\pi/2$.

(*b*) Für $m = 0$ bestimme man alle X, die den Zwischenwertsatz erfüllen.

(*c*) Wie viele X gibt es für verschiedene Beispiele von m mit $f(a) \leqslant m \leqslant f(b)$?

25. Sei $f(x) = x^2$, $a = -1$ und $b = 2$. Man zeige, daß in diesem Fall der Zwischenwertsatz anwendbar ist. Man bestimme für jede Zahl m mit $f(a) \leqslant m \leqslant f(b)$ alle entsprechenden Werte X.

26. (*a*) Man zeichne das Schaubild einer stetigen Funktion f die längs der x-Achse definiert ist, wenn $f(0) = 3$ und $f(x)$ für jedes x eine ganze Zahl ist.

(*b*) Wie viele solcher Funktionen gibt es?

27. Sei $f(x) = x$ für rationale x und $f(x) = -x$ für irrationale x. Wo ist die Funktion f stetig?

28. Sei $f(x) = 1/x$, $a = -1$, $b = 1$ und $m = 0$. Dann gilt $f(a) \leqslant m \leqslant f(b)$. Gibt es wenigstens eine Zahl X aus $[a; b]$ mit $f(X) = m$? Wenn dies der Fall ist, bestimme man dieses X. Läßt sich andernfalls daraus schließen, daß der Zwischenwertsatz nicht richtig ist?

■■

29. Sei f eine stetige Funktion, die längs der x-Achse definiert ist und für alle x und y die Relation $f(x + y) = f(x) + f(y)$ erfüllt. Man zeige:

(*a*) Es existiert eine Konstante c mit $f(x) = cx$ für ganzzahlige x.

(*b*) Es gilt $f(x) = cx$ für rationale x.

(*c*) Es gilt $f(x) = cx$ für alle x.

30. (*a*) Man zeichne das Schaubild $f(x) = |\sin x|$.

(*b*) Wo ist f stetig?

(*c*) Wo ist f differenzierbar?

4.8 Zusammenfassung

In diesem Kapitel wurde der Begriff des Grenzwertes entwickelt, als dessen Spezialfall wir bereits früher die Ableitung kennengelernt haben. Nach einem kurzen Überblick über die Exponentialfunktion behandelten wir die Definition

$$\lim_{n \to \infty} \left(1 + \frac{1}{n}\right)^n = \mathrm{e} \approx 2{,}718.$$

Ferner wurden verschiedene Arten des Grenzwertes einer Funktion eingeführt, so etwa

$$\lim_{x \to a} f(x) = L, \qquad \lim_{x \to a^+} f(x) = L, \qquad \lim_{x \to a^-} f(x) = L.$$

Die letzten beiden heißen rechtsseitiger und linksseitiger Limes. Speziell ergab sich

$$\lim_{x \to 0} (1 + x)^{1/x} = \mathrm{e}.$$

Der Überblick über die trigonometrischen Funktionen behandelt vor allem $\sin x$, $\cos x$, $\tan x$, das Bogenmaß und die Fläche eines Kreissektors. Für Winkel im Bogenmaß wurden

$$\lim_{\theta \to 0} \frac{\sin\theta}{\theta} = 1 \quad \text{und} \quad \lim_{\theta \to 0} \frac{1 - \cos\theta}{\theta} = 0$$

gezeigt. Das Kapitel schloß mit der Definition der stetigen Funktion. Diese Definition ging vom Grenzwertbegriff aus. In ihrer anschaulichen Interpretation bedeutet die Stetigkeit einer Funktion, daß man ihr Schaubild zeichnen kann, ohne den Bleistift vom Papier zu heben. In der Folge wurde gezeigt, daß eine differenzierbare Funktion notwendigerweise stetig ist. Umgekehrt hingegen existieren stetige Funktionen, die nicht differenzierbar sind. So ist $f(x) = |x|$ für $x = 0$ stetig, aber nicht differenzierbar. Wir kennen auch gebräuchliche Funktionen, die nicht stetig sind, wie etwa die Rundungsfunktion.

Der Zwischenwertsatz behauptet schließlich, daß eine in einem abgeschlossenen Intervall $[a; b]$ stetige Funktion für einen Wert X aus $[a; b]$ den Wert m zwischen $f(a)$ und $f(b)$ annimmt.

Begriffe und Symbole

b^n	Radiant
b^{-n}	$\sin x$, $\cos x$, $\tan x$
$b^{1/n}$	stetig an der Stelle a
$b^{m/n}$	stetige Funktion
b^x	

$$\lim_{n \to \infty} \left(1 + \frac{1}{n}\right)^n = e \approx 2{,}718$$

$$\lim_{x \to a} f(x)$$

$$\lim_{x \to a^+} f(x), \ \lim_{x \downarrow a} f(x)$$

$$\lim_{x \to a^-} f(x), \ \lim_{x \uparrow a} f(x)$$

$$\lim_{x \to \infty} f(x)$$

$$\lim_{x \to -\infty} f(x)$$

Wichtige Ergebnisse

Exponentialfunktion:

$$b^{x+y} = b^x \cdot b^y$$

$$b^{-x} = \frac{1}{b^x}$$

$$b^0 = 1, \quad b \neq 0$$

$$b^{1/n} = \sqrt[n]{b}$$

$$b^{m/n} = \sqrt[n]{b^m}$$

$(b^x)^y = b^{xy}$ Potenz einer Potenz

$(ab)^x = a^x b^x$ Potenz eines Produkts

$\left(\frac{a}{b}\right)^x = \frac{a^x}{b^x}$ Potenz eines Quotienten; $b \neq 0$

Trigonometrie:

$$\frac{\text{Grad}}{180} = \frac{\text{Radiant}}{\pi} \ .$$

Ein Winkel von 1 rad ist $180°/\pi \approx 57{,}3°$. Ein Winkel von $1°$ ist $\pi/180$ rad $\approx 0{,}017$ rad. Sei θ das Bogenmaß eines Winkel und s der zugehörige Kreisbogen auf einem Kreis mit Radius r, dann gilt

$$\theta = \frac{s}{r} \quad \text{(Definition von } \theta\text{)}$$

$$s = r\theta$$

$$\text{Fläche des Sektors} = \frac{\theta r^2}{2}.$$

Wir merken uns

$$\frac{\text{Fläche}}{r^2} = \frac{\theta}{2}$$

$$\cos^2\theta + \sin^2\theta = 1$$

$$\sin(A+B) = \sin A \cos B + \cos A \sin B$$

$$\cos(A+B) = \cos A \cos B - \sin A \sin B$$

$$\tan(A-B) = \frac{\tan A - \tan B}{1 + \tan A \tan B}$$

Kosinussatz: $c^2 = a^2 + b^2 - 2ab\cos\theta$

$\lim_{\theta \to 0} \frac{\sin\theta}{\theta} = 1$ Winkel im Bogenmaß

$$\lim_{\theta \to 0} \frac{1 - \cos\theta}{\theta} = 0$$

Stetige Funktionen:

Jede differenzierbare Funktion ist stetig. Der Zwischenwertsatz gilt für stetige Funktionen in einem abgeschlossenen Intervall.

Testaufgaben zur Exponentialfunktion

1. Man stelle als Dezimalzahl dar:
   (*a*) 8^{-1}, (*b*) $8^{1/2}$, (*c*) $8^{2/3}$, (*d*) 8^0, (*e*) $8^{-1/2}$, (*f*) $8^{-2/3}$.
2. Man schreibe folgende Ausdrücke mit geeignetem x in der Form 3^x:
   (*a*) $\sqrt{3}$, (*b*) $\frac{1}{3}$, (*c*) $\sqrt[3]{9}$, (*d*) $3^7/3^2$, (*e*) $3\sqrt{3}$, (*f*) $(3^5)^7$, (*g*) $1/\sqrt[3]{3}$, (*h*) $3^2 \cdot 9^4$.
3. Man berechne $7^{1/3}$ auf eine Dezimalstelle.
4. Man schreibe in der Form b^x:
   (*a*) $(b^{1/2})^4$, (*b*) $(b\sqrt{b})$, (*c*) $\sqrt{b} \cdot \sqrt[3]{b}$, (*d*) $(1/\sqrt{b})^3$, (*e*) $(b\sqrt{b})/\sqrt[3]{b^2}$, (*f*) $(\sqrt{b^3})^5$.
5. (*a*) Man berechne $(\sqrt[3]{5})^{12}$ und $(\sqrt[4]{5})^{12}$.
   (*b*) Welche Wurzel ist größer $\sqrt[3]{5}$ oder $\sqrt[4]{5}$?

Testaufgaben zur Trigonometrie

1. (*a*) Wieviel Grad hat ein Winkel von 2 Radiant? Man verwende einen Winkelmesser und zeichne den Winkel.
   (*b*) Man berechne unter Zuhilfenahme eines Einheitskreises mit Radius 10 cm den cos 2 und sin 2 (Winkel im Bogenmaß).
2. Ein Winkel von 1,3 rad wird mit seiner Spitze ins Zentrum eines Kreises mit dem Radius 4 cm gelegt.
   (*a*) Wie groß ist der Bogen, den der Winkel herausschneidet?
   (*b*) Wie groß ist die Fläche des Kreissektors?
3. (*a*) Man zeichne das Schaubild von $y = \cos\theta$.
   (*b*) Wie verhält sich das Schaubild von (*a*) zum Schaubild der Funktion $y = \sin\theta$?

4. Man zeichne einen Einheitskreis und ergänze die folgende Tabelle durch exakte Werte.

θ (rad)	$\pi/2$		$3\pi/4$	$-\pi/4$		
θ (Grad)		120°			−30°	405°
$\cos\theta$						
$\sin\theta$						

5. (a) Welche zwei Werte besitzt $\sin\theta$ für $\cos\theta = 0{,}6$?
   (b) Man zeichne alle Winkel mit $\cos\theta = 0{,}6$.
6. Man verwende die exakten Werte von $\cos 45°$, $\sin 45°$, $\cos 30°$ und $\sin 30°$,
   (a) sowie die Identität für $\sin(A + B)$, um $\sin 75°$ zu berechnen;
   (b) sowie die Identität für $\sin(A - B)$, um $\sin 15°$ zu berechnen;
   (c) und die Identität für $\cos\theta$ und $\cos 2\theta$, um $\cos 22\frac{1}{2}°$ zu berechnen.
7. Man zeichne das Schaubild von $y = \tan x$.

Testaufgaben zu Kapitel 4

1. (a) Man definiere die Zahl e.
   (b) Man gebe e auf drei Dezimalstellen genau an.
   (c) Man bestimme den $\lim\limits_{h \to 0} (1 + h/3)^{3/h}$.
2. Für $c > d \geqslant 0$ zeige man $c^5 - d^5 < 5c^4(c - d)$.
3. Das Schaubild einer Funktion f zeigt Bild 4.59.
   (a) Für welche Werte von a existiert $\lim\limits_{x \to a} f(x)$ nicht?
   (b) Für welche Werte von a existiert $\lim\limits_{x \uparrow a} f(x)$ nicht?
   (c) Für welche Werte von a existiert $\lim\limits_{x \downarrow a} f(x)$ nicht?
   (d) Für welche Werte von a ist f nicht stetig?
   (e) Für welche Werte von a ist f nicht differenzierbar?

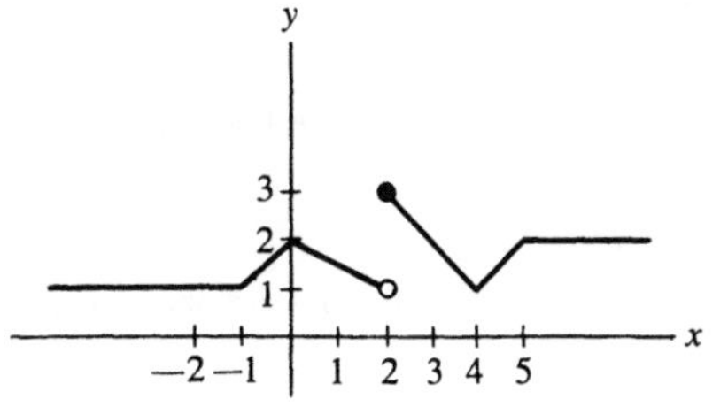

Bild 4.59

4. Man bestimme die folgenden Grenzwerte, sofern sie existieren:

(a) $\lim\limits_{x \to \infty} \dfrac{5x^3 - 6x + 2}{10x^3 + 5}$ (d) $\lim\limits_{x \to 4} \dfrac{\sqrt{x} - 2}{x - 4}$

(b) $\lim\limits_{x \to 0} \dfrac{\tan 3x}{\tan 2x}$ (e) $\lim\limits_{x \to 1^+} 2^{1/(x-1)}$

(c) $\lim\limits_{x \to 1} \dfrac{3\cos x - 3}{x}$ (f) $\lim\limits_{x \to -\infty} \left(1 + \dfrac{1}{x}\right)^{3x}$

5. Welche der Grenzwerte aus Übung 4 kann man als Ableitung einer bestimmten Funktion an einer bestimmten Stelle interpretieren? Man gebe die Funktion und diese Stelle an.
6. Wie verhält sich der folgende Quotient für $\theta \to 0$:

$$\frac{\text{Länge von } \overline{AP}}{\text{Länge des Bogens } \widehat{BP}}$$

und

$$\frac{\text{Länge von } \overline{AB}}{\text{Länge des Bogens } \widehat{BP}},$$

wobei A, B und P dem Bild 4.60 zu entnehmen sind?

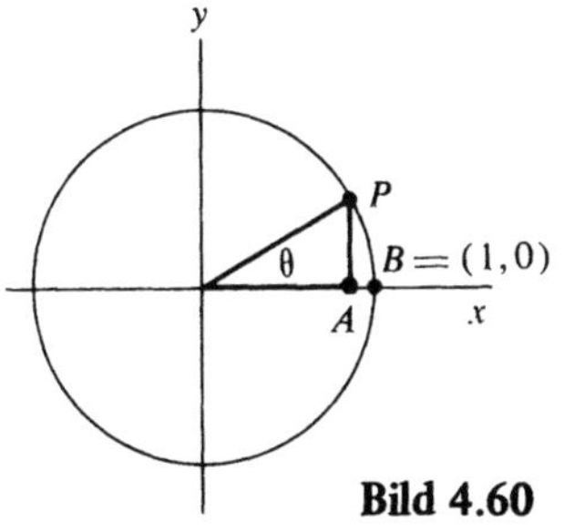

Bild 4.60

7. Die Geschwindigkeit eines bestimmten Objektes zur Zeit t sei $2^{-t} \cdot \sin^2 \pi t$ m/s.
   (a) Man gebe die Geschwindigkeit zur Zeit $t = 0$ und zur Zeit $t = \frac{1}{2}$ an.
   (b) Wie können wir wissen, ob zu einer bestimmten Zeit zwischen $t = 0$ und $t = \frac{1}{2}$ die Geschwindigkeit exakt $\frac{1}{2}$ m/s betragen hat?
8. (Die drei Teile dieser Übung sind unabhängig voneinander.) Man zeichne das Schaubild einer Funktion f, die längs der x-Achse definiert und für alle $x \neq 0$ differenzierbar ist, wenn f
   (a) bei Null stetig, aber nicht differenzierbar ist;
   (b) $\lim\limits_{x \to 0} f(x)$ existiert, aber f bei Null nicht stetig ist.
   (c) $\lim\limits_{x \to 0^+} f(x)$ und $\lim\limits_{x \to 0^-} f(x)$, nicht aber der $\lim\limits_{x \to 0} f(x)$ existieren.

Übungen zu Kapitel 4

1. Ein Winkelmesser zeigt üblicherweise die Winkel im Gradmaß. Man konstruiere einen Bogenmaßwinkelmesser, der im speziellen die Winkel mit dem Bogenmaß

   (a) π, (b) 1, (c) 2, (d) 3, (e) 1,5, (f) $\pi/2$, (g) $\pi/4$, (h) 0,5, (i) 0,1

   zeigt.
2. Ein Strahl schließt mit der x-Achse einen Winkel θ ein und schneidet den Einheitskreis im Punkt $(\cos\theta; \sin\theta)$. Den Kreis mit Radius r und Mittelpunkt $(0; 0)$ schneidet er im Punkt $(r\cos\theta; r\sin\theta)$.

   Hinweis: Man beweise dies mit Hilfe ähnlicher Dreiecke.
3. Man skizziere das Schaubild einer hypothetischen Funktion f mit folgenden Eigenschaften:
   (a) $\lim\limits_{x \to a} f(x)$ existiert für alle a ausgenommen $a = 1$.
   (b) f ist nicht stetig für $x = 1$ und 2.
   (c) f ist sonst überall stetig.

4. (*a*) Wie groß ist der Umfang eines Kreises mit Radius r?
(*b*) Wie groß ist der Inhalt eines Kreises mit Radius r?
(*c*) Wie groß ist der Flächeninhalt eines Sektors mit Winkel θ und Radius r?
(*d*) Wie groß ist die Länge eines Kreisbogens mit Radius r und Winkel θ?

5. Sei f eine Funktion, die längs der x-Achse definiert ist. Sind die folgenden Aussagen richtig oder falsch:
(*a*) Ist f bei $x = 2$ stetig, so ist f dort notwendigerweise differenzierbar.
(*b*) Ist f bei $x = 2$ differenzierbar, so ist f dort notwendigerweise stetig.
(*c*) Ist f stetig für $x = 2$, dann gilt $\lim_{x \to 2} (f(x) - f(2)) = 0$.

6. Unter den Annahmen von Abschnitt 4.2 bezahlt eine Bank 100 % Zinsen pro Jahr. Um etwas realistischer zu werden, nehmen wir einen Satz von 6 % Zinsen pro Jahr an.
(*a*) Man zeige, daß 1 DM bei n-maliger Kapitalisierung pro Jahr am Ende des ersten Jahres auf $(1 + 0{,}06/n)^n$ DM anwächst.
(*b*) Man zeige $\lim_{n \to \infty} (1 + 0{,}06/n)^n = e^{0{,}06}$.

7. Im Abschnitt 4.6 wurde $\lim_{h \to 0} (1 - \cos h)/h = 0$ gezeigt.
(*a*) Unter Verwendung derselben Methode beweise man

$$\lim_{h \to 0} \frac{1 - \cos h}{h^2} = \frac{1}{2}.$$

(*b*) Aus (*a*) berechne man als gute Abschätzung von $\cos h$ für sehr kleine h:

$$\cos h = 1 - \frac{h^2}{2}.$$

(*c*) Aus (*b*) leite man für einen Winkel im Gradmaß her:

$$\cos h = 1 - 0{,}000\,15\, h^2.$$

(*d*) Wie gut ist die Abschätzung in (*c*) für $h = 10°$? $h = 5°$? $h = 30°$? Vergleiche diese Resultate mit den Werten der früheren Tabellen.

8. Liegt der Winkel θ der Seite c eines Dreieckes gegenüber, so lautet der Kosinussatz:

$$c^2 = a^2 + b^2 - 2ab \cos\theta.$$

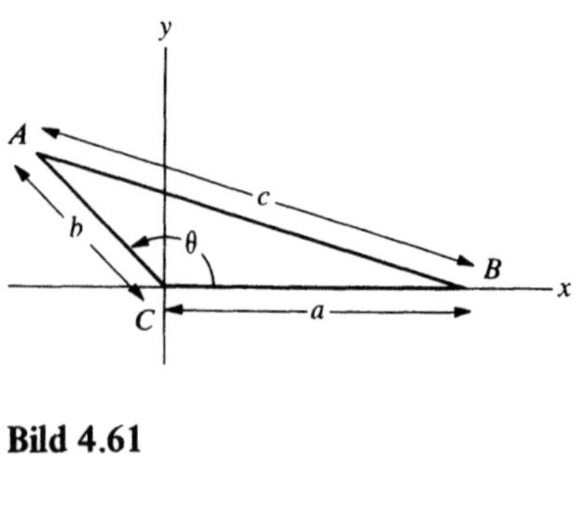

Bild 4.61

Ein Dreieck mit den Seiten a, b und c wird in die xy-Ebene gelegt (Bild 4.61). Mit Hilfe dieser Abbildung verifiziere man den Kosinussatz in folgenden Schritten:
(*a*) Man beweise $B = (a; 0)$ und $A = (b \cos\theta; b \sin\theta)$.
(*b*) Man bestimme c^2, das Quadrat des Abstandes zwischen A und B, unter Verwendung der Distanzformel.

■

9. Sei $f(x) = x^2$ für rationale x und $f(x) = x^4$ für irrationale x. Wo ist f stetig? Wo ist f differenzierbar?

10. Sei $f(x) = x^2$ für rationale x und $f(x) = x^3$ für irrationale x.
(*a*) Wo ist f stetig?
(*b*) Wo ist f differenzierbar?

11. Seien a, b und c feste Zahlen. Man diskutiere das Verhalten von $x^3 + ax^2 + bx + c$
(*a*) für sehr große x,
(*b*) für sehr große $|x|$ und negative x.
(*c*) Man beweise, daß die Gleichung $x^3 + ax^2 + bx + c = 0$ zumindestens eine reelle Wurzel besitzt.

12. (*a*) Man beweise, daß ein Polynom von ungeradem Grad mit reellen Koeffizienten mindestens eine reelle Wurzel besitzt.
(*b*) Man gebe das Beispiel eines Polynoms vom Grad 2, das keine reelle Wurzel besitzt.

13. $[x]$ sei die größte ganze Zahl nicht größer als x. Zum Beispiel $[3{,}8] = 3$; $[3] = 3$; $[\sqrt{2}] = 1$; $[-\pi] = -4$. Sei $f(x) = [x]$.
(*a*) Man zeichne das Schaubild f.
(*b*) Für welche Werte a ist f *nicht* stetig?

14. Man zeige die Existenz einer positiven Zahl x mit $\tan x = 3 + \cos^2 x$.

■■

15. Falls $\lim_{n \to \infty} x^{2n}/(1 + x^{2n})$ existiert, so werde er mit $f(x)$ bezeichnet.
(*a*) Man berechne $f(1/2)$, $f(2)$ und $f(1)$.
(*b*) Für welche x ist $f(x)$ definiert? Man zeichne das Schaubild von $y = f(x)$.
(*c*) Wo ist f stetig?

16. Eine Funktion f sei längs der x-Achse definiert und es gelte für alle x und y

$$f(x + y) = f(x) + f(y).$$

Für $x > y$ gelte auch $f(x) \geqslant f(y)$. Dann zeige man $f(x) = cx$ mit irgendeiner Konstante c.

17. (Siehe Übung 16.) Sei f längs der x-Achse definiert und es gelte für alle x und y

$$f(x + y) = f(x) + f(y)$$

sowie

$$f(xy) = f(x) f(y).$$

(*a*) Man zeige mit $x > y$ auch $f(x) \geqslant f(y)$.
(*b*) Man zeige $f(x) = x$ für alle x oder $f(x) = 0$ für alle x.

18. (*a*) Sei $f(x) = x \sin 1/x$ für $x \neq 0$. Man definiere $f(0)$, so daß f entlang der x-Achse stetig ist.
(*b*) Man zeichne das Schaubild der Funktion f und untersuche im speziellen das Verhalten für x in der Nähe von Null und für sehr große x.

19. Sei f eine stetige Funktion, definiert auf der x-Achse, und es gelte $f(f(f(x))) = x$ für alle x. Man zeige dann $f(x) = x$ für alle x.

Überblicksfragen zu den Kapiteln 1 bis 4

1. (*a*) Man definiere die Ableitung einer Funktion f an der Stelle x.
(*b*) Man illustriere die Ableitung an möglichst vielen Beispielen.

2. Unter Verwendung der bisherigen Formeln berechne man die Ableitungen von
(*a*) $2x^4$ bei $x = \frac{1}{2}$,
(*b*) $x^3 + 5x$ bei $x = -1$,
(*c*) $\sqrt{x}$ bei $x = 4$,
(*d*) $1/x$ bei $x = \sqrt{2}$.

3. Sei $f(x) = x^3$. Man berechne:
(*a*) $f(x+h) - f(x)$ für $x = 2$ und $h = 0{,}5$;
(*b*) $f(t_1) - f(t)$ für $t_1 = 3{,}1$ und $t = 3$.

4. Ein auf einer Wasseroberfläche auf- und abtanzender Kork hat nach einer Zeit von t Sekunden eine Höhe von $3 \sin t$ Zentimeter über der Wasseroberfläche. (Wird $\sin t$ negativ, so ist der Kork unter das Wasser getaucht.) Man bestimme seine Geschwindigkeit zur Zeit $t = 0$.

5. Wie groß ist der Anstieg der Geraden
(*a*) durch die Punkte $(-1; 4)$ und $(2; 6)$?
(*b*) $y = 6x + 5$?

6. Man zeichne das Schaubild der Funktion $f(x) = (1+x)^{1/x}$ und diskutiere den Definitionsbereich von f.

7. Man zeichne das Schaubild $f(x) = \sin x/x$ und diskutiere den Definitionsbereich von f.

8. Man zeichne das Schaubild von $f(x) = (1 - \cos x)/x$ und diskutiere den Definitionsbereich von f.

9. (*a*) Man bilde die Ableitung von $f(x) = 2x^3 + 3x^2 - 12x$.
(*b*) Für welche Werte von x ist die Ableitung von f Null? Positiv? Negativ?
(*c*) Mit Hilfe von (*b*) skizziere man das Schaubild von f.

10. Mit Hilfe der Definition der Ableitung berechne man die Ableitung von
(*a*) $x^4 + 5x^3$ für $x = 1$;
(*b*) $1/x^2$ für $x = 2$.

11. Eine bestimmte Funktion f besitzt für $x = 1$ die Ableitung $f'(1) = 3$. Was kann man über folgende Größen aussagen:
(*a*) den Anstieg des Schaubildes von f;
(*b*) die Geschwindigkeit eines Teilchens, das $f(t)$ Meter in t Sekunden zurücklegt? Wie weit ungefähr bewegt sich das Teilchen in einem Zeitintervall $[1; 1{,}01]$;
(*c*) über die Vergrößerung einer Linse, die x auf $f(x)$ projeziert? Wie lang ist das Abbild des Intervalles $[1; 1{,}01]$ ungefähr;
(*d*) über die Dichte einer Saite, deren erste x Zentimeter eine Masse von $f(x)$ Gramm besitzen? Welche Masse besitzt die Saite im Intervall $[1; 1{,}01]$?

12. (Siehe Abschnitt 1.2.) Ein Teilchen hat zur Zeit t eine Geschwindigkeit von e^t Meter pro Sekunde. Man schätze den gesamten Weg, den es von der Zeit $t = 1$ bis zur Zeit $t = 3$ zurücklegt, teile hierzu das Zeitintervall in 10 gleiche Teile und gehe von der Geschwindigkeit am
(*a*) rechten Ende eines jeden Zeitintervalls,
(*b*) linken Ende eines jeden Zeitintervalls aus.
(Man verwende eine Tabelle für e^x oder einen Taschenrechner.)

13. Unter Verwendung der im Text entwickelten Formeln bilde man die Ableitung von
(*a*) $6x^3 - 5x$, (*b*) $(1 + 3x^2)^2$, (*c*) $5/x$.

14. Unter Verwendung der Definition der Ableitung bilde man die Ableitung von $x^2/(1+x)$.

15. (*a*) Welches ist der Definitionsbereich von $f(x) = \sqrt{x^2 - 1}$?
(*b*) Man zeichne das Schaubild f.
(*c*) Ist die Funktion f stetig?

16. (*a*) Welches ist der Definitionsbereich von $f(x) = 1/\sqrt{x^2 - 1}$?
(*b*) Man zeichne das Schaubild f.
(*c*) Ist f stetig?

17. (*a*) Welches ist der Definitionsbereich von $f(x) = \tan x$?
(*b*) Man zeichne das Schaubild f.

18. Man berechne folgende Grenzwerte:
(*a*) $\lim\limits_{x \to 0^+} 2^{x/|x|}$, (*b*) $\lim\limits_{x \to 0^-} 2^{x/|x|}$, (*c*) $\lim\limits_{x \to 1} 2^{x/|x|}$.

19. Man bestimme:
(*a*) $\lim\limits_{x \to \infty} \dfrac{\sqrt{x}}{\sqrt{4x+2}}$ (*b*) $\lim\limits_{x \to \infty} \dfrac{8x^4 + 6x - 2}{2x^4 - 5x}$

(*c*) $\lim\limits_{x \to \infty} \left[\dfrac{5x^2 + 4x}{3x+1} - \dfrac{5x+8}{3}\right]$.

20. $y = f(x)$ sei eine differenzierbare Funktion. Wie lautet die Interpretation des Satzes „$f'(x)$ ist positiv oder $f'(x)$ ist negativ für $x = a$"
(*a*) an Hand des Schaubilds von f;
(*b*) wenn $f(x)$ die Lage eines Teilchens entlang der y-Achse zur Zeit x angibt?

■

21. Man bestimme den Grenzwert

$$\lim_{x \to 0} \frac{\tan x - \sin x}{x}.$$

22. Man bestimme

$$\lim_{x \to 0} \frac{\tan x - \sin x}{x^2}.$$

23. Man bestimme

(*a*) $\lim\limits_{x \to 0^+} \dfrac{2^{1/x}+1}{2^{1/x}+3}$ (*b*) $\lim\limits_{x \to 0^-} \dfrac{2^{1/x}+1}{2^{1/x}+3}$.

24. Sei $f(x) = e^x$.

(*a*) Die Ableitung von f bei $x = 0$ ist gegeben durch

$$\lim_{h \to 0} \frac{e^h - 1}{h}.$$

Man beweise dies!

(*b*) Man bestimme den Grenzwert von (*a*) durch Berechnung von $(e^h - 1)/h$ für $h = 0{,}15$, $0{,}10$, $0{,}05$, $0{,}01$ mit Hilfe einer Tabelle oder mit Hilfe eines Taschenrechners.

(*c*) Was läßt sich daraus über den in (*a*) angegebenen Grenzwert aussagen? (Siehe auch nächstes Kapitel.)

25. Man gebe das Beispiel einer Funktion mit der Ableitung

(*a*) $3x^2$; (*b*) x^2;
(*c*) $-1/x^2$; (*d*) $1/x^2$;
(*e*) $9x^3 + 6x^2 - 6x + 2$; (*f*) $5/\sqrt{x}$.

■■

26. Man bestimme die Ableitung von $f(x) = \tan x$ für $x = \pi/6$ aus der Definition der Ableitung.
Hinweis: Die Identität für $\tan(A + B)$ wird dabei nützlich sein.

27. Mit Hilfe der Definition der Ableitung berechne man $(\sqrt[3]{x})'$.
Hinweis: Man verwende die Identität $c^3 - d^3 = (c^2 + cd + d^2)(c - d)$.

28. f sei eine stetige Funktion, die sich im Intervall $[0; 1]$ bewegt, wenn x das Intervall $[0; 1]$ durchläuft. Es existiert dann mindestens eine Zahl X aus dem Intervall $[0; 1]$ mit $f(X) = X$. Man beweise dies!

29. Sei f eine stetige Funktion, mit $f(f(x)) = x$ für alle x. Man zeige die Existenz mindestens einer Zahl X mit $f(X) = X$.

30. f sei eine Funktion; dann definieren wir als *Sehnen von f* jene Strecken, deren Enden am Schaubild von f liegen. Nun sei f stetig in $[0; 1]$ und sei $f(0) = f(1) = 0$.

(*a*) Warum gibt es eine horizontale Sehne der Länge $\frac{1}{2}$?

(*b*) Warum gibt es eine waagerechte Sehne der Länge $1/n$, wobei $n = 1, 2, 3, 4, \ldots$ ist.

(*c*) Muß eine waagerechte Sehne von f der Länge $\frac{2}{3}$ existieren?

(*d*) Wie fällt die Antwort auf (c) aus, wenn wir zusätzlich für alle x aus $[0; 1]$ stets $f(x) \geqslant 0$ fordern.

31. Eine Bank zahlt 5 % Zinsen pro Jahr.

(*a*) Man zeige, daß eine Einlage von 1 DM in t Jahren auf den Wert $(1 + 0{,}05/n)^{nt}$ DM anwächst, wenn die Zinsen n mal pro Jahr kapitalisiert werden.

(*b*) Man zeige, daß

$$\lim_{n \to \infty} (1 + 0{,}05/n)^{nt} = e^{0{,}05\,t}.$$

(*c*) Man zeige, daß für sehr große n in (*a*) eine DM in etwa 14 Jahren auf zwei DM anwächst. (Man verwende eine e^x-Tabelle.) Dies sind etwa 70 Prozent der Zeit, die für die Verdoppelung notwendig gewesen wären, wenn die Zinsen nicht zugeschlagen worden wären.

32. Man bestimme

$$\lim_{x \to \infty} (4^x + 3^x)^{1/x}.$$

33. Man bestimme

$$\lim_{x \to 1} \frac{x^3 - 1}{x^2 - 1}.$$

34. Ein Polynom vom Grad $n \geqslant 0$ hat die Form $a_0x^n + a_1x^{n-1} + \ldots + a_n$, wobei die $a_i's$ Konstanten sind und $a_0 \neq 0$ ist. Sei $P(x)$ ein solches Polynom und sei $Q(x) = b_0x^m + b_1x^{m-1} + \ldots + b_m$ ein Polynom vom Grad m. Man bestimme

$$\lim_{x \to \infty} \frac{P(x)}{Q(x)}$$

(*a*) $n = m$, (*b*) $n < m$, (*c*) $n > m$.

35. Bild 4.62 zeigt eine Funktion, die für $x \to \infty$ zwischen den Geraden $y = x$ und $y = -x$ hin und her oszilliert. Existiert der $\lim\limits_{x \to \infty} f(x)$?

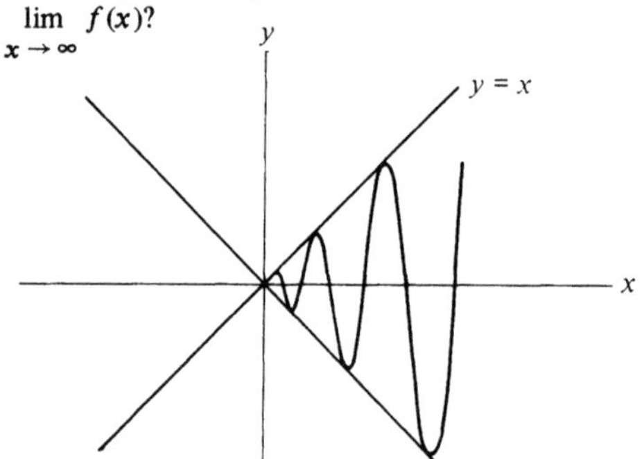

Bild 4.62

36. Man bestimme

$$\lim_{x \to \infty} (\sqrt{x^2 + 2x} - x).$$

37. Zwei Studenten diskutieren über den Grenzwert

$$\lim_{x \to \infty} \left(\frac{3x^2 + 2x}{x + 5} - 3x.\right)$$

Der erste behauptet „für große x ist $2x$ klein im Vergleich zu $3x^2$ und 5 klein im Verhältnis zu x, daher verhält sich der Bruch $(3x^2 + 2x)/(x + 5)$ wie $3x^2/x = 3x$. Also ist der Grenzwert, den wir betrachten, gleich 0". Sein Partner antwortet: „Unsinn,

$$\frac{3x^2 + 2x}{x + 5} = \frac{3x + 2}{1 + (5/x)}$$

verhält sich selbstverständlich für große x wie $3x + 2$, der fragliche Grenzwert ist zwei und nicht Null". Man überprüfe die Argumente!

38. Man bestimme

$$\lim_{x \to 0} \frac{\sqrt{3 + x} - \sqrt{3 - x}}{x}.$$

5 Berechnung von Ableitungen

In Kap. 3 wurde die Ableitung von Funktionen definiert und verschiedene Beispiele wurden durchgerechnet, darunter etwa:

$$(x^n)' = nx^{n-1}, \qquad n = 1, 2, 3, \ldots$$

$$(\sqrt{x})' = \frac{1}{2\sqrt{x}}, \qquad \left(\frac{1}{x}\right)' = -\frac{1}{x^2}.$$

Wir gingen dabei von der Definition der Ableitung aus und betrachteten die beiden Grenzwerte

$$\lim_{x_1 \to x} \frac{f(x_1) - f(x)}{x_1 - x} \quad \text{bzw.} \quad \lim_{h \to 0} \frac{f(x+h) - f(x)}{h},$$

je nachdem welcher der beiden algebraisch einfacher war. Im Hinblick auf die vielseitigen Anwendungen der Ableitung werden in diesem Kapitel sehr effiziente Methoden zu ihrer Berechnung entwickelt. Dabei werden wir nicht jedesmal zur Definition durch den Grenzwert zurückgehen müssen.

5.1 Einige Bezeichnungen für die Ableitung

Abgesehen von dem für die Ableitung einer Funktion f bisher verwendeten Symbol f' gibt es noch viele andere Bezeichnungen. Wir werden sie am Beispiel der Quadratfunktion

$$y = f(x) = x^2$$

darstellen.

Die D-Bezeichnung. Zunächst gibt es die *D-Bezeichnung*, bei der die Ableitung von f durch $D(f)$, also

$$D(x^2) = 2x$$

bezeichnet wird. Wir lesen: „Die Ableitung von x^2 ist $2x$" oder „Die Ableitung von x^2 bezüglich x ist $2x$". Die Bezeichnung

$$D_x(x^2) = 2x$$

ist ebenfalls üblich.

Die Differentialbezeichnung. Dann gibt es die *Differentialbezeichnung*, in der für die Ableitung geschrieben wird:

$$\frac{df}{dx}$$

(man lese „de f nach de x" oder „die Ableitung von f hinsichtlich x") oder

$$\frac{dy}{dx}$$

(man lese „de y nach de x" oder „die Ableitung von y hinsichtlich x"). Die Differentialbezeichnung wurde von Leibnitz eingeführt.

Das Symbol dy/dx verleitet uns, die Ableitung als Quotient von zwei Zahlen aufzufassen. Eine solche Interpretation ist jedoch unzulässig. Die Ableitung wurde als *Grenzwert* eines bestimmten Quotienten und nicht als gewöhnlicher Quotient definiert. (Erst im nächsten Kapitel werden wir den Symbolen dy und dx eine selbständige Bedeutung geben.) Am besten stellt man sich die Ableitung als Maß für eine Zuwachsrate vor. Beispiele hierfür sind Geschwindigkeit und Anstieg. So gilt etwa für $y = x^2$,

$$\frac{dy}{dx} = 2x \quad \text{oder} \quad \frac{d(x^2)}{dx} = 2x.$$

Wir werden diese Darstellung in der Folge oft verwenden, sie entspricht der Standardbezeichnung in Physik und Chemie.

Wird die Quadratfunktion durch andere Buchstaben ausgedrückt, also $x = t^2$, so schreiben wir für ihre Ableitung

$$D(t^2) = 2t, \qquad D_t(t^2) = 2t,$$

$$\frac{dx}{dt} = 2t \quad \text{oder} \quad \frac{d(t^2)}{dt} = 2t.$$

Die Punkt-Bezeichnung. Schließlich gibt es noch die *Punkt-Bezeichnung*. Wir schreiben für die Ableitung von f:

$$\dot{f}$$

(gelesen als „f Punkt"). Ist z.B. $x = t^2$, dann gilt

$$\dot{x} = 2t.$$

Die Punkt-Bezeichnung wurde von Newton eingeführt und dient insbesondere für das Studium von Bewegungen: $\dot{x}$ wird als Geschwindigkeit und t als Zeit interpretiert.

Für bestimmte Formeln ist die D-Bezeichnung vorteilhaft. Die $f'(x)$-Bezeichnung ist besonders nützlich, wenn die unabhängige Variable angegeben werden soll.

Wir geben noch einige weitere Beispiele für die verschiedenen Bezeichnungen der Ableitung:

$$(x^5)' = 5x^4, \qquad D(x^5) = 5x^4,$$

$$D_x(x^5) = 5x^4, \quad D_t\left(\frac{1}{t}\right) = -\frac{1}{t^2},$$

$$\frac{d(x^5)}{dx} = 5x^4, \qquad \frac{d(t^5)}{dt} = 5t^4,$$

$$\frac{d(\sqrt{z})}{dz} = \frac{1}{2\sqrt{z}}, \quad (\dot{t^5}) = 5t^4.$$

Übungen:

In den Übungen 1 bis 13 verwende man bereits bekannte Formeln zur Berechnung der Ableitung:

1. $D(5x^3 + 6x - 2)$ bei $x = -1$.
2. $d(t^3 - 5t)/dt$ bei $t = 2$.
3. $\dot{\sqrt{t}}$ bei $t = 9$.
4. dy/dx für $y = \frac{1}{5}x^5$.
5. $D_u(6u^4)$.
6. $\dfrac{d(1/u)}{du}$.
7. du/dx für $u = 3x^2 - \frac{1}{2}x^2$.
8. dy/du für $y = (\frac{1}{3})u^3$.
9. $D_u(y)$ für $y = 1/u$.
10. $D(s^3 - s^2)$.
11. $(x^5 + 4x^3)'$ bei $x = \sqrt{2}$.
12. $f'(\sqrt{2})$ für $f(t) = t^5 + 4t^3$.
13. $(\frac{1}{4}t^4 + \frac{1}{3}t^3 - \frac{1}{2}t^2 + 5)'$.

■

14. Man bestimme $D(t^3)$ aus
$$\lim_{t_1 \to t} \frac{t_1^3 - t^3}{t_1 - t}.$$
15. Man bestimme $d(u^3)/du$ aus
$$\lim_{h \to 0} \frac{(u+h)^3 - u^3}{h}.$$
16. Sei $y = f(v) = 2v^2 + 3v$. Man bestimme dy/dv aus
$$\lim_{v_1 \to v} \frac{f(v_1) - f(v)}{v_1 - v}.$$
17. Sei $y = f(s) = (s^2 + s)^2$. Man bestimme dy/ds aus
$$\lim_{s_1 \to s} \frac{f(s_1) - f(s)}{s_1 - s}.$$
18. Sei $x = f(t) = 5/t^3$. Man bestimme dx/dt aus
$$\lim_{t_1 \to t} \frac{f(t_1) - f(t)}{t_1 - t}.$$

■■

19. Ein bestimmtes Objekt bewegt sich zur Zeit t (in Sekunden) auf der y-Achse und hat die y-Koordinate $y = -16t^2 + 80t$ (Meter).
   (*a*) Man bestimme dy/dt.
   (*b*) Für welche t ist dy/dt positiv? negativ? oder Null?
   (*c*) Wie groß ist die Geschwindigkeit für $t = 0$?
20. Sei $y = f(x) = x + 4/x$.
   (*a*) Man bestimme dy/dx aus
   $$\lim_{x_1 \to x} \frac{f(x_1) - f(x)}{x_1 - x}$$
   (*b*) Man zeichne das Schaubild von f für $x > 0$ und zeige insbesondere, wo der Anstieg positiv, negativ oder Null ist.
21. Man gebe ein Beispiel für eine Funktion mit
   (*a*) $dy/du = u^3$, (*b*) $\dot{y} = 1/\sqrt{t}$,
   (*c*) $D_x(y) = 3x + 5$, (*d*) $D_t(y) = 5$.

   Man gehe dabei von unseren bisherigen Erfahrungen mit Ableitungen aus. Alle Lösungen sind von einfacher Gestalt.

5.2 Die Ableitungen einer Konstanten, sowie von Sinus und von Kosinus

Wie wir später in diesem Kapitel sehen werden, können die Ableitungen der meisten in der Infinitesimalrechnung auftretenden Funktionen aus den folgenden Ableitungen errechnet werden: der konstanten Funktion, der trigonometrischen Funktionen Sinus und Kosinus und der logarithmischen Funktionen. Hier sollen diese Ableitungen genauer besprochen werden. Dazu werden wir jeweils auf die Definition der Ableitung zurückgreifen.

Theorem 1: Die Ableitung einer konstanten Funktion ist Null:

$$(c)' = 0 \quad \text{oder} \quad \frac{dc}{dx} = 0.$$

Beweis: c sei eine Zahl und f sei die Funktion, die jedem Wert x die Zahl c zuordnet: $f(x) = c$ für alle x. Wir finden sofort

$$f(x+h) - f(x) = c - c = 0.$$

Daraus folgt

$$\frac{f(x+h)-f(x)}{h} = \frac{0}{h} \qquad h \neq 0$$
$$= 0$$

und daher

$$\lim_{h \to 0} \frac{f(x+h)-f(x)}{h} = 0.$$

Dies zeigt, daß die Ableitung jeder konstanten Funktion für alle x gleich Null ist. ●

Aus zwei Gründen ist dieses Theorem keine Überraschung: Das Schaubild von $f(x) = c$ ist eine horizontale Gerade und fällt daher mit jeder ihrer Tangenten zusammen, wie man aus Bild 5.1 entnehmen kann. Fassen wir andererseits x als Zeitvariable und $f(x)$ als die Ortsvariable eines Körpers auf, so sagt uns Theorem 1, daß ein ruhender Körper die Geschwindigkeit Null besitzt.

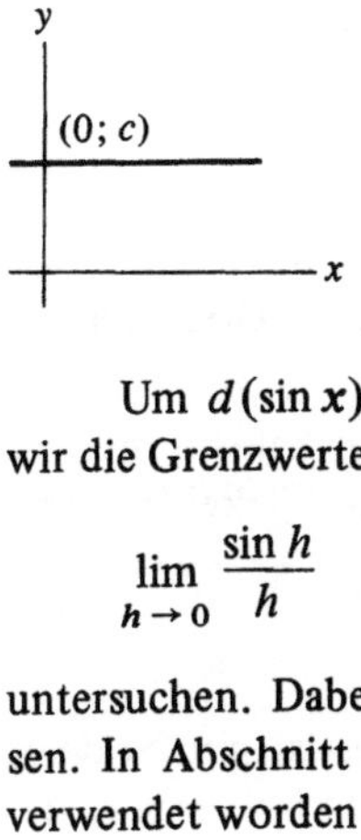

Die horizontale Gerade ist das Schaubild von $f(x) = c$

Bild 5.1

Um $d(\sin x)/dx$ und $d(\cos x)/dx$ zu finden, müssen wir die Grenzwerte

$$\lim_{h \to 0} \frac{\sin h}{h} \qquad \text{und} \qquad \lim_{h \to 0} \frac{1-\cos h}{h}$$

untersuchen. Dabei sind die Winkel im Bogenmaß zu messen. In Abschnitt 4.6 (wo der Buchstabe θ anstelle von h verwendet worden ist) fanden wir, daß

$$\lim_{h \to 0} \frac{\sin h}{h} = 1 \qquad \text{und} \qquad \lim_{h \to 0} \frac{1-\cos h}{h} = 0.$$

Theorem 2: Die Ableitung der Sinusfunktion ist die Kosinusfunktion; in Symbolen

$$(\sin x)' = \cos x \qquad \text{oder} \qquad \frac{d(\sin x)}{dx} = \cos x.$$

Beweis: Die Ableitung einer Funktion f an der Stelle x ist definiert durch

$$\lim_{h \to 0} \frac{f(x+h)-f(x)}{h}.$$

Ist f die Funktion „Sinus“, so untersuchen wir den Limes

$$\lim_{h \to 0} \frac{\sin(x+h) - \sin x}{h}.$$

Wie wir wissen, ist x festzuhalten, während $h \to 0$ strebt. Für $h \to 0$ erreicht der Zähler den Wert

$$\sin x - \sin x = 0$$

während der Nenner h ebenfalls nach Null strebt. Da der Ausdruck 0/0 sinnlos ist, müssen wir den Quotienten

$$\frac{\sin(x+h) - \sin x}{h}$$

umformen, ehe wir h gegen Null gehen lassen.

Wenden wir hierzu die Gleichung

$$\sin(A+B) = \sin A \cos B + \cos A \sin B$$

auf den Fall $A = x$ und $B = h$ an, so ergibt sich

$$\sin(x+h) = \sin x \cos h + \cos x \sin h.$$

Der Zähler $\sin(x+h) - \sin x$ nimmt damit die Gestalt an

$$\sin x \cos h + \cos x \sin h - \sin x = \sin x(\cos h - 1) + \cos x \sin h$$
$$= -\sin x(1 - \cos h) + \cos x \sin h.$$

Daraus folgt

$$\lim_{h \to 0} \frac{\sin(x+h) - \sin x}{h} = \lim_{h \to 0} \frac{-\sin x(1-\cos h) + \cos x \sin h}{h}$$
$$= \lim_{h \to 0} \left(-\sin x \frac{1-\cos h}{h} + \cos x \frac{\sin h}{h}\right)$$
$$= (-\sin x)(0) + (\cos x)(1)$$
$$= \cos x.$$

Kurz gesagt: Die Ableitung der Sinusfunktion ist durch die Kosinusfunktion gegeben. Dies schließt den Beweis des Theorems. ●

Die in Theorem 2 berechnete Ableitung von $\sin x$ liefert eine interessante Information über das Schaubild von $y = \sin x$ (Bild 5.2). Aus

$$\frac{d(\sin x)}{dx} = \cos x$$

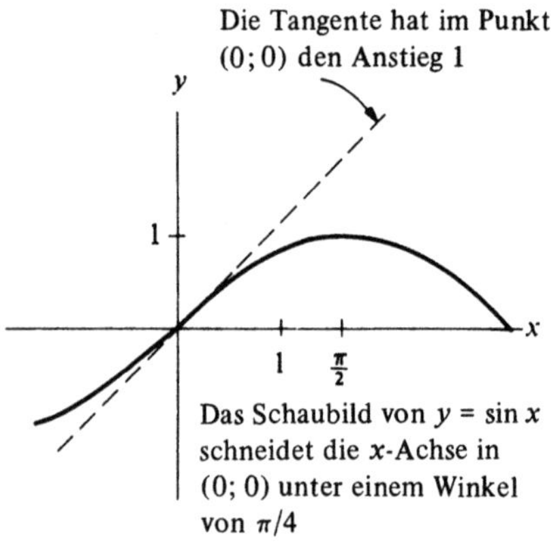

Bild 5.2

ergibt sich für $x = 0$ als Ableitung der Sinusfunktion nun $\cos 0 = 1$. Demnach ist der Anstieg der Kurve $y = \sin x$ für $x = 0$ gleich 1 und das Schaubild von $y = \sin x$ durchschneidet den Ursprung des Koordinatenkreuzes unter einem Winkel von $\pi/4$ im Bogenmaß (45°).

Theorem 3: Die Ableitung der Kosinusfunktion ist durch die negative Sinusfunktion gegeben:

$$(\cos x)' = -\sin x. \bullet$$

Der Beweis verläuft ähnlich wie für Theorem 2 und stützt sich auf die trigonometrische Identität

$$\cos(A + B) = \cos A \cos B - \sin A \sin B.$$

In den Theoremen 2 und 3 wurden die Winkel im Bogenmaß gemessen, wie es üblicherweise in der Infinitesimalrechnung geschieht. Was hätte sich für die Ableitung von Sinus und Kosinus ergeben, wenn die Winkel im Gradmaß angegeben gewesen wären? Das Schaubild von $y = \sin x$ (Winkel im Gradmaß gemessen) hat für alle x einen fast verschwindenden Anstieg, wie man aus Bild 5.3 ersehen kann. Tatsächlich ist das Schaubild von $y = \sin x$ praktisch eine horizontale Gerade. Man wäre versucht, die vertikale Skala etwas zu strecken, doch dann würde sich auch jener Anstieg verändern, den wir gerade bestimmen wollen.

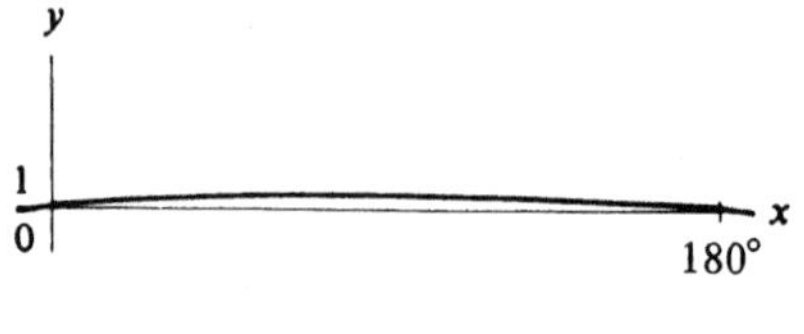

Bild 5.3

Betrachten wir noch einmal den Beweis von Theorem 2. Dort war das eigentliche Problem die Bestimmung des Grenzwertes

$$\lim_{h \to 0} \frac{\sin h}{h} = 1.$$

Wird der Winkel im Gradmaß gemessen, so ist dieser Grenzwert nicht mehr gleich 1. Zu seiner Berechnung gehen wir davon aus, daß einem Winkel von h Grad ein Winkel von $\pi \cdot h/180$ rad entspricht:

$$\frac{\sin h^\circ}{h} = \frac{\sin(\pi h/180)}{h},$$

wobei auf der rechten Seite der Gleichung der Winkel im Bogenmaß gemessen ist. Nun gilt:

$$\frac{\sin(\pi h/180)}{h} = \frac{\sin(\pi h/180) \cdot \pi}{\pi h/180 \cdot 180},$$

daher

$$\lim_{h \to 0} \frac{\sin h^\circ}{h} = \lim_{h \to 0} \frac{\sin(\pi h/180)}{\pi h/180} \frac{\pi}{180} = 1 \frac{\pi}{180} = \frac{\pi}{180}.$$

Kurz gesagt, gilt für Winkel im Gradmaß:

$$\lim_{h \to 0} \frac{\sin h}{h} = \frac{\pi}{180} \approx 0{,}017.$$

Auch für Winkel im Gradmaß gilt ferner nach wie vor:

$$\lim_{h \to 0} \frac{1 - \cos h}{h} = 0,$$

wie der Leser sehr leicht aus dem Beweis in Abschnitt 4.6 sehen kann. Dort wurde gezeigt, daß dieser Grenzwert für Winkel im Bogenmaß gleich Null ist.

Wiederholen wir nun die einzelnen Schritte des Beweises von Theorem 2, so ergibt sich für Winkel im Gradmaß:

$$(\sin x)' = \frac{\pi}{180} \cos x \approx 0{,}017 \cos x.$$

Der große Vorteil des Bogenmaßes ist nun evident: Es macht die Ableitung der Sinusfunktion (wie sich später herausstellt, jeder trigonometrischen Funktion) wesentlich einfacher. Es gibt keinen Faktor $\pi/180$, den man sich gesondert merken muß. Dies ist auf die einfache Form von

$$\lim_{h \to 0} \frac{\sin h}{h}$$

für Winkel im Bogenmaß zurückzuführen; dieser Limes ist gerade 1.

Übungen:

1. (*a*) Man skizziere das Schaubild der Sinusfunktion für x aus $[0; 2\pi]$ und verwende auf beiden Achsen die gleichen Einheiten.
   (*b*) Für welche x aus $[0; 2\pi]$ ist der Anstieg positiv? negativ? Null?
   (*c*) Für welche x aus $[0; 2\pi]$ ist der Anstieg am größten?
2. Man bestimme die Ableitung der Sinusfunktion an den Stellen
   (*a*) $\pi/4$, (*b*) $\pi/6$, (*c*) $\pi/2$, (*d*) π.
3. Man berechne die folgenden Ableitungen:
   (*a*) $\frac{d(\sin x)}{dx}$ für $\frac{\pi}{3}$, (*b*) $\frac{d(\cos x)}{dx}$ für $\frac{\pi}{4}$,
   (*c*) $\frac{d(x^3)}{dx}$ für -1, (*d*) $\frac{d(5)}{dx}$ für 4,7.
4. Die linken x cm einer $\pi/2$ cm langen Saite besitzen eine Masse von $\sin x$ g. Wie groß ist die Dichte am
   (*a*) linken Ende,
   (*b*) in der Mitte und
   (*c*) am rechten Ende?
5. Zur Zeit t (in Sekunden) ist ein auf- und abhüpfender Korken $\sin t$ Zentimeter über der Wasseroberfläche (für negative Werte von $\sin t$ ist der Kork untergetaucht).
   (*a*) Man bestimme seine Höhe über oder unter der Wasseroberfläche für $t = 0$, $\pi/2$, π oder $3\pi/2$.
   (*b*) Man bestimme seine Geschwindigkeit für $t = 0$, $\pi/2$, π und $3\pi/2$.
   (*c*) Man bestimme den Betrag seiner Geschwindigkeit für die in (*b*) angegebenen Zeiten.
6. (*a*) Wie groß ist der Anstieg der Tangente von $y = \sin x$ im Punkt $(\pi/3, \sqrt{3}/2)$?
   (*b*) Man verwende (*a*) und eine Tabelle der Werte von $\tan\theta$ zur Berechnung des Winkels, den die in (*a*) angegebenen Tangente mit der x-Achse einschließt.
7. Man verwende die Definition der Ableitung und zeige, daß die Ableitung der Kosinusfunktion durch die negative Sinusfunktion gegeben ist.
8. Man zeige für Winkel im Gradmaß:
   $$\lim_{h\to 0} \frac{1-\cos h}{h} = 0.$$

■

9. Man verwende die Definition der Ableitung zum Beweis von
   $$(\cos x)' = -\frac{\pi}{180}\sin x$$
   (Winkel im Gradmaß).

Man berechne die in den Übungen 10 bis 16 angegebenen Ableitungen aus dem Grenzwert des entsprechenden Quotienten.

10. $D(\sin 3x) = 3\cos 3x$.
11. $D(\cos 4x) = -4\sin 4x$.
12. $\frac{d(3\cos x + 2\sin x)}{dx} = -3\sin x + 2\cos x$.
13. Die Höhe des Wasserspiegels eines Ozeans über (oder unter) der mittleren Meereshöhe sei zur Zeit t (in Stunden) durch $y = 2\sin t$ gegeben.
    (*a*) Man bestimme die Anstieg- oder Fallgeschwindigkeit der Gezeiten zur Zeit t.
    (*b*) Steigt die Oberfläche am schnellsten bei Ebbe oder bei mittlerer Meereshöhe?

■■

14. Aus der Definition der Ableitung als Grenzwert eines bestimmten Quotienten zeige man
    $$D(x\sin 2x) = 2x\cos 2x + \sin 2x.$$
15. Aus der Definition der Ableitung als Grenzwert eines Quotienten zeige man
    $$D(\sin^2 x) = 2x\cos x^2.$$
16. (*a*) Aus der Definition der Ableitung als Grenzwert eines Quotienten zeige man
    $$D\left(\frac{1-\cos 2x}{2}\right) = \sin 2x.$$
    (*b*) Man zeige mit Hilfe von (*a*)
    $$D(\sin^2 x) = \sin 2x.$$
    (*c*) Man zeige mit Hilfe von (*b*)
    $$D(\sin^2 x) = 2\sin x\cos x.$$
    (Stimmt dieses Ergebnis für $D(\sin^2 x)$ mit unseren Erwartungen überein?)

5.3 Logarithmen im Überblick

Sowohl in der Algebra als auch in der Trigonometrie werden Logarithmen für numerische Berechnungen verwendet. In der Infinitesimalrechnung hingegen sind die logarithmischen Funktionen eine der wichtigsten Klassen von Funktionen. Dieser Abschnitt gibt einen Überblick über die logarithmischen Funktionen und ihre grundlegenden Eigenschaften; in Abschnitt 5.4 werden ihre Ableitungen berechnet.

Zuerst wiederholen wir die Definition des Logarithmus. Betrachten wir die Fragestellung $4^? = 16$ oder in Worten: „4 hoch welcher Zahl ist gleich 16?" Die Antwort nennt man unabhängig von ihrem numerischen Wert den „Logarithmus von 16 zur Basis 4". Es gilt

$$4^2 = 16$$

und wir sagen „der Logarithmus von 16 zur Basis 4 ist 2". Nun aber zur allgemeinen Definition des Logarithmus!

Definition des Logarithmus: Seien b und c positive Zahlen und es gelte

$$b^x = c.$$

Dann ist die Zahl x der Logarithmus von c bezüglich der Basis b und wir schreiben

$$x = \log_b c.$$

Jede exponentielle Gleichung $b^x = c$ kann in eine logarithmische Gleichung $x = \log_b c$ umgeformt werden, so etwa wie man jeden englischen Satz ins Deutsche übersetzen kann. Die nachfolgende Tabelle illustriert einige dieser Umformungen. Man lese sie am besten einige Male laut, bis man imstande ist, eine Spalte zu verdecken und gleichzeitig die andere Spalte anzugeben.

Exponentialform	Logarithmische Form
$4^2 = 16$	$\log_4 16 = 2$
$7^0 = 1$	$\log_7 1 = 0$
$10^3 = 1000$	$\log_{10} 1000 = 3$
$10^{-2} = 0{,}01$	$\log_{10} 0{,}01 = -2$
$9^{1/2} = 3$	$\log_9 3 = \frac{1}{2}$
$8^{2/3} = 4$	$\log_8 4 = \frac{2}{3}$
$8^{-1} = \frac{1}{8}$	$\log_8 \frac{1}{8} = -1$
$5^1 = 5$	$\log_5 5 = 1$
$e^1 = e$	$\log_e e = 1$

$b^x = c$ ist äquivalent zur Gleichung $x = \log_b c$. Daher folgt

$$b^{\log_b c} = c.$$

Beispiel 1: Man bestimme den $\log_5 125$.

Lösung: Wir suchen die Antwort auf die Frage „5 hoch welcher Zahl ist gleich 125?" oder eine Lösung der Gleichung

$$5^x = 125.$$

Aus $5^3 = 125$ ergibt sich die Antwort 3.

$$\log_5 125 = 3. \quad \bullet$$

Beispiel 2: Man finde den $\log_{10}\sqrt{10}$.

Lösung: Nach der Definition von $\log_{10}\sqrt{10}$ ist

$$10^{\log_{10}\sqrt{10}} = \sqrt{10}.$$

Nun gilt

$$10^{1/2} = \sqrt{10}.$$

Daher folgt

$$\log_{10}\sqrt{10} = \tfrac{1}{2}.$$

In Worten: „Um $\sqrt{10}$ zu erhalten, müssen wir 10 zur Potenz $\frac{1}{2}$ erheben." Wie die Quadratwurzeltabelle zeigt, ist $\sqrt{10} = 3{,}162$ und so ergibt sich weiter

$$\log_{10} 3{,}162 \approx \tfrac{1}{2} = 0{,}5. \quad \bullet$$

Um eine Vorstellung von der Logarithmus-Funktion zu erhalten, betrachten wir Logarithmen bezüglich der allgemein üblichen Basis 10.

$$y = \log_{10} x.$$

Dafür schreibt man auch vereinfachend:

$$y = \lg x, \qquad \log_{10} \mathrel{\hat{=}} \lg.$$

Beginnen wir mit einer Tabelle:

x	100	10	1	0,1	0,01
$\lg x$	2	1	0	-1	-2

Wir müssen uns auf Werte von $x > 0$ beschränken. Eine negative Zahl, etwa -1, hat keinen Logarithmus, da keine Potenz von 10 gleich -1 ist. Der Definitionsbereich der Funktion „Logarithmus zur Basis 10" besteht also aus allen positiven reellen Zahlen.

Mit Hilfe der fünf Punkte aus der Tabelle kann das Schaubild leicht skizziert werden (Bild 5.4). Es liegt rechts von der y-Achse. Weit nach rechts steigt es langsam an; erst

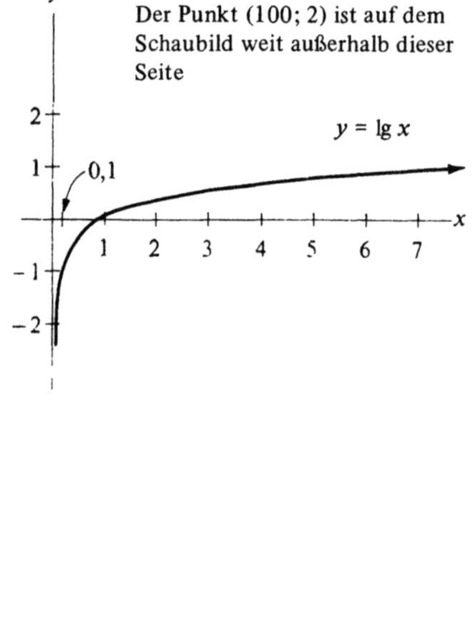

Bild 5.4

wenn x den Wert 100 annimmt, erreicht die y-Koordinate den Wert 2. Ist x hingegen eine kleine positive Zahl, so ist $\lg x$ eine negative Zahl mit großem Absolutwert. Für ansteigende x wächst auch $\lg x$. Also ist x auf positive Werte beschränkt, $\lg x$ aber nimmt positive und negative Werte an. Die Logarithmen zur Basis 10 werden *gewöhnliche Logarithmen* genannt. Eine Tabelle von gewöhnlichen Logarithmen findet man in jedem mathematischen Tabellenwerk. Viele Taschenrechner haben ein lg-Programm, es ist üblicherweise mit „log" bezeichnet.

Da sich jede Exponentialgleichung $b^x = c$ in die entsprechende logarithmische Gleichung $x = \log_b c$ übertragen läßt, kann auch jede Eigenschaft von Exponentialfunktionen durch entsprechende Eigenschaften von Logarithmen dargestellt werden. So wollen wir etwa untersuchen, was das Grundgesetz der Exponentialfunktion

$$b^x \cdot b^y = b^{x+y},$$

über die Logarithmen aussagt.

Um dies zu tun, bezeichnen wir b^x mit c und b^y mit d:

$$b^x = c \quad \text{und} \quad b^y = d.$$

Die Gleichung

$$b^x \cdot b^y = b^{x+y}$$

nimmt nun die Gestalt

$$cd = b^{x+y}$$

an, daraus folgt

$$\log_b cd = x + y.$$

Aus $x = \log_b c$ und $y = \log_b d$, erhalten wir schließlich

$$\log_b cd = \log_b c + \log_b d.$$

Diese Gleichung beschreibt eine der fundamentalen Eigenschaften von Logarithmen: „Der Logarithmus eines Produkts ist gleich der Summe der Logarithmen der Faktoren". Die folgende Tabelle gibt ohne Beweis die logarithmischen Analoga zu den Eigenschaften der Exponentialfunktion an.

Beispiel 3: Mit Hilfe der letzten Zeile der folgenden Tabelle vereinfache man die folgenden Ausdrücke:

$$\log_9(3^7), \quad \log_5 \sqrt[3]{25^2} \quad \text{und} \quad \lg c^{x/h}.$$

Exponentialfunktion	Logarithmen
$b^0 = 1$	$\log_b 1 = 0$
$b^{1/2} = \sqrt{b}$	$\log_b \sqrt{b} = \frac{1}{2}$
$b^1 = b$	$\log_b b = 1$
$b^{x+y} = b^x b^y$	$\log_b cd = \log_b c + \log_b d$
$b^{-x} = \dfrac{1}{b^x}$	$\log_b\left(\dfrac{1}{c}\right) = -\log_b c$
$b^{x-y} = \dfrac{b^x}{b^y}$	$\log_b\left(\dfrac{c}{d}\right) = \log_b c - \log_b d$
$(b^x)^y = b^{xy}$	$\log_b c^m = m \log_b c$

Lösung:

$$\log_9(3^7) = 7\log_9 3 = 7(\tfrac{1}{2}) = \tfrac{7}{2}$$

$$\log_5 \sqrt[3]{25^2} = \log_5(25)^{2/3} = \tfrac{2}{3}\log_5 25 = (\tfrac{2}{3})\,2 = \tfrac{4}{3}$$

$$\lg c^{x/h} = \frac{x}{h}\lg c. \quad \bullet$$

Das nächste Beispiel behandelt einige Berechnungen, die im folgenden Abschnitt zur Ermittlung der Ableitung von $y = \log_b x$ benötigt werden.

Beispiel 4: Man betrachte eine positive Zahl x und eine Zahl h, so daß $x + h$ ebenfalls positiv ist. Man zeige:

$$\frac{\log_b(x+h) - \log_b x}{h} = \log_b\left(1 + \frac{h}{x}\right)^{1/h}.$$

Lösung:

$$\frac{\log_b(x+h) - \log_b x}{h}$$

$$= \frac{\log_b((x+h)/x)}{h} \qquad \log_b \frac{c}{d} = \log_b c - \log_b d$$

$$= \frac{1}{h}\log_b\left(1 + \frac{h}{x}\right)$$

$$= \log_b\left(1 + \frac{h}{x}\right)^{1/h} \qquad m\log_b c = \log_b c^m. \quad \bullet$$

Das nächste Beispiel zeigt, wie aus dem Gesetz

$$\log_b c^m = m\log_b c$$

mit etwas Arithmetik die Logarithmen spezieller Zahlen abgeschätzt werden können.

Beispiel 5: Man schätze lg e.

Lösung: Aus $e < 3 < 10^{1/2}$ folgt zunächst

$$\lg e < \tfrac{1}{2}.$$

Andererseits gilt

$$2 < e \quad \text{und daher} \quad \lg 2 < \lg e.$$

Zur Abschätzung von lg 2 beginnen wir mit der Ungleichung

$$10^3 = 1000 < 1024 = 2^{10}.$$

Wir erhalten

$$\lg 10^3 < \lg 2^{10} \quad \text{oder} \quad 3 < 10 \lg 2$$

und daher

$$\frac{3}{10} < \lg 2.$$

Kombinieren wir diese Ungleichung mit der Ungleichung $\lg 2 < \lg e$, so ergibt sich

$$\frac{3}{10} < \lg e \qquad \text{und schließlich}$$

$$\frac{3}{10} < \lg e < \frac{1}{2}.$$

Eine etwas anspruchsvollere Methode liefert:

$$\lg e \approx 0{,}434. \quad \bullet$$

Im letzten Beispiel verwenden wir Logarithmen zur Lösung von Gleichungen, deren Unbekannte im Exponenten auftritt.

Beispiel 6: Man bestimme x mit

$$5 \cdot 3^x = 2.$$

Lösung: Zuerst bilde man auf beiden Seiten den Logarithmus mit der Basis 10:

$\lg(5 \cdot 3^x) = \lg 2$	
$\lg 5 + \lg 3^x = \lg 2$	Logarithmus eines Produkts
$\lg 5 + x \lg 3 = \lg 2$	Logarithmus einer Exponentialfunktion

Dann löst man die letzte Gleichung nach x auf:

$$x = \frac{\lg 2 - \lg 5}{\lg 3} \approx \frac{0{,}3010 - 0{,}6990}{0{,}4771}$$

wobei wir eine Tabelle oder einen Taschenrechner verwendet haben. Es folgt $x \approx -0{,}8342$. •

Übungen:

1. Man übersetze die folgenden Gleichungen in die logarithmische Sprache.
   (*a*) $2^5 = 32$, (*b*) $3^4 = 81$,
   (*c*) $10^{-3} = 0{,}001$, (*d*) $5^0 = 1$,
   (*e*) $1000^{1/3} = 10$, (*f*) $7 = \sqrt{49}$.
2. Es sei $f(x) = \log_2 x$.
   (*a*) Man berechne $f(x)$ für $x = \frac{1}{8}, \frac{1}{4}, \frac{1}{2}, 1, 2, 4$ und zeichne das Schaubild von f.
   (*b*) Welchen Wert hat
   $$\lim_{x \to 0^+} f(x)? \qquad \lim_{x \to \infty} f(x)?$$
3. Man berechne:
   (*a*) $\log_2 4$ und $\log_4 2$, (*b*) $\log_2 8$ und $\log_8 2$,
   (*c*) $\log_{10} 100$ und $\log_{100} 10$.
4. Aus $\lg 2 \approx 0{,}30$ und $\lg 3 \approx 0{,}48$ schätze man die folgenden Zahlen ab
   (*a*) $\lg 4$, (*b*) $\lg 5$, *Hinweis:* $5 = \dfrac{10}{2}$
   (*c*) $\lg 6$, (*d*) $\lg 8$,
   (*e*) $\lg 9$, (*f*) $\lg 1{,}5$ *Hinweis:* $1{,}5 = \dfrac{3}{2}$
   (*g*) $\lg 1{,}2$, (*h*) $\lg 1{,}33$,
   (*i*) $\lg 20$, (*j*) $\lg 200$,
   (*k*) $\lg 0{,}006$.
5. Man übersetze diese Gleichungen in die Sprache der Exponentialfunktion
   (*a*) $\log_2 7 = x$, (*b*) $\log_5 2 = s$,
   (*c*) $\log_3 \frac{1}{3} = -1$, (*d*) $\log_7 49 = 2$.
6. Man berechne
   (*a*) $\log_4 2$, (*b*) $\log_5 25$,
   (*c*) $\log_5 \frac{1}{25}$, (*d*) $\log_7 7$,
   (*e*) $\log_2 4$.
7. Man berechne
   (*a*) $\log_5 0{,}2$, (*b*) $\log_3 (3\sqrt{3})$,
   (*c*) $\log_6 1$.
8. Man berechne
   (*a*) $2^{\log_2 8}$, (*b*) $2^{\log_2 16}$,
   (*c*) $10^{\lg 100}$, (*d*) $3^{\log_3 7}$.
9. Man berechne
   (*a*) $\log_3 (\sqrt{3}\sqrt[3]{9})$, (*b*) $\log_3 (1/\sqrt{3})$,
   (*c*) $\log_3 (\sqrt[3]{3}/\sqrt{3})$.
10. Aus $\log_4 A = 2{,}1$ bestimme man
    (*a*) $\log_4 A^2$, (*b*) $\log_4 64 A$,
    (*c*) $\log_4 16/A$, (*c*) $\log_2 A$.
11. Man bestimme x aus $2 \cdot 3^x = 7$.
12. Man bestimme x aus $3 \cdot 5^x = 6^x$.
13. Eine Tabelle von gewöhnlichen Logarithmen soll zur Berechnung von Logarithmen mit anderen Basen verwendet werden. So kann man etwa den $\log_3 2$ folgendermaßen finden. Sei $x = \log_3 2$.

(*a*) Warum ist $3^x = 2$?
(*b*) Man zeige, daß $x \lg 3 = \lg 2$ ist.
(*c*) Man bestimme aus (*b*) und einer Tabelle von gewöhnlichen Logarithmen nun $x = \log_3 2$.

■

14. (Siehe Übung 2.)
(*a*) Man zeichne das Schaubild von $g(x) = \log_4 x$.
(*b*) Für ein gegebenes x zeige man $\log_4 x = (\frac{1}{2}) \log_2 x$.
(*c*) Was sagt (*b*) über die Schaubilder der Übungen 2(*a*) und 14(*a*)?

15. (*a*) Man verwende eine Tabelle von $\lg x$ oder einen Taschenrechner und ergänze die folgende Tabelle

x	0,01	0,1	1	2	3	4	10	100
$\lg x$								
$\frac{\lg x}{x}$								

(*b*) Mit Hilfe von (*a*) zeichne man das Schaubild von $y = (\lg x)/x$.
(*c*) Für welchen Wert von x ist $(\lg x)/x$ vermutlich am größten?

16. Man zeige (*a*) $8^x = 2^{3x}$ und (*b*) $10^x = 2^{x \log_2 10}$.
Wie (*a*) und (*b*) zeigen, kann eine Exponentialfunktion mit einer gegebenen Basis durch eine Exponentialfunktion mit einer anderen Basis dargestellt werden.

17. Man zeige

$$\log_b x = \frac{\lg x}{\lg b}.$$

Hinweis: Man bilde lg von beiden Seiten der Gleichung $b^{\log_b x} = x$. Dies ist das allgemeine Verfahren, um von lg zum $\log_b$ zu kommen.

18. (*a*) Für $b^3 = c$ können wir schreiben 3 = ________ .
(*b*) Für $b^3 = c$ können wir schreiben b = ________ .

19. Aus $b^{-x} = 1/b^x$ beweise man $\log_b (1/c) = -\log_b c$.

20. Aus $b^{x-y} = b^x/b^y$ beweise man

$$\log_b (c/d) = \log_b c - \log_b d.$$

21. Man beweise für $a, b > 0$, daß

$$\log_b a \cdot \log_a b = 1.$$

22. Aus $(b^x)^y = b^{xy}$ beweise man $\log_b c^m = m \log_b c$.

23. Seien a und b feste positive Zahlen.
(*a*) Man beweise, daß

$$\frac{\log_b x}{\log_a x}$$

von x unabhängig ist. Also ist die Funktion

$$f(x) = \frac{\log_b x}{\log_a x} \quad \text{eine Konstante.}$$

(*b*) Was impliziert (*a*) über die Beziehung zwischen den Schaubildern von $y = \log_b x$ und $y = \log_a x$?

24. Seien A und k Konstante.
(*a*) Man bestimme die Konstanten B und m, so daß für alle x gilt: $A(2^{kx}) = B(3^{mx})$.
(*b*) Man stelle B und m durch A und k dar.

25. Sei $y = A \cdot 10^{kx}$.
(*a*) Das Schaubild von $z = \lg y$, (z als Funktion von x) ist eine gerade Linie. Man zeige dies!
(*b*) Wie groß ist der Anstieg der Geraden in (*a*)?

26. Der Geräuschpegel von Schall mit dem Druck p wird nach der Formel

$$D = k \log \frac{p}{p_0}$$

in Dezibel gemessen, wobei k und p_0 Konstanten sind und log den Logarithmus bezüglich einer bestimmten Basis bezeichnet. Die Größe D wird in Erinnerung an Alexander Graham Bell mit Dezi-bel bezeichnet. Der Lärm in einer Untergrundbahn erreicht etwa 95 Dezibel, gewöhnlicher Gesprächston im Abstand von 3 Metern 60 Dezibel und der Lärm in einer durchschnittlichen Wohnung 30 Dezibel.
(*a*) Wird durch eine bestimmte Schallbarriere wie etwa ein Fenster oder eine Mauer der Schalldruck p auf die Hälfte reduziert, so sinkt der Dezibel-Wert eines jeden Geräusches um einen fixen Betrag. Man beweise dies! (Eine Tür etwa vermindert D um 15 Dezibel und ein 1 cm dickes Glasfenster um 30 Dezibel.)
(*b*) Man berechne den Schalldruck p aus dem Geräuschpegel D.

27. Man beweise, daß die Zahl $\log_2 3$ nicht rational ist.

Für die folgenden zwei Beispiele ist ein Taschenrechner erforderlich.

28. Wie verhält sich $y = [(2^x + 5^x)/2]^{1/x}$ für $x \to 0$? Anstelle dies direkt zu berechnen, untersucht man besser

$$\lg y = \frac{1}{x} \lg \left(\frac{2^x + 5^x}{2}\right).$$

Kann man den Wert von $\lim_{x \to 0} \lg y$ erraten? $\lim_{x \to 0} y$?

29. (Siehe Übung 17.) Man verwende das Logarithmusprogramm des Taschenrechners zur Berechnung von $\log_3 5$.

5.4 Die Ableitung der Logarithmusfunktion

In diesem Abschnitt berechnen wir die Ableitung der Logarithmusfunktion $\log_b x$. Wir werden dabei sehen, daß für die Infinitesimalrechnung die Zahl e die günstigste Basis für Logarithmen ist.

Aus dem Schaubild der Funktion $y = \lg x$ (Abschnitt 5.3) entnehmen wir, daß $d(\lg x)/dx$ für große x fast Null sein muß, da die Kurve weiter rechts sich immer mehr einer Horizontalen nähert. Für sehr kleine x ist die Kurve hingegen sehr steil; die Ableitung wird daher sehr groß sein.

Für jedes x aus dem Definitionsbereich der Funktion $\lg x$ ist die Ableitung positiv, da die Tangenten alle nach rechts ansteigen. Die Ableitung der Funktion $\lg x$ (Theorem 1) wird mit diesen Beobachtungen verglichen.

Im Beweis von Theorem 1 verwenden wir zwei Annahmen, die erst durch weitergehende Überlegungen gerechtfertigt werden können: Die Funktion $\lg x$ ist stetig und für alle positiven x definiert. Die in den Abschnitten 4.2 und 4.4 definierte Zahl e wird ebenfalls benötigt. Die näherungsweise Darstellung von e durch (1 + eine kleine Zahl $s)^{1/s}$ wird sich als nützlich erweisen.

Theorem 1: Die Ableitung der Funktion $\lg x$ ist für alle positiven Zahlen x durch

$$\frac{\lg e}{x}$$

gegeben. $\left[\text{Die Zahl e ist definiert als } \lim_{n\to\infty}\left(1+\frac{1}{n}\right)^n.\right]$

Beweis: Die Funktion, deren Ableitung wir suchen, ordnet jeder Zahl x den Wert $\lg x$ zu. Wir müssen daher den folgenden Grenzwert bestimmen:

$$\lim_{h\to 0}\frac{\lg(x+h)-\lg x}{h}$$

Dabei wird x festgehalten, während $h \to 0$ strebt.

Für $h \to 0$ strebt der Zähler $\lg(x+h) - \lg x$ nach Null, da die logarithmische Funktion stetig ist. Also gehen für $h \to 0$ sowohl Zähler als auch Nenner nach Null. Da der Ausdruck 0/0 nicht definiert ist, scheint der Grenzwert des Quotienten zunächst unbestimmt. Glücklicherweise gestatten uns jedoch die Eigenschaften der Logarithmen, den Quotienten umzuformen und seinen Grenzwert in der neuen Form zu berechnen.

Aus der Identität

$$\log_b c - \log_b d = \log_b \frac{c}{d}$$

ergibt sich für diesen Quotienten vorerst

$$\frac{\lg[(x+h)/x]}{h}.$$

Nun gilt $\dfrac{x+h}{x} = 1 + \dfrac{h}{x}$

und daher folgt

$$\frac{\lg[(x+h)/x]}{h} = \frac{\lg[1+h/x]}{h}.$$

Wie verhält sich nun der Quotient $\dfrac{\lg[1+h/x]}{h}$ für $h \to 0$? Der Zähler strebt gegen $\lg 1 = 0$ und der Nenner geht ebenfalls nach Null. Der Grenzwert dieses Quotienten ist noch immer nicht direkt abzulesen, da der Ausdruck 0/0 nach wie vor unbestimmt ist.

Nun ist allerdings h/x für kleine h ebenfalls klein und

$$\left(1+\frac{h}{x}\right)^{x/h}$$

ist für kleine h ungefähr gleich e. Wir erhalten

$$\lim_{h\to 0}\left(1+\frac{h}{x}\right)^{x/h} = e.$$

Dies führt uns zu folgenden Schritten:

$$\frac{\lg(1+h/x)}{h} = \frac{1}{h}\lg\left(1+\frac{h}{x}\right)$$

$$= \lg\left(1+\frac{h}{x}\right)^{1/h} \qquad \log_b c^m = m \log_b c$$

$$= \lg\left(1+\frac{h}{x}\right)^{(x/h)(1/x)}$$

$$= \lg\left[\left(1+\frac{h}{x}\right)^{x/h}\right]^{1/x} \qquad (b^x)^y = b^{xy}$$

$$= \frac{1}{x}\lg\left(1+\frac{h}{x}\right)^{x/h} \qquad \log_b c^m = m \log_b c$$

Nach diesen Umformungen kann der Grenzwert nun leicht berechnet werden. Aus der Stetigkeit der Logarithmusfunktion folgt für festes x

$$\lim_{h\to 0}\frac{1}{x}\lg\left(1+\frac{h}{x}\right)^{x/h} = \frac{1}{x}\lg\left[\lim_{h\to 0}\left(1+\frac{h}{x}\right)^{x/h}\right]$$

$$= \frac{1}{x}\lg e.$$

Daher besitzt $\lg x$ eine Ableitung und sie ist gleich

$$\frac{1}{x}\lg e.$$

Damit ist der Beweis abgeschlossen. ●

Stimmt dieses Resultat mit den Beobachtungen über das Schaubild von $y = \lg x$ überein, die wir an den Anfang dieses Abschnittes gestellt haben? Wie in Beispiel 5 von Abschnitt 5.3 gezeigt wurde, gilt $\lg e \approx 0{,}434$ und es folgt

$$\frac{d(\lg x)}{dx} \approx \frac{0{,}434}{x} .$$

Mit positivem x ist auch $0{,}434/x$ erwartungsgemäß positiv. Desgleichen ist $0{,}434/x$ für große x klein; liegt x in der Nähe von Null, so wird $0{,}434/x$ groß. Alle diese Ergebnisse stimmen mit unseren früheren Aussagen über $d(\lg x)/dx$ überein.

Die Herleitung von $(\lg x)'$ läßt sich für jede beliebige Basis b auf $\log_b x$ verallgemeinern. So kommen wir zu Theorem 2.

Theorem 2: Die Ableitung der Funktion $\log_b x$ ist durch

$$\frac{\log_b e}{x}$$

gegeben.

Welche ist nun die für die Anwendungen zweckmäßigste Basis? Oder für welche Basis b nimmt, genauer gesagt, die Formel

$$\frac{\log_b e}{x}$$

die einfachste Gestalt an? Sicherlich nicht für $b = 10$. Die günstigste Wahl für b ergibt sich im Falle

$$\log_b e = 1.$$

Dies aber ist gleichbedeutend mit $b^1 = e$, also b ist gleich e. Die günstigste Basis ist daher e. Die Ableitung der Funktion $\log_e$ lautet einfach

$$\frac{d(\log_e x)}{dx} = \frac{\log_e e}{x} = \frac{1}{x},$$

und wir müssen uns keine weitere Konstante, wie etwa 0,434, einprägen.

Der natürliche Logarithmus. Aufgrund dieser Überlegungen wird die Zahl e in der Infinitesimalrechnung als Basis für Logarithmen bevorzugt. Wir schreiben in Zukunft für $\log_e x$ kurz $\ln x$ und sagen *natürlicher Logarithmus von x*. (Nur für arithmetische Verwendungen, wie etwa Multiplikation mit Hilfe von Logarithmen, ist die Basis 10 vorzuziehen.) Viele mathematische Tabellenwerke enthalten Tabellen von $\lg x$ (gewöhnlicher Logarithmus) und $\ln x$ (natürlicher Logarithmus). Ein kurzer Vergleich der beiden Tabellen ist lehrreich.

Die wesentlichen Ergebnisse dieses Abschnittes sind in einer einfachen Gleichung zusammenzufassen:

$$\frac{d(\ln x)}{dx} = \frac{1}{x} \qquad x > 0.$$

Oder in Worten: Die Ableitung der natürlichen Logarithmusfunktion $\ln x$ ist die „Kehrwert"-Funktion $1/x$. Die Bedeutung dieser Tatsache wird im folgenden Beispiel veranschaulicht.

Beispiel: Welche Funktion hat die Ableitung (*a*) $1/x^2$ bzw. (*b*) $1/x$.

Lösung:

(*a*) In der Ableitung von $1/x$ erscheint $1/x^2$, d.h. genauer

$$D\left(\frac{1}{x}\right) = -\frac{1}{x^2} .$$

Daher gilt

$$D\left(-\frac{1}{x}\right) = \frac{1}{x^2} .$$

(*b*) Die Ableitung von $\ln x$ ist $1/x$. Die Gegenüberstellung von (*a*) und (*b*) erklärt auch eine der Anwendungen von $\ln x$, die wir in späteren Kapiteln kennenlernen werden. ●

Übungen:

1. Wie lautet die Ableitung von
   (*a*) $\lg x$? (*b*) $\log_2 x$?
   (*c*) $\log_5 x$? (*d*) $\log_e x$?
   (*e*) $\ln x$?
2. Man berechne $(\lg x)'$ für
   (*a*) $x = 2$, (*b*) $x = 3$,
   (*c*) $x = \frac{1}{2}$.
3. Man berechne $(\ln x)'$ für
   (*a*) $x = 2$, (*b*) $x = 3$,
   (*c*) $x = \frac{1}{2}$.
4. Aus den Näherungswerten $\ln 2 \approx 0{,}69$ und $\ln 3 \approx 1{,}10$ schätze man
   (*a*) $\ln \frac{1}{2}$, (*b*) $\ln 6$,
   (*c*) $\ln 12$, (*d*) $\ln \frac{2}{3}$,
   (*e*) $\ln 1{,}5$ (*f*) $\ln 2^7$,
   (*g*) $\ln \frac{1}{9}$.
5. (*a*) Man zeichne das Schaubild $y = \ln x$. (Tabelle der natürlichen Logarithmen.)
   (*b*) Unter welchem Winkel schneidet das Schaubild die x-Achse?

6. Man gebe eine Funktion an mit der Ableitung
   (*a*) $4x^3$, (*b*) $4x^2$, (*c*) $4x$, (*d*) $4/x$, (*e*) $4/x^2$.
7. Eine Linse projiziert für $x > 0$ ein Bild von $\ln x$ auf einen Schirm.
   (*a*) Wie groß ist ihre Vergrößerung bei $x = 2$?
   (*b*) Wie lang ist ungefähr die Abbildung des Intervalls $[2; 2{,}08]$?
8. (*a*) Mit Hilfe eines Lineals bestimme man den Anstieg des Schaubildes von $y = \lg x$ im Punkt $(1; 0)$. (Das Schaubild ist im vorangehenden Abschnitt gezeigt.)
   (*b*) Was ergibt der Vergleich dieses Wertes mit der Formel
   $$\frac{d(\lg x)}{dx} \approx \frac{0{,}434}{x}.$$
9. Aus einer Tabelle der gewöhnlichen Logarithmen können die natürlichen Logarithmen wie folgt berechnet werden:
   (*a*) Man bilde den natürlichen Logarithmus von beiden Seiten der Gleichung
   $$10^{\lg x} = x$$
   und zeige, daß
   $$\ln x = (\ln 10) \lg x.$$
   (*b*) Aus $\ln 10 \approx 2{,}3$ und der Formel (*a*) schätze man $\ln 2$, $\ln 3$, $\ln 7$.
10. In Übung 21 des vorhergehenden Abschnittes wurde gezeigt
    $$\log_a b \cdot \log_b a = 1.$$
    Mit Hilfe dieses Resultats sowie des Theorems 2 zeigt man:
    $$\frac{d(\log_b x)}{dx} = \frac{1}{(\log_e b)\, x}$$

■

11. Ein Teilchen bewege sich entlang der x-Achse. Seine Koordinate zur Zeit $t > 0$ sei $x = \ln t$.
    (*a*) Man bestimme seine Geschwindigkeit für $t = 3$.
    (*b*) Man berechne aus (*a*) wie weit sich ungefähr das Teilchen im Zeitintervall $[3; 3{,}06]$ bewegt.
12. Im Intervall $[1; 2]$ gibt es eine Zahl x mit $\ln x = 1/x$. Man beweise dies!
13. Es gibt eine Zahl x, für die $\ln x$ und $\sin x$ die gleichen Ableitungen besitzen. Man zeige dies!

■■

14. Bild 5.5 zeigt die Tangente an die Kurve $y = \ln x$ in einem Punkt $(x_0; y_0)$. Der Abstand AB besitzt unabhängig von der Wahl des Punktes $(x_0; y_0)$ die Länge 1. Man beweise dies!

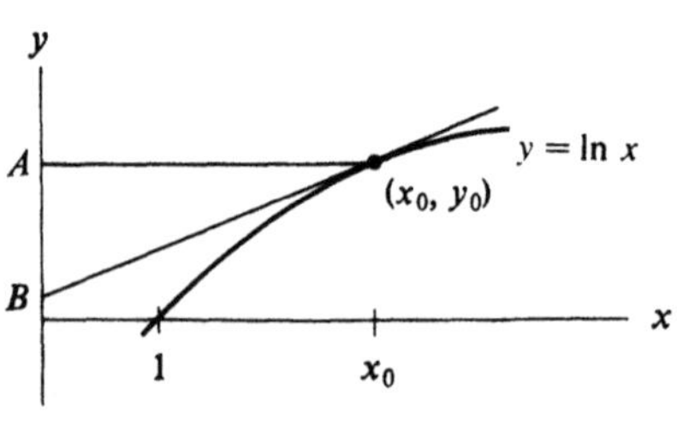

Bild 5.5

15. Die Ableitung von $x \ln x$ ist definitionsgemäß
    $$\lim_{x_1 \to x} \frac{x_1 \ln x_1 - x \ln x}{x_1 - x}.$$
    Man schreibe den Zähler in der Form $x_1 \ln x_1 - x_1 \ln x + x_1 \ln x - x \ln x$ und beweise
    $$D(x \ln x) = 1 + \ln x.$$

Die Überlegungen der folgenden Übung werden im nächsten Abschnitt ausführlicher untersucht.

16. Siehe Übung 15.
    (*a*) Man beweise
    $$D\left(\frac{\ln x}{x}\right) = \frac{1 - \ln x}{x^2}.$$
    (*b*) Man zeichne das Schaubild von $y = (\ln x)/x$.
    (*c*) Wo ist der Anstieg der Kurve (*b*) positiv? negativ? gleich Null?
    (*d*) Für welche Wahl von x ergibt sich der größte Wert von $(\ln x)/x$?

5.5 Die Ableitung der Summe, der Differenz und des Produkts von Funktionen

Mit Hilfe algebraischer, trigonometrischer und logarithmischer Identitäten wurden folgende Ableitungen berechnet:

$$\frac{d(x^2)}{dx} = 2x, \qquad \frac{d(x^3)}{dx} = 3x^2,$$

$$\frac{d(\sin x)}{dx} = \cos x \quad \text{und} \quad \frac{d(\ln x)}{dx} = \frac{1}{x}.$$

Müssen wir zur Bestimmung der Ableitung von

$$x^2 \cos x + x^3 \ln x$$

nun auf die Definition der Ableitung zurückgehen und den Grenzwert eines Quotienten studieren? Die Antwort darauf ist „nein", und die Theoreme dieses Abschnittes geben uns Regeln zur Berechnung solcher Ableitungen.

Bis jetzt wurden zwei Schreibweisen für die Definition der Ableitung verwendet:

$$\lim_{x_1 \to x} \frac{f(x_1) - f(x)}{x_1 - x} \quad \text{und} \quad \lim_{h \to 0} \frac{f(x+h) - f(x)}{h}.$$

Wir führen nun eine dritte Bezeichnungsweise ein, die sehr einfach ist und sich zur allgemeinen Behandlung von Ableitungen nützlich erweist.

Die Deltabezeichnung. Der Zähler

$$f(x+h)-f(x)$$

gibt die *Veränderung der Funktion* an. Wir bezeichnen ihn nun mit

$$\Delta f$$

gelesen als „Delta f". Der Nenner h beschreibt den *Zuwachs der unabhängigen Variablen* x. Wir schreiben

$$\Delta x.$$

Die beiden Größen Δx und Δf können positiv oder negativ sein; Δf kann auch Null sein, Δx darf jedoch genau so wie h nicht Null sein. Die Ableitung von f an der Stelle x ist in der neuen Bezeichnung durch

$$\lim_{\Delta x \to 0} \frac{\Delta f}{\Delta x}$$

gegeben.

Aus der Definition von Δf und Δx folgt

$$\Delta f = f(x+\Delta x) - f(x)$$

und

$$f(x+\Delta x) = f(x) + \Delta f.$$

Am Schaubild der Funktion f kann mit Hilfe der Abschnitte Δx und Δf der Anstieg abgeschätzt werden (Bild 5.6). Ist f stetig in x, so gilt $\lim_{\Delta x \to 0} \Delta f = 0$. In den folgenden Beweisen ist es einfacher, mit Δf anstelle des längeren Ausdrucks $f(x+\Delta x) - f(x)$ zu arbeiten.

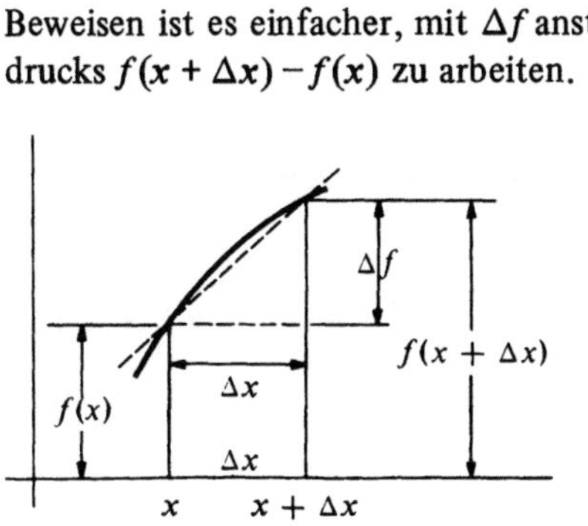

Bild 5.6

Ehe wir uns den Theoremen zuwenden, müssen wir noch eine weitere Vorfrage klären. Aus zwei Funktionen f und g können wir auf folgende Weise eine neue Funktion $u = f + g$ konstruieren (Bild 5.7): Für jede Zahl x, die im Definitionsbereich von f und g liegt, setzen wir $u(x) = f(x) + g(x)$. Das Schaubild von $f+g$ ergibt sich aus den Schaubildern von f und g einfach durch Addition der y-Werte an der Stelle x. So kann die Funktion, die der Zahl x den Wert $x^2 + \cos x$ zuordnet, als Summe der Quadratfunktion und der Kosinusfunktion aufgefaßt werden. In ähnlicher Weise kann man $f - g$, fg (das Produkt von zwei Funktionen) und für $g(x) \neq 0$ schließlich f/g (den Quotienten) definieren.

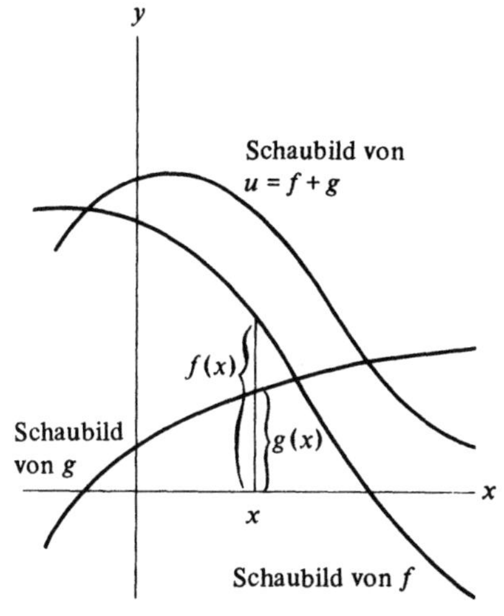

Bild 5.7

Die Funktion $x^2 \cos x$ ist das Produkt der Quadratfunktion und der Kosinusfunktion. Die in der Einleitung erwähnte Funktion

$$x^2 \cos x + x^3 \ln x$$

wird aus den einfachen Funktionen x^2, x^3, $\cos x$ und $\ln x$ durch Bildung von Summen und Produkten aufgebaut.

Die drei Theoreme dieses Abschnitts werden bei der Berechnung fast jeder Ableitung verwendet.

Theorem 1: Ist c eine Konstante und f differenzierbar, dann ist auch cf differenzierbar und es gilt

$$\frac{d(cf)}{dx} = c\,\frac{df}{dx}.$$

Beweis: Wir geben der Funktion cf den Namen u. Dann gilt

$$u(x+\Delta x) = cf(x+\Delta x)$$

und

$$u(x) = cf(x).$$

Daher folgt

$$\begin{aligned}\Delta u = u(x+\Delta x) - u(x) &= cf(x+\Delta x) - cf(x)\\ &= c\,[f(x+\Delta x) - f(x)]\\ &= c \cdot \Delta f.\end{aligned}$$

Außerdem gilt

$$\begin{aligned}\frac{du}{dx} &= \lim_{\Delta x\to 0}\frac{\Delta u}{\Delta x}\\ &= \lim_{\Delta x\to 0}\frac{c\cdot\Delta f}{\Delta x}\\ &= \lim_{\Delta x\to 0} c\frac{\Delta f}{\Delta x}\\ &= c\lim_{\Delta x\to 0}\frac{\Delta f}{\Delta x}.\end{aligned}$$

Schließlich ergibt sich

$$\frac{d(cf)}{dx} = c\frac{df}{dx},$$

was zu beweisen war. ●

Beispiel 1: Man verwende Theorem 1 zur Berechnung von

$$\frac{d(5x^3)}{dx}, \qquad D(6\ln x),$$
$$(\sqrt{2}\sin x)', \qquad \frac{d(\frac{3}{5}\cos x)}{dx}.$$

Lösung:

$$\frac{d(5x^3)}{dx} = 5\frac{d(x^3)}{dx} = 5\cdot 3x^2 = 15x^2;$$

$$D(6\ln x) = 6D(\ln x) = 6\frac{1}{x} = \frac{6}{x};$$

$$(\sqrt{2}\sin x)' = \sqrt{2}(\sin x)' = \sqrt{2}\cos x;$$

$$\frac{d(\frac{3}{5}\cos x)}{dx} = \frac{3}{5}\frac{d(\cos x)}{dx} = \frac{3}{5}(-\sin x) = \frac{-3}{5}\sin x. \quad ●$$

Das nächste Theorem behandelt die Ableitung der Summe zweier Funktionen. Man findet

$$\frac{d(f+g)}{dx} = \frac{df}{dx} + \frac{dg}{dx}$$

oder in Worten: „Die Ableitung einer Summe ist die Summe der Ableitungen". Wir formulieren kurz:

Theorem 2: Seien f und g zwei differenzierbare Funktionen, dann ist auch $f+g$ differenzierbar. Die Ableitung ist gegeben durch

$$(f+g)' = f' + g'$$

und ebenso gilt

$$(f-g)' = f' - g'.$$

Beweis: Wir bezeichnen die Funktion $f+g$ mit u oder

$$u(x) = f(x) + g(x).$$

Dann gilt

$$u(x+\Delta x) = f(x+\Delta x) + g(x+\Delta x)$$

und

$$\begin{aligned}\Delta u &= u(x+\Delta x) - u(x)\\ &= [f(x+\Delta x) + g(x+\Delta x)] - [f(x) + g(x)]\\ &= [f(x+\Delta x) - f(x)] + [g(x+\Delta x) - g(x)]\\ &= \Delta f + \Delta g.\end{aligned}$$

Es folgt

$$\begin{aligned}u'(x) &= \lim_{\Delta x\to 0}\frac{\Delta u}{\Delta x}\\ &= \lim_{\Delta x\to 0}\frac{\Delta f + \Delta g}{\Delta x}\\ &= \lim_{\Delta x\to 0}\left(\frac{\Delta f}{\Delta x} + \frac{\Delta g}{\Delta x}\right)\\ &= \lim_{\Delta x\to 0}\frac{\Delta f}{\Delta x} + \lim_{\Delta x\to 0}\frac{\Delta g}{\Delta x}\\ &= f'(x) + g'(x).\end{aligned}$$

Daher ist $f+g$ differenzierbar und wir erhalten als Ableitung

$$(f+g)' = f' + g'.$$

Ein ähnliches Argument gilt für $f-g$. ●

Beispiel 2: Mit Hilfe von Theorem 2 berechne man folgende Ableitungen:

$$\frac{d(x^2+x^3)}{dx}, \qquad D(\ln x - x^5) \quad \text{und} \quad (\lg x + \cos x)'.$$

Lösung:

$$\frac{d(x^2+x^3)}{dx} = \frac{d(x^2)}{dx} + \frac{d(x^3)}{dx} = 2x + 3x^2,$$

$$D(\ln x - x^5) = D(\ln x) - D(x^5) = \frac{1}{x} - 5x^4,$$

$$\begin{aligned}(\lg x + \cos x)' &= (\lg x)' + (\cos x)'\\ &= \frac{\lg e}{x} + \sin x. \quad ●\end{aligned}$$

Die Theoreme 1 und 2 rechtfertigen unser früheres Verfahren (Abschnitt 3.2) zur Berechnung der Ableitung eines Polynoms. Das nächste Beispiel macht dies deutlich.

Beispiel 3: Mit Hilfe der Theoreme 1 und 2 differenziere man $2x^4 - 6x^2 + x$.

Lösung:

$$\begin{aligned}\frac{d(2x^4 - 6x^2 + x)}{dx} &= \frac{d(2x^4 - 6x^2)}{dx} + \frac{d(x)}{dx}\\ &= \left[\frac{d(2x^4)}{dx} - \frac{d(6x^2)}{dx}\right] + \frac{d(x)}{dx}\\ &= (8x^3 - 12x) + 1\\ &= 8x^3 - 12x + 1. \bullet\end{aligned}$$

Das folgende Theorem bezieht sich auf die Ableitung eines Produkts von zwei Funktionen und mag auf den ersten Blick überraschend erscheinen, da sich für die Ableitung des Produkts nicht das Produkt der Ableitungen ergibt. Der entstehende Ausdruck ist viel komplizierter als jener für die Ableitung einer Summe. Daher ist seine Anwendung auch schwieriger. (Das Theorem lautet in Worten: Die Ableitung eines Produkts ist gegeben durch „die erste Funktion mal der Ableitung der zweiten plus der zweiten Funktion mal der Ableitung der ersten".)

Theorem 3: Seien f und g differenzierbare Funktionen. Dann ist auch fg differenzierbar. Die Ableitung ist gegeben durch

$$(fg)' = fg' + gf'.$$

Da diese Gleichung etwas komplizierter ist, wollen wir dem Beweis einige Beispiele vorausschicken.

Beispiel 4: Mit Hilfe von Theorem 3 differenziere man $x^2 \sin x$.

Lösung:

$$\begin{aligned}(x^2 \sin x)' &= x^2 (\sin x)' + \sin x\,(x^2)'\\ &= x^2 \cos x + (\sin x)(2x).\end{aligned}$$

Dies wird üblicherweise umgeformt in

$$x^2 \cos x + 2x \sin x. \bullet$$

Beispiel 5: Mit Hilfe von Theorem 3 berechne man die Ableitung von $x^3 \cdot x^5$.

Lösung:

$$\begin{aligned}\frac{d(x^3 \cdot x^5)}{dx} &= x^3 \frac{d(x^5)}{dx} + x^5 \frac{d(x^3)}{dx}\\ &= x^3 \cdot 5x^4 + x^5 \cdot 3x^2\\ &= 5x^7 + 3x^7\\ &= 8x^7.\end{aligned}$$

Dies stimmt mit dem Resultat von Kap. 3, $(x^8)' = 8x^7$, überein. •

Beweis von Theorem 3: Wir bezeichnen die Funktion fg einfach mit u oder

$$u(x) = f(x)\,g(x).$$

Dann gilt

$$u(x + \Delta x) = f(x + \Delta x)\,g(x + \Delta x).$$

Anstelle direkt zu subtrahieren, schreiben wir zunächst

$$f(x + \Delta x) = f(x) + \Delta f$$

und

$$g(x + \Delta x) = g(x) + \Delta g.$$

Es folgt

$$\begin{aligned}u(x + \Delta x) &= [f(x) + \Delta f]\,[g(x) + \Delta g]\\ &= f(x)\,g(x) + f(x)\,\Delta g + g(x)\,\Delta f + \Delta f\,\Delta g.\end{aligned}$$

Wir erhalten

$$\begin{aligned}\Delta u &= u(x + \Delta x) - u(x)\\ &= f(x)g(x) + f(x)\Delta g + g(x)\Delta f + \Delta f \Delta g - f(x)g(x)\\ &= f(x)\,\Delta g + g(x)\,\Delta f + \Delta f\,\Delta g\end{aligned}$$

und

$$\frac{\Delta u}{\Delta x} = f(x)\,\frac{\Delta g}{\Delta x} + g(x)\,\frac{\Delta f}{\Delta x} + \Delta f\,\frac{\Delta g}{\Delta x}.$$

Für $\Delta x \to 0$ gilt $\Delta g/\Delta x \to g'(x)$, $\Delta f/\Delta x \to f'(x)$. Da f differenzierbar und somit auch stetig ist, folgt $\Delta f \to 0$. Wir erhalten

$$\lim_{\Delta x \to 0} \frac{\Delta u}{\Delta x} = f(x)g'(x) + g(x)f'(x) + 0g'(x).$$

Daher ist u differenzierbar nach der Formel

$$u' = fg' + gf'. \bullet$$

Wir untersuchen am nächsten Beispiel, wie man mit Hilfe dieser Theoreme Ableitungen berechnen kann, ohne auf Grenzwerte zurückgreifen zu müssen.

Beispiel 6: Man differenziere $x^2 \cos x + x^3 \ln x$.

Lösung:

$$\frac{d(x^2 \cos x + x^3 \ln x)}{dx} = \frac{d(x^2 \cos x)}{dx} + \frac{d(x^3 \ln x)}{dx}$$

$$= \left[x^2 \frac{d(\cos x)}{dx} + \cos x \frac{d(x^2)}{dx}\right] + \left[x^3 \frac{d(\ln x)}{dx} + \ln x \frac{d(x^3)}{dx}\right]$$

$$= x^2(-\sin x) + (\cos x)(2x) + x^3 \frac{1}{x} + (\ln x)(3x^2).$$

Dies wird üblicherweise ohne Klammern angeschrieben:

$$-x^2 \sin x + 2x \cos x + x^2 + 3x^2 \ln x. \bullet$$

Manchmal ist der Ausdruck für die Ableitung einfacher als die Funktion selbst, wie das nächste Beispiel zeigt.

Beispiel 7: Man differenziere $\cos x \sin x - x$.

Lösung:

$$\frac{d(\cos x \sin x - x)}{dx} = \frac{d(\cos x \sin x)}{dx} - \frac{d(x)}{dx}$$

$$= \cos x \frac{d(\sin x)}{dx} + \sin x \frac{d(\cos x)}{dx} - 1$$

$$= \cos x \cos x + \sin x(-\sin x) - 1$$

$$= \cos^2 x - \sin^2 x - 1$$

$$= (1 - \sin^2 x) - \sin^2 x - 1$$

$$= -2\sin^2 x. \bullet$$

Im nächsten Beispiel wird die Ableitung eines Produkts von drei Funktionen berechnet.

Beispiel 8: Man differenziere $(x^2 + 1)(\sin x)(\ln x)$.

Lösung:

$$D[(x^2+1)\sin x \ln x]$$

$$= (x^2+1)D(\sin x \ln x) + (\sin x \ln x)D(x^2+1)$$

$$= (x^2+1)[\sin x D(\ln x) + \ln x D(\sin x)] +$$

$$+ \sin x \ln x(2x)$$

$$= (x^2+1)\left[\sin x \cdot \frac{1}{x} + \ln x \cos x\right] + 2x \sin x \ln x. \bullet$$

Wie in Übung 29 gezeigt wird, ergibt sich allgemein für drei Funktionen f, g und h

$$(fgh)' = f'gh + fg'h + fgh'.$$

Übungen:

In den Übungen 1 bis 27 sind die gegebenen Funktionen mit Hilfe der hergeleiteten Theoreme zu differenzieren:

1. $\cos x + \sin x$
2. $2x^3 - 3\cos x$
3. $8\sqrt{x}$
4. $x^3 + x$
5. $x^3 + 5\sin x$
6. $5x^2 + \sqrt{2}/x - 15$
7. $\pi^2 + \sin x$
8. $6x - 7\sin x$
9. $x + 1/x$
10. $5x^3 - 2x^2 + 6x + 4$
11. $x \sin x + \cos x$
12. $3\cos x + 5\sin x$
13. $4x^3 \sin x$
14. $8x^5 \ln x$
15. $3\sin x \cos x$
16. $2x\cos x + (x^2 - 2)\sin x$
17. $5\ln x - x\cos x$
18. $3x^2(1 + \sqrt{x})$
19. $(\ln x)^2$ (man schreibe $\ln x \cdot \ln x$)
20. $\sin^3 x$ (man schreibe $\sin x \cdot \sin x \cdot \sin x$)
21. $2\ln x^5$ (zuerst vereinfachen)
22. $x \ln x - x$
23. $\frac{x^2 \ln x}{2} - \frac{x^2}{4}$
24. $\frac{x^3}{3}\ln x - \frac{x^3}{9}$
25. $x(\ln x)^2 - 2x\ln x + 2x$
26. $x^5\left(\frac{\ln x}{5} - \frac{1}{25}\right)$
27. $(\ln x)^3$

■

28. Man beweise $(f - g)' = f' - g'$.

29. Mit Hilfe von Theorem 3 beweise man die Formel für die Ableitung des Produkts dreier Funktionen:

$$(fgh)' = f'gh + fg'h + fgh'.$$

30. Mit der Formel von Übung 29 differenziere man:
(*a*) $x^2 \sin x \ln x$, (*b*) $x^3 \cos x(1 + \sin x)$.

31. Man gebe ein Beispiel einer Funktion mit der Ableitung
(*a*) $x/5$, (*b*) $5/x$,
(*c*) $x - 3/x$, (*d*) $(x^2 + 2x - 1)/x$,
(*e*) $2\cos x + 3\sin x$.

■■

32. (*a*) Man zeichne das Schaubild $y = 2\cos x + 3\sin x$ für x aus $[0; \pi/2]$.
(*b*) Man schätze aus dem Schaubild die x-Koordinate des Punktes ab, wo die Tangente horizontal verläuft.
(*c*) Man zeige, daß diese x-Koordinate die Gleichung $\tan x = \frac{3}{2}$ erfüllt.
(*d*) Mit Hilfe einer Tabelle von $\tan x$ (mit Winkeln im Bogenmaß) oder eines Taschenrechners berechne man x aus (*b*).

33. (*a*) Mit Hilfe von $(x^5)' = 5x^4$ und $(x)' = 1$ sowie Theorem 3 berechne man $(x^6)'$.
(*b*) Wie kann aus Theorem 3 und der Formel $(x)' = 1$ schrittweise hergeleitet werden: $(x^2)' = 2x$, $(x^3)' = 3x^2$ und so weiter. Die gleiche Überlegung führt zu $(x^n)' = nx^{n-1}$ für positive ganze n.

5.6 Die Ableitung des Quotienten zweier Funktionen

Der Quotient f/g zweier Funktionen f und g ist die Funktion, die jedem Wert x die Zahl

$$\frac{f(x)}{g(x)}$$

zuordnet. Ist $g(x) = 0$, so ist der Quotient nicht definiert. Daher besteht der Definitionsbereich der Funktion f/g aus allen Zahlen x, für die $f(x)$ und $g(x)$ definiert sind und $g(x)$ von Null verschieden ist.

Theorem 1: Seien f und g differenzierbare Funktionen. Dann ist auch f/g differenzierbar und es gilt

$$\left(\frac{f}{g}\right)' = \frac{gf' - fg'}{g^2}\,.$$

Beweis: Bezeichnet man den Quotienten f/g mit u, so folgt

$$u(x) = \frac{f(x)}{g(x)} \qquad \text{und} \qquad u(x + \Delta x) = \frac{f(x + \Delta x)}{g(x + \Delta x)}\,.$$

(Wir betrachten nur solche Werte von x mit $g(x) \neq 0$. Da g stetig ist, gilt auch für hinreichend kleine Δx stets $g(x + \Delta x) \neq 0$.) Bevor wir Δu bestimmen, stellen wir $f(x + \Delta x)$ durch $f(x) + \Delta f$ und $g(x + \Delta x)$ durch $g(x) + \Delta g$ dar. Dann ergibt sich

$$\Delta u = \frac{f(x) + \Delta f}{g(x) + \Delta g} - \frac{f(x)}{g(x)}\,.$$

Wir bringen die rechte Seite auf einen gemeinsamen Nenner und erhalten

$$\Delta u = \frac{g(x)\,[f(x) + \Delta f] - f(x)\,[g(x) + \Delta g]}{g(x)\,[g(x) + \Delta g]}$$

$$= \frac{g(x)f(x) + g(x)\,\Delta f - f(x)g(x) - f(x)\,\Delta g}{g(x)\,[g(x) + \Delta g]}\,.$$

Die Terme $g(x)f(x)$ und $f(x)g(x)$ heben sich weg, es bleibt

$$\Delta u = \frac{g(x)\,\Delta f - f(x)\,\Delta g}{g(x)\,[g(x) + \Delta g]}\,.$$

Der Quotient $\Delta u/\Delta x$ kann nun noch umgeformt werden:

$$\frac{\Delta u}{\Delta x} = \frac{g(x)\,\Delta f/\Delta x - f(x)\,\Delta g/\Delta x}{g(x)\,[g(x) + \Delta g]}\,.$$

Aus diesem Ausdruck läßt sich $\lim\limits_{\Delta x \to 0} \Delta u/\Delta x$ direkt ermitteln. Aus

$$\lim_{\Delta x \to 0} \frac{\Delta f}{\Delta x} = f'(x)$$

$$\lim_{\Delta x \to 0} \frac{\Delta g}{\Delta x} = g'(x)$$

und

$$\lim_{\Delta x \to 0} \Delta g = 0$$

folgt

$$\lim_{\Delta x \to 0} \frac{\Delta u}{\Delta x} = \frac{g(x)f'(x) - f(x)g'(x)}{g(x)\,[g(x) + 0]}\,.$$

Daher ist u differenzierbar und es gilt schließlich

$$u' = \frac{gf' - fg'}{g^2}\,.$$

Damit ist das Theorem bewiesen. •

Beispiel 1: Man differenziere $\dfrac{1 + x^2}{5 + x^3}$.

Lösung: Aus

$$\left(\frac{1 + x^2}{5 + x^3}\right)' = \frac{(5 + x^3)(1 + x^2)' - (1 + x^2)(5 + x^3)'}{(5 + x^3)^2}$$

$$(1 + x^2)' = (1)' + (x^2)' = 0 + 2x$$

und

$$(5 + x^3)' = 3x^2$$

ergibt sich

$$\left(\frac{1 + x^2}{5 + x^3}\right)' = \frac{(5 + x^3)(2x) - (1 + x^2)(3x^2)}{(5 + x^3)^2}$$

Dies könnte noch weiter vereinfacht werden. •

Hinweis zur Anwendung der Formel für die Ableitung eines Quotienten. Zur Anwendung der Formel für $(f/g)'$ schreibe man zuerst:

$$\frac{g \qquad\qquad\qquad\qquad}{g^2}\,.$$

Auf diese Weise erhält man den korrekten Nenner und einen ersten Bestandteil des Zählers. Dann kann der Zähler ergänzt werden, wobei das Minuszeichen zu beachten ist.

Beispiel 2: Man berechne langsam und schrittweise die Ableitung $(x/\cos x)'$.

Lösung:

Schritt 1:

$$\left(\frac{x}{\cos x}\right)' = \frac{\cos x \ldots\ldots\ldots\ldots}{\cos^2 x},$$

Schritt 2:

$$\left(\frac{x}{\cos x}\right)' = \frac{\cos x\,(x)' - x\,(\cos x)'}{\cos^2 x},$$

man beachte das Minuszeichen.

Schritt 3:

$$\left(\frac{x}{\cos x}\right)' = \frac{(\cos x)\,(1) - x\,(-\sin x)}{\cos^2 x}.$$

Schritt 4:

$$\left(\frac{x}{\cos x}\right)' = \frac{\cos x + \sin x}{\cos^2 x}. \bullet$$

Aus der Gleichung für die Ableitung eines Quotienten kann eine Vielzahl von Aussagen gewonnen werden. Dies zeigen etwa die folgenden Sätze. Das Symbol $(f/g)'$ wird häufig als Kurzschreibweise für die Ableitung von Quotienten verwendet.

Satz 1: n sei eine negative ganze Zahl, $n = -1, -2, -3, \ldots$, dann gilt

$$(x^n)' = nx^{n-1}.$$

Beweis: Es sei $n = -m$, wobei m eine positive ganze Zahl ist. Wir erhalten

$$\begin{aligned}(x^n)' &= (x^{-m})' = \left(\frac{1}{x^m}\right)' \\ &\underset{(f/g)'}{=} \frac{x^m(1)' - 1(x^m)'}{(x^m)^2} \\ &= \frac{x^m \cdot 0 - 1 \cdot mx^{m-1}}{x^{2m}} \\ &= \frac{-mx^{m-1}}{x^{2m}} = -mx^{m-1-2m} \\ &= -mx^{-m-1} = nx^{n-1}.\end{aligned}$$

Damit ist der Satz bewiesen. •

Beispiel 3: Mit Hilfe von Satz 1 differenziere man x^{-1}.

Lösung:

$$\begin{aligned}(x^{-1})' &= -1x^{-1-1} = -1 \cdot x^{-2} \\ &= \frac{-1}{x^2}.\end{aligned}$$

Berücksichtigen wir $x^{-1} = 1/x$, so stimmt dies mit der Formel aus Kap. 3 überein:

$$\left(\frac{1}{x}\right)' = \frac{-1}{x^2}. \bullet$$

Beispiel 4: Mit Hilfe von Satz 1 differenziere man $1/x^3$.

Lösung:

$$\begin{aligned}\left(\frac{1}{x^3}\right)' &= (x^{-3})' = -3x^{-4} \\ &= \frac{-3}{x^4}. \bullet\end{aligned}$$

Der folgende Satz ist als Spezialfall von Theorem 1 ebenfalls wichtig und sollte eingeprägt werden. Wir bestimmen die Ableitung des Kehrwerts einer Funktion f, $1/f$, aus f'.

Satz 2:

$$\left(\frac{1}{f}\right)' = \frac{-f'}{f^2}. \bullet$$

Der Beweis sei dem Leser überlassen.

Beispiel 5: Mit Hilfe von Satz 2 differenziere man $1/\cos x$.

Lösung:

$$\begin{aligned}\left(\frac{1}{\cos x}\right)' &= \frac{-(\cos x)'}{(\cos x)^2} = \frac{-(-\sin x)}{\cos^2 x} \\ &= \frac{\sin x}{\cos^2 x}. \bullet\end{aligned}$$

Die Funktionen

$$\frac{\sin x}{\cos x},\quad \frac{1}{\cos x},\quad \frac{\cos x}{\sin x} \quad \text{und} \quad \frac{1}{\sin x}$$

treten häufig auf und erhalten daher eigene Bezeichnungen:

$$\tan x = \frac{\sin x}{\cos x}, \qquad \cot x = \frac{\cos x}{\sin x}$$

$$\sec x = \frac{1}{\cos x}, \qquad \operatorname{cosec} = \frac{1}{\sin x}.$$

(Die Abkürzung „cot" steht kurz für Kotangens, „sec" für Sekans, „cosec" für Kosekans.) Mit Hilfe der Formel für $(f/g)'$ sind ihre Ableitungen sehr einfach zu berechnen.

Die Funktionen $\tan x$ und $\sec x$ sind durch die Gleichung verknüpft

$$1 + \tan^2 x = \sec^2 x.$$

Zum Beweis dividieren wir beide Seiten der Gleichung

$$\cos^2 x + \sin^2 x = 1$$

durch $\cos^2 x$ und erhalten

$$\frac{\cos^2 x}{\cos^2 x} + \frac{\sin^2 x}{\cos^2 x} = \frac{1}{\cos^2 x}$$

oder

$$1 + \tan^2 x = \sec^2 x.$$

Analog ergibt sich bei Division durch $\sin^2 x$ anstelle von $\cos^2 x$

$$1 + \cot^2 x = \operatorname{cosec}^2 x.$$

Satz 3:

$$(\tan x)' = \sec^2 x, \quad (\cot x)' = -\operatorname{cosec}^2 x,$$
$$(\sec x)' = \sec x \tan x \text{ und } (\operatorname{cosec} x)' = -\operatorname{cosec} x \cot x .$$

Beweis: Berechnen wir beispielsweise $(\tan x)'$ und $(\sec x)'$.

$$\begin{aligned}(\tan x)' &= \left(\frac{\sin x}{\cos x}\right)' \\ &= \frac{\cos x(\sin x)' - \sin x(\cos x)'}{\cos^2 x} \\ &= \frac{(\cos x)(\cos x) - \sin x(-\sin x)}{\cos^2 x} \\ &= \frac{\cos^2 x + \sin^2 x}{\cos^2 x} \\ &= \frac{1}{\cos^2 x} \\ &= \sec^2 x.\end{aligned}$$

Zur Berechnung von $(\sec x)'$ schreiben wir zunächst $(\sec x)' = (1/\cos x)'$. Nach Beispiel 5 ist dies gleich $\sin x/\cos^2 x$. Dieser Quotient kann folgendermaßen umgeformt werden in

$$\frac{\sin x}{\cos x} \, \frac{1}{\cos x}$$

oder $\tan x \cdot \sec x$.

Merkregel: Die Ableitung der „co"-Funktionen, Kosinus, Kotangens und Kosecans trägt ein Minuszeichen.

Beispiel 6: Man differenziere

$$5x^{-2} + \tan x + \ln x.$$

Lösung:

$$\begin{aligned}(5x^{-2} + \tan x + \ln x)' &\underset{(f+g)'}{=} (5x^{-2} + \tan x)' + (\ln x)' \\ &\underset{(f+g)'}{=} (5x^{-2})' + (\tan x)' + (\ln x)' \\ &\underset{(cf)'}{=} 5(x^{-2})' + (\tan x)' + (\ln x)' \\ &= 5(-2x^{-3}) + \sec^2 x + \frac{1}{x} \\ &= \frac{-10}{x^3} + \sec^2 x + \frac{1}{x}.\end{aligned}$$

Hier wurde die Ableitung einer Summe mehrerer Funktionen in die Summe von deren Ableitungen aufgelöst.

Übungen:

In den Übungen 1 bis 21 sind die gegebenen Funktionen mit Hilfe der Theoreme und Sätze zu differenzieren.

1. $\dfrac{2x+1}{3x+2}$
2. $\dfrac{(2x-1)^2}{x^2+1}$
3. $\dfrac{\ln x}{x^2}$
4. $\dfrac{(\ln x)^2}{x}$
5. $\dfrac{4x^3 - 6x + 1}{x^2+1}(x^5 + 2x)$
6. $5 \operatorname{cosec} x$
7. $\ln x \tan x$
8. $5 \sec x - \tan x$
9. $\dfrac{\sin x}{1 + \sec x}$
10. $(1 + \cos x)^2$
11. $\sin x \ln x \cos x$
12. $\dfrac{x}{\sin x}$
13. $\dfrac{\ln x}{x}$
14. $\dfrac{3 \cos x}{x^3}$

15. $\dfrac{1}{x^2 + 3x^5}$

16. $\dfrac{1}{x^7}$

17. $\dfrac{8}{x^8}$

18. $\dfrac{1}{2}x^{-4}$

19. $\dfrac{5 \tan x}{x^3}$

20. $x \sec x + \tan x$

21. $4 \operatorname{cosec} x + 3 \cot x$

■

22. Man differenziere

(*a*) $x^4 - \tan x$, (*b*) $x^4 + \tan x$,

(*c*) $x^4/\tan x$, (*d*) $x^4 \tan x$.

23. Man beweise Satz 2

$$\left(\frac{1}{f}\right)' = \frac{-f'}{f^2}.$$

24. Man beweise, daß $(\cot x)' = -\operatorname{cosec}^2 x$ und $(\operatorname{cosec} x)' = -\operatorname{cosec} x \cdot \cot x$.

25. (*a*) Man ergänze folgende Tabelle

x	0	$\frac{\pi}{6}$	$\frac{\pi}{4}$	$\frac{\pi}{3}$	π	$\frac{3\pi}{4}$	$\frac{7\pi}{4}$
$\sec x$							

(*b*) Welches ist der Definitionsbereich von $\sec x$?

(*c*) Man zeichne das Schaubild von $y = \sec x$.

In Übung 26 wird mit Hilfe von Grenzwerten das Schaubild einer Funktion diskutiert. In Kap. 6 werden wir dieses Verfahren ausführlich behandeln.

26. Es sei $f(x) = x + 3/x$. Wir betrachten $x > 0$.

(*a*) Man berechne $f(0{,}1)$, $f(1)$ und $f(10)$.

(*b*) Man bestimme $\lim\limits_{x \to \infty} f(x)$ und $\lim\limits_{x \to 0^+} f(x)$.

(*c*) Man berechne $f'(x)$.

(*d*) Für welche Werte von x ist $f'(x)$ positiv? negativ? Null?

(*e*) Man zeichne das Schaubild f und ermittle alle Punkte, in denen die Tangente waagerecht verläuft.

■■

27. (*a*) Man ergänze die folgende Tabelle

x	$\frac{\pi}{6}$	$\frac{\pi}{3}$	$\frac{\pi}{4}$	$\frac{\pi}{2}$	$\frac{3\pi}{4}$
$\cot x$					

(*b*) Wie verhält sich $\cot x$ für kleine x, $x > 0$?

(*c*) Wie verhält sich $\cot x$ für kleine x, $x < 0$?

28. (*a*) Mit $\lim\limits_{\theta \to 0} \sin\theta/\theta = 1$ beweise man $\lim\limits_{\theta \to 0} \tan\theta/\theta = 1$.

(*b*) Aus (*a*) und der Identität $\tan(A + B) = (\tan A + \tan B)/(1 - \tan A \tan B)$ berechne man $(\tan x)' = \sec^2 x$.

5.7 Zusammengesetzte Funktionen

In diesem Kapitel wurden bereits Formeln für die Ableitung von Funktionen wie $1 + x^2$, $\sin x$ und $\ln x$ hergeleitet. Wie finden wir aber nun die Ableitung von $(1 + x^2)^{100}$, $\sin x^3$ und $\ln(1 + 2x)$? Im Fall von $(1 + x^2)^{100}$ könnten wir $1 + x^2$ 100mal mit sich selbst multiplizieren. Dies ergibt dann ein Polynom vom Grad 200 mit 101 Termen, dessen Ableitung man mit den oben bereits bekannten Methoden berechnen könnte. Glücklicherweise aber wird uns Abschnitt 5.8 einen schnelleren Weg liefern, mit dessen Hilfe auch $\sin x^3$ und $\ln(1 + 2x)$ leicht differenziert werden können.

Dieser Abschnitt beschäftigt sich mit Funktionen, die wie etwa $(1 + x^2)^{100}$, $\sin x^3$ und $\ln(1 + 2x)$ aus einfacheren Funktionen aufgebaut sind. Wir werden den Begriff einer *zusammengesetzten Funktion* kennenlernen und im nächsten Abschnitt weiter anwenden.

Die Funktion

$$y = (1 + x^2)^{100}$$

ist als hundertste Potenz von $1 + x^2$ aus

$$y = u^{100} \quad \text{mit} \quad u = 1 + x^2$$

aufgebaut. In analoger Weise entsteht

$$y = \sin x^3$$

durch Bildung von x^3 und Einsetzen des Results in

$$y = \sin u \quad \text{mit} \quad u = x^3.$$

Ebenso ist $y = \ln(1 + 2x)$ aus $y = \ln u$ mit $u = 1 + 2x$ aufgebaut.

Der Grundgedanke dieser drei Beispiele wird in der folgenden Definition zusammengefaßt.

Definition der zusammengesetzten Funktion: Gegeben seien die Funktionen f und g. Die Werte von $g(x)$ mögen für jedes x aus dem Definitionsbereich von g im Definitionsbereich von f liegen. Die Funktion, die jedem x aus dem Definitionsbereich von g den Wert

$$f(g(x))$$

zuordnet, nennt man die Zusammensetzung von f und g; sie wird mit h oder $f \circ g$ bezeichnet. Wir schreiben mit

$$y = f(u) \quad \text{und} \quad u = g(x),$$

daher

$$y = h(x)$$

und

$$h(x) = f(g(x))$$

oder

$$y = (f \circ g)(x).$$

($f \circ g$ lesen wir als „f Kreis g".)

Mit einfachen Worten sagt unsere Definition: „Um $f \circ g$ zu berechnen, wende man zuerst g auf x und dann f auf das Resultat von g an."

Stellt man sich die Funktionen als Eingabe-Ausgabe-Automaten vor, so ist $f \circ g$ der Automat, der durch Aneinanderreihen der Automaten für f und für g entsteht (Bild 5.8).

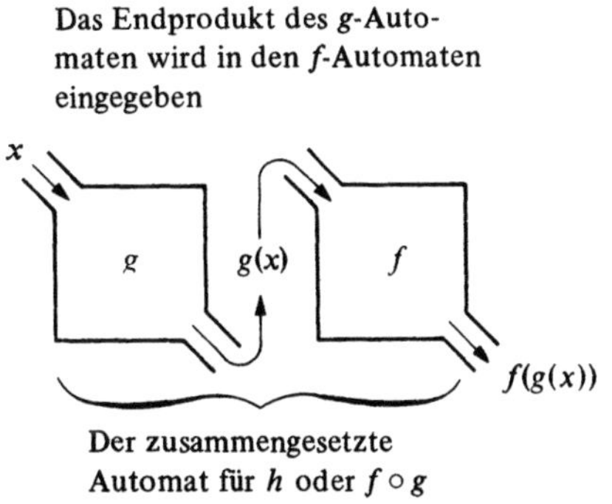

Bild 5.8

Beispiel 1: Die Funktion f sei die Quadratfunktion, zu der man 1 addiert: $f(x) = 1 + x^2$, und g sei die Kubusfunktion; es soll $f \circ g$ und $g \circ f$ ermittelt werden.

Lösung: Nach Definition der zusammengesetzten Funktion gilt

$$(f \circ g)(x) = f(g(x)) = f(x^3) = 1 + (x^3)^2,$$

und andererseits

$$(g \circ f)(x) = g(f(x)) = g(1 + x^2) = (1 + x^2)^3.$$

Die Zusammensetzung der f- und g-Automaten zu $f \circ g$ bzw. $g \circ f$ gibt völlig verschiedene Ergebnisse. ●

Beispiel 2: Die Funktion f erhebe jede Zahl zur hundertsten Potenz

$$y = u^{100}.$$

Die Funktion g bilde das Quadrat und addiere 1:

$$u = 1 + x^2.$$

Man berechne die zusammengesetzte Funktion $f \circ g$.

Lösung: In diesem Fall ist die zusammengesetzte Funktion $h = f \circ g$ durch die Formel

$$y = u^{100} \quad \text{mit} \quad u = 1 + x^2$$

definiert, d.h.

$$y = h(x) = (1 + x^2)^{100}.$$

Diese Funktion haben wir bereits zu Beginn dieses Abschnitts angeführt. In Worten entsprechen dieser Funktion die folgenden Anweisungen: Man nehme eine Zahl, bilde das Quadrat, addiere 1 und erhebe alles zur hundertsten Potenz. ●

Beispiel 3: Man zeige, daß die anderen beiden zu Beginn angeführten Funktionen, $\sin x^3$ und $\ln(1 + 2x)$, ebenfalls zusammengesetzte Funktionen sind.

Lösung: $y = \sin x^3$ ist die Zusammensetzung von $y = \sin u$ mit $u = x^3$; $y = \ln(1 + 2x)$ ist die Zusammensetzung von $y = \ln u$ mit $u = 1 + 2x$. ●

Zusammengesetzte Funktionen können mittels Projektion von Dias auf Schirme sehr anschaulich dargestellt werden. Entspricht g einer komplizierten Projektion eines Dias auf einen Schirm (siehe Kap. 3.1) und entspricht f einer Projektion des Bildes auf diesem Schirm auf einen zweiten Schirm, dann ist $h = f \circ g$ die Projektion des Dias auf den zweiten Schirm (Bild 5.9).

Diese Betrachtungsweise wird sich im nächsten Abschnitt und im Abschnitt 22.4 bewähren, wo Dia und Schirm nicht mehr länger durch Geraden, sondern ganz realistisch durch Gebiete einer Ebene dargestellt werden.

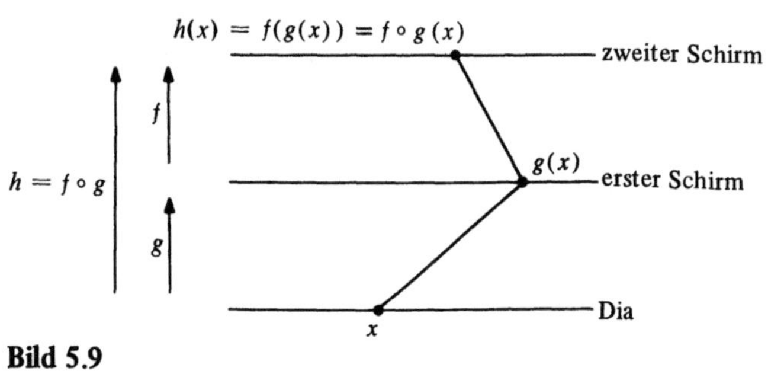

Bild 5.9

Sehr oft wird eine Funktion wie im nächsten Beispiel als Zusammensetzung von mehr als zwei Funktionen dargestellt.

Beispiel 4: Sei $y = (1 + \cos 2x)^3$. Man stelle diese Funktion als Zusammensetzung von drei Funktionen dar.

Lösung: Zuerst gilt

$$y = u^3 \quad \text{mit} \quad u = 1 + \cos 2x.$$

Andererseits kann $1 + \cos 2x$ selbst als zusammengesetzte Funktion dargestellt werden:

$$u = 1 + \cos v \quad \text{mit} \quad v = 2x.$$

So ergibt sich die Funktion $(1 + \cos 2x)^3$ in drei Schritten

$$y = u^3 \quad \text{mit} \quad u = 1 + \cos v \quad \text{und} \quad v = 2x. \bullet$$

Übungen:

Für die zusammengesetzten Funktionen in den Übungen 1 bis 9 bestimme man $y = f(u)$ und $u = g(x)$.

1. $\cos x^2$
2. $\sqrt{1 + x^2}$
3. $(\cos x)^3$
4. $\ln(3 + x^2)$
5. $3 + (\ln x)^2$
6. $(1 + \sin x)^{10}$
7. $\sec 5x$
8. $(1 + 5x^2)^{20}$
9. $\sin(1 + \ln x)$

In den Übungen 10 bis 12 soll jede der gegebenen Funktionen wie in Beispiel 4 als Zusammensetzung von drei Funktionen ausgedrückt werden.

10. $\sqrt{\tan 3x}$.

11. $\sin^3 5x$

12. $\ln \cos 5x$

13. Man berechne $(f \circ g)(x)$ und $(g \circ f)(x)$.
(*a*) f ist die Sinusfunktion und g die Absolutwertfunktion;
(*b*) f die Quadratfunktion und g die natürliche Logarithmusfunktion;
(*c*) f ist die Quadratfunktion und g ist die Kubusfunktion.

14. Aus den folgenden Tabellen zweier Funktionen f und g berechne man:

x	1	2	3	4
$f(x)$	3	4	1	2

x	1	2	3	4
$g(x)$	4	3	2	1

(*a*) $(f \circ g)(1)$, (*b*) $(g \circ f)(1)$,
(*c*) $(f \circ g)(2)$, (*d*) $(g \circ f)(2)$.

15. Aus den Tabellen zweier differenzierbarer Funktionen f und g

x	4	4,2
$f(x)$	7	7,6

x	3	3,1
$g(x)$	4	4,2

(*a*) Schätze man $g'(3)$, $f'(4)$ und $h'(3)$ mit $h = f \circ g$.
(*b*) In welchem Zusammenhang stehen $g'(3)$, $f'(4)$ und $h'(3)$?

16. Man bestimme $y = h(x)$ für:
(*a*) $y = u^2$ und $u = 1 + 2x$;
(*b*) $y = 1 + 2u$ und $u = x^2$;
(*c*) $y = 3 \sin u$ und $u = 2 \sin x$;
(*d*) $y = e^u$ und $u = \ln x$.

■

17. Folgende Vorschriften seien für die Berechnung von zwei Funktionen f und g gegeben:

Vorschrift für f: Quadriere die Zahl;
Vorschrift für g: Addiere 1 zu der Zahl.

(*a*) Wie ist die Vorschrift für $f \circ g$?
(*b*) Wie ist die Vorschrift für $g \circ f$?
(*c*) Wie ist die algebraische Formel für $f \circ g$?
(*d*) Wie ist die algebraische Formel für $g \circ f$?

18. Sei h die Zusammensetzung von $y = u^2$ und $u = 3x + 1$. Man berechne

$$\frac{h(x_1) - h(x)}{x_1 - x}$$

für (*a*) $x_1 = 3$ und $x = 2$;
(*b*) $x_1 = 2{,}1$ und $x = 2$;
(*c*) $x_1 = 2{,}01$ und $x = 2$.

19. Mathematische Tabellenwerke besitzen üblicherweise eine Tabelle „Gewöhnliche Logarithmen trigonometrischer Funktionen". (Zum Beispiel $\lg \sin(44°) = 9{,}841\,77 - 10$.) Diese Tabelle enthält eigentlich nur Werte einer zusammengesetzten Funktion $f \circ g$, die Tabellen für f und g sind ebenfalls vorhanden.

20. Sei $f(x) = -x$ für alle x. Man zeige $(f \circ f)(x) = x$ für alle x.

21. Man bestimme $f \circ g$ und $g \circ f$ für
(*a*) $f(x) = x^3$ und $g(x) = x^{1/3}$,
(*b*) $f(x) = 10^x$ und $g(x) = \lg x$.

■■

22. Sei $f(x) = 1/(1 - x)$. Welches ist der Definitionsbereich von f? $f \circ f$? $f \circ f \circ f$? Für alle x im Definitionsbereich von $f \circ f \circ f$ gilt $(f \circ f \circ f)(x) = x$. Man zeige dies!

23. Sei $(f \circ g)(x) = x$ für alle x. f und g seien für alle reellen Zahlen definiert. Jede reelle Zahl möge mit irgendeinem Wert x in der Form $g(x)$ darstellbar sein. Man zeige $(g \circ f)(x) = x$.

24. Sei $f(x) = x/(1 + x)$. Man berechne $(f \circ f \circ f \circ f)(x)$.

5.8 Die Ableitung einer zusammengesetzten Funktion

In diesem Abschnitt wird eine einfache Methode zur Differentiation von zusammengesetzten Funktionen wie etwa $(1 + x^2)^{100}$, $\sin x^3$ und $\ln(1 + 2x)$ hergeleitet.

Wir werden in der Folge zwei Fragen beantworten: Wenn f und g differenzierbare Funktionen sind, ist dann

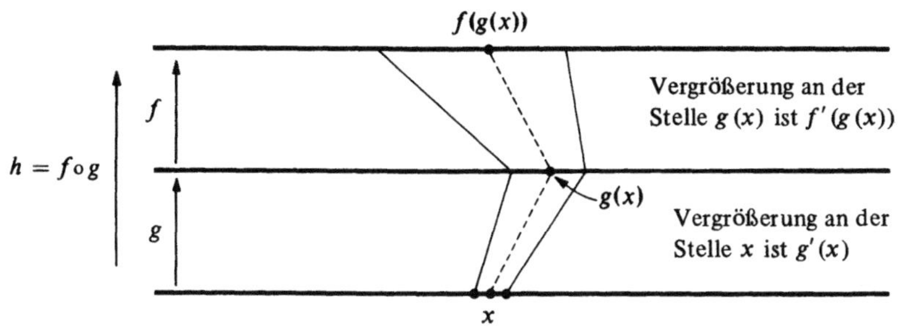

Bild 5.10

die zusammengesetzte Funktion $h = f \circ g$ ebenfalls differenzierbar? Und wenn dies der Fall ist, wie lautet ihre Ableitung?

Unsere Erfahrung mit Projektionen gibt schon einen Hinweis auf die Antwort. Sei $h = f \circ g$. Der erste Projektor, der x vom Dia auf $g(x)$ abbildet (erster Schirm), vergrößert um einen Faktor $g'(x)$. Welches ist dann der Effekt des zweiten Projektors f, der den Wert $g(x)$ vom ersten Schirm auf $f(g(x))$ projiziert (zweiter Schirm) (Bild 5.10)? Die Projektion vergrößert um einen Faktor f', berechnet an der Stelle $g(x)$, d.h. $f'(g(x))$. Werden nun zwei Vergrößerungen nacheinander wirksam, so ist die Gesamtvergrößerung gleich dem Produkt der beiden Vergrößerungen. Folgt etwa eine zweifache Vergrößerung auf eine dreifache Vergrößerung, so erhalten wir eine sechsfache Vergrößerung. Erwartungsgemäß müßte also die gesamte Vergrößerung gleich $f'(g(x)) \cdot g'(x)$ sein.

Stellen wir die Ableitungen durch Differentiale dar, so wird diese Formel viel einfacher. Sei

$$y = f(u) \quad \text{mit} \quad u = g(x)$$

und sei

$$y = h(x)$$

die zusammengesetzte Funktion

$$h = f \circ g.$$

Wir erwarten dann für die Ableitung von h

$$\frac{dy}{dx} = \frac{dy}{du}\,\frac{du}{dx}.$$

(Diese Relation erscheint plausibel. Hätte das Symbol du für sich selbst einen Sinn, so ließe sich die Formel durch Kürzen bestätigen.)

In der D-Bezeichnung nimmt diese wichtige Gleichung, *die Kettenregel*, folgende Gestalt an

$$D_x(y) = D_u(y) \cdot D_x(u).$$

Bevor wir unsere Vermutungen beweisen, wollen wir einen speziellen Fall behandeln.

Beispiel 1: Sei $y = 5u$ und $u = 3x$. Man zeige

$$\frac{dy}{dx} = \frac{dy}{du}\,\frac{du}{dx}.$$

Lösung: Die zusammengesetzte Funktion h ist durch

$$y = 5u \quad \text{mit} \quad u = 3x$$

gegeben:

$$h(x) = 5(3x) = 15x.$$

In diesem Fall gilt

$$\frac{dy}{dx} = 15, \quad \frac{dy}{du} = 5 \quad \text{und} \quad \frac{du}{dx} = 3.$$

Tatsächlich bestätigt sich

$$\frac{dy}{dx} = \frac{dy}{du}\,\frac{du}{dx}$$

entsprechend

$$15 = 5 \cdot 3. \quad \bullet$$

Nun wollen wir unsere Überlegungen exakt beweisen.

Theorem: Die Kettenregel: Seien f und g differenzierbare Funktionen, dann ist auch $h = f \circ g$ differenzierbar und es gilt

$$h'(x) = f'(g(x))\,g'(x).$$

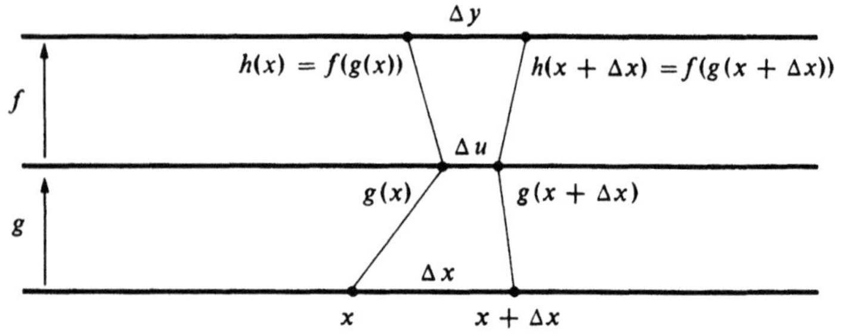

Bild 5.11

In Worten: Gilt $y = f(u)$ sowie $u = g(x)$ und daher $y = h(x)$, dann folgt

$$\frac{dy}{dx} = \frac{dy}{du}\,\frac{du}{dx}.$$

(In dieser Form ist die Kettenregel am einfachsten einzuprägen und anzuwenden.)

Beweis: Um $h'(x)$ zu berechnen, müssen wir auf die Definition der Ableitung zurückgreifen (Bild 5.11).

$$h'(x) = \lim_{\Delta x \to 0} \frac{\Delta y}{\Delta x}.$$

In unserer Rechnung werden Δx, $\Delta u = \Delta g$ und Δy auftreten. Δx ist von Null verschieden und bestimmt eine Zahl Δu, die Änderung von u,

$$\Delta u = g(x + \Delta x) - g(x)$$

und eine Zahl Δy, die Änderung von y,

$$\Delta y = h(x + \Delta x) - h(x).$$

Da g differenzierbar ist, geht für $\Delta u \to 0$ auch $\Delta x \to 0$. Andererseits kann Δu auch Null werden, obwohl Δx nicht gleich Null ist. Da wir etwas später durch Δu dividieren wollen, müssen wir hier voraussetzen, daß

$g'(x)$ nicht gleich Null ist.

Aus

$$g'(x) = \lim_{\Delta x \to 0} \frac{\Delta u}{\Delta x}$$

folgt dann für hinreichend kleine Δx unmittelbar $\Delta u \neq 0$.

Unter dieser Voraussetzung, die von den meisten Funktionen für die meisten Werte von x erfüllt wird, ist der Beweis der Kettenregel sehr kurz:

$$\begin{aligned}
h'(x) &= \lim_{\Delta x \to 0} \frac{\Delta y}{\Delta x} \\
&= \lim_{\Delta x \to 0} \frac{\Delta y}{\Delta u}\,\frac{\Delta u}{\Delta x} \\
&= \lim_{\Delta x \to 0} \frac{\Delta y}{\Delta u} \lim_{\Delta x \to 0} \frac{\Delta u}{\Delta x} \\
&= \lim_{\Delta u \to 0} \frac{\Delta y}{\Delta u} \lim_{\Delta x \to 0} \frac{\Delta u}{\Delta x} \qquad \text{da } \Delta u \to 0 \text{ für } \Delta x \to 0 \\
&= \frac{dy}{du}\,\frac{du}{dx}.
\end{aligned}$$

(Der Spezialfall $g'(x) = 0$ wird in Übung 37 behandelt.) Damit ist der Beweis abgeschlossen. ●

Beispiel 2: Mit Hilfe der Kettenregel differenziere man $(1 + x^2)^{100}$.

Lösung: Sei $y = (1 + x^2)^{100}$ oder

$$y = u^{100} \quad \text{mit} \quad u = 1 + x^2.$$

Aus der Kettenregel folgt

$$\begin{aligned}
\frac{dy}{dx} &= \frac{dy}{du}\,\frac{du}{dx} \\
&= \frac{d(u^{100})}{du}\,\frac{d(1 + x^2)}{dx} \\
&= 100u^{99} \cdot 2x \\
&= 100(1 + x^2)^{99} \cdot 2x \\
&= 200x(1 + x^2)^{99}.
\end{aligned}$$

Das heißt schließlich

$$\frac{d(1 + x^2)^{100}}{dx} = 200x(1 + x^2)^{99}.$$

Mit Hilfe der Kettenregel ergibt sich die Ableitung von $(1 + x^2)^{100}$, ohne 100-fache Multiplikation von $(1 + x^2)$ mit sich selbst. ●

Beispiel 3: Mit Hilfe der Kettenregel differenziere man $\sin x^3$.

Lösung: Sei $y = \sin x^3$, also $y = \sin u$ mit $u = x^3$. Aus der Kettenregel folgt

$$\begin{aligned}\frac{dy}{dx} &= \frac{dy}{du}\frac{du}{dx}\\ &= \frac{d(\sin u)}{du}\frac{d(x^3)}{dx}\\ &= \cos u \cdot 3x^2\\ &= \cos x^3 \cdot 3x^2\\ &= 3x^2 \cos x^3,\end{aligned}$$

und schließlich

$$\frac{d(\sin x^3)}{dx} = 3x^2 \cos x^3. \quad \bullet$$

Beispiel 4: Mit Hilfe der Kettenregel differenziere man $\sin 2x$.

Lösung: Sei $y = \sin 2x$. Dies ist eine zusammengesetzte Funktion mit

$$y = \sin u \quad \text{und} \quad u = 2x.$$

Nach der Kettenregel gilt

$$\begin{aligned}\frac{dy}{dx} &= \frac{dy}{du}\frac{du}{dx}\\ &= \frac{d(\sin u)}{du}\frac{d(2x)}{dx}\\ &= (\cos u)(2)\\ &= (\cos 2x)2\\ &= 2\cos 2x. \quad \bullet\end{aligned}$$

Häufig wird bei Anwendung der Kettenregel (siehe etwa Beispiel 4) für $(\sin 2x)'$ gleich $\cos 2x$ gesetzt und der Zusatzfaktor 2 vergessen. Diesen Fehler müssen wir sorgfältig vermeiden. Solange man zusammengesetzte Funktionen differenziert, ergibt sich immer das „Produkt von zwei Vergrößerungen". In diesem Fall besitzt bereits die Projektion von x auf $2x$ einen Vergrößerungseffekt, nämlich 2.

Beispiel 5: Mit Hilfe der Kettenregel differenziere man $\ln(x^2 + 1)$.

Lösung: Sei $y = \ln(x^2 + 1)$, also

$$y = \ln u \quad \text{und} \quad u = x^2 + 1.$$

Es folgt

$$\begin{aligned}\frac{dy}{dx} &= \frac{dy}{du}\frac{du}{dx}\\ &= \frac{1}{u}2x = \frac{1}{x^2+1}2x\\ &= \frac{2x}{x^2+1}. \quad \bullet\end{aligned}$$

Diese Beispiele zeigen die „Automatik" der Kettenregel an einigen Ableitungen. Die Gleichung

$$\frac{dy}{dx} = \frac{dy}{du}\frac{du}{dx}$$

lesen wir: „Die Ableitung von y bezüglich x ist gleich der Ableitung von y bezüglich u multipliziert mit der Ableitung von u bezüglich x". In unserem Bild aus der Optik sagt dies: „Die Vergrößerung zweier Projektionen ist gleich der Vergrößerung der zweiten Projektion mal der Vergrößerung der ersten Projektion".

Beispiel 6: Man differenziere $\ln |x|$.

Lösung: Man beachte zuerst, daß der Definitionsbereich dieser Funktion aus allen von Null verschiedenen Zahlen besteht. (Demgegenüber besteht der Definitionsbereich von $\ln x$ nur aus den positiven Zahlen.)

Ist x positiv, so gilt $|x| = x$ und $\ln |x| = \ln x$. Für positive x erhalten wir sogar ohne Kettenregel

$$\frac{d(\ln|x|)}{dx} = \frac{d(\ln x)}{dx} = \frac{1}{x}.$$

Als nächstes betrachten wir negative x. Dann gilt $|x| = -x$ und es folgt

$$y = \ln|x| = \ln(-x).$$

Diese Funktion ist zusammengesetzt:

$$y = \ln u \quad \text{mit} \quad u = -x.$$

Nach der Kettenregel ergibt sich

$$\frac{dy}{dx} = \frac{d(\ln u)}{du}\frac{d(-x)}{dx}$$
$$= \frac{1}{u}(-1)$$
$$= \frac{1}{-x}(-1)$$
$$= \frac{1}{x}.$$

So gilt für alle x, ob positiv oder negativ,

$$\frac{d(\ln |x|)}{dx} = \frac{1}{x}. \bullet$$

Im nächsten Beispiel wird die Kettenregel auf eine Funktion angewendet, die aus mehr als zwei Funktionen zusammengesetzt ist.

Beispiel 7: Man differenziere $y = \cos^2 3x$.

Lösung: Hier ist $y = u^2$ mit $u = \cos 3x$. Aber auch $\cos 3x$ ist eine zusammengesetzte Funktion,

$$u = \cos v \quad \text{mit} \quad v = 3x.$$

Daher ist $y = \cos^2 3x$ insgesamt aus den drei Funktionen

$$y = u^2 \quad \text{mit} \quad u = \cos v \quad \text{und} \quad v = 3x$$

aufgebaut. Sinngemäß erhält man die Vergrößerung dieser drei Projektionen durch Multiplikation

$$\frac{dy}{dx} = \frac{dy}{du}\frac{du}{dv}\frac{dv}{dx}$$
$$= 2u \cdot (-\sin v) \cdot 3$$
$$= 2\cos v \cdot (-\sin 3x) \cdot 3$$
$$= 2\cos 3x \cdot (-\sin 3x) \cdot 3$$
$$= -6 \cos 3x \sin 3x.$$

Mit einiger Übung können solche Berechnungen auch ohne Einführung neuer Bezeichnungen wie etwa u und v durchgeführt werden. •

Beispiel 7 erklärt auch die Bezeichnung „Kettenregel“: Eine Funktion kann die Zusammensetzung einer beliebigen Anzahl von Funktionen sein, die wie Glieder einer Kette aneinandergereiht sind.

Das nächste Beispiel wendet die Kettenregel in Kombination mit den anderen Regeln dieses Kapitels auf eine sehr komplizierte Funktion an.

Beispiel 8: Man berechne

$$\frac{d(x^2 \sin^5 2x)}{dx}.$$

Lösung: Zuerst gilt für die Ableitung eines Produkts

$$\frac{d(x^2 \sin^5 2x)}{dx} = x^2 \frac{d(\sin^5 2x)}{dx} + \sin^5 2x \frac{d(x^2)}{dx}.$$

Die Kettenregel erlaubt uns die Berechnung von

$$\frac{d(\sin^5 2x)}{dx}.$$

Ohne Ausführung der Details (neue Symbole u und v, usw.) erhalten wir schrittweise:

$$\frac{d(\sin^5 2x)}{dx} = 5 \sin^4 2x \cdot \cos 2x \cdot 2$$
$$= 10 \sin^4 2x \cos 2x$$

und

$$\frac{d(x^2 \sin^5 2x)}{dx} = x^2 (10 \sin^4 2x \cos 2x) + \sin^5 2x \cdot (2x)$$
$$= 10x^2 \sin^4 2x \cos 2x + 2x \sin^5 2x. \bullet$$

Die Kettenregel ist die wichtigste Vorschrift zur Berechnung von Ableitungen, wie auch dieses Beispiel zeigt.

Die folgende Tabelle wiederholt einige spezielle Fälle der Kettenregel. Diese Fälle treten häufig auf, man sollte sie sich einprägen. In jedem Fall ist u eine differenzierbare Funktion von x.

y	$\frac{dy}{dx}$
u^n	$nu^{n-1}\frac{du}{dx}$
$\sin u$	$\cos u \frac{du}{dx}$
$\cos u$	$-\sin u \frac{du}{dx}$
$\ln u$	$\frac{1}{u}\frac{du}{dx}$

Übungen:

In den Übungen 1 bis 24 ist die angegebene Funktion zu differenzieren.

1. $(2x^3 - 2x + 5)^4$
2. $(\sin x)^5$
3. $(\sin 3x)^5$
4. $\cos 2x$
5. $(1 + 2x)^5 \cos 3x$
6. $(t^2 + 1)^3 (3t - 1)$
7. $(1 + \ln 2x)^3$
8. $5 \cos^3 2x$
9. $\dfrac{\sin 3x}{(x^2 + 1)^5}$
10. $x\left(\dfrac{x^2}{1 + x}\right)^3$
11. $\cos 3x \sin 4x$
12. $\left(\dfrac{1 + 2x}{1 + 3x}\right)^4$
13. $\tan \sqrt{x}$
14. $x \sec 3x$
15. $\dfrac{\cot 5x}{1 + x^2}$
16. $[\ln (x^2 + 1)]^3$
17. $\lg (\sin 3x)$
18. $\dfrac{(x^3 - 1)^3 (x^{10} + 1)^4}{(2x + 1)^5}$
19. $\operatorname{cosec} 3x^2$
20. $\dfrac{1}{1 + \sin^2 3x}$
21. $\sqrt{x^2 - 1}$
22. $\sqrt{5 - x^2}$
23. $\dfrac{1}{\sqrt{1 - x^2}}$
24. $\dfrac{x}{\sqrt{1 - x^2}}$

Die Funktionen aus den Übungen 25 bis 32 sind wesentlich komplizierter als ihre Ableitungen. Man überprüfe dies durch direkte Berechnung.

25. $\dfrac{x}{3} - \dfrac{5}{9} \ln (3x + 5)$
26. $\dfrac{2(9x - 2)}{135} \sqrt{(3x + 1)^3}$
27. $\dfrac{1}{3} \ln \left(\dfrac{\sqrt{2x + 3} - 3}{\sqrt{2x + 3} + 3}\right)$ (zuerst durch logarithmische Rechenregeln vereinfachen)
28. $\dfrac{x}{2} \sqrt{4x^2 + 3} + \frac{3}{4} \ln (2x + \sqrt{4x^2 + 3})$
29. $-\frac{1}{3} \cos 3x + \frac{1}{9} \cos^3 3x$
30. $\dfrac{3x}{8} - \dfrac{3 \sin 10x}{80} - \dfrac{\sin^3 5x \cos 5x}{20}$
31. $\frac{1}{3} \ln (\tan 3x + \sec 3x)$
32. $\frac{1}{6} \tan^2 3x + \frac{1}{3} \ln \cos 3x$
33. (*a*) Man zeichne das Schaubild von $y = \ln |x|$.
    (*b*) Man überprüfe mit Hilfe eines Lineals, daß der Anstieg an der Stelle $x = -1$ durch die Ableitung $1/x$ gegeben ist.
34. Sei $y = (1 + x^2)^2$.
    (*a*) Man bestimme dy/dx durch Entwicklung von $(1 + x^2)^2$.
    (*b*) Man bestimme dy/dx mit Hilfe der Kettenregel.
35. Wir verwendeten die „Vergrößerungs"-Interpretation der Ableitung, um die Kettenregel zu begründen. Die „Anstiegs"-Interpretation ist nicht so hilfreich. Was sagt die Kettenregel über Anstiege aus?
    (*a*) Seien f und g differenzierbare Funktionen mit $g(1) = 2$ und $f(2) = 3$. Man zeige, daß $(1; 2)$ auf dem Schaubild von g, $(2; 3)$ auf dem Schaubild von f und $(1; 3)$ auf dem Schaubild von $f \circ g$ liegt.
    (*b*) Ist der Anstieg des Schaubildes von g im Punkt $(1; 2)$ gleich 5 und der Anstieg des Schaubildes von f in $(2; 3)$ gleich 7, wie groß ist der Anstieg des Schaubildes von $f \circ g$ im Punkt $(1; 3)$?
36. Man berechne $(\ln x^5)'$
    (*a*) mit Hilfe der Kettenregel;
    (*b*) unter Verwendung der Identität $\ln c^m = m \ln c$.
37. Diese Übung beweist die Kettenregel für $g'(x) = 0$.
    (*a*) In diesem Fall genügt es zu zeigen, daß
    $$\lim_{\Delta x \to 0} \frac{\Delta y}{\Delta x} = 0.$$
    Man begründe dies!
    (*b*) Es gibt zwei Arten von Δx, diejenigen mit $\Delta u \neq 0$ und diejenigen mit $\Delta u = 0$. Strebt Δx durch Werte der ersten Art nach Null, so zeige man $\Delta y/\Delta x = 0$.
    Hinweis: Man schreibe
    $$\Delta y/\Delta x = (\Delta y/\Delta u)\,(\Delta u/\Delta x).$$
    (*c*) Ist Δx von der zweiten Art, so gilt $\Delta y = 0$ und weiter
    $$\frac{\Delta y}{\Delta x} = 0.$$
    Man zeige dies. Für $\Delta x \to 0$ und $\Delta u = 0$ gilt $\Delta y/\Delta x \to 0$.
    (*d*) Aus (*b*) und (*c*) zeige man für $\Delta x \to 0$ nun $\Delta y/\Delta x \to 0$.

5.9 Umkehrfunktionen

In Abschnitt 5.10 werden wir die Ableitung von Funktionen wie 2^x, e^x, 10^x, $\sqrt[5]{x}$ und $x^{3/7}$ berechnen. Der Begriff der *Umkehrfunktion* wird dabei eine wesentliche Rolle spielen. Er wird in diesem Abschnitt eingeführt und erläutert.

Für gewisse Funktionen führen verschiedene Eingabewerte immer zu verschiedenen Ausgabewerten. Für die Verdopplungsfunktion folgt aus $2x_1 = 2x_2$ sofort $x_1 = x_2$. Hingegen gilt für die Quadratfunktion:

$$(-3)^2 = 3^2,$$

obwohl -3 von 3 verschieden ist. Funktionen, die verschiedenen Eingabewerten auch verschiedenen Ausgabewerten zuordnen (Verdopplungsfunktion), nennt man *eineindeutig*. Mit ihnen beschäftigt sich dieser Abschnitt.

Definition der eineindeutigen Funktion: Eine Funktion f mit dem Definitionsbereich X heißt eineindeutig, wenn für beliebige verschiedene Elemente x_1 und x_2 aus X, die Werte $f(x_1)$ und $f(x_2)$ ebenfalls verschieden sind.

Bildet die Funktion f Zahlen wiederum auf Zahlen ab – dies ist der interessanteste Fall in der Infinitesimalrechnung – so kann ihre Eineindeutigkeit direkt aus dem Schaubild abgelesen werden. Wir beschreiben diese Eigenschaft zunächst negativ: Schneidet irgendeine Parallele zur x-Achse das Schaubild von f in *mehr* als einem Punkt, dann ist f *nicht* eineindeutig. Nehmen wir nämlich an, eine horizontale Gerade schneide das Schaubild von f in zwei verschiedenen Punkten, wie im Bild 5.12 gezeigt wird. Da die Gerade parallel zur x-Achse ist, haben P_1 und P_2 die gleichen y-Koordinaten, nämlich

$$f(x_1) \quad \text{und} \quad f(x_2)$$

und es gilt

$$f(x_1) = f(x_2);$$

f ist also nicht eineindeutig.

Ganz analog sehen wir: Schneidet jede Parallele zur x-Achse das Schaubild von f in *höchstens* einem Punkt, dann ist f eineindeutig.

Beispiel 1: Die kubische Funktion $y = x^3$ ist eineindeutig. Aus $x_1^3 = x_0^3$ folgt $x_1 = x_0$. Das Schaubild von $y = x^3$ (Bild 5.13) schneidet jede horizontale Gerade in genau einem Punkt! ●

Beispiel 2: Die Quadratfunktion wird eineindeutig, wenn man ihren Definitionsbereich auf nicht negative Zahlen beschränkt. Sind x_1 und x_2 beliebige verschiedene nicht negative Zahlen, dann gilt

$$x_1^2 \neq x_2^2$$

(Bild 5.14). Jede horizontale Gerade unterhalb der x-Achse trifft das Schaubild nicht, jede andere horizontale Gerade schneidet es genau einmal. ●

Wird eine Funktion durch einen Eingabe-Ausgabe-Automaten beschrieben, so kann für eine eineindeutige Funktion der Eingabewert aus der Formel für f und dem Ausgabewert berechnet werden. Man kann daher einen anderen Automaten g angeben, der aus dem Ausgabewert von f wieder den entsprechenden Eingabewert liefert (Bild 5.15).

Beispiel 3: f sei die Kubusfunktion und g die Kubikwurzelfunktion. Man stelle sich diese beiden Funktionen als Eingabe-Ausgabe-Automaten vor und verbinde sie miteinander.

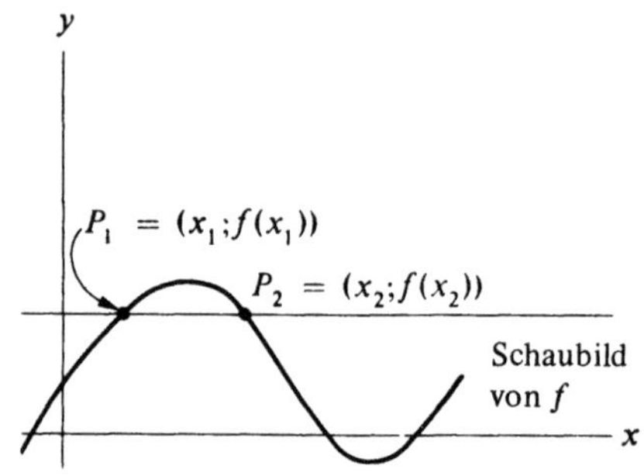

Bild 5.12

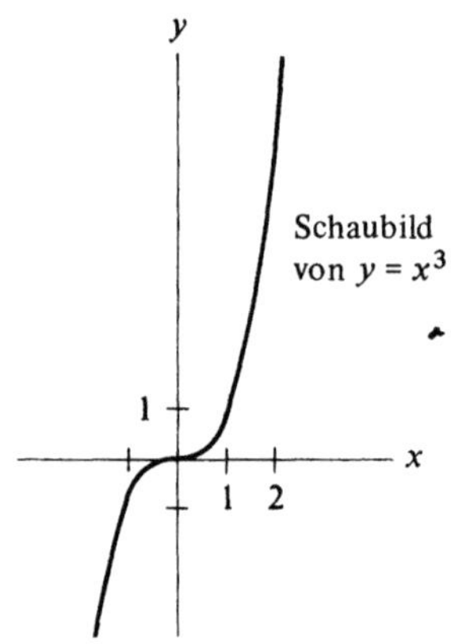

Bild 5.13

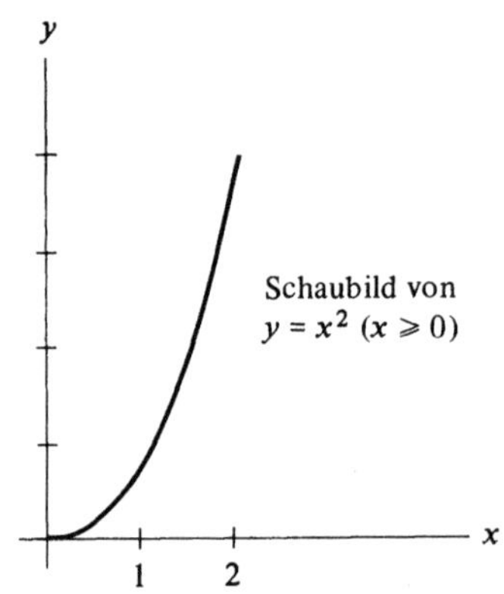

Bild 5.14

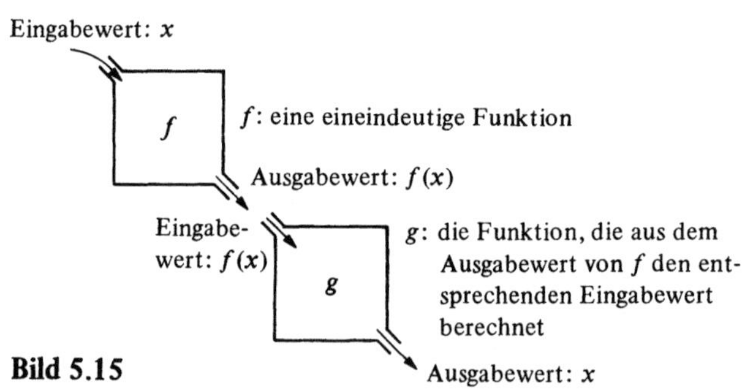

Bild 5.15

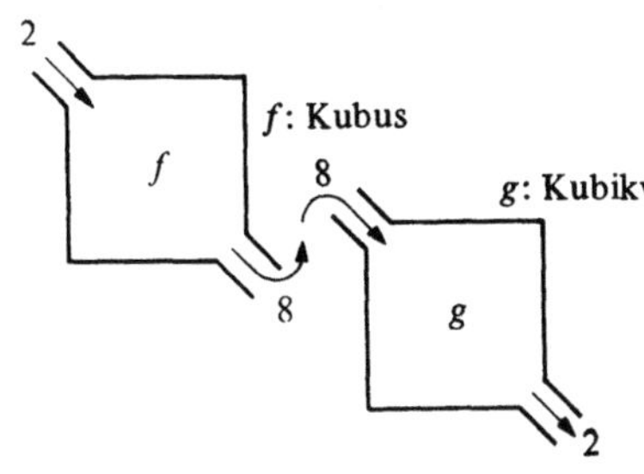

Bild 5.16

Was ergibt sich, wenn wir mit dem Eingabewert 2 in den Kubus-Automaten eingehen?

Lösung: Der Ausgabewert des f-Automaten ist $2^3 = 8$. Wird 8 in den Kubikwurzel-Automaten g eingegeben, so ergibt sich $\sqrt[3]{8} = 2$, der Effekt von f (Bild 5.16) wird wieder aufgehoben. Offensichtlich ist der Kubikwurzel-Automat genau die Umkehrung des Kubus-Automaten. (Alle „Räder" im g-Automaten laufen in umgekehrter Richtung wie die im f-Automaten.) ●

Die Beziehung zwischen Kubus- und Kubikwurzelfunktion legt folgende allgemeine Definition nahe:

Definition der Umkehrfunktion: Sei f eine eineindeutige Funktion. Jene Funktion g, die jedem Wert $f(x)$ die Zahl x zuordnet, wird die Umkehrfunktion von f genannt.

Überlegen wir uns einige Beispiele von eineindeutigen Funktionen und ihren Umkehrfunktionen.

Beispiel 4: Man bestimme die Umkehrung der Verdopplungsfunktion $f(x) = 2x$.

Lösung: Durch Auflösung von $y = 2x$ nach x läßt sich jedem Wert von y genau ein Wert x zuordnen. Das Resultat ist $x = y/2$. So ist f eine eineindeutige Funktion und ihre Umkehrfunktion g ist die „Halbierungs"-Funktion: Wird y in die Funktion g eingegeben, so ist die Ausgabe gleich $y/2$.

Es gilt $f(3) = 6$ und $g(6) = 3$. Der Punkt $(3; 6)$ liegt auf dem Schaubild von f und $(6; 3)$ auf dem Schaubild von g. Da wir nun zumeist die x-Achse für Eingabewerte verwenden, sollten wir für g, die Halbierungsfunktion, schreiben:

$$g(x) = \frac{x}{2}.$$

f hat die Formel $y = 2x$ (Verdopplung)

und g hat die Formel $y = \frac{x}{2}$ (Halbierung).

Die Schaubilder von f und g sind Geraden (Bild 5.17), die eine hat den Anstieg 2, die andere den Anstieg $\frac{1}{2}$. ●

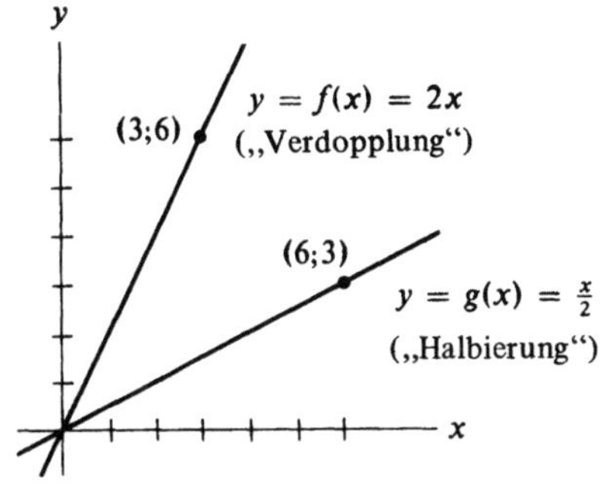

Bild 5.17

Beispiel 5: Man bestimme die Umkehrung der Funktion $\lg x$. Sei $y = \lg x$. Wir können x aus dem Wert von $\lg x$ berechnen. So folgt aus $\lg x = 2$ sofort $x = 10^2 = 100$: Die Logarithmusfunktion ist eineindeutig und ihre Umkehrung ist die Exponentialfunktion. Ist y der Logarithmus von x zur Basis 10, dann ist x gleich 10^y.

Um die Schaubilder der Logarithmus- und der Exponentialfunktion zu zeichnen, machen wir zunächst eine kleine Tabelle.

x	10	1	0,1
$\lg x$	1	0	−1

x	1	0	−1
10^x	10	1	0,1

Mit Hilfe dieser Tabellen können die Kurven gezeichnet werden (Bild 5.18).

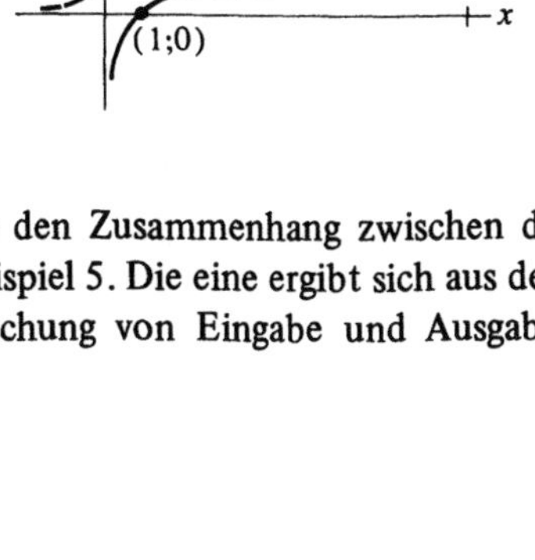

Bild 5.18

Man beachte den Zusammenhang zwischen den beiden Tabellen in Beispiel 5. Die eine ergibt sich aus der anderen durch Vertauschung von Eingabe und Ausgabe. Dies

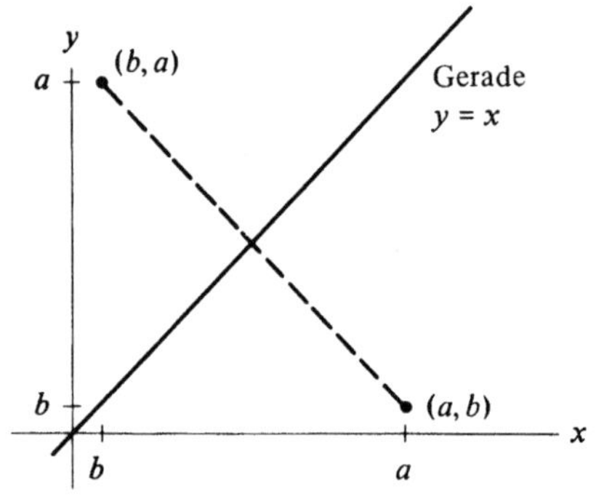

Bild 5.19

gilt für jede eineindeutige Funktion und ihre Umkehrung. Seien a und b die numerischen Werte in der Spalte der einen Funktion, so sind b und a die numerischen Werte in der Spalte für die Umkehrfunktion. Man beachte auch den Zusammenhang zwischen den Schaubildern in den Beispielen 4 und 5. Das eine Schaubild erhält man aus dem anderen durch Spiegelung an der Geraden $y = x$. Liegt nämlich $(a; b)$ auf dem Schaubild der einen Funktion, so befindet sich $(b; a)$ auf dem Schaubild der anderen. Wird das Zeichenpapier um die Linie $y = x$ gedreht, so wird der Punkt $(b; a)$ bis zum Punkt $(a; b)$ bewegt, wie man aus Bild 5.19 entnehmen kann. Auch dies gilt für jede eineindeutige Funktion und ihre Umkehrung.

Solche Überlegungen sind typisch für den Zusammenhang zwischen einer eineindeutigen Funktion und ihrer Umkehrung. Manchmal wird anstelle der Bezeichnung Umkehrfunktion auch das Wort *inverse* Funktion verwendet. Noch etwas zur Bezeichnungsweise: Es ist allgemein üblich, die Umkehrfunktion anstelle von g durch das Symbol f^{-1} (gelesen als „Inverse von f") zu bezeichnen. Wir haben diese Bezeichnung erst jetzt eingeführt, um Verwechslungen mit der Kehrwertfunktion zu vermeiden. Es muß aber infolge der Beispiele klar sein, daß f^{-1} *nicht* für $1/f$ steht.

Die folgende Tabelle faßt die Ergebnisse dieses Abschnitts zusammen.

Bereich von f	Funktion f	Umkehrfunktion f^{-1}	Bereich von f^{-1}
x-Achse	Kubus	Kubikwurzel	x-Achse
$x \geqslant 0$	Quadrat	Quadratwurzel	$x \geqslant 0$
x-Achse	Verdopplung	Halbierung	x-Achse
$x > 0$	lg	Exponentialfunktion mit Basis 10	x-Achse

Übungen:

Die in den Übungen 1 bis 6 angegebenen Funktionen besitzen Umkehrfunktionen. In jedem Fall ist das Schaubild der gegebenen und der Umkehrfunktion (in bezug auf die gleichen Achsen) zu zeichnen.

1. $y = 3x$ **2.** $y = 3^x$
3. $y = \log_2 x$ **4.** $y = \sqrt[3]{x}$
5. $y = 2x + 1$ **6.** $y = x^5$

7. (*a*) Man zeige, daß $y = x^4$ nicht eineindeutig ist.
(*b*) Wird $y = x^4$ auf den Bereich $x \geqslant 0$ beschränkt, ist die Funktion eineindeutig. Wie sieht die Umkehrfunktion aus?

8. Für welche der folgenden Definitionsbereiche ist die Funktion $f(x) = \sin x$ eineindeutig?
(*a*) alle reellen Zahlen, (*b*) $[0; \pi]$,
(*c*) $[\pi/2; 3\pi/2]$, (*d*) $[-\pi/2; \pi/2]$.

9. Für welche der folgenden Definitionsbereiche ist die Funktion $f(x) = \cos x$ eineindeutig?
(*a*) alle reellen Zahlen, (*b*) $[0; \pi]$,
(*c*) $[\pi; 2\pi]$, (*d*) $[-\pi/2; \pi/2]$.

10. Sei $f(x) = \tan x$ für x in $(-\pi/2; +\pi/2)$. f ist eineindeutig. Man berechne:
(*a*) $f^{-1}(1)$, (*b*) $f^{-1}(\sqrt{3})$,
(*c*) $f^{-1}(0)$, (*d*) $f^{-1}(-1)$,
(*e*) $f^{-1}(-\sqrt{3}/2)$, (*f*) $f^{-1}(-\sqrt{3})$.

11. Sei $f(x) = \sin x$ für x in $[-\pi/2; +\pi/2]$. Man berechne:
(*a*) $f^{-1}(1)$, (*b*) $f^{-1}(\frac{1}{2})$,
(*c*) $f^{-1}(0)$, (*d*) $f^{-1}(-\frac{1}{2})$,
(*e*) $f^{-1}(-\sqrt{3/2})$, (*f*) $f^{-1}(-1)$.

12. Sei $f(x) = \cos x$ für x in $[0; \pi]$. Aus einer Tabelle von $\cos x$-Werten (Winkel im Bogenmaß) berechne man
(*a*) $f^{-1}(0{,}9)$, (*b*) $f^{-1}(0{,}8)$,
(*c*) $f^{-1}(0{,}7)$, (*d*) $f^{-1}(0{,}1)$.

13. Sei $y = (x + 1)/(x - 1)$. Diese Funktion ist eineindeutig und stimmt mit ihrer Umkehrfunktion überein. Man zeige dies!

In den Übungen 14 bis 19 sollen die angegebenen Funktionen differenziert werden.

14. $3 \cot 5x + 5 \operatorname{cosec} 3x$ **15.** $\dfrac{\sqrt{4 - 9x^2}}{x}$

16. $\dfrac{1}{\sqrt{6 + 3x^2}}$ **17.** $(1 + x^2)^5 \sin 3x$

18. $\ln|\sin 2x|$ **19.** $\cos[\lg(3x + 1)]$

In den Übungen 20 bis 22 sollen die angegebenen Formeln mit Hilfe der Gesetze des Logarithmus vereinfacht und dann differenziert werden.

20. $\ln\sqrt{\dfrac{1 + x^2}{1 + x^3}}$ **21.** $\ln\left[\dfrac{(5x + 1)^3 (6x + 1)^2}{(2x + 1)^4}\right]$

22. $\ln\left(\dfrac{1}{6x^2 + 3x + 1}\right)$

■

23. Die folgende Tabelle einer bestimmten eineindeutigen Funktion sei vorgegeben.

x	1	3	5
$f(x)$	-2	4	8

Man gebe drei Punkte des Schaubilds von f und drei Punkte des Schaubilds von f^{-1} an (bezüglich der gleichen Achsen).

24. (*a*) Eine Gerade mit dem Anstieg $m \neq 0$ wird an der Geraden $y = x$ gespiegelt. Man bestimme den Anstieg der resultierenden Geraden.
(*b*) Eine Gerade mit dem Anstieg m wird an der x-Achse gespiegelt. Man bestimme den Anstieg der resultierenden Geraden.
(*c*) Eine Gerade mit dem Anstieg m wird an der y-Achse gespiegelt. Man bestimme den Anstieg der resultierenden Geraden.

25. Zur Zeit t hat ein bewegter Körper die x-Koordinate $x = t^2 \sin 2\pi t$. Man bestimme seine Geschwindigkeit für $t = 0, \frac{1}{4}, \frac{1}{2}$ und 1.

26. (*a*) Die Funktion $y = \sqrt[5]{1 + x^3}$ besitzt eine Umkehrfunktion. Man zeige dies durch Auflösen der Gleichung nach x!
(*b*) Welches ist der Definitionsbereich der Funktion $y = \sqrt[5]{1 + x^3}$?
(*c*) Welches ist der Definitionsbereich der Umkehrfunktion?

■■

27. Sei $f(x) = -2x$ für $x \leqslant 0$ und $f(x) = -x/2$ für $x > 0$. Man zeige $f = f^{-1}$.

28. Es sei $f(f(x)) = x$ für alle x.
(*a*) f ist eineindeutig. Man beweise dies!
(*b*) Man zeige $f^{-1} = f$.

29. Sei X eine Menge von Personen und f eine Funktion, die jeder Person ihren Vater zuordnet. Ist f eineindeutig?

30. Sei X die Menge aller verheirateten Männer in einer monogamen Gesellschaft. Sei $f(x)$ die Frau von x.
(*a*) Unter welchen Voraussetzungen ist f eineindeutig?
(*b*) Wie würde man f^{-1} beschreiben, sofern f eineindeutig ist?

Die Übungen 31 und 32 illustrieren Umkehrfunktionen mit Hilfe eines Taschenrechners.

31. Man gebe eine positive Zahl in den Rechner ein, drücke das $\sqrt{x}$- und dann das x^2-Programm (in dieser Reihenfolge). Wie lautet das Resultat? Man versuche dies für verschiedene Eingabewerte.

32. Die Funktion $y = \sin x$ ist eineindeutig für $0 \leqslant x \leqslant \pi/2$. Wie kann man auf einem Taschenrechner aus $\sin x = 0{,}3$ den zugehörigen x-Wert ermitteln? (Manche Rechner besitzen eine Arcustaste). Die Umkehrfunktionen der trigonometrischen Funktionen werden in Abschnitt 5.11 definiert.

5.10 Die Ableitung von b^x und x^a

Wir verwenden nun den Begriff der Umkehrfunktion, um in diesem Abschnitt die Ableitung von e^x zu berechnen. Aus ihr folgen dann die Ableitung der allgemeinen Exponentialfunktion b^x und der allgemeinen Potenz x^a.

Man betrachte eine eineindeutige Funktion f, differenzierbar für alle x im Intervall $[a; b]$. Da f eineindeutig war, ist $f(a) \neq f(b)$ und daher entweder $f(a)$ kleiner oder größer als $f(b)$. Für die weitere Diskussion der Schaubilder von f und f^{-1} sei etwa $f(a) < f(b)$. Der Fall $f(a) > f(b)$ ist vollkommen analog zu behandeln. f ist differenzierbar und daher auch stetig (siehe Abschnitt 4.7).

Für jede Zahl m zwischen $f(a)$ und $f(b)$ schneidet die zur x-Achse parallele Gerade

$$y = m$$

aufgrund des Zwischenwertsatzes aus Abschnitt 4.7 das Schaubild von f. Darüber hinaus kann gezeigt werden, daß das Schaubild von f von links nach rechts ansteigt (Bild 5.20). Der Definitionsbereich von f^{-1} ist $[f(a); f(b)]$, f^{-1} ordnet jeder Zahl in diesem Intervall eine Zahl aus dem Intervall $[a; b]$ zu.

Bild 5.20

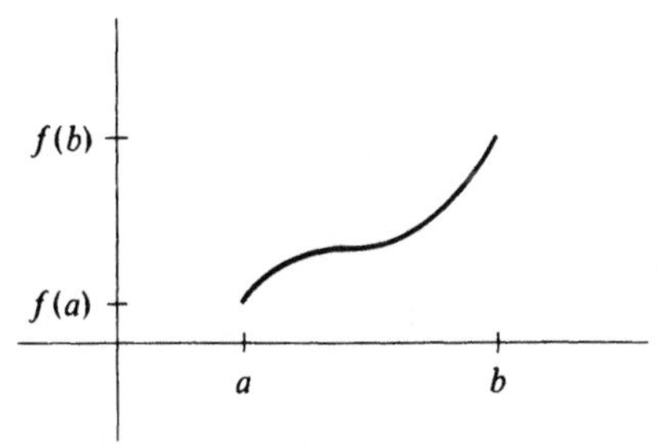

Weiterführende Überlegungen zeigen, daß f^{-1} stetig und sogar an jeder Stelle $f(x)$ differenzierbar ist, wo $f'(x) \neq 0$ gilt. (Eine waagerechte Tangente an das Schaubild von f geht bei Spiegelung an der Geraden $y = x$ in eine vertikale Tangente an das Schaubild von f^{-1} über (Bild 5.21).)

Unsere bildliche Vorstellung gibt bereits einen Hinweis für den Zusammenhang zwischen den Ableitungen von f und f^{-1}. Man denke sich f als Projektion eines Dias auf den Schirm und f^{-1} als die Umkehrprojektion, die jedem Punkt auf dem Schirm den ursprünglichen Punkt

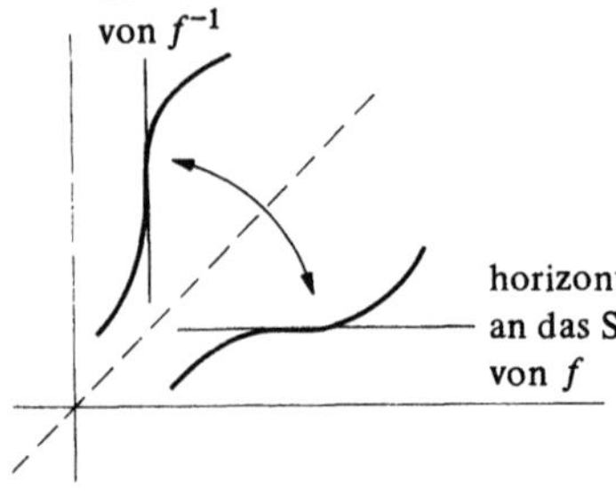

Bild 5.21

auf dem Dia zuordnet. Besitzt f an der Stelle x eine bestimmte Vergrößerung, etwa 3, so sollte f^{-1} bei $f(x)$ um einen Faktor 3 verkleinern bzw. um einen Faktor $\frac{1}{3}$ vergrößern. So folgern wir: Hat f an der Stelle x eine Ableitung, so besitzt f^{-1} eine Ableitung und es gilt

$$(f^{-1})'(f(x)) = \frac{1}{f'(x)},$$

vorausgesetzt $f'(x) \neq 0$.

In der Differentialbezeichnung sieht diese Relation einfacher aus. Sei $y = f(x)$ eine bestimmte Funktion und $x = f^{-1}(y)$ ihre Umkehrfunktion. Für differenzierbares f sei ferner auch f^{-1} differenzierbar, wenn $f'(x) \neq 0$ gilt. Wir wollen die Kettenregel auf diesen speziellen Fall anwenden:

$$x = f^{-1}(y) \quad \text{und} \quad y = f(x).$$

Nach der Kettenregel folgt

$$\frac{dx}{dx} = \frac{dx}{dy} \cdot \frac{dy}{dx} \quad \text{oder} \quad 1 = \frac{dx}{dy} \cdot \frac{dy}{dx}.$$

Diese Gleichung liegt dem Beweis von Theorem 1 zugrunde: Die Ableitung von e^x ist gleich e^x. Aus dieser Tatsache wiederum ergeben sich die Ableitungen verschiedener anderer Funktionen.

Theorem 1: Die Ableitung von e^x. Sei $y = e^x$ die Exponentialfunktion mit der Basis e. (Wir erinnern uns an die Definition $e = \lim_{n \to \infty} (1 + 1/n)^n$.) Dann gilt

$$\frac{d(e^x)}{dx} = e^x.$$

Beweis: Sei $y = e^x$. Diese Funktion ist die Umkehrfunktion des natürlichen Logarithmus,

$$y = e^x \text{ ist äquivalent zu } x = \ln y.$$

Falls dx/dy ungleich Null ist, folgt aus der Existenz der Ableitung dx/dy auch die Existenz von dy/dx. Aus

$$x = \ln y$$

ergibt sich

$$1 = \frac{dx}{dx} = \frac{dx}{dy} \cdot \frac{dy}{dx}$$

oder

$$1 = \frac{d(\ln y)}{dy} \cdot \frac{dy}{dx} \quad \text{und} \quad 1 = \frac{1}{y} \cdot \frac{dy}{dx}.$$

Es folgt

$$\frac{dy}{dx} = y$$
$$= e^x$$

oder kurz

$$\frac{dy}{dx} = e^x.$$

Damit ist das Theorem bewiesen. ●

Nach Theorem 1 stimmt e^x mit seiner eigenen Ableitung überein. Wie im nächsten Kapitel gezeigt wird, haben alle Funktionen, die mit ihrer eigenen Ableitung übereinstimmen, die Gestalt Ae^x (A ist eine beliebige Konstante).

Beispiel 1: Man bestimme die Ableitung von e^{3x}.

Lösung: Sei $y = e^{3x}$. Dann gilt $y = e^u$ mit $u = 3x$. Es folgt

$$\frac{dy}{dx} = \frac{dy}{du} \cdot \frac{du}{dx} \quad \text{Kettenregel}$$
$$= \frac{d(e^u)}{du} \frac{d(3x)}{dx}$$
$$= e^u \cdot 3 \quad \text{Theorem 1}$$
$$= e^{3x} \cdot 3$$
$$= 3e^{3x}. \; ●$$

Die Ableitung von e^x ist also sehr einfach. Nun wollen wir die Ableitung von 10^x berechnen.

Beispiel 2: Man bestimme die Ableitung von 10^x.

Lösung: Wir schreiben 10 als Potenz von e: $10 = e^{\ln 10}$. Dann gilt $10^x = (e^{\ln 10})^x$ und nach der Regel für das Potenzieren von Potenzen

$$(e^{\ln 10})^x = e^{(\ln 10)x}$$

und weiter

$$10^x = e^{(\ln 10)x}.$$

Da ln 10 eine Konstante ist, können wir wie in Beispiel 1 vorgehen. Sei $y = e^{(\ln 10)x}$.

Wir schreiben $y = e^u$ mit $u = (\ln 10)x$. Dann gilt

$$\begin{aligned}\frac{dy}{dx} &= \frac{d(e^u)}{du}\,\frac{d((\ln 10)x)}{dx} && \text{Kettenregel}\\ &= e^u \cdot \ln 10 && \text{Theorem 1}\\ &= e^{(\ln 10)x} \cdot \ln 10\\ &= 10^x \cdot \ln 10\\ &= (\ln 10)\cdot 10^x\end{aligned}$$

und schließlich

$$\frac{d(10^x)}{dx} = (\ln 10)\cdot 10^x.$$

Die Ableitung 10^x ist also nicht gleich 10^x, sondern proportional zu 10^x mit der Proportionalitätskonstanten $\ln 10 \approx 2{,}3$. ●

Vom Standpunkt der Infinitesimalrechnung ist also 10 für Exponentialfunktionen ebenso wie für Logarithmen eine ungünstige Basis. Wir merken uns die Formel $(e^x)' = e^x$ und berechnen $(b^x)'$ für eine andere Basis b mit Hilfe der Relation $b = e^{\ln b}$ und der Kettenregel (wie in Beispiel 2).

Die Bedeutung der Exponentialfunktion e^x zeigt sich auch im Beweis des folgenden Theorems. In diesem Theorem wird die Formel $(x^n)' = nx^{n-1}$ (für ganzzahlige n, siehe Abschnitte 3.2 und 5.6) auf $(x^a)' = ax^{a-1}$ und beliebige reelle Zahlen a verallgemeinert.

Theorem 2: Sei a eine feste Zahl, dann gilt

$$\frac{d(x^a)}{dx} = ax^{a-1}.$$

Beweis: Sei $y = x^a$. Aus

$$x = e^{\ln x}$$

folgt

$$y = (e^{\ln x})^a.$$

Nach der Vorschrift für das Potenzieren von Potenzen heißt dies

$$y = e^{a \ln x}.$$

Wir schreiben nun $y = e^u$ mit $u = a \ln x$. Aus der Kettenregel ergibt sich

$$\begin{aligned}\frac{dy}{dx} &= \frac{d(e^u)}{du}\,\frac{d(a\ln x)}{dx}\\ &= e^u\,\frac{a}{x} = e^{a\ln x}\,\frac{a}{x}\\ &= x^a\,\frac{a}{x} = ax^{a-1}.\end{aligned}$$

Damit ist das Theorem bewiesen. ●

Beispiel 3: Man berechne die Ableitung von $x^{1/2}$.

Lösung:

$$\begin{aligned}\frac{d(x^{1/2})}{dx} &= \frac{1}{2}x^{1/2-1} && \text{Theorem 2 mit } a = \tfrac{1}{2}\\ &= \frac{1}{2}x^{-1/2}\\ &= \frac{1}{2x^{1/2}}.\end{aligned}$$

Dieses Resultat stimmt völlig mit Abschnitt 3.3 überein:

$$\frac{d(\sqrt{x})}{dx} = \frac{1}{2\sqrt{x}}.$$ ●

Beispiel 4: Man differenziere $\sqrt[3]{x^2}$.

Lösung:

$$\begin{aligned}\frac{d(\sqrt[3]{x^2})}{dx} &= \frac{d(x^{2/3})}{dx}\\ &= \frac{2}{3}x^{2/3-1} && \text{Theorem 2 mit } a = \tfrac{2}{3}\\ &= \frac{2}{3}x^{-1/3}\\ &= \frac{2}{3x^{1/3}}\\ &= \frac{2}{3\sqrt[3]{x}}.\end{aligned}$$ ●

Das nächste Beispiel gibt die Ableitung von x^x. Für diese Exponentialfunktion ist weder Basis noch Exponent konstant.

Beispiel 5: Man berechne $(x^x)'$.

Lösung: Sei $y = x^x$. Wir führen zunächst die Basis e ein und schreiben x als $e^{\ln x}$. Dann gilt

$$\begin{aligned}x^x &= (e^{\ln x})^x\\ &= e^{x\ln x}\end{aligned}$$

oder weiter

$$y = e^{x \ln x}.$$

Aus $y = e^u$ mit $u = x \ln x$ folgt

$$\frac{dy}{dx} = \frac{d(e^u)}{du} \frac{d(x \ln x)}{dx}$$
$$= e^u \left[x \frac{d(\ln x)}{dx} + \ln x \frac{dx}{dx}\right]$$
$$= e^{x \ln x} \cdot \left(x \frac{1}{x} + \ln x\right)$$
$$= x^x \cdot (1 + \ln x)$$

und

$$\frac{d(x^x)}{dx} = (1 + \ln x) x^x. \bullet$$

Die nächsten beiden Beispiele wiederholen einige der Differentiationsformeln und Techniken dieses Kapitels. Der Leser möge die Differentiationen selbst ausführen und dann mit dem Text vergleichen.

Beispiel 6: Man differenziere

$$f(x) = \frac{e^{ax}}{a^3}(a^2x^2 - 2ax + 2)$$

($a \neq 0$ ist konstant).

Lösung: Zunächst bringen wir a^3 an den Anfang des Ausdrucks und schreiben

$$f(x) = \frac{1}{a^3} e^{ax}(a^2x^2 - 2ax + 2).$$

Dann differenzieren wir schrittweise

$$f'(x) = \frac{1}{a^3}[e^{ax}(a^2x^2 - 2ax + 2)]'$$

Ableitung einer Konstanten multipliziert mit einer Funktion

$$= \frac{1}{a^3}[e^{ax}(a^2 \cdot 2x - 2a) + (a^2x^2 - 2ax + 2)ae^{ax}]$$

Ableitung eines Produktes, Kettenregel usw.

$$= \frac{1}{a^3}[(2a^2x - 2a + a^3x^2 - 2a^2x + 2a)e^{ax}]$$

Zusammenfassung der Terme

$$= x^2 e^{ax}. \bullet$$

Beispiel 7: Man differenziere

$$y = \frac{e^{ax}}{a^2 + b^2}(a \sin bx - b \cos bx), \qquad (a \neq 0,\ b \neq 0).$$

Lösung:

$$\frac{dy}{dx} = \frac{1}{a^2 + b^2} \frac{d[e^{ax}(a \sin bx - b \cos bx)]}{dx}$$
$$= \frac{1}{a^2 + b^2}[e^{ax}(ab \cos bx + b^2 \sin bx) + (a \sin bx - b \cos bx)ae^{ax}]$$
$$= \frac{1}{a^2 + b^2}(e^{ax})(ab \cos bx + b^2 \sin bx + a^2 \sin bx - ab \cos bx)$$
$$= \frac{1}{a^2 + b^2} e^{ax}(a^2 + b^2) \sin bx$$
$$= e^{ax} \sin bx. \bullet$$

Übungen:

Man differenziere die Funktionen in den Übungen 1 bis 21.

1. $5e^{3x}$
2. 5^x
3. 2^{3x}
4. xe^x
5. e^{-x}
6. x^2e^{-x}
7. $e^x(x^2 - 2x + 2)$
8. $x - \ln(1 + e^x)$
9. $\dfrac{x^2}{1 + e^{3x}}$
10. $6x^{7/4}$
11. $x^{\sqrt{2}}$
12. $(\sqrt{2})^x$
13. $(\sqrt{2})^\pi$
14. $(1 + x)^x$
15. $\dfrac{e^{3x}(3x - 1)}{9}$
16. $\dfrac{10^x}{\ln 10}$
17. $x \sin 3x + \frac{1}{3} \cos 3x$
18. $e^{-x/5}(\sin 2x + 2 \cos 2x)$
19. $\frac{1}{10}[2x - \ln(5 + 3e^{2x})]$
20. $\ln(\ln(1 + x^2))$
21. $x(\ln 5x)^2 - 2x \ln 5x + 2x$
22. Man schreibe jede der folgenden Funktionen in der Form x^a und differenziere sie.
    (*a*) $\sqrt{x^3}$ (*b*) $\sqrt[3]{x}$
    (*c*) $\dfrac{1}{\sqrt{x}}$ (*d*) $x\sqrt[3]{x}$
    (*e*) $\sqrt[3]{x^4}$ (*f*) $\dfrac{\sqrt[5]{x^6}}{x}$
    (*g*) $xx^{\sqrt{2}}$.

■

23. Seien A und k Konstante. Die Ableitung von Ae^{kx} ist proportional zu Ae^{kx}. Man zeige dies!

24. (*a*) Man zeichne die Schaubilder $y = e^x$ und $y = -x$ bezüglich derselben Achsen.
(*b*) Unter Verwendung der Schaubilder von (*a*) zeichne man das Schaubild von $y = e^x - x$.
(*c*) Man bestimme alle Punkte des Schaubildes von (*b*) mit horizontaler Tangente.

25. Die Formel $y = e^{-t} \sin t$ beschreibt einen gedämpften Wechselstrom. Man betrachte t in $[0; 2\pi]$.
(*a*) Man ergänze die folgende Tabelle und zeichne die resultierenden Punkte.

t	0	$\frac{\pi}{2}$	π	$\frac{3\pi}{2}$	2π	$\frac{5\pi}{2}$	3π	$\frac{7\pi}{2}$	4π
$e^{-t} \sin t$									

(*b*) Man zeichne das Schaubild von $y = e^{-t} \sin t$ für t in $[0; 2\pi]$.
(*c*) Man finde alle Punkte des Schaubildes von (*b*) mit horizontaler Tangente.

26. (*a*) Man zeichne das Schaubild $y = x^{1/x}$ für $x > 0$.
(*b*) Man bestimme alle Punkte des Schaubildes von (*a*) mit horizontaler Tangente.
(*c*) Wo ist dy/dx positiv? und wo negativ?
(*d*) Welches ist der größte mögliche Wert von $x^{1/x}$?

27. Man vereinfache die Darstellung der folgenden Funktionen und verwende hierzu die Identitäten $\ln cd = \ln c + \ln d$, $\ln c^m = m \ln c$ und $\ln c/d = \ln c - \ln d$. Man differenziere die vereinfachten Funktionen:
(*a*) $\ln (x^2 + 3)^5$
(*b*) $\ln [(1 + e^{3x}) (x^6)]$
(*c*) $\ln [\sqrt{(1 + 2x)}\, \sqrt[3]{1 + x^3}]$
(*d*) $\ln \dfrac{(x^3 - 2x)^5}{\sqrt{(x^2 + 5)}}$.

■■

28. Man verwende die Resultate dieses Abschnittes und die Definition der Ableitung zur Berechnung von
(*a*) $\lim\limits_{h \to 0} \dfrac{e^h - 1}{h}$, (*b*) $\lim\limits_{x \to 1} \dfrac{2^x - 2}{x - 1}$,
(*c*) $\lim\limits_{h \to 0} \dfrac{10^h - 1}{h}$.

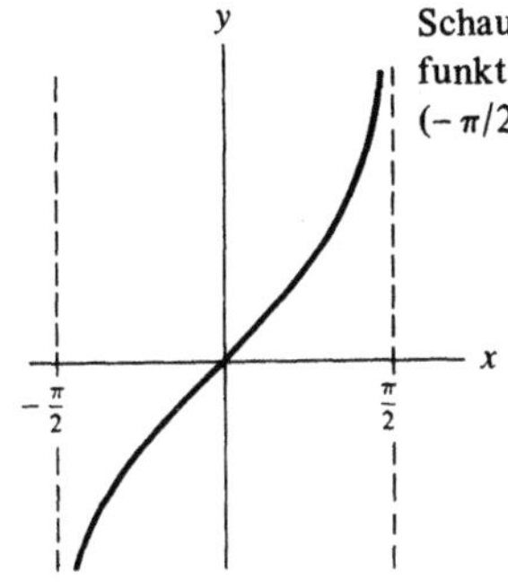

Schaubild der Tangensfunktion im Intervall $(-\pi/2; \pi/2)$

Bild 5.22

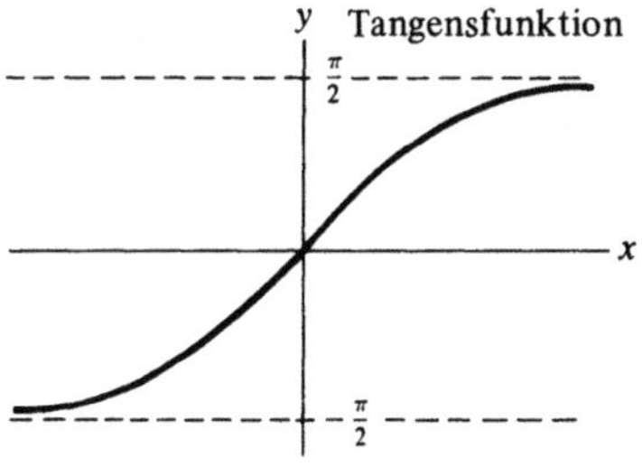

Schaubild der inversen Tangensfunktion

Bild 5.23

5.11 Die Ableitung der inversen trigonometrischen Funktionen

Die Ableitung von $\frac{1}{2} \ln (1 + x^2)$ lautet $x/(1 + x^2)$. Hingegen haben wir bis jetzt keine Funktion mit der Ableitung $1/(1 + x^2)$ kennengelernt. Genausowenig kennen wir eine Funktion mit der Ableitung $1/\sqrt{1 - x^2}$ oder $\sqrt{1 - x^2}$. Derartige Funktionen sind jedoch in der Integralrechnung sehr wichtig, wir werden sie daher in diesem Abschnitt behandeln und überraschenderweise mit den Inversen der trigonometrischen Funktionen identifizieren können.

Zunächst suchen wir eine Funktion mit der Ableitung $1/(1 + x^2)$. Wir betrachten die Funktion $y = \tan x$ im offenen Intervall $-\pi/2 < x < \pi/2$ (Bild 5.22). Steigt x in diesem Intervall an, so steigt auch $\tan x$ an: Die Funktion $\tan x$ ist im Definitionsbereich $(-\pi/2; +\pi/2)$ eineindeutig. Für $x \to \pi/2$ und $x \to -\pi/2$ wird $\tan x$ sehr groß.

Das Schaubild der Umkehrfunktion g erhält man aus dem Schaubild der Funktion $y = \tan x$ durch Spiegelung an der Geraden $y = x$ (Bild 5.23). Für sehr große x gilt $g(x) \to \pi/2$.

Die Umkehrung der Tangensfunktion wird Arcustangens-Funktion genannt und mit $\arctan x$ oder $\tan^{-1} x$ bezeichnet. $\arctan x$ ist nicht der Kehrwert von $\tan x$; dieser wird zur besseren Unterscheidung $\cot x$ oder $1/\tan x$ oder

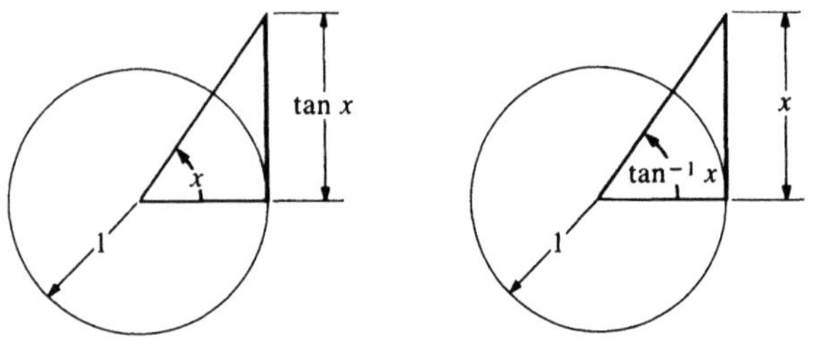

Bild 5.24

$(\tan x)^{-1}$ geschrieben. Beispielsweise folgt aus $\tan \pi/4 = 1$ sofort

$$\arctan 1 = \pi/4 \quad \text{oder} \quad \tan^{-1} 1 = \pi/4.$$

Der Definitionsbereich der arctan-Funktion umfaßt die gesamte x-Achse, für sehr große $|x|$ bewegt sich arctan in der Nähe von $\pi/2$ oder $-\pi/2$.

Häufig werden die Tangens- und Arcustangens-Funktionen auf dem Einheitskreis veranschaulicht (Bild 5.24).

Theorem 1:

$$D(\arctan x) = \frac{1}{1+x^2}.$$

Beweis: Sei $y = \arctan x$. Wir suchen dy/dx. Aus der Definition der inversen Tangensfunktion folgt $x = \tan y$. Man beachte $dx/dy = \sec^2 y$.

Wie im vorhergehenden Abschnitt finden wir

$$\frac{dx}{dx} = \frac{dx}{dy} \cdot \frac{dy}{dx}$$

$$1 = \sec^2 y \frac{dy}{dx}.$$

Es folgt

$$\frac{dy}{dx} = \frac{1}{\sec^2 y}$$

$$= \frac{1}{1+\tan^2 y}$$

$$= \frac{1}{1+x^2}.$$

Damit ist der Beweis abgeschlossen. ●

Beispiel 1: Man bestimme $D(\arctan \sqrt{x})$.

Lösung: Wir verwenden Theorem 1 und die Kettenregel. Sei $y = \arctan \sqrt{x}$; dann gilt $y = \arctan u$ mit $u = \sqrt{x}$. Weiter ergibt sich

$$\frac{dy}{dx} = \frac{dy}{du} \cdot \frac{du}{dx}$$

$$= \frac{d(\arctan u)}{du} \cdot \frac{d(\sqrt{x})}{dx}$$

$$= \frac{1}{1+u^2} \cdot \frac{1}{2\sqrt{x}}$$

$$= \frac{1}{1+x} \cdot \frac{1}{2\sqrt{x}}$$

$$= \frac{1}{2\sqrt{x}(1+x)}. \quad ●$$

Nun wenden wir uns der Umkehrung der Sinusfunktion zu.

Die Sinusfunktion ist nicht eineindeutig. So gilt $\sin(\pi/4) = \sqrt{2}/2 = \sin(3\pi/4)$. Beschränkt man hingegen den Definitionsbereich auf $[-\pi/2; \pi/2]$, so ergibt sich eine eineindeutige Funktion. Das Schaubild von $y = \sin x$ steigt von $x = -\pi/2$ bis $x = \pi/2$ an (Bild 5.25).

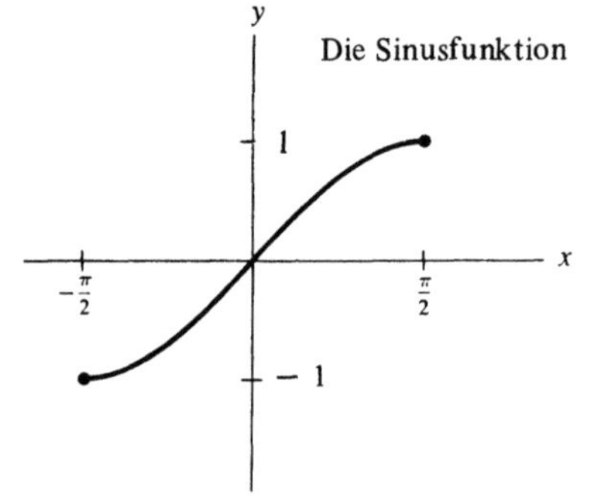

Bild 5.25

Die Umkehrfunktion wird Arcussinus genannt und mit $\arcsin x$ oder $\sin^{-1} x$ bezeichnet (Bild 5.26). Aus $\sin \pi/2 = 1$ erhalten wir

$$\text{arscin } 1 = \pi/2 \quad \text{oder} \quad \sin^{-1} 1 = \pi/2.$$

In Worten: „Der Sinus wird für den Winkel $\pi/2$ gleich 1".

Wiederum erhält man durch Darstellung am Einheitskreis eine anschauliche Interpretation (Bild 5.27). Man beachte

$$-\pi/2 \leqslant \arcsin x \leqslant \pi/2.$$

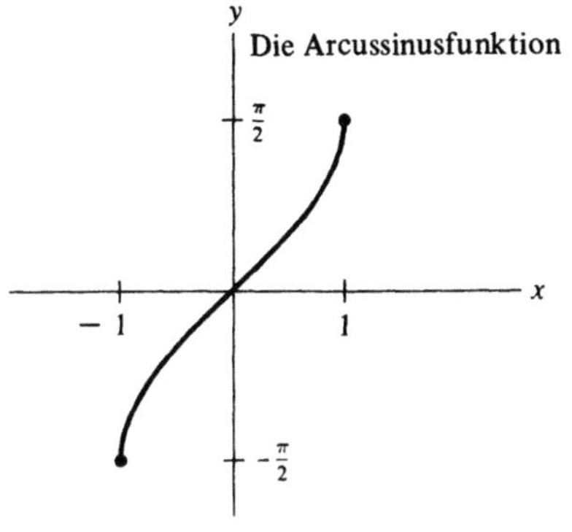

Bild 5.26

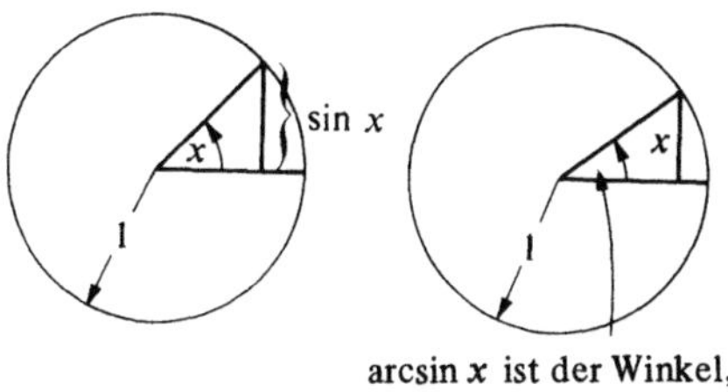

Bild 5.27

Der Beweis des nächsten Theorems verläuft wie für Theorem 1.

Theorem 2:

$$D(\arcsin x) = \frac{1}{\sqrt{1-x^2}}\ .$$

Beweis: Sei $y = \arcsin x$, d.h. $x = \sin y$. Dann gilt

$$\frac{dx}{dx} = \frac{d(\sin y)}{dx}$$

$$= \frac{d(\sin y)}{dy}\,\frac{dy}{dx} \qquad \text{oder} \qquad 1 = \cos y\,\frac{dy}{dx}$$

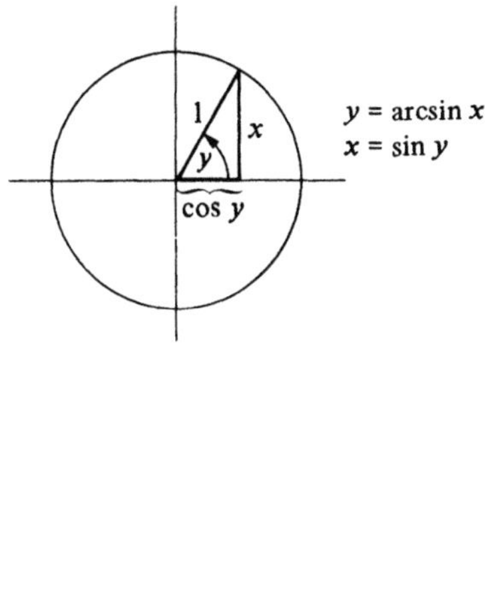

Bild 5.28

und schließlich

$$\frac{dy}{dx} = \frac{1}{\cos y}\,.$$

Um nun $\cos y$ durch x auszudrücken, tragen wir auf dem Einheitskreis den Wert $x = \sin y$ ein. Nach Bild 5.28 ist $\cos y$ für $-\pi/2 \leqslant y \leqslant \pi/2$ positiv und es gilt

$$\cos^2 y + x^2 = 1\,.$$

Daraus folgt $\cos y = \sqrt{1-x^2}$ (positive Quadratwurzel) und dy/dx erhält die Gestalt

$$\frac{dy}{dx} = \frac{1}{\sqrt{1-x^2}}\ .$$

Damit ist gezeigt:

$$\frac{d(\arcsin x)}{dx} = \frac{1}{\sqrt{1-x^2}}\ . \quad \bullet$$

Beispiel 2: Man bestimme die Ableitung von $\arcsin 3x/4$.

Lösung: Sei $y = \arcsin 3x/4$. Diese zusammengesetzte Funktion kann aufgelöst werden in

$$y = \arcsin u \quad \text{mit} \quad u = 3x/4.$$

Nun gilt

$$\frac{dy}{du} = \frac{1}{\sqrt{1-u^2}} \qquad \text{und} \qquad \frac{du}{dx} = \frac{3}{4}\,.$$

Wir erhalten weiter

$$\frac{dy}{dx} = \frac{dy}{du}\cdot\frac{du}{dx}$$

$$= \frac{1}{\sqrt{1-u^2}}\cdot\frac{3}{4}$$

$$= \frac{1}{\sqrt{1-(3x/4)^2}}\cdot\frac{3}{4}$$

$$= \frac{\sqrt{16}}{\sqrt{16-9x^2}}\cdot\frac{3}{4}$$

$$= \frac{3}{\sqrt{16-9x^2}}\,. \quad \bullet$$

Beispiel 3: Man differenziere $x\sqrt{1-x^2} + \arcsin x$.

Lösung:

$$\frac{d(x\sqrt{1-x^2} + \arcsin x)}{dx} = \frac{d(x\sqrt{1-x^2})}{dx} + \frac{d(\arcsin x)}{dx}$$

$$= \frac{x\,d(\sqrt{1-x^2})}{dx} + \sqrt{1-x^2}\,\frac{dx}{dx} + \frac{1}{\sqrt{1-x^2}}$$

$$= x \cdot \frac{1}{2}\,\frac{-2x}{\sqrt{1-x^2}} + \sqrt{1-x^2} + \frac{1}{\sqrt{1-x^2}}$$

$$= \frac{-x^2}{\sqrt{1-x^2}} + \sqrt{1-x^2} + \frac{1}{\sqrt{1-x^2}}$$

$$= \frac{1-x^2}{\sqrt{1-x^2}} + \sqrt{1-x^2}$$

$$= \sqrt{1-x^2} + \sqrt{1-x^2}$$

$$= 2\sqrt{1-x^2}.$$

Auch diese Ableitung ist wesentlich einfacher als die zugehörige Funktion. ●

Wiewohl $\arctan x$ und $\arcsin x$ die häufigsten inversen trigonometrischen Funktionen sind, tritt auch die Inverse der Sekansfunktion gelegentlich auf. Man erinnere sich an die Definition der Sekansfunktion aus Abschnitt 5.6:

$$\sec x = 1/\cos x.$$

Aus $|\cos x| \leqslant 1$ folgt $|\sec x| \geqslant 1$. Für kleine $\cos x$ nimmt $\sec x$ große Werte an. Das Schaubild von $y = \sec x$ ist in Bild 5.29 dargestellt. $\sec x$ besitzt wie $\cos x$ die Periode 2π.

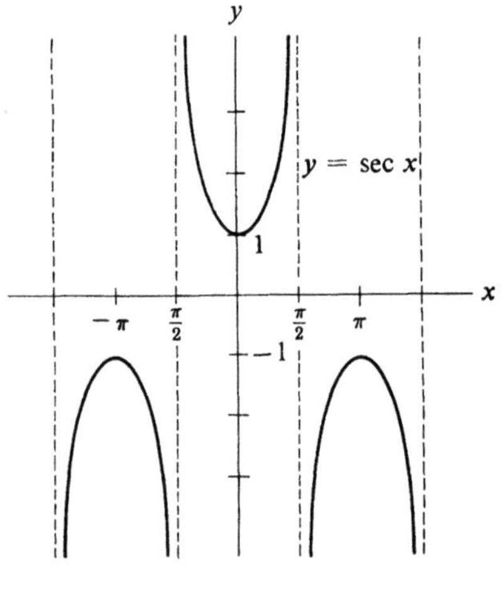

Bild 5.29

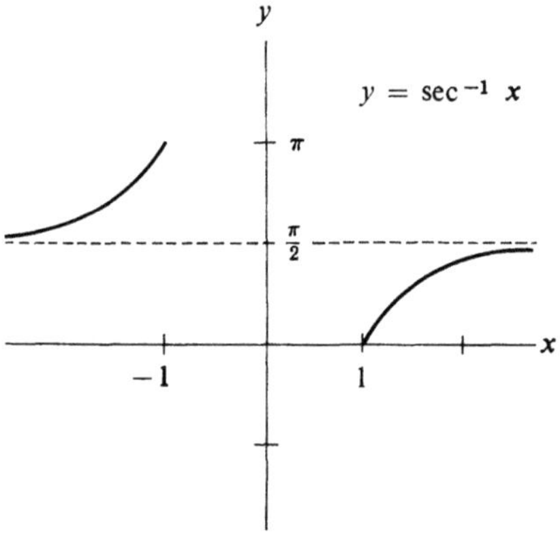

Bild 5.30

Wird x auf die Werte zwischen Null und π beschränkt, so ist $\sec x$ eine eineindeutige Funktion und besitzt daher eine Umkehrfunktion, die wir mit $\sec^{-1} x$ bezeichnen. Ihr Schaubild zeigt Bild 5.30. $\sec^{-1} x$ ist nur für Werte von $x \geqslant 1$ oder $x \leqslant -1$ definiert. Um etwa $y = \sec^{-1} 2$ zu berechnen, hätte man folgendermaßen vorzugehen:

$$\begin{aligned} y &= \text{Winkel, dessen Sekans} = 2 \\ &= \text{Winkel, dessen Kosinus} = \tfrac{1}{2} \\ &= \pi/3 \end{aligned}$$

oder

$$\sec^{-1} 2 = \frac{\pi}{3}.$$

Theorem 3:

$$D(\sec^{-1} x) = \frac{1}{|x|\sqrt{x^2-1}}$$

für $|x| > 1$.

Beweis: Sei $y = \sec^{-1} x$. Dann gilt

$$x = \sec y$$

und

$$\frac{dx}{dx} = \frac{dx}{dy} \cdot \frac{dy}{dx}$$

oder

$$1 = \sec y \tan y \frac{dy}{dx}.$$

Daraus folgt

$$\frac{dy}{dx} = \frac{1}{\sec y \tan y} = \frac{1}{x \tan y}.$$

Nun müssen wir nur noch $\tan y$ durch x ausdrücken. Aus

$$\sec^2 y = 1 + \tan^2 y$$

oder

$$x^2 = 1 + \tan^2 y$$

ergibt sich

$$\tan y = \pm\sqrt{x^2 - 1} \quad \text{für } |x| > 1.$$

Welches Vorzeichen soll nun gewählt werden? Für $x > 1$ bewegt sich $y = \sec^{-1} x$ im Bereich von $(0; \pi/2)$, $\tan y$ ist positiv. Für $x < -1$ liegt $y = \sec^{-1} x$ im Bereich $(\pi/2; \pi)$ und $\tan y$ ist negativ. In beiden Fällen ist jedoch das Produkt $x \cdot \tan y$ positiv und es folgt

$$\frac{dy}{dx} = \frac{1}{|x|\sqrt{x^2 - 1}}.$$

(Die Ableitung von $y = \sec^{-1} x$ ist in Übereinstimmung mit dem Schaubild immer positiv; die Tangenten steigen immer nach rechts an.) ●

Beispiel 4: Man differenziere $y = \sec^{-1} 5x$.

Lösung: Wir verwenden die Kettenregel. Es gilt $y = \sec^{-1} u$ mit $u = 5x$. Wir erhalten

$$\frac{dy}{dx} = \frac{1}{|u|\sqrt{u^2 - 1}} \cdot 5$$

$$= \frac{1}{|5x|\sqrt{25x^2 - 1}} \cdot 5$$

$$= \frac{1}{|5||x|\sqrt{25x^2 - 1}} \cdot 5$$

$$= \frac{1}{|x|\sqrt{25x^2 - 1}}. \quad ●$$

Die Umkehrfunktionen der restlichen drei trigonometrischen Funktionen $\cos x$, $\cot x$ und $\operatorname{cosec} x$ werden selten benötigt. Sie können wie folgt definiert werden:

$$\arccos x = \frac{\pi}{2} - \arcsin x,$$

$$\operatorname{arccot} x = \frac{\pi}{2} - \arctan x,$$

$$\operatorname{cosec}^{-1} x = \arcsin \frac{1}{x}.$$

Gelegentlich wird die Relation

$$\frac{d(\arccos x)}{dx} = \frac{-1}{\sqrt{1 - x^2}}$$

benötigt.

Übungen:

1. Man zeichne das Bild eines Kreises mit dem Radius 10 cm und schätze mit Zentimetermaßstab und Winkelmesser folgende Größen:

   (*a*) arctan 1,5 (*b*) arctan 0,7
   (*c*) arctan (− 1,2) (*d*) arcsin 0,4
   (*e*) arcsin (− 0,5) (*f*) arcsin 0,8.

   Gibt der Winkelmesser Gradmaß, so soll die Antwort auf Bogenmaß umgerechnet werden (Division durch 57 entspricht ungefähr $180/\pi$).

2. Man berechne

   (*a*) arcsin 1 (*b*) arctan 1
   (*c*) $\arcsin(-\sqrt{3}/2)$ (*d*) $\arctan(-\sqrt{3})$
   (*e*) $\sec^{-1}\sqrt{2}$.

In den Übungen 3 bis 8 ist der entsprechende Ausdruck numerisch anzugeben. Eine Skizze des Einheitskreises oder eines entsprechenden rechtwinkligen Dreiecks ist nützlich.

3. $\sin(\arctan 1)$
4. $\tan[\arcsin(\sqrt{3}/2)]$
5. $\tan(\sec^{-1} 2)$
6. $\sin(\arcsin 0{,}3)$
7. $\tan[\arcsin(-\sqrt{2}/2)]$
8. $\sin(\arctan 0)$

In den Übungen 9 bis 20 sind die angegebenen Funktionen zu differenzieren.

9. $\arcsin 5x$
10. $\arcsin e^{-x}$
11. $\arctan 3x$
12. $\arctan \sqrt[3]{x}$
13. $\sec^{-1} 3x$
14. $-\frac{1}{3}\arcsin\frac{3}{x}$
15. $\frac{x}{2}\sqrt{2 - x^2} + \arcsin x\sqrt{\frac{1}{2}}$
16. $\sqrt{3x^2 - 1} - \arctan\sqrt{3x^2 - 1}$
17. $\frac{2}{5}\sec^{-1}\sqrt{3x^5}$
18. $\frac{1}{2}\left[(x - 3)\sqrt{6x - x^2} + 9\arcsin\frac{x - 3}{3}\right]$
19. $\sqrt{1 + x}\sqrt{2 - x} - 3\arcsin\sqrt{(2 - x)/3}$
20. $\arcsin x - \sqrt{1 - x^2}$

■

In den Übungen 21 bis 23 sind die angegebenen Funktionen zu differenzieren. (Völlig verschiedene Funktionen besitzen oft sehr ähnliche Ableitungen.)

21. (*a*) $\ln(x + \sqrt{x^2 - 9})$,
(*b*) $\arcsin x/3$.

22. (*a*) $-\frac{1}{5} \ln \frac{5 + \sqrt{25 - x^2}}{x}$,
(*b*) $-\frac{1}{5} \arcsin \frac{5}{x}$.

23. (*a*) $\ln \frac{\sqrt{2x^2 + 1} - 1}{x}$,
(*b*) $\sec^{-1} x\sqrt{2}$.

In den Übungen 24 bis 26 sind die angegebenen Funktionen zu differenzieren. In jedem der angegebenen Fälle hat die Ableitung eine sehr einfache Gestalt.

24. $x \arcsin 3x + \frac{1}{3}\sqrt{1 - 9x^2}$

25. $x(\arcsin 2x)^2 - 2x + \sqrt{1 - 4x^2} \arcsin 2x$

26. $x \arctan 5x - \frac{1}{10} \ln(1 + 25x^2)$

27. (*a*) Man zeichne das Schaubild von $y = \arccos x$.
(*b*) Man zeige $(\arccos x)' = -1/\sqrt{1 - x^2}$.

■■

28. Man zeige $\arctan \frac{1}{2} + \arctan \frac{1}{3} = \frac{\pi}{4}$.

5.12 Zusammenfassung

Wir haben in diesem Kapitel Verfahren zur Berechnung der Ableitung der Funktionen hergeleitet, die durch Addition, Subtraktion, Multiplikation, Division und Zusammensetzung aus den Funktionen x^a, den trigonometrischen Funktionen und ihrer Umkehrungen sowie den Exponential- und Logarithmusfunktionen aufgebaut werden können. Solche Funktionen nennt man elementare Funktionen. Sie treten in vielen Problemen der Infinitesimalrechnung auf. Wie die verschiedenen Verfahren dieses Kapitels gezeigt haben, ist die Ableitung einer elementaren Funktion wieder eine elementare Funktion.

Begriffe und Symbole

$\frac{dy}{dx}, \frac{df}{dx}, D(f), y'$

Zusammengesetzte Funktion

$f \circ g$

Kettenregel

Logarithmus

eineindeutige Funktion

Umkehrung einer eineindeutigen Funktion f^{-1}

$\arcsin x$

$\arctan x$

$\sec^{-1} x$

Wichtige Ergebnisse

Die folgende Tabelle faßt dieses Kapitel zusammen und weist auf bestimmte Funktionen hin.

f	Ableitung von f	Kommentar
Konstante Funktion (c)	0	
x^a	ax^{a-1}	
$\sqrt{x}$	$\frac{1}{2\sqrt{x}}$	
$\frac{1}{x}$	$\frac{-1}{x^2}$	
$\sqrt{1 + x^2}$	$\frac{x}{\sqrt{1 + x^2}}$	
$\sin x$	$\cos x$	
$\cos x$	$-\sin x$	Man beachte das Minuszeichen
$\tan x$	$\sec^2 x$	
$\sec x$	$\sec x \tan x$	
$\operatorname{cosec} x$	$-\operatorname{cosec} x \cot x$	nicht üblich
$\cot x$	$-\operatorname{cosec}^2 x$	nicht üblich
$\ln \lvert x \rvert$	$\frac{1}{x}$	
$\log_{10} \lvert x \rvert$	$\frac{\log_{10} e}{x}$	nicht üblich
$\log_a \lvert x \rvert$	$\frac{\log_a e}{x}$	nicht üblich
e^x	e^x	
e^{kx}	$k e^{kx}$	
e^{-x}	$-e^{-x}$	
a^x	siehe Kommentar	Diese Formel für $d(a^x)/dx$ muß nicht eingeprägt werden. Es ist besser, a^x als $e^{(\ln a)x}$ zu schreiben und dann zu differenzieren.
$\arcsin x$	$\frac{1}{\sqrt{1 - x^2}}$	
$\arctan x$	$\frac{1}{1 + x^2}$	
$\sec^{-1} x$	$\frac{1}{\lvert x \rvert \sqrt{x^2 - 1}}$	

Aus der Kettenregel sowie einigen der oben angewendeten Formeln ergeben sich die folgenden Vorschriften für die differenzierbare Funktion $u(x)$

$$\frac{d(1/u)}{dx} = -\frac{1}{u^2}\frac{du}{dx}$$

$$\frac{d(\sin u)}{dx} = \cos u \frac{du}{dx}$$

$$\frac{d(\cos u)}{dx} = -\sin u \frac{du}{dx}$$

$$\frac{d(\tan u)}{dx} = \sec^2 u \frac{du}{dx}$$

$$\frac{d(\sec u)}{dx} = \sec u \tan u \frac{du}{dx}$$

$$\frac{d(\cot u)}{dx} = -\operatorname{cosec}^2 u \frac{du}{dx}$$

$$\frac{d(\operatorname{cosec} u)}{dx} = -\operatorname{cosec} u \cot u \frac{du}{dx}$$

$$\frac{d(\ln |u|)}{dx} = \frac{1}{u}\frac{du}{dx}$$

$$\frac{d(e^u)}{dx} = e^u \frac{du}{dx}$$

$$\frac{d(\arcsin u)}{dx} = \frac{1}{\sqrt{1-u^2}}\frac{du}{dx}$$

$$\frac{d(\arctan u)}{dx} = \frac{1}{1+u^2}\frac{du}{dx}$$

$$\frac{d(\sec^{-1} u)}{dx} = \frac{1}{|u|\sqrt{u^2-1}}\frac{du}{dx}$$

Regeln zur Berechnung von Ableitungen

$$(f+g)' = f' + g'$$

$$(cf)' = cf'$$

$$(fg)' = fg' + gf'$$

$$\left(\frac{1}{f}\right)' = \frac{-f'}{f^2}$$

$$\left(\frac{f}{g}\right)' = \frac{gf' - fg'}{g^2}$$

Bei Verwendung der Formel

$$\left(\frac{f}{g}\right)' = \frac{gf' - fg'}{g^2}$$

beachte man das Minuszeichen im Zähler. Man schreibe zuerst den Faktor g^2 im Nenner und dann sofort das g aus dem Term gf' des Zählers. Der Rest des Zählers ist dann sehr leicht zu ergänzen.

Am wichtigsten für alle Anwendungen ist die Kettenregel: Wenn

$$y = f(u) \qquad \text{und} \qquad u = g(x),$$

dann gilt

$$\frac{dy}{dx} = \frac{dy}{du}\frac{du}{dx}.$$

Testaufgaben zu Kapitel 5 (Rechnungen)

1. Man differenziere $1/\sqrt{x}$ auf drei verschiedene Arten:
   (*a*) x^a und Differentiation,
   (*b*) Darstellung durch $(1/f)' = -f'/f^2$.
   (*c*) Mit der Formel für $(f/g)'$.
2. Man differenziere:
   (*a*) $(x^3 + x)^6$, (*b*) $\frac{(\sin 2x)^3}{x^4}$,
   (*c*) $x^3 \ln(x^2)$, (*d*) $\sec^5 3x$.
3. Man differenziere:
   (*a*) $\sqrt{1+x^3}$, (*b*) $\cos^2 3x$,
   (*c*) e^{-3x}, (*d*) $\arcsin 3x$,
   (*e*) 5^{x^2}, (*f*) $\sqrt{x^3}$.
4. Man differenziere:
   (*a*) $\frac{e^x(\sin 2x - 2\cos 2x)}{5}$,
   (*b*) $x \arcsin x + \sqrt{1-x^2}$,
   (*c*) $x \arctan x - \frac{1}{2}\ln(1+x^2)$,
   (*d*) $\sec^{-1} 3x \cdot \sec 3x$.
5. Man berechne:
   (*a*) $\arctan(-1)$, (*b*) $\arctan\sqrt{3}$,
   (*c*) $\arcsin(\frac{1}{2})$, (*d*) $\sec^{-1}(-2)$,
   (*e*) $\sec^{-1}(-1)$, (*f*) $\arcsin(-1)$.

Testaufgaben zu Kapitel 5 (Begriffe)

1. Mit Hilfe der Definition der Ableitung und der Grenzwerte

$$\lim_{h\to 0}\frac{\sin h}{h} \quad \text{und} \quad \lim_{h\to 0}\frac{1-\cos h}{h},$$

zeige man

$$\frac{d(\cos x)}{dx} = -\sin x.$$

2. (*a*) Man beweise $\lg x = (\lg e) \cdot \ln x$ ausgehend von $x = e^{\ln x}$.
   (*b*) Man verwende (*a*) und die Formel für $(\ln x)'$, um $(\lg x)'$ zu finden.
3. Man berechne
   (*a*) $\lim\limits_{x \to 2} \dfrac{e^x - e^2}{x - 2}$, (*b*) $\lim\limits_{h \to 0} \dfrac{10^h - 1}{h}$.
4. Man zeige, daß
   (*a*) $(f + g)' = f' + g'$, (*b*) $(fg)' = fg' + gf'$.
5. (*a*) Man beweise für $f(x) = x^3$ und $g(x) = x^2$, $f \circ g = g \circ f$.
   (*b*) Man zeige für $f(x) = x^3$ und $g(x) = 1 + x^2$, $f \circ g \neq g \circ f$.
6. (*a*) Warum verwendet man in der Infinitesimalrechnung das Bogenmaß?
   (*b*) Warum verwendet man in der Infinitesimalrechnung die Basis e für den Logarithmus?
   (*c*) Warum verwendet man in der Infinitesimalrechnung die Basis e für die Exponentialfunktion?
7. Sei $f(x)$ die Mutter von x und sei $g(x)$ der Vater von x.
   (*a*) Was ist $(f \circ f)(x)$?
   (*b*) Was ist $(f \circ g)(x)$?
   (*c*) Was ist $(g \circ f)(x)$?
   (*d*) Wenn $f(x_1) = f(x_2)$ und $g(x_1) = g(x_2)$ gilt, wie nennt man dann x_1 und x_2?
   (*e*) Wenn $(f \circ f)(x_1) = (f \circ f)(x_2)$, aber $f(x_1) \neq f(x_2)$ gilt, wie werden dann x_1 und x_2 genannt. Es sei $x_1 \neq x_2$.
8. Wie lauten die Umkehrungen der folgenden Funktionen?
   (*a*) $\ln x$, (*b*) e^x,
   (*c*) x^3, (*d*) $3x$,
   (*e*) $\sqrt[3]{x}$, (*f*) $\sin^{-1} x$.
9. Sei $y = x^{1/5}$; dies ist die Umkehrung der Funktion x^5. Man zeige $dy/dx = (1/5)x^{-4/5}$.
10. Die folgende Tabelle enthält die Werte von f, g, f' und g' für $x = 1$ und $x = 2$.

x	$f(x)$	$g(x)$	$f'(x)$	$g'(x)$
1	2	2	4	5
2	5	7	9	3

   Mit Hilfe dieser Zahlenwerte bestimme man, wenn möglich,
   (*a*) $(f + g)'$ für $x = 2$, (*d*) $(g \circ f)'$ für $x = 1$,
   (*b*) $(f/g)'$ für $x = 1$, (*e*) $(f^2)'$ für $x = 2$.
   (*c*) $(f \circ g)'$ für $x = 1$,
11. Man beweise
   (*a*) $D(\arcsin x) = 1/\sqrt{1 - x^2}$
   (*b*) $D(e^x) = e^x$
   (*c*) $D(\arctan x) = 1/(1 + x^2)$

Übungen zu Kapitel 5

Man differenziere die Funktionen in den Übungen 1 bis 23.

1. $6x^2 + 3x - 1$
2. $(x^2 + 1)\sin 2x$
3. $\dfrac{\sin^2 x}{\ldots}$
4. $\left(\dfrac{x^3 - 2x}{\ldots}\right)^2$
5. $e^{-3x}\cos 2x$
6. $(2x + 1)^5$
7. (*a*) $\ln(x^3(1 - 2x)^5)$.
   (*b*) $\ln \sqrt[3]{\cos x}$. (Zuerst nach den logarithmischen Rechenregeln vereinfachen!)
8. $\dfrac{1}{\sqrt{x}}$
9. $\dfrac{1}{3}\arctan\dfrac{x}{3}$
10. $\sqrt[3]{2x}$
11. $\sqrt{\sin x}$
12. $\cos\sqrt{x}$
13. $\ln(x + \sqrt{x^2 + 1})$
14. $x\sqrt{1 + 3x^2}$
15. $\dfrac{\sin^3 2x}{x^2 + x}$
16. $e^{-x}\tan x^2$
17. $e^{-x}\arctan x^2$
18. $\ln|\sec x + \tan x|$
19. $(e^{x^2})^3$
20. $5^{\cos x}$
21. $\arcsin 2x$
22. $\operatorname{cosec} 3x$
23. $\lg(x^2 + 1)$

In den Übungen 24 bis 29 seien a, b und c Konstante. Man beweise, daß die Ableitung der Funktion in der linken Spalte gleich der Funktion in der rechten Spalte ist.

	Funktion	Ableitung	
24.	$\frac{1}{2}[x\sqrt{x^2 + a^2} + a^2\ln(x + \sqrt{x^2 + a^2})]$	$\sqrt{x^2 + a^2}$	
25.	$\frac{1}{2}\left(x\sqrt{a^2 - x^2} + a^2\arcsin\frac{x}{a}\right)$	$\sqrt{a^2 - x^2}$	
26.	$\ln(x + \sqrt{x^2 + a^2})$	$1/\sqrt{x^2 + a^2}$	
27.	$\frac{1}{2}[x\sqrt{x^2 - a^2} - a^2\ln(x + \sqrt{x^2 - a^2})]$	$\sqrt{x^2 - a^2}$	
28.	$-\frac{1}{a}\arcsin\frac{a}{x}$	$\frac{1}{x\sqrt{x^2 - a^2}}$	
29.	$\frac{1}{2a}\ln\frac{a + x}{a - x}$	$\frac{1}{a^2 - x^2}$	
30.	$\frac{1}{a}\arctan\frac{x}{a}$	$\frac{1}{a^2 + x^2}$	
31.	$\frac{x}{2}\sqrt{ax^2 + c} + \left(\frac{c}{2\sqrt{a}}\right)\ln(x\sqrt{a} + \sqrt{ax^2 + c})$	$\sqrt{ax^2 + c}$	$a > 0$
32.	$\frac{x}{2}\sqrt{ax^2 + c} + \frac{c}{2\sqrt{-a}}\arcsin\left(x\sqrt{\frac{-a}{c}}\right)$	$\sqrt{ax^2 + c}$	$a < 0$
33.	$\sqrt{ax^2 + c} + \sqrt{c}\ln\frac{\sqrt{ax^2 + c} - \sqrt{c}}{x}$	$\frac{\sqrt{ax^2 + c}}{x}$	$c > 0$
34.	$\sqrt{ax^2 + c} - \sqrt{-c}\arctan\frac{\sqrt{ax^2 + c}}{\sqrt{-c}}$	$\frac{\sqrt{ax^2 + c}}{x}$	$c < 0$
35.	$\frac{1}{\sqrt{b^2 - 4ac}}\ln\frac{2ax + b - \sqrt{b^2 - 4ac}}{2ax + b + \sqrt{b^2 - 4ac}}$	$\frac{1}{ax^2 + bx + c}$	$b^2 > 4ac$
36.	$\frac{2}{\sqrt{b^2 - 4ac}}\arctan\frac{2ax + b}{\sqrt{4ac - b^2}}$	$\frac{1}{ax^2 + bx + c}$	$b^2 < 4ac$
37.	$-\frac{2}{2ax + b}$	$\frac{1}{ax^2 + bx + c}$	$b^2 = 4ac$
38.	$\frac{x}{2} - \frac{\sin 2ax}{4a}$	$\sin^2 ax$	
39.	$-\frac{1}{a}\cos ax + \frac{1}{3a}\cos^3 ax$	$\sin^3 ax$	

40.	$-\frac{1}{a}\ln\cos ax$	$\tan ax$
41.	$\frac{x}{8}-\frac{\sin 4ax}{32a}$	$\sin^2 ax\cos^2 ax$
42.	$\frac{1}{a}\tan ax - x$	$\tan^2 ax$
43.	$\frac{1}{2a}\tan^2 ax + \frac{1}{a}\ln\cos ax$	$\tan^3 ax$
44.	$-\frac{1}{2a}\cot^2 ax - \frac{1}{a}\ln\sin ax$	$\cot^3 ax$
45.	$\frac{1}{a^2}\sin ax - \frac{1}{a}x\cos ax$	$x\sin ax$
46.	$\frac{x^2}{4}-\frac{x\sin 2ax}{4a}-\frac{\cos 2ax}{8a^2}$	$x\sin^2 ax$
47.	$\frac{1}{ab}[ax-\ln(b+ce^{ax})]$	$\frac{1}{b+ce^{ax}}$
48.	$x(\ln ax)^2 - 2x\ln ax + 2x$	$(\ln ax)^2$
49.	$\frac{x^2}{2}\arcsin ax - \frac{1}{4a^2}\arcsin ax + \frac{x}{4a}\sqrt{1-a^2x^2}$	$x\arcsin ax$

50. Man beweise $\sec^{-1}x = \arccos(1/x)$. (Dies wird gelegentlich auch als Definition für $\sec^{-1}x$ verwendet.)

51. Sei $f(x) = e^x + e^{-x}$. Man bestimme $(f^{-1})'$ für $e + e^{-1}$.

Man stelle jeden der Grenzwerte in den Übungen 52 bis 55 als Ableitung dar und berechne ihn.

52. $\lim\limits_{x_1\to 2}\frac{(1+x_1^2)^3-125}{x_1-2}$ 53. $\lim\limits_{x_1\to 3}\frac{\ln(1+2x_1)-\ln 7}{x_1-3}$

54. $\lim\limits_{h\to 0}\frac{e^{(3+h)^2}-e^9}{h}$ 55. $\lim\limits_{\Delta x\to 0}\frac{\sin\sqrt{3+\Delta x}-\sin\sqrt{3}}{\Delta x}$

56. Die Ableitung von $2^{3x}5^{7x}$ ist proportional zu $2^{3x}5^{7x}$. Man zeige dies!

57. Man gebe ein Beispiel für eine Funktion mit der Ableitung
(*a*) $1/x^3$, (*b*) $1/x^2$, (*c*) $1/x$.

58. Man gebe ein Beispiel einer Funktion mit der Ableitung
(*a*) e^x, (*b*) 10^x, (*c*) $1/(1+x^2)$, (*d*) $x/(1+x^2)$.

59. In jeder der angegebenen Funktionen sei y eine differenzierbare Funktion von x. Man stelle die Ableitung hinsichtlich x durch y und dy/dx dar.
(*a*) y^3, (*b*) $\cos y$, (*c*) e^y, (*d*) $1/y$.

60. (*a*) Man berechne die Ableitung von $y = \sqrt{9+x^2}$ für $x = 4$.
(*b*) Man bestimme den Anstieg der Tangente an die Kurve $y = \sqrt{9+x^2}$ im Punkt (4; 5).
(*c*) Man bestimme die Geschwindigkeit eines Teilchens zur Zeit $t = 4$, dessen Lage y auf einer Gerade zur Zeit t durch $y = \sqrt{9+t^2}$ gegeben ist.

61. Man bestimme $\lim\limits_{h\to 0}\frac{f(x+h)-f(x)}{h}$ für $x = 9$ und $f(x) = \arctan\sqrt{x}$.

62. Man bestimme $\lim\limits_{x_1\to 2}\frac{f(x_1)-f(2)}{x_1-2}$ für $f(x) = \sqrt{1+4x}$.

63. Man betrachte das Bild einer Funktion f (Bild 5.31). Die Funktion f besitze eine Umkehrfunktion g. Man berechne:
(*a*) $f(1)$, (*b*) $f(3)$, (*c*) $g(1)$, (*d*) $g(2)$, (*e*) $g(3)$.

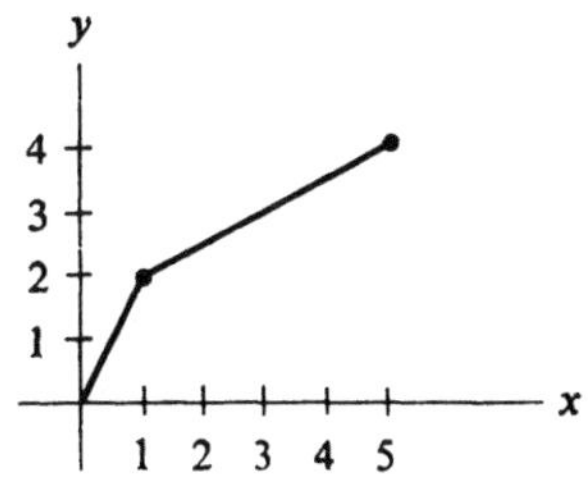

Bild 5.31

■■

64. Sei f für alle positiven Werte x definiert. Es gelte für alle positiven Werte x und y stets $f(x/y) = f(x) - f(y)$. Desgleichen sei $f' = 1$ für $x = 1$. Man zeige
(*a*) $f(1) = 0$; (*b*) $f(1/x) = -f(x)$;
(*c*) $f(xy) = f(x) + f(y)$;
(*d*) f besitzt für jedes positive x eine Ableitung und diese ist gleich $1/x$.
(*e*) Welche bekannte Funktion f genügt der Gleichung $f(x/y) = f(x) - f(y)$?

65. Man definiere $f(x)$ als $x^2\sin 1/x$ für $x \neq 0$ und $f(0)$ als Null.
(*a*) Man zeige, daß f an der Stelle Null eine Ableitung besitzt, nämlich Null. (Man berechne
$$\lim_{h\to 0}\frac{f(h)-f(0)}{h}.)$$
(*b*) Man zeige, daß f für $x \neq 0$ eine Ableitung besitzt.
(*c*) Man zeige, daß die Ableitung von f bei $x = 0$ nicht stetig ist.

66. Was ist an dem folgenden Beweis der „Gleichung“ 2 = 1 falsch: x^2 kann als $x^2 = x\cdot x = x + x + \ldots + x$ (x mal) geschrieben werden. Differentiation hinsichtlich x gibt die Gleichung $2x = 1 + 1 + \ldots + 1$ (x Einser). Daraus folgt $2x = x$. Setzt man $x = 1$, so erhält man $2 = 1$.

67. Der Quotient $\log_2 3/\log_2 7$ ist irrational. Man zeige dies!

68. Das Schaubild 5.32 zeigt die Tangente an die Kurve $y = e^x$ in einem Punkt (x_0, y_0). Man bestimme die Länge der Strecke AB.

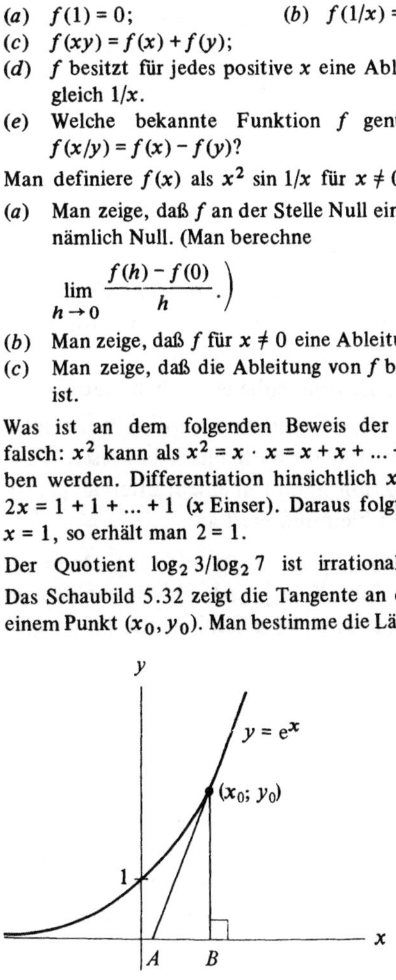

Bild 5.32

6 Anwendungen der Ableitung

Im Abschnitt 1.1 wurde die Geschwindigkeit eines fallenden Steines untersucht und gleichzeitig das Konzept der Ableitung plausibel gemacht. In Kapitel 2 wurde der Begriff der Funktionen und in Kapitel 3 die formale Definition der Ableitung eingeführt. Geschwindigkeit, Anstieg, Vergrößerung und Dichte waren verschiedene einfache Anwendungen der Ableitung einer Funktion. Mit Hilfe der in Kapitel 4 entwickelten Grenzwerte wurden in Kapitel 5 elementare Funktionen differenziert, die durch Addition, Subtraktion, Multiplikation, Division sowie Zusammensetzung aus x^n, der Exponential- und Logarithmusfunktion und den trigonometrischen Funktionen aufgebaut sind. Alle diese Begriffe sollen nun weiter auf die graphische Darstellung von Funktionen, die Bestimmung von Extremwerten und die Untersuchung von Wachstums- und Zerfallsraten angewendet werden.

6.1 Der Satz von Rolle

Die nächsten zwei Abschnitte beschäftigen sich mit dem sogenannten *Mittelwertsatz* der Differentialrechnung. Er folgt aus einigen einfacheren Theoremen, die wir später auch in anderem Zusammenhang noch benötigen werden.

Das erste dieser Theoreme wird in weiterführenden Vorlesungen über höhere Mathematik bewiesen. Es lautet: Eine stetige Funktion nimmt in einem Intervall $[a; b]$ einen größten und einen kleinsten Wert an.

Satz vom Maximum: f sei stetig in $[a; b]$. Dann existiert mindestens eine Zahl X in $[a; b]$, für die f einen größten Wert annimmt; für diese eine Zahl X aus $[a; b]$ gilt dann

$$f(X) \geqslant f(x) \quad \text{für alle } x \text{ aus } [a; b].$$

In analoger Weise nimmt f irgendwo in diesem Intervall seinen minimalen Wert an.

Man kann sich sehr leicht von der Plausibilität dieses Satzes überzeugen, wenn man die Darstellung einer stetigen Funktion betrachtet (Bild 6.1). Während der Bleistift die Skizze von einem Endpunkt des Graphen zum anderen entlang fährt, durchläuft er einmal einen höchsten und einmal einen niedrigsten Punkt.

Während der Bleistift das Schaubild einer stetigen Funktion von einem Punkt zum anderen durchläuft, passiert er einen größten und einen kleinsten Wert der Funktion

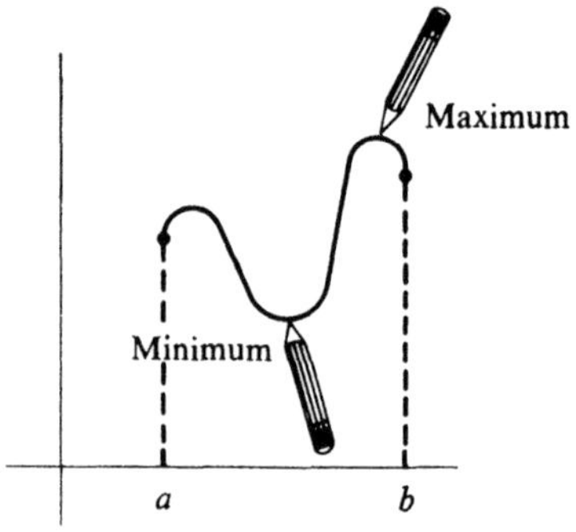

Bild 6.1

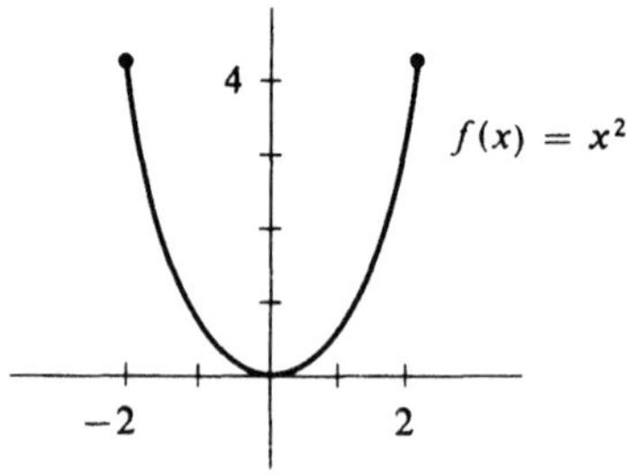

Bild 6.2

Beispiel 1: Sei $f(x) = x^2$ und $[a; b] = [-2; 2]$. Man bestimme alle Zahlen X, die den Aussagen des Satzes vom Maximum entsprechen.

Lösung: Der Maximalwert von $f(x)$ für x aus $[-2; 2]$ beträgt 4. Als Stelle X kann daher sowohl 2 als auch -2 genommen werden (Bild 6.2). •

Das nächste Beispiel zeigt uns, daß der Satz vom Maximum nur in abgeschlossenen Intervallen gilt. Wir untersuchen eine Funktion, die nur in einem offenen Intervall stetig ist und dort daher auch keinen maximalen Wert zu besitzen braucht.

Beispiel 2: Sei $f(x) = 1/(1-x^2)$ und $(a; b)$ das offene Intervall $(-1; 1)$. Man zeige, daß f für x aus $(a; b)$ keinen Maximalwert besitzt.

Lösung: Für x in der Nähe von 1 wird $f(x)$ beliebig groß, da dort der Nenner $1-x^2$ sehr klein ist. Den Graph von f

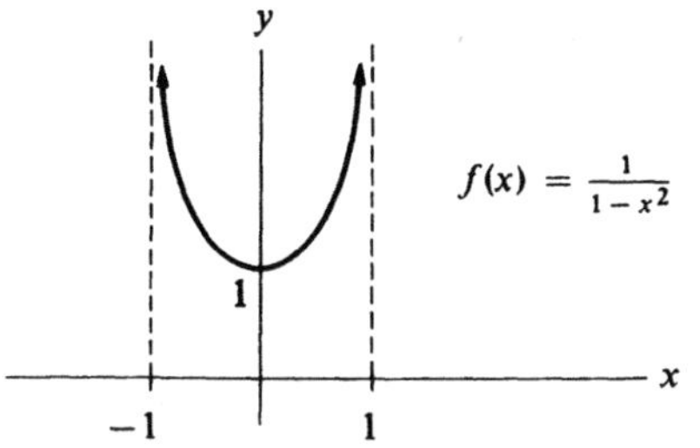

Bild 6.3

für x aus $(-1;1)$ zeigt Bild 6.3. Diese Funktion ist im offenen Intervall $(-1;1)$ stetig, es existiert dort jedoch keine Zahl X, für die f einen Maximalwert annimmt. •

Nehmen wir nun an, die Funktion f sei differenzierbar. Was kann man über ihre Ableitung an der Stelle X des Maximalwertes aussagen?

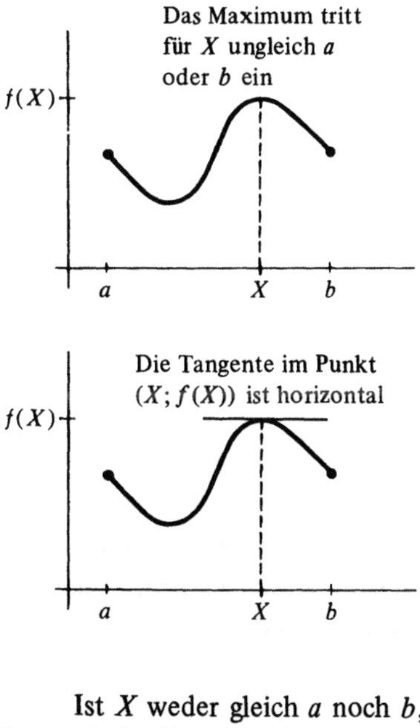

Bild 6.4

Ist X weder gleich a noch b, dann liegt X im offenen Intervall $(a;b)$. Wie Bild 6.4 nahelegt, muß dann die Tangente an den Graphen im Punkt $(X;f(X))$ parallel zur x-Achse sein und es gilt

$$f'(X) = 0.$$

Tritt das Maximum in einem Endpunkt des Intervalls, a oder b, auf (Bild 6.5), so braucht die Ableitung in einem solchen Punkt nicht Null zu sein. Für den dargestellten Graphen liegt das Maximum bei $X = b$ und $f'(X)$ ist ungleich Null.

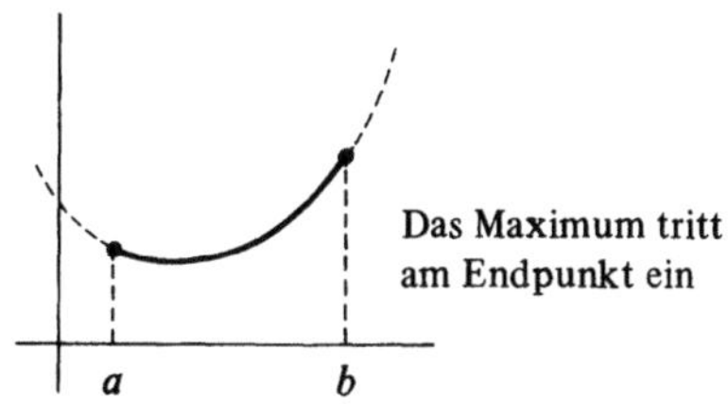

Bild 6.5

Für ein Maximum im Inneren des Intervalls wollen wir ein gesondertes Theorem formulieren und rechnerisch beweisen.

Theorem 1: Die Funktion f sei im geschlossenen Intervall $[a;b]$ definiert. Nimmt f den Maximalwert an einer Stelle X aus dem offenen Intervall $(a;b)$ an und existiert $f'(X)$, dann gilt

$$f'(X) = 0.$$

(Das gleiche gilt für den *Minimalwert*.)

Beweis: Wir wollen aus den gegebenen Voraussetzungen sowohl $f'(X) \geqslant 0$ als auch $f'(X) \leqslant 0$ herleiten. Dann folgt sofort $f'(X) = 0$.

Man betrachte den Quotienten

$$\frac{f(X+h) - f(X)}{h}$$

in der Definition von $f'(X)$ und nehme h so klein, daß $X + h$ im Intervall $[a;b]$ liegt. Da nun $f(X)$ der Maximalwert von $f(x)$ für x aus $[a;b]$ ist, ergibt sich

$$f(X+h) \leqslant f(X)$$

oder

$$f(X+h) - f(X) \leqslant 0.$$

Daraus folgt für positive h

$$\frac{f(X+h) - f(X)}{h} \leqslant 0.$$

Infolgedessen ist für $h \to 0^+$ der Ausdruck

$$\frac{f(X+h) - f(X)}{h}$$

immer negativ oder Null und kann keinen positiven Wert annehmen. Es gilt daher

$$f'(X) = \lim_{h \to 0^+} \frac{f(X+h) - f(X)}{h} \leqslant 0.$$

Ist andererseits h negativ, dann ist der Nenner von

$$\frac{f(X+h)-f(X)}{h}$$

negativ und der Zähler negativ oder gleich Null. Für negative h gilt daher

$$\frac{f(X+h)-f(X)}{h} \geqslant 0$$

(der Quotient zweier negativer Zahlen ist immer positiv). Wenn also $h \to 0^-$ strebt, erreicht der untersuchte Quotient eine Zahl $\geqslant 0$. Daraus folgt $f'(X) \geqslant 0$.

Es gilt nun $0 \leqslant f'(X) \leqslant 0$, also muß $f'(X)$ gleich Null sein; damit ist das Theorem bewiesen. ●

Dieses Theorem liefert die Grundlage für das Aufsuchen eines Maximums einer Funktion (siehe Abschnitt 6.5). In diesem Abschnitt werden wir mit Hilfe des Theorems 1 eine andere Eigenschaft der Ableitung beweisen, die im Satz von Rolle – benannt nach einem Mathematiker des 18. Jahrhunderts – formuliert wird.

Definition der Sehne von f: f sei eine Funktion. Ein Geradenabschnitt, der zwei Punkte des Graphen von f verbindet, ist eine *Sehne von f*.

Eine bestimmte differenzierbare Funktion f besitze nun eine Sehne parallel zur x-Achse, wie sie Bild 6.6a zeigt. Es erscheint plausibel, daß der Graph dann wenigstens eine horizontale Tangente besitzt. (Im gezeigten Fall existieren drei solche Tangenten an den Graphen (Bild 6.6b)). Daß dies kein Zufall ist, zeigt der Inhalt des nächstens Theorems.

Theorem 2: Der Satz von Rolle. f sei im geschlossenen Intervall $[a; b]$ eine stetige Funktion und besitze für alle x im offenen Intervall $(a; b)$ eine Ableitung. Gilt nun $f(a) = f(b)$, so existiert im offenen Intervall $(a; b)$ mindestens eine Zahl X mit $f'(X) = 0$.

Beweis: Da die Funktion f stetig ist, hat sie in $[a; b]$ einen Maximalwert M und einen Minimalwert m. Selbstverständlich gilt $m \leqslant M$.

Für $m = M$ ist f eine Konstante und $f'(x) = 0$ für alle x aus $[a; b]$. In diesem Fall kann jede Zahl x aus $(a; b)$ als die gesuchte Zahl X herangezogen werden.

Für $m < M$ können das Minimum und das Maximum nicht beide an den Enden des Intervalls a und b auftreten, denn es gilt $f(a) = f(b)$. Zumindest einer der Extremwerte liegt an einer Stelle X mit $a < X < b$. Für dieses X ist $f'(X)$ gleich Null. Damit ist der Satz von Rolle bewiesen. ●

Beispiel 3: Man veranschauliche den Satz von Rolle für den Fall $f(x) = x^2 - 2x + 5$ und $[a; b] = [0; 2]$.

Lösung: Es gilt $f(0) = 5 = f(2)$. Desgleichen ist f stetig und f' existiert (auch für $x = a$ und $x = b$, obwohl dies für die Anwendung des Satzes von Rolle nicht erforderlich ist). Aufgrund des Satzes von Rolle existiert in $(0; 2)$ ein X, für das $f'(X) = 0$ gilt. Man findet dieses X sehr leicht aus $f'(x) = 2x - 2$. Es folgt $X = 1$ (in diesem Fall gibt es nur ein X). ●

Beispiel 4: Man wende den Satz von Rolle auf den Fall $f(x) = \sqrt{1-x^2}$ und $[a; b] = [-1; 1]$ an.

Lösung: Es gilt: $f(-1) = 0 = f(1)$, f ist stetig. Die Ableitung $f'(x) = -x/\sqrt{1-x^2}$ ist für alle x in $(-1; 1)$ definiert. Der Satz von Rolle garantiert dann die Existenz zumindestens einer Zahl X aus $(-1; 1)$ mit $f'(X) = 0$. Man kann X finden, indem man die Ableitung von f gleich Null setzt:

$$\frac{-x}{\sqrt{1-x^2}} = 0.$$

Wir erhalten $X = 0$ (X ist in diesem Fall wieder eindeutig). ●

Die Interpretation der Ableitung als Anstieg der Tangente führte uns zum Satz von Rolle. Das nächste Beispiel

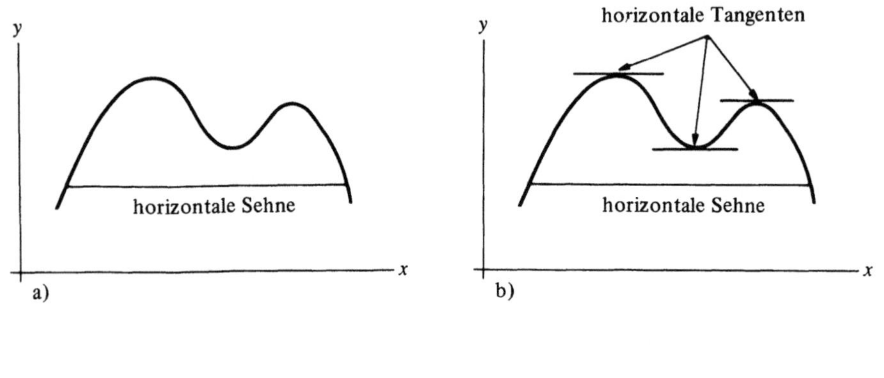

Bild 6.6

wendet den Satz von Rolle auf einen geradlinig bewegten Körper an.

Beispiel 5: Ein Teilchen bewegt sich entlang der y-Achse und hat zur Zeit t die y-Koordinate $y = f(t)$, wobei f eine differenzierbare Funktion ist. Zur Anfangszeit $t = a$ besitzt es die Koordinate $f(a)$. Es bewegt sich entlang der Geraden und kommt schließlich zur Zeit $t = b$ zu seiner Ausgangsposition $f(b) = f(a)$ zurück. Was sagt der Satz von Rolle in diesem Fall?

Lösung: Der Satz von Rolle sagt uns hierzu, daß zu irgendeinem Zeitpunkt t der Bewegung die Geschwindigkeit $f'(t) = 0$ gewesen ist.

Dies ist eine plausible Behauptung; denn wäre die Geschwindigkeit immer positiv gewesen, so hätte sich das Teilchen immer entlang der y-Achse fortbewegt und könnte niemals zu seiner Ausgangsposition zurückkehren. Desgleichen hätte sich für den Fall einer stets negativen Geschwindigkeit das Teilchen entlang der negativen y-Achse fortbewegt. Geht das Teilchen am weitest entfernten Punkt seiner Reise von positiver zu negativer Geschwindigkeit über, so besitzt es in diesem Moment die Geschwindigkeit Null. ●

Das nächste Beispiel zeigt, daß der Satz von Rolle nur für Funktionen gilt, die im gesamten Intervall $(a; b)$ differenzierbar sind.

Beispiel 6: Kann man den Satz von Rolle auf die Funktion $f(x) = |x|$ im Intervall $[a; b] = [-2; 2]$ anwenden?

Lösung: Zunächst gilt $f(-2) = 2 = f(2)$; zweitens ist f stetig. Die Funktion ist allerdings bei Null nicht differenzierbar. (Siehe Beispiel 3 im Abschnitt 3.3.) Nicht alle Voraussetzungen des Satzes von Rolle sind erfüllt; also besteht auch keine Notwendigkeit für die Gültigkeit der Schlußfolgerung des Satzes. Tatsächlich existiert keine Zahl X mit $f'(X) = 0$, wie eine kurze Untersuchung des Graphen von f zeigt (Bild 6.7).

Das letzte Beispiel illustriert den Satz von Rolle an einer Exponentialfunktion.

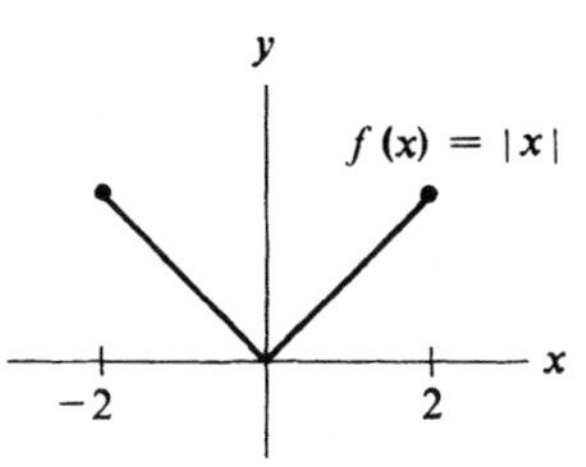

Bild 6.7

Beispiel 7: Man veranschauliche den Satz von Rolle für $f(x) = (x - x^2)e^{-x}$ im Intervall $[0; 1]$.

Lösung: Es gilt $f(0) = 0 = f(1)$, f ist differenzierbar für alle x und daher stetig. Damit sind alle Voraussetzungen des Satzes von Rolle erfüllt. Der Satz garantiert dann die Existenz wenigstens einer Zahl X im offenen Intervall $(0; 1)$ mit $f'(X) = 0$.

Um X zu finden, setzen wir $f'(x) = 0$:

$$(x - x^2)(-e^{-x}) + e^{-x}(1 - 2x) = 0$$

$$e^{-x}(-x + x^2 + 1 - 2x) = 0.$$

Da e^{-x} niemals gleich Null ist, gilt

$$x^2 - 3x + 1 = 0$$

und als Lösung der quadratischen Gleichung

$$x = \frac{3 \pm \sqrt{5}}{2}.$$

Die Lösung mit dem positiven Vorzeichen liegt außerhalb des Intervalls $(0; 1)$. Die einzige Zahl X in diesem Bereich ist daher auch

$$\frac{3 - \sqrt{5}}{2} \approx \frac{3 - 2{,}24}{2} = 0{,}38$$

gegeben. Auch dieses Resultat kann leicht im Bild 6.8 überprüft werden. ●

Bild 6.8

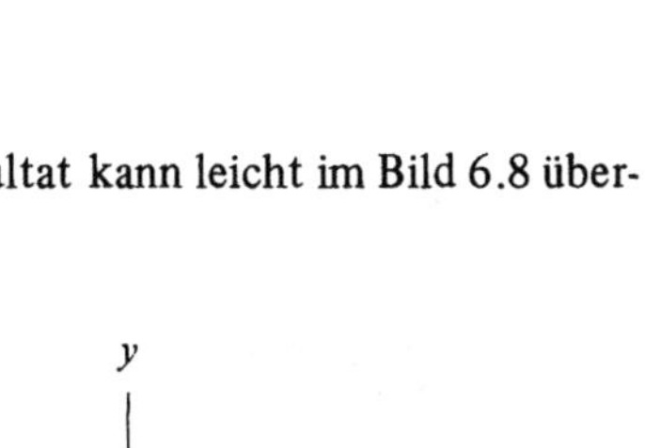

Übungen:

1. Sei $f(x) = \cos x$ für $0 \leqslant x \leqslant 2\pi$. Man beachte $f(0) = f(2\pi)$.
   (*a*) Was sagt der Satz von Rolle in diesem Fall?
   (*b*) Man bestimme alle Werte X, die den Schlußfolgerungen des Satzes von Rolle entsprechen.
2. Sei $f(x) = x^3 - x + 2$ für x aus $[-1; 1]$. Man beachte $f(-1) = f(1)$.
   (*a*) Was sagt der Satz von Rolle?
   (*b*) Man bestimme alle Werte X, die den Schlußfolgerungen des Satzes von Rolle entsprechen.

3. Sei $f(x) = x^4 - 2x^2 + 1$ für x aus $[-2; 2]$. Man beachte $f(-2) = f(2)$. Es sind alle X zu bestimmen, die dem Satz von Rolle entsprechen.
4. (*a*) Wie groß ist der Maximalwert von $\sin x$ für x aus $[0; 4\pi]$?
   (*b*) Für welche X aus $[0; 4\pi]$ erreicht die Funktion ihren Maximalwert?
   (*c*) Man verifiziere das Theorem 1 für die in (*b*) gefundenen Werte von X.
5. (*a*) Wie groß ist der Maximalwert von $\cos x$ für x aus $[\pi/4; 7\pi/4]$?
   (*b*) Für welche X aus $[\pi/4; 7\pi/4]$ hat die Funktion ihren Maximalwert?
   (*c*) Ist die Ableitung der Kosinusfunktion für die Werte von X aus (*b*) gleich Null?
   (*d*) Man vergleiche (*c*) mit Theorem 1. Ist das Theorem 1 für die Kosinusfunktion falsch?
6. Sei $f(x) = 5 + (x - x^2)e^x$.
   (*a*) Man zeige $f(0) = f(1)$.
   (*b*) Man bestimme alle Zahlen X im Intervall $(0; 1)$, deren Existenz aufgrund des Rolleschen Satzes sichergestellt ist.
7. Ein in die Luft geworfener Ball hat zur Zeit t Sekunden die Höhe $f(t) = -5t^2 + 10t + 40$ (Meter).
   (*a*) Man zeige, daß der Ball nach 2 s zu seiner anfänglichen Lage $f(0)$ zurückkehrt.
   (*b*) Was sagt der Satz von Rolle über die Geschwindigkeit des Balles aus?
   (*c*) Man verifiziere den Satz von Rolle in diesem Fall durch Berechnung des entsprechenden Zeitpunktes.
8. Man betrachte die Funktion f, mit $f(x) = x^3 - 3x$.
   (*a*) Für welche Zahlen x gilt $f'(x) = 0$?
   (*b*) Mit Hilfe von Theorem 1 zeige man, daß der Maximalwert von $x^3 - 3x$ für x aus $[1; 5]$ entweder bei 1 oder bei 5 eintritt.
   (*c*) Wie groß ist der Maximalwert von $x^3 - 3x$ für x aus $[1; 5]$?
9. Sei $f(x) = \sqrt[3]{x^2}$. Man beachte $f(1) = f(-1)$. Gibt es eine Zahl X in $(-1; 1)$ mit $f'(X) = 0$? Ist dies der Fall, so ist sie zu bestimmen. Ist dies nicht der Fall, so ist anzugeben, welche Voraussetzungen des Satzes von Rolle nicht erfüllt sind.
10. Man differenziere (zur Übung):
    (*a*) $x \arctan 5x - \frac{1}{10} \ln(1 + 25x^2)$,
    (*b*) xe^{-x^2},
    (*c*) $\sqrt[3]{5 + 2x}$,
    (*d*) $x \sec^{-1} 2x - \frac{1}{2} \ln(2x + \sqrt{4x^2 - 1})$,
    (*e*) $\dfrac{\sin 3x}{\sqrt{1 + 4x}}$,
    (*f*) $\sqrt{1 + 3\cos^2 5x}$.
11. Sei $f(x) = (x^2 - 4)/(x + \frac{1}{2})$. Man beachte $f(2) = f(-2)$.
    (*a*) Was sagt der Satz von Rolle über f?
    (*b*) Für welche Werte von x gilt $f'(x) = 0$?
12. Sei $f(x) = e^{-x} \sin x$. Es gilt $f(0) = f(2\pi)$. Man bestimme alle X aus $(0; 2\pi)$ mit $f'(X) = 0$.

■

13. Das Theorem 1 wurde für den Maximalwert von f bewiesen. Man beweise es für den Minimalwert.
14. (*a*) Besitzt die Funktion x^2 im offenen Intervall $(1; 2)$ einen Maximalwert?
    (*b*) Besitzt die Funktion x^2 im offenen Intervall $(-1; 2)$ oder im offenen Intervall $(1; 2)$ einen Minimalwert?

■■

15. Man definiere die folgende Funktion f für alle nichtnegativen Zahlen: Sei x eine nichtnegative Zahl. Man stelle x als Summe einer nichtnegativen ganzen Zahl N und einer Zahl y mit $0 \leqslant y < 1$ dar. $f(x)$ sei dann gleich y. Zum Beispiel ist $f(3{,}5) = 0{,}5$, $f(4) = 0$ und $f(2{,}9) = 0{,}9$.
    (*a*) Man zeichne den Graphen von f.
    (*b*) Besitzt f für x aus dem geschlossenen Intervall von $[0; 1]$ einen Maximalwert?
    (*c*) Läßt sich das Theorem 1 auf f anwenden?
16. Man zeige, daß zwischen je zwei Wurzeln eines Polynoms mindestens eine Wurzel seiner Ableitung liegt.
17. (*a*) Angenommen, jedes Polynom von Grad 5 besitzt höchstens fünf reelle Wurzeln. Man beweise nun mit Hilfe des Satzes von Rolle, daß jedes Polynom vom Grad 6 höchstens 6 reelle Wurzeln besitzt. *Hinweis:* Man verwende Übung 16.
    (*b*) Wie in (*a*) zeige man, daß ein Polynom vom Grad n höchstens n reelle Wurzeln besitzt.
18. Sei $f(x) = x \sin x$.
    (*a*) Man zeige $f(0) = f(\pi)$.
    (*b*) Man verwende den Satz von Rolle und zeige die Existenz einer Zahl X aus $(0; \pi)$ mit $\tan X = -X$.
    (*c*) Man zeichne die Graphen von $y = -x$ und $y = \tan x$ und untersuche, wie viele solche Zahlen X vorhanden sind. (Man betrachte jene Punkte, in denen sich die beiden Graphen schneiden.)
19. Man zeige, daß die Gleichung $x^5 + 2x^3 - 2 = 0$ im Intervall $[0; 1]$ genau eine Lösung besitzt. (Warum hat sie überhaupt eine Lösung? Mit Hilfe des Satzes von Rolle zeige man, daß höchstens eine Lösung existiert.)
20. Man zeige, daß die Gleichung $3 \cdot \tan x + x^3 = 2$ im Intervall $[0; \pi/4]$ genau eine Lösung besitzt.

6.2 Der Mittelwertsatz

Der Satz von Rolle garantiert, daß eine Funktion mit einer waagerechten Sehne auch eine waagerechte Tangente besitzt. Der Mittelwertsatz liefert eine Verallgemeinerung des Satzes von Rolle, da er für beliebige und nicht nur waagerechte Sehnen von f gilt.

Die geometrische Interpretation dieses Satzes sagt uns: Wenn man eine Sehne an den Graphen einer differenzierbaren Funktion zeichnet (Bild 6.9), dann gibt es irgendwo – darüber oder darunter – parallel zu dieser Sehne eine Tangente an den Graphen.

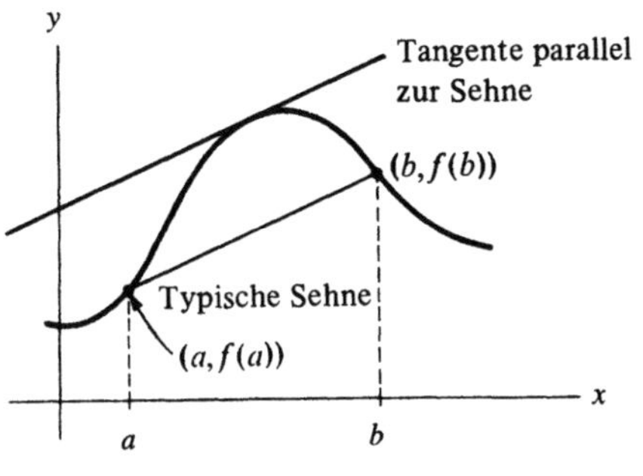

Bild 6.9

Nun wollen wir unsere geometrische Aussage in die Sprache der Funktionen übersetzen. Die Enden der Sehne seien $(a; f(a))$ und $(b; f(b))$. Der Anstieg der Sehne ist dann durch

$$\frac{f(b)-f(a)}{b-a}$$

gegeben, während der Anstieg der Tangente in einem typischen Punkt $(x; f(x))$ des Bildes durch

$$f'(x)$$

gegeben ist. Der Mittelwertsatz garantiert dann die Existenz mindestens einer Zahl X aus dem offenen Intervall $(a; b)$ mit

$$f'(X)=\frac{f(b)-f(a)}{b-a}.$$

Theorem: Mittelwertsatz. f sei im abgeschlossenen Intervall $[a; b]$ eine stetige Funktion und besitze in jedem Punkt x des offenen Intervalls $(a; b)$ eine Ableitung. Dann existiert im offenen Intervall $(a; b)$ mindestens eine Zahl X mit

$$f'(X)=\frac{f(b)-f(a)}{b-a}. \bullet$$

Wir verschieben den Beweis des Mittelwertsatzes auf das Ende dieses Abschnittes, um zunächst verschiedene wichtige Folgerungen herauszuarbeiten.

Beispiel 1: Man verifiziere den Mittelwertsatz für die Funktion

$$f(x)=2x^3-8x+1, \quad a=1 \text{ und } b=3.$$

Lösung:

$$f(a)=f(1)=2(1)^3-8(1)+1=-5$$

und

$$f(b)=f(3)=2(3)^3-8(3)+1=31.$$

Als Folge des Mittelwertsatzes existiert zumindest eine Zahl X zwischen $a=1$ und $b=3$ mit

$$f'(X)=\frac{31-(-5)}{3-1}=\frac{36}{2}=18.$$

Mit $f'(x)=6x^2-8$ lösen wir zur Bestimmung von X die Gleichung

$$6x^2-8=18$$

oder

$$6x^2=26$$

$$x^2=\frac{26}{6}.$$

Die Lösungen lauten $\sqrt{13/3}$ und $-\sqrt{13/3}$. Aber nur der Wert $\sqrt{13/3}$ liegt im Intervall $(1; 3)$. Es existiert daher genau eine Zahl, nämlich $\sqrt{13/3}$, die der Aussage des Mittelwertsatzes entspricht. •

Die Interpretation der Ableitung als Anstieg der Tangente führte uns zum Mittelwertsatz. Was sagt aber der Mittelwertsatz aus, wenn die Ableitung etwa als Geschwindigkeit aufgefaßt wird? Diese Frage wird in Beispiel 2 untersucht.

Beispiel 2: Ein Auto bewegt sich entlang der x-Achse und hat zur Zeit t die x-Koordinate $f(t)$. Zur Zeit a ist seine Position $f(a)$. Zu irgendeiner späteren Zeit b ist die Position $f(b)$. Was behauptet der Mittelwertsatz für die Bewegung dieses Autos?

Lösung: Der Quotient

$$\frac{f(b)-f(a)}{b-a}$$

oder

$$\frac{\text{Änderung der Lage}}{\text{Änderung der Zeit}}$$

ist gleich der „mittleren Geschwindigkeit" im Zeitintervall $[a; b]$. Der Mittelwertsatz behauptet nun, daß mindestens in einem Zeitpunkt dieses Zeitintervalls die Geschwindigkeit des Wagens gleich seiner mittleren Geschwindigkeit gewesen sein muß. Um ein spezielles Beispiel zu geben: Legt das Auto 210 km in 3 h zurück, so muß zu irgendeinem Zeitpunkt der Geschwindigkeitsmesser 70 km/h angezeigt haben. •

Es gibt verschiedene Möglichkeiten, den Mittelwertsatz zu schreiben. Zum Beispiel ist die Gleichung

$$f'(X)=\frac{f(b)-f(a)}{b-a}$$

äquivalent zu

$$f(b) - f(a) = (b - a) f'(X)$$

oder

$$f(b) = f(a) + (b - a) f'(X).$$

In dieser Form behauptet der Mittelwertsatz, daß $f(b)$ durch die Summe von $f(a)$ und einer weiteren Größe gegeben ist, die die Ableitung f' beinhaltet. Die folgenden beiden Korollare (Folgetheoreme) formulieren diese alternative Darstellung des Mittelwertsatzes.

Korollar 1: Ist die Ableitung einer Funktion in einem Intervall durchweg gleich Null, so ist die Funktion in diesem Intervall konstant.

Beweis: Seien a und b zwei beliebige Zahlen aus dem gegebenen Intervall. Um das Theorem zu beweisen, zeigen wir

$$f(b) = f(a).$$

Der Mittelwertsatz sagt nun aus, daß eine Zahl X zwischen a und b mit

$$f(b) = f(a) + (b - a) f'(X)$$

existiert. Da aber $f'(X) = 0$, für alle X aus dem gegebenen Intervall gilt, erhalten wir

$$f(b) = f(a) + (b - a)(0)$$

oder

$$f(b) = f(a). \bullet$$

Wird das Korollar 1 in den Begriffen einer Bewegung interpretiert, so scheint es ziemlich trivial: Ein Körper, der während eines ganzen Zeitintervalls die Geschwindigkeit Null besitzt, bewegt sich in diesem Zeitintervall nicht von der Stelle.

Beispiel 3: Mit Hilfe von Korollar 1 zeige man, daß

$$f(x) = \cos^2 3x + \sin^2 3x$$

eine Konstante ist. Man bestimme diese Konstante.

Lösung: $f'(x) = -6 \cos 3x \sin 3x + 6 \sin 3x \cos 3x = 0$. Das Korollar 1 sagt dann, daß f eine Konstante ist. Um diese Konstante zu finden, berechnen wir f für irgendeinen bestimmten Wert, etwa $x = 0$ und finden

$$f(0) = \cos^2(3 \cdot 0) + \sin^2(3 \cdot 0) = \cos^2 0 + \sin^2 0 = 1.$$

Das heißt

$$\cos^2 3x + \sin^2 3x = 1$$

für alle x. Dies ist keine besondere Überraschung, denn als Folge des pythagoräischen Lehrsatzes gilt

$$\cos^2\theta + \sin^2\theta = 1. \bullet$$

Korollar 2: Besitzen zwei Funktionen in einem Intervall die gleiche Ableitung, so unterscheiden sie sich dort nur durch eine Konstante: Gilt für alle x in einem Intervall $f'(x) = g'(x)$, so existiert eine Konstante C mit $f(x) = g(x) + C$.

Beweis: Man definiere durch die Gleichung

$$h(x) = f(x) - g(x)$$

eine dritte Funktion, dann gilt

$$h'(x) = f'(x) - g'(x) = 0.$$

Da die Ableitung von h gleich Null ist, folgt aus dem Korollar 1

$$h(x) = C$$

mit einer bestimmten Konstanten C. Wir erhalten

$$f(x) - g(x) = C$$

oder

$$f(x) = g(x) + C$$

und das Korollar ist bewiesen. •

Erscheint das Korollar 2 plausibel, wenn man die Ableitungen als Anstiege interpretiert? In diesem Fall behauptet das Theorem: Die Graphen zweier Funktionen, deren entsprechende Tangenten in den jeweiligen Punkten mit der gleichen x-Koordinate parallel sind, unterscheiden sich voneinander nur durch Addition oder Subtraktion einer Konstanten C. Zeichnet man zwei solche Graphen (Bild 6.10), so wird das Korollar anschaulich einsichtig.

Besitzen zwei Graphen in entsprechenden Punkten mit derselben x-Koordinate parallele Tangenten, so entsteht der eine Graph aus dem anderen durch Parallelverschiebung

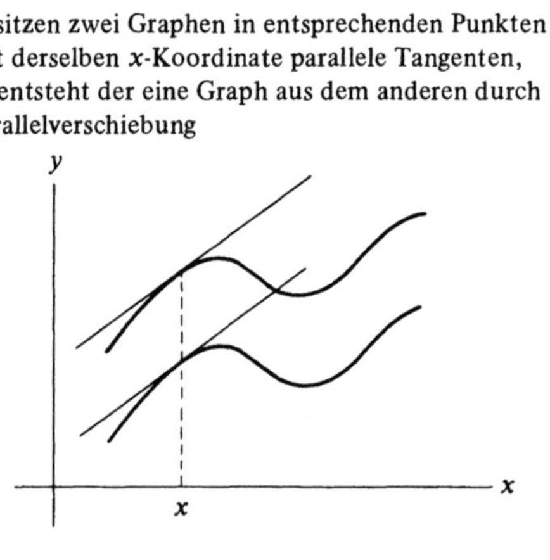

Bild 6.10

Beispiel 4: Welche Funktion f besitzt für alle x die Ableitung $f'(x) = 2x$?

Lösung: Eine solche Funktion ist durch x^2 oder $x^2 + 25$ gegeben. Mit jeder Konstante C gilt nämlich $D(x^2 + C) = 2x$. Gibt es noch andere Möglichkeiten? Korollar 2 schließt dies aus: Für eine derartige Funktion mit $f'(x) = 2x$ muß für alle $f'(x) = (x^2)'$ gelten und die Funktionen f und x^2 unterscheiden sich nur durch eine Konstante C:

$$f(x) = x^2 + C.$$

Alle Funktionen mit der Ableitung $2x$ haben die Form $x^2 + C$. ●

Gemäß Korollar 1 ist eine Funktion mit $f'(x) = 0$ für alle x eine Konstante. Was kann über f ausgesagt werden, wenn $f'(x)$ für alle x positiv ist? In bezug auf den Graphen von f heißt dies, daß die Tangenten alle ansteigen. Daher sollte die y-Koordinate des Schaubildes ansteigen, wenn man sich entlang der Kurve von links nach rechts bewegt (Bild 6.11). In Korollar 3 wird dies bewiesen.

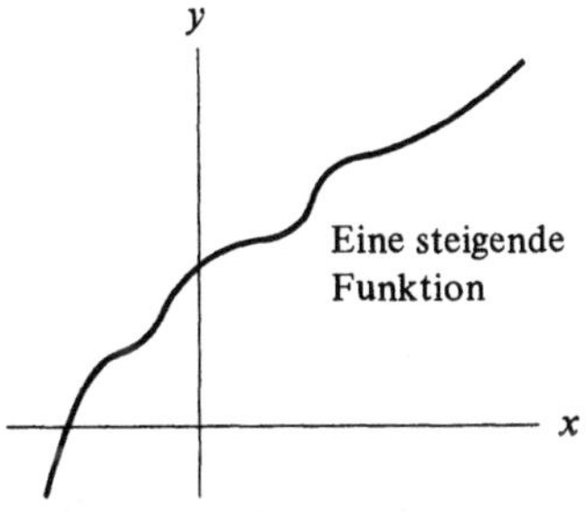

Bild 6.11

Definition der steigenden (fallenden) Funktion: Sei $f(x_1) > f(x_2)$ für alle Werte $x_1 > x_2$ aus einem gegebenen Intervall, dann heißt f in diesem Intervall eine *steigende* Funktion. Ist $f(x_1) < f(x_2)$ für alle Werte $x_1 < x_2$ aus dem Intervall, dann heißt f in diesem Intervall eine *fallende* Funktion.

Korollar 3: Sei f stetig in $[a; b]$ und besitze im offenen Intervall $(a; b)$ eine positive Ableitung. Dann ist f im Intervall $[a; b]$ steigend.

Beweis: Wir gehen von zwei Werten x_1 und x_2 mit

$$a \leqslant x_2 < x_1 \leqslant b$$

aus. Nach dem Mittelwertsatz gilt dann für einen bestimmten Wert X zwischen x_1 und x_2

$$f(x_1) = f(x_2) + (x_1 - x_2) f'(X).$$

Da x_1 und x_2 positiv und $f'(X)$ ebenfalls als positiv angenommen wurde, folgt sofort

$$(x_1 - x_2) f'(X) > 0$$

und $f(x_1) > f(x_2)$. Damit ist das Korollar bewiesen. (Der Beweis für fallende Funktionen verläuft ähnlich.) ●

Im nächsten Beispiel wird das Korollar 3 angewendet.

Beispiel 5: Man zeige mit Hilfe von Korollar 3 die Ungleichung $e^x > 1 + x$ für $x > 0$.

Lösung: Man betrachte die Funktion f mit der Darstellung

$$f(x) = e^x - (1 + x)$$
$$= e^x - 1 - x.$$

Die Ableitung von f ist durch

$$f'(x) = e^x - 1$$

gegeben. Da für $x > 0$ stets $e^x > 1$ gilt, ist f in diesem Bereich eine ansteigende Funktion (also für jedes Intervall $[0; b]$). Speziell gilt für $x > 0$ auch $f(x) > f(0)$ oder

$$e^x - (1 + x) > e^0 - (1 + 0) \quad \text{für } x > 0.$$

Mit $e^0 - (1 + 0) = 1 - 1 = 0$ folgt die Ungleichung

$$e^x - (1 + x) > 0$$

und daher

$$e^x > 1 + x \quad \text{für } x > 0.$$

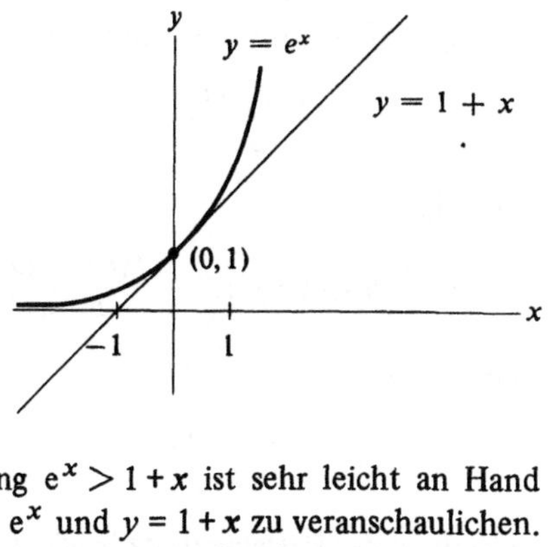

Bild 6.12

Die Ungleichung $e^x > 1 + x$ ist sehr leicht an Hand der Graphen von $y = e^x$ und $y = 1 + x$ zu veranschaulichen. Die Gerade $y = 1 + x$ ist im Punkt $(0; 1)$ Tangente an die Kurve $y = e^x$. Bild 6.12 zeigt, daß für alle $x \neq 0$ stets e^x größer als $1 + x$ ist. Im nächsten Abschnitt wird diese Ungleichung benötigt. ●

Zum Abschluß dieses Abschnittes führen wir einen Beweis des Mittelwertsatzes durch.

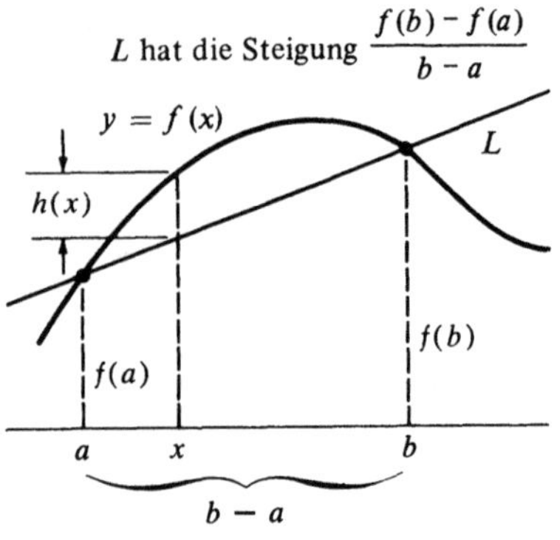

Bild 6.13

Beweis des Mittelwertsatzes: Wir beweisen den Mittelwertsatz mit Hilfe einer bestimmten Funktion, auf die man den Satz von Rolle anwenden kann. Die Sehne durch die Punkte $(a; f(a))$ und $(b; f(b))$ ist Bestandteil der Geraden L, deren Gleichung durch $y = g(x)$ gegeben sei (Bild 6.13). Mit $h(x) = f(x) - g(x)$, führen wir eine Funktion ein, die in jedem Punkt x den Abstand zwischen der Kurve f und der Geraden angibt. Aus Bild 6.13 folgt $h(a) = h(b) = 0$.

Als Folge des Satzes von Rolle existiert daher im offenen Intervall $(a; b)$ mindestens eine Zahl X mit

$$h'(X) = 0.$$

Andererseits gilt

$$h'(X) = f'(X) - g'(X).$$

Nun ist $y = g(x)$ die Gleichung der Geraden durch $(a; f(a))$ und $(b; f(b))$ und wir erhalten daher für alle x

$$g'(x) = \frac{f(b) - f(a)}{b - a}.$$

So folgt

$$0 = h'(X) = f'(X) - \frac{f(b) - f(a)}{b - a}$$

oder kurz

$$f'(X) = \frac{f(b) - f(a)}{b - a}.$$

Damit ist der Mittelwertsatz bewiesen. •

Übungen:

In den Übungen 1 bis 7 sind für die vorgegebenen Funktionen und für das vorgegebene Intervall alle vom Mittelwertsatz geforderten Werte explizit zu bestimmen.

1. $f(x) = x^3 - x^2$, $a = -1$, $b = 2$.
2. $f(x) = x^3 - x$, $a = -1$, $b = 2$.
3. $f(x) = 5x$, $a = 1$, $b = 3$.
4. $f(x) = x^3$, $a = -2$, $b = 1$.
5. $f(x) = \cos x$, $a = 0$, $b = 4\pi$.
6. $f(x) = e^x$, $a = 2$, $b = 3$.
7. $f(x) = x \ln x$, $a = 1$, $b = e$.

Die Lösungen der Übungen 8 und 9 sollten in Worten gegeben werden (in Abschnitt 3.1 wurden die Begriffe Dichte und Vergrößerung eingeführt).

8. Man formuliere den Mittelwertsatz für die Begriffe Dichte und Masse. x sei der Abstand vom linken Ende einer Saite und $f(x)$ die Masse der Saite im Abschnitt zwischen Null und x. Kann der Mittelwertsatz für diese Begriffe sinnvoll formuliert werden?
9. Man formuliere den Mittelwertsatz für die Begriffe Dia und Projektionsschirm. x sei die Lage des Punktes auf dem Dia und $f(x)$ die Lage des Bildes auf dem Schirm. Was behauptet der Mittelwertsatz für dieses optische Beispiel?
10. Man differenziere (zur Übung):
    (*a*) $\sqrt{1+x^5}$, (*b*) $\frac{\cos^2 3x}{\sin 2x}$, (*e*) $\ln|\sec 2x|$.
    (*c*) $e^{-x}\sec 3x$, (*d*) $\arcsin x^3$,
11. f besitze für alle x eine Ableitung, ferner sei $f(3) = 7$ und $f(8) = 17$. Was kann man über f' aussagen?
12. Aus welchem der Korollare des Mittelwertsatzes ergeben sich jeweils die folgenden Aussagen?
    (*a*) Wenn zwei Autos auf einer geraden Straße in jedem Augenblick die gleiche Geschwindigkeit besitzen, so bleiben sie durch einen konstanten Abstand voneinander getrennt.
    (*b*) Wenn alle Tangenten an eine Kurve horizontal sind, so ist die Kurve eine horizontale Gerade.
13. (*a*) Man differenziere $\ln 3x$ und $\ln 2x$.
    (*b*) Die Ableitungen in (*a*) sind gleich. Entsprechend dem Korollar 2 unterscheiden sich $\ln 3x$ und $\ln 2x$ daher nur durch eine Konstante. Wie groß ist diese Konstante?
14. (*a*) Man differenziere $\cos^2 x$ und $-\sin^2 x$.
    (*b*) Die Ableitungen in (*a*) sind gleich. Entsprechend dem Korollar 2 unterscheiden sich die beiden Funktionen nur durch eine Konstante. Wie groß ist diese?

■

15. (*a*) Man erinnere sich an die Definition von $g(x)$ im Beweis des Mittelwertsatzes und zeige
    $$g(x) = f(a) + \frac{x-a}{b-a}[f(b) - f(a)].$$
    (*b*) Unter Verwendung von (*a*) zeige man
    $$g'(x) = \frac{f(b) - f(a)}{b - a}$$

■■

16. Mit Hilfe des Mittelwertsatzes zeige man für negative x $e^x > 1 + x$.

Die Übungen 12 bis 23 befassen sich mit steigenden Funktionen.

17. Seien f und g in $(a; b)$ zwei differenzierbare Funktionen und stetig im abgeschlossenen Intervall $[a; b]$. Es gelte $f(a) = g(a)$ und $f'(x) < g'(x)$ für alle x in $(a; b)$. Dann beweise man $f(b) < g(b)$.
18. (Siehe Übung 17.)
    (*a*) Man zeige $\tan x > x$ für $x > 0$.
    (*b*) Was sagt (*a*) über gewisse Strecken im Zusammenhang mit dem Einheitskreis aus?
19. (Siehe Übung 17.) Man zeige für $x > 0$
    $$\frac{x}{1+x^2} < \arctan x < x.$$
20. (*a*) Mittels algebraischer Umformungen zeige man für x aus $(0; 1)$
    $$1 - x + x^2 - x^3 < \frac{1}{1+x} < 1 - x + x^2 - x^3 + x^4.$$
    (*b*) (Siehe Übung 17.) Man zeige
    $$x - \frac{x^2}{2} + \frac{x^3}{3} - \frac{x^4}{4} < \ln(1+x) < x - \frac{x^2}{2} + \frac{x^3}{3} - \frac{x^4}{4} + \frac{x^5}{5} \quad .$$
    (*c*) Mit Hilfe von (*b*) schätze man $\ln(1,2)$.
21. Man verallgemeinere die Übung 20(*b*) auf mehr Summanden.
22. (Siehe Übung 17.)
    (*a*) Aus den Ungleichungen
    $$0 < \cos x < 1,$$
    die für alle x aus $(0; \pi/2)$ gelten, leite man die Ungleichungen
    $$0 < \sin x < x$$
    für das gleiche Intervall her.
    (*b*) Mit Hilfe der Ungleichungen aus (*a*) zeige man
    $$-1 < -\cos x < -1 + \frac{x^2}{2}$$
    für x aus $(0; \pi/2)$.
    (*c*) Man leite daraus die folgenden Ungleichungen für x aus $(0; \pi/2)$ ab:
    $$-x < -\sin x < -x + \frac{x^3}{2 \cdot 3}$$
    $$1 - \frac{x^2}{2} < \cos x < 1 - \frac{x^2}{2} + \frac{x^4}{4 \cdot 3 \cdot 2}$$
    $$x - \frac{x^3}{3 \cdot 2} < \sin x < x - \frac{x^3}{3 \cdot 2} + \frac{x^5}{5 \cdot 4 \cdot 3 \cdot 2}$$
23. Die Fortsetzung von Übung 22 zeigt für x aus $(0; \pi/2)$,
    (*a*) $$1 - \frac{x^2}{2} + \frac{x^4}{4 \cdot 3 \cdot 2} - \frac{x^6}{6 \cdot 5 \cdot 4 \cdot 3 \cdot 2} < \cos x < 1 - \frac{x^2}{2} + \frac{x^4}{4 \cdot 3 \cdot 2}$$
    (*b*) $$x - \frac{x^3}{3 \cdot 2} + \frac{x^5}{5 \cdot 4 \cdot 3 \cdot 2} - \frac{x^7}{7 \cdot 6 \cdot 5 \cdot 4 \cdot 3 \cdot 2} < \sin x < x - \frac{x^3}{3 \cdot 2} + \frac{x^5}{5 \cdot 4 \cdot 3 \cdot 2}$$
24. (*a*) Man verwende den Mittelwertsatz, um mit beliebigen Zahlen x_1 und x_2 für die Funktion $f(x) = \sin x$ die Ungleichung
    $$|f(x_1) - f(x_2)| \leqslant |x_1 - x_2|$$
    zu beweisen.
    (*b*) Man bestimme alle Funktionen, die der Ungleichung
    $$|f(x_1) - f(x_2)| \leqslant |x_1 - x_2|^{1,01}$$
    für alle x_1 und x_2 genügen.

6.3 Die relativen Größen von e^x, x^n und $\ln x$

Wird x sehr groß, so werden auch 2^x und x^3 sehr groß. Dies zeigt die nachstehende Tabelle.

x	1	2	3	4	5	6	7	8	9	10	11	12
2^x	2	4	8	16	32	64	128	256	512	1 024	2 048	4 096
x^3	1	8	27	64	125	216	343	512	729	1 000	1 331	1 728

Für $x = 2, 3, \ldots, 9$ ist die Exponentialfunktion 2^x kleiner als die Potenz x^3. Für $x = 10$ sind die beiden Funktionen etwa gleich, dann wird die Exponentialfunktion größer. Für $x = 12$ ist die Exponentialfunktion bereits viel größer als die Potenz x^3. Wegen der allgemeinen Bedeutung der Exponentialfunktion b^x und der Potenzfunktion x^n wollen wir die Rate bestimmen, mit der sich diese Funktionen für große x verändern. Darüberhinaus wird in Abschnitt 6.4 das Wachstum der Exponentialfunktion für das Studium des Bevölkerungswachstums wichtig sein.

Man erinnere sich an Beispiel 5 aus Abschnitt 6.2. Für $x > 0$ gilt

$$e^x > 1 + x.$$

Das folgende Theorem präzisiert dieses Resultat und bildet die Grundlage des vorliegenden Abschnitts.

Theorem 1: Für positive x gilt

$$e^x > 1 + x + \frac{x^2}{2}.$$

Beweis: Man betrachte die Funktion f mit der Darstellung

$$f(x) = e^x - (1 + x + \frac{x^2}{2}).$$

Für $x > 0$ gilt $e^x > 1 + x$ und ihre Ableitung

$$f'(x) = e^x - (1 + x)$$

ist in diesem Bereich positiv: f ist daher aufgrund des Korollars 3 von Abschnitt 6.2 für $x \geqslant 0$ eine ansteigende Funktion. Für $x > 0$ gilt insbesondere

$$f(x) > f(0).$$

Es folgt

$$e^x - \left(1 + x + \frac{x^2}{2}\right) > e^0 - \left(1 + 0 + \frac{0^2}{2}\right) = 1 - 1 = 0$$

und

$$e^x > 1 + x + \frac{x^2}{2}$$

für $x > 0$. Damit ist das Theorem bewiesen. ●

Zum Beweis von Theorem 2 entnehmen wir dem Theorem 1 die Aussage $e^x > x^2/2$ für $x > 0$.

Theorem 2:

$$\lim_{x \to \infty} \frac{x}{e^x} = 0.$$

Beweis: Aus $e^x > x^2/2$ folgt für $x > 0$

$$\frac{x}{e^x} < \frac{x}{x^2/2} = \frac{2}{x}.$$

Für große Werte von x ist $2/x$ eine kleine positive Zahl. Wegen

$$0 < \frac{x}{e^x} < \frac{2}{x}$$

strebt x/e^x für große x gegen Null, wie das Theorem behauptet. ●

Obwohl sowohl der Zähler als auch der Nenner von x/e^x für $x \to \infty$ sehr groß werden, wächst der Nenner viel stärker und der Quotient strebt gegen Null.

Da e^x/x der Kehrwert von x/e^x ist, folgt aus Theorem 2 unmittelbar

$$\lim_{x \to \infty} \frac{e^x}{x} = \infty.$$

Das nächste Theorem überträgt die Aussage von Theorem 3 auf die Logarithmusfunktionen.

Theorem 3:

$$\lim_{x \to \infty} \frac{\ln x}{x} = 0.$$

Beweis: Im Quotienten

$$\frac{x}{e^x}$$

ist der Zähler der natürliche Logarithmus des Nenners. Wird nun e^x mit t bezeichnet, so ist der Zähler gleich $\ln t$. Darüberhinaus geht für $x \to \infty$ auch $t = \ln x \to \infty$, und es folgt

$$0 = \lim_{x \to \infty} \frac{x}{e^x} = \lim_{x \to \infty} \frac{\ln t}{t} = \lim_{t \to \infty} \frac{\ln t}{t}.$$

Damit ist das Theorem bewiesen. ●

Theorem 3 wiederum ist die Grundlage des nächsten Theorems, demzufolge jede Exponentialfunktion b^x mit $b > 1$ viel stärker anwächst als irgendeine feste Potenz von x: b^x mit einer festen Basis $b > 1$ steigt schneller an als x^a mit einem festen Exponenten a.

Theorem 4: Sei $b > 1$ und a eine Konstante. Dann folgt

$$\lim_{x \to \infty} \frac{b^x}{x^a} = \infty.$$

Beweis: Sei $y = b^x/x^a$. Nun wird $\ln y$ beliebig groß für $x \to \infty$. Es gilt nämlich

$$\begin{aligned} \ln y &= \ln\left(\frac{b^x}{x^a}\right) \\ &= \ln b^x - \ln x^a \\ &= x \ln b - a \ln x \end{aligned}$$

und schließlich

$$\ln y = x\left(\ln b - a\frac{\ln x}{x}\right).$$

$\ln b$ ist positiv. Gemäß Theorem 3 geht $\ln x/x \to 0$ für $x \to \infty$. So ist für genügend große x der Betrag $|(a \ln x)/x|$

sehr nahe bei Null und daher kleiner als etwa $\frac{1}{2}\ln b$. Für genügend große x gilt daher

$$x\left(\ln b - a\frac{\ln x}{x}\right) > x(\ln b - \tfrac{1}{2}\ln b)$$

oder

$$x\left(\ln b - a\frac{\ln x}{x}\right) > x(\tfrac{1}{2}\ln b)$$

und

$$\ln y > x(\tfrac{1}{2}\ln b).$$

Aus $x(\frac{1}{2}\ln b)\to\infty$ für $x\to\infty$ folgt $\ln y\to\infty$ und daraus $y\to\infty$. Damit ist das Theorem bewiesen. •

Beispiel: Welche der beiden Funktionen ist für große Werte von x größer, $(1{,}1)^x$ oder x^{10}?

Lösung: Aus Theorem 4 folgt mit $b = 1{,}1$ und $a = 10$, daß $(1{,}1)^x$ für große x viel größer wird als x^{10}. Das mag überraschend erscheinen, denn für $x = 2$ oder 3 ist x^{10} sehr viel größer als $(1{,}1)^x$:

$$2^{10} = 1\,024 \quad \text{während} \quad (1{,}1)^2 = 1{,}21$$

und

$$3^{10} = 59\,049 \quad \text{während} \quad (1{,}1)^3 = 1{,}331.$$

Trotz des langsamen Starts überholt $(1{,}1)^x$ die Funktion x^{10} und steigt später sehr viel rascher an. Die Funktion $(1{,}1)^x$ übersteigt die Funktion x^{10} in der Nähe von $x = 685$.

Bild 6.14 vergleicht die Graphen von $y = (1{,}1)^x$ und $y = x^{10}$. Sie schneiden einander für positive x zweimal, einmal gleich in der Nähe von $x = 1$ und das zweite Mal in der Nähe von $x = 685$. •

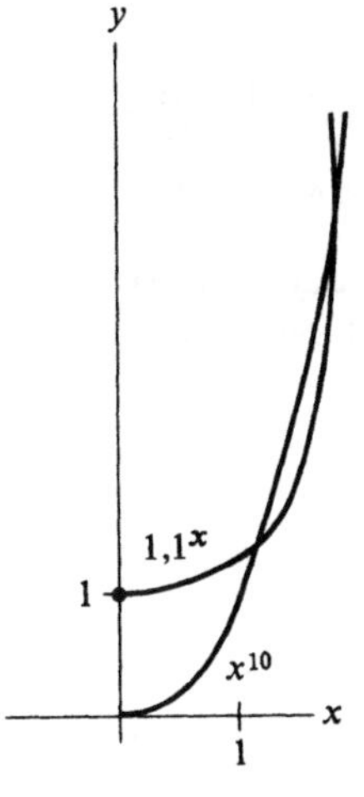

Bild 6.14

Während e^x viel schneller ansteigt als irgendeine feste Potenz von x, wächst $\ln x$ viel langsamer als irgendeine feste Potenz von x:

$$\lim_{x\to\infty}\frac{\ln x}{x^a} = 0 \qquad a > 0.$$

(Siehe Übung 21.)

Übungen:

In den Übungen 1 bis 12 sind die angegebenen Grenzwerte zu berechnen.

1. $\lim\limits_{x\to\infty} x^3/e^x$
2. $\lim\limits_{x\to\infty} x^5e^{-x}$
3. $\lim\limits_{x\to-\infty} x^5e^{-x}$
4. $\lim\limits_{x\to-\infty} x^4e^{-x}$
5. $\lim\limits_{x\to\infty}\dfrac{(1{,}01)^x}{x^{50}}$
6. $\lim\limits_{x\to\infty}\dfrac{(\ln x)^2}{2^x}$
7. $\lim\limits_{x\to\infty}\dfrac{\ln x}{x^3}$
8. $\lim\limits_{x\to 0^+}\dfrac{\ln x}{x^3}$
9. $\lim\limits_{x\to\infty}\dfrac{\lg x}{x}$
10. $\lim\limits_{x\to\infty}\dfrac{2^x}{e^x}$
11. $\lim\limits_{x\to\infty}\dfrac{\log_2 x}{\log_3 x}$
12. $\lim\limits_{x\to-\infty} 2^xe^{-x}$
13. Man bestimme $\lim\limits_{x\to 0^+} x\ln x$.
 Hinweis: Man ersetze x durch $1/t$.
14. Man bestimme $\lim\limits_{x\to\infty} x^{1/x}$.
 Hinweis: Man bestimme zunächst $\lim\limits_{x\to\infty}\ln x^{1/x}$.
15. (*a*) Man berechne $(\lg x)/x$ für $x = 10^2, 10^3$ und 10^4.
 (*b*) Man berechne $\lim\limits_{x\to\infty}(\lg x)/x$.
16. Man differenziere (zur Übung):
 (*a*) $\dfrac{\sqrt{3x^2-1}}{e^{5x}}$, (*b*) $\sec\sqrt{x}$,
 (*c*) $(\cos 5x)^3$
 (*d*) $\ln\sqrt[3]{(1+\tan 2x)^2}$. (Man vereinfache zuerst nach den Gesetzen des Logarithmierens.)
 (*e*) $\sqrt{x}\arctan 2x$, (*f*) $x^3\arcsin e^{2x}$.

Die nächste Übung dient der Vorbereitung späterer Berechnungen.

17. Man gebe das Beispiel einer Funktion an, deren Ableitung gegeben ist durch:
 (*a*) $\dfrac{1}{x^4}$, (*b*) $\sqrt[3]{x}$,
 (*c*) $\dfrac{3}{x}$, (*d*) $x^3 - 2x^2$,

(e) $\frac{5}{1+x^2}$, (f) $\frac{3x}{1+x^2}$,

(g) $\frac{1}{(1+3x)^2}$, (h) $\frac{1}{1+3x}$,

(i) $\frac{1}{\sqrt{1-4x^2}}$.

■

18. Diese Übung ist das Gegenstück zur Übung 17 aus Abschnitt 6.2. Seien f und g in $(a; b)$ zwei differenzierbare Funktionen und stetig in $[a; b]$. Es gelte $f(b) = g(b)$ und $f'(x) < g'(x)$ für alle x aus $(a; b)$. Man beweise $f(a) > g(a)$.

19. Siehe Übung 18. Sei $f(x) = (1+x)^{1/x}$ für $x > -1$, $(x \neq 0)$, und $f(0) = \mathrm{e}$. Die Funktion wurde in Abschnitt 4.4 dargestellt. Man zeige, daß $f(x)$ eine fallende Funktion ist. *Hinweis:* $\ln f$ ist eine fallende Funktion. Man betrachte die Fälle $x > 0$ und $-1 < x < 0$ gesondert.

20. Man berechne $\lim\limits_{x \to \infty} \frac{\ln x}{x^a}$ für $a < 0$.

21. Sei a eine positive Zahl. Mit Hilfe der Variablen $t = x^a$ zeige man $\lim\limits_{x \to \infty} \frac{\ln x}{x^a} = 0$.

22. Man beweise $\lim\limits_{x \to \infty} \frac{\log_b x}{x} = 0$ für $b > 0$.

23. Sei $f(x) = 1/x$.

(a) $f'(x)$ ist für alle x aus dem Definitionsbereich von f negativ. Man zeige dies!

(b) Folgt aus $x_1 > x_2$ auch $f(x_1) > f(x_2)$?

Die Übungen 24 bis 27 demonstrieren die Anwendung des Mittelwertsatzes auf die Näherung von Funktionswerten durch benachbarte Funktionswerte.

24. Für $a \neq b$ gilt mit einer bestimmten Zahl X zwischen a und b

$$f(b) = f(a) + (b-a) f'(X).$$

Man beweise dies!

Hinweis: Man betrachte die Fälle $b > a$ und $b < a$ gesondert mit Hilfe des Mittelwertsatzes.

25. Sei $f(x) = \sqrt{x}$ in Übung 24, $a = 100$ und $b = 105$.

(a) Man zeige

$$\sqrt{105} = 10 + \frac{5}{2\sqrt{X}}$$

für einen Wert X, $100 < X < 105$.

(b) Aus $100 < X < 121$ leite man ab:

$$10 + \frac{5}{2 \cdot 11} < \sqrt{105} < 10 + \frac{5}{2 \cdot 10}.$$

(c) Aus (b) leite man ab:

$$10{,}22 < \sqrt{105} < 10{,}25.$$

26. Siehe Übungen 24 und 25. Man verwende die Methode von Übung 24, um $\sqrt{67}$ zu berechnen.

27. Siehe Übungen 24 und 25.

(a) Man verwende die Methode von Übung 25, um zu zeigen, daß

$$\frac{\pi}{4} + \frac{0{,}1}{1{,}1^2} < \arctan 1{,}1 < \frac{\pi}{4} + 0{,}1.$$

(b) Aus (a) leite man ab:

$$0{,}868 < \arctan 1{,}1 < 0{,}886.$$

■■

Die Übungen 28 bis 33 demonstrieren eine Methode, um e^x für $0 \leqslant x \leqslant 1$ zu berechnen. In Kapitel 15 wird das Ergebnis dieses Verfahrens mit Hilfe einer anderen Methode auf alle Werte von x verallgemeinert.

28. Man betrachte den Beweis von Theorem 1. Die Bezeichnung $n!$ ist eine Abkürzung für das Produkt $1 \cdot 2 \cdot 3 \ldots (n-1)n$. Zum Beispiel ist $5! = 1 \cdot 2 \cdot 3 \cdot 4 \cdot 5$. Man beweise für $x > 0$

(a) $\mathrm{e}^x > 1 + x + \frac{x^2}{2!} + \frac{x^3}{3!}$;

(b) $\mathrm{e}^x > 1 + x + \frac{x^2}{2!} + \frac{x^3}{3!} + \frac{x^4}{4!}$.

(c) Man verallgemeinere (b).

29. Siehe Übung 28. Sei $0 < x \leqslant 1$. Man beweise

(a) $\mathrm{e}^x < 1 + \mathrm{e}x$;

(b) $\mathrm{e}^x < 1 + x + \frac{\mathrm{e}x^2}{2}$;

(c) $\mathrm{e}^x < 1 + x + \frac{x^2}{2!} + \frac{\mathrm{e}x^3}{3!}$;

(d) $\mathrm{e}^x < 1 + x + \frac{x^2}{2!} + \frac{x^3}{3!} + \mathrm{e}\,\frac{x^4}{4!}$.

(e) Man verallgemeinere (d).

30. Siehe Übungen 28 und 29. Gemäß Abschnitt 4.2 ist e kleiner als 4.

(a) Man zeige, daß

$$1 + 1 + \frac{1}{2} + \frac{1}{6} + \frac{1}{24} < \mathrm{e} < 1 + 1 + \frac{1}{2} + \frac{1}{6} + \frac{1}{24} + \frac{4}{120}.$$

(b) Mit Hilfe von (a) zeige man $2{,}708 < \mathrm{e} < 2{,}742$.

Für die nächsten Übungen wird ein Taschenrechner benötigt.

31. (a) Die Gleichung $b^x = x^a$ ist äquivalent zur Gleichung

$$\frac{\ln x}{x} = \frac{\ln b}{a}.$$

Man zeige dies!

(b) Die Gleichung

$$1{,}5^x = x^5$$

besitzt zwei Lösungen, eine davon in der Nähe von 1. Man verwende einen Taschenrechner, um die zweite Lösung abzuschätzen.

32. Siehe Übung 31. Die Gleichung $(1{,}2)^x = x^{20}$ besitzt zwei positive Lösungen.

(*a*) Man berechne die in der Nähe von 1 gelegene Lösung auf zwei Dezimalstellen.

(*b*) Man bestimme die der anderen Lösung nächstgelegene ganze Zahl.

33. Man verwende die allgemeine in den Übungen 28 bis 30 beschriebene Methode, um auf drei Dezimalstellen zu berechnen:

(*a*) $\sqrt{e} = e^{1/2}$.

(*b*) e.

6.4 Natürliches Wachstum und natürlicher Zerfall

Die Veränderung von Bevölkerungszahlen wird durch zwei grundlegende Variablen bestimmt: Die Geburtenrate und die Sterberate. Sind diese beiden Raten gleich, so ist die Größe der Bevölkerung konstant; überwiegt die eine oder die andere, so steigt die Bevölkerungszahl oder sie sinkt.

Die Geburtenrate und die Sterberate werden ihrerseits wiederum durch jeweils völlig verschiedene Umstände bestimmt. Daher wäre es ein Zufall, wenn diese beiden Größen gleich wären. Die Geburtenrate wird etwa von dem Alter bei der Verehelichung, von der Kindersterblichkeit, dem Alter der Entwöhnung des Kindes, von der Einstellung gegenüber Geburtenkontrolle und Abtreibung, vom Selbstverständnis der Frauen und von der Haltung der Kinder gegenüber der Versorgung ihrer alten Eltern beeinflußt. Die Sterberate hingegen wird von Faktoren wie Volksgesundheit, Kriege, Ernährung, Umweltverschmutzung und körperliche Beanspruchung bestimmt. Da die Menschheit Hungersnöte und Epidemien weitgehend unter Kontrolle gebracht hat, hat sich die Sterberate bis unter die Geburtenrate gesenkt.

Als Folge davon ist in den letzten zwei Jahrhunderten die Weltbevölkerung drastisch angestiegen. Dies zeigt das Schaubild in Beispiel 6 von Abschnitt 2.1, das einen Überblick über die Entwicklung der Weltbevölkerung in den letzten 10 000 Jahren gibt.

Im Jahr 1977 lag die Weltbevölkerung etwa bei 3,8 Milliarden. Es ist vorherzusehen, daß sie im Jahre 2000 etwa 6 Milliarden betragen wird, wenn sich das Wachstum mit der jetzigen Rate fortsetzt.

Wie kommt man nun zu einer derartigen Voraussage? Das Studium des Bevölkerungswachstums führt uns auf die Exponentialfunktion b^x, die schneller als jede Potenz von x ansteigt (siehe Abschnitt 6.3)!

Um die Bevölkerungszahl mathematisch zu erfassen, bezeichnen wir die Größe der Bevölkerung zu einem bestimmten Zeitpunkt t mit $f(t)$. Daher ist $f(t)$ eine ganze Zahl und das Schaubild von f hat immer dann „Sprünge", wenn irgendjemand zur Welt kommt oder stirbt. Wir nehmen vereinfachend an, daß die „stufenlose" (differenzierbare) Funktion f die Größe der Bevölkerung jeweils annähert.

Die Ableitung f' beschreibt dann den Zuwachs der Bevölkerung. Bleiben soziale, medizinische und technologische Faktoren konstant, so wird die Wachstumsrate $f'(t)$ im allgemeinen proportional zur jeweiligen Größe der Bevölkerung $f(t)$ sein: Eine große Bevölkerung bringt in einem Jahr entsprechend mehr Babys zur Welt als eine kleine Bevölkerung. Mathematisch ausgedrückt gilt für eine feste Zahl k, unabhängig von der Zeit

$$f'(t) = kf(t).$$

In dieser Gleichung tritt die Ableitung von f auf und wir sprechen daher von einer *Differentialgleichung*[1]), nämlich der *Differentialgleichung des natürlichen Wachstums* (oder *Zerfalls*, – wenn k negativ ist). Die Konstante k wird *momentane Wachstumsrate* genannt.

Um die Größe der Bevölkerung vorherzusagen, müssen wir diese Differentialgleichung lösen. Eine mögliche Lösung lautet

$$f(t) = A\mathrm{e}^{kt},$$

wobei A eine feste Zahl ist:

$$f'(t) = Ak\mathrm{e}^{kt} = kA\mathrm{e}^{kt} = kf(t).$$

Die Funktion $f(t) = A\mathrm{e}^{kt}$ genügt für jede Konstante A der Differentialgleichung des natürlichen Wachstums. Gibt es noch andere Funktionen f, die die Differentialgleichung $f'(t) = kf(t)$ erfüllen? Das folgende Theorem zeigt, daß natürliches Wachstum immer gemäß der Formel $A\mathrm{e}^{kt}$ verläuft.

Theorem: Jede Funktion f, die der Differentialgleichung

$$f'(t) = kf(t)$$

genügt, hat die Form

$$f(t) = A\mathrm{e}^{kt}$$

(mit einer beliebigen Konstanten A).

---

1) Differentialgleichung nennt man eine Relation, in der neben einer bestimmten Funktion auch deren Ableitungen auftritt.

Beweis: Wir zeigen zuerst, daß für eine solche Funktion der Quotient

$$g(t) = \frac{f(t)}{e^{kt}}$$

eine Konstante ist. Dies ist dann der Fall, wenn für alle t stets $g'(t) = 0$ gilt. Aufgrund des Korollars aus Abschnitt 6.2 ist dann g eine Konstante.

Die Berechnung von g' ist sehr einfach:

$$g'(t) = \frac{e^{kt} f'(t) - f(t)\, k e^{kt}}{(e^{kt})^2}.$$

Ferner gilt $f'(t) = kf(t)$. So erhalten wir

$$g'(t) = \frac{e^{kt} kf(t) - f(t)\, k e^{kt}}{(e^{kt})^2}.$$

Da der Zähler des Quotienten verschwindet, folgt

$$g'(t) = 0$$

für alle t. Nach dem Korollar 1 aus Abschnitt 6.2 existiert daher für alle t eine Konstante A mit

$$g(t) = A$$

oder

$$\frac{f(t)}{e^{kt}} = A$$

für alle t. Es folgt $f(t) = Ae^{kt}$, und damit ist das Theorem bewiesen. ●

Korollar: Eine Funktion f, die der Differentialgleichung

$$f'(t) = kf(t)$$

genügt, ist von der Form

$$f(t) = Ab^t$$

mit entsprechenden Konstanten A und b.

Beweis: Aufgrund des vorhergehenden Theorems gilt $f(t) = Ae^{kt}$ mit einer bestimmten Konstanten A. Setzen wir $b = e^k$, so finden wir

$$\begin{aligned} f(t) &= Ae^{kt} \\ &= A(e^k)^t \\ &= Ab^t. \end{aligned}$$

Damit ist das Korollar bewiesen. ●

Beispiel 1: Die Zahl der Weltbevölkerung betrug 1977 etwa 3,8 Milliarden. Wenn diese Zahl weiter mit einer Wachstumsrate von 2 Prozent pro Jahr ansteigt, welchen Stand erreicht sie im Jahr 2000? Man bestimme die momentane Wachstumsrate k und die Konstante b.

Lösung: Man messe die Zeit t in Jahren. Sei $t = 0$ für das Jahr 1977 und $f(t)$ die Bevölkerung zur Zeit t. (Wie schon erwähnt, nimmt die Bevölkerung nur ganzzahlige Werte an. Die Funktion f ist daher eine differenzierbare Näherung für die Bevölkerungszahl.)

Aufgrund des Folgetheorems existieren Konstanten A und b mit

$$f(t) = Ab^t.$$

Um A zu finden, setzen wir $t = 0$:

$$f(0) = Ab^0 = A \cdot 1 = A$$

oder

$$A = 3{,}8 \text{ Milliarden.}$$

Wie finden wir b? Wir wissen, daß die Bevölkerung pro Jahr um 2 Prozent ansteigt, d.h.

$$\frac{f(t+1)}{f(t)} = 1{,}02.$$

Daher gilt

$$\frac{Ab^{t+1}}{Ab^t} = 1{,}02$$

und

$$b = 1{,}02.$$

So ist auch b bestimmt. Folglich erhalten wir

$$f(t) = 3{,}8 \cdot 1{,}02^t \text{ Milliarden.}$$

Um die Größe der Bevölkerung im Jahr 2000 zu bestimmen – 23 Jahre nach dem Jahr 1977 – berechnen wir $f(23)$:

$$\begin{aligned} f(23) &= 3{,}8\,(1{,}02)^{23} \\ &\approx 3{,}8 \cdot 1{,}577 \quad \text{(Berechnung mit Hilfe eines Rechners oder einer Logarithmentafel)} \\ &= 6 \text{ Milliarden.} \end{aligned}$$

Schließlich wollen wir noch die momentane Wachstumsrate k berechnen. Man erinnere sich an $b = e^k$ oder

$$e^k = 1{,}02.$$

Daraus folgt

$$k = \ln 1{,}02 \approx 0{,}0198. \quad \bullet$$

Wie Beispiel 1 zeigt, ist die Konstante b in der Formel $f(t) = Ab^t$ gleich dem Verhältnis

$$\frac{\text{Größe am Ende des Einheitsintervall der Zeit}}{\text{Größe am Beginn des Einheitsintervalls}}.$$

Also ist b üblicherweise sehr einfach zu bestimmen: Man bestimmt den relativen Zuwachs in einem Einheitsintervall der Zeit und addiert 1. In Beispiel 1 betrug der relative Zuwachs in einem Jahr gleich 0,02, es folgt $b = 1{,}02$.

Die momentane Wachstumsrate k kann nicht direkt aus der Beobachtung entnommen werden. Ist hingegen b bekannt, so kann man k aus der Gleichung

$$e^k = b$$

bestimmen, es gilt

$$k = \ln b.$$

In Beispiel 1 mußten wir die Zahl $(1{,}02)^{23}$ berechnen: Das kann sehr einfach mit Hilfe des y^x Programms auf einem Rechner geschehen. Ist kein Rechner bei der Hand, so bestimmen wir diese Zahl folgendermaßen: Man verwendet zuerst eine Tabelle der natürlichen Logarithmen, um $k \approx 0{,}0198$ zu ermitteln. Daraus folgt $f(t) \approx 3{,}8e^{0{,}0198t}$ und

$$f(23) \approx 3{,}8e^{0{,}0198 \cdot 23} \approx 3{,}8e^{0{,}455}.$$

Mit Hilfe einer e^x Tabelle berechnen wir

$$f(23) \approx 3{,}8 \cdot 1{,}577 \approx 6{,}0 \text{ Milliarden.}$$

Beispiel 1 veranschaulicht gleichzeitig einen anderen wichtigen Gesichtspunkt. Die momentane Wachstumsrate $k = 0{,}0198$ liegt sehr nahe an der experimentell gemessenen relativen Wachstumsrate pro Zeiteinheit, die in unserem Fall 2 Prozent oder 0,02 beträgt. Im Falle *kleiner* Wachstumsraten ist die Approximation

$$k = \text{relative Wachstumsrate pro Zeiteinheit},$$

eine gute Approximation: Wenn k klein ist und b in der Nähe von 1 liegt, so gilt

$$b = \text{ungefähr gleich } 1 + k.$$

(Die Übungen 18 bzw. 19 rechtfertigen diese Behauptung.) Im Hinblick auf die Ungenauigkeit der Angaben über die Größe der Bevölkerung ist die Verwendung von $k = 0{,}02$ durchaus gerechtfertigt. Sogar die Angaben über die Bevölkerung der Vereinigten Staaten können um eine Größe von etwa 4 Millionen differieren; es ist völlig sinnlos, diese Zahl auf neun Stellen genau zu berechnen.

Das nächste Beispiel behandelt das natürliche Wachstum anhand eines Problems aus dem Gebiet der Biologie.

Beispiel 2: Um 13.00 Uhr hatte eine Bakterienkultur ein Gewicht von 100 g, um 16.30 Uhr wiegt sie 250 g. Vorausgesetzt das Wachstum ist proportional der jeweiligen Anzahl der Bakterien, so wollen wir untersuchen, wann die Kultur auf 400 g angewachsen sein wird. Wie groß ist die momentane Wachstumsrate?

Lösung: Die Zeit $t = 0$ entspricht 13.00 Uhr. $f(t)$ sei die Bakterienmenge, die nach t Stunden vorhanden ist. Es gibt dann die Konstanten A und k mit $f(t) = Ae^{kt}$.

Diese Information läßt sich in den folgenden zwei Gleichungen darstellen:

$$f(0) = 100$$
$$f(3{,}5) = 250.$$

So gilt $A = 100$ und $Ae^{k(3{,}5)} = 250$, daher folgt

$$100e^{k(3{,}5)} = 250$$

oder

$$e^{k(3{,}5)} = 2{,}5.$$

Wir erhalten weiter

$$k(3{,}5) = \ln 2{,}5 \approx 0{,}92$$

und

$$k \approx \frac{0{,}92}{3{,}5} \approx 0{,}26.$$

Die momentane Wachstumsrate k beträgt somit 0,26.

Nach wieviel Stunden ist die Bakterienkultur auf 400 g angewachsen? Um dies herauszufinden, lösen wir die Gleichung

$$100e^{0{,}26t} = 400.$$

Wir finden

$$e^{0{,}26t} = 4$$

oder

$$0{,}26t = \ln 4 \approx 1{,}39.$$

Somit

$$t \approx \frac{1{,}39}{0{,}26}\,\mathrm{h}$$
$$\approx 5{,}35\ \mathrm{h}$$
$$\approx 5\ \mathrm{h}\ \text{und}\ 21\ \mathrm{min}.$$

Da $t = 0$ der Zeit 13.00 Uhr entspricht, wird die Bakterienkultur um 18.21 Uhr etwa 400 g wiegen. ●

In den ersten beiden Beispielen war die *Zuwachsrate* zur jeweiligen Größe proportional. Genausogut kann eine *Zerfallsrate* proportional zur jeweiligen Größe sein. In diesem Fall gilt dieselbe Differentialgleichung

$$f'(t) = kf(t),$$

allerdings sind $f'(t)$ und daher auch k nun negativ. Das nächste Beispiel behandelt einen solchen Zerfall.

Beispiel 3: Kohlenstoff 14 mit dem chemischen Symbol ^{14}C ist eines der drei Isotope von Kohlenstoff und zerfällt radioaktiv mit einer Rate proportional zur jeweils vorhandenen Substanzmenge. Nach etwa 5 730 Jahren ist die Hälfte des Materials zerfallen. (Wir sagen: Die *Halbwertszeit* ist gleich 5 730 Jahre. Die Halbwertszeit wird allgemein mit $t_{1/2}$ bezeichnet.) Man bestimme in diesem Falle die Konstante k in der Formel Ae^{kt}.

Lösung: Sei $f(t) = Ae^{kt}$ die nach t Jahren vorhandene Menge. Ist A die Anfangsmenge, so gilt

$$f(5\,730) = \frac{A}{2}.$$

Es folgt

$$Ae^{k(5\,730)} = \frac{A}{2}$$

oder

$$e^{5\,730k} = \frac{1}{2}.$$

Wir erhalten weiter

$$5\,730\,k = \ln\frac{1}{2} = -\ln 2 \approx -0{,}69.$$

Lösen wir nach k auf, so ergibt sich

$$k \approx \frac{-0{,}69}{5730} \approx -0{,}000\,12$$

oder

$$f(t) = Ae^{-0{,}000\,12\,t}.$$

Übung 21 zeigt, wie mit Hilfe dieser Gleichung das Alter von Fossilien oder anderen abgestorbenen Lebewesen bestimmt werden kann.

Die beiden Graphen für natürliches Wachstum und natürlichen Zerfall sehen sehr verschieden aus (Bild 6.15). Der erstere wird mit der Zeit sehr steil, der zweite nähert sich der Zeitachse und wird fast horizontal.

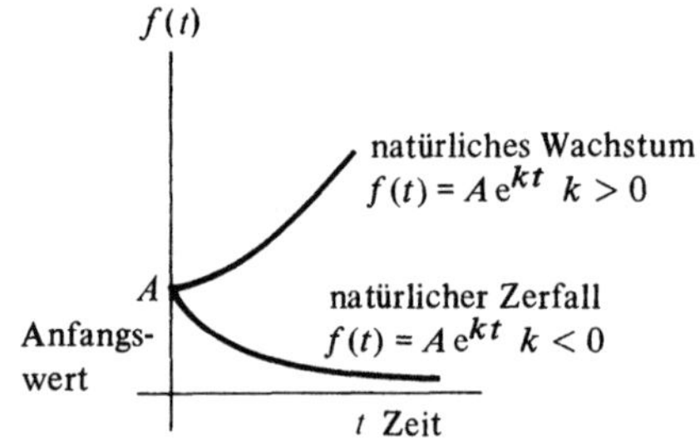

Bild 6.15

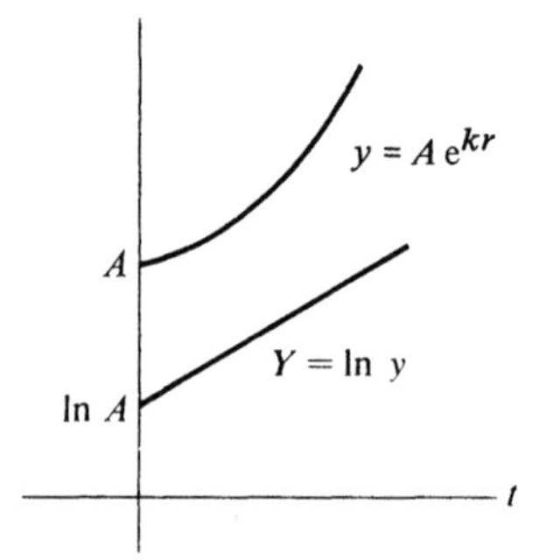

Bild 6.16

Entwickelt sich eine Größe nach dem Gesetz des natürlichen Wachstums, so schießt das Diagramm dieser Entwicklung sehr bald über jedes beliebig große Stück Papier hinaus. Als Beispiel führen wir die Bevölkerungskurve in Beispiel 6 aus Abschnitt 2.1 an. Das nächste Beispiel liefert ein spezielles Verfahren zur graphischen Darstellung von Gleichungen der Form $y = Ae^{kt}$.

Beispiel 4: Sei $y = Ae^{kt}$. Sei weiterhin $Y = \ln y$. Man zeige, daß das Schaubild von Y in Abhängigkeit von t eine gerade Linie darstellt.

Lösung:

$$Y = \ln y$$
$$= \ln Ae^{kt}$$
$$= \ln A + \ln e^{kt}$$
$$= \ln A + kt.$$

Dieser Graph ist eine gerade Linie mit dem y-Abschnitt $\ln A$ und dem Anstieg k. Bild 6.16 zeigt den Unterschied zwischen den beiden Schaubildern. ●

Es gibt ein spezielles Zeichenpapier, sogenanntes *halblogarithmisches* Papier, das auf den Ergebnissen von Beispiel 4 beruht. Es erlaubt uns, das Schaubild $Y = \ln y$ ohne Berechnung von Logarithmen zu zeichnen. Auf der vertikalen Achse ist die Zahl y in einem Abstand von der x-Achse aufgetragen, der proportional zu $\ln y$ ist. Diese Darstellung entspricht der Skaleneinteilung eines Rechenstabes.

Übungen:

1. Das Gewicht einer bestimmten Bakterienkultur beträgt nach t Stunden $10(3^t)$ g.
   (*a*) Wie groß ist der anfängliche Wert?
   (*b*) Wie groß ist die momentane Wachstumsrate k?
   (*c*) Wie groß ist der prozentuelle Anstieg in 1 h?
2. Sei $f(t) = 3(2^t)$.
   (*a*) Man löse die Gleichung $f(t) = 12$.
   (*b*) Man löse die Gleichung $f(t) = 5$.
   (*c*) Man bestimme k aus $f(t) = 3e^{kt}$.
3. Angenommen, die Bevölkerungszahl wächst um 1 Prozent pro Jahr. In welcher Zeit wird sie sich verdoppeln?
4. Wann wird die Bevölkerungszahl der Vereinigten Staaten bei einer Wachstumsrate von 1 Prozent pro Jahr den Wert von 1 Milliarde erreicht haben. (Die Bevölkerung betrug im Jahr 1977 rund 220 Millionen.)
5. Man löse die Gleichung $5^{0,3t} = 2$.
6. Eine Bakterienkultur wächst innerhalb von 10 h von 100 g auf 400 g an.
   (*a*) Welche Menge war nach 3 h vorhanden!
   (*b*) Wie lange dauert es, bis sich die Masse verdoppelt, bis sie sich vervierfacht, verdreifacht hat?
7. Siehe Übung 1. Wann wird die Weltbevölkerung 20 Milliarden erreichen, wenn die gegenwärtige Wachstumsrate anhält?
8. Es sei $f(t) = Ae^{kt}$, $f(0) = 4$ und $f(1) = 8$. Man bestimme
   (*a*) A, (*b*) k, (*c*) b.
9. Siehe Übung 3. Wieviel Kohlenstoff 14 bleibt nach
   (*a*) 11 460 Jahren,
   (*b*) 2 000 Jahren
   übrig?
10. Sei $f(t) = Ae^{-ct}$ und c eine positive Zahl. Dann beschreibt die Funktion f einen Zerfall. Man stelle die Halbwertszeit $t_{1/2}$ durch die Größe c dar und bestimme hierzu t aus $f(t) = A/2$.
11. Sei $f(t) = 10^t$.
    (*a*) Man zeige, daß $f'(t)$ proportional zu $f(t)$ ist.
    (*b*) Stimmt dies mit dem Theorem überein, demzufolge $f(t)$ dann von der Form Ae^{kt} sein muß?
12. Die Menge einer bestimmten Substanz vergrößert sich pro Stunde um 10 %.
    (*a*) Man bestimme b.
    (*b*) Man bestimme k.
13. Eine radioaktive Substanz zerfällt während eines Tages von 12 g auf 11 g.
    (*a*) Man bestimme b.
    (*b*) Man bestimme k.
14. Eine radioaktive Substanz zerfällt bei einer Masse von 10 g mit einer momentanen Zerfallsrate von 0,05 g/d.
    (*a*) Welcher Anteil der Anfangsmenge A wird nach t Tagen übrigbleiben?
    (*b*) Wie groß ist die Halbwertszeit?
15. Man bestimme alle Funktionen, die mit ihrer Ableitung übereinstimmen.
16. Angenommen, die Geschwindigkeit eines aus der Ruhelage fallenden Balles ist proportional zur zurückgelegten Weglänge s.
    (*a*) Dann würde s exponentiell als Funktion der Zeit ansteigen. Man zeige dies!
    (*b*) Man zeige mit Hilfe von (*a*), daß dann auch die Geschwindigkeit exponentiell ansteigen würde.
    (*c*) Da die Anfangsgeschwindigkeit Null war, führt (*b*) zu einer absurden Schlußfolgerung. Man untersuche dies!

    Tatsächlich ist ds/dt proportional zur Zeit t und nicht zur Wegstrecke s.
17. Die nachfolgende Tabelle gibt die Entwicklung der Bevölkerung der Vereinigten Staaten zwischen 1945 und 1977 an.

Jahr	1945	1950	1955	1960	1965	1970	1975
Bevölkerung in Millionen	140	152	166	181	194	205	215

    Hat diese Tabelle einen exponentiellen Charakter? Man diskutiere das Ergebnis!
18. Man zeige für sehr kleine k die Relation $\ln(1+k) \approx k$. Genauer gilt
$$\lim_{k \to 0} \frac{\ln(1+k)}{k} = 1.$$
    Hinweis: Man betrachte diesen Grenzwert als Ableitung einer bestimmten Funktion an einer bestimmten Stelle.
19. Man zeige für sehr kleine k die Relation $e^k \approx 1 + k$. Genauer gilt
$$\lim_{k \to 0} \frac{e^k - 1}{k} = 1.$$
20. Eine Größe wächst nach dem Gesetz des natürlichen Wachstums. Die zur Zeit $t = 0$ vorhandene Menge sei A. Sie wird sich bis $t = 10$ verdoppeln.
    (*a*) Man stelle die zur Zeit t vorhandene Menge in der Form Ae^{kt} dar!
    (*b*) Man stelle die zur Zeit t vorhandene Menge in der Form Ab^t dar!

■

21. Ist der Kohlenstoff-14-Anteil am Kohlenstoff eines abgestorbenen Stückes Holz halb so groß wie derjenige eines entsprechenden Stückes Holz der lebenden Pflanze, so ist das

Stück Holz etwa vor 5 730 a abgestorben. Seien A_l und A_t die radioaktiven Intensitäten der Proben des lebenden und des toten Materials. Man zeige, daß dann das Alter des toten Materials etwa $t = 8\,300 \ln (A_l/A_t)$ beträgt. (Diese Methode ist bis zu einem Alter von etwa 70 000 a anwendbar.)

Die Übungen 22 bis 25 behandeln die stetige Verzinsung.

22. In Abscnnitt 4.2 wurden n mal pro Jahr kapitalisierte Zinsen diskutiert.

(*a*) Eine Bank zahle nun 5 % Zinsen pro Jahr mit n-maliger Kapitalisierung. Man zeige, daß in t Jahren 1 DM auf

$$\left(1 + \frac{0{,}05}{n}\right)^{nt} \text{ DM}$$

anwächst.

(*b*) Man zeige, daß

$$\lim_{n \to \infty} \left(1 + \frac{0{,}05}{n}\right)^{nt} = e^{0{,}05\,t}.$$

Kapitalisiert die Bank die Zinsen laufend – stetige Verzinsung – so wächst 1 DM in t Jahren auf $e^{0{,}05\,t}$ DM an.

(*c*) Man zeige, daß sich eine Konteneinlage dann in etwa 14 a verdoppelt. (Bei gewöhnlicher Verzinsung würde man $1/0{,}05$ a $\approx$ 20 a zur Verdoppelung brauchen.)

23. Siehe Übung 22. Man zeige, daß sich bei stetiger Verzinsung 1 DM in etwa 70 % jener Zeit verdoppelt, die hierzu bei gewöhnlicher Verzinsung notwendig wäre.

24. Siehe Übungen 22 und 23. Die Verdopplungszeit für eine mit einer Rate von p Prozent pro Jahr anwachsende Bevölkerung ist etwa $70/p$ Jahre. Man zeige dies.

25. Siehe Übung 22. Welcher jährlicher Zinssatz entspricht ohne Kapitalisierung einer 8 prozentigen stetigen Verzinsung?

■■

26. Ein Geschäftsmann will einen Industriellen überreden, in einem Investment Fonds zu investieren. Er zeigt ihm das Schaubild 6.17, das den Anstieg eines ähnlichen Investments seit 1960 aufzeichnet: „Sehen Sie, in den ersten 5 Jahren stieg das Investment um 1 000 DM an, aber in den letzten 5 Jahren wuchs es um 2 000 DM. Sehen Sie sich den Anstieg von 1970 bis 1975 an, der Zuwachs hat sich gesteigert!"

Der Industrielle antwortet: „Unsinn! Für eine korrekte Darstellung müßten Sie halblogarithmisches Papier verwenden. Obwohl der Graph von 1970 bis 1975 steiler verläuft, ist doch die Gewinnrate kleiner als in der Zeit von 1950 bis 1955." Tatsächlich war dies die beste Periode.

(*a*) Man zeichne den Graphen, falls der prozentuale Gewinn eines Investments in jeder 5-Jahres-Periode derselbe geblieben wäre wie in der ersten.

(*b*) Man erkläre das Argument des Industriellen.

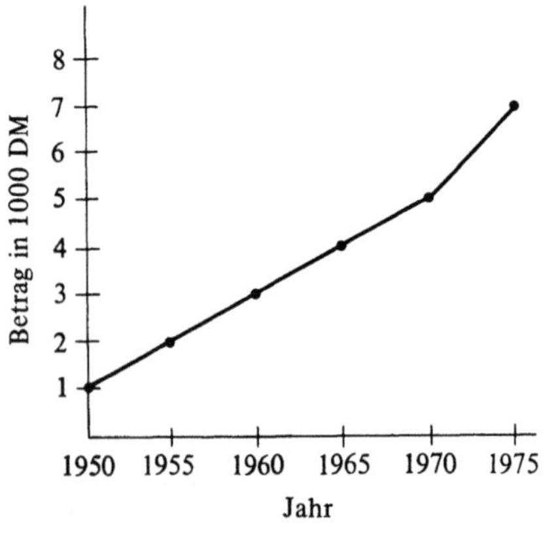

Bild 6.17

Die Übungen 27 bis 30 behandeln einfache Differentialgleichungen.

27. Man bestimme alle Funktionen $y = f(t)$, die der Differentialgleichung

$$\frac{dy}{dt} = kt \qquad k \text{ ist konstant}$$

genügen. Die Wachstumsrate ist proportional der verstrichenen Zeit.

28. Man bestimme alle Funktionen $y = f(t)$ mit der Eigenschaft

$$\frac{dy}{dt} = k(y - A),$$

wobei k und A Konstanten sind. *Hinweis:* Man zeige zunächst

$$\frac{d(y - A)}{dt} = k(y - A).$$

Für negative k ist dies das Newtonsche Abkühlungsgesetz; y ist die Temperatur eines erhitzten Objekts zur Zeit t. Die Raumtemperatur betrage A. Die Differentialgleichung $dy/dt = k(y - A)$ sagt uns: „Das Objekt kühlt sich mit einer Rate ab, die proportional zur Temperaturdifferenz zwischen Raum und Objekt ist."

29. In vielen Fällen gibt es einen ganz bestimmten oberen Wert M, bis zu dem eine Größe anwachsen kann. In diesem Fall kann man oft sinnvollerweise ansetzen

$$\frac{dy}{dt} = ky(M - y).$$

Diese Differentialgleichung sagt uns: „Die Zuwachsrate einer Größe ist erstens proportional zur augenblicklichen Größe und zweitens proportional zu jener Größe, um die sie noch anwachsen kann." Sei A die zur Zeit $t = 0$ vorhandene Größe. Die Funktion

$$y = f(t) = \frac{MA}{A + (M - A)e^{-Mkt}}$$

besitzt die folgenden Eigenschaften:

(*a*) Sie erfüllt die Differentialgleichung,

(*b*) $f(0) = A$,

(*c*) $\lim_{t \to \infty} f(t) = M$.

Man beweise diese Eigenschaften von f. Diese Art des Wachstums wird *logistisches* oder *sigmoidales Wachstum* genannt.

30. Man betrachte die Differentialgleichung

$$\frac{dx}{dy} = e^{-y}.$$

(*a*) Man zeige, daß y eine ansteigende Funktion von x ist.
(*b*) Die Funktion y ist ansteigend und differenzierbar. Daher kann x als Funktion von y aufgefaßt werden. Man zeige

$$\frac{dy}{dx} = e^{-y}.$$

(*c*) Man bestimme alle Funktionen, die diese Differentialgleichung befriedigen.
(*d*) Gibt es eine Lösung der Differentialgleichung $dy/dx = e^y$, die für die gesamte y-Achse definiert ist?

6.5 Ableitungen und Grenzwerte: Hilfsmittel für die graphische Darstellung von Funktionen

In diesem Abschnitt wird gezeigt, wie mit Hilfe von Ableitungen und Grenzwerten der Graph einer Funktion gezeichnet werden kann. Die meisten Ergebnisse dieses Abschnitts sind bereits in früheren Abschnitten entwickelt worden. Zusätzlich werden einige wichtige Definitionen eingeführt, die nicht nur für graphische sondern auch für viele andere Anwendungen von Nutzen sein werden. Das erste Beispiel illustriert das grundsätzliche Verfahren; die Definitionen folgen später.

Beispiel 1: Zeichne den Graphen von $y = f(x) = x^2 e^{-x}$.
Lösung: Der Definitionsbereich dieser Funktion umfaßt die gesamte x-Achse.

Wo schneidet der Graph die x-Achse? Wir lösen die Gleichung $f(x) = 0$, d.h.

$$x^2 e^{-x} = 0.$$

Da e^{-x} niemals Null wird, lautet die einzige Lösung $x = 0$. Als nächstes suchen wir den Punkt, in dem die Tangente horizontal ist. Dazu lösen wir die Gleichung $f'(x) = 0$. Nun gilt

$$f'(x) = \frac{d(x^2 e^{-x})}{dx}$$

$$= x^2 \frac{d(e^{-x})}{dx} + e^{-x} \frac{d(x^2)}{dx}$$

$$= -x^2 e^{-x} + 2x e^{-x}$$

und

$$f'(x) = e^{-x}(2x - x^2).$$

$$f'(x) = 0$$

gilt aber nur für

$$2x - x^2 = 0$$

oder

$$x(2 - x) = 0.$$

Die Lösungen lauten

$$x = 0 \qquad \text{und} \qquad x = 2.$$

Bei diesen Werten von x hat die Funktion die Werte

$$f(0) = 0$$

und

$$f(2) = 2^2 e^{-2} = 4e^{-2} \approx 0{,}54.$$

Bild 6.18 beinhaltet die bisher gewonnenen Informationen. Die dicken, kurzen horizontalen Linien zeigen Punkte mit horizontaler Tangente an.

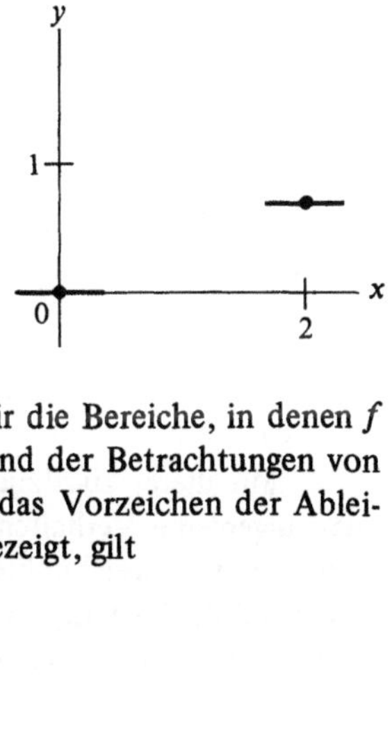

Bild 6.18

Als nächstes bestimmen wir die Bereiche, in denen f ansteigt oder abnimmt. Auf Grund der Betrachtungen von Abschnitt 6.2 müssen wir dazu das Vorzeichen der Ableitung f' bestimmen. Wie bereits gezeigt, gilt

$$f'(x) = e^{-x}(2x - x^2)$$

oder

$$f'(x) = x(2 - x)e^{-x}.$$

Da e^{-x} immer positiv ist, ist das Vorzeichen von $f'(x)$ durch das Vorzeichen von $x(2-x)$ bestimmt. Um dieses Vorzeichen zu ermitteln, legen wir eine kleine Tabelle für die Vorzeichen der beiden Faktoren x und $2 - x$ in den verschiedenen Bereichen von x an.

Vorzeichen	$x < 0$	$0 < x < 2$	$x > 2$
von x	–	+	+
von $2 - x$	+	+	–
von $x(2 - x)$	–	+	–

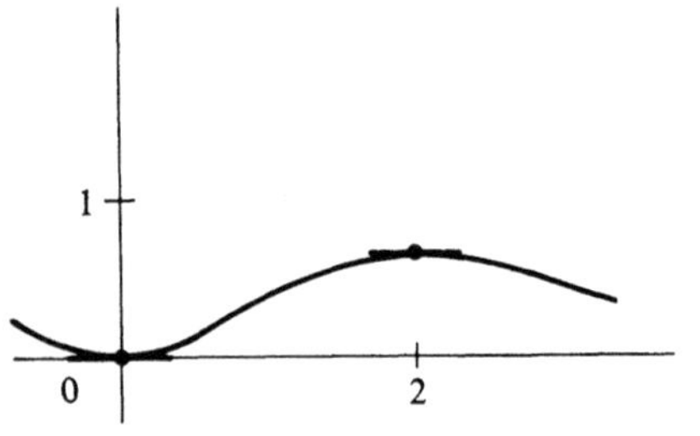

Bild 6.19

Somit ist $f'(x) = x(2 - x)e^{-x}$ positiv für x aus $(0; 2)$ und negativ für $x < 0$ oder $x > 2$. Die Funktion f ist daher für x aus $(0; 2)$ ansteigend, sonst überall fallend. Diese Information ist in Bild 6.19 verwendet worden.

Um den Graphen zu vervollständigen, benötigen wir noch das Verhalten von $f(x)$ für sehr große Werte von $|x|$. Wir berechnen

$$\lim_{x \to \infty} x^2 e^{-x} \quad \text{und} \quad \lim_{x \to -\infty} x^2 e^{-x}.$$

Nach Theorem 4 aus Abschnitt 6.3 gilt

$$\lim_{x \to \infty} x^2 e^{-x} = 0.$$

Desgleichen finden wir

$$\lim_{x \to -\infty} x^2 e^{-x} = \infty,$$

da für absolut große und negative x sowohl x^2 als auch e^{-x} sehr groß werden.

Mit dieser zusätzlichen Information können wir nun das allgemeine Verhalten der Funktion skizzieren, obwohl wir nur die zwei Punkte 0 und 2 exakt bestimmt haben (Bild 6.20). Der Graph von Beispiel 1 illustriert die Grundgedanken des allgemeinen Verfahrens. ●

Definition der horizontalen Asymptote: Gilt

$$\lim_{x \to \infty} f(x) = L \quad \text{oder} \quad \lim_{x \to -\infty} f(x) = L,$$

so heißt die Gerade $y = L$ *horizontale Asymptote* an den Graphen von f.

Im Beispiel 1 ist die Gerade $y = 0$, also die x-Achse, eine horizontale Asymptote, denn $\lim_{x \to \infty} x^2 e^{-x} = 0$. Horizontale Asymptote ist jede Parallele zur x-Achse, die dem Graphen von f, entweder weit rechts oder weit links, immer näher und näher kommt. Der Graph kann mit seiner Asymptote zusammenfallen oder sie unendlich oft schneiden. In den meisten praktischen Fällen ist der Graph mit seiner Asymptote nicht identisch.

Definition der vertikalen Asymptote: Gilt

$$\lim_{x \to a^+} f(x) = \infty \text{ (oder } -\infty)$$

oder

$$\lim_{x \to a^-} f(x) = \infty \text{ (oder } -\infty)$$

dann heißt die Gerade $x = a$ *vertikale Asymptote* an den Graphen von f.

In Beispiel 1 existiert keine vertikale Asymptote. In Beispiel 2 wird dies für $a = 1$ der Fall sein. Asymptoten, die weder horizontal noch vertikal sind, werden in den Übungen 82 bis 86 der Zusammenfassung (Abschnitt 6.11) diskutiert werden.

Definition der kritischen Stelle (oder des kritischen Punktes): Eine Stelle x, mit $f'(x) = 0$ wird kritische Stelle der Funktion f genannt. Der entsprechende Punkt $(x; f(x))$ des Graphen von f heißt kritischer Punkt. ●

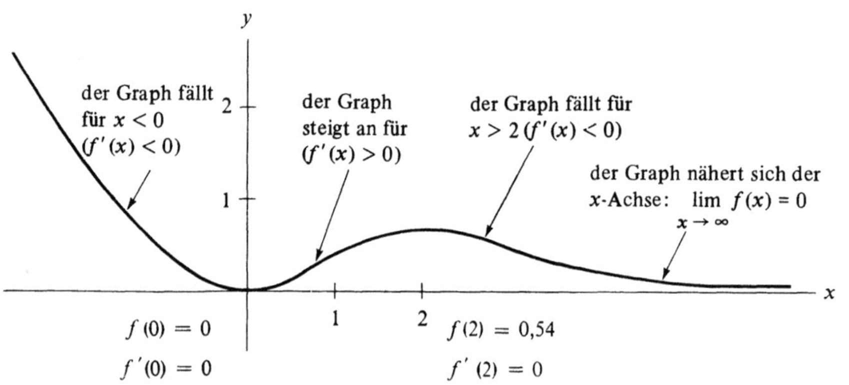

Bild 6.20

In einem kritischen Punkt ist die Tangente waagerecht. Die Kurve in Beispiel 1 besitzt zwei kritische Punkte, nämlich (0; 0) und $(2; 4e^{-2})$.

Definition des relativen Maximums (lokalen Maximums): Die Funktion f besitzt an der Stelle X ein relatives oder lokales Maximum, wenn ein offenes Intervall $(a; b)$ um X existiert, in dem für alle x aus $(a; b)$ und aus dem Definitionsbereich von f die Ungleichung $f(X) \geqslant f(x)$ gilt. Ein „lokales" oder „relatives Minimum" ist analog definiert.

Definition des absoluten Maximums (globalen Maximums): Die Funktion f besitzt ein absolutes oder globales Maximum an der Stelle X, wenn für alle x aus dem Definitionsbereich von f die Ungleichung $f(X) \geqslant f(x)$ gilt. Ein globales Minimum ist analog definiert.

Die Funktion von Beispiel 1 hat folgende Eigenschaften:

ein relatives (lokales) Maximum bei $x = 2$,
ein relatives (lokales) Minimum bei $x = 0$,
ein absolutes (globables) Minimum bei $x = 0$,

aber kein absolutes (globales) Maximum. (Beschränken wir hingegen den Definitionsbereich von $f(x) = x^2 e^{-x}$ auf $x \geqslant 0$, dann hat die Funktion ein globales Maximum bei $x = 2$.)

Der folgende Test für das Vorhandensein eines lokalen Maximums oder lokalen Minimums folgt unmittelbar aus der Erkenntnis, daß die Funktion für eine positive Ableitung ansteigt und für eine negative Ableitung fällt.

Ableitungstest für lokale Maxima (oder lokale Minima): f sei eine Funktion und a eine Zahl. Angenommen, es existieren Zahlen b und c mit $b < a < c$ und den folgenden Eigenschaften:

1. f ist stetig im offenen Intervall $(b; c)$.
2. f ist differenzierbar im offenen Intervall $(b; c)$ ausgenommen höchstens für $x = a$.
3. $f'(x)$ ist im Intervall $(b; c)$ positiv für alle $x < a$ und negativ für alle $x > a$.

Dann besitzt f ein *lokales Maximum* bei a. Ein ähnlicher Test kann für ein *lokales Minimum* gegeben werden, wenn die Begriffe positiv und negativ vertauscht werden.

Mit anderen Worten heißt dies: „Wenn die Ableitung bei a ihr Vorzeichen ändert, dann liegt dort entweder ein lokales Minimum oder ein lokales Maximum vor." Um nun zu entscheiden, welcher von beiden Extremwerten vorhanden ist, fertigt man am besten in der Nähe von $(a; f(a))$ eine grobe Skizze des Graphen an (Bild 6.21).

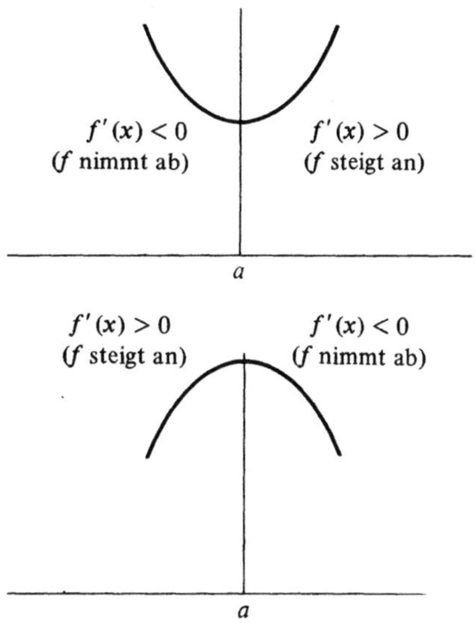

Bild 6.21

Der Ableitungstest trifft keine Aussage über die Existenz der Ableitung bei $x = a$. So ist der Test auf $f(x) = |x|$ anwendbar. Diese Funktion besitzt ein lokales Minimum bei $x = 0$, wo die Ableitung von -1 auf 1 springt. Wie bereits bekannt, ist $f(x) = |x|$ bei $x = 0$ nicht differenzierbar (siehe Beispiel 3 von Abschnitt 3.3).

Definition des x-Abschnitts: Eine Stelle x mit $f(x) = 0$ wird *x-Abschnitt* genannt.

Die Funktion in Beispiel 1 besitzt nur einen x-Abschnitt, nämlich $x = 0$. Ein x-Abschnitt gibt an, wo der Graph mit der x-Achse zusammentrifft.

Definition des y-Abschnitts: Der Wert $f(0)$ wird y-Abschnitt genannt.

Allgemeines Verfahren zur graphischen Darstellung einer Funktion.

Bezeichnung	*Berechnung*	*Geometrische Bedeutung*
Definitionsbereich	1. Man bestimme, wo $f(x)$ definiert ist.	Man bestimme den horizontalen Bereich des Schaubildes.
Abschnitte	2. Man bestimme $f(0)$ und die Werte von x mit $f(x) = 0$.	Man bestimme, wo das Schaubild die Achsen schneidet.

Bezeichnung	*Berechnung*	*Geometrische Bedeutung*
kritische Stellen	3. Man bestimme, wo $f'(x) = 0$.	Man bestimme, wo die Tangente horizontal ist.
	4. Man bestimme $f(x)$ für alle kritischen Zahlen.	Funktionswerte für die kritischen Punkte.
steigend, fallend	5. Man bestimme die Werte von x, für die $f'(x)$ positiv, und diejenigen, für die $f'(x)$ negativ ist.	Man bestimme, wo das Schaubild ansteigt und wo es fällt, während man sich mit dem Bleistift nach rechts bewegt.
horizontale Asymptoten	6. Man bestimme $\lim\limits_{x \to \infty} f(x)$ und $\lim\limits_{x \to -\infty} f(x)$	Man bestimme die waagerechten Asymptoten oder das allgemeine Verhalten für große $\lvert x \rvert$.
vertikale Asymptoten	7. Man bestimme Werte von a mit $\lim\limits_{x \to a^+} f(x) = \infty$ oder $\lim\limits_{x \to a^-} f(x) = \infty$	Man bestimme die vertikalen Asymptoten (wo das Schaubild „explodiert").
	8. Skizziere das Schaubild mit Hilfe der Abschnitte, kritischen Punkte, Asymptoten, lokalen und globalen Maxima und Minima	

Beispiel 2: Man zeichne den Graphen von

$$f(x) = \frac{2x - 5}{x - 1}\ .$$

Lösung: Für $x = 1$ ist die Funktion nicht definiert. Ferner findet man $f(0) = 5$, während $f(x) = 0$ nur dann gilt, wenn der Zähler Null ist. Daher beträgt der y-Abschnitt 5 und der einzige x-Abschnitt liegt bei $x = \frac{5}{2}$, entsprechend der Gleichung $2x - 5 = 0$. Diese Informationen sind im Bild 6.22 berücksichtigt.

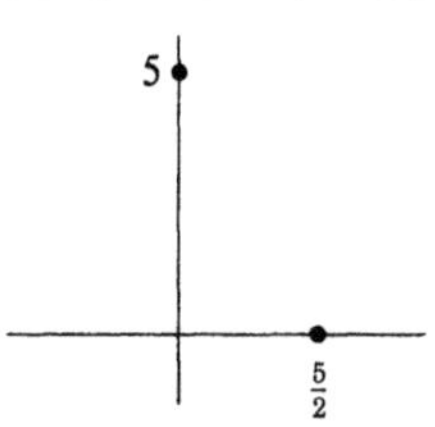

Bild 6.22

Als nächstes untersucht man die kritischen Stellen von f. Dazu müssen wir $f'(x)$ berechnen:

$$f'(x) = D\left(\frac{2x - 5}{x - 1}\right) = \frac{(x - 1) \cdot 2 - (2x - 5) \cdot 1}{(x - 1)^2} = \frac{3}{(x - 1)^2}\ .$$

Da der Zähler niemals Null wird, gibt es *keine kritischen Werte*.

Wo steigt die Funktion an und wo fällt sie? Mit $f'(x) = 3/(x - 1)^2$ ist die Ableitung im gesamten Definitionsbereich positiv. Die Funktion *steigt immer an.*

Wie verhält sich die Funktion, wenn $\lvert x \rvert$ sehr groß ist? Wir finden

$$\lim_{x \to \infty} \frac{2x - 5}{x - 1} = \lim_{x \to \infty} \frac{2 - 5/x}{1 - 1/x} = \frac{2}{1} = 2.$$

Analog gilt

$$\lim_{x \to -\infty} \frac{2x - 5}{x - 1} = 2.$$

Die Gerade $y = 2$ ist sowohl weit rechts als auch weit links eine *horizontale Asymptote* des Graphen. Da die Funktion immer *ansteigt*, hat der Graph für große $\lvert x \rvert$ die im Bild 6.23 skizzierte Form.

Bild 6.23

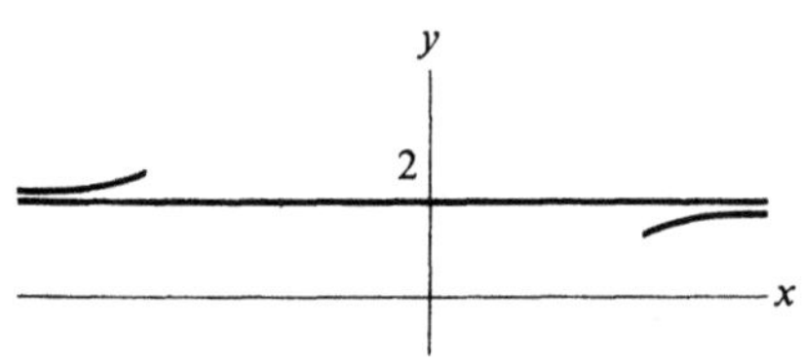

Gibt es *vertikale Asymptoten?* Mit anderen Worten: Gibt es irgendwelche Stellen a, in deren Nähe die Funktion beliebig groß wird? Da $x - 1$ sehr klein wird, wenn x sich an 1 annähert, wird die Funktion

$$f(x) = \frac{2x - 5}{x - 1}$$

bei $x = 1$ beliebig groß. Ist x rechts in der Nähe von 1, so liegt der Zähler in der Nähe von $2 \cdot 1 - 5 = -3$ und ist negativ. Der Nenner ist in diesem Fall eine kleine positive Zahl:

$$\lim_{x \to 1^+} \frac{2x - 5}{x - 1} = -\infty.$$

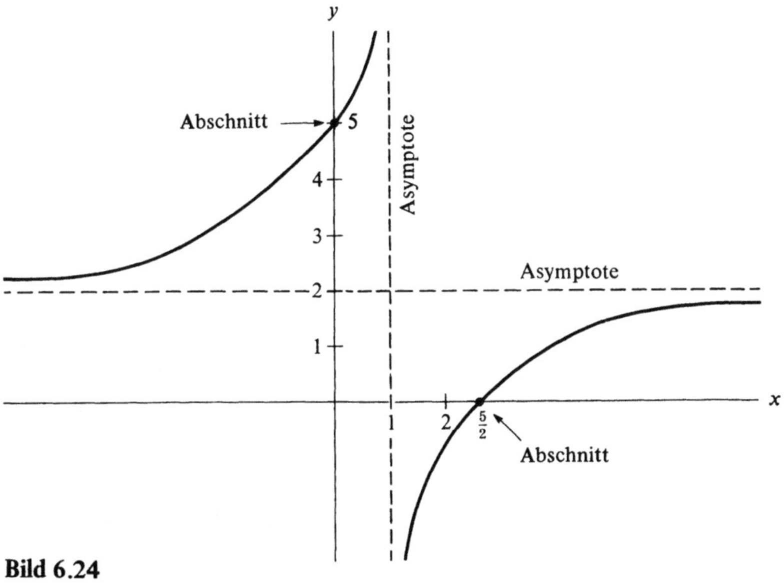

Bild 6.24

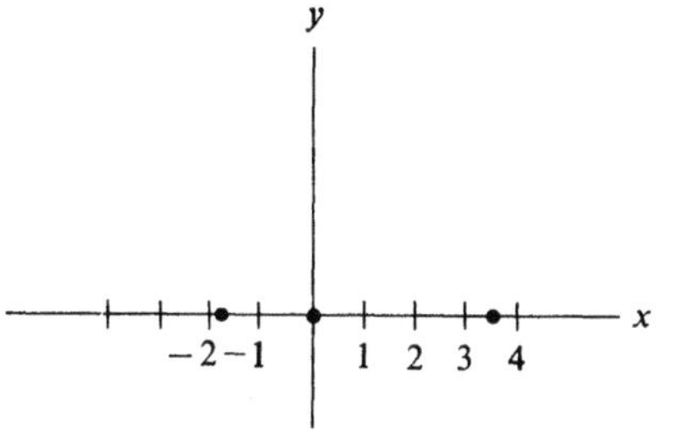

Bild 6.25

Analog findet man

$$\lim_{x \to 1^-} \frac{2x-5}{x-1} = \infty.$$

Die Gerade $x = 1$ ist eine vertikale Asymptote. Mit diesen Informationen kann das Schaubild vollständig gezeichnet werden (Bild 6.24). •

Das nächste Beispiel behandelt den Graphen eines Polynoms.

Beispiel 3: Man skizziere den Graphen von $f(x) = 2x^3 - 3x^2 - 12x$.

Lösung: Mit $f(0) = 2 \cdot 0^3 - 3 \cdot 0^2 - 12 \cdot 0 = 0$ liegt der *y-Abschnitt* bei Null. Um den *x-Abschnitt* zu finden, lösen wir die Gleichung

$$f(x) = 0.$$

Dies führt sehr leicht zu:

$$2x^3 - 3x^2 - 12x = 0$$

oder

$$x(2x^2 - 3x - 12) = 0.$$

Entweder $x = 0$ oder

$$2x^2 - 3x - 12 = 0.$$

Die letzte Gleichung kann mit Hilfe der Formel zur Lösung von quadratischen Gleichungen gelöst werden:

$$x = \frac{-(-3) \pm \sqrt{(-3)^2 - 4(2)(-12)}}{2(2)} = \frac{3 \pm \sqrt{9+96}}{4} = \frac{3 \pm \sqrt{105}}{4}.$$

Diese beiden Lösungen liegen ungefähr bei −1,8 und 3,3. Die entsprechenden *Abschnitte* sind in Bild 6.25 eingezeichnet.

Wo gilt $f'(x) = 0$? Man findet

$$f'(x) = 6x^2 - 6x - 12 = 6(x^2 - x - 2) = 6(x-2)(x+1).$$

Also erhalten wir $f'(x) = 0$ für

$$6(x-2)(x+1) = 0$$

oder für

$$x = 2 \quad \text{und} \quad x = -1.$$

An diesen *kritischen Stellen* hat die Funktion die Werte

$$f(2) = 2(2)^3 - 3(2)^2 - 12(2) = -20$$

und

$$f(-1) = 2(-1)^3 - 3(-1)^2 - 12(-1) = 7.$$

Bild 6.26 berücksichtigt alle bisher gewonnenen Informationen.

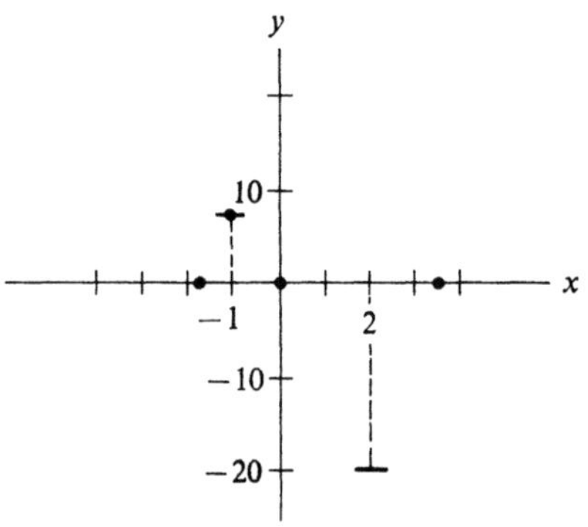

(vertikale Skala verkürzt)

Bild 6.26

Als nächstes wollen wir das Vorzeichen von $f'(x) = 6(x-2)(x+1)$ bestimmen.

	$x < -1$	$-1 < x < 2$	$x > 2$
Vorzeichen von $x - 2$	$- - -$	$- - -$	$+ + +$
Vorzeichen von $x + 1$	$- - -$	$+ + +$	$+ + +$
Vorzeichen von $6(x-2)(x+1)$	$+ + +$	$- - -$	$+ + +$

Nach unseren allgemeinen Erkenntnissen *steigt* die Funktion für $x < -1$ und für $x > 2$; sie *fällt* für $-1 < x < 2$. Berücksichtigt man auch diese Information so entsteht Bild 6.27.

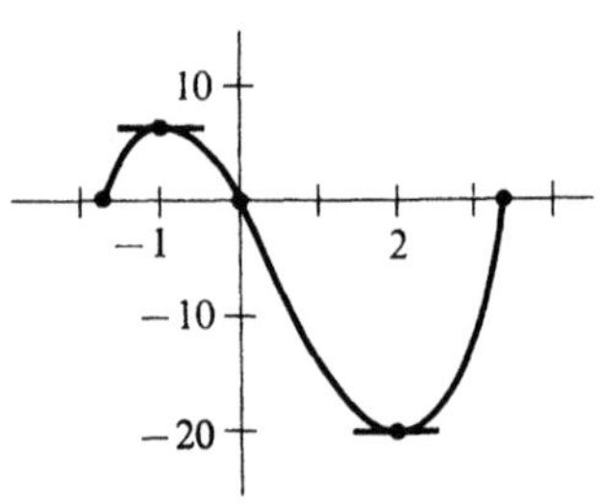

Bild 6.27

Schließlich ist das Verhalten von

$$f(x) = 2x^3 - 3x^2 - 12x$$

für große Werte von $|x|$ zu untersuchen. Wegen

$$\lim_{x \to \infty} f(x) = \lim_{x \to \infty} (2x^3 - 3x^2 - 12x)$$

$$\lim_{x \to \infty} f(x) = \lim_{x \to \infty} x^3 \left(2 - \frac{3}{x} - \frac{12}{x^2}\right)$$

$$= \infty$$

besitzt das Schaubild für $x \to \infty$ *keine horizontalen Asymptote*. Eine ähnliche Überlegung zeigt, daß auch für $x \to -\infty$ keine horizontale Asymptote existiert. Tatsächlich gilt

$$\lim_{x \to -\infty} f(x) = -\infty.$$

Mit dieser letzten Information kann die Kurve endgültig skizziert werden. Der Graph ist in Bild 6.28 gezeigt. Es gibt ein lokales Maximum bei $x = -1$, ein lokales Minimum bei $x = 2$, aber keine globalen Maxima oder Minima. ●

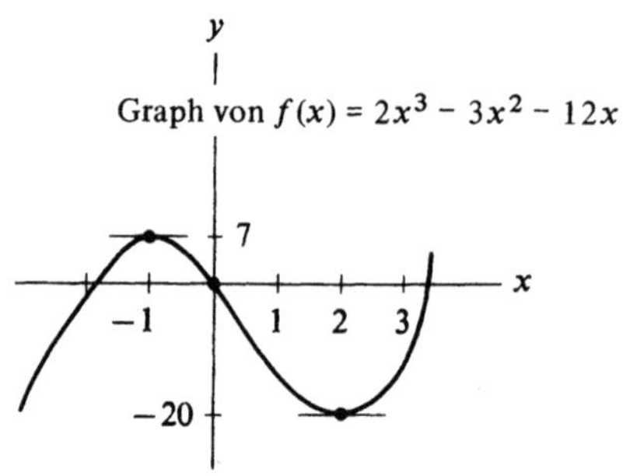

Bild 6.28 Der Graph schneidet die x-Achse bei $x = 0$, $\frac{3 - \sqrt{105}}{4} \approx -1{,}8$ und $\frac{3 + \sqrt{105}}{4} \approx 3{,}3$

Beispiel 4: Man zeichne den Graphen von $f(x) = 3x^4 - 4x^3$ und diskutiere relative Maxima und Minima.

Lösung: Um die Abschnitte zu finden, berechnen wir $f(0) = 0$ und ermitteln aus $3x^4 - 4x^3 = 0$ oder $x^3(3x - 4) = 0$ die Werte $x = 0$ und $x = \frac{4}{3}$. Die Ableitung ist durch

$$f'(x) = 12x^3 - 12x^2$$
$$= 12x^2(x - 1)$$

gegeben. Die kritischen Stellen sind die Lösungen der Gleichung

$$12x^2(x-1)=0,$$

also 0 und 1.

Wie verhält sich das Vorzeichen von

$$f'(x)=12x^2(x-1)$$

in der Nähe von $x = 0$? Für $x < 0$ ist $12x^2$ positiv und $x - 1$ negativ; daher ist $12x^2(x-1)$ negativ. Für $0 < x < 1$ ist $12x^2$ positiv und $x - 1$ negativ: Das Vorzeichen von $f'(x)$ ändert sich nicht, wenn x durch den 0-Punkt geht. Da $f'(x)$ negativ bleibt (ausgenommen bei 0), fällt die Funktion f für $x < 1$ und es ist bei $x = 0$ kein relatives Maximum oder Minimum vorhanden.

Wie verhält sich das Vorzeichen von $f'(x) = 12x^2(x-1)$ in der Nähe von $x = 1$? Der Faktor $12x^2$ ist positiv, aber $x - 1$ ändert sein Vorzeichen von negativ auf positiv: Bei $x = 1$ hat die Funktion ein lokales Minimum.

Schreiben wir nun

$$f(x)=3x^4-4x^3$$

in der Form:

$$f(x)=x^4\left(3-\frac{4}{x}\right).$$

Daraus folgt: Für sehr große $|x|$ verhält sich die Funktion $f(x)$ wie $3x^4$ ($4/x$ geht gegen 0). Da $3x^4$ für große $|x|$ beliebig groß wird, besitzt die Funktion kein globales Maximum. Bild 6.29 zeigt den x-Abschnitt und die kritischen Punkte. Man beachte das globale Minimum bei $x = 1$. ●

Bild 6.29

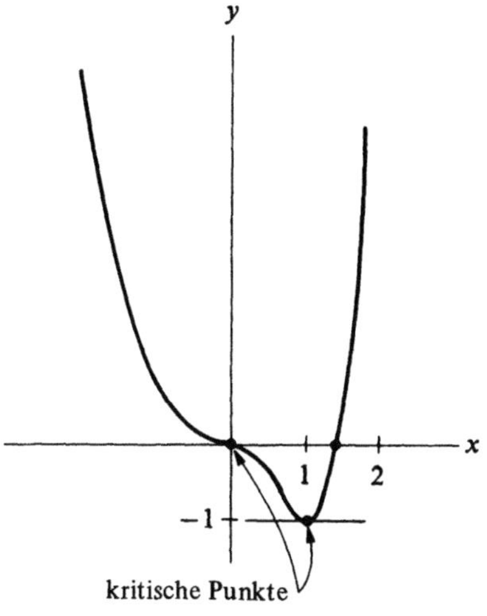

Für viele praktische Probleme interessiert uns das Verhalten einer differenzierbaren Funktion nur in einem geschlossenen Intervall $[a; b]$. Eine solche Funktion besitzt auf Grund des Satzes vom Maximum (Abschnitt 6.1) ein globales Maximum. Das Maximum kann entweder an den Endpunkten a oder b oder irgendwo an einer Stelle X im offenen Intervall $(a; b)$ liegen. Im letzten Fall muß X eine kritische Stelle sein, denn aufgrund des Theorems 1 aus Abschnitt 6.1 gilt dort $f'(X) = 0$.

Die beiden Zeichnungen in Bild 6.30 zeigen einige Möglichkeiten eines relativen oder globalen Maximums bzw. Minimums im Falle einer Funktion, die nur in einem geschlossenen Intervall $[a; b]$ betrachtet wird.

Bild 6.30

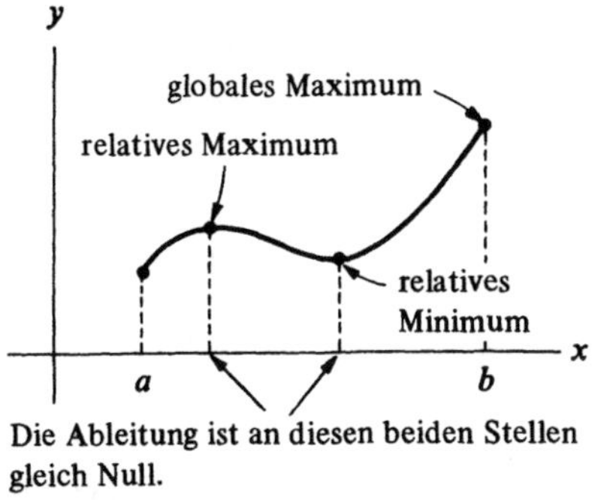

Die Ableitung ist an diesen beiden Stellen gleich Null.

Das globale Maximum tritt am Ende des Intervalls ein (die Ableitung braucht nicht Null zu sein).

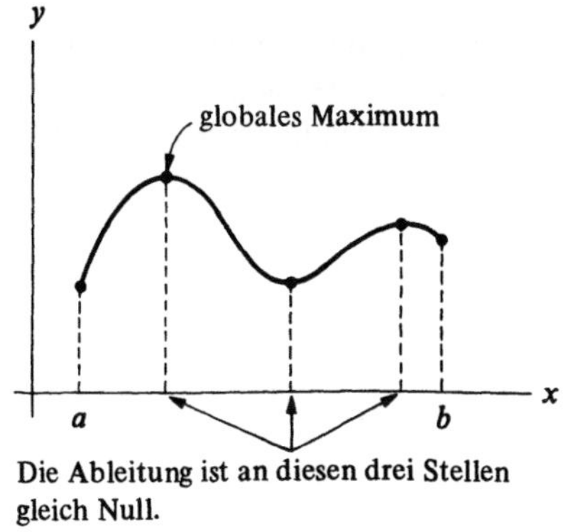

Die Ableitung ist an diesen drei Stellen gleich Null.

Das globale Maximum liegt zwischen a und b (die Ableitung ist dort Null).

Somit kann der Maximalwert einer differenzierbaren Funktion f in einem geschlossenen Intervall in folgenden Fällen auftreten:

1. an einem Ende des Intervalls, oder
2. an einer kritischen Stelle, wo $f'(x) = 0$ ist.

Beispiel 5: Man bestimme den Maximalwert von $f(x) = x^3 - 3x^2 + 3x$ für x aus $[0;2]$.

Lösung: Man berechnet zuerst f an den Endpunkten des Intervalls 0 und 2:

$$f(0) = 0 \quad \text{und} \quad f(2) = 2.$$

Als nächstes berechnet man $f'(x) = 3x^2 - 6x + 3$. Wo gilt $f'(x) = 0$? Wir setzen

$$3x^2 - 6x + 3 = 0$$

oder

$$3(x^2 - 2x + 1) = 0$$

und

$$3(x - 1)^2 = 0.$$

Somit ist 1 die einzige kritische Stelle, sie liegt im Inneren des Intervalls $[0; 2]$.

Das Maximum von f muß daher an den Endpunkten des Intervalls (bei 0 oder 2) oder an der kritischen Stelle 1 eintreten. Wir müssen nun den Wert $f(1)$ berechnen:

$$f(1) = (1)^3 - 3(1)^2 + 3(1) = 1.$$

Da $f(0) = 0$, $f(2) = 2$ und $f(1) = 1$, beträgt der Maximalwert 2 und tritt am Endpunkt $x = 2$ auf.

Nun ist es sehr instruktiv, den Graphen der Funktion zu skizzieren. Da

$$f'(x) = 3(x - 1)^2$$

für alle x, ausgenommen $x = 1$, positiv bleibt, ist die Funktion stets ansteigend. Bild 6.31 zeigt den Graphen. Man beachte das Minimum bei $x = 0$. ●

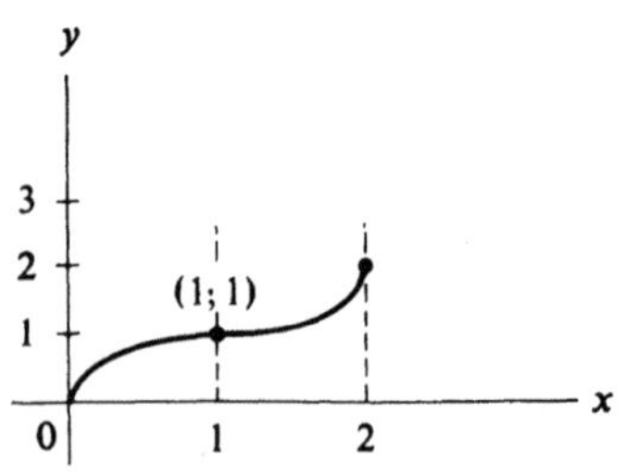

Die Tangente im Punkt (1; 1) ist horizontal

Bild 6.31

Das folgende Flußdiagramm faßt das Verfahren zur Bestimmung des Maximums einer in einem geschlossenen Intervall differenzierbaren Funktion zusammen.

Flußdiagramm zur Ermittlung von M, dem Maximalwert von $f(x)$ für x aus $[a; b]$

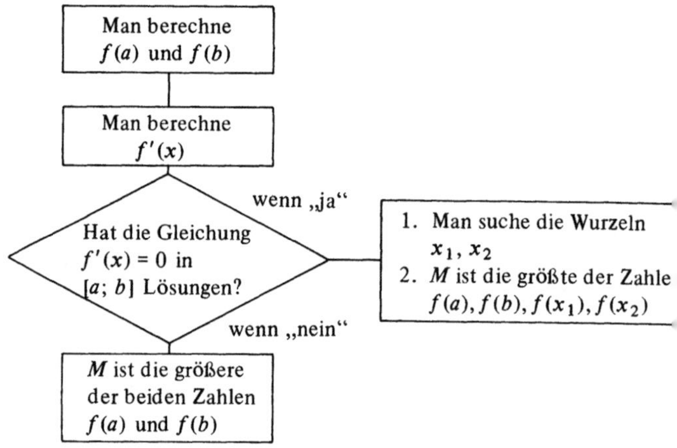

Übungen:

In den Übungen 1 bis 24 sind die Funktionen unter Angabe der x-Abschnitte, y-Abschnitte, kritischen Stellen, lokalen und globalen Maxima und Minima, sowie der horizontalen und vertikalen Asymptoten zu zeichnen.

1. xe^{-x}	**2.** $x^2 - 6x + 5$
3. x^3	**4.** $x/(x^2 + 1)$
5. $(3x^2 + 5)/(x^2 - 1)$	**6.** $e^{2x} + e^{-x}$
7. $x^3 + (1/x)$	**8.** $x + 2\ln(1 + x^2)$
9. $(\ln x)/x^2$	**10.** $1/[(x - 1)^2 (x - 2)]$
11. $e^{-x} \sin x$	**12.** $e^{-x} \sin \sqrt{3}x$
13. $\dfrac{\sin x}{1 + 2\cos x}$	**14.** $2x^3 + 3x^2 - 6x$
15. $x^3 - 3x^2 + 3x$	**16.** $e^x - ex + 1$
17. $e^x + 2e^{-x}$	**18.** $x^4 - 4x$
19. $x^4 - 4x^3 + 4x^2$	**20.** $x^4 + 2x^3 - 3x^2$
21. $2x^{1/3} + x^{4/3}$	**22.** $(x^3 - 1)/(x^2 - 1)$
23. $\sqrt{x^2 - 1/x}$	**24.** $x^4 - 4x + 3$

Die Übungen 25 bis 32 behandeln Funktionen, die in einem abgeschlossenen Intervall definiert sind. Es sind in jedem Fall das Maximum und das Minimum der gegebenen Funktion im gegebenen Intervall zu bestimmen.

25. $(\ln x)/x$; $[1, 10]$	**26.** $4x - x^2$; $[0, 5]$
27. $4x - x^2$; $[0, 1]$	**28.** $2x^2 - 5x$; $[-1, 1]$
29. $x^3 - 2x^2 + 5x$; $[-1, 3]$	**30.** $x/(x^2 + 1)$; $[0, 3]$
31. $e^{-x} \sin x$; $[0, 2\pi]$	**32.** $(x + 1)/\sqrt{x^2 + 1}$; $[0, 3]$

■

33. Man differenziere (zur Übung):

(*a*) $\sqrt[5]{x^2}$, (*b*) $x^3 \arcsin 3x$,

(*c*) $e^{-2x} \cos 5x$, (*d*) $\sqrt{\dfrac{2x+1}{3x+2}}$,

(*e*) $\operatorname{cosec}^3 5x$, (*f*) $x^{\arctan 2x}$.

6.6 Die zweite Ableitung; Anwendung von höheren Ableitungen auf das Studium von Bewegungen

Geschwindigkeit ist die Rate, mit der sich die Distanzen verändern. Die Änderungsrate der Geschwindigkeit wird *Beschleunigung* genannt. Gibt $y = f(t)$ zur Zeit t die Lage eines bestimmten Punktes auf einer Geraden an, so ist die Ableitung $dy/dt = \dot{y}$ gleich der Geschwindigkeit und die Ableitung der Ableitung $d(dy/dt)/dt$, ergibt die Beschleunigung.

Ist $y = f(x)$, so wird die *zweite Ableitung* $d(dy/dx)/dx$ durch die folgenden Symbole bezeichnet:

$$\frac{d^2y}{dx^2}, D^2y, y'', f'', D^2f, f^{(2)}, f^{(2)}_{(x)}, \frac{d^2f}{dx^2}, D^2_x y.$$

Ist $y = f(t)$, so schreibt man für D^2y auch $\ddot{y}$.

Für $y = x^3$ gilt

$$\frac{dy}{dx} = 3x^2$$

und

$$\frac{d^2y}{dx^2} = 6x.$$

Andere Möglichkeiten für die Bezeichnung der zweiten Ableitung dieser Funktion sind

$$D^2(x^3) = 6x$$

$$\frac{d^2(x^3)}{dx^2} = 6x$$

und

$$(x^3)'' = 6x.$$

Die folgende Tabelle gibt für einige bekannte Funktionen die erste Ableitung dy/dx und die zweite Ableitung d^2y/dx^2 an. Die erste Ableitung von f, also $f'(x)$, wird auch manchmal mit $f^{(1)}(x)$ bezeichnet.

Die meisten Funktionen der Infinitesimalrechnung können mehrfach differenziert werden: Abgesehen von Df, existiert die Ableitung von Df, nämlich D^2f, ebenfalls.

y	$\dfrac{dy}{dx}$	$\dfrac{d^2y}{dx^2}$
x^3	$3x^2$	$6x$
$\ln x$	$\dfrac{1}{x}$	$-\dfrac{1}{x^2}$
$\sin 3x$	$3\cos 3x$	$-9\sin 3x$
e^{2x}	$2e^{2x}$	$4e^{2x}$

Schließlich existiert die Ableitung von D^2f, die Ableitung der zweiten Ableitung, so schreiben wir

$$\frac{d\left(\dfrac{d^2y}{dx^2}\right)}{dx}$$

für die *dritte Ableitung*. Auch sie kann auf vielfache Weise bezeichnet werden, etwa durch

$$\frac{d^3y}{dx^3}, D^3y, y''', f''', f^{(3)}, f^{(3)}(x), \frac{d^3f}{dx^3}, D^3_x f.$$

Die *vierte Ableitung* $f^{(4)}(x)$ ist als Ableitung der dritten Ableitung definiert und wird mit ähnlichen Symbolen bezeichnet. Auf analoge Weise wird $f^{(n)}(x)$ für $n = 5, 6 \ldots$ definiert. Die Ableitungen $f^{(n)}(x)$ mit $n \geqslant 2$ werden *höhere Ableitungen* von f genannt.

Beispiel 1: Man berechne $f^{(n)}(x)$ für $f(x) = e^{-3x}$ und $n \geqslant 1$.

Lösung:

$$f^{(1)}(x) = \frac{df}{dx} = \frac{d(e^{-3x})}{dx} = -3e^{-3x};$$

$$f^{(2)}(x) = \frac{d(f^{(1)}(x))}{dx} = \frac{d(-3e^{-3x})}{dx} = 9e^{-3x};$$

$$f^{(3)}(x) = \frac{d(f^{(2)}(x))}{dx} = \frac{d(9e^{-3x})}{dx} = -27e^{-3x}$$

und so fort. Bei jeder nachfolgenden Differentiation wird der Koeffizient von e^{-3x} mit -3 multipliziert. Daraus folgt ganz allgemein

$$f^{(n)}(x) = (-3)^n e^{-3x}. \bullet$$

Die höheren Ableitungen, $f^{(n)}(x)$, können zur Bestimmung der Wachstumsrate einer Funktion $f(x)$ herangezogen werden. Dies wird in Abschnitt 15.1 diskutiert werden. Die zweite Ableitung findet hauptsächlich zwei Anwendungen: einerseits gibt sie die Rate der Veränderung einer Rate, also die *Beschleunigung*, andererseits können mit ihrer Hilfe Schaubilder von Funktionen einfacher gezeichnet werden. Dieser Abschnitt widmet sich hauptsächlich der Beschleunigung, während Abschnitt 6.7 die zweite Ableitung auf bestimmte Eigenschaften von Graphen anwendet.

Das folgende Beispiel illustriert die Anwendung der zweiten Ableitung auf das Studium einer Bewegung.

Beispiel 2: Ein fallender Stein legt in den ersten t Sekunden $5t^2$ Meter zurück. Man bestimme seine Geschwindigkeit und seine Beschleunigung.

Lösung: Man lege die y-Achse in die übliche Lage (0 an den Ausgangspunkt und die positive Halbachse nach oben gerichtet, Bild 6.32). Zur Zeit t hat dann das Objekt die y-Koordinate

$$y = -5t^2.$$

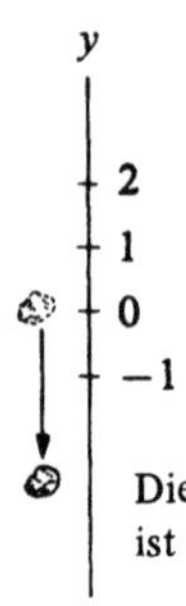

Die Koordinate des Steins zur Zeit t ist $-5t^2$ **Bild 6.32**

Die Geschwindigkeit in m/s ist durch

$$(-5t^2)' = -10t$$

gegeben und die Beschleunigung beträgt in m/s/s = m/s²

$$(-10t)' = -10.$$

Die Geschwindigkeit ändert sich also mit einer konstanten Rate, die Beschleunigung ist daher konstant. •

Die zweite Ableitung charakterisiert die Beschleunigung auch in anderem Zusammenhang, wie das nächste Beispiel zeigt.

Beispiel 3: Man übersetze die folgende Zeitungsmeldung in die Sprache der Infinitesimalrechnung: „Aufgrund der neuesten Arbeitslosenzahlen könnte vermutet werden, daß sich die Rezession ihrem Maximalwert nähert. Obwohl die Arbeitslosenzahl weiter ansteigt, tut sie dies nun mit einer geringeren Rate als früher."

Lösung: y sei die Anzahl der Arbeitslosen zur Zeit t. (Wir setzen y wieder als differenzierbare Funktion von t an, um die tatsächliche Arbeitslosenzahl zu approximieren). y verändert sich mit der Zeit t:

$$y = f(t).$$

Die Rate der Veränderungen dieser Arbeitslosenzahl ist daher durch die Ableitung

$$\frac{dy}{dt}$$

gegeben. Wenn „die Arbeitslosenzahl nach wie vor ansteigt", so ist dies gleichbedeutend mit der Ungleichung

$$\frac{dy}{dt} > 0.$$

Aus der Zeitungsnotiz spricht jedoch ein gewisser Optimismus: Die Rate des Anstiegs, dy/dt, ist selbst abnehmend („Arbeitslosenzahl steigt nach wie vor an ... nun aber mit einer *langsameren Rate* als früher"). Die Funktion dy/dt ist fallend: Ihre Ableitung

$$\frac{d\left(\frac{dy}{dt}\right)}{dt}$$

ist negativ:

$$\frac{d^2y}{dt^2} < 0.$$

Die schlechte Nachricht sagt uns, daß dy/dt noch immer positiv ist. Dem gegenüber steht aber die gute Nachricht: d^2y/dt^2 ist negativ!

Und wenn tatsächlich „die Rezession ihren Maximalwert erreicht" so wird demnächst $dy/dt = 0$ sein und in der Folge zu negativen Werten übergehen: In der Zukunftsvision des Ökonomen ist ein lokales Maximum im Schaubild von $y = f(t)$ vorhergesagt. •

Die folgenden Beispiele konzentrieren sich auf die Verwendung der zweiten Ableitung beim Studium von Bewegungen.

Beispiel 4: Die einfachste Bewegung ist die kräftefreie Bewegung. Angenommen, ein Körper bewege sich entlang der

x-Achse und es wirken keine Kräfte auf ihn. Seine Lage zur Zeit t sei

$$x = f(t) \text{ Meter.}$$

Zu Beginn der Bewegung ($t = 0$) sei $x = 3$ m und die Geschwindigkeit 5 m/s. Man bestimme $f(t)$.

Lösung: Wenn auf den Körper keine Kraft wirkt, so gilt $d^2x/dt^2 = 0$. Bezeichnen wir die Geschwindigkeit mit v, so erhalten wir

$$\frac{dv}{dt} = \frac{d^2x}{dt^2} = 0.$$

Nun ist v selbst eine Funktion der Zeit. Da ihre Ableitung gleich Null ist, muß v konstant sein:

$$v(t) = C$$

(mit einer bestimmten Konstanten C). Aus $v(0) = 5$ folgt nun sofort

$$v(0) = C = 5$$

und

$$C = 5.$$

Um die Lage x als Funktion der Zeit zu bestimmen, gehen wir von

$$v = \frac{dx}{dt} = 5$$

aus. Aufgrund dieser Relation muß x die Form

$$x = 5t + K$$

haben (mit einer bestimmten Konstanten K). Nun gilt für $t = 0$ in diesem Falle $x = 3$ und es folgt $K = 3$. So befindet sich das Teilchen zur Zeit t am Ort

$$x = 5t + 3. \bullet$$

Im nächsten Beispiel ist die Beschleunigung zwar konstant, aber von Null verschieden.

Beispiel 5: Ein Ball wird mit einer Geschwindigkeit von 20 m/s von einer 30 m hohen Klippe in die Luft geworfen (Bild 6.33). Wo befindet sich der Ball nach t Sekunden? Wann erreicht er seine maximale Höhe? Wie hoch steigt der Ball über das Grundniveau hinaus? Wann erreicht der Ball den Boden? (Wir vernachlässigen den Luftwiderstand und nehmen die Beschleunigung infolge der Schwerkraft als konstant an.)

Bild 6.33

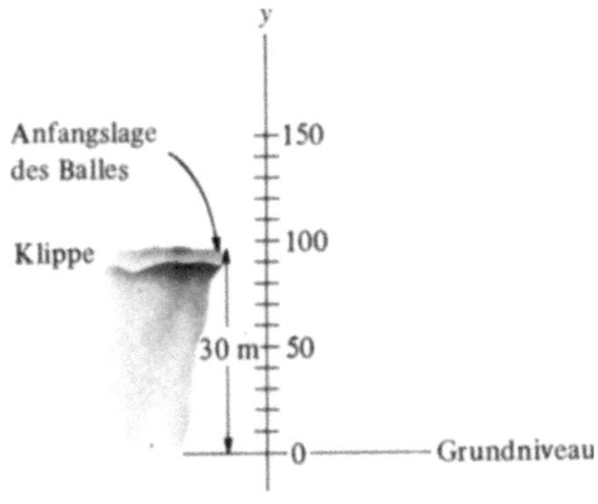

Lösung: Man beschreibe die Lage des Balles auf einer vertikalen y-Koordinatenachse. Dann ist die Geschwindigkeit durch dy/dt und die Beschleunigung durch d^2y/dt^2 gegeben. Der Ursprung wird auf das Grundniveau gelegt, der positive Teil der y-Achse kennzeichnet die Höhe über dem Boden.

Zur Zeit $t = 0$ beträgt die Geschwindigkeit $dy/dt = 20$, da der Ball mit einer Geschwindigkeit von 20 m/s in die Luft geworfen wurde. (Falls er hinuntergeworfen worden wäre, wäre dy/dt gleich -20 gewesen.) Im Laufe der Zeit fällt dy/dt von 20 auf 0 (der Ball erreicht seine maximale Höhe und beginnt wieder zu fallen) und durchläuft in der Folge negative Werte, bis der Ball auf dem Boden liegt. v ist eine fallende Funktion, daher ist die Beschleunigung dv/dt negativ. Der (konstante) Wert von dv/dt, den man aus Experimenten kennt, beträgt etwa -10 m/s^2.

Aus der Gleichung

$$\frac{dv}{dt} = -10$$

folgt sofort

$$v = -10t + C.$$

(C ist eine bestimmte Konstante.) Um C zu finden, erinnern wir uns an $v = 20$ für $t = 0$ oder

$$20 = -10(0) + C$$

und $C = 20$. Daher gilt zur Zeit t

$$v = -10t + 20,$$

jedenfalls bis der Ball am Boden auftrifft. Nun folgt aus $v = dy/dt$ sofort

$$\frac{dy}{dt} = -10t + 20.$$

Diese Gleichung impliziert

$$y = -5t^2 + 20t + K$$

(mit einer bestimmten Konstanten K). K ergibt sich aus $y = 30$ für $t = 0$:

$$30 = -5(0)^2 + 20(0) + K$$

und $K = 30$.

Wir haben damit eine vollständige Beschreibung der momentanen Lage des Balles gefunden:

$$y = -5t^2 + 20t + 30.$$

Dies liefert zusammen mit $v = -10t + 20$ die Antwort auf alle Fragen nach der Bewegung des Balles.

Wann erreicht der Ball also seine maximale Höhe? Dies geschieht für $v = 0$ oder $-10t + 20 = 0$, also nach $t = 2$.

Wie hoch steigt der Ball über den Boden hinaus? Man berechne einfach y für $t = 2$. Das gibt

$$(-5(2)^2 + 20(2) + 30)\ \text{m} = 50\ \text{m}$$

Wann erreicht der Ball den Boden? Für $y = 0$! Man findet den Wert aus

$$y = -5t^2 + 20t + 30 = 0.$$

Division durch -5 ergibt die etwas einfachere Gleichung

$$t^2 - 4t - 6 = 0$$

mit der Lösung

$$t = \frac{4 \pm \sqrt{16 + 24}}{2}$$

oder einfach

$$t = 2 \pm \sqrt{10}.$$

Da $2 - \sqrt{10}$ negativ ist, und der Ball den Grund nicht erreichen kann, bevor er überhaupt abgeworfen wurde, ist die physikalisch sinnvolle Lösung durch $2 + \sqrt{10}$ gegeben. Der Ball landet also $(2 + \sqrt{10})$ s nach seinen Start auf dem Boden: Er ist etwa 5,2 s in der Luft.

Die Graphen von y, v und $|v|$ veranschaulichen die Bewegung des Balles noch deutlicher (Bild 6.34a) bis c).

Tatsächlich ist die Bewegung des Balles nicht durch eine einfache vertikale Linie gegeben, sondern sieht etwa so aus wie in Bild 6.34d). ●

Die Gravitationsbeschleunigung ist genau genommen nicht konstant. Sie verändert sich umgekehrt proportional zum Quadrat des Abstandes vom Erdmittelpunkt. Sie ist aber annähernd konstant, wenn sich ein Körper nur über

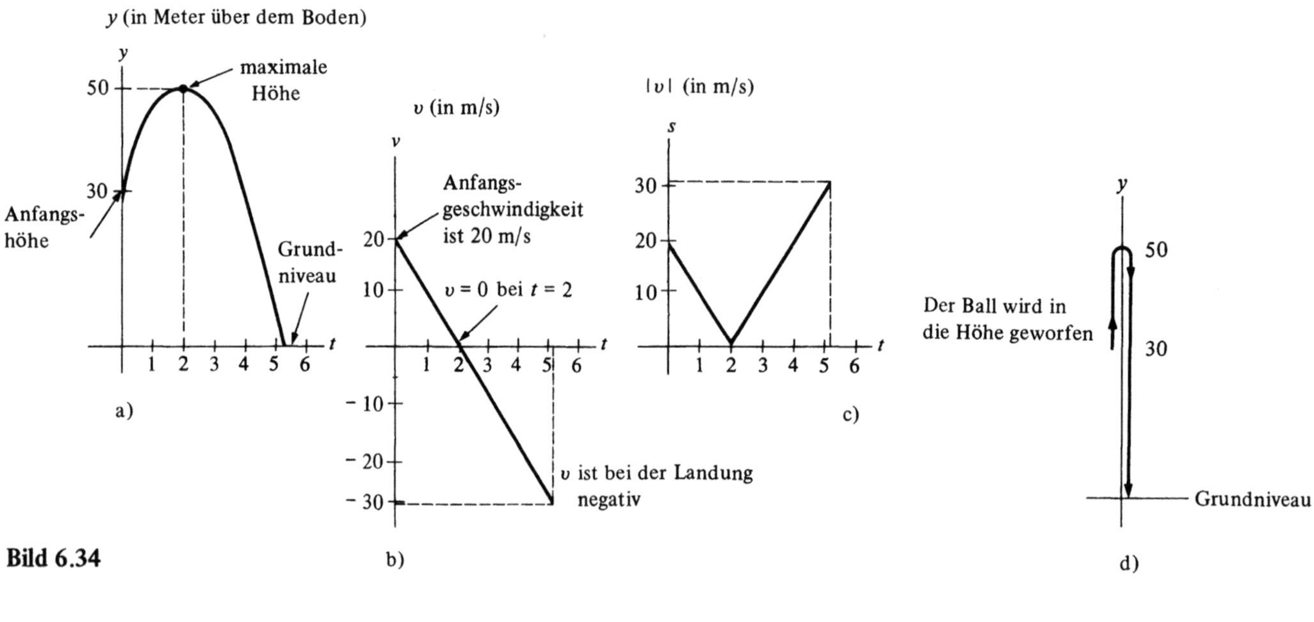

Bild 6.34

kleine Strecken bewegt – etwa ein paar Meter in die Höhe: Damit ist die Annahme einer konstanten Schwerkraft in vielen praktischen Anwendungen gerechtfertigt. Das nächste Beispiel behandelt die Bewegung unter dem Einfluß einer nicht konstanten Beschleunigung. Dieser etwas schwierigere Exkurs gilt dem interessierten Leser und kann zunächst auch übergangen werden. Die mathematische Grundlage für die Bestimmung der Fluchtgeschwindigkeit wurde in Newtons *Principia* entwickelt und im Jahre 1687 veröffentlicht. In dieser Publikation wurde nicht nur das Gesetz des inversen Quadrats, sondern auch andere Gesetze der Anziehung wie etwa das Gesetz des *inversen Kubus* untersucht. (Dieses tritt in der Natur allerdings nicht auf.)

Beispiel 6: Man bestimme die Anfangsgeschwindigkeit einer Nutzlast, die „ins Unendliche" fliegen und nicht mehr auf die Erde zurückfallen soll. Diese Last wird dabei senkrecht in die Höhe geschossen (Bild 6.35).

Lösung: Zuerst studieren wir die Bewegung eines Projektils, das mit einer Anfangsgeschwindigkeit von v_0 km/s von der Erdoberfläche abgeschossen wird. Zu diesem Zweck führen wir ein Koordinatensystem ein, dessen Ursprung im Erdmittelpunkt liegt. r sei der Abstand des Projektils vom Erdmittelpunkt.

Die Geschwindigkeit des Projektils ist als

$$v = \frac{dr}{dt}$$

und seine Beschleunigung ist durch $d^2r/dt^2 = dv/dt$ definiert. Die Gravitationsbeschleunigung ist proportional zur Schwerkraft des Teilchens:

$$\text{Beschleunigung} = \frac{dv}{dt} = \frac{-K}{r^2} \tag{1}$$

(K ist eine positive Konstante). (Das negative Zeichen in (1) erinnert uns, daß die Schwerkraft das aufsteigende Projektil verlangsamt.)

Ehe wir Gleichung (1) näher untersuchen, bestimmen wir K. An der Erdoberfläche, d.h. für $r = 6000$ km, beträgt die Schwerebeschleunigung rund -10 m/s^2 oder $-0{,}01$ km/s^2. Daher erfüllt K die Gleichung

$$-0{,}01 = \frac{-K}{6000^2}$$

und

$$K = 6\,000^2 \cdot 0{,}01. \tag{2}$$

Gleichung (1) stellt nun die Verbindung zwischen Geschwindigkeit, Zeit und Abstand her. Mit Hilfe der Kettenregel kann man aus (1) die Zeit eliminieren:

$$\frac{dv}{dt} = \frac{dv}{dr} \cdot \frac{dr}{dt} = \frac{dv}{dr}\, v.$$

(1) liest sich nun folgendermaßen:

$$v\,\frac{dv}{dr} = \frac{-K}{r^2}. \tag{3}$$

Diese Gleichung setzt die Geschwindigkeit und den Abstand in Beziehung und ist äquivalent zur Gleichung

$$\frac{d(v^2/2)}{dr} = \frac{d(K/r)}{dr}.$$

So folgt

$$\frac{v^2}{2} = \frac{K}{r} + C, \tag{4}$$

wobei C irgendeine Konstante ist. Um C zu bestimmen, verwenden wir $v = v_0$ für $r = 6000$ km. Aus (4) folgt dann

$$\frac{v_0^2}{2} = \frac{K}{6000} + C$$

und

$$C = \frac{v_0^2}{2} - \frac{K}{6000}. \tag{5}$$

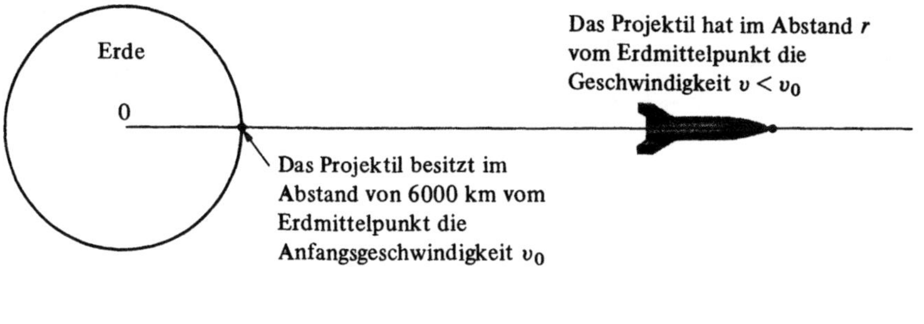

Bild 6.35

Die Kombination der Gln. (2), (4) und (5) ergibt

$$\frac{v^2}{2} = \frac{K}{r} + \left(\frac{v_0^2}{2} - \frac{K}{6000}\right)$$

$$= \frac{v_0^2}{2} + K\left(\frac{1}{r} - \frac{1}{6000}\right)$$

$$= \frac{v_0^2}{2} + 6000^2 \cdot 0{,}01\left(\frac{1}{r} - \frac{1}{6000}\right)$$

und daher

$$v^2 = v_0^2 + 6000^2 \cdot 0{,}02\left(\frac{1}{r} - \frac{1}{6000}\right). \tag{6}$$

Gleichung (6) beschreibt v als Funktion von r. Wenn v in (6) niemals Null wird, erreicht die Nutzlast niemals einen Maximalabstand von der Erde und wird daher auch nicht auf die Erde zurückfallen. Also muß v_0 in (6) so bestimmt werden, daß die Gleichung

$$0 = v_0^2 + 6000^2 \cdot 0{,}02\left(\frac{1}{r} - \frac{1}{6000}\right) \tag{7}$$

keine Lösung für r besitzt. Dann ist v_0 groß genug, um die Nutzlast auf eine endlose Reise zu schicken. Um ein solches v_0 zu finden, schreiben wir (7) in der Form

$$6000 \cdot 0{,}02 - v_0^2 = 6000^2 \cdot 0{,}02\left(\frac{1}{r}\right). \tag{8}$$

Ist die linke Seite in (8) größer als Null, dann existiert eine Lösung für r und die Nutzlast wird sich nur bis zu diesem Maximalabstand entfernen; ist die linke Seite von (8) kleiner oder gleich Null, dann gibt es keine solche Lösung für r.

Der kleinste Wert v_0, der dieser Ungleichung $6000 \cdot 0{,}02 - v_0^2 \leqslant 0$ genügt, lautet

$$v_0 = \sqrt{6000 \cdot 0{,}02}\ \text{km/s} = \sqrt{120}\ \text{km/s} \approx 11\ \text{km/s}.$$

Die Fluchtgeschwindigkeit beträgt daher rund 11 km/s (etwa 40 000 km/h). •

In Abschnitt 20.3 wird gezeigt, daß die *Umlaufgeschwindigkeit* um die Erde gleich der Fluchtgeschwindigkeit dividiert durch $\sqrt{2}$ ist. Ein Satellit muß daher mit einer Geschwindigkeit von mindestens $11/\sqrt{2} \approx 8$ km/s um die Erde kreisen. Das sind ungefähr 29 000 km/h.

Übungen:

Die Übungen 1 bis 9 behandeln die höheren Ableitungen einer Funktion.

1. Sei $f(x) = x^3 - 2x^2 + 5x - 1$.
   (*a*) Man berechne $f^{(n)}x$ für $n = 1, 2, 3, 4$.
   (*b*) Man bestimme $f^{(n)}(x)$ für $n > 4$.
2. Sei $y = \sin 3x$. Man berechne
   $$\frac{dy}{dx}, \frac{d^2y}{dx^2}, \frac{d^3y}{dx^3}, \frac{d^4y}{dx^4} \text{ und } \frac{d^5y}{dx^5}.$$
3. Man bestimme y', y'' und y''' für $y = \arctan 2x$.
4. Man bestimme $D(y), D^2(y), D^3(y)$ und $D^4(y)$ für $y = x \ln x - x$.
5. Man bestimme $f^{(n)}(x)$ für $n = 1, 2, 3$ wenn $f(x) = \sqrt{1 + 2x}$.
6. Man bestimme $D^n(y)$ für $n = 1, 2, 3$ und $y = e^{-x^2}$.
7. Man bestimme die erste, zweite und dritte Ableitung von $\operatorname{cosec} 2x$.
8. Man bestimme $\dfrac{d^3(\arcsin 3x)}{dx^3}$.
9. Man bestimme $D_t^3(e^{-t} \cos \pi t)$.

Die Übungen 10 bis 13 behandeln die zweite Ableitung.

10. Man übersetzte folgenden Zeitungsbericht über den schiefen Turm von Pisa in die Sprache der Infinitesimalrechnung. „Der Neigungswinkel des schiefen Turms steigt immer schneller an". *Hinweis:* Sei $\theta = f(t)$ zur Zeit t der Winkel der Abweichung von der Vertikalen.

    Der Turm, der 1174 begonnen und 1350 vollendet wurde, ist 60 m hoch und an der Spitze etwa 3,5 m von der Vertikalen entfernt. Jeden Tag neigt er sich im Mittel um etwa 1/2000 cm.
11. Sei $y = ae^x + be^{-x}$ (a und b konstant)! Man zeige $d^2y/dx^2 = y$.
12. Man zeige für $y = a \sin kt + b \cos kt$ (a und b konstant) die Gleichung $D_t^2(y) = -k^2y$. Diese Gleichung beschreibt übrigens die Bewegung eines Körpers am Ende einer auf- und abschwingenden Feder oder unter dem Einfluß einer anderen Kraft, deren Beschleunigung proportional zur Entfernung von einem bestimmten Punkt ist. Eine solche Bewegung wird ***harmonisch*** genannt.
13. Sei $y = (t - 1)^{2/3}$. Man zeige, daß y die Differentialgleichung
    $$\frac{d^2y}{dt^2} = -\frac{2}{9} \cdot \frac{1}{y^2}$$
    erfüllt. Diese Differentialgleichung setzt die Beschleunigung von y dem inversen Quadrat von y gleich. Sie beschreibt die Bewegung eines Objektes, das senkrecht aus dem Weltraum auf die Erde stürzt.

Die Übungen 14 bis 22 behandeln Bewegungen mit konstanter Beschleunigung.

14. Sei $y = f(t)$ eine Bewegung entlang der y-Achse mit der konstanten Beschleunigung a. Man zeige

$$y = \frac{a}{2}t^2 + v_0 t + y_0$$

(v_0 ist die Geschwindigkeit für $t = 0$ und y_0 die Lage für $t = 0$).

15. In Beispiel 5 war der Ursprung der y-Achse am Grundniveau angenommen. Wie würde die Formel für den fallenden Stein aussehen, wenn der Ursprung auf der Höhe der Klippe angenommen worden wäre?

16. (*a*) Zu welchem Zeitpunkt nach Beginn des Wurfes erreicht der Ball aus Beispiel 5 das zweite Mal die Spitze der Klippe!
(*b*) Wie groß ist dann seine Geschwindigkeit und deren Absolutbetrag?

17. Wenn der Ball aus Beispiel 5 einfach von der Höhe der Klippe fallen gelassen worden wäre, wie würde dann y als Funktion der Zeit aussehen? Wie lange würde der Ball fallen?

18. Im Hinblick auf das Resultat von Übung 17 ist jeder der drei Terme auf der rechten Seite der Formel $y = -5t^2 + 20t + 30$ physikalisch zu interpretieren.

19. Welche physikalische Interpretation der zweiten Lösung $2 - \sqrt{10}$ in Beispiel 5 gibt es?

20. Ein Auto beschleunigt konstant von 0 (Ruhelage) in 15 s auf 90 km/h. Wie weit bewegt es sich in dieser Zeit? (Die Berechnungen müssen entweder in Sekunden oder in Stunden stattfinden.)

21. Die Reaktionszeit eines Autofahrers ist etwa 0,6 s. Ein Auto besitzt eine Verzögerung von 5 m/s^2. Wie lang ist der gesamte Weg vom Beginn der Bremsung bis zum Stillstand des Wagens, wenn der Wagen am Beginn der Bremsung eine Geschwindigkeit von
(*a*) 90 km/h,
(*b*) 50 km/h,
(*c*) 10 km/h
besitzt.

22. Ein Ball, der senkrecht in die Luft geworfen wird, steigt genauso lange, wie er benötigt, um zu seiner ursprünglichen Position zurückzufallen. Wie sieht seine Endgeschwindigkeit im Vergleich zu seiner Anfangsgeschwindigkeit aus? Wie groß ist der Absolutbetrag der Endgeschwindigkeit?

■

Die Übungen 23 bis 28 beschäftigen sich mit Beispiel 6 (Abschuß einer Nutzlast in den Weltraum).

23. Die Nutzlast wird mit einer Geschwindigkeit von 12 km/s (größer als die Fluchtgeschwindigkeit) abgeschossen. Welchen Wert nimmt die Geschwindigkeit während dieser langen Reise schließlich an? Mit anderen Worten, man bestimme $\lim_{r \to \infty} v$.

24. Eine Last wird nur mit einer Geschwindigkeit von 8 km/s abgeschossen. Wie weit wird sie sich vom Erdmittelpunkt entfernen?

25. Mit welcher Geschwindigkeit muß man eine Last abschießen, damit sie den Mond erreicht (400 000 km vom Erdmittelpunkt entfernt)? Das Gravitationsfeld des Mondes werde vernachlässigt!

26. Eine Last wird exakt mit der Fluchtgeschwindigkeit abgeschossen. Wie verhält sich die Geschwindigkeit für große r? Mit anderen Worten, es sei $\lim_{r \to \infty} v$ zu bestimmen.

27. (Man vernachlässige den Luftwiderstand.) Wie groß muß die Abschußgeschwindigkeit eines Objektes sein, damit es 150 km aufsteigt, wenn
(*a*) die Gravitationskraft wie in Beispiel 6 variiert,
(*b*) die Gravitationskraft wie im Beispiel 4 konstant ist?

28. Kann ein Projektil, das senkrecht von der Erde abgeschossen wird, irgendwo in einer endlichen festen Position zum Stillstand kommen und dort verharren?

29. Eine Masse oszilliert am Ende einer Feder. Zur Zeit t (in Sekunden) ist ihre Position (relativ zur Ruhelage) gleich $y = 6 \sin t$ (in Zentimeter).
(*a*) Man zeichne y als Funktion von t.
(*b*) Wie groß ist die maximale Auslenkung der Masse?
(*c*) Man zeige, daß die Beschleunigung proportional zur Auslenkung y ist.
(*d*) Wann nimmt die Geschwindigkeit ein Maximum an?
(*e*) Wann nimmt der Absolutwert der Beschleunigung ein Maximum an!

30. Ein Teilchen hat zur Zeit t die x-Koordinate $3e^{5t} + 6$. Man zeige, daß seine Beschleunigung zur Geschwindigkeit proportional ist.

31. (*a*) Seien a und b Konstante und es gelte $y = ax + b$. Man zeige $d^2y/dx^2 = 0$.
(*b*) Die Funktion f sei für alle x definiert und ihre zweite Ableitung sei für alle x gleich 0. Folgt daraus, daß $f(x)$ die Form $ax + b$ mit bestimmten Konstanten a und b besitzt?

32. (*a*) Man zeige, daß die zweite Ableitung irgendeines Polynoms vom Grad 2, also $ax^2 + bx + c$, konstant ist.
(*b*) Die Funktion f sei für alle x definiert und besitze eine konstante zweite Ableitung. Muß dann $f(x)$ von der Form $ax^2 + bx + c$ mit irgendwelchen Konstanten a, b und c sein?

33. Wenn ein Körper durch die Luft fällt, so ist der Luftwiderstand proportional zu seiner Geschwindigkeit. Die Höhe zur Zeit t ist durch die Formel

$$y = a(1 - e^{-kt}) - bt + c$$

gegeben, wobei a, b, c und k positive Konstanten sind.
(*a*) Man bestimme seine Geschwindigkeit v zur Zeit t.
(*b*) Wie verhält sich v für sehr große t?
(*c*) Man bestimme die Beschleunigung zur Zeit t.
(*d*) Wie verhält sich die Beschleunigung für sehr große t?

■■

34. Ein Körper, der sich durch eine Flüssigkeit bewegt, spürt einen Widerstand proportional zu seiner Geschwindigkeit: Seine negative Beschleunigung ist proportional zu seiner Geschwindigkeit.

(a) Es gibt dann eine positive Konstante k mit

$$\frac{dv}{dt} = -kv.$$

Man zeige dies!

(b) Man zeige, daß es eine Konstante A gibt mit

$$v = Ae^{-kt}.$$

(c) Man zeige, daß es eine Konstante B gibt mit

$$x = -\frac{1}{k}Ae^{-kt} + B.$$

(d) Wie weit bewegt sich der Körper, wenn t von 0 bis ∞ geht?

6.7 Das Vorzeichen der zweiten Ableitung und seine geometrische Bedeutung

Ob die erste Ableitung positiv, negativ oder Null ist, hat seine Bedeutung für die Funktion und ihr Schaubild. Der folgende Abschnitt erklärt die geometrische Bedeutung der zweiten Ableitung und ihres Vorzeichens.

Angenommen, $f''(x)$ ist für alle x aus dem offenen Intervall $(a; b)$ positiv. Da f'' die Ableitung von f' angibt, ist dann f' im Intervall $(a; b)$ eine ansteigende Funktion. Mit x nimmt also auch der Anstieg des Schaubildes von $y = f(x)$ – zumindest im Intervall $(a; b)$ – zu. Der Anstieg kann von negativen auf positive Werte ansteigen, wie dies im Bild 6.36a gezeigt ist. Der Anstieg kann aber auch im ganzen Intervall $(a; b)$ positiv und ansteigend sein, wie im Bild 6.36b. Oder der Anstieg kann negativ und ansteigend sein, wie im Bild 6.36c.

Wenn man entlang einer solchen Kurve mit dem Auto von links nach rechts fährt, so befindet sich das Auto konstant in einer Linkskurve.

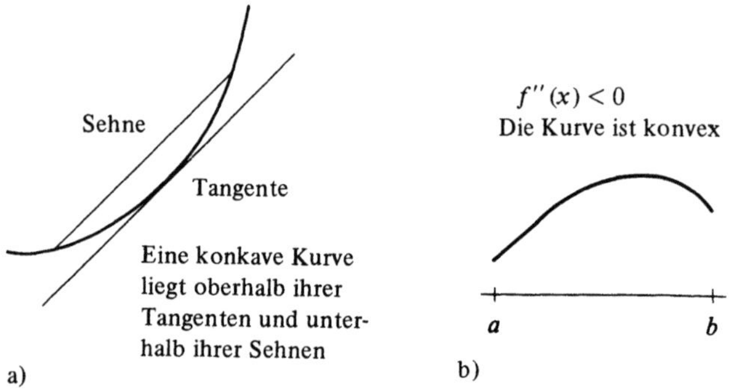

Bild 6.37

Definition von konkav: Eine Funktion f, deren zweite Ableitung in einem offenen Intervall $(a; b)$ positiv ist, heißt in diesem Intervall *konkav* (Bild 6.37a).

Eine konkave Funktion ist wie eine Tasse geformt. Es kann gezeigt werden, daß eine konkave Kurve immer *oberhalb ihrer Tangenten* und *unterhalb ihrer Sehnen* liegt (siehe Übungen 34 bis 36).

Ist andererseits $f''(x)$ in einem Intervall $(a; b)$ negativ, so ist f' eine fallende Funktion und das Schaubild von f sieht wie ein Teil der Kurve in Bild 6.37b aus.

Definition von konvex: Eine Funktion, deren zweite Ableitung in einem offenen Intervall negativ ist, wird in diesem Intervall *konvex* genannt.

Ist eine Funktion konvex, so liegt sie immer *unterhalb ihrer Tangenten* und *oberhalb ihrer Sehnen*.

Beispiel 1: Wo ist das Schaubild von $f(x) = x^3$ konkav und wo ist es konvex (Bild 6.38)?

Lösung: Wir berechnen die zweite Ableitung. Aus $D(x^3) = 3x^2$ folgt $D^2(x^3) = 6x$.

Natürlich ist $6x$ für alle positiven x positiv und für alle negativen x negativ. Das Schaubild ist für $x > 0$ konkav

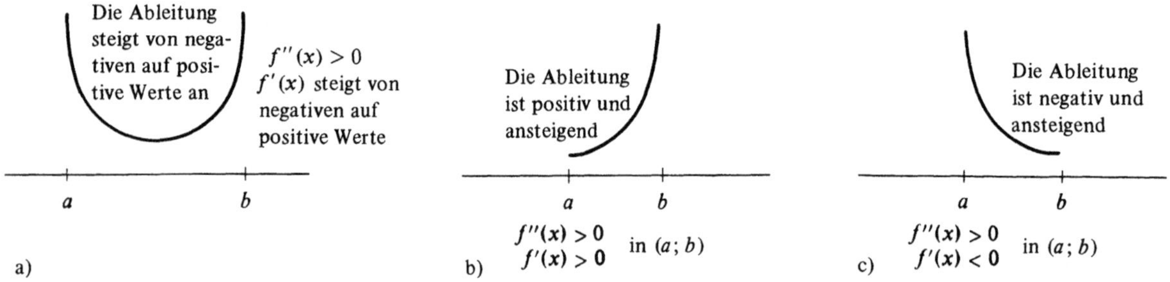

Bild 6.36

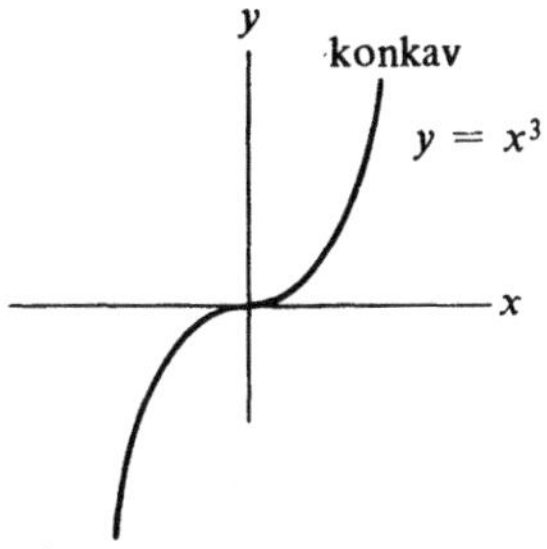

Bild 6.38

und für $x < 0$ konvex. Man beachte die Veränderung des Verhaltens bei $x = 0$. Wenn man entlang einer solchen Kurve von links nach rechts mit dem Auto fährt, so befindet sich das Auto bis zum Punkt $(0; 0)$ in einer Rechtskurve. Von dort an befindet es sich in einer Linkskurve.

Beispiel 2: Man berechne die zweite Ableitung für $f(x) = x e^x$ und zeichne die Kurve.

Lösung: In diesem Fall ist

$$f'(x) = (x + 1)e^x$$

und

$$f''(x) = (x + 2)e^x.$$

Für welche x ist $f''(x)$ positiv? negativ?

Da e^x für alle x positiv ist, ist das Vorzeichen von $f''(x)$ durch das Vorzeichen von $x + 2$ bestimmt. Es gilt:

$$x + 2 \text{ ist positiv für } x > -2$$

und

$$x + 2 \text{ ist negativ für } x < -2.$$

Somit ist $x = -2$ eine für die Form des Schaubildes von $y = x e^x$ entscheidende Stelle.

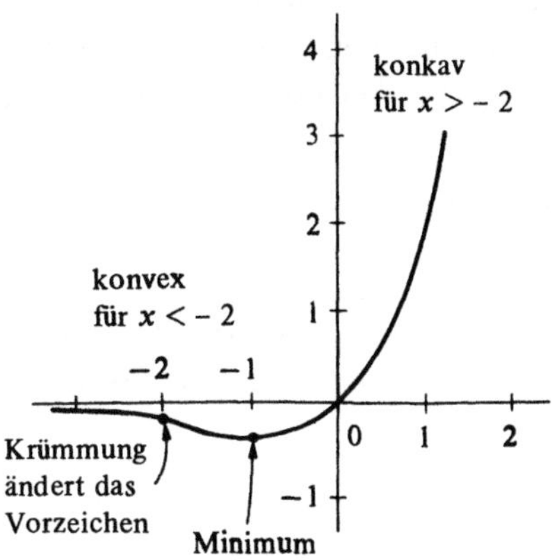

Bild 6.39

Ehe man $f(x) = x e^x$ zeichnet, untersuche man die Stellen $f(x) = 0$ und $f'(x) = 0$. Da $f(x) = x e^x$ ist, gilt $f(x) = 0$ nur für $x = 0$. Da die Ableitung $f'(x) = (x + 1)e^x$ lautet, ist sie nur 0 für $x = -1$. Ferner ist $f'(x)$ positiv für $x > -1$ und negativ für $x < -1$: Die Kurve hat ihr Minimum bei $x = -1$.

Der Einfachheit halber stellen wir die Werte von $f(x)$ für $x = 0, -1, -2$ und einige andere Zahlen in einer Tabelle zusammen:

x	$x e^x$
-2	$-2e^{-2} \approx -0{,}3$
-1	$-1e^{-1} \approx -0{,}4$
0	$0e^0 = 0$
1	$1e^1 \approx 2{,}7$
2	$2e^2 \approx 14{,}8$

Zeichnen wir die ersten vier Punkte und beachten dabei das Vorzeichen von f' und f'', so erhalten wir das Schaubild von $y = x e^x$ (Bild 6.39). ●

Das Vorzeichen der Krümmung ist eine wichtige Hilfe für das Zeichnen des Schaubildes einer Funktion. Von besonderem Interesse ist in beiden Beispielen der Punkt, in dem sich das Vorzeichen der Krümmung ändert. Ein solcher Punkt wird *Wendepunkt* genannt.

Definition des Wendepunktes: f sei eine Funktion und a eine Zahl. Angenommen, es gibt Zahlen b und c mit $b < a < c$ und

1. f ist stetig im offenen Intervall $(b; c)$;
2. $f''(x)$ ist im Intervall $(b; c)$ positiv für alle $x < a$ und negativ für alle $x > a$ oder umgekehrt.

Dann wird der Punkt $(a; f(a))$ *Wendepunkt* genannt: In einem Wendepunkt ändert die zweite Ableitung ihr Vorzeichen.

Existiert in einem Wendepunkt die zweite Ableitung, so muß sie Null sein. Es kann aber auch dann ein Wendepunkt vorliegen, wenn f'' dort gar nicht definiert ist. Dies zeigt das nächste Beispiel, das sehr eng mit Beispiel 1 verwandt ist.

Beispiel 3: Man untersuche die Krümmung von $y = x^{1/3}$.

Lösung: Hier gilt

$$y' = \frac{1}{3} x^{-2/3} \qquad \text{und} \qquad y'' = \frac{1}{3} \cdot \frac{-2}{3} x^{-5/3}.$$

Weder y' noch y'' ist für $x = 0$ definiert; hingegen ändert sich dort das Vorzeichen von y''. Wenn x negativ ist, ist y'' positiv; ist x positiv, so ist y'' negativ. Die Krümmung ändert sich bei $x = 0$ von aufwärts nach abwärts.

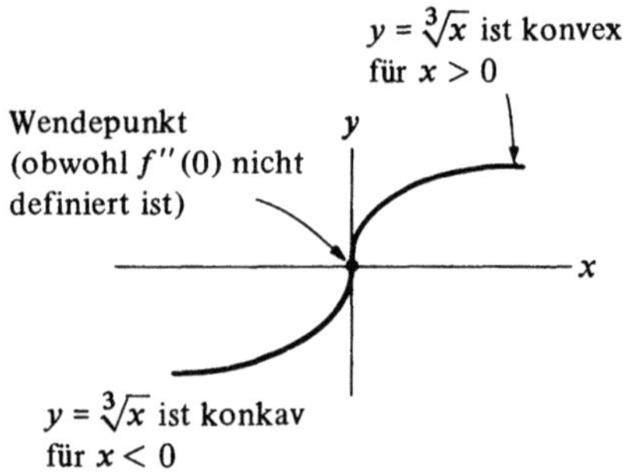

Bild 6.40

Man vergleiche das Schaubild 6.40 mit dem Bild aus Beispiel 1. Da die Kubusfunktion und die Kubikwurzelfunktion zueinander invers sind, geht ein Schaubild aus dem anderen durch Reflexion an der Geraden $y = x$ hervor. ●

Beim Zeichnen einer Funktion f suchen wir die Stellen $f(x) = 0$, $f'(x) = 0$ und $f''(x) = 0$ – wenn die Lösungen dieser Gleichung sehr einfach zu finden sind. Weiterhin untersuchen wir, wo $f'(x)$ positiv bzw. negativ ist. Schließlich bestimmen wir auch die Bereiche, in denen $f''(x)$ positiv bzw. negativ ist. Die folgende Tabelle gibt eine Zusammenfassung der Interpretation des Vorzeichens von f, f' und f'' (dabei wird angenommen, daß f, $f^{(1)}$ und $f^{(2)}$ stetig sind).

	ist positiv	ist negativ	wechselt das Vorzeichen
Die Ordinate $f(x)$	Das Schaubild liegt oberhalb der x-Achse	Das Schaubild liegt unterhalb der x-Achse	Das Schaubild schneidet die x-Achse
Der Anstieg $f'(x)$	Das Schaubild steigt nach rechts an	Das Schaubild fällt nach rechts ab	Das Schaubild besitzt eine waagerechte Tangente und ein relatives Maximum oder Minimum
Die zweite Ableitung $f''(x)$	Das Schaubild ist konkav (wie eine Tasse)	Das Schaubild ist konvex	Das Schaubild hat einen Wendepunkt

Man darf nicht vergessen, daß eine Kurve auch dann einen Wendepunkt bei x_0 besitzen kann, wenn dort die zweite Ableitung gar nicht definiert ist (Beispiel 3). In gleicher Weise kann eine Kurve ein Maximum oder Minimum bei x_0 besitzen, auch wenn die erste Ableitung gar nicht definiert ist (man denke an $f(x) = |x|$ für $x_0 = 0$).

Die zweite Ableitung ist ebenfalls für das Aufsuchen von relativen Maxima und Minima sehr nützlich. a sei eine kritische Zahl der Funktion f und $f''(a)$ sei negativ. Ist f'' in einem offenen Intervall um a stetig, so bleibt $f''(a)$ für ein hinreichend kleines Intervall um a negativ. Somit ist das Schaubild von f in der Nähe von $(a; f(a))$ konvex und liegt unterhalb seiner Tangenten (Bild 6.41). Im speziellen liegt es im kritischen Punkt $(a; f(a))$ unterhalb einer waagerechten Tangente. Daraus folgt, daß die Funktion an der Stelle a ein *relatives Maximum* besitzt. Diese Beobachtung führt zu folgendem Test für das Auftreten eines relativen Maximums oder Minimums.

Bild 6.41

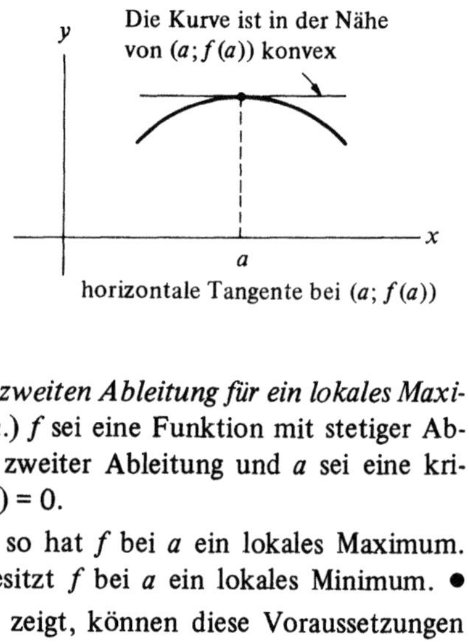

Theorem: (*Test der zweiten Ableitung für ein lokales Maximum oder Minimum.*) f sei eine Funktion mit stetiger Ableitung und stetiger zweiter Ableitung und a sei eine kritische Stelle mit $f'(a) = 0$.

Ist $f''(a) < 0$, so hat f bei a ein lokales Maximum. Ist $f''(a) > 0$, so besitzt f bei a ein lokales Minimum. ●

Wie Übung 38 zeigt, können diese Voraussetzungen abgeschwächt werden.

Beispiel 4: Man bestimme alle lokalen Maxima oder Minima von

$$f(x) = x^3 e^{-x}.$$

Lösung: Da f differenzierbar ist, kann ein lokales Maximum oder Minimum nur an einer kritischen Stelle auftreten. Nun gilt

$$\begin{aligned} f'(x) &= (3x^2 - x^3)e^{-x} \\ &= x^2(3 - x)e^{-x}. \end{aligned}$$

Die kritischen Stellen sind daher

$$x = 3 \quad \text{und} \quad x = 0.$$

Als nächstes berechne man $f''(x)$:

$$f''(x) = (x^3 - 6x^2 + 6x)e^{-x}.$$

An den kritischen Stellen hat die zweite Ableitung die Werte

$$f''(3) = -9e^{-3}$$

und

$$f''(0) = 0.$$

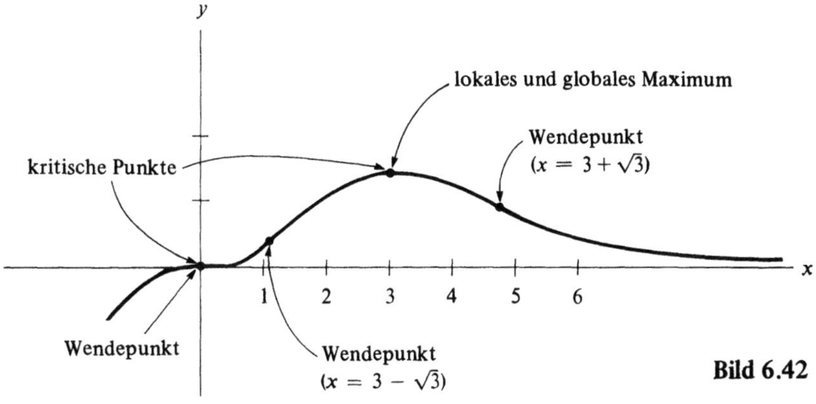

Bild 6.42

Da $f''(3)$ negativ ist, liegt bei 3 ein lokales Maximum vor. Bei diesem Verfahren müssen wir nicht mehr explizit untersuchen, ob $f'(x)$ das Vorzeichen bei $x = 3$ wechselt.

An der kritischen Stelle $x = 0$ gibt uns die zweite Ableitung keine direkte Information, da sie weder positiv noch negativ ist. In diesem Fall müssen wir $f'(x)$ oder $f(x)$ in der Nähe von Null sorgfältiger untersuchen.

Ist x fast Null (aber nicht exakt Null), so ist die Ableitung

$$f'(x) = x^2(3 - x)e^{-x}$$

positiv, da e^{-x} positiv, x^2 positiv und $3 - x$ positiv ist. f ist in der Nähe von Null eine ansteigende Funktion. Sie besitzt dort weder ein lokales Maximum noch ein Minimum.

Eine Darstellung der Funktion ist sehr hilfreich, um das Verhalten der Funktion an den beiden kritischen Stellen zu studieren (Bild 6.42). •

Beispiel 4 zeigt uns: Wenn die zweite Ableitung an einem kritischen Punkt Null ist, so liegt dort weder ein lokales Maximum noch ein lokales Minimum vor. Tatsächlich kann dort alles mögliche passieren. Um dies zu sehen, betrachten wir die Funktionen x^3, x^4 und $-x^4$ bei $x = 0$. Für jede dieser Funktionen ist sehr leicht nachzuprüfen, daß $x = 0$ eine kritische Stelle ist und daß auch die zweite Ableitung dort verschwindet. Hingegen hat die Funktion x^3 dort weder ein lokales Maximum noch ein lokales Minimum; x^4 hat ein lokales Minimum; $-x^4$ hat ein lokales Maximum. Der Leser möge diese Schaubilder in der Nähe von $(0; 0)$ skizzieren und unsere Behauptung nachprüfen.

Übungen:

1. Sei $f(x) = x^3 - 6x^2 - 15x$.
   (*a*) Wo wechselt f das Vorzeichen?
   (*b*) Wo wechselt f' das Vorzeichen?
   (*c*) Wo wechselt f'' das Vorzeichen?
   (*d*) Man berechne $f(x)$ in diesem Punkt und zeichne eine grobe Skizze des Schaubildes von f.
2. Man zeichne $y = x^3 - 3x^2$, zeige wo $f(x) = 0$, $f'(x) = 0$, $f''(x) = 0$ und wo f' und f'' das Vorzeichen wechseln.
3. Man zeichne das Schaubild $y = x^2/2 + 1/x$ und zeige, wo y' und y'' das Vorzeichen wechseln.
4. Sei $f(x) = 2x^4 - 4x^3$.
   (*a*) Wo steigt das Schaubild an?
   (*b*) Wo ist das Schaubild konkav?
   (*c*) Wo wechselt die Ordinate das Vorzeichen?
   (*d*) Wo wechselt der Anstieg das Vorzeichen?
   (*e*) Wo liegen die Wendepunkte, sofern welche vorhanden sind?
   (*f*) Man skizziere die Kurve mit Hilfe von (*a*) bis (*e*).
5. Sei $y = 1/(1 + x^2)$. Wo wechseln y' und y'' das Vorzeichen? Man zeichne mit diesen Angaben eine einfache Skizze.
6. Sei $f(x) = \sin x$. Für welche Werte von x ist $f(x) > 0$? $f'(x) > 0$? $f''(x) > 0$? Wo wechseln f, f' und f'' das Vorzeichen? Man zeige diese Informationen in einem Schaubild von $y = \sin x$.
7. Man zeichne $y = e^{-x^2}$ und zeige die Wendepunkte.
8. Sei $y = x^4$.
   (*a*) Ist y'' irgendwo gleich 0?
   (*b*) Hat das Schaubild Wendepunkte? Man gebe eine Erklärung.
   (*c*) Hat das Schaubild relative Maxima oder Minima? Man erkläre das Ergebnis.
9. Man zeichne $y = xe^{-x}$ und zeige, wo y', y'' das Vorzeichen wechseln.
10. Man zeichne $y = x^4 + 2x^3$ und zeige die Wendepunkte.

11. Man zeichne das Schaubild $y = 3x^5 - 5x^4$ und gebe die Wendepunkte an.

12. (*a*) Man zeichne das Schaubild $y = xe^{x^2}$.
(*b*) Besitzt das Schaubild in (*a*) Wendepunkte?

13. Das Diagramm in Bild 6.43 stellt die Funktion f dar
(*a*) Wo wechselt f das Vorzeichen?
(*b*) Wo ist $f(x) \geqslant 0$?
(*c*) Wo wechselt f' das Vorzeichen?
(*d*) Wo ist $f'(x) \geqslant 0$?
(*e*) Wo wechselt f'' das Vorzeichen?
(*f*) Wo ist $f''(x) \geqslant 0$?

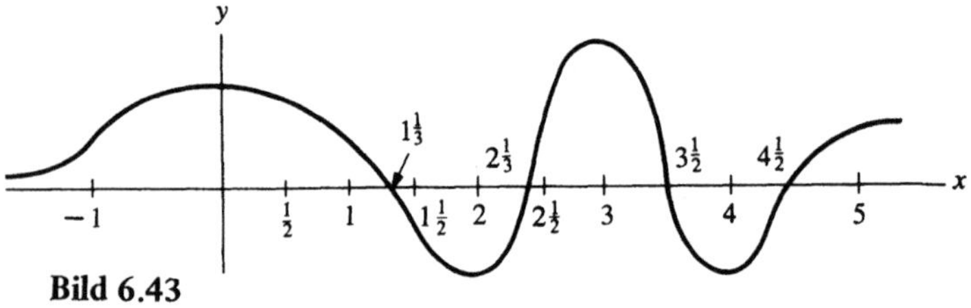

Bild 6.43

14. Sei $f(x) = e^x \sin x$.
(*a*) Für welche x gilt $f'(x) = 0$?
(*b*) Für welche x gilt $f''(x) = 0$?
(*c*) Wie viele Wendepunkte besitzt die Kurve?

15. Man zeichne das Schaubild $y = \sin x + \cos x$ sowie die zugehörigen Maxima, Minima und Wendepunkte.

16. Man zeichne das Schaubild $y = 1/(x^3 + 1)$ für $x > -1$ und zeige die Wendepunkte.

17. Man zeichne das Schaubild $y = x^4 + \ln x$ für $x > 0$. Ist y' jemals 0? Ist y'' jemals 0? Man zeige die Wendepunkte.

18. Man bestimme die Wendepunkte von $y = \arctan x$.

In den Übungen 19 bis 27 sind alle relativen Maxima und Minima der gegebenen Funktion zu bestimmen. Man verwende – falls möglich – den Test der zweiten Ableitung.

19. $y = x^2 e^{-x}$ **20.** $y = x^4 e^{-x}$

21. $y = x^5 e^{-x}$ **22.** $y = x^2 \ln x$

23. $y = x^4 + 2x^3$ **24.** $y = x^3 - 3x^2 + 3x$

25. $y = x + \dfrac{1}{x}$ **26.** $y = \dfrac{1}{x^2 + 2}$

27. $y = (x^2 - x)e^x$

■

28. Man skizziere das Schaubild einer Funktion f, so daß für alle x gilt:
(*a*) $f(x) > 0$, $f'(x) > 0$, $f''(x) > 0$;
(*b*) $f'(x) < 0$, $f''(x) < 0$.
(*c*) Gibt es eine Funktion, so daß für alle x stets $f(x) > 0$, $f'(x) < 0$, $f''(x) < 0$ gilt? Man erkläre das Ergebnis!

29. Sei f eine Funktion mit $f''(x) = (x - 1)(x - 2)$.
(*a*) Für welche x ist f konkav?
(*b*) Für welche x ist f konvex?

30. Man finde eine spezielle Funktion f, deren zweite Ableitung durch $(x - 1)(x - 2)$ gegeben ist.

31. Man skizziere das Schaubild von $y = f(x)$ in der Nähe von $(1; 1)$ wenn
(*a*) $f(1) = 1$, $f'(1) = 0$, $f''(1) = -1$;
(*b*) $f(1) = 1$, $f'(1) = -1$, $f''(1) = 1$. (f'' sei stetig.)

32. Eine bestimmte Funktion $y = f(x)$ hat die Eigenschaft

$$y' = e^y + 2y + x.$$

Man zeige, daß die Funktion an einer kritischen Stelle ein lokales Minimum besitzt.

33. Für das in Abschnitt 6.4 diskutierte natürliche Wachstum ist die Größe der Bevölkerung nicht beschränkt. In der Theorie des sogenannten beschränkten Wachstums wird angenommen, daß die wachsende Größe y irgendeinem Höchstwert M zustrebt. Im speziellen nimmt man an, daß die Wachstumsrate sowohl der vorhandenen Menge als auch der noch fehlenden Menge proportional ist:

$$\frac{dy}{dt} = ky(M - y).$$

Man beweise, daß das Schaubild von y dort einen Wendepunkt besitzt, wo y genau die Hälfte der Größe M beträgt.

■■

34. Sei f eine Funktion mit $f(0) = 0 = f(1)$ und $f''(x) \geqslant 0$ für alle x aus $[0; 1]$.
(*a*) Mit Hilfe einer Skizze erkläre man, warum für alle x aus $[0; 1]$ stets $f(x) \leqslant 0$ gilt.
(*b*) Man beweise ohne eine Skizze $f(x) \leqslant 0$ für alle x in $[0; 1]$.

35. (Siehe Übung 34.) Man beweise, daß für eine Funktion mit $f''(x) > 0$ für alle x das Schaubild von $y = f(x)$ unterhalb seiner Sehnen liegt; d.h.

$$f(ax_1 + (1 - a)x_2) < af(x_1) + (1 - a)f(x_2)$$

für alle a zwischen 0 und 1, und für beliebige x_1 und x_2.

36. Man beweise ohne Zeichnung, daß für konkave f die Kurve immer oberhalb ihrer Tangenten liegt.

37. Man beweise ohne Zeichnung, daß für das Schaubild einer Funktion, die für alle x aus $[a; b]$ oberhalb ihrer Tangenten liegt, stets $f''(x) \geqslant 0$ für alle x aus $[a; b]$ gilt. (Der Fall $y = x^4$ zeigt, daß wir nicht versuchen sollten, $f''(x) > 0$ für alle x zu beweisen.)

38. Das folgende Theorem präzisiert den Test der zweiten Ableitung: f sei in einem offenen Intervall um a eine differenzierbare Funktion. Sei $f'(a) = 0$ und $f''(a)$ existiere und sei negativ. Man beweise, daß f für $x = a$ ein lokales Maximum hat. *Hinweis:* Die erste Ableitung von f wechselt bei a das Vorzeichen (für ansteigende x von positiv auf negativ).

6.8 Anwendungen der Maximum- und Minimumrechnung

Eine der wichtigsten Anwendungen der Infinitesimalrechnung ist das Aufsuchen der optimalen Gestaltung von Erzeugnissen. Üblicherweise stellt sich das Problem, die Kosten eines Objektes zu minimieren oder sein Volumen zu maximieren. Dies reduziert sich zumeist darauf, eine bestimmte Funktion $f(x)$ zu maximieren oder zu minimieren. In diesem Fall kann man alle Methoden anwenden, die in den Abschnitten 6.5 und 6.7 entwickelt wurden. Es sind dies: Die Verwendung der kritischen Punkte, der Test der ersten Ableitung und der Test der zweiten Ableitung. Will man eine Funktion in einem geschlossenen Intervall maximieren oder minimieren, so muß man die Funktion schließlich auch an den Endpunkten des Intervalls untersuchen.

Die fünf folgenden Beispiele sind typisch. Wir müssen das jeweilige Problem zunächst in die Terminologie von Funktionen übersetzen und dann mit dem bekannten Verfahren lösen.

Beispiel 1: Schneidet man aus einem quadratischen Stück Karton mit 12 cm Seitenlänge an den Ecken kleine Quadrate heraus, so kann man die vier verbleibenden Streifen aufklappen und erhält eine Schachtel ohne Deckel. Welche Größe sollten die herausgeschnittenen Quadrate haben, damit das Volumen der Schachtel möglichst groß wird?

Lösung: Wir entfernen kleine Quadrate mit der Seitenlänge x (Bild 6.44). Falten wir den Karton dann entlang der gepunkteten Linien, so ergibt sich ein Behälter mit dem Volumen

$$V(x) = (12-2x)^2 \cdot x = 4x^3 - 48x^2 + 144x.$$

Da jede Seite des Behälters die Länge 12 cm besitzt, sind nur Werte von x aus dem Intervall $[0;6]$ interessant. Wir suchen die Zahl x aus dem geschlossenen Intervall von $[0;6]$, die $V(x)$ maximiert.

$V(x) = (12-2x)^2 \cdot x$ ist klein, wenn x in der Nähe von 0 liegt (wenn wir also versuchen, das Problem im Bereich kleiner Höhen zu lösen). $V(x)$ ist auch klein, wenn x in der Nähe von 6 liegt (wenn wir versuchen, das Problem im Bereich kleiner Basislänge zu lösen). Wir haben hier ein „Zwei-Faktoren"-Problem. Um den besten Ausgleich zwischen diesen beiden Tendenzen zu finden, müssen wir die Infinitesimalrechnung anwenden.

Der Maximalwert von $V(x)$ für x aus $[0;6]$ tritt bei 0, bei 6 oder einem kritischen Wert ein, wo $V'(x) = 0$ gilt. Nun ist $V(0) = 0$ (der Behälter hat die Höhe 0) und $V(6) = 0$ (der Behälter besitzt die Grundfläche 0). Das sind die Minimalwerte für das Volumen, selbstverständlich nicht die Maximalwerte, so daß das Maximum an irgendeiner kritischen Stelle aus $(0;6)$ auftreten muß.

Als nächstes berechnen wir $V'(x)$:

$$\begin{aligned} V'(x) &= (4x^3 - 48x^2 + 144x)' \\ &= 12x^2 - 96x + 144 \\ &= 12(x^2 - 8x + 12) \\ &= 12(x-6)(x-2). \end{aligned}$$

Die Gleichung

$$12(x-6)(x-2) = 0$$

besitzt zwei Wurzeln in $[0;6]$, nämlich 2 und 6. Die kritischen Zahlen sind also 2 und 6. Wie wir bereits bemerkt haben, tritt das Maximum nicht für 0 oder 6 auf und liegt daher an der Stelle $x = 2$. Für $x = 2$ ist das Volumen gleich

$$\begin{aligned} V(2) &= (12 - 2(2))^2 \cdot 2 \\ &= 8^2 \cdot 2 \\ &= 128 \text{ cm}^3. \end{aligned}$$

Dies ist das größtmögliche Volumen, das man erhält, wenn die Seite des herausgeschnittenen Quadrates 2 cm beträgt.

Des Interesses halber wollen wir das Schaubild der Funktion V aufzeichnen, um ihr Verhalten für alle x zu untersuchen. Man beachte (Bild 6.45), daß bei $x = 6$ die Tangente horizontal verläuft. ●

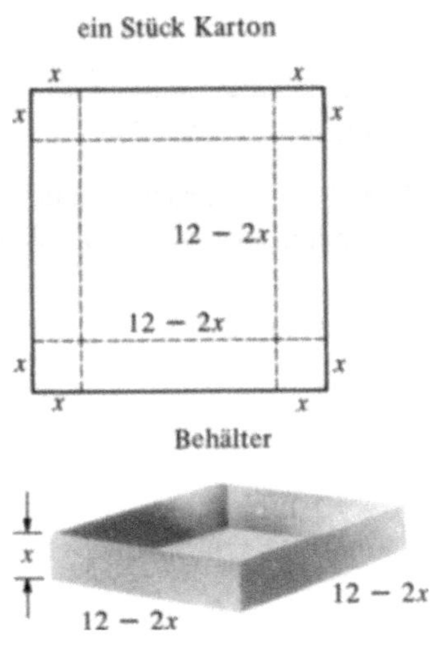

Bild 6.44

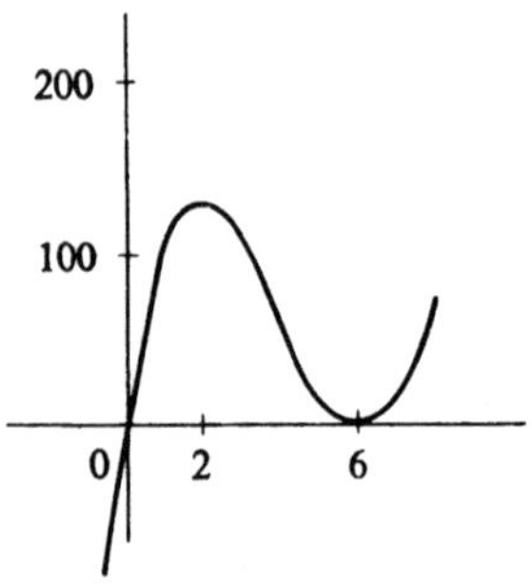

Nur Werte von x aus dem Bereich $[0; 6]$ entsprechen einem Behälter

Bild 6.45

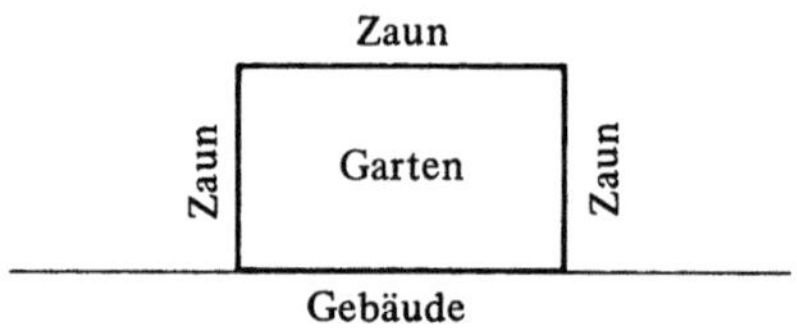

Die drei Seiten des Gartens, die nicht entlang des Gebäudes liegen, haben zusammen eine Länge von 100 m

Bild 6.46

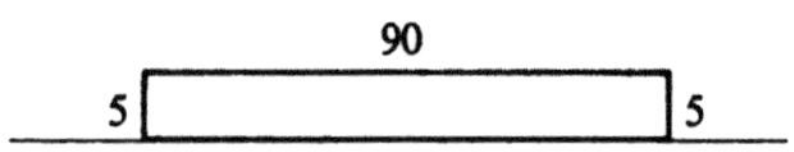

Fläche: 5 m · 90 m = 450 m²

Bild 6.47

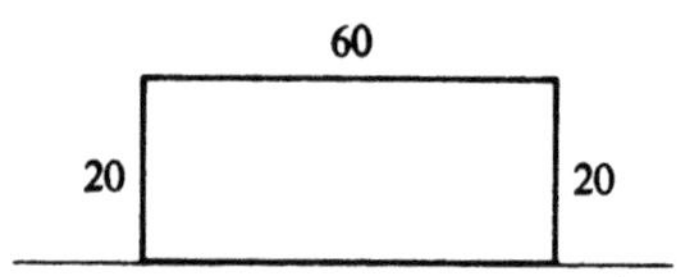

Fläche: 20 m · 60 m = 1200 m²

Bild 6.48

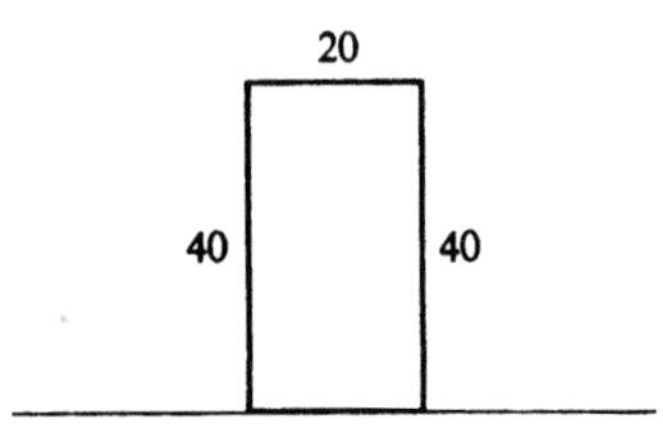

Fläche: 40 m · 60 m = 800 m²

Bild 6.49

Beispiel 2: Ein Ehepaar besitzt Maschendraht für 100 m eines Gartenzaunes, der drei Seiten eines rechtwinkelig angelegten Gartens begrenzen soll. Die vierte Seite wird durch das Gebäude abgeschlossen. Welche Form muß der Garten haben, damit der Zaun die größtmögliche Fläche einschließt (Bild 6.46)?

Lösung: Die Bilder 6.47 bis 6.49 zeigen einige Möglichkeiten für die Aufstellung der 100 m Gartenzaun. Der Einfachheit halber sei x die Länge senkrecht zu dem Gebäude und y die Länge parallel zum Gebäude. Da 100 m Zaun verfügbar ist, gilt $2x + y = 100$. Für $x = 5$ m beträgt die Fläche 450 m². Wird x auf 20 m verlängert, so hat sich y auf 60 m verkürzt und die Fläche beträgt 1200 m². Für $x = 40$ m gilt $y = 20$ m und die Fläche beträgt nur mehr 800 m². Es ist von vornherein nicht ohne weiteres klar, wie x gewählt werden muß, um die Fläche des Gartens zu maximieren. Die Vergrößerung der einen Dimension des Rechtecks verkleinert automatisch die andere. Die Fläche, die ja das Produkt der beiden Dimensionen ist, wird also von zwei einander entgegenwirkenden Faktoren beeinflußt. Der eine verursacht ihre Vergrößerung, der andere ihre Verkleinerung. Diese Art von Problemen ist mit Hilfe der Ableitung leicht zu lösen.

Zuerst drücken wir die Fläche A des Gartens durch x und y aus:

$$A = xy.$$

Dann verwenden wir die Gleichung $100 = 2x + y$, um y durch x auszudrücken:

$$y = 100 - 2x.$$

Das heißt, die Fläche A ist durch

$$A = x(100 - 2x)$$

gegeben (Bild 6.50).

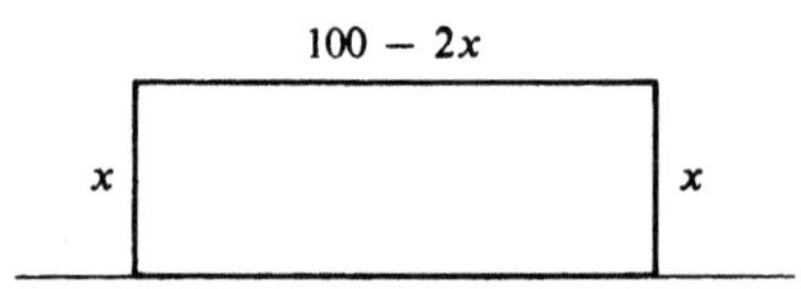

Bild 6.50

Die Fläche ist $x\,(100 - 2x)$

Logischerweise ist $0 \leqslant x \leqslant 50$. Das Problem nimmt nun folgende Gestalt an: Maximiere $f(x) = x(100 - 2x)$ für x aus $[0; 50]$.

Im vorligenden Fall gilt $f(x) = 100x - 2x^2$ und

$$f'(x) = 100 - 4x.$$

Setzen wir die Ableitungen gleich 0:

$$0 = 100 - 4x \quad \text{oder} \quad 4x = 100,$$

daher

$$x = 25.$$

Also ist 25 die einzige kritische Stelle dieser Funktion. Das Maximum von f tritt entweder bei $x = 25$ oder an den Endpunkten des Intervalls, $x = 0$ oder $x = 50$, ein. Nun gilt

$$\begin{aligned} f(0) &= 0(100-2(0)) = 0, \\ f(50) &= 50(100-2(50)) = 0, \\ f(25) &= 25(100-2(25)) = 1250. \end{aligned}$$

Somit beträgt der Maximalwert der Fläche $1250\,\text{m}^2$ und der Zaun sollte so angelegt werden, wie es Bild 6.51 zeigt. •

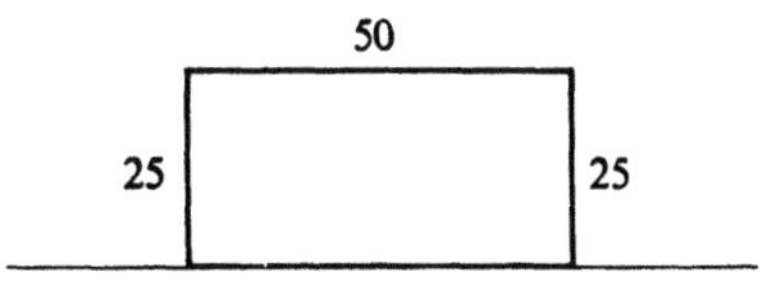

Bild 6.51

Die Beispiele 1 und 2 zeigten das allgemeine Verfahren zur Lösung angewandter Extremwert-Probleme (Maxima, Minima).

1. Man bezeichnet die auftretenden Größen mit Buchstaben wie etwa x, y, A, V.
2. Man drücke die zu maximierende Funktion durch eine oder mehrere andere Größen aus.
3. Man drücke die zu maximierende Funktion durch Elimination der anderen Variablen als Funktion f von nur einer Variablen aus.
4. Man maximiere die in Schritt 3 angegebene Funktion f.

Beispiel 3 illustriert diese Regeln.

Beispiel 3: Ein mit der Post zu befördernder Karton darf als Summe von Basis-Umfang und Höhe höchstens 100 cm besitzen. Wie groß sind die Kantenlängen des Kartons mit dem größten Volumen bei quadratischer Grundfläche?

Lösung: Zuerst bezeichnen wir die Kanten eines typischen Kartons mit quadratischer Grundfläche (Bild 6.52): Die Seite des Kartons sei x, die Höhe y.

Das Volumen soll maximiert werden, man bezeichne es mit V. Es gilt

$$\begin{aligned} V &= \text{Grundfläche mal Höhe} \\ &= x^2 y. \end{aligned}$$

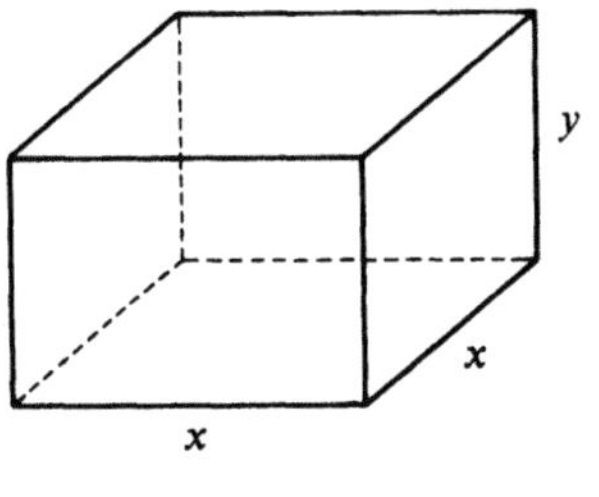

Bild 6.52

Für den größten erlaubten Karton muß gelten

$$\text{Basis-Umfang} + \text{Höhe} = 100$$

oder

$$4x + y = 100.$$

Aus dieser letzten Gleichung kann y durch x oder x durch y ausgedrückt werden. In diesem Fall lösen wir nach y auf und schreiben

$$y = 100 - 4x.$$

Damit kann nun das Volumen allein durch x dargestellt werden:

$$\begin{aligned} V &= x^2 y \\ &= x^2(100-4x) \\ &= 100x^2 - 4x^3. \end{aligned}$$

Die Werte von x variieren hier im Intervall $[0; 25]$.

Nun bilden wir die Ableitung von V und suchen ihre Nullstellen:

$$\begin{aligned} \frac{dV}{dx} &= \frac{d(100x^2 - 4x^3)}{dx} \\ &= 200x - 12x^2. \end{aligned}$$

Wir betrachten die Gleichung

$$200x - 12x^2 = 0$$

oder

$$x(200 - 12x) = 0.$$

Die Lösungen dieser Gleichung sind

$$x = 0 \quad \text{und} \quad x = \frac{200}{12} = 16\tfrac{2}{3}.$$

Das Maximum tritt daher entweder für $x = 16\frac{2}{3}$ oder an den Endpunkten des Intervalls $[0; 25]$ auf. Für $x = 0$ oder $x = 25$ hat der Karton aber das Volumen 0, da entweder die Grundfläche oder die Höhe gleich 0 ist. Somit liegt das Maximum bei

$$x = 16\tfrac{2}{3}\ \text{cm}.$$

Die Höhe dieses größten Kartons beträgt

$$\begin{aligned} y &= 100\ \text{cm} - 4 \cdot 16\tfrac{2}{3}\ \text{cm} \\ &= 100\ \text{cm} - 66\tfrac{2}{3}\ \text{cm} \\ &= 33\tfrac{1}{3}\ \text{cm}. \end{aligned}$$

Der Karton ist doppelt so hoch wie breit. •

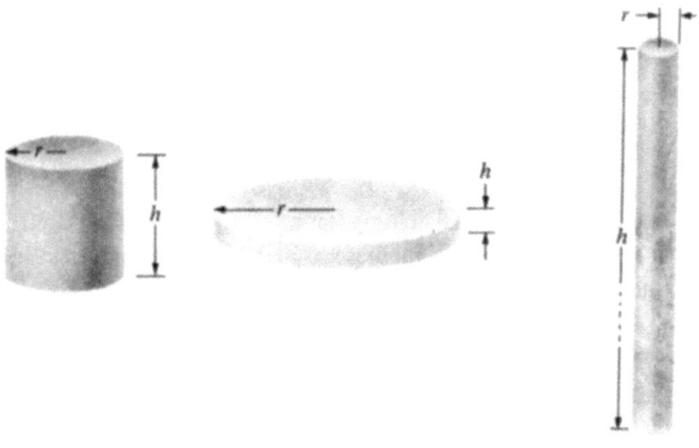

Eine Blechdose mit einem Volumen von 100 cm^3: $\pi r^2 h = 100$ cm^3. Die Dose kann flach oder länglich sein.

Bild 6.53

Das nächste Beispiel minimiert eine Funktion, die für alle positiven Zahlen definiert ist.

Beispiel 4: Welche Blechdose mit einem Volumen von 100 cm^3 erfordert den geringsten Materialaufwand?

Lösung: Der Radius der Dose wird mit r und ihre Höhe mit h bezeichnet. Man kann sie flach oder hoch machen (Bild 6.53). Ist die Dose sehr flach, so wird an den Seiten wenig Metall verwendet, aber die Grundfläche und die Deckfläche sind sehr groß. Ist die Dose eher stabförmig, so erfordern die beiden Grundflächen wenig Metall, aber die gekrümmte Mantelfläche benötigt viel Blech. Wo liegt der ideale Kompromiß zwischen diesen beiden Extremen?

Die Oberfläche A der Blechdose ist

$$A = 2\pi r^2 + 2\pi rh, \tag{1}$$

bestehend aus den beiden Grundflächen und der Seitenfläche. Da die verwendete Materialmenge proportional zu A ist, muß A minimiert werden.

Für die betrachtete Blechdose stehen Radius und Höhe miteinander in der Beziehung

$$\pi r^2 h = 100. \tag{2}$$

Um nun A als Funktion von einer Variablen auszudrücken, verwenden wir Gleichung (2). Um r zu eliminieren, lösen wir Gleichung (2) nach h auf:

$$h = \frac{100}{\pi r^2}.$$

Einsetzen in Gleichung (1) ergibt

$$A = 2\pi r^2 + 2\pi r \frac{100}{\pi r^2}$$

oder

$$A = 2\pi r^2 + \frac{200}{r}. \tag{3}$$

Gleichung (3) drückt A als Funktion von nur einer Variablen r aus. Der Definitionsbereich dieser Funktion ist durch $r > 0$ gegeben, da die Blechdose nur einen positiven Radius besitzen kann.

Berechnen wir dA/dr:

$$\frac{dA}{dr} = 4\pi r - \frac{200}{r^2} = \frac{4\pi r^3 - 200}{r^2}. \tag{4}$$

Diese Ableitung verschwindet für

$$4\pi r^3 = 200 \tag{5}$$

oder

$$r = \sqrt[3]{\frac{50}{\pi}}.$$

Somit ist $r = \sqrt[3]{50/\pi}$ die einzige kritische Stelle. Liegt dort tatsächlich ein Minimum?

Wir wenden den Test der zweiten Ableitung an. Eine weitere Differentiation von Gleichung (4) gibt

$$\frac{d^2A}{dr^2} = 4\pi + \frac{400}{r^3}.$$

Für $r = \sqrt[3]{50/\pi}$ folgt $r^3 = 50/\pi$ und

$$\frac{d^2A}{dr^2} = 4\pi + \frac{400\pi}{50} = 12\pi.$$

Da d^2A/dr^2 positiv ist, liegt mit $dA/dr = 0$ ein lokales Minimum vor. Ist es auch ein globables Minimum?

Die Untersuchung der ersten Ableitung kann uns diese Frage bereits beantworten. Man beachte

$$\frac{dA}{dr} = \frac{4\pi r^3 - 200}{r^2}.$$

An der kritischen Stelle ist der Zähler gleich 0. Ist r kleiner als die kritische Zahl, so ist der Zähler und damit der Quotient *negativ*. Ist r größer als die kritische Zahl, so ist der Quotient positiv. D.h., die Funktion fällt für $0 < r < \sqrt[3]{50/\pi}$ und steigt für $r > \sqrt[3]{50/\pi}$. Die kritische Zahl liefert uns in diesem Fall tatsächlich ein globales Minimum.

Dieselbe Schlußfolgerung hätte man auch mit Hilfe der zweiten Ableitung finden können

$$\frac{d^2A}{dr^2} = 4\pi + \frac{400}{r^3},$$

die für alle positiven r ebenfalls positiv ist. Ein kritischer Punkt auf einer konkaven Kurve liegt immer in einem globalen Minimum. ●

Die ersten vier Beispiele hatten alle geometrischen Charakter. Das letzte Beispiel behandelt ein wichtiges und typisches Problem aus der Geschäftswelt. Der interessierte Leser kann diesen Punkt in dem Buch von C. R. Carr und C. W. Howe, "Quantitative Decision Procedures in Management and Economics", McGraw-Hill, New York 1964, speziell auf den Seiten 10 bis 14 weiterverfolgen.

Beispiel 5: (*Das Problem des idealen Lagers.*) Eine Firma verkauft während des ganzen Jahres mit einer konstanten Rate B Einheiten irgendeines bestimmten Artikels. (Wir nehmen an, daß es keine Spitzenzeiten und keine besonderen Veränderungen während der Verkaufsperiode gibt.) Gemeinsam bestellte Einheiten werden gemeinsam geliefert. Wenn die Firma sich alle B Einheiten am Beginn des Jahres liefern läßt, dann spart sie eine Menge *Bestellkosten* (wie etwa Büroarbeit und Beförderungskosten), aber sie bezahlt höhere *Lagerkosten* (da der mittlere Lagerbestand während des Jahres gleich $B/2$ ist). Wenn sie andererseits jeden Tag nachbestellt, so hält sie die Lagerkosten niedrig, aber in diesem Fall werden die Bestellkosten unter Umständen viel zu hoch. Daher versucht die Firma, die Gesamtkosten als Funktion der Größe der Bestellungen zu minimieren. Wieviel Einheiten soll die Firma jeweils auf einmal bestellen?

Lösung: Seien $C(x)$ die gesamten jährlichen Lager- und Bestellkosten, wenn die Firma jeweils x Einheiten gemeinsam bestellt. Sie gibt daher B/x Bestellungen pro Jahr auf. Nehmen wir weiter an, daß die Kosten einer Bestellung aus einem Fixkostenbetrag F (z.B. Büromaterial) und einem linearen Kostenbetrag Px aufgebaut sind, der eine lineare Funktion der Größe der Bestellung ist (etwa Verpackung und Versandspesen). In diesem Fall sind die gesamten Bestellkosten pro Jahr durch

$$(F + Px)\frac{B}{x} \tag{6}$$

gegeben. (Man beachte, daß nach (6) kleinere Mengen x die Bestellkosten ansteigen lassen.) Nehmen wir weiter an, daß die jährlichen Lagerkosten für eine Einheit gleich I sind. Wenn die Größe eines Bestellpostens gleich x ist, so ist der mittlere Lagerbestand gleich $x/2$. Das heißt, die Lagerkosten pro Jahr sind

$$I \cdot \frac{x}{2}. \tag{7}$$

Aus (7) folgt, daß kleinere Mengen x die jährlichen Lagerkosten verringern. Kombinieren wir (6) und (7) so erhalten wir

$$C(x) = \frac{Ix}{2} + \frac{(F + Px)B}{x} = \frac{Ix}{2} + \frac{FB}{x} + PB. \tag{8}$$

Um die Funktion C (für $x > 0$) zu studieren, untersuchen wir dC/dx und finden

$$\frac{dC}{dx} = \frac{I}{2} - \frac{FB}{x^2} = \frac{Ix^2 - 2FB}{2x^2}. \tag{9}$$

Aus (9) folgt, daß dC/dx negativ ist, wenn x die Ungleichung $Ix^2 < 2FB$ erfüllt, aber positiv wenn x der Ungleichung $Ix^2 > 2FB$ genügt. Ist hingegen $Ix^2 = 2FB$ oder

$$x = \sqrt{\frac{2FB}{I}} \tag{10}$$

so gilt $dC/dx = 0$. Somit fällt $C(x)$ für x kleiner als $2\sqrt{FB/I}$ und steigt für x größer als $\sqrt{2FB/I}$. Für $x = \sqrt{2FB/I}$ erreicht die Funktion $C(x)$ einen Minimalwert (Bild 6.54).

Die Funktion $C(x)$ besitzt ein globales Minimum für $x > 0$ bei $x = \sqrt{2FB/I}$. Aus praktischen Gründen könnte es sein, daß die Firma nicht in der Lage ist, jeweils diese Menge von Einheiten zu bestellen. Dann jedenfalls möchte sie zumindestens einmal pro Jahr eine Bestellung aufgeben. Sie will daher auf keinen Fall mehr als B Einheiten gleich-

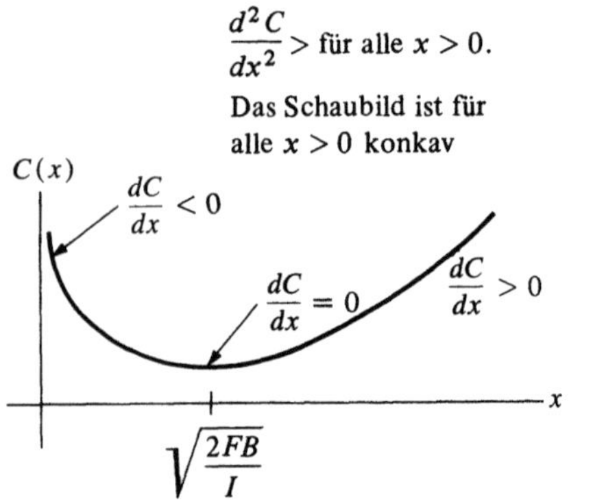

Bild 6.54

zeitig bestellen; wir dürfen daher nur $x \leqslant B$ betrachten. Ist B größer als $\sqrt{2FB/I}$, so ist das keine weitere Einschränkung. Ist aber B kleiner als $\sqrt{2FB/I}$ dann sollte die Funktion $C(x)$ nur in dem Bereich $0 < x \leqslant B$ betrachtet werden. Ein kurzer Blick auf das Schaubild zeigt, daß in diesem Fall das Minimum bei B eintritt: Die Firma soll in diesem Fall einmal pro Jahr bestellen.

Ist B größer als $\sqrt{2FB/I}$, so ist die ideale Bestellgröße gleich $\sqrt{2FB/I}$, sie ist proportional zu $\sqrt{B}$. Wenn daher B *vervierfacht* wird, sollten sich die Bestellgröße und die Bestellfrequenz *verdoppeln*. Dies ist wesentlich günstiger, als einfach die Bestellungsgröße bei gleichbleibender Frequenz der Bestellungen zu vervierfachen. •

Übungen:

1. (*a*) Wie in Beispiel 1 wird ein Behälter folgendermaßen konstruiert. Man schneidet aus einem rechteckigen Stück Karton, dessen Maße 6 cm mal 12 cm sind, an jeder Ecke kleine Quadrate mit der Seitenlänge x heraus. Man zeige, daß das Volumen des Behälters durch $V = f(x) = (4x^3 - 36x^2 + 72x)\ \text{cm}^3$ gegeben ist.
   (*b*) Man zeichne V als Funktion von x für alle x.
   (*c*) Warum wollen wir $f(x)$ nur für x aus $[0; 3]$ untersuchen?
   (*d*) Man finde unter Verwendung der Ableitung $f'(x) = 0$ die Zahl x aus $[0; 3]$, die den Maximalwert von $f(x)$ angibt.
2. Man bestimme das Volumen des größten Behälters, der auf dieselbe Weise aus einem rechteckigen Stück Papier von der Größe 4 cm mal 5 cm gebaut werden kann.
3. (*a*) Von allen Rechtecken mit dem Umfang 4 cm ist dasjenige mit der größten Fläche zu finden.
   (*b*) Von allen Rechtecken mit der Fläche 1 cm^2 sei dasjenige mit dem kleinsten Umfang zu bestimmen.
4. (*a*) Wie soll man zwei nicht negative Zahlen mit der Summe gleich 1 wählen, so daß die Summe ihrer Quadrate maximiert wird?
   (*b*) So daß die Summe ihrer Quadrate minimiert wird?
5. Wie muß man zwei nicht negative Zahlen mit der Summe gleich 1 wählen, damit das Produkt des Quadrats der einen mit dem Kubus der anderen Zahl maximiert wird?
6. Wie sind zwei nicht negative Zahlen mit der Summe gleich 1 zu wählen, um die Summe des Quadrats der einen und des Kubus der anderen Zahl zu maximieren?
7. Die linken x Zentimeter einer Seite von 12 cm Länge haben eine Masse von $(18x^2 - x^3)$ g.
   (*a*) Wie groß ist ihre Dichte x Zentimeter vom linken Ende entfernt?
   (*b*) Wo ist die Dichte am größten?
8. Ein Abwasserkanal aus Beton hat einen Querschnitt von der Form eines gleichschenkeligen Trapezes, bei dem drei Seiten je 4 m lang sind (Bild 6.55). Wie soll das Trapez geformt sein, damit der Kanal den größtmöglichen Querschnitt hat?
   (*a*) Man betrachte die Fläche als Funktion von x und löse die Gleichung auf.
   (*b*) Man betrachte die Fläche als eine Funktion von θ und löse die Gleichung.
   (*c*) Stimmen die beiden Lösungen überein?

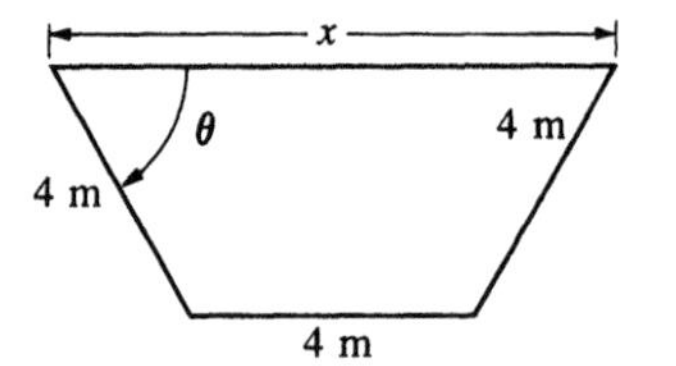

Bild 6.55

9. Ein in die Höhe geworfener Ball steigt in t Sekunden auf $-5t^2 + 20t$ Meter.
   (*a*) Wann erreicht er seine maximale Höhe?
   (*b*) Wie hoch steigt er?
10. Ein rechteckiger Garten soll mit 100 m Gartenzaun eingezäunt werden. Man zeige, daß die Umzäunung in der Form eines Quadrats angelegt werden muß, um die größtmögliche Fläche zu umfassen.
11. Ein Optiker weiß, daß er von Sonnenbrillen mit dem Preis p und $0 < p \leqslant 3$ insgesamt $(9 - p^2) \cdot 10^3$ Stück verkaufen kann.
    (*a*) Wie groß ist die maximale Einnahme des Optikers, wenn er die Sonnengläser für einen festen Preis p verkauft?
    (*b*) Wie soll der Optiker die Preise ansetzen, um maximalen Gewinn zu erzielen, wenn er zwei feste Preise vorgibt, von denen der eine 1 DM höher ist als der andere?
12. Die Kosten für den Betrieb eines bestimmten Lastwagens (für Benzin, Öl und Abnützung) betragen $(15 + s/3)$ Pfennig pro Kilometer, wenn der Lastwagen mit einer Geschwindigkeit von s km/h fährt. Ein Lastwagenfahrer verdiene 15 DM/h. Wie groß ist die günstigste Geschwindigkeit, mit der der Lastwagen während einer 600 km langen Reise fahren soll?
    (*a*) Wenn man nur den Lastwagen betrachtet, soll dann s klein oder groß sein?

(*b*) Wenn man nur die Kosten für die Bezahlung des Fahrers betrachtet, soll dann s klein oder groß sein?

(*c*) Man drücke die Gesamtkosten als Funktion von s aus und löse das Problem.

13. Die Steife eines rechteckigen Balkens ist proportional zum Produkt seiner Breite und dem Kubus seiner Höhe. In welcher Form soll der Balken aus einem Holzklotz mit der Form eines Kreiszylinders vom Radius r herausgeschnitten werden, um seine Versteifung zu maximieren?

14. Ein Drucker will 200 000 Kopien eines Werbeslogans produzieren. Der Betrieb der Druckpresse kostet 8 DM/h. Sie erzeugt 1200 Abzüge pro Stunde. Eine Metallmatrize des Satzes kostet 2 DM. Wie viele Kopien des Satzes soll der Drucker verwenden, um die Kosten zu minimieren?

Man beachte: Je mehr Kopien des Satzes der Drucker verwendet, um so mehr Slogans kann er auf jeder Fahne produzieren. Wenn er hingegen zu viele Kopien des Satzes anfertigt, sind die Kosten für die Matrize zu hoch.

15. Durch eine binäre Sendequelle (etwa ein Telegraph, der nur Striche und Punkte übermittelt), werden zwei Einheitswerte mit den Wahrscheinlichkeiten p und $1 - p$ übertragen. Der Informationsgehalt oder die Entropie der Quelle ist definiert als

$$H(p) = -p \ln p - (1-p) \ln (1-p),$$

wobei $0 < p < 1$ ist. Man zeige, daß H für $p = \frac{1}{2}$ ein Maximum hat. Daher wird es am ökonomischten sein, wenn Punkte und Striche in gleicher Anzahl vorkommen.

16. (Siehe Übung 15.) Sei p beschränkt mit $0 < p < 1$. Man definiere $M(q) = -p \ln q - (1-p) \ln (1-q)$ und zeige, daß $H(p) \leqslant M(q)$ für $0 < q < 1$. Das Gleichheitszeichen gilt nur für $p = q$.

17. Wenn ein Stück Wald abgeholzt werden soll, legt man zumeist einen Forstweg an, von dem kleinere Wege als Zubringer abzweigen (Bild 6.56). Die Frage ist, wie viele Zubringer man in der Praxis anlegen soll. Werden zuviele angelegt, steigen die Kosten für die Wege. Werden zuwenige angelegt, so geht zuviel Zeit verloren, um die Holzstämme auf die Straße zu bringen und dies erhöht ebenfalls die Kosten. Die Formel für die Gesamtkosten

$$y = \frac{CS}{4} + \frac{R}{VS},$$

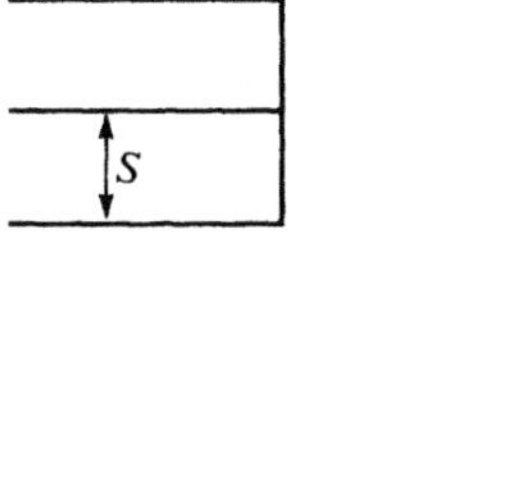

Bild 6.56

ist dem Handbuch für Holzfäller entnommen. R, C und V sind bekannte Konstanten: R sind die Straßenbaukosten pro Einheitsfläche; C sind die Kosten für die Bewegung eines Holzstammes pro Einheitsdistanz; V ist die Anzahl der Baumstämme pro Hektar. S bezeichnet den Abstand zwischen den gleichmäßig angelegten Zubringerstraßen. Die Kosten y sind eine Funktion von S und wir suchen den Wert von S, der y minimiert. Das Handbuch sagt dazu: „Um den gesuchten Wert S zu finden, setze man die zwei Summanden gleich:

$$\frac{CS}{4} = \frac{R}{VS}$$

und löse die Gleichung." Man zeige, daß diese Methode tatsächlich richtig ist.

18. Eine Transportfirma hat zu entscheiden, wie viele Lagerhäuser sie in einer großen Stadt anlegen soll. Die Lagerhäuser sollen Regionen von gleicher Fläche A und mit einer gleichen Anzahl von Bewohnern versorgen.

(*a*) Warum sind die Transportkosten pro Artikel vermutlich proportional zu $\sqrt{A}$?

(*b*) Angenommen, die Lagerkosten pro Artikel seien umgekehrt proportional zu A. Es ist zu zeigen, daß die Kosten C für Transport und Lagerung pro Artikel von der Form $t\sqrt{A} + w/A$ sind, wobei t und w entsprechende Konstante sind.

(*c*) Man zeige, daß C für $A = (2w/t)^{2/3}$ ein Minimum besitzt.

19. An dem einen Ufer eines 1 km breiten Flusses befindet sich ein elektrisches Kraftwerk, an dem anderen Ufer s Kilometer weiter stromauf liegt eine Fabrik. Es kostet 20 DM/m, um ein Kabel über Land zu verlegen und 40 DM/m, um es unter Wasser zu verlegen. Welches ist der kostengünstigste Weg für ein Kabel vom Kraftwerk zur Fabrik?

(*a*) Man schätze ohne Rechnung den günstigsten Weg ab, falls s sehr klein oder sehr groß ist.

(*b*) Man löse das Problem mit Hilfe der Infinitesimalrechnung und zeichne die Wege für $s = 0{,}5$ km, 0,75 km und 2 km ein.

(*c*) Man löse das Problem für beliebiges s.

20. (*a*) Die Belegschaft des Kraftwerks aus Übung 19 soll die Anschlüsse in der Fabrik inspizieren. Ihr Boot bewegt sich mit 9 km/h. Welche Route sollen sie nehmen, um die Fabrik in der kürzesten Zeit zu erreichen, wenn sie zunächst den Fluß überqueren?

(*b*) Man vergleiche die Antwort auf (*a*) mit der Antwort in Übung 19.

21. Man bestimme das Volumen des größten Kreiskegels, der einer Kugel vom Radius a eingeschrieben werden kann.

22. Welcher Punkt auf der Geraden $y = 3x + 7$ liegt am nächsten zum Ursprung? (Anstatt den Abstand zu minimieren, ist es viel einfacher das Quadrat des Abstandes zu minimieren, um Quadratwurzeln zu vermeiden.)

23. Man bestimme die Form des größten Kreiszylinders, den man mit der Post verschicken kann. Die Summe von Höhe und Umfang des Objektes darf nicht größer als 100 cm sein.

■

24. Welcher gerade Kreiskegel mit gegebenem Volumen V hat einschließlich der Grundfläche die kleinste Oberfläche? (Die Fläche des Kegelmantels mit der Seitenlänge l und dem Radius r ist $\pi r l$.)

25. Welcher Kreiskegel mit vorgegebener Oberfläche A (inklusive der Grundfläche) hat das größte Volumen?

26. Welche Gestalt hat eine zylindrische Blechdose mit kreisförmiger Grundfläche, die das größte Volumen besitzt, das aus einer vorgegebenen Blechmenge herzustellen ist?

27. Ein rechteckiges kastenförmiges Haus besitzt einen quadratischen Grundriß. Durch das Dach strömt dreimal soviel Wärme herein wie durch die Mauern. Welche Form soll das Haus haben, wenn es ein bestimmtes Volumen einschließen muß und der Wärmeeintritt möglichst gering gehalten werden soll? (Durch den Fußboden möge keine Wärme kommen.)

28. Wenn die Blechdosen aus Beispiel 4 oben offen wären, welche Form müßten sie dann haben, um aus möglichst wenig Metall konstruiert zu sein?

29. Der Deckel und der Boden der Blechdose aus Beispiel 4 sollen pro Quadratzentimeter zweimal so teuer sein wie die Seitenwand. Wie sieht dann die billigste Form der Dose aus?

30. In Beispiel 4 wurde der Radius der billigsten Blechdose berechnet.

(*a*) Man bestimme die Höhe aus der Kenntnis des Radius.

(*b*) Man zeige, daß die Höhe der billigsten Blechdose gleich ihrem Durchmesser ist.

31. Man löse Beispiel 4 durch Elimination von r anstelle von h.

32. Ein Bauunternehmer, der auf einer Baustelle Aushubarbeiten durchführt, kann seine Lastwagen über zwei verschiedene Straßen schicken. Es sind insgesamt 10 000 m^3 Erde zu bewegen. Jeder Lastwagen befördert 10 m^3. Auf der einen Straße sind die Kosten pro Lastwagenladung gleich $1 + 2x^2$ DM, wenn x Lastwagen diese Straße benutzen; diese Funktion zeigt also die Kosten der Stauung von Lastwagen auf. Auf der anderen Straße sind die Kosten gleich $2 + x^2$ DM pro Lastwagenfuhre, wenn x Lastwagen auf dieser Straße fahren. Wie viele Lastwagen sollen jede der beiden Straßen wählen?

33. Die Geschwindigkeit des Verkehrs durch den Lincoln-Tunnel in New York City hängt von der Dichte des Verkehrs ab. S sei die Geschwindigkeit in Kilometer je Stunde und D sei die Anzahl der Fahrzeuge pro Kilometer. Die Beziehung zwischen S und D wurde approximativ durch folgende Formel ermittelt

$$S = 63 - \frac{D}{2}$$

für $D \leqslant 66$.

(*a*) Man drücke die gesamte Anzahl von Fahrzeugen durch S und D aus, die in einer Stunde durch den Tunnel fahren.

(*b*) Welcher Wert von D wird den Fluß in (*a*) maximieren?

34. Die Unterkante eines Gemäldes liegt a Meter über dem Auge eines Beobachters. Die vertikale Seite des Gemäldes ist b Meter lang (Bild 6.57). Wie weit entfernt soll der Beobachter von der Mauer stehen, um den Gesichtswinkel des gesamten Gemäldes zu maximieren? *Hinweis:* Es ist günstiger $\tan \theta$ anstelle von θ zu maximieren.

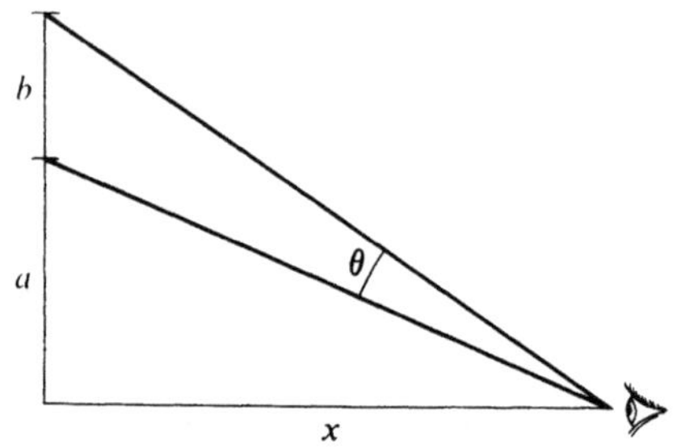

Bild 6.57

■■

35. Bild 6.58 zeigt zwei Gänge, die sich in einem rechten Winkel treffen. Der eine hat die Breite 8 m; der andere die Breite 27 m. Bestimme die Länge der längsten Stange, die waagerecht um die Ecke von einem Raum in den anderen transportiert werden kann.

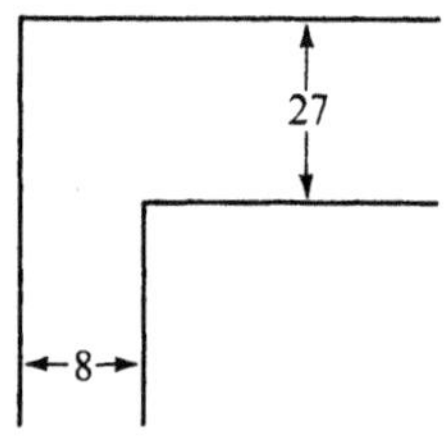

Bild 6.58

36. Zwei Häuser A und B sind in einem Abstand von p Metern erbaut. Sie besitzen die Abstände q und r von einer geraden Straße und liegen auf derselben Seite dieser Straße. Bestimme die Länge des kürzesten Weges, der von A zur Straße und von dort wieder zum Haus B führt.

(*a*) Man verwende dazu die Infinitesimalrechnung.

(*b*) Man verwende nur elementare Geometrie. *Hinweis:* Man führe ein imaginäres Haus C ein, so daß der Mittelpunkt von BC auf der Straße liegt und die Strecke BC senkrecht zur Straße ist: man „reflektiere" B über die Straße auf das Haus C.

6.9 Das Differential

$f(x)$ sei die Außentemperatur (in Grad Celsius) zur Zeit x (in Stunden). Zu einer bestimmten Zeit, etwa $x = 15.00$ Uhr, sei die Temperatur 30 °C. Welche Temperatur wird nun voraussichtlich eine viertel Stunde später herrschen? Wahrscheinlich wird sich die Temperatur nicht sehr geändert haben und ebenfalls etwa 30 °C betragen. Dies entspricht der Annahme, daß die Funktion stetig ist: Ihre Werte sollten sich nicht sprunghaft ändern. Wenn wir zusätzlich wissen, daß sich die Temperatur um 15.00 Uhr mit einer Rate von 4 °C pro Stunde verändert, dann kann eine genauere Aussage getroffen werden: Eine viertel Stunde später ist die Temperatur wahrscheinlich um 1 °C angestiegen und hat daher den Wert 31 °C. Diese schon etwa bessere Abschätzung folgt aus der Annahme, daß die Temperatur eine differenzierbare Funktion ist und daß ihre Ableitung in diesem Intervall von 15 min konstant bleibt.

Der vorliegende Abschnitt behandelt die Schätzung von Funktionswerten unter Verwendung der Ableitung. Dabei gehen wir von der geometrischen Interpretation der Ableitung als Anstieg einer Kurve aus: Ein kurzes Stück des Schaubildes einer differenzierbaren Funktion sieht in der Umgebung eines Punktes P wie eine gerade Linie aus und fällt mit einem kurzen Stück der Tangente in P zusammen (Bild 6.59a). Daher kann die Tangente zur Abschätzung jener kleinen Veränderung des Funktionswertes verwendet werden, die mit einer Änderung von x einhergeht.

Wenn sich nämlich die x-Koordinate von x auf $x + \Delta x$ erhöht, so bewegt sich der zugehörige Punkt auf dem Schaubild von P nach Q und der entsprechende Punkt auf der Tangente wandert von P nach T (Bild 6.59b). Ist Δx klein, so liegen die Punkte T und Q nahe beieinander. Daher gibt die y-Koordinate von T eine gute Näherung für $f(x + \Delta x)$, die y-Koordinate von Q, wenn Δx tatsächlich klein ist. Wir wollen dies zunächst an einem Beispiel verifizieren.

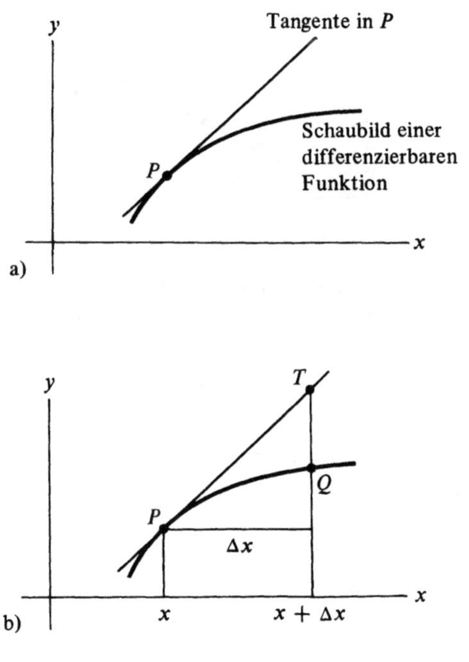

Bild 6.59

Beispiel 1: f sei die Quadratwurzelfunktion, $f(x) = \sqrt{x}$. Ferner sei $x = 4$ und $\Delta x = 0{,}3$. In diesem Fall ist $P = (4; \sqrt{4}) = (4; 2)$. Man berechne den Unterschied zwischen den y-Koordinaten von Q und T.

Lösung: Zunächst führen wir den Punkt A ein, in dem die horizontale Gerade durch P die vertikale Gerade durch T schneidet (Bild 6.60). Die y-Koordinate von Q ist durch $f(4) + \overline{AQ}$ gegeben. Die Strecke $\overline{AQ}$ beschreibt die Veränderung von y, die durch die Bewegung von $x = 4$ nach $x = 4{,}3$ hervorgerufen wird:

$$f(4{,}3) = f(4) + \overline{AQ} = f(4) + \Delta f.$$

(Hier ist die Strecke $\overline{AQ}$ positiv, für andere Funktionen kann sie auch negativ sein.)

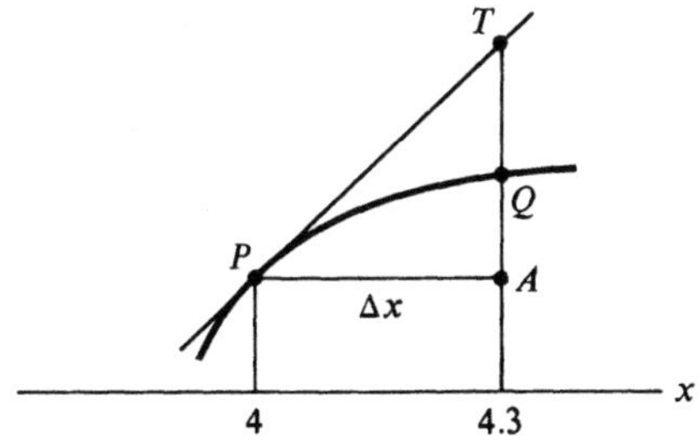

Bild 6.60

Schaubild von $y = \sqrt{x}$ (der Einfachheit halber etwas verzerrt)

Zur Berechnung von $\overline{AT}$ verwenden wir die Relation

$$\frac{\overline{AT}}{\overline{PA}} = \text{Anstieg der Tangente im Punkt } P = f'(4),$$

es folgt

$$\begin{aligned}\overline{AT} &= f'(4) \cdot \overline{PA}\\ &= f'(4) \cdot \Delta x\\ &= f'(4) \cdot (0{,}3).\end{aligned}$$

Aus $f(x) = \sqrt{x}$ und $f'(x) = \dfrac{1}{2\sqrt{x}}$ erhalten wir

$$f'(4) = \frac{1}{2\sqrt{4}} = \frac{1}{4} = 0{,}25.$$

Daher ist die vertikale Änderung längs der Tangente durch

$$\overline{AT} = 0{,}25 \cdot 0{,}3 = 0{,}075$$

gegeben. Die y-Koordinate von T lautet daher

$$2 + 0{,}075 = 2{,}075.$$

Andererseits ist die y-Koordinate von Q gleich

$$\sqrt{4{,}3} = 2{,}0736.$$

Die y-Koordinaten von Q und T unterscheiden sich somit wirklich sehr wenig, nämlich etwa um

$$2{,}0736 - 2{,}075 = -0{,}0014.$$

Dieses Beispiel zeigt, daß die y-Koordinate von T eine ausgezeichnete Näherung für die y-Koordinate von Q liefert. ●

Die in Beispiel 1 skizzierte Methode läßt sich auf jede differenzierbare Funktion anwenden: Die vertikale Veränderung entlang der Tangente gibt eine gute Näherung der vertikalen Veränderung entlang der Kurve.

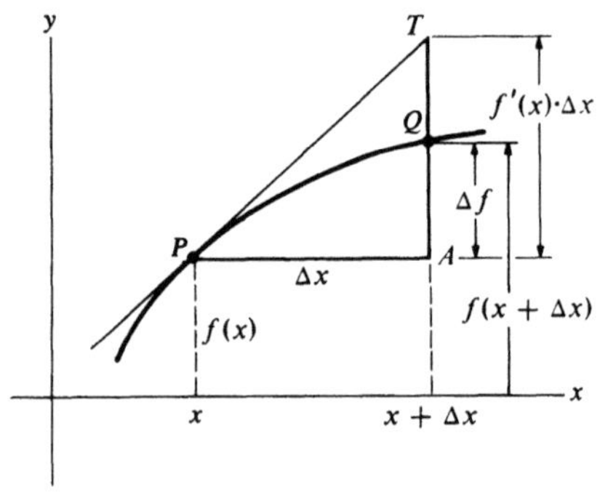

Bild 6.61

Bild 6.61 zeigt die Situation für eine beliebige differenzierbare Funktion: Die Veränderung entlang der Tangente ist durch $\overline{AT}$ gegeben. Aus

$$\frac{\overline{AT}}{\Delta x} = \text{Anstieg der Tangente in } P$$
$$= f'(x),$$

folgt

$$\overline{AT} = f'(x) \cdot \Delta x.$$

Daher liefert $f'(x) \cdot \Delta x$ eine gute Näherung für Δf, die Veränderung entlang der Kurve, sofern jedenfalls Δx klein ist.

Die Abschätzung von Δf durch $f'(x) \cdot \Delta x$ ist sowohl von praktischem als auch von theoretischem Interesse. Aus diesem Grund besitzt diese Abschätzung einen eigenen Namen.

Definition des Differentials: Ist f eine differenzierbare Funktion und sind x und Δx Zahlen, so heißt das Produkt $f'(x) \cdot \Delta x$ das Differential von f an der Stelle x. Es wird mit df bezeichnet.

Schreiben wir $y = f(x)$, so wird das Differential auch mit dy bezeichnet.

Das Differential df ist eine Funktion von zwei Variablen x und Δx. Für $y = f(x) = \sqrt{x}$ folgt etwa

$$df = \frac{1}{2\sqrt{x}} \cdot \Delta x$$

oder

$$dy = \frac{1}{2\sqrt{x}} \cdot \Delta x.$$

Bild 6.62 zeigt Δx und $df = dy$. Liegt die Tangente unterhalb des Schaubildes, dann ergibt sich die in Bild 6.63 dargestellte Situation (df liegt in diesem Fall unter dem exakten Wert von Δf).

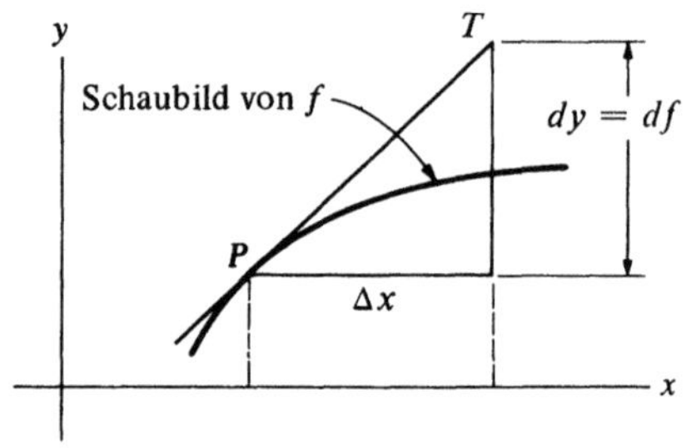

Bild 6.62

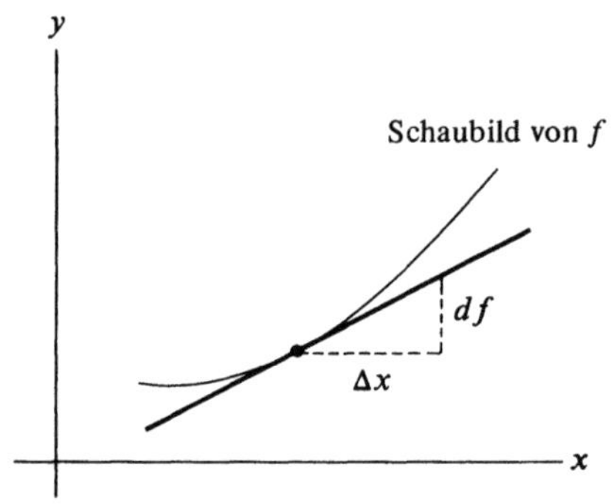

Bild 6.63

In Beispiel 1 wurde der Wert des Differentials für $x = 4$ und $\Delta x = 0{,}3$ berechnet. Nun wollen wir uns einem weiteren Beispiel zuwenden.

Beispiel 2: Sei $y = f(x) = x^3$, $x = 5$ und $\Delta x = 0{,}1$. Man berechne df und Δf und vergleiche die beiden Werte.

Lösung: In diesem Fall gilt $f'(x) = 3x^2$ und $df = 3x^2 \cdot \Delta x$. Für $x = 5$ und $\Delta x = 0{,}1$ folgt

$$df = 3\,(5)^2 \cdot 0{,}1 = 7{,}5.$$

Nun ist Δf durch $f(5 + \Delta x) - f(5)$ oder

$$5{,}1^3 - 5^3 = 132{,}651 - 125 = 7{,}651$$

definiert. Wieder liefert $df = 7{,}5$ eine gute Näherung für $\Delta f = 7{,}651$.

Wann gibt nun das Differential df eine gute Näherung für die Änderung Δf? Nach allem bisherigen sind beide Werte df und Δf für kleine Δx ebenfalls klein. Daher muß auch der Unterschied zwischen df und Δf sehr klein sein: So gesehen erscheinen unsere bisherigen Aussagen fast selbstverständlich. Das folgende Theorem gibt uns hier weitergehende Informationen:

Theorem: f sei an der Stelle x differenzierbar und $f'(x) \neq 0$. Dann gilt

$$\lim_{\Delta x \to 0} \frac{\Delta f}{df} = 1.$$

Beweis: Man betrachte den Quotienten

$$\frac{\Delta f}{df} = \frac{\Delta f}{f'(x)\Delta x} = \frac{\Delta f}{\Delta x}\frac{1}{f'(x)}.$$

[Wegen $f'(x) \neq 0$ ist die Division erlaubt.] Weiter folgt

$$\lim_{\Delta x \to 0} \frac{\Delta f}{df} = \lim_{\Delta x \to 0} \frac{\Delta f}{\Delta x}\frac{1}{f'(x)} = f'(x)\frac{1}{f'(x)} = 1.$$

Damit ist das Theorem bewiesen. ●

Beispiel 3: Die Seitenlänge eines Würfels wird mit einem Fehler von höchstens 1 % bestimmt. Mit welchem prozentualen Fehler kann das Volumen aus der Seitenlänge berechnet werden?

Lösung: Sei x die Kante des Würfels und V das Volumen. Sei ferner dx der mögliche Fehler von x. Der relative Fehler

$$\frac{dx}{x}$$

beträgt absolut höchstens 0,01: $|dx|/x \leq 0{,}01$.

Das Differential dV gibt eine Abschätzung für den tatsächlichen Fehler in der Berechnung des Volumens. Daher liefert

$$\frac{dV}{V}$$

einen Näherungswert für den relativen Fehler des Volumens.

Aus

$$\begin{aligned} dV &= d(x^3) \\ &= 3x^2 dx, \end{aligned}$$

folgt

$$\begin{aligned} \frac{dV}{V} &= \frac{3x^2 dx}{x^3} \\ &= 3\frac{dx}{x}. \end{aligned}$$

Daher wird der relative Fehler im Volumen etwa dreimal so groß sein wie der relative Fehler in der Messung der Seitenlänge und somit höchstens 3 % betragen. ●

Die folgende Tabelle gibt die Differentiale von verschiedenen wichtigen Funktionen an. Das Differential ist jeweils durch das Produkt aus der Ableitung und Δx gegeben. So gilt etwa

$$d(\ln x) = \frac{1}{x}\Delta x,$$

$$d(e^x) = e^x \Delta x,$$

$$d(x) = 1 \cdot \Delta x = \Delta x.$$

Man beachte, daß $d(x) = \Delta x$. Aus diesem Grund ist es üblich, Δx auch als dx zu schreiben. Das Differential von f wird dann durch

$$df = f'(x)\,dx$$

oder

$$dy = f'(x)\,dx$$

dargestellt.

Funktion	*Differential*
$\sqrt{x}$	$\frac{\Delta x}{2\sqrt{x}}$
x^2	$2x\,\Delta x$
$\ln x$	$\frac{\Delta x}{x}$
e^x	$e^x\,\Delta x$
$\sin x$	$\cos x \cdot \Delta x$
x	Δx

Die Symbole dy und dx haben nun eine individuelle Bedeutung. Es ist daher sinnvoll, beide Seiten der Gleichung

$$dy = f'(x)\,dx$$

durch dx zu dividieren:

$$\frac{dy}{dx} = f'(x).$$

Die Relation erklärt auch die Wahl des Symbols dy/dx für die Ableitung. Dieses Symbol wurde Ende des 17. Jahrhunderts von Leibnitz eingeführt. Er verstand unter dx das Konzept einer „verschwindend kleinen" Zahl, das von Bischof Berkeley 1834 als „Geist einer verschwundenen Größe" verflucht wurde.

Für zwei differenzierbare Funktionen f und g gilt

$$d(f+g) = df + dg.$$

Um dies zu zeigen, verwenden wir die Definition des Differentials:

$$\begin{aligned} d(f+g) &= (f+g)'dx \\ &= (f'+g')\,dx \\ &= f'dx + g'dx \\ &= df + dg. \end{aligned}$$

Ähnlich gilt

$$d(f-g) = df - dg, \quad d(fg) = f\,dg + g\,df$$

und

$$d\left(\frac{f}{g}\right) = \frac{g\,df - f\,dg}{g^2} \qquad g \neq 0.$$

Es ist sehr instruktiv, dy und $\Delta y (= \Delta f)$ für große und kleine Werte von $dx (= \Delta x)$ zu vergleichen. Wir wollen dazu die Funktion x^3 an der Stelle $x = 5$ untersuchen. Es gilt $f'(x) = 3x^2 = 75$ und

$$dy = 75\,dx$$

sowie

$$\begin{aligned} \Delta y &= (5 + dx)^3 - 5^3 \\ &= 125 + 75\,dx + 15(dx)^2 + (dx)^3 - 125 \\ &= 75\,dx + 15(dx)^2 + (dx)^3. \end{aligned}$$

Für kleine dx sind die Terme $15(dx)^2$ und $(dx)^3$ im Vergleich zu $75\,dx$ verschwindend klein.

Die folgende Tabelle gibt die Werte der Kubusfunktion $y = x^3$ an der Stelle $x = 5$ für verschiedene Werte von dx an. Je kleiner dx ist, desto besser wird dy durch Δy approximiert, wie auch auf Grund des Theorems zu erwarten ist. Wie wir im übrigen gesehen haben, ist dy zumeist einfacher zu berechnen als Δy.

dx	dy	Δy
3	225	387
2	150	218
1	75	91
0,1	7,5	7,651
0,01	0,75	0,751 501
0	0	0
−1	−75	−61

$dy = 75\,dx$

$\Delta y = (5 + dx)^3 - 5^3$

Übungen:

Man berechne dy und Δy für die folgenden Funktionen und Werte von x und dx und stelle sie am Schaubild der Funktion graphisch dar.

1. x^2 für $x = 1$ und $dx = 0{,}3$.

2. x^3 für $x = \frac{1}{2}$ und $dx = 0{,}1$.

3. x^3 für $x = 1$ und $dx = -0{,}1$.

4. $\sqrt{x}$ für $x = 9$ und $dx = 0{,}5$.

5. $\ln x$ für $x = 1$ und $dx = -0{,}2$.

6. $\sin x$ für $x = \pi/4$ und $dx = \pi/12$.

7. (*a*) Man berechne das Differential der Funktion $1/x$ für $x = 1$ und $dx = 0{,}02$.
(*b*) Mit Hilfe von (*a*) zeige man, daß $1/1{,}02$ ungefähr gleich $0{,}98$ ist.

8. (*a*) Man berechne das Differential der Funktion $1/x$ für $x = 1$ und $dx = h$.
(*b*) Mit Hilfe von (*a*) zeige man, daß $1 - h$ für kleine h ein guter Näherungswert von $1/(1+h)$ ist.

9. (*a*) Man berechne das Differential der Funktion $\sqrt{x}$ für $x = 1$ und $dx = h$.
(*b*) Man zeige mit Hilfe von (*a*), daß $1 + h/2$ für kleine h eine gute Näherung von $\sqrt{1+h}$ ist.
(*c*) Man berechne $1 + h/2$ und $\sqrt{1+h}$ für $h = 0{,}21$. Um wieviel unterscheiden sich die beiden Werte?

10. (*a*) Man berechne das Differential der Funktion $\ln x$ für $x = 1$ und $dx = h$.
(*b*) Mit Hilfe von (*a*) zeige man $\ln(1+h) \approx h$ für kleine h.

11. Man ergänze die folgende Tabelle der Funktion $y = x^3$ für die angegebenen Werte von x und dx.

x	dx	dy	Δy	$\Delta y/dy$
3	1			
3	−0,5			
1	0,1			
2	−0,1			

In den Übungen 12 bis 20 sind die angegebenen Größen durch x und dx auszudrücken:

12. $d(e^{-x})$
13. $d[\ln(1+x)]$
14. $d(\sqrt{1+x^2})$
15. $d(\arctan x)$
16. $d(\sec x^2)$
17. $d(\arcsin x)$
18. $d(\sec^{-1} 5x)$
19. $d(2^{x^2})$
20. $d(\cos 5x)$
21. Die Seite eines Quadrates wird mit einem Fehler von höchstens 5 % bestimmt. Man berechne den größtmöglichen Fehler, den diese Ungenauigkeit bei der Ermittlung der Fläche verursachen kann.

■

22. (*a*) Man zeige mit Hilfe von Differentialen, daß $\lg(1+h) \approx 0{,}434\,h$ für kleine h.
    (*b*) Wie groß ist der prozentuale Fehler der Näherung in (*a*) für die Berechnung von $\lg(1{,}2)$?
23. Sei $f(x) = x^2$ die Fläche eines Quadrats der Seite x (Bild 6.64).
    (*a*) Man berechne df und Δf aus x und Δx.
    (*b*) Man kennzeichne im dargestellten Quadrat den Teil mit der Fläche Δf.
    (*c*) Man kennzeichne den Teil mit der Fläche df.

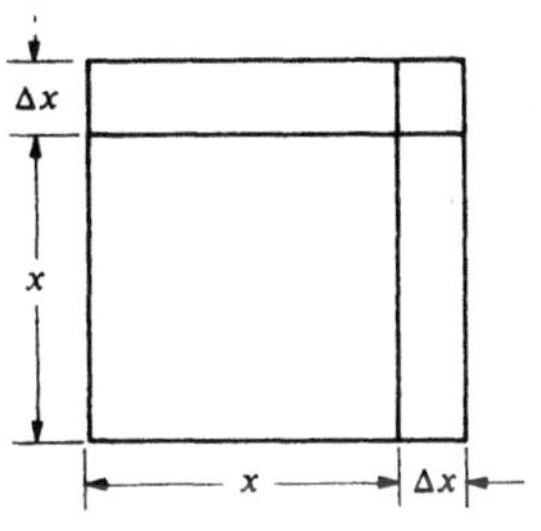

Bild 6.64

24. Man zeige für zwei differenzierbare Funktionen f und g
    (*a*) $d(f-g) = df - dg$;
    (*b*) $d(fg) = f(dg) + g(df)$;
    (*c*) $d(f/g) = (g(df) - f(dg))/g^2$.

■■

25. Sei y eine differenzierbare Funktion von u und weiterhin u eine differenzierbare Funktion von x. Dann gilt $dy = D_u(y)\,du$ und $du = D_x(u)\,dx$. Da aber y eine zusammengesetzte Funktion von x ist, kann man schreiben: $dy = D_x(y)\,dx$. Man zeige, daß die beiden Werte von dy übereinstimmen.

6.10 Die Regel von de l'Hospital

Die Ermittlung von Grenzwerten war für das Zeichnen von Kurven nützlich und wird uns in den nächsten Kapiteln noch öfter begegnen. In Kap. 10 beispielsweise werden Grenzwerte von größter Wichtigkeit für die Berechnung von bestimmten Flächen sein. Glücklicherweise gibt es einige allgemeine Verfahren, mit deren Hilfe eine große Klasse von Grenzwerten bestimmt werden kann. Dieser Abschnitt diskutiert eines der wichtigsten Verfahren, die Regel von de l'Hospital, die den Grenzwert eines Quotienten von zwei Funktionen angibt. Seien f und g Funktionen und es gelte

$$\lim_{x\to a} f(x) = 2 \quad \text{und} \quad \lim_{x\to a} g(x) = 3,$$

dann folgt sofort

$$\lim_{x\to a} \frac{f(x)}{g(x)} = \frac{2}{3}.$$

Dieses Ergebnis erfordert keine weitere Information über die Funktionen f und g. Gilt aber

$$\lim_{x\to a} f(x) = 0 \quad \text{und} \quad \lim_{x\to a} g(x) = 0,$$

dann wird das Aufsuchen von

$$\lim_{x\to a} \frac{f(x)}{g(x)}$$

schwieriger. Wir haben zum Beispiel in Abschnitt 4.6 die Relation

$$\lim_{\theta\to 0} \frac{\sin\theta}{\theta} = 1$$

bewiesen.

Hier ist $f(\theta) = \sin\theta \to 0$ und $g(\theta) = \theta \to 0$ für $\theta \to 0$. Für den Quotienten haben wir $f(\theta)/g(\theta) \to 1$ erhalten. Im selben Abschnitt wurde auch

$$\lim_{\theta\to 0} \frac{1-\cos\theta}{\theta} = 0$$

bewiesen. In diesem zweiten Fall strebt der Zähler so viel schneller gegen 0 als der Nenner, daß der Quotient ebenfalls nach 0 geht. Diese beiden Beispiele zeigen, daß aus der Kenntnis von

$$\lim_{x\to a} f(x) = 0 \quad \text{und} \quad \lim_{x\to a} g(x) = 0,$$

noch nichts über den Grenzwert des Quotienten

$$\lim_{x\to a} \frac{f(x)}{g(x)}$$

ausgesagt werden kann.

Das Theorem 1 gibt nun ein allgemeines Verfahren zur Behandlung des Quotienten

$$\frac{f(x)}{g(x)}$$

falls $f(x) \to 0$ und $g(x) \to 0$.

Theorem 1: Regel von de l'Hospital. (Spezialfall „Null durch Null".) Sei a eine Zahl und seien f und g differenzierbar in einem offenen Intervall $(a; b)$. Sei ferner $g'(x)$ in diesem Intervall von Null verschieden. Gilt nun

$$\lim_{x \to a^+} f(x) = 0, \quad \lim_{x \to a^+} g(x) = 0$$

und

$$\lim_{x \to a^+} \frac{f'(x)}{g'(x)} = L,$$

so folgt

$$\lim_{x \to a^+} \frac{f(x)}{g(x)} = L. \bullet$$

Bevor wir dieses Theorem beweisen, soll es an einem Beispiel genauer illustriert werden.

Beispiel 1: Man bestimme

$$\lim_{x \to 1^+} \frac{x^5 - 1}{x^3 - 1}.$$

In diesem Fall ist

$$a = 1, \quad f(x) = x^5 - 1 \text{ und } g(x) = x^3 - 1.$$

Die Voraussetzungen zur Anwendung der Regel von de l'Hospital sind damit erfüllt. Speziell gilt

$$\lim_{x \to 1^+} (x^5 - 1) = 0 \quad \text{und} \quad \lim_{x \to 1^+} (x^3 - 1) = 0.$$

Entsprechend der Regel von de l'Hospital folgt

$$\lim_{x \to 1^+} \frac{x^5 - 1}{x^3 - 1} = \lim_{x \to 1^+} \frac{(x^5 - 1)'}{(x^3 - 1)'}$$

sofern dieser Grenzwert existiert. Differenzieren ergibt nun

$$\begin{aligned} \lim_{x \to 1^+} \frac{(x^5 - 1)'}{(x^3 - 1)'} &= \lim_{x \to 1^+} \frac{5x^4}{3x^2} && \text{differenzieren von Zähler und Nenner} \\ &= \lim_{x \to 1^+} \frac{5}{3} x^2 \\ &= \frac{5}{3} \end{aligned}$$

und daher

$$\lim_{x \to 1^+} \frac{x^5 - 1}{x^3 - 1} = \frac{5}{3}. \bullet$$

Ein vollständiger Beweis von Theorem 1 wird in den Übungen 92 und 93 von Abschnitt 6.11 gegeben. Wir wollen das Theorem hier lediglich plausibel machen.

Spezialfall von Theorem 1: Dazu betrachten wir den Fall, bei dem f, f', g und g' im offenen Intervall um a stetig sind. Außerdem gelte in diesem Intervall $g'(x) \neq 0$. Aus

$$\lim_{x \to a^+} f(x) = 0 \quad \text{und} \quad \lim_{x \to a^+} g(x) = 0,$$

folgt aufgrund der Stetigkeit $f(a) = 0$ und $g(a) = 0$. Dann gilt

$$\begin{aligned} \lim_{x \to a^+} \frac{f(x)}{g(x)} &= \lim_{x \to a^+} \frac{f(x) - f(a)}{g(x) - g(a)} && \text{denn } f(a) = 0 \text{ und } g(a) = 0 \\ &= \lim_{x \to a^+} \frac{\frac{f(x) - f(a)}{x - a}}{\frac{g(x) - g(a)}{x - a}} \\ &= \frac{f'(a)}{g'(a)} && \text{laut Definition von } f'(a) \text{ und } g'(a) \\ &= \frac{\lim_{x \to a^+} f'(x)}{\lim_{x \to a^+} g'(x)} && f' \text{ und } g' \text{ sind stetig} \\ &= \lim_{x \to a^+} \frac{f'(x)}{g'(x)} && \text{„Grenzwert des Quotienten"} \\ &= L && \text{laut Annahme.} \end{aligned}$$

Daraus folgt

$$\lim_{x \to a^+} \frac{f(x)}{g(x)} = L.$$

Analoge Theoreme gelten für $x \to a^-$ oder $x \to a^+$, oder $x \to \infty$ bzw. $x \to -\infty$. Selbstverständlich sind hierbei auch die Voraussetzungen entsprechend zu modifizieren.

Manchmal muß die Regel von de l'Hospital – wie im nächsten Beispiel – mehrmals angewendet werden.

Beispiel 2: Man bestimme

$$\lim_{x \to 0} \frac{\sin x - x}{x^3}.$$

Lösung: Für $x \to 0$ erreichen sowohl Zähler als auch Nenner den Wert Null. Nach der Regel von de l'Hospital gilt

$$\lim_{x \to 0} \frac{\sin x - x}{x^3} = \lim_{x \to 0} \frac{\cos x - 1}{3x^2}.$$

Aber für $x \to 0$ gilt $\cos x - 1 \to 0$ und $3x^2 \to 0$. Daher wenden wir die Regel von de l'Hospital nochmals an

$$\lim_{x \to 0} \frac{\cos x - 1}{3x^2} = \lim_{x \to 0} \frac{-\sin x}{6x}.$$

Beide Werte $\sin x$ und $6x$ gehen für $x \to 0$ wiederum gegen Null. Daher wenden wir die Regel von de l'Hospital ein weiteres Mal an.

$$\lim_{x \to 0} \frac{-\sin x}{6x} = \lim_{x \to 0} \frac{-\cos x}{6} = -\frac{1}{6}.$$

Auf diese Weise finden wir nach dreimaliger Anwendung der Regel von de l'Hospital

$$\lim_{x \to 0} \frac{\sin x - x}{x^3} = -\frac{1}{6}. \bullet$$

Theorem 1 behandelt den Grenzwert von $f(x)/g(x)$, falls $f(x)$ und $g(x)$ nach Null streben. Völlig analoge Überlegungen gelten, wenn sowohl $f(x)$ als auch $g(x)$ für $x \to a$ oder $x \to \infty$ beliebig groß werden. Das Verhalten des Quotienten $f(x)/g(x)$ hängt nun davon ab, wie rasch $f(x)$ und $g(x)$ groß werden.

In Abschnitt 6.3 wurden die Funktionen

$$f(x) = x \quad \text{und} \quad g(x) = e^x$$

untersucht. In diesem Fall gilt

$$\lim_{x \to \infty} f(x) = \infty \quad \text{und} \quad \lim_{x \to \infty} g(x) = \infty$$

sowie

$$\lim_{x \to \infty} \frac{f(x)}{g(x)} = \lim_{x \to \infty} \frac{x}{e^x} = 0.$$

Hier geht der Nenner viel rascher gegen Unendlich als der Zähler.

Andererseits erhalten wir direkt

$$\lim_{x \to \infty} \frac{4x+1}{2x} = \lim_{x \to \infty} \left(2 + \frac{1}{2x}\right) = 2.$$

In diesem Fall steigt der Zähler etwa zweimal so rasch an wie der Nenner.

Das folgende Theorem behandelt die Fälle, für die $f(x)$ und $g(x)$ gegen Unendlich gehen. Wir sprechen von der *Unendlich-durch-Unendlich*-Form der Regel von de l'Hospital.

Theorem 2 (*Regel von de l'Hospital*): Seien f und g für alle x größer als eine bestimmte Zahl und differenzierbar. Gilt dann

$$\lim_{x \to \infty} f(x) = \infty \quad \text{und} \quad \lim_{x \to \infty} g(x) = \infty$$

sowie

$$\lim_{x \to \infty} \frac{f'(x)}{g'(x)} = L,$$

so folgt weiter

$$\lim_{x \to \infty} \frac{f(x)}{g(x)} = L. \bullet$$

Den exakten Beweis dieser Tatsache überlassen wir weiterführenden Lehrbüchern. Es ist aber leicht einzusehen, daß die Aussage des Theorems plausibel ist. Mögen $f(t)$ und $g(t)$ etwa die Lage von zwei Autos auf der x-Achse zur Zeit t beschreiben (Bild 6.65). Nennen wir die beiden Fahrzeuge f-Wagen und g-Wagen. Ihre Geschwindigkeiten sind dann durch $f'(t)$ und $g'(t)$ gegeben. Die beiden Wagen befinden sich auf einer „endlosen" Reise. Für $t \to \infty$ möge sich nun die Geschwindigkeit des f-Wagens der L-fachen Geschwindigkeit des g-Wagens annähern. Wir schreiben also

$$\lim_{t \to \infty} \frac{f'(t)}{g'(t)} = L.$$

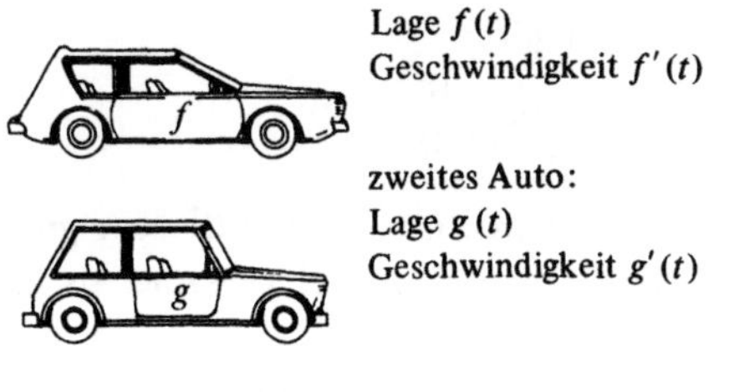

Bild 6.65

Unabhängig davon, wie sich die beiden Autos während der Anfangszeit bewegen, scheint es naheliegend, daß der f-Wagen auf der langen Reise etwa L-mal soweit fährt wie der g-Wagen: So schließen wir

$$\lim_{t \to \infty} \frac{f(t)}{g(t)} = L.$$

Diese Überlegungen können auch als Basis für einen exakten Beweis herangezogen werden.

Beispiel 3: Mit Hilfe von Theorem 2 bestimme man

$$\lim_{x \to \infty} \frac{x}{e^x}.$$

Lösung: Nach Theorem 2 folgt

$$\lim_{x \to \infty} \frac{x}{e^x} = \lim_{x \to \infty} \frac{x'}{(e^x)'} = \lim_{x \to \infty} \frac{1}{e^x} = 0.$$

Dieses Ergebnis wurde bereits in Abschnitt 6.3 hergeleitet. ●

Es gibt außer den beiden bereits angeführten noch weitere Variationen der Regel von de l'Hospital. So kann in Theorem 2 an einer der beiden oder an beiden Stellen ∞ durch $-\infty$ ersetzt werden. Desgleichen kann $x \to \infty$ durch $x \to a^+$ oder $x \to a^-$ ersetzt werden. Schließlich kann an die Stelle L entweder ∞ oder $-\infty$ treten. Selbstverständlich sind die Voraussetzungen des Theorems entsprechend zu modifizieren. Wir geben ein Beispiel hierfür.

Beispiel 4: Man bestimme

$$\lim_{x \to 0^+} \frac{\ln x}{1/x}.$$

Lösung: In diesem Fall ist $f(x) = \ln x$ und $g(x) = 1/x$. Man beachte

$$\lim_{x \to 0^+} \ln x = -\infty \quad \text{und} \quad \lim_{x \to 0^+} \frac{1}{x} = \infty.$$

Analog zu Theorem 2 kann behauptet werden:

$$\lim_{x \to 0^+} \frac{\ln x}{1/x} = \lim_{x \to 0^+} \frac{1/x}{-1/x^2} = \lim_{x \to 0^+} (-x) = 0.$$

Somit gilt

$$\lim_{x \to 0^+} \frac{\ln x}{1/x} = 0.$$

Zwar wird $\ln x$ für $x \to 0^+$ sehr groß (in Absolutwerten), wächst aber doch viel langsamer als $1/x$. ●

Sehr viele Grenzwertprobleme können nach geringfügiger Umformung mit der Regel von de l'Hospital behandelt werden. So kann die Regel von de l'Hospital auf den ersten Blick nicht auf

$$\lim_{x \to 0^+} x \ln x$$

angewendet werden, da es sich nicht um den Quotienten zweier Funktionen handelt. Eine einfache Umformung führt jedoch zu einem geeigneten Quotienten:

$$x \ln x = \frac{\ln x}{1/x}.$$

Dieser Grenzwert wurde bereits in Beispiel 4 untersucht. Daher gilt

$$\lim_{x \to 0^+} x \ln x = 0.$$

Die weiteren Beispiele behandeln Grenzwerte, die erst nach einigen algebraischen Umformungen mit der Regel von de l'Hospital bestimmt werden können.

Beispiel 5: Man berechne

$$\lim_{x \to 0^+} x^x.$$

Lösung: Da dieser Grenzwert eine Exponentialfunktion und keinen Quotienten enthält, paßt er zunächst nicht in das Schema der Regel von de l'Hospital. Durch einige Umformungen kann die Exponentialfunktion aber in die übliche Form gebracht werden.

Sei

$$y = x^x.$$

Dann gilt

$$\ln y = \ln x^x$$
$$= x \ln x.$$

In Beispiel 4 folgte dazu mit Hilfe der Regel von de l'Hospital

$$\lim_{x \to 0^+} \ln y = 0$$

und wir schließen

$$\lim_{x \to 0^+} y = 1$$

oder kurz

$$\lim_{x \to 0^+} x^x = 1. \quad ●$$

Das nächste Beispiel behandelt die Differenz zweier Funktionen, die beide sehr groß werden.

Beispiel 6: Man bestimme $\lim\limits_{x\to 0^+}\left[\frac{1}{x}-\frac{1}{\sin x}\right]$.

Lösung: Dieser Ausdruck ist zunächst kein Quotient. Der Grenzwert kann also nicht direkt mit der Regel von de l'Hospital bestimmt werden. Aber es gilt die Relation

$$\frac{1}{x}-\frac{1}{\sin x}=\frac{\sin x - x}{x\sin x},$$

durch die man eine Form erhält, auf die die Regel von de l'Hospital anwendbar ist. Man beachte, daß $\sin x - x \to 0$, und $x\sin x \to 0$ für $x \to 0^+$.

Nach der Regel von de l'Hospital folgt

$$\lim_{x\to 0^+}\frac{\sin x - x}{x\sin x} = \lim_{x\to 0^+}\frac{\cos x - 1}{x\cos x + \sin x}.$$

Wenden wir noch einmal die Regel von de l'Hospital an:

$$\lim_{x\to 0^+}\frac{\sin x - x}{x\sin x} = \lim_{x\to 0^+}\frac{-\sin x}{-x\sin x + 2\cos x}$$

$$=\frac{-0}{0+2}=0.$$

So erhalten wir schließlich für $x\to 0^+$

$$\frac{1}{x}-\frac{1}{\sin x}\to 0.$$

Die Größen $1/x$ und $1/\sin x$ werden zwar für $x\to 0^+$ beide sehr groß, nähern sich dabei aber immer mehr einander an. ●

Beispiel 7: Man bestimme

$$\lim_{x\to-\infty} e^x x^3.$$

Lösung: In dieser Form enthält die Aufgabe keinen Quotienten. Die Lösung scheint zunächst sehr unklar, da für $x\to-\infty$ einerseits $e^x\to 0$ und andererseits $x^3\to-\infty$ geht. Das Produkt einer kleinen Zahl und einer großen Zahl kann alle möglichen Werte haben. Wir können das Produkt jedoch auf die Form eines Quotienten bringen.

$$\lim_{x\to-\infty} e^x x^3 = \lim_{x\to-\infty}\frac{x^3}{e^{-x}}.$$

Für $x\to-\infty$, geht $x^3\to-\infty$ und $e^{-x}\to\infty$; die Regel von de l'Hospital ist anwendbar. Wiederholte Anwendung dieser Regel ergibt den Grenzwert

$$\lim_{x\to-\infty}\frac{x^3}{e^{-x}} = \lim_{x\to-\infty}\frac{3x^2}{-e^{-x}} \quad \text{Regel von de l'Hospital}$$

$$= \lim_{x\to-\infty}\frac{6x}{e^{-x}} \quad \text{Regel von de l'Hospital}$$

$$= \lim_{x\to-\infty}\frac{6}{-e^{-x}} \quad \text{Regel von de l'Hospital}$$

$$=0,$$

da $e^{-x}\to\infty$ für $x\to-\infty$. ●

Im allgemeinen ist die Regel von de l'Hospital dann anwendbar, wenn man sie benötigt, und dann nicht, wenn man sie nicht benötigt. Sie ist vor allem auf Grenzwerte anwendbar, die zu Ausdrücken der Form

$$\frac{0}{0},\ \frac{\infty}{\infty},\ \frac{-\infty}{\infty}\ \ldots \quad \text{und} \quad 0\cdot\infty,\ 0^0,\ \infty^0,\ \infty-\infty,\ldots$$

führen. Die zweitgenannten Fälle können fast immer auf „Null durch Null" oder „Unendlich durch Unendlich" zurückgeführt werden.

Übungen:

Man bestimme die Grenzwerte (sofern sie existieren) in den Üungen 1 bis 36. In manchen dieser Übungen ist die Regel von de l'Hospital nicht sehr hilfreich und ihre sorglose Anwendung kann falsche Antworten ergeben.

1. $\lim\limits_{x\to 0}\frac{xe^x}{e^x-1}$
2. $\lim\limits_{x\to 1}\frac{e^x+1}{e^x-1}$
3. $\lim\limits_{x\to 2}\frac{x^3-8}{x^2-4}$
4. $\lim\limits_{x\to 2}\frac{x^3+8}{x^2+2}$
5. $\lim\limits_{x\to\infty}\frac{\sin x^2}{x\sin x}$
6. $\lim\limits_{x\to\pi/4}\frac{\cos x^2}{\cos x}$
7. $\lim\limits_{x\to\pi/2}\frac{\sin x}{1+\cos x}$
8. $\lim\limits_{x\to 3^+}\frac{\ln(x-3)}{x-3}$
9. $\lim\limits_{x\to 0}\frac{1-\cos x}{x^2}$
10. $\lim\limits_{x\to-\infty}\frac{5^x+3^x}{4^x}$
11. $\lim\limits_{x\to 0^+}\left(\frac{\sin x}{x}\right)^{1/x}$
12. $\lim\limits_{x\to\infty}\frac{2^x}{3^x}$
13. $\lim\limits_{x\to\infty}\frac{2x+5\cos x}{3x-7\sin x}$
14. $\lim\limits_{x\to\infty}\frac{3x^2+6\sqrt{x}}{x^2+8\sqrt{x}}$
15. $\lim\limits_{x\to\infty}\frac{x^2+5}{2x^2+6x}$
16. $\lim\limits_{x\to 0^-}\frac{1-\cos x}{x+\tan x}$

17. $\lim_{x\to 0^+} \frac{1-\cos x}{x-\tan x}$ **18.** $\lim_{x\to\infty} \frac{e^{-x}}{x^2}$

19. $\lim_{x\to\infty} \frac{\cos x}{x}$ **20.** $\lim_{x\to\infty} \frac{\ln(x^2+1)}{\ln(x^2+8)}$

21. $\lim_{x\to 2} \frac{5^x+3^x}{x}$ **22.** $\lim_{x\to\pi/2} \frac{\sin 2x}{\sin 3x}$

23. $\lim_{x\to 0} \frac{5^x-3^x}{x}$ **24.** $\lim_{x\to\infty} e^{-x}\ln x$

25. $\lim_{x\to\infty} [(x^2-2x)^{1/2}-x]$ **26.** $\lim_{x\to 0} \left(\frac{1}{1-\cos x}-\frac{2}{x^2}\right)$

27. $\lim_{x\to 0} (1+3x)^{2/x}$ **28.** $\lim_{x\to 0^+} x^{x^2}$

29. $\lim_{x\to 1^+} (x-1)\ln(x-1)$ **30.** $\lim_{x\to 0^+} \sin x \ln x$

31. $\lim_{x\to\infty} x\sin x$ **32.** $\lim_{x\to 0} (\sin x)^x$

33. $\lim_{x\to 0} (\cos x)^{1/x}$ **34.** $\lim_{x\to\pi/2^-} (1-\sin x)^{\tan x}$

35. $\lim_{x\to\infty} x^{1/x}$ **36.** $\lim_{x\to\infty} (2^x-x^{10})^{1/x}$

■

37. Man löse Übung 1 ohne die Regel von de l'Hospital.

38. Man löse Übung 4 mit Hilfe der Resultate aus Abschnitt 6.3.

39. Man bestimme $\lim_{x\to\infty} \frac{(x^3-x^2-4x)^{1/3}}{x}$

40. Man bestimme $\lim_{x\to 0} \left(\frac{1+2^x}{2}\right)^{1/x}$

■■

41. Im Bild 6.66 ist ein Einheitskreis um den Ursprung gezeichnet; $\overline{BQ}$ ist eine vertikale Tangente: $\overline{BQ}=\overline{BP}$. Man beweise: Die x-Koordinate von R erreicht für $P\to B$ den Wert -2.

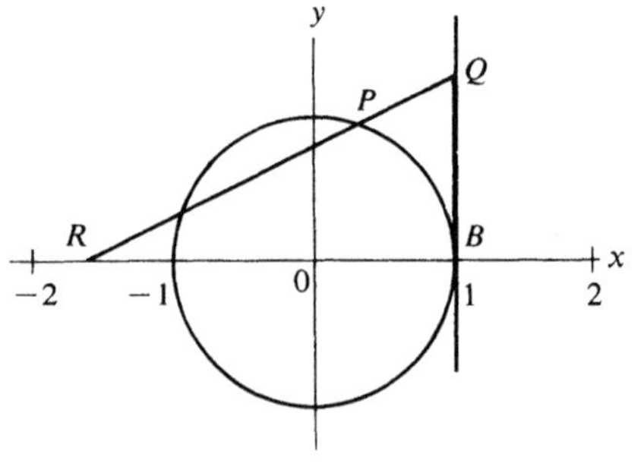

Bild 6.66

42. Man bestimme $\lim_{x\to 0} \frac{\sin^2 2x-4x^2}{(e^{x^2}-1)^2}$.

Dies kann mit Hilfe der Regel von de l'Hospital geschehen. Ein einfacheres Verfahren wird in Kapitel 14 entwickelt.

43. Im Bild 6.67 sei $f(\theta)$ die Fläche des Dreiecks ABC und $g(\theta)$ die Fläche des schraffierten Bereichs, die aus dem Sektor OBC durch Entfernen des Dreiecks OAC entsteht. Logischerweise gilt $0<f(\theta)<g(\theta)$.

(a) Was würde man für den Wert von $\lim_{\theta\to 0} f(\theta)/g(\theta)$ schätzen?

(b) Man bestimme $\lim_{\theta\to 0} f(\theta)/g(\theta)$.

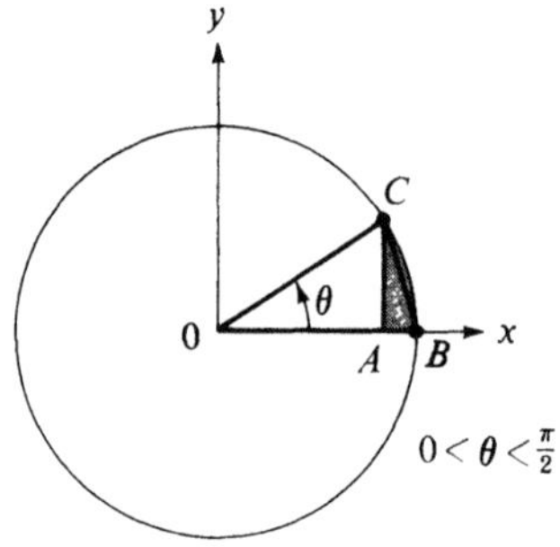

Bild 6.67

6.11 Zusammenfassung

Kapitel 6 behandelte eine Anzahl von Anwendungen der Ableitung. Die Abschnitte 6.1 und 6.2 gingen auf den Mittelwertsatz und einige seiner Konsequenzen ein. So steigt etwa für positives f' die Funktion f stets an. Abschnitt 6.3 folgerte daraus, daß e^x schneller als $x^2/2$ wächst. Daraus wieder ergibt sich mit Hilfe von algebraischen Umformungen, daß die Exponentialfunktion b^x für x gegen Unendlich und festes $b>1$ schneller als irgendeine Potenz x^a mit beliebigem Exponenten a ansteigt. So war $(1{,}1)^x$ für sehr große x viel größer als x^{10}.

Abschnitt 6.4 behandelte die Differentialgleichung des natürlichen Wachstums und des natürlichen Zerfalls

$$f'(t)=kf(t).$$

Die einzigen Funktionen, die diese Differentialgleichung erfüllen, hatten die Form Ae^{kt} mit bestimmten Konstanten A und k.

Das Vorzeichen der Ableitung $f'(x)$ stand im Mittelpunkt unserer Überlegungen in Abschnitt 6.5. Dort wurden Regeln für das Zeichnen einer Funktion gegeben.

Höhere Ableitungen wurden im Abschnitt 6.6 eingeführt. Die zweite Ableitung wurde zur Analyse einer Bewegung herangezogen.

Im Abschnitt 6.7 wurde die zweite Ableitung auf das Schaubild von Funktionen angewendet. Speziell sagt sie aus, wo das Schaubild konkav und wo es konvex ist. Schließlich lieferte die zweite Ableitung auch einen Test für die Existenz eines relativen Maximums oder Minimums.

Abschnitt 6.8 wendete die in den Abschnitten 6.5 und 6.7 entwickelten Methoden auf praktische Extremwertaufgaben an.

Mit Hilfe des in Abschnitt 6.9 eingeführten Differentials konnten kleine Veränderungen einer Funktion approximiert werden.

Schließlich behandelte Abschnitt 6.10 die Regel von de l'Hospital, mit deren Hilfe Grenzwerte von bestimmten Quotienten und anderen Ausdrücken berechnet werden können.

Wichtige Ergebnisse

Eine, in einem geschlossenen Intervall definierte stetige Funktion nimmt dort einen Maximal- und einen Minimalwert an.

Wenn eine differenzierbare Funktion in irgendeinem Punkt eines offenen Intervalls ein lokales Maximum besitzt, so muß ihre Ableitung in diesem Punkt gleich Null sein. (Eine ähnliche Aussage gilt für den Minimalwert.)

Der Mittelwertsatz: Sei f in $[a; b]$ stetig und in $(a; b)$ differenzierbar, dann existiert eine Zahl X aus $(a; b)$ mit

$$f'(X) = \frac{f(b) - f(a)}{b - a}.$$

Für das Schaubild der Funktion heißt dies, daß es für jede Sehne von f mindestens eine zu ihr parallele Tangente gibt. Dies ist nur eine Verallgemeinerung des Theorems von Rolle für horizontale Sehnen mit $f(a) = f(b)$.

Schreibt man den Mittelwertsatz für die Zahl X aus $(a; b)$ in der Form

$$f(b) = f(a) + f'(X)(b - a),$$

so führt er zu drei wichtigen Folgetheoremen:

Eine Funktion, deren Ableitung über ein ganzes Intervall Null bleibt, ist dort konstant.

Funktionen, deren Ableitungen über ein ganzes Intervall übereinstimmen, können sich dort nur durch eine Konstante unterscheiden.

Besitzt eine Funktion über ein ganzes Intervall eine positive Ableitung, so steigt die Funktion dort. (Ist die Ableitung dort negativ, so fällt die Funktion.)

$\lim_{x \to \infty} x^n/e^x = 0$ — e^x steigt viel schneller als jede Potenz von x.

$\lim_{x \to \infty} x^a/b^x = 0$ — wenn $b > 1$.

$\lim_{x \to \infty} \ln x/x^a = 0$ — $\ln x$ steigt viel langsamer als jede feste Potenz von x.

Die Differentialgleichung

$$f'(t) = kf(t)$$

beschreibt für $k > 0$ das natürliche Wachstum und für $k < 0$ den natürlichen Zerfall. Die Funktion f muß von der Form

$$f(t) = Ae^{kt}$$

sein. Dabei gibt A die zur Zeit $t = 0$ vorhandene Menge an. Die einzigen Lösungen der Differentialgleichung $dy/dt = ky$ sind von der Gestalt $y = Ae^{kt}$ oder anders geschrieben $y = Ab^t$, wobei $b = e^k$.

Soll das Schaubild einer Funktion gezeichnet werden, so ist es nützlich, das Vorzeichen der Ableitung und der zweiten Ableitung, die kritischen Punkte, die x-Abschnitte, die Wendepunkte, Asymptoten und das Verhalten der Funktion für große $|x|$ zu kennen. Alle relativen oder globalen Maxima und Minima sollten eingezeichnet werden. Man beachte auch die Tabelle in Abschnitt 6.5, wo die einzelnen Verfahren beschrieben wurden (ausgenommen die Verwendung der zweiten Ableitung).

Um den Maximal- oder Minimalwert einer Funktion f in einem geschlossenen Intervall zu finden, muß man die Funktion in den Endpunkten des Intervalls und an den kritischen Stellen untersuchen. Man beachte das Flußdiagramm für das Verfahren von Abschnitt 6.5.

Die zweite Ableitung einer Funktion ist die Ableitung ihrer ersten Ableitung. Beschreibt die Funktion die Lage eines Teilchens auf einer Geraden, dann liefert die zweite Ableitung die Beschleunigung, nämlich die Änderungsrate der Geschwindigkeit. Die zweite Ableitung bestimmt auch den Krümmungssinn einer Kurve.

Um zu entscheiden, ob in einem kritischen Punkt ein relatives Maximum oder ein relatives Minimum vorliegt, verwendet man üblicherweise die erste oder zweite Ableitung. Wechselt die erste Ableitung an der kritischen Stelle das Vorzeichen oder ist die zweite Ableitung ungleich Null, so ist der kritische Punkt entweder ein relatives Maximum oder ein relatives Minimum.

Das Differential einer Funktion f ist durch $f'(x)\,\Delta x$ definiert und wird mit df bezeichnet. Es ist somit eine Funktion von x und Δx, die zur Schätzung von Δf herangezogen werden kann. Wegen $dx = \Delta x$ wird df üblicherweise als $f'(x)\,dx$ geschrieben.

Um den Grenzwert eines Quotienten $f(x)/g(x)$ zu bestimmen, können die verschiedenen Formen der Regel von de l'Hospital angewendet werden. Aus

$$\lim_{x \to a^+} f(x) = \infty \quad \text{und} \quad \lim_{x \to a^+} g(x) = \infty$$

sowie

$$\lim_{x \to a^+} \frac{f'(x)}{g'(x)} = L$$

folgt etwa

$$\lim_{x \to a^+} \frac{f(x)}{g(x)} = L.$$

Ähnliche Regeln gelten für $x \to \infty$, $x \to a^-$, $f(x) \to 0$ und $g(x) \to 0$ usw.

Begriffe und Symbole

Satz vom Maximum
offenes Intervall $(a; b)$
geschlossenes Intervall $[a; b]$
Theorem von Rolle
Sehne einer Funktion
Mittelwertsatz
steigende Funktion
fallende Funktion
Differentialgleichung
natürliches Wachstum und natürlicher Zerfall
Halbwertszeit $t_{1/2}$
kritische Stelle
kritischer Punkt
Asymptote
x-Abschnitte
relative (lokale) Maxima und Minima
globale Maxima oder Minima
höhere Ableitungen $D^n f, D^n y, d^n y/dx^n, \ldots$
zweite Ableitung
konkav
konvex
Wendepunkt
Differential df, dy, dx
Regel von de l'Hospital

Testaufgaben zu Kapitel 6

1. (*a*) Man formuliere die Voraussetzungen des Theorems von Rolle.
(*b*) Man formuliere die Schlußfolgerungen des Theorems von Rolle.

2. (*a*) Man formuliere die Voraussetzung des Mittelwertsatzes.
(*b*) Man formuliere die Schlußfolgerung des Mittelwertsatzes.

3. Welche Informationen liefert jede der folgenden Behauptungen über das Schaubild einer Funktion?
(*a*) Wenn man sich von links nach rechts bewegt, wechselt bei a das Vorzeichen von $f(x)$ von positiv auf negativ.
(*b*) Wenn man sich von links nach rechts bewegt, wechselt bei a das Vorzeichen von $f'(x)$ von positiv auf negativ.
(*c*) Wenn man sich von links nach rechts bewegt, wechselt bei a das Vorzeichen von $f''(x)$ von positiv auf negativ.

4. Mit Hilfe des Mittelwertsatzes zeige man, daß eine Funktion, deren Ableitung in einem ganzen Intervall gleich Null ist, dort konstant bleibt.

5. (*a*) Man beweise, daß $\tan x - x$ für $0 \leqslant x < \pi/2$ eine ansteigende Funktion von x ist.
(*b*) Man zeige: $\tan x > x$ für x aus $(0; \pi/2)$.
(*c*) Mit Hilfe von (*b*) beweise man für x aus $(0; \pi/2)$ die Ungleichung $x \cos x - \sin x < 0$.
(*d*) Man beweise, daß $\sin x/x$ für x aus $(0; \pi/2)$ eine fallende Funktion ist.

6. (*a*) Man beschreibe alle Funktionen mit der Ableitung $\sin 3x$.
(*b*) Wieso sind wir sicher, alle Möglichkeiten von (*a*) gefunden zu haben?

7. Man reihe die folgenden Funktionen nach der Schnelligkeit ihres Ansteigens (für sehr große x)

$$(1{,}001)^x, \lg x, x^{100}, 2^x.$$

8. (*a*) Sei $f(x) = 5^{7x} 6^{8x+3}$. Man zeige, daß $f'(x)$ proportional zu $f(x)$ ist.
(*b*) Steht (*a*) in Widerspruch zu der Behauptung, die einzigen zu ihrer Ableitung proportionalen Funktionen seien von der Form Ae^{kt}?

9. (*a*) Die Fläche eines Kreises mit dem Radius r ist πr^2. Man verwende das Differential, um die Änderung der Fläche zu berechnen, die sich aus einer Änderung des Radius r auf $r + dr$ ergibt.
(*b*) Der Umfang eines Kreises vom Radius r ist $2\pi r$. Man erkläre, warum in der Antwort zu (*a*) der Ausdruck $2\pi r$ vorkommt.

10. Das Schaubild einer bestimmten Funktion ist in Bild 6.68 dargestellt. Man stelle die x-Koordinaten der
(*a*) relativen Maxima, (*b*) relativen Minima,
(*c*) kritischen Punkte, (*d*) globalen Maxima und
(*e*) globalen Minima zusammen.

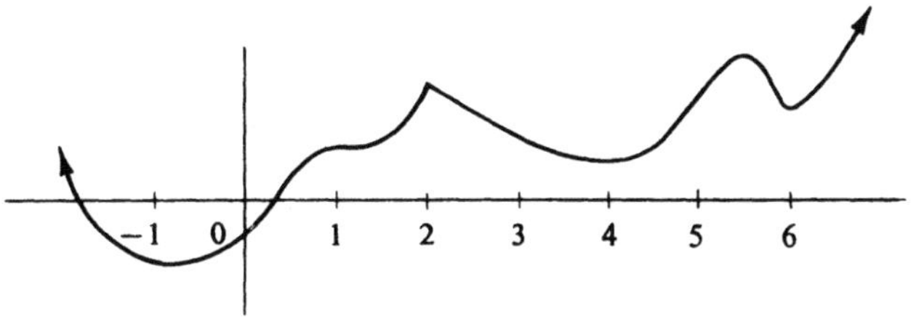

Bild 6.68

11. Aus
$$\frac{dy}{dx} = 3y^4$$
folgt
$$\frac{d^2y}{dx^2} = 36y^7.$$
Man zeige dies!

12. m sei eine positive Zahl. Man zeige $(1 + x)^m > 1 + mx$ für alle $x > 0$. Diese Tatsache ist als Bernoullische Ungleichung bekannt.

13. Man zeichne das Schaubild von $y = xe^{-x^2}$ und gebe alle kritischen Punkte, Asymptoten und Wendepunkte an.

14. Die Halbwertszeit von Radium beträgt etwa 1600 Jahre (genau 1590 Jahre).
(*a*) Man bestimme daraus k und den Ausdruck Ae^{kt}.
(*b*) Wie lange dauert es, bis 75 % des Radiums zerfallen sind?
(*c*) Löse (*b*) ohne Infinitesimalrechnung.
(*d*) Wie lange dauert es, bis 90 % des Radiums zerfallen sind?
(*e*) Man zeige ohne Infinitesimalrechnung, daß die Lösung zu (*d*) irgendwo zwischen 4800 und 6400 Jahren liegt.

15. Eine Bakterienkultur wächst mit einer Zuwachsrate, die proportional zur jeweils vorhandenen Menge ist. Von 9 bis 11 Uhr wächst sie von 100 auf 200 g an. Wieviel wird sie um 12 Uhr wiegen?

16. Wie sind zwei nichtnegative Zahlen mit der Summe 1 zu wählen, um die Summe des Quadrates der einen und des Kubus der anderen zu minimieren?

17. Ein Schienenstrang der Länge L soll in Form von zwei Halbkreisen am Ende eines Rechtecks ausgelegt werden (Bild 6.69). Man wähle das relative Verhältnis des Radius des Kreises r und der Länge des geraden Abschnittes x des Schienenstranges derart, daß die eingeschlossene Fläche ein Maximum wird. Man diskutiere auch den Fall der minimalen eingeschlossenen Fläche.

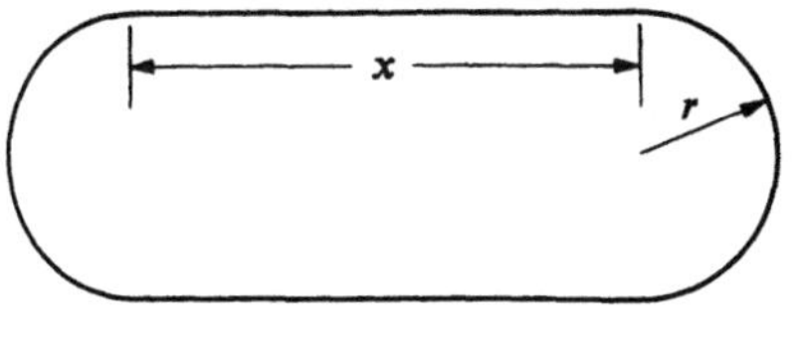

Bild 6.69

18. Man zeige mit Hilfe von Differentialen, daß eine gute Näherung
(*a*) für $\sqrt{25 + dx}$ durch $5 + dx/10$,
(*b*) für $\sqrt{a^2 + dx}$ durch $a + dx/2a$ (wenn a positiv ist) gegeben ist.
(*c*) Man verwende die Formel aus (*b*), um die $\sqrt{65{,}6}$ zu bestimmen.

19. Man bestimme
(*a*) $\lim\limits_{x \to 0} \frac{e^{x^2} - 1}{1 - \cos x}$, (*b*) $\lim\limits_{x \to 0} \frac{x - \arctan x}{x - \sin x}$
(*c*) $\lim\limits_{x \to 0} x^{1 - \cos x}$.

20. Man bestimme $D^3(f)$ für
(*a*) $f(x) = \operatorname{cosec} 5x$, (*b*) $f(x) = \arcsin x^2$,
(*c*) $f(x) = \ln\sqrt{1 + x^2}$, (*d*) $f(x) = \sec 5x$,
(*e*) $f(x) = e^{-\cos 2x}$, (*f*) $f(x) = 5x^3 + 2x + 1$.

Testaufgaben zu Kapitel 1 bis 6 (Berechnungen)

1. Man berechne
(*a*) $e^{\ln 2}$, $\ln e^8$, $\arctan(\tan \pi/3)$,
(*b*) $\sin 3\pi/2$, $\tan \pi/6$, $\cos \pi/3$,
(*c*) $\arcsin \frac{1}{2}$, $\arctan(-1)$, $\arccos(-\frac{1}{2})$.

2. (*a*) Wieviel Grad umfaßt etwa ein Winkel von 1 Radiant?
(*b*) Wie groß ist die Fläche eines Sektors mit dem Winkel gleich θ Radiant?
(*c*) Wie ist e definiert!
(*d*) Wie lautet die Dezimaldarstellung der Zahl e auf drei Dezimalen?

3. y sei eine differenzierbare Funktion von x, $y = f(x)$. Aus $f(3) = 5$ und $f'(3) = 4$ bestimme man $d(y^2)/dx$ für $x = 3$.

4. Man zeichne das Schaubild von $y = e^{-x^2}$.

5. Man differenziere:
(*a*) e^{3x}, (*b*) 10^{-5x},
(*c*) $x^2 \sin 3x$, (*d*) $\frac{\cos 5x}{x^2}$,
(*e*) $x^{5/6} \arcsin x$, (*f*) $\cot x^2$.

6. Man differenziere:
(*a*) $x^5 - 2x + \ln(2x + 3)$, (*b*) $\sec^{-1} 3x$,
(*c*) $(x^7 + x^2)^{10}$, (*d*) $\frac{x^2}{1 + 3x}$.

7. Man differenziere:
(*a*) $\ln|x + \sqrt{x^2 + 25}|$,
(*b*) $(x - 3)\sqrt{6x - x^2} + 9 \arcsin\left(\frac{x - 3}{3}\right)$.

8. Man gebe das Beispiel einer Funktion mit der Ableitung
(*a*) $\frac{3}{1 + x^2}$, (*b*) $\frac{5}{\sqrt{1 - x^2}}$,
(*c*) $6e^{-x}$, (*d*) x^4,

(*e*) $\dfrac{1}{\sqrt{1-4x^2}}$, (*f*) $\dfrac{1}{x^2}$,

(*g*) $\dfrac{1}{x}$, (*h*) $\dfrac{x}{\sqrt{1-x^2}}$.

9. Man gebe das Beispiel einer Funktion mit der Ableitung

(*a*) $3x^2 + 2x$, (*b*) $\cos x$,

(*c*) $\cos 2x$, (*d*) $\dfrac{1}{\sqrt{x}}$, (*e*) $\dfrac{1}{2x+1}$.

10. Wird bei der Messung einer Würfelkante ein Fehler von 2 % gemacht, welcher Fehler entsteht dadurch bei der Berechnung seiner Oberfläche? (Man verwende Differentiale.)

11. In welchen Fällen kann der Grenzwert $\lim\limits_{x \to a} f(x)^{g(x)}$ ohne weitere Information über die Funktionen bestimmt werden?

(*a*) $\lim\limits_{x\to a} f(x) = 0$; $\lim\limits_{x\to a} g(x) = 7$.

(*b*) $\lim\limits_{x\to a} f(x) = 2$; $\lim\limits_{x\to a} g(x) = 0$.

(*c*) $\lim\limits_{x\to a} f(x) = 0$; $\lim\limits_{x\to a} g(x) = 0$.

(*d*) $\lim\limits_{x\to a} f(x) = 0$; $\lim\limits_{x\to a} g(x) = \infty$.

(*e*) $\lim\limits_{x\to a} f(x) = \infty$; $\lim\limits_{x\to a} g(x) = 0$.

(*f*) $\lim\limits_{x\to a} f(x) = \infty$; $\lim\limits_{x\to a} g(x) = -\infty$.

12. In welchen der folgenden Fälle kann $\lim\limits_{x\to a} f(x)/g(x)$ ohne weitere Informationen über die Funktionen bestimmt werden?

(*a*) $\lim\limits_{x\to a} f(x) = 0$; $\lim\limits_{x\to a} g(x) = \infty$.

(*b*) $\lim\limits_{x\to a} f(x) = 0$; $\lim\limits_{x\to a} g(x) = 1$.

(*c*) $\lim\limits_{x\to a} f(x) = 0$; $\lim\limits_{x\to a} g(x) = 0$.

(*d*) $\lim\limits_{x\to a} f(x) = \infty$; $\lim\limits_{x\to a} g(x) = -\infty$.

13. (*a*) Man formuliere die Voraussetzungen für den „Null durch Null"-Fall der Regel von de l'Hospital.

(*b*) Man formuliere die Schlußfolgerungen.

14. In jedem der folgenden Fälle ist zu bestimmen, ob eine Funktion mit all den geforderten Eigenschaften existiert. Ist dies der Fall, so skizziere man das Schaubild dieser Funktion. Ist dies nicht der Fall, begründe man die Aussage.

(*a*) $f'(x) > 0$ und $f''(x) < 0$ für alle x,

(*b*) $f(x) > 0$ und $f''(x) < 0$ für alle x,

(*c*) $f(x) > 0$ und $f'(x) > 0$ für alle x.

15. (*a*) Wie geht man vor, um in einem geschlossenen Intervall ein globales Maximum einer differenzierbaren Funktion zu finden!

(*b*) Man gebe zwei verschiedene Tests für ein relatives (lokales) Minimum in einem kritischen Punkt an.

Testaufgaben zu Kapitel 1 bis 6 (Begriffe)

1. (*a*) Mit Hilfe der Definition der Ableitung und der Identität für $c^4 - d^4$ zeige man $(x^4)' = 4x^3$.

(*b*) Man verwende $(e^x)' = e^x$ und schreibe x^4 als Potenz von e, um $(x^4)' = 4x^3$ zu zeigen.

2. (*a*) Warum wird in der Infinitesimalrechnung für die Winkel das Bogenmaß verwendet?

(*b*) Warum wird in der Infinitesimalrechnung die Zahl e als Basis für die Logarithmen verwendet?

3. Man berechne

(*a*) $\lim\limits_{x\to\pi/4} \dfrac{\sin x}{x}$, (*b*) $\lim\limits_{x\to\pi/4} \dfrac{\sin x - \sqrt{2}/2}{x - \pi/4}$,

(*c*) $\lim\limits_{h\to 0} \dfrac{e^{3+h} - e^3}{1-h}$, (*d*) $\lim\limits_{h\to 0} \dfrac{e^{3+h} - e^3}{h}$,

(*e*) $\lim\limits_{x\to 0} (1+3x)^{1/x}$, (*f*) $\lim\limits_{x\to 1} \dfrac{\sin \pi x}{x-1}$,

(*g*) $\lim\limits_{x\to\infty} x^{1/\log_2 x}$, (*h*) $\lim\limits_{x\to 0} \dfrac{\cos\sqrt{x} - 1}{\tan x}$.

4. (*a*) Warum sind die beiden folgenden Definitionen der Tangente nicht ausreichend:

(1) Eine Gerade L ist im Punkt P Tangente an eine Kurve, wenn L die Kurve nur in P schneidet.

(2) Eine Gerade L ist im Punkt P Tangente an eine Kurve, wenn L die Kurve in P schneidet und nicht durchsetzt.

(*b*) Wie ist die Tangente definiert?

(*c*) Wie ist die Geschwindigkeit definiert?

5. Seien f und g differenzierbare Funktionen mit $f(0) = g(0)$ und $f'(x) \geqslant g'(x)$ für alle x, ist dann $f(x) \geqslant g(x)$ für alle x? Für alle positiven x? Man erkläre das Ergebnis!

6. Sei f definiert für alle x und $f(0) = 0$ sowie $f'(x) \geqslant 1$ für alle x! Wie lautet dann die weitestgehende Aussage über $f(3)$? Man begründe dies!

7. (*a*) Man zeige unter Verwendung von Differentialen für kleine h die Relation $\sqrt[3]{8+h} \approx 2 + h/12$.

(*b*) Wie groß ist der prozentuale Fehler für $h = 1$ und $h = -1$?

8. Für welchen Wert des Exponenten a löst die Funktion x^a die Differentialgleichung

$$\frac{dy}{dx} = -y^2?$$

9. Man bestimme alle Funktionen $f(x)$ mit

$$\frac{d^2 f}{dx^2} = x.$$

Übungen zu Kapitel 1 bis 6

In den Übungen 1 bis 18 ist die Ableitung der gegebenen Funktion zu finden.

1. (a) $\sqrt{x}$, (b) $\frac{1}{\sqrt{x}}$ **2.** (a) x^3, (b) $\frac{1}{x^3}$

3. $\frac{x}{3} - \frac{4}{9}\ln(3x+4)$ **4.** (a) e^{x^2}, (b) $e^{x^2}/2x$

5. (a) $e^{\sqrt{x}}$, (b) $2e^{\sqrt{x}}(\sqrt{x}-1)$

6. (a) $x^2 e^{3x}$, (b) $x^2 e^{-3x}$

7. (a) $\sin^2 2x$, (b) $\sin^3 2x$

8. (a) $\ln(\sec 3x + \tan 3x)$, (b) $\ln(\cos 3x)$

9. (a) $\frac{1}{x^2+1}$, (b) $\frac{x}{x^2+1}$

10. (a) $\frac{1}{5}\arctan\frac{x}{5}$, (b) $\arcsin\frac{x}{5}$

11. (a) 10^x, (b) $\log_{10} x$

12. (a) $\frac{(3x+1)^4}{12}$, (b) $\frac{12}{(3x+1)^4}$

13. (a) $x^2 \ln x$, (b) $\frac{\ln x}{x^2}$

14. $\frac{x}{3} - \frac{4}{9}\ln|3x+4|$ **15.** $x - 2\ln(x+1) - \frac{1}{x+1}$

16. $\frac{1}{8}\left[\ln(2x+1) + \frac{2}{2x+1} - \frac{1}{2(2x+1)}\right]$

17. $\sqrt{\frac{2}{15}(5x+7)^3}$

18. (a) $x\cos 5x + \sin 5x$, (b) $\cos^2 5x$

In den Übungen 19 bis 22 soll zunächst nach den Gesetzen des Logarithmierens vereinfacht und dann differenziert werden.

19. $\ln\sqrt[3]{x}$ **20.** $\ln(\sqrt{4+x}\,\sqrt[3]{x^2+1})$

21. $\ln\frac{10^x}{\sin x}$ **22.** $\ln(1+\cos x)^2$

In den Übungen 23 bis 26 ist die Existenz des Grenzwertes sowie sein Wert zu untersuchen.

23. $\lim\limits_{x\to 0}\frac{\sin 2x}{e^{3x}-1}$ **24.** $\lim\limits_{x\to\infty}\frac{(x^2+1)^5}{e^x}$

25. $\lim\limits_{x\to\infty}\frac{3x-\sin x}{x+\sqrt{x}}$ **26.** $\lim\limits_{x\to 0}\frac{1-\cos^2 3x}{x^2+x^3}$

In den Übungen 27 bis 29 ist du zu berechnen.

27. $u = x^5$ **28.** $u = \arctan 3x$

29. $u = -\cos 5x$

30. (a) Wie groß ist der Maximalwert der Funktion $y = 3\sin t + 4\cos t$?
(b) Wie groß ist der Maximalwert der Funktion $y = A\sin kt + B\cos kt$ (A, B und k sind Konstanten ungleich Null)?

31. (a) Man zeichne das Schaubild $y = \sqrt{x}$ für $0 \leqslant x \leqslant 5$.
(b) Man berechne dy für $x = 4$ und $dx = 1$.
(c) Man berechne Δy für $x = 4$ und $\Delta x = 1$.
(d) Man verwende das Schaubild von (a) und zeichne dy und Δy ein.

32. Man ergänze die folgende Tabelle.

Interpretation von $f(x)$	*Interpretation von $f'(x)$*
y-Koordinate in einem Schaubild von $y = f(x)$	
gesamter bis zur Zeit x zurückgelegter Weg	
Projektion durch eine Linse	
Größe der Bevölkerung zur Zeit x	
gesamte Masse der ersten x Zentimeter einer Seite	
Geschwindigkeit zur Zeit x	

33. Sei F eine differenzierbare Funktion mit der Ableitung f. Seien c und d zwei Zahlen, dann gibt es eine Zahl X zwischen c und d mit der Eigenschaft

$$F(d) - F(c) = f(X)\,(d-c).$$

Man zeige dies!

34. Bild 6.70 zeigt das Schaubild einer Funktion f mit dem Definitionsbereich $[0;4]$. (Die Punkte geben $f(1)$ und $f(2)$ an.)
(a) Für welche Zahlen a existiert $\lim\limits_{x\to a} f(x)$ nicht?
(b) Für welche Zahlen a ist f nicht stetig?
(c) Für welche Zahlen a ist f nicht differenzierbar?

Bild 6.70

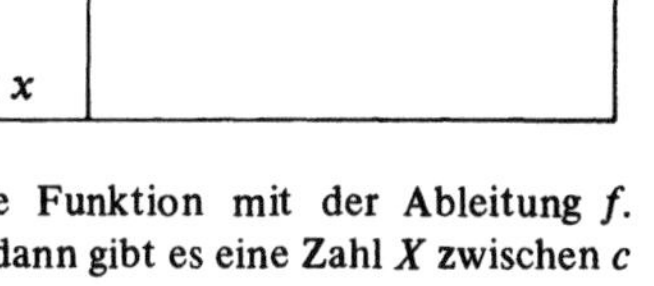

35. (a) Man zeige unter Verwendung von Differentialen für kleine h

$$\arctan(1+h) \approx \frac{\pi}{4} + \frac{h}{2}.$$

(b) Man verwende $\pi = 3{,}14$ und berechne arctan 0,8 mit Hilfe von (a).
(c) Wie groß ist der prozentuale Fehler?

36. Man zeige unter Verwendung von Differentialen für kleine h

$$\sin\left(\frac{\pi}{6}+h\right) \approx \frac{1}{2} + \frac{\sqrt{3}}{2}h.$$

37. Man zeige unter Verwendung von Differentialen für kleine h

$$\arcsin\left(\frac{\sqrt{3}}{2} + h\right) \approx \frac{\pi}{3} + 2h.$$

38. Besitzt jedes Polynom von geradem Grad $n \geqslant 2$ mindestens einen kritischen Punkt? Mindestens einen Wendepunkt? Ein globales Maximum oder Minimum?

39. Besitzt jedes Polynom von ungeradem Grad $n \geqslant 3$ mindestens einen kritischen Punkt? Mindestens einen Wendepunkt? Ein globales Maximum bzw. Minimum?

40. Ein Fenster hat die Form eines Rechtecks mit einem aufgesetzten gleichseitigen Dreieck (Bild 6.71). Wie müssen die Abmessungen des Fensters sein, um seine Fläche bei gegebenem Umfang zu maximieren?

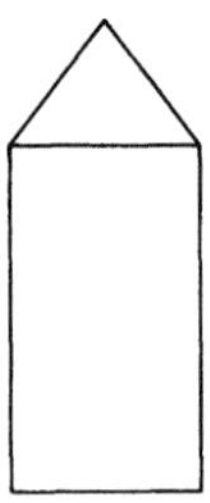

Bild 6.71

41. Ein Draht mit Länge l soll in zwei Stücke zerschnitten werden. Das eine Stück soll in der Form eines gleichseitigen Dreiecks und das andere in der Form eines Quadrats gebogen werden. Wie muß man den Draht teilen, um

(*a*) die Summe der Flächen des Dreiecks und des Quadrates zu minimieren?

(*b*) die Summe der Flächen zu maximieren?

42. 1 m^2 Glas soll geschmolzen und in zwei Formen gegossen werden. Der eine Teil soll die Oberfläche eines Würfels liefern. Der Rest soll die Oberfläche einer Kugel ergeben. Wieviel Glas muß man für den Würfel und wieviel für die Kugel verwenden, wenn

(*a*) das gesamte Volumen ein Minimum,

(*b*) das gesamte Volumen ein Maximum sein soll?

43. Man zeige, daß für $n \geqslant 3$ die Kurve $y = e^x$ die Kurve $y = x^n$ zweimal auf der rechten Seite der y-Achse schneidet.

44. Man betrachte die Funktion $f(x) = x^3 + ax^2 + c$ und zeige, daß f für $a < 0$ und $c > 0$ genau eine negative Wurzel besitzt.

45. In einer Zeitung des Jahres 1975 stand: „In Indien werden pro Tag 57 000 Babys geboren, das sind 21 Millionen im Jahr. Da im Jahr 8 Millionen Inder sterben, nimmt die Bevölkerung jährlich um 13 Millionen zu. Die derzeitige Bevölkerung von etwa 570 Millionen wird voraussichtlich am Ende des Jahrhunderts eine Milliarde erreichen."

(*a*) Man nehme ein natürliches Wachstumsgesetz an und schätze die Bevölkerung von Indien im Jahr 2000 ab.

(*b*) Wie groß ist die momentane Wachstumsrate k?

(*c*) Wie groß ist die prozentuale Wachstumsrate pro Jahr?

46. (*a*) Man ergänze die folgende Tabelle:

x	y	$x+y$	$\lvert x\rvert + \lvert y\rvert$	$\lvert x+y\rvert$
2	3			
−2	3			
−2	−3			
2	−2			

(*b*) Welche Beziehung besteht zwischen $|x+y|$ und $|x| + |y|$?

(*c*) Für welche Paare x, y gilt $|x+y| = |x| + |y|$?

47. Wenn irgendeine Größe mit einer Rate proportional zur jeweils vorhandenen Menge wächst oder zerfällt, so bilden ihre Änderungen in aufeinanderfolgenden gleichen Zeitintervallen eine geometrische Progression. Man zeige dies!

48. (*a*) Man verwende Differentiale, um zu zeigen, daß $\lg(1+x)$ ungefähr gleich $x \lg e \approx 0{,}434x$ ist.

(*b*) Man entnehme lg 1,5 und lg 1,1 einer Tabelle der gewöhnlichen Logarithmen oder verwende einen Taschenrechner.

(*c*) Wie groß sind die prozentualen Fehler der Abschätzung aus (*a*) für die zwei Fälle aus (*b*)?

49. Die Beschleunigung eines Teilchens zur Zeit t sei e^{-t}. Man bestimme die allgemeinste Formel für seine Lage x als Funktion $x = f(t)$.

50. Die Ableitung einer bestimmten Funktion f sei 5 für $x = 2$.

(*a*) Ist $f(x)$ der Abstand in Metern, den eine Rakete in x Sekunden zurücklegt, wie weit bewegt sich die Rakete zwischen $x = 2$ und $x = 2{,}1$?

(*b*) Ist $f(x)$ die Projektion von x (auf einem Dia), wie lang wird die Projektion des Intervalls $[2; 2{,}1]$?

(*c*) Gibt $f(x)$ die Tiefe in Metern an, die Wasser in den ersten x Stunden in den Boden eindringt, wie weit dringt das Wasser in den 6 min zwischen 2 h und 2,1 h ein?

51. Eine bestimmte Funktion $y = f(x)$ hat die Eigenschaft

$$\frac{dy}{dx} = 3y^2.$$

Man beweise dann

$$\frac{d^2y}{dx^2} = 18y^3.$$

■

52. Ist der nachfolgende Beweis des Mittelwertsatzes korrekt? *Beweis:* Man drehe die x- und die y-Achse solange, bis die x-Achse parallel zur vorgegebenen Sehne ist. Die Sehne ist nun „horizontal" und man kann das Theorem von Rolle anwenden.

53. Ein Lichtstrahl bewegt sich so von P nach Q, daß die verstrichene Zeit ein Minimum ist (Bild 6.72). Der Weg des Lichtstrahls von P nach Q führt dann zur Relation

$$\frac{\sin\theta_1}{\sin\theta_2} = \frac{v_1}{v_2}.$$

Dies ist das Snelliussche Brechungsgesetz. Man beweise es!

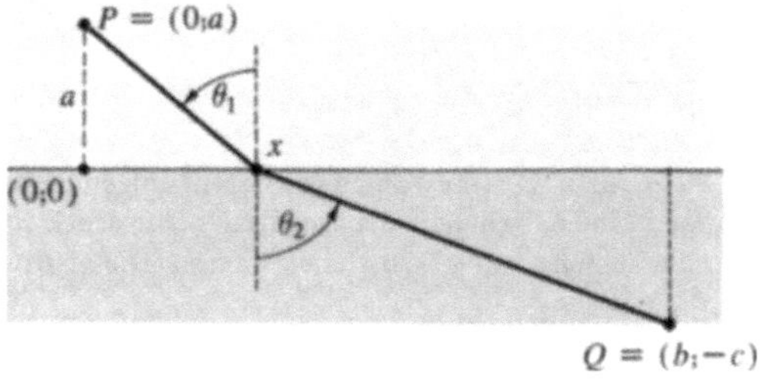

Bild 6.72

54. Man gebe das Beispiel einer Funktion f, die für alle x definiert, differenzierbar und ansteigend ist, und deren Ableitung für alle x nicht positiv ist.

55. Man zeichne das Schaubild von $y = 1/x^2 + 1/(x-1)$.

56. Eine Funktion heißt gerade, wenn in ihrem ganzen Definitionsbereich $f(-x) = f(x)$ gilt. Zum Beispiel ist die Kosinusfunktion gerade, da $\cos(-x) = \cos x$. Eine Funktion f heißt ungerade, wenn $f(-x) = -f(x)$. Zum Beispiel ist die Sinusfunktion ungerade, da $\sin(-x) = -\sin x$. Welche von den folgenden Funktionen ist gerade, ungerade, keines von beiden?

(a) x^4, (b) x^3, (c) $x^3 + x^2$, (d) $|x|$, (e) $\tan x$, (f) $\sin 3x$, (g) e^x, (h) e^{x^2}.

57. (Siehe Übung 56.)

(a) Liegt der Punkt $(x; y)$ auf dem Schaubild einer geraden Funktion, welcher andere Punkt liegt ebenfalls auf dem Schaubild?

(b) Liegt der Punkt $(x; y)$ auf dem Schaubild einer ungeraden Funktion, welcher andere Punkt liegt ebenfalls auf dem Schaubild?

(c) Wie kann man das Schaubild einer geraden oder ungeraden Funktion zeichnen und sich dabei die Hälfte der Arbeit ersparen?

58. Man zeige, daß jede Funktion f die Summe einer geraden und einer ungeraden Funktion ist (siehe Übung 56). *Hinweis:* Man zeige zuerst, daß $g(x) = f(x) + f(-x)$ gerade und $h(x) = f(x) - f(-x)$ ungerade ist.

59. Wie groß ist ungefähr $(1{,}03)^{100} - 1$?

(a) Man schätze die Zahl unter Verwendung des Differentials der Funktion x^{100}.

(b) Man schätze die Zahl durch Umformung der Größe $(1{,}03)^{100} - 1$ in einen Ausdruck, der die Zahl e beinhaltet.

60. dy/dx sei proportional zu x^2. Man zeige, daß d^2y/dx^2 proportional zu x ist!

61. dy/dx sei proportional y^2. Man zeige, daß d^2y/dx^2 proportional zu y^3 ist!

62. Man übersetze den folgenden Auszug eines Zeitungsartikels in die Terminologie der Infinitesimalrechnung.

„Angesichts aller Konjunkturbremsungsmaßnahmen, scheinen sich die ersten Anzeichen einer Verlangsamung der Inflation anzuzeigen. Einige Preisindizes für empfindliche Waren sind niedrig; der mittlere Preisindex steigt mit einer etwas langsameren Rate.“

■■

63. Man zeige, daß dy für kleine dx und $f'(x) \neq 0$ eine gute Näherung von Δy darstellt:

$$\lim_{dx \to 0} \frac{\Delta y - dy}{dx} = 0.$$

64. Ein Schwimmer befindet sich im Punkt A des Ufers eines kreisförmigen Teiches mit 60 m Durchmesser. Er möchte den gegenüberliegenden Punkt B erreichen und denkt daran, zu einem anderen Punkt P des Ufers zu schwimmen und von dort den Bogen PB am Ufer entlang zu gehen. Wenn er mit einer Geschwindigkeit von 60 m/min schwimmt und mit 120 m/min geht, zu welchem Punkt P muß er schwimmen, um den gegenüberliegenden Punkt B in der kürzest möglichsten Zeit zu erreichen?

65. f sei überall differenzierbar. Sei $f'(a) = 0$ und $f'(b) = 1$. Man beweise die Existenz einer Zahl X mit $a < X < b$ und $f'(X) = \frac{1}{2}$. (f' braucht nicht stetig zu sein!)

66. f besitze überall eine Ableitung und es sei $f' = f$ sowie $f(0) = 1$. Die folgenden Fragen sollen nicht mit Hilfe der expliziten Formel $f(x) = e^x$ beantwortet werden.

(a) Man zeige für jede beliebige Kosntante k

$[f(x) f(k-x)]' = 0$.

(b) Welche Art von Funktion muß im Hinblick auf (a) das Produkt $f(x) f(k-x)$ sein?

(c) Man beweise $f(x) f(k-x) = f(k)$ für alle x.

(d) Man beweise aus (c) nun $f(x+y) = f(x) f(y)$ für alle x und y.

67. f besitze eine Ableitung für alle $x > 0$ mit $f'(x) = 1/x$ und $f(1) = 0$.

(a) Man beweise $f(xy) = f(x) + f(y)$, ohne dabei die tatsächliche Funktion $\ln x$ zu verwenden (siehe auch Übung 66).

(b) Ohne (a) beweise man $f(x) = \ln x$.

68. f besitze für alle x eine Ableitung.

(a) Ist jede Sehne des Schaubildes von f parallel zu irgendeiner Tangente an das Schaubild von f?

(b) Ist jede Tangente an das Schaubild von f parallel zu irgendeiner Sehne des Schaubilds von f?

69. Ein U-Bahnzug startet mit einer konstanten Beschleunigung, dann fährt er mit seiner maximalen Geschwindigkeit und schließlich bremst er mit einer konstanten (negativen) Verzögerung. Er braucht 120 s, um ohne Aufenthalt von der 42. Straße zur 72. Straße und 96 s um von der 72. Straße zur 96. Straße zu kommen.

(a) Man skizziere in jedem Fall das Schaubild der Geschwindigkeit als Funktion der Zeit.

(b) Wie groß ist die maximale Geschwindigkeit? 1 km umfasse 15 Häuserblöcke.

Die Übungen 70 bis 73 geben verschiedene Definitionen für den Mittelwert zweier Zahlen.

70. Die häufigste Definition des Mittelwerts zweier positiver Zahlen ist das sogenannte arithmetische Mittel: Man bilde die Summe und dividiere durch zwei

$$\frac{a+b}{2}.$$

Es gibt aber noch andere Möglichkeiten a und b zu mitteln. Das logarithmische Mittel ist definiert durch

$$L(a;b) = \frac{a-b}{\ln a - \ln b} \qquad a;b > 0,\ a \neq b.$$

Man beweise, daß $L(a;b)$ zwischen a und b liegt. (Das logarithmische Mittel wird vor allem beim Studium der Wärmeleitung und in der Theorie der Flüssigkeiten verwendet.)

71. Das sogenannte *Potenzmittel* ist definiert durch die Gleichung

$$M_p(a;b) = \left(\frac{a^p + b^p}{2}\right)^{1/p} \qquad a;b > 0,\ p \text{ fest}.$$

Es wird hauptsächlich für das Studium von Wirtschaftsproblemen verwendet. Der Fall $p = \frac{1}{3}$ tritt auch in der Gastheorie auf.

(*a*) Man zeige, daß sich für $p = 1$ das arithmetische Mittel von a und b ergibt.

(*b*) Man zeige $M_2(a;b) \geqslant M_1(a;b)$.

(*c*) Man zeige $\lim\limits_{p \to 0} M_p(a;b) = \sqrt{ab}$.

72. (Siehe Übung 71.) Im American Mathematical Monthly, Bd. 81, Oktober 1974, wird von Harley Flanders der folgende Beweis eines Theorems von Tung-po-Lin angegeben.

Theorem: Für $p = \frac{1}{3}$ und alle voneinander verschiedenen Werte $x, y > 0$ gilt die Ungleichung $L(x;y) < M_p(x;y)$.

Beweis: Man betrachte

$$f(t) = \frac{3}{8}\ln t - \frac{t^3 - 1}{(t+1)^3}$$

für $t \geqslant 1$. Eine kurze Rechnung zeigt

$$f'(t) = \frac{3}{8}\,\frac{(t-1)^4}{t(t+1)^4}$$

und $f'(t) > 0$ für $t > 1$. Aus $f(1) = 0$ schließen wir $f(t) > 0$ für $t > 1$. Nun sei $0 < y < x$ und man berechne $f(t)$ für $t = x^{1/3}/y^{1/3}$. Das Resultat ist

$$\left(\frac{\sqrt[3]{x} + \sqrt[3]{y}}{2}\right)^3 > \frac{x-y}{\ln x - \ln y}.$$

Man ergänze alle Zwischenschritte.

73. Sei $0 < a < b$. Man berechne

$$\lim_{x \to \infty} \left(\frac{a^x + b^x}{2}\right)^{1/x}.$$

74. Man berechne

$$\lim_{x \to 0} \frac{5^x - 3^x}{4^x - 2^x}.$$

75. In den R. P. Feyman Lectures on Physics steht folgende Bemerkung: „Hier findet sich nun der quantative Ausdruck für jene Größe, die anstelle von kT zu stehen kommt. Dieser Ausdruck

$$\frac{h\omega}{e^{h\omega/kT} - 1}$$

soll selbstverständlich für $\omega \to 0$ oder für $T \to \infty$ gegen kT streben. Versuchen Sie den Beweis! Lernen Sie, wie man Mathematik anwendet". Lernen wir es!

76. Es sei $\lim\limits_{x \to \infty} f'(x) = 1$. Muß sich dann das Schaubild von $y = f(x)$ asymptotisch einer Geraden der Form $y = x + k$ mit irgendeiner Konstanten k nähern? Muß es also eine Konstante k geben, so daß gilt $\lim\limits_{x \to \infty} [f(x) - (x+k)] = 0$?

77. Seien f und g zwei steigende Funktionen mit

$$\lim_{x \to \infty} f(x) = \infty \quad \text{und} \quad \lim_{x \to \infty} g(x) = \infty.$$

Impliziert eine der folgenden drei Behauptungen irgendeine der anderen?

(*a*) $\lim\limits_{x \to \infty} \dfrac{f(x)}{g(x)} = 1$,

(*b*) $\lim\limits_{x \to \infty} \dfrac{e^{f(x)}}{e^{g(x)}} = 1$,

(*c*) $\lim\limits_{x \to \infty} \dfrac{\ln f(x)}{\ln g(x)} = 1$.

78. Sei $f(x) = \left(\dfrac{e^x + 1}{2}\right)^{1/x}$ für $x > 0$.

(*a*) Man bestimme $\lim\limits_{x \to 0^+} f(x)$.

(*b*) Man bestimme $\lim\limits_{x \to \infty} f(x)$.

(*c*) Man zeige, daß f für $x > 0$ eine steigende Funktion ist. *Hinweis:* Man zeige, daß $\ln f$ ansteigt.

79. Man zeichne das Schaubild von $f(x) = x + \sin 2x$.

80. Sei $f(x) = (x-1)^n(x-2)$, wobei n eine ganze Zahl $n \geqslant 2$ ist.

(*a*) Man zeige, daß $x = 1$ eine kritische Stelle ist.

(*b*) Für welche Werte von n liefert $x = 1$ ein relatives Maximum, ein relatives Minimum, keines von beiden?

81. Seien p und q Konstanten!

(*a*) Man zeige, daß für $p > 0$ die Gleichung $x^3 + px + q = 0$ genau eine reelle Wurzel hat.

(*b*) Man zeige, daß die kubische Gleichung $x^3 + px + q = 0$ für $4p^3 + 27q^2 < 0$ drei verschiedene reelle Wurzeln hat.

Die Übungen 82 bis 86 behandeln Asymptoten, die weder horizontal noch vertikal sind.

82. Die Gerade $y = ax + b$ heißt Asymptote zum Schaubild einer Funktion f, wenn

$$\lim_{x \to \infty} [f(x) - (ax + b)] = 0$$

oder wenn

$$\lim_{x \to -\infty} [f(x) - (ax + b)] = 0$$

gilt.

(*a*) Man zeige

$$\lim_{x \to \infty} \left[\frac{2x^2 + 3x + 5}{x + 1} - (2x + 1)\right] = 0.$$

(*b*) Man zeige

$$\lim_{x \to -\infty} \left[\frac{2x^2 + 3x + 5}{x + 1} - (2x + 1)\right] = 0.$$

(*c*) Man zeichne das Schaubild von $f(x) = (2x^2 + 3x + 5)/(x + 1)$.

83. (*a*) Man bestimme die Asymptoten an das Schaubild von

$$f(x) = \frac{3x^2 + 2x + 3}{2x - 5} \quad \text{und}$$

(*b*) zeichne f.

84. (*a*) Man bestimme eine Asymptote an das Schaubild von

$$f(x) = \sqrt{x^2 + 2x} \quad \text{und}$$

(*b*) zeichne f.

85. a und b seien positive Konstanten. Außerdem sei

$$y = f(x) = \frac{b}{a} \sqrt{x^2 - a^2}.$$

(*a*) Man zeige, daß das Schaubild von f eine schräge Asymptote besitzt und

(*b*) zeichne f.

Dies zeigt, daß sich die Hyperbel $x^2/a^2 - y^2/b^2 = 1$ den Geraden $y = \pm (b/a)x$ für sehr große $|x|$ nähert.

86. Sei $P(x)$ ein Polynom vom Grad $n \geqslant 1$ und $Q(x)$ ein Polynom vom Grad $m \geqslant 1$. Welche Beziehung muß zwischen m und n gelten, wenn das Schaubild von $f(x) = P(x)/Q(x)$

(*a*) die x-Achse als Asymptote besitzt?

(*b*) eine waagerechte Asymptote hat, die nicht gleich der x-Achse ist?

(*c*) eine schräge Asymptote besitzt?

Die Übungen 87 bis 90 liefern Ergebnisse, die zunächst überraschend erscheinen.

87. Ein Projektil wurde senkrecht mit einer Anfangsgeschwindigkeit v_0 in die Luft geschossen. Die Schwerebeschleunigung sei konstant und der Luftwiderstand sei proportional zur Geschwindigkeit des Projektils.

(*a*) Man zeige $dv/dt = -10 - kv$, wobei k eine positive Konstante ist.

(*b*) Man zeige, daß die Ableitung von $v + 10/k$ proportional zu $v + 10/k$ ist.

(*c*) Man zeige $v = (1/k)(ce^{-kt} - 10)$, wobei c eine Konstante ist.

(*d*) Man zeige $y = (c/k^2)(1 - e^{-kt}) - 10t/k$.

88. Man zeige, daß das Projektil aus Übung 87 seine maximale Höhe $(c - 10)/k^2 - (10/k^2)\ln(c/10)$ zur Zeit $T = (1/k)\ln(c/10)$ erreicht.

89. Man beweise $(\ln x)^2 < 2(x - 1 - \ln x)$ für $x > 1$. *Hinweis:* Sei $y = \ln x$, man schreibe die Ungleichung in Termen von y.

90. (Siehe Übung 88.) Bei zwei verschiedenen Experimenten wird ein Ball senkrecht in die Luft geschossen. Das erste Experiment wird im Vakuum durchgeführt, das zweite in gewöhnlicher Luft. Beide Bälle erreichen dieselbe Maximalhöhe. Welcher von beiden braucht länger dazu?

(*a*) Man versuche die Antwort zu erraten.

(*b*) Man verwende die Infinitesimalrechnung.

91. Für das Theorem 1 aus Abschnitt 6.10 wurde folgender Beweis vorgeschlagen. Es gilt

$$\lim_{x \to a^+} f(x) = 0, \quad \lim_{x \to a^+} g(x) = 0 \quad \text{und}$$

wir definieren $f(a) = 0$ und $g(a) = 0$. Als nächstes betrachte man $x > a$ in der Nähe von a.

Die Funktionen f und g sind im geschlossenen Intervall $[a; x]$ stetig und im offenen Intervall $(a; x)$ differenzierbar. Daraus kann man unter Verwendung des Mittelwertsatzes schließen, daß eine Zahl X mit $a < X < x$ existiert, für die

$$\frac{f(x) - f(a)}{x - a} = f'(X) \quad \text{und} \quad \frac{g(x) - g(a)}{x - a} = g'(X)$$

gilt. Mit $f(a) = 0$ und $g(a) = 0$ folgt aus diesen beiden Gleichungen

$$f(x) = (x - a)f'(X) \quad \text{und} \quad g(x) = (x - a)g'(X)$$

sowie

$$\frac{f(x)}{g(x)} = \frac{f'(X)}{g'(X)}.$$

Daraus schließen wir

$$\lim_{x \to a^+} \frac{f(x)}{g(x)} = \lim_{x \to a^+} \frac{f'(X)}{g'(X)} = L.$$

Diese Argumentation ist jedoch fehlerhaft! Warum?

Die nächste Übung verallgemeinert den Mittelwertsatz.

92. Der Beweis von Theorem 1 in Abschnitt 6.10 (siehe Übung 93) hängt von folgendem verallgemeinerten Mittelwertsatz ab: *Verallgemeinerter Mittelwertsatz:* Seien f und g zwei Funktionen, die in $[a; b]$ stetig und in $(a; b)$ differenzierbar sind.

Ferner sei $g'(x)$ für alle x aus $(a; b)$ niemals Null. Dann existiert eine Zahl X aus $(a; b)$ mit

$$\frac{f(b) - f(a)}{g(b) - g(a)} = \frac{f'(X)}{g'(X)}.$$

(*a*) In einem gegebenen Zeitintervall bewegt sich ein Auto zweimal so weit wie ein anderes. Man zeige mit Hilfe des verallgemeinerten Mittelwertsatzes, daß es mindestens einen Augenblick gibt, in dem sich der erste Wagen mit exakt der doppelten Geschwindigkeit wie der zweite Wagen bewegt.

(*b*) Um den verallgemeinerten Mittelwertsatz zu beweisen, führen wir eine Funktion h ein:

$$h(x) = f(x) - f(a) - \frac{f(b) - f(a)}{g(b) - g(a)} [g(x) - g(a)].$$

Man zeige $h(b) = 0$ und $h(a) = 0$. Dann wende man den Satz von Rolle auf h an.

Bemerkung: Die Funktion h ist geometrisch sehr ähnlich zu der Funktion h, die für den Beweis des Mittelwertsatzes in Abschnitt 6.2 verwendet wurde. $h(x)$ gibt die senkrechte Distanz zwischen dem Punkt $(f(x); g(x))$ und der Geraden durch die Punkte $(f(a); g(a))$ und $(f(b); g(b))$ an.

Die nächste Übung beweist das Theorem 1 von Abschnitt 6.10.

93. Die Voraussetzungen des Theorems 1 aus Abschnitt 6.10 seien erfüllt. Man definiere $f(a) = 0$ und $g(a) = 0$ und beachte

$$\frac{f(x)}{g(x)} = \frac{f(x) - f(a)}{g(x) - g(a)}.$$

Schließlich wende man den verallgemeinerten Mittelwertsatz aus Übung 92 an.

94. Folgt aus $\lim_{t \to \infty} f(t) = \lim_{t \to \infty} g(t) = \infty$

und

$$\lim_{t \to \infty} \frac{\ln f(t)}{\ln g(t)} = 1$$

auch

$$\lim_{t \to \infty} \frac{f(t)}{g(t)} = 1?$$

95. Was folgt aus $\lim_{t \to \infty} f(t) = \lim_{t \to \infty} g(t) = \infty$

und

$$\lim_{t \to \infty} \frac{f(t)}{g(t)} = 3$$

für

$$\lim_{t \to \infty} \frac{\ln f(t)}{\ln g(t)}?$$

(f und g müssen nicht differenzierbar sein!)

7 Das bestimmte Integral

Die Kapitel 3 bis 6 haben sich mit den Eigenschaften der Ableitung beschäftigt (siehe auch Abschnitt 1.1). In Abschnitt 1.2 wurde das zweite Hauptproblem der Infinitesimalrechnung eingeführt, die Ermittlung des bestimmten Integrals. Die nächsten drei Kapitel werden sich mit diesem Problem beschäftigen. Viele Erkenntnisse aus den Kapiteln 2 bis 6 werden für das folgende von Nutzen sein. Wie sich zeigen wird, sind die Ableitung und das bestimmte Integral miteinander derart eng verknüpft, daß die Berechnung vieler bestimmter Integrale auf Eigenschaften der Ableitung zurückgeführt werden kann.

Dieses Kapitel bringt zunächst geometrische und physikalische Beispiele des bestimmten Integrals, später dann auch die Anwendungen des bestimmten Integrals auf andere Probleme. Genau wie in Kapitel 3 beginnen wir mit verschiedenen Aspekten ein und desselben grundlegenden Gedankens.

7.1 Vier Abschätzungen

Wie in Kapitel 3 der Begriff Ableitung an vier Problemen illustriert wurde, so führen wir hier das bestimmte Integral an Hand von vier Beispielen ein. Auf den ersten Blick sehen diese Probleme völlig verschieden aus, es handelt sich dabei jedoch nur um verschiedene Aspekte eines einzigen Grundkonzepts.

Problem 1: Man bestimme die Fläche des Gebietes, das durch die Kurve $y = x^2$, die x-Achse und die vertikale Gerade $x = 3$ begrenzt ist (Bild 7.1).

Problem 2: Eine dünne inhomogene Saite mit der Länge 3 cm ist an einem Ende sehr leicht und am anderen Ende sehr schwer. x Zentimeter vom linken Ende beträgt die Dichte $5x^2$ Gramm pro Zentimeter. Man bestimme die Gesamtmasse der Saite (Bild 7.2).

Problem 3: Die Uhr und der Geschwindigkeitsmesser eines Fahrzeuges funktionieren, nicht aber dessen Kilometerzähler. Eine dreistündige Reise von einer überfüllten Stadt hinaus auf das Land beginnt sehr langsam und wird allmählich schneller, da sich der Verkehr immer mehr verdünnt. Der Fahrer stellt fest, daß seine Geschwindigkeit zur Zeit t Stunden $8t^2$ Kilometer pro Stunde beträgt: In der ersten halben Stunde kriecht er mit etwa 2 km/h dahin, aber nach 3 h reist er bereits mit 72 km/h. Welche Strecke legt das Fahrzeug in 3 h zurück?

Problem 4: Man bestimme das Volumen eines Zeltes mit einem quadratischen Boden der Seitenlänge 3 m, dessen 3 m langer Stützpfeiler genau senkrecht in einer Ecke des Quadrates steht (Bild 7.3a). Das Zelt entspricht einem Stück Papier, das entlang der gestrichelten Linien gefaltet wird, und dessen freie Eckpunkte A, B, C und D im Punkt P zusammenkommen (Bild 7.3b).

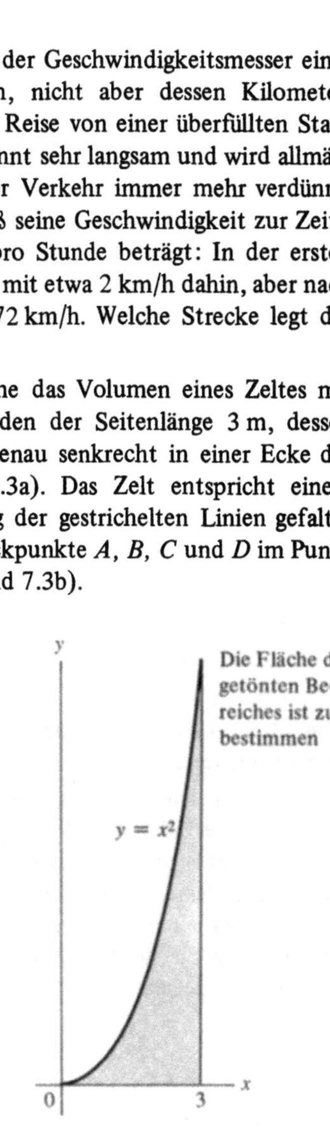

Bild 7.1

Bild 7.2

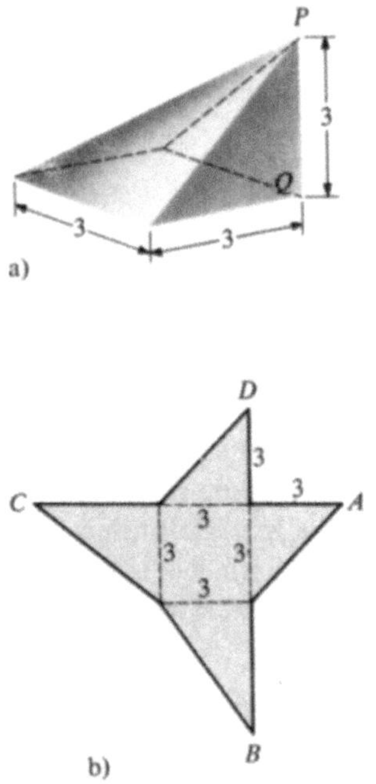

Bild 7.3

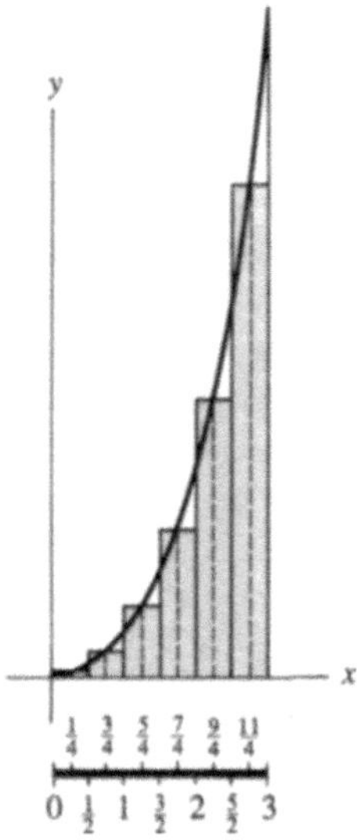

Bild 7.4

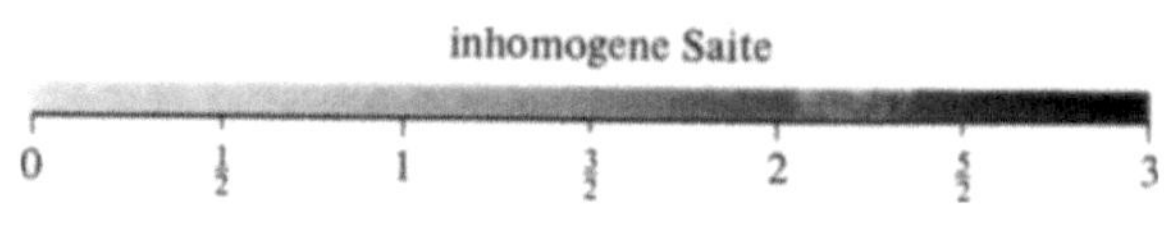

Bild 7.5

Wir werden jedes dieser vier Probleme durch Abschätzung lösen und auf eine gemeinsame mathematische Wurzel zurückführen.

Abschätzung zu Problem 1 (Fläche unterhalb von $y = x^2$). Die Fläche kann durch eine Treppe von sechs Rechtecken angenähert werden (Bild 7.4).

Zuerst teilen wir das Intervall von 0 bis 3 in sechs kleinere Intervalle, von denen jedes die Länge $\frac{1}{2}$ besitzt. Dann zeichnen wir über diese kleinen Intervalle jeweils ein Rechteck, dessen Höhe durch die Ordinate der Kurve $y = x^2$ oberhalb des Intervall-Mittelpunktes gegeben ist. Die gesamte Fläche der 6 Rechtecke ist sehr leicht zu berechnen. Sie beträgt

$$(\tfrac{1}{4})^2(\tfrac{1}{2}) + (\tfrac{3}{4})^2(\tfrac{1}{2}) + (\tfrac{5}{4})^2(\tfrac{1}{2}) + (\tfrac{7}{4})^2(\tfrac{1}{2}) + (\tfrac{9}{4})^2(\tfrac{1}{2}) + (\tfrac{11}{4})^2(\tfrac{1}{2})$$

oder $\frac{286}{32}$ und in Dezimalzahlen 8,937 5.

Wir haben damit die Fläche *nicht* exakt berechnet. Die vorhergehende Rechnung gibt nur eine *Abschätzung* der Flächengröße, nämlich 8,937 5.

Abschätzung zu Problem 2 (die inhomogene Saite). Wir schneiden die Saite in sechs Teile gleicher Länge (Bild 7.5).

In jedem der sechs Teilintervalle variiert die Dichte der Saite weniger, als sie über die gesamte Länge variiert. Wäre die Dichte in jedem Abschnitt konstant, so ergäbe sich sofort

$$\text{Dichte} = \frac{\text{Masse}}{\text{Länge}}$$

und

$$\text{Masse} = \text{Dichte} \cdot \text{Länge}.$$

Wir betrachten nun jedes der sechs Intervalle so, als hätte es eine konstante Dichte, die dem Wert im Mittelpunkt des Intervalls entspricht. Um eine Abschätzung der Masse in jedem der sechs Intervalle zu finden, multiplizieren wir die Dichte im Mittelpunkt mit der Länge des Intervalls.

Der linke Abschnitt hat im Mittelpunkt $\frac{1}{4}$ eine Dichte von $5(\frac{1}{4})^2$ g/cm und daher eine Masse von etwa $5(\frac{1}{4})^2 \cdot \frac{1}{2}$ g. Der nächste Abschnitt von $\frac{1}{2}$ bis 1 hat im Mittelpunkt eine Dichte von $5(\frac{3}{4})^2$ g/cm und daher eine Masse von etwa $5(\frac{3}{4})^2 \cdot \frac{1}{2}$ g. Eine Abschätzung für die Masse der restlichen vier Abschnitte kann auf analoge Weise gefunden werden. Eine Abschätzung für die gesamte Masse der inhomogenen Saite liefert dann die Summe

$$5(\tfrac{1}{4})^2(\tfrac{1}{2}) + 5(\tfrac{3}{4})^2(\tfrac{1}{2}) + 5(\tfrac{5}{4})^2(\tfrac{1}{2}) + 5(\tfrac{7}{4})^2(\tfrac{1}{2}) + 5(\tfrac{9}{4})^2(\tfrac{1}{2}) + 5(\tfrac{11}{4})^2(\tfrac{1}{2}).$$

Diese Summe entspricht genau fünfmal der Summe von Problem 1 und beträgt daher $5 \cdot 8{,}937\,5$ g, also etwas weniger als 45 g. Man beachte die Ähnlichkeiten zwischen der Summe dieses Problems und der Summe des ersten Problems.

Abschätzung zu Problem 3 (Kilometerzähler). Die Geschwindigkeit variiert während der 3 h langen Reise von 0 bis 72 km/h. Über kürzere Zeitintervalle betrachtet, wird die Variation geringer sein.

Wie bei Behandlung der ersten beiden Probleme teilen wir auch hier die 3 h der Reise in sechs gleiche Intervalle, von denen jedes eine halbe Stunde dauert. Die Zeit wird durch einen Geradenabschnitt dargestellt, der in sechs gleiche Teile zerschnitten ist (Bild 7.6).

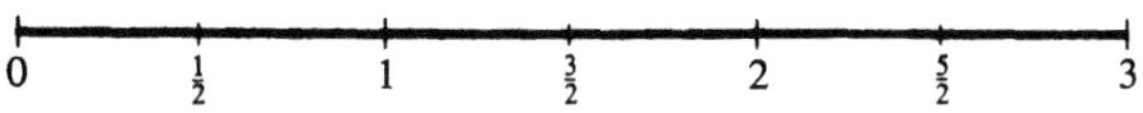

Bild 7.6

Um die in der ersten $\frac{1}{2}$ h zurückgelegte Distanz zu berechnen, multiplizieren wir die Geschwindigkeit nach $\frac{1}{4}$ h mit der Dauer des ersten Zeitintervalls, nämlich einer $\frac{1}{2}$ h. Da die Geschwindigkeit zur Zeit t gleich $8t^2$ ist, hat das Fahrzeug nach $\frac{1}{4}$ h die Geschwindigkeit $8(\frac{1}{4})^2$ km/h. Das heißt, während der ersten $\frac{1}{2}$ h legt der Fahrer etwa $8(\frac{1}{4})^2 \cdot \frac{1}{2}$ km zurück. Während der zweiten $\frac{1}{2}$ h reist er etwa $8(\frac{3}{4})^2 \cdot \frac{1}{2}$ km. Mit ähnlichen Berechnungen für die anderen Intervalle erhalten wir eine Abschätzung für die Länge der gesamten Fahrt:

$$8(\tfrac{1}{4})^2(\tfrac{1}{2}) + 8(\tfrac{3}{4})^2(\tfrac{1}{2}) + 8(\tfrac{5}{4})^2(\tfrac{1}{2}) + 8(\tfrac{7}{4})^2(\tfrac{1}{2}) + 8(\tfrac{9}{4})^2(\tfrac{1}{2}) + 8(\tfrac{11}{4})^2(\tfrac{1}{2}).$$

Diese Summe entspricht genau der achtfachen Summe aus Problem 1 und ist daher gleich

$$8 \cdot 8{,}9375 \text{ km} = 71{,}5 \text{ km}.$$

Auch hier erhalten wir nur eine Abschätzung der tatsächlichen Länge der Fahrt.

Abschätzung zu Problem 4 (das Zelt). Jeder ebene Querschnitt durch das Zelt, der parallel zur Grundfläche verläuft, ist quadratisch (Bild 7.7).

Diesesmal schneiden wir den vertikalen Stützpfeiler in sechs gleiche Intervalle. Dann approximieren wir das Volumen jeder Scheibe durch eine flache rechteckige Schachtel mit 0,5 m Höhe. Der Querschnitt der kleinsten Scheibe entspricht dem horizontalen Schnitt durch den Mittelpunkt des höchsten der sechs Abschnitte. Die restlichen fünf Teile können in ähnlicher Weise bestimmt werden (Bild 7.8).

Wie die Frontansicht dieser sechs Scheiben zeigt, hat der quadratische Querschnitt der obersten Schachtel eine Seitenlänge von $\frac{1}{4}$ m. Die Schachtel darunter besitzt eine Seitenlänge von $\frac{3}{4}$ m, bis wir die unterste Schachtel erreichen, deren Seitenlänge $\frac{11}{4}$ m beträgt.

Das Volumen einer Schachtel ist durch das Produkt Grundfläche mal Höhe gegeben. Somit ist das Gesamtvolumen der sechs Schachteln in Kubikmetern

$$(\tfrac{1}{4})^2(\tfrac{1}{2}) + (\tfrac{3}{4})^2(\tfrac{1}{2}) + (\tfrac{5}{4})^2(\tfrac{1}{2}) + (\tfrac{7}{4})^2(\tfrac{1}{2}) + (\tfrac{9}{4})^2(\tfrac{1}{2}) + (\tfrac{11}{4})^2(\tfrac{1}{2}).$$

Dies ist dieselbe Summe, auf die wir bereits bei der Berechnung der Fläche unter der Kurve $y = x^2$ gestoßen sind: Das Volumen des Zeltes beträgt etwa $8{,}937\,5\ \text{m}^3$.

Keines der vier Probleme wurde von uns exakt gelöst; in jedem Fall haben wir nur eine Abschätzung der Lösung gefunden. Im nächsten Abschnitt wird die exakte Antwort entwickelt werden.

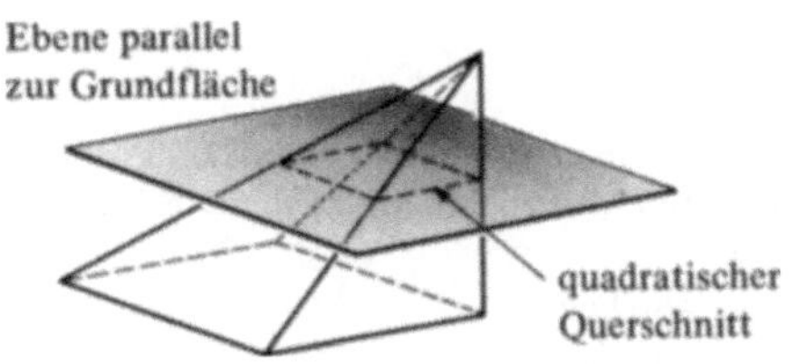

Bild 7.7

Bild 7.8

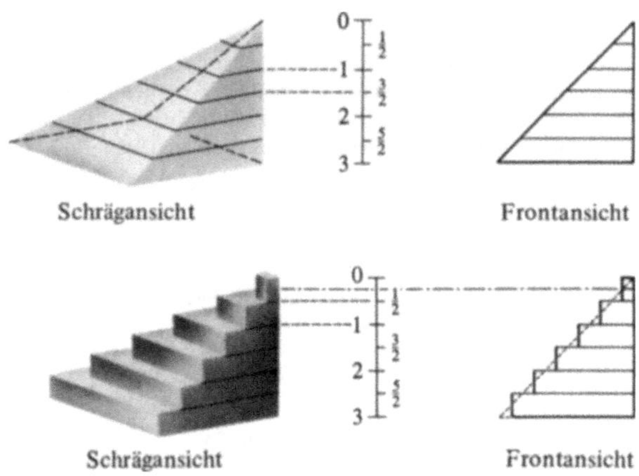

Jede Schachtel approximiert eine Scheibe aus dem vorhergehenden Diagramm

Übungen:

1. Um die Ähnlichkeit der vier Probleme zu zeigen, wurde das Intervall [0; 3] jeweils in sechs gleiche Abschnitte unterteilt und im Mittelpunkt jedes Abschnittes der Querschnitt, die Dichte, die Geschwindigkeit oder Fläche bestimmt. Selbstverständlich steht es uns frei, das Intervall in mehr oder weniger Abschnitte zu teilen und in jedem Abschnitt einen anderen Punkt als den Mittelpunkt zu verwenden. Darüberhinaus besteht auch keine Notwendigkeit, die Abschnitte gleich lang zu wählen.
   (*a*) Man schätze die Fläche aus Problem 1 unter Verwendung von drei Abschnitten der Länge 1 und des jeweiligen Mittelpunktes.
   (*b*) Man schätze dieselbe Fläche unter Verwendung derselben drei Abschnitte. Nun werde aber die y-Koordinate, $y = x^2$, oberhalb des rechten Endes eines jeden Abschnittes zur Festlegung des Rechtecks verwendet.
   (*c*) Man zeichne die drei Rechtecke aus (*b*). Ist ihre gesamte Fläche größer oder kleiner als die Fläche unter der Kurve?
   (*d*) Wie in (*b*) und (*c*), man verwende jedoch diesmal die y-Koordinate $y = x^2$ oberhalb des linken Endpunktes des jeweiligen Abschnitts.
2. Mit Hilfe der Lösungen aus Übung 1 soll folgender Satz vervollständigt werden: Die Fläche aus Problem 1 ist selbstverständlich kleiner als ____ aber größer als ____ .
3. Man bestimme die Fläche von Problem 1 näherungsweise mittels Unterteilung des Intervalls von 0 bis 3 in fünf gleichlange Abschnitte, wobei die Flächen von fünf Rechtecken aufsummiert werden. Ihre Höhe sei bestimmt durch
   (*a*) Mittelpunkte,
   (*b*) rechte Endpunkte,
   (*c*) linke Endpunkte.
4. Man bestimme die Länge der Reise aus Problem 3 durch Unterteilung des Gesamtintervalls von 3 h in 5 Perioden von jeweils $\frac{3}{5}$ h. Als mittlere Geschwindigkeit verwende man in jedem Abschnitt die Tachometerablesung
   (*a*) in der Mitte des Intervalls,
   (*b*) am Ende des Intervalls,
   (*c*) am Beginn des Intervalls.
5. Man schätze die Masse der Saite aus Problem 2 durch Teilung in fünf gleichlange Abschnitte. Zur Abschätzung der Masse in jeder dieser Sektionen verwende man die Dichte
   (*a*) im Mittelpunkt jedes Abschnittes,
   (*b*) am rechten Endpunkt,
   (*c*) am linken Endpunkt.

Die Übungen 6 und 7 dienen zur Wiederholung und als Vorübung für spätere Probleme.

6. Man differenziere (zur Übung):
   (*a*) $\sqrt{1 + \cot 3x}$
   (*b*) $\dfrac{3x}{8} + \dfrac{3x \sin 4x}{32} + \dfrac{\cos^3 2x \sin 2x}{8}$
   (*c*) $\dfrac{3}{8(2x+3)^2} - \dfrac{1}{4(2x+3)}$
   (*d*) $\dfrac{1}{3(2x+3)} - \dfrac{1}{9} \ln\left(\dfrac{2x+3}{x}\right)$
   (*e*) $\frac{1}{5} \ln(\operatorname{cosec} 5x - \cot 5x)$
   (*f*) $x \arctan 2x - \frac{1}{4} \ln(1 + 4x^2)$.
7. Man nenne als Beispiel eine Funktion, deren Ableitung die gegebene Funktion ist. (Vorbereitung für Kapitel 8 und 9.)
   (*a*) $3x^2 + 2x - 1 + \dfrac{5}{x} + \dfrac{3}{x^2}$ (*b*) $\dfrac{x^2}{x^3+1}$
   (*c*) $\dfrac{x^3+1}{x^2}$ (*d*) e^{3x}
   (*e*) $\sin 2x$ (*f*) $x e^x$

■

8. Ein Betrieb hat bisher keinen Gewinn abgeworfen, steigert seinen Gewinn in den nächsten drei Jahren jedoch schrittweise bis auf 9 Millionen DM/a. Am Ende des ersten $\frac{1}{2}$ a betrug der Gewinn $\frac{1}{4}$ Million DM/a; am Ende des zweiten Jahres 4 Millionen DM/a. Ganz allgemein sei der Gewinn am Ende von t Jahren $(0 \leqslant t \leqslant 3)$ gleich t^2 Millionen DM/a. Man schätze den gesamten Gewinn für die nächsten 3 a ab und verwende dazu sechs Zeitabschnitte von gleicher Länge sowie die Mittelpunkte jedes Zeitabschnitts.
9. Man wiederhole die Abschätzung für jedes der angegebenen vier Probleme, wobei in jeweils vier Abschnitte unterteilt wird. Als Punkte zur Messung von Querschnitt, Dichte bzw. Geschwindigkeit verwende man $\frac{1}{2}$, $\frac{3}{2}$, 2 und $\frac{14}{5}$ (jeder dieser Zahlen liegt in einem der vier Abschnitte) (Bild 7.9).

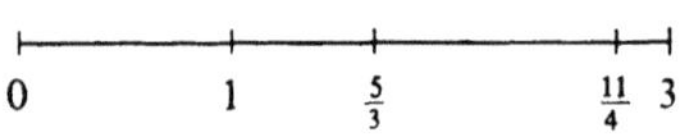

Bild 7.9

10. Man schätze die Fläche unter $y = x^2$ und oberhalb des Intervalls von [1; 5] mit Hilfe der Mittelpunktmethode bei Unterteilung von [1; 5] in
    (*a*) vier gleich lange Abschnitte,
    (*b*) acht gleich lange Abschnitte.
11. Ein gerader Kreiskegel hat eine Höhe von 3 cm und einen Radius von 3 cm (Bild 7.10). Man approximiere das Volumen durch die Summe der Volumina von sechs zylindrischen Scheiben, ebenso wie wir das Volumen des Zeltes mit Hilfe von

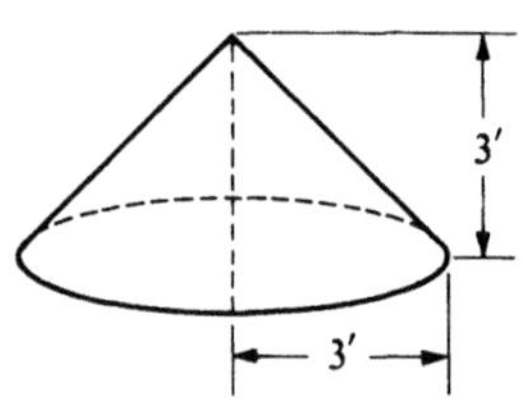

Gerader Kreiskegel, Höhe 3 cm, Radius 3 cm

Bild 7.10

sechs rechteckigen Scheiben abgeschätzt haben. Man zeige im speziellen

(*a*) mit Hilfe eines Diagramms, wie dieselbe Unterteilung und die jeweiligen Mittelpunkte sechs Zylinder bestimmen und

(*b*) man schätze das gesamte Volumen.

12. Analog wie in Übung 3 für den Kegel aus Übung 11.

13. Man bestimme die Fläche zwischen der Kurve $y = x^3$, der x-Achse und der vertikalen Geraden $x = 6$ mittels Unterteilung in

(*a*) drei Intervalle von gleicher Länge und mit Hilfe der Mittelpunkte;

(*b*) sechs Intervalle von gleicher Länge und mit Hilfe der Mittelpunkte;

(*c*) sechs Intervalle von gleicher Länge und mit Hilfe der linken Endpunkte;

(*d*) wie in (*c*) aber rechte Endpunkte.

■■

14. Man zeichne genau $y = x^2$ und die sechs Rechtecke, deren Höhen durch die Ordinaten der Mittelpunkte gegeben sind. Wird durch jedes dieser Rechtecke die tatsächliche Fläche unterhalb von $y = x^2$ über- oder unterschätzt? (Man beantworte dies aufgrund der genauen Zeichnung.)

15. Die kinetische Energie eines Objektes, etwa einer Kugel oder eines Autos mit der Masse m und der Geschwindigkeit v, ist gleich $mv^2/2$. Nun befinde sich in einer Maschine ein homogener Stab von 3 cm Länge und einer Masse von 32 g. Dieser Stab rotiere einmal pro Sekunde um einen seiner Endpunkte. Man berechne die kinetische Energie dieses Stabes durch Unterteilung in sechs 0,5 cm lange Abschnitte. Die „Geschwindigkeit eines Abschnittes" werde durch die Geschwindigkeit seines Mittelpunktes angenähert.

Die letzten beiden Übungen verweisen bereits auf spätere Abschnitte. Ein Taschenrechner ist nützlich. Ist ein solcher nicht verfügbar, so verwende man eine Tabelle der Kehrwerte.

16. $A(t)$ sei die Fläche des Gebietes unterhalb der Kurve $y = 1/x$ und oberhalb der x-Achse zwischen $x = 1$ und $x = t \geqslant 1$ (Bild 7.11).

(*a*) Man schätze $A(2)$ durch Unterteilung des Intervalls $[1; 2]$ in zehn Intervalle von gleicher Länge und bilde 10 Rechtecke der Breite 0,1 und der Höhe von $1/x$, berechnet am linken Endpunkt des jeweiligen Intervalls. Mit Hilfe einer Skizze zeige man, daß diese Abschätzung größer als $A(2)$ ist.

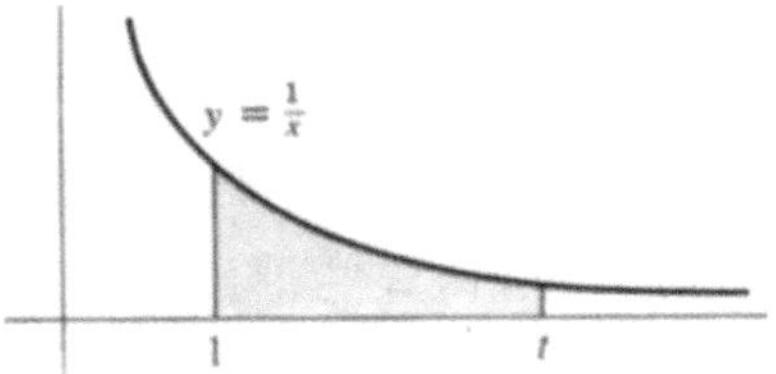

Bild 7.11

(*b*) Wie in (*a*), doch wähle man in diesem Fall die rechten Endpunkte. Warum ist nun das Ergebnis kleiner als $A(2)$?

17. (*a*) Man schätze die Fläche unterhalb der Kurve $y = 1/x$ und oberhalb von $[3; 6]$ durch Unterteilung des Intervalls in 10 gleichlange Intervalle. Die 10 Rechtecke haben jeweils eine Breite von 0,3 und eine Höhe $1/x$, berechnet am linken Endpunkt des entsprechenden Intervalls. Man zeige, daß diese Abschätzung zu groß ist.

(*b*) Wie in (*a*), doch wähle man diesmal die rechten Endpunkte. Warum ist die Abschätzung zu klein?

7.2 Exakte Lösung der vier Probleme

Die Ähnlichkeit der Näherungslösungen unserer vier Probleme aus Abschnitt 7.1 legt es nahe, nach einer gemeinsamen Basis dieser vier Ergebnisse zu suchen. Daher werden wir in der Folge die Näherungssummen des Abschnitts 7.1 untersuchen, um einer exakten Lösung der Probleme näher zukommen.

Die bisherigen Abschätzungen beruhten auf einer Unterteilung des Intervalls $[0; 3]$ in einige kleinere Abschnitte. Um den rechnerischen Aufwand klein zu halten, haben wir uns auf Unterteilungen in wenige Abschnitte beschränkt. Führen wir nun etwa 100, 1000 oder noch mehr kleine Teilintervalle ein, so sollten die Näherungswerte viel genauer werden. Wie können wir eine solche Abschätzung ganz allgemein durchführen?

Zunächst teilen wir das Intervall $[0; 3]$ in viele kleine Intervalle, die wir *Abschnitte* nennen wollen. Diese Abschnitte werden durch die Wahl ihrer Endpunkte $x_0, x_1, x_2 \ldots x_n$ festgelegt, wobei $x_0 = 0 < x_1 < x_2 < \ldots < x_n = 3$ gilt. Diese $n + 1$ Zahlen bestimmen genau n Abschnitte (Bild 7.12)

$$[x_0, x_1], [x_1, x_2], \ldots, [x_{n-1}, x_n].$$

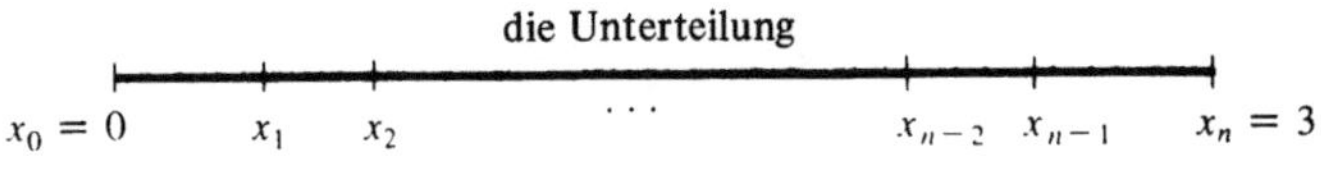

Bild 7.12

Unabhängig von der Anzahl der Abschnitte n gilt stets $x_0 = 0$ und $x_n = 3$. In Abschnitt 7.1 wählten wir für alle vier Abschätzungen

$$x_0 = 0, \quad x_1 = \tfrac{1}{2}, \quad x_2 = 1,$$
$$x_3 = \tfrac{3}{2}, \quad x_4 = 2, \quad x_5 = \tfrac{5}{2}, \quad x_6 = 3.$$

Der erste Abschnitt hat die Endpunkte x_0 und x_1; der nächste die Endpunkte x_1 und x_2; der dritte die Endpunkte x_2 und x_3, und so fort; der n-te Abschnitt schließlich besitzt die Endpunkte x_{n-1} und x_n. Irgendein typischer Abschnitt, etwa der i-te Abschnitt, hat die Endpunkte x_{i-1} und x_i (Bild 7.13). Die n Abschnitte bilden eine sogenannte *Unterteilung* des Intervalls [0; 3].

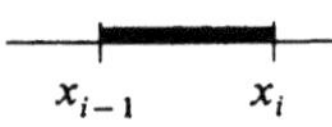

Ein typischer Abschnitt hat die Endpunkte x_{i-1} und x_i

Bild 7.13

Nun wählen wir in jedem der n Abschnitte irgendeinen *Referenzpunkt*, etwa den Mittelpunkt, einen Endpunkt oder irgendeinen anderen Punkt des Intervalls. Wir nennen den ausgewählten Punkt des ersten Abschnitts X_1; den Punkt des zweiten Abschnitts X_2, und sofort. Ganz allgemein wird also der ausgewählte Punkt aus dem i-ten Abschnitt $[x_{i-1}; x_i]$ durch X_i bezeichnet (Bild 7.14).

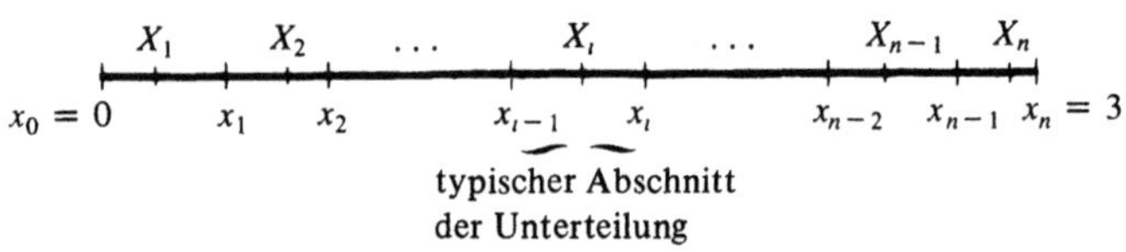

Bild 7.14

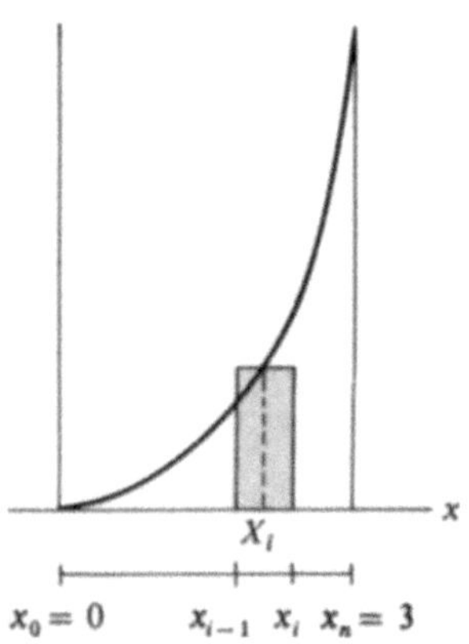

Bild 7.15

Ein typisches Rechteck hat die Grundlinie $x_i - x_{i-1}$ und die Höhe X_i^2. Die Fläche beträgt somit $X_i^2 (x_i = x_{i-1})$

Als Referenzpunkt X_i kann jeder Punkt des Intervalls $[x_{i-1}; x_i]$ gewählt werden, x_{i-1} und x_i sind die Endpunkte des i-ten Abschnittes. Jede Wahl der Zahlen x_i und X_i liefert eine bestimmte Abschätzung für jedes der vier Probleme. Ein typisches Teilrechteck für die Fläche aus Problem 1 zeigt Bild 7.15.

Die Summe der Flächen dieser Teilrechtecke beträgt

$$X_1^2(x_1 - x_0) + X_2^2(x_2 - x_1) + \ldots + X_n^2(x_n - x_{n-1})$$

und gibt einen Näherungswert für die Fläche aus Problem 1.

Dieselbe Art der Unterteilung durch die Zahlen x_i und X_i liefert einen Schätzwert für die Masse der Saite (Bild 7.16).

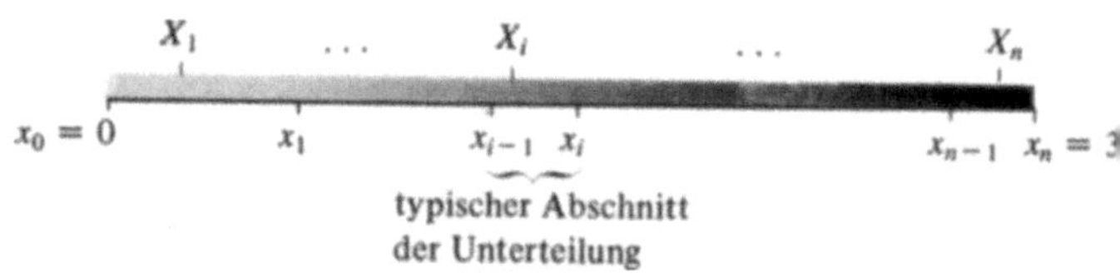

Die Masse in einem typischen Abschnitt beträgt ungefähr

$$\underbrace{5X_i^2}_{\text{Dichte an der Stelle } X_i} \quad \underbrace{(x_i - x_{i-1})}_{\text{Länge des Abschnitts}}\,\mathrm{g}$$

Bild 7.16

Auf gleiche Weise können wir die Länge der Reise aus Problem 3 bestimmen. Da in diesem Fall die Zeit unterteilt wird, verwenden wir die Buchstaben t und T anstelle von x und X (Bild 7.17).

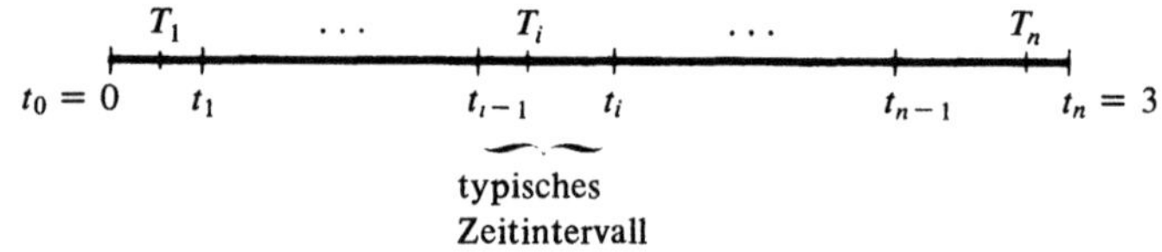

Die Wegstrecke, die in einem typischen Zeitintervall zurückgelegt wird, beträgt etwa

$$\underbrace{8T_i^2}_{\text{Tachometerablesung zur Zeit } T_i} \quad \underbrace{(t_i - t_{i-1})}_{\text{Dauer des } i\text{-ten Zeitintervalls}}$$

Bild 7.17

Eine typische Scheibe hat die Dicke $x_i - x_{i-1}$ und einen quadratischen Querschnitt mit der Seite X_i. Das Volumen beträgt dann

$X_i^2 (x_i - x_{i-1})$

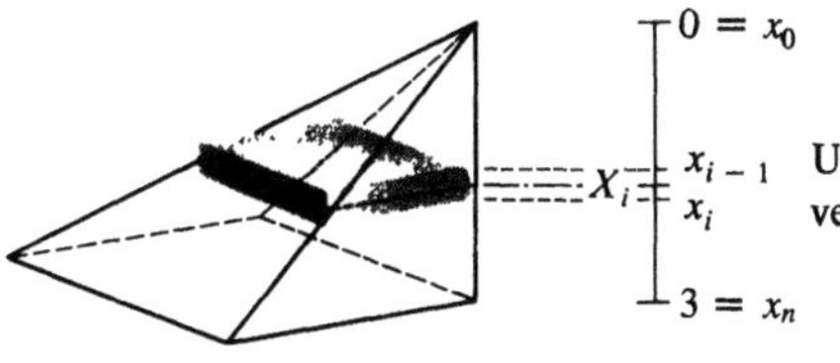

Bild 7.18

Schließlich liefern dieselben x_i und X_i (oder t und T) auch eine Abschätzung für das Volumen des Zeltes (Bild 7.18).

Die nachfolgende Gegenüberstellung faßt die Resultate zusammen:

Problem 1: Eine typische Abschätzung der Fläche unterhalb der Kurve $y = x^2$ und oberhalb des Intervalls $[0; 3]$ ergibt

$$X_1^2(x_1 - x_0) + X_2^2(x_2 - x_1) + \ldots + X_n^2(x_n - x_{n-1}).$$

Problem 2: Eine typische Abschätzung der Masse der Saite führt zu

$$5X_1^2(x_1 - x_0) + 5X_2^2(x_2 - x_1) + \ldots + 5X_n^2(x_n - x_{n-1}).$$

Problem 3: Eine typische Abschätzung des zurückgelegten Weges ergibt

$$8T_1^2(t_1 - t_0) + 8T_2^2(t_2 - t_1) + \ldots + 8T_n^2(t_n - t_{n-1}).$$

Problem 4: Eine typische Abschätzung für das Volumen des Zeltes führt zu

$$X_1^2(x_1 - x_0) + X_2^2(x_2 - x_1) + \ldots + X_n^2(x_n - x_{n-1}).$$

Werden die typischen Abschnitte $[x_{i-1}; x_i]$ immer kürzer gewählt, und wird n immer größer, so sollten die Näherungssummen immer genauere Abschätzungen der gesuchten Größen liefern. Ist nämlich das Intervall $[x_{i-1}; x_i]$ sehr klein, so ist auch die Wahl von X_i eingeschränkt. Da die Funktion x^2 stetig ist, variieren ihre Werte in diesem kurzen Intervall nicht sehr stark.

Wenn wir also immer feinere Unterteilungen des Intervalls $[0; 3]$ (und damit immer größere Werte von n) heranziehen, sollte die Näherungssumme immer genauer werden und sich der gesuchten Größe immer mehr annähern.

Daher lautet unser mathematisches Problem: Wie verhalten sich die Summen der Form

$$X_1^2(x_1 - x_0) + X_2^2(x_2 - x_1) + \ldots + X_n^2(x_n - x_{n-1}) \quad (1)$$

wenn die Abschnitte $[x_{i-1}; x_i]$ immer kleiner werden. Wenn wir einmal wissen, gegen welche exakte Zahl diese Summen streben, dann sind alle vier Probleme mit einem Schlag gelöst. Nähert sich diese Summe etwa der Zahl c, dann beträgt die Fläche unter der Kurve $y = x^2$ exakt c (in Flächeneinheiten), die Saite hat die Masse $5c$ (in Gramm), das Auto fährt $8c$ (in Kilometer) und das Zelt hat ein Volumen von c (in Kubikmeter).

Daher werden wir nun unsere Aufmerksamkeit den Summen der Form

$$X_1^2(x_1 - x_0) + X_2^2(x_2 - x_1) + \ldots + X_n^2(x_n - x_{n-1})$$

zuwenden, anstatt weitere konkrete Abschätzungen zu errechnen.

Ein typischer Summand des i-ten Abschnitts liefert uns

$$X_i^2(x_i - x_{i-1}).$$

Wegen

$$x_{i-1} \leqslant X_i \leqslant x_i$$

genügt der Summand der Ungleichung

$$x_{i-1}^2(x_i - x_{i-1}) \leqslant X_i^2(x_i - x_{i-1}) \leqslant x_i^2(x_i - x_{i-1}).$$

(Die Funktion x^2 ist für $x \geqslant 0$ steigend.)

Aufgrund dieser Ungleichung ergeben sich als kleinste Summen, die man mit den gegebenen Abschnitten $[x_0; x_1]$, $[x_1; x_2]$, ..., $[x_{n-1}; x_n]$ bilden kann:

$$x_0^2(x_1 - x_0) + x_1^2(x_2 - x_1) + \ldots + x_{n-1}^2(x_n - x_{n-1}). \quad (2)$$

Sie geben eine *untere Abschätzung* der gesuchten exakten Zahl. Genauso liefern die Summen

$$x_1^2(x_1 - x_0) + x_2^2(x_2 - x_1) + \ldots + x_n^2(x_n - x_{n-1}) \quad (3)$$

eine *obere Abschätzung* der exakten Antwort. (Die Funktion x^2 ist für $x \geqslant 0$ steigend!)

Wir können uns die Summen (2) und (3), wie etwa beim Problem 1 der Fläche unter der Kurve $y = x^2$, geome-

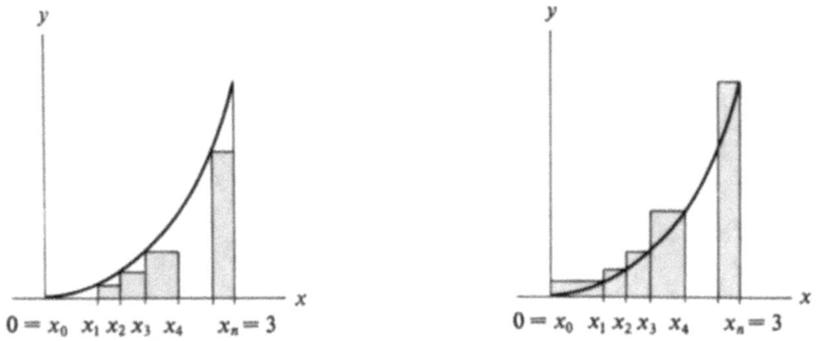

a) Die Fläche der getönten Rechtecke ist gleich der Untersumme (2): $x_0^2(x_1 - x_0) + x_1^2(x_2 - x_1) + \ldots + x_{n-1}^2(x_n - x_{n-1})$

b) Die Fläche der getönten Rechtecke ist gleich der Obersumme (3): $x_1^2(x_1 - x_0) + x_2^2(x_2 - x_1) + \ldots + x_n^2(x_n - x_{n-1})$

Bild 7.19

trisch vorstellen. Summen des Typs (2) entsprechen den Rechtecken, deren Höhe gleich der Ordinate am linken Ende jedes Abschnittes ist (Bild 7.19a). Wir nennen sie Untersummen. Die Summe (3) entspricht den Recktecken, deren Höhe gleich der Ordinate am rechten Ende jedes Abschnittes ist (Bild 7.19b). Wir sprechen von Obersummen.

Besinnen wir uns nun auf die beiden folgenden Ungleichungen aus Abschnitt 4.2: Für $c > d \geqslant 0$ und jede positive ganze Zahl n gilt

$$c^{n+1} - d^{n+1} < (n+1)\,c^n(c-d)$$

sowie

$$c^{n+1} - d^{n+1} > (n+1)\,d^n(c-d).$$

Der Einfachheit halber fassen wir die beiden Ungleichungen zusammen

$$(n+1)\,c^n(c-d) > c^{n+1} - d^{n+1} > (n+1)\,d^n(c-d)$$

und dividieren durch $n + 1$:

$$c^n(c-d) > \frac{c^{n+1}}{n+1} - \frac{d^{n+1}}{n+1} > d^n(c-d).$$

In unserem Spezialfall gilt $n = 2$, und wir erhalten schließlich

$$c^2(c-d) > \frac{c^3}{3} - \frac{d^3}{3} > d^2(c-d). \tag{4}$$

Nun wenden wir Ungleichung (4) auf jeden der n Abschnitte an.

Für $c = x_1$ und $d = x_0$ ergibt Ungleichung (4)

$$x_1^2(x_1 - x_0) > \frac{x_1^3}{3} - \frac{x_0^3}{3} > x_0^2(x_1 - x_0).$$

Für $c = x_2$ und $d = x_1$ ergibt Ungleichung (4)

$$x_2^2(x_2 - x_1) > \frac{x_2^3}{3} - \frac{x_1^3}{3} > x_1^2(x_2 - x_1).$$

Setzen wir dieses Verfahren fort, so erhalten wir insgesamt n Ungleichungen. Die letzte lautet mit $c = x_n$ und $d = x_{n-1}$

$$x_n^2(x_n - x_{n-1}) > \frac{x_n^3}{3} - \frac{x_{n-1}^3}{3} > x_{n-1}^2(x_n - x_{n-1}).$$

Addieren wir diese n Ungleichungen, so ergibt sich folgende wichtige Aussage: Die Obersumme

$$x_1^2(x_1 - x_0) + x_2^2(x_2 - x_1) + \ldots + x_n^2(x_n - x_{n-1}),$$

ist größer als die Summe

$$\frac{x_1^3}{3} - \frac{x_0^3}{3} + \frac{x_2^3}{3} - \frac{x_1^3}{3} + \ldots + \frac{x_n^3}{3} - \frac{x_{n-1}^3}{3}, \tag{5}$$

die ihrerseits wieder größer ist als die Untersumme

$$x_0^2(x_1 - x_0) + x_1^2(x_2 - x_1) + \ldots + x_{n-1}^2(x_n - x_{n-1}).$$

Bei genauerer Betrachtung der mittleren Summe (5) heben sich viele Terme weg:

$$\frac{x_1^3}{3} - \frac{x_0^3}{3} + \frac{x_2^3}{3} - \frac{x_1^3}{3} + \frac{x_3^3}{3} - \frac{x_2^3}{3} + \ldots + \frac{x_n^3}{3} - \frac{x_{n-1}^3}{3}.$$

So hebt sich $x_1^3/3$ mit $-x_1^3/3$, $x_2^3/3$ mit $-x_2^3/3$ und sofort. Die Summe (5) reduziert sich somit einfach auf

$$-\frac{x_0^3}{3} + \frac{x_n^3}{3},$$

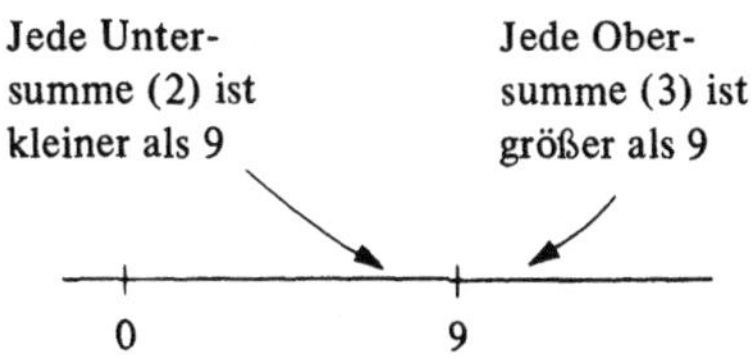

Bild 7.20

denn $-x_0^3/3$ und $x_n^3/3$ werden nicht aufgehoben. x_0 ist aber 0 und $x_n = 3$. So erhält die mittlere Summe den Wert

$$-\frac{0^3}{3} + \frac{3^3}{3} = 9.$$

Daher ist die größte Summe, die mit einem gegebenen Satz von Zahlen

$$x_0, x_1, \dots, x_n$$

gebildet werden kann, größer als 9, während die kleinste Summe, die aus dem selben Satz gebildet werden kann, kleiner als 9 ist (Bild 7.20).

So liegt es auch nahe, daß die Summen

$$X_1^2(x_1 - x_0) + X_2^2(x_2 - x_1) + \dots + X_n^2(x_n - x_{n-1}), \quad (1)$$

zwischen den beiden Summen (2) und (3) liegen und gegen den Wert 9 streben, sofern die Abschnitte $[x_{i-1}; x_i]$ immer kleiner und kleiner werden. Wie verhält sich die Differenz zwischen den Summen (3) und (2), wenn alle Abschnitte beliebig klein werden? Der Unterschied dieser beiden Summen ist durch

$$[x_1^2(x_1 - x_0) + x_2^2(x_2 - x_1) + \dots + x_n^2(x_n - x_{n-1})]$$
$$- [x_0^2(x_1 - x_0) + x_1^2(x_2 - x_1) + \dots + x_{n-1}^2(x_n - x_{n-1})] \quad (6)$$

gegeben. Um zu zeigen, daß (6) mit $x_i - x_{i-1}$ klein wird, fassen wir ähnliche Terme in (6) zusammen und erhalten

$$(x_1^2 - x_0^2)(x_1 - x_0) + (x_2^2 - x_1^2)(x_2 - x_1) + \dots +$$
$$+ (x_n^2 - x_{n-1}^2)(x_n - x_{n-1}). \quad (7)$$

Wir wollen für große n und kurze Abschnitte $x_1 - x_0$, $x_2 - x_1$, ..., $x_n - x_{n-1}$ nachweisen, daß die Differenz (7) sehr klein wird, obwohl sie sehr viele Summanden enthält.

Die Länge des längsten der n Abschnitte sei L. In jedem Fall ist die Summe (7) kleiner oder gleich

$$(x_1^2 - x_0^2)L + (x_2^2 - x_1^2)L + \dots + (x_n^2 - x_{n-1}^2)L$$

oder

$$L[(x_1^2 - x_0^2) + (x_2^2 - x_1^2) + \dots + (x_n^2 - x_{n-1}^2)]. \quad (8)$$

Das Produkt (8) nimmt infolge der vielen Streichungen sich aufhebender Terme die einfache Form

$$L(-x_0^2 + x_n^2) \quad (9)$$

an. Aus $x_n = 3$ und $x_0 = 0$ folgt für (9) sofort

$$L(-0^2 + 3^2) = 9L.$$

Ist nun L klein, so wird auch $9L$ klein. Somit sind (9) und damit die Differenz (6) klein, wenn alle Abschnitte $[x_{i-1}; x_i]$ klein gewählt werden.

Also rücken die Untersumme (2) und die Obersumme (3) nahe aneinander, wenn die Abschnitte $[x_{i-1}; x_i]$ immer kleiner werden. Da die Zahl 9 immer zwischen den beiden Summen liegt, nähern sich beide für immer kleinere Intervalle $[x_{i-1}; x_i]$ der Zahl 9 (Bild 7.21).

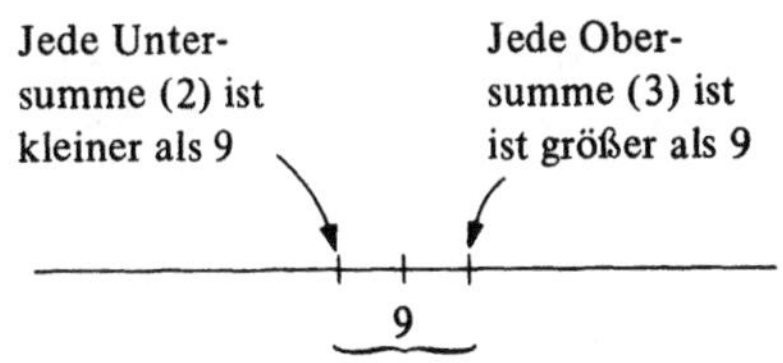

Bild 7.21 Wenn aber die Abschnitte $[x_{i-1}; x_i]$ immer kürzer werden, so geht der Unterschied zwischen der Obersumme und der Untersumme gegen Null

Daher werden auch die allgemeineren Summen (1) ebenfalls zur Zahl 9 streben. Mit diesem Ergebnis können wir nun unsere vier Probleme exakt lösen:

Die Fläche aus Problem 1 ist 9 Flächeneinheiten.

Die Saite aus Problem 2 hat eine Masse von $5 \cdot 9 = 45$ (in Gramm).

Das Auto aus Problem 3 legt eine Strecke von $8 \cdot 9 = 72$ (in Kilometer) zurück.

Das Zelt aus Problem 4 besitzt ein Volumen von 9 (in Kubikmeter).

Die soeben skizzierte Methode zur Berechnung der Fläche unterhalb der Kurve $y = x^2$ (und zur Lösung der anderen drei Probleme) liefert ebenso die Flächen unterhalb der Kurven $y = x^3$, $y = x^4$, ... Sie läßt sich infolge der algebraischen Identitäten für $c^{n+1} - d^{n+1}$ auf jede Funktion x^n anwenden. In Kapitel 8 werden allgemeine Verfahren entwickelt, um derartige Probleme auch für andere Funktionen, wie etwa e^x, $\sin x$ und noch kompliziertere Funktionen, zu lösen.

Übungen:

In den Übungen 1 bis 5 soll mit den Methoden dieses Abschnittes die angegebene Größe berechnet werden.

1. Die Fläche des Gebietes unterhalb $y = x^2$ und oberhalb des Intervalls $[0; 2]$.
2. Die Fläche des Gebietes unterhalb $y = x^2$ und oberhalb des Intervalls $[2; 3]$.
3. Die Fläche des Gebietes unterhalb der Kurve $y = x^2$ und oberhalb des Intervalls
   (*a*) $[0; a]$, wobei a irgendeine positive Zahl ist;
   (*b*) $[0; b]$, wobei b eine positive Zahl ist;
   (*c*) $[a; b]$, wobei $b > a \geqslant 0$ ist.
4. Die gesamte Masse einer 2 cm langen Saite, deren Dichte x Zentimeter vom linken Ende entfernt x^2 g/cm beträgt.
5. Die Masse der rechten Hälfte der Saite aus Übung 4.
6. Wenn $x_0, x_1, x_2, x_3, x_4, x_5$ das Intervall $[0; 3]$ in fünf Abschnitte von gleicher Länge unterteilen, wie groß ist dann (*a*) x_0? (*b*) x_5? (*c*) $x_1 - x_0$? (*d*) $x_2 - x_1$?
7. Eine Abschätzung der Fläche des Gebietes unterhalb von $y = x^2$ und oberhalb von $[0; 3]$ verwendet Abschnitte mit der Länge 0,01. Was kann über den möglichen Fehler dieser Abschätzung ausgesagt werden?
8. Eine Abschätzung der Fläche des Gebietes unterhalb $y = x^2$ und oberhalb von $[2; 3]$ verwendet Intervall-Längen unter 0,01. Was kann über den möglichen Fehler gesagt werden?

Die Übungen 9 bis 12 behandeln die Kurve $y = x^3$.

9. (*a*) Man zeichne das Schaubild $y = x^3$ für x aus $[0; 2]$.
   (*b*) Man skizziere ein Diagramm mit typischen Werten $x_0 = 0, x_1, \ldots, x_n = 2$ und Referenzpunkten X_i sowie typische Rechtecke, deren Flächensumme eine Abschätzung der Fläche unterhalb von $y = x^3$ und oberhalb von $[0; 2]$ liefert.
   (*c*) Wie groß ist die Fläche des Rechtecks, das dem i-ten Abschnitt $[x_{i-1}; x_i]$ entspricht?
   (*d*) Durch welche Summe kann die Fläche unterhalb der Kurve $y = x^3$ und oberhalb von $[0; 2]$ abgeschätzt werden?
10. Jede Summe aus Übung 9(*d*), die mit $X_i = x_{i-1}$ gebildet wird, ist kleiner als 4, während jede derartige Summe mit $X_i = x_i$ größer als 4 ist. Man zeige dies! Wie groß ist die Fläche des Gebietes aus Übung 9(*d*)?

■

11. Die Fläche des Gebietes unterhalb der Kurve $y = x^3$ und oberhalb von $[a; b]$ mit $0 \leqslant a < b$ ist durch
$$\frac{b^4 - a^4}{4}$$
gegeben. Man beweise dies!
12. Mit Hilfe der Formel aus Übung 11
   (*a*) ist die Masse einer 4 cm langen Saite zu finden, deren Dichte x Zentimeter vom linken Ende entfernt x^3 g/cm beträgt;
   (*b*) ist die Wegstrecke eines Objekts nach der dritten Sekunde seiner Bewegung zu bestimmen, wenn seine Geschwindigkeit zur Zeit t Sekunden nach seinem Start t^3 Meter pro Sekunde beträgt.

Die beiden nächsten Übungen behandeln die Kurve $y = 1/x^2$.

13. (*a*) Man zeige, daß für $c > d > 0$ gilt
$$\frac{1}{c^2}(c - d) < \frac{1}{d} - \frac{1}{c} < \frac{1}{d^2}(c - d).$$
   (*b*) Mit Hilfe von (*a*) und von Näherungssummen zeige man, daß die Fläche des Gebietes unterhalb der Kurve $y = 1/x^2$ und oberhalb des Intervalls $[a; b]$ mit $b > a > 0$ durch $1/a - 1/b$ gegeben ist.
14. (Siehe Übung 13.) Eine erschöpfte Schildkröte bewegt sich zur Zeit $t > 0$ mit einer Geschwindigkeit von $1/t^2$ m/s. Wie weit bewegt sie sich zwischen
   (*a*) $t = 1$ und $t = 2$?
   (*b*) $t = 2$ und $t = 3$?

■■

15. Man bestimme das Volumen eines Zeltes mit einer b Meter langen Stütze und einer quadratischen Grundfläche der Seitenlänge b Meter.
16. Für die Fläche aus Problem 1 wird durch Unterteilung des Intervalls $[0; 3]$ in 100 Abschnitte von gleicher Länge eine Näherungssumme berechnet. Unabhängig von der Wahl des Referenzpunktes jedes Intervalls, unterscheidet sich die approximierte Summe von der Fläche des Gebietes unterhalb der Kurve um weniger als 0,27 Flächeneinheiten. Man zeige dies!
17. Schneidet man aus einem Stück Papier gemäß der Vorschrift von Abschnitt 7.1 drei Zelte aus, so kann aus diesen ein Würfel zusammengefügt werden. Diese Tatsache kann auch aus Bild 7.22 abgelesen werden. Aus dieser Information läßt sich das Volumen des Zeltes direkt berechnen (dieser Trick löst unsere vier Probleme, da die Antwort auf eines auch die Antwort auf die anderen drei liefert).

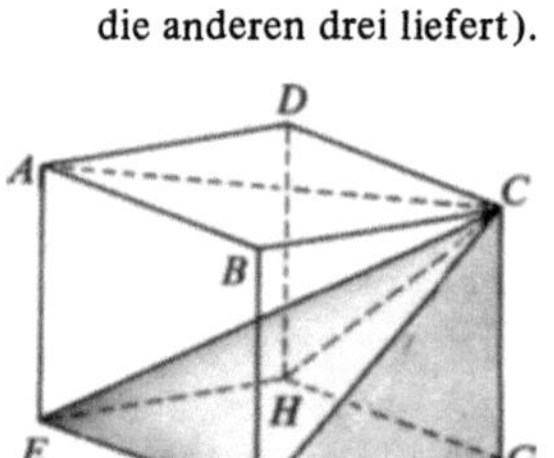

Die drei Zelte haben die Spitze C und die Basis $GFEH$, Spitze C und die Basis $ABFE$, Spitze C und die Basis $DHEA$.

Bild 7.22

Die nächsten zwei Übungen führen das Thema weiter, das in den Übungen 16 und 17 von Abschnitt 7.1 aufgeworfen wurde.

18. (*a*) Man schreibe eine typische Näherungssumme für die Fläche unterhalb der Kurve $y = 1/x$ und oberhalb des Intervalls $[1; 2]$ an. Die linken Endpunkte mögen als X_i für eine typische Verteilung $x_0 = 1, x_1, \ldots, x_n = 2$ gewählt werden.

(*b*) $3x_0, 3x_1, \ldots, 3x_n$ ist eine Unterteilung für das Intervall $[3;6]$. Werden die linken Endpunkte als Referenzpunkte gewählt, so erhält die Fläche unterhalb von $y = 1/x$ und oberhalb von $[3;6]$ denselben Wert wie in (*a*). Man zeige dies!

(*c*) Die Fläche unterhalb der Kurve $y = 1/x$ und oberhalb von $[1;2]$ ist gleich der Fläche unterhalb der Kurve $y = 1/x$ und oberhalb von $[3;6]$. Man zeige dies!

19. (Siehe Übung 18.)

(*a*) Ist $A(t)$ die Fläche unterhalb der Kurve $y = 1/x$ und oberhalb von $[1;t]$, so gilt $A(2) = A(6) - A(3)$.

(*b*) Man zeige für $x > 1$ und $y > 1$ die Relation $A(x) = A(xy) - A(y)$.

(*c*) Aufgrund von (*b*) kann $A(xy) = A(x) + A(y)$ für x und y größer als 1 bewiesen werden. Welche bekannte Funktion f hat für alle positiven x und y die Eigenschaft $f(xy) = f(x) + f(y)$?

7.3 Summenzeichen

In Abschnitt 7.2 war die Summe

$$X_1^2(x_1 - x_0) + X_2^2(x_2 - x_1) + \ldots + X_n^2(x_n - x_{n-1})$$

von größter Bedeutung. Da man sehr lange braucht, um eine solche Summe aufzuschreiben und da derartige Summen sehr oft vorkommen werden, wollen wir für sie eine einfache Bezeichnungsweise einführen, die sogenannte „Sigma-Notation". Sie wird mit den griechischen Buchstaben entsprechend dem S von Summe bezeichnet.

Definition des Summenzeichens: Seien $a_1, a_2, \ldots, a_n$ n Zahlen. Die Summe $a_1 + a_2 + \ldots + a_n$ wird mit dem Symbol

$$\sum_{i=1}^{n} a_i$$

bezeichnet. Dieses Symbol lesen wir als „die Summe von a für i von 1 bis n.

Die Sigma-Notation enthält den Ausdruck für den typischen Summanden, sowie Informationen über Anfang und Ende der Summe.

Beispiel 1: Man schreibe die Summe $1^2 + 2^2 + 3^2 + 4^2$ in der Sigma-Notation.

Lösung: Der i-te Summand ist das Quadrat von i und die Summe läuft von $i = 1$ bis $i = 4$. So finden wir

$$1^2 + 2^2 + 3^2 + 4^2 = \sum_{i=1}^{4} i^2 .$$

Einfache Arithmetik zeigt, daß die Summe 30 beträgt. •

Beispiel 2: Man berechne

$$\sum_{i=1}^{3} 2^i .$$

Lösung: Der Ausdruck ist eine Abkürzung für die Summe $2^1 + 2^2 + 2^3 = 2 + 4 + 8 = 14$. •

In der Definition der Sigma-Notation tritt der Buchstabe i (für „Index") auf. Jeder andere Buchstabe wie etwa j oder k kann ebensogut verwendet werden. Ein derartiger „Index" wird manchmal auch *Summationsindex* oder *blinder Index* genannt.

Beispiel 3: Man berechne

$$\sum_{j=1}^{4} \frac{1}{j} .$$

Lösung: Explizit ergibt dies $\frac{1}{1} + \frac{1}{2} + \frac{1}{3} + \frac{1}{4}$ oder etwa 2,083. •

Das Summenzeichen hat zwei wichtige Eigenschaften, die für die kommenden Kapitel wichtig sind. Zunächst gilt für eine feste Zahl c

$$\sum_{i=1}^{n} ca_i = ca_1 + ca_2 + \ldots + ca_n = c(a_1 + a_2 + \ldots + a_n) = c\sum_{i=1}^{n} a_i$$

oder

$$\sum_{i=1}^{n} ca_i = c\sum_{i=1}^{n} a_i .$$

Diese Regel sagt kurz: „Ein konstanter Faktor kann vor das Summenzeichen gezogen werden".

Ferner gilt als direkte Konsequenz der algebraischen Rechenregeln

$$\sum_{i=1}^{n} (a_i + b_i) = (a_1 + b_1) + (a_2 + b_2) + \ldots + (a_n + b_n) = (a_1 + a_2 + \ldots + a_n) + (b_1 + b_2 + \ldots + b_n) = \sum_{i=1}^{n} a_i + \sum_{i=1}^{n} b_i .$$

Beispiel 4: Man berechne

$$\sum_{i=1}^{4}\left(i^2+\frac{1}{i}\right).$$

Lösung: Wir schreiben um

$$\sum_{i=1}^{4} i^2 + \sum_{i=1}^{4}\frac{1}{i}.$$

Nach den Beispielen 1 und 3 ist diese Summe bis auf drei Dezimalstellen gleich 30 + 2,083 = 32,083. ●

Beispiel 5: Wie groß ist der Wert von

$$\sum_{i=1}^{5} 3?$$

Lösung: In diesem Fall gilt für jeden Index i stets $a_i = 3$. Jeder Summand hat den Wert 3. Es folgt

$$\sum_{i=1}^{5} 3 = 3+3+3+3+3 = 15.$$

Allgemein gilt für eine feste Zahl c, die nicht von i abhängt

$$\sum_{i=1}^{n} c = cn. \quad \bullet$$

Das nächste Beispiel illustriert die Interpretation der Sigma-Notation, wenn der Index i nicht bei 1 beginnt.

Beispiel 6: Man berechne

$$\sum_{i=2}^{6} 5i$$

(gelesen als „Summe von $5i$ für i gleich 2 bis 6“).

Lösung: Explizit ist dies gleich

$$5\cdot 2+5\cdot 3+5\cdot 4+5\cdot 5+5\cdot 6$$

oder

$$5(2+3+4+5+6) = 100. \quad \bullet$$

Sehr nützlich ist die Relation

$$\sum_{i=1}^{m} a_i + \sum_{i=m+1}^{n} a_i = \sum_{i=1}^{n} a_i$$

oder etwa speziell

$$\sum_{i=1}^{4} i^2 + \sum_{i=5}^{10} i^2 = \sum_{i=1}^{10} i^2.$$

Die Sigma-Notation liefert kurze Ausdrücke für die langen Summen dieses Kapitels. Beispielsweise können wir jetzt anstatt

$$X_1^2(x_1-x_0)+X_2^2(x_2-x_1)+\ldots+X_n^2(x_n-x_{n-1})$$

wesentlich kürzer

$$\sum_{i=1}^{n} X_i^2(x_i-x_{i-1})$$

schreiben. Dieser kurze Ausdruck ist tatsächlich nichts anderes als die typische Approximationssumme für die Fläche aus Problem 1 oder das Volumen aus Problem 4.

Wie wird die *Untersumme* (2) aus Abschnitt 7.2

$$x_0^2(x_1-x_0)+x_1^2(x_2-x_1)+\ldots+x_{n-1}^2(x_n-x_{n-1})$$

in der Sigma-Notation dargestellt?

Der i-Summand heißt $x_{i-1}^2(x_i-x_{i-1})$. Die Summe kann daher geschrieben werden als

$$\sum_{i=1}^{n} x_{i-1}^2(x_i-x_{i-1}).$$

In diesem Fall muß selbstverständlich auf die Indizes i und $i-1$ genau geachtet werden.

In Abschnitt 7.2 wurde die Summe

$$\frac{x_1^3}{3}-\frac{x_0^3}{3}+\frac{x_2^3}{3}-\frac{x_1^3}{3}+\ldots+\frac{x_n^3}{3}-\frac{x_{n-1}^3}{3},$$

infolge wechselseitigen Weghebens auf

$$\frac{x_n^3}{3}-\frac{x_0^3}{3}$$

reduziert. Dies ist also eine reduzierbare Summe, wie sie in Beispiel 7 diskutiert wird.

Beispiel 7: Seien b_0, b_1, b_2, b_3 vier Zahlen. Man bilde die Differenzen

$$a_1 = b_1 - b_0, \quad a_2 = b_2 - b_1, \quad a_3 = b_3 - b_2$$

und zeige, daß

$$\sum_{i=1}^{3} a_i = b_3 - b_0.$$

Lösung:

$$\sum_{i=1}^{3} a_i = a_1 + a_2 + a_3 = (b_1 - b_0) + (b_2 - b_1) + (b_3 - b_2).$$

Hebt man b_1 gegen $-b_1$, b_2 gegen $-b_2$, so bleibt

$$a_1 + a_2 + a_3 = b_3 - b_0. \bullet$$

Beispiel 7 kann sehr leicht auf irgendeine endliche Anzahl von Zahlen verallgemeinert werden. $b_0, b_1, \ldots, b_n$ seien $n+1$ Zahlen und es gelte $a_i = b_i - b_{i-1}$ mit $i = 1, \ldots, n$. Dann folgt

$$\sum_{i=1}^{n} a_i = \sum_{i=1}^{n} (b_i - b_{i-1}) = b_n - b_0.$$

Die Summe $\sum_{i=1}^{n} (b_i - b_{i-1})$ schiebt sich auf $b_n - b_0$ zusammen. In unserem speziellen Fall $b_i = x_i^3/3$ liefert dies

$$\sum_{i=1}^{n} \frac{x_i^3}{3} - \frac{x_{i-1}^3}{3} = \frac{x_n^3}{3} - \frac{x_0^3}{3}.$$

In Abschnitt 7.1 wurde eine Näherungssumme mit sechs Unterteilungen der Länge $\frac{1}{2}$ verwendet. Das nächste Beispiel zeigt, wie diese Summe in der Sigma-Notation aussieht.

Beispiel 8: Man schreibe die Näherungssumme

$$(\tfrac{1}{4})^2(\tfrac{1}{2}) + (\tfrac{3}{4})^2(\tfrac{1}{2}) + (\tfrac{5}{4})^2(\tfrac{1}{2}) + (\tfrac{7}{4})^2(\tfrac{1}{2}) + (\tfrac{9}{4})^2(\tfrac{1}{2}) + (\tfrac{11}{4})^2(\tfrac{1}{2})$$

in der Sigma-Notation.

Lösung: Die Summe hat sechs Summanden, die alle die gleiche Form besitzen. Die Zahlen 4 und 2 in den Nennern sind überall die gleichen; die Zahlen 1, 3, 5, 7, 9, 11 in den Zählern sind der veränderliche Teil der Summanden. Der erste Summand hat eine 1, der zweite eine 3, der dritte eine 5 im Zähler. Es ist nicht schwer einzusehen, daß der i-te Summand die Zahl $2i - 1$ als Zähler hat: Der i-te Summand ist gegeben durch

$$\left(\frac{2i-1}{4}\right)^2\left(\frac{1}{2}\right)$$

und die Summe lautet nun

$$\sum_{i=1}^{6} \left(\frac{2i-1}{4}\right)^2\left(\frac{1}{2}\right).$$

Sie kann noch vereinfacht werden auf

$$\sum_{i=1}^{6} \frac{(2i-1)^2}{16}\frac{1}{2} = \frac{1}{32}\sum_{i=1}^{6} (2i-1)^2. \bullet$$

Übungen:

1. Man berechne
   (*a*) $\sum_{i=1}^{3} i$ (*b*) $\sum_{i=1}^{4} 2i$ (*c*) $\sum_{d=1}^{3} d^2$
2. Man berechne
   (*a*) $\sum_{i=2}^{4} i^2$ (*b*) $\sum_{j=2}^{4} j^2$ (*c*) $\sum_{i=1}^{3} (i^2 + i)$
3. Man berechne
   (*a*) $\sum_{i=1}^{4} 1^i$ (*b*) $\sum_{k=2}^{6} (-1)^k$ (*c*) $\sum_{j=1}^{150} 3$
4. Man schreibe in der Sigma-Notation (nicht berechnen):
   (*a*) $1 + 2 + 3 + 4 + \ldots + (n-1) + n$;
   (*b*) $1^2 + 2^2 + 3^2 + \ldots + 10^2$;
   (*c*) $1 + 3 + 5 + 7 + 9 + 11 + 13$.
5. Man schreibe mit Hilfe des Summenzeichens (nicht berechnen):
   (*a*) $1 + 2 + 2^2 + 2^3 + \ldots + 2^{100}$;
   (*b*) $x^3 + x^4 + x^5 + x^6 + x^7$;
   (*c*) $\frac{1}{3} + \frac{1}{4} + \ldots + \frac{1}{100}$;
   (*d*) $\frac{1}{2} + \frac{1}{3} + \ldots + \frac{1}{100}$;
   (*e*) $\frac{1}{3} + \frac{1}{5} + \frac{1}{7} + \frac{1}{9} + \frac{1}{11}$;
   (*f*) $\frac{1}{1^2} + \frac{1}{3^2} + \frac{1}{5^2} + \ldots + \frac{1}{101^2}$.
6. Man schreibe in der Sigma-Notation:
   (*a*) $x_1^2(x_1 - x_0) + x_2^2(x_2 - x_1) + \ldots + x_8^2(x_8 - x_7)$;
   (*b*) $X_1^5(x_1 - x_0) + X_2^5(x_2 - x_1) + \ldots + X_n^5(x_n - x_{n-1})$.

7. Man schreibe jede Summe aus und zeige

(*a*) $\sum_{i=1}^{3}(a_i - b_i) = \sum_{i=1}^{3} a_i - \sum_{i=1}^{3} b_i$;

(*b*) $\sum_{i=1}^{2} a_i b_i$ ist nicht gleich $\sum_{i=1}^{2} a_i \cdot \sum_{i=1}^{2} b_i$;

(*c*) $\sum_{i=1}^{3}\left(\sum_{j=1}^{3} b_j\right) a_i = \sum_{j=1}^{3}\left(\sum_{i=1}^{3} a_i\right) b_j$.

8. Man berechne

(*a*) $\sum_{i=1}^{100}(2^i - 2^{i-1})$;

(*b*) $\sum_{i=2}^{100}\left(\frac{1}{i} - \frac{1}{i-1}\right)$;

(*c*) $\sum_{i=1}^{50}\left(\frac{1}{2i+1} - \frac{1}{2(i-1)+1}\right)$.

9. Sei $x_0, x_1, \ldots, x_n$ eine Unterteilung von $[0;4]$. Man berechne:

(*a*) $\sum_{i=1}^{n}(x_i^3 - x_{i-1}^3)$;

(*b*) $\sum_{i=1}^{n}(x_i^2 - x_{i-1}^2)$;

(*c*) $\sum_{i=1}^{n}(5x_i - 5x_{i-1})$.

10. Man zeige explizit, daß

(*a*) $\sum_{i=1}^{3} a_i = \sum_{j=1}^{3} a_j = \sum_{k=1}^{3} a_k$;

(*b*) $\sum_{i=1}^{3}(a_i + 4) = 12 + \sum_{j=2}^{4} a_{j-1}$.

■

11. Sei $S_n = 1 + 2 + 3 + \ldots + n = \sum_{i=1}^{n} i$. Wir zeigen einen einfachen Weg zur Berechnung dieser Summe am Beispiel $n = 20$.

(*a*) $S_{20} = 1 + 2 + 3 + \ldots + 19 + 20$.
$S_{20} = 20 + 19 + 18 + \ldots + 2 + 1$.
Addieren wir diese beiden Gleichungen, so folgt
$2S_{20} = 21 + 21 + 21 + \ldots + 21 + 21$ (20 Summanden).

(*b*) Man zeige mit (*a*) $S_{20} = 21 \cdot 20/2$ (= 210).

(*c*) Man zeige $S_n = [(n+1)n]/2$.

(*d*) Man verwende (*c*) um $\sum_{i=1}^{100} i$ zu berechnen.

12. Man schreibe den Ausdruck

$$c^{n-1} + c^{n-2}d + c^{n-3}d^2 + \ldots + d^{n-1}$$

in der Sigma-Notation.

13. (*a*) Man zeige ohne jede Arithmetik, nur durch genaue Betrachtung des Bildes 7.23, $1 + 3 + 5 + 7 = 4^2$.

(*b*) Mit Hilfe von (*a*) gebe man eine einfache Formel für die Summe der ersten n ungeraden Zahlen an.

(*c*) Man bestimme eine Formel für die i-te ungerade Zahl.

(*d*) Man schreibe die Summe der ersten n positiven ungeraden Zahlen in Sigma-Notation.

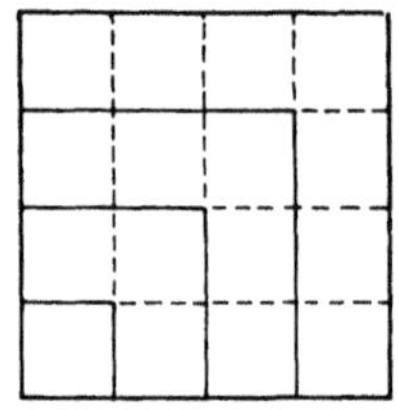

Bild 7.23

14. (*a*) Man zeige $2i + 1 = (i+1)^2 - i^2$.

(*b*) Mit Hilfe von (*a*) gebe man eine Formel für die Summe der ersten n positiven ungeraden Zahlen an.

15. (*a*) Man zeige $i = \frac{[(i+1)^2 - i^2 - 1]}{2}$.

(*b*) Mit Hilfe von (*a*) zeige man

$$\sum_{i=1}^{n} i = \frac{(n+1)^2}{2} - \frac{1}{2} - \frac{n}{2}.$$

(*c*) Mit Hilfe von (*b*) gebe man eine Formel für Übung 11 (*c*).

16. (*a*) Man zeige $(i+1)^3 - i^3 = 3i^2 + 3i + 1$.

(*b*) Mit Hilfe von (*a*) zeige man

$$3\sum_{i=1}^{n} i^2 + 3\sum_{i=1}^{n} i + \sum_{i=1}^{n} 1 = (n+1)^3 - 1.$$

(*c*) Man berechne $\sum_{i=1}^{n} 1$.

(*d*) Man verwende Übung 11 oder Übung 15 und berechne $\sum_{i=1}^{n} i$.

(*e*) Man löse die Gleichung aus (*b*) und beweise die Formel

$$\sum_{i=1}^{n} i^2 = \frac{n(n+1)(2n+1)}{6}.$$

(*f*) Man überprüfe die Formel aus (*e*) für $n = 5$.

■■

Ein Taschenrechner ist bei den folgenden Übungen nützlich.

17. Es sei $S_n = \sum_{i=1}^{n} i\,2^{-i}$.

(*a*) Man berechne S_2, S_3 und S_4 mindestens auf 3 Dezimalen.
(*b*) Man berechne S_{10} sowie S_n für einige große n.
(*c*) Wie wird sich S_n für $n \to \infty$ verhalten? Wird S_n beliebig groß oder nähert es sich einer endlichen Zahl?

18. Es sei $S_n = \sum_{i=1}^{n} \frac{1}{i(i+1)}$.

(*a*) Man berechne S_2, S_3, S_4 und S_5 mindestens auf 4 Dezimalen.
(*b*) Wie wird sich S_n für $n \to \infty$ verhalten?

19. Es sei $S_n = \sum_{i=n}^{2n} \frac{1}{i}$, beispielsweise $S_3 = \frac{1}{3} + \frac{1}{4} + \frac{1}{5} + \frac{1}{6}$.

(*a*) Man berechne S_1, S_2, S_3 und S_4 auf mindestens 4 Dezimalen.
(*b*) Wie wird sich S_n für $n \to \infty$ verhalten?
(*c*) Man zeige $S_n > \frac{1}{2}$ für alle positiven ganzen n.

20. Es sei $S_n = \sum_{i=1}^{n} \frac{1}{i^2}$.

(*a*) Man berechne S_1, S_5, S_{10}.
(*b*) Wie wird sich S_n für $n \to \infty$ verhalten?

7.4 Das bestimmte Integral über ein Intervall

Die vier Probleme aus Abschnitt 7.1 führen uns stets zu derselben Frage: Wie verhält sich eine bestimmte Summe von Produkten, wenn die Unterteilungen sehr fein werden? In Kapitel 7.2 wurde mit Hilfe der beiden Ungleichungen

$$c^2(c-d) > \frac{c^3}{3} - \frac{d^3}{3} > d^2(c-d)$$

gezeigt, daß sich die untersuchte Summe

$$\sum_{i=1}^{n} X_i^2(x_i - x_{i-1}),$$

der Zahl 9 nähert, wenn die Länge der Abschnitte $x_i - x_{i-1}$ immer kleiner wird.

Das Verfahren der Unterteilung von Intervallen und der Berechnung von Unterteilungen wird uns oft begegnen. Jedes der vier Probleme von Abschnitt 7.1 führte zu solchen Summen, wie sie ganz allgemein bei der Berechnung von Flächen und Volumina auftreten. Wir beschränken uns in der Folge auf Plausibilitätsgründe und überlassen exakte Beweise den weiterführenden Lehrbüchern.

Fläche eines ebenen Gebietes: S sei ein ebenes Gebiet, dessen Fläche zu berechnen ist (Bild 7.24). Die Gerade L wählen wir als x-Achse der Ebene. Jede zu L senkrechte Gerade der Ebene schneidet S in einem bestimmten Querschnitt (wenn die Gerade an S vorbeigeht, ist der Querschnitt Null). Die Koordinate des Schnittpunktes von L mit einer typischen Geraden sei x. Die Länge des typischen Querschnittes wird mit $c(x)$ bezeichnet. Die Normalen auf L mögen die Gerade L innerhalb eines Intervalles $[a; b]$ treffen. Im Problem 1 von Abschnitt 7.1 war L die x-Achse und es galt $c(x) = x^2$, $a = 0$ und $b = 3$.

Die Fläche von S berechnen wir mit dem gleichen Verfahren wie das Gebiet unterhalb von $y = x^2$. Zuerst teilen wir $[a; b]$ in n Abschnitte und wählen die Zahlen $x_0 = a, x_1, x_2, \ldots, x_n = b$ aus (Bild 7.25).

Aus jedem dieser Abschnitte wählen wir eine beliebige Zahl. Im Abschnitt $[x_0; x_1]$ etwa X_1, in $[x_1; x_2]$ etwa X_2 usw. (Bild 7.26). Allgemein legen wir in jedem Intervall $[x_{i-1}; x_i]$ eine Zahl X_i fest.

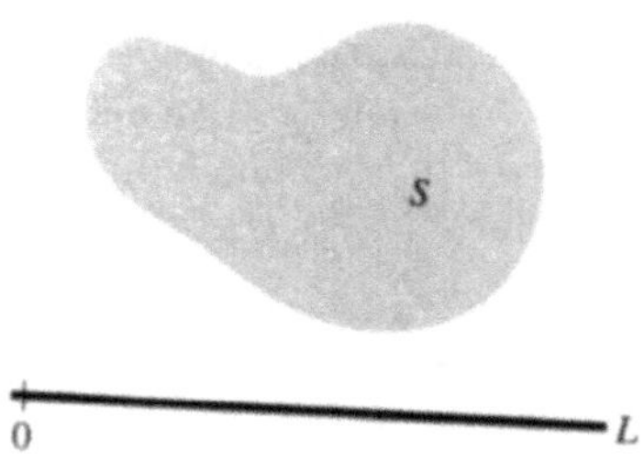

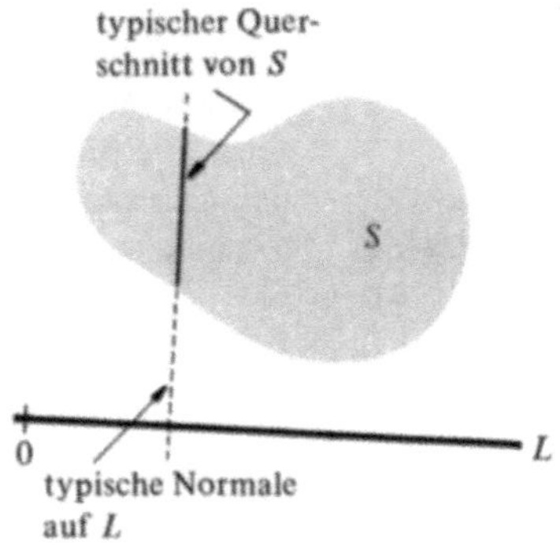

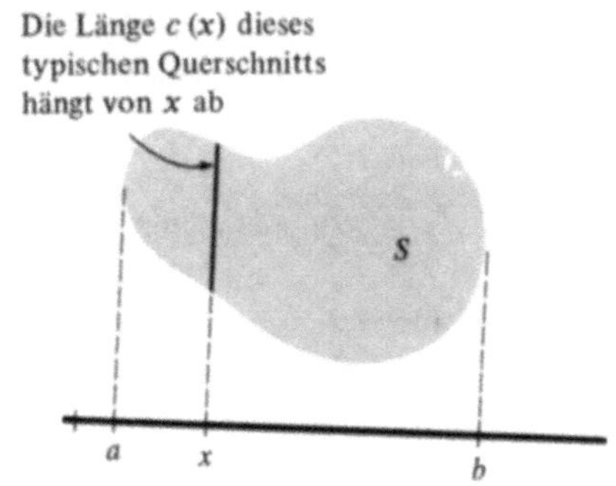

Bild 7.24

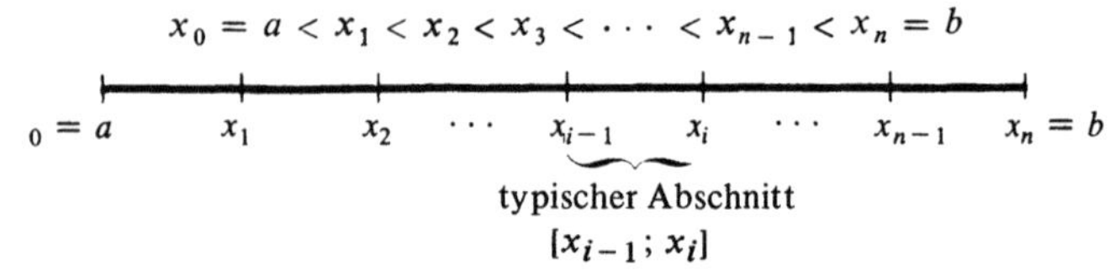

Bild 7.25

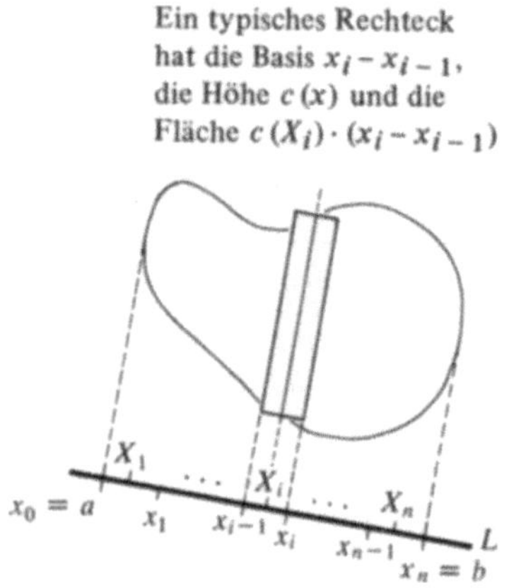

Bild 7.26

Mit den gewählten Zahlen x_i und X_i bilden wir die entsprechenden Rechtecke (Bild 7.26). Die Summe $\sum_{i=1}^{n} c(X_i)(x_i - x_{i-1})$ gibt uns eine Abschätzung der Fläche von S. Wird die Länge $x_i - x_{i-1}$ immer kleiner und kleiner, so sollte diese Summe im allgemeinen gegen die Fläche von S streben.

Um Summen dieser Art genauer zu ermitteln, benötigen wir die folgenden Definitionen.

Definition der Unterteilung: Sei $[a; b]$ ein Intervall und seien $x_0, x_1, \ldots, x_n$ eine Menge von $n+1$ Zahlen mit

$$a = x_0 < x_1 < x_2 < \ldots < x_n = b.$$

Die Gesamtheit der n Intervalle

$$[x_{i-1}; x_i]$$

$i = 1, 2, \ldots, n$ wird dann eine *Unterteilung* von $[a; b]$ genannt.

Die Intervalle einer Unterteilung werden *Abschnitte* genannt.

Definition des Maßes: Das Maß einer Unterteilung ist die Länge des längsten Abschnittes der Unterteilung.

So hat die Unterteilung aus Abschnitt 7.1 das Maß $\frac{1}{2}$. Die Abschätzung der Fläche eines Gebietes (Abschnitt 7.1) führte also zu der plausiblen Behauptung: Wenn das Maß der Unterteilung gegen Null geht, strebt die Summe

$$\sum_{i=1}^{n} c(X_i)(x_i - x_{i-1})$$

gegen die Fläche von S.

Masse einer Saite: Eine Saite bestehe aus einem Material variabler Dichte (eine solche Saite wird *inhomogen* genannt). Wie kann man die gesamte Masse berechnen, wenn die Dichte in jedem Punkt bekannt ist (Bild 7.27)?

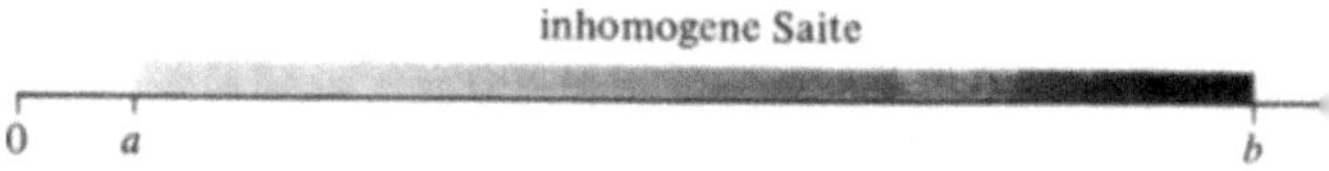

Bild 7.27

Bild 7.28

Zuerst legen wir die Saite auf die x-Achse und bezeichnen ihre Dichte bei x mit $h(x)$ (Bild 7.28). Die Saite belegt auf der Achse das Intervall $[a; b]$. In jedem kleinen Abschnitt ist die Dichte ungefähr konstant. So beträgt die Masse des i-ten Abschnittes etwa

$$h(X_i)(x_i - x_{i-1}),$$

wobei X_i irgendein Punkt aus $[x_{i-1}; x_i]$ ist. Die Summe

$$\sum_{i=1}^{n} h(X_i)(x_i - x_{i-1})$$

gibt also eine Abschätzung für die Masse der Saite und wird gegen die Masse der Saite streben, wenn das Maß der Verteilung gegen Null geht. Den Fall $a = 0$, $b = 3$ und $h(x) = 5x^2$ behandelte das Problem 2 aus Abschnitt 7.1.

Der zurückgelegte Weg: Eine Autofahrt beginnt zur Zeit a und endet zur Zeit b. In jedem Zeitpunkt t während der Reise wird die Geschwindigkeit $v(t)$ als Funktion der Zeit t gemessen. Wie weit führt die Reise? Der Fall $a = 0$, $b = 3$, $v(t) = 8t^2$ entspricht Problem 3 aus Abschnitt 7.1.

Zunächst unterteilen wir das Zeitintervall $[a; b]$ in kleinere Intervalle und schätzen die Länge der Reise durch Aufsummieren der in jedem einzelnen der kleinen Zeitintervalle ungefähr zurückgelegten Wege (Bild 7.29).

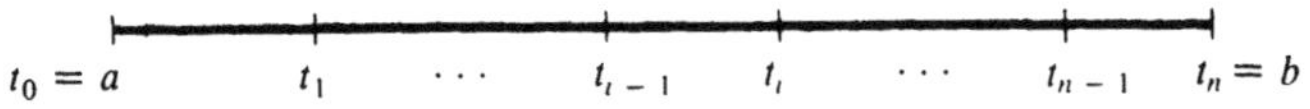

Bild 7.29

Während eines kleinen Zeitintervalls ändert sich die Geschwindigkeit nur wenig. Eine hinreichend gute Abschätzung des im i-ten Zeitintervall $[t_{i-1}; t_i]$ zurückgelegten Weges ergibt sich daher, wenn wir den Tachometer in irgendeinem Augenblick T_i des Intervalls ablesen und dann das Produkt $v(T_i)\,(t_i - t_{i-1})$ bilden. Auf diese Weise gibt uns

$$\sum_{i=1}^{n} v(T_i)\,(t_i - t_{i-1})$$

eine Abschätzung für die Länge des gesamten zurückgelegten Weges. Darüber hinaus strebt die Summe

$$\sum_{i=1}^{n} v(T_i)\,(t_i - t_{i-1})$$

gegen die Gesamtlänge der Reise, wenn das Maß der Verteilung gegen Null geht.

Das Volumen eines Körpers: Um das Volumen eines Festkörpers S zu berechnen, bestimmen wir die Fläche $A(x)$ jedes Schnitts mit einer Ebene aus einer Schar paralleler Ebenen (Bild 7.30a). Im Fall des Zeltes aus Problem 4 von Abschnitt 7.1 war $a = 0$, $b = 3$ und $A(x) = x^2$.

Jede Unterteilung von $[a; b]$ und jede Auswahl von X_i liefert eine Abschätzung des Volumens von S, wenn wir die Volumen der einzelnen Scheiben aufsummieren. Eine typische Scheibe ist in Bild 7.30b in Schrägansicht und in Bild 7.30c Seitenansicht gezeigt.

Daher liefert die Summe

$$\sum_{i=1}^{n} A(X_i)\,(x_i - x_{i-1})$$

eine Abschätzung des Volumens des festen Körpers S. Wird das Maß der Verteilung immer kleiner, so werden die Scheiben immer dünner und die Summe der Volumina wird sich immer mehr dem Volumen von S annähern. Wenn das Maß nach Null geht, strebt die Summe

$$\sum_{i=1}^{n} A(X_i)\,(x_i - x_{i-1})$$

gegen das Volumen von S.

Die folgende Tabelle illustriert die Analogien dieser vier allgemeinen Probleme. Wir benennen die verschiedenen Funktionen $c(x)$, $h(x)$, $v(t)$ und $A(x)$ alle einheitlich mit $f(x)$. Strebt nun die Summe

$$\sum_{i=1}^{n} f(X_i)\,(x_i - x_{i-1})$$

gegen eine feste Zahl, wenn das Maß gegen Null geht, so bezeichnen wir diese Zahl mit

$$\lim_{\text{Maß} \to 0} \sum_{i=1}^{n} f(X_i)\,(x_i - x_{i-1})$$

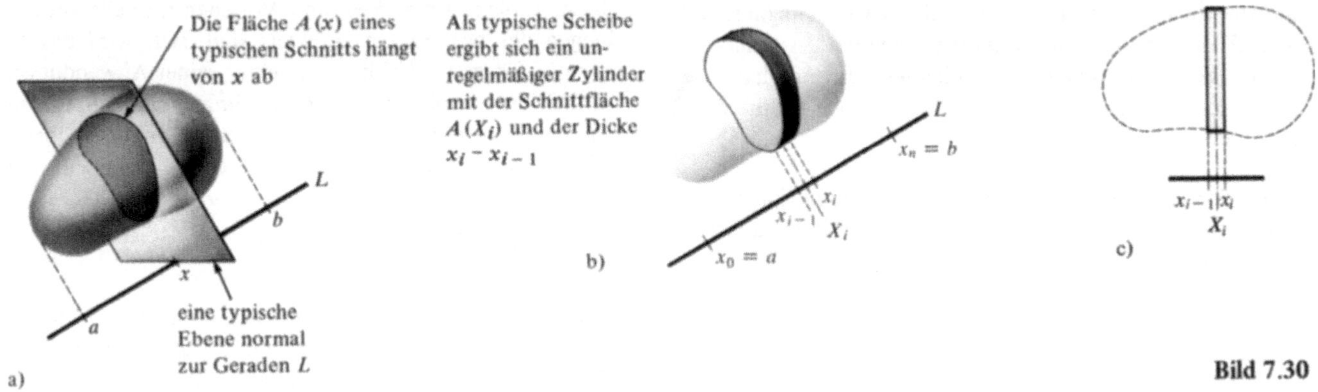

Bild 7.30

$f(x)$	$\sum_{i=1}^{n} f(X_i)(x_i - x_{i-1})$	$\lim_{\text{Maß} \to 0} \sum_{i=1}^{n} f(X_i)(x_i - x_{i-1})$
variable Länge des Querschnittes einer Menge der Ebene	Näherung der Fläche einer Menge in der Ebene	die Fläche der Menge in der Ebene
variable Dichte einer Saite	Näherung der Masse Saite	die Masse der Saite
variable Geschwindigkeit	Näherung des zurückgelegten Weges	der zurückgelegte Weg
variable Fläche des ebenen Querschnittes eines Körpers	Näherung des Volumens eines Körpers	das Volumen eines Körpers

und sagen: „Grenzwert der Summe

$$\sum_{i=1}^{n} f(X_i)(x_i - x_{i-1}),$$

wenn das Maß gegen Null geht".

Die Tabelle veranschaulicht die gemeinsame Basis dieser vier Probleme. Wir können uns im Prinzip von den Bezeichnungen „Fläche, gesamte Masse, zurückgelegter Weg und Volumen" freimachen und uns auf die Konstruktion der Näherungssummen für das gegebene Intervall $[a; b]$ und die jeweils charakteristische Funktion f konzentrieren.

Diese Überlegungen führen uns direkt zum Begriff des bestimmten Integrals einer Funktion und damit zum zweiten Hauptbegriff der Infinitesimalrechnung. Unsere Definition des bestimmten Integrals wird plausibel und intuitiv sein, da sie qualitative Ausdrücke wie „Annäherung" und „Schrumpft auf Null zusammen" benutzt. In Anhang C findet sich eine präzise Formulierung; die anschauliche Definition des bestimmten Integrals ist jedoch für die Aussagen dieses Buches durchaus hinreichend.

Definition des bestimmten Integrals einer Funktion f über ein Intervall $[a; b]$: f sei eine in $[a; b]$ definierte Funktion und die Summe

$$\sum_{i=1}^{n} f(X_i)(x_i - x_{i-1})$$

mögen einen bestimmten Grenzwert erreichen, wenn das Maß der Unterteilungen von $[a; b]$ gegen Null schrumpft (unabhängig von der Wahl der Referenzpunkte X_i des Intervalls $[x_{i-1}; x_i]$). Dann wird der Grenzwert *bestimmtes Integral* von f über $[a; b]$ genannt.

Das bestimmte Integral wird auch *bestimmtes Integral über f von a bis b* oder auch *Integral über f von a bis b* genannt. Als Symbol für dieses Integral führen wir

$$\int_a^b f(x)\,dx$$

ein. Das Symbol $\int$ kommt von dem Buchstaben S wie Summe; das Zeichen dx weist traditionellerweise auf einen kleinen Abschnitt der x-Achse hin und wird erst später eine eigene Bedeutung erhalten. Wir wissen bereits, daß Fläche, Masse, zurückgelegter Weg und Volumen spezielle Anwendungen des bestimmten Integrals sind. (Oft wird das bestimmte Integral fälschlich mit einer seiner Anwendungen identifiziert, als ob man die Zahl 2 immer mit dem Gedanken an zwei Finger verknüpfen würde.) In der höheren Infinitesimalrechnung wird für stetige f bewiesen, daß

$$\lim_{\text{Maß} \to 0} \sum_{i=1}^{n} f(X_i)(x_i - x_{i-1})$$

existiert: Eine stetige Funktion besitzt immer ein bestimmtes Integral. Wir formulieren dieses Resultat wegen seiner allgemeinen Bedeutung nochmals als Theorem.

Theorem der Existenz des bestimmten Integrals: f sei eine in $[a; b]$ stetige Funktion. Dann streben die Näherungssummen

$$\sum_{i=1}^{n} f(X_i)\,(x_i - x_{i-1})$$

gegen einen bestimmten Grenzwert, wenn das Maß der Unterteilungen von $[a; b]$ gegen Null geht.

Obwohl der Flächeninhalt die anschaulichste Deutung des Integrals liefert, sollten Physiker das bestimmte Integral auch mit dem Begriff einer Gesamtmasse identifizieren, die durch Integration aus der lokalen Dichte errechnet wird. Diese Interpretation läßt sich sehr leicht zu höheren Dimensionen hin fortsetzen.

Der Begriff des bestimmten Integrals verbindet die vier Probleme aus Abschnitt 7.1, die wir in der neuen Symbolik nochmals zusammenfassen wollen.

Problem 1: Die Fläche unterhalb der Kurve $y = x^2$ und oberhalb von $[0; 3]$ ist gleich dem bestimmten Integral

$$\int_0^3 x^2 dx.$$

Problem 2: Die Masse der Saite ist gleich dem bestimmten Integral

$$\int_0^3 5x^2 dx.$$

Problem 3: Der zurückgelegte Weg ist gleich dem bestimmten Integrals

$$\int_0^3 8t^2 dt$$

(der Buchstabe t steht für die Zeit).

Problem 4: Das Volumen des Zeltes ist gleich dem bestimmten Integral

$$\int_0^3 x^2 dx.$$

Einige weitere Beispiele sollen in Theorie und Anwendung den Gebrauch des bestimmten Integrals veranschaulichen.

Beispiel 1: Man bestimme das Volumen eines geraden Kreiskegels (Bild 7.31) mit der Höhe 3 cm und dem Radius 1 cm.

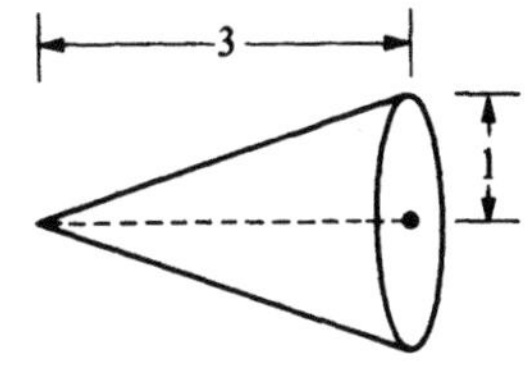

Bild 7.31

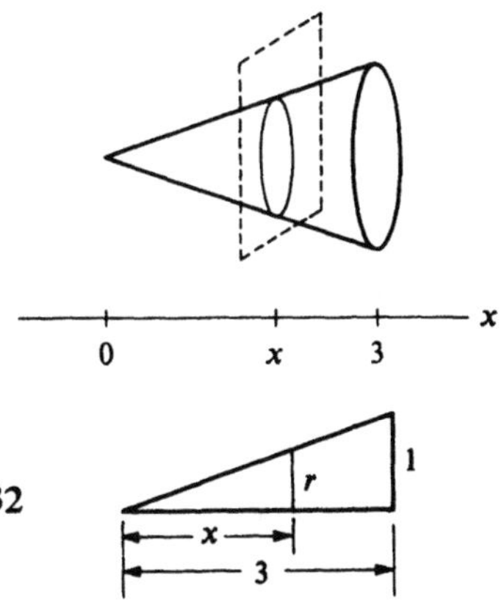

Bild 7.32

Lösung: Zunächst legen wir die x-Achse parallel zur Achse des Kegels und berechnen die Fläche $A(x)$ eines typischen Schnittes, den eine Ebene senkrecht zur x-Achse mit dem Kegel bildet (Bild 7.32). Als Schnitt ergibt sich ein Kreis, dessen Radius von x abhängt. Für $x = 0$ ist der Radius beispielsweise Null; für $x = 3$ ist der Radius 1. Um den Radius r für jedes x zu bestimmen, zeichnen wir einen Seitenriß des Kegels. Aus den ähnlichen Dreiecken lesen wir ab

$$\frac{r}{1} = \frac{x}{3} \quad \text{oder} \quad r = \frac{x}{3}.$$

Die Fläche $A(x)$ eines typischen Querschnittes ist durch

$$\pi r^2 = \pi \left(\frac{x}{3}\right)^2 = \frac{\pi}{9} x^2$$

gegeben. Das Volumen des Kegels ist gleich dem bestimmten Integral über die Querschnittflächen:

$$\text{Volumen des Kegels} = \int_0^3 \frac{\pi}{9} x^2 dx.$$

Die Berechnung des Volumens ist nun auf ein bestimmtes Integral zurückgeführt. Es gilt nun, dieses Integral zu ermitteln.

Wir können hier auf Abschnitt 7.2 zurückgreifen. Zunächst ziehen wir den Koeffizienten $\pi/9$ vor das Integralzeichen (siehe Probleme 2 und 3 und die dortigen Koeffizienten 5 und 8). Für das Volumen des Kegels ergibt sich somit

$$\frac{\pi}{9}\int_0^3 x^2 dx.$$

Wir entnehmen nun aus Abschnitt 7.2 das Ergebnis

$$\int_0^3 x^2 dx = 9.$$

Das Volumen des Kegels beträgt daher schließlich $\pi/9 \cdot 9 = \pi$ Kubikzentimeter. ●

Das nächste Beispiel behandelt wieder ein bestimmtes Integral, diesmal ohne anschauliche Anwendung.

Beispiel 2: Seien a und b zwei Zahlen mit $0 \leqslant a < b$. Man berechne das bestimmte Integral

$$\int_a^b x^2 dx.$$

Lösung: Zunächst betrachten wir Unterteilungen des Intervalls $[a; b]$ und wählen $x_0, x_1, \ldots, x_n$ mit

$$a = x_0 < x_1 < \ldots < x_n = b.$$

Dann untersuchen wir die Näherungssummen

$$\sum_{i=1}^{n} X_i^2 (x_i - x_{i-1}),$$

wenn das Maß klein ist.

Wie in Abschnitt 7.2 liegen diese Summen zwischen einer Obersumme

$$\sum_{i=1}^{n} x_i^2 (x_0 - x_{i-1})$$

und der entsprechenden Untersumme

$$\sum_{i=1}^{n} x_{i-1}^2 (x_i - x_{i-1}).$$

Die Ungleichungen

$$c^2(c-d) > \frac{c^3}{3} - \frac{d^3}{3} > d^2(c-d)$$

zeigen wie in Abschnitt 7.2, daß

$$\sum_{i=1}^{n} x_i^2 (x_i - x_{i-1}) > \sum_{i=1}^{n} \left(\frac{x_i^3}{3} - \frac{x_{i-1}^3}{3}\right) >$$

$$> \sum_{i=1}^{n} x_{i-1}^2 (x_i - x_{i-1}).$$

Die mittlere Summe läßt sich wiederum vereinfachen zu

$$\frac{x_n^3}{3} - \frac{x_0^3}{3}.$$

Wegen $x_n = b$ und $x_0 = a$ erhalten wir also für die mittlere Summe

$$\frac{b^3}{3} - \frac{a^3}{3}.$$

Somit gilt für jede Unterteilung von $[a; b]$

$$\sum_{i=1}^{n} x_i^2 (x_i - x_{i-1}) > \frac{b^3}{3} - \frac{a^3}{3} > \sum_{i=1}^{n} x_{i-1}^2 (x_i - x_{i-1}).$$

Es muß noch gezeigt werden, daß die Unter- und die Obersumme zusammenstreben, wenn das Maß der Verteilung klein wird. Wir wiederholen die Überlegungen aus Abschnitt 7.2, diesmal in Sigma-Notation.

Der Unterschied zwischen den beiden Summen beträgt

$$\sum_{i=1}^{n} x_i^2 (x_i - x_{i-1}) - \sum_{i=1}^{n} x_{i-1}^2 (x_i - x_{i-1})$$

$$= \sum_{i=1}^{n} (x_i^2 - x_{i-1}^2)(x_i - x_{i-1}).$$

Ist das Maß gleich L, so folgt

$$\sum_{i=1}^{n} (x_i^2 - x_{i-1}^2)(x_i - x_{i-1}) \leqslant \sum_{i=1}^{n} (x_i^2 - x_{i-1}^2) L.$$

Andererseits gilt

$$\begin{aligned}\sum_{i=1}^{n} (x_i^2 - x_{i-1}^2) L &= L \sum_{i=1}^{n} (x_i^2 - x_{i-1}^2)\\ &= L(x_n^2 - x_0^2)\\ &= L(b^2 - a^2).\end{aligned}$$

Ist nun L klein, so ist das Produkt $L(b^2 - a^2)$ ebenfalls klein. Die Obersumme und die Untersumme streben daher gegen dieselbe Zahl $b^3/3 - a^3/3$, wenn das Maß gegen Null geht.

Wir fassen zusammen:

$$\int_a^b x^2 dx = \frac{b^3}{3} - \frac{a^3}{3} \qquad 0 \leqslant a < b.$$

Diese Berechnung wurde ohne Bezugnahme auf anschauliche Konzepte wie Fläche, Masse, Weg oder Volumen durchgeführt. ●

Beispiel 3: Die Funktion f habe für alle x den Wert 4: f ist eine konstante Funktion mit der Formel $f(x) = 4$. Mit Hilfe der Definition des bestimmten Integrals berechne man

$$\int_1^3 f(x)\,dx.$$

Lösung: In diesem Fall gilt für eine typische Unterteilung $x_0 = 1$ und $x_n = 3$. Die Näherungssumme lautet

$$\sum_{i=1}^{n} f(X_i)(x_i - x_{i-1})$$

und ist gleich

$$\sum_{i=1}^{n} 4(x_i - x_{i-1}),$$

da für jeden Referenzpunkt X_i gilt: $f(X_i) = 4$. Nun erhalten wir weiter

$$\sum_{i=1}^{n} 4(x_i - x_{i-1}) = 4 \sum_{i=1}^{n} (x_i - x_{i-1}) = 4(x_n - x_0).$$

Mit $x_n = 3$ und $x_0 = 1$ folgt übereinstimmend für alle Näherungssummen der Wert

$$4(3 - 1) = 8.$$

Dies gilt unabhängig von der Größe des Maßes, sowie der Lage der X_i. Daher strebt

$$\sum_{i=1}^{n} f(X_i)(x_i - x_{i-1})$$

mit dem Maß $\to 0$ gegen 8. Tatsächlich sind die Summen alle gleich 8 und es folgt

$$\int_1^3 4\,dx = 8. \quad ●$$

Das bestimmte Integral $\int_1^3 4\,dx$ wurde hier direkt aus der allgemeinen Definition berechnet. Gehen wir andererseits von einer Saite mit der konstanten Dichte 4 g/cm aus und berechnen ihre Masse im Intervall von 1 bis 3, so ergibt sich der Wert des Integrals direkt. Da die Saite eine homogene Dichte besitzt, ist ihre Masse einfach durch

$$\text{Dichte} \cdot \text{Länge} = 4\ \text{g/cm} \cdot 2\ \text{cm} = 8\ \text{g}$$

gegeben.

Wir könnten uns den Wert des Integrals $\int_1^3 4\,dx$ als Fläche eines Gebietes vorstellen. Um dies zu tun, zeichnen wir eine Fläche, die für alle Normalen auf die x-Achse den Querschnitt 4 besitzt: Also ein Rechteck von der Höhe 4 und mit der Grundlinie [1; 3] (Bild 7.33). Die Fläche des Rechtecks ist gleich der Grundlinie mal der Höhe und wir erhalten

$$\int_1^3 4\,dx = 4 \cdot 2 = 8.$$

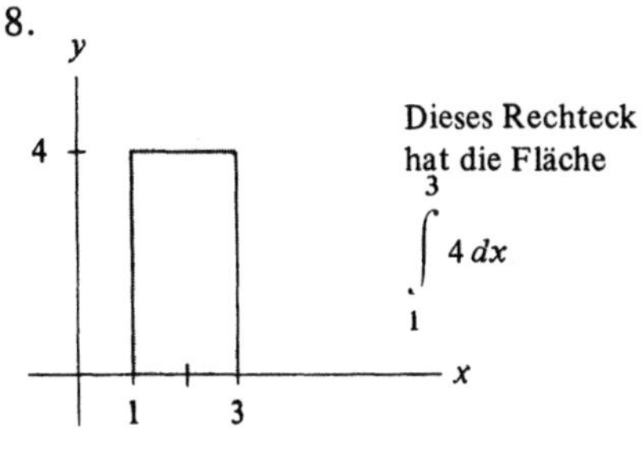

Bild 7.33

Völlige analoge Überlegungen ergeben für jede konstante Funktion c:

$$\int_a^b c\,dx = c(b-a).$$

Beispiel 4: Man berechne

$$\int_a^b f(x)\,dx \quad \text{für} \quad f(x) = x.$$

Lösung: In diesem Fall gilt $f(X_i) = X_i$ und es ist die Summe

$$\sum_{i=1}^{n} X_i(x_i - x_{i-1})$$

abzuschätzen. Wir untersuchen wieder die Obersumme

$$\sum_{i=1}^{n} x_i(x_i - x_{i-1})$$

und die Untersumme

$$\sum_{i=1}^{n} x_{i-1}(x_i - x_{i-1}).$$

Aus den Ungleichungen

$$c(c-d) > \frac{c^2}{2} - \frac{d^2}{2} > d(c-d)$$

folgt

$$x_i(x_i - x_{i-1}) > \frac{x_i^2}{2} - \frac{x_{i-1}^2}{2} > x_{i-1}(x_i - x_{i-1})$$

und

$$\sum_{i=1}^{n} x_i(x_i - x_{i-1}) > \sum_{i=1}^{n} \frac{x_i^2}{2} - \frac{x_{i-1}^2}{2} >$$

$$> \sum_{i=1}^{n} x_{i-1}(x_i - x_{i-1}).$$

Die Summe

$$\sum_{i=1}^{n} \left(\frac{x_i^2}{2} - \frac{x_{i-1}^2}{2}\right)$$

läßt sich auf

$$\frac{x_n^2}{2} - \frac{x_0^2}{2} = \frac{b^2}{2} - \frac{a^2}{2} = \int_a^b x\,dx = \frac{b^2}{2} - \frac{a^2}{2}$$

zusammenziehen, da $b^2/2 - a^2/2$ wiederum zwischen der oberen und der unteren Abschätzung liegt. ●

Das Ergebnis von Beispiel 4 wird ebenfalls plausibel, wenn man das bestimmte Integral als Fläche interpretiert. Das Schaubild von $f(x) = x$ ist eine Gerade; die zugehörige Fläche entspricht dem schraffierten Trapez des Bildes 7.34.

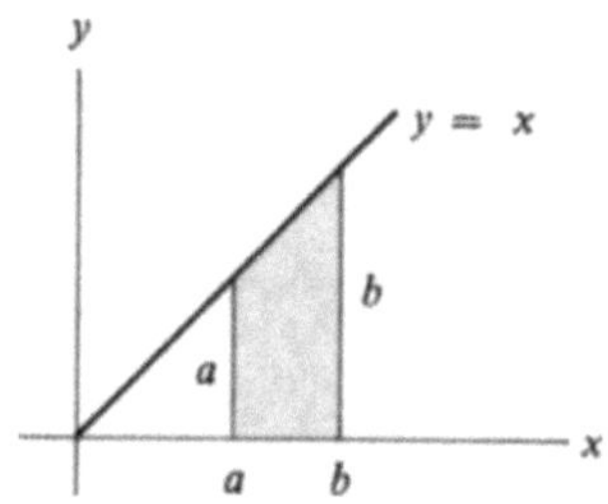

Bild 7.34

Das Trapez selber kann als Differenz des großen Dreiecks mit der Grundlinie b und der Höhe b und des kleinen Dreiecks mit der Grundlinie a und der Höhe a aufgefaßt werden. Das Trapez hat daher die Fläche

$$\frac{1}{2}b^2 - \frac{1}{2}a^2 = \frac{b^2}{2} - \frac{a^2}{2}.$$

Formeln für einige Integrale: Folgende Integrale sind in diesem Abschnitt berechnet worden:

$$\int_a^b 1\,dx = b - a; \quad \int_a^b x\,dx = \frac{b^2}{2} - \frac{a^2}{2};$$

$$\int_a^b x^2\,dx = \frac{b^3}{3} - \frac{a^3}{3}.$$

Aufgrund der bisherigen Ergebnisse vermuten wir

$$\int_a^b x^3\,dx = \frac{b^4}{4} - \frac{a^4}{4}$$

und ganz allgemein für jede positive Zahl n

$$\int_a^b x^n\,dx = \frac{b^{n+1}}{n+1} - \frac{a^{n+1}}{n+1}.$$

Der Beweis der letzten beiden Aussagen verläuft ganz analog zu den Überlegungen für

$$\int_a^b x\,dx \quad \text{und} \quad \int_a^b x^2\,dx$$

(siehe Übungen 15 und 16).

Es gibt eine große Anzahl wichtiger bestimmter Integrale, etwa

$$\int_a^b 2^x\,dx, \quad \int_a^b \frac{1}{1+x^2}\,dx \quad \text{und} \quad \int_a^b \sqrt{1-x^2}\,dx.$$

In den Kapiteln 8 und 9 werden wir Methoden zur Berechnung solcher Integrale kennenlernen.

Übungen:

1. Man bestimme das Maß jeder der folgenden Unterteilungen von $[1;6]$:
(*a*) $x_0 = 1, x_1 = 2, x_2 = 3, x_3 = 4, x_4 = 5, x_5 = 6$;
(*b*) $x_0 = 1, x_1 = 3, x_2 = 5, x_3 = 6$;
(*c*) $x_0 = 1, x_1 = 4, x_2 = 4{,}5, x_3 = 5, x_4 = 5{,}5, x_5 = 6$.

2. Eine Saite ist über das Intervall $[a;b]$ gespannt und besitzt an der Stelle x die Dichte $f(x)$ Gramm pro Zentimeter. Sei $x_0, \dots, x_n$ einer Unterteilung von $[a;b]$ und seien $X_1, \dots, X_n$ die Referenzpunkte. Welches ist die physikalische Interpretation von
(*a*) $x_i - x_{i-1}$? (*b*) $f(X_i)$?
(*c*) $f(X_i)(x_i - x_{i-1})$? (*d*) $\sum_{i=1}^{n} f(X_i)(x_i - x_{i-1})$?
(*e*) $\int_a^b f(x)\,dx$?

3. Eine Rakete bewegt sich zur Zeit t mit einer veränderlichen Geschwindigkeit von $f(t)$ Kilometer pro Sekunde. Sei $t_0, \dots, t_n$ eine Unterteilung von $[a;b]$ und seien $T_1, \dots, T_n$ die Referenzpunkte. Welches ist die physikalische Interpretation von
(*a*) $t_i - t_{i-1}$? (*b*) $f(T_i)$?
(*c*) $f(T_i)(t_i - t_{i-1})$? (*d*) $\sum_{i=1}^{n} f(T_i)(t_i - t_{i-1})$?
(*e*) $\int_a^b f(t)\,dt$?

4. In einen See fließt zur Zeit t Wasser mit einer Rate von $f(t)$ Hektoliter pro Sekunde ein. Man beantworte für diese Interpretation der Funktion f die fünf Fragen aus Übung 3.

5. Mit Hilfe der in Beispiel 2 bis 4 abgeleiteten Formeln berechne man folgende bestimmte Integrale
(*a*) $\int_5^7 3dx$, (*b*) $\int_2^8 x\,dx$, (*c*) $\int_4^6 x^2dx$.

6. Mit Hilfe der Formel aus Beispiel 4 berechne man:
(*a*) $\int_0^1 x^3dx$, (*b*) $\int_0^1 x^4dx$, (*c*) $\int_1^2 x^5dx$.

7. Man schätze $\int_1^5 1/x\,dx$ unter Verwendung einer Unterteilung von $[1;5]$ in vier gleichlange Abschnitte und wähle als X_i
(*a*) die linken Endpunkte,
(*b*) die rechten Endpunkte.

8. Man verwende die Formel für $\int_a^b x^2\,dx$ und bestimme:
(*a*) $\int_0^1 x^2dx$, (*b*) $\int_2^3 x^2dx$, (*c*) $\int_1^3 x^2dx$.

9. Man zeige mit Hilfe der Methode von Beispiel 1, daß ein gerader Kreiskegel mit der Höhe h und dem Radius r das Volumen $\pi r^2h/3$ besitzt.

■

10. (*a*) Man schreibe das entsprechende bestimmte Integral $\int_b^a f(x)\,dx$ für das Volumen des Scheinwerfers in Bild 7.35.
Der im Punkt x auf der x-Achse senkrechte typische Querschnitt ist ein Kreis mit dem Radius $\sqrt{x/\pi}$.
(*b*) Man berechne mit einer der gewonnenen Formeln das bestimmte Integral aus (*a*).

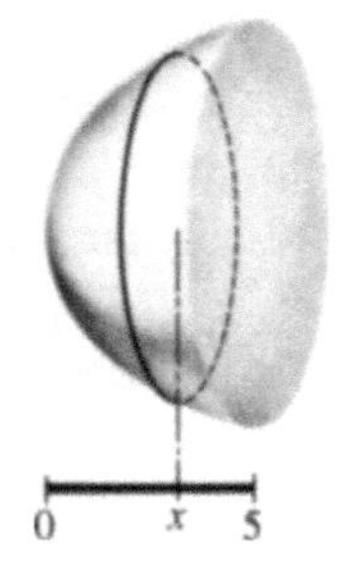

Bild 7.35

11. Ein Geschäftsbetrieb hat nach x Jahren eine Gewinnrate von x^3 Millionen DM pro Jahr (x ist eine positive, nicht notwendigerweise ganze Zahl).
(*a*) Welches bestimmte Integral gibt den Gewinn in den ersten beiden Jahren?
(*b*) Man berechne das Integral mit Hilfe der in diesem Abschnitt abgeleiteten Formeln.

(*c*) Welches bestimmte Integral ergibt den Gewinn während des dritten Jahres?

(*d*) Man berechne das Integral!

12. Ein Kraftfahrer stellt seine Geschwindigkeit als Funktion der Zeit $s = f(t)$ graphisch dar. Warum liefert die Fläche des Gebietes unterhalb des Schaubildes und oberhalb des Intervalls $[a; b]$ den zwischen $t = a$ und $t = b$ zurückgelegten Weg?

13. Man berechne die Fläche des getönten Gebietes, das durch die Gerade $y = x$, die Kurve $y = x^2 + x$ und die Gerade $x = 6$ begrenzt ist (Bild 7.36).

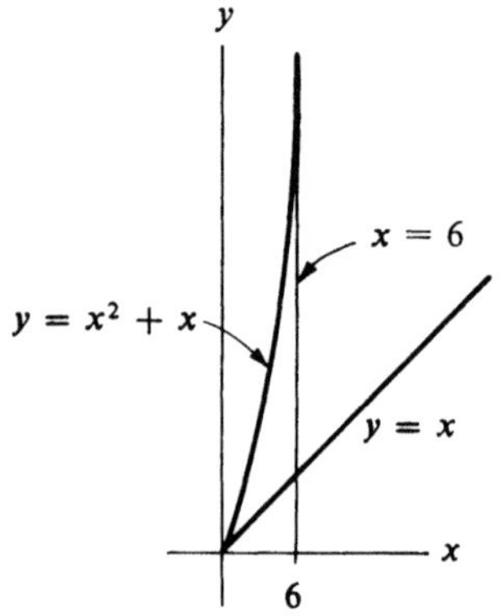

Bild 7.36

■■

14. Man bestimme auf folgende Weise eine Näherungssumme für das Integral $\int_0^3 x\,dx$: Das Intervall $[0; 3]$ werde in n Abschnitte der Länge $3/n$ geteilt, wobei n eine positive ganze Zahl sei. Als Referenzpunkte X_i wähle man den rechten Endpunkt des i-ten Abschnittes.

(*a*) Man zeichne die Unterteilung.

(*b*) Welches ist der numerische Wert von x_0? x_1? x_2? x_i?

(*c*) Man zeige, daß $A_n = \sum_{i=1}^{n} (3i/n)\,(3/n)$ eine Abschätzung für $\int_0^3 x\,dx$ liefert.

(*d*) Übung 11 von Abschnitt 7.3 behandelte die Formel

$$\sum_{i=1}^{n} i = \frac{n(n+1)}{2}.$$

Mit Hilfe dieser Formel zeige man $A_n = \frac{9}{2}(1 + \frac{1}{n})$.

(*e*) Gegen welchen Grenzwert strebt A_n, wenn n sehr groß wird?

(*f*) Mit der Hilfe von (*e*) zeige man $\int_0^3 x\,dx = \frac{9}{2}$.

15. Mit denselben Überlegungen wie in Beispiel 2 zeige man

$$\int_a^b x^3 dx = \frac{b^4}{4} - \frac{a^4}{4}.$$

Dazu werden die Ungleichungen

$$c^3(c-d) > \frac{c^4}{4} - \frac{d^4}{4} > d^3(c-d) \text{ für } c > d \geq 0$$

benötigt.

16. Man berechne analog zu Übung 15 das Integral $\int_a^b x^m dx$, wobei m eine positive ganze Zahl ist. (Wir nennen den Exponenten m und nicht n, da n für die Anzahl der Abschnitte in der Unterteilung benötigt wird).

Für die übrigen Übungen ist ein Taschenrechner nützlich.

17. (*a*) Man skizziere das Schaubild von $y = \sin x$ für $0 \leq x \leq \pi/2$.

(*b*) A sei die Fläche des Gebietes unterhalb der Kurve aus (*a*) und oberhalb des Intervalls von $[0; \pi/2]$. Mit Hilfe elementarer Geometrie zeige man $\pi/4 < A < \pi/2$.

(*c*) Mit Hilfe einer Unterteilung von $[0; \pi/2]$ in fünf gleichlange Abschnitte als Referenzpunkte gebe man eine Abschätzung von A, die zu klein ist.

(*d*) Mit Hilfe derselben Abschätzung wie in (*c*), nur mit den rechten Endpunkten, gebe man eine Abschätzung von A, die zu groß ist.

In Kapitel 8 wird gezeigt, daß $\int_0^{\pi/2} \sin x\,dx = 1$ oder $A = 1$.

18. (*a*) Man skizziere $y = e^{-x}$ für $1 \leq x \leq 2$.

(*b*) A sei die Fläche unterhalb des Schaubilds aus (*a*) und oberhalb von $[1; 2]$. Man unterteile $[1; 2]$ in 10 gleiche Abschnitte und gebe obere und untere Schranken für A. Mit Hilfe der Methoden von Kapitel 8 kann gezeigt werden: $\int_1^2 e^{-x} dx = (e-1)/e^2 \approx 0{,}233$ oder $A \approx 0{,}233$.

19. (*a*) Man zeichne ein Schaubild von $y = 1/(1 + x^2)$ für $0 \leq x \leq 1$.

(*b*) Sei A die Fläche unterhalb des Schaubilds aus (*a*) und oberhalb von $[0; 1]$.

(*c*) Mit Hilfe elementarer Geometrie zeige man $\frac{3}{4} < A < 1$.

(*d*) Man teile $[0; 1]$ in fünf Abschnitte, um obere und untere Schranken für A zu erhalten. In Kapitel 8 wird gezeigt, daß das gesuchte Integral den Wert $\pi/4$ besitzt, also $A \approx 0{,}7854$.

7.5 Zusammenfassung

Vier verschiedene Probleme führten uns zum Konzept des bestimmten Integrals: Fläche eines Gebietes unterhalb einer Kurve, gesamte Masse einer inhomogenen Saite, gesamter Weg bei veränderlicher Geschwindigkeit und das Volumen eines räumlichen Körpers. Alle vier Probleme erfordern dieselbe Art von Überlegungen: Man wählt Unterteilungen eines bestimmten Intervalls, Referenzpunkte und bildet die Näherungssummen

$$\sum_{i=1}^{n} f(X_i)(x_i - x_{i-1}).$$

In Abschnitt 7.1 gingen wir vom Intervall $[0; 3]$ und der Quadratfunktion aus.

Die typische Summe

$$\sum_{i=1}^{n} f(X_i)(x_i - x_{i-1})$$

ist *nicht* gleich dem bestimmten Integral, ebenso wie der Quotient $[f(x+h) - f(x)]/h$ nicht gleich der Ableitung war.

Das bestimmte Integral $\int_a^b f(x)\,dx$ ist der Grenzwert dieser typischen Summe, wenn das Maß der Unterteilung immer kleiner und kleiner wird:

$$\int_a^b f(x)\,dx = \lim_{\text{Maß} \to 0} \sum_{i=1}^{n} f(X_i)(x_i - x_{i-1}).$$

Die Tabelle auf S. 216 illustriert nochmals, warum das bestimmte Integral mit den Begriffen Masse, Fläche, Volumen und Weg zu identifizieren ist. In jedem Falle betrachten wir Funktionen mit nichtnegativen Werten. Man studiere diese Tabelle sehr sorgfältig. Sie faßt die Grundgedanken dieses Kapitels zusammen.

In Worten sagt uns die Tabelle: „Das bestimmte Integral der Dichte ist die Masse, das bestimmte Integral der Länge eines Schnittes ist die Fläche, usw.“

Die Ungleichungen

$$c^2(c-d) > \frac{c^3}{3} - \frac{d^3}{3} > d^2(c-d) \qquad c > d \geqslant 0$$

führten zum Ergebnis

$$\int_0^3 x^2\,dx = 9.$$

Diese Aussage über das Verhalten von Näherungssummen löste gleichzeitig alle vier Probleme.

Auf ähnliche Weise wurde gezeigt:

$$\int_a^b x^2\,dx = \frac{b^3}{3} - \frac{a^3}{3}.$$

Für jede Konstante c ergab sich

$$\int_a^b c\,dx = x(b-a).$$

Das Verfahren, mit dem wir

$$\int_a^b x^2\,dx$$

bestimmen konnten, liefert auch die Relation

$$\int_a^b x^n\,dx = \frac{b^{n+1}}{n+1} - \frac{a^{n+1}}{n+1}$$

für jede positive ganze Zahl n.

Obwohl es explizite Formeln für die Berechnung verschiedener bestimmter Integrale gibt, soll stets im Auge behalten werden, daß das bestimmte Integral der Grenzwert einer Summe ist. Es gibt zwei Gründe für die Bedeutung dieser Tatsache:

1. In vielen Anwendungen der Wissenschaft ist das *Konzept* des bestimmten Integrals viel wichtiger als seine konkrete Anwendung in einer Rechnung.
2. Viele bestimmte Integrale können nicht mit Hilfe einfacher Formeln bestimmt werden. So gibt es etwa keine Formel für das Integral $\int_0^1 2^{x^2}\,dx$.

Funktion	*Interpretation eines typischen Summanden*	*Näherungssumme*	*Bestimmtes Integral*	*Bedeutung des bestimmten Integrals*
Dichte	$f(X_i)(x_i - x_{i-1})$ gibt eine Abschätzung der Masse im Intervall $[x_i; x_{i-1}]$	$\sum_{i=1}^{n} f(X_i)(x_i - x_{i-1})$	$\int_a^b f(x)\,dx$	Masse
Länge des Schnittes eines ebenen Gebietes mit einer Geraden	$f(X_i)(x_i - x_{i-1})$ gibt die Fläche des Näherungsrechtecks	$\sum_{i=1}^{n} f(X_i)(x_i - x_{i-1})$	$\int_a^b f(x)\,dx$	Fläche
Fläche des Schnittes eines Körpers mit einer Ebene	$f(X_i)(x_i - x_{i-1})$ gibt das Volumen einer dünnen Scheibe	$\sum_{i=1}^{n} f(X_i)(x_i - x_{i-1})$	$\int_a^b f(x)\,dx$	Volumen
Geschwindigkeit	$f(T_i)(t_i - t_{i-1})$ gibt eine Abschätzung des im Zeitintervall t_{i-1} bis t_i zurückgelegten Weges	$\sum_{i=1}^{n} f(T_i)(t_i - t_{i-1})$	$\int_a^b f(t)\,dt$	Weg
Beliebige Funktion	$f(X_i)(x_i - x_{i-1})$ ist das Produkt von zwei Zahlen	$\sum_{i=1}^{n} f(X_i)(x_i - x_{i-1})$	$\int_a^b f(x)\,dx$	Zahl

Begriffe und Symbole

Sigma Notation $\sum_{i=1}^{n} a_i$

Unterteilung

Abschnitt einer Unterteilung

Referenzpunkte X_i

Maß

Bestimmtes Integral $\int_a^b f(x)\,dx$

Reduzierbare Summe

$$\sum_{i=1}^{n} (b_i - b_{i-1}) = b_n - b_0$$

Näherungssumme

$$\sum_{i=1}^{n} f(X_i)(x_i - x_{i-1})$$

Wichtige Ergebnisse

$$\int_a^b x^2\,dx = \frac{b^3}{3} - \frac{a^3}{3}$$

$$\int_a^b c\,dx = c(b-a)$$

$$\int_a^b x^n\,dx = \frac{b^{n+1}}{n+1} - \frac{a^{n+1}}{n+1} \qquad n = 1, 2, 3, \dots;\ b > a \geqslant 0.$$

Testaufgaben für Kapitel 7

1. Man berechne

(*a*) $\sum_{i=1}^{3} 2i^2$, (*b*) $\sum_{i=1}^{50} [3i^4 - 3(i-1)^4]$ (*c*) $\sum_{j=3}^{6} 5j$.

2. Mit Hilfe der Formeln dieses Kapitels berechne man

(*a*) $\int_2^5 x^2 dx$, (*b*) $\int_0^2 5dx$,

(*c*) $\int_1^5 6x\,dx$, (*d*) $\int_1^1 x^4 dx$.

3. (*a*) Man schreibe folgende Summe explizit an

$$\sum_{i=1}^{3} x_{i-1}^3 (x_i - x_{i-1}).$$

(*b*) Welches bestimmte Integral nähert die Summe aus (*a*) an, wenn $x_0 = 2$, $x_1 = 3$, $x_2 = 3{,}5$ und $x_3 = 4$?

(*c*) Ist die Summe aus (*a*) kleiner oder größer als das bestimmte Integral aus (*b*)?

4. Es folgt eine Tabelle der Kehrwertfunktion $f(x) = 1/x$. (Die Zahlen sind gerundet.)

x	$1/x$
1	1,000
1,2	0,833
1,4	0,714
1,6	0,625
1,8	0,556
2	0,500

(*a*) Mit Hilfe dieser Tabelle zeichne man das Schaubild von $y = 1/x$ für x aus $[1;2]$.

(*b*) Man teile $[1;2]$ in fünf gleichlange Abschnitte und wähle das linke Ende eines jeden Abschnittes als Referenzpunkt X_i. Man berechne die Näherungssumme

$$\sum_{i=1}^{5} f(X_i)(x_i - x_{i-1}).$$

(*c*) Ist die Summe aus (*b*) größer oder kleiner als das bestimmte Integral $\int_1^2 1/x\,dx$?

(*d*) Wie in (*b*), mit dem rechten Endpunkt als Referenzpunkt.

(*e*) Gibt die Summe aus (*d*) eine obere oder eine untere Abschätzung des Integrals $\int_1^2 1/x\,dx$?

(*f*) Man betrachte das bestimmte Integral aus (*e*) als Fläche und zeige $0{,}5 < \int_1^2 1/x\,dx < 0{,}75$.

5. Eine ermüdete Schildkröte kriecht zwischen 13 und 14 Uhr langsamer und langsamer. Ihre Geschwindigkeit t Stunden nach Mittag sei gleich $1/t$ Meter pro Stunde.

(*a*) Welches bestimmte Integral gibt ihren gesamten Weg in der Zeit von 13 bis 14 Uhr an?

(*b*) Man verwende das Resultat aus Übung 4, um das bestimmte Integral (*a*) abzuschätzen.

6. (*a*) Man erkläre in ein oder zwei Sätzen den Inhalt der Worte „Das bestimmte Integral über $\ln x$ von 2 bis 3". Die Erklärung soll nicht durch einfache Beispiele erfolgen.

(*b*) Man skizziere ein ebenes Gebiet, dessen Fläche durch das bestimmte Integral aus (*a*) gegeben ist.

7. Man berechne $\sum_{i=1}^{5} f(X_i)(x_i - x_{i-1})$ für $f(x) = 1/x$, $x_0 = 1$, $x_1 = 1{,}2$, $x_2 = 1{,}4$, $x_3 = 1{,}6$, $x_4 = 1{,}8$, $x_5 = 2$ und

(*a*) $X_i = x_{i-1}$, (*b*) $X_i = x_i$, (*c*) $X_i = (x_i + x_{i-1})/2$.

(*d*) Welches bestimmte Integral wird durch die Summen (*a*), (*b*) und (*c*) angenähert?

8. Man schätze $\int_1^2 e^{-x^2} dx$ ab. Das Intervall wird in fünf Abschnitte gleicher Länge geteilt, der Referenzpunkt X_i liegt jeweils in der Mitte des i-ten Abschnitts. Übrigens werden die Methoden von Kapitel 8 nicht auf die Berechnung von $\int_1^2 e^{-x^2}$ anwendbar sein.

Übungen zu Kapitel 7

1. Man berechne

(*a*) $\int_1^5 x^2 dx$, (*b*) $\int_2^6 3dx$,

(*c*) $\int_1^{10} x\,dx$, (*d*) $\int_0^2 x^3 dx$.

2. (*a*) Ist das Produkt $\int_0^1 x\,dx \cdot \int_0^1 x^2 dx$ gleich $\int_0^1 x^3 dx$?

(*b*) Ist die Summe $\int_0^1 x\,dx + \int_0^1 x^2 dx$ gleich $\int_0^1 (x + x^2)\,dx$?

(*c*) Ist die Summe $\int_0^1 x^2 dx + \int_1^2 x^2 dx$ gleich $\int_0^2 x^2 dx$?

3. Ein Programmierer will das Integral $\int_0^1 \sqrt{1+x^3}\,dx$ durch Näherungssummen ausrechnen. Um dies zu tun, teilt er das Intervall [0; 1] in 50 Abschnitte gleicher Länge. Als Referenzpunkte nimmt er jeweils den Mittelpunkt des Abschnitts.
   (*a*) Wie groß ist die Länge jedes Abschnittes der Unterteilung?
   (*b*) Wie groß ist x_0? x_1? x_i?
   (*c*) Wie groß ist X_1? X_2? X_i?
4. Man schreibe die folgenden Summen explizit ohne Verwendung der Sigma-Notation:
   (*a*) $\sum_{j=1}^{3} a^j$, (*b*) $\sum_{k=1}^{4} x^k$,
   (*c*) $\sum_{i=0}^{3} i\,2^{-i}$, (*d*) $\sum_{i=2}^{5} \frac{i+1}{i}$,
   (*e*) $\sum_{i=2}^{4} \left(\frac{1}{i} - \frac{1}{i+1}\right)$, (*f*) $\sum_{i=1}^{4} \sin\frac{\pi i}{4}$.
5. Man schreibe die folgenden Summen explizit ohne Sigma-Notation und berechne sie dann:
   (*a*) $\sum_{i=1}^{100} (2^i - 2^{i-1})$, (*b*) $\sum_{i=0}^{100} (2^{i+1} - 2^i)$,
   (*c*) $\sum_{i=1}^{100} \left(\frac{1}{i} - \frac{1}{i+1}\right)$.
6. (*a*) Man beweise $\sum_{i=1}^{n} ca_i = c\sum_{i=1}^{n} a_i$, wobei c eine feste Zahl ist.
   (*b*) Man schreibe explizit $\sum_{i=1}^{4} \sum_{j=1}^{i} a_j$.
   (*c*) Man beweise $\sum_{i=1}^{m} a_i + \sum_{i=m+1}^{n} a_i = \sum_{i=1}^{n} a_i$.
7. Das Analogon zu Übung 6(*a*) für bestimmte Integrale lautet
$$\int_a^b cf(x)\,dx = c\int_a^b f(x)\,dx.$$
Man interpretiere $f(x)$ als die Geschwindigkeit eines bewegten Objektes und $cf(x)$ als die Geschwindigkeit eines anderen Objekts, das sich immer c mal so schneller bewegt. Man erkläre die Gleichung
$$\int_a^b cf(x)\,dx = c\int_a^b f(x)\,dx.$$
8. Man erkläre die Gleichung
$$\int_a^b [f(x) + g(x)]\,dx = \int_a^b f(x)\,dx + \int_a^b g(x)\,dx$$
in der Terminologie von Flächen (f und g seien Funktionen mit positiven Werten).
9. Man schreibe folgende Summen explizit aus:
   (*a*) $\sum_{i=1}^{4} (-x)^i$, (*b*) $\sum_{k=1}^{4} \frac{x^k}{k}$, (*c*) $\sum_{k=1}^{4} \frac{(-x)^k}{k^2}$.
10. Sei n eine positive ganze Zahl und f eine Funktion.
   (*a*) Man zeige, daß $\sum_{i=1}^{n} f(i/n)\,(1/n)$ eine Näherungssumme für das bestimmte Integral $\int_0^1 f(x)\,dx$ darstellt.
   (*b*) Wie groß ist die Länge des i-ten Abschnittes der Unterteilung aus (*a*)?
   (*c*) Wie groß ist das Maß dieser Unterteilung?
   (*d*) Wo liegt der Referenzpunkt X_i im i-ten Abschnitt?
11. Warum liefert $1/100 \sum_{i=1}^{100} f(i/100)$ eine Abschätzung für $\int_0^1 f(x)\,dx$?

■

12. Welches bestimmte Integral wird durch die folgenden Summen angenähert?
   (*a*) $\sum_{i=1}^{200} \left(\frac{i}{100}\right)^3 \frac{1}{100}$, (*b*) $\sum_{i=1}^{100} \left(\frac{i-1}{100}\right)^4 \frac{1}{100}$,
   (*c*) $\sum_{i=101}^{300} \left(\frac{i}{100}\right)^3 \frac{1}{100}$.
13. (Siehe Übung 10.)
   (*a*) Man zeige, daß $1/n^3 \sum_{i=1}^{n} i^2$ eine Näherung von $\int_0^1 x^2\,dx$ darstellt.
   (*b*) Man berechne die Summe aus (*a*) für $n = 4$.
   (*c*) Man berechne das Integral $\int_0^1 x^2\,dx$.
   (*d*) Man bestimme $\lim_{n\to\infty} 1/n^3 \sum_{i=1}^{n} i^2$.

■■

14. (*a*) Man skizziere die Kurve $y = \sqrt{x}$ für $0 \leqslant x \leqslant 1$.

(*b*) Man betrachte Flächen und verwende $\int_0^1 x^2\,dx = \frac{2}{3}$, um $\int_0^1 \sqrt{x}\,dx = \frac{2}{3}$ zu beweisen.

15. f sei eine Funktion, deren Werte für alle x zwischen 3 und 5 liegen: $3 \leqslant f(x) \leqslant 5$.

(*a*) Wie groß kann eine Näherungssumme für $\int_0^4 f(x)\,dx$ werden? Wie klein kann sie werden?

(*b*) Wie groß kann $\int_0^4 f(x)\,dx$ werden? Wie klein?

16. (*a*) Man zeige für $c > d > 0$

$$c^3 > cd\left(\frac{c+d}{2}\right) > d^3.$$

(*b*) Multipliziert man die Ungleichung aus (*a*) mit $(c - d)$ und dividiert durch c^3d^3, so erhält man

$$\frac{1}{d^3}(c-d) > \frac{1}{2d^2} - \frac{1}{2c^2} > \frac{1}{c^3}(c-d).$$

(*c*) Mit Hilfe von (*b*) zeige man, daß für $b > a > 0$ folgt

$$\int_a^b \frac{1}{x^3}\,dx = \frac{1}{2a^2} - \frac{1}{2b^2}.$$

(Der Einfachheit halber setzen wir die Existenz des bestimmten Integrals voraus.)

17. Ein unbemannter Satellit sendet automatisch jede Minute seine Geschwindigkeit zur Bodenstation. Seine Geschwindigkeit wird während seines Fluges als Funktion der Zeit graphisch dargestellt. Welches ist die physikalische Interpretation der Fläche unterhalb der Kurve und oberhalb der Zeitachse?

18. Eine Zahl heißt dyadisch, wenn sie als Quotient zweier ganzer Zahlen m/n ausgedrückt werden kann, wobei n eine Potenz von 2 ist. Zwischen je zwei Zahlen liegt eine unendliche Anzahl von dyadischen Zahlen und ebenso eine unendliche Menge von nicht dyadischen Zahlen. Ausgehend von dieser Information definieren wir eine Funktion f, die im Intervall $[0; 1]$ kein bestimmtes Integral besitzt:

$$\text{Sei } f(x) = \begin{cases} 0 & \text{für } x \text{ dyadisch} \\ 3 & \text{für } x \text{ nicht dyadisch.} \end{cases}$$

(*a*) Für jede Unterteilung von $[0; 1]$ können Referenzpunkte X_i gewählt werden, so daß

$$\sum_{i=1}^{n} f(X_i)\,(x_i - x_{i-1}) = 3$$

gilt. Man zeige dies!

(*b*) Für jede Unterteilung von $[0; 1]$ können Referenzpunkte X_i gewählt werden, so daß

$$\sum_{i=1}^{n} f(X_i)\,(x_i - x_{i-1}) = 0 \qquad \text{gilt. Man zeige dies!}$$

(*c*) Warum besitzt f im Intervall $[0; 1]$ kein bestimmtes Integral!

In der folgenden Übung wird das Integral $\int_0^1 e^x\,dx$ berechnet.

19. Seien a und $r \neq 1$ reelle Zahlen und sei m eine positive ganze Zahl. In Abschnitt 14.2 wird gezeigt:

$$a + ar + ar^2 + \ldots + ar^{m-1} = \frac{a(1 - r^m)}{1 - r}.$$

Diese Formel wird in der Folge benötigt. (Der Beweis ist sehr kurz und kann nachvollzogen werden.)

(*a*) Man zeichne $y = e^x$ für $0 \leqslant x \leqslant 1$.

(*b*) Sei n eine positive ganze Zahl. Man skizziere die Verteilung $0 = x_0,\ x_1 = 1/n,\ x_2 = 2/n, \ldots, x_n = 1$ mit Abschnitten der Länge $1/n$. Sei X_i der rechte Endpunkt des i-ten Abschnittes. Für $\int_0^1 e^x\,dx$ kann eine Näherungssumme mit dem angegebenen Satz von x_i und X_i und dem Wert

$$\frac{1}{n}\,\frac{e^{1/n}(1-e)}{1-e^{1/n}} \qquad \text{gebildet werden.}$$

(*c*) Man zeige, daß

$$\lim_{n \to \infty} \frac{1}{n}\,\frac{e^{1/n}(1-e)}{1-e^{1/n}} = e - 1$$

und damit $\int_0^1 e^x\,dx = e - 1$.

20. Man verallgemeinere Übung 19 und zeige $(b > a)$:

$$\int_a^b e^x\,dx = e^b - e^a.$$

Die folgende Übung behandelt Überlegungen aus früheren Kapiteln.

21. f und g seien in einem offenen Intervall definiert. Sie nehmen nur positive Werte an, sind differenzierbar und besitzen eine zweite Ableitung. Sei $F(x) = \ln f(x)$ und sei $G(x) = \ln g(x)$.

(*a*) Wenn F konkav ist, muß dann f konkav sein?
(*b*) Wenn f konkav ist, muß dann F konkav sein?
(*c*) Wenn f und g konkav sind, muß dann $f + g$ konkav sein?
(*d*) Wenn f und g konkav sind, muß fg ebenfalls konkav sein?
(*e*) Wenn F und G konkav sind, muß dann $\ln fg$ konkav sein?
(*f*) Wenn F und G konkav sind, muß dann $\ln(f + g)$ konkav sein?

8 Die Hauptsätze der Infinitesimalrechnung

Wir haben in den vergangenen Kapiteln die zwei Grundbegriffe der Inifinitesimalrechnung, die Ableitung und das bestimmte Integral kennengelernt. Die Ableitung gibt eine lokale Information, etwa über Anstieg und Geschwindigkeit in irgendeinem Punkt oder zu irgendeinem Zeitpunkt; das bestimmte Integral gibt eine globale Information, etwa über die Fläche eines Gebietes oder den zurückgelegten Weg. Wie sich herausstellt, sind diese beiden Grundbegriffe eng miteinander verknüpft. Das folgende Kapitel stellt diesen Zusammenhang dar und liefert eine Anzahl von Regeln für die Berechnung von bestimmten Integralen – abgesehen von $\int_a^b 1\,dx$, $\int_a^b x\,dx$ und $\int_a^b x^2\,dx$, die wir bereits in Kapitel 7 bestimmt haben. Die Anwendung dieser Regeln bleibt jedoch beschränkt; es gibt kein allgemeines Verfahren, um beliebige bestimmte Integrale zu berechnen.

8.1 Der erste Hauptsatz der Infinitesimalrechnung

In Kapitel 3 wurde *die Geschwindigkeit als Ableitung des zurückgelegten Weges* dargestellt. In Kapitel 7 führte *das bestimmte Integral der Geschwindigkeit zur Bestimmung des zurückgelegten Weges.* So ist es nicht erstaunlich, wenn eine sehr enge Beziehung zwischen Ableitung und bestimmtem Integral besteht. Um diesen Zusammenhang auch mathematisch zu formulieren, müssen wir einige mathematische Symbole einführen, mit deren Hilfe etwa die Relation zwischen Geschwindigkeit und Weg beschrieben werden kann.

x sei die Zeit und $F(x)$ die Koordinate eines Teilchens, das sich entlang einer Geraden bewegt: Dann ist die Geschwindigkeit zur Zeit x durch die Ableitung $F'(x)$ gegeben. Für den in der Zeit von a bis b zurückgelegten Weg ergibt sich:

$$\text{Endkoordinate} - \text{Anfangskoordinate} = F(b) - F(a).$$

Der Satz, „Das bestimmte Integral über die Geschwindigkeit ergibt den zurückgelegten Weg“, nimmt dann die folgende formelmäßige Gestalt an:

$$\int_a^b F'(x)\,dx = F(b) - F(a).$$

Diese Gleichung verallgemeinert die Relation „Geschwindigkeit · Zeit = Weg“, die für Teilchen mit konstanter Geschwindigkeit gilt.

Wie wir aus Kapitel 3 wissen, ist *die Dichte gleich der Ableitung der Masse.* In Kapitel 7 wurde die *Masse als bestimmtes Integral der Dichte* dargestellt. Wir wollen mit x den Abstand vom linken Ende einer inhomogenen Saite bezeichnen. $F(x)$ sei die Masse der Saite zwischen dem linken Ende und dem Punkt x. Dann ergibt $F'(x)$ die Dichte der Saite an der Stelle x. Der Satz, „Das bestimmte Integral über die Dichte ergibt die Masse“, liest sich nun

$$\int_a^b F'(x)\,dx = F(b) - F(a)$$

(a und b sind die Koordinaten der Endpunkte eines typischen Abschnittes der Saite, Bild 8.1). Diese Beziehung zwischen F', $F(a)$ und $F(b)$ verallgemeinert die Aussage „Dichte · Länge = Masse“, die für homogene Saiten gültig ist.

Unsere beiden physikalischen Beispiele weisen auf ein grundlegendes mathematisches Theorem im Hinter-

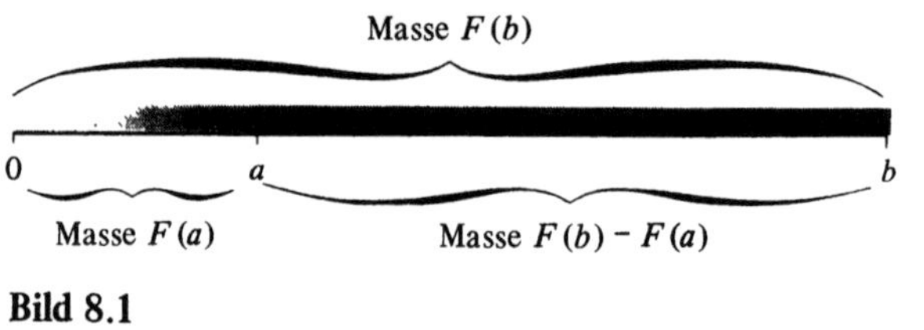

Bild 8.1

grund dieser Phänomene hin. Unsere Berechnungen für die spezielle Funktion $F(x) = x^3/3$ (siehe Kap. 7) unterstreichen diese Vermutung. Dort nämlich wurde gezeigt

$$\int_a^b x^2\,dx = \frac{b^3}{3} - \frac{a^3}{3}.$$

Definieren wir nun die Funktion F durch die Formel

$$F(x) = \frac{x^3}{3},$$

dann gilt

$$F'(x) = x^2$$

und die Gleichung

$$\int_a^b x^2\,dx = \frac{b^3}{3} - \frac{a^3}{3}$$

erhält die Gestalt

$$\int_a^b F'(x)\,dx = F(b) - F(a).$$

So haben wir uns auf drei verschiedenen Wegen dem folgenden Satz genähert:

$$\int_a^b F'(x)\,dx = F(b) - F(a),$$

oder in Worten, „Das bestimmte Integral über die Ableitung einer Funktion und über ein gegebenes Intervall ist gleich dem Unterschied zwischen den Werten derselben Funktion an den Endpunkten des Intervalls."

In dieser einfachen Form ist unsere Behauptung allerdings noch nicht völlig korrekt. So kann die Funktion F eine derart „wilde" Ableitung F' besitzen, daß das Integral $\int_a^b F'(x)\,dx$ nicht existiert. In diesem Fall werden die Näherungssummen *nicht* mit verschwindendem Maß der Unterteilung gegen eine bestimmte Zahl konvergieren. Wie wir aber bereits in Abschnitt 7.4 erwähnt haben, zeigt die höhere Infinitesimalrechnung die *Existenz* des bestimmten Integrals $\int_a^b f(x)\,dx$ für Funktionen f, die im abgeschlossenen Intervall $[a; b]$ stetig sind. Wir wollen diese Behauptung als gesichert annehmen, da der Beweis hier zu schwierig wäre.

Unsere Überlegungen bezüglich Geschwindigkeit, Dichte und Integral $\int_a^b x^2\,dx$ führen alle auf das folgende Theorem hin, dessen Beweis in Abschnitt 8.3 gegeben wird.

Der erste Hauptsatz der Infinitesimalrechnung: Sei $f = F'$ die Ableitung einer Funktion F und stetig in $[a; b]$, dann gilt

$$\int_a^b f(x)\,dx = F(b) - F(a).$$

Das Symbol f für F' wird im Hinblick auf die Verwendung dieses Theorems zur Berechnung von bestimmten Integralen angeführt. Das Theorem sagt uns: „Wenn man das Integral $\int_a^b f(x)\,dx$ berechnen will, so suche man eine Funktion F mit der Ableitung f oder $F' = f$. Dann ist $\int_a^b f(x)\,dx$ gleich $F(b) - F(a)$".

Die folgenden vier Beispiele zeigen Leistungsfähigkeit und Grenzen dieses Hauptsatzes der Infinitesimalrechnung. (Im allgemeinen wird die Beifügung „erster" Hauptsatz weggelassen.)

Beispiel 1: Man bestimme die Fläche des Gebietes unterhalb der Kurve $y = \cos x$, oberhalb der x-Achse und zwischen $x = 0$ und $x = \pi/2$ (Bild 8.2).

Lösung: Wie wir in Abschnitt 7.4 gezeigt haben, ist die Fläche durch das bestimmte Integral der Querschnittslänge $c(x)$ gegeben. In diesem Fall gilt $c(x) = \cos x$ und damit

$$\text{Fläche} = \int_0^{\pi/2} \cos x\,dx.$$

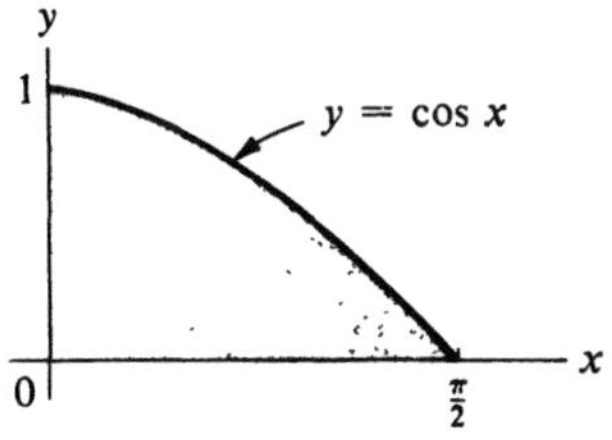

Bild 8.2

Der Hauptsatz der Infinitesimalrechnung behauptet, daß für eine Funktion F mit

$$F'(x) = \cos x,$$

das bestimmte Integral einfach gleich $F(\pi/2) - F(0)$ ist. Nun haben wir in Kapitel 4 den Kosinus als Ableitung der Sinusfunktion kennengelernt. Wir schreiben daher

$$F(x) = \sin x.$$

Der Hauptsatz der Infinitesimalrechnung sagt uns dann:

$$\begin{aligned}\int_0^{\pi/2} \cos x\, dx &= F\left(\frac{\pi}{2}\right) - F(0)\\ &= \sin\frac{\pi}{2} - \sin 0 = 1 - 0\\ &= 1.\end{aligned}$$

Die fragliche Fläche beträgt genau 1 Einheit (dies ist auch plausibel, da sich das gesamte Gebiet innerhalb eines Rechtecks mit der Höhe 1 und der Basislänge $\pi/2$ befindet und andererseits ein Dreieck von der Höhe 1 und der Basis $\pi/2$ enthält. Das Rechteck hat die Fläche $\pi/2 \approx 1{,}57$ Einheiten und das Dreick die Fläche $\pi/4 \approx 0{,}79$ Einheiten). ●

Beispiel 2: In Kapitel 7 wurde für nichtnegative a, b gezeigt, daß

$$\int_a^b x^2\, dx = \frac{b^3}{3} - \frac{a^3}{3}.$$

Was sagt uns der Hauptsatz der Infinitesimalrechnung über das Integral $\int_a^b x^2\, dx$ für beliebige a und b mit $a < b$?

Lösung: Die Funktion F mit $F(x) = x^3/3$ besitzt die Ableitung x^2. Aus dem Hauptsatz folgt dann für völlig beliebige a und b – positiv oder negativ – die Formel

$$\int_a^b x^2\, dx = F(b) - F(a) = \frac{b^3}{3} - \frac{a^3}{3}. \quad ●$$

Die Schlußfolgerung der nächsten beiden Beispiele sollte man sich einprägen.

Beispiel 3: Man berechne $\int_0^1 e^{\sqrt{x}}\, dx$.

Lösung: Um den Hauptsatz anzuwenden, benötigen wir eine Funktion mit der Ableitung $e^{\sqrt{x}}$. Wie man leicht sieht, lautet die Ableitung von $2e^{\sqrt{x}}(\sqrt{x} - 1)$ gerade $e^{\sqrt{x}}$. (In Kapitel 9 werden wir einige Methoden kennenlernen, um Funktionen aus ihrer vorgegebenen Ableitung zu bestimmen. Dies wird jedoch nicht für alle Funktionen gelingen.

Aus

$$F(x) = 2e^{\sqrt{x}}(\sqrt{x} - 1),$$

folgt nun mit dem Hauptsatz der Infinitesimalrechnung

$$\begin{aligned}\int_0^1 e^{\sqrt{x}}\, dx &\underset{\text{HS}}{=} F(1) - F(0)\\ &= [2e^{\sqrt{1}}(\sqrt{1} - 1)] - [2e^{\sqrt{0}}(\sqrt{0} - 1)]\\ &= 2e^1(0) - 2e^0(-1)\\ &= 0 + 2 = 2.\end{aligned}$$

Die Buchstaben HS unter dem Gleichheitszeichen erinnern daran, daß sich diese Gleichung aus dem Hauptsatz der Infinitesimalrechnung ergibt. ●

Beispiel 4: Durch Beispiel 3 ermutigt, versuchen wir nun die Berechnung von $\int_0^1 e^{-x^2} dx$.

Versuch einer Lösung: Um den Hauptsatz anzuwenden, benötigen wir eine Funktion F mit

$$F'(x) = e^{-x^2}.$$

Wie wir in Abschnitt 8.2 zeigen werden, gibt es eine solche Funktion F. Allerdings konnte Liouville bereits 1835 zeigen, daß F *keine elementare Funktion* ist und daher nicht durch Polynome, Logarithmen, Exponentialfunktionen, trigonometrische Funktionen oder ihre Umkehrfunktionen aufgebaut werden kann. So stehen wir vorläufig am Ende unserer Weisheit, da der Hauptsatz der Infinitesimalrechnung nur dann zur Berechnung von $\int_a^b f(x)\, dx$ herangezogen werden kann, wenn f zufälligerweise mit der Ableitung einer elementaren Funktion übereinstimmt. ●

Aus den beiden letzten Beispielen lernen wir: Die Funktion f läßt nicht immer sofort erkennen, ob eine elementare Funktion F existiert. Zwar erscheint $e^{\sqrt{x}}$ zunächst komplizierter als e^{-x^2}. Trotzdem ist $e^{\sqrt{x}}$ die Ableitung einer elementaren Funktion, während dies für e^{-x^2} nicht gilt.

Wird eine elementare Funktion differenziert, so ergibt sich wieder eine elementare Funktion: In Kapitel 5 berechneten wir $D(x^3) = 3x^2$, $D(\cos x) = -\sin x$, $D(\ln x) = \frac{1}{x}$, $D(\arctan x) = 1/(1+x^2)$ und andere. Geht man aber von einer elementaren Funktion f aus und sucht eine andere elementare Funktion F mit der Ableitung f, so ist diese Aufgabe nicht immer lösbar. (Nicht weil F so schwer zu finden ist, sondern weil ein solches elementares F gar nicht zu existieren braucht.)

Übrigens ist

$$\frac{1}{\sqrt{2\pi}} \int_0^b e^{-x^2/2}\, dx$$

eine für die Statistik sehr wichtige Größe. Sie ist in vielen Handbüchern der Mathematik unter der Bezeichnung „Fläche unter der Normalverteilung" als Funktion von b tabelliert.

Übungen:

In Übung 1 sind die angegebenen Funktionen zu differenzieren. Die Resultate werden in den Übungen 2 bis 13 benötigt.

1. (*a*) e^{x^2}, (*b*) $\frac{x^3}{3}$, (*c*) $\frac{1}{2}\arcsin 2x$,
   (*d*) $-\frac{1}{2x^2}$, (*e*) $\frac{1}{2}\ln\frac{1-x}{1+x}$, (*f*) $\frac{1}{2}\arctan 2x$,
   (*g*) $x \sin x + \cos x$, (*h*) $-\cos x$, (*i*) $-e^{-x}$,
   (*j*) $\ln(\sec x + \tan x)$, (*k*) $\sqrt{1+2x}$, (*l*) $\ln x$.
2. Man bestimme die Fläche des Gebietes unterhalb von $y = e^{-x}$ und oberhalb von $[0; 2]$.
3. Man bestimme die Masse einer Saite von der Länge 1 m, wenn die Dichte x Zentimeter vom linken Ende $1/(1+x^2)$ g/cm beträgt.
4. Die Geschwindigkeit einer Schnecke beträgt zur Zeit t Stunden ($t \geq 1$) genau $1/t$ m/h. Wie weit kriecht die Schnecke in den drei Stunden zwischen $t = 1$ und $t = 4$?
5. Man bestimme die Fläche des getönten Gebietes im Bild 8.3. Die Länge eines typischen punktierten Schnittes ist durch $2x e^{x^2}$ gegeben.

Bild 8.3

6. Man bestimme die Fläche des Gebietes unter dem Bogen der Sinuskurve $y = \sin x$ (Bild 8.4).

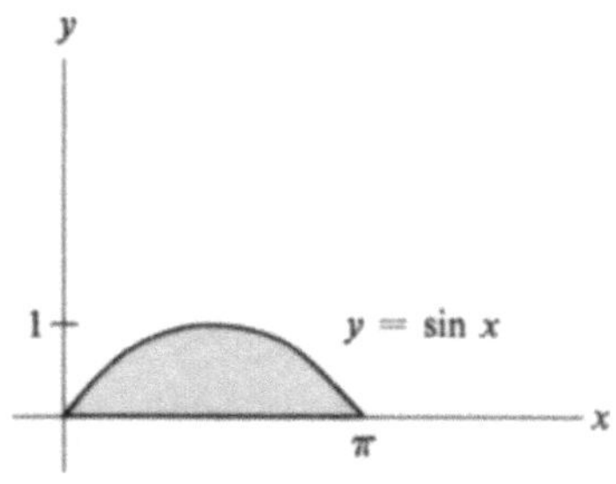

Bild 8.4

7. Man bestimme die Fläche des Gebietes unterhalb von $y = 1/x^3$ und oberhalb von $[2; 3]$.
8. Man bestimme die Fläche des Gebietes von $y = 1/\cos x$ und oberhalb von $[0; \pi/3]$.
9. Man bestimme die Fläche des Gebietes unterhalb von $y = 1/(1-x^2)$ und oberhalb von $[0; \frac{1}{2}]$.
10. Die Geschwindigkeit eines Teilchens hat zur Zeit t den Wert $t \cos t$ m/s. Wie weit bewegt sich das Teilchen in der Zeit von $t = 0$ bis $t = \pi/2$ Sekunden?
11. Man berechne: $\int_0^4 \frac{1}{\sqrt{1+2x}}\, dx$.
12. Man berechne: $\int_0^{1/4} \frac{1}{\sqrt{1-4x^2}}\, dx$.
13. In Beispiel 1 wurde aus $F(x) = \sin x$ das Integral $\int_0^{\pi/2} \cos x\, dx$ berechnet.
    (*a*) Man zeige, daß die Funktion $5 + \sin x$ ebenfalls die Ableitung $\cos x$ besitzt.
    (*b*) Mit $F(x) = 5 + \sin x$ berechne man ebenfalls $\int_0^{\pi/2} \cos x\, dx$.
14. Wie wir aus Beispiel 4 wissen, ist der Hauptsatz der Infinitesimalrechnung bei der Berechnung des Integrals $\int_0^1 e^{-x^2}$ nutzlos.
    Man verwende die Unterteilung $x_0 = 0$, $x_1 = \frac{1}{3}$, $x_2 = \frac{2}{3}$, $x_3 = 1$ und die Referenzpunkte $X_1 = 0{,}3$, $X_2 = 0{,}4$, $X_3 = 0{,}8$ zur Abschätzung dieses Integrals.

■

Jede der Übungen 15 bis 17 gibt drei bestimmte Integrale an. Zwei davon sind mit Hilfe des Hauptsatzes leicht zu berechnen, während das dritte nicht mit dem Hauptsatz bestimmt werden kann. Welche Integrale lassen sich mit Hilfe des Hauptsatzes auswerten und welchen Wert besitzen sie?

15. (*a*) $\int_0^{\pi/2} \sin 2x\, dx$, (*b*) $\int_0^{\pi/2} \sin x^2 dx$,

(*c*) $\int_0^1 (x^2/e^{x^3})\, dx$.

16. (*a*) $\int_0^1 x^2 e^{x^3} dx$, (*b*) $\int_0^1 e^{x^3} dx$,

(*c*) $\int_0^{\pi/2} x \sin x^2 dx$.

17. (*a*) $\int_0^1 \sqrt[3]{x + x^2}\, dx$, (*b*) $\int_0^1 \sqrt[3]{1+x}\, dx$,

(*c*) $\int_0^1 \frac{1}{\sqrt[3]{1+x}}\, dx$.

■■

18. Ein Gebiet wird durch die Kurve $y = e^x$, die x-Achse, die y-Achse sowie die Gerade $x = 1$ begrenzt und rotiert um die x-Achse. Man bestimme das Volumen des resultierenden Körpers.

19. Eine Ebene schneidet eine Kugel mit dem Radius r im Abstand x vom Mittelpunkt. Der Schnitt ist kreisförmig, $0 \leqslant x \leqslant r$.

(*a*) Man zeige, daß der Radius dieses Kreises durch $\sqrt{r^2 - x^2}$ gegeben ist.

(*b*) Man zeige, daß die Fläche des Kreises durch $\pi(r^2 - x^2)$ gegeben ist.

(*c*) Mit Hilfe des Hauptsatzes der Infinitesimalrechnung bestimme man das Volumen der Kugel.

20. Es gibt keine elementare Funktion mit der Ableitung $\sqrt{\sin x}$. Man untersuche die Kurve $y = \sqrt{\sin x}$ für x aus $[0;\pi]$.

(*a*) Man gebe das bestimmte Integral für die Fläche des Gebietes unterhalb der Kurve und oberhalb von $[0;\pi]$ an.

(*b*) Man gebe das bestimmte Integral für das Volumen des Körpers an, der durch Rotation dieses Gebietes aus (*a*) um die x-Achse entsteht.

(*c*) Man zeige, daß der Hauptsatz der Infinitesimalrechnung wohl die Berechnung des Volumens (*b*) aber nicht die Berechnung der Fläche (*a*) gestattet.

8.2 Der zweite Hauptsatz der Infinitesimalrechnung

Im Abschnitt 8.1 führten uns die physikalischen Interpretationen der Ableitung und des bestimmten Integrals zum ersten Hauptsatz der Infinitesimalrechnung. Auf ähnliche Weise wollen wir uns nun dem zweiten Hauptsatz der Infinitesimalrechnung annähern. Die beiden Hauptsätze stehen in enger Beziehung und werden beide in Abschnitt 8.3 bewiesen.

f sei die Dichte pro Zentimeter einer Saite (in Gramm). t Zentimeter vom linken Ende hat die Saite eine Dichte von $f(t)$ Gramm pro Zentimeter. (Der Buchstabe t wird hier anstelle von x verwendet, da wir x für einen anderen Zweck benötigen werden.)

$$\int_a^b f(t)\, dt \text{ Gramm (Bild 8.5).}$$

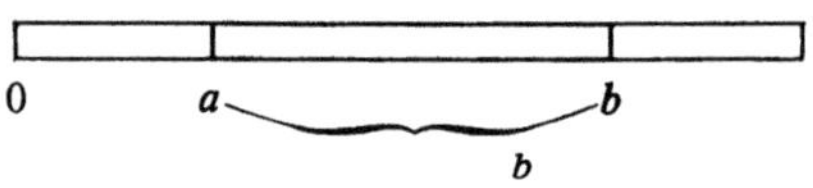

Bild 8.5 Das Intervall hat die Masse $\int_a^b f(t)\, dt$ Gramm

Nun wollen wir a festhalten und b variieren. Aus diesem Grunde verwenden wir für den rechten Endpunkt des Intervalls $[a;b]$ anstelle von b den Buchstaben x.

Wir definieren folgende Funktion G. Für $x > a$ sei

$$G(x) = \int_a^x f(t)\, dt \quad \text{(Bild 8.6).}$$

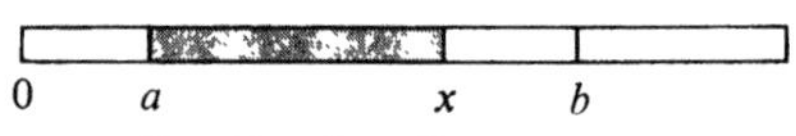

Bild 8.6 Die Masse dieses Teils der Saite ist $G(x)$

Dann ist $G(x)$ die Masse der Saite im Intervall $[a;x]$.

Wie lautet die Ableitung von G? Die Definition der Ableitung ergibt

$$G'(x) = \lim_{\Delta x \to 0} \frac{G(x + \Delta x) - G(x)}{\Delta x}$$

$$= \lim_{\Delta x \to 0} \frac{\Delta G}{\Delta x}.$$

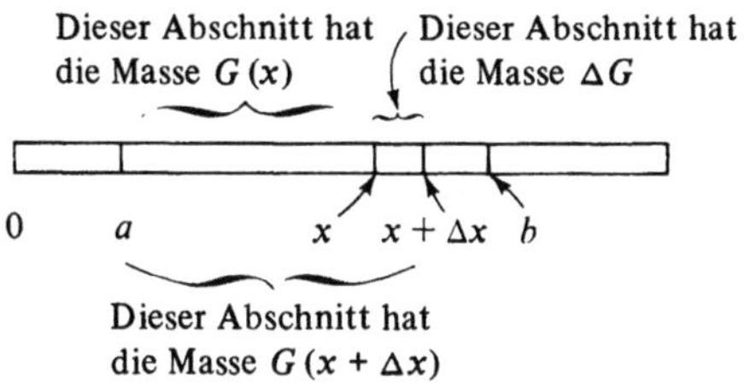

Bild 8.7

Der Zähler

$$G(x + \Delta x) - G(x) = \Delta G,$$

gibt die Masse der Saite im Intervall $[x; x + \Delta x]$ an (Bild 8.7). Daher liefert der Quotient

$$\frac{\Delta G}{\Delta x}$$

eine Abschätzung der Dichte an der Stelle x. Folglich gilt

$$\lim_{x \to 0} \frac{\Delta G}{\Delta x} = \text{Dichte an der Stelle } x.$$

Die Dichte an der Stelle x ist aber andererseits durch $f(x)$ gegeben und wir folgern daher sofort

$$G'(x) = f(x).$$

Anders geschrieben heißt dies

$$\frac{d\left(\int\limits_a^x f(t)\,dt\right)}{dx} = f(x),$$

oder in Worten: „Die Ableitung des bestimmten Integrals über f von a bis x ist gleich $f(x)$".

Wir wollen diese Aussage in einem speziellen Fall überprüfen, wo die Formel für G bekannt ist. Nehmen wir etwa $f(t) = t^2$.

Beispiel 1: Sei $f(t) = t^2$ und sei

$$G(x) = \int\limits_a^x t^2\,dt.$$

Gilt dann $G'(x) = x^2$?

Lösung: In diesem Fall können wir $G(x)$ explizit berechnen:

$$G(x) = \int\limits_a^x t^2\,dt \underset{\text{H.S.}}{=} \frac{x^3}{3} - \frac{a^3}{3}.$$

Umgekehrt gilt

$$G'(x) = \frac{d(x^3/3 - a^3/3)}{dx} = \frac{3x^2}{3} - 0 = x^2.$$

(a ist konstant!). Wie erwartet folgt $G'(x) = x^2$. ●

Die Behauptung

$$\frac{d\left(\int\limits_a^x f(t)\,dt\right)}{dx} = f(x)$$

ist Gegenstand des zweiten Hauptsatzes der Infinitesimalrechnung. Sie sagt uns: „Die Ableitung des bestimmten Integrals von f bezüglich des rechten Endpunktes des Integrationsintervalls ist gleich dem Wert von f in diesem Punkt".

Zweiter Hauptsatz der Infinitesimalrechnung: Sei f stetig im Intervall $[a; b]$. Sei $a < x \leqslant b$ und

$$G(x) = \int\limits_a^x f(t)\,dt.$$

Dann ist G differenzierbar und besitzt f als Ableitung:

$$G'(x) = f(x).$$

Betrachtungen über die Dichte und Masse führten uns zum zweiten Hauptsatz der Infinitesimalrechnung. Wegen der allgemeinen Bedeutung dieses Satzes wollen wir ihn durch analoge Betrachtungen über Flächen untermauern.

Die Funktion f sei stetig und positiv für x aus $[a; b]$. Für x aus diesem Intervall sei die Fläche des Gebietes unterhalb des Schaubildes von f und oberhalb des Intervalls $[a; x]$ durch $G(x)$ gegeben (Bild 8.8). Ferner sei Δx eine kleine positive Zahl. Dann gibt $G(x + \Delta x)$ die Fläche unterhalb des Schaubildes von f und oberhalb des Intervalls $[a; x + \Delta x]$ an. Folglich entspricht

$$\Delta G = G(x + \Delta x) - G(x)$$

Bild 8.8

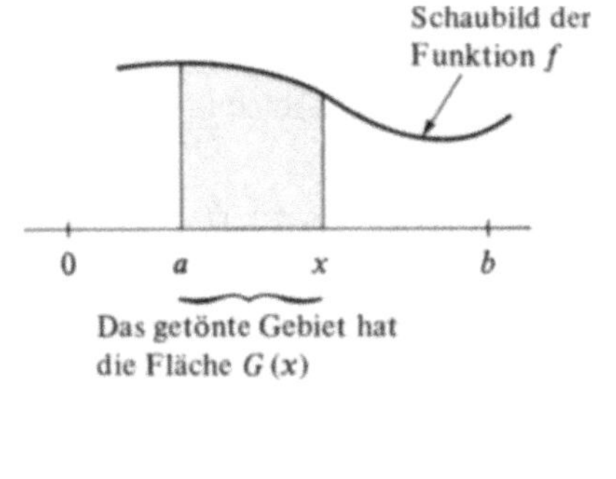

gerade der Fläche des schmalen getönten Streifens in Bild 8.9. Ist Δx klein, so gleicht der schraffierte schmale Streifen oberhalb von $[x; x + \Delta x]$ etwa einem Rechteck mit der Grundlinie Δx, der Höhe $f(x)$ und der Fläche $f(x)\,\Delta x$. Daher können wir annehmen, daß für sehr kleine Grundlinien Δx

$\frac{\Delta G}{\Delta x}$ ungefähr gleich $f(x)$ ist.

So scheint die Aussage

$$\lim_{\Delta x \to 0} \frac{\Delta G}{\Delta x} = f(x)$$

oder

$$G'(x) = f(x)$$

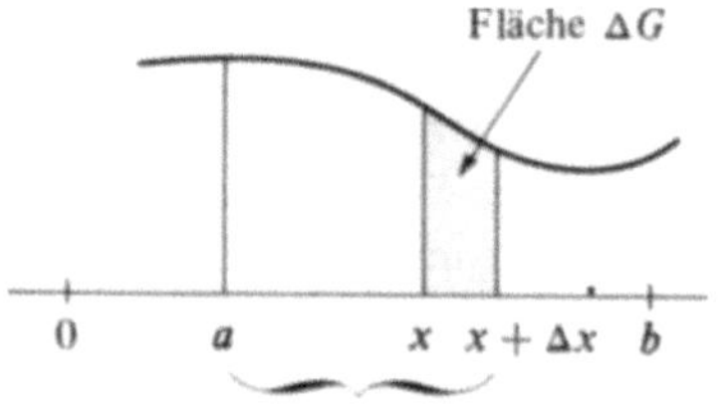

Bild 8.9

sehr plausibel. Nun gibt andererseits

$$G(x) = \int_a^x f(t)\,dt$$

die Fläche als bestimmtes Integral über die Schnittlänge an. Unsere Betrachtungen über die Fläche liefern dieselbe Formel, wie die über Masse und Dichte, nämlich

$$\frac{d\left(\int_a^x f(t)\,dt\right)}{dx} = f(x).$$

Auf diese Weite wurde der zweite Hauptsatz der Infinitesimalrechnung neuerlich veranschaulicht.

Als Konsequenz des Hauptsatzes stimmt jede stetige Funktion mit der Ableitung einer Funktion überein. Wir formulieren diese wichtige Aussage als Korollar:

Korollar: f sei stetig im Intervall $[a; b]$. Dann gibt es eine Funktion, deren Ableitung durch f gegeben ist.

Beweis: Sei $F(x) = \int_a^x f(t)\,dt$, dann gilt aufgrund des zweiten Hauptsatzes der Infinitesimalrechnung

$$F'(x) = f(x)$$

oder

$$\frac{d\left(\int_a^x f(t)\,dt\right)}{dx} = f(x).$$

Damit ist das Korollar bewiesen. ●

Beispiel 2: Man bestimme eine Funktion mit der Ableitung e^{-x^2}.

Lösung: Eine derartige Funktion F ist durch

$$F(x) = \int_0^x e^{-t^2}\,dt$$

gegeben. ●

Diese Information ist dann nutzlos, wenn man den ersten Hauptsatz zur Berechnung von $\int_0^x e^{-t^2}\,dt$ heranziehen wollte. Obwohl es Funktionen mit der Ableitung e^{-x^2} gibt, sind dies keine elementaren Funktionen.

Beispiel 3: Man bestimme

$$D_x\left(\int_0^{x^2} t^3\,dt\right).$$

Lösung: Die obere Grenze des Integrals ist x^2 und nicht x. Daher benötigen wir hier die Kettenregel. Sei

$$y = \int_0^{x^2} t^3\,dt.$$

Dann gilt

$$y = \int_0^u t^3\,dt \quad \text{mit} \quad u = x^2.$$

Aus dem zweiten Hauptsatz folgt

$$\frac{dy}{du} = u^3.$$

Die Kettenregel ergibt dann weiter

$$\frac{dy}{dx} = \frac{dy}{du} \cdot \frac{du}{dx} = u^3 \cdot 2x$$

$$= (x^2)^3\, 2x = 2x^7. \; ●$$

Übungen:

In den Übungen 1 bis 3 soll das Beispiel einer Funktion angegeben werden, deren Ableitung gleich der gegebenen Funktion ist. Man stelle die Lösung durch bestimmte Integrale dar und versuche nicht, eine „Formel" für die Funktion zu finden.

1. $\sqrt{1+x^3}$ **2.** $\sqrt[3]{1+x^2}$

3. $\arctan x^2$

In den Übungen 4 bis 9 ist die gegebene Funktion zu differenzieren.

4. $G(x) = \int_3^x t^5\,dt$ **5.** $G(x) = \int_4^x t^5\,dt$

6. $G(x) = \int_4^x \sec^3 t\,dt$ **7.** $G(x) = \int_1^x \ln t\,dt$

8. $G(x) = \int_0^x \sqrt{t}\,dt$ **9.** $G(x) = \int_3^x e^{t^3}\,dt$

In den Übungen 10 bis 15 ist dG/dx zu berechnen. Wie in Beispiel 3 wird man auch hier die Kettenregel benötigen.

10. $G(x) = \int_1^{x^3} \frac{1}{t}\,dt$ **11.** $G(x) = \int_1^{\sqrt{x}} \sqrt{1-t^2}\,dt$

12. $G(x) = \int_0^{1/x} e^{t^2}\,dt$ **13.** $G(x) = \int_0^{-x} (3t^2+4t)\,dt, x<0$

14. $G(x) = \int_3^{\sin x} \sqrt{1+t^2}\,dt$ **15.** $G(x) = \int_1^{x^2} f(t)\,dt$

■

16. Man bestimme
$$\lim_{\Delta x \to 0} \frac{\int_2^{3+\Delta x} x^3\,dx - \int_2^3 x^3\,dx}{\Delta x}$$

17. Man bestimme
$$\lim_{x_2 \to x_1} \frac{\int_0^{x_2} e^{t^2}\,dt - \int_0^{x_1} e^{t^2}\,dt}{x_2 - x_1}$$

18. Man bestimme
$$\lim_{k \to 0} \frac{\int_1^{x+h} \sqrt{\sin t}\,dt - \int_1^x \sqrt{\sin t}\,dt}{h}$$

■■

Die folgenden Übungen setzen die Übung 19 aus Abschnitt 7.2 fort.

19. (*a*) Sei $A(x) = \int_1^x \frac{1}{t}\,dt$ für $x > 1$. Man bestimme $\frac{dA}{dx}$.

(*b*) Man zeige $A(x) = \ln x$.

In manchen Lehrbüchern wird der Logarithmus für die Basis e als Integral $\int_1^x 1/t\,dt$ definiert. Die Exponentialfunktion ist dann durch die Umkehrfunktion der logarithmischen Funktion gegeben.

Für die Übungen 20 bis 22 nehmen wir die Zahl e als unbekannt an.

20. Sei n eine positive ganze Zahl.

(*a*) Man zeige $\int_1^{(1+1/n)^n} \frac{1}{x^{1-1/n}}\,dx = 1.$

(*b*) Für ansteigende n steigt $(1+1/n)^n$. Man beweise dies mit Hilfe der Kurve

$y = 1/x^{1-1/n}$.

21. Sei m eine positive ganze Zahl.

(*a*) Man zeige $\int_1^{(1-1/m)^m} \frac{1}{x^{1+1/m}}\,dx = 1.$

(*b*) Für steigende m beweise man, daß $(1-1/m)^{-m}$ fällt.

(*c*) Man zeige für jedes Paar von positiven ganzen Zahlen m und n

$$\left(1+\frac{1}{n}\right)^n < \left(1-\frac{1}{m}\right)^{-m}.$$

Übrigens zeigen die Übungen 10 bis 13 aus Abschnitt 4.2, daß die beiden Seiten dieser Ungleichung für $n \to \infty$ und $m \to \infty$ denselben Grenzwert besitzen.

22. Man beweise die Existenz einer Zahl „e" mit der Eigenschaft

$$\int_1^e \frac{1}{t}\,dt = 1.$$

Wenn man die Logarithmen durch bestimmte Integrale definieren will, kann die Zahl e auf diese Weise in die Infinitesimalrechnung eingeführt werden.

8.3 Beweis der beiden Hauptsätze

Anschauliche Überlegungen aus Geometrie und Physik führten uns zu den beiden Hauptsätzen der Infinitesimalrechnung. Wir wollen nun einen mathematischen Beweis für diese beiden Sätze suchen, der unabhängig von der jeweiligen Interpretation des bestimmten Integrals gültig ist. Gleichzeitig wird es uns auch gelingen, das bestimmte Integral als abstraktes mathematisches Konzept zu definieren. Dieses Konzept können wir dann von Intervallen auf ebene Gebiete verallgemeinern.

Im folgenden Abschnitt beweisen wir zunächst den zweiten Hauptsatz und leiten dann aus ihm den ersten Hauptsatz ab. Einige Definitionen und vorbereitende Sätze werden dazu benötigt.

Definition des Integrals von a bis b im Falle $b < a$: Für $b < a$ definieren wir

$$\int_a^b f(x)\,dx = -\int_b^a f(x)\,dx.$$

Beispiel 1: Man berechne $\int_3^0 x^2\,dx$, das Integral über x^2 von 3 bis 0.

Lösung: Das Symbol $\int_3^0 x^2\,dx$ ist definiert als

$$-\int_0^3 x^2\,dx.$$

Wie wir in Kapitel 7 gesehen haben, gilt $\int_0^3 x^2\,dx = 9$ und daher

$$\int_3^0 x^2\,dx = -9. \bullet$$

Definition des Integrals von a bis a: $\int_a^a f(x)\,dx = 0.$

Bemerkung: Das bestimmte Integral wird üblicherweise mit Hilfe von Unterteilungen definiert. Anstelle hier nun Unterteilungen mit Abschnitten der Länge Null zuzulassen, treffen wir obige Definition.

Nach Einführung dieser beiden Definitionen ist das Symbol $\int_a^b f(x)\,dx$ nun für beliebige stetige Funktionen f bestimmt. Wir können also die Einschränkung $a < b$ fallen lassen.

In der Folge werden drei Lemmas benötigt.

Lemma 1: Seien a, b und c Zahlen. Wenn die Integrale $\int_a^c f(x)\,dx$ und $\int_c^b f(x)\,dx$ existieren, dann existiert auch $\int_a^b f(x)\,dx$, und es gilt

$$\int_a^c f(x)\,dx + \int_c^b f(x)\,dx = \int_a^b f(x)\,dx.$$

Wir verzichten auf den Beweis. Im Fall $a < c < b$ sowie für positive $f(x)$ bedeutet diese Gleichung nur, daß die Fläche des Gebietes unterhalb des Schaubildes von f und oberhalb des Intervalls $[a, b]$ durch die Summe der Flächen der Gebiete innerhalb des Schaubildes und oberhalb der Teilintervalle $[a; b]$ und $[c; b]$ gegeben ist (Bild 8.10). Dies aber ist leicht einzusehen.

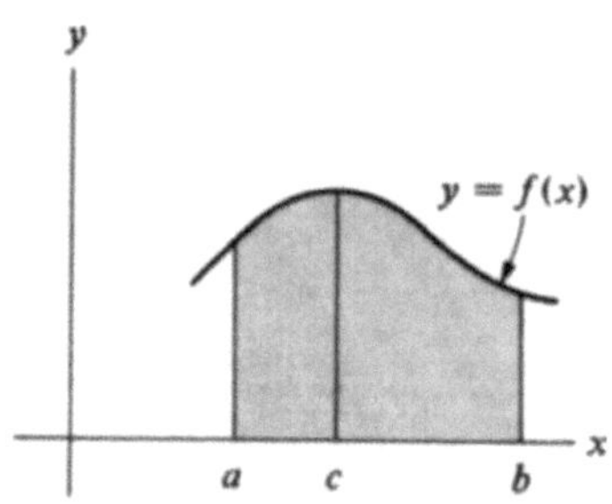

Lemma 1 sagt aus, daß die Fläche von a bis c plus der Fläche von c bis b gleich der Fläche von a bis b ist

Bild 8.10

Lemma 2: Falls $\int_a^b f(x)\,dx$ existiert und für alle x aus $[a; b]$ stets $m \leqslant f(x) \leqslant M$ gilt, so folgt

$$m(b-a) \leqslant \int_a^b f(x)\,dx \leqslant M(b-a) \qquad \text{für } a < b$$

und

$$m(b-a) \geqslant \int_a^b f(x)\,dx \geqslant M(b-a) \qquad \text{für } b>a.$$

Beweis: Wir beweisen dies für den Fall $a<b$. Aus $m \leqslant f(X_i) \leqslant M$ für X_i aus $[a;b]$ folgt für jede Näherungssumme und jede Unterteilung von $[a;b]$:

$$m \sum_{i=1}^{n} (x_i - x_{i-1}) \leqslant \sum_{i=1}^{n} f(X_i)(x_i - x_{i-1}) \leqslant$$

$$\leqslant M \sum_{i=1}^{n} (x_i - x_{i-1}).$$

Nun gilt $\sum_{i=1}^{n} (x_i - x_{i-1}) = b-a$. Daher liegt jede Näherungssumme von $\int_a^b f(x)\,dx$ zwischen $m(b-a)$ und $M(b-a)$.

Daraus folgt sofort, daß

$$\lim_{\text{Maß} \to 0} \sum_{i=1}^{n} f(X_i)(x_i - x_{i-1})$$

zwischen $m(b-a)$ und $M(b-a)$ liegt. Damit ist der Beweis geführt. (Der Fall $b<a$ kann auf den Fall $a<b$ zurückgeführt werden.) •

Lemma 3: Seien a und b zwei Zahlen und sei f eine stetige Funktion. Dann gibt es zwischen a und b eine Zahl X mit

$$\int_a^b f(x)\,dx = f(X)(b-a).$$

Beweis: Man betrachte den Fall $a<b$. Sei M der Maximal- und m der Minimalwert von $f(x)$ in $[a;b]$. Man erinnere sich an den Satz vom Maximum (Minimum) aus Abschnitt 6.1. Aufgrund von Hilfssatz 2 gilt

$$m \leqslant \frac{\int_a^b f(x)\,dx}{b-a} \leqslant M.$$

Gemäß dem Mittelwertsatz aus Abschnitt 4.7 existiert dann eine Zahl X aus $[a;b]$ mit

$$f(X) = \frac{\int_a^b f(x)\,dx}{b-a}$$

und damit ist das Lemma bewiesen. (Der Fall $b<a$ kann auf den Fall $a<b$ zurückgeführt werden.) •

Ist $f(x)$ positiv, dann kann $\int_a^b f(x)\,dx$ als Fläche des Gebietes unterhalb der Kurve $y=f(x)$ und oberhalb von $[a;b]$ interpretiert werden. Lemma 3 behauptet dann die Existenz eines Rechtecks mit der Grundlinie $[a;b]$ und der Höhe $f(X)$, das die gleiche Fläche wie das gegebene Gebiet hat (Bild 8.11). (Lemma 3 wird auch Mittelwertsatz der Integralrechnung genannt.)

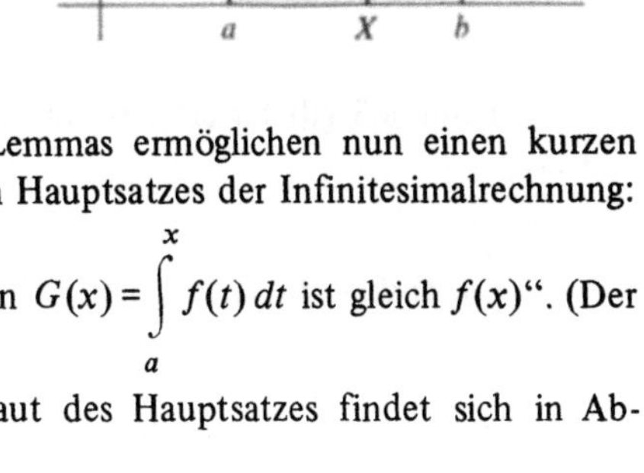

Bild 8.11

Diese drei Lemmas ermöglichen nun einen kurzen Beweis des zweiten Hauptsatzes der Infinitesimalrechnung: „Die Ableitung von $G(x) = \int_a^x f(t)\,dt$ ist gleich $f(x)$". (Der vollständige Wortlaut des Hauptsatzes findet sich in Abschnitt 8.2.)

Beweis des zweiten Hauptsatzes der Infinitesimalrechnung: Wir untersuchen das Verhalten des Quotienten

$$\frac{\Delta G}{\Delta x} = \frac{G(x+\Delta x) - G(x)}{\Delta x}$$

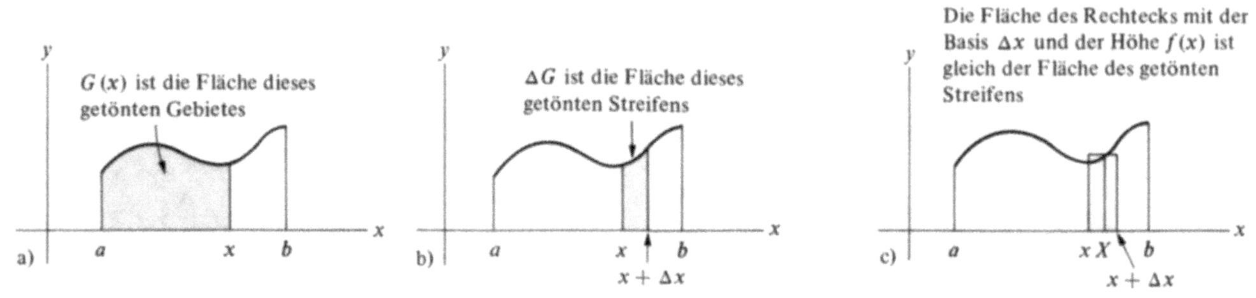

Bild 8.12

für $\Delta x \to 0$ (x wird festgehalten). Die Zahl Δx kann positiv oder negativ sein. Dann gilt

$$\Delta G = \int_a^{x+\Delta x} f(t)\,dt - \int_a^x f(t)\,dt.$$

Aus Lemma 1 folgt

$$\int_a^{x+\Delta x} f(t)\,dt = \int_0^x f(t)\,dt + \int_x^{x+\Delta x} f(t)\,dt$$

und daher ergibt sich weiter

$$\Delta G = \int_a^x f(t)\,dt + \int_x^{x+\Delta x} f(t)\,dt - \int_a^x f(t)\,dt = \int_x^{x+\Delta x} f(t)\,dt.$$

Gemäß Lemma 3 gilt für ein bestimmtes X zwischen x und $x + \Delta x$

$$\int_x^{x+\Delta x} f(t)\,dt = f(X)\,((x + \Delta x) - x) = f(X)\,\Delta x.$$

So folgt für irgendein X zwischen x und $x + \Delta x$

$$\frac{\Delta G}{\Delta x} = f(X)$$

(X hängt von Δx und der festen Zahl x ab!)

Nun kann der Grenzwert

$$\lim_{x \to 0} \frac{\Delta G}{\Delta x}$$

leicht berechnet werden. Wir erhalten

$$\lim_{x \to 0} \frac{\Delta G}{\Delta x} = \lim_{x \to 0} f(X).$$

Da f an der Stelle x stetig ist und da X zwischen x und $x + \Delta x$ liegt, folgt sofort

$$\lim_{\Delta x \to 0} f(X) = f(x).$$

Daher ist G differenzierbar und es gilt $G' = f$. ●

Bemerkung: Die einzelnen Schritte dieses Beweises werden anschaulicher, wenn man das bestimmte Integral als Fläche interpretiert (Bild 8.12). Ist $f(x)$ für alle x aus $[a; b]$ positiv, so gibt $G(x)$ die Fläche unter der Kurve $y = f(t)$ von a bis x. Für $\Delta x > 0$ stellt $G(x + \Delta x) - G(x) = \Delta G$ die Fläche eines schmalen Streifens oberhalb des Intervalls $[x; x + \Delta x]$ dar. Man wähle X nun derart, daß die Fläche des Rechtecks mit der Basis Δx und der Höhe $f(X)$ mit der Fläche des getönten Streifens übereinstimmt. Dann ist $\Delta G/\Delta x = f(X)$ die Höhe des Rechtecks. Wenn Δx und nach 0 strebt, so geht $f(X)$ nach $f(x)$, da f stetig ist.

Bemerkung: Der Beweis des zweiten Hauptsatzes kann schließlich auch in den Begriffen Dichte und Masse veranschaulicht werden (Bild 8.13). Interpretieren wir f als Dichte und $G(x) = \int_a^x f(t)\,dt$ als die Masse in dem kleinen

Bild 8.13

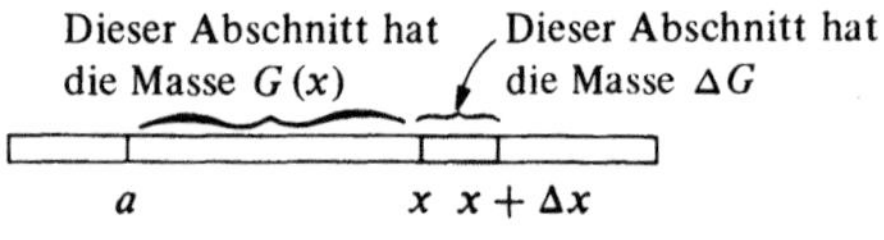

Intervall $[x; a]$. $\Delta G/\Delta x$ ist die mittlere Dichte im Intervall $[x; x + \Delta x]$ und stimmt mit der Dichte an einer bestimmten Stelle des Intervalls überein. Also gilt für irgendein X zwischen $x + \Delta x$ nun

$$\frac{\Delta G}{\Delta x} = f(X).$$

Für $x \to 0$ folgt $f(X) \to f(x)$ und wir erhalten wieder

$$G'(x) = f(x).$$

Beispiel 2: f sei stetig. Man bestimme

$$\frac{d\left(\int\limits_x^b f(t)\,dt\right)}{dx}$$

Mit anderen Worten: Das bestimmte Integral ist nun im Hinblick auf die untere Grenze des Integrationsbereiches zu differenzieren.

Lösung: Dazu schreiben wir

$$\int\limits_x^b f(t)\,dt = -\int\limits_b^x f(t)\,dt.$$

Für die Ableitung ergibt sich

$$\frac{d\left(-\int\limits_b^x f(t)\,dt\right)}{dx} = \frac{-d\left(\int\limits_b^x f(t)\,dt\right)}{dx} = -f(x).$$

Man beachte das Minuszeichen! ●

Bemerkung: Das Minuszeichen in der Lösung von Beispiel 2 ist wichtig. Falls $f(x)$ positiv ist, kann $\int\limits_x^b f(t)\,dt$ für $x < b$ als Fläche (oder Masse) interpretiert werden. Steigt x dann an, so *nimmt* die Fläche (oder Masse) *ab* und die Ableitung muß daher negativ sein (Bild 8.14).

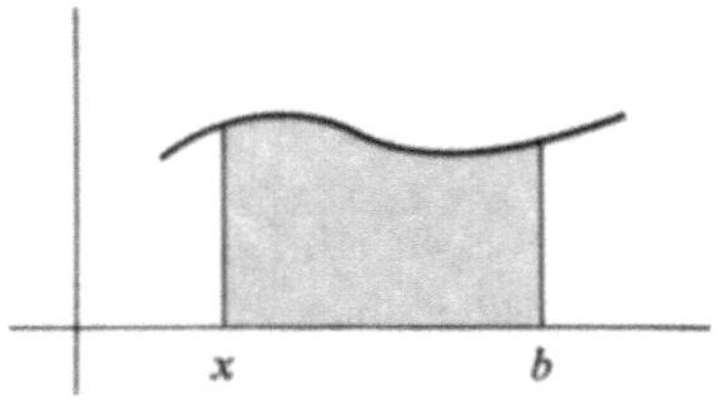

Bild 8.14

Wenn x ansteigt, nimmt die Fläche des getönten Gebietes ab

Der erste Hauptsatz der Infinitesimalrechnung folgert aus $f = F'$ für das bestimmte Integral die Relation $\int\limits_a^b f(x) = F(b) - F(a)$. Er kann aus dem zweiten Hauptsatz auf folgende Weise hergeleitet werden (Abschnitt 8.1 enthält die vollständige Formulierung des Hauptsatzes):

Beweis des ersten Hauptsatzes der Infinitesimalrechnung: Sei

$$G(t) = \int\limits_a^t f(x)\,dx.$$

(Der Buchstabe t bezeichnet das Integrationsintervall $[a; t]$, da x bereits als Argument der Funktion f verwendet wurde). Aufgrund des zweiten Hauptsatzes gilt

$$G'(x) = f(x).$$

Aus der Annahme

$$F'(x) = f(x),$$

folgt, daß die Funktionen

$$G \text{ und } F$$

die gleiche Ableitung haben. Sie unterscheiden sich daher nur durch eine Konstante (siehe Korollar 2, aus Abschnitt 6.2):

$$G(t) = F(t) + C, \qquad C \text{ konstant}.$$

Wir erhalten

$$G(b) - G(a) = [F(b) + C] - [F(a) + C] = F(b) - F(a).$$

Aus

$$G(a) = \int\limits_a^a f(x)\,dx = 0$$

und

$$G(b) = \int\limits_a^b f(x)\,dx$$

folgt

$$G(b) - G(a) = \int_a^b f(x)\,dx - 0 = \int_a^b f(x)\,dx.$$

Dies bedeutet aber

$$\int_a^b f(x)\,dx = G(b) - G(a) = F(b) - F(a)$$

und der Hauptsatz ist bewiesen. ●

Übungen:

In den Übungen 1 bis 4 ist der gegebene Ausdruck zu berechnen.

1. $\int_3^3 x^3\,dx$
2. $\int_4^4 \sin x\,dx$
3. $\int_{\pi/2}^0 \sin x\,dx$
4. $\int_2^1 x^2\,dx$
5. (*a*) Sei f stetig und $3 \leqslant f(x) \leqslant 5$ für alle x aus $[2;6]$. Was kann dann über das Integral $\int_2^6 f(x)\,dx$ ausgesagt werden?
   (*b*) Man übersetze (*a*) in eine Aussage über eine Saite mit der Dichte $f(x)$ Gramm pro Zentimeter.

In den Übungen 6 bis 9 ist mindestens eine Zahl X anzugeben, wie sie laut Korollar 3 existieren muß.

6. $\int_1^3 x\,dx = X(3-1)$
7. $\int_0^1 x^2\,dx = X^2(1-0)$
8. $\int_0^{2\pi} \cos x\,dx = \cos X(2\pi - 0)$
9. $\int_2^4 \frac{1}{x}\,dx = \frac{1}{X}(4-2)$

■

Übungen 10 bis 12 bereiten Kapitel 9 vor. In jedem Fall ist eine Formel für die Lösung anzugeben.

10. Man bestimme eine Funktion mit der Ableitung $e^x \sin 2x$. *Hinweis:* Man gehe von $e^x(a\cos 2x + b\sin 2x)$ aus und bestimme die beiden Konstanten a und b.
11. Man bestimme eine Funktion mit der Ableitung $\ln x$. *Hinweis:* Man versuche $x \ln x$ als ersten Ansatz. Dies wird zur richtigen Lösung weiterführen.
12. Man bestimme eine Funktion mit der Ableitung $x \sin x^2$.
13. Sei $f(x)$ die Geschwindigkeit eines Objekts zur Zeit x. Man interpretiere jeden Schritt aus dem Beweis des zweiten Hauptsatzes in den Begriffen Geschwindigkeit und Weg.
14. Man beweise
   $$\int_a^c f(x)\,dx + \int_c^b f(x)\,dx = \int_a^b f(x)\,dx \quad \text{für}$$
   (*a*) $c = a$; (*b*) $c = b$; (*c*) $a = b$.
15. Man bestimme
   $$\frac{d^2y}{dx^2} \quad \text{für} \quad y = f(x) = \int_0^x (1+t^2)\,dt.$$
16. Man berechne
   $$\lim_{t \to 1} \frac{\int_1^t e^x\,dx}{\int_1^t e^{x^2}(1+x)\,dx}.$$
17. Sei $v(t)$ zur Zeit t die Geschwindigkeit eines Objekts, das sich längs einer geraden Linie bewegt.
   (*a*) Wie lautet die physikalische Interpretation der Fläche unterhalb des Schaubilds von $|v(t)|$ zwischen t_1 und t_2.
   (*b*) Wie lautet die physikalische Interpretation des Anstiegs von $v(t)$?

■■

18. Der erste Hauptsatz kann ohne Bezug auf den zweiten Hauptsatz direkt bewiesen werden. Sei f stetig, $f = F'$ und $\int_a^b f(x)\,dx$ mögen existieren:
   (*a*) Für x_{i-1} und x_i aus $[a;b]$ gibt es eine Zahl X_i aus dem Intervall $[x_{i-1}; x_i]$ mit
   $$F(x_i) - F(x_{i-1}) = F'(X_i)(x_i - x_{i-1}).$$
   (*b*) Für x_{i-1} und x_i aus $[a;b]$ gibt es eine Zahl X_i aus $[x_{i-1}; x_i]$ mit
   $$f(X_i)(x_i - x_{i-1}) = (F(x_i) - F(x_{i-1}).$$
   (*c*) Sei $x_0 = a,\ x_1, \ldots, x_n = b$ eine Unterteilung von $[a;b]$ in n Abschnitte. Für die Referenzpunkte X_i aus (*b*) gilt dann
   $$\sum_{i=1}^n f(X_i)(x_i - x_{i-1}) = F(b) - F(a).$$

(*d*) Aus (*c*) folgt

$$\lim_{\text{Maß} \to 0} \sum_{i=1}^{n} f(X_i)(x_i - x_{i-1}) = F(b) - F(a).$$

Dies gilt auch, wenn die X_i anders gewählt werden als in (*b*). Damit ist der erste Hauptsatz direkt bewiesen.

Man beweise (*a*) bis (*d*)!

8.4 Stammfunktionen

Der erste Hauptsatz der Infinitesimalrechnung behandelte Funktionen, deren Ableitungen vorgegeben sind. Derartige Funktionen sind häufig gesucht und erhalten daher einen eigenen Namen.

Definition der Stammfunktion: Jede Funktion F mit der Ableitung f wird Stammfunktion von f genannt.

Beispiel 1: Man bestimme zwei Stammfunktionen von $3x^2$.
Lösung: Mit $(x^3)' = 3x^2$ ist x^3 eine Stammfunktion von $3x^2$. Wegen $(x^3 + 21)' = 3x^2$ ist auch $x^3 + 21$ eine Stammfunktion von $3x^2$. ●

Besitzt jede stetige Funktion f mindestens eine Stammfunktion? Diese Frage ist aufgrund des zweiten Hauptsatzes der Infinitesimalrechnung zu bejahen. f sei definiert in $[a; b]$, dann existiert eine Funktion G mit

$$G(x) = \int_a^x f(t)\,dt.$$

G ist eine Stammfunktion von f. Es kann allerdings sogar für einfache f schwierig oder unmöglich sein, eine solche Funktion G durch elementare Funktionen auszudrücken.

Ist F Stammfunktion von f, dann ist für jede Konstante C die Funktion $F + C$ ebenfalls Stammfunktion von f (siehe Beispiel 1). Aus $F' = f$ folgt mit jeder Konstanten C nämlich sofort

$$(F + C)' = f.$$

Wie das nächste Theorem zeigt, unterscheiden sich zwei beliebige Stammfunktionen einer Funktion in einem Intervall nur durch eine Konstante.

Theorem: Seien F und G im Intervall $[a; b]$ zwei Stammfunktionen von f, dann existiert eine Konstante C mit der Eigenschaft

$$F(x) = G(x) + C,$$

Beweis: Die Funktionen F und G besitzen dieselbe Ableitung f. Aufgrund des Korollars 2 aus Abschnitt 6.2 können sich die Funktionen nur durch eine Konstante unterscheiden. Damit ist das Theorem bewiesen. ●

Vorsicht: Sehr oft spricht man anstatt von Stammfunktion auch vom „Integral" oder vom „unbestimmten Integral". Dieser Begriff darf jedoch keinesfalls mit dem „bestimmten Integral" verwechselt werden: Das bestimmte Integral $\int_a^b f(x)\,dx$ ist eine Zahl, definiert als Grenzwert von bestimmten Summen, während das „Integral" oder die „Stammfunktion" eine Funktion ist. In manchen Anwendungen werden sowohl das bestimmte Integral als auch das unbestimmte Integral als Integral bezeichnet. In diesem Fall bedarf es einer genauen Kenntnis der Definitionen, um die beiden Begriffe auseinanderzuhalten. Die Integraltabellen mathematischer Handbücher sind primär Tabellen von Stammfunktionen: Im Anschluß an diese Tabellen sind häufig die Werte einiger bestimmter Integrale (Zahlen) zusammengestellt.

Bezeichnung: Eine Stammfunktion von f wird mit $\int f(x)\,dx$ bezeichnet.

Gilt also $F' = f$, so schreiben wir $F = \int f(x)\,dx$ und sagen „F ist Stammfunktion von f" oder „$F(x)$ ist Stammfunktion von $f(x)$"; konkret: „x^3 ist Stammfunktion von $3x^2$".

Beispiel 2: Man berechne

$$\int 3x^2 dx.$$

Lösung: Jede Funktion mit der Ableitung $3x^2$ kann zur Konkretisierung von $\int 3x^2 dx$ herangezogen werden:

$$x^3 + 17 = \int 3x^2\,dx$$

$$x^3 - 1 = \int 3x^2\,dx$$

$$x^3 = \int 3x^2\,dx$$

Die Gleichheitszeichen in diesen Gleichungen bedeuten: „Ist eine Stammfunktion von ... ". ●

Bezeichnung: Der Ausdruck $F(b) - F(a)$ wird durch $F(x)\Big|_a^b$ abgekürzt.

Beispiel 3: Man berechne $\int_1^2 \frac{1}{x^2}dx$ mit Hilfe des Hauptsatzes der Infinitesimalrechnung.

Lösung:

$$\int_1^2 \frac{1}{x^2}\,dx = \frac{-1}{x}\Bigg|_1^2 = \frac{-1}{2} - \frac{-1}{1} = \frac{-1}{2} + 1 = \frac{1}{2}. \bullet$$

Der Hauptsatz der Infinitesimalrechnung führt auf

$$\int_1^2 \frac{1}{x^2}\,dx \qquad = \qquad \int \frac{1}{x^2}\,dx\,\Bigg|_1^2$$

Das bestimmte Integral: ein Grenzwert von Summen	Die Stammfunktion: eine Funktion; ihr Wert bei 1 wird subtrahiert vom Wert bei 2

Die Symbole auf der rechten und auf der linken Seite des Gleichheitszeichen sind so ähnlich, daß die Gleichung trivial oder inhaltsleer erscheinen könnte. Sie beschreibt jedoch in Wirklichkeit einen Spezialfall des ersten Hauptsatzes der Infinitesimalrechnung.

Definition des Integranden: Die Funktion $f(x)$ im bestimmten Integral $\int_a^b f(x)\,dx$ und in der Stammfunktion $f(x)\,dx$ wird *Integrand* genannt.

Die Berechnung des Integrals $\int_a^b f(x)\,dx$ und das Aufsuchen einer Stammfunktion $f(x)\,dx$ werden ohne Unterschied „Integrieren von $f(x)$" genannt. Der Begriff der Integration beschreibt somit zwei verschiedene, aber nahe verwandte Probleme: Berechnung einer Zahl $\int_a^b f(x)\,dx$ und Aufsuchen einer Funktion $\int f(x)\,dx$. Wie der Hauptsatz der Infinitesimalrechnung darlegt, ist das Aufsuchen der Stammfunktion häufig für die Berechnung des Integrals $\int_a^b f(x)\,dx$ von Nutzen.

Übungen:

Man gebe für jede der Funktionen aus den Übungen 1 bis 12 zwei Stammfunktionen an.

1. $\frac{1}{x}$ **2.** e^{4x}

3. $\frac{1}{\sqrt{1-x^2}}$ **4.** $3x^2 + 4x^3$

5. $2x^2$ **6.** $\frac{3}{1+x^2}$

7. $\frac{1}{\sqrt{x}}$ **8.** $\frac{1}{x^2}$

9. $\frac{5}{x\sqrt{x^2-1}}$ **10.** $\sec^2 3x$

11. $\tan 3x \sec 2x$ **12.** $\frac{x}{1+5x^2}$

Man gebe mindestens eine Antwort auf die Übungen 13 bis 15.

13. $x^4\,dx = ?$ **14.** $\frac{1}{x^4}\,dx = ?$ **15.** $\sin 2x\,dx = ?$

16. Man berechne:
(*a*) $(\int x^5\,dx)'$, (*b*) $(\int \sin x^5\,dx)'$.

17. Warum gilt

$$\int_0^{\pi/2} \sin x\,dx = \int \sin x\,dx\,\Bigg|_0^{\pi/2} ?$$

18. Man berechne:

(*a*) $\int x^2 dx\,\Big|_1^2$, (*b*) $\int \frac{1}{x}\,dx\,\Big|_1^2$,

(*c*) $\int \frac{1}{1+x^2}\,dx\,\Big|_1^2$.

19. Man berechne:

(*a*) $\int \cos x\,dx\,\Big|_0^{\pi/4}$, (*b*) $\int \frac{x}{1+x^2}\,dx\,\Big|_0^1$,

(*c*) $\int \frac{1}{\sqrt[3]{x}}\,dx\,\Big|_1^2$.

20. Man berechne:

(*a*) $x^2\,\Big|_1^2$, (*b*) $x^2\,\Big|_{-1}^1$, (*c*) $\sin x\,\Big|_0^\pi$, (*d*) $\cos x\,\Big|_0^\pi$.

21. Man bestimme $\int 1\,dx$. (Üblicherweise schreibt man kurz $\int dx$.)

22. Man bestimme

(*a*) $\displaystyle\int \frac{1+9x^2}{x}\,dx$, (*b*) $\displaystyle\int \frac{x}{1+9x^2}\,dx$.

23. (*a*) Ist $\int x^2 dx$ eine Funktion oder eine Zahl?

(*b*) Ist $\int x^2 dx \Big|_1^3$ eine Funktion oder eine Zahl?

(*c*) Ist $\displaystyle\int_1^3 x^2 dx$ eine Funktion oder eine Zahl?

24. (*a*) Welche der beiden folgenden Zahlen ist als Grenzwert von Summen definiert?

$$\int x^2 dx \Big|_1^3 \quad \text{oder} \quad \int_1^3 x^2 dx?$$

(*b*) Warum sind die beiden Zahlen aus (*a*) gleich?

25. Besitzt die Funktion e^{-x^2} eine Stammfunktion?

26. Ist folgende Aussage richtig oder falsch?

(*a*) Eine elementare Funktion besitzt eine elementare Ableitung.

(*b*) Eine elementare Funktion besitzt eine elementare Stammfunktion.

■

In den Übungen 27 und 28 sollen die Gleichungen aus einer Tabelle von Stammfunktionen überprüft werden. Man differenziere die angebenen Stammfunktionen und vergleiche mit dem Integranden. Die Zahl *a* ist jeweils eine Konstante.

27. $\displaystyle\int x^2 \sin ax\,dx = \frac{2x}{a^2}\sin ax + \frac{2}{a^3}\cos ax - \frac{x^2}{a}\cos ax.$

28. $\displaystyle\int x\sin^2 ax\,dx = \frac{x^2}{4} - \frac{x\sin 2ax}{4a} - \frac{\cos 2ax}{8a^2}.$

■■

29. Für welche Werte von θ hat die Funktion $\sin^2\theta\,\sin 2\theta$ ein Maximum?

30. Man gebe das Beispiel einer Funktion mit der Ableitung $\sin^2\theta\,\sin 2\theta$.

31. Die Funktion f sei für alle x definiert und besitze eine stetige Ableitung. Ferner sei $f(0) = 0$ und $0 < f'(x) \leqslant 1$.

(*a*) Man beweise

$$\left[\int_0^1 f(x)\,dx\right]^2 \geqslant \int_0^1 [f(x)]^3 dx.$$

Hinweis: Man beweise das allgemeinere Resultat, wenn die obere Grenze der Integration 1 durch t mit $0 \leqslant t \leqslant 1$ ersetzt wird.

(*b*) Man gebe ein Beispiel, für das in (*a*) das Gleichheitszeichen gilt.

32. Bild 8.15 zeigt ein Dreieck *ABC* und ein getöntes Gebiet, das aus einer Parabel durch eine horizontale Gerade herausgeschnitten ist. Man bestimme für $x \to 0$ den Grenzwert des Verhältnisses zwischen der Fläche des Dreiecks und der Fläche des getönten Gebietes.

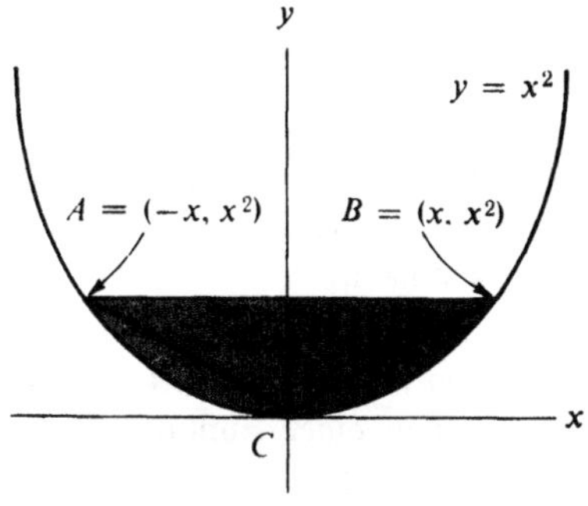

Bild 8.15

8.5 Zusammenfassung

Das vorliegende Kapitel enthält die zentralen Aussagen der Infinitesimalrechnung. Es beschreibt den engen Zusammenhang zwischen dem Konzept der Ableitung (Kapitel 3) und dem Begriff des bestimmten Integrals (Kapitel 7). Diese Beziehung wird durch die beiden Hauptsätze der Infinitesimalrechnung hergestellt.

Erster Hauptsatz: Sei f stetig und gleich der Ableitung einer Funktion F, dann gilt

$$\int_a^b f(x)\,dx = F(b) - F(a).$$

Zweiter Hauptsatz: Sei f stetig, dann gilt

$$\frac{d\left(\int_a^x f(t)\,dt\right)}{dx} = f(x).$$

Der erster Hauptsatz wird auch einfach „Hauptsatz der Infinitesimalrechnung“ genannt und mit den Buchstaben HS abgekürzt. Mit seiner Hilfe können viele bestimmte Integrale berechnet werden. Ist nämlich der Integrand f die Ableitung einer elementaren Funktion F, dann kann der Hauptsatz angewendet werden. Leider gibt es elementare Funktionen, wie etwa e^{-x^2}, die nicht Ableitung einer anderen elementaren Funktion sind. In diesem Fall muß das bestimmte Integral durch Näherungssummen approximiert werden.

Der Hauptsatz bezieht sich nicht auf anschauliche Begriffe wie Fläche oder Masse. Er enthält Aussagen über Grenzwerte von Summen der Form

$$\sum_{i=1}^{n} f(X_i)(x_i - x_{i-1}).$$

In vielen Anwendungen kann eine bestimmte Größe (Fläche, Abstand, Volumen, Masse usw.) durch Summen dieser Art genähert werden, zu deren Berechnung der Hauptsatz nützlich sein kann.

Jede Funktion mit der Ableitung f heißt Stammfunktion von f und wird mit $\int f(x)\,dx$ bezeichnet. Zwei Stammfunktionen einer Funktion unterscheiden sich nur durch eine Konstante.

Aufgrund des zweiten Hauptsatzes der Infinitesimalrechnung ist jede stetige Funktion die Ableitung einer anderen Funktion. Der zweite Hauptsatz liefert jene Rate der Veränderung eines bestimmten Integrals, die sich aus einer Änderung des Integrationsintervalls ergibt.

Ein Rückblick auf die Abschnitte 1.1 und 1.2 und die vier Anfangsprobleme aus den Abschnitten 3.1 und 7.1, sowie ein Blick auf die Zusammenfassungen der Kapitel 1 bis 7 machen unseren bisherigen Weg deutlich. Die beiden Begriffe der Ableitung und des bestimmten Integrals bilden die Grundlage für die weiteren Themenkreise dieses Buches.

Begriffe und Symbole

erster Hauptsatz der Infinitesimalrechnung = Hauptsatz der Infinitesimalrechnung = erster Hauptsatz = Hauptsatz = HS

$$\int_a^b f(x)\,dx = -\int_b^a f(x)\,dx \quad \text{für} \quad b<a, \int_a^a f(x)\,dx = 0$$

zweiter Hauptsatz der Infinitesimalrechnung = zweiter Hauptsatz

elementare Funktion

Integral

Stammfunktion $\int f(x)\,dx$

unbestimmtes Integral

Integrand

$$F(x)\Big|_a^b$$

Wichtige Ergebnisse

Ist f stetig, dann existiert $\int_a^b f(x)\,dx$. (Dies wird angenommen.)

Aus $f = F'$ folgt $\int_a^b f(x)\,dx = F(b) - F(a)$ (erster Hauptsatz).

$$\frac{d\left(\int_a^x f(t)\,dt\right)}{dx} = f(x) \quad \text{(zweiter Hauptsatz).}$$

$$\int_a^b f(x)\,dx = \int_a^c f(x)\,dx + \int_c^b f(x)\,dx.$$

Testaufgaben zu Kapitel 8

1. Richtig oder falsch?
   (*a*) Jede Funktion, die in einem Intervall $[a; b]$ stetig ist, besitzt ein bestimmtes Integral über $[a; b]$.
   (*b*) Jede Funktion, die für alle x stetig ist, ist die Ableitung irgendeiner Funktion.
   (*c*) Jede Funktion, die für alle x differenzierbar ist, ist die Ableitung irgendeiner Funktion.
2. (*a*) Man verwende den ersten Hauptsatz, um die Probleme aus Kapitel 7 zu lösen. Man verwende den Hauptsatz, um $\int_0^3 x^2 dx$, $\int_0^3 5x^2 dx$ und $\int_0^3 8t^2 dt$ berechnen.
   (*b*) Man gebe das Beispiel eines bestimmten Integrals, das nicht mit Hilfe des ersten Hauptsatzes berechnet werden kann.
3. (*a*) Man formuliere die beiden Hauptsätze der Infinitesimalrechnung.
   (*b*) Sei $F(t)$ die Lage eines Teilchens auf der x-Achse zur Zeit t. Das Teilchen bewegt sich zur Zeit t mit der Geschwindigkeit $f(t)$ nach rechts. Welche Interpretation erhalten die Größen

$$F(b) - F(a) \quad \text{und} \quad \int_a^b f(t)\,dt$$

in diesem Zusammenhang.

4. Zwei von den folgenden drei Stammfunktionen sind elementar. Man berechne diese beiden und gebe mindestens je zwei Lösungen für jede der gesuchten Funktionen an.

(a) $\int\left(x+\frac{3}{\sqrt{x}}\right)dx$, (b) $\int e^{x^2}$,

(c) $\int e^{-3x}\,dx$.

5. Eine Integraltabelle enthält die Formel

$$\int x^2\cos ax\,dx=\frac{2x}{a^2}\cos ax-\frac{2}{a^3}\sin ax+\frac{x^2}{a}\sin ax.$$

(a ist eine Konstante). Man beweise sie durch Differenzieren der rechten Seite.

6. Man bestimme:

(a) $\int\frac{1}{2x+3}\,dx$, (b) $\int\frac{1}{(2x+3)^2}\,dx$,

(c) $\int\frac{1}{\sqrt{2x+3)}}\,dx$.

7. Man bestimme die Fläche des Gebietes, das durch die Kurvenstücke $y=\sqrt{x}$, $y=1/x$ und die Gerade $x=2$ begrenzt ist. (Zeichnung!)

8. (a) Man berechne:

$$\frac{d\left(\int\limits_1^x 3t^2\sin 2t^3\,dt\right)}{dx}.$$

(b) Man berechne:

$$\frac{d\left(\int\limits_1^{x^3}\sin 2t\,dt\right)}{dx}.$$

(c) Man verwende (a) und (b) und zeige

$$\int\limits_1^x 3t^2\sin 2t^3\,dt=\int\limits_1^{x^3}\sin 2t\,dt.$$

9. Man berechne:

(a) $x^3\Big|_{-1}^{1}$, (b) $x^4\Big|_{-1}^{1}$,

(c) $\cos 2x\Big|_{-\pi/4}^{\pi/4}$, (d) $e^{-x}\Big|_{0}^{1}$.

Testaufgaben zu Kapitel 1 bis 8

1. (a) Man differenziere $1/x$.
   (b) Man verwende (a), um $\int 1/x^2\,dx$ zu finden.
   (c) Man bestimme die Fläche des Gebietes unterhalb von $y=1/x^2$ und oberhalb von $[1;4]$.
   (d) Die Kurve $y=1/x$ rotiert um die x-Achse. Man bestimme das Volumen des Körpers, der durch die resultierende Oberfläche eingeschlossen wird und von den Flächen $x=1$ und $x=4$ begrenzt ist (Bild 8.16).

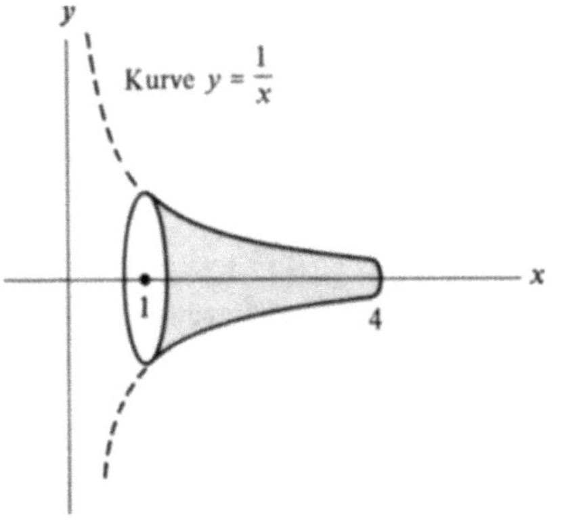

Bild 8.16

2. (a) Man differenziere $\sqrt{1+x^2}$.
   (b) Mit Hilfe von (a) finde man eine Stammfunktion von $x/\sqrt{1+x^2}$.
   (c) Man berechne $\int\limits_0^{\sqrt{3}}\frac{x}{\sqrt{1+x^2}}\,dx$.
   (d) Man bestimme die Fläche des Gebietes unterhalb der Kurve

   $$y=\frac{x}{\sqrt{1+x^2}}$$

   und oberhalb von $[0;\sqrt{3}]$.
   (e) Man bestimme den Weg, den ein Objekt von der Zeit $\sqrt{3}$ bis zur Zeit $\sqrt{8}$ zurücklegt, wenn seine Geschwindigkeit zur Zeit t durch

   $$\frac{t}{\sqrt{1+t^2}}\text{ m/s}$$

   gegeben ist.

3. Man differenziere:
   (a) x^5, (b) $\sqrt{x}$,
   (c) $\ln\left(\frac{1+x}{1-x}\right)$, (d) $\arctan x$.

4. Mit Hilfe der Resultate von Übung 3 bestimme man

(*a*) $\int \frac{1}{1-x^2}\,dx$, (*b*) $\int \frac{1}{1+x^2}\,dx$,

(*c*) $\int x^4\,dx$, (*d*) $\int \frac{1}{\sqrt{x}}\,dx$.

5. Man differenziere:

(*a*) $\frac{1}{2}\left(x\sqrt{9-x^2} + 9\arcsin\frac{x}{3}\right)$,

(*b*) $\frac{1}{8}\left[2x+3-6\ln(2x+3)-\frac{9}{2x+3}\right]$,

(*c*) $\tan 3x - 3x$,

(*d*) $\frac{1}{\sqrt{6}}\arctan\left(x\sqrt{\tfrac{2}{3}}\right)$,

(*e*) $-\frac{1}{3}\cos 3x + \frac{1}{9}\cos^3 3x$,

(*f*) $\frac{1}{8}\,e^{-2x}(4x^2+4x+2)$.

6. Mit Hilfe des Differentials schätze man $\sqrt[3]{1+x}$ für kleine x ab!

7. Man bestimme alle Funktionen $y = f(x)$ mit

$$\frac{d^2y}{dx^2} = \sin 2x.$$

Auf welche Weise kann garantiert werden, daß alle Funktionen gefunden wurden?

8. Man bestimme:

(*a*) $\lim\limits_{x\to\pi/4} \frac{\sin 3x - \sin(3\pi/4)}{x-\pi/4}$,

(*b*) $\lim\limits_{\text{Maß}\to 0} \sum_{i=1}^{n} x_i^3(x_i - x_{i-1})$,

wobei $x_0 = 2, x_1, \ldots, x_n = 3$ eine Unterteilung von $[2; 3]$ gibt.

9. Man definiere das Differential und zeichne ein Bild, das df und Δf zeigt.

10. Man zeichne das Schaubild von $y = xe^{-x}/(x+1)$ sowie die Abschnitte, die kritischen Punkte, die relativen Maxima und Minima und die Asymptoten.

11. Wie lautet der Hauptsatz der Infinitesimalrechnung?

12. (*a*) Man zeige, daß $y = Ab^x$ mit den Konstanten A und $b > 0$ die Differentialgleichung des natürlichen Wachstums erfüllt.

(*b*) Man beweise, daß jede Lösung der Differentialgleichung des natürlichen Wachstums von der Form Ab^x sein muß (mit geeigneten Konstanten A und b).

13. Man bestimme

$$\lim_{x\to\infty} \frac{5x^3 + 3/x}{10x^3 - x^2}$$

(*a*) mit der Regel von de l'Hospital,

(*b*) ohne die Regel von de l'Hospital.

14. Ein Fenster hat die Form eines Rechtecks mit einem aufgesetzten Halbkreis (Bild 8.17). Der gesamte Umfang beträgt 20 m. Man bestimme die maximal mögliche Fläche des Fensters.

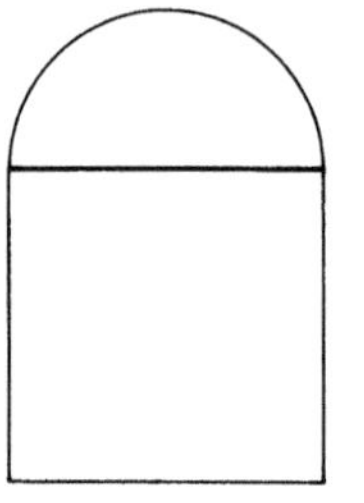

Bild 8.17

15. Man untersuche die Fläche unterhalb von $y = e^{x^2}$ und zwischen $x = 0$ und $x = 1$.

(*a*) Warum ist der Hauptsatz in diesem Falle nutzlos?

(*b*) Man schätze $\int_0^1 e^{x^2}$ unter Verwendung einer Unterteilung von $[0; 1]$ in die fünf Abschnitte $[0; 0{,}2]$, $[0{,}2; 0{,}4]$, $[0{,}4; 0{,}6]$, $[0{,}6; 0{,}8]$, $[0{,}8; 1]$. Als Referenzpunkte wähle man $X_1 = 0{,}1$, $X_2 = 0{,}3$, $X_3 = 0{,}5$, $X_4 = 0{,}7$ und $X_5 = 0{,}9$.

16. Man ergänze folgende Tabelle und gebe die entsprechende Interpretation des bestimmten Integrals an.

f	$\int_a^b f(x)\,dx$
Geschwindigkeit	
Dichte	
Länge des Schnittes eines ebenen Gebietes	
Fläche des Querschnittes durch ein Volumen	
(veränderliche) Rate des Wasserzulaufs durch eine Leitung in Hektolitern pro Minute.	

17. Man ergänze die folgende Tabelle und gebe die Interpretation der Ableitung an.

$f(x)$	$f'(x)$
Lage eines Teilchens zur Zeit x	
Masse der linken x Zentimeter einer Saite	
Fläche des Gebietes unterhalb einer Kurve und oberhalb von $[0; x]$	
Projektion von x auf einen Projektionsschirm	
y-Koordinate des Schaubilds von $f(x)$	
Wassermenge in einem Tank zur Zeit x	

18. Eine der Funktionen $\sqrt{x}\,\sqrt[3]{1-x}$ und $\sqrt{1-x}\,\sqrt[3]{1-x}$ besitzt eine elementare Stammfunktion F. Man bestimme F für diesen Fall.

19. (*a*) Man berechne die Ableitungen von $\ln(x^4+1)$ und $\arctan x^2$.

(*b*) Man berechne

$$\int_0^1 x^3/(x^4+1)\,dx \quad \text{und} \quad \int_0^1 x/(x^4+1)\,dx.$$

Obwohl die beiden Integranden in (*b*) einander sehr ähnlich sind, sind ihre Stammfunktionen sehr verschieden!

Übungen zu Kapitel 1 bis 8

1. (*a*) Man differenziere $e^{-x}/(1+2x^2)$.

(*b*) Welche Vergrößerung erzeugt ein Projektor bei $x = 1$, wenn x auf $e^{-x}/(1+2x^2)$ projiziert wird?

(*c*) Wie groß ist der Anstieg der Kurve $y = e^{-x}/(1+2x^2)$ für $x = 1$?

2. Sei $f(x) = x^2/(1+x^4)$. Man berechne $\int_0^1 (df/dx)\,dx$.

3. (*a*) Man differenziere $\ln(1+x^2)$.

(*b*) Man bestimme die Fläche des Gebietes unterhalb der Kurve $y = x/(1+x^2)$ und oberhalb von $[1;2]$.

4. Für zwei differenzierbare Funktionen f und g ist auch die Differenz $f-g$ differenzierbar und es gilt $(f-g)' = f' - g'$. Man beweise dies!

5. Man bestimme eine Stammfunktion und die Ableitung von (*a*) $1/\sqrt{x}$, (*b*) e^{-3x}, (*c*) $5/x$.

6. (*a*) Man berechne $(\int \tan x^3\,dx)'$.

(*b*) Man berechne $\left(\int_0^x \tan t^3\,dt\right)'$.

(*c*) Man begründe die Antwort in (*a*).

(*d*) Man begründe die Antwort in (*b*).

7. Man differenziere:

(*a*) $\ln(1+e^{-3x})$, (*b*) $5\sin x$, (*c*) $\sin 5x$.

8. Für welchen Teil von Übung 7 ist die Kettenregel erforderlich?

9. Wie lautet die Umkehrfunktion von

(*a*) der Kubusfunktion?

(*b*) lg?

(*c*) der Quadratwurzelfunktion?

10. (*a*) Man definiere $\sin x$ und $\cos x$ mit Hilfe des Einheitskreises.

(*b*) Man beweise $\sin^2 x + \cos^2 x = 1$.

11. (*a*) Man definiere $\sec x$ und $\tan x$.

(*b*) Man beweise $\sec^2 x = 1 + \tan^2 x$.

12. Man berechne:

(*a*) $\int \frac{3}{x^2}\,dx$, (*b*) $\int \frac{3}{1+x^2}\,dx$, (*c*) $\int \frac{3x}{1+x^2}\,dx$.

Die Übungen 13 bis 20 sollen durch Differenzieren bewiesen werden.

13. (*a*) $x\ln 3x - x = \int \ln 3x\,dx$;

(*b*) $\frac{x^2}{2}\ln 2x - \frac{x^2}{4} = \int x\ln 2x\,dx$.

14. (*a*) $\frac{\sin 3x}{3} = \int \cos 3x\,dx$;

(*b*) $\frac{\sin 3x}{9} - \frac{x\cos 3x}{3} = \int x\sin 3x\,dx$.

15. (*a*) $\frac{1}{5}\ln(\operatorname{cosec} 5x - \cot 5x) = \int \frac{1}{\sin 5x}\,dx$;

(*b*) $\frac{-\cos 5x}{5} = \int \sin 5x\,dx$.

16. $\frac{6x-4}{27}\sqrt{3x+1} = \int \frac{x}{\sqrt{3x+1}}\,dx$.

17. $\frac{5}{9(3x+5)} + \frac{1}{9}\ln(3x+5) = \int \frac{x}{(3x+5)^2}\,dx$.

18. $\frac{1}{2}\left(x\sqrt{9-x^2} + 9\arcsin\frac{x}{3}\right) = \int \sqrt{9-x^2}\,dx$.

19. $\frac{1}{\sqrt{5}}\sec^{-1}\left(\sqrt{\tfrac{3}{5}}\,x\right) = \int \frac{1}{x\sqrt{3x^2-5}}\,dx$.

20. $\frac{x}{2\sqrt{3x^2+2}} = \int \frac{1}{(3x^2+2)^{3/2}}\,dx$.

21. Aus $\lim_{h\to 0}(\sin h)/h = 1$ beweise man $\lim_{h\to 0}(1-\cos h)/h = 0$.

22. Man bestimme d^3y/dx^3 für $y = \int e^{-x^2}\,dx$.

23. (*a*) Aus $(\ln x)' = 1/x$ beweise man $(e^x)' = e^x$.

(*b*) Aus $(\sin x)' = \cos x$ beweise man

$(\arcsin x)' = 1/\sqrt{1-x^2}$.

(*c*) Aus $(\tan x)' = \sec^2 x$ beweise man

$(\arctan x)' = 1/(1+x^2)$.

24. Ein Teilchen bewegt sich entlang der x-Achse und besitzt zur Zeit t die x-Koordinate e^{-t}.

(*a*) Wie groß ist die Geschwindigkeit zur Zeit $t = 2$?

(*b*) Wie groß ist die Beschleunigung zur Zeit $t = 2$?

25. (*a*) Man definiere e.

(*b*) Man gebe eine Abschätzung von e.

26. Man vereinfache mit Hilfe der logarithmischen Rechenregeln und differenziere:

$$\ln \frac{\sqrt[3]{\sin 2x}}{\sqrt[4]{x}}.$$

27. f sei eine stetige Funktion mit $f(-x) = -f(x)$. Eine Funktion mit dieser Eigenschaft wird ungerade Funktion genannt.

(*a*) Man zeige $\int_{-1}^{1} f(x)\,dx = 0$.

(*b*) Man zeige $\int_{-1}^{1} x^3 e^{x^2}\,dx = 0$.

28. Man differenziere:

(*a*) 5^{3x}, (*b*) $\lg(1+x^2)$.

29. Man berechne:

(*a*) $d^2(x^5)/dx^2$, (*b*) $(\ln x^2)''$,

(*c*) $D^3(x/(1+x))$.

30. (*a*) Warum ist das Differential df eine Funktion von zwei Veränderlichen?

(*b*) Man zeige diese beiden Veränderlichen im Schaubild von f.

31. Man berechne df für $f = 5x + x^3$, $x = 2$ und $dx = 0{,}1$.

32. Man bestimme den Minimalwert von $x^2 - 6x + 11$ für x aus $[0; 4]$.

33. Man bestimme den Minimalwert von $x^3 - 6x$ für x aus $[0; 2]$.

34. Man löse die Gleichung $3 = 5e^{0{,}03t}$ nach t auf.

35. Wie lautet die Ableitung und wie die Stammfunktion von

(*a*) x^3, (*b*) $1/(1+\sqrt{x})$?

36. (*a*) Wie groß ist die Masse der linken 3 cm einer Saite, deren Dichte x cm vom linken Ende $4x^3$ g/cm beträgt?

(*b*) Ein Körper bewegt sich zur Zeit t Sekunden mit einer Geschwindigkeit von $4t^3$ Meter pro Sekunde. Wie weit bewegt er sich in den ersten 3 Sekunden?

(*c*) Ein Gebiet ist durch die Kurve $y = x^{3/2}$, die x-Achse und die Gerade $x = 3$ begrenzt und rotiert um die x-Achse. Man bestimme das Volumen des entsprechenden Körpers.

■

37. Wie häufig soll eine Maschine überholt werden? Die Antwort hängt von der Rate $f(t)$, mit der ihr Wert abnimmt, und von den Kosten A einer Überholung ab. Man bezeichne das Zeitintervall zwischen zwei Überholungen mit T.

(*a*) Warum soll die Größe $g(T) = [A + \int_0^T f(t)\,dt]/T$ minimiert werden?

(*b*) Man bestimme dg/dT.

(*c*) Für $dg/dT = 0$ zeige man $f(T) = g(T)$.

(*d*) Ist dieses Resultat vernünftig?

38. (*a*) Gibt es eine Beziehung zwischen $\int f(x)\,dx$, $\int g(x)\,dx$ und $\int [f(x) - g(x)]\,dx$?

(*b*) Gibt es eine Beziehung zwischen $\int f(x)\,dx$, $\int g(x)\,dx$ und $\int [f(x)\,g(x)]\,dx$?

39. (*a*) Man bestimme die Fläche des Gebietes unterhalb der Kurve $y = e^{-x}$ zwischen $x = 0$ und $x = b$.

(*b*) Wie verhält sich die Fläche aus (*a*) für $b \to \infty$?

40. Eines der beiden bestimmten Integrale

$$\int_0^{\sqrt{x}} 2x \sin x^2\,dx \quad \text{und} \quad \int_0^{\sqrt{\pi}} 2\sin x^2\,dx$$

ist sehr leicht zu berechnen, das andere nicht. Man berechne das leichtere.

41. (*a*) Man zeichne das Schaubild von $y = e^{-x}\sin x$.

(*b*) Man zeichne das Schaubild von $y = \dfrac{x+1}{x^2 - 3x}$.

42. Man berechne:

(*a*) $\lim\limits_{h\to 0} \dfrac{(1+h)^3 - (1+h)^2}{2+h}$ (*b*) $\lim\limits_{x\to\infty} \dfrac{2x^3 + e^{-x}}{x^3 - 1}$

(*c*) $\lim\limits_{x\to 0} \left(\dfrac{2^x + 8^x}{2}\right)^{1/x}$ (*d*) $\lim\limits_{t\to 0^+} \dfrac{\int_0^t \sqrt{\sin 3x}\,dx}{\int_0^t \sqrt{x}\,dx}$

(*e*) $\lim\limits_{t\to\infty} \dfrac{\int_1^t \sqrt[3]{x^6 + x + 1}\,dx}{\int_3^t \sqrt{x^4 + x^3 + 5}\,dx}$ (*f*) $\lim\limits_{t\to 2} \dfrac{\int_4^{t^2} e^{x^2}\,dx}{\int_8^{t^3} e^{x^3}\,dx}$

In den Übungen 43 bis 47 sind die rechten Seiten der Gleichungen zu differenzieren, um die nachfolgenden Formeln aus einer Integraltabelle zu überprüfen.

43. $\displaystyle\int x^n \arctan ax\,dx = \frac{x^{n+1}}{n+1}\arctan ax - \frac{a}{n+1}\int \frac{x^{n+1}dx}{1+a^2x^2}$, $n \neq -1$.

44. $\displaystyle\int \arctan ax\,dx = x\arctan ax - \frac{1}{2a}\ln(1 + a^2x^2)$.

45. $\displaystyle\int \sec^{-1} ax\,dx = x\sec^{-1} ax - \frac{1}{a}\ln(ax + \sqrt{a^2x^2 - 1})$.

46. $\displaystyle\int (\arcsin ax)^2 dx = x(\arcsin ax)^2 - 2x + \frac{2}{a}\sqrt{1 - a^2x^2}\arcsin ax$.

47. $\displaystyle\int x^n e^{ax}\,dx = \frac{1}{a}x^n e^{ax} - \frac{n}{a}\int x^{n-1}e^{ax}dx$, $n > 0$.

48. Sei $A(t)$ die Fläche eines Gebietes unterhalb der Kurve $y = 1/(1+x^2)$ und oberhalb von $[0; t]$. Man bestimme $\lim_{t \to \infty} A(t)$.

49. Sei $a_n = n/(n+1)^2 + n/(n+2)^2 + \ldots + n/(n+n)^2$.

(*a*) Man berechne a_n auf drei Dezimalstellen für $n = 1$, 2 und 3.

(*b*) Man schreibe die a_n so um, daß sie Näherungssummen für ein bestimmtes Integral bilden.

(*c*) Man bestimme $\lim_{n \to \infty} a_n$ mit Hilfe von (*b*).

50. Ein Stein wird ins Wasser geworfen und wir messen das Volumen des verdrängten Wassers. Wenn der Stein x cm untertaucht, so verdrängt er $V(x)$ cm^3 Wasser. Wie kann man die Fläche jenes Schnittes finden, den die Oberfläche des Wassers durch den Stein zieht, wenn er gerade x cm in das Wasser eintaucht. $V(x)$ sei für alle x bekannt.

51. Eine Gesellschaft wird mit einem Grundkapital A gegründet. Sie möchte ihre Investitionsrate proportional zum jeweils vorhandenen Kapital halten. Sei $f(t)$ die Investitionsrate zur Zeit t.

(*a*) Es gibt eine Konstante k mit

$$f(t) = k\left(A + \int_0^t f(x)\,dx\right)$$

für jedes $t \geqslant 0$ gibt. Man zeige dies!

(*b*) Man differenziere die Relation aus (*a*) und bestimme die Gestalt der Funktion f aus der differenzierten Gleichung.

52. Wie groß ist der maximale Anstieg der Kurve $y = 1/(1+x^2)$?

53. Sei $A(t)$ die Fläche eines Gebietes unterhalb der Kurve $y = \sqrt{\ln x}$ zwischen $x = 1$ und $x = t$. Man bestimme dA/dt.

54. Für $dy/dx = \sin y$ zeige man $d^2y/dx^2 = \sin y \cdot \cos y$.

55. Man bestimme:

(*a*) $D\left(\int_1^{x^3} e^{\sqrt{t}}\,dt\right)$, (*b*) $D\left(\int_{x^3}^{2} \sin\sqrt{t}\,dt\right)$.

56. Man bestimme:

$$D_x\left(\int_{x^2}^{x^3} \sqrt{1+t^7}\,dt\right).$$

57. Man gebe das Beispiel einer nicht elementaren Funktion, die eine elementare Ableitung besitzt.

■■

58. Sei f eine stetige Funktion, die nirgends eine Ableitung besitzt (es gibt solche Funktionen). Man konstruiere eine Funktion, die überall eine Ableitung, aber nirgends eine zweite Ableitung besitzt.

59. Ein Mann fährt mit einem Auto, das eine senkrechte Windschutzscheibe besitzt, 1 km durch senkrecht herabfallenden Regen. (Die Tropfen sind gleichförmig verteilt und fallen mit einer konstanten Rate herunter.) Soll der Mann langsam oder schnell fahren, um die Menge des Regens zu minimieren, die auf seine Windschutzscheibe fällt.

60. Man beweise für eine im Intervall $[a; b]$ ansteigende Funktion $f = F'$ die Existenz von

$$\int_a^b f(x)\,dx = F(b) - F(a).$$

(Ohne Hauptsatz!)

61. Man beweise für eine differenzierbare Funktion g mit $|g'(x)| < k$ für alle x aus $[a; b]$, daß die Funktion $f(x) = g(x) + kx$ in $[a; b]$ ansteigend ist.

62. (Siehe Übungen 60 und 61.) Man beweise für eine im Intervall $[a; b]$ differenzierbare Funktion $f = F'$ mit beschränkter Ableitung f' die Existenz von

$$\int_a^b f(x)\,dx = F(b) - F(a).$$

(Ohne vorauszusetzen, daß eine stetige Funktion ein bestimmtes Integral besitzt.)

63. Man beweise:

$$2\int_0^a f(u)\left[\int_0^u f(t)\,dt\right]du = \left[\int_0^a f(x)\,dx\right]^2.$$

Die Übungen 64 bis 68 basieren auf dem Buch von D. L. Meadows, J. Randers, E. E. Behrens, The limits to Grwoth, Universe Books, New York 1972.

64. $Y(t)$ sei die Menge irgendwelcher natürlicher Bodenschätze, die in der Zeit zwischen $t = 0$ und $t > 0$ konsumiert wird. Für unsere Betrachtungen entspricht $t = 0$ dem Jahr 1970. Sei $c(t)$ die Rate mit der die Bodenschätze konsumiert werden. Da die Bevölkerung und die Wirtschaft wachsen, ist $c(t)$ eine ansteigende Funktion. $c(t)$ möge exponentiell ansteigen: Es gibt Konstanten A und r mit $c(t) = Ae^{rt}$. Man zeige

$$Y(t) = A(e^{rt} - 1)/r.$$

65. Die Vorräte an natürlichen Rohstoffquellen – Aluminium, Erdgas und Erdöl – sind endlich. Mit der Formel aus Übung 64 können wir berechnen, wie lange unter verschiedenen Annahmen ein bestimmter Rohstoff vorrätig sein wird.

Sei R die zur Zeit $t = 0$ vorhandene Menge eines bestimmten Rohstoffes.

(*a*) Man zeige, daß der Rohstoff für R/A Jahre ausreicht, wenn die Verbrauchsrate konstant bleibt. Diese Rate nennt man den *statischen Index* und bezeichnet sie mit s.

(*b*) Steigt die Verbrauchsrate exponentiell an, so reicht der Bodenschatz nur für

$$\frac{\ln(rs+1)}{r} \text{ Jahre.}$$

Man spricht vom ***exponentiellen Index***. Der Buchstabe s bezeichnet den statischen Index (siehe (*a*)).

66. Der statische Index von Aluminium beträgt 100 a (aus den bekannten globalen Reserven von $1{,}17 \cdot 10^9$ t). Die geschätzte Wachstumsrate des Verbrauchs ist 6,4 %/a oder $c(t) = A(1{,}064)^t$. Nun ist $e^{0{,}064}$ eine sehr gute Approximation für 1,064 und wir erhalten wie in der zitierten Arbeit die Formel $c(t) = Ae^{0{,}064t}$.

(*a*) Man zeige, daß der exponentielle Index ungefähr 31 a beträgt. Sind die gesamten Reserven fünfmal so groß wie angenommen, so beträgt der statische Index 500 a und der exponentielle Index 55 a.

(*b*) Sei $r = 0{,}032$ anstelle von 0,064, dann verdoppelt sich der statische Index, während der exponentielle Index nur 45 a beträgt. (Die globalen Reserven seien bekannt.)

67. Die bekannten Weltreserven von Erdgas sind $1{,}14 \cdot 10^{14}$ Kubikmeter. Der statische Index beträgt 38 a. Wenn der Verbrauch mit einer Steigerungsrate von 4,7 %/a weiter zunimmt, so beträgt der exponentielle Index

(*a*) 22 a. Man zeige dies!

(*b*) Wenn die Weltreserven 5 mal so groß sind, so beträgt er 49 a.

68. Die bekannten Weltreserven an Erdöl sind $4 \cdot 10^{11}$ t. Der statische Index beträgt 31 a. Wenn die Verbrauchsrate mit 3,9 %/a weiterhin ansteigt, so beträgt der exponentielle Index 20 a; falls die Reserven fünfmal so groß sind, beträgt er 50 a. Man zeige dies!

9 Berechnung von Stammfunktionen

Im Kapitel 5 haben wir gezeigt, wie man die Ableitung einer elementaren Funktion berechnet. Im Kapitel 7 wurde die Berechnung von bestimmten Integralen auf die Berechnung der Stammfunktion zurückgeführt. Im vorliegenden Kapitel wollen wir einige Methoden zur Berechnung von Stammfunktionen entwickeln.

Das Aufsuchen einer Stammfunktion unterscheidet sich von der Berechnung einer Ableitung in zwei sehr wichtigen Aspekten. Einerseits besitzt eine große Klasse von elementaren Funktionen – etwa e^{x^2} – keine elementare Stammfunktion. Andererseits kann eine kleine Veränderung in der Form des Integranden eine beträchtliche Veränderung in der Form der zugehörigen Stammfunktion hervorrufen. So gilt etwa

$$\int \frac{1}{x^2+1}\,dx = \arctan x$$

und

$$\int \frac{x}{x^2+1}\,dx = \frac{1}{2}\ln(x^2+1).$$

In einer Tabelle von Stammfunktionen (üblicherweise *Integral-Tafel* genannt, siehe Anhang E) finden sich viele derartige Beispiele.

Eine Tabelle von Stammfunktionen muß übersichtlich sein; sie kann daher nicht jede Stammfunktion enthalten, die möglicherweise in der Praxis auftritt. Manchmal muß das gesuchte Integral erst umgeformt werden, ehe man die Tabelle verwenden kann. Wir geben daher einige Verfahren an, mit deren Hilfe man gewisse Integrale auf andere Integrale zurückführen kann, deren Stammfunktion leichter zu bestimmen ist. Diese Methode ist oft bequemer als das Durcharbeiten einer umfangreichen Tabelle von Stammfunktionen, die vielleicht zufällig die richtige Antwort bereithält.

Die Funktion $C + \arctan x$ ist für jede Konstante C Stammfunktion von $1/(x^2+1)$. Da wir für die Anwendungen des Hauptsatzes der Infinitesimalrechnung jede beliebige Stammfunktion heranziehen können, soll uns der Fall $C = 0$ genügen. Wir werden die Konstante C daher meist weglassen.

Zur Herleitung der Formeln für die Ableitung von elementaren Funktionen (Kapitel 5) mußten wir die Definition der Ableitung, nämlich als Grenzwert eines bestimmten Quotienten, heranziehen. Bei der Berechnung von Stammfunktionen brauchen wir nun nicht mehr auf den Begriff der Ableitung zurückzugreifen, sondern können einfach von den Formeln für die Differentiation (Kapitel 5) ausgehen.

Obwohl dieses Buch eine kurze Zusammenstellung von Integralen enthält, ist die Anschaffung eines Handbuches von mathematischen Tabellen empfehlenswert. Ein solches Handbuch beinhaltet auch wichtige Ergebnisse aus Algebra, Geometrie, Trigonometrie, analytischer Geometrie, Statistik usw. Nach gründlichem Studium dieses Kapitels wird der Leser ein solches Handbuch ohne Schwierigkeiten verwenden können.

Durch die elektronischen Taschenrechner sind die numerischen Tabellen der Handbücher zwar weitgehend überflüssig geworden, nützlich bleibt jedoch die Zusammenstellung der wichtigsten mathematischen Grundtatsachen und Formeln.

9.1 Einige Grundtatsachen

Jede Formel für eine Ableitung liefert gleichzeitig eine ganz bestimmte Stammfunktion. So folgt etwa aus

$$\frac{d(x^3)}{dx} = 3x^2, \quad \text{sofort} \quad \int 3x^2\,dx = x^3$$

oder einfacher

$$\int x^2\,dx = \frac{x^3}{3}.$$

Die Verallgemeinerung

$$\int x^a\,dx = \frac{x^{a+1}}{a+1} \qquad a \neq -1$$

kann einfach bewiesen werden: Die Ableitung von $x^{a+1}/(a+1)$ ist gleich x^a.

Die nachstehende kleine Tabelle von Stammfunktionen soll einen kurzen Überblick geben. Jede einzelne Formel kann durch Differenzieren überprüft werden.

$$\int x^a\,dx = \frac{x^{a+1}}{a+1} \quad \text{für } a \neq -1 \qquad \int \frac{1}{x}\,dx = \ln|x|$$

$$\int e^x\,dx = e^x$$

$$\int \sin x\,dx = -\cos x \quad \text{(Man beachte das Minuszeichen!)}$$

$$\int \cos x\,dx = \sin x$$

$$\int \frac{1}{\sqrt{1-x^2}}\,dx = \arcsin x$$

$$\int \frac{1}{1+x^2}\,dx = \arctan x$$

$$\int \frac{1}{|x|\sqrt{1-x^2}} = \sec^{-1} x$$

Folgende allgemeine Formel ist oft von Nutzen:

$$\int \frac{f'}{f}\,dx = \ln|f|.$$

Stimmt der Zähler des Integranden mit der Ableitung des Nenners überein, so ist ln |Nenner| eine Stammfunktion des Quotienten.

Das Absolutwertzeichen in $\ln|f|$ ist überflüssig, wenn $f(x)$ positiv ist. In diesem Fall gilt $\ln|f| = \ln f$. Ist f hingegen negativ, so wird das Absolutwertzeichen wichtig, da der Logarithmus nur für positive Zahlen definiert wird. Die Berechnung von

$$\int_{-3}^{-2} \frac{1}{x}\,dx$$

veranschaulicht die Anwendung der allgemeinen Formel. Wir finden

$$\begin{aligned}\int_{-3}^{-2} \frac{1}{x}\,dx &= \ln|x|\Big|_{-3}^{-2} \\ &= \ln|-2| - \ln|-3| \\ &= \ln 2 - \ln 3 \\ &= \ln\tfrac{2}{3} \\ &= -0{,}41.\end{aligned}$$

Zwei einfache Eigenschaften der Stammfunktionen sind für viele Berechnungen vorteilhaft:

1. Eine Konstante kann vor das Integralzeichen gezogen werden. Ist c konstant, dann gilt

$$\int c f(x)\,dx = c\int f(x)\,dx.$$

Zum Beweis vergleichen wir die Ableitung von $c\int f(x)\,dx$ mit $cf(x)$. Die Details sind sehr einfach:

$$\begin{aligned}\frac{d\,[c\int f(x)\,dx]}{dx} &= \frac{c\,d\,[\int f(x)\,dx]}{dx} \\ &= cf(x).\end{aligned}$$

Daher ist $c\int f(x)\,dx$ eine Stammfunktion von $cf(x)$.

2. Die Stammfunktion einer Summe von Funktionen ist gleich der Summe der einzelnen Stammfunktionen. Für zwei Funktionen f und g gilt

$$\int [f(x) + g(x)]\,dx = \int f(x)\,dx + \int g(x)\,dx.$$

Analog gilt

$$\int [f(x) - g(x)]\,dx = \int f(x)\,dx - \int g(x)\,dx.$$

Zum Beweis der ersten Behauptung führen wir die Ableitung einer Summe von Funktionen auf die Summe der einzelnen Ableitungen zurück:

$$\begin{aligned}\frac{d\,[\int f(x)\,dx + \int g(x)\,dx]}{dx} &= \frac{d\int f(x)\,dx}{dx} + \frac{d\int g(x)\,dx}{dx} \\ &= f(x) + g(x).\end{aligned}$$

Daher ist $\int [f(x) + g(x)]\,dx$ Stammfunktion von $f(x) + g(x)$.

Einige Beispiele zeigen uns, wie mit Hilfe dieser beiden Überlegungen eine große Anzahl von Integralen berechnet werden kann.

Beispiel 1: Stammfunktion eines Polynoms. Man bestimme

$$\int (2x^4 - 3x + 2)\,dx.$$

Lösung:

$$\begin{aligned}\int (2x^4 - 3x + 2)\,dx &= \int 2x^4 dx - \int 3x\,dx + \int 2dx \\ &= 2\int x^4 dx - 3\int x\,dx + 2\int 1\,dx \\ &= 2\frac{x^5}{5} - 3\frac{x^2}{2} + 2x. \quad \bullet\end{aligned}$$

Beispiel 2: Stammfunktion von f'/f. Man bestimme

$$\int \frac{4x^3}{x^4+1}\,dx.$$

Lösung: Der Zähler stimmt mit der Ableitung des Nenners überein:

$$\int \frac{4x^3}{x^4+1}\,dx = \ln|x^4+1|.$$

Da x^4+1 immer positiv ist, kann das Absolutwertsymbol weggelassen werden und es gilt

$$\int \frac{4x^3}{x^4+1}\,dx = \ln(x^4+1). \quad \bullet$$

Beispiel 3: Stammfunktion von x^a. Man bestimme

$$\int \sqrt{x}\,dx.$$

Lösung:

$$\int \sqrt{x}\,dx = \int x^{1/2}\,dx = \frac{x^{1+1/2}}{1+\frac{1}{2}} = \frac{2}{3}x^{3/2} = \frac{2}{3}(\sqrt{x})^3. \quad \bullet$$

Beispiel 4: Man bestimme

$$\int \frac{1}{x^3}\,dx.$$

Lösung:

$$\int \frac{1}{x^3}\,dx = \int x^{-3}\,dx = \frac{x^{-3+1}}{-3+1} = -\frac{1}{2}x^{-2} = -\frac{1}{2x^2}. \quad \bullet$$

Beispiel 5: Man bestimme

$$\int \left(3\cos x - 4\sin x + \frac{1}{x^2}\right)dx.$$

Lösung:

$$\int \left(3\cos x - 4\sin x + \frac{1}{x^2}\right)dx = 3\int \cos x\,dx - 4\int \sin x\,dx + \int \frac{1}{x^2}\,dx = 3\sin x + 4\cos x - \frac{1}{x}. \quad \bullet$$

Beispiel 6: Multiplikation des Integranden mit einer Konstanten. Man bestimme

$$\int \frac{x}{1+x^2}\,dx.$$

Lösung: Wäre der Zähler gleich $2x$ und damit gleich der Ableitung des Nenners, so ergäbe sich als Stammfunktion $\ln(1+x^2)$. Man kann nun den Integranden mit 2 erweitern und den konstanten Faktor $\frac{1}{2}$ vorziehen:

$$\int \frac{x}{1+x^2}\,dx = \frac{1}{2}\int \frac{2x}{1+x^2}\,dx.$$

Daher gilt

$$\int \frac{x}{1+x^2}\,dx = \frac{1}{2}\int \frac{2x}{1+x^2}\,dx = \frac{1}{2}\ln(1+x^2). \quad \bullet$$

Bezeichnung: Sehr oft wird das Zeichen dx im Integral $\int f(x)\,dx$ mit dem Integranden zusammengefaßt. Wir schreiben

für $\int \frac{x^2}{1+x^3}\,dx$ dann $\int \frac{x^2\,dx}{1+x^3}$,

für $\int \frac{1}{1+x}\,dx$ dann $\int \frac{dx}{1+x}$

und für $\int 1\,dx$ kurz $\int dx$.

Übungen:

In den Übungen 1 bis 27 sind die Stammfunktionen zu berechnen.

1. $\int x^3\,dx$ **2.** $\int 5x^3\,dx$

3. $\int x^{1/3}\,dx$ **4.** $\int \sqrt[3]{x^2}\,dx$

5. $\int \frac{3}{\sqrt{x}}\,dx$ **6.** $\int \frac{1}{\sqrt[4]{x}}\,dx$

7. $\int 5\,e^{-2x}\,dx$ 8. $\int \frac{5}{1+x^2}\,dx$

9. $\int \frac{6\,dx}{x\sqrt{x^2-1}}$ 10. $\int \sec^2 3x\,dx$

11. $\int \frac{x^3}{1+x^4}\,dx$ 12. $\int \frac{e^x}{1+e^x}\,dx$

13. $\int \frac{\sin x}{1+\cos x}\,dx$ 14. $\int \cos 2x\,dx$

15. $\int \frac{1+2x}{x+x^2}\,dx$ 16. $\int \frac{dx}{1+3x}$

17. $\int \left(3\cos x - \frac{1}{\sqrt{1-x^2}}\right)dx$ 18. $\int \frac{dx}{x^5}$

19. $\int (1+3x)\,x^2\,dx$ 20. $\int \left(\sqrt{x} - \frac{2}{x} + \frac{x}{2}\right)dx$

21. $\int x^2\sqrt{x}\,dx$ 22. $\int \frac{1+2x}{1+x^2}\,dx$

23. $\int \frac{1+\sqrt{x}}{x}\,dx$ 24. $\int \frac{\sin 2x}{\cos 2x}\,dx$

25. $\int (x^2+3)^2\,dx$ 26. $\int (1+e^x)^2\,dx$

27. $\int dx$

28. Man differenziere (zur Übung) – die Ableitungen sind alle sehr einfach:

(*a*) $\frac{1}{a^3}\left[\frac{1}{2}(ax+b)^2 - 2b(ax+b) + b^2\ln(ax+b)\right]$;

(*b*) $-\frac{x^2}{a\sqrt{ax^2+c}} + \frac{2}{a^2}\sqrt{ax^2+c}$;

(*c*) $\sqrt{p-x}\,\sqrt{q+x} + (p+q)\sin^{-1}\sqrt{\frac{x+q}{p+q}}$;

(*d*) $-\frac{1}{2a}\cot^2 ax - \frac{1}{a}\ln\sin ax$;

(*e*) $x(\ln ax)^2 - 2x\ln ax + 2x$.

■

29. Man bestimme alle Lösungen der Differentialgleichung

$$\frac{d^2y}{dx^2} = (2x-1)^5.$$

30. Man bestimme für $f(x) = \ln x - 9x^3$ die Minimal- und Maximalwerte (falls vorhanden) im

(*a*) Intervall $(0; 1)$, (*b*) Intervall $[1/2; 1]$

31. Man bestimme

$$\lim_{x\to 0} \frac{e^{2x} - 1 - 2x}{1 - \cos 2x}.$$

32. Man bestimme die Fläche unter der Kurve $y = \sin^2 x$ und oberhalb von $[0; \pi]$. *Hinweis:* $\sin^2 x = (1 - \cos 2x)/2$.

33. Man bestimme $\int x\,dx/(1+x^4)$. *Hinweis:* Die Lösung ist durch eine Arcustangens-Funktion gegeben.

■■

34. Peter behauptet $\int 2\cos\theta\sin\theta\,d\theta = -\cos^2\theta$, während Paul als Antowrt $\sin^2\theta$ errechnet. Wer von beiden hat recht?

35. Peters Integraltafel behauptet $\int \sec\theta\,d\theta = \ln(\sec\theta + \tan\theta)$, während Pauls Tabelle für das Integral den Wert $\ln\tan(\theta/2 + \pi/4)$ angibt. Welche Angabe ist die richtige?

Die nächste Übung untersucht, ob eine nicht konstante Funktion vor das Integralzeichen geschrieben werden kann.

36. (*a*) Man gebe ein Beispiel für

$$\int f(x)\,dx \int g(x)\,dx \neq \int f(x)\,g(x)\,dx \text{ ist.}$$

(*b*) Muß f im Falle

$$\int f(x)\,g(x)\,dx = f(x)\int g(x)\,dx$$

eine Konstante sein? (g sei nicht gleich der konstanten Funktion 0.)

9.2 Die Substitutionsmethode

Bei der *Substitutionsmethode* wird eine neue Funktion eingeführt, die die Form des Integranden vereinfachen soll. Anhand von fünf Beispielen wird dieses Verfahren illustriert. Es ist die gebräuchlichste Methode zur Berechnung von Stammfunktionen.

Beispiel 1: Man bestimme $\int \sin(x^2)\,2x\,dx$.

Lösung: $2x$ ist gleich der Ableitung von x^2. Wir definieren daher

$$u = x^2.$$

Dann gilt

$$du = 2x\,dx \quad \text{und} \quad \int \sin(x^2)\,2x\,dx = \int \sin u\,du.$$

$\int \sin u\,du$ kann leicht berechnet werden:

$$\int \sin u\,du = -\cos u.$$

Ersetzen wir u in $-\cos u$ durch x^2, so erhalten wir $-\cos(x^2)$ oder

$$\int \sin(x^2)\,2x\,dx = -\cos x^2.$$

Dieses Ergebnis kann mit Hilfe der Kettenregel überprüft werden:

$$\frac{d(-\cos x^2)}{dx} = \sin x^2 \frac{d(x^2)}{dx} = \sin(x^2)\,2x. \bullet$$

Beispiel 2: Man bestimme $\int e^{x^5} \cdot (5x^4)\,dx$.

Lösung: Wir definieren $u = x^5$. Dann gilt

$$du = 5x^4\,dx$$

und

$$\int e^{x^5} \cdot 5x^4\,dx = \int e^u\,du = e^u = e^{x^5}. \bullet$$

Beispiel 3: Man bestimme $\int \sin^2\theta \cos\theta\,d\theta$.

Lösung: Bekanntlich ist $\cos\theta$ gleich der Ableitung von $\sin\theta$. Wir definieren daher

$$u = \sin\theta$$

Es folgt

$$du = \cos\theta\,d\theta.$$

Dann gilt

$$\int \underbrace{\sin^2\theta}_{u^2}\,\underbrace{\cos\theta\,d\theta}_{du} = \int u^2\,du = \frac{u^3}{3} = \frac{\sin^3\theta}{3}. \bullet$$

Beispiel 4: Man bestimme $\int (1+x^3)^5 x^2\,dx$.

Lösung: Die Ableitung von $1+x^3$ ist $3x^2$. Dies unterscheidet sich von x^2 im Integranden nur durch den konstanten Faktor 3. Setzen wir daher

$$u = 1 + x^3,$$

so gilt

$$du = 3x^2\,dx \quad \text{und} \quad \frac{du}{3} = x^2\,dx.$$

Daraus folgt

$$\int (1+x^3)^5 x^2\,dx = \int u^5 \frac{du}{3} = \frac{1}{3}\int u^5\,du = \frac{1}{3}\,\frac{u^6}{6} = \frac{(1+x^3)^6}{18}.$$

Es ist sehr instruktiv, dieses Ergebnis durch Differenzieren zu überprüfen. •

Die Substitution der Variablen in Beispiel 4 ist nur deshalb möglich, weil der Faktor x^2 im Integranden auftritt. Um etwa $\int (1+x^3)^5\,dx$ zu bestimmen, muß dagegen $(1+x^3)^5$ zuerst ausmultipliziert werden.

Beispiel 5: Man vergleiche das Aufsuchen der beiden folgenden Stammfunktionen

$$\int \frac{1}{\sqrt{1+x^3}}\,dx \quad \text{und} \quad \int \frac{x^2}{\sqrt{1+x^3}}\,dx.$$

Lösung: Die erste Stammfunktion ist keine elementare Funktion, während die zweite infolge des Faktors x^2 sehr leicht zu bestimmen ist.

Da sich x^2 von der Ableitung von $1+x^3$ nur durch einen konstanten Faktor 3 unterscheidet, verwenden wir die Substitution

$$u = 1 + x^3.$$

Daraus folgt

$$du = 3x^2\,dx \quad \text{und} \quad \frac{du}{3} = x^2\,dx$$

und weiter

$$\int \frac{x^2\,dx}{\sqrt{1+x^3}} = \int \frac{1}{\sqrt{u}}\,\frac{du}{3} = \frac{1}{3}\int \frac{du}{\sqrt{u}} = \frac{1}{3}\int u^{-1/2}\,du = \frac{1}{3}\,\frac{u^{1/2}}{\frac{1}{2}} = \frac{2}{3}u^{1/2} = \frac{2}{3}(1+x^3)^{1/2} = \frac{2}{3}\sqrt{1+x^3}. \bullet$$

Im nächsten Beispiel wird durch einen versuchsweisen Ansatz die Substitution ermittelt.

Beispiel 6: Man berechne $\int \frac{x^2+1}{2x-3}\,dx$.

Lösung: Da der Nenner die Lösung des Problems sehr erschwert, versuchen wir den Ansatz $u = 2x - 3$. Wir finden

$$u = 2x - 3$$

und damit

$$du = 2dx,\ dx = \frac{du}{2} \quad \text{und} \quad x = \frac{u+3}{2}.$$

Daher gilt

$$\begin{aligned}\int \frac{x^2+1}{2x-3}\,dx &= \int \frac{\left(\frac{u+3}{2}\right)^2 + 1}{u}\,\frac{du}{2}\\ &= \int \frac{u^2+6u+13}{8u}\,du\\ &= \int \left(\frac{u}{8} + \frac{3}{4} + \frac{13}{8u}\right)du\\ &= \frac{u^2}{16} + \frac{3u}{4} + \frac{13}{8}\ln|u|\\ &= \frac{(2x-3)^2}{16} + \frac{3}{4}(2x-3) + \frac{13}{8}\ln|2x-3|.\end{aligned}$$

●

Das folgende Beispiel zeigt uns, daß die Substitutionsmethode spätens dann eingesetzt werden sollte, wenn alle anderen Verfahren gescheitert sind.

Beispiel 7: Man berechne $\int \sqrt{1-(4/5)\sin^2\theta}\,d\theta$.

Versuch einer Lösung: Wäre

$$\int \sqrt{1-(4/5)\sin^2\theta}\,\cos\theta\,d\theta$$

zu berechnen, so könnte man mit $d(\sin\theta) = \cos\theta\,d\theta$ und der Substitution $u = \sin\theta$ leicht zum Ziel kommen. Unglücklicherweise tritt aber $\cos\theta$ nicht im Integranden auf.

Trotzdem versuchen wir die Subsitution $u = \sin\theta$ (Bild 9.1). Es ist immerhin möglich, daß sich das Problem durch diesen Ansatz vereinfacht. Wir finden

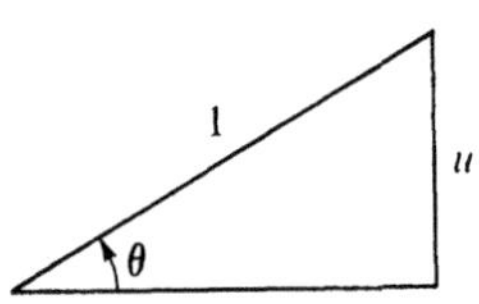

Bild 9.1

$$u = \sin\theta \quad \text{und} \quad du = \cos\theta\,d\theta.$$

Daraus folgt

$$\begin{aligned}d\theta &= \frac{du}{\cos\theta}\\ &= \frac{du}{\sqrt{1-\sin^2\theta}}\\ &= \frac{du}{\sqrt{1-u^2}}.\end{aligned}$$

Es sei $-\pi/2 < \theta < \pi/2$, so daß die Quadratwurzel stets positiv ist.

Wir erhalten schließlich

$$\begin{aligned}\int \sqrt{1-\tfrac{4}{5}\sin^2\theta}\,d\theta &= \int \sqrt{1-\tfrac{4}{5}u^2}\,\frac{du}{\sqrt{1-u^2}}\\ &= \int \sqrt{\frac{1-\tfrac{4}{5}u^2}{1-u^2}}\,du.\end{aligned}$$

Obwohl der Integrand nun eine algebraische Form angenommen hat, stellt sich in der höheren Infinitesimalrechnung heraus, daß die gesuchte Stammfunktion keine elementare Funktion ist. Daher wird auch keine Substitution das Problem elementar lösen können.

Übrigens tritt das bestimmte Integral

$$\int_0^{2\pi} \sqrt{1-(4/5)\sin^2\theta}\,d\theta$$

bei der Berechnung des Umfanges der Ellipse

$$\frac{x^2}{5} + \frac{y^2}{1} = 1$$

auf (siehe nächstes Kapitel). Ein Integral der Art

$$\int \sqrt{1-k^2\sin^2\theta}\,d\theta$$

mit $0 < k < 1$ nennt man *elliptisches Integral.* ●

Beispiel 7 behandelte einen elementaren Integranden mit einer nicht elementaren Stammfunktion. In unseren Übungen haben die Integranden mit wenigen Ausnahmen stets elementare Stammfunktionen. Diese Ausnahmen sind gekennzeichnet. Sie sollen den Leser an die Grenzen der Anwendung des Hauptsatzes erinnern.

Allgemeine Beschreibung der Substitutionsmethode. In allen Beispielen war das Verfahren prinzipiell das gleiche. Um das Substitutionsverfahren auf die Berechnung eines

Integrals $\int f(x)\,dx$ anzuwenden, suchen wir eine Funktion $u = h(x)$, so daß für eine bestimmte Funktion g gilt

$$f(x) = g(h(x))\,h'(x).$$

Einfacher können wir schreiben

$$f(x)\,dx = g(u)\,du.$$

Dann suchen wir die Stammfunktion von g,

$$\int g(u)\,du$$

und ersetzen schließlich wieder u durch $h(x)$.

Dies ist selbstverständlich nur dann sinnvoll, wenn $\int g(u)\,du$ leichter zu berechnen ist als $\int f(x)\,dx$. Ist dies nicht der Fall, so suchen wir eine andere Substitutionsfunktion oder wenden eine andere Methode an. Allerdings gibt es keine allgemeine und einfache Vorschrift, um die Stammfunktion einer elementaren Funktion aufzufinden. Darin liegt ein wesentlicher Unterschied zu den Vorschriften für die Differentiation, die wir ja in Kapitel 5 besprochen haben. Mit etwas Übung erkennt man aber sehr rasch den Weg, der für die Lösung des betreffenden Integrationsproblems am aussichtsreichsten ist.

Das folgende Theorem rechtfertigt das Verfahren der ersten fünf Beispiele und führt es auf eine Anwendung der Kettenregel zurück.

Substitutions-Theorem: Aus

$$f(x) = g(h(x))\,h'(x)$$

und

$$G(u) = \int g(u)\,du$$

folgt

$$G(h(x)) = \int f(x)\,dx.$$

Beweis: Wir müssen zeigen, daß

$$\frac{d[G(h(x))]}{dx} = f(x).$$

Zum Beweis setzen wir $u = h(x)$ und verwenden die Kettenregel:

$$\begin{aligned}\frac{d[G(h(x))]}{dx} &= \frac{d[G(u)]}{du}\,\frac{du}{dx}\\ &= g(u)\,h'(x)\\ &= g(h(x))\,h'(x)\\ &= f(x).\end{aligned}$$

Es folgt

$$G(h(x)) = \int f(x)\,dx$$

und das Theorem ist bewiesen. ●

Übungen:

In den Übungen 1 bis 15 soll mit Hilfe der angegebenen Substitution die Stammfunktion aufgefunden werden.

1. $\int (1+3x)^5\,3dx;\quad u = 1+3x$
2. $\int \frac{x}{(1+x^2)^3}\,dx;\quad u = 1+x^2$
3. $\int e^{\sin\theta}\cos\theta\,d\theta;\quad u = \sin\theta$
4. $\int \frac{x}{\sqrt{1+x^2}}\,dx;\quad u = 1+x^2$
5. $\int \sqrt{1+x^2}\,x\,dx;\quad u = 1+x^2$
6. $\int \sin 2x\,dx;\quad u = 2x$
7. $\int \frac{e^{2x}}{(1+e^{2x})^2}\,dx;\quad u = 1+e^{2x}$
8. $\int e^{3x}dx;\quad u = 3x$
9. $\int \frac{e^{1/x}}{x^2}\,dx;\quad u = 1/x$
10. $\int \frac{1}{\sqrt{1-9x^2}}\,dx;\quad u = 3x$
11. $\int \frac{t\,dt}{\sqrt{2-5t^2}};\quad u = 2-5t^2$
12. $\int \tan\theta\sec^2\theta\,d\theta;\quad u = \tan\theta$
13. $\int \frac{\sin\sqrt{x}}{\sqrt{x}}\,dx;\quad u = \sqrt{x}$
14. $\int \frac{(\ln x)^4}{x}\,dx;\quad u = \ln x$
15. $\int \frac{\sin(\ln x)}{x}\,dx;\quad u = \ln x$

In den Übungen 16 bis 30 suche man eine geeignete Substitution und bestimme die Stammfunktion.

16. $\int (1-x^2)^5\,x\,dx$
17. $\int \frac{x\,dx}{(x^2+1)^3}$
18. $\int \sqrt[3]{1+x^2}\,x\,dx$
19. $\int \frac{\sin\theta}{\cos^2\theta}\,d\theta$

20. $\int \frac{e^{\sqrt{t}}}{\sqrt{t}}\,dt$ 21. $\int \sin 3\theta\,d\theta$

22. $\int e^x \sin e^x\,dx$ 23. $\int \frac{dx}{\sqrt{2x+5}}$

24. $\int (x-3)^{5/2}\,dx$ 25. $\int \frac{dx}{(4x+3)^3}$

26. $\int \frac{2x+3}{x^2+3x+2}\,dx$ 27. $\int \frac{2x+3}{(x^2+3x+5)^4}\,dx$

28. $\int e^{2x}\,dx$ 29. $\int \frac{dx}{\sqrt{x}(1+\sqrt{x})^3}$

30. $\int x^4 \sin x^5\,dx$

■

In den Übungen 31 bis 45 bestimme man die Stammfunktion – mit oder ohne Substitution.

31. $\int \frac{dx}{e^x}$ 32. $\int (3+x^2)^2\,dx$

33. $\int (2e^x+4e^{-x})^2\,dx$ 34. $\int \frac{x+3x^2}{\sqrt{x}}\,dx$

35. $\int \frac{x}{1+x^4}\,dx$ 36. $\int \frac{x^3}{1+x^4}\,dx$

37. $\int \frac{x}{\sqrt{1-x^4}}\,dx$ 38. $\int \frac{x\,dx}{1+x}$

39. $\int \sin^2 3x\,dx$ 40. $\int \frac{e^x\,dx}{1+e^{2x}}$

41. $\int \sqrt{3+x^2}\,x^3\,dx$ 42. $\int \sqrt{1+\cos 3\theta}\,d\theta$

43. $\int (e^{2x}+1)\,e^{-x}\,dx$ 44. $\int \frac{dx}{\sqrt{1-5x^2}}$

45. $\int \frac{dx}{1+4x^2}$

■■

Die Stammfunktionen von drei der Übungen 46 bis 51 sind elementar. Man berechne diese drei elementaren Stammfunktionen.

46. $\int x\cos x\,dx$ 47. $\int \frac{\cos x}{x}\,dx$

48. $\int \frac{x\,dx}{\ln x}$ 49. $\int \frac{\ln x^2}{x}\,dx$

50. $\int \sqrt{x-1}\,\sqrt{x}\,\sqrt{x+1}\,dx$ 51. $\int \sqrt{x-1}\,\sqrt{x+1}\,x\,dx$

9.3 Die Verwendung einer Integraltafel

Es gibt viele Möglichkeiten, um Stammfunktionen aufzusuchen. Zumeist hilft uns das Substitutionsverfahren (Abschnitt 9.2) oder eine der 300 bis 400 Formeln einer Integraltafel. Die Abschnitte 9.1 bis 9.4 behandeln im wesentlichen alle Integrationsverfahren, die man in diesem Buch oder in weiteren Anwendungen der Infinitesimalrechnung benötigt. In den Abschnitten 9.3 bis 9.8 soll die Verwendung von Integraltabellen geübt werden. Die sogenannte partielle Integration (Abschnitte 9.5 und 9.6) wird häufig auf die Lösung von Differentialgleichungen angewendet.

Zunächst studiert man am besten die eigene Integraltafel. Man beachte vor allem, wie die Formeln angeordnet sind. Folgende Gliederung wäre denkbar.

	Gruppe
1.	Ausdrücke mit $ax + b$
2.	Ausdrücke mit $ax^2 + c$, $ax^n + c$, $x^2 \pm p^2$ und $p^2 - x^2$
3.	Ausdrücke mit $ax^2 + bx + c$
4.	Diverse algebraische Ausdrücke
5.	Ausdrücke mit $\sin ax$
6.	Ausdrücke mit $\cos ax$
7.	Ausdrücke mit $\sin ax$ und $\cos ax$
8.	Ausdrücke mit $\tan ax$ oder $\cot ax$
9.	Ausdrücke mit $\sec ax$ oder $\operatorname{cosec} ax$
10.	Ausdrücke mit $\tan ax$ und $\sec ax$ oder $\cot ax$ und $\operatorname{cosec} ax$
11.	Ausdrücke mit algebraischen und trigonometrischen Funktionen
12.	Ausdrücke mit Exponential- und logarithmischen Funktionen
13.	Ausdrücke mit inversen trigonometrischen Funktionen

Beispiel 1: Man bestimme $\int \sin^6 2x\,dx$ mit Hilfe einer Integraltafel.

Lösung: Im Integranden steht die Funktion $\sin 2x$, daher konzentrieren wir uns auf die Gruppe „Ausdrücke mit $\sin ax$". Dabei gilt $a = 2$. Man findet Formeln für $\int \sin ax\,dx$, $\int \sin^2 ax\,dx$, $\int \sin^3 ax\,dx$, $\int \sin^4 ax\,dx$, aber nicht für höhere Potenzen von $\sin ax$. Allerdings ist die folgende Formel angegeben:

$$\int \sin^n ax\,dx = \frac{-\sin^{n-1} ax\cos ax}{na} + \frac{n-1}{n}\int \sin^{n-2} ax\,dx$$

Dies ist eine sogenannte *Rekursionsformel*. Sie führt

$$\int \sin^n ax\,dx \quad \text{auf} \quad \int \sin^{n-2} ax\,dx$$

zurück: Bei jedem Schritt wird der Exponent um 2 vermindert. (In Abschnitt 9.5 wird diese Formel bewiesen.) In unserem Fall gilt $n = 6$ und $a = 2$. Es folgt

$$\int \sin^6 2x\,dx = \frac{-\sin^5 2x \cos 2x}{6\cdot 2} + \frac{5}{6}\int \sin^4 2x\,dx.$$

Nun ist $\int \sin^4 ax\,dx$ in der Tafel explizit angegeben; wir brauchen also die Rekursion nicht weiter fortzusetzen. Die Tabelle gibt für den Wert des Integrals $\int \sin^4 ax\,dx$ mit $a = 2$ die Lösung:

$$\int \sin^4 2x\,dx = \frac{3x}{8} - \frac{3\sin 2x}{32} - \frac{\sin^3 2x \cos 2x}{8}.$$

Kombiniert man diese Gleichung mit der Relation, die $\int \sin^6 2x\,dx$ mit $\int \sin^4 2x\,dx$ in Beziehung setzt, so ergibt sich die gesuchte Formel für $\int \sin^6 2x\,dx$. Der Leser möge die Berechnung vervollständigen. ●

Beispiel 2: Man bestimme folgende drei Integrale mit Hilfe einer Integraltafel:

$$\int \frac{dx}{x^2 - 5x + 3}, \tag{1}$$

$$\int \frac{dx}{x^2 - 2x + 3}, \tag{2}$$

$$\int \frac{dx}{4x^2 - 12x + 9}. \tag{3}$$

Lösung: Unter der Gruppe „Ausdrücke mit $ax^2 + bx + c$" sind drei verschiedene Formeln für

$$\int \frac{dx}{ax^2 + bx + c}$$

angegeben und zwar für die drei Fälle $b^2 > 4ac$, $b^2 < 4ac$ und $b^2 = 4ac$. Die angegebenen Formeln unterscheiden sich ziemlich voneinander:

für $b^2 > 4ac$:

$$\int \frac{dx}{ax^2 + bx + c} = \frac{1}{\sqrt{b^2 - 4ac}} \ln \frac{2ax + b - \sqrt{b^2 - 4ac}}{2ax + b + \sqrt{b^2 - 4ac}}$$

Viele Integraltafeln lassen das Absolutwertzeichen in $\ln |u|$ *weg. Der Leser hat dann den Absolutwert, falls nötig, selbst in den Logarithmus einzusetzen.*

für $b^2 < 4ac$:

$$\int \frac{dx}{ax^2 + bx + c} = \frac{2}{\sqrt{4ac - b^2}} \arctan \frac{2ax + b}{\sqrt{4ac - b^2}}$$

für $b^2 = 4ac$:

$$\int \frac{dx}{ax^2 + bx + c} = -\frac{2}{2ax + b}.$$

In Gl. (1) lautet der Nenner $x^2 - 5x + 3$, also $a = 1$, $b = -5$ und $c = 3$; daraus folgt $b^2 - 4ac = (-5)^2 - 4\cdot 1\cdot 3 = 13 > 0$. Daher verwendet man die erste Formel:

$$\int \frac{dx}{x^2 - 5x + 3} = \frac{1}{\sqrt{13}} \ln \frac{2x - 5 - \sqrt{13}}{2x - 5 + \sqrt{13}}.$$

In Gl. (2) ist der Nenner durch $x^2 - 2x + 3$ gegeben, also $a = 1$, $b = -2$, $c = 3$; daraus folgt $b^2 - 4ac = (-2)^2 - 4\cdot 1\cdot 3 = -8 < 0$. Daher verwendet man die zweite Formel:

$$\int \frac{dx}{x^2 - 2x + 3} = \frac{2}{\sqrt{8}} \arctan \frac{2x - 2}{\sqrt{8}}.$$

In Gl. (3) ist aufgrund des Nenners $4x^2 - 12x + 9$ nun $a = 4$, $b = -12$ und $c = 9$; wegen $b^2 - 4ac = (-12)^2 - 4\cdot 4\cdot 9 = 144 - 144 = 0$ verwendet man die dritte Formel:

$$\int \frac{dx}{4x^2 - 12x + 9} = \frac{-2}{8x - 12}.$$

Der Leser möge durch einfaches Differenzieren die Richtigkeit dieser drei Formeln nachweisen. ●

Beispiel 3: Man bestimme $\int \sqrt{\sin^2\theta + 5}\cos\theta\,d\theta$.

Lösung: Unter den „Ausdrücken mit $\sin\theta$ und $\cos\theta$" wird keine Formel dieser Art zu finden sein. Allerdings ist $\cos\theta$ die Ableitung von $\sin\theta$. Daraus folgt für die Substitution

$$u = \sin\theta$$

direkt

$$du = \cos\theta\,d\theta.$$

Dann gilt

$$\int \underbrace{\sqrt{\sin^2\theta + 5}}_{u^2+5}\,\underbrace{\cos\theta\,d\theta}_{du} = \int \sqrt{u^2 + 5}\,du.$$

Nun suche man in den Integraltafeln nach $\int \sqrt{u^2 + 5}\,du$. Schreibt man 5 in der Form $(\sqrt{5})^2$, so wird aus dem Integranden $u^2 + (\sqrt{5})^2$. Wir finden dann unter den „Ausdrücken mit $x^2 \pm p^2$" (wenn man x durch u ersetzt)

$$\int \sqrt{u^2 + p^2}\, du = \frac{1}{2}[u\sqrt{u^2 + p^2} + p^2 \ln(u + \sqrt{u^2 + p^2})]$$

In unserem Fall ist $p = \sqrt{5}$ und $p^2 = 5$. Somit gilt

$$\int \sqrt{u^2 + 5}\, du = \int \sqrt{u^2 + (\sqrt{5})^2}\, du$$
$$= \frac{1}{2}[u\sqrt{u^2 + 5} + 5\ln(u + \sqrt{u^2 + 5})].$$

Um nun $\int \sqrt{\sin^2\theta + 5}\cos\theta\, d\theta$ zu finden, ersetzt man in der oben angegebenen Gleichung u durch $\sin\theta$. ●

Beispiel 4: Man bestimme

$$\int \frac{x^5\, dx}{\sqrt{x^3 + 1}}.$$

Lösung: Auch dieses Integral ist nicht in den Integraltabellen angegeben. Allerdings gilt

$$x^5\, dx = x^3 x^2\, dx \quad \text{und} \quad x^2\, dx$$

ist fast gleich $d(x^3)$. Daher setzen wir $u = x^3$. Somit ist

$$du = 3x^2 dx \quad \text{und} \quad x^2 dx = du/3.$$

Wir erhalten damit

$$\int \frac{x^5 dx}{\sqrt{x^3 + 1}} = \int \frac{x^3 x^2 dx}{\sqrt{x^3 + 1}} = \int \frac{u}{\sqrt{u + 1}} \frac{du}{3}$$
$$= \frac{1}{3}\int \frac{u\, du}{\sqrt{u + 1}}$$

und dieses Integral ist in den Integraltafeln zu finden.

Man hätte auch $u = x^3 + 1$ substituieren können. Das führt auf ein einfacheres Integral, wie der Leser leicht nachprüfen kann. Mit Hilfe dieser Substitution ist die Verwendung einer Integraltabelle nicht nötig. ●

Manchmal müssen die Integraltafeln mehrmals verwendet werden, um ein einziges Integral zu berechnen. Es gibt viele Funktionstypen, die in den Integraltafeln nicht angegeben sind. So finden wir in der Integraltafel keine Formel, die uns bei

$$\int \frac{5x^3 + x - 2}{x^3 - x^2 - x - 2}\, dx$$

weiterhilft.

In den Abschnitten 9.6 und 9.7 wird gezeigt, wie man Quotienten von Polynomen, sogenannte rationale Funktionen integriert. In der Praxis sind die Integranden meistens Polynome oder einfache Ausdrücke mit Exponentialfunktionen, Logarithmen, trigonometrischen Funktionen und Quadratwurzeln (insbesondere $\sqrt{a^2 - x^2}$).

Übungen:

Man integriere mit Hilfe einer Integraltafel (siehe auch Anhang E):

1. $\int (3x + 5)^5 dx$
2. $\int \frac{dx}{(3x + 7)^3}$
3. $\int \frac{x\, dx}{(2x - 5)^2}$
4. $\int \frac{dx}{x^2(3x - 2)}$
5. $\int \sqrt{5x - 7}\, dx$
6. $\int x\sqrt{2x + 3}\, dx$
7. $\int \frac{dx}{\sqrt{5x + 4}}$
8. $\int \frac{\sqrt{5x + 4}}{x} dx$
9. $\int \frac{dx}{x\sqrt{3x - 2}}$
10. $\int \frac{dx}{x\sqrt{3x + 2}}$
11. $\int \frac{dx}{9 + x^2}$
12. $\int \frac{dx}{x^2 + 5}$
13. $\int \frac{dx}{4 - x^2}$
14. $\int \frac{dx}{3 - x^2}$
15. $\int \frac{dx}{5x^2 + 3}$
16. $\int \frac{dx}{5x^2 - 3}$
17. $\int \frac{x\, dx}{3x^2 + 1}$
18. $\int \frac{dx}{x^2(3x + 1)}$
19. $\int \sqrt{x^2 - 1}\, dx$
20. $\int \sqrt{x^2 - 4}\, dx$
21. $\int \sqrt{x^2 - 3}\, dx$
22. $\int \frac{dx}{2x^2 + x + 3}$
23. $\int \frac{x\, dx}{2x^2 + x + 3}$
24. $\int \frac{dx}{\sqrt{x^2 + 3x + 5}}$
25. $\int \frac{dx}{\sqrt{-x^2 + 3x + 5}}$
26. $\int \sqrt{4x - x^2}\, dx$
27. $\int \sqrt{\frac{x + 3}{x - 2}}\, dx$
28. $\int \sin^2 3x\, dx$
29. $\int \sin^6 2x\, dx$
30. $\int \frac{dx}{1 - \sin 3x}$
31. $\int \cos^3 5x\, dx$
32. $\int \sin 3x \cos 2x\, dx$
33. $\int \sec 5x\, dx$
34. $\int x \sin 3x\, dx$

35. $\int x^2 \cos 3x\,dx$

36. $\int 2^x\,dx$

37. $\int x^2 e^{-x}\,dx$

38. $\int x^3 e^{2x}\,dx$

39. $\int e^{-3x} \sin 5x\,dx$

40. $\int x^2 \ln 3x\,dx$

41. $\int \arcsin 3x\,dx$

42. $\int \arctan 5x\,dx$

43. $\int \sec^{-1} 4x\,dx$

44. $\int \sqrt{1 + \sin 3x}\,dx$

45. $\int \frac{dx}{1 + \sin 3x}$

■

Man integriere mit Hilfe einer geeigneten Substitutions sowie einer Integraltafel!

46. $\int \frac{x^5\,dx}{(5x^3+3)^2}$; man setze $u = x^3$

47. $\int x^2 \sqrt{5x^3 + 2}\,dx$

48. $\int \frac{x\,dx}{\sqrt{2x^2+3}}$

49. $\int \frac{\cos x\,dx}{4 + \sin^2 x}$

50. $\int \frac{\sin 2x\,dx}{9 - \cos^2 2x}$

51. $\int \sqrt{(1+3x)^2 - 5}\,dx$

52. $\int \frac{x^2}{\sqrt{1-x^6}}\,dx$

53. $\int x\sqrt{x^4 + 9}\,dx$

54. $\int x\sqrt{9 - x^4}\,dx$

9.4 Substitution im bestimmten Integral

Man betrachte die Schritte, die zur Berechnung des Integrals

$$\int_1^2 (x^3+1)^5\, 3x^2\,dx$$

notwendig sind.

Zuerst sucht man eine Stammfunktion

$$\int (x^3+1)^5\, 3x^2\,dx.$$

Dazu führen wir eine Substitution durch:

$$u = x^3 + 1, \qquad du = 3x^2\,dx,$$

$$\int (x^3+1)^5\, 3x^2\,dx = \int u^5\,du = \frac{u^6}{6} = \frac{(x^3+1)^6}{6}.$$

Aufgrund des Hauptsatzes gilt

$$\int_1^2 (x^3+1)^5\, 3x^2\,dx = \left.\frac{(x^3+1)^6}{6}\right|_1^2 =$$

$$= \frac{(2^3+1)^6}{6} - \frac{(1^3+1)^6}{6} = \frac{9^6}{6} - \frac{2^6}{6}.$$

Das gleiche Resultat hätte man mit Hilfe des Integrals

$$\int_2^9 u^5\,du$$

erhalten. Die Integrationsgrenzen $[2; 9]$ sind dabei genau die Werte von u, für die x die Integrationsgrenzen $[1; 2]$ annimmt:

$$\int_2^9 u^5\,du = \left.\frac{u^6}{6}\right|_2^9 = \frac{9^6}{6} - \frac{2^6}{6}.$$

Dies führt uns auf einen *einfachen Weg zur Berechnung bestimmter Integrale* mittels Substitution: *Wird im Integranden eine Substitution vorgenommen, so ist dieselbe Substitution in den Integrationsgrenzen durchzuführen.* Der allgemeine Beweis für diese Vorschrift wird im Anschluß an Beispiel 2 gegeben.

Beispiel 1: Man bestimme

$$\int_0^{\pi/2} \sin^2\theta \cos\theta\,d\theta.$$

Lösung: Wir verwenden die Substitution

$$u = \sin\theta, \qquad du = \cos\theta\,d\theta.$$

Für $\theta = 0$ gilt $u = 0$; für θ gleich $\pi/2$ gilt $u = 1$. Daraus folgt

$$\int_0^{\pi/2} \sin^2\theta\cos\theta\,d\theta = \int_0^1 u^2\,du = \left.\frac{u^3}{3}\right|_0^1$$

$$= \frac{1^3}{3} - \frac{0^3}{3}$$

$$= \tfrac{1}{3}.$$

Bei der Berechnung bestimmter Integrale ist es also nicht mehr notwendig, die Stammfunktionen $u^3/3$ durch θ auszudrücken. ●

Beispiel 2: Man bestimme

$$\int_1^5 \sqrt{1+3x}\,dx.$$

Lösung: Sei $u = 1 + 3x$ und $du = 3dx$. Für $x = 1$ gilt $u = 4$; für $x = 5$ gilt $u = 16$.

Unter Beachtung der neuen Integrationsgrenzen ergibt sich

$$\int_1^5 \sqrt{1+3x}\,dx = \int_4^{16} \sqrt{u}\,\frac{du}{3} = \frac{1}{3}\int_4^{16} \sqrt{u}\,du = \frac{1}{3}\,\frac{u^{3/2}}{\frac{3}{2}}\Bigg|_4^{16}$$

$$= \tfrac{2}{9}\,(16^{3/2} - 4^{3/2})$$

$$= \tfrac{2}{9}\,(64 - 8)$$

$$= \tfrac{112}{9}. \bullet$$

Das folgende Theorem gibt den allgemeinen Beweis für die Gültigkeit unseres Substitutionsverfahrens.

Theorem: *Substitution in bestimmten Integralen.* f sei im Intervall $[a; b]$ eine stetige Funktion und $u = h(x)$ eine differenzierbare Funktion aus demselben Intervall. Ferner sei g eine stetige Funktion mit der Eigenschaft

$$f(x)\,dx = g(u)\,du \quad \text{oder} \quad f(x) = g[h(x)]\,h'(x).$$

Dann gilt

$$\int_a^b f(x)\,dx = \int_A^B g(u)\,du,$$

mit $A = h(a)$ und $B = h(b)$.

Beweis: $G(u)$ sei eine Stammfunktion von $g(u)$. Dann ist aufgrund des Substitutionstheorems aus Abschnitt 9.2

$$G[h(x)]$$

eine Stammfunktion von $f(x)$. Es gilt dann

$$\int_a^b f(x)\,dx = G(h(x))\Big|_{x=a}^{x=b}$$

$$= G(h(b)) - G(h(a))$$

$$= G(B) - G(A).$$

Andererseits gilt aufgrund des Hauptsatzes der Infinitesimalrechnung

$$\int_A^B g(u)\,du = G(B) - G(A).$$

Da die beiden Ausdrücke übereinstimmen, führt die Substitution in bestimmten Integralen zum Ziel. $\bullet$

Übungen:

Zur Berechnung der bestimmten Integrale in den Übungen 1 bis 15 verwende man die in diesem Abschnitt entwickelten Methoden.

1. $\int_0^1 (e^x + 1)^3 e^x\,dx$
2. $\int_0^1 (x^4 + 1)^5 x^3\,dx$
3. $\int_0^{\pi/4} \sin 2\theta\,d\theta$
4. $\int_0^{\pi/2} \frac{\cos\theta\,d\theta}{\sqrt{1+\sin\theta}}$
5. $\int_1^2 \frac{x^2\,dx}{2x^3+4}$
6. $\int_1^e \frac{\sqrt{\ln x}}{x}\,dx$
7. $\int_2^3 x\sqrt{x^2-4}\,dx$
8. $\int_{\pi/6}^{\pi/4} \sin^3 2\theta\cos 2\theta\,d\theta$
9. $\int_0^1 \frac{x^3\,dx}{(x^4+1)^2}$
10. $\int_0^{13} \frac{dx}{\sqrt[3]{1+2x}}$
11. $\int_0^1 \frac{x^2\,dx}{1+x^6}$
12. $\int_1^2 \frac{e^{1/x}}{x^2}\,dx$
13. $\int_1^e \frac{\ln^3 x}{x}\,dx$
14. $\int_0^1 \frac{dx}{(x+1)^3}$
15. $\int_0^2 \sqrt[3]{8-x^2}\,x\,dx$

■

Die Übungen 16 bis 22 wiederholen einige Punkte aus früheren Kapiteln.

16. Man bestimme $\lim_{x \to 0} \left[\frac{1}{\ln(1+x)} - \frac{1}{\sin x}\right]$.

17. Man berechne $\int_{-1}^{1} x\,e^{-x^4}\,dx$.

18. Man beweise $D(f/g) = [gD(f) - fD(g)]/g^2$.

19. Man zeige

$$\lim_{a \to -1} \int_1^t x^a\,dx = \int_1^t \frac{1}{x}\,dx.$$

(Ausrechnen beider Seiten der Gleichung.)

20. Man beweise, daß das Volumen einer Kugel vom Radius a gleich $4\pi a^3/3$ ist.

21. Man bestimme den Minimalwert der Funktion

$$y = 3x^4 - 16x^3 + 30x^2 - 24x.$$

22. Man zeige mit Hilfe der Definition der Ableitung

$$D(\log_b x) = \frac{1}{x}\log_b e.$$

■■

23. Peter sagt „$\int_0^\pi \cos^2\theta\,d\theta$ ist selbstverständlich positiv". Paul behauptet „Nein, das Integral ist gleich Null. Denn mit der Substitution $u = \sin\theta$ folgt $du = \cos\theta\,d\theta$ und weiter

$$\int_0^\pi \cos^2\theta\,d\theta = \int_0^\pi \cos\theta\,\cos\theta\,d\theta$$
$$= \int_0^0 \sqrt{1-u^2}\,du$$
$$= 0.$$

Ganz einfach!" Wer von beiden hat recht? Mit Hilfe der Identität $\cos^2\theta = (1+\cos 2\theta)/2$ können wir das Integral ohne Substitution direkt berechnen.

24. Peter behauptet, $\int_{-2}^{1} 2x^2\,dx$ sei selbstverständlich postiv. „Denn der Integrand ist niemals negativ und es gilt $-2 < 1$". Paul antwortet „Du irrst schon wieder, das Integral ist negativ: Für $u = x^2$ ergibt sich $du = 2x\,dx$. Folglich gilt

$$\int_{-2}^{1} 2x^2\,dx = \int_{-2}^{1} x\,2x\,dx$$
$$= \int_4^1 \sqrt{u}\,du$$
$$= -\int_1^4 \sqrt{u}\,du$$

und dies ist selbstverständlich negativ". Wer von beiden hat recht?

25. In den Substitutionstheoremen des Abschnittes 9.2 und 9.4 spielen die Funktionen f und g keine vertauschbare Rolle, obwohl die beiden Seiten der Gleichung

$$f(x)\,dx = g(u)\,du$$

ähnlich erscheinen. In jedem dieser beiden Theoreme lautet die Aussage: „Wenn man $\int g(u)\,du$ berechnen kann, denn kann man auch $\int f(x)\,dx$ bestimmen." Nun könnte man umgekehrt fragen: „Wenn wir f integrieren können, kann dann auch g integriert werden"?

Die Antwort lautet dann „ja", wenn die differenzierbare Funktion $u = h(x)$ eineindeutig ist und ihre Ableitung $h'(x)$ im betrachteten Intervall nirgends verschwindet (h muß daher dort entweder eine steigende oder eine fallende Funktion sein).

Um dies zu beweisen, bezeichnen wir mit h^* die Umkehrfunktion von h. Ausgehend von der Gleichung

$$f(x) = g[h(x)]\,h'(x),$$

ist die Relation

$$g(u) = f[h^*(u)]\,(h^*)'(u)$$

zu beweisen.

Aus ihr folgt dann, daß aus einer Stammfunktion von f eine Stammfunktion von g abgeleitet werden kann.

9.5 Partielle Integration

Die Kettenregel war Ausgangspunkt für die in Abschnitt 9.2 diskutierte Integration durch Substitution. Die Formel für die Ableitung eines Produkts

$$(uv)' = uv' + vu',$$

ist Grundlage einer weiteren, etwas weniger allgemeinen Methode, die man als *partielle Integration* bezeichnet. Sind

u und v differenzierbare Funktionen, so erhalten wir mit dieser Methode aus einer Stammfunktion von vu' eine Stammfunktion von uv' und umgekehrt.

Theorem: *Partielle Integration.* Seien u und v differenzierbare Funktionen und sei $\int vu'dx$ eine Stammfunktion von vu', dann ist

$$uv - \int vu'dx$$

eine Stammfunktion von uv'. In Symbolen gilt also

$$\int uv'dx = uv - \int vu'dx$$

oder besonders anschaulich geschrieben:

$$\int u\,dv = uv - \int v\,du.$$

Beweis: Man differenziere

$$uv - \int vu'dx$$

und vergleiche das Resultat mit uv'. Wir finden

$$\begin{aligned}\left(uv - \int vu'dx\right)' &= (uv)' - \left(\int vu'dx\right)' && \text{Ableitung einer Differenz}\\ &= (uv)' - vu' && \text{Definition von } \textstyle\int vu\,dx\\ &= uv' + vu' - vu' && \text{Ableitung eines Produkts}\\ &= uv'.\end{aligned}$$

Daher ist $uv - \int vu'dx$ Stammfunktion von uv', wie zu beweisen war. ●

Beispiel 1: Man bestimme $\int x\,e^{-x}\,dx$.

Lösung: Um die Formel

$$\int u\,dv = uv - \int v\,du$$

anzuwenden, müssen wir $\int x\,e^{-x}\,dx$ in der Form

$$\int u\,dv$$

schreiben. Man hofft, $\int v\,du$ leichter aufzufinden, als das ursprüngliche Integral $\int u\,dv$.

Der Integrand ist so einfach, daß es nicht viele Möglichkeiten gibt. Wir versuchen den Ansatz

$$u = x \quad \text{und} \quad dv = e^{-x}\,dx.$$

Damit wird der Integrand wie folgt zerlegt:

$$\int \underbrace{x}_{u}\,\underbrace{e^{-x}\,dx}_{dv}.$$

Nun bestimmen wir du und v. Aus $u = x$ folgt $du = dx$. Wegen $dv = e^{-x}\,dx$ wählen wir $v = -e^{-x}$. (Natürlich könnte für v auch $-e^{-x} + C$ mit irgendeiner Konstanten C gewählt werden, unser Ansatz ist jedoch der einfachste.) Das Theorem über partielle Integration führt nun auf

$$\int \underbrace{x}_{u}\,\underbrace{e^{-x}\,dx}_{dv} = \underbrace{x}_{u}\,\underbrace{(-e^{-x})}_{v} - \int \underbrace{(-e^{-x})}_{v}\,\underbrace{dx}_{du}.$$

Ist $\int v\,du$ leichter zu berechnen als das ursprüngliche Integral $\int u\,dv$? Dies ist tatsächlich der Fall, denn es gilt

$$\int -e^{-x}\,dx = e^{-x}.$$

So folgt

$$\begin{aligned}\int x\,e^{-x}\,dx &= -x\,e^{-x} - e^{-x}\\ &= e^{-x}(-x-1).\end{aligned}$$

Der Leser kann dieses Resultat durch Differenzieren direkt überprüfen. ●

Beispiel 2: Man bestimme $\int x^2 e^{-x}\,dx$.

Lösung: Es gibt viele Möglichkeiten, das Integral in der Form $\int u\,dv$ zu schreiben:

$$\int \underbrace{x^2}_{u}\,\underbrace{e^{-x}\,dx}_{dv}, \qquad \int \underbrace{x}_{u}\,\underbrace{x\,e^{-x}\,dx}_{dv},$$

$$\int \underbrace{x\,e^{-x}}_{u}\,\underbrace{x\,dx}_{dv}, \qquad \int \underbrace{e^{-x}}_{u}\,\underbrace{x^2\,dx}_{dv}.$$

Der letzte Ansatz führt nicht zum Ziel. Denn in diesem Fall gilt

$$v = \frac{x^3}{3} \quad \text{und} \quad du = -e^{-x}\,dx;$$

das neue Integral

$$\int v\,du = \int \frac{x^3}{3}(-e^{-x})\,dx$$

ist *komplizierter* als das ursprüngliche; tatsächlich tritt x^3 an die Stelle von x^2.

Der dritte Ansatz $\int x\,e^{-x}\,x\,dx$ führt zu derselben Schwierigkeit, wie der Leser leicht nachprüfen kann. Die ersten beiden Ansätze hingegen führen zu *einfacheren* Integralen. Aus $du = 2x\,dx$ und $x = -e^{-x}$ folgt nämlich

$$\int \underbrace{x^2}_{u}\,\underbrace{e^{-x}\,dx}_{dv} = \underbrace{x^2}_{u}\,\underbrace{(-e^{-x})}_{v} - \int \underbrace{(-e^{-x})}_{v}\,\underbrace{2x\,dx}_{du}$$

$$= -x^2\,e^{-x} + 2\int e^{-x}\,x\,dx.$$

Das neue Integral ist einfacher als das erste; x^2 ist durch x ersetzt worden. Dieses Integral kennen wir bereits aus Beispiel 1:

$$\int x\,e^{-x}\,dx = e^{-x}(-x-1).$$

Somit gilt

$$\begin{aligned}\int x^2\,e^{-x}\,dx &= -x^2 e^{-x} + 2\int e^{-x}\,x\,dx\\ &= -x^2 e^{-x} + 2[e^{-x}(-x-1)]\\ &= -x^2 e^{-x} - 2x\,e^{-x} - 2e^{-x}\\ &= -(x^2+2x+2)\,e^{-x}. \bullet\end{aligned}$$

Das Verfahren in Beispiel 2 zeigt uns auch, wie die Formel für $\int x^n\,e^{ax}\,dx$ gewonnen werden kann. Sie ergibt sich durch partielle Integration und ist in den Integraltafeln zu finden:

$$\int \underbrace{x^n}_{u}\,\underbrace{e^{ax}\,dx}_{dv} = \underbrace{x^n}_{u}\,\underbrace{\frac{e^{ax}}{a}}_{v} - \int \underbrace{\frac{e^{ax}}{a}}_{v}\,\underbrace{nx^{n-1}\,dx}_{du}$$

$$du = nx^{n-1}\,dx$$

$$v = \frac{e^{ax}}{a}.$$

Auf diese Weise wird

$$\int x^n\,x^{ax}\,dx \quad \text{auf} \quad \int x^{n-1}\,e^{ax}\,dx$$

zurückgeführt. Diese Rekursionsformel erniedrigt bei jedem Schritt den Exponenten von x um 1. Mit Hilfe einer ähnlichen Prozedur erhält man die Rekursionsformel für

$$\int x^n \sin ax\,dx$$

(siehe auch Beispiel 4).

Beispiel 2 hat uns gezeigt, wie mit Hilfe partieller Integration der Grad eines Polynoms im Integranden verringert werden kann. Das nächste Beispiel behandelt die Integration einer inversen trigonometrischen Funktion. Die Endformel ist in den Integraltabellen enthalten.

Beispiel 3: Man bestimme $\int \arctan x\,dx$.

Lösung: Die Ableitung von $\arctan x$ ist gleich $1/(1+x^2)$, also viel einfacher als die Funktion $\arctan x$. Das weist auf den folgenden Ansatz zur Lösung des Integrals hin:

$$\int \underbrace{\arctan x}_{u}\,\underbrace{dx}_{dv} = \underbrace{(\arctan x)}_{u}\,\underbrace{x}_{v} - \int \underbrace{x}_{v}\,\underbrace{\frac{1}{1+x^2}\,dx}_{du}$$

$$\left(du = \frac{dx}{1+x^2},\quad v = x\right)$$

$$= x\arctan x - \int \frac{x}{1+x^2}\,dx.$$

Das Integral

$$\int \frac{x}{1+x^2}\,dx$$

kann leicht berechnet werden, da der Zähler ein Vielfaches der Ableitung des Nenners ist:

$$\int \frac{x\,dx}{1+x^2} = \frac{1}{2}\int \frac{2x}{1+x^2}\,dx = \frac{1}{2}\ln(1+x^2).$$

So folgt

$$\int \arctan x\,dx = x\arctan x - \frac{1}{2}\ln(1+x^2).$$

Ganz allgemein gilt

$$\int f(x)\,dx = xf(x) - \int f'(x)\,x\,dx. \bullet$$

Beispiel 4: Viele Formeln der Integraltafeln führen gewisse Integrale, in denen die n-te Potenz irgendeines Ausdrucks auftritt auf Integrale zurück, in denen die $(n-1)$te Potenz desselben Ausdrucks zu finden ist. Solche Relationen werden Rekursionsformeln genannt. Üblicherweise erhält man sie durch partielle Integration. So soll beispielsweise die Formel

$$\int \sin^n x\,dx = -\frac{\sin^{n-1} x\cos x}{n} + \frac{n-1}{n}\int \sin^{n-2} x\,dx \qquad n \geqslant 2$$

abgeleitet werden.

Lösung: Zunächst schreiben wir $\int \sin^n x\,dx$ um in $\int \sin^{n-1} x \sin x\,dx$. Dann setzen wir $u = \sin^{n-1} x$ und $dv = \sin x\,dx$. Es folgt

$$du = (n-1)\sin^{n-2} x \cos x\,dx$$

und

$$v = -\cos x.$$

Partielle Integration führt zu

$$\int \underbrace{\sin^{n-1} x}_{u}\,\underbrace{\sin x\,dx}_{dv} = \underbrace{(\sin^{n-1} x)}_{u}\,\underbrace{(-\cos x)}_{v} - \int \underbrace{(-\cos x)}_{v}\,\underbrace{(n-1)\sin^{n-2} x \cos x\,dx}_{du}.$$

Das rechte Integral der obigen Gleichung ist gleich

$$\int (1-n)\cos^2 x \sin^{n-2} x\,dx = (1-n)\int (1-\sin^2 x)\sin^{n-2} x\,dx = (1-n)\int \sin^{n-2} x\,dx - (1-n)\int \sin^n x\,dx.$$

Also erhalten wir

$$\int \sin^n x\,dx = -\sin^{n-1} x \cos x + (n-1)\int \sin^{n-2} x\,dx - (n-1)\int \sin^n x\,dx.$$

Das neuerliche Auftreten des Integrals $\int \sin^n x\,dx$ soll uns nicht entmutigen, wir fassen gleiche Terme zusammen:

$$n\int \sin^n x\,dx = -\sin^{n-1} x \cos x + (n-1)\int \sin^{n-2} x\,dx. \quad \bullet$$

Daraus wird die zitierte Formel abgeleitet.

Diese Rekursionsformel vermindert den Exponenten von $\sin x$ bei jedem Schritt um 2, $\sin^n x$ wird durch $\sin^{n-2} x$ ersetzt. Im Gegensatz dazu wurde in der Rekursionsformel von Beispiel 2 der Exponent n durch $n-1$ ersetzt.

Beispiel 5: Man bestimme $\int e^x \cos x\,dx$.

Lösung: Wir schreiben:

$$\int \underbrace{e^x}_{u}\,\underbrace{\cos x\,dx}_{dv} = \underbrace{e^x}_{u}\,\underbrace{\sin x}_{v} - \int \underbrace{\sin x}_{v}\,\underbrace{e^x\,dx}_{du}$$

$$du = e^x\,dx$$

$$v = \sin x.$$

Auf den ersten Blick scheint dies nicht sehr sinnvoll: $\cos x$ ist durch $\sin x$ ersetzt worden. Das neue Integral aber kann durch partielle Integration bestimmt werden. Wir verwenden die großen Buchstaben U und V anstelle von u und v, um die nachfolgende Berechnung von der vorhergehenden zu unterscheiden.

$$\int \underbrace{e^x}_{U}\,\underbrace{\sin x\,dx}_{dV} = \underbrace{e^x}_{U}\,\underbrace{(-\cos x)}_{V} - \int \underbrace{(-\cos x)}_{V}\,\underbrace{e^x\,dx}_{dU}$$

$$(dU = e^x\,dx \quad V = -\cos x)$$

$$= -e^x \cos x + \int e^x \cos x\,dx.$$

Eine Kombination dieser beiden Gleichungen ergibt

$$\int e^x \cos x\,dx = e^x \sin x - \left(-e^x \cos x + \int e^x \cos x\,dx\right) = e^x(\sin x + \cos x) - \int e^x \cos x\,dx.$$

So ergibt sich eine neue Gleichung für das unbekannte Integral:

$$2\int e^x \cos x\,dx = e^x(\sin x + \cos x)$$

und sofort

$$\int e^x \cos x\,dx = \frac{1}{2}e^x(\sin x + \cos x).$$

Die fünf Integrale dieses Abschnittes sind im übrigen in jeder Integraltafel zu finden.

Übungen:

Man berechne die Integrale der Übungen 1 bis 16 mit Hilfe partieller Integration und überprüfe die Resultate durch Differenzieren.

1. $\int x e^{2x}\,dx$ **2.** $\int x^2 e^{2x}\,dx$

3. $\int x^3 e^{2x}\,dx$ **4.** $\int \arcsin x\,dx$

5. $\int x \sin x \, dx$ 6. $\int x^2 \sin x \, dx$

7. $\int \ln(4 + x^2) \, dx$ 8. $\int x \ln x \, dx$

9. $\int x (\ln x)^2 \, dx$ 10. $\int x^5 e^{x^2} \, dx$

11. $\int e^x \sin x \, dx$ 12. $\int e^{2x} \cos 3x \, dx$

13. $\int x \sec^2 3x \, dx$ 14. $\int \ln(4 + x) \, dx$

15. $\int e^{ax} \sin bx \, dx$, wobei a und b Konstanten sind

16. $\int x^2 \cos x \, dx$.

17. Mit Hilfe der Rekursionsformel von Beispiel 4 berechne man

(a) $\int \sin^2 x \, dx$ (b) $\int \sin^4 x \, dx$

(c) $\int \sin^6 x \, dx$

18. Mit Hilfe der Rekursionsformel von Beispiel 4 bestimme man

(a) $\int \sin^3 x \, dx$, (b) $\int \sin^5 x \, dx$.

■

19. Der dritte Ansatz aus Beispiel 2 führt zu einem schwierigeren Integral als dem ursprünglicheren. Man zeige dies!

20. Man bestimme $\int x^3 \sin x \, dx$. (Siehe Übung 6.)

21. Man überprüfe durch Differenzieren die Lösungen von
   (a) Beispiel 3,
   (b) Beispiel 5.

22. Man beweise folgende Rekursionsformel, die üblicherweise in Integraltabellen angegeben sind:

$$\int \sin^n ax \, dx = -\frac{\sin^{n-1} ax \cos ax}{na} + \frac{n-1}{n} \int \sin^{n-2} ax \, dx.$$

23. Man beweise die Rekursionsformel ($m, n > 0$):

$$\int \sin^m x \cos^n x \, dx = -\frac{\sin^{m-1} x \cos^{n+1} x}{m+n} + \frac{m-1}{m+n} \int \sin^{m-2} x \cos^n x \, dx.$$

24. Man bestimme $\int \ln(x + 1) \, dx$ mit Hilfe von
   (a) $u = \ln(x + 1)$, $dv = dx$, $v = x$;
   (b) $u = \ln(x + 1)$, $dv = dx$, $v = x + 1$.
   (c) Welches der beiden Verfahren ist einfacher?

Die Übungen 25 und 26 sind gemeinsam zu behandeln.

25. Bei einem Wettrennen startet ein Wagen mit der Geschwindigkeit Null und hat auch wieder die Geschwindigkeit Null, nachdem er in einer Minute 1 Meile zurückgelegt hat. $v(t)$ sei seine Geschwindigkeit zur Zeit t und $a(t)$ seine Beschleunigung zur Zeit t. Man beweise

(a) $\int_0^1 v(t) \, dt = 1$, (b) $\int_0^1 a(t) \, dt = 0$,

(c) $\int_0^1 t a(t) \, dt = -1$.

26. (Fortsetzung von Übung 25).
   (a) Man zeige für einen bestimmten Zeitpunkt t die Relation $|a(t)| > 4$.
   (b) Man zeige graphisch [$v(t)$ als Funktion der Zeit], daß für ein Wettrennen wie in Übung 25 für alle t die Einschränkung $|a(t)| \leq 4{,}1$ gelten kann.

9.6 Berechnung der Integrale $\int \frac{dx}{(ax + b)^n}$, $\int \frac{dx}{(ax^2 + bx + c)^n}$ und $\int \frac{x \, dx}{(ax^2 + bx + c)^n}$

Diese speziellen Integrale werden in den Abschnitten 9.7 und 9.8 auftreten. Sie können einer Integraltafel entnommen werden. Der Leser könnte daher auch direkt zu den Übungen übergehen und diese mit Hilfe der Integraltafel lösen.

Beispiel 1: Man bestimme $\int \frac{1}{3x + 4} \, dx$.

Lösung: Der Zähler ist ein Vielfaches der Ableitung des Nenners. Wir erhalten daher:

$$\int \frac{1}{3x + 4} \, dx = \frac{1}{3} \int \frac{3 \, dx}{3x + 4} = \frac{1}{3} \ln |3x + 4|. \quad \bullet$$

Beispiel 2: Man bestimme $\int \frac{dx}{(3x + 4)^7}$.

Lösung: Da $3x + 4$ eine derartig einfache Ableitung, nämlich die Zahl 3 besitzt, wählen wir die Substitution $u = 3x + 4$; es gilt $du = 3dx$ und $du/3 = dx$. Dann folgt

$$\int \frac{dx}{(3x + 4)^7} = \int \frac{du/3}{u^7} = \frac{1}{3} \int u^{-7} du = \frac{1}{3} \frac{u^{-6}}{-6} = -\frac{u^{-6}}{18} = -\frac{1}{18(3x + 4)^6}. \quad \bullet$$

Als nächstes betrachten wir Integrale der Form $\int dx/(ax^2 + bx + c)^n$ und beginnen mit zwei Beispielen für $b = 0$ und $n = 1$.

Beispiel 3: Man bestimme $\int \frac{dx}{4x^2 + 1}$.

Lösung: Bekanntlich gilt

$$\int \frac{dx}{x^2 + 1} = \arctan x.$$

Aus diesem Grund wählen wir die Substitution $u^2 = 4x^2$ oder $u = 2x$. Wir erhalten $du = 2dx$ und $du/2 = dx$ und weiter

$$\int \frac{dx}{4x^2 + 1} = \int \frac{1}{u^2 + 1} \frac{du}{2} = \frac{1}{2} \int \frac{du}{u^2 + 1} = \frac{1}{2} \arctan u =$$

$$= \frac{1}{2} \arctan 2x. \bullet$$

Beispiel 4: Man bestimme $\int \frac{dx}{4x^2 + 9}$.

Lösung: Auch hier gehen wir erwartungsgemäß von

$$\int \frac{dx}{x^2 + 1} = \arctan x$$

aus und wählen diesmal für u

$$9u^2 = 4x^2.$$

(Diese Substitution entspringt der Überlegung

$$\frac{1}{4x^2 + 9} = \frac{1}{9u^2 + 9} = \frac{1}{9} \frac{1}{u^2 + 1}.)$$

Mit anderen Worten: Wir wählen u mit dem Ansatz

$$3u = 2x \quad \text{und}$$

$$3du = 2dx \quad \text{oder} \quad \tfrac{3}{2}\, du = dx.$$

Dann folgt direkt

$$\int \frac{dx}{4x^2 + 9} = \int \frac{1}{9u^2 + 9} \frac{3}{2} du = \frac{3}{18} \int \frac{du}{u^2 + 1} =$$

$$= \frac{1}{6} \arctan u = \frac{1}{6} \arctan \frac{2x}{3}.$$

(Erst am Ende der Rechnung muß wieder $u = 2x/3$ für u eingesetzt werden!) $\bullet$

Quadratische Ergänzung. Ehe wir zum nächsten Beispiel übergehen, wollen wir die sogenannte *quadratische Ergänzung* aus der Algebra wiederholen.

Der Ausdruck $x^2 + 6x$ besteht aus den ersten beiden Termen des Quadrates von $x + 3$, nämlich

$$(x + 3)^2 = x^2 + 6x + 9.$$

Addieren wir 9 zu $x^2 + 6x$, so vervollständigen wir das Quadrat von $x + 3$.

Welche Zahl müssen wir zu $x^2 + 5x$ addieren, um das Quadrat zu vervollständigen? Wenn $x^2 + 5x$ mit den ersten zwei Termen von

$$(x + k)^2 = x^2 + 2kx + k^2$$

übereinstimmen soll, dann muß $2k$ gleich 5 sein: $k = 5/2$ und daher $k^2 = (5/2)^2$. Wir müssen also $(5/2)^2$ addieren, um $x^2 + 5x$ zu einem Quadrat zu ergänzen.

$$x^2 + 5x + (5/2)^2 = (x + 5/2)^2.$$

Diese Überlegung führt uns zu folgender allgemeiner Regel:

Um den Ausdruck $x^2 + bx$ zu einem vollständigen Quadrat zu ergänzen, addieren wir $(b/2)^2$, das Quadrat des halben Koeffizienten von x.

Beispiel 5: Man bestimme $\int \frac{dx}{4x^2 + 8x + 13}$.

Lösung: Zuerst ergänzen wir das Quadrat im Nenner $4x^2 + 8x + 13$:

$$\begin{aligned} 4x^2 + 8x + 13 &= 4(x^2 + 2x) + 13 \\ &= 4[x^2 + 2x + (2/2)^2] + 13 - 4(2/2)^2 \\ &= 4(x + 1)^2 + 9. \end{aligned}$$

Das Integral erhält damit die Gestalt

$$\int \frac{dx}{4(x + 1)^2 + 9}$$

und erinnert an Beispiel 4. Wir wählen die Substitution

$$u = x + 1$$

und erhalten

$$du = dx.$$

Dann folgt

$$\int \frac{dx}{4(x + 1)^2 + 9} = \int \frac{du}{4u^2 + 9}.$$

Nach Beispiel 4 gilt

$$\int \frac{du}{4u^2 + 9} = \frac{1}{6} \arctan \frac{2u}{3}$$

und daher

$$\int \frac{dx}{4(x+1)^2+9} = \frac{1}{6} \arctan \frac{2(x+1)}{3}$$

oder schließlich

$$\int \frac{dx}{4x^2+8x+13} = \frac{1}{6} \arctan \frac{2(x+1)}{3}. \bullet$$

Beispiel 6: Man bestimme $\int \frac{x\,dx}{4x^2+8x+13}$.

Lösung: Hieße der Zähler $8x+8$, so wäre er gleich der Ableitung des Nenners. Das Problem könnte dann mit Hilfe der Formel

$$\int \frac{f'}{f}\,dx = \ln|f|$$

sofort gelöst werden. Wir versuchen daher folgende Umformung:

$$\begin{aligned}\int \frac{x\,dx}{4x^2+8x+13} &= \frac{1}{8}\int \frac{8x\,dx}{4x^2+8x+13} \\ &= \frac{1}{8}\left(\int \frac{8x+8}{4x^2+8x+13}\,dx - \right. \\ &\quad \left. - \int \frac{8}{4x^2+8x+13}\,dx\right) \\ &= \frac{1}{8}\left(\ln(4x^2+8x+13) - \right. \\ &\quad \left. - \frac{8}{6}\arctan\frac{2(x+1)}{3}\right).\end{aligned}$$

($4x^2+8x+13$ *ist immer positiv.*)

Bei der Lösung wurde das Resultat von Beispiel 5 verwendet. •

Das nächste Beispiel ist mit Beispiel 4 zu vergleichen.

Beispiel 7: Man bestimme $\int \frac{dx}{4x^2-9}$.

Lösung: Mit Hilfe der algebraischen Identität

$$\frac{1}{a^2-b^2} = \frac{1}{2b}\left(\frac{1}{a-b} - \frac{1}{a+b}\right)$$

kann dieses Problem sehr leicht gelöst werden. (Man überprüfe diese Identität.) Im speziellen gilt für

$$a = 2x \quad \text{und} \quad b = 3$$

die Relation

$$\frac{1}{(2x)^2-3^2} = \frac{1}{2\cdot 3}\left(\frac{1}{2x-3} - \frac{1}{2x+3}\right).$$

Daraus folgt

$$\int \frac{dx}{4x^2-9} = \frac{1}{6}\int \frac{dx}{2x-3} - \frac{1}{6}\int \frac{dx}{2x+3}.$$

Das ursprüngliche Problem wurde nun auf zwei Integrale vom Typ des Beispiels 1 zurückgeführt. Daher gilt

$$\begin{aligned}\int \frac{dx}{4x^2-9} &= \frac{1}{12}\ln|2x-3| - \frac{1}{12}\ln|2x+3| \\ &= \frac{1}{12}\ln\left|\frac{2x-3}{2x+3}\right|. \bullet\end{aligned}$$

Integrale der Form

$$\int \frac{dx}{(ax^2+bx+c)^n} \quad \text{und} \quad \int \frac{x\,dx}{(ax^2+bx+c)^n}$$

mit $n > 1$ treten selten auf. Rekursionsformeln für diese Integrale werden in den Übungen 30 und 31 abgeleitet.

Alle diese Formeln sind in jeder Integraltabelle enthalten. Tatsächlich sind alle unsere Beipiele mit Hilfe von Integraltafeln leicht zu behandeln, obwohl dies für die ersten drei oder vier Beispiele komplizierter ist, als eine direkte Berechnung.

Übungen:

Man berechne die Integrale der Übungen 1 bis 15.

1. $\int \frac{dx}{3x-4}$
2. $\int \frac{2\,dx}{3x+6}$
3. $\int \frac{5\,dx}{(2x+7)^2}$
4. $\int \frac{dx}{(4x+1)^3}$
5. $\int \frac{dx}{x^2+9}$
6. $\int \frac{x\,dx}{x^2+9}$
7. $\int \frac{2x+3}{x^2+9}\,dx$
8. $\int \frac{dx}{5x^2+1}$
9. $\int \frac{dx}{x^2+3}$
10. $\int \frac{dx}{2x^2+3}$
11. $\int \frac{x\,dx}{2x^2+3}$
12. $\int \frac{dx}{x^2-1}$
13. $\int \frac{dx}{x^2-4}$
14. $\int \frac{dx}{x^2-3}$
15. $\int \frac{dx}{2x^2-3}$

16. Man ergänze zu einem Quadrat:

(*a*) $x^2 + 6x$, (*b*) $x^2 + 7x$, (*c*) $x^2 - x$.

17. Man stelle in der Form $k(x+c)^2 + m$ mit geeigneten Konstanten k, c und m dar:

(*a*) $2x^2 + 8x$, (*b*) $5x^2 + 10x$, (*c*) $3x^2 - 7x$.

Man berechne die Integrale der Übungen 18 bis 26.

18. $\int \frac{dx}{9x^2 + 18x - 5}$ **19.** $\int \frac{dx}{4x^2 + 4x - 1}$

20. $\int \frac{x\,dx}{4x^2 + 4x - 1}$ **21.** $\int \frac{dx}{4x^2 + 4x + 3}$

22. $\int \frac{x\,dx}{4x^2 + 4x + 3}$ **23.** $\int \frac{x - 3}{2x^2 + 5}\,dx$

24. $\int \frac{dx}{x^2 + 4x + 7}$ **25.** $\int \frac{dx}{2x^2 + 4x + 7}$

26. $\int \frac{x\,dx}{2x^2 + 4x + 7}$

■

27. (*a*) Man überprüfe

$$\int \frac{dx}{ax^2 + bx + c} = \frac{1}{\sqrt{b^2 - 4ac}} \ln \left| \frac{2ax + b - \sqrt{b^2 - 4ac}}{2ax + b + \sqrt{b^2 - 4ac}} \right| \qquad b^2 > 4ac$$

(*b*) Man beweise die Formel (*a*) mit Hilfe der Methoden dieses Abschnitts.

28. (*a*) Man überprüfe

$$\int \frac{dx}{ax^2 + bx + c} = \frac{2}{\sqrt{4ac - b^2}} \arctan \frac{2ax + b}{\sqrt{4ac - b^2}} \qquad b^2 < 4ac.$$

(*b*) Man beweise diese Formel mit Hilfe der Methoden dieses Abschnitts.

29. (*a*) Man überprüfe

$$\int \frac{dx}{ax^2 + bx + c} = -\frac{2}{2ax + b} \qquad b^2 = 4ac.$$

(*b*) Man beweise diese Formel mit Hilfe der Methoden dieses Abschnitts.

■■

30. Man differenziere die rechte Seite der folgenden Gleichung und beweise die Gleichung:

$$\int \frac{dx}{(ax^2 + bx + c)^{n+1}} = \frac{2ax + b}{n(4ac - b^2)(ax^2 + bx + c)^n} + \frac{2(2n-1)a}{n(4ac - b^2)} \int \frac{dx}{(ax^2 + bx + c)^n}.$$

31. Man beweise durch Differenzieren der Gleichung die folgende Rekursionsformel:

$$\int \frac{x\,dx}{(ax^2 + bx + c)^{n+1}} = \frac{-(2c + bx)}{n(4ac - b^2)(ax^2 + bx + c)^n} - \frac{b(2n-1)}{n(4ac - b^2)} \int \frac{dx}{(ax^2 + bx + c)^n}.$$

32. Man verwende die Formel aus Übung 30 und das Resultat von Beispiel 3 zur Berechnung von

$$\int \frac{dx}{(4x^2 + 1)^2}.$$

33. Man verwende die Formel aus Übung 31 und das Resultat von Beispiel 5 zur Berechnung von

$$\int \frac{x\,dx}{(4x^2 + 8x + 13)^2}.$$

9.7 Integration von rationalen Funktionen: Partialbruchzerlegung

Wir werden das Integral

$$\int \frac{x^4 + x^3 - 3x + 5}{x^3 + 2x^2 + 2x + 1}\,dx$$

in keiner Integraltabelle finden. Der Integrand ist eine rationale Funktion, also ein Quotient von zwei Polynomen. In diesem Abschnitt wird gezeigt, wie man rationale Funktionen mit Hilfe rein algebraischer Umformungen integrieren kann. Die hier entwickelten Methoden stützen sich auf ein Ergebnis der höheren Algebra: Jede rationale Funktion kann als Summe eines Polynoms (möglicherweise Null) und geeigneter konstanter Vielfacher der drei folgenden Funktionstypen dargestellt werden:

$$\frac{1}{(ax + b)^n}, \quad \frac{1}{(ax^2 + bx + c)^n} \quad \text{und} \quad \frac{x}{(ax^2 + bx + c)^n}$$

Diese Funktionen sind uns aus Abschnitt 9.6 bekannt. Da jedes Polynom und jede dieser drei Grundtypen integriert werden kann, läßt sich jede rationale Funktion integrieren. Es bleibt lediglich die Frage: „Auf welche Art kann ich eine gegebene rationale Funktion als Summe dieser vier einfachen Funktionstypen darstellen“? Den resultierenden Ausdruck nennen wir *Partialbruchzerlegung* der gegebenen rationalen Funktion. Die Technik der Partialbruchzerlegung wird in der Folge genau erläutert. (Anhang D behandelt weitere Details dieses Verfahrens.)

Um den Quotienten A/B zweier Polynome A und B als Summe von Partialbrüchen darzustellen, geht man folgendermaßen vor:

Erster Schritt: Der Grad des Zählers muß kleiner als der Grad des Nenners werden. Ist der Grad von A nicht kleiner als der Grad von B, so dividiere man A durch B, um einen Quotienten Q und einen Rest R zu erhalten: Dann gilt $A = QB + R$, wobei der Grad von R kleiner ist als der Grad von B oder $R = 0$ gilt. Dann folgt

$$\frac{A}{B} = Q + \frac{R}{B}.$$

Die restlichen Schritte behandeln den Ausdruck R/B.

Beispiel 1: Für

$$\frac{A}{B} = \frac{3x^3 + x}{x^2 + 3x + 5}$$

ist der erste Schritt durchzuführen.

Lösung: Da der Grad des Zählers nicht kleiner ist als der Grad des Nenners, müssen wir eine langwierige Division ausführen:

$$\begin{array}{r|l l}
 & 3x - 9 & \text{Quotient} \\
x^2 + 3x + 5 & 3x^3 + 0x^2 + x + 0 & \\
 & 3x^3 + 9x^2 + 15x & \\ \hline
 & -9x^2 - 14x + 0 & \\
 & -9x^2 - 27x - 45 & \\ \hline
 & 13x + 45 & \text{Rest}
\end{array}$$

So gilt also

$$\frac{3x^3 + x}{x^2 + 3x + 5} = 3x - 9 + \frac{13x + 45}{x^2 + 3x + 5}.$$

(Zur Überprüfung können beide Seiten mit $x^2 + 3x + 5$ multipliziert werden.) ●

In analoger Weise müßte auch im Fall

$$\frac{3x^2 + x}{x^2 + 3x + 5}$$

zuerst eine Division ausgeführt werden.

Zweiter Schritt: Ist der Grad von A kleiner als der Grad von B, so gehen wir wie folgt vor:

a) *Faktorisieren des Nenners:* Man stellt B als Produkt von Polynomen vom Grad 1 oder 2 dar, wobei die Faktoren vom Grad 2 irreduzibel sein müssen. Aufgrund von Theoremen der höheren Algebra ist dies immer möglich. Ein Polynom zweiten Grades mit reellen Koeffizienten heißt irreduzibel, wenn es nicht in ein Produkt von zwei Polynomen ersten Grades mit reellen Koeffizienten aufgelöst werden kann. Die Bestimmung dieser Faktoren vom Grad 1 und 2 kann oft sehr kompliziert sein.

b) *Bilden von Summanden der Form* $\dfrac{k_i}{(ax + b)^i}$: Tritt der Ausdruck $ax + b$ genau n mal in der Faktorisierung von B auf, so bilde man die Summe

$$\frac{k_1}{ax + b} + \frac{k_2}{(ax + b)^2} + \dots + \frac{k_n}{(ax + b)^n}.$$

Die Konstanten $k_1, k_2, \dots, k_n$ werden später bestimmt.

c) *Bilden von Summanden der Form* $\dfrac{c_i x + d_i}{(ax^2 + bx + c)^i}$: Tritt $ax^2 + bx + c$ genau m mal in der Faktorisierung von B auf, so bilde man die Summe

$$\frac{c_1 x + d_1}{ax^2 + bx + c} + \frac{c_2 x + d_2}{(ax^2 + bx + c)^2} + \dots + \frac{c_m x + d_m}{(ax^2 + bx + c)^m}.$$

Die Konstanten $c_1, c_2, \dots, c_m$ und $d_1, d_2, \dots, d_m$ werden später bestimmt.

d) *Bestimmen der Konstanten c_i, d_i, k_i:* Man bestimme die Konstanten k_i, c_i und d_i aus b) und c) so, daß A/B gleich der Summe aller Terme aus b) und c) ist (über alle Faktoren, die in a) auftreten).

Die rationale Funktion

$$\frac{c_i x + d_i}{(ax^2 + bx + c)^i}$$

ist gleich

$$\frac{c_i x}{(ax^2 + bx + c)^i} + \frac{d_i}{(ax^2 + bx + c)^i}.$$

Die Summe dieser beiden Funktionen kann mit Hilfe der Methoden des vorigen Abschnittes integriert werden. Wir vereinigen wie in c) diese beiden Quotienten zu einem, um Platz zu sparen.

Enthält schließlich die Faktorisierung eines Polynoms etwa die Ausdrücke $x + 2$ und $2x + 4 = 2(x + 2)$, so stelle man den zweiten Faktor als konstantes Vielfaches des ersten dar. In Schritt 2.a) darf kein irreduzibler Faktor das konstante Vielfache eines anderen sein.

Beispiel 2: Man veranschauliche den Schritt 2 im Fall

$$\frac{A}{B}=\frac{2x^2+3x+3}{(x+1)^3}.$$

Lösung: Multipliziert man den Nenner aus, so ist sein Grad höher als der des Zählers. In diesem Fall enthält der Nenner dreimal $x+1$, einen Faktor vom Grad eins, und keine quadratischen Faktoren. Man braucht daher nur den Schritt 2.b) anzuwenden und zu schreiben

$$\frac{2x^2+3x+3}{(x+1)^3}=\frac{k_1}{x+1}+\frac{k_2}{(x+1)^2}+\frac{k_3}{(x+1)^3}.$$

Die Konstanten k_1, k_2 und k_3 kann man mit den Methoden der Beispiele 4 bis 6 auffinden. •

Beispiel 3: Wie sieht die Partialbruchzerlegung von

$$\frac{A}{B}=\frac{2x^3-6x^2+2}{(x+1)(x^2+x+1)^2}$$

aus?

Lösung: Der Nenner hat den Grad 5, während der Zähler den Grad 3 besitzt. Daher erübrigt sich der erste Schritt. Die irreduziblen Faktoren von B sind $x+1$ (kommt nur einmal vor) und x^2+x+1 (tritt im Quadrat auf). Daher sind die Schritte 2.c) und 2.d) notwendig und wir können schreiben

$$\frac{2x^3-6x^2+2}{(x+1)(x^2+x+1)^2}=\frac{k_1}{x+1}+\frac{c_1x+d_1}{x^2+x+1}+$$
$$+\frac{c_2x+d_2}{(x^2+x+1)^2}. \bullet$$

Das nächste Beispiel zeigt, wie man in einem einfachen Fall die gesuchten Konstanten bestimmen kann. Diese Konstanten sind übrigens immer eindeutig bestimmt.

Beispiel 4: Man stelle

$$\frac{4x-7}{x^2-3x+2}$$

als Summe von Partialbrüchen dar.

Lösung: Man beginne mit Schritt 2.a) und faktorisiere x^2-3x+2 in $(x-1)(x-2)$. Der Nenner B enthält in diesem Fall nur Faktoren vom Grad eins, daher erübrigt sich Schritt 2.c). Da sowohl $x-1$ als auch $x-2$ nur einmal in der Faktorisierung auftreten, erhalten wir in beiden Fällen $n=1$.

Entsprechend Schritt 2.d) existieren Konstanten k und l mit

$$\frac{4x-7}{x^2-3x+2}=\frac{k}{x-1}+\frac{l}{x-2}. \tag{1}$$

Um k und l zu ermitteln, multiplizieren wir beide Seiten von (1) mit x^2-3x+2 und erhalten

$$4x-7=k(x-2)+l(x-1). \tag{2}$$

Gleichung (2) gilt als algebraische Identität für alle x, also auch für irgendwelche speziellen Zahlen. Um zwei Gleichungen für die zwei unbekannten k und l zu finden, ersetzen wir x in (2) durch zwei beliebige Zahlen. Da $x-1$ für x gleich 1 und $x-2$ für x gleich 2 verschwindet, wählen wir der Einfachheit halber für x die Werte 1 und 2. Das liefert

$$4(1)-7=k(1-2)+l(0) \quad \text{für } x=1 \text{ in (2);}$$
$$4(2)-7=k(0)+l(2-1) \quad \text{für } x=2 \text{ in (2).}$$

Diese beiden Gleichungen vereinfachen sich zu

$$-3=-k \quad \text{und} \quad 1=l.$$

Aus $k=3$ und $l=1$ folgt

$$\frac{4x-7}{x^2-3x+2}=\frac{3}{x-1}+\frac{1}{x-2}. \bullet$$

Beispiel 5: Man stelle

$$\frac{x^2+7x+1}{(x+2)^2(2x+1)}$$

als Summe von Partialbrüchen dar.

Lösung: Der Grad des Zählers ist kleiner als der Grad 3 des Nenners. Daher erübrigt sich Schritt 1. Da der Nenner bereits faktorisiert vorliegt (wie zumeist in der Praxis), ist Schritt 2.a) bereits durchgeführt. Wir werden die Schritte 2.b) und 2.d) gleichzeitig durchführen; Schritt 2.c) ist ebenfalls nicht notwendig, da im Nenner B keine irreduziblen Faktoren vom Grad 2 auftreten.

Da $x+2$ zweimal und $2x+1$ einmal auftritt, gilt

$$\frac{x^2+7x+1}{(x+2)^2(2x+1)}=\frac{k_1}{x+2}+\frac{k_2}{(x+2)^2}+\frac{l}{2x+1}. \tag{3}$$

Um die Konstanten k_1, k_2, l zu bestimmen, eliminieren wir die Nenner durch Multiplikation mit dem Produkt $(x+2)^2(2x+1)$:

$$x^2+7x+1=k_1(x+2)(2x+1)+k_2(2x+1)+$$
$$+l(x+2)^2. \tag{4}$$

Wir brauchen drei Gleichungen, um die Unbekannten k_1, k_2 und l zu bestimmen, und ersetzen hierzu x in (4) durch drei verschiedene Zahlen. Wegen $x + 2 = 0$ für $x = -2$ und $2x + 1 = 0$ für $x = -\frac{1}{2}$ ersetzen wir x erst durch -2 und dann durch $-\frac{1}{2}$. Um eine dritte Gleichung zu finden, wählen wir $x = 0$. Es folgt

$$
\begin{aligned}
-9 &= -3k_2 && \text{für } x = -2 \text{ aus (4);}\\
-\tfrac{9}{4} &= (\tfrac{9}{4})\,l && \text{für } x = -\tfrac{1}{2} \text{ aus (4);}\\
1 &= 2k_1 + k_2 + 4l && \text{für } x = 0 \text{ aus (4).}
\end{aligned}
$$

So ergibt sich $k_2 = 3$, $l = -1$ und $k_1 = 1$. Setzen wir k_1, k_2 und l in (3) ein, so erhalten wir schließlich

$$\frac{x^2 + 7x + 1}{(x+2)^2(2x+1)} = \frac{1}{x+2} + \frac{3}{(x+2)^2} - \frac{1}{2x+1}. \quad \bullet$$

Beispiel 6: Man stelle

$$\frac{x^4 + x^3 - 3x + 5}{(x+1)(x^2+x+1)}$$

als Summe von Partialbrüchen dar.

Lösung: Da der Grad 4 des Zählers mindestens ebenso groß wie der Grad 3 des Nenners ist, so muß zuerst Schritt 1 durchgeführt werden. Wir dividieren den Zähler durch den Nenner

$$(x+1)(x^2+x+1) = x^3 + 2x^2 + 2x + 1$$

und erhalten

$$
\begin{array}{r|l l}
 & x - 1 & \text{Quotient}\\
x^3 + 2x^2 + 2x + 1 & x^4 + x^3 + 0x^2 - 3x + 5 & \\
 & x^4 + 2x^3 + 2x^2 + x & \\ \hline
 & -\ x^3 - 2x^2 - 4x + 5 & \\
 & -\ x^3 - 2x^2 - 2x - 1 & \\ \hline
 & -2x + 6 & \text{Rest}
\end{array}
$$

Also gilt

$$\frac{x^4 + x^3 - 3x + 5}{(x+1)(x^2+x+1)} = x - 1 + \frac{-2x+6}{(x+1)(x^2+x+1)}. \quad (5)$$

Nun wird

$$\frac{-2x+6}{(x+1)(x^2+x+1)}$$

in Übereinstimmung mit den Schritten 2.b) und 2.c) als Summe von Partialbrüchen dargestellt. Da $x + 1$ und $x^2 + x + 1$ irreduzible Faktoren sind, existieren Konstanten k_1, c_1 und d_1 mit

$$\frac{-2x+6}{(x+1)(x^2+x+1)} = \frac{k_1}{x+1} + \frac{c_1x + d_1}{x^2+x+1}. \quad (6)$$

Um k_1, c_1 und d_1 zu finden, multiplizieren wir Gl. (6) mit $(x+1)(x^2+x+1)$ und erhalten

$$-2x + 6 = k_1(x^2+x+1) + (c_1x + d_1)(x+1). \quad (7)$$

Setzen wir $x = -1$ (die Lösung von $x + 1 = 0$) sowie $x = 0$ und $x = 1$ (um einfache Gleichungen zu erhalten), so folgt schließlich

$$
\begin{aligned}
8 &= k_1 && \text{für } x = -1 \text{ aus (7);}\\
6 &= k_1 + d_1 && \text{für } x = 0 \text{ aus (7);}\\
4 &= 3k_1 + 2c_1 + 2d_1 && \text{für } x = 1 \text{ aus (7).}
\end{aligned}
$$

Die erste Gleichung ergibt $k_1 = 8$, die zweite $d_1 = -2$ und die dritte $c_1 = -8$.

Also nimmt Gl. (6) die Gestalt an:

$$\frac{-2x+6}{(x+1)(x^2+x+1)} = \frac{8}{x+1} - \frac{8x+2}{x^2+x+1}. \quad (8)$$

Kombinieren wir Gl. (5) und Gl. (8), so ergibt sich

$$\frac{x^4 + x^3 - 3x + 5}{(x+1)(x^2+x+1)} = x - 1 + \frac{8}{x+1} - \frac{8x+2}{x^2+x+1}. \quad \bullet \ (9)$$

In diesem Abschnitt wurden keine Integrationen ausgeführt, sondern nur rein algebraische Umformungen behandelt. Die Abschnitte 9.6 und 9.7 zeigen gemeinsam, wie man eine rationale Funktion integriert.

Übungen:

In den Übungen 1 bis 6 gebe man die Form der Partialbruchzerlegung an, aber berechne nicht die Konstanten k_i, c_i und d_i.

1. $\dfrac{x^2 + 3x + 1}{(x+1)^3}$
2. $\dfrac{5x + 6x^2}{(x+1)^3}$
3. $\dfrac{x^3}{(x-1)(x+2)}$
4. $\dfrac{x+3}{(x-1)^2(x+2)^2}$
5. $\dfrac{x^4 + 3x^2}{(x^2+x+1)^3}$
6. $\dfrac{x^7 - 1}{(x^2+x+1)^3(x+1)^2}$

In den Übungen 7 bis 15 ist die angegebene rationale Funktion in Partialbrüche zu zerlegen.

7. $\dfrac{x^2 + x + 3}{x+1}$
8. $\dfrac{x}{x-3}$
9. $\dfrac{2x^2 + 2x + 3}{2x+1}$
10. $\dfrac{3x - 3}{x^2 - 9}$

11. $\frac{x+4}{(x+1)^2}$

12. $\frac{2x^2+9x+12}{(x+2)(x+3)^2}$

13. $\frac{x^3}{x^2+3x+5}$

14. $\frac{x^3}{x^2-x-6}$

15. $\frac{x^3}{x^2-4}$

In den Übungen 16 bis 24 soll das Integral aus der jeweils angegebenen Übung berechnet werden.

16. Übung 7
17. Übung 8
18. Übung 9
19. Übung 10
20. Übung 11
21. Übung 12
22. Übung 13
23. Übung 14
24. Übung 15

■

25. Man berechne

$$\int \frac{dx}{(x-1)x(x+1)}.$$

26. (*a*) Sei a eine Konstante ungleich Null, wie lautet die Partialbruchzerlegung von $1/(a^2-x^2)$?
(*b*) Man verwende (*a*) und bestimme $\int dx/(a^2-x^2)$.

In den Übungen 27 bis 29 ist das angegebene Integral zu berechnen.

27. $\int \frac{8-4x}{(x-1)^2(x^2+1)}dx$

28. $\int \frac{x^4\,dx}{(x^2-1)(x+2)}$

29. $\int \frac{x^2\,dx}{x^2+4x+4}$

■■

30. Man berechne:
(*a*) $\int (2x^3+x)/(x^4+x^2+1)\,dx$;
(*b*) $\int 1/(x^4+x^2+1)\,dx$.
Hinweis: Für (*b*) beachte man

$$x^4+x^2+1=(x^2+x+1)\cdot(x^2-x+1).$$

Die Übungen 31 bis 33 entwickeln eine Methode, um die Irreduzibilität eines Polynoms vom Grad 2 zu untersuchen.

31. Sei r eine Wurzel des Polynoms $P(x)$, also $P(r)=0$. Dann ist P durch $x-r$ teilbar. Man beweise dies!

32. Man stelle $2x^2-3x-3$ als Produkt von zwei Polynomen des Grades 1 dar.

33. Das Polynom ax^2+bx+c ist irreduzibel, wenn $b^2-4ac<0$ gilt. Sonst kann es faktorisiert werden. Man beweise dies!

34. Diese Übung zeigt ein einfaches Verfahren, um die Partialbruchzerlegung von

$$\frac{1}{(ax+b)(cx+d)}$$

zu bestimmen. Dabei sei $ax+b$ nicht gleich einer Konstanten mal $cx+d$. Man beginne mit der Identität

$$a(cx+d)-c(ax+b)=ad-bc$$

und dividiere beide Seiten durch $(ax+b)(cx+d)$. Um beispielsweise die Partialbruchzerlegung von

$$\frac{1}{(2x+1)(3x+5)}$$

zu finden, beginnen wir mit

$$2(3x+5)-3(2x+1)=7.$$

Division ergibt

$$\frac{2}{2x+1}-\frac{3}{3x+5}=\frac{7}{(2x+1)(3x+5)}$$

und

$$\frac{1}{(2x+1)(3x+5)}=\frac{2}{7}\cdot\frac{1}{2x+1}-\frac{3}{7}\cdot\frac{1}{3x+5}.$$

Auf diese Weise ist die Partialbruchzerlegung von

(*a*) $\frac{1}{(3x-1)(4x+5)}$, (*b*) $\frac{1}{(3x+2)(3x+5)}$

aufzufinden.

9.8 Integration von rationalen Funktionen in $\sin\theta$ und $\cos\theta$

Ein *Polynom in* $\sin\theta$ und $\cos\theta$ entsteht aus $\sin\theta$, $\cos\theta$ und reellen Zahlen durch wiederholte Addition, Subtraktion und Multiplikation. So ist

$$5\cos^3\theta\sin\theta-\sqrt{2}\sin^2\theta+\cos\theta+11$$

ein Polynom in $\sin\theta$ und $\cos\theta$. Der Quotient zweier solcher Polynome heißt rationale Funktion in $\sin\theta$ und $\cos\theta$, z.B.

$$\frac{5\sin^2\theta\cos^3\theta-\pi\cos\theta+11}{2\sin\theta+3\cos\theta}.$$

Dieser Abschnitt behandelt ein allgemeines Verfahren zur Integration solcher Funktionen. Wir diskutieren jedoch zunächst einige rationale Funktionen in $\sin\theta$ und $\cos\theta$, die durch spezielle Verfahren integriert werden können.

Integration von $\sin^n\theta$, *wenn* n *eine ganze Zahl* >1 *ist:* Partielle Integration lieferte in Abschnitt 9.5 eine Rekursionsformel für $\int\sin^n\theta\,d\theta$ und ganze Zahlen $n>1$. Die Beispiele 1 und 2 illustrieren die Berechnungen von Integralen dieser Art.

Beispiel 1: Man bestimme $\int \sin^2\theta\, d\theta$ unter Verwendung der Identität

$$\sin^2\theta = \frac{1-\cos 2\theta}{2}.$$

Lösung:

$$\int \sin^2\theta\, d\theta = \int \frac{1-\cos 2\theta}{2}\, d\theta = \int \frac{1}{2}\, d\theta - \int \frac{\cos 2\theta}{2}\, d\theta =$$

$$= \frac{\theta}{2} - \frac{\sin 2\theta}{4} = \frac{\theta}{2} - \frac{2\sin\theta\cos\theta}{4} =$$

$$= \frac{\theta}{2} - \frac{\sin\theta\cos\theta}{2}.$$

Dieses Ergebnis ist in jeder Integraltafel zu finden. ●

Die speziellen bestimmten Integrale

$$\int_0^{\pi/2} \sin^2\theta\, d\theta \quad \text{und} \quad \int_0^{\pi/2} \cos^2\theta\, d\theta$$

treten so oft auf, daß man sich ihren Wert einprägen sollte. Wie man Schaubildern von $\sin^2\theta$ und $\cos^2\theta$ leicht entnehmen kann, besitzen die beiden bestimmten Integrale den gleichen Wert. Außerdem folgt aus

$$\sin^2\theta + \cos^2\theta = 1,$$

$$\int_0^{\pi/2} \sin^2\theta\, d\theta + \int_0^{\pi/2} \cos^2\theta\, d\theta = \int_0^{\pi/2} 1\, d\theta = \frac{\pi}{2}.$$

Daher gilt

$$\int_0^{\pi/2} \sin^2\theta\, d\theta = \frac{\pi}{4} = \int_0^{\pi/2} \cos^2\theta\, d\theta.$$

Im nächsten Beispiel wird gezeigt, wie man $\int \sin^n\theta\, d\theta$ für ungerade ganze n berechnen kann.

Beispiel 2: Man bestimme $\int \sin^5\theta\, d\theta$.
Lösung: Wir erinnern uns an

$$d(\cos\theta) = -\sin\theta\, d\theta$$

und schreiben

$$\int \sin^5\theta\, d\theta = \int \sin^4\theta \sin\theta\, d\theta =$$

$$= -\int (1-\cos^2\theta)^2\, d(\cos\theta).$$

Setzen wir nun $u = \cos\theta$, so ergibt sich

$$\int \sin^5\theta\, d\theta = -\int (1-u^2)^2\, du$$

$$= -\int (1-2u^2+u^4)\, du$$

$$= -\left(u - \frac{2u^3}{3} + \frac{u^5}{5}\right)$$

$$= -\cos\theta + \frac{2\cos^3\theta}{3} - \frac{\cos^5\theta}{5}. \quad ●$$

Um nun allgemein $\int \cos^m\theta \sin^n\theta\, d\theta$ zu finden – m und n seien nichtnegative ganze Zahlen, n sei ungerade – faßt man einen Faktor $\sin\theta$ mit $d\theta$ zusammen. Aus $\sin\theta\, d\theta = -d(\cos\theta)$ und der Identität $\sin^2\theta = 1-\cos^2\theta$ ergibt sich mit Hilfe der Substitution $u = \cos\theta$ als neuer Integrand dann ein Polynom in u. Ähnlich geht man bei $\int \cos^m\theta \sin^n\theta\, d\theta$ für ungerade m vor, wie in Beispiel 3 erläutert wird.

Beispiel 3: Man bestimme $\int \cos^3\theta \sin^4\theta\, d\theta$.
Lösung: Wir fassen $\cos\theta$ und $d\theta$ zusammen und bilden

$$\cos\theta\, d\theta = d(\sin\theta).$$

Die Substitution $u = \sin\theta$ liefert

$$\int \cos^3\theta \sin^4\theta\, d\theta = \int \cos^2\theta \sin^4\theta (\cos\theta\, d\theta)$$

$$= \int (1-\sin^2\theta)\sin^4\theta\, d(\sin\theta)$$

$$= \int (1-u^2)u^4\, du$$

$$= \int (u^4-u^6)\, du$$

$$= \frac{u^5}{3} - \frac{u^7}{5}$$

$$= \frac{\sin^5\theta}{3} - \frac{\sin^7\theta}{5}. \quad ●$$

Analoge Methoden können auf andere trigonometrische Funktionen wie

$$\int \tan^6\theta \sec^4\theta\, d\theta$$

angewendet werden. [Hier ist der Integrand eigentlich eine rationale Funktion von sin θ und cos θ, nämlich

$$\left(\frac{\sin\theta}{\cos\theta}\right)^6 \left(\frac{1}{\cos\theta}\right)^4 = \frac{\sin^6\theta}{\cos^{10}\theta}.]$$

Beispiel 4: Man bestimme $\int \tan^6\theta \sec^4\theta\, d\theta$.

Lösung: Wir erinnern uns an

$$d(\tan\theta) = \sec^2\theta\, d\theta$$

und fassen $\sec^2\theta$ mit $d\theta$ zusammen. Das führt zu der Substitution

$$u = \tan\theta, \quad du = \sec^2\theta\, d\theta.$$

Aus

$$\sec^2\theta = \tan^2\theta + 1$$

folgt dann

$$\begin{aligned}\int \tan^6\theta \sec^4\theta\, d\theta &= \int \tan^6\theta \sec^2\theta \sec^2\theta\, d\theta \\ &= \int u^6(u^2+1)\, du \\ &= \int (u^8+u^6)\, du \\ &= \frac{u^9}{9} + \frac{u^7}{7} \\ &= \frac{\tan^9\theta}{9} + \frac{\tan^7\theta}{7}. \bullet\end{aligned}$$

Mit Hilfe der Substitution aus Beispiel 4 kann $\int \tan^m\theta \sec^n\theta\, d\theta$ für beliebige ganze m und beliebige positive gerade n berechnet werden. Der Leser untersuche an $\int \tan^4\theta \sec^3\theta\, d\theta$, welche Komplikationen sich für ungerade n ergeben.

Ist m eine positive ungerade Zahl, so kann $\int \tan^m\theta \sec^n\theta\, d\theta$ durch Zusammenfassen von $\tan\theta \sec\theta$ mit $d\theta$ berechnet werden. Es gilt nämlich $\tan\theta \sec\theta\, d\theta = d(\sec\theta)$. Beispiel 5 veranschaulicht diese Möglichkeit.

Beispiel 5: Man bestimme $\int \tan^5\theta \sec^3\theta\, d\theta$.

Lösung: Wir erinnern uns an

$$d(\sec\theta) = \tan\theta \sec\theta\, d\theta$$

und

$$\tan^2\theta = \sec^2\theta - 1.$$

Nun sei

$$u = \sec\theta \quad \text{und} \quad du = \sec\theta \tan\theta\, d\theta.$$

Dann gilt

$$\begin{aligned}\int \tan^5\theta \sec^3\theta\, d\theta &= \int \tan^4\theta \sec^2\theta (\sec\theta \tan\theta\, d\theta) \\ &= \int (\sec^2\theta - 1)^2 \sec^2\theta (\sec\theta \tan\theta\, d\theta) \\ &= \int (u^2-1)^2 u^2\, du \\ &= \int (u^6 - 2u^4 + u^2)\, du \\ &= \frac{u^7}{7} - \frac{2u^5}{5} + \frac{u^3}{3} \\ &= \frac{\sec^7\theta}{7} - \frac{2\sec^5\theta}{5} + \frac{\sec^3\theta}{3}. \bullet\end{aligned}$$

Ein anderes Verfahren löst $\int \tan^n\theta\, d\theta$, wie das nächste Beispiel zeigt.

Beispiel 6: Man berechne eine Rekursionsformel für $\int \tan^n\theta\, d\theta$.

Lösung: Wir erinnern uns an $(\tan\theta)' = \sec^2\theta$ und $\tan^2\theta = \sec^2\theta - 1$. Die nötigen Schritte sind einfach:

$$\begin{aligned}\int \tan^n\theta\, d\theta &= \int \tan^{n-2}\theta \tan^2\theta\, d\theta \\ &= \int \tan^{n-2}\theta (\sec^2\theta - 1)\, d\theta \\ &= \int \tan^{n-2}\theta \sec^2\theta\, d\theta - \int \tan^{n-2}\theta\, d\theta \\ &= \frac{\tan^{n-1}\theta}{n-1} - \int \tan^{n-2}\theta\, d\theta.\end{aligned}$$

Man vergleiche diese Formel mit der Rekursionsformel für $\int \sin^n\theta\, d\theta$ aus Abschnitt 9.5. Wiederholte Anwendung der hier beschriebenen Rekursionstechnik führt auf

$$\tan^0\theta\, d\theta = \int d\theta = \theta \quad (\text{wenn } n \text{ gerade ist})$$

oder auf

$$\begin{aligned}\int \tan^1\theta\, d\theta &= \int \tan\theta\, d\theta = \int \frac{\sin\theta}{\cos\theta}\, d\theta = -\ln|\cos\theta| = \\ &= \ln|\sec\theta| \quad (\text{wenn } n \text{ ungerade ist}). \bullet\end{aligned}$$

Die Formeln

$$\int \sec\theta\, d\theta = \ln|\sec\theta + \tan\theta|$$

$$\int \sec\theta\, d\theta = \frac{1}{2}\ln\frac{1+\sin\theta}{1-\sin\theta}$$

sind in Integraltafeln zu finden. Sie werden in Beispiel 7 hergeleitet.

Beispiel 7: Man bestimme $\int \sec\theta\, d\theta$.

Lösung: Wir schreiben

$$\int \sec\theta\, d\theta = \int \frac{1}{\cos\theta}\, d\theta = \int \frac{\cos\theta}{\cos^2\theta}\, d\theta = \int \frac{\cos\theta}{1-\sin^2\theta}\, d\theta.$$

Die Substitution

$$u = \sin\theta \quad \text{und} \quad du = \cos\theta\, d\theta$$

transformiert das letzte Integral in ein Integral über eine rationale Funktion:

$$\int \frac{du}{1-u^2} = \frac{1}{2}\int \left(\frac{1}{1+u} + \frac{1}{1-u}\right) du = \frac{1}{2}[\ln(1+u) - \ln(1-u)] = \frac{1}{2}\ln\frac{1+u}{1-u}.$$

Aus $u = \sin\theta$ folgt

$$\frac{1}{2}\ln\frac{1+u}{1-u} = \frac{1}{2}\ln\frac{1+\sin\theta}{1-\sin\theta}.$$

Dies ist gleich $\ln|\sec\theta + \tan\theta|$, wie sich aus der Relation

$$\frac{1+\sin\theta}{1-\sin\theta} = (\sec\theta + \tan\theta)^2$$

unmittelbar ergibt. $\sec\theta + \tan\theta$ kann negativ sein,

$$\frac{1+\sin\theta}{1-\sin\theta}$$

ist stets nichtnegativ. ●

Die Tabelle auf S. 270 faßt die Verfahren dieses Abschnitts mit ähnlichen Methoden für andere Potenzen von trigonometrischen Funktionen zusammen.

Allgemeines Verfahren zur Integration von rationalen Funktionen in $\cos\theta$ *und* $\sin\theta$: Die folgende Methode kann auf *beliebige rationale Funktionen* in $\cos\theta$ und $\sin\theta$ angewendet werden. Wir gehen davon aus, daß $\cos\theta$ und $\sin\theta$ durch $\tan(\theta/2)$ ausgedrückt werden können.

Bild 9.2

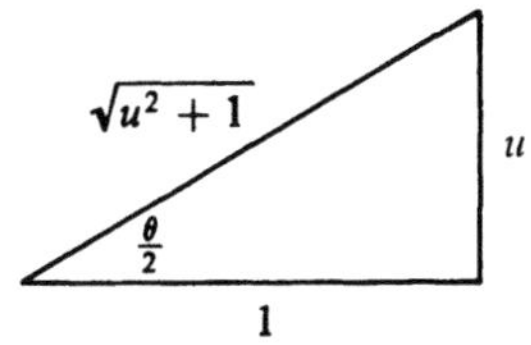

Man führe die Substitution $u = \tan(\theta/2)$ ein (Bild 9.2). Es gilt

$$\cos\frac{\theta}{2} = \frac{1}{\sqrt{1+u^2}} \quad \text{und} \quad \sin\frac{\theta}{2} = \frac{u}{\sqrt{1+u^2}}.$$

Daraus folgt:

$$\cos\theta = \cos^2\frac{\theta}{2} - \sin^2\frac{\theta}{2} = \left(\frac{1}{\sqrt{1+u^2}}\right)^2 - \left(\frac{u}{\sqrt{1+u^2}}\right)^2 = \frac{1-u^2}{1+u^2}$$

$$\sin\theta = 2\sin\frac{\theta}{2}\cos\frac{\theta}{2} = 2\left(\frac{u}{\sqrt{1+u^2}}\right)\left(\frac{1}{\sqrt{1+u^2}}\right) = \frac{2u}{1+u^2}.$$

Auch $d\theta$ kann sehr leicht durch u und du dargestellt werden: Aus $u = \tan(\theta/2)$ ergibt sich

$$du = \frac{1}{2}\sec^2\frac{\theta}{2}\, d\theta = \frac{1}{2}\left(1 + \tan^2\frac{\theta}{2}\right) d\theta = \frac{1}{2}(1+u^2)\, d\theta.$$

Wir erhalten schließlich

$$d\theta = \frac{2\, du}{1+u^2}.$$

Die Substitution $u = \tan\theta/2$ führt also zu

$$\cos\theta = \frac{1-u^2}{1+u^2}, \quad \sin\theta = \frac{2u}{1+u^2} \quad \text{und} \quad d\theta = \frac{2du}{1+u^2}.$$

Diese Substitution transformiert jedes Integral über eine rationale Funktion in $\cos\theta$ und $\sin\theta$ in ein Integral über eine rationale Funktion von u. Die resultierende rationale Funktion kann dann mit Hilfe der Partialbruchmethoden integriert werden. *Diese Methode kann zwar immer angewendet werden, ist aber nicht immer günstig.*

Integrand	*Vorgangsweise*
$\sin^2\theta$	Man schreibt $\sin^2\theta$ als $\dfrac{1-\cos 2\theta}{2}$.
$\cos^2\theta$	Man schreibt $\cos^2\theta$ als $\dfrac{1+\cos 2\theta}{2}$.
$\sin^n\theta$ (n ungerade)	Man schreibt $\sin^n\theta\, d\theta = \sin^{n-1}\theta\,(\sin\theta\, d\theta)$ und verwendet $u = \cos\theta$ und $1-u^2 = \sin^2\theta$.
$\cos^m\theta\,\sin^n\theta$ (n ungerade)	Man schreibt $\cos^m\theta\,\sin^n\theta\, d\theta = \cos^m\theta\,\sin^{n-1}\theta\,(\sin\theta\, d\theta)$ und verwendet $u = \cos\theta$ sowie $1-u^2 = \sin^2\theta$.
$\cos^m\theta\,\sin^n\theta$ (m ungerade)	Man schreibt $\cos^m\theta\,\sin^n\theta\, d\theta = \cos^{m-1}\theta\,\sin^n\theta\,(\cos\theta\, d\theta)$ und verwendet $u = \sin\theta$ sowie $1-u^2 = \cos^2\theta$.
$\cos^m\theta\,\sin^n\theta$ (m und n positive gerade ganze Zahl)	Man ersetzt $\cos^2\theta$ durch $\dfrac{1+\cos 2\theta}{2}$ und $\sin^2\theta$ durch $\dfrac{1-\cos 2\theta}{2}$ (siehe Übung 20).
$\tan^m\theta\,\sec^n\theta$ ($n \geqslant 2$ und gerade)	Man schreibt $\tan^m\theta\,\sec^n\theta\, d\theta$ als $\tan^m\theta\,\sec^{n-2}\theta\,(\sec^2\theta\, d\theta)$ und verwendet $u = \tan\theta$ sowie $1+u^2 = \sec^2\theta$.
$\tan^m\theta\,\sec^n\theta$ (m ungerade)	Man schreibt $\tan^m\theta\,\sec^n\theta\, d\theta$ als $\tan^{m-1}\theta\,\sec^{n-1}\theta\,(\tan\theta\,\sec\theta\, d\theta)$ und verwendet $u = \sec\theta$ sowie $u^2-1 = \tan^2\theta$.
$\tan^n\theta$ (n eine ganze Zahl $\geqslant 2$)	Man schreibt $\tan^n\theta = \tan^{n-2}\theta\,\tan^2\theta = \tan^{n-2}\theta\,\sec^2\theta - \tan^{n-2}\theta$ und wiederholt dies.
$\tan\theta$	$\int \tan\theta\, d\theta = \ln\lvert\sec\theta\rvert$.
$\sec\theta$	$\int \sec\theta\, d\theta = \ln\lvert\sec\theta + \tan\theta\rvert$.
$\cot^m\theta\,\operatorname{cosec}^n\theta$ ($n \geqslant 2$ und gerade)	Man schreibt $\cot^m\theta\,\operatorname{cosec}^n\theta$ als $\cot^m\theta\,\operatorname{cosec}^{n-2}\theta\,(\operatorname{cosec}^2\theta\, d\theta)$ und verwendet $u = \cot\theta$ sowie $1+u^2 = \operatorname{cosec}^2\theta$.
$\cot^m\theta\,\operatorname{cosec}^n\theta$ (m ungerade)	Man schreibt $\cot^m\theta\,\operatorname{cosec}^n\theta\, d\theta$ als $\cot^{m-1}\theta\,\operatorname{cosec}^{n-1}\theta\,(\cot\theta\,\operatorname{cosec}\theta\, d\theta)$ und verwendet $u = \operatorname{cosec}\theta$ sowie $u^2-1 = \cot^2\theta$.
$\tan^m\theta\,\sec^n\theta$ (m gerade, n eine positive ganze Zahl)	Man ersetzt $\tan^2\theta$ durch $\sec^2\theta - 1$ (siehe Übung 24).

Beispiel 8: Man bestimme

$$\int \frac{\sin^3\theta\,\cos\theta\, d\theta}{1+2\cos\theta}$$

Lösung: Man verwendet die Substitution $u = \tan(\theta/2)$. Dann gilt

$$\cos\theta = \frac{1-u^2}{1+u^2},\quad \sin\theta = \frac{2u}{1+u^2}\quad \text{und}\quad d\theta = \frac{2du}{1+u^2}.$$

Wir erhalten

$$\int \frac{\sin^3\theta\,\cos\theta}{1+2\cos\theta}\, d\theta = \int \frac{\left(\dfrac{2u}{1+u^2}\right)^3 \dfrac{1-u^2}{1+u^2}}{1+2\,\dfrac{1-u^2}{1+u^2}}\,\frac{2du}{1+u^2}.$$

Dies vereinfacht sich zu

$$\int \frac{16u^3(1-u^2)}{(3-u^2)(1+u^2)^4}\, du.$$

Dieses Integral kann mit Hilfe der Partialbruchzerlegung berechnet werden. ●

Übungen:

In den Übungen 1 bis 18 sind die Integrale zu berechnen.

1. $\int \sin^5\theta\, d\theta$

2. $\int \sin^2\theta\,\cos^3\theta\, d\theta$

3. $\int \tan^4\theta\,\sec^2\theta\, d\theta$

4. $\int \tan^5\theta\,\sec^3\theta\, d\theta$

5. $\int \sin^3\theta \cos^4\theta \, d\theta$ 6. $\int \operatorname{cosec}\theta \, d\theta$

7. $\int \cot\theta \, d\theta$ 8. $\int \cos^2 3\theta \, d\theta$

9. $\int \tan^4\theta \, d\theta$ 10. $\int \sec 3\theta \, d\theta$

11. $\int \cot^3\theta \operatorname{cosec}^5\theta \, d\theta$ 12. $\int \cot^4\theta \operatorname{cosec}^4\theta \, d\theta$

13. $\int (\sin\theta + 2\cos\theta)^2 d\theta$ 14. $\int (\tan\theta + 2\cot\theta)^2 d\theta$

15. $\int \cos^3\theta \, d\theta$ 16. $\int_0^{\pi/2} \cos^2\theta \, d\theta$

17. $\int \cot^3\theta \operatorname{cosec}^4\theta \, d\theta$ 18. $\int \sin^3\theta \tan^2\theta \, d\theta$

19. Man berechne

$$\int \frac{d\theta}{1+\cos\theta}$$

mit Hilfe der Identität

$$\cos^2\frac{\theta}{2} = \frac{1+\cos\theta}{2}.$$

Die Methode von Übung 20 findet für $\int \sin^m\theta \cos^n\theta \, d\theta$ Verwendung, wenn m und n positive ganze Zahlen sind.

20. Man berechne

$$\int \sin^2\theta \cos^4\theta \, d\theta$$

mit Hilfe der Identitäten

$$\sin^2\theta = \frac{1-\cos 2\theta}{2} \quad \text{und} \quad \cos^2\theta = \frac{1+\cos 2\theta}{2}.$$

21. Mit Hilfe partieller Integration zeige man

$$\int \sin^n\theta \, d\theta = -\frac{\sin^{n-1}\theta\cos\theta}{n} + \frac{n-1}{n}\int \sin^{n-2}\theta \, d\theta.$$

Die Übungen 22 bis 24 hängen zusammen.

22. Mit Hilfe partieller Integration beweise man die Rekursionsformel

$$\int \sec^n a\theta \, d\theta = \frac{1}{a(n-1)} \frac{\sin a\theta}{\cos^{n-1} a\theta} + \frac{n-2}{n-1}\int \sec^{n-2} a\theta \, d\theta \qquad n > 1.$$

23. Mit Hilfe der Rekursionsformel von Übung 22 berechne man

$$\int \sec^3\theta \, d\theta.$$

24. (Siehe Übung 22.)

(*a*) Das Integral $\int \tan^m\theta \sec^n\theta \, d\theta$ (m nichtnegativ und gerade, n nichtnegativ und ganz) kann auf eine Summe von Integralen des Typs $\int \sec^n\theta \, d\theta$ reduziert werden, wenn man die Gleichung $\tan^2\theta = \sec^2\theta - 1$ anwendet. Man beweise dies!

(*b*) Man berechne $\int \tan^2\theta \sec^3\theta \, d\theta$.

25. Man zeige

$$\frac{1}{2}\ln\frac{1+\sin\theta}{1-\sin\theta} = \ln|\sec\theta + \tan\theta|.$$

26. Man bestimme $\int \sin^2\theta \cos^2\theta \, d\theta$ mit Hilfe der Identität $\sin 2\theta = 2\sin\theta\cos\theta$.

Die Übungen 27 bis 31 behandeln allgemeine Methoden zur Integration einer rationalen Funktion in $\sin\theta$ und $\cos\theta$.

27. Man bestimme $\int \sec\theta \, d\theta$ mit Hilfe des allgemeinen Verfahrens für rationale Funktionen in $\sin\theta$ und $\cos\theta$.

28. Man transformiere $\int (1 - 3\cos\theta)/(1 + 4\sin\theta) \, d\theta$ auf ein Integral über eine rationale Funktion.

29. Man transformiere $(\cos^3\theta - 2\sin\theta)/(\sin\theta + \cos\theta) \, d\theta$ auf ein Integral über eine rationale Funktion.

30. Man bestimme $\int d\theta/(3 + 4\cos\theta)$.

31. Man bestimme $\int (3 + \cos\theta)/(2 - \cos\theta) \, d\theta$.

9.9 Trigonometrische und algebraische Substitutionen

Eine rationale Funktion von x und $\sqrt{a^2 - x^2}$ bzw. $\sqrt{a^2 + x^2}$ oder $\sqrt{x^2 - a^2}$ kann mit Hilfe von trigonometrischen Substitutionen integriert werden. Ist der Integrand eine rationale Funktion von x und

Fall 1: $\sqrt{a^2 - x^2}$; dann sei $x = a\sin\theta$.

Fall 2: $\sqrt{a^2 + x^2}$; dann sei $x = a\tan\theta$.

Fall 3: $\sqrt{x^2 - a^2}$; dann sei $x = a\sec\theta$.

Der Grundgedanke dieser Ansätze ist leicht einzusehen. Man betrachte beispielsweise Fall 1: Ersetzt man x in $\sqrt{a^2 - x^2}$ durch $a\sin\theta$, so erhält man

$$\begin{aligned}\sqrt{a^2 - x^2} &= \sqrt{a^2 - (a\sin\theta)^2} = \sqrt{a^2(1-\sin^2\theta)}\\ &= \sqrt{a^2\cos^2\theta}\\ &= a\cos\theta,\end{aligned}$$

sofern a und $\cos\theta$ positiv sind. Wesentlich ist, daß bei dieser Substitution *die Quadratwurzel verschwindet*. Das allgemeine Verfahren wird in den Beispielen 1 bis 3 veranschaulicht.

Beispiel 1: Man berechne $\int \dfrac{x^3\,dx}{x + \sqrt{16 - x^2}}$.

Lösung: Wir substituieren

$$x = 4 \sin \theta$$

und

$$dx = 4 \cos \theta \, d\theta$$

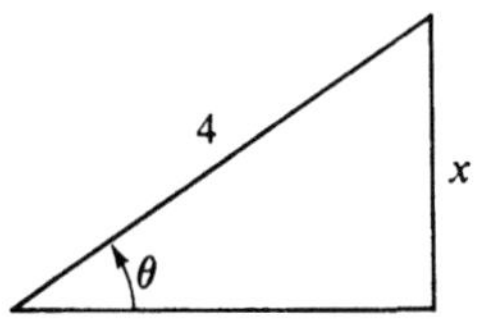

Bild 9.3

(Bild 9.3). So ergibt sich:

$$\int \frac{x^3 \, dx}{x + \sqrt{16 - x^2}} = \int \frac{(4 \sin \theta)^3}{4 \sin \theta + \sqrt{16 - 16 \sin^2 \theta}} 4 \cos \theta \, d\theta$$

$$= \int \frac{256 \sin^3 \theta \cos \theta}{4 \sin \theta + 4 \cos \theta} \, d\theta.$$

Da jede rationale Funktion in $\sin \theta$ und $\cos \theta$ auf eine rationale Funktion von $u = \tan(\theta/2)$ reduziert werden kann (siehe Abschnitt 9.8), kann das Integral – wenn auch mühselig – bestimmt werden. ●

Beispiel 2: Man berechne $\int \sqrt{1 + x^2} \, dx$.

Lösung: Die Identität $\sec \theta = \sqrt{1 + \tan^2 \theta}$ liefert uns die Substitution nach Fall 2:

$$x = \tan \theta \quad \text{und} \quad dx = \sec^2 \theta \, d\theta.$$

Es folgt

$$\int \sqrt{1 + x^2} \, dx = \int \sec \theta \sec^2 \theta \, d\theta = \int \sec^3 \theta \, d\theta.$$

Dies können wir umschreiben als

$$\int \sec \theta \sec^2 \theta \, d\theta.$$

Partielle Integration mit

$$u = \sec \theta \qquad dv = \sec^2 \theta \, d\theta$$
$$du = \sec \theta \tan \theta \, d\theta \qquad v = \tan \theta$$

(Bild 9.4) liefert dann

$$\int \sec^3 \theta \, d\theta = \int \underbrace{\sec \theta}_{u} \underbrace{\sec^2 \theta \, d\theta}_{dv}$$

$$= \underbrace{\sec \theta}_{u} \underbrace{\tan \theta}_{v} - \int \underbrace{\tan \theta}_{v} \underbrace{\sec \theta \tan \theta \, d\theta}_{du}$$

$$= \sec \theta \tan \theta - \int \tan^2 \theta \sec \theta \, d\theta$$

$$= \sec \theta \tan \theta - \int (\sec^2 \theta - 1) \sec \theta \, d\theta$$

$$= \sec \theta \tan \theta - \int \sec^3 \theta \, d\theta + \int \sec \theta \, d\theta.$$

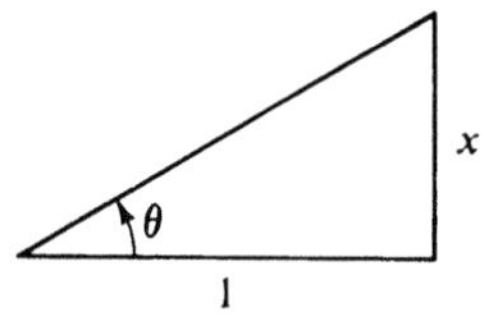

Bild 9.4

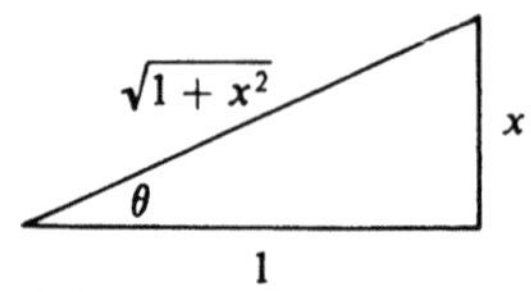

Bild 9.5

Fassen wir die Terme zusammen, so ergibt sich

$$2 \int \sec^3 \theta \, d\theta = \sec \theta \tan \theta + \int \sec \theta \, d\theta.$$

Aus Beispiel 7 von Abschnitt 9.8 wissen wir

$$\int \sec \theta \, d\theta = \ln |\sec \theta + \tan \theta|.$$

Daraus folgt schließlich

$$\int \sec^3 \theta \, d\theta = \frac{\sec \theta \tan \theta}{2} + \frac{1}{2} \ln |\sec \theta + \tan \theta|.$$

Um diese Stammfunktion durch x anstatt θ auszudrücken, müssen wir $\tan \theta$ und $\sec \theta$ durch x darstellen (Bild 9.5). Ausgehend von der Definition $x = \tan \theta$, finden wir $\sec \theta = \sqrt{1 + \tan^2 \theta} = \sqrt{1 + x^2}$. Wir erhalten somit

$$\int \sqrt{1 + x^2} \, dx = \frac{x \sqrt{1 + x^2}}{2} + \frac{1}{2} \ln(\sqrt{1 + x^2} + x).$$

Diese Formel ist in jeder Integraltafel angeführt. ●

Beispiel 3: Man berechne $\int \frac{dx}{\sqrt{x^2 - 9}}$.

Lösung: Sei $x = 3 \sec \theta$ und $dx = 3 \sec \theta \tan \theta \, d\theta$ (Bild 9.6). Dann folgt

$$\int \frac{dx}{\sqrt{x^2 - 9}} = \int \frac{3 \sec \theta \tan \theta \, d\theta}{\sqrt{9 \sec^2 \theta - 9}}$$

$$= \int \frac{\sec \theta \tan \theta \, d\theta}{\tan \theta}$$

$$= \int \sec \theta \, d\theta$$

$$= \ln |\sec \theta + \tan \theta| \quad \text{(Beispiel 7 aus Abschnitt 9.8)}$$

$$= \ln \left| \frac{x}{3} + \frac{\sqrt{x^2 - 9}}{3} \right| \quad \text{(Bild 9.7).}$$

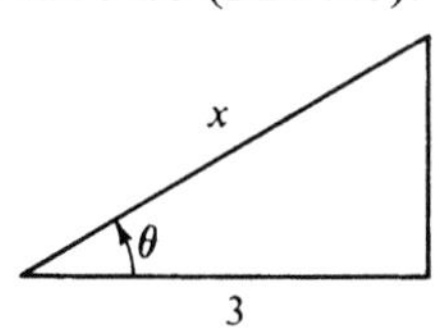

Bild 9.6

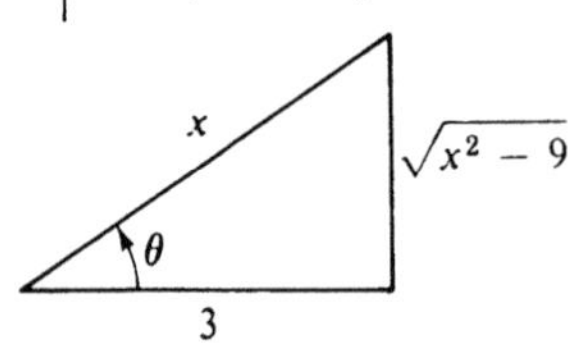

Bild 9.7

Auch $\ln|x+\sqrt{x^2-9}|$ ist eine Stammfunktion von $1/\sqrt{x^2-9}$, denn es gilt

$$\ln\left|\frac{x}{3}+\frac{\sqrt{x^2-9}}{3}\right| = \ln|x+\sqrt{x^2-9}| - \ln 3. \bullet$$

Jede rationale Funktion von x und $\sqrt{a^2-b^2x^2}$, $\sqrt{a^2x^2-b^2}$ oder $\sqrt{a^2+b^2x^2}$ kann analog behandelt werden. Um etwa eine rationale Funktion von x und $\sqrt{a^2-b^2x^2}$ zu integrieren, wählt man folgende Substitution:

$$b^2x^2 = a^2\sin^2\theta \quad \text{oder} \quad bx = a\sin\theta.$$

Somit ist

$$x = \frac{a}{b}\sin\theta \quad \text{und} \quad dx = \frac{a}{b}\cos\theta\, d\theta.$$

Dann gilt

$$\sqrt{a^2-b^2x^2} = \sqrt{a^2-a^2\sin^2\theta} = a\cos\theta.$$

Jede rationale Funktion von x und $a^2-b^2x^2$ ist eine rationale Funktion von x und kann nach der Partialbruchmethode integriert werden. In manchen Fällen ist jedoch eine trigonometrische Substitution günstiger, wie Beispiel 4 zeigen wird.

Beispiel 4: Man bestimme $\displaystyle\int \frac{dx}{(4-9x^2)^2}$.

Lösung: Sei $9x^2 < 4$. Wir setzen

$$9x^2 = 4\sin^2\theta \quad \text{und} \quad 3x = 2\sin\theta;$$

dann gilt

$$dx = \tfrac{2}{3}\cos\theta\, d\theta.$$

Wir erhalten weiter

$$\int \frac{dx}{(4-9x^2)^2} = \int \frac{\frac{2}{3}\cos\theta\, d\theta}{(4-4\sin^2\theta)^2} = \frac{2}{3}\int \frac{\cos\theta\, d\theta}{16(1-\sin^2\theta)^2} = \frac{1}{24}\int \frac{\cos\theta\, d\theta}{\cos^4\theta} = \frac{1}{24}\int \frac{1}{\cos^3\theta}\, d\theta = \frac{1}{24}\int \sec^3\theta\, d\theta.$$

$\int \sec^3\theta\, d\theta$ ist in Beispiel 2 berechnet worden.

Ist $9x^2 > 4$, so wählen wir die Substitution $9x^2 = 4\sec^2\theta$ mit $3x = 2\sec\theta$. •

Integration einer rationalen Funktion von x und $\sqrt[n]{ax+b}$: Integrale über rationale Funktionen von x und $\sqrt[n]{ax+b}$ können auf Integrale über rationale Funktionen zurückgeführt werden. Wir wählen dazu die algebraische Substitution

$$u = \sqrt[n]{ax+b} \quad \text{oder} \quad u^n = ax+b.$$

Diese Substitution führt auf

$$nu^{n-1}du = a\,dx \quad \text{und} \quad x = \frac{u^n-b}{a}.$$

Folglich können $\sqrt[n]{ax+b}$, x und dx durch u und du ausgedrückt werden. Das Wurzelzeichen ist verschwunden. Das folgende Beispiel zeigt dieses Verfahren.

Beispiel 5: Man bestimme $\displaystyle\int \frac{\sqrt[4]{1+x}}{x^2}\,dx$.

Lösung: Sei

$$u = \sqrt[4]{1+x}.$$

Dann gilt

$$u^4 = 1+x$$

(also $x = u^4-1$ und $4u^3du = dx$).

Das transformierte Integral lautet nun

$$\int \frac{u}{(u^4-1)^2}\,4u^3du$$

und kann mit Hilfe der Partialbruchzerlegung integriert werden. •

Übungen:

In den Übungen 1 bis 9 ist die entsprechende Substitution durchzuführen, um die Wurzel zu entfernen. Man suche *nicht* das resultierende Integral.

1. $\displaystyle\int \frac{\sqrt{4-x^2}}{x^3}\,dx$
2. $\displaystyle\int \frac{\sqrt{x^2+2}}{4x+1}\,dx$
3. $\displaystyle\int \frac{\sqrt{4x^2+2}}{4x+5}\,dx$
4. $\displaystyle\int \frac{dx}{\sqrt[4]{x}+\sqrt{x}}$
5. $\displaystyle\int \frac{\sqrt{4x^2-1}}{x+\sqrt{4x^2-1}}$
6. $\displaystyle\int \frac{1+\sqrt[3]{x}}{1+\sqrt{x}}\,dx$ *Hinweis:* Sei $u = \sqrt[6]{x}$.
7. $\displaystyle\int \frac{(\sqrt{1-9x^2})^3+x}{\sqrt{1-9x^2}}\,dx$
8. $\displaystyle\int \frac{\sqrt[3]{1-5x}+2}{\sqrt[3]{1-5x}+3}\,dx$
9. $\displaystyle\int \frac{\sqrt{1+2x^2}}{1+\sqrt{1+2x^2}}\,dx$

In den Übungen 10 bis 22 ist das Integral zu berechnen.

10. $\int \frac{\sqrt[3]{x+8}}{x} dx$ 11. $\int \frac{\sqrt{25-4x^2}}{x} dx$

12. $\int \frac{x^2 dx}{\sqrt{9+x^2}}$ 13. $\int \frac{x^3 dx}{\sqrt{4+9x^2}}$

14. $\int \frac{dx}{\sqrt[4]{x}+\sqrt{x}}$ 15. $\int \frac{(9-16x^2)^{3/2}}{x^4} dx$

16. $\int x^3 \sqrt{9-x^2}\, dx$ 17. $\int \frac{dx}{\sqrt{16x^2-9}}$

18. $\int \frac{dx}{(4+x^2)^{3/2}}$ 19. $\int x^5 (\sqrt{1-4x^2})^3\, dx$

20. $\int \frac{dx}{(x-3)\sqrt{x+3}}$ 21. $\int \frac{(9x^2-4)^{3/2}}{x} dx$

22. $\int \frac{dx}{x^2\sqrt{x^2+9}}$ ■

In den Übungen 23 bis 28 soll auf einen Integranden transformiert werden, der eine rationale Funktion geeigneter trigonometrischer Funktionen ist. Man versuche nicht, das Integral zu berechnen.

23. $\int \frac{x^3\, dx}{(1-4x^2)^3},\ x^2 < \frac{1}{4}$ 24. $\int \frac{x^3\, dx}{(1-4x^2)^3},\ x^2 > \frac{1}{4}$

25. $\int (4+9x^2)^5\, dx$ 26. $\int \frac{x^6\, dx}{(9x^2-4)^5},\ 9x^2 > 4$

27. $\int \frac{x+x^3}{(1-2x^2)^5} dx,\ x^2 < \frac{1}{2}$ 28. $\int \frac{x^3\, dx}{\sqrt{25-4x^2}}$

■■

29. Jede rationale Funktion von $\sqrt{x}$ und $\sqrt{x+1}$ kann mit Hilfe der Substitution $x = \tan^2\theta$ integriert werden. Man zeige dies!

30. Jede rationale Funktion von x, $\sqrt{x+a}$ und $\sqrt{x+b}$ kann durch Einführung der folgenden Substitution integriert werden:

$$x + a = \frac{1}{4}(a-b)\left(t+\frac{1}{t}\right)^2$$

und

$$x + b = \frac{1}{4}(a-b)\left(t-\frac{1}{t}\right)^2.$$

Aber nicht jede rationale Funktion von $\sqrt{x+a}$, $\sqrt{x+b}$ und $\sqrt{x+c}$ besitzt ein elementares Integral. So ist etwa

$$\int \frac{1}{\sqrt{x}\sqrt{x-1}\sqrt{x+1}} dx = \int \frac{1}{\sqrt{x^3-x}} dx$$

keine elementare Funktion.

31. Jede rationale Funktion von

$$x \text{ und } \sqrt[n]{\frac{ax+b}{cx+d}}$$

besitzt eine elementare Stammfunktion. Man zeige dies!

9.10 Zusammenfassung

Der Hauptsatz der Infinitesimalrechnung (Kapitel 7) führte das Problem der Berechnung von bestimmten Integralen auf das Problem des Aufsuchens einer Stammfunktion zurück. Nun existieren sehr einfache und wichtige Funktionen, die keine elementare Stammfunktion besitzen:

$$\int \frac{\sin x\, dx}{x},\quad \int e^{x^2} dx,\quad \int \frac{1}{\ln x} dx,$$

$$\int x \tan x\, dx,\quad \int \frac{\ln x}{x+1} dx,$$

$$\int \sqrt{1-\frac{\sin^2 x}{4}}\, dx \quad \text{und} \quad \int \sqrt[3]{x-x^2}\, dx$$

sind keine elementaren Funktionen. Wenn zum Beispiel das bestimmte Integral

$$\int_0^1 e^{x^2} dx$$

auftritt, muß daher eine Abschätzung durch eine approximative Summe vorgenommen werden. ($\int_0^1 e^{x^2} dx$ ist als Grenzwert einer Annäherungssumme definiert; man wähle eine Summe mit sehr kleinem Maß.) Das sogenannte „elliptische Integral".

$$\int_0^{\pi/2} \sqrt{1-k^2 \sin^2 x}\, dx,$$

tritt in der Ingenieurmathematik oft auf; es ist in den meisten Handbüchern für verschiedene Werte von k bis auf vier Dezimalstellen tabelliert.

Glücklicherweise haben viele wichtige Funktionen elementare Stammfunktionen. In diesem Kapitel wurden einige Methoden für das Aufsuchen von Stammfunktionen angegeben. Die zwei wichtigsten Techniken sind nach wie vor die Substitution und die Verwendung von Integraltafeln. Die obenstehende Tabelle gibt einen Überblick über die besprochenen Methoden und deren Anwendung.

Methode	*Beschreibung*
Substitution	Man führe ein $u = h(x)$ ein. Gilt $f(x)\,dx = g(u)\,du$, dann ist $\int f(x)\,dx = \int g(u)\,du$.
Substitution im bestimmten Integral	Sei in der obigen Substitution $u = A$ für $x = a$ und $u = B$ für $x = b$, dann gilt $$\int_a^b f(x)\,dx = \int_A^B g(u)\,du.$$
Integraltafel	Man übe sich im Gebrauch einer Integraltafel. Substitution und Integraltafel ist die sicherste Methode Integrale zu lösen.
partielle Integration	$\int u\,dv = uv - \int v\,du$. Man wähle u und v derart, daß $u\,dv = f(x)\,dx$, und untersuche, ob $\int v\,du$ einfacher ist als $\int u\,dv$.
Partialbrüche (auf jede rationale Funktion von x anwendbar)	Bei dieser algebraischen Methode schreibt man den Integranden als Summe eines Polynoms (wenn der Grad des Zählers größer oder gleich dem Grad des Nenners ist) plus Terme von der Art $$\frac{k_i}{(ax+b)^i},\quad \frac{c_i x + d_i}{(ax^2+bx+c)^i}$$ Jede Integraltafel beinhaltet Integrale dieser zwei Arten. (Für die erste Art verwende man die Substitution $u = ax + b$.)
Integration von bestimmten Potenzen einer trigonometrischen Funktion	Es gibt viele Spezialfälle: So wird etwa $$\int \cos^k\theta \sin^{2n+1}\theta\,d\theta$$ umgeschrieben als $$\int \cos^k\theta\,(1-\cos^2\theta)^n \sin\theta\,d\theta$$ und dann die Substitution $u = \cos\theta$ durchgeführt. Wir erinnern uns an $d(\sin\theta) = \cos\theta\,d\theta$; $d(\cos\theta) = -\sin\theta\,d\theta$; $d(\sec\theta) = \sec\theta\tan\theta\,d\theta$; $d(\tan\theta) = \sec^2\theta\,d\theta$. Man verwendet trigonometrische Identitäten wie etwa $\sin^2\theta = (1-\cos 2\theta)/2$ und $\cos^2\theta = (1+\cos 2\theta)/2$.
Integration einer rationalen Funktion von $\cos\theta$ und $\sin\theta$	Sei $u = \tan(\theta/2)$. Dann gilt $$\cos\theta = \frac{1-u^2}{1+u^2},$$ $$\sin\theta = \frac{2u}{1+u^2},\quad d\theta = \frac{2\,du}{1+u^2}$$ und der neue Integrand ist eine rationale Funktion von u.
Integration einer rationalen Funktion von x und einer der folgenden Ausdrücke $\sqrt{a^2-x^2}$, $\sqrt{a^2+x^2}$, $\sqrt{x^2-a^2}$, a^2-x^2, a^2+x^2	Für $\sqrt{a^2-x^2}$ oder a^2-x^2 sei $x = a\sin\theta$. Für $\sqrt{a^2+x^2}$ oder a^2+x^2 sei $x = a\tan\theta$. Für $\sqrt{x^2-a^2}$ sei $x = a\sec\theta$ (siehe die beiden rechtwinkligen Dreiecke). 
Integration einer rationalen Funktion von x und $\sqrt[n]{ax+b}$	Sei $u = \sqrt[n]{ax+b}$ oder $u^n = ax+b$, $nu^{n-1}du = a\,dx$ und $x = (u^n - b)/a$. Der neue Integrand ist eine rationale Funktion von u.

Testaufgaben zu Kapitel 9

In den Problemen 1 bis 18 ist das entsprechende Integral zu bestimmen.

1. $\int \frac{x^3\,dx}{1+x^4}$
2. $\int \sqrt{4-9x^2}\,dx$
3. $\int \frac{dx}{x^4-1}$
4. $\int \tan^5 2x \sec^2 2x\,dx$
5. $\int \frac{x^4\,dx}{x^4-1}$
6. $\int \frac{dx}{\sqrt{9x^2+16}}$
7. $\int \frac{dx}{2\sqrt{x}-\sqrt[4]{x}}$
8. $\int \frac{dx}{(x-3)\sqrt{x+3}}$
9. $\int \frac{dx}{3-x^2}$
10. $\int \sin^5 2x\,dx$
11. $\int e^x \cos 2x\,dx$
12. $\int \frac{dx}{\sin^5 3x}$
13. $\int \frac{x\,dx}{1+x^4}$
14. $\int \frac{dx}{x\sqrt{4+x^2}}$
15. $\int \frac{x^2\,dx}{\sqrt{x^2-9}}$
16. $\int (9-x^2)^{3/2}\,dx$
17. $\int \frac{dx}{3+\cos x}$
18. $\int \frac{dx}{x^2\sqrt{x^2+25}}$

Übungen zu Kapitel 9

1. (*a*) Man transformiere das bestimmte Integral durch eine geeignete Substitution in ein einfacheres

$$\int_0^{\pi/2} \sqrt{(1+\cos\theta)^3}\,\sin\theta\,d\theta.$$

(*b*) Man bestimme den Wert des Integrals in (*a*).

2. Zwei der folgenden Stammfunktionen sind elementar: Man berechne sie.

(*a*) $\int \ln x\,dx$, (*b*) $\int \frac{\ln x\,dx}{x}$

(*c*) $\int \frac{dx}{\ln x}$.

3. Man berechne:

(*a*) $\int_1^2 (1+x^3)^2\,dx$ (*b*) $\int_1^2 (1+x^3)^2 x^2\,dx$.

4. Man berechne mit Hilfe von Integraltafeln:

(*a*) $\int \frac{e^x\,dx}{5e^{2x}-3}$, (*b*) $\int \frac{dx}{\sqrt{x^2-3}}$.

5. Man berechne:

(*a*) $\int \frac{dx}{x^3}$, (*b*) $\int \frac{dx}{\sqrt{x+1}}$, (*c*) $\int \frac{e^x\,dx}{1+5e^x}$.

6. Man berechne:

$$\int \frac{5x^4-5x^3+10x^2-8x+4}{(x^2+1)(x-1)}\,dx.$$

7. Man berechne auf zwei verschiedene Arten:

$$\int \frac{x^3\,dx}{(1+x^2)^4}$$

(*a*) durch die Substitution $u = 1+x^2$;
(*b*) durch die Substitution $x = \tan\theta$.

8. Man transformiere das bestimmte Integral

$$\int_0^3 \frac{x^3}{\sqrt{x+1}}\,dx$$

auf zwei verschiedene Arten in ein anderes bestimmtes Integral (und berechne den Wert):

(*a*) durch die Substitution $u = x+1$;
(*b*) durch die Substitution $u = \sqrt{x+1}$.

9. Man berechne $\int x^2 \ln(1+x)\,dx$

(*a*) ohne Integraltafel;
(*b*) mit einer Integraltafel.

10. Man bestimme

$$\int \frac{x\,dx}{\sqrt{9x^4+16}}$$

(*a*) ohne Integraltafel;
(*b*) mit einer Integraltafel.

11. Man berechne

$$\int \frac{\sin\theta\,d\theta}{1+\sin^2\theta}$$

(*a*) durch Verwendung der Substitution, die auf jede rationale Funktion von $\cos\theta$ und $\sin\theta$ anwendbar ist;
(*b*) durch Einsetzen von $\sin^2\theta = 1-\cos^2\theta$ und nachfolgende Substitution $u = \cos\theta$.

12. (*a*) Man bestimme ohne Integraltafel

$$\int \sin^5\theta\,d\theta \quad \text{und} \quad \int \tan^6\theta\,d\theta.$$

(*b*) Man bestimme ihre Werte mit einer Integraltafel.

13. Zwei von den angegebenen drei Stammfunktionen sind elementar. Man berechne sie!

(*a*) $\int \sqrt{1-4\sin^2\theta}\,d\theta$, (*b*) $\int \sqrt{4-4\sin^2\theta}\,d\theta$,

(*c*) $\int \sqrt{1+\cos\theta}\,d\theta$.

14. (*a*) Man transformiere das bestimmte Integral

$$\int_{-1}^{4} (x+2)/\sqrt{x+3}\,dx \text{ mit Hilfe der Substitution } u = x+3$$

in ein anderes bestimmtes Integral.

(*b*) Man bestimme den Wert des Integrals in (*a*).

15. Mit Hilfe des Hauptsatzes der Infinitesimalrechnung kann nur eines der folgenden bestimmten Integrale berechnet werden. Man berechne dieses und schätze das andere ab.

(*a*) $\int_0^1 \sqrt[3]{x}\,\sqrt{x}\,dx$, (*b*) $\int_0^1 \sqrt[3]{1-x}\,\sqrt{x}\,dx$.

16. Man beweise, daß die folgende Faktorisierung in irreduzible Polynome korrekt ist.

(*a*) $x^3 - 1 = (x-1)(x^2+x+1)$;

(*b*) $x^4 - 1 = (x-1)(x+1)(x^2+1)$;

(*c*) $x^3 + 1 = (x+1)(x^2-x+1)$;

(*d*) $x^4 + 1 = (x^2+\sqrt{2}x+1)(x^2-\sqrt{2}x+1)$.

In den Übungen 17 bis 24 ist der gegebene Ausdruck als Summe von Partialbrüchen zu schreiben. (Keine Integration erforderlich.)

17. $\dfrac{2x^2+3x+1}{x^3-1}$

18. $\dfrac{x^4+2x^2-2x+2}{x^3-1}$

19. $\dfrac{2x-1}{x^3+1}$

20. $\dfrac{x^4+3x^3-2x^2+3x-1}{x^4-1}$

21. $\dfrac{x^3-(1+\sqrt{2})x^2+(1-\sqrt{2})x-1}{x^4+1}$

22. $\dfrac{2x+5}{x^2+3x+2}$

23. $\dfrac{5x^3+11x^2+6x+1}{x^2+x}$

24. $\dfrac{5x^3+6x^2+8x+5}{(x^2+1)(x+1)}$

25. Für welche Werte von nichtnegativen ganzen Zahlen m und n sind die folgenden Integrationen sehr einfach?

(*a*) $\int \sin^m x\,dx$, (*b*) $\int \sec^n x\,dx$,

(*c*) $\int \sin^m x \cos^n x\,dx$, (*d*) $\int \sec^m x \tan^n x\,dx$,

(*e*) $\int \cot^m x \operatorname{cosec}^n x\,dx$.

26. (*a*) Man gebe eine Reduktionsformel an, die $\int \sin^n x\,dx$ mit $\int \sin^{n-2} x\,dx$ in Beziehung setzt.

(*b*) Welche Substitution dient zur Berechnung des Integrals $\int \sin^n x\,dx$, wenn n ungerade ist?

In den Übungen 27 bis 32 ist eine geeignete Substitution vorzunehmen, um den Integranden als rationale Funktion von u darzustellen. Das Integral soll nicht berechnet werden.

27. $\displaystyle\int \frac{(\sqrt{4-x^2})^3+1}{[(4-x^2)^3+5]\sqrt{4-x^2}}\,dx$

28. $\displaystyle\int \frac{x^2+\sqrt[3]{x-2}}{x^2-\sqrt[3]{x-2}}\,dx$

29. $\displaystyle\int \frac{(x^2-5)^7}{x^2+3+\sqrt{x^2-5}}\,dx$

30. $\displaystyle\int \frac{\cos^2\theta+\sin\theta}{1-\sin\theta\cos\theta}\,d\theta$

31. $\displaystyle\int \frac{3\tan^2\theta+\sec\theta+.1}{2+\tan\theta+\cos\theta}\,d\theta$

32. $\displaystyle\int \frac{(4+x^2)^{1/2}}{5+(4+x^2)^{3/2}}\,dx$

In den Übungen 33 bis 145 ist das angegebene Integral zu finden. Man verwende auch Integraltafeln.

33. $\displaystyle\int \frac{\cos x\,dx}{\sin^3 x-8}$

34. $\displaystyle\int \frac{dx}{\sqrt{2+\sqrt{x}}}$

35. $\displaystyle\int \frac{\sqrt{x^2+1}}{x^4}\,dx$

36. $\displaystyle\int \frac{\sin x\,dx}{1+3\cos^2 x}$

37. $\displaystyle\int \frac{\sin x\,dx}{3+\cos x}$

38. $\displaystyle\int x\sqrt{x^4-1}\,dx$

39. $\displaystyle\int x^2\sqrt{x^3-1}\,dx$

40. $\displaystyle\int \sin\sqrt{x}\,dx$

41. $\displaystyle\int \frac{dx}{(4+x^2)^2}$

42. $\displaystyle\int (\sqrt[3]{x}+\sqrt[3]{x+1})\,dx$

43. $\displaystyle\int \sin^2 3x\cos^2 3x\,dx$

44. $\displaystyle\int \sin^3 3x\cos^2 3x\,dx$

45. $\displaystyle\int \tan^4 3\theta\,d\theta$

46. $\displaystyle\int \frac{x^2\,dx}{x^4-1}$

47. $\displaystyle\int \frac{x^4+x^2+1}{x^3}\,dx$

48. $\displaystyle\int \frac{3\,dx}{\sqrt{1-5x^2}}$

49. $\displaystyle\int 10^x\,dx$

50. $\displaystyle\int \frac{x^3}{(x^4+1)^3}\,dx$

51. $\displaystyle\int \frac{x\,dx}{(x^4+1)^2}$

52. $\displaystyle\int \cos^3 x\sin^2 x\,dx$

53. $\displaystyle\int \cos^2 x\,dx$

54. $\displaystyle\int x\sqrt{x+4}\,dx$

55. $\displaystyle\int x\sqrt{x^2+4}\,dx$

56. $\displaystyle\int \frac{x+2}{x^2+1}\,dx$

57. $\int \frac{x^2\,dx}{1+x^6}$

58. $\int \sqrt[3]{4x+7}\,dx$

59. $\int x^2 \sin x^3\,dx$

60. $\int \frac{\ln x^4}{x}\,dx$

61. $\int x^4 \ln x\,dx$

62. $\int \frac{\arctan 3x}{1+9x^2}\,dx$

63. $\int \frac{e^{\sqrt{x}}}{\sqrt{x}}\,dx$

64. $\int \sin(\ln x)\,dx$

65. $\int \ln(x^3-1)\,dx$

66. $\int \tan x\,dx$

67. $\int \frac{x\,dx}{\sqrt{(x^2+1)^3}}$

68. $\int \frac{2+\sqrt[3]{x}}{x}\,dx$

69. $\int \frac{dx}{\sqrt{(x+1)^3}}$

70. $\int \frac{2x+3}{x^2+3x+5}\,dx$

71. $\int \frac{3\,dx}{x^2+4x+5}$

72. $\int \frac{3\,dx}{x^2+4x-5}$

73. $\int \frac{x\,dx}{1+\sqrt[3]{x}}$

74. $\int \ln\sqrt{2x-1}\,dx$

75. $\int \frac{x^7\,dx}{\sqrt{x^2+1}}$

76. $\int x^3 \arctan x\,dx$

77. $\int \frac{\arctan x}{x^2}$

78. $\int \frac{dx}{x^3+4x}$

79. $\int e^x \sin 3x\,dx$

80. $\int \sqrt{1-\cos x}\,dx$

81. $\int \frac{dx}{(4-x^2)^{3/2}}$

82. $\int x^{1/4}(1+x^{1/5})\,dx$

83. $\int \frac{x\,dx}{x^4-2x^2-3}$

84. $\int \arcsin\sqrt{x}\,dx$

85. $\int \frac{x^2\,dx}{\sqrt[3]{x-1}}$

86. $\int \ln(4+x^2)\,dx$

87. $\int \frac{\sqrt{x^2+4}}{x}\,dx$

88. $\int \sqrt{\tan\theta}\,\sec^2\theta\,d\theta$

89. $\int \sec^5\theta\,\tan\theta\,d\theta$

90. $\int \tan^6\theta\,d\theta$

91. $\int \frac{dx}{x\sqrt{x^2+9}}$

92. $\int (e^x+1)^2\,dx$

93. $\int \frac{(1-x)^2}{\sqrt[3]{x}}\,dx$

94. $\int (1+\sqrt{x})\,x\,dx$

95. $\int \sin^2 2x \cos x\,dx$

96. $\int (e^{2x})^3 e^x\,dx$

97. $\int \left(e^x-\frac{1}{e^x}\right)^2 dx$

98. $\int \frac{dx}{(\sqrt{x}+1)(\sqrt{x})}$

99. $\int x \arcsin x^2\,dx$

100. $\int x \arcsin x\,dx$

101. $\int \frac{dx}{e^{2x}+5e^x}$

102. $\int \frac{e^x\,dx}{1-6e^x+9e^{2x}}$

103. $\int (2x+1)\sqrt{3x+2}\,dx$

104. $\int \frac{2x^3+1}{x^3-4x^2}\,dx$

105. $\int \frac{x^2\,dx}{(x-1)^3}$

106. $\int \frac{dx}{\sqrt{9+x^2}}$

107. $\int \frac{e^x+1}{e^x-1}\,dx$

108. $\int \frac{dx}{4x^2+1}$

109. $\int (1+3x^2)^2\,dx$

110. $\int \frac{x\,dx}{x^3+1}$

111. $\int \frac{x^3\,dx}{x^3+1}$

112. $\int \frac{x^2\,dx}{\sqrt{2x+1}}$

113. $\int \frac{dx}{\sqrt{2x+1}}$

114. $\int (x+\sin x)^2\,dx$

115. $\int \frac{x\,dx}{x^4-3x^2-2}$

116. $\int \frac{x^3\,dx}{x^4-1}$

117. $\int \frac{e^x\,dx}{1+e^{2x}}$

118. $\int \frac{dx}{x^2+5x-6}$

119. $\int \frac{dx}{x^2+5x+6}$

120. $\int \frac{x\,dx}{2x^2+5x+6}$

121. $\int \frac{4x+10}{x^2+5x+6}$

122. $\int \sqrt{4x^2+1}\,dx$

123. $\int \frac{dx}{2x^2+5x+6}$

124. $\int \sqrt{-4x^2+1}\,dx$

125. $\int \frac{dx}{2x^2+5x-6}$

126. $\int \frac{dx}{2+3\sin x}$

127. $\int \frac{dx}{\sin^2 x}$

128. $\int \frac{dx}{3+2\sin x}$

129. $\int \frac{dx}{\sin^4 x}$

130. $\int \ln(x^2+5)\,dx$

131. $\int \frac{dx}{\sqrt{x-2}\sqrt{3-x}}$

132. $\int x^3 e^{-5x}\,dx$

133. $\int \sqrt{(1+2x)(1-2x)}\,dx$

134. $\int x \sin 3x\,dx$

135. $\int \frac{2x\,dx}{\sqrt{x^2+1}}$

136. $\int \frac{2\,dx}{\sqrt{x^2+1}}$

137. $\int \frac{x^4+4x^3+6x^2+4x-3}{x^4-1}\,dx$

138. $\int \frac{x^3+6x^2+11x+5}{(x+2)^2(x+1)}\,dx$

139. $\int \frac{-3x^2 - 11x - 11}{(x+2)^2(x+1)} dx$

140. $\int \frac{x^2 - 3x}{(x+1)(x-1)^2} dx$ 141. $\int \frac{12x^2 + 2x + 3}{4x^3 + x} dx$

142. $\int \frac{6x^3 + 2x + \sqrt{3}}{1 + 3x^2} dx$ 143. $\int \frac{-6x^3 - 13x - 3\sqrt{3}}{1 - 3x^2} dx$

144. $\int \frac{x\,dx}{\sqrt{1 - 9x^2}}$ 145. $\int \frac{dx}{\sqrt{1 - 9x^2}}$

146. Man ergänze auf ein vollständiges Quadrat:
(*a*) $x^2 + 2x + 1$,
(*b*) $x^2 + 2x + 2$,
(*c*) $x^2 - 2x + 2$.

147. Man berechne:
(*a*) $\int \frac{dx}{x^2 + 4x + 3}$ (*b*) $\int \frac{dx}{x^2 + 4x + 4}$
(*c*) $\int \frac{dx}{x^2 + 4x + 5}$ (*d*) $\int \frac{dx}{x^2 + 4x - 2}$

148. Man berechne

$$\int \frac{x^3 dx}{(x-1)^2}$$

(*a*) durch Partialbruchzerlegung;
(*b*) mit der Substitution $u = x - 1$.
(*c*) Welche Methode ist einfacher?

149. Man berechne:
(*a*) $\int \sec^5 x\,dx$, (*b*) $\int \sec^5 x \tan x\,dx$,
(*c*) $\int \frac{\sin x}{(\cos x)^3} dx$.

150. (*a*) Man berechne $\int \frac{x^{2/3} dx}{x + 1}$.
(*b*) Was sagt eine Integraltafel über das Integral $\int \frac{x^{2/3} dx}{x + 1}$?

151. Man berechne mit Hilfe einer Integraltafel $\int x^3/\sqrt{1 + x^2}\,dx$.

152. Man berechne $\int x \sqrt[3]{x + 1}\,dx$ unter Verwendung von
(*a*) der Substitution $u = 3x + 1$;
(*b*) der Substitution $u = x + 1$.

153. Man transformiere das Integral $\int x^2/\sqrt{1 + x}\,dx$ durch jede der folgenden Substitutionen:
(*a*) $u = \sqrt{1 + x}$,
(*b*) $u = 1 + x$,
(*c*) $x = \tan^2 \theta$.
(*d*) Man berechne für den einfachsten Fall das resultierende Integral.

■

154. Der folgende Auszug entstammt einem Artikel, der vom Management einer Energieverbundgesellschaft veröffentlicht wurde: $u(t)$ sei die Rate, mit der zur Zeit t Wasser durch die Turbinen fließt. Dann ist

$$U(t) = \int_0^t u(s)\,ds$$

die gesamte Wassermenge im Zeitintervall $[0; t]$. Sei $z(t)$ die Verbrauchsrate für elektrische Energie zur Zeit t, gemessen im äquivalenten Wasserverbrauch. Dann sind die in diesem Zeitintervall angelaufenen Kosten gleich

$$\int_0^t c(z(s) - u(s))\,ds,$$

wobei c die Kostenfunktion für die importierte Energie ist. Man erkläre den Sinn jedes dieser Integrale.

155. Man transformiere das Integral $\int x^3/\sqrt{1 + x^2}\,dx$ in ein anderes durch
(*a*) partielle Integration mit $dv = (x\,dx)/\sqrt{1 + x^2}$;
(*b*) die Substitution $x = \tan \theta$;
(*c*) die Substitution $u = \sqrt{1 + x^2}$.

156. Zwei von den folgenden drei Integralen sind elementar. Man bestimme sie.
(*a*) $\int \sin^2 x\,dx$, (*b*) $\int \sin x^2\,dx$,
(*c*) $\int \sin x\,dx$.

157. Man bestimme $\int x\sqrt{1 + x}\,dx$ auf drei Arten:
(*a*) sei $u = \sqrt{1 + x}$, (*b*) sei $x = \tan^2 \theta$,
(*c*) durch partielle Integration mit $u = x$, $dv = \sqrt{1 + x}\,dx$.

158. (*a*) Welches ist die einfachere Methode um $\int x^2/(x - 3)^{10} dx$ zu finden, partielle Integration oder die Substitution $u = x - 3$?
(*b*) Man bestimme $\int x^2/(x - 3)^{10} dx$.

159. Angenommen, das Integral $\int e^x/x\,dx$ ist nicht elementar (was von Liouville bewiesen wurde). Dann ist auch das Integral $\int 1/\ln x\,dx$ nicht elementar. Man zeige dies!

160. (*a*) Warum ist $\int x^m e^x\,dx$ für jede positive ganze Zahl m eine elementare Funktion?
(*b*) Warum ist $\int x^m (\ln x)^n\,dx$ für alle positiven ganzen Zahlen m und n eine elementare Funktion!
Hinweis: Substitution $u = \ln x$.

161. (*a*) Man beweise die trigonometrische Identität

$$\sin mx \sin nx = \tfrac{1}{2}\{\cos[(m - n)x] - \cos[(m + n)x]\}$$

durch Entwicklung der rechten Seite.
(*b*) Man verwende diese Identität zur Berechnung von $\int \sin 2x \sin 3x\,dx$.

■■

162. Liouville hat folgendes bewiesen: Wenn für zwei rationale Funktionen f und g das Integral $\int e^{f(x)} g(x)\,dx$ eine elementare Funktion ist, so kann das Integral $\int e^{f(x)} g(x)\,dx$ in der Form $e^{f(x)} w(x)$ ausgedrückt werden, wobei $w(x)$ wieder eine rationale Funktion ist. Mit Hilfe dieses Ergebnisses ist zu beweisen, daß das Integral $\int e^x/x\,dx$ keine elementare Funktion sein kann.

Hinweis: Man setze an $[e^x(p/q)]' = e^x/x$, wobei p und q teilerfremde Polynome sind. Man schreibe außerdem $q = x^i r$, wobei $i \geq 0$ und x kein Teiler des Polynoms r sein soll.

Die Übungen 163 bis 166 behandeln eine Formel für die Zahl π.

163. (*a*) Mit Hilfe der Rekursionsformel von Beispiel 4 aus Abschnitt 9.5 beweise man:

$$\int_0^{\pi/2} \sin^n x\,dx = \frac{n-1}{n}\int_0^{\pi/2} \sin^{n-2} x\,dx.$$

(*b*) Sei $I_n = \int_0^{\pi/2} \sin^n x\,dx$. Man zeige $I_0 = \pi/2$ und $I_1 = 1$.

(*c*) Man zeige mit Hilfe von (*a*) und (*b*)

$$I_7 = \frac{6}{7}\,\frac{4}{5}\,\frac{2}{3} \quad \text{und} \quad I_6 = \frac{5}{6}\,\frac{3}{4}\,\frac{1}{2}\,\frac{\pi}{2}.$$

(*d*) Man zeige mit Hilfe von (*a*) und (*b*)

$$I_{2n} = \frac{2n-1}{2n}\,\frac{2n-3}{2n-2}\cdots\frac{3}{4}\,\frac{1}{2}\,\frac{\pi}{2}$$

und

$$I_{2n+1} = \frac{2n}{2n+1}\,\frac{2n-2}{2n-1}\cdots\frac{4}{5}\,\frac{2}{3}.$$

164. (Siehe Übung 163.)

(*a*) Man zeige

$$\frac{I_7}{I_6} = \frac{6}{7}\,\frac{6}{5}\,\frac{4}{5}\,\frac{4}{3}\,\frac{2}{3}\,\frac{2}{1}\,\frac{2}{\pi}.$$

(*b*) Man zeige

$$\frac{I_{2n+1}}{I_{2n}} = \frac{2n}{2n+1}\,\frac{2n}{2n-1}\,\frac{2n-2}{2n-1}\cdots\frac{2}{3}\,\frac{2}{1}\,\frac{2}{\pi}.$$

(*c*) Man zeige

$$\frac{2n}{2n+1} I_{2n} < \frac{2n}{2n+1} I_{2n-1} = I_{2n+1} < I_{2n}$$

und daß $\lim\limits_{n\to\infty} \dfrac{I_{2n+1}}{I_{2n}} = 1.$

(*d*) Man zeige aus (*b*) und (*c*)

$$\lim_{n\to\infty} \frac{2\cdot 2}{1\cdot 3}\,\frac{4\cdot 4}{3\cdot 5}\,\frac{6\cdot 6}{5\cdot 7}\cdots\frac{(2n)\,(2n)}{(2n-1)\,(2n+1)} = \frac{\pi}{2}$$

Das ist die Wallissche Formel, die kurz so geschrieben wird:

$$\frac{2\cdot 2}{1\cdot 3}\,\frac{4\cdot 4}{3\cdot 5}\,\frac{6\cdot 6}{5\cdot 7}\cdots = \frac{\pi}{2}.$$

165. (Siehe Übung 164.)

(*a*) Die Wallissche Formel ist äquivalent zu

$$\left(1-\frac{1}{2^2}\right)\left(1-\frac{1}{4^2}\right)\left(1-\frac{1}{6^2}\right)\cdots = \frac{2}{\pi}.$$

Man beweise dies!

(*b*) Man zeige

$$\left(1-\frac{1}{2^2}\right)\left(1-\frac{1}{3^2}\right)\left(1-\frac{1}{4^2}\right)\cdots = \frac{1}{2}.$$

(*c*) Aus (*a*) und (*b*) zeige man

$$\left(1-\frac{1}{3^2}\right)\left(1-\frac{1}{5^2}\right)\left(1-\frac{1}{7^2}\right)\cdots = \frac{\pi}{4}.$$

166. Sei $n!$ das Produkt der ganzen Zahlen von 1 bis zur positiven ganzen Zahl n (so ist 5! gleich dem Produkt $1\cdot 2\cdot 3\cdot 4\cdot 5 = 120$).

(*a*) Man zeige $2\cdot 4\cdot 6\cdot 8 \ldots 2n = 2^n n!$

(*b*) Man zeige $1\cdot 3\cdot 5 \ldots (2n-1) = (2n)!/(2^n n!)$.

(*c*) Aus Übung 164 (*d*) zeige man

$$\lim_{n\to\infty} \frac{(n!)^2\,4^n}{(2n)!\,\sqrt{2n+1}} = \sqrt{\frac{\pi}{2}}.$$

Übung 167 ist die Basis der restlichen Übungen.

167. p und q seien rationale Zahlen. $\int x^p (1-x)^q\,dx$ ist eine elementare Funktion, wenn

(*a*) p eine ganze Zahl ist. (*Hinweis:* Für $q = s/t$ schreibe man $1 - x = v^t$,)

(*b*) q eine ganze Zahl ist.

Man beweise (*a*) und (*b*).

(*c*) wenn $p + q$ eine ganze Zahl ist. Nach Tschebyschew sind dies die einzigen Fälle, für die das fragliche Integral elementar ist. Im speziellen sind

$$\sqrt{x}\,\sqrt[3]{1-x}\,dx \quad \text{und} \quad \sqrt[3]{x-x^2}\,dx$$

keine elementaren Funktionen.

168. Aus Übung 167 leite man ab, daß $\int \sqrt{1-x^3}\,dx$ nicht elementar ist.

169. Aus Übung 167 leite man ab, daß $\int (1-x^n)^{1/m} dx$ für positive ganze Zahlen m und n dann und nur dann elementar ist, wenn entweder $m = 1$ und n beliebig, $n = 1$ und m beliebig oder $m = 2 = n$ ist.

170. Aus Übung 167 leite man ab, daß $\int \sqrt{\sin x}\,dx$ nicht elementar ist. *Hinweis:* Sei $u = \sin^2 x$.

171. Aus Übung 167 leite man ab, daß $\int \sin^a x\,dx$ für rationale a dann und nur dann elementar ist, wenn a eine ganze Zahl ist.

172. Aus Übung 167 leite man ab, daß $\int \sin^p x \cos^q x\,dx$ für rationale p und q dann und nur dann elementar ist, wenn entweder p oder q eine ungerade ganze Zahl, oder $p + q$ eine gerade ganze Zahl ist.

10 Berechnung und Anwendungen bestimmter Integrale

Dieses Kapitel wendet die Überlegungen und Methoden der Kapitel 7 bis 9 auf die Berechnung von Flächen, Volumina, Bogenlängen und Oberflächen an. Wir werden lernen, wann eine Größe durch ein bestimmtes Integral dargestellt werden kann, und wie dieses bestimmte Integral mit Hilfe des Fundamentalsatzes berechnet werden kann. Es ist überflüssig, sich die verschiedenen Formeln einzuprägen, die wir erhalten werden. Das Verständnis der grundlegenden Ideen sollte es möglich machen, jede benötigte Formel jeweils neu abzuleiten. Im übrigen sind alle interessanten Flächen, Bogenlängen und Volumina längst bekannt und in mathematischen Handbüchern zusammengestellt. Trotzdem müssen wir wissen, warum solche Größen als bestimmte Integrale dargestellt werden können.

10.1 Berechnung der Länge $c(x)$ des Schnittes

Abschnitt 7.4 zeigte, daß die Fläche eines ebenen Gebietes durch

$$\int_a^b c(x)\,dx$$

angegeben wird. Dabei ist $c(x)$ die Länge eines typischen Schnittes, den eine Senkrechte auf der x-Achse mit dem gegebenen Gebiet besitzt. Betrachten wir Bild 10.1 und halten fest, daß x sich nicht auf die x-Achse der x, y-Ebene beziehen muß. Vielmehr kann x in Bezug auf jede geeignete Gerade der Ebene gemessen werden, wie etwa auf die y-Achse. In diesem Fall würden wir die Querschnittslänge

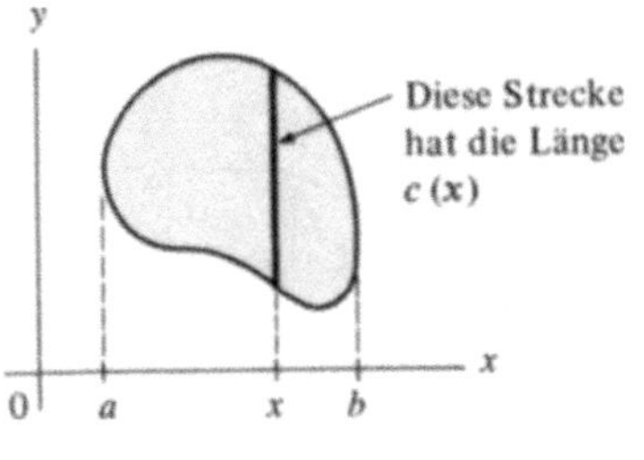

Bild 10.1

mit $c(y)$ bezeichnen. Sollten diese Überlegungen unklar erscheinen, so empfiehlt es sich, den Teil des Abschnittes 7.4 zu wiederholen, der den Titel „Summen und die Fläche von ebenen Gebieten" trägt.

Um eine Fläche zu berechnen, sind die folgenden beiden Schritte erforderlich.

1. Man bestimmt a, b und die Querschnittslänge $c(x)$.
2. Man berechnet $\int_a^b c(x)\,dx$ mit Hilfe des Fundamentalsatzes, sofern $\int c(x)\,dx$ elementar und einfach aufzufinden ist.

In Kapitel 9 wurde der zweite Schritt behandelt. Einige Beispiele werden nun zeigen, wie wir a, b und $c(x)$ auffinden können. Diesen Vorgang nennt man *das Aufstellen eines bestimmten Integrals.*

Zwei grundlegende geometrische Sätze werden uns helfen, den Schnitt $c(x)$ für viele Probleme aufzufinden:

Der Pythagoräische Lehrsatz: In einem rechtwinkeligen Dreieck mit den Katheten a und b und der Hypotenuse c gilt

$$c^2 = a^2 + b^2.$$

Entsprechende Seiten ähnlicher Dreiecke sind zueinander proportional: Sind a, b, c die Seitenlängen eines Dreieckes und a', b', c' die Längen der entsprechenden Seiten eines ähnlichen Dreieckes, dann gilt

$$a'/a = b'/b = c'/c.$$

Die folgenden Beispiele zeigen den Nutzen dieser beiden geometrischen Gesetze. Wir konzentrieren uns zunächst auf die geometrischen Überlegungen, die zur Aufstellung der geeigneten bestimmten Integrale erforderlich sind und verschieben die Bestimmung der Flächen durch Berechnung der bestimmten Integrale auf den Abschnitt 10.3.

Beispiel 1: Man bestimme den Schnitt $c(x)$, wenn R ein Kreis mit dem Radius 5 ist. Man gebe ein bestimmtes Integral für die Fläche von R an.

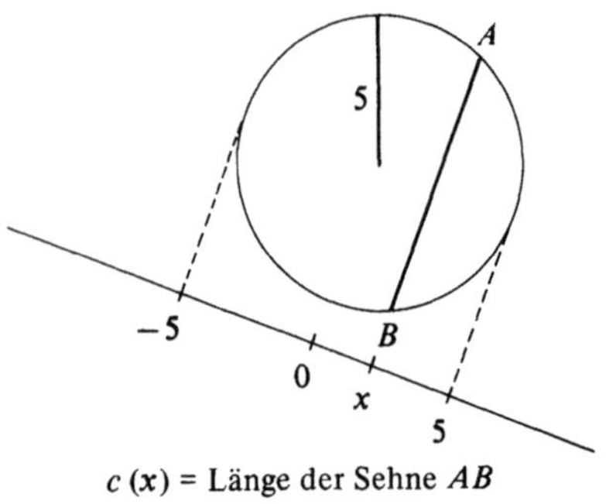

$c(x)$ = Länge der Sehne AB

Bild 10.2

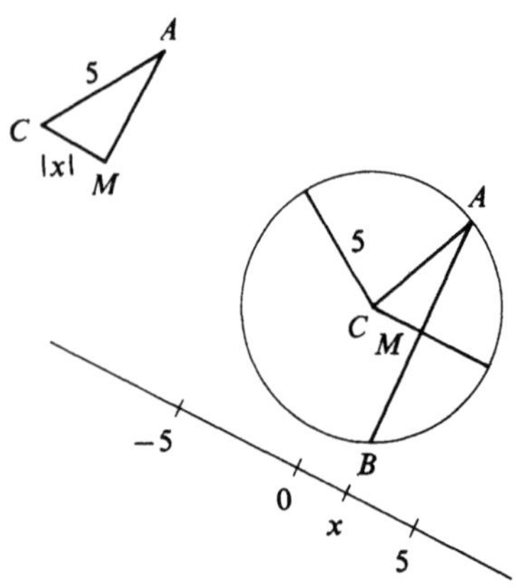

Bild 10.3

Lösung: Wir können jede Gerade der Ebene als Achse wählen. Legen wir ihren Ursprung unter den Mittelpunkt des Kreises, so erhalten wir die einfachste Formel für $c(x)$, nämlich die Länge einer typischen Strecke AB senkrecht zur x-Achse (Bild 10.2).

Halten wir fest: $a = -5$ und $b = 5$. Um in diesem Fall einen ersten Eindruck von $c(x)$ zu erhalten, entnehmen wir dem Bild 10.3

$$c(-5) = 0, \quad c(0) = 10 \quad \text{und} \quad c(5) = 0.$$

Um $c(x)$ für jeden Wert x des Intervalls $[-5; 5]$ zu finden, ziehen wir durch den Mittelpunkt des Kreises eine Parallele zur x-Achse. Sie schneidet die Sehne AB im Punkt M. Den Mittelpunkt des Kreises nennen wir C und zeichnen den Radius AC des Kreises ein. Dann gilt

$$c(x) = \overline{AB} = 2\overline{AM}.$$

Um $\overline{AM}$ zu erhalten, gehen wir vom rechtwinkeligen Dreieck ΔACM aus. Die Seite CM hat die Länge $|x|$, die Hypotenuse hat die Länge 5. Es folgt $5^2 = |x|^2 + \overline{AM}^2$. Da ferner $|x|^2 = x^2$, erhalten wir aus dieser Gleichung eine einfache Formel für $\overline{AM}^2$,

$$\overline{AM}^2 = 5^2 - x^2 = 25 - x^2.$$

Daraus folgt

$$\overline{AM} = \sqrt{25 - x^2}$$

und mit Hilfe von

$$c(x) = 2\overline{AM}$$

ergibt sich schließlich

$$c(x) = 2\sqrt{25 - x^2}.$$

Daher ist die Fläche des Kreises gegeben durch:

$$\int_{-5}^{5} 2\sqrt{25 - x^2}\,dx. \quad \bullet$$

Beispiel 2: Man gebe ein bestimmtes Integral für die Fläche des Trapezes R in Bild 10.4 an.

Bild 10.4

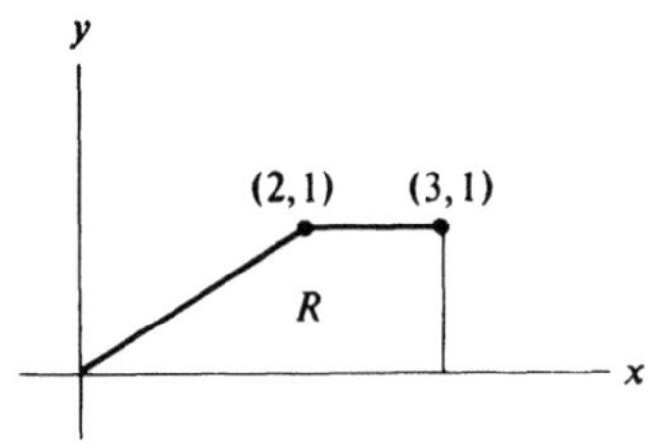

Lösung: Betrachten wir die Schnitte von R mit Parallelen zur y-Achse. $c(x)$ sei die Länge eines typischen Schnittes, wobei x im Intervall $[0; 3]$ variiert. Die Querschnitte ändern ihren Charakter an der Stelle $x = 2$; für $x \geqslant 2$ ist die Funktion $c(x)$ konstant, $c(x) = 1$. Für $x \leqslant 2$ sind einige Überlegungen erforderlich, um $c(x)$ zu bestimmen. Bild 10.5 zeigt den typischen Querschnitt $B'C'$ für x aus dem Intervall $[0; 2]$. Also ist

$$c(x) = \overline{B'C'}.$$

Bild 10.5

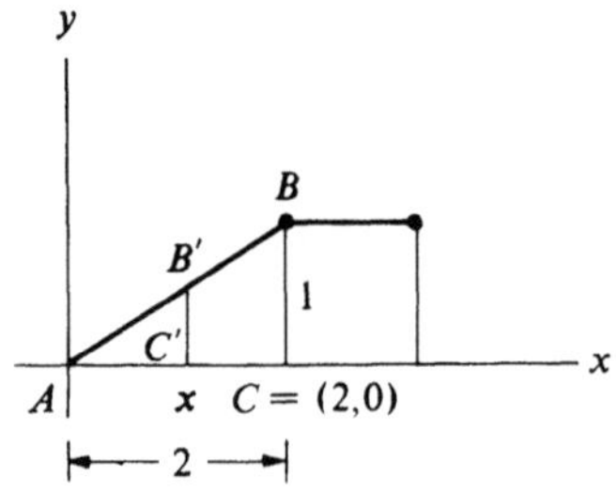

Da $\Delta AB'C'$ ähnlich ist zu ΔABC, folgt

$$\frac{x}{2} = \frac{\overline{B'C'}}{1}$$

und daher

$$\overline{B'C'} = \frac{x}{2}.$$

So erhalten wir für Werte von x im Intervall $[0; 2]$

$$c(x) = \frac{x}{2}.$$

Beide Fälle zusammen ergeben für $c(x)$

$$c(x) = \begin{cases} \frac{x}{2} & \text{für } 0 \leqslant x \leqslant 2 \\ 1 & \text{für } 2 \leqslant x \leqslant 3. \end{cases}$$

Daher ergibt sich für die Fläche des Trapezes

$$\int_0^3 c(x)\,dx = \int_0^2 \frac{x}{2}\,dx + \int_2^3 1\,dx. \quad \bullet$$

Das nächste Beispiel behandelt die Bestimmung von $c(x)$, wenn die Grenze von R durch Formeln angegeben wird.

Beispiel 3: Man gebe ein bestimmtes Integral für das Gebiet R an, das im Diagramm 10.6 dargestellt ist.

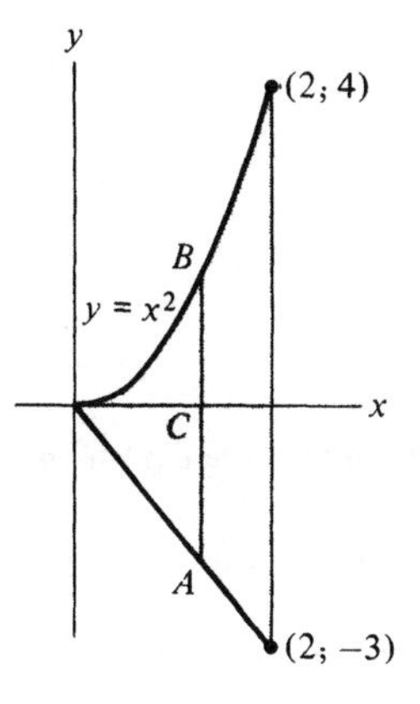

Bild 10.6

Lösung: Betrachten wir Schnitte parallel zur x-Achse. x läuft von 0 bis 2. Was erhalten wir für $c(x)$ in Abhängigkeit von x? Es gilt etwa

$$c(0) = 0 \quad \text{und} \quad c(2) = 7.$$

Der typische Schnitt senkrecht zur x-Achse hat einen Endpunkt A auf der Geraden, die durch die Punkte $(0; 0)$ und $(2; -3)$ geht, den anderen Endpunkt B auf der Parabel $y = x^2$. Er trifft die x-Achse im Punkt C, so daß gilt

$$c(x) = \overline{AB} = \overline{AC} + \overline{CB}.$$

Die Länge von $\overline{CB}$ ist durch $\overline{CB} = x^2$ gegeben. Obwohl AC mit der Methode ähnlicher Dreiecke gefunden werden könnte, wollen wir hierzu Überlegungen aus der analytischen Geometrie benutzen. Der Punkt $A = (x, y)$ liegt auf der Geraden zwischen den beiden Punkten

$$(0; 0) \quad \text{und} \quad (2; -3).$$

Daraus folgt

$$\frac{y-0}{x-0} = \frac{-3-0}{2-0} \quad \text{oder} \quad \frac{y}{x} = -\frac{3}{2}.$$

Daher ist die y-Koordinate von A gleich $-\frac{3}{2}x$.

Die Länge $\overline{AC}$ ist positiv und beträgt somit $\frac{3}{2}x$; folglich gilt:

$$c(x) = \overline{AC} + \overline{CB} = x^2 + \tfrac{3}{2}x.$$

Daher wird die Fläche von R durch das bestimmte Integral

$$\int_0^2 (x^2 + \tfrac{3}{2}x)\,dx$$

dargestellt, das wir nach dem Fundamentalsatz sehr einfach bestimmen können. (Wie der Leser zeigen möge, ist das Resultat gleich $\frac{17}{3}$.) $\bullet$

Bemerkung: Wenn das Gebiet R für alle x aus dem Intervall $[a; b]$ durch die beiden Kurven $y = f_1(x)$ und $y = f_2(x)$ begrenzt wird (Bild 10.7), dann folgt für $f_1(x) \geqslant f_2(x)$

$$c(x) = f_1(x) - f_2(x).$$

Somit hat das Gebiet zwischen den beiden Kurven für x aus dem Intervall $[a; b]$ die Fläche

$$\int_a^b [f_1(x) - f_2(x)]\,dx.$$

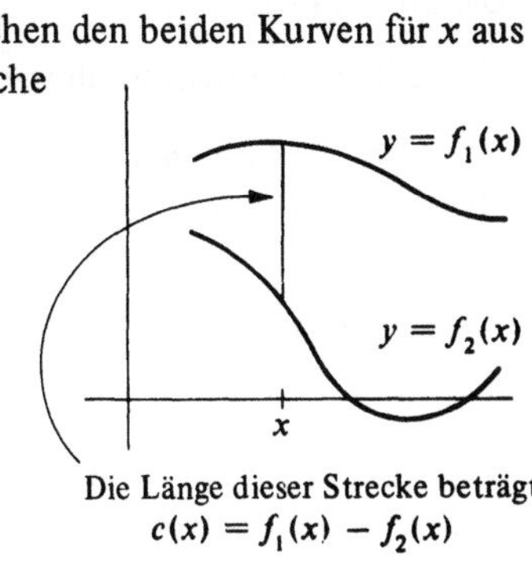

Bild 10.7

Die Länge dieser Strecke beträgt $c(x) = f_1(x) - f_2(x)$

Beispiel 4: Man gebe ein bestimmtes Integral für die Fläche des Gebietes an, das durch $y = \sqrt{x}$, die x-Achse und die Gerade $x = 4$ begrenzt wird. Man verwende Schnitte parallel zur x-Achse (Bild 10.8).

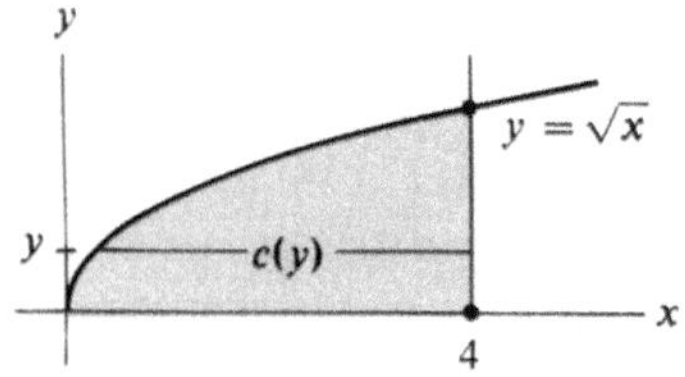

Bild 10.8

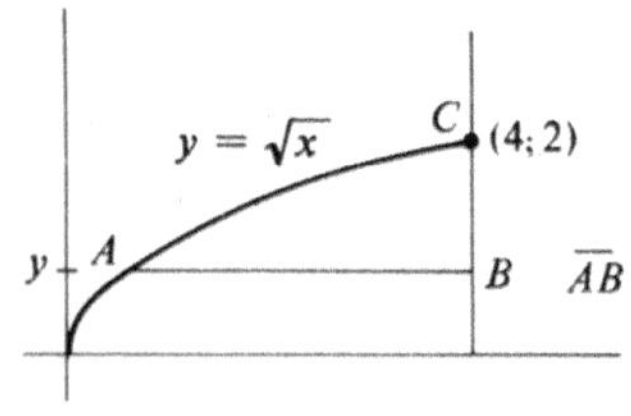

Bild 10.9

Lösung: Man findet zuerst $c(y)$, die Länge eines typischen Schnittes von R mit einer Geraden senkrecht zur x-Achse. Obwohl wir den Buchstaben x durch y ersetzt haben, ist die Idee die gleiche: Man bestimmt zuerst das Intervall der y-Werte und sucht dann $c(y)$. Dazu bezeichnen wir einige Punkte (Bild 10.9). Der größte Wert von y ist für dieses Gebiet die y-Koordinate des Punktes C. Da C auf der Kurve $y = \sqrt{x}$ liegt, ergibt sich $C = (4; \sqrt{4}) = (4; 2)$. Daher variiert y von 0 bis 2.

Nun aber zu $c(y)$. Ein Blick auf das Diagramm zeigt, daß $c(y) = \overline{AB}$ = (x-Koordinate von B) – (x-Koordinate von A) = 4 – (x-Koordinate von A). Wie erhalten wir nun die x-Koordinate von A? Da A auf der Kurve $y = \sqrt{x}$ liegt, erfüllen die Koordinaten von A die Gleichung $y = \sqrt{x}$. Um x nun durch y auszudrücken, lösen wir nach x auf:

$$y^2 = x \quad \text{und} \quad x = y^2.$$

Daraus folgt

$$c(y) = 4 - (x\text{-Koordinate von } A) = 4 - y^2.$$

Das bestimmte Integral für die Fläche des Gebietes ergibt sich daher als

$$\int_0^2 (4 - y^2)\, dy.$$

(Der Leser kann dieses Integral leicht mit Hilfe des Fundamentalsatzes berechnen. Das Resultat beträgt $\frac{16}{3}$.) ●

Übungen:

1. Das Gebiet R sei durch $y = x$ und $y = x^3$ begrenzt.
   (*a*) Man zeichne R.
   (*b*) Man bestimme die Länge der vertikalen Schnitte $c(x)$.
   (*c*) Man bestimme die Länge der horizontalen Schnitte $c(y)$.
2. In Beispiel 1 wurde der Ursprung der x-Achse unterhalb des Kreismittelpunktes gewählt. Was würde sich für a, b und die vertikalen Schnitte $c(x)$ ergeben, wenn der Ursprung entsprechend Bild 10.10 gelegt worden wäre.

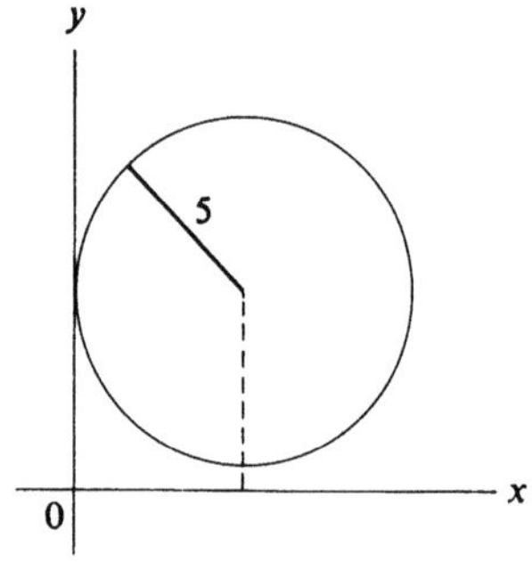

Bild 10.10

3. Man bestimme die Länge der vertikalen Schnitte $c(x)$, wenn x dem Wert auf der x-Achse entspricht und R das getönte Gebiet in Bild 10.11 ist.

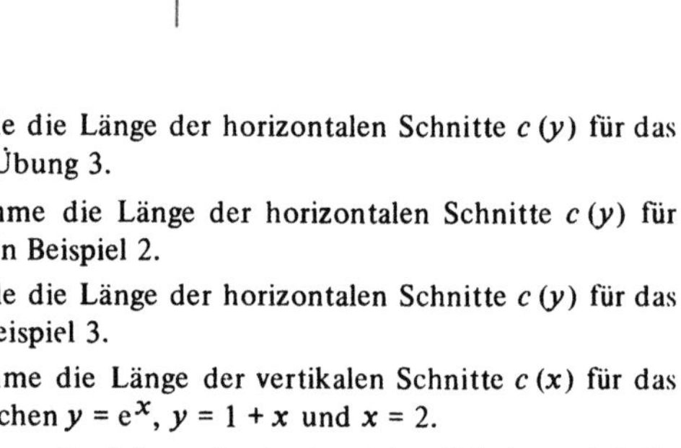

Bild 10.11

4. Man ermittle die Länge der horizontalen Schnitte $c(y)$ für das Gebiet der Übung 3.
5. Man bestimme die Länge der horizontalen Schnitte $c(y)$ für das Gebiet in Beispiel 2.
6. Man ermittle die Länge der horizontalen Schnitte $c(y)$ für das Gebiet in Beispiel 3.
7. Man bestimme die Länge der vertikalen Schnitte $c(x)$ für das Gebiet zwischen $y = e^x$, $y = 1 + x$ und $x = 2$.
8. Man berechne die Länge der horizontalen Schnitte $c(y)$ für das Gebiet in Übung 7.
9. R sei das Dreieck mit den Eckpunkten (1; 0), (3; 2) und (4; 1). Man bestimme $c(x)$, die Länge der vertikalen Schnitte.

10. (*a*) Man bestimme die Länge der horizontalen Schnitte $c(y)$ für das Gebiet der Übung 9, und benutze hierzu ähnliche Dreiecke.
(*b*) Welche Beschreibung ist einfacher, $c(y)$ in (*a*) oder $c(x)$ in Übung 9?

11. R sei das Gebiet zwischen $y = x^2$ und $y = x + 1$.
(*a*) Man zeichne R.
(*b*) Man bestimme $c(x)$, die Länge der vertikalen Schnitte.
(*c*) Man bestimme $c(y)$, die Länge der horizontalen Schnitte.

■

12. (*a*) Man zeichne das Gebiet, das von $y = \sin x$ und der x-Achse für x aus dem Intervall $[0; \pi]$ begrenzt wird.
(*b*) Man bestimme $c(x)$, die Länge der vertikalen Schnitte.
(*c*) Man bestimme $c(y)$, die Länge der horizontalen Schnitte.

13. (*a*) Man zeichne das Gebiet, das durch $y = x/2$, $y = x - 1$ und die x-Achse begrenzt wird.
(*b*) Man bestimme $c(x)$, die Länge der vertikalen Schnitte.
(*c*) Man bestimme $c(y)$, die Länge der horizontalen Schnitte.

14. (*a*) Man zeichne das Gebiet zwischen $y = \ln x$, $y = x/e$ und der x-Achse.
(*b*) Man bestimme $c(x)$, die Länge der vertikalen Schnitte.
(*c*) Man bestimme $c(y)$, die Länge der horizontalen Schnitte.

15. Man berechne die Länge der horizontalen Schnitte $c(y)$ für das Dreieck in den angegebenen drei Fällen (verschiedene Wahl des Ursprungs und der Richtung für die y-Achse (Bild 10.12). *Hinweis:* Man verwende in jedem Fall ähnliche Dreiecke. Eine kluge Wahl des Koordinatensystems kann die Querschnittsfunktion beträchtlich vereinfachen.

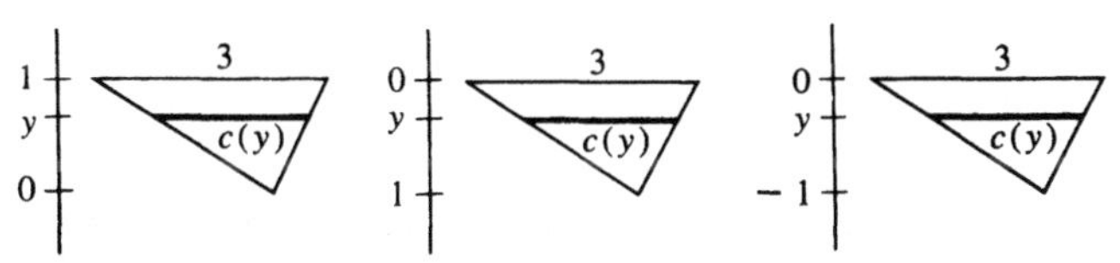

Bild 10.12

16. (*a*) Man ermittle den Ausdruck für die Schnitte $c(y)$ des gleichseitigen Trapezes in Bild 10.13. *Hinweis:* Welches ist die einfachste Formel, mit der $c(0) = 8$ und $c(2) = 14$ erhalten werden können?
(*b*) Man bestimme $c(y)$ mit der Methode der ähnlichen Dreiecke.

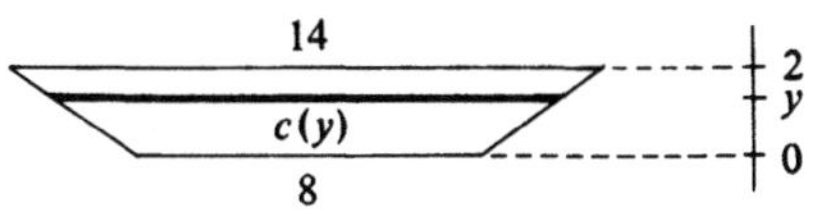

Bild 10.13

17. (*a*) Man zeichne das Gebiet R innerhalb der Ellipse

$$\frac{x^2}{4} + \frac{y^2}{9} = 1.$$

(*b*) Man gebe $c(x)$, die Länge der vertikalen Schnitte an.
(*c*) Man gebe $c(y)$, die Länge der horizontalen Schnitte an.

18. R sei das Gebiet eines Kreises mit dem Radius 5, das von zwei parallelen Geraden begrenzt wird, die jede im Abstand 3 vom Mittelpunkt des Kreises verlaufen (Bild 10.14).
(*a*) Ausgehend von einer x-Achse parallel zu den beiden Geraden und einem Ursprung nächst dem Mittelpunkt des Kreises suche man $c(x)$, die Länge der Schnitte senkrecht zur x-Achse.
(*b*) Ausgehend von einer x-Achse senkrecht zu den beiden Geraden mit dem Ursprung nächst dem Mittelpunkt des Kreises suche man $c(x)$, die Länge der Schnitte senkrecht zur x-Achse.

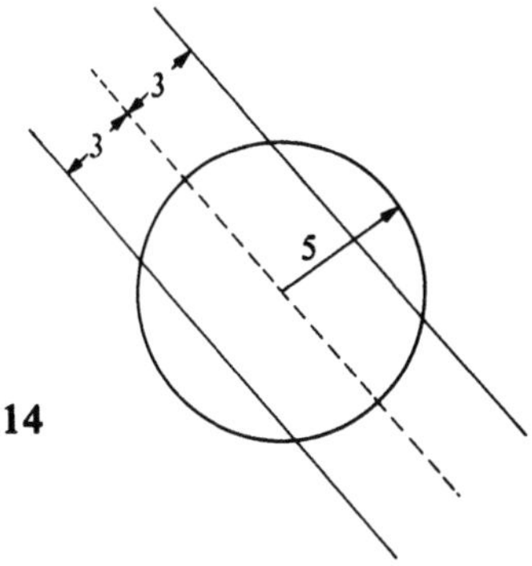

Bild 10.14

10.2 Die Berechnung der Querschnittsfläche $A(x)$

Abschnitt 7.4 hat gezeigt, daß das Volumen eines Körpers durch

$$\int_a^b A(x)\,dx$$

gegeben ist. $A(x)$ ist die Querschnittsfläche des Körpers mit einer typischen Ebene senkrecht zur x-Achse (Bild 10.15).

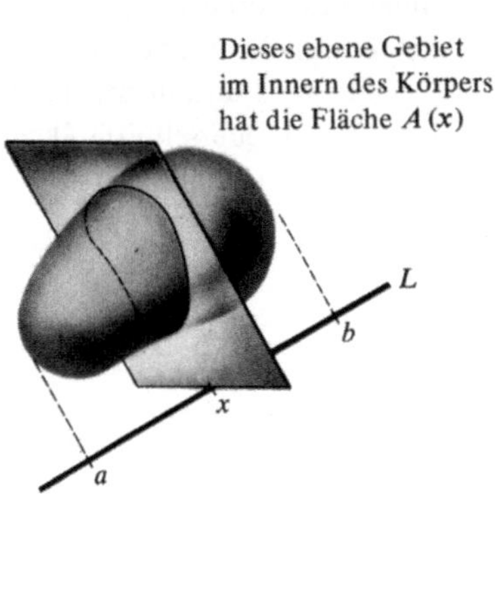

Bild 10.15

Dieser Abschnitt zeigt uns, wie $A(x)$ in speziellen Fällen gefunden werden kann und wie die bestimmten Integrale für das Volumen der Körper aufgestellt werden können. In Abschnitt 10.3 werden wir diese bestimmten Intégrale mit Hilfe der Methoden des Kapitels 9 berechnen. Sollten sich irgendwelche Schwierigkeiten ergeben, so empfiehlt sich eine Wiederholung des Teiles „Summen und das Volumen von Körpern" aus Abschnitt 7.4.

Zusätzlich zum Satz des Pythagoras und zu den Eigenschaften ähnlicher Dreiecke werden wir Formeln für die Flächen bekannter ebener Figuren benötigen:

Figur	*Fläche*
Kreis mit dem Radius r	πr^2
Quadrat mit der Seite s	s^2
Gleichseitiges Dreieck mit der Seite s	$\frac{\sqrt{3}\,s^2}{4}$
Dreieck der Höhe h und der Basis b	$\frac{bh}{2}$
Trapez der Höhe h mit den Parallelseiten b und B	$h\left(\frac{b+B}{2}\right)$
Kreissektor mit Radius r und Winkel θ (in Radiant)	$\frac{r^2\theta}{2}$

Wenn entsprechende Seiten ähnlicher Figuren im Verhältnis k zueinander stehen, so gilt bekanntlich für die Flächen der ähnlichen Figuren das Verhältnis k^2: Die Fläche ist proportional zum Quadrat der Länge.

Einige Beispiele werden uns zeigen, durch welche Überlegungen man die Querschnittsflächen $A(x)$ bestimmen kann.

Beispiel 1: Man gebe ein bestimmtes Integral für das Volumen des Körpers an, dessen Basis durch die x-Achse und den Bogen der Kurve $y = \sin x$ (zwischen $x = 0$ und $x = \pi$) begrenzt wird und dessen auf die x-Achse senkrecht stehenden ebenen Querschnitte Quadrate sind, die auf der Basisfläche ruhen (Bild 10.16).

Bild 10.16

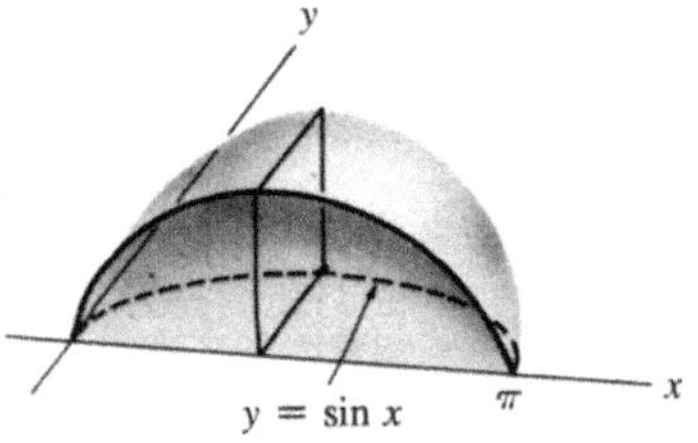

Lösung: Da der Querschnitt ein Quadrat mit der Seite $\sin x$ ist, ergibt sich für seine Fläche $\sin^2 x$. So erhalten wir

$$A(x) = \sin^2 x.$$

Das bestimmte Integral für das Volumen ist daher

$$\int_0^\pi \sin^2 x\, dx.$$

(Aus Beispiel 1 des Abschnittes 9.8 folgt für dieses bestimmte Integral der Wert $\pi/2$.) •

Beispiel 2: Man gebe das bestimmte Integral für das Volumen einer 3-seitigen Pyramide an, deren Basis durch ein rechtwinkeliges Dreieck mit den Seiten 3, 4 und 5 gegeben ist (Bild 10.17). Die Höhe der Pyramide geht vom rechten Winkel des Dreiecks aus und hat die Länge 2.

Bild 10.17

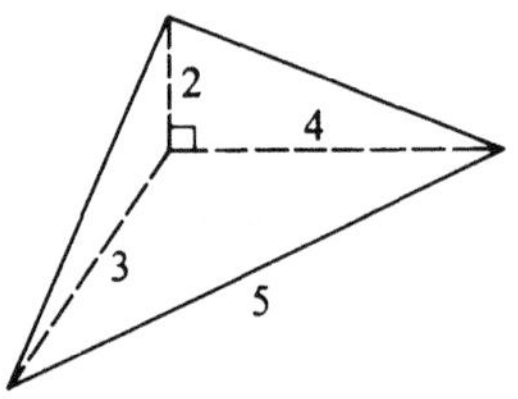

Lösung: Die ebenen Querschnitte können durch 3 verschiedene Richtungen definiert werden, nämlich parallel zu jeder der 3 rechtwinklig-dreieckigen Flächen. Wir wählen Ebenen senkrecht zur Höhe, parallel zur Basis.

Die x-Achse stehe senkrecht zum Grunddreieck. Ihren Ursprung legen wir in die Ebene dieses Dreiecks. Der typische Querschnitt ist ein Dreieck T (Bild 10.18), das darüberhinaus dem Basisdreieck ähnlich ist. Da die Dimensionen von T proportional zu der Entfernung zwischen T und der Spitze der Pyramide sind, muß $A(x)$ proportional zum Quadrat der Entfernung zwischen T und der der Pyramidenspitze sein. Diese Entfernung ist $2-x$ Daher muß es eine Konstante k geben, so daß

$$A(x) = k(2-x)^2.$$

Bild 10.18

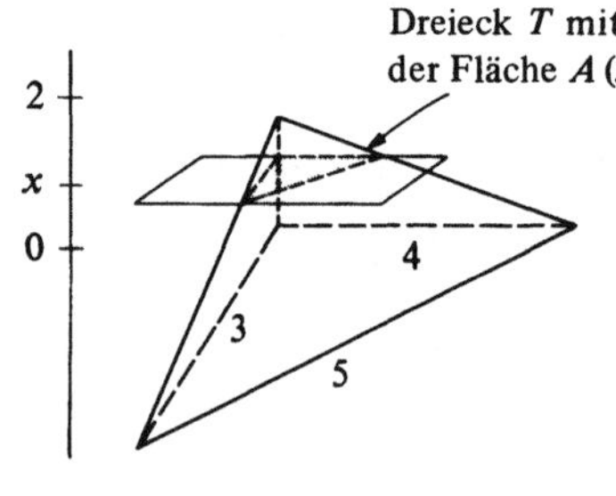

Um k zu finden, halten wir fest, daß T für $x = 0$ mit dem Basisdreieck zusammenfällt. Dessen Fläche ist $(\frac{1}{2}) \cdot 3 \cdot 4 = 6$. Daher ergibt sich

$$A(0) = k(2-0)^2 = 6 \quad \text{und} \quad 4k = 6.$$

Somit erhalten wir für $k = \frac{6}{4} = \frac{3}{2}$ und schließlich

$$A(x) = \tfrac{3}{2}(2-x)^2.$$

Folglich ist das Volumen der Pyramide

$$\int_0^2 \frac{3}{2}(2-x)^2 dx. \quad \bullet$$

In Übung 3 wurde das Koordinatensystem auf der x-Achse so gewählt, daß der Wert Null der Ebene durch die Pyramidenspitze, der Wert zwei der Ebene des Basisdreiecks entspricht. Der Ausdruck für $A(x)$ wird in diesem Falle noch einfacher als bei der hier gewählten Vorgangsweise.

Beispiel 3: Man betrachte eine Kugel mit dem Radius a (Bild 10.19). Die x-Achse werde so gewählt, daß ihr Ursprung unterhalb des Kugelmittelpunktes liegt. Man gebe einen Ausdruck für $A(x)$, die Fläche des Querschnitts zwischen der Kugel und der Ebene, welche die x-Achse im Punkt mit der Koordinate x senkrecht schneidet. Man stelle das bestimmte Integral für das Volumen der Kugel auf.

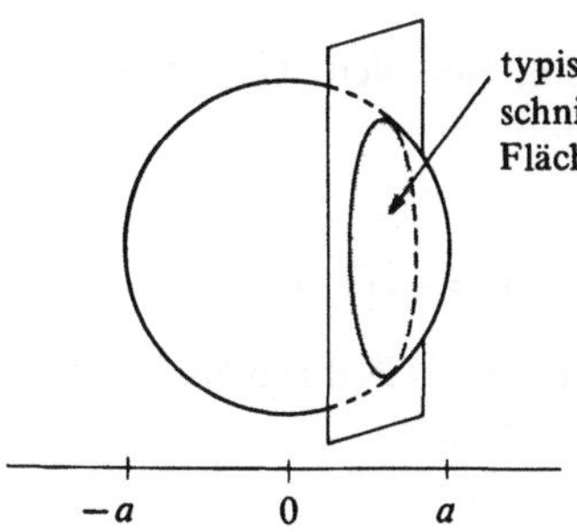

Bild 10.19

Lösung: Der typische Querschnitt ist ein Kreis. Da die Fläche eines Kreises mit dem Radius r durch πr^2 gegeben ist, müssen wir lediglich die Abhängigkeit zwischen r und x finden.

Dazu zeichnen wir einen Aufriß der Kugel und des typischen Querschnitts, in dem r und x deutlich erkennbar sind (Bild 10.20).

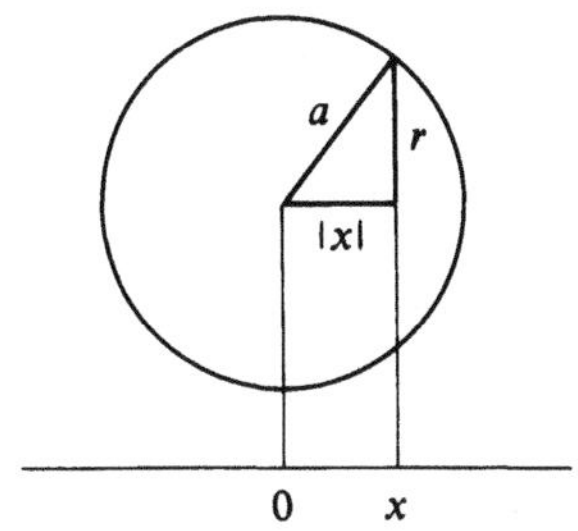

Bild 10.20

Nach dem Pythagoräischen Lehrsatz gilt

$$a^2 = |x|^2 + r^2,$$

daher

$$a^2 = x^2 + r^2 \quad \text{und} \quad r^2 = a^2 - x^2.$$

Daraus folgt

$$A(x) = \pi r^2 = \pi(a^2 - x^2).$$

Somit erhalten wir für das Volumen der Kugel mit dem Radius a

$$\int_{-a}^{+a} \pi(a^2 - x^2)\, dx.$$

Dieses Integral kann nach dem Fundamentalsatz leicht berechnet werden. $\bullet$

Das nächste Beispiel ist von besonderem Interesse, da wir die Schnitte hier sehr verschieden legen können. Einige dieser Möglichkeiten sind günstig, andere ungünstig.

Beispiel 4: Ein Wasserglas besitzt die Form eines geraden Kreiszylinders mit dem Radius a und der Höhe h. Es wird solange geneigt, bis das Wasserniveau einerseits die Basis des Glases in zwei gleiche Teile teilt und andererseits gerade den Rand des Glases erreicht (Bild 10.21). Das Wasser füllt das räumliche Gebiet R aus. Man gebe die Fläche der ebenen Querschnitte für dieses Gebiet an.

Radius der Grundfläche ist a; AB ist ein Durchmesser

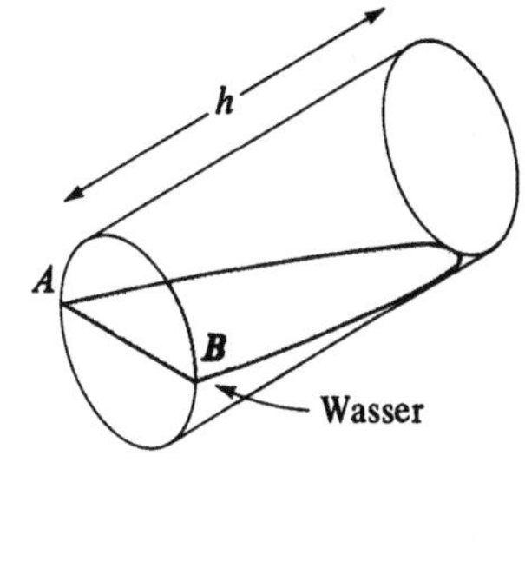

Bild 10.21

Lösung: Für die Lage der ebenen Querschnitte ergeben sich unter anderem die folgenden Möglichkeiten:

1. Ebenen parallel zur Wasseroberfläche,
2. Ebenen parallel zur Grundfläche des Glases,
3. Ebenen senkrecht zum Durchmesser AB,
4. Ebenen parallel zu der Ebene durch AB und die Achse des Zylinders.

Der Leser sollte für jede dieser Möglichkeiten selbst eine Skizze zeichnen, um sein Gefühl für räumliche Vorstellung zu schärfen. Noch besser ist es, zur Darstellung des Wasservolumens von einem Holzzylinder ein geeignetes Stück abzusägen.

1. *Ebenen parallel zur Oberfläche des Wassers.* In diesem Fall ist jeder Querschnitt Teil einer Ellipse (siehe Anhang B für die Diskussion der Ellipse – eine ovale Kurve, die man erhält, wenn ein gerader Kreiszylinder wie etwa ein Besenstiel unter einem bestimmten Winkel durchgeschnitten wird). Der höchstgelegene Querschnitt geht durch AB und ist exakt die Hälfte einer Ellipse. Die tieferliegenden Querschnitte allerdings sind kleinere Teile von Ellipsen (Bild 10.22). Diese Wahl der Querschnitte ist nicht günstig, da die Flächen von Ellipsenteilen schwer zu berechnen sind.
2. *Ebenen parallel zur Basis des Glases.* In diesem Fall ist jeder Querschnitt Teil einer Kreisscheibe (Bild 10.23). Dieser Fall ist etwas einfacher als der Fall 1, stellt aber noch immer nicht die günstigste Wahl dar.

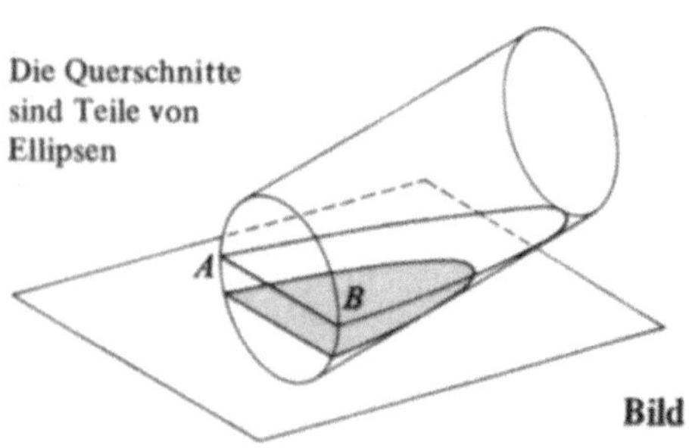

Bild 10.22

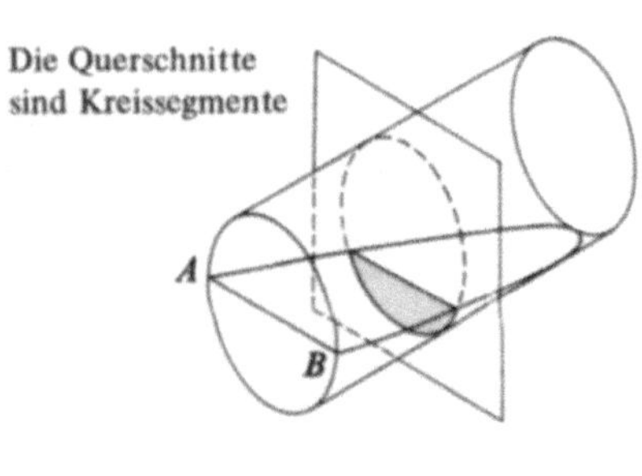

Bild 10.23

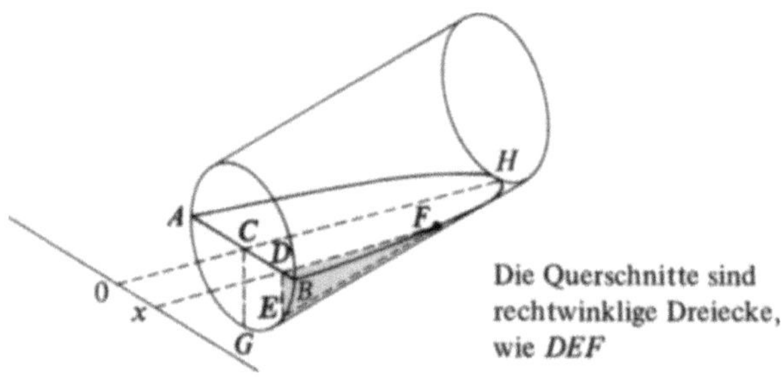

Bild 10.24

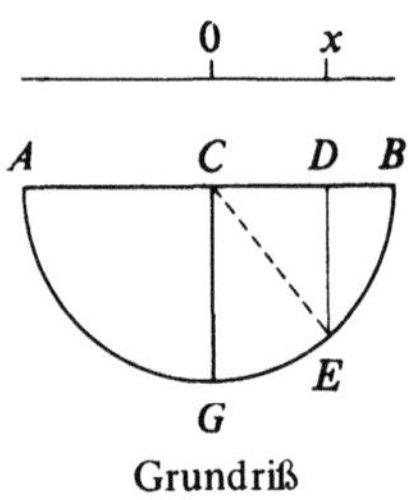

Bild 10.25

3. *Ebenen senkrecht zum Durchmesser AB.* In diesem Fall sind die Querschnitte rechtwinkelige Dreiecke (obwohl im Bild 10.24 viele gekrümmte Kurven auftreten, haben die Querschnitte alle geradlinige Begrenzungen). Da die Fläche eines rechtwinkeligen Dreiecks leicht berechnet werden kann, wollen wir $A(x)$ für diesen Fall bestimmen.

   Wählen wir die x-Achse parallel zum Durchmesser AB und ordnen den Ursprung Null dem Mittelpunkt des Durchmessers zu (Bild 10.25).

   Die Fläche des Dreiecks ist

   $$A(x) = \tfrac{1}{2}\ \text{Grundlinie} \cdot \text{Höhe} = \tfrac{1}{2}\ \overline{DE} \cdot \overline{EF}.$$

   Zunächst finden wir mit Hilfe des Pythagoräischen Lehrsatzes $\overline{DE}$ in Abhängigkeit von x:

   $$a^2 = \overline{CD}^2 + \overline{DE}^2 = x^2 + \overline{DE}^2.$$

   (Man verwende das rechtwinkelige Dreieck ΔCDE, dessen Hypotenuse $\overline{CE}$ gestrichelt eingetragen ist.)
   So erhalten wir

   $$\overline{DE} = \sqrt{a^2 - x^2}.$$

   Damit haben wir $\overline{DE}$ durch x dargestellt. Nun betrachten wir $\overline{EF}$. Die Seitenansicht zeigt zwei ähnliche Dreiecke, nämlich ΔDEF und ΔDGH (Bild 10.26).

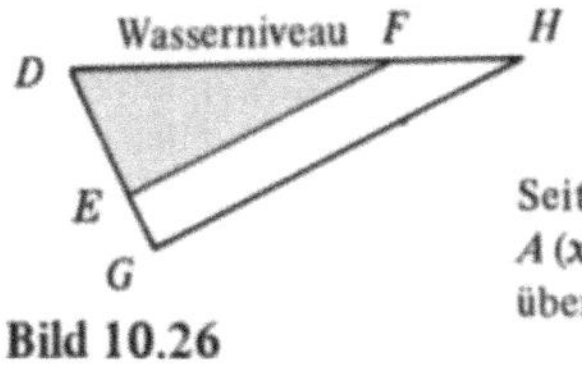

Bild 10.26

Seitenansicht der Querschnittsfläche $A(x)$. (Die Punkte C und D liegen übereinander.)

Wir erhalten daher eine Gleichung, die entsprechende Teile in Relation setzt:

$$\frac{\overline{DE}}{\overline{DG}} = \frac{\overline{EF}}{\overline{GH}}.$$

Aus

$$\overline{DE} = \sqrt{a^2 - x^2}, \quad \overline{DG} = a \quad \text{und} \quad \overline{GH} = h$$

ergibt sich für die entsprechenden Teile

$$\frac{\sqrt{a^2 - x^2}}{a} = \frac{\overline{EF}}{h} \quad \text{oder} \quad \overline{EF} = \frac{h}{a}\sqrt{a^2 - x^2}.$$

Somit ist die Fläche eines typischen Dreiecks durch

$$A(x) = \overline{DE} \cdot \overline{EF} = $$
$$= \frac{1}{2}\sqrt{a^2 - x^2} \cdot \frac{h}{a}\sqrt{a^2 - x^2} =$$
$$= \frac{h(a^2 - x^2)}{2a}$$

gegeben. (Das Volumen des Körpers beträgt daher

$$\int_{-a}^{a} \frac{h(a^2 - x^2)}{2a}\, dx.$$

Dieses Integral kann mit Hilfe des Fundamentalsatzes leicht berechnet werden.)

4. *Ebenen parallel zu der Ebene durch AB und die Achse des Zylinders*. In diesem Falle sind die Querschnitte Rechtecke (Bild 10.27). Alle vier Seiten sind gerade.

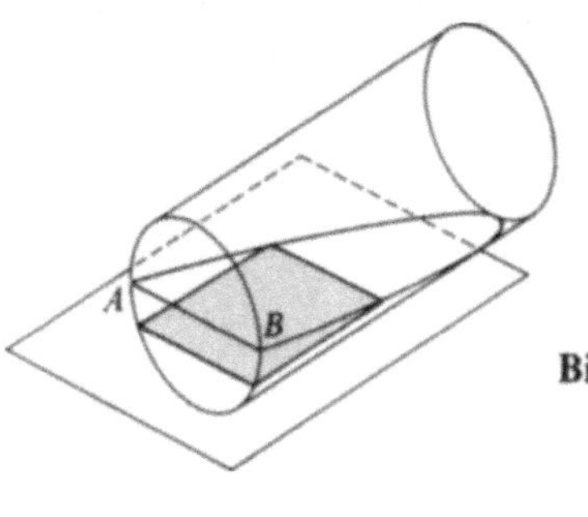

Bild 10.27

(Auch der Schnitt mit der Wasseroberfläche selbst ist gerade, da er sich als Schnittlinie zweier Ebenen ergibt, nämlich der Ebene der Wasseroberfläche und der Querschnittsebene.) Dieser Fall ist, ebenso wie Fall 3, leicht zu behandeln, da die Fläche eines Rechtecks leicht berechnet werden kann. ●

Übungen:

1. (*a*) Man berechne die Fläche eines Quadrates mit der Seite s und eines anderen Quadrates mit der Seite ks.
   (*b*) Man bestimme den Quotienten aus der zweiten und der ersten Fläche.
   (*c*) Welches Prinzip wird durch (*b*) illustriert?
2. Die Grundfläche eines bestimmten Körpers ist das Gebiet in der xy-Ebene, das durch die Kurve $y = x^2$, die x-Achse und die Gerade $x = 2$ begrenzt wird. Die auf der x-Achse senkrecht stehenden Querschnittsflächen des Körpers sind gleichseitige Dreiecke.
   (*a*) Man zeichne den Körper.
   (*b*) Man bestimme $A(x)$, die Fläche des Querschnitts für eine typische Ebene senkrecht zur x-Achse.
   (*c*) Man gebe ein bestimmtes Integral für das Volumen des Körpers an.
3. Man bestimme $A(x)$ und gebe das bestimmte Integral für Beispiel 2 an, wenn der Ursprung der x-Achse nicht in die Ebene des Basisdreiecks, sondern auf das Niveau der Pyramidenspitze gelegt wird und gleichzeitig die positive Richtung der x-Achse abwärts verläuft.
4. Man betrachte die Pyramide des Beispiels 2 und verwende Querschnittsflächen parallel zum rechtwinkeligen Dreieck mit den Katheten 2 und 3. Man berechne die typische Querschnittsfläche $A(x)$, wenn die x-Achse senkrecht zu der obigen Fläche
   (*a*) ihren Ursprung in der erwähnten Fläche hat,
   (*b*) ihren Ursprung in dem Eckpunkt hat, der nicht in der erwähnten Fläche liegt,
   (*c*) in jedem der angeführten Fälle gebe man das bestimmte Integral für das Volumen an.
5. Ein gerade Kreiskegel hat die Höhe h und den Radius a. Man betrachte die Querschnitte parallel zur Basis und führe eine x-Achse ein, so daß $x = 0$ der Spitze des Kegels und $x = h$ der Basis entspricht.
   (*a*) Man zeichne den Kegel, die x-Achse und einen typischen Querschnitt.
   (*b*) Man berechne $A(x)$, die typische Querschnittsfläche für Ebenen senkrecht zur x-Achse.
   (*c*) Man gebe für das Volumen ein bestimmtes Integral an.
6. Man betrachte den Kegel der Übung 5.
   (*a*) Man zeichne einen typischen Querschnitt des Kegels mit einer Ebene parallel zur Kegelachse.
   (*b*) Ist dieser Querschnitt ein Dreieck, Teil einer Parabel oder Teil einer Hyperbel?

7. Mit Hilfe eines scharfen Bleistiftes und eines Radiergummis zeichne man die vier Arten von Querschnitten, die sich bei der Diskussion des Wasservolumens im Wasserglas des Beispiels 4 ergeben haben.

8. (*a*) Man stelle ein Modell des Körpers von Beispiel 4 her, sei es aus einem Stück Seife, aus Ton oder durch entsprechendes Absägen eines Holzzylinders.
   (*b*) Man zeichne in dem erhaltenen Modell die Berandungen der vier verschiedenen Querschnittstypen von Beispiel 4 ein.

9. Man berechne $A(x)$, die rechteckige Querschnittsfläche des Beispiels 4, für den Fall 4. Man lege die x-Achse senkrecht zum Durchmesser AB, parallel zur Grundfläche des Glases. $x = 0$ möge der Ebene durch AB entsprechen.
   (*a*) Man gebe die Breite des typischen Rechteckes, d.h. die Länge einer zu AB parallelen Seite an.
   (*b*) Man bestimme die Länge des typischen Rechtecks.
   (*c*) Man berechne $A(x)$.
   (*d*) Man verwende (*c*), um das bestimmte Integral für das Volumen des Körpers anzugeben.
   (*e*) Man berechne das Integral von (*d*).

10. Ein Wasserglas ist ein gerader Kreiszylinder mit Radius a und Höhe h. Es wird geneigt, bis das Wasserniveau gerade die Basis bedeckt und den Rand berührt.
   (*a*) Man zeichne das Wasservolumen.
   (*b*) Man zeichne die typischen Querschnitte entsprechend zu den vier Fällen des Beispiels 4.

11. (Siehe Übung 10.) Man berechne $A(x)$, die Querschnittsfläche mit Hilfe von trapezförmigen Querschnitten. (Man wähle den Ursprung der x-Achse auf der Achse des Zylinders.)

12. (Siehe Übung 10.) Man berechne die typische Querschnittsfläche $A(x)$ mit Hilfe von rechteckigen Querschnitten. (Man wähle den Ursprung der x-Achse auf der Achse des Zylinders.)

13. Man bestimme das Volumen der Übung 10 ohne jede Rechnung.

■

14. Ein Holzfäller sägt einen Keil aus einem zylindrischen Baum mit Radius a. Sein erster Schnitt ist parallel zum Boden und geht bis zur Achse des Baumes. Sein zweiter Schnitt schließt mit dem ersten einen Winkel θ ein und schneidet ihn entlang eines Durchmessers. Man zeichne den Körper.

15. (Siehe Übung 14.) Man lege die x-Achse derart, daß sich für die Querschnitte des Keiles Dreiecke ergeben.
   (*a*) Man zeichne die typischen Querschnitte.
   (*b*) Man bestimme die Fläche typischer Querschnitte für eine Fläche, die von der Achse des Baumes den Abstand x besitzt.

16. (Siehe Übung 14.) Man lege die x-Achse derart, daß die Querschnitte des Keiles Rechtecke werden.
   (*a*) Man zeichne einen typischen Querschnitt.
   (*b*) Man bestimme seine Fläche, wenn er den Abstand x von der Achse des Zylinders besitzt.

17. Ein in der xy-Ebene gelegener Kreis mit dem Mittelpunkt in $(4; 0)$ und dem Radius 3 rotiert um die y-Achse, so daß ein ringartiger Körper entsteht. Man gebe die Fläche der ebenen Querschnitte an, die senkrecht auf der x-Achse stehen und durch den Punkt $(0; y)$ gehen.

18. Ein Bohrer mit dem Radius 3 cm bohrt ein Loch durch eine Kugel mit dem Radius 5 cm, und zwar symmetrisch durch den Mittelpunkt der Kugel.
   (*a*) Man zeichne den Teil der Kugel, der durch den Bohrer entfernt wird.
   (*b*) Man gebe $A(x)$, die Querschnittsfläche des Gebietes aus (*a*) an, die durch eine Ebene senkrecht zur Bohrachse und im Abstand x vom Mittelpunkt der Kugel entsteht.

10.3 Berechnung von Flächen und Volumina mit Hilfe von Schnitten

Dieser Abschnitt enthält keine neuen Ideen, sondern faßt die Methoden zusammen, die bereits zur Berechnung von Flächen und Volumina entwickelt wurden.

Um die Fläche eines ebenen Gebietes zu berechnen, geht man in folgenden Schritten vor:

1. Man wählt die Richtung der Schnitte, berechnet die Länge der Schnitte $c(x)$ und bestimmt das Intervall $[a; b]$, in dem x variiert. (Dies ist der Inhalt des Abschnittes 10.1.)
2. Man gibt die Fläche des Gebietes durch das bestimmte Integral
$$\int_a^b c(x)\,dx$$
an. (Dies wurde in Abschnitt 7.4 diskutiert.)
3. Man berechnet $\int c(x)\,dx$ mit Hilfe des Fundamentalsatzes. (Dies wurde in Kapitel 9 besprochen.) Ist das Integral der Funktion $c(x)$ nicht elementar, dann muß das bestimmte Integral und damit die Fläche abgeschätzt werden.

Ähnlich gehen wir bei der Berechnung von Volumina vor, nur entstehen unsere Schnitte hier durch Ebenen und nicht durch Geraden. Für das Volumen erhalten wir das Integral

$$V = \int_a^b A(x)\,dx.$$

Die Übungen geben reichlich Gelegenheit, um diese Techniken anzuwenden.

Übungen:

Die Übungen von 1 bis 24 beziehen sich auf die Berechnung von Flächen.

1. Man bestimme die Fläche des Kreises mit dem Radius 5 aus Beispiel 1 von Abschnitt 10.1. (Dies ist ein Zirkelschluß, da die Formel für die Berechnung des Kreises verwendet wurde, um die Ableitung von $\sin x$ und damit von $\arcsin x$ herzuleiten. Diese aber wird benötigt, um hier den Fundamentalsatz anzuwenden.)
2. Man bestimmt die Fläche des Gebietes unterhalb $y = x^2$ und oberhalb $y = -\frac{3}{2}x$, zwischen $x = 0$ und $x = 2$ (siehe Beispiel 3 des Abschnittes 10.1).
3. Man bestimme die Fläche des Gebietes von Beispiel 3 des Abschnittes 10.1 mit Hilfe von horizontalen Schnitten.
4. Man bestimme die Fläche des Gebietes unterhalb von $y = \sqrt{x}$, oberhalb der x-Achse und links von $x = 4$ (siehe Beispiel 4 des Abschnittes 10.1).
   (*a*) Man benutze vertikale Schnitte.
   (*b*) Man benutze horizontale Schnitte.
5. Man ermittle die Fläche des Gebietes, das in Übung 7 von Abschnitt 10.1 beschrieben wurde.
6. Man bestimme die Fläche des Gebietes, das in Übung 7 von Abschnitt 10.1 beschrieben wurde mit Hilfe von horizontalen Schnitten.
7. Man berechne die Fläche des Gebietes, das in Übung 11 von Abschnitt 10.1 beschrieben wurde, mit Hilfe von
   (*a*) vertikalen Schnitten,
   (*b*) horizontalen Schnitten.
8. Man bestimme die Fläche des Gebietes, das in Übung 13 von Abschnitt 10.1 besprochen wurde, mit Hilfe von
   (*a*) vertikalen Schnitten,
   (*b*) horizontalen Schnitten.
9. Man berechne die Fläche innerhalb der Ellipse von Übung 17 des Abschnittes 10.1.
10. Man bestimme die Fläche des Gebietes in Übung 18 von Abschnitt 10.1.
11. Man ermittle die Fläche des Gebietes, das von $y = 1/x^2$, der x-Achse und den Geraden $x = 1$ und $x = 3$ begrenzt wird, mit Hilfe von
   (*a*) vertikalen Schnitten,
   (*b*) horizontalen Schnitten.
12. Man bestimme die Fläche des Gebietes zwischen $y = 4x$ und $y = 2x^2$, mit Hilfe von
   (*a*) vertikalen Schnitten,
   (*b*) horizontalen Schnitten.
13. Man bestimme die Fläche des Gebietes, das von den Kurven $y = 2^x$ und $y = 1 + x$ begrenzt wird.
14. Man berechne die Fläche des Gebietes, das von den Kurven $y = \ln x, y = x/e$ und $y = 0$ begrenzt wird.
15. Man bestimme die Fläche des Gebietes, das von $y = (\pi/2)\sin x$ und $y = x$ begrenzt wird und rechts von der y-Achse liegt.
16. Man ermittle die Fläche des Gebietes, das von $y = x^2$ und $y = 8 - x^2$ begrenzt wird.
17. (*a*) Man zeichne das ebene Gebiet, das von der Kurve $y = x^2$ und der Geraden $y = 4$ begrenzt wird.
   (*b*) Man bestimme seine Fläche mit Hilfe von vertikalen Schnitten.
   (*c*) Man bestimme seine Fläche mit Hilfe von horizontalen Schnitten.
18. (*a*) Man zeichne das ebene Gebiet, das von der Kurve $x = y^2$, der y-Achse und den Geraden $y = 1$ und $y = 2$ begrenzt wird.
   (*b*) Man ermittle seine Fläche mit Hilfe von horizontalen Schnitten.
   (*c*) Man bestimme seine Fläche mit Hilfe von vertikalen Schnitten.
19. (*a*) Man zeichne das Gebiet, das von der Kurve $y = 1/(1 + x^2)$, der x-Achse und den Geraden $x = 1$ und $x = -1$ begrenzt wird.
   (*b*) Man bestimme die Fläche dieses Gebietes mit Hilfe von vertikalen Schnitten.
   (*c*) Man berechne seine Fläche mit Hilfe von horizontalen Schnitten.
20. Man gebe die Fläche des in Bild 10.28 getönten Gebietes an.

Bild 10.28

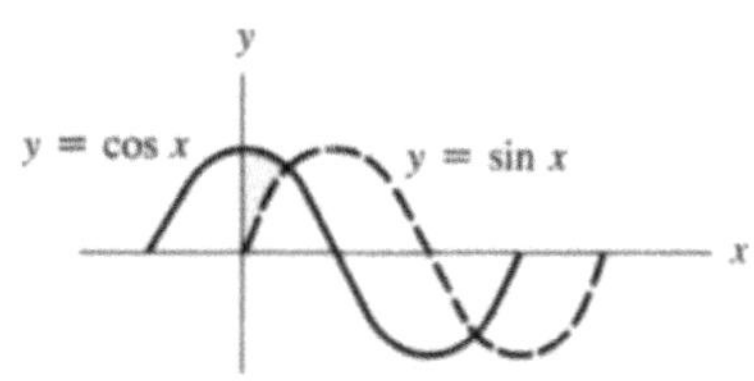

21. Man gebe die Fläche des in Bild 10.29 getönten Gebietes an
   (*a*) ohne zu rechnen,
   (*b*) mit Hilfe vertikaler Schnitte,
   (*c*) mit Hilfe horizontaler Schnitte.

Bild 10.29

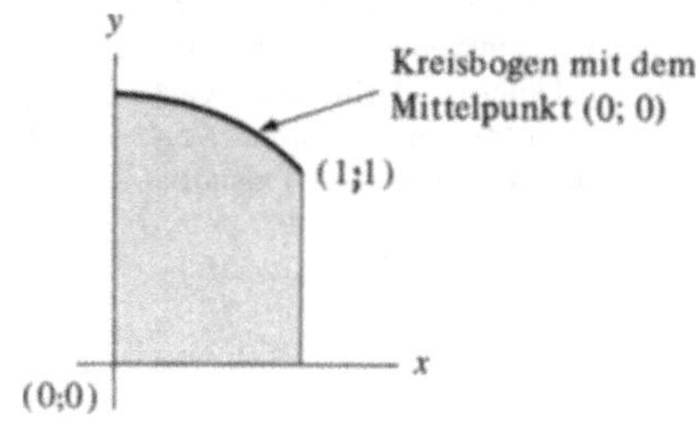

22. Man berechne die Fläche zwischen den Kurven $y^2 = x$ und $y = x - 2$ mit Hilfe von
   (*a*) horizontalen Schnitten,
   (*b*) vertikalen Schnitten.

23. Man zeichne das Gebiet, das zwei Kreisen mit dem Radius 1 gemeinsam ist, deren Mittelpunkte voneinander den Abstand 1 haben. Man berechne die Fläche dieses Gebietes mit Hilfe von

(*a*) vertikalen Schnitten,

(*b*) horizontalen Schnitten,

(*c*) mit Hilfe von elementarer Geometrie ohne weitere Rechnungen.

24. (*a*) Welcher Teil des Rechtecks mit den Eckpunkten (0; 0), (a; 0), (a; a^4), (0; a^4) – a sei positiv – wird von dem Gebiet unterhalb der Kurve $y = x^4$ und oberhalb des Intervalls [0; a] eingenommen?

(*b*) Man wiederhole die Rechnung von (*a*) und ersetze hierbei im Exponenten 4 durch $\frac{1}{4}$.

Die Übungen 25 bis 43 beschäftigen sich mit der Berechnung von Volumina.

25. Man bestimme das Volumen des Körpers, der im Beispiel 1 von Abschnitt 7.2 beschrieben wird.

26. Man berechne das Volumen einer Kugel mit dem Radius a (siehe Beispiel 3 von Abschnitt 10.2).

27. Man bestimme das Volumen eines geraden Kreiszylinders mit der Höhe h und den Radius a.

28. Man ermittle das Wasservolumen, das in Beispiel 4 von Abschnitt 10.2 diskutiert wurde, mit Hilfe der dreieckigen Querschnitte des Falles 3.

29. Man bestimme das Wasservolumen, das in Beispiel 4 von Abschnitt 10.2 diskutiert wurde, mit Hilfe der rechtwinkeligen Querschnitte des Falles 4.

Mit Hilfe von Übung 30 kann das Volumen eines Kegels oder einer Pyramide leicht eingeprägt werden.

30. Ein Körper werde auf die folgende Weise gebildet. Gegeben sei ein ebenes Gebiet R und ein Punkt P außerhalb der Ebene. Der Körper besteht aus allen Strecken, deren eines Ende in P liegt und deren anderes Ende sich in R befindet. Hat R die Fläche A und besitzt P die Distanz h von R, so zeige man, daß das Volumen des Körpers durch $Ah/3$ gegeben ist.

31. Die Basis eines Körpers ist ein Kreis mit Radius 3. Legen wir senkrecht auf einen gegebenen Durchmesser eine Ebenenschar durch den Körper, so erhalten wir quadratische Querschnitte, deren eine Seite in der Grundfläche des Körpers liegt (Bild 10.30). Man bestimme das Volumen des Körpers.

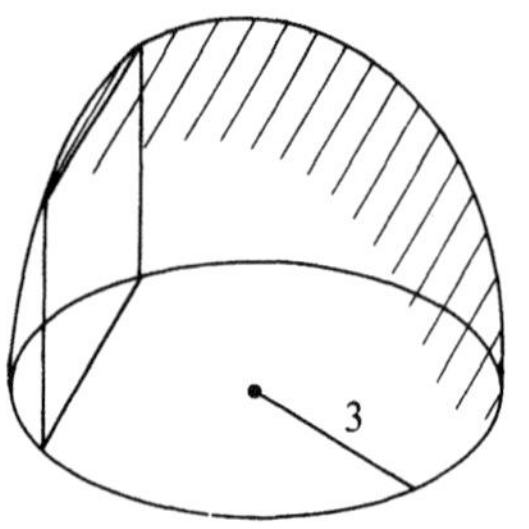

Bild 10.30

32. Das Gebiet zwischen den Kurven $y = e^x$, $y = 1$ und $x = 1$ rotiert um die x-Achse. Man bestimme das Volumen des entstehenden Körpers.

33. Das Gebiet der vorangehenden Übung rotiert um die y-Achse. Man berechne das Volumen des entstehenden Körpers.

34. Die Basis eines Körpers S sei das Gebiet zwischen den Kurven $y = 1 - x^2$ und $y = 1 - x^4$. Ebene und auf der x-Achse senkrecht stehende Querschnitte durch S sind Quadrate. Man bestimme das Volumen von S.

35. Das Gebiet zwischen der Kurve $y = x^3$, der x-Achse, $x = 2$ und $x = 3$ rotiert um die y-Achse. Man ermittle das Volumen des entstehenden Körpers.

36. Das Gebiet zwischen den Kurven $y = 2^x$ und $y = x + 1$ rotiert um die x-Achse. Man bestimme das Volumen des entstehenden Körpers.

37. Man berechne das Volumen eines Körpers, dessen auf der x-Achse senkrecht stehende Querschnitte aus Kreisen bestehen, deren Mittelpunkte in der x-y-Ebene liegen und deren Schnittlinien mit der x-y-Ebene durch die Strecken zwischen den Kurven $y = \sqrt{x}$ und $y = x$ gegeben sind.

38. Man bestimme das Volumen eines Körpers, dessen Basis ein Kreis mit dem Radius 5 ist und dessen, auf der x-Achse senkrecht stehende Querschnitte gleichseitige Dreiecke sind (Bild 10.31).

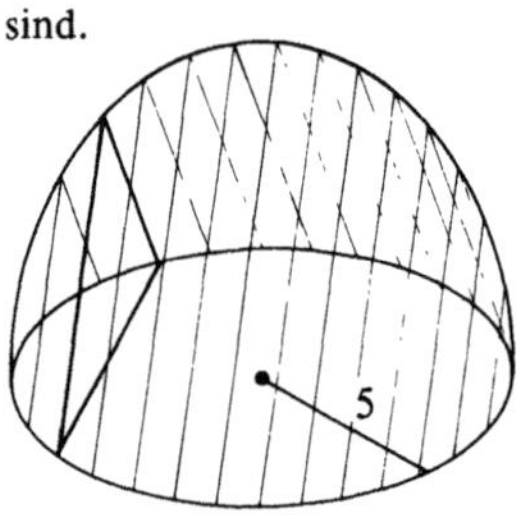

Bild 10.31

39. Das Gebiet zwischen den Kurven $y = \ln x$, $y = 0$ und $x = e$ rotiert um die x-Achse. Man berechne das Volumen des entstehenden Körpers.

40. Das Gebiet zwischen den Kurven $y = x^3$ und $y = x^2$ rotiert um die x-Achse. Man bestimme das Volumen des entstehenden Körpers.

41. Das Gebiet der Übung 40 rotiert um die y-Achse. Man ermittle das entstehende Volumen.

42. Welcher Teil des Volumens einer Kugel liegt zwischen zwei parallelen Ebenen, die den Durchmesser in drei gleiche Teile teilen und auf ihm senkrecht stehen.

■

43. Man bestimme das Volumen eines Oktanten des Gebietes, das zwei geraden Kreiszylindern mit dem Radius 1 gemeinsam ist, deren Achsen einander rechtwinkelig schneiden (Bild 10.32).

Bild 10.32

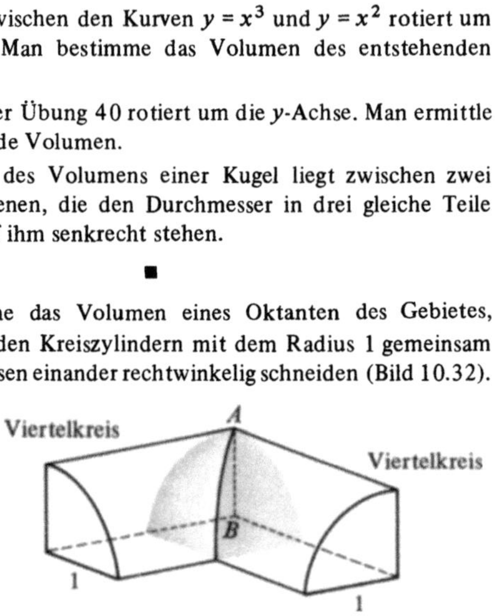

Hinweis: Man untersuche die Querschnitte mit Ebenen senkrecht zur Geraden AB.

■■

44. f sei eine wachsende Funktion mit $f(0) = 0$ und besitze ein elementares Integral. Dann ist f^{-1} eine wachsende Funktion und $f^{-1}(0) = 0$. Man zeige, daß ein elementares f^{-1} ein elementares Integral besitzt.

Hinweis: Die Summe der Flächen von I und II in Bild 10.33 beträgt $tf(t)$.

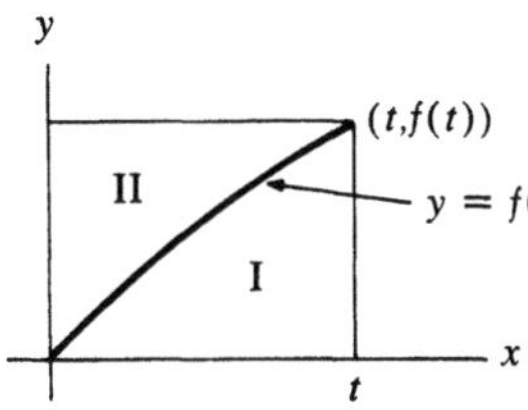

Bild 10.33

45. Man zeige, daß die getönte Fläche in Bild 10.34 genau $\frac{2}{3}$ der Parallelogrammfläche $ABCD$ beträgt. Dieses Beispiel illustriert ein Theorem vom Archimedes über Parabelabschnitte.

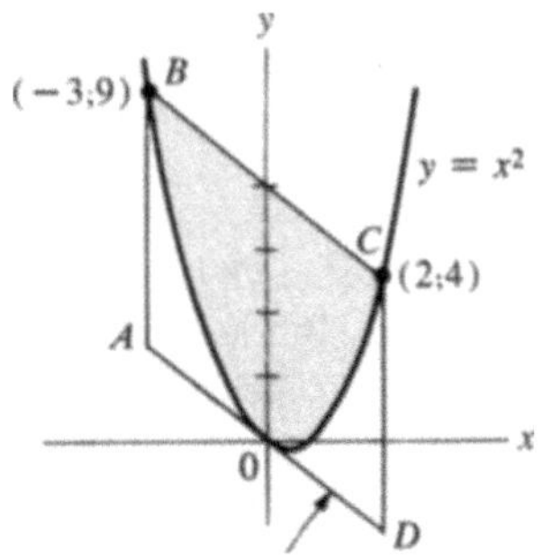

Bild 10.34

10.4 Die Berechnung des Volumens eines Rotationskörpers aus seinen Schalen

R sei ein ebenes Gebiet und L eine Gerade in der zugehörigen Ebene (Bild 10.35). L soll das Gebiet R gar nicht oder nur an Randpunkten treffen. Betrachten wir den Körper, der durch Rotation von R um L entsteht. Wenn L nicht durch das Gebiet R geht, so entsteht ein ringartiger Körper. Welches bestimmte Integral gibt das Volumen dieses Körpers an?

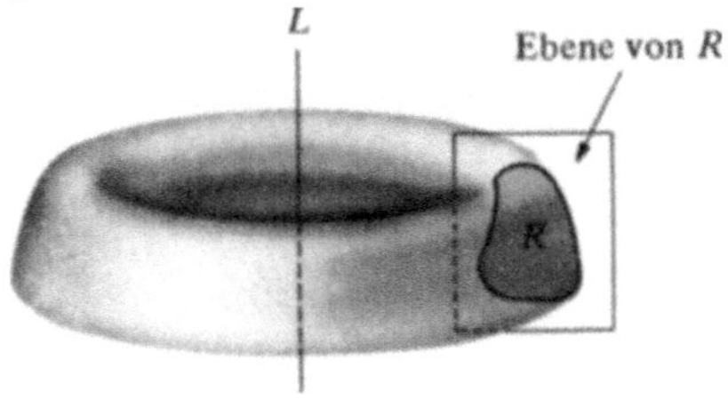

Bild 10.35

Wenn jede Gerade, die in der Ebene von R liegt und senkrecht auf L steht, das Gebiet R längs einer bestimmten Strecke schneidet, ist es nicht schwierig das Volumen des Körpers zu finden: Man legt ebene Querschnitte senkrecht zu L durch den Körper. Jeder derartige Querschnitt ist ein Ring, ein Gebiet zwischen zwei konzentrischen Kreisen. Die Ringfläche ist gerade durch die Differenz zwischen den Flächen des inneren und des äußeren Kreises gegeben. Das Volumen kann durch Integration über die Querschnittsflächen berechnet werden. (Tatsächlich geschieht dies in einigen Übungen des Abschnittes 10.3.)

In diesem Abschnitt entwickeln wir eine zweite Methode zur Berechnung des Volumens eines Rotationskörpers. Diese Methode wird in Kapitel 16 eine wichtige theoretische Rolle spielen. So ist es gerechtfertigt, dieses alternative Verfahren hier zu besprechen. Es ist als die *Methode der Zylinderschalen* bekannt.

Wichtigstes Instrument ist die Formel für das Volumen einer Zylinderschale. Nehmen wir an, ihr innerer Radius sei R_1, ihr äußerer Radius R_2 und ihre Höhe h (Bild 10.36). Das Volumen dieser Zylinderschale beträgt

$$\begin{aligned}\text{Grundfläche} \times \text{Höhe} &= (\pi R_2^2 - \pi R_1^2)\,h \\ &= \pi (R_2 + R_1)(R_2 - R_1)\,h \\ &= 2\pi \frac{R_2 + R_1}{2}\, h (R_2 - R_1).\end{aligned}$$

So ergibt sich für das Volumen der Schale $2\pi \times$ dem Mittelwert vom inneren und äußeren Radius $\times$ Höhe $\times$ Dicke der Schale.

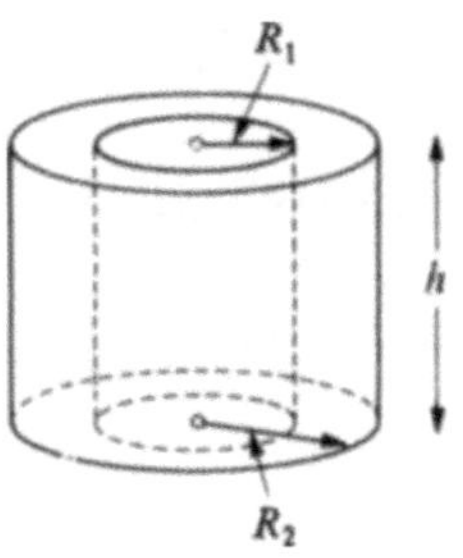

Bild 10.36

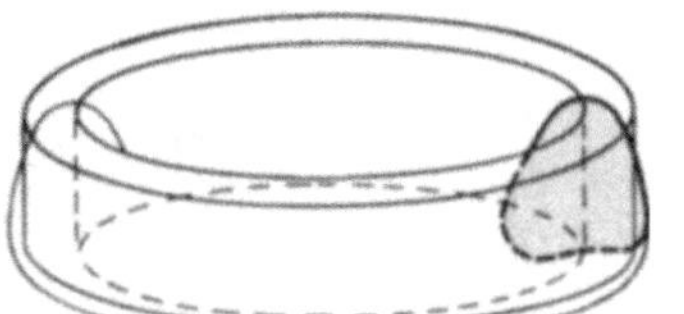

Bild 10.37

Um nun zur alternativen Methode zu kommen, betrachten wir den Rotationskörper auf eine neue Weise. Anstatt sein Volumen durch parallele horizontale Schichten anzunähern, bauen wir ihn aus konzentrischen Zylinderschalen auf, wie Bild 10.37 zeigt.

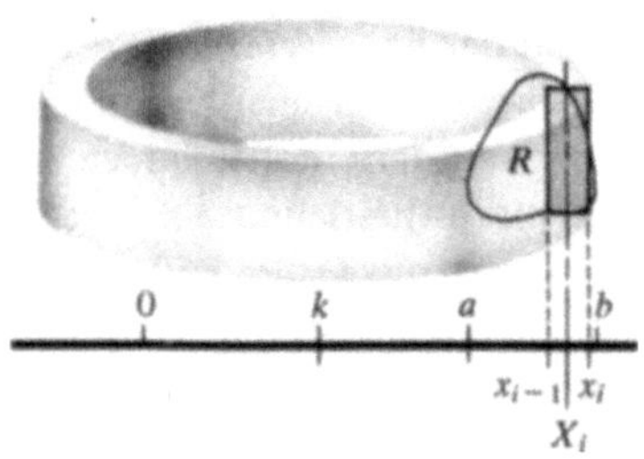

Bild 10.38

Um die Schalen zu kennzeichnen, führen wir eine Achse senkrecht zu L ein. Die Lage des Ursprungs ist willkürlich. Nehmen wir an, R liege innerhalb des Intervalls $[a; b]$, L liege auf der linken Seite des Gebietes R und schneide die x-Achse bei k (Bild 10.38). Mit der Teilung

$$a = x_0, x_1, \dots, x_n = b$$

erhalten wir n konzentrische Schalen: Die i-te Schale ergibt sich, wenn wir für X_i den Mittelpunkt des i-ten Intervalls nehmen

$$X_i = \frac{x_{i-1} + x_i}{2}.$$

Nun betrachten wir das Rechteck über dem Intervall $[x_{i-1}; x_i]$, dessen Höhe $c(X_i)$ durch den Schnitt von R mit der Geraden gegeben ist, die parallel zu L verläuft und die x-Achse in X_i trifft (Bild 10.39). Wir erhalten die i-te Schale durch Rotation dieses Rechtecks um die Gerade L.

Das Volumen einer typischen Schale ist $2\pi \times$ dem Mittel vom inneren und äußeren Radius $\times$ der Höhe $\times$ der Dicke der Schale.

$$\begin{aligned} \text{Volumen} &= 2\pi \left[\frac{(x_{i-1} - k) + (x_i - k)}{2}\right] c(X_i)(x_i - x_{i-1}) \\ &= 2\pi \left(\frac{x_{i-1} + x_i}{2} - k\right) c(X_i)(x_i - x_{i-1}) \\ &= 2\pi (X_i - k)\, c(X_i)(x_i - x_{i-1}). \end{aligned}$$

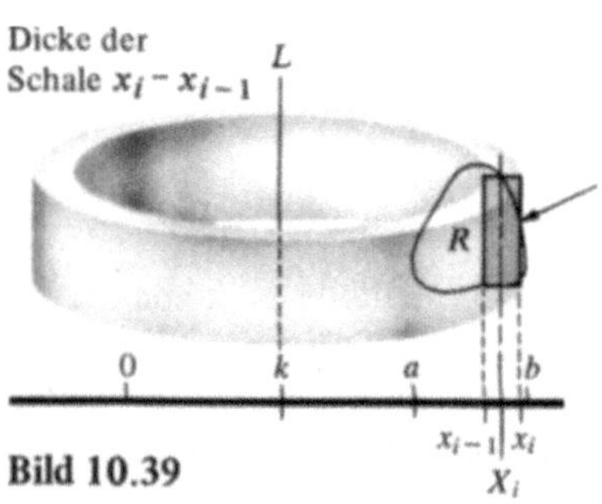

Bild 10.39

Der Querschnitt von R hat die Länge $c(X_i)$. Der Einfachheit halber wählen wir für X_i den Mittelpunkt von $[x_{i-1}; x_i]$, also $X_i = \dfrac{x_i + x_{i-1}}{2}$.

Nehmen wir nun an, daß für hinreichend dünne Schalen das Gesamtvolumen dieser Schalen eine gute Näherung für das Volumen des Rotationskörpers darstellt. Das heißt mit anderen Worten

$$\lim_{\text{Dicke} \to 0} \sum_{i=1}^{n} 2\pi (X_i - k)\, c(X_i)(x_i - x_{i-1}) = \text{Volumen}.$$

Aber dieser Limes ist gerade das bestimmte Integral

$$\int_a^b 2\pi (x - k)\, c(x)\, dx.$$

Das ist die Formel zur Berechnung des Volumens nach der Schalenmethode. Bezeichnen wir $x - k$ mit $R(x)$, dem Radius der Schale, dann ergibt sich

$$\text{Volumen} = \int_a^b 2\pi R(x)\, c(x)\, dx.$$

Merkregel: Der Ausdruck $2\pi R(x)\, c(x)\, dx$ ist das Volumen eines flachen Quaders der Höhe dx, Breite $c(x)$ und Länge $2\pi R(x)$ (Umfang eines Kreises mit dem Radius $R(x)$). Dieser flache Quader entspricht (Bild 10.40) dem Körper, der durch Aufschneiden und Abrollen der Zylinderschale in die Ebene entsteht.

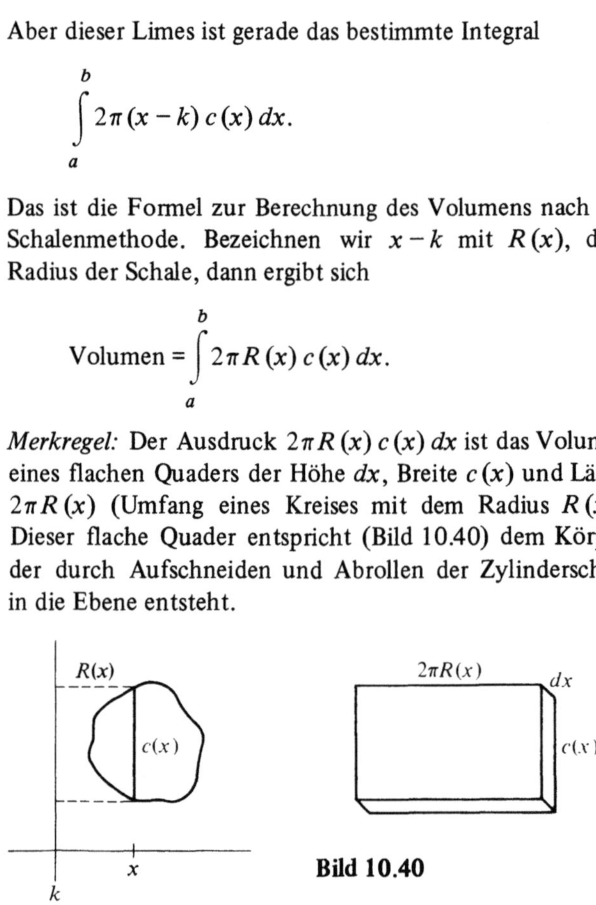

Bild 10.40

Beispiel 1: Das Gebiet zwischen den Kurven $y = x^2$ und $y = x^3$ rotiert um die y-Achse. Man bestimme das Volumen des entstehenden Rotationskörpers. (Er besitzt die Form einer Schale.)

Lösung: Man verwende die gegebene x-Achse, um das Integral

$$\int_a^b 2\pi R(x)\, c(x)\, dx$$

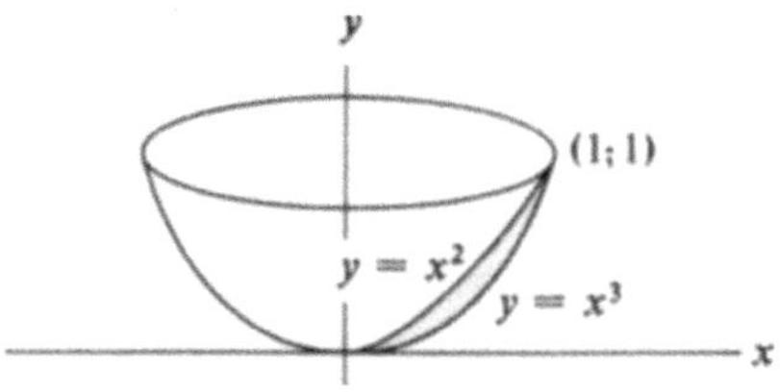

Das Gebiet unterhalb $y = x^2$ und oberhalb $y = x^3$ rotiert um die y-Achse

Bild 10.41

aufzustellen. Da die y-Achse mit jener Geraden L zusammenfällt, um die das Gebiet rotiert, erhalten wir $R(x) = x$ und $c(x) = x^2 - x^3$. Daher ergibt sich

$$\text{Volumen} = \int_0^1 2\pi x (x^2 - x^3)\, dx$$

$$= \int_0^1 2\pi (x^3 - x^4)\, dx$$

$$\underset{\text{H.S.}}{=} 2\pi \left[\frac{x^4}{4} - \frac{x^5}{5}\right]_0^1$$

$$= 2\pi \left[\left(\frac{1^4}{4} - \frac{1^5}{5}\right) - \left(\frac{0^4}{4} - \frac{0^5}{5}\right)\right]$$

$$= 2\pi \left(\tfrac{1}{4} - \tfrac{1}{5}\right)$$

$$= \frac{2\pi}{20} = \frac{\pi}{10}. \quad \bullet$$

Beispiel 2: Das Dreieck mit den Eckpunkten (0; 0), (2; 0) und (2; 1) rotiert um die x-Achse (Bild 10.42). Man bestimme das Volumen des entstehenden Kegels.

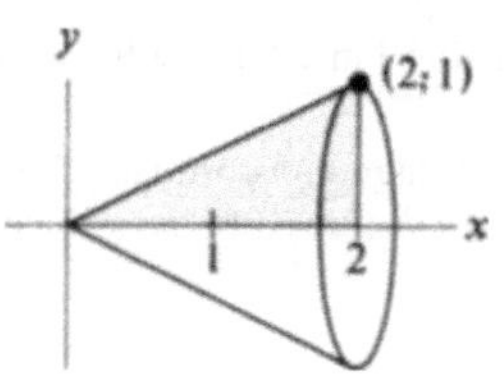

Bild 10.42

Lösung: In diesem Fall werden die Schalen durch Teilung entlang der y-Achse, nicht der x-Achse, gefunden. Die Formel für das Volumen lautet

$$\int_a^b 2\pi R(y)\, c(y)\, dy,$$

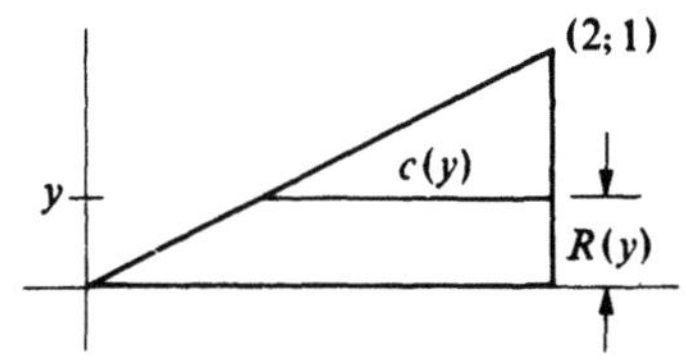

Bild 10.43

wenn wir y durch x ersetzen. Um $R(y)$ und $c(y)$ zu bestimmen, untersuchen wir anstatt des Rotationskörpers das gegebene Dreieck genauer. Aus Bild 10.43 zeigt sich $R(y) = y$. Um $c(y)$ zu finden, benutzen wir die Gleichung der Geraden durch (0; 0) und (2; 1), nämlich $y = x/2$ oder $x = 2y$. Aus dem Diagramm ergibt sich dann

$$c(y) = 2 - 2y.$$

Das Integrationsintervall ist [0; 1]. Daher erhalten wir

$$\text{Volumen} = \int_0^1 2\pi y (2 - 2y)\, dy$$

$$= \int_0^1 (4\pi y - 4\pi y^2)\, dy$$

$$\underset{\text{H.S.}}{=} \left[2\pi y^2 - \frac{4\pi y^3}{3}\right]_0^1$$

$$= \left[2\pi(1)^2 - \frac{4\pi(1)^3}{3}\right] - \left[2\pi(0)^2 - \frac{4\pi(0)^3}{3}\right]$$

$$= 2\pi - \frac{4\pi}{3}$$

$$= \frac{2\pi}{3}. \quad \bullet$$

Beispiel 3: Das Gebiet unterhalb $y = 1 + \sin x$, oberhalb der x-Achse und zwischen $x = 0$ und $x = 2\pi$ rotiert um die y-Achse. Man bestimme das Volumen des entstehenden Rotationskörpers.

Lösung: (Offensichtlich wäre die Behandlung mit Querschnittsebenen senkrecht zur y-Achse nicht sehr günstig (Bild 10.44). Für y zwischen 1 und 2 wäre der Querschnitt ein

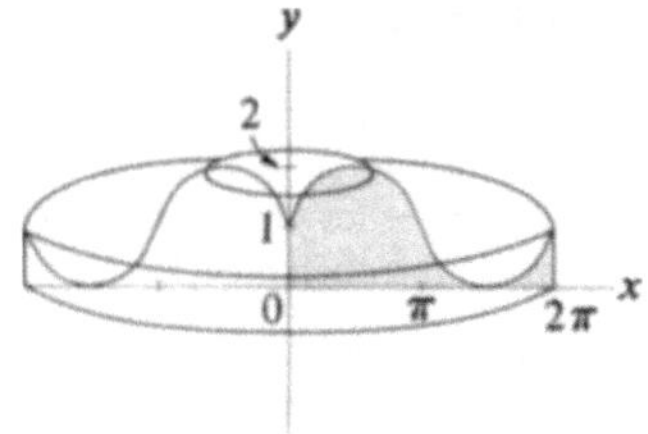

Bild 10.44

Ring, dessen Radius mit Hilfe der Funktion arcsin dargestellt werden müßte. Für y zwischen 0 und 1 bestünde der Querschnitt aus zwei Teilen.)

Die Methode der konzentrischen Schalen ist hingegen einfach.

$$\text{Volumen} = \int_a^b 2\pi R(x)\, c(x)\, dx$$

$$= \int_0^{2\pi} 2\pi x (1 + \sin x)\, dx$$

$$= \int_0^{2\pi} 2\pi x\, dx + \int_0^{2\pi} 2\pi x \sin x\, dx.$$

Beide Integrale können mit Hilfe des Fundamentalsatzes berechnet werden. (Das zweite Integral erfordert eine partielle Integration oder die Zuhilfename einer Integraltafel.)

$$\int_0^{2\pi} 2\pi x\, dx = \pi x^2 \Big|_0^{2\pi} = \pi (2\pi)^2 - \pi (0)^2 = 4\pi^3$$

und

$$\int_0^{2\pi} 2\pi x \sin x\, dx = 2\pi (\sin x - x \cos x) \Big|_0^{2\pi}$$

$$= 2\pi [(\sin 2\pi - 2\pi \cos 2\pi) - (\sin 0 - 0 \cos 0)]$$
$$= 2\pi \{[0 - 2\pi (1)] - (0 - 0)\}$$
$$= -4\pi^2.$$

So erhalten wir für das Volumen $4\pi^3 - 4\pi^2$. ●

Übungen:

In den Übungen 1 bis 6 zeichne man ein sauberes Bild der typischen Schale und stelle mit Hilfe der Schalenmethode ein Integral für das Volumen des dargestellten Rotationskörpers auf. Man berechne das Integral jedoch nicht!

1. Das Gebiet unterhalb $y = x^2$, oberhalb der x-Achse zwischen $x = 0$ und $x = 1$ rotiert um die x-Achse.
2. Das Gebiet unterhalb von $y = e^x$, oberhalb von $y = 1$ zwischen $x = 0$ und $x = 2$ rotiert um die y-Achse.
3. Das Gebiet unterhalb $y = 1$ und oberhalb $y = \sqrt{x}$ und rechts von $x = 0$ rotiert um die x-Achse.
4. Das Gebiet der Übung 1 rotiert um die Gerade $x = -1$.
5. Das Gebiet der Übung 1 rotiert um die Gerade $x = 2$.
6. Das Gebiet der Übung 3 rotiert um die Gerade $y = 1$.

In den Übungen 7 bis 13 suche man das Volumen des Rotationskörpers auf. (Man benutze die Methode der konzentrischen Schalen.)

7. Das Gebiet zwischen $y = x^2$, der x-Achse und der Gerade $x = 1$ rotiere
   (*a*) um die y-Achse,
   (*b*) um die x-Achse.
8. Das Gebiet zwischen $y = x^3$, der x-Achse und der Geraden $x = 1$ rotiere einerseits
   (*a*) um die x-Achse, andererseits
   (*b*) um die Gerade $y = -2$.
9. Das Gebiet zwischen $y = \sin x$, der x-Achse, der y-Achse und der Geraden $x = \pi/2$ rotiere
   (*a*) um die y-Achse,
   (*b*) um die x-Achse.
10. Das Gebiet zwischen $y = e^x$, $y = 1$ und $x = 1$ rotiere
    (*a*) um die x-Achse, (*b*) die Gerade $y = 1$,
    (*c*) die y-Achse, (*d*) die Gerade $x = 1$.
11. Das Gebiet zwischen $y = e^{x^2}$, der x-Achse, $x = 0$ und $x = 1$ rotiere um die y-Achse. (Es ist interessant, daß der Fundamentalsatz bei der Berechnung dieses Gebietes nicht angewendet werden kann.)
12. Das Gebiet $y = \sqrt{1 + x^2}$, $y = 1$ und $x = 1$ rotiere um die Gerade $y = 1$.
13. Das Gebiet zwischen $y = \ln x$, der x-Achse und $x = e$ rotiere
    (*a*) um die y-Achse,
    (*b*) die Gerade $y = 1$,
    (*c*) die Gerade $y = -1$.
14. Ein Kreis mit dem Radius 3 rotiere um eine Gerade, die in der Ebene des Kreises liegt und von seinem Mittelpunkt einen Abstand von 5 Einheiten besitzt. Man bestimme das Volumen des entstehenden Ringes (Torus).
15. Man bestimme das Volumen einer Kugel mit dem Radius a mit Hilfe der Schalenmethode.
16. Man bestimme das Volumen eines geraden kreisförmigen Zylinders mit dem Radius a und der Höhe h mit Hilfe der Schalenmethode.

■

17. Man löse das Beispiel 1 mit Hilfe der Methode paralleler Querschnitte.
18. Man löse das Beispiel 2 mit Hilfe der Methode paralleler Querschnitte.
19. Man löse Übung 9 mit Hilfe der Methode paralleler Querschnitte.

20. Ein Kreis mit den Radius a rotiere um eine Gerade, die von seinem Mittelpunkt den Abstand b hat, $b > a$. Man zeige, daß das Volumen des entstehenden Körpers gleich ist dem Produkt aus der Kreisfläche und dem Weg, den ihr Mittelpunkt bei der Rotation zurücklegt.

■■

21. a und b seien positive Zahlen und $y = f(x)$ sei eine fallende differenzierbare Funktion von x mit $f(0) = b$ und $f(a) = 0$. Man beweise, daß

$$\int_0^a 2xy\,dx = \int_0^b x^2\,dy,$$

(*a*) durch Untersuchung des Volumens eines bestimmten Körpers,

(*b*) durch partielle Integration.

22. f sei eine fallende differenzierbare Funktion und im Intervall $[0; 1]$ positiv. R sei das Gebiet unterhalb von $y = f(x)$ und oberhalb des Intervalls $[0; 1]$. Ferner sei V_1 das Volumen des Körpers, der durch Rotation von R um die y-Achse entsteht, und V_2 das Volumen des Körpers, der durch Rotation von R um die x-Achse zustande kommt.

(*a*) Man beweise

$$V_1 \leqslant 2\sqrt{\frac{\pi}{3}}\sqrt{V_2}.$$

(*b*) Unter welchen Umständen gilt in (*a*) das Gleichheitszeichen? *Hinweis:* Man betrachte die Schwarzsche Ungleichung in Übung 12 des nächsten Abschnitts.

Übung 23 zeigt, daß vom Standpunkt der Berechnung die Schalentechnik nicht effektiver ist als die Methode der parallelen Querschnitte.

23. Die Funktion f der Übung 21 sei elementar.

(*a*) Man zeige, daß im Falle eines elementaren Integrals von $x^2 f'$ auch xf ein elementares Integral besitzt und umgekehrt.

(*b*) Das Gebiet, das von der Kurve $y = f(x)$, der x-Achse und der y-Achse begrenzt wird, rotiere um die y-Achse. Das Volumen des entstehenden Rotationskörpers kann mit Hilfe der Schalentechnik nur dann auf ein elementares Integral zurückgeführt werden, wenn dieses Volumen auch mit der Methode der parallelen Querschnitte auf ein elementares Integral zurückzuführen ist.

10.5 Der Mittelwert einer Funktion über ein Intervall

Der Mittelwert oder genauer das arithmetische Mittel von n Zahlen ist einfach deren Summe dividiert durch n. So ist das Mittel von 2, 3 und 7 gleich $(2 + 3 + 7)/3$ oder 4.

Wie können wir nun das Mittel der Funktion x^2 bestimmen, wenn x das Intervall $[0; 3]$ durchläuft. Es ist sinnlos, die Summe der Quadrate aller Zahlen zwischen 0 und 3 aufzusuchen und sie dann durch die Anzahl dieser Zahlen zu dividieren, da das Intervall $[0; 3]$ eine unendliche Anzahl von Zahlen enthält.

Um das Mittel einer Funktion f über ein Intervall $[a; b]$ zu definieren, verfahren wir daher wie folgt. Nehmen wir eine ganze Zahl n und n Punkte gleichen Abstands innerhalb des Intervalls $[a; b]$. Nennen wir diese Punkte $x_1, x_2, \ldots, x_n$ mit $x_1 = a + (b-a)/n$ und $x_n = b$ (Bild 10.45). Dann wäre

$$\frac{f(x_1) + f(x_2) + \ldots + f(x_n)}{n} \tag{1}$$

eine vernünftige Schätzung des Mittelwerts der Funktion f über das Intervall $[a; b]$. Je größer n wird, desto besser wird die Schätzung des Mittelwertes durch diesen Quotienten.

Bild 10.45

Die Summe (1) erinnert an die Näherungssumme für ein bestimmtes Integral. Mit ein wenig Algebra kann die Verbindung zu einer solchen Summe wie folgt hergestellt werden: Zunächst gilt

$$\frac{f(x_1) + f(x_2) + \ldots + f(x_n)}{n} =$$

$$= \frac{1}{b-a}\left[f(x_1)\frac{b-a}{n} + f(x_2)\frac{b-a}{n} + \right.$$

$$\left. + \ldots + f(x_n)\frac{b-a}{n}\right]. \tag{2}$$

Um den Zusammenhang zwischen (1) oder (2) und $\int_a^b f(x)\,dx$ noch offensichtlicher zu machen, können wir für jedes $i = 1, 2, \ldots, n$ (x_0 steht für a) schreiben:

$$x_i - x_{i-1} = \frac{b-a}{n}.$$

Daher ist die rechte Seite von (2) gleich

$$\frac{1}{b-a}[f(x_1)(x_1-x_0)+f(x_2)(x_2-x_1)+ \\ +\ldots+f(x_n)(x_n-x_{n-1})]. \quad (3)$$

Der Klammerausdruck in (3) ist eine Näherungsformel für $\int_a^b f(x)\,dx$. Diese Feststellung legt die folgende Definition für das Mittel einer Funktion f über das Intervall $[a;\ b]$ nahe.

Definition des Mittelwerts einer Funktion über ein Intervall: Der Mittelwert der Funktion f über das Intervall $[a;\ b]$ ist durch den Quotienten

$$\frac{\int_a^b f(x)\,dx}{b-a}$$

gegeben.

Ist $f(x)$ im Intervall $[a;\ b]$ positiv, dann gibt es für den Mittelwert der Funktion über das Intervall eine einfache geometrische Deutung. Nennen wir den Mittelwert A. Dann gilt

$$A(b-a)=\int_a^b f(x)\,dx.$$

Nun ist $\int_a^b f(x)\,dx$ die Fläche des Gebietes unterhalb des Graphen von f und oberhalb des Intervalls $[a;\ b]$ (Bild 10.46). Die Gleichung

$$A(b-a)=\int_a^b f(x)\,dx$$

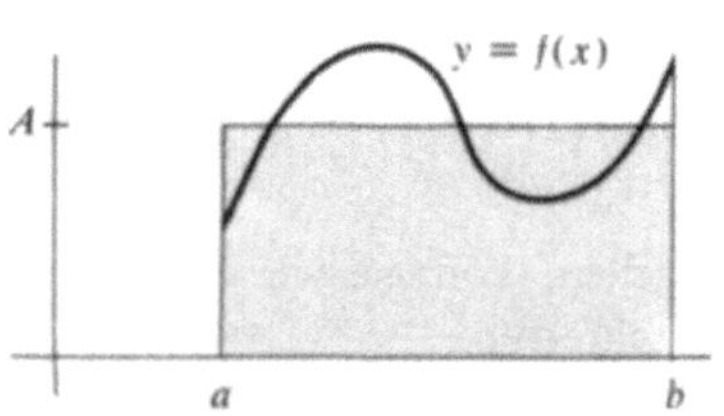

Die Höhe dieses Rechtecks ist gleich dem Mittelwert A von f über das Intervall $[a;\ b]$. Seine Fläche ist gleich der Fläche unter der Kurve $y=f(x)$ und oberhalb von $[a;\ b]$.

Bild 10.46

zeigt uns, daß der Mittelwert A der Funktion mit der Höhe eines Rechteckes übereinstimmt, dessen Basis durch $(b-a)$ gegeben ist und dessen Fläche gleich ist der Fläche des Gebietes unterhalb des Graphen von f ist.

Beispiel 1: Man berechne den Mittelwert von $\sin x$ über das Intervall $[0;\ \pi]$.

Lösung: Entsprechend der Definition des Mittelwerts einer Funktion erhalten wir

$$\frac{\int_0^\pi \sin x\,dx}{\pi-0}.$$

Nun ergibt sich

$$\int_0^\pi \sin x\,dx = -\cos x\Big|_0^\pi$$
$$=(-\cos\pi)-(-\cos 0)$$
$$=-(-1)-(-1)$$
$$=1+1=2.$$

Daher ist der Mittelwert von $\sin x$ über das Intervall $[0;\ \pi]$ gleich $\frac{2}{\pi}$, also ungefähr 0,64. ●

Die nächsten beiden Beispiele zeigen, daß das Wort „Mittel" den „Mittelwert einer Funktion" bedeutet. Es genügt nicht zu fragen: „Was ist die mittlere Geschwindigkeit", wir müssen fragen: „Was ist die mittlere Geschwindigkeit bezüglich der Zeit?" oder „Was ist die mittlere Geschwindigkeit bezüglich der Entfernung?". Diese Mittelwerte werden manchmal *Zeitmittelwert* und *Entfernungsmittelwert* genannt. Sie unterscheiden sich üblicherweise.

Beispiel 2: Wenn wir eine Stunde hindurch mit einer Geschwindigkeit von 30 km/h und eine weitere Stunde mit einer Geschwindigkeit von 50 km/h reisen, welcher zeitliche Mittelwert der Geschwindigkeit ergibt sich dann?

Lösung: Bezeichnen wir die Geschwindigkeit zur Zeit t mit $f(t)$. Der zeitliche Mittelwert der Geschwindigkeit ist dann definiert durch

$$\frac{\int_0^2 f(t)\,dt}{2-0}$$

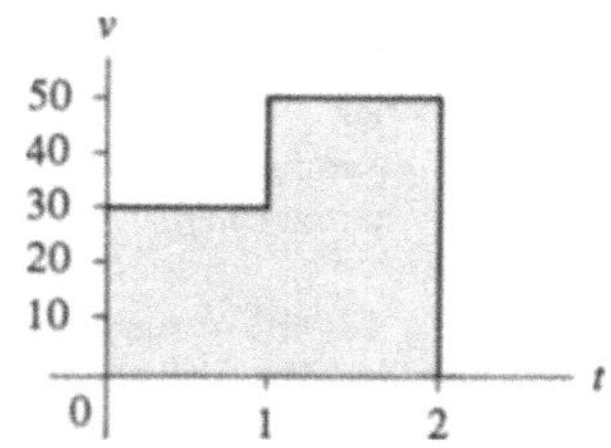

Bild 10.47

$\int_0^2 f(t)\,dt$ kann am einfachsten berechnet werden, wenn wir das Integral als Fläche des getönten Gebietes im Bild 10.47 betrachten. Die getönte Fläche beträgt 80 und wir erhalten daher $\int_0^2 f(t)\,dt = 80$. So ergibt sich für den zeitlichen Mittelwert der Geschwindigkeit $= \dfrac{\int_0^2 f(t)\,dt}{2-0} = \dfrac{80}{2}$, also 40 km/h. ●

Die Definition des zeitlichen Mittelwerts der Geschwindigkeit fällt mit der gewöhnlichen Definition der mittleren Geschwindigkeit zusammen, die man als den Quotienten aus dem gesamten zurückgelegten Weg und der gesamten verflossenen Zeit definiert. Um dies zu sehen, betrachten wir der Einfachheit halber nur positive Geschwindigkeiten $v(t)$. Dann ergibt sich

mittlere Geschwindigkeit bezüglich der Zeit =

$$= \frac{\int_a^b v(t)\,dt}{b-a} = \frac{\text{gesamter Weg}}{\text{gesamte Zeit}} .$$

Beispiel 3: Wenn wir 30 km mit einer Geschwindigkeit von 30 km/h und dann 50 km mit einer Geschwindigkeit von 50 km/h zurücklegen, was ist der Mittelwert unserer Geschwindigkeit bezogen auf den zurückgelegten Weg. (Es handelt sich dabei um dieselbe Reise wie in Beispiel 2.)
Lösung: Nun wird die Geschwindigkeit als Funktion der Entfernung betrachtet. Bezeichnen wir die Geschwindigkeit nach x km der Reise durch $g(x)$. Der Mittelwert bezüglich der Entfernung ist dann

$$\frac{\int_0^{80} g(x)\,dx}{80-0} .$$

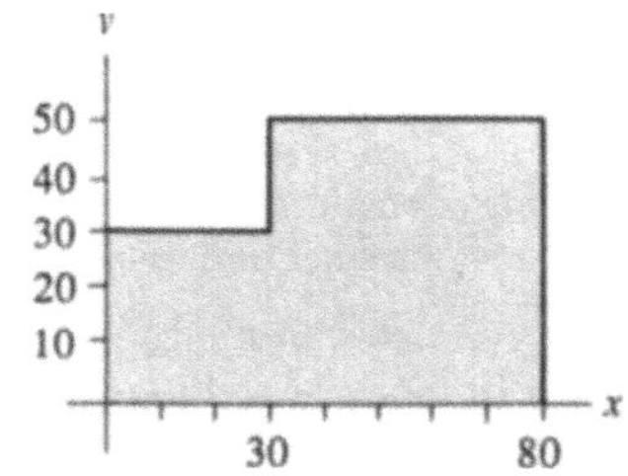

Bild 10.48

Dieses bestimmte Integral stimmt mit der Fläche des Gebietes überein, das in Bild 10.48 getönt ist. Für diese Fläche und damit für das gesuchte bestimmte Integral erhalten wir $30 \cdot 30 + 50 \cdot 50 = 3400$. Daher ergibt sich für den Mittelwert der Geschwindigkeit bezüglich der Entfernung =

$$= \int_0^{80} \frac{g(x)\,dx}{80-0} = \frac{3400}{80} = 42{,}5 \text{ km/h.} \quad ●$$

Der Leser sollte hier unterbrechen und überlegen, warum der Mittelwert bezüglich der Entfernung größer sein sollte als der Mittelwert bezüglich der Zeit; Übungen 12 und 13 werden diese Frage formal beantworten, eine praktische und qualitative Erklärung jedoch ist wertvoller.

Aus diesen beiden Beispielen ergibt sich folgende Lehre: Wenn man vom Mittelwert einer Größe spricht, ist es erforderlich anzugeben, bezüglich welcher Variablen der Mittelwert berechnet wird.

Übungen:

In den Übungen 1 bis 6 bestimme man den Mittelwert einer gegebenen Funktion über das gegebene Intervall.

1. x^2, $[-1; 3]$
2. $\sin x$, $[0; 2\pi]$
3. $\ln x$, $[1; e]$
4. $\dfrac{1}{1+x^2}$, $[0; 1]$
5. $\dfrac{1}{1+x}$, $[1; 2]$
6. $\sin^2 x$, $[0; \frac{\pi}{2}]$
7. Jemand fährt 20 km/h für $\frac{1}{2}$ h, 30 km/h für 2 h und 40 km für $\frac{1}{2}$ h.
   (*a*) Man berechne den Mittelwert der Geschwindigkeit bezüglich der Zeit.
   (*b*) Man berechne den Mittelwert der Geschwindigkeit bezüglich der Entfernung.
8. In den ersten t Sekunden legt ein fallender Körper etwa $5\,t^2$ Meter zurück. Seine Position bezüglich der x-Achse zur Zeit t sei durch $5\,t^2$ gegeben. (Der positive Teil der Achse ist nach unten gerichtet.)
   (*a*) Man berechne die Geschwindigkeit als Funktion der Zeit. (Sie ist positiv!)

(*b*) Man berechne die Geschwindigkeit als Funktion von y.
(*c*) Man bestimme den Mittelwert der Geschwindigkeit bezüglich der Zeit während der ersten t Sekunden.
(*d*) Man bestimme den Mittelwert der Geschwindigkeit bezüglich der Entfernung während der ersten t Sekunden.

■

9. Man bestimme die mittlere Länge der vertikalen Querschnitte eines Kreises mit dem Radius R, entsprechend Bild 10.49.

(*a*) als Funktion von x,
(*b*) als Funktion von θ,
(*c*) als Funktion von y.
(*d*) Warum würde man erwarten, daß das Ergebnis von (*b*) kleiner als das Ergebnis von (*a*) ist.

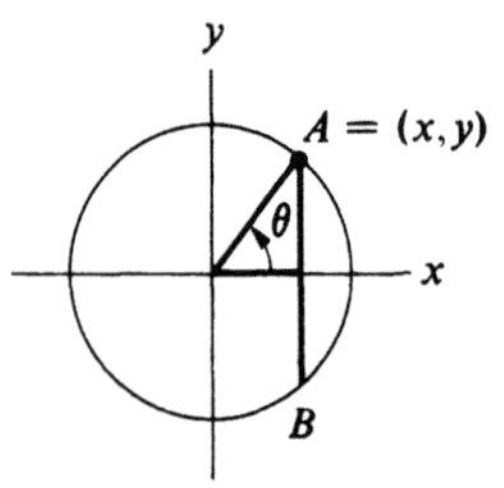

Bild 10.49

10. Man beweise, daß der Mittelwert der Geschwindigkeit bezüglich der Zeit gleich ist dem Quotienten aus zurückgelegtem Weg und zugehörigem Zeitintervall.

11. Eine bestimmte Funktion f ist im Intervall [0; 2] definiert, aber nur eine beschränkte Anzahl ihrer Werte ist aus Experimenten bekannt. Man weiß, daß

$$f(0) = 3,\quad f(\tfrac{1}{4}) = \tfrac{7}{2},\quad f(\tfrac{1}{2}) = 4,\quad f(1) = 6,\quad f(2) = 8.$$

Wie können wir eine vernünftige Schätzung für den Mittelwert von f über das Intervall [0; 2] angeben.

■■

12. Diese Übung beschäftigt sich mit einer berühmten Ungleichung, die als Schwarzsche Ungleichung bekannt ist

$$\int_A^B f(x)\,g(x)\,dx \leqslant \left\{\int_A^B [f(x)]^2 dx\right\}^{1/2} \left\{\int_A^B [g(x)]^2 dx\right\}^{1/2}.$$

(*a*) Man beweise: Hat das quadratische Polynom $at^2 + bt + c = 0$ mindestens eine (reelle) Wurzel, dann gilt $b^2 - 4ac \leqslant 0$. (Wann hat das Polynom genau eine Wurzel?)
(*b*) f und g seien stetige Funktionen. Man definiere eine dritte Funktion h wie folgt:

$$h(t) = \int_A^B [tf(x) - g(x)]^2 dx.$$

Man zeige, daß h ein quadratisches Polynom in t ist, das durch die Formel $at^2 + bt + c$ beschrieben werden kann.
(*c*) Man drücke die in h auftretenden Koeffizienten a, b und c durch f und g aus.
(*d*) Aus (*a*), (*b*) und (*c*) leite man die Schwarzsche Ungleichung her.
(*e*) Wann gilt in der Schwarzschen Ungleichung das Gleichheitszeichen.

In Übung 13 wird gezeigt, daß der Mittelwert der Geschwindigkeit bezüglich der Zeit nicht größer als der Mittelwert der Geschwindigkeit bezüglich der Entfernung ist.

13. Nehmen wir der Einfachheit halber an, daß die Geschwindigkeit $v = dx/dt$ positiv ist, so daß die Geschwindigkeit mit ihrem Betrag übereinstimmt. Angenommen, das Objekt bewegt sich vom Zeitpunkt a bis zum Zeitpunkt b vom Ort x_1 der x-Achse zum Ort x_2.

(*a*) Man zeige, daß der Mittelwert der Geschwindigkeit bezüglich der Entfernung durch

$$\int_{x_1}^{x_2} v(x)\,dx \Big/ \int_a^b v(t)\,dt$$

gegeben ist.
(*b*) Man zeige

$$\int_{x_1}^{x_2} v(x)\,dx = \int_a^b [v(t)]^2 dt.$$

(*c*) Mit Hilfe der Schwarzschen Ungleichung aus Übung 12 zeige man, daß der Mittelwert der Geschwindigkeit bezüglich der Zeit nicht größer ist als der Mittelwert der Geschwindigkeit bezüglich der Entfernung.

14. f sei eine stetige Funktion und positiv. Man beweise

$$\int_a^b f(x)\,dx \int_a^b \frac{1}{f(x)}\,dx \geqslant (b-a)^2.$$

Hinweis: Siehe Übung 12.

15. Man berechne

$$\lim_{b \to a} \frac{\int_a^b f(x)\,dx}{b-a},$$

wobei f eine stetige Funktion ist.

16. Man differenziere (zur Übung):

(*a*) $\ln \sec 3x$,
(*b*) $\dfrac{e^{x^2}}{\cos 2x}$,
(*c*) $\dfrac{\arcsin 3x}{\tan 2x}$,
(*d*) $3 \cot 2x \ln \sqrt[3]{1+2x}$,
(*e*) $\left(\dfrac{1+x^2}{1-x^2}\right)^3$,
(*f*) $\sec^{-1} 3x \sec 3x$.

10.6 Uneigentliche Integrale

Betrachten wir das Volumen des Körpers, der entsteht, wenn das Gebiet zwischen der Kurve $y = 1/x$ und der x-Achse, rechts von $x = 1$ um die x-Achse rotiert (Bild 10.50). Der typische Querschnitt einer auf der x-Achse senkrecht stehenden Ebene ist ein Kreis mit dem Radius $1/x$. Man könnte daher versucht sein, das Volumen mit

$$\int_1^\infty \pi (1/x)^2\, dx$$

Bild 10.50

anzusetzen. Unglücklicherweise wurde dieses Symbol

$$\int_a^\infty f(x)\, dx$$

bisher in diesem Buch noch nicht definiert. Die Definition bestimmter Integrale geht aus von Summen der Form

$$\sum_{i=1}^{n} f(X_i)(x_i - x_{i-1}).$$

Wenn nun ein Abschnitt in der Teilung unendliche Länge besitzt, so wird eine derartige Summe sinnlos.

Sinnvoll ist es jedoch, das Volumen des Teiles des Körpers zu untersuchen, der zwischen $x = 1$ und $x = b > 1$ liegt. Dann können wir feststellen, was mit diesem Volumen im Fall $b \to \infty$ geschieht. Mit anderen Worten, wir betrachten

$$\lim_{b\to\infty} \int_1^b \pi \left(\frac{1}{x}\right)^2 dx.$$

Nun können wir das bestimmte Integral berechnen:

$$\int_1^b \pi \left(\frac{1}{x}\right)^2 dx = -\frac{\pi}{x}\Bigg|_1^b = -\frac{\pi}{b} - \left(-\frac{\pi}{1}\right) = \pi - \frac{\pi}{b}.$$

Daraus folgt

$$\lim_{b\to\infty} \int_1^b \frac{\pi}{x^2}\, dx = \pi - 0 = \pi.$$

Das Volumen des unendlichen Körpers ist endlich. Diese Erfahrung zeigt uns einen Weg, um dem Symbol

$$\int_a^\infty f(x)\, dx$$

Bedeutung zu geben.

Definition des konvergenten uneigentlichen Integrals

$$\int_a^\infty f(x)/dx.$$

f sei stetig für $x \geqslant a$. Wenn

$$\lim_{b\to\infty} \int_a^b f(x)\, dx$$

existiert, so sagt man, die Funktion f habe ein konvergentes uneigentliches Integral von a bis ∞. Der Wert des Limes wird durch

$$\int_a^\infty f(x)\, dx$$

bezeichnet.

Wir haben oben gezeigt, daß $\int_1^\infty \pi \left(\frac{1}{x}\right)^2 dx$ ein konvergentes uneigentliches Integral mit dem Wert π ist.

Definition des divergenten uneigentlichen Integrals

$$\int_a^\infty f(x)\, dx.$$

f sei eine stetige Funktion. Wenn

$$\lim_{b\to\infty} \int_a^b f(x)\, dx$$

nicht existiert, so sagt man, f habe ein divergentes uneigentliches Integral.

Beispiel 1: Man bestimme die Fläche des Gebietes unterhalb $y = 1/x$, oberhalb der x-Achse und rechts von $x = 1$.

Lösung: Die gesuchte Fläche ist gegeben durch

$$\int_1^\infty \frac{1}{x}\,dx = \lim_{b\to\infty}\int_1^b \frac{1}{x}\,dx = \lim_{b\to\infty}(\ln b - \ln 1) = \lim_{b\to\infty}\ln b.$$

Wie verhält sich nun $\ln b$, wenn b über alle Grenzen wächst? Zunächst gilt $D(\ln t) = 1/t$ und daher ist die Funktion $\ln t$ wachsend. Darüberhinaus folgt aus $\ln e = 1$, $\ln e^2 = 2, \ldots$, $\ln e^n = n$, daß $\ln b$ beliebig groß wird. Daraus ergibt sich $\lim_{b\to\infty} \ln b = \infty$. Diese Feststellungen können wie folgt zusammengefaßt werden: Die Fläche ist unendlich

$$\int_1^\infty \frac{1}{x}\,dx = \infty \quad \text{oder} \quad \int_1^\infty \frac{1}{x}\,dx$$

ist ein divergentes uneigentliches Integral. •

Das uneigentliche Integral $\int_{-\infty}^b f(x)\,dx$ ist ähnlich definiert, man untersucht

$$\int_t^b f(x)\,dx$$

für negative Werte von t mit großem Absolutbetrag.

Das uneigentliche Integral $\int_{-\infty}^b f(x)\,dx$. Wenn

$$\lim_{t\to-\infty}\int_t^b f(x)\,dx$$

existiert, so schreiben wir dafür

$$\int_{-\infty}^b f(x)\,dx.$$

In diesem Fall sagen wir, das uneigentliche Integral

$$\int_{-\infty}^b f(x)\,dx$$

sei konvergent. Wenn

$$\lim_{t\to-\infty}\int_t^b f(x)\,dx$$

nicht existiert, dann nennen wir das uneigentliche Integral divergent.

Das uneigentliche Integral $\int_{-\infty}^\infty f(x)\,dx$. Um uneigentliche Integrale zu behandeln, die sich über die gesamte x-Achse erstrecken, definieren wir

$$\int_{-\infty}^\infty f(x)\,dx$$

durch die Summe

$$\int_{-\infty}^0 f(x)\,dx + \int_0^\infty f(x)\,dx.$$

Wir nennen diese Summe konvergent, wenn sowohl

$$\int_{-\infty}^0 f(x)\,dx \quad \text{als auch} \quad \int_0^\infty f(x)\,dx$$

konvergent sind. (Wenn mindestens eines der beiden Integrale divergent ist, wird auch

$$\int_{-\infty}^{+\infty} f(x)\,dx$$

divergent genannt.)

Beispiel 2: Man bestimme die Fläche des Gebietes, das von der Kurve $y = 1/(1+x^2)$ und der x-Achse begrenzt wird (Bild 10.51).

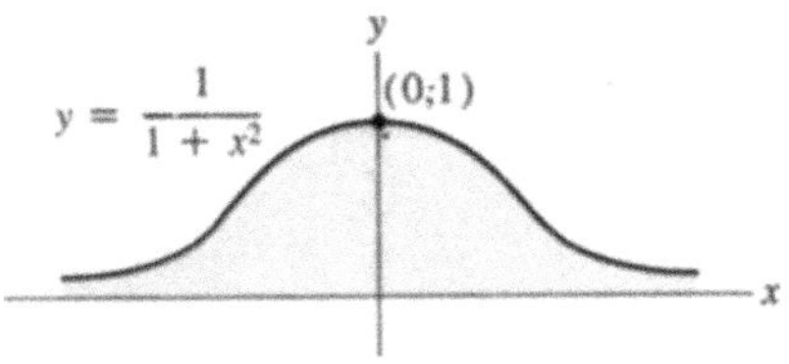

Bild 10.51

Lösung: Die gesuchte Fläche ist durch $\int_{-\infty}^{\infty} \frac{dx}{1+x^2}$ gegeben. Nun gilt

$$\int_0^\infty \frac{dx}{1+x^2} = \lim_{b\to\infty} \int_0^b \frac{dx}{1+x^2}$$

$$= \lim_{b\to\infty} (\arctan b - \arctan 0)$$

$$= \frac{\pi}{2}.$$

Aus Symmetriegründen folgt

$$\int_{-\infty}^0 \frac{dx}{1+x^2} = \frac{\pi}{2}.$$

Daher erhalten wir

$$\int_{-\infty}^\infty \frac{dx}{1+x^2} = \frac{\pi}{2} + \frac{\pi}{2}$$

und die gesuchte Fläche beträgt π. ●

Beispiel 3: Ist $\int_0^\infty \cos x\, dx$ konvergent oder divergent?

Lösung: Wir müssen den Grenzwert

$$\lim_{b\to\infty} \int_0^b \cos x\, dx = \lim_{b\to\infty} \sin x \Big|_0^b$$

$$= \lim_{b\to\infty} \sin b$$

betrachten, $\lim\limits_{b\to\infty} \sin b$ existiert jedoch nicht, daher ist

$$\int_0^\infty \cos x\, dx \qquad \text{divergent.} \; ●$$

Es gibt einen zweiten Typ uneigentlicher Integrale, in denen die Funktion selbst innerhalb des Intervalls $[a; b]$ unbeschränkt ist. Wenn $f(x)$ im Intervall $[a; b]$ beliebig groß wird, dann kann es geschehen, daß wir beliebig große Approximationssummen

$$\sum_{i=1}^n f(X_i)(x_i - x_{i-1})$$

erhalten und zwar unabhängig davon, wie fein die Teilung gewählt wird, sofern wir nur Teilungspunkte X_i wählen, an denen $f(X_i)$ sehr groß ist. Das nächste Beispiel zeigt, wie diese Schwierigkeit umgangen werden kann.

Beispiel 4: Man bestimme die Fläche des Gebietes zwischen $y = 1/\sqrt{x}$; $x = 1$ und der Koordinatenachse (Bild 10.52). *Lösung:* Zunächst müssen wir der Versuchung widerstehen, für die Fläche $\int_0^1 \frac{1}{\sqrt{x}}\, dx$ zu schreiben, denn dieses Integral existiert nämlich gemäß unserer Definition des bestimmten Integrals aus Kapitel 7 nicht, da der Integrand im Intervall $[0; 1]$ unbeschränkt ist. (Der Integrand ist an der Stelle Null überhaupt nicht definiert!) Statt dessen betrachten wir das Verhalten von

$$\int_t^1 \frac{1}{\sqrt{x}}\, dx$$

wenn sich t von rechts an Null annähert. Es gilt nämlich

$$\int_t^1 \frac{1}{\sqrt{x}}\, dx = 2\sqrt{x}\Big|_t^1$$

$$= 2\sqrt{1} - 2\sqrt{t}$$

$$= 2(1 - \sqrt{t}).$$

Nähert sich t daher von rechts an Null an, so strebt

$$\int_t^1 \frac{1}{\sqrt{x}}\, dx$$

nach zwei. Man sagt, die gesuchte Fläche betrage zwei.

Bild 10.52

Der Leser sollte sich davon überzeugen, daß dies derselbe Wert für die Fläche ist, den wir mit Hilfe horizontaler Schnitte aus einer Berechnung des uneigentlichen Integrals von 0 bis ∞ erhalten hätten. •

Die Überlegungen des Beispiels 4 legen die Definition eines zweiten Typs von uneigentlichen Integralen nahe, in denen die Funktion an Stelle des Intervalls unbeschränkt ist.

Definition der konvergenten und divergenten uneigentlichen Integrale

$$\int_a^b f(x)\,dx.$$

f sei an jeder Stelle im Intervall $[a;\ b]$ stetig, ausgenommen an der Stelle a, und nehme im Inneren des Intervalls $[a; b]$ beliebig große Werte an. Wenn

$$\lim_{t\to a^+}\int_t^b f(x)\,dx$$

existiert, so sagen wir, f habe ein konvergentes uneigentliches Integral von a nach b. Der Wert des Limes wird durch $\int_a^b f(x)\,dx$ bezeichnet. Wenn $\lim_{t\to a^+}\int_t^b f(x)\,dx$ nicht existiert, so sagen wir, f habe ein divergentes uneigentliches Integral von a nach b oder kurz $\int_a^b f(x)\,dx$ ist nicht definiert.

Analog definieren wir

$$\int_a^b f(x)\,dx \quad \text{als} \quad \lim_{t\to b^-}\int_a^t f(x)\,dx,$$

wenn f nur links in der Nähe von b unbeschränkt ist.

Beispiel 4 wurde durch die Feststellung zusammengefaßt, „Das uneigentliche Integral $\int_0^1 1/\sqrt{x}\,dx$ ist konvergent und hat den Wert 2".

Es kann nun vorkommen, daß eine Funktion überall im Intervall $[a;\ b]$ vernünftige Werte besitzt und nur an der Stelle c, die von a und b verschieden ist, möglicherweise unendlich wird. In diesem Falle wird das Integral

$$\int_a^b f(x)\,dx$$

sinnlos. Statt dessen betrachten wir

$$\int_a^c f(x)\,dx \quad \text{und} \quad \int_c^b f(x)\,dx.$$

Existieren beide, so sagen wir, das Integral

$$\int_a^b f(x)\,dx$$

sei konvergent und habe den Wert

$$\int_a^c f(x)\,dx + \int_c^b f(x)\,dx.$$

Ist eine Funktion noch allgemeiner über einen unendlichen Bereich gegeben und wird sie an mehreren Stellen unendlich, so brechen wir das gesamte Integral in eine Summe von Einzelintegralen auf. Jedes dieser Einzelintegrale soll dann nur eine der beiden grundlegenden Schwierigkeiten aufweisen, entweder ein unendliches Integrationsintervall oder einen Endpunkt, an dem die Funktion unendlich wird. So ist z.B. das uneigentliche Integral

$$\int_{-\infty}^{\infty}\frac{1}{x^2}\,dx$$

aus zwei Gründen problematisch:

$$\lim_{x\to 0^-}\frac{1}{x^2}=\infty \qquad \lim_{x\to 0^+}\frac{1}{x^2}=\infty.$$

Ferner erstreckt sich der Integrationsbereich links und rechts bis ins Unendliche. Um das Integral zu behandeln, wird es in eine Summe von vier uneigentlichen Integralen der beiden Grundtypen zerlegt:

$$\int_{-\infty}^{\infty}\frac{1}{x^2}\,dx=\int_{-\infty}^{-1}\frac{1}{x^2}\,dx+\int_{-1}^{0}\frac{1}{x^2}\,dx+\int_{0}^{1}\frac{1}{x^2}\,dx+\int_{1}^{\infty}\frac{1}{x^2}\,dx.$$

Alle vier Integrale auf der rechten Seite müssen konvergent sein, damit $\int_{-\infty}^{+\infty} \frac{1}{x^2}\,dx$ konvergent ist. Tatsächlich sind jedoch nur das erste und das letzte Integral konvergent. Daher ist $\int_{-\infty}^{+\infty} \frac{1}{x^2}\,dx$ divergent.

Ebenso wie für bestimmte Integrale ist eine Substitution in einem uneigentlichen Integral gestattet, wenn die gleiche Substitution auch auf die Integrationsgrenzen angewendet wird.

Die letzten beiden Beispiele zeigen die Bedeutung uneigentlicher Integrale in Physik und Ökonomie. Diese Beispiele sollen der Bereicherung und Erweiterung der Perspektive dienen, sie sind nicht für das grundlegende Verständnis uneigentlicher Integrale wesentlich. Der Leser ist eingeladen, diese Beispiele, wenn schon nicht beim ersten Durchlesen, so doch bei der Wiederholung des Abschnittes zu studieren.

Beispiel 5: Wieviel Arbeit ist erforderlich, um eine Last mit einem Gewicht von 1 N von der Oberfläche der Erde bis in Unendliche zu heben. Sollte sich herausstellen, daß die erforderliche Arbeit unendlich ist, dann wäre es unmöglich, Raketen auf unbegrenzte Umlaufbahnen zu schicken. Glücklicherweise erhalten wir ein endliches Ergebnis.

Lösung: Die Arbeit W, die nötig ist, um ein Objekt über eine Strecke x gegen eine konstante Kraft F anzuheben, ist gleich dem Produkt aus der Kraft und dem Weg:

$$W = F \cdot x.$$

Da sich die Gravitationskraft der Erde mit der Entfernung der Last von der Erde verändert, benötigen wir ein uneigentliches Integral, um die Gesamtarbeit zu errechnen, die zur Verschiebung der Last ins Unendliche erforderlich wäre.

Die Last hat auf der Erdoberfläche ein Gewicht von 1 N. Je weiter sie sich vom Mittelpunkt der Erde entfernt, desto geringer wird ihr Gewicht, da die Kraft zwischen Erde und Last umgekehrt proportional zum Abstand der Last vom Erdmittelpunkt ist. So ist die Kraft auf die Last durch k/r^2 gegeben, die Konstante k werden wir sofort bestimmen, mit r bezeichnen wir den Abstand zwischen der Last und dem Erdmittelpunkt. Für $r = 6000$ km beträgt die Kraft 1 N. Daher gilt die Gleichung

$$1 = \frac{k}{6\,000^2}.$$

Daraus folgt $k = 6000^2$, und daher ist die Gravitationskraft auf die Masse ganz allgemein $(6000/r)^2$ N. Wenn sich die Last von der Erde entfernt, verliert sie Gewicht (jedoch nicht Masse), wie das Bild 10.53 deutlich macht.

Um die Last von Punkt r zum Punkt $r + \Delta r$ anzuheben, ist näherungsweise die Arbeit

$$\underbrace{\left(\frac{6000}{r}\right)^2}_{\text{Kraft}} \quad \underbrace{(\Delta r)}_{\text{Weg}}$$

aufzubringen. Um die Masse von der Erdoberfläche ins Unendliche anzuheben, ist daher eine Gesamtarbeit aufzubringen, die durch das uneigentliche Integral

$$\int_{6000}^{\infty} \left(\frac{6000}{r}\right)^2 dr$$

gegeben ist. Nun erhalten wir

$$\int_{6000}^{\infty} \left(\frac{6000}{r}\right)^2 dr = \lim_{b \to \infty} \int_{6000}^{b} \left(\frac{6000}{r}\right)^2 dr$$

$$= \lim_{b \to \infty} \left. \frac{-6000^2}{r} \right|_{6000}^{b}$$

$$= \lim_{b \to \infty} \left[\frac{-6000^2}{b} + \frac{6000^2}{6000}\right] = 6000\ \text{N} \cdot \text{km}.$$

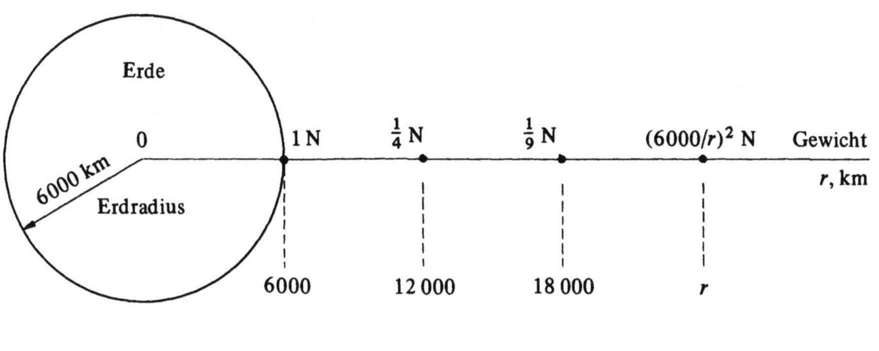

Bild 10.53

Die Gesamtarbeit ist endlich, da das uneigentliche Integral konvergent ist. Es entspricht der Arbeit, durch die die Last um 6000 km gegen eine konstante Gravitationskraft angehoben werden könnte, deren Wert durch die Gravitationskraft an der Erdoberfläche gegeben wäre. •

Beispiel 6: Gegenwärtiger Wert des zukünftigen Einkommens. Wirtschaft und Regierung stehen häufig vor der Frage: Welchem heutigen Wert entspricht 1 DM, die in t Jahren im Umlauf sein wird. Diese Frage tritt auf, wenn wir uns etwa überlegen, in welcher Weise der gegenwärtige Wert eines Geschäftes von seinem künftigen Gewinn abhängt oder in welcher Relation die Kosten eines Dammbaues zu den künftigen Einnahmemöglichkeiten stehen. Wir müssen also den gegenwärtigen Wert eines Geschäftes bestimmen, dessen Gewinnrate in t Jahren durch $f(t)$ DM pro Jahr gegeben sein wird.

Lösung: Zunächst nehmen wir an, die jährliche Zinsrate r bleibe konstant, so daß eine heute eingezahlte DM in t Jahren e^{rt} wert sein wird. Diese Annahme entspricht einem festgehaltenen Zinssatz oder anders gesagt, dem natürlichen Wachstum. Unter unserer Annahme werden A DM in t Jahren Ae^{rt} DM wert sein. Was ist nun der gegenwärtige Wert eines nach t Jahren ausgezahlten Dollars. Oder anders formuliert, welchen Betrag A müßten wir heute investieren, um nach t Jahren den Wert von 1 DM zu besitzen. Um diese Frage zu beantworten, lösen wir die Gleichung

$$Ae^{rt} = 1$$

nach A auf. Es ergibt sich

$$A = e^{-rt}. \tag{1}$$

Nun betrachten wir für ein bestimmtes Geschäft den gegenwärtigen Wert seines künftigen Gewinnes. (Oder etwa die künftigen Einnahmen einer Dammanlage.) Nehmen wir an, nach t Jahren sei der jährliche Gewinn durch $f(t)$ gegeben. Diese Rate kann im Laufe der Zeit variieren: Wir nehmen daher f als stetige Funktion der Zeit an. Für das kleine Zeitintervall Δt zwischen der Zeit t und der Zeit $t + \Delta t$ kann der Gewinn durch den Ausdruck $f(t)\Delta t$ angenähert werden. Der gesamte künftige Gewinn $F(T)$ von heute an bis zu einer bestimmten Zeit T in der Zukunft wird daher durch

$$F(T) = \int_0^T f(t)\,dt \tag{2}$$

angegeben.

Dies entspricht jedoch nicht dem gegenwärtigen Wert des künftigen Gewinnes. Deshalb müssen wir den gegenwärtigen Wert des Gewinnes betrachten, der in einem typischen kleinen Zeitintervall zwischen t und $t + \Delta t$ zustande kommt. Entsprechend (1) ist sein gegenwärtiger Wert annähernd durch

$$e^{-rt} f(t)\,\Delta t$$

bestimmt. Daher ist der gegenwärtige Wert des in der Zeit von $t = 0$ bis $t = T$ zustande gekommenen Gewinnes durch das bestimmte Integral

$$\int_0^T e^{-rt} f(t)\,dt \tag{3}$$

gegeben. Für den gegenwärtigen Wert des gesamten künftigen Gewinnes gilt also das uneigentliche Integral

$$\int_0^\infty e^{-rt} f(t)\,dt.$$

(Dies ist eine idealistische Vereinfachung; in der Praxis beschränkt der Ökonom die Zukunft auf einen bestimmten endlichen Bereich.)

Der Einfluß der Zinsrate wird deutlich, wenn wir den gegenwärtigen Wert des gesamten künftigen Gewinnes in Abhängigkeit von der Zinsrate r mit $P(r)$ bezeichnen. Das heißt

$$P(r) = \int_0^\infty e^{-rt} f(t)\,dt. \tag{4}$$

Wird die Zinsrate angehoben, dann sinkt entsprechend (4) der gegenwärtige Wert des Geschäftes. Wenn ein Investor also entscheiden muß, ob er sein Geld in ein Geschäft investiert oder auf ein Bankkonto legt, wird das Bankkonto für ihn attraktiver, sobald die Zinsrate r steigt.

Durch Gleichung (4) wird einer Gewinnfunktion f (sie ist eine Funktion von t) ein gegenwärtiger Wert P zugeordnet, der eine Funktion der Zinsrate r ist. In der Theorie der Differentialgleichungen wird P die *Laplace-Transformierte* von f genannt. •

Übungen:

In den Übungen 1 bis 21 bestimme man, ob das gegebene uneigentliche Integral konvergent oder divergent ist. Man berechne die konvergenten Integrale.

1. $\int_1^\infty \frac{dx}{x^3}$

2. $\int_0^\infty \frac{dx}{x^3}$

3. $\int_0^\infty e^{-x}\,dx$

4. $\int_0^\infty e^{-x}\sin 3x\,dx$

5. $\int_{-\infty}^\infty \frac{x\,dx}{1+x^4}$

6. $\int_1^\infty x^{-1,01}\,dx$

7. $\int_0^1 x^{-1,01}\,dx$

8. $\int_0^1 x^{-0,99}\,dx$

9. $\int_1^\infty x^{-0,99}\,dx$

10. $\int_0^e x\ln x\,dx$

11. $\int_{-1}^1 \frac{dx}{\sqrt{1-x^2}}$

12. $\int_0^1 \frac{dx}{\sqrt{1-x}}$

13. $\int_0^4 \frac{dx}{\sqrt[3]{x-2}}$

14. $\int_0^\infty \frac{dx}{\sqrt{x+1}}$

15. $\int_0^\infty (1-x)e^{-x}\,dx$

16. $\int_0^\infty x^{-1/3}dx$

17. $\int_0^1 \ln x\,dx$

18. $\int_1^\infty e^{-\sqrt[3]{x}}x^{-2/3}\,dx$

19. $\int_0^\infty \frac{dx}{(x-1)^2}$

20. $\int_0^\infty x\ln x\,dx$

21. $\int_0^\infty e^{-x}\sin(2x+1)\,dx$

22. R sei das Gebiet rechts von der y-Achse, unterhalb der Kurve $y = e^{-x}$ und oberhalb der x-Achse.
   (*a*) Man bestimme die Fläche von R.
   (*b*) Man bestimme das Volumen, das durch Rotation dieses Gebietes um die x-Achse entsteht.
   (*c*) Man bestimme das Volumen, das durch die Rotation dieses Gebietes um die y-Achse entsteht.

■

Häufig kann die Konvergenz eines uneigentlichen Integrales $\int_a^b f(x)\,dx$ auch dann gezeigt werden, wenn die Funktion f kein elementares Integral besitzt. Gilt etwa $0 \leqslant f(x) \leqslant g(x)$ und ist das Integral $\int_a^b g(x)\,dx$ konvergent, dann kann gezeigt werden, daß auch $\int_a^b f(x)\,dx$ konvergent ist. Man benutze dieses Prinzip in den Übungen 23 bis 28.

23. Plankton besteht aus kleinen, ballförmigen Organismen. Wenn diese durch das Wasser absinken, ist der Reibungswiderstand durch das Integral

$$\int_0^\infty \frac{dx}{\sqrt{(a^2+x)(b^2+x)(c^2+x)}}$$

gegeben. Die Größen a, b und c beschreiben die Dimensionen des Planktons. Ist dieses uneigentliche Integral konvergent oder divergent?

24. Die Funktion $f(x) = (\sin x)/x$ für $x \neq 0$ und $f(0) = 1$ tritt in der Kommunikationstheorie häufig auf. Die Energie eines Signals, das durch die Funktion f beschrieben werden kann, ist durch das uneigentliche Integral

$$E = \int_{-\infty}^\infty [f(x)]^2 dx$$

gegeben. Man zeige, daß diese Energie endlich ist.

25. Man beweise die Konvergenz von $\int_1^\infty e^{-x^2}dx$ durch Vergleich mit $\int_1^\infty e^{-x}\,dx$.

26. Man zeige, daß $\int_1^\infty \frac{1}{\sqrt{1+x^3}}$ konvergent ist, versuche jedoch nicht, das Integral zu berechnen.

27. Man zeige, daß $\int_0^\infty e^{-t}\, t^{-1/2}\, dt$ konvergent ist.

■■

Übung 28 wird in Übung 29 angewendet.

28. Aus der Konvergenz von $\int_0^{\pi/2} \ln x\, dx$ folgere man die Konvergenz von $\int_0^{\pi/2} \ln \sin x\, dx$. *Hinweis:* Man zeige für $0 < x \leqslant \frac{\pi}{2}$ die Ungleichung $\sin x > 2x/\pi$.

29. (Siehe Übung 28.) Man definiere $A = \int_0^{\pi/2} \ln \sin \theta\, d\theta$.

(*a*) Man zeige $A = \int_0^{\pi/2} \ln \cos \theta\, d\theta$.

(*b*) Man zeige $\int_0^{\pi} \ln \sin \theta\, d\theta = 2A$.

(*c*) Man zeige

$$\int_0^{\pi} \ln \sin \theta\, d\theta = \int_0^{\pi} \ln 2\, d\theta + \int_0^{\pi} \ln \sin \frac{\theta}{2}\, d\theta + \int_0^{\pi} \ln \cos \frac{\theta}{2}\, d\theta.$$

(*d*) Aus (*c*) leite man $2A = \pi \ln 2 + 4A$ her.

(*e*) Man zeige $A = -(\pi/2) \ln 2$.

30. Man suche den Fehler in der folgenden Rechnung. Mit Hilfe der Substitution $x = y^2$, $dx = 2y\, dy$, ergibt sich

$$\int_0^1 \frac{1}{x}\, dx = \int_0^1 \frac{2y}{y^2}\, dy = \int_0^1 \frac{2}{y}\, dy = 2\int_0^1 \frac{1}{y}\, dy = 2\int_0^1 \frac{1}{x}\, dx.$$

Daraus folgt:

$$\int_0^1 \frac{1}{x}\, dx = 2\int_0^1 \frac{1}{x}\, dx$$

und wir erhalten

$$\int_0^1 \frac{1}{x}\, dx = 0.$$

31. (*a*) Falls

$$\int_{-\infty}^{+\infty} f(x)\, dx$$

konvergiert ist, zeige man, daß sein Wert mit

$$\lim_{L\to\infty} \int_{-L}^{L} f(x)\, dx$$

übereinstimmt, daß aber andererseits

$$\lim_{L\to\infty} \int_{-L}^{L} f(x)\, dx$$

endlich sein kann, während

$$\int_{-\infty}^{+\infty} f(x)\, dx$$

ein divergentes uneigentliches Integral ist.

(*b*) Aus (*a*) erkläre man, warum

$$\lim_{L\to\infty} \int_{-L}^{+L} f(x)\, dx$$

keine brauchbare Definition für

$$\int_{-\infty}^{+\infty} f(x)\, dx$$

darstellt.

32. Man finde den Fehler in der folgenden Rechnung. Mit Hilfe der Substitution $u = 1/x$, $du = -1/x^2 dx$ ergibt sich

$$\int_{-1}^{1} \frac{1}{1+x^2}\, dx = \int_{-1}^{1} \frac{1}{1+1/u^2}\left(-\frac{1}{u^2}\, du\right) = -\int_{-1}^{1} \frac{1}{1+u^2}\, du.$$

Daraus folgt, daß $\int_{-1}^{+1} \frac{1}{1+x^2}\, dx$ mit seinem eigenen negativen Wert übereinstimmt und daher Null sein müßte.

Die Übungen 33 und 34 beziehen sich auf Beispiel 5.

33. Welche Arbeit ist erforderlich, um eine Last von 1 kg die ersten 6000 km auf der Reise in die Unendlichkeit anzuheben?

34. (*a*) Wenn die Gravitationskraft durch $k/r^{1,01}$ gegeben wäre, könnte dann eine Last ins Unendliche befördert werden?
(*b*) Wenn die Gravitationskraft von der Form k/r wäre, könnte dann eine Last ins Unendliche befördert werden?

Die Übungen 35 und 36 beziehen sich auf Beispiel 6.

35. Bleibt der jährliche Gewinn konstant, sagen wir $f(t) = k > 0$, so ist der gesamte künftige Gewinn offensichtlich unendlich. Man zeige, daß sein gegenwärtiger Wert durch die endliche Größe k/r gegeben wird.

36. Man bestimme die Laplace-Transformierte von
(*a*) $f(t) = k$,
(*b*) $f(t) = t$,
(*c*) $f(t) = \sin t$.

10.7 Polarkoordinaten

Rechtwinkelige Koordinaten sind nur eine der Möglichkeiten, um Punkte in der Ebene durch Zahlenpaare festzulegen. In diesem Abschnitt wird eine andere Methode beschrieben, nämlich die Festlegung durch *Polarkoordinaten*, die im weiteren Verlauf dieses und der folgenden Kapitel zur Anwendung kommen werden.

Die rechtwinkeligen Koordinaten x und y legen einen Punkt P in der Ebene als Schnittpunkt einer vertikalen und einer horizontalen Gerade fest. Polarkoordinaten definieren einen Punkt P als den Schnittpunkt eines Kreises und eines Strahles, der vom Mittelpunkt des Kreises ausgeht. Wir gehen in folgender Weise vor:

Man wähle einen Punkt in der Ebene und einen Strahl, der von diesem Punkt ausgeht. Der Punkt wird *Pol* genannt und der Strahl *Polarachse*. Wir messen positive Winkel θ von der Polarachse ausgehend entgegengesetzt dem Uhrzeigersinn und negative Winkel im Uhrzeigersinn. Nun sei r eine Zahl. Um den Punkt P in der Ebene aufzutragen, der dem Zahlenpaar r und θ entspricht, gehen wir folgendermaßen vor: Ist r positiv, so finden wir den Punkt P als Schnittpunkt eines Kreises vom Radius r und seinem Mittelpunkt im Pol mit dem Strahl, der unter dem Winkel θ vom Pol ausgeht (Bild 10.54).

Bild 10.54

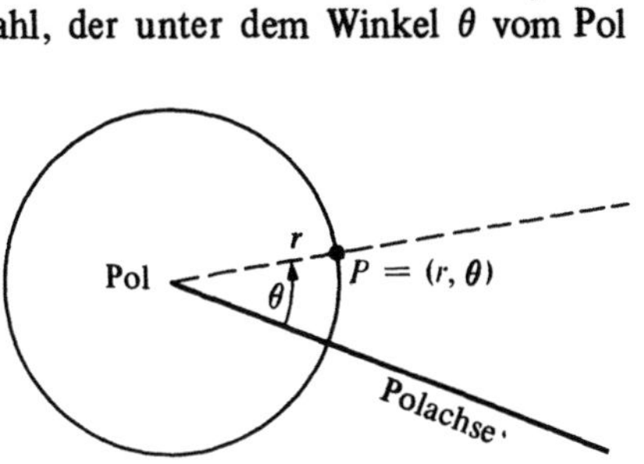

Polarkoordinaten (im Falle $r > 0$, $\theta > 0$)

Ist $r = 0$, so ist P gleich dem Pol, unabhängig davon, welchen Wert θ annimmt.

Ist r negativ, so befindet sich P im Abstand $|r|$ vom Pol auf dem Strahl, der direkt entgegengesetzt zu dem durch den Winkel θ gegebenen Strahl liegt.

In jedem Falle wird der Punkt P durch das Zahlenpaar $(r; \theta)$ gekennzeichnet. Die beiden Zahlen r und θ nennen wir Polarkoordinaten von P. Halten wir fest, daß der Punkt $(r; \theta)$ auf einem Kreis mit dem Radius $|r|$ liegt, dessen Mittelpunkt der Pol ist. Wie wir beobachten, ist der Pol der Mittelpunkt der beiden Punkte $(r; 0)$ und $(-r; 0)$. $(r; 0)$ und $(-r; 0)$.

Beispiel 1: Man zeichne die Punkte mit den Polarkoordinaten $(3; \pi/4)$, $(2; -\pi/6)$, $(-3; \pi/3)$.

Bild 10.55

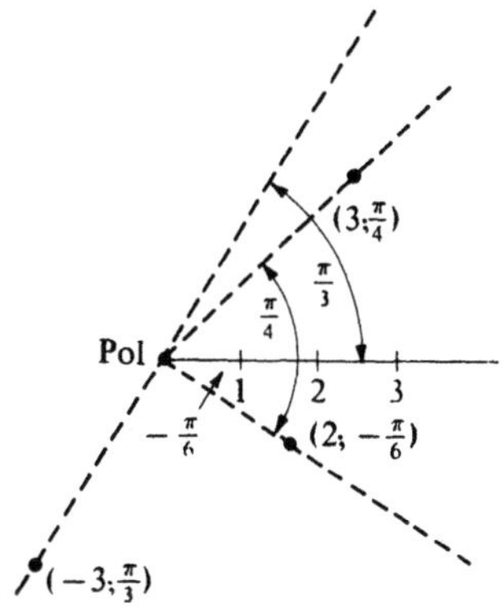

Lösung: Um den Punkt $(3; \pi/4)$ zu zeichnen, entferne man sich auf dem Strahl mit dem Winkel $\pi/4$ um die Distanz 3 vom Pol (Bild 10.55). Um den Punkt $(2; -\pi/6)$ zu zeichnen, entfernen wir uns auf dem Strahl mit dem Winkel $-\pi/6$ um die Strecke 2 vom Pol. Um den Punkt $(-3; \pi/3)$ zu zeichnen, ziehen wir den Strahl unter dem Winkel $\pi/3$ und bewegen uns dann um die Distanz 3 in entgegengesetzter Richtung vom Pol weg. ●

Der Zusammenhang zwischen Polarkoordinaten und rechtwinkeligen Koordinaten. Üblicherweise fällt die Polarachse mit der positiven x-Achse zusammen, wie dies Bild 10.56 zeigt. In diesem Fall gibt das Diagramm den folgenden Zusammenhang zwischen den rechtwinkeligen und den Polarkoordinaten des Punktes $P = (x; y) = (r; \theta)$ wieder:

$$x = r\cos\theta, \qquad y = r\sin\theta$$

und

$$r^2 = x^2 + y^2, \qquad \tan\theta = \frac{y}{x}.$$

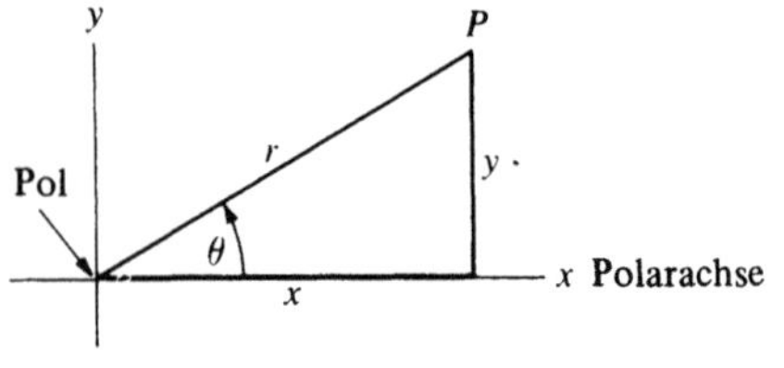

Bild 10.56

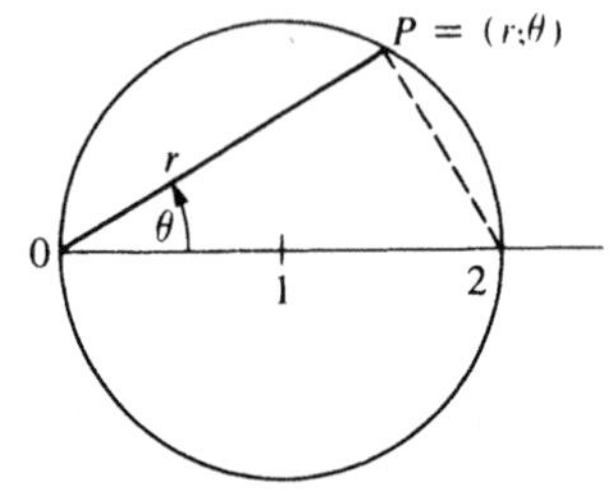

Bild 10.58

So hat etwa der Punkt mit den rechtwinkeligen Koordinaten (1; 1) die Polarkoordinaten ($\sqrt{2}$; $\pi/4$) oder ($\sqrt{2}$; $\pi/4 + 2\pi$) oder ($\sqrt{2}$; $\pi/4 + 4\pi$) oder ($-\sqrt{2}$; $\pi/4 + \pi$) usw. Genauso wie wir früher die Menge von Punkten $(x; y)$ zeichnen konnten, die durch einen bestimmten Zusammenhang zwischen x und y gegeben sind, so können wir auch eine Menge von Punkten $(r; \theta)$ zeichnen, wenn r und θ eine bestimmte Gleichung erfüllen. Wesentlich hierbei ist allerdings, daß zwar jeder Punkt in der Ebene in rechtwinkeligen Koordinaten durch ein eindeutiges geordnetes Paar $(x; y)$ bestimmt werden kann, daß aber andererseits in Polarkoordinaten viele geordnete Paare $(r; \theta)$ den gleichen Punkt bezeichnen.

Beispiel 2: Man zeichne den Graphen der Gleichung $r = 2 \cos \theta$.

Lösung: Zunächst legen wir für geeignete Werte von θ eine Wertetabelle an. Dann zeichnen wir die in dieser Tabelle enthaltenen Punkte (Bild 10.57).

θ	0	$\frac{\pi}{4}$	$\frac{\pi}{3}$	$\frac{\pi}{2}$	$\frac{3\pi}{4}$	π	$\frac{3\pi}{2}$	2π
$r = 2\cos\theta$	2	$\sqrt{2} \approx 1{,}4$	1	0	$-\sqrt{2} \approx -1{,}4$	-2	0	2

Die gestrichelte Linie ist Graph der Gleichung $r = 2 \cos \theta$.

Mit ein wenig Geometrie und Trigonometrie erkennen wir, daß der Graph von $r = 2 \cos \theta$ ein Kreis ist. Bekanntlich ist der Winkel im Halbkreis ein rechter Winkel. Betrachten wir nun einen typischen Punkt $P = (r; \theta)$ auf dem im Bild 10.58 dargestellten Kreis. Aus der Definition $\cos \theta$ = anliegende Kathete/Hypotenuse des Dreiecks erhalten wir $\cos \theta = r/2$ oder $r = 2 \cos \theta$. Damit ist unsere Behauptung bewiesen. ●

Beispiel 3: Man stelle die Gleichung $r = 2 \cos \theta$ in rechtwinkeligen Koordinaten dar.

Lösung: Aus $r^2 = x^2 + y^2$ und $r \cos \theta = x$ folgt durch Multiplikation der Gleichung $r = 2 \cos \theta$ mit r

$$r^2 = 2r \cos \theta$$

und weiter

$$x^2 + y^2 = 2x.$$

Beispiel 2 zeigte, daß unsere ursprüngliche Gleichung einen Kreis mit dem Radius 1 und dem Mittelpunkt (1; 0) beschreibt. Wir können dies auch einsehen, wenn wir die Gleichung $x^2 + y^2 = 2x$ in der Form

$$(x - 1)^2 + (y - 0)^2 = 1^2$$

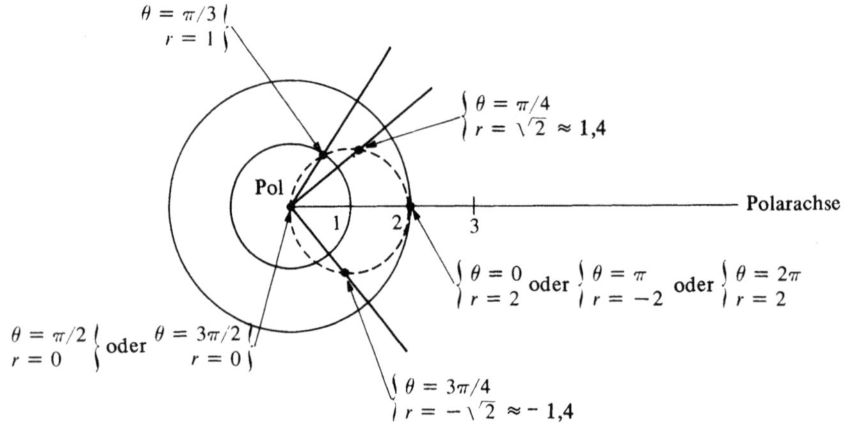

Bild 10.57

schreiben. Nach dieser Gleichung ist der Abstand zwischen $(x; y)$ und $(1; 0)$ gleich 1. ●

Beispiel 4: Man transformiere die Gleichung der horizontalen Geraden $y = 2$ in Polarkoordinaten.

Lösung: Mit $y = r \sin\theta$ ergibt sich $r \sin\theta = 2$ oder

$$r = \frac{2}{\sin\theta}.$$

Diese Gleichung ist zwar viel komplizierter als die ursprüngliche, kann aber trotzdem manchmal von Nutzen sein. ●

Im allgemeinen sind rechtwinkelige Koordinaten besser zur Beschreibung gerader Linien geeignet, während Polarkoordinaten bei der Darstellung von Kreisen vorgezogen werden.

Beispiel 5: Man zeichne den Graphen der Gleichung $r = 1 + \cos\theta$.

Lösung: Zunächst legen wir wieder eine Wertetabelle an.

)	$\frac{\pi}{4}$	$\frac{\pi}{2}$	$\frac{3\pi}{4}$	π	$\frac{5\pi}{4}$	$\frac{3\pi}{2}$	$\frac{7\pi}{4}$	2π
2	$1+\frac{\sqrt{2}}{2} \approx 1{,}7$	1	$1-\frac{\sqrt{2}}{2} \approx 0{,}3$	0	$1-\frac{\sqrt{2}}{2} \approx 0{,}3$	1	$1+\frac{\sqrt{2}}{2} \approx 1{,}7$	2

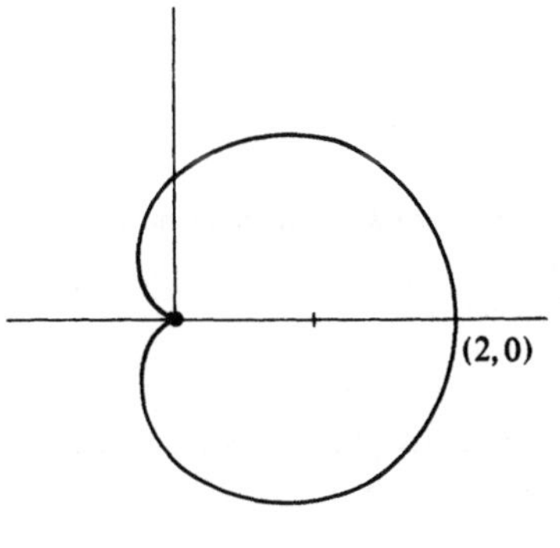

Bild 10.59

Der letzte Punkt fällt mit dem ersten zusammen. Der Graph der Funktion beginnt sich daher zu wiederholen. Diese herzförmige Kurve zeigt Bild 10.59. Sie wird *Kardioide* genannt. ●

Spiralen lassen sich besonders bequem in Polarkoordinaten beschreiben. Wir wollen dies an der Diskussion des Graphen von $r = 2\theta$ im nächsten Beispiel illustrieren.

Beispiel 6: Der Graph für die Gleichung $r = 2\theta$ ist zu zeichnen.

Lösung: Zunächst wieder eine Wertetabelle.

θ	0	$\frac{\pi}{2}$	π	$\frac{3\pi}{2}$	2π	$\frac{5\pi}{2}$	...
r	0	π	2π	3π	4π	5π	...

Wenn wir θ um 2π vergrößern, gelangen wir nicht zum ursprünglichen Wert von r. Wenn θ wächst, wächst auch r. Der Graph ist für $\theta \geqslant 0$ eine endlose Spirale, die den Pol unendlich oft umläuft (Bild 10.60).

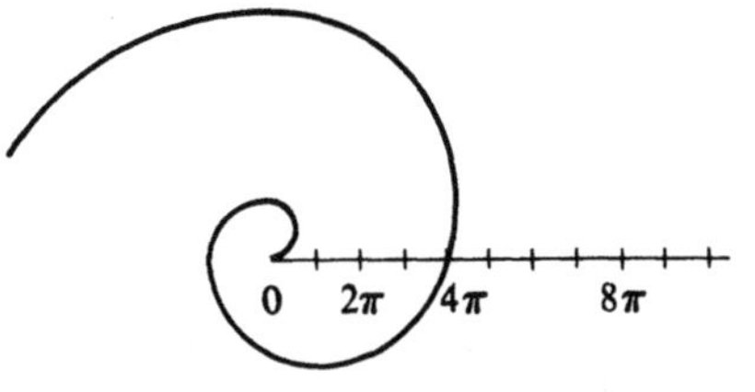

Bild 10.60

●

Mit Hilfe von Polarkoordinaten können auch Schleifen beschrieben werden, die wie Blumenblätter angeordnet sind. Dies zeigt Beispiel 7.

Beispiel 7: Der Graph für die Gleichung $r = \sin 3\theta$ ist zu zeichnen.

Lösung: Wenn θ von 0 bis $\pi/3$ ansteigt, so wächst 3θ von 0 bis π. Daher bewegt sich $r = \sin 3\theta$ von 0 nach 1 und in der Folge zurück nach Null, wenn θ das Intervall $[0; \pi/3]$ überstreicht. So erhält man eine von drei Schleifen, die zusammen den Graphen der Gleichung $r = \sin 3\theta$ ergeben (Bild 10.61). Für Werte von θ aus dem Intervall $[\pi/3; 2\pi/3]$ wird $r = \sin 3\theta$ negativ (oder Null). Dies ergibt die untere Schleife. Variiert θ im Intervall $[2\pi/3; \pi]$, so ist r wieder positiv und wir erhalten die linke obere Schleife. Durchläuft θ weitere Werte, so erhalten wir lediglich eine Wiederholung der schon bekannten Schleifen.

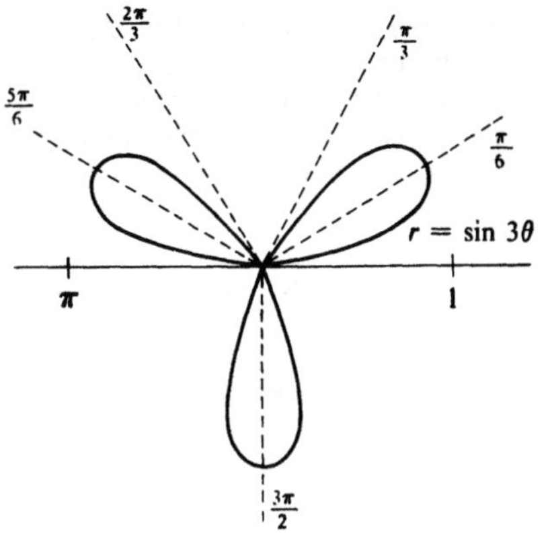

Bild 10.61

●

Übungen:

1. Man zeichne die Punkte mit den Polarkoordinaten:
   (*a*) $(1; \pi/6)$, (*b*) $(2; \pi/3)$,
   (*c*) $(2; -\pi/3)$, (*d*) $(-2; \pi/3)$,
   (*e*) $(2; 7\pi/3)$, (*f*) $(0; \pi/4)$.
2. Man gebe die rechtwinkeligen Koordinaten der Punkte aus Übung 1 an.
3. Man gebe mindestens 3 Paare von Polarkoordinaten $(r; \theta)$ für den Punkt $(3; \pi/4)$ an.
   (*a*) mit $r > 0$, (*b*) mit $r < 0$.
4. Man suche die Polarkoordinaten $(r; \theta)$ mit $0 \leqslant \theta < 2\pi$ und positivem r für die Punkte mit den rechtwinkeligen Koordinaten:
   (*a*) $(\sqrt{2}; \sqrt{2})$, (*b*) $(-1; \sqrt{3})$,
   (*c*) $(-5; 0)$, (*d*) $(-\sqrt{2}; -\sqrt{2})$,
   (*e*) $(0; -3)$, (*f*) $(1; 1)$.

In den Übungen 5 bis 9 transformiere man die Gleichung in eine Beziehung von rechtwinkelige Koordinaten.

5. $r = \sin\theta$
6. $r = \operatorname{cosec}\theta$
7. $r = 3/(4\cos\theta + 5\sin\theta)$
8. $r = 4\cos\theta + 5\sin\theta$
9. $r = \sin 2\theta$.

Hinweis: Man benutze die Identität für $\sin 2\theta$.

In den Übungen 10 bis 15 transformiere man die Gleichung in eine Beziehung für Polarkoordinaten.

10. $y = x^2$
11. $x + 2y = 3$
12. $x^2 + y^2 = 5$
13. $xy = 1$
14. $x^2 + y^2 = 4x$
15. $x = -2$

In den Übungen 16 bis 21 zeichne man den Graphen der gegebenen Gleichungen.

16. $r = 1 + \sin\theta$
17. $r = 3 + 2\cos\theta$
18. $r = 1/\theta, \theta > 0$
19. $r = e^{\theta}, \theta \geqslant 0$
20. $r = \cos 3\theta$
21. $r = \cos 2\theta$

■

22. (*a*) Man zeichne die Kurven $r = 1 + \cos\theta$ und $r = 2\cos\theta$ bezüglich der gleichen Polarachse.
    (*b*) Wo schneiden einander die in (*a*) angegebenen Kurven? (Es gibt zwei Schnittpunkte, die jedoch nicht beide durch Gleichsetzung von $1 + \cos\theta$ und $2\cos\theta$ erhalten werden.)
23. (*a*) Man zeichne die Kurven $r = \sin\theta$ und $r = \cos 2\theta$ bezüglich der gleichen Polarachse.
    (*b*) Wo schneiden einander die in (*a*) angegebenen Kurven. (Es gibt vier Schnittpunkte.)

Die Kurve $r = 1 + a\cos\theta$ (oder $r = 1 + a\sin\theta$) wird Limakon genannt. Ihre Form hängt von der Wahl der Konstante a ab. Für $a = 1$ ergibt sich die Kardiode des Beispiels 5. Die Übungen 24 und 25 beschäftigen sich mit anderen Werten von a.

24. Man zeichne den Graphen der Gleichung $r = 1 + 2\cos\theta$. (Für $|a| > 1$ schneidet der Graph von $r = 1 + a\cos\theta$ sich selbst und bildet eine Schleife.)
25. Man zeichne den Graphen von
    $$r = 1 + \tfrac{1}{2}\cos\theta.$$
26. Man suche die rechtwinkeligen Koordinaten der Gleichung
    $$r^2 = \cos 2\theta.$$
27. Man zeichne die Kurve von Übung 26 in Polarkoordinaten. Wenn $\cos 2\theta$ negativ wird, ist r nicht definiert, wenn $\cos 2\theta$ positiv ist, gibt es zwei Werte von r, nämlich $\sqrt{\cos 2\theta}$ und $-\sqrt{\cos 2\theta}$.

■■

In Anhang B wird gezeigt, daß der Graph von $r = 1/(1 + e\cos\theta)$ für $e = 1$ eine Parabel, für $0 \leqslant e < 1$ eine Ellipse und für $e > 1$ eine Hyperbel darstellt. Die Übungen 28 bis 30 beschäftigen sich mit derartigen Graphen.

28. Man finde in rechtwinkeligen Koordinaten die Gleichung der Kurve $r = 1/(1 + \cos\theta)$.
29. (*a*) Man zeichne den Graphen der Gleichung
    $$r = \frac{1}{1 - \frac{1}{2}\cos\theta}.$$
    (*b*) Man finde in rechtwinkeligen Koordinaten eine Gleichung für die Kurve aus (*a*).
30. (*a*) Man zeichne den Graphen der Gleichung
    $$r = \frac{1}{1 + 2\cos\theta}.$$
    (*b*) Welchen Winkel schließen die Asymptoten des Graphen (*a*) mit der positiven x-Achse ein.
    (*c*) Man finde in rechtwinkeligen Koordinaten eine Gleichung für die Kurve aus (*a*).
31. (*a*) Man zeichne den Graphen von
    $$r = 3 + \cos\theta$$
    (*b*) Man suche den Punkt des Graphen von (*a*) mit dem größten Wert der y-Koordinate.

10.8 Gleichungen in Parameterdarstellung

Wenn ein Ball mit einer Geschwindigkeit von 10 m/s horizontal abgeschossen wird, fällt er entlang eines gekrümmten Weges. Unter Vernachlässigung des Luftwiderstandes ist sein Ort nach t Sekunden bezüglich des Koordinatensystems in Bild 10.62 durch $x = 10t$ und $y = -5t^2$ gegeben. Hier wird die Bahnkurve nicht dadurch beschrieben, daß y als Funktion von x ausgedrückt wird. Statt des-

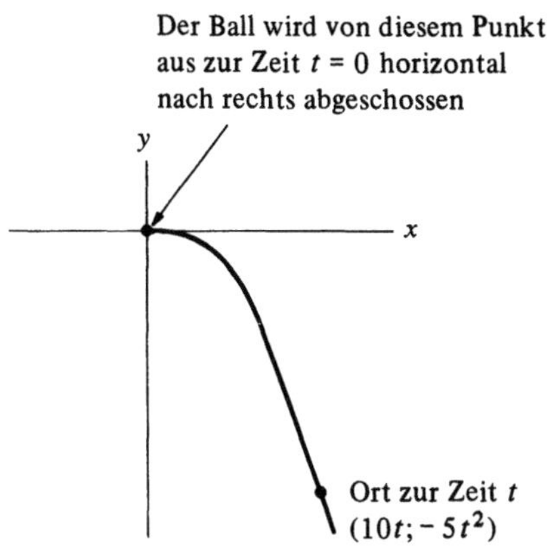

Bild 10.62

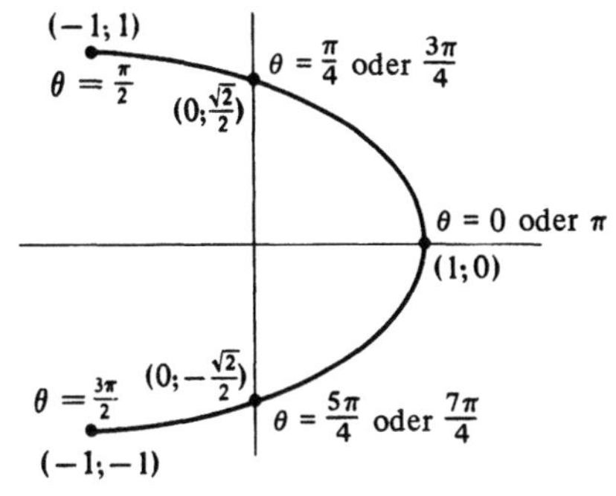

Bild 10.63

sen stellen wir x und y als Funktion einer dritten Variablen t dar. Die dritte Variable wird *Parameter* genannt (*para* bedeutet zusammen, *meter* bedeutet Maß). Die Gleichungen $x = 10t$, $y = -5t^2$ werden als *Gleichungen* der Kurve *in Parameterdarstellung* bezeichnet.

In diesem Beispiel kann t einfach eliminiert werden, so daß wir zu einer direkten Beziehung zwischen x und y gelangen:

$$t = \frac{x}{10}$$

und weiter

$$y = -5\left(\frac{x}{10}\right)^2 = -\frac{5}{100}x^2 = -\frac{1}{20}x^2.$$

Der Weg des fallenden Balles ist Teil der Kurve $y = -\frac{1}{20}x^2$.

Die nächsten drei Beispiele geben Gleichungen in Parameterdarstellung an, deren Parameter nicht die Zeit ist.

Beispiel 1: Es sei $x = \cos 2\theta$ und $y = \sin\theta$. Man zeichne den Graphen dieser Kurve und beschreibe sie.

Lösung: Da x und y Sinus und Kosinus von Winkeln sind, können $|x|$ und $|y|$ niemals größer werden als 1. Darüberhinaus gelangen wir jeweils wieder zum gleichen Punkt zurück, wenn θ um 2π angewachsen ist. In der folgenden Tafel sind einige Punkte des Graphen dargestellt.

θ	0	$\frac{\pi}{4}$	$\frac{\pi}{2}$	$\frac{3\pi}{4}$	π	$\frac{5\pi}{4}$	$\frac{3\pi}{2}$	$\frac{7\pi}{4}$	2π
x	1	0	−1	0	1	0	−1	0	1
y	0	$\frac{\sqrt{2}}{2}$	1	$\frac{\sqrt{2}}{2}$	0	$\frac{-\sqrt{2}}{2}$	−1	$\frac{-\sqrt{2}}{2}$	0

Der letzte Punkt fällt mit dem ersten zusammen. Die ersten acht Punkt legen für die Kurve eine Form nahe, wie sie in Bild 10.63 dargestellt ist. Wenn θ in dem Intervall $[0; 2\pi]$ variiert, wird der Graph zweimal durchlaufen. (Man beachte, daß θ nicht der Polarwinkel des Punktes $(x; y)$ ist.)

Die Kurve ist dem Teil einer Parabel ähnlich. Glücklicherweise sind die Gleichungen für x und y hinreichend einfach, so daß θ eliminiert und eine Relation zwischen x und y aufgefunden werden kann:

$$\begin{aligned} x = \cos 2\theta &= \cos^2\theta - \sin^2\theta \\ &= 1 - 2\sin^2\theta \\ &= 1 - 2y^2. \end{aligned}$$

Daher liegt der Weg des Punktes auf der Parabel

$$x = 1 - 2y^2.$$

Man beachte aber, daß der Weg des Punktes nur einen kleinen Teil der Parabel überdeckt und diesen Teil unendlich oft durchläuft, wie ein Pendel. ●

In Beispiel 1 war es einfach, den Parameter θ zu eliminieren und auf diese Weise eine Gleichung zu erhalten, in der nur x und y vorkommen. Im nächsten Beispiel würde die Eliminierung von θ zu einer komplizierten Beziehung zwischen x und y führen. Ein großer Vorteil von Gleichungen in Parameterdarstellung besteht in der Möglichkeit, bestimmte Kurven zu beschreiben, für die es schwer oder unmöglich sein kann, sie durch eine Gleichung zwischen x und y darzustellen.

Beispiel 2: Das Rad eines Fahrrades mit Radius a rollt auf einer Ebene, während ein an seinem Umfang angebrachter Stift eine Kurve beschreibt, die wir *Zykloide* nennen. Sie besteht aus einer Folge von Bögen; jeder vollen Umdrehung des Rades entspricht 1 Bogen (Bild 10.64).

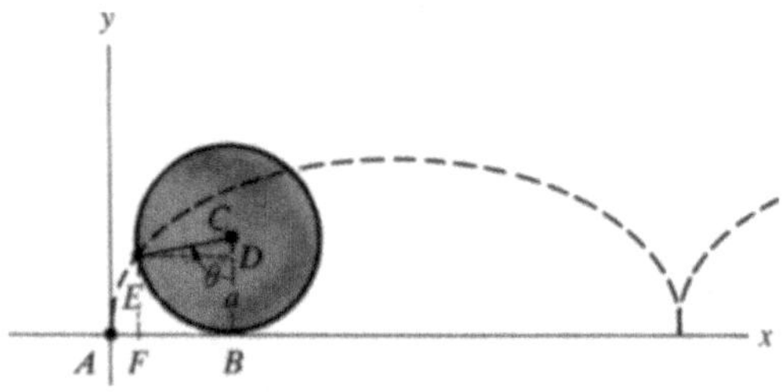

Das rollende Rad hat den Radius a

Da das Rad nicht gleitet, gilt: Bogen $EB = \overline{AB} = a\theta$

Für $\theta = 0$ berührt der Stift E den Boden bei $x = 0, y = 0$

Bild 10.64

Man gebe die Lage des Stiftes als Funktion des Winkels θ an, um den das Rad sich gerade gedreht hat.

Lösung: Die x-Koordinate des Stiftes, die zum Winkel θ gehört, ist durch

$$\overline{AF} = \overline{AB} - \overline{ED} = a\theta - a\sin\theta$$

gegeben. Für die y-Koordinate erhalten wir

$$\overline{EF} = \overline{BC} - \overline{CD} = a - a\cos\theta.$$

So ergibt sich für die Position des Stiftes in Abhängigkeit vom Parameter

$$\begin{cases} x = a\theta - a\sin\theta \\ y = a - a\cos\theta. \end{cases}$$

In diesem Falle würde das Eliminieren von θ zu einer komplizierten Relation zwischen x und y führen. ●

Für jede Kurve gibt es eine Parameterdarstellung. Betrachten wir etwa die Kurve $y = e^x + x$. Wir können selbstverständlich x selbst als den Parameter t einführen und schreiben

$$\begin{cases} x = t \\ y = e^t + t. \end{cases}$$

Diese Beschreibung mag etwas künstlich erscheinen, wird sich aber im nächsten Abschnitt als nützlich erweisen, wenn wir bestimmte Ergebnisse von Kurven in Parameterdarstellung auf Kurven der Form $y = f(x)$ übertragen wollen.

Wie können wir den Anstieg einer Kurve angeben, die durch die Parameterdarstellung

$$x = g(t), \quad y = h(t)$$

definiert wird. Ein mühsamer, vielleicht unmöglicher Weg wäre es, aus der Gleichung $x = g(t)$ nun t als Funktion von x darzustellen und das Ergebnis in die Gleichung $y = h(t)$ einzusetzen. Dadurch wäre y explizit durch x ausgedrückt und wir könnten die erhaltene Funktion differenzieren. Glücklicherweise gibt es einen anderen sehr bequemen Weg, den wir nun beschreiben wollen.

Nehmen wir an, die Funktionen g und h seien differenzierbar und dx/dt sei nicht Null. Wie in Abschnitt 5.10 gesagt wurde, ist t dann eine differenzierbare Funktion von x und es gilt

$$\frac{dt}{dx} = \frac{1}{dx/dt}.$$

Da y eine Funktion von t und t eine Funktion von x ist, ergibt die Kettenregel

$$\frac{dy}{dx} = \frac{dy}{dt} \cdot \frac{dt}{dx}.$$

Daraus folgt

$$\frac{dy}{dx} = \frac{dy/dt}{dx/dt}.$$

Diese Formel ist einfach zu merken und einfach anzuwenden.

Beispiel 3: Unter welchem Winkel schneidet der in Beispiel 2 dargestellte Zykloidenbogen die x-Achse im Ursprung?

Lösung: Die Parameterdarstellung der Zykloide war

$$x = a\theta - a\sin\theta, \quad y = a - a\cos\theta.$$

Hier spielt θ die Rolle des Parameters t. Wir erhalten weiter

$$\frac{dx}{d\theta} = a - a\cos\theta, \quad \frac{dy}{d\theta} = a\sin\theta.$$

Daraus ergibt sich

$$\frac{dy}{dx} = \frac{dy/d\theta}{dx/d\theta} = \frac{a\sin\theta}{a - a\cos\theta} = \frac{\sin\theta}{1-\cos\theta}.$$

Für θ aus der Umgebung von Null liegt $(x; y)$ in der Nähe des Ursprungs. Wie verhält sich der Anstieg

$$\frac{\sin\theta}{1-\cos\theta} \quad \text{für } \theta \to 0^+?$$

Wir können die Regel von de L'Hospital anwenden und erhalten

$$\lim_{\theta \to 0^+} \frac{\sin\theta}{1-\cos\theta} = \lim_{\theta \to 0^+} \frac{\cos\theta}{\sin\theta} = \infty.$$

Daher erreicht die Zykloide den Ursprung vertikal. •

Der Wankel-Motor. Die nächsten beiden Beispiele verwenden Parameterdarstellungen, um das geometrische Prinzip jenes Motors zu beschreiben, der von Felix Wankel im Jahre 1954 entwickelt wurde. Wankel stellte fest, daß ein gleichseitiges Dreieck in einer bestimmten Kurve derart rotieren kann, daß seine Eckpunkte stets die Kurve berühren, während sich sein Mittelpunkt auf einem Kreis bewegt. Diese beiden Beispiele sind nicht wesentlich für das Verständnis des übrigen Abschnittes.

Beispiel 4: Es seien e und R feste positive Zahlen, und wir betrachten die Kurve, die in Parameterdarstellung durch

$$x = e\cos 3\theta + R\cos\theta$$

und

$$y = e\sin 3\theta + R\sin\theta$$

gegeben ist. Man zeige, daß ein gleichseitiges Dreieck innerhalb dieser Kurve umlaufen kann, während sein Mittelpunkt einen Kreis mit dem Radius e beschreibt.

Lösung: Bild 10.65 zeigt einen typischen Punkt $P = (x; y)$, der dem Parameter-Wert θ entspricht. Wenn θ ausgehend von jedem beliebigen Winkel um $2\pi/3$ anwächst, umläuft der Punkt Q einmal den Kreis mit dem Radius e und kehrt zu seiner Ausgangsposition zurück. Während dieses Umlaufes von Q hat der Punkt P einen Punkt P_1 erreicht, dessen Winkel nun nicht mehr durch θ sondern durch $\theta + 2\pi/3$ gegeben ist. Liegt also der Punkt P auf der Kurve, so gilt dies auch für die Punkte P_1 und P_2, die in Bild 10.66 dargestellt sind.

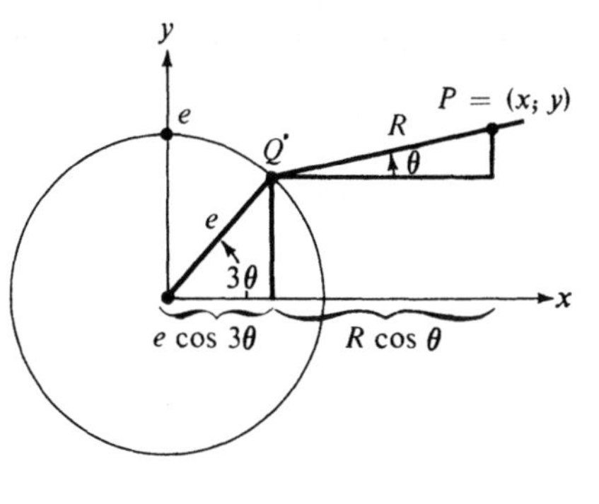

Bild 10.65

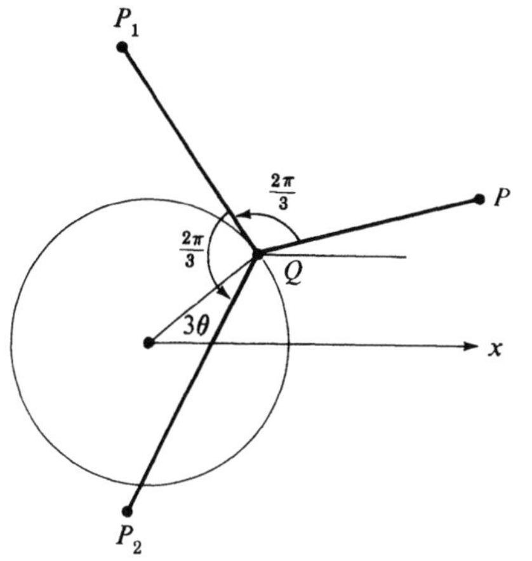

Bild 10.66

Daher bewegt sich das gleichseitige Dreieck mit den Eckpunkten P, P_1 und P_2 einmal um die Kurve, während sein Mittelpunkt Q dreimal den Kreis mit dem Radius e umläuft. •

Welche Form hat die in Beispiel 4 erläuterte Kurve? Wankel beschrieb die Kurve, ohne zu wissen, daß sie den Mathematikern schon lange in einem anderen Zusammenhang bekannt war. Beispiel 5 gibt diesen Zusammenhang und eine Möglichkeit zur Zeichnung der Kurve.

Beispiel 5: Ein Kreis mit Radius r rollt auf einem festen Kreis mit dem Radius $2r$ ab, ohne zu gleiten. Man beschreibe den Weg eines Punktes P, der im Abstand e vom Mittelpunkt des abrollendes Kreises liegt, wobei $0 \leqslant e \leqslant r$ gilt.

Lösung: Wir ordnen den rollenden Kreis wie im Bild 10.67 an. Man beachte, daß der Mittelpunkt C des abrollenden Kreises einen Kreis mit dem Radius $3r$ durchläuft. Es sei $R = 3r$.

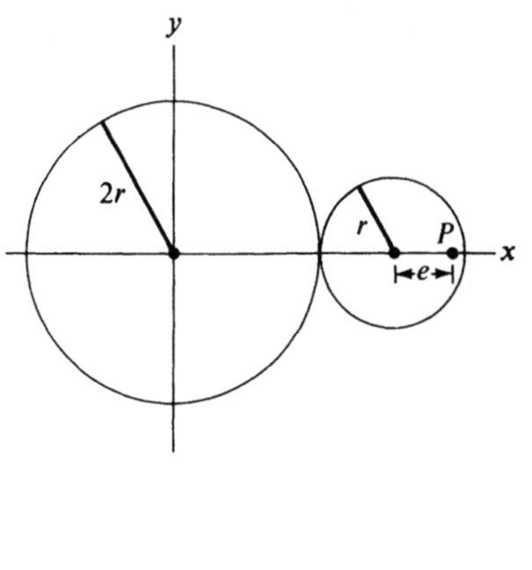

Bild 10.67

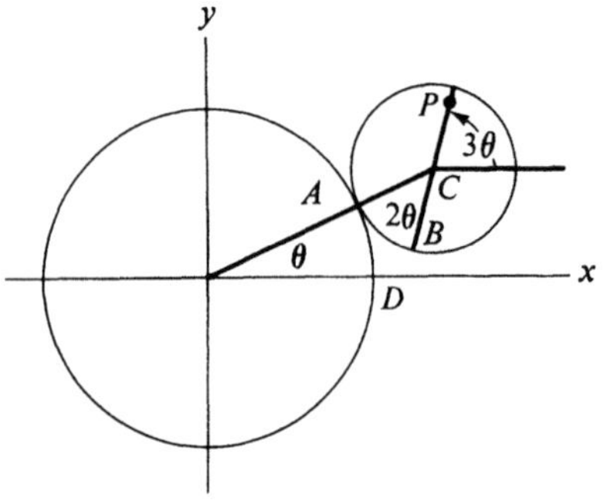

Bild 10.68

Nun entspricht die von P durchlaufene Kurve genau der „Wankel-Kurve" (Bild 10.69). Sie war den Mathematikern schon lang als *Epitrochoide* bekannt. ●

Damit nun der bewegte Rotor in der Wankelmaschine die Antriebswelle bewegen kann, sind an ihm entlang eines Kreises mit dem Radius $2e$ Zähne angebracht, die in die Zähne der Antriebswelle mit dem Radius e eingreifen (Bild 10.70). Für jeden vollständigen Umlauf des Rotors vollendet die Antriebswelle 3 Umläufe.

Der Stuttgarter Professor Othmar Baier identifizierte die Wankelkurve als Epitrochoide. Diese Einsicht war wichtig für die Praxis, denn sie ermöglichte Vereinfachungen bei der Herstellung der Arbeitsfläche des Motors.

Wenn der kleine Kreis gegen den Uhrzeigersinn auf dem festen Kreis abrollt, ohne zu gleiten, beschreibt er einen Weg, dessen Anfang im Bild 10.68 dargestellt ist.

Da der Radius des abrollenden Kreises dem halben Radius des festen Kreises entspricht, ist der Winkel ACB gleich 2θ. Daher schließt CP mit der x-Achse einen Winkel ein, der durch die Summe von θ und 2θ, also durch 3θ gegeben ist, denn bekanntlich ist in einem Dreieck ein Außenwinkel gleich der Summe der beiden gegenüberliegenden Innenwinkel. Der Punkt $P = (x; y)$ hat somit in Parameterdarstellung die Koordinaten

$$x = e \cos 3\theta + R \cos \theta$$

und

$$y = e \sin 3\theta + R \sin \theta.$$

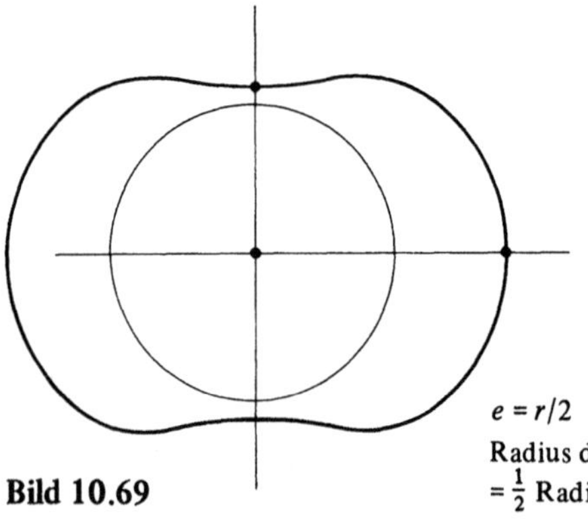

Bild 10.69

$e = r/2$

Radius des bewegten Kreises $= \frac{1}{2}$ Radius des festen Kreises

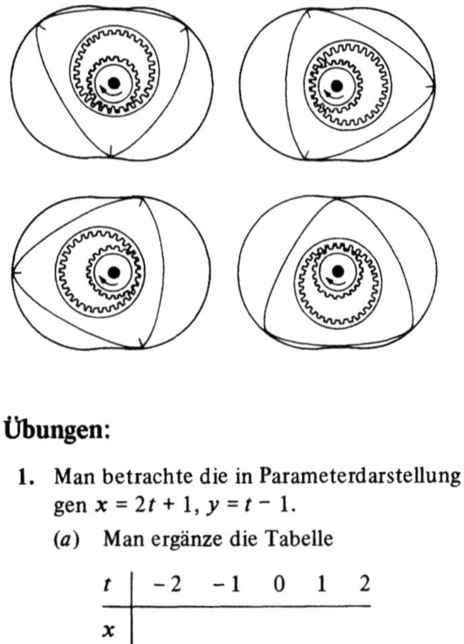

Bild 10.70

Übungen:

1. Man betrachte die in Parameterdarstellung gegebenen Gleichungen $x = 2t + 1$, $y = t - 1$.
   (*a*) Man ergänze die Tabelle

t	-2	-1	0	1	2
x					
y					

   (*b*) Man zeichne die fünf Punkte $(x; y)$ aus (*a*).
   (*c*) Man zeichne die Kurve, die durch die Parameterdarstellung $x = 2t + 1$, $y = t - 1$ gegeben ist.
   (*d*) Man eliminiere t um für den Graphen eine Gleichung zwischen x und y aufzustellen.

2. Man betrachte die in Parameterdarstellung gegebenen Gleichungen $x = t + 1$, $y = t^2$.
   (*a*) Man ergänze die Tabelle:

t	-2	-1	0	1	2
x					
y					

(*b*) Man zeichne die fünf Punkte aus (*a*).
(*c*) Man zeichne die Kurve.
(*d*) Man finde eine Gleichung zwischen x und y, die die Kurve beschreibt.

3. Man betrachte die in Parameterdarstellung gegebenen Gleichungen $x = t^2$, $y = t^2 + t$.

(*a*) Man ergänze die Tabelle

t	-3	-2	-1	0	1	2	3
x							
y							

(*b*) Man zeichne die sieben Punkte aus (*a*).
(*c*) Man zeichne die durch $x = t^2$, $y = t^2 + t$ gegebene Kurve.
(*d*) Man eliminiere t und finde für den Graphen eine Gleichung in x und y.

4. (*a*) Für $t = -1$, 0 und 1 gebe man drei Punkte auf der Kurve

$$x = t^7 + t^2 + 1$$
$$y = 2t^6 + 3t + 1$$

an.

(*b*) Kann aus den beiden Gleichungen t eliminiert werden?
(*c*) Welche Werte nimmt y/x für große t an?
(*d*) Welchen Anstieg hat die Kurve im Punkt mit dem Parameterwert $t = 1$?

5. Man betrachte die in Parameterdarstellung gegebenen Gleichungen $x = 2\cos\theta$, $y = 3\sin\theta$.

(*a*) Man ergänze die Tabelle und stelle die Größen durch Dezimalzahlen dar.

θ	0	$\frac{\pi}{4}$	$\frac{\pi}{2}$	$\frac{3\pi}{4}$	π	$\frac{5\pi}{4}$	$\frac{3\pi}{2}$	$\frac{7\pi}{4}$	2π
x									
y									

(*b*) Man zeichne die acht Punkte aus (*a*).
(*c*) Man zeichne die Kurve, die durch $x = 2\cos\theta$, $y = 3\sin\theta$ gegeben wird.
(*d*) Mit Hilfe der Identität $\cos^2\theta + \sin^2\theta = 1$ eliminiere man θ.
(*e*) Ist θ der Polarwinkel von $(2\cos\theta;\ 3\sin\theta)$?

6. Mit Hilfe der im Anschluß an Beispiel 2 dargestellten Methode beschreibe man jeden dieser Graphen in Parameterdarstellung.

(*a*) $y = x^3 - x^2$, x als Parameter;
(*b*) $x = e^y$, y als Parameter;
(*c*) $y = x \sin x$, x als Parameter;
(*d*) $x = \sin 3y$, y als Parameter.

7. Welchen Wert nimmt θ im Beispiel zwei an, wenn der Punkt E

(*a*) am Gipfel des ersten Bogens,
(*b*) am rechten Ende des ersten Bogens,
(*c*) am Gipfel des zweiten Bogens,
(*d*) am rechten Ende des zweiten Bogens liegt?

8. Ein Ball wird unter einem Winkel α mit einer Anfangsgeschwindigkeit v_0 abgeschossen (Bild 10.71). Mißt man die Zeit in Sekunden und den Weg in Metern, kann gezeigt werden, daß der Ball nach t Sekunden an dem Punkt

$$x = (v_0 \cos\alpha)\, t$$
$$y = (v_0 \sin\alpha)\, t - 5t^2$$

angelangt ist. Man eliminiere t. Entsprechend der resultierenden Gleichung ist der Weg des Balles eine Parabel.

Bild 10.71

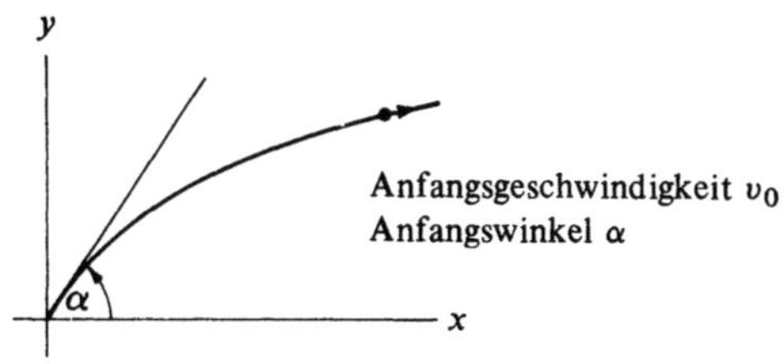

9. Man eliminiere t und zeichne

$$x = e^t$$
$$y = e^{2t}.$$

10. Anstatt x und y durch t darzustellen, ist es manchmal günstiger die Polarkoordinaten r und θ durch t auszudrücken. Man eliminiere t aus

$$r = 3t, \quad \theta = 6t$$

und zeichne die Kurve.

11. Eine Kurve ist in Parameterdarstellung durch die Gleichungen

$$x = t^5 + \sin 2\pi t$$
$$y = t + e^t$$

gegeben.

(*a*) Man gebe den Anstieg der Kurve in dem zu $t = 1$ gehörigen Punkt an.
(*b*) Man versuche, y explizit durch x auszudrücken.

12. Man suche die Fläche, die von einem Bogen der Zykloide des Beispiels 2 und der x-Achse eingeschlossen wird. *Hinweis:* Die Fläche ist durch $\int_0^{2\pi a} y\, dx$ gegeben. Man substituiere $x = a\theta - a\sin\theta$ und drücke y, dx und die Integrationsgrenzen durch θ aus.

13. Man betrachte die Kardioide $r = 1 + \cos\theta$.

(*a*) Man stelle die x und y-Koordinaten eines typischen Punktes der Kardioide parametrisch durch θ dar.
(*b*) Welchen Wert hat der Anstieg der Kardioide im Punkt $(x; y) = (0; 1)$?
(*c*) Was geschieht mit dem Anstieg der Kardioide in der Nähe von $(x; y) = (0; 0)$, aber oberhalb der x-Achse?

■

14. Man betrachte die in Parameterdarstellung

$$x = t^2 + e^t, \quad y = t + e^t$$

vorliegende Kurve für Werte von t aus $[0; 1]$.

(*a*) Man zeichne die Punkte für $t = 0, \frac{1}{2}$ und 1.

(*b*) Man zeichne die Kurve.

(*c*) Man gebe den Anstieg der Kurve im Punkt (1; 1) an.

(*d*) Man bestimme die Fläche des Gebietes unterhalb der Kurve und oberhalb des Intervalls $[1; e + 1]$.

15. a und b seien positive Zahlen. Man betrachte die Kurve mit der Parameterdarstellung

$$x = a \cos t, \quad y = b \sin t.$$

(*a*) Man zeige, daß die Kurve eine Ellipse ist.

$$\frac{x^2}{a^2} + \frac{y^2}{b^2} = 1.$$

(*b*) Der zum Parameterwert t gehörige Punkt $(x; y)$ hat den Polarwinkel θ. Für welche Werte von t gilt $t = \theta$?

(*c*) Man bestimme die Fläche des von der Ellipse begrenzten Gebietes durch eine Substitution, mit deren Hilfe $4 \int\limits_0^a y\,dx$ durch ein Integral ersetzt wird, in dem t die Variable und $[0; \pi/2]$ das Integrationsgebiet sind.

■■

16. a sei eine positive Konstante. Man betrachte die Kurve mit der Parameterdarstellung $x = a \cos^3 t$, $y = a \sin^3 t$.

(*a*) Man zeichne die Kurve.

(*b*) Man bestimme den Anstieg der Kurve für den zum Parameterwert t gehörigen Punkt.

17. Man betrachte eine Tangente an die Kurve der Übung 16 und zwar in einem Punkt P des ersten Quadranten und zeige, daß die Länge des Segmentes, das die Koordinatenachsen von dieser Tangente abschneiden, durch a gegeben wird.

Diese Übung hängt mit den Beispielen 4 und 5 (Wankelmotor) zusammen.

18. In Beispiel 5 rollt ein Kreis vom Radius r auf einem Kreis vom Radius $2r$ ab. Statt dessen untersucht man die Kurve, die ein Punkt P im Abstand e vom Mittelpunkt des rollenden Kreises beschreibt, wobei $0 \leqslant e \leqslant r$, wenn der Radius des festen Kreises $3r$ beträgt.

(*a*) Man gebe die Parameterdarstellung der entstehenden Kurve an.

(*b*) Man zeichne die Kurve.

(*c*) Die Kurve in (*b*) wird dreilappige Epitrochoide genannt. Man zeige, daß ein quadratischer Rotor in ihr umlaufen kann, ebenso wie dies für den dreieckigen Rotor in Beispiel 4 möglich war. Maschinen dieser Form wurden erprobt, sind jedoch nicht so wirksam wie die Standardform des Wankelmotors.

10.9 Bogenlänge und Geschwindigkeit auf einer Kurve

Der Weg eines Teilchens ist in Parameterform gegeben

$$x = g(t), \quad y = h(t).$$

(Man stelle sich t als Zeitkoordinate vor.) Ein Physiker könnte die folgenden Fragen stellen. „Welchen Weg legt das Teilchen in der Zeit von $t = a$ bis $t = b$ zurück?" „Welche Geschwindigkeit besitzt das Teilchen zur Zeit t?"

Betrachten wir zuerst die Frage nach dem zurückgelegten Weg. Die zweite Frage wird dann mit Hilfe der Ableitung leicht beantwortet werden können. (Bei unseren Überlegungen werden wir den Parameter mit t bezeichnen und annehmen, er beschreibe die Zeit. Unsere Resultate gelten jedoch für jeden Parameter.)

Die Bestimmung der Bogenlänge. Wenn sich ein bewegtes Teilchen zur Zeit t im Punkt $(x; y) = (g(t); h(t))$ befindet, dann werden wir zeigen, daß die Länge seines Weges in der Zeit von $t = a$ bis $t = b$ durch

$$\int\limits_a^b \sqrt{[g'(t)]^2 + [h'(t)]^2}\,dt$$

oder

$$\int\limits_a^b \sqrt{\left(\frac{dx}{dt}\right)^2 + \left(\frac{dy}{dt}\right)^2}\,dt$$

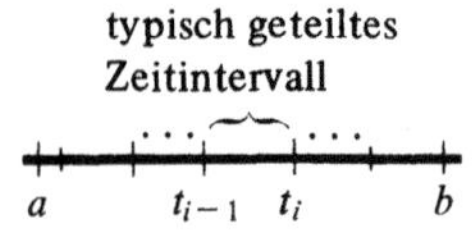

Bild 10.72

gegeben ist. (Wir nehmen an, daß g und h stetige Ableitungen besitzen. Wir werden Argumente für die Plausibilität dieser Formel geben.)

Man teile das Zeitintervall $[a; b]$ (Bild 10.72) und verwende diese Teilung, um ein Polygon in die Bahnkurve des bewegten Teilchens einzuzeichnen. Die Länge eines solchen Polygons sollte sich der Bogenlänge annähern, wenn sich

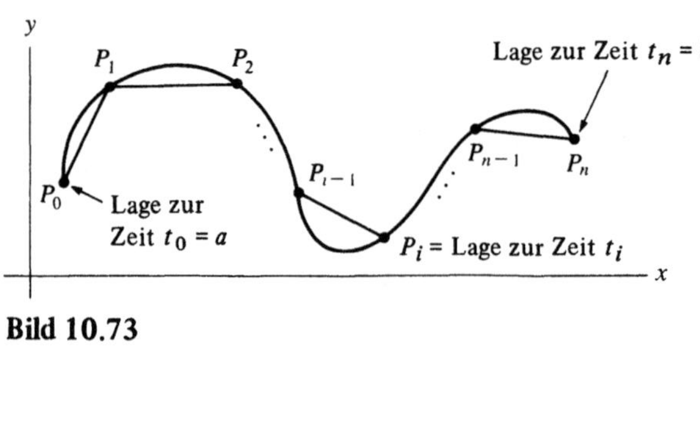

Bild 10.73

die Enge des Teilungsrasters von $(a; b)$ Null annähert, da dann die Punkte P_i entlang der Kurve immer näher und näher aneinanderrücken werden. Die Länge eines typischen geradlinigen Segmentes

$$P_{i-1}P_i \quad \text{mit} \quad P_{i-1} = (g(t_{i-1}); h(t_{i-1})) \quad \text{und} \quad P_i = (g(t_i); h(t_i))$$

beträgt

$$\sqrt{[g(t_i) - g(t_{i-1})]^2 + [h(t_i) - h(t_{i-1})]^2},$$

so ergibt sich für die Länge des Polygons die Summe

$$\sum_{i=1}^{n} \sqrt{[g(t_i) - g(t_{i-1})]^2 + [h(t_i) - h(t_{i-1})]^2}. \tag{1}$$

Wir werden diese Summe in Verbindung zu den typischen Summen bringen, die bei der Definition bestimmter Integrale über das Intervall $[a; b]$ auftreten.

Dem Mittelwertsatz zufolge existieren Zahlen T_i^* und T_i^{**} beide aus dem Intervall $[t_{i-1}; t_i]$, so daß

$$g(t_i) - g(t_{i-1}) = g'(T_i^*)(t_i - t_{i-1})$$

und

$$h(t_i) - h(t_{i-1}) = h'(T_i^{**})(t_i - t_{i-1}).$$

Daher kann die Summe (1) wie folgt umgeschrieben werden:

$$\sum_{i=1}^{n} \sqrt{[g'(T_i^*)]^2 + [h'(T_i^{**})]^2}\,(t_i - t_{i-1}). \tag{2}$$

Wäre nun T_i^{**} gleich T_i^*, dann würde diese Summe (2) mit einer der Approximationssummen für

$$\int_a^b \sqrt{[g'(t)]^2 + [h'(t)]^2}\,dt$$

zusammenfallen.

Diese Schwierigkeit läßt sich vermeiden, denn für stetiges h' liegt $h'(T_i^{**})$ jedenfalls nahe bei $h'(T_i^*)$, wenn nur die Teilung von $[a; b]$ sehr fein ist. Wenn die Summe in (2) eine gute Näherung für die Bogenlänge ist, dann gilt dies vermutlich auch für die Summe

$$\sum_{i=1}^{n} \sqrt{[g'(T_i^*)]^2 + [h'(T_i^*)]^2}\,(t_i - t_{i-1}). \tag{3}$$

Mit anderen Worten ist die Annahme vernünftig:

$$\lim_{\text{Maß} \to 0} \sum_{i=1}^{n} \sqrt{[g'(T_i^*)]^2 + [h'(T_i^*)]^2}\,(t_i - t_{i-1}) = \text{Bogenlänge}.$$

Nun ist aber gerade dieser Limes genau die Definition des bestimmten Integrals

$$\int_a^b \sqrt{[g'(t)]^2 + [h'(t)]^2}\,dt.$$

So zeigt sich, warum dieses bestimmte Integral die Bogenlänge ergeben sollte.

Beispiel 1: Man bestimme den Weg s, den der am Anfang von Abschnitt 10.8 beschriebene Ball während der ersten b Sekunden zurücklegt.

Lösung: Hier war $x = 10t$ und $y = -5t^2$. Daher $g'(t) = 10$ und $h'(t) = -10t$. Hieraus folgt

$$s = \int_0^b \sqrt{(32)^2 + (-32t)^2}\,dt = 32 \int_0^b \sqrt{1 + t^2}\,dt.$$

Dieses bestimmte Integral kann mit Hilfe einer Integraltafel oder der Substitution $t = \tan\theta$ ausgewertet werden. Sein Wert beträgt

$$16b\sqrt{1 + b^2} + 16 \ln(b + \sqrt{1 + b^2}). \bullet$$

Beispiel 2: Man bestimme die Länge eines Bogens der Zykloide des Beispiels 2 aus Abschnitt 10.8.

Lösung: Hier war der Parameter θ und wir berechnen $dx/d\theta$ und $dy/d\theta$:

$$\frac{dx}{d\theta} = \frac{d(a\theta - a\sin\theta)}{d\theta} = a - a\cos\theta$$

und

$$\frac{dy}{d\theta} = \frac{d(a - a\cos\theta)}{d\theta} = a\sin\theta.$$

Während eines vollständigen Bogens variiert θ von 0 bis 2π. Entsprechend unserer Formel für die Bogenlänge ergibt sich für die Länge eines Bogens

$$\int_0^{2\pi} \sqrt{(a - a\cos\theta)^2 + (a\sin\theta)^2}\,d\theta.$$

So folgt

$$\text{Bogenlänge} = a\int_0^{2\pi}\sqrt{(1-\cos\theta)^2+(\sin\theta)^2}\,d\theta$$

$$= a\int_0^{2\pi}\sqrt{1-2\cos\theta+(\cos^2\theta+\sin^2\theta)}\,d\theta$$

$$= a\int_0^{2\pi}\sqrt{2-2\cos\theta}\,d\theta$$

$$= a\sqrt{2}\int_0^{2\pi}\sqrt{1-\cos\theta}\,d\theta$$

$$= a\sqrt{2}\int_0^{2\pi}\sqrt{2}\sin\frac{\theta}{2}\,d\theta \qquad \text{Trigonometrie}$$

$$= 2a\int_0^{2\pi}\sin\frac{\theta}{2}\,d\theta \underset{\text{H.S.}}{=} 2a\left(-2\cos\frac{\theta}{2}\right)\Bigg|_0^{2\pi}$$

$$= 2a[-2(-1)-(-2)(1)] = 8a.$$

Wenn θ von 0 bis 2π variiert, legt das Fahrrad eine Entfernung von $2\pi a = 6{,}28a$ zurück und der Stift auf dem Reifen durchläuft einen Weg von $8a$. ●

Aus der Formel für die Länge eines in Parameterdarstellung gegebenen Weges kann man schließlich auf einfache Weise die Formel für die Länge einer Kurve der Form $y = f(x)$ herleiten.

Die Bestimmung der Bogenlänge für $y = f(x)$. Die Länge der Kurve $y = f(x)$ für x aus dem Intervall $[a; b]$ ist gleich

$$\int_a^b \sqrt{1+[f'(x)]^2}\,dx \quad \text{oder} \quad \int_a^b \sqrt{\left(1+\left(\frac{dy}{dx}\right)^2\right)}\,dx$$

(f habe eine stetige Ableitung).

Diese Formel ergibt sich aus dem Ausdruck für die Länge eines in Parameterdarstellung gegebenen Weges mit Hilfe der Parametrisierung

$$x = t, \quad y = f(t).$$

Es folgt dann

$$\frac{dx}{dt} = 1 \quad \text{und} \quad \frac{dy}{dt} = f'(t).$$

Die Formel

$$\int_a^b \sqrt{\left(\frac{dx}{dt}\right)^2+\left(\frac{dy}{dt}\right)^2}\,dt$$

nimmt die Form

$$\int_a^b \sqrt{1^2+[f'(t)]^2}\,dt$$

an. Mit $x = t$ folgt

$$\int_a^b \sqrt{1+[f'(x)]^2}\,dx.$$

Beispiel 3: Man bestimme die Länge der Kurve $y = x^3$ für x aus $[1; 2]$.

Lösung: In diesem Falle ergibt sich

$$\frac{dy}{dx} = 3x^2.$$

Daher beträgt die Bogenlänge

$$\int_1^2 \sqrt{1+(3x^2)^2}\,dx \quad \text{oder} \quad \int_1^2 \sqrt{1+9x^4}\,dx.$$

Bei der Berechnung dieses bestimmten Integrals kann der Fundamentalsatz nicht angewendet werden, da die Funktion $\sqrt{1+9x^4}$ kein elementares Integral besitzt. Das bestimmte Integral könnte durch eine Näherungssumme abgeschätzt werden, die auf einer Teilung des Intervalls $[1; 2]$ basiert. ●

Im übrigen kann die Länge einer Kurve $y = x^a$, wobei a eine ganze Zahl ist, üblicherweise nicht mit Hilfe des Fundamentalsatzes berechnet werden. Nur im Fall $a = 0$ (der Graph ist eine horizontale Gerade), $a = 1$ (der Graph ist die Gerade $y = x$) und $a = 2$ (der Graph ist die Parabel $y = x^2$) kann die Länge der Kurve mit Hilfe des Fundamentalsatzes ermittelt werden. Übung 21 behandelt diese Frage.

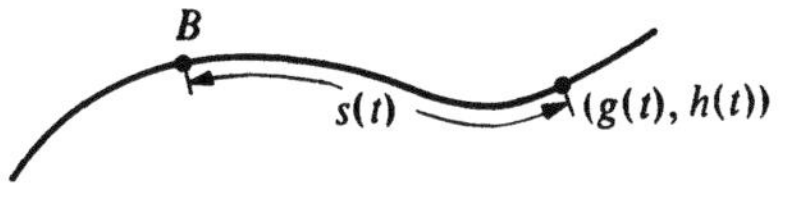

Bild 10.74

In der Praxis sind wir nicht so sehr an der Länge des Weges, sondern mehr an der Geschwindigkeit des Teilchens interessiert, während es seinen Weg durchläuft. Mit Hilfe unserer bisherigen Erkenntnisse können wir diese Geschwindigkeit leicht ermitteln.

Betrachten wir ein Teilchen, das sich zur Zeit t im Punkt $(x; y) = (g(t); h(t))$ befindet. Wählen wir einen Punkt B auf der Kurve, um ausgehend von ihm die Distanz längs der Kurve zu bestimmen (Bild 10.74). (Nehmen wir an, die Kurve habe eine Bogenlänge.) Es sei $s(t)$ die Entfernung von B bis zu $(g(t); h(t))$. Wir werden stets annehmen, daß durch die Wahl von B die Entfernung $s(t)$ eine *wachsende Funktion* von t ist.

Definition der Geschwindigkeit auf einem gekrümmten Weg. Existiert die Ableitung ds/dt, so wird sie als *Geschwindigkeit des Teilchens* bezeichnet.

Da $s(t)$ als wachsende Funktion angenommen wurde, ist die Geschwindigkeit nicht negativ.

Bereits im Abschnitt 1.1 konnten wir die Geschwindigkeit eines Teilchens behandeln, das sich auf einem geraden Weg bewegt. Nun ist es möglich, die Geschwindigkeit eines Teilchens zu berechnen, das sich auf einem gekrümmten Weg bewegt.

Die Bestimmung der Geschwindigkeit eines Teilchens entlang eines gekrümmten Weges. Befindet sich ein Teilchen zur Zeit t am Punkt $(x; y) = (g(t); h(t))$, wobei g und h Funktionen mit stetigen Ableitungen sind, dann besitzt es zur Zeit t die Geschwindigkeit

$$\sqrt{[g'(t)]^2 + [h'(t)]^2}.$$

Die Begründung ist einfach. $s(t)$ sei die Bogenlänge entlang der Kurve, ausgehend von einem bestimmten Basispunkt B bis zum Ort des Teilchens zur Zeit t.

Nun gilt

$$s(t) = \int_a^t \sqrt{[g'(T)]^2 + [h'(T)]^2}\, dT.$$

(Wir haben den Buchstaben T eingeführt, da t bereits zur Bezeichnung des Integrationsintervalles verwendet wurde.)

Wenn wir diese Gleichung nach t differenzieren (und den zweiten Fundamentalsatz verwenden), so ergibt sich

$$\frac{ds}{dt} = \sqrt{[g'(t)]^2 + [h'(t)]^2}.$$

Beispiel 4: Man bestimme die Geschwindigkeit des am Beginn von Abschnitt 10.9 beschriebenen Balles zur Zeit t.

Lösung: Zur Zeit t befindet sich der Ball an dem Punkt

$$(x; y) = (10t; -5t^2).$$

Daher beträgt dx/dt oder wie wir üblicherweise schreiben $\dot{x} = 10$ und $\dot{y}$ beträgt $-10t$. Somit ergibt sich für die Geschwindigkeit des Balles

$$\frac{ds}{dt} = \sqrt{\dot{x}^2 + \dot{y}^2} = \sqrt{10^2 + (-10t)^2} = 10\sqrt{1 + t^2}. \quad \bullet$$

Bisher haben wir in diesem Abschnitt Kurven in rechtwinkeligen Koordinaten beschrieben. Als nächstes betrachten wir eine in Polarkoordinaten gegebene Kurve mit der Gleichung $r = f(\theta)$.

Die Bestimmung der Bogenlänge von $r = f(\theta)$. Die Länge der Kurve $r = f(\theta)$ für θ aus dem Intervall $[\alpha; \beta]$ ist gleich

$$\int_\alpha^\beta \sqrt{[f(\theta)]^2 + [f'(\theta)]^2}\, d\theta \quad \text{oder} \quad \int_\alpha^\beta \sqrt{r^2 + (r')^2}\, d\theta.$$

(f habe eine stetige Ableitung.)

Diese Formel kann aus dem entsprechenden Ausdruck für rechtwinkelige Koordinaten wie folgt hergeleitet werden: Man bestimmt die rechtwinkeligen Koordinaten des Punktes, dessen Polarkoordinaten durch

$$(r; \theta) = (f(\theta); \theta)$$

gegeben sind. Wir erhalten

$$x = f(\theta)\cos\theta, \quad y = f(\theta)\sin\theta.$$

Nun liegt die Kurve in rechtwinkeliger Form mit dem Parameter θ vor. Daher beträgt ihre Bogenlänge

$$\int_\alpha^\beta \sqrt{\left(\frac{dx}{d\theta}\right)^2 + \left(\frac{dy}{d\theta}\right)^2}\, d\theta.$$

So gilt

$$\frac{dx}{d\theta} = f(\theta)(-\sin\theta) + f'(\theta)\cos\theta$$

und

$$\frac{dy}{d\theta} = f(\theta)\cos\theta + f'(\theta)\sin\theta.$$

Es folgt

$$\left(\frac{dx}{d\theta}\right)^2 + \left(\frac{dy}{d\theta}\right)^2 = [f(\theta)]^2\sin^2\theta - 2f(\theta)f'(\theta)\sin\theta\cos\theta$$
$$+ [f'(\theta)]^2\cos^2\theta + [f(\theta)]^2\cos^2\theta$$
$$+ 2f(\theta)f'(\theta)\sin\theta\cos\theta$$
$$+ [f'(\theta)]^2\sin^2\theta.$$

Dies kann mit Hilfe der Identität $\sin^2\theta + \cos^2\theta = 1$ zu $[f(\theta)]^2 + [f'(\theta)]^2$ vereinfacht werden, so daß unsere Ausgangsformel bewiesen ist.

Beispiel 5: Man bestimme die Länge der Spirale $r = e^{-3\theta}$ für θ aus dem Intervall $[0; 2\pi]$.

Lösung: Man berechne zuerst

$$r' = \frac{dr}{d\theta} = -3e^{-3\theta}$$

und benutze dann die Formel

$$\text{Bogenlänge} = \int_\alpha^\beta \sqrt{r^2 + (r')^2}\, d\theta$$
$$= \int_0^{2\pi} \sqrt{(e^{-3\theta})^2 + (-3e^{-3\theta})^2}\, d\theta$$
$$= \int_0^{2\pi} \sqrt{e^{-6\theta} + 9e^{-6\theta}}\, d\theta$$
$$= \sqrt{10}\int_0^{2\pi} \sqrt{e^{-6\theta}}\, d\theta$$
$$= \sqrt{10}\int_0^{2\pi} e^{-3\theta}\, d\theta$$
$$= \sqrt{10}\,\frac{e^{-3\theta}}{-3}\Bigg|_0^{2\pi}$$
$$= \sqrt{10}\left(\frac{e^{-3\cdot 2\pi}}{-3} - \frac{e^{-3\cdot 0}}{-3}\right)$$
$$= \sqrt{10}\left(\frac{e^{-6\pi}}{-3} + \frac{1}{3}\right)$$
$$= \sqrt{10}\left(\frac{1}{3} - \frac{e^{-6\pi}}{3}\right). \bullet$$

Multipliziert man beide Seiten der Gleichung

$$\left(\frac{ds}{dt}\right)^2 = \left(\frac{dx}{dt}\right)^2 + \left(\frac{dy}{dt}\right)^2$$

mit $(dt)^2$, so ergibt sich

$$(ds)^2 = (dx)^2 + (dy)^2.$$

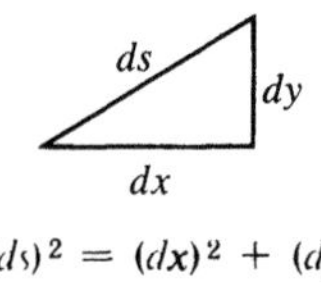

Bild 10.75

Das rechtwinkelige Dreieck in Bild 10.75 dient als Gedankenstütze für die Relation zwischen den Differentialen dx, dy und ds.

Ein ähnlich einfacher Weg hilft, sich die Formel für die Bogenlänge in Polarkoordinaten einzuprägen. Aus

$$s = \int_\alpha^\beta \sqrt{r^2 + (r')^2}\, d\theta$$

folgt mit Hilfe des zweiten Fundamentalsatzes

$$\frac{ds}{d\theta} = \sqrt{r^2 + (r')^2}$$

und weiter

$$\left(\frac{dr}{d\theta}\right)^2 = r^2 + \left(\frac{dr}{d\theta}\right)^2.$$

Multiplizieren wir dies mit $(d\theta)^2$, so ergibt sich

$$(ds)^2 = (r\,d\theta)^2 + (dr)^2.$$

Auch diese Relation kann leicht eingeprägt werden, wenn man das fast rechtwinkelige getönte Dreieck in Bild 10.76 verwendet.

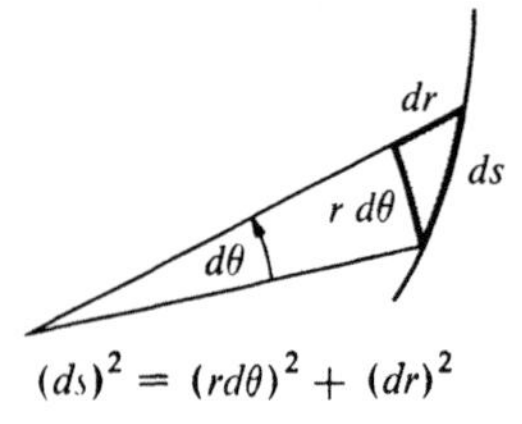

Bild 10.76

Übungen:

1. Man bestimme die Länge der Kurve $y = x^3/3 + x^{-1}/4$ zwischen $x = 1$ und $x = 2$.
2. Man bestimme die Länge der Kurve $y = 1/(2x^2) + x^4/16$ zwischen $x = 2$ und $x = 3$.
3. Man bestimme die Geschwindigkeit des am Beginn dieses Abschnittes erwähnten Balles zur Zeit $t = 0$, $t = 1$ und $t = 2$.
4. Zur Zeit t befindet sich ein Teilchen im Punkt

$$P = (\cos t + t \sin t;\ \sin t - t \cos t).$$

Man finde seinen in der Zeit von $t = 1$ bis $t = \pi$ zurückgelegten Weg.

5. (*a*) Welchen Weg legt eine Kugel von $t = 1$ bis $t = 2$ zurück, wenn sie sich zur Zeit t am Punkt $(t^2; t^3)$ befindet.
   (*b*) Wie rasch bewegt sie sich zur Zeit t?
   (*c*) Man zeichne ihren Weg in einem xy-Koordinatensystem. Wo befindet sie sich für $t = 1$, für $t = 2$?
   (*d*) Man eliminiere t, um y als Funktion von x darzustellen.
6. (*a*) Zur Zeit t befinde sich eine Kugel im Punkt $(\cos^3 t; \sin^3 t)$. Man zeichne ihren Weg von $t = 0$ bis $t = \pi/2$.
   (*b*) Welchen Weg legt sie in diesem Zeitintervall zurück?
   (*c*) Man zeige, daß sie sich entlang der Kurve $x^{2/3} + y^{2/3} = 1$ bewegt.
7. (*a*) Man zeichne den Graphen der Funktion $y = (e^x + e^{-x})/2$.
   (*b*) Man bestimme die Bogenlänge entlang der Kurve zwischen 0 und b.
8. Ein Teilchen befindet sich zur Zeit t im Punkt $(t + \cos t; 2t - \sin t)$. Man finde seine Geschwindigkeit zur Zeit $t = 1$.
9. Ein Teilchen befindet sich zur Zeit t im Punkt $(e^{2t} \cos t; t)$. Man finde seine Geschwindigkeit zur Zeit $t = 0$.
10. Man bestimme die Länge der Kurve $y = \frac{1}{2} x^2 - \frac{1}{2} \ln x$ zwischen $x = 2$ und $x = 3$.
11. (*a*) Man zeichne die Spirale mit der Polardarstellung $r = e^\theta$.
    (*b*) Man bestimme die Länge eines Umlaufs von $\theta = 0$ bis $\theta = 2\pi$.
    (*c*) Man ermittle die Länge eines Umlaufs von $\theta = 2\pi$ bis $\theta = 4\pi$.
12. (*a*) Man zeichne die Kardioide $r = 1 - \cos\theta$.
    (*b*) Man bestimme ihren Umfang.
13. Man berechne die Länge der Kurve in Polardarstellung $r = 3 \sin\theta$ für θ aus $[0; \pi]$.
14. Man bestimme die Länge der Kurve $r = \cos^2(\theta/2)$ für θ aus $[0; \pi]$.
15. (*a*) Man zeichne den Graphen $y = x^3/3$.
    (*b*) Man schätze die Bogenlänge von (0; 0) bis (3; 9) mit Hilfe eines eingeschriebenen Polygons, dessen Eckpunkte die x-Koordinaten 0, 1, 2, 3 besitzen. Eine Tafel der Quadratwurzel oder ein Rechner ist hier nützlich.
    (*c*) Man stelle ein bestimmtes Integral für die gefragte Bogenlänge auf.
    (*d*) Man schätze das bestimmte Integral von (*c*) mit Hilfe einer Teilung von [0; 3] in drei gleiche Teile der Länge l und verwende als Testpunkte X_i den rechten Endpunkt jedes Teilintervalles.
    (*e*) Man gehe wie in (*d*) vor, benutze jedoch die linken Endpunkte.

■

16. Angenommen eine Kurve sei in rechtwinkeligen Koordinaten in der Form $x = f(y)$ gegeben. Man zeige, daß die Bogenlänge durch

$$\int_c^d \sqrt{1 + \left(\frac{dx}{dy}\right)^2}\, dy$$

bestimmt ist, wobei y im Intervall $[c; d]$ variiert.

17. (Siehe Übung 16.) Man betrachte die Bogenlänge der Kurve $y = x^{2/3}$ für x-Werte im Intervall [1; 8].
    (*a*) Man stelle ein bestimmtes Integral für diese Bogenlänge auf und benutze hierzu x als Parameter.
    (*b*) Man stelle ein bestimmtes Integral für diese Bogenlänge auf und benutze hierzu y als Parameter.
    (*c*) Man berechne das einfachere der beiden bestimmten Integrale aus (*a*) und (*b*).
18. Zur Zeit t hat ein Teilchen die Polarkoordinaten $r = g(t)$, $\theta = h(t)$. Wie schnell bewegt es sich!
19. Der Punkt $P = (x; y)$ möge von θ wie in Bild 10.77 abhängen.
    (*a*) Man zeichne die von P durchlaufene Kurve.
    (*b*) Man zeige $P = (2 \cos\theta; \sin\theta)$.
    (*c*) Man stelle ein bestimmtes Integral für die Länge der von P durchlaufenen Kurve auf (das Integral soll nicht ausgewertet werden).
    (*d*) Man eliminiere θ und zeige, daß P auf der Kurve

$$\frac{x^2}{4} + \frac{y^2}{1} = 1$$

liegt.

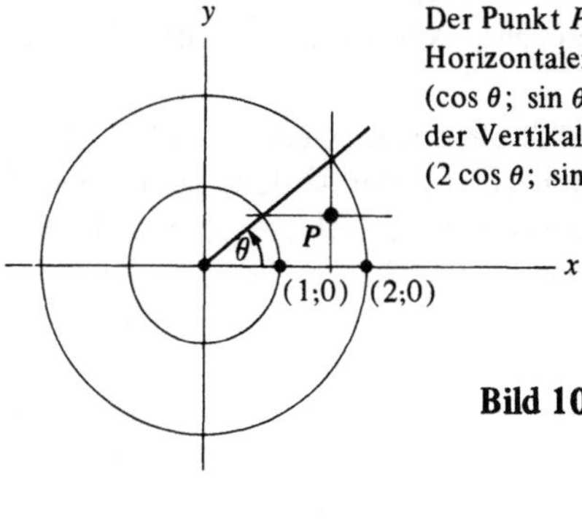

Der Punkt P liegt auf der Horizontalen durch $(\cos\theta; \sin\theta)$ und auf der Vertikalen durch $(2\cos\theta; \sin\theta)$

Bild 10.77

■■

20. Es sei
$$y = \frac{x^{m+1}}{m+1} + \frac{x^{1-m}}{4(m-1)},$$
wobei m eine von 1 oder -1 verschiedene ganze Zahl ist. Man zeige, daß unter diesen Umständen das bestimmte Integral für die Bogenlänge der Kurve mit Hilfe des Fundamentalsatzes berechnet werden kann. Man betrachte nur Bögen für x aus $[a; b]$.

21. Man untersuche die Länge der Kurve $y = x^m$, wobei m eine rationale Zahl ist. Man zeige, daß der Fundamentalsatz dann und nur dann bei der Berechnung dieser Länge von Nutzen ist, wenn $m = 1$ oder $m = 1 + 1/n$ für eine ganze Zahl n.

Hinweis: Das Analogon zu Übung 167 des Abschnittes 9.10 für $\int x^p (1+x)^q \, dx$.

22. Man betrachte die Kardioide $r = 1 + \cos\theta$ für θ aus $[0; \pi]$. Wir können r als Funktion von θ oder als Funktion von s betrachten, wobei s die Bogenlänge entlang der Kurve etwa ausgehend von $(2; 0)$ bezeichnet.

(*a*) Man bestimme den Mittelwert von r bezüglich θ.

(*b*) Man bestimme den Mittelwert von r bezüglich s. *Hinweis:* Man stelle alle Größen, die in diesem Mittelwert auftreten mit Hilfe von θ dar.

10.10 Fläche in Polarkoordinaten

Abschnitt 7.4 behandelte die Berechnung der Fläche eines Gebietes, wenn die Längen seiner parallelen Schnitte bekannt sind. Das Aufsummieren von approximierenden Rechtecken führte zur Formel

$$\text{Fläche} = \int_a^b c(x)\, dx.$$

Dabei bezeichnet $c(x)$ die Länge des Schnittes. Nun betrachten wir eine andere Situation, in der Sektoren statt Rechtecken zur Approximation der Fläche verwendet werden.

Es sei R ein ebenes Gebiet und P ein Punkt in seinem Inneren (Bild 10.78). Der Abstand des Punktes P von jedem Punkt an der Grenze des Gebietes R sei als Funktion $r = f(\theta)$ bekannt. (Der Einfachheit halber nehmen wir an, daß jeder von P ausgehende Strahl die Grenze des Gebietes gerade einmal trifft.) Die Schnitte, die durch diese von P ausgehenden Strahlen entstehen, sind nicht parallel. Statt dessen treffen sie sich wie die Speichen eines Rades alle im Punkt P. Hier wäre es unnatürlich, die Fläche durch Rechtecke anzunähern, es ist vielmehr vernünftig, stattdessen Kreissektoren zu verwenden, die den Punkt P als gemeinsamen Mittelpunkt besitzen.

Die Entfernung r für irgendeine Strecke von P aus ist eine Funktion von $r = f(\theta)$

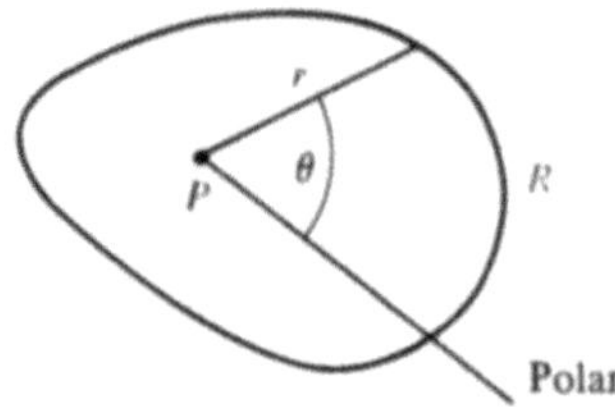

Bild 10.78

Die getönte Fläche ist $\frac{\theta}{2} r^2$

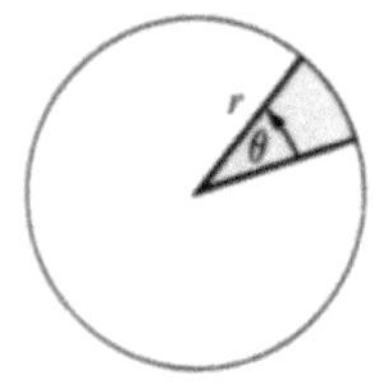

Bild 10.79

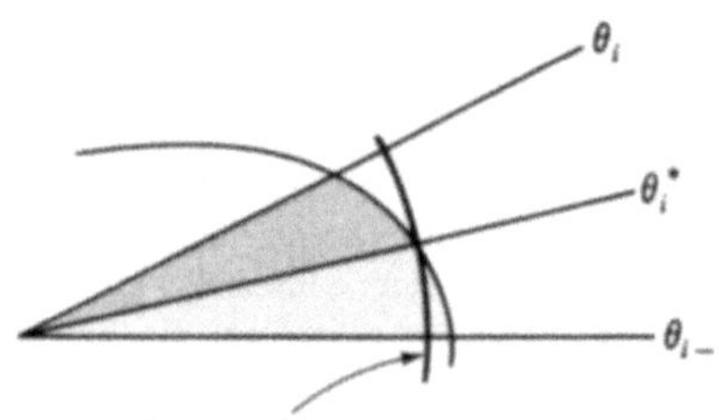

Bild 10.80

Zunächst rufen wir uns in Erinnerung, daß in einem Kreis mit dem Radius r ein Sektor mit dem Zentriwinkel θ die Fläche $(\theta/2)\, r^2$ besitzt (Bild 10.79). Diese Formel spielt nun dieselbe Rolle wie seinerzeit in Abschnitt 7.4 die Fläche eines Rechtecks.

Wir führen eine Teilung des Intervalls $[0; 2\pi]$ ein,

$$0 = \theta_0, \theta_1, \ldots, \theta_n = 2\pi$$

und schätzen die Fläche des Gebietes R, das durch die Strahlen mit den Winkeln θ_{i-1} und θ_i begrenzt wird. Aus dem Intervall $[\theta_{i-1}; \theta_i]$ nehmen wir irgendeinen Winkel θ_i^* und verwenden einen Kreissektor mit dem Radius $f(\theta_i^*)$, um die Fläche des getönten Gebietes anzunähern (Bild 10.80). Der Sektor hat den Radius $f(\theta_i^*)$ und den Winkel $\theta_i - \theta_{i-1}$. Daher beträgt seine Fläche

$$\frac{\theta_i - \theta_{i-1}}{2}\,[f(\theta_i^*)]^2 \quad \text{oder} \quad \frac{[f(\theta_i^*)]^2}{2}(\theta_i - \theta_{i-1}).$$

Somit gibt die Summe

$$\sum_{i=1}^{n} \frac{[f(\theta_i^*)]^2}{2}(\theta_i - \theta_{i-1})$$

einen Näherungswert für die Fläche von R.

Wenn der Raster der Teilung des Intervalls $[0; 2\pi]$ sich Null nähert, gibt diese Summe eine immer bessere Approximation der Fläche von R und nähert sich gleichzeitig dem bestimmten Integral

$$\int_0^{2\pi} \frac{[f(\theta)]^2}{2}\, d\theta,$$

durch das daher die Fläche von R angegeben wird.

Bestimmung der Fläche in Polarkoordinaten. Die Fläche eines Gebietes, das durch die Strahlen $\theta = \alpha$ und $\theta = \beta$, sowie die Kurve $r = f(\theta)$ begrenzt wird (Bild 10.81), ist durch

$$\int_\alpha^\beta \frac{[f(\theta)]^2}{2}\, d\theta \quad \text{oder} \quad \int_\alpha^\beta \frac{r^2\, d\theta}{2}$$

gegeben. (Es sei $f(\theta) \geqslant 0$.) Wir müssen betonen, daß kein Strahl, der vom Ursprung ausgeht und zwischen α und β liegt, die Kurve zweimal schneiden darf.

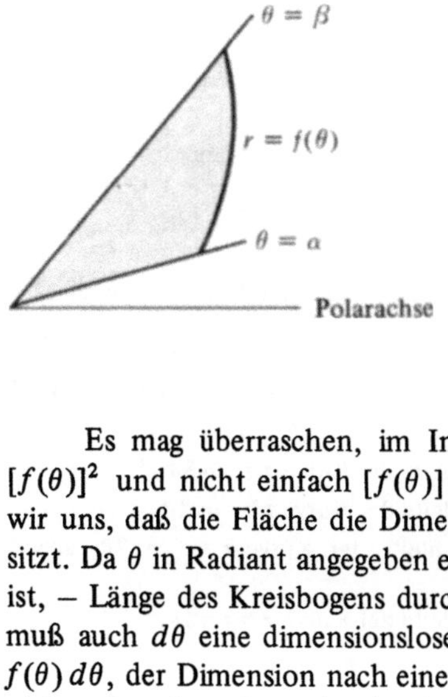

Bild 10.81

Es mag überraschen, im Integranden den Ausdruck $[f(\theta)]^2$ und nicht einfach $[f(\theta)]$ zu finden. Aber erinnern wir uns, daß die Fläche die Dimension Länge × Länge besitzt. Da θ in Radiant angegeben eine dimensionslose Größe ist, – Länge des Kreisbogens durch die Länge des Radius – muß auch $d\theta$ eine dimensionslose Größe sein. Daher kann $f(\theta)\, d\theta$, der Dimension nach eine Länge, nicht eine Fläche, nicht der korrekte Ausdruck sein. Andererseits hat $\frac{1}{2}[f(\theta)]^2 d\theta$ die Dimension einer Fläche (Länge × Länge) und erscheint somit für unsere Formel plausibel. In rechtwinkeligen Koordinaten haben im Ausdruck $f(x)\, dx$ sowohl $f(x)$ als auch dx die Dimension einer Länge, einerseits entlang der y-Achse, andererseits entlang der x-Achse. Daher hat $f(x)\, dx$ die Dimension einer Fläche.

Merkregel: Der kleine Sektor in Bild 10.82 hilft uns, sich die Formel

$$\text{Fläche} = \int_\alpha^\beta \frac{r^2}{2}\, d\theta$$

zu vergegenwärtigen.

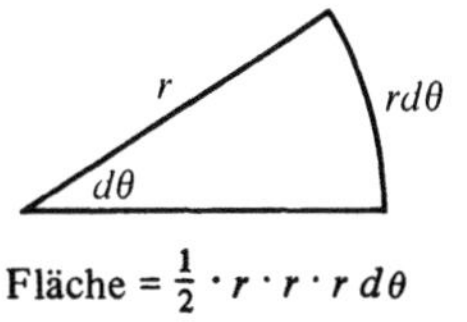

Bild 10.82

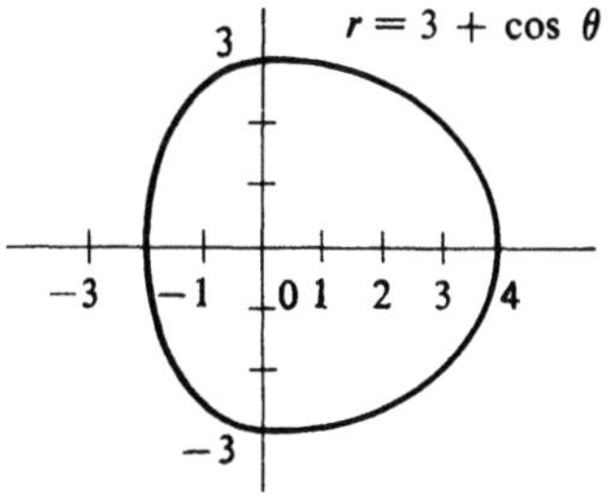

Bild 10.83

Beispiel 1: Man bestimme die Fläche des Gebietes, das durch die Kurve

$$r = 3 + \cos\theta$$

begrenzt wird (Bild 10.83).

Lösung: Nach der soeben erhaltenen Formel, ist diese Fläche durch

$$\begin{aligned}\int_0^{2\pi} \frac{1}{2}(3+\cos\theta)^2 d\theta &= \frac{1}{2}\int_0^{2\pi} (9 + 6\cos\theta + \cos^2\theta)\, d\theta \\ &= \frac{1}{2}\left(9\theta + 6\sin\theta + \frac{\theta}{2} + \frac{\sin 2\theta}{4}\right)\Bigg|_0^{2\pi} \\ &= \frac{1}{2}(19\pi) - \frac{1}{2}(0) = \frac{19\pi}{2}\end{aligned}$$

gegeben. ●

Man beachte, daß aus jeder Geraden durch den Ursprung im Gebiet von Beispiel 1 ein Abschnitt der Länge 6 herausgeschnitten wird. Es gilt nämlich für jedes θ die Relation

$$(3 + \cos\theta) + [3 + \cos(\theta + \pi)] = 6.$$

Ebenso schneidet ein Kreis vom Radius 3 aus jeder Geraden durch seinen Mittelpunkt einen Abschnitt der Länge 6. Also können zwei ebene Kurven die gleichen Schnittlängen haben und doch in ihren Flächen verschieden sein. Die

Kurve des Beispiels 1 hat eine Fläche von $19\pi/2$ während der Kreis mit dem Radius 3 die Fläche 9π besitzt. *Es genügt daher nicht, die Länge aller durch einen Punkt gehenden Schnitte eines Gebietes zu kennen, um die Fläche des Gebietes zu bestimmen.*

Beispiel 2: Man bestimme die Fläche einer Schleife der Kurve $r = \cos 4\theta$.

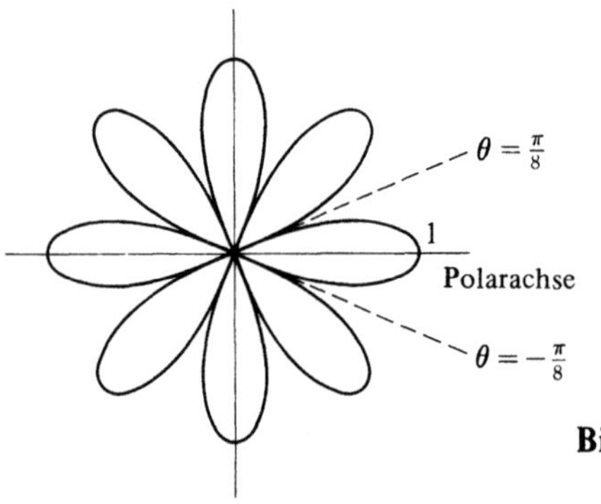

Bild 10.84

Lösung: Man zeichne die Kurve (Bild 10.84) und berücksichtige, daß für $4\theta = \pi/2$ gilt $r = \cos \pi/2 = 0$. Daher erhalten wir für $\theta = \pi/8$ den Radius $r = 0$. Diese Informationen sind in der folgenden Tabelle enthalten.

θ	0	$\frac{\pi}{8}$	$\frac{\pi}{4}$	$\frac{3\pi}{8}$	$\frac{\pi}{2}$	$\frac{5\pi}{8}$	$\frac{3\pi}{4}$	$\frac{7\pi}{8}$	π	$\frac{9\pi}{8}$	$\frac{5\pi}{4}$	$\frac{11\pi}{8}$	$\frac{3\pi}{2}$	$\frac{13\pi}{8}$	$\frac{7\pi}{4}$	$\frac{15\pi}{8}$	2π
$r = \cos 4\theta$	1	0	-1	0	1	0	-1	0	1	0	-1	0	1	0	-1	0	1

Es ist einfach, die Kurve mit Hilfe der Tabelle zu zeichnen. Die Fläche der Schleife wird durch die positive x-Achse in zwei gleiche Teile geteilt. Daher gibt sich

$$\int_{-\pi/8}^{\pi/8} \frac{r^2}{2}\, d\theta = \int_{-\pi/8}^{\pi/8} \frac{\cos^2 4\theta}{2}\, d\theta$$

$$= \int_{-\pi/8}^{\pi/8} \frac{1 + \cos 8\theta}{4}\, d\theta$$

$$= \left[\frac{\theta}{4} + \frac{\sin 8\theta}{32}\right]_{-\pi/8}^{\pi/8}$$

$$= \frac{\pi}{32} + \frac{\sin \pi}{32} - \left[\frac{-\pi}{32} + \frac{\sin(-\pi)}{32}\right]$$

$$= \frac{\pi}{16}.$$

Da der Teil der Schleife, der oberhalb der x-Achse liegt, dieselbe Fläche besitzt wie der Teil unterhalb der x-Achse, können wir schreiben

$$\int_{-\pi/8}^{\pi/8} \frac{r^2}{2}\, d\theta = 2\int_{0}^{\pi/8} \frac{r^2}{2}\, d\theta.$$

So vereinfacht sich die Rechnung ein wenig und die Fehlermöglichkeiten bei der Berechnung des Integrals werden geringer.

Übungen:

In den Übungen 1 bis 5 bestimme man die Fläche des Gebietes, das durch die angegebenen Kurven und Strahlen begrenzt ist.

1. $r = 2\theta,\ \alpha = 0,\ \beta = \frac{\pi}{2}$

2. $r = \sqrt{\theta},\ \alpha = 0,\ \beta = \pi$

3. $r = \frac{1}{1+\theta},\ \alpha = \frac{\pi}{4},\ \beta = \frac{\pi}{2}$

4. $r = \sqrt{\sin\theta},\ \alpha = 0,\ \beta = \frac{\pi}{2}$

5. $r = \tan\theta,\ \alpha = 0,\ \beta = \frac{\pi}{4}$

6. (*a*) Man zeichne die Kurve $r = 2 \sin\theta$.
(*b*) Man berechne die Fläche in ihrem Inneren.

7. (*a*) Man zeichne die Spirale $r = e^{\theta}$.
(*b*) Man bestimme die Fläche für den ersten Umlauf der Spirale, d.h. für $0 \leqslant \theta \leqslant 2\pi$.

8. Man bestimme die Fläche des Gebietes innerhalb der Kardioide $r = 3 + 3\sin\theta$ und außerhalb des Kreises $r = 3$.

9. (*a*) Man zeichne die Kurve $r = \sqrt{\cos 2\theta}$. (Man beachte, daß r nicht für alle Werte von θ definiert ist.)
(*b*) Man bestimme die Fläche im Inneren von einer ihrer beiden Schleifen.

In den Übungen 10 bis 13 bestimme man die Fläche des beschriebenen Gebietes.

10. Das Innere einer Schleife der Kurve $r = \sin 3\theta$.

11. Das Innere einer Schleife der Kurve $r = \cos 2\theta$.

12. Das Innere einer Schleife der Kurve $r = 2\cos 2\theta$, außerhalb des Kreises $r = 1$.

13. Das Innere einer Schleife der Kurve $r = \sin 4\theta$.

■

14. (*a*) Man zeige, daß die Fläche des Dreiecks in Bild 10.85 durch

$$\int_0^{\beta} \frac{1}{2} \sec^2\theta\, d\theta$$

gegeben ist.

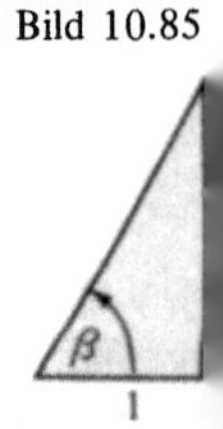

Bild 10.85

(*b*) Aus (*a*) und der Tatsache, daß die Fläche eines Dreiecks durch „$\frac{1}{2}$ · Grundfläche · Höhe" gegeben ist, zeige man

$$\tan\beta = \int_0^\beta \sec^2\theta\, d\theta.$$

Mit Hilfe dieser Gleichung gebe man einen anderen Beweis für $D(\tan x) = \sec^2 x$.

15. Man zeige, daß die Fläche der getönten Mondsichel zwischen den beiden Kreisbögen gleich der Fläche des Quadrates $ABCD$ ist (Bild 10.86). Derartige Resultate ermutigten Mathematiker zur Zeit der Griechen, mit Hilfe von Lineal und Zirkel Quadrate zu suchen, deren Fläche mit der Fläche eines gegebenen Kreises übereinstimmen sollte. Erst Ende des 19. Jahrhunderts wurde gezeigt, daß diese Aufgabe nicht gelöst werden kann.

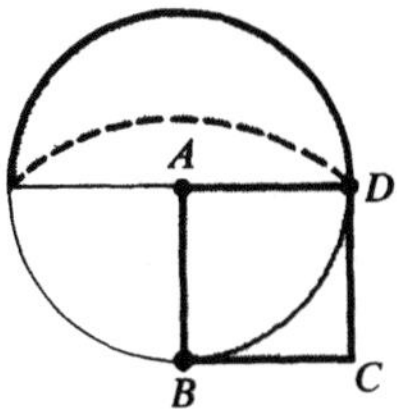

Der Außenbogen hat den Mittelpunkt A, der Innenbogen den Mittelpunkt B

Bild 10.86

■■

16. Ein Punkt im Inneren eines durch eine geschlossene Kurve begrenzten Gebietes R hat die Eigenschaft, daß jede Sehne durch P das Gebiet R in zwei gleichflächige Gebiete teilt. Muß P jede Sehne, die durch P geht, in zwei gleiche Teile teilen? Man erkläre dies. (Jede Sehne möge die Kurve in zwei Punkten treffen, nämlich an den Enden der Sehne.)

17. R sei ein Gebiet in der Ebene, P ein Punkt im Inneren von R, so daß jede durch P gehende Gerade R in einem Intervall mindestens von der Länge a schneidet.

(*a*) Man mache einen Ansatz für die Fläche von R.

(*b*) Man überprüfe den Ansatz.

18. Die Funktion $r = f(\theta)$ beschreibt für θ aus $[0; 2\pi]$ eine Kurve in Polarkoordinaten. r' sei stetig, und es gelte $f(\theta) > 0$. Man beweise, daß der Mittelwert von r als Funktion der Bogenlänge mindestens so groß ist wie der Quotient $2A/s$. Darin ist A die vom Radius überstrichene Fläche und s die Länge der Kurve. Unter welchen Umständen ist der Mittelwert gleich $2A/s$?

19. Ein ebenes Gebiet habe die Eigenschaft, daß zwei beliebige seiner Punkte innerhalb eines Abstandes d liegen. Man zeige, daß dann die Fläche des Gebietes höchstens $\pi d^2/4$ beträgt. *Hinweis:* Man verwende Polarkoordinaten und lege den Pol an die Grenze des Gebietes.

10.11 Oberfläche eines Rotationskörpers

In diesem Abschnitt wird eine Methode zur Berechnung der Oberfläche eines Rotationskörpers, z.B. einer Kugel, entwickelt. Wir werden hierbei eher intuitiv vorgehen und uns bei der Darstellung der Oberfläche durch ein bestimmtes Integral auf Plausibilitätsargumente beschränken.

Die Oberfläche eines Kegels. Zunächst betrachten wir eine ziemlich einfache Rotationsfläche, nämlich den Mantel eines Kegels, dessen Basis den Radius r besitzt und dessen Seitenlänge l beträgt (Bild 10.87). Wird dieser Kegel entlang einer Seitenlinie aufgeschnitten und sein Mantel in die Ebene ausgebreitet, entsteht ein Kreissektor mit dem Radius l (Bild 10.88). Nun ist die Fläche eines Kreissektors mit dem Radius l und dem in Radiant gemessenen Winkel θ durch $\frac{1}{2}\, l^2\theta$ gegeben. Aus $\theta = 2\pi r/l$ folgt, daß die Fläche dieses Sektors $\frac{1}{2}\, l^2(2\pi r/l) = \pi r l$ beträgt. Daher definieren wir die Mantelfläche eines Kegels durch $\pi r l$. Als Merkregel für diese Definition halten wir fest, daß die Fläche eines Sektors durch

$$\underbrace{\tfrac{1}{2}(2\pi r)}_{\text{Basis}} \cdot \underbrace{l}_{\text{Höhe}} = \pi r l$$

gegeben ist. Diese Formel ist analog zu der für die Fläche eines Dreiecks.

Der Kegel

Bild 10.87

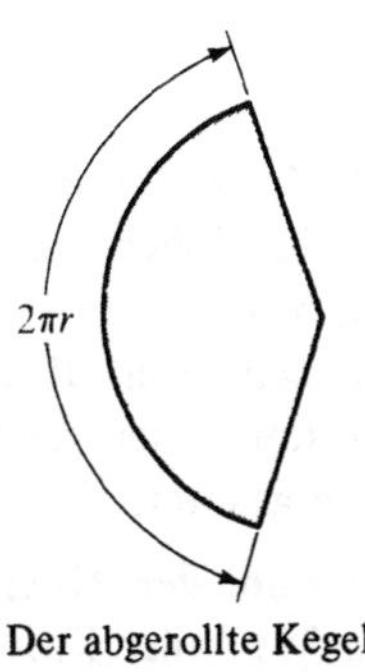

Der abgerollte Kegelmantel ist ein Kreissektor

Bild 10.88

Als nächstes untersuchen wir die Oberfläche, die durch Rotation einer Strecke der Länge L um eine Achse entsteht, die vom Mittelpunkt der Strecke den Abstand r besitzt. Diese Oberfläche ist ein Band, das als Differenz zwischen zwei Kegelmantelflächen betrachtet werden kann

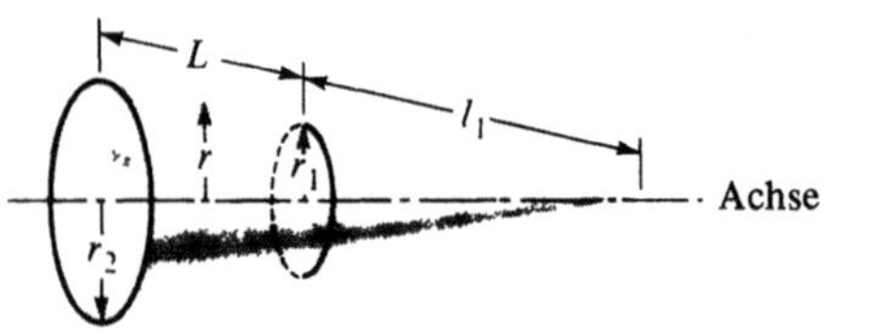

Der kleinere Kegel hat die Fläche $\pi r_1 l_1$, der größere die Fläche $\pi r_2 (l_1 + L)$

Bild 10.89

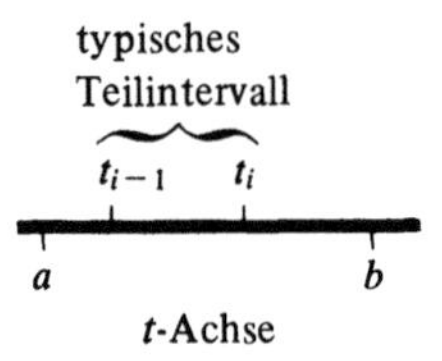

Bild 10.90

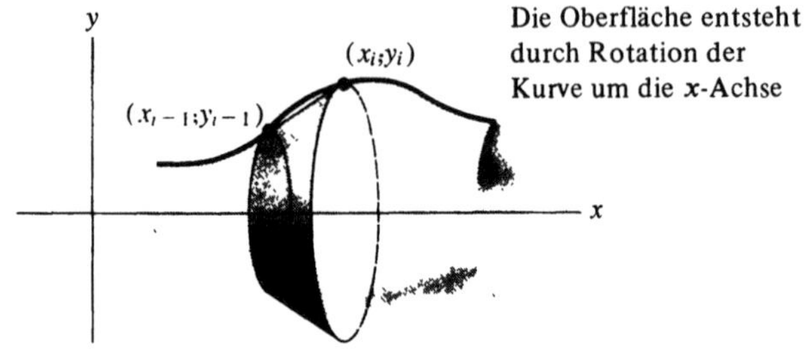

Bild 10.91

(Bild 10.89). Daher definieren wir die gesuchte Fläche als Differenz der Mantelflächen dieser Kegel. Für die Fläche des Bandes ergibt sich

$$\pi r_2 (l_1 + L) - \pi r_1 l_1 = \pi (r_2 l_1 - r_1 l_1 + r_2 L).$$

Aus der Ähnlichkeit der auftretenden Dreiecke können wir schließen

$$\frac{L + l_1}{r_2} = \frac{l_1}{r_1}.$$

Daraus folgt:

$$r_1 L + r_1 l_1 = r_2 l_1 \quad \text{oder} \quad r_2 l_1 - r_1 l_1 = r_1 L.$$

Daher ergibt sich für die Fläche des Bandes

$$\pi (r_1 L + r_2 L) = \pi (r_1 + r_2) L = 2\pi \frac{r_1 + r_2}{2} L = 2\pi r L,$$

wobei $r = (r_1 + r_2)/2$.

Die Fläche, die durch Rotation einer Strecke entsteht, wurde nun definiert und kann bei der Berechnung einer beliebigen Rotationsfläche verwendet werden. Die Definition einer solchen Rotationsfläche wird im folgenden hergeleitet.

Definition der Oberfläche eines Rotationskörpers: Man betrachte eine Kurve in Parameterdarstellung, $x = g(t)$, $y = h(t)$. Die Funktionen g und h mögen stetige Ableitungen besitzen und es gelte $h(t) \geqslant 0$. C sei der Teil der Kurve, der für t aus dem Intervall $[a; b]$ durchlaufen wird. Als Oberfläche des Körpers, der durch Rotation von C um die x-Achse entsteht, definieren wir

$$\int_a^b 2\pi h(t) \sqrt{[g'(t)]^2 + [h'(t)]^2}\, dt$$

oder

$$\int_a^b 2\pi y \sqrt{\left(\frac{dx}{dt}\right)^2 + \left(\frac{dy}{dt}\right)^2}\, dt.$$

Um zu sehen, ob diese Definition vernünftig ist, beginnen wir mit einer Teilung des Intervalls $[a; b]$ auf der t-Achse und betrachten ein typisches Teilintervall $[t_{i-1}; t_i]$ (Bild 10.90). Vermutlich wird die Oberfläche des Rotationskörpers, der zu diesem kleinen Intervall auf der t-Achse gehört, gut durch das Band angenähert, das sich aus der Rotation des geraden Segmentes von $(x_{i-1}; y_{i-1})$ bis $(x_i; y_i)$ um die x-Achse ergibt (Bild 10.91). Dieses Band hat die Fläche

$$2\pi \frac{y_{i-1} + y_i}{2} \sqrt{(x_i - x_{i-1})^2 + (y_i - y_{i-1})^2}.$$

Dieses Flächenelement sollte eine gute Annäherung für die gekrümmte Oberfläche sein. Der obige Ansatz gleicht jedoch nicht dem typischen Summanden, wie er in den Näherungssummen für bestimmte Integrale über das Intervall $[a; b]$ auftritt. Insbesondere erscheint nicht die Differenz $t_i - t_{i-1}$. Wir können jedoch mit Hilfe des Mittelwertsatzes $t_i - t_{i-1}$ ebenso wie im vorigen Absatz einführen.

Nach dem Mittelwertsatz gilt

$$x_i - x_{i-1} = g'(T_i^*)(t_i - t_{i-1})$$

und

$$y_i - y_{i-1} = h'(T_i^{**})(t_i - t_{i-1}).$$

Schließlich folgt aus dem Zwischenwertsatz

$$\frac{y_{i-1} + y_i}{2} = h(T_i^{***}).$$

Die Größen T_i^*, T_i^{**}, T_i^{***} liegen alle im Intervall $[t_{i-1}; t_i]$. Daher erwarten wir, daß durch den Ausdruck

$$2\pi h(T_i^{***})\sqrt{[g'(T_i^*)]^2 + [h'(T_i^{**})]^2}\,(t_i - t_{i-1})$$

eine gute Näherung erzielt werden kann.

Da h und h' stetig sind, liegt $h(T_i^{***})$ nahe bei $h(T_i^*)$ und $h'(T_i^{**})$ nahe bei $h'(T_i^*)$, wenn nur der Raster der Teilung von $[a; b]$ genügend klein ist. Daher *definieren wir die Oberfläche* durch den Grenzwert der Summe:

$$\lim_{\text{Maß}\to 0} \sum_{i=1}^{n} 2\pi h(T_i^*)\sqrt{[g'(T_i^*)]^2 + [h'(T_i^*)]^2}\,(t_i - t_{i-1}).$$

Daraus folgt

$$\text{Oberfläche} = \int_a^b 2\pi h(t)\sqrt{[g'(t)]^2 + [h'(t)]^2}\,dt.$$

Ist eine Kurve in der Form $y = f(x)$ gegeben, wobei f eine stetige Ableitung besitzt und $f(x) \geqslant 0$ gilt, so kann sie durch $x = t$ und $y = f(t)$ in Parameterdarstellung beschrieben werden. Wir erhalten $dx/dt = dx/dx = 1$ und $dy/dt = dy/dx$. Daher folgt für die Oberfläche, die durch den Kurventeil zwischen $[a; b]$ überstrichen wird

$$\text{Oberfläche} = \int_a^b 2\pi y\sqrt{1 + \left(\frac{dy}{dx}\right)^2}\,dx.$$

Bei der Herleitung der Formel haben wir uns nur auf Oberflächen bezogen, die durch Rotation einer Kurve um die x-Achse entstehen. Tatsächlich besitzen sie jedoch für die Rotation um jede Gerade Gültigkeit. Der Faktor y im Integranden

$$2\pi y\sqrt{\left(\frac{dx}{dt}\right)^2 + \left(\frac{dy}{dt}\right)^2},$$

bedeutet dann den Abstand eines typischen Punktes auf der Kurve von der Rotationsachse. Bezeichnen wir y einfach mit R als Symbol für Radius, um uns vom Koordinatensystem zu befreien. (Wir benutzen R, um die Verwechslung mit Polarkoordinaten zu vermeiden.) Darüberhinaus stimmt der Ausdruck

$$\sqrt{\left(\frac{dx}{dt}\right)^2 + \left(\frac{dy}{dt}\right)^2}\,dt$$

einfach mit ds überein, da nämlich gilt

$$\frac{ds}{dt} = \sqrt{\left(\frac{dx}{dt}\right)^2 + \left(\frac{dy}{dt}\right)^2}.$$

Die letzte Formel erhalten wir aus unserer Definition der Bogenlänge und aus dem zweiten Hauptsatz.

Kurzformel für die Oberfläche: Somit ergibt sich als einfachste Form des Ausdrucks für die Oberfläche eines Rotationskörpers

$$\text{Oberfläche} = \int_a^b 2\pi R\,ds.$$

Dabei bezieht sich das Intervall $[a; b]$ auf den jeweils gewählten Parameter, ganz gleich ob x, t oder y. Um sich diese Formel einzuprägen, denke man an das Abrollen eines engen Kreisbandes mit der Breite ds und dem Radius R (Bild 10.92).

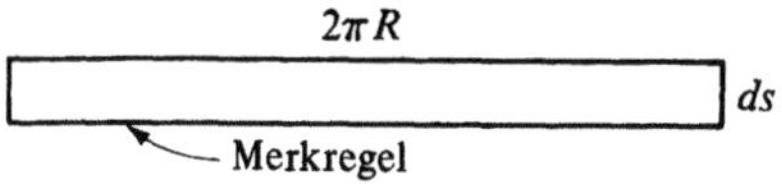

Bild 10.92

Beispiel 1: Man bestimme die Oberfläche, die durch Rotation des Kurventeiles von $y = \sqrt{x}$ zwischen $x = 2$ und $x = 6$ um die x-Achse entsteht (Bild 10.93).

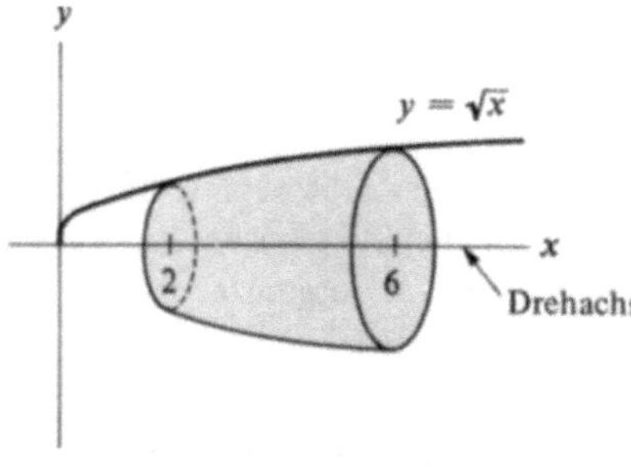

Bild 10.93

Lösung: Die Oberfläche ist durch

$$\int_a^b 2\pi R\,ds$$

gegeben. Da die Funktion in Abhängigkeit von x vorliegt, wählen wir x als Parameter. Aus dem Diagramm ergibt sich dann

$$R = y = \sqrt{x}.$$

Zunächst führen wir das Differential ein:

$$ds = \frac{ds}{dx}\,dx = \sqrt{1 + \left(\frac{dy}{dx}\right)^2}\,dx.$$

Daher ergibt sich für die Oberfläche

$$\int_2^6 2\pi\sqrt{x}\,\sqrt{1+\left(\frac{dy}{dx}\right)^2}\,dx.$$

Nun wollen wir dy/dx bestimmen. Aus $y = \sqrt{x}$ folgt

$$\frac{dy}{dx} = \frac{1}{2\sqrt{x}}.$$

Daher gilt

$$\sqrt{1+\left(\frac{dy}{dx}\right)^2} = \sqrt{1+\left(\frac{1}{2\sqrt{x}}\right)^2} = \sqrt{1+\frac{1}{4x}} = \sqrt{\frac{4x+1}{4x}}$$

und

$$\text{Oberfläche} = \int_2^6 2\pi\sqrt{x}\,\sqrt{\frac{4x+1}{4x}}\,dx.$$

Wir kürzen $2\sqrt{x}$ im Zähler mit $\sqrt{4x}$ im Nenner und gelangen zu

$$\text{Oberfläche} = \int_2^6 \pi\sqrt{4x+1}\,dx.$$

Um dieses bestimmte Integral auszuwerten, verwendet man die Substitution $u = 4x + 1$, mit $du = 4dx$. Die neuen Integrationsgrenzen sind 9 und 25. So ergibt sich schließlich

$$\begin{aligned}\text{Oberfläche} &= \int_9^{25} \pi\sqrt{u}\,\frac{du}{4} = \frac{\pi}{4}\int_9^{25}\sqrt{u}\,du\\ &= \frac{\pi}{4}\,\frac{2u^{3/2}}{3}\Big|_9^{25}\\ &= \frac{\pi}{6}\,[25^{3/2} - 9^{3/2}]\\ &= \frac{\pi}{6}(125-27) = \frac{\pi}{6}(98)\\ &= \frac{49\pi}{3}. \bullet\end{aligned}$$

Beispiel 2: Man bestimme die Oberfläche des Teiles einer Kugel, der zwischen zwei parallelen Ebenen liegt. Man beachte, daß die Kugel durch Rotation eines Halbkreises um die x-Achse erzeugt werden kann.

Lösung: Der Radius der Kugel sei a. Wir nehmen an, der rotierende Halbkreis habe die Gleichung $y = \sqrt{a^2 - x^2}$. Die zwei Ebenen mögen in den Punkten $(d_1; 0)$ und $(d_2; 0)$ senkrecht auf der x-Achse stehen, wobei $-a \leqslant d_1 < d_2 \leqslant a$ gilt. Dann ist die Fläche der Kugel zwischen den beiden Ebenen durch

$$\int_{d_1}^{d_2} 2\pi R\,ds$$

gegeben, wobei sich d_1 und d_2 auf den Bereich von x beziehen.

Wieder verwenden wir x als Parameter. Dann gilt

$$R = y = \sqrt{a^2 - x^2}$$

und

$$ds = \frac{ds}{dx}\,dx = \sqrt{1+\left(\frac{dy}{dx}\right)^2}\,dx.$$

Somit ergibt sich für die Oberfläche

$$\int_{d_1}^{d_2} 2\pi\sqrt{a^2-x^2}\,\sqrt{1+\left(\frac{dy}{dx}\right)^2}\,dx.$$

Aus der Beziehung $dy/dx = -x/\sqrt{a^2-x^2}$ erhalten wir

$$\sqrt{1+\left(\frac{dy}{dx}\right)^2} = \sqrt{1+\left(\frac{-x}{\sqrt{a^2-x^2}}\right)^2} = \sqrt{1+\frac{x^2}{a^2-x^2}} = \sqrt{\frac{(a^2-x^2)+x^2}{a^2-x^2}} = \frac{a}{\sqrt{a^2-x^2}}.$$

Damit reduziert sich das Integral auf

$$\begin{aligned}\int_{d_1}^{d_2} 2\pi\sqrt{a^2-x^2}\,\frac{a}{\sqrt{a^2-x^2}}\,dx &= \int_{d_1}^{d_2} 2\pi a\,dx\\ &= 2\pi a\int_{d_1}^{d_2} 1\,dx\\ &= 2\pi a(d_2 - d_1).\end{aligned}$$

So erhalten wir die folgenden interessanten Resultate:

(1) Die gesuchte Oberfläche hängt nur vom Abstand der beiden Ebenen, nicht von ihrer speziellen Lage ab. (Solange jedenfalls beide Ebenen die Kugel schneiden;)

(2) Die Oberfläche ist proportional zum Abstand zwischen den beiden Ebenen;

(3) Die Oberfläche der gesamten Kugel beträgt $4\pi a^2$, also das 4-fache der Fläche ihres Äquatorialschnittes. (Dies ergibt sich aus unserer Formel für $d_2 = a$ und $d_1 = -a$.) ●

Beispiel 3: Der im ersten Quadranten der xy-Ebene liegende Teil der Kurve $r = 1 + \cos\theta$ rotiert um die y-Achse (Bild 10.94). Man gebe ein bestimmtes Integral für die Oberfläche des entstehenden Rotationskörpers an.

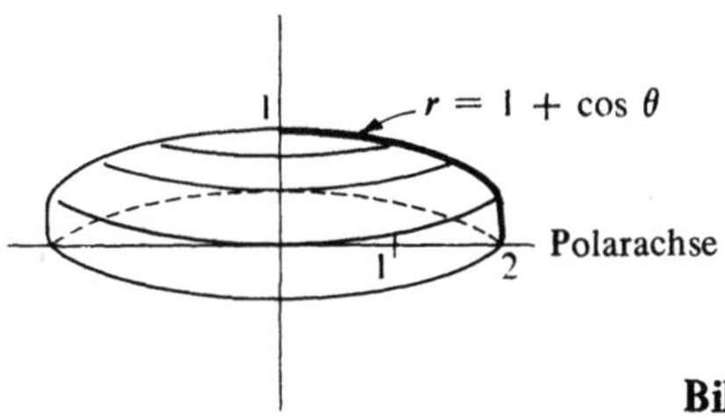

Bild 10.94

Lösung: Wir gehen von der Formel

$$\text{Oberfläche} = \int_a^b 2\pi R\, ds$$

aus und verwenden den Parameter θ, der von 0 bis $\pi/2$ variiert. Ein Blick auf Bild 10.94 zeigt uns.

$$R = x$$

und daher

$$R = r\cos\theta = (1 + \cos\theta)\cos\theta .$$

Nun führen wir das Differential $d\theta$ ein und schreiben

$$\begin{aligned} ds &= \frac{ds}{d\theta}\, d\theta \\ &= \sqrt{r^2 + (r')^2}\, d\theta \\ &= \sqrt{(1+\cos\theta)^2 + (-\sin\theta)^2}\, d\theta \\ &= \sqrt{1 + 2\cos\theta + \cos^2\theta + \sin^2\theta}\, d\theta \\ &= \sqrt{2 + 2\cos\theta}\, d\theta . \end{aligned}$$

Somit erhalten wir

$$\text{Oberfläche} = \int_0^{\pi/2} 2\pi(1 + \cos\theta)\cos\theta\sqrt{2 + 2\cos\theta}\, d\theta .$$

Bezüglich der Auswertung dieses Integrals siehe Übung 20(b). ●

Übungen:

In den Übungen 1 bis 5 gebe man bestimmte Integrale für die gesuchten Oberflächen an und benutze hierzu den vorgeschlagenen Parameter. Man zeige den Radius R in einer Skizze. Die bestimmten Integrale sollen nicht ausgewertet werden.

1. Die Kurve $y = x^3$; x in $[1; 2]$; rotiert um die x-Achse; Parameter x.
2. Die Kurve $y = x^3$; x in $[1; 2]$; rotiert um die Gerade $y = -1$; Parameter x.
3. Die Kurve $y = x^3$; x in $[1; 2]$; rotiert um die y-Achse; Parameter y.
4. Die Kurve $y = x^3$; x in $[1; 2]$; rotiert um die y-Achse; Parameter x.
5. Die Kurve $r = \sin 2\theta$; θ in $[0; \pi/2]$; rotiert um die Polarachse; Parameter θ.
6. Man betrachte das kleinste Zinngefäß, das eine gegebene Kugel enthalten kann. (Die Höhe und der Durchmesser des Zinngefäßes sind gleich dem Durchmesser der Kugel.)

   (a) Man vergleiche das Volumen der Kugel mit dem Volumen des Zinngefäßes. Archimedes, der die Lösung dieses Problemes vor 2200 Jahren fand, betrachtete dies als seine größte Entdeckung. Cicero schrieb etwa 200 Jahre nach dem Tod von Archimedes: „Ich werde aus dem Staub (er entsprach in der Antike der Schreibtafel) und aus dem Maßstab eine unbekannte Person hervorrufen, die einige Jahre später in derselben Stadt lebte, Archimedes. Als ich Quaestor war, entdeckte ich sein Grab, das den Syracusern völlig unbekannt war (da sie von seiner Existenz überhaupt nichts wußten). Ich fand es verwachsen und völlig bedeckt mit Gestrüpp und Dickicht. Wie ich nämlich gehört hatte, seien auf seinem Grabstein bestimmte Verse eingraviert, denen zufolge eine Kugel und ein Zylinder auf den Grabstein gezeichnet worden seien. Daher blickte ich ein wenig herum (es gibt nämlich eine große Anzahl von Gräbern in der Nähe des Agrigentinischen Tores) und entdeckte eine schmale Säule, die sich etwas übers Gebüsch hob und auf der die Figur einer Kugel und eines Zylinders erkennbar waren. Und so sagte ich sofort zu den Syracusern (ich hatte ihren Führer bei mir), daß ich vermutlich gefunden habe, wonach ich auf der Suche war. Sklaven mit Sicheln wurden vorgeschickt, um den

Boden von Hindernissen zu befreien und nachdem wir einen Weg zu der Stelle gebahnt hatten, näherten wir uns dem Fuß der Säule. Man konnte die Aufschrift erkennen, die Hälfte der Zeilen war lesbar, der Rest war aussgewaschen" (*Cicero, Tusculanische Gespräche* V. 23). Archimedes wurde von einem römischen Soldaten 212 v.Chr. getötet. Cicero war Quaestor im Jahre 75 v.Chr.

(*b*) Man vergleiche die Oberfläche der Kugel mit der Mantelfläche des Zinngefäßes.

7. Der oberhalb des Intervalls $[0; 1]$ liegende Teil der Kurve $y = e^x$ rotiere um die x-Achse. Man bestimme die Fläche des entstehenden Rotationskörpers.
8. Ein Bogen der Kurve $y = \sin x$ rotiere um die x-Achse. Man bestimme die Oberfläche des entstehenden Rotationskörpers.
9. Die Kardioide $r = 1 + \cos\theta$ rotiere um die Polarachse. Man bestimme die Oberfläche des entstehenden Rotationskörpers.

In den Übungen 10 bis 16 bestimme man die Oberfläche, die durch Rotation der angegebenen Kurve um die angegebene Achse entsteht. Man gebe die Lösung als bestimmtes Integral an und untersuche, wie dieses mit Hilfe des Fundamentalsatzes berechnet werden könnte.

10. $y = x^3$ für x in $[1; 2]$; um die x-Achse.
11. $y = 1/x$ für x in $[1; 2]$; um die x-Achse.
12. $y = x^2$ für x in $[1; 2]$; um die x-Achse.
13. $y = x^{4/3}$ für x in $[1; 8]$; um die y-Achse.
14. $y = x^{2/3}$ für x in $[1; 8]$; um die Gerade $y = 1$.
15. $y = x^3/6 + 1/(2x)$ für x in $[1; 3]$; um die y-Achse.
16. $y = x^3/3 + 1/(4x)$ für x in $[1; 2]$; um die Gerade $y = -1$.
17. Man bestimme die Oberfläche, die durch Rotation des Bogens aus Beispiel 1 um die Gerade $y = -1$ entsteht.
18. Ein Bogen der in Parameterdarstellung durch $x = \theta - \sin\theta$, $y = 1 - \cos\theta$ gegebenen Zykloide rotiert um die x-Achse. Man bestimme die Oberfläche des entstehenden Rotationskörpers.
19. Die in der Parameterdarstellung $x = e^t \cos t$, $y = e^t \sin t$ gegebene Kurve rotiere für t aus dem Intervall $[0; \pi/2]$ um die x-Achse. Man bestimme die Oberfläche des entstehenden Rotationskörpers.
20. (Siehe Beispiel 3.) Man bestimme die Oberfläche des Körpers, der durch Rotation des Abschnittes der Kurve $r = 1 + \cos\theta$
    (*a*) um die x-Achse,
    (*b*) um die y-Achse entsteht.
    (In (*b*) ist die Identität $1 + \cos\theta = 2\cos^2(\theta/2)$ von Nutzen.)
21. Man zeige, wie der Polarwinkel θ anstelle von x in Beispiel 2 verwendet werden kann.

■

22. Der im ersten Quadranten gelegene Abschnitt der Kurve $x^{2/3} + y^{2/3} = 1$ rotiert um die x-Achse. Man bestimme die Oberfläche des entstehenden Rotationskörpers.
23. Zwei Ebenen liegen senkrecht zu der Achse des Zinngefäßes aus Übung 6. Man vergleiche die Fläche, die sie aus der Kugel herausschneiden, mit der Fläche, die sie aus dem Zinngefäß herausschneiden. Welche Schlußfolgerungen könnte ein Kartograph aus dem Vergleich ziehen?
24. Obwohl der Hauptsatz zur Berechnung des Umfanges einer Ellipse $x^2/a^2 + y^2/b^2 = 1$ nicht verwendbar ist, kann mit seiner Hilfe die Oberfläche des Rugbyballes berechnet werden, der durch Rotation einer Ellipse um eine ihrer Achsen entsteht. Man bestimme diese Fläche. Läßt sich aus dem Ergebnis die korrekte Formel für die Oberfläche einer Kugel mit dem Radius a, nämlich $4\pi a^2$ herleiten?
25. Das Gebiet, das sich rechts von $x = 1$ zwischen $y = 1/x$ und der x-Achse befindet, rotiert um die x-Achse.
    (*a*) Man zeige, daß es ein endliches Volumen, aber eine unendliche Oberfläche besitzt.
    (*b*) Folgt aus dieser Tatsache, daß eine unendliche Oberfläche bemalt werden kann, indem man eine endliche Menge Farbe in den Körper einfüllt?
26. Man zeige, daß unsere Definition der Oberfläche durch ein bestimmtes Integral mit unserer Definition der Kegeloberfläche übereinstimmt.
27. Das Band, das bei der Rotation eines geraden Segmentes entsteht, wird entlang dieses Segmentes aufgeschnitten und in der Ebene abgerollt. Welche Form ergibt sich dann? *Vorsicht:* Wir erhalten im allgemeinen kein Rechteck. Berechnen Sie auf diese Weise die Fläche des gegebenen Bandes.
28. Man betrachte einen Rotationskörper. Sein Volumen wurde durch die Summe der Volumina dünner, paralleler Kreisscheiben angenähert. Kann die Oberfläche des Rotationskörpers durch die Summe der gekrümmten Oberflächen dieser Scheiben angenähert werden.

10.12 Die Abschätzung bestimmter Integrale

Das bestimmte Integral $\int_0^1 \sqrt{1-x^3}\,dx$ kann mit Hilfe des Hauptsatzes nicht ausgewertet werden, da $\sqrt{1-x^3}$ kein elementares Integral besitzt. Um

$$\int_0^1 \frac{1}{1+x^3+x^4}\,dx$$

zu berechnen, könnte die Methode der Partialbrüche verwendet werden. Die Auswertung wäre jedoch lang und mühsam. In diesem Abschnitt werden wir uns mit fünf Möglichkeiten zur Abschätzung eines bestimmten Integrals beschäftigen. Die Genauigkeit dieser Abschätzungen wird in Abschnitt 15.4 untersucht.

Das bestimmte Integral $\int_a^b f(x)\,dx$ ist definitionsgemäß der Limes von Summen der Form

$$\sum_{i=1}^{n} f(X_i)(x_i - x_{i-1}).$$

Daher stellt jede dieser Summen eine Abschätzung für $\int_a^b f(x)\,dx$ dar. Auf dieser Feststellung beruhen 3 von den 5 in diesem Abschnitt behandelten Methoden.

Rechteckmethoden: n sei eine positive ganze Zahl. Man teile das Intervall $[a; b]$ in n Abschnitte gleicher Länge $h = (b - a)/n$ mit

$$x_0 = a, \quad x_1 = a + h, \quad x_2 = a + 2h, \ldots, x_n = b.$$

Eine Summe der Form

$$f(x_0)(x_1 - x_0) + f(x_1)(x_2 - x_1) + \ldots + f(x_{n-1})(x_n - x_{n-1})$$

oder einfacher

$$h \sum_{i=1}^{n} f(x_{i-1}),$$

nennen wir *Linkspunktschätzung* von $\int_a^b f(x)\,dx$. (Im i-ten Abschnitt liegt der Testpunkt X_i am linken Ende des Abschnittes.)

Wählen wir für X_i nun x_i, so erhalten wir die *Rechtspunktschätzung*

$$h \sum_{i=1}^{n} f(x_i).$$

Wählen wir für X_i den Mittelpunkt des i-ten Abschnittes, $(x_{i-1} + x_i)/2$, so ergibt sich die *Mittelpunktschätzung*

$$h \sum_{i=1}^{n} f\left(\frac{x_{i-1} + x_i}{2}\right).$$

Bild 10.95 zeigt die drei Abschätzungen im Falle $n = 4$. Man beachte, daß für eine fallende Funktion f die Linkspunktmethode das Integral überschätzt, während die Rechtspunktmethode das Integral unterschätzt.

Trapezmethode: Die vierte Methode benutzt zur Abschätzung Trapeze anstelle von Rechtecken. Bekanntlich ist die Fläche eines Trapezes mit der Höhe h und den Parallelseiten b_1 und b_2 durch $(b_1 + b_2)\,h/2$ gegeben (Bild 10.96).

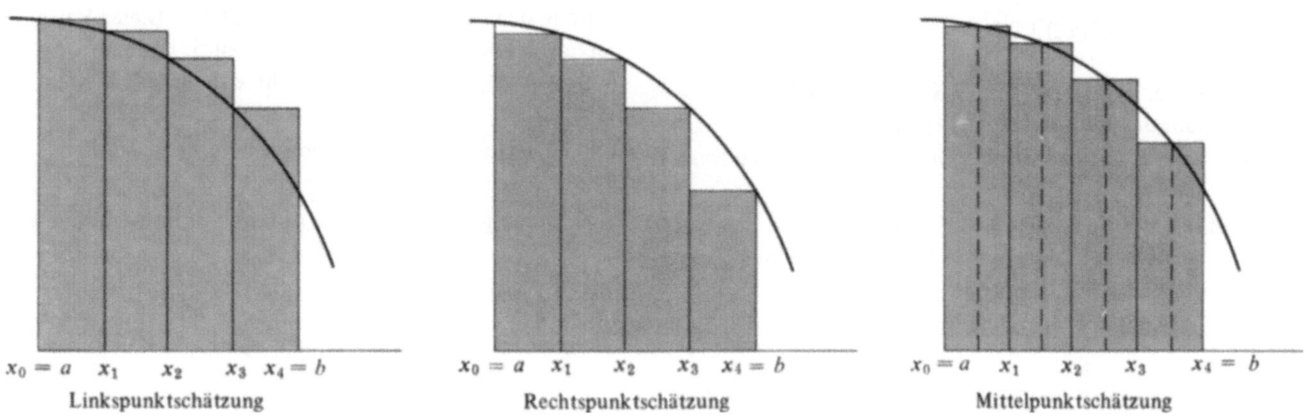

Bild 10.95

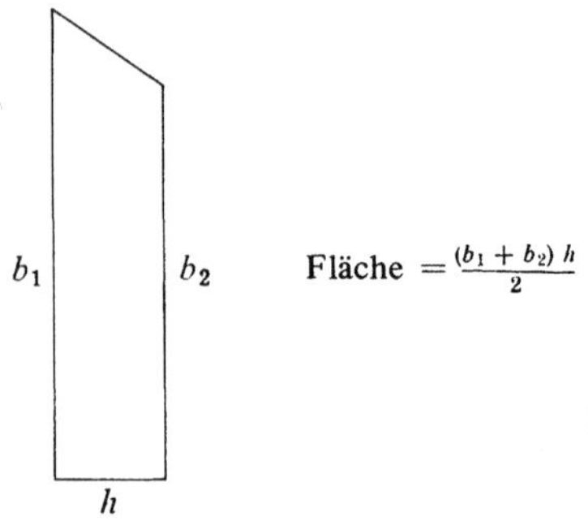

Bild 10.96

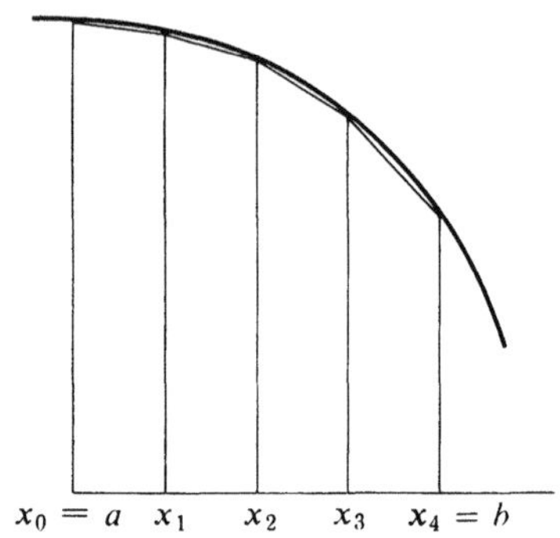

Bild 10.97

n sei nun wieder eine positive ganze Zahl. Wieder teilen wir das Intervall $[a; b]$ in n Abschnitte gleicher Länge $h = (b-a)/n$ mit

$$x_0 = a, \quad x_1 = a + h, \quad x_2 = a + 2h, \dots, x_n = b.$$

Die Summe

$$\frac{f(x_0) + f(x_1)}{2} \cdot h + \frac{f(x_1) + f(x_2)}{2} \cdot h + \dots + \frac{f(x_{n-1}) + f(x_n)}{2} \cdot h$$

ist die *Trapezschätzung* von

$$\int_a^b f(x)\,dx.$$

Man schreibt sie üblicherweise als

$$\frac{h}{2}[f(x_0) + 2f(x_1) + 2f(x_2) + \dots + 2f(x_{n-1}) + f(x_n)].$$

Man beachte, daß $f(x_0)$ und $f(x_n)$ als Koeffizient 1 besitzen, während alle anderen $f(x_i)$ als Koeffizient 2 aufweisen, da die Eckpunkte der inneren Trapeze zweimal gezählt werden.

Bild 10.97 illustriert die Trapeznäherung für den Fall $n = 4$. Man beachte, daß für nach unten konkaves f die Trapezabschätzung $\int_a^b f(x)\,dx$ unterschätzt. Ist f eine lineare Funktion, so ergibt die Trapezmethode selbstverständlich das exakte Integral.

Simpsonsche Regel: Das fünfte Verfahren ist als Simpsonsche Regel bekannt. Wie die Übungen 28 bis 33 zeigen, kann mit ihrer Hilfe das Integral exakt angegeben werden, wenn $f(x)$ ein Polynom höchstens vom Grad 3 ist.

Man teile das Intervall $[a; b]$ in $2n$ Abschnitte gleicher Länge $h = (b-a)/2n$ mit

$$x_0 = a, \quad x_1 = a + h, \quad x_2 = a + 2h, \dots, x_{2n} = b.$$

Die Summe

$$\frac{h}{3}[f(x_0) + 4f(x_1) + 2f(x_2) + 4f(x_3) + \dots + 2f(x_{2n-2}) + 4f(x_{2n-1}) + f(x_{2n})]$$

gibt die Simpsonsche Näherung für das Integral

$$\int_a^b f(x)\,dx.$$

Man erhält die Simpsonssche Näherung mittels Approximation der gegebenen Kurve durch Parabeln. Dies wird in den Übungen 28 bis 33 ausgeführt. Dieses Verfahren ist das einzige von den beschriebenen 5, das eine Unterteilung des gegebenen Intervalls in eine gerade Anzahl von Abschnitten erfordert.

Die folgenden Beispiele wenden die 5 Methoden zur Abschätzung des Integrals $\int_a^b f(x)\,dx$ an. In jedem Fall wird das Intervall $[0, 1]$ in vier Abschnitte geteilt.

Beispiel 1: Man verwende die Linkspunktmethode mit $n = 4$ zur Abschätzung von

$$\int_0^1 \sqrt{1 - x^3}\,dx.$$

Lösung: Die Teilung ist durch

$$x_0 = 0,\quad x_1 = \frac{1}{4},\quad x_2 = \frac{2}{4},\quad x_3 = \frac{3}{4},\quad x_4 = 1$$

gegeben. Die Länge der Abschnitte beträgt $h = (1-0)/4 = \frac{1}{4}$. Mit Hilfe der Linkspunktapproximation erhalten wir

$$\frac{1}{4}\left(\sqrt{1-0^3} + \sqrt{1-\left(\frac{1}{4}\right)^3} + \sqrt{1-\left(\frac{2}{4}\right)^3} + \sqrt{1-\left(\frac{3}{4}\right)^3}\right)$$
$$= \frac{1}{4}\left(\sqrt{\frac{64}{64}} + \sqrt{\frac{63}{64}} + \sqrt{\frac{56}{64}} + \sqrt{\frac{37}{64}}\right)$$
$$= \frac{1}{32}(\sqrt{64} + \sqrt{63} + \sqrt{56} + \sqrt{37})$$
$$= \frac{1}{32}(8{,}0000 + 7{,}9373 + 7{,}4833 + 6{,}0828)$$
$$\approx 0{,}922.$$

Da die Funktion $\sqrt{1-x^3}$ für x aus dem Intervall $[0; 1]$ fallend ist, wird diese Abschätzung zu groß sein. •

Ein Rechner mit einer Wurzeltaste oder eine Tabelle der Quadratwurzeln ist bei den hier notwendigen Rechnungen sehr nützlich.

Beispiel 2: Man benutze die Rechtspunktmethode mit $n = 4$ zur Abschätzung des Integrals

$$\int_0^1 \sqrt{1-x^3}\,dx.$$

Lösung: Die Teilung des Intervalls $[0; 1]$ ist die gleiche wie im Beispiel 1. Allerdings wird nun die Funktion am rechten Ende jedes Abschnittes berechnet. Als Näherung ergibt sich

$$\frac{1}{4}\left(\sqrt{1-\left(\frac{1}{4}\right)^3} + \sqrt{1-\left(\frac{2}{4}\right)^3} + \sqrt{1-\left(\frac{3}{4}\right)^3} + \sqrt{1-(1)^3}\right)$$
$$= \frac{1}{32}(\sqrt{63} + \sqrt{56} + \sqrt{37} + \sqrt{0})$$
$$\approx 0{,}672.$$

Da die Funktion $\sqrt{1-x^3}$ für x aus dem Intervall $[0; 1]$ fallend ist, muß diese Abschätzung zu klein sein. •

Beispiel 3: Man verwende die Mittelpunktmethode mit $n = 4$ zur Abschätzung des Integrals

$$\int_0^1 \sqrt{1-x^3}\,dx.$$

Lösung: Die Teilung ist dieselbe wie in den Beispielen 1 und 2. Die Mittelpunkte der 4 Abschnitte sind der Reihe nach $\frac{1}{8}, \frac{3}{8}, \frac{5}{8}, \frac{7}{8}$. Daher erhalten wir für die Mittelpunkt-Approximation

$$\frac{1}{4}\left(\sqrt{1-\left(\frac{1}{8}\right)^3} + \sqrt{1-\left(\frac{3}{8}\right)^3} + \sqrt{1-\left(\frac{5}{8}\right)^3} + \sqrt{1-\left(\frac{7}{8}\right)^3}\right)$$
$$= \frac{1}{4}\left(\sqrt{\frac{511}{512}} + \sqrt{\frac{485}{512}} + \sqrt{\frac{387}{512}} + \sqrt{\frac{169}{512}}\right)$$
$$= \frac{\sqrt{2}}{128}(\sqrt{511} + \sqrt{485} + \sqrt{387} + \sqrt{169})$$
$$= \frac{\sqrt{2}}{128}(77{,}3003)$$
$$\approx 0{,}854.\ \bullet$$

Die Abschätzung des Beispiels 3 ist zu groß. Die Lösung der Übung 24 wird uns den Grund hierfür angeben.

Beispiel 4: Man verwende die Trapezmethode mit $n = 4$ zur Abschätzung des Integrals

$$\int_0^1 \sqrt{1-x^3}\,dx.$$

Lösung: Wir verwenden die gleiche Teilung, wie in den ersten drei Beispielen. Die Koeffizienten sind der Reihe nach 1, 2, 2, 2, 1 und wir erhalten folgende Aufstellung:

Die Trapezschätzung ergibt:

$$\frac{h}{2}\left[f(0) + 2f\left(\frac{1}{4}\right) + 2f\left(\frac{2}{4}\right) + 2f\left(\frac{3}{4}\right) + f(1)\right].$$

Ferner erhalten wir $h/2 = \frac{1}{4}/2 = \frac{1}{8}$. Um die Summe in der Klammer zu berechnen, legen wir die folgende Tabelle an:

x_i	$f(x_i)$	Koeffizient	Summand	Ergebnis
0	$\sqrt{1-0^3}$	1	$1\sqrt{1}$	1,0000
$\frac{1}{4}$	$\sqrt{1-(\frac{1}{4})^3}$	2	$2\sqrt{\frac{63}{64}}$	1,9843
$\frac{2}{4}$	$\sqrt{1-(\frac{2}{4})^3}$	2	$2\sqrt{\frac{56}{64}}$	1,8708
$\frac{3}{4}$	$\sqrt{1-(\frac{3}{4})^3}$	2	$2\sqrt{\frac{37}{64}}$	1,5207
$\frac{4}{4}$	$\sqrt{1-(1)^3}$	1	$1\sqrt{0}$	0,0000

Daher ist die Trapezsumme näherungsweise

$$\frac{1}{8}(1{,}0000 + 1{,}9843 + 1{,}8708 + 1{,}5207 + 0{,}0000)$$
$$= \frac{1}{8}(6{,}3758)$$
$$\approx 0{,}797. \bullet$$

Die Abschätzung in Beispiel 4 ist zu klein. Die Lösung der Übung 24 wird den Grund hierfür angeben.

Beispiel 5: Man verwende die Simpsonsche Regel mit $2n = 4$ zur Abschätzung des Integrals.

Lösung: Wieder erhalten wir $h = \frac{1}{4}$. Die Simpsonsche Formel nimmt die folgende Form an:

$$\frac{1/4}{3}\left[f(0) + 4f\left(\frac{1}{4}\right) + 2f\left(\frac{2}{4}\right) + 4f\left(\frac{3}{4}\right) + f(1)\right].$$

Eine Tabelle hilft auch hier, die Rechnung systematisch durchzuführen:

x_i	$f(x_i)$	Koeffizient	Summand	Ergebnis
0	$\sqrt{1-0^3}$	1	$1\sqrt{1}$	1,0000
$\frac{1}{4}$	$\sqrt{1-(\frac{1}{4})^3}$	4	$4\sqrt{\frac{63}{64}}$	3,9686
$\frac{2}{4}$	$\sqrt{1-(\frac{2}{4})^3}$	2	$2\sqrt{\frac{56}{64}}$	1,8708
$\frac{3}{4}$	$\sqrt{1-(\frac{3}{4})^3}$	4	$4\sqrt{\frac{37}{64}}$	3,0414
1	$\sqrt{1-1^3}$	1	$1\sqrt{0}$	0,0000

Daher ergibt sich für die Approximation nach der Simpsonschen Regel:

$$\frac{1/4}{3}(1{,}0000 + 3{,}9686 + 1{,}8708 + 3{,}0414 + 0{,}0000)$$
$$= \frac{1}{12}(9{,}8808)$$
$$\approx 0{,}823. \bullet$$

Folgende Tabelle vergleicht die fünf Abschätzungen, die für den Wert von $\int_0^1 \sqrt{1-x^3}\,dx$ erhalten wurden. Der exakte Wert dieses Integrals ist bis auf 3 Dezimalen durch 0,841 gegeben.

Methode	Abschätzung von $\int_0^1 \sqrt{1-x^3}\,dx$
Linkspunkt-	0,922
Rechtspunkt-	0,672
Mittelpunkt-	0,854
Trapez-	0,797
Simpson-	0,823

In diesem Falle gibt die Mittelpunktmethode die beste Näherung für das Integral. Allerdings ist im allgemeinen die Simpsonsche Methode die genaueste. In der folgenden Tabelle sind allgemeine Grenzen für die möglichen Fehler der 5 Methoden zusammengestellt. In Abschnitt 15.4 werden wir uns mit der Herleitung dieser Grenzen beschäftigen. Das Symbol M_k bezeichnet den größten Wert von $|f^{(k)}(x)|$ für x aus dem Intervall $[a; b]$.

Methode	*maximaler Fehler*
Linkspunkt-	$\frac{(b-a)M_1 h}{2}$
Rechtspunkt-	$\frac{(b-a)M_1 h}{2}$
Mittelpunkt-	$\frac{(b-a)M_2 h^2}{24}$
Trapez-	$\frac{(b-a)M_2 h^2}{12}$
Simpson-	$\frac{(b-a)M_4 h^2}{180}$

Für die ersten beiden Methoden hängt der Fehler von der Größe der ersten Ableitung $f^{(1)}(x)$ ab. Die Länge der Abschnitte h tritt in der ersten Potenz auf. Halbiert man daher etwa h, so halbiert sich auch der maximale Fehler.

Für die nächsten beiden Verfahren hängt der Fehler von der Größe der zweiten Ableitung $f^{(2)}(x)$ ab. Gilt insbesondere für alle x aus $[a; b]$ die Bedingung $f^{(2)}(x) = 0$, so verschwindet der Fehler. Dies ergibt sich auch aus einfachen geometrischen Überlegungen. Für $f^{(2)}(x) = 0$ im ganzen Intervall $[a; b]$ muß $f(x) = cx + d$ mit bestimmten Konstanten c und d gelten. Der Graph von f ist eine gerade Linie. In diesem Falle hat das Rechteck der Mittelpunktmethode dieselbe Fläche, wie das entsprechende Gebiet unter der Kurve.

Man beachte den Faktor h^2 für die 3. und 4. Methode. Er zeigt uns an, daß eine Halbierung von h den maximalen Fehler um den Faktor $\frac{1}{4}$ reduziert. Da h^2 schneller gegen Null geht als h, würde man erwarten, daß die Mittelpunkt- und die Trapezmethode im allgemeinen genauer sind als die ersten beiden Methoden.

Die Fehlergrenze der Trapezmethode stellt sich als zweimal so groß heraus wie die der Mittelpunktmethode. Allerdings hat die Trapezmethode gegenüber der Mittelpunktmethode einen wichtigen Vorteil. Verdoppelt man die Anzahl der Abschnitte in der Teilung, so bleiben die Punkte der ursprünglichen Teilung auch Punkte der neuen feineren Teilung. Daher können die im ersten Schritt berechneten f-Werte auch im zweiten Schritt verwendet werden. Bei der Mittelpunktmethode ist dies jedoch nicht der Fall. Die Mittelpunkte des ersten Schrittes sind nicht Mittelpunkte des zweiten Schrittes.

Der Fehler bei Anwendung der Simpsonschen Regel ist durch die vierte Ableitung $f^{(4)}(x)$ und durch h^4 bestimmt. Ist die Bedingung $f^{(4)}(x) = 0$ für alle x aus $[a; b]$ erfüllt, so verschwindet der Fehler der Simpsonschen Methode. Mit anderen Worten: Die Simpsonsche Methode ist exakt für Funktionen $f(x)$, die Polynome höchstens vom Grad 3 sind. Für $h \to 0$ geht darüber hinaus h^4 sehr rasch gegen Null. Aus diesem Grund ist die Anwendung der allgemeinen Simpsonschen Regel das beste der 5 beschriebenen Approximationsverfahren. Die Herleitung oder Abschätzung von M_k für eine bestimmte Funktion kann insbesondere für $k > 1$ ein schwieriges Problem sein. Die Übungen 17 und 18 beschäftigen sich mit der Herleitung von M_1 und M_2 für einige einfache Fälle.

Übungen:

Die Übungen 1 bis 3 behandeln Integrale, die leicht berechnet und mit ihren Abschätzungen verglichen werden können. Man bestimme in jedem Fall die exakten Fehler für jede der fünf Methoden und verwende hierbei Teilung in zwei Abschnitte $[h = (b - a)/2]$. Koeffizienten bei der Simpsonschen Regel sind dann 1, 4, 1; es treten keine Koeffizienten zwei auf.

1. $\int_0^2 x^3\,dx$ **2.** $\int_0^\pi \sin x\,dx$ **3.** $\int_1^2 \frac{dx}{x}$

Die Rechnungen in den Übungen 4 bis 7 können mit Hilfe von Zahlentafeln oder eines Taschenrechners, der eine $1/x$-Taste besitzt, vereinfacht werden.

4. Man schätze $\int_1^2 \frac{dx}{x}$ mit Hilfe der Mittelpunktmethode.

(*a*) $n = 1$, (*b*) $n = 3$, (*c*) $n = 6$.

5. Man schätze $\int_1^2 \frac{dx}{x}$ mit Hilfe der Trapezmethode für

(*a*) $n = 1$, (*b*) $n = 3$, (*c*) $n = 6$.

6. Man schätze $\int_1^2 \frac{dx}{x}$ mit Hilfe der Simpsonschen Regel für

(*a*) $2n = 2$, (*b*) $2n = 4$, (*c*) $2n = 6$.

7. Man vergleiche die Fehler aus den Abschätzungen der Übungen 4 (*c*), 5 (*c*) und 6 (*c*) mit den allgemeinen Fehlergrenzen (in Abhängigkeit von den Größen M_2 und M_4, die am Ende des Abschnittes beschrieben wurden).

Die Übungen 8 und 9 können mit Hilfe eines Rechners mit $1/x$-Taste leicht gelöst werden.

8. Man schätze $\int_0^1 \frac{dx}{1 + x^4}$

(*a*) mit der Mittelpunktmethode, $n = 4$;
(*b*) mit der Trapezmethode, $n = 4$;
(*c*) mit der Simpsonschen Regel, $2n = 4$.

9. Man schätze $\int_1^2 \frac{dx}{1 + x^4}$ mit den gleichen drei Näherungen wie in Übung 8.

Die Übungen 10 bis 18 behandeln Integrale, die mit dem Fundamentalsatz nicht ausgewertet werden können. Ein Rechner mit e^x, $\ln x$ und trigonometrischen Tasten ist von Vorteil.

10. Man schätze $\int_0^2 e^{-x^2}\,dx$

(*a*) mit der Mittelpunktmethode, $n = 4$;
(*b*) mit der Trapezmethode, $n = 4$;
(*c*) mit der Simpsonschen Regel, $2n = 4$.

11. Man schätze $\int_1^5 \frac{e^x}{x}\,dx$

(*a*) mit der Mittelpunktmethode, $n = 4$;
(*b*) mit der Trapezmethode, $n = 4$;
(*c*) mit der Simpsonschen Regel, $2n = 4$.

12. Man schätze $\int_0^{\pi/4} \sqrt{1 + 2\cos x}\,dx$ mit der Simpsonschen Regel und $2n = 6$.

13. Man schätze $\int_1^3 (\ln x)/\sqrt{x}\,dx$

(*a*) mit der Mittelpunktmethode, $n = 5$;
(*b*) mit der Trapezmethode, $n = 5$.

14. Man schätze $\int_1^7 \sqrt[3]{1 + x^2}\,dx$ mit der

(*a*) Rechtspunktmethode, $n = 3$;
(*b*) Linkspunktmethode, $n = 3$;
(*c*) Mittelpunktmethode, $n = 3$.

15. Man schätze $\int_0^1 \sin x^2\,dx$ mit der

(*a*) Rechtspunktmethode, $n = 5$;
(*b*) Mittelpunktmethode, $n = 5$.

16. Man schätze $\int_0^1 e^{-x^2}\,dx$ mit der

(*a*) Rechtspunktmethode, $n = 5$;
(*b*) Mittelpunktmethode, $n = 5$.

17. (*a*) Man bestimme den maximalen Wert von $|f'(x)|$ im Intervall $[0; 1]$, wenn $f(x) = e^{-x^2}$.
(*b*) Man verwende (*a*), um eine Fehlergrenze für Übung 16(*a*) anzugeben.

18. (*a*) Man bestimme den maximalen Wert von $|f''(x)|$ im Intervall $[0; 1]$, wenn $f(x) = e^{-x^2}$.
(*b*) Man benutze (*a*), um eine Fehlergrenze für Übung 16(*b*) anzugeben.

■

19. Man zeige, daß im Fall $f(a) = f(b)$ die Linkspunkt-, Rechtspunkt- und Trapezschätzungen für einen gegebenen Wert von h übereinstimmen.

20. Man zeige, daß für gegebenes n der Mittelwert der Linkspunkt- und der Rechtspunktmethode mit der Trapezschätzung übereinstimmen.

21. Es sei T_n die Trapezschätzung und M_n die Mittelpunktschätzung für das gleiche n. Man zeige, daß durch

$$\tfrac{2}{3} M_n + \tfrac{1}{3} T_n$$

die Simpsonsche Schätzung mit $2n$ Teilungen angegeben werden kann.

22. Der Einfachheit halber sei $f(x) \geqslant 0$. Das Integral $\int_a^b f(x)\,dx$ kann in der folgenden Weise abgeschätzt werden. Wir teilen das Intervall $[a; b]$ in n Abschnitte gleicher Länge. Für jedes i, $1 \leqslant i \leqslant n$, wird in jedem der Punkte

$$\left(\frac{x_{i-1} + x_i}{2},\ f\left(\frac{x_{i-1} + x_i}{2}\right)\right)$$

die Tangente an die Kurve $y = f(x)$ gelegt. Wir bilden das Trapez, das von dieser Tangente, der x-Achse und den Geraden $x = x_{i-1}$ und $x = x_i$ begrenzt ist (Bild 10.98). Seine Fläche sei A_i. Die Summe $\sum_{i=1} A_i$ gibt eine Schätzung für $\int_a^b f(x)\,dx$. Man zeige, daß sie mit einer der fünf in diesem Abschnitt behandelten Schätzungen übereinstimmt.

Diese Übung wird in Übung 24 verwendet werden.

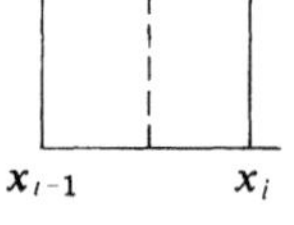

Bild 10.98

23. f sei für x aus $[a; b]$ nach unten konkav. Mit Hilfe einer Zeichnung und elementarer Geometrie zeige man, daß die Mittelpunktmethode $\int_a^b f(x)\,dx$ überschätzt.

24. Es sei $f(x) = \sqrt{1 - x^3}$, wie in den Beispielen dieses Abschnittes. Man zeige, daß f für $0 < x < 1$ nach unten konkav ist.
(*a*) Was folgt hieraus für die Trapezschätzung von $\int_0^1 \sqrt{1 - x^3}\,dx$
(*b*) die Mittelpunktschätzung von $\int_0^1 \sqrt{1 - x^3}\,dx$.

Die nächsten drei Übungen behandeln Fälle, in denen der tatsächliche Fehler den maximalen Fehler erreicht.

25. Man zeige, daß für die Trapezmethode mit $n = 1$ bei einer Abschätzung von $\int_0^1 x^2 dx$ der maximale Fehler durch $(b-a)$ $M_2h^2/12$ gegeben ist, wobei $a = 0$, $b = 1$, $h = 1$ und M_2 den maximalen Wert von $|D^2(x^2)|$ für x aus $[0; 1]$ bezeichnet.

26. Man zeige, daß für die Abschätzung von $\int_0^1 x^2 dx$ mit Hilfe der Mittelpunktmethode bei $n = 1$ der Fehler durch $(b-a)M_2h^2/24$ gegeben ist, wobei $a = 0$, $b = 1$, $h = 1$ und M_2 denselben Wert besitzt, wie in Übung 25.

27. Man zeige, daß bei der Abschätzung von $\int_0^1 x^4 dx$ mit Hilfe der Simpsonschen Regel bei $2n = 2$ der maximale Fehler durch $(b-a)M_4h^4/180$ gegeben ist, wobei $a = 0$, $b = 1$, $h = \frac{1}{2}$ und M_4 den maximalen Wert von $|D^4(x^4)|$ für x aus $[0; 1]$ bezeichnet.

■■

Die Übungen 28 bis 33 geben eine geometrische Begründung der Simpsonschen Regel.

28. Es sei $f(x) = Ax^2 + Bx + C$. Man beweise die Relation

$$\int_{-h}^{h} f(x)\,dx = \frac{h}{3}(f(-h) + 4f(0) + f(h)).$$

Hinweis: Man berechne einfach beide Seiten.

29. f sei eine Funktion. Man beweise die Existenz einer Parabel $y = Ax^2 + Bx + C$, die durch die drei Punkte $(-h; f(-h))$, $(0; f(0))$ und $(h; f(h))$ geht.

30. Die Gleichung von Übung 28, die schon den Griechen bekannt war, wird Prismoidal-Formel genannt. Man berechne mit ihrer Hilfe das Volumen

(*a*) einer Kugel mit dem Radius a,

(*b*) eines geraden Kreiszylinders mit Radius a und Höhe h.

31. Es sei $f(x) = Ax^2 + Bx + C$. Man beweise die Relation

$$\int_{c-h}^{c+h} f(x)\,dx = \frac{h}{3}[f(c-h) + 4f(c) + f(c+h)].$$

Hinweis: Mit Hilfe der Substitution $x = c + t$ kann dies auf die Übung 28 zurückgeführt werden. Man beachte Bild 10.99.

32. Die Übungen 29 und 31 bilden die Grundlage für die Simpsonsche Methode. Zunächst wird $[a; b]$ in $2n$ Abschnitte geteilt, die wir in n Paare von benachbarten Abschnitten zusammenfassen. Über jedes dieser Paare nähern wir die Funktion durch eine Parabel an, die mit deren Graphen in drei Punkten zusammenfällt. Diese drei Punkte sind gerade die Randpunkte der beiden Abschnitte des Paares. Man zeige, daß die Aufsummierung der n einzelnen Abschätzungen die Simpsonsche Regel ergibt.

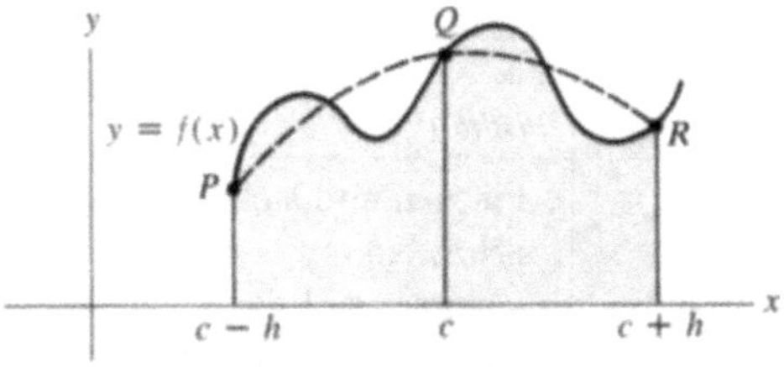

Die gestrichelte Kurve ist eine Parabel $y = Ax^2 + Bx + C$. Die Fläche unterhalb der Parabel beträgt genau

$$\frac{h}{3}[f(c-h) + 4f(c) + f(c+h)]$$

und gibt eine Annäherung für die getönte Fläche.

Bild 10.99

33. Da die Simpsonsche Regel für $f(x) = Ax^2 + Bx + C$ exakt sein sollte, würde man annehmen, daß ihr Fehler von $f^{(3)}(x)$ abhängt. Glücklicherweise ist jedoch die Simpsonsche Methode auch für *kubische* Funktionen $Ax^3 + Bx^2 + Cx + D$ exakt. So liegt es nahe, daß ihr Fehler von $f^{(4)}(x)$ und nicht von $f^{(3)}(x)$ abhängt.

(*a*) Man zeige für $f(x) = x^3$ die Relation

$$\int_{-h}^{h} f(x)\,dx = \frac{h}{3}(f(-h) + 4f(0) + f(h)).$$

(*b*) Man zeige, daß die Simpsonsche Methode für kubische Funktionen exakt ist.

10.13 Zusammenfassung

Das Kapitel 10 umfaßt 4 Abschnitte, die sich mit analytischer Geometrie, und 8 Abschnitte, die sich mit verschiedenen Aspekten bestimmter Integrale befassen.

Analytische Geometrie

Abschnitt	*Inhalt*
10.1	Die Bestimmung von $c(x)$
10.2	Die Bestimmung von $A(x)$
10.7	Polarkoordinaten
10.8	Parameterdarstellungen

Bestimmtes Integral

Abschnitt	*Inhalt*
10.3	Flächen und Volumina mit Hilfe von Schnitten
10.4	Volumen mit der Schalenmethode
10.5	Mittelwert einer Funktion
10.6	Uneigentliches Integral
10.9	Bogenlänge und Geschwindigkeit
10.10	Fläche in Polarkoordinaten
10.11	Oberfläche eines Rotationskörpers
10.12	Abschätzungen für $\int_a^b f(x)\,dx$.

Schon seit Abschnitt 7.1 wissen wir, daß die Fläche durch $\int_a^b c(x)\,dx$ und das Volumen durch $\int_a^b A(x)\,dx$ gegeben ist. In Abschnitt 10.3 wurden die Methoden von Kapitel 8 und 9 zur Berechnung einiger Flächen und Volumina angewendet. Das Volumen eines Rotationskörpers kann mit einem anderen Verfahren – mit der Schalenmethode – berechnet werden, wie in Abschnitt 10.4 gezeigt wurde. Diese Tatsache wird in Kapitel 16 benutzt werden.

In Abschnitt 10.5 wurde der Mittelwert einer Funktion eingeführt, in Abschnitt 10.6 die Definition des uneigentlichen Integrales.

Abschnitt 10.9 führte die Bogenlänge auf ein Integral zurück und ergab das Konzept der Geschwindigkeit entlang einer Kurve. Zwei weitere geometrische Anwendungen von Integralen wurden in den Abschnitten 10.10 und 10.11 gegeben. Diese Abschnitte behandelten die Flächen in Polarkoordinaten und die Oberfläche eines Rotationskörpers. Abschnitt 10.12 beschrieb fünf Methoden zur Abschätzung bestimmter Integrale, von denen die Trapezmethode und die Simpsonsche Regel am häufigsten angewendet werden, da sie im allgemeinen bei festgehaltener Anzahl der Rechnungsschritte die besten Abschätzungen ergeben.

Nebenbei wurde das Integral durch Beispiele und Übungen, wie etwa aus dem wirtschaftlichen Bereich oder durch den Transport einer Last illustriert.

Man könnte angesichts einer derartigen Mischung leicht den Überblick verlieren. Kurz gesagt, wiederholt das Kapitel 10 den Begriff des bestimmten Integrals und gibt Stoff zur Entwicklung der rechnerischen Fertigkeit. Im größeren Zusammenhang betrachtet, wurden Konzepte wie etwa die Geschwindigkeit entlang einer Kurve, der Mittelwert einer stetigen Funktion oder das Integral von Null bis ∞ entwickelt. Diese Konzepte treten in vielen anderen Disziplinen auf.

Von diesem Gesichtspunkt aus kommt es weniger auf die Fertigkeit bei der Berechnung bestimmter Integrale an, sondern vielmehr auf die Fähigkeit, den einzelnen Begriffen bestimmte Integrale zuzuordnen. Nur für wenige Funktionen kann die Bogenlänge ihres Graphen mit Hilfe des Hauptsatzes berechnet werden. Und gerade diese wenigen Funktionen, die zu elementaren Integralen führen, findet man häufig in den Übungsabschnitten der Lehrbücher. So könnte sich der Leser vielleicht dem Irrtum hingeben, die Welt sei den Techniken des Menschen gegenüber willfähriger, als dies tatsächlich der Fall ist. Die Erkenntnis, daß ein Integral nicht elementar ist, kann uns viel Zeit sparen. Wenn ein Integral umfangreich oder nicht elementar ist, sollte man sich nicht scheuen, es durch eine Näherung abzuschätzen, gerade in unserem Zeitalter der Computer und Rechner. Ist ein Integral elementar, dann können seine Eigenschaften einfacher studiert werden. In der Theorie der Differentialgleichungen kann dies sehr nützlich sein.

Obwohl die Herleitungen einiger Formeln etwas kompliziert waren – so wurde z.B. beim Beweis der Formel für die Bogenlänge der Mittelwertsatz zweimal angewendet – erscheinen die resultierenden Integranden vernünftig und verständlich. Die Tafel auf S. 341 stellt die Formeln und die zugehörigen Merkregeln zusammen.

Der Anstieg einer Kurve in der Parameterdarstellung $x = g(t)$ und $y = h(t)$ wird gegeben durch

$$\frac{dy}{dx} = \frac{dy/dt}{dx/dt} = \frac{\dot{y}}{\dot{x}}.$$

Die Fläche $\int_{x=a}^{x=b} y\,dx$ unter einer Kurve in Parameterdarstellung erhält man durch eine Substitution in der y, dx und die Integrationsgrenzen durch den Parameter t dargestellt werden. Selbstverständlich kann der Parameter durch einen anderen Buchstaben, wie etwa θ, bezeichnet werden.

Fünf verschiedene Methoden zur Abschätzung bestimmter Integrale wurden beschrieben. Jede von ihnen

Abschnitt	*Begriff*	*Merkregel*
10.3	Fläche $= \int_a^b c(x)\,dx$	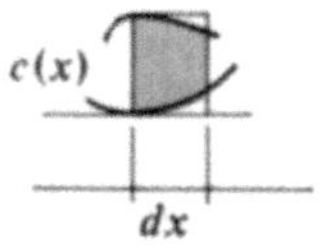 Fläche $= c(x)\,dx$
10.3	Volumen $= \int_a^b A(x)\,dx$	 Volumen $= A(x)\,dx$
10.4	Volumen $= \int_a^b 2\pi R(x)\,c(x)\,dx$	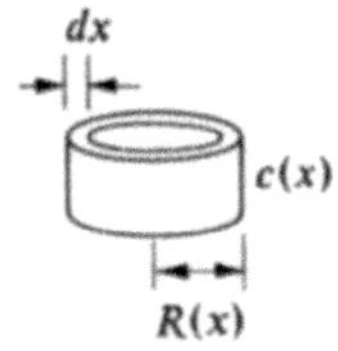 (aufschneiden und abrollen) 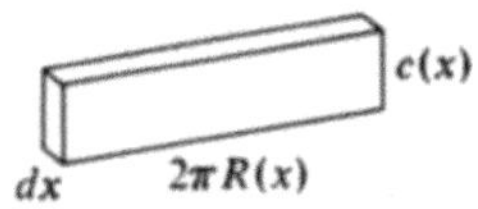 Volumen $= \underbrace{2\pi R(x)}_{\text{Länge}} \cdot \underbrace{c(x)}_{\text{Breite}} \cdot \underbrace{dx}_{\text{Höhe}}$
10.9	Bogenlänge $= \int_a^b \sqrt{\left(\frac{dx}{dt}\right)^2 + \left(\frac{dy}{dt}\right)^2}\,dt$ $= \int_a^b \sqrt{1 + \left(\frac{dy}{dx}\right)^2}\,dx$ $= \int_\alpha^\beta \sqrt{r^2 + (r')^2}\,d\theta$	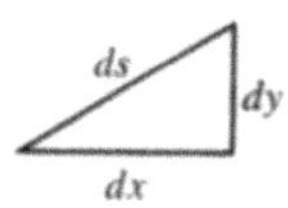 $(ds)^2 = (dx)^2 + (dy)^2$ 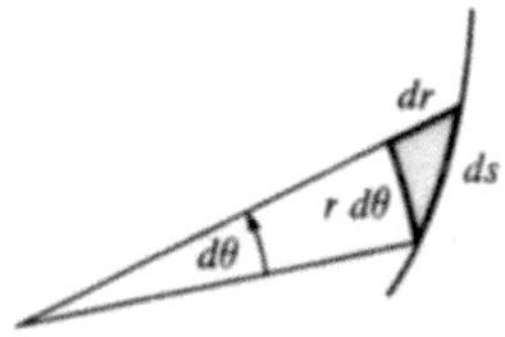 $(ds)^2 = (rd\theta)^2 + (dr)^2$
10.9	Geschwindigkeit $= \sqrt{\left(\frac{dx}{dt}\right)^2 + \left(\frac{dy}{dt}\right)^2}$	
10.10	Fläche $= \int_\alpha^\beta \frac{r^2}{2}\,d\theta$	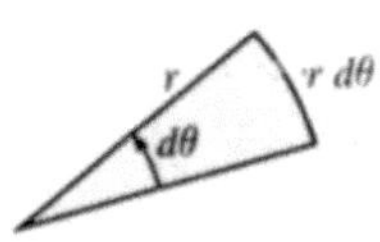 Fläche $= \frac{1}{2} r \cdot r\,d\theta$
10.11	Fläche $= \int_a^b 2\pi R\,ds$	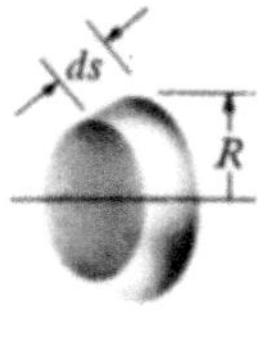 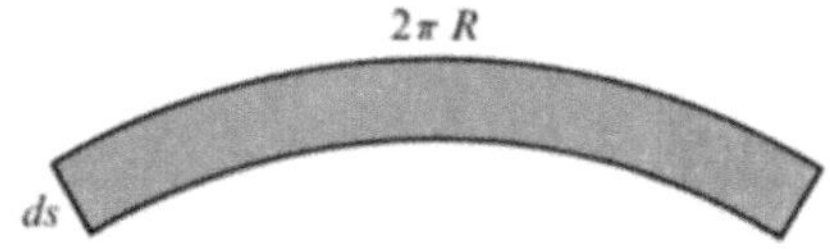

umfaßt die Auswahl bestimmter Punkte, in denen f berechnet wird, und die Auswahl von Koeffizienten, mit denen diese Funktionswerte in die Näherung eingehen. Die unten stehende Tabelle faßt diese Methoden kurz zusammen.

Begriffe und Symbole

$c(x)$, Länge des Abschnitts auf einer Geraden senkrecht zum Integrationsintervall

$A(x)$, Fläche des Schnittes mit einer Ebene senkrecht zum Integrationsintervall

Mittelwert einer Funktion über ein Intervall

Uneigentliches Integral (konvergent und divergent)

$\int_a^\infty f(x)\,dx$ (unbeschränktes Integrationsintervall)

$\int_{-\infty}^a f(x)\,dx, \quad \int_{-\infty}^\infty f(x)\,dx$

$\int_a^b f(x)\,dx = \lim_{t\to a^+} \int_t^b f(x)\,dx$ (in der Nähe von a unbeschränkte Funktion)

Bogenlänge s

Geschwindigkeit $= \frac{ds}{dt}$

R, $R(x)$, Radius des Kreises, den ein Punkt im Inneren oder an der Oberfläche eines Rotationskörpers überstreicht

Linkspunkt-, Rechtspunkt-, Mittelpunkt-, Trapez- und Simpsonsche Methode

Methode	*Punkte*	*Gewichte*	*Formel*
Linkspunkt-	$x_0, x_1, \ldots, x_{n-1}, x_n$	1, 1, ... , 1, 0	$h \sum_{i=1}^{n} f(x_{i-1})$
Rechtspunkt-	$x_0, x_1, \ldots, x_{n-1}, x_n$	0, 1, ... , 1, 1	$h \sum_{i=1}^{n} f(x_i)$
Mittelpunkt-	$X_1, \ldots, X_n$ (Mittelpunkt)	1, 1, ... , 1	$h \sum_{i=1}^{n} f(X_i)$
Trapez-	$x_0, x_1, \ldots, x_{n-1}, x_n$	1, 2, 2, ... , 2, 2, 1	$\frac{h}{2}[f(x_0) + 2f(x_1) + 2f(x_2) + \ldots + 2f(x_{n-1}) + f(x_n)]$
Simpson- (gerade Anzahl der Abschnitte)	$x_0, x_1, \ldots, x_{n-1}, x_n$	1, 4, 2, 4, 2, ... , 2, 4, 1	$\frac{h}{3}[f(x_0) + 4f(x_1) + 2f(x_2) + \ldots + 2f(x_{n-2}) + 4f(x_{n-1}) + f(x_n)]$

Testaufgaben zu Kapitel 10

Man gebe die in den Übungen 1 bis 9 gesuchten bestimmten Integrale an, werte sie jedoch nicht aus.

1. Die Fläche des Gebietes oberhalb der Parabel $y = x^2$ und unterhalb der Geraden $y = 2x$ mit Hilfe von
   (*a*) vertikalen Schnitten,
   (*b*) horizontalen Schnitten.
2. Das Volumen eines Keiles, der aus einem geraden Kreiszylinder mit der Höhe 5 cm und dem Radius 3 cm durch eine Ebene herausgeschnitten wird, die die Grundfläche in zwei Teile teilt und die Deckfläche in einem Punkt berührt.
3. Die Bogenlänge der Kurve $y = \ln x$ zwischen $x = 1$ und $x = 2$.
4. Die Bogenlänge der Kurve $r = \sin^3(\theta/3)$ für θ im Intervall $[0; \pi/2]$.
5. Die Fläche des Gebietes innerhalb einer Schleife von $r = \sin 2\theta$.
6. Die Oberfläche des Körpers, der durch Rotation des Bogens $x = \cos^3 t$, $y = \sin^3 t$ mit t aus $[0; \pi/2]$ um die x-Achse entsteht.
7. Die Oberfläche des Körpers, der durch Rotation der Kurve $r = 2\cos\theta - 2\cos 2\theta$ für θ aus $[0; \pi]$ um die Polarachse entsteht.
8. Das Volumen eines Körpers, der aus der Rotation des Dreiecks mit den Eckpunkten (2; 0), (2; 1) und (3; 2) um die x-Achse entsteht. (Man benutze die Schalenmethode.)
9. Die Fläche unterhalb der Kurve $x = \sin^2 t$, $y = \cos^3 t$ mit $0 \leqslant t \leqslant \pi/2$ und oberhalb des Intervall $[0; 1]$.
10. Man bestimme den Anstieg der Kurve von Übung 9 für den Wert $t = \pi/6$.
11. (*a*) Für welche Exponenten a ist $\int_1^\infty x^a\,dx$ konvergent?
    (*b*) Man zeige, daß $\int_0^\infty \frac{dx}{1 + x^2 + 2x^4}$ konvergent ist.
12. Man bestimme für das Integral $\int_1^4 \sin x^2\,dx$ die Trapezschätzung mit $n = 6$ und die Simpsonsche Schätzung mit $2n = 6$, jedoch ohne die Abschätzungen auszuwerten.

Übungen zu Kapitel 10

Die meisten dieser Übungen beziehen sich auf Kapitel 10.

1. (*a*) Man definiere den „Mittelwert einer Funktion".
   (*b*) Warum ist diese Definition vernünftig?
2. (*a*) Man leite die Formel für die Bogenlänge her.
   (*b*) Welche Merkhilfe gibt es für diese Formel?
3. (*a*) Man leite die Formel für die Fläche in Polarkoordinaten her.
   (*b*) Welche Merkhilfe für diese Formel gibt es?
4. (*a*) Man leite die Formel für die Fläche in Polarkoordinaten her.
   (*b*) Welche Merkhilfe für diese Formel gibt es?
5. (*a*) Man leite die Schalenformel für das Volumen eines Rotationskörpers her.
   (*b*) Welche Merkhilfe für diese Formel gibt es?
6. Für welche allgemeine Klasse von Funktionen $f(x)$ ist $\int_a^b f(x)\,dx$ exakt durch
   (*a*) die Mittelpunktmethode,
   (*b*) die Trapezmethode,
   (*c*) die Simpsonsche Methode

   zu berechnen?
7. Für eine bestimmte Funktion f sind experimentelle Daten bekannt, die in der folgenden Tabelle angegeben werden.

x	1	1,5	2	2,5	3	3,5	4
$f(x)$	4	5	6	8	9	11	14

   Man verwende die Simpsonsche Regel um $\int_1^4 f(x)\,dx$ abzuschätzen.
8. Die folgende Tabelle zeigt die Temperatur $f(t)$ als Funktion der Zeit.
   (*a*) Man verwende die Simpsonsche Regel um $\int_1^7 f(t)\,dt$ abzuschätzen und
   (*b*) man verwende das Resultat von (*a*) um die mittlere Temperatur abzuschätzen.

Zeit	1	2	3	4	5	6	7
Temperatur	81	75	80	83	78	70	60

9. Welche Auswirkungen auf den Fehler erwarten wir, wenn wir h halbieren und die folgenden Näherungsmethoden verwenden.
   (*a*) Rechtecke, rechter Eckpunkt?
   (*b*) Mittelpunkt?
   (*c*) Trapez?
   (*d*) Simpsonsche Regel?
   (*e*) Warum?
10. Man schätze $\int_0^4 \frac{dx}{(x^5 + 2x + 1)}$ mit $h = 1$ und
    (*a*) der Trapezmethode,
    (*b*) der Simpsonschen Regel.
11. Man verwende die Trapezmethode mit $h = 1$, um $\int_1^5 \sqrt[3]{2 + x^2}\,dx$ abzuschätzen.

12. Man betrachte eine auf dem Intervall $[1; 4]$ definierte Funktion f von der $M_1 = M_2 = M_3 = M_4 = 2$ bekannt ist (bezüglich der Definition von M_k siehe Ende von Abschnitt 10.12). Wie klein müssen wir h wählen, um sicherzugehen, daß der Fehler bei der Abschätzung von $\int_1^4 f(x)\,dx$ geringer ist als 0,001, und wir dabei die folgenden Methoden verwenden:

(*a*) Linkspunkt? (*b*) Rechtspunkt?
(*c*) Mittelpunkt? (*d*) Trapez?
(*e*) Simpsonsche Regel?

13. Ist das Integral $\int_0^\infty \frac{dx}{(x-1)^2}$ konvergent oder divergent?

14. Man berechne $\int_0^\infty e^{-x}\sin(2x+3)\,dx$.

15. Man definiere $G(x) = \int_0^\infty e^{-t}t^{x-1}dt$ für $x > 0$.

(*a*) Man zeige, daß $G(x)$ existiert, d.h. durch ein konvergentes Integral dargestellt wird.
(*b*) Man zeige $G(x+1) = xG(x)$.
(*c*) Man zeige $G(1) = 1$.
(*d*) Man zeige $G(2) = 1$, $G(3) = 2$, $G(4) = 6$.

16. Ist $\int_0^1 \frac{\ln x}{1-x^2}\,dx$ konvergent oder divergent?

17. (*a*) Man zeichne $y = e^{-x}(1+\sin x)$ für $x \geqslant 0$.
(*b*) Das Gebiet unterhalb der Kurve von (*a*) und oberhalb der positiven x-Achse rotiert um die y-Achse. Man bestimme das Volumen des entstehenden Körpers.

18. Man gebe ein Gebiet R der x-y-Ebene an, bei dessen Rotation um die x-Achse das Volumen des entstehenden Körpers durch ein elementares Integral dargestellt werden kann, während dies bei Rotation des Gebietes um die x-Achse nicht der Fall ist.

19. Bei der Berechnung des Verhältnisses zwischen Oberfläche und Volumen des Wankelmotors mußten die Techniker die Bogenlänge eines Abschnittes der Epitrochoide bestimmen.

(*a*) Man zeige, daß die Länge eines allgemeinen Bogens der Epitrochoide in ihrer Parameterdarstellung von Beispiel 5 des Abschnittes 10.8 durch

$$\int_\alpha^\beta \sqrt{9e^2 + R^2 + 6eR\cos 2\theta}\,d\theta$$

gegeben ist.

(*b*) Man zeige, daß das Integral von (*a*) gleich ist

$$\int_\alpha^\beta (3e+R)\sqrt{1-k^2\sin^2\theta}\,d\theta,$$

wobei $k^2 = 12eR/(3e+R)^2$.

(*c*) Man zeige, daß $k^2 \leqslant 1$. Daher ist das Integral in (*b*) ein elliptisches Integral, für das in vielen mathematischen Handbüchern Tabellen angegeben sind.

20. Das Integral $\int (e^x/x)\,dx$ ist nicht elementar. Man beweise hieraus, daß $\int e^x \ln x\,dx$ ebenfalls nicht elementar ist.

21. In Feynman/Leighton/Sands „Vorlesungen über Physik", Oldenbourg München 1973/75, finden wir eine Bemerkung folgenden Inhalts: „Der Ausdruck nimmt die Gestalt

$$\frac{U}{V} = \frac{(kT)^4}{h^3\pi^2c^3}\int_0^\infty \frac{x^3dx}{e^x-1}$$

an. Dieses Integral ist eine bestimmte Zahl, die wir näherungsweise dadurch erhalten können, daß wir eine Kurve zeichnen und die Fläche unterhalb der Kurve durch Abzählen von Quadraten bestimmen. Sie ist ungefähr 6,5. Die Mathematiker zeigen, daß das Integral exakt durch $\pi^4/15$ gegeben ist."

Man zeige zumindest, daß das Integral konvergent ist und betrachte sowohl $x \to \infty$ als auch $x \to 0$.

22. Ist $\int_0^\infty dx/\sqrt{x}\,\sqrt{x+1}\,\sqrt{x+2}$ konvergent oder divergent?

23. Ein Bohrer mit dem Radius a cm bohrt ein Loch durch den Mittelpunkt einer Kugel mit dem Radius b cm, $b > a$, und hinterläßt einen Ring mit der Höhe 2 cm. Man bestimme das Volumen des Ringes.

24. Ein Faß möge durch die Rotation einer Ellipse entstehen, indem einem stehenden Ellipsoid oben und unten gleiche Kappen abgeschnitten werden. Es sei 1 m hoch und in der Mitte 1 m dick. Seine Grund- und Deckfläche möge einen Durchmesser von $\frac{2}{3}$ m haben. Wie groß ist sein Volumen.

25. Man untersuche die Fläche des Dreiecks AOB und die getönte Fläche, die von der Parabel $y = x^2$ durch die horizontale Linie AB abgeschnitten wird (Bild 10.100).

(*a*) Welches Verhalten erwarten wir für den Quotienten

$$\frac{\text{Fläche des Dreiecks } AOB}{\text{Fläche des Sektors } AOB},$$

wenn A und B sich dem Punkt O? (0; 0) annähern?

(*b*) Man berechne das Verhalten des Quotienten von (*a*), wenn A und B sich an O annähern.

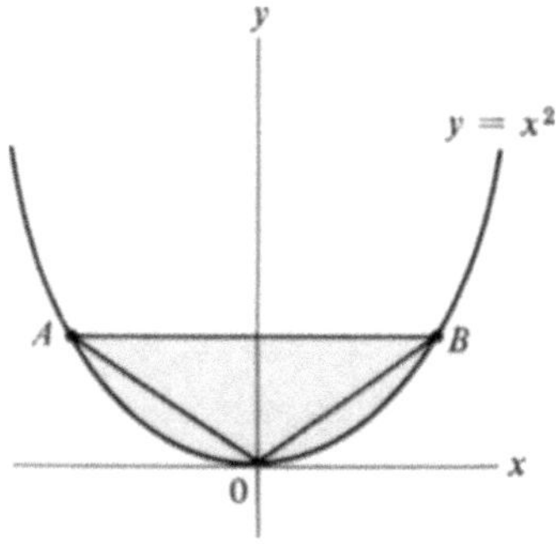

Bild 10.100

26. Man bestimme die Länge der Kurve $y = \ln x$ zwischen $x = 1$ und $x = \sqrt{3}$. Eine Integraltafel kann die Rechnung verkürzen.

27. Man interpretiere die folgenden uneigentlichen Integrale als Flächen bestimmter Gebiete und zeige hierdurch, daß

$$\int_0^\infty \frac{dx}{1+x^2} = \int_0^1 \sqrt{\frac{1-y}{y}}\, dy.$$

28. Man definiere $G(a) = \int_0^\infty a/(1+a^2x^2)\, dx$.

(*a*) Man berechne $G(0)$.
(*b*) Man berechne $G(a)$, wenn a negativ ist.
(*c*) Man berechne $G(a)$, wenn a positiv ist.
(*d*) Man zeichne den Graphen von G.

29. Man beweise

$$\int_0^\infty \frac{\sin x^2}{x}\, dx = \frac{1}{2}\int_0^\infty \frac{\sin x}{x}\, dx.$$

30. Man berechne die zwei Integrale, die elementar sind. (Eines ist nicht elementar.)

(*a*) $\int \frac{\ln x}{\sqrt{x}}$, (*b*) $\int \sqrt{\ln x}\, dx$,

(*c*) $\int \frac{\sqrt{\ln x}}{x}\, dx$.

31. a sei eine rationale Zahl. Man betrachte die Kurve $y = x^a$ für x im Intervall $[1; 2]$. Man zeige, daß die Oberfläche des durch Rotation dieser Kurve um die x-Achse entstehenden Körpers mit Hilfe des Hauptsatzes in den Fällen $a = 0$, 1 oder $1 + 2/n$ (n ist eine von Null verschiedene ganze Zahl) berechnet werden kann. Dies sind die einzigen rationalen Werte von a, für die das gegebene Integral elementar ist. (Siehe die Bemerkung in Übung 21 des Abschnitts 10.9.)

32. Ist die folgende Rechnung korrekt?

$$\int_{-2}^{1} \frac{dx}{2x+1} = \frac{1}{2}\ln|2x+1| \Big|_{-2}^{1} = \frac{1}{2}\ln 3 - \frac{1}{2}\ln 3 = 0?$$

33. Ist die Gesamtlänge der Kurve $r = 1/(1+\theta)$, $\theta \geqslant 0$ endlich oder unendlich?

34. Ist die Gesamtlänge der Kurve $r = 1/(1+\theta^2)$, $\theta \geqslant 0$ endlich oder unendlich?

35. Wie groß ist die Länge der Kurve $r = e^{-\theta}$, $\theta \geqslant 0$?

36. Zur Zeit $t \geqslant 1$ befindet sich eine Schnecke im Punkt $x = 1/t$; $y = (1/t)\sin t$.

(*a*) Man zeichne den Weg der Schnecke.
(*b*) Man finde ihre Geschwindigkeit zur Zeit t.
(*c*) Wäre der Weg der Schnecke endlich oder unendlich, wenn sie ihre Reise in alle Ewigkeit fortsetzen würde.

37. a sei eine Zahl und durch $x = g(t)$ und $y = h(t)$ sei eine Kurve für $t \geqslant a$ gegeben. Ferner sei $Q(t) = (g(t), h(t))$ und $P = (g(a), h(a))$ mit $t > a$.

(*a*) Man zeichne die Sehne $PQ(t)$ und die Tangente $T(t)$ in $Q(t)$.
(*b*) Wie groß ist der Anstieg von $PQ(t)$? Was ist der Anstieg von $T(t)$?
(*c*) Unter welchen Annahmen werden die beiden Anstiege in (*b*) für $t \to a^+$ den gleichen Grenzwert haben?

38. Durch $r = e^\theta$, $0 \leqslant \theta \leqslant \pi/4$ werde eine Kurve im Polarkoordinaten beschrieben.

In den Übungen (*b*) bis (*f*) stelle man die bestimmten Integrale für die gesuchten Größen auf und zeige, daß sie mit Hilfe des Hauptsatzes berechnet werden könnten.

(*a*) Man zeichne die Kurve.
(*b*) Die Fläche des Gebietes unterhalb der Kurve und oberhalb des Intervalls $[1; e^{\pi/4}\sqrt{2}/2]$ auf der x-Achse ist gesucht.
(*c*) Gesucht ist das Volumen des Körpers, der durch Rotation des in (*b*) gegebenen Gebietes um die x-Achse entsteht.
(*d*) Gesucht ist das Volumen des Körpers, der durch Rotation des Gebietes aus (*b*) um die y-Achse entsteht.
(*e*) Gesucht ist die Fläche, die durch Rotation der in (*a*) gegebenen Kurve um die x-Achse entsteht.
(*f*) Gesucht ist die Fläche, die durch Rotation der in (*a*) gegebenen Kurve um die y-Achse entsteht.

Es gibt wenige Kurven, für die die entsprechenden fünf Integrale alle elementar sind.

39. Man suche den Fehler in der folgenden Rechnung

$$\int_{-1}^{1} \frac{1}{x^2}\, dx = \frac{-1}{x}\Big|_{-1}^{1} = \frac{-1}{1} - \frac{-1}{-1} = -2.$$

(Der Integrand ist positiv, doch das Integral ist negativ.)

40. Man kann die Relation

$$\int_0^\infty \frac{x^{n-1}}{1+x}\,dx = \frac{\pi}{\sin n\pi} \qquad \text{für } 0 < n < 1$$

beweisen. Man verifiziere diese Gleichung für $n = \frac{1}{2}$.

41. Man berechne $\int_0^1 x^4 \ln x\,dx$.

42. (*a*) Es sei

$$G(a) = \int_0^\infty \frac{1}{(1+x^a)(1+x^2)}\,dx.$$

Man berechne $G(0)$, $G(1)$, $G(2)$.

(*b*) Mit Hilfe der Substitution $x = 1/y$ zeige man

$$G(a) = \int_0^\infty \frac{x^a\,dx}{(1+x^a)(1+x^2)}.$$

(*c*) Mit Hilfe von (*b*) zeige man, daß unabhängig von a gilt $G(a) = \pi/4$.

43. Man betrachte die Kurve $y = e^x$ für x aus $[0; 1]$.

(*a*) Man gebe die Integrale für ihre Bogenlänge und für die Fläche des bei Rotation um die x- bzw. y-Achse entstehenden Rotationskörpers an.

(*b*) Zwei der drei Integrale sind elementar. Man berechne sie.

44. Man betrachte die Kurve $y = \sin x$ für x aus $[0; \pi]$ und gehe wie in Übung 43 vor. In diesem Falle ist allerdings nur eines der drei Integrale elementar. Man berechne es.

45. Für zwei Werte von a ist $\int \sqrt{1 + a\sin^2\theta}\,d\theta$ elementar. Welche sind dies?

46. Man beweise aus Übung 45, daß für zwei Werte von a

$$\int \frac{\sqrt{1+ax^2}}{\sqrt{1-x^2}}\,dx$$

elementar ist.

47. Es gibt drei Werte von b für die $\int \sqrt{1 + b\cos\theta}\,d\theta$ elementar ist. Welche sind dies?

48. Aus Übung 47 beweise man, daß für drei Werte von b

$$\int \frac{\sqrt{1+bx}}{\sqrt{1-x^2}}\,dx$$

elementar ist.

49. Angenommen, man wollte $\int_0^3 e^x dx$ (was gleich $e^3 - 1$ ist) abschätzen, um einen Näherungswert für e^3 *zu erhalten.* Welches wäre der maximale Fehler für $h = 0{,}1$ und die

(*a*) Linkspunktmethode, (*b*) Mittelpunktmethode,
(*c*) Trapezmethode, (*d*) Simpsonsche Regel.

■

50. Man zeige

$$\int_0^\infty \frac{dx}{1+x^4} = \int_0^\infty \frac{x^2\,dx}{1+x^4}.$$

Hinweis: Es sei $x = 1/y$.

51. Ist die Fläche unterhalb der Kurve $y = (\ln x)/x^2$, oberhalb der x-Achse und rechts von der Geraden $x = 1$ endlich oder unendlich?

52. Ist $\int_0^1 x \ln x\,dx$ konvergent oder divergent?

53. Man zeichne den Graphen von $r = 3/(\cos\theta + 2\sin\theta)$, bestimme jedoch zuerst die Gleichung in kartesischen Koordinaten.

54. Für welche Werte von k ist die Bogenlänge der Kurve $r = 1 + k\cos\theta$ mit Hilfe des Hauptsatzes zu berechnen? Übung 47 wird bei der Lösung helfen.

55. Aus einer Öffnung über dem Boden eines zylindrischen Tanks mit dem Radius r und der Höhe h (Bild 10.101) fließen pro Sekunde $\sqrt{y}$ Kubikmeter Wasser, wenn die Höhe der Wassersäule y Meter beträgt. Zu Beginn ist der Tank gefüllt.

(*a*) In welcher Zeit ist der Tank halb voll?

(*b*) Nach welcher Zeit ist der Tank leer?

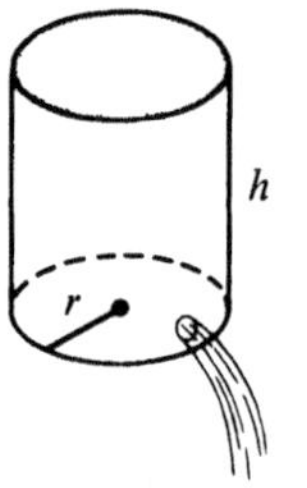

Bild 10.101

■■

56. Ein Teilchen bewegt sich derart auf einer Geraden, daß seine mittlere Geschwindigkeit über das Zeitintervall $[a; b]$ seiner Geschwindigkeit zum Zeitpunkt $(a + b)/2$ gleich ist. Man zeige, daß die Geschwindigkeit $v(t)$ von der Form $ct + d$ sein muß, wobei c und d geeignete Konstanten sind. *Hinweis:* Man differenziere die Beziehung

$$\int_a^b v(t)\,dt = [v((a+b)/2)]\,(b-a)$$

bezüglich b und bezüglich a.

57. Ein Teilchen bewegt sich derart auf einer Geraden, daß der zeitliche Mittelwert seiner Geschwindigkeit über das Zeitintervall $[a; b]$ gleich dem Mittel seiner Geschwindigkeit am Beginn und am Ende des Zeitintervalls ist. Man zeige, daß die Geschwindigkeit von der Form $ct + d$ ist, wobei c und d geeignete Konstanten sind. *Hinweis:* Man differenziere die Relation

$$\int_a^b v(t)\,dt = \frac{v(a) + v(b)}{2}(b - a)$$

bezüglich a und bezüglich b.

58. Eine Scheibe mit dem Radius a ist mit einer endlichen Anzahl, möglicherweise überlappender Streifen bedeckt. Man beweise, daß die Summe ihrer Breiten mindestens $2a$ ist. (Wenn die Streifen parallel sind, ist die Behauptung offensichtlich richtig; man nehme nun an, daß die Streifen nicht parallel sind.) Ein Streifen besteht aus den Punkten zwischen zwei parallelen Geraden.

59. Man zeige, daß die einzigen beiden verschiedenen ganzen Zahlen x und y, für die $x^y = y^x$ gilt, 2 und 4 (oder 4 und 2) sind.

In Übung 60 wird ein Beweis skizziert, daß die Summe der Kehrwerte der Quadrate aller positiven Zahlen gleich $\pi^2/6$ ist. Dieser Beweis ist der elementarste von vielen Beweisen für diese Tatsache, die erstmals auf zweifache Weise von Euler bewiesen wurde. Der angeführte Beweis stammt von D. P. Giesy und erschien in *Mathematics Magazine*, Vol. 45, pp. 148–149, 1972.

60. Es sei $f_n(x) = \frac{1}{2} + \cos x + \cos 2x + \ldots + \cos nx$.

(*a*) Man zeige

$$f_n(x) = \frac{\sin\left[\frac{(2n+1)x}{2}\right]}{2\sin(x/2)} \qquad x \neq 2m\pi,\ m \text{ ganzzahlig},$$

für $n = 1$.

(*b*) Man zeige, daß aus der Gültigkeit von (*a*) für $n = k$ auch die Gültigkeit für $n = k + 1$ folgt. Daher gilt die Formel für alle n.

(*c*) Man zeige

$$E_n = \int_0^\pi x f_n(x)\,dx = \frac{\pi^2}{4} + \sum_{k=1}^{n} \frac{(-1)^k}{k^2} - \frac{1}{k^2}.$$

(*d*) Man zeige

$$\frac{1}{2}E_{2n-1} = \frac{\pi^2}{8} - \sum_{k=1}^{n} \frac{1}{(2k-1)^2}.$$

(*e*) Es sei

$$g(x) = D\left(\frac{x/2}{\sin(x/2}\right).$$

Man zeige

$$E_{2n-1} = \frac{1}{4n-1}\left[2 + 2\int_0^\pi g(x)\cos\frac{(4n-1)x}{2}\,dx\right].$$

(*f*) Man zeige $0 < g(x) \leq \frac{1}{2}$ für $0 < x \leq \pi$.

(*g*) Man zeige $\lim_{n\to\infty} E_{2n-1} = 0$ und daß daher

$$\lim_{n\to\infty} \sum_{k=1}^{n} \frac{1}{(2k-1)^2} = \frac{\pi^2}{8}.$$

(*h*) Aus (*g*) leite man her

$$\lim_{n\to\infty} \sum_{k=1}^{n} \frac{1}{k^2} = \frac{\pi^2}{6}.$$

61. Man suche eine Funktion $y = f(x)$, so daß

$$\frac{dy}{dx} = \frac{1+y^2}{1+x}.$$

Hinweis: Zunächst schaffe man alle Ausdrücke mit y auf eine Seite der Gleichung und alle mit x auf die andere Seite.

11 Anwendungen der Ableitung

In Kapitel 6 wurde gezeigt, wie die erste und die zweite Ableitung zur Darstellung von Kurven, zur Bestimmung ihrer Maxima und Minima und zur Untersuchung der Bewegung von Körpern verwendet werden kann. In diesem Kapitel werden wir nun fünf weitere Problemkreise behandeln, bei denen die Ableitung eine Rolle spielt. Der Abschnitt 11.1 beschäftigt sich mit der Berechnung der Ableitung, wenn die Ausgangsfunktion indirekt gegeben ist; diese Methode wird zur Bestimmung von Maxima und Minima verwendet werden. Abschnitt 11.2 stellt den Zusammenhang zwischen der zweiten Ableitung und den Zuwachsraten verschiedener Größen her. In Abschnitt 11.3 wird die Ableitung zur Abschätzung der Lösungen einer Gleichung herangezogen. Die erste und zweite Ableitung kommen im Abschnitt 11.4 bei der Beschreibung von Kurvenkrümmungen zur Anwendung. In Abschnitt 11.5 wird die Bestimmung des Winkels zwischen einer Geraden und einer Tangente besprochen.

11.1 Implizite Ableitung

Manchmal ist eine Funktion $y = f(x)$ indirekt durch eine Gleichung zwischen x und y gegeben. Betrachten wir etwa

$$x^2 + y^2 = 25. \tag{1}$$

Diese Gleichung kann nach y aufgelöst werden.

$$y^2 = 25 - x^2$$
$$y = \sqrt{25 - x^2} \quad \text{oder} \quad y = -\sqrt{25 - x^2}.$$

Es gibt daher zwei stetige Funktionen, die Gl. (1) erfüllen. Man sagt: Die Gleichung $x^2 + y^2 = 25$ beschreibt die Funktion $y = f(x)$ *implizit*, während die Gleichungen

$$y = \sqrt{25 - x^2} \quad \text{und} \quad y = -\sqrt{25 - x^2}$$

die Funktion $y = f(x)$ *explizit* beschreiben.

In diesem Abschnitt wollen wir zeigen, wie eine implizit gegebene Funktion differenziert werden kann, ohne dabei die gegebene Gleichung vorher so aufzulösen, daß y durch x explizit ausgedrückt wird. Ein Beispiel wird zeigen, daß es einfach genügt, beide Seiten der Gleichung zu differenzieren, die die Funktion implizit definiert. Diesen Vorgang nennen wir *implizite Differentiation.*

Beispiel 1: Die stetige Funktion $y = f(x)$ erfülle die Gleichung

$$x^2 + y^2 = 25,$$

so daß z.B. für $y = 4$ gilt $x = 3$. Man bestimme dy/dx für $x = 3$ und $y = 4$.

Lösung: Durch Differenzieren beider Seiten der Gleichung

$$x^2 + y^2 = 25$$

bezüglich x erhalten wir

$$\frac{d(x^2 + y^2)}{dx} = \frac{d(25)}{dx},$$

$$2x + 2y\frac{dy}{dx} = 0.$$

Daraus folgt:

$$x + y\frac{dy}{dx} = 0.$$

Insbesondere ergibt sich für $x = 3$ und $y = 4$

$$3 + 4\frac{dy}{dx} = 0 \quad \text{und weiter} \quad \frac{dy}{dx} = -\frac{3}{4}.$$

Man hätte das Problem auf durch Differenzieren von $\sqrt{25 - x^2}$ lösen können. Dazu wären jedoch kompliziertere Rechnungen nötig gewesen, wie sie eben bei der Differentiation einer Quadratwurzel auftreten. ●

Im nächsten Beispiel ist die implizite Differentiation der einzige Weg zur Herleitung der Ableitung, weil es in diesem Fall keine elementare Formel gibt, die y explizit durch x ausdrückt.

Beispiel 2: Die Gleichung $2xy + \pi \sin y = 2\pi$ definiere eine Funktion $y = f(x)$. Man bestimme dy/dx für $x = 1$ und $y = \pi/2$. (Man beachte, daß die Gleichung durch $x = 1$ und $y = \pi/2$ erfüllt wird.)

Lösung: Die implizite Ableitung ergibt

$$\frac{d(2xy + \pi \sin y)}{dx} = \frac{d(2\pi)}{dx},$$

$$2\left(x\frac{dy}{dx} + y\frac{dx}{dx}\right) + \pi \cos y \frac{dy}{dx} = 0$$

oder

$$2x\frac{dy}{dx} + 2y + \pi \cos y \frac{dy}{dx} = 0.$$

Für $x = 1$ und $y = \pi/2$ ergibt sich aus der letzten Gleichung

$$2 \cdot 1 \frac{dy}{dx} + 2\frac{\pi}{2} + \pi \cos\frac{\pi}{2}\frac{dy}{dx} = 0$$

oder

$$2\frac{dy}{dx} + 2\frac{\pi}{2} = 0 \quad \text{und damit} \quad \frac{dy}{dx} = -\frac{\pi}{2}. \bullet$$

Logarithmische Differentiation: Das nächste Beispiel behandelt einen Spezialfall der impliziten Differentiation, die *logarithmische Differentiation.* Diese Methode dient zur Differenzierung von Funktionen, deren Logarithmus einfacher ist als die Funktion selbst.

Beispiel 3: Man differenziere $y = \dfrac{\sqrt[3]{x}\sqrt{(1+x^2)^3}}{x^{4/5}}$.

Lösung: Anstatt dy/dx direkt zu berechnen, bilden wir von beiden Seiten der Gleichung den Logarithmus und erhalten

$$\ln y = \tfrac{1}{3}\ln x + \tfrac{3}{2}\ln(1+x^2) - \tfrac{4}{5}\ln x.$$

Diese Gleichung differenzieren wir implizit

$$\frac{1}{y}\frac{dy}{dx} = \frac{1}{3x} + \frac{3 \cdot 2x}{2(1+x^2)} - \frac{4}{5}\frac{1}{x}$$

und lösen nach dy/dx auf:

$$\frac{dy}{dx} = y\left(\frac{1}{3x} + \frac{3x}{1+x^2} - \frac{4}{5x}\right)$$

$$= \frac{\sqrt[3]{x}\sqrt{(1+x^2)^3}}{x^{4/5}}\left(\frac{1}{3x} + \frac{3x}{1+x^2} - \frac{4}{5x}\right).$$

Um den Vorteil der logarithmischen Differentiation zu erkennen, möge der Leser dy/dx aus der direkten Formel für y herleiten. •

In Beispiel 4 von Abschnitt 6.8 beantworteten wir die Frage: „Welche Zinndose mit dem Volumen 500 cm³ erfordert am wenigsten Blech?“ Wir haben für den Radius der wirtschaftlichsten Dose $\sqrt[3]{50/\pi}$ gefunden. Aus diesem Wert und dem Dosenvolumen von 500 cm³ können wir leicht die Höhe der Dose errechnen. Im nächsten Beispiel wird die implizite Differentiation verwendet, um die gleiche Frage zu beantworten. Mit Hilfe unseres neuen Verfahrens werden nicht nur die Rechnungen einfacher als in Beispiel 4 des Abschnittes 6.8, sondern wir werden darüber hinaus zusätzliche Informationen über die allgemeine Form der Dose – nämlich der Verhältnisse zwischen Höhe und Radius – erhalten. Vor dem Studium des nächsten Beispiels empfiehlt es sich, dessen Lösung aus Abschnitt 6.8 nochmals zu lesen.

Beispiel 4: Welche Abmessungen muß eine Zinndose mit einem Volumen von 500 cm³ haben, damit am wenigsten Metall erforderlich ist?

Lösung: Höhe h und Radius r jeder zylindrischen Dose mit dem Volumen 500 cm³ sind durch die Gleichung

$$\pi r^2 h = 100 \tag{2}$$

verknüpft. Die Oberfläche S der Dose beträgt

$$S = 2\pi r^2 + 2\pi r h. \tag{3}$$

Betrachten wir nun h und damit auch S als Funktion von r, *ohne jedoch diese Funktionen explizit zu bestimmen.*

Die Differentiation von Gl. (2) und Gl. (3) bezüglich r ergibt

$$\pi\left(r^2\frac{dh}{dr} + 2rh\right) = \frac{d(100)}{dr} = 0 \tag{4}$$

und

$$\frac{dS}{dr} = 4\pi r + 2\pi\left(r\frac{dh}{dr} + h\right). \tag{5}$$

Da nun S ein Minimum annehmen soll, gilt $dS/dr = 0$ und wir erhalten

$$0 = 4\pi r + 2\pi\left(r\frac{dh}{dr} + h\right). \tag{6}$$

Die Gleichungen (4) und (6) ergeben nach kurzer Rechnung eine Relation zischen h und r.

Wir kürzen Gl. (4) durch $r\pi$ und Gl. (6) durch 2π und erhalten so

$$r\frac{dh}{dr} + 2h = 0, \quad 2r + r\frac{dh}{dr} + h = 0. \tag{7}$$

Aus Gl. (7) eliminieren wir dh/dr und kommen damit zu

$$2r + r\left(\frac{-2h}{r}\right) + h = 0.$$

Dies vereinfacht sich auf

$$2r = h. \tag{8}$$

Gl. (8) sagt uns, daß die Höhe der wirtschaftlichsten Dose mit deren Durchmesser übereinstimmt. Dies folgt unabhängig vom vorgeschriebenen Volumen als ideale Form der Dose. (Gl. (4) folgt aus Gl. (2), weil die Ableitung einer Konstanten unabhängig von deren Wert verschwindet.) Die zahlenmäßigen Abmessungen unserer wirtschaftlichen Dose erhalten wir aus der Kombination der Gleichungen

$$2r = h \quad \text{und} \quad \pi r^2 h = 100.$$

Durch eliminieren von h ergibt sich

$$\pi r^2 (2r) = 100$$

oder

$$r^3 = \frac{50}{\pi} \quad \text{und daraus} \quad r = \sqrt[3]{\frac{50}{\pi}}.$$

Schließlich erhalten wir

$$h = 2r = 2\sqrt[3]{\frac{50}{\pi}}. \bullet$$

Allgemeines Verfahren zur Lösung von Extremwertaufgaben mit Hilfe impliziter Differentiation: Das allgemeine Verfahren, das dem vorangehenden Beispiel zu Grunde liegt, umfaßt folgende Schritte:

1. Man bezeichnet die verschiedenen Größen der Aufgabe durch Buchstaben, wie etwa x, y, A, V.
2. Man stellt die Größe, die einen Extremwert annehmen soll, durch die anderen Größen, wie etwa x und y dar.
3. Man sucht eine Gleichung zwischen x und y (sie wird Nebenbedingung genannt).
4. Man differenziert sowohl die Nebenbedingung als auch den Ausdruck, der maximiert oder minimiert werden soll, und behandelt alle auftretenden Größen als Funktionen von x (oder vielleicht y).
5. Man leitet aus der Gleichung des 4. Schrittes jene Beziehung her, die zwischen x und y an der Stelle des Maximums oder Minimums gilt.

Übungen:

In den Übungen 1 bis 4 bestimme man dy/dx für die gegebenen Werte von x und y auf zwei Wegen: explizit (durch Auflösung nach y) und implizit.

1. $xy = 4$ für $(1; 4)$ **2.** $x^2 - y^2 = 3$ für $(2; 1)$

3. $x^2y + xy^2 = 12$ für $(3; 1)$ **4.** $x^2 + y^2 = 100$ für $(6; -8)$

In den Übungen 5 bis 8 bestimme man dy/dx durch implizite Differentiation am gegebenen Punkt.

5. $\frac{2xy}{\pi} + \sin y = 2$ für $(1; \pi/2)$

6. $xy + \ln y = 1$ für $(1; 1)$

7. $2y^3 + 4xy + x^2 = 7$ für $(1; 1)$

8. $e^y = \sin(x + y)$ für $(\pi/2; 0)$

Man bestimme die Ableitungen der Funktionen in den Übungen 9 bis 14 mit Hilfe logarithmischer Differentiation.

9. $(x^3 - 1)^{3/2}(x^5)$ **10.** $\frac{(\sin 2x)^3 \sqrt{1+x}}{(1+x^2)^5}$

11. $(\sqrt{\cos x}\,\sqrt[3]{\ln x})^5$ **12.** x^{x^2}

13. $(1 + 3x)^x$ **14.** $y = \frac{\sqrt{(1+3x)^7}}{(1+4x)^8}\, e^{x^2}$

15. Eine Funktion $y = f(x)$ genüge der Gleichung

$$e^{xy} + \sin x + y = 1.$$

Man bestimme $f'(0)$.

16. Man löse das Beispiel 3 aus Abschnitt 6.8 mit dem Verfahren dieses Abschnitts.

In den Übungen 17 bis 23 löse man die nachstehend genannten Übungen aus Abschnitt 6.8 mit den Verfahren dieses Abschnitts.

17. Übung 3

18. Übung 21

19. Übung 22

20. Übung 23

21. Übung 24

22. Übung 25

23. Übung 26

24. Eine rechteckige Weide habe eine Fläche von 1 km^2. Die eine Seite liegt an einer Straße. Der Besitzer will nun die Weide einzäunen. Die Kosten für die Einzäunung entlang der Straße sind höher und betragen 30 DM/m. Die Einzäunung der anderen drei Seiten kostet 20 DM/m. Welche Form der Weide ist in diesem Fall am wirtschaftlichsten.

25. Eine quaderförmige Schachtel mit einer quadratischen Grundfläche möge ein bestimmtes Volumen V besitzen. Man bestimme das Verhältnis zwischen Höhe und Seitenlänge der Grundfläche für die Schachtel mit der geringsten Oberfläche.

■

Übung 26 demonstriert die implizite Bestimmung von d^2y/dx^2.

26. Die Funktion $y = f(x)$ erfülle die Gleichung $x^3y + y^2 = 2$ und es sei $y = 1$ für $x = 1$.

(*a*) Man zeige $x^3y' + 3x^2y + 2yy' = 0$.

(*b*) Man differenziere die Gleichung (*a*) bezüglich x und zeige $x^3y'' + 6x^2y' + 6xy + 2yy'' + 2(y')^2 = 0$.

(*c*) Man drücke in Gleichung (*a*) nun y' durch x und y aus und setze das erhaltene Resultat in Gleichung (*b*) ein. Dann löse man die für y'' entstehende Gleichung nach x und y auf.

(*d*) Man bestimme y'' für $x = 1$ und $y = 1$.

27. Man bestimme für die Funktion der Übung 6 den Wert von y'' an der Stelle $x = 1$; $y = 1$.

28. Man bestimme für die Funktion der Übung 8 den Wert von y'' an der Stelle $x = \pi/2$; $y = 0$.

11.2 Der Zusammenhang von Zuwachsraten

Häufig ist die Zuwachsrate einer bestimmten Größe bekannt und wir möchten die Rate für eine verwandte Größe bestimmen. Beispiel 1 ist typisch für solche Probleme und gibt ein allgemeines Lösungsverfahren an.

Beispiel 1: Ein Angler hat am Ende seiner Angelleine einen Fisch, den er mit einer Geschwindigkeit von 50 cm/s von einer 10 m über dem Wasser liegenden Brücke einholt (Bild 11.1). Mit welcher Geschwindigkeit bewegt sich der Fisch durch das Wasser, wenn die Länge der ausgelegten Angelleine 15 m und wenn sie 11 m beträgt? Der Fisch sei an der Wasseroberfläche.

Lösung: s sei die Länge der Leine und x der horizontale Abstand des Fisches von der Brücke. Da die Leine mit einer Geschwindigkeit von 0,5 m/s eingeholt wird, gilt

$$\frac{ds}{dt} = -0{,}5.$$

Die Geschwindigkeit des Fisches durch das Wasser ist durch die Ableitung

$$\frac{dx}{dt}$$

gegeben. Wir müssen daher dx/dt für $s = 15$ und $s = 11$ bestimmen.

Die Größen x und s hängen durch den pythagoräischen Lehrsatz zusammen (Bild 11.2):

$$x^2 + 10^2 = s^2$$

x und s sind beide Funktionen von t. Daher können wir beide Seiten der Gleichung nach t differenzieren und erhalten

$$\frac{d(x^2)}{dt} + \frac{d(10^2)}{dt} = \frac{d(s^2)}{dt}$$

oder

$$2x\,\frac{dx}{dt} + 0 = 2s\,\frac{ds}{dt}.$$

Daraus folgt

$$x\,\frac{dx}{dt} = s\,\frac{ds}{dt}.$$

Mit Hilfe der letzten Gleichung können wir unsere Fragen beantworten.

Aus

$$\frac{ds}{dt} = -0{,}5 = -\frac{1}{2}$$

folgt

$$x\,\frac{dx}{dt} = s\left(-\frac{1}{2}\right) \quad \text{und} \quad \frac{dx}{dt} = -\frac{s}{2x}.$$

Zunächst stellen wir fest, daß dx/dt negativ ist. Das bedeutet jedoch nur, daß sich x vermindert, während der Fisch herangezogen wird. Die Geschwindigkeit des Fisches beträgt $s/2x$, wobei wir die Geschwindigkeit immer positiv annehmen.

Aus dem rechtwinkeligen Dreieck mit der Hypotenuse s und den Katheten 10 und x zeigt sich

$$\frac{s}{x} > 1.$$

Deshalb wird sich der Fisch immer rascher bewegen, als die Leine aufgespult wird. Ist die Leine sehr lang, so wird das Dreieck schmal und das Verhältnis s/x ist nahe bei 1 (Bild 11.3). Befindet sich der Fisch also weit draußen, ist seine Geschwindigkeit beim Einholen nur wenig größer als die Geschwindigkeit mit der die Leine aufgerollt wird. Befindet sich der Fisch jedoch fast unter der Brücke (x sei klein),

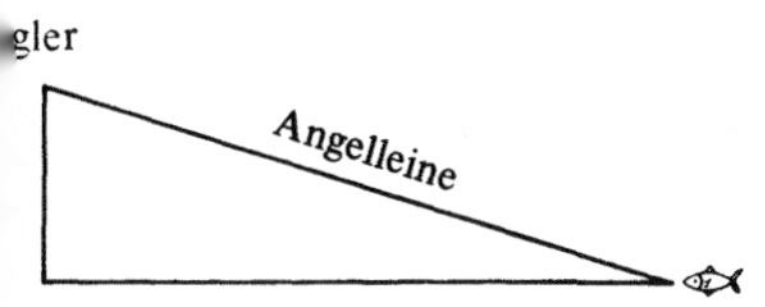

Bild 11.1

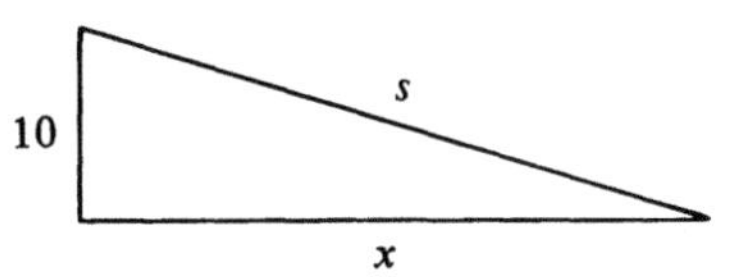

Bild 11.2

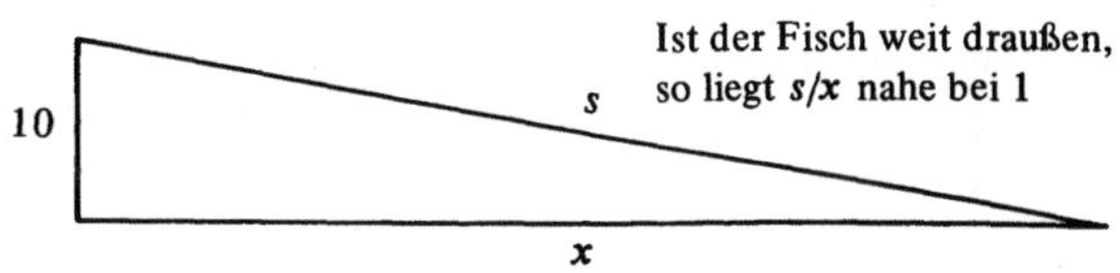

Bild 11.3

so ist das Verhältnis s/x groß (Bild 11.4). Dann bewegt sich der Fisch sehr rasch.

Für $s = 15$ erhalten wir

$$x^2 + 10^2 = 15^2$$

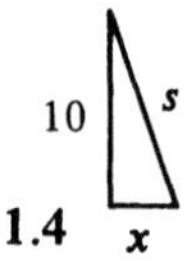

Ist der Fisch in der Nähe der Brücke, so ist s/x groß

Bild 11.4

und daraus

$$x = \sqrt{125} = 5\sqrt{5}.$$

Sind also 15 m Leine ausgespult, so beträgt die Geschwindigkeit des Fisches

$$\frac{s}{2x} = \frac{15}{2 \cdot 5\sqrt{5}} \approx 0{,}67 \text{ m/s}.$$

Für $s = 11$ erhalten wir

$$x^2 + 10^2 = 11^2$$

und weiter

$$\begin{aligned} x &= \sqrt{11^2 - 10^2} \\ &= \sqrt{121 - 100} \\ &= \sqrt{21}. \end{aligned}$$

Sind also 11 m Leine ausgespult, bewegt sich der Fisch mit einer Geschwindigkeit von

$$\frac{s}{2x} = \frac{11}{2\sqrt{21}} \approx 1{,}2 \text{ m/s}.$$

Allgemeines Verfahren zur Bestimmung der voneinander abhängigen Zuwachsraten: Das Verfahren des Beispiels 1 kann auf viele verwandte Zuwachsprobleme angewendet werden. Es läßt sich ganz allgemein in drei Schritte gliedern.

1. Man sucht eine Gleichung zwischen den variierenden Größen.
2. Man differenziert beide Seiten der Gleichung nach der Zeit.
3. Man benutze die Gleichung aus Schritt 2, um die unbekannte Zuwachsrate aus der bekannten Zuwachsrate zu bestimmen.

Beispiel 2: Eine Frau beobachtet vom Boden aus durch ein Fernrohr ein Düsenflugzeug, das sich mit einer Geschwindigkeit von 15 km/min in einer Höhe von 10 km nähert. Wie verändert sich der Winkel des Fernrohres, wenn der horizontale Abstand zwischen der Frau und den Flugzeug 36 km beträgt? Oder wenn sich das Flugzeug direkt oberhalb der Frau befindet?

Bild 11.5

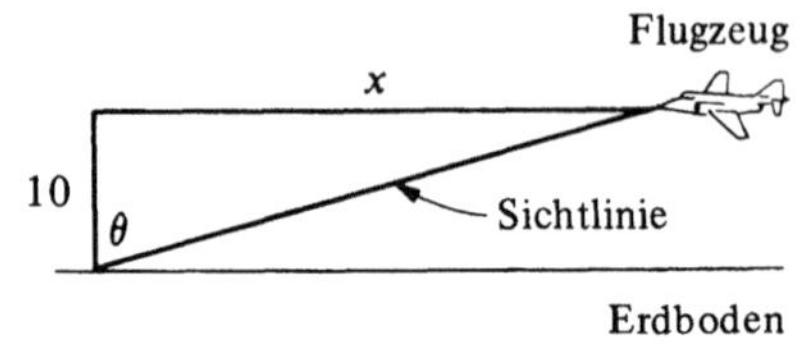

Lösung: Zunächst machen wir eine Skizze und bezeichnen die relevanten Größen wie in Bild 11.5. Wir erhalten

$$\frac{dx}{dt} = -15 \text{ km/min}.$$

Die Änderungsrate von θ, also $d\theta/dt$ ist zu bestimmen.

Im ersten Schritt suchen wir eine Gleichung zwischen θ und x. Eine solche Gleichung lautet

$$\tan\theta = \frac{x}{10}.$$

Im zweiten Schritt wird diese Gleichung nach der Zeit differenziert

$$\frac{d(\tan\theta)}{dt} = \frac{d(x/10)}{dt}.$$

Wir erhalten mit Hilfe der Kettenregel

$$\sec^2\theta \frac{d\theta}{dt} = \frac{1}{10}\frac{dx}{dt}.$$

Aus

$$\frac{dx}{dt} = -15$$

folgt

$$\begin{aligned} \frac{d\theta}{dt} &= \frac{1}{10}\frac{(-15)}{\sec^2\theta} \\ &= \frac{-3}{2\sec^2\theta} = -\frac{3}{2}\cos^2\theta \text{ (rad/min)}. \end{aligned}$$

Aus dem negativen Vorzeichen der Formel, $-(3/2)\cos^2\theta$, ergibt sich, daß θ abnimmt.

Bestimmen wir nun $d\theta/dt$ für $x = 36$. Zunächst müssen wir $\cos\theta$ aus Bild 11.6 berechnen. Wir erhalten

$$s^2 = 10^2 + 36^2 = 100 + 1296 = 1396$$

Bild 11.6

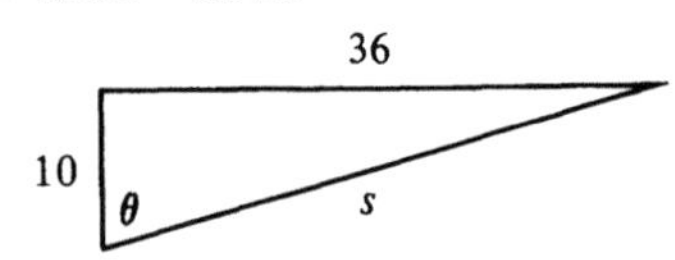

und schließlich

$$s = 2\sqrt{349}.$$

Daher ergibt sich

$$\cos\theta = \frac{5}{\sqrt{349}}$$

und

$$\frac{d\theta}{dt} = -\frac{3}{2}\cdot\left(\frac{5}{\sqrt{349}}\right)^2 = -\frac{75}{698}$$

$$\approx -0{,}11 \text{ rad/min} \approx 6°/\text{min}.$$

Befindet sich das Flugzeug direkt oberhalb der Frau, $x = 0$, $\theta = 0$, $\cos\theta = 1$ so folgt aus der Formel

$$\frac{d\theta}{dt} = -\frac{3}{2}\cos^2\theta,$$

weiter

$$\frac{d\theta}{dt} = -\frac{3}{2}(1)^2$$

$$= -\frac{3}{2} \text{ rad/min} \approx -86°/\text{min}.$$

Folglich bewegt sich das Fernrohr wesentlich rascher, wenn sich das Flugzeug direkt oberhalb des Beobachters befindet. ●

Das Verfahren, mit dem wir in Beispiel 1 aus bekannten Zuwachsraten unbekannte Zuwachsraten bestimmen konnten, läßt sich auf die Berechnung unbekannter Beschleunigungen ausdehnen, wenn wir ein weiteres Mal differenzieren. Beispiel 3 illustriert diesen Vorgang.

Beispiel 3: In einen kegelförmigen Tank fließt Wasser mit einer konstanten Geschwindigkeit von 3 m^3/s. Der Radius des Kegels sei 5 m und seine Höhe 4 m (Bild 11.7). Durch $h(t)$ sei die Höhe des Wassers über dem Boden des Kegels zur Zeit t gegeben. Man bestimme dh/dt (die Zuwachsrate, mit der das Wasser im Tank ansteigt) und d^2h/dt^2 für den Zeitpunkt, zu dem der Tank bis zu einer Höhe von 2 m gefüllt ist.

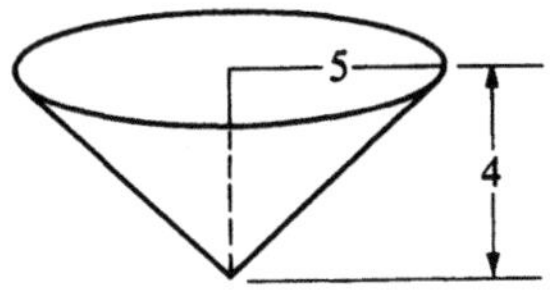

Bild 11.7

Lösung: Es sei $V(t)$ das Wasservolumen im Tank zur Zeit t. Aus den Angaben folgt

$$\frac{dV}{dt} = 2 \quad \text{und daher} \quad \frac{d^2V}{dt^2} = 0.$$

Um dh/dt und d^2h/dt^2 aufzufinden, benötigen wir zunächst eine Gleichung zwischen V und h.

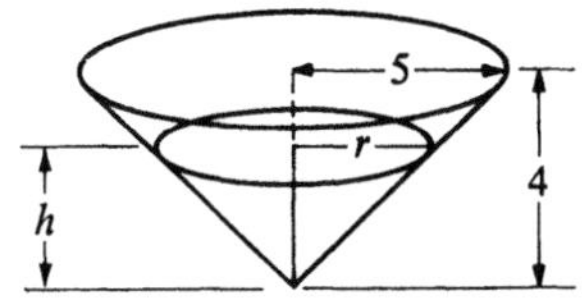

Bild 11.8

Ist der Tank bis zur Höhe h gefüllt, so bildet das Wasservolumen einen Kegel mit der Höhe h und dem Radius r. Mit Hilfe ähnlicher Dreiecke (Bild 11.8) erhalten wir

$$\frac{r}{h} = \frac{5}{4} \quad \text{oder} \quad r = \frac{5}{4}h.$$

Daraus folgt

$$V = \frac{1}{3}\pi r^2 h = \frac{1}{3}\pi\left(\frac{5}{4}h\right)^2 h = \frac{25}{48}\pi h^3.$$

Somit gilt zwischen V und h die Gleichung

$$V = \frac{25\pi}{48}h^3. \tag{1}$$

Von nun an läuft unser Verfahren automatisch ab: Wir differenzieren so oft wie nötig. Einmalige Differentiation (mit Hilfe der Kettenregel) führt zu

$$\frac{dV}{dt} = \frac{25\pi}{48}\frac{d(h^3)}{dh}\frac{dh}{dt} \quad \text{oder} \quad \frac{dV}{dt} = \frac{25\pi}{16}h^2\frac{dh}{dt}. \tag{2}$$

Nun gilt für alle Zeiten $dV/dt = 3$ und $h = 2$ für den untersuchten Zeitpunkt. Setzen wir diese Werte in Gl. (2) ein, so ergibt sich

$$3 = \frac{25\pi}{16}2^2\frac{dh}{dt}.$$

Hieraus folgt für $h = 2$

$$\frac{dh}{dt} = \frac{12}{25\pi} \text{ m/s}.$$

Um d^2h/dt^2 zu bestimmen, differenzieren wir Gl. (2) und erhalten

$$\frac{d^2V}{dt^2} = \frac{25\pi}{16}\left(h^2\frac{d^2h}{dt^2} + 2h\frac{dh}{dt}\frac{dh}{dt}\right). \tag{3}$$

Da für alle Zeiten $d^2V/dt^2 = 0$ gilt, können wir für den untersuchten Zeitpunkt mit $h = 2$ und $dh/dt = 12/(25\pi)$ aus Gl. (3) herleiten

$$0 = \frac{25\pi}{16}\left[2^2\,\frac{d^2h}{dt^2} + 2\cdot 2\left(\frac{12}{25\pi}\right)^2\right]. \qquad (4)$$

Lösen wir Gl. (4) nach d^2h/dt^2 auf, so zeigt sich

$$\frac{d^2h}{dt^2} = \frac{-144}{625\pi^2}\ \text{m/s}^2.$$

Da d^2h/dt^2 negativ ist, nimmt die Zuwachsrate des Wassers im Tank im Laufe der Zeit ab. Ganz allgemein wird das Wasser um so langsamer steigen, je höher es bereits steht. Obwohl das Volumen V eine konstante Zuwachsrate besitzt, gilt dies nicht für die Höhe h. ●

Manchmal sind die Ableitungen

$$\frac{dx}{dt} \quad \text{und} \quad \frac{dy}{dt}$$

gegeben und dy/dx soll bestimmt werden. (Wir nehmen an, daß y als Funktion von x betrachtet werden kann.) Wie in Abschnitt 10.8 führt uns die Kettenregel zu

$$\frac{dy}{dt} = \frac{dy}{dx}\,\frac{dx}{dt} \quad \text{und} \quad \frac{dy}{dx} = \frac{dy/dt}{dx/dt}. \qquad (5)$$

Bezeichnen wir der Einfachheit halber nach Newton die Ableitungen nach der Zeit durch einen Punkt, $\dot{x} = dx/dt$ und $\dot{y} = dx/dt$. Dann kann Gl. (5) als

$$\frac{dy}{dx} = \frac{\dot{y}}{\dot{x}} \qquad (6)$$

geschrieben werden.

Wie aber kann nun d^2y/dx^2 berechnet werden, wenn zusätzlich die zweiten Ableitungen $\ddot{x}$ und $\ddot{y}$ bekannt sind? Das nächste Beispiel gibt hierfür eine allgemeine Formel an.

Beispiel 4: x und y seien Funktionen von t. Man bestimme d^2y/dx^2 wenn $\dot{x}$, $\ddot{x}$, $\dot{y}$ und $\ddot{y}$ bekannt sind.

Lösung: Wir differenzieren Gl. (6) nach x:

$$\frac{d^2y}{dx^2} = \frac{d(dy/dx)}{dx} = \frac{d(\dot{y}/\dot{x})}{dx}.$$

Mit denselben Überlegungen, die uns zur Gl. (5) geführt haben, findet man nun

$$\frac{d(\dot{y}/\dot{x})}{dx} = \frac{d(\dot{y}/\dot{x})/dt}{dx/dt}. \qquad (7)$$

Daraus folgt:

$$\frac{d(\dot{y}/\dot{x})}{dt} = \frac{\dot{x}\ddot{y} - \dot{y}\ddot{x}}{(\dot{x})^2}. \qquad (8)$$

Fassen wir nun Gl. (7) und Gl. (8) zusammen, so gelangen wir mit

$$\frac{d^2y}{dx^2} = \frac{\dot{x}\ddot{y} - \dot{y}\ddot{x}}{(\dot{x})^3}$$

zu einer Formel von wesentlich komplizierterer Gestalt, als dies bei der intuitiv naheliegenden Formel (6) der Fall ist. ●

Anstatt sich die allgemeine Formel für d^2y/dx^2 aus Beispiel 4 einzuprägen, ist es einfacher die gesamte Herleitung für jeden Einzelfall zu wiederholen, wie dies im Beispiel 5 gezeigt wird.

Beispiel 5: Man bestimme d^2y/dx^2 für die Zykloide

$$x = a\theta - a\sin\theta, \qquad y = a - a\cos\theta.$$

Lösung: Der Parameter θ spielt hier die Rolle von t. Nun gilt

$$\frac{dx}{d\theta} = a - a\cos\theta \quad \text{und} \quad \frac{dy}{d\theta} = a\sin\theta.$$

Es folgt

$$\frac{dy}{dx} = \frac{dy/d\theta}{dx/d\theta} = \frac{a\sin\theta}{a - a\cos\theta} = \frac{\sin\theta}{1-\cos\theta}$$

und

$$\frac{d^2y}{dx^2} = \frac{\dfrac{d(dy/dx)}{d\theta}}{dx/d\theta} = \frac{\dfrac{d[\sin\theta/(1-\cos\theta)]}{d\theta}}{a - a\cos\theta}$$

$$= \frac{\left[\dfrac{(1-\cos\theta)\cos\theta - \sin\theta\sin\theta}{(1-\cos\theta)^2}\right]}{a(1-\cos\theta)}$$

$$= \frac{\cos\theta - 1}{a(1-\cos\theta)^3}$$

$$= -\frac{1}{a(1-\cos\theta)^2}. \ ●$$

Übungen:

1. Eine 3 m hohe Leiter lehnt an der Wand. Zieht man nun das untere Ende der Leiter mit einer Geschwindigkeit von 30 cm/s von der Wand weg, mit welcher Geschwindigkeit senkt sich

dann das obere Ende der Leiter entlang der Wand, wenn das untere Leiterende

(*a*) 2 m, (*b*) 2,5 m, (*c*) 2,8 m von der Wand entfernt ist?

2. Ein Mann läßt einen Drachen in eine Höhe von 100 m steigen. Der horizontale Wind bläst den Drachen von dem Mann weg. Nachdem 150 m von der Leine abgelaufen sind, zieht der Drachen die Leine mit einer Geschwindigkeit von 6 m/s. Wie groß ist die Windgeschwindigkeit?

3. Ein Spaziergänger geht mit einer Geschwindigkeit von 2 km/h einen Strand entlang, während eine 3 km vom Strand entfernte rotierende Lichtquelle ihm folgt.

(*a*) Welches Verhalten für die Rotationsgeschwindigkeit der Lichtquelle würde man intuitiv erwarten, wenn der Mann sich entlang des Strandes weiter und weiter vom Leuchtturm entfernt?

(*b*) Man beschreibe durch x den Ort des Mannes und durch θ den Winkel des Lichtstrahles und suche eine Gleichung zwischen θ und x (Bild 11.9).

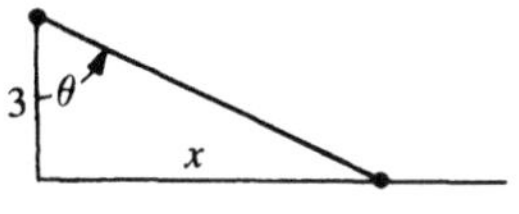

Bild 11.9

(*c*) Mit Hilfe von (*b*) zeige man $d\theta/dt = 6/(9 + x^2)$ (Radiant pro Minute).

(*d*) Stimmt Formel (*c*) mit der Schätzung (*a*) überein?

4. Ein kugelförmiger Ballon verliert mit einer Rate von 10 cm^3/s Luft. Mit welcher Rate verändert sich sein Radius, wenn er gerade (*a*) 5 cm, (*b*) 3 cm beträgt? (Das Volumen einer Kugel mit dem Radius r beträgt $4\pi r^3/3$.)

5. Bulldozer befördern Erde mit einer Rate von 300 m^3/h auf einen kegelförmigen Hügel, für den das Verhältnis von Höhe und Radius konstant bleibt. Mit welcher Rate nimmt die Höhe des Hügels zu, wenn der Hügel gerade

(*a*) 15 m hoch ist,

(*b*) 70 m hoch ist?

(Das Volumen eines Kegels mit dem Radius r und der Höhe h beträgt $\pi r^2 h/3$.)

6. Die Längen der beiden Katheten eines rechtwinkeligen Dreiecks mögen von der Zeit abhängen. Die eine Kathete mit der Länge x wächst mit einer Rate vom 5 m/s, während die andere mit der Länge y mit einer Rate von 6 m/s abnimmt. Mit welcher Rate verändert sich die Hypotenuse für $x = 3$ und $y = 4$? Nimmt die Länge der Hypotenuse dann zu oder ab?

7. Zwei Seiten eines Dreiecks und der von ihnen eingeschlossene Winkel ändern sich mit der Zeit. Der Winkel wächst mit einer Rate von 1 rad/s. Die eine Seite wächst mit einer Rate von 3 m/s und die andere Seite schrumpft mit einer Rate von 2 m/s. Man bestimme die Änderungsrate der Dreiecksfläche, wenn der Winkel gerade $\pi/4$ beträgt und die erste Seite 4 m, die zweite Seite 5 m lang ist. Nimmt die Fläche dann ab oder zu?

In den Übungen 8 bis 10 bestimme man dy/dx und d^2y/dx^2, wobei gegeben ist

8. $\dot{x} = 3$, $\dot{y} = 4$, $\ddot{x} = -2$, $\ddot{y} = 5$

9. $\dot{x} = -1$, $\dot{y} = 1$, $\ddot{x} = 3$, $\ddot{y} = 2$

10. $\dot{x} = 1$, $\dot{y} = 5$, $\ddot{x} = 0$, $\ddot{y} = 3$

11. Man bestimme dy/dx und d^2y/dx^2, wenn $x = e^t + t$ und $y = \sin t + t^2$.

12. Man bestimme dy/dx und d^2y/dx^2, wenn $y = t^3 + t$ und $x = t^4 + t$.

13. Welche Beschleunigung besitzt der Fisch von Beispiel 1, wenn die Länge der Leine (*a*) 100 m, (*b*) 11 m beträgt?

14. Ein Teilchen bewegt sich derart auf der Parabel $y = x^2$, daß während der gesamten Bewegung $\dot{x} = 3$ gilt? Man bestimme Formeln für (*a*) $\dot{y}$ und (*b*) $\ddot{y}$.

15. Einer der spitzen Winkel eines rechtwinkeligen Dreiecks sei θ. Die anliegende Kathete habe die Länge x und die gegenüberliegende Kathete die Länge y.

(*a*) Man suche eine Gleichung zwischen x, y und θ.

(*b*) Man suche eine Gleichung zwischen $\dot{x}$, $\dot{y}$ und $\dot{\theta}$ (und anderen Variablen).

(*c*) Man suche eine Gleichung zwischen $\ddot{x}$, $\ddot{y}$ und $\ddot{\theta}$ (und anderen Variablen).

16. In einen halbkugelförmigen Kessel mit dem Radius 5 m fließt mit einer konstanten Rate von 1 m^3/min Wasser.

(*a*) Man bestimme die Rate, mit der das Wasser ansteigt, wenn seine Höhe über dem Boden des Tanks jeweils 3 m, 4 m und 5 m beträgt.

(*b*) Ist $h(t)$ die Tiefe in Meter zur Zeit t, so bestimme man $\dot{h}$ für $h = 3, 4, 5$.

17. Bei einem bestimmten Tafelspiel wird eine Feder durch zwei Knöpfe über ein Stück Papier bewegt, das als xy-Ebene betrachtet werden könnte. Einer der Knöpfe kontrolliert die y-Koordinate, der andere Knopf die x-Koordinate. Zu einem bestimmten Zeitpunkt verändert sich die x-Koordinate doppelt so schnell wie die y-Koordinate, aber die y-Koordinate beschleunigt doppelt so schnell wie die x-Koordinate. Man bestimme – falls möglich – für diesen Augenblick dy/dx und d^2y/dx^2.

11.3 Zweite Ableitung und Krümmung einer Kurve

Die Änderungsrate von y bezüglich x ist ein Maß für die Steilheit einer Kurve. Wie können wir ein vernünftiges Maß für ihre „Gebogenheit“ oder Krümmung finden? Eine Gerade besitzt keine Krümmung. Es scheint daher vernünftig, ihr die Krümmung Null zuzuordnen. Darüber hinaus sollte ein großer Kreis eine geringere Krümmung besitzen als ein kleiner Kreis. (Der Erdhorizont, Teil eines sehr großen Kreises erscheint praktisch geradlinig.)

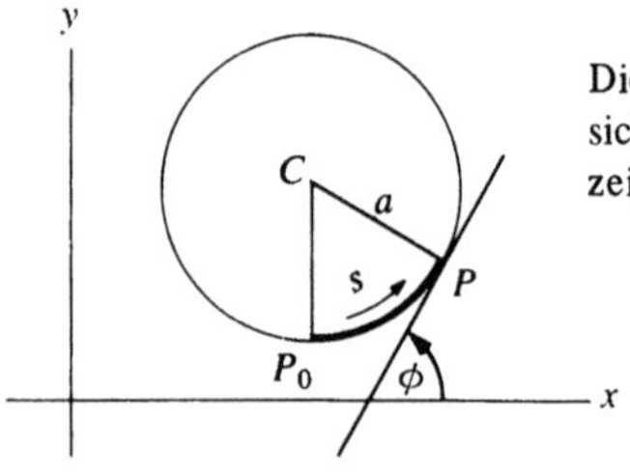

Die Lage der Tangente verändert sich, wenn sich P gegen den Uhrzeigersinn bewegt und s anwächst

Bild 11.10

Wenn man sich auf einem kleinen Kreis bewegt, verändert man seine Richtung viel rascher, als wenn man sich auf einem großen Kreis bewegen würde. Um diese Überlegungen zu präzisieren und ein Maß für die Krümmung eines Kreises zu erhalten, betrachten wir einen Kreis mit dem Radius a, an den eine Tangente gelegt ist (Bild 11.10). Man beginne am tiefstliegenden Punkt des Kreises P_0 und bewege sich auf dem Kreis gegen den Uhrzeigersinn. Nachdem wir entlang des Kreises den Bogen s zurückgelegt und den Punkt P erreicht haben, sei der Winkel zwischen der positiven x-Achse und der Tangente in Punkt P durch ϕ gegeben. Der Winkel ϕ hängt von s ab. Man definiert die *Krümmung des Kreises* als die Rate, mit der sich ϕ bezüglich s verändert, also $d\phi/ds$.

Das nächste Theorem zeigt, daß $d\phi/ds$ für einen großen Kreis klein und für einen kleinen Kreis groß ist. $d\phi/ds$ ist gleich dem Kehrwert $1/a$ des Radius.

Theorem 1: Durchläuft man einen Kreis mit dem Radius a gegen den Uhrzeigersinn, so ist die Krümmung $d\phi/ds$ konstant und gleich $1/a$, dem Kehrwert des Radius.

Beweis: Mit ein wenig Geometrie finden wir, daß ϕ mit dem Winkel P_0CP Bild 11.10 übereinstimmt. Aus der Definition des Bogenmaßes folgt für den Winkel P_0CP das Maß s/a. Daher gilt $\phi = s/a$ und $d\phi/ds = 1/a$,und das Theorem ist bewiesen. ●

Da $d\phi/ds$, die Rate der Richtungsänderung bezüglich der Bogenlänge, ein vernünftiges Maß der Krümmung darstellt – je größer der Kreis, desto kleiner die Krümmung – liegt es nahe, diese Definition der Krümmung auch für andere Kurven zu übernehmen.

Bevor wir die Krümmung im allgemeinen definieren, wollen wir die Bogenlänge s und den Winkel ϕ etwas genauer besprechen. Zunächst vereinbaren wir, die Bogenlänge s stets so zu messen, daß sie mit zunehmender Entfernung vom Basispunkt der Kurve anwächst.

Nun betrachten wir den Winkel ϕ. Die Wahl von ϕ ist nicht eindeutig, denn auch $\phi + n\pi$ beschreibt für jedes ganzzahlige n den gleichen Winkel. Es ist jedoch nicht wichtig, welchen Wert von ϕ wir hier wählen. Wesentlich ist nur, daß ϕ stetig variiert, wenn wir die Kurve durchlaufen. Betrachten wir wieder das Diagramm mit der typischen Tangente an einen Kreis mit dem Radius a. Wählen wir für die horizontale Tangente im Punkt P_0 den Wert $\phi = 0$ und durchlaufen den Kreis gegen den Uhrzeigersinn, dann ist für alle anderen Tangenten an den Kreis der Winkel ϕ ebenfalls eindeutig bestimmt. Bild 11.11 zeigt uns, daß ϕ von 0 bis 2π anwächst, wenn P den ganzen Kreisbogen durchläuft.

$\phi = 0$ (Anfang)
$\phi = 2\pi$ (Ende)

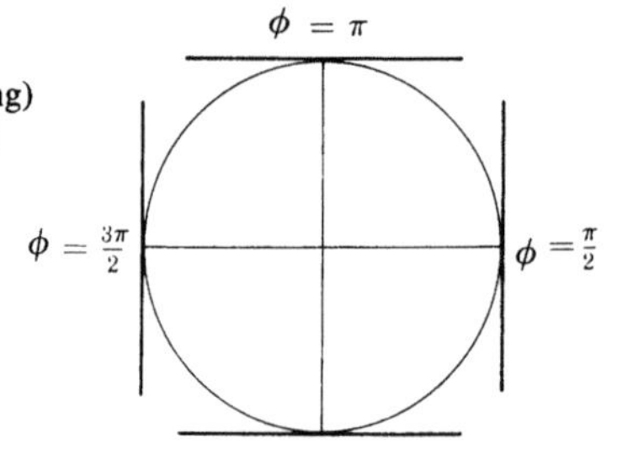

Bild 11.11

Hätten wir für die anfängliche Tangente in P_0 den Wert $\phi = \pi$ gewählt, dann würde ϕ beim Umlauf um den Kreis von π auf 3π anwachsen. Da wir uns hier mit der Zuwachsrate und nicht mit dem tatsächlichen Wert von ϕ beschäftigen, ist unsere Definition nicht von der hier besprochenen Mehrdeutigkeit abhängig.

Definition der Krümmung: Angenommen eine Kurve sei in Parameterdarstellung gegeben. Der Parameter für einen typischen Punkt P sei durch s, den entlang der Kurve gemessene Abstand zwischen dem Punkt P und einem festen Punkt P_0 bestimmt. Ferner sei ϕ der Winkel zwischen der Tangente in P und der positiven x-Achse. Dann ist die Krümmung in P durch die Ableitung

$$\frac{d\phi}{ds}$$

gegeben (falls diese Ableitung existiert).

Man beachte, daß eine Gerade überall die Krümmung Null besitzt, da für sie ϕ konstant ist. Man beachte ferner, daß im Bild 11.12 die Krümmung im Punkt P negativ, aber im Punkt P_0 positiv ist. Würde die Kurve im entgegengesetzten Sinn durchlaufen, so wäre die Krümmung in P positiv und in P_0 negativ. (Warum?) Aus dem Bild ergibt sich, daß die Krümmung im Wendepunkt ihr Vorzeichen

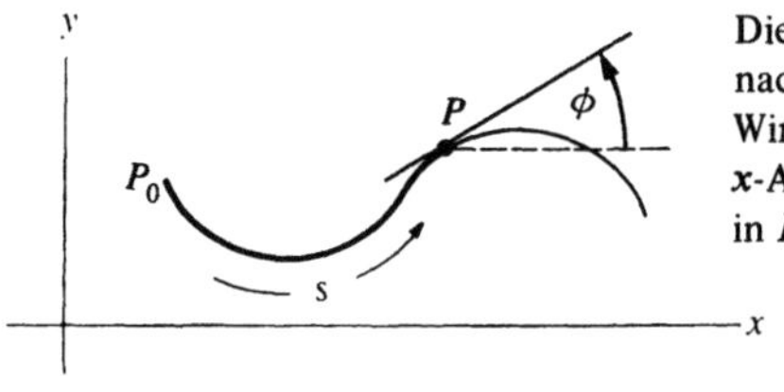

Die Bogenlänge von P_0 nach P beträgt s. Der Winkel zwischen positiver x-Achse und Tangente in P ist ϕ

Bild 11.12

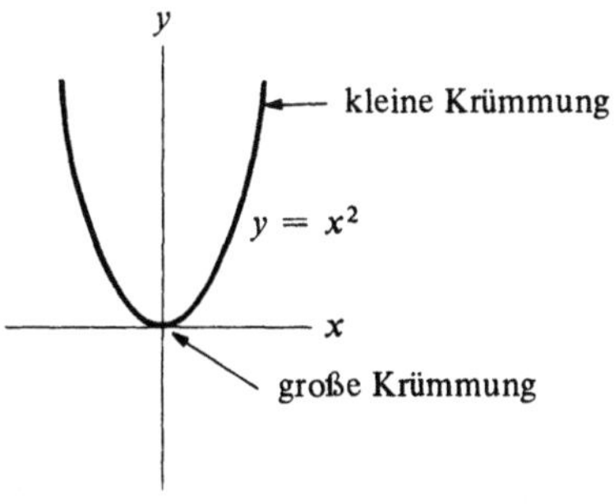

Bild 11.13

wechselt. Deshalb ist es auch nicht überraschend, daß die Krümmung zwar durch eine erste Ableitung definiert wird, aber mit der zweiten Ableitung d^2y/dx^2 eng zusammenhängt. Daß noch andere Größen als die zweite Ableitung in die Krümmung eingehen, zeigt die Diskussion der Parabel $y = x^2$ (Bild 11.13). Weit entfernt vom Punkt (0; 0) hat die Parabel $y = x^2$ eine kleine Krümmung. In der Nähe von (0; 0) scheint sie sich stärker zu krümmen. Daher ist die Krümmung entlang der Kurve nicht konstant, während die zweite Ableitung d^2y/dx^2 konstant ist (sie beträgt 2 für alle x). Wie Theorem 2 zeigt, ist die Krümmung durch die beiden Funktionen d^2y/dx^2 und dy/dx bestimmt.

Theorem 2: Angenommen, die Kurve $y = f(x)$ sei durch die Bogenlänge s in Parameterform dargestellt, und es wachse x gemeinsam mit s. Dann erhalten wir für die Krümmung

$$\frac{d^2y/dx^2}{[1 + (dy/dx)^2]^{3/2}}.$$

Beweis: Aufgrund der Kettenregel ist

$$\frac{d\phi}{ds} = \frac{d\phi/dx}{ds/dx}.$$

Wie in Abschnitt 10.9 gezeigt wurde, gilt

$$\frac{ds}{dx} = \left[1 + \left(\frac{dy}{dx}\right)^2\right]^{1/2}$$

und wir müssen nun lediglich $d\phi/dx$ durch dy/dx und d^2y/dx^2 darstellten.

Man beachte, daß

$$\tan\phi = \text{Anstieg der Tangente} = \frac{dy}{dx}$$

oder

$$\phi = \arctan\frac{dy}{dx} + n\pi,$$

wobei n eine bestimmte feste ganze Zahl ist (Bild 11.14). Wir erinnern uns an

$$\frac{d(\arctan u)}{du} = \frac{1}{1 + u^2}.$$

ϕ ist gleich $\arctan \frac{dy}{dx}$ oder unterscheidet sich von diesem Wert um ein Vielfaches von π

Bild 11.14

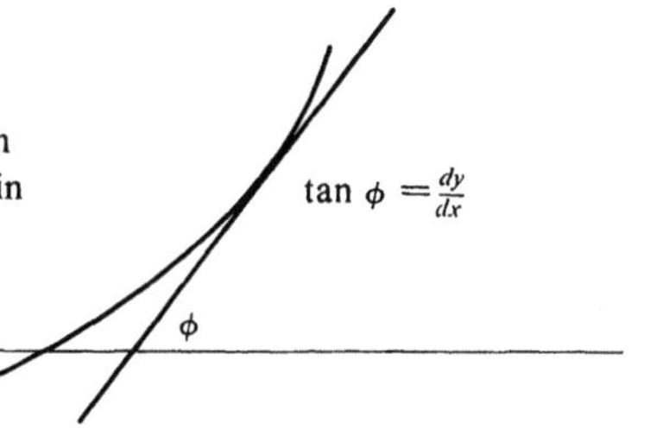

So folgt aus der Kettenregel

$$\frac{d\phi}{dx} = \frac{1}{1 + (dy/dx)^2}\,\frac{d(dy/dx)}{dx} = \frac{d^2y/dx^2}{1 + (dy/dx)^2}.$$

Daher erhalten wir

$$\frac{d\phi}{ds} = \frac{d\phi/dx}{ds/dx} = \frac{d^2y/dx^2}{[1 + (dy/dx)^2]\sqrt{1 + (dy/dx)^2}}$$

und das Theorem ist bewiesen. •

Beispiel 1: Man bestimme in einem typischen Punkt $(x; y)$ die Krümmung der Kurve $y = x^2$.

Lösung: In diesem Fall erhalten wir $dy/dx = 2x$ und $d^2y/dx^2 = 2$. Daher ist die Krümmung in $(x; y)$ durch $2/[1 + (2x)^2]^{3/2}$ gegeben. Im Punkt (0; 0) beträgt sie 2, so daß die Kurve in der Nähe des Ursprungs einem Kreis mit dem Radius $\frac{1}{2}$ ähnlich ist (Bild 11.15). Wenn $|x|$ an-

Die Krümmung ist 2 und stimmt hier gut mit der Krümmung des Kreises mit dem Radius $\frac{1}{2}$ überein

Bild 11.15

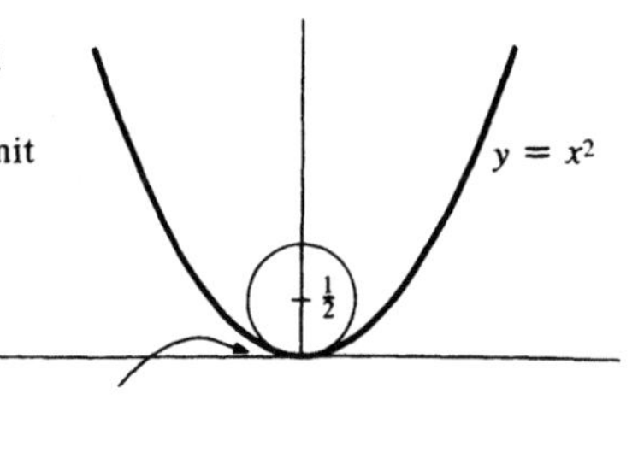

wächst, nähert sich die Krümmung Null und die Kurve wird immer „gerader".

Theorem 2 beschreibt die Krümmung einer Kurve, wenn y als Funktion von x vorliegt. Ist die Kurve in Parameterdarstellung gegeben, so verwenden wir vorteilhafterweise die Gleichungen des vorigen Abschnitts:

$$\frac{dy}{dx} = \frac{\dot{y}}{\dot{x}} \quad \text{und} \quad \frac{d^2y}{dx^2} = \frac{\dot{x}\ddot{y} - \dot{y}\ddot{x}}{(\dot{x})^3}.$$

Mit Hilfe dieser beiden Formeln und der Formel des Theorems 2 können wir die Krümmung einer in Parameterdarstellung gegebenen Kurve berechnen.

Theorem 3: Wenn für die Kurve mit der Parameterdarstellung $x = g(t)$ und $y = f(t)$ zugleich x und die Bogenlänge s gemeinsam mit dem Parameter t anwachsen, so besitzt die Kurve die

$$\text{Krümmung} = \frac{\dot{x}\ddot{y} - \dot{y}\ddot{x}}{[(\dot{x})^2 + (\dot{y})^2]^{3/2}}.$$

Zum Beweis substituiere man einfach in die Formel von Theorem 2.

Beispiel 2: Ein Rad mit dem Radius 1 erzeuge eine Zykloide (Bild 11.16). Sie hat die Parameterdarstellung

$$x = \theta - \sin\theta, \quad y = 1 - \cos\theta.$$

Man bestimme die Krümmung in einem typischen Punkt dieser Kurve.

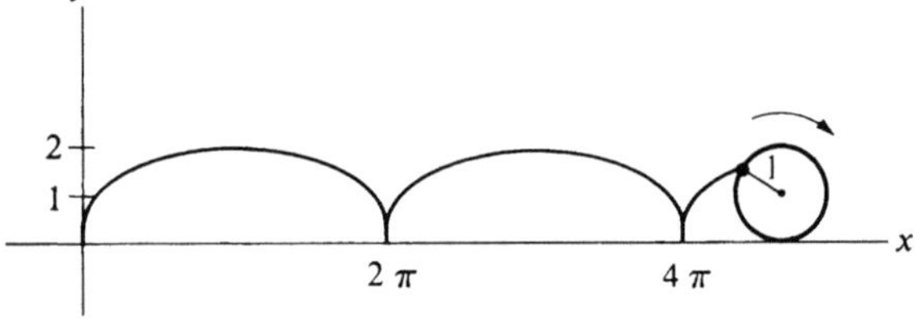

Bild 11.16

Lösung: Zu diesem Zweck übernimmt θ die Rolle des Parameters t. So gilt

$$\frac{dx}{d\theta} = 1 - \cos\theta, \qquad \frac{dy}{d\theta} = \sin\theta,$$

$$\frac{d^2x}{d\theta^2} = \sin\theta, \qquad \frac{d^2y}{d\theta^2} = \cos\theta.$$

Aus Theorem 3 ergibt sich

$$\begin{aligned}\text{Krümmung} &= \frac{(1-\cos\theta)\cos\theta - (\sin\theta)\sin\theta}{[(1-\cos\theta)^2 + (\sin\theta)^2]^{3/2}} \\ &= \frac{\cos\theta - (\cos^2\theta + \sin^2\theta)}{[1 - 2\cos\theta + (\cos^2\theta + \sin^2\theta)]^{3/2}} \\ &= \frac{\cos\theta - 1}{(2 - 2\cos\theta)^{3/2}} \\ &= \frac{\cos\theta - 1}{2^{3/2}(1-\cos\theta)^{3/2}} \\ &= \frac{-1}{2^{3/2}} \frac{1-\cos\theta}{(1-\cos\theta)^{3/2}} \\ &= \frac{-1}{2\sqrt{2}} \frac{1}{(1-\cos\theta)^{1/2}}.\end{aligned}$$

Mit Hilfe von $y = 1 - \cos\theta$ erhalten wir

$$\text{Krümmung} = -\frac{1}{2\sqrt{2}\sqrt{y}} = -\frac{1}{\sqrt{8y}}. \quad \bullet$$

Die Krümmung der Zykloide von Beispiel 2 ist negativ. Dementsprechend ist $d\phi/ds$ negativ oder der Winkel ϕ nimmt mit s ab. Da wir uns für wachsendes s auf dem Bogen der Kurve nach rechts bewegen und sich die Tangente dabei im Uhrzeigersinn verändert, ist dies plausibel: ϕ nimmt als Funktion der Bogenlänge s ab. Allgemein hängt das Vorzeichen der Bogenlänge von den folgenden beiden Bedingungen ab: Von der Wahl des Punktes, von dem aus wir die Bogenlänge messen, und von der Richtung, in der wir die Kurve durchlaufen.

Im Beispiel 1 erhielten wir für die Parabel $y = x^2$ im Punkt (0; 0) die Krümmung 2. Sie stimmt mit der Krümmung eines Kreises mit dem Radius $\frac{1}{2}$ überein. In diesem Sinne ist daher die Parabel in der Nähe des Punktes (0; 0) einem Kreis mit dem Radius $\frac{1}{2}$ sehr ähnlich. Diese Erkenntnis legt die folgende Definition nahe.

Definition des Krümmungsradius: Der Krümmungsradius einer Kurve in einem Punkt ist gleich dem Absolutbetrag des Kehrwertes der Krümmung:

$$\text{Krümmungsradius} = \left|\frac{1}{\text{Krümmung}}\right|.$$

Wie man leicht zeigen kann, beträgt der Krümmungsradius eines Kreises mit dem Radius 2 erwartungsgemäß ebenfalls 2.

Die Zykloide des Beispiels 2 hat im Punkt $(y; x)$ den Krümmungsradius

$$\left| \frac{1}{-(1/\sqrt{8y})} \right| = \sqrt{8y}.$$

Insbesondere beträgt im obersten Punkt des Bogens der Krümmungsradius $\sqrt{8 \cdot 2} = \sqrt{16} = 4$.

Übungen:

1. Man bestimme den Krümmungsradius der Kurve aus Beispiel 1 in (*a*) (1; 1), (*b*) (2; 4).

In den Übungen 2 bis 6 bestimme man den Krümmungsradius der gegebenen Kurve im gegebenen Punkt. In den Übungen 2 bis 4 zeichne man die Graphen der Kurven.

2. $y = \cos x$ für (0; 1)
3. $y = e^{-x}$ für (1; 1/e)
4. $y = x^3$ für (1; 1)
5. $x = 2 \cos 3t, \quad y = 2 \sin 3t$ für $t = 0$
6. $x = 1 + t^2, \quad y = t^3 + t^4$ für $t = 2$
7. (*a*) Man berechne Krümmung und Krümmungsradius für die Kurve $y = (e^x + e^{-x})/2$.
   (*b*) Man zeige, daß der Krümmungsradius im Punkt $(x; y)$ durch y^2 gegeben ist.
8. Man bestimme den Krümmungsradius entlang der Kurve $y = \sqrt{a^2 - x^2}$, wobei a eine Konstante ist.
9. Man bestimme den Krümmungsradius entlang der Kurve $y = \ln |\cos x|$.

In den Übungen 10 bis 12 bestimme man die Krümmung und den Krümmungsradius.

10. $x = e^{-t} \cos t, \quad y = e^{-t} \sin t$
11. $x = \cos^3 \theta, \quad y = \sin^3 \theta$
12. $x + y + \ln x = 2y^5$
13. Für welchen Wert von x ist der Krümmungsradius von $y = e^x$ am kleinsten?
14. Für welchen Wert von x ist der Krümmungsradius von $y = x^3$ am kleinsten?
15. (*a*) Man beweise: Ist die Tangente im Punkt einer Kurve parallel zur x-Achse, so ist dort ihre Krümmung einfach durch die zweite Ableitung d^2y/dx^2 gegeben.
    (*b*) Man zeige, daß der Absolutbetrag der Krümmung niemals größer als der Absolutbetrag von d^2y/dx^2 ist.
16. Ein Ingenieur legt den Verlauf einer Bahnlinie wie in Bild 11.17 fest. Der Bogen *BC* ist Teil eines Kreises. *AB* und *CD* sind Geraden und Tangenten an dem Kreis. Nachdem der Zug das erste Mal diese Spur befahren hatte, wurde der Konstrukteur entlassen. Warum? Wie sollte man einen Bogen anlegen, der zwei gerade Streckenteile verbindet?

Bild 11.17

Die Übungen 17 bis 19 sind gemeinsam zu behandeln.

17. Man bestimme den Krümmungsradius in einem typischen Punkt der Kurve

    $$x = a \cos \theta, \quad y = b \sin \theta$$

18. (*a*) Man beweise durch Elimination von θ, daß die Kurve von Übung 17 mit der Ellipse

    $$\frac{x^2}{a^2} + \frac{y^2}{b^2} = 1$$

    übereinstimmt.
    (*b*) Wie groß ist der Krümmungsradius dieser Ellipse in $(a; 0)$ und $(0; b)$.
19. Eine Ellipse hat ein große Halbachse der Länge 3 und eine kleine Halbachse der Länge 2. Man zeichne die Kreise, die die Ellipse in den vier Endpunkten ihrer Halbachsen am besten annähern.

■

20. Entlang einer Kurve sei $dy/dx = y^3$. Man stelle die Krümmung durch y dar.
21. Durch Theorem 2 erhielten wir eine Formel für die Krümmung einer Kurve, die in rechtwinkeligen Koordinaten gegeben war, $y = f(x)$. Ist die Kurve in Polarkoordinaten, $r = f(\theta)$ gegeben, so leite man für die Krümmung

    $$[r^2 + 2(r')^2 - rr'']/[r^2 + (r')^2]^{3/2}$$

    her. *Hinweis:* Man betrachte die Parameterdarstellung der Kurve durch $x = r \cos \theta$ und $y = r \sin \theta$, wobei $r = f(\theta)$.
22. Man benutze die Formel von Übung 21, um für die Kardioide $r = 1 + \cos \theta$ die Krümmung $3\sqrt{2}/(4\sqrt{r})$ im Punkt $(r; \theta)$ herzuleiten.
23. Man benutze die Formel der Übung 21, um die Krümmung von $r = a \cos \theta$ zu finden.
24. Man benutze die Formel der Übung 21, um die Krümmung von $r = \cos 2\theta$ zu finden.

■■

25. Im höchsten Punkt der Zykloide von Beispiel 2 ist der Krümmungsradius doppelt so groß wie der Durchmesser des abrollenden Kreises. Was würde man für den Krümmungsradius in diesem Punkt vermutet haben? Warum entspricht er nicht einfach gerade dem Durchmesser des Rades, wenn doch das Rad in jedem Augenblick gerade um jenen Punkt rotiert, in dem es den Boden berührt?

Die Übungen 26 und 27 hängen zusammen.

26. s sei die Bogenlänge entlang einer Kurve. Man zeige, daß die Krümmung in einem Punkt durch $x'y'' - y'x''$ gegeben ist, wenn die Differentiation nach der Bogenlänge s erfolgt.

27. (Siehe Übung 26.) Man zeige

(*a*) $(x')^2 + (y')^2 = 1$,

(*b*) $x'x'' + y'y'' = 0$,

(*c*) $x'y'' - y'x'' = y''[(x')^2 + (y')^2]/x' = y''/x'$.

28. Man beweise Theorem 3 mit Hilfe von Theorem 2.

29. Man beweise Theorem 3 direkt, ohne Theorem 2 zu verwenden.

11.4 Das Newtonsche Näherungsverfahren zur Lösung einer Gleichung

Angenommen, wir wollen die Lösung oder Wurzel r einer Gleichung $f(x) = 0$ abschätzen. Gibt x_1 entsprechend dem Bild 11.18 eine erste Schätzung, dann sehen wir sofort, daß x_2, der Punkt, in dem die Tangente in $(x_1; f(x_1))$ die x-Achse schneidet, dem tatsächlichen Wert von r näherkommt.

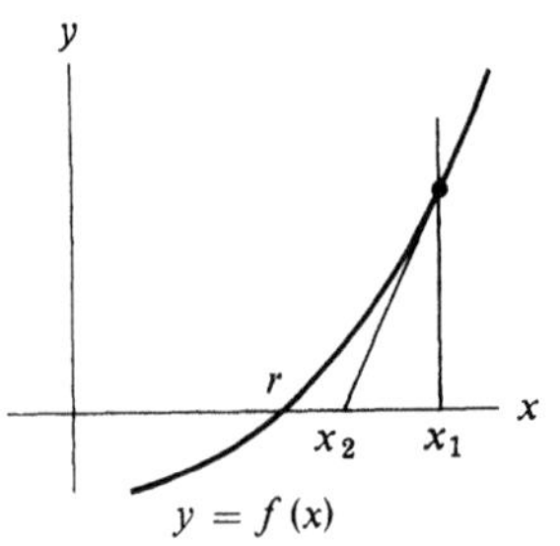

Bild 11.18

Newtons Rekursionsformel zur Abschätzung der Wurzel einer Gleichung: Um x_2 explizit zu bestimmen, gehen wir davon aus, daß sich für den Anstieg der Tangente im Punkt $(x_1; f(x_1))$ die beiden Werte $f(x_1)/(x_1 - x_2)$ und $f'(x_1)$ ergeben. Setzen wir diese beiden Formeln für den Anstieg gleich und lösen nach x_2 auf, so ergibt sich

$$x_2 = x_1 - \frac{f(x_1)}{f'(x_1)}. \qquad (1)$$

Dieser Ausdruck ist sinnvoll, solange $f'(x_1)$ nicht Null wird.

Formel (1) ist nach der obenstehenden Zeichnung die Grundlage des Newtonschen Verfahrens zur Abschätzung der Wurzel einer Gleichung. Im allgemeinen wird diese Formel zur Erhöhung der Genauigkeit mehrmals angewendet.

Beispiel 1: Man benutze das Newtonsche Verfahren, um die Quadratwurzel von 3, also die positive Wurzel der Gleichung $x^2 - 3 = 0$ abzuschätzen.

Lösung: Wir erhalten $f(x) = x^2 - 3$ und $f'(x) = 2x$. Nach Gl. (1) ergibt sich aus der ersten Schätzung x_1 die nächste Schätzung x_2:

$$x_2 = x_1 - \frac{f(x_1)}{f'(x_1)} = x_1 - \frac{x_1^2 - 3}{2x_1} = \frac{x_1 + 3/x_1}{2}.$$

Mit der Wahl $x_1 = 2$ erhalten wir dann

$$x_2 = \frac{2 + \frac{3}{2}}{2} = 1{,}75.$$

Für eine bessere Abschätzung der Wurzel 3 wiederholen wir den Vorgang mit dem Ausgangswert 1,75 anstatt 2. Dann gilt

$$x_3 = \frac{x_2 + 3/x_2}{2} = \frac{1{,}75 + 3/1{,}75}{2} \approx 1{,}73214$$

für die dritte Schätzung bis auf 5 Dezimalen. Eine weitere Wiederholung des Vorgangs ergibt bis auf 5 Dezimalen, $x_4 = 1{,}73205$; dies kommt dem tatsächlichen Wert von $\sqrt{3}$ ziemlich nahe, dessen Dezimaldarstellung mit 1,732051 beginnt. ●

Da der Rekursionsvorgang der Newtonschen Methode von praktischer Bedeutung ist und leicht für Computer-Rechnungen programmiert werden kann, interessieren wir uns für die Bedingungen, unter denen sich $|x_i - r|$ mit $i \to 0$ an Null annähert. Ist der Graph von f eine nicht horizontale Gerade, so zeigt uns eine kurze Skizze, daß unabhängig von x_1 bereits die zweite Näherung x_2 mit der exakten Wurzel r übereinstimmt. Mit anderen Worten: Die Newtonsche Methode ist dann exakt, wenn $f''(x)$ identisch Null wird. Daher ist zu erwarten, daß die Genauigkeit der Newtonschen Methode von $f''(x)$ abhängt. (Voraussichtlich ist die Methode für kleines $f''(x)$ genauer als für großes.) Andererseits ist die Tangente im Punkt $(x_1; f(x_1))$ fast horizontal und kann daher bis zu ihren Schnittpunkten mit der x-Achse stark vom Graphen der Funktion f abweichen. Daher sollte auch $f'(x)$ die Genauigkeit beeinflussen. (Für großes $f'(x)$ sollte die Methode genauer als für kleines sein.)

Ist $f''(x)$ nicht zu groß und $f'(x)$ nicht zu klein, so sagt uns das folgende Theorem, daß $|x_i - r|$ mit $i \to \infty$ nach Null geht. Der Beweis ist in Übung 22 von Abschnitt 15.1 skizziert.

Theorem: r sei eine Wurzel von $f(x) = 0$ und x_i eine Schätzung von r, für die $f'(x_i)$ von Null verschieden ist. Es sei

$$x_{i+1} = x_i - \frac{f(x_i)}{f'(x_i)}.$$

Sind f' und f'' stetig und gilt mit einer bestimmten Zahl M für alle x und t im Intervall zwischen x und r

$$\left|\frac{f''(x)}{f'(t)}\right| \leqslant M,$$

so folgt

$$|x_{i+1} - r| \leqslant \frac{M}{2}\,|x_i - r|^2.$$

Wenn nun $f''(x), f'(x)$ und $f(x)$ zwischen $x = r$ und $x = x_i > r$ positiv sind, dann können wir Bild 11.19 $x_1 > x_2 > \ldots > r$ entnehmen. Demzufolge liegen die sukzessiven Schätzungen $x_2, x_3, \ldots$ zwischen dem ersten Schätzwert x_1 und der Wurzel r. Dann gilt die Hypothese des Theorems für alle x_i.

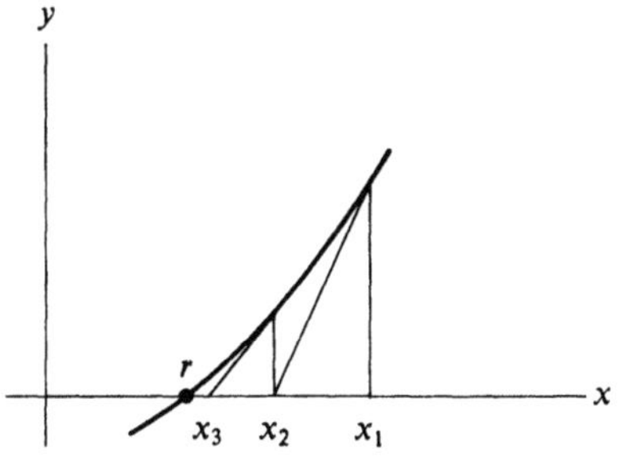

Bild 11.19

Wie schnell nähert sich dann die abnehmende Folge $x_1, x_2, x_3, \ldots$ dem Wert r? Liegt x_1 nahe bei r, angenommen $|x_1 - r| \leqslant 0{,}1$, dann erhalten wir

$$|x_2 - r| \leqslant \left(\frac{M}{2}\right)(0{,}1)^2 = \left(\frac{M}{2}\right)(0{,}01).$$

Ist daher M nicht zu groß, so stellt x_2 eine bessere Näherung für r dar als x_1. Zum Beispiel ergibt sich mit $M = 2$

$$|x_2 - r| \leqslant 0{,}01$$

und

$$|x_3 - r| \leqslant \frac{M}{2}(x_2 - r)^2 \leqslant 0{,}0001$$

und so fort. Stimmt daher x_1 bis auf eine Dezimale mit r überein, dann ist x_2 bis auf zwei Dezimale genau, x_3 bis auf 4 Dezimale genau usw. Die Anzahl der exakten Dezimalstellen hat die Tendenz, sich mit jedem Schritt der Newtonschen Rekursion zu verdoppeln. Zum Beispiel ergibt die Newtonsche Rekursionsformel für $\sqrt{10} \approx 3{,}162278$

$$x_{i+1} = \frac{x_i + 10/x_i}{2}.$$

Folgende Tabelle zeigt die Resultate des Rekursionsvorganges, wenn wir von der ersten Schätzung $x = 3$ ausgehen.

Schritt	*Schätzung*	*exakte Ziffern*	*Anzahl der exakten Ziffern*
1	$x_1 = 3$	3	0
2	$x_2 = 3{,}166667$	3,16	2
3	$x_3 = 3{,}162281$	3,1622	4

Beispiel 2: Die Gerade $y = 2x/3$ schneidet die Kurve $y = \sin x$ im Punkt P, dessen x-Koordinate r zwischen Null und π liegt (Bild 11.20). Die Zahl r ist die Lösung der Gleichung $2x/3 = \sin x$, da die Graphen an der Stelle $x = r$ die gleichen y-Koordinaten besitzen. Man verwende das Newtonsche Verfahren zur Annäherung von r.

Bild 11.20

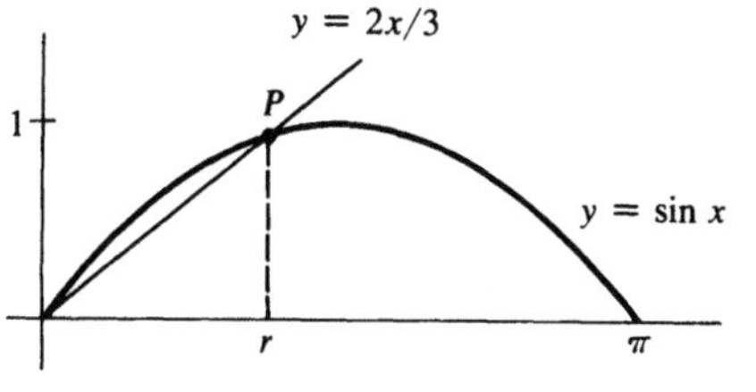

Lösung: Ein Blick auf den Graphen ergibt für r die Schätzung 1,5. Um einen besseren Wert zu erhalten, untersuchen wir r als Lösung der Gleichung

$$f(x) = \sin x - \frac{2x}{3} = 0.$$

Mit $f'(x) = \cos x - \frac{2}{3}$ erhalten wir mit dem Newtonschen Verfahren die folgende zweite Schätzung von r:

$$x_2 = 1{,}5 - \frac{f(1{,}5)}{f'(1{,}5)} = 1{,}5 - \frac{\sin 1{,}5 - 2(1{,}5)/3}{\cos 1{,}5 - \frac{2}{3}}$$

Mit Hilfe einer Tabelle für $\sin x$ und $\cos x$ finden wir

$$x_2 \approx 1{,}5 - \frac{0{,}997 - 1}{0{,}071 - 0{,}667} = 1{,}5 - \frac{0{,}003}{0{,}596} = 1{,}495.$$

Tatsächlich gilt exakt bis zur dritten Dezimale $r = 1{,}496$. ●

Übungen:

1. a sei eine positive Zahl. Man zeige, daß die Newtonsche Rekursionsformel für die Abschätzung von $\sqrt{a}$ durch

$$x_{i+1} = \frac{x_i + a/x_i}{2}$$

gegeben ist.

2. Man benutze die Formel von Übung 1 um $\sqrt{15}$ abzuschätzen. Man wähle $x_1 = 4$ und berechne x_2 und x_3 bis auf drei Dezimalen.
3. Man benutze die Formel von Übung 1 um $\sqrt{19}$ abzuschätzen. Man wähle $x_1 = 4$ und berechne x_2 und x_3 auf drei Dezimalen.
4. Bei der Abschätzung von $\sqrt{3}$ ging ein Computer von $x_1 = 50$ aus. Was ergab die Newtonsche Methode für x_2, x_3 und x_4?
5. (*a*) Man zeige nach der Newtonschen Methode für die Abschätzung von $\sqrt[3]{7}$ die folgende Rekursionsformel:

$$x_{i+1} = \frac{2}{3}x_i + \frac{7}{3x_i^2}.$$

   (*b*) Sei $x_1 = 1$; man berechne x_2 und x_3.
   (*c*) Sei $x_1 = 2$; man berechne x_2 und x_3.
6. Es sei $f(x) = x^4 + x - 19$.
   (*a*) Man zeige $f(2) < 0 < f(3)$, so daß f zwischen 2 und 3 eine Wurzel r besitzen muß.
   (*b*) Man wende das Newtonsche Verfahren an und beginne mit $x_1 = 2$. Man berechne x_2 und x_3 und zeichne die entsprechenden Tangenten in den Graphen.
7. Es sei $f(x) = x^5 + x - 1$.
   (*a*) Man zeige, daß die Gleichung $f(x) = 0$ im Intervall $[0; 1]$ genau eine Wurzel besitzt. (Man untersuche f').
   (*b*) Man verwende $x_1 = \frac{1}{2}$ als erste Schätzung und bestimme nach dem Newtonschen Verfahren eine zweite Schätzung x_2.
8. Es sei $f(x) = 2x^3 - x^2 - 2$.
   (*a*) Man zeige, daß die Gleichung $f(x) = 0$ im Intervall $[1; 2]$ genau eine Wurzel besitzt.
   (*b*) Man nehme $x_1 = \frac{3}{2}$ als erste Schätzung und bestimme nach dem Newtonschen Verfahren eine zweite Schätzung x_2.
9. (*a*) Man zeichne $y = e^x$ und $y = x + 2$ in das gleiche Koordinatensystem.
   (*b*) Mit Hilfe von (*a*) schätze man die Wurzel von $e^x - x - 2 = 0$.
   (*c*) Man verwende das Newtonsche Verfahren und eine Tabelle von e^x, um die Wurzel auf zwei Dezimale abzuschätzen.

■

Übung 10 zeigt uns, daß das Newtonsche Verfahren mit Vorsicht angewendet werden muß.

10. Es sei $f(x) = 2x^3 - 4x + 1$.
   (*a*) Man zeige $f(1) < 0 < f(0)$. Dementsprechend muß die Gleichung $f(x) = 0$ in $[0; 1]$ eine Wurzel besitzen.
   (*b*) Man wähle $x_1 = 1$ und verwende das Newtonsche Verfahren zur Bestimmung von x_2 und x_3 an.
   (*c*) Man zeichne f und bestimme graphisch die Folge der Abschätzungen.
11. (*a*) Man zeichne $y = \ln x$ und $y = \sin x$ in das gleiche Koordinatensystem.
   (*b*) Mit Hilfe der Graphen von (*a*) schätze man die x-Koordinate des Punktes mit $\sin x - \ln x = 0$.
   (*c*) Man verwende die Abschätzung von (*b*) als x_1 und bestimme nach dem Newtonschen Verfahren die zweite Schätzung x_2.
12. Es sei $f(x) = x^2 + 1$.
   (*a*) Man berechne aus $x_1 = 2$ nach dem Newtonschen Verfahren x_2, x_3, x_4 und x_5 bis auf zwei Dezimalen.
   (*b*) Aus dem Graphen von f zeige man geometrisch den Vorgang von (*a*).
   (*c*) Ausgehend von $x_1 = \sqrt{3}/3$ berechne man nach dem Newtonschen Verfahren x_2 und x_3. Wie verhält sich x_n für $n \to \infty$?
   (*d*) Ausgehend von $x_1 = (1 + \sqrt{2})/2$ bestimme man nach dem Newtonschen Verfahren x_2, x_3 und x_4.
13. (*a*) Man zeichne $y = x \sin x$ für x aus $[0; \pi]$.
   (*b*) Mit Hilfe der ersten und zweiten Ableitung zeige man, daß die Kurve im Intervall $[0; \pi]$ ein eindeutiges relatives Maximum besitzt.
   (*c*) Man zeige, daß $x \sin x$ sein Maximum für $x \cos x + \sin x = 0$ annimmt.
   (*d*) Man beginne mit $x_1 = \pi/2$, bestimme nach dem Newtonschen Verfahren eine zweite Schätzung x_2 für die Wurzel der Gleichung $x \cos x + \sin x = 0$.
   (*e*) Man bestimme nach dem Newtonschen Verfahren x_3.

■■

Für die folgenden beiden Übungen ist ein Rechner von Vorteil.

14. (*a*) Man zeichne $y = e^x$ und $y = \tan x$ in das gleiche Koordinatensystem.
   (*b*) Man zeige, daß die Gleichung $e^x - \tan x = 0$ zwischen Null und $\pi/2$ eine Lösung besitzt.
   (*c*) Man wähle die erste Schätzung x_1 für die Lösung von (*b*) mit Hilfe des Graphen aus (*a*). Dann bestimme man x_2 nach dem Newtonschen Verfahren.
15. (*a*) Man zeige, daß die Gleichung $3x + \sin x - e^x = 0$ zwischen 0 und 1 eine Lösung besitzt.
   (*b*) Man beginne mit $x_1 = 0{,}5$ und berechne x_2 und x_3 als Näherungslösungen von (*a*) mit der Newtonschen Rekursion.

11.5 Der Winkel zwischen einer Geraden und einer Tangente

In diesem Abschnitt befassen wir uns etwa mit den folgenden Fragen: „Wie finden wir den Winkel zwischen zwei sich schneidenden Geraden?“ „Warum ist ein Reflexionsspiegel parabolisch?“ „Wie können wir für eine Kurve in Polarkoordinaten den Winkel zwischen dem Radiusvektor r und der Tangente bestimmen.“ Die Antworten auf all diese Fragen können auf die Bestimmung eines Winkels zwischen zwei Geraden zurückgeführt werden, die wir nun besprechen wollen.

Betrachten wir eine Gerade L in der x-y-Ebene (Bild 11.21). Sie schließt mit der positiven x-Achse einen Winkel α mit $0 \leqslant \alpha < \pi$ ein. Der Anstieg m von L ist $\tan \alpha$. (Für $\alpha = \pi/2$ ist der Anstieg nicht definiert.)

Man betrachte nun zwei Geraden L und L' mit den Neigungswinkeln α und α' und den Anstiegen m und m' (Bild 11.22). Die zwei Geraden schließen miteinander zwei Winkel ein. Folgende Definition hilft uns, einen dieser beiden Winkel als *den* Winkel zwischen L und L' auszuzeichnen.

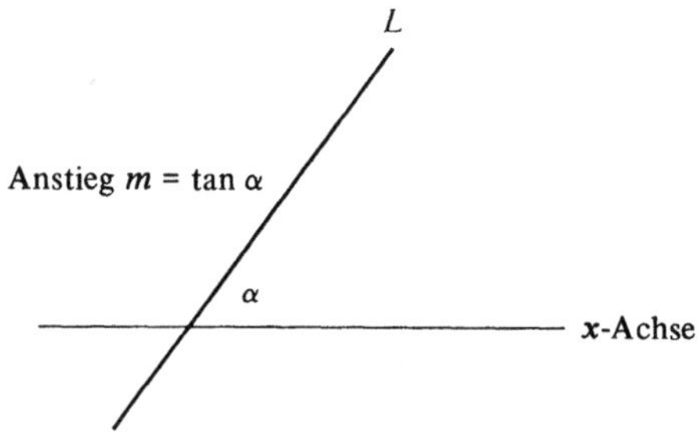

Bild 11.21

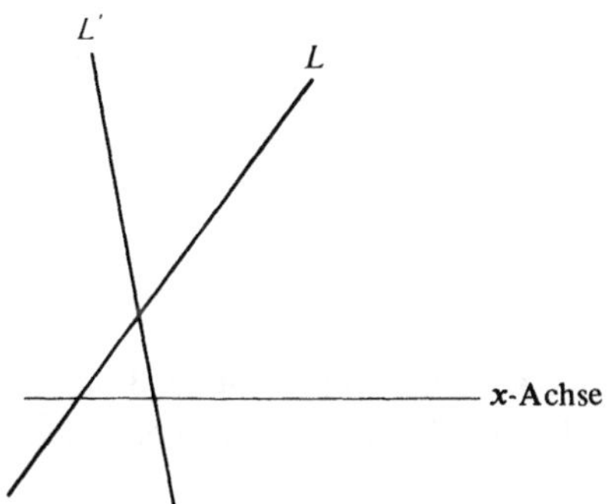

Bild 11.22

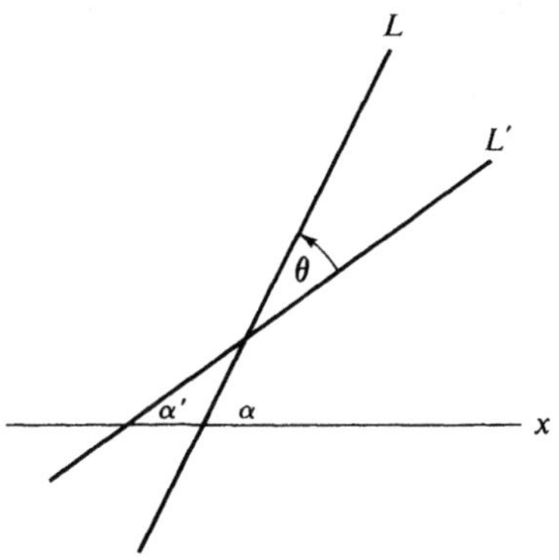

Bild 11.23

Definition des Winkels zwischen zwei Geraden: Es seien L und L' zwei Geraden, wobei L den größeren Neigungswinkel, $\alpha > \alpha'$, besitzen soll (Bild 11.23). Dann ist der Winkel θ zwischen L und L' wie folgt definiert:

$$\theta = \alpha - \alpha'.$$

Sind L und L' parallel, definieren wir $\theta = 0$.

Die Bilder 11.23 bis 11.25 illustrieren θ für einige typische L und L'. In jedem Falle ist θ gegen den Uhrzeigersinn von L' nach L gerechnet. Man beachte stets $0 \leqslant \theta < \pi$.

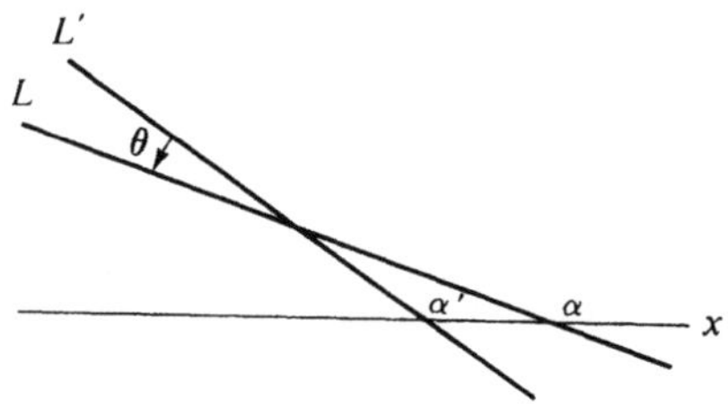

Bild 11.24

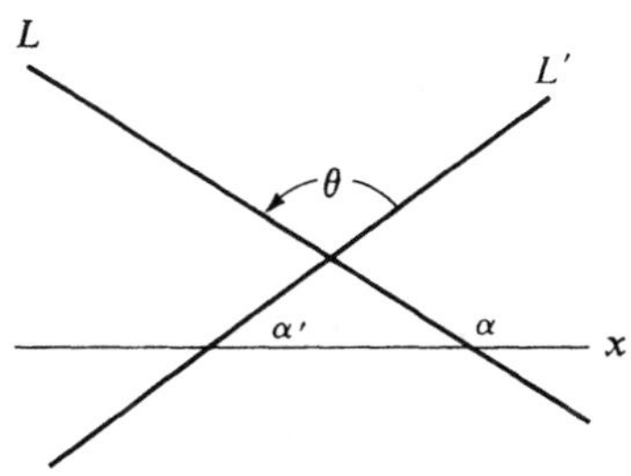

Bild 11.25

Der Tangens von θ kann leicht durch die Anstiege von m und m' dargestellt werden. Mit Hilfe der trigonometrischen Identität für $\tan(A - B)$ erhalten wir

$$\tan \theta = \tan(\alpha - \alpha') = \frac{\tan \alpha - \tan \alpha'}{1 + \tan \alpha \tan \alpha'} = \frac{m - m'}{1 + mm'}.$$

Daher erhalten wir als *Formel für den Tangens des Winkels zwischen zwei Geraden:*

$$\tan \theta = \frac{m - m'}{1 + mm'}.$$

In dieser Formel ist m der Anstieg der Geraden mit dem größeren Neigungswinkel. Für $mm' = -1$ ergibt sich $\theta = \pi/2$, da nämlich für $mm' \to -1$ auch $|\tan \theta| \to \infty$.

Der Winkel zwischen zwei Kurven: Im ersten Beispiel wird die obige Formel verwendet, um den Winkel zwischen zwei einander schneidende Kurven zu berechnen. Unter dem „Winkel zwischen den beiden Kurven" verstehen wir „den Winkel zwischen ihren Tangenten im Schnittpunkt".

Beispiel 1: Die Kurven $y = x^2$ und $y = \sqrt{x}$ schneiden einander im Punkt (1; 1). Man bestimme den Winkel zwischen ihnen.

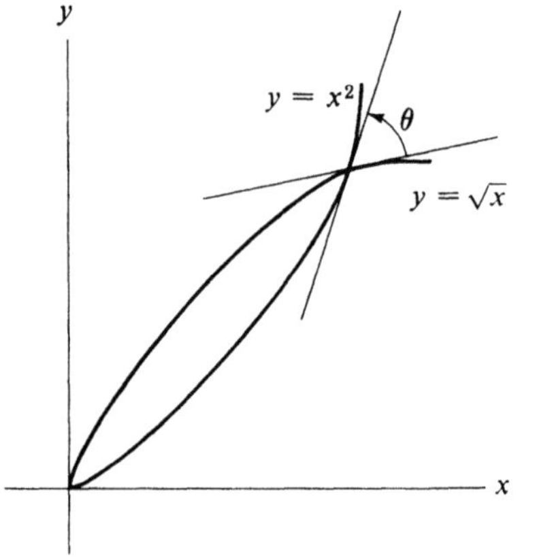

Bild 11.26

Lösung: Wie wir Bild 11.26 entnehmen, hat die Tangente an $y = x^2$ in (1; 1) die größere Steigung als die Tangente von $y = \sqrt{x}$. Daher sei L die Tangente an $y = x^2$ in (1; 1) und L' die entsprechende Tangente an $y = \sqrt{x}$. Aus $D(x^2) = 2x$ erhalten wir für L den Anstieg $m = 2 \cdot 1 = 2$; ferner ergibt sich aus $D(\sqrt{x}) = 1/(2\sqrt{x})$ für L' der Anstieg $m' = \frac{1}{2}$. Daher folgt

$$\tan\theta = \frac{2 - \frac{1}{2}}{1 + 2 \cdot \frac{1}{2}} = \frac{\frac{3}{2}}{2} = \frac{3}{4}.$$

Aus einer trigonometrischen Tabelle oder mit Hilfe eines Rechners erhalten wir $\theta \approx 0{,}64$ Radiant. •

Das nächste Beispiel zeigt uns, warum Blitzlichtreflektoren und Mikrowellenantennen im Idealfall parabolisch sein sollten. Dabei verwenden wir das Reflexionsgesetz: Der Reflexionswinkel eines Lichtstrahls ist gleich seinem Einfallswinkel (Bild 11.27).

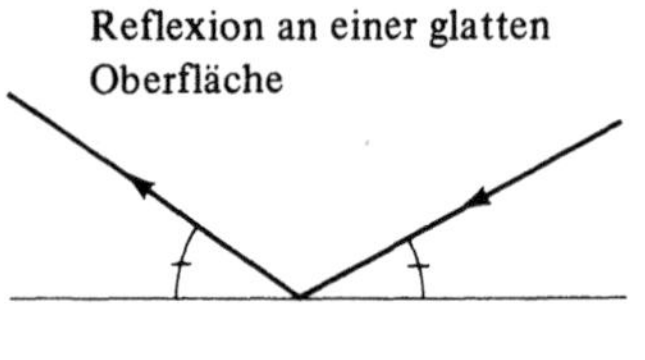

Bild 11.27

Beispiel 2: P sei ein beliebiger Punkt auf der Parabel $y = \sqrt{x}$ und F sei der Punkt $(\frac{1}{4}; 0)$ (Bild 11.28). Man zeige, daß der Winkel zwischen der Geraden FP und der in P an die Parabel gelegten Tangente dem Winkel zwischen der x-Achse und der Tangente in P gleicht.

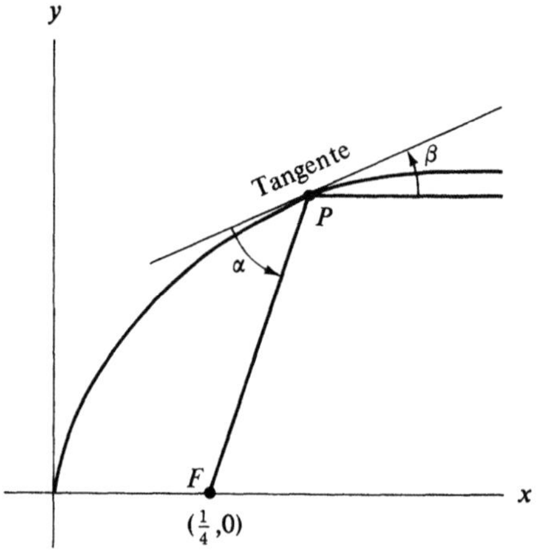

Bild 11.28

Lösung: Der Anstieg der Tangente in einem Punkt der Parabel $y = \sqrt{x}$ ist gleich $1/(2\sqrt{x})$. Der Anstieg der Geraden FP ergibt sich nach der Zweipunktformel

$$\frac{y - 0}{x - \frac{1}{4}} = \frac{y}{x - \frac{1}{4}}.$$

α sei der Winkel zwischen der Geraden FP und der Tangente, β der Winkel zwischen FP und der durch P gelegten Parallen zur x-Achse. Wir erhalten

$$\tan\alpha = \frac{\frac{y}{x - \frac{1}{4}} - \frac{1}{2\sqrt{x}}}{1 + \frac{y}{x - \frac{1}{4}} \cdot \frac{1}{2\sqrt{x}}}$$

und

$$\tan\beta = \text{Anstieg der Tangente} = \frac{1}{2\sqrt{x}}.$$

Um $\alpha = \beta$ zu zeigen, beweisen wir $\tan\alpha = \tan\beta$ wie folgt:

$$\tan\alpha = \frac{\dfrac{y}{x-\frac{1}{4}} - \dfrac{1}{2\sqrt{x}}}{1 + \dfrac{y}{x-\frac{1}{4}}\,\dfrac{1}{2\sqrt{x}}}$$

$$= \frac{2\sqrt{x}\,y - x + \frac{1}{4}}{2(x-\frac{1}{4})\sqrt{x} + y}$$

$$= \frac{2\sqrt{x}\sqrt{x} - x + \frac{1}{4}}{2(x-\frac{1}{4})\sqrt{x} + \sqrt{x}} \qquad (x;y) \text{ liegt auf der Parabel } y = \sqrt{x}$$

$$= \frac{2x - x + \frac{1}{4}}{2x\sqrt{x} - (\sqrt{x}/2) + \sqrt{x}}$$

$$= \frac{x + \frac{1}{4}}{(2x + \frac{1}{2})\sqrt{x}} = \frac{1}{2\sqrt{x}} = \tan\beta. \; \bullet$$

Auf Grund ähnlicher Überlegungen werden alle parallel zur x-Achse auf die Parabel $y = \sqrt{2cx}$ einfallenden Lichtstrahlen (c ist eine positive Konstante) durch den Punkt $(c/2; 0)$ reflektiert. Wir nennen diesen Punkt den „*Brennpunkt*". Anhang B3 gibt eine geometrische Definition des Brennpunkts.

Betrachten wir nun eine Kurve im Polarkoordinaten $r = f(\theta)$. O sei der Pol, P ein typischer Punkt auf der Kurve. Wie können wir den Winkel γ zwischen der Geraden OP und der im Punkt P an die Kurve gelegten Tangente bestimmen (Bild 11.29)?

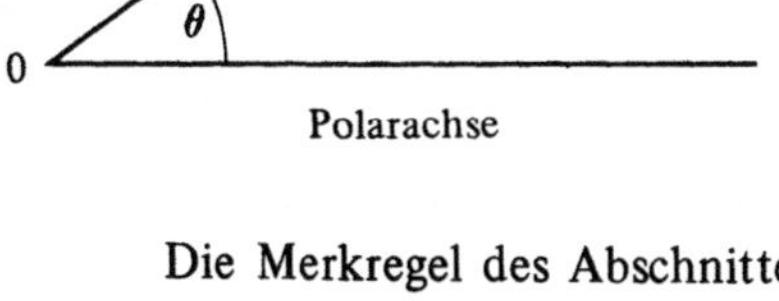

Bild 11.29

Die Merkregel des Abschnittes 10.9 legt eine Formel für $\tan\gamma$ nahe. Unsere Überlegungen werden der Denkweise jener Mathematiker ähnlich sein, die im 17. Jahrhundert die Infinitesimalrechnung begründet haben. Betrachten wir Bild 11.30. Für kleine Werte von $d\theta$ sind die beiden Schenkel des Sektors fast parallel. Die Kurve gleicht lokal ihrer Tangente und der Winkel δ sollte ungefähr gleich dem Winkel γ sein. Wenn dem so ist, könnten wir vernünftigerweise

$$\tan\gamma = \frac{r\,d\theta}{dr} = \frac{r}{dr/d\theta} = \frac{r}{r'}$$

erwarten.

Bild 11.30

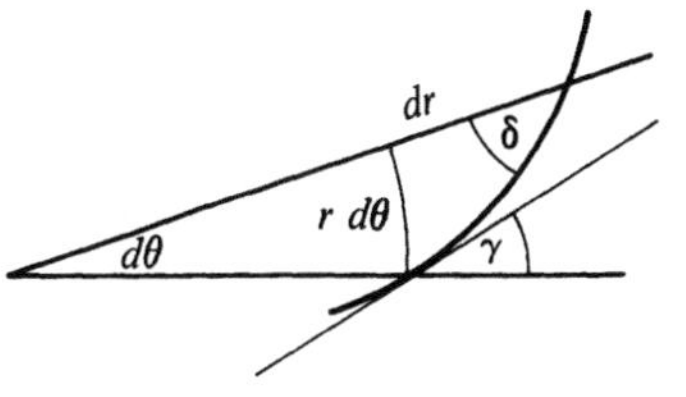

Unsere Überlegungen sind zwar suggestiv, aber sicher nicht exakt. Sie führen jedoch zur korrekten Formel, wie das folgende Theorem zeigt.

Theorem: Es sei γ der Winkel zwischen der Geraden OP und der in Punkt P an die Kurve $r = f(\theta)$ gelegten Tangente. Dann gilt

$$\tan\gamma = \frac{r}{dr/d\theta}.$$

Beweis: Zunächst bestimmen wir den Anstieg der Tangente in P. Da die Kurve in Parameterform durch

$$x = r\cos\theta, \quad y = r\sin\theta$$

gegeben ist, erhalten wir

$$\frac{dy}{dx} = \frac{dy/d\theta}{dx/d\theta} = \frac{r\cos\theta + r'\sin\theta}{-r\sin\theta + r'\cos\theta}.$$

Dies ist die Formel für den Anstieg der Tangente in P. Der Anstieg von OP ist einfach durch $\tan\theta$ gegeben (Bild 11.31).

Bild 11.31

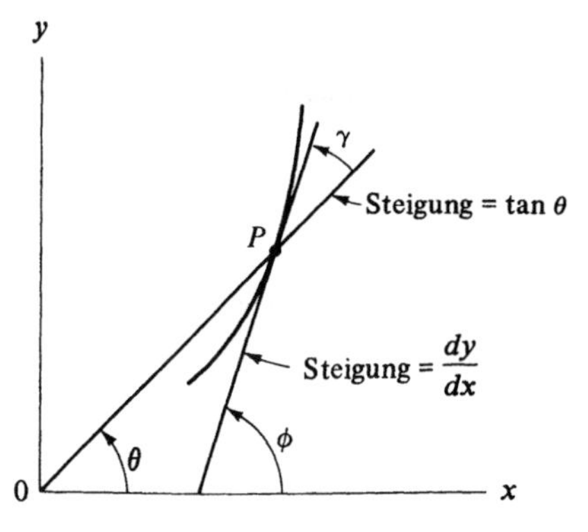

Der Einfachheit halber nehmen wir an, daß der Neigungswinkel ϕ der Tangente größer als der Neigungswinkel θ der Geraden OP ist. So ergibt sich mit Hilfe algebraischer Umformungen

$$\tan\gamma = \tan(\phi-\theta) = \frac{dy/dx - \tan\theta}{1+(dy/dx)\tan\theta}$$

$$= \frac{\dfrac{r\cos\theta + r'\sin\theta}{-r\sin\theta + r'\cos\theta} - \dfrac{\sin\theta}{\cos\theta}}{1+\dfrac{r\cos\theta + r'\sin\theta}{-r\sin\theta + r'\cos\theta}\,\dfrac{\sin\theta}{\cos\theta}}$$

$$= \frac{r}{r'} .$$

Mit einigem Rechenaufwand und unter Verwendung der Identität $\cos^2\theta + \sin^2\theta = 1$ kann der Leser die Details ausführen. ●

Tatsächlich ist die Formel für $\tan\gamma$ viel einfacher als für $\tan\phi$. Es ist daher günstiger, mit γ zu arbeiten. Wird ϕ jedoch benötigt, drückt man es durch γ und θ aus.

Beispiel 3: P sei ein Punkt auf der Spirale $r = e^\theta$ (Bild 11.32). Man bestimme γ und ϕ.

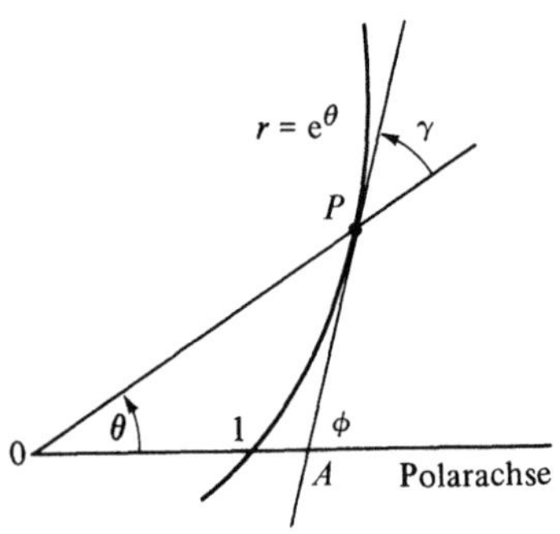

Bild 11.32

Lösung: Wir erhalten

$$\tan\gamma = \frac{r}{r'} = \frac{e^\theta}{(e^\theta)'} = \frac{e^\theta}{e^\theta} = 1.$$

Der Winkel γ ist konstant, $\gamma = \pi/4$. Aus dem Dreieck OAP ergibt sich

$$\phi = \theta + \gamma = \theta + \frac{\pi}{4} . \quad ●$$

Übungen:

1. Wie groß ist der Winkel zwischen einer Geraden mit dem Neigungswinkel $\pi/4$ und einer Geraden mit Neigungswinkel $3\pi/4$.

In den Übungen 2 bis 4 bestimme man den Tangens des Winkels und den Winkel zwischen den beiden Geraden mit den gegebenen Anstiegen.

2. Anstiege 2 und 3
3. Anstiege 2 und $-\frac{1}{2}$
4. Anstiege -2 und -3

In den Übungen 5 bis 7 bestimme man den Tangens des Winkels zwischen den beiden Kurven im angegebenen Schnittpunkt.

5. $y = \sin x$; $y = \cos x$ für $(\pi/4; \sqrt{2}/2)$
6. $y = x^2$; $y = x^3$ für $(1; 1)$
7. $y = e^x$; $y = e^{-x}$ für $(0; 1)$

In den Übungen 8 bis 10 bestimme man γ und ϕ für die gegebene Kurve und den Winkel θ. Man verwende zur Schätzung von γ eine Tabelle oder einen Rechner.

8. $r = e^{\sqrt{3}\theta}$; $\theta = \pi/6$
9. $r = 1 + \cos\theta$; $\theta = \pi/4$
10. $r = \sin 2\theta$; $\theta = \pi/6$
11. Man führe den Beweis des Theorems dieses Abschnitts zu Ende.
12. Man zeige für $r = a\sin\theta$ die Relation $\gamma = \theta$.

■

13. Man zeige für die Kardioide $r = 1 - \cos\theta$ die Relation $\gamma = \theta/2$.
14. (*a*) Man bestimme für die Kardioide $r = 1 + \cos\theta$ den Grenzwert $\lim\limits_{\theta\to\pi^-}\gamma$.
    (*b*) Man zeichne die Kurve $r = 1 + \cos\theta$ mit Hilfe der Information von (*a*).
15. Wenn für eine Kurve $r = f(\theta)$ stets $\gamma = \theta$ gilt, welche Möglichkeiten gibt es dann für f?
16. Wenn für eine Kurve $r = f(\theta)$ der Winkel γ stets unabhängig von θ ist, welche Möglichkeiten gibt es dann für f?

■■

17. Man betrachte die Kurve $r = 1 + a\cos\theta$ mit festem a, $0 \leq a \leq 1$.
    (*a*) Man zeichne die Kurven für $a = 0, \frac{1}{4}, \frac{1}{2}, \frac{3}{4}, 1$ bezüglich derselben Polarachse.
    (*b*) Für $a = \frac{1}{4}$ erhalten wir in (*a*) eine konvexe Kurve, nicht jedoch für $a = 1$. Man zeige, daß die Kurve für $\frac{1}{2} < a \leq 1$ nicht konvex ist.

Die folgende Übung erklärt, warum „Flüster"-Räume elliptisch sind.

18. Die Ellipse $x^2/a^2 + y^2/b^2 = 1$, $a > b > 0$ hat die Brennpunkte $F_1(\sqrt{a^2-b^2}; 0)$ und $F_2(-\sqrt{a^2-b^2}; 0)$. P sei ein beliebiger Punkt der Ellipse und T die Tangente an die Ellipse in P. Man zeige, daß eine Schallwelle, die von F_1 ausgeht, an der Ellipse

in P reflektiert wird und durch den Punkt F_2 geht. (Man nehme an, daß für Schall, ebenso wie für Licht der Reflexionswinkel mit dem Einfallswinkel übereinstimmt.) Das Flüstern einer Person, die sich in einem Brennpunkt eines elliptischen Raumes aufhält, kann im anderen Brennpunkt leicht gehört werden.

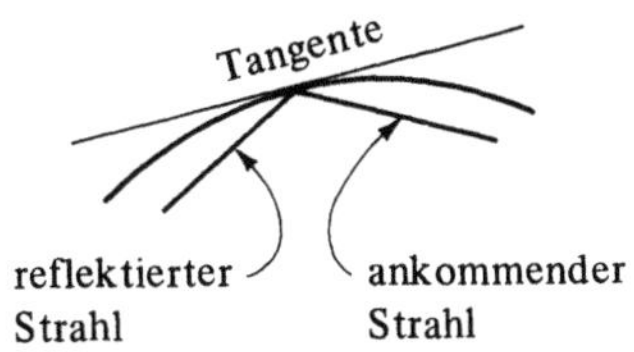

Bild 11.33

19. Vier Hunde folgen einander entgegen dem Uhrzeigersinn mit der gleichen Geschwindigkeit. Anfänglich befinden sie sich an den vier Eckpunkten eines Quadrates der Seitenlänge a (Bild 11.34). Bei der Verfolgung nähern sie sich dem Mittelpunkt des Quadrates in Spiralform. Welchen Weg legt jeder Hund zurück?

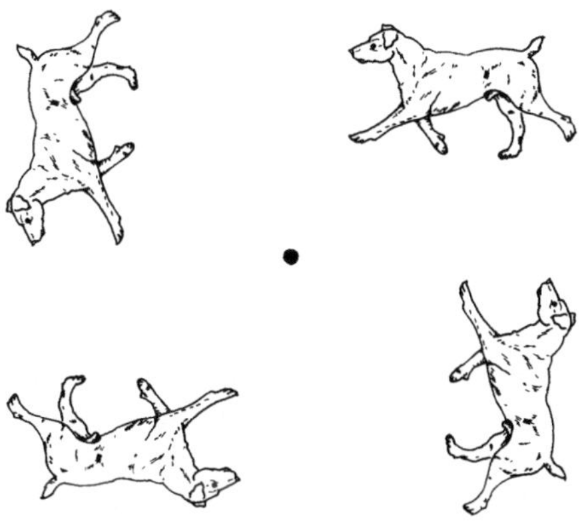

Bild 11.34

(*a*) Zunächst bestimme man die Bewegungsgleichung in Polarkoordinaten, dann bestimme man die Bogenlänge.

(*b*) Man beantworte die Frage ohne Rechnung.

20. $r = f(\theta)$ sei eine Kurve, die nicht durch den Ursprung O geht. Man zeige: In jenem Punkt der Kurve P, der am nächsten von O liegt, ist die Linie OP senkrecht zu der Tangente in P.

11.6 Die hyperbolischen Funktionen

Bestimmte Kombinationen der Exponentialfunktionen e^x und e^{-x} kommen häufig in Differentialgleichungen und bei technischen Aufgaben vor, so daß ihnen eigene Namen gegeben wurden. Dieser Abschnitt definiert diese sogenannten *hyperbolischen Funktionen* und beschäftigt sich mit ihren grundsätzlichen Eigenschaften. Da der Buchstabe x später für andere Zwecke gebraucht wird, verwenden wir das Symbol t zur Bezeichnung der Exponenten, nämlich e^t und e^{-t}.

Definition des hyperbolischen Kosinus: t sei eine reelle Zahl. Der hyperbolische Kosinus von t wird mit $\cosh t$ bezeichnet und ist durch den Ausdruck

$$\cosh t = \frac{e^t + e^{-t}}{2}$$

gegeben. Man beachte

$$\cosh 0 = \frac{e^0 + e^{-0}}{2} = \frac{1+1}{2} = 1.$$

Ebenso gilt:

$$\cosh(-t) = \frac{e^{(-t)} + e^{-(-t)}}{2} = \frac{e^{-t} + e^t}{2} = \cosh t.$$

Also erhalten wir in bemerkenswerter Übereinstimmung mit der trigonometrischen Kosinusfunktion $\cosh 0 = 1$ und $\cosh(-t) = \cosh t$. Allerdings unterscheidet sich der hyperbolische Kosinus ganz wesentlich vom gewöhnlichen Kosinus. Insbesondere ist entsprechend Beispiel 1 der $\cosh t$ stets mindestens 1 und kann beliebig groß werden.

Beispiel 1: Man zeichne $f(t) = \cosh t$.

Lösung: Zunächst tabelliert man einige Werte von $f(t)$.

t	-3	-2	-1	0	1	2	3
$\frac{e^t + e^{-t}}{2}$	10,07	3,76	1,54	1	1,54	3,76	10,07

Man beachte, daß für große positive t der Anteil e^{-t} klein ist; in diesem Bereich ist daher $(e^t + e^{-t})/2$ näherungsweise $\frac{1}{2}e^t$. Mit Hilfe der Tabelle und dieser Feststellung kann der Graph leicht gezeichnet werden (Bild 11.35). Die ent-

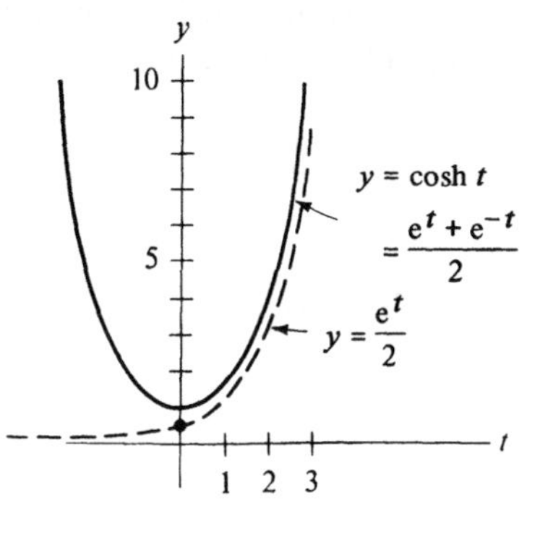

Bild 11.35

stehende Kurve heißt übrigens *Kettenlinie*. Hängt man eine Kette oder ein Seil an den beiden Enden auf, so ist die entstehende Kurve Teil einer Kettenlinie. ●

Eine andere in der Praxis verwendete hyperbolische Funktion wird im folgenden definiert.

Definition des hyperbolischen Sinus: t sei eine reelle Zahl. Der hyperbolische Sinus sinh t wird durch sinh t bezeichnet und ist durch die Formel

$$\sinh t = \frac{e^t - e^{-t}}{2}$$

gegeben. Wir finden sehr einfach $\sinh 0 = 0$ und $\sinh(-t) = -\sinh t$. Den Graph von sinh t zeigt Bild 11.36.

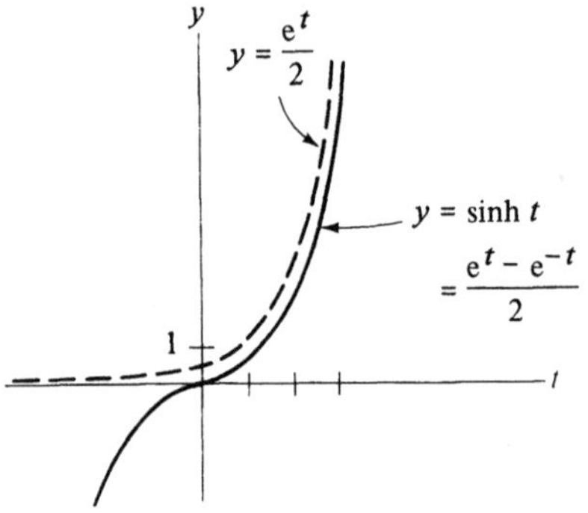

Bild 11.36

Man beachte den Unterschied zwischen sinh t und sin t. Für große $|t|$ wird der hyperbolische Sinus ebenfalls groß, es gilt

$$\lim_{t \to \infty} \sinh t = \infty \quad \text{und} \quad \lim_{t \to -\infty} \sinh t = -\infty.$$

Während trigonometrische Funktionen periodisch sind, gilt dies für hyperbolische Funktionen nicht.

Das nächste Beispiel erklärt uns, warum die Funktionen $(e^t + e^{-t})/2$ und $(e^t - e^{-t})/2$ hyperbolisch genannt werden.

Beispiel 2: Man zeige, daß für jede reelle Zahl der Punkt

$$x = \cosh t, \quad y = \sinh t$$

auf der Hyperbel

$$x^2 - y^2 = 1$$

liegt.

Lösung: Man berechne $\cosh^2 t - \sinh^2 t$ und prüfe ob das Ergebnis gleich 1 ist. Wir erhalten

$$\begin{aligned}\cosh^2 t - \sinh^2 t &= \left(\frac{e^t + e^{-t}}{2}\right)^2 - \left(\frac{e^t - e^{-t}}{2}\right)^2 \\ &= \frac{e^{2t} + 2e^t e^{-t} + e^{-2t}}{4} - \\ &\quad - \frac{e^{2t} - 2e^t e^{-t} + e^{-2t}}{4} \\ &= \frac{2+2}{4} = 1.\end{aligned}$$

Der Punkt (cosh t, sinh t) liegt stets auf der rechten Hälfte der Hyperbel $x^2 - y^2 = 1$, denn es gilt $\cosh t \geqslant 1$. ●

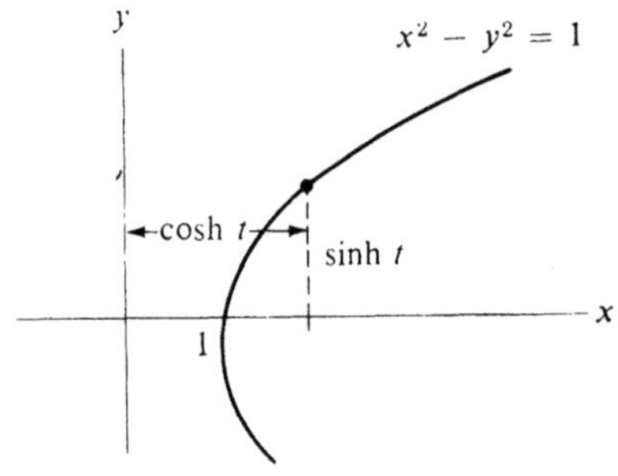

Bild 11.37

Die Funktion cosh t ist unter anderem deshalb von besonderer Bedeutung, weil ihre Umkehrfunktion mit der Bezeichnung arcosh (Areacosinus) t mit der Funktion $\ln(x + \sqrt{x^2 - 1})$ übereinstimmt. Diese Funktion ist aber das Integral von $1/\sqrt{x^2 - 1}$. Im nächsten Beispiel beweisen wir diese Formel für arcosh x.

Beispiel 3: Für $t \geqslant 0$ ist die Funktion $x = \cosh t$ eindeutig. Man drücke t durch x aus und bestimme auf diese Weise die inverse Funktion arcosh x.

Lösung: Es sei

$$x = \frac{e^t + e^{-t}}{2}.$$

Man löst diese Gleichung nach t auf:

$$\begin{aligned} e^t + e^{-t} &= 2x; \\ e^t + \frac{1}{e^t} &= 2x; \\ (e^t)^2 + 1 &= 2xe^t; \\ (e^t)^2 - 2xe^t + 1 &= 0. \end{aligned}$$

Letztere Beziehung ist eine quadratische Gleichung mit der Unbekannten e^t. Die Formel für die Wurzeln einer quadratischen Gleichung ergeben

$$\begin{aligned} e^t &= \frac{2x \pm \sqrt{(-2x)^2 - 4 \cdot 1 \cdot 1}}{2} \\ &= \frac{2x \pm \sqrt{4x^2 - 4}}{2} \\ &= x \pm \sqrt{x^2 - 1}. \end{aligned}$$

Aus $t \geqslant 0$ folgt $e^t \geqslant 1$. Wie in Übung 10 gezeigt, gilt für $x > 1$ stets $x - \sqrt{x^2 - 1} < 1$. Daher erhalten wir

$$e^t = x + \sqrt{x^2 - 1}$$

und weiter

$$t = \ln(x + \sqrt{x^2 - 1}).$$

Zusammenfassend ergibt sich

$$\operatorname{arcosh} x = \ln(x + \sqrt{x^2 - 1}). \quad \bullet$$

Weitere Eigenschaften der hyperbolischen Funktionen werden in den Übungen behandelt.

Übungen:

1. Man zeige
   (*a*) $\dfrac{d(\cosh t)}{dt} = \sinh t$, (*b*) $\dfrac{d(\sinh t)}{dt} = \cosh t$.
2. Man zeige
   (*a*) $\cosh(x + y) = \cosh x \cosh y + \sinh x \sinh y$,
   (*b*) $\sinh(x + y) = \sinh x \cosh y + \cosh x \sinh y$.
3. Man zeige
   (*a*) $\cosh(x - y) = \cosh x \cosh y - \sinh x \sinh y$,
   (*b*) $\sinh(x - y) = \sinh x \cosh y - \cosh x \sinh y$.
4. Man zeige $\cosh^2 x + \sinh^2 x = \cosh 2x$.
5. Man zeige $\sinh 2x = 2 \sinh x \cosh x$.
6. Man zeige $2 \sinh^2(x/2) = \cosh x - 1$.
7. Man zeige $2 \cosh^2(x/2) = \cosh x - 1$.
8. Es sei $y = \operatorname{arcosh} x$. Man zeige
   $$\frac{dy}{dx} = \frac{1}{\sqrt{x^2 - 1}}$$
   (*a*) durch Differentiation der Gleichung $x = \cosh y$ nach x.
   (*b*) Mit Hilfe der Gleichung $\operatorname{arcosh} x = \ln(x + \sqrt{x^2 - 1})$.
9. Man zeige $\operatorname{arsinh} x = \ln(x + \sqrt{x^2 + 1})$.

■

10. Man zeige für $x > 1$ die Ungleichung $x - \sqrt{x^2} - 1 < 1$. *Hinweis:* Man multipliziere mit
    $$(x + \sqrt{x^2 - 1})/(x + \sqrt{x^2 - 1}).$$
11. Der hyperbolische Tangens ist durch
    $$\tanh x = \frac{\sinh x}{\cosh x}$$
    definiert.
    (*a*) Man zeige $\tanh x = \dfrac{e^x - e^{-x}}{e^x + e^{-x}}$.
    (*b*) Man zeige, daß $\tanh x$ für alle x definiert ist.
    (*c*) Man zeige $\tanh(-x) = -\tanh x$.
    (*d*) Man bestimme $\lim\limits_{x \to \infty} \tanh x$.
12. (Siehe Übung 11.) Man zeige
    $$\tanh(x + y) = \frac{\tanh x + \tanh y}{1 + \tanh x \tanh y}.$$
13. Der *hyperbolische Sekans* wird durch
    $$\operatorname{sech} x = \frac{1}{\cosh x}$$
    definiert. Man zeichne die Kurve $y = \operatorname{sech} x$.
14. Man zeige $D(\tanh x) = \operatorname{sech}^2 x$.
15. Man zeige $D(\operatorname{sech} x) = \operatorname{sech} x \tanh x$.
16. Der *hyperbolische Kotangens* ist durch
    $$\operatorname{cosech} x = \frac{1}{\sinh x}$$
    definiert. Man zeichne die Kurve $y = \coth x$.
17. Der *hyperbolische Kosekans* ist durch
    $$\operatorname{cosech} x = \frac{1}{\sinh x}$$
    definiert.
    (*a*) Was ist der Wertebereich von $\operatorname{cosech} x$?
    (*b*) Man zeichne die Kurve $y = \operatorname{cosech} x$.
18. Man zeige $D(\coth x) = -\operatorname{cosech}^2 x$.
19. Man zeige $D(\operatorname{cosech} x) = -\operatorname{cosech} x \coth x$.
20. Man zeige
    (*a*) $\operatorname{sech}^2 x + \tanh^2 x = 1$,
    (*b*) $\operatorname{cosech}^2 x - \coth^2 x = 1$.
21. Man zeige $D(\operatorname{artanh} x) = 1/(1 - x^2)$.

■■

Für die Übungen 22 bis 24 verwende man einen Rechner.

22. (*a*) Was ist der Unterschied zwischen $\cosh x$ und $\frac{1}{2} e^x$ für $x = 3$?
    (*b*) Was ist der Unterschied zwischen $\tanh x$ und 1 für $x = 3$?

23. Mit den Methoden des Kapitels 15 können wir zeigen:

$$\cosh x = 1 + \frac{x^2}{2!} + \frac{x^4}{4!} + \frac{x^6}{6!} + \dots .$$

(Je mehr Summanden wir verwenden, desto besser ist die Näherung.)

(*a*) Man verwende vier Summanden, um cosh 1 und cosh 2 abzuschätzen.

(*b*) Was ist der Unterschied zwischen den Abschätzungen von (*a*) und den korrekten Werten?

24. Mit Hilfe der Methoden von Kapitel 15 können wir für $0 \leqslant x < 1$ zeigen:

$$\operatorname{artanh} x = x + \frac{x^3}{3} + \frac{x^5}{5} + \frac{x^7}{7} + \dots .$$

(*a*) Man verwende vier Summanden, um $\operatorname{artanh} \frac{1}{2}$ abzuschätzen.

(*b*) Was ist der Unterschied zwischen der Abschätzung von (*a*) und dem korrekten Wert?

25. Einige Integraltafeln enthalten die Formeln

$$\int \frac{dx}{\sqrt{ax+b}\,\sqrt{cx+d}} = \frac{2}{\sqrt{-ac}} \arctan \sqrt{\frac{-c\,(ax+b)}{a\,(cx+d)}}$$

$$= \frac{2}{\sqrt{ac}} \operatorname{artanh} \sqrt{\frac{c\,(ax+b)}{a\,(cx+d)}} .$$

Die erste Formel wird verwendet, wenn a und c entgegengesetzte Vorzeichen haben, die zweite Formel wenn sie gleiche Vorzeichen besitzen. Die Übung behandelt die Funktion $\operatorname{artanh} x$, die in der zweiten Formel auftritt.

(*a*) Man zeichne $y = \tanh x$. Siehe Übung 11 für die Definition von $\tanh x$.

(*b*) Man zeige die Eineindeutigkeit der Funktion $\tanh x$.

(*c*) Die Umkehrfunktion wird mit $\operatorname{artanh} x$ bezeichnet. Man zeige

$$\operatorname{artanh} x = \frac{1}{2} \ln \frac{x+1}{x-1} .$$

Also ist $\operatorname{artanh} x$ durch Logarithmen darstellbar. Einige Rechner haben Tasten für $\tanh x$ und $\operatorname{artanh} x$.

11.7 Zusammenfassung

In diesem Abschnitt wurden einige weitere Aspekte der Ableitung behandelt. Zunächst besprachen wir die implizite Differentiation, sowie ihre Anwendung auf die Bestimmung des Extremwertes einer Funktion, deren Variablen miteinander durch eine weitere Gleichung verbunden sind. Ferner wurde die logarithmische Differentiation behandelt.

Abschnitt 11.2 führte uns zum Zusammenhang zwischen Zuwachsraten. Wenn verschiedene, variierende Größen durch eine bestimmte Gleichung verbunden sind, differenziere man diese Gleichung, um die Beziehung zwischen den Zuwachsraten der einzelnen Größen zu erhalten. Die bei der Differentiation entstehende Gleichung wurde nochmals differenziert, um die Beziehungen zwischen den Beschleunigungen (und Veränderungsraten) zu finden.

In Abschnitt 11.3 wurde die Krümmung einer Kurve durch die erste und zweite Ableitung dargestellt. Abschnitt 11.4 beschäftigte sich mit dem Newtonschen Rekursionsverfahren zur Lösung einer Gleichung. In Abschnitt 11.5 untersuchten wir den Winkel zwischen einer Geraden und einer Tangente, sowohl in rechtwinkeligen als auch in Polarkoordinaten. Insbesondere wurden die Reflexionseigenschaften der Parabel hergeleitet. Die hyperbolischen Funktionen waren als bestimmte Kombinationen von e^x und e^{-x} Gegenstand von Abschnitt 11.6.

Begriffe und Symbole

Implizite Funktionen

Implizite Differentiation

Nebenbedingung

Logarithmische Differentiation

Zusammenhängende Zuwachsraten

Krümmung

Krümmungsradius

Newtonsches Verfahren

Winkel zwischen zwei Geraden

Winkel γ zwischen dem Radius und der Tangente von $r = f(\theta)$

Hyperbolischer Kosinus $\cosh t$

Hyperbolischer Sinus $\sinh t$

Wichtige Ergebnisse

Sind x und y Funktionen von t, dann gilt

$$\frac{dy}{dx} = \frac{\dot{y}}{\dot{x}} \quad \text{und} \quad \frac{d^2y}{dx^2} = \frac{\dfrac{d(dy/dx)}{dt}}{dx/dt} .$$

Der Ausgangspunkt, von dem die Bogenlänge entlang einer Kurve gemessen wird, ist so zu wählen, daß s (Bogenlänge) beim Durchlaufen der Kurve anwächst. Der Neigungswinkel der Tangente wird so gewählt, daß er stetig mit s zunimmt.

$$\text{Krümmung} = \frac{d\phi}{ds};$$

$$\text{Krümmungsradius} = \frac{1}{|d\phi/ds|};$$

$$\text{Krümmung} = \frac{d^2y/dx^2}{[1+(dy/dx)^2]^{3/2}} = \frac{\dot{x}\,\ddot{y} - \dot{y}\,\ddot{x}}{[(\dot{x})^2 + (\dot{y})^2]^{3/2}},$$

wenn die Kurve in Parameterdarstellung gegeben ist.

Newtonsche Rekursionsformel:

$$x_2 = x_1 - \frac{f(x_1)}{f'(x_1)}$$

Ist θ der Winkel zwischen zwei Geraden, dann gilt

$$\tan\theta = \frac{m - m'}{1 + mm'},$$

m ist der Anstieg der Geraden mit dem größeren Neigungswinkel.

$\tan\gamma = \frac{r}{r'}$ Merkregel:

$$\cosh t = \frac{e^t + e^{-t}}{2}$$

$$\sinh t = \frac{e^t - e^{-t}}{2}$$

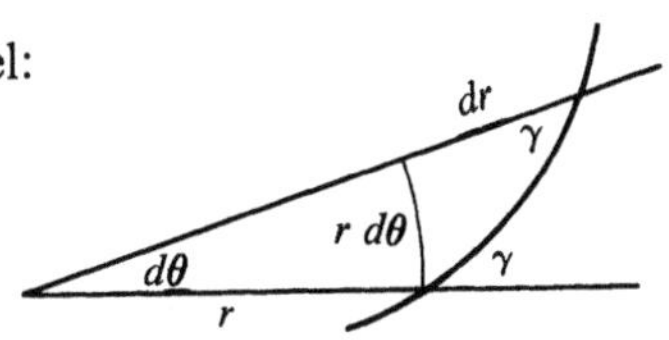

Bild 11.38

Testaufgaben zu Kapitel 11

1. Es sei $y = f(x)$ als Lösung der Gleichung $x^5y + y^3x^4 = 2$ für y gegeben. Man bestimme dy/dx und d^2y/dx^2 für $(x; y) = (1; 1)$.
2. Man differenziere

$$y = \left(\frac{\sec^3 x}{\sqrt[5]{1+2x}}\right)^{1/4}$$

mit Hilfe der logarithmischen Ableitung.

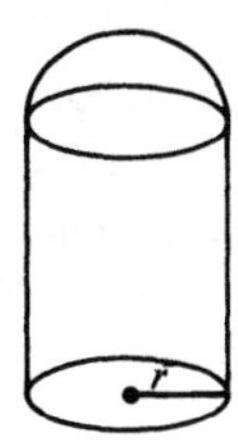

Bild 11.39

3. Ein geschlossener Behälter hat die Form eines Zylinders mit einer aufgesetzten halbkugelförmigen Kappe (Bild 11.39). Man bestimme das Verhältnis zwischen h und r für die wirtschaftlichste Form des Behälters. Man bestimme also ausgehend von einer bestimmten Menge vorhandenen Metalls das maximale Volumen des Behälters.
4. Die Höhe eines geraden Kreiskegels wächst mit einer Rate von 10 cm/s, während der Radius mit einer Rate von 15 cm/s abnimmt.
   (*a*) Man bestimme die Änderungsrate dieses Volumens für $h = 4$ und $r = 2$.
   (*b*) Ist die Änderungsrate des Volumens konstant?
5. (*a*) Man bestimme den Anstieg jener Geraden, die die Kurve $y = x^3$ in der Umgebung von $(1; 1)$ am besten annähert.
   (*b*) Man zeichne die Gerade aus (*a*).
   (*c*) Man bestimme den Radius des Kreises, der die Kurve $y = x^3$ in der Umgebung von $(1; 1)$ am besten annähert.
   (*d*) Man zeichne den Kreis aus (*c*).
6. Man zeige, daß die Kurve $y = x^3$ für $x > 0$ die größte Krümmung an der Stelle $x = \sqrt[4]{1/45}$ besitzt.
7. (*a*) Man gebe eine Rekursionsformel zur Abschätzung der positiven Wurzel der Gleichung $x^4 = 7$ an.
   (*b*) Man gehe von einer ersten Abschätzung $x_1 = 1{,}5$ aus und bestimme x_2.
8. Man zeige für die Parabel $y = \sqrt{2cx}$ mit positivem c, daß ein parallel zur x-Achse einfallender Strahl von der Parabel durch den Punkt $(c/2; 0)$ reflektiert wird.
9. Es sei $r = 1 + \cos 2\theta$.
   (*a*) Man bestimme γ für $\theta = \pi/4$ und gebe eine Abschätzung von γ.
   (*b*) Man bestimme den Winkel, den die Tangente im Punkt mit $\theta = \pi/4$ mit der x-Achse einschließt und gebe eine Abschätzung des Winkels.
10. (*a*) Man zeige: Für großes positives x wird die Kurve $y = \sinh x$ durch die Kurve $y = \frac{1}{2}e^x$ gut angenähert.
    (*b*) Man bestimme den Krümmungsradius von $y = \cosh x$ in $(0; 1)$.

Übungen zu Kapitel 11

Einige Beispiele wiederholen frühere Kapitel.

1. (*a*) Man zeichne das Diagramm für das Newtonsche Verfahren zur Abschätzung der Wurzel einer Gleichung.
   (*b*) Man leite die Newtonsche Rekursionsformel aus diesem Diagramm her.
2. (*a*) Man definiere die Krümmung.
   (*b*) Man zeige, daß die Krümmung durch

$$\frac{d^2y/dx^2}{[1+(dy/dx)^2]^{3/2}}$$

   gegeben ist.
3. Man beweise die Formel $\tan\gamma = r/r'$.
   (*a*) durch einfache Überlegungen,
   (*b*) mit Hilfe der Parameterdarstellung $x = r\cos\theta$ und $y = r\sin\theta$.
4. (*a*) Warum definiert man die Krümmung durch $d\phi/ds$?
   (*b*) Warum kann die Krümmung positiv oder negativ sein?
   (*c*) Kann die Krümmung gleich Null sein?

5. x und y seien durch die Gleichung

$$x^2y + \sin x + \ln y = \pi^2$$

verknüpft. Man bestimme dy/dx und d^2y/dx^2 für $x = \pi$ und $y = 1$.

6. Für $y = x^3$ bestimme man $y, \dot{y}, \ddot{y}$, wenn $x = 1, \dot{x} = 2, \ddot{x} = 3$.

7. Für $x = \cos 2t$, $y = \sin 3t$ stelle man dy/dx und d^2y/dx^2 durch t dar.

8. Man bestimme den Krümmungsradius der Kurve $y = \ln x$ an der Stelle (e; 1).

9. Ein Zug fährt zu Mittag mit einer Geschwindigkeit von 90 km/h nach Osten ab. Ein anderer Zug fährt eine Stunde später mit einer Geschwindigkeit von 120 km/h nach Norden.

(*a*) Mit welcher Geschwindigkeit entfernen sie sich um 2 Uhr nachmittgags voneinander?

(*b*) Nimmt diese Geschwindigkeit um 2 Uhr nachmittags zu oder ab?

10. Ein Wagen fährt mit einer Geschwindigkeit von 80 km/h nach Norden und nähert sich einer Kreuzung. Ein anderer Wagen fährt mit einer Geschwindigkeit von 60 km/h nach Osten und hat die Kreuzung bereits passiert. Wenn der erste Wagen 1,5 km von der Kreuzung und der zweite Wagen 3 km von der Kreuzung entfernt sind, nimmt dann ihr gegenseitiger Abstand zu oder ab? Mit welcher Änderungsrate?

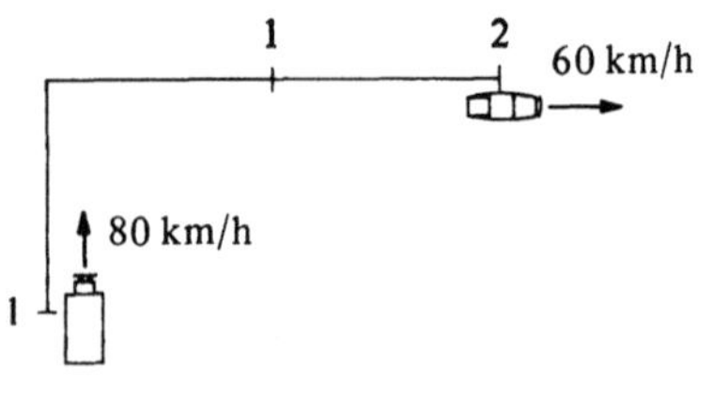

Bild 11.40

In den Übungen 11 und 12 bestimme man y' für die angegebenen Werte von x und y durch implizite Differentiation.

11. $y^7 + xy = 2$ für $x = 1$ und $y = 1$.

12. $\ln(x + y) + x + x^2 + y = 2$ für $x = 1$ und $y = 0$.

Man benutze die logarithmische Ableitung, um in den Übungen 13 und 14 die Größe y' zu bestimmen.

13. $y = (1 + x^2)^3 e^{x^2} \sin^5 3x$.

14. $y = \dfrac{(\sqrt{x^3 + 1})^5}{(x^2 + 1)^4}$.

15. Ein 1,8 m großer Mann entfernt sich von einer Lampe, die 6 m hoch hängt, mit einer Geschwindigkeit von 1,5 m/s. Mit welcher Rate verlängert sich sein Schatten, wenn er

(*a*) 3 m von der Lampe entfernt ist?

(*b*) 30 m von der Lampe entfernt ist?

16. Die Länge eines Rechtecks wächst mit einer Rate von 2 m/s, die Breite nimmt mit einer Rate von 1 m/s ab. Man bestimme die Änderungsrate

(*a*) der Fläche,

(*b*) des Umfangs,

(*c*) der Diagonale des Rechtecks,

wenn die Länge des Rechtecks gerade 3,5 m und die Breite gerade 1,5 m beträgt.

17. Eine Frau überquert eine Brücke, die sich 6 m oberhalb eines Flusses befindet. Gleichzeitig fährt ein Boot direkt unter dem Mittelpunkt der Brücke (unter einem rechten Winkel zur Brücke) mit einer Geschwindigkeit von 3 m/s. Zu diesem Zeitpunkt befindet sich die Frau 15 m vom Mittelpunkt der Brücke und nähert sich ihm mit einer Geschwindigkeit von 1,5 m/s.

(*a*) Mit welcher Rate ändert sich der Abstand zwischen dem Boot und der Frau in diesem Augenblick?

(*b*) Nimmt diese Rate der Annäherung bzw. Entfernung zu oder ab?

18. Ein kugelförmiger Regentropfen verdampft mit einer Rate, die proportional zu seiner Oberfläche ist. Man zeige, daß ihr Radius mit einer konstanten Rate abnimmt.

19. Ein Pärchen fährt auf einem Jahrmarkt um 12 Uhr Mittag in einem Ringelspiel. Der Durchmesser des Rades sei 15 m und es bewege sich mit einer Geschwindigkeit von 0,1 Umdrehungen/s. Wie groß ist die Geschwindigkeit ihres Schattens auf dem Boden, wenn sie sich in der 2-Uhr-Stellung befinden? Wenn sie sich in der 1-Uhr-Stellung befinden? Man zeige, daß sich ihr Schatten am raschesten bewegt, wenn sie sich am höchsten Punkt befinden und daß er sich am langsamsten bewegt, wenn sie sich in der 3-Uhr-Stellung befinden.

20. Man skizziere den Graphen von f nahe dem Punkt (1; 3), wenn $f(1) = 3$, f' und f'' stetig sind und

(*a*) $f'(1) = 0,\ f''(1) = 4$,

(*b*) $f'(1) = 0,\ f''(1) = -2$,

(*c*) $f'(1) = 0,\ f''(1) = 0$.

21. Eine Funktion besitze für alle x eine erste und zweite Ableitung. Was können wir im Falle $f(1) = f(2) = f(3) = f(4)$ über (*a*) f' und (*b*) f'' aussagen?

22. Eine Funktion f besitze für alle x eine erste und zweite Ableitung. Es sei $g(x) = 1/f(x)$, wobei $f(x)$ nicht gleich Null wird. Für $f(1) = 2$, $f'(1) = 3$, $f''(1) = 4$ bestimme man $g(1)$, $g'(1)$ und $g''(1)$.

23. Es gelte $d^2y/dx^2 = 6$ für alle x. Man zeige $y = 3x^2 + bx + c$ mit bestimmten Konstanten b und c.

24. Man zeichne ein kleines Stück des Graphen von $y = f(x)$ wenn $f(x)$ negativ, $f'(x)$ positv und $f''(x)$ negativ ist.

25. Angenommen x und y seien Funktionen von t. Man stelle d^2y/dx^2 durch die Ableitungen $\dot{x}, \ddot{x}, \dot{y}, \ddot{y}$ dar.

26. Es sei $f(x) = e^{x^2} \sin x$. Man bestimme die kritischen Werte von f im Intervall $[0; \pi]$. Falls sie nicht einfach bestimmt werden können, schätze man sie mit dem Newtonschen Verfahren ab.

27. Man differenziere zur Übung:

(*a*) $2^x \operatorname{arcsec} 3x$, (*b*) $\sqrt{x} \operatorname{arccot} 4x$,

(*c*) $e^{-x} \cos 5x$, (*d*) $\ln\left(\frac{\sqrt[5]{1+2x}}{\sqrt[4]{1+3x}}\right)^3$,

(*e*) $\frac{(\sqrt[5]{1+2x})^3}{\sin^5 x}$, (*f*) x^{2x}.

28. Zwei der folgenden drei Integrale sind elementar. Man bestimme sie

(*a*) $\int \sqrt{e^x}\, dx$, (*b*) $\int \sqrt{\ln x}\, dx$, (*c*) $\int \frac{1}{x} \sqrt{\ln x}\, dx$.

■

29. Wieso gilt nicht $d^2y/dx^2 = \ddot{y}/\ddot{x}$ obwohl doch $dy/dx = \dot{y}/\dot{x}$? Wie könnte man diese Frage beantworten?

30. Ein ebenes Gebiet, das von einer Kurve begrenzt wird, heißt konvex, falls für beliebige Punkte P und Q aus R die Strecke PQ ebenfalls in R liegt. Eine Kurve heißt konvex, wenn sie die Begrenzung eines konvexen Gebietes ist.

(*a*) Man zeige, warum der Mittelwert des Krümmungsradius bezüglich des Winkels ϕ längs der konvexen Kurve durch den Quotienten (Länge der Kurve/2π) gegeben ist.

(*b*) Man beweise aus (*a*), daß eine konvexe Kurve der Länge L in irgendeinem ihrer Punkte einen Krümmungsradius $L/2\pi$ besitzt.

31. Man beweise, daß der Mittelwert der Krümmung in Abhängigkeit von der Bogenlänge durch den Quotienten (2π/Länge der Kurve) gegeben ist, wenn eine konvexe Kurve entgegengesetzt zum Uhrzeigersinn durchlaufen wird. (Bezüglich der Definition einer konvexen Kurve siehe Übung 30.)

32. Die Krümmungsformel aus der Theorie gekrümmter Balken sagt uns, daß zur Krümmung des Balkens ein Moment M erforderlich ist, das zu der gewünschten Krümmung proportional ist: $M = k/R$, wobei die Konstante k vom Balken abhängt und R den Krümmungsradius angibt. Ein Balken wird zu einer Parabel gebogen. Was ist das Verhältnis zwischen den in (0; 0) und in (2; 4) erforderlichen Momenten.

33. Eisenbahnkurven sind überhöht, um die Abnutzung der Schienen und der Räder herabzusetzen. Je größer der Krümmungsradius, desto weniger muß die Kurve überhöht sein. Der günstigste Winkel für die Überhöhung ergibt sich aus der Gleichung $\tan A = v^2/10R$, wobei v die Geschwindigkeit in m/s und R der Krümmungsradius in m ist. Ein Zug bewegt sich in der elliptischen Spur $x^2/1000^2 + y^2/500^2 = 1$ (dabei sind x und y in Metern gemessen) mit einer Geschwindigkeit von 90 km/h. Man bestimme für die Punkte (1000; 0) und (0; 500) den optimalen Neigungswinkel A.

34. Je größer der Krümmungsradius einer Kurve ist, desto rascher kann ein bestimmtes Fahrzeug die Kurve durchfahren. Der hierfür notwendige Krümmungsradius ist zum Quadrat der maximalen Geschwindigkeit proportional. Die maximale Geschwindigkeit ist umgekehrt proportional zur Quadratwurzel des Krümmungsradius. Wenn sich ein Wagen entlang des Weges $y = x^3$ (x und y im km) mit einer Geschwindigkeit von 45 km/h durch den Punkt (1; 1) bewegen kann, ohne aus der Kurve hinausgetragen zu werden, mit welcher Geschwindigkeit kann dieser Wagen dann den Punkt (2; 8) passieren?

■■

35. Man wiederhole den allgemeinen Mittelwertsatz, der in Übung 92 von Abschnitt 6.11 angegeben wurde.

(*a*) Welche Schlußfolgerung ergibt sich aus ihm für eine Kurve mit der Parameterdarstellung $x = g(t)$, $y = f(t)$ (hier übernimmt t die Rolle von x aus Übung 92).

(*b*) Es sei $h(t)$ für t aus $[a; b]$ als der vertikale Abstand zwischen $(g(t); f(t))$ und der Geraden durch $(g(a); f(a))$ und $(g(b); h(b))$ definiert, wie dies im Beweis des Mittelwertsatzes im Abschnitt 5.2 geschah. Man benutze die Funktion h, um den allgemeinen Mittelwertsatz zu beweisen.

12 Partielle Ableitungen

Das Volumen V eines zylindrischen Gefäßes mit dem Radius r und der Höhe h ist durch die Formel

$$V = \pi r^2 h$$

gegeben. Das Volumen hängt von den zwei Zahlen r und h ab. Der Ausdruck $\pi r^2 h$ gibt uns ein Beispiel für eine Funktion zweier Variabler, r und h. Kapitel 11 beschäftigte sich überwiegend mit Funktionen einer Variablen. Kapitel 12 ist den Funktionen zweier Variabler, ihren Graphen, ihren Ableitungen und ihren Extremwerten gewidmet. Da die Graphen solcher Funktionen üblicherweise Flächen im Raum sind (anstatt Kurven in der Ebene), konzentrieren sich die ersten drei Abschnitte auf die Geometrie des Raumes.

12.1 Rechtwinkelige Koordinaten für den Raum

Mit Hilfe eines xy-Koordinatensystems kann jeder Punkt einer Ebene durch zwei Zahlen beschrieben werden. Um Punkte im Raum zu beschreiben, benötigen wir drei Zahlen. Wir finden sie am einfachsten in der folgenden Weise durch ein xyz-Koordinatensystem.

Man führe drei aufeinander senkrecht stehende Geraden mit den Bezeichnungen x-Achse, y-Achse und z-Achse ein. Zumeist werden sie so festgelegt, daß die positive Richtung der x-, y- und z-Achse mit dem Daumen-, Zeige- und Mittelfinger der rechten Hand zusammenfallen. (Ein derartiges „Rechtshändiges" Koordinatensystem zeigt Bild 12.1.)

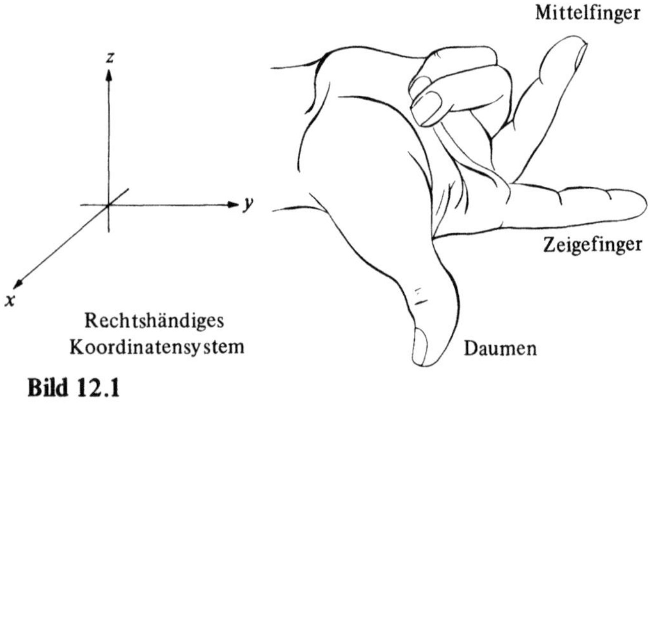

Bild 12.1

Jeder Punkt Q des Raumes ist durch drei Zahlen festgelegt: Zwei dieser drei Zahlen geben die x- und y-Koordinaten des Punktes P an, der in der xy-Ebene direkt unter (oder über) Q liegt. Die Höhe, in der Q über (oder unter) der xy-Ebene liegt, wird durch die z-Koordinate des Punktes R bestimmt, in dem die zur xy-Ebene parallele Ebene durch Q die z-Achse schneidet. Der Punkt Q wird dann durch $(x, y; z)$ gekennzeichnet. Man beachte, daß in Bild 12.2 die Punkte der xy-Ebene durch $z = 0$ beschrieben werden.

Bild 12.2

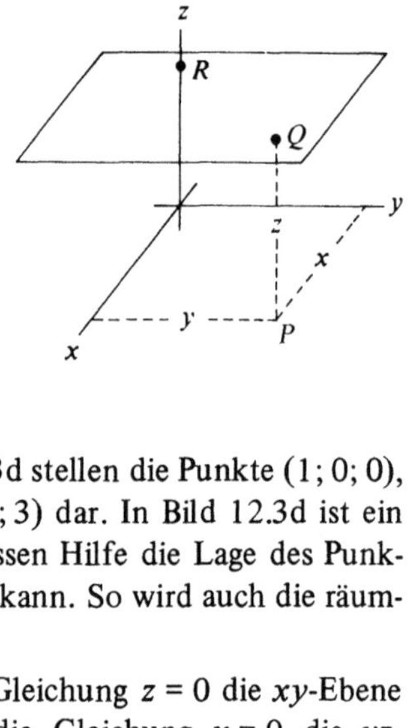

Die Bilder 12.3a bis 12.3d stellen die Punkte $(1; 0; 0)$, $(0; 1; 0)$, $(-1; 0; 0)$ und $(1; 2; 3)$ dar. In Bild 12.3d ist ein Quader eingezeichnet, mit dessen Hilfe die Lage des Punktes leichter bestimmt werden kann. So wird auch die räumliche Perspektive deutlicher.

Ebenso wie durch die Gleichung $z = 0$ die xy-Ebene beschrieben wird, definiert die Gleichung $x = 0$ die yz-Ebene und die Gleichung $y = 0$ die xz-Ebene. Diese drei Ebenen heißen Koordinatenebenen.

Der Abstand zweier Punkte $(x_1; y_1)$ und $(x_2; y_2)$ in der xy-Ebene ist durch $\sqrt{(x_1 - x_2)^2 + (y_1 - y_2)^2}$ gegeben, wie mit Hilfe des pythagoräischen Lehrsatzes hergeleitet werden kann. Das folgende Theorem verallgemeinert diese Formel auf den Raum.

Theorem: Der Abstand zweier Punkte $(x_1; y_1; z_1)$ und $(x_2; y_2; z_2)$ ist durch

$$\sqrt{(x_1 - x_2)^2 + (y_1 - y_2)^2 + (z_1 - z_2)^2}$$

gegeben.

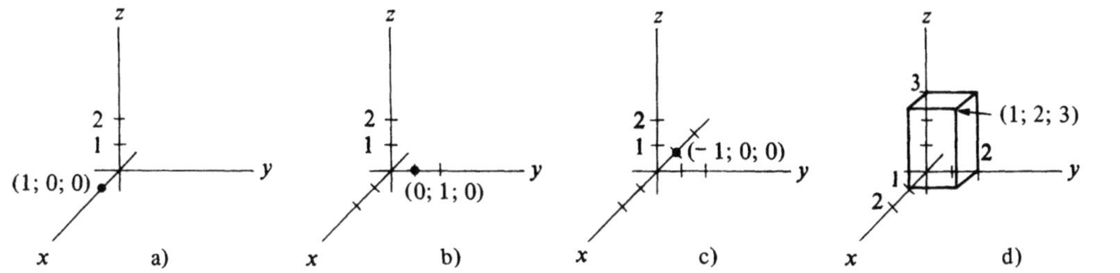

Bild 12.3

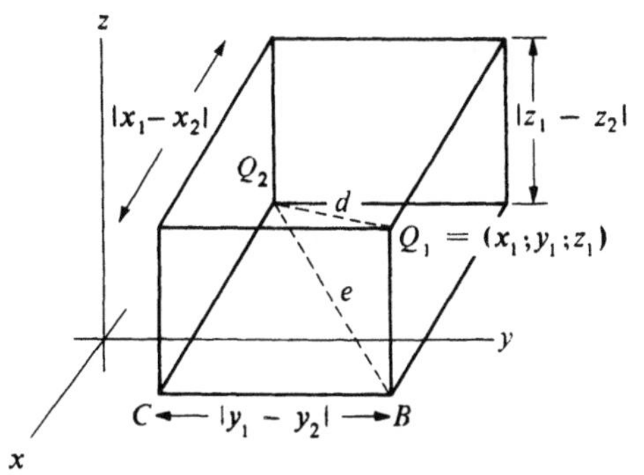

Bild 12.4

Beweis: Bild 12.4 zeigt die Punkte Q_1 *und* Q_2 sowie einen Quader, der durch die Ebenen begrenzt wird, die parallel zu den Koordinatenebenen durch die Punkte gelegt werden können. Die Abmessungen des Quaders sind durch $|x_1 - x_2|$, $|y_1 - y_2|$ und $|z_1 - z_2|$ gegeben. Man bezeichnet zwei der Eckpunkte des Quaders durch B und C. d sei der Abstand zwischen Q_1 und Q_2. Ferner sei e der Abstand zwischen Q_2 und B. Aus dem rechtwinkeligen Dreieck Q_1BQ_2 erhalten wir

$$d^2 = e^2 + |z_1 - z_2|^2.$$

Aus dem rechtwinkeligen Dreieck Q_2CB ergibt sich ferner

$$e^2 = |x_1 - x_2|^2 + |y_1 - y_2|^2.$$

Daraus folgt

$$d^2 = |x_1 - x_2|^2 + |y_1 - y_2|^2 + |z_1 - z_2|^2$$

und

$$d = \sqrt{|x_1 - x_2|^2 + |y_1 - y_2|^2 + |z_1 - z_2|^2}$$
$$= \sqrt{(x_1 - x_2)^2 + (y_1 - y_2)^2 + (z_1 - z_2)^2},$$

womit der Beweis abgeschlossen ist. ●

Beispiel 1: Man bestimme den Abstand zwischen den Punkten (5; 4; 3) und (2; 1; 1).

Lösung: Der Abstand ist gegeben durch

$$\sqrt{(5-2)^2 + (4-1)^2 + (3-1)^2} = \sqrt{3^2 + 3^2 + 2^2}$$
$$= \sqrt{22}. \bullet$$

Beispiel 2: Man bestimme den Abstand zwischen (2; −7; 3) und (4; 1; −2).

Lösung: Der Abstand ist gegeben durch

$$\sqrt{(2-4)^2 + (-7-1)^2 + (3-(-2))^2}$$
$$= \sqrt{(-2)^2 + (-8)^2 + 5^2}$$
$$= \sqrt{2^2 + 8^2 + 5^2}$$
$$= \sqrt{93}. \bullet$$

Beispiel 3: Man bestimme den Abstand zwischen (8; 4; 1) und (0; 0; 0).

Lösung: Der Abstand ist gegeben durch

$$\sqrt{(8-0)^2 + (4-0)^2 + (1-0)^2} = \sqrt{64 + 16 + 1}$$
$$= \sqrt{81} = 9. \bullet$$

Die Menge aller Punkte, die von einem gebenen Punkt $(a; b; c)$ den gleichen Abstand r besitzen, bildet eine Kugeloberfläche mit dem Radius r und dem Mittelpunkt $(a; b; c)$. Um diese Kugel zu zeichnen, trage man den horizontalen Äquator perspektivisch ein (Bild 12.5).

Bild 12.5

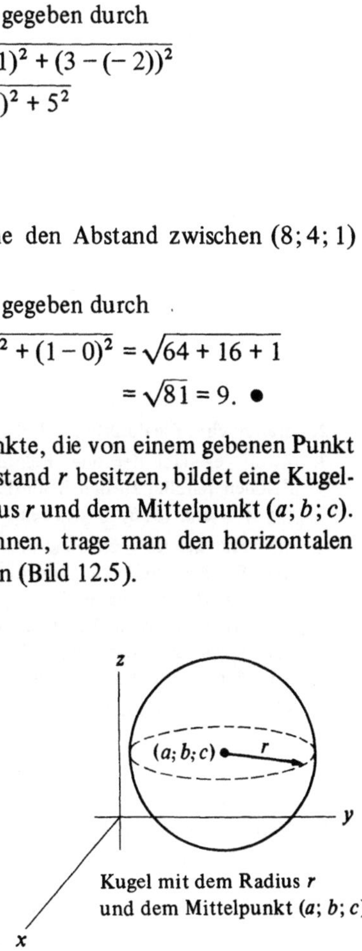

Kugel mit dem Radius r und dem Mittelpunkt $(a; b; c)$

Ein Punkt $(x; y; z)$ liegt auf der Kugel, wenn sein Abstand vom Punkt $(a; b; c)$ gleich r ist, also wenn gilt

$$\sqrt{(x-a)^2 + (y-b)^2 + (z-c)^2} = r$$

oder

$$(x-a)^2 + (y-b)^2 + (z-c)^2 = r^2.$$

Die letzte Gleichung liefert die algebraische Beschreibung einer Kugel mit dem Radius r und dem Mittelpunkt $(a; b; c)$.

In der Praxis wird der Ursprung (0; 0; 0) des yxz-Koordinatensystems üblicherweise in den Kugelmittelpunkt gelegt. Dann reduziert sich die Gleichung der Kugel mit dem Radius r und dem Mittelpunkt (0; 0; 0) auf

$$x^2 + y^2 + z^2 = r^2.$$

So beschreibt die Gleichung

$$x^2 + y^2 + z^2 = 25$$

eine Kugel mit dem Radius 5 und dem Mittelpunkt (0; 0; 0). Um ein weiteres Beispiel zu geben, beschreibt

$$x^2 + y^2 + z^2 = 3$$

eine Kugel mit dem Radius $\sqrt{3}$ und dem Mittelpunkt (0; 0; 0).

Übungen:

1. Man zeichne die Punkte (0; 0; 0), (2; 0; 0), (0; 2; 0), (0; 0; 2).
2. Man zeichne die Punkte (1; 2; 0), (– 1; 0; 0), (0; 3; 0), (0; 0; – 2).
3. Zwei gegenüberliegende Eckpunkte eines Quaders, dessen Flächen parallel zu den Koordinatenebenen liegen, sind durch (1; 4; 4) und (5; 6; 7) gegeben.
   (*a*) Man zeichne den Quader.
   (*b*) Welches sind die Koordinaten der anderen sechs Eckpunkte des Quaders?
   (*c*) Wie groß ist das Volumen des Quaders?
   (*d*) Wie groß ist die Oberfläche des Quaders?
   (*e*) Wie lang sind die Kanten des Quaders?
4. Welchen Abstand haben die Punkte
   (*a*) (2; 0; 0) und (– 3; 0; 0)?
   (*b*) (2; 1; 4) und (– 4; 7; – 3)?
   (*c*) (1; 1; 1) und (3; 4; 7)?
5. Man bestimme den Abstand vom Ursprung (0; 0; 0) zum Punkt
   (*a*) (2; 3; 6), (*b*) (6; 6; 7),
   (*c*) (1; 1; 1).
6. Man zeige für $x^2 + y^2 \leq 1$, daß der Punkt $(x; y; \sqrt{1 - x^2 - y^2})$ vom Ursprung (0; 0; 0) den Abstand 1 besitzt.
7. Die drei Dimensionen einer rechtwinkeligen Halle seien 10 m, 13 m und 8 m. Welche Länge besitzt das längste Seil, das gerade in diesem Raum aufgespannt werden kann?
8. (*a*) Man zeichne die Kugel mit dem Mittelpunkt (1; 2; 3) und dem Radius 4.
   (*b*) Liegt der Punkt (5; 2; 3) auf der Kugel?
   (*c*) Liegt der Punkt (3; 0; 6) auf der Kugel?
9. Wo schneidet die Kugel $x^2 + y^2 + z^2 = 49$ die
   (*a*) x-Achse? (*b*) y-Achse?
   (*c*) z-Achse?
10. Welche Gleichung hat eine Kugel
    (*a*) mit dem Mittelpunkt in (– 3; 2; 1) und dem Radius 1?
    (*b*) mit dem Mittelpunkt in (1; 1; – 1) und dem Radius $\sqrt{2}$?
11. Liegt der Punkt (4; 4; 4) innerhalb, außerhalb oder auf der Kugel $x^2 + y^2 + z^2 = 49$?
12. (*a*) Man fertige eine genaue Skizze der Kugel $x^2 + y^2 + z^2 = 1$ an.
    (*b*) Man zeige ihre Schnittlinien mit den drei Koordinaten-Ebene. (Es sind dies Großkreise.)

12.2 Der Graph einer Gleichung

Die Menge der Punkte $(x; y; z)$, die eine gegebene Gleichung zwischen x, y und z erfüllen, nennt man den Graphen dieser Gleichung. Wie im vorigen Abschnitt gezeigt, ist der Graph der Gleichung

$$x^2 + y^2 + z^2 = 25$$

die Oberfläche einer Kugel mit dem Radius 5 und dem Mittelpunkt (0; 0; 0). Ebenso haben wir gesehen, daß der Graph von $z = 0$ durch die xy-Ebene gegeben ist. (In dieser Gleichung tritt nur der Buchstabe z auf. Tatsächlich ist es nicht notwendig, daß alle drei Symbole x, y und z in der Gleichung eines Graphen auftreten.)

Dieser Abschnitt beschreibt einige Graphen, die in diesem und dem folgenden Kapitel benötigt werden.

Beispiel 1: Man zeichne den Graphen der Gleichung $z = 1$.

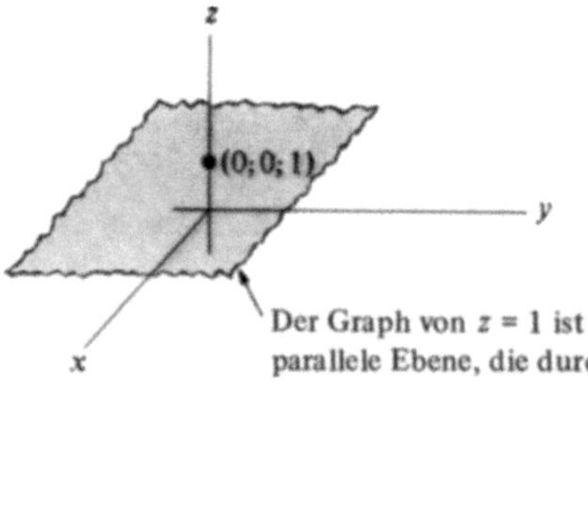

Bild 12.6

Der Graph von $z = 1$ ist eine zur xy-Ebene parallele Ebene, die durch den Punkt (0; 0; 1) geht

Lösung: Der Graph besteht aus allen Punkten mit der z-Koordinate 1. Wir erhalten somit eine Ebene, die im Abstand 1 parallel oberhalb der Ebene $z = 0$ (der xy-Ebene) liegt. Die Ebene $z = 1$ ist unbegrenzt. Dies wird durch den ausgefransten Rand im Bild 12.6 symbolisiert. ●

Beispiel 2: Man zeichne den Graphen der Gleichung $x = y$.
Lösung: Der Punkt $(x; y; z)$ liegt auf diesem Graphen, wenn die Gleichung $x = y$ erfüllt ist. Dies gilt für alle z. So liegen beispielsweise die Punkte $(1; 1; 0)$, $(1; 1; 3)$, $(1; 1; -7)$ auf diesem Graphen. Zeichnen wir zunächst jenen Teil des Graphen, für den $z = 0$ gilt, mit anderen Worten den Teil, der in der xy-Ebene liegt.

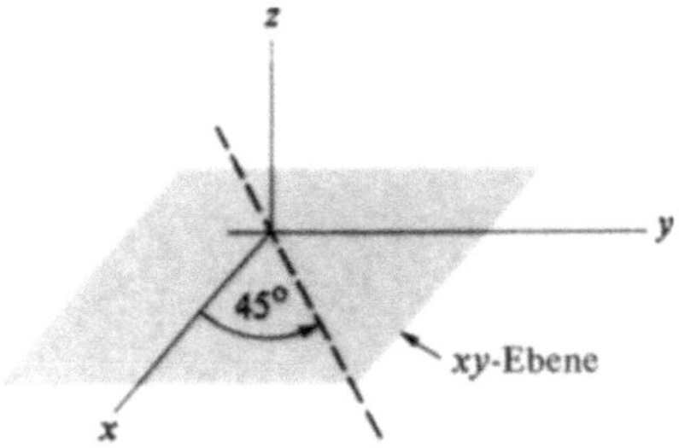

Die Gerade $x = y$ ist in der xy-Ebene Teil des Graphen $x = y$ im Raum

Bild 12.7

In der xy-Ebene beschreibt die Gleichung $x = y$ eine Gerade (Bild 12.7). Wie bereits festgestellt, ist die z-Koordinate keiner Bedingung unterworfen. Liegt daher der Punkt $(x; y; 0)$ auf dem Graphen, so gilt dies auch für $(x; y; z)$ mit jedem beliebigen Wert von z. Also ist der räumliche Graph der Gleichung $x = y$ durch eine Ebene gegeben, die senkrecht auf der xy-Ebene steht und diese längs der Geraden $x = y$ schneidet (Bild 12.8). ●

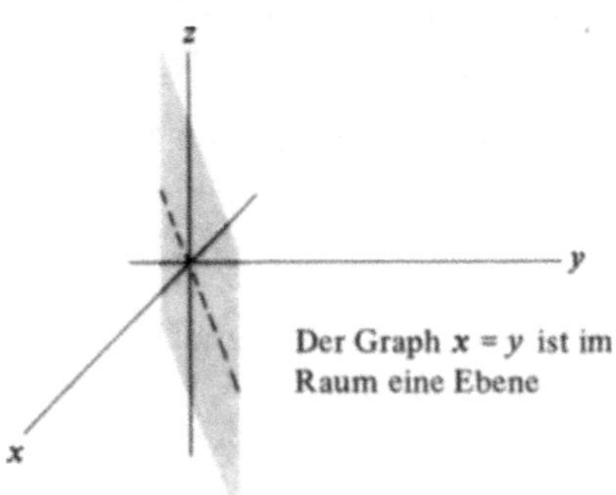

Der Graph $x = y$ ist im Raum eine Ebene

Bild 12.8

Achtung: Der Graph $x = y$ ist im Raum eine Ebene, keine Gerade!

Beispiel 3: Man zeichne den Graphen von $z = x + 2y$.
Lösung: Der Punkt $(x; y; z)$ liegt auf dem Graphen, wenn seine z-Koordinate mit der x- und y-Koordinate durch die Gleichung $z = x + 2y$ verknüpft ist. Mit anderen Worten besteht der Graph aus allen Punkten der Form

$$(x; y; x + 2y),$$

wobei die Zahlen x und y beliebig gewählt werden können. Setzen wir etwa $x = 1$, $y = 2$, so erhalten wir den Punkt (Bild 12.9)

$$(1; 2; 1 + 2 \cdot 2) = (1; 2; 5)$$

auf dem Graphen von

$$z = x + 2y.$$

Bild 12.9

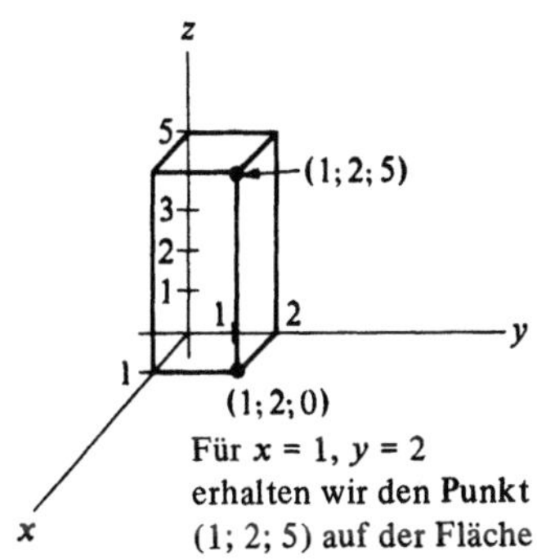

Für $x = 1$, $y = 2$ erhalten wir den Punkt $(1; 2; 5)$ auf der Fläche

Auf diese Weise ergibt sich aus der Wahl eines Punktes $(x; y; 0)$ der xy-Ebene ein eindeutig zugeordneter Punkt $(x; y; z) = (x; y; + 2y)$ auf dem Graphen von $z = x + 2y$. Daher ist der Graph von $z = x + 2y$ eine bestimmte Art von Fläche. Um sie zu zeichnen, betrachten wir zunächst ihre Schnittlinien mit den drei Koordinatenebenen. Die Schnittlinie mit der xy-Ebene besteht aus allen Punkten, die den beiden Gleichungen

$$z = x + 2y \quad \text{und} \quad z = 0$$

genügen. Wir erhalten daraus

$$0 = x + 2y \quad \text{oder} \quad y = -\frac{x}{2}.$$

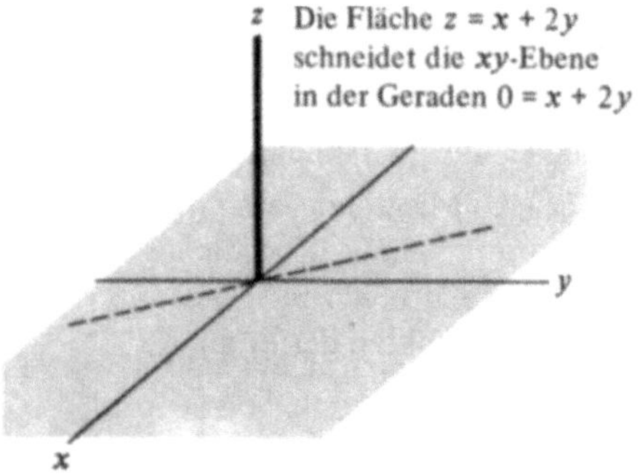

Bild 12.10

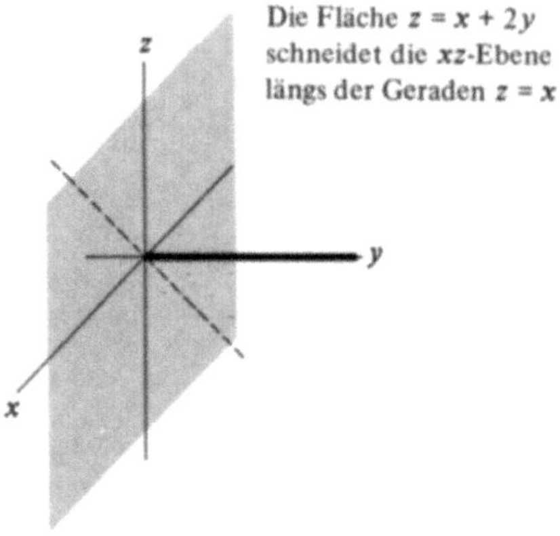

Bild 12.11

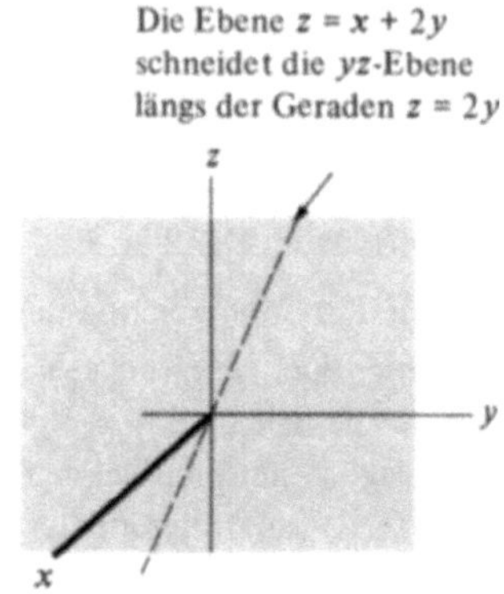

Bild 12.12

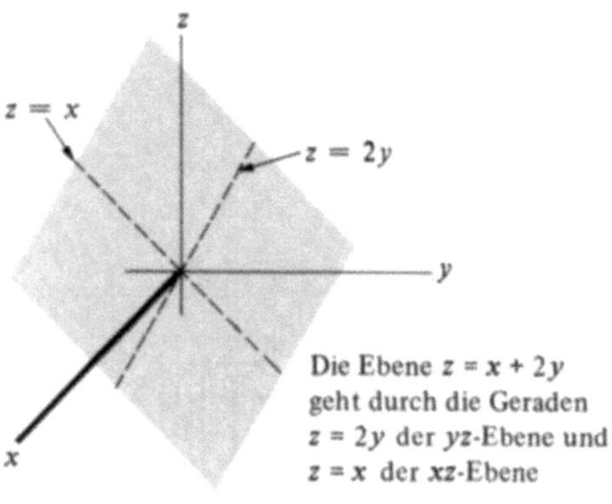

Bild 12.13

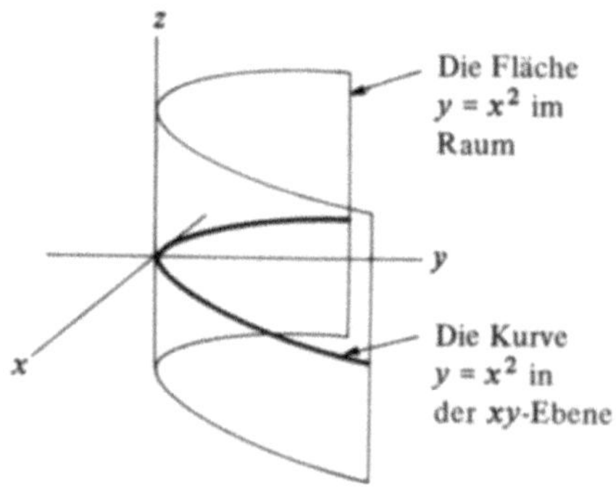

Bild 12.14

Dies ist eine Gerade in der xy-Ebene, die in Bild 12.10 gestrichelt eingetragen ist.

Der Schnitt der Fläche $z = x + 2y$ und der xz-Ebene besteht aus allen Punkten $(x; y; z)$ mit

$$z = x + 2y \quad \text{und} \quad y = 0.$$

Wir erhalten daher als Schnitt die Gerade $z = x$ in der xz-Ebene (Bild 12.11). Analog können wir zeigen, daß die Fläche $z = x + 2y$ die yz-Ebene längs der Geraden $z = 2y$ schneidet (Bilder 12.12 und 12.13).

In Kapitel 20 wird der Graph einer beliebigen Gleichung der Form $z = Ax + By + C$ als Ebene identifiziert werden, wobei A, B und C Konstanten sind. Jede der punktierten Geraden der letzten drei Bilder liegt auf dieser Ebene. Zwei beliebige dieser Geraden bestimmen die Ebene und können zu ihrer Darstellung verwendet werden. ●

Beispiel 4: Man zeichne den Graphen von $y = x^2$.

Lösung: Der Graph von $y = x^2$ besteht aus allen Punkten $(x; y; z)$ mit

$$y = x^2.$$

So liegt etwa der Punkt $(3; 9; 0)$ auf dem Graphen von $y = x^2$. Das gleich gilt daher für $(3; 9; z)$ bei beliebiger Wahl von z. Am einfachsten können wir den Graphen der Gleichung $y = x^2$ (im Raum) darstellen, wenn wir den Graphen von $y = x^2$ in der xy-Ebene aufsuchen und dabei berücksichtigen, daß die z-Koordinate keiner Beschränkung unterworfen ist. Da der Graph von $y = x^2$ der xy-Ebene durch eine Parabel gegeben ist, erhalten wir für den räumlichen Graphen von $y = x^2$ eine gekrümmte Fläche (Bild 12.14). ●

Beispiel 4 beschreibt einen Spezialfall eines *Zylinders*.

Definition des Zylinders: R sei eine Menge in einer Ebene. Die Menge aller Geraden, die auf der gegebenen Ebene senkrecht stehen und einen Punkt von R enthalten, bezeichnen wir als den durch R bestimmten *Zylinder*.

Die räumliche Fläche $y = x^2$ aus Beispiel 4 ist ein Zylinder. In diesem Fall ist die Menge R durch die Parabel $y = x^2$ in der xy-Ebene gegeben. Die Ebene $z = 0$ stellt ebenfalls einen Zylinder dar, da sie aus allen Geraden besteht, die senkrecht auf der yz-Ebene stehen und durch die y-Achse gehen. Ist R ein Kreis, so erhalten wir einen Zylinder, der mit dem alltäglichen Begriff eines Zylinders übereinstimmt, einen Kreiszylinder, wenn wir davon absehen, daß er beiderseits ins Unendliche geht und daher keine Grund- und Deckfläche besitzt.

Enthält eine Gleichung höchstens zwei der drei Symbole x, y und z, so ist der Graph ein Zylinder.

Beispiel 5: Man zeichne den Graphen von

$$z^2 = \frac{x^2}{4} + \frac{y^2}{9}.$$

Lösung: Für $z = 0$ ergibt sich die Gleichung

$$0 = \frac{x^2}{4} + \frac{y^2}{9},$$

deren einzige Lösung durch $(x; y) = (0; 0)$ gegeben ist. Daher erhalten wir als Schnitt unserer Fläche mit der xy-Ebene nur den Punkt $(0; 0; 0)$.

Für $z = 1$ nimmt die Gleichung die Form

$$1 = \frac{x^2}{4} + \frac{y^2}{9}$$

an. Dies ist eine Ellipse (Bild 12.15).

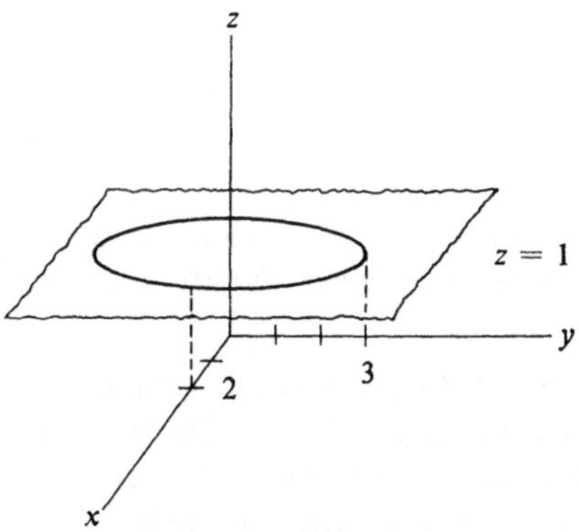

Bild 12.15

Noch allgemeiner: Jede zur xy-Ebene parallel liegende Ebene schneidet die Fläche längs einer Ellipse (oder nur in einem Punkt, wenn es sich dabei um die xy-Ebene handelt).

Längs welcher Linie schneidet nun unsere Fläche die xz-Ebene? Um dies festzustellen, setzen wir $y = 0$. Ein beliebiger Punkt $(x; 0; z)$ der Schnittlinie erfüllt die Gleichung

$$z^2 = \frac{x^2}{4}.$$

Nun ist die Gleichung $z^2 = x^2/4$ äquivalent zu den beiden Beziehungen

$$x = 2z \quad \text{und} \quad x = -2z.$$

Daher besteht die Schnittlinie der Fläche mit der xz-Ebene aus zwei Geraden durch den Ursprung.

Der Graph von

$$z^2 = \frac{x^2}{4} + \frac{y^2}{9}$$

ist ein Doppelkegel mit elliptischen Querschnitten (Bild 12.16). •

Bild 12.16

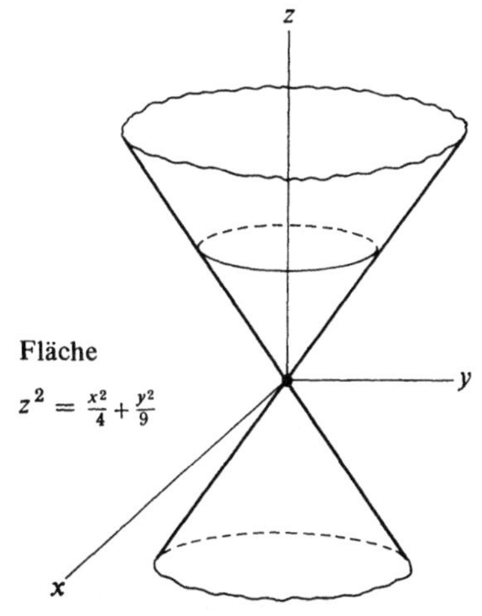

Die folgende Tabelle faßt diesen Abschnitt zusammen.

Gleichung	*räumlicher Graph*
$x^2 + y^2 + z^2 = r^2$ (r ist eine positive Konstante)	Kugel mit dem Radius r und dem Mittelpunkt im Ursprung
$z = k$ (k konstant)	Ebene parallel zur xy-Ebene
$x = y$	Ebene senkrecht zur xy-Ebene, die durch die Gerade $x = y$ geht (also ein Zylinder)
$z = Ax + By + C$ (A, B, C konstant)	Ebene
$y = x^2$	der durch die Parabel $y = x^2$ der xy-Ebene bestimmte Zylinder

Üblicherweise entspricht dem räumlichen Graphen einer Gleichung eine Fläche, ebenso wie der ebene Graph einer Gleichung im allgemeinen durch eine Kurve dargestellt wird.

Übungen:

In den Übungen 1 bis 12 soll der räumliche Graph der gegebenen Gleichung gezeichnet werden.

1. $y = 1$	2. $x = 3$
3. $y = x$	4. $z = y^2$
5. $y = x + 3$	6. $z = x + y$
7. $y = x^3$	8. $x^2 + y^2 + z^2 = 36$
9. $x + y = 1$	10. $x^2 + y^2 = 1$
11. $z = x + 2y + 1$	12. $z = x$

■

13. Man zeichne die Schnittlinie der Ebenen $y = x$ und $z = 2y$.
14. Man zeichne die Fläche $x^2 - y^2 + z^2 = 1$.
15. Man zeichne die Fläche $x^2 - y^2 - z^2 = 1$.
16. Man zeichne die Schnittlinie des Zylinders $x^2 + y^2 = 4$ und des Zylinders (Ebene) $z = x$.
17. Man zeichne die Schnittlinie der Zylinder $x^2 + y^2 = 1$ und $x^2 + z^2 = 1$.

■■

18. (*a*) Man zeichne sorgfältig den Teil der Fläche $x^2 + y^2 = 1$ der oberhalb der xy-Ebene und unterhalb der Ebene $z = x$ liegt.
    (*b*) Man bestimme die Fläche dieses Teiles.
19. (*a*) Man zeichne das Dreieck der Ebene $y = x$, das oberhalb der xy-Ebene, unterhalb der Ebene $z = y$ und links von der Ebene $y = 3$ liegt.
    (*b*) Man bestimme die Koordinaten seiner Eckpunkte.
    (*c*) Man bestimme seine Fläche.

12.3 Funktionen und ihre Graphen

Man betrachte ein Gebiet R der Ebene, das durch ein sehr dünnes Metallstück bedeckt wird. Wir nehmen als Idealisierung an, das Metallstück habe verschwindende Dicke. Wenn wir unter das Metall ein Zündholz halten, wird das Metall in jedem Punkt P von R eine bestimmte Temperatur besitzen, die wir durch $f(P)$ bezeichnen. So erhalten wir das Beispiel für eine Funktion, deren Definitionsbereich durch eine ebene Menge gegeben ist. Die Funktion f ordnet jedem Punkt P aus R eine Zahl $f(P)$ zu.

Möglicherweise ist das Metall nicht homogen. Seine Dichte, gemessen in g/cm^2, kann von Punkt zu Punkt variieren. Die Funktion, die jedem Punkt P aus R die Dichte in P zuordnet, ist ein anderes Beispiel einer Funktion mit ebenem Definitionsbereich.

Beispiel 1 zeigt, wie wir eine Funktion graphisch darstellen können, deren Definitionsbereich durch eine ebene Menge gegeben ist.

Beispiel 1: Durch die Funktion f sei dem Punkt $P = (x; y)$ der xy-Ebene die Zahl $f(P) = x + 2y$ zugeordnet, etwa $f(1; 2) = 5$. Man zeichne die Funktion.

Lösung: Wir stellen die Information $f = (1; 2) = 5$ dar, indem wir den Punkt $Q = (1; 2; 5)$ in ein räumliches Koordinatensystem eintragen. Hierzu zeichnen wir zunächst den Punkt $P = (1; 2)$ der xy-Ebene und gehen von ihm aus fünf Einheiten nach oben (Bild 12.17): Die z-Koordinate von Q wird also verwendet, um den Wert von $f(P)$ zu speichern.

Bild 12.17

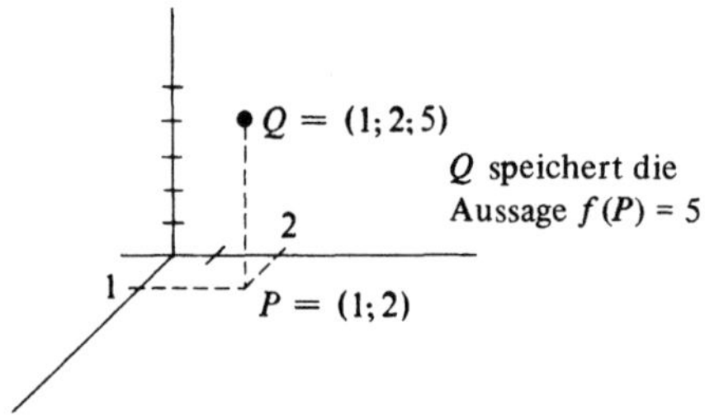

Ebenso wird ganz allgemein die Information $f(x; y) = x + 2y$ dadurch gespeichert, daß wir den Punkt $Q = (x; y; x + 2y)$ auftragen. Die z-Koordinate des Punktes Q ist $x + 2y$. Daher liegt Q in der Ebene

$$z = x + 2y.$$

Wenn P die xy-Ebene durchläuft, überstreicht der Punkt Q die Fläche $z = x + 2y$. In diesem Fall ist der Graph von f durch die Ebene gegeben, die im Beispiel 3 des vorangehenden Abschnittes dargestellt wurde. ●

Beispiel 1 veranschaulicht die folgende Definition, die der Definition des Graphen einer Funktion $y = f(x)$ ähnlich ist.

Definition des Graphen: Der *Graph* einer Funktion f, deren Wertebereich durch eine Menge R in der xy-Ebene gegeben ist, besteht aus allen räumlichen Punkten der Form $(x; y; f(x, y))$, für die $(x; y)$ in R liegt. Mit anderen Worten: Der Graph von f besteht aus allen Punkten $(x; y; z)$, die der Gleichung

$$z = f(x; y)$$

genügen und für die der Punkt $(x; y)$ zu R gehört. Eine derartige Funktion wird häufig *Funktion zweier Variabler* genannt. Ihr Graph ist üblicherweise eine Fläche.

Wir werden annehmen, daß die Funktion f in folgendem Sinne *stetig* ist. Wenn $(a; b)$ im Definitionsbereich von f liegt und sich der Punkt $(x; y)$ innerhalb des Wertbereiches von f dem Punkt $(a; b)$ annähert, dann nähert sich die Zahl

$f(x; y)$ der Zahl $f(a; b)$. Anschaulich könnte man sagen: Benachbarte Ausgangswerte ergeben benachbarte Ergebnisse.

Die nächsten beiden Beispiele beschäftigen sich mit den Graphen zweier Funktionen, die wir später benötigen werden.

Beispiel 2: Es sei O ein fester Punkt in der Ebene und P ein beliebiger Punkt in der Ebene. Wir definieren $f(P)$ als Quadrat des Abstands zwischen P und O. Man zeichne f.

Lösung: Wir führen in der Ebene ein rechtwinkeliges Koordinatensystem mit dem Ursprung in O ein. Dann ergibt sich für f die Formel

$$f(x; y) = x^2 + y^2.$$

Der Graph von f ist durch die Fläche $z = x^2 + y^2$ gegeben (Bild 12.18). Wegen $x^2 + y^2 \geqslant 0$ liegt diese Fläche oberhalb der xy-Ebene und fällt mit ihr nur im Punkt (0; 0; 0) zusammen. Je weiter der Punkt $P = (x; y)$ von (0; 0) entfernt ist, desto höher liegt der Punkt $Q = (x; y; x^2 + y^2)$ auf der Fläche.

Um den Graphen von

$$z = x^2 + y^2$$

zu veranschaulichen und zu zeichnen, betrachten wir seine Schnittlinien mit den Koordinatenebenen und den zu ihnen parallelen Ebenen (Bild 12.19).

Wie bereits festgestellt, schneidet die Ebene $z = 0$ die Fläche $z = x^2 + y^2$ nur im Punkt (0; 0; 0).

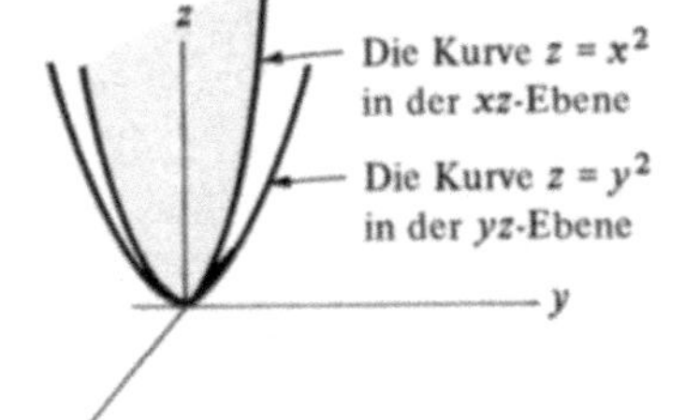

Bild 12.18

Bild 12.19

Die yz-Ebene, d.h. die Ebene $x = 0$, schneidet die Fläche $z = x^2 + y^2$ längs der Parabel $z = y^2$ in der yz-Ebene.

Analog schneidet die Ebene $y = 0$ die Fläche längs der Parabel $z = x^2$ in der xz-Ebene.

Die Kenntnis dieser beiden Parabeln genügt noch nicht, um den Graphen von f zu zeichnen. Daher betrachten wir als nächstes die Schnittlinie der Fläche $z = x^2 + y^2$ mit einer zur xy-Ebene parallel liegenden Ebene. So betrachten wir die Ebene $z = 4$ (Bild 12.20). Liegt ein Punkt $(x; y; z)$ auf der Fläche $z = x^2 + y^2$ und auf der Ebene $z = 4$, so erfüllen seine Koordinaten die Gleichung

$$4 = x^2 + y^2,$$

er liegt also auf einem Zylinder, der durch den Kreis $4 = x^2 + y^2$ der xy-Ebene bestimmt wird. Daher stimmt die Schnittlinie der Ebene $z = 4$ und der Fläche $z = x^2 + y^2$ mit der Schnittlinie zwischen der Ebene $z = 4$ und dem Kreiszylinder $x^2 + y^2 = 4$ überein (Bild 12.21).

Im allgemeinen wird für eine beliebige Konstante k die Schnittlinie der Ebene $z = k$ mit der Fläche $z = x^2 + y^2$ ein Kreis mit dem Radius $\sqrt{k}$ sein. Wächst k an, so wächst

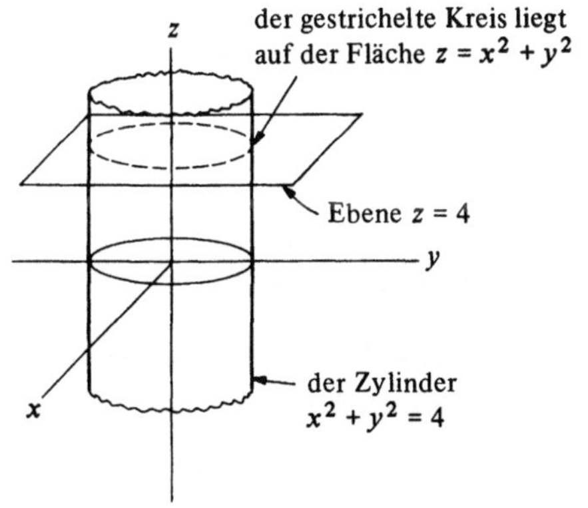

Bild 12.20

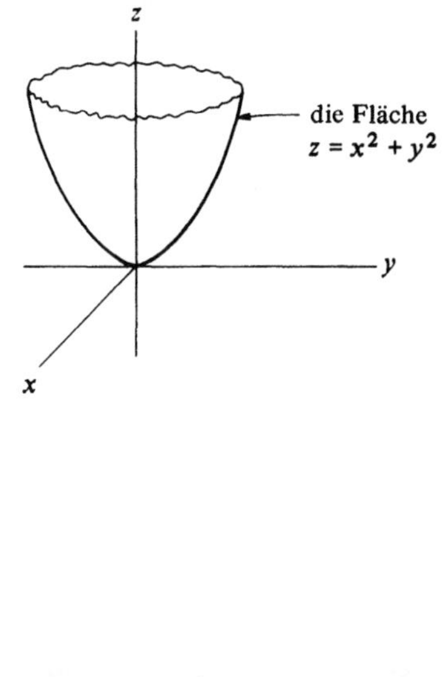

Bild 12.21

der Radius des Kreises ebenfalls. Die Fläche $z = x^2 + y^2$ besteht aus Kreisen mit dem Mittelpunkt auf der z-Achse. Am einfachsten kann man sich diese Fläche durch die Rotation der Parabel $z = y^2$ um die z-Achse entstanden denken. Die Fläche hat die Gestalt eines Scheinwerfers. ●

Obwohl sich die Funktion des nächsten Beispiels von der in Beispiel 2 dargestellten nur durch die Ersetzung von x^2 durch $-x^2$ unterscheidet, sind die Graphen der beiden Funktionen doch recht unterschiedlich.

Beispiel 3: f sei durch die Formel

$$f(x; y) = x^2 - y^2$$

definiert. Man zeichne den Graphen von f, also die Fläche

$$z = y^2 - x^2.$$

Lösung: Die Schnittlinie dieser Fläche mit der xz-Ebene erhält man für $y = 0$. Sie ist durch die Parabel

$$z = -x^2$$

gegeben, die unterhalb der xy-Ebene liegt.

Die Schnittlinie der Fläche mit der yz-Ebene erhält man für $x = 0$. Sie ist durch die Parabel $z = y^2$ gegeben, die oberhalb der xy-Ebene liegt.

Für $z = 0$ erhalten wir die Schnittlinie der Fläche mit der xy-Ebene. Diese Schnittlinie hat die Gleichung

$$0 = y^2 - x^2.$$

Die rechte Seite dieser Gleichung kann in Faktoren zerlegt werden:

$$0 = (y - x)(y + x).$$

Daher besteht der zugehörige Graph in der xy-Ebene aus den beiden Graphen

$$0 = y - x \quad \text{und} \quad 0 = y + x$$

oder

$$y = x \quad \text{und} \quad y = -x.$$

Insgesamt erhalten wir für die gegebene Fläche die Form eines Sattels (Bild 12.22). Dieser Graph wird später noch behandelt. ●

Für die Darstellung des Graphen einer Funktion $z = f(x; y)$ entnehmen wir aus dem Beispiel folgende Hinweise:

Enthält $f(x; y)$ nur x und y, so ist der Graph ein Zylinder.

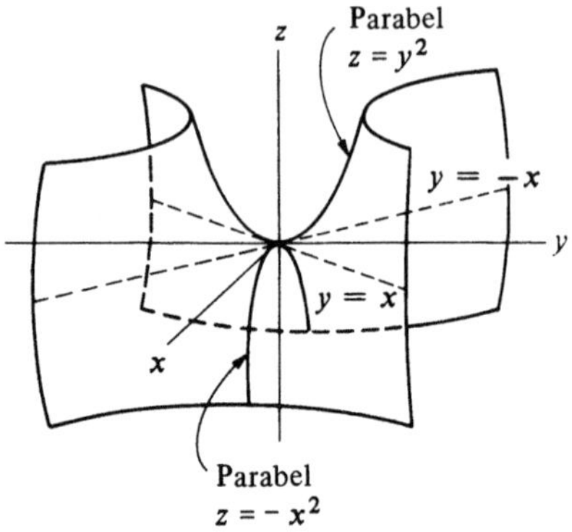

Bild 12.22

Ist $f(x; y)$ von der Form $ax + by + c$, so ist der Graph eine Ebene.

Um den Graphen von $z = f(x; y)$ darzustellen, bestimme man die Schnittlinien des Graphen mit den Koordinatenebenen und anderen Ebenen, die zu den Koordinatenebenen parallel sind.

Übungen:

In den Übungen 1 bis 6 zeichne man die gegebene Funktion.

1. $f(x; y) = x + y$
2. $f(x; y) = x$
3. $f(x; y) = 3$ (eine konstante Funktion)
4. $f(x; y) = x^2$
5. $f(x; y) = x^2 + 2y^2$
6. $f(x; y) = \dfrac{1}{x^2 + y^2}$
7. Man untersuche die Fläche $z = xy$. (Dies ist der Graph der Funktion, die durch $f(x; y) = xy$ gegeben ist.)
   (*a*) Man zeichne den Schnitt der Fläche mit der xy-Ebene.
   (*b*) Man zeichne den Schnitt der Fläche mit der xz-Ebene.
   (*c*) Man zeichne den Schnitt der Fläche mit der yz-Ebene.
   (*d*) Man zeichne den Schnitt der Fläche mit der Ebene $z = 1$.
   (*e*) Man zeichne den Schnitt der Fläche mit der Ebene $x = 2$.
   (*f*) Man zeichne die Fläche.
8. Man zeichne die Schnittlinie der Fläche $z = y^2 - x^2$ (Beispiel 3) mit den Ebenen
   (*a*) $z = 1$, (*b*) $z = -1$.
9. Man fertige aus Ton oder Seife ein Modell der Fläche des Beispiels 3 an.
10. Man zeichne den Graphen von $z = \sqrt{x^2 + y^2}$.
11. (*a*) Man zeige, daß der Graph von $z = \sqrt{1 - x^2 - y^2}$ Teil einer Kugeloberfläche ist.
    (*b*) Man zeichne den Graphen der Funktion, die durch $f(x; y) = \sqrt{1 - x^2 - y^2}$ gegeben ist.
    (*c*) Für welche Punkte $(x; y)$ ist $f(x; y)$ definiert?

■

12. Die Fläche $z = 2x + y$ geht durch den Punkt (1; 2; 4). Man zeichne den Schnitt der Fläche mit der Ebene

 (a) $x = 1$, (b) $y = 2$, (c) $y = 2x$.

 Man beachte, daß alle drei Ebenen durch den Punkt (1; 2; 4) gehen.

13. Die Fläche $z = xy$, geht durch den Punkt (1; 1; 1). Man zeichne den Schnitt der Fläche mit der Ebene

 (a) $x = 1$, (b) $y = 1$, (c) $y = x$.

14. Man zeichne den Schnitt der Fläche $z = xy$ und der Ebene $y = x$.

15. (a) Die Funktion $f(x; y)$ kann in der Form $g(\sqrt{x^2 + y^2})$ geschrieben werden: Man beweise, daß der Graph von f eine Rotationsfläche um die z-Achse ist.

 (b) Man zeichne den Graphen von $z = e^{-(x^2 + y^2)}$. (Diese Funktion kommt in Kapitel 13 vor.)

12.4 Partielle Ableitungen

f sei eine Funktion von x und y. Der Graph von $z = f(x; y)$ ist eine Fläche. Betrachten wir einen Punkt $(a; b)$ in der xy-Ebene. Der Graph von $z = f(x; y)$ könnte für Punkte $(x; y)$ aus der Umgebung von $(a; b)$ ähnlich wie die in Bild 12.23 dargestellte Fläche aussehen. Der Punkt P liege direkt oberhalb $(a; b)$ auf der Fläche. Wir legen durch $(a; b)$ eine Ebene M, die senkrecht auf der x-Achse steht. Sie schneidet die Fläche längs einer Kurve, die wir mit C bezeichnen.

Um den Anstieg dieser Kurve in der Ebene M und im Punkt P zu bestimmen, betrachten wir direkt oberhalb von $(a + \Delta x; b)$ einen benachbarten Punkt Q auf der Kurve C. Der Grenzwert des Anstiegs der Geraden durch P und Q ergibt sich bei Annäherung von Q an P

$$\lim_{\Delta x \to 0} \frac{f(a + \Delta x; b) - f(a; b)}{\Delta x}.$$

Dies ist die Definition des Anstiegs der Kurve C im Punkt P. Sie legt die folgende Definition nahe.

Definition der partiellen Ableitungen: Wenn der Definitionsbereich von f das Innere eines Kreises um den Punkt $(a; b)$ umfaßt, und wenn der Limes

$$\lim_{\Delta x \to 0} \frac{f(a + \Delta x; b) - f(a; b)}{\Delta x}$$

existiert, wird dieser Limes *partielle Ableitung* von f *nach* x *genannt*. Analog nennen wir, falls der Limes

$$\lim_{\Delta y \to 0} \frac{f(a; b + \Delta y) - f(a; b)}{\Delta y}$$

existiert, diesen Ausdruck *partielle Ableitung von f nach y*.

Für die partielle Ableitung von f nach x werden die folgenden Bezeichnungen verwendet:

$$f_x, \quad \frac{\partial f}{\partial x}, \quad z_x, \quad \frac{\partial z}{\partial x}, \quad f_1 \quad \text{oder} \quad D_1 f,$$

für f nach y findet man:

$$f_y, \quad \frac{\partial f}{\partial y}, \quad z_y, \quad \frac{\partial z}{\partial y}, \quad f_2 \quad \text{oder} \quad D_2 f.$$

Die Kurve oberhalb der Geraden L_1 (Bild 12.24) hat im Punkt P den Anstieg $f_x(a; b)$. Die Kurve oberhalb der zur y-Achse parallelen Geraden L_2 hat im Punkt P den Anstieg $f_y(a; b)$.

Man beachte, daß längs L_1 die y-Koordinate konstant ist, während die x-Koordinate variiert. Auf L_2 ist die x-Koordinate konstant, während y variieren kann. (In früheren Kapiteln war y fast immer der Wert einer Funktion.

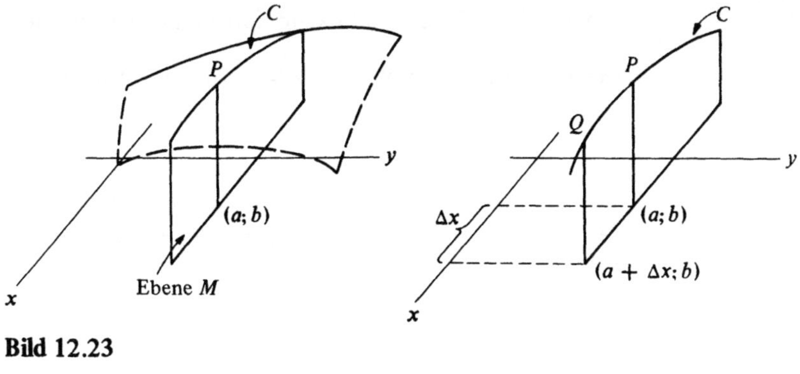

Bild 12.23

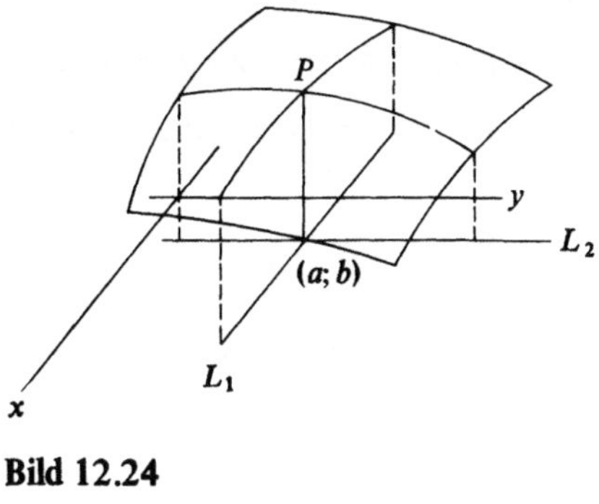

Bild 12.24

Nun bezeichnet dieses Symbol eine der unabhängigen Variablen.)

Beispiel 1: Man bestimme die partielle Ableitung f_x im Punkt $(a; b)$ für $f(x; y) = x^2y$.

Lösung: Aus der Definition erhalten wir

$$\begin{aligned} f_x(a; b) &= \lim_{\Delta x \to 0} \frac{f(a + \Delta x; b) - f(a; b)}{\Delta x} \\ &= \lim_{\Delta x \to 0} \frac{(a + \Delta x)^2 b - a^2 b}{\Delta x} \\ &= \lim_{\Delta x \to 0} b \left[\frac{(a + \Delta x)^2 - a^2}{\Delta x}\right] \\ &= \lim_{\Delta x \to 0} b \left[\frac{a^2 + 2a\,\Delta x + (\Delta x)^2 - a^2}{\Delta x}\right] \\ &= \lim_{\Delta x \to 0} b(2a + \Delta x) \\ &= 2ab. \bullet \end{aligned}$$

Die Berechnungen von Beispiel 1 legen es nahe, bei der Berechnung einer partiellen Ableitung f_x die Variable y im Ausdruck für f als Konstante zu behandeln und nur nach x zu differenzieren.

Beispiel 2: Man berechne f_x und f_y im Punkt $(x; y)$, wenn f durch den Ausdruck $x^2y^3 + e^{x^2y}$ gegeben ist.

Lösung: Wir betrachten y als konstant und differenzieren nach x:

$$f_x(x; y) = 2xy^3 + 2xy\,e^{x^2y}.$$

Analog behandeln wir x als Konstante und differenzieren nach y:

$$f_y(x; y) = 3x^2y^2 + x^2e^{x^2y}. \bullet$$

Beispiel 3: Man bestimme die zwei partiellen Ableitungen der Funktion f im Punkt $(1; 3)$. f sei gegeben durch die Formel

$$f(x; y) = 2x + 4y + x^2 + \ln(x^2 + y^2).$$

Lösung: Um $\partial f/\partial x$ zu erhalten, betrachten wir y als konstant und berechnen die partielle Ableitung

$$\frac{\partial f}{\partial x} = 2 + 0 + 2x + \frac{2x}{x^2 + y^2}.$$

Für $(x; y) = (1; 3)$ ergibt sich daraus

$$\frac{\partial f}{\partial x}(1; 3) = 2 + 2 \cdot 1 + \frac{2 \cdot 1}{1^2 + 3^2} = 4{,}2.$$

Wir differenzieren nun nach y und halten x konstant, um $\partial f/\partial y$ zu bestimmen:

$$\frac{\partial f}{\partial y} = 0 + 4 + 0 + \frac{2y}{x^2 + y^2}.$$

Für $(x; y) = (1; 3)$ ergibt sich

$$\frac{\partial f}{\partial y}(1; 3) = 4 + \frac{2 \cdot 3}{1^2 + 3^2} = 4{,}6. \bullet$$

Ebenso wie wir Ableitungen von Ableitungen untersucht haben, gibt es partielle Ableitungen von partiellen Ableitungen. Gilt etwa

$$z = 2x + 5x^4y^7,$$

dann erhalten wir

$$z_x = 2 + 20x^3y^7 \quad \text{und} \quad z_y = 35x^4y^6.$$

Wir können nun die partiellen Ableitungen von z_x und z_y berechnen:

$$\begin{aligned} (z_x)_x &= 60x^2y^7, & (z_x)_y &= 140x^3y^6, \\ (z_y)_x &= 140x^3y^6, & (z_y)_y &= 210x^4y^5. \end{aligned}$$

Üblicherweise bezeichnet man $(z_x)_x$ durch z_{xx}, $(z_x)_y$ durch z_{xy} usw. und vernachlässigt die Klammer. Es gibt also vier mögliche Ableitungen zweiter Ordnung:

$$z_{xx}, \quad z_{xy}, \quad z_{yx}, \quad z_{yy}$$

oder auch

$$f_{xx}, \quad f_{xy}, \quad f_{yx}, \quad f_{yy}.$$

Es fällt auf, daß im obigen Beispiel z_{xy} und z_{yx} übereinstimmen. Für die meisten Funktionen, die in der Praxis auftreten, stimmen die beiden gemischten Ableitungen z_{xy} und z_{yx} überein. Wegen der Wichtigkeit dieser Bemerkung, halten wir sie als Theorem fest. Der Beweis hierfür findet sich in Abschnitt 23.1 und kann dort nachgelesen werden.

Theorem: Hat $z = f(x; y)$ stetige partielle Ableitungen z_x, z_y, z_{xy} und z_{yx}, dann gilt

$$z_{xy} = z_{yx}.$$

Die Bezeichnung ∂ wird ebenfalls zur Darstellung der vier Ableitungen zweiter Ordnung verwendet. So wird die Ableitung

$$\frac{\partial(\partial f/\partial x)}{\partial y},$$

die wir bereits mit z_{xy} bezeichnet haben, auch in der Form $\partial^2 f/\partial x \partial y$ geschrieben. (In der ∂-Bezeichnung differenziere man von rechts nach links in der Reihenfolge der Variablen im Nenner.)

Beispiel 4: Man berechne $\partial^2 z/\partial x^2$ und $\partial^2 z/\partial y \partial x$ für $z = y \cos xy$.

Lösung: Zunächst bestimmen wir

$$\frac{\partial z}{\partial x} = -y^2 \sin xy.$$

Daraus ergibt sich

$$\frac{\partial^2 z}{\partial x^2} = \frac{\partial(\partial z/\partial x)}{\partial x} = \frac{\partial(-y^2 \sin xy)}{\partial x} = -y^3 \cos xy.$$

Ebenso erhalten wir

$$\frac{\partial^2 z}{\partial y \partial x} = \frac{\partial(\partial z/\partial x)}{\partial y} = \frac{\partial(-y^2 \sin xy)}{\partial y} = -2y \sin xy - xy^2 \cos xy. \quad \bullet$$

Übungen:

In den Übungen 1 bis 10 berechne man f_x und f_y für die gegebene Funktion.

1. $f(x;y) = x^3 y^4$
2. $f(x;y) = x^3 + y^3$
3. $f(x;y) = x/y$
4. $f(x;y) = x^2 \cos y$
5. $f(x;y) = \sin(xy^3)$
6. $f(x;y) = (1+x^2)y$
7. $f(x;y) = x + 3y + \sqrt{x} + \arctan xy$
8. $f(x;y) = \sqrt{x^2+y^2}$
9. $f(x;y) = e^{x/y}$
10. $f(x;y) = \sin^2(xy)$
11. Man bestimme (*a*) $D_1(x^2y^4)$ und (*b*) $D_2(x^2y^4)$.
12. Man bestimme
    (*a*) $D_1[xy\cos(x+y)]$, (*b*) $D_2[xy\cos(x+y)]$.
13. Für $z = x/(x^2+y^2)$ berechne man (*a*) z_x und (*b*) z_y.
14. Man berechne $D_1(\cos x \sin y)$.

In den Übungen 15 bis 19 berechne man f_{xx}, f_{yy}, f_{xy}, f_{yx} und zeige, daß $f_{xy} = f_{yx}$.

15. $f(x;y) = 5x^2 - 3xy + 6y^2$
16. $f(x;y) = e^{x^2 y}$
17. $f(x;y) = x^4 y^7$
18. $f(x;y) = \ln(x^3+y^2)$
19. $f(x;y) = 1/\sqrt{x^2+y^2}$
20. Eine Funktion $z = f(x;t)$, in der z die Temperatur, x den Ort und t die Zeit darstellen, erfülle die sogenannte Gleichung der Wärmeleitung:
    $$a^2 f_{xx} = f_t, \quad a \text{ ist konstant.}$$
    Man zeige, daß die Funktion $f(x;t) = e^{-\pi^2 a^2 t} \sin \pi x$ die Wärmeleitungsgleichung erfüllt.
21. Es sei $T = f(x;y;z)$ die Temperatur eines Körpers im Punkt $(x;y;z)$, wenn seine Oberfläche eine vorgegebene Temperaturverteilung besitzt. Variiert T nicht mit der Zeit, so kann $T_{xx} + T_{yy} + T_{zz} = 0$ gezeigt werden. Analog gilt für die Arbeit $P(x;y;z)$, die in einem Gravitationsfeld ein Teilchen von einem festen Ausgangspunkt zu einem bestimmten Punkt $(x;y;z)$ befördert, die Gleichung $P_{xx} + P_{yy} + P_{zz} = 0$. Die Relation $f_{xx} + f_{yy} + f_{zz} = 0$ heißt ganz allgemein Laplace-Gleichung (in drei Dimensionen). Man verifiziere, daß die Funktionen $1/\sqrt{x^2+y^2+z^2}$, $x^2 - y^2 - z$ und $e^x \cos y + z$ die Laplace-Gleichung erfüllen.
22. Man bestimme
    (*a*) $D_1(e^x\sqrt{y})$, (*b*) $D_2(e^x\sqrt{y})$.
23. Man bestimme $D_1 f$ und $D_2 f$ für $f(x;y) = \int_x^y e^{t^2}\, dt$.

In den Übungen 24 bis 27 bestimme man den Anstieg der Kurve, die sich als Schnittlinie der gegebenen Fläche mit der auf der y-Achse senkrecht stehenden Ebene ergibt, die den gegebenen Punkt enthält.

24. $z = xy^2$ für $(1;2)$
25. $z = x/y$ für $(1;1)$
26. $z = \cos(x+2y)$ für $(\pi/4;\pi/2)$
27. $z = x^2 e^{xy}$ für $(1;0)$.

■

In den Übungen 28 bis 30 bestimme man den Anstieg der Kurve, die sich als Schnittlinie der gegebenen Fläche mit der zur x-Achse senkrechten Ebene ergibt, die den gegebenen Punkt enthält.

28. $z = ye^{xy}$ für $(1;1)$
29. $z = e^{x/y}$ für $(0;1)$
30. $z = x^2 + \sqrt{x+3y}$ für $(1;5)$
31. Man bestimme (*a*) $\partial(x^y)/\partial x$ und (*b*) $\partial(x^y)/\partial y$.

■■

32. Gibt es eine Funktion f mit den Eigenschaften
    $$f_x = e^x \cos y \quad \text{und} \quad f_y = e^x \sin y.$$
33. Es sei
    $$f(x;y) = \int_0^1 \cos(x+2y+t)\, dt.$$
    Man bestimme f_x und f_y.

34. Es sei

$$f(x;y) = \int_0^y \sqrt{x+t}\,dt.$$

Man bestimme f_x und f_y.

35. Es sei

$$f(x;y) = \int_x^y g(t)\,dt$$

mit stetigem g. Man bestimme f_x und f_y.

12.5 Die Differenz Δf und das Differential df

Für Funktionen einer Variablen wurde in Abschnitt 6.9 gezeigt, daß das Differential eine gute Näherung für die Differenz der Funktion darstellt (Bild 12.25): Die Differenz

$$\Delta f = f(x + \Delta x) - f(x)$$

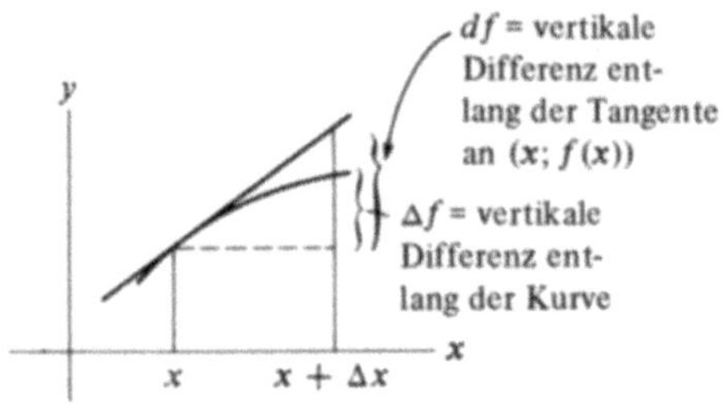

Bild 12.25

wird durch das Differential

$$df = f'(x)\,\Delta x$$

approximiert. Dieser Abschnitt behandelt das analoge Problem für eine Funktion zweier Variabler.

Welche vernünftige Schätzung könnten wir für die Differenz

$$f(x + \Delta x; y + \Delta y) - f(x;y)$$

erhalten, wenn Δx und Δy klein sind? Erwartungsgemäß wird die Schätzung die partiellen Ableitungen f_x und f_y im Punkt $(x;y)$ enthalten (Bild 12.26).

Betrachten wir eine Funktion f zweier Variabler. Angenommen, f ordnet jedem Punkt $(x;y)$ in der Ebene (oder in einem ebenen Gebiet) eine Zahl zu, die durch $f(x;y)$ oder z bezeichnet wird. Wenn wir uns vom Punkt $(x;y)$ zum Punkt $(x + \Delta x; y + \Delta y)$ bewegen, ändert sich der Wert der Funktion um einen Betrag, den wir mit Δf oder Δz bezeichnen:

$$\Delta f = \Delta z = f(x + \Delta x; y + \Delta y) - f(x;y).$$

Im Bild 12.27 ist Δf (wenn positiv) die Länge der Strecke $\overline{ST}$.

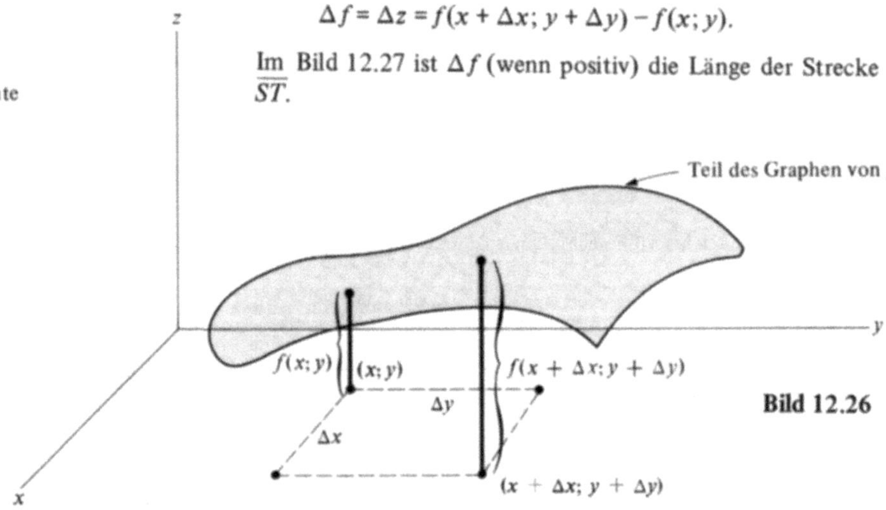

Bild 12.26

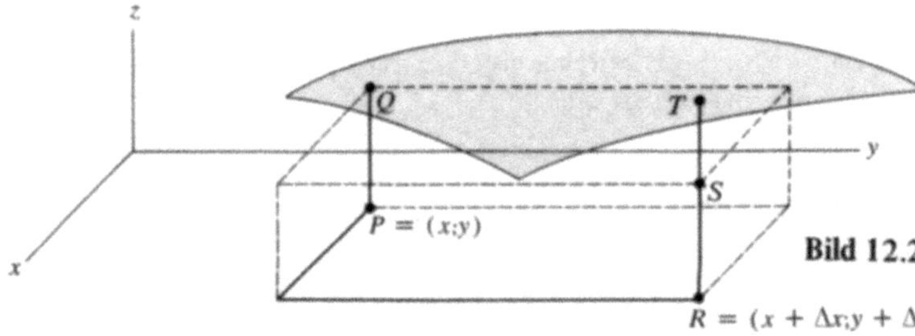

Bild 12.27

Das Diagramm zeigt zwei Punkte Q und T auf dem Graphen von f. Der Einfachheit halber nehmen wir an, daß $f(x;y)$ und $f(x+\Delta x;y+\Delta y)$ positiv seien und entnehmen der Zeichnung

$$\overline{PQ}=f(x;y) \quad \text{und} \quad \overline{RT}=f(x+\Delta x;y+\Delta y).$$

Aus $\overline{RS}=\overline{PQ}$ ergibt sich

$$\begin{aligned}\Delta f &= f(x+\Delta x;y+\Delta y)-f(x;y)\\ &= \overline{RT}-\overline{PQ}\\ &= \overline{RT}-\overline{RS}\\ &= \overline{ST}.\end{aligned}$$

Das Diagramm legt den folgenden Weg zur Abschätzung von Δf nahe. Wir betrachten in der xy-Ebene den Weg von $P=(x;y)$ nach $R=(x+\Delta x;y+\Delta y)$, der durch den Punkt $C=(x+\Delta x;y)$ geht und aus zwei Strecken besteht. Von P nach C ändert sich nur die x-Koordinate, von C nach R nur die y-Koordinate. Die Veränderung von f kann auf jedem dieser beiden Teile des Weges durch ein Differential abgeschätzt werden, wie dies in Abschnitt 6.9 besprochen wurde. Von P nach C verändert sich nämlich nur eine Variable, x, und von C nach R wiederum nur eine Variable, y. Die Summe dieser beiden Schätzungen ergibt eine Abschätzung für die gesamte Veränderung Δf (Bild 12.28).

Betrachten wir nur den Teil des Graphen von f, der oberhalb der Strecken $\overline{PC}$ und $\overline{CR}$ liegt, also die beiden Kurven QU und UT. Die Punkte Q, V und S liegen auf einer horizontalen Ebene, und die Strecke $\overline{UW}$ ist ebenfalls horizontal.

Aus dem Diagramm entnehmen wir

$$\begin{aligned}\Delta f &= \overline{ST}\\ &= \overline{SW}+\overline{WT}\\ &= \overline{VU}+\overline{WT}.\end{aligned}$$

Nun folgt für ein X zwischen x und $x+\Delta x$ (da y festgehalten wird und nur x variiert) nach dem Mittelwertsatz

$$\overline{VU}=f(x+\Delta x;y)-f(x;y)=f_x(X;y)\,\Delta x.$$

Ebenso ergibt sich für ein Y zwischen y und $y+\Delta y$ (da y variiert, während die x-Koordinate bei $x+\Delta x$ festgehalten wird)

$$\begin{aligned}\overline{WT}&=f(x+\Delta x;y+\Delta y)-f(x+\Delta x;y)\\ &=f_y(x+\Delta x;Y)\,\Delta y.\end{aligned}$$

Es folgt:

$$\Delta f=f_x(X;y)\,\Delta x+f_y(x+\Delta x;Y)\,\Delta y. \tag{1}$$

Diese Gleichung ist der Schlüssel zum nächsten Theorem; man diskutiere sie genau.

Streben Δx und Δy nach Null, so nähern sich sowohl $(X;y)$ als auch $(x+\Delta x;Y)$ dem Punkt $(x;y)$. Aus der Stetigkeit von f_x und f_y können wir

$$f_x(X;y)=f_x(x;y)+\epsilon_1$$

und

$$f_y(x+\Delta x;Y)=f_y(x;y)+\epsilon_2$$

schließen, wobei $\epsilon_1\to 0$ und $\epsilon_2\to 0$, wenn Δx und Δy nach Null streben. Aus Gl. (1) erhalten wir das folgende wichtige Resultat, das noch öfter benötigt werden wird.

Theorem: Besitzt f stetige partielle Ableitungen f_x und f_y, dann ist die Differenz $\Delta f=f(x+\Delta x;y+\Delta y)-f(x;y)$ von der Form

$$\Delta f=f_x(x;y)\,\Delta x+f_y(x;y)\,\Delta y+\epsilon_1\Delta x+\epsilon_2\Delta y,$$

wobei $\epsilon_1\to 0$ und $\epsilon_2\to 0$, wenn Δx und Δy nach Null streben. ●

Sind Δx und Δy klein, so können die Beiträge $\epsilon_1\Delta x$ und $\epsilon_2\Delta y$ als Produkte von kleinen Größen üblicherweise im Vergleich mit $f_x(x;y)\,\Delta x$ und $f_y(x;y)\,\Delta y$ vernachlässigt

Die Kurven QU und UT liegen auf der Fläche mit der Gleichung $z=f(x;y)$

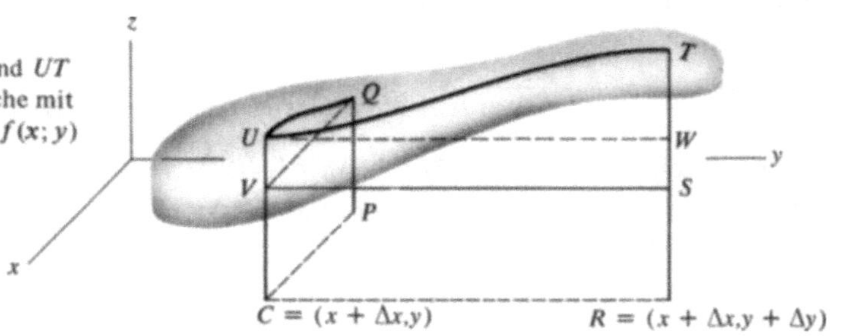

Bild 12.28

werden. (Sofern $f_x(x;y)$ und $f_y(x;y)$ nicht Null sind.) Aus diesem Grund stellt $f_x(x;y)\Delta x + f_y(x;y)\Delta y$ oft eine gute Schätzung von Δf dar, wenn Δx und Δy klein sind. Die Ähnlichkeiten mit dem Fall einer Funktion von einer Variablen führen uns zu der folgenden Definition.

Definition des Differentials: Ist f eine Funktion von zwei Variablen und sind $x, y, \Delta x, \Delta y$ Zahlen, so wird der Ausdruck

$$f_x(x;y)\Delta x + f_y(x;y)\Delta y$$

das *Differential von f* an der Stelle $x, y, \Delta x, \Delta y$ genannt und mit df (oder dz) bezeichnet.

Man beachte, daß das Differential als Funktion von vier Variablen $x, y, \Delta x, \Delta y$ gegeben ist. Es wird vor allem dann verwendet, wenn Δx und Δy klein sind.

Beispiel 1: Es sei f durch die Formel $f(x;y) = x^2y^3$ gegeben. Man berechne Δf und df für $x = 2$, $y = 1$, $\Delta x = 0{,}1$ und $\Delta y = 0{,}05$.

Lösung: In diesem Fall erhalten wir $x + \Delta x = 2{,}1$ und $y + \Delta y = 1{,}05$ und weiter

$$\begin{aligned}\Delta f &= f(2{,}1;1{,}05) - f(2{,}1)\\ &= (2{,}1)^2(1{,}05)^3 - 2^2\cdot 1^3 = 5{,}105\,126\,25 - 4\\ &= 1{,}105\,126\,25.\end{aligned}$$

Um das Differential

$$df = f_x(2{,}1)\Delta x + f_y(2{,}1)\Delta y$$

zu bestimmen, gehen wir von den partiellen Ableitungen

$$f_x(x;y) = 2xy^3 \quad \text{und} \quad f_y(x;y) = 3x^2y^2$$

aus und erhalten

$$\begin{aligned}df &= 2(2)(1)^3(0{,}1) + 3(2)^2(1)^2(0{,}05)\\ &= 0{,}4 + 0{,}6\\ &= 1.\end{aligned}$$

In diesem Fall war Δf schwer zu berechnen und führte zu 1,105 126 25, während eine einfache Rechnung für das Differential $df = 1$, als eine gute Näherung von Δf, ergab. ●

Das nächste Beispiel ist analog zu Beispiel 1, ist jedoch der Praxis entnommen.

Beispiel 2: Die Dimensionen einer zylindrischen Blechdose ändern sich von 3 cm Radius und 4 cm Höhe auf 2,9 cm Radius und 4,2 cm Höhe. Man schätze die Änderung des Volumens ab.

Lösung: In diesem Falle ist das Volumen eine Funktion der beiden Variablen r und h, $V(r;h) = \pi r^2 h$. Wir wollen

$$\Delta V = V(2{,}9;4{,}2) - V(3;4)$$

abschätzen. Mit Hilfe der Darstellung

$$\Delta V = V(3 + (-0{,}1); 4 + (0{,}2)) - V(3;4)$$

können wir anstelle von ΔV das Differential

$$dV = V_r(3;4)\Delta r + V_h(3;4)\Delta h$$

als Abschätzung für ΔV bestimmen.

Zunächst gilt $\Delta r = -0{,}1$, $\Delta h = 0{,}2$ und $V_r = 2\pi rh$, $V_h = \pi r^2$. Es folgt

$$V_r(3;4) = 24\pi \quad \text{und} \quad V_h(3;4) = 9\pi.$$

Daher ergibt sich für ΔV näherungsweise

$$24\pi\cdot(-0{,}1) + 9\pi\cdot 0{,}2 = -0{,}6\pi.$$

Die direkte Berechnung zeigt uns $\Delta V = -0{,}678\pi$ (das negative Vorzeichen stellt die Abnahme des Volumens dar.) ●

Beispiel 3: Eine Schachtel der Höhe y hat eine quadratische Basisfläche mit der Seitenlänge x. Wir bestimmen nun x mit einem möglichen Fehler von 2 % und y mit einem möglichen Fehler von 3 %. Wie groß ist der maximal mögliche Fehler, der sich aus diesen beiden Fehlern für die Abschätzung des Volumens x^2y ergibt. Daß möglicherweise x mit einem Fehler von 2 % und y mit einem Fehler von 3 % behaftet sind, kommt durch die folgenden beiden Ungleichungen zum Ausdruck:

$$\frac{|\Delta x|}{x} \leqslant 0{,}02 \quad \text{und} \quad \frac{|\Delta y|}{y} \leqslant 0{,}03.$$

Das Volumen x^2y^2 ist eine Funktion von x und y:

$$V = f(x;y) = x^2y.$$

Wie groß kann nun

$$\frac{|\Delta f|}{f}$$

werden? Es ist günstiger anstelle von Δf die Größe

$$\begin{aligned}df &= f_x\Delta x + f_y\Delta y\\ &= 2xy\,\Delta x + x^2\Delta y\end{aligned}$$

zu betrachten.

Weiter ergibt sich dann

$$\frac{df}{f} = \frac{2xy\,\Delta x + x^2\,\Delta y}{x^2 y}$$

$$= \frac{2xy\,\Delta x}{x^2 y} + \frac{x^2\,\Delta y}{x^2 y}$$

$$= 2\frac{\Delta x}{x} + \frac{\Delta y}{y}.$$

Wir können weiter folgern

$$\frac{|df|}{f} \leqslant 2\frac{|\Delta x|}{x} + \frac{|\Delta y|}{y} \leqslant 2(0{,}02) + 0{,}03 = 0{,}07.$$

Man beachte, daß die Exponenten der Funktion x^2y hier als Koeffizienten auftreten.

Da $|df|/f$ eine gute Schätzung für $|\Delta f|/f$ darstellt, liegt der Fehler des Volumens höchstens bei etwa 7 %. Wenn wir x unterschätzen und y überschätzen, kann der Fehler des Volumens natürlich viel geringer, vielleicht sogar Null sein. •

Für Funktionen einer Variablen stellt das Differential die Änderung von y entlang der Tangente dar (siehe Abschnitt 6.9). Wir werden nun zeigen, daß für Funktionen zweier Variabler das Differential die Änderung von z in einer bestimmten Ebene angibt. Zunächst werden wir diese Ebene beschreiben.

Wir bezeichnen den Teil des Graphen von f, der oberhalb der Strecke von $(x;y)$ nach $(x + \Delta x;y)$ liegt, durch C_x (dies ist die Kurve QU in Bild 12.28). Analog bezeichnen wir die Kurve oberhalb der Strecke von $(x;y)$ nach $(x;y + \Delta y)$ durch C_y. Es sei T_x die Tangente an C_x im Punkt oberhalb $(x;y)$. Analog sei T_y die Tangente an C_y im gleichen Punkt.

Dann gibt $f_x\,(x;y)\,\Delta x$ die Änderung von z, wenn wir uns entlang T_x vom Punkt oberhalb $(x;y)$ zum Punkt oberhalb $(x + \Delta x;y)$ bewegen. In gleicher Weise gibt $f_y(x;y)\,\Delta y$ die Änderung von z, wenn wir vom Punkt oberhalb $(x;y)$ zum Punkt oberhalb $(x;y + \Delta y)$ gehen. Die Geraden T_x und T_y bestimmen eine Ebene (die sogenannte *Tangentialebene*, die wir in Abschnitt 20.8 besprechen werden).

Bild 12.29 zeigt C_x, T_x, C_y, T_y und die Tangentialebene. Bild 12.30 zeigt die Änderung $\overline{AB}$ von z, wenn wir uns in der Tangentialebene vom Punkt oberhalb $(x;y)$ zum Punkt oberhalb $(x + \Delta x;y + \Delta y)$ begeben.

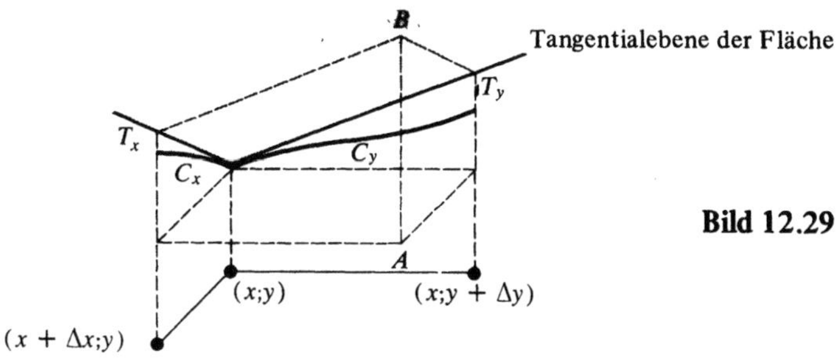

Bild 12.29

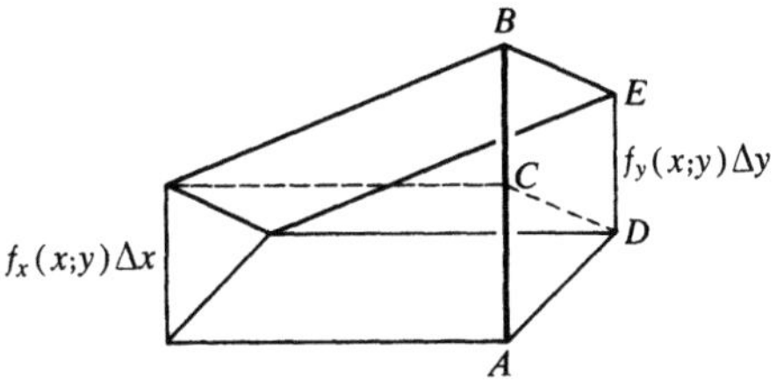

Bild 12.30

Man beachte $\overline{CB} = \overline{DE}$. Daraus ergibt sich

$$\begin{aligned}\overline{AB} &= \overline{AC} + \overline{CB}\\ &= f_x(x;y)\,\Delta x + \overline{DE}\\ &= f_x(x;y)\,\Delta x + f_y(x;y)\,\Delta y\\ &= df.\end{aligned}$$

Damit ist das Differential df auf die Strecke $\overline{AB}$ zurückgeführt, die uns die Änderung von f angibt, wenn wir in der Tangentialebene von $(x;y)$ nach $(x + \Delta x;y + \Delta y)$ gehen.

Übungen:

In den Übungen 1 bis 3 berechne man Δf und df aus den Angaben:

1. $f(x;y) = xy$, $x = 2$, $y = 3$, $\Delta x = 0{,}1$, $\Delta y = 0{,}2$
2. $f(x;y) = 2x + 3y$, $x = 3$, $y = 4$, $\Delta x = 0{,}1$, $\Delta y = -0{,}3$
3. $f(x;y) = x/y$, $x = 2$, $y = 1$, $\Delta x = 0{,}1$, $\Delta y = -0{,}2$

In den Übungen 4 bis 6 berechne man df aus den Angaben:

4. $f(x;y) = x^3y^4$, $x = 1$, $y = 2$, $\Delta x = 0{,}1$, $\Delta y = -0{,}1$
5. $f(x;y) = \sqrt{x^2 + y^2}$, $x = 3$, $y = 4$, $\Delta x = 0{,}02$, $\Delta y = 0{,}03$
6. $f(x;y) = \ln(x + 2y)$, $x = 2$, $y = 3$, $\Delta x = -0{,}1$, $\Delta y = 0{,}2$

In den Übungen 7 bis 10 wird x mit einem möglichen Fehler von 3 % und y mit einem möglichen Fehler von 4 % gemessen. Man diskutiere den maximal möglichen Fehler bei der Messung der angegebenen Größe.

7. x^3y^2
8. x^5y
9. x^3/y^2
10. x^my^n (wobei m und n konstant sind).

In den Übungen 11 bis 14 verwende man ein geeignetes Differential zur Abschätzung der angegebenen Differenz.

11. $3{,}1^3 2{,}8^2 - 3^3 3^2$ **12.** $\sqrt{3{,}1^2 + 4{,}2^2} - \sqrt{3^2 + 4^2}$

13. $\ln[1{,}1^3 + 2{,}3^3] - \ln 9$ **14.** $\frac{1{,}1^3}{0{,}8^2} - \frac{1^3}{1^2}$

■

15. Es sei $f(x;y) = Ax + By + C$ mit den Konstanten A, B und C. Man zeige, daß für alle Werte von Δx und Δy gilt $df = \Delta f$.

16. (Diese Übung setzt das Beispiel 2 fort und vergleicht dV mit ΔV.) Man ergänze die folgende Tabelle. [ΔV steht für $V(3 + \Delta r; 4 + \Delta h) - V(3;4)$, während dV den Ausdruck $V_r(3;4)\Delta r + V_h(3;4)\Delta h$ bezeichnet.]

Δr	Δh	dV	ΔV	$\Delta V/dV$
$-0{,}1$	$0{,}2$	$-0{,}6\pi$	$-0{,}678\pi$	$1{,}13$
$0{,}1$	$0{,}2$			
$0{,}01$	$0{,}003$			
$0{,}001$	$-0{,}001$			

17. Das Theorem dieses Abschnitts wurde mit Hilfe eines Weges von $(x;y)$ nach $(x + \Delta x; y)$ und dann nach $(x + \Delta x; y + \Delta y)$ hergeleitet. Man beweise das Theorem nun mit Hilfe eines Weges, der durch den Punkt $(x; y + \Delta y)$ anstatt durch den Punkt $(x + \Delta x; y)$ geht.

18. Das Theorem dieses Abschnitts kann ohne Bezug auf irgendwelche Zeichnungen bewiesen werden. Im folgenden die Skizze eines rein algebraischen Beweises:

(*a*) Man beweise

$$[f(x + \Delta x; y + \Delta y) - f(x + \Delta x; y)] + [f(x + \Delta x; y) - f(x;y)] = \Delta f.$$

(*b*) Man wende den Mittelwertsatz auf jeden der Klammerausdrücke (*a*) an und beweise das Theorem.

19. u sei eine Funktion von x, y und z (so ist etwa das Volumen eines Quaders durch das Produkt seiner Abmessungen xyz gegeben).

(*a*) Man berechne analog zu dem Theorem für Δf eine Formel für Δu und benutze hierzu die Methoden von Übung 18.

(*b*) Man zeige mit Hilfe von (*a*), daß $u_x \Delta x + u_y \Delta y + u_z \Delta z$ eine gute Näherung für Δu darstellt.

(*c*) Man verwende (*a*), um das Theorem auf Funktionen dreier Variabler zu verallgemeinern.

20. (*a*) Man zeichne das Gebiet der Ebene $x + y = 1$, das oberhalb der xy-Ebene, rechts von der xz-Ebene, vor der yz-Ebene und unterhalb der Fläche $z = x^2 + y^2$ liegt.

(*b*) Man bestimmt die Fläche des Gebietes aus (*a*).

12.6 Die Kettenregeln

Das Theorem aus Abschnitt 12.5 führt uns auf die Kettenregeln zur Differentiation zusammengesetzter Funktionen in mehr als einer Variablen. Das erste Theorem dieses Abschnitts behandelt die Funktion z der Variablen x und y, wobei x und y selbst Funktionen einer weiteren Variablen sind. Theorem 2 behandelt die Funktion z der Variablen x und y, wenn x und y selbst wieder Funktionen von zwei Variablen sind.

Theorem 1: (*Kettenregel*). Die Funktion $z = f(x;y)$ habe die stetigen partiellen Ableitungen f_x und f_y. Ferner seien $x = g(t)$ und $y = h(t)$ differenzierbare Funktionen in t. Dann ist z eine zusammengesetzte Funktion der Variablen t und es gilt

$$\frac{dz}{dt} = z_x \frac{dx}{dt} + z_y \frac{dy}{dt}.$$

Beweis: Wir gehen von der Definition

$$\frac{dz}{dt} = \lim_{\Delta t \to 0} \frac{\Delta z}{\Delta t}$$

aus und erhalten in Abhängigkeit von Δt für x und y die Änderungen Δx und Δy. Aus dem Theorem des Abschnittes 12.5 ergibt sich

$$\Delta z = f_x(x;y)\Delta x + f_y(x;y)\Delta y + \epsilon_1 \Delta x + \epsilon_2 \Delta y,$$

wobei ϵ_1 und ϵ_2 mit Δx und Δy nach Null gehen. (Man beachte, daß x und y festgehalten werden.) Weiter folgt

$$\frac{\Delta z}{\Delta t} = f_x(x;y)\frac{\Delta x}{\Delta t} + f_y(x;y)\frac{\Delta y}{\Delta t} + \epsilon_1 \frac{\Delta x}{\Delta t} + \epsilon_2 \frac{\Delta y}{\Delta t}$$

und

$$\frac{dz}{dt} = \lim_{\Delta t \to 0} \frac{\Delta z}{\Delta t} = f_x(x;y)\frac{dx}{dt} + f_y(x;y)\frac{dy}{dt} + 0\frac{dx}{dt} + 0\frac{dy}{dt}$$

Damit ist das Theorem bewiesen. ●

Wir veranschaulichen Theorem 1 durch einige Beispiele.

Beispiel 1: Es sei $z = x^2y^3$ und $x = 3t^2$, $y = t/3$. Man bestimme dz/dt für $t = 1$.

Lösung: Um Theorem 1 anzuwenden, berechne man z_x, z_y, dx/dt und dy/dt:

$$z_x = 2xy^3, \qquad z_y = 3x^2y^2,$$

$$\frac{dx}{dt} = 6t, \qquad \frac{dy}{dt} = \frac{1}{3}.$$

Aus Theorem 1 ergibt sich

$$\frac{dz}{dt} = 2xy^3 \cdot 6t + 3x^2y^2 \cdot \frac{1}{3}.$$

Insbesondere erhalten wir für $t = 1$ nun $x = 3$, $y = \frac{1}{3}$ und weiter

$$\begin{aligned}\frac{dz}{dt} &= 2 \cdot 3\left(\frac{1}{3}\right)^3 6 + 3 \cdot 3^2\left(\frac{1}{3}\right)^2 \frac{1}{3}\\ &= \frac{36}{27} + \frac{27}{27}\\ &= \frac{7}{3}.\end{aligned}$$

Die Ableitung dz/dt kann auch ohne Zuhilfenahme von Theorem 1 aufgefunden werden. Hierzu stellen wir z direkt durch t dar.

$$\begin{aligned}z = x^2y^3 &= (3t^2)^2\left(\frac{t}{3}\right)^3\\ &= \frac{t^7}{3}.\end{aligned}$$

Wir differenzieren

$$\frac{dz}{dt} = \frac{7t^6}{3}.$$

Für $t = 1$ folgt

$$\frac{dz}{dt} = \frac{7}{3}.$$

Dies stimmt mit unserer ersten Berechnung überein. ●

Beispiel 2: Zur Zeit t, in Minuten gemessen, befindet sich ein Käfer in der xy-Ebene am Punkt $(g(t), f(t))$. Abstände werden in Metern gemessen. Die Temperatur im Punkt xy beträgt e^{-x-2y} in Grad Celsius. Der Käfer bewegt sich von Punkt $(0; 0)$ aus mit einer Geschwindigkeit von 2 m/min ($dx/dt = 2$) nach Osten und mit einer Geschwindigkeit von 3 m/min ($dy/dt = 3$) nach Norden (Bild 12.31). Mit welcher Geschwindigkeit verändert sich für den Käfer die Bodentemperatur? Mit anderen Worten: Man betrachte die Temperatur z als Funktion der Zeit und bestimme dz/dt.

Lösung: In diesem Fall, $z = e^{-x-2y}$, erhalten wir aus Theorem 1

$$\frac{dz}{dt} = \frac{\partial z}{\partial x}\frac{dx}{dt} + \frac{\partial z}{\partial y}\frac{dy}{dt}.$$

Für

$$\frac{\partial z}{\partial x} = -e^{-x-2y} \quad \text{und} \quad \frac{\partial z}{\partial y} = -2e^{-x-2y}$$

ergibt sich im Punkt $(x; y) = (0; 0)$

$$\frac{\partial z}{\partial x} = -1 \quad \text{und} \quad \frac{\partial z}{\partial y} = -2$$

$$\frac{dx}{dt} = 2 \quad \text{und} \quad \frac{dy}{dt} = 3.$$

So ändert sich für den Käfer auf seinem Weg durch den Ursprung die Temperatur mit einer Rate von

$$\begin{aligned}\frac{dz}{dt} &= (-1) \cdot 2 + (-2) \cdot 3\\ &= -8\ ^\circ\text{C/min}.\end{aligned}$$

Für den Käfer sinkt die Temperatur mit einer Rate von 8 °C/min. Diese Änderungsrate hängt nicht nur von der Temperaturfunktion e^{-x-2y} ab, sondern auch von der Geschwindigkeit und der Bewegungsrichtung des Käfers. ●

Das nächste Theorem verallgemeinert Theorem 1 auf den Fall, in dem x und y ihrerseits Funktionen zweier Variabler t und u sind.

Theorem 2 (*Kettenregel*): Die Funktion $z = f(x; y)$ habe die stetigen partiellen Ableitungen f_x und f_y. Ferner seien x und y differenzierbare Funktionen von t und u. Dann ist z indirekt ebenfalls Funktion von t und u und es gilt

$$\frac{\partial z}{\partial t} = z_x\frac{\partial x}{\partial t} + z_y\frac{\partial y}{\partial t} \quad \text{und} \quad \frac{\partial z}{\partial u} = z_x\frac{\partial x}{\partial u} + z_y\frac{\partial y}{\partial u}.$$

Beweis: Der Beweis stimmt im wesentlichen mit dem für Theorem 1 überein und wird daher nur skizziert. Um

$$\frac{\partial z}{\partial t} = \lim_{\Delta t \to 0}\frac{\Delta z}{\Delta t}$$

zu bestimmen, halten wir u fest und variieren t um den Betrag Δt. Dann ändert sich x um den Betrag Δx und y um Δy.

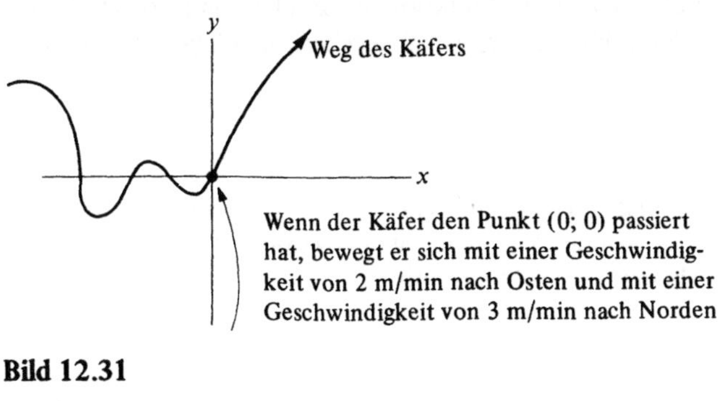

Bild 12.31

Aus dem Theorem von Abschnitt 12.5 folgt

$$\Delta z = z_x \Delta x + z_y \Delta y + \epsilon_1 \Delta x + \epsilon_2 \Delta y, \tag{1}$$

wobei ϵ_1 und ϵ_2 mit Δx und Δy nach Null gehen. Wir teilen Gl. (1) durch Δt und rufen uns die Definitionen

$$\lim_{\Delta t \to 0} \frac{\Delta x}{\Delta t} = \frac{\partial x}{\partial t} \quad \text{und} \quad \lim_{\Delta t \to 0} \frac{\Delta y}{\Delta t} = \frac{\partial y}{\partial t}$$

in Erinnerung. Mit ihrer Hilfe kann der Beweis in ähnlicher Weise wie für Theorem 1 zu Ende geführt werden. ●

Beispiel 3: Gegeben sei $z = e^{xy}$, $x = 3t + 2u$ und $y = 4t - 2u$. Man bestimme

$$\frac{\partial z}{\partial t} \quad \text{und} \quad \frac{\partial z}{\partial u}.$$

Lösung: Ausgehend von

$$z_x = y e^{xy}, \qquad z_y = x e^{xy},$$

$$\frac{\partial x}{\partial t} = 3, \qquad \frac{\partial y}{\partial t} = 4,$$

$$\frac{\partial x}{\partial u} = 2, \qquad \frac{\partial y}{\partial u} = -2$$

erhalten wir nach Theorem 2

$$\begin{aligned}\frac{\partial z}{\partial t} &= z_x \frac{\partial x}{\partial t} + z_y \frac{\partial y}{\partial t} \\ &= y e^{xy} \cdot 3 + x e^{xy} \cdot 4 \\ &= (3y + 4x) e^{xy}\end{aligned}$$

und

$$\begin{aligned}\frac{\partial z}{\partial u} &= z_x \frac{\partial x}{\partial u} + z_y \frac{\partial y}{\partial u} \\ &= y e^{xy} \cdot 2 + x e^{xy} \cdot (-2) \\ &= (2y - 2x) e^{xy}.\end{aligned}$$

Wir können $\partial z/\partial t$ und $\partial z/\partial u$ auch ohne Kettenregel bestimmen. Dazu untersuchen wir

$$z = e^{xy} = e^{(3t+2u)(4t-2u)}$$

und berechnen $\partial z/\partial t$ und $\partial z/\partial u$ direkt. Ein Vergleich mit der Herleitung nach Theorem 2 ist instruktiv. ●

Die Kettenregeln aus Theorem 1 und 2 werden häufig zum Beweis von Theoremen, zur Diskussion einer großen Klasse von Funktionen und zur Berechnung partieller Ableitungen gegebener Funktionen herangezogen. Die nächsten drei Beispiele und der Beweis von Theorem 3 zeigen die ersten zwei dieser Anwendungen der Kettenregeln.

Beispiel 4: Es sei $z = f(x; y)$ mit $x = t - u$ und $y = -t + u$. Man zeige

$$\frac{\partial z}{\partial t} + \frac{\partial z}{\partial u} = 0.$$

Lösung: Zunächst ergibt eine direkte Berechnung

$$\frac{\partial x}{\partial t} = 1, \quad \frac{\partial x}{\partial u} = -1, \quad \frac{\partial y}{\partial t} = -1, \quad \frac{\partial y}{\partial u} = 1.$$

Aus Theorem 2 folgt:

$$\begin{aligned}\frac{\partial z}{\partial t} &= f_x \frac{\partial x}{\partial t} + f_y \frac{\partial y}{\partial t} \\ &= f_x \cdot 1 + f_y \cdot (-1) \\ &= f_x - f_y.\end{aligned}$$

Analog erhalten wir:

$$\begin{aligned}\frac{\partial z}{\partial u} &= f_x \frac{\partial x}{\partial u} + f_y \frac{\partial y}{\partial u} \\ &= f_x \cdot (-1) + f_y \cdot (1) \\ &= -f_x + f_y.\end{aligned}$$

Somit ergibt sich insgesamt

$$\frac{\partial z}{\partial t} + \frac{\partial z}{\partial u} = (f_x - f_y) + (-f_x + f_y) = 0.$$

Man beachte, daß die letzte Relation für jede Funktion f mit stetigen partiellen Anleitungen gilt und nur davon abhängt, in welcher Weise x und y als Funktion von u und t gegeben sind. ●

Beispiel 5: Eine Funktion $y = g(x)$ ist implizit als Lösung der Gleichung $f(x; y) = 0$ gegeben. Man beweise

$$\frac{dy}{dx} = -\frac{f_x}{f_y}.$$

Lösung: Es sei $z = f(x; y)$. Da $y = g(x)$ eine Funktion von x ist, können wir auch z als Funktion von x betrachten. Aus Theorem 1 ergibt sich mit $t = x$

$$\frac{dz}{dx} = f_x \frac{dx}{dx} + f_y \frac{dy}{dx}. \tag{2}$$

Aus der Definition von g ergibt sich $f(x; g(x)) = 0$ und somit $dz/dx = 0$. Ferner gilt $dx/dx = 1$. Damit reduziert sich Gl. (2) auf

$$0 = f_x + f_y \frac{dy}{dx}$$

Auflösung dieser Gleichung nach dy/dx vollendet den Beweis. ●

Beispiel 6: Es sei $z = f(x; y)$ und $x = r\cos\theta$, $y = r\sin\theta$. Daher ist z eine Funktion von r und θ, $z = g(r; \theta)$. Man stelle g_{rr} durch die partiellen Ableitungen von f dar.

Lösung: Zunächst bestimmen wir g_r mit Hilfe der Kettenregel aus Theorem 2:

$$g_r = f_x \frac{\partial x}{\partial r} + f_y \frac{\partial y}{\partial r}$$

oder

$$g_r = f_x \cos\theta + f_y \sin\theta.$$

Nun differenzieren wir nochmals, um g_{rr} zu erhalten:

$$g_{rr} = \frac{\partial(g_r)}{\partial r} = f_x \frac{\partial(\cos\theta)}{\partial r} + \cos\theta \frac{\partial(f_x)}{\partial r} + f_y \frac{\partial(\sin\theta)}{\partial r} + \sin\theta \frac{\partial(f_y)}{\partial r}. \tag{3}$$

Da θ während der partiellen Ableitung nach r konstant gehalten wird, ergibt sich

$$\frac{\partial(\cos\theta)}{\partial r} = 0 \quad \text{und} \quad \frac{\partial(\sin\theta)}{\partial r} = 0.$$

Zur Bestimmung von $\partial(f_x)/\partial r$ und $\partial(f_y)/\partial r$ benutzen wir die Kettenregel

$$\frac{\partial(f_x)}{\partial r} = \frac{\partial(f_x)}{\partial x}\frac{\partial x}{\partial r} + \frac{\partial(f_x)}{\partial y}\frac{\partial y}{\partial r} = f_{xx}\cos\theta + f_{xy}\sin\theta \tag{4}$$

und

$$\frac{\partial(f_y)}{\partial r} = \frac{\partial(f_y)}{\partial x}\frac{\partial x}{\partial r} + \frac{\partial(f_y)}{\partial y}\frac{\partial y}{\partial r} = f_{yx}\cos\theta + f_{yy}\sin\theta. \tag{5}$$

Aus den Gln. (3), (4) und (5) können wir zusammenfassen:

$$\begin{aligned} g_{rr} &= \cos\theta\,(f_{xx}\cos\theta + f_{xy}\sin\theta) + \\ &\quad + \sin\theta\,(f_{yx}\cos\theta + f_{yy}\sin\theta) \\ &= f_{xx}\cos^2\theta + 2f_{xy}\cos\theta\sin\theta + f_{yy}\sin^2\theta. \end{aligned}$$ ●

Wir haben uns bisher nur mit Funktionen zweier Variabler beschäftigt; die Verallgemeinerung auf Funktionen von drei oder mehr Variablen ist jedoch einfach. So ist etwa die Anzahl der in einem Sommer verkauften Klimaanlagen eine Funktion von (mindestens) vier Variablen: Temperatur T, Preis p, Anzahl neuer Häuser h und verfügbares Gesamteinkommen i; also $A = f(T; p; h; i)$. (Die stetige Funktion f möge die Anzahl der tatsächlich verkauften Klimaanlagen näherungsweise angeben.) In diesem Falle ergeben sich vier partielle Ableitungen; $\partial A/\partial T$ bestimmt den Einfluß der Temperatur, $\partial A/\partial p$ den Einfluß des Preises, $\partial A/\partial h$ den Einfluß der Bautätigkeit und $\partial A/\partial i$ den Einfluß des verfügbaren Einkommens auf A. Jede dieser vier partiellen Ableitungen zeigt uns die Veränderung von A, falls eine der Variablen sich ändert, während die anderen konstant gehalten werden.

Ebenso hängt die Temperatur T in einem Körper vom betrachteten Punkt $(x; y; z)$ und der Zeit t ab: $T = f(x; y; z; t)$. In diesem Falle stellt $\partial T/\partial t$ die Änderungsrate der Temperatur in einem bestimmten Punkt als Funktion der Zeit dar; $\partial T/\partial x$ ist die Änderungsrate der Temperatur entlang einer Parallelen zur x-Achse zu einem festgehaltenen Zeitpunkt (wobei y, z und t konstant sind) usw.

Die Theoreme 1 und 2 können auf Funktionen von mehr als zwei Variablen verallgemeinert werden. Dabei ändert sich in den Sätzen und Beweisen nur je nach Anzahl der betrachteten Variablen die Anzahl der Terme in den verschiedenen Summen.

Der Rest dieses Abschnitts behandelt ein Spezialproblem und kann ausgelassen werden.

Eine Funktion f heißt *homogen vom Grad n*, wenn für alle positiven Zahlen k gilt

$$f(kx; ky) = k^n f(x; y).$$

So ist beispielsweise die Funktion $f(x; y) = x^3 + y^3$ homogen vom Grade 3, denn es gilt

$$f(kx; ky) = (kx)^3 + (ky)^3 = k^3(x^3 + y^3) = k^3 f(x; y).$$

In der Wirtschaftstheorie sind homogene Funktionen vom Grad 1 wichtig; derartige Funktionen haben die Eigenschaft

$$f(kx; ky) = kf(x; y).$$

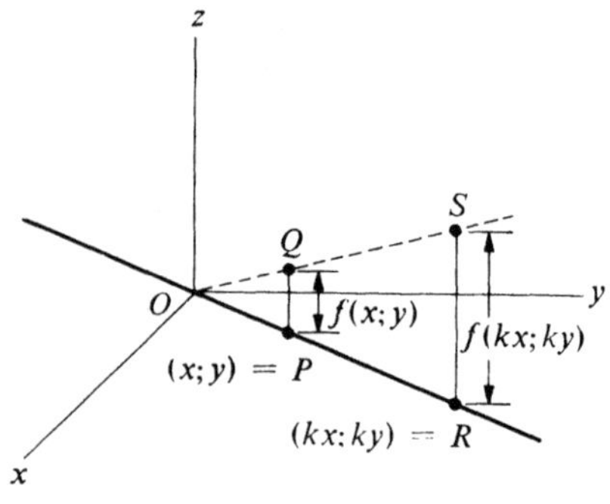

Bild 12.32

Bild 12.32 zeigt diese Eigenschaft (für positives $k, f(x;y)$ und $f(kx, ky)$). Man beachte

$$\frac{\overline{RS}}{\overline{PQ}} = \frac{f(kx;ky)}{f(x;y)} = \frac{kf(x;y)}{f(x;y)} = k$$

und

$$\frac{\overline{OR}}{\overline{OP}} = \frac{\sqrt{(kx)^2 + (ky)^2}}{\sqrt{x^2 + y^2}} = \frac{k\sqrt{x^2 + y^2}}{\sqrt{x^2 + y^2}} = k$$

Daher ist das Dreieck OPQ ähnlich dem Dreieck ORS und die Punkte O, Q, S liegen auf einer Geraden. Daher ist der Graph von f oberhalb (oder unterhalb) der Geraden OR ebenfalls eine *Gerade*. Der Graph von homogenen Funktionen des Grades 1 besteht aus Geraden durch den Punkt (0; 0; 0).

Nehmen wir etwa an, eine Firma beschäftige x Arbeiter und investiere y DM, um $f(x;y)$-Einheiten zu produzieren. Ist dann die Produktion proportional zum Aufwand, so wird von einer Firma mit kx Arbeitern und einer Investition von ky DM die k-fache Anzahl von Einheiten produziert:

$$f(kx;ky) = kf(x;y).$$

Eine wichtige Eigenschaft homogener Funktionen wird durch das folgende Theorem gegeben.

Theorem 3 (*Eulersches Theorem über homogene Funktionen*): Ist f eine homogene Funktion von Grad n, dann gilt

$$xf_1 + yf_2 = nf,$$

f_1 steht für $\partial f/\partial x$ und f_2 steht für $\partial f/\partial y$.

Beweis: Betrachten wir $z = f(kx;ky)$ und $z = k^n f(x;y)$. Beide Gleichungen drücken z als Funktion der drei Variablen k, x und y aus. Differenzieren wir nun beide Seiten der Gleichung

$$f(kx;ky) = k^n f(x;y) \tag{6}$$

nach k und halten dabei x und y fest. Nach Theorem 2 ergibt die Ableitung der linken Seite von Gl. (6) nach k

$$f_1(kx;ky)\frac{\partial(kx)}{\partial k} + f_2(kx;ky)\frac{\partial(ky)}{\partial k}$$

oder

$$xf_1(kx;ky) + yf_2(kx;ky).$$

Bilden wir andererseits auf der rechten Seite von Gl. (6) die Ableitung nach k, so erhalten wir einfach

$$nk^{n-1}f(x;y).$$

So folgt für alle k, x und y

$$xf_1(kx;ky) + yf_2(kx;ky) = nk^{n-1}f(x;y). \tag{7}$$

Wir setzen schließlich in Gl. (7) für $k = 1$ und kommen zu

$$x_1f_1(x;y) + yf_2(x;y) = nf(x;y).$$

Damit ist der Beweis des Eulerschen Theorems abgeschlossen. ●

Beispiel 7: Man beweise das Eulersche Theorem für die Funktion f:

$$f(x;y) = x^3 + y^3.$$

Lösung: (f ist eine homogene Funktion vom Grad 3.) In diesem Falle gilt

$$f_1(x;y) = 3x^2 \quad \text{und} \quad f_2(x;y) = 3y^2.$$

Ist nun $xf_1(x;y) + yf_2(x;y)$ gleich $3f(x;y)$? Wir bilden

$$\begin{aligned} xf_1(x;y) + yf_2(x;y) &= x \cdot 3x^2 + y \cdot 3y^2 \\ &= 3x^3 + 3y^3 = 3(x^3 + y^3) \\ &= 3f(x;y), \end{aligned}$$

damit ist Theorem 3 verifiziert. ●

In unserem ökonomischen Beispiel nimmt das Eulersche Theorem die Form

$$xf_1(x;y) + yf_2(x;y) = f(x;y)$$

an, da f eine homogene Funktion von Grad 1 ist. In diesem Fall wird f_1 *Grenznutzen des Kapitals* und f_2 *Grenznutzen der Arbeit* genannt. Gl. (8) sagt uns: „Anzahl der Arbeiter × ihrem Grenznutzen + Anzahl des Gesamtkapitals × dessen Grenznutzen gibt die gesamte Produktivität des Unternehmens." So mißt in Gl. (8) der Ausdruck $xf_1(x;y)$ den Beitrag der Arbeit und der Ausdruck $yf_2(x;y)$ den Beitrag des Kapitals.

Übungen:

In den Übungen 1 bis 3 beweise man Theorem 1 und stelle z, dz/dt, z_x, z_y, dx/dt und dy/dt explizit durch t dar.

1. $z = x^2y^3$, $x = t^2$, $y = t^3$
2. $z = xe^y$, $x = t$, $y = 1 + 3t$
3. $z = x^2y^3 + y$, $x = \sin t$, $y = e^t$
4. Man bestimme dz/dt für $z_x = 4$, $z_y = 3$, $\dot{x} = -2$ und $\dot{y} = -1$.
5. Es sei z eine Funktion von x und y, und x und y seien Funktionen von t und u. Man bestimme $\partial z/\partial t$ und $\partial z/\partial u$ für $z_x = 3$, $z_y = 5$, $\partial x/\partial t = 2$, $\partial x/\partial u = -3$, $\partial y/\partial t = 5$, $\partial y/\partial u = 4$.

In den Übungen 6 bis 8 verwende man Theorem 2.

6. Man bestimme $\partial z/\partial u$ für $z = \cos(x + 2y)$ und für $x = 2t + 3u$, $y = 3t - 4u$.
7. (*a*) Man bestimme $\partial z/\partial r$ für $z = x^3 + y^2$, $x = r\cos\theta$ und $y = r\sin\theta$.
   (*b*) Welche Variable wird in der partiellen Ableitung $\partial z/\partial r$ festgehalten?
8. Man bestimme $\partial z/\partial\theta$ und $\partial z/\partial r$ für $z = 1/\sqrt{x^2 + y^2}$, $x = r\cos\theta$ und $y = r\sin\theta$.
9. Für $z = x^3 + \cos xy + utx$ bestimme man $\partial z/\partial x$, $\partial z/\partial y$, $\partial z/\partial u$, $\partial z/\partial t$.
10. Für $z = x_1/x_2 + e^{x_3x_4} + \cos x_1$ bestimme man $\partial z/\partial x_1$ und $\partial z/\partial x_3$. *Anmerkung:* Ist z eine Funktion vieler Variabler, so ist es günstiger, diese mit x_1, x_2, ... zu bezeichnen, als verschiedene Buchstaben des Alphabets zu verwenden.
11. Es sei $z = f(x;y)$ und $x = u + v$, $y = u - v$. Man zeige
$$(\partial z/\partial x)^2 - (\partial z/\partial y)^2 = (\partial z/\partial u)(\partial z/\partial v).$$
12. Es seien u und v differenzierbare Funktionen von t, und es sei f eine stetige Funktion.
   (*a*) Mit Hilfe von Theorem 2 zeige man
$$\frac{d\left(\int_u^v f(x)\,dx\right)}{dt} = f(v)\frac{dv}{dt} - f(u)\frac{du}{dt}.$$
   (*b*) Man verifiziere diese Formel für den Spezialfall
$$f(x) = \cos x, \quad u = t, \quad v = t^2.$$
13. Für $z = f(a + bt; c + dt)$ mit den Konstanten a, b, c, d stelle man dz/dt durch die partiellen Ableitungen von f dar.
14. Für $z = f(u^2 - v^2; v^2 - u^2)$ zeige man
$$u\frac{\partial z}{\partial v} + v\frac{\partial z}{\partial u} = 0.$$
15. Diese Übung setzt Beispiel 6 fort. Man zeige
$$g_{rr} + \frac{1}{r}g_r + \frac{1}{r^2}g_{\theta\theta} = f_{xx} + f_{yy}.$$
   Diese Formel wird in der Physik verwendet.
16. Es sei $u = f(r)$ und $r = (x^2 + y^2 + z^2)^{1/2}$. Man zeige
$$u_{xx} + u_{yy} + u_{zz} = u_{rr} + \frac{2}{r}u_r.$$
17. Es sei z eine Funktion von x und y, ferner sei $x = e^u$ und $y = e^v$. Man zeige
$$z_{uu} + z_{vv} = x^2z_{xx} + y^2z_{yy} + xz_x + yz_y.$$
18. Es sei $x = u\cos\theta - v\sin\theta$ und $y = u\sin\theta + v\cos\theta$. Gegeben sei ferner $f(x;y)$ und man definiere
$$g(u;v) = f(u\cos\theta - v\sin\theta; u\sin\theta + v\cos\theta).$$
   Dann ist zu zeigen
$$f_x^2 + f_y^2 = g_u^2 + g_v^2.$$
19. Es sei $z = r^2 + s^2 + t^2$ und $t = rsu$.
   (*a*) Das Symbol $\partial z/\partial t$ besitzt zwei Bedeutungen. Welche sind dies?
   (*b*) Man berechne $\partial z/\partial t$ für die beiden in (*a*) angegebenen Fälle.
20. Für $u = x^4f(y/x, z/x)$ zeige man $xu_x + yu_y + zu_z = 4u$.
21. Es sei $z = \sin(x - 3y) + \cos(x - 3y)$. Man zeige
$$\frac{\partial^2 z}{\partial y^2} = 9\frac{\partial^2 z}{\partial x^2}.$$

■

22. Es seien $(r;\theta)$ die Polarkoordinaten für den Punkt mit dem rechtwinkeligen Koordinaten $(x;y)$.
   (*a*) Aus $r = \sqrt{x^2 + y^2}$ leite man $\partial r/\partial x = \cos\theta$ her.
   (*b*) Aus $r = x/\cos\theta$ leite man $\partial r/\partial x = 1/\cos\theta$ her.
   (*c*) Wieso stehen (*a*) und (*b*) nicht im Widerspruch zueinander?
23. (*a*) Es sei $z = uv$, wobei u und v differenzierbare Funktionen von x sind. Mit Hilfe von Theorem 1 beweise man die Formel
$$(uv)' = u'v + v'u.$$
   (*b*) Es sei $z = u + v$, wobei u, v differenzierbare Funktionen von x sind. Mit Hilfe von Theorem 1 beweise man die Formel $(u + v)' = u' + v'$.
24. Es sei $T = f(x;y;z)$, wobei x, y und z Funktionen von t sind. (So kann etwa die Temperatur T vom Beobachtungspunkt im Raum abhängen, wobei x, y und z die Position eines Astronauten zur Zeit t angeben.) Man gebe das Analogon zu Theorem 1 für dT/dt an.

Theorem 1 behandelt Funktionen zweier Variabler. Ähnliche Sätze gelten für die Funktionen einer beliebigen endlichen Anzahl von

Variablen. So erhalten wir für eine Funktion z der Variablen x_1, x_2 und x_3 – wenn diese wieder Funktionen von t sind – die Relation

$$\frac{dz}{dt} = \frac{\partial z}{\partial x_1}\frac{dx_1}{dt} + \frac{\partial z}{\partial x_2}\frac{dx_2}{dt} + \frac{\partial z}{\partial x_3}\frac{dx_3}{dt}.$$

Man benutze diese Formel in den Übungen 25 und 26.

25. Mit welcher Rate verändert sich das Volumen eines quaderförmigen Behälters, dessen Breite 3 m beträgt und mit einer Rate von 2 m/s wächst, dessen Länge 8 m beträgt und mit einer Rate von 5 m/s abnimmt und dessen Höhe 4 m beträgt und mit einer Rate von 2 m/s zunimmt.

26. Es sei T die Temperatur im Punkt $(x; y; z)$ des Raumes, $T = f(x; y; z)$. Ein Astronaut bewegt sich derart, daß seine x- und y-Koordinaten mit einer Rate von 4 km/s zunehmen, während seine z-Koordinate mit einer Rate von 3 km/s abnimmt. Man berechne dT/dt an dem Punkt, für den gilt

$$\frac{\partial T}{\partial x} = 4, \quad \frac{\partial T}{\partial y} = 7 \quad \text{und} \quad \frac{\partial T}{\partial z} = 9.$$

■■

27. (*a*) Gibt es eine Funktion $z = f(x; y)$ mit den Eigenschaften $z_x = 2xy$ und $z_y = 2xy$? Wenn dies der Fall ist, bestimme man sie.

(*b*) Gibt es eine Funktion $z = f(x; y)$ mit den Eigenschaften $z_x = 2xy$ und $z_y = x^2 + 3y^2$. Wenn dies der Fall ist, bestimme man sie.

28. Man zeige, daß jede der folgenden Funktionen homogen ist.

(*a*) $f(x; y) = x^2(\ln x - \ln y)$,

(*b*) $f(x; y) = 1/\sqrt{x^2 + y^2}$,

(*c*) $f(x; y) = \sin(y/x)$.

29. Man verifiziere Theorem 3 für jede Funktionen aus Übung 28.

12.7 Kritische Punkte

Ebenso wie für Funktionen in einer Variablen wollen wir Methoden zur Bestimmung des Maximums (oder Minimums) einer Funktion von zwei Variablen entwickeln. In Kapitel 6 konnte mit Hilfe der Ableitung der höchste (oder tiefste) Punkt einer *Kurve* bestimmt werden. Nun können wir mit Hilfe der partiellen Ableitungen den höchsten (oder tiefsten) Punkt auf einer *Fläche* ermitteln.

Die Zahl M wird *Maximum* (oder *absolutes Maximum*) der Funktion f über ein ebenes Gebiet R genannt, wenn M der größte Wert von $f(x; y)$ für $(x; y)$ aus R ist. Von einem *relativen Maximum* von f in einem Punkt $(a; b)$ von R sprechen wir dann, wenn es einen Kreis rund um $(a; b)$ gibt, so daß $f(a; b)$ der größte Wert von $f(x; y)$ für alle Punkte $(x; y)$ aus dem Kreis ist. Analog sind *Minimum* und *relatives Minimum* definiert.

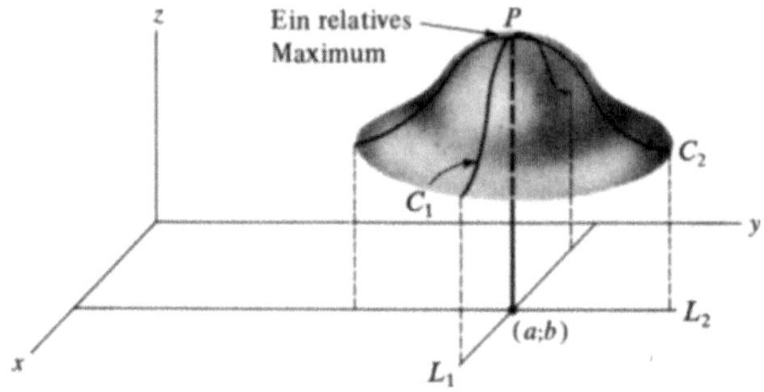

Bild 12.33

Untersuchen wir nun eine Fläche in ihrem oberhalb des Punktes $(a; b)$ gelegenen Punkt, in dem ein relatives Maximum f auftritt. Nehmen wir an, f sei für alle Punkte innerhalb eines Kreises rund um $(a; b)$ definiert. Es sei L_1 die Gerade $y = b$ in der xy-Ebene, L_2 die Gerade $x = a$ in der xy-Ebene. (Der Einfachheit halber nehmen wir an, daß f nur postive Werte besitzt.)

C_1 sei die Kurve auf der Oberfläche, die direkt über der Geraden L_1 liegt (Bild 12.33), C_2 die Kurve der Fläche, die direkt oberhalb der Geraden L_2 liegt und P sei der Punkt der Fläche, der direkt oberhalb $(a; b)$ liegt.

Da f im Punkt $(a; b)$ ein relatives Maximum besitzt, liegt in der Umgebung von P kein Punkt der Fläche höher als P. Daher ist P auch der höchste Punkt auf den Kurven C_1 und C_2 (in der Umgebung von P). Bei der Diskussion von Funktionen einer Variablen haben wir gezeigt, daß diese beiden Kurven unter den gegebenen Umständen im Punkt P horizontale Tangenten besitzen. Dies heißt aber mit anderen Worten, daß in $(a; b)$ beide partiellen Ableitungen von f verschwinden müssen:

$$f_x(a; b) = 0 \quad \text{und} \quad f_y(a; b) = 0.$$

Diese Schlußfolgerungen sind im folgenden Theorem zusammengefaßt.

Theorem: Die Funktion f sei in einem Gebiet definiert, das den Punkt $(a; b)$ und alle Punkte eines gewissen Kreises mit dem Mittelpunkt $(a; b)$ umfaßt. Besitzt f im Punkt $(a; b)$ ein relatives Maximum (oder relatives Minimum) und existieren dort f_x und f_y, dann sind diese beiden partiellen Ableitungen im Punkt $(a; b)$ gleich Null:

$$f_x(a; b) = f_y(a; b) = 0. \bullet$$

Eine Funktion muß weder ein absolutes Maximum noch ein relatives Maximum besitzen. So hat etwa die Funktion $f(x;y) = x$ keinen maximalen Wert. (In der Tat ist ihr Graph die Ebene $z = x$, die keinen höchsten Punkt besitzt.) Diese Funktion besitzt auch kein relatives Maximum. Diesem entspricht nämlich ein Punkt des Graphen von f, der zumindest so hoch ist wie alle benachbarten Punkte.

Selbstverständlich ist jeder Punkt $(a; b)$ von Interesse, in dem beide partielle Ableitungen f_x und f_y gleich Null sind. Analog zur Definition für den kritischen Punkt einer Funktion in einer Variablen definieren wir nun:

Definition des kritischen Punktes: Der Punkt $(a; b)$ heißt kritischer Punkt der Funktion $f(x;y)$, wenn gilt $f_x(a; b) = 0$ und $f_y(a; b) = 0$.

Beispiel 1: Man diskutiere Maxima und Minima von

$$f(x;y) = 6x^2 + 2y^2 - 24x + 36y + 2.$$

Lösung: Besitzen x und y große absolute Werte, so gilt dies auch für $f(x;y)$. Um dies zu sehen, schreiben wir $f(x;y)$ in der Form

$$f(x;y) = x^2\left(6 - \frac{24}{x}\right) + y^2\left(2 + \frac{36}{y}\right) + 2.$$

Sind $|x|$ und $|y|$ groß, so liegt $6 - 24/x$ nahe bei 6 und $2 + 36/y$ nahe bei 2. Daher verhält sich $f(x;y)$ wie

$$6x^2 + 2y^2.$$

Dieser Ausdruck wird groß, wenn $|x|$ und $|y|$ groß sind. Daher besitzt f kein Maximum.

Nun sei f eine stetige Funktion mit der xy-Ebene als Definitionsbereich. f nehme nur dann große Werte an, wenn $|x|$ und $|y|$ groß sind. In diesem Falle kann gezeigt werden, daß f ein Minimum besitzen muß. Da dieses Minimum gleichzeitig relatives Minimum ist, kann unser Theorem angewendet werden. So können wir zur Bestimmung der Stelle des Minimums die kritischen Punkte untersuchen. Eine einfache Rechnung ergibt

$$\frac{\partial f}{\partial x} = 12x - 24, \quad \frac{\partial f}{\partial y} = 4y + 36.$$

Die einzigen Zahlen x und y, für die beide partiellen Ableitungen verschwinden, sind durch

$$x = 2 \quad \text{und} \quad y = -9$$

gegeben. Da es nur einen Punkt gibt, in dem beide partielle Ableitungen verschwinden, muß in diesem Punkt das Minimum selbst angenommen werden. So erhalten wir für den minimalen Wert von f

$$\begin{aligned} f(2;-9) &= 6 \cdot 2^2 + 2(-9)^2 - 24 \cdot 2 + 36(-9) + 2 \\ &= -184. \bullet \end{aligned}$$

Beispiel 2: Man überprüfe die Funktion $f(x;y) = y^2 - x^2$ bezüglich ihrer Maxima und Minima.

Lösung: Zunächst gilt

$$f(x;0) = 0^2 - x^2 = -x^2.$$

Daher ist für großes $|x|$ der Ausdruck $f(x;0)$ negativ und besitzt einen großen Absolutbetrag; infolgedessen hat f kein Minimum, außerdem gilt

$$f(0;y) = y^2 - 0 = y^2.$$

Daher ist für große $|y|$ der Ausdruck $f(0;y)$ ebenfalls groß, so daß f auch kein Maximum besitzt.

Suchen wir schließlich nach relativen Maxima oder Minima. Aus

$$f_x(x;y) = \frac{\partial(y^2 - x^2)}{\partial x} = -2x$$

und

$$f_y(x;y) = \frac{\partial(y^2 - x^2)}{\partial y} = 2y$$

entnehmen wir, daß nur im Punkt $(x;y) = (0;0)$ beide partiellen Ableitungen verschwinden. Wenn es daher überhaupt ein relatives Maximum oder Minimum gibt, müßte dieses im Punkt $(0;0)$ angenommen werden. Der Graph von

$$z = x^2 - y^2$$

zeigt jedoch, daß $(0;0)$ weder Stelle eines relativen Maximums noch eines relativen Minimums ist. (Nach Beispiel 3 aus Abschnitt 12.3 ist die Fläche in der Umgebung von $(0;0)$ sattelförmig.)

Wenn wir die zweiten partiellen Ableitungen $z_{yy} = 2$ und $z_{xx} = -2$ an der Stelle $(0;0)$ betrachten, sehen wir ebenfalls, was im Punkt $(0;0)$ geschieht. Längs der Geraden $x = 0$ hat die Funktion f im Punkt $(0;0)$ ein lokales Minimum; längs der Geraden $y = 0$ hat sie dort ein lokales Maximum. •

R sei ein Gebiet, das von einem Polygon begrenzt wird, wobei die Grenze selbst zum Gebiet gehören soll (Bild 12.34). Ist f stetig in R, dann besitzt f in irgendeinem Punkt in R einen maximalen (und einen minimalen) Wert.

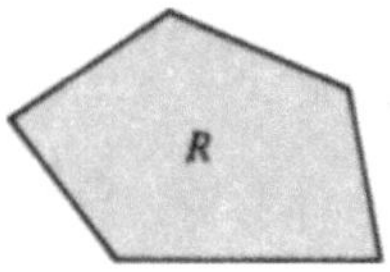

Bild 12.34

Eine auf R (den Rand eingeschlossen) stetige Funktion besitzt auf R ein Maximum

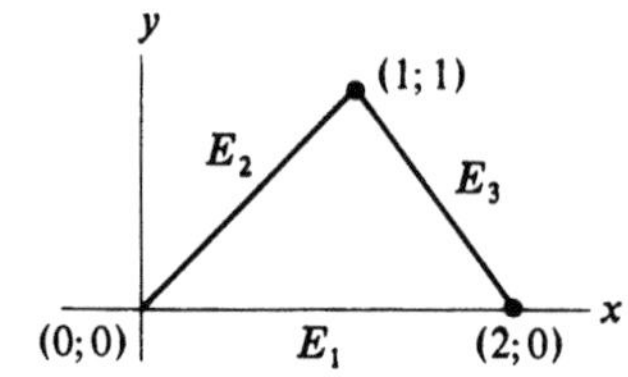

Bild 12.35

Diese Aussage entspricht Theorem 1 von Abschnitt 6.1, wo wir eine stetige Funktion auf einem abgeschlossenen Intervall untersucht haben. Beide Resultate werden in jedem Lehrbuch der höheren Mathematik bewiesen. Das Theorem gilt auch dann, wenn R von einer Kurve begrenzt wird. (Dabei nimmt man an, das R im Inneren irgendeines Kreises liegt und in diesem Sinne „endlich" ist.)

Für diesen Fall kann die Bestimmung eines Maximums ziemlich kompliziert sein. Wir gehen ähnlich vor wie bei der Bestimmung des Maximums einer Funktion auf einem abgeschlossenen Intervall:

1. Man bestimme alle die Punkte im Inneren von R, in denen f_x und f_y verschwinden. Man nennt sie *kritische* Punkte. (Gibt es keine kritischen Punkte, so liegt die Stelle des Maximums am Rand des Gebietes.)
2. Gibt es kritische Punkte, so berechnen wir dort f. Ferner bestimme man das Maximum von f für den Rand des Gebietes. (Dies geschieht im nächsten Beispiel.) Das Maximum von f auf R ist dann der größte von den auf dem Rand und in den kritischen Punkten angenommenen Werten.

Beispiel 3: Es sei R das Dreieck mit den Eckpunkten (0; 0), (2; 0) und (1; 1). Ferner sei $f(x;y) = 2x + 3y$. Welches sind die Werte des Maximums und des Minimums von f für die Punkte aus R.

Lösung: Das Maximum oder Minimum kann in einem inneren Punkt von R auftreten. In einem solchen Punkt verschwinden f_x und f_y. Andererseits kann das Maximum oder Minimum am Rand des Gebietes liegen. Untersuchen wir nun, welche dieser beiden Alternativen für die gegebene Funktion zutrifft.

Wir beginnen mit der Berechnung von f_x und f_y. Aus $f(x;y) = 2x + 3y$ erhalten wir für alle Punkte

$$f_x = 2, \quad f_y = 3.$$

Die partiellen Ableitungen sind überall von Null verschieden; daher kann das Maximum oder Minimum von f in keinem inneren Punkt von R angenommen werden. Mit anderen Worten: Das Maximum und das Minimum müssen am Rand des Gebietes auftreten.

Daher ist das Verhalten von f längs des Randes zu untersuchen, der aus den drei Seiten E_1, E_2 und E_3 des Bildes 12.35 besteht. Für E_1 gilt $y = 0$. Daher erhalten wir für die Punkte $(x;y)$ von E_1

$$f(x;y) = f(x;0) = 2x + 3 \cdot 0 = 2x.$$

Da x längs E_1 von 0 nach 2 geht, hat das Minimum von f auf E_1 den Wert Null und das Maximum auf E_1 den Wert 4.

Auf E_2 gilt $y = x$. So erhalten wir für die Punkte $(x;y)$ von E_2

$$f(x;y) = f(x;x) = 2x + 3x = 5x.$$

Da x längs E_2 von 0 nach 1 geht, hat das Minimum von f auf E_2 den Wert 0 und das Maximum auf E_2 den Wert 5. Für E_3 gilt $y = 2 - x$. Folglich erhalten wir für die Punkte $(x;y)$ von E_3

$$f(x;y) = f(x;2-x) = 2x + 3(2-x) = 6 - x.$$

Da x längs E_3 von 1 nach 2 geht, hat das Minimum von f auf E_3 den Wert 4 und das Maximum den Wert 5. Die folgende Tabelle zeigt uns, daß auf dem Rand des Gebietes das Maximum von f durch 5 und das Minimum durch Null gegeben ist.

Seite	*Minimum von f auf der Seite*	*Maximum von f auf der Seite*
E_1	0	4
E_2	0	5
E_3	4	5

Im Gebiet R ist der minimale Wert von $f = 0$, er wird in Punkt (0; 0) angenommen. Der maximale Wert 5 wird in Punkt (1; 1) angenommen. ●

Nun könnte man vielleicht annehmen, daß f in einem kritischen Punkt dann ein lokales Minimum annimmt, wenn die beiden zweiten partiellen Ableitungen f_{yy} und f_{xx} positiv sind. Das nächste Beispiel zerstört diese Hoffnung und bereitet uns auf die Ergebnisse des nächsten Abschnitts vor.

Beispiel 4: Es sei $z = f(x; y) = x^2 + 3xy + y^2$. Man zeige, daß im kritischen Punkt (0, 0) von f zwar $f_{xx}(0; 0) > 0$ und $f_{yy}(0; 0) > 0$ gilt, daß f in (0; 0) jedoch kein lokales Minimum besitzt.

Lösung: Nach einfacher Rechnung erhalten wir

$$z_x = 2x + 3y, \qquad z_y = 3x + 2y,$$
$$z_{xx} = 2, \qquad z_{yy} = 2.$$

In (0; 0) gilt dann $z_x = 0$, $z_y = 0$, $z_{xx} = 2$, $z_{yy} = 2$.

Wir müssen nur noch zeigen, daß es in der Umgebung von (0; 0) Punkte $(x; y)$ gibt, in denen $f(x; y)$ negativ wird. Um die Existenz solcher Punkte zu demonstrieren, schreiben wir f in der Form:

$$\begin{aligned} f(x; y) &= x^2 + 3xy + y^2 \\ &= (x + y)^2 + xy. \end{aligned}$$

Daher gilt auf der Geraden $x + y = 0$ in der xy-Ebene

$$\begin{aligned} f(x; y) &= 0^2 + xy \\ &= -x^2. \end{aligned}$$

Für $(x; y) \neq (0; 0)$ nimmt f auf der Geraden $x + y = 0$ negative Werte an. Daher liefert der kritische Punkt (0; 0) kein lokales Minimum, sondern einen Sattelpunkt, wie er auch in Beispiel 3 von Abschnitt 12.3 gezeigt wurde.

Für $(x; y)$ auf der x-Achse ($y = 0$) nimmt die Funktion die Form x^2 an. Sie besitzt daher in (0; 0) ein lokales Minimum, wenn man sie nur längs der x-Achse betrachtet. In ähnlicher Weise besitzt sie ein lokales Minimum, wenn man sie längs der y-Achse betrachtet. Der Leser möge die Sattelfläche für diesen Fall skizzieren.

Übungen:

1. Man untersuche $f(x; y) = 2x^2 + 4x + y^2 + 8y$.
   (*a*) Man zeige, daß f kein Maximum besitzt.
   (*b*) Man bestimme den minimalen Wert von f.
2. Es sei $z = -3x^2 - 5y^2 + 6x - 9y$.
   (*a*) Warum besitzt z keinen minimalen Wert?
   (*b*) Man bestimme den Punkt $(x; y)$, in dem z sein Maximum annimmt.
3. In einem typischen Punkt $P = (x; y)$ der xy-Ebene sei $f(x; y)$ die Summe der Quadrate der Abstände zwischen P und den Punkten (0; 0), (1; 1), (2; 0). Man bestimme die Stelle des Minimums dieser Funktion.
4. Es sei $z = xy$.
   (*a*) Man zeige, daß (0; 0) kritischer Punkt ist.
   (*b*) Muß deshalb z in (0; 0) ein Maximum oder Minimum besitzen?
   (*c*) Wie verhält sich z längs der Geraden $x = 0$?
   Längs der Geraden $y = 0$?
   Längs der Geraden $y = -x$?
   Längs der Geraden $y = x$?
   (*d*) Man zeichne oder modelliere die Fläche, insbesondere in der Umgebung von (0; 0).
5. Man bestimme den maximalen Wert von $f(x; y) = xy$ für alle Punkte im dreieckigen Gebiet mit den Eckpunkten (0; 0), (1; 0) und (0; 1).
6. (*a*) Man zeige, daß $z = x^2 - y^2 + 2xy + 2$ kein Maximum und kein Minimum besitzt.
   (*b*) Man bestimme das Maximum und Minimum von z, wenn nur der Rand eines Kreises mit dem Radius 1 und dem Mittelpunkt (0; 0) untersucht wird, also für alle $(x; y)$ mit $x^2 + y^2 = 1$. *Hinweis:* Zu diesem Zwecke verwende man $x = \cos\theta$, $y = \sin\theta$.
   (*c*) Man bestimme das Minimum und das Maximum von z, für das Innere des Kreises aus (*b*), d.h. für alle $(x; y)$ mit $x^2 + y^2 \leqslant 1$.
7. Man bestimme den maximalen Wert der Funktion $f(x; y) = 3x^2 - 4y^2 + 2xy$ für alle Punkte $(y; x)$ aus dem quadratischen Gebiet mit den Eckpunkten (0; 0), (0; 1), (1; 0) und (1; 1).
8. Man bestimme das Maximum der Funktion $-x + 3y + 6$ auf dem Viereck mit den Eckpunkten (1; 1), (4; 2), (0; 3), (5; 6).

■

Man vergleiche Übung 9 mit Übung 12.

9. Man beweise, daß $x^2 + 3xy + 4y^2$ bei (0; 0) ein lokales Minimum besitzt. *Hinweis:* Die Funktion kann durch quadratische Ergänzung als $(x + 3y/2)^2 - 9y^2/4 + 4y^2$ umgeschrieben werden.
10. Man zeige, daß $x^2 + 4xy + 4y^2$ bei (0; 0) ein lokales Minimum besitzt.
11. Man zeige, daß $x^2 + 5xy + 4y^2$ bei (0; 0) kein lokales Minimum besitzt.
12. Für welche Werte der Konstante k besitzt $x^2 + kxy + 4y^2$ in (0; 0) ein lokales Minimum?
13. Warum wird Δf durch $f_x(a; b)\,\Delta x + f_y(a; b)\,\Delta y$ angenähert? Warum steht insbesondere in der Formel ein Plus-Zeichen?
14. Es sei $z = f(x; y)$, $x = g(u; v)$, $y = h(u; v)$ und daher $z = m(u; v)$. Angenommen, es gilt $g_u = h_v$ und $g_v = -h_u$. Man zeige dann
    $$m_{uu} + m_{vv} = (f_{xx} + f_{yy})\,(g_u^2 + g_v^2).$$
15. Eine Umzäunung steht senkrecht auf der xy-Ebene und hat als Basis die Strecke mit den Endpunkten (1; 0; 0) und (0; 1; 0). Sie wird nach oben durch den Zylinder $z = y^2$ begrenzt.
    (*a*) Man zeichne die Umzäunung.
    (*b*) Man bestimme ihre Fläche.

■■

16. Es sei $f(x;y) = (y - x^2)(y - 2x^2)$.

(*a*) Man zeige, daß f im Punkt (0; 0) weder ein lokales Minimum noch ein lokales Maximum besitzt.

(*b*) Man zeige, daß f längs einer beliebigen Geraden durch den Punkt (0; 0) im Punkt (0; 0) ein lokales Minimum besitzt.

12.8 Lokale Extreme und partielle Ableitungen zweiter Ordnung

Für die Funktion einer Variablen, $y = f(x)$, folgt aus $f'(a) = 0$ und $f''(a) > 0$, daß $f(x)$ in a ein lokales Minimum besitzt. In diesem Abschnitt wird ein analoges Kriterium für eine Funktion zweier Variabler behandelt.

Erinnern wir uns an Beispiel 4 des vergangenen Abschnittes $f(x;y) = x^2 + 3xy + y^2$. Obwohl im kritischen Punkt (0; 0) sowohl f_{xx} als auch f_{yy} positiv waren, besaß die Funktion f in (0; 0) kein lokales Minimum. Dies steht im Gegensatz zu folgendem Beispiel, durch das wir die Hauptaussage dieses Abschnitts vorbereiten.

Beispiel 1: Gilt für die Konstante k die Ungleichung $k^2 < 4$, dann besitzt die Funktion $f(x;y) = x^2 + kxy + y^2$ im Punkt (0; 0) ein lokales Minimum. Man beweise dies.

Lösung: Die quadratische Ergänzung führt zu

$$x^2 + kxy + y^2 = x^2 + kxy + \left(\frac{ky}{2}\right)^2 + y^2 - \left(\frac{ky}{2}\right)^2$$
$$= \left(x + \frac{ky}{2}\right)^2 + \left[1 - \left(\frac{k}{2}\right)^2\right] y^2 .$$

Aus $k^2 < 4$ ergibt sich $1 - (k/2)^2 > 0$. Da nun das Quadrat einer beliebigen reellen Zahl nicht negativ ist, erhalten wir die Ungleichung

$$\left(x + \frac{ky}{2}\right)^2 + \left[1 - \left(\frac{k}{2}\right)^2\right] y^2 \geqslant 0.$$

Nun gilt $f(0;0) = 0$ und die Funktion besitzt daher in (0; 0) ein lokales Minimum; in der Tat nimmt sie dort ein absolutes Minimum an. Außerdem folgt aus der Bedingung $f(x;y) = 0$ sowohl $y = 0$, als auch $x + ky/2 = 0$. Daher nimmt die Funktion ihren minimalen Wert nur in Punkt (0; 0) an. •

Ausgehend von Beispiel 1 liegt es nun nahe, zu untersuchen, für welche (festen) Werte von A, B und C die Funktion

$$f(x;y) = Ax^2 + Bxy + Cy^2$$

im Punkt (0; 0) ein lokales Minimum besitzt. Für $y = 0$ reduziert sich die Funktion auf Ax^2. Daher darf A nicht negativ sein. Analog darf C nicht negativ sein. Doch diese Bedingungen genügen noch nicht, wie wir in Beispiel 1 gesehen haben. Das nächste Theorem wird unser Problem für den allgemeinen Fall lösen. (Der Einfachheit halber bezeichnen wir den Koeffizienten von xy mit $2B$ anstatt mit B.) Um triviale Spezialfälle auszuschließen, nehmen wir an, daß weder A noch C verschwinden.

Theorem 1: A, B und C seien feste Zahlen und es gelte

$$A > 0, \quad C > 0 \quad \text{und} \quad B^2 < AC.$$

Dann hat die Funktion $f(x;y) = Ax^2 + 2Bxy + Cy^2$ im Punkt (0; 0) ein Minimum.

Beweis: Es gilt $f(0;0) = 0$. Daher müssen wir zeigen, daß für alle $(x;y) \neq (0;0)$ stets die Ungleichung $f(x;y) > 0$ erfüllt ist. Da A positiv ist, ist dies gleichbedeutend mit der Aussage

$$A(Ax^2 + Bxy + Cy^2) > 0$$

für $(x;y) \neq (0;0)$.

Mit Hilfe quadratischer Ergänzungen können wir diese Ungleichung in der Folge herleiten:

$$A(Ax^2 + 2Bxy + Cy^2) = A^2x^2 + 2ABxy + ACy^2$$
$$= A^2x^2 + 2ABxy + B^2y^2 - B^2y^2 + ACy^2$$
$$= (Ax + By)^2 + (AC - B^2)y^2 .$$

Sind nun x und y nicht beide Null, so kann die Positivität des Ausdrucks

$$(Ax + By)^2 + (AC - B^2)y^2 \tag{1}$$

leicht gezeigt werden. Zunächst folgt aus $y \neq 0$, daß der zweite Summand $(AC - B^2)y^2$ als Produkt der positiven Zahl $AC - B^2$ und des Quadrates einer von Null verschiedenen reellen Zahl positiv ist. Ferner ist $(Ax + By)^2$ als Quadrat einer reellen Zahl nicht negativ.

Für $y = 0$ reduziert sich Gl. (1) auf A^2x^2. Dieser Ausdruck aber verschwindet nur an der Stelle $x = 0$. Da nun der Fall $(x;y) = (0;0)$ ausgeschlossen wurde, ist das Theorem bewiesen. •

Beispiel 2: Man zeige, daß die Funktion

$$f(x;y) = 2x^2 - xy + y^2$$

im Punkt (0; 0) ein Minimum besitzt.

Lösung: Wir wenden Theorem 1 an. In diesem Fall gilt $A = 2$, $B = -\frac{1}{2}$ und $C = 1$. Die Voraussetzungen von Theorem 1 sind erfüllt, denn $A > 0$, $C > 0$ und $B^2 < AC$. Daher hat $f(x;y)$ im Punkt (0; 0) ein Minimum. (Man vergleiche dies mit Beispiel 1.)

Bevor wir nun unser Kriterium für das lokale Minimum auf allgemeinere Funktionen übertragen, stellen wir Theorem 1 durch partielle Ableitungen dar.

Für die Funktion

$$f(x;y) = Ax^2 + 2Bxy + Cy^2$$

ergeben sich die partiellen Ableitungen

$$f_x(x;y) = 2Ax + 2By, \quad f_y(x;y) = 2Bx + 2Cy,$$
$$f_{xx}(x;y) = 2A, \quad f_{xy}(x;y) = 2B \quad \text{und}$$
$$f_{yy}(x;y) = 2C.$$

Wir können daher schreiben:

$$A = \frac{f_{xx}(0;0)}{2}, \quad B = \frac{f_{xy}(0;0)}{2}, \quad C = \frac{f_{yy}(0;0)}{2}.$$

Die Bedingung $B^2 < AC$ nimmt nun die folgende Gestalt an:

$$\left(\frac{f_{xy}(0;0)}{2}\right)^2 < \frac{f_{xx}(0;0)}{2} \frac{f_{yy}(0;0)}{2}$$

oder einfacher

$$[f_{xy}(0;0)]^2 < f_{xx}(0;0) f_{yy}(0;0).$$

Wir können Theorem 1 daher wie folgt formulieren.

Theorem 2: Es sei $f(x;y) = Ax^2 + 2Bxy + Cy^2$ mit Konstanten A, B und C. Gelten die Ungleichungen

$$f_{xx}(0;0) > 0, \quad f_{yy}(0;0) > 0$$

und

$$[f_{xy}(0;0)]^2 < f_{xx}(0;0) f_{yy}(0;0),$$

dann besitzt f im Punkt (0; 0) ein Minimum. ●

Theorem 2 führt uns zu einem Kriterium für lokale Minima allgemeinerer Funktionen. Dieses Kriterium wird in Theorem 3 formuliert und in Abschnitt 15.6 bewiesen.

Theorem 3 (*Kriterium für ein lokales Minimum*): Es sei f eine Funktion mit stetigen partiellen Ableitungen f_x, f_y, f_{xx}, f_{yy} und $f_{xy} = f_{yx}$ im Punkt $(a;b)$ und seiner Umgebung.

Wenn nun

1. $f_x(a;b)$ und $f_y(a;b)$ gleich Null sind,
2. $f_{xx}(a;b)$ und $f_{yy}(a;b)$ positiv sind und
3. $[f_{xy}(a;b)]^2 < f_{xx}(a;b) f_{yy}(a;b)$,

dann hat f im Punkt $(a;b)$ ein lokales Minimum. ●

Das nächste Theorem gibt das analoge Kriterium für lokale Maxima.

Theorem 4 (*Kriterium für ein lokales Maximum*): Die Funktion f habe die stetigen partiellen Ableitungen f_x, f_y, f_{xx}, f_{yy} und $f_{xy} = f_{yx}$ im Punkt $(a;b)$ und seiner Umgebung. Wenn nun

1. $f_x(a;b)$ und $f_y(a;b)$ gleich Null sind,
2. $f_{xx}(a;b)$ und $f_{yy}(a;b)$ negativ sind und
3. $[f_{xy}(a;b)]^2 < f_{xx}(a;b) f_{yy}(a;b)$

dann besitzt f im Punkt $(a;b)$ ein lokales Maximum. ●

Man beachte, daß in den Theoremen 3 und 4 die Bedingung (3) übereinstimmt: Das Quadrat von $f_{xy}(a;b)$ ist kleiner als das Produkt von $f_{xx}(a;b)$ und $f_{yy}(a;b)$. Allerdings ist die Bedingung (2) von Theorem 4 der Bedingung (2) von Theorem 3 entgegengesetzt.

Gilt andererseits für die Funktion

$$f(x;y) = Ax^2 + 2Bxy + Cy^2$$
$$[f_{xy}(a;b)]^2 > f_{xx}(a;b) f_{yy}(a;b),$$

dann hat f, wie in Übung 26 gezeigt wird, weder ein lokales Maximum noch ein lokales Minimum. Im Spezialfall

$$[f_{xy}(a;b)]^2 = f_{xx}(a;b) f_{yy}(a;b)$$

kann überhaupt keine Aussage gemacht werden, dies zeigt Übung 19.

Beispiel 3: Man prüfe, ob die Funktion

$$f(x;y) = 3x^2 + 5y^2 + 6x - 20y$$

irgendein relatives Maximum oder Minimum besitzt.

Lösung: Zunächst berechnen wir f_x und f_y:

$$f_x(x;y) = 6x + 6 \quad \text{und} \quad f_y(x;y) = 10y - 20.$$

Diese beiden partiellen Ableitungen verschwinden nur für

$$6x + 6 = 0 \quad \text{und} \quad 10y - 20 = 0,$$

also am Punkt (− 1; 2).

Nun benutzen wir das Kriterium aus den Theoremen 3 und 4, um mit Hilfe der zweiten Ableitung zu untersuchen, ob f im Punkt $(-1; 2)$ ein relatives Maximum oder Minimum besitzt. Dazu berechnen wir die partiellen Ableitungen zweiter Ordnung:

$$f_{xx}(x;y) = 6, \quad f_{yy}(x;y) = 10, \quad f_{xy}(x;y) = 0.$$

Sie sind unabhängig von Punkt $(x;y)$. Da nun f_{xx} und f_{yy} positiv sind und $(f_{xy})^2$ kleiner ist als das Produkt $f_{xx} f_{yy}$, hat f nach Theorem 3 in Punkt $(-1; 2)$ ein relatives Minimum. ●

Das nächste Beispiel veranschaulicht die Anwendung partieller Ableitungen zur Lösung einfacher Extremwertprobleme.

Beispiel 4: Welcher Quader mit dem Volumen $1\,\text{m}^3$ hat die kleinste Oberfläche?

Lösung: Die Abmessungen des Quaders mit dem Volumen von $1\,\text{m}^3$ seien x, y und z in Metern. Für das Volumen erhalten wir dann

$$V = 1 = xyz. \tag{2}$$

Die Oberfläche S ist durch

$$S = 2xy + 2xz + 2yz$$

gegeben. Aus Gl. (2) folgt

$$z = \frac{1}{xy}.$$

Daher kann S als Funktion von x und y dargestellt werden:

$$S = 2xy + 2x\frac{1}{xy} + 2y\frac{1}{xy} = 2\left(xy + \frac{1}{y} + \frac{1}{x}\right).$$

Wie wir sehen, ist S für große oder kleine x und y groß. Daher gibt es keinen Quader mit maximaler Oberfläche. Andererseits könnte es einen ganz bestimmten Quader mit minimaler Oberfläche geben.

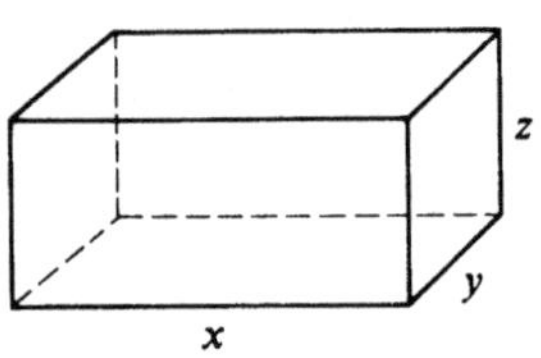

Wie groß ist die minimale Oberfläche der 6 Flächen eines Quaders, wenn $xyz = 1$?

Bild 12.36

Um diesen Quader aufzufinden, bestimmen wir zunächst die Punkte $(x;y)$, in denen $\partial S/\partial x$ und $\partial S/\partial y$ verschwinden. Wir erhalten

$$\frac{\partial S}{\partial x} = 2\left(y - \frac{1}{x^2}\right) \quad \text{und} \quad \frac{\partial S}{\partial y} = 2\left(x - \frac{1}{y^2}\right).$$

Diese beiden partiellen Ableitungen verschwinden für:

$$2\left(y - \frac{1}{x^2}\right) = 0, \qquad 2\left(x - \frac{1}{y^2}\right) = 0.$$

$$x^2 y = 1, \tag{3}$$

$$xy^2 = 1. \tag{4}$$

Aus Gl. (3) folgt $y = 1/x^2$. Setzen wir dies in Gl. (4) ein, so ergibt sich

$$x\left(\frac{1}{x^2}\right)^2 = 1 \quad \text{oder} \quad 1 = x^3.$$

Also gilt $x = 1$ und daher auch $y = 1/1^2 = 1$. Schließlich folgt aus $z = 1/xy$,

$$z = \frac{1}{1 \cdot 1} = 1.$$

Da nun $(x;y) = (1;1)$ der einzige kritische Punkt der Funktion $S = 2(xy + 1/y + 1/x)$ ist, muß der Würfel mit der Seitenkante 1 unter allen Quadern die minimale Oberfläche besitzen, sofern unserer Annahme entsprechend überhaupt eine derartige minimale Oberfläche existiert. In diesem Zusammenhang wollen wir Theorem 3 auf den Punkt $(1; 1)$ anwenden und erhalten direkt

$$\frac{\partial^2 S}{\partial x^2} = 4, \quad \frac{\partial^2 S}{\partial y^2} = 4 \quad \text{und} \quad \frac{\partial^2 S}{\partial x\,\partial y} = 2.$$

Da nun $\partial^2 S/\partial x^2$ und $\partial^2 S/\partial y^2$ positiv sind und die Ungleichung $(\partial^2 S/\partial x\,\partial y)^2 < (\partial^2 S/\partial x^2)(\partial^2 S/\partial y^2)$ erfüllt ist, liegt nach Theorem 3 im Punkt $(1; 1)$ ein lokales Minimum vor.

Übungen:

Mit Hilfe der Theoreme 3 und 4 bestimme man alle relativen Maxima oder Minima der Funktionen in den Übungen 1 bis 11.

1. $x^2 + 3xy + y^2$
2. $x^2 - xy + y^2$
3. $x^2 - y^2$
4. $x^2 + 2xy + 2y^2 + 4x$
5. $x^2 - 2xy + 2y^2 + 4x$
6. $2x^2 + 2xy + 5y^2 + 4x$
7. $x^4 + 8x^2 + y^2 - 4y$
8. $-4x^2 - xy - 3y^2$
9. $e^{-2x^2 - 2xy - 4y^2}$
10. $4/x + 2/y + xy$
11. $x^3 - y^3 + 3xy$

f sei eine Funktion von x und y, für die im Punkt $(a; b)$ sowohl f_x als auch f_y verschwinden. In den Übungen 12 bis 17 sind für diesen Punkt $(a; b)$ Werte von f_{xx}, f_{xy} und f_{yy} angegeben. Nehmen wir auch hier an, daß all diese partiellen Ableitungen stetig sind. Man entscheide dann, ob (*a*) f in $(a; b)$ ein relatives Maximum, (*b*) f in $(a; b)$ ein relatives Minimum besitzt oder (*c*) weder (*a*) noch (*b*) zutreffen oder ob (*d*) die Information nicht ausreicht.

12. $f_{xy} = -3,\ f_{xx} = 2,\ f_{yy} = 4$

13. $f_{xy} = 3,\ f_{xx} = 2,\ f_{yy} = 4$

14. $f_{xy} = 2,\ f_{xx} = 3,\ f_{yy} = 4$

15. $f_{xy} = -2,\ f_{xx} = -3,\ f_{yy} = -4$

16. $f_{xy} = -2,\ f_{xx} = 3,\ f_{yy} = -4$

17. $f_{xy} = 4,\ f_{xx} = 2,\ f_{yy} = 8$

■

18. Für welche Werte von z_{xy} hat z mit Sicherheit im Punkt $(x_0; y_0)$ ein relatives Minimum, wenn dort gilt $z_x = 0 = z_y$ $z_{xx} = 3$, $z_{yy} = 12$.

19. Im Falle $(z_{xy})^2 - z_{xx}z_{yy} = 0$ können die den Theoremen 3 und 4 entsprechenden Schlüsse nicht gezogen werden, wie in dieser Übung gezeigt wird.

(*a*) Es sei $z = x^2 + 2xy + y^2$. Im Punkt (0; 0) sind z_{xx} und z_{yy} positiv und es gilt $(z_{xy})^2 = z_{xx}z_{yy}$. Man zeige, daß z dort ein relatives Minimum besitzt.

(*b*) Es sei $z = x^2 + 2xy + y^2 - x^4$. Im Punkt (0; 0) sind z_{xx} und z_{yy} positiv und es gilt $(z_{xy})^2 = z_{xx}z_{yy}$. Man zeige, daß z dort weder ein relatives Minimum noch ein relatives Maximum besitzt.

20. Man zeige, daß von allen Quadern mit einer Oberfläche von 6 m^2 der Würfel das maximale Volumen hat.

21. Ein Quader ohne Deckfläche besitzt ein Volumen von 1 m^3. Für welche Abmessungen wird er die kleinste Oberfläche haben?

22. Das Material für Grundfläche und Deckfläche eines quaderförmigen Behälters kostet DM 3,00/m^2. Die Seitenflächen kosten DM 2,00/m^2. Welcher Behälter mit einem Volumen von 1 m^3 ist der billigste?

23. Es sei $U(x; y; z) = x^{1/2}y^{1/3}z^{1/6}$ der „Nutzen" oder das „Bedürfnis", die ein bestimmter Konsument den „Mengen" x, y und z dreier verschiedener Annehmlichkeiten zumißt. Ihre Preise seien DM 2,–, DM 1,– und DM 5,– und der Konsument besitze insgesamt DM 60,–. Welche Menge jedes Produktes soll er kaufen, um den größten Nutzen zu erzielen?

24. Ein Draht der Länge 1 soll in drei Teile geschnitten werden, um aus ihnen ein Quadrat, einen Kreis und ein gleichseitiges Dreieck zu formen. Wie kann dies geschehen, um

(*a*) ihre Gesamtfläche zu minimieren,

(*b*) ihre Gesamtfläche zu maximieren?

■■

25. Angenommen, der Gewinn zweier Firmen hänge von ihren Produktionsmengen ab. Der Gewinn der ersten Firma sei P_1, ihre Produktion Q_1. Analog definieren wir P_2 und Q_2 für die zweite Firma. Nehmen wir nun

$$P_1 = 48Q_1 - 2Q_1^2 - 3Q_2^2 + 1000$$

und

$$P_2 = 60Q_2 - 5Q_1^2 - 2Q_2^2 + 2000$$

an, dann hängt der Gewinn jeder Firma zum Teil von der Produktion der anderen Firma ab.

(*a*) Welche Werte von Q_1, Q_2, P_1, P_2 und $P_1 + P_2$ erhalten wir, wenn die beiden Firmen ihren jeweiligen Gewinn maximieren?

(*b*) Welche Werte für Q_1, Q_2, P_1, P_2 und $P_1 + P_2$ erhalten wir, wenn die Firmen zusammenarbeiten, um gemeinsam $P_1 + P_2$ zu maximieren?

26. (*a*) Mit Hilfe des Ausdrucks (1) beweise man das folgende Analogon zu Theorem 1: Für die festen Zahlen A, B und C gelte

$$A > 0, \quad C > 0 \quad \text{und} \quad B^2 > AC.$$

Dann gibt es Zahlen x und y, für die $Ax^2 + 2Bxy + Cy^2$ negativ wird.

(*b*) Für $B^2 > AC$ kann $f(x; y) = Ax^2 + 2Bxy + Cy^2$ im Punkt (0; 0) weder ein lokales Maximum noch ein lokales Minimum besitzen. Man beweise dies!

12.9 Zusammenfassung

Im Kapitel 12 haben wir analog zu den Eigenschaften von Funktionen einer Variablen wichtige Aussagen über Funktionen zweier Variabler getroffen. Als Hauptresultat dieses Kapitels haben wir die Darstellung

$$\Delta z = f_x\,\Delta x + f_y\,\Delta y + \epsilon_1\,\Delta x + \epsilon_2\,\Delta y$$

erhalten. Wobei f_x und f_y im Punkt $(a; b)$ berechnet werden und die Größen ϵ_1 und ϵ_2 mit Δx und Δy nach Null streben. Auf Grund dieser Gleichung kann die Änderung von z, die der Änderung von Δx und Δy im Punkt $(a; b)$ entspricht, durch

$$f_x(a; b)\,\Delta x + f_y(a; b)\,\Delta y \tag{1}$$

angenähert und damit als Summe von Differentialen zweier Funktionen einer einzigen Variable x oder y dargestellt werden. Die Gestalt von Gl. (1) zeigt sich auch in den Kettenregeln, die in Abschnitt 12.6 entwickelt und in den folgenden Abschnitten angewendet wurden. Die zweite Spalte der folgenden Tabelle faßt die Ergebnisse dieses Kapitels zusammen.

Die Ebene und $f(x)$	*Der Raum und $f(x;y)$*
Ein Punkt ist durch x und y bestimmt	Ein Punkt ist durch x, y und z bestimmt
$x = k$ beschreibt eine Gerade senkrecht auf der x-Achse	$x = k$ beschreibt eine Ebene senkrecht auf der x-Achse $y = k$ beschreibt eine Ebene senkrecht auf der y-Achse $z = k$ beschreibt eine Ebene senkrecht auf der z-Achse
Der Abstand zwischen $(x_1;y_1)$ und $(x_2;y_2)$: $\sqrt{(x_1-x_2)^2+(y_1-y_2)^2}$	Der Abstand zwischen $(x_1;y_1;z_1)$ und $(x_2;y_2;z_2)$: $\sqrt{(x_1-x_2)^2+(y_1-y_2)^2+(z_1-z_2)^2}$
$(x-a)^2+(y-b)^2=r^2$ beschreibt einen Kreis mit dem Radius r und dem Mittelpunkt $(a;b)$	$(x-a)^2+(y-b)^2+(z-c)^2=r^2$ beschreibt eine Kugel mit dem Radius r und dem Mittelpunkt $(a;b;c)$
Der Graph von $y=f(x)$ ist üblicherweise eine Kurve	Der Graph von $z=f(x;y)$ ist üblicherweise eine Fläche
Der Graph von $y=Ax+B$ ist eine Gerade	Der Graph von $z=Ax+By+C$ ist eine Ebene
Die Ableitung f' bestimmt die Zuwachsrate von f. Bezeichnung: $f', \frac{dy}{dx}, Df, y'$.	Die partiellen Ableitungen f_x und f_y bestimmen die Zuwachsrate von f in der x- bzw. y-Richtung. Bezeichnung: $f_x, \frac{\partial f}{\partial x}, z_x, \frac{\partial z}{\partial x}, f_1, D_1 f,$ $f_y, \frac{\partial f}{\partial y}, z_y, \frac{\partial z}{\partial y}, f_2, D_2 f.$
Eine stetige Funktion hat im Intervall $a; b$ ein Maximum.	Eine stetige Funktion hat in jedem Gebiet ein Maximum, das innerhalb eines bestimmten Kreises liegt und von einem Polygon bzw. einer Kurve begrenzt wird.
Das Maximum von f ist der größte jener Werte, die f in $[a;b]$ und in den kritischen Punkten annimmt.	Das Maximum von f ist der größte jener Werte, die f am Rande des Gebietes bzw. in den kritischen Punkten annimmt.
Ableitung: df/dx	Partielle Ableitung: $\partial f/\partial x$ und $\partial f/\partial y$
Höhere Ableitungen: $d^2f/dx^2, \ldots$	Höhere partielle Ableitungen: $\partial^2 f/\partial x^2, \partial^2 f/\partial y^2, \partial^2 f/\partial x\,\partial y, \ldots$
$\Delta y = f'(x)\,\Delta x + \epsilon \Delta x$ $(\epsilon \to 0$ wenn $\Delta x \to 0)$	$\Delta z = f_x \Delta x + f_y \Delta y + \epsilon_1 \Delta x + \epsilon_2 \Delta y$ $(\epsilon_1 \to 0, \epsilon_2 \to 0$ wenn Δx und $\Delta y \to 0)$
dy ist definiert durch $f'(x)\,dx$	dz ist definiert durch $f_x \Delta x + f_y \Delta y$
dy ist der Zuwachs entlang der Tangente	dz ist der Zuwachs entlang der Tangentenebene
Kettenregel: $\frac{dy}{dx} = \frac{dy}{du} \cdot \frac{du}{dx}$	Kettenregel: $\frac{dz}{dt} = \frac{\partial z}{\partial x}\frac{dx}{dt} + \frac{\partial z}{\partial y}\frac{dy}{dt}$ (darin sind x und y Funktionen von t) Kettenregel: $\frac{\partial z}{\partial t} = \frac{\partial z}{\partial x}\frac{\partial x}{\partial t} + \frac{\partial z}{\partial y}\frac{\partial y}{\partial t}$ (darin sind x und y Funktionen von t und u)
Lokales Maximum und Ableitungen zweiter Ordnung: $f' = 0, f'' < 0$.	Lokales Maximum und partielle Ableitungen zweiter Ordnung: $f_x = 0, f_y = 0; \quad f_{xx} < 0, f_{yy} < 0; \quad (f_{xy})^2 < f_{xx} f_{yy}$.
Lokales Minimum und Ableitungen zweiter Ordnung: $f' = 0, f'' > 0$.	Lokales Minimum und partielle Ableitungen zweiter Ordnung: $f_x = 0, f_y = 0; \quad f_{xx} > 0, f_{yy} > 0; \quad (f_{xy})^2 < f_{xx} f_{xy}$.

Begriffe

Koordinatenebene
Zylinder
Funktion zweier Variabler
partielle Ableitungen
Kettenregel
Differential
Maximum, relatives Maximum
Minimum, relatives Minimum
kritischer Punkt

Testaufgaben zu Kapitel 12

1. (*a*) Man zeichne $z = 2x^2 + 2y^2$.
   (*b*) Man zeichne $z^2 = x^2 + y^2$.
   (*c*) Man zeichne $x^2 + y^2 + z^2 = 6$.
   (*d*) Man zeichne $y = 2x$ (im Raum).

2. Man berechne:

   (*a*) $D_1(\sqrt{x^2 + y^2})$, (*b*) $D_2\left[\ln\left(\frac{y^2}{3y + x}\right)\right]$,

   (*c*) $\frac{\partial(ye^{x^3y})}{dx}$, (*d*) $\frac{\partial^2(\cos(2x + 3y))}{\partial x\,\partial y}$,

   (*e*) $\frac{\partial^2(3/xy)}{\partial y^2}$, (*f*) $\frac{\partial^2(\sin^3 xy)}{\partial x^2}$.

3. Man berechne:

   (*a*) $\frac{d\left(\int_0^1 e^{xy}dx\right)}{dy}$, (*b*) $\int_0^1 \frac{\partial(e^{xy})}{\partial y}\,dx$.

   Ein Theorem aus Kapitel 23 wird die Übereinstimmung der beiden Ausdrücke beweisen.

4. (*a*) Man zeichne den Graphen einer typischen Funktion $z = f(x; y)$ in der Umgebung des Punktes $(a; b; f(a; b))$.
   (*b*) Man zeichne die Tangentenebene in $(a; b; f(a; b))$.
   (*c*) Mit Hilfe der Zeichnungen aus (*a*) und (*b*) identifiziere man die Strecken, die den Größen dz und Δz entsprechen.

5. Man gebe zwei Funktionen f an, für die $(0; 0)$ kritischer Punkt ist und für die die Ungleichungen $f_{xx}(0;0) > 0$ und $f_{yy}(0;0) > 0$ gelten.
   (*a*) Wenn $(0; 0)$ ein lokales Minimum ist.
   (*b*) Wenn $(0; 0)$ kein lokales Minimum ist.

6. Ein quaderförmiges Haus soll einen Raum von 1000 m^3 umschließen. Die Glaswände nehmen 5 Einheiten pro min und m^2, das Dach 3 Einheiten pro min und m^2 und der Boden 1 Einheit pro min und m^2 Wärme auf. Für welche Form des Hauses ergibt sich die geringste Wärmeaufnahme?

7. (*a*) Mit Hilfe einer Tabelle der natürlichen Logarithmen oder eines Taschenrechners bestimme man $(1{,}1)^2 \ln(1{,}2)$.
   (*b*) Mit Hilfe des Differentials der Funktion $f(x;y) = x^2 \ln y$ schätze man ausgehend von $f(1; 1)$ den Wert von $(1{,}1)^2 \ln(1{,}2)$.

8. Die kinetische Energie eines Teilchens der Masse m und der Geschwindigkeit v ist durch $K = \frac{1}{2}mv^2$ gegeben. Wenn m mit einem maximalen Fehler von 1 % und v mit einem maximalen Fehler von 3 % behaftet sind, schätze man den maximalen Fehler bei der Messung von K ab.

9. Es sei $u = f(x; y)$, $x = r\cos\theta$ und $y = r\sin\theta$. Man beweise
   $$u_{rr} + \frac{1}{r}u_r + \frac{1}{r^2}u_{\theta\theta} = u_{xx} + u_{yy}.$$

10. Für welche Werte der Konstanten k hat die Funktion $x^2 + kxy + 9y^2$ im Punkt $(0; 0)$ ein relatives Minimum?

11. Es sei f eine Funktion von x und y. Es sei $f(2; 3) = 5$, $f_x(2; 3) = 4$ und $f_y(2; 3) = -1$. Man gebe eine Schätzung für $f(2{,}1; 2{,}8)$.

12. Man beweise eine der beiden Kettenregeln für Funktionen von zwei Variablen.

Übungen zu Kapitel 12

1. (*a*) $(0; 0)$ ist ein kritischer Punkt von $f(x;y) = xy$. Man beweise dies.
   (*b*) Man zeige aus der Darstellung des Graphen von $z = xy$, daß in $(0; 0)$ weder ein relatives Maximum noch ein relatives Minimum auftritt.

2. In das Bild des Graphen von $z = f(x; y)$ zeichne man die Kurven mit den Anstiegen f_x und f_y. Insbesondere zeichne man die zwei Tangenten mit den Anstiegen $f_x(a; b)$ und $f_y(a; b)$.

3. (*a*) Man zeige ohne Rechnung, daß $f(x; y) = (x - y)^2$ ein Minimum, aber kein Maximum besitzt. Wo tritt das Minimum auf?
   (*b*) Man bestimme ohne Rechnung das Minimum von $f(x; y) = (2x + 3y - 5)^2 + (x - y)^2$.

4. Mit Hilfe des Differentials schätze man
   (*a*) $\sqrt{3{,}01^2 + 4{,}02^2}$, (*b*) $\sqrt{3{,}04^2 + 3{,}97^2}$.

5. Es sei $f_x(0; 0) = 0$ und $f_y(0; 0) = 0$. Man entscheide in jedem der folgenden Fälle, ob aus der vorliegenden Information für f im Punkt $(0; 0)$ auf ein relatives Maximum, ein relatives Minimum oder keines von beiden geschlossen werden kann.
   (*a*) $f_{xx}(0; 0) = -1$; $f_{yy}(0; 0) = 2$.
   (*b*) $f_{xx}(0; 0) = 3$; $f_{yy}(0; 0) = 2$; $f_{xy}(0; 0) = -2{,}2$.
   (*c*) $f_{xx}(0; 0) = -3$; $f_{yy}(0; 0) = -5$; $f_{xy}(0; 0) = 4$.
   (*d*) $f_{xx}(0; 0) = 3$; $f_{yy}(0; 0) = 12$; $f_{xy}(0; 0) = -6$.

6. Es sei $u = f(x; y)$ und $v = g(x; y)$. Angenommen, es gilt:

$$u_x = v_y, \quad v_x = -u_y.$$

Man beweise dann

$$u_{xx} + u_{yy} = 0 \quad \text{und} \quad v_{xx} + v_{yy} = 0.$$

7. Es sei $z = u^3 v^5$, wobei $u = x + y$ und $v = x - y$.

(*a*) Man stelle z explizit als Funktion von x und y dar und berechne daraus z_x und z_y.

(*b*) Man bestimme z_x und z_y mit Hilfe der Kettenregel. Stimmen die Ergebnisse überein? Welche Methode ist einfacher?

8. Es sei $z = e^{uv}$, wobei $u = y \sin x$ und $v = x + \cos y$.

(*a*) Man berechne z_x und z_y mit Hilfe der Kettenregel.

(*b*) Man stelle z explizit durch x und y dar, berechne auf diese Weise z_x und z_y.

(*c*) Stimmen die Ergebnisse von (*a*) und (*b*) überein?

9. Man zeichne die Ebenen

(*a*) $x + y = 1$, (*b*) $x + y + z = 1$,

(*c*) $\frac{x}{2} + \frac{y}{3} + \frac{z}{4} = 1$.

10. Man zeichne die Fläche $\frac{x^2}{1} + \frac{y^2}{4} + \frac{z^2}{9} = 1$.

11. Man zeichne die Zylinder

(*a*) $y = x^2$, (*b*) $x^2 - y^2 = 1$,

(*c*) $z = x^3$.

12. Der Druck p, das Volumen V und die Temperatur T eines Gases sind durch die Gleichung $(p + a/V^2)(V - b) = cT$ verknüpft. Dabei sind a, b, c Konstanten. So bestimmen zwei der Größen p, V, T jeweils die dritte.

(*a*) Man berechne $\partial V/\partial T$, $\partial T/\partial p$ und $\partial p/\partial V$.

(*b*) Man zeige, daß das Produkt der drei partiellen Ableitungen aus (*a*) gleich -1 ist.

13. Es sei $f(x; y) = x^2 + 2xy - y^2$.

(*a*) Die Funktion f hat entlang der x-Achse ein lokales Minimum im Punkt (0; 0). Man beweise dies.

(*b*) Die Funktion f hat entlang der y-Achse im Punkt (0; 0) ein lokales Maximum. Man beweise dies.

(*c*) Für welche Werte von m hat die Funktion f entlang der Geraden $y = mx$ im Punkt (0; 0) ein lokales Minimum?

14. Man betrachte die Eulersche partielle Differentialgleichung

$$az_{xx} + 2bz_{xy} + cz_{yy} = 0,$$

wobei für die Konstanten a, b und c die Relation $b^2 \neq ac$ gilt. Man zeige, daß die Differentialgleichung durch

$$z = f(x + r_1 y) + g(x + r_2 y)$$

gelöst wird, wobei r_1 und r_2 die Wurzeln der Gleichung $a + 2bx + cx^2 = 0$ sind. Die Funktionen f und g seien differenzierbar.

15. Man bestimme den minimalen Wert von

$$f(x; y) = x^4 - x^2 y^2 + y^4.$$

16. Die Summe von Höhe und Umfang eines Postpaketes darf einen gewissen Betrag a nicht überschreiten. Man bestimme die Dimensionen der größten Schachtel, die mit der Post befördert werden kann.

■

17. Das Volumen V, das eine Mischung von einigen Gasen einnimmt, hängt vom Druck p, der Temperatur T und den jeweiligen Gasmengen $x_1, x_2, \ldots, x_n$ ab:

$$V = f(p, T, x_1, x_2, \ldots, x_n).$$

Angenommen, V sei proportional zu den Gasmengen.

(*a*) Man zeige $\sum_{i=1}^{n} x_i \partial V/\partial x_i = V$.

(*b*) Man beweise mit Hilfe von (*a*) die Relation

$$\sum_{i=1}^{n} x_i \partial^2 V/\partial x_j \partial x_i = 0$$

für jedes feste j mit $j = 1, 2, \ldots, n$.

18. $y = f(x; t)$ sei die vertikale Verschiebung eines Teilchens in einer Welle zur Zeit t, wobei die horizontale Koordinate des Teilchens durch x gegeben ist. Auf Grund physikalischer Überlegungen kann für f die Wellengleichung

$$a^2 f_{xx} = f_{tt}$$

hergeleitet werden. Dabei ist a eine Konstante. Man zeige, daß jede Funktion $f(x; t)$ der Form $g(x + at)$ die Wellengleichung erfüllt, wobei g eine beliebige Funktion in einer Variablen ist und erste und zweite Ableitungen besitzt.

19. Es sei $z = x^2 y$, mit $y = e^{3x} u$. Daher kann z als Funktion von x und y oder von x und u betrachtet werden.

(*a*) Man berechne $\partial z/\partial x$, wobei z als Funktion von x und y betrachtet wird.

(*b*) Man berechne $\partial z/\partial x$, wobei z als Funktion von x und u betrachtet wird.

Für das Ergebnis von (*a*) verwenden wir die Bezeichnung $(\partial z/\partial x)_y$, für das Ergebnis von (*b*) die Bezeichnung $(\partial z/\partial x)_u$. In diesem Zusammenhang ist also das Symbol $\partial z/\partial x$ mehrdeutig.

■■

20. In Übung 63 aus Abschnitt 6.11 wurde gezeigt, daß $\Delta y - dy$ im Vergleich zu Δx klein ist, wenn Δx selbst klein ist. Man wiederhole das Argument und zeige, daß $\Delta z - dz$ im Vergleich mit $\sqrt{(\Delta x)^2 + (\Delta y)^2}$ klein ist, wenn Δx und Δy selbst klein sind.

21. Man suche den Fehler im „Beweis" für die folgende Aussage: Für eine Funktion $z = f(x;y)$ ist die Ableitung dz/dt durch $(\partial z/\partial x)(dx/dt)$ gegeben, wenn x und y Funktionen von t sind: „dz/dt ist $\lim_{\Delta t \to 0} \Delta z/\Delta t$, daher gilt

$$dz/dt = \lim_{\Delta t \to 0} (\Delta z/\Delta x)(\Delta x/\Delta t),$$

wobei Δx jene Änderung in x ist, die durch die Änderung Δt in t verursacht wird. Daraus folgt

$$dz/dt = (\partial z/\partial x)(dx/dt)\text{“}.$$

22. Man beweise die Umkehrung des Eulerschen Theorems: Gilt

$$xf_1(x;y) + yf_2(x;y) = nf(x;y)$$

so folgt

$$f(kx;ky) = k^n f(x;y).$$

23. Es sei $z = f(u;v)$, wobei u und v Funktionen von x und y sind. Dann ergibt sich indirekt $z = g(x;y)$. Gelten nun die Relationen

$$du = u_x dx + u_y dy \quad \text{und} \quad dv = v_x dx + v_y dy,$$

dann beweise man, daß die beiden Ausdrücke für dz,

$$dz = z_u du + z_v dv \quad \text{und} \quad dz = z_x dx + z_y dy$$

übereinstimmen.

24. Es seien $(x;y)$ rechtwinkelige Koordinaten in der Ebene und $(X;Y;Z)$ rechtwinkelige Koordinaten im Raum. Angenommen F vermittle eine eineindeutige Zuordnung zwischen der Ebene und dem Raum, so daß x und y stetig von X, Y und Z abhängen und in Bezug auf diese drei Variablen stetige partielle Ableitungen besitzen. Analog seien durch die umgekehrte Zuordnung F^{-1} die Koordinaten X, Y und Z stetige Funktionen von x und y und mögen stetige partielle Ableitungen in Bezug auf diese beiden Variablen besitzen. Man leite aus diesen Bedingungen die Gleichung $2 = 3$ her. *Hinweis:* $2 = dx/dx + dy/dy$ und $3 = dX/dX + dY/dY + dZ/dZ$. Man benutze die Kettenregel. Im übrigen gibt es eine eineindeutige Zuordnung zwischen der Ebene und dem Raum, allerdings ohne die hier angegebene Eigenschaft der Stetigkeit und Differenzierbarkeit.

25. Man zeige für eine homogene Funktion f des Grades m mit stetigen partiellen Ableitungen zweiter Ordnung die Relation

$$x^2 f_{xx} + 2xyf_y + y^2 f_{yy} = n(n-1)f.$$

26. Es seien x, y und z Funktionen von u, v, w. Angenommen man könne u, v und w als Funktion von x, y und z darstellen. Dann kann $\partial x/\partial u$ ebenfalls als Funktion von x, y und z angegeben werden. Das folgende Argument zeigt, daß $\partial x/\partial u$ von x *unabhängig ist*, also $\partial(\partial x/\partial u)/\partial x = 0$. Der Beweis:

$$\frac{\partial(\partial x/\partial u)}{\partial x} = \frac{\partial^2 x}{\partial x\,\partial u} = \frac{\partial^2 x}{\partial u\,\partial x} = \frac{\partial}{\partial u}\left(\frac{\partial x}{\partial x}\right)$$
$$= \frac{\partial}{\partial u}(1)$$
$$= 0.$$

Übertragen wir dieses Resultat nun auf den Fall

$$x = (2u)^{1/2}, \quad y = (2v)^{1/2}, \quad z = (2w)^{1/2}.$$

Es ergibt sich

$$\frac{\partial x}{\partial u} = \frac{1}{(2u)^{1/2}} = \frac{1}{x}.$$

Somit wäre nach unserem Argument $1/x$ von x unabhängig. Wo liegt der Fehler?

Die Übungen 27 bis 34 beschäftigen sich mit wichtigen Problemen der elementaren Thermodynamik.

27. (Siehe Übung 19.) Es sei $z = f(x;y)$, wobei $y = h(x;u)$. Dann ist z indirekt eine Funktion von x und u, $z = F(x;u)$. Man zeige

$$\frac{\partial F}{\partial x} = \frac{\partial f}{\partial x} + \frac{\partial f}{\partial y}\frac{\partial h}{\partial x}.$$

Dieses Resultat wird in der Thermodynamik wie folgt geschrieben:

$$\left.\frac{\partial z}{\partial x}\right)_u = \left.\frac{\partial z}{\partial x}\right)_y + \left.\frac{\partial z}{\partial y}\right)_x \left.\frac{\partial y}{\partial x}\right)_u.$$

Hinweis: Man beachte, daß x selbst eine Funktion von x und u ist, $x = g(x;u) = x + 0u$. Dann verwende man die Kettenregel.

28. Es sei $w = f(x_1;x_2;x_3)$ eine Funktion von drei Variablen. Die partielle Ableitung von w nach x_1 (x_2 und x_3 werden konstant gehalten) wird durch

$$\frac{\partial w}{\partial x_1} \quad \text{oder} \quad \frac{\partial f}{\partial x_1} \quad \text{oder} \quad f_1$$

bezeichnet. Ähnlich definieren wir die Symbole $\partial w/\partial x_2$ und $\partial w/\partial x_3$. Nehmen wir nun an, daß x_1, x_2, x_3 Funktionen von t und u sind.

$$x_1 = g(t;u), \quad x_2 = h(t;u), \quad x_3 = i(t;u).$$

Dann beweise man

$$\frac{\partial w}{\partial t} = \frac{\partial w}{\partial x_1}\frac{\partial x_1}{\partial t} + \frac{\partial w}{\partial x_2}\frac{\partial x_2}{\partial t} + \frac{\partial w}{\partial x_3}\frac{\partial x_3}{\partial t}.$$

29. Man betrachte $w = f(x_1;x_2;x_3)$ und $y = h(t;u)$ mit der Eigenschaft

$$f(t;h(t;u);u) = 0$$

für alle t und u. Man zeige

$$\frac{\partial h}{\partial t} = -\frac{f_1}{f_2} \quad \text{und} \quad \frac{\partial h}{\partial u} = -\frac{f_3}{f_2}.$$

Hinweis: Man betrachte $x_1 = t$, $x_2 = h(t;u)$, $x_3 = u$ und verwende die Kettenregel.

30. (Siehe Übung 29.) Ersetzt man die Eigenschaft aus Übung 29 durch

$$f(h(t;u);t;u) = 0,$$

so ergibt sich

$$\frac{\partial h}{\partial t} = -\frac{f_2}{f_1} \quad \text{und} \quad \frac{\partial h}{\partial u} = -\frac{f_3}{f_1}.$$

31. (Siehe Übung 29.) Man ersetze die Eigenschaft aus Übung 29 durch $f(t; u; h(t; u)) = 0$. Dann gilt

$$\frac{\partial h}{\partial t} = -\frac{f_1}{f_3} \quad \text{und} \quad \frac{\partial h}{\partial u} = -\frac{f_2}{f_3}.$$

32. Die Buchstaben p, T und V bezeichnen Druck, Temperatur und Volumen eines Gases. Sie sind nicht voneinander unabhängig. Daher gibt es eine Funktion f der drei Variablen, durch die mit Hilfe der Gleichung $f(p; T; V) = 0$ jede der drei Variablen p, T und V durch die beiden anderen ausgedrückt werden kann. Man zeige

$$\left(\frac{\partial p}{\partial T}\right)_V = \frac{-(\partial V/\partial T)_p}{(\partial V/\partial p)_T}.$$

Hinweis: Siehe Übungen 29 bis 31.

33. (Siehe Übung 32.) Es sei E (innere Energie) eine Funktion von T und p. Da T bekanntlich eine Funktion von V und p ist, muß auch E indirekt eine Funktion von V und p sein. Man zeige

(*a*) $$\left(\frac{\partial E}{\partial V}\right)_p = \left(\frac{\partial E}{\partial T}\right)_V \left(\frac{\partial T}{\partial V}\right)_p + \left(\frac{\partial E}{\partial V}\right)_T;$$

(*b*) $$\left(\frac{\partial E}{\partial p}\right)_V = \left(\frac{\partial E}{\partial T}\right)_p \left(\frac{\partial T}{\partial p}\right)_V + \left(\frac{\partial E}{\partial p}\right)_T.$$

34. (Siehe Übung 32.)

(*a*) Man beweise $\left(\frac{\partial p}{\partial T}\right)_V \left(\frac{\partial T}{\partial p}\right)_V = 1.$

(*b*) Man beweise $\left(\frac{\partial p}{\partial T}\right)_V \left(\frac{\partial T}{\partial V}\right)_p \left(\frac{\partial V}{\partial p}\right)_T = -1.$

35. Es sei in der gesamten xy-Ebene $f_x = f_y$. Man zeige die Existenz einer Funktion $g(t)$ mit der Eigenschaft $f(x; y) = g(x + y)$.

13 Bestimmte Integrale über ebene Gebiete

In Kapitel 7 wurde das bestimmte Integral einer Funktion f über ein Intervall $[a; b]$ diskutiert. Wir haben dabei das Intervall in Abschnitte unterteilt und in jedem dieser Abschnitte einen Testpunkt ausgewählt, um eine Näherungssumme zu bilden. Das bestimmte Integral war dann der Limes dieser Summe, wenn die Unterteilungen des Intervalls immer feiner und feiner gemacht wurden.

Eine ähnliche Vorgangsweise kann auch für ebene Gebiete, wie etwa Dreiecke, Kreise, Rechtecke angewendet werden. Ein derartiges Gebiet wird in kleinere Gebiete geteilt, in jedem dieser kleinen Gebiete wird ein Testpunkt ausgewählt und eine entsprechende Summe gebildet. Dies ergibt ein bestimmtes Integral über ein ebenes Gebiet, mit dessen Hilfe man Volumina, Schwerpunkte und Trägheitsmomente berechnen kann. In Abschnitt 13.1 wird das bestimmte Integral über ein ebenes Gebiet definiert. Die folgenden Abschnitte geben zwei Wege zu seiner Berechnung.

13.1 Das bestimmte Integral einer Funktion über ein ebenes Gebiet

Anhand von zwei Problemen soll das bestimmte Integral einer Funktion über ein ebenes Gebiet eingeführt werden.

Unter einem ebenen Gebiet verstehen wir eine Menge von Punkten der Ebene, die von einer Kurve oder einem Polygon umschlossen sind. Wenn ein derartiges Gebiet in Untermengen geteilt wird, so sollen auch die kleineren Gebiete von Kurven oder Polygonen begrenzt sein.

Problem 1: Man schätze das Volumen des folgenden Körpers S ab: Über jedem Punkt P eines 4 cm × 2 cm Rechteckes R errichten wir eine Strecke, deren Länge in Zentimeter durch das Quadrat des Abstandes zwischen P und dem Eckpunkt A gegeben ist (Bild 13.1). Diese Strecken bilden einen Körper S, der in Bild 13.2 dargestellt ist. Der höchste Punkt von S befindet sich über dem Eckpunkt von R, der dem Punkt A gegenüber liegt. An dieser Stelle beträgt die Höhe des Körpers nach dem Pythagoräischen Lehrsatz $(4^2 + 2^2)$ cm = 20 cm.

Zunächst ist das Volumen von S sicher kleiner als $(4 \cdot 2 \cdot 20\,\text{cm}^3 = 160\,\text{cm}^3$, da S im Inneren eines Quaders mit der Basisfläche $(4 \cdot 2)\,\text{cm}^2$ und der Höhe 20 cm liegt.

Um zu genaueren Abschätzungen zu kommen, teilen wir die rechteckige Basis in kleinere Stücke, etwa in vier gleichgroße Rechtecke R_1, R_2, R_3 und R_4 (Bild 13.3). Zur Näherung des Volumens von S schätzen wir das Volumen des Teiles von S ab, der sich über den jeweiligen Rechtecken R_1, R_2, R_3 und R_4 befindet, und addieren diese Abschätzungen. Zu diesem Zweck wählt man einen Punkt in jedem der vier Rechtecke, sagen wir den Mittelpunkt, und errichten in der Folge über jedem der Rechtecke einen Quader, dessen Höhe gerade der Höhe von S oberhalb des Mittelpunktes des gewählten Rechteckes entspricht (Bild 13.4). So ist die Höhe des Quaders über R_1 gleich $[1^2 + (\frac{3}{2})^2]\,\text{cm} = \frac{13}{4}$ cm, die Höhe des Quaders über R_2 gleich $[1^2 + (\frac{1}{2})^2]\,\text{cm} = \frac{5}{4}$ cm usw. Durch Addition der vier Volumina erhalten wir die folgende Schätzung des Volumens von S:

$$\frac{13}{4} \cdot 2\,\text{cm}^3 + \frac{5}{4} \cdot 2\,\text{cm}^3 + \frac{45}{4} \cdot 2\,\text{cm}^3 + \frac{37}{4} \cdot 2\,\text{cm}^3 = 50\,\text{cm}^3.$$

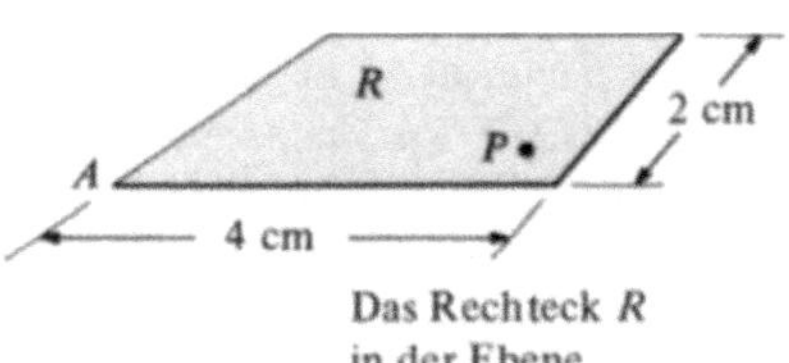

Bild 13.1

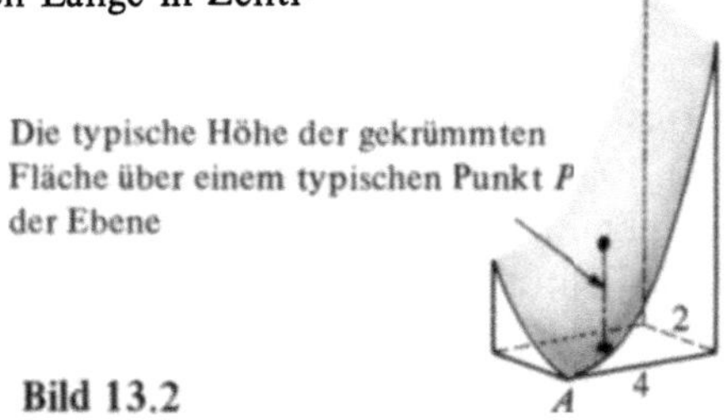

Bild 13.2

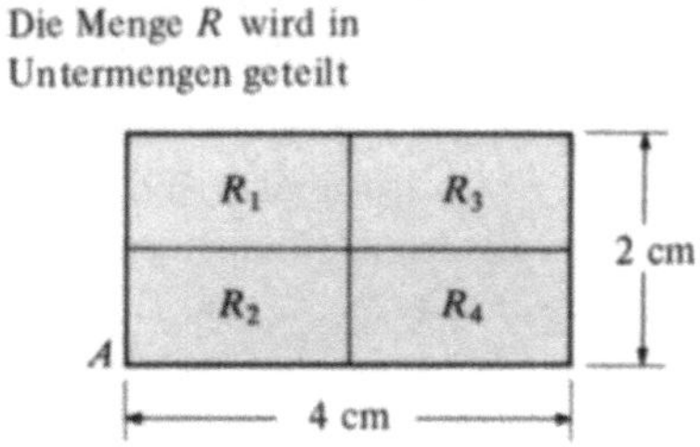

Bild 13.3

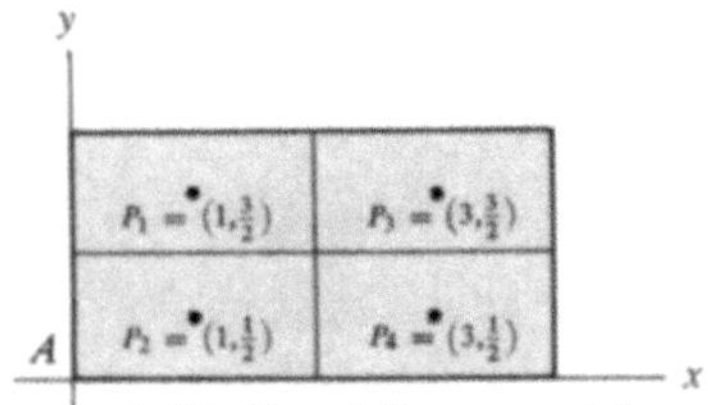

a) Die Unterteilungen und ihre Punkte werden durch ihre x- und y-Werte beschreiben

Bild 13.4

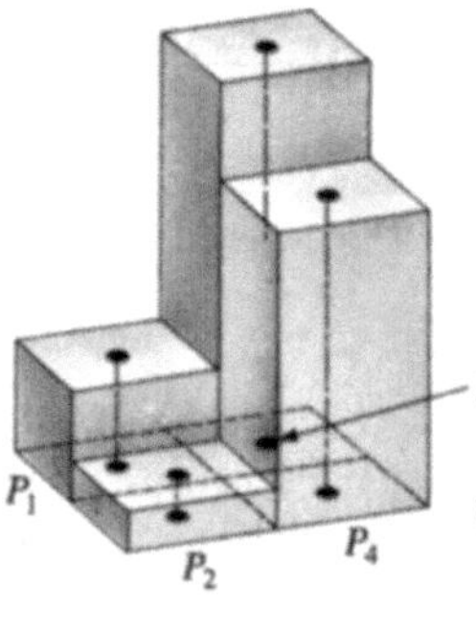

b) Die Grundfläche jedes Quaders beträgt 2 cm²

a) Eine typische Teilung von R

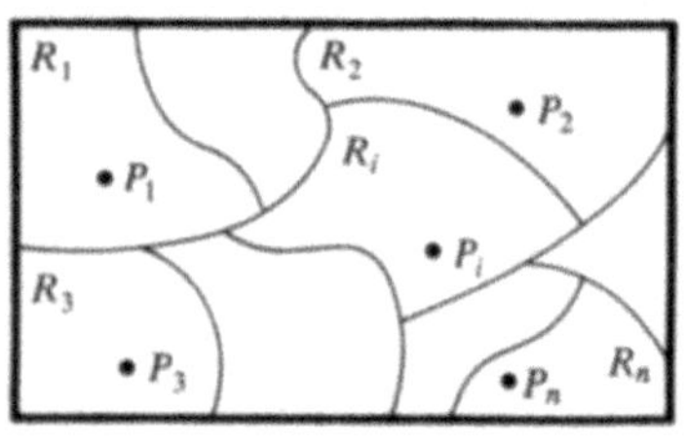

Bild 13.5

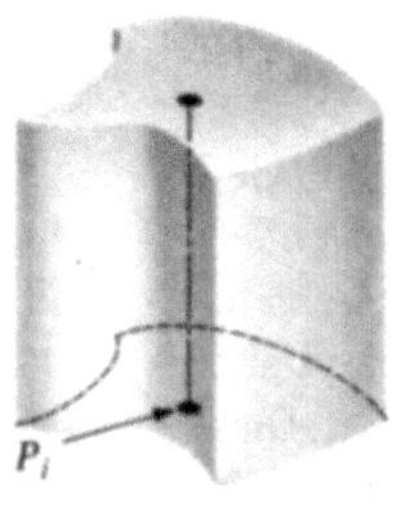

b) Der Zylinder hat die Basis R_i mit der Fläche A_i, die Höhe $c(P_i)$ und das Volumen $c(P_i)\,A_i$

Dies ist allerdings nur eine mögliche Abschätzung. Mit derselben Teilung von R könnten wir auch andere Abschätzungen erhalten, wenn wir innerhalb der Rechtecke andere Punkte P zur Bestimmung der Höhen unserer Näherungsquader verwenden.

Ganz allgemein beginnen wir zur genaueren Abschätzung des Volumens von S das Gebiet R in kleinere Untergebiete $R_1, R_2, \ldots, R_n$ zu teilen, und in jedem dieser Untergebiete einen Punkt auszuwählen. Wir bezeichnen die Höhe von S über einem typischen Punkt P_i von R_i durch $c(P_i)$, die Fläche von R_i sei A_i. Dann wird durch

$$c(P_1)\,A_1 + c(P_2)\,A_2 + \ldots + c(P_n)\,A_n$$

die Abschätzung des Volumens von S auf eine Summe der Volumina von n Körpern zurückgeführt. Ein typischer Körper kann wie in Bild 13.5 aussehen. Wir nennen einen solchen Körper Zylinder.

Problem 2: Man schätze die Masse einer rechteckigen Schicht R in folgender Weise ab. Die Dimensionen der Schicht betragen 4 cm · 2 cm (Bild 13.6). Das Material selbst ist in der Nähe von A dünn und wird mit der Entfernung von A dichter. Nehmen wir an, die Dichte in der Nähe jedes Punktes P sei zahlenmäßig gleich dem Quadrat des Abstandes zwischen P und A (gemessen in g/cm²). Die größte Dichte wird dann an dem zu A diagonal gegenüberliegenden Eckpunkt auftreten und $(4^2 + 2^2)$ g/cm³ = 20 g/cm² betragen.

Zunächst ist die gesamte Masse sicher geringer als $(4 \cdot 2 \cdot 20)$ g = 160 g, da die Gesamtfläche 4 · 2 cm² beträgt und die Dichte das Maximum von 20 g/cm² nicht überschreitet.

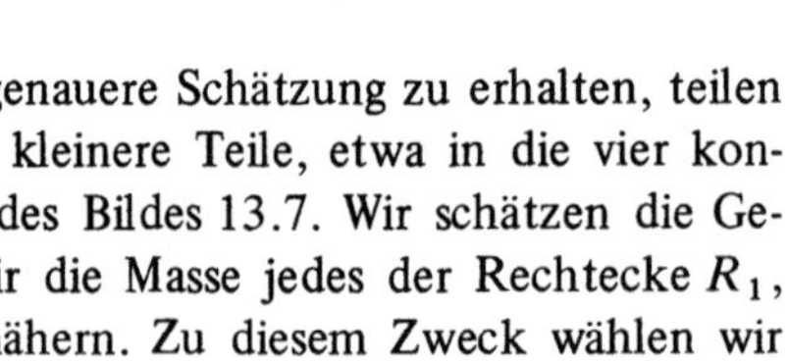

Bild 13.6

Um nun eine genauere Schätzung zu erhalten, teilen wir das Rechteck in kleinere Teile, etwa in die vier kongruenten Rechtecke des Bildes 13.7. Wir schätzen die Gesamtmasse, indem wir die Masse jedes der Rechtecke R_1, R_2, R_3 und R_4 annähern. Zu diesem Zweck wählen wir jeweils den Mittelpunkt der vier Rechtecke und berechnen die Dichte in jedem dieser vier Punkte. So ist die Dichte in

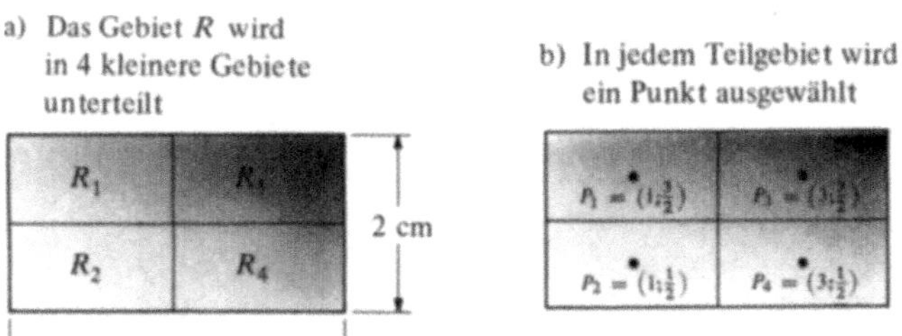

Bild 13.7

P_1 gleich $1^2 + (\frac{3}{2})^2 = \frac{13}{4}$ g/cm², und wir erhalten für R_1 als Abschätzung der Masse $\frac{13}{4} \cdot 2$ g, da die Fläche von R_1 genau 2 cm² beträgt. Summieren wir die Abschätzungen für jedes der vier Rechtecke, so ergibt sich

$$\left(\frac{13}{4} \cdot 2 + \frac{5}{4} \cdot 2 + \frac{45}{4} \cdot 2 + \frac{37}{4} \cdot 2\right) \mathrm{g} = 50 \mathrm{~g}$$

als Abschätzung der Gesamtmasse in R. Genauso wie für das Volumen aus Problem 1 hätten wir auch andere Abschätzungen durchführen können. Wir müßten dazu nur R in kleine Untergebiete $R_1, R_2, \ldots, R_n$ unterteilen und in jedem der Untergebiete einen Punkt $P_1, P_2, \ldots, P_n$ auswählen. Die Dichte in P_i sei $f(P_i)$ und die Fläche von R_i sei durch A_i gegeben. Dann erhalten wir

$$f(P_1) \cdot A_1 + f(P_2) \cdot A_2 + \ldots + f(P_n) \cdot A_n$$

als Abschätzung der Gesamtmasse.

Obwohl wir weder das Volumen aus Problem 1 noch die Masse aus Problem 2 exakt bestimmt haben, können wir bereits feststellen, daß die Antwort zu dem einen Problem mit der Antwort zu dem anderen Problem übereinstimmen muß: Der Vorgang zur Berechnung eines Schätzwertes ist für das Volumen der gleiche, wie für die Masse.

Die Ähnlichkeit der hier auftretenden Summen zu den Summen aus Kapitel 7 legen es nahe, die Definition des bestimmten Integrals über ein Intervall $[a; b]$ auf ebene Gebiete zu verallgemeinern. Um von „feinen" Teilungen der Ebene sprechen zu können, benötigen wir zunächst zwei Definitionen.

Definition des Durchmessers eines Gebietes: Das ebene Gebiet S sei durch eine Kurve oder ein Polygon begrenzt. Unter dem Durchmesser von S verstehen wir den größten Abstand zwischen zwei Punkten von S.

So ist der Durchmesser eines Quadrates der Seitenlänge s durch $s\sqrt{2}$ gegeben. Der Durchmesser eines Kreises mit dem Radius r beträgt $2r$, stimmt also mit dem üblichen Durchmesser überein.

Definition der Feinheit einer Teilung in der Ebene: Es sei $R_1, R_2, \ldots, R_n$ die Teilung eines ebenen Gebietes R in kleinere Gebiete. Unter der Feinheit der Teilung verstehen wir den größten der Durchmesser der Teilgebiete $R_1, R_2, \ldots, R_n$.

Die Feinheit der Teilungen aus Problem 1 und Problem 2 beträgt nach dieser Definition $\sqrt{5}$.

Nun kann das bestimmte Integral über ein ebenes Gebiet definiert werden.

Definition des bestimmten Integrals einer Funktion f über ein ebenes Gebiet R: Durch die Funktion f sei jedem Punkt P eines ebenen Gebietes R eine Zahl $f(P)$ zugeordnet. Wir betrachten die typische Summe

$$f(P_1) A_1 + f(P_2) A_2 + \ldots + f(P_n) A_n,$$

die sich aus einer Teilung von R ergibt, wobei A_i die Fläche von R_i darstellt und P_i in R_i liegt. Wir lassen nun die Feinheit der Teilung nach Null gehen. Wenn dann die obige Summe (unabhängig von der Wahl der Punkte P_i in den Gebieten R_i) einer bestimmten Zahl zustrebt, wird diese Zahl das bestimmte Integral von f über das Gebiet R genannt und wir schreiben

$$\int_R f(P)\, dA.$$

oder kurz:

$$\lim_{\text{Maß} \to 0} \sum_{i=1}^{n} f(P_i) A_i = \int_R f(P)\, dA.$$

Der Vergleich dieser Definition mit der Definition des bestimmten Integrals über ein Intervall ist informativ. In beiden Fällen erhalten wir Grenzwerte, die durch bestimmte Summen von Produkten angestrebt werden. Die Summen selbst werden in weitgehender Analogie gebildet, wie die folgende Tabelle zeigt.

gegeben:	*Man berechne für jede Untermenge der Teilung,*	*wähle aus jeder der Untermengen*	*und bilde den Grenzwert von Summen der Form*
ein Intervall und eine dort definierte Funktion	die Länge $x_i - x_{i-1}$	einen Punkt (durch seine Koordinate X_i bezeichnet)	$\sum_{i=1}^{n} f(X_i)(x_i - x_{i-1})$
ein Gebiet in der Ebene und eine dort definierte Funktion	die Fläche A_i	einen Punkt P_i	$\sum_{i=1}^{n} f(P_i) A_i$

Das bestimmte Integral ist nicht eine der in dieser Tabelle gebildeten Summen, sondern die Zahl, der sich diese Summen annähern, wenn die Feinheit der Teilung gegen Null strebt. Das bestimmte Integral von f über das Gebiet R wird manchmal *Integral von f über R* oder *Integral von $f(P)$ über R* genannt.

So ist sowohl das Volumen aus Problem 1, als auch die Masse aus Problem 2 durch das bestimmte Integral

$$\int_R (x^2 + y^2)\, dA$$

gegeben, wobei R hier die Form eines Rechteckes mit den Eckpunkten (0; 0), (4; 0), (0; 2), (4; 2) besitzt.

Unsere beiden Beispiele für das bestimmte Integral über ein ebenes Gebiet sind von großer praktischer Bedeutung und wir wollen sie daher in voller Allgemeinheit formulieren.

Das Volumen eines Körpers als Integral über ein ebenes Gebiet R: Betrachten wir einen Körper S und wählen wir eine bestimmte Gerade L im Raum (Bild 13.8). Angenommen, alle zu L parallelen Geraden, die auf S treffen, schneiden S längs einer Strecke oder in einem Punkt. Wir wählen nun eine zu L senkrechte Ebene. R sei der „Schatten" oder die „Projektion" von S auf die Ebene. Wir verstehen darunter die Menge aller Punkte, in denen diese Ebenen von jenen Parallelen zu L geschnitten wird, die irgendwo auf S treffen. Für jeden Punkt P von R sei $c(P)$ die Länge der Strecke, die die Parallele durch P mit S gemeinsam hat. Nun teilen wir R in kleinere Gebiete $R_1, R_2, \dots, R_n$ und wählen in jedem dieser Gebiete einen Testpunkt P_i für $i = 1, 2, \dots, n$. Die Fläche von R_i sei A_i. Dann nähern wir das Volumen von S oberhalb von R_i durch einen Zylinder mit der Höhe $c(P_i)$ und einer Basis, die zu R_i kongruent ist. Das Volumen des i-ten Zylinders ergibt sich als $c(P_i)A_i$.

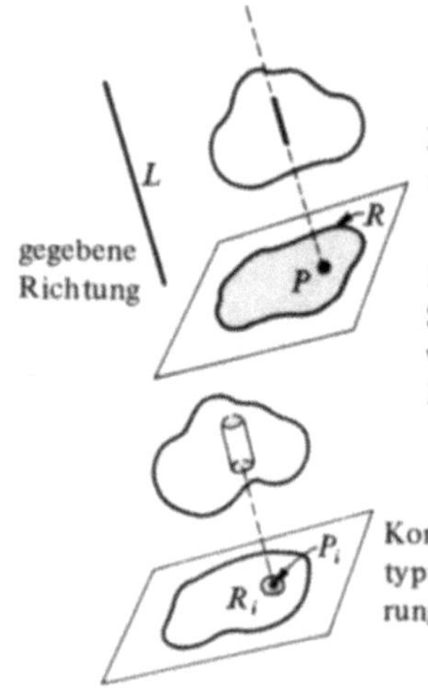

Bild 13.8

Daher ist

$$\sum_{i=1}^{n} c(P_i) A_i$$

eine Abschätzung für das Volumen von S. Es folgt

$$\text{Volumen von } S = \int_R c(P)\, dA.$$

Die Masse eines ebenen Gebietes (Schicht) als Integral über dieses Gebiet R: Betrachten wir nun eine Massenverteilung in einem ebenen Gebiet R (Bild 13.9). Die Dichte kann über das Gebiet variieren. Wir bezeichnen die Dichte im Punkt P durch $f(P)$ (in g/cm^2). Um die gesamte Masse innerhalb des Gebietes R abzuschätzen, teilen wir R in kleine Gebiete R_i und wählen für jedes $i = 1, 2, \dots, n$ einen Testpunkt P_i aus R_i. Dann ergibt sich für die Masse in R_i näherungsweise

$$f(P_i) A_i,$$

da bei annähernd konstanter Dichte die Masse ungefähr durch das Produkt von Dichte und Fläche gegeben ist. Daher liefert

$$\sum_{i=1}^{n} f(P_i) A_i$$

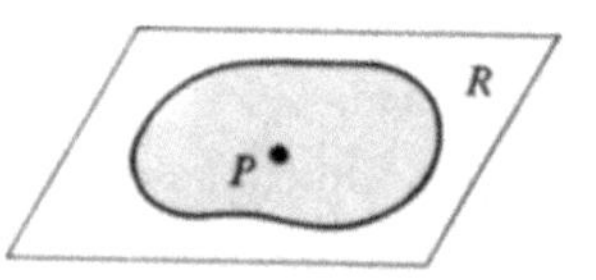

Bild 13.9

Eine ebene Massenverteilung. Die Dichte im Punkt P beträgt $f(P)$, gemessen in g/cm^2

eine Abschätzung für die Masse innerhalb von R und wir erhalten schließlich

$$\text{Masse in } R = \int_R f(P)\, dA.$$

Für Techniker und Physiker ist dies eine wichtige Interpretation des zweidimensionalen Integrales: Das bestimmte Integral der Dichte ergibt die Masse.

In Kapitel 7 wurde gezeigt, daß das bestimmte Integral über die Dichte längs einer Strecke die Gesamtmasse längs dieser Strecke ergibt. In Kapitel 18 werden wir die analoge Aussage für eine räumliche Materieverteilung gewinnen. Dazu müssen wir das bestimmte Integral über ein räumliches Gebiet definieren.

Um die Analogie zwischen Integralen über ebene Mengen und Integralen über Intervalle weiterzuführen, definieren wir den Mittelwert einer Funktion über ein ebenes Gebiet.

Definition des Mittelwerts: Der Mittelwert von f über das Gebiet R ist

$$\frac{\int_R f(P)\, dA}{\text{Fläche von } R}.$$

Ist $f(P)$ für alle P aus R positiv, können wir eine einfache geometrische Interpretation dieses Mittelwertes geben. S sei der unterhalb des Graphen von f (eine Fläche) und oberhalb des Gebietes R liegende Körpers (Bild 13.10). Der Mittelwert von f über R ist dann die Höhe des Zylinders, dessen Basis durch R gegeben wird und dessen Volumen mit dem Volumen von S übereinstimmt. Analoge Beobachtungen wurden in Abschnitt 10.5 hinsichtlich des Mittelwertes von $f(x)$ über $[a; b]$ angestellt.

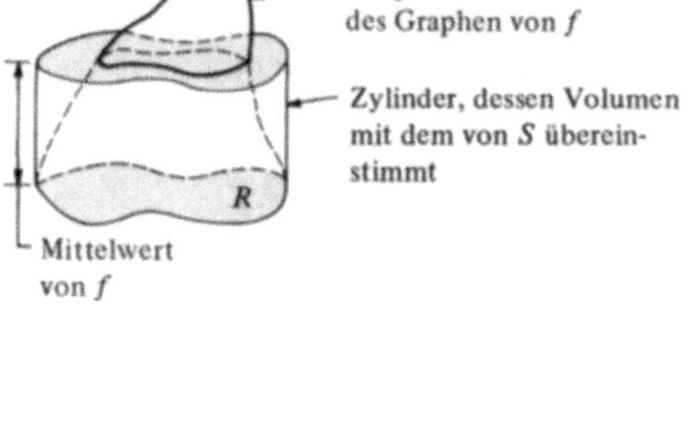

Bild 13.10

Das Integral $\int_R f(P)\, dA$ wird als *zweidimensionales Integral* bezeichnet, um es vom Integral $\int_a^b f(x)\, dx$ zu unterscheiden, das wir *eindimensionales Integral* nennen.

Übungen:

1. Bei der Abschätzung des Volumens in Problem 1 wurden die Mittelpunkte der kleinen Rechtecke als P_i verwendet. Man schätze das Volumen aus Problem 1 mit Hilfe derselben Teilung, nehme jedoch als P_i
   (*a*) die unteren linken Eckpunkte für jedes R_i,
   (*b*) die oberen rechten Eckpunkte für jedes R_i.
   (*c*) Was folgt aus (*a*) und (*b*) über das Volumen des Körpers?
2. Man schätze die Masse aus Problem 2 durch Teilung von R in 8 kongruente Quadrate ab und verwende als P_i
   (*a*) die Mittelpunkte,
   (*b*) die oberen rechten Eckpunkte,
   (*c*) die linken unteren Eckpunkte.
3. Es sei R eine Menge in der Ebene mit der Fläche A. f sei eine Funktion, so daß für jeden Punkt in R gilt $f(P) = 5$.
   (*a*) Was kann über irgendeine Näherungssumme $\sum_{i=1}^{n} f(P_i) A_i$ gesagt werden, die für dieses R und dieses f gebildet wird?
   (*b*) Welcher numerische Wert ergibt sich für $\int_R f(P)\, dA$.
4. Es sei $f(P) = 1$ für jeden Punkt P im ebenen Gebiet R. Man zeige, daß das Integral einfach die Fläche von R ergibt.
5. (*a*) Man wähle f und R wie in Problem 1 oder 2 und verwende die Abschätzung von $\int_R f(P)\, dA$ aus dem Text, um den Mittelwert von f über R zu bestimmen.
   (*b*) Mit Hilfe der Erkenntnisse aus Übung 2 zeige man, daß dieser Mittelwert zwischen 4 und 10 liegt.
6. (*a*) Man zeige, daß die Fläche eines ebenen Gebietes mit Durchmesser d kleiner als d^2 ist.
   (*b*) Welche Figur hat die größte Fläche: Ein Kreis mit dem Durchmesser d, ein Quadrat mit dem Durchmesser d oder ein gleichseitiges Dreieck mit dem Durchmesser d?
   (*c*) Man überlege, wie groß die Fläche eines Gebietes mit dem Durchmesser d sein kann.
   (*d*) Kann um jedes gegebene Gebiet mit dem Durchmesser d ein Kreis mit dem Durchmesser d gezeichnet werden?

In den Übungen 7 bis 10 beschreibe man für den gegebenen Körper die allgemeine Form der Projektion (des Schattens) auf die gegebene Ebene.

7. Eine Kugel; eine beliebige Ebene.
8. Ein gerader Kreiszylinder; eine Ebene parallel zur Achse des Zylinders.
9. Ein gerader Kreiskegel; eine Ebene parallel zur Achse des Kegels.
10. Ein gerader Kreiskegel; eine Ebene parallel zur Basis.
11. Man nehme für alle P in R an $m \leqslant f(P) \leqslant M$. Es sei A die Fläche von R. Durch Approximation mittels Summen zeige man

$$mA \leqslant \int_R f(P)\,dA \leqslant MA.$$

Ein Taschenrechner oder eine Tafel wird bei der Lösung der Übungen 12 bis 14 von Nutzen sein.

12. (*a*) Es sei R das Rechteck mit den Eckpunkten (0; 0), (2; 0), (2; 3), (0; 3). Ferner sei $f(x;y) = \sqrt{x+y}$. Man schätze $\int_R \sqrt{x+y}\,dA$ durch Teilung von R in 6 Quadrate ab, deren Mittelpunkte als Testpunkte verwendet werden.
    (*b*) Man verwende (*a*), um den Mittelwert von f über R abzuschätzen.

■

13. (*a*) Es sei R das Quadrat mit den Eckpunkten (0; 0), (0,8; 0), (0,8; 0,8), (0; 0,8). Es sei ferner $f(P) = f(x;y) = e^{xy}$. Man schätze $\int_R e^{xy}\,dA$ durch Teilung von R in 16 Quadrate, deren Mittelpunkte als Testpunkte verwendet werden.
    (*b*) Man verwende (*a*), um den Mittelwert von $f(P)$ über R abzuschätzen.
    (*c*) Man zeige: $0{,}64 \leqslant \int_R f(P)\,dA \leqslant 0{,}64e^{0{,}64}$.
14. (*a*) Es sei R das Dreieck mit den Eckpunkten (0; 0), (4; 0), (0; 4). Ferner sei $f(x;y) = x^2y$. Man verwende entsprechend Bild 13.11 eine Teilung in vier Dreiecke und die dargestellten Testpunkte.
    (*b*) Welches ist der maximale Wert von $f(x;y)$ in R?
    (*c*) Aus (*b*) bestimme man eine obere Schranke für $\int_R f(P)\,dA$.

■■

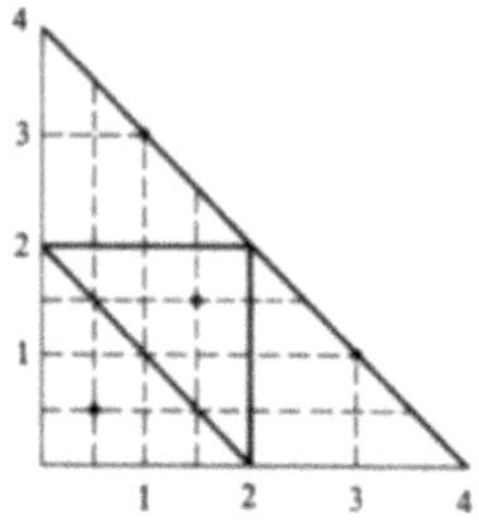

Bild 13.11

15. (*a*) Es sei R eine Kreisscheibe mit dem Radius 1. Ferner sei $f(P)$ der Abstand zwischen P und dem Kreismittelpunkt. Wir teilen R mit Hilfe von Strahlen durch den Kreismittelpunkt und von konzentrischen Kreisen. Man zeige

$$\int_R f(P)\,dA = \frac{2\pi}{3}.$$

    (*b*) Man bestimme den Mittelwert von f über R.

13.2 Die Beschreibung ebener Gebiete durch Koordinaten

In Abschnitt 13.3 werden wir bestimmte Integrale über ebene Gebiete auf zwei Integrale über gewisse Intervalle zurückführen. Zu diesem Zweck müssen wir die Integrationsgebiete mit Hilfe von Koordinatensystemen beschreiben. Dies geschieht in diesem Abschnitt mit den Methoden der analytischen Geometrie. Das Verfahren wird zunächst an Beispielen für rechtwinkelige Koordinaten und dann für Polarkoordinaten erläutert.

Beispiel 1: Es sei R das Gebiet zwischen $y = x^2$, der x-Achse und der Geraden $x = 2$. Man beschreibe R durch zur y-Achse parallele Schnitte (Bild 13.12).

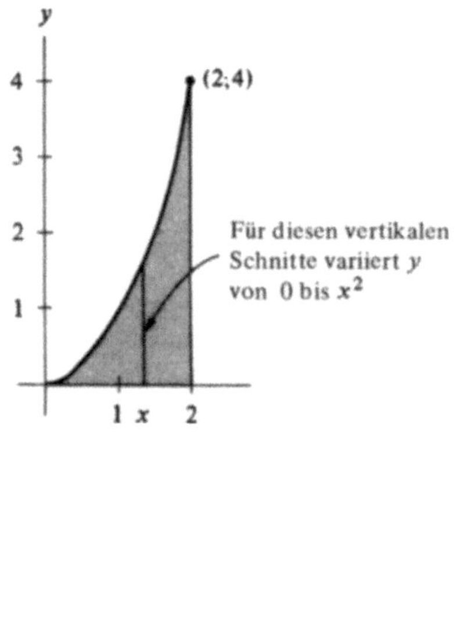

Bild 13.12

Lösung: Wir sehen sofort, daß für Punkte $(x;y)$ aus R die Koordinate von x von 0 bis 2 variiert. Um R nun vollständig zu beschreiben, untersuchen wir das Verhalten von y für jedes x aus dem Intervall $[0; 2]$.

Wir halten x fest und betrachten nur den vertikalen Schnitt durch den Punkt $(x; 0)$. Er erstreckt sich von der x-Achse bis zur Kurve $y = x^2$. Für jedes x variiert also die y-Koordinate von 0 bis x^2. Auf diese Weise haben wir R durch vertikale Schnitte vollständig beschrieben. Wir erhalten in kompakter Schreibweise:

$$0 \leqslant x \leqslant 2; \quad 0 \leqslant y \leqslant x^2. \bullet$$

Beispiel 2: Man beschreibe das Gebiet aus Beispiel 1 durch Schnitte parallel zur x-Achse, also durch horizontale Schnitte (Bild 13.13).

Lösung: Wir sehen sofort, daß y von 0 bis 4 variiert. Für jedes y aus dem Intervall $[0; 4]$ überstreicht x den Bereich zwischen dem kleinsten Wert $x_1(y)$ und dem größten Wert $x_2(y)$. Für jeden Wert von y aus $[0; 4]$ gilt $x_2(y) = 2$. Um $x_1(y)$ zu bestimmen, gehen wir von der Gleichung der Kurve $y = x^2$ aus, auf der der Punkt $(x_1(y); y)$ liegt:

$$x_1(y) = \sqrt{y}.$$

Damit erhalten wir für R als Beschreibung durch horizontale Schnitte:

$$0 \leqslant y \leqslant 4; \quad \sqrt{y} \leqslant x \leqslant 2. \bullet$$

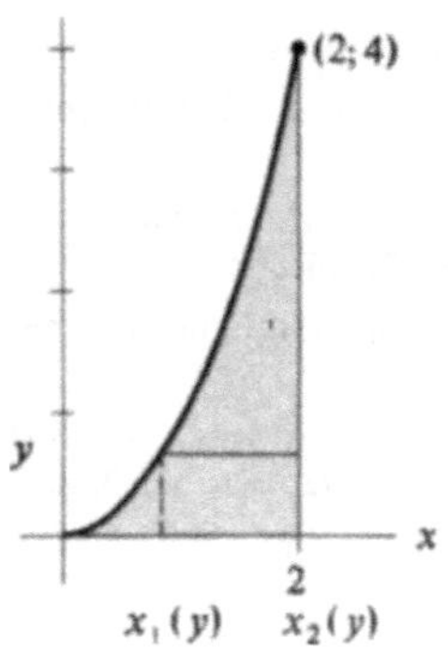

Bild 13.13

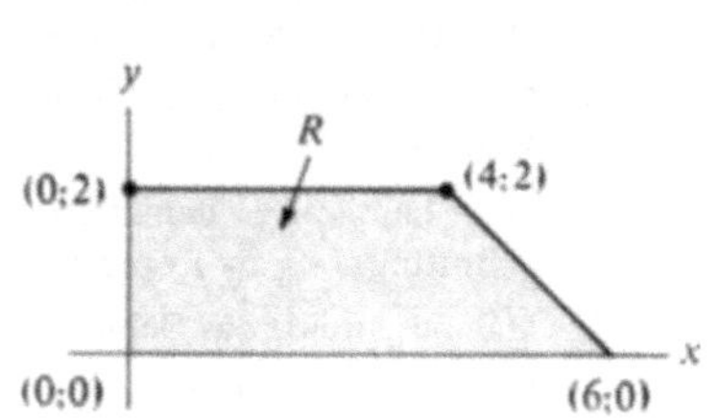

Bild 13.14

Beispiel 3: Man beschreibe das Gebiet mit den Eckpunkten $(0; 0)$, $(6; 0)$, $(4; 2)$ und $(0; 2)$ durch vertikale Schnitte und durch horizontale Schnitte (Bild 13.14).

Lösung: Offensichtlich variiert x zwischen 0 und 6. Für jedes x aus dem Intervall $[0; 4]$ läuft y von 0 bis 2 (unabhängig von x). Für x aus $[4; 6]$ läuft y von Null bis zu dem Wert von y, der auf der Geraden durch $(4; 2)$ und $(6; 0)$ liegt. Diese Gerade hat die Gleichung

$$y = 6 - x.$$

Daher benötigen wir zur Beschreibung von R durch vertikale Schnitte zwei getrennte Informationen:

$$0 \leqslant x \leqslant 4, \quad 0 \leqslant y \leqslant 2$$

und

$$4 \leqslant x \leqslant 6, \quad 0 \leqslant y \leqslant 6 - x.$$

Mit Hilfe horizontaler Schnitte erhalten wir eine einfachere Beschreibung. Zunächst geht y von 0 bis 2. Für jedes y aus $[0; 2]$ variiert x von Null bis zu dem Wert x, der auf der Geraden $y = 6 - x$ liegt. Wir lösen diese Gleichung nach x auf

$$x = 6 - y.$$

So wird die Beschreibung wesentlich kürzer:

$$0 \leqslant y \leqslant 2, \quad 0 \leqslant x \leqslant 6 - y. \bullet$$

Diese drei Beispiele sind typisch. Man wird im allgemeinen zunächst den Variationsbereich einer Koordinate bestimmen und dann untersuchen, wie die andere Koordinate variiert, wenn der Wert der ersten Koordinate festgehalten wird.

Auch für Polarkoordinaten wird dieselbe Methode verwendet: Man bestimme zuerst den Variationsbereich von θ und dann für jeden Wert von θ den Variationsbereich von r.

Beispiel 4: R sei ein Kreis mit dem Radius a und dem Mittelpunkt im Pol des Polarkoordinatensystems. Man beschreibe R durch die Schnitte, die sich mit den vom Pol ausgehenden Strahlen ergeben (Bild 13.15).

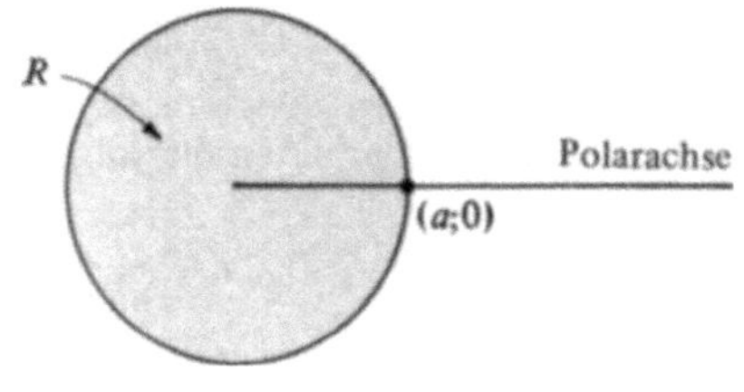

Bild 13.15

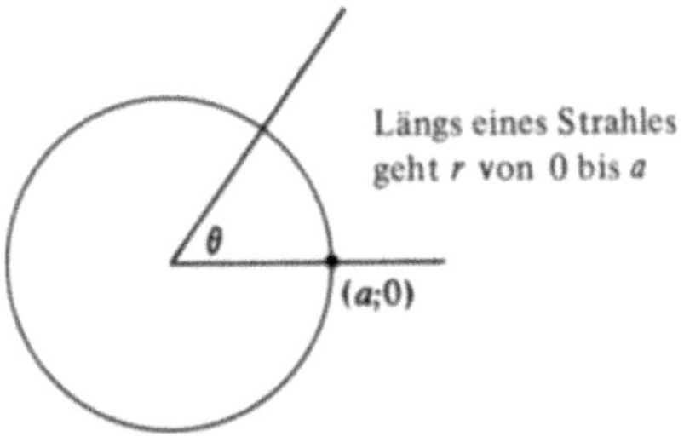

Bild 13.16

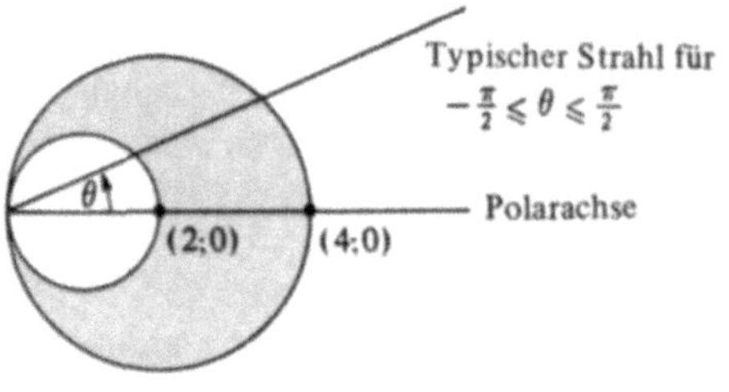

Bild 13.17

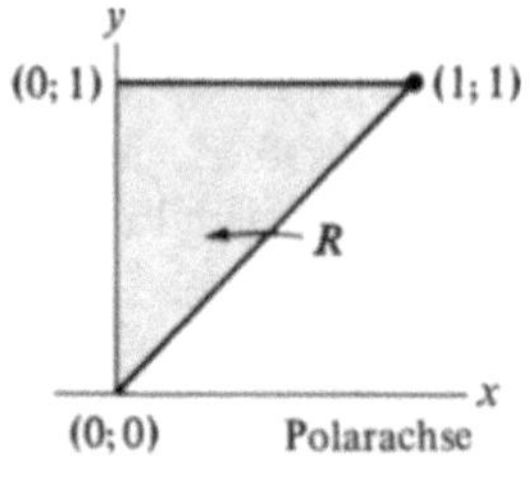

Bild 13.18

Lösung: Um R zu überstreichen, läuft θ von 0 bis 2π. Halten wir nun θ fest und untersuchen das Verhalten von r. Offensichtlich geht r von 0 bis a, und dies unabhängig von θ (Bild 13.16). So erhalten wir als vollständige Beschreibung

$$0 \leqslant \theta \leqslant 2\pi, \quad 0 \leqslant r \leqslant a. \bullet$$

Beispiel 5: R sei das Gebiet zwischen den Kreisen $r = 2\cos\theta$ und $r = 4\cos\theta$. Man beschreibe R durch Schnitte mit Hilfe von Strahlen, die vom Pol ausgehen (Bild 13.17).

Lösung: Um dieses Gebiet zu überstreichen, verwenden wir Strahlen von $\theta = -\pi/2$ bis $\theta = \pi/2$. Für jeden dieser θ-Werte variiert r von $2\cos\theta$ bis $4\cos\theta$. Somit ergibt sich insgesamt die Beschreibung

$$-\frac{\pi}{2} \leqslant \theta \leqslant \frac{\pi}{2}, \quad 2\cos\theta \leqslant r \leqslant 4\cos\theta. \bullet$$

Den Beispielen 4 und 5 zufolge, können wir Gebiete dann sehr einfach durch Polarkoordinaten beschreiben, wenn sie durch Kreise begrenzt werden. Wie das nächste Beispiel zeigen wird, können Polarkoordinaten vorteilhaft auch dann verwendet werden, wenn die Gebiete von Geraden begrenzt werden und diese Geraden durch den Ursprung gehen.

Beispiel 6: R sei das dreieckige Gebiet mit den Eckpunkten (0; 0), (1; 1) und (0; 1) in rechtwinkeligen Koordinaten. Man beschreibe R in Polarkoordinaten (Bild 13.18).

Lösung: Offensichtlich variiert für R der Winkel θ von $\pi/4$ bis $\pi/2$. Für jedes θ geht r auf der Geraden $x = 1$ von Null bis zum Punkt $(r; \theta)$ oder $r \sin\theta = 1$. Somit ergibt sich als oberste Grenze für r in Abhängigkeit von θ der Wert $1/\sin\theta$ und wir erhalten die folgende Beschreibung von R:

$$\frac{\pi}{4} \leqslant \theta \leqslant \frac{\pi}{2}, \quad 0 \leqslant r \leqslant \frac{1}{\sin\theta}. \bullet$$

In der Praxis wird das Gebiet R horizontale, vertikale oder polare Schnitte aufweisen, die durch Strecken gegeben sind. Dies vereinfacht die Beschreibung von R in geeigneten Koordinaten außerordentlich.

Benutzt man vertikale Schnitte, so erhalten wir eine Beschreibung der Form

$$a \leqslant x \leqslant b, \quad y_1(x) \leqslant y \leqslant y_2(x).$$

Dabei sind $y_1(x)$ und $y_2(x)$ Funktionen von x (manchmal Konstante). Im Falle horizontaler Querschnitte ergibt sich die folgende Beschreibung:

$$c \leqslant y \leqslant d, \quad x_1(y) \leqslant x \leqslant x_2(y).$$

Bilden wir Schnitte mit Hilfe von Strahlen, so ergibt sich ein anderer Typ der Darstellung:

$$\alpha \leqslant \theta \leqslant \beta, \quad r_1(\theta) \leqslant r \leqslant r_2(\theta).$$

Übungen:

1. (*a*) Man zeichne das dreieckige Gebiet mit den Eckpunkten (0; 0), (2; 1) und (0; 1).
   (*b*) Man beschreibe es durch vertikale Schnitte.
2. Man beschreibe das Gebiet aus Übung 1 durch horizontale Schnitte.
3. (*a*) Man zeichne das Gebiet zwischen $y = x$ und $y = x^2$.
   (*b*) Man beschreibe es durch vertikale Schnitte.
4. Man beschreibe das Gebiet aus Übung 3 mit horizontalen Schnitten.
5. Man beschreibe den Kreis aus Beispiel 4 durch vertikale Schnitte. (Das xy-Koordinatensystem wählen wir wie üblich.)
6. Man beschreibe das Gebiet aus Beispiel 5 durch
   (*a*) vertikale Schnitte,
   (*b*) horizontale Schnitte.

In den Übungen 7 bis 12 zeichne man das beschriebene Gebiet.

7. $0 \leqslant x \leqslant 2, \ 2x \leqslant y \leqslant 3x$
8. $0 \leqslant x \leqslant 1, \ x^2 \leqslant y \leqslant x$
9. $1 \leqslant y \leqslant e, \ \ln y \leqslant x \leqslant 1$
10. $0 \leqslant \theta \leqslant \frac{\pi}{2}, \ 0 \leqslant r \leqslant 2$

11. $-\frac{\pi}{4} \leqslant \theta \leqslant \frac{\pi}{4}$, $1 \leqslant r \leqslant 2$
12. $0 \leqslant \theta \leqslant 2\pi$, $1 \leqslant r \leqslant 2 + \cos\theta$
13. Man beschreibe das Gebiet aus Übung 7 durch horizontale Schnitte.
14. Man beschreibe das Gebiet aus Übung 8 durch horizontale Schnitte.
15. Man beschreibe das Gebiet aus Übung 9 durch vertikale Schnitte.
16. (*a*) Man zeichne das Gebiet R mit der Beschreibung $-2 \leqslant y \leqslant 2$, $-\sqrt{4-y^2} \leqslant x \leqslant \sqrt{4-y^2}$.
    (*b*) Man beschreibe R durch vertikale Schnitte.
    (*c*) Man beschreibe R durch Polarkoordinaten.
17. (*a*) Man zeichne das Gebiet R, das von den vier Geraden $y = 1$, $y = 2$, $y = x$, $y = x/3$ begrenzt wird.
    (*b*) Man beschreibe R durch Schnitte (man wähle hierfür die geeignetste Richtung).

13.3 Die Berechnung von $\int_R f(P)\,dA$ in rechtwinkeligen Koordinaten

Dieser Abschnitt beschäftigt sich mit der mehr intuitiven Herleitung von Formeln, mit deren Hilfe bestimmte Integrale über ebene Gebiete rasch berechnet werden können. Fragen, wie etwa, „Unter welchen Bedingungen für f und R wird $\int_R f(P)\,dA$ existieren?“, werden uns hier nicht beschäftigen. Ebenso wie wir in Abschnitt 8.1 den Hauptsatz vor allem plausibel machen wollten, werden wir auch hier weniger streng sondern mehr intuitiv vorgehen und keine Beweise behandeln. Wir konnten den Beweis für den Hauptsatz leichter erörtern, da ein Intervall $[a; b]$ weniger kompliziert zu behandeln ist als ein ebenes Gebiet R. Hier nehmen wir jedenfalls an, daß für hinreichend einfache Gebiete R und für stetige Funktionen f die nachfolgenden Formeln Gültigkeit besitzen.

Zunächst entwickeln wir eine Methode, um ein bestimmtes Integral über ein Rechteck zu berechnen und wenden die erhaltene Formel auf Beispiel 1 an. Mit geringfügigen Modifikationen werden wir dann auch Integrale über kompliziertere Gebiete auswerten können.

Betrachten wir ein rechteckiges Gebiet R, das durch die vertikalen Schnitte

$$a \leqslant x \leqslant b, \quad c \leqslant y \leqslant d$$

beschrieben wird (Bild 13.19). Gilt nun $f(P) \geqslant 0$ für alle P aus R, dann ist $\int_R f(P)\,dA$ gleich dem Volumen V des Körpers, dessen Basis durch R gegeben ist und der oberhalb von P geradlinige Schnitte der Höhe $f(P)$ besitzt (Bild 13.20). Es sei $A(x)$ die Fläche des Schnittes mit einer Ebene, die senkrecht auf der x-Achse steht und die Abszisse x besitzt (Bild 13.21). Wie wir in Abschnitt 7.4 gezeigt haben, gilt hier

$$V = \int_a^b A(x)\,dx.$$

Nun können wir aber die Fläche $A(x)$ ebenfalls durch ein bestimmtes Integral darstellen:

$$A(x) = \int_c^d f(x; y)\,dy.$$

Man beachte, daß x bei dieser Integration festgehalten wird.

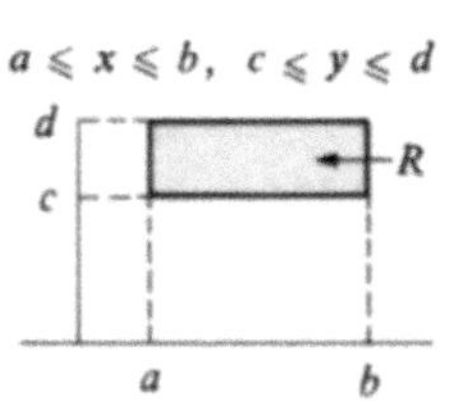

Bild 13.19

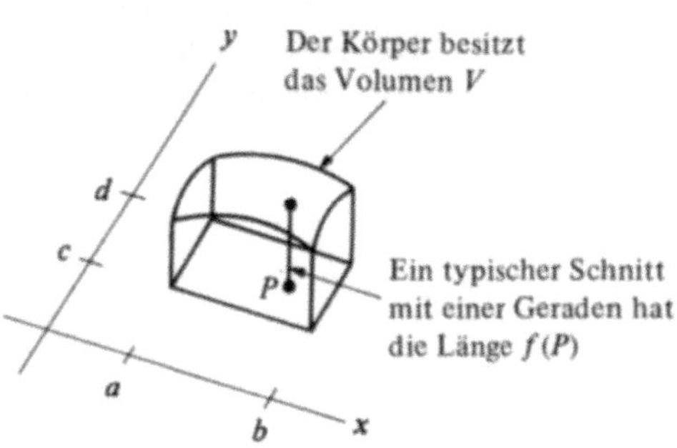

Bild 13.20

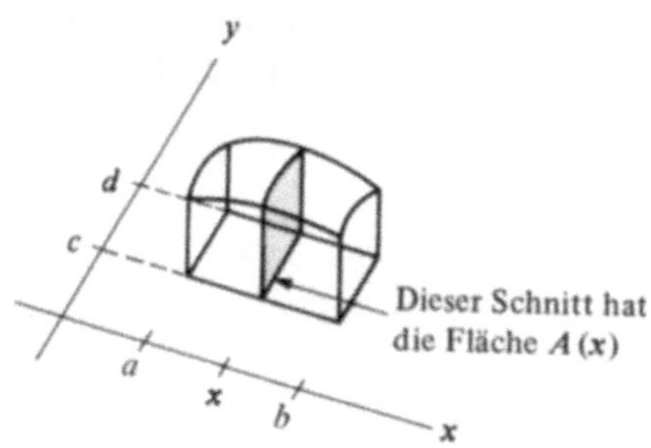

Bild 13.21

Nun können wir ein mehrfaches Integral angeben, dessen Wert mit $V = \int_R f(P)\,dA$ übereinstimmt, nämlich

$$\int_R f(P)\,dA = V = \int_a^b A(x)\,dx = \int_a^b \left[\int_c^d f(x;y)\,dy\right] dx.$$

Wir hätten natürlich genausogut unsere Schnitte mit Hilfe von auf der y-Achse senkrechten Ebenen ermitteln können. Analoge Überlegungen führen uns dann auf die Beziehung

$$\int_R f(P)\,dA = \int_c^d \left[\int_a^b f(x;y)\,dx\right] dy.$$

Die Größen

$$\int_a^b \left[\int_c^d f(x;y)\,dy\right] dx \quad \text{und} \quad \int_c^d \left[\int_a^b f(x;y)\,dx\right] dy$$

heißen *Mehrfachintegrale* oder *iterierte Integrale.*

Beispiel 1: Man berechne das bestimmte Integral $\int_R f(P)\,dA$, wobei R durch das Rechteck in Bild 13.22 gegeben ist. Die Funktion f sei durch $f(P) = \overline{AP}^2$ definiert. (Wir hatten dieses Integral in Abschnitt 13.3 abgeschätzt.)

Lösung: Entsprechend Bild 13.23 führen wir in geeigneter Weise xy-Koordinaten ein. In diesen rechtwinkeligen Koordinaten erhalten wir für f die Darstellung

$$f(x;y) = \overline{AP}^2 = x^2 + y^2.$$

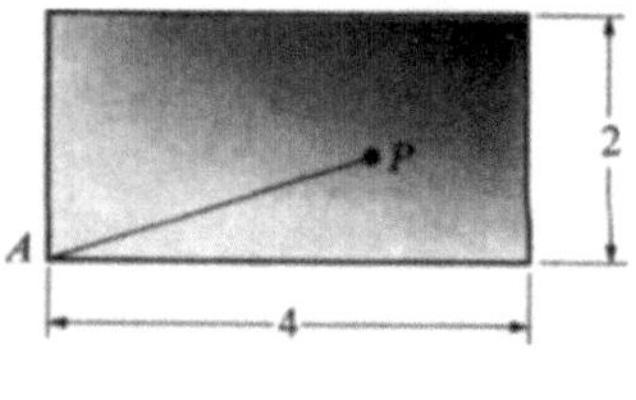

Bild 13.22

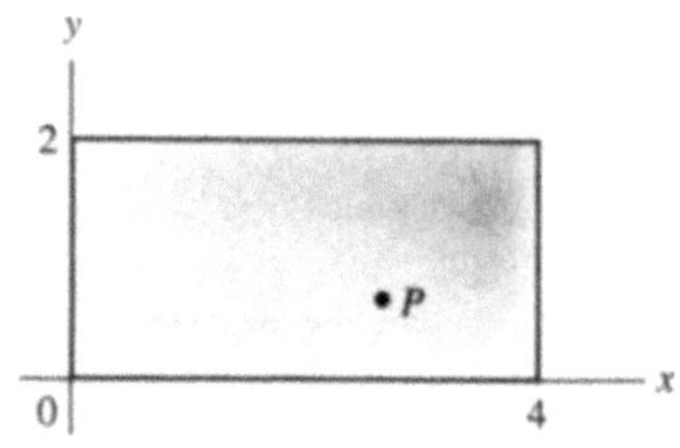

Bild 13.23

Für das Gebiet R nimmt x alle Werte von 0 bis 4 an. Die Zahl y durchläuft für jedes x alle Werte zwischen 0 und 2. Wir erhalten daher

$$\int_R f(P)\,dA = \int_0^4 \left[\int_0^2 (x^2+y^2)\,dy\right] dx.$$

Zunächst müssen wir

$$\int_0^2 (x^2+y^2)\,dy$$

berechnen, wobei x im Intervall $[0;4]$ liegt und festgehalten wird. [(Dies ist die Querschnittsfläche $A(x)$.] Um den Hauptsatz anzuwenden, suchen wir zunächst eine Funktion mit der Eigenschaft

$$\frac{dF}{dy} = x^2 + y^2.$$

Da nun x während der ersten Integration konstant gehalten wird, besitzt die Funktion

$$F(y) = x^2 y + \frac{y^3}{3}$$

die gewünschte Eigenschaft. Da x vorläufig festgehalten wird, stört uns sein Auftreten in der obigen Funktion nicht. Tatsächlich ist die Ableitung dF/dy in Wirklichkeit eine partielle Ableitung $\partial F/\partial y$. Der Hauptsatz führt uns nun auf

$$\int_0^2 (x^2+y^2)\,dy = \left(x^2 y + \frac{y^3}{3}\right)\Bigg|_{y=0}^{y=2} = \left[x^2(2) + \frac{2^3}{3}\right] - \left[x^2(0) + \frac{0^3}{3}\right] = 2x^2 + \frac{8}{3}.$$

(Das Integral $2x^2 + \frac{8}{3}$ gibt die Fläche $A(x)$ wieder, die wir am Beginn dieses Abschnittes diskutiert haben.)

Nun berechnen wir

$$\int_0^4 \left(2x^2 + \frac{8}{3}\right) dx.$$

Nach Anwendung des Hauptsatzes ergibt sich

$$\int_0^4 \left(2x^2 + \frac{8}{3}\right) dx = \left(\frac{2x^3}{3} + \frac{8x}{3}\right)\Bigg|_0^4 = \frac{160}{3}$$

als Wert des zweidimensionalen bestimmten Integrals. Wir erhalten somit für das Volumen des Gebietes aus Problem 1 von Abschnitt 13.1 den Wert 160/3 cm^3. Ebenso ergibt sich in Problem 2 für die Masse 160/3 g. ●

Die Darstellung von $\int_R f(P)\,dA$ durch mehrfache Integrale in rechtwinkeligen Koordinaten: Ist das Gebiet R kein Rechteck, so verändern sich in der Berechnung von $\int_R f(P)\,dA$ mit Hilfe mehrfacher Integrale nur die Integrationsgrenzen. Hat R die vertikalen Schnitte

$$a \leqslant x \leqslant b, \quad y_1(x) \leqslant y \leqslant y_2(x),$$

dann ergibt sich für das Integral

$$\int_R f(P)\,dA = \int_a^b \left[\int_{y_1(x)}^{y_2(x)} f(x;y)\,dy\right] dx.$$

Hat R die horizontalen Schnitte

$$c \leqslant y \leqslant d, \quad x_1(y) \leqslant x \leqslant x_2(y),$$

so gilt

$$\int_R f(P)\,dA = \int_c^d \left[\int_{x_1(y)}^{x_2(y)} f(x;y)\,dx\right] dy.$$

Die Integrationsgrenzen ergeben sich aus dem Gebiet R. Die Funktion f geht lediglich in den Integranden ein.

Das nächste Beispiel veranschaulicht dieses Verfahren.

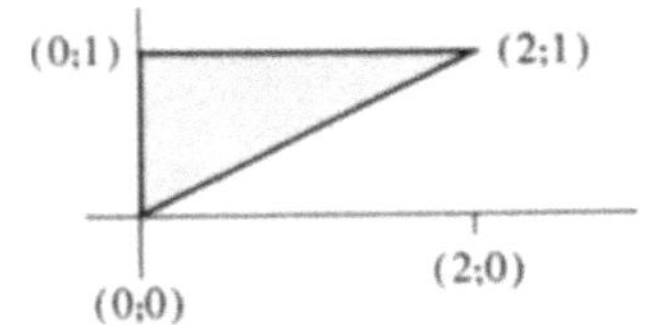

Bild 13.24

Beispiel 2: Man entnehme die Gestalt einer dreieckigen Schicht dem Bild 13.24. Seine Dichte in Punkt $(x;y)$ sei e^{y^2}. Man bestimme die Masse der Schicht, also

$$\int_R f(P)\,dA,$$

wobei $f(x;y) = e^{y^2}$.

Lösung: Das Gebiet R besitzt die vertikalen Querschnitte

$$0 \leqslant x \leqslant 2, \quad \frac{x}{2} \leqslant y \leqslant 1.$$

So erhalten wir

$$\int_R f(P)\,dA = \int_0^2 \left(\int_{x/2}^1 e^{y^2}\,dy\right) dx.$$

Leider hilft uns der Hauptsatz bei der Berechnung von

$$\int_{x/2}^1 e^{y^2}\,dy$$

nicht. Versuchsweise gehen wir daher zu horizontalen Querschnitten über.

Die Beschreibung von R ist nun durch

$$0 \leqslant y \leqslant 1, \quad 0 \leqslant x \leqslant 2y$$

gegeben und wir kommen zu

$$\int_R f(P)\,dA = \int_0^1 \left(\int_0^{2y} e^{y^2}\,dx\right) dy.$$

Die erste Integration

$$\int_0^{2y} e^{y^2}\,dx$$

kann einfach ausgeführt werden, da y festgehalten wird; der Integrant ist konstant.

Es folgt

$$\int_0^{2y} e^{y^2}\,dx = e^{y^2}\int_0^{2y} 1\,dx = e^{y^2}x\Big|_{x=0}^{x=2y}$$

$$= e^{y^2}\,2y.$$

Das zweite bestimmte Integral unserer mehrfachen Integration ist daher $\int_0^1 e^{y^2}\,2y\,dy$. Dieses Integral können wir glücklicherweise mit Hilfe des Fundamentalsatzes berechnen, denn es gilt $d\,(e^{y^2})/dy = e^{y^2}\,2y$:

$$\int_0^1 e^{y^2}\,2y\,dy = e^{y^2}\Big|_0^1 = e^{1^2} - e^{0^2} = e - 1.$$

Daher ergibt sich für die Gesamtmasse e − 1. ●

Wie wir gesehen haben, muß zur Berechnung eines bestimmten Integrales über R zunächst eine günstige Wahl des xy-Koordinatensystems getroffen werden. In der Folge müssen wir dann R und f in bezug auf dieses Koordinatensystem darstellen; schließlich sind hintereinander zwei bestimmte Integrale über Intervalle auszuwerten. Die Reihenfolge dieser Integrationen muß sorgfältig überlegt werden, da die Berechnungen in der einen Reihenfolge wesentlich einfacher sein können als in der anderen. Die Reihenfolge ergibt sich aus der Beschreibung von R durch Schnitte. Gehen wir etwa von vertikalen Schnitten aus

$$a \leqslant x \leqslant b, \quad y_1(x) \leqslant y \leqslant y_2(x),$$

so nimmt das Mehrfachintegral die Form

$$\int_a^b \left[\int_{y_1(x)}^{y_2(x)} f(x;y)\,dy\right] dx$$

an, und wir müssen zunächst die y-Integration ausführen.

Beispiel 3: Es sei R jenes ebene Gebiet, das durch $y = x^2$, $x = 2$ und $y = 0$ begrenzt wird (Bild 13.25). Wir errichten in jeden Punkt $P = (x;y)$ eine Strecke der Höhe $3xy$. Welches Volumen hat der entstehende Körper? (Dieses Gebiet R wurde in Beispiel 2 des Abschnitts 13.2 beschrieben.)

Die Grundfläche ist begrenzt von $y = x^2$, $x = 2$ und $y = 0$

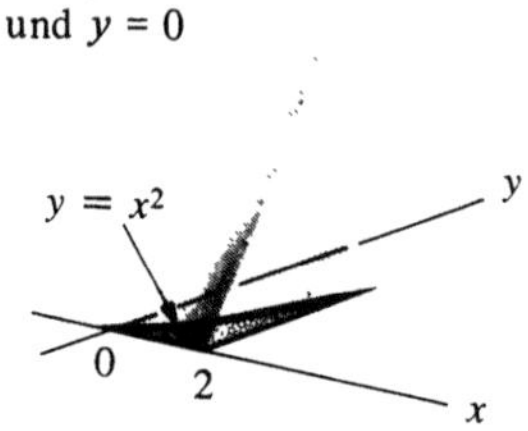

Bild 13.25

Lösung: Das Volumen ergibt sich aus $\int_R f(P)\,dA$, wobei $f(P)$ die Länge der Strecke über den Punkt P ist. In diesem Fall erhalten wir also das Integral

$$\int_R 3xy\,dA.$$

Wählen wir zunächst unsere Schnitte parallel zur y-Achse, so ergibt sich für R

$$0 \leqslant x \leqslant 2, \quad 0 \leqslant y \leqslant x^2.$$

Es folgt

$$\int_R 3xy\,dA = \int_0^2\left(\int_0^{x^2} 3xy\,dy\right)dx.$$

Halten wir x fest, so ergibt eine einfache Rechnung

$$\int_0^{x^2} 3xy\,dy = \left(3x\frac{y^2}{2}\right)\Big|_{y=0}^{y=x^2}$$

$$= 3x\frac{(x^2)^2}{2} - 3x\frac{(0)^2}{2}$$

$$= \frac{3x^5}{2},$$

somit

$$\int_0^2 \frac{3x^5}{2}\,dx = \frac{3x^6}{12}\Big|_0^2 = 16.$$

Wir hätten zur Beschreibung von R unsere Schnitte ebensogut parallel zur x-Achse legen können:

$$0 \leqslant y \leqslant 4, \quad \sqrt{y} \leqslant x \leqslant 2.$$

So kommen wir zu

$$\int_R 3xy\,dA = \int_0^4 \left(\int_{\sqrt{y}}^2 3xy\,dx \right) dy.$$

Der Leser möge sich überzeugen, daß die zweifache Integration ebenfalls 16 ergibt.

Übungen:

1. Man löse Beispiel 3 mit Hilfe horizontaler Querschnitte.

In den Übungen 2 bis 7 berechne man das mehrfache Integral.

2. $\int_0^1 \left[\int_0^x (x + 2y)\,dy \right] dx$
3. $\int_1^2 \left(\int_x^{2x} dy \right) dx$
4. $\int_0^2 \left(\int_0^{x^2} xy^2\,dy \right) dx$
5. $\int_1^2 \left(\int_0^{\sqrt{y}} yx^2\,dx \right) dy$
6. $\int_1^2 \left(\int_0^y e^{x+y}\,dx \right) dy$
7. $\int_0^1 \left(\int_0^x y \sin \pi x\,dy \right) dx$

In den Übungen 8 bis 15 bestimme man das Volumen eines Körpers, dessen Schnitte mit einer Senkrechten auf der xy-Ebene die gegebene Länge besitzen und dessen Projektion auf die xy-Ebene durch das gegebene Gebiet R bestimmt wird.

8. $x + 2y$; R ist das Dreieck mit den Eckpunkten (0; 0), (1; 0), (1; 1).
9. xy; R ist begrenzt durch $y = x^2$, die x-Achse und die Gerade $x = 2$.
10. $x + 3y$; R ist begrenzt durch $y = x^2$, die x-Achse und die Gerade $x = 2$.
11. $x^2 + 2y^2$; R ist das Rechteck mit den Eckpunkten (0; 0), (3; 0), (3; 2), (0; 2).
12. $x + y$; R ist das Dreieck mit den Eckpunkten (1; 1), (2; 1), (1; 2).
13. y; R ist der oberhalb der x-Achse liegende Teil eines Kreises mit dem Radius a und dem Mittelpunkt (0; 0).
14. xy; R ist begrenzt durch $y = \ln x$, die x-Achse, die y-Achse und die Gerade $y = 1$.
15. xy; R ist begrenzt durch $y = \sin x$, die x-Achse und die Gerade $x = \pi/2$.
16. Man bestimme die Masse einer dünnen quadratischen Schicht mit den Eckpunkten (0; 0), (0; 2), (2; 2), (2; 0), die im Punkt $(x; y)$ die Dichte $\sqrt{xy}$ besitzt.
17. Man bestimme die Masse einer dünnen dreieckigen Schicht mit den Eckpunkten (0; 0), (1; 0), (1; 1), die im Punkt $(x; y)$ die Dichte $1/(1 + x^2)$ besitzt.

■

18. Es sei $f(x; y) = y^2 e^{y^2}$. R sei das Dreieck mit den Grenzen $y = a$, $y = x/2$ und $y = x$.
    (*a*) Man gebe zwei Mehrfachintegrale für $\int_R f(P)\,dA$ an.
    (*b*) Man berechne das einfachere.
19. Man bestimme den Mittelwert der Schnittlänge aus Übung 8.
20. Man bestimme den Mittelwert der Schnittlänge aus Übung 9.
21. Man bestimme die mittlere Dichte der Schicht aus Übung 17.
22. Das Gebiet R sei durch die Kurve $y = \sqrt{x}$ und die Gerade $y = x$ begrenzt. Ferner sei $f(x; y) = \sin y/y$ für $y \neq 0$ und $f(x; 0) = 1$.
    Man berechne $\int_R f(P)\,dA$.
23. Man berechne $\int_0^3 \left(\int_x^3 \frac{\sin y}{y}\,dy \right) dx$.
24. Es sei $f(x; y) = e^{y^3}$.
    (*a*) Man gebe ein ebenes Gebiet R an, für das $\int_R f(P)\,dA$ durch Mehrfachintegrale berechnet werden kann.
    (*b*) Man gebe ein ebenes Gebiet R an, für das $\int_R f(P)\,dA$ nicht durch Mehrfachintegrale ausgewertet werden kann, und diskutiere die auftretenden Schwierigkeiten.

13.4 Der Schwerpunkt einer ebenen Schicht

In diesem Abschnitt werden wir mit Hilfe bestimmter Integrale über ebene Gebiete Schwerlinien und Schwerpunkte ermitteln. Hätten wir hierfür nur bestimmte Integrale über Intervalle zur Verfügung, so könnten wir diese Problemstellung nur schwer lösen. Darüber hinaus werden wir nun sehen, daß das bestimmte Integral über ein ebenes Gebiet nicht nur für mathematische Zwecke nützlich ist.

Ein kleiner Knabe sitzt auf der einen Seite einer Schaukel (deren Eigengewicht wir vernachlässigen) und kann das Gleichgewicht zu einem größeren Knaben auf der anderen Seite der Schaukel halten. Die genauen Dimensionen entnehmen wir Bild 13.26. Die kleine Masse am langen Hebelarm hält der großen Masse am kurzen Hebelarm das Gleichgewicht. Jede der beiden Massen erzeugt das

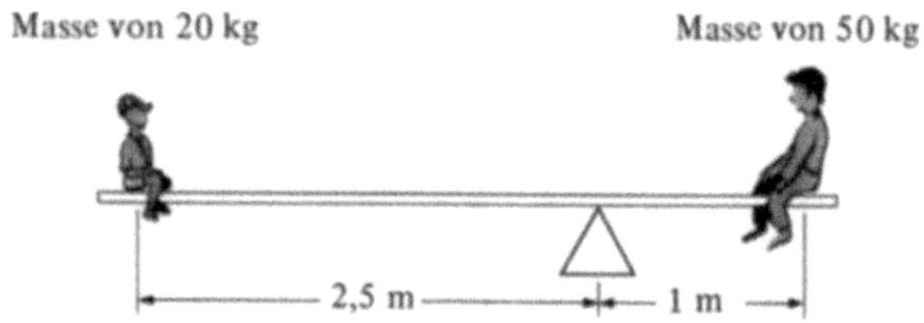

Bild 13.26

gleiche Drehmoment – jedoch in die entgegengesetzte Richtung. Für das Weitere führen wir auf der Schaukel eine x-Achse ein, deren Ursprung sich im Drehpunkt befindet.

Für die Masse m, die sich im Punkt x der x-Achse befindet, definieren wir als Moment um den Punkt Null das Produkt mx. Demnach hat der größere Knabe das Moment $50 \cdot 1$ während der kleinere Knabe das Moment $20 \cdot (-2{,}5)$ besitzt (Bild 13.27). Das gesamte Moment des belasteten Hebelsystems ist demnach Null, und die Knaben befinden sich im Gleichgewicht.

Bild 13.27

Befindet sich eine Masse m an der Stelle x auf einer Geraden, so definieren wir ihr Moment in bezug auf einen Punkt mit der Koordinate a durch das Produkt $m(x-a)$ (Bild 13.28).

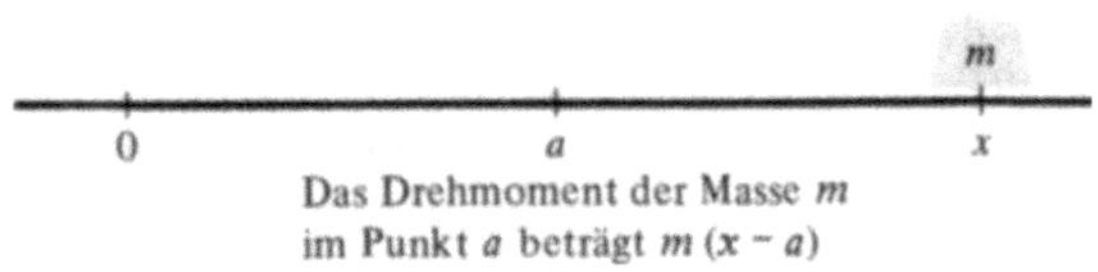

Bild 13.28

Betrachten wir nun mehrere Massen $m_1, m_2, \dots, m_n$. Befindet sich die Masse m_i an der Stelle x_i, mit $i = 1, 2, \dots, n$, dann ergibt sich für das Gesamtmoment aller dieser Massen um den Punkt a der Ausdruck

$$\sum_{i=1}^{n} m_i(x_i - a).$$

Bringen wir in a einen Stützpunkt an, dann dreht sich die Schaukel im Uhrzeigersinn, falls das Gesamtmoment größer als Null ist, und gegen den Uhrzeigersinn, wenn das Gesamtmoment kleiner als Null ist. Ist das Gesamtmoment gleich Null, so befindet sich die Schaukel im Gleichgewicht.

Beispiel 1: Wo ist der Stützpunkt anzubringen, damit sich die drei Massen des Bildes 13.29 im Gleichgewicht befinden?

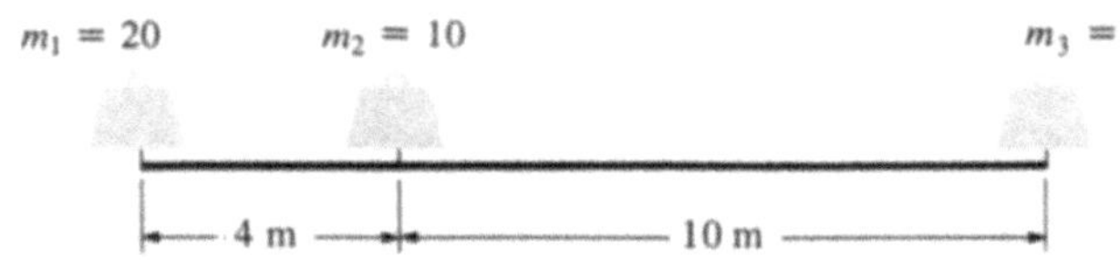

Bild 13.29

Lösung: Als Ursprung der x-Achse wählen wir die Stelle der Masse m_1. Zur Berechnung der Momente wählen wir einen typischen Stützpunkt mit der Koordinate a, durch deren Wahl wir schließlich das Gesamtmoment zum Verschwinden bringen werden (Bild 13.30).

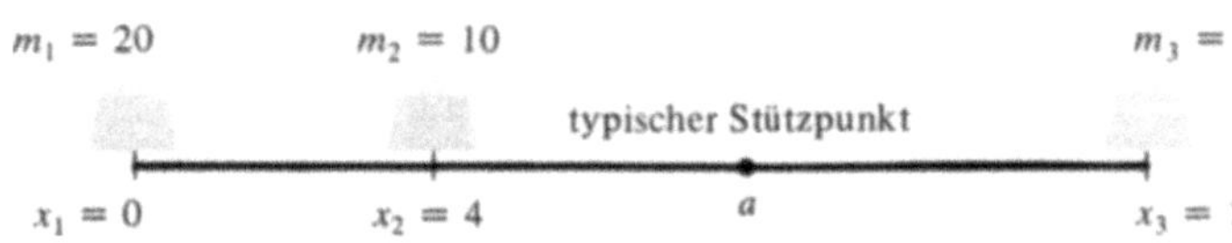

Bild 13.30

Das Gesamtmoment um a beträgt

$$20(0-a) + 10(4-a) + 50(14-a).$$

Wir suchen jenes a, für das dieser Ausdruck gleich Null wird, also

$$(20 \cdot 0) + (10 \cdot 4) + (50 \cdot 14) = a(20 + 10 + 50).$$

Es folgt

$$a = \frac{(20 \cdot 0) + (10 \cdot 4) + (50 \cdot 14)}{80} = 9{,}25.$$

Dementsprechend wählen wir den Stützpunkt rechts vom Mittelpunkt, wie zu erwarten war. ●

Wie können wir nun für eine ebene Materieverteilung, eine sogenannte *Schicht*, das Moment in bezug auf eine Gerade L definieren (Bild 13.31).

Nehmen wir an, die Schicht bedeckt das Gebiet R und hat in jedem Punkt P von R die Dichte $f(P)$.

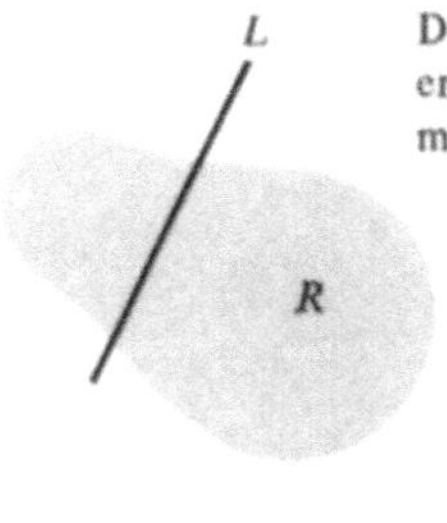

Die Masse einer ebenen Materieverteilung erfüllt das Gebiet R. Wie kann das Drehmoment um L definiert werden?

Bild 13.31

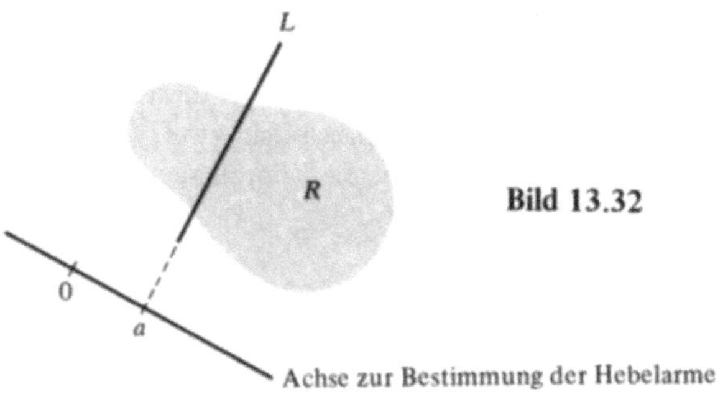

Bild 13.32

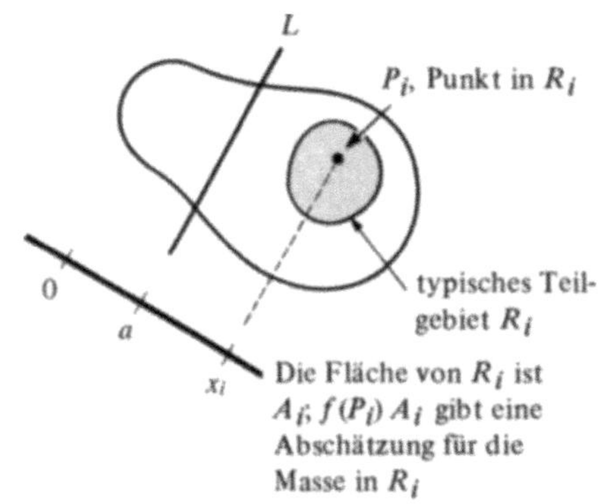

Bild 13.33

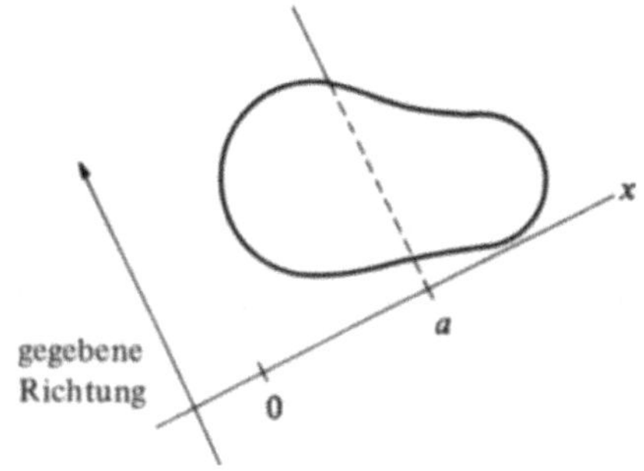

Bild 13.34

Wir führen senkrecht zu L eine x-Achse ein, um die Länge des „Hebelarmes" zu messen (Bild 13.32). Die Gerade L möge die x-Achse im Punkt $x = a$ schneiden. Angenommen R sei in die kleinen Gebiete $R_1, R_2, \ldots, R_n$ geteilt. Welche vernünftige Abschätzung könnten wir für das Moment der Masse von R_i in bezug auf L angeben? Wählen wir in R_i einen Punkt P_i und bezeichnen wir die Fläche von R_i durch A_i, dann ist die Masse von R_i näherungsweise $f(P_i)A_i$. Der Hebelarm von P_i ist durch $(x_i - a)$ gegeben, wenn die durch R_i verlaufende Parallele zu L die x-Achse an der Stelle x_i schneidet. Das typische kleine Gebiet R_i trägt also in bezug auf L ein Moment von (Hebelarm) × (Masse) oder $(x_i - a) f(P_i) A_i$ bei (Bild 13.33). Je feiner wir die Teilungen wählen, desto genauer sollte die Abschätzung werden. Daher definieren wir das Moment der Schicht in bezug auf L durch

$$\int_R (x-a)\, f(P)\, dA.$$

Theorem 1: Ist das Gesamtmoment in bezug auf L gleich Null, dann nennen wir L eine Schwerlinie.

Für jede Richtung in der Ebene einer bestimmten Schicht gibt es genau eine Schwerlinie.

Beweis: Wir wählen senkrecht zu der gegebenen Richtung eine x-Achse und bestimmen a aus $\int_R (x-a) f(P)\, dA = 0$ (Bild 13.34). Nun gilt ebenso wie für eindimensionale bestimmte Integral

$$\int_R (x-a)\, f(P)\, dA = \int_R x f(P)\, dA - a \int_R f(P)\, dA.$$

Daher erfüllt a die Gleichung

$$a \int_R f(P)\, dA = \int_R x f(P)\, dA.$$

Diese Gleichung hat eine eindeutige Lösung:

$$a = \frac{\int_R x f(P)\, dA}{\int_R f(P)\, dA} = \frac{\int_R x f(P)\, dA}{\text{Masse der Schicht}}.$$

Damit ist das Theorem bewiesen. •

Theorem 2: Für eine gegebene Schicht gehen alle Schwerlinien durch einen einzigen Punkt.

Beweis: Es seien L_1 und L_2 zwei aufeinander senkrechte Schwerlinien (Bild 13.35). Ferner sei L eine beliebige Gerade durch den Schnittpunkt von L_1 und L_2. Wir werden beweisen, daß auch L eine Schwerlinie ist. (Damit ist Theorem 2 bewiesen, denn nach Theorem 1 gibt es in jeder Richtung nur eine einzige Schwerlinie.) Der Einfachheit halber wählen wir L_1 und L_2 als x- und y-Achse. Da L_1 und L_2 Schwerlinien sind, gilt nach Theorem 1

$$\int_R y f(P)\, dA = 0 \quad \text{und} \quad \int_R x f(P)\, dA = 0.$$

Nun bestimmen wir den Hebelarm von $P(x;y)$ in bezug auf L. Dem Bild 13.36 entnehmen wir für den Hebelarm

$$\overline{AC} - \overline{BC} = y \cos\theta - x \sin\theta.$$

Dieser Ausdruck ist positiv oder negativ, je nachdem auf welcher Seite von L der Punkt P liegt.

Nun müssen wir zeigen:

$$\int_R (y \cos\theta - x \sin\theta) f(P)\, dA = 0. \tag{1}$$

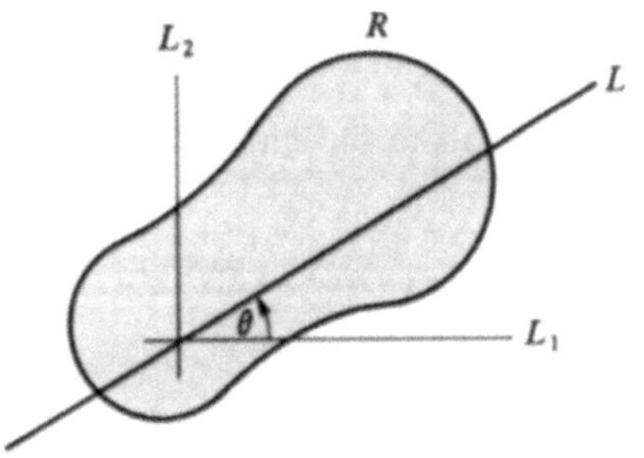

Bild 13.35

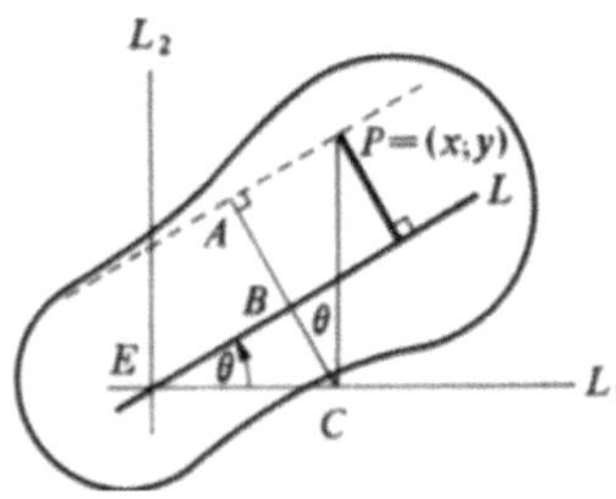

Bild 13.36

$AC = y \cos\theta$ (rechtwinkliges Dreieck CAP)
$BC = x \sin\theta$ (rechtwinkliges Dreieck EBC)

Da L festgehalten wird, sind $\cos\theta$ und $\sin\theta$ konstant. Daher ergibt sich für das bestimmte Integral in Gl. (1)

$$\cos\theta \int_R y f(P)\, dA - \sin\theta \int_R x f(P)\, dA.$$

Aus

$$\int_R y f(P)\, dA = 0 \quad \text{und} \quad \int_R x f(P)\, dA = 0$$

folgt nun Gl. (1) und das Theorem ist bewiesen. ●

Der gemeinsame Punkt aller Schwerlinien wird *Schwerpunkt* der Schicht genannt. Zur Bestimmung des Schwerpunktes genügen offensichtlich zwei verschiedene Schwerlinien. Bezeichnen wir die Koordinaten des Schwerpunktes durch $(\overline{x};\overline{y})$ so folgt

$$\overline{x} = \frac{\int_R x f(P)\, dA}{\text{Masse der Schicht}}$$

und

$$\overline{y} = \frac{\int_R y f(P)\, dA}{\text{Masse der Schicht}}.$$

Für den Spezialfall konstanter Dichte, $f(P) = k$ für alle P in R, werden die Formeln wesentlich einfacher. In diesem Fall sind die Koordinaten des Schwerpunktes durch die folgenden Ausdrücke gegeben:

$$\overline{x} = \frac{\int_R x\, dA}{\text{Fläche von } R} \quad \text{und} \quad \overline{y} = \frac{\int_R y\, dA}{\text{Fläche von } R}.$$

Dies ergibt sich aus

$$\overline{x} = \frac{\int_R xk\, dA}{\int_R k\, dA} = \frac{k \int_R x\, dA}{k \int_R 1\, dA} = \frac{\int_R x\, dA}{\text{Fläche von } R}.$$

Analoges gilt für $\overline{y}$.

Ist die Dichte konstant, so entspricht $\bar{x}$ dem Mittelwert von x für das Gebiet R und $\bar{y}$ dem analogen Mittelwert von y. Das Integral $\int_R x\,dA$ wird auch das *Moment von R um die y-Achse* genannt, das Integral $\int_R y\,dA$ wird als *Moment von R um die x-Achse* bezeichnet.

Bekanntlich befindet sich ein Objekt bezüglich jeder Geraden durch seinen Schwerpunkt im Gleichgewicht. Umgekehrt ist der Schwerpunkt allen Schwerlinien gemeinsam.

In den Beispielen 2 und 3 werden wir Schwerpunkte berechnen.

Beispiel 2: Man bestimme den Schwerpunkt eines Halbkreises mit dem Radius a.

Lösung: Zunächst führen wir ein rechtwinkeliges Koordinatensystem ein, dessen Ursprung im Mittelpunkt des Halbkreises und dessen x-Achse entlang des Durchmessers liegt (Bild 13.37).

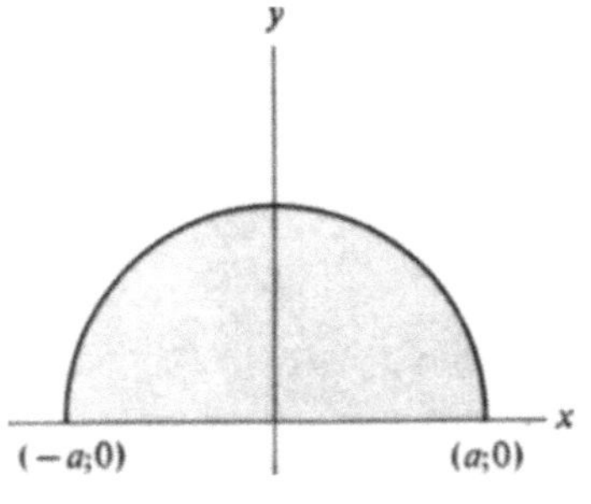

Bild 13.37

In diesem Falle gilt $\bar{x} = 0$, da die x-Achse Schwerlinie ist (aus Symmetriegründen verschwindet die Tendenz des Halbkreises, um die x-Achse zu rotieren). Für $\bar{y}$ erhalten wir

$$\bar{y} = \frac{\int_R y\,dA}{\text{Fläche von } R}.$$

Die Fläche von R beträgt $\pi a^2/2$. Zur Bestimmung von $\bar{y}$ müssen wir nur noch $\int_R y\,dA$ mit Hilfe eines Mehrfachintegrals auswerten.

Bild 13.38 zeigt einen typischen Schnitt von R mit einer Parallelen zur y-Achse. Mit Hilfe dieser Schnitte erhalten wir für R die folgende Beschreibung:

$$-a \leqslant x \leqslant a, \quad 0 \leqslant y \leqslant \sqrt{a^2 - x^2}.$$

Bild 13.38

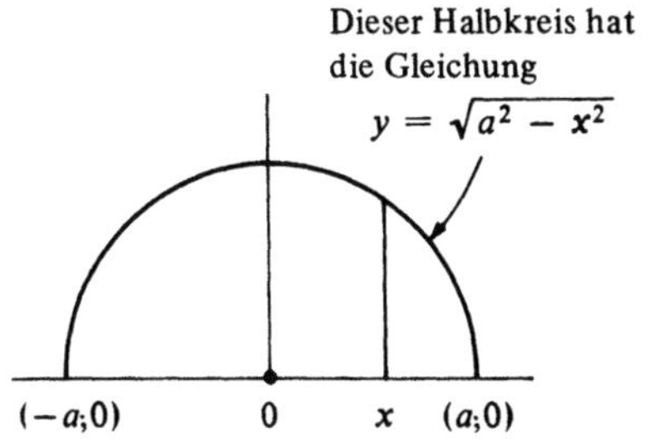

Daraus folgt:

$$\int_R y\,dA = \int_{-a}^{a}\left(\int_0^{\sqrt{a^2-x^2}} y\,dy\right)dx.$$

Das innere Integral kann leicht bestimmt werden:

$$\int_0^{\sqrt{a^2-x^2}} y\,dy = \frac{y^2}{2}\Bigg|_{y=0}^{y=\sqrt{a^2-x^2}} = \frac{(\sqrt{a^2-x^2})^2}{2} - \frac{0^2}{2} = \frac{a^2-x^2}{2}.$$

Für das zweite Integral erhalten wir dann

$$\int_{-a}^{a} \frac{a^2-x^2}{2}\,dx = \left(\frac{a^2x}{2} - \frac{x^3}{6}\right)\Bigg|_{-a}^{a} = \left(\frac{a^2(a)}{2} - \frac{a^3}{6}\right) - \left(\frac{a^2(-a)}{2} - \frac{(-a)^3}{6}\right) = \frac{2a^3}{3}$$

und schließlich

$$\bar{y} = \frac{2a^3/3}{\pi a^2/2} = \frac{4}{3\pi}\,a \approx 0{,}44a.$$

Also liegt der Schwerpunkt auf dem vertikalen Radius in einer Entfernung von etwa 44 % zwischen dem Mittelpunkt und der Peripherie. ●

Beispiel 3: Eine dreieckige Schicht hat die Eckpunkte $(0;0)$, $(1;0)$, $(1;2)$ und für den Punkt $(x;y)$ die Dichtefunktion x^2y (Bild 13.39). Man bestimme den Schwerpunkt.

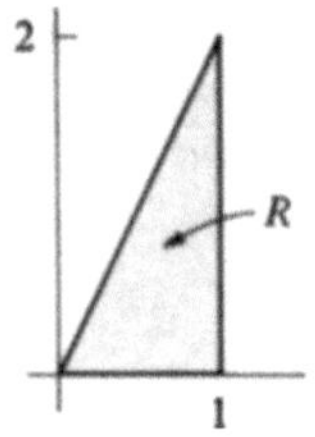

Die Dichte im Punkt $(x; y)$ beträgt x^2y

Bild 13.39

Lösung: In diesem Fall müssen wir die folgenden drei bestimmten Integrale berechnen:

$$\text{Masse} = \int_R x^2y\,dA,$$

$$\int_R x\cdot\text{Dichte}\cdot dA = \int_R x\cdot x^2y\,dA = \int_R x^3y\,dA,$$

$$\int_R y\cdot\text{Dichte}\cdot dA = \int_R y\cdot x^2y\,dA = \int_R x^2y^2dA.$$

Hierzu beschreiben wir R durch vertikale Schnitte

$0 \leqslant x \leqslant 1, \quad 0 \leqslant y \leqslant 2x.$

Wir erhalten

$$\text{Masse} = \int_R x^2y\,dA = \int_0^1\left(\int_0^{2x} x^2y\,dy\right)dx.$$

Die erste Integration ist ziemlich einfaoh:

$$\int_0^{2x} x^2y\,dy = \frac{x^2y^2}{2}\Bigg|_{y=0}^{y=2x} = \frac{x^2(2x)^2}{2} - \frac{x^2 0^2}{2} = 2x^4.$$

Die zweite Integration ergibt

$$\int_0^1 2x^4dx = \frac{2x^5}{5}\Bigg|_0^1 = \frac{2}{5},$$

somit

$$\text{Masse} = \int_R x^2y\,dA = \frac{2}{5}.$$

Nun berechnen wir

$$\int_R x^3y\,dA = \int_0^1\left(\int_0^{2x} x^3y\,dy\right)dx.$$

Das in Klammern stehende Integral beträgt

$$\int_0^{2x} x^3y\,dy = \frac{x^3y^2}{2}\Bigg|_{y=0}^{y=2x} = \frac{x^3(2x)^2}{2} - \frac{x^3 0^2}{2} = 2x^5.$$

Für das äußere Integral erhalten wir dann

$$\int_0^1 2x^5dx = \frac{2x^6}{6}\Bigg|_0^1 = \frac{1}{3}.$$

Dies führt zu

$$\int_R x^3y\,dA = \frac{1}{3}$$

und damit zu

$$\bar{x} = \frac{\frac{1}{3}}{\frac{2}{5}} = \frac{1}{3}\,\frac{5}{2} = \frac{5}{6}.$$

Nun bestimmen wir

$$\int_R x^2y^2dA = \int_0^1\left(\int_0^{2x} x^2y^2dy\right)dx.$$

Das innere Integral ergibt

$$\int_0^{2x} x^2y^2dy = \frac{x^2y^3}{3}\Bigg|_{y=0}^{y=2x} = \frac{8x^5}{3}.$$

Dann folgt für das äußere Integral

$$\int_0^1 \frac{8x^5}{3}\,dx = \frac{8x^6}{18}\Bigg|_0^1$$

$$= \frac{4}{9}$$

und schließlich

$$\bar{y} = \frac{\frac{4}{9}}{\frac{2}{5}} = \frac{4}{9}\,\frac{5}{2} = \frac{10}{9}.$$

Daher ist der Schwerpunkt durch

$$(\bar{x};\bar{y}) = \left(\frac{5}{6};\,\frac{10}{9}\right)$$

gegeben. ●

Übungen:

In den Übungen 1 bis 5 bestimme man den Schwerpunkt des gegebenen Gebietes.

1. Das Dreieck zwischen $y = x$, $x = 1$ und der x-Achse.
2. Das Dreieck zwischen den beiden Koordinatenachsen und der Geraden $x/4 + y/3 = 1$.
3. Das Dreieck zwischen $y = x$, $y = 2x$ und $x = 2$.
4. Das Gebiet zwischen $y = x^2$, der x-Achse und $x = 1$.
5. Das Gebiet zwischen $y = x^2$ und der Geraden $y = 4$.

In den Übungen 6 bis 11 bestimme man den Schwerpunkt des gegebenen Gebietes für die gegebene Dichte.

6. Das Rechteck mit den Eckpunkten (0; 0), (1; 0), (1; 1), (0; 1); Dichte x in $(x; y)$.
7. Das Dreieck mit den Eckpunkten (0; 0), (1; 0), (1; 2); Dichte $x + y$ in $(x; y)$.
8. Das Dreieck mit den Eckpunkten (0; 0), (1; 2); (1; 3); Dichte xy in $(x; y)$.
9. Die obere Hälfte des Kreises mit dem Radius 1 und dem Mittelpunkt (0; 0); Dichte $x + y + 3$ in $(x; y)$.
10. Das Gebiet zwischen $y = x^2$, der x-Achse und $x = 2$; Dichte xy in $(x; y)$.
11. Das Gebiet zwischen $y = x^2$ und $y = x + 6$, rechts von der y-Achse; Dichte $2x$ in $(x; y)$.

■

12. In welchem Punkt sollte die Schaukel in Bild 13.40 unterstützt sein, um Gleichgewicht zu erhalten.

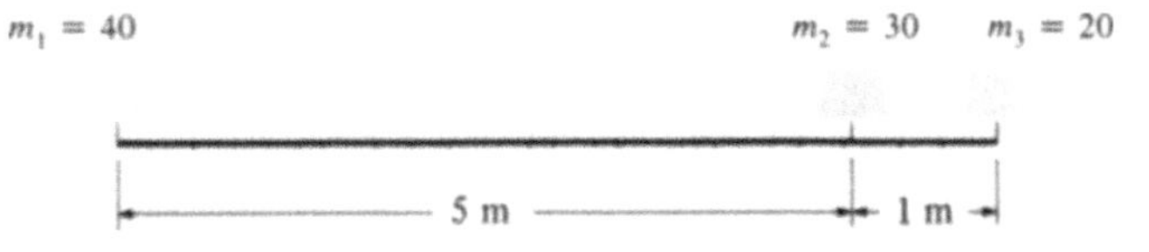

Bild 13.40

13. Teilt jede Schwerlinie durch den Schwerpunkt eines Gebietes dieses Gebiet in zwei flächengleiche Teile?
14. Man schneide eine unregelmäßige Form aus Papier aus und bestimme experimentell drei Schwerlinien. Schneiden sie sich in einem Punkt? Klebt man an irgendeiner Stelle des Gebietes ein kleines Stück Papier hinzu, so ist die Dichte nicht konstant. Man führe auch in diesem Fall die obigen Experimente aus.

■■

15. Eine Schicht der Masse M mit dem Schwerpunkt $(\bar{x};\bar{y})$ wird in zwei Teile geschnitten. Der eine Teil besitzt die Masse M_1 und den Schwerpunkt $(\bar{x}_1;\bar{y}_1)$, der andere die Masse M_2 und den Schwerpunkt $(\bar{x}_2;\bar{y}_2)$.
   (*a*) Man zeige, daß die Massen und Schwerpunkte der beiden Teile den Schwerpunkt der ursprünglichen Schicht eindeutig bestimmen, d.h., man stelle $(\bar{x};\bar{y})$ durch $(\bar{x}_1;\bar{y}_1)$, $(\bar{x}_2;\bar{y}_2)$, M_1 und M_2 dar.
   (*b*) Warum muß der Schwerpunkt der ursprünglichen Schicht auf der Strecke zwischen $(\bar{x}_1;\bar{y}_1)$ und $(\bar{x}_2;\bar{y}_2)$ liegen? *Hinweis:* Man untersuche die Momente, um eine günstig gewählte Gerade.

13.5 Die Berechnung von $\int_R f(P)\,dA$ in Polarkoordinaten

In Abschnitt 13.3 wurde die Berechnung von $\int_R f(P)\,dA$ auf Mehrfachintegrale in rechtwinkeligen Koordinaten zurückgeführt. Nun ist es möglich, daß f oder R in Polarkoordinaten einfacher dargestellt werden können als in rechtwinkeligen Koordinaten. Wir wollen daher untersuchen, durch welche Art von Mehrfachintegralen bezüglich Polarkoordinaten der Ausdruck $\int_R f(P)\,dA$ dargestellt werden kann.

Wir nehmen wieder $f(P) \geqslant 0$ an und interpretieren $\int_R f(P)\,dA$ als Volumen eines Körpers. Als einfachen Spezialfall betrachten wir zunächst das folgende Gebiet R (Bild 13.41):

$$\alpha \leqslant \theta \leqslant \beta, \quad a \leqslant r \leqslant b.$$

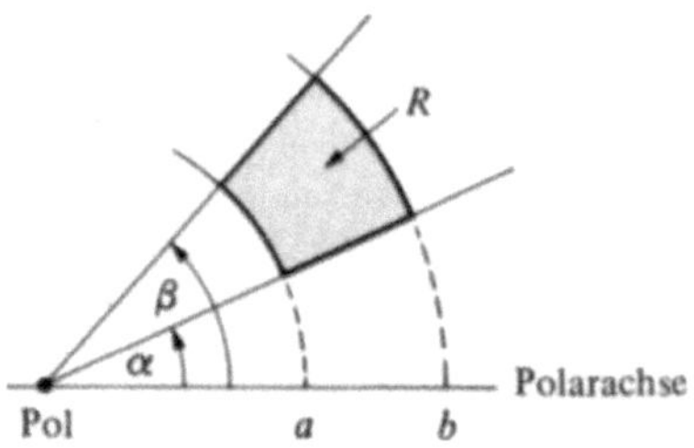

Bild 13.41

R wird durch zwei Strecken und die Bögen zweier konzentrischer Kreise begrenzt. Bild 13.42 zeigt den Körper mit der Basis R und der zu P gehörigen Höhe $f(P)$. Man bestimme das Volumen dieses Körpers aus den gekrümmten Querschnitten, die sich für feste Werte von r durch Variation von θ zwischen α und β ergeben.

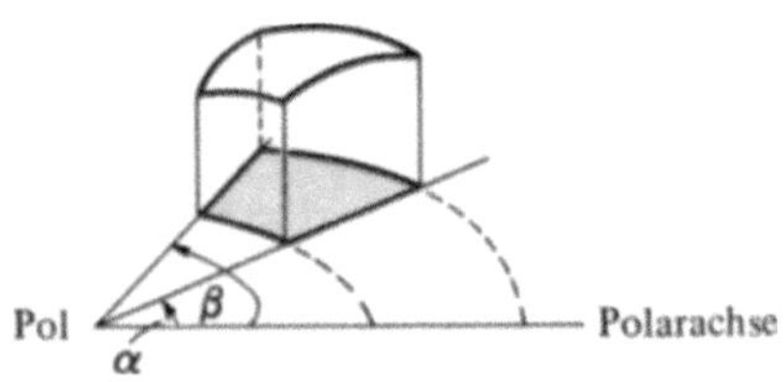

Bild 13.42

Die Fläche eines typischen Querschnittes hängt entsprechend Bild 13.43 von r ab und wird mit $A(r)$ bezeichnet. Es liegt nahe, das Volumen mit

$$\text{Volumen} = \int_a^b A(r)\,dr$$

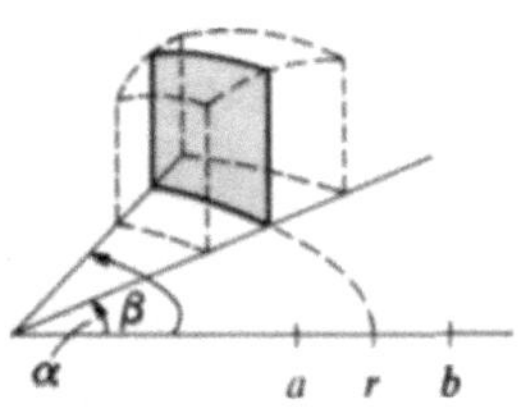

Bild 13.43

anzusetzen. (Wir stellen uns die gekrümmten Querschnitte in die Ebene abgerollt vor, wie dies bei der Schalentechnik in Abschnitt 10.4 ebenfalls geschah.) Nun müssen wir nur noch $A(r)$ als bestimmtes Integral über ein Intervall darstellen.

$A(r)$ selbst ist die Fläche einer gekrümmten Wand, die einem festen Wert von r entspricht. Diese Fläche kann als Summe von schmalen, rechteckähnlichen, gekrümmten Streifen angenähert werden (Bild 13.44). Wir teilen das θ-Intervall $[\alpha; \beta]$ durch die Winkel

$$\alpha = \theta_0, \theta_1, \dots, \theta_n = \beta.$$

Bild 13.44

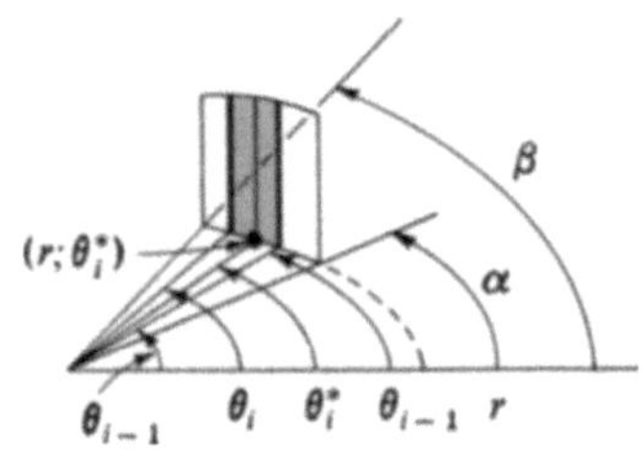

Wählt man θ_i^* im i-ten Abschnitt $[\theta_{i-1}, \theta_i]$, so ergibt sich für die Höhe eines typischen schmalen Näherungsstreifens $f(r;\theta_i^*)$. Seine Basis hat die Länge $r(\theta_i - \theta_{i-1})$. Daher gibt

$$\sum_{i=1}^{n} f(r;\theta_i^*)\, r(\theta_i - \theta_{i-1})$$

eine Abschätzung für die Fläche $A(r)$. Je feiner die Teilung wird, desto mehr nähert sich diese Summe $A(r)$. So ist das bestimmte Integral

$$\int_\alpha^\beta f(r;\theta)\, r\, d\theta \quad \text{(man beachte den Faktor } r\text{)}$$

gleich $A(r)$. Man beachte, daß der Integrand nicht einfach durch $f(r;\theta)$ gegeben ist; er enthält zusätzlich noch den Faktor r, da ein typischer Näherungsstreifen die Basislänge $r(\theta_i - \theta_{i-1})$ und nicht $\theta_i - \theta_{i-1}$ besitzt.

Zusammenfassend erhalten wir

$$\begin{aligned}\int_R f(P)\,dA &= \text{Volumen}\\ &= \int_a^b A(r)\,dr\\ &= \int_a^b \left(\int_\alpha^\beta f(r;\theta)\, r\, d\theta \right) dr.\end{aligned}$$

(Man beachte r)

Mit Hilfe dieses Mehrfachintegrales können wir gewisse bestimmte Integrale in Polarkoordinaten auswerten, wenn das Gebiet die einfache Beschreibung

$$a \leqslant r \leqslant b, \quad \alpha \leqslant \theta \leqslant \beta$$

besitzt. Für allgemeinere Gebiete erhalten wir die Darstellung

$$a \leqslant r \leqslant b, \quad \theta_1(r) \leqslant \theta \leqslant \theta_2(r)$$

und für das Integral ergibt sich

$$\int_R f(P)\,dA = \int_a^b \left[\int_{\theta_1(r)}^{\theta_2(r)} f(r;\theta)\, r\, d\theta \right] dr.$$

Der wesentliche Unterschied zwischen dem Mehrfachintegral in Polarkoordinaten und dem Mehrfachintegral in rechtwinkeligen Koordinaten ist der zusätzliche Faktor r im Integranden. Er tritt auch dann auf, wenn wir das Mehrfachintegral in der umgekehrten Reihenfolge schreiben:

$$\int_R f(P)\,dA = \int_\alpha^\beta \left[\int_{r_1(\theta)}^{r_2(\theta)} f(r;\theta)\, r\, dr \right] d\theta.$$

Man beachte wiederum r im Integranden. Diese Darstellung ist dann von Vorteil, wenn R in günstiger Weise durch

$$\alpha \leqslant \theta \leqslant \beta, \quad r_1(\theta) \leqslant r \leqslant r_2(\theta)$$

dargestellt werden kann. Tatsächlich wird diese Form häufiger auftreten.

Drei Beispiele sollen nun die Anwendung des Mehrfachintegrales

$$\int_\alpha^\beta \left[\int_{r_1(\theta)}^{r_2(\theta)} f(r;\theta)\, r\, dr \right] d\theta$$

illustrieren.

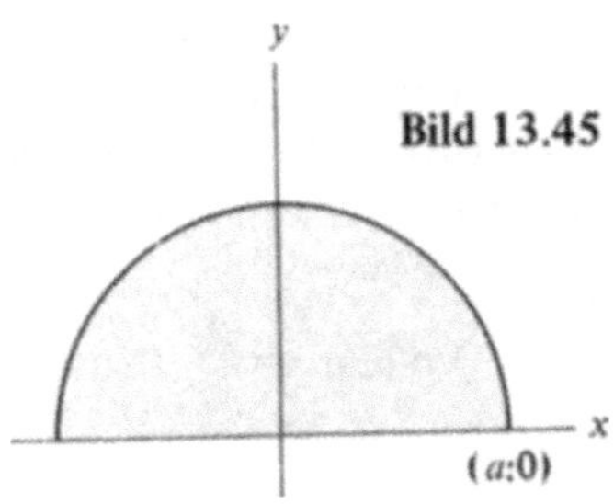

Bild 13.45

Beispiel 1: In Beispiel 2 aus Abschnitt 13.4 hatten wir $\int_R y\,dA$ zu berechnen. Dabei war R der in Bild 13.45 dargestellte Halbkreis. Man bestimme $\int_R y\,dA$ durch mehrfache Integration in Polarkoordinaten.

Lösung: In Polarkoordinaten nimmt R die folgende einfache Gestalt an:

$$0 \leqslant \theta \leqslant \pi, \quad 0 \leqslant r \leqslant a.$$

Aus $y = r \sin\theta$ ergibt sich $f(r;\theta) = r\sin\theta$.

Weiter erhalten wir

Man beachte den Faktor r, wenn Polarkoordinaten verwendet werden

$$\int_R y\,dA = \int_R r\sin\theta\,dA = \int_0^\pi \left(\int_0^a r\sin\theta \cdot r\,dr \right) d\theta.$$

Das Mehrfachintegral kann einfach berechnet werden. Für den Klammerausdruck erhalten wir

$$\int_0^a r\sin\theta\, r\,dr = \sin\theta \int_0^a r^2\,dr = \sin\theta \left(\frac{r^3}{3} \right) \Big|_0^a$$
$$= \frac{a^3 \sin\theta}{3}.$$

Somit folgt für das zweite Integral

$$\int_0^\pi \frac{a^3 \sin\theta}{3}\,d\theta = \frac{a^3}{3} \int_0^\pi \sin\theta\,d\theta = \frac{a^3}{3}(-\cos\theta) \Big|_0^\pi$$
$$= \frac{a^3}{3}[(-\cos\pi) - (-\cos 0)]$$
$$= \frac{a^3}{3}(1+1) = \frac{2a^3}{3}.$$

Daher

$$\int_R y\,dA = \frac{2a^3}{3}. \quad \bullet$$

Beispiel 2: Ein Körper hat als Grundfläche die obere Hälfte der Kardioide $r = 1 + \cos\theta$ (Bild 13.46). Die Länge des Schnittes über dem Punkt $(r;\theta)$ beträgt $y\ (= r\sin\theta)$. Welches Volumen hat der Körper?

Bild 13.46

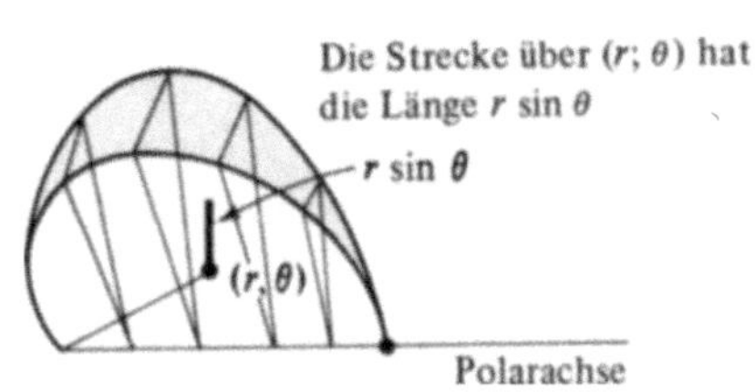

Lösung: Bekanntlich gilt

$$\text{Volumen} = \int_R c(P)\,dA,$$

wobei $c(P)$ die Länge der über P liegenden Strecke angibt. In Polarkoordinaten erhalten wir

$$c(r;\theta) = r\sin\theta.$$

Das Gebiet R wird durch

$$0 \leqslant \theta \leqslant \pi, \quad 0 \leqslant r \leqslant 1+\cos\theta$$

dargestellt. Dies führt auf

$$\int_R c(P)\,dA = \int_0^{\pi}\left(\int_0^{1+\cos\theta} r\sin\theta \cdot r\,dr\right)d\theta.$$

Man beachte den Faktor r

Der Klammerausdruck (das innere Integral) ergibt sich als:

$$\int_0^{1+\cos\theta} r^2\sin\theta\,dr = \sin\theta\int_0^{1+\cos\theta} r^2\,dr = \sin\theta\left(\frac{r^3}{3}\right)\Bigg|_0^{1+\cos\theta}$$

$$= \sin\theta\left[\frac{(1+\cos\theta)^3}{3} - \frac{(0)^3}{3}\right]$$

$$= \frac{(1+\cos\theta)^3\sin\theta}{3}.$$

Für das zweite Integral erhalten wir

$$\int_0^{\pi}\frac{(1+\cos\theta)^3\sin\theta}{3}\,d\theta.$$

Dieses Integral kann mit Hilfe der Substitution

$$u = 1+\cos\theta, \quad du = -\sin\theta\,d\theta$$

leicht ausgewertet werden:

$$\int_2^0\frac{u^3(-du)}{3} = \int_0^2\frac{u^3\,du}{3} = \frac{u^4}{12}\Bigg|_0^2$$

$$= \frac{16}{12} = \frac{4}{3}.$$

Daher beträgt das Gesamtvolumen $\frac{4}{3}$. ●

Beispiel 3: Eine Kugel mit dem Radius a hat ihren Mittelpunkt im Pol des Polarkoordinatensystems. Man bestimme das Volumen für den Teil der Kugel, der oberhalb des ebenen Gebietes mit der Grenzkurve $r = a\cos\theta$ liegt (Bild 13.47).

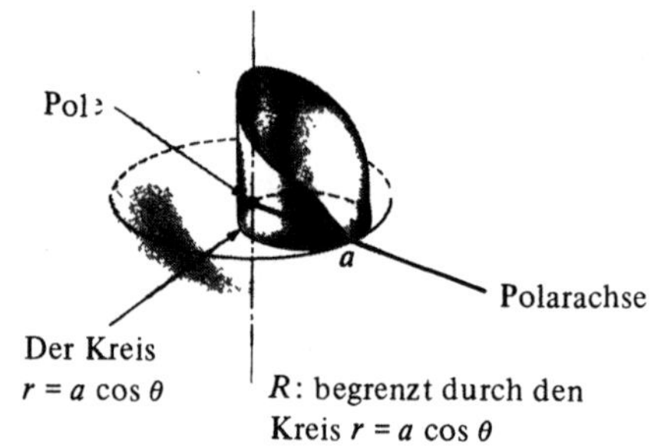

Bild 13.47

Lösung: Die seitliche Begrenzung des gesuchten Körpers ist Teil der Oberfläche eines geraden Kreiszylinders. Die Deckfläche des Körpers ist Teil einer Kugel, die Basisfläche ist durch das Gebiet R gegeben. Der Körper ist kein Rotationskörper; seine Schnitte mit parallelen Ebenen – ganz gleich in welcher Richtung – sind schwierig zu berechnen. In Polarkoordinaten wird es jedoch einfach sein, das Volumen des Körpers durch ein geeignetes Mehrfachintegral zu bestimmen.

Zunächst müssen wir f und R in Polarkoordinaten darstellen, wobei $f(P)$ die Länge eines vertikalen Schnittes des Körpers mit einer Geraden durch P darstellt. Wir erhalten für R: r geht für jedes θ aus $[-\pi/2; \pi/2]$ von Null bis $a\cos\theta$,

$$-\frac{\pi}{2} \leqslant \theta \leqslant \frac{\pi}{2}, \quad 0 \leqslant r \leqslant a\cos\theta.$$

Die Funktion $f(r;\theta)$ kann mit Hilfe des Pythagoräischen Lehrsatzes bestimmt werden (Bild 13.48). Es ergibt sich $f(r;\theta) = \sqrt{a^2 - r^2}$ und

$$\text{Volumen} = \int_R f(P)\,dA = \int_{-\pi/2}^{\pi/2}\left(\int_0^{a\cos\theta}\sqrt{a^2-r^2}\,r\,dr\right)d\theta.$$

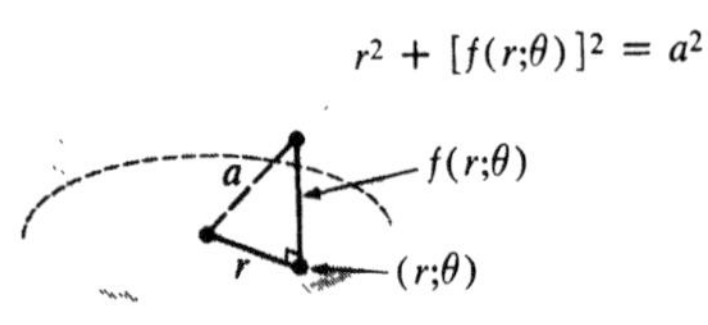

Bild 13.48

(Man beachte den Faktor r im Integranden.) Aus Symmetriegründen genügt es, die Hälfte des Volumens für θ aus $[0; \pi/2]$ zu berechnen und das Ergebnis dann zu verdoppeln.

$$\int_0^{a\cos\theta} \sqrt{a^2-r^2}\,r\,dr = \left.\frac{-(a^2-r^2)^{3/2}}{3}\right|_0^{a\cos\theta}$$

$$= -\left[\frac{(a^2-a^2\cos^2\theta)^{3/2}}{3} - \frac{(a^2)^{3/2}}{3}\right]$$

$$= \frac{a^3}{3} - \frac{(a^2-a^2\cos^2\theta)^{3/2}}{3}$$

$$= \frac{a^3}{3} - \frac{a^3(1-\cos^2\theta)^{3/2}}{3} = \frac{a^3}{3}(1-\sin^3\theta).$$

(Die trigonometrische Formel $\sin\theta = \sqrt{1-\cos^2\theta}$ gilt für $0 \leqslant \theta \leqslant \pi/2$, aber nicht für $-\pi/2 \leqslant \theta \leqslant 0$.)

Anschließend kann die zweite Integration ausgeführt werden:

$$\int_0^{\pi/2} \frac{a^3}{3}(1-\sin^3\theta)\,d\theta = \int_0^{\pi/2} \left[\frac{a^3}{3} - \frac{a^3}{3}(1-\cos^2\theta)\sin\theta\right] d\theta$$

$$= \left.\left(\frac{a^3}{3}\theta + \frac{a^3}{3}\cos\theta - \frac{a^3}{3}\frac{\cos^3\theta}{3}\right)\right|_0^{\pi/2}$$

$$= \frac{a^3}{3}\frac{\pi}{2} - \left(\frac{a^3}{3} - \frac{a^3}{9}\right) = a^3\left(\frac{\pi}{6} - \frac{1}{3} + \frac{1}{9}\right)$$

$$= a^3\left(\frac{3\pi-6+2}{18}\right) = a^3\left(\frac{3\pi-4}{18}\right).$$

Das Gesamtvolumen ist doppelt so groß:

$$a^3\left(\frac{3\pi-4}{9}\right). \bullet$$

Wir haben uns nun mit Mehrfachintegralen, sowohl in rechtwinkeligen als auch in Polarkoordinaten, beschäftigt. So wollen wir noch kurz überlegen, warum im Falle der Polarkoordinaten in den Integranden der Faktor r aufgenommen werden muß.

Ein Rechteck mit den Abmessungen dx und dy hat die Fläche $dx\,dy$ (Bild 13.49). Als Merkregel ergibt sich

$$dA = dx\,dy.$$

Bild 13.49

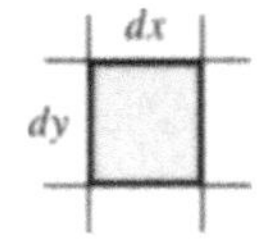

Die Fläche ist gleich $dxdy$; kein zusätzlicher Faktor tritt auf

Nun betrachten wir die Fläche eines kleinen Gebietes, das in Polarkoordinaten dem Zuwachs dr und $d\theta$ entspricht. Obgleich das Gebiet an zwei Seiten durch Kurven begrenzt wird, hat es näherungsweise die Gestalt eines Rechteckes mit den Dimensionen dr und $r\,d\theta$. So ergibt sich als analoge Merkregel

$$dA = dx \cdot r\,d\theta \quad \text{oder} \quad dA = r\,dr\,d\theta.$$

Mit Hilfe einfacher geometrischer Überlegungen können wir für das getönte Gebiet des Bildes 13.50 exakt die Fläche $[r + (dr/2)]\,dr\,d\theta$ herleiten.

Bild 13.50

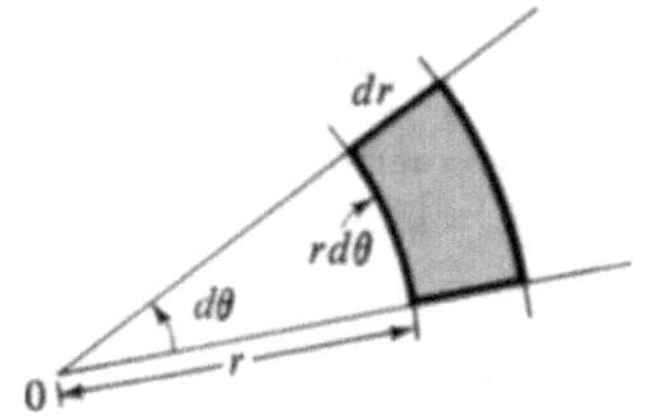

Die getönte Fläche beträgt ungefähr $r\,dr\,d\theta$

Übungen:

Man berechne die Mehrfachintegrale in den Übungen 1 bis 4.

1. $\int_0^{\pi}\left(\int_0^{\cos\theta} r\sin\theta\,dr\right)d\theta$
2. $\int_0^{\pi}\left(\int_0^{3} r^2\sin\theta\,dr\right)d\theta$
3. $\int_0^{\pi}\left(\int_0^{1+\cos\theta} r^3\sin\theta\,dr\right)d\theta$
4. $\int_0^{\pi}\left(\int_0^{\sin\theta} r\,dr\right)d\theta$

In den Übungen 5 bis 8 stelle man das Integral für das gegebene f und R in Polarkoordinaten dar. (Ohne den Ausdruck explizit zu berechnen.)

5. $f(P)$ = Abstand von P zum Pol; R gegeben durch $0 \leqslant \theta \leqslant \pi/2$, $1 \leqslant r \leqslant 2 + \cos\theta$.
6. $f(P)$ = Quadrat des Abstandes von P zum Pol; R gegeben durch $0 \leqslant \theta \leqslant \pi/6$, $0 \leqslant r \leqslant \sin 3\theta$.
7. $f(x; y) = y$; R gegeben durch $0 \leqslant \theta \leqslant \pi/2$, $0 \leqslant r \leqslant 1 + \sin\theta$.
8. $f(P)$ = Quadrat des Abstandes zwischen P und der y-Achse; R gegeben durch $0 \leqslant \theta \leqslant \pi/4$, $0 \leqslant r \leqslant \sin 2\theta$.

Die Integrale

$$\int_0^{\pi/2} \cos^n\theta\, d\theta \quad \text{und} \quad \int_0^{\pi/2} \sin^n\theta\, d\theta$$

treten häufig bei der Berechnung mehrfacher Integrale in Polarkoordinaten auf. Einer Integraltafel können wir die folgenden Formeln entnehmen

$$\int_0^{\pi/2} \cos^n\theta\, d\theta = \int_0^{\pi/2} \sin^n\theta\, d\theta = \frac{2\cdot 4\cdot 6 \ldots (n-1)}{1\cdot 3\cdot 5 \ldots (n)}$$

wenn n eine ungerade ganze Zahl ist und

$$\int_0^{\pi/2} \cos^n\theta\, d\theta = \int_0^{\pi/2} \sin^n\theta\, d\theta = \frac{1\cdot 3\cdot 5 \ldots (n-1)}{2\cdot 4\cdot 6 \ldots (n)}\,\frac{\pi}{2}$$

wenn n eine ganze gerade Zahl ist.

Man bestimme die Formel zur Berechnung der Integrale der Übungen 9 bis 14.

9. $\int_0^{\pi/2} \sin^3\theta\, d\theta$ **10.** $\int_0^{\pi/2} \cos^2\theta\, d\theta$

11. $\int_0^{\pi/2} \sin^4\theta\, d\theta$ **12.** $\int_0^{\pi/2} \sin^5\theta\, d\theta$

13. $\int_0^{\pi/2} \cos^6\theta\, d\theta$ **14.** $\int_0^{\pi} \sin^7\theta\, d\theta$

15. (*a*) Man zeige $\int_0^{\pi} \cos^n\theta\, d\theta = 0$, wenn n eine ungerade ganze Zahl ist.

(*b*) Man berechne $\int_0^{\pi} \cos^6\theta\, d\theta$ aus der entsprechenden Formel von Übung 9.

16. Die Dichte einer Schicht im Punkt $P = (r;\theta)$ sei r g/cm^2. Das Gebiet sei durch die Kardioide $r = 1 + \cos\theta$ begrenzt. Man bestimme die Gesamtmasse.

17. Man bestimme den mittleren Abstand der Punkte des Kreises $r = 2\sin\theta$ vom Pol.

Das Integral $\int_R r^2 dA$ wird mit I_0 bezeichnet und heißt *polares Trägheitsmoment von R*. Seine Anwendungsgebiete sind Körper, die um eine Gerade durch den Pol rotieren, wobei diese Gerade senkrecht auf der Ebene von R steht. Man bestimme I_0 für die in den Übungen 18 bis 21 angegebenen Gebiete.

18. $-\pi/2 \leqslant \theta \leqslant \pi/2$, $0 \leqslant r \leqslant \cos\theta$.

19. $0 \leqslant \theta \leqslant \pi/2$, $0 \leqslant r \leqslant \sin^2\theta$.

20. $0 \leqslant \theta \leqslant 2\pi$, $0 \leqslant r \leqslant 1 + \cos\theta$.

21. $0 \leqslant \theta \leqslant \pi/2$, $0 \leqslant r \leqslant \sin 2\theta$.

Das Integral $\int_R y^2 dA$ wird mit I_x bezeichnet und heißt *Trägheitsmoment von R um die x-Achse*. Es kommt zur Anwendung, wenn wir die Rotation von Körpern um die x-Achse untersuchen. Man bestimme I_x für die in den Übungen 22 bis 25 angegebenen Gebiete.

22. Kreis mit Radius a, Mittelpunkt im Pol.

23. Kreis mit Radius $2a$, Mittelpunkt in Polarkoordinaten $(a; \pi/2)$.

24. $0 \leqslant \theta \leqslant \pi/2$, $0 \leqslant r \leqslant \sqrt{\cos\theta}$.

25. $0 \leqslant \theta \leqslant \pi$, $0 \leqslant r \leqslant \sqrt[4]{\sin\theta}$.

26. Man berechne das Integral aus Übung 5.

27. Man berechne das Integral aus Übung 6.

28. Man berechne das Integral aus Übung 7.

29. Man berechne das Integral aus Übung 8.

■

30. Man bestimme das Volumen einer Kugel mit dem Radius a mit Hilfe von Mehrfachintegralen in Polarkoordinaten.

31. Man bestimme das Trägheitsmoment I_x (siehe vor Übung 22) für den in Bild 13.51 dargestellten Halbkreis mit dem Radius a.

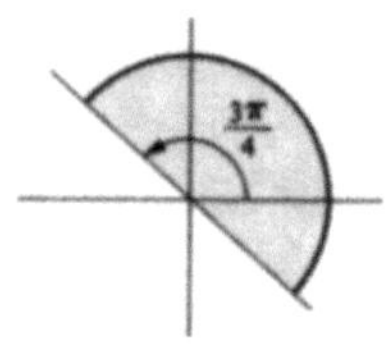

Bild 13.51

32. Man beschreibe f in rechtwinkeligen und in Polarkoordinaten, falls f

(*a*) das Quadrat des Abstandes zwischen P und der Polarachse ist (diese soll mit der x-Achse zusammenfallen),

(*b*) das Quadrat des Abstandes zwischen P und dem Ursprung ist.

33. Man beschreibe f in Polarkoordinaten für

(*a*) $f(x;y) = x$, (*b*) $f(x;y) = \sqrt{x^2 + y^2}$.

34. Es sei R eine Scheibe mit dem Radius 3. Ferner sei $f(P)$ das Quadrat des Abstandes zwischen P und einem bestimmten festen Durchmesser der Scheibe. Man berechne

$$\int_R f(P)\,dA.$$

35. Man berechne $\displaystyle\int_0^{\pi/4}\left(\int_{\sin\theta}^{\cos\theta} r\,dr\right)d\theta.$

36. Man berechne die Masse der Schicht innerhalb einer Schleife der Kurve $r = \sin 2\theta$, wenn die Dichte in $(r;\theta)$ durch r^2 gegeben ist.

37. Man berechne $\displaystyle\int_0^{\pi/2}\left(\int_0^{\cos\theta} r\sin\theta\,dr\right)d\theta.$

38. (*a*) Man berechne $\displaystyle\int_0^{\pi/2}\left(\int_0^{\cos\theta} r^2\sin\theta\,dr\right)d\theta.$

(*b*) Man berechne $\displaystyle\int_0^{\pi/2}\left(\int_0^{\cos\theta} r^3\sin\theta\,dr\right)d\theta.$

■■

39. Mit Hilfe elementarer geometrischer Überlegungen leite man für die Fläche, die den Änderungen dr und $d\theta$ entspricht, den exakten Flächeninhalt $(r + dr/2)\,dr\,d\theta$ her.

40. In Beispiel 3 hatten wir das halbe Volumen berechnet und das Resultat verdoppelt. Man berechne nun das Mehrfachintegral

$$\int_{-\pi/2}^{\pi/2}\left(\int_0^{a\cos\theta}\sqrt{a^2 - r^2}\,r\,dr\right)d\theta$$

direkt. Als Resultat sollte sich wieder $a^3(3\pi - 4)/9$ ergeben. *Vorsicht:* Trigonometrische Formeln sind mit Sorgfalt zu verwenden.

13.6 Zusammenfassung

R sei ein ebenes Gebiet und f eine Funktion, die jedem Punkt P aus R eine Zahl zuordnet. Dann definieren wir das bestimmte Integral von f über R mit Hilfe von Teilungen und Testpunkten P_i durch

$$\lim_{\text{Maß}\to 0}\sum_{i=1}^{n} f(P_i)\,A_i.$$

Diese Zahl wird mit $\int_R f(P)\,dA$ bezeichnet.

Die folgende Tabelle wiederholt einige Anwendungen des bestimmten Integrales:

Es sei $f(P)$	*dann ist* $\int_R f(P)\,dA$
Dichte in P	Masse
Länge der Schnitte eines Körpers mit einer Geraden, die senkrecht zur Ebene von R verläuft	Volumen des Körpers
$x - a$ für $P = (x;y)$	Moment um die Gerade $x = a$
x für $P = (x;y)$	Moment um die y-Achse (also die Gerade $x = 0$)
y für $P = (x;y)$	Moment um die x-Achse
y^2 für $P = (x;y)$	I_x, Trägheitsmoment um die x-Achse
r^2 für $P = (x;y)$	I_0, polares Trägheitsmoment

Der Mittelwert von f über R ist wie folgt definiert

$$\text{Mittelwert} = \frac{\int_R f(P)\,dA}{\text{Fläche von } R}.$$

Zur Abschätzung von $\int_R f(P)\,dA$ können wir unter anderem eine bestimmte Näherungssumme $\sum_{i=1}^{n} f(P_i)\,A_i$ berechnen. Mit Hilfe eines Taschenrechners ist dies nicht besonders mühsam.

Zur Berechnung von

$$\int_R f(P)\,dA$$

können Mehrfachintegrale verwendet werden. Zu diesem Zweck muß der Hauptsatz zweimal hintereinander angewendet werden. Abgesehen von den einfachsten Integralen (die glücklicherweise sehr häufig auftreten) gelingt dies nur selten.

Die Mehrfachintegrale sind

$$\int_a^b \left[\int_{y_1(x)}^{y_2(x)} f(x;y)\, dy \right] dx$$

$$\int_c^d \left[\int_{x_1(y)}^{x_2(y)} f(x;y)\, dx \right] dy$$

in rechtwinkeligen Koordinaten und

$$\int_\alpha^\beta \left[\int_{r_1(\theta)}^{r_2(\theta)} f(r;\theta)\, r\, dr \right] d\theta$$

in Polarkoordinaten. (In diesem Fall ist die andere Reihenfolge der Integrationen meist unvorteilhaft.) Wir erinnern uns an den zusätzlichen Faktor r im Integranden für das Mehrfachintegral in Polarkoordinaten. Dieser Faktor ergibt sich aus dem Ausdruck $r\,dr\,d\theta$ (nicht $dr\,d\theta$) für die angenäherte Fläche des kleinen Gebietes, das der Koordinatenänderung dr und $d\theta$ entspricht. Die Bilder 13.52 und 13.53 geben eine Merkhilfe.

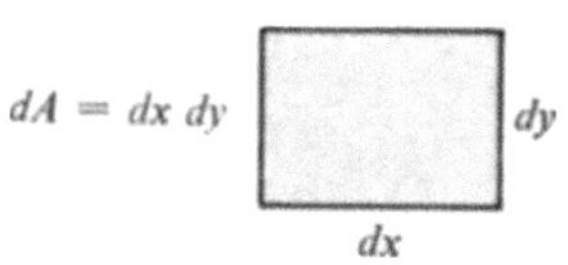

Bild 13.52

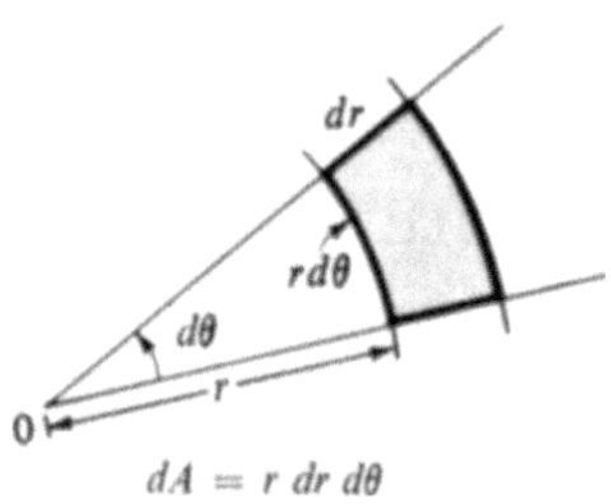

Bild 13.53

Momente, Schwerlinien und Schwerpunkte wurden definiert. Unter einer Schwerlinie verstehen wir eine Gerade, in bezug auf die das Moment Null ist. Alle Schwerlinien einer Schicht schneiden sich in einem Punkt $(\bar{x};\bar{y})$, den wir Schwerpunkt nennen. $(\bar{x};\bar{y})$ kann mit Hilfe der folgenden Formel bestimmt werden:

$$\bar{x} = \frac{\int_R x f(P)\, dA}{\text{Masse}}, \quad \bar{y} = \frac{\int_R y f(P)\, dA}{\text{Masse}},$$

wobei f die Dichte angibt.

Ist die Dichte konstant, so erhält der Begriff des Schwerpunktes einen rein geometrischen Charakter und kann in diesem Falle wie folgt berechnet werden:

$$\bar{x} = \frac{\int_R x\, dA}{\text{Fläche}}, \quad \bar{y} = \frac{\int_R y\, dA}{\text{Fläche}}.$$

Begriffe und Symbole

Zweidimensionales Integral $\int_R f(P)\, dA$

Durchmesser eines ebenen Gebietes

Mehrfachintegral (rechtwinkelig, polar)

Moment in bezug auf eine Gerade $x = a$,

$$\int_R (x-a) f(P)\, dA,$$

wobei f die Dichte angibt

Schwerlinie

Schwerpunkt $(\bar{x};\bar{y})$

Testaufgaben zu Kapitel 13

1. (*a*) Man beschreibe in rechtwinkeligen Koordinaten das Gebiet, das in Polarkoordinaten durch

   $0 \leqslant \theta \leqslant \pi, \quad 0 \leqslant r \leqslant a$

   dargestellt wird.

   (*b*) Man beschreibe in Polarkoordinaten das Gebiet, das in rechtwinkeligen Koordinaten durch

   $1 \leqslant x \leqslant 2, \quad \frac{x}{\sqrt{3}} \leqslant y \leqslant x$

   dargestellt wird.

2. Man bestimme für das Dreieck mit den Eckpunkten (0; 0), (2; 0), (2; 2) das Moment um die *x*-Achse. Mit Hilfe von

   (*a*) einem Mehrfachintegral in rechtwinkeligen Koordinaten,

   (*b*) einem Mehrfachintegral in Polarkoordinaten.

3. (*a*) Man bestimme den mittleren Abstand der Punkte einer Kreisscheibe mit dem Radius *a* vom Mittelpunkt der Scheibe.

   (*b*) Wieso ist der Mittelwert größer als $a/2$? (Man gebe eine intuitive Erklärung.)

4. Man stelle das gegebene Mehrfachintegral durch ein Mehrfachintegral in Polarkoordinaten dar und werte das letztere aus:

$$\int_0^a \left[\int_0^{\sqrt{a^2 - x^2}} (x^2 + y^2)^{3/2}\, dy \right] dx.$$

5. (*a*) Man bestimme das polare Trägheitsmoment einer Schleife der Kurve $r = \sin 2\theta$.
   (*b*) Man bestimme die Masse im Inneren der Schleife aus (*a*), wenn die Dichte in Punkt $(r; \theta)$ durch r^2 g/cm² gegeben ist.
   (*c*) Man bestimme das Volumen des Körpers, dessen Basis durch die Schleife aus (*a*) gegeben ist und dessen Schnitte über $(r; \theta)$ die Länge r^2 haben.
   (*d*) Im Punkt $(r; \theta)$ der Schleife aus (*a*) sei die Temperatur gleich r^2 Grad Celsius. Was ergibt sich für die mittlere Temperatur?
6. Eine landwirtschaftliche Sprühanlage verteilt Wasser in einem Umkreis mit einem Radius von 30 m. Stellt man zufällig verteilte Kannen innerhalb dieses Kreises auf, so ergibt sich, daß die Sprühanlage in einem Abstand von r Metern innerhalb einer Stunde Wasser in der Höhe von e^{-r} Meter abgibt. Welche Wassermenge verteilt die Sprühanlage über ein Gebiet mit
   (*a*) 30 m Radius,
   (*b*) 15 m Radius im Umkreis der Anlage?

Übungen zu Kapitel 13

1. Man beschreibe das Gebiet zwischen $y = x^2$ und $y = 4$ durch
   (*a*) vertikale Schnitte,
   (*b*) horizontale Schnitte.
2. Man berechne:
   (*a*) $\int_0^1 x^2 y\, dy$, (*b*) $\int_0^1 x^2 y\, dx$.
3. Man berechne:
   (*a*) $\int_1^{x^2} (x + y)\, dy$, (*b*) $\int_y^{y^2} (x + y)\, dx$.
4. Man berechne das einfachere der beiden Integrale
   (*a*) $\int_0^1 \sin(x^2 y)\, dy$, (*b*) $\int_0^1 \sin(x^2 y)\, dx$.
5. Man beschreibe Bild 13.54 durch
   (*a*) rechtwinkelige Koordinaten und vertikale Schnitte,
   (*b*) rechtwinkelige Koordinaten und horizontale Schnitte,
   (*c*) Polarkoordinaten.

Man stelle die Mehrfachintegrale in den Übungen 6 bis 8 durch Mehrfachintegrale in Polarkoordinaten dar und berechne die letzteren.

6. $\int_0^1 \left(\int_0^x x^2\, dy \right) dx.$ 7. $\int_0^1 \left(\int_x^{\sqrt{1-x^2}} \sqrt{x^2 + y^2}\, dy \right) dx.$

8. $\int_0^2 \left(\int_0^{\sqrt{2x-x^2}} x\, dy \right) dx.$

9. Man betrachte das Mehrfachintegral $\int_{\pi/4}^{\pi/2} \left(\int_0^a r^2 \sin\theta\, dr \right) d\theta.$
   (*a*) Man zeichne das Gebiet R und beschreibe die Funktion f, für die $\int_R f(P)\, dA$ durch das gegebene Mehrfachintegral dargestellt wird.
   (*b*) Man wähle ein geeignetes Mehrfachintegral in rechtwinkeligen Koordinaten, das mit $\int_R f(P)\, dA$ übereinstimmt.
   (*c*) Man berechne $\int_R f(P)\, dA$ mit der einfachsten Methode.

Man übertrage die Mehrfachintegrale der Übungen 10 bis 12 auf Mehrfachintegrale in rechtwinkeligen Koordinaten und berechne diese. (Man wähle dabei die günstigere Richtung.)

10. $\int_0^{\pi/4} \left(\int_0^a r^2 \cos\theta\, dr \right) d\theta.$ 11. $\int_0^{\pi/4} \left(\int_0^a r^3\, dr \right) d\theta.$

12. $\int_{\pi/4}^{3\pi/4} \left(\int_0^a r^3\, dr \right) d\theta.$

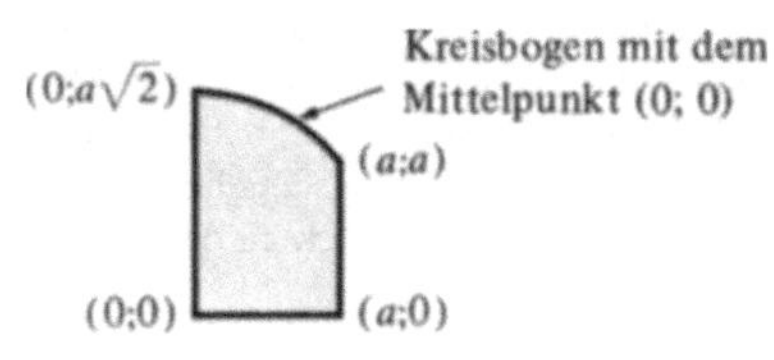

Bild 13.54

13. Man berechne:

(a) $\int_0^{\pi/2} \cos^2\theta \, d\theta$, (b) $\int_0^{\pi/2} \cos^3\theta \, d\theta$,

(c) $\int_0^{\pi} \cos^3\theta \, d\theta$, (d) $\int_0^{\pi} \sin^3\theta \, d\theta$.

14. Man bestimme das Moment eines Quadrates mit der Seite a um (a) eine Seite, (b) eine Diagonale.

15. Man bestimme das Trägheitsmoment eines Quadrates der Seite a um (a) eine Seite, (b) eine Diagonale.

16. Man bestimme den Schwerpunkt des Gebietes, das außerhalb des Kreises $r = 1$ und innerhalb der Kardioide $r = 1 + \cos\theta$ liegt.

17. Man bestimme das Trägheitsmoment des Gebietes zwischen den Kurven $y = x^3$, $y = 8$ und der y-Achse um

(a) die x-Achse,
(b) die y-Achse.
(c) Man bestimme das polare Moment um den Ursprung.

In den Übungen 18 bis 20 berechne man $\int_R f(P)\,dA$ für $f(x;y) = xy$ und das gegebene Gebiet R.

18. $0 \leq x \leq 2,\ x^3 \leq y \leq 2x^3$.

19. $0 \leq x \leq \pi/2,\ 0 \leq y \leq \sin x$.

20. $0 \leq \theta \leq \pi/4,\ 0 \leq r \leq 2\sin\theta$.

21. Es sei R das Gebiet zwischen der Kurve $y = \cos x$, der x-Achse und den Geraden $x = \pi/2$ und $x = -\pi/2$.

(a) Man bestimme das Moment von R um die x-Achse.
(b) Man bestimme das Trägheitsmoment I_x.
(c) Man bestimme $(\bar{x}; \bar{y})$.

22. Man bestimme den Schwerpunkt des Gebietes zwischen $y = x^2$ und $y = \sqrt{x}$.

23. Die Wassermenge, die eine Sprühanlage in einem Abstand von r Meter abgibt, ist näherungsweise durch 2^{-r} Meter gegeben. Man bestimme die gesamte Wassermenge innerhalb des Abstandes a Meter von der Sprühanlage.

Man betrachte eine ebene Materieverteilung mit der Dichte $\delta(P)$ in P. Ihr Trägheitsmoment in bezug auf eine beliebige Gerade der Ebene ist durch $\int_R x^2 \delta(P)\,dA$ definiert, wobei x den Abstand zwischen P und der Geraden angibt. ($\delta(P)\,dA$ entspricht der Dichte mal einer kleinen Fläche oder einer kleinen Masse.) Üblicherweise ist die Dichte konstant, $\delta(P) = M/A$, wobei M die Gesamtmasse und A die Fläche des Gebietes angibt. Wir sprechen dann von einer homogenen Verteilung, wie sie in den Übungen 24 bis 26 behandelt wird.

24. Man bestimme das Trägheitsmoment einer homogenen rechteckigen Platte der Masse m mit den Seitenlängen a und b, um

(a) die Seite a,
(b) die Seite b,
(c) eine Diagonale.

25. Eine homogene dreieckig-rechtwinkelige Platte der Masse m hat die Katheten a und b und die Hypotenuse c. Man bestimme ihr Trägheitsmoment um

(a) die Seite a,
(b) die Seite b,
(c) die Hypotenuse.

26. Man bestimme das Trägheitsmoment einer homogenen quadratischen Schicht der Masse m und der Seite a um ihren Mittelpunkt, mit Hilfe von

(a) rechtwinkeligen Koordinaten,
(b) Polarkoordinaten.

In den Übungen 27 bis 31 beschreibe man f und zeichne man R für das Integral $\int_R f(P)\,dA$, das mit dem gegebenen mehrfachen Integral übereinstimmt.

27. $\int_0^1 \left(\int_2^3 x^2\,dy \right) dx$. **28.** $\int_0^{\pi/4} \left(\int_1^{1+\cos\theta} r^2 \cos\theta\,dr \right) d\theta$.

29. $\int_0^1 \left[\int_{\sqrt{1-y^2}}^1 (x^2 + y)\,dx \right] dy$. **30.** $\int_0^1 \left(\int_{x^3}^{x^2} dy \right) dx$.

31. $\int_0^{\pi/2} \left(\int_1^2 dr \right) d\theta$.

■

32. Man bestimme $\int_R xy\,dx$, wobei R durch $0 \leq \theta \leq \pi/4,\ 0 \leq r \leq \cos 2\theta$ gegeben ist.

33. R sei ein Dreieck. Das xy-Koordinatensystem habe seinen Ursprung in einem Eckpunkt des Dreiecks und die x-Achse sei parallel zu der gegenüberliegenden Seite. Man bezeichne die Koordinaten der beiden anderen Eckpunkte mit $(a; b)$ und $(c; b)$. Man beweise $\bar{y} = 2b/3$.

34. (a) Mit Hilfe von Übung 32 zeige man, daß der Schwerpunkt des Dreiecks im Schnittpunkt der drei Schwerlinien liegt.
(b) Warum hätte man dieses Ergebnis ohne Rechnung erwarten können?

35. Es sei R ein Kreis mit dem Radius a und dem Mittelpunkt (0; 0).

(*a*) Man erkläre ohne Rechnung, warum die Integrale $\int_R x^2 dA$ und $\int_R y^2 dA$ übereinstimmen.

(*b*) Man zeige ohne Berechnung eines der Integrale die Relation

$$\int_R x^2 dA + \int_R y^2 dA = \int_R r^2 dA.$$

(*c*) Man berechne $\int_R r^2 dA$ in Polarkoordinaten.

(*d*) Aus (*a*), (*b*) und (*c*) berechne man $\int_R x^2 dA$.

36. (*a*) Man zeichne das Gebiet R mit der Darstellung

$$\frac{\sqrt{2}}{2} \leqslant x \leqslant 1, \quad \sqrt{1-x^2} \leqslant y \leqslant x.$$

(*b*) Man beschreibe R in Polarkoordinaten.

(*c*) Man transformiere das Mehrfachintegral

$$\int_{\sqrt{2}/2}^{1} \left(\int_{\sqrt{1-x^2}}^{x} \frac{1}{\sqrt{x^2+y^2}} dy \right) dx$$

in Polarkoordinaten.

(*d*) Man berechne das Mehrfachintegral in Polarkoordinaten.

37. Man berechne $\int_R \ln(x^2+y^2)\, dA$ für das Gebiet aus Übung 36.

Die folgende Übung gibt einen einfachen Beweis für

$$\int_0^\infty e^{-x^2} dx = \sqrt{\pi}/2.$$

38. Es seien R_1, R_2, R_3 die drei Gebiete aus Bild 13.55. Ferner sei $f(P) = e^{-r^2}$, wobei r den Abstand zwischen P und dem Ursprung angibt. Aus $f(r; \theta) = e^{-r^2}$ erhalten wir

$$f(x; y) = e^{-x^2 - y^2}.$$

(Man beachte, daß R_1 innerhalb R_2 und R_2 innerhalb R_3 liegt.)

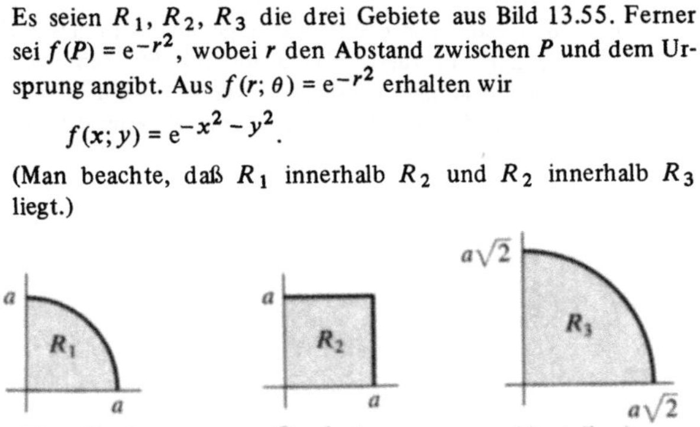

Bild 13.55

(*a*) Man zeige $\int_{R_1} f(P)\, dA = \pi/4\,(1 - e^{-a^2})$ und

$$\int_{R_3} f(P)\, dA = \pi/4\,(1 - e^{-2a^2}).$$

(*b*) Man vergleiche $\int_{R_2} f(P)\, dA$ mit den Resultaten von (*a*) und zeige

$$\frac{\pi}{4}(1 - e^{-a^2}) < \left(\int_0^a e^{-x^2} dx \right)^2 < \frac{\pi}{4}(1 - e^{-2a^2}).$$

(*c*) Man zeige $\int_0^\infty e^{-x^2} dx = \frac{\sqrt{\pi}}{2}$.

Der Physiker Lord Kelvin benutzte in einer Vorlesung einmal das Wort „Mathematiker". Plötzlich unterbrach er und fragte seine Hörer: „Wissen Sie, was ein Mathematiker ist?" Er ging zur Tafel und schrieb die folgende Gleichung auf:

$$\int_{-\infty}^{+\infty} e^{-x^2} dx = \sqrt{\pi}.$$

Dann wies er mit seinem Finger auf die Formel, wendete sich zu seinen Hörern und sagte: „Für einen Mathematiker ist diese Formel ebenso selbstverständlich, wie Ihnen die Aussage $2 \cdot 2 = 4$ erscheinen mag." Aus *S. P. Thompson*, *Life of Lord Kelvin*, Macmillian, London 1910.

Der Mathematiker *Littlewood* schrieb: „Viele Dinge sind der Intuition überhaupt nicht zugänglich, wie etwa der Wert von $\int_0^\infty e^{-x^2} dx$." Aus *J. E. Littlewood*, Newton und die Anziehung einer Kugel, *Mathematical Gazette*, vol. 63, 1948.

39. Mit Hilfe der Formel $\int_0^\infty e^{-x^2} dx = \sqrt{\pi}/2$ zeige man

(*a*) $\int_0^\infty e^{-4x^2} dx = \frac{\sqrt{\pi}}{4}$, (*b*) $\int_0^\infty \frac{e^{-x}}{\sqrt{x}} dx = \sqrt{\pi}$,

(*c*) $\int_0^\infty x^2 e^{-x^2} dx = \frac{\sqrt{\pi}}{4}$, (*d*) $\int_0^\infty \sqrt{x}\, e^{-x} dx = \frac{\sqrt{\pi}}{2}$,

(*e*) $\int_0^1 \frac{dx}{\sqrt{\ln(1/x)}} = \sqrt{\pi}$, (*f*) $\int_0^1 \sqrt{\ln(1/x)}\, dx = \frac{\sqrt{\pi}}{2}$.

Transportprobleme führen zu Integralen über ebene Mengen, wie sie in den Übungen 40 bis 45 auftreten.

40. Man zeige, daß der mittlere Abstand vom Mittelpunkt eines Kreises mit der Fläche A zu den Punkten der Kreisscheibe näherungsweise durch $0{,}376\sqrt{A}$ gegeben ist (genau $2\sqrt{A}/3\sqrt{\pi}$).

41. Man zeige, daß der mittlere Abstand vom Mittelpunkt eines regelmäßigen Sechsecks der Fläche A zu den Punkten des Sechsecks näherungsweise durch $0{,}377\sqrt{A}$ gegeben ist (genau $\sqrt{2}\sqrt{A}/\sqrt{3}\sqrt[4]{3}[\frac{1}{3} + (\ln 3)/4]$).

42. Man zeige, daß der mittlere Abstand vom Mittelpunkt eines Quadrates der Fläche A zu den Punkten im Inneren des Quadrates näherungsweise durch $0{,}383\sqrt{A}$ gegeben ist (genau $[(\sqrt{2} + \ln\tan 3\pi/8)\sqrt{A}]/6$).

43. Man zeige, daß der mittlere Abstand vom Schwerpunkt eines gleichseitigen Dreiecks der Fläche A zu den Punkten im Inneren des Dreiecks näherungsweise durch $0{,}404\sqrt{A}$ gegeben ist (genau $(\sqrt{A}/9\sqrt[4]{3}[2\sqrt{3} + \ln\tan(5\pi/12)])$.

In den Übungen 40 bis 43 ist der Abstand von einem Warenhaus bis zu einem bestimmten Punkt entlang einer Geraden (Luftlinie) gemessen worden. In Städten ist entsprechend dem üblichen Straßenmuster (schachbrettartiger Grundriß) die „städtische" Distanz zwischen den Punkten $(x_1;y_1)$ und $(x_2;y_2)$ eher durch $|x_1 - x_2| + |y_1 - y_2|$ gegeben.

44. Man zeige, daß sich in Übung 40 mit Hilfe der „städtischen" Distanz der Mittelwert $8\sqrt{A}/3\pi^{3/2} = 0{,}479\sqrt{A}$ ergibt.

45. Man zeige, daß sich in Übung 42 mit Hilfe der „städtischen" Distanz der Mittelwert $\sqrt{A}/2$ ergibt. In den meisten Städten ist der „städtische" Mittelwert um etwa 25 % größer, als der Mittelwert der Direktabstände.

Die folgende Übung behandelt ein Paradoxon aus der Gravitationstheorie.

46. Über die gesamte Ebene sei kontinuierlich Masse verteilt. Ein Massenpunkt befinde sich im Abstand a von der Ebene. Die Gravitationsanziehung der ebenen Masse auf den Massenpunkt ist zur Ebene hin gerichtet und hat die Größe

$$\int_R \frac{a}{(\sqrt{a^2 + r^2})^3}\,dA.$$

(Das Integral erstreckt sich über die gesamte Ebene und ist im gleichen Sinne ein uneigentliches Integral, wie dies für ein Integral über die gesamte x-Achse gilt. Man behandle es daher dementsprechend.) Der Faktor r im Integranden bezieht sich auf Polarkoordinaten, als deren Pol wir den zum Massenpunkt nächstgelegenen Punkt der Ebene wählen.

(*a*) Man zeige, daß das Integral den Wert 2π besitzt.

(*b*) Entsprechend (*a*) ist die Anziehung zwischen der Ebene und dem Massenpunkt unabhängig vom Abstand zwischen dem Massenpunkt und der Ebene. Ist dies möglich?

In der folgenden Übung wird ein ebenes Integral auf die Theorie der Ausbreitung von Epidemien angewendet.

47. In der Theorie der Ausbreitung von Epidemien wird angenommen, daß die Wahrscheinlichkeit für die Infektion eines Individuums durch ein anderes Individuum, das sich in einem Abstand von D km befindet, nur von D abhängt. Betrachten wir eine kontinuierliche Bevölkerungsverteilung in einer kreisförmigen Stadt mit dem Radius 1 km und nehmen wir an, daß die erwähnte Wahrscheinlichkeit proportional zu $2 - D$ ist. Für einen festen Punkt Q sei

$$f(P) = 2 - (\text{Abstand von } P \text{ nach } Q).$$

Ferner sei R das von der Stadt eingenommene Gebiet.

(*a*) Warum ist $\int_R f(P)\,dA$ ein vernünftiges Maß der Gefahr für eine Person im Punkt Q?

(*b*) Man berechne dieses bestimmte Integral, wenn Q der Mittelpunkt der Stadt ist und wenn Q an der Stadtgrenze liegt.

(*c*) Welche Stelle ist entsprechend (*b*) sicherer?

48. Es sei L_1 eine Gerade durch den Schwerpunkt des ebenen Gebietes R, und es sei L_2 eine Gerade parallel zu L_1 im Abstand d von L_1. Beide Geraden liegen in der Ebene von R. Man zeige, daß das Trägheitsmoment von R um L_2 gleich dem (Trägheitsmoment von R um L_1) $+ d^2A$ ist, wobei A die Fläche von R gibt.

49. Das Trägheitsmoment eines Gebietes R um den Punkt $(x_0;y_0)$ wird durch

$$\int_R [(x - x_0)^2 + (y - y_0)^2]\,dA$$

definiert. Es sei R ein Kreis mit dem Radius a und dem Mittelpunkt im Ursprung eines xy-Koordinatensystems.

(*a*) Man bestimme das Trägheitsmoment um den Punkt $(b;0)$. *Hinweis:* Man verwende Polarkoordinaten. Zunächst zeige man aus dem Kosinussatz

$$(x - b)^2 + (y - 0)^2 = r^2 + b^2 - 2rb\cos\theta.$$

(*b*) Man zeige, daß dieses Trägheitsmoment immer größer ist als der Ausdruck (Fläche von R)$\cdot b^2$, den wir für das Trägheitsmoment erhalten würden, wenn das gesamte Gebiet R im Mittelpunkt von R konzentriert wäre.

50. (*a*) Man zeige, daß das Trägheitsmoment von R um $(x_0;y_0)$ (laut Definition in Übung 49) mit dem (Trägheitsmoment von R um den Schwerpunkt von R) $+ d^2A$ übereinstimmt, wobei d die Distanz zwischen Schwerpunkt und $(x_0;y_0)$ angibt.

(*b*) Bezüglich welches Punktes $(x_0;y_0)$ ist das Trägheitsmoment am geringsten?

51. Ein Computer kann Zufallszahlen und damit Zufallspunkte in der Ebene erzeugen, mit deren Hilfe bestimmte Integrale abgeschätzt werden können. Angenommen, ein kompliziertes Gebiet R liege im Inneren eines Quadrates mit den Eckpunkten $(0;0)$, $(2;0)$, $(2;2)$ und $(0;2)$, und eine komplizierte Funktion f sei auf R definiert. Der Computer erzeugt nun 100 Zufallspunkte $(x;y)$ im Inneren des Quadrates. Von diesen liegen 73 im Inneren von R. Der Mittelwert von f für diese 73 Punkte ist 2,31.

(*a*) Welche vernünftige Schätzung ergibt sich für die Fläche von R?

(*b*) Welche vernünftige Schätzung erhalten wir für das zweidimensionale Integral $\int_R f(P)\,dA$?

Derartige Verfahren, bei denen Zufallsgrößen verwendet werden, nennt man *Monte-Carlo-Verfahren.*

■■

52. Wir definieren $f(t)$ durch $\int_1^t e^{x^2}\,dx$. Man bestimme den Mittelwert von f über das Intervall $[0;1]$.

53. Was ist an der folgenden Überlegung falsch? Wir werden ein mehrfaches Integral in Polarkoordinaten erhalten, das mit $\int_R f(P)\,dA$ übereinstimmt, wobei R durch $\alpha \leqslant \theta \leqslant \beta$, $r_1(\theta) \leqslant r \leqslant r_2(\theta)$ beschrieben wird. Wir nehmen nun $f(P) \geqslant 0$ an und konstruieren den Körper, dessen Basis durch R und dessen Höhe in P durch $f(P)$ gegeben ist. Der Schnitt dieses Körpers mit einer auf R senkrecht stehenden Ebene, die durch den Strahl mit dem Winkel θ geht, entspricht einem ebenen Ausschnitt der Fläche

$$A(\theta) = \int_{r_1(\theta)}^{r_2(\theta)} f(r;\theta)\,dr.$$

Aus der Formel $V = \int_\alpha^\beta A(\theta)\,d\theta$ erhalten wir

$$\int_R f(P)\,dA = \int_\alpha^\beta \left(\int_{r_1(\theta)}^{r_2(\theta)} f(r;\theta)\,dr \right) d\theta.$$

Diese Formel ist *falsch*, da r im Integranden nicht auftritt. Man suche den Fehler.

Die folgende Übung veranschaulicht die Verwendung eines ebenen Integrals zur Abschätzung von Brandkatastrophen.

54. (Siehe Übung 50.) Welches ist die günstigste Stelle, um einen Hubschrauber zur Bekämpfung eines Brandes in großen Wäldern einzusetzen? Angenommen der Hubschrauber bewege sich mit konstanter Geschwindigkeit und geradlinig zur Feuerstelle. Nehmen wir weiter an, der Hubschrauber startet sofort nach Ausbruch des Feuers und das Feuer breitet sich kreisförmig aus, wobei der Radius des Kreises proportional zur Dauer des Feuers sei. Das Waldgebiet ist flach und die Bäume sind gleichmäßig verteilt.

55. Wir skizzieren einen anderen Beweis der Schwarzschen Ungleichung aus Übung 12 von Abschnitt 10.5. Es sei R das Quadrat $a \leqslant x \leqslant b$ und $a \leqslant y \leqslant b$.

(*a*) Warum gilt $\int_R [f(x)\,g(y) - f(y)\,g(x)]^2\,dA \geqslant 0$.

(*b*) Man leite aus (*a*) die Schwarzsche Ungleichung her.

56. Man zeige, daß das Moment um die x-Achse für ein Gebiet R mit der Polarkoordinatenbeschreibung: „Für jedes θ aus $[\alpha;\beta]$ geht r von Null bis $f(\theta)$", durch das folgende Integral gegeben ist:

$$\int_\alpha^\beta [f(\theta)]^3 \frac{\cos\theta}{3}\,d\theta$$

57. Es sei f eine stetige Funktion und sie sei für alle θ aus $[0;\pi]$ definiert, mit $f(0) = f(\pi)$. Ferner nehmen wir an

$$\int_0^\pi f(\theta)\,d\theta = 0 = \int_0^\pi f(\theta)\cos\theta\,d\theta = \int_0^\pi f(\theta)\sin\theta\,d\theta$$

Man beweise, daß es mindestens zwei Zahlen a und b gibt, für die mit $0 < a < b < \pi$ gilt $f(a) = 0$ und $f(b) = 0$. *Hinweis:* Warum gibt es mindestens ein a mit $f(a) = 0$? Wenn es nun nur eine Wurzel a mit $0 < a < \pi$ gibt, dann betrachte man

$$\int_0^\pi f(x)\sin(x-a)\,dx.$$

58. (Siehe Übungen 56 und 57.) Man beweise, daß der Schwerpunkt eines Gebietes, das von einer Kurve mit der Polarkoordinatendarstellung $r = g(\theta)$ begrenzt wird (g sei stetig, und der Schwerpunkt befinde sich im Pol), mindestens drei Sehnen halbiert.

59. Es sei f eine stetige nicht konstante Funktion mit den Eigenschaften $f(\theta + 2\pi) = f(\theta)$ und $f(0) \neq 0$. Aus $\int_0^{2\pi} f(\theta)\, d\theta = 0$ folgt dann die Existenz von mindestens zwei Zahlen a_1 und a_2 mit den Eigenschaften $0 < a_1 < a_2 < 2\pi, f(a_1) = 0 = f(a_2)$, so daß f in jeder der beiden Wurzeln das Vorzeichen ändert. Man beweise dies!

60. (Siehe Übung 59.) f erfülle die Bedingungen aus Übung 59, und es gelte

$$\int_0^{2\pi} f(\theta) \sin\theta\, d\theta = 0 = \int_0^{2\pi} f(\theta)\cos\theta\, d\theta.$$

Man zeige die Existenz von mindestens vier Stellen $0 < a_1 < a_2 < a_3 < a_4 < 2\pi$, in denen $f(\theta) = 0$ und in denen f das Vorzeichen wechselt. *Anregung:* Warum können nicht genau drei derartige Zahlen existieren? Sind ferner a_1 und a_2 die einzigen Stellen zwischen Null und 2π, in denen f das Vorzeichen ändert, so betrachte man

$$\int_0^{2\pi} f(\theta) \sin\frac{\theta - a_1}{2} \sin\frac{\theta - a_2}{2}\, d\theta$$

und argumentiere wie in Übung 57. Bekanntlich gilt

$$\sin A \sin B = \frac{1}{2}[\cos(A - B) - \cos(A + B)].$$

61. (Siehe Übungen 57 und 60.) Es sei P der Mittelpunkt eines ebenen Gebietes R, das von einer stetigen Kurve begrenzt wird, die P nicht enthält. Man zeige die Existenz von mindestens vier von P ausgehenden Strahlen, die die Kurve unter einem rechten Winkel schneiden. *Hinweis:* Es sei $r = g(\theta)$ die Beschreibung der Kurve in Polarkoordinaten mit dem Pol P. Man wende Übung 60 auf die Funktion $f(\theta) = g^2(\theta)\, g'(\theta)$ an. Es folgt, daß die Schicht in mindestens vier ihrer Randpunkte balanciert werden kann. Experimente legen es nahe, daß jeder homogene Körper in mindestens vier Punkten seiner Oberfläche balanciert werden kann. Dies wurde jedoch noch nicht bewiesen.

14 Reihen

Es gibt Funktionen, die zwar selbst nicht Polynome sind, aber durch Polynome sehr gut angenähert werden können. Wie wir in Abschnitt 14.2 sehen werden, liefert das Polynom

$$1 + x + x^2 + x^3 + \dots + x^n$$

für $|x| < 1$ und große Werte von n eine gute Näherung der Funktion

$$\frac{1}{1-x}.$$

Diese Tatsache wird zum Beispiel in EDV-Anlagen dazu verwendet, die Division durch $1-x$ auf Additionen und Multiplikationen zurückzuführen, die elektronisch leichter zu handhaben sind.

In diesem Kapitel werden wir Näherungspolynome für $\ln(1+x)$, e^x, $\sin x$, $\cos x$ und andere Funktionen diskutieren. Solche Polynome können zur Abschätzung bestimmter Integrale herangezogen werden. So kann das Integral $\int_0^1 e^{x^2}\,dx$ zwar nicht mit Hilfe des Hauptsatzes ausgewertet werden, es läßt sich jedoch durch den Ausdruck

$$\int_0^1 \left(1 + x^2 + \frac{x^4}{2!} + \frac{x^6}{3!} + \dots + \frac{x^{2n}}{n!}\right) dx$$

annähern, der einer direkten Berechnung zugänglich ist.

14.1 Folgen

Unter einer *Folge* reeller Zahlen

$$a_1, a_2, a_3, \dots, a_n, \dots$$

verstehen wir eine Funktion, die jeder positiven ganzen Zahl n eine Zahl a_n zuordnet. Die Zahl a_n wird n-tes *Glied* der Folge genannt. So definiert die Folge

$$\left(1+\frac{1}{1}\right)^1, \left(1+\frac{1}{2}\right)^2, \left(1+\frac{1}{3}\right)^3, \dots, \left(1+\frac{1}{n}\right)^n, \dots$$

aus Abschnitt 3.2 die Zahl e. In diesem Falle gilt

$$a_n = \left(1+\frac{1}{n}\right)^n.$$

Manchmal wird auch das Zeichen $\{a_n\}$ als Abkürzung für die Folge $a_1, a_2, \dots, a_n, \dots$ verwendet. In diesem Falle ist e durch die Glieder der Folge $\{(1 + 1/n)^n\}$ definiert.

Nähert sich a_n mit wachsendem n einer Zahl L, so wird L der *Grenzwert* der Folge genannt. Hat die Folge $a_1, a_2, \dots$ den Grenzwert L, so schreiben wir

$$\lim_{n \to \infty} a_n = L.$$

Wie in Abschnitt 3.2 bewiesen wurde, hat die Folge $(1 + \frac{1}{1})^1$, $(1 + \frac{1}{2})^2, \dots$ einen Grenzwert, der mit e bezeichnet wird:

$$\lim_{n \to \infty} \left(1+\frac{1}{n}\right)^n = e.$$

Im folgenden Beispiel wird eine einfache aber wichtige Folge behandelt.

Beispiel 1: Die Folge $\{(\frac{1}{2})^n\}$. Innerhalb einer Stunde zerfällt jeweils die Hälfte einer bestimmten radioaktiven Substanz. Wie wird sich die Menge der radioaktiven Substanz über längere Zeiträume hin entwickeln?

Lösung: Betrug die Anfangsmasse 1 g. so verbleibt nach einer Stunde nur $\frac{1}{2}$ g. Während der nächsten Stunde wird die Hälfte dieser Menge zerstrahlen, während die andere Hälfte verbleibt. So erhalten wir nach 2 Stunden

$$\left(\frac{1}{2}\right)^2 = 0{,}25 \text{ g}$$

und nach 3 Stunden

$$\left(\frac{1}{2}\right)^3 = 0{,}125 \text{ g}$$

als verbleibende Menge radioaktiven Materials. Ganz allgemein wird nach n Stunden noch eine Menge von

$$\left(\frac{1}{2}\right)^n \text{ g}$$

übrig sein.

Für große n wird diese Menge sehr klein. Mit anderen Worten: Die Folge

$$\left\{\left(\frac{1}{2}\right)^n\right\}$$

strebt nach Null, wenn n groß wird. Wir fassen dies in der Gleichung

$$\lim_{n\to\infty}\left(\frac{1}{2}\right)^n = 0$$

zusammen. •

Die Glieder einer Folge können sich ohne weiteres alle vom Grenzwert L der Folge unterscheiden, sie müssen ihm nur genügend nahe kommen. Diese wichtige Tatsache sollte man stets im Auge behalten.

Im übrigen hat nicht jede Folge einen Grenzwert, wie das folgende Beispiel zeigt.

Beispiel 2: Eine Folge ohne Grenzwert. Es sei $a_n = (-1)^n$ für $n = 1, 2, 3, \ldots$. Wie verhält sich a_n für große n?

Lösung: Die ersten vier Glieder der Folge lauten

$$a_1 = (-1)^1 = -1$$
$$a_2 = (-1)^2 = 1$$
$$a_3 = (-1)^3 = -1$$
$$a_4 = (-1)^4 = 1$$

Die Zahlen dieser Folge alternieren fortlaufend: $-1, 1, -1, 1, \ldots$. Die Folge strebt nicht nach einer einzigen Zahl, daher hat die Folge keinen Grenzwert. •

Definition konvergenter und divergenter Folgen: Hat eine Folge einen Grenzwert, so nennen wir sie *konvergent* oder sagen: Die Folge *konvergiert*. Hat eine Folge keinen Grenzwert, so wird sie *divergent* genannt: Sie *divergiert*.

Die Folge $\{(\frac{1}{2})^n\}$ aus Beispiel 1 konvergiert nach Null. Die Folge $\{(-1)^n\}$ aus Beispiel 2 ist divergent. Es gibt kein allgemeines Verfahren, um über die Konvergenz oder Divergenz einer Folge zu entscheiden. Allerdings kennen wir verschiedene spezielle Methoden, mit deren Hilfe viele der in der Praxis auftretenden Folgen untersucht werden können. Das folgende Theorem behandelt eine solche Methode.

Theorem 1: Es sei $\{a_n\}$ eine wachsende Folge und es gebe eine Zahl B mit $a_n \leqslant B$ für alle n. Also gilt

$$a_1 \leqslant a_2 \leqslant a_3 \leqslant a_4 \leqslant \ldots \leqslant a_n \leqslant \ldots$$

und $a_n \leqslant B$ für alle n. Dann ist die Folge $\{a_n\}$ konvergent und strebt nach einem Grenzwert, der höchstens gleich B ist.

Ist analog $\{a_n\}$ eine abnehmende Folge und gibt es eine Zahl B mit $a_n \geqslant B$ für alle n, dann ist die Folge $\{a_n\}$ konvergent und ihr Grenzwert ist mindestens gleich B. •

Der Beweis dieses Theorems verwendet die fundamentale Eigenschaft der Vollständigkeit der reellen Zahlen; er soll hier nicht ausgeführt werden. (Die „Vollständigkeit" der reellen Zahlen bedeutet im wesentlichen, daß es auf der x-Achse keine Lücken gibt.) Bild 14.1 macht Theorem 1 zumindest plausibel. (Die a_n wachsen zwar an, sind aber alle kleiner als B und nähern sich daher einer Zahl L, die selbst nicht größer ist als B.)

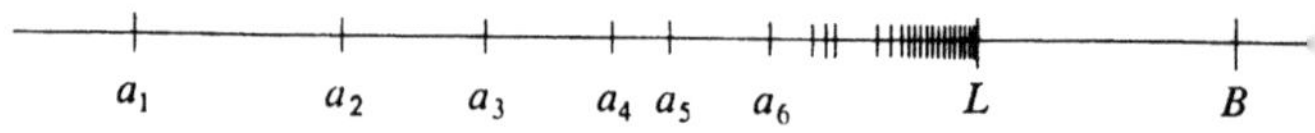

Bild 14.1

Dieses Theorem wird in den folgenden Abschnitten dieses Kapitels wiederholt angewendet werden.

Beispiel 3: Eine bestimmte Substanz büßt im Verlauf der Jahre ständig an Wert ein. Ihr Wert am Ende eines jeden Jahres beträgt nur 80 % ihres Wertes zu Beginn des jeweiligen Jahres. Wie verhält sich der Wert der Substanz im Laufe längerer Zeiträume? Die Substanz habe zu Beginn den Wert 1.

Lösung: a_n sei der Wert der Substanz am Ende des n-ten Jahres. Dann gilt $a_1 = 0{,}8$ und $a_2 = 0{,}8 \cdot 0{,}8 = 0{,}64$. Analog folgt $a_3 = 0{,}8^3$. Wir haben daher die Folge $\{0{,}8^n\}$ zu untersuchen.

In der folgenden Tabelle sind einige Werte für $0{,}8^n$ abgerundet zusammengefaßt:

n	1	2	3	4	5	10	20
$0{,}8^n$	0,8	0,64	0,512	0,4096	0,3277	0,1074	0,0115

Genauere Betrachtung der Tabelle führt uns zu der Vermutung

$$\lim_{n\to\infty} 0{,}8^n = 0.$$

Um dies zu beweisen, müssen wir untersuchen, ob die abnehmende Folge $\{0{,}8^n\}$ beliebig klein wird. Wie groß muß n sein, damit die Ungleichung

$$0{,}8^n < 0{,}0001$$

erfüllt ist?

Wir logarithmieren beide Seiten dieser Ungleichung und erhalten

$$n \log_{10} 0{,}8 < -4 \quad \text{oder} \quad n > \frac{-4}{\log_{10} 0{,}8}.$$ [1]

Somit folgt

$$n > \frac{-4}{-0{,}097} = 41{,}2.$$

Für $n \geqslant 42$ ist die Zahl $0{,}8^n$ kleiner als 0,0001. Aufgrund analoger Überlegungen kommt die Zahl $0{,}8^n$ dem Wert Null beliebig nahe, wenn nur n genügend groß wird. Wir schließen daher

$$\lim_{n \to \infty} (0{,}8)^n = 0.$$

(Allerdings strebt $(0{,}8)^n$ langsamer nach Null als $(\frac{1}{2})^n$.)

Im Laufe der Zeit wird der Wert der Substanz also beliebig klein. ●

In Analogie zu Beispiel 3 können wir das folgende Theorem beweisen.

Theorem 2: Ist r eine Zahl aus dem offenen Intervall $(-1; 1)$, so gilt

$$\lim_{n \to \infty} r^n = 0. \quad \bullet$$

Nun wollen wir die Folge der Produkte

$$1 \cdot 2, \quad 1 \cdot 2 \cdot 3, \quad 1 \cdot 2 \cdot 3 \cdot 4, \quad 1 \cdot 2 \cdot 3 \cdot 4 \cdot 5, \ldots$$

untersuchen. Das Produkt der ganzen Zahlen von 1 bis n wird mit $n!$ bezeichnet und n *Fakultät* genannt. (Wir definieren $0! = 1$.) Also gilt

$$\begin{aligned}
0! &= 1,\\
1! &= 1,\\
2! &= 1 \cdot 2 = 2,\\
3! &= 1 \cdot 2 \cdot 3 = 6,\\
4! &= 1 \cdot 2 \cdot 3 \cdot 4 = 24,\\
5! &= 1 \cdot 2 \cdot 3 \cdot 4 \cdot 5 = (4!)\,5 = 24 \cdot 5 = 120,\\
6! &= 6\,(5!) = 720.
\end{aligned}$$

Wie leicht einzusehen ist, ergibt sich $(n+1)!$ als Produkt von $n!$ und $n+1$.

[1] Dabei wurde die Regel berücksichtig: *Die Division einer Ungleichung durch eine negative Zahl kehrt die Richtung der Ungleichung um.*

In Bespiel 4 wird eine Folge eingeführt, die später für das Studium von $\sin x$, $\cos x$ und e^x nützlich ist.

Beispiel 4: Konvergiert oder divergiert die Folge $a_n = \dfrac{3^n}{n!}$.

Lösung: Die Anfangsglieder dieser Folge werden mit Hilfe der folgenden Tabelle bis auf zwei Dezimalen berechnet:

n	1	2	3	4	5	6	7	8
3^n	3	9	27	81	243	729	2187	6561
$n!$	1	2	6	24	120	720	5040	40320
$a_n = \frac{3^n}{n!}$	3,00	4,50	4,50	3,38	2,03	1,01	0,43	0,

Zwar ist a_2 größer als a_1 und a_3 gleich a_2, von a_4 bis a_8 allerdings sind die Terme fallend.

Der Zähler 3^n wird für $n \to \infty$ sehr groß und hat daher die Tendenz, a_n zu vergrößern. Aber auch der Nenner $n!$ wächst mit $n \to \infty$ stark und beeinflußt den Quotienten, nach Null zu gehen. Für $n = 1$ und 2 überwiegt der erste Einfluß, aber dann setzt sich der Einfluß des Nenners $n!$ durch, wie die Tabelle zeigt. Offensichtlich scheint der Nenner $n!$ wesentlich stärker zu wachsen als der Zähler 3^n, so daß a_n nach Null strebt. Nun wollen wir untersuchen, warum tatsächlich für $n \to \infty$ der Grenzübergang

$$\frac{3^n}{n!} \to 0$$

erfolgt. Betrachten wir etwa a_{10}. Wir stellen a_{10} als Produkt von 10 Brüchen dar:

$$a_{10} = \frac{3}{1}\,\frac{3}{2}\,\frac{3}{3}\,\frac{3}{4}\,\frac{3}{5}\,\frac{3}{6}\,\frac{3}{7}\,\frac{3}{8}\,\frac{3}{9}\,\frac{3}{10}.$$

Die ersten drei Brüche sind $\geqslant 1$. Die restlichen sieben Brüche sind alle $\leqslant \frac{3}{4}$. Daher gilt

$$a_{10} < \frac{3}{1}\,\frac{3}{2}\,\frac{3}{3}\left(\frac{3}{4}\right)^7.$$

Ganz analog erhalten wir

$$a_{100} < \frac{3}{1}\,\frac{3}{2}\,\frac{3}{3}\left(\frac{3}{4}\right)^{97}.$$

Aufgrund von Theorem 2 wissen wir nun

$$\lim_{n \to \infty} \left(\frac{3}{4}\right)^n = 0.$$

Daraus ergibt sich wieder

$$\lim_{n \to \infty} a_n = 0.$$

Aufgrund ähnlicher Überlegungen folgt für jede Konstante k

$$\lim_{n \to \infty} \frac{k^n}{n!} = 0.$$

Also wächst die faktorielle Funktion $n!$ rascher als jede beliebige Exponentialfunktion k^n. (Wie wir in Abschnitt 6.3 gesehen haben, wächst demgegenüber k^n für $k > 1$ rascher als n^a für beliebige feste Werte von a.) Der Grenzwert $\lim_{n \to \infty} \frac{k^n}{n!} = 0$ wird in den Kapiteln 14 und 15 wiederholt benötigt. ●

Übungen:

In den Übungen 1 bis 15 untersuche man, ob die Folge für die gegebenen Werte von a_n konvergiert oder divergiert. Konvergiert die Folge, so bestimme man ihren Grenzwert.

1. $a_n = 0{,}3^n$
2. $a_n = 0{,}99^n$
3. $a_n = (-\frac{1}{2})^n$
4. $a_n = \frac{1}{n!}$
5. $a_n = \frac{20^n}{n!}$
6. $a_n = \frac{n+1}{n}$
7. $a_n = 2^n$
8. $a_n = \cos n\pi$
9. $a_n = \sin n\pi$
10. $a_n = \frac{n^2 - 1}{n^2}$
11. $a_n = \frac{10^n}{n!}$
12. $a_n = \frac{n^2}{n!}$
13. $a_n = (1{,}01)^n$
14. $a_n = \left(1 + \frac{2}{n}\right)^n$
15. $a_n = n \sin\left(\frac{1}{n}\right)$

■

16. Es sei $a_n = 100^n/n!$
    (*a*) Man zeige $a_1 < a_2 < \dots < a_{99}$.
    (*b*) Man zeige $a_{99} = a_{100}$.
    (*c*) Man zeige $a_{100} > a_{101} > a_{102} > \dots$.
17. Es sei $a_n = 200^n/n!$. Welches ist der kleinste Wert von n, für den a_n größer ist, als der folgende Term a_{n+1}?

In den Übungen 18 bis 20 bestimme man die angeschriebenen Grenzwerte. Man zeige zunächst, daß jeder Grenzwert als bestimmtes Integral der Form $\int_a^b f(x)\,dx$ für ein geeignetes Intervall $[a; b]$ und eine Funktion f dargestellt werden kann.

18. $\lim_{n \to \infty} \sum_{i=1}^{n} \left(\frac{i}{n}\right)^2 \frac{1}{n}$
19. $\lim_{n \to \infty} \left[\frac{1}{n+1} + \frac{1}{n+2} + \dots + \frac{1}{2n}\right]$
20. $\lim_{n \to \infty} \sum_{i=1}^{n} \frac{n}{n^2 + i^2}$

■■

21. Es sei $a_n = \frac{1}{1 \cdot 2} + \frac{1}{2 \cdot 3} + \dots + \frac{1}{n(n+1)}$.
    (*a*) Man berechne a_n für $n = 1, 2, 3, 4$ und stelle a_n jeweils als Bruch dar.
    (*b*) Mit Hilfe der Identität
    $$\frac{1}{i(i+1)} = \frac{1}{i} - \frac{1}{i+1}$$
    gebe man eine kurze Formel für a_n an.
    (*c*) Man beweise $\lim_{n \to \infty} a_n = 1$.
22. Es sei $a_n = 1/2^2 + 1/3^2 + \dots + 1/n^2$ für $n \geq 2$. Der Grenzwert $\lim_{n \to \infty} a_n$ existiert und ist ≤ 1. Man beweise dies! *Hinweis:* Siehe Übung 21.
23. Es sei $a_n = (1 - 1/2^2)(1 - 1/3^2) \dots [1 - 1/(n+1)^2]$.
    (*a*) Man berechne a_1, a_2, a_3, a_4 als Brüche und als Dezimalzahlen.
    (*b*) Man bestimme $\lim_{n \to \infty} a_n$.

In den Übungen 24 bis 28 verwende man einen Taschenrechner.

24. Es sei $a_n = 1 - \frac{1}{2} + \frac{1}{3} - \frac{1}{4} + \dots + (-1)^{n-1}\frac{1}{n}$.
    (*a*) Man berechne a_n bis zu $n = 7$.
    (*b*) Wie wird sich a_n für $n \to \infty$ verhalten?
25. Es sei $a_n = 1(\frac{1}{2}) + 2(\frac{1}{2})^2 + 3(\frac{1}{2})^3 + \dots + n(\frac{1}{2})^n$.
    (*a*) Man berechne a_n bis $n = 7$.
    (*b*) Wie wird sich a_n für $n \to \infty$ verhalten?

26. Es sei $a_n = \frac{1}{0!} + \frac{1}{1!} + \frac{1}{2!} + \frac{1}{3!} + ... + \frac{1}{n!}$, mit $0! = 1 = 1!$ und $n! = 1 \cdot 2 \cdot 3 \cdot ... \cdot n$.
    (*a*) Man berechne a_n bis zu $n = 6$.
    (*b*) Wie wird sich a_n für $n \to \infty$ verhalten?

27. Es sei $a_n = 1 - \frac{1}{2} + \frac{1}{4} - \frac{1}{8} + ... + (-1)^n \frac{1}{2^n}$.
    (*a*) Man berechne a_n bis $n = 7$.
    (*b*) Für $n \to \infty$ strebt a_n nach einer bekannten Zahl. Welche Zahl ist dies?

28. Es sei $a_n = \pi - \frac{\pi^3}{3!} + \frac{\pi^5}{5!} - ... + (-1)^{n-1} \frac{\pi^{2n-1}}{(2n-1)!}$.
    (*a*) Man berechne a_n bis zu $n = 5$.
    (*b*) Für $n \to \infty$ strebt a_n nach einer bekannten Zahl. Welche Zahl ist dies?

29. Wie groß muß n mindestens sein, damit die Ungleichung $0{,}99^n < 0{,}00001$ erfüllt ist?

Die folgende Übung ergänzt den Beweis von Theorem 2 nach dem Verfahren von Beispiel 3.

30. Es sei r eine positive Zahl kleiner als 1. Es sei p eine positive Zahl. Man beweise die Existenz einer ganzen Zahl n mit $r^n < p$. *Hinweis:* Man verwende Logarithmen.

31. Diese Übung behandelt einen eleganten Beweis für Theorem 2. Es sei r eine positve Zahl kleiner als 1.
    (*a*) Mit Hilfe von Theorem 1 beweise man die Existenz von $\lim_{n \to \infty} r^n$.
    (*b*) Wir nennen den Grenzwert aus (*a*) L. Warum gilt $rL = L$?
    (*c*) Mit Hilfe von (*b*) beweise man $L = 0$.

14.2 Reihen

Häufig wird aus einer Folge durch Summierung der einzelnen Glieder eine neue Folge gebildet. Beispiel 1 illustriert diesen Vorgang.

Beispiel 1: Angenommen, die Bundesregierung gibt eine zusätzliche Milliarde DM für bestimmte Projekte aus, ohne eine zusätzliche Milliarde DM an Steuern einzunehmen. Wie verändert sich in der Bundesrepublik die Gesamtsumme der Ausgaben durch diese Aktion der Regierung? Wir nehmen dabei an, daß jede Firma und jede Einzelperson 80 % der jeweiligen Einnahmen wieder ausgibt und 20 % der Einnahmen spart.

Lösung: Die von der Regierung ausgegebene Milliarde DM führt direkt zur Ausgabe von weiteren 0,8 Milliarden DM. In der Folge werden wiederum 80 % dieser 0,8 Milliarden ausgegeben und weitere 0,8 Milliarden fließen in die Wirtschaft. Als Ergebnis dieser drei Vorgänge werden also $1 + 0{,}8 + 0{,}8^2$ Milliarden DM ausgegeben.

Nach insgesamt n Vorgängen dieser Art ist der folgende Betrag in Milliarden DM in das Wirtschaftssystem eingespeist:

$$S_n = 1 + 0{,}8 + 0{,}8^2 + ... + 0{,}8^{n-1}.$$

(S steht für Summe.) Dann gilt

$$S_1 = 1$$
$$S_2 = 1 + 0{,}8 = 1{,}8$$
$$S_3 = 1 + 0{,}8 + 0{,}8^2 = 1 + 0{,}8 + 0{,}64 = 2{,}44$$
$$S_4 = 1 + 0{,}8 + 0{,}8^2 + 0{,}8^3 = 1 + 0{,}8 + 0{,}64 + 0{,}512 = 2{,}952$$
$$S_5 = 1 + 0{,}8 + 0{,}8^2 + 0{,}8^3 + 0{,}8^4 = 1 + 0{,}8 + 0{,}64 + 0{,}512 + 0{,}4096 = 3{,}3616.$$

Die Folge $S_1, S_2, S_3, S_4, ...$ ergibt sich aus der Folge $1; 0{,}8; 0{,}8^2; 0{,}8^3; ...$ durch Addition von mehr und mehr Termen. Die Langzeitwirkung der Erstausgabe der Bundesregierung folgt aus dem Verhalten von $\{S_n\}$ für große Werte von n.

Zwei Komponenten beeinflussen das Wachstum von S_n für große n. Auf der einen Seite wächst S_n mit steigender Anzahl der Summanden. Andererseits streben die Summanden selbst nach Null, so daß der Zuwachs von S_n mit wachsendem n immer kleiner wird. Wie Theorem 1 dieses Abschnittes zeigen wird, konvergiert die Folge S_n, und ihr Grenzwert ist gleich 5:

$$\lim_{n \to \infty} S_n = 5.$$

Die Erhöhung der Gesamtausgaben durch die zusätzliche Investition der Bundesregierung von 1 Milliarde DM beträgt also 5 Milliarden DM. Dieser Faktor 5 heißt in der Wirtschaftstheorie auch „Multiplikator". ●

Wir wollen nun die Überlegungen des Beispiels 1 weiter ausbauen.

Es sei $a_1, a_2, a_3, ..., a_n, ...$ eine Folge. Aus dieser Folge bilden wir eine neue Folge $S_1, S_2, S_3, ..., S_n, ...$ in folgender Weise:

$$S_1 = a_1$$
$$S_2 = a_1 + a_2$$
$$S_3 = a_1 + a_2 + a_3$$
$$\cdots\cdots\cdots\cdots$$
$$S_n = a_1 + a_2 + a_3 + ... + a_n.$$

Die Folge der Summen $S_1, S_2, \ldots$ bezeichnen wir als die Reihe, die sich aus der Folge $a_1, a_2, \ldots$ ergibt. Man spricht üblicherweise, wenn auch etwas ungenau, von der *Reihe mit dem n-ten Glied* a_n. Gebräuchliche Bezeichnungsweisen für die Reihe $\{S_n\}$ sind $\sum_{n=1}^{\infty} a_n$ und $a_1 + a_2 + a_3 + \ldots + a_n + \ldots$ Die Summe

$$S_n = a_1 + a_2 + \ldots + a_n$$

wird *Partialsumme* oder *n-te Partialsumme* genannt. Konvergiert die Folge der Partialsummen nach L, dann heißt L *Summe* der Reihe. Häufig schreibt man für die Summe einer Reihe auch $a_1 + a_2 + \ldots + a_n + \ldots$. Dies bedeutet jedoch nicht die Addition einer unendlichen Anzahl von Größen; wir haben vielmehr den Grenzwert einer Folge von endlichen Summen zu bilden.

Beispiel 1 behandelt die Reihe mit dem n-ten Glied $0{,}8^{n-1}$:

$$S_n = 1 + 0{,}8^1 + 0{,}8^2 + \ldots + 0{,}8^{n-1}.$$

Dies ist der Spezialfall einer geometrischen Reihe, wie wir sie im folgenden allgemein definieren wollen.

Definition der geometrischen Reihe: Es seien a und r reelle Zahlen. Die Reihe

$$a + ar + ar^2 + \ldots + ar^{n-1} + \ldots$$

wird *geometrische Reihe mit dem Anfangsterm a und dem Quotienten r* genannt.

Die Reihe aus Beispiel 1 ist daher eine geometrische Reihe mit dem Anfangsterm 1 und dem Quotienten 0,8.

Theorem 1: Für $-1 < r < 1$ konvergiert die geometrische Reihe

$$a + ar + \ldots + ar^{n-1} + \ldots$$

nach $a/(1-r)$.

Beweis: Es sei S_n die Summe der ersten n Terme:

$$S_n = a + ar + \ldots + ar^{n-1}.$$

Wir multiplizieren mit r und erhalten

$$rS_n = ar + \ldots + ar^{n-1} + ar^n.$$

Subtraktion dieser beiden Ausdrücke ergibt

$$S_n - rS_n = (a + ar + \ldots + ar^{n-1}) - \\ -(ar + \ldots + ar^{n-1} + ar^n)$$

oder nach einigen Vereinfachungen

$$(1-r)\,S_n = a - ar^n.$$

Wir erhalten

$$S_n = \frac{a - ar^n}{1-r}$$

oder

$$S_n = \frac{a}{1-r}(1-r^n).$$

Aus Abschnitt 14.1 wissen wir bereits:

$$\lim_{n \to \infty} r^n = 0.$$

Somit ergibt sich schließlich

$$\lim_{n \to \infty} S_n = \frac{a}{1-r}$$

und das Theorem ist bewiesen. ●

Für den Spezialfall $a = 1$ und $r = 0{,}8$ aus Beispiel 1 ergibt sich für die geometrische Reihe die Summe

$$\frac{1}{1-0{,}8} = \frac{1}{0{,}2} = 5.$$

Theorem 1 liefert uns keine Aussage für das Verhalten einer geometrischen Reihe mit einem Quotienten $r \geqslant 1$ oder $r \leqslant -1$. Das folgende Theorem behandelt allgemeine Reihen, wird aber bei der Untersuchung von geometrischen Reihen in dem soeben erwähnten Bereich $|r| \geqslant 1$ nützlich sein.

Theorem 2 (*n-tes Glied*): Gilt $\lim_{n \to \infty} a_n \neq 0$, dann divergiert die Reihe $a_1 + a_2 + \ldots + a_n + \ldots$. (Die gleiche Schlußfolgerung ergibt sich auch, wenn $\{a_n\}$ keinen Grenzwert besitzt.)

Beweis: Die Summe $a_1 + a_2 + \ldots$ möge konvergieren. Dann ist S_n gleich der Summe $a_1 + a_2 + \ldots + a_n$, während S_{n-1} gleich der Summe der ersten $n-1$ Glieder, $a_1 + a_2 + \ldots + a_{n-1}$, entspricht. Wir erhalten

$$a_n = S_n - S_{n-1}.$$

Es sei

$$S = \lim_{n \to \infty} S_n.$$

Dann gilt ebenso

$$S = \lim_{n \to \infty} S_{n-1},$$

denn $S_{2-1}, S_{3-1}, S_{4-1}, \ldots$ durchläuft dieselben Zahlen wie $S_1, S_2, S_3, \ldots$. Dies bedeutet aber

$$\begin{aligned}\lim_{n \to \infty} a_n &= \lim_{n \to \infty} (S_n - S_{n-1}) \\ &= \lim_{n \to \infty} S_n - \lim_{n \to \infty} S_{n-1} \\ &= S - S \\ &= 0.\end{aligned}$$

Damit ist das Theorem bewiesen. ●

Aufgrund von Theorem 2 divergiert die geometrische Reihe

$$a + ar + \ldots + ar^{n-1} + \ldots$$

für $a \neq 0$ und $r \geqslant 1$. So gilt etwa für $r = 1$

$$\lim_{n \to \infty} ar^n = \lim_{n \to \infty} a1^n = a$$

und a ist von Null verschieden. Für $r > 1$ wird r^n mit wachsendem n beliebig groß; daher existiert der Grenzwert $\lim_{n \to \infty} ar^n$ nicht. Ganz analog existiert $\lim_{n \to \infty} ar^n$ auch für $r \leqslant -1$ nicht. Wir können diese Ergebnisse und Theorem 1 in der folgenden Aussage zusammenfassen: Die geometrische Reihe

$$a + ar + ar^2 + \ldots + ar^{n-1} + \ldots$$

konvergiert für $a \neq 0$ dann und nur dann, wenn der Quotient r der Ungleichung $|r| < 1$ genügt.

Aufgrund von Theorem 2 muß das n-te Glied einer konvergenten Reihe mit wachsendem n nach Null streben. Wie das folgende Beispiel zeigt, gilt die Umkehrung dieser Aussage nicht. Selbst wenn das n-te Glied einer Reihe mit wachsendem n nach Null strebt, muß die Reihe nicht konvergieren.

Beispiel 3: Die Reihe

$$\frac{1}{\sqrt{1}} + \frac{1}{\sqrt{2}} + \frac{1}{\sqrt{3}} + \ldots + \frac{1}{\sqrt{n}} + \ldots$$

divergiert. Man beweise dies.

Lösung: Wir betrachten

$$S_n = \frac{1}{\sqrt{1}} + \frac{1}{\sqrt{2}} + \ldots + \frac{1}{\sqrt{n}}.$$

Jeder der n Summanden aus S_n ist $\geqslant 1/\sqrt{n}$. Wir erhalten daher

$$S_n \geqslant \underbrace{\frac{1}{\sqrt{n}} + \frac{1}{\sqrt{n}} + \ldots + \frac{1}{\sqrt{n}}}_{n \text{ Summanden}} = \frac{n}{\sqrt{n}} = \sqrt{n}.$$

Mit zunehmendem n wächst auch $\sqrt{n}$ über alle Schranken. Aus $S_n \geqslant \sqrt{n}$ folgt dann, daß

$$\lim_{n \to \infty} S_n \text{ nicht existiert.}$$

Also divergiert die Reihe, obwohl ihr n-tes Glied $1/\sqrt{n}$ nach Null strebt. ●

Im folgenden Beispiel geht das n-te Glied wesentlich rascher nach Null, als dies für $1/\sqrt{n}$ der Fall war. Trotzdem divergiert die Reihe noch immer. Sie wird *harmonische Reihe* genannt. Der Beweis ihrer Divergenz wurde vom französischen Mathematiker Nikolaus von Oresme etwa im Jahre 1360 erbracht.

Beispiel 4: Die Reihe $\frac{1}{1} + \frac{1}{2} + \ldots + \frac{1}{n} + \ldots$ divergiert. Man beweise dies.

Lösung: Wir fassen die Summanden in immer länger und länger werdenden Gruppen zusammen, wie dies unten dargestellt ist. (Die Anzahl der Summanden ist durch die Potenzen von 2 gegeben, sie verdoppelt sich mit jedem Schritt.)

$$\underbrace{\tfrac{1}{1}} + \underbrace{\tfrac{1}{2}} + \underbrace{\tfrac{1}{3} + \tfrac{1}{4}} + \underbrace{\tfrac{1}{5} + \tfrac{1}{6} + \tfrac{1}{7} + \tfrac{1}{8}} + \underbrace{\tfrac{1}{9} + \tfrac{1}{10} + \ldots + \tfrac{1}{16}} + \underbrace{\tfrac{1}{17} + \ldots}$$

In jeder Gruppe beträgt die Summe der Glieder mindestens $\frac{1}{2}$. Zum Beispiel erhalten wir

$$\tfrac{1}{5} + \tfrac{1}{6} + \tfrac{1}{7} + \tfrac{1}{8} > \tfrac{1}{8} + \tfrac{1}{8} + \tfrac{1}{8} + \tfrac{1}{8} = \tfrac{4}{8} = \tfrac{1}{2}$$

und

$$\tfrac{1}{9} + \tfrac{1}{10} + \ldots + \tfrac{1}{16} > \tfrac{1}{16} + \tfrac{1}{16} + \ldots + \tfrac{1}{16} = \tfrac{8}{16} = \tfrac{1}{2}.$$

Durch wiederholte Addition von Termen der Größe $\frac{1}{2}$ können wir beliebig große Summen erzeugen, daher divergiert die Reihe. ●

Eine wichtige Merkregel: Konvergiert eine Reihe $a_1 + a_2 + \ldots + a_n + \ldots$, so folgt $a_n \to 0$. Umgekehrt folgt aus $a_n \to 0$ *nicht notwendigerweise* die Konvergenz von $a_1 + a_2 + \ldots + a_n + \ldots$. Tatsächlich gibt es kein allgemeines und einfaches Verfahren zur Bestimmung der Divergenz oder Konvergenz einer Reihe. Glücklicherweise genügen jedoch einige spezielle Regeln, um über die Konvergenz oder Divergenz der gebräuchlichsten Reihen zu entscheiden; diese Regeln werden in diesem und dem folgenden Kapitel entwickelt.

Gilt schließlich $a_1 + a_2 + ... + a_n + ... = L$ und ist c eine Zahl, dann hat deren Reihe $ca_1 + ca_2 + ... + ca_n + ...$ die Summe cL. Diese Regel sollte man sich einprägen.

Übungen:

In den Übungen 1 bis 4 bestimme man die Summe der gegebenen geometrischen Reihe.

1. $1 + \frac{1}{2} + (\frac{1}{2})^2 + ... + (\frac{1}{2})^{n-1} + ...$
2. $1 - \frac{1}{3} + \frac{1}{9} - \frac{1}{27} + ... + (-\frac{1}{3})^{n-1} + ...$
3. $3/10 + 3/100 + 3/1000 + ... + 3/10^n + ...$
4. $0{,}99 + 0{,}99^2 + ... + 0{,}99^n + ...$

In den Übungen 5 bis 10 untersuche man, ob die gegebene Reihe konvergiert oder divergiert.

5. $\frac{1}{10\sqrt{1}} + \frac{1}{10\sqrt{2}} + \frac{1}{10\sqrt{3}} + \frac{1}{10\sqrt{4}} + ... + \frac{1}{10\sqrt{n}} + ...$
6. $-5 + 5 - 5 + ... + (-1)^n 5 + ...$
7. $100 + 90 + 81 + ... + 100\,(0{,}9)^{n-1} + ...$
8. $2 + 2^2 + 2^3 + ... + 2^n + ...$
9. $\frac{3}{1} + \frac{3}{2} + \frac{3}{3} + ... + \frac{3}{n} + ...$
10. $\frac{1}{10} + \frac{1}{20} + \frac{1}{30} + ... + 1/10n + ...$
11. Wie würde sich der Multiplikator aus Beispiel 1 verändern, wenn die Konsumenten anstatt 80 % nun 90 % ihres Einkommens ausgäben?
12. Ein Gummiball springt auf einer festen Oberfläche, wobei seine jeweilige Sprunghöhe stets 90 % der unmittelbar vorangehenden Sprunghöhe beträgt.
    (*a*) Wenn der Ball aus einer Höhe von 6 m fällt, welchen Weg legt er dann während der ersten drei Sprünge zurück?
    (*b*) Welchen Weg legt der Ball zurück, ehe er zur Ruhe kommt?

■

13. In Abschnitt 6.3 wurde $\lim_{x \to \infty} x/b^x = 0$ für $b > 1$ bewiesen. Mit Hilfe dieser Information zeige man für $|x| < 1$, daß das n-te Glied der Reihe $1 + 2x + 3x^2 + ... + (n+1)x^n + ...$ für $n \to \infty$ nach Null strebt.
14. (*a*) Mit Hilfe des Beweises von Theorem 1 zeige man für $x \neq 1$
    $$1 + x + x^2 + ... + x^{n-1} = \frac{1 - x^n}{1 - x}.$$
    (*b*) Man differenziere die Gleichung aus (*a*) und zeige
    $$1 + 2x + 3x^2 + ... + (n-1)\,x^{n-2} = \frac{1 - x^n + nx^n - nx^{n-1}}{(1-x)^2}.$$
    (*c*) Mit Hilfe von Übung 13 zeige man für $|x| < 1$
    $$\lim_{n \to \infty} (1 + 2x + 3x^2 + ... + (n-1)\,x^{n-2}) = \frac{1}{(1-x)^2}.$$

■■

15. (Siehe Übung 12.) Ein fallendes Objekt legt während der ersten t Sekunden seiner Bewegung $5t^2$ Meter zurück. Wie lange führt der Ball aus Übung 12 seine springende Bewegung aus?
16. Man schreibe die Dezimalzahl
    $$0{,}\overset{\frown}{52}\ \overset{\frown}{52}\ \overset{\frown}{52} \ldots \overset{\frown}{52}$$
    fortgesetzt als geometrische Reihe und bestimme mit Hilfe von Theorem 1 ihre Summe.

In den Übungen 17 bis 20 wird eine kurze Formel für einen Näherungswert von $n!$ gewonnen.

17. Die Funktion f habe für $x \geq 1$ die Eigenschaften $f(x) > 0$, $f'(x) > 0$ und $f''(x) < 0$. Es sei dann a_n die Fläche des Gebietes unterhalb des Graphen von $y = f(x)$ und oberhalb der Strecke, die $(n; f(n))$ mit $(n+1; f(n+1))$ verbindet.
    (*a*) Man zeichne eine genaue Ausführung des Bildes 14.2. Die einzelnen Flächen a_1, a_2, a_3 und a_4 sollten deutlich erkennbar sein.

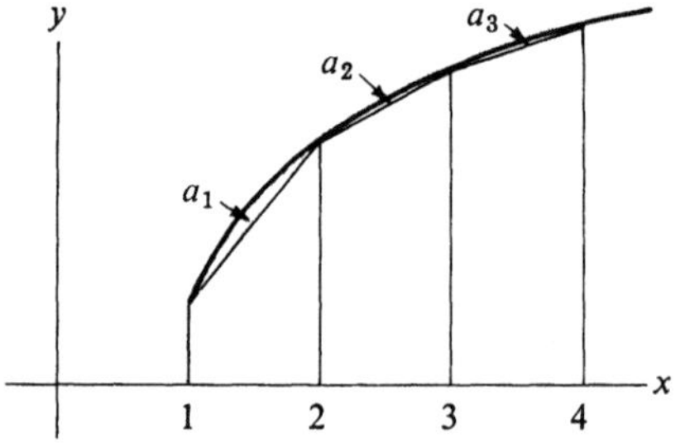

Bild 14.2 $a_1 + a_2 + a_3 + ...$ konvergiert

    (*b*) Mit Hilfe geometrischer Überlegungen zeige man, daß die Folge $a_1 + a_2 + a_3 + ...$ konvergiert und daß ihre Summe kleiner ist als das Dreieck mit den Eckpunkten $(1; f(1))$, $(2; f(2))$ und $(1; f(2))$.
18. Es sei $y = \ln x$.
    (*a*) Mit Hilfe von Übung 17 beweise man für $n \to \infty$, daß die Reihe
    $$\int_1^n \ln x\, dx - \left(\frac{\ln 1 + \ln 2}{2} + \frac{\ln 2 + \ln 3}{2} + ... + \frac{\ln (n-1) + \ln n}{2} \right)$$
    einen Grenzwert besitzt; wir bezeichnen ihn mit C.
    (*b*) Mit Hilfe von (*a*) beweise man
    $$\lim_{n \to \infty} (n \ln n - n + 1 - \ln n! + \ln \sqrt{n}) = C.$$
19. Mit Hilfe von Übung 18(*b*) beweise man die Existenz einer Konstanten k mit
    $$\lim_{n \to \infty} \frac{n!}{k\,(n/e)^n \sqrt{n}} = 1.$$

20. Mit Hilfe von Übung 166 aus Abschnitt 9.10 beweise man $k = \sqrt{2\pi}$. So ergibt sich für $n!$ die folgende Abschätzung:

$$n! \sim \sqrt{2\pi n}\,(n/e)^n.$$

Sie ist als Stirlingssche Formel bekannt.

Für die Übungen 21 und 22 ist ein Taschenrechner von Nutzen.

21. (*a*) Man berechne

$$S_n = \frac{1}{\sqrt{1}} - \frac{1}{\sqrt{2}} + \frac{1}{\sqrt{3}} - \ldots + (-1)^{n-1}\frac{1}{\sqrt{n}}$$

für $n = 1, 2, 3, 4, 5, 6$.

(*b*) Was vermuten wir über die Existenz von $\lim_{n \to \infty} S_n$?

22. (*a*) Man berechne:

$$S_n = 1 - \frac{(\pi/2)^2}{2!} + \frac{(\pi/2)^4}{4!} - \frac{(\pi/2)^6}{6!} + \ldots + (-1)^{n-1}\frac{(\pi/2)^{2n-2}}{(2n-2)!}$$

zumindest für $n = 2, 3, 4, 5, 6$.

(*b*) Welches Verhalten erwarten wir von S_n für $n \to \infty$?

14.3 Test für alternierende Reihen

Es gibt einen allgemeinen Typ von Reihen, für die unser Theorem über die Konvergenz des n-ten Gliedes einer konvergenten Reihe umkehrbar ist. In diesem Abschnitt werden solche Reihen untersucht.

Definition der alternierenden Reihe: Es sei $p_1, p_2, \ldots, p_n, \ldots$ eine Folge positiver Zahlen, dann werden

$$p_1 - p_2 + p_3 - p_4 + \ldots + (-1)^{n+1}p_n + \ldots$$

und

$$-p_1 + p_2 - p_3 + p_4 - \ldots + (-1)^n p_n + \ldots$$

alternierende Reihen genannt.

Zum Beispiel sind

$$1 - \frac{1}{3} + \frac{1}{5} - \frac{1}{7} + \ldots + (-1)^{n+1}\frac{1}{2n-1} + \ldots$$

und

$$-1 + 1 - 1 + 1 - \ldots + (-1)^n + \ldots$$

alternierende Reihen.

Da das n-te Glied der zweiten Reihe nicht nach Null konvergiert, divergiert die zweite Reihe. Als wichtigstes Ergebnis dieses Abschnitts wird sich die Konvergenz der ersten Reihe ergeben. In Übung 10 aus Abschnitt 14.7 wird für ihre Summe der Wert $\pi/4$ hergeleitet.

Theorem (*Test für alternierende Reihen*): Ist $p_1, p_2, \ldots, p_n, \ldots$ eine fallende Folge von positiven Zahlen mit $\lim_{n \to \infty} p_n = 0$, dann konvergiert die Reihe mit dem n-ten Glied $(-1)^{n+1}p_n$ oder explizit

$$p_1 - p_2 + p_3 - \ldots + (-1)^{n+1}p_n + \ldots.$$

Beweis: Die Beweisidee kann an Hand eines Spezialfalls dargestellt werden. Der Einfachheit halber betrachten wir die Reihe mit $p_n = 1/n$ oder

$$1 - \frac{1}{2} + \frac{1}{3} - \frac{1}{4} + \ldots + (-1)^{n+1}\frac{1}{n} + \ldots.$$

Wir bilden zunächst die Partialsummen einer geraden Anzahl von Gliedern, $S_2, S_4, S_6, \ldots$ und fassen die Summanden paarweise zusammen:

$$S_2 = (1 - \tfrac{1}{2})$$
$$S_4 = (1 - \tfrac{1}{2}) + (\tfrac{1}{3} - \tfrac{1}{4}) = S_2 + (\tfrac{1}{3} - \tfrac{1}{4})$$
$$S_6 = (1 - \tfrac{1}{2}) + (\tfrac{1}{3} - \tfrac{1}{4}) + (\tfrac{1}{5} - \tfrac{1}{6}) = S_4 + (\tfrac{1}{5} - \tfrac{1}{6}).$$

Da $\frac{1}{3}$ größer als $\frac{1}{4}$ ist, ist $\frac{1}{3} - \frac{1}{4}$ positiv. Daher ist

$$S_4 = S_2 + (\tfrac{1}{3} - \tfrac{1}{4})$$

und größer als S_2. Analog erhalten wir

$$S_6 > S_4$$

und ganz allgemein

$$S_2 < S_4 < S_6 < S_8 < \ldots.$$

Die Folge S_{2n} ist wachsend.

Wie wir nun zeigen werden, ist S_{2n} stets kleiner als das erste Glied der gegebenen Reihe 1. Es gilt zunächst

$$S_2 = 1 - \tfrac{1}{2} < 1.$$

Betrachten wir nun S_4:

$$\begin{aligned} S_4 &= 1 - \tfrac{1}{2} + \tfrac{1}{3} - \tfrac{1}{4} \\ &= 1 - (\tfrac{1}{2} - \tfrac{1}{3}) - \tfrac{1}{4} \\ &< 1 - (\tfrac{1}{2} - \tfrac{1}{3}). \end{aligned}$$

Da $\frac{1}{2} - \frac{1}{3}$ positiv ist, liegt auch der Wert von S_4 unterhalb von 1:

$$S_4 < 1.$$

Ganz analog zeigen wir

$$\begin{aligned} S_6 &= 1-(\tfrac{1}{2}-\tfrac{1}{3})-(\tfrac{1}{4}-\tfrac{1}{5})-\tfrac{1}{6} \\ &< 1-(\tfrac{1}{2}-\tfrac{1}{3})-(\tfrac{1}{4}-\tfrac{1}{5}) \\ &< 1 \end{aligned}$$

und allgemein

$$S_{2n} < 1$$

für alle n.

Die Folge S_2, S_4, S_6, ... ist daher wachsend und durch die Zahl 1 nach oben beschränkt (Bild 14.3). Aufgrund von Theorem 1 aus Abschnitt 14.1 existiert $\lim\limits_{n\to\infty} S_{2n}$. Wir nennen diesen Grenzwert S.

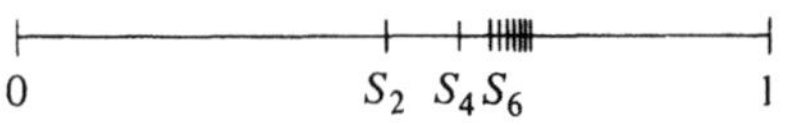

Bild 14.3

Nun müssen wir noch zeigen, daß die Zahlen S_1, S_3, S_5, ... ebenfalls nach S konvergieren.

Tatsächlich gilt

$$\begin{aligned} S_3 &= 1-\tfrac{1}{2}+\tfrac{1}{3} = S_2+\tfrac{1}{3} \\ S_5 &= 1-\tfrac{1}{2}+\tfrac{1}{3}-\tfrac{1}{4}+\tfrac{1}{5} = S_4+\tfrac{1}{5} \end{aligned}$$

und allgemein

$$S_{2n+1} = S_{2n} + \frac{1}{2n+1}.$$

(Anstelle des Gliedes $1/(2n+1)$ wird in der allgemeinen Fassung des Beweises p_{2n+1} zu setzen sein.) Es folgt

$$\begin{aligned} \lim_{n\to\infty} S_{2n+1} &= \lim_{n\to\infty}\left(S_{2n}+\frac{1}{2n+1}\right) \\ &= \lim_{n\to\infty} S_{2n} + \lim_{n\to\infty}\frac{1}{2n+1} \\ &= S+0 \\ &= S. \end{aligned}$$

Da die Partialsummen $S_2, S_4, S_6, \ldots$ und die Partialsummen $S_1, S_3, S_5, \ldots$ den gemeinsamen Grenzwert S besitzen, folgt unmittelbar

$$\lim_{n\to\infty} S_n = S.$$

Daher konvergiert die Reihe

$$1-\tfrac{1}{2}+\tfrac{1}{3}-\tfrac{1}{4}+\tfrac{1}{5}\ \ldots\ .$$

Ähnliche Überlegungen gelten für alternierende Reihen, deren n-tes Glied nach Null strebt und deren Terme dem Absolutbetrag nach abnehmen. •

(In Abschnitt 14.7 wird die Relation

$$1-\tfrac{1}{2}+\tfrac{1}{3}-\tfrac{1}{4}+\ldots = \ln 2 \approx 0{,}69$$

bewiesen.)

Beispiel 1: Man schätze die Summe S derReihe

$$1-\tfrac{1}{2}+\tfrac{1}{3}-\tfrac{1}{4}+\ldots\ .$$

Lösung: Dies sind die ersten fünf Partialsummen:

$$\begin{aligned} S_1 &= 1 = 1{,}00 \\ S_2 &= 1-\tfrac{1}{2} = 0{,}500 \\ S_3 &= 1-\tfrac{1}{2}+\tfrac{1}{3} \approx 0{,}500+0{,}333 = 0{,}833 \\ S_4 &= S_3-\tfrac{1}{4} \approx 0{,}833-0{,}250 = 0{,}583 \\ S_5 &= S_4+\tfrac{1}{5} \approx 0{,}583+0{,}200 = 0{,}783. \end{aligned}$$

In Bild 14.4 ist S_n als Funktion von n dargestellt. Die Summen S_1, S_3, ... nähern sich von oben S. Die Summen S_2, S_4, ... streben von unten nach S. So gilt etwa

$$S_4 < S < S_3$$

oder in Zahlen

$$0{,}583 < S < 0{,}783 \text{ (Bild 14.5).}$$ •

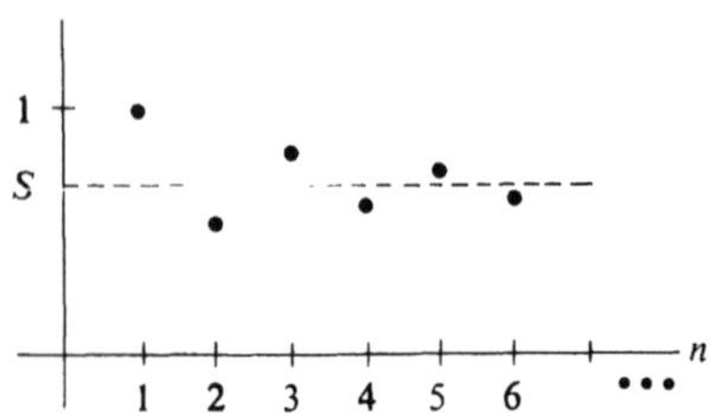

Bild 14.4

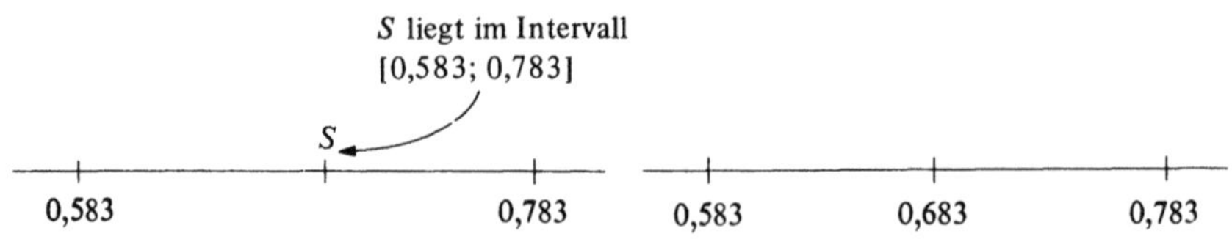

Bild 14.5

Der Mittelpunkt dieses Intervalls ist durch 0,683 gegeben. Die Länge des Intervalls beträgt 0,200. S unterscheidet sich von 0,683 um weniger als 0,100.

Wie wir Bild 14.4 entnehmen, unterscheidet sich jede Partialsumme einer alternierenden Reihe, die den Voraussetzungen des Konvergenztestes genügt, von der Summe der Reihe um weniger als dem Absolutbetrag des ersten vernachlässigten Gliedes.

Beispiel 2: Konvergiert oder divergiert die Reihe

$$\frac{3}{1!} - \frac{3^2}{2!} + \frac{3^3}{3!} - \frac{3^4}{4!} + \frac{3^5}{5!} - \ldots + (-1)^{n+1}\frac{3^n}{n!} + \ldots ?$$

Lösung: Es handelt sich um eine alternierende Reihe. Aufgrund von Beispiel 4 aus Abschnitt 14.2 strebt das n-te Glied dieser Reihe nach Null. Nun müssen wir untersuchen, ob der Absolutbetrag dieser Glieder schrittweise abnimmt. Die ersten Absolutbeträge lauten:

$$\frac{3}{1!} = 3$$

$$\frac{3^2}{2!} = \frac{9}{2} = 4{,}5$$

$$\frac{3^3}{3!} = \frac{27}{6} = 4{,}5$$

$$\frac{3^4}{4!} = \frac{81}{24} = 3{,}75.$$

Sie steigen zunächst an. Allerdings ist das vierte Glied kleiner als das dritte. Wie leicht gezeigt werden kann, nehmen die restlichen Glieder tatsächlich schrittweise ab. Denn es gilt etwa

$$\frac{3^5}{5!} = \frac{3}{5}\frac{3^4}{4!} < \frac{3^4}{4!} \quad \text{und} \quad \frac{3^6}{6!} = \frac{3}{6}\frac{3^5}{5!} < \frac{3^5}{5!}.$$

Daher konvergiert aufgrund des Testes für alternierende Reihen die Reihe mit den Anfangsgliedern

$$-\frac{3^4}{4!} + \frac{3^5}{5!} - \frac{3^6}{6!} + \ldots .$$

Wir nennen ihre Summe S. Addieren wir die ersten drei Terme

$$\frac{3}{1!} - \frac{3^2}{2!} + \frac{3^3}{3!}$$

so konvergiert das Resultat noch immer und besitzt die Summe

$$\frac{3}{1!} - \frac{3^2}{2!} + \frac{3^3}{3!} + S.$$

Wir werden etwas später die Relation

$$\frac{3}{1!} - \frac{3^2}{2!} + \frac{3^3}{3!} - \frac{3^4}{4!} + \ldots = 1 - e^{-3}$$

beweisen. ●

Wie Beispiel 2 zeigt, gilt der Test für alternierende Reihen jedenfalls solange, wie die Glieder von einem bestimmten Punkt der Reihe an schrittweise abnehmen.

Konvergiert aber nun jede alternierende Reihe, deren n-tes Glied nach Null strebt? *Dies ist nicht der Fall*, wie das Beispiel der folgenden Reihe zeigt:

$$\frac{2}{1} - \frac{1}{1} + \frac{2}{2} - \frac{1}{2} + \frac{2}{3} - \frac{1}{3} + \frac{2}{4} - \frac{1}{4} + \ldots + \frac{2}{n} - \frac{1}{n} + \ldots . \qquad (1)$$

S_n sei die Summe der ersten n Terme aus (1). Dann gilt

$$S_2 = \tfrac{2}{1} - \tfrac{1}{1} = \tfrac{1}{1}$$
$$S_4 = (\tfrac{2}{1} - \tfrac{1}{1}) + (\tfrac{2}{2} - \tfrac{1}{2}) = \tfrac{1}{1} + \tfrac{1}{2}$$
$$S_6 = (\tfrac{2}{1} - \tfrac{1}{1}) + (\tfrac{2}{2} - \tfrac{1}{2}) + (\tfrac{2}{3} - \tfrac{1}{3}) = \tfrac{1}{1} + \tfrac{1}{2} + \tfrac{1}{3}$$

oder allgemein

$$S_{2n} = \frac{1}{1} + \frac{1}{2} + \frac{1}{3} + \ldots + \frac{1}{n}.$$

Da S_{2n} für $n \to \infty$ beliebig groß wird (siehe harmonische Reihe aus Beispiel 4 von Abschnitt 14.2), divergiert die Reihe (1).

Die Berechnungen aus Beispiel 2 veranschaulichen auch einen allgemeinen Gesichtspunkt. Vernachlässigt man eine endliche Anzahl von Gliedern einer Reihe und konvergiert der Rest der Reihe, dann konvergiert auch die ursprüngliche Reihe. Etwas anschaulicher kann man daher formulieren: Der „Anfang" einer Reihe, $a_1 + a_2 + \ldots + a_n$, beeinflußt deren Konvergenz oder Divergenz nicht. Das Konvergenzverhalten hängt nur vom „Ende" der Reihe, $a_{n+1} + a_{n+2} + \ldots$, ab.

Übungen:

Welche der Reihen aus den Übungen 1 bis 6 konvergieren? Welche divergieren? Man erkläre die Antwort.

1. $\frac{1}{2} - \frac{2}{3} + \frac{3}{4} - \frac{4}{5} + \ldots + (-1)^{n+1}\frac{n}{n+1} + \ldots$

2. $\frac{1}{1^2} - \frac{1}{2^2} + \frac{1}{3^2} - \frac{1}{4^2} + \ldots + (-1)^{n+1}\frac{1}{n^2} + \ldots$

3. $\frac{1}{\sqrt{1}} - \frac{1}{\sqrt{2}} + \frac{1}{\sqrt{3}} - \frac{1}{\sqrt{4}} + ... + (-1)^{n+1} \frac{1}{\sqrt{n}} + ...$

4. $\frac{5}{1!} - \frac{5^2}{2!} + \frac{5^3}{3!} - \frac{5^4}{4!} + ... + (-1)^{n+1} \frac{5^n}{n!} + ...$

5. $\frac{3}{\sqrt{1}} - \frac{2}{\sqrt{1}} + \frac{3}{\sqrt{2}} - \frac{2}{\sqrt{2}} + \frac{3}{\sqrt{3}} - \frac{2}{\sqrt{3}} + ...$

6. $\frac{1}{3} - \frac{2}{5} + \frac{3}{7} - \frac{4}{9} + \frac{5}{11} - ... + (-1)^{n+1} \frac{n}{2n+1} + ...$

7. Die Summe der Reihe $1 - \frac{1}{3} + \frac{1}{5} - \frac{1}{7} + \frac{1}{9} - \frac{1}{11} + ...$ liegt zwischen 0,72 und 0,84. Man beweise dies und verwende hierzu S_4 und S_5.

8. (*a*) Mit Hilfe des Verfahrens aus Beispiel 1 beweise man, daß die Summe der Reihe

$$1 - \frac{1}{2} + \frac{1}{4} - \frac{1}{8} + ... + (-1)^{n+1} \frac{1}{2^n} + ...$$

zwischen 0,750 und 0,625 liegt.

(*b*) Wie groß ist die Summe der Reihe aus (*a*)?

9. Die Summen $S_1, S_3, S_5, ...$ aus dem Beweis des Theorems dieses Abschnitts sind fallend. Man beweise dies.

10. In Abschnitt 14.7 wird die Gleichung

$$e^{-1} = \frac{1}{2!} - \frac{1}{3!} + \frac{1}{4!} - ... + (-1)^{n+1} \frac{1}{(n+1)!} + ...$$

bewiesen werden.

(*a*) Man berechne S_3 und S_4 bis auf drei Dezimalen.

(*b*) e^{-1} liegt zwischen 0,366 und 0,375. Man beweise dies.

■

In den Übungen 11 bis 16 bestimme man, ob die Reihe $a_1 + a_2 + ... + a_n + ...$ konvergiert.

11. $a_n = \left(1 - \frac{1}{n}\right)^n$

12. $a_n = (-1)^n \frac{1}{n^2}$

13. $a_n = 1{,}01^{-n}$

14. $a_n = (-1{,}01)^n/n^3$

15. $a_n = (-0{,}99)^n$

16. $a_n = n^{-3}$

17. Es sei $a_n = (-1)^{n+1} [x^{2n-1}/(2n-1)!]$.

(*a*) Man berechne a_1, a_2 und a_3.

(*b*) Die Reihe, deren n-tes Glied durch a_n gegeben ist, konvergiert für jeden Wert von x. Man beweise dies. (In Abschnitt 14.7 wird für die Summe dieser Reihe der Wert $\sin x$ hergeleitet.)

18. Die Reihe

$$1 - \frac{x^2}{2!} + \frac{x^4}{4!} - \frac{x^6}{6!} + ...$$

konvergiert für jeden Wert von x. Man beweise dies. (Ihre Summe ist gleich $\cos x$.)

19. Man gebe einen Ausdruck für das n-te Glied der Reihe aus Übung 18 an.

■■

20. Man beweise das Theorem dieses Abschnitts in voller Allgemeinheit. Man zeige $S_2 < S_4 < S_6 < ... < p_1$, die Existenz von $\lim_{n \to \infty} S_{2n}$ und $\lim_{n \to \infty} S_{2n+1} = \lim_{n \to \infty} S_{2n}$.

21. Man gebe das Beispiel einer divergierenden Reihe $a_1 + a_2 + a_3 + ... + a_n + ...$, für die $a_1 - a_2 + a_3 - a_4 + ... + (-1)^{n+1} a_n + ...$ konvergiert.

14.4 Der Integraltest

In diesem Abschnitt werden wir eine weitere Methode zur Entscheidung über die Konvergenz oder Divergenz bestimmter Reihen entwickeln. Insbesondere werden wir die Divergenz der harmonischen Reihe

$$\frac{1}{1} + \frac{1}{2} + \frac{1}{3} + \frac{1}{4} + ... + \frac{1}{n} + ...$$

mit Hilfe eines neuen Verfahrens beweisen. Ebenso werden wir zeigen, daß die Reihe

$$\frac{1}{1^{1,01}} + \frac{1}{2^{1,01}} + \frac{1}{3^{1,01}} + \frac{1}{4^{1,01}} + ... + \frac{1}{n^{1,01}} + ...$$

konvergiert.

Das Verfahren beruht auf dem Vergleich von Summen und Integralen; es ist in Theorem 1 formuliert.

Theorem 1: f sei eine abnehmende positive Funktion. Dann gilt für jede ganze Zahl $n \geqslant 2$

$$f(1) + f(2) + ... + f(n-1) \geqslant \int_1^n f(x)\, dx$$

und

$$f(2) + f(3) + ... + f(n) \leqslant \int_1^n f(x)\, dx.$$

Beweis: Zum Beweis der ersten Ungleichung vergleiche man die Gesamtfläche der Rechtecke (Bild 14.6) mit der

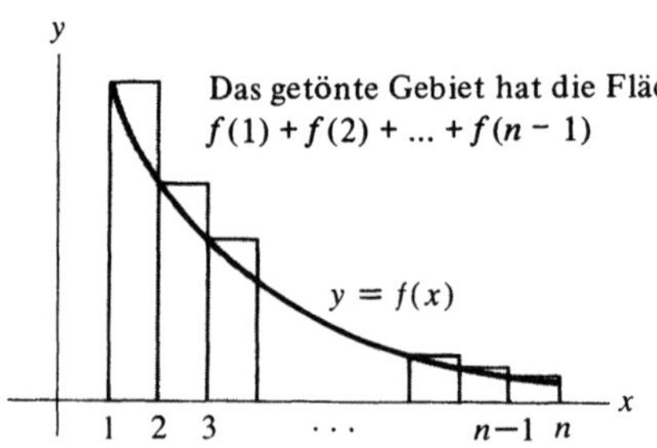

Bild 14.6

Fläche unterhalb der Kurve $y = f(x)$ und oberhalb des Intervalls $[1; n]$.

Da f eine abnehmende Funktion ist, muß die Gesamtfläche der $n-1$ Rechtecke mindestens gleich der Fläche unterhalb des Graphen von $y = f(x)$ und oberhalb von $[1; n]$ sein.

Nun hat jedes Rechteck die Breite 1. Die Höhe des Rechteckes über $[1; 2]$ ist durch $f(1)$ gegeben. Daher beträgt die Fläche des Rechteckes $f(1) \cdot 1 = f(1)$. Das Rechteck oberhalb $[2; 3]$ hat die Fläche $f(2)$. Die Gesamtfläche der $n-1$ Rechtecke beträgt daher

$$f(1) + f(2) + \ldots + f(n-1).$$

Da die Fläche unterhalb der Kurve $y = f(x)$ und oberhalb von $[1; n]$ durch $\int_1^n f(x)\,dx$ gegeben ist, folgt unmittelbar die erste Ungleichung

$$f(1) + f(2) + \ldots + f(n-1) \geqslant \int_1^n f(x)\,dx.$$

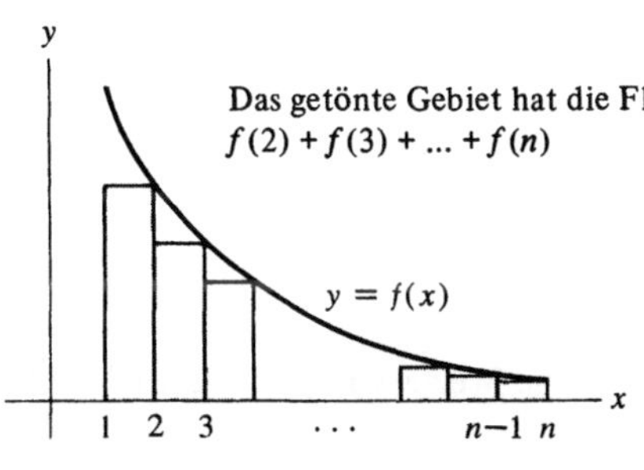

Bild 14.7

Ein ähnliches Diagramm (Bild 14.7) führt zur zweiten Ungleichung. Diesmal befinden sich die Rechtecke unterhalb der Kurve. Das Rechteck oberhalb von $[1; 2]$ hat die Höhe $f(2)$. Vergleichen wir die Gesamtfläche der $n-1$ Rechtecke mit der Fläche unterhalb der Kurve, so ergibt sich

$$f(2) + f(3) + \ldots + f(n) \leqslant \int_1^n f(x)\,dx.$$

Damit ist das Theorem bewiesen. ●

Im folgenden Beispiel wird die Summe der ersten n Glieder einer Reihe mit Hilfe von Theorem 1 abgeschätzt.

Beispiel 1: Man schätze mit Hilfe von Theorem 1

$$\frac{1}{\sqrt{1}} + \frac{1}{\sqrt{2}} + \frac{1}{\sqrt{3}} + \ldots + \frac{1}{\sqrt{n}}.$$

Lösung: Die Funktion $f(x) = 1/\sqrt{x}$ (für positive x definiert) ist positiv und abnehmend. Aufgrund von Theorem 1 gilt

$$f(1) + f(2) + \ldots + f(n-1) \geqslant \int_1^n f(x)\,dx$$

oder

$$\frac{1}{\sqrt{1}} + \frac{1}{\sqrt{2}} + \ldots + \frac{1}{\sqrt{n-1}} \geqslant \int_1^n \frac{1}{\sqrt{x}}\,dx.$$

Nun erhalten wir unter Anwendung des Hauptsatzes

$$\int_1^n \frac{1}{\sqrt{x}}\,dx = 2\sqrt{x}\Big|_1^n = 2\sqrt{n} - 2.$$

Es folgt

$$\frac{1}{\sqrt{1}} + \frac{1}{\sqrt{2}} + \ldots + \frac{1}{\sqrt{n-1}} \geqslant 2\sqrt{n} - 2$$

und

$$\frac{1}{\sqrt{1}} + \frac{1}{\sqrt{2}} + \ldots + \frac{1}{\sqrt{n}} \geqslant 2\sqrt{n} - 2 + \frac{1}{\sqrt{n}}. \qquad (1)$$

Der zweiten Ungleichung aus Theorem 1 entnehmen wir

$$\frac{1}{\sqrt{2}} + \frac{1}{\sqrt{3}} + \ldots + \frac{1}{\sqrt{n}} \leqslant \int_1^n \frac{1}{\sqrt{x}}\,dx = 2\sqrt{n} - 2.$$

Addiert man nun $1/\sqrt{1}\ (= 1)$ auf beiden Seiten dieser Ungleichung, so ergibt sich schließlich

$$\frac{1}{\sqrt{1}} + \frac{1}{\sqrt{2}} + \ldots + \frac{1}{\sqrt{n}} \leqslant 2\sqrt{n} - 1. \qquad (2)$$

Die Gleichungen (1) und (2) geben gemeinsam eine obere und untere Schranke für die Summe der ersten n Terme an:

$$2\sqrt{n} - 2 + \frac{1}{\sqrt{n}} \leqslant \frac{1}{\sqrt{1}} + \frac{1}{\sqrt{2}} + \ldots + \frac{1}{\sqrt{n}} \leqslant 2\sqrt{n} - 1. \quad (3)$$

Für $n = 1\,000\,000$ wird die Summe durch diese beiden Ungleichungen zwischen den Zahlen 1998,001 und 1999 eingeschränkt. Der Leser kann dies leicht durch Einsetzen in Gl. (3) beweisen. •

Wie in Beispiel 3 aus Abschnitt 14.2 gezeigt wurde, ist die Summe der ersten n Glieder der Reihe

$$\frac{1}{\sqrt{1}}+\frac{1}{\sqrt{2}}+\frac{1}{\sqrt{3}}+\ldots$$

größer als $\sqrt{n}$. Die Aussage von Gl. (1) ist weitergehend: Die Summe der ersten n Glieder ist größer als $2\sqrt{n}-2+1/\sqrt{n}$. Wie wir Gl. (1) entnehmen können, divergiert $\sum_{n=1}^{\infty} 1/\sqrt{n}$ (ebenso wie dies aus dem Argument von Beispiel 3 in Abschnitt 14.2 gefolgt war). So liegt es nahe, Theorem 1 zur Untersuchung der Konvergenzeigenschaften bestimmter Reihen heranzuziehen. Ein einfacher Konvergenztest ist durch folgendes Theorem gegeben.

Theorem 2 (*Integraltest*): Es sei f für $x \geqslant 1$ eine abnehmende positive Funktion. Dann konvergiert die Reihe

$$f(1)+f(2)+f(3)+\ldots \tag{4}$$

wenn das uneigentliche Integral

$$\int_1^{\infty} f(x)\,dx$$

konvergiert. Die Reihe divergiert, wenn das uneigentliche Integral divergiert.

Beweis: Das Integral $\int_1^{\infty} f(x)\,dx$ sei konvergent und habe den Wert B. Dann gilt $\int_1^{n} f(x)\,dx \leqslant B$ und aufgrund von Theorem 1

$$f(2)+f(3)+\ldots+f(n) \leqslant B.$$

Es folgt

$$f(1)+f(2)+\ldots+f(n) \leqslant f(1)+B.$$

Nun hängt die feste Zahl $f(1)+B$ nicht von n ab. Die Folge der Partialsummen

$$f(1),\quad f(1)+f(2),\quad f(1)+f(2)+f(3),\ldots$$

ist wachsend und stets $\leqslant f(1)+B$. Aufgrund von Theorem 1 aus Abschnitt 14.1 besitzt diese Folge daher einen Grenzwert, der höchstens gleich $f(1)+B$ ist. Mit anderen Worten konvergiert die Reihe (4), ihre Summe ist höchstens gleich $f(1)+B$.

Ist andererseits $\int_1^{\infty} f(x)\,dx$ divergent, so wird das bestimmte Integral $\int_1^{n} f(x)\,dx$ für $n \to \infty$ beliebig groß. Dann aber wächst aufgrund der ersten Ungleichung von Theorem 1 die Summe

$$f(1)+f(2)+\ldots+f(n-1)$$

für $n \to \infty$ über alle Grenzen; daher divergiert Gl. (4) und das Theorem ist bewiesen. •

Ehe wir das Theorem anwenden, wollen wir noch eine Definition einführen.

Definition der p-Reihen: Für eine feste positive Zahl p wird die Reihe

$$\frac{1}{1^p}+\frac{1}{2^p}+\frac{1}{3^p}+\ldots$$

p-Reihe mit dem Exponenten p genannt. Im Falle $p=1$ fällt die p-Reihe mit der harmonischen Reihe zusammen.

Beispiel 1 behandelt die p-Reihe im Falle $p=\frac{1}{2}$.

Beispiel 2: Mit Hilfe von Theorem 2 (Integraltest) untersuche man, für welche Werte von p die p-Reihe $\sum_{n=1}^{\infty} 1/n^p$ konvergiert.

Lösung: Die Funktion $f(x)=1/x^p=x^{-p}$ ist für $x \geqslant 1$ abnehmend. Daher kann der Integraltest angewendet werden. Nun gilt für $p \neq 1$:

$$\int_1^{\infty} x^{-p}\,dx = \lim_{b\to\infty}\int_1^{b} x^{-p}\,dx$$

$$= \lim_{b\to\infty} \left.\frac{x^{1-p}}{1-p}\right|_1^b$$

$$= \lim_{b\to\infty}\left(\frac{b^{1-p}}{1-p}-\frac{1}{1-p}\right).$$

Für $p > 1$ ist dieser Grenzwert gleich $-1/(1-p) = 1/(p-1)$ und es folgt

$$\lim_{b \to \infty} b^{1-p} = 0 \qquad p > 1.$$

Daher ist $\int_1^\infty x^{-p}\,dx$ konvergent.

Für $p < 1$ wird b^{1-p} mit $b \to \infty$ beliebig groß. Daher ist $\int_1^\infty x^{-p}\,dx$ divergent.

Für $p = 1$ folgt

$$\int_1^\infty x^{-p}\,dx = \int_1^\infty \frac{1}{x}\,dx$$

$$= \lim_{b \to \infty} \int_1^b \frac{1}{x}\,dx$$

$$= \lim_{b \to \infty} (\ln b - \ln 1).$$

Da nun $\ln b$ mit $b \to \infty$ beliebig groß wird, ist $\int_1^\infty 1/x\,dx$ divergent.

Daher divergiert die Reihe

$$\frac{1}{1^p} + \frac{1}{2^p} + \frac{1}{3^p} + \ldots$$

für $p \leqslant 1$, sie konvergiert für $p > 1$. ●

Der Integraltest führt zu folgender Methode für die Abschätzung der Summe einer konvergenten Reihe: Man schätze die Summe des Reihen-Endes und addiere die Summe der entsprechenden Anfangsterme.

Beispiel 3: Mit Hilfe von Integralen schätze man die Summe

$$\frac{1}{5^3} + \frac{1}{6^3} + \frac{1}{7^3} + \ldots$$

und leite einen Näherungswert für die Summe der konvergenten Reihe

$$\frac{1}{1^3} + \frac{1}{2^3} + \frac{1}{3^3} + \frac{1}{4^3} + \frac{1}{5^3} + \ldots$$

her. *Je kürzer das Reihen-Ende ist, desto genauer wird die Abschätzung.*

Lösung: Die Summe der ersten vier Terme lautet

$$\frac{1}{1} + \frac{1}{8} + \frac{1}{27} + \frac{1}{64} \approx 1{,}17766.$$

Der Reihenrest

$$\frac{1}{5^3} + \frac{1}{6^3} + \frac{1}{7^3} + \ldots$$

ist größer als

$$\int_5^\infty \frac{dx}{x^3} = -\frac{1}{2x^2}\Bigg|_5^\infty = \frac{1}{50} = 0{,}02$$

und kleiner als

$$\int_4^\infty \frac{dx}{x^3} = -\frac{1}{2x^2}\Bigg|_4^\infty = \frac{1}{32} = 0{,}03125.$$

Damit ist die Größe des Reihenrestes durch die Ungleichungen

$$1{,}17766 + 0{,}02 < \sum_{n=1}^\infty \frac{1}{n^3} < 1{,}17766 + 0{,}03125$$

oder

$$1{,}19766 < \sum_{n=1}^\infty \frac{1}{n^3} < 1{,}20891$$

eingeschränkt. ●

Übungen:

In den Übungen 1 bis 9 untersuche man, ob die Reihen konvergieren oder divergieren.

1. $\sum_{n=1}^\infty \frac{1}{n^{1,01}}$

2. $\sum_{n=1}^\infty \frac{1}{n^{0,99}}$

3. $\sum_{n=1}^\infty \frac{n}{n^2+1}$

4. $\sum_{n=1}^\infty \frac{1}{n^2+1}$

5. $\sum_{n=1}^\infty \frac{1}{n \ln n}$

6. $\sum_{n=1}^\infty \frac{1}{n+1{,}000}$

7. $\sum_{n=1}^{\infty} \frac{\ln n}{n}$

8. $\sum_{n=1}^{\infty} \frac{n^2}{n^3 + 100}$

9. $\sum_{n=1}^{\infty} \frac{n}{n^2 + 100}$

10. Man beweise

$$\ln(n+1) < \frac{1}{1} + \frac{1}{2} + \frac{1}{3} + \ldots + \frac{1}{n} < 1 + \ln n.$$

11. Die Summe der ersten Million Glieder der harmonischen Reihe liegt zwischen 13,8 und 14,8. Man beweise dies.

12. (*a*) Durch Vergleich von Summen und Integralen beweise man

$$\ln \frac{201}{100} < \frac{1}{100} + \frac{1}{101} + \frac{1}{102} + \ldots + \frac{1}{200} < \ln \frac{200}{99}.$$

(*b*) Man beweise

$$\lim_{n \to \infty} \sum_{i=n}^{2n} \frac{1}{i} = \ln 2.$$

13. Man beweise

$$\frac{n+1}{(2n+1)\,n} < \frac{1}{n^2} + \frac{1}{(n+1)^2} + \ldots + \frac{1}{(2n)^2} < \frac{n+1}{2n(n-1)}$$

■

14. Für welche Werte von x konvergiert die Reihe $\sum_{n=1}^{\infty} x^n/n^2$. Für welche Werte von x divergiert sie?

15. (*a*) Mit Hilfe einer Zeichnung beweise man, daß die Summe der ersten fünf Glieder von $\sum_{n=1}^{\infty} 1/n^2$ sich von der Summe der Reihe um weniger als $\int_5^{\infty} 1/x^2 dx$, aber um mehr als $\int_6^{\infty} 1/x^2\, dx$ unterscheidet.

(*b*) Mit Hilfe von (*a*) beweise man

$$1{,}63 < \sum_{n=1}^{\infty} \frac{1}{n^2} < 1{,}67.$$

16. Mit Hilfe von elementarer Geometrie beweise man, daß die Fläche des Teiles der endlosen Treppe oberhalb der Kurve $y = 1/x$ zwischen $\frac{1}{2}$ und 1 liegt (Bild 14.8).

Die gesamte getönte Fläche ist als Eulersche Konstante γ bekannt. Ihre Dezimaldarstellung beginnt mit 0,577. Man weiß bis heute nicht, ob γ rational oder irrational ist.

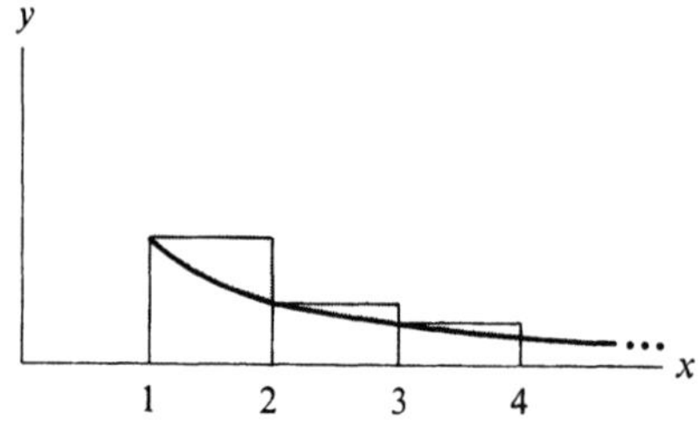

Bild 14.8

17. Vier der folgenden Integrale sind elementar. Man berechne sie.

(*a*) $\int x \sin x^2\, dx$, (*b*) $\int \frac{\sin x}{x^2}\, dx$,

(*c*) $\int x^2 \sin x\, dx$, (*d*) $\int \frac{\sin x}{x}\, dx$,

(*e*) $\int \frac{\ln x}{x}\, dx$, (*f*) $\int \frac{\ln x}{x^2}\, dx$.

18. Man berechne

(*a*) $\frac{\partial(e^{-xt}\cos \pi t)}{\partial t}$, (*b*) $\frac{\partial(e^{-xt}\cos \pi t)}{\partial x}$,

(*c*) $\frac{\partial(\operatorname{cosec} xy^2)}{\partial x}$, (*d*) $\frac{\partial(\operatorname{cosec} xy^2)}{\partial y}$,

(*e*) $\frac{\partial(\sqrt{a+x^2})}{\partial x}$, (*f*) $\frac{\partial(\sqrt{a+x^2})}{\partial a}$.

■■

19. Es gibt eine unendliche Anzahl von Primzahlen. Dies kann wie folgt bewiesen werden: Nehmen wir an, es gebe nur eine endliche Anzahl von Primzahlen $p_1, p_2, \ldots, p_m$.

(*a*) Man beweise dann

$$\frac{1}{1-1/p_1}\,\frac{1}{1-1/p_2}\cdots\frac{1}{1-1/p_m} = \sum_{n=1}^{\infty} \frac{1}{n}.$$

(*b*) Aus (*a*) leite man einen Widerspruch her.

20. Spielkarten der Länge l werden, wie in Bild 14.9, am Rande eines Tisches aufeinandergestapelt.

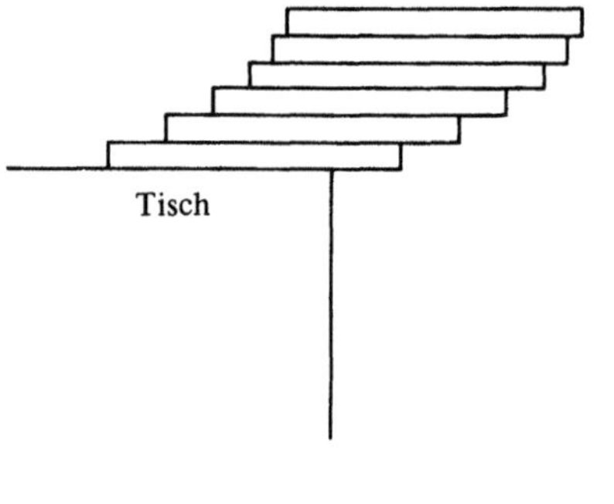

Bild 14.9

(*a*) n Karten können so angeordnet werden, daß der Abstand des rechten Endes der obersten Karte um $\sum_{i=1}^{n}(1/2i)$ über den Tisch hinausragt. (Die Länge der Karten beträgt 1.) Man beweise dies.

(*b*) Drei Karten können so aufeinandergestapelt werden, daß das rechte Ende der obersten Karte um $\frac{11}{12}$ einer Kartenlänge über den Tisch hinausragt. Man beweise dies.

(*c*) Für 52 Karten schätze man ab, wie weit die oberste Karte über den Tisch hinausragen kann.

(*d*) Wie weit kann die oberste Karte über den Tisch hinausragen, wenn eine unbegrenzte Anzahl von Karten zur Verfügung steht.

14.5 Der Vergleichstest und der Quotiententest

Bisher haben wir in diesem Kapitel vier Tests für die Konvergenz (oder Divergenz) einer Reihe kennengelernt. Der erste Test bezog sich auf den Spezialfall der geometrischen Reihen. Der zweite Test führte zu der Aussage, daß das n-te Glied einer konvergenten Reihe nach Null streben muß. Strebt also das n-te Glied nicht nach Null, so muß die Reihe divergieren. Der dritte Test behandelte die Konvergenz alternierender Reihen, für die der Absolutbetrag des n-ten Gliedes (von einem bestimmten Term an) abnimmt und nach Null strebt. Der vierte Test, der Integraltest, wurde auf bestimmte Reihen mit positiven Gliedern angewendet. Im folgenden Abschnitt wollen wir drei weitere Kriterien von wesentlich allgemeinerem Charakter entwicklen, die in der Praxis sehr häufig angewendet werden.

Theorem 1 (*Vergleichstest*):

1. Konvergiert die Reihe

   $$c_1 + c_2 + \dots + c_n + \dots$$

   mit positiven c_n und gilt für jedes n

   $$0 \leqslant p_n \leqslant c_n$$

   dann konvergiert auch die Reihe

   $$p_1 + p_2 + \dots + p_n + \dots .$$

2. Divergiert die Reihe

   $$c_1 + c_2 + \dots + c_n + \dots$$

   mit positiven c_n und gilt für alle n

   $$p_n \geqslant c_n,$$

   dann divergiert die Reihe $p_1 + p_2 + \dots + p_n + \dots$.

Beweis: Untersuchen wir zunächst Fall 1. Die Summe der Reihe $c_1 + c_2 + \dots$ sei C. Wir bezeichnen die Partialsummen $p_1 + p_2 + \dots + p_n$ mit S_n. Dann gilt für jedes n

$$S_n = p_1 + p_2 + \dots + p_n \leqslant c_1 + c_2 + \dots + c_n < C.$$

Da die p_n nicht negativ sind, folgt

$$S_1 \leqslant S_2 \leqslant \dots \leqslant S_n \leqslant \dots .$$

Da jedes S_n kleiner ist als C, konvergiert die Folge

$$S_1, S_2, \dots, S_n, \dots$$

aufgrund von Theorem 1 aus Abschnitt 14.1 nach einer Zahl L (höchstens gleich C). Mit anderen Worten konvergiert die Reihe $p_1 + p_2 + \dots$ (und ihre Summe ist höchstens gleich der Summe $c_1 + c_2 + \dots$).

Der zweite Teil des Theorems, der Divergenztest (Fall 2) folgt unmittelbar aus dem Konvergenztest (Fall 1). Wäre nämlich die Reihe $p_1 + p_2 + \dots$ konvergent, so müßte dies auch für die Reihe $c_1 + c_2 + \dots$ gelten, deren Divergenz wir vorausgesetzt hatten. ●

Um den Vergleichstest anzuwenden, vergleicht man eine konvergente (divergente) Reihe mit der zu untersuchenden Reihe.

Beispiel 1: Man beweise die Konvergenz der Reihe

$$\frac{2}{3}\frac{1}{1^2} + \frac{3}{4}\frac{1}{2^2} + \dots + \frac{n+1}{n+2}\frac{1}{n^2} + \dots .$$

Lösung: Diese Reihe erinnert an die Reihe

$$\frac{1}{1^2} + \frac{1}{2^2} + \dots + \frac{1}{n^2} + \dots ,$$

deren Konvergenz mit Hilfe des Integraltestes bewiesen wurde. Aus $(n+1)/(n+2) < 1$ folgt

$$\frac{n+1}{n+2}\frac{1}{n^2} < \frac{1}{n^2} .$$

Daher konvergiert aufgrund des Vergleichstests auch die Reihe

$$\frac{2}{3}\frac{1}{1^2} + \frac{3}{4}\frac{1}{2^2} + \dots + \frac{n+1}{n+2}\frac{1}{n^2} + \dots . \quad ●$$

Der folgende Test ist dem Vergleichstest sehr verwandt und wird zumeist dann angewendet, wenn zwei Reihen mit positiven Gliedern einander sehr ähnlich sind, obgleich die Terme der einen Reihe nicht kleiner sind als die Terme der anderen.

Theorem 2 (*Vergleichstest in Grenzwertform*): Es seien

$$c_1 + c_2 + \dots + c_n + \dots \quad \text{und} \quad p_1 + p_2 + \dots + p_n + \dots$$

zwei Reihen mit positiven Gliedern. Der Grenzwert

$$\lim_{n \to \infty} \frac{p_n}{c_n}$$

möge existieren und von Null verschieden sein.

1. Konvergiert $c_1 + c_2 + \dots + c_n + \dots$, dann konvergiert auch $p_1 + p_2 + \dots + p_n + \dots$.
2. Divergiert $c_1 + c_2 + \dots + c_n + \dots$, dann divergiert auch $p_1 + p_2 + \dots + p_n + \dots$.

Beweis: Wir setzen $\lim\limits_{n \to \infty} p_n/c_n = a$ und werden Fall 1 beweisen. Für $n \to \infty$ gilt $p_n/c_n \to a$, daher muß es eine Zahl N geben, so daß für alle $n \geqslant N$ der Quotient p_n/c_n kleiner ist als $a + 1$. Also gilt

$$\begin{aligned} p_N &< (a+1)\,c_N \\ p_{N+1} &< (a+1)\,c_{N+1} \\ &\dots\dots\dots\dots \\ p_n &< (a+1)\,c_n \qquad n \geqslant N. \end{aligned}$$

Die Reihe

$$(a+1)\,c_N + (a+1)\,c_{N+1} + \dots + (a+1)\,c_n + \dots,$$

entspricht dem $(a+1)$-fachen Reihenrest einer konvergenten Reihe und ist daher selbst konvergent. Aufgrund des Vergleichstests ist dann auch

$$p_N + p_{N+1} + \dots + p_n + \dots$$

konvergent. Daraus folgt wieder die Konvergenz von

$$p_1 + p_2 + \dots + p_n + \dots.$$

Fall 2 ergibt sich wie für Theorem 1 aus Fall 1. ●

Beispiel 2: Man beweise die Konvergenz von

$$\sum_{n=1}^{\infty} \frac{(1 + 1/n)^n (1 + (-\frac{1}{2})^n)}{2^n}.$$

Lösung: Für $n \to \infty$ gilt $(1 + 1/n)^n \to \mathrm{e}$ und $1 + (-\frac{1}{2})^n \to 1$. Den stärkeren Einfluß übt der Faktor 2^n im Nenner aus. Daher verwenden wir den Vergleichstest in Grenzwertform und gehen von der konvergenten Reihe

$$c_1 + c_2 + \dots + c_n + \dots = 1 + \tfrac{1}{2} + \tfrac{1}{4} + \dots + (\tfrac{1}{2})^n + \dots$$

aus.

Wir erhalten

$$\lim_{n \to \infty} \frac{\dfrac{(1+\frac{1}{n})^n\,(1+(-\frac{1}{2})^n)}{2^n}}{\dfrac{1}{2^n}} = \lim_{n \to \infty} (1+\tfrac{1}{n})^n\,|\,1+(-\tfrac{1}{2})^n\,| = \mathrm{e} \cdot 1 = \mathrm{e}.$$

Da $\sum\limits_{n=1}^{\infty} 2^{-n}$ konvergent ist, gilt dies auch für die gegebene Reihe. ●

Der folgende Test ergibt sich aus unseren Erkenntnissen über die Konvergenz einer geometrischen Reihe.

Theorem 3 (*Quotiententest*): Es sei $p_1 + p_2 + \dots + p_n + \dots$ eine Reihe mit positiven Gliedern.

1. Existiert $\lim\limits_{n \to \infty} \dfrac{p_{n+1}}{p_n}$ und ist er kleiner als 1, so konvergiert die Reihe.
2. Existiert $\lim\limits_{n \to \infty} \dfrac{p_{n+1}}{p_n}$ und ist er größer als 1, so divergiert die Reihe.

Beweis: Um Fall 1 zu beweisen, setzen wir

$$\lim_{n \to \infty} \frac{p_{n+1}}{p_n} = s < 1.$$

Wir wählen eine Zahl r mit

$$s < r < 1.$$

Dann gibt es eine ganze Zahl N, so daß für alle $n > N$ die Ungleichung

$$\frac{p_{n+1}}{p_n} < r \quad \text{oder} \quad p_{n+1} < r p_n$$

erfüllt ist. Wir erhalten

$$\begin{aligned} p_{N+1} &< r p_N \\ p_{N+2} &< r p_{N+1} < r(r p_N) = r^2 p_N \\ p_{N+3} &< r p_{N+2} < r(r^2 p_N) = r^3 p_N \\ &\dots\dots\dots\dots \end{aligned}$$

Daher sind die Glieder der Reihe

$$p_N + p_{N+1} + p_{N+2} + \dots$$

kleiner als die entsprechenden Glieder der *geometrischen* Reihe

$$p_N + r p_N + r^2 p_N + \dots$$

(mit Ausnahme des ersten Terms p_N, der mit dem ersten Term der geometrischen Reihe übereinstimmt). Die geometrische Reihe konvergiert aufgrund von $r < 1$. Mit Hilfe des Vergleichstests erkennen wir daher sofort die Konvergenz von $p_N + p_{N+1} + p_{N+2} + \ldots$. Addieren wir den Reihenanfang, so erhalten wir wieder eine konvergente Reihe.

Der Beweis für Fall 2 ist wesentlich kürzer. Ist $\lim_{n\to\infty} p_{n+1}/p_n$ größer als 1, dann ist für alle n ab einer bestimmten Stelle p_{n+1} größer als p_n. Daher kann das n-te Glied der Reihe $p_1 + p_2 + \ldots$ nicht nach Null streben, und die Reihe muß aufgrund des bekannten Tests divergieren. Damit ist der Beweis abgeschlossen. ●

In Theorem 3 wurde der Fall $\lim_{n\to\infty} p_{n+1}/p_n = 1$ nicht erwähnt. In diesem Falle kann keine Aussage getroffen werden; die Reihe kann divergieren oder konvergieren. (Übung 16 zeigt die beiden Möglichkeiten.) Im übrigen muß $\lim_{n\to\infty} p_{n+1}/p_n$ nicht existieren. In diesem Falle müssen andere Tests zur Untersuchung des Konvergenzverhaltens der Reihe herangezogen werden.

Der Quotiententest kann in sehr einfacher Weise auf solche Reihen angewendet werden, in denen Potenzen einer Konstanten auftreten. Dies wird im nächsten Beispiel illustriert.

Beispiel 3: Die Reihe $p + 2p^2 + 3p^3 + \ldots + np^n + \ldots$ konvergiert für jede feste Zahl p mit $0 < p < 1$. Man beweise dies.

Lösung: Es sei a_n das n-te Glied der Reihe. Dann gilt

$$a_n = np^n \quad \text{und} \quad a_{n+1} = (n+1)\,p^{n+1}.$$

Der Quotient dieser beiden aufeinanderfolgenden Glieder lautet

$$\frac{a_{n+1}}{a_n} = \frac{(n+1)\,p^{n+1}}{np^n} = \frac{n+1}{n}\,p.$$

Es folgt

$$\lim_{n\to\infty} \frac{a_{n+1}}{a_n} = p$$

und die Reihe konvergiert. (Wie in Beispiel 1 aus Abschnitt 14.7 gezeigt wird, ist die Summe der Reihe durch $p/(1-p)^2$ gegeben. Dies gilt tatsächlich für den gesamten Bereich $|p| < 1$.) ●

Beispiel 4: Für welche positiven Werte von x konvergiert die Reihe

$$\frac{x}{1!} + \frac{x^2}{2!} + \frac{x^3}{3!} + \ldots + \frac{x^n}{n!} + \ldots$$

und für welche Werte divergiert sie?

Lösung: Das n-te Glied a_n lautet $x^n/n!$. Wir erhalten

$$a_{n+1} = \frac{x^{n+1}}{(n+1)!}$$

und

$$\frac{a_{n+1}}{a_n} = \frac{\dfrac{x^{n+1}}{(n+1)!}}{\dfrac{x^n}{n!}} = x\,\frac{n!}{(n+1)!} = \frac{x}{n+1}.$$

Für festes x ergibt sich somit

$$\lim_{n\to\infty} \frac{x}{n+1} = 0.$$

Daher konvergiert die Reihe nach dem Quotiententest für alle positiven x. Im nächsten Abschnitt werden wir die Konvergenz der Reihe auch für alle negativen x beweisen. In Abschnitt 14.7 werden wir den Wert der Summe als $e^x - 1$ identifizieren. Im übrigen strebt das n-te Glied $x^n/n!$ für $n \to \infty$ nach Null, wie zu erwarten ist. ●

Im folgenden Beispiel wird mit Hilfe des Quotiententests die Divergenz einer Reihe bewiesen.

Beispiel 5: Man beweise die Divergenz der Reihe

$$\frac{2}{1} + \frac{2^2}{2} + \frac{2^3}{3} + \ldots + \frac{2^n}{n} + \ldots.$$

Lösung: In diesem Falle gilt $a_n = 2^n/n$ und

$$\frac{a_{n+1}}{a_n} = \frac{\dfrac{2^{n+1}}{n+1}}{\dfrac{2^n}{n}} = \frac{2^{n+1}}{n+1}\,\frac{n}{2^n} = 2\,\frac{n}{n+1}.$$

Es folgt

$$\lim_{n\to\infty} \frac{a_{n+1}}{a_n} = 2.$$

Dies ist größer als 1. Daher divergiert die Reihe nach dem Quotiententest •

Tatsächlich kann die Divergenz der Reihe aus Beispiel 5 auch ohne Verwendung des Quotiententests auf einen Blick festgestellt werden. Wie in Abschnitt 6.3 gezeigt wurde, wird das n-te Glied der Reihe beliebig groß; daher muß die Reihe divergieren.

Übungen:

Man untersuche bezüglich Konvergenz und Divergenz:

1. $\sum_{n=1}^{\infty} \frac{1}{1+n^2}$
2. $\sum_{n=1}^{\infty} \frac{n+2}{(n+1)\sqrt{n}}$
3. $\sum_{n=1}^{\infty} \frac{n^3}{2^n}$
4. $\sum_{n=1}^{\infty} \frac{\sin^2 n}{n^2}$
5. $\sum_{n=1}^{\infty} \frac{(n+1)^2}{n!}$
6. $\sum_{n=1}^{\infty} \frac{5n+1}{(n+2)\,n^2}$
7. $\sum_{n=1}^{\infty} \frac{n!}{n^n}$
8. $\sum_{n=1}^{\infty} \frac{2^n+n}{3^n}$
9. $\sum_{n=1}^{\infty} \frac{4n+1}{(2n+3)\,n^2}$
10. $\sum_{n=1}^{\infty} \frac{n+1}{(5n+2)\sqrt{n}}$
11. $\sum_{n=1}^{\infty} \frac{1}{n^n}$
12. $\sum_{n=1}^{\infty} \frac{(1+1/n)^n}{n\,(n+1)}$
13. $\sum_{n=1}^{\infty} \frac{(2n+1)\,(2^n+1)}{3^n+1}$
14. $\sum_{n=1}^{\infty} \frac{\ln n}{n}$
15. $\sum_{n=1}^{\infty} \frac{1+\cos n}{n^2}$

Der Quotiententest versagt im Falle $\lim_{n\to\infty} \frac{p_{n+1}}{p_n} = 1$, wie die folgende Übung zeigt.

16. (*a*) Für $p_n = \frac{1}{n}$ divergiert $\sum_{n=1}^{\infty} p_n$, und es gilt $\lim_{n\to\infty} p_{n+1}/p_n = 1$.

(*b*) Für $p_n = \frac{1}{n^2}$ konvergiert $\sum_{n=1}^{\infty} p_n$, und es gilt $\lim_{n\to\infty} p_{n+1}/p_n = 1$.

17. Für welche positiven Werte von x konvergiert die Reihe

$$\frac{x}{1} + \frac{x^2}{2} + \frac{x^3}{3} + \ldots + \frac{x^n}{n} + \ldots ?$$

Für welche Werte divergiert sie?

18. Für welche positiven Werte von x konvergiert die Reihe

$$\frac{x}{\sqrt{1}} + \frac{x^2}{\sqrt{2}} + \frac{x^3}{\sqrt{3}} + \ldots + \frac{x^n}{\sqrt{n}} + \ldots ?$$

Für welche Werte divergiert sie?

■

19. In Theorem 2 wurde der Fall $\lim_{n\to\infty} p_n/c_n = 0$ nicht erwähnt.

(*a*) Konvergiert $\sum_{n=1}^{\infty} c_n$ und gilt $\lim_{n\to\infty} p_n/c_n = 0$, dann konvergiert $\sum_{n=1}^{\infty} p_n$. Man beweise dies.

(*b*) Divergiert $\sum_{n=1}^{\infty} c_n$ und gilt $\lim_{n\to\infty} p_n/c_n = 0$, dann kann $\sum_{n=1}^{\infty} p_n$ sowohl divergieren als auch konvergieren. Man beweise dies und gebe für jede der beiden Möglichkeiten ein Beispiel.

20. (*a*) Man beweise die Konvergenz von $\sum_{n=1}^{\infty} 1/(1+2^n)$.

(*b*) Die Summe der Reihe aus (*a*) liegt zwischen 0,64 und 0,77. Man beweise dies. (Man verwende die ersten drei Terme der Reihe und beschränke den Reihenrest durch Vergleich mit der Summe einer geometrischen Reihe.)

21. (Siehe Übung 20 (*b*).)

(*a*) Man beweise die Konvergenz von $\sum_{n=1}^{\infty} n/[(n+1)\,2^n]$.

(*b*) Die Summe der Reihe aus (*a*) liegt zwischen

$$\frac{2}{3}\frac{1}{2} + \frac{3}{4}\frac{1}{4} + \frac{4}{5}\frac{1}{8} + \frac{5}{6}\frac{1}{8} \quad \text{und} \quad \frac{2}{3}\frac{1}{2} + \frac{3}{4}\frac{1}{4} + \frac{4}{5}\frac{1}{8} + \frac{1}{8}$$

Man beweise dies.

(*c*) Die Summe der Reihe aus (*a*) liegt zwischen 0,72 und 0,75. Man beweise dies mit Hilfe von (*b*). (Die Genauigkeit dieser Abschätzungen erhöht sich für längere Reihenanfänge sehr rasch.)

■■

22. Es sei $\{a_n\}$ eine Folge positiver Terme. Folgt aus der Konvergenz von $\sum_{n=1}^{\infty} a_n^2$ auch die Konvergenz von $\sum_{n=1}^{\infty} a_n/n$?

23. (*a*) Es sei $\{a_n\}$ eine Folge positiver Terme. Aus der Konvergenz von $\sum_{n=1}^{\infty} a_n$ folgt die Konvergenz von $\sum_{n=1}^{\infty} a_n^2$. Man beweise dies.

(*b*) Man gebe das Beispiel einer Folge $\{a_n\}$ für die $\sum_{n=1}^{\infty} a_n$ konvergiert und $\sum_{n=1}^{\infty} a_n^2$ nicht konvergiert.

24. Konvergiert oder divergiert $\sum_{n=1}^{\infty} (\ln n)/n^2$?

25. Die folgende Aussage wird in der statistischen Theorie stochastischer Prozesse benötigt: Es seien $\{a_n\}$ und $\{c_n\}$ zwei Folgen nichtnegativer Zahlen; die Reihe $\sum_{n=1}^{\infty} a_n c_n$ sei konvergent, und es gelte $\lim_{n\to\infty} c_n = 0$. Man beweise dann die Konvergenz $\sum_{n=1}^{\infty} a_n c_n^2$.

26. Man untersuche, für welche Werte von x die Reihe $\sum_{n=1}^{\infty} n^n x^n/n!$ konvergiert oder divergiert. (Bei der Lösung dieses Beispiels wird die Stirlingssche Formel

$$\lim_{n\to\infty} \frac{n!}{\sqrt{2\pi n}} (n/e)^n = 1$$

nützlich sein.)

14.6 Absolute Konvergenz

Die Glieder einer Reihe

$$a_1 + a_2 + \ldots + a_n + \ldots$$

können positiv, negativ oder gleich Null sein. Die Vermutung liegt nahe, daß das Konvergenzverhalten dieser Reihe „friedlicher" ist, als das der Reihe

$$|a_1| + |a_2| + \ldots + |a_n| + \ldots .$$

Werden nämlich alle Glieder der Reihe positiv gemacht, so steigt die Wahrscheinlichkeit der Divergenz. Das folgende Theorem beweist diese Vermutung.

Theorem 1 (*Test der absoluten Konvergenz*): Konvergiert die Reihe

$$|a_1| + |a_2| + \ldots + |a_n| + \ldots,$$

dann konvergiert auch die Reihe

$$a_1 + a_2 + \ldots + a_n + \ldots .$$

Beweis: Da die Reihe $|a_1| + |a_2| + \ldots$ konvergiert, gilt dies auch für die Reihe $2|a_1| + 2|a_2| + \ldots$. (Ihre Summe lautet $2\sum_{n=1}^{\infty} |a_n|$.)

Nun definieren wir eine Reihe mit dem n-ten Glied

$$a_n + |a_n|.$$

Ist a_n negativ, so gilt

$$a_n + |a_n| = 0.$$

Ist a_n nichtnegativ, so ergibt sich

$$a_n + |a_n| = 2a_n.$$

Daher gilt für alle n

$$0 \leqslant a_n + |a_n| \leqslant 2|a_n|.$$

Wie aus dem Vergleichstest folgt, konvergiert

$$\sum_{n=1}^{\infty} (a_n + |a_n|).$$

Wir setzen

$$\sum_{n=1}^{\infty} (a_n + |a_n|) = A \quad \text{und} \quad \sum_{n=1}^{\infty} |a_n| = B.$$

Wir können nun schreiben

$$\sum_{n=1}^{k} a_n = \sum_{n=1}^{k} (a_n + |a_n|) - \sum_{n=1}^{k} |a_n|.$$

Somit folgt für $k \to \infty$ der Grenzübergang $\sum_{n=1}^{k} a_n = A - B$ und das Theorem ist bewiesen. ●

Das folgende Beispiel liefert eine typische Anwendung für Theorem 1.

Beispiel 1: Man beweise die Konvergenz von

$$\frac{1}{1^2} + \frac{1}{2^2} - \frac{1}{3^2} + \frac{1}{4^2} + \frac{1}{5^2} - \frac{1}{6^2} + \ldots .$$

(Zwei positive Terme folgen jeweils auf einen negativen Term.)

Lösung: Wir bilden die Reihe, deren n-tes Glied durch den Absolutbetrag des n-ten Gliedes der gegebenen Reihe definiert wird:

$$\frac{1}{1^2} + \frac{1}{2^2} + \ldots + \frac{1}{n^2} + \ldots .$$

In Abschnitt 14.4 haben wir die Konvergenz dieser Reihe bewiesen (mit dem Integraltest). Aufgrund des Tests der absoluten Konvergenz konvergiert auch die ursprüngliche Reihe mit ihren wechselnden Vorzeichen. ●

Die alternierende Reihe

$$1-\tfrac{1}{2}+\tfrac{1}{3}-\tfrac{1}{4}+\ldots$$

konvergiert, wie in Abschnitt 14.3 gezeigt wurde. Werden allerdings alle Terme durch ihre Absolutbeträge ersetzt, dann konvergiert die entstehende Reihe nicht mehr: Es ist dies die divergente harmonische Reihe

$$1+\tfrac{1}{2}+\tfrac{1}{3}+\tfrac{1}{4}+\ldots .$$

Die folgenden Definitionen werden zur Unterscheidung der verschiedenen Fälle von Konvergenz und Divergenz häufig herangezogen.

Definition der absoluten Konvergenz: Die Reihe $a_1+a_2+\ldots$ heißt absolut konvergent, wenn die Reihe $|a_1|+|a_2|+\ldots$ konvergiert.

Wir können Theorem 1 dann kurz fassen: „Konvergiert eine Reihe absolut, so konvergiert sie auch im gewöhnlichen Sinne."

Definition der bedingten Konvergenz: Eine Reihe $a_1+a_2+\ldots$ konvergiert bedingt, wenn sie zwar im gewöhnlichen Sinne, nicht aber absolut konvergiert.

Im folgenden Beispiel wird der Test der absoluten Konvergenz mit anderen Tests zum Beweis der Konvergenz einer Reihe kombiniert.

Beispiel 2: Man beweise die Konvergenz von

$$\frac{2}{1}\left(\frac{1}{2}\right)-\frac{3}{2}\left(\frac{1}{2}\right)^2+\frac{4}{3}\left(\frac{1}{2}\right)^3-\ldots+(-1)^{n+1}\,\frac{n+1}{n}\left(\frac{1}{2}\right)^n+\ldots \tag{1}$$

Lösung: Wir betrachten die folgende Reihe mit positiven Gliedern:

$$\frac{2}{1}\left(\frac{1}{2}\right)+\frac{3}{2}\left(\frac{1}{2}\right)^2+\frac{4}{3}\left(\frac{1}{2}\right)^3+\ldots+\frac{n+1}{n}\left(\frac{1}{2}\right)^n+\ldots .$$

Ihr typischer Term lautet

$$a_n=\frac{n+1}{n}\left(\frac{1}{2}\right)^n.$$

Der Faktor $(\frac{1}{2})^n$ legt die Verwendung des Quotiententests nahe:

$$\frac{a_{n+1}}{a_n}=\frac{\dfrac{n+2}{n+1}\left(\dfrac{1}{2}\right)^{n+1}}{\dfrac{n+1}{n}\left(\dfrac{1}{2}\right)^n}=\frac{n+2}{n+1}\,\frac{n}{n+1}\cdot\frac{1}{2}.$$

Es folgt

$$\lim_{n\to\infty}\frac{a_{n+1}}{a_n}=\frac{1}{2};$$

dies ist kleiner als 1, daher konvergiert die gegebene Reihe (1) mit ihren positiven und negativen Termen absolut. Daher konvergiert sie auch bedingt. ●

Beispiel 3: Man untersuche das Konvergenzverhalten der Reihe

$$\frac{\cos x}{1^2}+\frac{\cos 2x}{2^2}+\frac{\cos 3x}{3^2}+\ldots+\frac{\cos nx}{n^2}+\ldots . \tag{2}$$

Lösung: Die Zahl x wird festgehalten. Die Zahlen $\cos nx$ können positiv, negativ oder gleich Null sein. Allerdings gilt für alle n stets $|\cos nx|\leqslant 1$.

Wie wir aus Abschnitt 14.4 bereits wissen, konvergiert die Reihe

$$\frac{1}{1^2}+\frac{1}{2^2}+\frac{1}{3^2}+\ldots+\frac{1}{n^2}+\ldots .$$

Aufgrund von $|\cos nx|/n^2\leqslant 1/n^2$ konvergiert dann die Reihe

$$\frac{|\cos x|}{1^2}+\frac{|\cos 2x|}{2^2}+\frac{|\cos 3x|}{3^2}+\ldots+\frac{|\cos nx|}{n^2}+\ldots$$

nach dem Vergleichstest. Die Reihe (2) konvergiert daher absolut für alle x. Daher konvergiert sie auch bedingt.

Im Rahmen der Theorie der Fourier-Reihen wird in Kursen der höheren Mathematik gezeigt, daß die Reihe (2) für $0\leqslant x\leqslant 2\pi$ die Summe $(3x^2-6\pi x+2\pi^2)/12$ besitzt. ●

Eine Reihe der Form

$$a_0+a_1x+a_2x^2+\ldots+a_nx^n+\ldots$$

wird *Potenzreihe* genannt.

So hat beispielsweise die Potenzreihe

$$1+x+x^2+\dots+x^n+\dots$$

für $-1<x<1$ die Summe $1/(1-x)$: Es handelt sich nämlich um eine geometrische Reihe mit dem Anfangsterm 1 und dem Quotienten x. Diese Reihe konvergiert für $|x|<1$. Im folgenden Theorem wird untersucht, für welche Werte von x eine Potenzreihe konvergiert.

Theorem 2: Es sei $a_0, a_1, a_2, \dots$ eine Folge und c eine von Null verschiedene Zahl. Die Reihe

$$a_0+a_1c+a_2c^2+\dots$$

möge konvergieren. Dann konvergiert für $|x|<|c|$ auch die Reihe

$$a_0+a_1x+a_2x^2+\dots$$

und zwar sogar absolut.

Beweis: Wie aus der Konvergenz von $\sum_{n=0}^{\infty} a_n c^n$ folgt, muß das n-te Glied $a_n c^n$ für $n\to\infty$ nach Null streben. Daher gibt es eine feste Zahl M mit

$$|a_n c^n| \leqslant M$$

für alle $n>0$. Aus

$$a_n x^n = a_n c^n\left(\frac{x}{c}\right)^n$$

erhalten wir

$$|a_n x^n| = |a_n c^n|\left|\frac{x}{c}\right|^n \leqslant M\left|\frac{x}{c}\right|^n.$$

Die Reihe

$$\sum_{n=0}^{\infty} M\left|\frac{x}{c}\right|^n$$

ist eine geometrische Reihe mit Anfangsglied M und Quotienten $|x/c|<1$. Sie konvergiert daher. Wie aus $|a_n x^n| \leqslant M|x/c|^n$ folgt, konvergiert auch die Reihe $\sum_{n=0}^{\infty} |a_n x^n|$. *Daher konvergiert* $\sum_{n=0}^{\infty} a_n x^n$ (sogar absolut). •

Wie aus Theorem 2 folgt, hat die Menge der Zahlen x, für die $a_0+a_1x+a_2x^2+\dots$ konvergiert, keine Lücken. Sie besteht mit anderen Worten aus einer Strecke ohne Unterbrechungen. Wir unterscheiden zwei Fälle:

1. Es konvergiert $a_0+a_1x+a_2x^2+\dots$ für alle x;
2. es gibt eine Zahl R, so daß $a_0+a_1x+a_2x^2+\dots$ für alle x mit $|x|<R$ konvergiert und für alle x mit $|x|>R$ divergiert.

Im Fall 2 wird R der *Konvergenzradius* der Reihe genannt. Im Fall 1 sagen wir, der Konvergenzradius sei unendlich, $R=\infty$.

Es gibt Potenzreihen, die nur für $x=0$ konvergieren. (Zum Beispiel konvergiert

$$1+1x+2^2x^2+3^3x^3+\dots+n^nx^n+\dots$$

nur für $x=0$. Für $x\neq 0$ ist das n-te Glied durch

$$n^n x^n=(nx)^n$$

gegeben. Es wächst mit $n\to\infty$ über alle Grenzen.) In diesem Falle sagen wir, der Konvergenzradius sei gleich Null.

In Theorem 2 wurde nicht die absolute Konvergenz der Reihe $\sum_{n=0}^{\infty} a_n c^n$ vorausgesetzt. Trotzdem konnten wir die absolute Konvergenz von $\sum_{n=0}^{\infty} a_n x^n$ für $|x|<|c|$ folgern. Wie das folgende Beispiel zeigt, genügt die bedingte Konvergenz von $\sum_{n=0}^{\infty} a_n c^n$ tatsächlich.

Beispiel 4: Mit Hilfe von Theorem 2 bestimme man alle Werte von x, für die

$$x-\frac{x^2}{2}+\frac{x^3}{3}-\frac{x^4}{4}+\dots$$

konvergiert.

Lösung: Für $x=1$ ergibt sich die alternierende harmonische Reihe

$$1-\tfrac{1}{2}+\tfrac{1}{3}-\tfrac{1}{4}+\dots.$$

Sie konvergiert aufgrund des Tests für alternierende Reihen; also konvergiert $x-x^2/2+x^3/3-x^4/4+\dots$ für $x=1$. Daher konvergiert $x-x^2/2+x^3/3-x^4/4+\dots$ für $-1<x\leqslant 1$. Wie der Leser zeigen möge, ergibt das Studium des n-ten Gliedes, daß die Reihe für $|x|>1$ divergiert. Auch die Divergenz für -1 kann gezeigt werden. Der Konvergenzradius R beträgt 1.

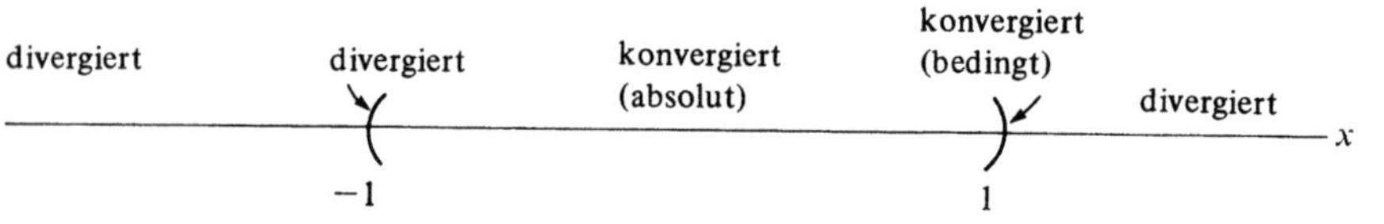

Bild 14.10

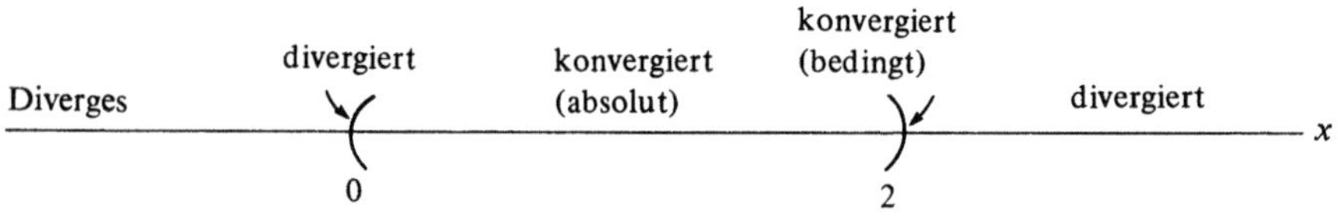

Bild 14.11

In Bild 14.10 ist diese Information über $x - x^2/2 + x^3/3 - x^4/4 + \dots$ zusammengefaßt. (Wie in Abschnitt 14.7 gezeigt wird, ist die Summe dieser Reihe durch $\ln(1+x)$ gegeben.) ●

Ersetzt man x in $a_0 + a_1 x + a_2 x^2 + \dots$ durch $x - a$, so ergibt sich $a_0 + a_1(x-a) + a_2(x-a)^2 + \dots$, und wir sprechen von einer Potenzreihe in $x - a$. Auch sie wird einen Konvergenzradius R besitzen: Die Reihe wird für alle x mit $|x-a| < R$ absolut konvergieren. Wiederum kann R unendlich sein. Konvergiert die Reihe für $x = x_1$ dann konvergiert sie auch für jedes x mit $|x-a| < |x_1 - a|$.

Beispiel 5: Für welche Werte von x konvergiert

$$(x-1) - \frac{(x-1)^2}{2} + \frac{(x-1)^3}{3} - \frac{(x-1)^4}{4} + \dots \quad (3)$$

Lösung: Diese Reihe geht aus Beispiel 4 hervor, wenn wir x durch $x - 1$ ersetzen. Also spielt $x - 1$ die Rolle, die x in Beispiel 4 spielte. Die Reihe (3) konvergiert daher für

$$-1 < x - 1 \leqslant 1$$

und divergiert für alle anderen Werte von $x - 1$. Der Konvergenzradius beträgt $R = 1$. Die Menge aller Werte von x, für die die Reihe konvergiert, ist ein Intervall mit dem Mittelpunkt in $x = 1$. Bild 14.11 beschreibt das Konvergenzverhalten von (3). ●

Übungen:

In den Übungen 1 bis 6 untersuche man, ob die jeweils gegebene Reihe divergiert, bedingt konvergiert oder absolut konvergiert.

1. $\sum_{n=1}^{\infty} \frac{(-1)^n}{\sqrt{n}}$
2. $\sum_{n=1}^{\infty} \frac{(-1)^n}{n^3}$
3. $\sum_{n=1}^{\infty} \frac{(-2)^n}{n!}$
4. $\sum_{n=1}^{\infty} \frac{(-1)^n (n+5)}{n^2}$
5. $\sum_{n=1}^{\infty} \frac{(-1)^n (n^2+n)}{3n^4 + 5n + 2}$
6. $\sum_{n=1}^{\infty} \frac{(-9)^n}{10^n}$

In den Übungen 7 bis 15 untersuche man, für welche Werte von x die Potenzreihe divergiert, bedingt konvergiert oder absolut konvergiert. Welcher Konvergenzradius R ergibt sich jeweils?

7. $\sum_{n=1}^{\infty} \frac{x^n}{n!}$
8. $\sum_{n=1}^{\infty} \frac{x^n}{2^n}$
9. $\sum_{n=1}^{\infty} \frac{x^n}{n 2^n}$
10. $\sum_{n=1}^{\infty} \frac{(x-2)}{n!}$
11. $\sum_{n=1}^{\infty} \frac{(x+3)^n}{5^n}$
12. $\sum_{n=1}^{\infty} \frac{(x-1)^n}{n\,3^n}$
13. $\sum_{n=1}^{\infty} \frac{x^n}{n}$
14. $\sum_{n=1}^{\infty} \frac{x^n}{n^n}$
15. $\sum_{n=1}^{\infty} n(x+1)^n$

16. Die Reihe $\sum_{n=1}^{\infty} a_n x^n$ konvergiere für $x = 9$ und divergiere für $x = -12$. Welche Aussage kann – wenn überhaupt – über die
(*a*) Konvergenz für $x = 7$,
(*b*) absolute Konvergenz für $x = -7$,
(*c*) absolute Konvergenz für $x = 9$,
(*d*) Konvergenz für $x = -9$,
(*e*) Divergenz für $x = 10$,
(*f*) Divergenz für $x = -15$,
(*g*) Divergenz für $x = 15$
getroffen werden?

17. Die Reihe $\sum_{n=1}^{\infty} a_n 6^n$ konvergiere. Was kann dann über die Konvergenz der folgenden Reihen ausgesagt werden?

(a) $\sum_{n=1}^{\infty} a_n(-6)^n$? (b) $\sum_{n=1}^{\infty} a_n 5^n$?

(c) $\sum_{n=1}^{\infty} a_n(-5)^n$?

18. Konvergiert die Reihe $\sum_{n=0}^{\infty} a_n x^n$ für alle positiven x, so konvergiert sie auch für alle negativen x. Man beweise dies.

19. Die Reihe $\sum_{n=0}^{\infty} a_n(3-x)^n$ konvergiere für $x = 7$. Für welche anderen Werte von x muß sie dann notwendigerweise konvergieren?

■

20. Es sei $\{a_n\}$ eine Folge nichtverschwindender Glieder mit

$$\lim_{n\to\infty}\left|\frac{a_{n+1}}{a_n}\right| = s < 1.$$

Dann konvergiert $\sum_{n=1}^{\infty} a_n$. Man beweise dies.

21. Es sei $\{a_n\}$ eine Folge nichtverschwindender Glieder mit

$$\lim_{n\to\infty}\frac{a_{n+1}}{a_n} = -\frac{1}{2}.$$

Dann konvergiert $\sum_{n=1}^{\infty} a_n$. Man beweise dies.

■■

22. Es sei a eine beliebige reelle Zahl, die nicht mit Null oder einer positiven ganzen Zahl zusammenfällt. Wir bilden die Reihe

$$1+\frac{a}{1}x+\frac{a(a-1)}{1\cdot 2}x^2+\frac{a(a-1)(a-2)}{1\cdot 2\cdot 3}x^3+\dots .$$

(a) Für $x \neq 0$ ist jedes Glied von Null verschieden. Man beweise dies.

(b) Für $a = -1$ und $|x| < 1$ ist die Summe der Reihe durch $(1+x)^a$ gegeben. Man beweise dies.

(c) Die Reihe konvergiert absolut (und daher auch im gewöhnlichen Sinne) für $|x| < 1$. Man beweise dies. Wie in Kapitel 15 gezeigt wird, konvergiert diese Reihe für $|x| < 1$ nach $(1+x)^a$.

Bemerkung: Ist a gleich Null oder gleich einer positiven ganzen Zahl, dann hat die Reihe nur eine endliche Anzahl von nichtverschwindenen Termen. Newton untersuchte als erster das Verhalten dieser Reihe für andere Werte von a. Die Reihe ist für jeden Wert von a als binomische Reihe bekannt.

23. Aus der Konvergenz von $\sum_{n=1}^{\infty} a_n 3^n$ folgt die Konvergenz von $\sum_{n=1}^{\infty} n a_n 2^n$. Man beweise dies.

14.7 Das Rechnen mit Potenzreihen

Die Funktion $1/(1-x)$ kann für $|x| < 1$ als Potenzreihe

$$\frac{1}{1-x} = 1+x+x^2+\dots$$

dargestellt werden. Wie in Beispiel 4 des vorigen Abschnittes erwähnt wurde, gilt für $|x| < 1$

$$\ln(1+x) = x-\frac{x^2}{2}+\frac{x^3}{3}-\dots .$$

In diesem Abschnitt werden wir Potenzreihen für andere wichtige Funktionen e^x, $\sin x$ und $\cos x$ herleiten. Wir werden ferner Rechenregeln für den Umgang mit Potenzreihen entwickeln.

Theorem 1 (*Das Differenzieren einer Potenzreihe*): Es sei $R > 0$ und $f(x) = a_0 + a_1 x + a_2 x^2 + a_3 x^3 + \dots$ für $|x| < R$. Dann ist f differenzierbar und es gilt

$$f'(x) = a_1 + 2a_2 x + 3a_3 x^2 + \dots \qquad |x| < R. \quad \bullet$$

Dieses Theorem läßt sich nicht aus der gliedweisen Differenzierbarkeit von endlichen Summen herleiten. Ein Beweis von Theorem 1 wird in Abschnitt 23.3 gegeben.

Beispiel 1: Wie lautet die Potenzreihe der Funktion $x/(1-x)^2$?

Lösung: Wir wenden Theorem 1 auf die Funktion

$$\frac{1}{1-x} = 1+x+x^2+\dots \qquad |x| < 1$$

an und erhalten durch Differenzieren

$$\frac{1}{(1-x)^2} = 1+2x+3x^2+\dots \qquad |x| < 1.$$

Daher ist die Potenzreihe für die Funktion $x/(1-x)^2$ durch

$$\frac{x}{(1-x)^2} = x+2x^2+3x^3+\dots \qquad |x| < 1$$

gegeben. ●

Hat eine Funktion $f(x)$ die Potenzreihendarstellung $a_0 + a_1 x + a_2 x^2 + \dots$, dann können wir mit Hilfe von Theorem 1 die Koeffizienten $a_0, a_1, a_2, \dots$ bestimmen. In Theorem 2 wird eine Formel für a_n angegeben. Dabei steht $f^{(n)}$ für die n-te Ableitung von f; $f^{(1)} = f'$, $f^{(0)}$ steht für f selbst und es gilt $0! = 1$.

Theorem 2 (*Formel für* a_n): Es sei $R > 0$ und es gelte $f(x) = a_0 + a_1 x + a_2 x^2 + \dots + a_n x^n + \dots$ für $|x| < R$. Dann sind die Koeffizienten a_n durch

$$a_n = \frac{f^{(n)}(0)}{n!} \tag{1}$$

bestimmt.

Beweis: Für $x = 0$ erhalten wir $f(0) = a_0 + a_1 \cdot 0 + a_2 \cdot 0^2 + \dots$ und

$$f(0) = a_0.$$

Dies stimmt mit (1) überein. Zur Ermittlung von a_1 differenzieren wir $f(x)$. Es ergibt sich

$$f^{(1)}(x) = a_1 + 2a_2 x + 3a_3 x^2 + \dots + n a_n x^{n-1} + \dots . \tag{2}$$

Für $x = 0$ folgt aus (2) unmittelbar

$$f^{(1)}(0) = a_1.$$

Damit ist (1) für $n = 1$ bewiesen.

Um a_2 zu erhalten, differenzieren wir (2):

$$f^{(2)}(x) = 2a_2 + 3 \cdot 2a_3 x + \dots + n(n-1) a_n x^{n-2} + \dots \tag{3}$$

Mit $x = 0$ folgt

$$f^{(2)}(0) = 2a_2 \quad \text{und} \quad a_2 = \frac{f^{(2)}(0)}{2}.$$

Damit ist (1) für $n = 2$ verifiziert. Differentiation von (3) ergibt a_3:

$$f^{(3)}(x) = 3 \cdot 2a_3 + 4 \cdot 3 \cdot 2a_4 x + \dots + n(n-1)(n-2) a_n x^{n-3} + \dots . \tag{4}$$

Wir setzen wiederum $x = 0$. Dies führt zu

$$f^{(3)}(0) = 3 \cdot 2a_3 \quad \text{oder} \quad a_3 = \frac{f^{(3)}(0)}{3!}.$$

Damit ist (1) auch für $n = 3$ bewiesen, wobei im Nenner von (1) der Ausdruck $3!$ auftritt. Der Leser sollte (4) differenzieren und Gleichung (1) für $n = 4$ überprüfen. Unser Argument läßt sich auf beliebige ganzzahlige Werte von n verallgemeinern. ●

Definition der Maclaurinschen Reihe: Wenn die Funktion $f(x)$ für alle x aus einem bestimmten Intervall, das den Nullpunkt enthält, durch die Potenzreihe

$$a_0 + a_1 x + a_2 x^2 + \dots + a_n x^n + \dots$$

dargestellt werden kann, so nennen wir diese Reihe Maclaurinsche Reihe von $f(x)$.

Beispiel 2: Angenommen e^x kann für alle x als Maclaurinsche Reihe dargestellt werden. Wie muß diese Reihe dann lauten?

Lösung: Es sei $e^x = a_0 + a_1 x + a_2 x^2 + \dots + a_n x^n + \dots$ für alle x. Aus Theorem 2 ergibt sich

$$a_n = n \cdot \text{Ableitung von } e^x \text{ für } x = 0.$$

Nun gilt $(e^x)' = e^x$, $(e^x)'' = e^x$ usw. Alle höheren Ableitungen von e^x sind wieder durch e^x gegeben. Ihr Wert für $x = 0$ beträgt 1. Wir erhalten

$$a_n = \frac{1}{n!}.$$

Kann daher e^x durch eine Maclaurinsche Reihe dargestellt werden, so muß diese die Gestalt

$$e^x = \frac{1}{0!} + \frac{x}{1!} + \frac{x^2}{2!} + \frac{x^3}{3!} + \frac{x^4}{4!} + \dots + \frac{x^n}{n!} + \dots$$

oder

$$e^x = 1 + x + \frac{x^2}{2} + \frac{x^3}{6} + \frac{x^4}{24} + \dots$$

besitzen. ●

Wie in Abschnitt 15.2 ohne Zuhilfenahme von Theorem 1 gezeigt wird, gilt für alle Werte von x stets

$$e^x = \sum_{n=0}^{\infty} \frac{x^n}{n!}.$$

Ganz analog wie in Beispiel 2 können wir die Darstellung

$$\sin x = x - \frac{x^3}{3!} + \frac{x^5}{5!} - \frac{x^7}{7!} + \dots \tag{5}$$

für $\sin x$ verifizieren, sofern $\sin x$ überhaupt durch eine Maclaurinsche Reihe darstellbar ist. Differenzieren wir (5), so ergibt sich

$$\cos x = 1 - \frac{x^2}{2!} + \frac{x^4}{4!} - \frac{x^6}{6!} + \dots . \qquad (6)$$

Das folgende Theorem wird in Abschnitt 23.2 bewiesen und behandelt die gliedweise Integration von Potenzreihen.

Theorem 3 (*Integration von Potenzreihen*): Es sei $R > 0$ und es gelte

$$f(x) = a_0 + a_1 x + a_2 x^2 + \dots + a_n x^n + \dots \quad \text{für } |x| < R$$

Dann ist f stetig. Die Reihe

$$a_0 x + \frac{a_1 x^2}{2} + \frac{a_3 x^3}{3} + \dots + \frac{a_n x^{n+1}}{n+1} + \dots$$

konvergiert für $|x| < R$ und es gilt

$$\int_0^x f(t)\, dt = a_0 x + \frac{a_1 x^2}{2} + \frac{a_2 x^3}{3} + \dots . \bullet$$

Wir haben den Buchstaben t eingeführt, um zu vermeiden, daß im Ausdruck $\int_0^x f(x)\, dx$ das Symbol x die unabhängige Variable und das Integrationsintervall beschreibt. Durch die Einführung von t kann die Integrationsvariable umbenannt werden. Im folgenden Beispiel wird die Bedeutung von Theorem 3 illustriert.

Beispiel 3: Durch Integration der Potenzreihe für $1/(1+x)$ bestimme man die Maclaurinsche Reihe für $\ln(1+x)$.

Lösung: Wir gehen von der Reihe

$$\frac{1}{1-x} = 1 + x + x^2 + \dots \quad |x| < 1$$

aus, ersetzen x durch $-x$ und erhalten

$$\frac{1}{1+x} = 1 - x + x^2 - x^3 + x^4 - \dots \quad |x| < 1.$$

Aufgrund von Theorem 3 gilt nun

$$\int_0^x \frac{dt}{1+t} = x - \frac{x^2}{2} + \frac{x^3}{3} - \frac{x^4}{4} + \dots \quad |x| < 1.$$

Es folgt

$$\int_0^x \frac{dt}{1+t} = \ln(1+t) \Big|_0^x$$

$$= \ln(1+x) - \ln(1+0) = \ln(1+x).$$

Somit ergibt sich

$$\ln(1+x) = x - \frac{x^2}{2} + \frac{x^3}{3} - \frac{x^4}{4} + \dots \quad |x| < 1.$$

In Übung 26 wird diese Gleichung auch für den Fall $x = 1$ bewiesen:

$$\ln 2 = 1 - \tfrac{1}{2} + \tfrac{1}{3} - \tfrac{1}{4} + \dots . \bullet$$

Potenzreihen können nicht nur differenziert und integriert, sondern auch addiert, subtrahiert, multipliziert und dividiert werden. Das folgende Theorem faßt die Rechenregeln für diese Operationen zusammen. Die beiden ersten Formeln sind leicht zu beweisen; die beiden anderen werden üblicherweise in weiterführenden Vorlesungen behandelt.

Theorem 4 (*Algebra der Potenzreihen*): Es sei

$$f(x) = a_0 + a_1 x + a_2 x^2 + \dots$$

und

$$g(x) = b_0 + b_1 x + b_2 x^2 + \dots$$

mit $|x| < R$. Dann gilt für $|x| < R$

1. $f(x) + g(x) = a_0 + b_0 + (a_1 + b_1)x + (a_2 + b_2)x^2 + \dots$
2. $f(x) - g(x) = a_0 - b_0 + (a_1 - b_1)x + (a_2 - b_2)x^2 + \dots$
3. $f(x)g(x) = a_0 b_0 + (a_0 b_1 + a_1 b_0)x + (a_0 b_2 + a_1 b_1 + a_2 b_0)x^2 + \dots$
4. $f(x)/g(x)$ kann für $|x| < R$ und $g(x) \neq 0$ durch eine längere Division ermittelt werden.

Zwei Beispiele sollen die Anwendungen von Theorem 4 veranschaulichen.

Beispiel 4: Man bestimme die ersten Glieder der Maclaurinschen Reihe von $e^x/(1-x)$.

Lösung: Aufgrund von Theorem 4 multiplizieren wir die Reihen wie gewöhnliche Polynome:

$$\begin{aligned} e^x \frac{1}{1-x} &= \left(1 + x + \frac{x^2}{2!} + \frac{x^3}{3!} + \ldots\right)(1 + x + x^2 + x^3 + \ldots) \\ &= 1 + (1+1)x + \left(1 \cdot 1 + 1 \cdot 1 + \frac{1}{2!} \cdot 1\right) x^2 \\ &\quad + \left(1 \cdot 1 + 1 \cdot 1 + \frac{1}{2!} \cdot 1 + \frac{1}{3!} \cdot 1\right) x^3 + \ldots \\ &= 1 + 2x + \frac{5}{2}x^2 + \frac{8}{3}x^3 + \ldots \quad |x| < 1. \bullet \end{aligned}$$

Beispiel 5: Man bestimme die ersten Glieder der Maclaurinschen Reihe von $\cos x/e^x$.

Lösung: Wir gehen von den Maclaurinschen Reihen für e^x und $\cos x$ (Gl. (9)) aus und führen die folgende Division aus:

$$\begin{array}{r|l} & 1 - x + 0x^2 + \frac{1}{3}x^3 - \frac{1}{6}x^4 + \ldots \\ \hline 1 + x + \frac{x^2}{2} + \frac{x^3}{6} + \frac{x^4}{24} + \ldots & 1 + 0x - \frac{x^2}{2} + 0x^3 + \frac{x^4}{24} + 0 - \ldots \\ & 1 + x + \frac{x^2}{2} + \frac{x^3}{6} + \frac{x^4}{24} + \ldots \\ \cline{2-2} & -x - x^2 - \frac{x^3}{6} + 0x^4 + \ldots \\ & -x - x^2 - \frac{x^3}{2} - \frac{x^4}{6} - \ldots \\ \cline{2-2} & \frac{x^3}{3} + \frac{x^4}{6} + \ldots \\ & \frac{x^3}{3} + \frac{x^4}{3} + \ldots \\ \cline{2-2} & -\frac{x^4}{6} + \ldots . \end{array}$$

Daher beginnt die Maclaurinsche Reihe von $\cos x/e^x$ mit den Gliedern

$$1 - x + \frac{x^3}{3} - \frac{x^4}{6} + \ldots . \bullet$$

In Abschnitt 6.10 haben wir die Regel von de l'Hospital als Verfahren zur Bestimmung von $\lim\limits_{x \to a} f(x)/g(x)$ für verschwindenden Zähler und Nenner kennengelernt. Wie das nächste Beispiel zeigt, können solche Grenzwerte mit Hilfe von Potenzreihen sehr oft viel leichter bestimmt werden.

Beispiel 6: Man bestimme

$$\lim_{x \to 0} \frac{\sin^2 x - x^2}{(e^{x^2} - 1)^2} .$$

Lösung: Mit

$$\sin x = x - \frac{x^3}{6} + \frac{x^5}{120} - \ldots$$

ergibt sich als Maclaurinsche Reihe des Zählers

$$\begin{aligned} \sin^2 x - x^2 &= \left(x - \frac{x^3}{6} + \frac{x^5}{120} - \ldots\right)^2 - x^2 \\ &= \left(x^2 - \frac{x^4}{3} + \ldots\right) - x^2 \\ &= -\frac{x^4}{3} + \text{Terme höheren Grades.} \end{aligned}$$

Um die Maclaurinsche Reihe des Nenners zu ermitteln, ersetzen wir zunächst in der Gleichung

$$e^x = 1 + x + \frac{x^2}{2} + \frac{x^3}{6} + \ldots$$

x durch x^2 und erhalten

$$e^{x^2} = 1 + x^2 + \frac{x^4}{2} + \frac{x^6}{6} + \ldots .$$

Es folgt

$$\begin{aligned} (e^{x^2} - 1)^2 &= \left(x^2 + \frac{x^4}{2} + \frac{x^6}{6} + \ldots\right)^2 \\ &= x^4 + \text{Terme höheren Grades.} \end{aligned}$$

Somit ergibt sich

$$\begin{aligned} \frac{\sin^2 x - x^2}{(e^{x^2} - 1)^2} &= \frac{-x^4/3 + \text{Terme höheren Grades}}{x^4 + \text{Terme höheren Grades}} \\ &= \frac{x^4(-\frac{1}{3} + \text{Terme höheren Grades})}{x^4(1 + \text{Terme höheren Grades})} . \end{aligned}$$

Wir kürzen Zähler und Nenner durch x^4

$$\frac{\sin^2 x - x^2}{(e^{x^2} - 1)^2} = \frac{-\frac{1}{3} + \text{Terme höheren Grades}}{1 + \text{Terme höheren Grades}} .$$

Somit folgt

$$\lim_{x \to 0} \frac{\sin^2 x - x^2}{(e^{x^2} - 1)^2} = \frac{-\frac{1}{3}}{1} = -\frac{1}{3}.$$

Der Leser kann diesen Grenzwert mit Hilfe der Regel von de l'Hospital bestimmen; die Berechnungen werden allerdings wesentlich komplizierter sein. ●

Die verschiedenen Theoreme und Verfahren dieses Abschnittes wurden für Potenzreihen in x entwickelt. Analoge Sätze gelten für Potenzreihen in $x - a$. Diese Reihen können ebenfalls innerhalb ihres Konvergenzintervalls differenziert und integriert werden. So läßt sich etwa Theorem 2 in folgender Weise verallgemeinern:

Theorem 5 (*Formel für a_n*): Es sei $R > 0$ und es gelte für $|x - a| < R$

$$f(x) = a_0 + a_1(x-a) + a_2(x-a)^2 + \ldots + a_n(x-a)^n + \ldots .$$

Dann sind die Koeffizienten durch

$$a_n = \frac{f^{(n)}(a)}{n!} \tag{7}$$

gegeben. ●

Der Beweis verläuft ähnlich wie der von Theorem 2: Man differenziere n mal und ersetze x durch a.

Das folgende Beispiel zeigt die Anwendung von Formel (7).

Beispiel 7: Angenommen $\sin x$ kann für alle x als Potenzreihe von $x - \pi/4$ dargestellt werden. Man bestimme diese Reihe.

Lösung: In diesem Fall gilt $f(x) = \sin x$ und $a = \pi/4$. Um (7) anwenden zu können, müssen wir alle Ableitungen von $\sin x$ an der Stelle $\pi/4$ ermitteln. Die Tabelle faßt die Berechnungen zusammen:

n	$f^{(n)}(x)$	$f^{(n)}(\pi/4)$	$a_n = \frac{f^{(n)}(\pi/4)}{n!}$
0	$\sin x$	$\sqrt{2}/2$	$(\sqrt{2}/2)/0!$
1	$\cos x$	$\sqrt{2}/2$	$(\sqrt{2}/2)/1!$
2	$-\sin x$	$-\sqrt{2}/2$	$-(\sqrt{2}/2)/2!$
3	$-\cos x$	$-\sqrt{2}/2$	$-(\sqrt{2}/2)/3!$
4	$\sin x$	$\sqrt{2}/2$	$(\sqrt{2}/2)/4!$
5	$\cos x$	$\sqrt{2}/2$	$(\sqrt{2}/2)/5!$
...	....	....	....

Die höheren Ableitungen von $\sin x$ wiederholen sich in Viererblöcken:

$$\sin x, \quad \cos x, \quad -\sin x, \quad -\cos x.$$

Die Darstellung von $\sin x$ durch Potenzen von $x - \pi/4$ beginnt daher mit

$$\sin x = \frac{\sqrt{2}}{2} + \sqrt{2}/2\left(x - \frac{\pi}{4}\right) - \frac{\sqrt{2}/2}{2!}\left(x - \frac{\pi}{4}\right)^2 - \frac{\sqrt{2}/2}{3!}\left(x - \frac{\pi}{4}\right)^3 + \frac{\sqrt{2}/2}{4!}\left(x - \frac{\pi}{4}\right)^4 + \ldots .$$

Auf zwei + folgen zwei −. ●

Eine Potenzreihe von $x - a$ wird auch Reihenentwicklung in der Umgebung von a genannt. Im Spezialfall $a = 0$ reduzieren sich die Potenzen auf x^n.

Übungen:

Mit Hilfe von Theorem 2 bestimme man die ersten drei nichtverschwindenden Glieder der Maclaurinschen Reihe für die Funktionen aus den Übungen 1 bis 6.

1. $\sin x$
2. $\cos x$
3. $\sqrt{1+x}$
4. $\arctan x$
5. $\ln(1+x)$
6. $\ln(1-x)$
7. Man beweise die in (5) gegebene Darstellung für $\sin x$.
8. Man beweise die in (6) gegebene Darstellung für $\cos x$ mit Hilfe der Formel von Theorem 2.
9. Mit Hilfe der Reihe (5) zeige man für $0 \leqslant x \leqslant 1$

   $$x - \frac{x^3}{6} < \sin x < x - \frac{x^3}{6} + \frac{x^5}{120}.$$

   Wird daher $x - x^3/6$ im Intervall $0 \leqslant x \leqslant 1$ als Näherungswert für $\sin x$ verwendet, so ist der Fehler kleiner als $1/120 < 0{,}01$.
10. (*a*) Man beweise $1/(1+x^2) = 1 - x^2 + x^4 - x^6 + \ldots$ für $|x| < 1$.
    (*b*) Mit Hilfe von (*a*) beweise man für $|x| < 1$

    $$\arctan x = x - \frac{x^3}{3} + \frac{x^5}{5} - \frac{x^7}{7} + \ldots .$$

    (*c*) Wie gezeigt werden kann, gilt die Gleichung aus (*b*) auch für $x = 1$. Man beweise

    $$\frac{\pi}{4} = 1 - \frac{1}{3} + \frac{1}{5} - \frac{1}{7} + \ldots .$$

In den Übungen 11 bis 13 bestimme man mit Hilfe algebraischer Operationen und bekannter Reihen die ersten drei nichtverschwindenden Terme der Maclaurinschen Reihe für die angegebenen Funktionen.

11. $e^x \sin x$
12. $\dfrac{x}{\cos x}$
13. $e^{-x}\cos\sqrt{x}$

In den Übungen 14 bis 16 bestimme man die Grenzwerte mit Hilfe von Potenzreihen.

14. $\lim\limits_{x\to 0} \dfrac{(1-\cos\sqrt{x})^2}{1-e^{x^2}}$ **15.** $\lim\limits_{x\to 0} \dfrac{\sin^2 x^3}{(1-\cos x^2)^3}$

16. $\lim\limits_{x\to 0} \dfrac{1}{\sin x} - \dfrac{1}{\ln(1+x)}$

In den Übungen 17 bis 19 ermittle man die gesuchten Reihen mit Hilfe der Formel $a_n = f^{(n)}(a)/n!$ und schreibe jeweils die ersten fünf nichtverschwindenden Terme an.

17. Reihe für $\sin x$ in Potenzen von $x - \pi/6$.

18. Reihe für $\cos x$ in Potenzen von $x + \pi/4$.

19. Reihe von e^x in Potenzen von $x - 1$.

■

20. Es gelte $f(x) = a_0 + a_1 x + a_2 x^2 + \ldots$ für $|x| < R$.

(*a*) Treten nur gerade Potenzen auf, so gilt für alle ungeraden n stets $a_n = 0$. Man beweise dann $f(-x) = f(x)$.

(*b*) Treten nur ungerade Potenzen auf, so gilt für alle geraden n stets $a_n = 0$. Man beweise dann $f(-x) = -f(x)$. Eine Funktion f mit $f(-x) = f(x)$ wird gerade genannt. Eine Funktion f mit $f(-x) = -f(x)$ heißt ungerade.

21. (*a*) Man bestimme die ersten fünf Terme der Maclaurinschen Reihe von e^x und schätze mit deren Hilfe den Wert von $e = e^1$.

(*b*) Der Fehler der Schätzung aus (*a*) ist kleiner als die Summe der geometrischen Reihe

$$\frac{1}{5!} + \frac{1}{6\cdot 5!} + \frac{1}{6^2\cdot 5!} + \ldots .$$

Man beweise dies.

(*c*) Mit Hilfe von (*a*) und (*b*) zeige man

$$2{,}708 < e < 2{,}719.$$

22. (*a*) Mit Hilfe von $\sqrt{e} = e^{1/2}$ und den ersten fünf Gliedern der Maclaurinschen Reihe von e^x schätze man $\sqrt{e}$ ab.

(*b*) Man schätze den Fehler aus (*a*) durch Vergleich mit der Summe einer geometrischen Reihe ab.

23. Man beweise Formel (7) aus Theorem 5.

■■

24. Die Funktion $\sqrt[3]{x}$ kann nicht als Maclaurinsche Reihe mit von Null verschiedenem Konvergenzradius dargestellt werden. Man beweise dies.

Die folgende Übung behandelt eine sehr „flache" Funktion.

25. Es sei $f(x) = e^{-1/x^2}$ für $x \neq 0$ und es sei $f(0) = 0$.

(*a*) f ist stetig. Man beweise dies.

(*b*) f ist differenzierbar. Man beweise dies.

(*c*) Es gilt $f^{(1)}(0) = 0$ und $f^{(2)}(0) = 0$. Man beweise dies.

(*d*) Man beweise $f^{(n)}(0) = 0$ für alle $n \geqslant 0$.

(*e*) $f(x)$ kann nicht als Maclaurinsche Reihe mit von Null verschiedenem Konvergenzradius dargestellt werden. Man beweise dies.

26. Die folgende Übung beweist die Relation

$$\ln 2 = 1 - \frac{1}{2} + \frac{1}{3} - \frac{1}{4} + \frac{1}{5} - \ldots .$$

(*a*) Man zeichne die Kurve $y = 1/x$.

(*b*) Mit Hilfe der Zeichnung aus (*a*) beweise man für die Zahlen a_n, die durch die Gleichung

$$1 + \frac{1}{2} + \ldots + \frac{1}{n} = \ln(n+1) + a_n$$

definiert sind, die Existenz von $\lim\limits_{n\to\infty} a_n$.

(*c*) Man beweise

$$\lim_{n\to\infty}\left[\left(1 + \frac{1}{2} + \frac{1}{3} + \ldots + \frac{1}{2n}\right) - \left(1 + \frac{1}{2} + \ldots + \frac{1}{n}\right)\right] = \ln 2.$$

(*d*) Mit Hilfe von (*c*) beweise man

$$\ln 2 = 1 - \frac{1}{2} + \frac{1}{3} - \frac{1}{4} + \ldots + (-1)^{(n+1)}\frac{1}{n} + \ldots .$$

27. Man beweise die Teile (*a*) und (*b*) aus Theorem 4.

In den Übungen 28 bis 30 verwende man einen Taschenrechner.

28. (*a*) Mit Hilfe der ersten vier Glieder der Reihe $e^x = 1 + x + x^2/2 + \ldots$ schätze man den Wert von $e = e^1$.

(*b*) Der Fehler der Schätzung aus (*a*) ist kleiner als $11/(10\cdot 10!) \approx 0{,}000\,000\,3$. Man beweise dies.

29. (*a*) Mit Hilfe der ersten drei nichtverschwindenden Terme der Reihe $\sin x = x - x^3/6 + \ldots$ schätze man $\sin \pi/5$ (= $\sin 36°$).

(*b*) Der Fehler der Schätzung aus (*a*) ist kleiner als $(\pi/5)^7/7! = 0{,}000\,008$. Man beweise dies.

30. Das Integral $\int_0^1 e^{-x^2}\,dx$ kann nicht mit Hilfe des Hauptsatzes berechnet werden.

(*a*) Man ersetze x in der Potenzreihe $e^x = 1 + x + x^2/2! + \ldots$ durch $-x^2$, um eine Potenzreihe für e^{-x^2} zu erhalten.

(*b*) Man beweise

$$\int_0^1 e^{-x^2}\,dx = 1 - \frac{1}{3} + \frac{1}{5\cdot 2!} - \frac{1}{7\cdot 3!} + \ldots .$$

(*c*) Mit Hilfe der ersten sechs Summanden der Reihe aus (*b*) schätze man $\int_0^1 e^{-x^2}\,dx$.

(*d*) Man gebe eine Schranke für den Fehler aus (*c*) an.

14.8 Zusammenfassung

Dieses Kapitel beschäftigte sich mit Folgen und ihren Grenzwerten. Insbesondere haben wir jene Folgen untersucht, die durch Addition der Glieder einer anderen Folge entstehen. Von speziellem Interesse waren Potenzreihen, da durch sie wichtige Funktionen, wie $\sin x$, $\cos x$ und e^x dargestellt werden können. Mit Hilfe der Teilsummen einer solchen Potenzreihe können Funktionswerte abgeschätzt werden. Ebenso können elementar nicht lösbare Integrale mit Hilfe von Potenzreihen auf viele Dezimalen genau abgeschätzt werden.

Es gibt kein allgemeines Verfahren, um das Konvergenzverhalten von Reihen zu untersuchen.

In diesem Kapitel wurden sieben der bekanntesten Konvergenztests behandelt: Untersuchung des n-ten Gliedes, Test für alternierende Reihen, Integraltests, Vergleichstest, Vergleichstest in Grenzwertform, Quotiententest und Test der absoluten Konvergenz.

Von besonderer Bedeutung ist die Darstellung einer Funktion durch ihre Maclaurinsche Reihe

$$f(x) = a_0 + a_1 x + a_2 x^2 + \ldots + a_n x^n + \ldots .$$

In diesem Falle gilt

$$a_n = \frac{f^{(n)}(0)}{n!} .$$

Für

$$f(x) = a_0 + a_1 (x-a) + a_2 (x-a)^2 + \ldots + a_n (x-a)^n + \ldots$$

folgt

$$a_n = \frac{f^{(n)}(a)}{n!} .$$

Zu jeder Potenzreihe gehört ihr Konvergenzradius R, der endlich oder unendlich sein kann.

Wir haben verschiedene Operationen mit Potenzreihen – Multiplikation, Division, Differentiation und Integration – behandelt. Mit Hilfe von Reihen wurden Grenzwerte wie $\lim\limits_{x \to a} f(x)/g(x)$ im Falle $f(x) \to 0$ und $g(x) \to 0$ für $x \to a$ diskutiert.

Wie wir in Abschnitt 14.7 angenommen haben, können Funktionen wie e^x durch Potenzreihen dargestellt werden. Diese Annahme wird im folgenden Kapitel bewiesen.

Wichtige Ergebnisse

$$\lim_{n \to \infty} r^n = 0 \quad \text{für } |r| < 1$$

$$\lim_{n \to \infty} \frac{k^n}{n!} = 0 \quad \text{für alle } k$$

Gilt $a_1 < a_2 < a_3 < \ldots$ und $a_n \leqslant B$ für alle n, dann existiert $\lim\limits_{n \to \infty} a_n$ und ist $\leqslant B$. (Dies entspricht der Vollständigkeitseigenschaft der reellen Zahlen.)

$$a + ar + \ldots + ar^{n-1} = \frac{a(1-r^n)}{1-r} \qquad \text{für } r \neq 1$$

$$a + ar + ar^2 + \ldots = \frac{a}{1-r} \qquad \text{für } |r| < 1.$$

Für $\lim\limits_{n \to \infty} a_n \neq 0$ divergiert die Reihe $\sum\limits_{n=1}^{\infty} a_n$.

Gilt $p_1 > p_2 > p_3 > \ldots$ und $\lim\limits_{n \to \infty} p_n = 0$, dann konvergiert $p_1 - p_2 + p_3 - \ldots$, S_n unterscheidet sich von S um weniger als p_{n+1}.

Ist f eine abnehmende positive Funktion, so konvergiert $\sum\limits_{n=1}^{\infty} f(n)$ dann und nur dann, wenn $\int\limits_1^{\infty} f(x)\,dx$ konvergent ist. Die Reihe divergiert, wenn $\int\limits_1^{\infty} f(x)\,dx$ divergiert.

Konvergiert $\sum\limits_{n=1}^{\infty} c_n$ mit $c_n > 0$ und gilt $0 \leqslant p_n \leqslant c_n$, dann konvergiert auch $\sum\limits_{n=1}^{\infty} p_n$.

Divergiert $\sum\limits_{n=1}^{\infty} c_n$ mit $c_n > 0$ und gilt $p_n \geqslant c_n$, dann divergiert $\sum\limits_{n=1}^{\infty} p_n$.

Konvergiert $\sum\limits_{n=1}^{\infty} c_n$ mit $c_n > 0$ und existiert $\lim\limits_{n \to \infty} p_n/c_n$ mit $p_n > 0$, dann konvergiert $\sum\limits_{n=1}^{\infty} p_n$.

Divergiert $\sum_{n=1}^{\infty} c_n$ mit $c_n > 0$ und existiert $\lim_{n\to\infty} p_n/c_n$ und ist von Null verschieden, dann divergiert $\sum_{n=1}^{\infty} p_n$.

Gilt $p_n > 0$ und gilt $\lim_{n\to\infty} p_{n+1}/p_n = r < 1$, dann konvergiert $\sum_{n=1}^{\infty} p_n$.

Gilt $\lim_{n\to\infty} p_{n+1}/p_n > 1$, dann divergiert die Reihe.

Konvergiert $\sum_{n=1}^{\infty} |a_n|$, dann konvergiert auch $\sum_{n=1}^{\infty} a_n$.

Konvergiert $\sum_{n=0}^{\infty} a_n x^n$ für $x = c$, dann konvergiert die Reihe für $|x| < |c|$ absolut.

Konvergiert $\sum_{n=0}^{\infty} a_n (x-a)^n$ für $x = c$, dann konvergiert die Reihe für $|x-a| < |c-a|$ absolut.

Konvergiert eine Potenzreihe für $|x| < R$, so kann sie im offenen Intervall $(-R;R)$ differenziert und in jedem geschlossenen Intervall integriert werden, das im Inneren von $(-R;R)$ liegt.

Gilt $f(x) = \sum_{n=0}^{\infty} a_n (x-a)^n$ und hat die Reihe einen nichtverschwindenden Konvergenzradius, so ergibt sich für die Koeffizienten der Potenzreihe

$$a_n = \frac{f^{(n)}(a)}{n!}.$$

Also gilt

$$f(x) = f(a) + \frac{f'(a)}{1!}(x-a) + \frac{f^{(2)}(a)}{2!}(x-a)^2 + \ldots + \frac{f^{(n)}(a)}{n!}(x-a)^n + \ldots$$

$$\sin x = x - \frac{x^3}{3!} + \frac{x^5}{5!} - \frac{x^7}{7!} + \ldots \qquad \text{für alle } x$$

$$\cos x = 1 - \frac{x^2}{2!} + \frac{x^4}{4!} - \frac{x^6}{6!} + \ldots \qquad \text{für alle } x$$

$$e^x = 1 + x + \frac{x^2}{2!} + \frac{x^3}{3!} + \ldots \qquad \text{für alle } x$$

$$\frac{1}{1-x} = 1 + x + x^2 + \ldots \qquad \text{für } |x| < 1$$

$$\ln(1+x) = x - \frac{x^2}{2} + \frac{x^3}{3} - \ldots \qquad \text{für } -1 < x \leqslant 1$$

Begriffe und Symbole

Folge $\{a_n\}$
Grenzwert einer Folge $\lim_{n\to\infty} a_n$
Vollständigkeit
konvergente (divergente) Folge
Fakultät $n! = 1 \cdot 2 \cdot \ldots \cdot (n-1) \cdot n$
geometrische Reihe
Reihe $\sum_{n=1}^{\infty} a_n$
n-te Partialsumme $S_n = a_1 + a_2 + \ldots + a_n$
Summe einer Reihe S
konvergente (divergente) Reihe
Untersuchung des n-ten Gliedes
alternierende Reihe
Potenzreihe
Integraltest
p-Reihe
harmonische Reihe
Vergleichstest
Vergleichstest in Grenzwertform
Quotiententest
absolute Konvergenz
bedingte Konvergenz
Potenzreihe in x oder $x - a$
Konvergenzradius
Maclaurinsche Reihe

Testaufgaben zu Kapitel 14

1. Man gebe das Beispiel einer Reihe, die divergiert, obwohl ihr n-tes Glied nach Null strebt.
2. Wie verhält sich die Summe der p-Reihe für $p \to 1$, wenn die Annäherung an 1 von oben erfolgt?

3. $p_1 - p_2 + p_3 - \ldots$ erfülle die Hypothese des Tests für alternierende Reihen. Warum ist dann S_5 größer als S, die Summe der Reihe, und warum ist S größer als S_6?

4. (*a*) $\sum_{n=1}^{\infty} \frac{1}{n^3}$ ist konvergent. Man beweise dies.

(*b*) Die Summe dieser Reihe S ist kleiner als

$$(\tfrac{1}{1})^3 + (\tfrac{1}{2})^3 + (\tfrac{1}{3})^3 + (\tfrac{1}{4})^3 + \int_4^{\infty} \frac{1}{x^3}\,dx.$$

(*c*) Man beweise $1{,}17 < S < 1{,}21$. Es ist nicht bekannt, ob S als rationales Vielfaches von π^3 dargestellt werden kann.

5. (*a*) Die Reihe

$$1 - \frac{1}{4} + \frac{1}{27} - \frac{1}{256} + \ldots + (-1)^{n+1}\frac{1}{n^n} + \ldots$$

konvergiert. Man beweise dies.

(*b*) Die Summe der Reihe liegt zwischen 0,783 und 0,784. Man beweise dies.

6. Man gebe ein Beispiel für eine bedingt konvergente Reihe.

7. Die absolute Konvergenz einer Reihe hat ihre bedingte Konvergenz zur Folge. Man beweise dies.

8. Konvergiert oder divergiert die folgende alternierende Reihe

$$1 - \tfrac{1}{2} + \tfrac{2}{3} - \tfrac{1}{3} + \tfrac{2}{4} - \tfrac{1}{4} + \tfrac{2}{5} - \tfrac{1}{5} + \tfrac{2}{6} - \tfrac{1}{6} + \ldots ?$$

9. Mit Hilfe der erforderlichen Differentiationen beweise man die Formel

$$a_4 = \frac{f^{(4)}(a)}{4!}$$

für den Koeffizienten a_4 aus $f(x) = \sum_{n=0}^{\infty} a_n (x-a)^n$.

10. Welche der folgenden Reihen konvergieren, divergieren? Man erkläre die Antwort.

(*a*) $\frac{5}{1} + \frac{5^2}{2} + \frac{5^3}{3} + \ldots$ (*b*) $\frac{10}{1!} + \frac{10^2}{2!} + \frac{10^3}{3!} + \frac{10^4}{4!} + \ldots$

(*c*) $\frac{1}{1} - \frac{1}{2} + \frac{1}{3} - \frac{1}{4} + \ldots$ (*d*) $\frac{1}{1} + \frac{1}{2} + \frac{1}{3} + \frac{1}{4} + \ldots$

(*e*) $\frac{2}{6} + \frac{2}{7} + \frac{2}{8} + \frac{2}{9} + \ldots$ (*f*) $\frac{2}{3} + \frac{3}{4} + \frac{4}{5} + \ldots$

11. (*a*) Man schätze $e^{-1/2}$ mit Hilfe der ersten vier Glieder der Reihe von e^x ab.

(*b*) Man untersuche den möglichen Fehler.

12. (*a*) Man schätze $\int_{1/4}^{1} x \sin\sqrt{x}\,dx$ mit Hilfe der ersten drei Terme der Potenzreihe für $\sin\sqrt{x}$ ab.

(*b*) Man diskutiere den möglichen Fehler.

13. (*a*) Man schätze $\ln 1{,}2$ mit Hilfe der ersten drei Terme der Potenzreihe für $\ln(1+x)$ ab.

(*b*) Man diskutiere den möglichen Fehler.

14. Wie lautet die jeweilige Summe der folgenden konvergenten Reihen?

(*a*) $1 - \frac{\pi^2}{2!} + \frac{\pi^4}{4!} - \frac{\pi^6}{6!} + \ldots$

(*b*) $1 - \frac{1}{1!} + \frac{1}{2!} - \frac{1}{3!} + \frac{1}{4!} - \ldots$

(*c*) $\frac{1}{3} - \frac{1}{3^2} + \frac{1}{3^3} - \ldots$

(*d*) $\frac{1}{3} - \frac{1}{2}(\frac{1}{3})^2 + \frac{1}{3}(\frac{1}{3})^3 - \frac{1}{4}(\frac{1}{3})^4 + \ldots$

(*e*) $\frac{1}{3} + \frac{1}{2}(\frac{1}{3})^2 + \frac{1}{3}(\frac{1}{3})^3 + \ldots$

15. (*a*) Man bestimme die Maclaurinsche Reihe von $\arctan x$ aus der von $1/(1+x^2)$.

(*b*) Mit Hilfe der Reihe aus (*a*) beweise man

$$\frac{\pi\sqrt{3}}{9} = 1 - \frac{3}{3} + \frac{3^2}{5} - \ldots .$$

16. Man bestimme die ersten beiden nichtverschwindenden Terme der Maclaurinschen Reihe für $\tan x$:

(*a*) durch Division der Maclaurinschen Reihe von $\sin x$ durch die von $\cos x$;

(*b*) mit Hilfe der Formel $a_n = f^{(n)}(0)/n!$

17. Man bestimme

$$\lim_{x\to 0} \frac{e^{-x} - \cos\sqrt{2x}}{e^{x^2} - 1}.$$

Übungen zu Kapitel 14

In den Übungen 1 bis 21 untersuche man, ob die Reihe konvergiert oder divergiert. Wenn die Summe der konvergenten Reihe leicht bestimmt werden kann, gebe man ihren Wert an.

1. $\sum_{n=1}^{\infty} e^{-n}$ 2. $\sum_{n=1}^{\infty} \frac{5n^3+6n+1}{n^5+n^3+2}$

3. $\sum_{n=1}^{\infty} \frac{1}{n \ln n}$ 4. $\sum_{n=1}^{\infty} \ln\left(\frac{n+1}{n}\right)$

5. $\sum_{n=1}^{\infty} (-\tfrac{3}{4})^n$ 6. $\sum_{n=1}^{\infty} \frac{2^{-n}}{n}$

7. $\sum_{n=1}^{\infty} (-1)^n \ln\left(\frac{n+1}{n}\right)$ 8. $\sum_{n=0}^{\infty} (-1)^n \frac{\pi^{2n}}{(2n)!}$

9. $\sum_{n=1}^{\infty} \frac{(-2)^n}{n}$ 10. $\sum_{n=0}^{\infty} \frac{10^n}{n!}$

11. $\sum_{n=1}^{\infty} n \sin \frac{1}{n}$

12. $\sum_{n=1}^{\infty} \frac{\ln n}{n}$

13. $\sum_{n=1}^{\infty} \frac{5n^2 - 3n + 1}{2n^3 + n^2 - 1}$

14. $\sum_{n=1}^{\infty} \frac{1}{n\sqrt{n}}$

15. $\sum_{n=1}^{\infty} \frac{n[1 - \cos(1/\sqrt{n})]}{1 - n \sin(1/n)}$

16. $\sum_{n=0}^{\infty} \frac{(-1)^n (\frac{1}{2})^n}{n!}$

17. $\sum_{n=1}^{\infty} \frac{n^3}{2^n}$

18. $\sum_{n=1}^{\infty} \sin \frac{1}{n}$

19. $\sum_{n=1}^{\infty} \frac{\cos^3 n}{n^2}$

20. $\sum_{n=1}^{\infty} \frac{1 + (-1)^n}{n^2}$

21. $\sum_{n=0}^{\infty} (-1)^n \frac{\pi^{2n+1}}{2^{2n+1}(2n+1)!}$

In den Übungen 22 bis 29 untersuche man, für welche Werte von x die Reihe konvergiert, divergiert, absolut konvergiert bzw. bedingt konvergiert. Man gebe den Konvergenzradius in jedem Falle an und bestimme die Summen der Reihen, für die dies leicht möglich ist.

22. $\sum_{n=1}^{\infty} \frac{2^n x^n}{n}$

23. $\sum_{n=1}^{\infty} (-n)^n x^n$

24. $\sum_{n=1}^{\infty} n x^{n-1}$

25. $\sum_{n=1}^{\infty} \frac{x^n}{n}$

26. $\sum_{n=0}^{\infty} \frac{(x-3)^n}{n!}$

27. $\sum_{n=1}^{\infty} \frac{3^n (x - 2/3)^n}{4^n}$

28. $\sum_{n=0}^{\infty} \frac{x^{2n}}{n!}$

29. $\sum_{n=1}^{\infty} \frac{n^5 + 2}{n^3 + 1} (x+1)^n$

30. Die Reihe $\sum_{n=1}^{\infty} a_n (x-2)^n$ konvergiert für $x = 7$ und divergiert für $x = -3$. Man bestimme ihren Konvergenzradius.

31. Man bestimme die ersten drei nichtverschwindenden Terme der Maclaurinschen Reihe von $\sin 2x$:
   (*a*) Man ersetze x durch $2x$ in der Maclaurinschen Reihe von $\sin x$.
   (*b*) Man verwende die Formel $a_n = f^{(n)}(0)/n!$
   (*c*) Man verwende die Identität $\sin 2x = 2 \sin x \cos x$ und die Maclaurinschen Reihen für $\sin x$ und $\cos x$.

32. Man bestimme die ersten drei nichtverschwindenden Terme der Maclaurinschen Reihe von $\sin^2 x$:
   (*a*) Man verwende die Formel $a_n = f^{(n)}(0)/n!$
   (*b*) Man verwende die Identität $\sin^2 x = (1 - \cos 2x)/2$ und die Reihe für $\cos 2x$.

33. Ein Techniker muß die Funktion e^x durch eine Partialsumme der Maclaurinschen Reihe von e^x annähern. Wie viele Terme der Reihe muß er verwenden, um den Fehler wie folgt einzuschränken:
   (*a*) 0,01 für $|x| \leq 1$? (*b*) 0,001 für $|x| \leq 1$?
   (*c*) 0,01 für $|x| \leq 2$? (*d*) 0,001 für $|x| \leq 2$?

In den Übungen 34 bis 36 untersuche man die Grenzwerte mit Hilfe von Potenzreihen. Der Übung halber können diese Beispiele auch mit der Regel von de l'Hospital behandelt werden.

34. $\lim\limits_{x \to 0} \frac{\ln(1 + x^2) - \sin^2 x}{\tan x^2}$

35. $\lim\limits_{x \to 0} \frac{(e^{x^2} - 1)^2}{1 - x^2/2 - \cos x}$

36. $\lim\limits_{x \to 0} \frac{(1 - \cos x^2)^5}{(x - \sin x)^{20}}$

37. Man schätze $\int_0^1 e^{-x^2} dx$ mit einem Fehler $\leq 0{,}001$.

38. Man schätze $\int_0^1 \sin x \, dx/x$ mit einem Fehler $\leq 0{,}001$.

39. Man schätze $\int_0^2 \sin x \, dx/x$ mit einem Fehler $\leq 0{,}001$.

40. Gilt $f(x) = \sum_{n=0}^{\infty} a_n x^n$ für $|x| < 1$, dann folgt $a_n = f^{(n)}(0)/n!$ Man erkläre dies.

41. Gilt $f(x) = \sum_{n=0}^{\infty} a_n (x-3)^n$ für alle x, dann folgt $a_n = f^{(n)}(3)/n!$ Man erkläre dies.

42. Mit Hilfe der Maclaurinschen Reihe für $\ln(1 + x)$ schätze man $\ln(1{,}5)$ mit einem Fehler von weniger als 0,001.

43. Man schätze $\int_0^{1/2} x \cos \sqrt{x} \, dx$ mit einem Fehler von weniger als 0,001.

■

44. In R. P. Feynman, *Lectures on Physics*, Addison-Wesley, Reading, Mass. 1963, finden wir folgende Bemerkung.
Für die mittlere Energie ergibt sich mit $x = e^{-h\omega/kT}$ der Ausdruck

$$\langle E \rangle = \frac{h\omega(0 + x + 2x^2 + 3x^3 + \dots)}{1 + x + x^2 + \dots}.$$

Die Behandlung der beiden Summen überlassen wir der Phantasie des Lesers. Ist die Summation ausgeführt und wird das Ergebnis für x in die Summe eingesetzt, so sollte sich der Ausdruck

$$\langle E\rangle = \frac{h\omega}{e^{h\omega/kT} - 1}$$

ergeben – wenn richtig gerechnet wurde. Dies ist die erste quantenmechanische Formel, die sich als Produkt jahrzehntelanger Gedankenarbeit ergab. Viel Spaß!

45. Man gebe das Beispiel einer Maclaurinschen Reihe mit dem Konvergenzradius 1, die
(*a*) für 1 und − 1 konvergiert,
(*b*) für 1 und − 1 divergiert,
(*c*) für 1 konvergiert und − 1 divergiert.

46. Warum folgt aus der absoluten Konvergenz die bedingte Konvergenz.

47. Warum folgt aus der Konvergenz einer Maclaurinschen Reihe für $x = c$ deren absolute Konvergenz für jedes x mit $|x| < |c|$.

48. Es sei $\sum_{n=1}^{\infty} a_n$ eine Reihe von positiven Gliedern und es gelte $\lim_{n\to\infty} a_{n+1}/a_n = r < 1$. Warum konvergiert die Reihe dann?

49. Es sei $\sum_{n=1}^{\infty} a_n$ eine Reihe von positiven Gliedern. Es sei ferner f eine abnehmende Funktion mit $f(n) = a_n$ und $\int_1^{\infty} f(x)\,dx$ divergiere. Warum divergiert dann die Reihe $\sum_{n=1}^{\infty} a_n$? (Eine Skizze ist nützlich.)

50. Ist $\sum_{n=1}^{\infty} a_n x^n$ für alle x aus dem Intervall (5,2; 5,3) gleich Null, dann gilt $a_n = 0$ für alle n. Man beweise dies.

51. Gilt für alle x aus dem Intervall (2; 2,01) stets $\sum_{n=1}^{\infty} a_n x^n = \sum_{n=1}^{\infty} b_n x^n$, dann gilt $a_n = b_n$ für alle n. Man beweise dies.

52. (*a*) Bezeichnet $\sin x$ den Sinus eines Winkels von x Grad, dann unterscheidet sich

$$\frac{\pi}{180}x - \frac{[(\pi/180)\,x]^3}{3!}$$

von $\sin x$ für alle x aus [0; 57,3] um weniger als 0,01.
(*b*) Mit Hilfe von $\pi/180 \approx 0{,}017$ schätze man $\sin 10°$ und $\sin 20°$ ab.

53. (*a*) $\sum_{n=0}^{\infty} \frac{\cos(2n+1)\,t}{(2n+1)^2}$ konvergiert für alle t. Man beweise dies.
(*b*) Bei der Untersuchung von Fourier-Reihen wird für die Summe der Reihe aus (*a*) der Wert $(\pi^2 - 2\pi t)/8$ im Bereich $0 \leqslant t < \pi$ hergeleitet. Man beweise

$$\frac{\pi^2}{8} = \frac{1}{1^2} + \frac{1}{3^2} + \frac{1}{5^2} + \dots .$$

54. (*a*) Für alle t konvergiert

$$\sum_{n=1}^{\infty} \frac{\cos 2nt}{4n^2 - 1}.$$

Man beweise dies.
(*b*) Bei der Behandlung der Fourier-Reihen wird gezeigt, daß die Summe der Reihe aus (*a*) im Bereich $0 \leqslant t < \pi$ gleich $\frac{1}{2} - \pi(\sin t)/4$ ist. Man beweise

$$\frac{1}{4^2 - 1} - \frac{1}{8^2 - 1} + \frac{1}{12^2 - 1} - \dots = \frac{1}{2} - \frac{\pi\sqrt{2}}{8}.$$

Wie die folgende Übung zeigt, ist die Umordnung der Glieder einer Reihe nur unter bestimmten Bedingungen zulässig.

55. In Abschnitt 14.7 wurde die Formel

$$\ln 2 = 1 - \tfrac{1}{2} + \tfrac{1}{3} - \tfrac{1}{4} + \tfrac{1}{5} - \tfrac{1}{6} + \dots$$

bewiesen. Somit gilt

$$\tfrac{1}{2}\ln 2 = \tfrac{1}{2} - \tfrac{1}{4} + \tfrac{1}{6} - \dots .$$

(*a*) Durch Addition der beiden Reihen ergibt sich

$$\tfrac{3}{2}\ln 2 = 1 + \tfrac{1}{3} - \tfrac{1}{2} + \tfrac{1}{5} + \tfrac{1}{7} - \tfrac{1}{4} + \dots .$$

(*b*) Folgt nun mit Hilfe von (*a*) die Relation

$$\ln 2 = \tfrac{3}{2}\ln 2?$$

Wie in weiterführenden Vorlesungen gezeigt wird, können die Glieder jeder *absolut konvergenten* Reihe $\sum_{n=1}^{\infty} a_n$ umgeordnet werden, ohne die Konvergenz der Reihe und den Wert der Summe zu verändern. Ist eine Reihe nur *bedingt konvergent*, dann können ihre Glieder stets so umgeordnet werden, daß sich die Summe der neuen Reihe von der Summe der Ausgangsreihe unterscheidet.

56. Aus der Konvergenz von $\sum_{n=1}^{\infty} a_n^2$ und $\sum_{n=1}^{\infty} b_n^2$ folgt die Konvergenz von $\sum_{n=1}^{\infty} a_n b_n$. Man beweise dies.

In der folgenden Übung wird die Potenzreihe für $\ln(1+x)$ ohne Integration von Potenzreihen gewonnen. Mit Hilfe dieses Verfahrens ist auch die Behandlung des Falles $x = 1$ möglich.

57. (*a*) Man beweise für $t \neq -1$

$$\frac{1}{1+t} = 1 - t + \dots + (-1)^{n-1}t^{n-1} + (-1)^n \frac{t^n}{1+t}.$$

(*b*) Mit Hilfe der Gleichung aus (*a*) beweise man für $x > -1$

$$\ln(1+x) = x - \frac{x^2}{2} + \frac{x^3}{3} - \ldots + (-1)^{n-1}\frac{x^n}{n} + (-1)^n \int_0^x \frac{t^n}{1+t}\,dt.$$

(*c*) Für x aus $[0; 1]$ strebt $\int_0^x t^n/(1+t)\,dt$ mit $n \to \infty$ nach Null.

Man beweise dies. *Hinweis:* $1 + t \geqslant 1$.

(*d*) Für $-1 < x \leqslant 0$ strebt $\int_0^x t^n/(1+t)\,dt$ mit $n \to \infty$ nach Null.

Man beweise dies. *Hinweis:* $1 + t \geqslant 1 + x$.

(*e*) Für $-1 < x \leqslant 1$ folgt

$$\ln(1+x) = x - \frac{x^2}{2} + \frac{x^3}{3} - \ldots + (-1)^{n-1}\frac{x^n}{n} + \ldots .$$

Man beweise dies.

In der folgenden Übung wird die Potenzreihe von $\arctan x$ ohne Integration von Potenzreihen gewonnen. Die Relation $\arctan x = x - x^3/3 + x^5/5 - \ldots$ wird auch für den Fall $|x| = 1$ bewiesen.

58. (*a*) Mit Hilfe der Identität aus Übung 57 (*a*) beweise man

$$\frac{1}{1+t^2} = 1 - t^2 + \ldots + (-1)^{n-1}t^{2n-2} + (-1)^n\frac{t^{2n}}{1+t^2}.$$

(*b*) Mit Hilfe von (*a*) beweise man

$$\arctan x = x - \frac{x^3}{3} + \frac{x^5}{5} - \ldots + (-1)^{n-1}\frac{x^{2n-1}}{2n-1} + (-1)^n \int_0^x \frac{t^{2n}}{1+t^2}\,dt.$$

(*c*) Für $0 \leqslant x \leqslant 1$ strebt $\int_0^x t^{2n}/(1+t^2)$ mit $n \to \infty$ nach Null.

Man beweise dies. *Hinweis:* $1 + t^2 \geqslant 1$.

(*d*) Mit Hilfe von (*c*) beweise man für $|x| \leqslant 1$

$$\arctan x = x - \frac{x^3}{3} + \frac{x^5}{5} - \frac{x^7}{7} + \ldots .$$

59. (*a*) Man zeichne den Graphen von $f(x) = (\sin x)/x$ für $x > 0$, es gelte $f(0) = 1$.

(*b*) Man zeige für jede ganze Zahl $n \geqslant 1$

$$\int_{2n\pi}^{(2n+2)\pi} \frac{\sin x}{x}\,dx < \int_{2n\pi}^{(2n+1)\pi} \frac{\pi}{x(x+\pi)}\,dx < \int_{2n\pi}^{(2n+1)\pi} \frac{\pi}{x^2}\,dx < \frac{1}{4n^2}.$$

(*c*) Mit Hilfe von (*a*) und (*b*) beweise man die Konvergenz von $\int_0^\infty f(x)\,dx$.

60. Aufgrund welcher Theoreme folgt

$$\lim_{x \to 0} (a_0 + a_1x + a_2x^2 + a_3x^3 + \ldots) = a_0?$$

Die angeschriebene Reihe habe einen nicht verschwindenden Konvergenzradius.

61. In der höheren Mathematik wird eine bestimmte Funktion $E(x)$ durch die Potenzreihe $\sum_{n=0}^\infty x^n/n!$ *definiert*. Ohne Bezugnahme auf e oder e^x löse man die folgenden Probleme.

(*a*) Man beweise $E(0) = 1$.

(*b*) Man beweise $E'(x) = E(x)$.

(*c*) Man beweise $E(x) \cdot E(-x) = 1$.

Hinweis: Man differenziere $E(x)E(-x)$ und verwende (*a*) und (*b*).

(*d*) $E(x+y)/E(x)$ ist von x unabhängig. Man beweise dies.

(*e*) Mit Hilfe von (*d*) beweise man $E(x+y) = E(x)E(y)$, das Grundgesetz der Exponentialfunktion.

62. Es sei $P(x)$ ein Polynom vom Grad p und $Q(x)$ ein Polynom vom Grad q. (Es sei $Q(n) \neq 0$ für $n \geqslant 1$.) Für welche Werte von p und q wird $\sum_{n=1}^\infty P(n)/Q(n)$.

(*a*) konvergieren, (*b*) divergieren?

63. Für $a_n > 0$ und $\lim_{n\to\infty} \sqrt[n]{a_n} = r < 1$ beweise man die Konvergenz der Reihe $\sum_{n=1}^\infty a_n$.

64. Eine Versicherungsgesellschaft macht folgendes Angebot: Zahlt der Kunde jährlich am Beginn der nächsten 37 Jahre eine Prämie von jeweils 520,– DM ein, so zahlt die Versicherung am Ende dieser 37 Jahre eine Gesamtsumme von 35 880,47 DM aus. (Bei vorherigen Tod wird der bis dahin eingezahlte Betrag zurückerstattet.) Ist das Geschäft empfehlenswert, wenn der Versicherte die Auszahlung der Gesamtsumme erlebt?

(*a*) Wieviel wird insgesamt eingezahlt?

(*b*) Welche Summe würde sich ergeben, wenn man bei 4 % Zinsen und jährlicher Kapitalisierung die 520,– DM durch 37 Jahre auf eine Bank legen würde?

(*c*) Man untersuche die Fragestellung aus (*b*) mit einem Zinssatz von 3,058 % anstatt 4 %.

(*d*) Man behandle die gleiche Fragestellung wie in (*b*) mit einem Zinssatz von 7 % anstatt von 4 %.

65. Es sei

$$a_n = \left(\frac{1}{n}\right)^2 \frac{1}{n} + \left(\frac{2}{n}\right)^2 \frac{1}{n} + \ldots + \left(\frac{k}{n}\right)^2 \frac{1}{n} + \ldots + \left(\frac{n}{n}\right)^2 \frac{1}{n}.$$

(*a*) Man berechne a_1, a_2, a_3 und a_4 bis auf drei Dezimalen.
(*b*) Man interpretiere a_n als Näherungswert eines geeigneten bestimmten Integrals und bestimme $\lim_{n \to \infty} a_n$.

66. Man definiere $f(x) = \lim_{n \to \infty} (\sin x)^{2n}$, falls der Grenzwert existiert.

(*a*) Man berechne $f(\pi/4)$.
(*b*) Man berechne $f(\pi/2)$.
(*c*) Man berechne $f(-\pi/2)$.
(*d*) Warum ist f für die ganze x-Achse definiert?
(*e*) Für welche Zahlen a existiert $\lim_{x \to a} f(x)$?
(*f*) Für welche Zahlen a ist f nicht stetig?

67. Es sei $\sum_{n=1}^{\infty} a_n x^n = A$ und $\sum_{n=1}^{\infty} b_n x^n = B$. Warum gilt dann $\sum_{n=1}^{\infty} (a_n + b_n) x^n = A + B$. *Hinweis:* Man untersuche die typische Partialsumme $S_n = \sum_{k=1}^{n} (a_k + b_k) x^k$.

68. In "College Is a Waste of Money", Psychology Today, Mai 1975, Caroline Bird, findet sich die folgende Überlegung:

Ein Student hat vier Jahre Studium absolviert und erwartet nun, in einem Zeitraum zwischen seinem 22. und 64. Lebensjahr rund 1 990 000,00 DM mehr zu verdienen, als ein Angestellter ohne diese Studienqualifikation.

Hätte dieser Student die 341 810,00 DM, die er für seine vier Studienjahre investierte, mit einer Verzinsing von 7,5 % und täglicher Kapitalisierung auf einer Bank gespart, so hätte er im Alter von 64 Jahren eine Gesamtsumme von 11 292 000,00 DM zur Verfügung. Dies sind um 5 282 000,00 DM mehr, als der zusätzliche Verdienst, der sich aufgrund von vier Jahren Hochschulstudium ergibt.

Angenommen die Zahlen 1 990 000,00 DM, 341 810,00 DM, 7,5 % und 11 292 000,00 DM sind korrekt. Stimmt dann die Schlußfolgerung bezüglich der 5 282 000,00 DM?

15 Taylorsche Reihe und der Zuwachs einer Funktion

In diesem Kapitel werden wir untersuchen, wie die höheren Ableitungen einer Funktion das Wachstumsverhalten dieser Funktion beeinflussen. Mit Hilfe unserer Erkenntnisse werden wir die Differenz

$$f(x)-\left[f(a)+\frac{f^{(1)}(a)}{1!}(x-a)+\ldots+\frac{f^{(n)}(a)(x-a)^n}{n!}\right]$$

bestimmen können. Ferner werden wir e^x, $\sin x$ und $\cos x$ in einfacher Weise durch Potenzreihen darstellen, wie dies in Kapitel 14 bereits vorausgesetzt wurde.

Unsere Untersuchungen über das Wachstum einer Funktion werden uns auch bei der Abschätzung des Fehlers von Näherungswerten für bestimmte Integrale nützlich sein. Dies gilt beispielsweise für die Trapezmethode oder das Simpsonsche Verfahren.

15.1 Höhere Ableitungen und der Zuwachs einer Funktion

Wir werden nun einen Zusammenhang zwischen den höheren Ableitungen einer Funktion f und der Funktion f selbst herstellen.

Der Großteil dieses Kapitels baut auf der Aussage des folgenden Lemmas über die Integration einer Ungleichung auf.

Lemma: Die Funktionen $f(x)$ und $g(x)$ seien mindestens im offenen Intervall $(-b; b)$ stetig. Es gelte ferner für alle x aus $(-b; b)$ stets $f(x) \leqslant g(x)$. Dann folgt

$$\int_0^x f(t)\,dt \leqslant \int_0^x g(t)\,dt \quad \text{für } 0<x<b$$

und

$$\int_0^x f(t)\,dt \geqslant \int_0^x g(t)\,dt \quad \text{für } -b<x<0.$$

Beweis: Es sei $h(x)=g(x)-f(x)$. Dann gilt $h(x) \geqslant 0$ für $-b<x<b$.

Für $x>0$ ist $\int_0^x h(t)\,dt$ ein bestimmtes Integral. Da der Integrand nichtnegativ ist, ergibt sich

$$\int_0^x h(t)\,dt \geqslant 0,$$

und wir erhalten weiter

$$\int_0^x [g(t)-f(t)]\,dt \geqslant 0$$

oder

$$\int_0^x g(t)\,dt - \int_0^x f(t)\,dt \geqslant 0$$

oder

$$\int_0^x f(t)\,dt \leqslant \int_0^x g(t)\,dt.$$

Für $x<0$ wird $\int_0^x h(t)\,dt$ durch

$$\int_0^x h(t)\,dt = -\int_x^0 h(t)\,dt$$

definiert. Dies bedeutet

$$\int_0^x h(t)\,dt \leqslant 0 \quad \text{und} \quad \int_0^x [g(t)-f(t)]\,dt \leqslant 0$$

oder

$$\int_0^x g(t)\,dt \leqslant \int_0^x f(t)\,dt.$$

Damit ist die zweite Ungleichung des Lemmas bewiesen. ●

Wir können das Lemma auch in Worten formulieren: „Integriert man eine Ungleichung zwischen zwei Funktionen von Null bis zu einer positiven Zahl, dann *bleibt die Ungleichung erhalten.* Integriert man von Null bis zu einer negativen Zahl, dann *kehrt sich die Ungleichung um.*

Beispiel 1: Es sei f eine Funktion mit stetiger erster, zweiter und dritter Ableitung, und es gelte $f(0) = 0, f^{(1)}(0) = 0$, $f^{(2)}(0) = 0$. Für alle x sei

$$5 \leqslant f^{(3)}(x) \leqslant 7.$$

Man zeige dann:

$$\frac{5x^3}{3!} \leqslant f(x) \leqslant \frac{7x^3}{3!} \qquad \text{für } x > 0$$

und

$$\frac{5x^3}{3!} \geqslant f(x) \geqslant \frac{7x^3}{3!} \qquad \text{für } x < 0.$$

Lösung: Betrachten wir zunächst den Fall $x > 0$. Aus dem Lemma folgt

$$\int_0^x 5\,dt \leqslant \int_0^x f^{(3)}(t)\,dt \leqslant \int_0^x 7\,dt.$$

Dies bedeutet aufgrund des Hauptsatzes

$$5x \leqslant f^{(2)}(x) - f^{(2)}(0) \leqslant 7x.$$

Wegen $f^{(2)}(0) = 0$ gelangen wir schließlich zu

$$5x \leqslant f^{(2)}(x) \leqslant 7x \qquad \text{für } x > 0. \tag{1}$$

Durch die Ungleichung (1) ist die Größe von $f^{(2)}(x)$ eingeschränkt. Nun integrieren wir (1), um Informationen über $f^{(1)}(x)$ zu erhalten.

Aus dem Lemma folgt

$$\int_0^x 5t\,dt \leqslant \int_0^x f^{(2)}(t)\,dt \leqslant \int_0^x 7t\,dt$$

oder

$$\frac{5x^2}{2} \leqslant f^{(1)}(x) - f^{(1)}(0) \leqslant \frac{7x^2}{2}.$$

Wegen $f^{(1)}(0)$ bedeutet dies schließlich

$$\frac{5x^2}{2} \leqslant f^{(1)}(x) \leqslant \frac{7x^3}{2} \qquad \text{für } x > 0. \tag{2}$$

Damit ist das Wachstum von $f^{(1)}(x)$ eingeschränkt. Integrieren wir ein weiteres Mal, so tritt $f(x)$ selbst in der Mitte der beiden Ungleichungen auf. Das Lemma führt nämlich auf

$$\int_0^x \frac{5t^2}{2}\,dt \leqslant \int_0^x f^{(1)}(t)\,dt \leqslant \int_0^x \frac{7t^2}{2}\,dt$$

oder

$$\frac{5x^3}{3!} \leqslant f(x) - f(0) \leqslant \frac{7x^3}{3!}.$$

Wiederum gilt $f(0) = 0$ und wir erhalten

$$\frac{5x^3}{3!} \leqslant f(x) \leqslant \frac{7x^3}{3!} \qquad \text{für } x > 0. \tag{3}$$

Damit ist die erste Ungleichung des Beispiels bewiesen.

Um die zweite Ungleichung zu verifizieren und den Fall $x < 0$ zu behandeln, integrieren wir wiederum dreimal, wobei in diesem Falle die Richtung der Ungleichung bei jeder Integration umgekehrt wird: Ungleichung (1) hat die Richtung $\geqslant$, Ungleichung (2) bleibt unverändert, Ungleichung (3) hat wiederum die Richtung $\geqslant$. Damit ist Beispiel 1 gelöst. ●

Die Aussage von Beispiel 1 kann auch anhand des Graphen von f illustriert werden (Bild 15.1). Aufgrund der

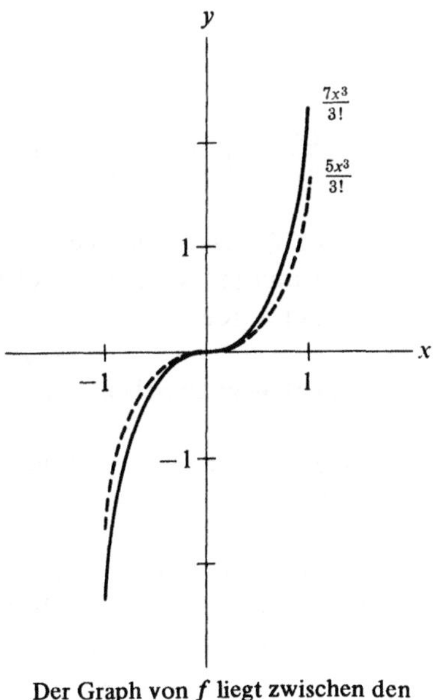

Bild 15.1

Der Graph von f liegt zwischen den Graphen von $y = \frac{5x^3}{3!}$ und $\frac{7x^3}{3!}$

Gleichungen $f(0)=0$, $f^{(1)}(0)=0$ und $f^{(2)}(0)=0$ geht der Graph durch $(0;0)$, die Tangente in diesem Punkt ist horizontal und der Anstieg verändert sich langsam ($f^{(2)}(0)=0$). Der Graph ist in der Nähe des Punktes $(0;0)$ also ziemlich „flach". Aus dieser Information und der Einschränkung für $f^{(3)}(x)$ ergibt sich dann unmittelbar, daß der Graph von f zwischen den Graphen von $y=5x^3/3!$ und $y=7x^3/3!$ liegt.

Das Verfahren einer wiederholten Integration von Ungleichungen führt uns zu folgendem nützlichen Theorem.

Theorem 1: Die Funktion f besitze in einem bestimmten offenen Intervall $(-b;b)$ bis inklusive zur n-ten Ordnung stetige Ableitungen und es gelte

$$f(0)=f^{(1)}(0)=f^{(2)}(0)=\ldots=f^{(n-1)}(0)=0.$$

Ferner mögen Zahlen m und M existieren, so daß für alle x aus $(-b;b)$ die Ungleichungen

$$m\leqslant f^{(n)}(x)\leqslant M$$

erfüllt sind. Dann gilt

$$\frac{mx^n}{n!}\leqslant f(x)\leqslant\frac{Mx^n}{n!}\qquad\text{für } 0<x<b \tag{4}$$

sowie

$$\frac{mx^n}{n!}\leqslant f(x)\leqslant\frac{Mx^n}{n!}\qquad\text{für gerades } n \text{ und } -b<x<0 \tag{5}$$

und

$$\frac{mx^n}{n!}\geqslant f(x)\geqslant\frac{Mx^n}{n!}\qquad\text{für ungerades } n \text{ und } -b<x<0.\ \bullet \tag{6}$$

Die Aussage von Theorem 1 und die Ungleichungen (4), (5) und (6) können in folgender Behauptung zusammengefaßt werden:

$$f(x) \text{ liegt zwischen } \frac{mx^n}{n!} \text{ und } \frac{Mx^n}{n!}.$$

Das folgende Theorem ergibt sich unmittelbar aus Theorem 1; es wird in der Folge noch öfters zur Anwendung kommen.

Theorem 2: Die Funktion f habe in einem bestimmten offenen Intervall $(-b;b)$ stetige Ableitungen bis inklusive zur n-ten Ordnung. Ferner gelte

$$f(0)=f^{(1)}(0)=f^{(2)}(0)=\ldots=f^{(n-1)}(0)=0.$$

Nun sei x eine beliebige Zahl aus dem Intervall $(-b;b)$. Dann gibt es eine Zahl X zwischen Null und x mit

$$f(x)=\frac{f^{(n)}(X)\,x^n}{n!}.$$

Beweis: Der Einfachheit halber beschränken wir uns auf den Fall $0<x<b$. Es sei M das Maximum von $f^{(n)}(t)$ für t aus $[0;x]$. Es sei ferner m das Minimum von $f^{(n)}(t)$ für t aus $[0;x]$. Dann gilt aufgrund von Theorem 1

$$\frac{mx^n}{n!}\leqslant f(x)\leqslant\frac{Mx^n}{n!}.$$

Es gibt daher eine Zahl C mit $m\leqslant C\leqslant M$ und

$$f(x)=\frac{Cx^n}{n!}.$$

Aufgrund des Mittelwertsatzes aus Abschnitt 6.1 existiert dann mindestens eine Zahl X aus dem Intervall $[0;x]$ mit

$$f^{(n)}(X)=C.$$

Es folgt

$$f(x)=\frac{f^{(n)}(X)\,x^n}{n!}.$$

Dies war gerade die Behauptung. Ganz analog kann für $-b<x<0$ vorgegangen werden. Für den Fall $x=0$ ergibt sich einfach

$$0=f(0)=\frac{f^{(n)}(0)\,0^n}{n!}.\ \bullet$$

Beispiel 2: Es sei x positiv. Man beweise dann die Existenz einer Zahl X aus $[0;x]$ mit

$$e^x=1+x+\frac{x^2}{2!}+\frac{x^3}{3!}+\frac{e^X x^4}{4!}.$$

Lösung: Wir wenden Theorem 2 auf die Funktion

$$f(t)=e^t-\left(1+t+\frac{t^2}{2!}+\frac{t^3}{3!}\right)$$

an. Dann gilt

$$f(0)=e^0-\left(1+0+\frac{0^2}{2!}+\frac{0^3}{3!}\right)=0.$$

Wir differenzieren

$$f^{(1)}(t)=e^t-\left(1+t+\frac{t^2}{2!}\right)$$

und erhalten

$$f^{(1)}(0) = e^0 - \left(1 + 0 + \frac{0^2}{2!}\right) = 0.$$

Wiederholung dieses Vorganges ergibt

$$f^{(2)}(t) = e^t - (1 + t) \quad \text{und} \quad f^{(2)}(0) = e^0 - (1 + 0) = 0.$$

Schließlich folgt

$$f^{(3)}(t) = e^t - 1 \quad \text{und} \quad f^{(3)}(0) = e^0 - 1 = 0$$

sowie

$$f^{(4)}(t) = e^t.$$

Aus $f(0) = 0$, $f^{(1)}(0) = 0$, $f^{(2)}(0) = 0$, $f^{(3)}(0) = 0$ und $f^{(4)}(t) = e^t$ folgt aufgrund von Theorem 2 für den Fall $n = 4$ und ein bestimmtes X aus $[0, x]$:

$$f(x) = \frac{e^X x^4}{4!}.$$

Dies bedeutet nun aufgrund der Definition von f

$$e^x - \left(1 + x + \frac{x^2}{2!} + \frac{x^3}{3!}\right) = \frac{e^X x^4}{4!}.$$

Damit ist das Problem gelöst. ●

Das Lemma, sowie die Theoreme 1 und 2 behandeln Funktionen in einem Intervall, das den Nullpunkt enthält. Die folgenden Theoreme verallgemeinern unsere Ergebnisse auf das Verhalten von Funktionen in der Umgebung einer beliebigen Zahl a. Die Beweise verlaufen ganz analog zu jenen der Theoreme 1 und 2, sie werden daher den Übungen 13 und 14 überlassen.

Theorem 3: Die Funktion f besitze in einem bestimmten offenen Intervall $(a - b; a + b)$ stetige Ableitungen bis inklusive zur n-ten Ordnung. Ferner sei

$$f(a) = f^{(1)}(a) = f^{(2)}(a) = \ldots = f^{(n-1)}(a) = 0.$$

Wenn für alle x aus $(a - b; a + b)$ Zahlen m und M mit

$$m \leq f^{(n)}(x) \leq M$$

existieren, dann gilt (Bild 15.2)

$$\frac{m(x-a)^n}{n!} \leq f(x) \leq \frac{M(x-a)^n}{n!} \quad \text{für } a < x < a + b$$

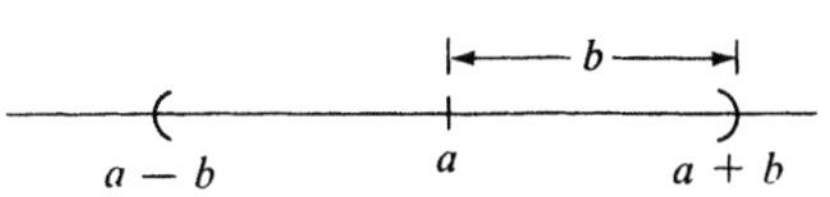

Bild 15.2

sowie

$$\frac{m(x-a)^n}{n!} \leq f(x) \leq \frac{M(x-a)^n}{n!} \quad \text{für gerades } n \text{ und } a - b < x < a$$

und

$$\frac{m(x-a)^n}{n!} \geq f(x) \geq \frac{M(x-a)^n}{n!} \quad \text{für ungerades } n \text{ und } a - b < x < a.$$ ●

Theorem 4: Die Funktion f besitze in einem bestimmten offenen Intervall $(a - b; a + b)$ stetige Ableitungen bis inklusive zur n-ten Ordnung. Ferner gelte

$$f(a) = f^{(1)}(a) = f^{(2)}(a) = \ldots = f^{(n-1)}(a) = 0.$$

Es sei x eine beliebige Zahl aus dem Intervall $(a - b; a + b)$. Dann gibt es eine Zahl X zwischen a und x mit

$$f(x) = \frac{f^{(n)}(X)(x-a)^n}{n!}.$$ ●

In Abschnitt 6.9 wurde mit Hilfe des Differentials die Veränderung einer Funktion durch die folgende Näherung abgeschätzt:

$$f(x) \approx f(a) + f'(a)(x - a).$$

Wie wir im nächsten Beispiel sehen werden, hängt der Fehler dieser Abschätzung von der zweiten Ableitung der Funktion f ab.

Beispiel 3: Die Funktion f besitze in einem bestimmten offenen Intervall, das die Zahl a enthält, stetige erste und zweite Ableitungen. Es sei x eine Zahl aus diesem Intervall. Dann gilt für ein bestimmtes X zwischen a und x

$$f(x) = f(a) + f'(a)(x - a) + \frac{f^{(2)}(X)(x-a)^2}{2}.$$

Lösung: Wir betrachten die Funktion

$$g(t) = f(t) - [f(a) + f'(a)(t - a)]. \tag{7}$$

Nun gilt

$$g(a) = f(a) - [f(a) + f'(a)(a - a)] = 0$$

und

$$g'(t) = f'(t) - f'(a). \tag{8}$$

Somit ergibt sich

$$g'(a) = f'(a) - f'(a) = 0.$$

Daher erfüllt g die Annahmen von Theorem 4 für $n = 2$ und es gilt für ein bestimmtes X zwischen a und x

$$g(x) = \frac{g^{(2)}(X)(x-a)^2}{2!}. \tag{9}$$

Aus Gleichung (8) entnehmen wir

$$g^{(2)}(X) = f^{(2)}(X). \tag{10}$$

Fassen wir schließlich (7), (9) und (10) zusammen, so folgt für ein bestimmtes X zwischen a und x

$$g(x) = f(x) - [f(a) + f'(a)(x-a)] = \frac{f^{(2)}(X)(x-a)^2}{2!}.$$

Damit ist die Behauptung von Beispiel 3 bewiesen. ●

Übungen:

In den folgenden Übungen mögen die Funktionen für alle x stetige Ableitungen beliebiger Ordnung besitzen.

1. Es gelte $f(0) = f^{(1)}(0) = f^{(2)}(0) = f^{(3)}(0) = 0$ und $0 \leqslant f^{(4)}(x) \leqslant 5$ für alle x. Was kann dann über $f(2)$ ausgesagt werden?

2. (*a*) Es gelte $f(0) = f^{(1)}(0) = f^{(2)}(0) = f^{(3)}(0) = 0$ und $2 \leqslant f^{(4)}(x) \leqslant 3$ für alle x. Dann zeige man

$$\frac{x^4}{12} \leqslant f(x) \leqslant \frac{x^4}{8}$$

für alle x.

(*b*) Man zeichne die Kurven $y = x^4/12$ und $y = x^4/8$, sowie den Graphen von f.

3. (*a*) Es gelte $f(1) = f^{(1)}(1) = 0$ und $2 \leqslant f^{(2)}(x) \leqslant 3$ für alle x. Dann zeige man

$$(x-1)^2 \leqslant f(x) \leqslant \frac{3(x-1)^2}{2}$$

für alle x.

(*b*) Man zeichne $y = (x-1)^2$ und $y = 3(x-1)^2/2$, sowie den Graphen von f.

4. (*a*) Es gelte $f(1) = f^{(1)}(1) = f^{(2)}(1) = 0$ und $1 \leqslant f^{(3)}(x) \leqslant 2$ für alle x. Dann liegt $f(x)$ zwischen $(x-1)^3/6$ und $(x-1)^3/3$. Man beweise dies.

(*b*) Man zeichne die Kurven $(x-1)^3/6$ und $(x-1)^3/3$, sowie den Graphen von f.

5. Es gelte $f(0) = f^{(1)}(0) = f^{(2)}(0) = f^{(3)}(0) = 0$ und $|f^{(4)}(x)| \leqslant 8$ für alle x. Dann beweise man

$$|f(x)| \leqslant \frac{x^4}{3}$$

für alle x.

6. (*a*) Es sei

$$f(x) = e^x - \left(1 + x + \frac{x^2}{2!} + \frac{x^3}{3!} + \frac{x^4}{4!}\right).$$

Man zeige $f^{(n)}(0) = 0$ für $n = 0, 1, 2, 3, 4$.

(*b*) Man zeige $f^{(5)}(x) = e^x$.

(*c*) Für jedes x gibt es eine Zahl X zwischen Null und x mit

$$e^x = 1 + x + \frac{x^2}{2!} + \frac{x^3}{3!} + \frac{x^4}{4!} + \frac{e^X x^5}{5!}.$$

Man beweise dies.

(*d*) Für $0 \leqslant x \leqslant 1$ unterscheidet sich $1 + x + x^2/2! + x^3/3! + x^4/4!$ von e^x um weniger als $1/40$. Man beweise dies.

7. (*a*) Es sei x eine feste und n eine positive ganze Zahl. Man beweise die Existenz einer Zahl X_n mit

$$e^x - \left(1 + x + \frac{x^2}{2!} + \dots + \frac{x^n}{n!}\right) = \frac{e^{X_n} x^{n+1}}{(n+1)!},$$

die zwischen Null und x liegt. (X_n hängt von n ab.)

(*b*) Man beweise für positive x

$$\lim_{n \to \infty} \left(1 + x + \frac{x^2}{2!} + \dots + \frac{x^n}{n!}\right) = e^x.$$

(*c*) Man beweise für negative x

$$\lim_{n \to \infty} \left(1 + x + \frac{x^2}{2!} + \dots + \frac{x^n}{n!}\right) = e^x.$$

Die Gleichungen (*b*) und (*c*) gelten auch für $x = 0$. Daher wird die Funktion e^x für alle x durch die Potenzreihe $\sum_{n=0}^{\infty} x^n/n!$ dargestellt.

8. (*a*) Man beweise für eine Zahl X zwischen Null und x

$$\sin x = x - \frac{x^3}{3!} + \frac{x^5}{5!} - \frac{\sin(X)\, x^6}{6!}.$$

(*b*) Für $0 \leqslant x \leqslant \pi/6$ unterscheidet sich das Polynom $x - x^3/6 + x^5/120$ von $\sin x$ um höchstens $\pi^6/(6^6 \cdot 720) \approx 0{,}000\,028\,6$. Man beweise dies.

9. (*a*) Man beweise für eine Zahl X zwischen Null und x

$$\ln(1+x) = 1 - x + \frac{x^2}{2} + \frac{x^3}{3(1+X)^3}.$$

(*b*) Man beweise, daß sich $1 - x + x^2/2$ für $0 \leqslant x \leqslant 1/2$ von $\ln(1+x)$ um höchstens $1/24 \approx 0{,}04$ unterscheidet.

10. Es sei $E(h)$ eine Funktion von h mit $E(0) = 0 = E^{(1)}(0)$ und $|E^{(2)}(x)| \leqslant 3$ für alle x. Was folgt daraus für $|E(h)|$?

11. Es sei $g(x)$ eine Funktion mit $g(0) = 2$, $g^{(1)}(0) = 0 = g^{(2)}(0)$ und $1 \leqslant g^{(3)}(x) \leqslant 2$ für alle x. Was folgt daraus für $g(3)$?

12. Man beweise für eine Zahl X zwischen Null und x

$$\cos x = 1 - \frac{x^2}{2!} + \frac{\sin X \cdot x^3}{3!}.$$

■

13. Man beweise Theorem 3 für $x > a$:

(*a*) $m(x-a) \leqslant f^{(n-1)}(x) \leqslant M(x-a)$,

(*b*) $\dfrac{m(x-a)^2}{2} \leqslant f^{(n-2)}(x) \leqslant \dfrac{M(x-a)^2}{2}$.

(*c*) Man ergänze den Beweis.

14. Man beweise Theorem 1 für negative x und

(*a*) $n = 4$ und (*b*) $n = 5$.

15. Man zeichne den Graphen von $y = (x-a)^n$ für

(*a*) $n = 4$ und (*b*) $n = 5$.

16. Man beweise Theorem 4.

17. Es sei f eine Funktion und ferner sei

$$R(x) = f(x) - \left[f(0) + f^{(1)}(0)\,x + \frac{f^{(2)}(0)\,x^2}{2!} + \frac{f^{(3)}(0)\,x^3}{3!}\right]$$

(*a*) Man beweise $R^{(n)}(0) = 0$ für $n = 0, 1, 2, 3$.

(*b*) Man beweise $R^{(4)}(x) = f^{(4)}(x)$ für alle x.

18. Es sei f eine Funktion und a eine Zahl. Ferner sei

$$R(x) = f(x) - \left[f(a) + f^{(1)}(a)(x-a) + \frac{f^{(2)}(a)(x-a)^2}{2!} + \frac{f^{(3)}(a)(x-a)^3}{3!}\right]$$

(*a*) Man beweise $R^{(n)}(a) = 0$ für $n = 0, 1, 2, 3$.

(*b*) Man beweise $R^{(4)}(x) = f^{(4)}(x)$ für alle x.

In den Übungen 19 bis 21 werden Potenzreihen für $\sin x$ und $\cos x$ hergeleitet.

19. Es sei $f(x)$ eine Funktion mit der Eigenschaft $|f^{(n)}(x)| \leqslant 20$ für alle x und alle n.

(*a*) Man beweise $f(x) = \sum_{n=0}^{\infty} f^{(n)}(0)\,x^n/n!$.

(*b*) Man beweise $f(x) = \sum_{n=0}^{\infty} f^{(n)}(2)\,(x-2)^n/n!$.

(*c*) Man beweise $f(x) = \sum_{n=0}^{\infty} f^{(n)}(-2)\,(x+2)^n/n!$.

20. (Siehe Übung 19.) Man beweise für alle x

$$\sin x = x - \frac{x^3}{3!} + \frac{x^5}{5!} - \frac{x^7}{7!} + \dots.$$

21. (Siehe Übung 19.) Man beweise für alle x

$$\cos x = 1 - \frac{x^2}{2!} + \frac{x^4}{4!} - \frac{x^6}{6!} + \dots.$$

■■

Die folgende Übung behandelt das Newtonsche Verfahren.

22. (*a*) Man wiederhole das Theorem aus Abschnitt 11.4 (Newtonsches Verfahren zur Abschätzung einer Wurzel r der Gleichung $f(x) = 0$). Wir werden hier die gleiche Bezeichnungsweise verwenden.

(*b*) Man beweise für ein X zwischen x_i und r

$$0 = f(r) = f(x_i) + f'(x_i)(r - x_i) + f''(X)\frac{(r-x_i)^2}{2}.$$

(*c*) Mit Hilfe von (*b*) beweise man

$$x_{i+1} - r = \frac{(r-x_i)^2}{2}\,\frac{f''(X)}{f'(x_i)}.$$

(*d*) Mit Hilfe von (*c*) beweise man

$$|x_{i+1} - r| \leqslant \frac{M}{2}|x_i - r|^2.$$

Diese Ungleichung wurde in Abschnitt 11.4 vorausgesetzt.

23. Es sei $f(0) = f^{(1)}(0) = f^{(2)}(0) = 1$ und $2 \leqslant f^{(3)}(x) \leqslant 4$ für alle x. Was folgt daraus über $f(x)$ für alle positiven x?

15.2 Taylorsche Reihe

In Abschnitt 14.7 kamen wir zur Überzeugung, daß eine Funktion $f(x)$ durch die Potenzreihe

$$f(0) + f^{(1)}(0)\,x + \frac{f^{(2)}(0)}{2!}x^2 + \dots + \frac{f^{(n)}(0)\,x^n}{n!} + \dots \tag{1}$$

dargestellt werden könne. Um dies exakt zu beweisen, müssen wir für $n \to \infty$

$$f(x) - \left[f(0) + f^{(1)}(0)\,x + \frac{f^{(2)}(0)\,x^2}{2!} + \dots + \frac{f^{(n)}(0)\,x^n}{n!}\right] \to 0$$

verifizieren.

Für $f(x) = e^x$, $\cos x$ oder $\sin x$ stellt die Reihe (1) die Funktion für alle x dar. Für $f(x) = \ln(1+x)$ wird die Funktion durch (1) nur im Bereich zwischen -1 und 1 dargestellt. Für die Funktion aus Übung 31 liefert die Reihe (1) die Funktion nur an der Stelle $x = 0$. Ob die Reihe (1) die Funktion $f(x)$ darstellt, hängt davon ab, wie schnell $f^{(n)}(x)$ für $n \to \infty$ wächst. Wir werden dies in der Folge zeigen.

Wir werden ganz allgemein Potenzreihen in $x - a$ behandeln und die Differenz zwischen $f(x)$ und

$$f(a) + f^{(1)}(a)(x-a) + \frac{f^{(2)}(a)(x-a)^2}{2!} + \dots + \frac{f^{(n)}(a)(x-a)^n}{n!}$$

untersuchen.

Definition des Taylorschen Polynoms vom Grad n, $P_n(x;a)$: Die Funktion f habe an der Stelle a alle Ableitungen bis zur Ordnung n. Dann bezeichnen wir

$$f(a)+f'(a)(x-a)+\frac{f^{(2)}(a)}{2!}(x-a)^2+\ldots+$$
$$+\frac{f^{(n)}(a)}{n!}(x-a)^n$$

als Taylorsches Polynom vom Grad n für f an der Stelle a und schreiben dafür $P_n(x;a)$.

Beispiel 1: Man bestimme das Taylorsche Polynom $P_1(x;a)$ für die Funktion f an der Stelle a.

Lösung: Aufgrund der Definition des Taylorschen Polynoms vom Grad 1 ergibt sich

$$P_1(x;a)=f(a)+f'(a)(x-a).$$

Daher ist $P_1(x;a)$ gerade das Polynom, das im vorigen Abschnitt zur Annäherung von $f(x)$ in der Umgebung von a verwendet wurde. Es ist dies das einzige Polynom P ersten Grades mit $P(a)=f(a)$ und $P'(a)=f'(a)$. •

Beispiel 2: Man bestimme das Taylorsche Polynom vom Grad 4 für e^x an der Stelle $a=0$.

Für $x=0$ haben diese Ableitungen alle den Wert 1. Somit folgt für das Taylorsche Polynom vom Grad 4 an der Stelle Null

$$P_4(x;0)=1+\frac{1}{1!}(x-0)+\frac{1}{2!}(x-0)^2+\frac{1}{3!}(x-0)^3+$$
$$+\frac{1}{4!}(x-0)^4$$

oder

$$1+x+\frac{x^2}{2!}+\frac{x^3}{3!}+\frac{x^4}{4!}\,. \quad \bullet$$

Die wichtigste Eigenschaft des Taylorschen Polynoms $P_n(x;a)$ ist im folgenden Theorem formuliert. Zur Unterscheidung von n verwenden wir hier den Index j.

Theorem 1: Es sei $P_n(x;a)$ das Taylorsche Polynom vom Grad n für die Funktion f an der Stelle a. Dann ist für $j=0,1,\ldots,n$ die j-te Ableitung von $P_n(x;a)$ an der Stelle a gleich der j-ten Ableitung von $f(x)$ an der Stelle a:

$$D^{(j)}(P_n(x;a))=f^{(j)}(x) \quad \text{für } x=a.$$

Beweis: Man differenziere $P_n(x;a)$ und setze jeweils $x=a$. Die folgende Tabelle faßt die Ergebnisse zusammen:

	$D^{(j)}(P_n(x;a))$	$D^{(j)}(P_n(x;a))$ für $x=a$
$j=0$	$f(a)+f^{(1)}(a)(x-a)+\frac{f^{(2)}(a)(x-a)^2}{2!}+\frac{f^{(3)}(a)(x-a)^3}{3!}+\ldots+\frac{f^{(n)}(a)(x-a)^n}{n!}$	$f(a)=f^{(0)}(a)$
$j=1$	$f^{(1)}(a)+f^{(2)}(a)(x-a)+\frac{f^{(3)}(a)(x-a)^2}{2!}+\ldots+\frac{f^{(n)}(a)(x-a)^{n-1}}{(n-1)!}$	$f^{(1)}(a)$
$j=2$	$f^{(2)}(a)+f^{(3)}(a)(x-a)+\ldots+\frac{f^{(n)}(a)(x-a)^{n-2}}{(n-2)!}$	$f^{(2)}(a)$
......	......	......
$j=n$	$f^{(n)}(a)$	$f^{(n)}(a)$

•

Lösung: In diesem Falle gilt $f(x)=e^x$. Mehrfache Differentiation ergibt

$$f^{(1)}(x)=e^x, \qquad f^{(2)}(x)=e^x,$$
$$f^{(3)}(x)=e^x, \qquad f^{(4)}(x)=e^x.$$

Aufgrund von Theorem 1 ist $P_n(x;a)$ ein Polynom vom Grad n, dessen Ableitungen bis zur Ordnung n an der Stelle $x=a$ mit den von $f(x)$ übereinstimmen. (Tatsächlich ist $P_n(x;a)$ das einzige Polynom vom Grad n mit diesen Eigenschaften.)

Definition des Restgliedes $R_n(x;a)$: Es sei f eine Funktion und $P_n(x;a)$ das zugehörige Taylorsche Polynom vom Grad n an der Stelle a. Wir definieren die Zahl $R_n(x;a)$ durch die Gleichung

$$f(x) = P_n(x;a) + R_n(x;a)$$

und bezeichnen sie als *Restglied* bei der Approximation von $f(x)$ durch das Taylorsche Polynom $P_n(x;a)$.

Bei „friedlichen" Funktionen f erwarten wir für $n \to \infty$

$$R_n(x;a) \to 0.$$

Theorem 2 wird diese Hoffnung exakter fassen. Zum Beweis von Theorem 2 gehen wir von folgendem Lemma aus, das Theorem 4 aus dem vorangehenden Abschnitt für unsere Zwecke adaptiert; n wird durch $n+1$ und f durch R ersetzt.

Lemma: Die Funktion R habe in einem bestimmten offenen Intervall $(a-b;a+b)$ stetige Ableitungen bis inklusive zur Ordnung $(n+1)$. Es gelte

$$R(a) = R^{(1)}(a) = R^{(2)}(a) = \ldots = R^{(n)}(a) = 0.$$

Es sei ferner x eine beliebige Zahl aus dem Intervall $(a-b;a+b)$. Dann gibt es eine Zahl X zwischen a und x mit

$$R(x) = \frac{R^{(n+1)}(X)(x-a)^{n+1}}{(n+1)!}.$$

Theorem 2 (*Die Lagrange-Form (Ableitungsform) des Restgliedes $R_n(x;a)$*): Die Funktion f sei zumindest im Intervall $(a-b;a+b)$ definiert. In diesem Intervall mögen die ersten $n+1$ Ableitungen von f existieren. Dann gibt es eine Zahl X zwischen a und x mit

$$R_n(x;a) = f^{(n+1)}(X)\frac{(x-a)^{n+1}}{(n+1)!}.$$

Beweis: Wir schreiben $R(x)$ für das Restglied $R_n(x;a)$:

$$R(x) = f(x) - P_n(x;a).$$

Aufgrund von Theorem 1 gilt

$$R(a) = R^{(1)}(a) = R^{(2)}(a) = \ldots = R^{(n)}(a) = 0.$$

Da nun $P_n(x;a)$ ein Polyom vom Grad n ist, verschwindet seine $(n+1)$-te Ableitung für alle x. Es gilt also

$$R^{(n+1)}(x) = f^{(n+1)}(x).$$

Dann folgt aus dem Lemma unmittelbar für eine bestimmte Zahl X zwischen a und x

$$R(x) = \frac{f^{(n+1)}(X)(x-a)^{n+1}}{(n+1)!}.$$

Damit ist der Beweis abgeschlossen. ●

Obwohl wir den genauen Wert von X nicht kennen und obwohl die Zahl X für feste a und x noch von n abhängt, gestattet die Aussage von Theorem 2 bereits wichtige Schlüsse. Dies zeigt das folgende Beispiel.

Beispiel 3: Mit Hilfe von Theorem 2 beweise man für jede beliebige positive Zahl x

$$e^x = 1 + x + \frac{x^2}{2!} + \frac{x^3}{3!} + \ldots.$$

Lösung: Das Taylorsche Polynom vom Grad n für e^x an der Stelle $a = 0$ lautet

$$P_n(x;0) = 1 + x + \frac{x^2}{2!} + \frac{x^3}{3!} + \frac{x^4}{4!} + \ldots + \frac{x^n}{n!}.$$

(Siehe Beispiel 2 für den Fall $n = 4$.) Die Differenz zwischen e^x und diesem Polynom wird mit $R_n(x;0)$ bezeichnet. Aufgrund von Theorem 2 gilt für eine bestimmte Zahl X zwischen Null und x

$$R_n(x;0) = \frac{f^{(n+1)}(X)(x-0)^{n+1}}{(n+1)!}.$$

Aus $f(x) = e^x$ folgt $f^{(n+1)}(x) = e^x$, und wir erhalten

$$R_n(x;0) = \frac{e^X x^{n+1}}{(n+1)!}.$$

Berücksichtigen wir nun $1 \leqslant e^X \leqslant e^x$, so ergibt sich

$$\frac{x^{n+1}}{(n+1)!} \leqslant R_n(x;0) \leqslant e^x \frac{x^{n+1}}{(n+1)!}.$$

Wie wir Beispiel 4 aus Abschnitt 14.5 entnehmen, folgt $x^{n+1}/(n+1)! \to 0$ aus $n \to \infty$.

So erhalten wir also

$$\lim_{n\to\infty} R_n(x;0) = 0$$

und schließen daher

$$1 + x + \frac{x^2}{2!} + \frac{x^3}{3!} + \ldots + \frac{x^n}{n!} + \ldots = e^x.$$

Der Leser möge die gleiche Schlußfolgerung für negative x beweisen. ●

Wie Beispiel 3 illustriert, kann mit Hilfe der Ableitungsform des Restgliedes $R_n(x,a)$ untersucht werden, ob die mit Hilfe der Taylorschen Polynome einer Funktion f definierte Potenzreihe tatsächlich nach f konvergiert.

Definition der Taylorschen und der Maclaurinschen Reihe: Die Funktion f habe an der Stelle a Ableitungen beliebiger Ordnung. Die Reihe

$$f(a) + f^{(1)}(a)(x-a) + \frac{f^{(2)}(a)(x-a)^2}{2!} + \ldots + \frac{f^{(n)}(a)(x-a)^n}{n!} + \ldots$$

wird die zu f gehörende Taylorsche Reihe in Potenzen von $x-a$ genannt. Für $a = 0$ nimmt die Taylorsche Reihe die einfachere Form

$$f(0) + f'(0)\,x + \frac{f^{(2)}(0)\,x^2}{2!} + \ldots + \frac{f^{(n)}(0)\,x^n}{n!} + \ldots$$

an. Es ist dies dann die zu f gehörige Maclaurinsche Reihe.

Wie in Beispiel 3 gezeigt wurde, konvergiert die Taylorsche Reihe der Funktion f in diesem Falle nach der gegebenen Funktion. Übung 31 behandelt die „pathologische" Funktion (e^{-1/x^2}), deren Taylorsche Reihe für alle Werte von x nach Null und nicht nach der gegebenen Funktion konvergiert.

Beispiel 4: Konvergiert die zur Funktion $\sin x$ gehörige Maclaurinsche Reihe?

Lösung: Der Koeffizient von x^n der zu $\sin x$ gehörigen Maclaurinschen Reihe beträgt

$$\frac{\sin^{(n)}(0)}{n!}\,.$$

Die ersten Ableitungen von $\sin x$ sind mit ihren Werten an der Stelle Null in der nachfolgenden Tabelle zusammengefaßt: Das Muster wiederholt sich in Viererblöcken. Für gerade n gilt $\sin^{(n)}(0) = 0$, daher enthält die Maclaurinsche Reihe für $\sin x$ keine geraden Potenzen von x (genauer: Diese Potenzen müssen nicht angeschrieben werden). Es bleiben daher Terme der Form

$$\frac{x^n}{n!} \quad \text{oder} \quad \frac{-x^n}{n!}\,.$$

n	$\sin^{(n)} x$	$\sin^{(n)} 0$
0	$\sin x$	0
1	$\cos x$	1
2	$-\sin x$	0
3	$-\cos x$	-1
4	$\sin x$	0
5	$\cos x$	1
6	$-\sin x$	0
...	...	...

Die Vorzeichen alternieren jeweils, und wir erhalten für die Maclaurinsche Reihe

$$x - \frac{x^3}{3!} + \frac{x^5}{5!} - \frac{x^7}{7!} + \ldots\,.$$

Diese Reihe konvergiert nach $\sin x$, wenn das Restglied $R_n(x;a)$ für $n \to \infty$ nach Null strebt. Wie wir der Ableitungsform des Restgliedes entnehmen, gibt es eine Zahl X aus $(0;x)$ mit

$$R_n(x;0) = \frac{\sin^{(n+1)}(X)\,x^{n+1}}{(n+1)!}\,.$$

(X hängt von n und x ab.) Da die höheren Ableitungen von $\sin x$ entweder $\pm\cos x$ oder $\pm\sin x$ sind, folgt in jedem Falle $|\sin^{(n+1)}(X)| \leqslant 1$ und

$$|R_n(x;0)| \leqslant \frac{|x|^{n+1}}{(n+1)!}\,.$$

Beispiel 4 aus Abschnitt 14.5 entnehmen wir

$$\lim_{n\to\infty} \frac{|x|^{n+1}}{(n+1)!} = 0$$

und erhalten schließlich

$$\lim_{n\to\infty} R_n(x;0) = 0.$$

Daher konvergiert die zu $\sin x$ gehörende Maclaurinsche Reihe tatsächlich für alle Werte von x nach $\sin x$. ●

In den bisherigen beiden Beispielen haben wir Taylorsche Reihen für $a = 0$ aufgesucht. Im folgenden Beispiel ist a von Null verschieden.

Beispiel 5: Man bestimme die Taylorsche Reihe der Funktion $\cos x$ in Potenzen von $x - \pi/4$.

Lösung: In diesem Falle sind alle Ableitungen an der Stelle $\pi/4$ zu berechnen. Dies ist für $n \leqslant 6$ in der folgenden Tabelle geschehen.

n	$f^{(n)}(x) = \cos^{(n)} x$	$f^{(n)}\left(\frac{\pi}{4}\right)$
0	$\cos x$	$\frac{\sqrt{2}}{2}$
1	$-\sin x$	$-\frac{\sqrt{2}}{2}$
2	$-\cos x$	$-\frac{\sqrt{2}}{2}$
3	$\sin x$	$\frac{\sqrt{2}}{2}$
4	$\cos x$	$\frac{\sqrt{2}}{2}$
5	$-\sin x$	$-\frac{\sqrt{2}}{2}$
6	$-\cos x$	$-\frac{\sqrt{2}}{2}$

Daher beginnt die Taylorsche Reihe für $a = \pi/4$ mit den Termen

$$\frac{\sqrt{2}}{2} - \frac{\sqrt{2}}{2}\left(x - \frac{\pi}{4}\right) - \frac{\sqrt{2}}{2}\frac{(x-\pi/4)^2}{2!} + \\ + \frac{\sqrt{2}}{2}\frac{(x-\pi/4)^3}{3!} + \frac{\sqrt{2}}{2}\frac{(x-\pi/4)^4}{4!} - \dots .$$

(Auf zwei Pluszeichen folgen zwei Minuszeichen.) Mit Hilfe der Ableitungsform für $R_n(x; \pi/4)$ läßt sich die Konvergenz der Reihe nach $\cos x$ für alle Werte von x beweisen. ●

Taylor untersuchte den Zusammenhang zwischen einer Funktion und dem Wert ihrer höheren Ableitungen. Er publizierte seine Ergebnisse im Jahre 1715, ohne sie weiter anzuwenden. Maclaurin studierte im Jahre 1742 Potenzreihen an der Stelle $a = 0$ und stützte sich dabei auf Taylors Resultate.

In den letzten beiden Beispielen dieses Abschnitts werden bestimmte Integrale mit Hilfe der Taylorschen Reihen abgeschätzt.

Beispiel 6: Man schätze $\int\limits_0^{1/2} e^{-x^2}\,dx$.

Lösung: Wir verwenden die ersten vier Terme der Maclaurinschen Reihe von e^x und die Ableitungsform von $R_3(x; 0)$. Es ergibt sich

$$e^t = 1 + t + \frac{t^2}{2!} + \frac{t^3}{3!} + \frac{e^T}{4!}t^4$$

für eine Zahl T zwischen Null und t (T hängt von t ab). Wird t durch $-x^2$ ersetzt, so erhalten wir für ein bestimmtes T zwischen Null und $-x^2$ die folgende Relation:

$$e^{-x^2} = 1 - x^2 + \frac{x^4}{2!} - \frac{x^6}{3!} + \frac{e^T x^8}{4!}.$$

Für das Integral folgt

$$\int\limits_0^{1/2} e^{-x^2}\,dx = \int\limits_0^{1/2}\left(1 - x^2 + \frac{x^4}{2!} - \frac{x^6}{3!}\right)dx + \int\limits_0^{1/2}\frac{e^T x^8}{4!}\,dx.$$

Wenn wir nun das Integral

$$\int\limits_0^{1/2} e^{-x^2}\,dx \quad \text{durch} \quad \int\limits_0^{1/2}\left(1 - x^2 + \frac{x^4}{2!} - \frac{x^6}{3!}\right)dx$$

abschätzen, ergibt sich ein Fehler von

$$\int\limits_0^{1/2}\frac{e^T x^8}{4!}\,dx.$$

Da T für jeden Wert von x negativ ist, erhalten wir

$$0 \leqslant \frac{e^T x^8}{4!} \leqslant \frac{e^0 x^8}{4!} = \frac{x^8}{4!}.$$

Somit folgt

$$\int\limits_0^{1/2}\frac{e^T x^8}{4!}\,dx \leqslant \int\limits_0^{1/2}\frac{x^8}{4!}\,dx = \frac{x^9}{4!\cdot 9}\Bigg|_0^{1/2} = \frac{1}{4!\cdot 9\cdot 2^9}$$

und schließlich

$$\int\limits_0^{1/2}\left(1 - x^2 + \frac{x^4}{2!} - \frac{x^6}{3!}\right)dx = \frac{1}{2} - \frac{1}{2^3\cdot 3} + \frac{1}{2^5\cdot 5\cdot 2!} - \frac{1}{2^7\cdot 7\cdot 3!} \approx 0{,}461\,27$$

als Abschätzung für $\int\limits_0^{1/2} e^{-x^2}\,dx$ mit einem Fehler kleiner als

$$\frac{1}{4!\cdot 9\cdot 2^9} = \frac{1}{110\,592} < 0{,}000\,01. \bullet$$

Beispiel 7: Man schätze $\int_0^1 \frac{\sin x}{x}\,dx$ mit Hilfe der ersten vier nichtverschwindenden Terme der Maclaurinschen Reihe für $\sin x$ ab.

Lösung: Es gilt

$$\sin x = x - \frac{x^3}{3!} + \frac{x^5}{5!} - \frac{x^7}{7!} + R_7(x;0)$$

mit

$$R_7(x;0) = \frac{\sin^{(8)}(X)\,x^8}{8!} = \frac{(\sin X)\,x^8}{8!}$$

für eine bestimmte Zahl X zwischen Null und x (X hängt von x ab.) Es folgt

$$\frac{\sin x}{x} = 1 - \frac{x^2}{3!} + \frac{x^4}{5!} - \frac{x^6}{7!} + \frac{(\sin X)\,x^7}{8!}$$

und

$$\int_0^1 \frac{\sin x}{x}\,dx = \int_0^1 \left(1 - \frac{x^2}{3!} + \frac{x^4}{5!} - \frac{x^6}{7!}\right)dx + \int_0^1 \frac{(\sin X)\,x^7}{8!}\,dx. \qquad (1)$$

Nun gilt für jede Zahl X mit $0 \leqslant \sin X \leqslant 1$

$$0 \leqslant \int_0^1 \frac{(\sin X)\,x^7}{8!}\,dx \leqslant \int_0^1 \frac{1x^7}{8!}\,dx = \frac{1}{8\cdot 8!} < 0{,}000\,01.$$

Das erste bestimmte Integral auf der rechten Seite von (1) kann leicht ausgewertet werden und ist näherungsweise durch 0,946 08 gegeben. Diese Abschätzung für $\int_0^1 \frac{\sin x}{x}\,dx$ ist mit einem Fehler von weniger als 0,000 01 behaftet.

Übungen:

In den Übungen 1 bis 10 bestimme man das zur jeweiligen Funktion und zum jeweiligen Wert von a gehörige Taylorsche Polynom vom Grad n.

1. e^{-x}, $n = 4$, $a = 0$
2. e^{-x}, $n = 4$, $a = 1$
3. x^4, $n = 4$, $a = 1$
4. $\ln(1+x)$, $n = 3$, $a = 0$
5. $\sin x$, $n = 5$, $a = 0$
6. $\sin x$, $n = 4$, $a = \pi/6$
7. $\ln x$, $n = 3$, $a = 1$
8. $\sqrt{1+x}$, $n = 3$, $a = 0$
9. $1/(1+x)$, $n = 4$, $a = 0$
10. $\arctan x$, $n = 2$, $a = 0$

11. Man entwickle $\sin x$ nach Potenzen von $x - \pi/2$ und schreibe die ersten drei nichtverschwindenden Terme an.

12. Man entwickle $\cos x$ nach Potenzen von $x - \pi/3$ und schreibe die ersten vier Terme an.

13. (*a*) Schätzt man $\cos x$ für $|x| \leqslant 1$ durch $1 - x^2/2 + x^4/24$ ab, so ist der Fehler kleiner als $1/5! \leqslant 0{,}009$. Man beweise dies. (Man verwende die Ableitungsform von $R_4(x;0)$ zur Schätzung von $R_4(x;0)$.)
(*b*) Warum ist der Fehler kleiner als $1/6!$?

14. (*a*) Man bestimme die Maclaurinsche Reihe für $\cos x$.
(*b*) Man beweise ihre Konvergenz nach $\cos x$.

15. Es gilt $\arctan x = x - x^2 X/(1+X^2)^2$ für eine bestimmte Zahl X zwischen Null und x. Man beweise dies.

16. Die Taylorsche Reihe aus Beispiel 5 konvergiert nach $\cos x$. Man beweise dies.

17. Man bestimme das Taylorsche Polynom $P_4(x;0)$ für $\arctan x$.

In den Übungen 18 bis 21 verwende man eine hinreichende Anzahl von Termen der Maclaurinschen Reihe für e^x, um die gesuchten Schätzungen durchzuführen. (Zur Abschätzung des Fehlers verwende man die Ableitungsform von $R_n(x;0)$.)

18. e^{-1}, Fehler kleiner als 0,01.

19. $e^{2/3}$, Fehler kleiner als 0,01.

20. e^2, Fehler kleiner als 0,1.

21. e^{-2}, Fehler kleiner als 0,1.

22. Die folgende Übung behandelt die Maclaurinsche Reihe für $f(x) = \ln(1+x)$.
(*a*) Man ergänze die folgende Tabelle

n	$f^{(n)}(x)$	$f^{(n)}(0)$	n	$f^{(n)}(x)$	$f^{(n)}(0)$
0			3		
1			4		
2			5		

(*b*) Man schreibe die Maclaurinsche Reihe für $\ln(1+x)$ an.
(*c*) Die Reihe aus (*b*) konvergiert nicht für $|x| > 1$. Man beweise dies.
(*d*) Die Reihe aus (*b*) konvergiert für $|x| < 1$ nach $\ln(1+x)$. Man beweise dies.

23. Man beweise $e^x = 1 + x + x^2/2! + \ldots$ für negative x.

■

Der Koeffizient von x^j in der Entwicklung von $(1+x)^n$ ist für positive ganze n durch

$$\frac{n!}{j!\,(n-j)!} = \frac{n(n-1)\ldots(n-j+1)}{1\cdot 2\ldots j}$$

gegeben. Er heißt Binomialkoeffizient und wird mit $\binom{n}{j}$ oder C_j^n bezeichnet.

In der folgenden Übung wird obige Formel bewiesen.

24. Es sei $f(x) = (1+x)^n$ für festes positives ganzes n.
(*a*) Man beweise $f(x) = P_n(x;0)$.

(*b*) Für $j = 0, 1, 2, \ldots, n$, zeige man

$$f^{(j)}(0) = n(n-1)(n-2)\ldots(n-j+1) = \frac{n!}{(n-j)!}.$$

(*c*) Man beweise

$$(1+x)^n = 1 + \frac{n!}{1!\,(n-1)!}x + \frac{n!}{2!\,(n-2)!}x^2 + \ldots + \frac{n!}{n!\,0!}x^n.$$

Der Koeffizient von x^j lautet

$$\frac{n!}{j!\,(n-j)!}.$$

(*d*) Aus (*c*) leite man die folgende allgemeinere Form des Binomialtheorems her:

$$(a+b)^n = a^n + \frac{n!}{1!(n-1)!}a^{n-1}b + \frac{n!}{2!\,(n-2)!}a^{n-2}b^2 + \ldots + \frac{n!}{n!\,0!}b^n.$$

25. (*a*) Mit Hilfe von Übung 24 (*c*) zeige man

$$(1+x)^3 = 1 + 3x + 3x^2 + x^3.$$

(*b*) Mit Hilfe von Übung 24 (*c*) berechne man die ersten drei Terme von $(1+x)^{10}$.

(*c*) Mit Hilfe von Übung 24 (*c*) berechne man die letzten drei Terme von $(1+x)^{10}$.

26. (Siehe Übung 24 (*c*).) Der Koeffizient von x^3 in der Entwicklung von $(1+x)^{100}$ beträgt 161 700. Man beweise dies.

27. (*a*) Man zeichne in bezug auf die gleichen Achsen die Kurven $y = 1 + 2x$ und $y = e^x$.

(*b*) Man schätze die x-Koordinate für den Punkt der y-Achse, wo die beiden Kurven einander schneiden, graphisch ab.

(*c*) Man verwende $1 + x + x^2/2 + x^3/6$ als Näherung für e^x und schätze den Schnittpunkt der Kurven aus (*a*) ab.

28. Es sei $f(x) = \cos x^2$.

(*a*) Man berechne $f(0)$, $f^{(1)}(0)$, $f^{(2)}(0)$ und $f^{(3)}(0)$.

(*b*) Wie die Berechnungen aus (*a*) zeigen, ist die direkte Bestimmung der Maclaurinschen Reihe für $\cos x^2$ schwierig. Statt dessen gewinne man diese Reihe aus der für $\cos x$ durch die Ersetzung von x durch x^2.

29. Wie lautet die Maclaurinsche Reihe für

(*a*) $\cos 2x$? (*b*) $\cos\sqrt{x}$?

30. (*a*) Aus der Maclaurinschen Reihe für $\cos x$ nach Potenzen von x gewinne man die Maclaurinsche Reihe für $\cos 2x$.

(*b*) Mit Hilfe der Identität $\sin^2 x = (1 - \cos 2x)/2$ gewinne man die Maclaurinsche Reihe für $(\sin^2 x)/x^2$.

(*c*) Man schätze $\int_0^1 (\sin x/x)^2\,dx$ mit Hilfe der ersten drei nichtverschwindenden Terme aus obiger Reihe ab.

(*d*) Man gebe eine Schranke für den Fehler der Schätzung aus (*c*) an.

■■

31. Es sei $f(x) = e^{-1/x^2}$ für $x \neq 0$ und $f(0) = 0$.

(*a*) Man zeichne $y = f(x)$ für x aus $[-1; 1]$.

(*b*) Man beweise $f'(0) = 0$.

(*c*) Man beweise $f''(0) = 0$.

(*d*) Warum verschwindet $f^{(n)}(0)$ für alle positiven ganzen n?

(*e*) Wie lautet die Maclaurinsche Reihe für f?

(*f*) Stellt die Reihe aus (*e*) die Funktion f dar?

15.3 Die Differentialgleichung der harmonischen Bewegung

Wir betrachten eine Masse, die bewegungslos am Ende einer Feder hängt (Bild 15.3a). Sie befindet sich im Zustand der Ruhe und wird diesen Zustand beibehalten. Ziehen wir die Masse nun nach unten und lassen sie los, so beginnt sie zu schwingen. Aufgrund des Luftwiderstandes und der Reibung der Feder kommt die oszillierende Bewegung langsam zum Stillstand. Vernachlässigen wir diese Einflüsse und den zugehörigen Dämpfungseffekt. Unter dieser Annahme werden wir eine Formel für den Schwingungsvorgang der Masse gewinnen.

Wir wählen als Ursprung der y-Achse die Ruhelage der Masse; die positive Richtung weist nach oben. Wird die Masse um eine Distanz A nach unten bewegt, dann ist ihre y-Koordinate zur Zeit Null durch $-A$ gegeben (Bild 15.3b).

Lassen wir die Masse nun los, so wird sie von der Feder nach oben gezogen. Sie durchläuft die Ruhelage und wird dann von der Gravitation wieder nach unten gezogen, bis die Feder so weit gedehnt ist, daß ihre Spannung die Bewegung der Masse verlangsamt. Die Masse wird von der

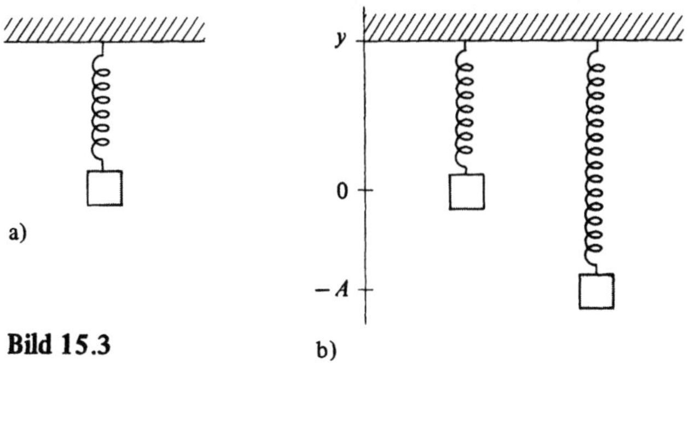

Bild 15.3

Erde angezogen und von der Feder gezogen oder gedrückt, so daß sich eine auf- und abschwingende Bewegung ergibt.

Aufgrund physikalischer Überlegungen können wir für die y-Koordinate der Masse zur Zeit t, $y = f(t)$ das folgende Gesetz herleiten:

$$\frac{d^2y}{dt^2} \text{ ist proportional zu } y.$$

Die Proportionalitätskonstante ist negativ. (Wäre die Konstante positiv, würde die Masse sich immer nur in einer Richtung weiterbewegen.) Also gibt es eine Zahl k mit

$$\frac{d^2y}{dt^2} = -k^2y. \tag{1}$$

(k^2 ist auch dann positiv, wenn dies für k nicht gilt; wir können ohne Einschränkung annehmen, daß k positiv ist.)

Definition der harmonischen Bewegung: Jede Bewegung, die die Gleichung (1) erfüllt, wird harmonisch genannt.

Die Differentialgleichung (1) enthält die zweite Ableitung und die gesuchte Funktion. Die Differentialgleichung des natürlichen Wachstums aus Abschnitt 6.4,

$$\frac{dx}{dt} = kx,$$

ergab eine Relation zwischen der Ableitung und der gesuchten Funktion. Ihre Lösungen waren die Exponentialfunktionen. Welche Art von Lösungen erwarten wir für (1)?

Da die Bewegung der Masse periodisch ist, könnten mögliche Lösungen aus trigonometrischen Funktionen zusammengesetzt sein. Tatsächlich erfüllt die Funktion

$$y = c_1 \cos kt + c_2 \sin kt$$

für jede Wahl der Konstanten c_1 und c_2 die Gleichung (1). Dies ergibt sich aus der folgenden einfachen Rechnung:

$$\frac{dy}{dt} = -kc_1 \sin kt + kc_2 \cos kt$$

$$\begin{aligned}\frac{d^2y}{dt^2} &= -k^2c_1 \cos kt - k^2c_2 \sin kt\\ &= -k^2(c_1 \cos kt + c_2 \sin kt)\\ &= -k^2y.\end{aligned}$$

Wir wollen nun zeigen, daß *alle Lösungen der Differentialgleichung* (1) *durch Funktionen der Form*

$$c_1 \cos kt + c_2 \sin kt$$

gegeben sind.

Theorem: Jede Lösung $y = f(t)$ der Differentialgleichung (1) ist von der Form

$$c_1 \cos kt + c_2 \sin kt$$

mit geeigneten Konstanten c_1 und c_2.

Beweis: Wir werden aus der Gleichung

$$\frac{d^2y}{dt^2} = -k^2y$$

die Form der Maclaurinschen Reihe für $y = f(t)$ herleiten und dann für $n \to \infty$ den Grenzübergang $R_n(t;0) \to 0$ beweisen. Um die Darstellung zu vereinfachen, beschränken wir uns auf den Fall $k = 1$. Der Beweis für andere Werte von k verläuft völlig analog, es treten lediglich Potenzen von k in den Formeln auf.

Wir wollen zeigen, daß jede Lösung $y = f(t)$ der Differentialgleichung

$$\frac{d^2y}{dt^2} = -y \tag{2}$$

die Gestalt

$$y = c_1 \cos t + c_2 \sin t$$

besitzt.

Um die zu f gehörige Maclaurinsche Reihe zu finden, untersuchen wir die höheren Ableitungen von f. Aus der Annahme

$$f^{(2)} = -f$$

folgt

$$\begin{aligned}f^{(3)} &= D(f^{(2)}) = D(-f) = -f^{(1)}\\ f^{(4)} &= D(f^{(3)}) = D(-f^{(1)}) = -f^{(2)} = -(-f) = f\\ f^{(5)} &= D(f^{(4)}) = D(f) = f^{(1)}\\ f^{(6)} &= D(f^{(5)}) = D(f^{(1)}) = f^{(2)} = -f\end{aligned}$$

usw.

Für gerade n ist $f^{(n)}$ gleich f oder $-f$. Für ungerade n ist $f^{(n)}$ entweder $f^{(1)}$ oder $-f^{(1)}$. Wir führen die folgenden Bezeichnungen ein:

$$f(0) = c_1 \quad \text{und} \quad f^{(1)}(0) = c_2.$$

Dann folgt

$$f^{(2)}(0) = -c_1, \quad f^{(4)}(0) = c_1, \quad f^{(6)}(0) = -c_1, \dots,$$

und

$$f^{(3)}(0) = -c_2, \quad f^{(5)}(0) = c_2, \quad f^{(7)}(0) = -c_2, \dots.$$

Die Vorzeichen alternieren.

Somit ergibt sich für das Taylorsche Polynom von f vom Grad $2n-1$ in Potenzen von t (Zeit)

$$c_1 + c_2 t - \frac{c_1 t^2}{2!} - \frac{c_2 t^3}{3!} + \frac{c_1 t^4}{4!} + \frac{c_2 t^5}{5!} + \dots + (-1)^{n+1} \frac{c_1 t^{2n-2}}{(2n-2)!} + (-1)^{n+1} \frac{c_2 t^{2n-1}}{(2n-1)!}. \quad (3)$$

Dies ist gleich

$$c_1 \left[1 - \frac{t^2}{2!} + \frac{t^4}{4!} - \dots + (-1)^{n+1} \frac{t^{2n-2}}{(2n-2)!}\right] + c_2 \left[t - \frac{t^3}{3!} + \frac{t^5}{5!} - \dots + (-1)^{n+1} \frac{t^{2n-1}}{(2n-1)!}\right]. \quad (4)$$

Die zwei Polynome in den Klammerausdrücken (4) stimmen mit den Taylorschen Polynomen für $\cos t$ und $\sin t$ überein.

Nun müssen wir noch zeigen, daß das Taylorsche Polynom (3) für f tatsächlich mit $n \to \infty$ nach $f(t)$ strebt. Wir müssen also zeigen, daß mit $n \to \infty$ auch $R_{2n-1}(t) \to 0$ gilt, wobei $R_{2n-1}(t)$ die Differenz zwischen $f(t)$ und (3) beschreibt.

Dem vorangehenden Abschnitt entnehmen wir

$$R_{2n-1}(t) = \frac{t^{2n}}{(2n)!} f^{(2n)}(T).$$

T hängt von n ab und liegt zwischen Null und t. Nun ist $f^{(2n)}$ entweder gleich f oder $-f$. Da f stetig ist, sind die Werte von f beschränkt. Also gibt es eine Zahl B mit

$$|f^{(2n)}(T)| \leq B$$

für alle n. Es folgt

$$|R_{2n-1}(T)| \leq \frac{|t|^{2n}}{(2n)!} B.$$

Aus

$$\lim_{n \to \infty} \frac{|t|^{2n}}{(2n)!} = 0$$

ergibt sich

$$\lim_{n \to \infty} R_{2n-1}(t) = 0.$$

Die Summe (3) strebt daher für $n \to \infty$ nach $f(x)$. Daraus folgt

$$f(x) = c_1 \cos t + c_2 \sin t$$

und das Theorem ist bewiesen. ●

Der Beweis des Theorems zeigt uns, wie die Taylorsche Reihe zur Lösung von Differentialgleichungen herangezogen werden kann. Diese Methode wurde von Newton im letzten Viertel des 17. Jahrhunderts eingeführt.

Wie sich aus dem Theorem ergibt, ist die y-Koordinate der schwingenden Masse zur Zeit t durch

$$c_1 \cos kt + c_2 \sin kt$$

gegeben. Nun besitzen die Kosinus- und die Sinusfunktion eine Periode von 2π. Daher gilt

$$\cos\left[k\left(t + \frac{2\pi}{k}\right)\right] = \cos(kt + 2\pi) = \cos kt$$

und

$$\sin\left[k\left(t + \frac{2\pi}{k}\right)\right] = \sin kt.$$

Die Periode der schwingenden Bewegung beträgt daher $2\pi/k$. Die Masse schwingt auf und ab; dieser Vorgang wiederholt sich innerhalb eines Zeitintervalls von $2\pi/k$. Innerhalb der Zeiteinheit vollführt die Masse also $k/2\pi$ Schwingungen.

Übungen:

Man löse die Übungen 1 bis 6 mit Hilfe des Verfahrens aus diesem Abschnitt.

1. Jede Lösung der Gleichung

$$\frac{dy}{dt} = y$$

hat die Gestalt ce^t mit einer geeigneten Konstanten c. Man beweise dies.

2. Jede Lösung der Gleichung

$$\frac{dy}{dt} = -y$$

hat die Gestalt ce^{-t} mit einer geeigneten Konstanten c. Man beweise dies.

3. Jede Lösung der Gleichung

$$\frac{d^2y}{dt^2} = y$$

hat die Gestalt $c_1 e^t + c_2 e^{-t}$ mit geeigneten Konstanten c_1 und c_2. Man beweise dies.

4. Jede Lösung der Gleichung

$$\frac{dy}{dt} = ky$$

hat die Gestalt $y = A e^{kt}$. Man beweise dies.

5. Jede Lösung der Gleichung

$$\frac{d^2y}{dt^2} = k^2 y$$

hat die Gestalt $y = c_1 e^{kt} + c_2 e^{-kt}$. Man beweise dies.

6. Jede Lösung der Gleichung

$$\frac{d^2y}{dt^2} = -k^2 y$$

hat die Gestalt $c_1 \cos kt + c_2 \sin kt$. Man beweise dies.

7. Durch $y = c_1 \cos kt + c_2 \sin kt$ werde die Bewegung eines Teilchens beschrieben. Man bestimme

(*a*) seinen Ort für $t = 0$ und

(*b*) seine Geschwindigkeit für $t = 0$.

8. (*a*) $y = \sin(kt + k_0)$ ist eine Lösung der Gleichung (1). Man beweise dies.

(*b*) Mit Hilfe von (*a*) und des Theorems aus diesem Abschnitt beweise man die Existenz von Konstanten c_1 und c_2 mit

$$\sin(kt + k_0) = c_1 \cos kt + c_2 \sin kt.$$

Man bestimme c_1 und c_2 aufgrund trigonometrischer Identitäten.

9. Es seien c_1 und c_2 gegebene Zahlen. Dann gibt es eine Zahl k_0 mit

$$c_1 = \sqrt{c_1^2 + c_2^2} \sin k_0 \quad \text{und} \quad c_2 = \sqrt{c_1^2 + c_2^2} \cos k_0.$$

Man beweise dies. *Hinweis:* Man zeichne einen Kreis mit dem Mittelpunkt (0; 0) durch den Punkt $(c_2; c_1)$.

10. Mit Hilfe von Übung 9 und des Theorems aus diesem Abschnitt beweise man, daß jede Lösung der Differentialgleichung (1) die Gestalt $A \sin(kt + k_0)$ mit geeigneten Konstanten A und k_0 besitzt.

11. Aufgrund von Übung 10 ist die Bewegung der schwingenden Masse durch die Gleichung

$$y = A \sin(kt + k_0)$$

beschrieben. Welchen höchsten Punkt erreicht die Masse und welchen tiefsten?

■

12. Ein Rad rotiert mit einer Winkelgeschwindigkeit k. Es gilt also $d\theta/dt = k$. Durch θ wird der gesamte Winkel beschrieben, um den sich das Rad bis zur Zeit t gedreht hat. Ein Käfer befindet sich im Abstand A vom Mittelpunkt des Rades. Wir führen ein xy-Koordinatensystem ein, dessen Ursprung im Mittelpunkt des Rades liegt.

(*a*) Die y-Koordinate des Käfers besitzt mit einer geeigneten Konstante k die Gestalt $y = A \sin(kt + k_0)$. Man beweise dies.

(*b*) Man beschreibe die Bewegung des Schattens, den der Käfer auf die y-Achse wirft, wenn das Licht parallel zur x-Achse einfällt.

13. Man zeichne

(*a*) $y = 3 \sin t$,

(*b*) $y = 3 \sin 2\pi t$.

(*c*) Man bestimme die Periode der Funktion aus (*b*).

14. (*a*) Man zeichne $y = 4 \sin 200\, \pi t$.

(*b*) Welches ist die Periode der Funktion aus (*a*)?

(*c*) Wie groß ist der maximale Wert von x?

(*d*) Wieviel Umläufe führt die harmonische Bewegung aus (*a*) in der Zeiteinheit aus?

15. Es sei $y = A \sin(kt + c)$ die Beschreibung einer harmonischen Bewegung.

(*a*) Das Teilchen erreicht eine höchste Koordinate $|A|$ und eine niedrigste Koordinate $-|A|$. Man beweise dies. ($|A|$ wird *Amplitude* der Bewegung genannt.)

(*b*) Die für einen vollständigen Zyklus erforderliche Zeit beträgt $2\pi/k$. ($2\pi/k$ wird *Periode* genannt.) Man beweise dies.

(*c*) Die Anzahl der Zyklen pro Zeiteinheit beträgt $k/2\pi$. Man beweise dies.

■■

Eine Differentialgleichung der Form

$$\frac{d^2y}{dx^2} + a(x)\frac{dy}{dx} + b(x)\,y = g(x)$$

wird lineare Differentialgleichung zweiter Ordnung genannt. Verschwindet $g(x)$ für alle x, so heißt die Gleichung homogen. Sind $a(x)$ und $b(x)$ konstant, so spricht man von einer Differentialgleichung mit konstanten Koeffizienten. Derartige Differentialgleichungen treten beim Studium von Resonanzphänomenen, sowie der Dämpfung und der Schwingung auf. Die folgenden Übungen behandeln einige Spezialfälle derartiger Gleichungen.

16. (*a*) Man bestimme alle Zahlen k, so daß e^{kx} eine Lösung der Gleichung

$$\frac{d^2y}{dx^2} - 2\frac{dy}{dx} - 3y = 0$$

liefert.

(*b*) Gibt es einen von Null verschiedenen Wert von k, so daß $\sin kx$ Lösung der Gleichung aus (*a*) ist?

17. Für beliebige Konstanten A und B löst die Funktion $Ae^{2x} + Be^{3x}$ die Differentialgleichung

$$y'' - 5y' + 6y = 0.$$

Man beweise dies.

18. (*a*) Man bestimme Konstanten A und B, so daß $y = A \cos x + B \sin x$ die Differentialgleichung

$$y'' + 3y' + 2y = \sin x$$

löst.

(*b*) Jede Funktion der Form

$$-\frac{3}{10}\cos x + \frac{1}{10}\sin x + k_1 e^{-x} + k_2 e^{-2x}$$

löst die Gleichung aus (*a*). Man beweise dies.

15.4 Der Fehler bei der Abschätzung eines bestimmten Integrals

In Abschnitt 10.12 wurden fünf verschiedene Methoden zur Abschätzung eines bestimmten Integrals und die Schranken für die Fehler der jeweiligen Näherungswerte angegeben. Nun wollen wir diese Formeln beweisen. Das Verfahren beruht auf Abschnitt 15.1, wo der Zusammenhang zwischen dem Wachstum einer Funktion und den höheren Ableitungen untersucht wurde.

Wir werden hier nur den Fehler der Trapezmethode untersuchen. In den Übungen werden analoge Argumente für die anderen Verfahren entwickelt.

Theorem 1 (*Fehler der Trapezmethode*): Die Funktion f besitze im Intervall $[a;b]$ eine stetige zweite Ableitung. Es sei n eine positive ganze Zahl. Wir teilen das Intervall $[a;b]$ in n Abschnitte der Länge $h=(b-a)/n$ mit $x_0=a$, $x_1=a+h$, $x_2=a+2h, \dots, x_n=b$. Dann gilt für eine Zahl X aus $[a;b]$ die Relation

$$\text{Fehler} = \int_a^b f(x)\,dx - \sum_{i=1}^{n} \frac{f(x_i)+f(x_{i-1})}{2} h = -\frac{f^{(2)}(X)\,(b-a)}{12} h^2.$$

Beweis: Wir betrachten einen typischen Abschnitt $[x_{i-1};x_i]$ unserer Schätzung und untersuchen die Differenz zwischen

$$\int_{x_{i-1}}^{x_i} f(x)\,dx \text{ und der Näherung } \frac{f(x_i)+f(x_{i-1})}{2} h.$$

Diese Differenz ist durch das getönte Gebiet des Bildes 15.4 dargestellt. In der Folge werden wir die n Differenzen zum gesamten Fehler aufsummieren.

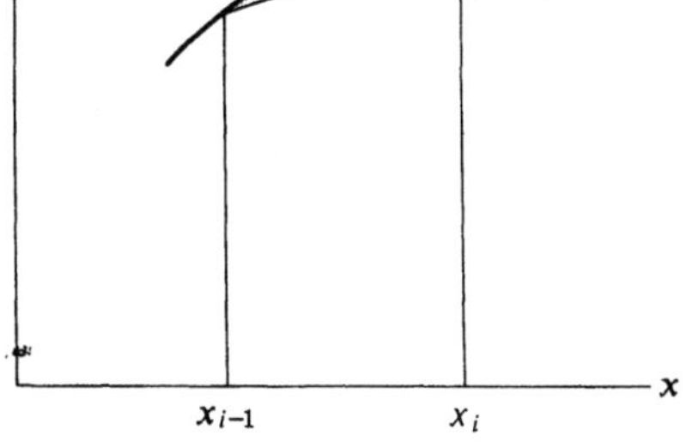

Bild 15.4

Aus Gründen der Einfachheit legen wir den Ursprung der x-Achse in den linken Eckpunkt des typischen Intervalls. Der rechte Endpunkt hat dann die Koordinate h (Bild 15.5).

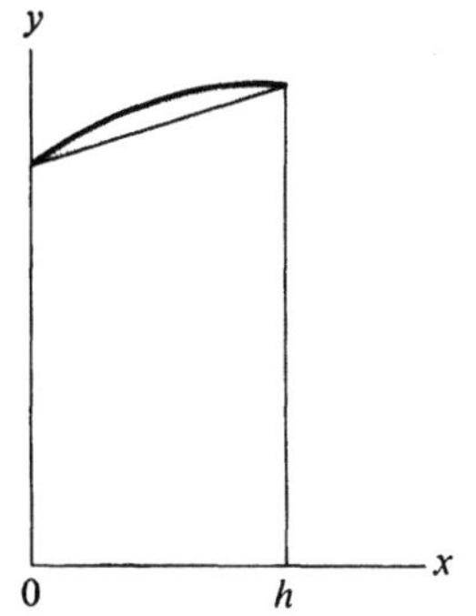

Bild 15.5

Es sei

$$E(h) = \int_0^h f(x)\,dx - \frac{f(0)+f(h)}{2} h$$

der Fehler der Trapezschätzung für das kleine Intervall. Zur Abschätzung von $E(h)$ führen wir die Funktion $E(t)$ im Intervall $0 \leqslant t \leqslant h$ ein:

$$E(t) = \int_0^t f(x)\,dx - \frac{f(0)+f(t)}{2} t. \tag{1}$$

Es gilt

$$E(0) = \int_0^0 f(x)\,dx - \frac{f(0)+f(0)}{2} \cdot 0 = 0.$$

Wir untersuchen nun das Wachstum von $E(t)$ mit Hilfe der Methoden aus Abschnitt 15.1.

Differentiation von (1) ergibt

$$E^{(1)}(t) = \left[\int_0^t f(x)\,dx\right]' - \frac{f(0)+f(t)}{2} - \frac{t[f(0)+f(t)]'}{2}$$

$$= f(t) - \frac{f(0)}{2} - \frac{f(t)}{2} - \frac{tf^{(1)}(t)}{2}$$

und

$$E^{(1)}(t) = \frac{f(t)}{2} - \frac{f(0)}{2} - \frac{tf^{(1)}(t)}{2}. \tag{2}$$

Wir erhalten

$$E^{(1)}(0) = \frac{f(0)}{2} - \frac{f(0)}{2} - \frac{0f^{(1)}(0)}{2} = 0.$$

Differentiation von (2) ergibt

$$E^{(2)}(t) = \frac{f^{(1)}(t)}{2} - \frac{tf^{(2)}(t)}{2} - \frac{f^{(1)}(t)}{2}$$

oder

$$E^{(2)}(t) = -\frac{tf^{(2)}(t)}{2}. \tag{3}$$

Es sei M_2 das Maximum von $f^{(2)}(x)$ und m_2 das Minimum von $f^{(2)}(x)$ für x aus $[a;b]$. Dann gilt

$$m_2 \leqslant f^{(2)}(t) \leqslant M_2.$$

Wählen wir t aus $[0;h]$, so folgt aus (3) nun

$$-\frac{m_2 t}{2} \geqslant E^{(2)}(t) \geqslant -\frac{M_2 t}{2}. \tag{4}$$

Wir haben zweimal differenziert und integrieren nun zweimal: Integriert man die Ungleichung (4) und benutzt dabei $E^{(1)}(0) = 0$, so ergibt sich

$$\frac{-m_2 t^2}{4} \geqslant E^{(1)}(t) \geqslant \frac{-M_2 t^2}{4}. \tag{5}$$

Aus der Integration von (5) folgt mit $E(0) = 0$ die Relation

$$\frac{-m_2 t^3}{12} \geqslant E(t) \geqslant \frac{-M_2 t^3}{12}.$$

Insbesondere gilt für $t = h$ schließlich

$$-\frac{m_2 h^3}{12} \geqslant E(h) \geqslant -\frac{M_2 h^3}{12}.$$

Der Fehler der Trapezmethode ergibt sich als Summe der n einzelnen Fehler:

$$-\frac{m_2 nh^3}{12} \geqslant \text{Fehler} \geqslant -\frac{M_2 nh^3}{12}.$$

Aus $nh = b - a$ folgt

$$-\frac{m_2(b-a)h^2}{12} \geqslant \text{Fehler} \geqslant -\frac{M_2(b-a)h^2}{12}.$$

Wegen der Stetigkeit von $f^{(2)}(x)$ nimmt die Funktion

$$-\frac{f^{(2)}(x)(b-a)h^2}{12}$$

jeden Wert zwischen

$$-m_2(b-a)h^2/12 \quad \text{und} \quad -M_2(b-a)h^2/12$$

an. Daher gibt es eine Zahl X aus $[a;b]$ mit

$$\text{Fehler} = -\frac{f^{(2)}(X)(b-a)h^2}{12}.$$

Damit ist der Beweis abgeschlossen. ●

Für $|f^{(2)}(x)| \leqslant M_2$ folgt sofort aus Theorem 1, daß der Absolutbetrag des Fehlers der Trapezmethode höchstens

$$\frac{M_2(b-a)h^2}{12}$$

beträgt, wie dies in Abschnitt 10.12 behauptet wurde.

Aus Theorem 1 können aber noch weitere Aussagen gewonnen werden. Ist f nämlich nach unten konkav $[f^{(2)}(x) < 0]$, dann ist der Fehler positiv, und die Schätzung liegt unterhalb des Integralwertes. Dies wird auch aus einer Skizze des Graphen von f für $f(x) \geqslant 0$ klar (Bild 15.6). Die Trapeze liegen unterhalb der Kurve. Darüberhinaus sagt uns Theorem 1 unter bestimmten Umständen, wie groß der Fehler mindestens sein muß. Dies wird in Beispiel 1 veranschaulicht.

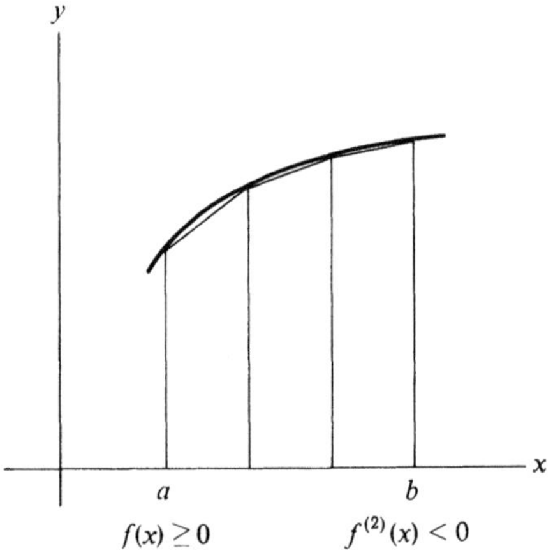

Bild 15.6

Beispiel 1: Die Funktion f besitze im Intervall $[a;b]$ eine stetige zweite Ableitung. Es gelte für alle x aus $[a;b]$ stets $2 \leqslant f^{(2)}(x) \leqslant 3$. Man bestimme eine obere und eine untere Schranke für den Fehler der Trapezmethode, wenn n Trapeze verwendet werden.

Lösung: Aus Theorem 1 folgt mit einem geeigneten Wert von X aus $[a; b]$ die Relation

$$\text{Fehler} = -\frac{f^{(2)}(X)(b-a)h^2}{12}.$$

Daher gilt

$$-\frac{3(b-a)h^2}{12} \leqslant \text{Fehler} \leqslant -\frac{2(b-a)h^2}{12}$$

oder mit $h = (b-a)/n$,

$$-\frac{3(b-a)^3}{12n^2} \leqslant \text{Fehler} \leqslant -\frac{2(b-a)^3}{12n^2}.$$

Der Absolutbetrag des Fehlers beträgt daher mindestens

$$\frac{2(b-a)^3}{12n^2}$$

und höchstens

$$\frac{3(b-a)}{12n^2}.$$

(Da die Funktion nach oben konkav ist, überschätzt die Trapezmethode das Integral.) ●

Beispiel 2: Wie groß muß n gewählt werden, um $\int_1^2 e^{x^2} dx$ mit Hilfe der Trapezmethode bis auf einen Fehler von 0,01 zu schätzen?

Lösung: Es sei $f(x) = e^{x^2}$. Der Fehler ist für einen geeigneten Wert X aus $[1; 2]$ gleich

$$-\frac{f^{(2)}(X)(b-a)h^2}{12} = -\frac{f^{(2)}(X)}{12n^2}.$$

Nun gilt

$$f^{(1)}(x) = 2xe^{x^2} \quad \text{und} \quad f^{(2)}(x) = (4x^2+2)e^{x^2}.$$

Da $f^{(2)}(x)$ für $x \geqslant 0$ ansteigt, erhalten wir den größten Wert von $f^{(2)}(x)$ in $[1; 2]$ mit $f^{(2)}(2) = 18e^4$. Also gilt

$$|\text{Fehler}| \leqslant \frac{18e^4}{12n^2} \quad \text{oder} \quad |\text{Fehler}| \leqslant \frac{3e^4}{2n^2}.$$

Aus $e^4 \approx 55$ folgt nun für die geforderte Beschränkung des Fehlers

$$\frac{3 \cdot 55}{2n^2} \leqslant 0{,}01 \quad \text{oder} \quad \frac{2n^2}{3 \cdot 55} \geqslant 100.$$

Wir erhalten

$$n^2 \geqslant \frac{16\,500}{2} = 8\,250.$$

Daher genügt es, $n \geqslant 91$ Trapeze zu verwenden. ●

Übungen:

In der folgenden Übung wird der Fehler der Linkspunktmethode untersucht.

1. (*a*) Man wiederhole die Linkspunktmethode aus Abschnitt 10.12.
   (*b*) Warum müssen wir eine Abschätzung für
   $$E(h) = \int_0^h f(x)\,dx - f(0)h$$
   aufsuchen?
   (*c*) Man führe die Funktion
   $$E(t) = \int_0^t f(x)\,dx - f(0)t$$
   ein und zeige $E(0) = 0$, $E^{(1)}(0) = 0$ und $E^{(2)}(t) = f^{(1)}(t)$.
   (*d*) Es sei M_1 das Maximum und m_1 das Minimum von $f^{(1)}(X)$ für X aus $[a; b]$. Dann beweise man
   $$\frac{m_1 h^2}{2} \leqslant E(h) \leqslant \frac{M_1 h^2}{2}.$$
   (*e*) Der Fehler der Linkspunktmethode ist für eine geeignete Zahl X aus $[a; b]$ gleich
   $$\frac{f^{(1)}(X)(b-a)h}{2}.$$
   Man beweise dies.
   (*f*) Mit Hilfe von (*e*) beweise man die Schranke des Fehlers aus Abschnitt 10.12.

In der nächsten Übung wird der Fehler der Mittelpunktsmethode untersucht.

2. (*a*) Man untersuche die Mittelpunktsmethode aus Abschnitt 10.12.
   (*b*) Warum müssen wir eine Abschätzung von
   $$E(h) = \int_{-h/2}^{h/2} f(x)\,dx - f(0)h$$
   aufsuchen?

(*c*) Man führe die Funktion

$$E(t) = \int_{-t/2}^{t/2} f(x)\,dx - f(0)\,t$$

ein. Man zeige $E(0) = 0$, $E^{(1)}(0) = 0$ und

$$E^{(2)}(t) = \frac{1}{4}\left[f^{(1)}\left(\frac{t}{2}\right) - f^{(1)}\left(-\frac{t}{2}\right)\right].$$

(*d*) Mit Hilfe des Mittelwertsatzes beweise man für eine geeignete Zahl T zwischen $-t/2$ und $t/2$

$$E^{(2)}(t) = \frac{t}{4} f^{(2)}(T).$$

(*e*) Es sei M_2 das Maximum und m_2 das Minimum von $f^{(2)}(x)$ für x aus $[a;b]$. Mit Hilfe von (*c*) und (*d*) beweise man

$$\frac{m_2 h^3}{24} \leqslant E(h) \leqslant \frac{M_2 h^3}{24}.$$

(*f*) Der Fehler der Mittelpunktsmethode ist für eine geeignete Zahl X aus $[a;b]$ gleich

$$\frac{f^{(2)}(X)(b-a)h^2}{24}$$

Man beweise dies.

(*g*) Mit Hilfe von (*f*) leite man die Schranke des Fehlers aus Abschnitt 10.12 her.

■

Die folgende Übung behandelt den Fehler der Simpsonschen Methode.

3. Man wiederhole das Simpsonsche Verfahren aus Abschnitt 10.12 und insbesondere Übung 32 aus diesem Abschnitt. Man definiere

$$E(h) = \int_{-h}^{h} f(x)\,dx - \frac{h}{3}[f(-h) + 4f(0) + f(h)]$$

und

$$E(t) = \int_{-t}^{t} f(x)\,dx - \frac{t}{3}[f(-t) + 4f(0) + f(t)].$$

Man beweise (*a*), (*b*), (*c*), (*d*) und (*e*).

(*a*) $E^{(1)}(t) = \frac{2}{3}[f(t) + f(-t)] - \frac{4}{3}f(0) - \frac{t}{3}[f^{(1)}(t) - f^{(1)}(-t)]$.

(*b*) $E^{(2)}(t) = \frac{1}{3}[f^{(1)}(t) - f^{(1)}(-t)] - \frac{t}{3}[f^{(2)}(t) + f^{(2)}(-t)]$.

(*c*) $E^{(3)}(t) = \frac{-t}{3}[f^{(3)}(t) - f^{(3)}(-t)]$.

(*d*) $E^{(3)}(t) = \frac{-2t^2}{3} f^{(4)}(T)$ für geeignetes T aus $(-t;t)$.

(*e*) $E(0) = 0$, $E^{(1)}(0) = 0$ und $E^{(2)}(0) = 0$.

(*f*) Es sei M_4 das Maximum und m_4 das Minimum von $f^{(4)}(x)$ für x aus $[a;b]$. Dann beweise man

$$-\frac{M_4 h^5}{90} \leqslant E(h) \leqslant -\frac{m_4 h^5}{90}.$$

(*g*) Mit Hilfe von $h = (b-a)/2n$ beweise man, daß der Fehler für eine geeignete Zahl X aus $[a;b]$ gleich

$$-\frac{f^{(4)}(X)(b-a)h^4}{180} \quad \text{ist.}$$

(*h*) Mit Hilfe von (*g*) leite man die Schranke des Fehlers aus Abschnitt 10.12 her.

■■

4. Aufgrund von Übung 2 liegt die Mittelpunktsschätzung für eine nach oben konkave Funktion zu niedrig. Man beweise dies anhand einer Skizze des Graphen von f.

Die folgende Übung behandelt den Fehler der Rechtspunktmethode.

5. (*a*) Man wiederhole die Rechtspunktmethode aus Abschnitt 10.12.

(*b*) Warum muß man den Ausdruck

$$E(h) = \int_0^h f(x)\,dx - hf(h)$$

abschätzen?

(*c*) Man untersuche die Funktion

$$E(t) = \int_0^t f(x)\,dx - tf(t)$$

und zeige $E(0) = 0$ sowie $E^{(1)}(t) = -tf^{(1)}(t)$.

(*d*) Es sei M_1 das Maximum und m_1 das Minimum von $f^{(1)}(x)$ für x aus $[a;b]$. Dann beweise man

$$-\frac{M_1 t^2}{2} \leqslant E(h) \leqslant -\frac{m_1 t^2}{2}.$$

(*e*) Man beweise die Existenz einer Zahl X aus $[a;b]$ mit

$$\text{Fehler} = -\frac{f^{(1)}(X)(b-a)h}{2}.$$

(*f*) Mit Hilfe von (*e*) beweise man die Schranke des Fehlers aus Abschnitt 10.12.

6. Es sei $f^{(4)}(x)$ für alle x aus $[a;b]$ positiv. Überschätzt oder unterschätzt das Simpsonsche Verfahren dann $\int_a^b f(x)\,dx$?

7. Es sei $f(x) = e^{x^2}$. Man bestimme das Maximum von $|f^{(2)}(x)|$ für x aus $[0;1]$.

8. Es sei $f(x) = e^{x/2}$. Man bestimme das Maximum von $|f^{(2)}(x)|$ für x aus $[0; 2]$.

9. Wie groß ist mindestens der Fehler bei der Abschätzung von $\int_1^2 e^{x^2} dx$ für $h = 0{,}1$ im Falle

(a) der Trapezmethode,
(b) der Simpsonschen Methode.

10. Wie groß muß $2n$ im Simpsonschen Verfahren gewählt werden, damit der Fehler bei der Abschätzung von $\int_1^2 e^{x^2} dx$ kleiner ist als 0,01? Es gilt $h = (b - a)/2n$.

15.5 Der binomische Lehrsatz für beliebige Exponenten

Wie in Übung 24 aus Abschnitt 15.2 gezeigt wurde, gilt für jede positive ganze Zahl n und jede beliebige Zahl x

$$(1+x)^n = 1 + nx + \frac{n(n-1)}{1 \cdot 2} x^2 + \frac{n(n-1)(n-2)}{1 \cdot 2 \cdot 3} x^3 + \dots + \frac{n(n-1)\dots 1}{1 \cdot 2 \dots n} x^n. \quad (1)$$

Tatsächlich ist die rechte Seite von (1) gleich der Maclaurinschen Reihe von $(1+x)^n$; alle Potenzen von x^{n+1} an haben den Koeffizienten Null. In diesem Abschnitt untersuchen wir die Maclaurinsche Reihe für $(1+x)^r$, wobei r nicht positiv ganzzahlig oder gleich Null sein muß. Wie sich herausstellt, wird die Funktion $(1+x)^r$ für $|x| < 1$ tatsächlich durch die zugehörige Maclaurinsche Reihe dargestellt. Allerdings kann mit Hilfe der Formel

$$R_n(x;0) = \frac{f^{(n+1)}(X)\, x^{n+1}}{(n+1)!}$$

der erforderliche Beweis von $\lim_{n \to \infty} R_n(x;0) = 0$ nicht geführt werden. Wir werden daher in diesem Abschnitt die Integralform des Restgliedes $R_n(x;0)$ entwickeln. In Übung 13 wird dann für $n \to \infty$ die Konvergenz des Restgliedes, $R_n(x;0) \to 0$, gezeigt. Die Integralform des Restgliedes entspricht einer Verallgemeinerung des Hauptsatzes

$$f(b) = f(a) + \int_a^b f^{(1)}(x)\, dx.$$

Wir werden hier den Buchstaben b anstelle von x zur Formulierung des Theorems verwenden.

Theorem 1 (*Integralform des Restgliedes*): Die Funktion f habe im Intervall $[a; b]$ stetige Ableitungen bis zur Ordnung $(n + 1)$. Es sei $P_n(b;a)$ das zur Funktion f gehörige Taylorsche Polynom vom Grad n in Potenzen von $b - a$. Wir definieren $R_n(b;a)$ durch

$$f(b) = P_n(b;a) + R_n(b;a).$$

Dann gilt

$$R_n(b;a) = \frac{1}{n!} \int_a^b (b-x)^n f^{(n+1)}(x)\, dx.$$

Beweis: Wir führen den Beweis im Fall $n = 3$. Unsere Argumente können leicht auf andere Werte von n übertragen werden. Es gilt

$$\begin{aligned} R_3(b;a) &= f(b) - P_3(b;a) \\ &= f(b) - \left[f(a) + f^{(1)}(a)(b-a) + \frac{f^{(2)}(a)(b-a)^2}{2!} + \frac{f^{(3)}(a)(b-a)^3}{3!} \right]. \end{aligned}$$

Nun halten wir b fest und lassen a variieren. Der Einfachheit halber führen wir die Funktion

$$g(x) = f(b) - \left[f(x) + f^{(1)}(x)(b-x) + \frac{f^{(2)}(x)(b-x)^2}{2!} + \frac{f^{(3)}(x)(b-x)^3}{3!} \right] \quad (2)$$

ein. Sie hat eine sehr einfache Ableitung:

$$\begin{aligned} g^{(1)}(x) = -\Bigg[& f^{(1)}(x) + \overbrace{f^{(1)}(x)(-1) + (b-x) f^{(2)}(x)} \\ & + \frac{\overbrace{f^{(2)}(x)(-2)(b-x) + f^{(3)}(x)(b-x)^2}}{2!} \\ & + \frac{\overbrace{f^{(3)}(x)(-3)(b-x)^2 + f^{(4)}(x)(b-x)^3}}{3!} \Bigg] \end{aligned} \quad (3)$$

(Die geschweiften Klammern fassen die Ableitungen der einzelnen Terme aus (2) zusammen.) Nach einigen Vereinfachungen ergibt sich aus (3) die Relation

$$g^{(1)}(x) = -\frac{f^{(4)}(x)(b-x)^3}{3!}.$$

Nun erhalten wir andererseits

$$g(a) = R_3(b;a) \quad \text{und} \quad g(b) = 0.$$

Es folgt

$$g(b) - g(a) = \int_a^b g^{(1)}(x)\,dx$$

$$= -\frac{1}{3!}\int_a^b f^{(4)}(x)(b-x)^3\,dx$$

oder

$$0 - R_3(b;a) = -\frac{1}{3!}\int_a^b f^{(4)}(x)(b-x)^3\,dx.$$

Damit ist das Theorem für $n = 3$ bewiesen. ●

Üblicherweise schreibt man das Restglied $R_n(x;a)$ in folgender Form:

$$R_n(x;a) = \frac{1}{n!}\int_a^x (x-t)^n f^{(n+1)}(t)\,dt.$$

Beispiel 1: Mit Hilfe der Integralform des Restgliedes zeige man, daß e^x durch die zugehörige Maclaurinsche Reihe dargestellt wird.

Lösung: In diesem Falle gilt $f(x) = e^x$ und $a = 0$, sowie $f^{(n+1)}(t) = e^t$ für alle n. Wir erhalten daher

$$R_n(x;0) = \frac{1}{n!}\int_0^x (x-t)^n e^t\,dt.$$

Betrachten wir den Fall $x > 0$. Es gilt dann für t aus $[0;x]$ stets $e^t < e^x$. Außerdem ergibt sich somit

$$R_n(x;0) \leqslant \frac{1}{n!}\int_0^x (x-t)^n e^x\,dt$$

$$= \frac{e^x}{n!}\int_0^x (x-t)^n\,dt$$

$$= -\frac{e^x}{n!}\,\frac{(x-t)^{n+1}}{n+1}\Bigg|_{t=0}^{t=x}$$

$$= \frac{e^x x^{n+1}}{(n+1)!}.$$

Aus $x^{n+1}/(n+1)! \to 0$ für $n \to \infty$ folgt nun

$$\lim_{n\to\infty} R_n(x;0) = 0.$$

Wir erhalten mit anderen Worten

$$e^x = 1 + x + \frac{x^2}{2!} + \frac{x^3}{3!} + \ldots + \frac{x^n}{n!} + \ldots . \quad ●$$

Untersuchen wir nun die Maclaurinsche Reihe für $f(x) = (1+x)^r$, wobei r nicht positiv ganzzahlig oder gleich Null ist. Die folgende Tabelle faßt die Berechnung von $f^{(n)}(0)$ zusammen:

n	$f^{(n)}(x)$	$f^{(n)}(0)$
0	$(1+x)^r$	1
1	$r(1+x)^{r-1}$	r
2	$r(r-1)(1+x)^{r-2}$	$r(r-1)$
3	$r(r-1)(r-2)(1+x)^{r-3}$	$r(r-1)(r-2)$
…	…	…
n	$r(r-1)\ldots(r-n+1)(1+x)^{r-n}$	$r(r-1)(r-2)\ldots(r-n+1)$

Daher erhalten wir für die zu $(1+x)^r$ gehörige Maclaurinsche Reihe

$$1 + rx + \frac{r(r-1)}{1\cdot 2}x^2 + \frac{r(r-1)(r-2)}{1\cdot 2\cdot 3}x^3 + \ldots . \tag{4}$$

Stellt diese Reihe, falls sie tatsächlich konvergiert, $(1+x)^r$ dar?

Um einen ersten Eindruck von der Reihe (4) zu gewinnen, betrachten wir den Fall $r = -1$. Wir erhalten

$$1 + (-1)x + \frac{(-1)(-2)}{1\cdot 2}x^2 + \frac{(-1)(-2)(-3)}{1\cdot 2\cdot 3}x^3 + \ldots$$

oder

$$1 - x + x^2 - x^3 + \ldots .$$

Diese Reihe konvergiert für $|x| < 1$ und stellt in diesem Bereich tatsächlich die Funktion $(1+x)^r = (1+x)^{-1}$ dar. Es handelt sich um eine geometrische Reihe mit dem Anfangsterm 1 und dem Quotienten $-x$.

Beispiel 2: Man beweise die Konvergenz der Reihe (4) für $|x| < 1$.

Lösung: Offensichtlich konvergiert die Reihe für $x = 0$. Wir betrachten daher den Bereich $0 < |x| < 1$. Es sei a_n der Term, der die Potenz x^n enthält. Dann gilt

$$a_n = \frac{r(r-1)(r-2)\dots(r-n+1)}{1\cdot 2\cdot 3\dots n}\, x^n$$

und

$$a_{n+1} = \frac{r(r-1)(r-2)\dots(r-n)}{1\cdot 2\cdot 3\dots(n+1)}\, x^{n+1}.$$

Wir bilden den Quotienten

$$\left|\frac{a_{n+1}}{a_n}\right| = \frac{\left|\dfrac{r(r-1)(r-2)\dots(r-n)}{1\cdot 2\cdot 3\dots(n+1)}\, x^{n+1}\right|}{\left|\dfrac{r(r-1)(r-2)\dots(r-n+1)}{1\cdot 2\cdot 3\dots n}\, x^n\right|} = \left|\frac{r-n}{n+1}\, x\right|.$$

Die Zahl r ist fest, und es ergibt sich

$$\lim_{n\to\infty}\left|\frac{a_{n+1}}{a_n}\right| = |x|.$$

Aufgrund des Quotiententestes konvergiert die Reihe (4) für $|x| < 1$, während sie für $|x| > 1$ divergiert. ●

In den Übungen 12 und 13 wird mit Hilfe der Integralform des Restgliedes gezeigt, daß die binomische Reihe (4) für $|x| < 1$ tatsächlich nach $(1+x)^r$ konvergiert. Wir wollen nun noch untersuchen, warum die Lagrange-Form des Restgliedes $R_n(x;0)$ nicht herangezogen werden kann, um für *alle* x aus $(-1;1)$ und für $n\to\infty$ den Grenzübergang $R_n(x;0)\to 0$ zu beweisen.

Wie in Übung 9 gezeigt wird; kann mit Hilfe der Lagrange-Form die Konvergenz für $0 \leqslant x < 1$ gezeigt werden. Übung 10 beweist dies für den Bereich $-\frac{1}{2} < x < 0$. Schwierigkeiten ergeben sich jedoch für $x \leqslant -\frac{1}{2}$. Betrachten wir etwa $x = -\frac{1}{2}$. Die Lagrange-Form für $R_n(x;0)$ lautet dann

$$\frac{f^{(n+1)}(X)\,x^{n+1}}{(n+1)!} = \frac{r(r-1)\dots(r-n)}{1\cdot 2\dots(n+1)}(1+X)^{r-n-1}x^{n+1}$$
$$= \frac{r(r-1)\dots(r-n)}{1\cdot 2\dots(n+1)}(1+X)^r\left(\frac{x}{1+X}\right)^{n+1}. \qquad (5)$$

Für $x = -\frac{1}{2}$ ergibt sich

$$-\tfrac{1}{2} \leqslant X \leqslant 0,$$

X hängt von n ab.

Der Faktor $(1+X)^r$ verursacht keine Schwierigkeiten, da r festgehalten wird und $(1+X)^r$ für $\frac{1}{2} \leqslant 1+X \leqslant 1$ unabhängig von n beschränkt ist. Probleme ergeben sich allerdings bei der Behandlung des Faktors $x/(1+X)$, der nicht gleichmäßig für alle n unterhalb von 1 beschränkt werden kann. Wegen $x = -\frac{1}{2}$ und weil $1+X$ beliebig nahe an $\frac{1}{2}$ herankommen oder gleich $\frac{1}{2}$ werden kann, bleibt der Faktor $x/(1+X)$ problematisch.

Für $x = -0{,}4$ kann mit der Lagrange-Formel $R_n(x;0)\to 0$ für $n\to\infty$ bewiesen werden (Bild 15.7). Dann gilt

$$X \geqslant -0{,}4 \quad \text{und} \quad 1+X \geqslant 0{,}6.$$

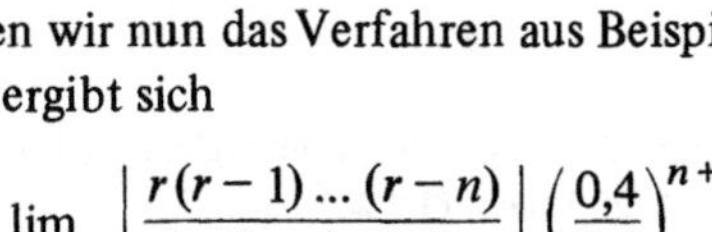

Bild 15.7

Wir erhalten daher für alle Werte von n

$$\left|\frac{x}{1+X}\right| \leqslant \frac{0{,}4}{0{,}6}.$$

Wenden wir nun das Verfahren aus Beispiel 2 für $x = 0{,}4/0{,}6$ an, so ergibt sich

$$\lim_{n\to\infty}\left|\frac{r(r-1)\dots(r-n)}{1\cdot 2\dots(n+1)}\right|\left(\frac{0{,}4}{0{,}6}\right)^{n+1} = 0.$$

Für alle n gilt die Ungleichung $|(1+x)^r| \leqslant 1^r$, und es gilt ferner $|x/(1+X)| \leqslant 0{,}4/0{,}6$. Das Produkt (5) strebt daher für $n\to\infty$ nach Null.

Für die beiden Fälle $x = 1$ oder -1 wurde keine Aussage über das Verhalten der Maclaurinschen Reihe von $(1+x)^r$ getroffen. Für $x = 1$ divergiert die Reihe mit $r \leqslant -1$, während sie für $r > -1$ nach $(1+x)^r = 2^r$ konvergiert. Für $x = -1$ und $r > 0$ konvergiert die Reihe nach $(1+x)^r = 0$, während sie für $r < 0$ divergiert. Diese Behauptungen werden im Rahmen weiterführender Vorlesungen bewiesen.

Übungen:

1. Für $n = 0$ reduziert sich die Integralformel von $R^{(n)}(b; a)$ auf den Hauptsatz. Man beweise dies.
2. Man beweise das Theorem über die Integralform von $R^{(n)}(b; a)$ für $n = 2$.
3. Mit Hilfe der Integralform des Restgliedes beweise man, daß die Maclaurinsche Reihe von $\sin x$ für alle x nach $\sin x$ konvergiert.
4. Mit Hilfe der Integralform des Restgliedes beweise man, daß die Maclaurinsche Reihe von $\ln(1+x)$ für alle $|x| < 1$ nach $\ln(1+x)$ konvergiert.
5. Man gebe die ersten fünf Terme der Maclaurinschen Reihe von $\sqrt{1+x} = (1+x)^{1/2}$ an.
6. Man schreibe die ersten fünf Terme der Maclaurinschen Reihe von $1/\sqrt{1+x} = (1+x)^{-1/2}$ nieder.
7. (*a*) Man gebe die ersten fünf Terme der Maclaurinschen Reihe von $1/(1+x)^2 = (1+x)^{-2}$ an.
   (*b*) Wie lautet der Koeffizient von x^n in der Reihe aus (*a*)?
8. (*a*) Mit Hilfe der ersten fünf Terme aus Übung 5 schätze man $\sqrt{1{,}5}$ ab.
   (*b*) Man untersuche den Fehler der Abschätzung aus (*a*) mit Hilfe der Integralform des Restgliedes.
9. Mit Hilfe der Lagrange-Form von $R_n(x; 0)$ beweise man, daß die binomische Reihe von $(1+x)^r$ für $0 < x < 1$ nach $(1+x)^r$ konvergiert.
10. Mit Hilfe der Lagrange-Form von $R_n(x; 0)$ beweise man, daß die binomische Reihe von $(1+x)^r$ für $-1/2 < x < 0$ nach $(1+x)^r$ konvergiert.
11. f sei eine Funktion mit stetiger erster und zweiter Ableitung. Es gelte ferner $f(1) = 4$, $f'(1) = 0{,}3$ und $0{,}5 \leqslant f^{(2)}(x) \leqslant 0{,}6$ für x aus $[1; 2]$. Mit Hilfe der Integralform des Restgliedes beweise man
$$4{,}55 \leqslant f(2) \leqslant 4{,}60.$$

■

Wie in Übungen 12 und 13 gezeigt wird, konvergiert die binomische Reihe von $(1+x)^r$ für $|x| < 1$ nach $(1+x)^r$.

12. (Diese Übung ist Voraussetzung von Übung 13.) Für die feste Zahl x aus $(-1; 1)$ definiere man die Funktion g durch $g(t) = (x-t)/(1+t)$.
    (*a*) Für $0 \leqslant x < 1$ und $0 \leqslant t \leqslant x$ beweise man $0 \leqslant g(t) \leqslant x$.
    (*b*) Für $-1 < x \leqslant 0$ und $x \leqslant t \leqslant 0$ beweise man $x \leqslant g(t) \leqslant 0$.
    (*c*) Mit Hilfe von (*a*) und (*b*) beweise man für $|x| < 1$ und t zwischen Null und x
$$\left|\frac{x-t}{1+t}\right| \leqslant |x|.$$
13. Diese Übung skizziert den Beweis des Binomialtheorems für beliebige Exponenten r und $-1 < x < 1$. Wir definieren f durch
$$f(x) = (1+x)^r.$$
    (*a*) Der Koeffizient von x^n in der Maclaurinschen Reihe von f lautet
$$\frac{r(r-1)(r-2)\ldots(r-n+1)}{n!}.$$
    Man beweise dies.
    (*b*) Mit Hilfe der Integralform des Restgliedes beweise man
$$R_n(x; 0) = \frac{r(r-1)(r-2)\ldots(r-n)}{n!} \times$$
$$\times \int_0^x \left(\frac{x-t}{1+t}\right)^n (1+t)^{r-1}\,dt.$$
    (*c*) Mit Hilfe von Übung 12 beweise man für $r > 1$
$$|R_n(x; 0)| \leqslant \frac{|r(r-1)(r-2)\ldots(r-n)|}{n!}|x|^{n+1}2^{r-1}.$$
    (*d*) Für $r > 1$ und $n \to \infty$ beweise man $R_n(x; 0) \to 0$.
    (*e*) Für $r < 1$ und $n \to \infty$ beweise man $R_n(x; 0) \to 0$.
14. Mit Hilfe der Integralform des Restgliedes beweise man, daß die Maclaurinsche Reihe von $\ln(1+x)$ für $x = 1$ nach $\ln(1+x)$ konvergiert.

■■

15. (*a*) Man schreibe die ersten vier nichtverschwindenden Terme der Maclaurinschen Reihe von $\sqrt{1-x^3}$ an. *Hinweis:* Man verwende das Binomialtheorem.
    (*b*) Mit Hilfe von (*a*) schätze man $\int_0^{1/2} \sqrt{1-x^3}\,dx$.
16. Man beweise für jede positive ganze Zahl r
$$(1-x)^{-r-1} = \sum_{n=0}^{\infty} \binom{n+r}{r} x^n \qquad |x| < 1.$$
17. (*a*) Mit Hilfe von Übung 16 beweise man
$$2^{r+1} = \sum_{n=0}^{\infty} \binom{n+r}{r} 2^{-n}.$$
    (*b*) Man schreibe die ersten fünf Terme für die Summe auf der rechten Seite der Gleichung aus (*a*) an.

15.6 Taylorsche Reihen für $f(x;y)$

Die höheren partiellen Ableitungen von $z = f(x;y)$ wurden in Abschnitt 12.4 eingeführt. Für $\partial(\partial z/\partial x)/\partial y$ haben wir die verschiedenen Bezeichnungsweisen $\partial^2 z/\partial y\,\partial x$, $\partial^2 f/\partial y\,\partial x$ oder z_{xy} verwendet. Es gibt vier partielle Ableitungen zweiter Ordnung:

$$z_{xx},\quad z_{xy},\quad z_{yx},\quad z_{yy}.$$

Sind sie stetig, so stimmen z_{xy} und z_{yx} überein. Jede dieser vier partiellen Ableitungen kann nach x und nach y differenziert werden. So gibt es acht partielle Ableitungen dritter Ordnung. Zwei von ihnen lauten

$$\frac{\partial(z_{xx})}{\partial x} \quad \text{und} \quad \frac{\partial(z_{xx})}{\partial y},$$

bezeichnet mit z_{xxx} sowie z_{xxy}. Die acht Ableitungen dritter Ordnung sind:

$$z_{xxx},\ z_{xxy},\ z_{xyx},\ z_{xyy},\ z_{yxx},\ z_{yxy},\ z_{yyx},\ z_{yyy}.$$

Sind sie stetig, so stimmen viele von ihnen überein. Es gilt dann beispielsweise

$$z_{xxy} = z_{xyx}$$

für $z_{xxy} = (z_x)_{xy}$ und $z_{xyx} = (z_x)_{yx}$.

Im allgemeinen hängt das Ergebnis nicht von der Reihenfolge der Differentiation ab; wir können daher zunächst alle Differentiationen nach x und dann alle Differentiationen nach y ausführen. Dies bedeutet z.B.

$$z_{xyy} = z_{yxy} = z_{yyx}$$

oder in der ∂-Bezeichnung

$$\frac{\partial^3 z}{\partial y^2 \partial x} = \frac{\partial^3 z}{\partial y \partial x \partial y} = \frac{\partial^3 z}{\partial x \partial y^2}.$$

Ähnliche Aussagen und Bezeichnungen gelten für die partiellen Ableitungen höherer Ordnung. Wir erhalten z.B.:

$$z_{xyxyy} = z_{xxyyy} = \frac{\partial^5 z}{\partial y^3 \partial x^2}.$$

Beispiel 1: Man berechne die partiellen Ableitungen von $x^4 y^7$ bis zur dritten Ordnung.

Lösung: Wir beginnen mit

$$z_x = 4x^3 y^7 \quad \text{und} \quad z_y = 7x^4 y^6.$$

Dann folgt

$$z_{xx} = 12x^2 y^7, \quad z_{xy} = z_{yx} = 28x^3 y^6, \quad z_{yy} = 42x^4 y^5.$$

Die partiellen Ableitungen dritter Ordnung lauten:

$$\begin{aligned} z_{xxx} &= 24xy^7, \\ z_{xxy} &= z_{xyx} = z_{yxx} = 84x^2 y^6, \\ z_{xyy} &= z_{yxy} = z_{yyx} = 168x^3 y^5, \\ z_{yyy} &= 210x^4 y^4. \end{aligned}$$

Da ein Teil der Ableitungen untereinander übereinstimmt, haben wir es in der Praxis nur mit vier partiellen Ableitungen dritter Ordnung zu tun. Ganz analog werden nur fünf verschiedene partielle Ableitungen vierter Ordnung und ganz allgemein $n+1$ verschiedene Ableitungen n-ter Ordnung auftreten. ●

Ebenso wie eine Funktion einer einzelnen Variablen als Potenzreihe in $x - a$ dargestellt werden kann, ist dies auch für eine Funktion zweier Variablen möglich. Wir entwickeln dann nach Potenzen von $x - a$ und $y - b$. Betrachten wir z.B. $f(x;y) = \cos(x+y)$ für $a = 0$ und $b = 0$, dann gilt

$$\begin{aligned} f(x;y) = \cos(x+y) &= 1 - \frac{(x+y)^2}{2!} + \frac{(x+y)^4}{4!} - \dots \\ &= 1 - \frac{x^2 + 2xy + y^2}{2!} + \\ &+ \frac{x^4 + 4x^3 y + 6x^2 y^2 + 4xy^3 + y^4}{4!} - \dots . \end{aligned}$$

Oft kann die Reihe für $f(x;y)$ durch die Untersuchung der Reihe für eine Funktion in einer Variablen gewonnen werden. Das Theorem 1 dieses Abschnittes zeigt den Zusammenhang zwischen der Reihe von $f(x;y)$ und den partiellen Ableitungen von $f(x;y)$. Dieses Theorem ist vor allem von theoretischer Bedeutung; es liefert uns einen Zusammenhang zwischen den partiellen Ableitungen zweiter Ordnung und der Existenz lokaler Maxima und Minima.

Es sei f eine Funktion von x und y mit partiellen Ableitungen beliebiger Ordnung. Es seien ferner a, b, h und k feste Zahlen. Dann definieren wir die Funktion g wie folgt:

$$g(t) = f(a + th, b + tk).$$

Die Taylorsche Reihe für f ergibt sich aus der für g, wenn wir die Ableitungen $g'(0), g^{(2)}(0), g^{(3)}(0), \dots$ durch die partiellen Ableitungen von f darstellen.

Wir berechnen die Ableitung $g'(t)$ der zusammengesetzten Funktion g:

$$g(t) = f(x;y) \quad \text{mit} \quad x = a + th, \quad y = b + tk. \tag{1}$$

(siehe auch Bild 15.8). Mit Hilfe der Kettenregel (Theorem 1 aus Abschnitt 12.6) erhalten wir

$$g'(t) = \frac{\partial f}{\partial x}\frac{dx}{dt} + \frac{\partial f}{\partial y}\frac{dy}{dt}.$$

Nun gilt aufgrund von (1)

$$\frac{dx}{dt} = h \quad \text{und} \quad \frac{dy}{dt} = k.$$

Es ergibt sich somit

$$g'(t) = f_x \cdot h + f_y \cdot k. \tag{2}$$

Die Ableitungen f_x und f_y werden im Punkt $(a + th; b + tk)$ berechnet. Insbesondere folgt

$$g'(0) = f_x(a; b)\, h + f_y(a; b)\, k. \tag{3}$$

Um nun $g^{(2)}(t)$ durch die partiellen Ableitungen der Funktion f darzustellen, differenzieren wir (2) nach t:

$$\begin{aligned} g^{(2)}(t) &= \frac{d[g'(t)]}{dt} = \frac{d(f_x h + f_y k)}{dt} \\ &= \frac{\partial(f_x h + f_y k)}{\partial x}\frac{dx}{dt} + \frac{\partial(f_x h + f_y k)}{\partial y}\frac{dy}{dt} \\ &= \frac{\partial(f_x h + f_y k)}{\partial x} h + \frac{\partial(f_x h + f_y k)}{\partial y} k \\ &= (f_{xx} h + f_{yx} k) h + (f_{xy} h + f_{yy} k) k. \end{aligned}$$

Somit gilt

$$g^{(2)}(t) = f_{xx} h^2 + 2 f_{xy} hk + f_{yy} k^2. \tag{4}$$

Alle partiellen Ableitungen werden im Punkt $(a + th; b + tk)$ berechnet und es folgt

$$g^{(2)}(0) = f_{xx}(a; b) h^2 + 2 f_{xy}(a; b) hk + f_{yy}(a; b) k^2. \tag{5}$$

Die rechte Seite von (5) erinnert uns an die Binomialentwicklung

$$(c + d)^2 = c^2 + 2cd + d^2.$$

Dies gilt für die Koeffizienten, die Potenzen von h und k, sowie die Indizes. Um diese Analogie auszunutzen, führen wir den Ausdruck

$$(h\partial_x + k\partial_y)^2 f$$

ein und behandeln ihn formal wie ein algebraisches Produkt: Unter $(\partial x \partial x) f$ verstehen wir beispielsweise f_{xx}.

Für (5) können wir nun kurz schreiben

$$g^{(2)}(0) = (h\partial_x + k\partial_y)^2 f\Big|_{(a;\, b)}. \tag{6}$$

Differenziert man (4) hinreichend oft nach t und setzt in der Folge $t = 0$, so ergibt sich

$$g^{(n)}(0) = (h\partial_x + k\partial_y)^n f\Big|_{(a;\, b)} \tag{7}$$

für $n = 1, 2, 3, \ldots$.

Theorem 1 (*Taylorsche Reihen für eine Funktion von zwei Variablen*): Die Funktion f habe im Punkt $(a; b)$ und seiner Umgebung stetige partielle Ableitungen bis einschließlich zur $(n + 1)$-Ordnung. Liegt der Punkt $(x; y) = (a + h; b + k)$ hinreichend nahe bei $(a; b)$, dann gilt mit einem Punkt $(X; Y)$ auf der Strecke zwischen $(a; b)$ und $(x; y)$ die Darstellung

$$\begin{aligned} f(x; y) = f(a; b) &+ (h\partial_x + k\partial_y) f\Big|_{(a;\, b)} + \\ &+ \frac{(h\partial_x + k\partial_y)^2}{2!} f\Big|_{(a;\, b)} + \ldots + \frac{(h\partial_x + k\partial_y)^n}{n!} f\Big|_{(a;\, b)} \\ &+ \frac{(h\partial_x + k\partial_y)^{n+1}}{(n+1)!} f\Big|_{(X;\, Y)}. \end{aligned}$$

Beweis: Dieses Theorem folgt aus Theorem 2 von Abschnitt 15.2. Wir führen folgende Funktion g ein (Bild 15.8):

$$g(t) = f(a + th; b + tk).$$

Bild 15.8

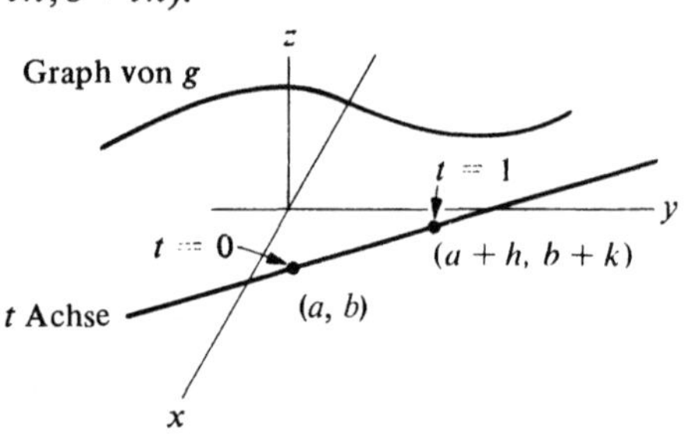

Es gilt:

$$g(0) = f(a; b) \tag{8}$$

und

$$g(1) = f(a + h; b + k) = f(x; y). \tag{9}$$

Mit Hilfe der Taylorschen Formel erhalten wir für eine geeignete Zahl T aus $0 \leqslant T \leqslant 1$ die Darstellung

$$\begin{aligned} g(1) = g(0) + g'(0)(1) &+ \frac{g^{(2)}(0)}{2!} 1^2 + \ldots + \\ &+ \frac{g^{(n)}(0)}{n!} 1^n + \frac{g^{(n+1)}(T)}{(n+1)!} 1^{n+1}. \end{aligned} \tag{10}$$

Aus den Gleichungen (7) und (10) folgt der gewünschte Beweis. ●

Aufgrund des Theorems ergibt sich als Koeffizient von $h^r k^s$ in der Taylorschen Reihe von f der Ausdruck

$$\frac{1}{(r+s)!}\binom{r+s}{r}\frac{\partial^{r+s}f}{\partial x^r \partial y^s}.$$

Die partiellen Ableitungen werden im Punkt $(a;b)$ berechnet, das Symbol $\binom{r+s}{r}$ bezeichnet den Binomialkoeffizienten

$$\frac{(r+s)!}{r!\,s!}.$$

Die Faktoren $(r+s)!$ im Zähler und Nenner können gekürzt werden. Der Koeffizient von $h^r k^s$ lautet daher

$$\frac{1}{r!\,s!}\frac{\partial^{r+s}f}{\partial x^r \partial y^s}.$$

Beispiel 2: Mit Hilfe von Theorem 1 aus diesem Abschnitt stelle man die Funktion $f(x;y) = x^2 y$ durch Potenzen von $x-1$ und $y-2$ dar.

Lösung: In diesem Falle gilt $a = 1$, $b = 2$, $h = x - 1$ und $k = y - 2$. Zunächst berechnen wir die partiellen Ableitungen von f in $(1;2)$. Es ergibt sich

$$f_x = 2xy, \quad f_{xx} = 2y, \quad f_{xy} = 2x,$$
$$f_{xxy} = 2, \quad f_y = x^2, \quad f_{yy} = 0.$$

Alle höheren Ableitungen von f verschwinden identisch, und es gilt

$$f(1;2) = 2, \quad f_x(1;2) = 2 \cdot 1 \cdot 2 = 4 \text{ usw.}$$

Somit erhalten wir

$$\begin{aligned} f(x;y) &= f(1+h;2+k) \\ &= f(1;2) + [hf_x(1;2) + kf_y(1;2)] \\ &\quad + \left[\frac{h^2 f_{xx}(1;2) + 2hkf_{xy}(1;2) + k^2 f_{yy}(1;2)}{2!}\right] \\ &\quad + \left[\frac{h^3 f_{xxx}(1;2) + 3h^2 k f_{xxy}(1;2) + 3hk^2 f_{xyy}(1;2) + k^3 f_{yyy}(1;2)}{3!}\right] \\ &= 2 + 4h + k + \frac{4h^2 + 4hk + 0k^2}{2!} + \frac{6}{3!}h^2 k \end{aligned}$$

oder

$$\begin{aligned} x^2 y = {} & 2 + 4(x-1) + (y-2) + 2(x-1)^2 + \\ & + 2(x-1)(y-2) + (x-1)^2(y-2). \end{aligned} \tag{11}$$

Diese Gleichung kann durch explizite Berechnung ihrer rechten Seite verifiziert werden.

Theorem 1 liefert im Falle $n = 1$ die Grundlage des Beweises für folgenden Test bezüglich eines lokalen Minimums von $f(x;y)$, der in Abschnitt 12.8 erwähnt wurde.

Theorem 2 (*Test für ein lokales Minimum*): Die Funktion f habe im Punkt $(a;b)$ und seiner Umgebung stetige partielle Ableitungen f_x, f_y, f_{xx}, f_{yy} und $f_{xy} = f_{yx}$. Wenn nun
1. $f_x(a;b)$ und $f_y(a;b)$ gleich Null,
2. $f_{xx}(a;b)$ und $f_{yy}(a;b)$ positiv sind, und wenn
3. $[f_{xy}(a;b)]^2 < f_{xx}(a;b) f_{yy}(a;b)$ gilt,

dann hat f in $(a;b)$ ein lokales Minimum.

Beweis: Theorem 1 lautet im Fall $n = 1$:

$$\begin{aligned} f(x;y) = {} & f(a;b) + hf_x(a;b) + kf_y(a;b) + \\ & + \tfrac{1}{2}[h^2 f_{xx}(X;Y) + 2hkf_{xy}(X;Y) + \\ & + k^2 f_{yy}(X;Y)]. \end{aligned} \tag{12}$$

Der Punkt $(X;Y)$ liegt auf der Strecke zwischen $(a;b)$ und $(x;y) = (a+h;b+k)$ (Bild 15.9).

Mit $f_x(a;b)$ und $f_y(a;b)$ reduziert sich (12) auf

$$\begin{aligned} f(x;y) = {} & f(a;b) + \tfrac{1}{2}[h^2 f_{xx}(X;Y) + 2hkf_{xy}(X;Y) + \\ & + k^2 f_{yy}(X;Y)]. \end{aligned} \tag{13}$$

Liegt nun $(x;y)$ genügend nahe bei $(a;b)$, so folgt aus der Stetigkeit von f_{xx}, f_{yy} und f_{xy}, sowie den Annahmen 2 und 3 des Theorems

$$f_{xx}(X;Y) > 0, \quad f_{yy}(X;Y) > 0$$

und

$$f_{xy}^2(X;Y) < f_{xx}(X;Y) f_{yy}(X;Y).$$

Bild 15.9

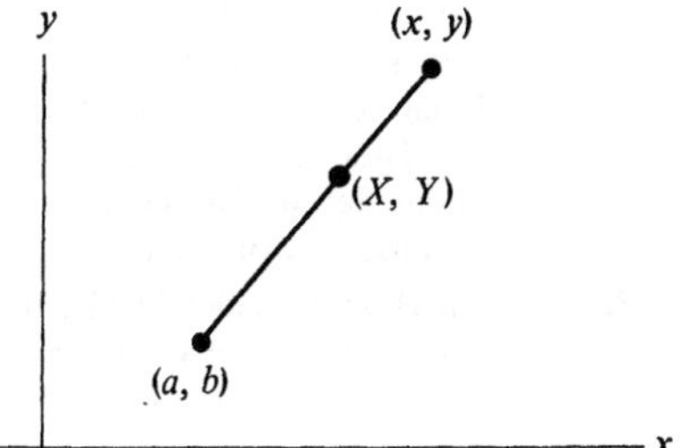

Nun setzen wir

$$A = f_{xx}(X;Y), \quad B = f_{xy}(X;Y) \quad \text{und} \quad C = f_{yy}(X;Y).$$

Dann gilt $A > 0$, $B > 0$ und $B^2 < AC$.

Aufgrund von (13) bleibt uns zu zeigen:

$$Ah^2 + 2Bhk + Ck^2 > 0. \tag{14}$$

Wir können nun das Argument von Theorem 1 aus Abschnitt 12.8 übernehmen. A ist positiv, so daß nur zu untersuchen bleibt, ob $A(Ah^2 + 2Bhk + Ck^2)$ ebenfalls positiv ist. Wir ergänzen auf ein vollständiges Quadrat:

$$A^2h^2 + 2ABhk + ACk^2 = (Ah + Bk)^2 + (AC - B^2)k^2 .$$

Der Ausdruck auf der rechten Seite ist die Summe eines Quadrates sowie eines positiven Vielfachen eines Quadrates und kann daher nicht negativ werden. Verschwindet der Ausdruck, so gilt

$$Ah + Bk = 0 \quad \text{und} \quad k = 0.$$

Es folgt $h = 0$. Somit ist Gleichung (14) für $(h; k) \neq (0; 0)$ in der Umgebung von $(0; 0)$ bewiesen. Daher hat $f(x; y)$ an der Stelle $(a; b)$ ein lokales Minimum. •

Theorem 4 aus Abschnitt 12.8 über ein lokales Maximum kann ganz analog bewiesen werden.

Übungen:

In den Übungen 1 bis 4 berechne man für die gegebene Funktion alle acht partiellen Ableitungen dritter Ordnung.

1. x^5y^7
2. e^{2x+3y}
3. x/y
4. $\sin(x^2 + y^2)$
5. Man verifiziere Gleichung (11) durch explizite Berechnung ihrer rechten Seite.
6. Mit Hilfe von (11) berechne man die Differenz des Volumens der folgenden beiden Quader: Der eine Quader hat eine quadratische Grundfläche mit einer Seitenlänge von 1 m und eine Höhe von 2 m; der andere Quader hat eine quadratische Grundfläche mit einer Seitenlänge von 1,1 m und eine Höhe von 2,1 m.
7. (*a*) Mit Hilfe partieller Ableitungen berechne man die ersten vier nichtverschwindenden Terme in der Taylorschen Reihe von e^{x+y^2} nach Potenzen von x und y.
   (*b*) Mit Hilfe der Gleichung $e^{x+y^2} = e^x e^{y^2}$ sowie einiger Terme der Maclaurinschen Reihe für e^x und e^{y^2} beweise man das Ergebnis von (*a*).
8. (*a*) Mit Hilfe partieller Ableitungen stelle man x^2y^2 als Polynom in $x - 1$ und $y - 1$ dar.
   (*b*) Man verifiziere das Ergebnis durch Entwicklung von (*a*).
9. Das Binomialtheorem liefert für $n = 4$ die Relation
   $$(x + y)^4 = x^4 + 4x^3y + 6x^2y^2 + 4xy^3 + y^4.$$
   Man entwickle $f(x; y) = (x + y)^4$ mit Hilfe partieller Ableitung in eine Taylorsche Reihe nach x und y und beweise, daß das Ergebnis mit dem Binomialtheorem übereinstimmt.
10. Die Entwicklung von $\sqrt{1 + x + y}$ beginnt mit
    $$1 + \frac{x}{2} + \frac{y}{2} - \frac{1}{8}x^2 - \frac{1}{4}xy - \frac{1}{8}y^2 + \ldots .$$
    Man verifiziere dies,
    (*a*) mit Hilfe von Theorem 1 aus diesem Abschnitt;
    (*b*) mit Hilfe der ersten drei Terme in der Entwicklung von $\sqrt{1 + t}$ nach $t = (x + y)$.
11. (*a*) Man bestimme die ersten drei nichtverschwindenden Terme in der Taylorschen Reihe von $\sqrt[3]{e^x + \sin y}$ nach Potenzen von x und y.
    (*b*) Mit Hilfe von (*a*) schätze man $\int_R f(P)\, dA$ für die Funktion f aus (*a*) und das Dreieck R mit den Eckpunkten $(0; 0)$, $(1; 0)$ und $(1; 2)$.
12. (*a*) Man bestimme die ersten nichtverschwindenden Terme der Taylorschen Reihe nach Potenzen von x und y für $f(x; y) = \sqrt{x^2 + y^2 + 1}$.
    (*b*) Mit Hilfe des Resultates aus (*a*) schätze man $\int_R f(P)\, dA$ für das Quadrat R mit den Eckpunkten $(0; 0)$, $(0{,}1; 0)$, $(0; 0{,}1)$ sowie $(0{,}1; 0{,}1)$.

■

13. (*a*) Sind alle partiellen Ableitungen von f stetig, dann gilt
    $$f_{xyxy} = f_{yxyx}.$$
    Man beweise dies.
    (*b*) Jede der 16 partiellen Ableitungen vierter Ordnung von f stimmt mit einer der folgenden fünf partiellen Ableitungen überein:
    $$\frac{\partial^4 f}{\partial x^4}, \quad \frac{\partial^4 f}{\partial y \partial x^3}, \quad \frac{\partial^4 f}{\partial y^2 \partial x^2}, \quad \frac{\partial^4 f}{\partial y^3 \partial x}, \quad \frac{\partial^4 f}{\partial y^4}.$$
    Man beweise dies.
14. Wie lautet der Quotient von x^5y^7 in der Taylorschen Reihe der Funktion f für die Umgebung des Punktes $(a; b) = (0; 0)$?
15. Man beweise Theorem 4 aus Abschnitt 12.8.

15.7 Zusammenfassung

In diesem Kapitel wurden die höheren Ableitungen einer Funktion verwendet, um Informationen über die Funktion selbst zu erhalten. Wenn die ersten $n - 1$ Ableitungen einer Funktion an der Stelle a alle gleich Null sind und die n-te Ableitung für alle x in einer Umgebung von a durch die Zahl M beschränkt ist, dann kann der Wert der

Funktion an der Stelle x mit $M(x-a)^n/n!$ verglichen werden. Dieses Verfahren (n wird durch $n+1$ ersetzt) wird auf die Funktion

$$f(x)-\left(f(a)+f^{(1)}(a)(x-a)+\ldots+\frac{f^{(n)}(a)(x-a)^n}{n!}\right)$$

angewendet. Dann kann für bestimmte Funktionen die Darstellung

$$f(x)=\sum_{n=0}^{\infty}\frac{f^{(n)}(a)}{n!}(x-a)^n$$

bewiesen werden.

Dasselbe Verfahren wurde im Abschnitt 15.4 angewendet, um eine Schranke für den Fehler in der Trapezabschätzung eines bestimmten Integrals, sowie für einige andere Abschätzungen zu erhalten.

Mit Hilfe von Potenzreihen wurde in Abschnitt 15.3 gezeigt, daß alle Lösungen der Differentialgleichung $d^2y/dt^2=-k^2y$ die Gestalt $c_1\cos kt+c_2\sin kt$ besitzen. In Abschnitt 15.4 wurden Potenzreihen zur Abschätzung bestimmter Integrale herangezogen.

In Abschnitt 15.5 wurde das Restglied $R_n(x;a)$ durch ein Integral dargestellt und eine Potenzreihe für $(1+x)^r$ mit $|x|<1$ angegeben.

Abschnitt 15.6 behandelte Funktionen zweier Variabler, deren Potenzreihendarstellung mit Hilfe höherer partieller Ableitungen gewonnen werden konnte. Als Anwendung wurde in Abhängigkeit von den partiellen Ableitungen zweiter Ordnung ein Test für ein lokales Minimum hergeleitet.

Wichtige Ergebnisse

Für $f^{(j)}(a)=0,\ 0\leqslant j\leqslant n-1$ und $m\leqslant f^{(n)}(x)\leqslant M$ *liegt* $f(x)$ zwischen $m(x-a)^n/n!$ und $M(x-a)^n/n!$.

Für $f^{(j)}(0)=0$ und $0\leqslant j\leqslant n-1$ existiert ein X zwischen a und x mit

$$f(x)=\frac{f^{(n)}(X)}{n!}(x-a)^n.$$

Der Funktion $f(x)$ und der Zahl a wird die Taylorsche Reihe

$$f(a)+f^{(1)}(a)(x-a)+\frac{f^{(2)}(a)(x-a)^2}{2!}+\ldots$$

zugeordnet. Sie stellt für $x=a$ die Funktion dar. Dies muß für andere Werte von x jedoch nicht der Fall sein. So gibt es eine sehr „flache" Funktion $f(x)$, deren Ableitungen an der Stelle Null alle verschwinden, obwohl die Funktion selbst nur an der Stelle Null verschwindet. Die Taylorsche Reihe dieser Funktion an der Stelle $a=0$ ist durch Null gegeben und stellt die Funktion nur an der Stelle Null dar. (Siehe Übung 31 aus Abschnitt 15.2.)

Das Taylorsche Polynom $P_n(x;a)$ wird als

$$\sum_{j=0}^{n}\frac{f^{(j)}(a)(x-a)^j}{j!}$$

definiert.

Das Restglied $R_n(x;a)$ ist durch die Gleichung

$$f(x)=P_n(x;a)+R_n(x;a)$$

definiert.

Die Ableitungsform des Restgliedes lautet für einen bestimmten Wert X zwischen a und x

$$R_n(x;a)=\frac{f^{(n+1)}(X)(x-a)^{n+1}}{(n+1)!}.$$

Die Integralform des Restgliedes lautet

$$R_n(x;a)=\frac{1}{n!}\int_a^x f^{(n+1)}(t)(x-t)^n\,dt.$$

Der Fehler der Trapezabschätzung für $\int_a^b f(x)\,dx$ ist für ein bestimmtes X aus $[a;b]$ gleich

$$\frac{-f^{(2)}(X)(b-a)h^2}{12}.$$

Der Fehler der Simpsonschen Abschätzung für $\int_a^b f(x)\,dx$ ist für ein bestimmtes X aus $[a;b]$ gleich

$$\frac{-f^{(4)}(X)(b-a)h^4}{180}.$$

Das Binomialtheorem

$$(1+x)^r=1+rx+\frac{r(r-1)}{2!}x^2+\frac{r(r-1)(r-2)}{3!}x^3+\ldots$$

gilt für jede positive ganze Zahl r und alle x. In diesem Fall stimmt die Reihe gerade mit dem Polynom vom Grad r überein. Das Binomialtheorem gilt für beliebige r und $|x|<1$.

Sind die höheren partiellen Ableitungen stetig, so hängen sie nicht von der Reihenfolge der Differentiation ab.

Für eine Funktion zweier Variablen gibt es einen Punkt $(X; Y)$ auf der Strecke zwischen $(a; b)$ und $(x; y)$ mit

$$f(x;y) = f(a;b) + (h\partial_x + k\partial_y) f\Big|_{(a;b)} + \frac{(h\partial_x + k\partial_y)^2}{2} f\Big|_{(a;b)} + \ldots + \frac{(h\partial_x + k\partial_y)^n}{n!} f\Big|_{(a;b)} + \frac{(h\partial_x + k\partial_y)^{n+1}}{(n+1)!} f\Big|_{(X;Y)}.$$

Begriffe und Symbole

Taylorsches Polynom $P_n(x; a)$

Restglied $R_n(x; a)$

Lagrange- oder Ableitungsform für $R_n(x; a)$

Taylorsche Reihe

Maclaurinsche Reihe

harmonische Bewegung

Integralform für $R_n(x; a)$

partielle Ableitungen höherer Ordnung

$$\frac{\partial^3 z}{\partial y x^2} = \frac{\partial}{\partial y}\left(\frac{\partial^2 z}{\partial x^2}\right) = z_{xxy} \text{ usw.}$$

Binomialtheorem

Binomialkoeffizient $\binom{n}{j}$ oder

$$C_j^n = \frac{n!}{j!\,(n-j)!} = \frac{n(n-1)\ldots(n-j+1)}{1 \cdot 2 \cdot 3 \ldots j}.$$

Testaufgaben zu Kapitel 15

1. Die Funktion f habe stetige Ableitungen $f^{(1)}(x)$, $f^{(2)}(x)$ und $f^{(3)}(x)$. Es gelte $f(1) = 0$, $f^{(1)}(1) = 0$ und $f^{(2)}(1) = 0$. Für alle x sei die Ungleichung $m \leqslant f^{(3)}(x) \leqslant M$ erfüllt. Man zeige dann
   (*a*) für $x > 1$
   $$\frac{m(x-1)^3}{3!} \leqslant f(x) \leqslant \frac{M(x-1)^3}{3!};$$
   (*b*) für $x < 1$
   $$\frac{m(x-1)^3}{3!} \geqslant f(x) \geqslant \frac{M(x-1)^3}{3!}.$$
   (*c*) Ist M das Maximum und m das Minimum von $f(x)$, dann gilt für einen bestimmten Wert X zwischen 1 und x
   $$f(x) = \frac{f^{(3)}(X)(x-1)^3}{3!}.$$
2. (*a*) Wie lautet $P_2(x; 0)$ für die Funktion e^x?
   (*b*) Warum gibt es ein X zwischen Null und x mit
   $$e^x = P_2(x; 0) + \frac{e^X x^3}{3!}?$$
3. Man schätze $\int_{1/2}^{1} x \cos\sqrt{x}\,dx$ mit Hilfe der ersten drei nichtverschwindenden Terme der Maclaurinschen Reihe von $\cos\sqrt{x}$ ab.
4. Man stelle $\sin x$ als Taylorsche Reihe in Potenzen von $(x - \pi/3)$ dar.
5. (*a*) Wie lautet die Differentialgleichung der harmonischen Bewegung?
   (*b*) Wie lautet ihre allgemeinste Lösung?
6. Das Integral $\int_0^{\pi/4} \sin x^2\,dx$ ist mit einem Fehler von weniger als 0,01 abzuschätzen:
   (*a*) mit Hilfe der Trapezmethode. Man beweise, daß hierzu eine Teilung in fünf Abschnitte genügt;
   (*b*) mit Hilfe der Maclaurinschen Reihe von $\sin x^2$. Man zeige, daß der Fehler bereits unter Heranziehung der ersten beiden nichtverschwindenden Terme kleiner als 0,01 wird.
7. Für die Funktion f gelte $f(0;0) = 4$, $f_x(0;0) = 2$, $f_y(0;0) = -1$, $f_{xx}(0;0) = 3$, $f_{yy}(0;0) = 2$, $f_{xy}(0;0) = -1$, $f_{xxx}(0;0) = 5$, $f_{xxy}(0;0) = 7$, $f_{xyy}(0;0) = -2$, $f_{yyy}(0;0) = 3$. Wie lauten die ersten 10 Terme der Taylorschen Reihe von f nach Potenzen von x und y?
8. Wie lautet die Integralform des Restgliedes $R_n(x; a)$?
9. (*a*) Wie lautet die Binomialreihe für die Funktion $(1+x)^{-3}$?
   (*b*) Für welche Werte von x stellt die Binomialreihe die Funktion $(1+x)^{-3}$ dar?

Übungen zu Kapitel 15

1. Man schätze $\ln 3 = \int_1^3 (1/x)\,dx$ für $h = \frac{1}{2}$ ab,
   (*a*) mit Hilfe der Trapezformel;
   (*b*) mit Hilfe der Simpsonschen Formel.
2. Mit Hilfe von Übung 1 und der Fehlerformel
   (*a*) der Trapezmethode beweise man $1{,}034 \leqslant \ln 3 \leqslant 1{,}114$;
   (*b*) der Simpson-Formel beweise man $1{,}083 \leqslant \ln 3 \leqslant 1{,}099$.

3. (*a*) Mit Hilfe der ersten beiden nichtverschwindenden Glieder der Taylor-Reihe für e^{x^3} schätze man $\int_0^1 e^{x^3}\,dx$ ab.
   (*b*) Man gebe eine Schranke für den Fehler an.
4. Die ersten vier Taylorschen Polynome von e^x nach Potenzen von x lauten $1{,}1+x$, $1+x+x^2/2$ und $1+x+x^2/2+x^3/6$.
   (*a*) Man zeichne diese Polynome und die Funktion e^x in bezug auf die gleichen Achsen.
   (*b*) Ist irgendeines dieser Taylorschen Polynome für große $|x|$ eine gute Näherung von e^x? Man erkläre die Antwort.
5. Man stelle x^2+x+1 als Polynom in Potenzen von $x-5$ dar.
6. Für die Funktion f gelte $f(0)=2$, $f'(0)=0{,}5$ und $2\leqslant f^{(2)}(x)\leqslant 3$ für alle x aus $[0;0{,}7]$. Man schätze $f(0{,}6)$ ab.
7. Für die Funktion f gelte $f(0)=0$ und $f'(0)=0$, sowie $0{,}2\leqslant f^{(2)}(x)\leqslant 0{,}4$ für alle x aus $[0;1{,}2]$. Man schätze $f(1{,}2)$.
8. Wie lautet in der Entwicklung von $(1+x)^{20}$ der Koeffizient von (*a*) x^4, (*b*) x^{16}?
9. (*a*) Man betrachte Entwicklungen in der Umgebung von $a=0$ und definiere $R_3(x;0)$.
   (*b*) Wie lautet die Ableitungsform von $R_3(x;0)$?
   (*c*) Wie lautet die Integralform von $R_3(x;0)$?
10. (*a*) Wie lautet das Binomialtheorem für $(1+x)^n$, wenn n eine positive ganze Zahl ist?
    (*b*) Man beweise das Binomialtheorem in diesem Falle.
11. Man berechne
    (*a*) $D^3(x^4)$ für $x=0$ und $x=2$.
    (*b*) $D^4(x^4)$ für $x=0$ und $x=2$.
    (*c*) $D^5(x^4)$ für $x=0$ und $x=2$.
12. Man berechne (*a*) $D^{100}(2e^x)$ und (*b*) $D^{100}(e^{2x})$.
13. (*a*) Mit Hilfe der Formel für den Binomialkoeffizienten $\binom{n}{j}$ berechne man $\binom{7}{j}$ für $j=0, 1, \dots, 7$.
    (*b*) Mit Hilfe von (*a*) bestimme man die Entwicklung von $(1+x)^7$.
    (*c*) Mit Hilfe von (*a*) gebe man eine Entwicklung für $(a+b)^7$ an.
14. Mit Hilfe einer Maclaurinschen Reihe schätze man sin 25° mit einem Fehler von weniger als 0,01 ab. (Es gilt $\pi/180\approx 0{,}017$.)
15. Es sei $f(x)=\sqrt{1+x}$. Man bestimme das Taylorsche Polynom vom Grad 3 für f an der Stelle $a=0$.
16. Man formuliere den Test für ein lokales Maximum von $f(x;y)$ anhand der ersten und zweiten partiellen Ableitungen.
17. Warum gilt $z_{xyxy}=z_{xyyx}$?

In den Übungen 18 bis 22 schätze man die angegebenen Größen mit Hilfe von Taylorschen Polynomen dritten Grades nach Potenzen von x ab.

18. $(1{,}1)^7$
19. $e^{0{,}3}$
20. $\cos 10°$
21. $\sin 18°$
22. $1/e$

Mit Hilfe der Ableitungsformel für das Restglied $R_n(x;0)$ gebe man eine Schranke für die Abschätzung in den folgenden Übungen.

23. Übung 18
24. Übung 19
25. Übung 20
26. Übung 21
27. Übung 22
28. (*a*) Wie lauten die ersten fünf Terme in der Taylorschen Reihe von $\sin x$ nach Potenzen von $x-\pi/3$?
    (*b*) Man schätze sin 65° mit Hilfe der ersten drei Terme der Reihe aus (*a*) ab.
29. Wie lauten die ersten drei nichtverschwindenden Terme der Taylorschen Reihe von $\sin x$ an der Stelle $a=\pi$?
30. Ist ein Polynom in einem bestimmten Intervall konstant, dann ist es überall konstant. Man beweise dies.
31. (*a*) Man beweise für einen bestimmten Wert X zwischen Null und x die Gleichung
$$\sqrt{1+x}=1+\frac{x}{2}-\frac{x^2}{8}-\frac{x^3}{16}\cdot(1+X)^{5/2}.$$
    (*b*) Mit Hilfe von (*a*) beweise man
$$1{,}218\,25<\sqrt{1{,}5}<1{,}218\,25+\frac{1}{128}.$$
32. (Siehe Übung 31.) Man verwende $1+x/2-x^2/8$ als Näherungswert für $\sqrt{1+x}$ und schätze $\sqrt{2}$, $\sqrt{1{,}1}$, $\sqrt{1{,}01}$ ab.
33. (*a*) Mit Hilfe der Ableitungen von f stelle man $f(x)=4x^3+6x^2-5x+2$ durch Potenzen von $x-2$ dar und verifiziere das Resultat durch explizite Berechnung.
    (*b*) Mit Hilfe der Entwicklung aus (*a*) schätze man $f(2{,}1)$ und $f(1{,}9)$ ab.
34. (*a*) Man wiederhole Übung 33 (*a*) und entwickle $f(x)$ nach Potenzen von $x+2$.
    (*b*) Mit Hilfe von (*a*) schätze man $f(-1{,}9)$.
35. $\cos\sqrt{x}$ kann als Potenzreihe dargestellt werden. Mit Hilfe dieser Potenzreihe schätze man $\cos\sqrt{2}$ mit einem Fehler von weniger als 0,01 ab.
36. Mit Hilfe der Taylorschen Reihe für $\sin x$ berechne man sin 20° mit einem Fehler von weniger als 0,001.
37. Eine bestimmte Funktion f hat Ableitungen beliebiger Ordnung. Es gelte ferner $f(1)=f(2)=f(3)=f(4)$. Man beweise dann die Existenz einer Zahl X aus $(1;4)$ mit $f^{(3)}(X)=0$.
38. Es gelte $\frac{1}{3}\leqslant f(0)\leqslant\frac{1}{2}$, $\frac{1}{3}\leqslant f'(0)\leqslant\frac{1}{2}$ sowie $\frac{1}{3}\leqslant f^{(2)}(x)\leqslant\frac{1}{2}$ für alle x aus $[0;2]$. Was folgt daraus für den Wert von $f(2)$?
39. Es gelte $f(0)=0$, $f'(0)=0$ sowie $f^{(2)}(x)\geqslant 1$ für alle x aus $[0;3]$. Was folgt dann für den Wert von $f(3)$?
40. Es gelte $f(2)=0$, $f'(2)=0$ sowie $f^{(2)}(x)\leqslant 1$ für alle x aus $[2;3]$. Was folgt dann für $f(3)$?

41. (*a*) Mit Hilfe der Identität

$$1/(1+x) = 1 - x + x^2 - x^3 + x^4/(1+x)$$

beweise man

$$1/(1+x^3) = 1 - x^3 + x^6 - x^9 + x^{12}/(1+x^3).$$

(*b*) Mit Hilfe von (*a*) schätze man $\int_0^1 1/(1+x^3)\,dx$ ab.

(*c*) Man schätze den Fehler von (*b*) ab.

42. (*a*) Mit Hilfe der Maclaurinschen Reihe für $1/(1+x)$ entwickle man die Maclaurinsche Reihe für $1/(1+x^4)$.

(*b*) Mit Hilfe der ersten drei Terme der Reihe aus (*a*) schätze man $\int_0^1 \frac{1}{1+x^4}\,dx$ ab.

43. Mit Hilfe der ersten vier Terme der Maclaurinschen Reihe für e^{-x} schätze man $\int_0^1 \frac{1-e^{-x}}{x}\,dx$ ab.

44. Man gebe eine Schranke für den Fehler aus Übung 43 an.

45. Mit Hilfe der ersten drei nichtverschwindenden Terme der Maclaurinschen Reihe für $\sin x$ schätze man $\int_0^1 \sqrt{x}\sin x\,dx$ ab.

46. Man gebe eine Schranke für den Fehler aus Übung 45 an.

47. Die Funktion $\sin x^3$ besitzt keine elementare Stammfunktion, daher kann $\int_0^{1/2} \sin x^3\,dx$ nicht mit Hilfe des Hauptsatzes ausgewertet werden.

(*a*) Wie lautet die Taylorsche Reihe von $\sin x^3$ nach Potenzen von x?

(*b*) Man nähere $\sin x^3$ durch x^3 an und gebe eine Abschätzung für $\int_0^{1/2} \sin x^3\,dx$.

(*c*) Man diskutiere den Fehler aus (*c*). *Hinweis:* Siehe (*a*).

48. (*a*) Mit Hilfe der ersten drei nichtverschwindenden Terme der Maclaurinschen Reihe für $\sin x$ schätze man $\int_0^{1/2} (\sin x/\sqrt{x})\,dx$ ab.

(*b*) Man bestimme eine Schranke für den Fehler der Abschätzung aus (*a*).

49. Man berechne

(*a*) $D^5(x^{20})$, (*b*) $D^3((x-1)^{50})$,
(*c*) $D^{83}((x-\pi)^{83})$.

50. Man berechne für $x = 1$

(*a*) $D^3((x-1)^5)$, (*b*) $D^4((x-1)^5)$,
(*c*) $D^5((x-1)^5)$, (*d*) $D^6((x-1)^5)$.

51. Für ein Polynom P gilt $P(1) = 2$, $P'(1) = 3$, $P^{(2)}(1) = 1$, $P^{(3)}(1) = -1$ und $P^{(j)}(1) = 0$ für $j > 3$. Wie lautet das Polynom?

52. Für ein Polynom P gilt $P(0) = 0$, $P'(0) = -1$, $P^{(2)}(0) = 0$, $P^{(3)}(0) = 2$, $P^{(4)}(0) = \frac{1}{2}$ und $P^{(j)}(0) = 0$ für $j > 4$. Wie lautet das Polynom?

53. Für ein Polynom P gilt $P(-1) = 1$, $P'(-1) = 1$, $P^{(2)}(-1) = 1$, $P^{(3)}(-1) = 1$, $P^{(4)}(-1) = 1$ und $P^{(j)}(-1) = 0$ für $j > 4$. Wie lautet das Polynom?

54. In der Entwicklung von $(1+x)^n$ stimmen die Koeffizienten von x^j und x^{n-j} überein. Man beweise dies.

55. Wie lautet die Entwicklung von

(*a*) $(1+x)^3$? (*b*) $(1+x)^4$?
(*c*) $(1+x)^5$?

56. Wie lautet der Koeffizient von x in der Entwicklung von

(*a*) $(1+x)^3$? (*b*) $(1+x)^5$?
(*c*) $(1+x)^{10}$?

57. Wie lautet der Koeffizient von

(*a*) x^4 in der Entwicklung von $(1+x)^{10}$?
(*b*) x^6 in der Entwicklung von $(1+x)^{10}$?

58. Ist a eine feste Zahl und sind n und j positive ganze Zahlen, dann gilt

$$D^j((x-a)^n) = \begin{cases} 0 & \text{wenn } j > n; \\ n! & \text{wenn } j = n; \\ \dfrac{n!}{(n-j)!}(x-a)^{n-j} & \text{wenn } 1 \leq j \leq n-1. \end{cases}$$

Man beweise dies.

■

59. (*a*) Mit Hilfe von $2^n = (1+1)^n$ beweise man für $n > 2$

$$2^n > 1 + n + \frac{n(n-1)}{2}.$$

(*b*) Mit Hilfe von (*a*) beweise man

$$\lim_{n\to\infty} \frac{n}{2^n} = 0.$$

60. f und g seien Polynome und es gelte $f^{(n)}(1) = g^{(n)}(1)$ für $n = 0, 1, 2, 3, \ldots$. Stimmen die Funktionen f und g überein?

61. Die Taylorsche Reihe einer bestimmten Funktion f beginnt mit

$$f(x; y) = 3 + 2x + 5y + 6x^2 - xy + 5y^2 + \ldots.$$

Man berechne aus dieser Darstellung die Werte von f, f_x, f_y, f_{xx}, f_{xy} und f_{yy} an der Stelle $(0; 0)$.

62. (*a*) Mit Hilfe der Entwicklung von $(1+x)^r$ leite man eine Entwicklung von $1/\sqrt{1-x^2}$ her. ($r = -\frac{1}{2}$; man ersetze x durch $-x^2$.)

(*b*) Der Koeffizient von x^{2n} in der Entwicklung von $1/\sqrt{1-x^2}$ lautet

$$\frac{1 \cdot 3 \cdot 5 \cdot 7 \dots (2n-1)}{2^n n!}.$$

Man beweise dies.

(*c*) Der Koeffizient aus (*b*) ist gleich

$$\frac{2n!}{(n!)^2 4^n}.$$

Man beweise dies.

63. Man bestimme $\lim\limits_{p \to \infty} [(p^3 + p^2 + 2p + 1)^{1/3} - p]$.

64. $c_0, c_1, \dots, c_n$ seien gegebene Zahlen.

(*a*) Man bestimme ein Polynom $P(x)$ vom Grad n mit

$P^{(j)}(0) = c_j, \quad 0 \leqslant j \leqslant n.$

(*b*) Es gibt genau ein Polynom, das die Bedingungen aus (*a*) erfüllt. Man beweise dies.

65. Die Bewegung eines Teilchens erfüllt die Differentialgleichung $d^2y/dt^2 = -(100\pi)^2 y$. Zur Zeit $t = 0$ beträgt seine Geschwindigkeit 300π, sein Ort ist durch $y = 3$ gegeben.

(*a*) Man bestimme seinen Ort zu einer beliebigen Zeit.

(*b*) Man bestimme die maximale Entfernung von Null.

(*c*) Wie viele Schwingungen vollführt das Teilchen in der Zeiteinheit.

66. Wird $f(x;y)$ als Potenzreihe nach $x-a$ und $y-b$ dargestellt, so ist der Koeffizient von $(x-a)^r(y-b)^s$ durch

$$\frac{1}{r!\,s!}\frac{\partial^{r+s} f}{\partial x^r \partial y^s}$$

gegeben. Die partiellen Ableitungen werden an der Stelle $(a;b)$ berechnet. Man beweise dies.

67. f sei eine Funktion mit den Ableitungen $f^{(1)}, f^{(2)}, \dots, f^{(n)}$. Es gelte ferner $g = f + f^{(1)} + \dots + f^{(n-1)}$. Dann ist g eine Lösung der Differentialgleichung

$$y - \frac{dy}{dx} = f(x) - f^{(n)}(x).$$

Man beweise dies.

68. Man nähere e^x durch ein Taylorsches Polynom vom Grad 3 an und bestimme auf diese Weise die positive Lösung der Gleichungen $e^x = 2x + 1$.

69. Man bestimme die positive Wurzel der Gleichung $e^x = 2x + 1$ mit Hilfe des Newtonschen Verfahrens für die Funktion $f(x) = e^x - 2x - 1$. Eine erste Abschätzung entnehme man einer Tabelle von e^x.

70. Mit Hilfe der Maclaurinschen Reihe von $\ln(1+x)$ schätze man ab

(*a*) $\ln(2)$, (*b*) $\ln(\frac{3}{2})$,

(*c*) $\ln(\frac{5}{2})$.

(*d*) Mit Hilfe von (*a*) und (*b*) schätze man ln 3 ab.

(*e*) Mit Hilfe von (*a*) und (*c*) schätze man ln 5 ab.

71. Man bestimme das Taylorsche Polynom vom Grad 5 an der Stelle $a = 0$ für die Funktion $f(x) = \arcsin x$.

72. Man bestimme die Maclaurinsche Reihe für $\arcsin x$ aus der für $\dfrac{1}{\sqrt{1-x^2}}$.

(Siehe Übung 62.)

73. In der Trigonometrie wird die Formel $\cos^3 x = (\cos 3x + 3\cos x)/4$ bewiesen. Ist $D^{20}(\cos^3 x)$ oder $D^{20}[(\cos 3x + 3\cos x)/4]$ leichter zu berechnen? Warum? Man berechne den einfacheren Ausdruck.

74. Mit Hilfe des Binomialtheorems leite man aus $(x + \Delta x)^n$ die Formel $D(x^n) = nx^{n-1}$ her. (Das Binomialtheorem kann auch ohne Zuhilfenahme von Ableitungen bewiesen werden, daher liegt hier kein Zirkelschluß vor.)

75. Wie wir der Maclaurinschen Reihe für $\sin x$ entnehmen, ist $x - x^3/6$ im Bereich kleiner x eine gute Näherung für $\sin x$ (x im Bogenmaß).

(*a*) Ist θ der Winkel im Gradmaß, so ist $\pi\theta/180 - (\pi\theta/180)^3/6$ eine Näherung für $\sin\theta$. Man beweise dies.

(*b*) Mit Hilfe von (*a*) schätze man $\sin 10°$ ab und verwende 0,017 als Näherung für $\pi/180$.

76. Mit Hilfe der Formel aus Übung 75 schätze man $\sin 20°$ und vergleiche das Resultat mit einer Tabelle der Sinuswerte.

77. Man beweise $\lim\limits_{n \to \infty} (x^n/n!) = 0$ in folgenden Schritten:

(*a*) Es sei $F(x) = (1 + x + x^2/2! + \dots + x^n/n!)\,e^{-x}$. Man beweise $F'(x) = -e^{-x}(x^n/n!)$.

(*b*) Für $x \geqslant 0$ beweise man $F(x) \leqslant 1$.

(*c*) Mit Hilfe von (*b*) zeige man $1 + x + \dots + x^n/n! < e^x$ für $x > 0$. Dann folgt $x^n/n! \to 0$ für $n \to \infty$.

78. Gilt $D^5(f) = 0$ für alle x, so ist f ein Polynom von höchstens viertem Grad. Man beweise dies.

79. Für eine bestimmte Funktion f gilt $f(0) = 3$, $f^{(1)}(0) = 2$, $f^{(2)}(0) = 5$, $f^{(3)}(0) = \frac{1}{2}$ und $f^{(j)}(0) = 0$ für $j > 3$. Man bestimme die Funktion $f(x)$.

80. Höhere Ableitungen sind manchmal bei der Berechnung von Stammfunktionen nützlich. Ist z.B. f ein Polynom, dann gilt

$$\int e^x f(x)\,dx = e^x [f(x) - f^{(1)}(x) + f^{(2)}(x) - f^{(3)}(x) + \\ + \dots + (-1)^n f^{(n)}(x) + \dots].$$

Man beweise dies. Die Anzahl der Terme auf der rechten Seite ist endlich, da f ein Polynom ist.

81. Mit Hilfe des Ergebnisses aus Übung 80 berechne man

(*a*) $\int e^x x^5\,dx$, (*b*) $\int e^x x^8\,dx$.

82. (Siehe Übung 81.) Es sei f ein Polynom. Mit Hilfe höherer Ableitungen gebe man eine Formel für $\int e^{-x} f(x)\,dx$ an.

83. (*a*) Man beweise

$$D[F'(x)\sin(\pi x) - \pi F(x)\cos(\pi x)] = \\ = [F''(x) + \pi^2 F(x)]\sin(\pi x).$$

(*b*) Es sei f ein Polynom vom Grad $2n$ (oder kleiner). Ferner sei

$$F(x) = \pi^{2n} f(x) - \pi^{2n-2} f^{(2)}(x) + \pi^{2n-4} f^{(4)}(x) - - \ldots + \pi^0 f^{(2n)}(x).$$

Dann beweise man $F''(x) + \pi^2 F(x) = \pi^{2n+2} f(x)$.

(*c*) Mit Hilfe von (*a*) und (*b*) beweise man eine Formel für $\int f(x) \sin(\pi x)\, dx$, wobei f ein Polynom ist.

(*d*) Man wende diese Formel auf den Fall $f(x) = x^4$ an.

84. Wir schreiben die Gleichung $e^x - D(e^x) = 0$ in der Form $(1 - D) \cdot (e^x) = 0$. Auch Polynome in D können auf eine Funktion angewendet werden. So ist $(2 + 3D - 4D^2) \cdot f(x)$ eine Kurzform für $2f(x) + 3D(f(x)) - 4D^2(f(x))$. Man beweise

(*a*) $(1 + D)^{e^{-x}} = 0$,

(*b*) $(1 + D^2) \sin x = 0$,

(*c*) $(1 - D^4) \sin x = 0$.

85. Eine Zahl r heißt algebraisch, wenn sie als Wurzel eines nichtverschwindenden Polynoms mit rationalen Koeffizienten darstellbar ist. Diese Definition ist zu folgender Aussage äquivalent: Eine Zahl r ist algebraisch, wenn sie für einen bestimmten Wert von n und eine bestimmte Funktion f als Wurzel (nicht identisch gleich Null) von $D^n(f) = 0$ darstellbar ist und wenn $f^{(j)}(0)$ für alle j rational ist. Man beweise dies.

86. (Siehe Übungen 84 und 85.) Eine Zahl heißt quasialgebraisch, wenn sie als Wurzel einer bestimmten Funktion f (nicht identisch gleich Null) darstellbar ist, so daß $f^{(j)}(0)$ für alle j rational ist und ein bestimmtes Polynom $P(D)$ in D mit ganzzahligen Koeffizienten (nicht identisch gleich Null) existiert, für das die Relation $[P(D)]f = 0$ erfüllt ist.

(*a*) Ist r algebraisch, so ist r auch quasialgebraisch. Man beweise dies.

(*b*) π ist quasialgebraisch. Man beweise dies.

87. Man beweise die folgende Aussage aus einer Monographie: Entwickelt man die Gleichung $a \ln(x + p) + b \ln(y + q) = M$, so ergibt sich

$$a\left(\ln p + \frac{x}{p} - \frac{x^2}{2p^2} + \frac{x^3}{3p^3} - \ldots\right) + b\left(\ln q + \frac{y}{q} - \frac{y^2}{2q^2} + \frac{y^3}{3q^3} + \ldots\right) = M.$$

88. Man beweise den zweiten Satz der folgenden Behauptung einer Monographie: Daher ist die Wahrscheinlichkeit einer Extinktion von $1 - y$ durch $1 - y = e^{-(1+k)y}$ gegeben. Für kleine k ist y näherungsweise gleich $2k$.

89. Um 13 Uhr befindet sich ein Wagen 10 km vom Beobachter entfernt auf einer geraden Autobahn und hat eine Geschwindigkeit von 20 km/h. Seine Beschleunigung während der nächsten halben Stunde liegt im Intervall bis 20 km/h^2. Wo kann sich der Wagen am Ende dieses halbstündigen Intervalls befinden?

90. (*a*) Es gelte $f^{(1)}(0) = 2$ und $f^{(1)}(3) = 7$. Was kann dann für bestimmte Werte von x über $f^{(2)}(x)$ ausgesagt werden?

(*b*) Es gelte $f(0) = 0$, $f(2) = 3$ und $f(4) = 6$. Was kann dann für bestimmte Werte von x über $f^{(2)}(x)$ ausgesagt werden?

91. Es gelte $f(0) = 0$, $f'(0) = 1$ und $f(1) = 5$. Man beweise die Existenz einer Zahl X aus $[0; 1]$ mit $f^{(2)}(X) = 8$.

92. Man schätze $\int_0^{1,2} (\sin x)/x\, dx$ für $h = 0{,}2$ mit Hilfe

(*a*) der Trapezmethode,

(*b*) der Simpsonschen Formel ab.

(*c*) Man schätze $\int_0^{1,2} (\sin x)/x\, dx$ mit Hilfe der ersten drei nichtverschwindenden Terme der Taylorschen Reihe von $\sin x$ ab.

93. Man bestimme

(*a*) $D^{100}(\arctan x)$ für $x = 0$,

(*b*) $D^{101}(\arctan x)$ für $x = 0$.

94. Man bestimme

(*a*) $D^{99}(e^{x^3})$ für $x = 0$,

(*b*) $D^{100}(e^{x^3})$ für $x = 0$,

(*c*) $D^{101}(e^{x^3})$ für $x = 0$.

■■

95. $\sin x$ kann auch in einem kleinen Intervall $[a; b]$ nicht als Polynom $P(x)$ in der Form $\sin x = P(x)$ geschrieben werden. Man beweise dies.

96. Es sei $f(x) = x^6$ für $x \geq 0$ und $f(x) = x^4$ für $x \leq 0$ (Bild 15.10).

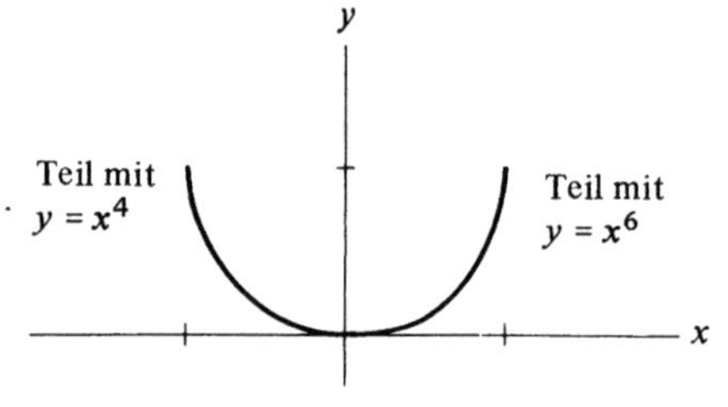

Bild 15.10

(*a*) Für welche Werte von x ist $f^{(4)}(x)$ definiert?

(*b*) Existiert $\lim_{x \to 0} f^{(4)}(x)$?

(*c*) Ist $f^{(4)}(x)$ an der Stelle $x = 0$ stetig?

(*d*) Existiert $\lim_{x \to 0} f^{(5)}(x)$?

(*e*) Ist $f^{(5)}(x)$ für $x = 0$ definiert?

97. Mit Hilfe der Binomialdarstellung von $(1 + 1/n)^n$ beweise man für positive ganze n:

(*a*) $(1 + 1/n)^n$ wächst mit n,

(*b*) $\left(1+\frac{1}{n}\right)^n \leqslant \frac{1}{0!} + \frac{1}{1!} + \frac{1}{2!} + \ldots + \frac{1}{n!}$,

(*c*) $(1 + 1/n)^n < 3$.

98. Es gelte

$$e^x = a_0 + a_1 x + a_2 x^2 + \ldots + a_n x^n + \ldots.$$

Man setze $x = 0$. Dann ergibt sich $e^0 = a_0$. Differentiation führt zu

$$e^x = a_1 + 2a_2 x + 3a_3 x^2 + \ldots + na_n x^{n-1} + \ldots.$$

Man setze wiederum $x = 0$, um $a_1 = 1$ zu erhalten. Neuerliches Differenzieren führt zu $a_2 = \frac{1}{2}$. Bestimmt man in gleicher Weise die weiteren Koeffizienten, so erhält man $a_n = 1/n!$. Folglich ist $e^x = \sum\limits_{n=0}^{\infty} (1/n!)\, x^n$. Obwohl dieses Ergebnis korrekt ist, enthält die Schlußfolgerung eine Lücke. Welche?

In den Übungen 99 bis 102 wird bewiesen, daß π^2 eine irrationale Zahl ist.

99. Wir definieren für irgendeine feste positive ganze Zahl n die Funktion $f(x) = x^n(1-x)^n/n!$. Man zeige

(*a*) $f(x) = f(1-x)$,

(*b*) $f'(x) = -f'(1-x)$,

(*c*) $f^{(2)}(x) = f^{(2)}(1-x)$,

(*d*) $f^{(j)}(x) = (-1)^j f^{(j)}(1-x)$.

100. Es sei f die Funktion aus Übung 99.

(*a*) Dann gilt $f^{(j)}(0) = 0$ für $j < n$, $f^{(j)}(0)$ ist für $j \geqslant n$ ganzzahlig. Man beweise dies.

(*b*) Mit Hilfe von (*a*) und Übung 99 beweise man, daß $f^{(j)}(1)$ ganzzahlig ist.

101. Aus der Annahme $\pi^2 = a/b$ für zwei positive ganze Zahlen a und b wird in dieser und der folgenden Übung ein Widerspruch konstruiert. Es wird nämlich gezeigt, daß

$$\pi a^n \int_0^1 f(x) \sin \pi x \, dx$$

für jedes n eine ganze positive Zahl ist ($f(x)$ hängt von n ab), während das Integral für große n kleiner als 1 wird.

(*a*) Für x aus $[0; 1]$ beweise man $0 \leqslant f(x) \leqslant 1/n!$.

(*b*) Man beweise $0 < \pi a^n \int\limits_0^1 f(x) \sin \pi x \, dx < \pi a^n/n!$

(*c*) $\pi a^n/n!$ ist für große n kleiner als 1. Man beweise dies.

102. (Siehe Übungen 83 und 101.) Wie nun gezeigt wird, ist $\pi a^n \int\limits_0^1 f(x) \sin \pi x \, dx$ ganzzahlig. Dies steht im Widerspruch zu Übung 101 (*b*) und (*c*). Wir definieren F wie in Übung 83 und setzen $G(x) = b^n F(x)$.

(*a*) $G(0)$ und $G(1)$ sind ganzzahlig. Man beweise dies. (Siehe Übung 100.)

(*b*) Man beweise

$$D\,[G'(x) \sin(\pi x) - \pi G(x) \cos(\pi x)] = b^n \pi^{2n+2} f(x) \sin(\pi x) = \pi^2 a^n f(x) \sin(\pi x).$$

(*c*) Man beweise

$$\pi a^n \int_0^1 f(x) \sin(\pi x)\, dx = \left[\frac{G'(x)\sin(\pi x)}{\pi} - G(x)\cos(\pi x)\right]_0^1 = G(1) + G(0).$$

(*d*) Mit Hilfe von (*c*) und Übung 101 beweise man, daß π^2 irrational ist.

Dieser Beweis beruht auf einer Methode von I. Niven; siehe J. D. Dixon, π Is Not Algebraic, of Degree One or Two, American Mathematical Monthly, 69, S. 636, 1962.

103. Welche Aussage ist stärker: "π ist irrational" oder "π^2 ist irrational"?

104. Komplexe Zahlen haben die Gestalt $a + bi$; a und b seien reelle Zahlen, es gilt $i^2 = -1$. Mit Hilfe komplexer Zahlen kann der enge Zusammenhang zwischen der Exponentialfunktion und der trigonometrischen Funktionen bewiesen werden. Dies ist im Bereich der reellen Zahlen nicht möglich. Der exakte Beweis wird in der Theorie der komplexen Variablen gegeben.

(*a*) Ist z eine komplexe Zahl, so definieren wir

$$e^z = 1 + z + z^2/2! + z^3/3! + \ldots.$$

(*b*) Mit Hilfe von (*a*) beweise man

$$e^{ix} = \cos x + i \sin x \quad \text{und} \quad e^{-ix} = \cos x - i \sin x.$$

Die Trigonometrie kann daher auf die Exponentialfunktion zurückgeführt werden. Man vergleiche die Formeln aus (*b*) mit den für den hyperbolischen Kosinus und Sinus.

105. Es sei $F_k(x) = \sum\limits_{n=0}^{k} x^n/n!$. Dann hat $F_k(x) = 0$ für ungerades k genau eine reelle Wurzel und für gerades k keine reelle Wurzel. Man beweise dies.

106. Die Funktion f habe für alle x stetige Ableitungen $f^{(1)}, f^{(2)}$ und $f^{(3)}$. Es gelte ferner $\lim_{x \to \infty} f(x) = 1$ und $\lim_{x \to \infty} f^{(3)}(x) = 0$. Dann beweise man $\lim_{x \to \infty} f^{(1)}(x) = 0 = \lim_{x \to \infty} f^{(2)}(x)$. *Hinweis:* Man stelle $f(a+1)$ und $f(a-1)$ durch Ableitungen von f an der Stelle a dar.

107. f sei für alle x definiert und habe stetige Ableitungen $f^{(1)}$ und $f^{(2)}$. Gilt für alle x aus $[0; 2]$ stets $|f(x)| \leqslant 1$ und $|f^{(2)}(x)| \leqslant 1$, so folgt für alle x aus $[0; 2]$ auch $|f^{(1)}(x)| \leqslant 2$. Man beweise dies. *Hinweis:* Man stelle $f(0)$ und $f(2)$ durch die Ableitungen f an der Stelle x dar.

108. f, $f^{(1)}$ und $f^{(2)}$ seien stetig. Es gelte $f^{(2)}(a) \neq 0$. Aufgrund des Mittelwertsatzes gilt für einen bestimmten Wert von θ aus $[0; 1]$ die Gleichung

$$f(a+h) = f(a) + hf'(a + \theta h).$$

(*a*) Ist θ für kleine Werte von h eindeutig?
(*b*) Für $\theta \to \frac{1}{2}$ beweise man $h \to 0$.

109. $f'(a)$ ist der Grenzwert von $[f(a+\Delta x) - f(a)]/\Delta x$. Trotzdem kann $f'(a)$ durch ein anderes Verfahren besser abgeschätzt werden, als durch die Bildung des Quotienten. f, $f^{(1)}$, $f^{(2)}$ und $f^{(3)}$ seien stetig. Dann beweise man

(*a*) $$\frac{f(a+\Delta x) - f(a)}{\Delta x} = f'(a) + \frac{f^{(2)}(X_1)}{2} \Delta x$$

für einen bestimmten Wert X_1 zwischen a und $a + \Delta x$;

(*b*) $$\frac{f(a+\Delta x) - f(a-\Delta x)}{2\Delta x} = f'(a) + \frac{[f^{(3)}(X_2)]}{6} (\Delta x)^2$$

für einen bestimmten Wert X_2 aus $[a - \Delta x; a + \Delta x]$. (Der Fehler im Quotienten aus (*b*) enthält $(\Delta x)^2$, während der Fehler des Standardquotienten Δx enthält. Daher ist der Quotient aus (*b*) für kleine Δx genauer.) Man verifiziere die Aussage für die Funktion x^3 an der Stelle $a = 2$.

110. (*a*) Mit Hilfe der Ungleichung $e^x > 1 + x$ für $x > 0$ beweise man folgendes Theorem: Ist $u_1, u_2, u_3, \ldots$ eine Folge positiver Zahlen und konvergiert die Folge der Summen $u_1, u_1 + u_2, u_1 + u_2 + u_3, \ldots$, dann besitzt auch die Folge der Produkte $(1+u_1)$, $(1+u_1)(1+u_2)$, $(1+u_1)(1+u_2)(1+u_3), \ldots$ einen Grenzwert.
(*b*) Man beweise die Umkehrung.

111. Man untersuche $\int_0^b x e^{-x} dx$ für kleine positive Zahlen b. In diesem Falle kann e^{-x} durch $1 - x$ angenähert werden. Das bestimmte Integral verhält sich daher wie $\int_0^b (x - x^2)\, dx = b^2/2 - b^3/3$ und ist näherungsweise gleich $b^2/2$. Andererseits gilt $\int_0^b x e^{-x} dx = 1 - e^{-b}(1+b)$. Nun kann e^{-b} durch $1 - b$ angenähert werden und wir erhalten für $1 - e^{-b}(1+b)$ näheweise $1 - (1-b)(1+b) = b^2$. Daher verhält sich $\int_0^b x e^{-x} dx$ wie b^2. Welche Aussage ist nun richtig, $b^2/2$ oder b^2? Man suche den Fehler.

112. e ist nicht rational. Man beweise dies. *Hinweis:* Man setze $e = m/n$ und beweise, daß

$$n!\left[e - \left(1 + 1 + \frac{1}{2!} + \ldots + \frac{1}{n!}\right)\right]$$

gleichzeitig ganzzahlig und nicht ganzzahlig ist.

Die folgende Übung wird in Übung 114 angewendet.

113. Wir bezeichnen $f(x+1) - f(x)$ mit Δf, die Ableitung von f wird wie üblich mit Df bezeichnet. Analog zu $D^n f$ bilden wir $\Delta^n f$ durch wiederholte Anwendung von Δ auf f. So gilt

$$\begin{aligned}\Delta^2 f &= (\Delta f)(x+1) - (\Delta f)(x) \\ &= f(x+2) - f(x+1) - [f(x+1) - f(x)].\end{aligned}$$

(*a*) Man beweise $D\Delta f = \Delta Df$.
(*b*) Für eine bestimmte Zahl X_1 mit $x < X_1 < x + 1$ gilt $(\Delta f)\, x = (Df)\, X_1$. Man beweise dies.
(*c*) Für jede positive ganze Zahl k gibt es eine Zahl X_k mit $x < X_k < x + k$ und $(\Delta^k f)\, x = (D^k f)\, X_k$. Man beweise dies.
(*d*) Es sei r eine nicht ganze positive Zahl. Dann beweise man für einen bestimmten Wert X_k mit $x < X_k < x + k$ die Relation

$$\Delta^k x^r = r(r-1) \ldots (r-k+1)\, X_k^{r-k}.$$

114. Für die positive Zahl r sei n^r für alle positiven ganzen Zahlen n ebenfalls eine ganze Zahl. Dann ist r eine positive ganze Zahl. Man beweise dies. Dabei ist die vorangehende Übung nützlich.

Ist p^r für drei verschiedene Primzahlen p eine ganze Zahl, dann ist r eine ganze Zahl. Dies kann bewiesen werden. Es ist jedoch nicht bekannt, ob r auch dann eine ganze Zahl sein muß, wenn p^r für zwei verschiedene Primzahlen ganzzahligg ist.

16 Das Moment einer Funktion

Dieses Kapitel behandelt vor allem bestimmte Integrale der Gestalt $\int_a^b (x-k) f(x)\, dx$, wobei f für eine Funktion und k für eine Zahl steht. Dieser Integraltyp tritt in den verschiedensten Anwendungen auf, wie etwa bei der Berechnung folgender Größen: Volumen eines Rotationskörpers, Arbeit bei der Leerung eines Behälters, Kraft gegen einen Damm, Schwerpunkt eines ebenen Gebietes sowie Schwerpunkt eines Stabes.

16.1 Arbeit

Um ein Gewicht von W Newton um eine Entfernung von D Meter zu heben, ist eine Arbeit von $W \cdot D$ Newton · Meter erforderlich. So verrichtet ein Aufzug, der eine Person mit einem Gewicht von 1000 N um 100 m hebt, eine Arbeit von

$$1000 \cdot 100\,\mathrm{N}\cdot\mathrm{m} \quad \text{oder} \quad 100\,000\,\mathrm{N}\cdot\mathrm{m}.$$

Werden alle Teile eines Körpers um die gleiche Strecke angehoben, ergibt sich die Arbeit einfach als das Produkt von zwei Zahlen. Nun untersuchen wir andere Fälle, in denen verschiedene Teile einer Materieverteilung um verschiedene Strecken gehoben werden.

Ein Wasserspeicher hat die Gestalt eines Zylinders der Höhe h mit der ebenen Grundfläche R (die Grundfläche muß nicht kreisförmig sein) (Bild 16.1). Der Speicher ist mit Wasser gefüllt, die Dichte des Wassers beträgt 1 kg/dm^3. Welche Arbeit muß nun aufgewendet werden, um das gesamte Wasser durch eine Öffnung abzupumpen, die sich in einer bestimmten Höhe oberhalb des Speichers befindet?

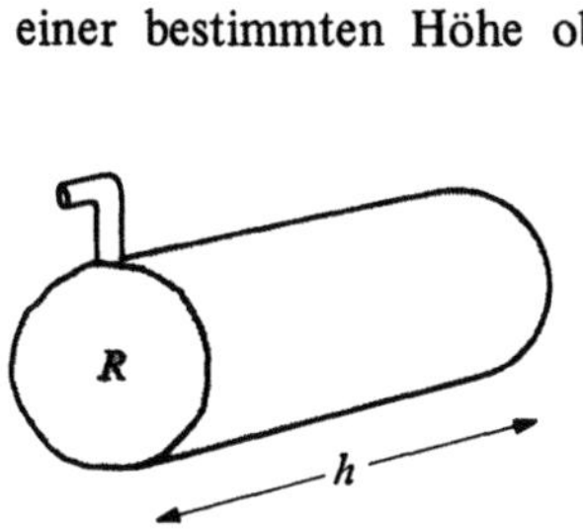

Aus einem Zylinder mit der Grundfläche R und der Höhe h wird das Wasser ausgepumpt

Bild 16.1

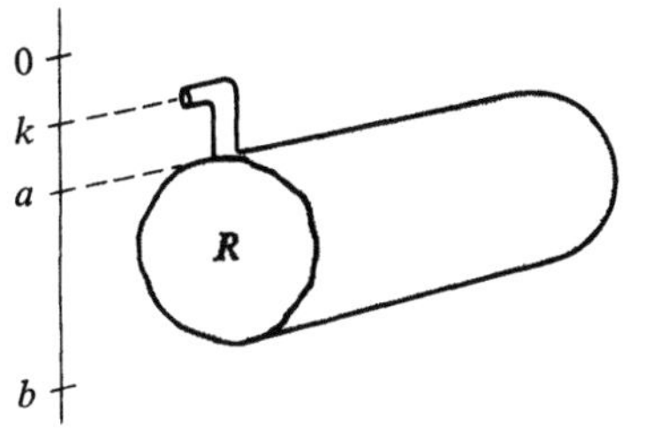

Bild 16.2

Das Wasser vom Boden des Speichers muß höher gepumpt werden als das Wasser nahe seiner Oberseite: Je weiter unten sich das Wasser im Speicher befindet, um so mehr muß es angehoben werden.

Um dieses Problem mathematisch zu behandeln, führen wir eine vertikale x-Achse ein, deren positiver Teil nach unten weist (der Ursprung wird in jedem einzelnen Fall so gewählt, daß sich eine günstige Beschreibung des Gebietes R ergibt). Das Gebiet R erstreckt sich über das Intervall $[a; b]$, die x-Koordinate der Öffnung beträgt k (Bild 16.2). Daher wird eine Wassermenge mit der x-Koordinate x um die Strecke

$$x - k \text{ Meter}$$

angehoben.

Nun wollen wir uns überlegen, welche Arbeit zur Leerung des Speichers erforderlich ist; dazu betrachten wir eine dünne horizontale Wasserschicht (die gesamte Wassermenge dieser Schicht wird um dieselbe Höhe angehoben) (Bild 16.3a). Die Schicht besteht aus der gesamten Wassermenge mit den x-Koordinaten zwischen x_{i-1} und x_i.

Wir nähern die Wassermenge durch eine rechteckige Schicht an (Bild 16.3b). Das Volumen dieser Schicht betrage näherungsweise

$$h \cdot c(X_i)(x_i - x_{i-1}) \text{ Kubikmeter.}$$

In diesem Ausdruck stellt $c(x)$ die Länge des Schnittes von R dar, der die Koordinate x besitzt (alle Längen werden in Metern gemessen).

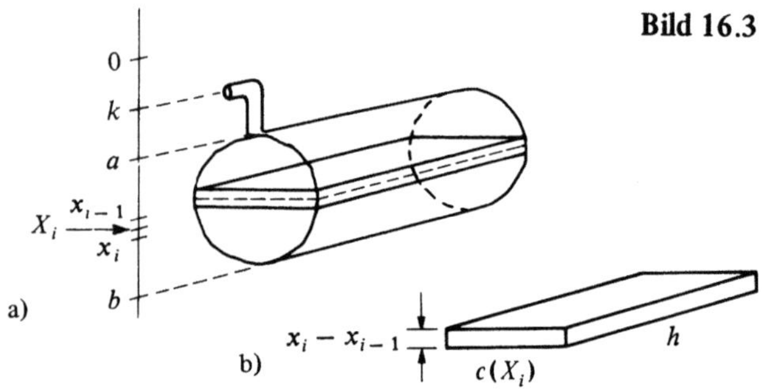

Bild 16.3

Nun soll diese Schicht um eine Strecke $X_i - k$ angehoben werden. Dazu ist näherungsweise eine Arbeit von

$$\overbrace{\underbrace{\underbrace{h \cdot c(X_i)\,(x_i - x_{i-1})}_{\text{Volumen}}\;\underbrace{10\,000}_{\text{Dichte des Wassers}}}_{\text{Gewicht}}\;\underbrace{(X_i - k)}_{\text{Weg}}\;\mathrm{N \cdot m}}^{\text{Arbeit}}$$

erforderlich.

Dieser Ansatz ist allerdings nur eine Näherung, denn nicht das gesamte Wasser in der Schicht wird exakt um die gleiche Strecke angehoben. Wir erhalten für die Arbeit näherungsweise

$$10\,000\, h\,(X_i - k)\, c(X_i)(x_i - x_{i-1})\ \mathrm{N \cdot m}.$$

Wenn wir nun das Intervall $[a; b]$ durch die Zahlen $x_0 = a$, $x_1, x_2, \ldots, x_n = b$ mit $x_0 < x_1 < \ldots < x_n$ unterteilen, dann liefert der Ausdruck

$$10\,000\, h \sum_{i=1}^{n} (X_i - k)\, c\,(x_i - x_{i-1})\ \mathrm{N \cdot m},$$

eine Näherungssumme für die gesamte zur Leerung des Speichers erforderliche Arbeit.

Wenn die Schichten immer dünner gewählt werden, so sollten sich immer genauere Abschätzungen der gesamten Arbeit ergeben. Daher definiert der Physiker die zur Leerung des Speichers erforderliche Arbeit durch

$$10\,000\, h \int_a^b (x - k)\, c(x)\, dx\ \mathrm{N \cdot m}. \qquad (1)$$

Diese Formel kann auf jeden zylindrischen Speicher angewendet werden.

Bild 16.4

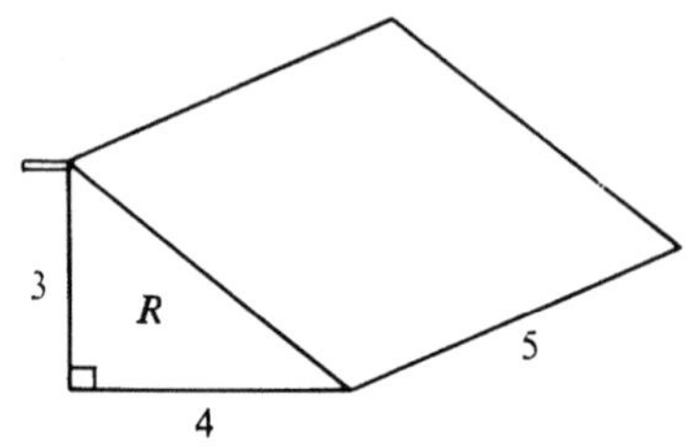

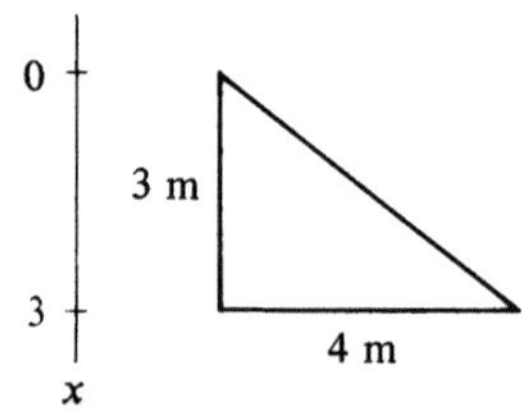

Bild 16.5

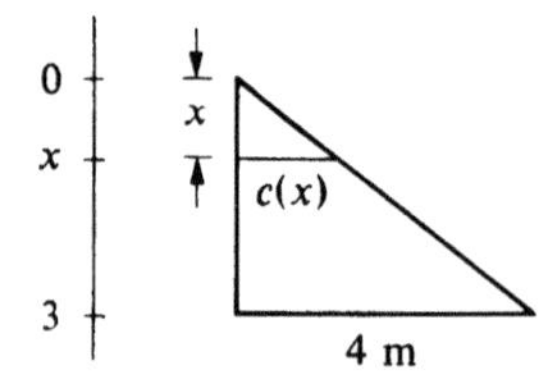

Bild 16.6

Beispiel: Welche Arbeit ist erforderlich, um den Speicher in Bild 16.4 zu leeren? Seine Grundfläche ist ein Dreieck, seine Höhe beträgt 5 m.

Lösung: Wir legen den Ursprung der x-Achse in den oberen Eckpunkt von R, so daß die Formel für die Schnittlängen $c(x)$ möglichst einfach wird (Bild 16.5). Für die Koordinate der Speicheröffnung ergibt sich dann Null. Die Schnittlänge $c(x)$ kann mit Hilfe ähnlicher Dreiecke bestimmt werden. Aus Bild 16.6 ergibt sich nämlich

$$\frac{c(x)}{4} = \frac{x}{3} \quad \text{oder} \quad c(x) = \frac{4x}{3}$$

Aus (1) folgt dann für die gesamte Arbeit

$$10\,000 \cdot 5 \cdot \int_0^3 (x - 0)\frac{4x}{3}\, dx\ \mathrm{N \cdot m}$$

$$= 10\,000 \cdot 5 \cdot \frac{4}{3} \int_0^3 x^2 dx\ \mathrm{N \cdot m}$$

$$= 10\,000 \cdot 5 \cdot \frac{4}{3} \left|\frac{x^3}{3}\right|_0^3\ \mathrm{N \cdot m}$$

$$= 10\,000 \cdot 5 \cdot \frac{4}{3} \cdot 9\ \mathrm{N \cdot m}$$

$$= 10\,000 \cdot 60\ \mathrm{N \cdot m} = 600\,000\ \mathrm{N \cdot m}. \ \bullet$$

Eine allgemeinere Definition der Arbeit wird in Kapitel 21 entwickelt.

Übungen:

In den Übungen 1 bis 6 bestimme man die Arbeit, die zur Leerung des gegebenen Speichers erforderlich ist.

1. Der Speicher besitzt eine dreieckige Grundfläche und ist mit Wasser gefüllt (Bild 16.7).

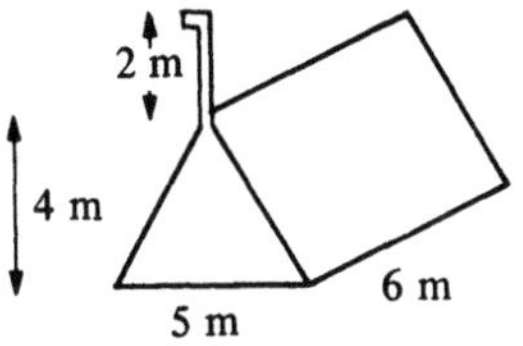

Bild 16.7

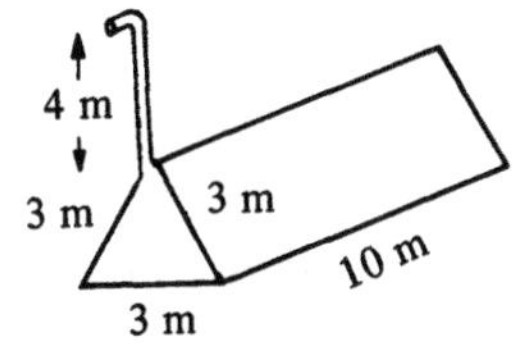

Bild 16.8

2. Der Speicher besitzt eine dreieckige Grundfläche und ist mit Wasser gefüllt (Bild 16.8).
3. Der Speicher besitzt eine halbkreisförmige Grundfläche und ist mit Wasser gefüllt (Bild 16.9).

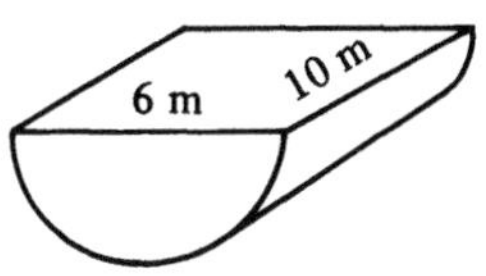

Bild 16.9

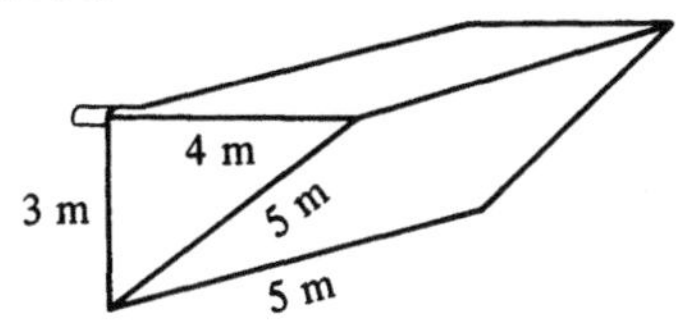

Bild 16.10

4. Der Speicher hat eine dreieckige Grundfläche und ist mit Wasser gefüllt (Bild 16.10).
5. Die Wasseroberfläche befindet sich 2 m unter der Deckfläche des Speichers mit rechteckiger Grundfläche (Bild 16.11).

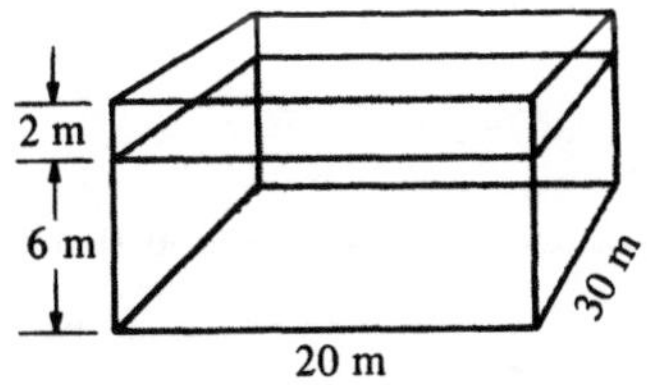

Bild 16.11

6. Der Speicher besitzt eine kreisförmige Grundfläche und ist mit Wasser gefüllt (Bild 16.12).

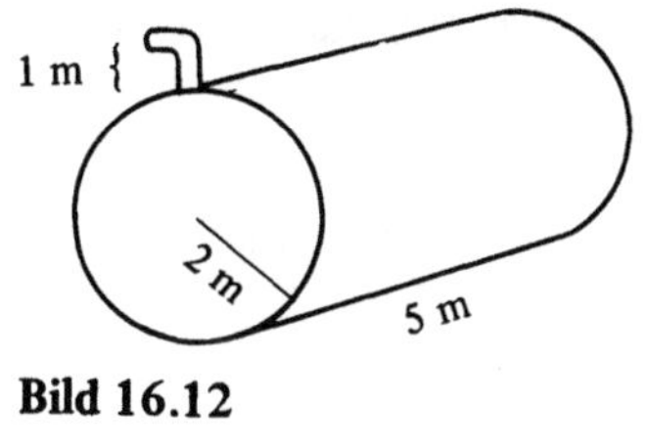

Bild 16.12

7. Der Speicher besitzt eine gleichseitig trapezförmige Grundfläche und ist mit Wasser gefüllt (Bild 16.13).

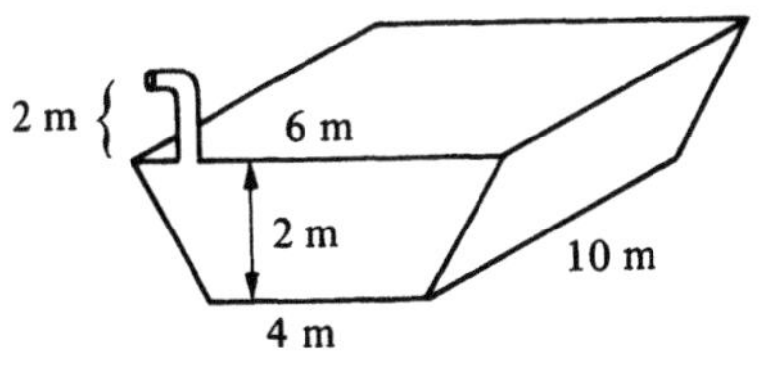

Bild 16.13

In den Übungen 8 bis 11 berechne man das Integral $\int_a^b (x-k)\,c(x)\,dx$ für die angegebenen Größen.

8. $a = 1,\ b = 3,\ k = 0$ und $c(x) = 1/x$.
9. $a = 1,\ b = 2,\ k = 1$ und $c(x) = \sqrt{x}$.
10. $a = 0,\ b = 1,\ k = -1$ und $c(x) = e^x$.
11. $a = 0,\ b = \pi,\ k = 0$ und $c(x) = \sin x$.
12. Nicht jeder Speicher muß zylindrisch sein. Wir führen auch im allgemeinen Fall eine x-Achse ein, deren positiver Teil nach unten weist. Die Koordinate der Speicheröffnung sei k. Betrachten wir die Ebene senkrecht zur x-Achse, die zum Punkt mit der Koordinate x gehört. Diese Ebene hat mit dem Speicher eine Querschnittsfläche $A(x)$ gemeinsam (Bild 16.14). Die zur Leerung des Speichers erforderliche Arbeit beträgt

$$10\,000 \int_a^b (x-k)\,A(x)\,dx \ \mathrm{N \cdot m},$$

wenn alle Abmessungen in Metern angegeben sind und das Intervall $[a; b]$ die zum Speicher gehörigen x-Werte umfaßt. Man beweise dies.

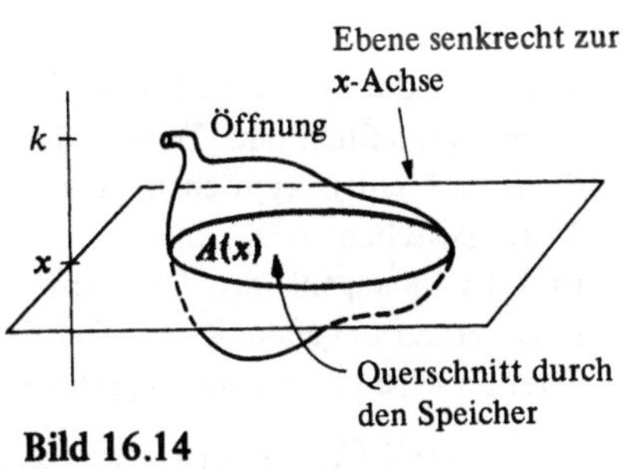

Bild 16.14

13. Man verwende die Formel aus Übung 12, um die Arbeit zur Leerung eines halbkugelförmigen Speichers mit einem Radius von 3 m zu errechnen, wenn sich die Öffnung an der Oberkante des Speichers befindet. (Der Äquator des Speichers sei horizontal, siehe Bild 16.14).
14. Mit Hilfe der Formel aus Übung 12 berechne man die Arbeit zur Leerung eines kegelförmigen Speichers, dessen Öffnung sich an der Deckfläche befindet. Die Achse des Speichers sei vertikal, die Deckfläche sei ein Kreis mit dem Radius 3 m, seine Höhe betrage 5 m.

16.2 Die Kraft auf einen Damm

Je tiefer man taucht, desto größer wird der Druck des Wassers. Wir können den Wasserdruck in folgender Weise exakt berechnen: Eine ebene Probe mit einer Fläche von A m² befinde sich in horizontaler Lage h Meter unter der Wasseroberfläche. Die Probe trägt eine Wassersäule mit einem Volumen von $A \cdot h\,\text{m}^3$. Das Gewicht des Wassers beträgt $A \cdot h \cdot 10\,000$ Newton. Dies ist die Kraft des Wassers auf die Probe. Der Druck ist als Kraft pro Flächeneinheit definiert, dies ergibt in unserem Fall

$$\text{Druck} = \frac{A \cdot h \cdot 10\,000}{A} = 10\,000 \cdot h\,\text{N/m}^2 = 10\,000 \cdot h\,\text{Pa}.$$

Daher beträgt der Druck in h Meter Tiefe

$$10\,000 \cdot h\,\text{N/m}^2 = 10\,000 \cdot h\,\text{Pa}.$$

Mit zunehmender Tiefe steigt auch der Druck. Im übrigen ist der Druck von der Richtung unabhängig. (Ein Taucher kann dem Druck gegen seine Trommelfelle nicht entgehen, auch wenn er seinen Kopf dreht und wendet.)

Wir wollen nun die Kraft auf eine vertikale Fläche R berechnen. Da der Druck über die Fläche von R variiert, benötigen wir hierzu ein bestimmtes Integral. Zu seiner Berechnung nähern wir die gesamte Kraft zunächst durch eine Summe an. Der positive Teil der vertikalen x-Achse sei nach unten gerichtet, die Lage des Ursprungs ist beliebig. Die x-Koordinate der Wasseroberfläche sei k. Wir definieren a, b und die Querschnittsfunktion von R wie üblich und führen schließlich eine Teilung des Intervalls $[a; b]$ ein. Die Kraft auf einen typischen engen Streifen von R in einer Tiefe zwischen x_{i-1} und x_i wird durch das Rechteck in Bild 16.15 angenähert. Die Tiefe aller Punkte dieses Streifens beträgt ungefähr $X_i - k$. Die Kraft auf diesen typischen Streifen wird daher näherungsweise durch

$$10\,000\,(X_i - k)\,c(X_i)\,(x_i - x_{i-1})\,\text{N}$$

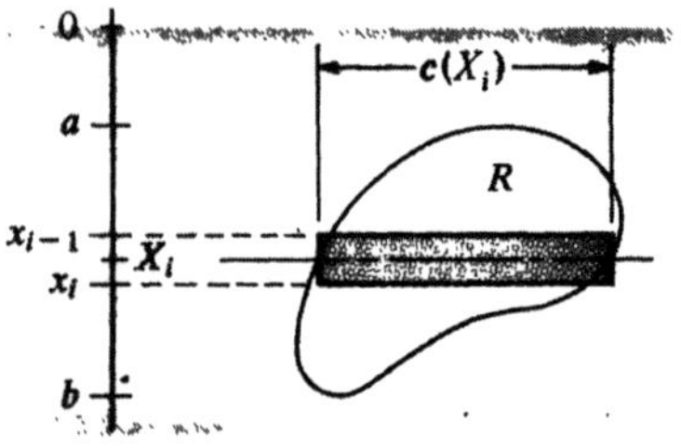

Bild 16.15

gegeben (Längen in Metern). Daher liefert die Summe

$$10\,000 \sum_{i=1}^{n} (X_i - k)\,c(X_i)\,(x_i - x_{i-1})\,\text{N}$$

eine Abschätzung für die Kraft auf R, wenn das Maß klein wird. Aus diesem Grunde definiert der Physiker die Gesamtkraft auf R durch

$$10\,000 \int_a^b (x - k)\,c(x)\,dx\ \text{N}.$$

Beispiel: Welche Kraft wirkt auf die gleichschenkelige dreieckige Platte in Bild 16.16? Ihre Spitze befindet sich 3 m, ihre horizontale Basis 5 m unter der Wasseroberfläche.

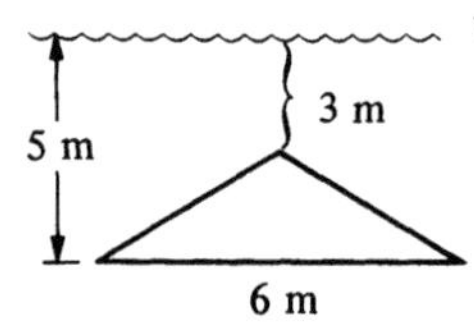

Bild 16.16

Lösung: Um eine einfache Beschreibung des Dreiecks zu erhalten, legen wir den Ursprung der x-Achse in die Spitze des Dreiecks (Bild 16.17). Mit Hilfe der Ähnlichkeit erhalten wir

$$\frac{c(x)}{x} = \frac{6}{2} \quad \text{oder} \quad c(x) = 3x.$$

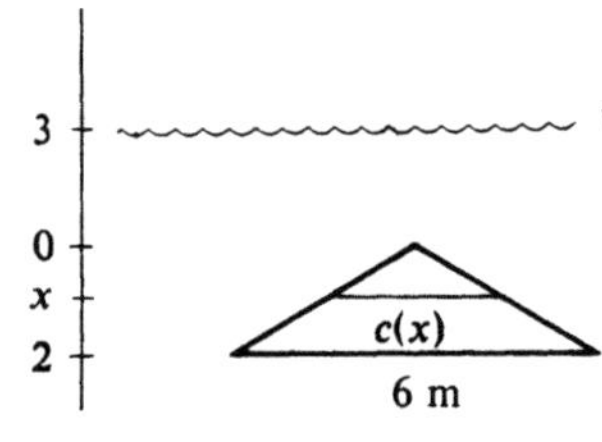

Bild 16.17

Aus Formel (1) ergibt sich für die Kraft auf das Dreieck

$$10\,000 \int_0^2 (x - (-3))(3x)\,dx = 10\,000 \int_0^2 (x + 3)\,3x\,dx$$

$$= 10\,000 \int_0^2 (3x^2 + 9x)\,dx.$$

Wir erhalten weiter

$$\int_0^2 (3x^2 + 9x)\, dx = \left(x^3 + \frac{9x^2}{2}\right)\Bigg|_0^2 = 26.$$

Daher beträgt die gesamte Kraft

$$10\,000 \cdot 26 \text{ N} = 260\,000 \text{ N} = 260 \text{ kN}. \bullet$$

Übungen:

In den Übungen 1 bis 5 bestimme man die gesamte Kraft des Wassers auf das gezeigte Gebiet.

1. Rechteck (Bild 16.18).

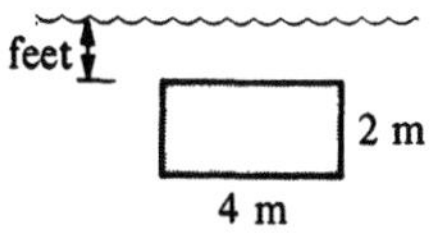

Bild 16.18

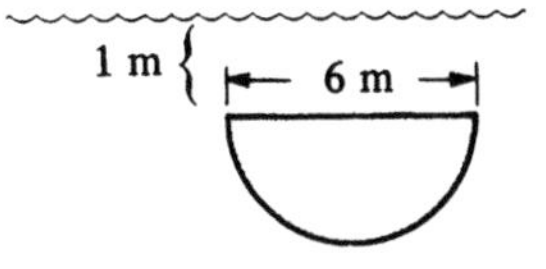

Bild 16.19

2. Halbkreis (Bild 16.19).
3. Kreisscheibe (Bild 16.20).

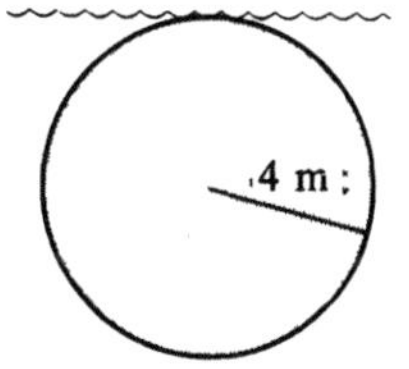

Bild 16.20

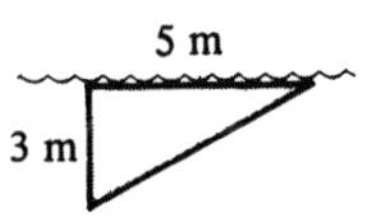

Bild 16.21

4. Rechtwinkeliges Dreieck (Bild 16.21).
5. Gleichseitiges Trapez (Bild 16.22).

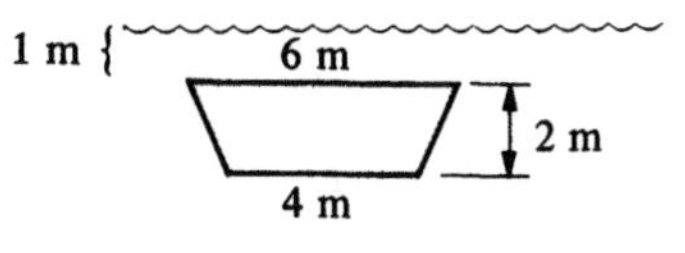

Bild 16.22

In den Übungen 6 bis 8 berechne man $\int_a^b (x - k)\, c(x)\, dx$ für die folgenden Werte.

6. $a = 1,\ b = 3,\ k = 0,\ c(x) = 1/x^2$.
7. $a = 0,\ b = 1,\ k = 1,\ c(x) = \sqrt{1 - x^2}$.
8. $a = 1,\ b = 3,\ k = 0,\ c(x) = e^{-x^2}$.
9. Wer übt einen größeren Druck auf den Boden aus, ein 5-Tonnen-Elefant, dessen kreisförmige Fußflächen einen Durchmesser von 30 cm besitzen, oder ein Mann mit 100 kg, der auf zwei Stelzen mit kreisförmigem Querschnitt, Durchmesser 2 cm, balanciert?
10. Man bestimme die Kraft des Wassers auf das Reckteck des Bildes 16.23, das mit der Vertikalen einen Winkel von 30° einschließt und dessen Oberkante an der Wasseroberfläche liegt. Man verwende ein bestimmtes Integral
    (*a*) mit vertikalem Integrationsintervall,
    (*b*) mit einem um 30° gegen die Vertikale geneigten Integrationsintervall,
    (*c*) mit einem horizontalen Integrationsintervall.
    Man zeichne in jedem Fall das Integrationsintervall $[a; b]$ und berechne den Integranden sorgfältig.

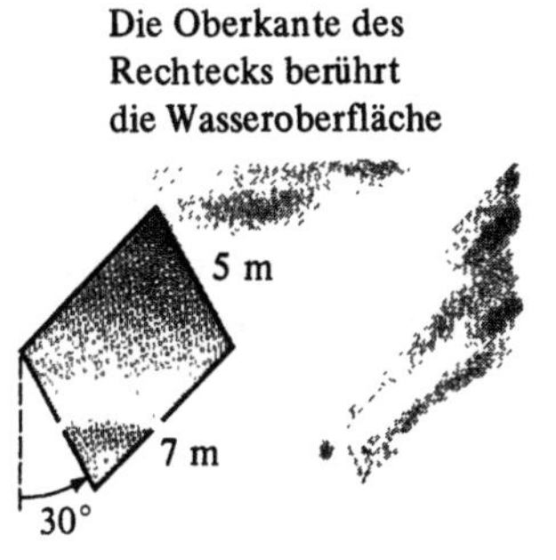

Bild 16.23

16.3 Das Moment einer Funktion

Im Abschnitt 16.1 wurde die Arbeit zur Leerung eines zylindrischen Gefäßes durch das bestimmte Integral

$$10\,000\, h \int_a^b (x - k)\, c(x)\, dx \text{ N} \cdot \text{m}$$

dargestellt. Befindet sich der Ursprung der x-Achse in der Höhe der Öffnung des Gefäßes, so reduziert sich dieses Integral auf

$$10\,000\, h \int_a^b x\, c(x)\, dx.$$

In Abschnitt 16.2 wurde die Kraft auf eine ebene Platte unter der Wasseroberfläche durch das bestimmte Integral

$$10\,000 \int_a^b (x - k)\, c(x)\, dx \text{ N}$$

beschrieben. Befindet sich der Ursprung der x-Achse auf gleichem Niveau mit der Wasseroberfläche, so vereinfacht sich dieses Integral auf

$$10\,000 \int_a^b x c(x)\, dx \text{ N}.$$

Das Integral

$$\int_a^b x c(x)\, dx$$

tritt auch bei der Berechnung des Volumens eines Rotationskörpers auf. In Abschnitt 10.4 haben wir für das Volumen eines durch Rotation des Gebietes R um die y-Achse entstehenden Körpers den Ausdruck

$$2\pi \int_a^b x c(x)\, dx$$

hergeleitet. Wie wir sehen, tritt das bestimmte Integral $\int_a^b x c(x)\, dx$ in vielen Anwendungen auf. Es erhält daher einen eigenen Namen.

Definition des Moments einer Funktion: f sei eine Funktion. Das Integral

$$\int_a^b x f(x)\, dx$$

wird *Moment der Funktion f* über das Intervall $[a;b]$ genannt.

Die Arbeit zur Leerung eines Gefäßes, die Kraft auf eine untergetauchte Platte oder das Volumen eines Rotationskörpers lassen sich durch das Moment der Querschnittsfunktion des Gebietes R darstellen. Das Moment einer Funktion tritt auch in der Statistik auf. Daher werden wir unsere Definition allgemeiner formulieren und nicht auf Querschnittsfunktionen beschränken.

Beispiel 1: Man berechne das Moment der Funktion x^2 über das Intervall $[2;4]$.

Lösung: Aus unserer Definition ergibt sich für das Moment

$$\int_2^4 x \cdot x^2\, dx.$$

Dieses Integral kann leicht ausgewertet werden:

$$\int_2^4 x^3\, dx = \frac{x^4}{4}\Bigg|_2^4 = \frac{4^4}{4} - \frac{2^4}{4} = 60. \bullet$$

Das Moment der Querschnittsfunktion eines Gebietes R

$$\int_a^b x c(x)\, dx$$

tritt auch bei der Berechnung des Schwerpunktes auf.

Wie wir uns erinnern, ist die x-Koordinate für den Schwerpunkt eines ebenen Gebietes durch die Formel

$$\bar{x} = \frac{\int_R x\, dA}{\text{Fläche von } R}$$

gegeben (siehe Abschnitt 13.4). Wir stellen $\int_R x\, dA$ durch ein mehrfaches Integral in rechtwinkeligen Koordinaten dar und erhalten

$$\int_R x\, dA = \int_a^b \int_{y_1(x)}^{y_2(x)} x\, dy\, dx.$$

Dabei wird R durch

$$a \leqslant x \leqslant b, \quad y_1(x) \leqslant y \leqslant y_2(x)$$

beschrieben. Das innere Integral

$$\int_{y_1(x)}^{y_2(x)} x\, dy \quad \text{ist gleich} \quad x \int_{y_1(x)}^{y_2(x)} 1\, dy.$$

Dieser Ausdruck kann leicht berechnet werden:

$$x \int_{y_1(x)}^{y_2(x)} 1\, dy = x\,[y_1(x) - y_2(x)] = x c(x).$$

Wir erhalten schließlich

$$\bar{x} = \frac{\int_a^b x c(x)\, dx}{\text{Fläche von } R}. \tag{1}$$

Gleichung (1) wird häufig verwendet: Sind $\bar{x}$ und die Fläche von R bekannt, dann ergibt sich für das Moment der Querschnittsfunktion die Formel

$$\int_a^b x c(x)\, dx = \bar{x} \cdot \text{Fläche von } R. \tag{2}$$

Wie die folgenden drei Theoreme zeigen, kann Formel (2) in vielen Fällen angewendet werden.

Theorem 1: Um einen zylindrischen Speicher zu leeren (siehe Abschnitt 16.1) ist eine Arbeit von

$$W \cdot D \text{ N} \cdot \text{m}$$

erforderlich; W ist das Gesamtgewicht des Wassers im Speicher und D gibt die Distanz an, um die der Schwerpunkt von R angehoben wird.

Beweis: Wir legen die positive Richtung der x-Achse nach unten und den Ursprung in die Höhe der Gefäßöffnung. Die gesamte Arbeit beträgt dann

$$10\,000\, h \int_a^b x c(x)\, dx \text{ N} \cdot \text{m}.$$

Mit Hilfe der Formel (2) ergibt sich hierfür weiter

$$10\,000\, h\bar{x} \cdot \text{Fläche von } R \text{ N} \cdot \text{m}.$$

Nun ist durch

$$10\,000\, h \cdot \text{Fläche von } R \text{ N}$$

das Gewicht W des Wassers im Gefäß gegeben und wir erhalten daher

$$\text{Arbeit} = W \cdot \bar{x}.$$

$\bar{x}$ ist der Abstand des Schwerpunktes von der Gefäßöffnung; damit ist das Theorem bewiesen. ●

Beispiel 2: Man löse das Beispiel aus Abschnitt 16.1 mit Hilfe von Theorem 1.

Bild 16.24

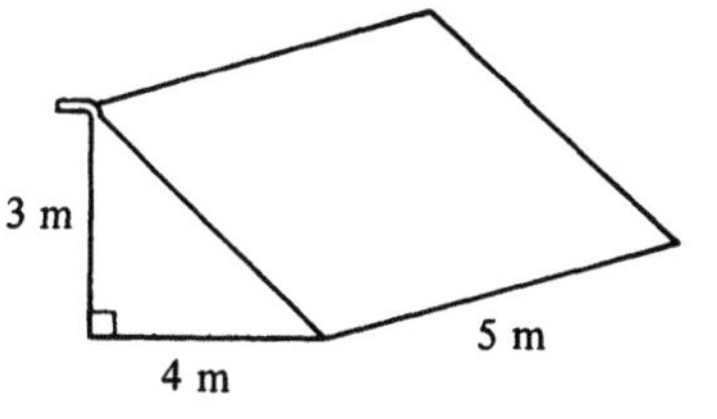

Lösung: Wie in Übung 2 von Abschnitt 13.4 gezeigt wurde, liegt der Schwerpunkt des Dreiecks 2 m unterhalb des oberen Eckpunktes, der mit der Gefäßöffnung zusammenfällt (Bild 16.24). Das Gesamtgewicht des Wassers beträgt

$$10\,000 \cdot \frac{3 \cdot 4 \cdot 5}{2} \text{ N}.$$

Somit ergibt sich für die Arbeit

$$10\,000 \cdot \frac{3 \cdot 4 \cdot 5}{2} \cdot 2 \text{ N} \cdot \text{m} = 10\,000 \cdot 60 \text{ N} \cdot \text{m}.$$

Dieses Ergebnis haben wir bereits früher erhalten.

Wie Beispiel 2 zeigt, können wir uns Theorem 1 in folgender Weise einprägen: Die Formel für die gesamte Arbeit stimmt mit dem Aufwand überein, der zum Anheben der Wassermenge erforderlich wäre, wenn wir uns die gesamte Wassermenge im Schwerpunkt konzentriert denken. Der Schwerpunkt dient hier also als „mittlerer" Punkt des Wasservolumens. ●

Theorem 2: Der Druck des Wassers auf das vertikale Gebiet R ist durch das Produkt

$$p \cdot \text{Fläche von } R$$

gegeben; p ist der Druck im Schwerpunkt von R.

Der Beweis verläuft analog zu dem von Theorem 1 und wird dem Leser überlassen.

Beispiel 3: Mit Hilfe von Theorem 2 bestimme man die Kraft auf das kreisförmige Gebiet, dessen Radius 3 m beträgt und dessen Mittelpunkt in einer Tiefe von 5 m unter der Wasseroberfläche liegt (Bild 16.25).

Bild 16.25

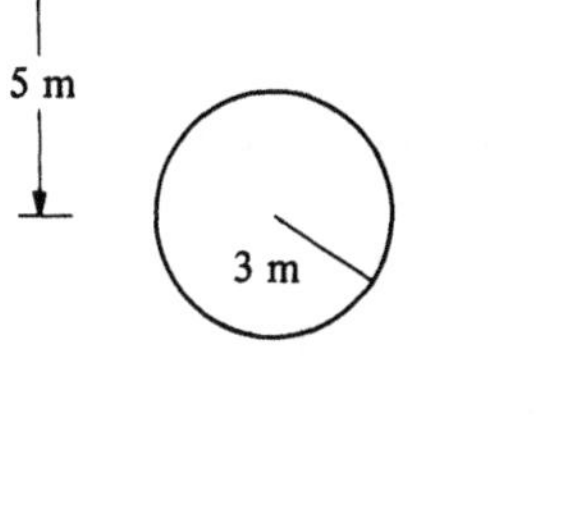

Lösung: Der Schwerpunkt einer Kreisfläche fällt mit deren Mittelpunkt zusammen. Der Druck im Schwerpunkt beträgt daher $10\,000 \cdot 5$ N/m^2. Somit ergibt sich aus Theorem 2 für die Kraft auf die Kreisfläche

$$\underbrace{10\,000 \cdot 5}_{\text{Druck im Schwerpunkt}} \cdot \underbrace{\pi\, 3^2}_{\text{Fläche von } R} \cdot \mathrm{N}$$

oder

$$45\pi \cdot 10\,000\ \mathrm{N}. \bullet$$

Das folgende Theorem beschreibt den Zusammenhang zwischen dem Schwerpunkt eines Gebietes R und dem Volumen des zugehörigen Rotationskörpers. Der Inhalt dieses Theorems war bereits im 4. Jh. v. Chr. bekannt und wird dem griechischen Mathematiker Pappus zugeschrieben.

Theorem 3 (*Das Theorem von Pappus*): R sei ein ebenes Gebiet und L eine Gerade in der zugehörigen Ebene. L schneide R gar nicht oder höchstens in einem Punkt seiner Begrenzung. Dann ergibt sich für das Volumen des Körpers, der durch Rotation von R um L entsteht, das folgende Produkt:

(Abstand des Schwerpunkts von der Rotationsachse) · (Fläche von R).

Beweis: Wir führen ein xy-Koordinatensystem ein und legen L so in die y-Achse, daß sich R rechts von ihr befindet. Für das Volumen des Rotationskörpers folgt dann

$$2\pi \int_a^b x c(x)\, dx.$$

Mit Hilfe von Formel (2) kann dieser Ausdruck in die Form

$$\int_a^b x c(x)\, dx = \bar{x} \cdot \text{Fläche von } R$$

gebracht werden. Somit beträgt das Volumen

$$2\pi\bar{x} \cdot \text{Fläche von } R.$$

Der Ausdruck $2\pi\bar{x}$ gibt den Weg des Schwerpunktes von R während der Rotation an; damit ist das Theorem bewiesen. •

Beispiel 4: Mit Hilfe des Theorems von Pappus bestimme man das Volumen des Ringes, der sich durch Rotation eines Kreises mit dem Radius 3 cm ergibt, wenn die Rotationsachse vom Kreismittelpunkt einen Abstand von 5 cm besitzt (Bild 16.26).

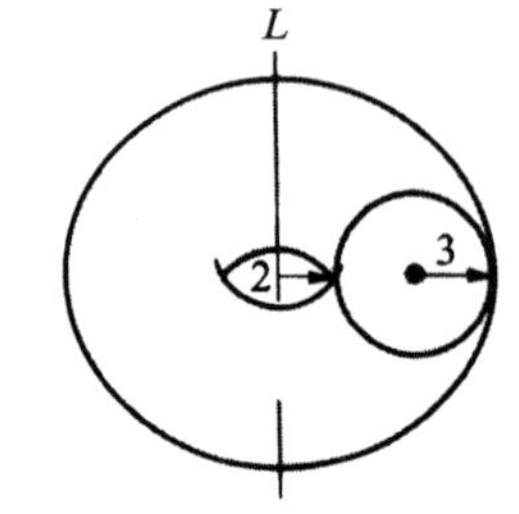

Bild 16.26

Lösung: In diesem Falle ist die Fläche von R durch $\pi\, 3^2$ gegeben. Der Schwerpunkt des Kreises liegt in dessen Mittelpunkt. Daher beträgt der Weg des Schwerpunktes während der Rotation $2\pi \cdot 5$. Wir erhalten für das Volumen des Ringes

$$2\pi 5 \cdot \pi 3^2 = 90\pi^2 \mathrm{cm}^3. \bullet$$

Das Theorem von Pappus kann umgekehrt auch dann angewendet werden, wenn das Volumen eines Rotationskörpers bekannt ist und der Schwerpunkt des rotierenden Gebietes R gesucht wird.

Beispiel 5: Man bestimme den Schwerpunkt eines Halbkreises R mit dem Radius a.

Lösung: Aus Symmetriegründen liegt der Schwerpunkt auf dem Radius, der auf dem Durchmesser des Halbkreises senkrecht steht. Es sei $\bar{x}$ der Abstand des Schwerpunktes vom Durchmesser (Bild 16.27). Rotiert R um den Durchmesser, so entsteht eine Kugel mit dem Radius a und dem Volumen $4\pi a^3/3$.

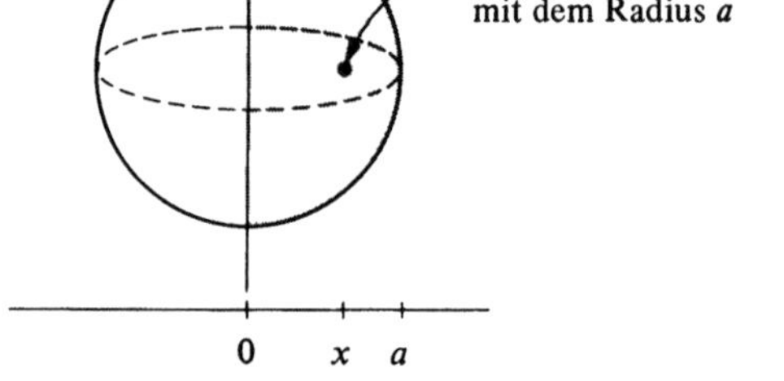

Bild 16.27

Das Theorem von Pappus ergibt dann

$$2\pi\bar{x} \cdot \text{Fläche von } R = \\ = \text{Volumen der Kugel mit dem Radius } a$$

oder

$$2\pi\bar{x} \cdot \frac{\pi a^2}{2} = \frac{4}{3}\pi a^3.$$

Es folgt daraus

$$\pi a^2 \bar{x} = \frac{4}{3} \pi a^3$$

und somit

$$\bar{x} = \frac{4\pi a^3}{3\pi^2 a^2} = \frac{4a}{3\pi} . \bullet$$

Wie die letzten vier Beispiele gezeigt haben, ist der Schwerpunkt des Gebietes R zur Berechnung des Momentes $\int_a^b x c(x)\, dx$ oft sehr nützlich.

Übungen:

In den Übungen 1 bis 5 berechne man das Moment der gegebenen Funktion über das gegebene Intervall.

1. x^{-2}; $[1; 2]$ **2.** $\sqrt{1+x^2}$; $[0; 1]$

3. $\sin x^2$; $[0; \sqrt{\pi}]$ **4.** $\frac{1}{1+x^2}$; $[-1; 1]$

5. $\frac{1}{1+x^2}$; $[0; 1]$

Mit Hilfe von Theorem 1 löse man die folgenden Übungen aus Abschnitt 16.1.

6. Übung 1 **7.** Übung 2 **8.** Übung 3

9. Übung 4 **10.** Übung 5 **11.** Übung 6

Mit Hilfe von Theorem 2 löse man das Beispiel und die folgenden Übungen aus Abschnitt 16.2.

12. Das Beispiel **13.** Übung 1 **14.** Übung 2

15. Übung 3 **16.** Übung 4

In den Übungen 17 bis 20 bestimme man mit Hilfe des Theorems von Pappus das Volumen des angegebenen Rotationskörpers, wenn die Rotation jeweils um die y-Achse erfolgt.

17. Das Dreieck R mit den Eckpunkten $(1; 0)$, $(3; -1)$, $(3; 2)$.

18. Der Halbkreis R mit Mittelpunkt $(4; 0)$ und Radius 3, rechts von der Geraden $x = 4$.

19. Der Halbkreis R mit Mittelpunkt $(4; 0)$ und Radius 3, links von der Geraden $x = 4$.

20. Das Rechteck R mit den Eckpunkten $(4; 0)$, $(4; 2)$, $(7; 0)$ und $(7; 2)$.

21. Mit Hilfe des Theorems von Pappus bestimme man den Mittelpunkt des rechtwinkeligen Dreiecks mit den Eckpunkten $(0; 0)$, $(a; 0)$, $(0; b)$, es gelte $a > 0$, $b > 0$.

(*a*) Rotation um die y-Achse zur Bestimmung von $\bar{x}$.

(*b*) Rotation um die x-Achse zur Bestimmung von $\bar{y}$.

■

22. Das Gebiet R sei begrenzt durch $y = e^{x^2}$, $x = 2$, $y = 0$, $x = 0$.

(*a*) Man gebe das bestimmte Integral für die Fläche des Gebietes und für das Moment der Querschnittsfunktion an.

(*b*) Man berechne das bestimmte Integral aus (*a*), das mit Hilfe des Hauptsatzes ermittelt werden kann.

In den Übungen 23 bis 25 verwende man die Formel

$$\bar{x} = \frac{\int_a^b x c(x)\, dx}{\text{Fläche von } R}$$

zur Bestimmung von $\bar{x}$.

23. R sei das Gebiet zwischen $y = x^2$, der x-Achse und der Geraden $x = 2$.

24. R sei das Gebiet zwischen $y = \sin x$, $y = 0$, $x = 0$ und $x = \pi$.

25. R sei das Gebiet zwischen $y = e^x$, $x = -1$, $x = 1$ und $y = 0$.

26. Das Integral $\int_a^b (x - k) f(x)\, dx$ wird Moment von f um k über das Intervall $[a; b]$ genannt. Wenn $f(x)$ mit $c(x)$, der Querschnittsfunktion eines Gebietes R übereinstimmt, dann ist das Moment von f um k gleich $(\bar{x} - k) A$, wobei $\bar{x}$ die x-Koordinate des Schwerpunktes und A die Fläche von R ist. Man beweise dies!

27. (Siehe Übung 26.) Man zeige, daß das Moment der Querschnittsfunktion um $\bar{x}$ gleich Null ist.

28. Mit Hilfe des Theorems von Pappus bestimme man das Volumen des Körpers, der durch Rotation des Dreieckes mit den Eckpunkten $(5; 0)$, $(6; 1)$, $(6; -1)$ um

(*a*) die y-Achse,

(*b*) die Gerade $x = 2$ und

(*c*) die Gerade $y = 1$ entsteht.

29. Man beweise Theorem 2.

30. Man beweise Theorem 2 für beliebige ebene Flächen, vertikal oder nicht vertikal.

Die Übungen 31 bis 36 sind gemeinsam zu behandeln.

31. Man betrachte eine Kurve der Länge L in der xy-Ebene. Ihre Masse sei gleichmäßig verteilt, wie dies etwa bei einem Draht der Fall ist.

(*a*) Die Kurve hat einen Schwerpunkt und balanciert daher auf jeder Geraden durch diesen Punkt. Man zeige dies.

(*b*) Die y-Koordinate des Schwerpunktes ist durch

$$\bar{y} = \frac{\int_0^L y\, ds}{L}$$

gegeben, wobei s die Bogenlänge der Kurve ist.

32. Mit Hilfe der Formel aus Übung 31 berechne man die y-Koordinate des Schwerpunktes für einen Halbkreis $y = \sqrt{a^2 - x^2}$
(a) in rechtwinkeligen Koordinaten,
(b) in Polarkoordinaten.
(c) Warum ist $\bar{y}$ größer als $a/2$.

33. Man beweise das folgende Analogon zum Theorem von Pappus (Theorem 3): Die Oberfläche des Körpers, der sich durch Rotation einer Kurve um eine Gerade ergibt, ist gleich der Länge der Kurve mal dem Weg des Schwerpunktes während der Rotation (der Schwerpunkt einer Kurve wurde in Übung 31 definiert).

34. Mit Hilfe des Theorems aus Übung 33 berechne man die Oberfläche des Ringes (Torus) aus Beispiel 3.

35. Mit Hilfe des Theorems von Übung 33 berechne man die Mantelfläche eines Kegels.

36. Mit Hilfe des Theorems von Übung 33 bestimme man den Schwerpunkt eines halbkreisförmigen Bogens.

16.4 Zusammenfassung

In Abschnitt 16.1 wurde für die Arbeit, die zum Leeren einen zylindrischen Wasserspeicher erforderlich ist, der Ausdruck

$$10\,000\, h \int_a^b (x-k)\, c(x)\, dx \text{ Newton}$$

hergeleitet; k ist die x-Koordinate der Speicheröffnung, $c(x)$ ist die der Koordinate x entsprechende Schnittlänge, h gibt die Länge des Gefäßes an. Liegt der Ursprung der vertikalen x-Achse auf dem Niveau der Gefäßöffnung, so reduziert sich der Ausdruck für die Arbeit auf

$$10\,000\, h \int_a^b x c(x)\, dx \text{ N} \cdot \text{m}.$$

In beiden Fällen weist der positive Teil der x-Achse nach unten.

Abschnitt 16.2 ergab für die Kraft auf eine vertikale ebene Platte unter der Wasseroberfläche

$$10\,000 \int_a^b (x-k)\, c(x)\, dx \text{ N}.$$

k ist die x-Koordinate der Wasseroberfläche. Liegt der Ursprung der vertikalen x-Achse auf dem Niveau der Wasseroberfläche, so reduziert sich dies auf

$$10\,000 \int_a^b x c(x)\, dx \text{ N}.$$

In Abschnitt 16.3 trat das bestimmte Integral $\int_a^b x c(x)\, dx$ auch in der Formel für das Volumen eines Rotationskörpers auf. Legen wir den Ursprung der x-Achse in die Rotationsachse, so ergibt sich

$$\text{Volumen} = 2\pi \int_a^b x c(x)\, dx.$$

Für jede Funktion f wird das Moment von f über $[a; b]$ durch das Integral

$$\int_a^b x f(x)\, dx$$

definiert, sofern dieses existiert. Das Moment der Querschnittsfunktion $\int_a^b x c(x)\, dx$ tritt in den Formeln für die Arbeit zur Leerung eines zylindrischen Gefäßes, die Kraft auf eine untergetauchte ebene Platte und das Volumen eines Rotationskörpers auf. Auch die Formel für $\bar{x}$, die x-Koordinate des Schwerpunktes eines ebenen Gebietes, kann auf das Moment einer Funktion zurückgeführt werden:

$$\bar{x} = \frac{\int_a^b x c(x)\, dx}{\text{Fläche des Gebietes}}.$$

Diese Relation zwischen $\bar{x}$ und dem Moment $\int_a^b x c(x)\, dx$ vereinfacht Berechnungen der Arbeit, der Kraft oder des Volumens:

Die Arbeit zur Leerung eines Wasserspeichers stimmt mit dem Ausdruck überein, der sich ergäbe, wenn das gesamte Wasser im Schwerpunkt der Basisfläche des zylindrischen Speichers konzentriert wäre.

Die Kraft des Wassers auf eine untergetauchte ebene Platte stimmt mit dem Ausdruck überein, der sich ergäbe, wenn der Wasserdruck konstant und gleich seinem Wert im Schwerpunkt der Platte wäre.

Das Volumen eines Rotationskörpers ist gleich dem Produkt des Weges, den der Schwerpunkt des rotierenden Gebietes durchläuft, mit der Fläche des Gebietes (Theorem von Pappus).

Die Aussagen der ersten beiden Fälle gelten nur für homogene Flüssigkeiten. Wenn die Dichte der Flüssigkeit mit der Tiefe variiert, ergeben sich kompliziertere Ausdrücke.

Es gibt noch andere Momente von Funktionen, die in den Übungen zu diesem Kapitel diskutiert werden. Das zweite Moment $\int_a^b x^2 f(x)\,dx$ tritt in Physik, Technik und Statistik häufig auf.

Begriffe und Symbole

Arbeit

Druck

Kraft einer Flüssigkeit auf ein ebenes Gebiet

Moment einer Funktion $\int_a^b x f(x)\,dx$

Theorem von Pappus

Testaufgaben zu Kapitel 16

1. Mit Hilfe des Theorems von Pappus bestimme man $\bar{x}$, die x-Koordinate des Schwerpunktes von Bild 16.28.
2. Man bestimme die zum Leeren des Speichers in Bild 16.29 erforderliche Arbeit. (Die Basis des Speichers ist durch Bild 16.28 gegeben.)
3. Man bestimme die Kraft des Wassers auf das Gebiet aus Übung 1, dessen Lage Bild 16.30 zeigt.
4. Man löse Beispiel 2 oder Beispiel 3 mit Hilfe des Schwerpunktes.

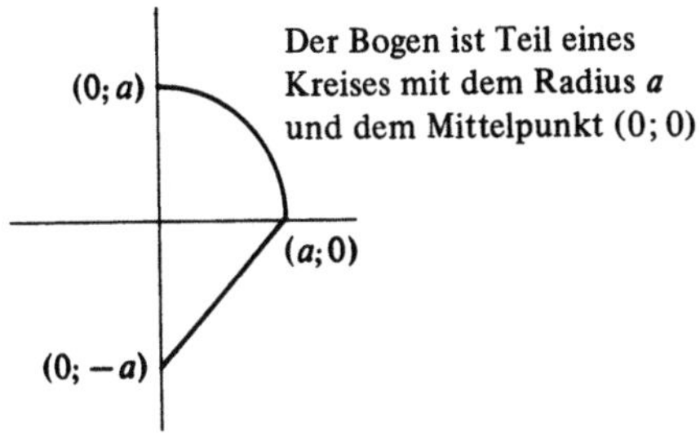

Bild 16.28

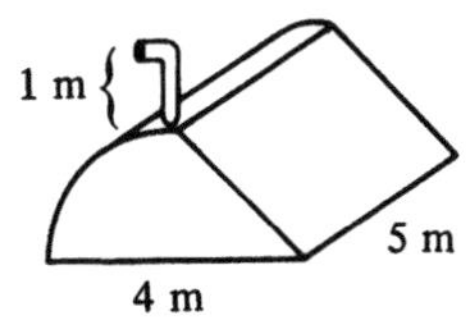

Bild 16.29

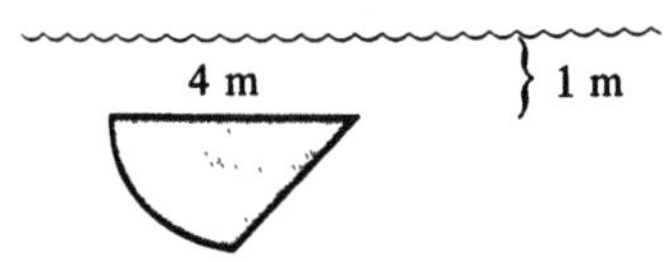

Bild 16.30

5. Man berechne das Moment von
   (a) $\cos x^2$ über $[0; 1]$,
   (b) $\cos x$ über $[0; \pi/2]$.
6. Man beweise die allgemeine Formel für die Arbeit zur Leerung eines Speichers, wenn der Ursprung der x-Achse auf dem Niveau der Speicheröffnung liegt.
7. Man beweise die allgemeine Formel für die Kraft auf eine untergetauchte Platte, wenn der Ursprung der x-Achse auf dem Niveau der Wasseroberfläche liegt.
8. Man beweise das Theorem von Pappus.

Übungen zu Kapitel 16

Die Übungen haben ergänzenden Charakter und beschäftigen sich mit verschiedenen Momenten einer Funktion. Das n-te Moment M_n einer Funktion f über ein Intervall $[a; b]$ ist durch das Integral $\int_a^b x^n f(x)\,dx$ gegeben. In diesem Kapitel haben wir den Fall $n = 1$ studiert. Für physikalische Anwendungen ist das zweite Moment $\int_a^b x^2 f(x)\,dx$ von besonderer Bedeutung. In der Statistik treten zusätzlich die Momente M_3 und M_4 auf. Die folgenden Übungen behandeln diese höheren Momente.

1. Man berechne M_0, M_1 und M_2 für $f(x) = \sqrt{x}$ und $[a; b] = [0; 1]$.
2. Man berechne M_0, M_1 und M_2 für $f(x) = e^x$ und $[a; b] = [-1; 1]$.
3. Für die Querschnittsfunktion $f(x)$ eines ebenen Gebietes beweise man $\bar{x} = M_1/M_0$.

Die Übungen 4 bis 7 sind gemeinsam zu behandeln.

4. Die kinetische Energie eines Körpers mit der Masse m, dessen Teile sich alle mit der Geschwindigkeit v bewegen, ist durch den Ausdruck $\frac{1}{2}\, mv^2$ gegeben. Dies entspricht der Arbeit, mit deren Hilfe der Körper vom Zustand der Ruhe auf die Geschwindigkeit v beschleunigt werden kann. Betrachten wir nun einen Stab, der 100 mal pro Sekunde um eines seiner Enden rotiert. Das Material des Stabes habe in einer Entfernung von x cm vom festen Ende die Dichte $f(x)$ Gramm. Die Länge des Stabes sei b. Dann ist die kinetische Energie des Stabes durch

$$10^{-7}\,\frac{1}{2}(200\pi)^2\int_a^b x^2 f(x)\,dx \text{ Joule}$$

gegeben. Man beweise dies. Das zweite Moment

$$M_2 = \int_0^b x^2 f(x)\,dx$$

wird Trägheit des Stabes genannt.

5. (Siehe Übung 4.) M_1/M_0 gibt den Schwerpunkt des Stabes an. Auch M_2/M_1 kann physikalisch interpretiert werden. Wenn wir den Stab an seinem linken Ende aufhängen und frei pendeln lassen, so wird er dies mit einer bestimmten Frequenz tun. Es ist die gleiche Frequenz, die sich für ein Pendel mit der Punktmasse m_P am Ende eines masselosen Fadens der Länge M_2/M_1 ergibt. Wenn wir den Stab an seinem linken Ende halten und als Schläger benutzen, dann sollten wir den Ball in dem Punkt des Schlägers treffen, der von unseren Händen den Abstand M_2/M_1 besitzt. Dieser Punkt wird „Schlagzentrum" genannt. Das Schlagzentrum liegt rechts vom Schwerpunkt. Man beweise dies mit Hilfe der Schwarzschen Ungleichung.

6. Eine ebene Stahlplatte mit der Masse m bedeckt ein Gebiet R und rotiert 100 mal pro Sekunde um die x-Achse. Das Gebiet liegt zwischen $x = a$ und $x = b$; seine Schnittlänge bei x beträgt $c(x)$, seine Gesamtfläche ist durch A gegeben. Die kinetische Energie dieses Stahlstückes beträgt dann

$$10^{-7}\,\frac{1}{2}\,(200\pi)^2\,(m/A)\int_a^b x^2 c(x)\,dx \text{ Joule.}$$

Man erkläre dies im einzelnen. Auch dieses Beispiel gibt eine physikalische Anwendung des zweiten Momentes der Schnittfunktion.

7. Ein homogenes Stahldreieck der Masse m hat die Eckpunkte $(0;0)$, $(2;0)$, $(0;3)$. Man berechne seine kinetische Energie, wenn es mit einer Winkelgeschwindigkeit ω um (*a*) die x-Achse, (*b*) die y-Achse rotiert. Warum sollte das Resultat von (*b*) kleiner sein als das Resultat von (*a*)?

8. Man bestimme ein Polynom des Grades 2, dessen Momente M_0, M_1 und M_2 über $[0;1]$ durch $M_0 = 1$, $M_1 = 1$, $M_2 = 1$ gegeben sind.

■

9. Das Trägheitsmoment eines auf der x-Achse befindlichen Stabes in Bezug auf den Punkt mit der Koordinate c ist durch den Ausdruck $\int_a^b (x-c)^2 f(x)\,dx$ gegeben, wobei f der Dichtefunktion entspricht. Legen wir nun das Koordinatensystem mit $x = 0$ in den Schwerpunkt des Stabes.

(*a*) Das Trägheitsmoment des Stabes um den Punkt c ist durch $M_2 + c^2 m$ gegeben, wobei M_2 das Trägheitsmoment um den Schwerpunkt und m die Gesamtmasse des Stabes ist. Man beweise dies.

(*b*) Im Hinblick auf (*a*) zeige man, daß der Stab am leichtesten um seinen Schwerpunkt in Rotation gebracht werden kann. Wegen (*a*) ist nämlich das Trägheitsmoment in Bezug auf den Schwerpunkt am kleinsten.

10. Das Bestreben des Wassers, ein unter der Oberfläche befindliches Tor eines Dammes um eine horizontale Achse zu bewegen, die an der Wasseroberfläche liegt, ist proportional zu $\int_0^b y^2 c(y)\,dy$; die Funktion $c(y)$ beschreibt die Länge des horizontalen Schnittes durch das Tor in einer Tiefe von y; b ist die Höhe des Tores. Der erhaltene Ausdruck ist ein zweites Moment.

■■

11. Es sei f eine stetige Funktion, die auf dem Intervall $[a;b]$ definiert ist.

(*a*) Gilt

$$\int_a^b f(x)\,dx = 0$$

dann hat f mindestens eine Wurzel in $[a;b]$. Man beweise dies.

(*b*) Gilt

$$\int_a^b f(x)\,dx = 0 = \int_a^b xf(x)\,dx,$$

dann hat f mindestens zwei Wurzeln in $[a;b]$. Man beweise dies.

(*c*) Gilt

$$\int_a^b f(x)\,dx = 0 = \int_a^b xf(x)\,dx = \int_a^b x^2 f(x)\,dx,$$

dann hat f mindestens drei Wurzeln in $[a;b]$. Man beweise dies.

(*d*) Man verallgemeinere diese Resultate.

12. (Siehe Übung 11.) Stimmen für zwei Polynome f und g die n-ten Momente über $[a;b]$ für alle $n \geqslant 0$ überein, dann gilt $f = g$. So können wir ein Polynom durch seine Momente bestimmen.

13. (*a*) Man bestimme für $n > 0$ das uneigentliche Integral

$$f(n) = \int_0^\infty x^{n-1} e^{-x} dx;$$

es ist dies das $(n-1)$-te Moment der Funktion e^{-x} über den positiven Teil der x-Achse. Man zeige $f(1) = 1$, $f(2) = 1$ und $f(n+1) = nf(n)$.

(*b*) Man beweise für positives ganzzahliges n die Relation $f(n) = (n-1)!$

(*c*) Man beweise $f(\frac{1}{2}) = \sqrt{\pi}$. (Es gilt $\int_0^\infty e^{-x^2} dx = \sqrt{\pi}/2$.)

14. Die kinetische Energie einer homogenen Flüssigkeit ist größer als der Ausdruck, der sich ergibt, wenn alle Teilchen sich mit der mittleren Geschwindigkeit bewegen. Man beweise dies. (die kinetische Energie der Masse m mit der Geschwindigkeit v ist durch $mv^2/2$ gegeben. Für den Beweis wird die Schwarzsche Ungleichung benötigt; sie gilt für beliebige Dimensionen.)

17 Mathematische Modelle

In Abschnitt 6.4 wurde anhand der Differentialgleichung

$$\frac{dy}{dt} = ky$$

das Verhalten von Wachstum und Zerfall untersucht. Ebenso wie diese Differentialgleichung reale Wachstumsvorgänge in mathematischer Sprache beschreibt, können auch viele andere reale Phänomene im Rahmen mathematischer Modelle behandelt werden. Solche Modelle können in Begriffen der Mengenlehre, der Algebra oder auch anderer Zweige der Mathematik formuliert sein.

In diesem Kapitel wollen wir ein Modell des „zufälligen" Verkehrs entwickeln. Wir gehen dabei zunächst vom Straßenverkehr aus, das Modell kann jedoch auch auf den Kundenverkehr an einem Bankschalter, auf den Ausfall von technischen Anlagen oder den Telefonverkehr angewendet werden. Das Grundkonzept aller mathematischen Modelle wird im letzten Abschnitt untersucht.

17.1 Grundbegriffe der Wahrscheinlichkeitsrechnung

Wenn wir einen Würfel werfen, kann jede der Zahlen 1, 2, 3, 4, 5 oder 6 nach oben zu liegen kommen. Alle diese sechs Möglichkeiten werden mit der gleichen Wahrscheinlichkeit auftreten, sofern der Würfel nicht „präpariert" ist. Mit anderen Worten: Im Mittel wird die 1 in einem Sechstel der Fälle, die 2 in einem weiteren Sechstel auftreten, ebenso die anderen Ziffern. Wird der Würfel sehr oft geworfen, dann sollte jede der einzelnen Zahlen näherungsweise in einem Sechstel der Fälle auftreten. Wir sagen kurz: Beim Würfeln tritt die 1 mit einer Wahrscheinlichkeit von $\frac{1}{6}$ auf.

Die Wahrscheinlichkeit eines Ereignisses beträgt stes $1/n$, wenn der Vorgang n gleichwahrscheinliche Ergebnisse besitzt. Versucht man etwa mit einer Münze „Kopf" zu werfen, so beträgt die Wahrscheinlichkeit hierfür $\frac{1}{2}$.

Wird ein Würfel sehr oft geworfen, so wird entweder die 1 oder die 2 insgesamt in etwa

$$\tfrac{1}{6} + \tfrac{1}{6} = \tfrac{2}{6}$$

der Fälle auftreten. Die Wahrscheinlichkeit, beim Würfeln eine 1 oder eine 2 zu erhalten, ist daher durch $\frac{2}{6}$ gegeben. Die Wahrscheinlichkeit entweder eine 3, eine 4, eine 5 oder eine 6 zu werfen, beträgt ganz analog $\frac{4}{6}$. Wir kommen somit zu folgendem Grundsatz: Die Wahrscheinlichkeit für das Auftreten einer beliebigen von mehreren einander ausschließenden Möglichkeiten ist durch die Summe der jeweiligen Einzelwahrscheinlichkeiten gegeben. Wir sprechen dann von *einander sich ausschließenden* Ereignissen, wenn zu einem bestimmten Zeitpunkt jeweils nur eines dieser Ereignisse auftreten kann. Beim Werfen eines Würfels schließen die beiden Ereignisse „Ziffer 1" und „Ziffer 2" einander aus.

Wenn wir gleichzeitig zwei Würfel werfen, kann das Gesamtergebnis zwischen $2 (= 1 + 1)$ und $12 (= 6 + 6)$ liegen. Mit welcher Wahrscheinlichkeit wird sich eine Würfelsumme von 5 ergeben?

Der Einfachheit halber möge der eine Würfel rot und der andere weiß sein. Der rote Würfel kann eine 1, 2, 3, 4, 5 oder 6 zeigen; gleiches gilt für den weißen Würfel. Wir erhalten daher $6 \cdot 6 = 36$ gleichwahrscheinliche Ergebnisse. In wie vielen Fällen wird sich eine Würfelsumme von 5 ergeben? Dieses Ergebnis kann durch verschiedene Kombinationen zustandekommen, die in der folgenden Tabelle vollständig aufgezählt sind.

roter Würfel	1	2	3	4
weißer Würfel	4	3	2	1

Somit erhalten wir in 4 von insgesamt 36 Fällen das Gesamtergebnis 5: Die Wahrscheinlichkeit hierfür beträgt daher $\frac{4}{36}$.

Die Wahrscheinlichkeit, mit dem roten Würfel eine 2 und mit dem weißen Würfel eine 3 zu werfen, beträgt $\frac{1}{36}$ oder $\frac{1}{6} \cdot \frac{1}{6}$. Damit haben wir einen zweiten wichtigen Grundsatz der Wahrscheinlichkeitsrechnung gewonnen: Die Wahrscheinlichkeit für das gleichzeitige Auftreten verschiedener voneinander unabhängiger Ereignisse ist durch das Produkt der einzelnen Wahrscheinlichkeiten gegeben. Zwei oder mehrere Ereignisse heißen *voneinander unabhängig*, wenn die Wahrscheinlichkeit für das Auftreten des einen Ereignisses nicht vom Auftreten der anderen Ereignisse beeinflußt wird. So ist das Auftreten einer 2 für den roten Würfel unabhängig vom Auftreten einer 3 für den weißen Würfel. Im Beispiel 1 wird dieser Grundsatz veranschaulicht.

Beispiel 1: Wir würfeln solange, bis eine 3 auftritt. Mit welcher Wahrscheinlichkeit wird die 3 beim vierten Wurf das erste Mal fallen?

Lösung: Damit die 3 das erste Mal beim vierten Wurf auftritt, müssen vier voneinander unabhängige Ereignisse eintreten:

Beim ersten Wurf darf *keine* 3 auftreten,
beim zweiten Wurf darf *keine* 3 auftreten,
beim dritten Wurf darf *keine* 3 auftreten,
beim vierten Wurf muß eine 3 auftreten.

Die Wahrscheinlichkeit, beim Würfeln keine 3 zu erhalten, beträgt $\frac{5}{6}$, die Wahrscheinlichkeit für das Auftreten einer 3 ist durch $\frac{1}{6}$ gegeben. Somit erhalten wir als Wahrscheinlichkeit des Auftretens der vier angeführten Ereignisse das Produkt

$$\frac{5}{6}\cdot\frac{5}{6}\cdot\frac{5}{6}\cdot\frac{1}{6}=\left(\frac{5}{6}\right)^3\cdot\frac{1}{6}\approx\frac{1}{10}. \quad \bullet$$

Mit diesen Überlegungen haben wir einen weiteren wichtigen Grundsatz gewonnen. Die Wahrscheinlichkeit für das Auftreten einer 5 beträgt $\frac{1}{6}$. Die Wahrscheinlichkeit, daß die 5 nicht auftritt, ist durch $\frac{5}{6}$ gegeben. Die Summe dieser beiden Wahrscheinlichkeiten beträgt $\frac{5}{6}+\frac{1}{6}=1$. Der Grundsatz lautet: Tritt ein Ereignis mit der Wahrscheinlichkeit p ein, so beträgt die Wahrscheinlichkeit für das Nichtauftreten des Ereignisses $1-p$.

Bleiben wir noch etwas bei der Aufgabenstellung des Beispiels 1. „Wie oft wird man im Mittel würfeln müssen, bis sich eine 3 ergibt?" Die Ziffer 3 kann bereits beim ersten Versuch, sie kann aber auch erst nach tausend Würfen auftreten. Beispiel 2 zeigt eine experimentelle Lösung dieser Fragestellung, Beispiel 3 behandelt die theoretische Lösung.

Ehe wir uns mit Beispiel 2 beschäftigen, wollen wir den Begriff des Mittelwertes von Zahlen wiederholen. Unter dem *Mittelwert* oder *Mittel* einer Menge von Zahlen wollen wir in der Folge stets das *arithmetische Mittel* verstehen. Wie lautet der Mittelwert der folgenden 10 Zahlen

$$5, 6, 5, 7, 9, 5, 8, 6, 9, 5.$$

Wir addieren die Zahlen und dividieren die Summe durch 10:

$$\text{Mittelwert} = \frac{5+6+5+7+9+5+8+6+9+5}{10}.$$

Um die Berechnung zu vereinfachen, sammeln wir gleiche Summanden im Zähler. (Die Zahl 5 tritt beispielsweise 4 mal auf.) Wir erhalten den kürzeren Ausdruck

$$\text{Mittelwert} = \frac{4\cdot5+2\cdot6+1\cdot7+1\cdot8+2\cdot9}{10}.$$

Eine kurze Rechnung ergibt

$$\text{Mittelwert} = \frac{20+12+7+8+18}{10} = \frac{65}{10} = 6{,}5.$$

Wir werden dieses Argument in Beispiel 2 benötigen.

Beispiel 2: Wir würfeln so oft, bis erstmals eine 3 auftritt. Dieses Experiment wird hundertmal wiederholt. Die jeweiligen Ergebnisse sind in der untenstehenden Tabelle zusammengefaßt. So tritt etwa die 3 in 15 Fällen beim ersten Wurf, in 14 Fällen beim zweiten Wurf erstmals auf usw.

Erforderliche Anzahl der Würfe	1	2	3	4	5	6	7	8	9	10	11	12	13	14	15	16
Häufigkeit des Ergebnisses	15	14	11	12	9	6	5	6	4	4	3	2	3	1	3	2

Wie lautet die mittlere Anzahl der Würfe?

Lösung: Um die mittlere Anzahl der Würfe zu erhalten, dividieren wir die Gesamtzahl der Würfe durch die Anzahl der Experimente, 100. Es ergibt sich der Quotient von

$$1\cdot15+2\cdot14+3\cdot11+4\cdot12+5\cdot9+6\cdot6+7\cdot5+ \\ +8\cdot6+9\cdot4+10\cdot4+11\cdot3+12\cdot2+13\cdot3+ \\ +14\cdot1+15\cdot3+16\cdot2$$

dividiert durch 100 oder

$$\frac{551}{100}=5{,}51.$$

Im Mittel werden also 5,51 Würfe benötigt, um eine 3 zu erhalten. •

Wiederholen wir die Untersuchung des Beispiels 2, so muß sich als Mittelwert nicht unbedingt 5,51 ergeben. Wir können auch einen benachbarten Wert erhalten. Das nächste Beispiel berechnet den Mittelwert mit Hilfe theoretischer Überlegungen und ohne Zuhilfenahme von experimentellen Ergebnissen.

Beispiel 3: Man bestimme die Anzahl von Würfen, die im Mittel erforderlich sind, um eine 3 zu erhalten.

Lösung: Zunächst können wir die experimentellen Ergebnisse von Beispiel 2 in folgender Form umschreiben

$$1\left(\frac{15}{100}\right)+2\left(\frac{14}{100}\right)+3\left(\frac{11}{100}\right)+4\left(\frac{12}{100}\right)+5\left(\frac{9}{100}\right)+$$
$$+6\left(\frac{6}{100}\right)+7\left(\frac{5}{100}\right)+8\left(\frac{6}{100}\right)+9\left(\frac{4}{100}\right)+$$
$$+10\left(\frac{4}{100}\right)+11\left(\frac{3}{100}\right)+12\left(\frac{2}{100}\right)+$$
$$+13\left(\frac{3}{100}\right)+14\left(\frac{1}{100}\right)+15\left(\frac{3}{100}\right)+$$
$$+16\left(\frac{2}{100}\right). \qquad (1)$$

Der erste Bruch aus (1) beträgt $\frac{15}{100}$ und gibt den Bruchteil der Fälle an, in denen nur ein Wurf erforderlich war. Theoretisch sollte dieser Anteil $\frac{1}{6}$ betragen. Der zweite Bruch in (1), $\frac{14}{100}$, gibt die Anzahl der Fälle, in denen genau zwei Würfe erforderlich waren. Dieser Anteil sollte theoretisch $\frac{5}{6}\cdot\frac{1}{6}$ betragen. Analog erhalten wir die weiteren Brüche in (1). Aufgrund dieser theoretischen Überlegungen ergibt sich für die Summe (1) also insgesamt

$$1\left(\tfrac{1}{6}\right)+2\left(\tfrac{5}{6}\right)\tfrac{1}{6}+3\left(\tfrac{5}{6}\right)^2\tfrac{1}{6}+4\left(\tfrac{5}{6}\right)^3\tfrac{1}{6}+\ldots+$$
$$+n\left(\tfrac{5}{6}\right)^{n-1}\tfrac{1}{6}+\ldots, \qquad (2)$$

also eine unendliche Reihe. Sie hat die Gestalt

$$\tfrac{1}{6}\left(1+2x+3x^2+\ldots+nx^{n-1}+\ldots\right)$$

mit $x=\frac{5}{6}$. Wir erinnern uns an die Summe der geometrischen Reihe

$$\frac{1}{1-x}=1+x+x^2+\ldots+x^n+\ldots. \qquad (3)$$

Differentiation von (3) ergibt aufgrund der Ergebnisse von Abschnitt 14.7

$$\frac{1}{(1-x)^2}=1+2x+3x^2+\ldots+nx^{n-1}+\ldots.$$

Daher erhalten wir als Summe der Reihe (2) den Wert

$$\frac{1}{6}\left[\frac{1}{(1-\frac{5}{6})^2}\right]=6.$$

Der theoretische Wert ergibt also 6 Würfe. •

Beispiel 3 führt uns zu folgender Definition.

Definition des Erwartungswertes (Mittelwertes) von *n*: Hat die Wahrscheinlichkeit für das Auftreten der ganzen Zahl n den Wert $p(n)$, dann beträgt der Erwartungswert (Mittelwert) von n

$$1\cdot p(1)+2\cdot p(2)+3\cdot p(3)+\ldots+np(n)+\ldots.$$

(Die Konvergenz der Reihe sei vorausgesetzt.)

Wie Beispiel 3 zeigt, ist der Erwartungswert für die zum Werfen einer 3 erforderlichen Versuche durch die Zahl 6 gegeben.

Beispiel 4: Man bestimme den Erwartungswert der beim Würfeln auftretenden Zahlen.

Lösung: Die Zahlen 1, 2, 3, 4, 5 und 6 treten jeweils mit einer Wahrscheinlichkeit von $\frac{1}{6}$ auf. Die Zahlen 7, 8, 9, ... treten niemals, also mit einer Wahrscheinlichkeit von Null, auf. Wir erhalten

$$p(n)=\begin{cases}\frac{1}{6} & \text{für } n=1,2,3,4,5,6\\ 0 & \text{für } n=7,8,9,\ldots.\end{cases}$$

Die Definition des Mittelwertes ergibt

$$1\cdot p(1)+2\cdot p(2)+3\cdot p(3)+\ldots+n\cdot p(n)+\ldots$$

oder

$$1\left(\tfrac{1}{6}\right)+2\left(\tfrac{1}{6}\right)+3\left(\tfrac{1}{6}\right)+4\left(\tfrac{1}{6}\right)+5\left(\tfrac{1}{6}\right)+6\left(\tfrac{1}{6}\right)=\tfrac{21}{6}=3{,}5.$$

•

Übungen:

1. Mit welcher Wahrscheinlichkeit wird mit einem Würfel die Ziffer 4 geworfen?
2. Mit welcher Wahrscheinlichkeit wird mit zwei Würfeln das Gesamtergebnis 7 geworfen.
3. Mit welcher Wahrscheinlichkeit wird mit zwei Würfeln eines der beiden Ergebnisse 7 oder 11 geworfen?
4. Mit welcher Wahrscheinlichkeit wird bei zwei Würfen mit einer Münze beide Male das Ergebnis „Kopf" auftreten?
5. Mit welcher Wahrscheinlichkeit wird mit zwei Würfen einer Münze einmal das Ergebnis „Kopf" und einmal das Ergebnis „Adler" auftreten?
6. Mit welcher Wahrscheinlichkeit wird beim wiederholten Würfeln die Ziffer 5 das erste Mal im siebenten Versuch auftreten?

7. Mit welcher Wahrscheinlichkeit wird beim Werfen einer Münze das Ergebnis „Kopf" das erste Mal im
   (*a*) ersten Wurf, (*b*) zweiten Wurf,
   (*c*) dritten Wurf, (*d*) *n*-ten Wurf auftreten?
8. (*a*) Wir werfen eine Münze so oft, bis wir das Ergebnis „Kopf" erhalten und notieren die Anzahl der erforderlichen Würfe.
   (*b*) Wir wiederholen den Vorgang (*a*) 20 mal und berechnen den Mittelwert der Würfe.
9. Wie groß ist der theoretische Erwartungswert für die zum Werfen von „Kopf" erforderlichen Versuche.
10. (*a*) Wir werfen einen Würfel so lange, bis sich das Ergebnis 1 zeigt und notieren die Anzahl der erforderlichen Versuche.
    (*b*) Wir wiederholen den Vorgang (*a*) 20 mal und berechnen die mittlere Anzahl der Würfe.
    (*c*) Wie groß ist der theoretische Erwartungswert?

■

11. (*a*) Wir würfeln bis sich das Ergebnis 1 oder 6 zeigt und notieren die Anzahl der erforderlichen Würfe.
    (*b*) Wir wiederholen den Vorgang (*a*) 20 mal und berechnen die mittlere Anzahl der Würfe.
    (*c*) Wie lautet der zugehörige theoretische Erwartungswert?
12. Es sei $p(n) = 3^n e^{-3}/n!$ für $n = 0, 1, 2, \ldots$.
    (*a*) Man zeige $\sum_{n=0}^{\infty} p(n) = 1$.
    (*b*) Der Erwartungswert von n beträgt 3. Man zeige dies.
13. Es sei $p(n) = \frac{1}{10}$ für $n = 0, 1, 2, 3, 4, 5, 6, 7, 8, 9$ und ansonsten gleich Null. Man berechne den Erwartungswert von n.
14. Es sei $p(n) = (\frac{1}{2})^n$ für $n = 1, 2, 3, \ldots$.
    (*a*) Man zeige $\sum_{n=1}^{\infty} p(n) = 1$.
    (*b*) Der Erwartungswert von n beträgt 2. Man zeige dies.

■■

15. Mit welcher Wahrscheinlichkeit wird sich beim dreimaligen Werfen einer Münze das Ergebnis „Kopf" genau zweimal einstellen?
16. Mit welcher Wahrscheinlichkeit wird sich beim dreimaligen Werfen eines Würfels das Ergebnis 1 genau zweimal einstellen?

17.2 Wahrscheinlichkeitsverteilungen

Beim Werfen eines Würfels erhalten wir stets ein ganzzahliges Ergebnis: 1, 2, 3, 4, 5 oder 6. In vielen experimentellen Situationen werden wir beliebige reelle Zahlen, und nicht nur ganze Zahlen, als Ergebnis erhalten. So kann der Abstand (in Metern) zwischen zwei aufeinander folgenden Fahrzeugen durch jede nichtnegative reelle Zahl gegeben sein. Fotographieren wir beispielsweise eine Fahrzeugkolonne aus der Luft, so könnten sich für hundert aufeinanderfolgende Fahrzeuge die folgenden Abstände ergeben:

Länge der Abstände kleiner oder gleich	100 m	200 m	300 m	400 m	500 m	600 m	700 m
Anzahl der beobachten Abstände	32	56	76	88	95	99	100

$F(x)$ sei der Anteil der Abstände, die kleiner oder gleich x Meter sind. Zum Beispiel

$$F(200) = \frac{56}{100} = 5{,}6.$$

Mit Hilfe der Angaben aus obenstehender Tabelle können wir F berechnen und zeichnen; wir erhalten Bild 17.1. Die Punkte kennzeichnen die Werte aus der Tabelle. Ferner setzen wir $F(0) = 0$ und nehmen damit an, daß die Fahrzeuge nicht Stoßstange an Stoßstange fahren. Für $x \geqslant 700$ gilt $F(x) = 1$.

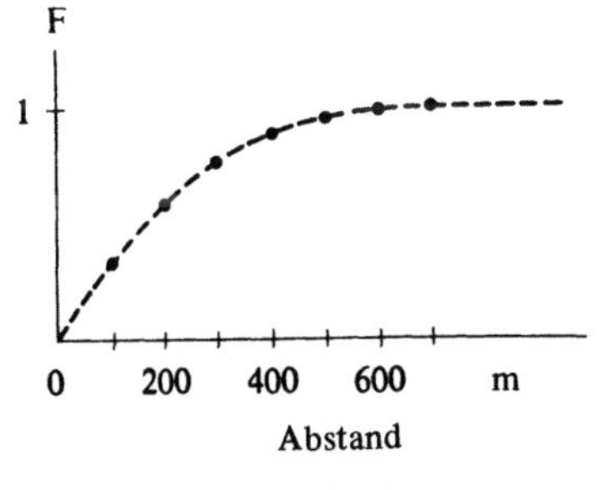

Bild 17.1

Häufig werden Daten in der Form der obigen Tabelle angegeben. Statt die „Anzahl der Abstände zwischen 100 und 200 Meter" zu registrieren, erhalten wir diese Zahl aus unserer Darstellung durch Subtraktion der Anzahl der Abstände $\leqslant 100$ m von der Anzahl der Abstände $\leqslant 200$ m. Eine derartige Tabelle kann für alle Variablen angelegt werden, die ausschließlich nichtnegative Werte annehmen. Die entstehende Funktion F wird der Funktion F, die wir aus unserer Aufnahme hergeleitet haben, in vielfacher Hinsicht entsprechen. So folgt aus $x_1 > x_2$ unmittelbar

$$F(x_1) \geqslant F(x_2).$$

Die Wahrscheinlichkeit, daß x höchstens gleich x_1 ist, ist größer als die Wahrscheinlichkeit, daß x höchstens gleich x_2 ist. Ferner gilt für $F(x)$ sowie für alle Wahrscheinlichkeiten

$$0 \leqslant F(x) \leqslant 1.$$

Definition der kumulativen Wahrscheinlichkeitsverteilung: Unter einer kumulativen Wahrscheinlichkeitsverteilung (über die nichtnegativen reellen Zahlen) verstehen wir jede Funktion F mit $F(0) = 0$ und $\lim\limits_{x \to \infty} F(x) = 1$, deren Graph nach rechts ansteigt. (Eine solche Funktion wird häufig *Wahrscheinlichkeitsverteilung* oder einfach *Verteilung* genannt.)

Der Graph in Bild 17.1 beschreibt eine kumulative Wahrscheinlichkeitsverteilung. Eine solche Verteilung kann auch in theoretischen Untersuchungen auftreten, wie dies in Abschnitt 17.3 für die Abstände von Fahrzeugen in Form der Funktion $F(x) = 1 - e^{-kx} (k > 0)$ angenommen wird. Der Graph dieser besonderen Wahrscheinlichkeitsverteilung erreicht die Gerade $y = 1$ nicht, nähert sich ihr aber kontinuierlich an (Bild 17.2).

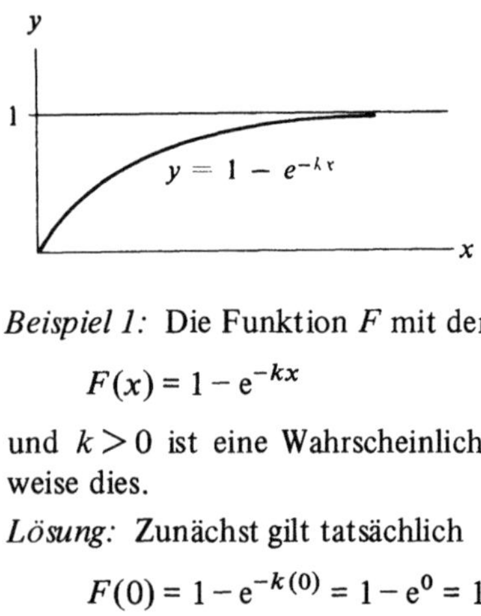

Bild 17.2

Beispiel 1: Die Funktion F mit der Formel

$$F(x) = 1 - e^{-kx}$$

und $k > 0$ ist eine Wahrscheinlichkeitsverteilung. Man beweise dies.

Lösung: Zunächst gilt tatsächlich

$$F(0) = 1 - e^{-k(0)} = 1 - e^0 = 1 - 1 = 0.$$

Ferner haben wir die Identität $\lim\limits_{x \to \infty} F(x) = 1$ zu beweisen:

$$\lim_{x \to \infty} F(x) = \lim_{x \to \infty} (1 - e^{-kx}) = 1 - 0 = 1.$$

Schließlich muß für $x_1 > x_2$ die Relation $F(x_1) \geqslant F(x_2)$ bewiesen werden. Die Ableitung ist nichtnegativ:

$$F'(x) = D(1 - e^{-kx}) = ke^{-kx}.$$

Mit k ist auch $F'(x)$ positiv; daher ist F eine ansteigende Funktion. ●

Betrachten wir eine typische Wahrscheinlichkeitsverteilung F. Mit welcher Wahrscheinlichkeit wird x zwischen t und $t + \Delta t$ mit $\Delta t > 0$ liegen? Für kleine Δt ist diese Wahrscheinlichkeit fast gleich Null. In jedem Fall ist sie durch den Ausdruck

$$F(t + \Delta t) - F(t) \tag{1}$$

gegeben. Diese Differenz erinnert an den Quotienten in der Definition der Ableitung von F und wir schreiben daher auch

$$\frac{F(t + \Delta t) - F(t)}{\Delta t} \Delta t. \tag{2}$$

Dies stimmt für kleine Δt näherungsweise mit

$$F(t) \cdot \Delta t \tag{3}$$

überein. Daher finden wir x mit der Wahrscheinlichkeit $F'(t)\,\Delta t$ innerhalb des engen Intervalls $[t; t + \Delta t]$.

Betrachten wir nun den mittleren Abstand im Straßenverkehr. Die folgende Berechnung wird uns zur Definition des Erwartungswertes einer Variablen mit nichtnegativen Werten führen. Von den 100 Abständen unserer obigen Tabelle liegen 32 zwischen 0 und 100 Metern. Der Einfachheit halber setzen wir alle diese Abstände gleich 0 Meter. (Es wäre vernünftiger, sie gleich 50 Meter zu setzen, wir wollen jedoch für unsere theoretischen Überlegungen von einfachen arithmetischen Voraussetzungen ausgehen.) Ebenso liegen $F(200) - F(100) = 56 - 32 = 24$ Abstände zwischen 100 und 200 Metern. Wir setzen für sie alle einen Wert von 100 Metern ein. Wenn wir so fortfahren, ergibt sich für den mittleren Abstand näherungsweise

$$\frac{0 \cdot 32 + 100 \cdot 24 + 200 \cdot 20 + 300 \cdot 12 + 400 \cdot 7 + 500 \cdot 4 + 600 \cdot}{100}$$

$$= \frac{15\,400}{100}\ \text{m} = 154\ \text{m}. \tag{4}$$

Um diesen Mittelwert mit der Funktion F in Verbindung zu bringen, schreiben wir für (4)

$$0\left(\frac{32}{100}\right) + 100\left(\frac{24}{100}\right) + 200\left(\frac{20}{100}\right) + 300\left(\frac{12}{100}\right) + $$
$$+ 400\left(\frac{7}{100}\right) + 500\left(\frac{4}{100}\right) + 600\left(\frac{1}{100}\right). \tag{5}$$

Aufgrund unserer experimentellen Schätzungen wird der Abstand mit einer Wahrscheinlichkeit von $\frac{32}{100}$ zwischen 0 und 100 liegen. Aufgrund von Formel (3) beträgt die theoretische Schätzung dieser Größe $F'(0)\,100$. Ebenso entspricht einem Anteil von $\frac{24}{100}$ der theoretische Ausdruck $F'(100)\cdot 100$ usw.

Somit ist (5) näherungsweise durch die Summe

$$0F'(0)\,100 + 100F'(100)\,100 + 200F'(200)\,100 + \\ + 300F'(300)\,100 + 400F'(400)\,100 + \\ + 500F'(500)\,100 + 600F'(600)\,100$$

gegeben. Dies ist eine Näherungssumme für das bestimmte Integral

$$\int_0^{700} xF'(x)\,dx \tag{6}$$

und entspricht einer Teilung des Intervalls $[0;700]$ in sieben Abschnitte.

Damit gelangen wir zur folgenden Definition des Mittelwertes, wenn x durch die Wahrscheinlichkeitsverteilung aus F beschrieben wird.

Definition des Erwartungswertes (Mittelwertes): Eine bestimmte Variable liege mit einer Wahrscheinlichkeit von $F(x)$ innerhalb des Intervalls $[0;x]$. Dann ist der Mittelwert von x durch das uneigentliche Integral

$$\int_0^{\infty} xF'(x)\,dx$$

gegeben. (Das Integral konvergiere.)

Beispiel 2: Man berechne den Erwartungswert von x für die Wahrscheinlichkeitsverteilung $F(x) = 1 - e^{-kx}$ mit $k > 0$.

Lösung: Einsetzen der Ableitung $F'(x) = ke^{-kx}$ in die Definition ergibt

$$\text{Erwartungswert} = \int_0^{\infty} xke^{-kx}\,dx\,.$$

Wir berechnen zunächst das bestimmte Integral

$$\int_0^b xke^{-kx}\,dx = \frac{1}{k}\,e^{-kx}(-kx-1)\Big|_0^b$$

$$= \left[\frac{1}{k}\,e^{-kb}(-kb-1)\right] - \left\{\frac{e^{-k0}}{k}\,[-k(0)-1]\right\}$$

$$= \frac{1}{k}\,[1 - e^{-kb}(kb+1)].$$

In Abschnitt 6.3 wurde die Relation $\lim\limits_{x\to\infty} xe^{-x} = 0$ bewiesen. Aus ihr folgt

$$\lim_{b\to\infty} e^{-kb}(kb+1) = 0$$

und

$$\int_0^{\infty} xke^{-kx}\,dx = \frac{1}{k}(1-0) = \frac{1}{k}\,.$$

Daher beträgt der mittlere Abstand in diesem Fall $1/k$. ●

Da der mittlere Abstand für die eingangs diskutierte Verkehrssituation 154 m betrug, werden wir zur Annäherung dieser Situation mit Hilfe der Formel $F(x) = 1 - e^{-kx}$ den Wert $k = \frac{1}{154}$ wählen.

Übungen:

1. $F(x) = (2/\pi)\arctan x$ ist eine Wahrscheinlichkeitsverteilung. Man beweise dies.
2. Es sei $F(x) = 1 - [1/(1+x)]^2$ für $x \geqslant 0$.
   (*a*) Man zeige, daß F eine Wahrscheinlichkeitsverteilung ist.
   (*b*) Man berechne den Erwartungswert.
3. $F(x) = 1 - e^{-x^2}$ ist eine Wahrscheinlichkeitsverteilung. Man beweise dies.
4. Die folgenden Daten wurden anhand von 100 Transistor-Radiogeräten zusammengestellt.

Zeitintervall in Stunden	0–10	10–20	20–30	30–40	40–50	50–60
Defekte innerhalb dieses Zeitintervalls	53	24	11	6	4	2

   Es sei $F(x)$ der Prozentsatz der 100 Radios, der innerhalb der ersten x Stunden ausfiel.
   (*a*) Man bestimme $F(60)$.
   (*b*) Man bestimme $F(50)$, $F(40)$, $F(30)$, $F(20)$, $F(10)$.
   (*c*) Unter der Annahme $F(0) = 0$ zeichne man den Graphen von F.
   (*d*) Welche Abschätzung ergibt sich für die Lebenserwartung eines Transistor-Radios?
5. Man berechne den Erwartungswert der Verteilung $F(x) = 1 - e^{-0{,}2x}$.
6. Es sei $F(x) = x$ für x aus $[0;1]$ und $F(x) = 1$ für $x \geqslant 1$.
   (*a*) F ist eine Wahrscheinlichkeitsverteilung. Man beweise dies.
   (*b*) Man bestimme den Erwartungswert.

7. Es sei $F(x) = \sqrt{x}$ für x aus $[0; 1]$ und $F(x) = 1$ für $x \geqslant 1$.
   (*a*) F ist eine Wahrscheinlichkeitsverteilung. Man beweise dies.
   (*b*) Man bestimme den Erwartungswert.
8. Die Wahrscheinlichkeitsverteilung für die Abstände bei aufgelockertem Straßenverkehr sei durch $F(x) = 1 - e^{-kx}$ mit einer geeigneten positiven Zahl k gegeben. Der mittlere Abstand werde einer Luftaufnahme entnommen und betrage 200 m. Welcher Wert von k sollte gewählt werden?
9. Für eine Wahrscheinlichkeitsverteilung F gelte im Bereich $x \geqslant a$ stets $F(x) = 1$. Man beweise für den Erwartungswert
$$\int_0^\infty xF'(x)\,dx = \int_0^\infty [1 - F(x)]\,dx = \int_0^a [1 - F(x)]\,dx.$$
   Hinweis: Man integriere partiell.
10. Mit Hilfe des Ergebnisses von Übung 9 und der untenstehenden Tabelle schätze man die mittlere Lebenserwartung von Männern in den Landgebieten Indiens ab.

Lebensalter in Jahren	0	1	5	15	25	35	45	55	65	75	85	95
Überlebende bis zu diesem Alter	1000	857	738	699	675	647	610	536	385	179	26	1

■

11. In der Theorie der „Zuverlässigkeit" wird die sogenannte Weibull-Verteilung $F(x) = 1 - e^{-(x^a)/b}$ verwendet. a und b sind geeignete Konstanten. Für $a = 1$ reduziert sich diese Formel auf die Exponentialverteilung. Bei der Überprüfung von Kugellagern ergab sich für 10 % bereits während der ersten 20 000 000 Umläufe ein Defekt und bei 50 % während der ersten 80 000 000 Umläufe. Durch $F(x)$ sei der Prozentsatz der während der ersten x Millionen Umläufe defekten Kugellager gegeben.
   (*a*) Man übertrage die Daten in Aussagen über F.
   (*b*) Tatsächlich erwies sich die Weibull-Verteilung als geeignete Beschreibung der Zuverlässigkeit von Kugellagern. Man leite für (*a*) die Gleichung $4^a = \ln 0{,}5/\ln 0{,}9$ her.

■■

12. Es sei F eine Wahrscheinlichkeitsverteilung. Ferner gelte $\lim_{t \to \infty} t[1 - F(t)] = 0$. Dann ist der Erwartungswert durch $\int_0^\infty [1 - F(t)]\,dt$ gegeben. Man beweise dies. *Hinweis:* Man integriere partiell.
13. Bei der Herstellung von Nachrichtensatelliten, Raketen und anderen komplizierten Geräten werden verschiedene Komponenten in mehrfacher Ausführung eingebaut, um die Lebensdauer zu erhöhen.
   (*a*) Die Verteilungsfunktion F für eine der Komponenten sei durch $F(t) = 1 - e^{-kt}$ gegeben. Dann erhalten wir für die Verteilungsfunktion G einer Anordnung, die nur bei Ausfall zweier solcher Komponenten defekt wird, den Ausdruck $G(t) = (1 - e^{-kt})^2$.
   (*b*) In Beispiel 2 wurde für die erwartete Lebensdauer einer Komponente der Wert $1/k$ hergeleitet. Die erwartete Lebensdauer der in (*a*) beschriebenen Anordnung beträgt dann $\frac{3}{2}(1/k)$. Man beweise dies.
14. Ist F eine Wahrscheinlichkeitsverteilung und konvergiert $\int_0^\infty xF'(x)$, dann folgt $\lim_{x \to \infty} x[1 - F(x)] = 0$. Man beweise dies.
15. Eine Maschine sei bereits a Stunden in Betrieb gewesen. Dann definieren wir als ihre mittlere restliche Lebenserwartung die restliche Anzahl von Betriebsstunden bis zum Auftreten eines Defekts. Eine Person hat im Alter von a Jahren eine Lebenserwartung, die durch die restliche Anzahl von Lebensjahren gegeben ist.
   (*a*) Diese Größen werden durch den Ausdruck
$$\int_a^\infty (t - a)F'(t)\,dt/[1 - F(a)]$$
   dargestellt. Man beweise dies.
   (*b*) Man beweise
$$\int_a^b (t - a)F'(t)\,dt = (a - b)[1 - F(b)] + \int_a^b [1 - F(t)]\,dt.$$

17.3 Die Exponentialverteilung (Poissonverteilung) des zufälligen Verkehrs

Wir wollen ein mathematisches Modell für den Autoverkehr entwickeln. Zunächst vernachlässigen wir die Länge der Fahrzeuge und behandeln jeden Wagen als punktförmig. Unter diesen Annahmen könnte sich theoretisch in einem endlichen Intervall eines Fahrstreifens eine beliebig große Anzahl von Fahrzeugen aufhalten. Sie alle mögen sich mit derselben Geschwindigkeit bewegen (beispielsweise mit der vorgeschriebenen Höchstgeschwindigkeit). Die einzelnen

Autos sollen ferner unabhängig voneinander in den Verkehrsfluß eintreten. (Diese Annahmen sind für aufgelockerten Verkehr realistischer als für zähflüssigen.) Nun wollen wir unser Modell entwickeln und führen hierzu die Funktionen $P_0, P_1, P_2, \dots, P_n, \dots$ ein. $P_n(x)$ entspricht der Wahrscheinlichkeit, daß ein Intervall der Länge x genau n Fahrzeuge enthält. (Unabhängig von der Lage des Intervalls.) Der Funktion $P_0(x)$ entspricht die Wahrscheinlichkeit, daß ein Intervall der Länge x leer ist. Wir nehmen für beliebige x die Relation

$$P_0(x) + P_1(x) + \dots + P_n(x) + \dots = 1$$

an. Ferner gelte $P_0(0) = 1$, („die Wahrscheinlichkeit, daß ein einzelner Punkt kein Fahrzeug enthält, ist gleich 1").

Wir ergänzen diese Konstruktion durch die folgenden beiden Annahmen:

Annahme 1: Die Wahrscheinlichkeit, in einem vorgegebenen kurzen Abschnitt der Straße genau ein Fahrzeug aufzufinden, ist zur Länge des Abschnittes proportional. Es gibt also eine positive Zahl k mit

$$\lim_{\Delta x \to 0} \frac{P_1(\Delta x)}{\Delta x} = k.$$

Annahme 2: Die Wahrscheinlichkeit, in einem kurzen vorgegebenen Abschnitt der Straße mehr als ein Fahrzeug vorzufinden, verschwindet im Vergleich mit der Länge des Abschnittes. Es gilt also

$$\lim_{\Delta x \to 0} \frac{P_2(\Delta x) + P_3(\Delta x) + P_4(\Delta x) + \dots}{\Delta x} = 0. \tag{1}$$

Wir sollten uns zunächst die Plausibilität dieser beiden Annahmen veranschaulichen, da sie als Grundlage für weitere Überlegungen dienen.

Die Annahmen 1 und 2 können in eine etwas brauchbarere Form gebracht werden. Es sei

$$\epsilon = \frac{P_1(\Delta x)}{\Delta x} - k. \tag{2}$$

ϵ hängt von Δx ab. Dann folgt aus Annahme 1 die Relation $\lim_{\Delta x \to 0} \epsilon = 0$. Wir können daher $P_1(\Delta x)$ aufgrund von Annahme 1 in der Form

$$P_1(\Delta x) = k\,\Delta x + \epsilon\,\Delta x \tag{3}$$

mit $\epsilon \to 0$ für $\Delta x \to 0$ darstellen.

Mit Hilfe der Gleichung

$$P_0(\Delta x) + P_1(\Delta x) + \dots + P_n(\Delta x) + \dots = 1$$

kann Annahme 2 in die Form

$$\lim_{\Delta x \to 0} \frac{1 - P_0(\Delta x) - P_1(\Delta x)}{\Delta x} = 0 \tag{4}$$

gebracht werden. Aufgrund von Annahme 1 ist die Gl. (4) gleichbedeutend mit

$$\lim_{\Delta x \to 0} \frac{1 - P_0(\Delta x)}{\Delta x} = k. \tag{5}$$

Ebenso wie wir Gl. (3) erhalten haben, können wir nun

$$1 - P_0(\Delta x) = k\,\Delta x + \delta\,\Delta x$$

für $\delta \to 0$ mit $\Delta x \to 0$ zeigen. Somit gilt

$$P_0(\Delta x) = 1 - k\,\Delta x - \delta\,\Delta x \tag{6}$$

für $\delta \to 0$ mit $\Delta x \to 0$. Nachdem wir nun die Annahmen 1 und 2 in Form von Gl. (3) und Gl. (6) neu formuliert haben, wollen wir uns der Herleitung einer expliziten Formel für die Größen P_n zuwenden.

Zunächst zeigen wir $P_0(x) = e^{-kx}$. Das Intervall (in Bild 17.3) der Länge $x + \Delta x$ ist genau dann leer, wenn der linke Teil mit der Länge x ebenso wie der rechte Teil mit der Länge Δx kein Fahrzeug enthält. Die Bewegung der Fahrzeuge erfolgt voneinander unabhängig. Daher wird die Wahrscheinlichkeit, daß das Gesamtintervall der Länge $x + \Delta x$ kein Fahrzeug enthält, durch das Produkt der beiden Wahrscheinlichkeiten gegeben, die wir für die „leeren" Intervalle der Längen x und Δx erhalten. Es gilt also

$$P_0(x + \Delta x) = P_0(x)\,P_0(\Delta x). \tag{7}$$

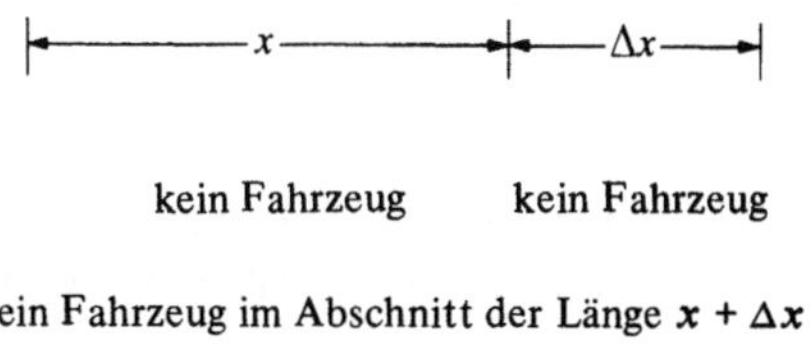

Bild 17.3

Mit Hilfe von Gl. (6) kann Gl. (7) in der Form

$$P_0(x + \Delta x) = P_0(x)\,(1 - k\,\Delta x - \delta\,\Delta x) \tag{8}$$

geschrieben werden. Aus Gl. (8) folgt nach einigen Umformungen

$$\frac{P_0(x + \Delta x) - P_0(x)}{\Delta x} = -(k + \delta)\,P_0(x). \tag{9}$$

Wir bilden nun auf beiden Seiten der Relation (9) den Grenzwert für $\Delta x \to 0$ und erhalten

$$P_0'(x) = -kP_0(x). \tag{10}$$

Aufgrund von Gl. (10) gibt es eine Konstante A mit $P_0(x) = Ae^{-kx}$ (siehe Abschnitt 6.4). Aus $1 = P_0(0) = Ae^{-k0} = A$ folgt $A = 1$ und wir erhalten schließlich

$$P_0(x) = e^{-kx}. \tag{11}$$

Diese explizite Formel für P_0 ist plausibel; e^{-kx} ist nämlich eine abnehmende Funktion von x, so daß die Wahrscheinlichkeit, immer größere Intervalle leer vorzufinden, mit wachsender Länge der Intervalle abnimmt.

Nun leiten wir $P_1(x) = kxe^{-kx}$ her. Zu diesem Zweck setzen wir $P_1(x + \Delta x)$ mit $P_0(x)$, $P_0(\Delta x)$, $P_1(x)$ und $P_1(\Delta x)$ in Beziehung, um eine Gleichung für die Ableitung von P_1 zu gewinnen. Wir teilen wiederum ein Intervall der Länge $x + \Delta x$ in zwei Teilintervalle der Länge x und der Länge Δx (Bild 17.4). Dann gibt es genau zwei Möglichkeiten, ein Fahrzeug im Gesamtintervall vorzufinden: Entweder befindet sich ein Fahrzeug im linken Teilintervall und keines im rechten Teilintervall oder es befindet sich kein Fahrzeug im linken Teilintervall und eines im rechten Teilintervall. Wir erhalten daher

$$P_1(x + \Delta x) = P_1(x)\,P_0(\Delta x) + P_0(x)\,P_1(\Delta x). \tag{12}$$

Mit Hilfe von Gl. (3) und Gl. (6) kann die Gl. (12) in der Form

$$\begin{aligned} P_1(x + \Delta x) = P_1(x)(1 - k\,\Delta x - \delta\,\Delta x) + \\ + P_0(x)(k\,\Delta x + \epsilon\,\Delta x) \end{aligned}$$

geschrieben werden. Einige Umformungen ergeben dann

$$\frac{P_1(x + \Delta x) - P_1(x)}{\Delta x} = -(k + \delta)P_1(x) + (k + \epsilon)P_0(x). \tag{13}$$

Wir führen in Gl. (13) den Grenzübergang $\Delta x \to 0$ durch und berücksichtigen dabei $\delta \to 0$ und $\epsilon \to 0$ für $\Delta x \to 0$. Es ergibt sich

$$P_1'(x) = -kP_1(x) + kP_0(x)$$

oder mit Hilfe von $P_0(x) = e^{-kx}$

$$P_1'(x) = -kP_1(x) + ke^{-kx}. \tag{14}$$

Aus Gl. (14) werden wir einen expliziten Ausdruck für $P_1(x)$ erhalten. Da $P_0(x)$ und auch Gl. (14) die Exponentialfunktion e^{-kx} enthalten, erwarten wir dies auch für $P_1(x)$ und wählen daher den Ansatz $g(x)e^{-kx}$, wobei die Form von $g(x)$ zu bestimmen ist. (Wegen $P_1(x) = [P_1(x)e^{kx}]e^{-kx}$ existiert $g(x)$ jedenfalls.) Aus Gl. (14) folgt

$$[g(x)e^{-kx}]' = -kg(x)e^{-kx} + ke^{-kx}$$

und

$$g(x)(-ke^{-kx}) + g'(x)e^{-kx} = -kg(x)e^{-kx} + ke^{-kx}.$$

Dies bedeutet jedoch $g'(x) = k$ und es ergibt sich für eine geeignete Konstante c_1 die Lösung $g(x) = kx + c_1$. Somit folgt

$$P_1(x) = (kx + c_1)e^{-kx}.$$

Aus $P_1(0) = 0$ erhält man $P_1(0) = (k0 + c_1)e^{-k0} = c_1$ und daher $c_1 = 0$. All dies kann in der Formel

$$P_1(x) = kxe^{-kx} \tag{15}$$

zusammengefaßt werden: P_1 ist nun ebenfalls vollständig bestimmt.

Um P_2 zu erhalten, kopieren wir den Vorgang, der uns zur Bestimmung von P_1 führte. Anstelle von Gl. (12) gehen wir nun von der Gleichung

$$\begin{aligned} P_2(x + \Delta x) = P_2(x)P_0(\Delta x) + P_1(x)P_1(\Delta x) + \\ + P_0(x)P_2(\Delta x) \end{aligned} \tag{16}$$

aus und addieren die die drei Einzelwahrscheinlichkeiten, ein Fahrzeug im Intervall der Länge $x + \Delta x$ vorzufinden, wenn dieses Intervall wieder in zwei Teilintervalle der Länge x und Δx zerlegt wird (Bild 17.5).

Mit Hilfe von Gl. (3) und Gl. (6) kann die Gl. (16) in der Form

$$\begin{aligned} P_2(x + \Delta x) = P_2(x)(1 - k\,\Delta x - \delta\,\Delta x) + \\ + P_1(x)(k\,\Delta x + \epsilon\,\Delta x) + P_0(x)P_2(\Delta x) \end{aligned}$$

geschrieben werden.

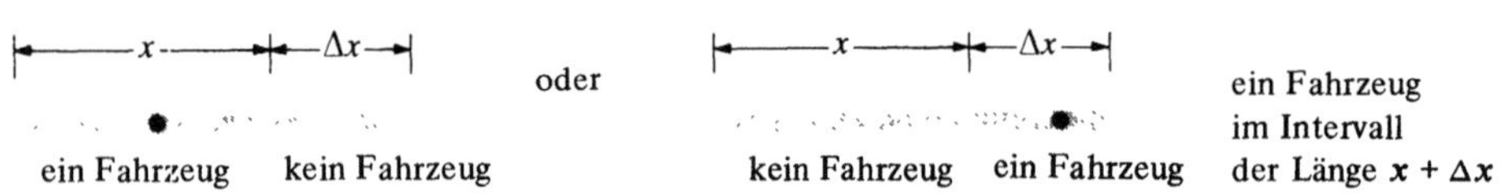

Bild 17.4

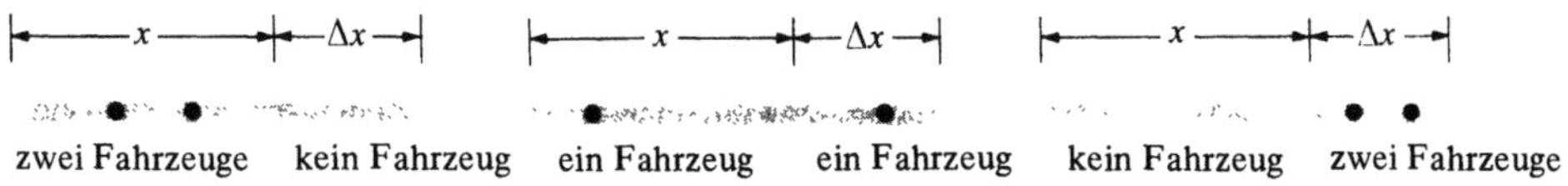

Bild 17.5

Daraus folgt

$$\frac{P_2(x+\Delta x)-P_2(x)}{\Delta x}$$

$$= -kP_2(x) - \delta P_2(x) + kP_1(x) + \epsilon P_1(x) + + P_0(x)\frac{P_2(\Delta x)}{\Delta x}. \quad (17)$$

Mit Hilfe von Gl. (1) erhalten wir $\lim_{\Delta x \to 0} P_2(\Delta x)/\Delta x = 0$.

Wir führen nun in Gl. (17) den Grenzübergang $\Delta x \to 0$ durch; es ergibt sich

$$P_2'(x) = -kP_2(x) + kP_1(x). \quad (18)$$

Nun gilt $P_1(x) = kx\mathrm{e}^{-kx}$. Für $P_2(x)$ schreiben wir $h(x)\mathrm{e}^{-kx}$. Damit geht Gl. (18) über in

$$-kh(x)\mathrm{e}^{-kx} + h'(x)\mathrm{e}^{-kx} = -kh(x)\mathrm{e}^{-kx} + k^2x\mathrm{e}^{-kx}.$$

Es folgt $h'(x) = k^2x$ oder

$$h(x) = \frac{k^2x^2}{2} + c_2.$$

Zur Bestimmung von c_2 verwenden wir $P_2(0) = 0$. Aus

$$P_2(x) = h(x)\mathrm{e}^{-kx} = [k^2x^2/2 + c_2]\mathrm{e}^{-kx}$$

ergibt sich $P_2(0) = c_2$ und $c_2 = 0$. Somit ist P_2 vollständig bestimmt:

$$P_2(x) = \frac{k^2x^2}{2}\mathrm{e}^{-kx}. \quad (19)$$

Mit Hilfe ähnlicher Überlegungen gelangen wir zur allgemeinen *Poissonschen Formel*:

$$P_n(x) = \frac{(kx)^n\mathrm{e}^{-kx}}{n!}. \quad (20)$$

Unsere weiteren Überlegungen werden von Gl. (20) ausgehen. Diese Formeln beziehen sich auf Straßenabschnitte beliebiger Länge, obwohl die Annahmen 1 und 2 nur für kurze Abschnitte getroffen wurden. Der Übergang von den „mikroskopischen" zu den „makroskopischen" Abschnitten ergab sich aus der zusätzlichen Annahme, daß der Verkehr in jedem der einzelnen Abschnitte vom Verkehr in den anderen Abschnitten unabhängig ist.

Bevor wir unsere Erkenntnisse auf praktische Probleme anwenden, wollen wir uns der experimentellen Bestimmung der Konstanten k in Beispiel 1 zuwenden.

Beispiel 1: Wir betrachten einen Abschnitt der Länge x. Er kann entweder kein Fahrzeug, oder ein Fahrzeug, oder zwei oder mehr Fahrzeuge enthalten. Welchen Mittelwert erwarten wir für die Anzahl der Fahrzeuge in diesem Abschnitt?

Lösung: Unserer Definition des Erwartungswertes aus Abschnitt 17.1 entnehmen wir für diesen Mittelwert

$$0P_0(x) + 1P_1(x) + 2P_2(x) + \ldots + nP_n(x) + \ldots .$$

(Der Ausdruck für $n = 0$ wird angeschrieben, trägt jedoch nicht zur Summe bei.)

Nun wollen wir diese Summe berechnen:

$$\sum_{n=0}^{\infty} nP_n(x) = \sum_{n=1}^{\infty} nP_n(x)$$

$$= \sum_{n=1}^{\infty} n\frac{(kx)^n\mathrm{e}^{-kx}}{n!}$$

$$= \sum_{n=1}^{\infty} \frac{(kx)^n\mathrm{e}^{-kx}}{(n-1)!}$$

$$= kx\mathrm{e}^{-kx}\sum_{n=1}^{\infty}\frac{(kx)^{n-1}}{(n-1)!}$$

$$= kx\mathrm{e}^{-kx}\left[\frac{(kx)^0}{0!} + \frac{(kx)^1}{1!} + \frac{(kx)^2}{2!} + \frac{(kx)^3}{3!} + \ldots\right.$$

$$= kx\mathrm{e}^{-kx}\left[1 + kx + \frac{(kx)^2}{2!} + \frac{(kx)^3}{3!} + \ldots\right]$$

$$= kx\mathrm{e}^{-kx}\mathrm{e}^{kx}$$

$$= kx.$$

Der Erwartungswert für die Anzahl der Fahrzeuge in einem Abschnitt ist zur Länge dieses Abschnittes proportional.

Daher ist die Konstante k aus der Annahme 1 ein Maß für die Dichte des Verkehrs: Sie entspricht der Anzahl der Fahrzeuge pro Längeneinheit der Straße. ●

Wie uns Beispiel 1 zeigt, muß zur praktischen Bestimmung von k der Mittelwert der Fahrzeuge pro Längeneinheit der Straße ermittelt werden. Ganz analog können wir für andere Verkehrsarten vorgehen, solange die zufälligen Ereignisse den Annahmen 1 und 2 entsprechen. Dies veranschaulichen die nächsten beiden Beispiele.

Beispiel 2: Ein Vertreter verkauft in 100 Tagen 50 Ausgaben einer Enzyklopädie. Mit welcher Wahrscheinlichkeit wird er an einem bestimmten Tag (a) keine Ausgabe, (b) eine Ausgabe, (c) zwei Ausgaben verkaufen?

Lösung: Es sei $P_n(x)$ die Wahrscheinlichkeit, daß der Vertreter in x Tagen genau n Ausgaben verkauft. (x muß keine ganze Zahl sein.) Vernünftigerweise sollte die Wahrscheinlichkeit für den Verkauf einer Ausgabe innerhalb eines bestimmten kurzen Zeitintervalls klein und proportional zur Länge des Intervalls sein. Wir erhalten

$$\lim_{\Delta x \to 0} \frac{P_1(x)}{\Delta x} = k$$

für eine geeignete Konstante k. Ebenso sollte die Wahrscheinlichkeit, innerhalb eines sehr kurzen Zeitintervalls zwei oder mehrere Ausgaben zu verkaufen, vernünftigerweise verschwinden. (Dies entspricht Annahme 2 für die Poisson-Verteilung.) Ferner sollen die Verkäufe voneinander unabhängig erfolgen. In diesem Falle sind alle Annahmen eines Poisson-Modells erfüllt und wir erhalten $P_0(x) = e^{-kx}$ sowie ganz allgemein

$$P_n(x) = \frac{(kx)^n e^{-kx}}{n!}.$$

Um die Konstante k zu ermitteln, gehen wir von Beispiel 1 aus. Dort wurde gezeigt:

k = Dichte des Verkehrs.

In unserem konkreten Fall ergibt sich

k = mittlere Dichte der in der Zeiteinheit verkauften Ausgaben

$$= \frac{50}{100} = 0{,}5.$$

Damit reduziert sich die Lösung unserer drei Teilaufgaben auf die folgenden einfachen Rechnungen.

1. Die Wahrscheinlichkeit, innerhalb eines Tages keine Ausgabe zu verkaufen, beträgt

$$P_0(1) = e^{-(0,5)\,1} = e^{-0,5} \approx 0{,}607.$$

2. Die Wahrscheinlichkeit, innerhalb eines Tages eine Ausgabe zu verkaufen, beträgt

$$P_1(1) = \frac{[(0{,}5)(1)]^1 e^{-0,5}}{1!} = (0{,}5)\,e^{-0,5} \approx 0{,}303.$$

3. Die Wahrscheinlichkeit, innerhalb eines Tages zwei Ausgaben zu verkaufen, beträgt

$$P_2(1) = \frac{[(0{,}5)(1)]^2 e^{-0,5}}{2} = \frac{(0{,}5)^2 e^{-0,5}}{2} \approx 0{,}125 \cdot 0{,}607 \approx 0{,}076.$$

Somit erwarten wir, daß der Vertreter an 61 von den 100 Tagen keine Ausgabe, an 30 Tagen genau eine und an 8 Tagen genau 2 Ausgaben verkauft. ●

Beispiel 3: Besucherfrequenz an einem Bankschalter. An einem Schalter erscheinen 15 Kunden pro Stunde. Mit welcher Wahrscheinlichkeit werden genau 5 Kunden in einem beliebigen Intervall der Länge 20 min eintreffen?

Lösung: Die Wahrscheinlichkeit, daß genau 1 Kunde innerhalb eines bestimmten kurzen Zeitintervalls eintrifft, sei zur Dauer des Intervalls proportional. Die Wahrscheinlichkeit, daß in diesem Intervall mehr als 1 Kunde den Schalter frequentiert, sei verschwindend. Somit gelten Annahmen 1 und 2, wenn wir den Begriff „Länge des Abschnittes" durch „Länge des Zeitintervalls" ersetzen. Ohne weitere Überlegungen folgt für die Wahrscheinlichkeit, innerhalb eines Zeitraumes von x-Minuten genau n Kunden am Schalter anzutreffen, die Formel

$$P_n(x) = \frac{(kx)^n e^{-kx}}{n!}.$$

Die „Dichte der Kunden" beträgt $\frac{1}{4}$ pro Minute; somit ist $k = \frac{1}{4}$. Wir werden daher mit einer Wahrscheinlichkeit von $P_5(20)$ oder

$$\left(\frac{1}{4}\,20\right)^5 \frac{e^{-(1/4)(20)}}{5!} = \frac{5^5 e^{-5}}{120} \approx 0{,}18$$

genau 5 Kunden innerhalb eines 20-Minuten-Intervalls am Schalter antreffen. ●

Beispiel 4: Landefrequenz auf einem Flughafen. Auf einem bestimmten Flughafen möge im Durchschnitt alle zwei Minuten ein Flugzeug landen. Mit welcher Wahrscheinlichkeit werden dann mehr als 3 Flugzeuge innerhalb eines 1-Minuten-Intervalls eintreffen?

Lösung: Es sei $P_n(t)$ die Wahrscheinlichkeit für die Landung von n Flugzeugen innerhalb eines Zeitintervalls von t Minuten. Die Flugzeuge treffen zufällig ein und wir schließen daher $P_n(t) = (kt)^n \mathrm{e}^{-kt}/n!$ mit $k = \frac{1}{2}$. Die Wahrscheinlichkeit für die Landung von mehr als 3 Flugzeuge innerhalb eines 1-Minuten-Intervalls ist durch

$$P_4(1) + P_5(1) + \ldots = 1 - P_0(1) - P_1(1) - P_2(1)$$

gegeben. Aus

$$P_n(1) = \frac{\mathrm{e}^{-1/2}(\frac{1}{2})^n}{n!}$$

folgt für die gesuchte Wahrscheinlichkeit

$$1 - \mathrm{e}^{-1/2} - \mathrm{e}^{-1/2}\left(\frac{1}{2}\right) - \frac{\mathrm{e}^{-1/2}(\frac{1}{2})^2}{2!} - \frac{\mathrm{e}^{-1/2}(\frac{1}{2})^3}{3!}$$

oder

$$1 - \mathrm{e}^{-1/2}\left[1 + \frac{1}{2} + \frac{(\frac{1}{2})^2}{2!} + \frac{(\frac{1}{2})^3}{3!}\right] \approx 1 - 0{,}998\,18$$

$$= 0{,}00182.$$

Die Wahrscheinlichkeit ist also etwa $\frac{1}{600}$, daß innerhalb eines vorgegebenen 1-Minuten-Intervalls mehr als 3 Flugzeuge ankommen. •

Übungen:

1. Man bestimme k in einer Poisson-Verteilung, wenn sich auf 1 Straßenmeter im Durchschnitt 0,002 Fahrzeuge befinden.
2. Man bestimme k einer Poisson-Verteilung, wenn die mittlere Anzahl von Fahrzeugen auf einem Straßenkilometer
   (*a*) 5, (*b*) 20 beträgt.
3. Wenn sich auf einem Straßenkilometer im Mittel zwei Fahrzeuge befinden, bestimme man auf zwei Dezimalen die Wahrscheinlichkeit, daß ein Straßenkilometer
   (*a*) kein Fahrzeug,
   (*b*) genau ein Fahrzeug,
   (*c*) genau zwei Fahrzeuge,
   (*d*) mehr als zwei Fahrzeuge enthält.
4. Wenn ein Straßenkilometer im Mittel 10 Fahrzeuge enthält, wie groß ist dann die Wahrscheinlichkeit, daß ein Abschnitt der Länge 100 m
   (*a*) kein Fahrzeug,
   (*b*) genau 1 Fahrzeug,
   (*c*) genau 2 Fahrzeuge enthält?
5. In einer großen Fabrik mit kontinuierlicher Produktion ereignen sich im Mittel zwei Unfälle pro Stunde. Es sei $P_n(x)$ die Wahrscheinlichkeit für das Eintreten von n Unfällen in einem Zeitintervall der Länge x Stunden.
   (*a*) Warum erwarten wir die Existenz einer Konstanten k, für die die Wahrscheinlichkeit $P_0(x), P_1(x), \ldots$ die Annahmen 1 und 2 erfüllen?
   (*b*) Diese Annahmen seien erfüllt, man zeige
   $$P_n(x) = (kx)^n \mathrm{e}^{-kx}/n!$$
   (*c*) Warum ist k gleich 2?
   (*d*) Man berechne $P_0(1)$, $P_1(1)$, $P_2(1)$, $P_3(1)$ und $P_4(1)$.
6. Ein kurzer Regenschauer hinterläßt im Mittel zwei Regentropfen pro Quadratzentimeter einer großen ebenen Fläche. Es sei $P_n(x)$ die Wahrscheinlichkeit für das Auftreffen von n Tropfen auf einem Gebiet von x Quadratzentimeter. Warum erwarten wir $P_n(x) = (2x)^n \mathrm{e}^{-2x}/n!$
7. Ein Setzer macht im Schnitt einen Fehler pro Seite. Es sei $P_n(x)$ die Wahrscheinlichkeit für das Auftreten von genau n Fehlern innerhalb eines Abschnittes von x Seiten (x muß nicht ganzzahlig sein).
   (*a*) Warum erwarten wir $P_n(x) = x^n \mathrm{e}^{-x}/n!$?
   (*b*) Wie viele Seiten eines Buches mit 300 Seiten werden fehlerfrei sein?
8. Eine Nebelkammer registriert im Mittel vier Ereignisse der kosmischen Strahlung pro Sekunde.
   (*a*) Mit welcher Wahrscheinlichkeit wird in einem Zeitraum von 6 s kein Ereignis registriert?
   (*b*) Mit welcher Wahrscheinlichkeit werden in einem Zeitraum von 4 s genau zwei Ereignisse registriert?
9. Zwischen 9 und 10 Uhr vormittags treffen im Mittel drei Telefonanrufe pro Minute ein. Mit welcher Wahrscheinlichkeit werden innerhalb eines Zeitraumes von
   (*a*) $\frac{1}{2}$ min, (*b*) 1 min, (*c*) 3 min
   keine Telefonanrufe eintreffen?
10. (*a*) Wir untersuchen 25 aufeinanderfolgende Seiten eines illustrierten Wörterbuches und notieren die Anzahl der Seiten mit 0, 1, 2, ... Illustrationen.
    (*b*) Welcher Mittelwert ergibt sich für die Anzahl der Illustrationen pro Seite?
    (*c*) Es sei $P_n(x)$ die Wahrscheinlichkeit, daß x Seiten genau n Illustrationen enthalten. Mit den Daten aus (*a*) schätze man $P_n(1)$ für $n = 0, 1, \ldots, 6$.
    (*d*) Man vergleiche das Resultat aus (*c*) mit
    $$P_n(x) = (kx)^n \mathrm{e}^{-kx}/n!$$
    Der Wert von k ist aus (*b*) zu entnehmen.

11. In einer Stadt ereignen sich im Mittel zwei Verkehrsunfälle pro Tag. Mit welcher Wahrscheinlichkeit werden an einem bestimmten Tag mehr als zwei Unfälle auftreten?

12. Es sei $P_0(x)$ die Wahrscheinlichkeit, daß sich in einem Straßenabschnitt der Länge x kein Fahrzeug befindet.

(*a*) Warum erwarten wir für beliebige a und b die Relation $P_0(a+b) = P_0(a) + P_0(b)$?

(*b*) $P_0(x) = e^{-kx}$ erfüllt die Gleichung aus (*a*). Man beweise dies.

■

13. Man schreibe x^2 in der Form $g(x)\,e^{-kx}$.

14. Man beweise $P_3(x) = (kx)^3 e^{-kx}/3!$

15. $P_n(x)$ ist die Wahrscheinlichkeit, daß sich in einem Straßenabschnitt der Länge x genau n Fahrzeuge befinden.

(*a*) Warum erwarten wir

$$P_3(a+b) = P_0(a)P_3(b) + P_1(a)P_2(b) + \\ + P_2(a)P_1(b) + P_3(a)P_0(b)?$$

(*b*) Erfüllt die Formel $P_n(x) = (kx)^n e^{-kx}/n!$ die Gleichung aus (*a*)?

16. (*a*) Warum erwarten wir $\lim\limits_{n\to\infty} P_n(x) = 0$?

(*b*) Mit Hilfe der Formel $P_n(x) = (kx)^n e^{-kx}/n!$ beweise man (*a*).

17. (*a*) Warum erwarten wir $\lim\limits_{x\to\infty} P_n(x) = 0$?

(*b*) Mit Hilfe der Formel $P_n(x) = (kx)^n e^{-kx}/n!$ beweise man (*a*).

18. Man beschreibe das Verhalten von $P_n(x)$ mit $n > 0$ für kleine x und für große x

(*a*) mit Hilfe intuitiver Überlegungen,

(*b*) mit Hilfe der Formel $P_n(x) = (kx)^n e^{-kx}/n!$

19. Mit Hilfe der Formel $P_n(x) = (kx)^n e^{-kx}/n!$ leite man die Maclaurinsche Reihe für e^x her.

20. Wir erhielten $P_0(x) = e^{-kx}$ und $P_1(x) = kx\,e^{-kx}$. Man beweise $\lim\limits_{\Delta x\to 0} P_1(\Delta x)/\Delta x = k$, sowie $\lim\limits_{\Delta x\to 0} P_0(x)/\Delta x = 1-k$ und zeige dann

$$\lim_{\Delta x\to 0} [P_2(\Delta x) + P_3(\Delta x) + \ldots]/\Delta x = 0.$$

Damit sind die Annahmen 1 und 2 tatsächlich erfüllt.

21. Man untersuche die Wahrscheinlichkeit, daß sich innerhalb eines bestimmten Straßenabschnitts der Länge x genau 1 Fahrzeug befindet. Für welche Länge nimmt diese Wahrscheinlichkeit ihren maximalen Wert an? Man stelle das Ergebnis durch k dar.

22. Welche Straßenlänge wird am wahrscheinlichsten drei Fahrzeuge enthalten?

23. Man leite

(*a*) Annahme 1 aus Gleichung (3),

(*b*) Gleichung (6) aus Annahme 2,

(*c*) Annahme 2 aus Gleichung (6) her.

24. Längs eines Gehsteiges werden über eine Strecke von 5000 m rund 500 weggeworfene Bierdosen gezählt. Mit welcher Wahrscheinlichkeit wird ein Abschnitt von 10 m

(*a*) keine Dose,

(*b*) genau 1 Dose,

(*c*) genau 2 Dosen enthalten?

■■

25. (*a*) Man beweise die Formel $P_n(x) = (kx)^n e^{-kx}/n!$ für $n = 4$ und $n = 5$.

(*b*) Mit Hilfe des Induktionsverfahrens beweise man unsere Darstellung von $P_n(x)$ für alle n.

26. (Siehe Übung 12.) f sei eine stetige Funktion und es gelte für alle x und y die Relation $f(x+y) = f(x)f(y)$. Dann beweise man für eine geeignete feste Zahl a die Gültigkeit der Darstellung $f(x) = a^x$.

17.4 Zusammenfassung

In diesem Kapitel wurde die Poisson-Verteilung als mathematisches Modell für zufällige Verkehrssituationen entwickelt. Zunächst haben wir einige Grundkonzepte der Wahrscheinlichkeitsrechnung eingeführt. In der Folge konnten mit Hilfe bestimmter Integrale, uneigentlicher Integrale, Ableitungen und unendlicher Reihen wichtige Schlüsse über das Poisson-Modell gewonnen werden. Die Übungen am Ende dieses Abschnitts zeigen weitere mathematische Modelle.

Wichtige Ergebnisse

Die Wahrscheinlichkeit für das Auftreten verschiedener, einander ausschließender Ereignisse ergibt sich als Summe der Einzelwahrscheinlichkeiten.

Die Wahrscheinlichkeit für das gleichzeitige Eintreten verschiedener von einander unabhängiger Ereignisse ergibt sich als Produkt der Einzelwahrscheinlichkeiten.

Ist die Wahrscheinlichkeit für das Auftreten einer Zahl n durch $p(n)$ gegeben, so wird der Erwartungswert von n durch $\sum\limits_{n=0}^{\infty} np(n)$ definiert. (Beispielsweise kann $p(n)$ die Wahrscheinlichkeit für das Werfen der Summe n mit zwei Würfeln oder die Wahrscheinlichkeit für das Auftreten von n Fahrzeugen auf einem bestimmten Straßenabschnitt darstellen.)

Ist die Wahrscheinlichkeit für ein bestimmtes experimentalles Ergebnis in Form einer nichtnegativen Zahl $\leqslant x$

durch $F(x)$ gegeben, so wird der Erwartungswert von x durch das Integral $\int_0^\infty xF'(x)\,dx$ definiert.

Die Poisson-Verteilung geht von folgenden zwei Annahmen aus:

1. Die Wahrscheinlichkeit für das Auftreten eines Ereignisses innerhalb eines sehr kleinen Intervalls (einer Geraden, der Zeit, usw.) ist näherungsweise gleich k mal der Länge des Intervalls.
2. Die Wahrscheinlichkeit für das Auftreten von mehr als einem Ereignis in einem sehr kleinen Intervall ist vernachlässigbar.

Aus diesen Annahmen kann die Formel

$$P_n(x) = (kx)^n e^{-kx}/n!$$

hergeleitet werden. $P_n(x)$ ist die Wahrscheinlichkeit für das Auftreten von n Ereignissen in einem Intervall der Länge x. Die Größe k konnte als mittlere Anzahl von Ereignissen pro Längeneinheit (Zeiteinheit usw.) identifiziert werden.

Die Poisson-Verteilung beschreibt zufällige (und von einander unabhängige) Ereignisse, wie Telefonanrufe, Frequenz an einem Bankschalter, sowie Straßenverkehr ohne Stauungen.

Begriffe und Symbole

Erwartungswert (Mittelwert) $\sum_{n=0}^{\infty} np(n)$

kumulative Wahrscheinlichkeitsverteilung F (auch Wahrscheinlichkeitsverteilung oder Verteilung)

Erwartungswert (Mittelwert) $\int_0^\infty xF'(x)\,dx$

Poisson-Modell für zufällige Verkehrssituationen

Wahrscheinlichkeit $P_n(x)$ für das Eintreten von genau n Ereignissen während eines Intervalls der Länge x, wenn das Poisson-Modell anwendbar ist.

k mittlere Anzahl von Ereignissen im Einheitsintervall des Poisson-Modells.

Testaufgaben zu Kapitel 17

1. (*a*) Mit welcher Wahrscheinlichkeit wird mit zwei Würfeln gleichzeitig eine 1 geworfen?
   (*b*) Wie oft wird man im Mittel würfeln müssen, um mit zwei Würfeln gleichzeitig eine 1 zu erhalten?
2. (*a*) Mit welcher Wahrscheinlichkeit wird mit zwei Würfeln eine Gesamtsumme von 4 erzielt?
   (*b*) Mit welcher Wahrscheinlichkeit wird mit zwei Würfeln erstmals beim dritten Wurf eine Gesamtsumme von 4 erzielt?
3. Man bestimme den Erwartungswert für die Verteilung $1 - e^{-5x}$ aus der Definition des Erwartungswertes.
4. Im Mittel entstehen in einer bestimmten Stadt zwei Brände pro Tag. Mit welcher Wahrscheinlichkeit werden
   (*a*) genau zwei Brände pro Tag,
   (*b*) mehr als zwei Brände pro Tag entstehen?
5. Ein Kuchen enthalte im Mittel 30 Rosinen. Wir teilen den Kuchen in 10 Stücke. Mit welcher Wahrscheinlichkeit werden in einem vorgegebenen Stück
   (*a*) keine Rosine,
   (*b*) genau eine Rosine,
   (*c*) genau zwei Rosinen,
   (*d*) genau drei Rosinen,
   (*e*) mehr als drei Rosinen zu finden sein?
6. Mit welcher Wahrscheinlichkeit wird beim Werfen zweier Münzen die Kombination „Kopf – Adler" auftreten?
7. (*a*) Mit welcher Wahrscheinlichkeit wird mit zwei Würfeln ein Gesamtergebnis 5 erzielt?
   (*b*) Mit welcher Wahrscheinlichkeit wird das Gesamtergebnis von 5 nicht erzielt?
   (*c*) Welche Anzahl von Würfen wird im Mittel erforderlich sein, um eine Gesamtsumme von 5 zu erzielen?
8. (*a*) Man definiere den Begriff „Wahrscheinlichkeitsverteilung".
   (*b*) Ist F eine Wahrscheinlichkeitsverteilung, so begründe man die Definition $\int_0^\infty xF'(x)\,dx$ des Erwartungswertes.
9. Welches sind die beiden Grundannahmen des Poisson-Modells?
10. Man gebe drei verschiedene Beispiele für Zufallsereignisse, die den Grundannahmen 1 und 2 des Poisson-Modells genügen.

Andere Modelle

Die vorangehenden Übungsaufgaben dienten einer Wiederholung der Poisson-Verteilung. Die folgende Diskussion und die zugehörigen Übungen beziehen sich auch auf andere mathematische Modelle.

Den Vorgang bei der Aufstellung eines mathematischen Modells beschreibt das folgende Diagramm:

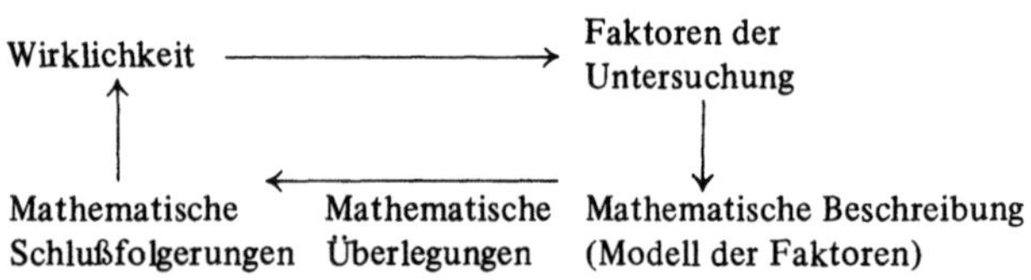

Das Modell (oder die Übersetzung) kann durch eine Differentialgleichung oder einen größeren mathematischen Komplex (wie die Axiome der Euklidischen Geometrie) gegeben sein.

Zunächst werden jeweils bestimmte Faktoren aus realen Ereignissen ausgewählt. Dann werden diese Faktoren in mathematische Begriffe übersetzt. Schließlich werden mit Hilfe mathematischer Überlegungen Schlüsse aus dem mathematischen Modell gewonnen. Diese Schlüsse werden dann auf die Wirklichkeit angewendet. Ein gutes Modell sollte mehr Information über die Wirklichkeit ergeben, als ursprünglich zur Konstruktion des Modells selbst benötigt wurden. Der Wert eines mathematischen Modells liegt gerade in diesen zusätzlichen Aussagen über die Wirklichkeit.

Wie wir gesehen haben, ergibt das Poisson-Modell tatsächlich eine große Anzahl von Informationen über die Wirklichkeit. Wir hätten dies wohl kaum bei der Einführung unserer beiden Grundannahmen erwarten können. Tatsächlich kann dieses Modell auch zur Analysierung der Verzögerungen an einer Kreuzung verwendet werden. Exakte Berechnungen zeigen, daß diese Verzögerungen viel rascher ansteigen als die Verkehrsdichte, die ihrerseits von der Bevölkerungsdichte abhängt. Bei 4-facher Dichte kann die Verzögerung auf das 72-fache ansteigen. Auch andere Behinderungen und Belästigungen können wesentlich stärker als proportional zur Bevölkerungsdichte zunehmen.

Newtons Gravitationsgesetz liefert ein Modell für die Bewegung aller Planeten und Kometen. Er schreibt in seiner *Principia:*

... Wir wissen nicht, in welcher Weise Griechen und Römer das Auftreten von geschlossenen und gekrümmten Planetenbahnen erklärten.

Die späteren Philosophen führten die Planetenbewegungen auf die Wirkung von bestimmten Wirbeln zurück, wie Kepler und Descartes, oder auf Prinzipien des Impulses oder der Anziehung, wie Borelli, Hooke und andere Briten.

Wir wollen hier die Größe und die Eigenschaft der Kraft aus den natürlichen Phänomenen herleiten. Wir wollen ferner die aus einfachen Fällen gewonnenen Ergebnisse zu allgemeinen Grundsätzen erheben und mit Hilfe mathematischer Methoden diese Grundsätze auf die Behandlung komplizierterer Fälle anwenden.

Wir vermeiden durch die Einschränkung auf mathematische Prozesse alle Fragen nach der Natur oder dem Grund dieser Kraft, die wir durch keine wie immer geartete Hypothese verstehen könnten."

Gegenwärtig werden mathematische Modelle in vielen Gebieten angewendet, wo einfache Erfahrungsregeln zu keinen Aussagen führen und Experimente unmöglich oder zu teuer sind. Mit Hilfe mathematischer Modelle konnten beispielsweise folgende Fragen beantwortet werden: „Wenn der Preis eines Liters Benzin um x Pfennig ansteigt, um welche Menge wird dann der Benzinkonsum zurückgehen?" „Welche Bevölkerungszahl haben wir in x Jahren zu erwarten?" „Welches Verkehrsaufkommen kann eine Autobahn mit x Fahrstreifen bewältigen?" „Wie kann das gleichzeitige Auftreten von Inflation und Rezession bewältigt werden?"

Die folgende Tabelle stellt einige einfache mathematische Modelle zusammen, die in diesem Buch behandelt wurden:

Modell	*wird beschrieben in*
natürliches Wachstum und Zerfall	Abschnitt 6.4
beschränktes Wachstum	Abschnitt 6.4, Übung 28
ideale Menge	Abschnitt 6.8, Beispiel 5
Verkehr in einem Tunnel	Abschnitt 6.8, Übung 33
gegenwärtiger Wert des künftigen Einkommens	Abschnitt 10.6, Beispiel 6
ökonomische Produktion	Abschnitt 12.6
Standort eines Warenhauses	Abschnitt 13.6, Übungen 40 bis 45
Epidemien	Abschnitt 13.6, Übung 47
Standort einer Feuerwehrzentrale	Abschnitt 13.6, Übung 54
Multiplikatoreffekt	Abschnitt 14.2, Beispiel 1

Übungen zu Kapitel 17

In der folgenden Übung wird ein einfaches Modell zur Erklärung der periodischen Konjunkturschwankungen im Wirtschaftsystem entwickelt.

1. Es seien $y(t)$ die gesamten ökonomischen Aktivitäten an Gütern und Leistungen zur Zeit t gemessen in DM.

(*a*) Was bedeutet dann dy/dt?

(*b*) Was bedeutet dann d^2y/dt^2?

(*c*) Welche Bedeutung hat die Gleichung

$$\frac{d^2y}{dt^2} = -k(y-A),$$

wobei k und A positive Konstanten sind?

(*d*) Aus (*c*) leite man her

$$\frac{d^2(y-A)}{dt^2} = -k(y-A).$$

(*e*) Mit Hilfe der Definition einer harmonischen Bewegung beweise man, daß die Funktion $y(t)$ periodisch ist.

In der folgenden Übung wird ein einfaches Modell zur Beschreibung einer Epidemie als Funktion der Zeit entwickelt.

2. Wir betrachten eine Population aus n Individuen. Zur Zeit t gebe es $x(t)$ infizierbare, $y(t)$ infizierte und $z(t)$ durch Isolation, Impfung oder Gesundung immune Individuen. Es sei $t = 0$ der Anfangszeitpunkt, $x(0)$ sei näherungsweise gleich n, und es gelte $z(0) = 0$. Wie können wir die folgenden Differentialgleichungen interpretieren, in denen a und b positive Konstanten sind?

(*a*) $\frac{dx}{dt} = -axy$, (*b*) $\frac{dy}{dt} = axy - by$, (*c*) $\frac{dz}{dt} = by$.

(*d*) Für $x(0) < b/a$ zeige man, daß die Anzahl der infizierten Individuen abnimmt. Dann ist die Epidemie nicht gefährlich.

(*e*) Der Quotient $b/a = \rho$ gibt die kritische Schwelle. Man zeige $dx/dz = -x/\rho$.

(*f*) Man zeige $x(t) = x(0)e^{-z/\rho}$.

(*g*) Man zeige $dz/dt \approx b[n - z - x_0(1 - z/\rho + z^2/2\rho^2)]$.

Die Gesundheitsbehörden publizieren die Anzahl der Gesundungen täglich oder wöchentlich; dies entspricht dz/dt.

(*h*) Mit Hilfe von (*g*) und der Annahme $x(0) \approx n$ zeige man für $dz/dt \to 0$ die Aussage $z \to 2\rho(1 - \rho/n)$.

(*i*) Wie in (*d*) gezeigt, besteht für $n < \rho$ keine ernsthafte Gefahr. Nun sei $n > \rho$ oder $n = \rho + \nu$. Für kleines ν zeige man mit $dz/dt \to 0$ die Aussage $z \to 2\nu$.

(*j*) Für kleines ν zeige man für $dz/dt \to 0$ die Aussage $x(t) \to n - 2\nu$. So gilt $x(t) \to n - 2\nu = \rho - \nu$, dies liegt unterhalb der Schwelle ρ (obwohl $x(0)$ oberhalb der Schwelle lag). Damit nimmt nach (*d*) die Epidemie ihren Lauf und ist nicht länger gefährlich. Dies ist als *Schwellentheorem* bekannt.

Die folgende Übung behandelt ein Lernmodell.

3. Im Rahmen eines Lernversuches konnte ein Hund einen elektrischen Schlag nur dann vermeiden, wenn er innerhalb eines Zeitraumes von 10 s nach Betreten eines Käfigs ein bestimmtes Hindernis übersprang. Jeder der getesteten Hunde lernte es mit der Zeit, den elektrischen Schlag zu vermeiden, obwohl keiner von ihnen dies am Beginn der Versuchsreihe konnte. Wir entwickeln ein theoretisches Modell des Lernprozesses: Es sei p die Wahrscheinlichkeit, daß der Hund bei einem bestimmten Versuch den Schlag vermeidet. Wenn er ihn tatsächlich vermeidet, dann ist die Wahrscheinlichkeit für den nächsten Versuch durch $0{,}80p + 0{,}20$ gegeben. Kann er den elektrischen Schlag nicht vermeiden, dann ist die Wahrscheinlichkeit für das Vermeiden des Schlages durch $0{,}92p + 0{,}08$ gegeben.

(*a*) Welchen Wert hat p am Anfang des Experimentes?

(*b*) Welchen Wert hat p, wenn der Hund jeden elektrischen Schlag vermeiden kann?

(*c*) Es sei p ein Maß für die Einsicht des Hundes in die Aufgabenstellung des Experiments. Nimmt diese Einsicht mit jedem Versuch zu? Nimmt die Einsicht stärker zu, wenn der Hund von einem Schlag getroffen wird, oder wenn dies nicht der Fall ist?

(*d*) p beträgt im zweiten Versuch mindestens 0,08 und im dritten Versuch mindestens 0,1536. Man beweise dies.

(*e*) p nähert sich bei Andauer der Versuche dem Wert 1. Man zeige dies.

Das Verhalten von 30 „statistischen" Hunden, die im Rahmen dieser Theorie der Berechnung eines Computers folgen, stimmt mit dem wirklichen Verhalten von 30 Hunden erstaunlich gut überein.

Die folgende Übung behandelt ein Problem der internationalen Politik.

4. Es seien x und y die Verteidigungsbudgets zweier rivalisierender Nationen. *L. F. Richardson*, der als einer der ersten mathematische Methoden auf politikwissenschaftliche Fragestellungen anwendete, kam bezüglich der Zuwachsrate der beiden Budgets zu den folgenden Annahmen:

$$\frac{dx}{dt} = k_1y - k_2x + k_3, \quad \frac{dy}{dt} = c_1x - c_2y + c_3,$$

k_1, k_2, k_3, c_1, c_2 und c_3 sind Konstanten (k_1, k_2, c_1 und c_2 sind positiv).

(*a*) Welcher Term stellt die „Ermüdung" dar?

(*b*) Welcher Term stellt die „Bedrohung durch die Aktionen des Gegners" dar?

(*c*) Welcher Term stellt die „allgemeine Haltung" einer Nation gegenüber der anderen dar?

Diese Gleichungen wurden zur Analyse der amerikanisch-sowjetischen Beziehungen eingesetzt. Insbesondere wurde untersucht, ob die Russen mehr durch ideologische oder mehr durch nationalistische Beweggründe bestimmt sind.

18 Bestimmte Integrale über räumliche Gebiete

In Kapitel 7 wurde das bestimmte Integral über ein Intervall, in Kapitel 13 über ein ebenes Gebiet eingeführt. In diesem Kapitel wollen wir das bestimmte Integral über räumliche Gebiete untersuchen. Dieses Integral tritt z.B. im Zusammenhang mit Flüssigkeitsströmungen, mit Gravitationsproblemen sowie Rotationsbewegungen auf.

In Abschnitt 18.1 wird das bestimmte Integral einer Funktion über ein räumliches Gebiet definiert. In den restlichen Abschnitten dieses Kapitels wird die Berechnung solcher Integrale auf mehrfache Integrationen zurückgeführt. Diese Mehrfachintegrale können nur für die einfachsten Integranden und Integrationsgebiete mit Hilfe des Hauptsatzes berechnet werden. Für kompliziertere Problemstellungen steht die Auswertung von Näherungssummen mit Hilfe von Computern zur Verfügung. Das bestimmte Integral über räumliche Gebiete besitzt auch eine grundsätzliche Bedeutung: Mit seiner Hilfe kommen wir zu einer adäquaten Behandlung unserer physikalischen Welt und ihrer dreidimensionalen Realität.

In diesem Kapitel bezeichnet das Wort „Kugel“ stets das gesamte Kugelvolumen.

18.1 Das bestimmte Integral einer Funktion über ein dreidimensionales Gebiet

Die Definition bestimmter Integrale über das Intervall einer Geraden oder über ein ebenes Gebiet läßt sich leicht auf ein Integral über ein räumliches Gebiet verallgemeinern. (Die betrachteten räumlichen Gebiete mögen stets von glatten Grenzflächen oder von Ebenen eingeschlossen werden.) Ehe wir die Definition des bestimmten Integrals angeben, wollen wir seine Bedeutung an Hand eines Problems zeigen.

Problem. Ein Würfel mit einer Seitenlänge von 4 cm besteht aus einem Material variierender Dichte (Bild 18.1). In der Nähe des Eckpunktes A ist der Würfel sehr leicht; in der Nähe des gegenüberliegenden Eckpunktes ist er sehr schwer: Die Dichte $f(P)$ möge in jedem Punkt P des Würfels durch das Quadrat des Abstandes zwischen A und P (in Gramm pro Kubikzentimetet) bestimmt sein. Wie können wir die Masse des Würfels abschätzen?

Bild 18.1

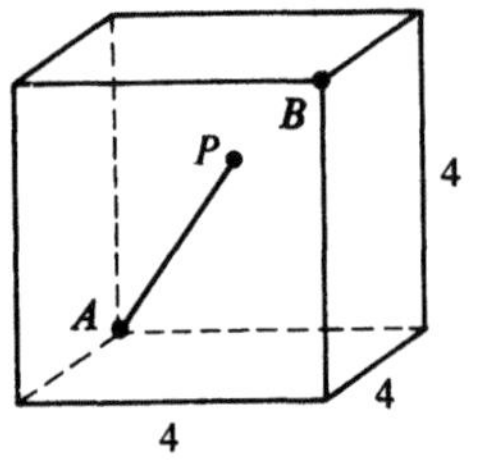

Die Dichte in P ist durch das Quadrat des Abstandes AP gegeben

Lösung: Wir behandeln dieses Problem ganz analog der Saite aus Abschnitt 7.1 und der rechtwinkeligen Platte aus Abschnitt 13.1. Zunächst wird der Würfel R in Teilgebiete $R_1, R_2, \dots, R_n$ unterteilt. Dann berechnen wir in ausgewählten Punkten P_i jedes Teilgebietes R_i die Dichte und bilden die Summe

$$f(P_1)\,V_1 + f(P_2)\,V_2 + \dots + f(P_n)\,V_n.$$

Die Größe V_i steht für das Volumen von R_i. Je kleiner die R_i werden, desto näher kommt die Abschätzung der tatsächlichen Masse des Würfels.

Die maximale Dichte ist durch das Quadrat der Länge der Diagonale AB gegeben. Wir erhalten $\overline{AB}^2 = 4^2 + 4^2 + 4^2 = 48\ \text{g/cm}^3$. Das gesamte Volumen beträgt $4\ \text{cm} \cdot 4\ \text{cm} \cdot 4\ \text{cm} = 64\ \text{cm}^3$; daher wird die Gesamtmasse kleiner als $48\ \text{g/cm}^3 \cdot 64\ \text{g/cm}^3 = 3072$ g sein.

Auch für die einfachsten Näherungssummen ergeben sich langwierige Berechnungen. Trotzdem werden wir uns der Mühe unterziehen und eine solche Summe bestimmen.

Wir teilen den Würfel in vier Quader der Größe $2\ \text{cm} \cdot 2\ \text{cm} \cdot 4\ \text{cm}$, wie dies im Bild 18.2 dargestellt ist. Die folgende Tabelle faßt unsere Ergebnisse zusammen.

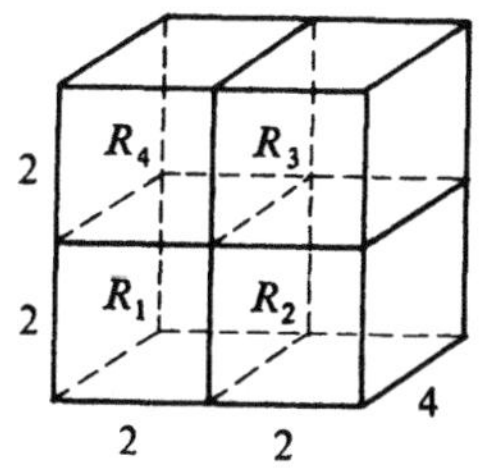

Bild 18.2

Der Würfel wird in 4 Quader R_1, R_2, R_3, R_4 unterteilt

Gebiet	*Volumen* cm^3	*minimale Dichte* g/cm^3	*maximale Dichte* g/cm^3	*Masse zwischen*
R_1	16	0	$2^2 + 2^2 + 4^2 = 24$	0 g und 384 g
R_2	16	$2^2 = 4$	$4^2 + 4^2 + 2^2 = 36$	64 g und 576 g
R_3	16	$2^2 + 2^2 = 8$	$4^2 + 4^2 + 4^2 = 48$	128 g und 768 g
R_4	16	$2^2 = 4$	$2^2 + 4^2 + 4^2 = 36$	64 g und 576 g

Damit liegt die Masse des Würfels zwischen

$$(0 + 64 + 128 + 64)\,\text{g} = 256\,\text{g}$$

und

$$(384 + 576 + 768 + 576)\,\text{g} = 2304\,\text{g}.$$

Zunächst konnten wir für die gesamte Masse nur eine obere Schranke von 3072 g angeben. Nun ist es gelungen, ihren Wert genauer einzugrenzen. ●

Wird der Würfel in noch kleinere Gebiete unterteilt, beipielsweise in 64 Würfel der Dimension 1 cm · 1 cm · 1 cm, so ergeben sich Näherungswerte von zunehmender Genauigkeit. Unser Näherungsverfahren stimmt dem Grunde nach mit den Überlegungen überein, die uns in Kapitel 7 zu den Summen

$$\sum_{i=1}^{n} f(X_i)\,(x_i - x_{i-1})$$

und in Kapitel 13 zu den Summen

$$\sum_{i=1}^{n} f(P_i)\,A_i$$

geführt haben. Um das Integral einer Funktion über ein räumliches Gebiet zu definieren, ist die Einführung zweier Begriffe erforderlich.

Definition des Durchmessers eines Raumes: Die Menge S von Punkten im Raum sei durch bestimmte Flächen oder Polyeder begrenzt. Unter dem *Durchmesser* von S verstehen wir den größten Abstand zwischen zwei beliebigen Punkten von S.

So ist zum Beispiel der Durchmesser eines Würfels mit der Kante s durch dessen längste Diagonale $s\sqrt{3}$ gegeben. Der Durchmesser einer Kugel stimmt mit ihrem gewöhnlichen Durchmesser (dem doppelten Radius) überein.

Definition des Maßes einer räumlichen Teilung: Es liege eine Teilung $R_1, R_2, \dots, R_n$ des räumlichen Gebietes R vor. Unter dem Maß dieser Teilung verstehen wir den größten aller Durchmesser der jeweiligen Teilgebiete $R_1, R_2 \dots R_n$.

Die Funktionen dieses Kapitels werden alle in einem räumlichen Gebiet R definiert sein. Jede Funktion f wird jedem Punkt P aus R eine Zahl zuordnen, wir schreiben $f(P)$ und können uns diese Funktion etwa als Dichte oder Temperatur in P vorstellen.

Der Graph einer Funktion in einer Variablen, $y = f(x)$, ist durch eine Kurve in der xy-Ebene gegeben: nämlich durch die Menge der Punkte $(x; f(x))$. Der Graph einer Funktion zweier Variabler, $z = f(x; y)$, entspricht einer Fläche im Raum: nämlich der Menge der Punkte $(x; y; f(x; y))$. Der Graph einer Funktion dreier Variabler (also einer Funktion mit räumlichem Definitionsbereich) ist durch eine Menge im vierdimensionalen Raum gegeben: nämlich durch die Menge der Punkte $(x; y; z; f(x; y; z))$. Da unsere Anschauung und unsere Phantasie auf die dreidimensionale Welt beschränkt sind, können wir mit dieser Vorstellung wenig anfangen. Deshalb denken wir im Zusammenhang mit einer räumlich definierten Funktion am besten etwa an die variable Dichte einer Materieverteilung.

Definition des bestimmten Integrals einer Funktion f über einen Raum R: Durch die Funktion f wird jedem Punkt P eines räumlichen Gebietes R eine Zahl $f(P)$ zugeordnet. Wir betrachten die Summe

$$f(P_1)\,V_1 + f(P_2)\,V_2 + \dots + f(P_n)\,V_n,$$

die sich für eine bestimmte Teilung $R_1, R_2, \dots, R_n$ von R ergibt, wenn V_i das Volumen von R_i und P_i einen beliebigen Punkt aus R_i beschreibt. Falls diese Summe sich einer ganz bestimmten Zahl annähert, sobald das Maß der Teilung gegen Null geht (und zwar unabhängig von der jeweiligen

Wahl der Testpunkte P_i aus den Gebieten R_i), dann heißt diese Zahl bestimmtes Integral von f über das Gebiet R und wir schreiben

$$\int_R f(P)\,dV.$$

Entspricht $f(P)$ der Dichte im Punkt P einer bestimmten Materieverteilung, dann kann das bestimmte Integral als Gesamtmasse dieser Verteilung interpretiert werden.

Bespiel: Für jeden Punkt P eines räumlichen Gebietes R gelte $f(P) = 1$. Man berechne $\int_R f(P)\,dV$.

Lösung: Jede Näherungssumme

$$\sum_{i=1}^{n} f(P_i)\,V_i$$

hat den Wert

$$\sum_{i=1}^{n} 1 \cdot V_i = V_1 + V_2 + \ldots + V_n = \text{Volumen von } R,$$

daher gilt

$$\int_R f(P)\,dV = \text{Volumen von } R.$$

Diese Tatsache wird sich in den folgenden Kapiteln bei der Berechnung von Volumina als nützlich erweisen. ●

Unter dem *Mittelwert einer Funktion* f über ein räumliches Gebiet R verstehen wir den Ausdruck

$$\frac{\int_R f(P)\,dV}{\text{Volumen von } R}.$$

Dieser Begriff entspricht der Definition des Mittelwerts einer Funktion über ein Intervall (Abschnitt 10.5) oder des Mittelwerts einer Funktion über ein ebenes Gebiet (Abschnitt 13.1). Beschreibt f die Dichte einer Materieverteilung in R, dann entspricht dem Mittelwert von f die Dichte des homogenen Körpers, der das gleiche Gebiet R ausfüllt und dessen Gesamtmasse mit der des gegebenen Körpers übereinstimmt.

(Wenn nämlich die Zahl

$$\frac{\int_R f(P)\,dV}{\text{Volumen von } R}$$

mit dem Volumen von R multipliziert wird, so ergibt sich die Gesamtmasse $\int_R f(P)\,dV$.)

Mittelwert und Gesamtmasse stellen wichtige Anwendungen des bestimmten Integrals über ein räumliches Gebiet dar. Wir haben diese Begriffe bereits bei der Behandlung bestimmter Integrale über Intervalle oder ebene Gebiete kennengelernt. Die Berechnung der Gravitationsanziehung zwischen der Sonne und der Erde, oder zwischen der Erde und einem Satelliten sowie die Berechnung der Schwerpunkte physikalischer Körper werden uns zu weiteren Anwendungen führen.

Übungen:

1. Man gebe die obere und die untere Schranke für die Masse des Würfels aus diesem Abschnitt an und verwende dazu eine Teilung in acht Würfel.
2. Man verwende die gleiche Teilung wie in diesem Abschnitt zur Abschätzung der Masse des Würfels, wähle aber als Punkte P_i die Mittelpunkte der vier Quader.
3. R sei eine Kugel mit Radius r, und in R gelte für jeden Punkt $f(P) = 5$. Man berechne $\int_R f(P)\,dV$ mit Hilfe von Näherungssummen. (Die Kugel hat das Volumen $\frac{4}{3}\pi r^3$.)
4. Wie könnte man den mittleren Abstand aller Punkte einer bestimmten räumlichen Menge von einem vorgegebenen festen Punkt F definieren?
5. Man schätze die Masse des vorgegebenen Würfels durch Unterteilung in acht gleich große Würfel ab und wähle deren Mittelpunkte als Testpunkte.
6. R sei eine dreidimensionale Menge, und es sei $f(P)$ für alle P auf R nicht größer als 8.
   (*a*) Welchen maximalen Wert kann $\int_R f(P)\,dV$ annehmen?
   Hinweis: Man untersuche die Näherungssummen.
   (*b*) Was folgt für den Mittelwert von f über R?
7. Welches Maß entspricht der Teilung des Würfels, wie wir sie in diesem Abschnitt verwendet haben?
8. Welches Maß entspricht der Teilung aus Übung 1?

■

9. Ein Punkt Q hat vom Mittelpunkt einer Kugel R mit Radius 3 den Abstand 5. Für jeden Punkt P aus R sei $f(P)$ durch den Kehrwert des Abstandes zwischen P und Q gegeben. Das bestimmte Integral $\int\limits_R f(P)\,dV$ ist dann in der Theorie der Gravitation von großer Bedeutung. Dieses Integral liegt zwischen $9\pi/2$ und 18π. Man beweise dies.
10. Um ein Gewicht von w Newton um die vertikale Strecke von x Meter anzuheben, ist eine Arbeit von wx N · m erforderlich. Betrachten wir nun ein Gebirge, das durch geologische Aktivitäten aus einem ursprünglich auf Meeresniveau befindlichen Material aufgebaut wurde. Die Dichte der Materie in der Umgebung des Punktes P sei durch $g(P)$ N/m^3 gegeben. Der Punkt P liege in einer Höhe von $h(P)$ im Inneren des Gebirges. Wie kann die gesamte, zur Bildung des Gebirges erforderliche Arbeit durch ein bestimmtes Integral berechnet werden? Derartige Probleme treten in der geologischen Theorie der Gebirgsbildung häufig auf.

■■

11. Ein Körper habe den Durchmesser 10. Was kann dann über sein Volumen ausgesagt werden?

18.2 Die Beschreibung räumlicher Gebiete in rechtwinkeligen Koordinaten

Rechtwinkelige Koordinaten im Raum stellen eine natürliche Verallgemeinerung von rechtwinkeligen Koordinaten in der Ebene dar. Ein Punkt P wird durch drei Zahlen $(x; y; z)$ beschrieben (Bild 18.3). Die Zahl z gibt den Abstand des Punktes P von der xy-Ebene an. (Sie ist positiv, wenn P oberhalb, und negativ, wenn P unterhalb der xy-Ebene liegt.)

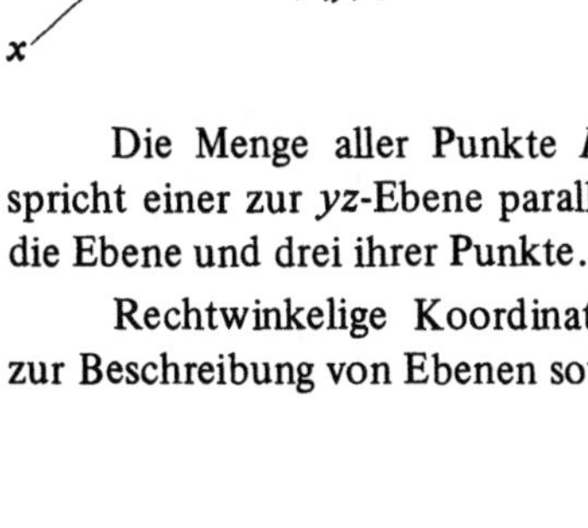

Bild 18.3

Die Menge aller Punkte $P = (x; y; z)$ mit $x = 2$ entspricht einer zur yz-Ebene parallelen Ebene. Bild 18.4 zeigt die Ebene und drei ihrer Punkte.

Rechtwinkelige Koordinaten eignen sich besonders zur Beschreibung von Ebenen sowie von Körpern, die durch

Bild 18.4

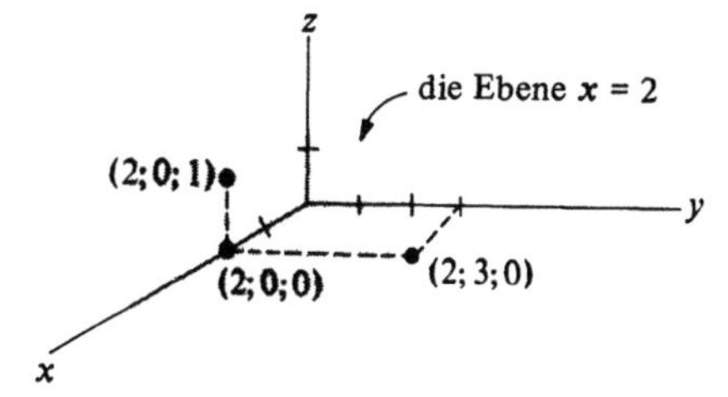

Ebenen begrenzt werden. (In Abschnitt 19.4 wird gezeigt, daß durch die Gleichung $Ax + By + Cz + D = 0$ eine Ebene definiert ist.) Ehe wir die Mehrfachintegrale herleiten, die zur Berechnung der bestimmten dreidimensionalen Integrale benötigt werden, wollen wir die Darstellung räumlicher Gebiete in dreidimensionalen rechtwinkeligen Koordinaten veranschaulichen.

Beispiel 1: Man beschreibe den Quader in Bild 18.5 durch x, y und z.

Bild 18.5

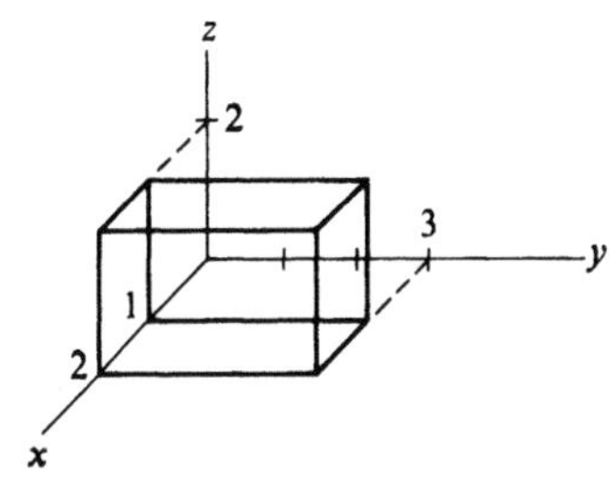

Lösung: Zunächst nimmt x alle Werte zwischen 1 und 2 an. Wir suchen nun für jeden Wert von x den Querschnitt des Quaders mit einer zur yz-Ebene parallelen Ebene durch den Punkt $(x; 0; 0)$: Es ergeben sich Rechtecke, für die unabhängig von x die Werte von y zwischen Null und drei variieren (Bild 18.6).

Jedes Paar x und y mit $1 \leqslant x \leqslant 2$ und $0 \leqslant y \leqslant 3$ beschreibt einen Schnitt des Quaders mit einer zur z-Achse

Bild 18.6

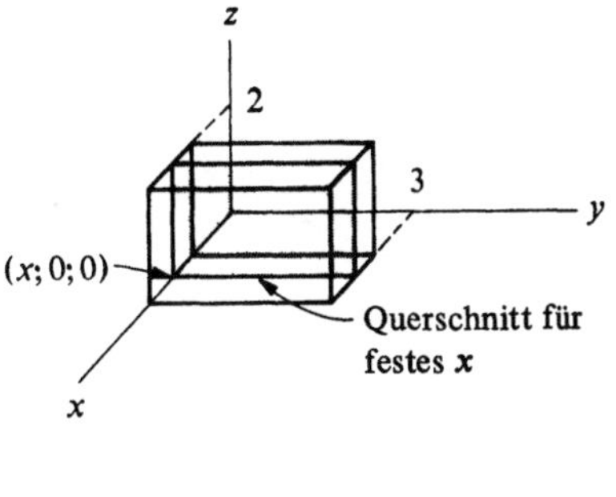

parallelen Geraden, die durch den Punkt $(x; y; 0)$ verläuft. Längs dieses Schnittes, der durch eine Strecke gegeben ist, variiert z unabhängig von x und y zwischen Null und zwei (Bild 18.7).

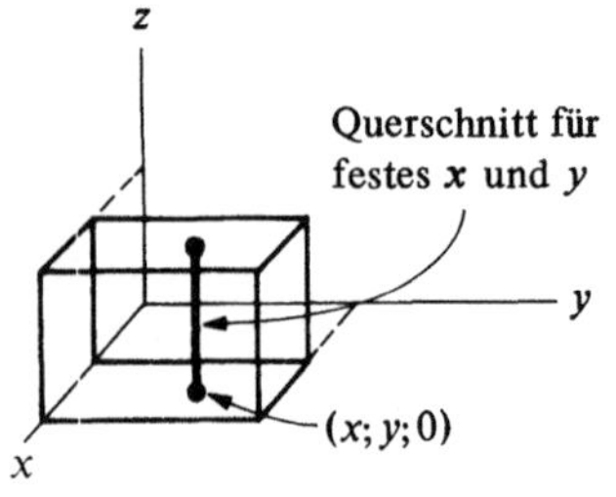

Bild 18.7

Somit erhalten wir folgende einfache Beschreibung des Quaders

$$1 \leqslant x \leqslant 2, \quad 0 \leqslant y \leqslant 3, \quad 0 \leqslant z \leqslant 2.$$

Diese Beschreibung muß von links nach rechts gelesen werden. ●

Beispiel 2: Man beschreibe die Schnitte des Tetraeders, der von den Ebenen $x = 0$, $y = 0$, $z = 0$ sowie $x + y + z = 1$ aufgespannt wird (Bild 18.8).

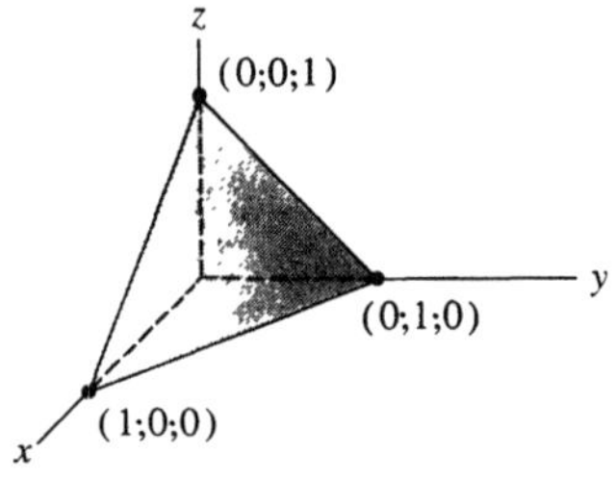

Bild 18.8

Lösung: Für jedes x aus $[0; 1]$ ist der Querschnitt mit einer zur yz-Ebene parallelen und durch den Punkt $(x; 0; 0)$ verlaufenden Ebene durch ein Dreieck gegeben, wie es in Bild 18.9 dargestellt ist.

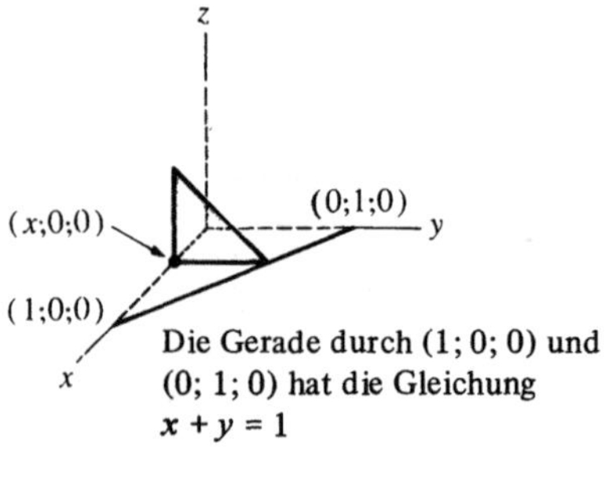

Bild 18.9

Für dieses typische Dreieck variiert y zwischen Null und dem Wert von y, der die Gleichung $x + y = 1$ oder $y = 1 - x$ erfüllt.

Schließlich variiert z für jedes x und y zwischen Null und dem Wert von z, der der Gleichung $x + y + z = 1$ oder $z = 1 - x - y$ genügt. Dieser Schnitt entspricht einer Strecke, die parallele zur z-Achse durch den Punkt $(x; y; 0)$ verläuft. Damit ist der Tetraeder durch die folgenden drei Ungleichungen beschrieben:

$$0 \leqslant x \leqslant 1, \quad 0 \leqslant y \leqslant 1 - x, \quad 0 \leqslant z \leqslant 1 - x - y. \; ●$$

Im folgenden Beispiel werden x und y zunächst festgehalten, während z variiert.

Beispiel 3: Man beschreibe in rechtwinkeligen Koordinaten eine Kugel mit dem Radius 4 und dem Mittelpunkt im Ursprung.

Lösung: Wir halten $(x; y)$ in der xy-Ebene fest und untersuchen die Variation von z längs der zur z-Achse parallelen Geraden durch den Punkt $(x; y; 0)$. Die Punkte der Kugeloberfläche erfüllen die Gleichung

$$x^2 + y^2 + z^2 = 16.$$

Daher variiert z für geeignetes $(x; y)$ zwischen

$$-\sqrt{16 - x^2 - y^2} \quad \text{und} \quad \sqrt{16 - x^2 - y^2}.$$

Die zugehörige Strecke ist in Bild 18.10 dargestellt.

Bild 18.10

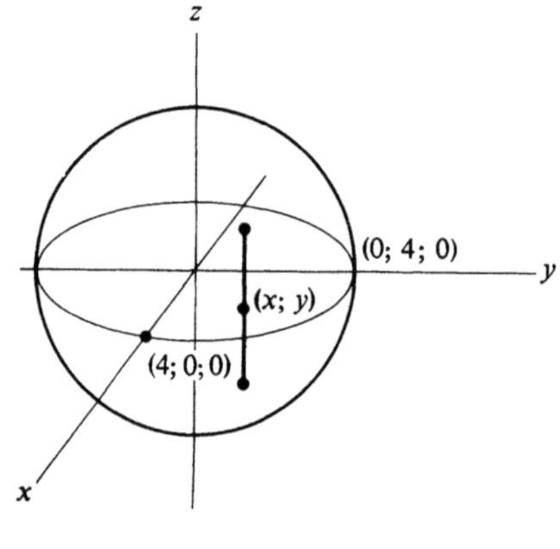

Nun betrachten wir die möglichen Werte von x und y. Da die Punkte $(x; y)$ in der xy-Ebene eine Kreisscheibe mit dem Radius 4 und dem Mittelpunkt $(0; 0)$ bedecken, ergibt sich direkt

$$-4 \leqslant x \leqslant 4, \quad -\sqrt{16 - x^2} \leqslant y \leqslant \sqrt{16 - x^2}.$$

Daher erhalten wir für die Kugel die folgende Beschreibung

$$-4 \leqslant x \leqslant 4, \quad -\sqrt{16-x^2} \leqslant y \leqslant \sqrt{16-x^2},$$
$$-\sqrt{16-x^2-y^2} \leqslant z \leqslant \sqrt{16-x^2-y^2}. \bullet$$

Betrachten wir alle Punkte $(x; y; z)$, die den Bedingungen

$$x_1 \leqslant x \leqslant x_2, \quad y_1 \leqslant y \leqslant y_2, \quad z_1 \leqslant z \leqslant z_2$$

genügen. x_1, x_2, y_1, y_2, z_1, z_2 seien feste Zahlen. Wie in Beispiel 1 entspricht dieser Menge ein Quader (Bild 18.11).

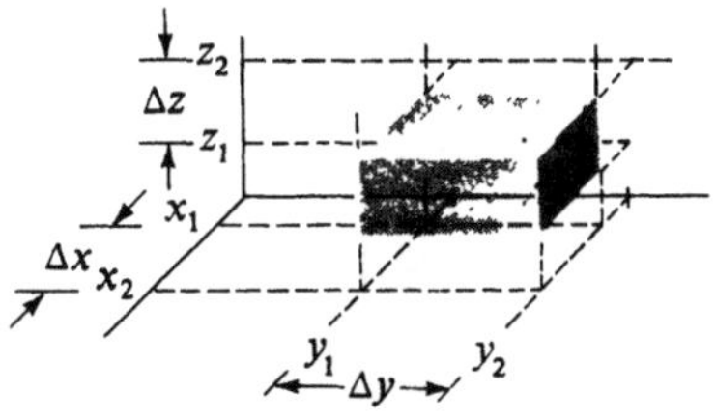

Bild 18.11

Das Volumen dieses Quaders ist durch das Produkt der Längen der drei aufeinander senkrechten Kanten gegeben:

$$(x_2 - x_1)(y_2 - y_1)(z_2 - z_1).$$

Betrachten wir nun den Körper, dessen x-Koordinate zwischen x und $x + \Delta x$, dessen y-Koordinate zwischen y und $y + \Delta y$ und dessen z-Koordinate zwischen z und $z + \Delta z$ variiert: Es ist dies ein Quader mit dem Volumen

$$\Delta x \, \Delta y \, \Delta z.$$

Diese Formel wird zur Entwicklung von Mehrfachintegralen in rechtwinkeligen Koordinaten benötigt werden.

Übungen:

1. Man beschreibe den Tetraeder aus Beispiel 2 in rechtwinkeligen Koordinaten und halte zunächst z fest, variiere dann y für jedes z und schließlich x für jedes Paar von y und z.
2. Man beschreibe in rechtwinkeligen Koordinaten die Querschnitte des Tetraeders, der durch die drei Koordinatenebenen, sowie die Ebene $(x/2) + (y/3) + (z/4) = 1$ aufgespannt wird.
3. Man beschreibe den Körper unterhalb der Ebene $z = x + y + 2$ und oberhalb des in der xy-Ebene gelegenen Kreises mit dem Radius 1 und dem Mittelpunkt $(0; 0)$. Man zeichne die Querschnitte für festes x, sowie für festes x und y.
4. (*a*) Man beschreibe in rechtwinkeligen Koordinaten den in Bild 18.12 dargestellten Zylinder mit Radius a und Höhe h.

Bild 18.12

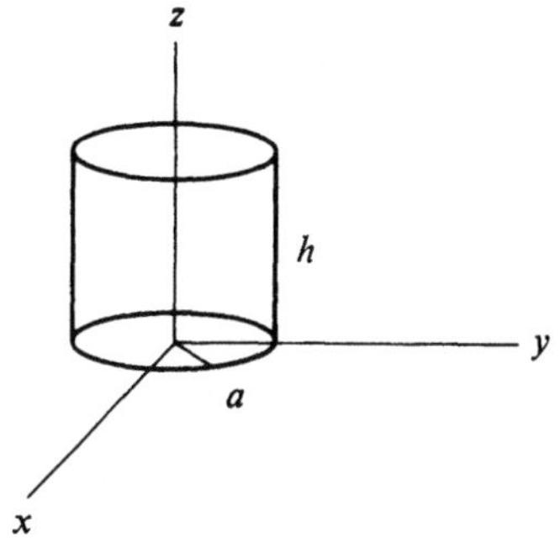

(*b*) Man zeichne die Schnitte für festes x, sowie für festes x und y.
5. (*a*) Man beschreibe in rechtwinkeligen Koordinaten den Körper unterhalb der Ebene $z = 3x + 4y$ und oberhalb des in der xy-Ebene gelegenen Dreieckes mit den Eckpunkten $(0; 0; 0)$, $(2; 0; 0)$ und $(0; 1; 0)$.
(*b*) Man zeichne die Querschnitte für festes x sowie für festes x und y.
6. Man beschreibe in rechtwinkeligen Koordinaten den geraden Kreiskegel mit dem Radius r und der Höhe h, dessen Achse mit der z-Achse zusammenfällt und dessen Spitze im Ursprung liegt. Man zeichne die Querschnitte für festes x, sowie für festes x und y.
7. Man beschreibe in rechtwinkeligen Koordinaten die Kugel mit dem Radius a und dem Mittelpunkt $(0; 0; 0)$.
8. Man beschreibe in rechtwinkeligen Koordinaten den Körper, der durch das Ellipsoid

$$\frac{x^2}{a^2} + \frac{y^2}{b^2} + \frac{z^2}{c^2} = 1$$

begrenzt wird. a, b und c seien positiv.
9. Man beschreibe in rechtwinkeligen Koordinaten die Kugel mit dem Radius 4 und dem Mittelpunkt $(1; 2; 3)$.
10. Man beschreibe in rechtwinkeligen Koordinaten den Kegel mit dem Radius r und der Höhe h (Bild 18.13).

Bild 18.13

In den Übungen 11 bis 15 zeichne man den beschriebenen Körper.

11. $1 \leqslant x \leqslant 3,\quad 0 \leqslant y \leqslant 2,\quad 0 \leqslant z \leqslant x.$

12. $0 \leqslant x \leqslant 1,\quad 0 \leqslant y \leqslant 1,\quad 1 \leqslant z \leqslant 1+x+y.$

13. $0 \leqslant x \leqslant 1,\quad 0 \leqslant y \leqslant x^2,\quad 0 \leqslant z \leqslant 1.$

14. $0 \leqslant x \leqslant 1,\quad x^2 \leqslant y \leqslant x,\quad 0 \leqslant z \leqslant x+y.$

15. $-1 \leqslant x \leqslant 1,\quad -1 \leqslant y \leqslant 1,\quad 0 \leqslant z \leqslant \sqrt{4-x^2-y^2}.$

■

16. Man zeichne den Schnitt der beiden Zylinder, die durch die Zylinderflächen $x^2+z^2=a^2$ und $y^2+z^2=a^2$ begrenzt sind.

17. Man zeichne einen typischen Querschnitt des Körpers aus Übung 16 mit einer zur xy-Ebene parallelen Ebene, deren Abstand von der xy-Ebene kleiner ist als a.

18.3 Die Beschreibung räumlicher Gebiete in Zylinderkoordinaten oder Kugelkoordinaten

Zylinderkoordinaten im Raum ergeben sich als Kombination von ebenen Polarkoordinaten mit der rechtwinkeligen z-Koordinate des Raumes. Jeder Punkt P des Raumes erhält die Bezeichnung $(r;\theta,z)$, wie Bild 18.14 zu entnehmen ist. Die Polarachse kann beliebig gewählt werden, wird jedoch üblicherweise mit der x-Achse eines $(x;y;z)$ Systems übereinstimmen. Der Punkt $(r;\theta;z)$ liegt direkt oberhalb (oder unterhalb) des Punktes $P^*=(r;\theta)$ in der $r\theta$-Ebene. Da die Menge aller Punkte $P=(r;\theta;z)$ mit $r=k$ (einer Konstanten) einem Kreiszylinder entspricht, wird dieses Koordinatensystem zur Beschreibung derartiger Zylinder besonders geeignet sein.

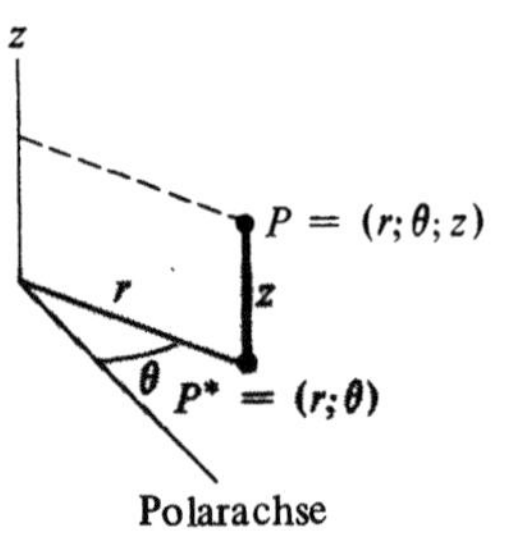

Bild 18.14

Beispiel 1: Man beschreibe einen zylindrischen Körper mit dem Radius a und der Höhe h in Zylinderkoordinaten. Die Achse des Zylinders liege auf der positiven z-Achse, die Grundfläche habe ihren Mittelpunkt im Pol (Bild 18.15).

Lösung: Zunächst variiert θ zwischen Null und 2π. Wir halten θ fest und betrachten nur positive r. Die entstehenden Schnitte sind Rechtecke und stehen senkrecht auf der

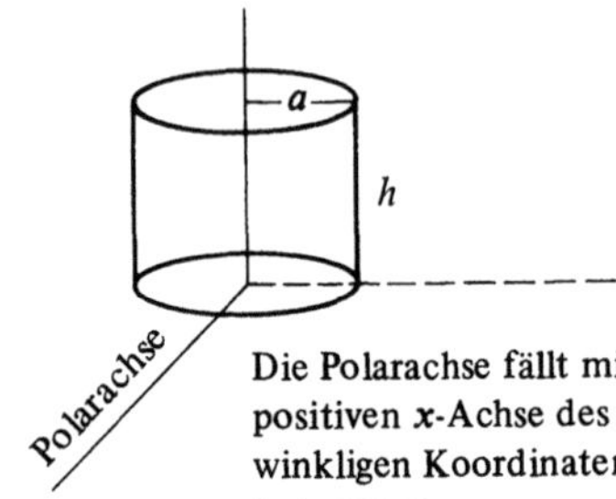

Bild 18.15

Die Polarachse fällt mit der positiven x-Achse des rechtwinkligen Koordinatensystems zusammen

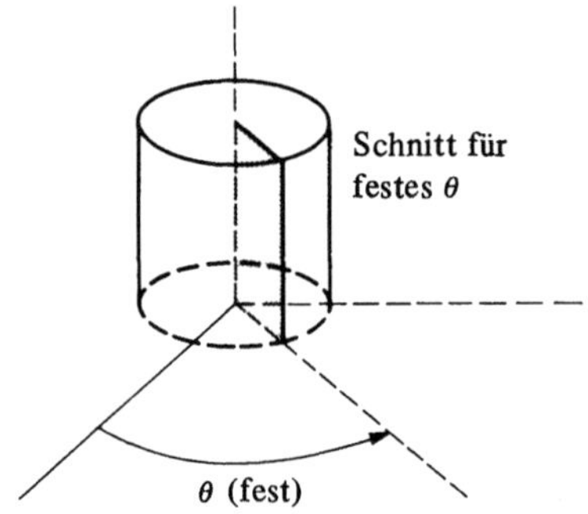

Bild 18.16

$r\theta$-Ebene (Bild 18.16). Nun untersuchen wir das Verhalten von r und z auf diesem Schnitt. Der Radius r variiert unabhängig von θ zwischen Null und a. Damit haben wir durch

$$0 \leqslant \theta \leqslant 2\pi, \quad 0 \leqslant r \leqslant a$$

den Schatten beschrieben, der durch den zylindrischen Körper von bei zur z-Achse parallelem Lichteinfall auf die $r\theta$-Ebene geworfen wird.

Nun halten wir r sowie θ fest und untersuchen das Verhalten von z (Bild 18.17). Für festes r und θ erhalten wir als Schnitt eine Strecke, längs der z zwischen Null und a variiert. Damit ergibt sich insgesamt die folgende Beschreibung des zylindrischen Körpers:

$$0 \leqslant \theta \leqslant 2\pi, \quad 0 \leqslant r \leqslant a, \quad 0 \leqslant z \leqslant h. \quad \bullet$$

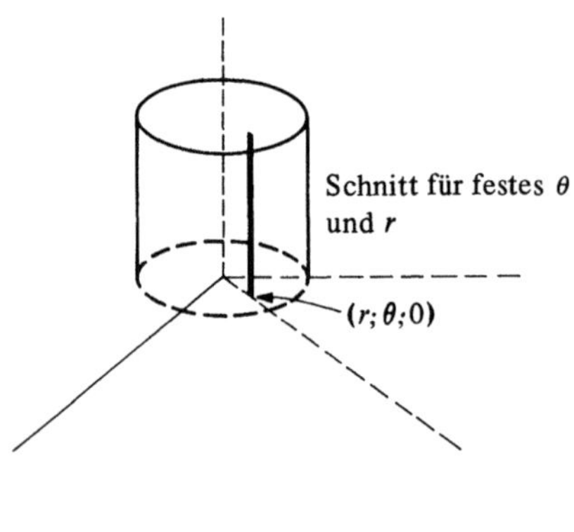

Bild 18.17

Beispiel 2: Man beschreibe in Zylinderkoordinaten das räumliche Gebiet, das durch den Schnitt eines zylindrischen Körpers mit dem Radius 3 und einer Kugel mit dem Radius 5 sowie dem Mittelpunkt auf der Zylinderachse entsteht. Das zylindrische Koordinatensystem wird entsprechend Bild 18.18 gewählt:

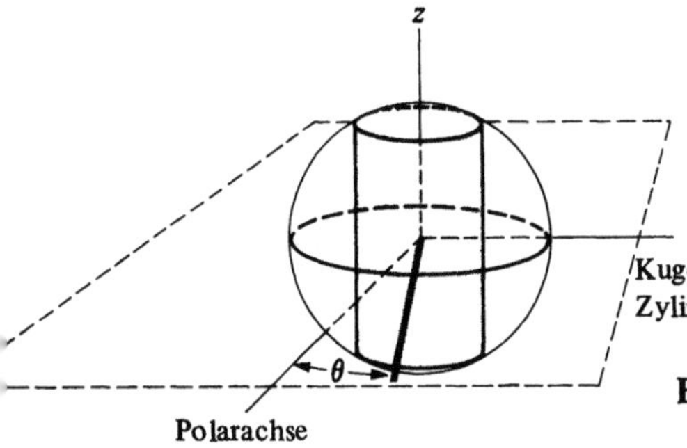

Bild 18.18

Lösung: Zunächst beschreiben wir die Kugeloberfläche in Zylinderkoordinaten. Der Punkt $P = (r; \theta; z)$ hat vom Ursprung O den Abstand $\sqrt{r^2 + z^2}$ (Bild 18.19). Auf Grund des pythagoräischen Lehrsatzes gilt nämlich

$$r^2 + z^2 = \overline{OP}^2.$$

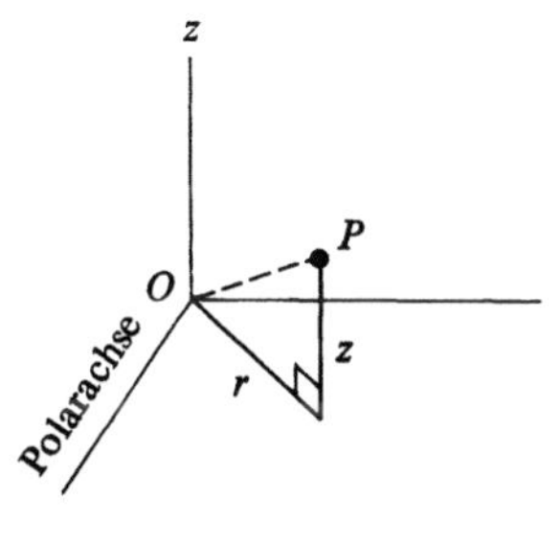

Bild 18.19

Nun untersuchen wir die Beschreibung des Körpers. Zunächst variiert θ zwischen Null und 2π; r variiert zwischen Null und drei. Dies liefert uns die Beschreibung des Zylinders. Für feste Werte von θ und r ist der Schnitt mit dem Körper durch eine Strecke gegeben, die von der Kugelfläche begrenzt wird (Bild 18.20). Nun gilt für jeden Punkt auf einer Kugel mit dem Radius 5 die Gleichung

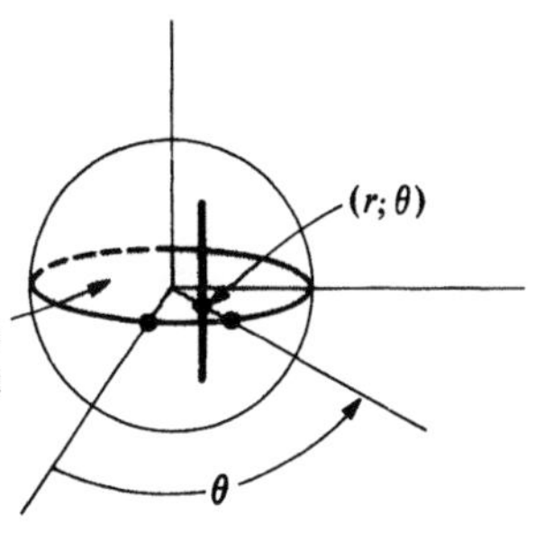

Bild 18.20

$$r^2 + z^2 = 25 \quad \text{oder} \quad z = \pm\sqrt{25 - r^2}.$$

Daher wird die zu festem r und θ gehörige Strecke durch Werte von z zwischen $-\sqrt{25 - r^2}$ und $\sqrt{25 - r^2}$ gekennzeichnet.

Wir erhalten damit folgende Beschreibung des Körpers:

$$0 \leqslant \theta \leqslant 2\pi; \quad 0 \leqslant r \leqslant 3$$

$$-\sqrt{25 - r^2} \leqslant z \leqslant \sqrt{25 - r^2}. \; \bullet$$

Die Menge aller Punkte $(r; \theta; z)$ mit

$$r_1 \leqslant r \leqslant r_2, \quad \theta_1 \leqslant \theta \leqslant \theta_2, \quad z_1 \leqslant z \leqslant z_2$$

überdeckt einen Körper mit vier ebenen und zwei gekrümmten Grenzflächen (Bild 18.21).

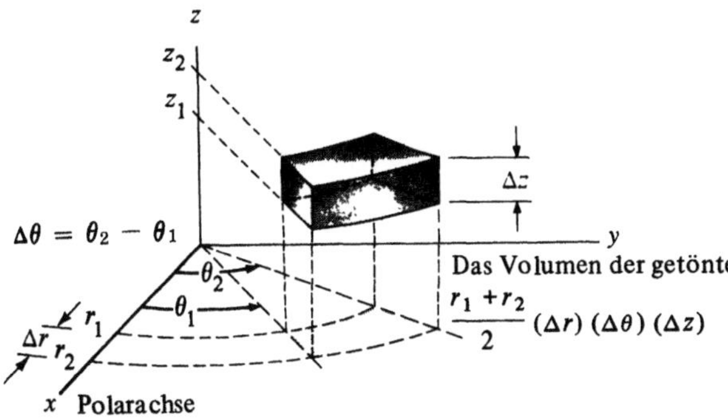

Bild 18.21

Das Volumen dieses Körpers ist durch das Produkt seiner Grundfläche mit seiner Höhe $z_2 - z_1$ gegeben. Der Inhalt der Grundfläche ist gleich

$$\frac{r_1 + r_2}{2} \Delta r \Delta\theta,$$

wie wir am Ende von Abschnitt 13.5 gesehen haben. Somit ergibt sich für das Volumen

$$\frac{r_1 + r_2}{2} \Delta r \Delta\theta \, \Delta z.$$

Nun betrachten wir den Körper, der aus allen Punkten $(r; \theta; z)$ mit Koordinaten zwischen r und $r + \Delta r$, zwischen θ und $\theta + \Delta\theta$ sowie zwischen z und $z + \Delta z$ besteht. Sein Volumen beträgt

$$\frac{r + (r + \Delta r)}{2} \Delta r \Delta\theta \, \Delta z.$$

Da die Größen Δr, $\Delta\theta$ und Δz klein sind, kann das Volumen durch

$$r\,\Delta r\,\Delta\theta\,\Delta z$$

angenähert werden. *Man beachte den zusätzlichen Faktor r.* Er wird bei der Berechnung dreidimensionaler Integrale in Zylinderkoordinaten stets auftreten.

Kugelkoordinaten

Mit Hilfe von Kugelkoordinaten erhält man kompakte Beschreibungen von Kegeln und Kugeln. Ein Punkt P wird durch die drei Zahlen $(\rho;\phi;\theta)$ gekennzeichnet (Bild 18.22). Für die Kugel $x^2 + y^2 + z^2 = 5^2$ erhalten wir nun die einfache Darstellung $\rho = 5$. Die Menge aller Punkte mit konstantem ϕ entspricht der Oberfläche eines Kegels mit der x-Achse als Kegelachse. Die Menge aller Punkte mit vorgegebenem θ erfüllt eine Halbebene, die durch die z-Achse begrenzt wird. Demnach liegen alle Punkte mit festem ϕ und θ auf einem Strahl, der vom Ursprung ausgeht und sich als Schnittlinie der soeben beschriebenen Kegeloberfläche mit der Halbebene ergibt (Bild 18.23).

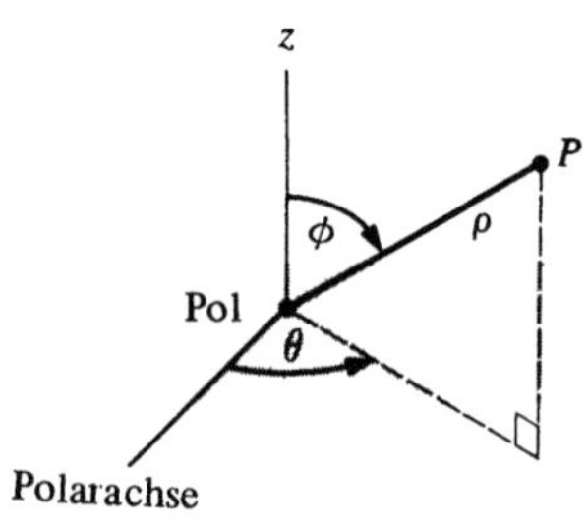

θ hat dieselbe Bedeutung wie bei den Zylinderkoordinaten. ϕ wird von der positiven z-Achse aus gemessen $(0 \leqslant \phi \leqslant \pi)$. ρ ist der Abstand von P zum Pol.

Bild 18.22

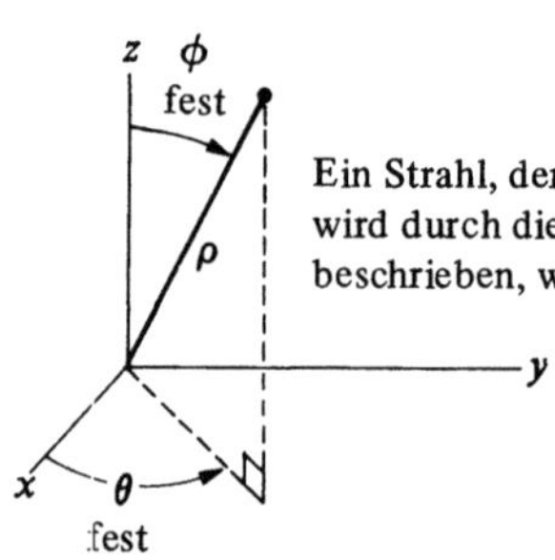

Ein Strahl, der vom Ursprung ausgeht, wird durch die festen Werte θ und ϕ beschrieben, wobei ρ variiert.

Bild 18.23

Die rechtwinkeligen Koordinaten des Punktes $(\rho;\phi;\theta)$ zeigt Bild 18.24.

Beispiel 3: Man bestimme die Gleichung der Ebene $z = 4$ in Kugelkoordinaten.

Bild 18.24

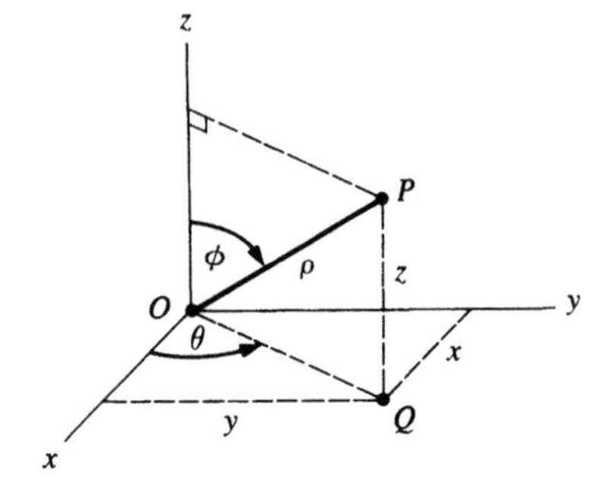

$$z = OP\cos\phi = \rho\cos\phi$$
$$y = OQ\sin\theta = \rho\sin\phi\sin\theta$$
$$x = OQ\cos\theta = \rho\sin\phi\cos\theta$$

Lösung: Es gilt

$$z = \rho\cos\phi.$$

Daher ergibt sich für die Gleichung der Ebene $z = 4$ in Kugelkoordinaten

$$\rho\cos\phi = 4, \quad \rho = \frac{4}{\cos\phi} \quad \text{oder} \quad \rho = 4\sec\phi. \quad \bullet$$

Beispiel 4: Man beschreibe in Kugelkoordinaten einen kegelförmigen Körper der Höhe 4 (Bild 18.25).

Bild 18.25

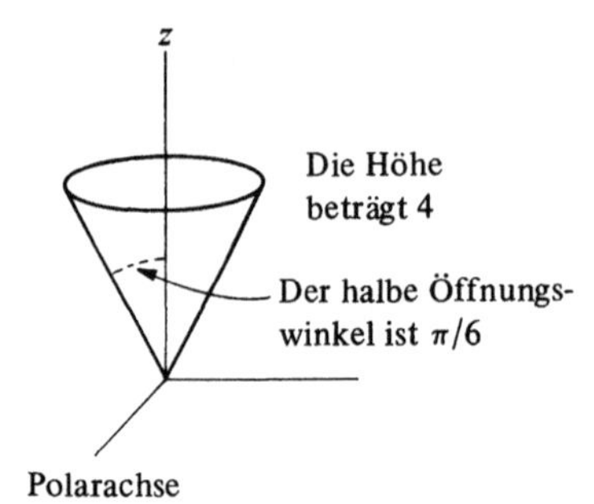

Lösung: Im allgemeinen läßt sich der Variationsbereich von θ am leichtesten bestimmen. In diesem Beispiel nimmt θ Werte von Null bis 2π an. Für jedes feste θ ist der Querschnitt durch ein Dreieck gegeben (Bild 18.26).

Bild 18.26

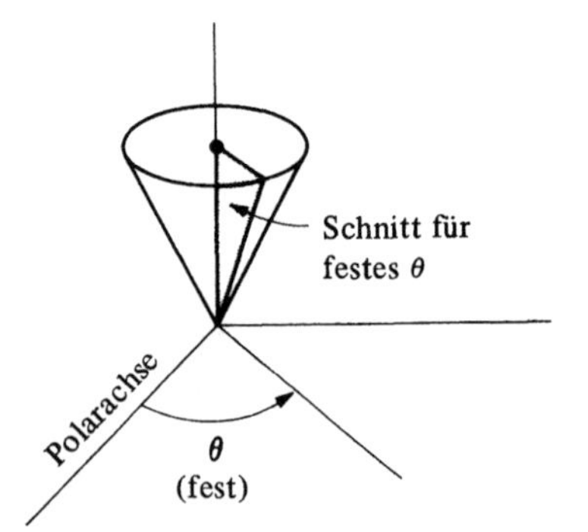

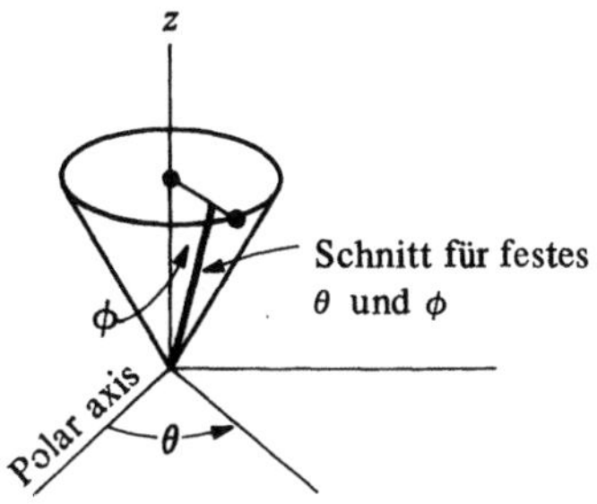

Bild 18.27

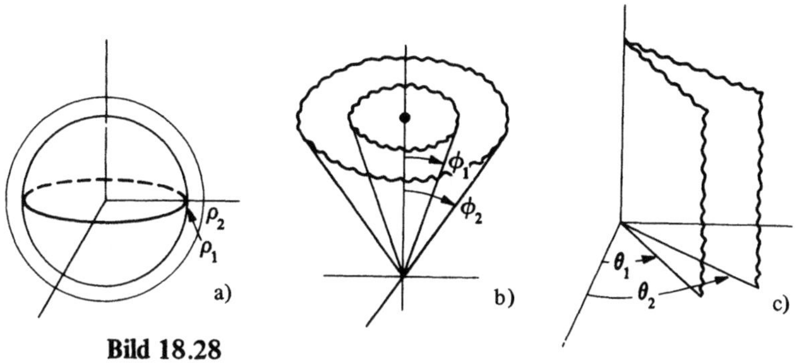

Bild 18.28

Auf diesem Dreieck variiert der Winkel ϕ von Null bis $\pi/6$. Für jedes feste θ und ϕ ergibt sich als Schnitt ein Teil eines bestimmten Strahles, der vom Ursprung ausgeht (Bild 18.27). Auf diesem Schnitt variiert ρ von Null bis zu dem Wert, der der Ebene $z = 4$ entspricht. Wie wir Beispiel 3 entnehmen, hat diese Ebene die Gleichung

$$\rho = 4 \sec \phi.$$

Somit variiert ρ für festes θ und ϕ von Null bis $4 \sec \phi$ und wir erhalten als Beschreibung des kegelförmigen Körpers:

$$0 \leqslant \theta \leqslant 2\pi, \quad 0 \leqslant \phi \leqslant \frac{\pi}{6}, \quad 0 \leqslant \rho \leqslant 4 \sec \phi. \quad \bullet$$

Die Beschreibung des Kegels durch θ und ϕ in Beispiel 4 hat eine besonders einfache Form. Kugelkoordinaten sind also zur Beschreibung von Kegeln besonders geeignet. Auch die Beschreibung eines kugelförmigen Körpers mit dem Mittelpunkt im Ursprung wird in Kugelkoordinaten besonders einfach. Wir erhalten für eine Kugel mit dem Radius a und dem Mittelpunkt im Ursprung:

$$0 \leqslant \theta \leqslant 2\pi, \quad 0 \leqslant \phi \leqslant \pi, \quad 0 \leqslant \rho \leqslant a.$$

Die Menge aller Punkte $(r; \phi; \theta)$ mit

$$\rho_1 \leqslant \rho \leqslant \rho_2, \quad \phi_1 \leqslant \phi \leqslant \phi_2, \quad \theta_1 \leqslant \theta \leqslant \theta_2$$

ist ein Körpers R mit zwei ebenen und vier gekrümmten Oberflächenteilen. Wir wollen das Volumen eines solchen Körpers abschätzen, wenn $\rho_2 - \rho_1$, $\phi_2 - \phi_1$ und $\theta_2 - \theta_1$ sehr klein sind. Diese Schätzung wird zur Berechnung mehrfacher Integrale in Kugelkoordinaten benötigt werden.

R wird durch sechs Flächen begrenzt (Bild 18.28): Durch die Kugeln mit den Radien ρ_1 und ρ_2. durch die Kegel mit den halben Öffnungswinkeln ϕ_1 und ϕ_2, sowie durch die Halbebenen mit den Polarwinkeln θ_1 und θ_2.

Das kleine Volumen R hat die in den Bildern 18.29 und 18.30 wiedergegebene Gestalt. $ABCD$ und $EFGH$ sind

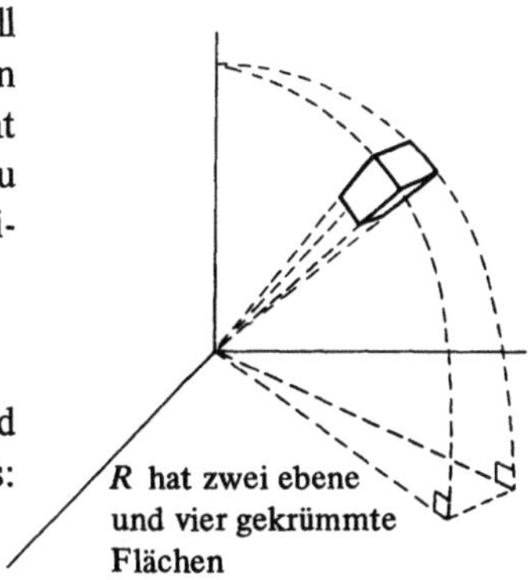

Bild 18.29

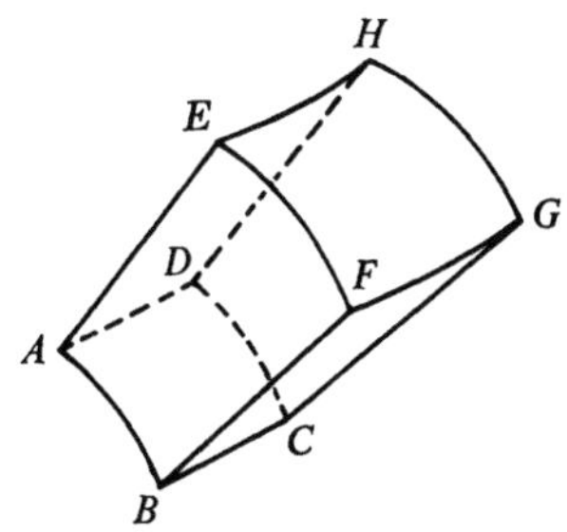

Bild 18.30

kugelförmig. $BCGF$ und $ADHE$ sind kegelförmig. $ABFE$ und $DCGH$ sind eben. Das kleine Volumen R erinnert an einen Quader, dessen Volumen näherungsweise durch das Produkt $\overline{AE} \cdot \widehat{AB} \cdot \widehat{AD}$ gegeben ist.

Zunächst ist die Strecke $\overline{AE}$ durch die Differenz der Radien der beiden Kugeln bestimmt:

$$\overline{AE} = \rho_2 - \rho_1.$$

$\widehat{AB}$ ist Bogen eines Kreises mit dem Radius ρ_1 und spannt einen Winkel $\phi_2 - \phi_1$ auf. Daher erhalten wir

$$\widehat{AB} = \rho_1 (\phi_2 - \phi_1).$$

$\widehat{AD}$ ist schließlich Bogen eines Kreises, der senkrecht auf der z-Achse steht (Bild 18.31). $\widehat{AD}$ spannt einen Winkel von $\theta_2 - \theta_1$ auf. Der Radius des gestrichelten Kreises kann aus dem rechtwinkeligen Dreieck AOQ berechnet werden (Bild 18.32). Daher hat der Bogen $\widehat{AD}$ die Länge

$$\rho_1 \sin \phi_1 (\theta_2 - \theta_1).$$

Das Volumen R ist somit näherungsweise durch

$$\begin{aligned}\overline{AE} \cdot \widehat{AB} \cdot \widehat{AD} &= (\rho_2 - \rho_1)\, \rho_1 (\phi_2 - \phi_1)\, \rho_1 \sin \phi_1 (\theta_2 - \theta_1)\\ &= \rho_1^2 \sin \phi_1 (\rho_2 - \rho_1)(\phi_2 - \phi_1)(\theta_2 - \theta_1)\end{aligned}$$

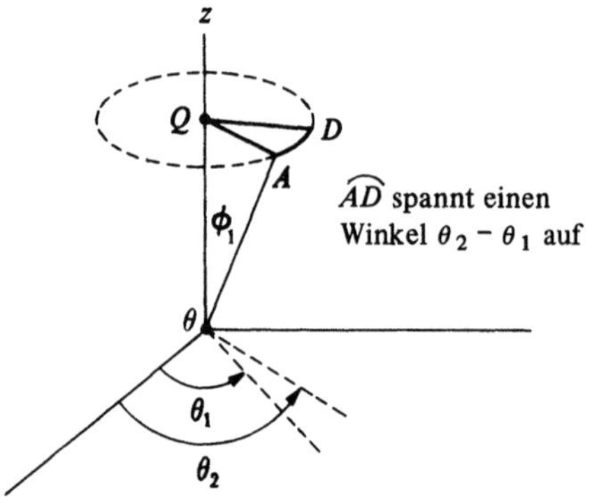

Bild 18.31

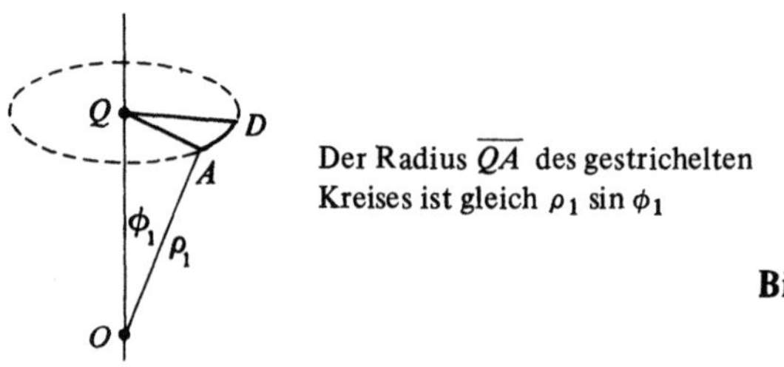

Bild 18.32

gegeben. Wir erhalten für das Volumen, dessen Punkte $(\rho; \phi; \theta)$ ρ-Koordinaten zwischen ρ und $\rho + \Delta\rho$, ϕ-Koordinaten zwischen ϕ und $\phi + \Delta\phi$ sowie θ-Koordinaten zwischen θ und $\theta + \Delta\theta$ besitzen, näherungsweise den Ausdruck

$$\rho^2 \sin\phi \, \Delta\rho \, \Delta\phi \, \Delta\theta. \tag{1}$$

Der Faktor $\rho^2 \sin\phi$ wird bei der Berechnung von Mehrfachintegralen in Kugelkoordinaten auftreten. In der Formel (1) haben ρ und $\Delta\rho$ die Dimension einer Länge, während $\Delta\phi$ und $\Delta\theta$ dimensionslose Größen sind (das Bogenmaß ist als Quotient zweier Längen definiert). Somit ergibt sich für die Dimension des Ausdruckes (1) die dritte Potenz einer Länge, wie dies für die Darstellung eines Volumens auch zu erwarten war.

Übungen:

Die Übungen 1 bis 18 behandeln Zylinderkoordinaten. In den Übungen 1 bis 6 zeichne man den Graphen aller Punkte $(r; \theta; z)$ mit

1. $r = 1$
2. $\theta = \pi/4$ (man betrachte nur nichtnegative r)
3. $z = 1$
4. $r = z$
5. $r^2 + z^2 = 9$
6. $r = 2\cos\theta$

In den Übungen 7 und 8 zeichne man die Schnitte für feste Werte von θ. (Man beschränke sich auf nichtnegative Werte von r.)

7. Das Gebiet R besteht aus allen Punkten mit einer Entfernung a vom Ursprung des $r\theta z$-Koordinatensystems.
8. Das Gebiet r besteht aus allen Punkten des Körpers aus Übung 7, die im Inneren des Zylinders mit der Gleichung $r = a\cos\theta$ liegen; a ist eine feste positive Zahl.
9. Man beschreibe den Körper aus Übung 7 in Zylinderkoordinaten.
10. Man beschreibe den Körper aus Übung 8 in Zylinderkoordinaten.
11. (*a*) Wie lauten die Zylinderkoordinaten des Punktes $P = (x; y; z)$?
    (*b*) Wie lauten die rechtwinkeligen Koordinaten des Punktes $P = (r; \theta; z)$?
12. Man beschreibe den kegelförmigen Körper des Bildes 18.33 in Zylinderkoordinaten.

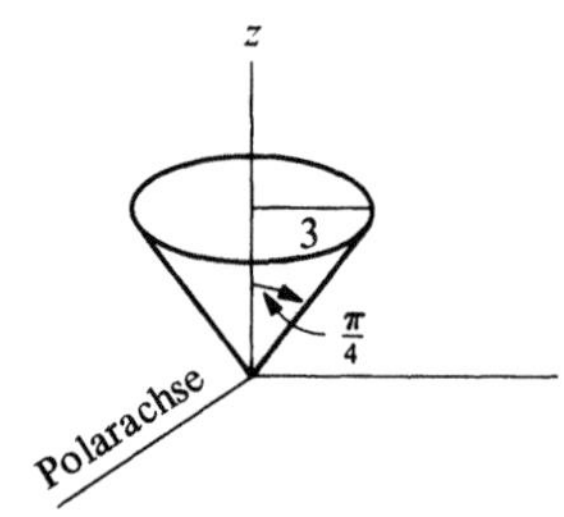

Bild 18.33

13. Man gebe die Gleichungen der folgenden Mengen in Zylinderkoordinaten an.
    (*a*) xy-Ebene, (*b*) Ebene $x = y$,
    (*c*) z-Achse.

In den Übungen 14 bis 18 zeichne man den beschriebenen Körper.

14. $0 \leq \theta \leq \pi/2, \quad 1 \leq z \leq 2, \quad 1 \leq r \leq z$
15. $0 \leq \theta \leq 2\pi, \quad 0 \leq r \leq 1, \quad r \leq z \leq 1$
16. $0 \leq \theta \leq \pi/2, \quad 0 \leq r \leq \cos\theta, \quad 1 \leq z \leq 2$
17. $0 \leq \theta \leq \pi/2, \quad 0 \leq r \leq 1, \quad 0 \leq z \leq r\cos\theta$
18. $0 \leq \theta \leq 2\pi, \quad 0 \leq r \leq \cos\theta, \quad r \leq z \leq \sqrt{4 - r^2}$

Die Übungen 19 bis 40 behandeln Kugelkoordinaten. In den Übungen 19 bis 24 zeichne man den Graphen aller Punkte $(\rho; \phi; \theta)$, die die gegebene Gleichung erfüllen.

19. $\rho = 2$
20. $\phi = \pi/6$
21. $\theta = \pi/2$
22. $\phi = \pi/2$
23. $\phi = 0$
24. $\phi = \pi$
25. Wie lauten die zylindrischen Koordinaten des Punktes $(\rho; \phi; \theta)$?
26. Man zeichne die Menge aller Punkte $(\rho; \phi; \theta)$ mit $\phi = \pi/2$ und $\theta = \pi/2$.

In den Übungen 27 bis 31 beschreibe man das Gebiet R in Kugelkoordinaten.

27. R ist eine Kugel mit dem Radius a und dem Mittelpunkt im Ursprung.
28. R ist die obere Hälfte einer Kugel mit dem Radius a und dem Mittelpunkt im Ursprung.

29. R ist der Schnitt eines kegelförmigen Körpers mit einer Kugel und besitzt die Gestalt einer Eistüte (Bild 18.34).

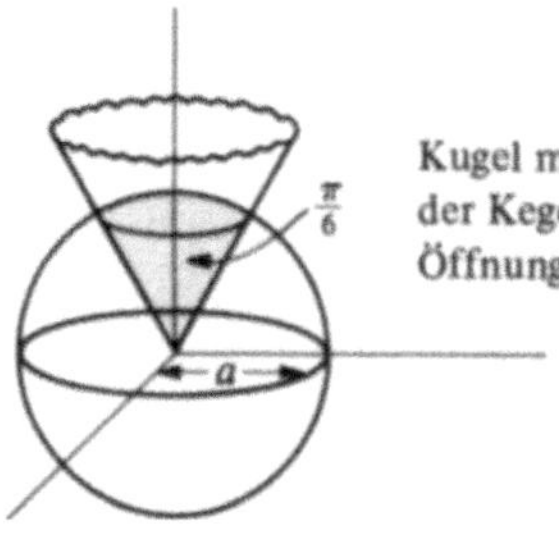

Bild 18.34

30. R ist das Gebiet zwischen zwei konzentrischen Kugeln mit dem Mittelpunkt im Ursprung sowie den Radien a und b. Es gelte $a < b$.
31. R ist das Teilgebiet des Kegels aus Übung 29 unterhalb der Ebene $z = 3a/5$.

In den Übungen 32 bis 35 zeichne man das beschriebene Gebiet.

32. $0 \leq \theta \leq \pi/2, \quad 0 \leq \phi \leq \pi/2, \quad 0 \leq \rho \leq 1$
33. $0 \leq \theta \leq 2\pi, \quad \pi/2 \leq \phi \leq \pi, \quad 1 \leq \rho \leq 2$
34. $0 \leq \theta \leq \pi, \quad 0 \leq \phi \leq \pi/4, \quad 0 \leq \rho \leq \sec\phi$
35. $0 \leq \theta \leq \pi/2, \quad 0 \leq \phi \leq \pi/4, \quad 1 \leq \rho \leq 2\sec\phi$
36. Man ergänze die fehlenden Worte und erkläre mit Hilfe einer Skizze: Rechtwinkelige Koordinaten bestimmen einen Punkt durch die Angabe jener drei Ebenen, denen er angehört. Kugelkoordinaten definieren einen Punkt durch die Angabe von ________, ________ und ________, auf denen er liegt.
    Zylinderkoordinaten beschreiben einen Punkt durch die Angabe von ________, ________ und ________, auf denen er liegt.
37. Man bestimme die Kugelkoordinaten eines Punktes mit den Zylinderkoordinaten $(r;\theta;z)$; es gelte $r > 0$.
38. Man zeichne den Körper mit der Beschreibung $0 \leq \theta \leq \pi/2$, $\pi/4 \leq \phi \leq \pi/2$, $1 \leq \rho \leq 2$.
39. Man bestimme die Kugelkoordinaten eines Punktes mit den rechtwinkeligen Koordinaten $(x;y;z)$.
40. Man bestimme die Gleichung der folgenden Ebenen in Kugelkoordinaten.
    (*a*) $x = 2$, (*b*) $2x + 3y + 4z = 1$.

18.4 Die Berechnung von $\int_R f(P)\,dV$ in rechtwinkeligen Koordinaten

In Kapitel 13 wurden bestimmte Integrale über ebene Gebiete auf die Berechnung von Mehrfachintegralen zurückgeführt. Ebenso können wir mit Hilfe von Mehrfachintegralen auch bestimmte Integrale über dreidimensionale Mengen berechnen. In diesem Abschnitt werden wir Mehrfachintegrale in rechtwinkeligen Koordinaten zu Hilfe nehmen; im nächsten Abschnitt werden Mehrfachintegrale in Zylinder- und Kugelkoordinaten herangezogen.

Bevor wir die Integrale $\int_R f(P)\,dV$ berechnen, wollen wir einige ihrer dreidimensionalen Anwendungen zusammenstellen:

$f(P)$	*die Bedeutung von* $\int_R f(P)\,dV$
1	$\int_R 1\,dV$ = Volumen von R
Dichte in Punkt P (bezeichnet mit δ)	$\int_R \delta\,dV$ = Masse in R
$s^2\delta$ (δ ist die Dichte im Punkt P und s die Distanz von P zu einer bestimmten Geraden L; üblicherweise ist δ gleich 1)	$\int_R s^2\delta\,dV$ = Trägheitsmoment der Masse in R um die Gerade L (Mechanik rotierender Körper)
$x\delta$ (δ ist die Dichte im Punkt P und x die Koordinate von P; üblicherweise ist δ gleich 1)	$\int_R x\delta\,dV$ = Moment der Masse in R bezüglich der yz-Ebene (Berechnung des Schwerpunktes eines Körpers; s. die folgenden Formeln)
δ/q (δ ist die Dichte in P und q ist die Distanz von P zu einem festen Punkt A; üblicherweise ist δ gleich 1)	$\int_R \frac{\delta}{q}\,dV$ = die Arbeit des Gravitationsfeldes der Masse von R, um eine Masseneinheit aus dem Unendlichen in den Punkt A zu befördern. Das Negative dieses Ausdrucks wird als „Potential" bezeichnet

Bemerkung: Ist die Dichte δ konstant, dann gilt $\delta = m/V$; m ist die Masse und V das Volumen des Körpers.

Der Schwerpunkt der Masse in R hat die Koordinaten

$$\bar{x} = \frac{\int_R x\delta\, dV}{\text{Masse in } R}, \qquad \bar{y} = \frac{\int_R y\delta\, dV}{\text{Masse in } R},$$

$$\bar{z} = \frac{\int_R z\delta\, dV}{\text{Masse in } R}.$$

Diese Formeln entsprechen den Ausdrücken aus Abschnitt 13.4.

Für $\delta = 1$ ist der Körper homogen und die Formeln für den Schwerpunkt nehmen die folgende Gestalt an

$$\bar{x} = \frac{\int_R x\, dV}{\text{Volumen von } R}, \qquad \bar{y} = \frac{\int_R y\, dV}{\text{Volumen von } R},$$

$$\bar{z} = \frac{\int_R z\, dV}{\text{Volumen von } R}.$$

Die Berechnung von $\int_R f(P)\, dV$ mit Hilfe von Mehrfachintegralen verläuft analog zur Berechnung von $\int_R f(P)\, dA$. Allerdings treten nun drei anstatt zwei Integrationen auf. Die Integrationsgrenzen ergeben sich aus der Beschreibung von R in rechtwinkeligen Koordinaten. Ist R durch

$$a \leqslant x \leqslant b, \quad y_1(x) \leqslant y \leqslant y_2(x),$$
$$z_1(x; y) \leqslant z \leqslant z_2(x; y)$$

definiert, so ergibt sich

$$\int_R f(P)\, dV = \int_a^b \left[\int_{y_1(x)}^{y_2(x)} \left(\int_{z_1(x;y)}^{z_2(x;y)} f(P)\, dz \right) dy \right] dx.$$

Einige Beispiele veranschaulichen die Anwendung dieser Formel. In Übung 15 wird ihre Gültigkeit intuitiv begründet.

Beispiel 1: Man berechne $\int_R z\, dV$ für den Tetraeder R aus Beispiel 2 von Abschnitt 18.2.

Lösung: Die Beschreibung des Tetraeders lautet:

$$0 \leqslant x \leqslant 1, \quad 0 \leqslant y \leqslant 1 - x, \quad 0 \leqslant z \leqslant 1 - x - y.$$

Somit gilt

$$\int_R z\, dV = \int_0^1 \int_0^{1-x} \int_0^{1-x-y} z\, dz\, dy\, dx.$$

Wir berechnen zuerst das innere Integral und behandeln x sowie y als Konstanten. Der Hauptsatz führt auf

$$\int_0^{1-x-y} z\, dz = \frac{z^2}{2}\bigg|_{z=0}^{z=1-x-y} = \frac{(1-x-y)^2}{2}.$$

Die nächste Integration, für festes x, ergibt

$$\int_0^{1-x} \frac{(1-x-y)^2}{2}\, dy = -\frac{(1-x-y)^3}{6}\bigg|_{y=0}^{y=1-x}$$

$$= -\frac{0^3}{6} + \frac{(1-x)^3}{6} = \frac{(1-x)^3}{6}.$$

Schließlich ergibt sich für die dritte Integration

$$\int_0^1 \frac{(1-x)^3}{6}\, dx = -\frac{(1-x)^4}{24}\bigg|_0^1$$

$$= -\frac{0^4}{24} + \frac{1^4}{24} = \frac{1}{24}. \quad \bullet$$

Mit Hilfe von Beispiel 1 können wir die z-Koordinate $\bar{z}$ des Schwerpunktes für den Tetraeder leicht berechnen. Es gilt

$$\bar{z} = \frac{\int_R x\, dV}{\text{Volumen von } R} = \frac{\frac{1}{24}}{\text{Volumen von } R}.$$

Das Volumen des Tetraeders ist durch

$$\frac{1}{3} \cdot \text{Höhe} \cdot \text{Grundfläche} = \frac{1}{3} \cdot 1 \cdot \frac{1}{2} = \frac{1}{6} \qquad \text{gegeben.}$$

Es folgt

$$\bar{z} = \frac{\frac{1}{24}}{\frac{1}{6}} = \frac{1}{4}.$$

Der Schwerpunkt liegt auf einer zur xy-Ebene parallelen Ebene. Deren Abstand von der xy-Ebene beträgt $\frac{3}{4}$ der Strecke zwischen dem Eckpunkt $(1;0;0)$ und der xy-Ebene.

Beispiel 2: Man berechne das Trägheitsmoment eines homogenen Würfels mit der Kante a und der Masse m um eine Kante.

Lösung: Der Einfachheit halber legen wir den Ursprung des rechtwinkeligen Koordinatensystems in einen Eckpunkt des Würfels und berechnen das Trägheitsmoment um die Kante, die mit der x-Achse zusammenfällt (Bild 18.35).

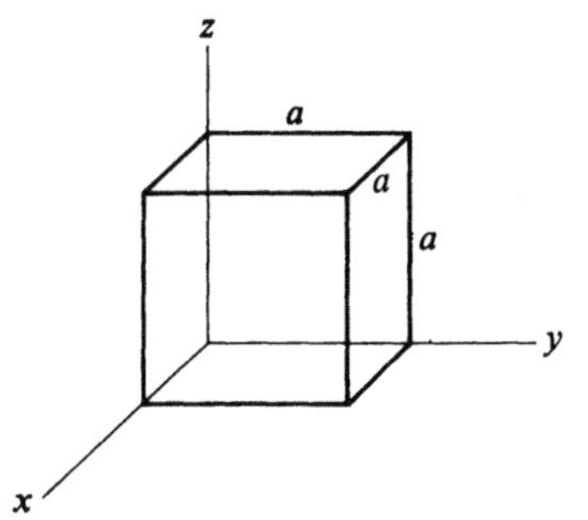

Bild 18.35

Die Dichte in einem beliebigen Punkt b des Würfels ist durch m/a^3 gegeben, denn das Volumen des Würfels ist gleich a^3. Das Quadrat des Abstandes zwischen $P = (x;y;z)$ und der x-Achse lautet $y^2 + z^2$. Wir entnehmen unserer obigen Tabelle die Definition des Trägheitsmomentes und erhalten das Integral

$$\int_R (y^2 + z^2)\frac{m}{a^3}\,dV.$$

Um dieses Integral auszuwerten, müssen wir den Würfel in rechtwinkeligen Koordinaten darstellen:

$$0 \leqslant x \leqslant a, \quad 0 \leqslant y \leqslant a, \quad 0 \leqslant z \leqslant a.$$

Es folgt

$$\int_R (y^2 + z^2)\frac{m}{a^3}\,dV = \int_0^a \int_0^a \int_0^a (y^2 + z^2)\frac{m}{a^3}\,dz\,dy\,dx.$$

Die drei Integrationen können mit Hilfe des Hauptsatzes ausgeführt werden.

Die erste Integration ergibt:

$$\int_0^a (y^2 + z^2)\frac{m}{a^3}\,dz = \left(y^2 z + \frac{z^3}{3}\right)\frac{m}{a^3}\Bigg|_{z=0}^{z=a}$$

$$= \left(y^2 a + \frac{a^3}{3}\right)\frac{m}{a^3} = \frac{m}{a^2}\left(y^2 + \frac{a^2}{3}\right).$$

Die zweite Integration führt zu

$$\int_0^a \frac{m}{a^2}\left(y^2 + \frac{a^2}{3}\right)dy = \frac{m}{a^2}\left(\frac{y^3}{3} + \frac{a^2 y}{3}\right)\Bigg|_{y=0}^{y=a}$$

$$= \frac{m}{a^2}\left(\frac{a^3}{3} + \frac{a^3}{3}\right) = \frac{2ma}{3}.$$

Schließlich erhalten wir

$$\int_0^a \frac{2ma}{3}\,dx = \frac{2ma^2}{3}.$$

Das Trägheitsmoment um eine Kante ist gleich $2ma^2/3$. (Das gleiche Trägheitsmoment hätte sich ergeben, wenn die Gesamtmasse in einem Punkt mit dem Abstand $\sqrt{\frac{2}{3}}a$ von der Kante konzentriert wäre.) ●

Um ein dreidimensionales Integral mit Hilfe mehrfacher Integration zu bestimmen, muß der Hauptsatz dreimal angewendet werden. Dies ist nur für die einfachsten Integranden möglich, wie sie allerdings in physikalischen und technischen Anwendungen zumeist auftreten. Abgesehen davon ist das Integral $\int_R f(P)\,dV$ zur Definition physikalischer Größen und zur Formulierung physikalischer Aussagen von grundsätzlicher Bedeutung.

Übungen:

1. (*a*) Man berechne $\int_R y\,dV$ für den Tetraeder aus Beispiel 1.

   (*b*) Man bestimme $\bar{y}$ für diesen Tetraeder.
2. Man bestimme das Volumen des Tetraeders aus Beispiel 1 und berechne hierzu $\int_R 1\,dV$ mit Hilfe mehrfacher Integrale.

3. Man bestimme das Trägheitsmoment des Tetraeders aus Beispiel 1 um die z-Achse; die Gesamtmasse sei homogen verteilt und gleich m.

4. Man berechne das Mehrfachintegral

$$\int_0^1 \int_{x^3}^{x^2} \int_0^{x+y} z\,dz\,dy\,dx.$$

5. Ein quaderförmiger Körper hat die Masse m und die Seitenkanten a, b und c. Man bestimme sein Trägheitsmoment um die Kante der Länge a.

6. Man berechne $\int_R z\,dV$ für das Gebiet R oberhalb des Rechteckes mit den Eckpunkten $(0;0;0)$, $(2;0;0)$, $(2;3;0)$ und $(0;3;0)$, sowie unterhalb der Ebene $z = x + 2y$.

7. Man berechne ohne Zuhilfenahme von Mehrfachintegralen $\int_R x\,dV$, wenn R eine Kugel mit dem Mittelpunkt $(0;0;0)$ und dem Radius a ist.

8. Man bestimme den Mittelwert des Quadrates des Abstands zwischen einem Eckpunkt eines Würfels der Seite a und den übrigen Punkten des Würfels.

9. Man berechne $\int_R xy\,dV$ für den Tetraeder aus Beispiel 1.

10. Ein Körper besteht aus allen Punkten unterhalb der Fläche $z = xy$ und oberhalb des Dreiecks mit den Eckpunkten $(0;0;0)$, $(1;0;0)$ und $(0;2;0)$. Seine Dichte im Punkt $(x;y;z)$ sei $x + y$. Man bestimme die Gesamtmasse.

11. Ein gerader Kreiskegel hat die Höhe h, den Radius a, konstante Dichte und die Masse m.

(*a*) Warum ist das Trägheitsmoment um seine Achse kleiner als ma^2?

(*b*) Man zeige, daß das Trägheitsmoment um seine Achse den Wert $3ma^2/10$ hat.

■

12. Man berechne $\bar{z}$ für die obere Hälfte einer Kugel mit dem Radius a und dem Mittelpunkt im Ursprung.

13. Ein homogener Quader der Masse m hat die Kanten a, b und c. Das Trägheitsmoment des Quaders um eine Gerade, die parallel zur Seite mit der Länge a durch den Mittelpunkt des Quaders verläuft, ist durch $m(b^2 + c^2)/12$ gegeben. Man zeige dies.

14. Eine Pyramide der Masse m hat eine quadratische Grundfläche der Seite a und die Höhe h (Bild 18.36). Das Trägheitsmoment um eine Gerade, die durch den oberen Eckpunkt geht und auf der Grundfläche senkrecht steht, ist durch $ma^2/10$ gegeben. Man zeige dies.

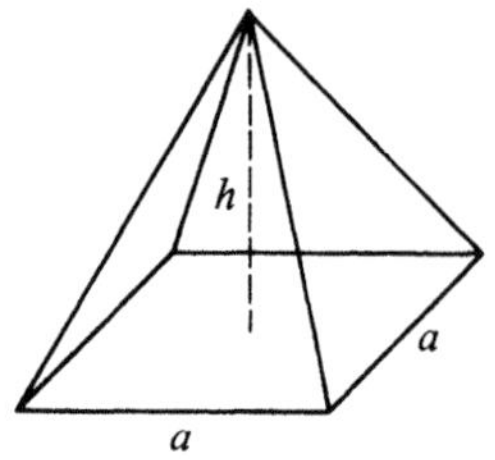

Bild 18.36

■■

15. In Abschnitt 13.3 wurde die Gleichung

$$\int_R f(P)\,dA = \int_a^b \left(\int_{y_1(x)}^{y_2(x)} f\,dy \right) dx$$

intuitiv begründet. Hier wollen wir ein ähnliches Argument für die Relation

$$\int_R f(P)\,dV = \int_{x_1}^{x_2} \left[\int_{y_1(x)}^{y_2(x)} \left(\int_{z_1(x;y)}^{z_2(x;y)} f\,dz \right) dy \right] dx$$

skizzieren. Zunächst interpretieren wir $f(P)$ als „Dichte".

(*a*) Es sei $R(x)$ der ebene Schnitt von R mit der Koordinate x. Die mittlere Dichte über $R(x)$ beträgt

$$\frac{\int_{y_1(x)}^{y_2(x)} \left(\int_{z_1(x;y)}^{z_2(x;y)} f\,dz \right) dy}{\text{Fläche von } R(x)}.$$

Man zeige dies.

(*b*) Die Masse des Teiles von R zwischen den ebenen Schnitten $R(x)$ und $R(x + \Delta x)$ beträgt näherungsweise

$$\int_{y_1(x)}^{y_2(x)} \left(\int_{z_1(x;y)}^{z_2(x;y)} f\,dz \right) dy\,\Delta x.$$

Man zeige dies.

(*c*) Aus (*b*) beweise man die Darstellung von $\int_R f(P)\,dV$ durch ein Mehrfachintegral in rechtwinkeligen Koordinaten.

18.5 Die Berechnung von $\int_R f(P)\,dV$ in Zylinder- oder Kugelkoordinaten

Die Mehrfachintegrale in ebenen Polarkoordiaten (s. Abschnitt 13.5) enthalten im Integranden einen zusätzlichen Faktor r. Dieser Faktor muß auch in Zylinderkoordinaten $(r;\theta;z)$ auftreten. Für das Volumen des kleinen Körpers, der sich durch eine kleine Änderung jeder der Koordinaten ergibt, wurde in Abschnitt 18.3, der Näherungswert

$$r\,\Delta r\,\Delta\theta\,\Delta z$$

hergeleitet. Die Größen Δr, $\Delta\theta$, Δz beschreiben Änderungen in den Koordinaten.

Um ein Mehrfachintegral in Kugelkoordinaten anzuschreiben, muß der zusätzliche Faktor

$$\rho^2 \sin\phi$$

in den Integranden aufgenommen werden. Der kleine Körper, der sich durch eine kleine Änderung in jeder der Koordinaten ergibt, besitzt nämlich näherungsweise ein Volumen von

$$\rho^2 \sin\phi\,\Delta\rho\,\Delta\phi\,\Delta\theta.$$

Die Größen $\Delta\rho$, $\Delta\phi$, $\Delta\theta$ beschreiben die kleinen Änderungen in den Koordinaten, wie in Abschnitt 18.3 ebenfalls gezeigt wurde.

Die Integrationsgrenzen werden durch die Beschreibung des Gebietes R in Bezug auf das jeweilige Koordinatensystem gegeben. Einige Beispiele werden die Herleitung und Berechnung dieser Mehrfachintegrale illustrieren; das Verfahren soll jedoch nicht im einzelnen bewiesen werden.

Beispiel 1: Man bestimme das Volumen einer Kugel R mit dem Radius a in Zylinderkoordinaten.

Lösung: Wir legen den Ursprung des zylindrischen Koordinatensystems in den Mittelpunkt der Kugel (Bild 18.37).

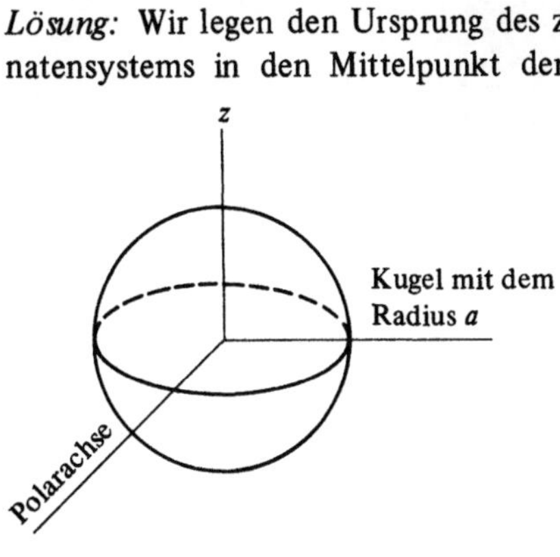

Bild 18.37

Das Volumen der Kugel ist durch $\int_R 1\,dV$ gegeben.

Für R erhalten wir in Zylinderkoordinaten

$$0 \leqslant \theta \leqslant 2\pi,\quad 0 \leqslant r \leqslant a,\quad -\sqrt{a^2-r^2} \leqslant z \leqslant \sqrt{a^2-r^2}.$$

Somit ergibt sich für das Volumen das Mehrfachintegral

$$\int_R 1\,dV = \int_0^{2\pi}\left(\int_0^a\left(\int_{-\sqrt{a^2-r^2}}^{\sqrt{a^2-r^2}} 1\cdot r\,dz\right)dr\right)d\theta.$$

(Man beachte den Faktor r im Integranden.)

Die Berechnung des ersten Integrals ergibt für feste r und θ:

$$\int_{-\sqrt{a^2-r^2}}^{\sqrt{a^2-r^2}} r\,dz = rz\Big|_{z=-\sqrt{a^2-r^2}}^{z=\sqrt{a^2-r^2}} = 2r\sqrt{a^2-r^2}.$$

Für das zweite Integral und festes θ folgt:

$$\int_0^a 2r\sqrt{a^2-r^2}\,dr = \frac{-2(a^2-r^2)^{3/2}}{3}\Bigg|_{r=0}^{r=a} = \frac{2a^3}{3}.$$

$$\int_0^{2\pi} \frac{2a^3}{3}\,d\theta = \frac{2a^3}{3}\,2\pi = \frac{4\pi a^3}{3}. \quad \bullet$$

Beispiel 2: Man bestimme die z-Koordinate $\bar{z}$ des Schwerpunktes der homogenen Halbkugel R mit dem Radius a, deren Grundfläche auf der xy-Ebene liegt (Bild 18.38).

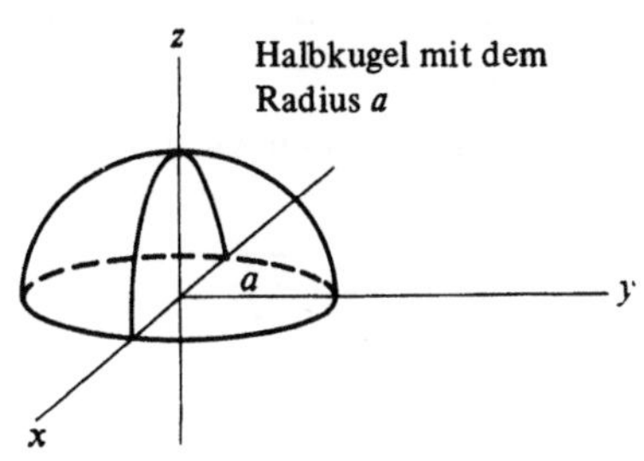

Bild 18.38

Lösung: Wir verwenden Kugelkoordinaten. Für die z-Koordinate des Schwerpunktes ergibt sich

$$\bar{z} = \frac{\int_R z\,dV}{\text{Volumen der Halbkugel}}.$$

Das Volumen beträgt $2\pi a^3/3$. Wir müssen daher lediglich $\int\limits_R z\,dV$ berechnen. Dazu legen wir den Ursprung des Kugelkoordinatensystems in den Mittelpunkt der Halbkugel und erhalten die folgende Beschreibung von R:

$$0 \leqslant \theta \leqslant 2\pi, \quad 0 \leqslant \phi \leqslant \pi/2, \quad 0 \leqslant \rho \leqslant a.$$

Ehe wir das Mehrfachintegral für $\int\limits_R z\,dV$ anschreiben, muß die Koordinate z in Kugelkoordinaten dargestellt werden. Es gilt

$$z = \rho \cos \phi.$$

Somit ergibt sich

$$\int\limits_R z\,dV = \int\limits_0^{2\pi}\left(\int\limits_0^{\pi/2}\left(\int\limits_0^a \rho \cos\phi \overbrace{\rho^2 \sin\phi}^{\substack{\text{Man beachte}\\ \text{den Faktor}\\ \rho^2 \sin\phi}}\, d\rho\right) d\phi\right) d\theta.$$

Die Berechnung des ersten Integrales für festes ϕ und θ führt zu:

$$\int\limits_0^a \rho^3 \cos\phi \sin\phi\, d\rho = \left.\frac{\rho^4 \cos\phi \sin\phi}{4}\right|_{\rho=0}^{\rho=a} = \frac{a^4 \cos\phi \sin\phi}{4}.$$

Das zweite Integral ergibt für festes θ:

$$\int\limits_0^{\pi/2} \frac{a^4 \cos\phi \sin\phi\, d\phi}{4} = \left.\frac{a^4 \sin^2\phi}{8}\right|_{\phi=0}^{\phi=\pi/2} = \frac{a^4}{8}.$$

Schließlich erhalten wir für das dritte Integral:

$$\int\limits_0^{2\pi} \frac{a^4}{8}\, d\theta = \frac{\pi a^4}{4}.$$

Zusammenfassend ergibt sich

$$\int\limits_R z\,dV = \frac{\pi a^4}{4} \quad \text{und}$$

$$\bar{z} = \frac{\pi a^4/4}{2\pi a^3/3} = \frac{3a}{8}. \bullet$$

Das folgende Beispiel bezieht sich auf die Theorie der Gravitationsanziehung und berechnet die Anziehungskraft einer homogenen Kugel auf ein Teilchen (einen Satelliten). Sie stimmt mit der Anziehungskraft überein, die sich für die im Mittelpunkt der Kugel konzentrierte Gesamtmasse ergibt.

Beispiel 3: R sei eine homogene Kugel der Masse m mit dem Radius a. A sei ein Punkt mit einem Abstand H vom Mittelpunkt der Kugel (Bild 18.39); es gelte $H > a$. Man berechne das Potential

$$-\int\limits_R \frac{\delta}{q}\, dV.$$

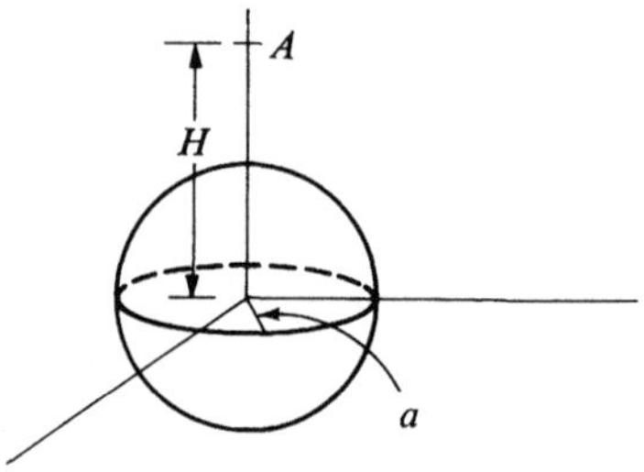

Bild 18.39

Das Symbol δ steht für die Dichte, q ist der Abstand zwischen dem Punkt P des Gebietes R und dem Punkt A (Bild 18.40).

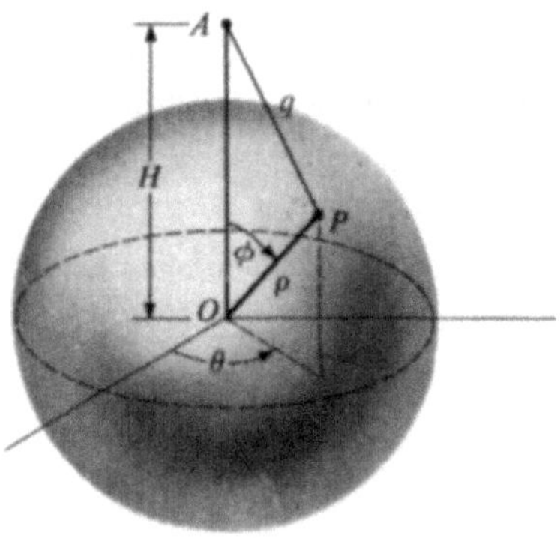

Bild 18.40

Lösung: Zunächst stellen wir q in Kugelkoordinaten dar. Zu diesem Zweck wählen wir ein Kugelkoordinatensystem, dessen Ursprung im Mittelpunkt der Kugel liegt und für das die ϕ-Koordinate von A gleich Null ist.

Es sei $P = (\rho; \phi; \theta)$ ein typischer Punkt im Inneren der Kugel. Mit Hilfe des Kosinussatzes ergibt sich aus dem Dreieck AOP

$$q^2 = H^2 + \rho^2 - 2\rho H \cos\phi,$$

es folgt

$$q = \sqrt{H^2 + \rho^2 - 2\rho H \cos\phi}.$$

Für die Dichte der homogenen Kugel erhalten wir

$$\delta = \frac{m}{\frac{4}{3}\pi a^3} = \frac{3m}{4\pi a^3}.$$

Somit folgt

$$\int\limits_R \frac{\delta}{q}\,dV = \int\limits_R \frac{3m}{4\pi a^3 q}\,dV$$

oder

$$\int\limits_R \frac{\delta}{q}\,dV = \frac{3m}{4\pi a^3}\int\limits_R \frac{1}{q}\,dV. \tag{1}$$

Nun stellen wir $\int\limits_R \frac{1}{q}\,dV$ durch ein Mehrfachintegral in Kugelkoordinaten dar:

$$\int\limits_R \frac{1}{q}\,dV = \int\limits_0^{2\pi}\left(\int\limits_0^{a}\left(\int\limits_0^{\pi} \frac{\rho^2 \sin\phi}{\sqrt{H^2 + \rho^2 - 2\rho H \cos\phi}}\,d\phi\right)d\rho\right)d\theta.$$

(Wir integrieren zunächst nach ϕ anstatt nach ρ; diese Vorgangsweise ist einfacher.) Die Berechnung des ersten Integrales für konstante ρ und θ kann mit Hilfe des Hauptsatzes durchgeführt werden:

$$\int\limits_0^{\pi} \frac{\rho^2 \sin\phi}{\sqrt{H^2 + \rho^2 - 2\rho H \cos\phi}}\,d\phi = \left.\frac{\rho\sqrt{H^2 + \rho^2 - 2\rho H \cos\phi}}{H}\right|_{\phi=0}^{\phi=\pi}$$

$$= \frac{\rho}{H}\left(\sqrt{H^2 + \rho^2 + 2\rho H} - \sqrt{H^2 + \rho^2 - 2\rho H}\right).$$

Nun gilt $\sqrt{H^2 + \rho^2 + 2\rho H} = H + \rho$. Auf Grund der Ungleichung $\rho \leqslant a < H$ ist $H - \rho$ positiv und wir erhalten

$$\sqrt{H^2 + \rho^2 - 2\rho H} = H - \rho.$$

Daher ist das erste Integral gleich

$$\frac{\rho}{H}(H + \rho - (H - \rho)) = \frac{2\rho^2}{H}.$$

Die Berechnung des zweiten Integrales führt auf

$$\int\limits_0^a \frac{2\rho^2}{H}\,d\rho = \frac{2a^3}{3H}.$$

Schließlich erhalten wir für das dritte Integral:

$$\int\limits_0^{2\pi} \frac{2a^3}{3H}\,d\theta = \frac{4\pi a^3}{3H}.$$

Wir fassen zusammen:

$$\int\limits_R \frac{1}{q}\,dV = \frac{4\pi a^3}{3H}.$$

Aus der Formel (1) folgt schließlich

$$\text{Potential} = -\int\limits_R \frac{\delta}{q}\,dV = \frac{-3m}{4\pi a^3}\,\frac{4\pi a^3}{3H} = \frac{-m}{H}.$$

Als Ergebnis dieser langwierigen Berechnungen erhalten wir ein kurzes Resultat: Das Potential entspricht dem negativen Wert der Masse × dem Kehrwert des Abstandes zwischen A und dem Mittelpunkt. Dieses Potential würde sich auch dann ergeben, wenn die gesamte Masse der Kugel in deren Mittelpunkt konzentriert gewesen wäre. ●

Übungen:

1. Man berechne das Volumen einer Kugel mit dem Radius a in Kugelkoordinaten.
2. Man bestimme das Trägheitsmoment einer Kugel mit dem Radius a und der Masse m um einen Durchmesser in Zylinderkoordinaten.
3. Man löse Übung 2 in Kugelkoordinaten.
4. Man löse Übung 11 des vorigen Abschnittes mit Hilfe von Zylinderkoordinaten.
5. Man löse Übung 11 des vorigen Abschnittes mit Hilfe von Kugelkoordinaten.
6. Ein gerader Kreiszylinder hat die Masse m, den Radius a und die Höhe h. Man bestimme das Trägheitsmoment um seine Achse.
7. Man bestimme das Trägheitsmoment des Zylinders aus Übung 6 um eine Mantellinie L parallel zur z-Achse.
   (*a*) Man verwende Zylinderkoordinaten, die z-Achse fällt mit L zusammen.
   (*b*) Man verwende Zylinderkoordinaten, die z-Achse fällt mit der Achse des Zylinders zusammen.

8. Man löse Beispiel 2 mit Hilfe von Zylinderkoordinaten.

9. Ein Körper der Masse m besteht aus dem Teil einer Kugel mit Radius a, der innerhalb eines Kegels mit dem Öffnungswinkel $\phi = \pi/6$ liegt, wobei die Spitze des Kegels in den Mittelpunkt der Kugel fällt. Man gebe die Mehrfachintegrale für $\int_R z\,dV$ in allen drei Koordinatensystemen an und berechne den einfachsten Ausdruck.

10. Mit Hilfe von Mehrfachintegralen leite man für das exakte Volumen des in Abschnitt 18.3 abgeschätzten Körpers den Ausdruck

$$\frac{\rho_2^3 - \rho_1^3}{3} (\theta_2 - \theta_1)(\cos\phi_1 - \cos\phi_2)$$

her.

11. Man bestimme den mittleren Abstand zwischen dem Mittelpunkt einer Kugel mit Radius a und den übrigen Punkten der Kugel. Man stelle die entsprechenden Mehrfachintegrale in allen drei Koordinatensystemen auf und berechne die beiden einfacheren dieser Integrale.

12. Man bestimme den Mittelwert der Schatten, die alle Strecken mit der maximalen Länge a und einem Endpunkt im Ursprung auf die xy-Ebene werfen. Die Lichtstrahlen verlaufen parallel zur z-Achse.

13. Man bestimme das Trägheitsmoment eines halbkugelförmigen Körpers mit dem Radius a und der Masse m um einen Durchmesser seiner kreisförmigen Basis.
    (*a*) Mit Hilfe von Zylinderkoordinaten.
    (*b*) Mit Hilfe von Kugelkoordinaten.
    (*c*) Mit Hilfe des Resultates aus Übung 2.

14. Eine Kugel mit dem Radius a ist inhomogen, ihre Dichte im Punkt P hängt allerdings nur vom Abstand zwischen P und dem Mittelpunkt der Kugel ab. Wir schreiben daher $\delta(P) = \delta(\rho;\phi;\theta) = g(\rho)$. Mit Hilfe von Mehrfachintegralen kann für die Masse der Kugel der Ausdruck

$$4\pi \int_0^a g(\rho)\,\rho^2\,d\rho$$

hergeleitet werden. Man beweise dies.

■

15. Für eine Kugel R mit dem Mittelpunkt im Ursprung eines rechtwinkeligen Koordinatensystems gilt

$$\int_R (x^3 + y^3 + z^3)\,dV = 0.$$

Man beweise dies ohne die Zuhilfenahme von Mehrfachintegralen.

16. Es sei R eine Kugel mit dem Radius a und dem Mittelpunkt im Ursprung des Koordinatensystems.
    (*a*) Warum gilt $\int_R x^2\,dV = \frac{1}{3}\int_R (x^2 + y^2 + z^2)\,dV$.
    (*b*) Man berechne das zweite Integral in Kugelkoordianten.
    (*c*) Mit Hilfe von (*b*) bestimme man $\int_R x^2\,dV$.

17. Das Volumen eines Gebietes R ist durch $\int_R 1\,dV$ gegeben. Aus dieser Formel beweise man mit Hilfe eines Mehrfachintegrals in rechtwinkeligen Koordinaten
    (*a*) $V = \int_a^b A(x)\,dx$.
    (*b*) Die Formel für das Volumen als bestimmtes Integral über eine ebene Menge.

18. Das Volumen eines Gebietes R ist durch $\int_R 1\,dV$ gegeben. Mit Hilfe eines Mehrfachintegrals in Zylinderkoordinaten leite man die Schalentechnik aus Abschnitt 10.4 her.

■■

19. Die Abmessungen des Körpers in Übung 10 seien klein. Reduziert sich die Formel aus dieser Übung dann näherungsweise auf den Ausdruck $\rho^2 \sin\phi\,\Delta\rho\,\Delta\phi\,\Delta\theta$?

20. Mit Hilfe der Methode von Beispiel 3 bestimme man den Mittelwert von q für alle Punkte P der Kugel. Dieser Mittelwert unterscheidet sich von der Größe, die sich ergibt, wenn die gesamte Kugel im Mittelpunkt konzentriert wäre.

21. Das Ergebnis von Beispiel 3 gilt auch dann, wenn die Dichte $\delta(P)$ nur von der Distanz ρ zum Mittelpunkt abhängt. Man beweise dies. (Tatsächlich ist der Planet Erde nicht homogen, es gilt jedoch $\delta(\rho;\phi;\theta) = g(\rho)$.) Siehe Übung 14 und Beispiel 3.

18.6 Zusammenfassung

Am Anfang dieses Kapitels stand die Definition eines bestimmten Integrals über ein räumliches Gebiet. Für ein solches Gebiet R (einen Würfel, einen Kegel, einen Zylinder, eine Kugel, usw.) ordnet eine Funktion f jedem Punkt P

eine Zahl $f(P)$ zu. Das bestimmte Integral $\int_R f(P)\,dV$ ist dann durch den Ausdruck

$$\lim_{\text{Maß} \to 0} \sum_{i=1}^{n} f(P_i)\,V_i$$

definiert; die Näherungssummen entstehen durch Teilungen von R. Für die üblichen Funktionen und Gebiete existiert der obige Grenzwert tatsächlich.

Die Tabelle in Abschnitt 18.4 stellt die wichtigsten Anwendungen bestimmter Integrale über räumliche Gebiete zusammen.

Bestimmte Integrale über räumliche Gebiete R können mit Hilfe von Mehrfachintegralen ausgewertet werden. Die Gestalt dieser Mehrfachintegrale hängt vom gewählten Koordinatensystem an: In Zylinderkoordinaten muß ein zusätzlicher Faktor r im Integranden eingeführt werden; in Kugelkoordinaten enthält der Integrand den Faktor $\rho^2 \sin \phi$.

Begriffe und Symbole

bestimmtes Integral einer Funktion über ein räumliches Gebiet

$$\int_R f(P)\,dV$$

Teilung, Durchmesser, Maß

Mittelwert einer Funktion über ein räumliches Gebiet

rechtwinkelige Koordinaten $(x; y; z)$

Zylinderkoordinaten $(r; \theta; z)$

Kugelkoordinaten $(\rho; \phi; \theta)$

Mehrfachintegral

Trägheitsmoment

Schwerpunkt $(\bar{x}; \bar{y}; \bar{z})$

Testaufgaben zu Kapitel 18

1. Ein homogener Kreiszylinder mit dem Radius a und der Höhe h hat die Gesamtmasse m. Für das Trägheitsmoment um eine zur Achse senkrechte Gerade durch den Mittelpunkt zwischen den beiden Enden des Zylinders ist durch

$$\frac{ma^2}{4} + \frac{mh^2}{12}$$

gegeben. Man beweise dies.

2. Man bestimme $\bar{z}$ für den Körper, der durch die beiden konzentrischen Kugelschalen mit den Radien a und b sowie die xy-Ebene begrenzt wird, wenn der Mittelpunkt der Kugel im Ursprung liegt und $a < b$ gilt (Bild 18.41).

Bild 18.41

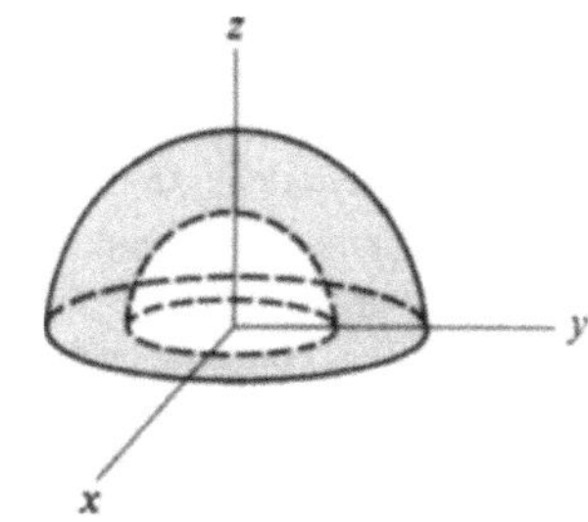

3. (a) Welche Bedeutung hat der Ausdruck $\int_R f(P)\,dV$?
   (b) Mit Hilfe der Definition aus (a) zeige man für $2 \leq f(P) \leq 3$ in ganz R die folgende Relation:

$$2 \cdot \text{Volumen von } R \leq \int_R f(P)\,dV \leq 3 \cdot \text{Volumen von } R.$$

4. (a) Man bestimme die Zylinderkoordinaten des Punktes mit den rechtwinkeligen Koordinaten $(3; 4; \pi/2)$.
   (b) Man bestimme die rechtwinkeligen Koordinaten des Punktes mit den Kugelkoordinaten $(3; 1; \pi/2)$.
   (c) Man bestimme die Kugelkoordinaten des Punktes mit den Zylinderkoordinaten $(2; \pi/4; 2)$.
5. Man zeichne den Querschnitt einer Kugel mit dem Radius 1, deren Zentrum im Ursprung des Koordinatensystems liegt, für
   (a) $x = \frac{1}{2}$, (b) $\phi = \frac{\pi}{3}$,
   (c) $\rho = \frac{1}{2}$, (d) $\theta = \frac{\pi}{2}$,
   (e) $z = -\frac{1}{2}$.
6. (a) Welcher zusätzlicher Faktor muß in Mehrfachintegrale für den Fall von Zylinderkoordinaten und für den Fall von Kugelkoordinaten eingeführt werden?
   (b) Warum ist dies so?
7. (a) Man zeichne das kleine Gebiet, das den Koordinaten änderungen $\Delta\rho$, $\Delta\phi$ und $\Delta\theta$ in Kugelkoordinaten entspricht.
   (b) Warum wird das Volumen dieses Gebietes durch

$$\rho^2 \sin\phi\,\Delta\rho\,\Delta\phi\,\Delta\theta$$

approximiert?

8. Ein gerader Kreiszylinder hat den Radius a und die Höhe h. Man bestimme den Mittelwert der Funktion f über den Zylinder R, wenn $f(P)$ das Quadrat des Abstandes vom Mittelpunkt des Zylinders zum Punkt P angibt.
   (a) Man gebe die Mehrfachintegrale zumindest in zwei der drei Koordinatensysteme an.
   (b) Man berechne das einfachere der Mehrfachintegrale aus (a).

9. (*a*) Man berechne das Mehrfachintegral

$$\int_0^1\left(\int_0^1\left(\int_0^x y e^{x^2} dz\right)dy\right)dx.$$

(*b*) Man zeichne das Gebiet R, das durch die Integrationsgrenzen aus (*a*) definiert wird.

10. Ein homogener gerader Kreiskegel mit dem Radius a und der Höhe h hat die Masse m.
    (*a*) Was versteht man unter seinem „Trägheitsmoment in Bezug auf eine Gerade durch die Spitze des Kegels und parallel zu seiner Grundfläche“?
    (*b*) Man gebe in allen drei Koordinatensystemen die Mehrfachintegrale für das Trägheitsmoment aus (*a*) an.
    (*c*) Man berechne mindestens eines der Mehrfachintegrale aus (*b*).
11. Wie lautet die Gleichung:
    (*a*) der Ebene $z = 3$ in Kugelkoordinaten;
    (*b*) der zylindrischen Fläche $R = 2$ in rechtwinkeligen Koordinaten;
    (*c*) der zylindrischen Fläche $R = 2$ in Kugelkoordinaten;
    (*d*) der sphärischen Flächen $\rho = 3$ in Zylinderkoordinaten?
12. Wie lautet der Mittelwert des Quadrates des Abstands zwischen den Punkten im Inneren eines Würfels (Kantenlänge a) und einem festen Eckpunkt des Würfels.

Übungen zu Kapitel 18

Einige Übungen beziehen sich auf frühere Kapitel.

1. (Siehe Beispiel 3 aus Abschnitt 18.5.) Der Mittelwert des Abstands-Kehrwertes eines festen Punktes A außerhalb einer Kugel von allen Punkten im Inneren der Kugel ist gleich dem Mittelwert des Abstandes von A zum Mittelpunkt der Kugel. Man beweise dies.
2. Eine homogene gerade Kreiszylinderschale hat den inneren Radius r, den äußeren Radius R und die Höhe h. Ihre Masse beträgt m.
   (*a*) Das Trägheitsmoment um die Achse der Schale ist durch $m(R^2 + r^2)/2$ gegeben.
   (*b*) Das Trägheitsmoment um eine Gerade durch den Schwerpunkt und senkrecht auf der Achse der Schale ist durch $m(R^2 + r^2 + h^2/3)/4$ gegeben. Man beweise dies.
3. Ein homogener Körper der Masse m füllt den Raum zwischen zwei konzentrischen Kugeln mit den Radien r und R, $r < R$. Man leite für das Trägheitsmoment um einen Durchmesser den Ausdruck

$$\frac{2m(R^5 - r^5)}{5(R^3 - r^3)}$$

her.

4. Es sei R eine Kreisscheibe mit Radius a. Ferner sei A ein Punkt in der Ebene des Kreises in einem Abstand $H > a$ vom Mittelpunkt des Kreises. Die Funktion f ordne jedem Punkt P das Quadrat des Abstandes zwischen P und A zu. Der Mittelwert von f über R ist durch $H^2 + a^2/2$ gegeben. Man beweise dies.
5. Die Achsen zweier Kreiszylinder mit dem Radius a schneiden einander unter einem rechten Winkel. Der Teil der Oberfläche des einen Zylinders, der im Inneren des anderen Zylinders liegt, ist gleich $8a^2$. Man beweise dies. (Die berechnete Fläche ist das 8-fache der getönten Oberfläche (Bild 18.42).)

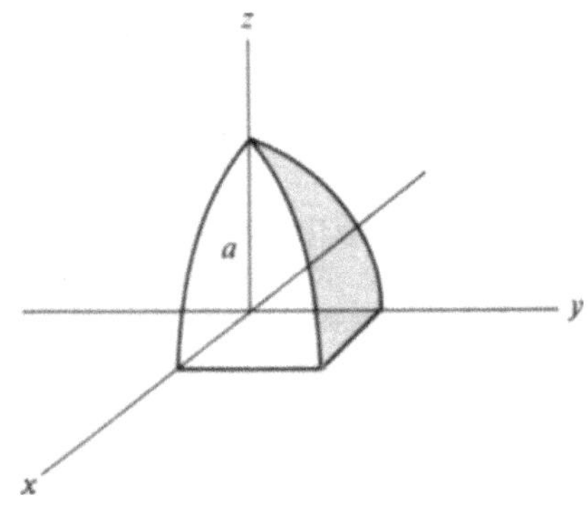

Bild 18.42

6. R sei eine Kugel mit dem Radius a. Jedem Punkt P – mit Ausnahme des Kugelmittelpunktes – sei durch die Funktion f der Kehrwert des Abstandes zwischen P und dem Ursprung zugeordnet. Der Mittelwert von f über R enthält ein uneigentliches Integral, da die Funktion in der Nähe des Ursprungs unendlich wird. Konvergiert oder divergiert dieses uneigentliche Integral? Welches Resultat ergibt sich für den Mittelwert von f über R?
7. Die Gravitationsanziehung zwischen einer homogenen Kugel S mit dem Radius s und einer Punktmasse (Bild 18.43) enthält das Integral

$$\int_S \frac{\cos\alpha}{x^2}\,dV.$$

Sein Wert beträgt $\dfrac{4\pi s^3}{3H^2}$. Man beweise dies.

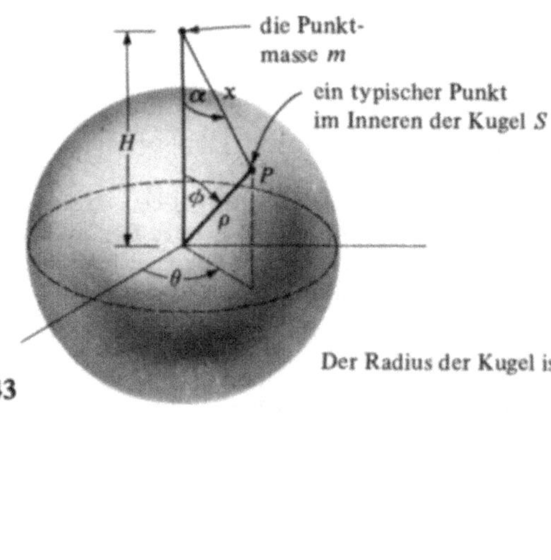

Bild 18.43

8. Eine gerade rechteckige Pyramide hat eine Grundfläche mit den Seiten a und b sowie die Höhe h (Bild 18.44). Ihre Masse sei m. Das Trägheitsmoment der Pyramide in Bezug auf eine Gerade, die senkrecht auf der Basis steht und durch die Spitze der Pyramide verläuft, ist durch $m(a^2 + b^2)/20$ gegeben. Man beweise dies.

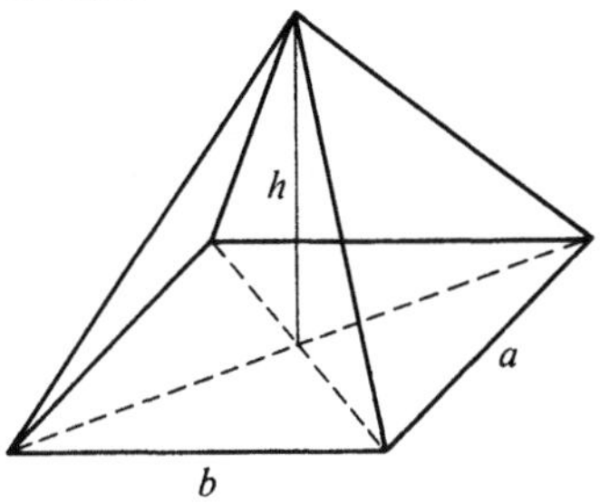

Bild 18.45

■

9. Ein Ring (Torus) entsteht durch Rotation eines Kreises mit dem Radius a um eine in der gleichen Ebene gelegene Gerade L, deren Abstand b vom Kreismittelpunkt größer ist als der Radius a (Bild 18.45). Die Masse des Torus sei m. Das Trägheitsmoment um die Gerade L beträgt dann $m(b^2 + 3a^2/4)$. Man beweise dies.

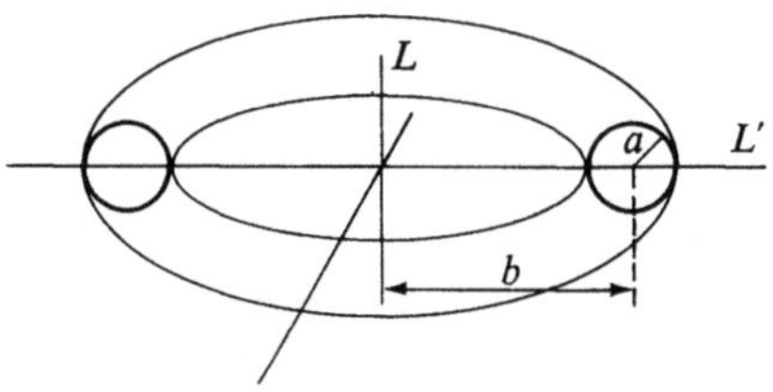

Bild 18.44

10. Das Trägheitsmoment des Torus aus Übung 9 um die Gerade L', die durch den Mittelpunkt des Torus geht und auf L senkrecht steht, ist durch $m(b^2/2 + 5a^2/8)$ gegeben. Man beweise dies.

11. Ein gerader Kreiskegel mit dem Radius a und der Höhe h hat die Masse m. Das Trägheitsmoment des Kegels um eine Gerade durch seinen Schwerpunkt und parallel zu seiner Grundfläche ist durch $3m(a^2 + h^2/4)/20$ gegeben. Man beweise dies.

■■

12. Es sei $z = g(y)$ eine abnehmende Funktion von y mit $g(1) = 0$. Es sei R der Körper, der durch Rotation um die z-Achse des von $y = 0$, $z = 0$ und $z = g(y)$ begrenzten Gebietes in der yz-Ebene entsteht. Mit Hilfe geeigneter mehrfacher Integrale in zylindrischen Koordinaten beweise man

$$\int_R z\,dV = \int_0^1 \pi y\,[g(y)]^2\,dy \quad \text{oder} \quad \int_0^{g(0)} \pi\,[g^{-1}(z)]^2\,z\,dz.$$

13. (Siehe Übung 12.)

(*a*) Die z-Koordinate des Schwerpunktes für den in Übung 12 beschriebenen Körper ist durch

$$\frac{\int_0^1 \{x\,[g(x)]^2/2\}\,dx}{\int_0^1 x\,g(x)\,dx}$$

gegeben. Die z-Koordinate des Schwerpunktes für das rotierende ebene Gebiet ist durch

$$\frac{\int_0^1 \{[g(x)]^2/2\}\,dx}{\int_0^1 g(x)\,dx}$$

gegeben. Man beweise dies.

(*b*) Durch Untersuchung von

$$\int_0^1 \left(\int_0^1 g(x)\,g(y)\,(x-y)\,[g(x) - g(y)]\,dx \right) dy$$

beweise man, daß der Schwerpunkt des Rotationskörpers unterhalb jenes des ebenen Gebietes liegt. *Hinweis:* Warum ist das angeschriebene Mehrfachintegral kleiner oder gleich Null?

14. Der Schwerpunkt eines Körpers mit der Masse m liegt im Punkt $(0; 0; 0)$. Sein Trägheitsmoment um die x-Achse sei I.

(*a*) Man bestimme das Trägheitsmoment des Körpers um eine Gerade parallel zur x-Achse im Abstand k von dieser.

(*b*) Für welche Parallele zur x-Achse ist das Trägheitsmoment des Körpers am kleinsten?

15. F sei ein fester Punkt im Inneren eines Körpers mit der Masse m. Für drei beliebige aufeinander senkrecht stehende Geraden durch F ist die Summe der Trägheitsmomente des Körpers um die jeweiligen Geraden immer dieselbe. Man beweise dies.

16. In den R. P. Feynman, *Lectures on Physics*, Addison-Wesley, Reading, Mass., 1963 finden wir in Abschnitt 15.8 folgende Behauptung:

„Für den Fall kleiner Geschwindigkeiten erhalten wir durch Entwicklung von $m_0/\sqrt{1 - v^2/c^2}$ in eine Potenzreihe mit Hilfe des Binomialtheorems eine Näherungsformel für den Massenzuwachs. Es ergibt sich

$$m_0 \left(1 - \frac{v^2}{c^2}\right)^{-1/2} = m_0 \left(1 + \frac{1}{2}\frac{v^2}{c^2} + \frac{3}{8}\frac{v^4}{c^4} + \ldots\right).$$

Wie dieser Formel leicht zu entnehmen ist, konvergiert die Reihe für kleine v rasch, so daß abgesehen von den ersten zwei oder drei Termen die weiteren Summanden vernachlässigbar sind.“ Man überprüfe die Entwicklung und begründe die Behauptung.

19 Vektoralgebra

In diesem Kapitel werden wir die Algebra ebener und räumlicher Vektoren besprechen. Abschnitt 19.6 behandelt die Teile der Determinanten-Theorie, die zu einer einfachen Darstellung bestimmter vektorieller Konzepte erforderlich sind. Nur in Abschnitt 19.5 werden zur Verallgemeinerung des Begriffes partieller Ableitungen Elemente der Infinitesimalrechnung herangezogen.

19.1 Vektoralgebra

Die vollständige Beschreibung einer Windströmung gibt gleichzeitig die Geschwindigkeit und die Richtung der Strömung an. So können wir eine südwestliche Windströmung mit einer Geschwindigkeit von 30 km/h durch einen Pfeil in der Windrichtung darstellen, dessen Länge 30 Einheiten beträgt (Bild 19.1). Auf die gleiche Weise können wir einige andere Windpfeile zeichnen (Bild 19.2).

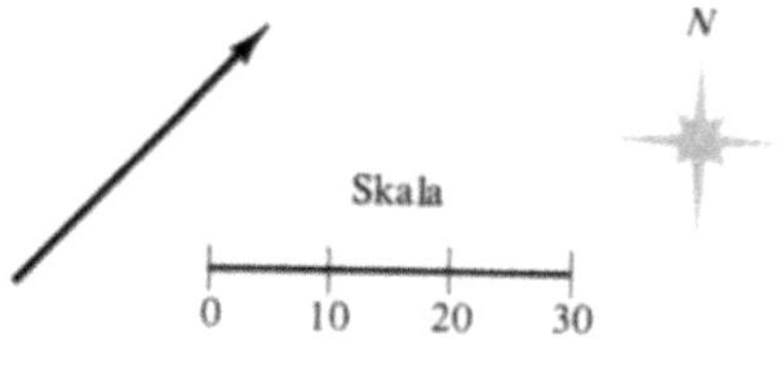

Bild 19.1

Bild 19.2

Üblicherweise wird die Strömung an einer Wasseroberfläche durch eine Anordnung von Pfeilen veranschaulicht (Bild 19.3). Selbstverständlich entspricht *jedem* Punkt der Oberfläche der Pfeil, der die Geschwindigkeit des Wassers in diesem Punkt beschreibt.

Wird ein schwerer Stein durch ein Seil gezogen, so hat die Kraft auf ihn sowohl eine Größe als auch eine Richtung. Die Größe beschreibt, wie stark an dem Seil gezogen wird; die Richtung der Kraft ist durch die Richtung des Seiles gegeben (Bild 19.4).

Die mathematische Bezeichnung für einen derartigen Pfeil heißt *Vektor*. Ein Vektor ist durch zwei Punkte P und Q bestimmt, P ist der „Anfangspunkt" des Vektors und Q der „Endpunkt" (Bild 19.5). Aus diesem Grund wird ein Vektor formal als geordnetes Paar von Punkten P und Q definiert, er wird häufig durch das Symbol $\overrightarrow{PQ}$ bezeichnet. Für $P = Q$ wird $\overrightarrow{PQ}$ der Nullvektor, bezeichnet mit $\mathbf{0}$, genannt. Die spezielle Lage eines Vektors ist nicht von Bedeutung; zwei Vektoren mit der gleichen Richtung und der gleichen Länge werden als identisch betrachtet. So stellen alle Pfeile in Bild 19.6 den gleichen Vektor dar.

Bild 19.4

Bild 19.5

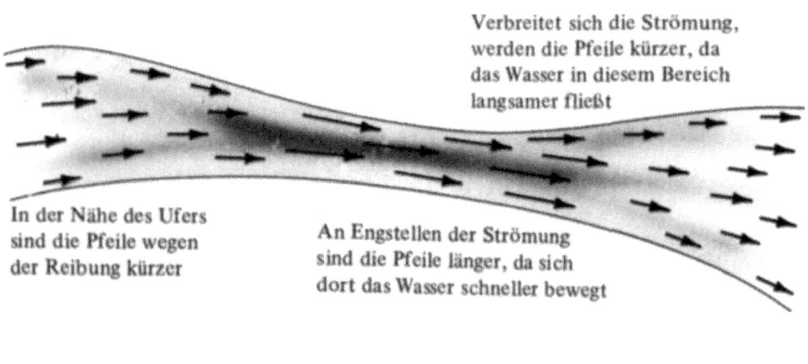

Bild 19.3

Bild 19.6

In gedruckten Texten werden fette Buchstaben z.B. **A**, **B**, **F**, **R** und **V** zur Bezeichnung von Vektoren verwendet. In handgeschriebenen Unterlagen wird häufig ein Pfeil über dem Buchstaben benutzt. Die Länge von **A** wird durch $|\mathbf{A}|$ bezeichnet und heißt *Größe* oder auch *Absolutbetrag* von **A**.

Kursiv gedruckte Buchstaben wie a, b, x, y und z bezeichnen Zahlen. Wir werden Zahlen in der Folge auch *Skalare* nennen, um sie von Vektoren zu unterscheiden. So ist **A** ein Vektor und $|\mathbf{A}|$ ein Skalar. Wir müssen stets auf den Unterschied zwischen der Zahl 0 und dem Nullvektor **0** achten.

Zunächst betrachten wir nur Vektoren **A** in der xy-Ebene, sogenannte *ebene Vektoren.*

Liegt der Ursprung des rechtwinkeligen Koordinatensystems im Anfangspunkt des Vektors **A**, dann hat der Endpunkt von **A** die Koordinaten $(x;y)$ (Bild 19.7). Die Zahlen x und y heißen *skalare Komponenten* von **A** in bezug auf das gegebene Koordinatensystem. Die zwei skalaren Komponenten x und y beschreiben **A** als Diagonale des Rechtecks, dessen Seiten die Längen $|x|$ und $|y|$ besitzen. So haben die vier Vektoren in Bild 19.8 alle die x-Komponente 3 und die y-Komponente -4.

Ein Vektor mit dem Endpunkt (13; 18) und dem Anfangspunkt (10; 22) hat ebenfalls die skalaren Komponenten 3 und -4, wie Bild 19.8 zeigt. Ein Vektor mit den skalaren Komponenten x und y wird mit $\overrightarrow{(x;y)}$ bezeichnet, um ihn vom Punkt $(x;y)$ zu unterscheiden. Der Vektor $\overrightarrow{(0;0)}$ hat die Länge 0 und entspricht dem Nullvektor **0**. Wie man leicht sieht, gilt $\overrightarrow{(x_1;y_1)} = \overrightarrow{(x_2;y_2)}$ dann und nur dann, wenn die Gleichungen $x_1 = x_2$ und $y_1 = y_2$ erfüllt sind.

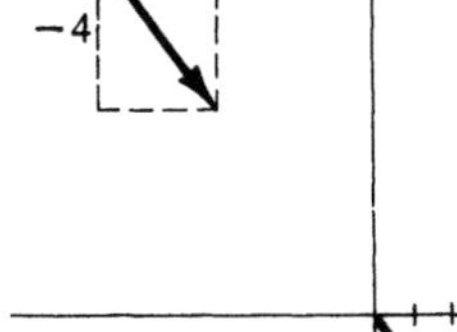

Die Zahlen x und y beschreiben den Vektor **A**

Bild 19.7

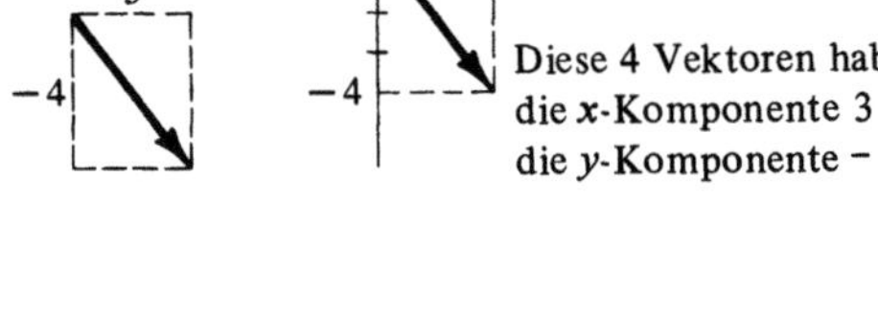

Diese 4 Vektoren haben die x-Komponente 3 und die y-Komponente -4

Bild 19.8

Ein beliebiger *räumlicher* Vektor **A** hat *drei* skalare Komponenten. Wir legen den Ursprung des rechtwinkeligen x, y, z-Koordinatensystems in den Anfangspunkt von **A**. Dann hat der Endpunkt von **A** die Koordinaten $(x;y;z)$. Die Zahlen x, y und z heißen *skalare Komponenten* von **A** in bezug auf das gegebene Koordinatensystem. Beispiel 1 behandelt die graphische Bestimmung der skalaren Komponenten eines Vektors.

Beispiel 1: Man zeichne den Vektor $\mathbf{A} = \overrightarrow{PQ}$ mit $P = (0;0;0)$ und $Q = (3;-4;2)$.

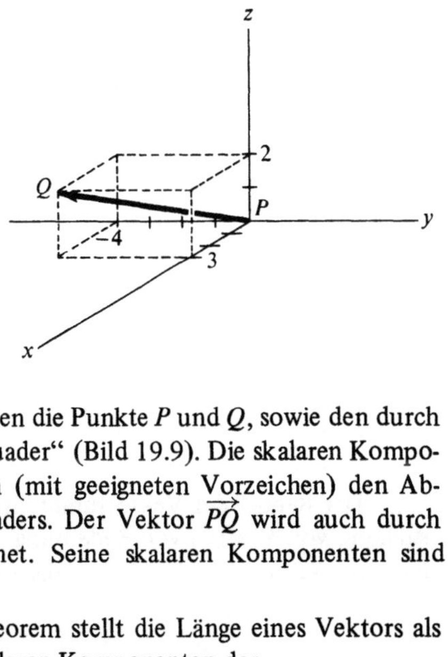

Bild 19.9

Lösung: Wir zeichnen die Punkte P und Q, sowie den durch sie bestimmten „Quader" (Bild 19.9). Die skalaren Komponenten entsprechen (mit geeigneten Vorzeichen) den Abmessungen des Quaders. Der Vektor $\overrightarrow{PQ}$ wird auch durch $\overrightarrow{(3;-4;2)}$ bezeichnet. Seine skalaren Komponenten sind $3, -4$ und 2. ●

Das erste Theorem stellt die Länge eines Vektors als Funktion seiner skalaren Komponenten dar.

Theorem 1: $|\overrightarrow{(x;y;z)}| = \sqrt{x^2 + y^2 + z^2}$. Die Länge eines Vektors ist durch die Quadratwurzel aus der Summe der Quadrate seiner skalaren Komponenten gegeben.

Beweis: Dieser folgt unmittelbar aus der Abstandsformel von Abschnitt 12.1. Das Vorzeichen von x, y oder z spielt hier keine Rolle, da alle Komponenten quadriert werden. ●

Die Länge eines ebenen Vektors $\mathbf{A} = \overrightarrow{(x;y)}$ ist einfach durch $\sqrt{x^2 + y^2}$ gegeben. So erhalten wir $|\overrightarrow{(3;-4)}| = \sqrt{3^2 + (-4)^2} = 5$. Der Vektor $\overrightarrow{(3;-4;2)}$ hat die Länge $\sqrt{3^2 + (-4)^2 + 2^2} = \sqrt{29}$.

Definition: Jeder Vektor mit der Länge 1 heißt *Einheitsvektor.*

Der Vektor $\overrightarrow{(-1;0;0)}$ ist ein Einheitsvektor, denn es gilt $\sqrt{(-1)^2+0^2+0^2}=\sqrt{1}=1$. Ebenso ist für jeden Winkel θ der ebene Vektor $(\cos\theta;\sin\theta)$ ein Einheitsvektor; aus Theorem 1 folgt nämlich

$$\sqrt{(\cos\theta)^2+(\sin\theta)^2}=\sqrt{1}=1.$$

Auch der Vektor $(\frac{3}{13},\frac{4}{13};\frac{-12}{13})$ ist ein Einheitsvektor, für seine Länge erhalten wir

$$\sqrt{\left(\frac{3}{13}\right)^2+\left(\frac{4}{13}\right)^2+\left(\frac{-12}{13}\right)^2}=\sqrt{\frac{9+16+144}{13^2}}=$$

$$=\frac{\sqrt{169}}{13}=1.$$

Die Summe zweier Vektoren **A** und **B** kann in folgender Weise definiert werden. Wir legen den Anfangspunkt des Vektors **B** an den Endpunkt des Vektors **A** (Bild 19.10). Dann erstreckt sich die Vektorsumme **A** + **B** vom Anfangspunkt des Vektors **A** bis zum Endpunkt des Vektors **B**. Wie man leicht sieht, gilt **B** + **A** = **A** + **B**, da beide Summen mit derselben Diagonale des Parallelogramms zusammenfallen.

Ist **W** ein Windvektor (er beschreibt die Bewegung der Luft relativ zur Erde) und gibt **A** die Bewegung eines Flugzeuges relativ zur Luft an, dann beschreibt die Vektorsumme **W** + **A** die Bewegung des Flugzeuges relativ zur Erde (Bild 19.11).

Der Begriff der Vektorsumme ist auch für die Untersuchung von Kräften von Bedeutung. Entsprechen $\mathbf{F}_1$ und $\mathbf{F}_2$ den Kräften zweier Seile, die einen schweren Stein heben, dann hätte ein einziges Seil mit der Kraft $\mathbf{F}_1+\mathbf{F}_2$ dieselbe Wirkung auf den Stein (Bild 19.12).

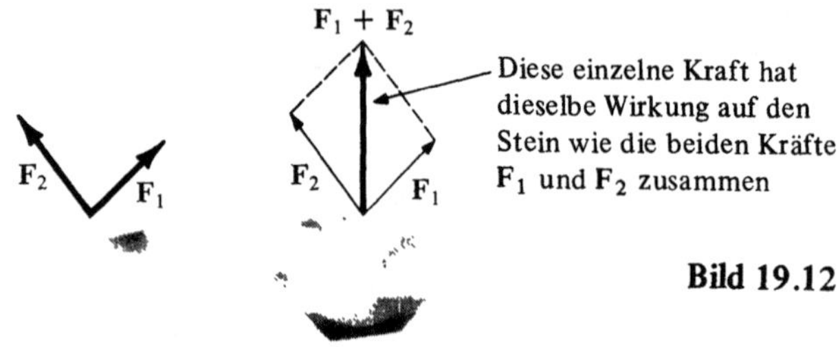

Bild 19.12

Beispiel 2: Man bestimme die Summe der Vektoren $\mathbf{A}=\overrightarrow{(2;3)}$ und $\mathbf{B}=\overrightarrow{(4;1)}$.

Lösung: Wir legen den Anfangspunkt von **B** an den Endpunkt von **A**. Aus Bild 19.13 entnehmen wir für **A** + **B** die skalaren Komponenten 6 und 4 oder

$$\mathbf{A}+\mathbf{B}=\overrightarrow{(6;4)}.\ \bullet$$

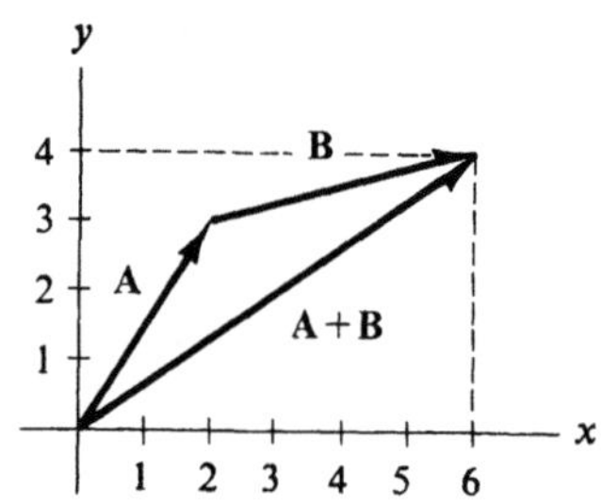

Bild 19.13

Die Subtraktion von Vektoren ist ebenso definiert wie für Zahlen. Sind x und y Zahlen, so entspricht $x-y$ der Zahl, die zu x addiert werden muß, um y zu erhalten.

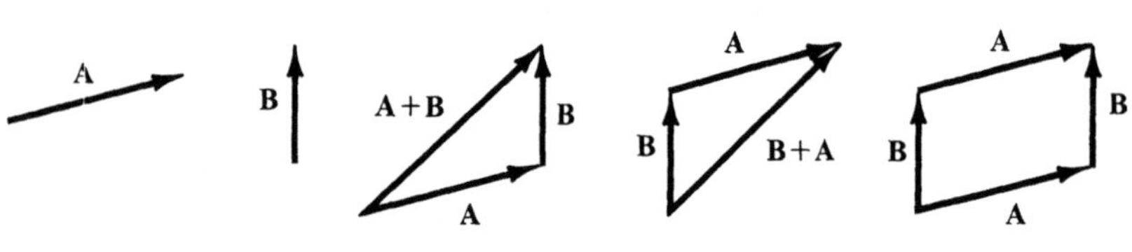

Bild 19.10

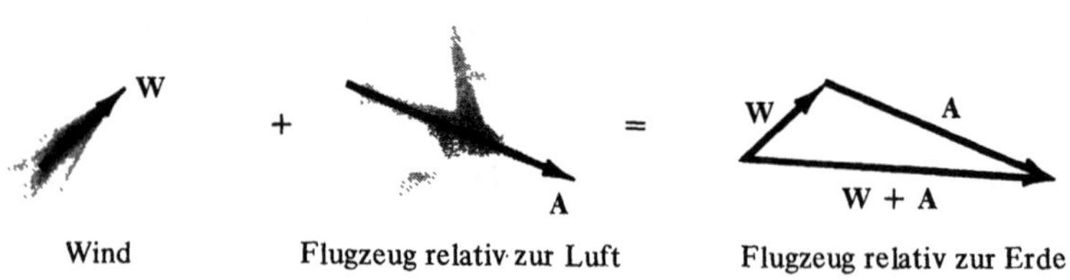

Bild 19.11

[Also $y + (x - y) = x$.] Daher liegt die folgende Definition nahe.

Definition der Subtraktion von Vektoren: Es seien **A** und **B** Vektoren. Der Vektor **V**, für den **B** + **V** mit **A** übereinstimmt, wird Differenz von **A** und **B** genannt und mit **A** − **B** bezeichnet. Es gilt also

$$\mathbf{B} + (\mathbf{A} - \mathbf{B}) = \mathbf{A}.$$

Um diese Definition zu veranschaulichen, entnehmen wir **A** und **B** dem Bild 19.14. Dann ist **A** − **B** der gestrichelte Vektor, der den Endpunkt von **B** mit dem Endpunkt von **A** verbindet.

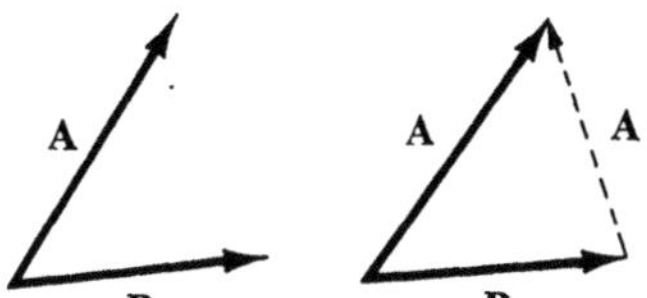

Bild 19.14

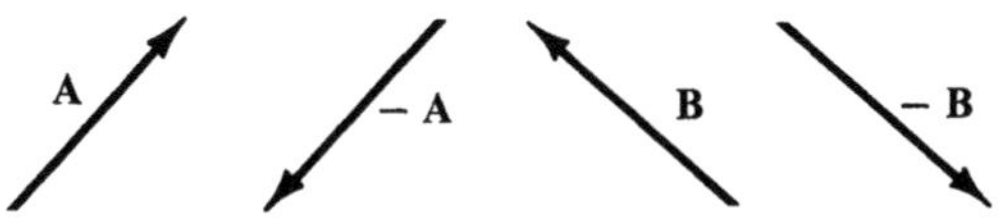

Bild 19.15

Das *Negative* des Vektors **A** ist der Vektor, der die gleiche Länge wie **A** besitzt, aber in die entgegengesetzte Richtung weist. Er wird mit −**A** bezeichnet. Für $\mathbf{A} = \overrightarrow{PQ}$ gilt $-\mathbf{A} = \overrightarrow{QP}$ (Bild 19.15).

Ebenso wie für Skalare gilt auch für Vektoren $\mathbf{A} + (-\mathbf{A}) = \mathbf{0}$. Ganz allgemein führt die Subtraktion eines Vektors zum selben Resultat wie die Addition seines Negativen; wir schreiben $\mathbf{A} - \mathbf{B} = \mathbf{A} + (-\mathbf{B})$.

Wir haben die Addition und die Subtraktion, sowie das Negative eines Vektors in geometrischer Weise definiert. Das folgende Theorem gestattet die Berechnung der Summe und der Differenz von Vektoren, sowie des Negativen eines Vektors mit Hilfe der entsprechenden skalaren Komponenten.

Theorem 2:

$$\overrightarrow{(x_1;y_1;z_1)} + \overrightarrow{(x_2;y_2;z_2)} = \overrightarrow{(x_1+x_2;y_1+y_2;z_1+z_2)}$$
$$\overrightarrow{(x_1;y_1;z_1)} - \overrightarrow{(x_2;y_2;z_2)} = \overrightarrow{(x_1-x_2;y_1-y_2;z_1-z_2)}$$
$$-\overrightarrow{(x;y;z)} = \overrightarrow{(-x;-y;-z)}.$$

Entsprechende Gleichungen gelten für ebene Vektoren.

Beweis: Aus Gründen der Einfachheit betrachten wir den Fall ebener Vektoren. Um die erste Behauptung zu beweisen, wählen wir $\overrightarrow{OP} = \overrightarrow{(x_1;y_1)}$ und $\overrightarrow{PQ} = \overrightarrow{(x_2;y_2)}$. Welche skalare Komponente besitzt $\overrightarrow{OP} + \overrightarrow{PQ}$ etwa entlang der x-Achse, Bild 19.16 (x_1 und x_2 sind positiv) zeigt für $\overrightarrow{OQ} = \overrightarrow{OP} + \overrightarrow{PQ}$ die skalaren Komponenten $x_1 + x_2$ und $y_1 + y_2$.

Bild 19.16

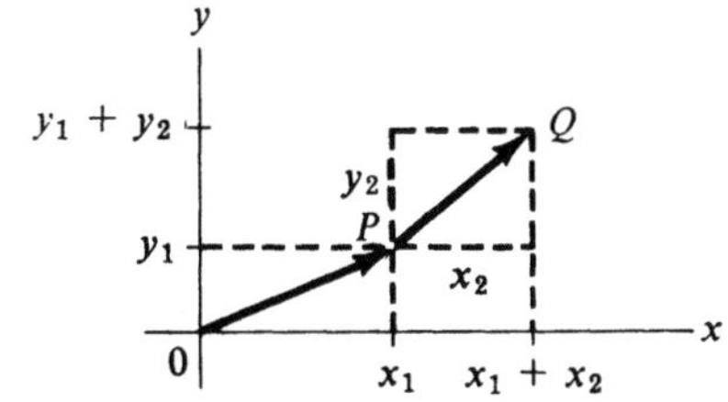

Sind einige der Komponenten negativ, so müßte Bild 19.16 leicht modifiziert werden.

Die zweite Behauptung folgt aus der ersten. Welchen Wert müssen nämlich x und y annehmen, damit die Relation

$$\overrightarrow{(x_2;y_2)} + \overrightarrow{(x;y)} = \overrightarrow{(x_1;y_1)}$$

erfüllt ist? Aufgrund der ersten Behauptung gilt

$$\overrightarrow{(x_2+x;y_2+y)} = \overrightarrow{(x_1;y_1)}.$$

Es folgt

$$x_2 + x = x_1 \quad \text{sowie} \quad y_2 + y = y_1$$

und wir erhalten schließlich

$$x = x_1 - x_2 \quad \text{und} \quad y = y_1 - y_2.$$

Somit gilt, wie behauptet,

$$\overrightarrow{(x_1;y_1)} - \overrightarrow{(x_2;y_2)} = \overrightarrow{(x_1-x_2;y_1-y_2)}.$$

Um die dritte Behauptung zu verifizieren, addieren wir die zwei Vektoren $\overrightarrow{(x;y)}$ und $\overrightarrow{(-x;-y)}$ und erhalten $\overrightarrow{(0;0)}$.

Bild 19.17 zeigt einen typischen Vektor $\overrightarrow{(x;y;z)}$ und seinen negativen Vektor $\overrightarrow{(-x;-y;-z)}$. Die Anfangspunkte der Vektoren liegen jeweils im Ursprung. ●

Theorem 2 gilt auch für ebene Vektoren, die sich als Spezialfall mit verschwindender dritter (z) Komponente

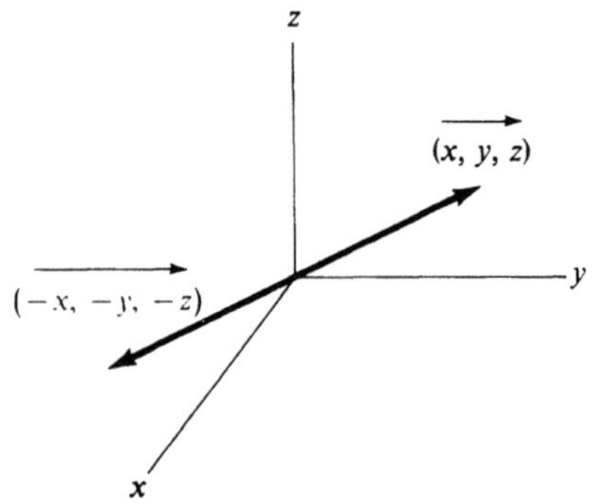

Bild 19.17

aus den räumlichen Vektoren ergeben. Theorem 2 wird durch die folgenden Rechnungen veranschaulicht:

$$\overrightarrow{(1;4)} + \overrightarrow{(2;5)} = \overrightarrow{(3;9)};$$
$$\overrightarrow{(2;5;7)} + \overrightarrow{(-1;3;4)} = \overrightarrow{(1;8;11)};$$
$$\overrightarrow{(3;-6;8)} - \overrightarrow{(-2;4;5)} = \overrightarrow{(5;-10;3)};$$
$$-\overrightarrow{(5;-2;0)} = \overrightarrow{(-5;2;0)}.$$

Wir fassen nochmals die Begriffe zusammen, die in diesem Abschnitt definiert wurden: Vektor, Nullvektor, Länge (Absolutbetrag) eines Vektors, Skalar, skalare Komponenten, Einheitsvektor, Vektorsumme, Vektordifferenz, Negatives eines Vektors.

Übungen:

Die Übungen 1 bis 10 behandeln Vektoren in der xy-Ebene.

1. Man zeichne den Vektor $\overrightarrow{(2;3)}$ und lege seinen Anfangspunkt in (*a*) (0; 0), (*b*) (− 1; 2), (*c*) (1; 1).
2. Man bestimme $|\mathbf{A}|$ für **A** gleich
   (*a*) $\overrightarrow{(4;0)}$, (*b*) $\overrightarrow{(5;12)}$,
   (*c*) $\overrightarrow{(-12;5)}$, (*d*) $\overrightarrow{(8;-6)}$.
3. Man bestimme **A** + **B** geometrisch und stelle das Resultat in der Form $\overrightarrow{(x;y)}$ dar für
   (*a*) $\mathbf{A} = \overrightarrow{(2;1)}$, $\mathbf{B} = \overrightarrow{(1;4)}$;
   (*b*) $\mathbf{A} = \overrightarrow{(2;2)}$, $\mathbf{B} = \overrightarrow{(1;-1)}$.
4. Man gebe ein Beispiel für ebene Vektoren **A** und **B**, für die
   (*a*) $|\mathbf{A}+\mathbf{B}|$ nicht gleich $|\mathbf{A}| + |\mathbf{B}|$ ist,
   (*b*) $|\mathbf{A}+\mathbf{B}| = |\mathbf{A}| + |\mathbf{B}|$.
5. Man bestimme **A** − **B** geometrisch und stelle das Resultat in der Form $\overrightarrow{(x;y)}$ dar für
   (*a*) $\mathbf{A} = \overrightarrow{(4;3)}$, $\mathbf{B} = \overrightarrow{(2;0)}$;
   (*b*) $\mathbf{A} = \overrightarrow{(3;4)}$, $\mathbf{B} = \overrightarrow{(5;1)}$;
   (*c*) $\mathbf{A} = \overrightarrow{(1;1)}$, $\mathbf{B} = \overrightarrow{(-2;4)}$.
6. Man beweise durch eine Zeichnung $\overrightarrow{(2;3)} + \overrightarrow{(-1;2)} = \overrightarrow{(1;5)}$.
7. Man schreibe **A** in der Form $\overrightarrow{(x;y)}$, wenn
   (*a*) der Anfangspunkt in (1; 3) und der Endpunkt in (3; 6);
   (*b*) der Anfangspunkt in (2; 7) und der Endpunkt in (2; 4);
   (*c*) der Anfangspunkt in (2; 4) und der Endpunkt in (2; 7);
   (*d*) der Anfangspunkt in (5; 3) und der Endpunkt in (− 1; − 6)
   liegt.
8. Man bestimme die skalaren Komponenten von **A** für
   (*a*) $|\mathbf{A}| = 10$ und **A** zeigt nach Nordwest;
   (*b*) $|\mathbf{A}| = 6$ und **A** zeigt nach Süden;
   (*c*) $|\mathbf{A}| = 9$ und **A** zeigt nach Südost;
   (*d*) $|\mathbf{A}| = 5$ und **A** zeigt nach Osten.
   (Die Nordrichtung ist durch die positive y-Achse gegeben.)
9. Mit Hilfe einer Zeichnung beweise man
   $\mathbf{A} + (\mathbf{B} + \mathbf{C}) = (\mathbf{A} + \mathbf{B}) + \mathbf{C}$.
10. Mit Hilfe einer Zeichnung beweise man $\mathbf{A} + (-\mathbf{B}) = \mathbf{A} - \mathbf{B}$.

In den Übungen 11 bis 14 haben die räumlichen Vektoren die Gestalt $\overrightarrow{(x;y;z)}$.

11. Man berechne **A** − **B** für
    (*a*) $\mathbf{A} = \overrightarrow{(2;3;4)}$ und $\mathbf{B} = \overrightarrow{(1;5;0)}$;
    (*b*) $\mathbf{A} = \overrightarrow{(3;4;2)}$ und $\mathbf{B} = \overrightarrow{(0;0;0)}$;
    (*c*) $\mathbf{A} = \overrightarrow{(0;3;2)}$ und $\mathbf{B} = \overrightarrow{(2;4;-1)}$.
12. Man bestimme $|\mathbf{A}|$ für **A** gleich
    (*a*) $\overrightarrow{(-\frac{1}{2}, \frac{1}{2}, \sqrt{2}/2)}$,
    (*b*) $\overrightarrow{(-3;4;12)}$,
    (*c*) $\overrightarrow{\left(\frac{2}{\sqrt{38}}; \frac{-3}{\sqrt{38}}; \frac{5}{\sqrt{38}}\right)}$.
13. Man bestimme $|\mathbf{A}+\mathbf{B}|$ für
    (*a*) $\mathbf{A} = \overrightarrow{(1;2;0)}$ und $\mathbf{B} = \overrightarrow{(2;3;5)}$;
    (*b*) $\mathbf{A} = \overrightarrow{(3;-2;1)}$ und $\mathbf{B} = \overrightarrow{(-4;3;2)}$.
14. Man bestimme $|\overrightarrow{(\cos\theta;\sin\theta)}|$ für beliebiges θ.

■

15. In Richtung Nordost bläst ein Wind mit 30 km/h. Ein Segelflugzeug bewegt sich mit 100 km/h relativ zum Wind und der Vektor vom Heck des Segelflugzeuges bis zu seinem vordersten Punkt zeigt nach Südost (Bild 19.18).
    (*a*) Welche Geschwindigkeit besitzt das Segelflugzeug in bezug auf die Erde?
    (*b*) Welche Richtung hat das Segelflugzeug in bezug auf die Erde?

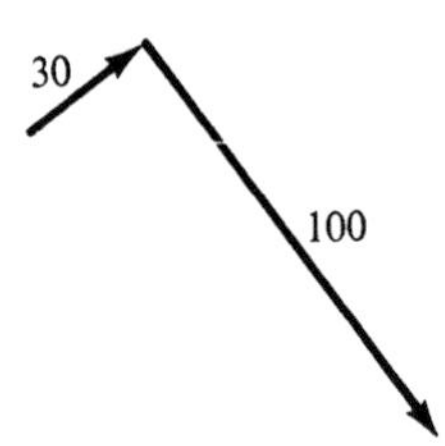

Bild 19.18

16. Die Skalare a, b und c seien nicht alle gleich Null.

$$\overrightarrow{\left(\frac{a}{\sqrt{a^2+b^2+c^2}};\ \frac{b}{\sqrt{a^2+b^2+c^2}};\ \frac{c}{\sqrt{a^2+b^2+c^2}}\right)}$$

ist ein Einheitsvektor. Man beweise dies.

17. Besitzt **A** den Anfangspunkt P sowie den Endpunkt Q und **B** den Anfangspunkt Q sowie den Endpunkt R, dann bestimme man

(*a*) den Anfangspunkt und den Endpunkt von **A** + **B**;
(*b*) den Anfangspunkt und den Endpunkt von − **A**;
(*c*) den Anfangspunkt und den Endpunkt von − **B**.

■■

18. Welche Aussage können wir der Ungleichung $|\mathbf{A}+\mathbf{B}| \leqslant |\mathbf{A}| + |\mathbf{B}|$ über das Dreieck entnehmen, das von den Vektoren **A** und **B** aufgespannt wird?

19. Mit Hilfe von Übung 18 beweise man für beliebige reelle Zahlen $x_1; y_1; z_1; x_2; y_2; z_2$ die Ungleichung

$$x_1x_2 + y_1y_2 + z_1z_2 \leqslant \sqrt{x_1^2+y_1^2+z_1^2}\,\sqrt{x_2^2+y_2^2+z_2^2}.$$

20. (*a*) Wann gilt in Übung 18 das Gleichheitszeichen?
(*b*) Wann gilt in Übung 19 das Gleichheitszeichen?

21. Man beweise mit Hilfe skalarer Komponenten für räumliche Vektoren **A**, **B** und **C** die Relation **A** + (**B** + **C**) = (**A** + **B**) + **C**.

22. (*a*) Welches ist die Summe der in Bild 19.19 dargestellten fünf Vektoren?
(*b*) Man zeichne das Fünfeck, das der Summe **A** + **C** + **D** + **E** + **B** entspricht.

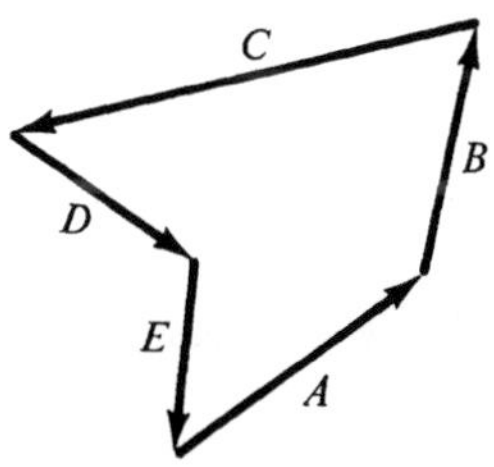

Bild 19.19

23. Der Vektor $\overrightarrow{(\cos\alpha\cos\beta;\ \cos\alpha\sin\beta;\ \sin\alpha)}$ hat für beliebige Winkel α und β die Länge 1. Man beweise dies.

19.2 Das Produkt eines Skalars mit einem Vektor

Die in Abschnitt 19.1 entwickelte Vektoralgebra erinnert stark an die Algebra von Skalaren. In diesem Abschnitt führen wir nun eine Multiplikationsart ein, die kein Analogon in der gewöhnlichen Algebra besitzt: Wir behandeln das Produkt eines Skalars mit einem Vektor; das Ergebnis einer derartigen Multiplikation wird wieder ein Vektor sein. Mit anderen Worten könnten wir sagen, „Skalare werden auf Vektoren angewendet".

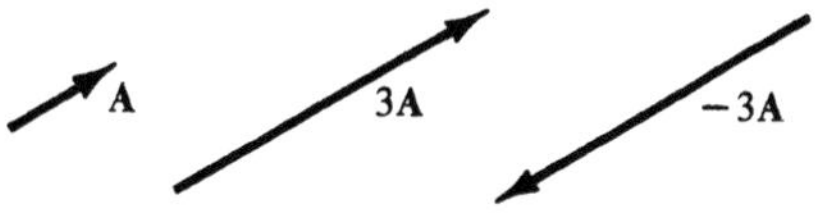

Bild 19.20

Die Anwendung von Skalaren auf Vektoren hat deren Vergrößerung oder Verkleinerung zur Folge. So verstehen wir unter 3**A** einen Vektor, der die gleiche Richtung wie **A**, aber die dreifache Länge besitzt (Bild 19.20). Ebenso steht (−3)**A** für −(3**A**), einen Vektor mit der dreifachen Länge von **A**, aber entgegengesetzt gerichtet.

Ganz allgemein wird das Produkt eines Skalars c und eines Vektors **A** in der folgenden Weise definiert (c muß keine ganze Zahl sein).

Definition des Produkts eines Skalars mit einem Vektor: Ist c ein Skalar und **A** ein Vektor, so verstehen wir unter c**A** einen Vektor, dessen Länge das c-fache der Länge von **A** ist und dessen Richtung mit der Richtung von **A** übereinstimmt (c positiv) oder der Richtung von **A** entgegengesetzt (c negativ) ist.

Der Vektor 0**A** hat die Länge 0 und stimmt daher mit dem Nullvektor **0** überein, der keine Richtung besitzt. Der Vektor c**A** wird *skalares Vielfaches* des Vektors **A** genannt.

Beispiel 1: **A** sei der Vektor aus Bild 19.21. Man zeichne (−1)**A**; $\frac{1}{2}$**A**; (−2)**A**.

Lösung: (−1)**A** hat die gleiche Länge wie **A** aber die entgegengesetzte Richtung (Bild 19.22). Daher gilt (−1)**A** = −**A**. $\frac{1}{2}$**A** ist halb so lang wie **A** und hat die gleiche Richtung wie **A**. (−2)**A** ist doppelt so lang wie **A**, hat aber die entgegengesetzte Richtung.

Bild 19.21

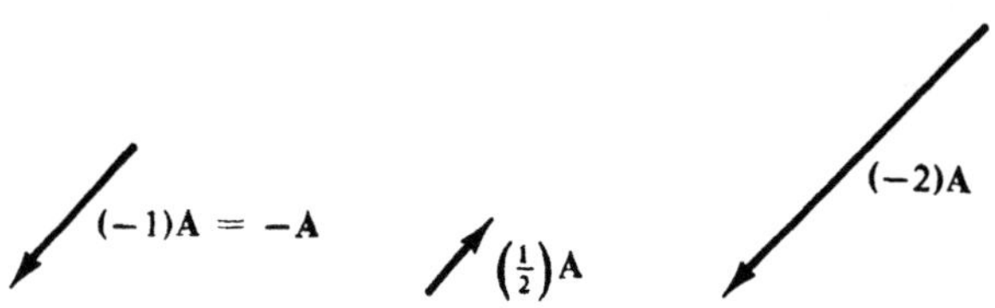

Bild 19.22

Im folgenden Theorem werden die skalaren Komponenten von c**A** durch c und die skalaren Komponenten von **A** dargestellt.

Theorem 1:

$$c\overrightarrow{(x;y)} = \overrightarrow{(cx;cy)} \quad \text{und} \quad c\overrightarrow{(x;y;z)} = \overrightarrow{(cx;cy;cz)}.$$

Beweis: Aus Gründen der Einfachheit führen wir den Beweis für ebene Vektoren und zeigen $c\overrightarrow{(x;y)} = \overrightarrow{(cx;cy)}$. Der Beweis für räumliche Vektoren verläuft analog, allerdings sind die Zeichnungen komplizierter.

Zuerst wollen wir zeigen, daß die Länge von $\overrightarrow{(cx;cy)}$ mit der c-fachen Länge von $\overrightarrow{(x;y)}$ übereinstimmt. Dazu berechnen wir die Länge von $\overrightarrow{(cx;cy)}$.

$$|\overrightarrow{(cx;cy)}| = \sqrt{(cx)^2 + (cy)^2} = \sqrt{c^2(x^2+y^2)} = \\ = \sqrt{c^2}\sqrt{x^2+y^2}.$$

Nun ist durch $\sqrt{x^2+y^2}$ die Länge von $\overrightarrow{(x;y)}$ gegeben. Darüberhinaus gilt $\sqrt{c^2} = |c|$, sowohl für positive als auch für negative c. (Wir erhalten etwa $\sqrt{(-3)^2} = \sqrt{9} = 3 = |-3|$).

Daher ist die Länge $\overrightarrow{(cx;cy)}$ gleich der c-fachen Länge von $\overrightarrow{(x;y)}$.

Nun wollen wir zeigen, daß die Richtung von $\overrightarrow{(cx;cy)}$ mit der Richtung von $c\overrightarrow{(x;y)}$ übereinstimmt.

Betrachten wir den Fall $c > 0$. Dann liegen $\overrightarrow{(x;y)}$ und $\overrightarrow{(cx;cy)}$ auf entsprechenden Seiten ähnlicher Dreiecke (Bild 19.23). Daher sind sie parallel und zeigen in die gleiche Richtung. Für positive c haben $c\overrightarrow{(x;y)}$ und $\overrightarrow{(cx;cy)}$ die gleiche Richtung. Da $c\overrightarrow{(x;y)}$ und $\overrightarrow{(cx;cy)}$ die gleiche Länge und die gleiche Richtung besitzen, beschreiben sie denselben Vektor.

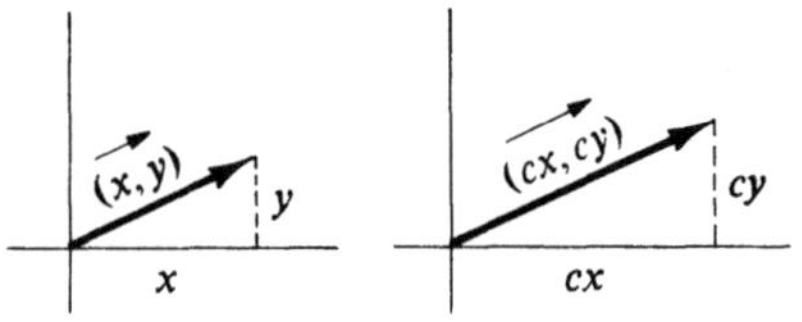

Bild 19.23

Auch für negative c kann $c\overrightarrow{(x;y)} = \overrightarrow{(cx;cy)}$ bewiesen werden. ●

Aufgrund von Theorem 1 gilt

$$4\overrightarrow{(2;5)} = \overrightarrow{(8;20)};$$
$$\tfrac{1}{2}\overrightarrow{(4;2;-5)} = \overrightarrow{(2;1;-2{,}5)};$$
$$0{,}03\,\overrightarrow{(2;-1;4)} = \overrightarrow{(0{,}06;-0{,}03;0{,}12)};$$
$$-1\overrightarrow{(2;3;4)} = \overrightarrow{(-2;-3;-4)}.$$

Definition der Division eines Vektors durch einen Skalar: Es sei **A** ein Vektor und c ein von Null verschiedener Skalar. Dann definieren wir

$$\frac{\mathbf{A}}{c} \quad \text{durch} \quad \left(\frac{1}{c}\right)\mathbf{A}.$$

Beispiel 2: Man zeichne den Vektor **A**/2 für einen typischen Vektor **A**.

Lösung: **A**/2 ist durch $\frac{1}{2}$ **A** definiert. Dieser Vektor ist halb so lang wie **A** und hat die gleiche Richtung (Bild 19.24). ●

Bild 19.24

Beispiel 3: Man vergleiche die Vektoren **A** und **A**/0,1.

Lösung: **A**/0,1 = (1/0,1) **A** = 10**A**, dieser Vektor ist 10 mal so lang wie **A** und hat die gleiche Richtung.

Beispiel 4: Man berechne $\overrightarrow{(4;7;6)}/3$.

Lösung: $\dfrac{\overrightarrow{(4;7;6)}}{3} = \dfrac{1}{3}\overrightarrow{(4;7;6)} = \overrightarrow{\left(\dfrac{4}{3};\dfrac{7}{3};2\right)}$. ●

Beispiel 4 kann zu der Formel

$$\frac{\overrightarrow{(x;y;z)}}{c} = \overrightarrow{\left(\frac{x}{c};\frac{y}{c};\frac{z}{c}\right)} \quad \text{für} \quad c \neq 0$$

verallgemeinert werden.

Mit Hilfe des folgenden Theorems kann ein Einheitsvektor mit vorgeschriebener Richtung konstruiert werden.

Theorem 2: Für jeden vom Nullvektor verschiedenen Vektor **A** ist der Vektor

$$\frac{\mathbf{A}}{|\mathbf{A}|}$$

ein Einheitsvektor (und hat die gleiche Richtung wie **A**).

Beweis: Da $|\mathbf{A}|$ eine positive Zahl ist, hat $\mathbf{A}/|\mathbf{A}|$ die gleiche Richtung wie **A**. Welche Länge besitzt nun der Vektor $\mathbf{A}/|\mathbf{A}|$? Der Definition von $\mathbf{A}/|\mathbf{A}|$ durch

$$\frac{1}{|\mathbf{A}|}\cdot\mathbf{A}$$

entnehmen wir, daß die Länge dieses Vektors gleich der $1/|\mathbf{A}|$-fachen Länge von **A** ist und daher

$$\frac{1}{|\mathbf{A}|}\,|\mathbf{A}| \qquad \text{oder 1 beträgt.}$$

Daher ist $\mathbf{A}/|\mathbf{A}|$ ein Einheitsvektor und der Beweis ist abgeschlossen. ●

Beispiel 5: Man berechne $\mathbf{A}/|\mathbf{A}|$ für $\mathbf{A} = \overrightarrow{(4; -5; 20)}$.

Lösung: Wir erhalten

$$|\mathbf{A}| = \sqrt{4^2 + (-5)^2 + (20)^2} = \sqrt{16 + 25 + 400} = \sqrt{441} = 21.$$

Es folgt

$$\frac{\mathbf{A}}{|\mathbf{A}|} = \overrightarrow{\left(\frac{4}{21}; \frac{-5}{21}; \frac{20}{21}\right)}. \quad ●$$

In der folgenden Definition werden drei spezielle Vektoren eingeführt und bezeichnet, die in der Praxis häufig auftreten.

Definition der Grundvektoren: Die Vektoren

$$\mathbf{i} = \overrightarrow{(1; 0; 0)},$$
$$\mathbf{j} = \overrightarrow{(0; 1; 0)},$$
$$\mathbf{k} = \overrightarrow{(0; 0; 1)}$$

werden *Grundvektoren* genannt (Bild 19.25).

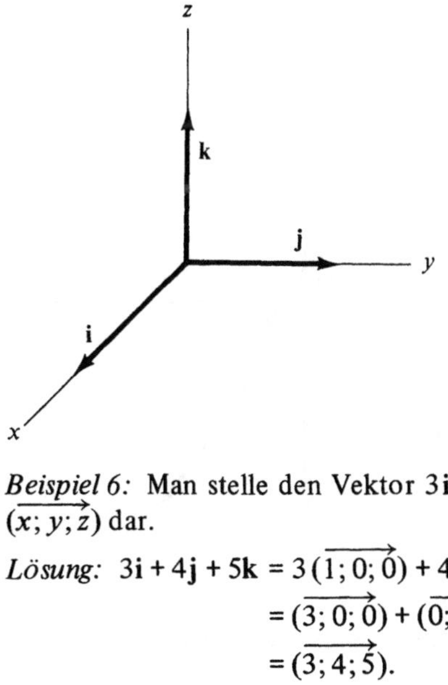

Bild 19.25

Beispiel 6: Man stelle den Vektor $3\mathbf{i} + 4\mathbf{j} + 5\mathbf{k}$ in der Form $\overrightarrow{(x; y; z)}$ dar.

Lösung: $3\mathbf{i} + 4\mathbf{j} + 5\mathbf{k} = 3\overrightarrow{(1; 0; 0)} + 4\overrightarrow{(0; 1; 0)} + 5\overrightarrow{(0; 0; 1)} = \overrightarrow{(3; 0; 0)} + \overrightarrow{(0; 4; 0)} + \overrightarrow{(0; 0; 5)} = \overrightarrow{(3; 4; 5)}$.

Bild 19.26 zeigt den Zusammenhang zwischen **i, j, k** und dem Vektor $3\mathbf{i} + 4\mathbf{j} + 5\mathbf{k}$. ●

Beispiel 6 führt uns zu der allgemeinen Relation

$$x\mathbf{i} + y\mathbf{j} + z\mathbf{k} = \overrightarrow{(x; y; z)}.$$

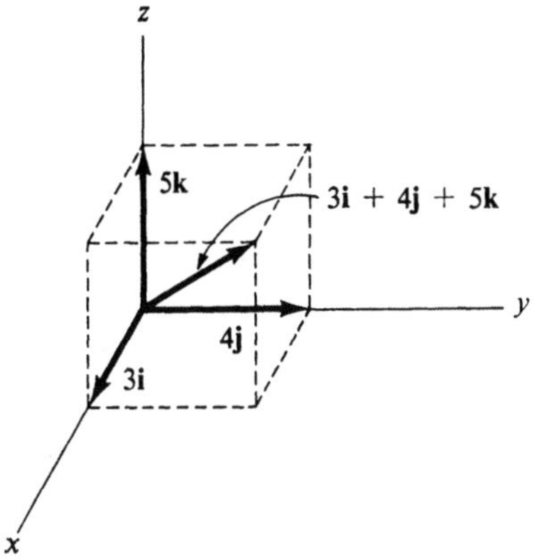

Bild 19.26

Im allgemeinen ist die Bezeichnung $x\mathbf{i} + y\mathbf{j} + z\mathbf{k}$ vorzuziehen. Erstens ist diese Bezeichnung geometrisch anschaulicher und zweitens ist die Bezeichnung $x\mathbf{i} + y\mathbf{j} + z\mathbf{k}$ für komplizierte Ausdrücke x, y und z leichter zu lesen.

Um einen ebenen Vektor $\mathbf{A} = \overrightarrow{(x; y)}$ darzustellen, benötigen wir den Vektor **k** nicht. Wir erhalten einfach

$$\mathbf{A} = x\mathbf{i} + y\mathbf{j}$$

und der Koeffizient von **k** ist Null.

Die aufeinander senkrecht stehenden Einheitsvektoren **i, j** und **k** treten in den Anwendungen am häufigsten auf; allerdings werden manchmal auch andere derartige „Vektor-Dreibeine" verwendet.

$\mathbf{u}_1$, $\mathbf{u}_2$ und $\mathbf{u}_3$ seien drei Einheitsvektoren, die senkrecht aufeinander stehen (Bild 19.27). Für beliebige Skalare x, y und z entspricht dem Vektor $\mathbf{A} = x\mathbf{u}_1 + y\mathbf{u}_2 + z\mathbf{u}_3$ die Summe der drei Vektoren parallel zu $\mathbf{u}_1$, parallel zu $\mathbf{u}_2$ und parallel zu $\mathbf{u}_3$, die Bild 19.28 zeigt. (Sollte x negativ sein, dann zeigt $x\mathbf{u}_1$ in die zu $\mathbf{u}_1$ entgegengesetzte Richtung.) Da $\mathbf{u}_1$ ein Einheitsvektor ist, hat $x\mathbf{u}_1$ die Länge x. Die Länge von $x\mathbf{u}_1 + y\mathbf{u}_2 + z\mathbf{u}_3$ beträgt $\sqrt{x^2 + y^2 + z^2}$.

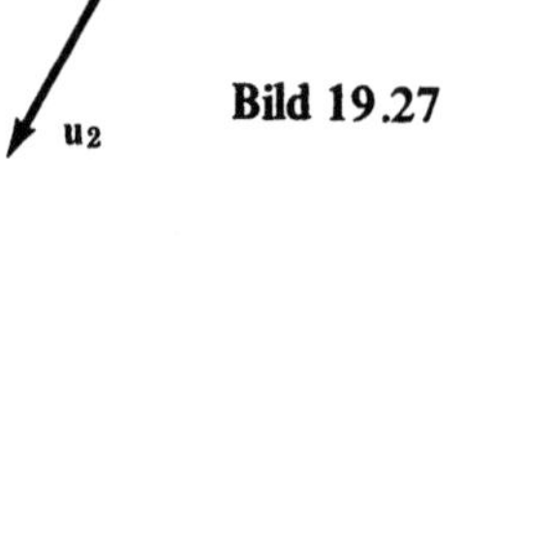

Bild 19.27

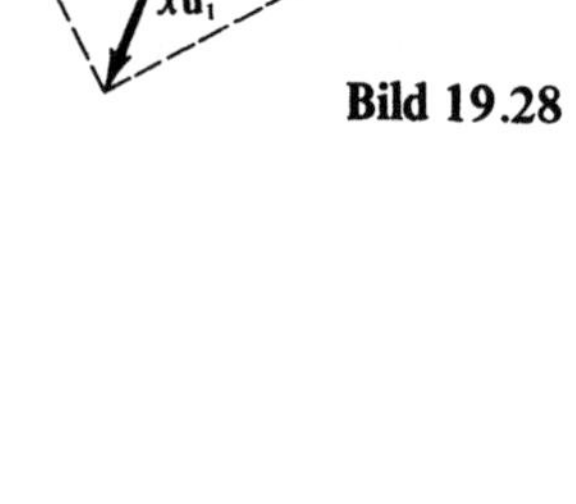

Bild 19.28

Diese Konstruktion kann auch umgekehrt werden. Wir können von einem Vektor **A** und den drei aufeinander senkrechten Einheitsvektoren $\mathbf{u}_1$, $\mathbf{u}_2$ und $\mathbf{u}_3$ ausgehen. Dann kann der Vektor **A** als Summe eines Vektors $\mathbf{A}_1$ parallel zu $\mathbf{u}_1$, eines Vektors $\mathbf{A}_2$ parallel zu $\mathbf{u}_2$ und eines Vektors $\mathbf{A}_3$ parallel zu $\mathbf{u}_3$ dargestellt werden. Man zeichne den Quader, dessen Diagonale mit **A** übereinstimmt und dessen Kanten parallel zu $\mathbf{u}_1$, $\mathbf{u}_2$ und $\mathbf{u}_3$ verlaufen (Bild 19.29). Dann gilt für geeignete Skalare x, y und z das Gleichungssystem $\mathbf{A}_1 = x\mathbf{u}_1$, $\mathbf{A}_2 = x\mathbf{u}_2$ und $\mathbf{A}_3 = x\mathbf{u}_3$.

Für den Fall eines ebenen Vektors **A** und eines Paares aufeinander senkrecht stehender ebener Einheitsvektoren $\mathbf{u}_1$ und $\mathbf{u}_2$ vereinfachen sich die Zeichnungen beträchtlich (Bild 19.30).

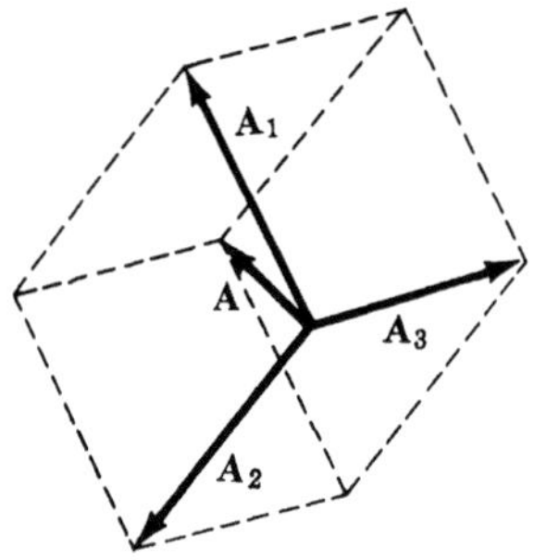

Bild 19.29

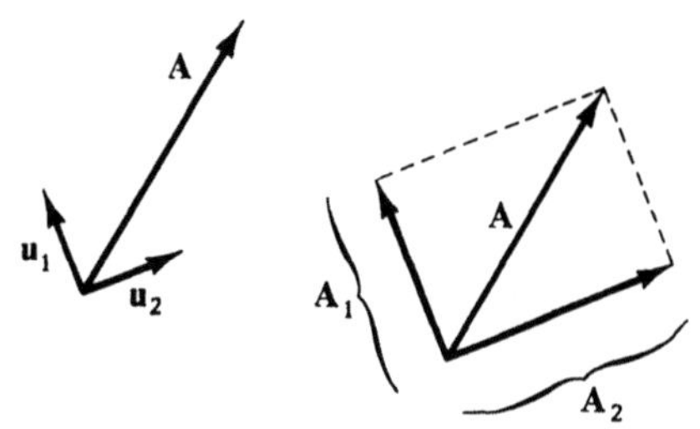

Bild 19.30

Definition der Vektorkomponenten und der skalaren Komponenten: $\mathbf{u}_1$, $\mathbf{u}_2$ und $\mathbf{u}_3$ seien aufeinander senkrechte Einheitsvektoren. **A** sei ein beliebiger Vektor. Dann kann **A** in der Form

$$\mathbf{A} = \mathbf{A}_1 + \mathbf{A}_2 + \mathbf{A}_3$$

dargestellt werden, wobei

$\mathbf{A}_1$ parallel zu $\mathbf{u}_1$,
$\mathbf{A}_2$ parallel zu $\mathbf{u}_2$ und
$\mathbf{A}_3$ parallel zu $\mathbf{u}_3$ ist.

$\mathbf{A}_1$ heißt *Vektorkomponente* von **A** in Richtung von $\mathbf{u}_1$. $\mathbf{A}_2$ heißt *Vektorkomponente* von **A** in Richtung von $\mathbf{u}_2$ und $\mathbf{A}_3$ heißt *Vektorkomponente* von **A** in Richtung von $\mathbf{u}_3$.

Gilt dann $\mathbf{A}_1 = x\mathbf{u}_1$, $\mathbf{A}_2 = y\mathbf{u}_2$ und $\mathbf{A}_3 = z\mathbf{u}_3$ so wird die Zahl x *skalare Komponente* von **A** in Richtung von $\mathbf{u}_1$ genannt, y ist die *skalare Komponente* von **A** in Richtung von $\mathbf{u}_2$, z ist die *skalare Komponente* von **A** in Richtung von $\mathbf{u}_3$. Skalare Komponenten können auch negativ sein. Unter der skalaren Komponente eines Vektors **A** in Richtung eines Vektors **R** verstehen wir die skalare Komponente von **A** in Richtung des Einheitsvektors $\mathbf{R}/|\mathbf{R}|$.

Skalare Komponenten sind Zahlen und im allgemeinen leichter zu handhaben als Vektoren. Im folgenden Kapitel werden wir die skalaren Komponenten häufig verwenden – etwa um die Kraft auf ein Teilchen zu untersuchen, das sich entlang eines gekrümmten Weges bewegt.

Beispiel 7: Man bestimme die Vektorkomponenten von $\mathbf{A} = \overrightarrow{(3;-4)}$ entlang $\mathbf{u}_1 = \overrightarrow{(1;0)}$ und $\mathbf{u}_2 = \overrightarrow{(0;1)}$.

Lösung: Bild 19.31 zeigt **A**, $\mathbf{u}_1$ und $\mathbf{u}_2$. Wir entnehmen ihm:

$$\mathbf{A} = 3\mathbf{u}_1 - 4\mathbf{u}_2.$$

Daher ist die Vektorkomponente von **A** entlang $\mathbf{u}_1$ gleich $3\mathbf{u}_1$ und entlang $\mathbf{u}_2$ gleich $-4\mathbf{u}_2$. Die skalare Komponente von **A** entlang $\mathbf{u}_1$ ist gleich 3 und entlang $\mathbf{u}_2$ gleich -4. ●

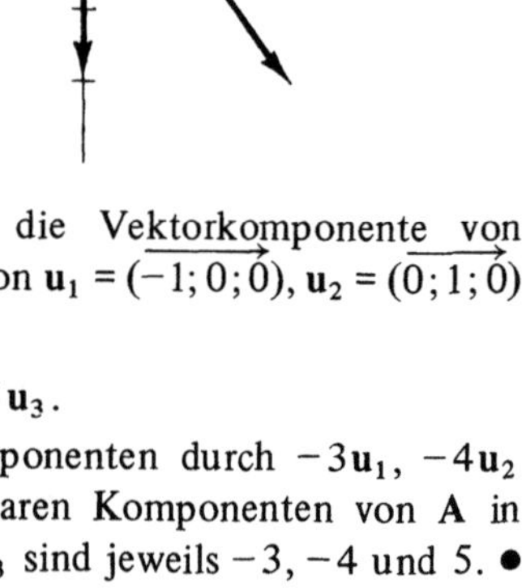

Bild 19.31

Beispiel 8: Man bestimme die Vektorkomponente von $\mathbf{A} = \overrightarrow{(3;-4;5)}$ in Richtung von $\mathbf{u}_1 = \overrightarrow{(-1;0;0)}$, $\mathbf{u}_2 = \overrightarrow{(0;1;0)}$ und $\mathbf{u}_3 = \overrightarrow{(0;0;1)}$.

Lösung: $\mathbf{A} = -3\mathbf{u}_1 - 4\mathbf{u}_2 + 5\mathbf{u}_3$.

Daher sind die Vektorkomponenten durch $-3\mathbf{u}_1$, $-4\mathbf{u}_2$ und $5\mathbf{u}_3$ gegeben. Die skalaren Komponenten von **A** in Richtung von $\mathbf{u}_1$, $\mathbf{u}_2$ und $\mathbf{u}_3$ sind jeweils -3, -4 und 5. ●

Die Vektoren **i**, **j**, **k** werden manchmal auch mit $\mathbf{e}_1$, $\mathbf{e}_2$, $\mathbf{e}_3$ bezeichnet. Für die drei skalaren Komponenten von **A** teilweise die Symbole A_x, A_y, A_z.

Dann gilt

$$\mathbf{A} = A_x \mathbf{i} + A_y \mathbf{j} + A_z \mathbf{k}.$$

Die skalaren Komponenten von **A** werden auch mit a_1, a_2, a_3 bezeichnet. Dann gilt

$$\mathbf{A} = a_1 \mathbf{i} + a_2 \mathbf{j} + a_3 \mathbf{k} \quad \text{und} \quad \mathbf{A} = \overrightarrow{(a_1; a_2; a_3)}.$$

Im nächsten Abschnitt werden wir die skalaren und die Vektorkomponenten eines beliebigen Vektors **A** in Richtung eines beliebigen Einheitsvektors **u** bestimmen.

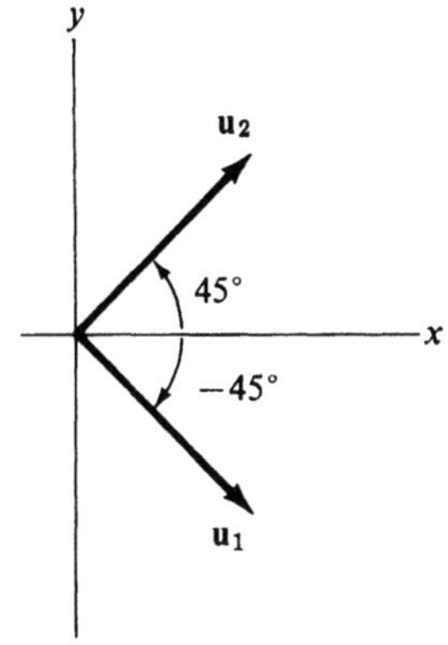

Bild 19.32

Übungen:

1. Man berechne und zeichne $c\mathbf{A}$ für $\mathbf{A} = 2\mathbf{i} + 3\mathbf{j} + \mathbf{k}$ und c gleich
   (*a*) 2, (*b*) -2, (*c*) $\frac{1}{2}$, (*d*) $-\frac{1}{2}$.
2. Man stelle jeden der folgenden Vektoren durch geeignetes c in der Form $c(2\mathbf{i} + 3\mathbf{j} + 4\mathbf{k})$ dar:
   (*a*) $\overrightarrow{(4;6;8)}$, (*b*) $-2\mathbf{i} - 3\mathbf{j} - 4\mathbf{k}$, (*c*) **0**, (*d*) $\frac{2}{11}\mathbf{i} + \frac{3}{11}\mathbf{j} + \frac{4}{11}\mathbf{k}$.
3. **u** sei ein Einheitsvektor. Welche Länge besitzt dann der Vektor $-3\mathbf{u}$.
4. Man bestimme $|5(2\mathbf{i} + 4\mathbf{j} - \mathbf{k})|$.
5. Welche Vektorkomponenten besitzt $-4\mathbf{i} + 5\mathbf{j} + 0\mathbf{k}$ in Richtung von
   (*a*) **i**? (*b*) **j**? (*c*) **k**?
6. Welche skalaren Komponenten besitzt $-4\mathbf{i} + 5\mathbf{j} + 0\mathbf{k}$ entlang
   (*a*) **i**? (*b*) **j**? (*c*) **k**?
7. Man bestimme mit Hilfe eines geeigneten Diagramms die Vektorkomponente von $2\mathbf{i} + 2\mathbf{j} + 3\mathbf{k}$ in Richtung von
   (*a*) **i**, (*b*) $-\mathbf{i}$, (*c*) $3\mathbf{i}$, (*d*) $\frac{\mathbf{i}}{2} + \frac{\mathbf{j}}{2} + 0\mathbf{k}$.
8. Man bestimme den Einheitsvektor mit der gleichen Richtung wie $\mathbf{i} + 2\mathbf{j} + 3\mathbf{k}$.
9. Die Vektorkomponente von **A** entlang des Einheitsvektors **u** sei $4\mathbf{u}$ und die Vektorkomponente von **B** entlang **u** sei $-3\mathbf{u}$.
   (*a*) Wie lautet die skalare Komponente von **A** in Richtung **u**?
   (*b*) Die Vektorkomponente $\mathbf{A} + \mathbf{B}$ in Richtung **u**?
10. Es seien $\mathbf{u}_1$ und $\mathbf{u}_2$ Einheitsvektoren in der xy-Ebene (Bild 19.32). Man stelle die folgenden Vektoren in der Form $x\mathbf{u}_1 + y\mathbf{u}_2$ dar.
    (*a*) **i**, (*b*) **j**, (*c*) $3\mathbf{i} - 4\mathbf{j}$.
11. Es sei **u** der Einheitsvektor, der mit der x-Achse einen Winkel von $\pi/3$ einschließt (Bild 19.33).
    (*a*) Man stelle **u** in der Form $x\mathbf{i} + y\mathbf{j}$ dar.
    (*b*) Man zeichne die Vektorkomponenten von **u** in die Richtungen von **i** und **j**.

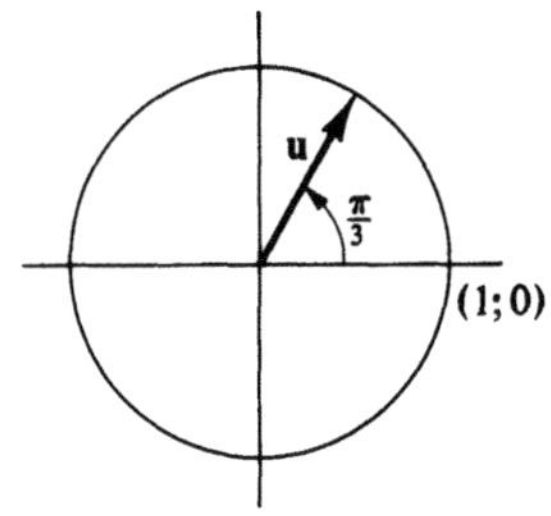

Bild 19.33

■

12. Man zeichne den Einheitstangentenvektor an die Kurve $y = \sin x$ im Punkt $(0;0)$. Welches sind seine Vektorkomponenten in die Richtungen von **i** und **j**?
13. Man zeichne den Einheitstangentenvektor an die Kurve $y = x^3$ im Punkt $(1;1)$. Welches sind die skalaren Komponenten in die Richtungen **i** und **j**?
14. Welchen Winkel schließt der Vektor $2\mathbf{i} + 3\mathbf{j}$ mit der positiven x-Achse ein?
15. (*a*) Die Vektoren
    $$\mathbf{u}_1 = \frac{1}{2}\mathbf{i} + \frac{\sqrt{3}}{2}\mathbf{j} \quad \text{und} \quad \mathbf{u}_2 = \frac{\sqrt{3}}{2}\mathbf{i} - \frac{1}{2}\mathbf{j}$$
    sind aufeinander senkrecht stehende Einheitsvektoren. Man beweise dies. *Hinweis:* Welche Winkel schließen sie mit der x-Achse ein?
    (*b*) Man bestimme skalare x und y mit $\mathbf{i} = x\mathbf{u}_1 + y\mathbf{u}_2$.
16. (*a*) Die Vektoren
    $$\mathbf{u}_1 = \frac{\sqrt{2}}{2}\mathbf{i} + \frac{\sqrt{2}}{2}\mathbf{j} \quad \text{und} \quad \mathbf{u}_2 = \frac{-\sqrt{2}}{2}\mathbf{i} + \frac{\sqrt{2}}{2}\mathbf{j}$$
    sind aufeinander senkrechte Einheitsvektoren. Man beweise dies. *Hinweis:* Man zeichne die Vektoren.

(*b*) Man stelle **i** in der Form $x\mathbf{u}_1 + y\mathbf{u}_2$ dar. *Hinweis:* Man zeichne **i**, $\mathbf{u}_1$, $\mathbf{u}_2$.
(*c*) Man stelle **j** in der Form $x\mathbf{u}_1 + y\mathbf{u}_2$ dar.
(*d*) Man stelle $-2\mathbf{i} + 3\mathbf{j}$ in der Form $x\mathbf{u}_1 + y\mathbf{u}_2$ dar.

■■

17. Es seien **A**, **B** und **C** drei ebene Vektoren. Man zeige dann mit Hilfe einer Skizze die Existenz von Zahlen x, y und z, die nicht alle gleich Null sind und für die gilt

$$x\mathbf{A} + y\mathbf{B} + z\mathbf{C} = \mathbf{0}.$$

In der folgenden Übung wird eine Vektorformel für den Mittelpunkt einer Strecke angegeben.

18. Es seien P und Q Punkte in der xy-Ebene, deren Ursprung im Punkt O liegt. Es sei M der Mittelpunkt von PQ. Man zeige dann

$$\begin{aligned}\overrightarrow{OM} &= \overrightarrow{OP} + \frac{1}{2}(\overrightarrow{PQ}) \\ &= \overrightarrow{OP} + \frac{1}{2}(\overrightarrow{OQ} - \overrightarrow{OP}) \\ &= \frac{1}{2}(\overrightarrow{OP} + \overrightarrow{OQ}).\end{aligned}$$

19. (Siehe Übung 18.) Die Strecke, die die Mittelpunkte zweier Seiten eines Dreiecks verbindet, ist parallel zur dritten Seite und besitzt deren halbe Länge. Man beweise dies mit Hilfe von Vektoren.

20. (Siehe Übung 19.) Die Verbindungslinien der Mittelpunkte der Seiten eines räumlichen Vierecks bilden ein anderes Viereck. Dieses ist ein Paralleogramm, wie zu zeigen ist.

21. Man zeichne zwei ebene Vektoren **A** und **B** mit Anfangspunkt im Ursprung. Man zeichne die Vektoren $t\mathbf{A} + (1 - t)\mathbf{B}$ ebenfalls mit dem Anfangspunkt im Ursprung für

(*a*) $t = 2$, (*b*) $t = -2$,
(*c*) $t = 0$, (*d*) $t = 1$,
(*e*) $t = \frac{1}{2}$, (*f*) $t = \frac{1}{3}$.
(*g*) Auf welchem bekannten geometrischen Objekt liegen die Endpunkte der sechs angegebenen Vektoren?

22. Man betrachte zwei Vektoren **A** und **B** (nichtnotwendigerweise ebene Vektoren) mit dem Anfangspunkt im Ursprung.
(*a*) Warum besitzt jeder Vektor, der den Ursprung mit einem beliebigen Punkt auf der Geraden durch die Endpunkte der Vektoren **A** und **B** verbindet, die Form $\mathbf{B} + t(\mathbf{A} - \mathbf{B})$, wobei t geeignet zu wählen ist?
(*b*) Mit Hilfe von (*a*) diskutiere man Übung 21 (*g*).

23. (Siehe Übung 18.) Es seien P, Q und R die Eckpunkte eines Dreiecks in der xy-Ebene und es sei O der Ursprung der xy-Ebene. Die Entfernung des Punktes S von jedem der drei Eckpunkte betrage $\frac{2}{3}$ der Entfernung vom jeweiligen Eckpunkt zum Mittelpunkt der gegenüberliegenden Seite des Dreiecks.
(*a*) Man beweise

$$\overrightarrow{OS} = \frac{1}{3}(\overrightarrow{OP} + \overrightarrow{OQ} + \overrightarrow{OR}).$$

(*b*) Mit Hilfe von (*a*) beweise man, daß sich die drei Schwerlinien eines Dreiecks in einem Punkt schneiden.

24. Es seien **A**, **B** und **C** drei räumliche Vektoren, die nicht in einer Ebene liegen. Diese Vektoren sollen also nicht in eine Ebene fallen, wenn ihre Anfangspunkte in den Ursprung gelegt werden.
(*a*) Mit Hilfe einer Skizze beweise man, daß jeder Vektor **D** mit geeigneten Skalaren x, y, z in der Form $x\mathbf{A} + y\mathbf{B} + z\mathbf{C}$ dargestellt werden kann.
(*b*) Sind die Skalare in (*a*) eindeutig?

19.3 Das skalare Produkt zweier Vektoren

Ein Stein wird mit Hilfe eines Seiles über den Boden gezogen, das Seil schließe mit dem Boden einen festen Winkel ein. Die Kraft auf den Stein wird durch den Vektor **F** dargestellt und kann als Summe einer vertikalen Kraft $\mathbf{F}_2$ und einer horizontalen Kraft $\mathbf{F}_1$ aufgefaßt werden (Bild 19.34).

Welche Arbeit verrichtet die Kraft **F** bei der Bewegung des Steines entlang der Bodenfläche? Bewegt sich ein Teilchen unter dem Einfluß einer konstanten Kraft **F** (von beliebiger Richtung) entlang eines geradlinigen Weges vom Anfangspunkt zum Endpunkt des Vektors **R**, dann definiert der Physiker die Arbeit der konstanten Kraft **F** durch das Produkt: Länge der Vektorkomponente **F** in der Richtung von **R** mal der Länge von **R**.

Daher verrichtet die Kraft $\mathbf{F}_2$ des Bildes 19.34 bei der Bewegung des Steines keine Arbeit; nur die Kraft $\mathbf{F}_1$ verrichtet tatsächlich Arbeit. Die Arbeit von **F** ist daher durch die Arbeit von $\mathbf{F}_1$ bei der Überwindung der Reibung gegeben und stimmt daher mit dem Produkt

$$|\mathbf{F}_1| \cdot (\text{Weg des Steines}) \qquad \text{überein.}$$

Bild 19.34 Wir können **F** durch $\mathbf{F}_1$ und $\mathbf{F}_2$ ersetzen. Diese beiden Vektoren haben zusammen die gleiche Wirkung auf den Stein wie **F** selbst.

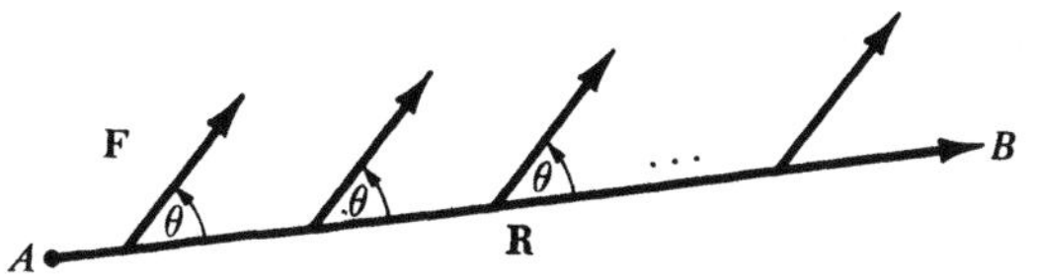

Eine konstante Kraft **F** bewegt ein Objekt von A nach B gegen die Schwerkraft, gegen den Luftwiderstand, gegen Reibungskräfte usw.

Bild 19.35

Ganz allgemein sei eine Kraft durch den Vektor **F** dargestellt und bewege ein Objekt entlang einer geraden Linie vom Anfangspunkt zum Endpunkt eines Vektors **R** (Bild 19.35). Die verrichtete Arbeit wird durch das Produkt

$$\underbrace{|\mathbf{F}|\cos\theta}_{\text{Größe der Kraft in der Bewegungsrichtung des Objektes}} \qquad \underbrace{|\mathbf{R}|}_{\text{Weg des Objektes}}$$

definiert, wobei θ den Winkel zwischen **R** und **F** angibt. Der Winkel θ liegt im Intervall $[0;\pi]$.

Dieses wichtige physikalische Beispiel veranschaulicht das *skalare Produkt* zweier Vektoren, das wir im Anschluß an die folgende Definition einführen werden.

Definition des Winkels zwischen zwei nichtverschwindenden Vektoren: **A** und **B** seien zwei nichtparallele und nichtverschwindende Vektoren. Sie spannen ein Dreieck auf und schließen einen Winkel θ ein (Bild 19.36). Der *Winkel zwischen* **A** *und* **B** *ist* θ. Stets gilt

$$0 < \theta < \pi.$$

Sind **A** und **B** parallel, dann ist der Winkel θ gleich Null (gleiche Richtung der Vektoren oder π entgegengesetzte Richtungen der Vektoren). Der Winkel zwischen **0** und einem anderen Vektor ist nicht definiert.

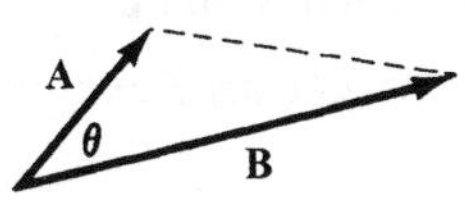

Bild 19.36

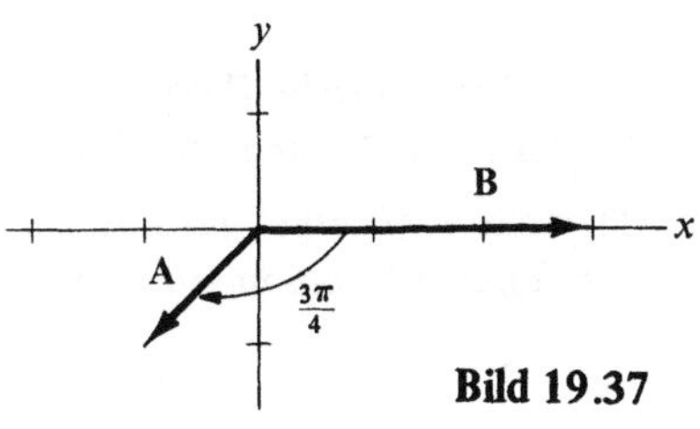

Bild 19.37

Der Winkel zwischen **i** und **j** beträgt $\pi/2$. Der Winkel zwischen $\mathbf{A} = -\mathbf{i} - \mathbf{j}$ und $\mathbf{B} = 3\mathbf{i}$ beträgt $3\pi/4$ (Bild 19.37). Der Winkel zwischen **k** und $-\mathbf{k}$ beträgt π. Der Winkel zwischen $2\mathbf{i} + 2\mathbf{j} + 2\mathbf{k}$ und $5\mathbf{i} + 5\mathbf{j} + 5\mathbf{k}$ ist gleich Null.

Nun kann das skalare Produkt zweier Vektoren definiert werden.

Definition des skalaren Produkts: **A** und **B** seien zwei nichtverschwindende Vektoren. Ihr skalares Produkt ist durch die Zahl

$$|\mathbf{A}|\,|\mathbf{B}|\cos\theta$$

gegeben; θ ist der Winkel zwischen **A** und **B**. Ist **A** oder **B** gleich **0**, dann wird das skalare Produkt Null. Das skalare Produkt wird mit $\mathbf{A}\cdot\mathbf{B}$ bezeichnet. Es ist ein Skalar, daher die Bezeichnung *skalares Produkt* oder *Skalarprodukt* von **A** und **B**.

Beispiel 1: Man berechne das skalare Produkt $\mathbf{A}\cdot\mathbf{B}$ für $\mathbf{A} = 3\mathbf{i} + 3\mathbf{j}$ und $\mathbf{B} = 5\mathbf{i}$.

Lösung: Bild 19.38 entnehmen wir für den Winkel θ zwischen **A** und **B** den Wert $\pi/4$. Ferner gilt

$$|\mathbf{A}| = \sqrt{3^2 + 3^2} = \sqrt{18}$$

und

$$|\mathbf{B}| = \sqrt{5^2 + 0^2} = 5.$$

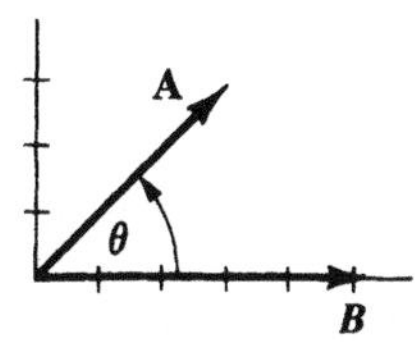

Bild 19.38

Somit erhalten wir

$$\mathbf{A}\cdot\mathbf{B} = |\mathbf{A}|\,|\mathbf{B}|\cos\theta = \sqrt{18}\cdot 5\,\frac{\sqrt{2}}{2} = 15. \bullet$$

Beispiel 2: Welche Arbeit verrichtet die Kraft $\mathbf{F} = 6\mathbf{j}$, wenn durch sie ein Objekt vom Anfangspunkt zum Endpunkt des Vektors $\mathbf{R} = 4\mathbf{i} + 4\mathbf{j}$ bewegt wird?

Lösung: Die Arbeit ist durch das skalare Produkt

$$\mathbf{F}\cdot\mathbf{R} = |\mathbf{F}|\,|\mathbf{R}|\cos\theta$$

definiert. Bild 19.39 entnehmen wir $\theta = \pi/4$. Daher gilt

$$\text{Arbeit} = \sqrt{0^2 + 6^2}\,\sqrt{4^2 + 4^2}\,\cos\frac{\pi}{4} = 6\sqrt{32}\,\frac{\sqrt{2}}{2} = \frac{6\sqrt{64}}{2} = 24.$$

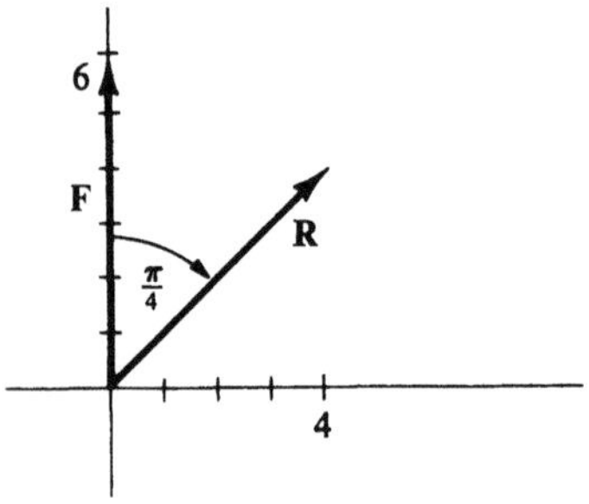

Bild 19.39

Wird die Kraft in Newton und der Abstand in Metern gemessen, so beträgt die Arbeit 24 N · m. •

Steht der Vektor **A** senkrecht auf **B**, dann gilt $\mathbf{A} \cdot \mathbf{B} = 0$. Daher verschwindet das skalare Produkt zweier aufeinander senkrechter Vektoren. Dies ist eine wichtige Eigenschaft des skalaren Produkts. Auch die Umkehrung dieser Feststellung ist richtig: Gilt $\mathbf{A} \cdot \mathbf{B} = 0$ und ist weder **A** noch **B** gleich **0**, dann ist der Kosinus des Winkels zwischen **A** und **B** gleich Null. Daher stehen **A** und **B** aufeinander senkrecht. *Das Verschwinden des skalaren Produkts liefert somit einen Test, ob zwei Vektoren aufeinander senkrecht stehen.*

Das nächste Beispiel gibt eine andere physikalische Interpretation des skalaren Produktes, die in den Kapiteln 21 und 22 noch genauer untersucht werden wird.

Beispiel 3: Durch den Vektor **A** sei die Richtung und die Strömungsrate eines Wasserstromes über einen imaginären festgehaltenen Draht gegeben (Bild 19.40). **B** sei ein Vektor auf der Wasseroberfläche, der senkrecht auf dem Draht steht. $|\mathbf{B}|$ sei die Länge des Drahtes und $|\mathbf{A}|$ die Geschwindigkeit des Wassers. Dann ist $\mathbf{A} \cdot \mathbf{B}$ die den Draht in der Zeiteinheit überströmende Wassermenge. Man beweise dies.

Lösung: Verläuft **A** parallel zum Draht, so fließt kein Wasser über den Draht. Steht **A** senkrecht auf den Draht (und ist daher parallel zu **B**), dann fließt Wasser über den Draht.

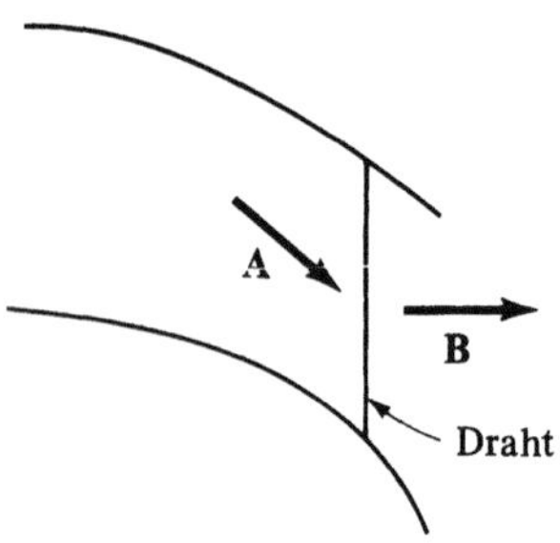

Bild 19.40

Schließen **A** und **B** miteinander einen Winkel θ ein – etwa $\pi/4$ –, so fließt zwar Wasser über den Draht, aber nicht die Menge, die wir für parallele Vektoren **A** und **B** erhalten haben. Die Strömungsrate des Wassers über den Draht hängt von der Geschwindigkeit des Wassers, der Strömungsrichtung des Wassers und der Länge des Drahtes ab. Das einfachste Maß dieser Strömungsrate ist durch das Produkt

$$\begin{pmatrix}\text{skalare Komponente von } \mathbf{A} \\ \text{in Richtung von } \mathbf{B}\end{pmatrix} \cdot (\text{Länge des Drahtes})$$

gegeben. Bezeichnet θ den Winkel zwischen **A** und **B**, dann stimmt dieses Produkt mit

$$(|\mathbf{A}|\cos\theta)|\mathbf{B}|,$$

dem skalaren Produkt $\mathbf{A} \cdot \mathbf{B}$ von **A** und **B**, überein. •

Der Faktor $|\mathbf{B}|\cos\theta$ in der Definition des Produktes $\mathbf{A} \cdot \mathbf{B} = |\mathbf{A}|\,|\mathbf{B}|\cos\theta$ ist gleich der skalaren Komponente von **B** in der Richtung von **A**. Daher wird $|\mathbf{B}|\cos\theta$ häufig *Projektion* von **B** auf **A** genannt. Für $0 \leq \theta < \pi/2$ ist diese skalare Komponente positiv (Bild 19.41), für $\pi/2 < \theta \leq \pi$ ist die skalare Komponente negativ. In jedem Falle gilt

$$\mathbf{A} \cdot \mathbf{B} = |\mathbf{A}| \cdot (\text{skalare Komponente von } \mathbf{B} \text{ entlang } \mathbf{A})$$

und analog

$$\mathbf{A} \cdot \mathbf{B} = |\mathbf{B}| \cdot (\text{skalare Komponente von } \mathbf{A} \text{ entlang } \mathbf{B}).$$

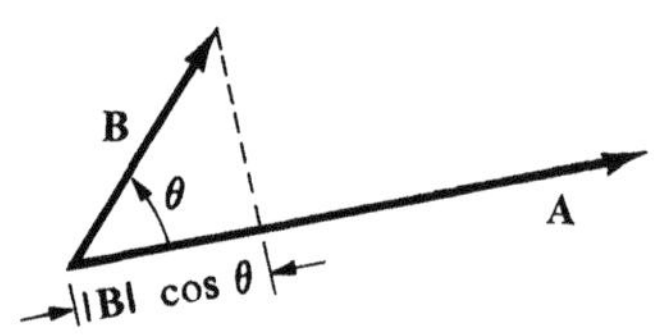

Bild 19.41

Das folgende Theorem behandelt die Darstellung des Produktes $\mathbf{A} \cdot \mathbf{B}$ durch die Komponenten von **A** und **B**.

Theorem 1 (*Formel für das skalare Produkt als Funktion der skalaren Komponenten*): Für

$$\mathbf{A} = x_1\mathbf{i} + y_1\mathbf{j} \quad \text{und} \quad \mathbf{B} = x_2\mathbf{i} + y_2\mathbf{j}$$

gilt

$$\mathbf{A} \cdot \mathbf{B} = x_1x_2 + y_1y_2.$$

Für

$$\mathbf{A} = x_1\mathbf{i} + y_1\mathbf{j} + z_1\mathbf{k} \quad \text{und} \quad \mathbf{B} = x_2\mathbf{i} + y_2\mathbf{j} + z_2\mathbf{k}$$

gilt

$$\mathbf{A} \cdot \mathbf{B} = x_1x_2 + y_1y_2 + z_1z_2.$$

Beweis: Wir werden das Theorem für ebene Vektoren beweisen, da in diesem Falle die Diagramme einfacher sind und die Überlegungen für räumliche Vektoren ganz analog verlaufen.

Ist einer der beiden Vektoren **A** oder **B** gleich **0**, so kann das Theorem direkt verifiziert werden. Daher nehmen wir in der Folge an, daß beide Vektoren von **0** verschieden sind. Der Einfachheit halber legen wir die Anfangspunkte von **A** und **B** in den Ursprung (Bild 19.42). Mit Hilfe der Definition des skalaren Produktes folgt nun

$$\mathbf{A}\cdot\mathbf{B} = \sqrt{x_1^2+y_1^2}\,\sqrt{x_2^2+y_2^2}\cos\theta. \tag{1}$$

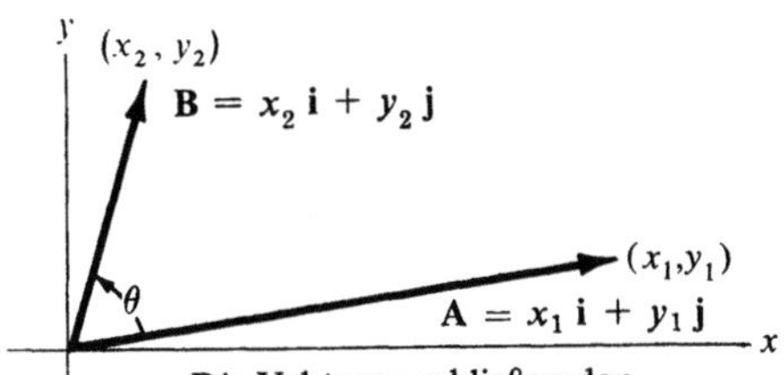

Die Vektoren schließen den Winkel θ ein

Bild 19.42

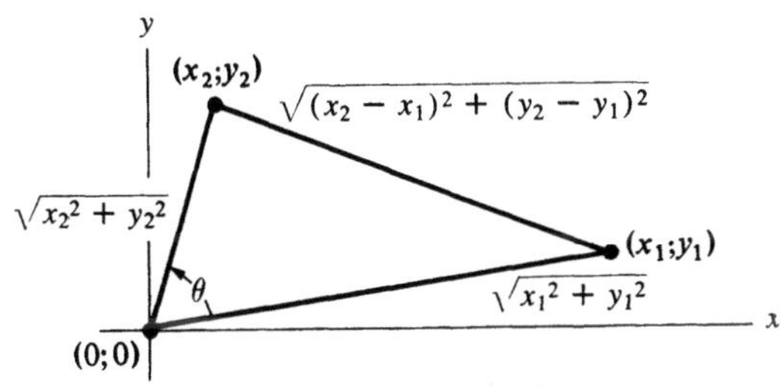

Bild 19.43

Um $\cos\theta$ durch x_1, y_1, x_2 und y_2 darzustellen, wenden wir den Kosinussatz auf das Dreieck mit den Eckpunkten (0;0), $(x_1;y_1)$ und $(x_2;y_2)$ an (Bild 19.43). Der Kosinussatz ($c^2 = a^2 + b^2 - 2ab\cos\theta$; a, b, c sind die Seitenlängen des Dreiecks, die Seite c liegt dem Winkel θ gegenüber) führt in diesem Falle auf

$$[\sqrt{(x_2-x_1)^2+(y_2-y_1)^2}]^2 = (\sqrt{x_1^2+y_1^2})^2 + \\ + (\sqrt{x_2^2+y_2^2})^2 - 2\sqrt{x_1^2+y_1^2}\,\sqrt{x_2^2+y_2^2}\cos\theta.$$

Nach einigen Vereinfachungen ergibt sich

$$-2x_1x_2 - 2y_1y_2 = -2\sqrt{x_2^2+y_2^2}\,\sqrt{x_1^2+y_1^2}\cos\theta.$$

Wir dividieren diese Gleichung durch -2 und erhalten

$$x_1x_2 + y_1y_2 = \sqrt{x_1^2+y_1^2}\,\sqrt{x_2^2+y_2^2}\cos\theta. \tag{2}$$

Vergleich von Gl. (1) und Gl. (2) beweist das Theorem. ●

Beispiel 4: In Beispiel 1 wurde das skalare Produkt von $3\mathbf{i}+3\mathbf{j}$ und $5\mathbf{i}$ geometrisch berechnet. Man berechne es nun mit Hilfe von Theorem 1.

Lösung: $(3\mathbf{i}+3\mathbf{j})\cdot 5\mathbf{i} = (3)(5)+(3)(0) = 15.$ ●

Beispiel 5: Stehen die Vektoren $3\mathbf{i}+7\mathbf{j}$ und $9\mathbf{i}-4\mathbf{j}$ aufeinander senkrecht? (Man zeichne die Vektoren, ehe man sich der Lösung zuwendet; scheinen die Vektoren in der Zeichnung aufeinander senkrecht zu stehen?)

Lösung: Bekanntlich sind zwei von Null verschiedene Vektoren zueinander senkrecht, wenn ihr skalares Produkt verschwindet. Wir berechnen dieses:

$$(3\mathbf{i}+7\mathbf{j})\cdot(9\mathbf{i}-4\mathbf{j}) = (3)(9)+(7)(-4) \\ = 27-28 = -1.$$

Da das skalare Produkt *nicht* verschwindet, stehen die Vektoren nicht aufeinander senkrecht. ●

Beispiel 6: Man bestimme den Winkel θ zwischen den Vektoren $\mathbf{A} = 2\mathbf{i}-\mathbf{j}+3\mathbf{k}$ und $\mathbf{B} = \mathbf{i}+\mathbf{j}+2\mathbf{k}$.

Lösung: Wir berechnen $\mathbf{A}\cdot\mathbf{B}$ auf zwei Wegen: Zunächst mit Hilfe der geometrischen Definition und dann als Funktion der skalaren Komponenten.

$$\begin{aligned}\mathbf{A}\cdot\mathbf{B} &= |\mathbf{A}|\,|\mathbf{B}|\cos\theta \\ &= \sqrt{2^2+(-1)^2+3^2}\,\sqrt{1^2+1^2+2^2}\cos\theta \\ &= \sqrt{14}\sqrt{6}\cos\theta = \sqrt{84}\cos\theta.\end{aligned}$$

Aufgrund von Theorem 1 gilt ferner

$$\begin{aligned}\mathbf{A}\cdot\mathbf{B} &= (2)(1)+(-1)(1)+(3)(2) \\ &= 2-1+6 = 7.\end{aligned}$$

Ein Vergleich der beiden Ergebnisse für $\mathbf{A}\cdot\mathbf{B}$ führt auf

$$\sqrt{84}\cos\theta = 7$$

oder

$$\cos\theta = \frac{7}{\sqrt{84}} = \frac{7\sqrt{84}}{84} = \frac{\sqrt{84}}{12} = \frac{\sqrt{21}}{6} \approx 0{,}764.$$

Mit Hilfe eines Taschenrechners oder einer trigonometrischen Tabelle kann für den Winkel θ ein Wert von rund 40,2° oder 0,702 rad ermittelt werden. ●

Mit Hilfe des Verfahrens aus Beispiel 6 kann der Winkel zwischen zwei Strecken in einfacher Weise bestimmt werden, wenn deren Endpunkte gegeben sind oder in rechtwinkeligen Koordinaten dargestellt werden können. In Übung 19 wird zum Beispiel der Winkel zwischen den Diagonalen eines Würfels berechnet. Der Winkel zwischen zwei Geraden kann mit Hilfe der Formel

$$\cos\theta = \frac{\mathbf{A}\cdot\mathbf{B}}{|\mathbf{A}|\cdot|\mathbf{B}|}$$

bestimmt werden.

Auch bei ökonomischen Aufgabenstellungen kann das skalare Produkt vorteilhaft angewendet werden, allerdings ohne Bezug auf seine geometrische Bedeutung. Kauft etwa jemand 20 kg Kartoffeln für 0,40 DM je kg und 10 kg Orangen für 1,80 DM je kg, so gibt der Vektor $20\mathbf{i} + 10\mathbf{j}$ die jeweils gekauften Mengen und der Vektor $0{,}4\mathbf{i} + 1{,}8\mathbf{j}$ die entsprechenden Preise an. Das skalare Produkt

$$\begin{aligned}(20\mathbf{i} + 10\mathbf{j})(0{,}4\mathbf{i} + 1{,}8\mathbf{j}) &= [(20)(0{,}4) + (10)(1{,}8)]\,\text{DM}\\ &= 26\ \text{DM}\end{aligned}$$

gibt die gesamten Kosten.

Mit Hilfe des folgenden Theorems können die skalaren Komponenten eines Vektors bestimmt werden.

Theorem 2: *Die skalare Komponente in Richtung eines Einheitsvektors.* Es sei **A** ein Vektor und es sei **u** ein Einheitsvektor. Dann ist die skalare Komponente von **A** in der Richtung von **u** durch das skalare Produkt $\mathbf{A}\cdot\mathbf{u}$ gegeben.

Beweis: Aus der Definition des skalaren Produktes von **A** und **u** folgt

$$\mathbf{A}\cdot\mathbf{u} = |\mathbf{A}|\ |\mathbf{u}|\cos\theta.$$

Der Winkel zwischen **A** und **u** ist θ. Für den Einheitsvektor **u** gilt $|\mathbf{u}| = 1$. Wir erhalten daher

$$\mathbf{A}\cdot\mathbf{u} = |\mathbf{A}|\cos\theta.$$

Der letzte Ausdruck stimmt mit der skalaren Komponente von **A** in der Richtung von **u** überein. ●

Beispiel 7: Man bestimme die skalare Komponente von $\mathbf{A} = 2\mathbf{i} + 6\mathbf{j}$ in der Richtung des Einheitsvektors

$$\mathbf{u} = \frac{\sqrt{2}}{2}\mathbf{i} - \frac{\sqrt{2}}{2}\mathbf{j}.$$

Lösung: Wie wir Theorem 2 entnehmen, ist die skalare Komponente durch $\mathbf{A}\cdot\mathbf{u}$ gegeben (Bild 19.44). Mit Hilfe von Theorem 1 folgt

$$\begin{aligned}\mathbf{A}\cdot\mathbf{u} = (2\mathbf{i} + 6\mathbf{j})\cdot\left(\frac{\sqrt{2}}{2}\mathbf{i} - \frac{\sqrt{2}}{2}\mathbf{j}\right) &= \frac{2\sqrt{2}}{2} - \frac{6\sqrt{2}}{2}\\ &= -2\sqrt{2}.\end{aligned}$$

Bild 19.44

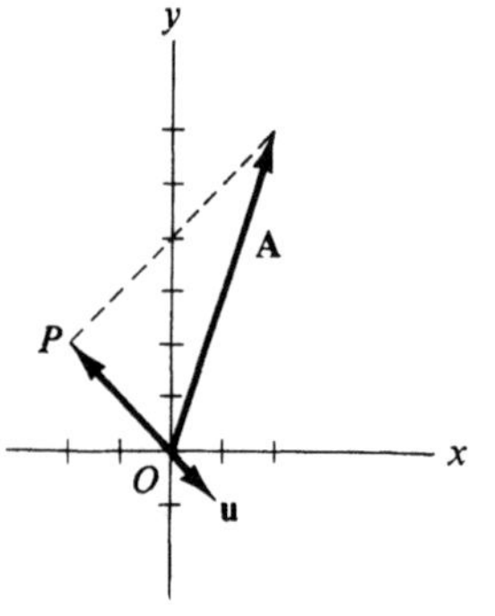

Die skalare Komponente von **A** in die Richtung von **u** beträgt $-2\sqrt{2}$. (Der Winkel zwischen **A** und **u** ist größer als $\pi/2$, daher das negative Vorzeichen.) Die vektorielle Komponente von **A** in die Richtung von **u** ist durch $-2\sqrt{2}\mathbf{u}$ gegeben.

Bild 19.44 macht dieses Ergebnis plausibel: $\overrightarrow{OP}$ ist die Vektorkomponente von **A** in Richtung von **u**. Ihre Länge beträgt $2\sqrt{2}$.

Übungen:

In den Übungen 1 bis 6 berechne man $\mathbf{A}\cdot\mathbf{B}$.

1. **A** hat die Länge 3, **B** hat die Länge 4, der Winkel zwischen **A** und **B** beträgt $3\pi/4$.
2. **A** hat die Länge 2, **B** hat die Länge 3, der Winkel zwischen **A** und **B** beträgt $3\pi/4$.
3. **A** hat die Länge 5, **B** hat die Länge $\frac{1}{2}$, der Winkel zwischen **A** und **B** beträgt $\pi/2$.
4. **A** ist der Nullvektor **0** und **B** hat die Länge 5.
5. $\mathbf{A} = 2\mathbf{i} - 3\mathbf{j} + 5\mathbf{k}$ und $\mathbf{B} = \mathbf{i} - \mathbf{j} - \mathbf{k}$.
6. $\mathbf{A} = \overrightarrow{PQ}$ und $\mathbf{B} = \overrightarrow{PR}$ mit $P = (1;0;2)$, $Q = (1;1;-1)$, $R = (2;3;5)$.
7. (*a*) Man zeichne die Vektoren $7\mathbf{i} + 12\mathbf{j}$ und $9\mathbf{i} - 5\mathbf{j}$.
   (*b*) Meinen Sie, daß diese Vektoren aufeinander senkrecht stehen?
   (*c*) Man bestimme mit Hilfe des skalaren Produktes, ob die Vektoren aufeinander senkrecht stehen.
8. (*a*) Man zeichne die Vektoren $\mathbf{i} + 2\mathbf{j} + 3\mathbf{k}$ und $\mathbf{i} + \mathbf{j} - \mathbf{k}$.
   (*b*) Meinen Sie, daß diese Vektoren aufeinander senkrecht stehen?
   (*c*) Man bestimme mit Hilfe des skalaren Produktes, ob die Vektoren aufeinander senkrecht stehen.
9. (*a*) Man schätze den Winkel zwischen $\mathbf{A} = 3\mathbf{i} + 4\mathbf{j}$ und $\mathbf{B} = 5\mathbf{i} + 12\mathbf{j}$ mit Hilfe einer Zeichnung.
   (*b*) Man berechne den Winkel zwischen **A** und **B**.
10. Man beweise Theorem 1 für zwei räumliche Vektoren

$$\mathbf{A} = x_1\mathbf{i} + y_1\mathbf{j} + z_1\mathbf{k} \quad \text{und} \quad \mathbf{B} = x_2\mathbf{i} + y_2\mathbf{j} + z_2\mathbf{k}.$$

11. Mit Hilfe von Theorem 1 beweise man $x\mathbf{A} \cdot y\mathbf{B} = xy(\mathbf{A} \cdot \mathbf{B})$.

12. Mit Hilfe von Theorem 1 beweise man
(*a*) $\mathbf{A} \cdot (\mathbf{B} + \mathbf{C}) = \mathbf{A} \cdot \mathbf{B} + \mathbf{A} \cdot \mathbf{C}$,
(*b*) $(x\mathbf{A}) \cdot \mathbf{B} = \mathbf{A} \cdot (x\mathbf{B}) = x(\mathbf{A} \cdot \mathbf{B})$.

13. Man zeichne zwei Vektoren **A** und **B** mit
(*a*) $\mathbf{A} \cdot \mathbf{B} < 0$,
(*b*) $\mathbf{A} \cdot \mathbf{B} > 0$,
(*c*) $\mathbf{A} \cdot \mathbf{B} = 0$.

14. Man beweise für beliebige Vektoren **A** die Relation $\mathbf{A} \cdot \mathbf{A} = |\mathbf{A}|^2$ mit Hilfe
(*a*) der Definition des skalaren Produktes;
(*b*) von Theorem 1.

■

Die Übungen 15 bis 19 beziehen sich auf den in Bild 19.45 dargestellten Würfel. Man bestimme den Kosinus des Winkels zwischen

15. $\overrightarrow{AC}$ und $\overrightarrow{BD}$
16. $\overrightarrow{AF}$ und $\overrightarrow{BD}$
17. $\overrightarrow{AC}$ und $\overrightarrow{AM}$
18. $\overrightarrow{MD}$ und $\overrightarrow{MF}$
19. $\overrightarrow{EF}$ und $\overrightarrow{BD}$

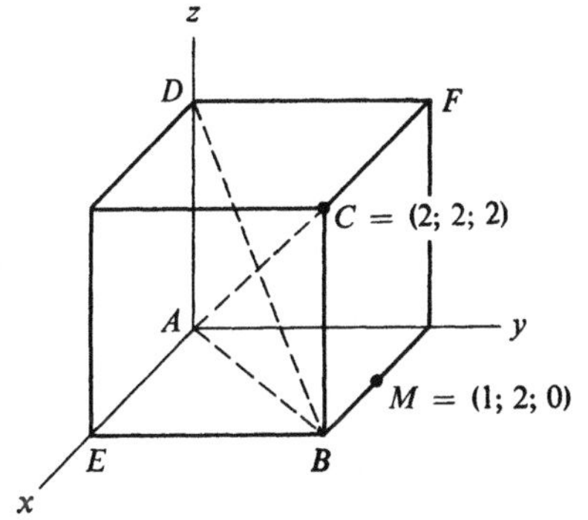

Bild 19.45

20. Man zeige für einen nichtverschwindenen Vektor **B**, daß die skalare Komponente des Vektors **A** in der Richtung von **B** durch

$$\frac{\mathbf{A} \cdot \mathbf{B}}{|\mathbf{B}|}$$ gegeben ist.

In den Übungen 21 bis 23 bestimme man die skalare Komponente von **A** in Richtung von **B** (siehe Übung 20).

21. $\mathbf{A} = 3\mathbf{i} + 4\mathbf{j},\ \mathbf{B} = 2\mathbf{i} - \mathbf{j}$.

22. $\mathbf{A} = \mathbf{i} + 2\mathbf{j} + 3\mathbf{k},\ \mathbf{B} = \mathbf{j} + \mathbf{k}$.

23. $\mathbf{A} = 2\mathbf{i} - 3\mathbf{j} + 4\mathbf{k},\ \mathbf{B} = -3\mathbf{k}$.

■■

Die Übungen 24 bis 26 sind gemeinsam zu behandeln.

24. Es sei **A** ein Vektor und **u** ein Einheitsvektor. Der Vektor $\mathbf{A} - (\mathbf{A} \cdot \mathbf{u})\mathbf{u}$ steht senkrecht auf **u**. Man beweise dies mit Hilfe
(*a*) des skalaren Produktes von $\mathbf{A} - (\mathbf{A} \cdot \mathbf{u})\mathbf{u}$ und **u**,
(*b*) mit Hilfe einer Zeichnung von **A**, **u** und $\mathbf{A} - (\mathbf{A} \cdot \mathbf{u})\mathbf{u}$.

25. (Siehe Übung 24.) Es seien *A* und *B* zwei nichtverschwindende Vektoren. Der Vektor

$$\mathbf{C} = \mathbf{A} - \frac{(\mathbf{A} \cdot \mathbf{B})\mathbf{B}}{|\mathbf{B}|^2}$$

steht senkrecht auf **B**. Man zeige dies.

26. **A** und **B** seien zwei nichtverschwindende Vektoren.
(*a*) Mit Hilfe einer Skizze erkläre man, warum es einen Skalar *x* und einen Vektor **C** senkrecht auf **B** gibt, so daß die Gleichung

$$\mathbf{A} = x\mathbf{B} + \mathbf{C}$$

erfüllt ist.
(*b*) Man stelle **C** und *x* durch **A** und **B** dar.

27. Es seien $P = (1;2;3)$, $Q = (2;-1;4)$ und $R = (1;3;5)$. Man bestimme den Abstand des Punktes *P* von der Geraden durch die Punkte *Q* und *R*. *Hinweis:* Man konstruiere einen auf $\overrightarrow{QR}$ senkrecht stehenden Vektor, dessen Länge mit der gesuchten Distanz übereinstimmt (siehe Übung 25).

28. Man bestimme einen nichtverschwindenen Vektor **A**, der auf den beiden Vektoren $2\mathbf{i} - 3\mathbf{j} + 4\mathbf{k}$ und $\mathbf{i} + 2\mathbf{j} + 3\mathbf{k}$ senkrecht steht.

29. Eine Firma verkauft *x* Stühle für *C* DM pro Stuhl und *y* Schreibtische für *D* DM pro Schreibtisch. Wenn die Erzeugung eines Stuhles Kosten von *c* DM und die Erzeugung eines Schreibtisches Kosten von *d* DM verursacht, was bedeuten dann die Größen
(*a*) Cx?
(*b*) $(x\mathbf{i} + y\mathbf{i}) \cdot (C\mathbf{i} + D\mathbf{j})$?
(*c*) $(x\mathbf{i} + y\mathbf{j}) \cdot (c\mathbf{i} + d\mathbf{j})$?
(*d*) $(x\mathbf{i} + y\mathbf{j}) \cdot (C\mathbf{i} + D\mathbf{j}) > (x\mathbf{i} + y\mathbf{j}) \cdot (c\mathbf{i} + d\mathbf{j})$?

Übung 30 wird auf Übung 31 angewendet.

30. Es seien $\mathbf{u}_1$, $\mathbf{u}_2$ und $\mathbf{u}_3$ aufeinander senkrechtstehende Einheitsvektoren, und **A** sei ein beliebiger Vektor. Dann beweise man die Relation

$$\mathbf{A} = (\mathbf{A} \cdot \mathbf{u}_1)\mathbf{u}_1 + (\mathbf{A} \cdot \mathbf{u}_2)\mathbf{u}_2 + (\mathbf{A} \cdot \mathbf{u}_3)\mathbf{u}_3$$

durch Bildung des skalaren Produktes beider Seiten mit den Vektoren $\mathbf{u}_1$, $\mathbf{u}_2$ und $\mathbf{u}_3$.

31. Es sei

$$\mathbf{u}_1 = \frac{\sqrt{2}}{2}\mathbf{i} - \frac{\sqrt{2}}{2}\mathbf{j};\quad \mathbf{u}_2 = \frac{\sqrt{2}}{2}\mathbf{i} + \frac{\sqrt{2}}{2}\mathbf{j} \quad \text{und} \quad \mathbf{u}_3 = \mathbf{k}.$$

Es sei $\mathbf{A} = 2\mathbf{i} + 3\mathbf{j} - 4\mathbf{k}$. Mit Hilfe von Übung 30 bestimme man *x*, *y* und *z* für die Darstellung $\mathbf{A} = x\mathbf{u}_1 + y\mathbf{u}_2 + z\mathbf{u}_3$.

32. Mit Hilfe des skalaren Produktes zweier Einheitsvektoren $\mathbf{u}_1 = \cos\theta_1\mathbf{i} + \sin\theta_1\mathbf{j}$ und $\mathbf{u}_2 = \cos\theta_2\mathbf{i} + \sin\theta_2\mathbf{j}$ beweise man

$$\cos(\theta_1 - \theta_2) = \cos\theta_1\cos\theta_2 + \sin\theta_1\sin\theta_2.$$

33. Für beliebige Vektoren **A** und **B** beweise man

$$(\mathbf{A} + \mathbf{B})(\mathbf{A} - \mathbf{B}) = |\mathbf{A}|^2 - |\mathbf{B}|^2.$$

34. $OPQR$ sei ein Parallelogramm. Es sei ferner $\mathbf{A} = \overrightarrow{OP}$ und $\mathbf{B} = \overrightarrow{OR}$.

(*a*) Man zeige, daß die eine Diagonale des Parallelogramms $\overrightarrow{OQ}$ gleich $\mathbf{A} + \mathbf{B}$ ist während die andere $\overrightarrow{RP}$ durch $\mathbf{A} - \mathbf{B}$ gegeben ist.

(*b*) Man zeige, daß die Seiten des gegebenen Parallelogramms dann und nur dann alle gleich lang sind, wenn die Diagonalen aufeinander senkrecht stehen (siehe Übung 34).

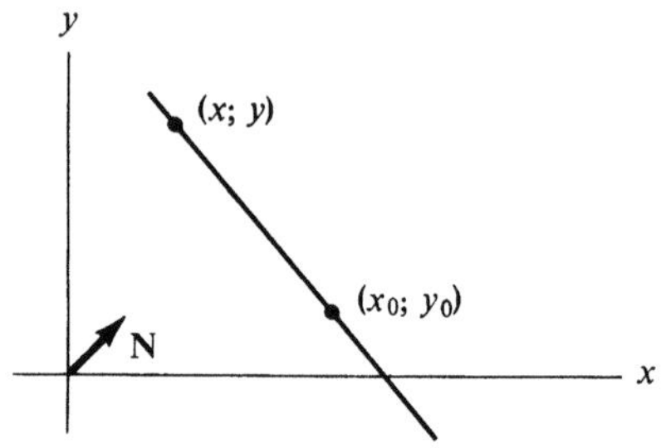

Bild 19.47

19.4 Geraden und Ebenen

Mit Hilfe der Vektorrechnung und insbesondere des skalaren Produktes können wir Gleichungen von Geraden und Ebenen in sehr einfacher Weise bestimmen. In diesem Abschnitt wird die elementare Geometrie der Geraden und Ebenen behandelt, es werden Formeln zur Bestimmung des Abstandes zwischen einem Punkt und einer Geraden bzw. einer Ebene hergeleitet.

Es sei $\mathbf{N} = A\mathbf{i} + B\mathbf{j}$ ein nichtverschwindender Vektor und es sei $(x_0; y_0)$ ein Punkt der xy-Ebene. Dann gibt es eine eindeutige Gerade durch den Punkt $(x_0; y_0)$, die senkrecht auf den Vektor $\mathbf{N}$ steht (Bild 19.46). $\mathbf{N}$ wird der zur Gerade gehörige *Normalenvektor* genannt. Das folgende Theorem liefert einen algebraischen Test, ob der Punkt $(x; y)$ auf der Geraden liegt.

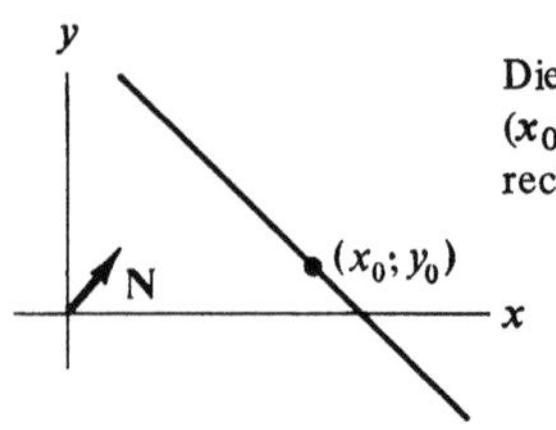

Die Gerade durch $(x_0; y_0)$ und senkrecht auf $\mathbf{N}$

Bild 19.46

Theorem 1: Die Gleichung einer Geraden (in der xy-Ebene) durch den Punkt $(x_0; y_0)$ und senkrecht auf dem nichtverschwindenden Vektor $\mathbf{N} = A\mathbf{i} + B\mathbf{j}$ ist durch

$$A(x - x_0) + B(y - y_0) = 0$$

gegeben.

Beweis: Es sei (x, y) ein Punkt auf der zu $\mathbf{N}$ senkrecht stehenden Geraden. Dann ist der Vektor

$$(x - x_0)\mathbf{i} + (y - y_0)\mathbf{j}$$

senkrecht zu $\mathbf{N}$ und es gilt

$$\begin{aligned} 0 &= [(x - x_0)\mathbf{i} + (y - y_0)\mathbf{j}] \cdot \mathbf{N} \\ &= A(x - x_0) + B(y - y_0). \end{aligned}$$

Umgekehrt müßten alle Punkte $(x; y)$ mit $A(x - x_0) + B(y - y_0) = 0$ auf der Geraden durch $(x_0; y_0)$ liegen, die senkrecht auf $\mathbf{N}$ steht (Bild 19.47). Die Zahl $A(x - x_0) + B(y - y_0)$ ist gleich dem Skalarprodukt von $\mathbf{N}$ mit dem Vektor $(x - x_0)\mathbf{i} + (y - y_0)\mathbf{j}$. Verschwindet dieses Skalarprodukt, dann stehen die Vektoren $\mathbf{N}$ und $(x - x_0)\mathbf{i} + (y - y_0)\mathbf{j}$ aufeinander senkrecht. Daher liegt $(x; y)$ auf der Geraden durch $(x_0; y_0)$, die senkrecht auf $\mathbf{N}$ steht.

Beispiel 1: Man bestimme die Gleichung der Geraden durch $(2; -7)$, die senkrecht auf dem Vektor $4\mathbf{i} + \mathbf{j}$ steht.

Lösung: Mit Hilfe von Theorem 1 ergibt sich als Gleichung

$$4(x - 2) + 1(y + 7) = 0$$

oder vereinfacht

$$4x + y = 1. \bullet$$

Wie wir Theorem 1 und Beispiel 1 entnehmen können, ergeben sich die Komponenten eines bestimmten auf der gegebenen Geraden $Ax + By + C = 0$ senkrecht stehenden Vektors direkt aus den Koeffizienten A und B von x und y: Der Vektor hat die Gestalt $A\mathbf{i} + B\mathbf{j}$ und steht senkrecht auf der Geraden. Die Konstante C spielt bei der Berechnung der Richtung der Geraden oder des auf der Gerade senkrecht stehenden Vektors keine Rolle.

Theorem 2: Der Abstand zwischen dem Ursprung und der Geraden L mit der Gleichung

$$Ax + By + C = 0$$

ist durch den Ausdruck

$$\frac{|C|}{\sqrt{A^2 + B^2}}$$

gegeben.

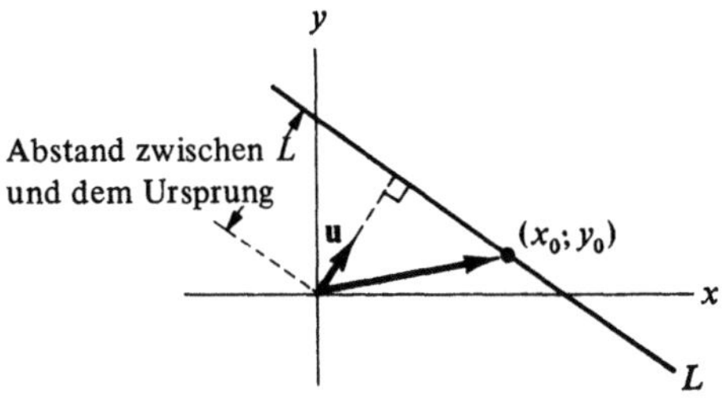

Bild 19.48

Beweis: Es sei $(x_0;y_0)$ ein Punkt auf der Geraden L (Bild 19.48). Ferner sei $\mathbf{u}$ ein auf der Geraden L senkrecht stehender Einheitsvektor. Wie wir dem rechtwinkeligen Dreieck entnehmen können, ist der Abstand der Geraden $Ax+By+C=0$ vom Ursprung durch den Absolutbetrag der skalaren Komponente des Vektors $x_0\mathbf{i}+y_0\mathbf{j}$ in die Richtung von $\mathbf{u}$ gegeben. Mit Hilfe von Theorem 2 aus Abschnitt 19.3 können wir daher ansetzen:

$$|\mathbf{u}(x_0\mathbf{i}+y_0\mathbf{j})| = \text{Abstand zwischen } L \text{ und dem Ursprung.}$$

Nun steht $A\mathbf{i}+B\mathbf{j}$ senkrecht auf L, und der Vektor

$$\mathbf{u}=\frac{A\mathbf{i}+B\mathbf{j}}{\sqrt{A^2+B^2}}$$

ist daher ein auf L senkrecht stehender Einheitsvektor. Somit ergibt sich

Abstand von L zum Ursprung

$$=\left|\frac{A\mathbf{i}+B\mathbf{j}}{\sqrt{A^2+B^2}}\cdot(x_0\mathbf{i}+y_0\mathbf{j})\right|$$

$$=\frac{|Ax_0+By_0|}{\sqrt{A^2+B^2}}. \qquad (1)$$

Da (x_0, y_0) auf der Geraden L liegt, erhalten wir ferner

$$Ax_0+By_0+C=0$$

oder

$$Ax_0+By_0=-C.$$

Setzen wir dies in Gl. (1) ein, so folgt schließlich:

Abstand von L zum Ursprung

$$=\left|\frac{-C}{\sqrt{A^2+B^2}}\right|=\frac{|C|}{\sqrt{A^2+B^2}}.$$

Damit ist der Beweis abgeschlossen. ●

Beispiel 2: Man bestimme den Abstand der Geraden $4x+y=1$ vom Ursprung.

Lösung: Die Gerade hat die Gleichung

$$4x+y-1=0.$$

In diesem Falle ist $A=4$, $B=1$ und $C=-1$. Mit Hilfe von Theorem 2 erhalten wir für den Abstand der Geraden vom Ursprung

$$\frac{|-1|}{\sqrt{4^2+1^2}}=\frac{1}{\sqrt{17}}=\frac{\sqrt{17}}{17} \quad ●$$

Theorem 2 kann auf die Bestimmung des Abstands eines beliebigen Punktes der xy-Ebene von einer Geraden dieser Ebene verallgemeinert werden.

Theorem 3: Der Abstand des Punktes $(x_1;y_1)$ von der Geraden L mit der Gleichung $Ax+By+C=0$ wird durch

$$\frac{|Ax_1+By_1+C|}{\sqrt{A^2+B^2}}$$

gegeben. ●

Der Beweis verläuft analog zu dem von Theorem 2; er sei dem Leser überlassen. Die Bestimmung des Abstandes nach dieser Formel ist außerordentlich einfach: Man setzt die Koordinaten des Punktes in die Gleichung der Geraden ein und dividiert durch $\sqrt{A^2+B^2}$.

Beispiel 3: Man bestimme den Abstand des Punktes (3; 7) von der Geraden $2x-4y+5=0$.

Lösung: Mit Hilfe von Theorem 3 ergibt sich für den Abstand

$$\frac{|2\cdot 3-4\cdot 7+5|}{\sqrt{2^2+4^2}}=\frac{|6-28+5|}{\sqrt{20}}$$

$$=\frac{|-17|}{\sqrt{20}}=\frac{17}{\sqrt{20}}$$

$$=\frac{17\sqrt{5}}{10}. \quad ●$$

Für Ebenen im Raum gelten entsprechende Verallgemeinerungen der Theoreme 1, 2 und 3. Zunächst muß der Begriff des auf einer Ebene senkrecht stehenden Vektors definiert werden: Ein Vektor $\mathbf{N}$ steht dann *senkrecht* auf einer Ebene, wenn $\mathbf{N}$ senkrecht auf jeder Geraden dieser Ebene steht (Bild 19.49).

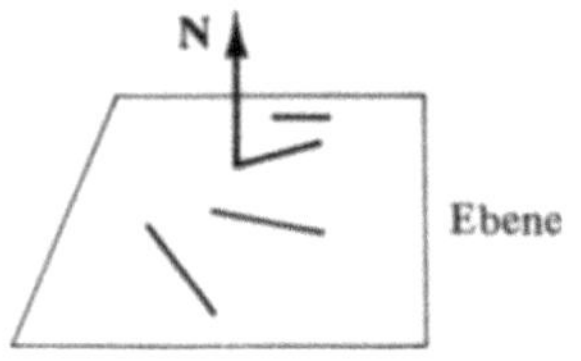

Bild 19.49

N steht senkrecht auf der Ebene
(vier Geraden der Ebene sind dargestellt)

Das folgende Theorem liefert die Verallgemeinerung von Theorem 1; sein Beweis verläuft analog, er wird nicht ausgeführt.

Theorem 4: Die Gleichung einer Ebene durch den Punkt $(x_0;\, y_0;\, z_0)$, die senkrecht auf dem nichtverschwindenden Vektor $A\mathbf{i} + B\mathbf{j} + C\mathbf{k}$ steht, ist durch

$$A(x - x_0) + B(y - y_0) + C(z - z_0) = 0$$

gegeben.

Beispiel 4: Man bestimme die Gleichung der Ebene durch $(1;\, -2;\, 4)$, die senkrecht auf dem Vektor $5\mathbf{i} + 3\mathbf{j} + 6\mathbf{k}$ steht.

Lösung: Mit Hilfe von Theorem 4 ergibt sich für die Gleichung der Ebene

$$5(x - 1) + 3(y - (-2)) + 6(z - 4) = 0$$

oder einfacher

$$5x + 3y + 6z = 23. \quad \bullet$$

Wie in Kapitel 11 behauptet wurde, ist der Graph von $z = Ax + By + C$ durch eine Ebene darstellbar. Im folgenden Beispiel wird diese Behauptung begründet.

Beispiel 5: Der Graph von

$$z = 2x + 3y + 4$$

ist durch eine Ebene gegeben. Man bestimme einen auf der Ebene senkrecht stehenden Vektor.

Lösung: Wir bringen die Gleichung auf die Form

$$2x + 3y - z = -4$$

und wählen einen festen Punkt $(x_0;y_0;z_0)$ auf dem Graphen von

$$2x + 3y - z = -4.$$

Dann gilt

$$2x_0 + 3y_0 - z_0 = 4.$$

Für einen beliebigen Punkt $(x;y;z)$ des Graphen gilt ebenfalls

$$2x + 3y - z = -4. \qquad (2)$$

Ziehen wir nun

$$2x_0 + 3y_0 - z_0 = -4$$

von Gl. (2) ab, so ergibt sich die Gleichung

$$2(x - x_0) + 3(y - y_0) - 1(z - z_0) = 0. \qquad (3)$$

Gl. (3) beschreibt eine Ebene durch den Punkt $(x_0;y_0;z_0)$, die senkrecht auf dem Vektor $2\mathbf{i} + 3\mathbf{j} - \mathbf{k}$ steht. ●

Wie analoge Überlegungen zeigen, ist der Graph von

$$Ax + By + Cz + D = 0$$

durch eine Ebene gegeben; der Vektor $A\mathbf{i} + B\mathbf{j} + C\mathbf{k}$ steht senkrecht auf dieser Ebene. Im folgenden Theorem wird die Aussage von Theorem 2 auf räumliche Probleme verallgemeinert.

Theorem 5: Der Abstand des Ursprungs von der Ebene

$$Ax + By + Cz + D = 0$$

ist durch

$$\frac{|D|}{\sqrt{A^2 + B^2 + C^2}} \qquad \text{gegeben.}$$

Der Beweis verläuft ganz analog zu dem von Theorem 2. Wie Bild 19.50 zeigt, ist der entsprechende rechte Winkel in diesem Falle schwieriger aufzufinden.

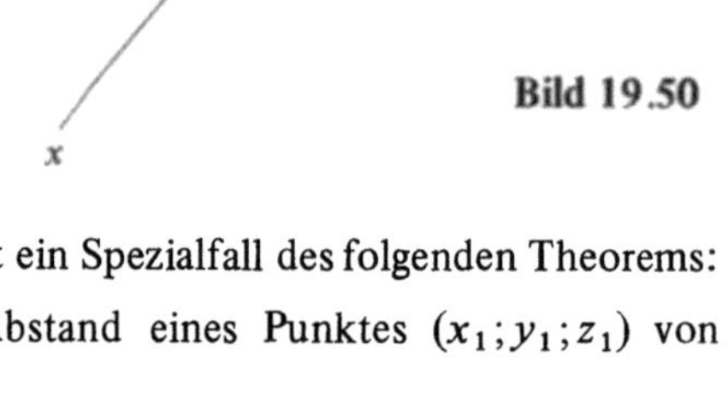

Bild 19.50

Theorem 5 ist ein Spezialfall des folgenden Theorems:

Theorem 6: Der Abstand eines Punktes $(x_1;y_1;z_1)$ von der Ebene

$$Ax + By + Cz + D = 0$$

ist

$$\frac{|Ax_1 + By_1 + Cz_1 + D|}{\sqrt{A^2 + B^2 + C^2}}.$$

Beispiel 6: Man bestimme den Abstand des Punktes $(2;1;5)$ von der Ebene $x - 3y + 4z + 8 = 0$.

Lösung: Mit Hilfe von Theorem 6 ergibt sich für den gesuchten Abstand

$$\frac{|1\cdot 2 - 3\cdot 1 + 4\cdot 5 + 8|}{\sqrt{1^2 + (-3)^2 + 4^2}} = \frac{|2 - 3 + 20 + 8|}{\sqrt{26}}$$
$$= \frac{27}{\sqrt{26}} = \frac{27\sqrt{26}}{26}. \bullet$$

Bisher haben wir uns in diesem Abschnitt mit Geraden in der xy-Ebene und Ebenen im Raume beschäftigt. Mit Hilfe von Vektoren kann auch die Geometrie räumlicher Geraden sehr vorteilhaft behandelt werden, wie sich in der Folge zeigt.

Wir betrachten eine Gerade L durch den Punkt $P_0 = (x_0; y_0; z_0)$ und parallel zum Vektor

$$\mathbf{A} = a_1\mathbf{i} + a_2\mathbf{j} + a_3\mathbf{k}.$$

Ein Punkt $P = (x; y; z)$ liegt dann und nur dann auf dieser Geraden, wenn der Vektor $\overrightarrow{P_0P}$ parallel zu $\mathbf{A}$ verläuft (Bild 19.51). Ist dies der Fall, so muß ein Skalar t existieren, für den die Relation

$$\overrightarrow{P_0P} = t\mathbf{A}$$

oder

$$(x - x_0)\mathbf{i} + (y - y_0)\mathbf{j} + (z - z_0)\mathbf{k} = ta_1\mathbf{i} + ta_2\mathbf{j} + ta_3\mathbf{k}$$

erfüllt ist.

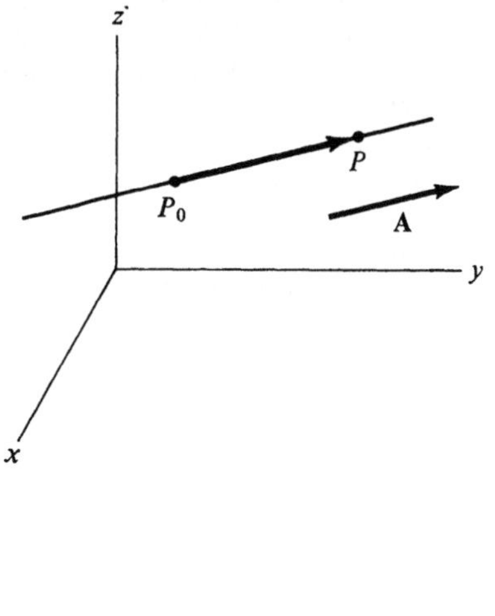

Bild 19.51

Dies bedeutet aber

$$x - x_0 = ta_1, \quad y - y_0 = ta_2, \quad z - z_0 = ta_3,$$

und wir haben damit die *Parameterdarstellung für eine räumliche Gerade* durch den Punkt $(x_0; y_0; z_0)$ und parallel zu $\mathbf{A} = a_1\mathbf{i} + a_2\mathbf{j} + a_3\mathbf{k}$ gefunden:

$$x = x_0 + a_1t, \quad y = y_0 + a_2t, \quad z = z_0 + a_3t.$$

Beispiel 7: Wie lautet die Parameterdarstellung der Geraden durch den Punkt $(1;2;2)$ und parallel zum Vektor $3\mathbf{i} - \mathbf{j} + 5\mathbf{k}$. Liegt der Punkt $(10,-1;16)$ auf dieser Geraden?

Lösung: Die Parameterdarstellung der Geraden lautet

$$x = 1 + 3t, \quad y = 2 - t, \quad z = 2 + 5t.$$

Liegt $(10;-1;16)$ auf dieser Geraden? Zur Beantwortung dieser Frage suchen wir nach einer Zahl t, die gleichzeitig folgenden drei Gleichungen genügt:

$$10 = 1 + 3t, \quad -1 = 2 - t, \quad 16 = 2 + 5t.$$

Die Lösung der ersten Gleichung, $10 = 1 + 3t$ lautet $t = 3$. Der Wert 3 erfüllt zwar die zweite Gleichung, $-1 = 2 - 3$, aber nicht die dritte Gleichung: $16 \neq 2 + 5\cdot 3$. Daher liegt $(10;-1;16)$ nicht auf der Geraden.

Definition des Richtungskoeffizienten einer Geraden: Verläuft der Vektor $\mathbf{A} = a_1\mathbf{i} + a_2\mathbf{j} + a_3\mathbf{k}$ parallel zur Geraden L, dann heißen die Zahlen a_1, a_2 und a_3 *Richtungskoeffizienten* von L.

Die folgende Definition hängt mit der vorangegangenen eng zusammen. Die Richtung eines Vektors in der Ebene ist durch einen einzigen Winkel bestimmt, den der Vektor mit der positiven x-Achse einschließt. Die Richtung eines räumlichen Vektors hängt mit drei Winkeln zusammen; aus zwei von ihnen kann der dritte bestimmt werden.

Definition des Richtungswinkels eines Vektors: $\mathbf{A}$ sei ein nichtverschwindender räumlicher Vektor. Der Winkel

zwischen $\mathbf{A}$ und $\mathbf{i}$ wird mit α,
zwischen $\mathbf{A}$ und $\mathbf{j}$ wird mit β,
zwischen $\mathbf{A}$ und $\mathbf{k}$ wird mit γ

bezeichnet (Bild 19.52). Die Winkel α, β, γ heißen *Richtungswinkel* von $\mathbf{A}$.

Die drei Richtungswinkel sind voneinander nicht unabhängig, sondern können miteinander durch das folgende Theorem über die *Richtungskosinusse* verknüpft werden.

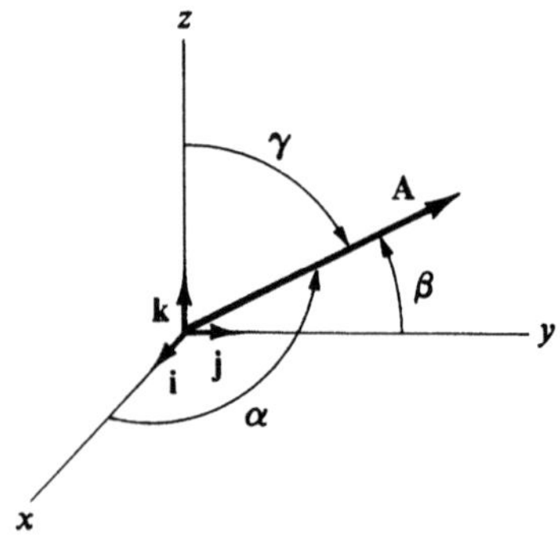

Bild 19.52

Theorem 7: Sind α, β, γ die Richtungswinkel des Vektors **A**, dann gilt

$$\cos^2\alpha + \cos^2\beta + \cos^2\gamma = 1.$$

Beweis: Wir können, ohne daß dies eine Einschränkung darstellt, von einem Einheitsvektor **A** ausgehen:

$$\mathbf{A} = x\mathbf{i} + y\mathbf{j} + z\mathbf{k} \quad \text{mit} \quad x^2 + y^2 + z^2 = 1.$$

Nun gilt

$$\begin{aligned}\mathbf{A}\cdot\mathbf{i} &= |\mathbf{A}|\,|\mathbf{i}|\cos\alpha\\ &= 1\cdot 1\cdot\cos\alpha\\ &= \cos\alpha.\end{aligned}$$

Andererseits ergibt sich

$$\begin{aligned}\mathbf{A}\cdot\mathbf{i} &= (x\mathbf{i} + y\mathbf{j} + z\mathbf{k})\cdot(\mathbf{i} + 0\mathbf{j} + 0\mathbf{k})\\ &= (x)(1) + (y)(0) + (z)(0) = x,\end{aligned}$$

und wir erhalten

$$\cos\alpha = x.$$

Analog können die Gleichungen $\cos\beta = y$ und $\cos\gamma = z$ gewonnen werden; wir gelangen schließlich zur Relation

$$\cos^2\alpha + \cos^2\beta + \cos^2\gamma = x^2 + y^2 + z^2 = 1. \bullet$$

Beispiel 8: Der Vektor **A** schließt mit der x- und der y-Achse einen Winkel von 60° ein. Welchen Winkel bildet er mit der z-Achse?

Lösung: Es gilt $\alpha = 60°$ und $\beta = 60°$; wir erhalten daher $\cos\alpha = \frac{1}{2}$ und $\cos\beta = \frac{1}{2}$. Aus

$$\cos^2\alpha + \cos^2\beta + \cos^2\gamma = 1$$

folgt

$$(\tfrac{1}{2})^2 + (\tfrac{1}{2})^2 + \cos^2\gamma = 1 \quad \text{oder} \quad \cos^2\gamma = \tfrac{1}{2}.$$

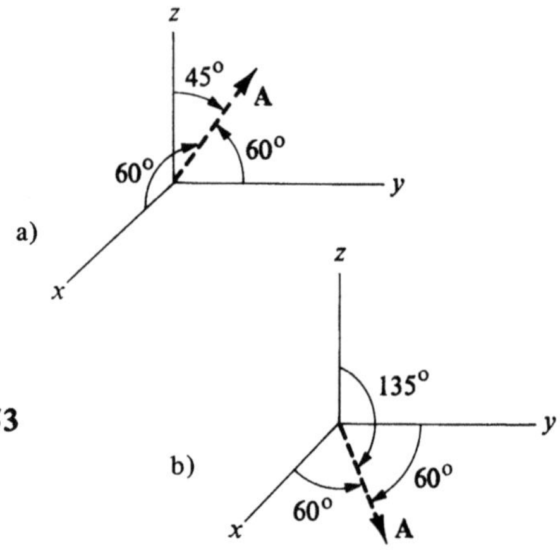

Bild 19.53

Somit ergibt sich

$$\cos\gamma = \frac{\sqrt{2}}{2} \quad \text{oder} \quad \cos\gamma = -\frac{\sqrt{2}}{2}.$$

Der Winkel γ beträgt 45° oder 135°. Bild 19.53 zeigt die beiden Möglichkeiten der Richtung von **A**. •

Übungen:

In den Übungen 1 bis 3 bestimme man die Gleichung der Geraden durch den gegebenen Punkt, die senkrecht auf dem gegebenen Vektor steht.

1. (2; 3), $4\mathbf{i} + 5\mathbf{j}$
2. (1; 0), $2\mathbf{i} - \mathbf{j}$
3. (4; 5), $2\mathbf{i} + 3\mathbf{j}$

In den Übungen 4 bis 7 bestimme man einen auf der gegebenen Geraden senkrecht stehenden Vektor.

4. $2x - 3y + 8 = 0$
5. $2x - 3y = 7$
6. $2(x - 1) + 5(y + 2) = 0$
7. $y = 3x + 7$
8. Geht die Gerade durch (2; 3), die senkrecht auf dem Vektor $4\mathbf{i} + \mathbf{j}$ steht, durch den Punkt (3; −6)?
9. Mit Hilfe von Theorem 2 bestimme man den Abstand der Geraden

(*a*) $3x + 4y - 10 = 0$, (*b*) $5x - 12y + 2 = 0$

vom Ursprung.

In den Übungen 10 bis 12 bestimme man den Abstand des gegebenen Punktes von der gegebenen Ebene.

10. Punkt (0; 0; 0) und Ebene $2x - 4y + 3z + 2 = 0$.
11. Punkt (1; 2; 3) und Ebene $x + 2y - 3z + 5 = 0$.
12. Punkt (2; 2; −1) und Ebene durch den Punkt (1; 4; 3) mit der Normalen $2\mathbf{i} - 7\mathbf{j} + 2\mathbf{k}$.

13. Man beweise Theorem 3.

14. Man beweise Theorem 4.

15. Man beweise Theorem 5.

16. Man gebe eine Parameterdarstellung für die Gerade

(*a*) durch den Punkt $(1;2;-3)$ mit den Richtungskoeffizienten 2, 5 und -8;

(*b*) durch die Punkte $(2;4;5)$ und $(3;6;4)$.

17. Liegen die Punkte $(1;2;-3)$, $(1;6;2)$ und $(7;14;11)$ auf einer Geraden?

In den Übungen 18 bis 22 bestimme man die Richtungskosinusse des Vektors.

18. $\mathbf{i}$

19. $2\mathbf{i} - 3\mathbf{j} + 4\mathbf{k}$

20. $2\mathbf{i} + \mathbf{j} + 6\mathbf{k}$

21. $-\mathbf{k}$

22. $-3\mathbf{k}$

23. (*a*) Man bestimme die Richtungskosinusse für $\mathbf{A} = 2\mathbf{i} - 3\mathbf{j} + 6\mathbf{k}$.

(*b*) Man bestimme die Richtungswinkel für den Vektor aus (*a*).

24. Ein Vektor schließt mit zwei der Koordinatenachsen die Winkel 70° und 80° ein. Welchen Winkel kann er mit der dritten Achse einschließen?

■

25. Man bestimme den Abstand des Ursprungs von der Ebene:

(*a*) $x/2 + y/3 + z/4 = 1$, (*b*) $z = 3x + 4y + 5$,

(*c*) $x + 2y - 3z = 0$.

26. Wo trifft die Gerade durch $(1;2;4)$ und $(2;1;-1)$ die Ebene $x + 2y + 5z = 0$?

27. Man gebe eine allgemeine Formel für den Abstand des Punktes $P_1 = (x_1;y_1;z_1)$ von der Geraden durch den Punkt $P_0 = (x_0;y_0;z_0)$ und parallel zum Vektor $\mathbf{A} = a_1\mathbf{i} + a_2\mathbf{j} + a_3\mathbf{k}$ an. Die Darstellung sollte von den Vektoren $\overrightarrow{P_0P_1}$ und $\mathbf{A}$ ausgehen.

28. Man bestimme den Abstand des Punktes $(1;2;-1)$ von der Geraden durch die Punkte $(1;3;5)$ und $(2;1;-3)$

(*a*) als Minimum einer bestimmten Funktion mit Hilfe der Infinitesimalrechnung,

(*b*) mit Hilfe der Vektorrechnung.

29. Es sei θ der Winkel zwischen den nichtverschwindenden Vektoren $\mathbf{A} = a_1\mathbf{i} + a_2\mathbf{j} + a_3\mathbf{k}$ und $\mathbf{B} = b_1\mathbf{i} + b_2\mathbf{j} + b_3\mathbf{k}$. Man beweise

$$\sin^2\theta = \frac{(a_2b_3 - a_3b_2)^2 + (a_1b_3 - a_3b_1)^2 + (a_1b_2 - a_2b_1)^2}{|\mathbf{A}|^2\,|\mathbf{B}|^2}.$$

Hinweis: Es gilt $\sin^2\theta = 1 - \cos^2\theta$.

30. Es sei $P_0 = (x_0;y_0;z_0)$ und $\mathbf{A} = a_1\mathbf{i} + a_2\mathbf{j} + a_3\mathbf{k}$.

(*a*) Der Punkt $P = (x;y;z)$ liegt dann und nur dann auf der Geraden L durch P_0 und parallel zu A, wenn die Relationen

$$\frac{x - x_0}{a_1} = \frac{y - y_0}{a_2} = \frac{z - z_0}{a_3}$$

erfüllt sind.

(*b*) Mit Hilfe der Gleichungen aus (*a*) gebe man die Gleichungen der drei Ebenen an, in denen L liegt.

31. Schneiden sich die Geraden durch die Punkte $(0;0;0)$, $(2;1;1)$ sowie $(3;5;6)$, $(13;3;4)$?

■■

Die Übungen 32 bis 34 sind gemeinsam zu behandeln.

32. Es seien $\mathbf{A} = a_1\mathbf{i} + a_2\mathbf{j} + a_3\mathbf{k}$ und $\mathbf{B} = b_1\mathbf{i} + b_2\mathbf{j} + b_3\mathbf{k}$ zwei nichtverschwindende nichtparallele Vektoren. Man bestimme einen Vektor $\mathbf{C} = c_1\mathbf{i} + c_2\mathbf{j} + c_3\mathbf{k}$ senkrecht auf $\mathbf{A}$ und $\mathbf{B}$.

33. Man suche eine Formel für den Abstand des Punktes $P_0 = (x_0;y_0;z_0)$ von der Ebene durch die Punkte $P_1 = (x_1;y_1;z_1)$, $P_2 = (x_2;y_2;z_2)$ und $P_3 = (x_3;y_3;z_3)$. Die Punkte P_1, P_2 und P_3 sollen selbstverständlich nicht auf einer Geraden liegen.

34. Man suche eine Formel für den Abstand zwischen der Geraden durch die Punkte $Q_1 = (x_1;y_1;z_1)$ und $Q_2 = (x_2;y_2;z_2)$, sowie der Geraden durch die Punkte $Q_3 = (x_3;y_3;z_3)$ und $Q_4 = (x_4;y_4;z_4)$.

19.5 Richtungsableitung und Gradient

Die Funktion $f(x;y)$ beschreibe die Temperatur im Punkt $(x;y)$ einer dünnen Metallplatte. Ein Käfer passiert den Punkt $(a;b)$ in Richtung des Einheitsvektors $\mathbf{u}$, der mit der positiven x-Achse den Winkel θ einschließt, und beobachtet dabei eine Veränderung der Temperatur (Bild 19.54). Die Größe der Temperaturänderung pro Wegeinheit hängt nicht nur vom Punkt $(a;b)$ sondern auch von der Bewegungsrichtung $\mathbf{u}$ des Käfers ab.

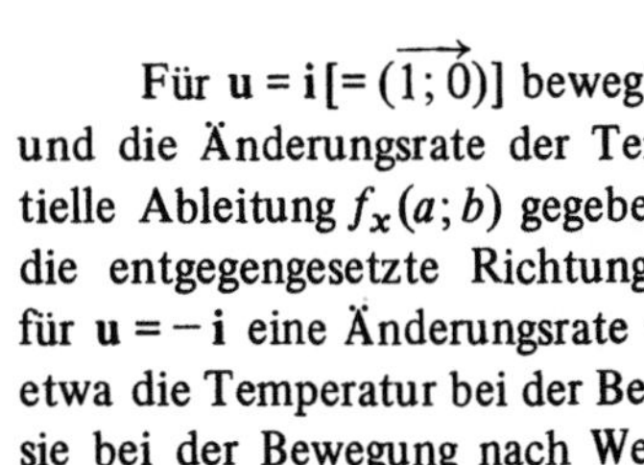

Bild 19.54

Für $\mathbf{u} = \mathbf{i}\,[= \overrightarrow{(1;0)}]$ bewegt sich der Käfer nach Osten, und die Änderungsrate der Temperatur ist durch die partielle Ableitung $f_x(a;b)$ gegeben. Bewegt sich der Käfer in die entgegengesetzte Richtung (Westen), so erhalten wir für $\mathbf{u} = -\mathbf{i}$ eine Änderungsrate von $-f_x(a;b)$. (Erhöht sich etwa die Temperatur bei der Bewegung nach Osten, so sinkt sie bei der Bewegung nach Westen.) Ganz analog erhalten wir im Falle $\mathbf{u} = \mathbf{j} = \overrightarrow{(0;1)}$ die Änderungsrate $f_y(a;b)$.

In diesem Abschnitt wollen wir die Änderungsrate der Temperatur für beliebige Richtungen **u** berechnen und führen zu diesem Zweck den wichtigen Begriff des Gradienten ein.

Zunächst sei $(a;b)$ ein Punkt der xy-Ebene (Bild 19.55). Wir betrachten eine Gerade in dieser Ebene durch den Punkt $(a;b)$ und führen auf ihr ein Koordinatensystem mit der gleichen Skala wie auf der x- oder der y-Achse ein: Wir nennen die Gerade t-Achse und wählen für den Punkt $(a;b)$ den Wert $t=0$. Es sei θ der Winkel zwischen der positiven x-Achse und der t-Achse. Betrachten wir nun $z=f(x;y)$ nur für Punkte $(x;y)$ auf der t-Achse, so ist z eine zusammengesetzte Funktion von t; es gilt $z=g(t)$. Der Graph von g ist eine Kurve, die auf dem Graphen von f liegt (Bild 19.56).

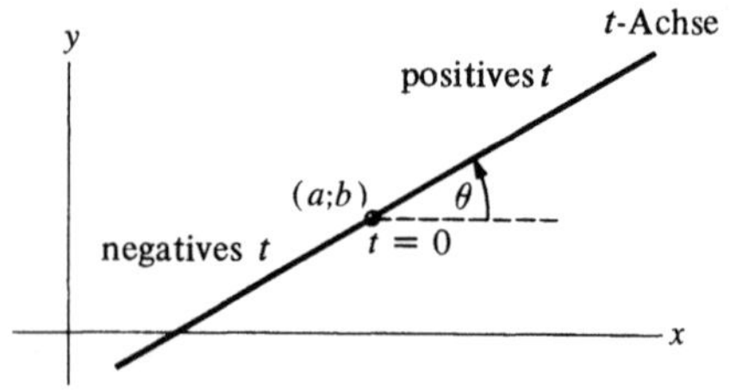

Bild 19.55

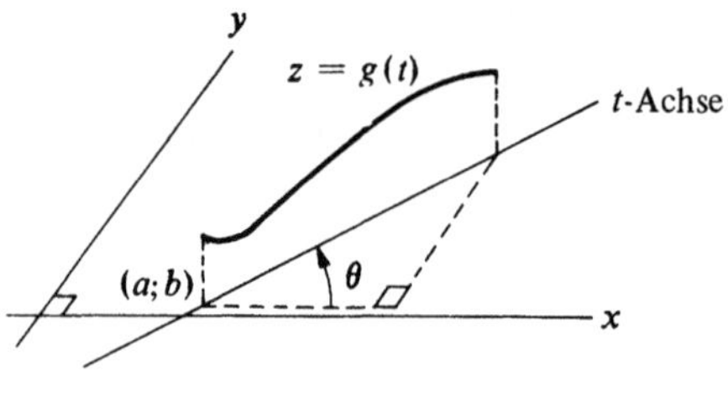

Bild 19.56

Für $t=0$ erhalten wir $(x;y)=(a;b)$. Ganz allgemein besitzt jeder Punkt auf der t-Achse mit der Koordinate t die Darstellung

$$(x;y)=(a+t\cos\theta;b+t\sin\theta),$$

wie Bild 19.57 entnommen werden kann.

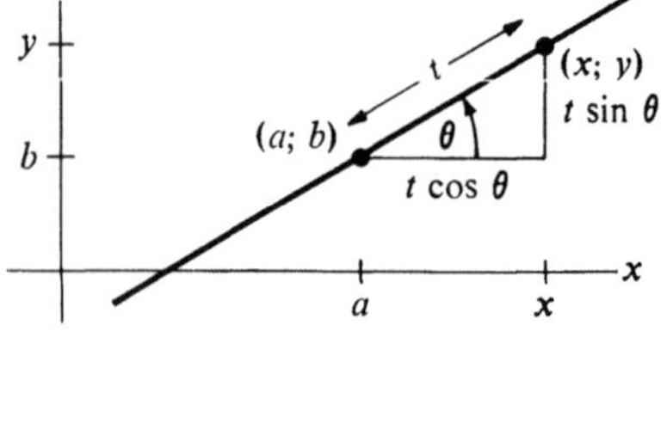

Bild 19.57

Definition der Richtungsableitung von $f(x;y)$: Die Ableitung von f im Punkt $(a;b)$ und in die Richtung θ ist gleich $g'(t)$. Die Funktion g ist definiert durch $g(t)=f(a+t\cos\theta;b+t\sin\theta)$. Die Richtungsableitung in $(a;b)$ hängt von θ, sowie von a und b ab.

Es gibt zwei verschiedene anschauliche Interpretationen der Richtungsableitung: Entweder als Anstieg einer bestimmten Kurve oder als die Änderungsrate von $f(x;y)$ bei Durchlaufen des Punktes $(a;b)$ in einer bestimmten Richtung der xy-Ebene. Die zweite Interpretation wird am Ende dieses Abschnittes auf die Richtungsableitungen von räumlichen Funktionen $f(x;y;z)$ verallgemeinert.

Theorem 1: Hat die Funktion $f(x;y)$ stetige partielle Ableitungen f_x und f_y, dann ist die Richtungsableitung von f im Punkt $(a;b)$ und in der Richtung θ durch

$$f_x(a;b)\cos\theta+f_y(a;b)\sin\theta$$

gegeben.

Beweis: Die Richtungsableitung von f im Punkt $(a;b)$ und in der Richtung θ ist gleich der Ableitung der Funktion

$$g(t)=f(a+t\cos\theta;b+t\sin\theta)$$

an der Stelle $t=0$.

Nun ist g eine zusammengesetzte Funktion

$$g(t)=f(x;y)$$

mit

$$x=a+t\cos\theta \quad \text{und} \quad y=b+t\sin\theta.$$

Mit Hilfe der Kettenregel ergibt sich

$$g'(t)=f_x\frac{dx}{dt}+f_y\frac{dy}{dt}.$$

Aus den Relationen

$$\frac{dx}{dt}=\cos\theta \quad \text{und} \quad \frac{dy}{dt}=\sin\theta$$

erhalten wir schließlich

$$g'(0)=f_x(a;b)\cos\theta+f_y(a;b)\sin\theta.$$

Das Theorem ist damit bewiesen. •

Für $\theta=0$ ergibt die Formel aus Theorem 1

$$f_x(a;b)\cos 0+f_y(a;b)\sin 0$$
$$=f_x(a;b)(1)+f_y(a;b)(0)=f_x(a;b),$$

wie wir bereits früher festgestellt haben: Wenn sich der Käfer nach Osten bewegt, ist die Änderungsrate der Temperatur durch $f_x(a;b)$ gegeben.

Für $\theta = \pi$ ergibt sich nach Theorem 1 eine Richtungsableitung von

$$f_x(a;b)\cos\pi + f_y(a;b)\sin\pi = f_x(a;b)(-1) + f_y(a;b)(0) = -f_x(a;b).$$

In diesem Falle bewegt sich der Käfer nach Westen und beobachtet eine Änderungsrate der Temperatur von $-f_x(a;b)$.

Für $\theta = \pi/2$ ergibt sich schließlich für die Richtungsableitung der Ausdruck

$$f_x(a;b)\cos\frac{\pi}{2} + f_y(a;b)\sin\frac{\pi}{2} = f_x(a;b)(0) + f_y(a;b)(1) = f_y(a;b).$$

Auch dies stimmt mit unseren früheren Überlegungen überein.

Beispiel 1: Man berechne die Ableitung von $f(x;y) = x^2y^3$ im Punkt $(1;2)$ und in der Richtung des Winkels $\pi/3$. Man interpretiere das Resultat für eine durch f beschriebene Temperaturverteilung.

Lösung: Zunächst gilt

$$f_x = 2xy^3 \quad \text{und} \quad f_y = 3x^2y^2.$$

Aus

$$f_x(1;2) = 16 \quad \text{und} \quad f_y(1;2) = 12$$

sowie

$$\cos\frac{\pi}{3} = \frac{1}{2} \quad \text{und} \quad \sin\frac{\pi}{3} = \frac{\sqrt{3}}{2}$$

ergibt sich für die Ableitung von f in der durch $\theta = \pi/3$ gegebenen Richtung

$$16\left(\frac{1}{2}\right) + 12\left(\frac{\sqrt{3}}{2}\right) = 8 + 6\sqrt{3}.$$

Beschreibt x^2y^3 die Temperatur im Punkt $(x;y)$ in Grad, wobei x und y in Zentimetern gemessen werden, so ist die Änderungsrate der Temperatur im Punkt $(1;2)$ und in der Richtung $\theta = \pi/3$ gleich $(8 + 6\sqrt{3})$ Grad pro Zentimeter. ●

Bild 19.58

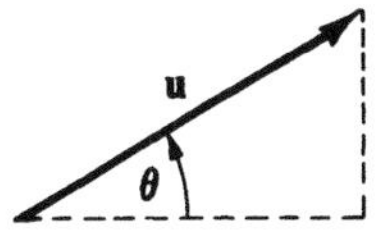

Die skalaren Komponenten von **u** sind $\cos\theta$ und $\sin\theta$

$\mathbf{u} = \cos\theta\,\mathbf{i} + \sin\theta\,\mathbf{j}$ sei der Einheitsvektor in die Richtung des Winkels θ (Bild 19.58). Die Ableitung von $f(x;y)$ in der durch θ gegebenen Richtung wird auch mit

$$D_{\mathbf{u}}f$$

bezeichnet. So erhalten wir etwa

$$D_{\mathbf{i}}f = f_x, \quad D_{-\mathbf{i}}f = -f_x, \quad D_{\mathbf{j}}f = f_y.$$

In Beispiel 1 wurde $D_{\mathbf{u}}f$ für $f(x;y) = x^2y^3$ und

$$\mathbf{u} = \cos\frac{\pi}{3}\,\mathbf{i} + \sin\frac{\pi}{3}\,\mathbf{j} = \frac{1}{2}\,\mathbf{i} + \frac{\sqrt{3}}{2}\,\mathbf{j}$$

berechnet. Aufgrund von Theorem 1 ergibt sich für $\mathbf{u} = \cos\theta\,\mathbf{i} + \sin\theta\,\mathbf{j}$ die Richtungsableitung

$$D_{\mathbf{u}}f = f_x(a;b)\cos\theta + f_y(a;b)\sin\theta. \tag{1}$$

Formel (1) erinnert an die Komponentendarstellung des skalaren Produkts. Um diese Ähnlichkeit genauer zu untersuchen, wollen wir einen Vektor mit den skalaren Komponenten $f_x(a;b)$ und $f_y(a;b)$ einführen.

Definition des Gradienten von $f(x;y)$: Der Vektor $f_x(a;b)\,\mathbf{i} + f_y(a;b)\,\mathbf{j}$ wird *Gradient* von f im Punkt $(a;b)$ genannt und mit ∇f bezeichnet. (Sprich „Delta f".) Der Fettdruck des Zeichens ∇ unterstreicht den Vektorcharakter des Gradienten.

Es sei beispielsweise $f(x;y) = x^2 + y^2$. Wir berechnen und zeichnen ∇f in einigen Punkten, die Ergebnisse sind in der folgenden Tabelle zusammengefaßt:

$(x;y)$	$f_x = 2x$	$f_y = 2y$	∇f
$(1;2)$	2	4	$2\mathbf{i} + 4\mathbf{j}$
$(3;0)$	6	0	$6\mathbf{i}$
$(2;-1)$	4	-2	$4\mathbf{i} - 2\mathbf{j}$

Bild 19.59 zeigt ∇f in jedem der angeführten Fälle, wobei der Anfangspunkt von ∇f jeweils in den Punkt gelegt wurde, in dem ∇f berechnet wird.

Nun kann Theorem 1 in der Vektorschreibweise formuliert werden:

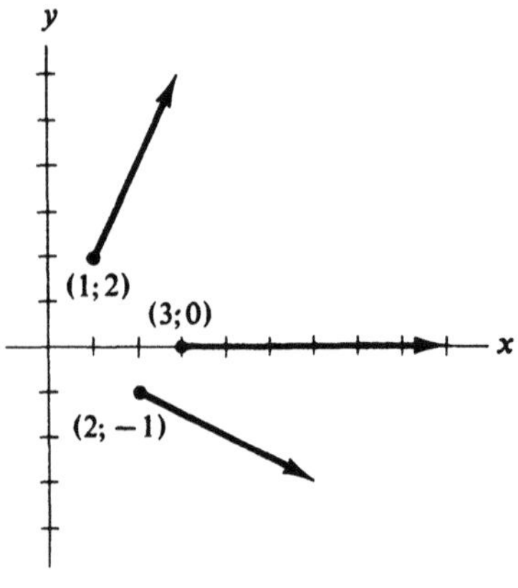

Bild 19.59

Theorem 1 (*in Vektorschreibweise*): Hat die Funktion $z = f(x;y)$ die stetigen partiellen Ableitungen f_x und f_y, dann gilt

$$D_\mathbf{u} f = \nabla f \cdot \mathbf{u}.$$

Abgesehen von der neuen und kompakten Schreibweise des Theorems 1 hat die Einführung des Gradienten noch andere wichtige Vorteile. Dies wird durch das folgende Theorem gezeigt:

Theorem 2 (*die Bedeutung von* ∇f): Die Funktion $z = f(x;y)$ habe stetige partielle Ableitungen f_x und f_y. Im Punkt $(a;b)$ der Ebene sei ∇f vom Nullvektor verschieden. Dann ist durch die Länge des Vektors ∇f im Punkt $(a;b)$ die größte Richtungsableitung von f in $(a;b)$ gegeben; die Richtung von ∇f stimmt mit der Richtung überein, in der die Richtungsableitung in $(a;b)$ ihren größten Wert annimmt.

Beweis: Mit Hilfe der Neufassung von Theorem 1 erhalten wir für einen Einheitsvektor $\mathbf{u}$ im Punkt $(a;b)$

$$D_\mathbf{u} f = \nabla f \cdot \mathbf{u}.$$

Aus der Definition des skalaren Produkts ergibt sich dann

$$\nabla f \cdot \mathbf{u} = |\nabla f|\,|\mathbf{u}| \cos\theta.$$

Der Winkel zwischen ∇f und $\mathbf{u}$ ist durch θ gegeben (Bild 19.60): $\mathbf{u}$ ist Einheitsvektor und es gilt $|\mathbf{u}| = 1$,

$$D_\mathbf{u} f = |\nabla f| \cos\theta. \tag{2}$$

Der größte Wert von $\cos\theta$ für $0 \leqslant \theta \leqslant \pi$ wird für $\theta = 0$ angenommen, dann ist $\cos\theta = 1$. Somit ergibt sich aus (2) die größte Richtungsableitung von $f(x;y)$ in $(a;b)$, wenn

Bild 19.60

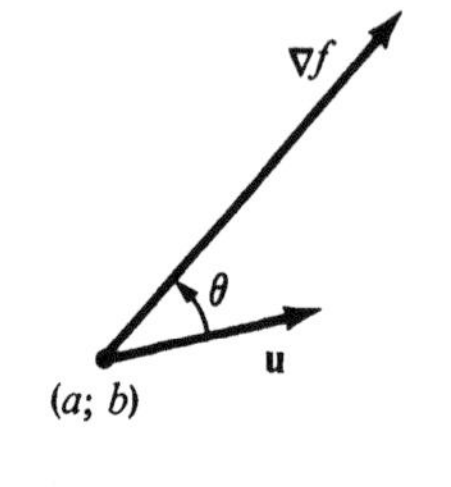

die Richtung die von ∇f ist. Für diese Wahl von $\mathbf{u}$ gilt $D_\mathbf{u} f = |\nabla f|$. Damit ist das Theorem bewiesen. •

Welche Schlüsse würde unser Käfer bei seiner Wanderung auf der Metallplatte aus Theorem 1 ziehen? Befindet er sich im Punkt $(a;b)$ und will er sich so rasch wie möglich in wärmere Regionen bewegen, so müßte er den Gradienten der Temperaturfunktion berechnen und dann in die durch den Gradienten angegebene Richtung streben. Ist es dem Käfer im Punkt $(a;b)$ zu heiß, so müßte er sich möglichst rasch in die zum Gradienten entgegengesetzte Richtung bewegen.

Beispiel 2: Es sei $f(x;y) = x^2y^3$. Welches ist die größte Richtungsableitung von f im Punkt $(2;3)$? In welcher Richtung tritt das Maximum der Richtungsableitung auf?

Lösung: Im Punkt $(x;y)$ erhalten wir

$$\nabla f = 2xy^3\mathbf{i} + 3x^2y^2\mathbf{j}.$$

Somit ergibt sich im Punkt $(2;3)$ (Bild 19.61):

$$\nabla f = 108\mathbf{i} + 108\mathbf{j}.$$

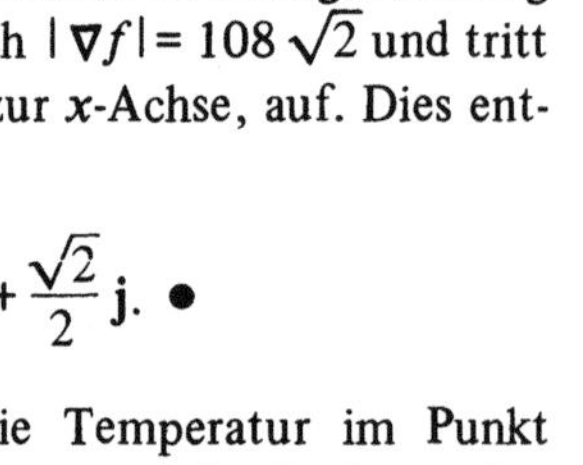

Bild 19.61

Der Winkel θ beträgt $\pi/4$. Die maximale Richtungsableitung von x^2y^3 in $(2;3)$ ist daher gleich $|\nabla f| = 108\sqrt{2}$ und tritt für den Winkel $\theta = \pi/4$, relativ zur x-Achse, auf. Dies entspricht einem Einheitsvektor von

$$\mathbf{u} = \cos\frac{\pi}{4}\,\mathbf{i} + \sin\frac{\pi}{4}\,\mathbf{j} = \frac{\sqrt{2}}{2}\,\mathbf{i} + \frac{\sqrt{2}}{2}\,\mathbf{j}. \bullet$$

Beschreibt nun $f(x;y)$ die Temperatur im Punkt $(x;y)$, so ist durch den Gradienten ∇f die Richtung bestimmt, in der der Wärmefluß erfolgt. Die Wärme strebt nämlich danach, in die Richtung des größten Temperaturgefälles und damit in die Richtung des Gradienten zu fließen. „Bei vorgegebener Temperaturverteilung f fließt die Wärme in die Richtung von $-\nabla f$".

Der Gradient und die Richtungsableitungen wurden anhand einer ebenen Temperaturverteilung und der Bewegung eines Käfers veranschaulicht. Wir können diese beiden Begriffe aber auch am Beispiel eines Bergsteigers veranschaulichen.

Betrachten wir einen Berg, der sich über der xy-Ebene erhebt (Bild 19.62). Die Höhe des Berges oberhalb des Punktes $(x; y)$ sei durch $f(x; y)$ gegeben. Die Richtungsableitung

$$D_{\mathbf{u}} f$$

liefert die Änderungsrate der Höhe pro Wegeinheit in der horizontalen Ebene. Der Gradient ∇f im Punkt $(a; b)$ gibt die Richtung an, in der der Bergsteiger den steilsten Anstieg vor sich hat. Durch die Länge von ∇f ist der Wert des höchsten Anstiegs gegeben.

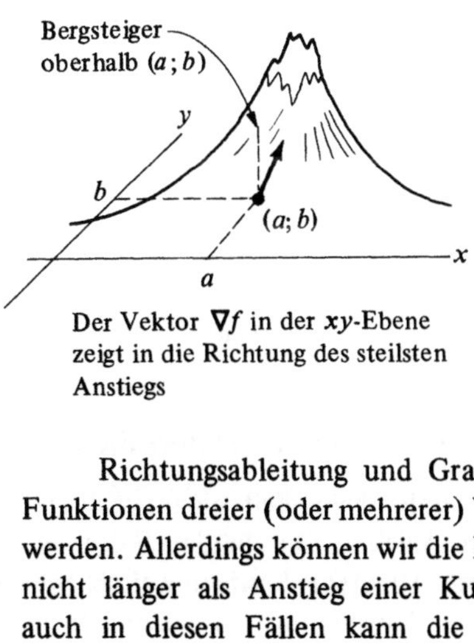

Der Vektor ∇f in der xy-Ebene zeigt in die Richtung des steilsten Anstiegs

Bild 19.62

Richtungsableitung und Gradient können leicht auf Funktionen dreier (oder mehrerer) Variabler verallgemeinert werden. Allerdings können wir die Richtungsableitung dann nicht länger als Anstieg einer Kurve interpretieren. Aber auch in diesen Fällen kann die Richtungsableitung von $f(x; y; z)$ in einer bestimmten räumlichen Richtung als Änderungsrate der Funktion in dieser Richtung aufgefaßt werden. Dies gilt beispielsweise für die Änderungsrate der Temperatur in einer bestimmten Richtung.

Definition der Richtungsableitung von $f(x; y; z)$: Die Ableitung von f im Punkt $(a; b; c)$ und in der Richtung des Einheitsvektors $\mathbf{u} = \cos\alpha\mathbf{i} + \cos\beta\mathbf{j} + \cos\gamma\mathbf{k}$ ist gleich $g'(t)$. Die Funktion g ist durch

$$g(t) = f(a + t\cos\alpha;\ b + t\cos\beta;\ c + t\cos\gamma)$$

definiert. Die Richtungsableitung wird mit $D_{\mathbf{u}} f$ bezeichnet.

Der Parameter t ist ein Maß für den Weg entlang einer Geraden mit den Richtungskosinussen $\cos\alpha$, $\cos\beta$ und $\cos\gamma$ durch den Punkt $(a; b; c)$. Daher stimmt $D_{\mathbf{u}} f$ mit der Ableitung df/dt entlang der t-Achse überein. Das folgende Theorem kann ganz analog zu Theorem 1 bewiesen werden.

Theorem 3: Besitzt die Funktion $f(x; y; z)$ stetige partielle Ableitungen f_x, f_y und f_z, dann ist die Richtungsableitung von f im Punkt $(a; b; c)$ und in der Richtung des Einheitsvektors $\cos\alpha\,\mathbf{i} + \cos\beta\,\mathbf{j} + \cos\gamma\,\mathbf{k}$ durch

$$f_x(a; b; c)\cos\alpha + f_y(a; b; c)\cos\beta + f_z(a; b; c)\cos\gamma$$

gegeben.

Definition des Gradienten von $f(x; y; z)$: Der Vektor

$$f_x(a; b; c)\,\mathbf{i} + f_y(a; b; c)\,\mathbf{j} + f_z(a; b; c)\,\mathbf{k}$$

heißt *Gradient* von f im Punkt $(a; b; c)$ und wird mit ∇f bezeichnet.

Aufgrund von Theorem 3 ist die Ableitung von $f(x; y; z)$ in die Richtung des Einheitsvektors $\mathbf{u}$ durch

$$D_{\mathbf{u}} f = \nabla f \cdot \mathbf{u}$$

bestimmt. Ebenso wie für Funktionen zweier Variabler gibt der Gradient ∇f im Punkt $(a; b; c)$ die Richtung an, die man für den Vektor $\mathbf{u}$ wählen muß, um die größte Richtungsableitung in $(a; b; c)$ zu erhalten. Darüberhinaus gibt $|\nabla f|$ den Wert der maximalen Richtungsableitung an. Der Beweis verläuft analog zu dem von Theorem 2.

Beispiel 3: Die Temperatur im Punkt $(x; y; z)$ eines Metallstückes ist durch die Formel $f(x; y; z) = e^{2x+y+3z}$ Grad gegeben. In welcher Richtung steigt im Punkt $(0; 0; 0)$ die Temperatur am stärksten an?

Lösung: Wir berechnen zunächst

$$\nabla f = 2e^{2x+y+3z}\mathbf{i} + e^{2x+y+3z}\mathbf{j} + 3e^{2x+y+3z}\mathbf{k}$$

und erhalten im Punkt $(0; 0; 0)$

$$\nabla f = 2\mathbf{i} + \mathbf{j} + 3\mathbf{k}.$$

Daher ist die Richtung des stärksten Temperaturanstieges durch den Vektor $2\mathbf{i} + \mathbf{j} + 3\mathbf{k}$ gegeben. Die Rate des Anstiegs ist gleich

$$|2\mathbf{i} + \mathbf{j} + 3\mathbf{k}| = \sqrt{14}\ \text{Grad/Längeneinheit}.$$

Führen wir auf der Geraden durch $(0;0;0)$ und parallel zu $2\mathbf{i}+\mathbf{j}+3\mathbf{k}$ die Koordinate t ein und legen $t=0$ in den Ursprung dieser t-Achse, so ergibt sich für $t=0$ die Ableitung

$$\frac{df}{dt} = \sqrt{14}. \bullet$$

Übungen:

In den Übungen 1 bis 5 berechne man die Richtungsableitung von x^4y^5 im Punkt $(1;1)$ und in der Richtung

1. $\theta = \pi/2$
2. $\theta = 0$
3. $\theta = 3\pi/4$
4. $\theta = \pi$
5. $\theta = 3\pi/2$

In den Übungen 6 bis 9 berechne und zeichne man ∇f für die gegebene Funktion im gegebenen Punkt.

6. $f(x;y) = 3x + 4y$ in $(2;5)$.
7. $f(x;y) = 1/\sqrt{x^2+y^2}$ in $(3;4)$.
8. $f(x;y) = e^x y$ in $(0;1)$.
9. $f(x;y) = e^x \cos y$ in $(1;\pi)$.
10. Man bestimme die Richtungsableitung von e^{x+2y} in $(0;0)$ und in der Richtung des Vektors $\mathbf{A} = 2\mathbf{i} + 3\mathbf{j}$. *Vorsicht:* $\mathbf{A}$ ist kein Einheitsvektors.
11. Es sei $f(x;y;z) = 2x + 3y + z$.
    (*a*) Man berechne ∇f in $(0;0;0)$ und $(1;1;1)$.
    (*b*) Man zeichne ∇f für die beiden Punkte aus (*a*), der Anfangspunkt sei jeweils in den gegebenen Punkt gelegt.
12. Es sei $f(x;y;z) = x^2 + y^2 + z^2$.
    (*a*) Man berechne ∇f in $(2;0;0)$, $(0;2;0)$ und $(0;0;2)$.
    (*b*) Man zeichne ∇f für die drei Punkte aus (*a*). Der Anfangspunkt sei jeweils in den gegebenen Punkt gelegt.
13. Man bestimme die Richtungsableitung von $f(x;y;z) = x^3y^2z$ in $(1;1;1)$ und in der Richtung von
    (*a*) $\mathbf{i}$, (*b*) $\mathbf{j}$,
    (*c*) $\mathbf{k}$, (*d*) $-\mathbf{i}$.
    (*e*) $\mathbf{i}+\mathbf{j}+\mathbf{k}$. *Vorsicht:* Der Vektor aus (*e*) ist kein Einheitsvektor.
14. Es sei $f_x(a;b) = 2$ und $f_y(a;b) = 3$. In welcher Richtung erhält man für den Wert der Richtungsableitung im Punkt $(a;b)$
    (*a*) 0? (*b*) den maximalen Wert?
    (*c*) den minimalen Wert?
15. ∇f sei im Punkt $(a;b)$ vom Nullvektor verschieden. Dann gibt es zwei Einheitsvektoren $\mathbf{u}_1$ und $\mathbf{u}_2$, für die die Richtungsableitung von f in $(a;b)$ verschwindet. Man zeige dies.
16. (*a*) Für $f_x(a;b;c) = 2$, $f_y(a;b;c) = 3$ und $f_z(a;b;c) = 1$ bestimme man drei verschiedene Einheitsvektoren $\mathbf{u}$, so daß $D_{\mathbf{u}}f$ in $(a;b;c)$ verschwindet.
    (*b*) Wie viele Einheitsvektoren $\mathbf{u}$ gibt es, für die ∇f in $(a;b;c)$ verschwindet?

■

17. Es sei $f(x;y) = xy$. Ist $(a;b)$ ein beliebiger Punkt auf der Kurve $xy = 5$, dann steht der Gradient ∇f in $(a;b)$ senkrecht auf der Tangente an die gegebene Kurve in $(a;b)$. Man zeige dies.
18. Es sei $f(x;y) = x^2+y^2$ und $(a;b)$ ein beliebiger Punkt auf der Kurve $x^2+y^2 = 9$; dann steht der Gradient im Punkt $(a;b)$ senkrecht auf der Tangente an die Kurve in diesem Punkt. Man zeige dies.
19. Gilt $D_{\mathbf{u}}f = 3$ in $(a;b)$, dann bestimme man $D_{-\mathbf{u}}f$.
20. Es sei $f(x;y;z)$ die Temperatur in $(x;y;z)$. Es sei $P = (a;b;c)$ und Q ein Punkt in der Nähe von $(a;b;c)$. Dann ist durch $\nabla f \cdot \overrightarrow{PQ}$ eine gute Schätzung für die Änderung der Temperatur zwischen den Punkten P und Q gegeben. Man beweise dies.
21. Es sei $f(x;y) = 1/\sqrt{x^2+y^2}$; die Funktion f ist überall, ausgenommen im Punkt $(0;0)$ definiert. (Sie beschreibt das Potential für das Gravitationsfeld einer Punktmasse.) Es sei $\mathbf{R} = \overrightarrow{(x;y)}$.
    (*a*) Man zeige $\nabla f = -\mathbf{R}/|\mathbf{R}|^3$.
    (*b*) Man zeige $|\nabla f| = 1/|\mathbf{R}|^2$.
    (Der Gradient hängt mit der Gravitationskraft eng zusammen.)
22. Wie verhält sich ∇f, wenn f ein lokales Maximum annimmt? Wie verhält sich dann $D_{\mathbf{u}}f$? Man erkläre dies. (f sei in der ganzen Ebene definiert und habe stetige partielle Ableitungen.)
23. Es sei $f(P)$ das elektrische Potential im Punkt P. Dann ist das elektrische Feld $\mathbf{E}$ in P durch $-\nabla f$ gegeben. Man berechne $\mathbf{E}$ für $f(x;y) = \sin \alpha x \cos \beta y$, wobei α und β konstant sind.

■■

24. Die Funktion f habe stetige partielle Ableitungen f_x, f_y, f_{xy} und f_{yx} (dann gilt $f_{xy} = f_{yx}$). Es seien $\mathbf{u}_1$ und $\mathbf{u}_2$ zwei Einheitsvektoren. Dann beweise man $D_{\mathbf{u}_2}D_{\mathbf{u}_1}f = D_{\mathbf{u}_1}D_{\mathbf{u}_2}f$.
25. Das Maximum von $D_{\mathbf{u}}f$ in $(a;b)$ ist gleich $\sqrt{f_x^2+f_y^2}$, wobei f_x und f_y in $(a;b)$ berechnet werden. Man beweise dies.
26. Man beweise den ersten Teil von Theorem 2 mit Hilfe von Vektoren. Der maximale Wert von

$$g(\theta) = f_x(a;b)\cos\theta + f_y(a;b)\sin\theta$$

beträgt $\sqrt{f_x^2(a;b) + f_y^2(a;b)}$. Man beweise dies.

19.6 Zwei- und dreidimensionale Determinanten

Der folgende Abschnitt behandelt einen wichtigen Teilbereich der linearen Algebra. Die in der Folge entwickelten Definitionen und Theoreme besitzen weitgehende Verallgemeinerungen. Ihre Anwendungen können nur im Rahmen einer ausführlichen Behandlung der linearen Algebra dargestellt werden.

Definition der Matrix: Eine quadratische Anordnung von vier Zahlen a_1, b_1, a_2, b_2 wird *zweidimensionale Matrix* genannt und mit

$$\begin{pmatrix} a_1 & a_2 \\ b_1 & b_2 \end{pmatrix}$$

bezeichnet. Ganz analog wird eine quadratische Anordnung von neun Zahlen *dreidimensionale Matrix* genannt:

$$\begin{pmatrix} a_1 & a_2 & a_3 \\ b_1 & b_2 & b_3 \\ c_1 & c_2 & c_3 \end{pmatrix}.$$

So sind

$$\begin{pmatrix} 2 & 3 \\ 4 & -1 \end{pmatrix} \quad \text{und} \quad \begin{pmatrix} 1 & 5 & 0 \\ 0 & 2 & 3 \\ 8 & 4 & -1 \end{pmatrix}$$

zwei- bzw. dreidimensionale Matrizen.

Die Menge der Zahlen einer Matrix entlang einer horizontalen Geraden wird *Zeile* der Matrix genannt. Die Menge der Zahlen längs einer vertikalen Geraden heißt *Spalte*. Eine dreidimensionale Matrix besitzt daher drei Zeilen und drei Spalten. Der Einfachheit haber numeriert man die Reihen von oben nach unten und die Spalten von links nach rechts:

$$\begin{pmatrix} \text{Zeile 1} \\ \text{Zeile 2} \\ \text{Zeile 3} \end{pmatrix} \quad \text{oder} \quad \begin{pmatrix} \text{S} & \text{S} & \text{S} \\ \text{p} & \text{p} & \text{p} \\ \text{a} & \text{a} & \text{a} \\ \text{l} & \text{l} & \text{l} \\ \text{t} & \text{t} & \text{t} \\ \text{e} & \text{e} & \text{e} \\ 1 & 2 & 3 \end{pmatrix}.$$

Für die Matrix

$$\begin{pmatrix} 2 & 3 \\ 4 & -1 \end{pmatrix}$$

lautet die erste Zeile (2; 3) und die zweite Spalte $\begin{pmatrix} 3 \\ -1 \end{pmatrix}$.

Jeder Matrix wird eine wichtige Zahl, ihre *Determinante* zugeordnet.

Definition der Determinante einer zweidimensionalen Matrix: Unter der Determinante der Matrix

$$\begin{pmatrix} a_1 & a_2 \\ b_1 & b_2 \end{pmatrix}$$

verstehen wir die Zahl

$$a_1 b_2 - a_2 b_1.$$

Sie wird auch mit

$$\begin{vmatrix} a_1 & a_2 \\ b_1 & b_2 \end{vmatrix}$$

bezeichnet.

Beispiel 1: Man berechne die Determinanten:

$$(a) \begin{vmatrix} 2 & 3 \\ 1 & 4 \end{vmatrix} \qquad (b) \begin{vmatrix} 0 & -5 \\ 2 & 8 \end{vmatrix}.$$

Lösung:

$$(a) \begin{vmatrix} 2 & 3 \\ 1 & 4 \end{vmatrix} = 2 \cdot 4 - 3 \cdot 1 = 8 - 3 = 5.$$

$$(b) \begin{vmatrix} 0 & -5 \\ 2 & 8 \end{vmatrix} = 0 \cdot 8 - (-5) \cdot 2 = 0 + 10 = 10. \bullet$$

Die Determinante einer dreidimensionalen Matrix kann mit Hilfe von zweidimensionalen Matrizen definiert werden.

Definition der Determinante einer dreidimensionalen Matrix: Die Determinante der Matrix

$$\begin{pmatrix} a_1 & a_2 & a_3 \\ b_1 & b_2 & b_3 \\ c_1 & c_2 & c_3 \end{pmatrix}$$

ist gleich der Zahl

$$a_1 \begin{vmatrix} b_2 & b_3 \\ c_2 & c_3 \end{vmatrix} - a_2 \begin{vmatrix} b_1 & b_3 \\ c_1 & c_3 \end{vmatrix} + a_3 \begin{vmatrix} b_1 & b_2 \\ c_1 & c_2 \end{vmatrix}.$$

Sie wird mit

$$\begin{vmatrix} a_1 & a_2 & a_3 \\ b_1 & b_2 & b_3 \\ c_1 & c_2 & c_3 \end{vmatrix}$$

bezeichnet.

Beispiel 3: Man berechne

$$\begin{vmatrix} 3 & 2 & -4 \\ 1 & 5 & 0 \\ 2 & -7 & 3 \end{vmatrix}.$$

Lösung: Aufgrund unserer Definition ist diese Determinante gleich

$$3 \begin{vmatrix} 5 & 0 \\ -7 & 3 \end{vmatrix} - 2 \begin{vmatrix} 1 & 0 \\ 2 & 3 \end{vmatrix} + (-4) \begin{vmatrix} 1 & 5 \\ 2 & -7 \end{vmatrix}.$$

Wir erhalten

$$\begin{vmatrix} 5 & 0 \\ -7 & 3 \end{vmatrix} = 15, \begin{vmatrix} 1 & 0 \\ 2 & 3 \end{vmatrix} = 3 \quad \text{und} \quad \begin{vmatrix} 1 & 5 \\ 2 & -7 \end{vmatrix} = -17.$$

Somit ergibt sich insgesamt für die dreidimensionale Determinante

$$3 \cdot 15 - 2 \cdot 3 + (-4)(-17) = 45 - 6 + 68 = 107. \bullet$$

In der Definition der dreidimensionalen Determinante hat der Koeffizient a_2 ein negatives Vorzeichen. Die zu a_1 gehörige zweidimensionale Matrix erhält man durch Streichung der zu a_1 gehörigen Zeile und Spalte

$$\begin{pmatrix} \not{a}_1 & \not{a}_2 & \not{a}_3 \\ \not{b}_1 & b_2 & b_3 \\ \not{c}_1 & c_2 & c_3 \end{pmatrix}.$$

Ähnlich können wir die zu a_2 und a_3 gehörigen zweidimensionalen Matrizen ermitteln. (Man beachte jedoch stets das Minuszeichen bei a_2.)

Wir wollen nun einige nützliche Theoreme über Determinanten von zwei- und dreidimensionalen Matrizen entwickeln. Die Beweise der Theoreme sind im allgemeinen einfach, sie werden daher nur in einem Teil der Fälle ausgeführt.

Theorem 1: Wenn zwei Zeilen (oder Spalten) einer Matrix übereinstimmen, dann verschwindet die Determinante der Matrix.

Beweis: Wir wollen dies für die Determinante einer dreidimensionalen Matrix zeigen, in der die ersten beiden Zeilen übereinstimmen:

$$\begin{vmatrix} a_1 & a_2 & a_3 \\ a_1 & a_2 & a_3 \\ c_1 & c_2 & c_3 \end{vmatrix} = 0.$$

Für diese Determinante ergibt sich:

$$\begin{aligned} &a_1 \begin{vmatrix} a_2 & a_3 \\ c_2 & c_3 \end{vmatrix} - a_2 \begin{vmatrix} a_1 & a_3 \\ c_1 & c_3 \end{vmatrix} + a_3 \begin{vmatrix} a_1 & a_2 \\ c_1 & c_2 \end{vmatrix} \\ &= a_1(a_2c_3 - a_3c_2) - a_2(a_1c_3 - a_3c_1) + \\ &\quad + a_3(a_1c_2 - a_2c_1) \\ &= a_1a_2c_3 - a_1a_3c_2 - a_2a_1c_3 + a_2a_3c_1 + \\ &\quad + a_3a_1c_2 - a_3a_2c_1 \\ &= 0. \end{aligned}$$

Die Terme heben einander paarweise auf; die anderen Fälle können ganz analog behandelt werden. •

Theorem 2: Wenn zwei Zeilen (oder Spalten) einer Matrix miteinander vertauscht werden, so ist die Determinante der neuen Matrix gleich der negativen Determinante der ursprünglichen Matrix.

Beweis: Betrachten wir eine dreidimensionale Matrix, deren zweite und dritte Spalte vertauscht werden. Wir behaupten:

$$\begin{vmatrix} a_1 & a_3 & a_2 \\ b_1 & b_3 & b_2 \\ c_1 & c_3 & c_2 \end{vmatrix} = - \begin{vmatrix} a_1 & a_2 & a_3 \\ b_1 & b_2 & b_3 \\ c_1 & c_2 & c_3 \end{vmatrix}. \tag{1}$$

Zum Beweis berechnen wir beide Determinanten und vergleichen die Resultate.

$$\begin{vmatrix} a_1 & a_3 & a_2 \\ b_1 & b_3 & b_2 \\ c_1 & c_3 & c_2 \end{vmatrix} = a_1 \begin{vmatrix} b_3 & b_2 \\ c_3 & c_2 \end{vmatrix} - a_3 \begin{vmatrix} b_1 & b_2 \\ c_1 & c_2 \end{vmatrix} + a_2 \begin{vmatrix} b_1 & b_3 \\ c_1 & c_3 \end{vmatrix}. \tag{2}$$

Weiter folgt

$$\begin{vmatrix} a_1 & a_2 & a_3 \\ b_1 & b_2 & b_3 \\ c_1 & c_2 & c_3 \end{vmatrix} = a_1 \begin{vmatrix} b_2 & b_3 \\ c_2 & c_3 \end{vmatrix} - a_2 \begin{vmatrix} b_1 & b_3 \\ c_1 & c_3 \end{vmatrix} + a_3 \begin{vmatrix} b_1 & b_2 \\ c_1 & c_2 \end{vmatrix}. \tag{3}$$

Tatsächlich gilt

$$\begin{vmatrix} b_3 & b_2 \\ c_3 & c_2 \end{vmatrix} = b_3c_2 - b_2c_3$$

und

$$\begin{vmatrix} b_2 & b_3 \\ c_2 & c_3 \end{vmatrix} = b_2c_3 - b_3c_2;$$

wir erhalten durch direkten Vergleich der drei Summanden (2) und (3) Gleichung (1). Die anderen Fälle können ganz analog behandelt werden. •

Determinanten werden häufig zur Lösung linearer Gleichungssysteme herangezogen. Dies ist ihre ursprüngliche und wichtigste Anwendung, die in den nächsten beiden Theoremen dargestellt wird. Die Beweise sind einfach und werden deshalb dem Leser überlassen.

Theorem 3: Es gelte

$$\begin{vmatrix} a_1 & a_2 \\ b_1 & b_2 \end{vmatrix} \neq 0.$$

Dann ist die Lösung des Gleichungssystems

$$\begin{aligned} a_1x + a_2y &= k_1 \\ b_1x + b_2y &= k_2 \end{aligned}$$

eindeutig durch das Zahlenpaar $(x; y)$ mit

$$x = \frac{\begin{vmatrix} k_1 & a_2 \\ k_2 & b_2 \end{vmatrix}}{\begin{vmatrix} a_1 & a_2 \\ b_1 & b_2 \end{vmatrix}} \quad \text{und} \quad y = \frac{\begin{vmatrix} a_1 & k_1 \\ b_1 & k_2 \end{vmatrix}}{\begin{vmatrix} a_1 & a_2 \\ b_1 & b_2 \end{vmatrix}} \quad \text{gegeben.}$$

Mit Hilfe von Theorem 3 können wir ermitteln, wo sich zwei nichtparallele Geraden der xy-Ebene schneiden. Die Nenner der beiden Ausdrücke (für x und für y) stimmen überein und sind durch die Determinante der Koeffizienten-Matrix gegeben. Die Matrizen der Zähler ergeben sich aus der Koeffizienten-Matrix durch Ersetzung einer geeigneten Spalte durch die Spalte

$$\begin{pmatrix} k_1 \\ k_2 \end{pmatrix}.$$

Beispiel 3: Mit Hilfe von Determinanten bestimme man den Schnittpunkt der beiden Geraden

$$2x - y = 5 \quad \text{und} \quad 3x + 4y = -1.$$

Lösung: Zunächst zeigen wir, daß die Determinante der Koeffizienten-Matrix nicht verschwindet:

$$\begin{vmatrix} 2 & -1 \\ 3 & 4 \end{vmatrix} = 2 \cdot 4 - (-1)(3) = 8 + 3 = 11.$$

Es folgt

$$x = \frac{\begin{vmatrix} 5 & -1 \\ -1 & 4 \end{vmatrix}}{11} \quad \text{und} \quad y = \frac{\begin{vmatrix} 2 & 5 \\ 3 & -1 \end{vmatrix}}{11}.$$

Die Berechnung der beiden Zählerdeterminanten ergibt dann

$$x = \frac{19}{11} \quad \text{und} \quad y = \frac{-17}{11}.$$

Zur Kontrolle möge der Leser diese Lösung durch Einsetzen in die beiden ursprünglichen Gleichungen $2x - y = 5$ und $3x + 4y = -1$ überprüfen. ●

Das folgende Theorem verallgemeinert Theorem 3 auf dreidimensionale Matrizen.

Theorem 4: Es gelte

$$\begin{vmatrix} a_1 & a_2 & a_3 \\ b_1 & b_2 & b_3 \\ c_1 & c_2 & c_3 \end{vmatrix} \neq 0.$$

Dann ist die Lösung des Gleichungssystems

$$\begin{aligned} a_1 x + a_2 y + a_3 z &= k_1 \\ b_1 x + b_2 y + b_3 z &= k_2 \\ c_1 x + c_2 y + c_3 z &= k_3 \end{aligned}$$

eindeutig durch das Zahlentripel $(x; y; z)$ mit

$$x = \frac{\begin{vmatrix} k_1 & a_2 & a_3 \\ k_2 & b_2 & b_3 \\ k_3 & c_2 & c_3 \end{vmatrix}}{\begin{vmatrix} a_1 & a_2 & a_3 \\ b_1 & b_2 & b_3 \\ c_1 & c_2 & c_3 \end{vmatrix}} \quad y = \frac{\begin{vmatrix} a_1 & k_1 & a_3 \\ b_1 & k_2 & b_3 \\ c_1 & k_3 & c_3 \end{vmatrix}}{\begin{vmatrix} a_1 & a_2 & a_3 \\ b_1 & b_2 & b_3 \\ c_1 & c_2 & c_3 \end{vmatrix}} \quad z = \frac{\begin{vmatrix} a_1 & a_2 & k_1 \\ b_1 & b_2 & k_2 \\ c_1 & c_2 & k_3 \end{vmatrix}}{\begin{vmatrix} a_1 & a_2 & a_3 \\ b_1 & b_2 & b_3 \\ c_1 & c_2 & c_3 \end{vmatrix}}$$

gegeben. Mit Hilfe von Theorem 4 kann der Schnittpunkt von drei Ebenen bestimmt werden.

Beispiel 4: Man bestimme den Schnittpunkt der drei Ebenen

$$\begin{aligned} 3x + 2y - 4z &= 6 \\ 1x + 5y + 0z &= -3 \\ 2x - 7y + 3z &= 4. \end{aligned}$$

Lösung: Für die Determinante der Koeffizienten-Matrix wurde bereits in Beispiel 2 der Wert $107 \neq 0$ berechnet. Wir erhalten daher

$$x = \frac{\begin{vmatrix} 6 & 2 & -4 \\ -3 & 5 & 0 \\ 4 & -7 & 3 \end{vmatrix}}{107}, \quad y = \frac{\begin{vmatrix} 3 & 6 & -4 \\ 1 & -3 & 0 \\ 2 & 4 & 3 \end{vmatrix}}{107},$$

$$z = \frac{\begin{vmatrix} 3 & 2 & 6 \\ 1 & 5 & -3 \\ 2 & -7 & 4 \end{vmatrix}}{107}$$

und weiter

$$x = \frac{104}{107}, \quad y = -\frac{85}{107}, \quad z = -\frac{125}{107}. \; ●$$

Wir haben hier nur die Anfangsgründe der Determinantentheorie dargestellt. Für jede positive Zahl n können n-dimensionale Matrizen und Determinanten definiert werden. Alle Theoreme dieses Abschnittes lassen sich auf beliebige Dimensionszahlen verallgemeinern.

n-dimensionale Determinanten können auch ohne Bezug auf Matrizen und Determinanten niedrigerer Dimensionen eingeführt werden. In Vorlesungen zur linearen Algebra oder über das Thema Vektorräume werden mit Hilfe solcher Definitionen die in den Theoremen 1 bis 4 dargestellten Eigenschaften von Determinanten verallgemeinert.

Übungen:

In den Übungen 1 bis 6 berechne man die Determinanten jeweils auf die einfachste Weise.

1. $\begin{vmatrix} 3 & 4 \\ 7 & 2 \end{vmatrix}$ **2.** $\begin{vmatrix} 3 & 3 \\ 7 & 7 \end{vmatrix}$

3. $\begin{vmatrix} 4 & 2 & 0 \\ 5 & 6 & -1 \\ 1 & -1 & 2 \end{vmatrix}$ **4.** $\begin{vmatrix} 1 & 3 & 1 \\ 2 & 1 & 2 \\ 4 & 5 & 4 \end{vmatrix}$

5. $\begin{vmatrix} 2 & 1 & 4 \\ 2 & 1 & 4 \\ 3 & 5 & 7 \end{vmatrix}$ **6.** $\begin{vmatrix} 0 & 0 & 0 \\ 1 & 5 & 9 \\ 3 & -1 & 2 \end{vmatrix}$

7. Stimmen die erste und dritte Spalte einer dreidimensionalen Matrix überein, dann verschwindet die Determinante dieser Matrix. Man beweise dies.

8. Man leite Theorem 1 aus Theorem 2 her.

9. Wird die erste und dritte Zeile einer dreidimensionalen Matrix vertauscht, dann ist die Determinante der neuen Matrix gleich der negativen Determinante der ursprünglichen Matrix. Man beweise dies.

10. Man beweise

$$\begin{vmatrix} ka_1 & ka_2 \\ b_1 & b_2 \end{vmatrix} = k \begin{vmatrix} a_1 & a_2 \\ b_1 & b_2 \end{vmatrix}.$$

Diese Behauptung illustriert ein allgemeines Theorem: Wenn die Glieder einer einzelnen Zeile (oder einer einzelnen Spalte) alle mit der gleichen Zahl k multipliziert werden, dann ist die Determinante der entstehenden Matrix durch das k-fache der Determinante der ursprünglichen Matrix gegeben.

11. Man beweise

$$\begin{vmatrix} a_1 & a_2 & a_3 \\ b_1 & b_2 & b_3 \\ c_1 & c_2 & c_3 \end{vmatrix} = \begin{vmatrix} a_1 & b_1 & c_1 \\ a_2 & b_2 & c_2 \\ a_3 & b_3 & c_3 \end{vmatrix}.$$

Wenn man also eine Matrix an der von der linken oberen zur rechten unteren Ecke führenden Diagonalen spiegelt, dann ist die Determinante der neuen Matrix gleich der Determinante der ursprünglichen Matrix.

12. (*a*) Mit Hilfe von Determinanten bestimme man die Lösungen x und y des Gleichungssystems

$$2x - 3y = 6$$
$$3x + 5y = 15.$$

(*b*) Man überprüfe die Lösungen aus (*a*) durch Einsetzen in die beiden Gleichungen.

(*c*) Man zeichne die beiden Geraden aus (*a*) und zeige ihren Schnittpunkt.

13. (*a*) Mit Hilfe von Determinanten bestimme man den Schnittpunkt der folgenden drei Ebenen:

$$x - y + z = 2$$
$$2x + y - 3z = 0$$
$$x + 3y + 4z = 1.$$

(*b*) Man überprüfe die Lösungen durch Einsetzen in die Gleichungen (*a*).

■

14. Wenn die Koeffizienten-Matrix der Gleichungen

$$a_1x + a_2y = k_1$$
$$b_1x + b_2y = k_2 \qquad (4)$$

verschwindet, kann Theorem 3 nicht angewendet werden.

(*a*) Das Gleichungssystem (4) hat in diesem Fall entweder keine Lösung oder

(*b*) eine unendliche Anzahl von Lösungen.

Man gebe Beispiele für (*a*) und (*b*).

15. Man zeichne drei Ebenen, die einander in

(*a*) einem einzigen Punkt,

(*b*) längs einer Geraden,

(*c*) nirgends schneiden.

16. (*a*) Die drei Ebenen

$$x + 2y + 3z = 1$$
$$2x + 4y + 6z = 3$$
$$x - y + z = 4$$

besitzen keinen Schnittpunkt. Man beweise dies. *Hinweis:* Man untersuche die ersten beiden Gleichungen sorgfältig.

(*b*) Welchen Wert muß die Determinante der Koeffizienten-Matrix in diesem Fall besitzen.

■■

17. (*a*) Die drei Ebenen

$$x + 2y + 3z = 1$$
$$x + 3y + 5z = 2$$
$$2x + 5y + 8z = 100$$

haben keinen gemeinsamen Schnittpunkt.

(*b*) Welchen Wert muß die Determinante der Koeffizienten-Matrix in diesem Fall besitzen?

18. Man beweise

$$\begin{vmatrix} a_1 + kb_1 & a_2 + kb_2 & a_3 + kb_3 \\ b_1 & b_2 & b_3 \\ c_1 & c_2 & c_3 \end{vmatrix} = \begin{vmatrix} a_1 & a_2 & a_3 \\ b_1 & b_2 & b_3 \\ c_1 & c_2 & c_3 \end{vmatrix}.$$

Diese Behauptung illustriert ein allgemeines Theorem: Wenn man eine Zeile mit einem Skalar multipliziert und das Ergebnis zu einer anderen Zeile addiert, dann hat die entstehende Matrix die gleiche Determinante wie die ursprüngliche Matrix. Ein analoges Theorem gilt für Spalten.

19. Zwei ebene Vektoren $\mathbf{A} = a_1\mathbf{i} + a_2\mathbf{j}$ und $\mathbf{B} = b_1\mathbf{i} + b_2\mathbf{j}$ seien im ersten Quadranten so angeordnet, wie dies in Bild 19.63 dargestellt ist.

(*a*) Man stelle die Fläche des Rechtecks *OCEG* und der Dreiecke *OCD*, *DEF* und *OFG* als Funktionen von a_1, a_2, b_1, b_2 dar.

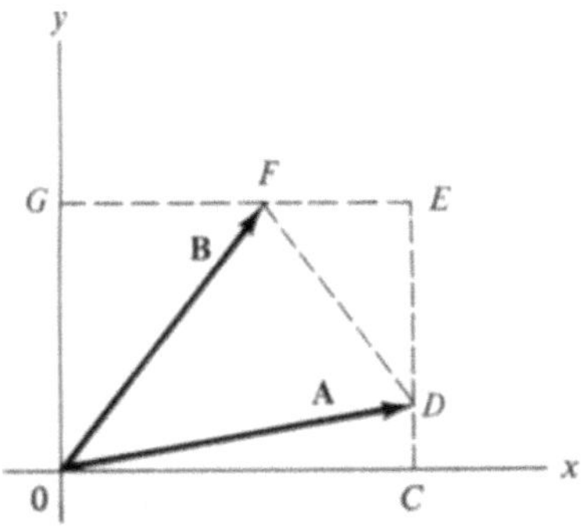

Bild 19.63

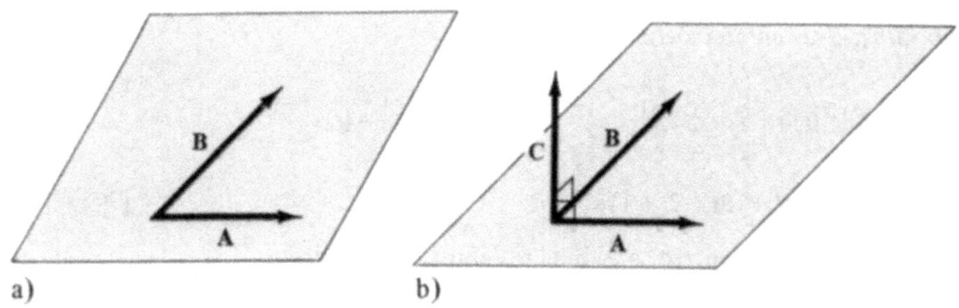

Bild 19.64

(*b*) Die Fläche des Dreiecks *ODF* ist durch

$$\frac{1}{2}\begin{vmatrix} a_1 & a_2 \\ b_1 & b_2 \end{vmatrix}$$

gegeben. Man beweise dies.

Dementsprechend kann $\begin{vmatrix} a_1 & a_2 \\ b_1 & b_2 \end{vmatrix}$ als die Fläche des Parallelogramms interpretiert werden, für das drei von vier Eckpunkten durch O, D und F definiert sind. Dies veranschaulicht ein allgemeines Theorem über beliebige ebene Vektoren $\mathbf{A} = a_1\mathbf{i} + a_2\mathbf{j}$ und $\mathbf{B} = b_1\mathbf{i} + b_2\mathbf{j}$: Die Determinante

$$\begin{vmatrix} a_1 & b_1 \\ a_2 & b_2 \end{vmatrix}$$

stimmt mit der positiven oder der negativen Fläche des von **A** und **B** aufgespannten Parallelogramms überein.

19.7 Das Vektorprodukt zweier räumlicher Vektoren

Im Rahmen der räumlichen Vektorrechnung ist es häufig erforderlich, einen nichtverschwindenden Vektor zu konstruieren, der auf zwei gegebenen räumlichen Vektoren **A** und **B** senkrecht steht. In diesem Abschnitt wollen wir eine Formel zur Bestimmung eines derartigen Vektors herleiten.

Die Vektoren **A** und **B** seien nicht parallel. Wir legen ihre Anfangspunkte in einen gemeinsamen Punkt, so daß durch sie eine Ebene bestimmt wird (Bild 19.64a). Jeder auf dieser Ebene senkrechte Vektor **C** steht auch senkrecht auf **A** und **B** (Bild 19.64b). Es gibt viele derartiger Vektoren, alle sind zueinander parallel, sie haben jedoch verschiedene Längen. So hat beispielsweise jeder auf **i** und **j** senkrechte Vektor die Form $c\mathbf{k}$, wobei c eine beliebige skalare (positive oder negative) Größe ist.

In der folgenden Definition treten Vektoren als Größen in einer Matrix auf. Obwohl eine derartige Matrix und ihre Determinante nicht durch unsere allgemeine Definition aus dem vorigen Abschnitt beschrieben wurden, ist diese Bezeichnung so nützlich und gleichzeitig so eindeutig, daß wir sie ohne Sorge anwenden können.

Definition des Vektorprodukts: Es sei

$$\mathbf{A} = a_1\mathbf{i} + a_2\mathbf{j} + a_3\mathbf{k} \quad \text{und} \quad \mathbf{B} = b_1\mathbf{i} + b_2\mathbf{j} + b_3\mathbf{k}.$$

Der Vektor

$$\begin{vmatrix} \mathbf{i} & \mathbf{j} & \mathbf{k} \\ a_1 & a_2 & a_3 \\ b_1 & b_2 & b_3 \end{vmatrix}$$

wird *Vektorprodukt* (*vektorielles Produkt* oder auch *Kreuzprodukt*) von **A** und **B** genannt und mit

$$\mathbf{A} \times \mathbf{B}$$

bezeichnet.

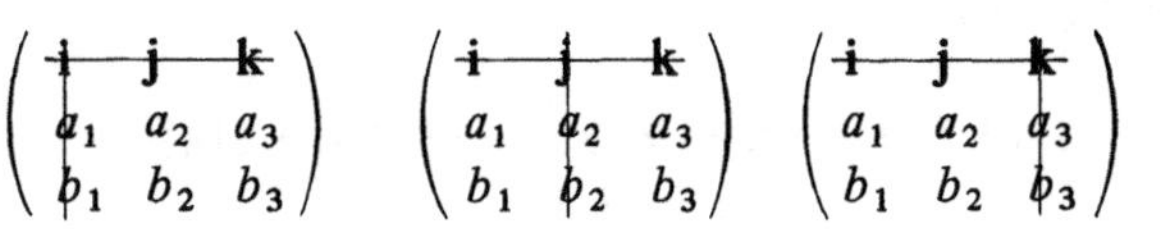

Man streiche die zwei Geraden durch **i**. Die Determinante des restlichen Quadrates ist der Koeffizient von **i** in $\mathbf{A} \times \mathbf{B}$.

Man streiche die beiden Geraden durch **j**. Die negative Determinante des restlichen Quadrates ist der Koeffizient von **j** in $\mathbf{A} \times \mathbf{B}$.

Man streiche die zwei Geraden durch **k**. Die Determinante des restlichen Quadrates ist der Koeffizient von **k** in $\mathbf{A} \times \mathbf{B}$.

Beispiel 1: Man berechne $\mathbf{A} \times \mathbf{B}$ für $\mathbf{A} = 2\mathbf{i} - \mathbf{j} + 3\mathbf{k}$ und $\mathbf{B} = 3\mathbf{i} + 4\mathbf{j} + \mathbf{k}$.

Lösung: Aus unserer Definition ergibt sich

$$\mathbf{A} \times \mathbf{B} = \begin{vmatrix} \mathbf{i} & \mathbf{j} & \mathbf{k} \\ 2 & -1 & 3 \\ 3 & 4 & 1 \end{vmatrix} = \mathbf{i}\begin{vmatrix} -1 & 3 \\ 4 & 1 \end{vmatrix} - \mathbf{j}\begin{vmatrix} 2 & 3 \\ 3 & 1 \end{vmatrix} + \mathbf{k}\begin{vmatrix} 2 & -1 \\ 3 & 4 \end{vmatrix}$$
$$= -13\mathbf{i} + 7\mathbf{j} + 11\mathbf{k}. \bullet$$

Wie wir sehen, ist $\mathbf{A} \times \mathbf{B}$ ein Vektor, während das skalare Produkt $\mathbf{A} \cdot \mathbf{B}$ einen Skalar ergibt. Die wichtigste Eigenschaft des Vektorprodukts wird im folgenden Theorem beschrieben.

Theorem 1: Der Vektor $\mathbf{A} \times \mathbf{B}$ steht senkrecht auf **A** und **B**.

Beweis: Zeigen wir beispielsweise $\mathbf{A} \cdot (\mathbf{A} \times \mathbf{B}) = 0$. Aus $\mathbf{A} = a_1\mathbf{i} + a_2\mathbf{j} + a_3\mathbf{k}$ und

$$\mathbf{A} \times \mathbf{B} = \mathbf{i}\begin{vmatrix} a_2 & a_3 \\ b_2 & b_3 \end{vmatrix} - \mathbf{j}\begin{vmatrix} a_1 & a_3 \\ b_1 & b_3 \end{vmatrix} + \mathbf{k}\begin{vmatrix} a_1 & a_2 \\ b_1 & b_2 \end{vmatrix}$$

folgt

$$\mathbf{A} \cdot (\mathbf{A} \times \mathbf{B}) = a_1\begin{vmatrix} a_2 & a_3 \\ b_2 & b_3 \end{vmatrix} - a_2\begin{vmatrix} a_1 & a_3 \\ b_1 & b_3 \end{vmatrix} + a_3\begin{vmatrix} a_1 & a_2 \\ b_1 & b_2 \end{vmatrix}.$$

Dies ist die Definition der Determinante

$$\begin{vmatrix} a_1 & a_2 & a_3 \\ a_1 & a_2 & a_3 \\ b_1 & b_2 & b_3 \end{vmatrix}.$$

Zwei Zeilen dieser Determinante stimmen überein, ihr Wert beträgt daher Null, und wir erhalten tatsächlich $\mathbf{A} \cdot (\mathbf{A} \times \mathbf{B}) = 0$. Ganz analog verläuft der Beweis für $\mathbf{B} \cdot (\mathbf{A} \times \mathbf{B}) = 0$. $\bullet$

Beispiel 2: Man verifiziere Theorem 1 für die Vektoren **A**, **B** und $\mathbf{A} \times \mathbf{B}$ aus Beispiel 1.

Lösung: Es gilt

$$\begin{aligned} \mathbf{A} \cdot (\mathbf{A} \times \mathbf{B}) &= (2\mathbf{i} - \mathbf{j} + 3\mathbf{k}) \cdot (-13\mathbf{i} + 7\mathbf{j} + 11\mathbf{k}) \\ &= -26 - 7 + 33 \\ &= 0 \\ \mathbf{B} \cdot (\mathbf{A} \times \mathbf{B}) &= (3\mathbf{i} + 4\mathbf{j} + \mathbf{k}) \cdot (-13\mathbf{i} + 7\mathbf{j} + 11\mathbf{k}) \\ &= -39 + 28 + 11 \\ &= 0. \end{aligned}$$

Dies steht im Einklang mit der Aussage des Theorems. $\bullet$

Beispiel 3: Man berechne $\mathbf{i} \times \mathbf{j}$ und $\mathbf{j} \times \mathbf{i}$.

Lösung:

$$\mathbf{i} \times \mathbf{j} = \begin{vmatrix} \mathbf{i} & \mathbf{j} & \mathbf{k} \\ 1 & 0 & 0 \\ 0 & 1 & 0 \end{vmatrix} = 0\mathbf{i} - 0\mathbf{j} + \mathbf{k} = \mathbf{k},$$

$$\mathbf{j} \times \mathbf{i} = \begin{vmatrix} \mathbf{i} & \mathbf{j} & \mathbf{k} \\ 0 & 1 & 0 \\ 1 & 0 & 0 \end{vmatrix} = 0\mathbf{i} - 0\mathbf{j} - \mathbf{k} = -\mathbf{k}.$$

Daher ist der Vektor $\mathbf{i} \times \mathbf{j}$ gleich dem negativen Vektor $\mathbf{j} \times \mathbf{i}$. $\bullet$

Der Wert der Vektorprodukte hängt von der Reihenfolge der Faktoren ab. Wie wir Beispiel 3 entnehmen, kann sich $\mathbf{A} \times \mathbf{B}$ von $\mathbf{B} \times \mathbf{A}$ unterscheiden. Tatsächlich können wir für beliebige Vektoren **A** und **B** leicht die Relation

$$\mathbf{B} \times \mathbf{A} = -\mathbf{A} \times \mathbf{B}$$

zeigen. Diese Eigenschaft des vektoriellen Produktes entspricht unserer früheren Erkenntnis, daß sich beim Vertauschen der Zeilen einer Matrix das Vorzeichen der zugehörigen Determinante umkehrt.

Als weitere überraschende Eigenschaft der Operation $\times$ erhalten wir für beliebige Vektoren **A**

$$\mathbf{A} \times \mathbf{A} = \mathbf{0}.$$

Diese Formel folgt aus dem Verschwinden einer Determinante mit zwei übereinstimmenden Zeilen. Ganz allgemein gilt für parallele Vektoren **A** und **B**

$$\mathbf{A} \times \mathbf{B} = \mathbf{0}.$$

Nach diesen Überraschungen können wir beruhigt feststellen, daß die Eigenschaft reeller Zahlen

$$\mathbf{A} \times (\mathbf{B} + \mathbf{C}) = \mathbf{A} \times \mathbf{B} + \mathbf{A} \times \mathbf{C}$$

auch für Vektoren gilt. Dieses distributive Gesetz kann durch direkte Berechnung leicht bewiesen werden.

Wir haben $\mathbf{A} \times \mathbf{B}$ auf rein algebraische Weise eingeführt. Für viele Anwendungen benötigt man eine vollständige geometrische Beschreibung der Richtung und Größe von $\mathbf{A} \times \mathbf{B}$ in Abhängigkeit von **A** und **B**.

Wie wir bereits wissen, steht $\mathbf{A} \times \mathbf{B}$ senkrecht auf **A** und auf **B**. Damit bleiben aber immer noch zwei Richtungen, in die $\mathbf{A} \times \mathbf{B}$ zeigen kann. Welches ist die korrekte?

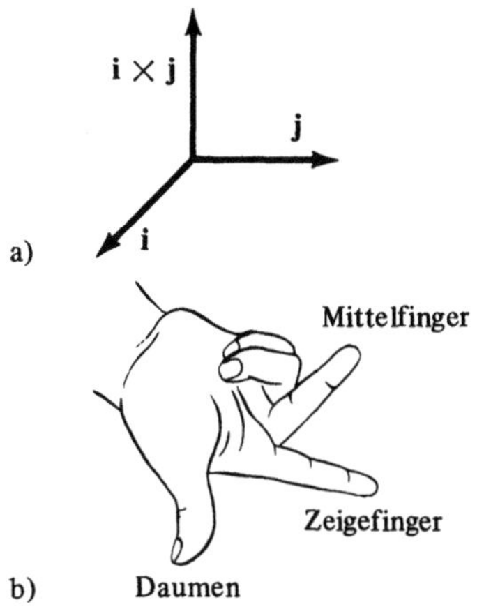

Bild 19.65

Die Relation

$$\mathbf{i} \times \mathbf{j} = \mathbf{k}$$

beantwortet uns diese Frage (Bild 19.65). Die Vektoren **i**, **j** und **k** zeigen in dieser Reihenfolge in die Richtung des Daumens, des Zeigefingers und des Mittelfingers der *rechten Hand*. (Ebenso wie dies für positive $(x; y; z)$ der Fall war.)

Dieses Phänomen gilt ganz allgemein: **A**, **B** und $\mathbf{A} \times \mathbf{B}$ zeigen in dieser Reihenfolge stets in die Richtung des Daumens, des Zeigefingers und des Mittelfingers der rechten Hand. (Der Leser möge dies für **j**, **i** und $\mathbf{j} \times \mathbf{i}$ überprüfen.)

Damit haben wir die Richtung von $\mathbf{A} \times \mathbf{B}$ vollständig bestimmt. Was aber können wir über die Länge von $\mathbf{A} \times \mathbf{B}$ aussagen? Die Antwort gibt das folgende Theorem.

Theorem 2: Die Länge von $\mathbf{A} \times \mathbf{B}$ ist gleich der Fläche des von **A** und **B** aufgespannten Parallelogramms.

Beweis: Es sei θ der Winkel zwischen **A** und **B**. Dann ist die Fläche des von **A** und **B** aufgespannten Parallelogramms gleich (Bild 19.66).

$$|\mathbf{A}|\,|\mathbf{B}| \sin\theta .$$

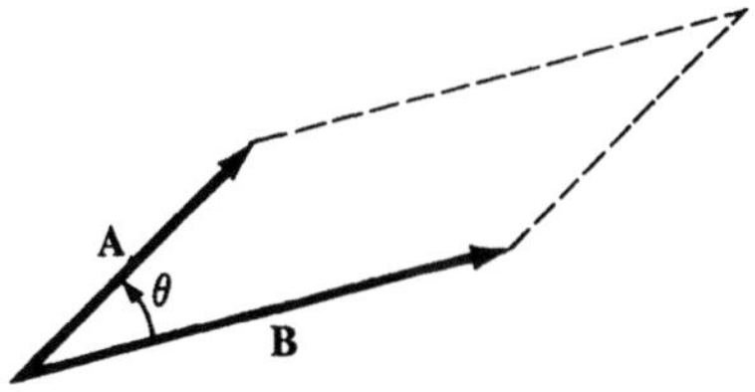

Das Parallelogramm hat die Fläche $|\mathbf{A}|\,|\mathbf{B}| \sin\theta$

Bild 19.66

Um Quadratwurzeln zu vermeiden, betrachten wir das Quadrat der Fläche des Parallelogramms. Wir wollen dann die folgende Relation beweisen:

$$|\mathbf{A}|^2 |\mathbf{B}|^2 \sin^2\theta = |\mathbf{A} \times \mathbf{B}|^2 .$$

Dies ist gleichbedeutend mit

$$|\mathbf{A}|^2 |\mathbf{B}|^2 \sin^2\theta = \begin{vmatrix} a_2 & a_3 \\ b_2 & b_3 \end{vmatrix}^2 + \begin{vmatrix} a_1 & a_3 \\ b_1 & b_3 \end{vmatrix}^2 + \begin{vmatrix} a_1 & a_2 \\ b_1 & b_2 \end{vmatrix}^2 \quad (1)$$

Nun gilt

$$\begin{aligned} \sin^2\theta &= 1 - \cos^2\theta \\ &= 1 - \frac{(\mathbf{A} \cdot \mathbf{B})^2}{|\mathbf{A}|^2 |\mathbf{B}|^2} \\ &= \frac{|\mathbf{A}|^2 |\mathbf{B}|^2 - (\mathbf{A} \cdot \mathbf{B})^2}{|\mathbf{A}|^2 |\mathbf{B}|^2} . \end{aligned}$$

Wir erhalten schließlich

$$\sin^2\theta = \frac{(a_1^2 + a_2^2 + a_3^2)(b_1^2 + b_2^2 + b_3^2) - (a_1 b_1 + a_2 b_2 + a_3 b_3)^2}{|\mathbf{A}|^2 |\mathbf{B}|^2} \quad (2)$$

Auswertung von (1) und (2) mit Hilfe elementarer Algebra führt den Beweis zu Ende. Die Details seien dem Leser überlassen. ●

Der Vektor $\mathbf{A} \times \mathbf{B}$ *steht also senkrecht auf* **A** *und* **B**, *seine Richtung wird mit Hilfe der Rechtehandregel gewonnen, und seine Länge stimmt mit der Fläche des von* **A** *und* **B** *aufgespannten Parallelogramms überein.* Verschwinden **A** oder **B** oder ist **A** parallel zu **B**, dann ist $\mathbf{A} \times \mathbf{B}$ gleich dem Nullvektor **0**.

Beispiel 4: Ein Parallelogramm in der Ebene hat die Eckpunkte $(0;0)$, $(a_1;a_2)$, $(b_1;b_2)$ und $(a_1 + b_1; a_2 + b_2)$. Man bestimme seine Fläche.

Lösung: Das Parallelogramm wird von den Vektoren $\mathbf{A} = a_1\mathbf{i} + a_2\mathbf{j} + 0\mathbf{k}$ und $\mathbf{B} = b_1\mathbf{i} + b_2\mathbf{j} + 0\mathbf{k}$ aufgespannt (Bild 19.67).

Bild 19.67

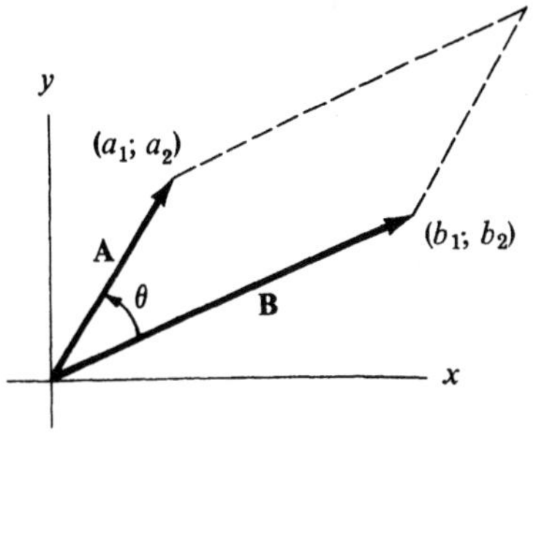

Daher ist die Fläche durch die Länge des Vektors

$$\begin{vmatrix} \mathbf{i} & \mathbf{j} & \mathbf{k} \\ a_1 & a_2 & 0 \\ b_1 & b_2 & 0 \end{vmatrix} = 0\mathbf{i} - 0\mathbf{j} + \mathbf{k}\begin{vmatrix} a_1 & a_2 \\ b_1 & b_2 \end{vmatrix}$$

gegeben. Dies vereinfacht sich auf

$$\pm\begin{vmatrix} a_1 & a_2 \\ b_1 & b_2 \end{vmatrix}. \quad \bullet$$

Damit haben wir ein weiteres allgemeines Resultat gewonnen: Der Absolutbetrag einer zweidimensionalen Determinante kann als Fläche eines bestimmten Parallelogramms interpretiert werden. Das folgende Beispiel ist typisch für die geometrischen Anwendungen des Vektorproduktes.

Beispiel 5: Man bestimme einen Vektor, der auf der Ebene durch die drei Punkte

$$P = (1;3;2), \quad Q = (4;-1;1), \quad R = (3;0;2)$$

senkrecht steht. Dann gebe man die Gleichung der Fläche an.

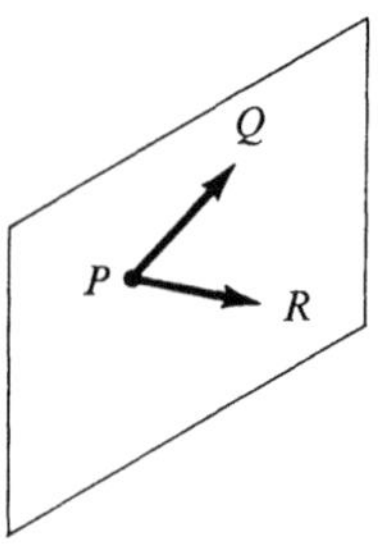

Bild 19.68

Lösung: Die Vektoren $\overrightarrow{PQ}$ und $\overrightarrow{PR}$ liegen in der Ebene (Bild 19.68). Der Vektor $\overrightarrow{PQ} \times \overrightarrow{PR}$ steht senkrecht auf $\overrightarrow{PQ}$ und auf $\overrightarrow{PR}$ und ist daher normal zur Ebene. Nun gilt

$$\overrightarrow{PQ} = 3\mathbf{i} - 4\mathbf{j} - \mathbf{k} \quad \text{und} \quad \overrightarrow{PR} = 2\mathbf{i} - 3\mathbf{j} + 0\mathbf{k}$$

und wir erhalten für die Normale auf der Ebene

$$\mathbf{N} = \begin{vmatrix} \mathbf{i} & \mathbf{j} & \mathbf{k} \\ 3 & -4 & -1 \\ 2 & -3 & 0 \end{vmatrix} = -3\mathbf{i} - 2\mathbf{j} - \mathbf{k}.$$

Mit Hilfe von **N** kann sehr leicht eine Gleichung der Ebene durch die drei Punkte P, Q und R ermittelt werden. Wir gehen von $P = (1;3;2)$ aus und erhalten die Gleichung

$$-3(x-1) - 2(y-3) - (z-2) = 0$$

oder

$$-3x + 3 - 2y + 6 - z + 2 = 0$$

und schließlich

$$3x + 2y + z - 11 = 0.$$

Wie der Leser überprüfen möge, liegt jeder der drei Punkte auf dieser Ebene. ●

Mit Hilfe des Vektorproduktes können in der Physik verschiedene Aussagen in sehr kompakter Weise gemacht werden. Wir wollen drei Beispiele besprechen.

Betrachten wir ein Teilchen der Masse m, das sich mit konstanter Geschwindigkeit entlang einer Geraden bewegt. Die Geschwindigkeit des Teilchens sei durch die Länge des Vektors **V** gegeben. Der Vektor zeige in die Richtung der Bewegung. Dann wird $m\mathbf{V}$ der *Impuls* des Teilchens genannt.

Ist O ein fester Punkt und befindet sich das Teilchen zu einem bestimmten Zeitpunkt im Punkt P (Bild 19.69), dann wird der Vektor

$$\overrightarrow{OP} \times m\mathbf{V}$$

Drehimpuls des Teilchens um den Punkt O genannt.

Ist **F** die Kraft in P, dann wird $\overrightarrow{OP} \times \mathbf{F}$ das *Drehmoment* der Kraft genannt.

Stellt der Vektor **I** den Strom durch einen Draht dar (dieser Strom hat eine Richtung und eine Größe), und beschreibt **B** ein Magnetfeld, dann ist die Kraft auf die Längeneinheit des Drahtes durch den Vektor

$$\mathbf{I} \times \mathbf{B}$$

gegeben (Bild 19.70).

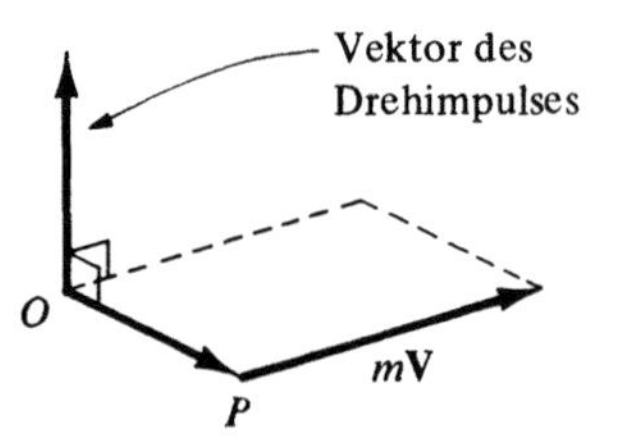

Bild 19.69

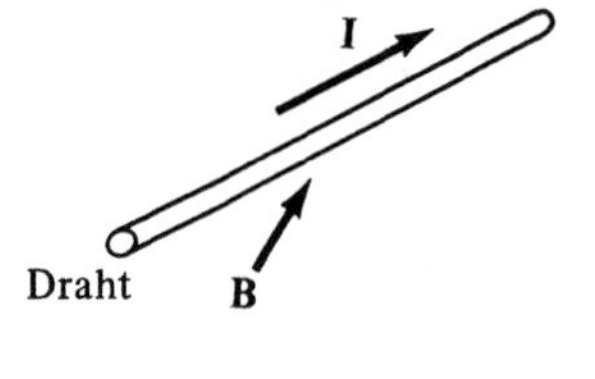

Bild 19.70

Übungen:

In den Übungen 1 bis 3 berechne und zeichne man $\mathbf{A} \times \mathbf{B}$.

1. $\mathbf{A} = \mathbf{k}$, $\mathbf{B} = \mathbf{j}$
2. $\mathbf{A} = \mathbf{i} + \mathbf{j}$, $\mathbf{B} = \mathbf{i} - \mathbf{j}$
3. $\mathbf{A} = \mathbf{i} + \mathbf{j} + \mathbf{k}$, $\mathbf{B} = \mathbf{i} + \mathbf{j}$

In den Übungen 4 bis 6 zeichne man $\mathbf{A}$, $\mathbf{B}$ und $\mathbf{A} \times \mathbf{B}$; man verifiziere in jedem Fall die Rechtehandregel.

4. $\mathbf{A} = \mathbf{j}$, $\mathbf{B} = \mathbf{j} + \mathbf{k}$
5. $\mathbf{A} = \mathbf{i} + \mathbf{j}$, $\mathbf{B} = \mathbf{j} + \mathbf{k}$
6. $\mathbf{A} = \mathbf{k}$, $\mathbf{B} = \mathbf{i}$
7. Man bestimme die Fläche des Parallelogramms, von dem drei Eckpunkte durch $(0;0;0)$, $(1;5;4)$ und $(2;-1;3)$ gegeben sind.
8. Man bestimme die Fläche des Parallelogramms, von dem drei Eckpunkte durch $(1;2;-1)$, $(2;1;4)$ und $(3;5;2)$ gegeben sind.
9. Man bestimme die Gleichung der Ebene durch die Punkte $(0;0;0)$, $(4;1;2)$ und $(2;5;0)$.
10. Man bestimme die Gleichung der Ebene durch die Punkte $(1;-1;2)$, $(2;1;3)$, $(3;3;5)$.
11. Welche Entfernung besitzt der Punkt $(3;1;5)$ von der Ebene durch die Punkte $(1;3;3)$, $(2;-1;7)$, $(1;2;4)$?
12. Anläßlich der Diskussion von Theorem 1 wurde gezeigt, daß $\mathbf{A}$ auf $\mathbf{A} \times \mathbf{B}$ senkrecht steht. Man beweise, daß auch $\mathbf{B}$ auf $\mathbf{A} \times \mathbf{B}$ senkrecht steht.
13. Man beweise $\mathbf{A} \times (\mathbf{B} + \mathbf{C}) = \mathbf{A} \times \mathbf{B} + \mathbf{A} \times \mathbf{C}$.
14. Man vervollständige den Beweis von Theorem 2.
15. Man beweise $\mathbf{B} \times \mathbf{A} = -(\mathbf{A} \times \mathbf{B})$ auf zwei Wegen:
    (*a*) Mit Hilfe der algebraischen Definition des Vektorproduktes.
    (*b*) Mit Hilfe der geometrischen Beschreibung des Vektorproduktes.
16. Für $\mathbf{B} = c\mathbf{A}$ zeige man $\mathbf{A} \times \mathbf{B} = 0$
    (*a*) mit Hilfe der algebraischen Definition des Vektorproduktes;
    (*b*) mit Hilfe der geometrischen Beschreibung des Vektorproduktes.
17. Wir haben im vorangegangenen Abschnitt für die Fläche eines Parallelogramms mit den angrenzenden Seiten a und b und dem eingeschlossenen Winkel θ die folgende Formel verwendet: $F = ab \sin\theta$. Man beweise diese Formel mit Hilfe elementarer Geometrie.

■

18. Es seien $\mathbf{A}$ und $\mathbf{B}$ zwei nichtparallele Vektoren, und es sei $\mathbf{C}$ ein Vektor.
    (*a*) Mit Hilfe einer Zeichnung beweise man die Existenz von Skalaren x und y mit
    $$\mathbf{C} \times (\mathbf{A} \times \mathbf{B}) = x\mathbf{A} + y\mathbf{B}.$$
    (*b*) Warum gilt $x(\mathbf{C} \cdot \mathbf{A}) + y(\mathbf{C} \cdot \mathbf{B}) = 0$?
    (*c*) Mit Hilfe von (*a*) und (*b*) beweise man die Existenz eines Skalars z mit
    $$\mathbf{C} \times (\mathbf{A} \times \mathbf{B}) = z\,[(\mathbf{C} \cdot \mathbf{B})\mathbf{A} - (\mathbf{C} \cdot \mathbf{A})\mathbf{B}].$$
19. Mit Hilfe der Formeln für das skalare Produkt und das Vektorprodukt beweise man in Komponentenform
    $$\mathbf{C} \times (\mathbf{A} \times \mathbf{B}) = (\mathbf{C} \cdot \mathbf{B})\mathbf{A} - (\mathbf{C} \cdot \mathbf{A})\mathbf{B}.$$
20. Die Ebenen $2x + 3y + 5z = 8$ und $x - 2y + 4z = 9$ schneiden einander längs einer Geraden. Man bestimme einen Vektor parallel zu dieser Geraden.
21. Anhand eines Beispiels zeige man, daß $\mathbf{A} \times (\mathbf{B} \times \mathbf{C})$ und $(\mathbf{A} \times \mathbf{B}) \times \mathbf{C}$ nicht übereinstimmen müssen.
22. Man beweise $\mathbf{A} \cdot (\mathbf{B} \times \mathbf{C}) = (\mathbf{A} \times \mathbf{B}) \cdot \mathbf{C}$.
23. Man beweise $|\mathbf{A} \times \mathbf{B}|^2 = |\mathbf{A}|^2\,|\mathbf{B}|^2 - (\mathbf{A} \cdot \mathbf{B})^2$.
24. Man beweise $(\mathbf{A} + \mathbf{B}) \times (\mathbf{A} - \mathbf{B}) = 2(\mathbf{B} \times \mathbf{A})$.

■■

Die Übungen 25 bis 28 sind gemeinsam zu behandeln.

25. Drei Vektoren $\mathbf{A}$, $\mathbf{B}$ und $\mathbf{C}$ spannen ein Parallelepiped auf (Bild 19.71). Das Volumen dieses Körpers ist durch den Absolutbetrag von $\mathbf{A} \cdot (\mathbf{B} \times \mathbf{C})$ gegeben. Man beweise dies.

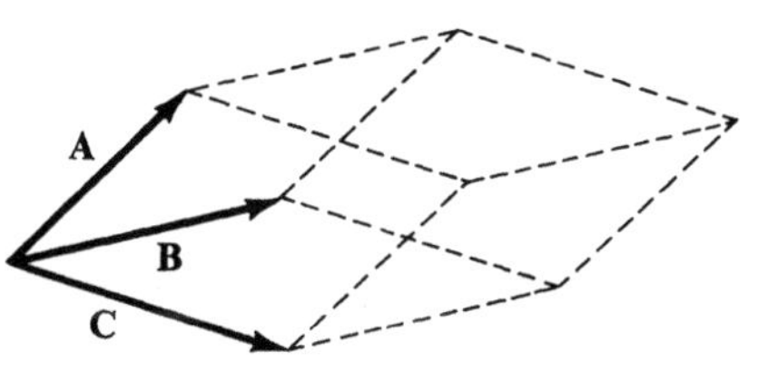

Bild 19.71

Diese Übung gibt eine anschauliche Interpretation der dreidimensionalen Determinante.

26. (Siehe Übung 25.) Für $\mathbf{A} = a_1\mathbf{i} + a_2\mathbf{j} + a_3\mathbf{k}$, $\mathbf{B} = b_1\mathbf{i} + b_2\mathbf{j} + b_3\mathbf{k}$ und $\mathbf{C} = c_1\mathbf{i} + c_2\mathbf{j} + c_3\mathbf{k}$ zeige man, daß das Volumen des von $\mathbf{A}$, $\mathbf{B}$ und $\mathbf{C}$ aufgespannten Parallelepipeds gleich dem Absolutbetrag der Determinante ist.
27. (Siehe Übung 26.)
    (*a*) Man zeige mit Hilfe geometrischer Überlegungen, daß die folgenden Zahlen alle den gleichen Absolutbetrag besitzen:
    $$(\mathbf{A} \times \mathbf{B}) \cdot \mathbf{C};\quad \mathbf{A} \cdot (\mathbf{B} \times \mathbf{C});\quad (\mathbf{A} \times \mathbf{C}) \cdot \mathbf{B}.$$
    (*b*) Welche der drei Zahlen aus (*a*) stimmen überein?
28. Die Punkte $(0;0;0)$, $(x_1;y_1;z_1)$, $(x_2;y_2;z_2)$, $(x_3;y_3;z_3)$ liegen dann und nur dann in einer Ebene, wenn gilt
    $$\begin{vmatrix} x_1 & y_1 & z_1 \\ x_2 & y_2 & z_2 \\ x_3 & y_3 & z_3 \end{vmatrix} = 0.$$

19.8 Zusammenfassung

In diesem Kapitel haben wir uns mit Vektoren beschäftigt. Wir können uns einen Vektor anschaulich als einen Pfeil vorstellen; formal entspricht ein Vektor einem geordneten Paar (oder Tripel) von Zahlen. Vektoren sowie ihre Richtung und Länge werden zum Studium von Kräften, Geschwindigkeiten usw. herangezogen. In der folgenden Tabelle sind die wichtigsten Begriffe für ebene Vektoren zusammengestellt. Für räumliche Vektoren ergeben sich ganz analoge Formeln, allerdings mit einer zusätzlichen Komponente.

Ähnliche Definitionen und Formeln gelten für $\mathbf{A} = a_1\mathbf{i} + a_2\mathbf{j} + a_3\mathbf{k}$ und $\mathbf{B} = b_1\mathbf{i} + b_2\mathbf{j} + b_3\mathbf{k}$. Wir haben ferner Matrizen und Determinanten eingeführt, letztere wurden zur Definition des Vektorproduktes $\mathbf{A} \times \mathbf{B}$ verwendet. Für $\mathbf{A} = a_1\mathbf{i} + a_2\mathbf{j} + a_3\mathbf{k}$ und $\mathbf{B} = b_1\mathbf{i} + b_2\mathbf{j} + b_3\mathbf{k}$ war der Vektor $\mathbf{A} \times \mathbf{B}$ durch die Determinante

$$\begin{vmatrix} \mathbf{i} & \mathbf{j} & \mathbf{k} \\ a_1 & a_2 & a_3 \\ b_1 & b_2 & b_3 \end{vmatrix}$$

definiert worden.

Für einen Einheitsvektor $\mathbf{u}$ haben wir die Richtungsableitung $D_\mathbf{u} f$ definiert und mit dem Gradienten durch die Formel

$$D_\mathbf{u} f = \nabla f \cdot \mathbf{u}$$

verknüpft.

Begriffe und Symbole

Vektor $\mathbf{A}, \mathbf{B}, \overrightarrow{(x;y)}, \overrightarrow{(x;y;z)}$
Summe von Vektoren
Skalar
Produkt eines Skalars mit einem Vektor $c\mathbf{A}$
Einheitsvektor
Basiseinheitsvektoren $\mathbf{i}, \mathbf{j}, \mathbf{k}$
skalare Komponente
vektorielle Komponente
skalares Produkt $\mathbf{A} \cdot \mathbf{B}$
Parameterdarstellung einer Geraden
Richtungskosinus
Richtungswinkel α, β, γ
Richtungsableitung $D_\mathbf{u} f$

Konzept	*Merkhilfe für die Definition*	*Komponentendarstellung für* $\mathbf{A} = a_1\mathbf{i} + a_2\mathbf{j}$ *und* $\mathbf{B} = b_1\mathbf{i} + b_2\mathbf{j}$
Vektor **A**	Richtung und Länge 	$a_1\mathbf{i} + a_2\mathbf{j}$
$\lvert\mathbf{A}\rvert$	Länge oder Größe von **A**	$\sqrt{a_1^2 + a_2^2}$
$-\mathbf{A}$		$-a_1\mathbf{i} - a_2\mathbf{j}$
$\mathbf{A} + \mathbf{B}$	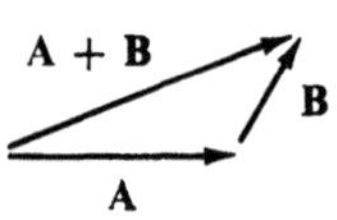	$(a_1 + b_1)\mathbf{i} + (a_2 + b_2)\mathbf{j}$
$\mathbf{A} - \mathbf{B}$	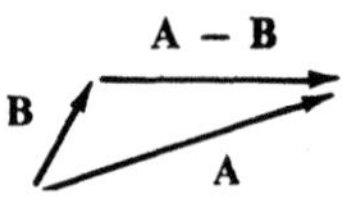	$(a_1 - b_1)\mathbf{i} + (a_2 - b_2)\mathbf{j}$
$c\mathbf{A}$		$ca_1\mathbf{i} + ca_2\mathbf{j}$
$\mathbf{A} \cdot \mathbf{B}$	$\lvert\mathbf{A}\rvert\,\lvert\mathbf{B}\rvert$ (Kosinus des Winkels zwischen **A** und **B**)	$a_1 b_1 + a_2 b_2$

Gradient ∇f
Matrix
Determinante
Vektorprodukt von räumlichen Vektoren $\mathbf{A} \times \mathbf{B}$

Wichtige Ergebnisse

Ist $\mathbf{A}$ von $\mathbf{0}$ verschieden, dann ist $\mathbf{A}/|\mathbf{A}|$ ein Einheitsvektor. Gilt $\mathbf{A} \cdot \mathbf{B} = 0$, dann folgt $\mathbf{A} = 0$, $\mathbf{B} = 0$ oder $\mathbf{A}$ steht senkrecht auf $\mathbf{B}$.

Der Kosinus des Winkels zwischen $\mathbf{A}$ und $\mathbf{B}$ ist durch

$$\frac{\mathbf{A} \cdot \mathbf{B}}{|\mathbf{A}|\,|\mathbf{B}|}$$

gegeben.

Die Gleichung der Geraden durch $(x_0; y_0)$, die senkrecht auf dem Vektor $A\mathbf{i} + B\mathbf{j}$ steht, lautet

$$A(x - x_0) + B(y - y_0) = 0.$$

Der Vektor $A\mathbf{i} + B\mathbf{j}$ steht senkrecht auf der Geraden

$$Ax + By + C = 0.$$

Der Abstand des Punktes $(x_1; y_1)$ von der Geraden

$$Ax + By + C = 0$$

beträgt

$$\frac{|Ax_1 + By_1 + C|}{\sqrt{A^2 + B^2}}.$$

Die Gleichung der Ebene durch $(x_0; y_0; z_0)$, die senkrecht auf dem Vektor $A\mathbf{i} + B\mathbf{j} + C\mathbf{k}$ steht, lautet

$$A(x - x_0) + B(y - y_0) + C(z - z_0) = 0.$$

Der Vektor $A\mathbf{i} + B\mathbf{j} + C\mathbf{k}$ steht senkrecht auf der Ebene

$$Ax + By + Cz + D = 0.$$

Der Abstand des Punktes $(x_1; y_1; z_1)$ von der Ebene

$$Ax + By + Cz + D = 0$$

beträgt

$$\frac{|Ax_1 + By_1 + Cz_1 + D|}{\sqrt{A^2 + B^2 + C^2}}.$$

Die Richtungswinkel α, β, γ eines Vektors sind die Winkel, die er mit $\mathbf{i}$, $\mathbf{j}$ und $\mathbf{k}$ einschließt. $\cos\alpha$, $\cos\beta$ und $\cos\gamma$ sind die Richtungskosinusse des Vektors (oder einer Geraden parallel zum Vektor). Sie erfüllen die Gleichung

$$\cos^2\alpha + \cos^2\beta + \cos^2\gamma = 1.$$

Die Gerade durch $(x_0; y_0; z_0)$ und parallel zum Vektor $\mathbf{A} = a_1\mathbf{i} + a_2\mathbf{j} + a_3\mathbf{k}$ hat die Parameterdarstellung

$$x = x_0 + a_1 t, \quad y = y_0 + a_2 t, \quad z = z_0 + a_3 t.$$

Diese Gerade kann auch in der Form

$$\frac{x - x_0}{a_1} = \frac{y - y_0}{a_2} = \frac{z - z_0}{a_3}$$

definiert werden.

Der Gradient einer Funktion wurde zunächst algebraisch in bezug auf ein xy-Koordinatensystem definiert. Ist f in einem räumlichen Gebiet definiert, so ist der Gradient im Punkt $(a; b; c)$ durch

$$\nabla f = f_x(a; b; c)\,\mathbf{i} + f_y(a; b; c)\,\mathbf{j} + f_z(a; b; c)\,\mathbf{k}$$

bestimmt. Wir haben ∇f ohne Bezugnahme auf ein Koordinatensystem beschrieben: Der Gradient ist der Vektor, der im Punkt $(a; b; c)$ in die Richtung des stärksten Anstieges von f weist; seine Größe stimmt im Punkt $(a; b; c)$ mit der maximalen Richtungsableitung von f überein.

Eine ähnliche Definition gilt für den Gradienten von $f(x; y)$ im Punkt $(a; b)$.

Die Anordnung

$$\begin{pmatrix} a_1 & a_2 \\ b_1 & b_2 \end{pmatrix}$$

heißt zweidimensionale Matrix. Die zugehörige zweidimensionale Determinante wird durch den Ausdruck

$$\begin{vmatrix} a_1 & a_2 \\ b_1 & b_2 \end{vmatrix} = a_1 b_2 - a_2 b_1$$

definiert. Eine dreidimensionale Determinante ist durch

$$\begin{vmatrix} a_1 & a_2 & a_3 \\ b_1 & b_2 & b_3 \\ c_1 & c_2 & c_3 \end{vmatrix} = a_1 \begin{vmatrix} b_2 & b_3 \\ c_2 & c_3 \end{vmatrix} - a_2 \begin{vmatrix} b_1 & b_3 \\ c_1 & c_3 \end{vmatrix} + a_3 \begin{vmatrix} b_1 & b_2 \\ c_1 & c_2 \end{vmatrix}$$

definiert.

Stimmen zwei Zeilen (zwei Spalten) einer Matrix überein, so verschwindet ihre Determinante. Werden zwei Zeilen (oder zwei Spalten) einer Matrix vertauscht, so wechselt die zugehörige Determinante das Vorzeichen.

Mit Hilfe von Determinanten können lineare Gleichungssysteme aufgelöst werden. Insbesondere kann mit ihrer Hilfe ermittelt werden, wo zwei Geraden oder drei Ebenen einander schneiden.

Ebenso wie der Gradient wurde auch das Vektorprodukt zunächst algebraisch definiert und in der Folge geometrisch veranschaulicht. Der Vektor $\mathbf{A} \times \mathbf{B}$ steht senkrecht auf $\mathbf{A}$ und auf $\mathbf{B}$. Er ist derart gerichtet, daß das System $\mathbf{A}, \mathbf{B}, \mathbf{A} \times \mathbf{B}$ rechtshändig ist. Die Länge von $\mathbf{A} \times \mathbf{B}$ ist gleich der Fläche des von $\mathbf{A}$ und $\mathbf{B}$ aufgespannten Parallelogramms.

Das Vektorprodukt hat verschiedene unerwartete Eigenschaften:

$$\mathbf{A} \times \mathbf{A} = \mathbf{0}$$
$$\mathbf{B} \times \mathbf{A} = -\mathbf{A} \times \mathbf{B}.$$

Üblicherweise stimmen $\mathbf{A} \times (\mathbf{B} \times \mathbf{C})$ und $(\mathbf{A} \times \mathbf{B}) \times \mathbf{C}$ *nicht* überein. Tatsächlich gilt

$$\mathbf{A} \times (\mathbf{B} \times \mathbf{C}) = (\mathbf{A} \cdot \mathbf{C})\mathbf{B} - (\mathbf{A} \cdot \mathbf{B})\mathbf{C}.$$

Wie man leicht zeigen kann, gelten die folgenden Formeln:

$$(\mathbf{A} \times \mathbf{B}) \times \mathbf{C} = -[(\mathbf{C} \cdot \mathbf{B})\mathbf{A} - (\mathbf{C} \cdot \mathbf{A})\mathbf{B}]$$

$\mathbf{A} \cdot (\mathbf{B} \times \mathbf{C}) = \pm$ Volumen des von $\mathbf{A}$, $\mathbf{B}$ und $\mathbf{C}$ aufgespannten Parallelepipeds

$$= \begin{vmatrix} a_1 & a_2 & a_3 \\ b_1 & b_2 & b_3 \\ c_1 & c_2 & c_3 \end{vmatrix}.$$

Testaufgaben zu Kapitel 19

1. Gegeben sei $\mathbf{A} = \mathbf{i} + 2\mathbf{j} - \mathbf{k}$ und $\mathbf{B} = 2\mathbf{i} - \mathbf{j} + 3\mathbf{k}$. Man bestimme
   (*a*) $\mathbf{A} \cdot \mathbf{B}$; (*b*) $|\mathbf{A}|$;
   (*c*) einen Einheitsvektors in der Richtung von $\mathbf{A}$;
   (*d*) die skalare Komponente von $\mathbf{B}$ in der Richtung von $\mathbf{A}$;
   (*e*) die vektorielle Komponente von $\mathbf{B}$ in der Richtung von $\mathbf{A}$;
   (*f*) die skalare Komponente von $\mathbf{A}$ in der Richtung von $\mathbf{B}$;
   (*g*) den Kosinus des Winkels zwischen $\mathbf{A}$ und $\mathbf{B}$;
   (*h*) den Winkel zwischen $\mathbf{A}$ und $\mathbf{B}$;
   (*i*) $\mathbf{A} \times \mathbf{B}$; (*j*) $\mathbf{B} \times \mathbf{A}$;
   (*k*) einen Einheitsvektor senkrecht auf $\mathbf{A}$ und auf $\mathbf{B}$;
   (*l*) die Fläche des von $\mathbf{A}$ und $\mathbf{B}$ aufgespannten Parallelogramms.
2. Mit Hilfe einer Zeichnung erkläre man, warum der Abstand des Punktes $(x_1; y_1)$ von der Geraden $Ax + By + C = 0$ durch
   $$\frac{|Ax_1 + By_1 + C|}{\sqrt{A^2 + B^2}}$$
   gegeben ist.
3. Man bestimme die Richtungskosinusse eines Vektors, der auf der Ebene $x - 2y + 2z = 16$ senkrecht steht.
4. Man beweise
   $$\begin{vmatrix} a_1 & a_2 & a_3 \\ b_1 & b_2 & b_3 \\ c_1 + b_1 & c_2 + b_2 & c_3 + b_3 \end{vmatrix} = \begin{vmatrix} a_1 & a_2 & a_3 \\ b_1 & b_2 & b_3 \\ c_2 & c_2 & c_3 \end{vmatrix}.$$
5. (*a*) Man bestimme das Volumen des in Bild 19.72 gezeigten Parallelepipeds.
   (*b*) Man begründe die allgemeine Formel, die in (*a*) verwendet wurde.

Bild 19.72

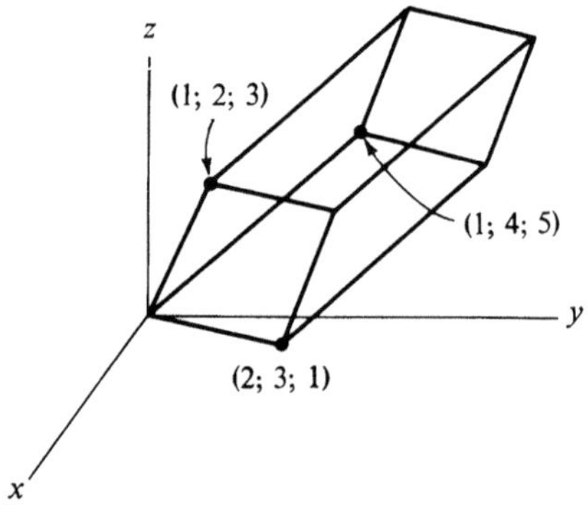

6. Es sei $f(x;y) = y - x^2$. Der Gradient im Punkt $(1;1)$ steht senkrecht auf der Kurve $y = x^2$ im Punkt $(1;1)$. Man zeige dies.
7. Es seien $\mathbf{A}$ und $\mathbf{B}$ zwei nichtparallele nichtverschwindende räumliche Vektoren.
   (*a*) Warum existieren Skalare x und y mit
   $$\mathbf{A} \times (\mathbf{A} \times \mathbf{B}) = x\mathbf{A} + y\mathbf{B}.$$
   (*b*) Man zeige $\mathbf{A} \times (\mathbf{A} \times \mathbf{B})$ ist ungleich $\mathbf{0}$.
   (*c*) Man zeige $(\mathbf{A} \times \mathbf{A}) \times \mathbf{B} = \mathbf{0}$.
8. Wo schneidet die Gerade durch $(1;2;1)$ und $(3;1;1)$ die Ebene durch die drei Punkte $(2;-1;1)$, $(5;2;3)$ und $(4;1;3)$?
9. Es sei $f(x;y;z) = x^2yz^3$.
   (*a*) Man bestimme die größte Richtungsableitung von f im Punkt $(1;1;1)$.
   (*b*) Man bestimme die Richtungskosinusse des Vektors, der in die Richtung der maximalen Richtungsableitung im Punkt $(1;1;1)$ weist.
   (*c*) Man bestimme einen Einheitsvektor $\mathbf{u}$ mit $D_{\mathbf{u}}f = 0$ im Punkt $(1;1;1)$.

Übungen zu Kapitel 19

1. (*a*) Man definiere $\mathbf{A} \cdot \mathbf{B}$ für zwei räumliche Vektoren $\mathbf{A}$ und $\mathbf{B}$.
   (*b*) Wie lautet die Darstellung von $\mathbf{A} \cdot \mathbf{B}$ als Funktion der Komponenten von $\mathbf{A}$ und $\mathbf{B}$?
   (*c*) Es sei $\mathbf{A} \cdot \mathbf{B} = 0$ und weder $\mathbf{A}$ noch $\mathbf{B}$ gleich dem Nullvektor. Dann steht $\mathbf{A}$ senkrecht auf $\mathbf{B}$. Man beweise dies.

2. Wie lautet die skalare Komponente von $\mathbf{A} = -2\mathbf{j} + 3\mathbf{j}$ in der Richtung des Vektors
   (*a*) $\mathbf{i}$? (*b*) $\mathbf{j}$?
   (*c*) $0{,}6\mathbf{i} + 0{,}8\mathbf{j}$? (*d*) $4\mathbf{i} - 5\mathbf{j}$?
3. Wie lautet die vektorielle Komponente von $\mathbf{A} = -2\mathbf{i} + 3\mathbf{j}$ in der Richtung des Vektors
   (*a*) $\mathbf{i}$? (*b*) $\mathbf{j}$?
   (*c*) $0{,}6\mathbf{i} + 0{,}8\mathbf{j}$? (*d*) $4\mathbf{i} - 5\mathbf{j}$?
4. (*a*) Man gebe Beispiele für die Anwendung des skalaren Produktes in Physik und Wirtschaft.
   (*b*) Man gebe Beispiele für die Anwendung des Vektorproduktes in der Physik.
5. Man beweise

$$(a_1\mathbf{i} + a_2\mathbf{j} + a_3\mathbf{k}) \cdot (b_1\mathbf{i} + b_2\mathbf{j} + b_3\mathbf{k}) = a_1b_1 + a_2b_2 + a_3b_3.$$

6. Es sei $f(x;y) = e^{-xy^2}$.
   (*a*) Man berechne und zeichne ∇f in $(1;2)$.
   (*b*) Wie groß ist die maximale Richtungsableitung von f in $(1;2)$?
   (*c*) Man zeichne den Einheitsvektor $\mathbf{u}$, für den $D_{\mathbf{u}}f$ die maximale Richtungsableitung in $(1;2)$ liefert.
   (*d*) Man zeichne die zwei Einheitsvektoren $\mathbf{u}$ mit $D_{\mathbf{u}}f = 0$ in $(1;2)$.
7. (*a*) Man definiere ∇f.
   (*b*) Man beschreibe ∇f geometrisch.
8. (*a*) Man definiere $\mathbf{A} \times \mathbf{B}$.
   (*b*) Man beschreibe $\mathbf{A} \times \mathbf{B}$ geometrisch.
9. Man bestimme mit Hilfe von Vektoren anstelle der Methoden der Infinitesimalrechnung den Punkt der Ebene $2x - y + 3z + 12 = 0$, der dem Ursprung am nächsten liegt.
10. Es sei $f(x;y) = x^2 + 3y^2$.
   (*a*) Man berechne und zeichne ∇f in $(1;2)$.
   (*b*) ∇f steht senkrecht auf der Tangente an die Kurve $x^2 + 3y^2 = 13$ in $(1;2)$. Man beweise dies.
   (*c*) Man bestimme $D_{\mathbf{u}}f$ in $(1;2)$ für $\mathbf{u}$ mit dem Winkel $3\pi/4$.
11. Man betrachte eine Funktion $f(x;y;z)$.
   (*a*) Man definiere $D_{\mathbf{u}}f$ für einen Einheitsvektor $\mathbf{u}$ in $(a;b;c)$.
   (*b*) Man beweise $D_{\mathbf{u}}f = \nabla f \cdot \mathbf{u}$.
12. Mit Hilfe von Determinanten bestimme man x, y und z für

$$x(3\mathbf{i} + \mathbf{j} + 2\mathbf{k}) + y(\mathbf{i} - \mathbf{j} + 2\mathbf{k}) + z(2\mathbf{i} + 2\mathbf{j} + \mathbf{k}) = 3\mathbf{i} + 3\mathbf{j} + 3\mathbf{k}.$$

13. Die Determinante einer Matrix, die eine Spalte mit lauter Nullen enthält, ist gleich Null. Man beweise dies für die Matrix

$$\begin{pmatrix} a_1 & 0 & a_3 \\ b_1 & 0 & b_3 \\ c_1 & 0 & c_3 \end{pmatrix}.$$

14. Man beweise für beliebige Zahlen a, b, c

$$\begin{vmatrix} 0 & a & b \\ -a & 0 & c \\ -b & -c & 0 \end{vmatrix} = 0.$$

15. Man bestimme die Länge des Vektors, der von $(1;3;3)$ ausgeht und die Ebene $x - 4y + 5z + 4 = 0$ unter einem Winkel von $45°$ trifft.
16. Bild 19.73 zeigt eine quadratische Pyramide. Man bestimme die Kosinusse der Winkel zwischen
   (*a*) $\overrightarrow{CA}$ und $\overrightarrow{CB}$; (*b*) $\overrightarrow{EA}$ und $\overrightarrow{EB}$;
   (*c*) $\overrightarrow{AD}$ und $\overrightarrow{AC}$.

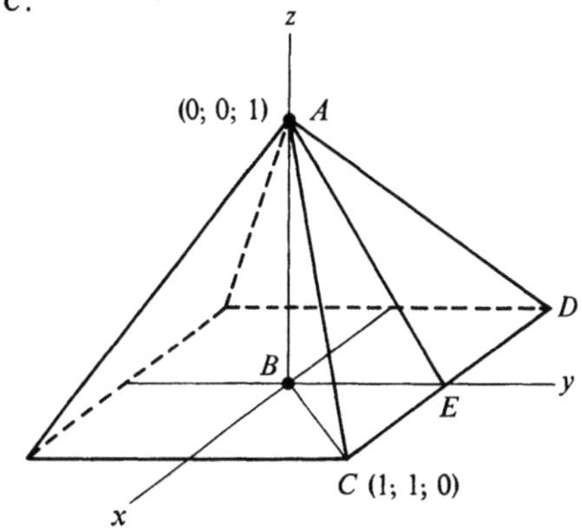

Bild 19.73

17. Die Ebenen $2x + 5y + z = 10$ und $3x - y + 4z = 11$ schneiden einander längs einer Geraden. Für diese Gerade bestimme man
   (*a*) die Richtungskoeffizienten,
   (*b*) die Richtungskosinusse,
   (*c*) die Richtungswinkel,
   (*d*) einen Punkt auf der Geraden.
18. Die Zahlen

$$x = \frac{\begin{vmatrix} k_1 & a_2 \\ k_2 & b_2 \end{vmatrix}}{\begin{vmatrix} a_1 & a_2 \\ b_1 & b_2 \end{vmatrix}} \quad \text{und} \quad y = \frac{\begin{vmatrix} a_1 & k_1 \\ b_1 & k_2 \end{vmatrix}}{\begin{vmatrix} a_1 & a_2 \\ b_1 & b_2 \end{vmatrix}}$$

   erfüllen die beiden Gleichungen $a_1x + a_2y = k_1$ und $b_1x + b_2y = k_2$. Es gelte $a_1b_2 - a_2b_1 \neq 0$. Man beweise dies!
19. Man bestimme die Parameterdarstellung der Geraden durch $(1;1;2)$, die parallel zu den Ebenen $x + 2y + 3z = 0$ und $2x - y + 3z + 4 = 0$ verläuft.
20. Geht die Ebene durch $(1;1;-1)$, die senkrecht auf $2\mathbf{i} + 4\mathbf{j} + 5\mathbf{k}$ steht, durch den Punkt $(4;5;-7)$?
21. Ist die Gerade durch $(1;4;7)$ und $(5;10;15)$ senkrecht auf der Ebene $2x + 3y + 4z = 17$?
22. Zwei Ebenen, die einander längs einer Geraden schneiden, definieren einen *Winkel* θ (Bild 19.74). Man bestimme diesen Winkel für die Ebenen $x - 3y + 4z = 0$ und $2x + y + z = 11$.
23. Man bestimme den Punkt der Ebene

$$\frac{x}{2} + \frac{y}{3} + \frac{z}{4} = 1,$$

   der
   (*a*) dem Ursprung am nächsten liegt,
   (*b*) dem Punkt $(1;2;3)$ am nächsten liegt.

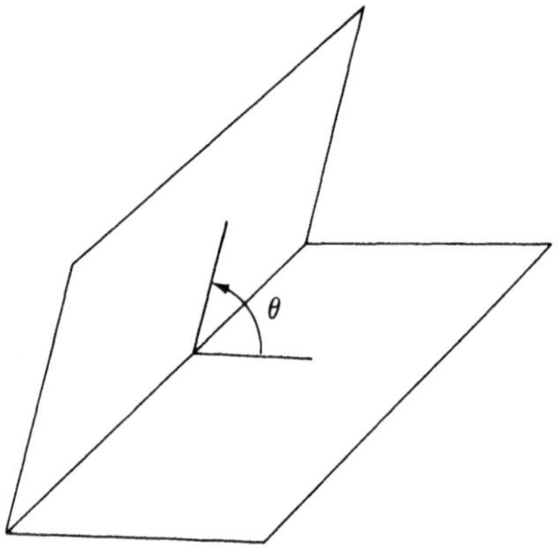

Bild 19.74

24. Es sei $\mathbf{A} = 2\mathbf{i} + 3\mathbf{j} + 4\mathbf{k}$. Man bestimme
(*a*) die skalare Komponente von **A** in Richtung **i**,
(*b*) die vektorielle Komponente von **A** in Richtung **i**,
(*c*) die skalare Komponente von **A** in Richtung $-\mathbf{i}$,
(*d*) die vektorielle Komponente von **A** in Richtung $-\mathbf{i}$,
(*e*) die Projektion von **A** auf $\mathbf{i} + \mathbf{j}$.

25. Wie kann man feststellen, ob die Punkte $(x_1;y_1)$ und $(x_2;y_2)$ auf der gleichen Seite oder auf entgegengesetzten Seiten der Gerade $Ax + By + C = 0$ liegen?

26. Wie kann man feststellen, ob die Punkte $(x_1;y_1;z_1)$ und $(x_2;y_2;z_2)$ auf der gleichen Seite oder auf entgegengesetzten Seiten der Ebene $Ax + By + Cz + D = 0$ liegen?

27. Welche Entfernung besitzen die Ebenen von einander, die parallel zur Ebene $Ax + By + Cz + D = 0$ durch die Punkte $(x_1;y_1;z_1)$ und $(x_2;y_2;z_2)$ verlaufen?

■

28. Ein Parallelepiped wird von den Vektoren $\mathbf{A} = \mathbf{i} + 2\mathbf{j} + 3\mathbf{k}$, $\mathbf{B} = 2\mathbf{i} + \mathbf{j} + \mathbf{k}$, $\mathbf{C} = 3\mathbf{i} + 3\mathbf{j} + \mathbf{k}$ aufgespannt.
(*a*) Man bestimme das Volumen des Parallelepipeds;
(*b*) man bestimme die von **A** und **C** aufgespannte Fläche;
(*c*) man bestimme den Winkel zwischen **A** sowie der von **B** und **C** aufgespannten Fläche.

29. Man bestimme den Winkel zwischen der Geraden durch $(0;0;0)$ und $(1;1;1)$ und der Ebene durch $(1;2;3)$, $(4;1;5)$ und $(2;0;6)$.

30. Die Einheitsvektoren $\mathbf{u}_1$ und $\mathbf{u}_2$ mögen im Raum aufeinander senkrecht stehen. Man bestimme

$$(\mathbf{u}_1 \times \mathbf{u}_2) \times \mathbf{u}_1 \quad \text{und} \quad \mathbf{u}_1 \times (\mathbf{u}_1 \times \mathbf{u}_2).$$

31. Eine Firma produziert x_1 Waschmaschinen, x_2 Kühlschränke und x_3 Geschirrspüler. Der Gewinn pro Waschmaschine beträgt p_1 DM, pro Kühlschranke p_2 DM und pro Geschirrspüler p_3 DM. (Die p_i müssen nicht positiv sein.) Der dreidimensionale Vektor $\mathbf{V} = \overrightarrow{(x_1;x_2;x_3)}$ wird Produktionsvektor, der dreidimensionale Vektor $\mathbf{P} = \overrightarrow{(p_1;p_2;p_3)}$ Gewinnvektor genannt.
(*a*) Der Gesamtgewinn beträgt $\mathbf{P} \cdot \mathbf{V}$. Man beweise dies.
(*b*) Die Firma erzeugt auch x_4 Tiefkühltruhen mit einem Gewinn von p_4 DM pro Stück und x_5 Staubsauger mit einem Gewinn von p_5 DM pro Stück. Wie könnte unter Berücksichtigung dieser Informationen der Gesamtgewinn dargestellt werden?

32. Mit Hilfe von Vektorprodukt und skalaren Produkten stelle man dar, daß die Punkte P_4 und P_5 auf der gleichen Seite der Ebene durch P_1, P_2 und P_3 liegen.

33. Es seien L_1 und L_2 zwei Geraden durch den Ursprung, von denen keine mit der y-Achse zusammenfällt. Die eine Gerade habe den Anstieg m_1, die andere den Anstieg m_2.
(*a*) Der Punkt $(1;m_1)$ liegt auf L_1, der Vektor $\mathbf{i} + m_1\mathbf{j}$ ist parallel zu L_1. Man beweise dies.
(*b*) Der Punkt $(1;m_2)$ liegt auf L_2; der Vektor $\mathbf{i} + m_2\mathbf{j}$ ist parallel zu L_2. Man beweise dies.
(*c*) Mit Hilfe von (*a*) und (*b*) beweise man, daß L_1 dann und nur dann senkrecht auf L_2 steht, wenn die Gleichung $m_1 m_2 = -1$ erfüllt ist.

34. Man stelle mit Hilfe von Vektorprodukten und skalaren Produkten die Tatsache dar, daß die Gerade durch P_1 und P_2 parallel zur Ebene durch P_3, P_4 und P_5 verläuft.

35. Mit Hilfe eines möglichst einfachen Verfahrens suche man den Vektor der xy-Ebene, der auf dem Vektor $2\mathbf{i} - 3\mathbf{j} + \mathbf{k}$ senkrecht steht.

36. Es seien P_1, P_2, P_3 und P_4 vier Punkte im Raum. Man entwickle ein allgemeines Verfahren, um den Abstand zwischen der Geraden durch P_1 und P_2 sowie der Geraden durch P_3 und P_4 zu bestimmen. Man verwende dabei Vektoren und nicht die Methoden der Infinitesimalrechnung. Die beiden Geraden mögen einander nicht schneiden und nicht zueinander parallel verlaufen.

37. (Siehe Übung 36.) Man bestimme den Abstand zwischen der Geraden durch die Punkte $(0;0;0)$ und $(1;1;1)$, sowie der Geraden durch die Punkte $(3;1;2)$ und $(1;4;4)$.

38. (*a*) Mit Hilfe einer Zeichnung beweise man für einen beliebigen Vektor **V** in der Ebene die Existenz von Skalaren x und y mit

$$\mathbf{V} = x(2\mathbf{i} + 3\mathbf{j}) + y(\mathbf{i} + 5\mathbf{j}).$$

(*b*) Mit Hilfe von Determinanten bestimme man x und y aus der Gleichung

$$\mathbf{i} + 4\mathbf{j} = x(2\mathbf{i} + 3\mathbf{j}) + y(\mathbf{i} + 5\mathbf{j}).$$

Die Übungen 39 bis 42 können mit Hilfe der Identitäten $\mathbf{D} \times \mathbf{E} = -\mathbf{E} \times \mathbf{D}$ und $\mathbf{D} \times (\mathbf{E} \times \mathbf{F}) = (\mathbf{D} \cdot \mathbf{F})\mathbf{E} - (\mathbf{D} \cdot \mathbf{E})\mathbf{F}$ gelöst werden. Man berücksichtige außerdem die Relation $\mathbf{D} \cdot (\mathbf{E} \times \mathbf{F}) = (\mathbf{D} \times \mathbf{E}) \cdot \mathbf{F}$. Man beweise

39. $(\mathbf{A} \times \mathbf{B}) \times \mathbf{C} = (\mathbf{A} \cdot \mathbf{C})\mathbf{B} - (\mathbf{B} \cdot \mathbf{C})\mathbf{A}$.

40. $(\mathbf{A} \times \mathbf{B}) \times (\mathbf{C} \times \mathbf{D}) = (\mathbf{A} \times \mathbf{B} \cdot \mathbf{D})\mathbf{C} - (\mathbf{A} \times \mathbf{B} \cdot \mathbf{C})\mathbf{D}$.

41. $(\mathbf{A} \times \mathbf{B}) \cdot (\mathbf{C} \times \mathbf{D}) = (\mathbf{B} \cdot \mathbf{D})(\mathbf{A} \cdot \mathbf{C}) - (\mathbf{B} \cdot \mathbf{C})(\mathbf{A} \cdot \mathbf{D})$.

42. $\mathbf{A} \times (\mathbf{B} \times \mathbf{C}) + \mathbf{B} \times (\mathbf{C} \times \mathbf{A}) + \mathbf{C} \times (\mathbf{A} \times \mathbf{B}) = 0$.

43. Obwohl das Konzept des Gradienten zunächst rein algebraisch eingeführt wurde, stellte sich der Gradient als wichtiges Instrument zur Beschreibung der inneren geometrischen Eigenschaften von Funktionen dar. Die Richtung und Größe des Gradienten kann nämlich ohne Bezugnahme auf irgendein besonderes Koordinatensystem durch das Verhalten der Funktion beschrieben werden.

Betrachten wir nun eine Funktion $f(P)$, wobei P über einen bestimmten Bereich der Ebene läuft. Ist f in rechtwinkeligen Koordinaten gegeben, dann gilt

$$\nabla f = f_x \mathbf{i} + f_y \mathbf{j}.$$

Wie kann ∇f nun dargestellt werden, wenn f in Polarkoordinaten $f(r;\theta)$ gegeben ist? Am einfachsten wird die Beschreibung, wenn wir anstatt der Einheitsvektoren $\mathbf{i}$ und $\mathbf{j}$ die Einheitsvektoren des Bildes 19.75, $\mathbf{u}_r$ und $\mathbf{u}_\theta$, heranziehen.

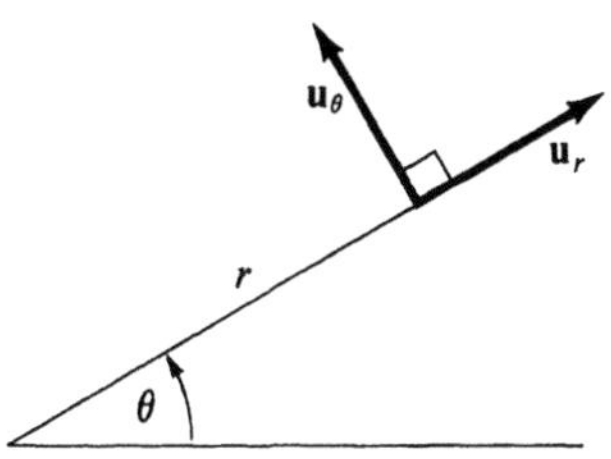

Bild 19.75

(*a*) Gilt $\nabla f = A\mathbf{u}_r + B\mathbf{u}_\theta$, dann beweise man für die Skalare A und B die Definitionen $A = D_{\mathbf{u}_r}(f)$ und $B = D_{\mathbf{u}_\theta}(f)$.

(*b*) Man beweise $D_{\mathbf{u}_r}(f) = \dfrac{df}{dr}$.

(*c*) Warum gilt $D_{\mathbf{u}_\theta}(f) = \dfrac{1}{r}\dfrac{df}{d\theta}$ (nicht $\dfrac{df}{d\theta}$!!)? Man mache dies plausibel, ohne einen exakten Beweis anzugeben.

(*d*) Mit Hilfe von (*a*), (*b*) und (*c*) beweise man

$$\nabla f = \frac{df}{dr}\mathbf{u}_r + \frac{1}{r}\frac{df}{d\theta}\mathbf{u}_\theta.$$

44. (Siehe Übung 43.) Es sei $f(P)$ der reziproke Abstand des Punktes P vom Ursprung (in der Ebene).

(*a*) In rechtwinkeligen Koordinaten ergibt sich für f die Darstellung $f(x;y) = 1/\sqrt{x^2+y^2}$. Man berechne ∇f in rechtwinkeligen Koordinaten.

(*b*) In Polarkoordinaten ergibt sich für f die Darstellung $f(r;\theta) = 1/r$. Man berechne ∇f in Polarkoordinaten.

(*c*) Man zeichne ∇f entsprechend den Berechnungen aus (*a*) und (*b*) und beweise die Übereinstimmung der Resultate.

45. (Siehe Übung 43.) Man betrachte sphärische Koordinaten ρ, ϕ, θ. In einem gegebenen Punkt weise der Einheitsvektor $\mathbf{u}_\rho$ in die Richtung wachsenden ρ's. Ebenso zeige der Einheitsvektor $\mathbf{u}_\phi$ in die Richtung wachsenden ϕ's und der Einheitsvektor $\mathbf{u}_\theta$ in die Richtung wachsenden θ's (Bild 19.76). f sei

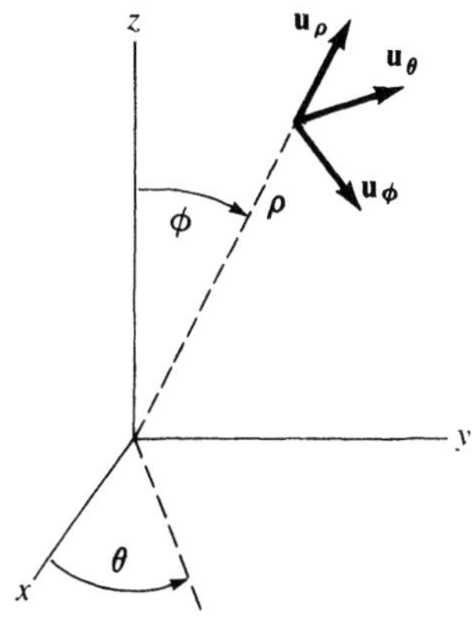

Bild 19.76

eine im Raum definierte Funktion. Man gebe Plausibilitätsargumente für die Darstellung

$$\nabla f = \frac{\partial f}{\partial \rho}\mathbf{u}_\rho + \frac{1}{\rho}\frac{\partial f}{\partial \phi}\mathbf{u}_\phi + \frac{1}{\rho \sin\phi}\frac{\partial f}{\partial \theta}\mathbf{u}_\theta.$$

46. Gibt es in der Ebene drei Punkte P, Q und R, deren rechtwinkelige x-Koordinaten alle rational sind und für die $\sphericalangle PQR$ gleich 60° ist?

47. Es sei $Q = (1;0;0)$ und $R = (-1;0;0)$. Man betrachte alle Punkte $P = (x;y;z)$ mit $\sphericalangle PQR = \pi/3$. Diese Punkte bilden eine Kugeloberfläche. Man beweise dies.

48. Wie in Abschnitt 13.4 gezeigt wurde, gehen alle Schwerlinien eines Objektes durch einen einzigen Punkt. Im folgenden leiten wir das analoge Resultat für dreidimensionale Körper her und beweisen für einen materiellen Körper die Existenz eines Schwerpunktes, der von der Wahl des Koordinatensystems unabhängig ist.

R sei ein räumliches Gebiet, die Dichte im Punkt P betrage $\delta(P)$. Für eine bestimmte Wahl des x, y, z-Koordinatensystems mögen die Gleichungen

$$\int_R x\,\delta(P)\,dV = 0, \qquad \int_R y\,\delta(P)\,dV = 0, \qquad \int_R z\,\delta(P)\,dV = 0$$

erfüllt sein. (Siehe Abschnitt 18.4, wo das Moment um eine Ebene definiert wurde.) Es sei $Ax + By + Cz = 0$ eine beliebige Ebene durch den Ursprung. Für jeden Punkt P sei $f(P)$ der Abstand zu dieser Ebene; wir wählen $f(P)$ positiv, wenn P auf einer ausgewählten Seite der Ebene liegt und negativ, wenn P auf der anderen Seite liegt. Man beweise dann

$$\int_R f(P)\,\delta(P)\,dV = 0.$$

Warum ist damit für den gegebenen Körper die Existenz eines Schwerpunktes bewiesen?

49. In Abschnitt 18.4 wurde das Trägheitsmoment eines Festkörpers um eine Gerade durch das Integral

$$\int_R [s(P)]^2\, \delta(P)\, dV$$

definiert. Dabei war $\delta(P)$ die Dichte in P und $s(P)$ der Abstand zwischen P und der Geraden.

Nun betrachten wir ein x, y, z-Koordinatensystem und setzen voraus, daß die Trägheitsmomente des Körpers um die drei Achsen bekannt sind. Ebenso seien die Integrale

$$\int_R xy\, \delta(P)\, dV, \quad \int_R xz\, \delta(P)\, dV \quad \text{und} \quad \int_R yz\, \delta(P)\, dV$$

bekannt. Das Trägheitsmoment um eine beliebige Gerade durch $(0;0;0)$ ist dann bestimmt. Man zeige dies. Tatsächlich kann dieses Trägheitsmoment durch die drei angeführten Integrale (die Trägheitsmomente um die drei Achsen), sowie die Richtungskosinusse der Gerade dargestellt werden. Man zeige dies explizit.

50. (*a*) Man betrachte ein Dreieck in der Ebene und einen Punkt P_0 im Inneren des Dreiecks. Es sei $f(P)$ die Summe der (positiven) Normalabstände zwischen P und den drei Seiten des Dreiecks. Man beweise die Existenz einer Strecke, deren Endpunkte auf der Begrenzung des Dreiecks liegen, so daß die Gleichung $f(P) = f(P_0)$ für alle Punkte P der Strecke gilt (Bild 19.77).

(*b*) Kann dieser Vorgang auf beliebige ebene Polygone verallgemeinert werden?

Bild 19.77

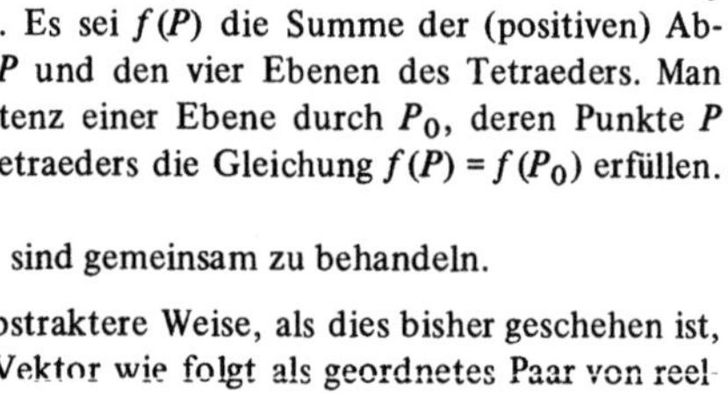

51. Man betrachte einen beliebigen Tetraeder und einen Punkt P_0 in seinem Innern. Es sei $f(P)$ die Summe der (positiven) Abstände zwischen P und den vier Ebenen des Tetraeders. Man beweise die Existenz einer Ebene durch P_0, deren Punkte P im Inneren des Tetraeders die Gleichung $f(P) = f(P_0)$ erfüllen.

Die Übungen 52 bis 55 sind gemeinsam zu behandeln.

52. Auf eine etwas abstraktere Weise, als dies bisher geschehen ist, kann ein ebener Vektor wie folgt als geordnetes Paar von reellen Zahlen $(x;y)$ definiert werden. Mit Hilfe dieses rein algebraischen Ansatzes definiere man

(*a*) den Nullvektor **0**;
(*b*) das Produkt eines Skalars mit einem Vektor;
(*c*) die Summe zweier Vektoren;
(*d*) die Länge eines Vektors;
(*e*) das skalare Produkt.

Ebenso wie ein ebener Vektor als geordnetes Paar von reellen Zahlen oder ein räumlicher Vektor als geordnetes Tripel von reellen Zahlen definiert werden kann, lassen sich auch Vektoren höherer Dimension einführen. Unter einem vierdimensionalen Vektor können wir ein geordnetes Quadrupel von Zahlen $\overrightarrow{(x_1;x_2;x_3;x_4)}$ verstehen. Das *skalare Produkt* zweier Vektoren $\overrightarrow{(x_1;x_2;x_3;x_4)}$ und $\overrightarrow{(y_1;y_2;y_3;y_4)}$ ist durch die Summe $x_1y_1 + x_2y_2 + x_3y_3 + x_4y_4$ definiert. Die *Länge* eines Vektors $\overrightarrow{(x_1;x_2;x_3;x_4)}$ ist durch den Ausdruck $\sqrt{x_1^2 + x_2^2 + x_3^2 + x_4^2}$ gegeben. Diese Ansätze können auf beliebige Dimensionszahlen verallgemeinert werden.

53. (*a*) Wenn wir eine Folge als einen unendlich dimensionalen Vektor betrachten, wie könnte ihre Länge definiert werden?

(*b*) Wie lang ist der Vektor

$$\overrightarrow{\left(\frac{1}{2}, \frac{1}{4}, \frac{1}{8}, \frac{1}{16}, \ldots, \frac{1}{2^n}, \ldots\right)}.$$

54. Eine Firma erzeugt x_1 Waschmachinen, x_2 Kühlschränke, x_3 Geschirrspüler, x_4 Küchenherde und x_5 Wäschtrockner. Ihr Produktionsvektor ist fünfdimensional

$$\mathbf{P} = \overrightarrow{(x_1;x_2;x_3;x_4;x_5)}.$$

Analog faßt der fünfdimensionale Kostenvektor

$$\mathbf{K} = \overrightarrow{(y_1;y_2;y_3;y_4;y_5)}$$

die Kosten der einzelnen Produkte zusammen. So kostet etwa jeder Kühlschrank y_2 DM.

(*a*) Welche Bedeutung hat das skalare Produkt

$$\mathbf{P}\cdot\mathbf{K} = \overrightarrow{(20;0;7;9;15)} \cdot \overrightarrow{(500;700;300;200;100)}?$$

(*b*) Welcher Produktionsvektor ergibt sich, wenn die Firma die Produktion aller Einzelerzeugnisse aus (*a*) verdoppelt?

55. Es sei P_1 der Gewinn beim Verkauf einer Waschmaschine; P_2, P_3, P_4 und P_5 seien analog für die anderen Produkte aus Übung 54 definiert. (Einige der P_i können negativ sein.) Was bedeutet es für die Firma, wenn die Vektoren

$$\overrightarrow{(P_1;P_2;P_3;P_4;P_5)} \quad \text{und} \quad \overrightarrow{(x_1;x_2;x_3;x_4;x_5)}$$

aufeinander senkrecht stehen?

20 Die Ableitung einer Vektorfunktion

Die geradlinige Bewegung eines Teilchens wird am einfachsten durch die Einführung eines Koordinatensystems beschrieben, das die Bahngerade enthält. Die Bewegung eines Teilchens auf einem gekrümmten Weg und auch die auf das Teilchen wirkenden Kräfte können am besten durch Vektoren dargestellt werden. So ist die Anziehung der Erde auf ein Raumschiff durch einen Vektor gekennzeichnet, der direkt auf den Erdmittelpunkt weist (Bild 20.1).

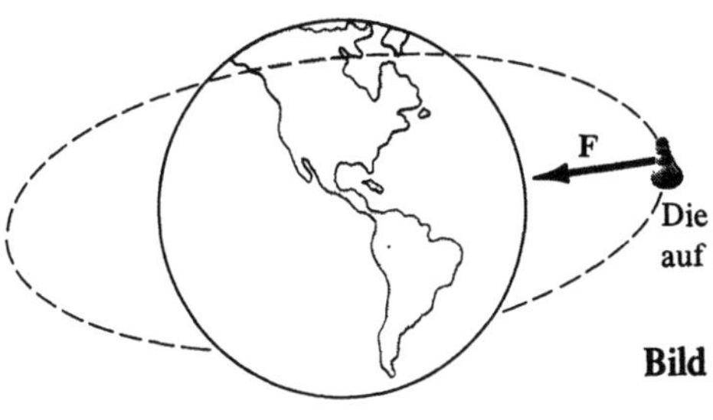

Bild 20.1

Der Astronaut kann den Flug seiner Kapsel durch kleine Raketen beeinflussen; dieser Einfluß wird ebenfalls durch Vektoren beschrieben (Bild 20.2). Wenn ein Körper am Ende eines Seiles auf einer Kreisbahn herumgewirbelt wird, so ist er zwei Kräften unterworfen: Die eine Kraft wird von der Hand ausgeübt, die das Seil hält; die andere Kraft entspricht der nach unten gerichteten Gravitationsanziehung.

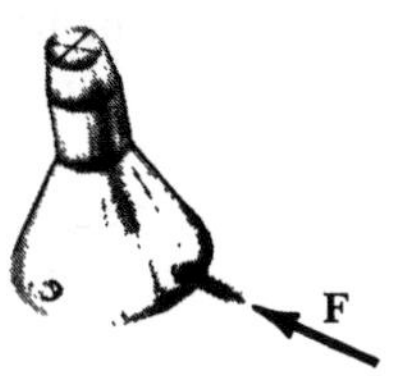

Schaltet der Astronaut die Steuerrakete ein, so wird durch das ausströmende Gas der Schub F auf die Kapsel ausgeübt

Bild 20.2

In diesem Kapitel wird mit Hilfe von Vektoren die Bewegung von Teilchen untersucht, deren Bewegungsrichtung und Geschwindigkeit sich unter dem Einfluß äußerer Kräfte zeitlich verändern.

20.1 Die Ableitung einer Vektorfunktion

Ein Objekt bewege sich in einer Ebene. Dieses Objekt kann eine Masse am Ende eines Seiles, eine Kugel, ein Satellit, ein Komet, ein Regentropfen oder ein Raumschiff sein. Wir nennen es „Teilchen" und stellen uns seine gesamte Masse in einem Punkt vereinigt vor. Die Lage, die das Teilchen zur Zeit t in bezug auf ein x,y-Koordinatensystem einnimmt, bezeichnen wir mit $(x;y)$. Wir können den Ort des Teilchens auch mit Hilfe des Positionsvektors oder Ortsvektors $\mathbf{R}$ kennzeichnen, dessen Anfangspunkt in $(0;0)$ und dessen Endpunkt in $(x;y)$ liegt. Somit gilt $\mathbf{R} = x\mathbf{i} + y\mathbf{j}$; x und y hängen von der Zeit t ab. Somit variiert auch $\mathbf{R}$ in Abhängigkeit von t, und wir schreiben $\mathbf{R} = \mathbf{G}(t)$ (Bild 20.3).

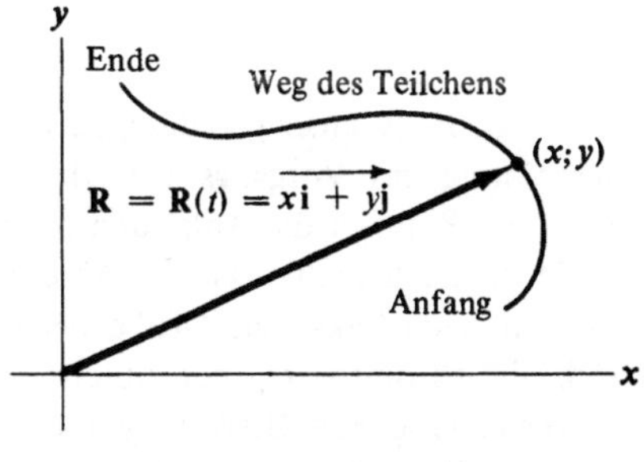

Bild 20.3

Wenn sich ein Teilchen längs einer räumlichen Kurve bewegt, kann sein Ort durch den Ortsvektor $\mathbf{R} = \mathbf{G}(t) = x\mathbf{i} + y\mathbf{j} + z\mathbf{k}$ beschrieben werden; x, y und z sind Funktionen der Zeit.

Dies führt uns zu einer wichtigen Definition und zu einem neuen Funktionstyp.

Definition der Vektorfunktion: Eine Funktion, die Skalare mit Vektoren verknüpft, heißt Vektorfunktion und wird durch fettgedruckte Buchstaben wie **F** oder **G** gekennzeichnet.

Wir können uns den Skalar stets als Zeit t und $\mathbf{G}(t)$ als den Ortsvektor zur Zeit t vorstellen. Gelegentlich beschreibt der Skalar auch die Bogenlänge entlang einer Kurve, in diesem Falle wäre $\mathbf{G}(s)$ der Ortsvektor, der zur Bogenlänge s gehört.

Beispiel 1: Man zeichne den Weg eines Teilchens mit dem Ortsvektor

$$\mathbf{G}(t) = 2t\mathbf{i} + 4t^2\mathbf{j}$$

zur Zeit t.

Lösung: Zur Zeit t befinde sich das Teilchen im Punkt $(x; y)$ mit

$$x = 2t \quad \text{und} \quad y = 4t^2.$$

Der Weg ist durch diese Gleichungen in Parameterform dargestellt. Elimination von t führt zu $y = x^2$. Der Weg des Teilchens verläuft parabelförmig (Bild 20.4), der Ortsvektor $\mathbf{G}(1)$ ist eingezeichnet. ●

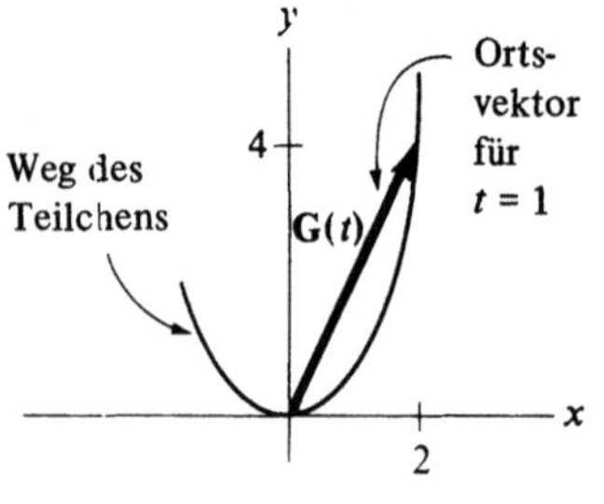

Bild 20.4

Im Falle einer geradlinigen Bewegung genügt zur Beschreibung des Vorgangs die Ableitung des Teilchenortes nach der Zeit. Ist die Ableitung positiv, so bewegt sich das Teilchen nach rechts. Ist die Ableitung negativ, so bewegt es sich nach links. Die Größe der Geschwindigkeit ergibt sich als Absolutbetrag der Ableitung. Aber bereits bei der Untersuchung von Bewegungen in einer Ebene benötigen wir den Begriff der Ableitung einer Vektorfunktion. Zunächst führen wir folgende Definition ein:

Definition des Grenzwerts einer Vektorfunktion: $\mathbf{H}$ sei eine Vektorfunktion. Ferner sei a eine reelle Zahl und $\mathbf{A}$ ein Vektor (Bild 20.5). Wir sagen

$$\lim_{t \to a} \mathbf{H}(t) = \mathbf{A},$$

wenn gilt

$$\lim_{t \to a} |\mathbf{H}(t) - \mathbf{A}| = 0.$$

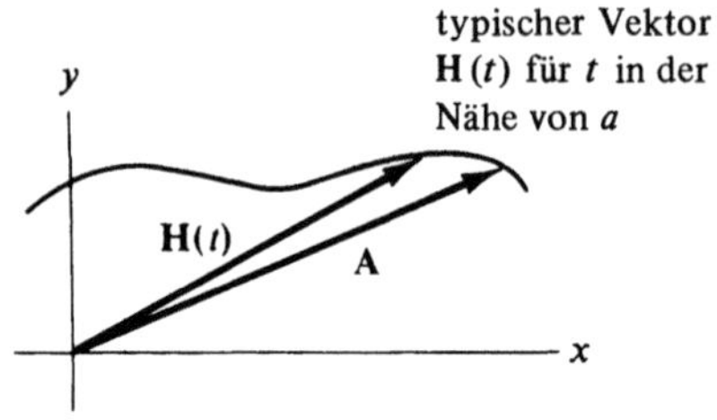

Bild 20.5

Dies bedeutet: Legen wir die Anfangspunkte von $\mathbf{A}$ und $\mathbf{H}(t)$ in den Ursprung des Koordinatensystems, dann nähert sich für $t \to a$ die Spitze von $\mathbf{H}(t)$ der Spitze von $\mathbf{A}$.

Beispiel 2: Es sei $\mathbf{H}(t) = t^2\mathbf{i} + 2t\mathbf{j}$. Mit Hilfe obiger Definition zeige man

$$\lim_{t \to 1} \mathbf{H}(t) = \mathbf{i} + 2\mathbf{j}.$$

Lösung: Zunächst berechnen wir

$$|\mathbf{H}(t) - \mathbf{i} - 2\mathbf{j}|$$

und erhalten

$$|(t^2\mathbf{i} + 2t\mathbf{j}) - (\mathbf{i} + 2\mathbf{j})| = |(t^2 - 1)\mathbf{i} + (2t - 2)\mathbf{j}| = \sqrt{(t^2 - 1)^2 + (2t - 2)^2}.$$

Aus

$$\lim_{t \to 1} \sqrt{(t^2 - 1)^2 + (2t - 2)^2} = 0$$

folgt

$$\lim_{t \to 1} \mathbf{H}(t) = \mathbf{i} + 2\mathbf{j}. \quad ●$$

Das Ergebnis von Beispiel 2 könnten wir auch in der folgenden Form anschreiben:

$$\lim_{t \to 1} \mathbf{H}(t) = \left(\lim_{t \to 1} t^2\right)\mathbf{i} + \left(\lim_{t \to 1} 2t\right)\mathbf{j}.$$

Dies legt ein praktisches Verfahren zur Bestimmung des Grenzwertes von Vektorfunktionen nahe: Sind die skalaren Komponenten der Vektorfunktion bekannt, so genügt es, die Grenzwerte dieser Komponenten zu bestimmen. Das folgende Theorem gibt eine präzise Fassung dieser Behauptung.

Theorem 1: Eine Vektorfunktion $\mathbf{H}$ sei durch zwei skalare Funktionen g und h beschrieben:

$$\mathbf{H}(t) = g(t)\mathbf{i} + h(t)\mathbf{j}.$$

Es gilt

$$\lim_{t \to a} \mathbf{H}(t) = A\mathbf{i} + B\mathbf{j}$$

dann und nur dann, wenn die Gleichungen

$$\lim_{t \to a} g(t) = A \quad \text{und} \quad \lim_{t \to a} h(t) = B$$

erfüllt sind.

Beweis: Aus

$$\lim_{t \to a} g(t) = A \quad \text{und} \quad \lim_{t \to a} h(t) = B$$

folgt

$$\lim_{t \to a} |\mathbf{H}(t) - (A\mathbf{i} + B\mathbf{j})| = \lim_{t \to a} \sqrt{(g(t) - A)^2 + (h(t) - B)^2} = 0.$$

Wir erhalten

$$\lim_{t \to a} \mathbf{H}(t) = A\mathbf{i} + B\mathbf{j}.$$

Gilt umgekehrt

$$\lim_{t \to a} \mathbf{H}(t) = A\mathbf{i} + B\mathbf{j},$$

dann folgt aus

$$\lim_{t \to a} \sqrt{(g(t) - A)^2 + (h(t) - B)^2} = 0$$

unmittelbar

$$\lim_{t \to a} g(t) = A \quad \text{und} \quad \lim_{t \to a} h(t) = B. \quad \bullet$$

Um nach Theorem 1 den Grenzwert einer Vektorfunktion zu bestimmen, suche man die Grenzwerte der dazugehörigen skalaren Komponenten auf. Obwohl in Theorem 1 ausdrücklich ebene Vektoren behandelt werden, liegt die Verallgemeinerung für räumliche Vektoren auf der Hand. Der entsprechende Beweis verläuft analog.

Beispiel 3: Man bestimme

$$\lim_{t \to 2} \mathbf{H}(t) \quad \text{für} \quad \mathbf{H}(t) = t^2\mathbf{i} + t^3\mathbf{j} + t^4\mathbf{k}.$$

Lösung: Es gilt

$$\lim_{t \to 2} \mathbf{H}(t) = \left(\lim_{t \to 2} t^2\right)\mathbf{i} + \left(\lim_{t \to 2} t^3\right)\mathbf{j} + \left(\lim_{t \to 2} t^4\right)\mathbf{k} = 4\mathbf{i} + 8\mathbf{j} + 16\mathbf{k}. \quad \bullet$$

Nun können wir auch die Ableitung einer Vektorfunktion definieren. Wir gehen dabei von der Ableitung einer skalaren Funktion

$$f'(x) = \lim_{\Delta x \to 0} \frac{f(x + \Delta x) - f(x)}{\Delta x}$$

aus und wollen in der Folge insbesondere die geometrische Bedeutung der Ableitung einer Vektorfunktion untersuchen.

Definition der Ableitung einer Vektorfunktion: Es sei $\mathbf{G}$ eine Vektorfunktion. Falls der Grenzwert

$$\lim_{\Delta t \to 0} \frac{\mathbf{G}(t + \Delta t) - \mathbf{G}(t)}{\Delta t} \tag{1}$$

existiert, wird er Ableitung von $\mathbf{G}$ nach t genannt und mit $\mathbf{G}'(t)$ bezeichnet.

Welche geometrische Bedeutung besitzt der Quotient in (1)? Der Zähler des Quotienten ist ein Vektor, den wir mit

$$\Delta\mathbf{G}$$

bezeichnen. Der Nenner Δt ist ein Skalar. Daher ist der Quotient

$$\frac{\Delta\mathbf{G}}{\Delta t}$$

ein Vektor.

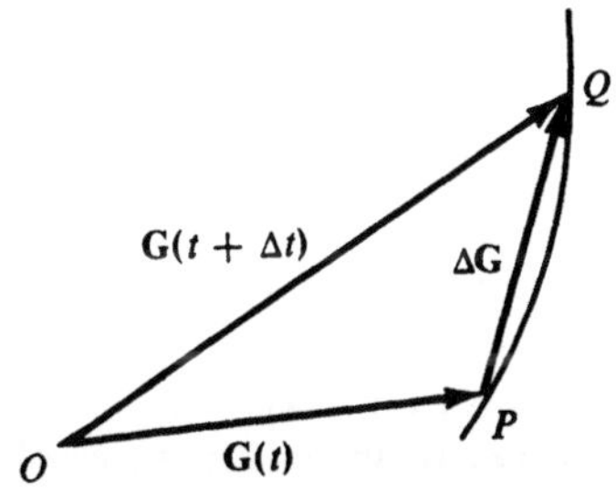

Bild 20.6

Existiert die Ableitung, so erhalten wir für kleines Δt einen kurzen Vektor $\Delta\mathbf{G}$, der die Spitze von $\mathbf{G}(t)$ mit der Spitze von $\mathbf{G}(t + \Delta t)$ verbindet. Daher können wir für $\mathbf{G}(t) = \overrightarrow{OP}$ und $\mathbf{G}(t + \Delta t) = \overrightarrow{OQ}$ kurz $\Delta\mathbf{G} = \overrightarrow{PQ}$ schreiben. Der Vektor $\Delta\mathbf{G}$ ist einer Sehne des Weges (Bild 20.6); für kleine Δt stimmt die Richtung von $\Delta\mathbf{G}$ näherungsweise mit der Richtung der Tangente an die Kurve in P überein. Da Δt ein Skalar ist (er sei positiv), liegt der Vektor

$$\frac{\Delta\mathbf{G}}{\Delta t}$$

parallel zum Vektor $\Delta\mathbf{G}$ und weist in die gleiche Richtung wie $\Delta\mathbf{G}$. Daher wird der Vektor $\Delta\mathbf{G}/\Delta t$ für kleine und positive Δt fast in die gleiche Richtung zeigen wie die Tangente im Punkt P.

Demzufolge sollte $\mathbf{G}'(t)$ parallel zur Tangente in P verlaufen. Die Richtung von $\mathbf{G}'(t)$ stimmt also mit der Richtung überein, in der sich das Teilchen beim Durchlaufen des Punktes P fortbewegt. Wir werden daher zur folgenden Definition geführt.

Definition des Tangentenvektors an eine Kurve: Eine ebene oder räumliche Kurve sei durch $\mathbf{R} = \mathbf{G}(t)$ beschrieben. Dann wird der Vektor $\mathbf{G}'(t)$ *Tangentenvektor* an die Kurve genannt.

Für jede beliebige Parameterdarstellung der Kurve ist durch $\mathbf{G}'(t)$ ein Tangentenvektor gegeben. Seine Länge kann allerdings von der gewählten Parameterdarstellung abhängen.

Sind die skalaren Komponenten von $\mathbf{G}(t)$ bekannt, so kann $\mathbf{G}'(t)$ leicht berechnet werden. Für $\mathbf{G}(t) = g(t)\mathbf{i} + h(t)\mathbf{j}$ folgt nämlich

$$\frac{\Delta \mathbf{G}}{\Delta t} = \frac{\Delta g \mathbf{i} + \Delta h \mathbf{j}}{\Delta t} = \frac{\Delta g}{\Delta t}\mathbf{i} + \frac{\Delta h}{\Delta t}\mathbf{j}.$$

Mit Hilfe von Theorem 1 erhalten wir

$$G'(t) = \lim_{\Delta t \to 0} \frac{\Delta \mathbf{G}}{\Delta t} = \lim_{\Delta t \to 0} \frac{\Delta g}{\Delta t}\mathbf{i} + \lim_{\Delta t \to 0} \frac{\Delta h}{\Delta t}\mathbf{j} = g'(t)\mathbf{i} + h'(t)\mathbf{j}.$$

Um eine Vektorfunktion zu differenzieren, genügt es also, ihre skalaren Komponenten zu differenzieren. Diese Tatsache wird im folgenden Theorem für ebene Vektoren $\mathbf{G}(t)$ präziser gefaßt und läßt sich ohne Schwierigkeiten auf den allgemeineren Fall räumlicher Vektoren $\mathbf{G}(t)$ ausdehnen.

Theorem 2: Es sei

$$\mathbf{G}(t) = g(t)\mathbf{i} + h(t)\mathbf{j}.$$

Besitzen g und h für $t = a$ eine Ableitung, dann besitzt auch $\mathbf{G}$ für $t = a$ eine Ableitung, und es gilt

$$\mathbf{G}'(a) = g'(a)\mathbf{i} + h'(a)\mathbf{j}.$$

Der Beweis sei dem Leser überlassen; er folgt unmittelbar aus Theorem 1.

Betrachten wir den Fall

$$\mathbf{G}(t) = g(t)\mathbf{i} + h(t)\mathbf{j}.$$

Die Ableitung

$$\mathbf{G}'(t) = g'(t)\mathbf{i} + h'(t)\mathbf{j}$$

sei Tangentenvektor an eine ebene Kurve. Der Anstieg dieser Kurve im Punkt mit dem Parameterwert t ist dann durch

$$\frac{dy}{dx} = \frac{dy/dt}{dx/dt}$$

gegeben. Dieser Ausdruck stimmt mit der Formel aus Abschnitt 10.8 für den Anstieg einer Kurve in Parameterdarstellung überein.

Die vektorielle Definition der Tangente ist allgemeiner, da sie auch auf räumliche Kurven angewendet werden kann. Dies zeigt das nächste Beispiel.

Beispiel 4: Der Ortsvektor des Teilchens sei zur Zeit t durch

$$\mathbf{R} = \mathbf{G}(t) = 3\cos 2\pi t\mathbf{i} + 3\sin 2\pi t\mathbf{j} + 5t\mathbf{k}$$

gegeben. Man beschreibe den Weg des Teilchens und zeichne einen typischen Tangentenvektor $\mathbf{G}'(t)$.

Lösung: Zur Zeit t befinde sich das Teilchen im Punkt

$$x = 3\cos 2\pi t, \quad y = 3\sin 2\pi t, \quad z = 5t.$$

Es gilt

$$x^2 + y^2 = (3\cos 2\pi t)^2 + (3\sin 2\pi t)^2 = 9.$$

Daher liegt der Punkt stets auf dem Zylinder

$$x^2 + y^2 = 9,$$

wobei z nicht beschränkt ist. Mit wachsendem t steigt nämlich auch $z = 5t$.

Der Weg des Teilchens entspricht der Gestalt einer Spiralfeder (Bild 20.7). Wächst t um 1, so nimmt der Win-

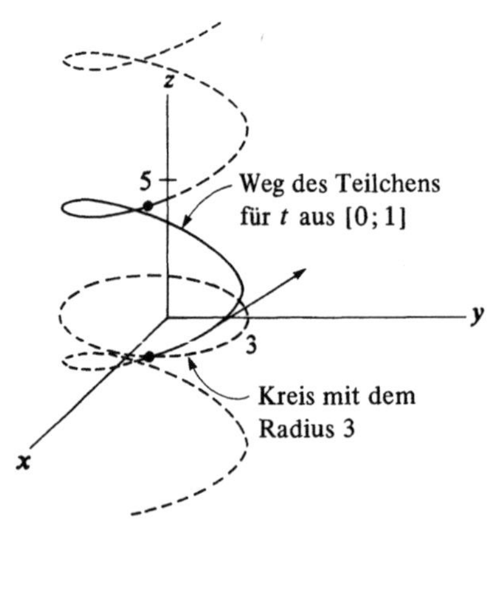

Bild 20.7

kel $2\pi t$ um 2π zu, das Teilchen vollführt einen spiralförmigen Umlauf. Einen derartigen „Korkenzieher"-förmigen Weg nennt man auch *Helix*. Zur Zeit t gilt

$$\mathbf{G}'(t) = -6\pi \sin 2\pi t\,\mathbf{i} + 6\pi\cos 2\pi t\,\mathbf{j} + 5\mathbf{k}. \quad \bullet$$

Die Länge des Vektors

$$\mathbf{G}'(t) = g'(t)\,\mathbf{i} + h'(t)\,\mathbf{j}$$

beträgt

$$\sqrt{[g'(t)]^2 + [h'(t)]^2}$$

oder

$$\sqrt{\left(\frac{dx}{dt}\right)^2 + \left(\frac{dy}{dt}\right)^2}.$$

Dieser Ausdruck stimmt mit der Formel aus Abschnitt 10.9 für die Geschwindigkeit eines Teilchens längs eines ebenen Weges überein. Ähnliche Aussagen können wir auch für räumliche Kurven herleiten. Wie sich leicht zeigen läßt, ergibt sich für die Bogenlänge s längs einer räumlichen Kurve während des Zeitintervalls $[a; b]$ der Ausdruck

$$\int_a^b \sqrt{\left(\frac{dx}{dt}\right)^2 + \left(\frac{dy}{dt}\right)^2 + \left(\frac{dz}{dt}\right)^2}\, dt.$$

Daher beträgt die Geschwindigkeit des Teilchens zur Zeit t

$$\sqrt{\left(\frac{dx}{dt}\right)^2 + \left(\frac{dy}{dt}\right)^2 + \left(\frac{dz}{dt}\right)^2}.$$

In der Physik wird dafür auch oft die Punktbezeichnung von Newton verwendet; wir schreiben dann

$$\sqrt{(\dot{x})^2 + (\dot{y})^2 + (\dot{z})^2}.$$

Gilt

$$\mathbf{G}'(t) = x(t)\,\mathbf{i} + y(t)\,\mathbf{j} + z(t)\,\mathbf{j},$$

so ist durch

$$\mathbf{G}'(t) = \sqrt{\dot{x}^2 + \dot{y}^2 + \dot{z}^2}$$

die Geschwindigkeit des Teilchens gegeben. Die Länge des Vektors $\mathbf{G}'(t)$ kann daher als Geschwindigkeit des Teilchens interpretiert werden:

$$|\mathbf{G}'(t)| = \text{Geschwindigkeit des Teilchens zur Zeit } t.$$

Aus diesem Grund wird $\mathbf{G}'(t)$ häufig auch *Geschwindigkeitsvektor* genannt. Seine Richtung stimmt mit der momentanen Bewegungsrichtung des Teilchens überein, seine Länge ist gleich der Geschwindigkeit des Teilchens. Wir schreiben daher für $\mathbf{G}'(t)$ häufig $\mathbf{v}$.

Beispiel 5: Man bestimme die Geschwindigkeit des Teilchens aus Beispiel 4 zur Zeit t.

Lösung:

$$\begin{aligned}\text{Geschwindigkeit} &= |\mathbf{G}'(t)|\\ &= \sqrt{(-6\pi\sin 2\pi t)^2 + (6\pi\cos 2\pi t)^2 + 5^2}\\ &= \sqrt{36(\sin^2 2\pi t + \cos^2 2\pi t) + 25}\\ &= \sqrt{61}.\end{aligned}$$

Das Teilchen bewegt sich längs seines helixförmigen Weges mit konstanter Geschwindigkeit und legt in t Zeiteinheiten den Weg $\sqrt{61}\, t$ zurück.

Der Geschwindigkeitsvektor selbst ist nicht konstant, da sich die Bewegungsrichtung dauernd ändert. Allerdings bleibt im gewählten Beispiel die Länge des Vektors und damit der Betrag der Geschwindigkeit konstant. •

Beispiel 6: Man zeichne den Weg eines Teilchens, dessen Ortsvektor zur Zeit $t \geqslant 0$ durch

$$\mathbf{G}(t) = \cos t^2\,\mathbf{i} + \sin t^2\,\mathbf{j}$$

gegeben ist und bestimme die Geschwindigkeit zur Zeit t.
Lösung: Wir erhalten

$$|\mathbf{G}(t)| = \sqrt{\cos^2 t^2 + \sin^2 t^2} = 1.$$

Somit bewegt sich das Teilchen auf einem Kreis mit dem Radius 1 und dem Mittelpunkt (0; 0) (Bild 20.8). Die Geschwindigkeit des Teilchens erhalten wir aus

$$\begin{aligned}|\mathbf{v}(t)| = |\mathbf{G}'(t)| &= |-2t\sin t^2\,\mathbf{i} + 2t\cos t^2\,\mathbf{j}|\\ &= \sqrt{(-2t\sin t^2)^2 + (2t\cos t^2)^2}\\ &= 2t\sqrt{\sin^2 t^2 + \cos^2 t^2}\\ &= 2t.\end{aligned}$$

Das Teilchen durchläuft den Einheitskreis immer rascher.

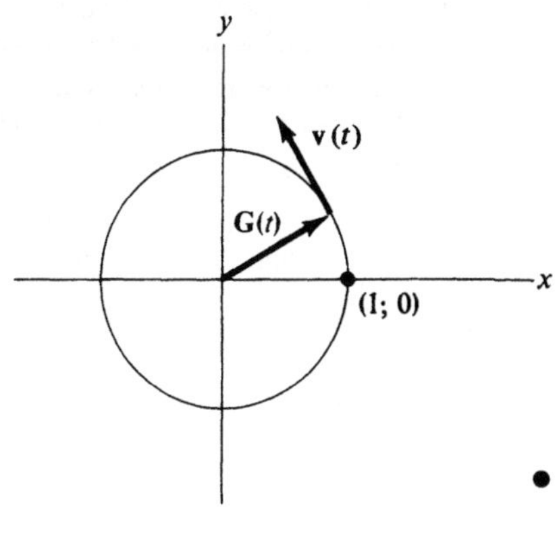

Bild 20.8

•

Übungen:

1. Zur Zeit t ist der Ortsvektor eines Balles durch $\mathbf{R}(t) = 10t\mathbf{i} - 5t^2\mathbf{j}$ gegeben.
   (*a*) Man zeichne $\mathbf{R}(0)$, $\mathbf{R}(1)$ und $\mathbf{R}(2)$.
   (*b*) Man zeichne den Weg.
   (*c*) Man berechne und zeichne $\mathbf{v}(0)$, $\mathbf{v}(1)$ und $\mathbf{v}(2)$. In jedem Falle werde der Anfangspunkt des Geschwindigkeitsvektors an die Spitze des zugehörigen Ortsvektors gelegt.
2. Zur Zeit $t \geqslant 0$ befindet sich ein Teilchen im Punkt $x = 2t$, $y = 4t^2$.
   (*a*) Wie lautet der Ortsvektor $\mathbf{R}(t)$ zur Zeit t?
   (*b*) Man zeichne den Weg.
   (*c*) Mit welcher Geschwindigkeit bewegt sich das Teilchen für $t = 1$?
   (*d*) Man zeichne $\mathbf{v}(1)$ und lege den Anfangspunkt an die Spitze von $\mathbf{R}(1)$.
3. Es sei $\mathbf{G}(t) = t^2\mathbf{i} + t^3\mathbf{j}$.
   (*a*) Man zeichne den Vektor $\Delta\mathbf{G} = \mathbf{G}(1{,}1) - \mathbf{G}(1)$.
   (*b*) Man zeichne den Vektor $\Delta\mathbf{G}/\Delta t$ für $\Delta\mathbf{G}$ aus (*a*) und $\Delta t = 0{,}1$.
   (*c*) Man zeichne $\mathbf{G}'(1)$.
   (*d*) Man bestimme $|\Delta\mathbf{G}/\Delta t - \mathbf{G}'(1)|$ für $\Delta\mathbf{G}/\Delta t$ aus (*b*).
4. Zur Zeit t sei der Ortsvektor eines Teilchens gleich
   $$\mathbf{G}(t) = 2\cos 4\pi t\,\mathbf{i} + 2\sin 4\pi t\,\mathbf{j} + t\mathbf{k}.$$
   (*a*) Man zeichne seinen Weg.
   (*b*) Man bestimme seine Geschwindigkeit.
   (*c*) Man bestimme den Einheitstangentenvektor an den Weg zur Zeit t.
5. Zur Zeit t ist der Ortsvektor eines Teilchens gleich
   $$\mathbf{G}(t) = t\cos 2\pi t\,\mathbf{i} + t\sin 2\pi t\,\mathbf{j} + t\mathbf{k}.$$
   (*a*) Das Teilchen bewegt sich auf einer Kegeloberfläche, die in zylindrischen Koordinaten durch die Gleichung $z = r$ dargestellt wird. Man zeige dies.
   (*b*) Man zeichne den Weg des Teilchens.
6. Ein Teilchen befindet sich zur Zeit $t = 0$ im Punkt $(x_0; y_0; z_0)$ und bewegt sich durch diesen Punkt auf einer Geraden in der Richtung des Einheitsvektors $\mathbf{u} = \cos\alpha\mathbf{i} + \cos\beta\mathbf{j} + \cos\gamma\mathbf{k}$. Seine Geschwindigkeit sei konstant gleich 3 m/s.
   (*a*) Man gebe eine Formel für den Ortsvektor $\mathbf{R} = \mathbf{G}(t)$.
   (*b*) Man bestimme den Geschwindigkeitsvektor $\mathbf{v} = \mathbf{G}'(t)$.
7. Ein Teilchen bewegt sich längs eines kreisförmigen Weges mit dem Radius a. Zur Zeit t ist der Ortsvektor gleich
   $$\mathbf{R}(t) = a\cos 2\pi t\,\mathbf{i} + a\sin 2\pi t\,\mathbf{j}.$$
   (*a*) Man zeichne den Ortsvektor für $t = 0$ und $t = 1/4$.
   (*b*) Man zeichne den Geschwindigkeitsvektor für $t = 0$ und $t = 1/4$.
   (*c*) Mit Hilfe des skalaren Produktes beweise man, daß der Geschwindigkeitsvektor stets senkrecht auf dem Ortsvektor steht.
8. Ein Teilchen bewegt sich für beliebige Zeitpunkte $t \geqslant 1$ unter dem Einfluß einer Kombination von Raketen, Seilen, sowie des Luftwiderstandes längs eines Weges mit der Parameterdarstellung $x = t$ und $y = t^{-1}$.
   (*a*) Man zeichne den Weg des Teilchens.
   (*b*) Man zeichne $\mathbf{R}(1)$, $\mathbf{R}(2)$ und $\mathbf{R}(3)$.
   (*c*) Man zeichne $\mathbf{v}(1)$, $\mathbf{v}(2)$ und $\mathbf{v}(3)$.
   (*d*) Wie werden sich dx/dt, dy/dt, $|\mathbf{v}|$ und $\mathbf{v}$ im Laufe der Zeit verändern?
9. Ein Elektron umläuft in einer Sekunde einen Kreis mit dem Radius 100 m. Zur Zeit $t = 0$ befindet es sich im Punkt $(100; 0)$.
   (*a*) Man berechne $\mathbf{R}(t)$ und $\mathbf{v}(t)$.
   (*b*) Man zeichne $\mathbf{R}(0)$, $\mathbf{R}(1/800)$, $\mathbf{v}(0)$, $\mathbf{v}(1/800)$.
   (*c*) Wie verändern sich $|\mathbf{R}(t)|$ und $|\mathbf{v}(t)|$ im Laufe der Zeit?
10. Zur Zeit t befinde sich ein Teilchen in $(3t^2; 6t^2)$.
    (*a*) Das Teilchen bewegt sich längs der Geraden $y = 2x$. Man beweise dies.
    (*b*) Man zeichne $\mathbf{R}(0)$, $\mathbf{R}(1)$, $\mathbf{R}(2)$ und $\mathbf{v}(0)$, $\mathbf{v}(1)$, $\mathbf{v}(2)$.
11. Ein Teilchen befindet sich zur Zeit t im Punkt $(\cos t^2, \sin t^2)$.
    (*a*) Das Teilchen bewegt sich längs des Kreises $x^2 + y^2 = 1$. Man beweise dies.
    (*b*) Man berechne $\mathbf{R}(t)$ und $\mathbf{v}(t)$.
    (*c*) Wie verhält sich $|\mathbf{v}(t)|$ für große t und welche Information kann hieraus über die Bewegung gezogen werden?
12. Zur Zeit t befindet sich ein Teilchen im Punkt $(4t; 16t^2)$.
    (*a*) Das Teilchen bewegt sich längs der Kurve $y = x^2$. Man beweise dies.
    (*b*) Man zeichne $\mathbf{R}(t)$ und $\mathbf{v}(t)$ für $t = 0, \frac{1}{4}, \frac{1}{2}$.
    (*c*) Wie verhalten sich $|\mathbf{v}(t)|$ und die Richtung von $\mathbf{v}(t)$ für große t?

■

13. Ein Ball wird mit einer Anfangsgeschwindigkeit von 100 m/s unter einem Winkel von 60° zur Horizontalen abgeschossen. Vernachlässigen wir den Luftwiderstand, dann befindet sich der Ball zur Zeit t im Punkt $(50t; 50\sqrt{3}t - 5t^2)$ seines Fluges. Man berechne und zeichne $\mathbf{R}(t)$ und $\mathbf{v}(t)$ für
    (*a*) $t = 0$,
    (*b*) die maximale Höhe des Balles,
    (*c*) das Auftreffen des Balles auf dem Boden.
14. Anstelle der Zeit t verwende man die Bogenlänge s als Parameter, $\mathbf{R} = \mathbf{G}(s)$.
    (*a*) [Wie wir aus Abschnitt 10.9 wissen, gilt für beliebige Parameterdarstellungen einer Kurve $(ds/dt)^2 = (dx/dt)^2 + (dy/dt)^2$.] $d\mathbf{R}/ds$ ist ein Einheitsvektor. Man zeige dies.
    (*b*) Man zeichne $\Delta\mathbf{R}$ und Δs. Ist es plausibel, daß $|\Delta\mathbf{R}/\Delta s|$ für kleine Δs nahe bei 1 liegt?

■■

15. Ein Stein wird unter dem Winkel θ mit der Horizontalen und mit einer Anfangsgeschwindigkeit von v_0 abgeschossen. Sein Ortsvektor ist dann durch

$$\mathbf{R}(t) = \overrightarrow{((v_0 \cos\theta)\, t;\ (v_0 \sin\theta)\, t - 5t^2)}$$

gegeben. Man beweise dies. [Zur Zeit $t = 0$ befindet sich der Stein in $(0; 0)$. Die x-Achse liegt horizontal.]

16. (Siehe Übung 15.) In dem Augenblick, in dem der Ball nach unten zu fallen beginnt, schieße man einen Pfeil auf ihn ab. Der Luftwiderstand kann vernachlässigt werden. Bewegt sich der Pfeil genügend rasch, so kann er den Ball treffen. Man beweise dies.
   (*a*) Man behandle das Problem mit Hilfe der Formel aus Übung 15.
   (*b*) Man behandle das Problem intuitiv.
   (*c*) Muß die Beschleunigung konstant sein, damit die Überlegungen aus (*b*) gelten? Man erkläre dies.

17. (*a*) Wird der Stein unter dem Winkel $(\pi/2) - \theta$ anstatt unter dem Winkel θ abgeschossen (siehe Übung 15), so legt er die gleiche horizontale Distanz zurück. Man beweise dies.
   (*b*) Für welchen Wert von θ ergibt sich die maximale Reichweite?

18. Steht der Geschwindigkeitsvektor $\mathbf{v}(t)$ stets senkrecht auf dem Ortsvektor $\mathbf{R}(t)$, dann liegt der Weg auf einer Kugel mit dem Mittelpunkt im Ursprung. Man beweise dies. *Hinweis:* Der Abstand des Teilchens vom Ursprung bleibt in diesem Fall konstant.

19. (*a*) Die Wege

   $\mathbf{G}(t) = t\mathbf{i} + t^2\mathbf{j} + t^3\mathbf{k}$ und $\mathbf{H}(t) = t^2\mathbf{i} + t^3\mathbf{j} + t^4\mathbf{k}$

   schneiden einander für $t = 1$. Man beweise dies.
   (*b*) Unter welchem Winkel schneiden sie einander?

20.2 Die Eigenschaften der Ableitung einer Vektorfunktion

Die folgenden Theoreme behandeln nützliche Eigenschaften der Ableitung einer Vektorfunktion.

Wir kennen nun zwei Arten von Funktionen, Vektorfunktionen und Funktionen mit reellen Zahlenwerten. Eine Vektorfunktion $\mathbf{G}$ ordnet jeder Zahl einen Vektor $\mathbf{G}(t)$ zu. Eine gewöhnliche Funktion f ordnet einer Zahl t wiederum eine Zahl $f(t)$ zu; zur deutlichen Unterscheidung wird eine derartige Funktion auch *skalare Funktion* genannt. Wird der Zahl t der Vektor $f(t)\mathbf{G}(t)$ zugeordnet, so erhalten wir wiederum eine Vektorfunktion. Das Produkt einer skalaren Funktion und einer Vektorfunktion ist somit eine Vektorfunktion und wir schreiben dafür $f\mathbf{G}$. Der Skalar kann auch an die zweite Stelle, $\mathbf{G}f$, gesetzt werden. Diese Schreibweise wird jedoch seltener verwendet. Das erste Theorem behandelt die Ableitung von $f\mathbf{G}$. Man beachte die Ähnlichkeit mit der Ableitung des Produktes zweier skalarer Funktionen (Abschnitt 5.5).

Theorem 1: Ist f eine skalare Funktion und $\mathbf{G}$ eine Vektorfunktion, dann ergibt sich für die Ableitung der Vektorfunktion der Ausdruck

$$f\mathbf{G}' + f'\mathbf{G}.$$

Beweis: Der Beweis verläuft ganz analog zu dem aus Abschnitt 5.5. Zunächst berechnen wir $\Delta(f\mathbf{G})$:

$$\begin{aligned}\Delta(f\mathbf{G}) &= f(t+\Delta t)\mathbf{G}(t+\Delta t) - f(t)\mathbf{G}(t)\\ &= [f(t)+\Delta f]\,[\mathbf{G}(t)+\Delta\mathbf{G}] - f(t)\mathbf{G}(t)\\ &= f(t)\mathbf{G}(t) + f(t)\,\Delta\mathbf{G} + \Delta f\,\mathbf{G}(t) + \Delta f\,\Delta\mathbf{G} -\\ &\quad - f(t)\mathbf{G}(t)\\ &= f(t)\,\Delta\mathbf{G} + \Delta f\,\mathbf{G}(t) + \Delta f\,\Delta\mathbf{G}.\end{aligned}$$

Wir erhalten nach Division durch Δt und Grenzwertbildung

$$\begin{aligned}\lim_{\Delta t\to 0}\frac{\Delta(f\mathbf{G})}{\Delta t} &= \lim_{\Delta t\to 0}\left[f(t)\frac{\Delta\mathbf{G}}{\Delta t} + \frac{\Delta f}{\Delta t}\mathbf{G}(t) + \Delta f\frac{\Delta\mathbf{G}}{\Delta t}\right]\\ &= f(t)\mathbf{G}'(t) + f'(t)\mathbf{G}(t) + 0\mathbf{G}'(t).\end{aligned}$$

Damit ist das Theorem bewiesen. ●

Beispiel 1: Man bestimme die Ableitung der Vektorfunktion

$$t^2(\cos t\,\mathbf{i} + \sin t\,\mathbf{j}).$$

Lösung: Mit Hilfe von Theorem 1 ergibt sich für die Ableitung

$$\begin{aligned}&t^2(\cos t\,\mathbf{i} + \sin t\,\mathbf{j})' + (t^2)'(\cos t\,\mathbf{i} + \sin t\,\mathbf{j})\\ &= t^2(-\sin t\,\mathbf{i} + \cos t\,\mathbf{j}) + 2t(\cos t\,\mathbf{i} + \sin t\,\mathbf{j})\\ &= (-t^2\sin t + 2t\cos t)\,\mathbf{i} + (t^2\cos t + 2t\sin t)\,\mathbf{j}.\end{aligned}$$

Dieses Beispiel hätte man auch ohne Zuhilfenahme von Theorem 1 lösen können. Die Funktion kann nämlich in der Form

$$t^2\cos t\,\mathbf{i} + t^2\sin t\,\mathbf{j}$$

geschrieben und durch Differentiation der einzelnen skalaren Komponenten differenziert werden (siehe vorigen Abschnitt). ●

Aus zwei Vektorfunktionen $\mathbf{G}$ und $\mathbf{H}$ kann durch Bildung des skalaren Produktes eine skalare Funktion konstruiert werden: Der Funktion $\mathbf{G}\cdot\mathbf{H}$ an der Stelle t wird das skalare Produkt

$$\mathbf{G}(t)\cdot\mathbf{H}(t) \qquad \text{zugeordnet.}$$

Theorem 2: Sind **G** und **H** Vektorfunktionen, dann gilt

$$(\mathbf{G}\cdot\mathbf{H})' = \mathbf{G}\cdot\mathbf{H}' + \mathbf{H}\cdot\mathbf{G}'.$$

Übung 3 behandelt eine Beweisskizze für Theorem 2.

Beispiel 3: Ist die Länge des Vektors $\mathbf{G}(t)$ unabhängig von t, dann steht $\mathbf{G}'(t)$ senkrecht auf $\mathbf{G}(t)$. Man beweise dies mit Hilfe von Theorem 2.

Lösung: Wir setzen in Theorem 2 nun $\mathbf{H}(t) = \mathbf{G}(t)$ und erhalten

$$(\mathbf{G}\cdot\mathbf{G})' = \mathbf{G}\cdot\mathbf{G}' + \mathbf{G}\cdot\mathbf{G}' = 2\mathbf{G}\cdot\mathbf{G}'. \quad (1)$$

Es gilt $\mathbf{G}(t)\cdot\mathbf{G}(t) = |\mathbf{G}(t)|^2$. Die Länge $|\mathbf{G}(t)|$ bezeichnen wir mit r. Dann folgt aus (1)

$$\frac{d(r^2)}{dt} = 2\mathbf{G}\cdot\mathbf{G}' \quad \text{oder} \quad 2r\frac{dr}{dt} = 2\mathbf{G}\cdot\mathbf{G}'$$

und schließlich

$$r\frac{dr}{dt} = \mathbf{G}\cdot\mathbf{G}'.$$

Da r konstant ist, muß auf Grund von Gleichung (2) das Produkt $\mathbf{G}(t)\cdot\mathbf{G}'(t)$ verschwinden. Da weder $\mathbf{G}(t)$ noch $\mathbf{G}'(t)$ gleich $\mathbf{0}$ ist, stehen die beiden nichtverschwindenden Vektoren aufeinander senkrecht. ●

Das Ergebnis aus Bespiel 2 könnte auch mit Hilfe geometrischer Überlegungen gewonnen werden (Bild 20.9). Ist nämlich $|\mathbf{G}(t)|$ konstant, so bewegt sich das Teilchen auf einer Kugel (auf einem Kreis). $\mathbf{G}'(t)$ ist Tangentenvektor der Kugel und steht daher senkrecht auf $\mathbf{G}(t)$, da jeder Strahl, der vom Mittelpunkt der Kugel ausgeht, in dem Punkt auf der Tangente senkrecht steht, in dem er die Kugel trifft. Dieses Resultat ist wichtig und wird noch öfter benötigt werden.

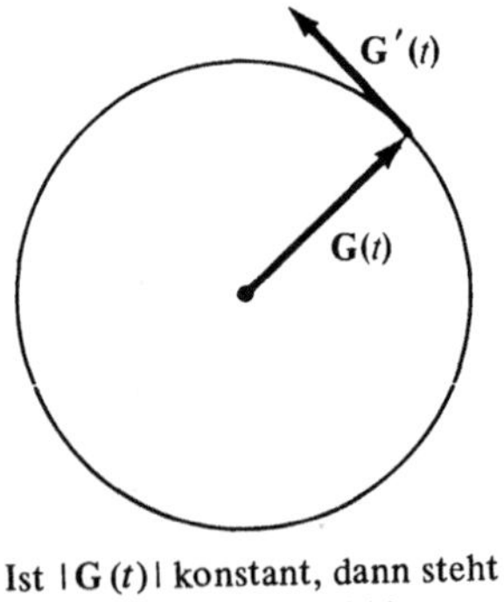

Ist $|\mathbf{G}(t)|$ konstant, dann steht $\mathbf{G}'(t)$ senkrecht auf $\mathbf{G}(t)$

Bild 20.9

Es sei **G** eine Vektorfunktion des Skalars s, $\mathbf{R} = \mathbf{G}(s)$, und es sei s Funktion des Skalars t, $s = f(t)$. Dann kann **R** als Funktion von t betrachtet werden:

$$\mathbf{R} = \mathbf{G}(f(t)).$$

(s sei zum Beispiel die Bogenlänge und t die Zeit.) Wir bezeichnen diese zusammengesetzte Funktion mit $\mathbf{G}\circ f$.

Theorem 3: *Kettenregel.* Ist **G** eine Vektorfunktion und f eine skalare Funktion, dann ist $\mathbf{G}\circ f$ eine Vektorfunktion, deren Ableitung an der Stelle t durch

$$\mathbf{G}'(f(t))\cdot f'(t)$$

gegeben ist. Aus $\mathbf{R} = \mathbf{G}(s)$ und $s = f(t)$ folgt also

$$\frac{d\mathbf{R}}{dt} = \frac{d\mathbf{R}}{ds}\cdot\frac{ds}{dt}.$$

Übung 12 behandelt eine Beweisskizze für Theorem 3.

Beispiel 3: Es sei $\mathbf{R} = s^2\,\mathbf{i} + s^3\,\mathbf{j}$ mit $s = e^{2t}$. Man berechne $d\mathbf{R}/dt$.

Lösung:

$$\frac{d\mathbf{R}}{ds} = 2s\,\mathbf{i} + 3s^2\mathbf{j} \quad \text{und} \quad \frac{ds}{dt} = 2e^{2t}.$$

Somit gilt

$$\frac{d\mathbf{R}}{dt} = (2s\,\mathbf{i} + 3s^2\mathbf{j})\,2e^{2t}$$

oder

$$\frac{d\mathbf{R}}{dt} = 2e^{2t}(2s\,\mathbf{i} + 3s^2\mathbf{j}) = 2e^{2t}(2e^{2t}\mathbf{i} + 3e^{4t}\mathbf{j}).$$ ●

Übungen:

1. Es sei $\mathbf{G}(t) = \cos 2t\,\mathbf{i} + \sin 2t\,\mathbf{j}$.
   (*a*) $\mathbf{G}(t)$ ist ein Einheitsvektor. Man beweise dies.
   (*b*) Ist $\mathbf{G}'(t)$ ein Einheitsvektor?
2. Theorem 1 kann mit Hilfe skalarer Komponenten bewiesen werden. Man schreibe $\mathbf{G}(t) = g(t)\,\mathbf{i} + h(t)\,\mathbf{j}$, stelle $f(t)\,\mathbf{G}(t)$ in Komponenten dar und differenziere.
3. Beweisskizze für Theorem 2.
   (*a*) Man stelle $\Delta(\mathbf{G}\cdot\mathbf{H})$ mit Hilfe der Gleichungen

   $$\mathbf{G}(t+\Delta t) = \mathbf{G}(t) + \Delta\mathbf{G} \quad \text{und} \quad \mathbf{H}(t+\Delta t) = \mathbf{H}(t) + \Delta\mathbf{H}$$

   möglichst einfach dar.
   (*b*) Mit Hilfe von (*a*) bestimme man $\lim\limits_{\Delta t\to 0}\dfrac{\Delta(\mathbf{G}\cdot\mathbf{H})}{\Delta t}$.

4. Ein Teilchen befindet sich zur Zeit $t \geqslant 0$ im Punkt $(t; t^2; t)$.
   (*a*) Man zeichne seinen Weg.
   (*b*) Man bestimme seine Geschwindigkeit zur Zeit t.
   (*c*) Der Weg des Teilchens befindet sich oberhalb einer Parabel in der xy-Ebene. Man beweise dies.
   (*d*) Der Weg liegt in einer Ebene. Man beweise dies.
5. Der Weg eines Teilchens werde durch den Ortsvektor

   $$\mathbf{R}(t) = e^t \cos t\,\mathbf{i} + e^t \sin t\,\mathbf{j}$$

   beschrieben. Der Winkel zwischen dem Ortsvektor und dem Geschwindigkeitsvektor hat den konstanten Wert $\pi/4$. Man beweise dies.
6. (*a*) Sind **G** und **H** Vektorfunktionen, so ergibt sich durch die Definitionsgleichung von

   $$(\mathbf{G} \times \mathbf{H})(t) = \mathbf{G}(t) \times \mathbf{H}(t)$$

   eine neue Vektorfunktion. Man beweise

   $$(\mathbf{G} \times \mathbf{H})' = \mathbf{G} \times \mathbf{H}' + \mathbf{G}' \times \mathbf{H}.$$

   (*b*) Kann man ebenso wie bei der Ableitung des Produktes skalarer Funktionen die Gleichung

   $(\mathbf{G} \times \mathbf{H})'$ ist gleich $\mathbf{G} \times \mathbf{H}' + \mathbf{H} \times \mathbf{G}'$

   schreiben?
7. Ist der Geschwindigkeitsvektor $\mathbf{v}(t)$ konstant, so ergibt sich ein geradliniger Weg. Man beweise dies.

■

8. Ein Teilchen bewegt sich längs des Weges $\mathbf{R} = \mathbf{G}(t)$ und durchläuft den Ursprung nicht. In dem Punkt P, in dem der Weg dem Ursprung am nächsten kommt, steht der Ortsvektor $\vec{OP}$ senkrecht auf dem Geschwindigkeitsvektor. Man beweise dies.
9. (*a*) $\mathbf{G}(t)$ habe eine konstante Richtung. Gilt dies dann auch für $\mathbf{G}'(t)$?
   (*b*) $\mathbf{G}(t)$ habe eine konstante Länge. Gilt dies dann auch für $\mathbf{G}'(t)$?
10. Es sei $\mathbf{G}(t)$ eine nirgends verschwindende Vektorfunktion. In diesem Fall kann **G** in der Form $f\mathbf{H}$ geschrieben werden, wobei $f(t) \geqslant 0$ und $|\mathbf{H}(t)| = 1$ für alle t gilt. Man beweise dies.
11. Es sei **G** eine nirgends verschwindende Vektorfunktion und $r(t) = |\mathbf{G}(t)|$.
   (*a*) $\left|\dfrac{\mathbf{G}(t)}{r(t)}\right| = 1$. Man beweise dies.
   (*b*) Mit Hilfe von Beispiel 2 beweise man

   $$\left(\frac{\mathbf{G}}{r}\right)' \cdot \frac{\mathbf{G}}{r} = 0.$$

   Man zeige dann $r\mathbf{G} \cdot \mathbf{G}' = r'\mathbf{G} \cdot \mathbf{G}$.
   (*c*) Man beweise (*b*) durch Darstellung von **G** und **G**′ in Komponenten.
12. Zum Beweis von Theorem 3 schreibe man

   $$\mathbf{G}(s) = g(s)\,\mathbf{i} + h(s)\,\mathbf{j}$$

   und untersuche die Komponenten.

20.3 Der Beschleunigungsvektor

Ist der Ortsvektor zur Zeit t durch $\mathbf{R} = \mathbf{G}(t)$ gegeben, dann ist der Geschwindigkeitsvektor zur Zeit t gleich $\mathbf{v} = \mathbf{G}'(t)$. Die Definition des Beschleunigungsvektors ergibt sich aus der Verallgemeinerung der Beschleunigung eines geradlinig bewegten Teilchens.

Definition des Beschleunigungsvektors: Die Ableitung des Geschwindigkeitsvektors wird *Beschleunigungsvektor* genannt und mit **a** bezeichnet:

$$\mathbf{a} = \frac{d\mathbf{v}}{dt}.$$

Beispiel 1: Die Vektorfunktion $\mathbf{G}(t) = 10t\,\mathbf{i} - 5t^2\mathbf{j}$ beschreibe den Ort eines Balles zur Zeit t. Man berechne $\mathbf{v}(t)$ und $\mathbf{a}(t)$:

Lösung:

$$\mathbf{v}(t) = 10\mathbf{i} - 10t\mathbf{j} \quad \text{und} \quad \mathbf{a}(t) = -10\mathbf{j}.$$

In diesem Falle ist der Beschleunigungsvektor in bezug auf seine Richtung und seine Länge konstant. Er weist senkrecht nach unten, wie dies für den Vektor der Gravitationskraft zu erwarten war. Bild 20.10 stellt **v** und **a** in zwei Punkten des Weges dar. ●

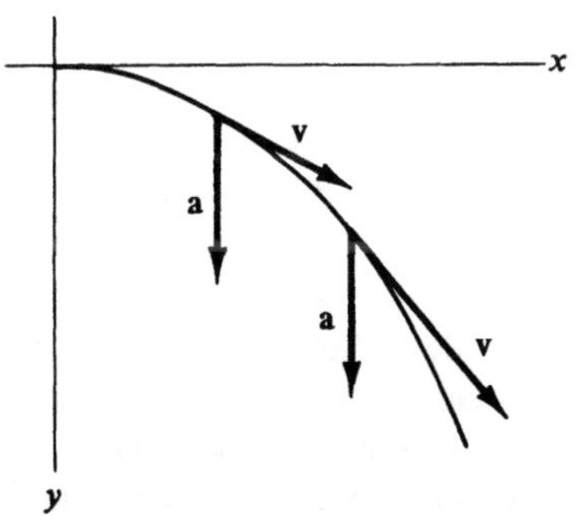

Bild 20.10

Wie Beispiel 1 zeigt, können der Geschwindigkeitsvektor **v** und der Beschleunigungsvektor **a** leicht berechnet werden, wenn die Komponenten des Ortsvektors $\mathbf{R}(t)$ bekannt sind. Aus

$$\mathbf{R}(t) = x(t)\,\mathbf{i} + y(t)\,\mathbf{j} + z(t)\,\mathbf{k}$$

folgt nämlich

$$\mathbf{v}(t) = \frac{dx}{dt}\,\mathbf{i} + \frac{dy}{dt}\,\mathbf{j} + \frac{dz}{dt}\,\mathbf{k}$$

und

$$\mathbf{a}(t) = \frac{d^2x}{dt^2}\,\mathbf{i} + \frac{d^2y}{dt^2}\,\mathbf{j} + \frac{d^2z}{dt^2}\,\mathbf{k}.$$

Mit Hilfe der Punktbezeichnung für die Ableitungen ($\dot{x} = dx/dt$; $\ddot{x} = d^2x/dt^2$) können diese Formeln noch einfacher gefaßt werden: Aus

$$\mathbf{R}(t) = x(t)\mathbf{i} + y(t)\mathbf{j} + z(t)\mathbf{k}$$

folgt

$$\mathbf{v}(t) = \dot{x}\mathbf{i} + \dot{y}\mathbf{j} + \dot{z}\mathbf{k} \quad \text{und} \quad \mathbf{a}(t) = \ddot{x}\mathbf{i} + \ddot{y}\mathbf{j} + \ddot{z}\mathbf{k}.$$

Greifen an den bewegten Teilchen keine Kräfte an, so ist $\mathbf{v}$ in Richtung und Länge konstant und wir erhalten $\mathbf{a} = 0$. Verschwindet also der Vektor der Kräfte $\mathbf{F}$, dann folgt $\mathbf{a} = 0$. Aufgrund des zweiten Newtonschen Axioms gilt zwischen $\mathbf{F}$, $\mathbf{a}$ und der Masse m des Teilchens ganz allgemein die Vektorgleichung:

$$\mathbf{F} = m\mathbf{a}.$$

In dieser einfachen Gleichung sind mehrere Aussagen zusammengefaßt:

1. Die Richtung des Beschleunigungsvektors stimmt mit der Richtung von $\mathbf{F}$ überein.
2. Wirkt die Kraft $\mathbf{F}$ auf eine große Masse, so ist der Beschleunigungsvektor kürzer, als wenn die gleiche Kraft an einer kleineren Masse angreift.
3. Für eine gegebene Masse ist die Länge von $\mathbf{a}$ proportional zur Länge von $\mathbf{F}$.

Wir können uns den Beschleunigungsvektor stets als Auswirkung einer auf das Teilchen wirkenden Kraft vorstellen, da der Beschleunigungsvektor $\mathbf{a}$ und der Kraftvektor $\mathbf{F}$ in die gleiche Richtung zeigen. Ist die Masse des Teilchens gleich 1, dann gilt $\mathbf{F} = \mathbf{a}$.

Betrachten wir nun ein Teilchen, das sich mit konstantem Geschwindigkeitsbetrag v auf einer kreisförmigen Bahn bewegt. Es kann dies z.B. eine schwere Masse am Ende eines Seiles oder ein Satellit auf einer Kreisbahn um die Erde sein. Im folgenden Theorem wird der Beschleunigungsvektor dieser Bewegungsform behandelt.

Theorem: Bewegt sich ein Teilchen mit konstantem Geschwindigkeitsbetrag v auf einem kreisförmigen Weg mit Radius r, dann weist der zugehörige Beschleunigungsvektor zum Kreismittelpunkt und hat die Länge

$$\frac{v^2}{r}.$$

Beweis: Wir führen ein xy-Koordinatensystem ein und legen $(0;0)$ in den Mittelpunkt der Umlaufbahn. Das Teilchen befinde sich zur Zeit Null im Punkt $(r;0)$. Es sei $\mathbf{R} = \mathbf{R}(t)$ der Ortsvektor des Teilchens zur Zeit t. Die Bewegung möge gegen den Uhrzeigersinn ablaufen; dann ist der Winkel θ positiv (Bild 20.11).

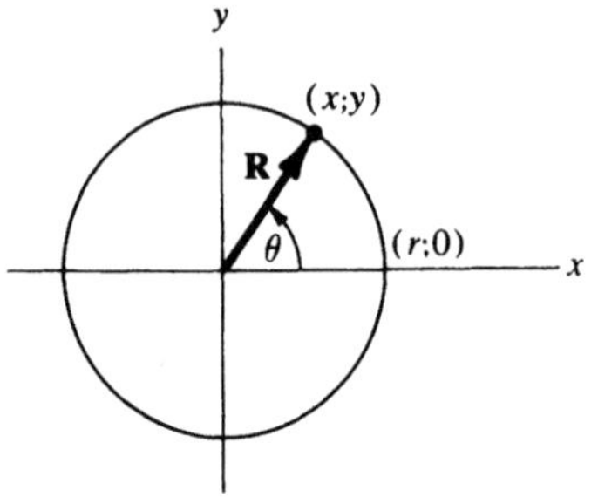

Bild 20.11

Da sich das Teilchen mit konstantem v bewegt, durchläuft es bis zur Zeit t einen Kreisbogen der Länge vt. Im Bogenmaß folgt dann

$$\theta = \frac{vt}{r}$$

für den Winkel θ von $\mathbf{R}$ zur Zeit t. Wir erhalten daher

$$\begin{aligned}\mathbf{R} &= x\mathbf{i} + y\mathbf{j}\\ &= r\cos\theta\,\mathbf{i} + r\sin\theta\,\mathbf{j}\\ &= r\cos\frac{vt}{r}\mathbf{i} + r\sin\frac{vt}{r}\mathbf{j}.\end{aligned}$$

Nun können $\mathbf{v}$ und $\mathbf{a}$ explizit berechnet werden. Der Radius r ist konstant und es ergibt sich

$$\begin{aligned}\mathbf{v} &= \frac{d\mathbf{R}}{dt}\\ &= \frac{-rv}{r}\sin\frac{vt}{r}\mathbf{i} + \frac{rv}{r}\cos\frac{vt}{r}\mathbf{j}\\ &= -v\sin\frac{vt}{r}\mathbf{i} + v\cos\frac{vt}{r}\mathbf{j}.\end{aligned}$$

Weitere Differentiation führt zu

$$\begin{aligned}\mathbf{a} &= \frac{d\mathbf{v}}{dt}\\ &= \frac{-v^2}{r}\cos\frac{vt}{r}\mathbf{i} - \frac{v^2}{r}\sin\frac{vt}{r}\mathbf{j}\\ &= \frac{v^2}{r}(-\cos\theta\,\mathbf{i} - \sin\theta\,\mathbf{j}).\end{aligned}$$

Aus dieser letzten Gleichung können wir die Richtung und die Länge von $\mathbf{a}$ ablesen. Zunächst ist

$$-\cos\theta\,\mathbf{i} - \sin\theta\,\mathbf{j}$$

ein Einheitsvektor, dessen Richtung der von

$$\mathbf{R} = r\cos\theta\,\mathbf{i} + r\sin\theta\,\mathbf{j}$$

entgegengesetzt ist. Daher weist a zum Kreismittelpunkt hin (Bild 20.12). Ferner ergibt sich **a** als das v^2/r-fache eines Einheitsvektors und hat daher die Länge v^2/r. Damit ist der Beweis abgeschlossen. •

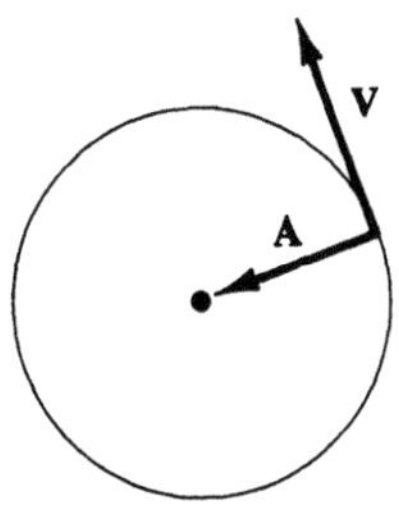

Bei einer Kreisbewegung mit konstanter Geschwindigkeit ist der Beschleunigungsvektor zum Kreismittelpunkt gerichtet

Bild 20.12

Das soeben bewiesene Theorem wurde von Huygens im Jahre 1657 bei der Entwicklung seiner Theorie der Uhr entdeckt. Versucht man, einen vollen Wasserkübel am Ende eines Seiles herumzuwirbeln, so wird einem der Inhalt des Theorems sofort plausibel. Zunächst muß man fest an dem Seil ziehen, um den Eimer auf seiner Umlaufbahn zu halten. Die auf das Seil wirkende Kraft ist daher auf den Mittelpunkt der Kreisbahn hin gerichtet. Je rascher nun der Eimer umläuft (das Seil habe konstante Länge), desto stärker muß die Kraft auf das Seil sein. So wird auch der Faktor v^2 im Zähler verständlich. Wird schließlich die Geschwindigkeit beibehalten, aber der Radius des Kreises herabgesetzt, so steigt die erforderliche Kraft ebenfalls.

Mit Hilfe des Theorems kann in sehr einfacher Weise die Geschwindigkeit ermittelt werden, die ein Satellit besitzen muß, um eine Kreisbahn um die Erde zu beschreiben. Wir vernachlässigen den Luftwiderstand und lassen den Satelliten horizontal von einem hohen Turm aus starten (Bild 20.13). Er möge sich dann, ebenso wie der Eimer am Ende des Seiles, auf einer Kreisbahn rund um die Erde bewegen. Anstelle des gespannten Seiles zieht nun die Gravitationskraft den Satelliten von seiner geradlinigen Bahn weg hin zum Erdmittelpunkt. Bewegt sich das Objekt mit einer Geschwindigkeit von v Kilometern pro Sekunde auf einem Kreis mit den Radius 6000 km, dann ist seine Beschleunigung zum Erdmittelpunkt hin durch $v^2/6000$ km/s^2 gegeben. Diese Beschleunigung muß gleich der Gravitationsbeschleunigung an der Erdoberfläche sein. Sie beträgt

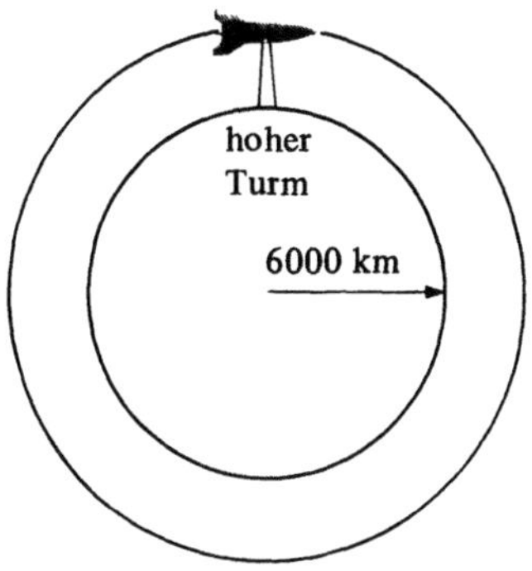

Bild 20.13

Umlaufbahn nahe der Erdoberfläche

10 m/s^2 = 0,01 km/s^2. Wir erhalten daher $0{,}01 = v^2/6000$ oder

$$\text{Umlaufgeschwindigkeit} = v = \sqrt{(6000)(0{,}01)} = \sqrt{60} \approx 7{,}5 \text{ km/s}.$$

Um also ein Objekt an der Erdoberfläche auf einer kreisförmigen Umlaufbahn zu halten, ist eine Geschwindigkeit von etwa 7,5 km/s erforderlich. Diese liegt unter der Fluchtgeschwindigkeit, für die in Abschnitt 6.6 ein Wert von rund 10 km/s berechnet wurde.

Übungen:

1. Es sei $\mathbf{R}(t) = t^2\mathbf{i} + t^3\mathbf{j}$. Man berechne und zeichne $\mathbf{R}(1)$, $\mathbf{v}(1)$ und $\mathbf{a}(1)$.
2. Es sei
$$\mathbf{R}(t) = \cos\left(\frac{\pi e^t}{2}\right)\mathbf{i} + \sin\left(\frac{\pi e^t}{2}\right)\mathbf{j}.$$
Man berechne und zeichne $\mathbf{R}(0)$, $\mathbf{v}(0)$ und $\mathbf{a}(0)$.
3. Der Ortsvektor $\mathbf{R}(t) = 4t\mathbf{i} - 5t^2\mathbf{j}$ beschreibe einen fallenden Ball. Man berechne und zeichne **R**, **v** und **a** für $t = 0$, $t = 1$ und $t = 2$.
4. Der Ortsvektor $\mathbf{R}(t) = 10\cos 2\pi t\,\mathbf{i} + 10\sin 2\pi t\,\mathbf{j}$ beschreibe den Ort eines Teilchens zur Zeit t.
   (*a*) Wie sieht der Weg des Teilchens aus?
   (*b*) Man berechne **v** und **a**.
   (*c*) Man zeichne **R**, **v** und **a** für $t = \frac{1}{4}$.
   (*d*) Die Richtung von **a** ist der Richtung von **R** stets entgegengesetzt. Man beweise dies.
5. Es sei $\mathbf{R}(t) = t\mathbf{i} + (1/t)\mathbf{j}$.
   (*a*) Man zeichne den Weg des Teilchens für $t > 0$.
   (*b*) Man berechne und zeichne $\mathbf{R}(1)$, $\mathbf{v}(1)$, $\mathbf{a}(1)$.

(*c*) Wie verhalten sich $\mathbf{v}(t)$ und $\mathbf{a}(t)$ für große t?
(*d*) Wie verhält sich die Geschwindigkeit für große t?

6. Zur Zeit t sei der Ortsvektor eines Teilchens durch

$$\mathbf{R}(t) = (t + \cos t)\,\mathbf{i} + (t - \sin t)\,\mathbf{j}$$

gegeben.
(*a*) **a** hat konstante Länge. Man beweise dies.
(*b*) Für die Werte von t aus $[0;4\pi]$ zeichne man den Weg des Teilchens.
(*c*) Man zeichne **R**, **v** und **a** für $t = 0, \pi/2, \pi, 3\pi/2$ und 2π.

7. Es sei $\mathbf{R}(t)$ für alle t ein Einheitsvektor. Ist dann $\mathbf{R}'(t)$ ebenfalls ein Einheitsvektor? Man begründe die Antwort.

8. (*a*) Ist die horizontale Komponente von **v** konstant, dann ist **a** vertikal gerichtet. Man beweise dies.
(*b*) Was folgt aus (*a*) im Hinblick auf das Newtonsche Axiom?

9. (*a*) **v** habe konstante Richtung. Gilt dies dann auch für **a**?
(*b*) **v** hat konstante Länge. Gilt dies dann auch für **a**?

10. Der Impuls eines Teilchens der Masse m mit dem Geschwindigkeitsvektor **v** ist durch den Vektor $m\mathbf{v}$ gegeben. Newton schrieb sein zweites Axiom in der Form $\mathbf{F} = (m\mathbf{v})'$.
(*a*) Man beweise $\mathbf{F} = m\mathbf{a} + m'\mathbf{v}$.
(*b*) Ist m konstant, so folgt $\mathbf{F} = m\mathbf{a}$. Man beweise dies. In der Relativitätstheorie muß m nicht konstant sein.

11. Steht **a** stets senkrecht auf **v**, dann ist die Geschwindigkeit des Teilchens konstant. Man beweise dies.

12. (*a*) Ist die Geschwindigkeit des Teilchens konstant, dann steht **a** senkrecht auf **v**. Man beweise dies.
(*b*) Ist dies physikalisch einzusehen?

13. Der Ortsvektor **R** sei eine Funktion der Bogenlänge s. Dann ist durch $\mathbf{R}'(s)$ ein Einheitstangentenvektor an die Kurve gegeben. Man beweise dies.

■

14. (*a*) Bewegt sich ein Teilchen auf einer Kreisbahn (mit Mittelpunkt im Ursprung), dann gilt $\mathbf{R} \cdot \mathbf{a} + \mathbf{v} \cdot \mathbf{v} = 0$. Man beweise dies.
(*b*) Mit Hilfe von (*a*) beweise man $\mathbf{a} \cdot \mathbf{R} \leqslant 0$.
(*c*) Welche Information kann aus (*b*) über die Richtung des Kraftvektors **F** gewonnen werden?

15. Ein Teil bewege sich auf der Kreisbahn $\mathbf{R} = \cos t^2\,\mathbf{i} + \sin t^2\,\mathbf{j}$.
(*a*) Man berechne **v** und **a**.
(*b*) Man beweise $\mathbf{R} \cdot \mathbf{a} \leqslant 0$.

16. Die Gravitationsbeschleunigung nimmt mit dem Quadrat des Abstandes zwischen Objekt und Erdmittelpunkt ab.
(*a*) Befindet sich das Objekt r Kilometer vom Mittelpunkt der Erde, so ist seine Beschleunigung durch $(0{,}01) \cdot (6000/r)^2$ km/s^2 gegeben.
(*b*) Mit Hilfe von (*a*) bestimme man die Umlaufgeschwindigkeit eines Satelliten in einer Höhe von 1500 km.

17. Welche Umlaufgeschwindigkeit ergibt sich für einen Satelliten, der sich entlang der Erdoberfläche, 150 km oberhalb der Erdoberfläche und 1500 km oberhalb der Erdoberfläche bewegt?

18. In welcher Höhe muß ein Satellit die Erde umlaufen, um stets oberhalb eines festen Äquatorpunktes zu stehen?

19. Ein Satellit umläuft die Erde längs einer Kreisbahn in 92 min. In welcher Höhe über der Erdoberfläche befindet er sich?

20. Ein Knabe wirbelt einen Wassereimer am Ende eines Seiles herum.
(*a*) Auf das Wievielfache steigt die Kraft auf das Seil, wenn sich die Geschwindigkeit des Eimers verdoppelt.
(*b*) Wird die Kraft zunehmen oder abnehmen, wenn die Länge des Seiles verdoppelt und die Geschwindigkeit des Eimers konstant gehalten wird? Um welchen Betrag ändert sie sich?

21. Man gebe das Beispiel einer Ortsvektorfunktion $\mathbf{R} = \mathbf{G}(t)$ für konstanten Geschwindigkeitsbetrag v und nichtverschwindenden Beschleunigungsvektor **a**.

22. (*a*) Eine ebene Kurve sei in Parameterdarstellung gegeben, x und y seien Funktionen von t. Wie sind dann $\dot{x}$, $\dot{y}$ und dy/dx verknüpft. Man stelle d^2y/dx^2 als Funktion von $\dot{x}, \dot{y}, \ddot{x}$ und $\ddot{y}$ dar.
(*b*) Gilt in einem bestimmten Augenblick $\mathbf{v} = 2\mathbf{i} + 3\mathbf{j}$ und $\mathbf{a} = \mathbf{i} + 4\mathbf{j}$, so bestimme man dy/dx, d^2y/dx^2 und den Krümmungsradius zu diesem Zeitpunkt.

■■

23. Die Umlaufgeschwindigkeit an der Erdoberfläche ist das $1/\sqrt{2}$-fache der Fluchtgeschwindigkeit. Man beweise dies.

24. Ein Teilchen bewege sich im Raum unter dem Einfluß einer Kraft, die stets auf einen festen Punkt hin gerichtet ist. (Dies gilt beispielsweise für die Bewegung unter dem Einfluß des Gravitionsfeldes der Sonne.) Dann liegt der Weg des Teilchens in einer Ebene. Man beweise dies:
(*a*) **R**, **v** und $\mathbf{v}' = \mathbf{a}$ seien der Orts-, der Geschwindigkeits- und der Beschleunigungsvektor; dann gilt für eine skalare Funktion f die Relation $\mathbf{a}(t) = f(t)\,\mathbf{R}(t)$. Man beweise dies.
(*b*) Für die Vektorfunktionen **G** und **H** gelte die Relation

$$(\mathbf{G} \times \mathbf{H})' = \mathbf{G}' \times \mathbf{H} + \mathbf{G} \times \mathbf{H}'.$$

Man beweise dann

$$(\mathbf{R} \times \mathbf{v})' = \mathbf{0}.$$

(*c*) Aufgrund von (*b*) ist $\mathbf{R} \times \mathbf{v}$ gleich dem konstanten Vektor **C**. Ist dieser Vektor **C** nun vom Nullvektor verschieden, dann bewegt sich das Teilchen in einer auf **C** senkrecht stehenden Ebene.
(*d*) Wie verläuft der Weg des Teilchens, wenn der Vektor **C** aus (*c*) gleich **0** ist?

20.4 Die Einheitsvektoren T und N

Für die Untersuchung der Bewegung eines Teilchens längs einer ebenen Kurve sind insbesondere zwei Einheitsvektoren von besonderer Bedeutung. Der eine verläuft im

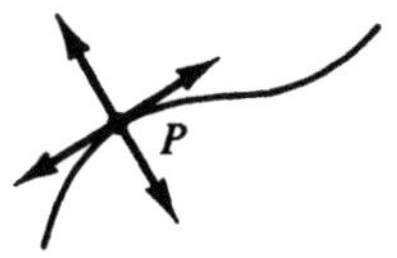

Im Punkt P können zwei Einheitstangentenvektoren und zwei Einheitsnormalenvektoren an die Kurve gelegt werden

Bild 20.14

Bild 20.15

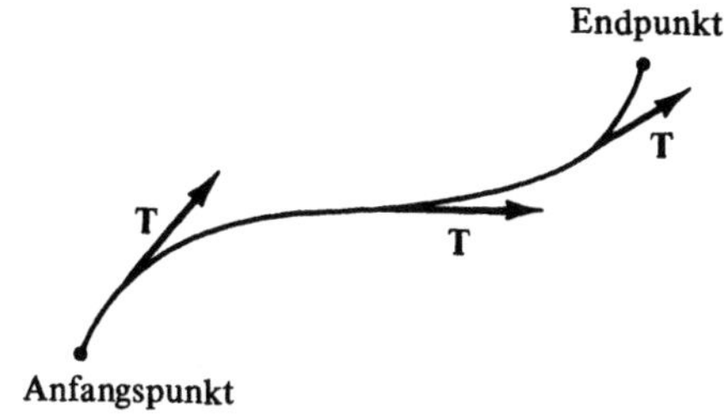

Punkt P tangential, der andere steht senkrecht auf der Kurve (Bild 20.14). Es gibt jeweils zwei Möglichkeiten zur Auswahl der betreffenden Vektoren.

In diesem Abschnitt wollen wir mit Hilfe exakter mathematischer Definitionen jeweils einen der beiden Einheitstangentenvektoren und einen der beiden Einheitsnormalenvektoren auswählen. Auch deren physikalische Interpretation soll in diesem Abschnitt behandelt werden. Im folgenden Abschnitt wird mit Hilfe dieser Einheitsvektoren der Beschleunigungsvektor untersucht werden.

Wir betrachten ein Teilchen, dessen Ortsvektor zur Zeit t durch $\mathbf{R}(t)$ gegeben ist. Dann gilt für den Geschwindigkeitsvektor $\mathbf{v}(t) = \mathbf{R}'(t)$. Ist $\mathbf{v}(t)$ vom Nullvektor verschieden, so wird durch

$$\frac{\mathbf{v}(t)}{|\mathbf{v}(t)|}$$

ein Einheitsvektor mit der gleichen Richtung wie $\mathbf{v}(t)$ definiert. Wir bezeichnen $|\mathbf{v}(t)|$, die Geschwindigkeit des Teilchens zur Zeit t, mit v. Der Vektor

$$\frac{\mathbf{v}(t)}{v}$$

ist entlang der Kurve Einheitstangentenvektor und weist in die Richtung der Teilchenbewegung.

Definition des Einheitstangentenvektors T: Der Vektor

$$\frac{\mathbf{v}(t)}{v}$$

wird mit **T** oder $\mathbf{T}(t)$ bezeichnet und *Einheitstangentenvektor* genannt. (Er ist stets definiert, sofern v nicht gleich Null wird.)

Damit haben wir einen der beiden Tangentenvektoren ausgewählt und zwar den, der in die Richtung der Teilchenbewegung weist (Bild 20.15). Wenn das Teilchen seine Bahn durchläuft, so behält **T** stets seine Einheitslänge, obwohl sich die zugehörige Richtung verändert.

Beispiel 1: Es sei $\mathbf{R}(t) = 3\cos 2t\,\mathbf{i} + 3\sin 2t\,\mathbf{j}$. Man bestimme $\mathbf{T}(t)$.

Lösung: Differentiation ergibt

$$\mathbf{v}(t) = -6\cos 2t\,\mathbf{i} + 6\sin 2t\,\mathbf{j}.$$

Wir erhalten daher

$$\begin{aligned} v &= |\mathbf{v}(t)| \\ &= \sqrt{(-6\sin 2t)^2 + (6\cos 2t)^2} \\ &= 6. \end{aligned}$$

Für den Einheitstangentenvektor folgt

$$\mathbf{T}(t) = \frac{\mathbf{v}(t)}{6} = -\sin 2t\,\mathbf{i} + \cos 2t\,\mathbf{j}.$$

Die Bahn ist ein Kreis mit dem Radius 3 (Bild 20.16). Wie wir der Richtung von $\mathbf{T}(t)$ entnehmen, bewegt sich das Teilchen entgegen dem Uhrzeigersinn. •

Bild 20.16

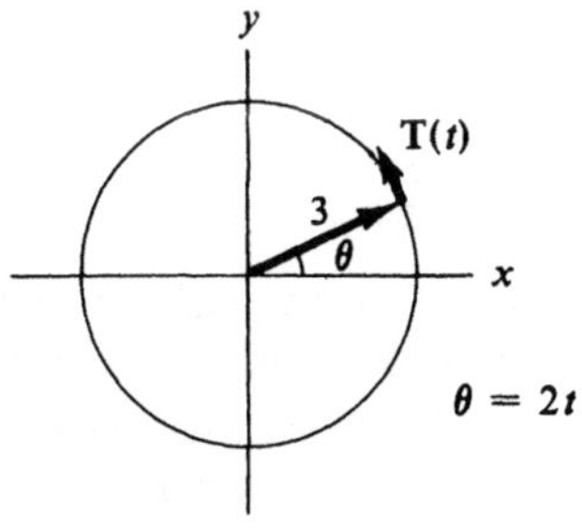

Auch ein Einheitsvektor senkrecht auf **T** wird benötigt. Es gibt wieder zwei Möglichkeiten. Wir werden jene Richtung auswählen, in die sich die Bahn des Teilchens krümmt – nach rechts oder nach links. So krümmt sich die Teilchenbahn in Punkt P_1 nach rechts und im Punkt P_2 nach links (Bild 20.17).

Diese Wahl des Normalenvektors zu **T** ist intuitiv einleuchtend. Die Berechnungen im nächsten Abschnitt erfordern jedoch eine präzise mathematische Definition des Normalenvektors.

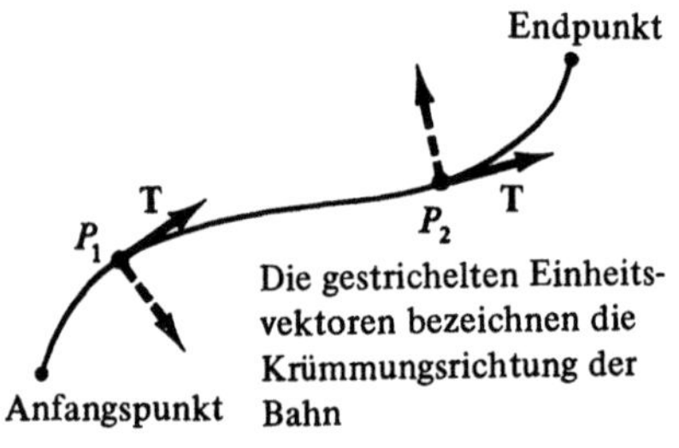

Bild 20.17

Definition des Hauptnormalen-Einheitsvektors N: Ist $\mathbf{T}'(t)$ nicht gleich Null, dann wird der Vektor

$$\frac{\mathbf{T}'(t)}{|\mathbf{T}'(t)|}$$

Hauptnormalen-Einheitsvektor genannt und mit **N** bezeichnet.

Das Wort „normal" steht hier für die Bezeichnung „senkrecht".

Wie wir zeigen wollen, ist

$$\mathbf{N} = \frac{\mathbf{T}'(t)}{|\mathbf{T}'(t)|}$$

ein Einheitsvektor senkrecht auf $\mathbf{T}(t)$ und weist in die Krümmungsrichtung der Teilchenbahn.

Zunächst ist

$$\frac{\mathbf{B}}{|\mathbf{B}|}$$

für alle nichtverschwindenden Vektoren **B** ein Einheitsvektor. Daher ist **N** Einheitsvektor.

Da $\mathbf{T}(t)$ ferner die konstante Länge eins besitzt, steht $\mathbf{T}'(t)$ senkrecht auf $\mathbf{T}(t)$, wie wir in Beispiel 2 aus Abschnitt 20.2 gesehen haben. Nun ist **N** ein skalares Vielfaches von $\mathbf{T}'(t)$; daher steht **N** senkrecht auf $\mathbf{T}(t)$.

Schließlich weist $\mathbf{T}'(t)$ (und daher **N**) in die Krümmungsrichtung der Teilchenbahn, wenn diese mit wachsendem t durchlaufen wird. Zum Beweis dieser Behauptung gehen wir von der Definition für $\mathbf{T}'(t)$ aus:

$$\mathbf{T}'(t) = \lim_{\Delta t \to 0} \frac{\mathbf{T}(t+\Delta t) - \mathbf{T}(t)}{\Delta t}$$

$$= \lim_{\Delta t \to 0} \frac{\Delta \mathbf{T}}{\Delta t}.$$

Für kleine Δt stimmt die Richtung von

$$\frac{\Delta \mathbf{T}}{\Delta t}$$

näherungsweise mit der von $\mathbf{T}'(t)$ überein. Für positives Δt haben

$$\frac{\Delta \mathbf{T}}{\Delta t} \quad \text{und} \quad \Delta \mathbf{T}$$

die gleiche Richtung. Wir zeichnen $\Delta\mathbf{T}$ für $\Delta t > 0$. Werden die Anfangspunkte von $\mathbf{T}(t+\Delta t)$ und $\mathbf{T}(t)$ dann in den Ursprung gelegt (Bild 20.18), so verbindet der Vektor $\Delta\mathbf{T}$ die Spitze von $\mathbf{T}(t)$ mit der Spitze von $\mathbf{T}(t+\Delta t)$. Wie das Bild zeigt, weisen daher $\Delta\mathbf{T}$ und $\mathbf{T}'(t)$ in die Richtung, in die sich der Vektor **T** während der Bewegung dreht (in diesem Fall nach rechts).

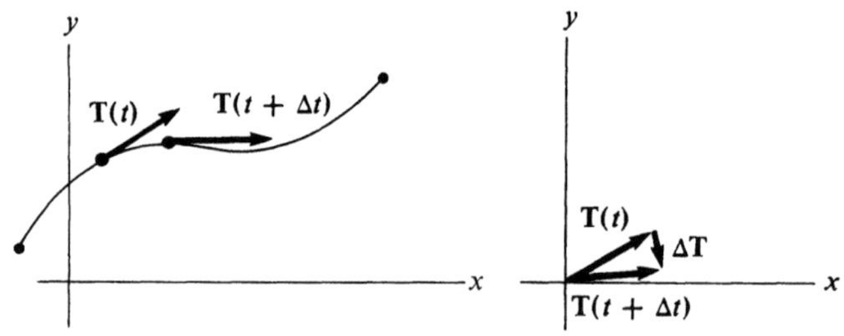

Bild 20.18

Beispiel 2: Man berechne $\mathbf{N}(t)$ für die Kurve aus Beispiel 1,

$$\mathbf{R}(t) = 3\cos 2t\,\mathbf{i} + 3\sin 2t\,\mathbf{j}.$$

Lösung: In Beispiel 1 wurde gezeigt:

$$\mathbf{T}(t) = -\sin 2t\,\mathbf{i} + \cos 2t\,\mathbf{j}.$$

Somit gilt

$$\mathbf{T}'(t) = -2\cos 2t\,\mathbf{i} - 2\sin 2t\,\mathbf{j}$$

und

$$|\mathbf{T}(t)| = \sqrt{(-2\cos 2t)^2 + (-2\sin 2t)^2} = 2.$$

Wir erhalten daher

$$\mathbf{N}(t) = \frac{\mathbf{T}'(t)}{|\mathbf{T}'(t)|}$$

$$= \frac{-2\cos 2t\,\mathbf{i} - 2\sin 2t\,\mathbf{j}}{2}$$

$$= -\cos 2t\,\mathbf{i} - \sin 2t\,\mathbf{j}.$$

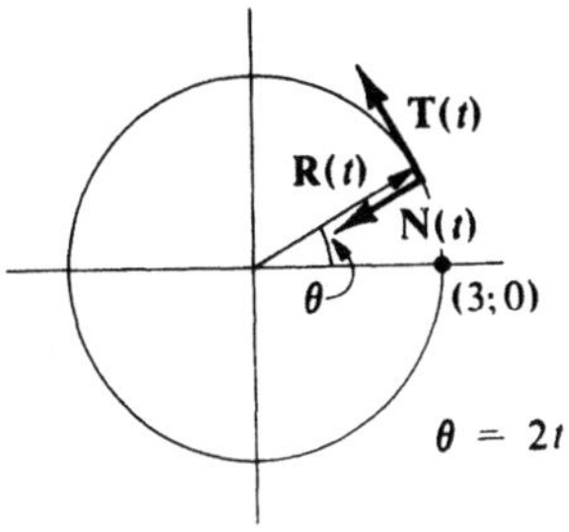

Bild 20.19

In diesem Falle können wir schreiben:

$$\mathbf{N}(t) = -\frac{1}{3}\,\mathbf{R}(t).$$

Der Vektor $\mathbf{N}(t)$ weist zum Mittelpunkt des kreisförmigen Weges und steht wie erwartet senkrecht auf der Kurve (Bild 20.19). Der Vektor $\mathbf{N}(t)$ gibt die Richtung an, in der sich **T** während der Bewegung dreht: Der Vektor **T** dreht sich stets zum Kreismittelpunkt hin. ●

Wir haben den Parameter t meist als Zeit interpretiert. Aber auch die Bogenlänge s längs des Weges kann als Parameter herangezogen werden. Es sei s die von einem bestimmten Punkt P der Kurve aus gemessene Bogenlänge. Liegt der Punkt P auf der Kurve, dann hängt der Ortsvektor $\overrightarrow{OP}$ von dieser Bogenlänge ab (Bild 20.20). Wir schreiben

$$\overrightarrow{OP} = \mathbf{R}(s).$$

Für diese spezielle Wahl der Parameterdarstellung wird die Formel für den Einheitstangentenvektor besonders einfach.

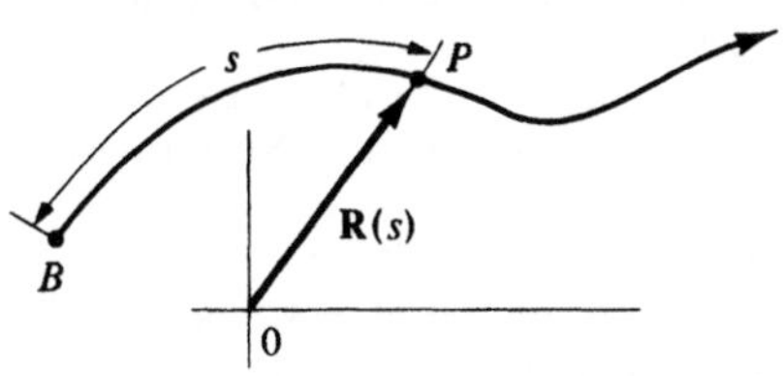

Bild 20.20

Theorem 1: s sei die Bogenlänge entlang der Kurve und $\mathbf{R}(s)$ der Ortsvektor zur jeweiligen Bogenlänge s. Dann ist

$$\frac{d\mathbf{R}}{ds} = \mathbf{T}$$

ein Einheitstangentenvektor.

Beweis: Aus der Definition von **T** folgt

$$\mathbf{T} = \frac{d\mathbf{R}/ds}{|d\mathbf{R}/ds|}.$$

Wir müssen daher zeigen

$$\left|\frac{d\mathbf{R}}{ds}\right| = 1.$$

Aus

$$\mathbf{R} = x(s)\,\mathbf{i} + y(s)\,\mathbf{j}$$

ergibt sich

$$\frac{d\mathbf{R}}{ds} = \frac{dx}{ds}\,\mathbf{i} + \frac{dy}{ds}\,\mathbf{j}$$

und mit Hilfe der Ergebnisse aus Abschnitt 10.9

$$\left|\frac{d\mathbf{R}}{ds}\right| = \sqrt{\left(\frac{dx}{ds}\right)^2 + \left(\frac{dy}{ds}\right)^2} = \sqrt{\left(\frac{ds}{ds}\right)^2}$$
$$= 1. \quad ●$$

Es gibt noch einen weiteren natürlichen geometrischen Parameter zur Beschreibung einer ebenen Kurve, nämlich den Winkel zwischen **T** und dem Vektor **i**. Es ist dies der Winkel ϕ in Bild 20.21. (Er wurde im Abschnitt 11.3 zur Untersuchung der Krümmung herangezogen.) Im folgenden Theorem wird der Vektor $d\mathbf{T}/d\phi$ behandelt.

Bild 20.21

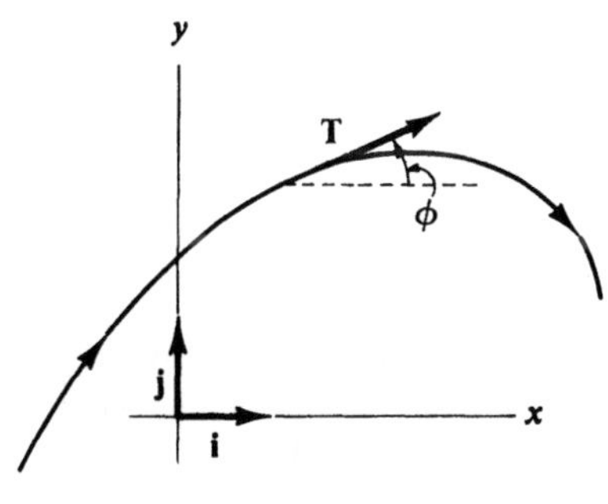

Theorem 2: Es sei $R(t)$ der Ortsvektor einer Kurve zur Zeit t. Wir bezeichnen den Winkel zwischen

$$\mathbf{T}(t) = \frac{\mathbf{v}(t)}{|\mathbf{v}(t)|}$$

und dem Vektor **i** mit ϕ. Dann gilt

$$\left|\frac{d\mathbf{T}}{d\phi}\right| = 1.$$

Beweis: **T** ist ein Einheitsvektor und schließt mit **i** den Winkel ϕ ein. Die Vektorkomponenten von **T** in die Richtung von **i** und **j** lauten daher $\cos\phi\,\mathbf{i}$ und $\sin\phi\,\mathbf{j}$ (Bild 20.22).

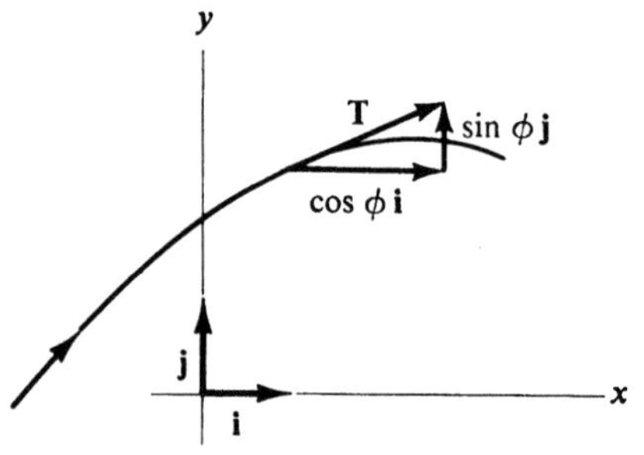

Bild 20.22

Wir erhalten

$$\mathbf{T} = \cos\phi\mathbf{i} + \sin\phi\mathbf{j}.$$

Differentiation ergibt

$$\frac{d\mathbf{T}}{d\phi} = -\sin\phi\mathbf{i} + \cos\phi\mathbf{j}$$

und

$$\left|\frac{d\mathbf{T}}{d\phi}\right| = \sqrt{(-\sin\phi)^2 + (\cos\phi)^2} = \sqrt{1} = 1. \bullet$$

Die Aussage von Theorem 2 besitzt mit der von Theorem 1 eine gewisse Ähnlichkeit. Tatsächlich läßt sich Theorem 2 aus Theorem 1 herleiten, wie in Übung 14 gezeigt wird.

Übungen:

1. Richtig oder falsch: In einem gegebenen Punkt P der Kurve hängt der Vektor $\mathbf{T}$ von der Richtung ab, in der die Kurve durchlaufen wird.
2. Richtig oder falsch: In einem gegebenen Punkt P der Kurve hängt der Vektor $\mathbf{N}$ von der Richtung ab, in der die Kurve durchlaufen wird.
3. $\mathbf{R}(t) = t\mathbf{i} + t^2\mathbf{j}$ beschreibe den Weg eines Teilchens.
   (*a*) Man zeichne den Weg.
   (*b*) Man berechne $\mathbf{R}(1)$, $\mathbf{v}(1)$, $\mathbf{T}(1)$ und $\mathbf{N}(1)$.
   (*c*) Man zeichne die Vektoren aus (*b*), der Anfangspunkt der letzten drei Vektoren liegt jeweils an der Spitze von $\mathbf{R}(1)$.
4. Es sei $\mathbf{R}(t) = \cos 2\pi t\mathbf{i} - \sin 2\pi t\mathbf{j}$.
   (*a*) Man zeichne den Weg für $0 \leqslant t \leqslant 1$.
   (*b*) Man berechne $\mathbf{R}(0)$, $\mathbf{v}(0)$, $\mathbf{T}(0)$ und $\mathbf{N}(0)$.
   (*c*) Man zeichne die vier Vektoren aus (*b*).
   (*d*) $\mathbf{T}(0)$ weist in die Bewegungsrichtung, wenn sich das Teilchen in $\mathbf{R}(0)$ befindet. Man beweise dies.
5. Es sei $\mathbf{R}(t) = t^2\mathbf{i} + t^3\mathbf{j}$ für $0 \leqslant t \leqslant 2$.
   (*a*) Man zeichne den Weg.
   (*b*) Man berechne $\mathbf{R}(1)$, $\mathbf{v}(1)$, $\mathbf{a}(1)$, $\mathbf{T}(1)$ und $\mathbf{N}(1)$.
   (*c*) Man zeichne die fünf Vektoren aus (*b*).
   (*d*) Welche Geschwindigkeit besitzt das Teilchen für $t = 1$?
   (*e*) Wie lautet die Skalarkomponente von $\mathbf{a}(1)$ in die Richtung von $\mathbf{T}(1)$?
   (*f*) Wie lautet die Skalarkomponente von $\mathbf{a}(1)$ in die Richtung von $\mathbf{N}(1)$?
6. (Abstände in Metern und Zeit in Sekunden.) Ein Teilchen hat zur Zeit t den Ortsvektor $\mathbf{R}(t)$. Seine Geschwindigkeit für $t = 1$ beträgt 3 m/s. Man bestimme $\mathbf{v}(1) \cdot \mathbf{T}(1)$.
7. $\mathbf{v}$ sei der Geschwindigkeitsvektor und $\mathbf{N}$ der Hauptnormalen-Einheitsvektor. Welche Größen besitzen dann die skalaren Produkte $\mathbf{v} \cdot \mathbf{N}$ und $\mathbf{v} \cdot \mathbf{T}$?

Die Übungen 8 bis 11 sind gemeinsam zu behandeln.

8. Es sei $\mathbf{A}$ ein beliebiger Vektor; $\mathbf{u}_1$ und $\mathbf{u}_2$ seien zwei aufeinander senkrecht stehende Einheitsvektoren.
   (*a*) Es gibt skalare x und y mit $\mathbf{A} = x\mathbf{u}_1 + y\mathbf{u}_2$. Man erkläre dies.
   (*b*) Aus $\mathbf{A} = x\mathbf{u}_1 + y\mathbf{u}_2$ folgt $\mathbf{A} \cdot \mathbf{u}_1 = x$ und $\mathbf{A} \cdot \mathbf{u}_2 = y$. Man beweise dies.
   (*c*) Für jeden Vektor $\mathbf{A}$ gilt $\mathbf{A} = (\mathbf{A} \cdot \mathbf{u}_1)\mathbf{u}_1 + (\mathbf{A} \cdot \mathbf{u}_2)\mathbf{u}_2$. Man beweise dies.
9. Es seien $\mathbf{u}_1$ und $\mathbf{u}_2$ aufeinander senkrecht stehende Einheitsvektoren. Wie lautet die skalare Komponente von $3\mathbf{u}_1 + 4\mathbf{u}_2$ in Richtung von $\mathbf{u}_1$?
10. $\mathbf{R}(t) = 10t\mathbf{i} - 5t^2\mathbf{j}$ sei der Ortsvektor eines Balles.
    (*a*) Man zeichne den Weg.
    (*b*) Man berechne und zeichne $\mathbf{T}(1)$ und $\mathbf{N}(1)$.
    (*c*) Man bestimme die skalaren Komponenten von $\mathbf{v}(1)$ in Richtung von $\mathbf{T}(1)$ und von $\mathbf{N}(1)$.
    (*d*) Man bestimme die skalaren Komponenten von $\mathbf{a}(1)$ in Richtung von $\mathbf{T}(1)$ und von $\mathbf{N}(1)$.
11. (Fortsetzung von Übung 10.)
    (*a*) Man stelle $\mathbf{v}(1)$ mit Hilfe geeigneter Skalare x und y in der Form $x\mathbf{i} + y\mathbf{j}$ dar.
    (*b*) Man stelle $\mathbf{v}(1)$ in der Form $x\mathbf{T}(1) + y\mathbf{N}(1)$ dar.
    (*c*) Man stelle $\mathbf{a}(1)$ in der Form $x\mathbf{T}(1) + y\mathbf{N}(1)$ dar (siehe Übung 8 (*b*)).
12. (*a*) Hängt $\mathbf{v}$ von der Geschwindigkeit des Teilchens ab?
    (*b*) Hängt $\mathbf{T}$ von der Geschwindigkeit des Teilchens ab?
13. Aufgrund von Theorem 1 hat $d\mathbf{R}/ds$ die Länge 1.
    (*a*) Man zeichne $\mathbf{R}(s + \Delta s)$, $\mathbf{R}(s)$, $\Delta\mathbf{R}$ und Δs.
    (*b*) Wie kann die Relation
    $$\lim_{\Delta s \to 0} \left|\frac{\Delta\mathbf{R}}{\Delta s}\right| = 1$$
    plausibel begründet werden?
14. Eine ebene Kurve ist durch die Vektorfunktion $\mathbf{R}(t)$ gegeben. Wir haben dann $\mathbf{T}(t)$ durch $\mathbf{v}(t)/|\mathbf{v}(t)|$ definiert. Nun wähle man den Winkel ϕ zur Parameterdarstellung der Kurve, wie dies in Theorem 2 geschah. Es sei $\mathbf{T}(\phi)$ gleich $\mathbf{v}(\phi)/|\mathbf{v}(\phi)|$; der Vektor $\mathbf{v}(\phi)$ ist nun die Ableitung des Ortsvektors nach ϕ.

(*a*) $\mathbf{T}(t)$ muß nicht gleich $\mathbf{T}(\phi)$ sein (Skizze!). Man gebe ein Beispiel für $\mathbf{T}(\phi) = -\mathbf{T}(t)$.

(*b*) Man lege den Anfangspunkt des Vektors $\mathbf{T}(\phi)$ in den Ursprung. Bei Variation von ϕ beschreibt nun $\mathbf{T}(\phi)$ den Ortsvektor einer neuen Kurve. Was ist dies für eine Kurve?

(*c*) Warum kann ϕ als Bogenlänge auf der neuen Kurve interpretiert werden?

(*d*) Mit Hilfe von Theorem 1 zeige man

$$\left| \frac{d\mathbf{T}(\phi)}{d\phi} \right| = 1.$$

Dies war die Behauptung von Theorem 2.

15. Es sei $\mathbf{R}(t) = \cos t^2 \mathbf{i} + \sin t^2 \mathbf{j}$. Der Vektor **T** ist für $t = 0$ nicht definiert. Man zeige dies.

16. Es sei $\mathbf{R}(t) = t\,\mathbf{i} + t^3 \mathbf{j}$.

(*a*) Man berechne $\mathbf{T}(t)$.

(*b*) Der Vektor **N** ist für $t = 0$ nicht definiert. Man zeige dies.

(*c*) Man zeichne den Weg. Aufgrund welcher Eigenschaft des Weges ist **N** für $t = 0$ nicht definiert?

17. Man beweise die Existenz eines möglicherweise nicht konstanten Skalars c mit

$$\mathbf{N}' = c\mathbf{T}.$$

18. Man beweise

$$\mathbf{T}' = \frac{v\mathbf{a} - (dv/dt)\mathbf{v}}{v^2}.$$

19. Bewegt sich ein Teilchen mit konstanter Geschwindigkeit, so gilt

$$\mathbf{T}' = \frac{\mathbf{a}}{v}.$$

Man beweise dies.

20.5 Die skalaren Komponenten des Beschleunigungsvektors in Richtung von T und N

Es sei $\mathbf{R}(t) = x(t)\mathbf{i} + y(t)\mathbf{j}$ der Ortsvektor zur Zeit t. Dann ergibt sich für den Beschleunigungsvektor

$$\mathbf{a}(t) = \frac{d^2x}{dt^2}\mathbf{i} + \frac{d^2y}{dt^2}\mathbf{j}.$$

Die skalaren Komponenten von $\mathbf{a}(t)$ in Richtung von **i** und **j** sind durch

$$\frac{d^2x}{dt^2} \quad \text{und} \quad \frac{d^2y}{dt^2},$$

also durch die zweiten Ableitungen der jeweiligen Skalarkomponenten gegeben.

Zur Untersuchung der Bewegung entlang einer ebenen Kurve sind die skalaren Komponenten von $\mathbf{a}(t)$ in Richtung von **T** und **N** von Interesse. Wir bezeichnen diese Skalare mit a_T und a_N:

$$\mathbf{a}(t) = a_T\mathbf{T} + a_N\mathbf{N}.$$

a_T wird *Tangentialkomponente* und a_N wird *Normalkomponente* des Beschleunigungsvektors genannt.

Beispiel 1: Das Teilchen bewege sich mit konstanter Geschwindigkeit v auf kreisförmiger Bahn mit dem Radius r. Man bestimme a_T und a_N.

Lösung: Wie das Theorem aus Abschnitt 20.3 zeigt, weist der Vektor $\mathbf{a}(t)$ zum Mittelpunkt des Kreises (Bild 20.23) und hat die Länge

$$\frac{v^2}{r}.$$

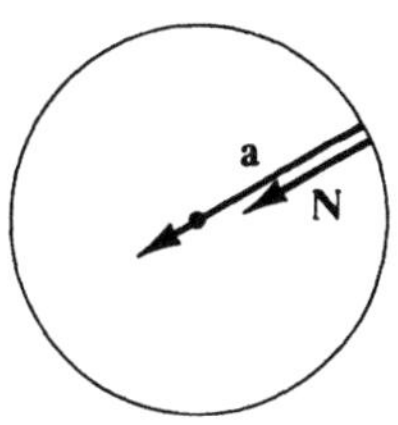

Bild 20.23

Der Hauptnormalenvektor **N** zeigt in die gleiche Richtung und wir erhalten

$$\mathbf{a} = \frac{v^2}{r}\mathbf{N}.$$

Die Tangentialkomponente von **a** ist gleich Null, da **a** senkrecht auf **T** steht. Wir können daher schreiben

$$\mathbf{a} = 0\mathbf{T} + \frac{v^2}{r}\mathbf{N}.$$

Somit gilt

$$a_T = 0 \quad \text{und} \quad a_N = \frac{v^2}{r}. \bullet$$

In Beispiel 1 wurden a_T und a_N für kreisförmige Bewegungen mit konstanter Geschwindigkeit bestimmt. Wir wollen nun a_T und a_N für die Bewegung auf *beliebigen Kurven* und *mit variierender Geschwindigkeit* berechnen. Dazu gehen wir vom folgenden Lemma aus. (Man wiederhole vorerst jedoch die Definition des Krümmungsradius aus Abschnitt 11.3.)

Lemma: s sei die Bogenlänge entlang des Weges, $v = ds/dt$ sei die Geschwindigkeit (stets positiv). Dann gilt

$$\frac{d\mathbf{T}}{dt} = \frac{v}{r}\mathbf{N},$$

wenn r der Krümmungsradius ist.

Beweis: Mit Hilfe der Definition von **N** aus Abschnitt 20.4 folgt

$$\frac{d\mathbf{T}}{dt} = \left|\frac{d\mathbf{T}}{dt}\right| \mathbf{N}. \tag{1}$$

Um

$$\left|\frac{d\mathbf{T}}{dt}\right|$$

zu berechnen, verwenden wir die Kettenregel aus Abschnitt 20.2

$$\frac{d\mathbf{T}}{dt} = \frac{d\mathbf{T}}{d\phi} \cdot \frac{d\phi}{dt}. \tag{2}$$

Mit ϕ bezeichnen wir den Winkel zwischen der Tangente und der positiven x-Achse. Wie wir Theorem 2 aus Abschnitt 20.2 entnehmen, gilt

$$\left|\frac{d\mathbf{T}}{d\phi}\right| = 1.$$

Daher ergibt sich aus Gl. (2)

$$\left|\frac{d\mathbf{T}}{dt}\right| = \left|\frac{d\phi}{dt}\right|. \tag{3}$$

Nun erhalten wir mit Hilfe der Kettenregel für skalare Funktionen die Gleichungen

$$\frac{d\phi}{dt} = \frac{d\phi}{ds}\frac{ds}{dt} \quad \text{und} \quad \left|\frac{d\phi}{dt}\right| = \left|\frac{d\phi}{ds}\right|\left|\frac{ds}{dt}\right|. \tag{4}$$

In Abschnitt 11.3 wurde der Krümmungsradius r durch die Gleichung

$$\left|\frac{d\phi}{ds}\right| = \frac{1}{r} \tag{5}$$

definiert. Aus

$$\frac{ds}{dt} = v$$

folgt für die Gleichungen (3) bis (5)

$$\begin{aligned}\left|\frac{d\mathbf{T}}{dt}\right| &= \left|\frac{d\phi}{dt}\right| = \left|\frac{d\phi}{ds}\right|\left|\frac{ds}{dt}\right| \\ &= \frac{1}{r} v = \frac{v}{r}.\end{aligned}$$

Wir erhalten somit für Gl. (1)

$$\frac{d\mathbf{T}}{dt} = \frac{v}{r}\mathbf{N}. \quad \bullet$$

Damit ist das Lemma bewiesen und wir wenden uns dem Theorem über a_T und a_N zu.

Theorem: Ein Teilchen bewege sich auf einer ebenen Kurve. Für die Bogenlänge s sei $v = ds/dt$ stets positiv. Dann gilt

$$\mathbf{a} = \frac{d^2 s}{dt^2}\mathbf{T} + \frac{v^2}{r}\mathbf{N},$$

wenn r der Krümmungsradius ist. Wir erhalten also

$$a_T = \frac{d^2 s}{dt^2} \quad \text{und} \quad a_N = \frac{v^2}{r}.$$

Beweis: Aus der Definition von **T**,

$$\frac{\mathbf{v}}{v} = \mathbf{T},$$

folgt unmittelbar

$$\mathbf{v} = v\mathbf{T}.$$

Dann ergibt sich aber mit Hilfe von Theorem 1 aus Abschnitt 20.2

$$\mathbf{v}' = v\mathbf{T}' + v'\mathbf{T}. \tag{6}$$

Der Hilfssatz dieses Abschnittes verhilft uns zur Gleichung

$$\mathbf{T}' = \frac{v}{r}\mathbf{N}. \tag{7}$$

Wir setzen ein und erhalten

$$\begin{aligned}\mathbf{a} = \mathbf{v}' &= v\left(\frac{v}{r}\mathbf{N}\right) + v'\mathbf{T} = \frac{v^2}{r}\mathbf{N} + v'\mathbf{T} \\ &= \frac{d^2 s}{dt^2}\mathbf{T} + \frac{v^2}{r}\mathbf{N}.\end{aligned} \tag{8}$$

Damit ist das Theorem bewiesen. •

Die Tangentialbeschleunigung a_T ist durch die „skalare" Beschleunigung bestimmt, mit der sich die Geschwindigkeit verändert. Andererseits hängt a_N nur von der Geschwindigkeit sowie dem Krümmungsradius ab und stimmt mit der Normalkomponente der Beschleunigung für ein Teilchen mit konstanter Geschwindigkeit v auf einer Kreisbahn mit Radius r überein. Die skalare Komponente von **a** in Richtung von **N** lautet v^2/r und ist positiv (siehe Beispiel 1).

Auch a_N ist positiv, denn **a** weist stets in die gleiche Richtung wie die äußere Kraft **F**; diese zwingt das Teilchen auf die gekrümmte Bahn, und der Vektor **N** bestimmt die

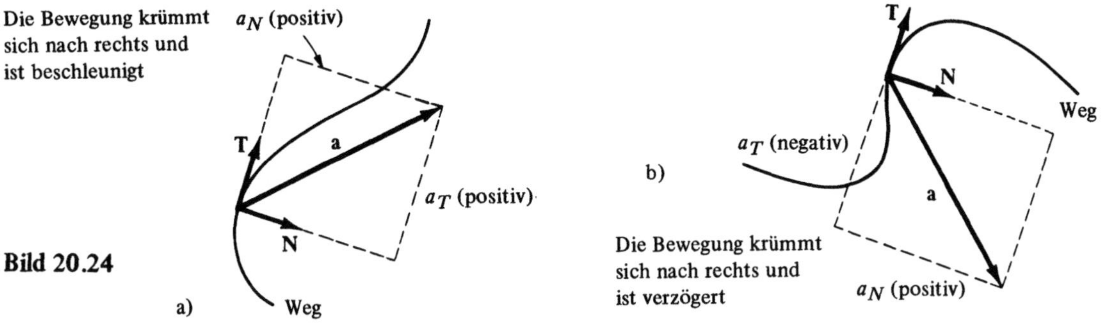

Bild 20.24

zugehörige Krümmungsrichtung. a_T kann positiv oder negativ sein, je nachdem ob sich das Teilchen beschleunigt oder verlangsamt (Bild 20.24).

Beispiel 2: Zur Zeit t befinde sich ein Teilchen auf der Kurve $2y = x^2$ im Punkt $(t^2; \frac{1}{2}t^4)$. Man bestimme **R**, **v**, **a**, a_N und a_T für $t = 1$.

Lösung: Aus

$$\mathbf{R} = t^2\mathbf{i} + \tfrac{1}{2}t^4\mathbf{j}$$

folgt zunächst

$$\mathbf{v} = 2t\mathbf{i} + 2t^3\mathbf{j}.$$

Weiter ergibt sich

$$\mathbf{a} = 2\mathbf{i} + 6t^2\mathbf{j} \quad \text{und} \quad |\mathbf{a}| = \sqrt{4 + 36t^4}.$$

Wir zeichnen **a**, **v** und **R** für $t = 1$ (Bild 20.25). In diesem Zeitpunkt erhalten wir

$$\mathbf{a} = 2\mathbf{i} + 6\mathbf{j}, \quad \mathbf{v} = 2\mathbf{i} + 2\mathbf{j} \quad \text{und} \quad \mathbf{R} = \mathbf{i} + \tfrac{1}{2}\mathbf{j}.$$

Für a_T ergibt sich dv/dt mit

$$v = |\mathbf{v}| = \sqrt{4t^2 + 4t^6},$$

also

$$a_T = \frac{4t + 12t^5}{\sqrt{4t^2 + 4t^6}}.$$

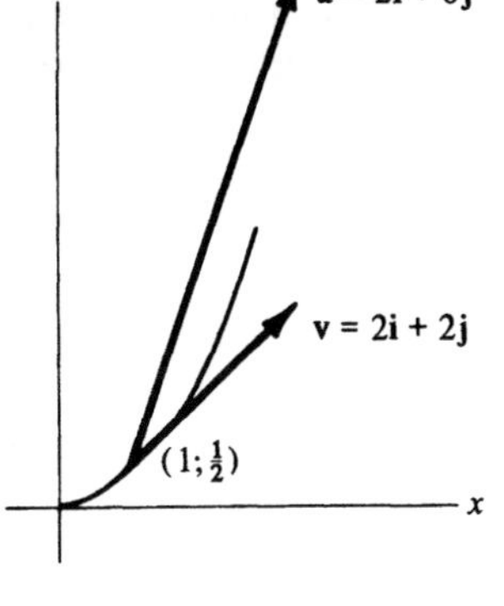

Bild 20.25

Anstatt nun a_N mit Hilfe der Formel $a_N = v^2/r$ aus dem Krümmungsradius herzuleiten, verwenden wir den pythagoräischen Lehrsatz

$$a_N^2 + a_T^2 = |\mathbf{a}|^2.$$

Für $t = 1$ bedeutet dies beispielsweise

$$a_N^2 + \left(\frac{16}{\sqrt{8}}\right)^2 = (\sqrt{2^2 + 6^2})^2 = 40.$$

Wir erhalten $a_N^2 = 40 - 32 = 8$ und $a_N = 2\sqrt{2}$. Bild 20.26 zeigt $\mathbf{a}, a_T\mathbf{T}$ und $a_N\mathbf{N}$ für $t = 1$. ●

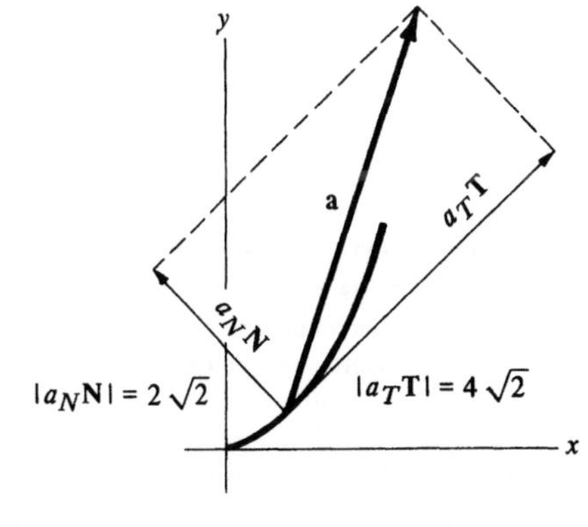

Bild 20.26

Übungen:

In den Übungen 1 bis 3 bestimme man a_N und a_T aus den jeweils gegebenen Werten.

1. $\dfrac{dv}{dt} = 3,\ v = 4,\ r = 5.$
2. $\dfrac{d^2s}{dt^2} = -2,\ v = 3,$ Krümmung $= -\frac{1}{3}.$
3. $\dfrac{d^2s}{dt^2} = 0,\ v = 1,\ r = 3.$

In den Übungen 4 bis 6 wird eine kreisförmige Teilchenbahn behandelt. Man bestimme a_T und a_N für $t = 1$ und

4. $\mathbf{R}(t) = 5 \cos 3\pi t\,\mathbf{i} + 5 \sin 3\pi t\,\mathbf{j}$.

5. $\mathbf{R}(t) = 5 \cos \pi t^2 \mathbf{i} + 5 \sin \pi t^2 \mathbf{j}$.

6. $\mathbf{R}(t) = \cos t\,\mathbf{i} + \sin t\,\mathbf{j}$.

7. Man beweise
(*a*) $\mathbf{a} \cdot \mathbf{T} = d^2s/dt^2$,
(*b*) $\mathbf{a} \cdot \mathbf{N} = v^2/r$.

8. Zu einem bestimmten Zeitpunkt gilt $\mathbf{R} = \mathbf{i} + \mathbf{j}$, $\mathbf{v} = 3\mathbf{i} + 4\mathbf{j}$, $\mathbf{a} = 3\mathbf{i} - 3\mathbf{j}$.
(*a*) Man zeichne **R**, **v** und **a**.
(*b*) Ist die Bewegung beschleunigt oder verzögert? Man erkläre die Antwort.
(*c*) Man schätze a_T und a_N graphisch ab.
(*d*) Man berechne a_T und a_N.

9. Man wiederhole Übung 8 für $\mathbf{R} = 0$, $\mathbf{v} = -5\mathbf{i} + 12\mathbf{j}$, $\mathbf{a} = 3\mathbf{i} + \mathbf{j}$.

10. Der Beschleunigungsvektor **a** sei in der Form

$$\mathbf{a} = a_x\mathbf{i} + a_y\mathbf{j} \quad \text{und} \quad \mathbf{a} = a_T\mathbf{T} + a_N\mathbf{N}$$

gegeben. (a_x und a_y stehen nicht für partielle Anleitungen.) Man beweise

$$a_x^2 + a_y^2 = a_T^2 + a_N^2.$$

11. Zu einem bestimmten Zeitpunkt gilt $v = 3$, $dv/dt = -2$ und $\mathbf{a} = 2\mathbf{i} + 3\mathbf{j}$. Man bestimme den Krümmungsradius r mit Hilfe der Gleichung aus Übung 10, die a_x, a_y, a_T und a_N verknüpft.

12. Was folgt für die Größe $\mathbf{a} \cdot \mathbf{v}$, wenn sich das Teilchen
(*a*) verlangsamt,
(*b*) beschleunigt?

13. Bewegt sich ein Teilchen mit konstanter Geschwindigkeit, so gilt $\mathbf{a} \cdot \mathbf{v} = 0$. Man beweise dies mit Hilfe
(*a*) von Beispiel 2 aus Abschnitt 20.2,
(*b*) des Theorems aus diesem Abschnitt.

14. Der Ortsvektor **R** beschreibe die Bewegung aus Beispiel 2 dieses Abschnitts.
(*a*) Man berechne und zeichne **a** für $t = 1/\sqrt{6}$.
(*b*) Mit Hilfe der Zeichnung schätze man a_T und a_N für $t = 1/\sqrt{6}$ ab.
(*c*) Man berechne a_T und a_N für $t = 1/\sqrt{6}$.
(*d*) Man vergleiche (*b*) und (*c*).

15. Zur Zeit t befinde sich ein Teilchen im Punkt $(\cos t + t \sin t;\ \sin t - t \cos t)$.
(*a*) Man zeige $|\mathbf{v}| = t$ und $|\mathbf{a}| = \sqrt{1 + t^2}$.
(*b*) Man zeige $a_T = 1$ und $a_N = t$.
(*c*) Der Krümmungsradius r ist gleich t. Man beweise dies.

16. Es sei $\mathbf{R}(t) = e^t\mathbf{i} + e^{2t}\mathbf{j}$.
(*a*) Man berechne $\mathbf{v}(t)$ und $\mathbf{a}(t)$; man stelle diese Vektoren durch **i** und **j** dar.
(*b*) Man berechne $v(t)$ und dv/dt.
(*c*) Man bestimme a_T.
(*d*) Man bestimme a_N.

■

17. In einem bestimmten Augenblick bewegt sich ein Teilchen beschleunigt nach Nordwest, seine Bahn krümmt sich nach links. Wir wählen die Nordrichtung als positive y-Achse und die Ostrichtung als positive x-Achse. Man zeichne
(*a*) **T**, (*b*) **N**,
(*c*) mögliche Richtungen von **a**.

18. Man wiederhole Übung 17 für ein nach Norden bewegtes Teilchen, das sich verlangsamt und dessen Bahn sich nach links krümmt.

19. In einem bestimmten Augenblick gilt $\mathbf{v} = 2\mathbf{i} + 3\mathbf{j}$ und $\mathbf{a} = 3\mathbf{i} - 4\mathbf{j}$.
(*a*) Man zeichne **v**, **a**, **T** und **N**.
(*b*) Man bestimme v und d^2s/dt^2.
(*c*) Man bestimme den Krümmungsradius.

20. In einem bestimmten Augenblick sei $\mathbf{v} = 5\mathbf{i} + 12\mathbf{j}$ und $\mathbf{a} = \mathbf{i} + 2\mathbf{j}$.
(*a*) Man zeichne **v** und **a**.
(*b*) Mit Hilfe der Zeichnung aus (*a*) schätze man a_T und a_N ab.
(*c*) Man berechne a_T und a_N.

■■

21. Aus dem Theorem dieses Abschnittes leite man die folgende Formel für den Krümmungsradius r her:

$$\frac{v^4}{r^2} = \left(\frac{d^2x}{dt^2}\right)^2 + \left(\frac{d^2y}{dt^2}\right)^2 - \left(\frac{d^2s}{dt^2}\right)^2.$$

22. In Abschnitt 11.3 wurde für den Krümmungsradius der Kurve $y = f(x)$ die Formel

$$r = \frac{[1 + (dy/dx)^2]^{3/2}}{|d^2y/dx^2|}$$

hergeleitet. Man verifiziere diese Formel mit Hilfe des Resultates von Übung 21.

20.6 Niveaukurven und Niveauflächen

In einer Überblickskarte sind Höhen häufig durch Niveaukurven oder Höhenlinien dargestellt. So kann eine Kurve etwa alle Punkte mit einer Höhe von 300 m verbinden, wir nennen sie dann „300-Meter-Höhenlinie". Die Karte des Bildes 20.27 stellt einen 530 m hohen Hügel mit Hilfe von vier Höhenlinien dar, die in Abständen von 100 m

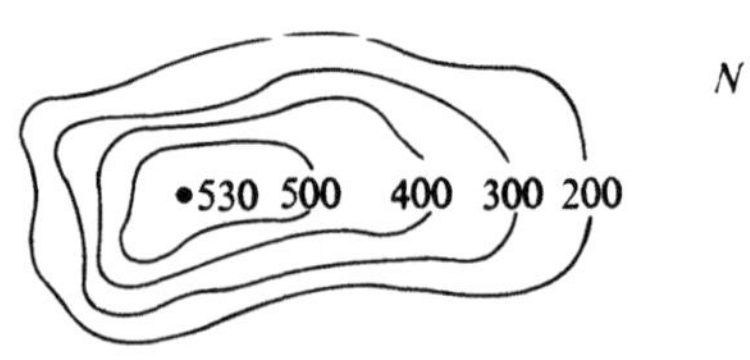

Bild 20.27

angelegt wurden. Bewegt sich ein Bergsteiger auf dem Hügel längs einer solchen Höhenlinie, so steigt er weder auf noch ab.

Es sei $f(x;y)$ die dem Punkt $(x;y)$ der Karte entsprechende Höhe des Hügels, dann besteht die 300-m-Höhenlinie aus allen Punkten mit $f(x;y) = 300$. Auf der 300-m-Höhenlinie ist daher die Höhenfunktion f konstant: Ihr Wert beträgt 300.

Analoge Überlegungen können auch auf andere Funktionen von x und y angewendet werden. Ist f eine Funktion von x und y, sowie c eine Konstante, dann wird die Menge aller Punkte mit

$$f(x;y) = c$$

Niveaukurve für f genannt.

Beispiel 1: Man bestimme die Niveaukurven für die Funktion $f(x;y) = x^2 + y^2$.

Lösung: Die Niveaukurven von f sind Kreise (Bild 20.28)

$$x^2 + y^2 = c.$$

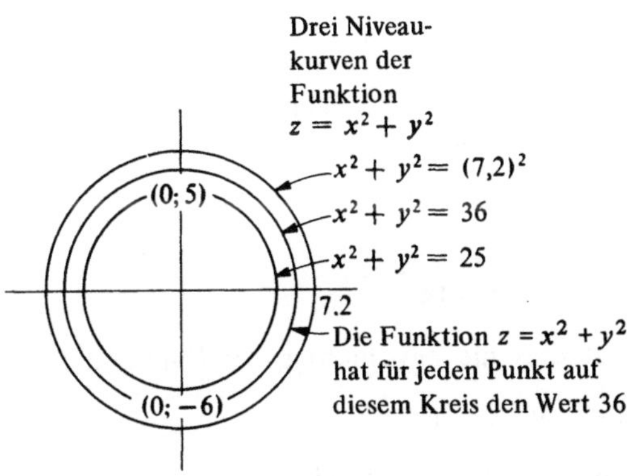

Bild 20.28

Die Niveaukurve

$$x^2 + y^2 = 0$$

besteht nur aus dem Ursprung (0; 0). Die Niveaukurve

$$x^2 + y^2 = -1$$

ist leer, da die Funktion $x^2 + y^2$ keine negativen Werte annimmt. ●

Je nach der jeweiligen Anwendung gibt es die verschiedensten Bezeichnungen für Niveaukurven:

Funktion f	*Bezeichnung der Niveaukurve*
Höhe über dem Meeresspiegel	Höhenlinie
Luftdruck	Isobare
Temperatur	Isotherme
Nutzen (in den Wirtschaftswissenschaften)	Indifferenzkurve
Gravitationspotential	Äquipotentialkurve

Im nächsten Theorem wird ein wichtiger Zusammenhang zwischen den Niveaukurven von $z = f(x;y)$ und dem Gradientenvektor von f dargestellt.

Theorem 1: Der Gradient ∇f steht im Punkt $(a;b)$ senkrecht auf der durch $(a;b)$ verlaufenden Niveaukurve von f.

Beweis: Wir werden zeigen, daß im Punkt $(a;b)$ der Gradient ∇f senkrecht auf dem Tangentenvektor an die Niveaukurve steht (Bild 20.29).

Bild 20.29

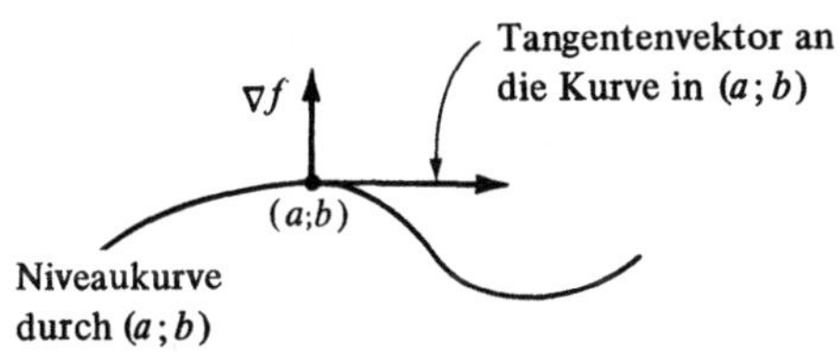

Die Gleichung

$$\mathbf{R} = \mathbf{G}(t) = g(t)\,\mathbf{i} + h(t)\,\mathbf{j}$$

sei eine Parameterdarstellung der durch $(a;b)$ verlaufenden Niveaukurve. Dann ist

$$\mathbf{T} = \mathbf{G}'(t) = g'(t)\,\mathbf{i} + h'(t)\,\mathbf{j}$$

der zugehörige Tangentenvektor an die Niveaukurve.

Es sei $\mathbf{G}'(t_0)$ der Tangentenvektor in $(a;b)$ und es sei

$$\nabla f = f_x(a;b)\,\mathbf{i} + f_y(a;b)\,\mathbf{j}$$

der Gradient in $(a;b)$. Der Gradient ∇f steht senkrecht auf $\mathbf{G}'(t_0)$, wenn die Relation

$$\nabla f \cdot \mathbf{G}'(t_0) = 0$$

erfüllt ist. Wir müssen daher zeigen

$$f_x(a;b)\,g'(t_0) + f_y(a;b)\,h'(t_0) = 0.$$

Mit Hilfe von Theorem 1 aus Abschnitt 12.6 (Kettenregel) entspricht die Summe auf der linken Seite gerade dem Wert von

$$\frac{dz}{dt}$$

an der Stelle $t = t_0$. Da nun die Funktion $z = f(x;y)$ auf jeder ihrer Niveaukurven konstant bleibt, erhalten wir unmittelbar

$$\frac{dz}{dt} = 0.$$

Daher gilt

$$\nabla f \cdot \mathbf{G}'(t_0) = 0.$$

Damit steht ∇f senkrecht auf $\mathbf{G}'(t_0)$ und das Theorem ist bewiesen. ●

Beispiel 2: Man gebe einen Vektor an, der im Punkt (1; 2) senkrecht auf der Kurve $xy = 2$ steht.

Lösung: Es sei $f(x;y) = xy$. Dann ist die Kurve $xy = 2$ Niveaukurve von f und entspricht der Relation $f(x;y) = 2$. Der Gradient von f wird im Punkt (1; 2) senkrecht auf der Kurve $xy = 2$ stehen. Wir erhalten

$$\nabla f = y\mathbf{i} + x\mathbf{j}$$

und im Punkt (1; 2) ergibt sich

$$\nabla f = 2\mathbf{i} + 1\mathbf{j}.$$

In Bild 20.30 sind die Niveaukurven und der Gradient ∇f dargestellt. ●

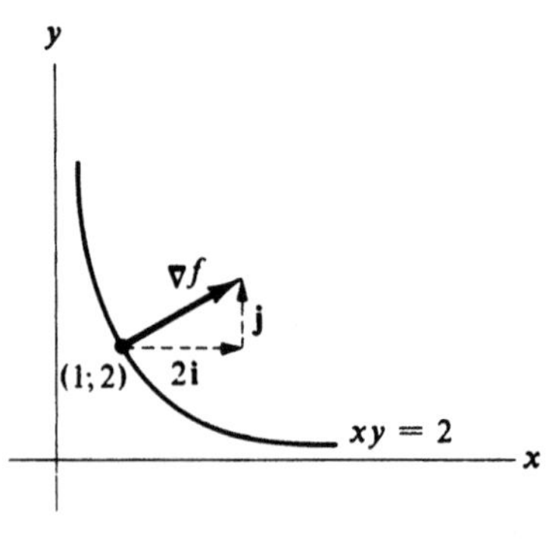

Bild 20.30

Theorem 1 behandelt somit eine weitere wichtige Anwendung des Gradienten: Der Gradient bestimmt einen auf der Niveaukurve senkrecht stehenden Vektor. In Abschnitt 19.5 haben wir gesehen, daß der Gradient stets in

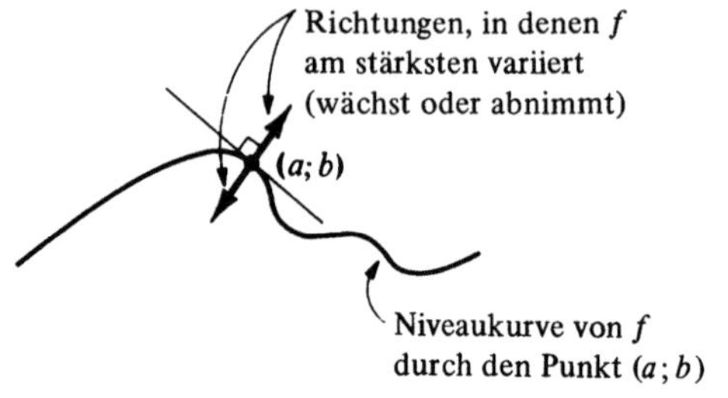

Bild 20.31

die Richtung der maximalen Veränderung von f zeigt. Aufgrund dieser beiden Ergebnisse verändert sich f stets in der Richtung am stärksten, die senkrecht zu den Niveaukurven verläuft (Bild 20.31).

Stellt $f(x;y)$ die Höhe des Gebietes oberhalb des Punktes $(x;y)$ dar, so wird ein Bergsteiger aufgrund von Theorem 1 den Weg des steilsten Anstieges (oder Abstieges) in der Richtung suchen, die durch die Normale auf die jeweiligen Niveauflächen bestimmt ist.

Stellt $f(x;y)$ den Luftdruck im Punkt $(x;y)$ dar, so werden die Niveaukurven von f Isobaren genannt (sie sind in der täglichen Wetterkarte zu finden). Die Luft ist stets bestrebt, von Gebieten hohen Druckes in Gebiete niedrigen Druckes zu strömen; daher gibt ∇f ungefähr die Richtung des Windvektors an. Allerdings wird die Windströmung auch von anderen Einflüssen und nicht nur vom Luftdruck bestimmt, so daß der Windvektor üblicherweise nicht genau senkrecht auf den Isobaren steht.

Beispiel 3: Man bestimme im Punkt (1; 2) einen Normalenvektor auf die Kurve

$$x^3y + 2x^2y + y^3 = 14.$$

Lösung: Es ist dies die Niveaukurve der Funktion f mit

$$f(x;y) = x^3y + 2x^2y + y^3.$$

Für den Gradienten von f ergibt sich

$$\nabla f = (3x^2y + 4xy)\mathbf{i} + (x^3 + 2x^2 + 3y^2)\mathbf{j}.$$

Wir erhalten im Punkt $(x;y) = (1;2)$ für den Gradienten

$$\begin{aligned}\nabla f &= [3(1)^2(2) + 4(1)(2)]\mathbf{i} + [(1)^3 + 2(1)^2 + 3(2)^2]\mathbf{j}\\ &= 14\mathbf{i} + 15\mathbf{j}.\end{aligned}$$

Daher steht der Vektor $14\mathbf{i} + 15\mathbf{j}$ im Punkt (1; 2) senkrecht auf der angegebenen Kurve. ●

Zur späteren Verwendung wollen wir ein Resultat besonders hervorheben, das im Verlauf des Beweises von Theorem 1 gewonnen wurde.

Theorem 2: Es sei f eine Funktion von x und y: $z = f(x; y)$. Ferner sei durch $x = g(t)$, $y = h(t)$ der Weg eines Teilchens in Parameterform gegeben. Der Ortsvektor zur Zeit t lautet

$$\mathbf{G}(t) = g(t)\,\mathbf{i} + h(t)\,\mathbf{j}.$$

Dann ist $z = f(g(t); h(t))$ eine zusammengesetzte Funktion von t (und beschreibt das Verhalten von z längs der Teilchenbahn). Für die Ableitung dieser zusammengesetzten Funktion ergibt sich

$$\frac{dz}{dt} = \nabla f \cdot \mathbf{G}'(t).$$

$z = f(x; y)$ sei beispielsweise die Temperatur im Punkt $(x; y)$. Beschreibt dann $\mathbf{G}$ den Weg eines Käfers in der xy-Ebene, so beobachtet dieser als Änderungsrate der Temperatur das skalare Produkt des Temperaturgradienten ∇f mit dem Geschwindigkeitsvektor $\mathbf{v} = \mathbf{G}'$.

Theorem 2 kann auf räumliche Probleme, also auch auf Funktionen $u = f(x; y; z)$ und räumliche Kurven, verallgemeinert werden. In diesem Fall hat der Ortsvektor die Gestalt

$$\mathbf{G}(t) = x(t)\,\mathbf{i} + y(t)\,\mathbf{j} + z(t)\,\mathbf{k}.$$

Zum Beweis muß lediglich die Kettenregel in Vektornotation übertragen werden. Im übrigen können die meisten Aussagen dieses Abschnitts von der Ebene auf den Raum verallgemeinert werden. An die Stelle der Niveaukurven treten dann die Niveauflächen, die wir nun definieren wollen.

Die Funktion f sei in einem räumlichen Gebiet definiert; wir schreiben:

$$u = f(x; y; z).$$

Für jede Konstante c heißt die Menge aller Punkte mit

$$f(x; y; z) = c$$

Niveaufläche von f.

Beispiel 4: Wir betrachten die Funktion f mit $f(x; y; z) = x^2 + y^2 + z^2$. Man zeichne die Niveaufläche von f, die durch den Punkt $(2; 6; 3)$ verläuft.

Lösung: Wir erhalten (Bild 20.32)

$$f(2; 6; 3) = 2^2 + 6^2 + 3^2 = 4 + 36 + 9 = 49.$$

Daher hat die Niveaufläche durch $(2; 6; 3)$ die Gleichung

$$x^2 + y^2 + z^2 = 49.$$

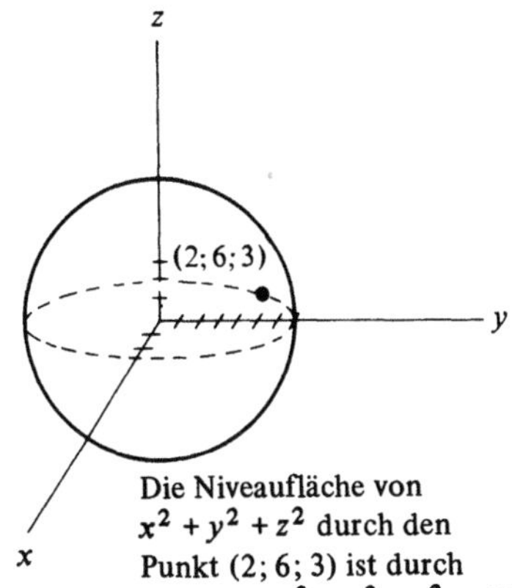

Bild 20.32 Die Niveaufläche von $x^2 + y^2 + z^2$ durch den Punkt $(2; 6; 3)$ ist durch die Kugel $x^2 + y^2 + z^2 = 49$ gegeben

Dieser Gleichung entspricht eine Kugel mit dem Radius 7 und dem Mittelpunkt $(0; 0; 0)$. Man vergleiche dies mit Beispiel 1. ●

Wie das nächste Beispiel zeigt, sollte sich Theorem 1 auf Funktionen von drei Variablen, ihre Gradienten sowie ihre Niveauflächen übertragen lassen.

Beispiel 5: Es sei

$$f(x; y; z) = Ax + By + Cz.$$

Die Größen A, B und C seien konstant, mindestens eine von ihnen sei von Null verschieden. Dann steht ∇f im Punkt $(a; b; c)$ senkrecht auf der Niveaufläche von f, die durch den Punkt $(a; b; c)$ verläuft.

Löung: Jede Niveaufläche von f hat eine Gleichung der Form

$$Ax + By + Cz = k$$

und ist daher eine Ebene. Für die partiellen Ableitungen von f erhalten wir

$$f_x = A, \quad f_y = B \quad \text{und} \quad f_z = C.$$

Somit ergibt sich $\nabla f = A\mathbf{i} + B\mathbf{j} + C\mathbf{k}$. Wie in Abschnitt 19.4 gezeigt wurde, steht der Vektor $A\mathbf{i} + B\mathbf{j} + C\mathbf{k}$ senkrecht auf der Ebene $Ax + By + Cz = k$ (Bild 20.33). In diesem Falle hängt ∇f nicht von dem jeweils betrachteten Punkt ab. ●

Nun wollen wir definieren, wann ein Vektor senkrecht auf einer Fläche steht.

Definition des Normalenvektors auf einer Fläche: Ein Vektor steht im Punkt $(a; b; c)$ senkrecht auf einer Fläche

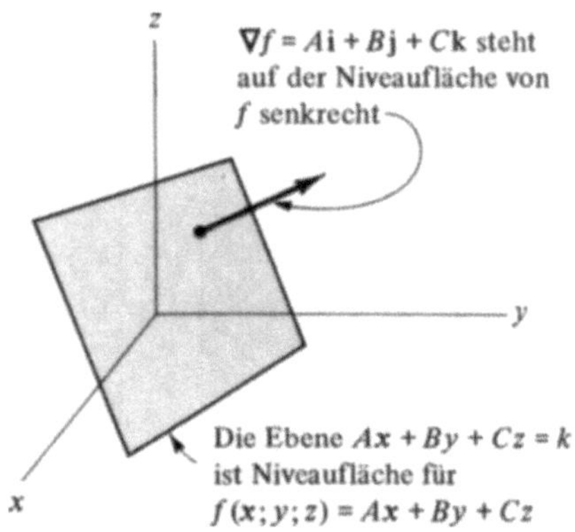

Bild 20.33

wenn er im Punkt $(a; b; c)$ Normalenvektor auf jede in der Fläche liegende Kurve ist. (Ein Vektor steht im Punkt $(a; b; c)$ senkrecht auf der Kurve, wenn er normal zum Tangentenvektor im gegebenen Punkt $(a; b; c)$ verläuft.) Ein derartiger Vektor wird *Normalenvektor* genannt.

Nun kann Beispiel 5 verallgemeinert werden:

Theorem 3: Der Gradient ∇f im Punkt $(a; b; c)$ steht auf der Niveaufläche von f senkrecht, die durch den Punkt $(a; b; c)$ verläuft.

Beweis: Der Beweis wird ähnlich dem von Theorem 1 geführt, er wird daher nur skizziert.

Es sei

$$\mathbf{G}(t) = g(t)\mathbf{i} + h(t)\mathbf{j} + i(t)\mathbf{k}$$

die Parameterdarstellung einer Kurve in der Niveaufläche, die durch den Punkt $(a; b; c)$ verläuft. $\mathbf{G}'(t_0)$ sei der Tangentenvektor an die Kurve in $(a; b; c)$, und es sei

$$\nabla f = f_x(a; b; c)\mathbf{i} + f_y(a; b; c)\mathbf{j} + f_z(a; b; c)\mathbf{k}$$

der Gradient in $(a; b; c)$. Wir wollen die Relation

$$\nabla f \cdot \mathbf{G}'(t_0) = 0$$

oder

$$f_x(a; b; c)\, g'(t_0) + f_y(a; b; c)\, h'(t_0) + f_z(a; b; c)\, i'(t_0) = 0$$

beweisen. Setzen wir $u = f(x; y; z)$, so ergibt sich wie in Theorem 2 für die Summe auf der linken Seite gerade

$$\frac{du}{dt} \quad \text{für} \quad t = t_0.$$

Nun ist die Funktion $u = f(x; y; z)$ auf jeder ihrer Niveauflächen konstant. Es ergibt sich daher dort

$$\frac{du}{dt} = 0.$$

Damit ist das Theorem bewiesen. ●

Im Falle der Funktion f aus Beispiel 4

$$f(x; y; z) = x^2 + y^2 + z^2$$

ergibt sich für den Gradienten ∇f in $(2; 6; 3)$ unmittelbar

$$4\mathbf{i} + 12\mathbf{j} + 6\mathbf{k}.$$

Aufgrund von Theorem 3 steht dieser Vektor im Punkt $(2; 6; 3)$ senkrecht auf der Kugel aus Beispiel 4 (Bild 20.34).

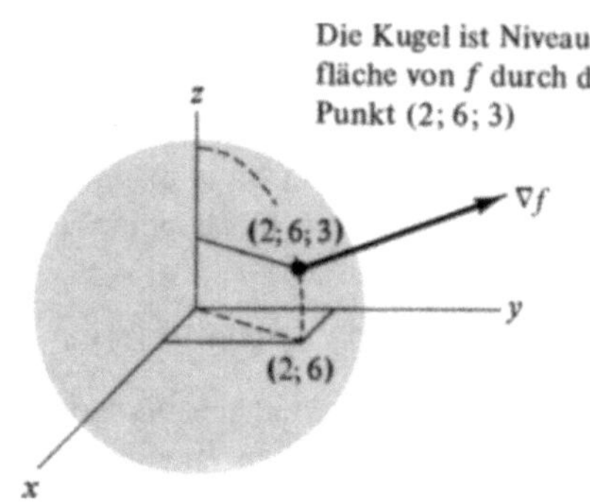

Bild 20.34

Dieses Ergebnis erscheint plausibel, da der Gradient ∇f mit dem zweifachen Ortsvektor übereinstimmt, der den Ursprung mit dem Punkt $(2; 6; 3)$ verbindet:

$$\nabla f = 2(2\mathbf{i} + 6\mathbf{j} + 3\mathbf{k}).$$

Da jede Gerade durch den Mittelpunkt der Kugel in ihrem Schnittpunkt mit der Kugeloberfläche senkrecht auf der Kugeloberfläche steht, muß auch $2\mathbf{i} + 3\mathbf{j} + 4\mathbf{k}$ sowie ∇f senkrecht auf der Kugel stehen.

Theorem 3 führt uns zu folgender Definition.

Definition der Tangentenebene auf einer Fläche: Wir betrachten die Niveaufläche einer Funktion $u = f(x; y; z)$. Es sei $(a; b; c)$ ein Punkt auf dieser Fläche, in dem ∇f nicht verschwindet. Dann ist die Tangentenebene auf die Fläche im Punkt $(a; b; c)$ durch die Ebene gegeben, die den Punkt $(a; b; c)$ enthält und auf dem Gradienten in $(a; b; c)$ senkrecht steht.

Beispiel 6: Man bestimme die Tangentenebene an die Kugel $x^2 + y^2 + z^2 = 49$ im Punkt (2; 6; 3).

Lösung: Die Kugel $x^2 + y^2 + z^2 = 49$ ist Niveaufläche der Funktion

$$f(x;y;z) = x^2 + y^2 + z^2.$$

Für den Gradienten von f ergibt sich

$$\nabla f = 2x\mathbf{i} + 2y\mathbf{j} + 2z\mathbf{k},$$

und wir erhalten im Punkt (2; 6; 3) für ∇f den Vektor

$$4\mathbf{i} + 12\mathbf{j} + 6\mathbf{k}.$$

Somit ergibt sich für die Tangentenebene in (2; 6; 3) die Gleichung

$$4(x-2) + 12(y-6) + 6(x-3) = 0.$$

(Zur Bestimmung der Gleichung einer Ebene siehe Abschnitt 19.4.) ●

Mit Hilfe des folgenden Theorems können wir Vektoren ermitteln, die auf Flächen mit der Gleichung $z = f(x;y)$ senkrecht stehen.

Theorem 4: f sei eine Funktion von zwei Variablen, und es sei $(a;b;c)$ ein Punkt auf der Fläche

$$z = f(x;y).$$

Dann steht der Vektor

$$f_x\mathbf{i} + f_y\mathbf{j} - \mathbf{k}$$

im Punkt $(a;b;c)$ senkrecht auf der Fläche, wobei f_x und f_y in $(a;b)$ zu berechnen sind.

Beweis: Wir führen zunächst eine Funktion g von drei Variablen ein, so daß die gegebene Fläche Niveaufläche von g ist. Dann wenden wir auf diese Funktion g Theorem 3 an.

Wir definieren $g(x;y;z)$ durch $f(x;y) - z$ und betrachten die spezielle Niveaufläche

$$g(x;y;z) = 0.$$

Für diese Fläche können wir auch

$$f(x;y) - z = 0 \quad \text{oder} \quad z = f(x;y)$$

schreiben. Daher stimmt die gegebene Fläche $z = f(x;y)$ mit der von uns ausgewählten Niveaufläche von g überein.

Wenden wir nun Theorem 3 auf g an, so steht der Vektor

$$g_x(a;b;c)\mathbf{i} + g_y(a;b;c)\mathbf{j} + g_z(a;b;c)\mathbf{k}$$

senkrecht auf der Fläche $g(x;y;z) = 0$. Aus

$$g(x;y;z) = f(x;y) - z$$

folgt

$$g_x(a;b;c) = f_x(a;b),$$
$$g_y(a;b;c) = f_y(a;b),$$
$$g_z(a;b;c) = -1.$$

Daher steht

$$f_x(a;b)\mathbf{i} + f_y(a;b)\mathbf{j} - \mathbf{k}$$

im Punkt $(a;b;c)$ senkrecht auf der Fläche

$$z = f(x;y). \quad ●$$

Beispiel 7: Man bestimme einen Vektor, der im Punkt (1; 2; 3) senkrecht auf der Fläche $z = y^2 - x^2$ steht.

Lösung: Wir wenden Theorem 4 auf $f(x;y) = y^2 - x^2$ an. Wie wir den Relationen $f_x(x;y) = -2x$ und $f_y(x;y) = 2y$ entnehmen, steht der Vektor

$$-2x\mathbf{i} + 2y\mathbf{j} - \mathbf{k}$$

im Punkt $(x;y;z)$ auf der Fläche senkrecht. Für den Punkt (1; 2; 3) erhalten wir im speziellen als Normalenvektor

$$-2\mathbf{i} + 4\mathbf{j} - \mathbf{k}.$$

Die sattelförmige Fläche wurde in Abschnitt 12.3 behandelt. Die Fläche und der Normalenvektor $-2\mathbf{i} + 4\mathbf{j} - \mathbf{k}$ sind in Bild 20.35 dargestellt. ●

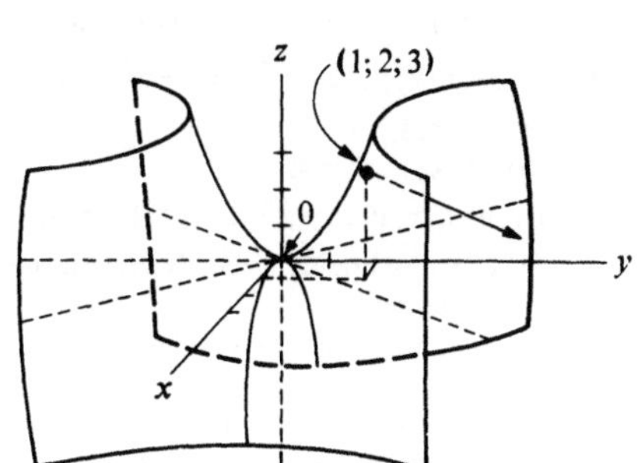

Bild 20.35

Beispiel 8: Mit Hilfe von Theorem 4 beweise man, daß die Tangenten T_x und T_y (siehe Abschnitt 12.5) in der Tangentenebene liegen.

Lösung: Untersuchen wir zunächst T_x. Wie wir Bild 12.29 entnehmen, verläuft der Vektor $\mathbf{i} + 0\mathbf{j} + f_x\mathbf{k}$ parallel zu T_x. Liegt nun T_x in der Tangentenebene, so muß das skalare Produkt

$$(\mathbf{i} + 0\mathbf{j} + f_x\mathbf{k}) \cdot (f_x\mathbf{i} + f_y\mathbf{j} - \mathbf{k})$$

verschwinden. Tatsächlich ergibt sich

$$f_x + 0 - f_x = 0.$$

Ebenso liegt T_y in der Tangentenebene. Daher fällt die durch T_x und T_y bestimmte Ebene mit der Tangentenebene zusammen.

Übungen:

In den Übungen 1 bis 4 zeichne man die Niveaukurve der gegebenen Funktion durch den gegebenen Punkt.

1. $x^2 + y^2$, $(5;12)$ **2.** $3x + 4y$, $(2;1)$

3. xy, $(1;-1)$ **4.** $y - x^2$, $(0;0)$

In den Übungen 5 bis 8 berechne man ∇f im gegebenen Punkt, man zeichne ∇f für die Funktion f und den Punkt aus.

5. Übung 1 **6.** Übung 2

7. Übung 3 **8.** Übung 4

9. Es sei $f(x;y) = xy$.
(*a*) Man zeichne ∇f in $(1;1)$, $(1;2)$ und $(2;3)$; als Anfangspunkt von ∇f werde jeweils der Punkt gewählt, in dem wir ∇f berechnen.
(*b*) Man zeichne die Niveaukurve $xy = 1$, $xy = 2$, $xy = 6$ durch die Punkte aus (*a*).

10. Es sei $f(x;y;z) = 2x + 3y + 4z$.
(*a*) Wo schneidet die Niveaufläche $f(x;y;z) = 12$ die drei Achsen?
(*b*) Man zeichne die Niveauflächen aus (*a*).
(*c*) Man zeichne die Niveauflächen $f(x;y;z) = 0$.

11. Es sei $f(x;y;z) = x^2 + y^2 + z^2$. Man zeichne die Niveauflächen
(*a*) $f(x;y;z) = 1$ und
(*b*) $f(x;y;z) = 4$.

12. Es sei $f(x;y;z) = x^2/4 + y^2/1 + z^2/9$.
(*a*) Wo schneidet die Niveaufläche $f(x;y;z) = 1$ die drei Achsen?
(*b*) Man zeichne die Fläche aus (*a*).

In den Übungen 13 bis 15 bestimme man für den jeweils gegebenen Punkt einen Normalenvektor auf der Kurve.

13. $2x^2 + 3y^2 + 4z^2 = 9$ in $(1;1;1)$.

14. $2x - 3y + 4z = 0$ in $(0;0;0)$.

15. $x^3yz = 6$ in $(1;2;3)$.

16. Man bestimme die Gleichung der Tangentenebene im Punkt $(1;1;1)$ an die Fläche $2x^2 + 3y^2 + 4z^2 = 9$.

17. (*a*) Der Punkt $(1;1;2)$ liegt auf der Fläche mit der Gleichung $z = x^2 + y^2$. Man beweise dies.
(*b*) Man zeichne die Fläche.
(*c*) Man bestimme einen Vektor, der im Punkt $(1;1;2)$ senkrecht auf der Fläche steht.

18. Man bestimme im Punkt $(1;1;1)$ einen Normalenvektor auf der Fläche $z = x^2y$.

■

19. (*a*) Man zeichne drei Niveaukurven der Funktion f mit $f(x;y) = xy$. Eine der Kurven verlaufe durch den Punkt $(1;1;1)$.
(*b*) Man zeichne drei Niveaukurven der Funktion g mit $g(x;y) = x^2 - y^2$. Eine der Kurven verlaufe durch den Punkt $(1;1)$.
(*c*) Jede der Niveaukurven von f schneidet jede der Niveaukurven von g unter einem rechten Winkel. Man beweise dies.
(*d*) Wie können die Niveaukurven von g interpretiert werden, wenn f den Luftdruck beschreibt?

20. (*a*) Man zeichne eine Niveaukurve für die Funktion $2x^2 + y^2$.
(*b*) Man zeichne eine Niveaukurve für die Funktion y^2/x.
(*c*) Jede Niveaukurve von $2x^2 + y^2$ schneidet jede Niveaukurve von y^2/x unter einem rechten Winkel. Man beweise dies.

Unter dem Winkel zwischen zwei Flächen, die den gemeinsamen Punkt $(a;b;c)$ besitzen, versteht man den Winkel zwischen zwei Geraden durch $(a;b;c)$, die in $(a;b;c)$ senkrecht auf den beiden Flächen stehen. Wir wählen stets den spitzen Winkel.

21. (*a*) Der Punkt $(1;1;2)$ liegt auf den Flächen $xyz = 2$ und $x^3yz^2 = 4$. Man beweise dies.
(*b*) Man bestimme den Kosinus des Winkels der beiden Flächen aus (*a*) im Punkt $(1;1;2)$.

22. (*a*) Der Punkt $(1;2;3)$ liegt auf der Ebene

$$2x + 3y - z = 5$$

und auf der Kugel

$$x^2 + y^2 + z^2 = 14.$$

(*b*) Man bestimme im Punkt $(1; 2; 3)$ den Winkel zwischen den Flächen.

23. (*a*) Die Flächen $z = x^2y^3$ und $z = 2xy$ enthalten beide den Punkt $(2;1;4)$. Man zeige dies.
(*b*) Unter welchem Winkel schneiden sie einander in diesem Punkt?

■■

24. Zwei Flächen $f(x;y;z) = 0$ und $g(x;y;z) = 0$ enthalten den gemeinsamen Punkt $(a;b;c)$ und schneiden einander längs einer Kurve. Wie können wir im Punkt $(a;b;c)$ einen Tangentenvektor an diese Kurve bestimmen?

20.7 Oberflächenintegrale

In diesem Abschnitt werden wir den Begriff des Integrals über eine Oberfläche einführen. Unsere Definition wird mit der aus Abschnitt 13.1 für das Integral einer Funktion über ein ebenes Gebiet – also über eine ebene Fläche – im wesentlichen übereinstimmen.

Da die exakte Behandlung einer räumlichen Oberfläche im Vergleich zu ebenen Gebieten noch zusätzliche Komplikationen mit sich bringt, wollen wir hier nicht alle Details ausführen. Wir werden uns auf glatte Oberflächen und auf Flächen beschränken, die stückweise aus glatten Oberflächen zusammengesetzt sind (z.B. auf die Oberfläche von Kugeln oder die Oberfläche eines Würfels).

Definition des bestimmten Integrals einer Funktion f über eine Oberfläche S: Durch die Funktion f sei jedem Punkt P einer Fläche S eine bestimmte Zahl $f(P)$ zugeordnet. Wir betrachten die typische Summe

$$f(P_1)\,S_1 + f(P_2)\,S_2 + \ldots + f(P_n)\,S_n,$$

die sich bei Teilung von S in die Teilflächen S_i ergibt. Der Punkt P_i liegt auf der i-ten Fläche. Nähern sich diese Summen einer bestimmten Zahl, wenn das Maß der Teilung gegen Null geht (und zwar unabhängig von der Wahl der Testpunkte P_i auf der i-ten Fläche), dann nennen wir diese Zahl das bestimmte Integral von f über S und schreiben

$$\int_S f(P)\,dS.$$

Die Begriffe Teilung und Maß aus der vorangehenden Definition entsprechen denen aus Abschnitt 13.1 und werden daher hier nicht weiter ausgeführt.

Beschreibt $f(P)$ die Materiedichte im Punkte P, dann ist durch $\int_S f(P)\,dS$ die Gesamtmasse der Fläche S bestimmt. Gilt für alle P stets $f(P) = 1$, dann liefert $\int_S f(P)\,dS$ die Fläche von S. Obwohl der Begriff des Oberflächenintegrals für uns zunächst von grundsätzlichem Interesse ist, wollen wir auch die praktische Berechnung derartiger Integrale behandeln.

Die Berechnung eines Oberflächenintegrals kann auf ein Integral über ein ebenes Gebiet zurückgeführt werden. Dies geschieht mit Hilfe des folgenden geometrischen Lemmas.

Lemma: Es sei U das Gebiet einer Ebene, die mit der xy-Ebene einen Winkel von $\gamma \neq \pi/2$ einschließt. V sei der Teil der xy-Ebene, der direkt unterhalb (oberhalb) von U liegt (Bild 20.36). Dann gilt

$$\text{Fläche von } U = |\sec\gamma| \cdot \text{Fläche von } V.$$

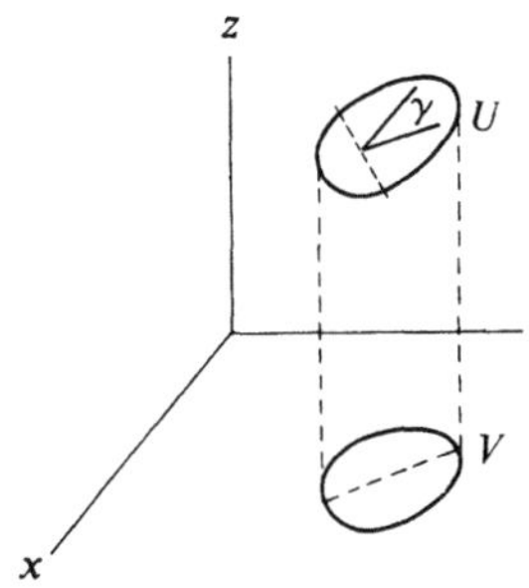

Bild 20.36

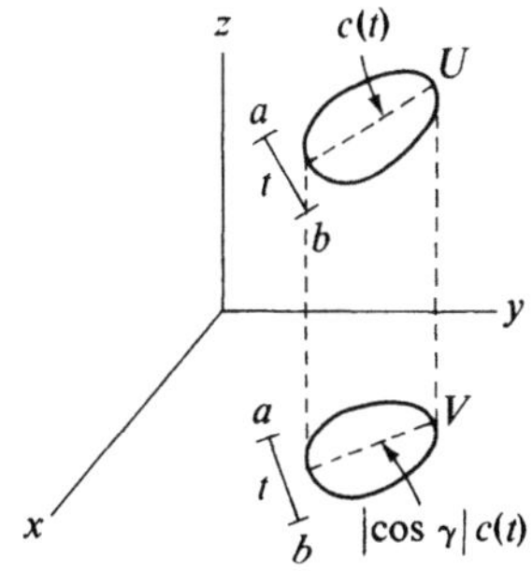

Bild 20.37

Beweis: Wir führen die Schnittlinie der xy-Ebene mit der Ebene von U als t-Achse ein (Bild 20.37). Es sei $c(t)$ die Schnittlänge von U für den jeweiligen Wert t. Dann ist die entsprechende Schnittlänge für V durch

$$|\cos\gamma|\,c(t)$$

gegeben. Somit erhalten wir

$$\begin{aligned}\text{Fläche von } V &= \int_a^b |\cos\gamma|\,c(t)\,dt \\ &= |\cos\gamma| \int_a^b c(t)\,dt \\ &= |\cos\gamma| \text{ Fläche von } U.\end{aligned}$$

Damit ist das Lemma bewiesen. ●

Beispiel 1: Man bestimme die Fläche des Teiles der Ebene $x + 2y + 3z = 12$, der im Inneren des Zylinders $x^2 + y^2 = 9$ liegt.

Lösung: Das Gebiet V ist ein Kreis mit dem Radius 3 und hat daher die Fläche 9π. Um die Fläche U zu bestimmen, die oberhalb von V liegt, müssen wir $\sec\gamma$ ermitteln. Der Winkel γ wird von der xy-Ebene und der Ebene $x + 2y + 3z = 12$ eingeschlossen (Bild 20.38). Nun stimmt der Winkel zwischen zwei Ebenen mit dem Winkel zwischen ihren Normalen überein.

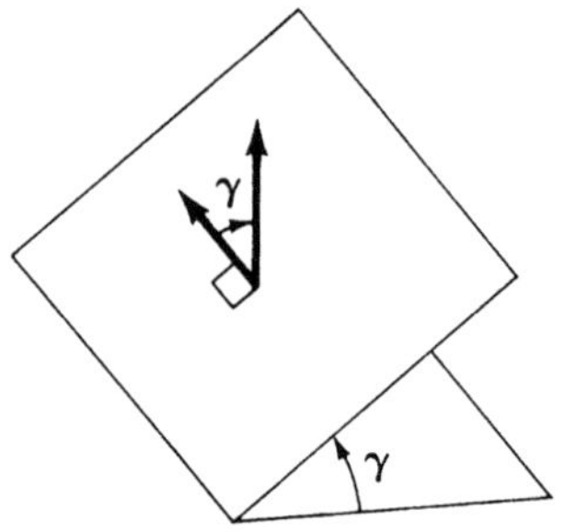

Bild 20.38

Der Vektor

$$\mathbf{i} + 2\mathbf{j} + 3\mathbf{k}$$

steht senkrecht auf der geneigten Ebene, der Vektor **k** steht senkrecht auf der xy-Ebene. Wir erhalten

$$\cos\gamma = \frac{(\mathbf{i} + 2\mathbf{j} + 3\mathbf{k}) \cdot \mathbf{k}}{\sqrt{1^2 + 2^2 + 3^2}\,\sqrt{1^2}} = \frac{3}{\sqrt{1^2 + 2^2 + 3^2}} = \frac{3}{\sqrt{14}}.$$

Somit ergibt sich

$$\sec\gamma = \frac{\sqrt{14}}{3}.$$

Aufgrund des Lemmas hat das Gebiet U der geneigten Ebene die Fläche

$$|\sec\gamma| \cdot \text{Fläche von } V = \frac{\sqrt{14}}{3} \cdot 9\pi = 3\sqrt{14}\,\pi. \quad \bullet$$

Das Lemma führt uns schließlich auch zu folgendem Theorem.

Theorem: Es sei S eine Fläche und R ein Gebiet der xy-Ebene, so daß die Parallele zur z-Achse, die durch den Punkt Q aus R verläuft, die Fläche S genau im Punkt P trifft. Die Funktion f sei auf S vorgegeben. Dann definieren wir auf R eine Funktion g durch

$$g(Q) = f(P).$$

Für diese Funktion g gilt dann

$$\int_S f(P)\,dS = \int_R g(Q)|\sec\gamma|\,dA.$$

Der Winkel γ wird von der Tangentenebene im Punkt P und der xy-Ebene eingeschlossen.

Bild 20.39

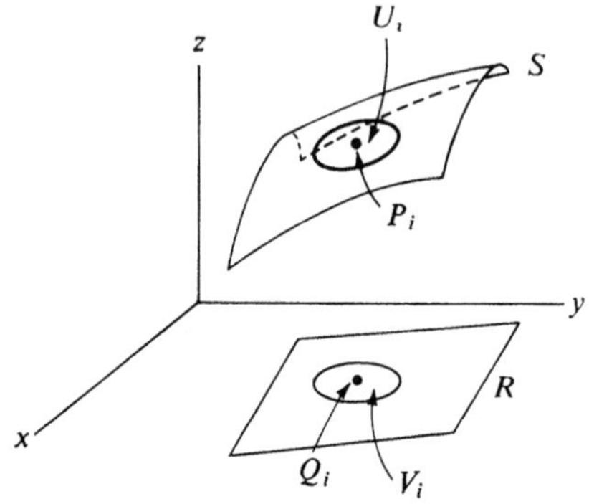

V_i hat die Fläche A_i

Merkregel:

$$dA = |\cos\gamma|\,dS \qquad \text{oder} \qquad dS = |\sec\gamma|\,dA.$$

Beweis: Wir entnehmen einem Teil von S ein typisches Gebiet U_i, seine Fläche sei S_i. Der Punkt P_i liege in S_i (Bild 20.39). Es sei V_i der „Schatten" von S_i auf R. Die Fläche von V_i sei A_i und der Punkt Q_i aus R entspreche gerade dem Punkt P_i.

Je kleiner das Gebiet U_i wird, desto besser kann es durch ein ebenes Gebiet angenähert werden. (Auch ein kleines Kurvenstück kann durch eine kurze Strecke angenähert werden). Für glatte Flächen S können wir daher annehmen, daß die Fläche von U_i näherungsweise durch $|\sec\gamma_i| \cdot$ Fläche von V_i gegeben ist. Der Winkel γ_i wird von der Tangentenebene in P_i und der xy-Ebene eingeschlossen. Daher gilt

$$S_i \approx |\sec\gamma_i| A_i$$

und

$$f(P_i)\,S_i \approx f(P_i)|\sec\gamma_i|A_i \approx g(Q_i)|\sec\gamma_i|A_i.$$

Bildet man nun die Näherungssummen und den Grenzwert Maß $\to 0$, so ergibt sich unmittelbar

$$\int_S f(P)\,dS = \int_R g(Q)|\sec\gamma|\,dA. \quad \bullet$$

Im folgenden Beispiel soll das soeben bewiesene Theorem angewendet werden. Mit Hilfe des Faktors $|\sec\gamma|$ kann das Oberflächenintegral auf ein ebenes Integral zurückgeführt werden.

Beispiel 2: Es sei S die obere Hälfte der Kugel $x^2 + y^2 + z^2 = a^2$. Ferner sei $f(P)$ der Abstand des Punktes P auf der Kugel von der xy-Ebene. Man berechne

$$\int_S f(P)\, dS.$$

Lösung: In diesem Falle gilt

$$f(P) = f(x; y; z) = z,$$

und wir wollen das Integral

$$\int_S z\, dS$$

berechnen.

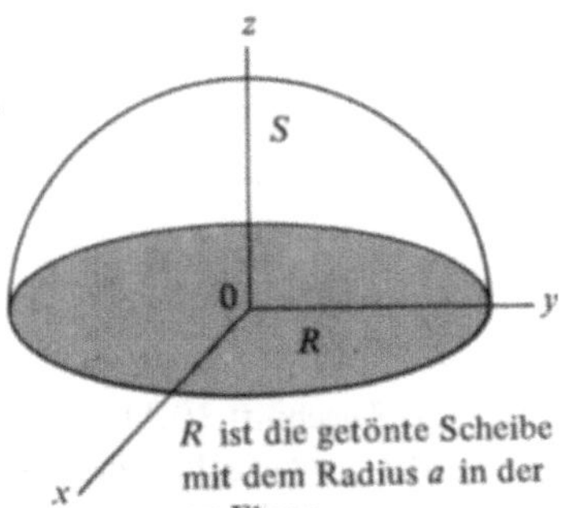

Bild 20.40 R ist die getönte Scheibe mit dem Radius a in der xy-Ebene

Aufgrund des Theorems ergibt sich

$$\int_S z\, dS = \int_R z\,|\sec\gamma|\, dA.$$

R entspricht der getönten Scheibe des Bildes 20.40.

Um den Winkel γ im Punkt $P = (x; y; z)$ zu bestimmen, gehen wir vom Radiusvektor $\overrightarrow{OP}$ aus, der senkrecht auf der Kugel steht. Wir erhalten für γ daher den Winkel zwischen den Vektoren $x\mathbf{i} + y\mathbf{j} + z\mathbf{k}$ und $\mathbf{k}$. Dies führt direkt zu

$$\cos\gamma = \frac{(x\mathbf{i} + y\mathbf{j} + z\mathbf{k}) \cdot \mathbf{k}}{\sqrt{x^2 + y^2 + z^2}\,\sqrt{1^2}} = \frac{z}{a}$$

oder

$$\sec\gamma = \frac{a}{z}.$$

Somit ergibt sich für das Integral

$$\int_R z\,|\sec\gamma|\, dA = \int_R z \cdot \frac{a}{z}\, dA = \int_R a\, dA = a \int_R dA = a \cdot \pi a^2$$

oder

$$\int_S z\, dS = \pi a^3. \quad \bullet$$

Die z-Koordinate des Schwerpunktes der Halbkugelfläche aus Beispiel 2 ist durch

$$\bar{z} = \frac{\int_S z\, dS}{\text{Fläche von } S}$$

definiert. Wir erhalten

$$\frac{\pi a^3}{2\pi a^2} = \frac{a}{2}.$$

In Beispiel 2 war der Integrand des ebenen Integrals konstant. Dies ist im nächsten Beispiel nicht der Fall, die Ergebnisse werden in Beispiel 5 des Abschnitts 21.3 noch benötigt.

Beispiel 3: Es sei S der Teil der Fläche $z = 9 - x^2 - y^2$, der oberhalb der xy-Ebene liegt. Ferner sei

$$f(x; y; z) = \frac{2x^2 + 2y^2 + z}{\sqrt{4x^2 + 4y^2 + 1}}.$$

Man berechne

$$\int_S f(P)\, dS.$$

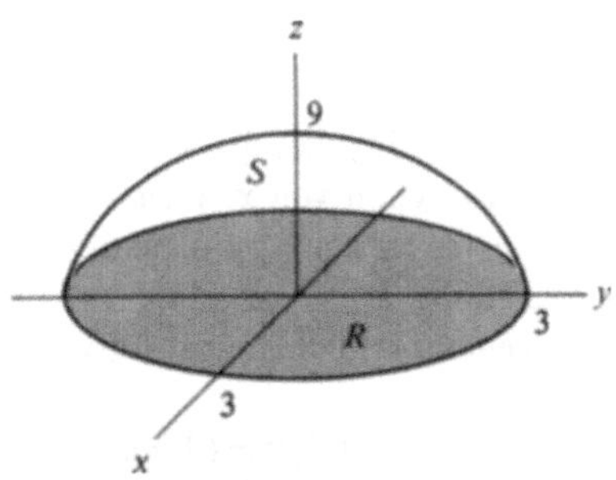

Bild 20.41

Lösung: Bild 20.41 zeigt das Gebiet S sowie seinen Schatten R in der xy-Ebene. Um $\int_S f(P)\, dS$ in ein Integral über R umzuwandeln, müssen wir zunächst $|\sec\gamma|$ berechnen.

Wir suchen daher einen Normalenvektor auf der Fläche $z = 9 - x^2 - y^2$, deren Gleichung wir in die Form

$$x^2 + y^2 + z = 9$$

bringen. Dies entspricht einer Niveaufläche der Funktion $x^2 + y^2 + z$. Der Gradient dieser Funktion steht normal auf der Fläche, und wir erhalten daher mit

$$2x\mathbf{i} + 2y\mathbf{j} + \mathbf{k}$$

einen Normalenvektor auf dieser Fläche. Diese Normale und **k** schließen den Winkel γ ein und es ergibt sich

$$\cos\gamma = \frac{(2x\mathbf{i} + 2y\mathbf{j} + \mathbf{k})\cdot\mathbf{k}}{\sqrt{4x^2+4y^2+1}\,\sqrt{1^2}} = \frac{1}{\sqrt{4x^2+4y^2+1}}$$

oder

$$\sec\gamma = \sqrt{4x^2+4y^2+1}.$$

Somit gelangen wir zur folgenden Darstellung des Oberflächenintegrals:

$$\int\limits_S \frac{2x^2+2y^2+z}{\sqrt{4x^2+4y^2+1}}\,dS = \int\limits_R \frac{2x^2+2y^2+z}{\sqrt{4x^2+4y^2+1}}\cdot\sqrt{4x^2+4y^2+1}\,dA = \int\limits_R (2x^2+2y^2+z)\,dA.$$

Der Integrand $2x^2+2y^2+z$ scheint zwar zunächst eine Funktion von x, y und z zu sein, kann aber tatsächlich allein durch x und y dargestellt werden, wenn wir uns die Gleichung $z = 9 - x^2 - y^2$ in Erinnerung rufen. Somit gelangen wir schließlich zur Auswertung des Integrals

$$\int\limits_R [2x^2+2y^2+(9-x^2-y^2)]\,dA = \int\limits_R (9+x^2+y^2)\,dA.$$

Derartige Integrale wurden in Kapitel 13 behandelt. Da das Integrationsgebiet R eine Kreisscheibe ist, und der Integrand den Ausdruck x^2+y^2 enthält, werden wir Polarkoordinaten in R einführen. Dann folgt

$$\int\limits_R (9+x^2+y^2)\,dA = \int_0^{2\pi}\left[\int_0^3 (9+r^2)\,r\,dr\right]d\theta = \int_0^{2\pi}\left[\int_0^3 (9r+r^3)\,dr\right]d\theta.$$

Wir erhalten zunächst

$$\int_0^3 (9r+r^3)\,dr = \frac{243}{4}$$

und dann

$$\int_0^{2\pi} \frac{243}{4}\,d\theta = \frac{243\pi}{2}.$$

Dies ergibt schließlich

$$\int\limits_S \frac{2x^2+2y^2+z}{\sqrt{4x^2+4y^2+1}}\,dS = \frac{243\pi}{2}. \bullet$$

In Abschnitt 10.11 wurde eine Formel zur Bestimmung der Oberfläche eines Rotationskörpers entwickelt. Im nächsten Beispiel behandeln wir eine Sattelfläche, die nicht durch Rotation einer Kurve entsteht. Wir werden den zugehörigen Flächeninhalt mit Hilfe der Formel

$$\int\limits_S 1\,dS = \text{Fläche von } S$$

bestimmen. Die auftretenden Integrale sind allerdings nicht immer durch elementare Funktionen darstellbar.

Beispiel 4: Man bestimme den Flächeninhalt des Teiles der Fläche $z = xy$, der im Inneren des Zylinders $x^2+y^2=a^2$ liegt.

Lösung: Man zeichne die Sattelfläche $z = xy$ sowie die gesuchte Teilfläche. Es sei S die beschriebene Oberfläche. Dann erhalten wir für den Flächeninhalt von $S = \int\limits_S 1\,dS$.

R sei die Projektion von S auf die xy-Ebene, also die Kreisscheibe mit dem Radius a und dem Mittelpunkt $(0;0)$. Dann gilt

$$\int\limits_S 1\,dS = \int\limits_R 1\,|\sec\gamma|\,dA = \int\limits_R |\sec\gamma|\,dA.$$

Wir müssen daher zunächst γ berechnen und schreiben die Gleichung der Fläche in der Form $z - xy = 0$. Mit Hilfe des Gradienten erhalten wir für ihren Normalenvektor

$$-y\mathbf{i} - x\mathbf{j} + \mathbf{k}$$

und für den Winkel γ

$$\cos\gamma = \frac{(-y\mathbf{i} - x\mathbf{j} + \mathbf{k})\cdot\mathbf{k}}{\sqrt{y^2 + x^2 + 1}\,\sqrt{1^2}} = \frac{1}{\sqrt{y^2 + x^2 + 1}}.$$

Dies bedeutet nun

$$\text{Fläche von } S = \int_R \sqrt{y^2 + x^2 + 1}\, dA.$$

Wir führen in R Polarkoordinaten ein und erhalten

$$\int_R \sqrt{y^2 + x^2 + 1}\, dA = \int_0^{2\pi}\left(\int_0^a \sqrt{r^2 + 1}\, r\, dr\right) d\theta.$$

Zunächst gilt

$$\int_0^a \sqrt{r^2 + 1}\, r\, dr = \left.\frac{(r^2 + 1)^{3/2}}{3}\right|_0^a = \frac{(a^2 + 1)^{3/2} - 1^{3/2}}{3}$$

und weiter

$$\int_0^{2\pi} \frac{(a^2 + 1)^{3/2} - 1}{3}\, d\theta = \frac{2\pi}{3}\left[(a^2 + 1)^{3/2} - 1\right].$$

Somit ergibt sich für den Flächeninhalt des Teiles der Sattelfläche, der im Inneren des Zylinders mit dem Radius a liegt, der Wert

$$2\pi\left(\frac{(a^2 + 1)^{3/2} - 1}{3}\right). \quad \bullet$$

Beispiel 4 veranschaulicht folgende Grundtatsache: Um den Flächeninhalt einer räumlichen Fläche S zu bestimmen, berechne man $\int_S 1\, dS$.

Ist S eine Kugel oder Teil einer Kugel, so kann das Oberflächenintegral gelegentlich auch mit Hilfe sphärischer Koordinaten bestimmt werden, ohne das Theorem dieses Abschnittes zu verwenden.

Wir legen den Mittelpunkt des sphärischen Koordinatensystems $(\rho; \phi; \theta)$ in den Mittelpunkt der Kugel. In diesem Falle ist ρ auf der Kugel konstant. Wie wir Bild

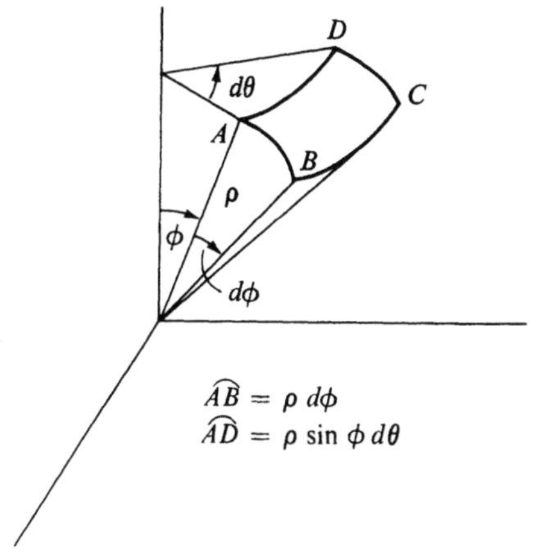

Bild 20.42

20.42 entnehmen, besitzt der kleine Teil der Kugel, der den Änderungen $d\phi$ und $d\theta$ entspricht, näherungsweise die Fläche

$$(\rho\, d\phi)(\rho \sin\phi\, d\theta) = \rho^2 \sin\phi\, d\phi\, d\theta.$$

(Siehe auch Abschnitt 18.3, wo ρ nicht konstant gehalten wurde.) Wir schreiben daher

$$dS = \rho^2 \sin\phi\, d\phi\, d\theta$$

und berechnen

$$\int_S f(P)\, dS$$

als mehrfaches Integral in ϕ und θ. Dieses Verfahren wird im folgenden Beispiel erläutert.

Beispiel 5: S sei die obere Hälfte der Kugel $x^2 + y^2 + z^2 = a^2$. Man berechne

$$\int_S z^3\, dS.$$

Lösung: In sphärischen Koordinaten gilt $z = \rho\cos\phi$. Für den Radius der Kugel ergibt sich $\rho = a$. Wir erhalten daher

$$\int_S z^3\, dS = \int_S (a\cos\phi)^3\, dS$$

$$= \int_0^{2\pi}\left[\int_0^{\pi/2} (a\cos\phi)^3 a^2 \sin\phi\, d\phi\right] d\theta$$

und

$$\int_0^{\pi/2} (a\cos\phi)^3 a^2 \sin\phi\, d\phi = a^5 \int_0^{\pi/2} \cos^3\phi \sin\phi\, d\phi$$

$$= a^5 \left.\frac{(-\cos^4\phi)}{4}\right|_0^{\pi/2}$$

$$= \frac{a^5}{4}[-0-(-1)] = \frac{a^5}{4}.$$

Dies führt schließlich zu

$$\int_S z^3\, dS = \int_0^{2\pi} \frac{a^5}{4}\, d\theta = \frac{\pi a^5}{2}. \bullet$$

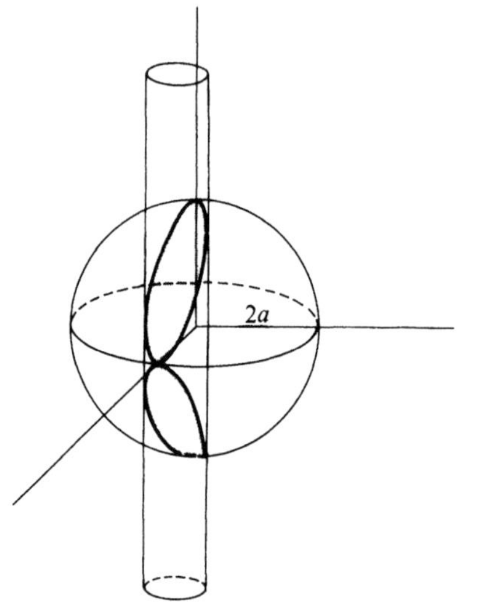

Bild 20.43

Übungen:

1. Man bestimme den Flächeninhalt des Teiles des parabolischen Zylinders $z = 1/2x^2$, der von den drei Ebenen $y = 0$, $y = x$ sowie $x = 2$ begrenzt wird.
2. Man bestimme den Flächeninhalt des Teiles der Kugeloberfläche $x^2 + y^2 + z^2 = 1$, der im Inneren des vertikalen Zylinders mit dem Basiskreis $r = \cos\theta$ und oberhalb der xy-Ebene liegt.
3. Hat die Oberfläche S die Gleichung $F(x;y;z) = 0$, dann gilt
$$|\sec\gamma| = \sqrt{F_x^2 + F_y^2 + F_z^2}/|F_z|.$$
Man beweise dies.
4. Hat die Oberfläche S die Gleichung $z = f(x;y)$, dann gilt
$$\sec\gamma = \sqrt{f_x^2 + f_y^2 + 1}.$$
Man beweise dies.
5. Es sei S das Dreieck mit den Eckpunkten $(1;0;0)$, $(0;2;0)$ und $(0;0;3)$. Ferner sei $f(x;y;z) = 3x + 2y + 2z$. Man berechne $\int_S f(P)\, dS$.
6. Es sei S das Dreieck mit den Eckpunkten $(1;0;0)$, $(0;1;0)$ und $(0;0;1)$. Ferner sei $f(x;y;z) = (1/\sqrt{3})\,(-3x + z - 1)$. Man berechne $\int_S f(P)\, dS$.
7. Es sei S der Teil der Fläche $z = 9 - x^2 - y^2$, der oberhalb der xy-Ebene liegt. Ferner sei
$$f(x;y;z) = (2x^2 + 4y^2 + 2z)/\sqrt{1 + 4x^2 + 16y^2}.$$
Man berechne $\int_S f(P)\, dS$.
8. Eine Kugel mit dem Radius $2a$ hat ihren Mittelpunkt im Ursprung eines rechtwinkeligen Koordinatensystems (Bild 20.43). Ein Kreiszylinder mit dem Radius a hat seine Achse parallel zu der z-Achse und berührt diese. Man bestimme den Flächeninhalt des Teiles der Kugel, der im Inneren des Zylinders liegt.
9. Man bestimme den Flächeninhalt des Teiles des Zylinders $x^2 + y^2 = 4$, der oberhalb des Quadrates mit den Eckpunkten $(1;1;0)$, $(1;-1;0)$, $(-1;1;0)$, $(-1;-1;0)$ liegt
   (*a*) mit Hilfe elementarer Geometrie,
   (*b*) durch Integration.
10. Man bestimme den Flächeninhalt des Teiles des Kegels $z^2 = x^2 + y^2$, der oberhalb einer Schleife der Kurve $r = \sqrt{\cos 2\theta}$ liegt.
11. Man berechne das Integral aus Beispiel 2 mit Hilfe sphärischer Koordinaten.

■

In den Übungen 12 und 13 sei S eine Kugel mit dem Radius a, deren Mittelpunkt im Ursprung eines rechtwinkeligen Koordinatensystems liegt.

12. Man berechne jedes der folgenden Integrale auf dem jeweils einfachsten Weg.
   (*a*) $\int_S x\, dS$, (*b*) $\int_S x^3\, dS$,
   (*c*) $\int_S \frac{2x + 4y^5}{\sqrt{2 + x^2 + 3y^2}}\, dS$.
13. (*a*) Warum gilt $\int_S x^2\, dS = \int_S y^2\, dS$.

(*b*) Man berechne $\int_S (x^2 + y^2 + z^2)\, dS$ auf dem einfachsten Weg.

(*c*) Mit Hilfe von (*a*) und (*b*) berechne man $\int_S x^2\, dS$.

(*d*) Man berechne $\int_S (2x^2 + 3y^2)\, dS$.

14. Ein Sender strahlt durch den Punkt $P = (\rho; \phi; \theta)$ eine Leistung von $k \sin^2\phi/\rho^2$-Einheiten pro Quadratmeter. Man bestimme die Gesamtleistung, die durch eine Kugel mit dem Radius $\rho = a$ ausgestrahlt wird.

15. Man bestimme das Trägheitsmoment einer Kugeloberfläche mit dem Radius a um einen Durchmesser.

16. Man bestimme das Trägheitsmoment des Dreiecks mit den Eckpunkten $(a;0;0)$, $(0;b;0)$, $(0;0;c)$ um die z-Achse; a, b und c seien positiv.

Der Mittelwert einer Funktion $f(P)$ über eine Fläche S ist durch

$$\frac{\int_S f(P)\, dS}{\text{Fläche von } S}$$

definiert. Dieses Konzept wird in den Übungen 17 und 18 illustriert.

17. Es sei S eine Kugel mit dem Radius a. Der Punkt A habe vom Mittelpunkt der Kugel S den Abstand $R > a$. Für P aus S sei $f(P)$ gleich $1/q$, wobei q der Abstand zwischen P und A ist. Der Mittelwert von $f(P)$ über S ist durch $1/R$ gegeben. Man beweise dies.

18. Unter den gleichen Voraussetzungen wie in Übung 17, aber für $R < a$ berechne man für den Mittelwert von $1/q$ die Größe $1/a$. (Der Mittelwert hängt nicht von R ab.)

■■

19. In Beispiel 4 sollte die Fläche S größer als die Fläche R sein. Für $a > 0$ beweise man

$$\frac{2\pi\,[(a^2+1)^{3/2} - 1]}{3} > \pi a^2.$$

20.8 Lagrange-Multiplikator

In diesem Abschnitt soll eine intuitive, geometrische Darstellung des Verfahrens des Lagrange-Multiplikators gegeben werden, mit dessen Hilfe Funktionen unter Berücksichtigung von Nebenbedingungen maximiert werden können. Dieses Verfahren wird in den Wirtschaftswissenschaften und in der höheren Mechanik häufig angewendet.

In Abschnitt 6.8 wurde die minimale Oberfläche einer zylindrischen Dose mit einem Volumen von 100 Einheiten bestimmt. Zu diesem Zweck mußten wir die Funktion

$$2\pi r^2 + 2\pi r h \tag{1}$$

unter Berücksichtigung der Nebenbedingung

$$\pi r^2 h = 100 \tag{2}$$

minimieren. Mit Hilfe von Gl. (2) wurde die Höhe h eliminiert und der Ausdruck $2\pi r^2 + 2\pi r h$ als Funktion von r dargestellt.

In Abschnitt 11.1 wurde das gleiche Problem mit Hilfe impliziter Differentiation behandelt. Obgleich wir bei diesem Verfahren Gl. (2) nicht explizit nach h auflösen mußten, konnte h als Funktion von r betrachtet und die Ableitung dh/dr gebildet werden.

Bei beiden Verfahren spielten die Variablen r und h völlig verschiedene Rollen. Eine von ihnen, r, wurde als unabhängige Variable ausgewählt, während h als abhängige Variable auftrat. Das Verfahren des Lagrange-Multiplikators behandelt alle Variablen völlig gleichwertig. Keine unterscheidet sich von der anderen. Die Variablen spielen in den Annahmen die gleiche Rolle wie in den Lösungen. Im übrigen kann dieses Verfahren leicht auf mehrere Variable und mehrere Nebenbedingungen verallgemeinert werden.

Zunächst wollen wir das Verfahren anhand unseres „Dosen-Problems" erläutern. Die theoretische Begründung soll in der Folge behandelt werden.

Zunächst bilden wir eine bestimmte Funktion L der Variablen r, h und λ:

$$L(r; h; \lambda) = 2\pi r^2 + 2\pi r h - \lambda(\pi r^2 h - 100).$$

Wir definieren mit anderen Worten:

$$L(r; h; \lambda) = (\text{zu minimierende Funktion}) - \lambda\,(\text{Nebenbedingung}).$$

(λ wird *Lagrange-Multiplikator* genannt.) Dann berechnen wir die partiellen Ableitungen

$$\frac{\partial L}{\partial r}, \quad \frac{\partial L}{\partial h} \quad \text{und} \quad \frac{\partial L}{\partial \lambda}$$

und setzen sie alle gleich Null:

$$0 = \frac{\partial L}{\partial r} = 4\pi r + 2\pi h - 2\pi\lambda r h$$

$$0 = \frac{\partial L}{\partial h} = 2\pi r - \lambda\pi r^2$$

$$0 = \frac{\partial L}{\partial \lambda} = -(\pi r^2 h - 100).$$

Damit erhalten wir drei Gleichungen für die drei Unbekannten, r, h und λ:

$$0 = 4\pi r + 2\pi h - 2\pi\lambda r h, \tag{3}$$
$$0 = 2\pi r - \lambda\pi r^2, \tag{4}$$
$$0 = \pi r^2 h - 100. \tag{5}$$

Gl. (5) stimmt mit der vorgegebenen Nebenbedingung (2) überein.

Da die Lösung $r = 0$ die Gl. (5) nicht erfüllt, können wir Gl. (4) durch πr dividieren und erhalten

$$0 = 2 - \lambda r \quad \text{oder} \quad \lambda r = 2. \tag{6}$$

Aus den Gln. (6) und (3) ergibt sich dann

$$0 = 4\pi r + 2\pi h - (2\pi)(2)\,h$$

oder

$$0 = 4\pi r - 2\pi h.$$

Schließlich folgt

$$2r = h. \tag{7}$$

Gl. (7) zeigt, daß die Dose die kleinste Oberfläche hat, wenn der Durchmesser gleich der Höhe ist. Dieses Beispiel sollte das Verfahren des Lagrange-Multiplikators illustrieren.

Um r und h explizit zu berechnen, gehen wir von den Gln. (5) und (7) aus und erhalten

$$0 = \pi r^2 (2r) - 100.$$

Es ergibt sich

$$2\pi r^3 = 100 \quad \text{oder} \quad r^3 = \frac{50}{\pi}$$

und schließlich

$$r = \left(\frac{50}{\pi}\right)^{1/3}.$$

Nun können wir λ bestimmen. In wirtschaftswissenschaftlichen Problemen wird der Wert von λ „*Schattenpreis*" genannt.

Wir wollen nun die Lagrange-Methode allgemein behandeln. Betrachten wir hierzu das folgende Problem:

Man maximiere oder minimiere $u = f(x;y)$ unter der Nebenbedingung $g(x;y) = 0$.

Der Graph von $g(x;y) = 0$ ist im allgemeinen eine Kurve C (Bild 20.44). Die Funktion f möge, *nur für Punkte von C* betrachtet, im Punkt P_0 ein Maximum (oder Minimum) annehmen.

Bild 20.44

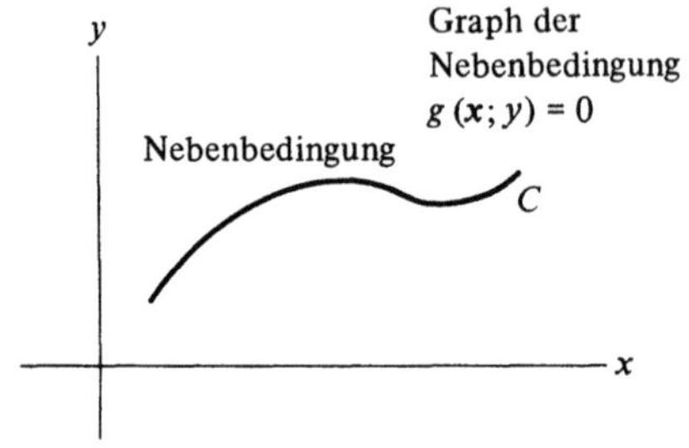

Die Kurve C sei durch die Vektorfunktion $\mathbf{G}$ in Parameterdarstellung gegeben:

$$\mathbf{G}(t) = x(t)\,\mathbf{i} + y(t)\,\mathbf{j}.$$

Es sei $\mathbf{G}(t_0) = \overrightarrow{OP_0}$. Dann ist u eine Funktion von t:

$$u = f(x(t); y(t)),$$

und aufgrund von Theorem 2 aus Abschnitt 20.6 ergibt sich

$$\frac{du}{dt} = \nabla f \cdot \mathbf{G}'(t_0).$$

Da f, nur auf C betrachtet, im Punkt mit $\mathbf{G}(t_0)$ ein Maximum annimmt, ergibt sich für $t = t_0$ unmittelbar

$$\frac{du}{dt} = 0,$$

und wir erhalten

$$\nabla f \cdot \mathbf{G}'(t_0) = 0.$$

Dies aber bedeutet (Bild 20.45):

$$\nabla f \text{ steht in } P_0 \text{ auf } \mathbf{G}'(t_0) \text{ senkrecht.} \tag{8}$$

Bild 20.45

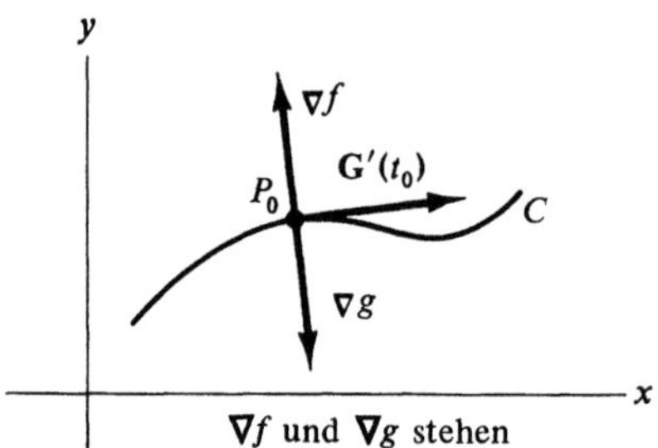

∇f und ∇g stehen in P_0 senkrecht auf $\mathbf{G}'(t_0)$ und sind daher parallel zueinander

Andererseits gilt auch:

$$\nabla g \text{ steht in } P_0 \text{ senkrecht auf } \mathbf{G}'(t_0),$$

da der Gradient ∇g senkrecht auf der Niveaukurve $g(x;y)=0$ steht. Daher muß aufgrund von Gl. (8)

$$\nabla f \text{ parallel zu } \nabla g$$

sein. Es gibt folglich einen Skalar λ mit

$$\nabla f = \lambda \nabla g.$$

Somit existiert an der Stelle eines Maximums (oder eines Minimums) von f unter Berücksichtigung der Nebenbedingung $g(x;y)=0$ ein Skalar λ, für den die Gleichungen

$$f_x \mathbf{i} + f_y \mathbf{j} = \lambda (g_x \mathbf{i} + g_y \mathbf{j})$$

oder

$$f_x = \lambda g_x \quad \text{und} \quad f_y = \lambda g_y$$

erfüllt sind. Daher gelten an der Stelle $P_0 = (x_0; y_0)$ für ein derartiges Maximum (oder Minimum) die folgenden drei Bedingungen: Es gibt einen Skalar λ mit den Eigenschaften

$$\begin{aligned} f_x(x_0;y_0) &= \lambda g_x(x_0;y_0), \\ f_y(x_0;y_0) &= \lambda g_y(x_0;y_0). \end{aligned} \tag{9}$$

$$g(x_0;y_0) = 0. \tag{10}$$

Die Bedingungen (9) und (10) liefern drei Gleichungen für die Unbekannten x_0, y_0 und λ.

Die Bedingungen (9) und (10) können mit Hilfe der Funktion L leicht dargestellt werden:

$$L(x;y;\lambda) = f(x;y) - \lambda g(x;y).$$

Nun lautet Bedingung (9)

$$\frac{\partial L}{\partial x} = 0 \quad \text{und} \quad \frac{\partial L}{\partial y} = 0.$$

Für Bedingung (10) ergibt sich

$$\frac{\partial L}{\partial \lambda} = 0,$$

da diese partielle Ableitung mit $-g(x;y)$ übereinstimmt.

Beispiel 1: Man maximiere die Funktion x^2y für Punkte $(x;y)$ auf dem Kreis

$$x^2 + y^2 = 1.$$

Lösung: Zunächst bringen wir die Nebenbedingung auf die Form

$$x^2 + y^2 - 1 = 0.$$

Für die Funktion L ergibt sich in diesem Fall

$$L(x;y;\lambda) = x^2y - \lambda(x^2 + y^2 - 1).$$

Wir setzen die folgenden drei partiellen Ableitungen gleich Null:

$$\frac{\partial L}{\partial x} = 2xy - 2\lambda x = 0$$

$$\frac{\partial L}{\partial y} = x^2 - 2\lambda y = 0$$

$$\frac{\partial L}{\partial \lambda} = -(x^2 + y^2 - 1) = 0.$$

Da an der Stelle des Maximums von x^2y die Zahl x nicht gleich Null sein darf, können wir die erste der drei Gleichungen durch $2x$ kürzen. Die Gleichungen vereinfachen sich dann zu

$$y - \lambda = 0 \tag{11}$$

$$x^2 - 2\lambda y = 0 \tag{12}$$

$$x^2 + y^2 = 1 \tag{13}$$

Aus den Gln. (11) und (12) erhalten wir

$$x^2 = 2y^2. \tag{14}$$

Aus den Gln. (13) und (14) ergibt sich

$$2y^2 + y^2 = 1$$

und daher

$$y^2 = \tfrac{1}{3}.$$

Dies bedeutet

$$y = \frac{\sqrt{3}}{3} \quad \text{oder} \quad y = -\frac{\sqrt{3}}{3}.$$

Aus Gl. (14) folgt dann weiter

$$x = \sqrt{2}y \quad \text{oder} \quad x = -\sqrt{2}y.$$

Somit müssen wir nur vier Punkte auf dem Kreis untersuchen:

$$\left(\frac{\sqrt{6}}{3}; \frac{\sqrt{3}}{3}\right), \left(\frac{-\sqrt{6}}{3}; \frac{\sqrt{3}}{3}\right), \left(\frac{-\sqrt{6}}{3}; \frac{-\sqrt{3}}{3}\right),$$

$$\left(\frac{\sqrt{6}}{3}; \frac{-\sqrt{3}}{3}\right).$$

Im ersten und zweiten Punkt ist x^2y positiv, im dritten und vierten Punkt negativ. Die ersten beiden Punkte liefern daher das Maximum von x^2y auf dem Kreis $x^2 + y^2 = 1$, nämlich

$$\left(\frac{\sqrt{6}}{3}\right)^2 \frac{\sqrt{3}}{3} = \frac{2\sqrt{3}}{9}.$$

Im dritten und vierten Punkt nimmt x^2y das Minimum an, nämlich

$$-\frac{2\sqrt{3}}{9}. \bullet$$

Mit Hilfe des gleichen Verfahrens können wir das Maximum oder Minimum von $f(x;y;z)$ unter der Nebenbedingung $g(x;y;z) = 0$ bestimmen. In diesem Falle bilden wir $L(x;y;z) = f(x;y;z) - \lambda g(x;y;z)$ und setzen die vier partiellen Ableitungen L_x, L_y, L_z und L_λ gleich Null.

Auch das Maximum von $f(x;y;z)$ unter Berücksichtigung von mehr als einer Nebenbedingung kann mit dem Verfahren des Lagrange-Multiplikators bestimmt werden; betrachten wir beispielsweise die Nebenbedingungen (Bild 20.46)

$$g(x;y;z) = 0 \text{ und } h(x;y;z) = 0. \tag{15}$$

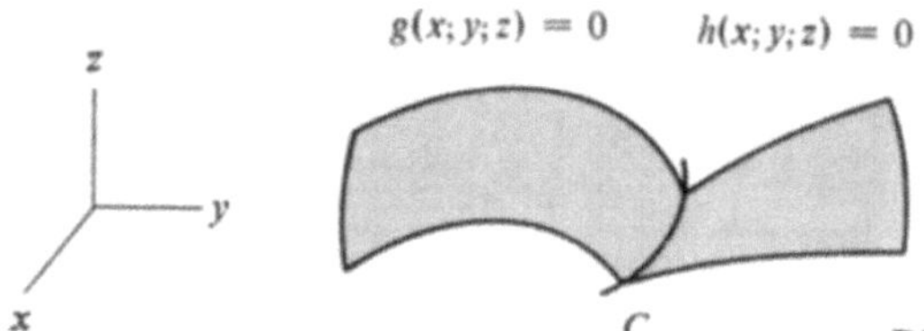

Bild 20.46

Die beiden Flächen (15) schneiden einander im allgemeinen längs einer Kurve C, die durch die Funktion $\mathbf{G}$ in Parameterdarstellung gegeben sei. Nimmt dann f im Punkt $P_0 = (x_0;y_0;z_0)$ auf C ein Maximum (oder Minimum) an, so gilt

$$\nabla f \cdot \mathbf{G}'(t) = 0.$$

Daher steht ∇f in P_0 senkrecht auf $\mathbf{G}'(t_0)$ (Bild 20.47). Da nun ∇g auf ∇h in P_0 Normalenvektoren auf die Niveauflächen $g(x;y;z) = 0$ und $h(x;y;z) = 0$ sind, stehen beide Gradienten senkrecht auf $\mathbf{G}'(t_0)$.

Bild 20.47

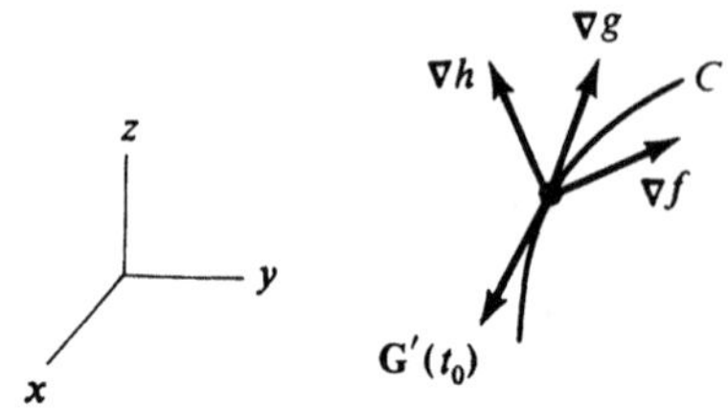

Daher stehen

$$\nabla f, \quad \nabla g \quad \text{und} \quad \nabla h$$

alle in $(x_0;y_0;z_0)$ senkrecht auf $\mathbf{G}'(t_0)$. In diesem Falle muß nun ∇f in der von den Vektoren ∇g und ∇h aufgespannten Ebene liegen (sofern die beiden letzten Vektoren nicht parallel sind). Also gibt es Skalare λ und μ mi

$$\nabla f = \lambda \nabla g + \mu \nabla h.$$

Aus dieser Gleichung folgt die Existenz von skalaren λ und μ im Punkt P_0 mit

$$\begin{aligned} f_x &= \lambda g_x + \mu h_x, \\ f_y &= \lambda g_y + \mu h_y, \\ f_z &= \lambda g_z + \mu h_z. \end{aligned} \tag{16}$$

Aus den Gln. (15) und (16) folgt nun, daß die fünf partiellen Ableitungen der Funktion L mit der Definition

$$L(x;y;z;\lambda;\mu) = f(x;y;z) - \lambda g(x;y;z) - \mu h(x;y;z) \tag{17}$$

alle verschwinden. Um daher die Funktion f unter Berücksichtigung der Nebenbedingungen $g(x;y;z) = 0$ und $h(x;y;z) = 0$ zu maximieren (oder zu minimieren), bilde man die Funktion L nach der Vorschrift (17) und verfahre wie im Beispiel 1 dieses Abschnittes.

Eine exakte Behandlung der hier dargestellten Verfahren wird in weiterführenden Lehrbüchern gegeben. Wird das Maximum an den Endpunkten der untersuchten Kurven angenommen, oder schneiden die beiden Flächen einander nicht längs einer Kurve, so versagt das Verfahren. Wir wollen uns darauf beschränken, die allgemeine Methode an einem Beispiel mit zwei Nebenbedingungen darzustellen.

Beispiel 2: Man minimiere $x^2 + y^2 + z^2$ unter den Nebenbedingungen $x + 2y + 3z = 6$ und $x + 3y + 9z = 9$.

Lösung: Wir gehen von drei Variablen und zwei Nebenbedingungen aus. Ehe wir die Lagrange-Funktion L bilden, bringen wir die Nebenbedingungen in die folgende Form:

$$x + 2y + 3z - 6 = 0,$$
$$x + 3y + 9z - 9 = 0.$$

Nun ergibt sich für die Lagrange-Funktion:

$$L(x; y; z; \lambda; \mu) = x^2 + y^2 + z^2 - \lambda(x + 2y + 3z - 6) - \mu(x + 3y + 9z - 9).$$

Wir setzen die fünf partiellen Ableitungen von L gleich Null und erhalten

$$\begin{aligned} L_x &= 0 \quad 2x - \lambda - \mu = 0 \\ L_y &= 0 \quad 2y - 2\lambda - 3\mu = 0 \\ L_z &= 0 \quad 2z - 3\lambda - 9\mu = 0 \end{aligned} \qquad (18)$$

$$\begin{aligned} L_\lambda &= 0 \quad x + 2y + 3z - 6 = 0 \\ L_\mu &= 0 \quad x + 3y + 9z - 9 = 0 \end{aligned} \qquad (19)$$

Diese fünf Gleichungen können auf vielfache Weise gelöst werden. Zunächst wollen wir mit Hilfe der ersten drei Gleichungen x, y und z durch λ und μ darstellen. Setzen wir diese Ergebnisse dann in die letzten beiden Gleichungen ein, so können λ und μ errechnet werden.

Aus Gl. (18) folgt

$$x = \frac{\lambda + \mu}{2}, \quad y = \frac{2\lambda + 3\mu}{2}, \quad z = \frac{3\lambda + 9\mu}{2}.$$

Dann führt Gl. (19) auf

$$\frac{\lambda + \mu}{2} + \frac{2(2\lambda + 3\mu)}{2} + \frac{3(3\lambda + 9\mu)}{2} - 6 = 0$$

und

$$\frac{\lambda + \mu}{2} + \frac{3(2\lambda + 3\mu)}{2} + \frac{9(3\lambda + 9\mu)}{2} - 9 = 0.$$

Nach einigen algebraischen Vereinfachungen ergibt sich schließlich

$$14\lambda + 34\mu = 12, \quad 34\lambda + 91\mu = 18. \qquad (20)$$

Nach dem Verfahren aus Abschnitt 19.6 erhalten wir für die Lösungen dieses Gleichungssystems

$$\lambda = \frac{\begin{vmatrix} 12 & 34 \\ 18 & 91 \end{vmatrix}}{\begin{vmatrix} 14 & 34 \\ 34 & 91 \end{vmatrix}} \quad \text{und} \quad \mu = \frac{\begin{vmatrix} 14 & 12 \\ 34 & 18 \end{vmatrix}}{\begin{vmatrix} 14 & 34 \\ 34 & 91 \end{vmatrix}}$$

oder

$$\lambda = \frac{240}{59} \quad \text{und} \quad \mu = -\frac{78}{59}.$$

Somit gilt schließlich

$$x = \frac{\lambda + \mu}{2} = \frac{81}{59}$$

$$y = \frac{2\lambda + 3\mu}{2} = \frac{123}{59}$$

$$z = \frac{3\lambda + 9\mu}{2} = \frac{9}{59}.$$

Das Minimum von $x^2 + y^2 + z^2$ beträgt daher

$$\left(\frac{81}{59}\right)^2 + \left(\frac{123}{59}\right)^2 + \left(\frac{9}{59}\right)^2 = \frac{21\,771}{3\,481} = \frac{369}{59}. \quad \bullet$$

Jede der beiden Nebenbedingungen aus Beispiel 2 entspricht einer Ebene. Daher bestimmen die beiden Nebenbedingungen gemeinsam eine *Gerade*. Die Funktion $x^2 + y^2 + z^2$ ist das Quadrat des Abstandes zwischen $(x; y; z)$ und dem Ursprung. Das Problem aus Beispiel 2 lautete daher: „Welchen Abstand hat der Ursprung von einer bestimmten Geraden?" (Dieses Problem hätte auch mit Hilfe der Vektoralgebra gelöst werden können.) So gesehen hat das Problem eine Lösung, und es existiert ein ganz bestimmtes Minimum.

In Beispiel 2 hatten wir drei Variable und zwei Nebenbedingungen zu untersuchen. In manchen Fällen liegen viele Variable $x_1, x_2, \dots, x_n$ und viele Nebenbedingungen vor. Wir schreiben dann jede Nebenbedingung in der Form „irgendetwas = Null" und führen für die einzelnen Nebenbedingungen die Lagrange-Multiplikatoren $\lambda_1, \lambda_2, \dots, \lambda_n$ ein.

Übungen:

In den Übungen 1 bis 17 behandle man die gestellten Probleme mit Hilfe von Lagrange-Multiplikatoren.

1. Man maximiere xy unter der Nebenbedingung $x^2 + y^2 = 4$.
2. Man minimiere $x^2 + y^2$ für Punkte auf der Geraden $2x + 3y = 6$.
3. Übung 3 aus Abschnitt 6.8.
4. Übung 22 aus Abschnitt 6.8.
5. Übung 24 aus Abschnitt 6.8.
6. Übung 25 aus Abschnitt 6.8.
7. Man bestimme den Punkt der Ebene $x + 2y + 3z = 6$, der dem Ursprung am nächsten liegt.

8. Man bestimme die Form des Quaders mit dem größten Volumen, dessen Oberfläche 6 cm ^{2} beträgt.

9. Man maximiere $x^2y^2z^2$ unter der Nebenbedingung

$$x^2 + y^2 + z^2 = 1.$$

10. Man minimiere $x^2 + y^2 + z^2$ auf der Schnittlinie der beiden Ebenen $x + 2y + 3z = 0$ und $2x + 3y + z = 4$.

11. Die Ebene $2y + 4z - 5 = 0$ schneidet den Kegel $z^2 = 4(x^2 + y^2)$ längs einer Kurve. Welcher Punkt dieser Kurve liegt dem Ursprung am nächsten?

12. Man maximiere $x^3 + y^3 + 2z^3$ auf der Schnittlinie der beiden sphärischen Flächen $x^2 + y^2 + z^2 = 4$ und $(x-3)^2 + y^2 + z^2 = 4$.

■

13. (*a*) Man maximiere $(x_1, x_2, \ldots, x_n)^2$ unter der Nebenbedingung $\sum_{i=1}^{n} x_i^2 = 1$.

(*b*) Für nichtnegative Zahlen $a_1, a_2, \ldots, a_n$ gilt

$$\sqrt[n]{a_1 a_2 \ldots a_n} \leqslant (a_1 + a_2 + \ldots + a_n)/n.$$

Man beweise dies. (Das *geometrische Mittel* ist stets kleiner oder gleich dem *arithmetischen Mittel.*)

14. (*a*) Man maximiere $\sum_{i=1}^{n} x_i y_i$ unter den Nebenbedingungen

$$\sum_{i=1}^{n} x_i^2 = 1 \quad \text{und} \quad \sum_{i=1}^{n} y_i^2 = 1.$$

(*b*) Für beliebige Zahlen $a_1, a_2, \ldots, a_n$ und $b_1, b_2, \ldots, b_n$ beweise man die Ungleichung

$$\sum_{i=1}^{n} a_i b_i \leqslant \left(\sum_{i=1}^{n} a_i^2\right)^{1/2} \left(\sum_{i=1}^{n} b_i^2\right)^{1/2}.$$

(*c*) Wie könnte die Ungleichung aus (*b*) für $n = 3$ mit Hilfe von Vektoren bewiesen werden?

15. Man maximiere $x + 2y + 3z$ unter den Nebenbedingungen $x^2 + y^2 + z^2 = 1$ und $x + y + z = 0$.

16. Es seien $a_1, a_2, \ldots, a_n$ feste nichtverschwindende Zahlen. Man maximiere $\sum_{i=1}^{n} a_i x_i$ unter der Nebenbedingung $\sum_{i=1}^{n} x_i^2 = 1$.

■■

17. Es seien p und q positive Zahlen mit $1/p + 1/q = 1$. Man beweise die Höldersche Ungleichung für nichtnegative Zahlen a_i und b_i:

$$\sum_{i=1}^{n} a_i b_i \leqslant \left(\sum_{i=1}^{n} a_i^p\right)^{1/p} \left(\sum_{i=1}^{n} b_i^q\right)^{1/q}.$$

Hinweis: Siehe Übung 14.

18. Man löse Beispiel 2 mit Hilfe der Vektoralgebra.

19. Der Schwerpunkt von n Punkten auf der Kurve $y = \ln x$ liegt unterhalb der Kurve (Warum?). Mit Hilfe dieser Information beweise man die Ungleichung aus Übung 13 (*b*).

20. Warum ist für ein Maximum von $f(x;y;z)$ unter der Nebenbedingung $g(x;y;z) = 0$ der Gradient ∇f parallel zu ∇g. (Die Oberfläche $g(x;y;z) = 0$ sei glatt und das Maximum von f liege nicht an der Grenze dieser Fläche.)

21. Ein Konsument verfügt über B DM und kann zwischen n verschiedenen Produkten wählen. Der Preis des i-ten Produktes beträgt p_i DM. Kauft der Konsument x_i Einheiten des i-ten Produktes, so ergeben sich Gesamtausgaben von $\sum_{i=1}^{n} p_i x_i$. Es sei $\sum_{i=1}^{n} p_i x_i = B$ und der Konsument versuche seinen Vorteil bzw. seinen Nutzen $u(x_1, x_2, \ldots, x_n)$ zu maximieren.

(*a*) Werden die Größen $x_1, \ldots, x_n$ so gewählt, daß der Nutzen maximal ist, so ergibt sich

$$\frac{\partial u/\partial x_i}{p_i} = \frac{\partial u/\partial x_j}{p_j} \qquad i \neq j.$$

Man beweise dies.

(*b*) Man erkläre das Resultat aus (*a*) mit Hilfe ökonomischer Intuition. *Hinweis:* Man betrachte eine kleine Änderung in x_i und x_j, während die anderen x_k festgehalten werden.

20.9 Zusammenfassung

In diesem Kapitel haben wir die Ableitung einer Vektorfunktion **G** definiert und auf konkrete Probleme angewendet. Durch die Funktion $\mathbf{G}(t)$ wird dem Skalar t der Vektor $\mathbf{G}(t)$ zugeordnet, der etwa den Ortsvektor eines Teilchens zur Zeit t auf einer ebenen oder räumlichen Bahn beschreiben kann.

Die Ableitung von **G** wird als Grenzwert

$$\lim_{\Delta t \to 0} \frac{\Delta \mathbf{G}}{\Delta t}$$

definiert und von den Mathematikern mit $\mathbf{G}'$, von den Physikern mit **v** bezeichnet. Die Länge dieses Vektors gibt die Geschwindigkeit der Teilchenbewegung, seine Richtung stimmt mit der jeweiligen Bewegungsrichtung des Teilchens überein.

Die Eigenschaften der Ableitungen einer Vektorfunktion stimmen in vielen Belangen mit denen der gewöhnlichen Ableitung überein. So gilt etwa

$$(\mathbf{G} \cdot \mathbf{H})' = \mathbf{G} \cdot \mathbf{H}' + \mathbf{H} \cdot \mathbf{G}'.$$

Für $\mathbf{G} = \mathbf{H}$ erhalten wir insbesondere

$$(\mathbf{G} \cdot \mathbf{G})' = 2\mathbf{G} \cdot \mathbf{G}'.$$

Wie sich aus dieser Relation ergibt, steht für konstantes $|\mathbf{G}|$ die Ableitung $\mathbf{G}'(t)$ für jeden Zeitpunkt t senkrecht auf $\mathbf{G}(t)$.

Der Beschleunigungsvektor wird als zweite Ableitung von $\mathbf{G}$ definiert:

$$\mathbf{a} = (\mathbf{G}')' = \mathbf{v}'.$$

Ist $\mathbf{G}$ in bezug auf die Basiseinheitsvektoren $\mathbf{i}$ und $\mathbf{j}$ gegeben,

$$\mathbf{G}(t) = g(t)\,\mathbf{i} + h(t)\,\mathbf{j},$$

so erhalten wir

$$\mathbf{a}(t) = \frac{d^2 g}{dt^2}\,\mathbf{i} + \frac{d^2 h}{dt^2}\,\mathbf{j}.$$

Bei der Untersuchung der Teilchenbewegung sind zwei andere, aufeinander senkrecht stehende Einheitsvektoren von Interesse: $\mathbf{T}$ beschreibt die Richtung der Teilchenbewegung, $\mathbf{N}$ beschreibt die Richtung, in der sich die Teilchenbahn krümmt. $\mathbf{T}$ und $\mathbf{N}$ sind zeitabhängig und wir erhalten

$$\mathbf{a} = \frac{d^2 s}{dt^2}\,\mathbf{T} + \frac{v^2}{r}\,\mathbf{N}.$$

Der Gradient ∇f, den wir im vorangehenden Kapitel definiert haben, tritt auch in diesem Kapitel auf. Im Punkt $(a; b)$ liefert der Gradient einen Vektor, der senkrecht auf der durch $(a; b)$ verlaufenden Niveaukurve von f steht. (Dies gilt auch für Funktionen von drei Variablen: ∇f ist senkrecht zur Niveaufläche von f.) Schließlich wurde die Tangentenebene an eine Fläche mit Hilfe des Gradienten ∇f definiert.

Der Gradient kann auch zur Formulierung der Kettenregel

$$\frac{du}{dt} = \frac{\partial f}{\partial x}\frac{dx}{dt} + \frac{\partial f}{\partial y}\frac{dy}{dt}$$

herangezogen werden. In Vektorbezeichnung erhalten wir nämlich

$$\frac{du}{dt} = \nabla f \cdot \mathbf{G}'(t).$$

Die gleiche Formel gilt in drei Dimensionen. Diese Darstellung der Ableitung durch das skalare Produkt war auch bei der Behandlung von Niveaukurven von Bedeutung: Liefert $\mathbf{G}$ eine Parameterdarstellung für eine Kurve, auf der f konstant ist, so steht ∇f senkrecht auf $\mathbf{G}'$.

Wir haben schließlich Oberflächenintegrale $\int\limits_S f(P)\,dS$ in Analogie zu Integralen über ebene Gebiete R definiert. Die Berechnung dieses Integrals konnte durch die Ersetzung von dS durch $|\sec\gamma|\,dA$ auf eine ebene Integration zurückgeführt werden. Insbesondere gilt

$$\text{Fläche von } S = \int\limits_R |\sec\gamma|\,dA.$$

Das Verfahren des Lagrange-Multiplikators wurde von uns auf die Bestimmung eines Maximums oder eines Minimums unter Berücksichtigung von Nebenbedingungen angewendet.

Vektoren wurden in diesem und den vorangehenden Kapitel auf zwei Problemstellungen angewendet. Zunächst können Vektoren zur Vereinfachung von Formeln und Gleichungen herangezogen werden. So können die beiden Gleichungen

$$\frac{dx}{dt} = 3 \quad \text{und} \quad \frac{dy}{dt} = 4$$

in der Vektorgleichung

$$\mathbf{v} = 3\mathbf{i} + 4\mathbf{j}$$

zusammengefaßt werden.

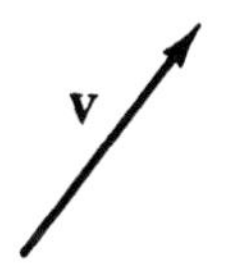

Bild 20.48

Zum zweiten können viele Probleme in der Vektorsprache so formuliert werden, daß die verwendeten Symbole einer einfachen und intuitiven Interpretation zugänglich sind. So können wir z.B. einerseits sagen „Die x-Koordinate verändert sich mit einer Geschwindigkeit von 3 m/s und die y-Koordinate verändert sich mit einer Geschwindigkeit von 4 m/s", andererseits bedeutet dies in der Vektorsprache etwas anschaulicher „Der Geschwindigkeitsvektor ist $\mathbf{v} = 3\mathbf{i} + 4\mathbf{j}$". Diese Aussage kann graphisch leicht dargestellt werden. Je länger der Vektor $\mathbf{v}$ ist, desto schneller bewegt sich das Teilchen; die Richtung von $\mathbf{v}$ stimmt mit der Richtung der Teilchenbewegung überein (Bild 20.48).

Im Verlaufe dieses Kapitels haben wir immer wieder zwischen mathematischen und physikalischen Begriffen Zusammenhänge hergestellt. Die folgende Tabelle stellt einander entsprechende Begriffe in beiden Sprachen nebeneinander.

Mathematische Bezeichnung	*Physikalische Interpretation*
Vektorfunktion **G**	Parameterdarstellung einer Teilchenbahn
Ableitung von **G**	Geschwindigkeitsvektor **v**
zweite Ableitung von **G**	Beschleunigungsvektor **a**
$\mathbf{T} = \frac{\mathbf{v}}{\lvert\mathbf{v}\rvert}$	Einheitsvektor in Richtung der Teilchenbewegung
$\mathbf{N} = \frac{d\mathbf{T}/dt}{\lvert d\mathbf{T}/dt\rvert}$	Einheitsvektor senkrecht auf der Teilchenbahn und in Richtung von deren Krümmung
$\mathbf{a} = \frac{d^2s}{dt^2}\mathbf{T} + \frac{v^2}{r}\mathbf{N}$	Der Beschleunigungsvektor kann als Summe zweier Vektoren dargestellt werden: Einer davon beschreibt die Beschleunigung des Teilchens in der Tangentialrichtung; der andere beschreibt die Beschleunigung, die das Teilchen hätte, wenn seine Bewegung mit konstanter Geschwindigkeit längs eines Kreises mit dem Krümmungsradius als Radius verliefe

Begriffe und Symbole

Vektorfunktion **G**, **R**

Grenzwert einer Vektorfunktion

Ortsvektor **R**

Ableitung von **G**, **G**′

Geschwindigkeitsvektor **G**′, **v**

Beschleunigungsvektor **G**″, **a**

Einheitstangentenvektor **T**

Einheitsnormalenvektor **N**

skalare Komponenten von **a**, a_T und a_N, entlang **T** und **N**

Niveaukurve $f(x;y) = c$

Niveaufläche $f(x;y;z) = c$

Tangentenebene

Oberflächenintegral

Lagrange-Multiplikator

Testaufgaben zu Kapitel 20

1. Es sei $\mathbf{R} = \mathbf{G}(t) = t\mathbf{i} + t^2\mathbf{j} + \mathbf{k}$ die Parameterdarstellung einer Kurve.
   (*a*) Man zeichne die Kurve.
   (*b*) Man berechne und zeichne $\Delta\mathbf{R} = \mathbf{G}(1{,}1) - \mathbf{G}(1)$.
   (*c*) Man berechne und zeichne $\Delta\mathbf{R}/0{,}1$.

2. Warum steht der Gradient von $f(x;y;z)$ senkrecht auf der Niveaufläche $f(x;y;z) = c$?

3. Man bestimme einen Einheitsvektor senkrecht auf
   (*a*) der Fläche $z = x^2 + y^2$ in $(1;1;2)$,
   (*b*) der Fläche $x + y^2 + z^3 = 3$ in $(1;1;1)$,
   (*c*) der Kugel $x^2 + y^2 + z^2 = 9$ in $(x;y;z)$.

4. Die Temperatur T im Punkt $(x;y;z)$ betrage $x^2 + y^2 + z^2$. Wenn sich ein Vogel längs des Weges mit der Parameterdarstellung $t\mathbf{i} + t^2\mathbf{j} + t^3\mathbf{k}$ bewegt, verspürt er eine Erwärmung der Luft. Man bestimme die Änderungsrate der Temperatur entlang der Flugbahn des Vogels im Punkt $(1;1;1)$
   (*a*) bezüglich der Zeit,
   (*b*) bezüglich des Weges.

5. Die Flächen $2x^2 + 3y^2 + z^2 = 6$ und $x^3 + y^3 + z^3 = 3$ gehen durch den Punkt $(1;1;1)$. Unter welchem Winkel schneiden sie einander dort?

6. Man bestimme die Gleichung der
   (*a*) Tangente an $x^5y + x^3y^2 = 2$ in $(1;1)$,
   (*b*) der Tangentenebene an $xy + x^3z + xy^3 = 3$ in $(1;1;1)$.

7. (*a*) Eine ebene Kurve besitze die Parameterdarstellung $\mathbf{R} = \mathbf{G}(t)$. Wie können Vektoren parallel zur Kurve, sowie senkrecht zur Kurve aufgefunden werden?
   (*b*) Eine ebene Kurve sei in der Form $f(x;y) = 0$ gegeben. Wie können Vektoren senkrecht zur Kurve bestimmt werden?
   (*c*) Eine Kurve ist als Schnittlinie zweier Flächen gegeben. Wie können Vektoren senkrecht sowie parallel zur Kurve gefunden werden?
   (*d*) Eine räumliche Kurve sei in der Form $\mathbf{R} = \mathbf{G}(t)$ gegeben. Wie können Vektoren senkrecht zur Kurve gefunden werden?

8. Zu einem bestimmten Zeitpunkt hat ein Teilchen, das sich auf der Bahn $y = f(x)$ bewegt die Bewegungsgrößen

   $$\mathbf{v} = 2\mathbf{i} + 3\mathbf{j} \quad \text{und} \quad \mathbf{a} = \mathbf{i} - \mathbf{j}.$$

   (*a*) Ist das Teilchen beschleunigt oder verlangsamt?
   (*b*) Man schätze a_T und a_N graphisch.
   (*c*) Man berechne a_T und a_N.
   (*d*) Man bestimme den Krümmungsradius.
   (*e*) Man bestimme dy/dx.
   (*f*) Man bestimme d^2y/dx^2.

9. (*a*) Man zeichne den Teil des Zylinders $x^2 + z^2 = a^2$ $(a > 0)$, der oberhalb der xy-Ebene und zwischen den Ebenen $y = 0$ und $y = x$ liegt.
   (*b*) Man bestimme den Inhalt der Fläche aus (*a*).

10. Eine Kurve sei als Schnittlinie der Flächen $g(x;y;z) = 0$ und $h(x;y;z) = 0$ gegeben. Die Funktion $u = f(x;y;z)$ hat längs dieser Kurve im Punkt $(a;b;c)$ ein Maximum. Warum erwarten wir, daß es Skalare λ und μ mit

    $$\nabla f = \lambda\,\nabla g + \mu\,\nabla h$$

    gibt, wenn die jeweiligen Gradienten im Punkt $(a;b;c)$ berechnet werden. (Man zeichne die Kurve, sowie die Gradienten.)

11. Man bestimme den Punkt auf der Fläche $z = x^2 + 2y^2$, der der Ebene $x + y - z = 1$ am nächsten liegt, in folgenden Schritten:
   (*a*) Man zeichne die Fläche und die Ebene.
   (*b*) Die Fläche und die Ebene schneiden einander nicht. Man beweise dies.
   (*c*) Mit Hilfe von Lagrange-Multiplikatoren bestimme man den Punkt der Fläche, der der Ebene am nächsten liegt.

Übungen zu Kapitel 20

1. (*a*) Man bestimme im Punkt (1; 1; 2) einen Vektor normal zur Fläche $z = x^2 + y^3$.
   (*b*) Man bestimme im Punkt (1; 1; 2) einen Vektor parallel zur Fläche $z = x^2 + y^3$.
2. Ein Dreieck liegt in der Ebene $z = x + y$ direkt oberhalb des Dreiecks in der xy-Ebene mit den Eckpunkten (1; 2), (3; 4) und (2; 5). Man bestimme die Fläche
   (*a*) des Dreiecks in der xy-Ebene;
   (*b*) des Dreiecks in der Ebene $z = x + y$.
3. Ein Astronaut bewegt sich auf der Bahn $\mathbf{G}(t) = t\mathbf{i} + t^2\mathbf{j} + t^3\mathbf{k}$ und schaltet im Punkt (1; 1; 1) sein Triebwerk ab.
   (*a*) Er erreicht den Punkt (3; 5; 7). Man beweise dies.
   (*b*) Wie nahe kommt er an den Punkt (5; 8; 9) heran?
4. Es sei S der Teil der Fläche $z = x^3 - y^3$ der oberhalb des Dreiecks in der xy-Ebene mit den Eckpunkten (0;0), (1;0) und (1; 1) liegt. Es sei S^* der Teil der Fläche $z = x^3 + y^3$, der oberhalb des gleichen Dreiecks liegt.
   (*a*) Man zeichne S und S^*.
   (*b*) Die beiden Gebiete haben die gleichen Flächeninhalte. Man beweise dies.
5. Es sei
$$\mathbf{G}(t) = \frac{e^t + e^{-t}}{2}\mathbf{i} + \frac{e^t - e^{-t}}{2}\mathbf{j}.$$
   (*a*) Das Teilchen bewegt sich auf der Hyperbel $x^2 - y^2 = 1$. Man beweise dies.
   (*b*) Man bestimme a_T und a_N für $t = 1$.
6. (*a*) Man zeichne die Niveaufläche von
$$f(x; y; z) = 2x + 3y + 4z,$$
   die durch den Punkt (1; 0; 0) geht.
   (*b*) Man berechne ∇f in (1; 0; 0).
   (*c*) Man bestimme zwei Punkte auf der Niveaufläche aus (*a*).
   (*d*) Mit Hilfe dieser beiden Punkte konstruiere man einen Vektor $\mathbf{B}$, der in der Oberfläche liegt.
   (*e*) Man berechne $\mathbf{B} \cdot \nabla f$.
   (*f*) Ist die Antwort aus (*e*) plausibel? Warum?
7. Zur Zeit $t = 0$ ist der Geschwindigkeitsvektor eines bestimmten Teilchens durch $0\mathbf{i} + 1\mathbf{j}$ gegeben, der Beschleunigungsvektor $\mathbf{a}(t)$ ist gleich $6t\mathbf{i} + e^t\mathbf{j}$. Man bestimme
   (*a*) $\mathbf{v}$ und $\mathbf{a}$ für $t = 1$,
   (*b*) v, a_T, a_N und r (den Krümmungsradius) für $t = 1$.
8. Unter welchem Winkel schneidet die Kurve $6x^2 + 7xy + 3y^2 = 16$ die Kurve $x^2 + 3xy = 4$ in (1; 1)?
9. (*a*) Die Teilchen auf den Bahnen $\mathbf{G}(t) = t^2\mathbf{i} + 6t\mathbf{j} + \mathbf{k}$ und $\mathbf{H}(t) = t^3\mathbf{i} + (t + 5)\mathbf{j} + \mathbf{k}$ treffen einander für $t = 1$. Man zeige dies.
   (*b*) Unter welchem Winkel treffen die Teilchen aufeinander?
10. Es sei $\mathbf{R}$ der Ortsvektor eines Teilchens mit $r = |\mathbf{R}|$.
   (*a*) Man beweise $r\,dr/dt = \mathbf{R} \cdot d\mathbf{R}/dt$.
   (*b*) Mit Hilfe der Definition von $\mathbf{R}'$ durch $\lim_{\Delta t \to 0} \Delta\mathbf{R}/\Delta t$ zeige man, warum $\mathbf{R}'$ Tangentenvektor an die Kurve mit dem Ortsvektor $\mathbf{R}(t)$ ist.
11. Warum steht ∇f in $(a; b)$ auf der Niveaukurve von f durch $(a; b)$ senkrecht?
12. In einem bestimmten Augenblick hat ein Teilchen die Bewegungsgrößen $\mathbf{v} = 2\mathbf{i} + 3\mathbf{j}$ und $\mathbf{a} = -\mathbf{i} + 2\mathbf{j}$.
   (*a*) Wie groß ist die Geschwindigkeit des Teilchens?
   (*b*) Man bestimme $\mathbf{T}$ und $\mathbf{N}$ und stelle diese beiden Vektoren mit geeigneten Skalaren x und y in der Form $x\mathbf{i} + y\mathbf{j}$ dar.
   (*c*) Man zeichne $\mathbf{v}$, $\mathbf{a}$, $\mathbf{T}$ und $\mathbf{N}$.
   (*d*) Man berechne $\mathbf{a} \cdot \mathbf{N}$.
   (*e*) Aus (*a*) und (*d*) berechne man den Krümmungsradius.
   (*f*) Man berechne $\mathbf{a} \cdot \mathbf{T}$.
   (*g*) Ist die Bewegung des Teilchens beschleunigt oder verlangsamt? Man berechne d^2s/dt^2.
13. (*a*) Man erkläre, warum $d\mathbf{R}/ds$ ein Einheitsvektor ist. (s bezeichnet die Bogenlänge.)
   (*b*) Mit Hilfe von (*a*) beweise man, daß $d\mathbf{T}/d\phi$ ein Einheitsvektor ist. (ϕ bezeichnet den Winkel zwischen dem Einheitstangentenvektor $\mathbf{T}$ und dem Basisvektor $\mathbf{i}$.)
14. Die Flächen $f(x; y; z) = 0$ und $g(x; y; z) = 0$ mögen einander längs einer Kurve schneiden, die den Punkt $(a; b; c)$ enthält. Man erkläre, warum $\nabla f \times \nabla g$ im Punkt $(a; b; c)$ Tangentenvektor an diese Kurve ist. (∇f und ∇g werden in $(a; b; c)$ berechnet.)
15. (Siehe Übung 14.) Man bestimme im Punkt (1; 2; 3) einen Tangentenvektor an die Schnittlinie der Flächen
$$x^2 + 2y^2 + 3z^2 = 36 \quad \text{und} \quad 2x^2 - y^2 + z^2 = 7.$$
16. (*a*) Man zeichne die Niveaukurve der Funktion $5x^2 + 3y^2$, die den Punkt (1; 1) durchläuft.
   (*b*) Das gleiche zeichne man für die Funktion y^5/x^3.
   (*c*) Die beiden Kurven schneiden einander in (1; 1) unter einem rechten Winkel. Man beweise dies.
   (*d*) Jede Niveaukurve von $5x^2 + 3y^2$ schneidet jede Niveaukurve von y^5/x^3 unter einem rechten Winkel. Man beweise dies.
17. (*a*) Die beiden Kurven
$$x^3y + xy^5 = 2 \quad \text{und} \quad x^4y + xy^6 = 2$$
   gehen durch den Punkt (1; 1). Man beweise dies.
   (*b*) Unter welchem Winkel schneiden sie einander in (1; 1)?

In den Übungen 18 bis 20 sei $z = f(x;y)$ und $\mathbf{G}(t) = x\mathbf{i} + y\mathbf{j}$. Man bestimme dz/dt für $t = t_0$ und $\mathbf{G}(t_0) = x_0\mathbf{i} + y_0\mathbf{j}$.

18. In $(x_0;y_0)$ gilt $\nabla f = 3\mathbf{i} + 4\mathbf{j}$ und $\mathbf{G}'(t_0) = 2\mathbf{i} - 3\mathbf{j}$.

19. In $(x_0;y_0)$ steht ∇f senkrecht auf $\mathbf{G}'(t_0)$.

20. In $(x_0;y_0)$ hat ∇f die Länge 5, die Geschwindigkeit $|\mathbf{G}'(t_0)| = 4$ und der Winkel zwischen ∇f und $\mathbf{G}'(t_0)$ beträgt $\pi/4$.

21. C sei eine Kurve in der xy-Ebene mit der Gleichung $y = f(x)$ für x aus $[a;b]$. Ferner sei $\gamma(x;y)$ der Winkel zwischen einer Geraden, die im Punkt $(x;y)$ senkrecht auf der Kurve steht und der y-Achse. Dann ist die Länge von C durch $\int_a^b |\sec\gamma|\,dx$ gegeben. Man beweise dies.

22. Es sei S der Teil der Fläche $z = x^2 + 3y^2$, der unterhalb der Fläche $z = 1 - x^2 - y^2$ liegt.

(*a*) Man gebe ein ebenes Integral für die Fläche von S an.

(*b*) Man gebe in rechtwinkeligen und in Polarkoordinaten mehrfache Integrale für das Integral aus (*a*) an, berechne sie jedoch nicht.

23. Zur Zeit t sei der Ortsvektor eines Teilchens gleich

$$\mathbf{G}(t) = t\mathbf{i} + 3t\mathbf{j} + 4t\mathbf{k}.$$

(*a*) Jeder Punkt des Weges liegt in der Ebene $3x = y$ und in der Ebene $4y = 3z$. Man beweise dies.

(*b*) Man zeichne die Ebenen aus (*a*) und ihre Schnittlinie, den Weg des Teilchens.

(*c*) Man bestimme den Geschwindigkeitsvektor zur Zeit t.

(*d*) Man bestimme die Geschwindigkeit zur Zeit t.

24. Es sei

$$\mathbf{G}(t) = e^t \cos t\,\mathbf{i} + e^t \sin t\,\mathbf{j} + e^t\,\mathbf{k}.$$

(*a*) Man bestimme die Geschwindigkeit zur Zeit t.

(*b*) Man bestimme den im Zeitintervall $[0;1]$ zurückgelegten Weg.

25. Ein Teilchen bewegt sich mit einer Geschwindigkeit von 4 m/s auf einer geraden Linie in Richtung des Einheitsvektors $\mathbf{i}/3 + 2\mathbf{j}/3 + 2\mathbf{k}/3$. Zur Zeit $t = 0$ befindet sich das Teilchen im Punkt $(2;5;7)$. Man bestimme seinen Ortsvektor zur Zeit t.

26. Ein Teilchen bewegt sich mit konstanter Geschwindigkeit entlang einer geraden Linie. Zur Zeit $t = 0$ befindet es sich im Punkt $(1;2;1)$ und zur Zeit $t = 2$ im Punkt $(4;1;5)$.

(*a*) Man bestimme seine Geschwindigkeit.

(*b*) Man bestimme die Richtungskosinusse der Geraden.

(*c*) Man bestimme den Ortsvektor des Teilchens zur Zeit t.

■

27. Es sei $P_0 = (a;b;c)$ ein Punkt außerhalb der glatten Fläche mit der Gleichung $f(x;y;z) = 0$. P_1 sei der zu P_0 nächstgelegene Punkt der Fläche. Dann steht der Vektor $\overrightarrow{P_0P_1}$ in P_1 senkrecht auf der Fläche. Man beweise dies mit Hilfe von Lagrange-Multiplikatoren.

28. $P_0 = (a;b;c)$ sei ein Punkt außerhalb der glatten Kurve, die sich als Schnittlinie der Flächen $f(x;y;z) = 0$ und $g(x;y;z) = 0$ ergibt. P_1 sei der zum Punkt P_0 nächstgelegene Punkt der Kurve. Dann steht $\overrightarrow{P_0P_1}$ in P_1 senkrecht auf der Kurve. Man beweise dies mit Hilfe von Lagrange-Multiplikatoren.

29. Ein Teilchen bewegt sich auf seiner Bahn derart, daß sein Geschwindigkeitsvektor stets senkrecht auf seinem Ortsvektor steht. Dann liegt die Teilchenbahn auf einer Kugeloberfläche. Man beweise dies.

30. Es sei $\mathbf{G}(s)$ die Parameterdarstellung einer Kurve mit Hilfe der Bogenlänge s. Ferner sei $u = f(x;y;z)$ eine Funktion von x, y und z. Dann kann u als zusammengesetzte Funktion von s betrachtet werden. Man zeige

(*a*) $du/ds = \nabla f \cdot \mathbf{G}'(s)$ für ∇f in $\mathbf{G}(s)$.

(*b*) $du/ds = D_{\mathbf{T}}(u)$, wobei $\mathbf{T}$ der Einheitstangentenvektor an die Kurve in $\mathbf{G}(s)$ ist.

31. S sei das Dreieck mit den Eckpunkten $(1;1;1)$, $(2;3;4)$ und $(3;4;5)$.

(*a*) Unter Verwendung von Vektoren bestimme man die Fläche von S.

(*b*) Mit Hilfe der Formel

$$\text{Fläche von } S = \int_R |\sec\gamma|\,dA,$$

bestimme man die Fläche von S.

Beim Studium der Planetenbewegung wird der Beschleunigungsvektor in Richtung eines von der Sonne weggerichteten Einheitsvektors $\mathbf{u}_r$ sowie eines auf $\mathbf{u}_r$ senkrecht stehenden Einheitsvektors $\mathbf{u}_\theta$ zerlegt (Bild 20.49). Die Übungen 32 bis 39 illustrieren die Verwendung dieser Einheitsvektoren.

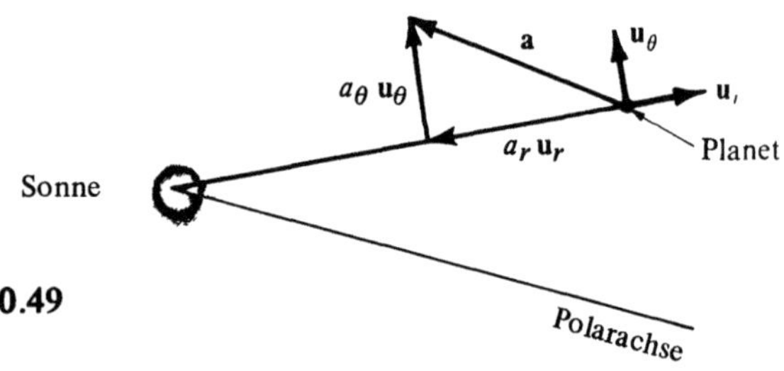

Bild 20.49

32. Man zeige

(*a*) $\mathbf{u}_r = \cos\theta\,\mathbf{i} + \sin\theta\,\mathbf{j}$,

(*b*) $\mathbf{u}_\theta = -\sin\theta\,\mathbf{i} + \cos\theta\,\mathbf{j}$.

33. Man zeige

(*a*) $d(\mathbf{u}_r)/d\theta = \mathbf{u}_\theta$, (*b*) $d(\mathbf{u}_\theta)/d\theta = -\mathbf{u}_r$.

34. Man zeige

(*a*) $d(\mathbf{u}_r)/dt = \mathbf{u}_\theta\, d\theta/dt$, (*b*) $d(\mathbf{u}_\theta)/dt = -\mathbf{u}_r\, dr/dt$.

35. Es sei $\mathbf{R}$ der Ortsvektor zur Zeit t. Mit Hilfe der Gleichung $\mathbf{R} = r\mathbf{u}_r$ beweise man $\mathbf{v} = r\dot\theta\,\mathbf{u}_\theta + \dot r\,\mathbf{u}_r$.

36. Man erkläre, warum die skalaren Komponenten, $r\dot\theta$ und $\dot r$ in Übung 34 intuitiv plausibel sind.

37. Durch Differentiation von v beweise man

$$\mathbf{a} = (\ddot{r} - r\dot{\theta}^2)\,\mathbf{u}_r + (r\ddot{\theta} + 2\dot{r}\dot{\theta})\,\mathbf{u}_\theta .$$

38. Man erkläre, warum die Terme $\ddot{r}$, $-r\dot{\theta}^2$ und $r\ddot{\theta}$ in Übung 36 plausibel sind. Der Ausdruck $2\dot{r}\dot{\theta}$ hängt mit der Corioliskraft zusammen, die in Physiklehrbüchern definiert wird.

39. (*a*) Man zeige

$$a_\theta = \frac{1}{r}\,\frac{d(r^2\dot{\theta})}{dt}.$$

(*b*) a zeigt nur dann direkt zur Sonne, wenn $r^2\dot{\theta}$ konstant ist. Man beweise dies.

(*c*) Die Strecke zwischen dem Planeten und der Sonne überstreicht in gleichen Zeiten gleiche Flächen. Kepler entdeckte dieses Gesetz im Jahre 1602 aufgrund umfangreicher Beobachtung und publizierte seine Erkenntnis im Jahre 1609. Man beweise das Gesetz mit Hilfe von (*b*).

■■

40. Es sei $\mathbf{G}(t)$ die Parameterdarstellung einer räumlichen Kurve. Ferner sei $\mathbf{T}(t)$ der Einheitstangentenvektor zur Zeit t. In einem bestimmten Punkt P_0 der Kurve scheint diese fast eben zu sein. Man gebe eine Skizze für $\Delta\mathbf{T}$, $\mathbf{T}(t)$ und $d(\mathbf{T})/dt$ und erkläre, warum $\mathbf{T}(t) \times \mathbf{T}'(t)$ ein Normalenvektor für die Ebene sein könnte, in der die Kurve lokal zu liegen scheint.

41. Es sei $z = f(y)$ positiv für $a \leqslant y \leqslant b$. Die Oberfläche des durch Rotation dieser Kurve um die x-Achse entstehenden Körpers beträgt

$$2\pi \int_a^b f(y)\sqrt{1 + (df/dy)^2}\,dy.$$

Man beweise diese Formel mit Hilfe unseres allgemeinen Ausdruckes für die

$$\text{Fläche von } S = \int_R |\sec\gamma|\,dA:$$

(*a*) Die Oberfläche des Rotationskörpers hat die Gleichung $z^2 + x^2 = [f(y)]^2$.

(*b*) Der Vektor $x\mathbf{i} - f(y)\,df/dy\,\mathbf{j} + z\mathbf{k}$ steht im Punkt $(x;y;z)$ normal auf der Fläche. Man beweise dies.

(*c*) R sei das Gebiet der xy-Ebene, das durch das Intervall $a \leqslant y \leqslant b$ auf der y-Achse, durch die Kurve $x = f(y)$ und die Geraden $y = a$, sowie $y = b$ begrenzt wird. Mit Hilfe von (*b*) berechne man $\int_R |\sec\gamma|\,dA$.

21 Integrale über skalare Felder und Vektorfelder

Dieses Kapitel behandelt Vektorfelder, skalare Felder und verschiedene Integrale dieser Felder. Zunächst geht es um die Einführung der Begriffe und geeigneter Bezeichnungsweisen. Das folgende Kapitel wird dann die Zusammenhänge zwischen den hier eingeführten Integralen darstellen.

Die Vektoranalysis wird sich als besonders kompakte Darstellung komplizierter Zusammenhänge herausstellen, wie sie etwa beim Studium des Elektromagnetismus oder der Strömungslehre auftreten. Wir wollen uns auf diesen Aspekt konzentrieren. Die praktischen Rechenvorgänge sind zwar wichtig, aber doch eher von sekundärer Bedeutung.

In diesem Kapitel wollen wir annehmen, daß alle Funktionen Ableitungen und partielle Ableitungen beliebiger Ordnung besitzen.

21.1 Vektorfelder und skalare Felder

Wir halten eine Drahtschleife an der Oberfläche eines Flüssigkeitsstromes fest. In einigen Punkten dieser Schleife C wird Wasser in das Innere von C eintreten und in einigen anderen Punkten wird Wasser das von C umschlossene Gebiet verlassen. Im Bild 21.1 stellen die Pfeile die Geschwindigkeit und Richtung in verschiedenen Punkten der Strömung dar, die Kurve entspricht der Drahtschleife C. Wie können wir die gesamte Menge des eintretenden bzw. austretenden Wassers berechnen? Wahrscheinlich ist hierzu eine bestimmte Art von Integration erforderlich. Dieses Kapitel soll Methoden zur Beantwortung derartiger Fragen entwickeln.

Die Wasserströmung ist Beispiel für ein Vektorfeld, wie wir es nun ganz allgemein definieren wollen.

Definition des Vektorfeldes: Eine Funktion, die jedem Punkt eines bestimmten ebenen oder räumlichen Gebietes einen Vektor zuordnet, wird *Vektorfeld* genannt und üblicherweise mit **F** bezeichnet.

So ist beispielsweise die Funktion **F**, die jedem Punkt der Strömungsoberfläche den Geschwindigkeitsvektor des Wassers in diesem Punkt zuordnet, ein Vektorfeld.

Die tägliche Wetterkarte ordnet in einem bestimmten Gebiet der Erdoberfläche jedem Punkt den Windvektor in diesem Punkt zu und liefert damit ebenfalls die Darstellung eines bestimmten Vektorfeldes. Bild 21.2 zeigt einige der Windvektoren, die dem Vektorfeld eines Hurrikans entsprechen. In der Nähe seines Auges werden die Windvektoren kürzer: Die Luft ist dort relativ ruhig.

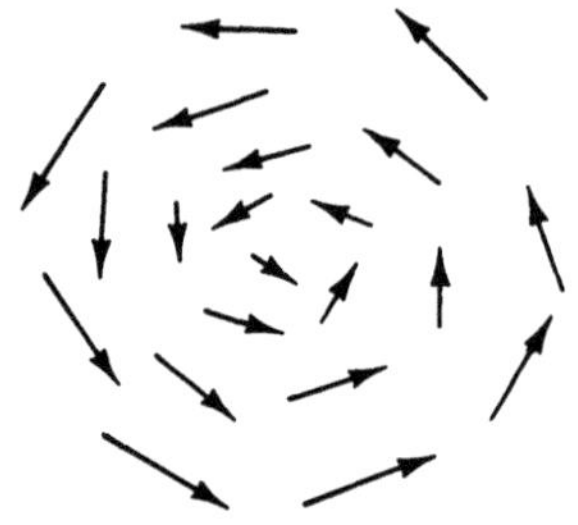

Bild 21.2

Definition des skalaren Feldes: Eine Funktion, die jedem Punkt eines ebenen oder räumlichen Gebietes eine Zahl zuordnet, heißt *skalares Feld* und wird üblicherweise mit f bezeichnet.

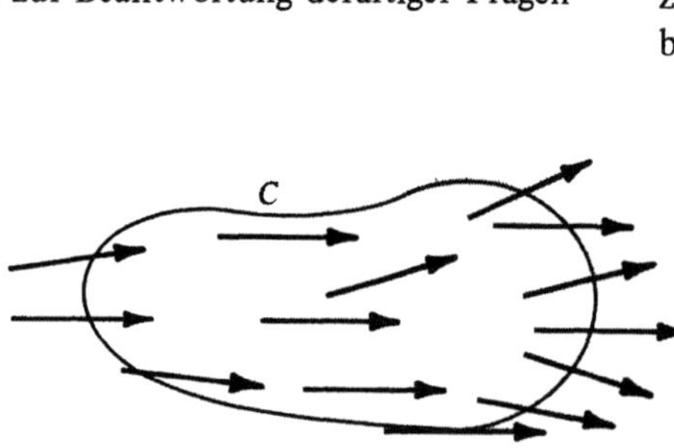

Bild 21.1

Die Funktion, die jedem Punkt eine bestimmte Temperatur zuordnet, ist eine skalare Funktion; gleiches gilt für eine Funktion, die jedem Punkt eine bestimmte Dichte zuordnet.

Ein ebenes Vektorfeld **F** wird durch zwei skalare Felder beschrieben, nämlich durch die skalaren Komponenten von **F**:

$$\mathbf{F}(x;y) = P(x;y)\,\mathbf{i} + Q(x;y)\,\mathbf{j}.$$

P und Q sind skalare Felder.

Es sei f ein skalares Feld. Das Vektorfeld, das jedem Punkt $(x;y)$ den Gradienten von f an der Stelle $(x;y)$ zuordnet, wird das *Gradientenfeld* von f genannt und mit ∇f bezeichnet. Eine ähnliche Konstruktion kann auf $f(x;y;z)$ angewendet werden und ergibt wieder ein Vektorfeld ∇f.

Beispiel 1: Man berechne und skizziere das Gradientenfeld für das skalare Feld

$$f(x;y) = 1/\sqrt{x^2+y^2}.$$

(Diese beiden Felder sind in der Gravitationstheorie und in der Theorie des Elektromagnetismus von Bedeutung.)

Lösung:

$$\nabla f = f_x\mathbf{i} + f_y\mathbf{j} = \frac{-x}{(\sqrt{x^2+y^2})^3}\,\mathbf{i} + \frac{-y}{(\sqrt{x^2+y^2})^3}\,\mathbf{j}.$$

Es sei

$$\mathbf{R} = x\mathbf{i} + y\mathbf{j}$$

der Ortsvektor des Punktes $(x;y)$. Dann gilt

$$|\mathbf{R}| = \sqrt{x^2+y^2}$$

und somit

$$\nabla f = -\frac{\mathbf{R}}{|\mathbf{R}|^3}.$$

Das Gradientenfeld ist zum Ursprung hin orientiert; für seinen Absolutbetrag erhalten wir

$$|\nabla f| = \left|-\frac{\mathbf{R}}{|\mathbf{R}|^3}\right| = \frac{|\mathbf{R}|}{|\mathbf{R}|^3} = \frac{1}{|\mathbf{R}|^2}.$$

Für kurzes **R** ist ∇f lang und für langes **R** ist ∇f kurz. In den physikalischen Anwendungen entspricht das Gradientenfeld

$$\frac{-\mathbf{R}}{|\mathbf{R}|^3}$$

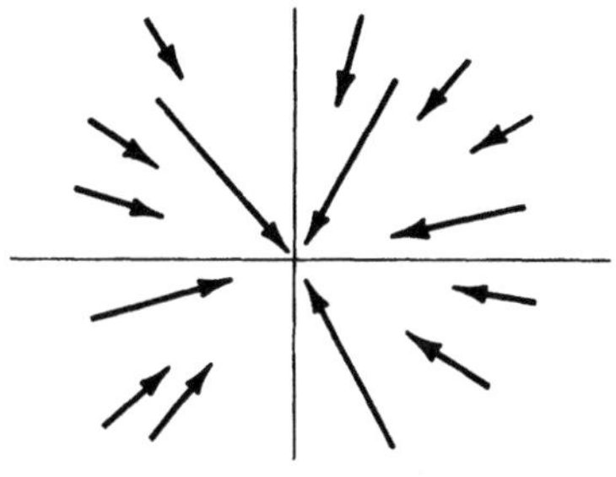

Bild 21.3

einer Anziehungskraft. Bild 21.3 zeigt einige Werte dieses Vektorfeldes (nicht jedes Vektorfeld kann als Gradient eines bestimmten skalaren Feldes dargestellt werden; siehe Übung 20). ●

In Beispiel 1 erhielten wir aus einem skalaren Feld durch Gradientenbildung ein Vektorfeld. In den mathematischen und physikalischen Anwendungen begegnen wir häufig der folgenden Konstruktion, die aus einem Vektorfeld ein skalares Feld bildet.

Definition der Divergenz eines Vektorfeldes: Es sei

$$\mathbf{F}(x;y) = P(x;y)\,\mathbf{i} + Q(x;y)\,\mathbf{j}$$

ein ebenes Vektorfeld. Das skalare Feld

$$\frac{\partial P}{\partial x} + \frac{\partial Q}{\partial y}$$

wird *Divergenz von* **F** genannt. Ist

$$\mathbf{F}(x;y;z) = P(x;y;z)\,\mathbf{i} + Q(x;y;z)\,\mathbf{j} + R(x;y;z)\,\mathbf{k}$$

ein räumliches Vektorfeld, dann wird das skalare Feld

$$\frac{\partial P}{\partial x} + \frac{\partial Q}{\partial y} + \frac{\partial R}{\partial z}$$

ganz analog als Divergenz von **F** bezeichnet.

Im nächsten Kapitel werden wir sehen, warum gerade diese Funktion als Divergenz bezeichnet wird. Wenn nämlich **F** die Geschwindigkeit einer Flüssigkeit beschreibt, dann entspricht der Divergenz von **F** in einem Punkt die Tendenz der Flüssigkeit sich dort anzusammeln oder von dort wegzuströmen.

Beispiel 2: Man berechne die Divergenz des Vektorfeldes

$$5x^2y\mathbf{i} + xy\mathbf{j} + x^2z\mathbf{k}.$$

Lösung: Für das Vektorfeld $5x^2y\mathbf{i} + xy\mathbf{j} + x^2z\mathbf{k}$ ergibt sich aufgrund unserer Definition die Divergenz

$$\frac{\partial(5x^2y)}{\partial x} + \frac{\partial(xy)}{\partial y} + \frac{\partial(x^2z)}{\partial z}.$$

Nach kurzer Rechnung reduziert sich dies auf

$$10xy + x + x^2. \bullet$$

Bezeichnung: Der Einfachheit halber führt man den formalen „Vektor" (Nabla-Operator genannt)

$$\nabla = \frac{\partial}{\partial x}\mathbf{i} + \frac{\partial}{\partial y}\mathbf{j}$$

ein. Wenn nun

$$\mathbf{F} = P\mathbf{i} + Q\mathbf{j}$$

gilt, so kann $\nabla \cdot \mathbf{F}$ als skalares Produkt von zwei gewöhnlichen Vektoren berechnet werden:

$$\nabla \cdot \mathbf{F} = \frac{\partial}{\partial x}P + \frac{\partial}{\partial y}Q.$$

Für diesen Ausdruck können wir nun schreiben

$$\frac{\partial P}{\partial x} + \frac{\partial Q}{\partial y}.$$

Dies erklärt die übliche Bezeichnungsweise für die Divergenz von $\mathbf{F}$:

$$\nabla \cdot \mathbf{F}.$$

Um für die Divergenz eines räumlichen Vektorfeldes eine Kurzbezeichnung einzuführen, definieren wir den formalen „Vektor"

$$\frac{\partial}{\partial x}\mathbf{i} + \frac{\partial}{\partial y}\mathbf{j} + \frac{\partial}{\partial z}\mathbf{k}.$$

Dann folgt für

$$\mathbf{F} = P\mathbf{i} + Q\mathbf{j} + R\mathbf{k}$$

die Kurzbezeichnung $\nabla \cdot \mathbf{F}$ für die Divergenz

$$\frac{\partial P}{\partial x} + \frac{\partial Q}{\partial y} + \frac{\partial R}{\partial z}.$$

Gelegentlich wird für die Divergenz von $\mathbf{F}$ auch $\operatorname{div}\mathbf{F}$ geschrieben.

Beispiel 3: Man berechne die Divergenz $\nabla \cdot \mathbf{F}$ des Vektorfeldes

$$\mathbf{F}(x;y;z) = x^2y\mathbf{i} + e^{xy}\mathbf{j} + z^2\mathbf{k}.$$

Lösung: Für die Divergenz von $\mathbf{F}$ ergibt sich

$$\nabla \cdot \mathbf{F} = \frac{\partial(x^2y)}{\partial x} + \frac{\partial(e^{xy})}{\partial y} + \frac{\partial(z^2)}{\partial z}$$
$$= 2xy + xe^{xy} + 2z. \bullet$$

Wir müssen stets die gesamte Information im Auge behalten, die in der Kurzbezeichnung $\nabla \cdot \mathbf{F}$ zusammengefaßt ist. Wir lesen „Nabla Punkt **F**" und wissen, daß **F** ein räumliches oder ebenes Vektorfeld ist. Es wird durch die skalaren Felder P und Q beschrieben, für räumliche Vektorfelder kommt noch R hinzu:

$$\mathbf{F} = P\mathbf{i} + Q\mathbf{j} + R\mathbf{k}.$$

Dann ist $\nabla \cdot \mathbf{F}$ die Summe dreier partieller Ableitungen

$$\frac{\partial P}{\partial x} + \frac{\partial Q}{\partial y} + \frac{\partial R}{\partial z}.$$

Aus räumlichen Vektorfeldern können mit Hilfe einer bestimmten Operation, *Rotation* genannt, andere Vektorfelder hergeleitet werden. Sie sind in der Physik von besonderer Bedeutung, und das nächste Kapitel wird die Bezeichnung „Rotation" erklären.

Definition der Rotation eines Vektorfeldes: Es sei

$$\mathbf{F} = P\mathbf{i} + Q\mathbf{j} + R\mathbf{k}$$

ein räumliches Vektorfeld. Jedem Punkt werde der Vektor

$$\begin{vmatrix} \mathbf{i} & \mathbf{j} & \mathbf{k} \\ \frac{\partial}{\partial x} & \frac{\partial}{\partial y} & \frac{\partial}{\partial z} \\ P & Q & R \end{vmatrix}$$

zugeordnet. Die zugehörige Vektorfunktion heißt Rotation von **F** und wird kurz mit

$$\mathbf{rot}\,\mathbf{F} \quad \text{oder} \quad \nabla \times \mathbf{F}$$

bezeichnet. Für $\nabla \times \mathbf{F}$ lesen wir „Nabla Kreuz **F**".

Die obige formale Determinante liefert eine kompakte Schreibweise für

$$\left(\frac{\partial R}{\partial y} - \frac{\partial Q}{\partial z}\right)\mathbf{i} - \left(\frac{\partial R}{\partial x} - \frac{\partial P}{\partial z}\right)\mathbf{j} + \left(\frac{\partial Q}{\partial x} - \frac{\partial P}{\partial y}\right)\mathbf{k}.$$

Die Ähnlichkeit dieses Ausdruckes und des Vektorproduktes legt die Bezeichnungsweise $\nabla \times \mathbf{F}$ nahe.

Beispiel 4: Man berechne die Rotation von

$$\mathbf{F} = xyz\mathbf{i} + x^2\mathbf{j} - xy\mathbf{k}.$$

Lösung: Die Rotation ist definiert durch

$$\begin{vmatrix} \mathbf{i} & \mathbf{j} & \mathbf{k} \\ \dfrac{\partial}{\partial x} & \dfrac{\partial}{\partial y} & \dfrac{\partial}{\partial z} \\ xyz & x^2 & -xy \end{vmatrix}$$

Dies entspricht

$$\left[\frac{\partial(-xy)}{\partial y} - \frac{\partial(x^2)}{\partial z}\right]\mathbf{i} - \left[\frac{\partial(-xy)}{\partial x} - \frac{\partial(xyz)}{\partial z}\right]\mathbf{j} + \left[\frac{\partial(x^2)}{\partial x} - \frac{\partial(xyz)}{\partial y}\right]\mathbf{k}$$

$$= (-x-0)\mathbf{i} - (-y-xy)\mathbf{j} + (2x-xz)\mathbf{k}$$

$$= -x\mathbf{i} + (y+xy)\mathbf{j} + (2x-xz)\mathbf{k}. \bullet$$

Es gibt ein weiteres skalares Feld, das in der Technik, der Physik und der Mathematik von großer Bedeutung ist. Wir gehen von einem skalaren Feld f aus und bilden das Gradientenfeld ∇f. Wenn nun von diesem Vektorfeld die Divergenz gebildet wird, so ergibt sich wiederum ein skalares Feld. Dieses skalare Feld wird *Laplace-Feld* von f genannt. Ist f eine Funktion zweier Variabler, $\nabla f = f_x\mathbf{i} + f_y\mathbf{j}$, dann ergibt sich für $\nabla \cdot \nabla f$

$$\left(\frac{\partial}{\partial x}\mathbf{i} + \frac{\partial}{\partial y}\mathbf{j}\right) \cdot (f_x\mathbf{i} + f_y\mathbf{j}) = \frac{\partial f_x}{\partial x} + \frac{\partial f_y}{\partial y} = f_{xx} + f_{yy}.$$

Somit ist das Laplace-Feld von f einfach $f_{xx} + f_{yy}$. Für eine Funktion dreier Variabler $f(x;y;z)$ erhalten wir ein Laplace-Feld

$$f_{xx} + f_{yy} + f_{zz}.$$

Die Symbole

$$\nabla \cdot \nabla f \quad \text{und} \quad \nabla^2 f$$

werden ebenfalls häufig als Bezeichnung für das Laplace-Feld verwendet.

Beispiel 5: Man berechne das Laplace-Feld von

$$f(x;y) = x^3 - 3xy^2.$$

Lösung: Zunächst berechne man f_x und f_y:

$$f_x = 3x^2 - 3y^2 \quad \text{und} \quad f_y = -6xy.$$

Weiter folgt

$$f_{xx} = 6x \quad \text{und} \quad f_{yy} = -6x.$$

Daher erhalten wir

$$\nabla^2 f = f_{xx} + f_{yy} = 6x + (-6x) = 0.$$

Das Laplace-Feld hat in diesem Spezialfall den konstanten Wert Null. •

Eine Funktion f, deren Laplace-Feld identisch verschwindet, wird *harmonisch* genannt. Harmonische Funktionen sind für das Studium der Elektrizität und die Untersuchung von Temperaturverteilungen von besonderer Bedeutung.

Übungen:

In den Übungen 1 bis 3 berechne man $\nabla \cdot \mathbf{F} = \operatorname{div}\mathbf{F}$.

1. $\mathbf{F} = 2x\mathbf{i} + 3y\mathbf{j} + 4z\mathbf{k}$
2. $\mathbf{F} = y^2\mathbf{i} - z^2\mathbf{j} + x^2\mathbf{k}$
3. $\mathbf{F} = \sin xy\mathbf{i} + \cos xy^2\mathbf{j}$
4. f sei ein skalares Feld und $\mathbf{F}$ ein Vektorfeld, welche Art von Feld ist dann $f\mathbf{F}$?
5. Es seien $\mathbf{F}$ und $\mathbf{G}$ Vektorfelder, welche Art von Feld ist dann die Funktion $\mathbf{F} \cdot \mathbf{G}$?
6. Welche der folgenden Felder sind skalare Felder, welche sind Vektorfelder?
   (*a*) $\operatorname{rot}\mathbf{F}$, (*b*) $|\mathbf{F}|$,
   (*c*) $\mathbf{F} \cdot \mathbf{F}$, (*d*) $\operatorname{div}\mathbf{F}$,
   (*e*) $\nabla \cdot \mathbf{F}$, (*f*) $\mathbf{F} \times \mathbf{i}$,
   (*g*) $\nabla \times \mathbf{F}$.

In den Übungen 7 bis 9 berechne man $\operatorname{rot}\mathbf{F} = \nabla \times \mathbf{F}$.

7. $\mathbf{F} = x^3\mathbf{i} - y^3\mathbf{j} + z^2\mathbf{k}$
8. $\mathbf{F} = yz\mathbf{i} + z^2x\mathbf{j} + xyz\mathbf{k}$
9. $\mathbf{F} = y^2z\mathbf{i} + (x+z)\mathbf{j} + \mathbf{k}$
10. Man verifiziere durch direkte Berechnung, daß die Rotation eines Gradienten von f verschwindet:
    $$\nabla \times (\nabla f) = \mathbf{0}.$$
11. Man verifiziere durch direkte Berechnung, daß die Divergenz einer Rotation von $\mathbf{F}$ verschwindet: $\nabla \cdot (\nabla \times \mathbf{F}) = 0$, wobei $\mathbf{F} = P\mathbf{i} + Q\mathbf{j} + R\mathbf{k}$. Wir schreiben $\operatorname{div}(\operatorname{rot}\mathbf{F}) = 0$.
12. Das Vektorfeld $\mathbf{F}(x;y;z) = x\mathbf{i} + y\mathbf{j} + z\mathbf{k}$ wird üblicherweise mit $\mathbf{R}$ bezeichnet. Es stellt den Ortsvektor des Punktes $(x;y;z)$ dar. Die gleiche Bezeichnung wird für $\mathbf{F}(x;y) = x\mathbf{i} + y\mathbf{j}$ verwendet.

Man zeige

(a) im Raum $\nabla \cdot \mathbf{R} = 3$,
(b) in der Ebene $\nabla \cdot \mathbf{R} = 2$.

13. (a) Man beweise, daß die Divergenz eines konstanten Vektorfeldes verschwindet.
(b) Man gebe das Beispiel eines nichtkonstanten Vektorfeldes mit $\nabla \cdot \mathbf{F} = 0$.

14. (a) Es sei f ein skalares Feld und $\mathbf{F}$ ein Vektorfeld. Man beweise

$$\nabla \cdot (f\mathbf{F}) = f\nabla \cdot \mathbf{F} + \nabla f \cdot \mathbf{F}.$$

(b) Man formuliere die Gleichung aus (a) in Worten und verwende dabei Ausdrücke wie Divergenz, Gradient und skalares Produkt.

15. Es seien f und g skalare Felder. Dann ist auch ihr Produkt fg ein skalares Feld. Der Gradient von fg ist gleich f mal dem Gradienten von g plus g mal dem Gradienten von f, das heißt

$$\nabla(fg) = f\nabla g + g\nabla f.$$

Man beweise dies.

16. (a) Man zeige, daß $f(x;y) = \ln(x^2 + y^2)$ harmonisch ist.
(b) Man zeige, daß $f(x;y;z) = \ln(x^2 + y^2 + z^2)$ nicht harmonisch ist.

■

17. Für $\mathbf{F} = P\mathbf{i} + Q\mathbf{j} + R\mathbf{k}$ beweise man

$$\nabla \times f\mathbf{F} = f\nabla \times \mathbf{F} + \nabla f \times \mathbf{F}.$$

18. Für $\mathbf{F} = P\mathbf{i} + Q\mathbf{j} + R\mathbf{k}$ beweise man

$$\operatorname{div} \mathbf{F} \times \mathbf{G} = \mathbf{G} \cdot \operatorname{rot} \mathbf{F} - \mathbf{F} \cdot \operatorname{rot} \mathbf{G}.$$

19. Für skalare Felder f und g zeige man

$$\operatorname{div}(\nabla f \times \nabla g) = 0.$$

20. (a) $\mathbf{F} = P\mathbf{i} + Q\mathbf{j}$ sei ein Vektorfeld und stimme mit dem Gradienten ∇f eines bestimmten skalaren Feldes überein. Dann gilt

$$\frac{\partial P}{\partial y} = \frac{\partial Q}{\partial x}.$$

Man beweise dies.

(b) Das Vektorfeld $x^2 y\mathbf{i} + x^2 y^3 \mathbf{j}$ kann nicht als Gradientenfeld ∇f eines bestimmten skalaren Feldes f dargestellt werden. Man beweise dies.

21.2 Kurvenintegrale über skalare Felder und Vektorfelder

Man betrachte eine Kurve C in der Ebene (oder im Raum). Die Parameterdarstellung von C sei durch $\mathbf{R} = \mathbf{G}(t)$ für alle t aus dem Intervall $[a;b]$ gegeben; t kann als Zeit aufgefaßt werden. f sei eine skalare Funktion der Ebene (oder des Raumes), die zumindest für jeden Punkt der Kurve C definiert ist. In diesem Abschnitt definieren wir das bestimmte Integral von f über die Kurve C und zeigen die wichtigsten Anwendungen.

Zunächst bezeichnen wir die Bogenlänge entlang der Kurve mit $s(t)$; sie wird ausgehend von einem bestimmten Punkt B auf der Kurve gemessen. Dann betrachten wir eine typische Teilung des Intervalls $[a;b]$

$$t_0 = a, t_1, \dots, t_n = b.$$

Es sei $\Delta s_i = s(t_i) - s(t_{i-1})$. Diese Größen sind für wachsendes s positiv. Der Testpunkt P_i auf der Kurve entspreche einem bestimmten Augenblick im i-ten Zeitintervall (Bild 21.4). Wir bilden die Summe

$$\sum_{i=1}^{n} f(P_i)\Delta s_i.$$

Definition des Kurvenintegrals eines skalaren Feldes f: Wir lassen das Maß der Teilung des Intervalls $[a;b]$ gegen Null streben. Wenn sich dann die Summen der Form

$$\sum_{i=1}^{n} f(P_i)\Delta s_i$$

einem Grenzwert nähern, dann wird dieser Grenzwert das *Kurvenintegral* von f über die Kurve mit der gegebenen Parameterdarstellung genannt. Wird die Kurve mit C bezeichnet, dann schreiben wir für das Kurvenintegral

$$\int_C f(P)\,ds.$$

Bild 21.4

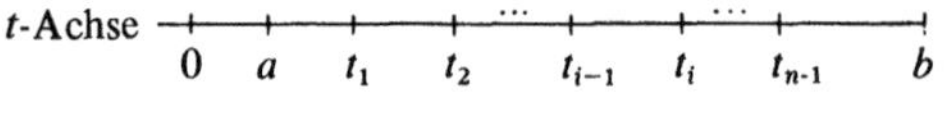

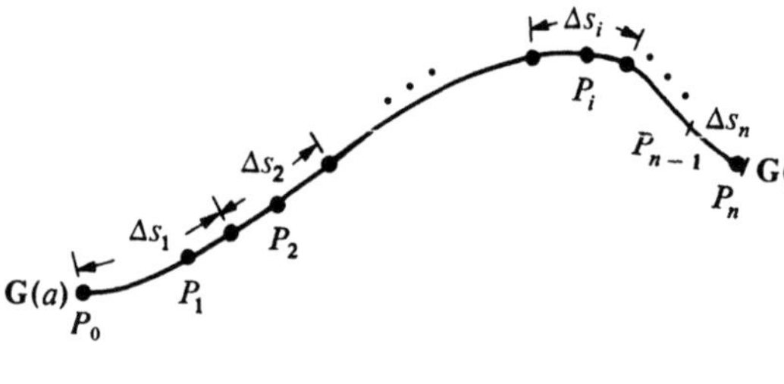

Wir werden das Kurvenintegral zur Beschreibung der Arbeit verwenden, die eine variable Kraft längs einer Kurve C an einem bewegten Teilchen verrichtet. Zunächst aber wollen wir sehen, wie man ein Kurvenintegral berechnet.

Beispiel 1: Es sei C die Kurve mit dem Ortsvektor

$$\mathbf{R} = \mathbf{G}(t) = \cos 2t\,\mathbf{i} + \sin 2t\,\mathbf{j}$$

für t aus $[0; \pi/2]$, und es sei

$$f(P) = f(x; y) = x^2 y.$$

Man berechne $\int_C f(P)\,ds$.

Lösung: Die Parameterdarstellung der Kurve lautet $x = \cos 2t$ und $y = \sin 2t$. Wegen

$$x^2 + y^2 = \cos^2 2t + \sin^2 2t = 1$$

ist diese Kurve Teil des Kreises $x^2 + y^2 = 1$. Wir erhalten

$$\mathbf{R}(0) = \cos 0 \cdot \mathbf{i} + \sin 0 \cdot \mathbf{j} = \mathbf{i}$$

und

$$\mathbf{R}\left(\frac{\pi}{2}\right) = \cos \pi\,\mathbf{i} + \sin \pi\,\mathbf{j} = -\mathbf{i},$$

daher entspricht C der oberen Häfte eines Kreises von $(1; 0)$ nach $(-1; 0)$ (Bild 21.5).

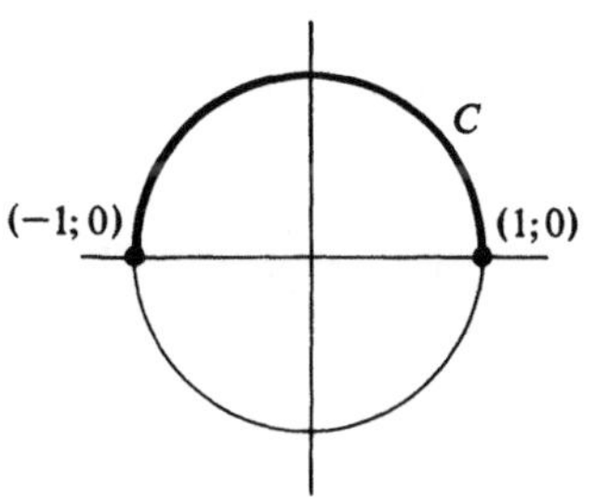

Bild 21.5

Es gilt dann

$$\int_C f(P)\,ds = \int_C x^2 y\,ds.$$

Ausgehend von

$$ds = \frac{ds}{dt}\,dt = \sqrt{\left(\frac{dx}{dt}\right)^2 + \left(\frac{dy}{dt}\right)^2}\,dt$$

ergibt sich mit

$$x = \cos 2t \quad \text{und} \quad y = \sin 2t$$

nun

$$\frac{dx}{dt} = -2\sin 2t \quad \text{und} \quad \frac{dy}{dt} = 2\cos 2t.$$

Daraus folgt

$$\int_C x^2 y\,ds = \int_C x^2 y \sqrt{(-2\sin 2t)^2 + (2\cos 2t)^2}\,dt$$

$$= \int_0^{\pi/2} \cos^2 2t \sin 2t \sqrt{4}\,dt$$

$$= 2\int_0^{\pi/2} \cos^2 2t \sin 2t\,dt$$

$$= \left.\frac{2(-\cos^3 2t)}{6}\right|_0^{\pi/2}$$

$$= -\frac{1}{3}(-1)^3 - \left(-\frac{1}{3}\cdot 1^3\right) = \frac{2}{3}. \bullet$$

Das nächste Beispiel behandelt eine wichtige Anwendung des Kurvenintegrals.

Beispiel 2: Ein Teilchen bewegt sich entlang der ebenen oder räumlichen Kurve C unter dem Einfluß einer variablen Kraft $\mathbf{F}$ (Bild 21.6). (Die Kraft kann eine Mischung aus Gravitation, Wind, Reibung, Seilkräften usw. sein.) Welche Arbeit wird dabei verrichtet?

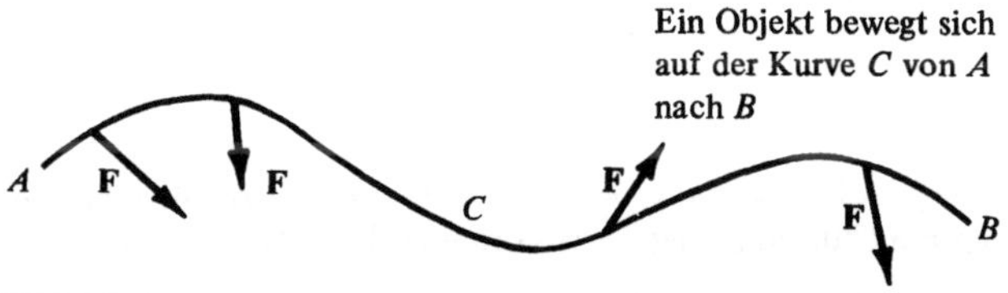

Bild 21.6

Lösung: Falls Größe und Richtung der Kraft $\mathbf{F}$ konstant sind und sich das Teilchen längs eines geraden Weges vom Endpunkt bis zur Spitze des Vektors $\mathbf{R}$ bewegt, dann wird die Arbeit (siehe Abschnitt 19.3) als skalares Produkt

$$\mathbf{F} \cdot \mathbf{R}$$

definiert. Dies ist das Produkt der skalaren Komponente von $\mathbf{F}$ in Richtung von $\mathbf{R}$ mit dem Weg, den das Teilchen zurücklegt.

Um die Arbeit zu bestimmen, die eine variable Kraft an dem längs der Kurve bewegten Teilchen verrichtet, benötigen wir ein Kurvenintegral. Zunächst teilen wir den Weg in kleine Abschnitte der Länge Δs_i. Dann wählen wir im

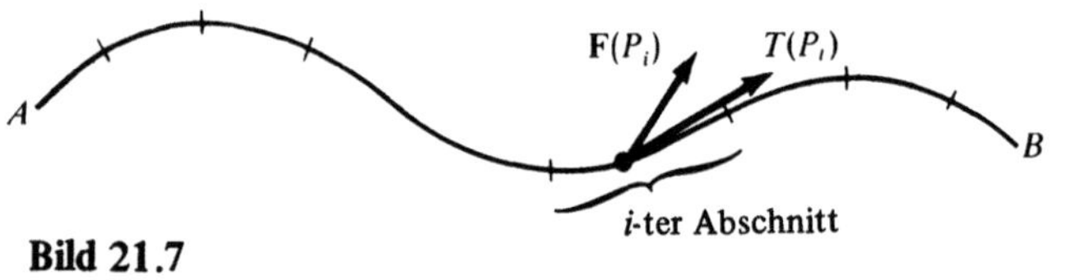

Bild 21.7

i-ten Abschnitt den Punkt P_i aus und berechnen dort die Kraft $\mathbf{F}$ (Bild 21.7). Wir bestimmen ferner den Einheitstangentenvektor $\mathbf{T}(P_i)$ im Punkt P_i. Dann ergibt sich als vernünftige Abschätzung für die Arbeit, die an dem Teilchen im i-ten Abschnitt verrichtet wird

$$\underbrace{\mathbf{F}(P_i)\cdot\mathbf{T}(P_i)}_{\substack{\text{skalare Komponente von } \mathbf{F}\\ \text{in der Bewegungsrichtung}}} \cdot \underbrace{\Delta s_i}_{\text{Weg des Teilchens } s}$$

Wenn nun die Länge der Abschnitte Δs_i klein wird, dann liefert die Summe

$$\sum_{i=1}^{n} \mathbf{F}(P_i)\cdot\mathbf{T}(P_i)\,\Delta s_i$$

eine Abschätzung für die gesamte Arbeit. Nun lassen wir alle Δs_i gegen Null gehen und erhalten tatsächlich das Kurvenintegral

$$\int_C \mathbf{F}(P)\cdot\mathbf{T}(P)\,ds$$

als Darstellung der gesamten Arbeit. (Der Ausdruck $\mathbf{F}(P)\cdot\mathbf{T}(P)$ ist eine skalare Funktion $f(P)$, die längs der Kurve C definiert ist.) Wir können schreiben

$$\int_C \mathbf{F}\cdot\mathbf{T}\,ds = \text{Arbeit.}\ \bullet$$

Das nächste Beispiel wendet diese Formel auf ein bestimmtes Kraftfeld an.

Beispiel 3: Ein Teilchen bewegt sich im Zeitraum von $t = 1$ bis $t = 2$ unter dem Einfluß der Kraft $\mathbf{F} = x\mathbf{i} + y^2\mathbf{j}$ längs der Kurve $\mathbf{R}(t) = 2t\mathbf{i} + 3t\mathbf{j}$. Welche Arbeit wird verrichtet?

Lösung: Die Arbeit entspricht

$$\int_C \mathbf{F}\cdot\mathbf{T}\,ds = \int_1^2 \mathbf{F}\cdot\mathbf{T}\,\frac{ds}{dt}\,dt.$$

Nun stellen wir $\mathbf{F}$, $\mathbf{T}$ und ds/dt als Funktionen von t dar:

$$\begin{aligned}\mathbf{F}(x;y) &= x\mathbf{i} + y^2\mathbf{j}\\ &= 2t\mathbf{i} + (3t)^2\mathbf{j}\\ &= 2t\mathbf{i} + 9t^2\mathbf{j}.\end{aligned}$$

Für den Tangentenvektor ergibt sich die Darstellung

$$\mathbf{T} = \frac{\mathbf{v}}{|\mathbf{v}|},$$

wobei $\mathbf{v}$ der Geschwindigkeitsvektor ist:

$$\begin{aligned}\mathbf{v} &= \frac{dx}{dt}\mathbf{i} + \frac{dy}{dt}\mathbf{j}\\ &= 2\mathbf{i} + 3\mathbf{j}.\end{aligned}$$

Es folgt

$$\begin{aligned}\mathbf{T} &= \frac{2\mathbf{i} + 3\mathbf{j}}{\sqrt{2^2 + 3^2}}\\ &= \frac{2\mathbf{i} + 3\mathbf{j}}{\sqrt{13}}.\end{aligned}$$

Die Größe ds/dt beschreibt die Geschwindigkeit, also den Betrag des Geschwindigkeitsvektors $\mathbf{v}$ und wir erhalten

$$\frac{ds}{dt} = \sqrt{13}.$$

Somit ergibt sich schließlich

$$\begin{aligned}\int_1^2 \mathbf{F}\cdot\mathbf{T}\,\frac{ds}{dt}\,dt &= \int_1^2 (2t\mathbf{i} + 9t^2\mathbf{j})\cdot\left(\frac{2\mathbf{i} + 3\mathbf{j}}{\sqrt{13}}\right)\sqrt{13}\,dt\\ &= \int_1^2 (4t + 27t^2)\,dt = 2t^2 + 9t^3\Big|_1^2\\ &= 8 + 72 - (2 + 9) = 69.\ \bullet\end{aligned}$$

In Beispiel 3 wurde das Integral über die Bogenlänge s durch ein Integral über den Parameter t ersetzt. Im nächsten Beispiel berechnen wir dasselbe Kurvenintegral etwas kürzer und verwenden dazu die Variablen x und y; t tritt in dieser Berechnung nicht auf.

Beispiel 4: Man löse Beispiel 3 und verwende bei der Berechnung des Integrals x, y, dx und dy.

Lösung: Aus

$$\mathbf{F} = x\mathbf{i} + y^2\mathbf{j} \quad \text{und} \quad \mathbf{T} = \frac{dx}{ds}\mathbf{i} + \frac{dy}{ds}\mathbf{j}$$

folgt

$$\mathbf{F} \cdot \mathbf{T} = x\frac{dx}{ds} + y^2\frac{dy}{ds}.$$

Somit ergibt sich

$$\int_C \mathbf{F} \cdot \mathbf{T}\, ds = \int_C \left(x\frac{dx}{ds} + y^2\frac{dy}{ds}\right) ds$$

$$= \int_C (x\, dx + y^2\, dy)$$

$$= \int_C x\, dx + \int_C y^2\, dy.$$

Um die Grenzen der Integration in x und y zu bestimmen, rufen wir uns die Parameterdarstellung der Kurve

$$\mathbf{R}(t) = 2t\mathbf{i} + 3t\mathbf{j}$$

für t aus $[1;2]$ in Erinnerung. Für $t = 1$ ergibt sich $x = 2$ und $y = 3$; für $t = 2$ folgt $x = 4$ und $y = 6$. Dies führt schließlich zu

$$\int_C x\, dx + \int_C y^2\, dy = \int_2^4 x\, dx + \int_3^6 y^2\, dy$$

$$= \left.\frac{x^2}{2}\right|_2^4 + \left.\frac{y^3}{3}\right|_3^6$$

$$= 6 + 63 = 69. \bullet$$

Wie wir in Beispiel 2 gesehen haben, ist das Integral $\int_C \mathbf{F} \cdot \mathbf{T}\, ds$ für physikalische Anwendungen von besonderer Bedeutung. Es ist das Integral der Tangentialkomponente eines Vektorfeldes $\mathbf{F}$ entlang einer Kurve. Die folgende Definition formuliert dies etwas kompakter.

Definition des Kurvenintegrals eines Vektorfeldes F: Das Kurvenintegral

$$\int_C \mathbf{F} \cdot \mathbf{T}\, ds$$

wird *Kurvenintegral des Vektorfeldes* $\mathbf{F}$ genannt.

Um das Kurvenintegral eines Vektorfeldes zu berechnen, muß man üblicherweise die Vektorfunktion durch geeignete skalare Funktionen darstellen. Für $\mathbf{F} = P\mathbf{i} + Q\mathbf{j}$ seien P und Q Funktionen von x und y. Aus

$$\mathbf{T} = \frac{dx}{ds}\mathbf{i} + \frac{dy}{ds}\mathbf{j}$$

folgt dann

$$\mathbf{F} \cdot \mathbf{T} = P\frac{dx}{ds} + Q\frac{dy}{ds},$$

und wir erhalten

$$\int_C \mathbf{F} \cdot \mathbf{T}\, ds = \int_C \left(P\frac{dx}{ds} + Q\frac{dy}{ds}\right) ds$$

$$= \int_C P\, dx + Q\, dy.$$

Diese Differentialdarstellung bringt das Integral in eine lösbare Form. Gilt $\mathbf{F} = P\mathbf{i} + Q\mathbf{j} + R\mathbf{k}$ und ist C eine Kurve im Raum, dann ergibt sich ganz analog

$$\int_C \mathbf{F} \cdot \mathbf{T}\, ds = \int_C P\, dx + Q\, dy + R\, dz.$$

Das nächste Beispiel zeigt die Vorteile dieser Bezeichnungsweise, die an die Integration nach x und y in Beispiel 4 erinnert.

Beispiel 5: Es sei $\mathbf{F}(x;y) = y\mathbf{i} + x\mathbf{j}$. Man berechne $\int_C \mathbf{F} \cdot \mathbf{T}\, ds$ für jede der folgenden beiden Kurven zwischen $(0;0)$ und $(1;2)$:

(*a*) entlang der Parabel $y = 2x^2$;

(*b*) entlang einer Geraden von $(0;0)$ nach $(1;0)$ und dann wieder entlang einer Geraden von $(1;0)$ nach $(1;2)$. Dieser Weg hat denselben Anfangs- und Endpunkt wie der Weg aus (*a*).

Lösung:

(*a*) Wir berechnen das Integral über den parabolischen Weg (Bild 21.8). Es gilt

$$\int_C \mathbf{F} \cdot \mathbf{T}\, ds = \int_C y\, dx + x\, dy.$$

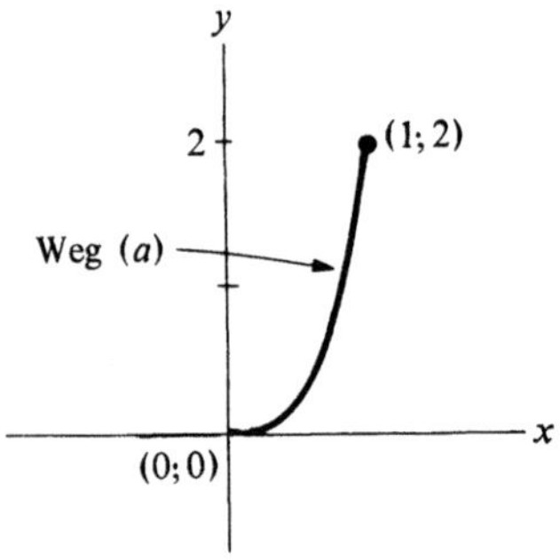

Bild 21.8

Längs dieses Weges folgt aus $y = 2x^2$ für die Differentiale die Relation $dy = 4x\,dx$. Daraus ergibt sich weiter

$$\int_C y\,dx + x\,dy = \int_0^1 2x^2 dx + x(4x\,dx)$$
$$= \int_0^1 6x^2 dx = 2.$$

Daher ist das Kurvenintegral von **F** längs des parabolischen Weges von (0;0) nach (1;2) gleich 2.

(*b*) Der Weg von (0;0) nach (1;2) besteht aus zwei Strecken (Bild 21.9). Daher wird das Integral

$$\int_C y\,dx + x\,dy$$

in zwei Teile zerlegt, einerseits in ein Integral über die horizontale Strecke C_1 von (0;0) nach (1;0) und andererseits in ein Integral über die vertikale Strecke C_2 von (1;0) nach (1;2).

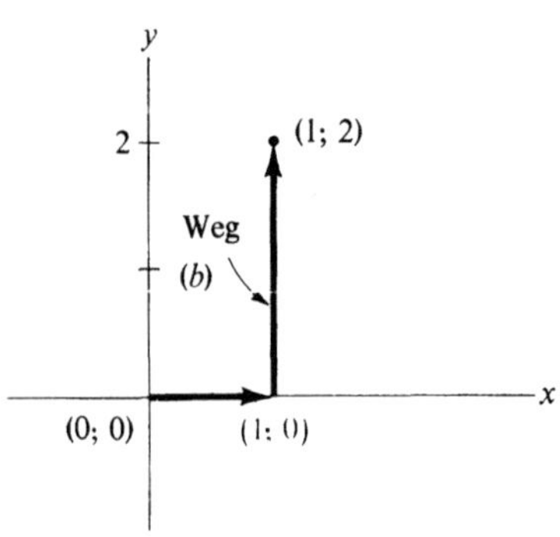

Bild 21.9

Längs C_1 gilt $y = 0$ und daher $dy = 0$. Wir erhalten

$$\int_{C_1} y\,dx + x\,dy = \int_0^1 0\,dx = 0.$$

Längs der vertikalen Strecke C_2 gilt $x = 1$ und daher $dx = 0$. Somit ergibt sich

$$\int_{C_2} y\,dx + x\,dy = \int_0^2 1\,dy = \int_0^2 dy = 2. \bullet$$

Die Ergebnisse von (*a*) und (*b*) sind übereinstimmend gleich 2. In Abschnitt 22.2 wird für ein Vektorfeld der Form $\mathbf{F}(x;y) = y\mathbf{i} + x\mathbf{j}$ gezeigt, daß das Integral von $\mathbf{F}\cdot\mathbf{T}$ über jede beliebige Kurve C nur vom Anfangspunkt und vom Endpunkt der Kurve C abhängt.

Eine andere Bezeichnung für das Kurvenintegral von **F** erhalten wir, wenn wir das Differential des Ortsvektors **R** einführen. Dieses Differential von **R** wird als der formale „Vektor"

$$d\mathbf{R} = dx\,\mathbf{i} + dy\,\mathbf{j}$$

definiert. Wir erhalten

$$\mathbf{F}\cdot d\mathbf{R} = (P\mathbf{i} + Q\mathbf{j})\,(dx\,\mathbf{i} + dy\,\mathbf{j}) = P\,dx + Q\,dy.$$

Daher kann $\int_C \mathbf{F}\cdot\mathbf{T}\,ds$ nun in der Form

$$\int_C \mathbf{F}\cdot d\mathbf{R}$$

dargestellt werden. Ebenso gilt

$$\mathbf{T}\,ds = \left(\frac{dx}{ds}\,\mathbf{i} + \frac{dy}{ds}\,\mathbf{j}\right) ds = dx\,\mathbf{i} + dy\,\mathbf{j} = d\mathbf{R}.$$

Daher können wir für das Kurvenintegral nun auch

$$\int_C \mathbf{F}\cdot(\mathbf{T}\,ds)$$

schreiben. In der Physik wird dieses Integral oft auch kurz durch

$$\int_C \mathbf{F}\cdot d\mathbf{s} \qquad \text{dargestellt.}$$

Die folgende Tabelle faßt die verschiedenen Bezeichnungsweisen für das Kurvenintegral eines Vektorfeldes **F** zusammen.

Bezeichnung	*Bedeutung*
$\int_C (\mathbf{F}\cdot\mathbf{T})\,ds$	Integral der skalaren Komponente von **F** längs **T**
$\int_C \mathbf{F}\cdot d\mathbf{R}$	Integral über die skalare Komponente von **F** längs der Kurve mal der Länge einer kleinen Verschiebung
$\int_C \mathbf{F}\cdot(\mathbf{T}\,ds)$	**T** ds ist gleichbedeutend mit $d\mathbf{R}$ $\int_C \left(P\frac{dx}{ds}+Q\frac{dy}{ds}\right)ds$ oder $\int_a^b \left(P\frac{dx}{dt}+Q\frac{dy}{dt}\right)dt$
$\int_C \mathbf{F}\cdot d\mathbf{s}$	Wir betrachten die Kurve als lokal gerade und schreiben $d\mathbf{s}$ für $d\mathbf{R}$

Alle diese Bezeichnungen stellen die Arbeit der Kraft $\mathbf{F}=P\mathbf{i}+Q\mathbf{j}$ dar. (Wir haben dies in der Ebene gezeigt; gleiches gilt für Kurven und Vektorfelder im Raum.) In der Vektoranalysis werden alle angeführten Bezeichnungen verwendet.

Das letzte Beispiel zeigt die Berechnung von $\int_C \mathbf{F}\cdot\mathbf{T}\,ds$ für eine räumliche Kurve C. Wir werden dieses Beispiel in Abschnitt 22.6 noch benötigen.

Beispiel 6: Es sei $\mathbf{F}=y\mathbf{i}+xz\mathbf{j}+x^2\mathbf{k}$. Ferner sei C die dreieckige Kurve von $(1;0;0)$ über $(0;1;0)$ nach $(0;0;1)$, schließlich zurück nach $(1;0;0)$ (Bild 21.10). Man berechne

$$\int_C \mathbf{F}\cdot\mathbf{T}\,ds.$$

Lösung: Wir stellen das Integral über C als die Summe der drei Integrale über die geraden Wege C_1, C_2 und C_3 dar, aus denen C besteht. In jedem Falle gilt

$$\mathbf{F}\cdot\mathbf{T}\,ds = y\,dx + xz\,dy + x^2\,dz.$$

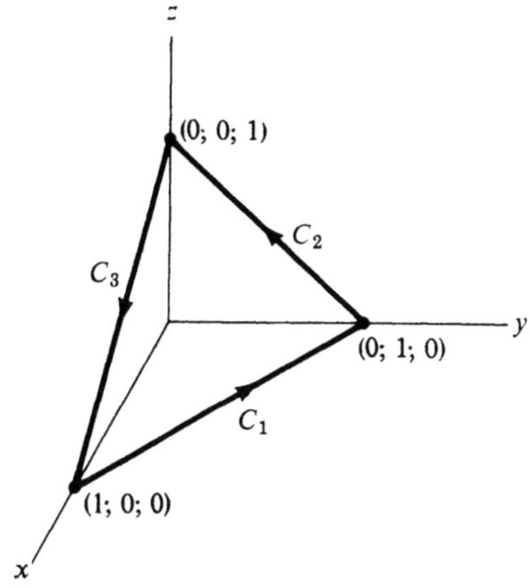

Bild 21.10

Längs C_1 ist $z=0$ und daher auch $dz=0$. Somit folgt

$$\int_{C_1} y\,dx + xz\,dy + x^2 dz = \int_{C_1} y\,dx.$$

Die Gerade C_1 liegt in der xy-Ebene, x und y sind durch die Gleichung $x+y=1$ oder $y=1-x$ verknüpft. Es ergibt sich

$$\int_{C_1} y\,dx = \int_1^0 (1-x)\,dx = \int_0^1 (x-1)\,dx = -\frac{1}{2}.$$

Längs C_2 gilt $x=0$ und daher $dx=0$. Somit folgt

$$\int_{C_2} y\,dx + xz\,dy + x^2 dz = \int_{C_2} 0\,dy + 0\,dz = 0.$$

Längs C_3 ist $y=0$ und daher $dy=0$. Dies führt zu

$$\int_{C_3} y\,dx + xz\,dy + x^2 dz = \int_{C_3} x^2 dz = \int_1^0 x^2\,dz$$

$$= \int_1^0 (1-z)^2 dz = -\int_0^1 (1-z)^2 dz$$

$$= -\frac{1}{3}.$$

Zusammenfassend erhalten wir also

$$\int_C \mathbf{F}\cdot\mathbf{T}\,ds = -\frac{1}{2} + 0 + \left(-\frac{1}{3}\right) = -\frac{5}{6}. \bullet$$

Übungen:

In den Übungen 1 bis 4 lautet die Parameterdarstellung der Kurve C: $\mathbf{R} = \mathbf{G}(t) = t^2\mathbf{i} + t^3\mathbf{j}$. Man berechne in jedem Fall das Kurvenintegral für t von 0 nach 1.

1. $\int_C \mathbf{F} \cdot \mathbf{T}\, ds$ für $\mathbf{F}(x;y) = x\mathbf{i} + 3y\mathbf{j}$.

2. $\int_C \mathbf{F} \cdot d\mathbf{R}$ für $\mathbf{F}(x;y) = xy\mathbf{i} - x\mathbf{j}$.

3. $\int_C \mathbf{F} \cdot (\mathbf{T}\, ds)$ für $\mathbf{F}(x;y) = y^2\mathbf{i} + x^2\mathbf{j}$.

4. $\int_C P\, dx + Q\, dy$ für $P = xy^2$ und $Q = x + y$.

In den Übungen 5 bis 7 berechne man die Arbeit der Kraft $\mathbf{F}$ längs eines Weges mit der Parameterdarstellung $\mathbf{G}$.

5. $\mathbf{F}(x;y) = x^2\mathbf{i} - xy\mathbf{j}$; $\mathbf{G}(t) = t\mathbf{i} + (1-t)\mathbf{j}$, t in $[1;2]$.
6. $\mathbf{F}(x;y) = \dfrac{x}{\sqrt{x^2+y^2}}\mathbf{i} + \dfrac{y}{\sqrt{x^2+y^2}}\mathbf{j}$;
   $\mathbf{G}(t) = t\mathbf{i} + \sin t\mathbf{j}$, t in $[0;\pi]$.
7. $\mathbf{F}(x;y) = -x\mathbf{i} - y\mathbf{j}$; $\mathbf{G}(t) = t\mathbf{i} + t^2\mathbf{j}$, t in $[0;2]$.
8. Man berechne $\int_C x^3 y\, dx$ für C von $(0;1)$ nach $(1;0)$ entlang
   (*a*) der Geraden $x + y = 1$ mit der Parameterdarstellung $x = t$, $y = 1 - t$,
   (*b*) des Kreises $x^2 + y^2 = 1$ mit der Parameterdarstellung $x = \sin t$, $y = \cos t$.
9. Man berechne
   $$\int_C \frac{-y\, dx}{x^2+y^2} + \frac{x\, dy}{x^2+y^2}$$
   für C von $(1;0)$ nach $(1;1)$ entlang
   (*a*) der Geraden $x = 1$ mit der Parameterdarstellung $x = 1$, $y = t$,
   (*b*) des kreisförmigen Weges mit der Parameterdarstellung $x = \cos 2\pi t$, $y = \sin 2\pi t$, t aus $[0;1/4]$ und des angeschlossenen Weges $x = t$, $y = 1$ mit t aus $[0;1]$.
10. (*a*) Sei $x = f(t)$, $y = g(t)$ die Parameterdarstellung einer Kurve von $(0;0)$ nach $(1;2)$. Man zeige $\int_C y\, dx + x\, dy = 2$.
    (*b*) $\int_C y\, dx + x\, dy$ hängt nur vom Endpunkt der jeweiligen Kurve C ab. Man zeige dies.
11. Es sei $\mathbf{F}(x;y;z) = 2x\mathbf{i} + 3yz\mathbf{j} + y^2\mathbf{k}$. Ferner sei C der gerade Weg von $(1;0;0)$ nach $(1;1;1)$. Man berechne $\int_C \mathbf{F} \cdot \mathbf{T}\, ds$.

In der folgenden Übung stimmen die drei Integrale überein. Dies gilt nicht für jedes $\mathbf{F}$.

12. Es sei
    $$\mathbf{F}(x;y;z) = 2xyz\mathbf{i} + x^2z\mathbf{j} + x^2y\mathbf{k}.$$
    Man berechne $\int_C \mathbf{F} \cdot \mathbf{T}\, ds$ für jeden der drei folgenden Wege von $(0;0;0)$ nach $(1;1;1)$.
    (*a*) C_1 der gerade Weg von $(0;0;0)$ nach $(1;1;1)$;
    (*b*) C_2 der polygonförmige Wege von $(0;0;0)$ über $(1;0;0)$ und $(1;1;0)$ nach $(1;1;1)$;
    (*c*) C_3 der polygonförmige Weg von $(0;0;0)$ über $(0;1;0)$ direkt nach $(1;1;1)$.
13. Es sei $\mathbf{F} = xz\mathbf{i} + x^2\mathbf{j} + xy\mathbf{k}$. Ferner sei C die Begrenzung des Quadrates mit den Eckpunkten $(0;0;1)$, $(1;0;1)$, $(1;1;1)$ und $(0;1;1)$. Der Weg beginnt bei $(0;0;1)$, durchläuft die Eckpunkte in der angegebenen Reihenfolge und kehrt nach $(0;0;1)$ zurück. Man berechne
    $$\int_C \mathbf{F} \cdot \mathbf{T}\, ds.$$
14. Es sei $f(x;y;z)$ eine skalare Funktion und C eine Kurve auf einer der Niveauflächen von f. Man berechne $\int_C \nabla f \cdot \mathbf{T}\, ds$ und berücksichtige Bild 21.11.

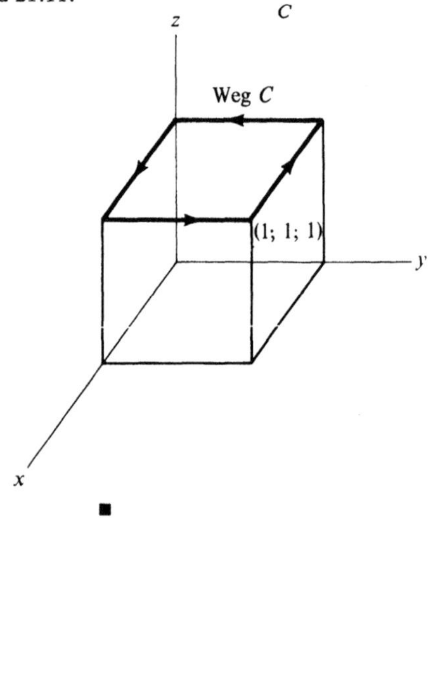

Bild 21.11

■

15. Man berechne $\int_C xy\,dx + x^2dy$ für den Weg C von $(0;0)$ nach $(1;1)$ längs

(a) der Geraden $y = x$ in der Parameterdarstellung $x = t$, $y = t$;

(b) längs der Geraden $y = x$ in der Parameterdarstellung $x = t^2, y = t^2$;

(c) längs der Parabel $y = x^2$ in der Parameterdarstellung $y = t^2, x = t$;

(d) längs des Polygonzuges von $(0;0)$ über $(0;1)$ nach $(1;1)$ in beliebiger Parameterdarstellung.

16. Die Erde mit ihrem Mittelpunkt im Ursprung $(0;0)$ übt auf ein Teilchen mit den rechtwinkeligen Koordinaten $(x;y)$ die Gravitationskraft:

$$\mathbf{F} = \frac{-x\mathbf{i}}{(\sqrt{x^2+y^2})^3} + \frac{-y\mathbf{j}}{(\sqrt{x^2+y^2})^3}$$

aus. Man berechne die gesamte, von $\mathbf{F}$ verrichtete Arbeit, wenn das Teilchen von $(2;0)$ nach $(0;1)$ geht,

(a) längs der Ellipse $x = 2\cos t, y = \sin t$;

(b) längs der Geraden $x = 2 - 2t, y = t$.

17. Es sei $\mathbf{R} = \mathbf{G}(t)$ die Parameterdarstellung einer Kurve C mit dem Anfangspunkt A und dem Endpunkt B.

(a) Stimmt $\mathbf{F}(x;y)$ mit dem Einheitstangentenvektor $\mathbf{T}(x;y)$ für $(x;y)$ auf C überein, dann liefert

$$\int_C \mathbf{F}\cdot\mathbf{T}\,ds$$

die Länge der Kurve C. Man beweise dies.

(b) Für $\mathbf{F}(x;y) = x\mathbf{i} + y\mathbf{j}$ ist

$$\int_C \mathbf{F}\cdot d\mathbf{R} = \frac{1}{2}\left(|\overrightarrow{\mathbf{0B}}|^2 - |\overrightarrow{\mathbf{0A}}|^2\right).$$

Man beweise dies.

21.3 Das Integral über die Normalkomponente eines Vektorfeldes

Das Integral über die Tangentialkomponente eines Vektorfeldes entlang einer Kurve $\int_C \mathbf{F}\cdot\mathbf{T}\,ds$ wurde als die von einer Kraft $\mathbf{F}$ verrichtete Arbeit interpretiert; dies war der Gegenstand des vorhergehenden Abschnitts. Hier beschäftigen wir uns mit einem völlig anderen Typ eines Integrals, das sich über die Begrenzungskurve einer Fläche oder über die Oberfläche eines festen Gebietes erstreckt.

Bild 21.12

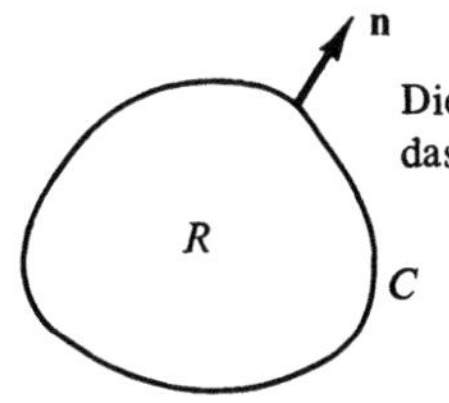

Die Kurve C begrenzt das Gebiet R

C sei die Begrenzungskurve eines konvexen Gebietes R in der Ebene (Bild 21.12). In jedem Punkt P auf der Kurve C stehe ein Einheitsvektor $\mathbf{n}$ senkrecht auf der Kurve und sei nach außen gerichtet (also entgegengesetzt zur Hauptnormalen).

Die Kurve C sei durch eine Vektorfunktion $G(t)$ für t aus $[a;b]$ parametrisiert. Da die Kurve geschlossen ist, fällt ihr Anfangspunkt $\mathbf{G}(a)$ mit ihrem Endpunkt $\mathbf{G}(b)$ zusammen:

$$\mathbf{G}(a) = \mathbf{G}(b).$$

Jede derartige Kurve wird *geschlossene Kurve* genannt.

Man nehme weiter an, daß die geschlossene Kurve C an der Oberfläche einer strömenden Flüssigkeit festgehalten wird. $\mathbf{v}$ sei der Geschwindigkeitsvektor der Flüssigkeit in jedem Punkt der Fläche. Weiter sei f die Dichte der Flüssigkeit. Wir setzen $\mathbf{F} = f\mathbf{v}$. Diese Vektorfunktion speichert die Dichte der Flüssigkeit, ihre Geschwindigkeit und ihre Richtung. Sie wird *Fluß* genannt. Man beachte, daß $\mathbf{F}$ und $\mathbf{v}$ in die gleiche Richtung zeigen. Sowohl die Dichte f als auch die Geschwindigkeit $\mathbf{v}$ hängen vom jeweiligen Punkt der Strömung und von der Zeit ab.

Wir stellen nun folgende Frage: Wieviel Flüssigkeit tritt pro Zeiteinheit in das Gebiet R ein oder aus ihm aus?

Da die Flüssigkeit in das Gebiet R nur durch die Begrenzungskurve ein- oder austreten kann, müssen wir den gesamten Zuwachs oder Verlust entlang der Kurve C betrachten. Ist der Geschwindigkeitsvektor $\mathbf{v}$ tangential zur Kurve C gerichtet, so tritt keine Flüssigkeit ein, und es verläßt auch keine Flüssigkeit das Gebiet. Verläuft $\mathbf{v}$ nicht tangential zu C, so überschreitet Flüssigkeit die Grenzkurve des Gebietes R, wie man aus Bild 21.13 ablesen kann.

Die kritische Komponente von $\mathbf{F}$ (oder $\mathbf{v}$) liegt parallel zu $\mathbf{n}$. Tatsächlich ist $\mathbf{F}\cdot\mathbf{n}$ ein Maß dafür, wieviel Flüssigkeit in einem bestimmten Punkt der Begrenzungskurve ein- oder austritt (Bild 21.14).

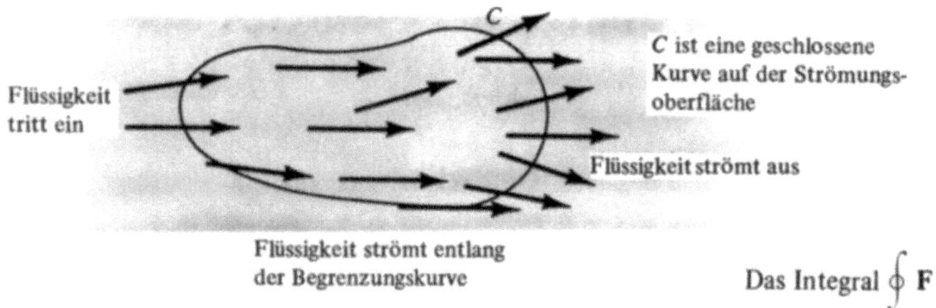

Bild 21.13

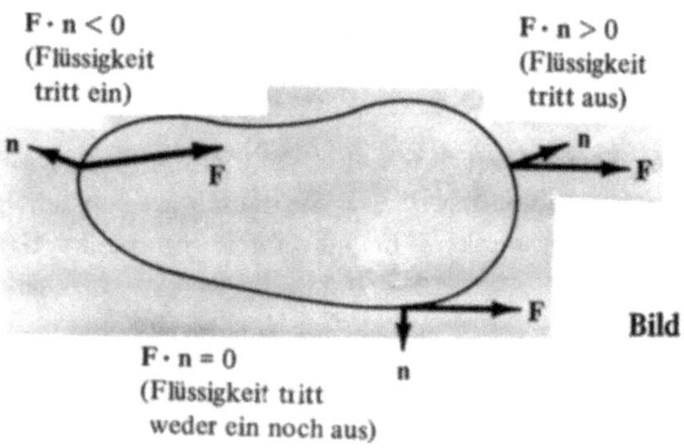

Bild 21.14

Nun wollen wir den gesamten Flüssigkeitsverlust entlang der Kurve C berechnen. Die Flüssigkeitsmenge, die durch ein kleines (fast gerades) Stück der Kurve mit der Länge Δs hindurchströmt, ist natürlich proportional zu Δs und ungefähr durch

$$(\mathbf{F}\cdot\mathbf{n})\,\Delta s$$

gegeben, wobei $\mathbf{F}\cdot\mathbf{n}$ in irgendeinem typischen Punkt dieses kleinen Kurvenstückes berechnet wird.

Daher stellt das Kurvenintegral

$$\int_C \mathbf{F}\cdot\mathbf{n}\,ds$$

die Flüssigkeitsmenge dar, die das Gebiet R verläßt.

Da C eine geschlossene Kurve ist, wird das Kurvenintegral

$$\int_C f(P)\,ds$$

bezeichnet mit

$$\oint_C f(P)\,ds.$$

Das Integral $\oint \mathbf{F}\cdot\mathbf{n}\,ds$

stellt die gesamte Flüssigkeitsmenge dar, die das von C umschlossene Gebiet verläßt.

Beispiel 1: Der Fluß einer Strömung sei durch den Vektor

$$\mathbf{F} = (x+2)\,\mathbf{i}$$

gegeben. R sei eine Kreisfläche mit dem Radius 1 und dem Mittelpunkt (0; 0). Tritt mehr Flüssigkeit in das Gebiet R ein, als aus ihm austritt? Mit anderen Worten, ist $\oint \mathbf{F}\cdot\mathbf{n}\,ds$ positiv oder negativ?

Lösung: Der Fluß $\mathbf{F}$ hängt nur von x und nicht von y ab und nimmt für ansteigende x zu (Bild 21.15). Da der Fluß dort größer ist, wo die Flüssigkeit austritt, als dort wo sie eintritt, ist das Kurvenintegral

$$\oint \mathbf{F}\cdot\mathbf{n}\,ds$$

entlang der Kurve positiv. Wir wollen dies rechnerisch überprüfen.

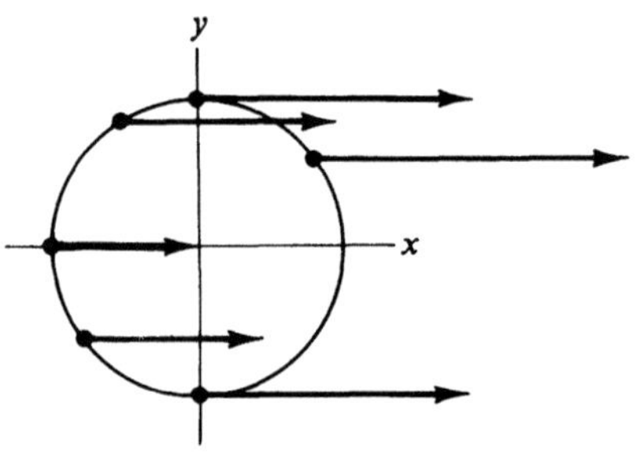

Bild 21.15

Um den Kreis mit dem Radius 1 zu parametrisieren, setzen wir

$$\mathbf{R} = \mathbf{G}(\theta) = \cos\theta\,\mathbf{i} + \sin\theta\,\mathbf{j}$$

für θ aus $[0; 2\pi]$. Hier spielt θ die Rolle des Parameters t.

$$\mathbf{n}(\theta) = \cos\theta\,\mathbf{i} + \sin\theta\,\mathbf{j}$$

ist im Fall dieses Einheitskreises ein Normalvektor mit der Länge 1 und stimmt mit $\mathbf{R}$ überein.

Ferner gilt

$$\mathbf{F}(x;y) = (x+2)\,\mathbf{i} = (\cos\theta + 2)\,\mathbf{i}$$

für irgendeinen Punkt $(x;y)$ auf C. Der gesamte Fluß aus dem Gebiet **R** ist durch

$$\oint \mathbf{F}\cdot\mathbf{n}\,as = \int_0^{2\pi} (\cos\theta + 2)\,\mathbf{i}\cdot(\cos\theta\,\mathbf{i} + \sin\theta\,\mathbf{j})\,a\theta$$

gegeben, da für den *Einheitskreis* $ds = d\theta$ gilt. Wir finden

$$\oint \mathbf{F}\cdot\mathbf{n}\,ds = \int_0^{2\pi} (\cos\theta + 2)\cos\theta\,d\theta$$

$$= \int_0^{2\pi} (\cos^2\theta + 2\cos\theta)\,d\theta.$$

Dieses bestimmte Integral kann man mit Hilfe des Hauptsatzes berechnen. Im speziellen Fall gilt sogar

$$\int_0^{2\pi} 2\cos\theta\,a\theta = 0,$$

denn das Integral der Kosinusfunktion von π bis 2π ist gleich dem negativen Integral der Kosinusfunktion von Null bis π, wie man Bild 21.16 entnehmen kann. Um

$$\int_0^{2\pi} \cos^2\theta\,d\theta$$

zu berechnen, erinnern wir uns an Beispiel 1 aus Abschnitt 9.8 und erhalten den Wert π. Also gilt

$$\int_0^{2\pi} (\cos^2\theta + 2\cos\theta)\,d\theta = \pi + 0 = \pi.$$

Der gesamte Fluß ist π und damit, wie wir auch erwartet haben, positiv. ●

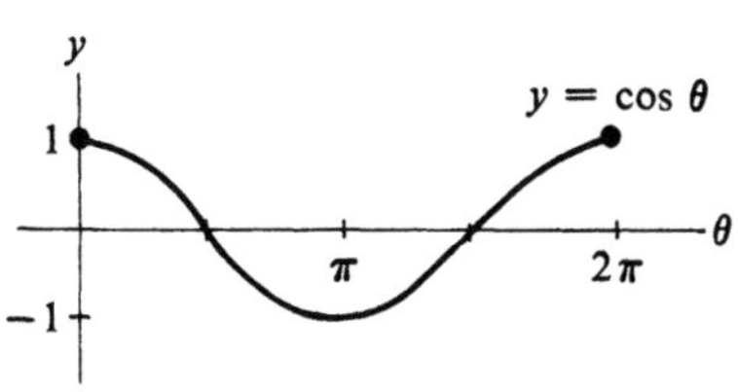

Bild 21.16

Um $\mathbf{F}\cdot\mathbf{n}$ für $\mathbf{F} = P\mathbf{i} + Q\mathbf{j}$ zu berechnen, suchen wir nach einer Formel für den äußeren Normalvektor **n**, vergleichbar mit der Formel

$$\mathbf{T} = \frac{dx}{ds}\,\mathbf{i} + \frac{dy}{ds}\,\mathbf{j}$$

für den Einheitstangentenvektor.

Um eine solche Formel zu erhalten, umlaufen wir die Kurve C im Gegenuhrzeigersinn. Typische Vektoren **T** und **n** zeigt Bild 21.17a. Wie Bild 21.17b zeigt, stimmt die x-Komponente des äußeren Normalvektors mit der y-Komponente des Tangentialvektors **T** überein. Ebenso ist seine x-Komponente gleich der negativen y-Komponente des Tangentialvektors **T**. Somit gilt

$$\mathbf{n} = \frac{dy}{ds}\,\mathbf{i} - \frac{dx}{ds}\,\mathbf{j}.$$

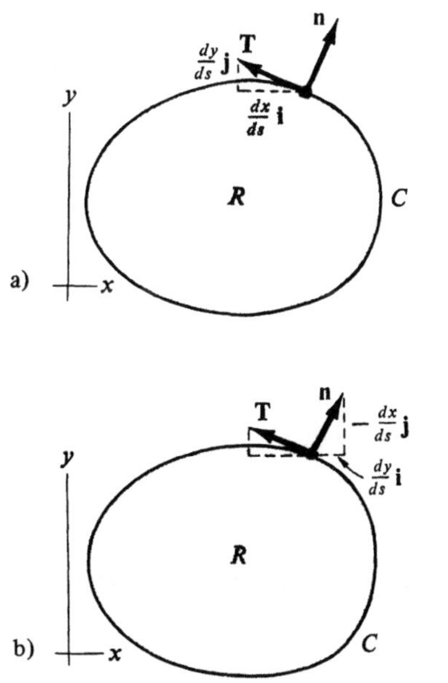

Bild 21.17

T und **n** stehen aufeinander senkrecht, denn wir zeigen sehr leicht $\mathbf{T}\cdot\mathbf{n} = 0$:

$$\mathbf{T}\cdot\mathbf{n} = \left(\frac{dx}{ds}\,\mathbf{i} + \frac{dy}{ds}\,\mathbf{j}\right)\cdot\left(\frac{dy}{ds}\,\mathbf{i} - \frac{dx}{ds}\,\mathbf{j}\right)$$

$$= \frac{dx}{ds}\frac{dy}{ds} - \frac{dy}{ds}\frac{dx}{ds} = 0.$$

Wenn also

$$\mathbf{F} = P\mathbf{i} + Q\mathbf{j}$$

gegeben ist, dann gilt

$$\oint \mathbf{F} \cdot \mathbf{n}\, ds = \oint (P\mathbf{i} + Q\mathbf{j}) \cdot \left(\frac{dy}{ds}\mathbf{i} - \frac{dx}{ds}\mathbf{j}\right) ds$$

$$= \oint \left[P\left(\frac{dy}{ds}\right) + Q\left(-\frac{dx}{ds}\right)\right] ds$$

$$= \oint P\,dy - Q\,dx = \oint -Q\,dx + P\,dy.$$

Beispiel 2: Man berechne $\oint \mathbf{F} \cdot \mathbf{n}\, ds$, wobei

$$\mathbf{F} = P\mathbf{i} + Q\mathbf{j} = x\mathbf{i} + 2y\mathbf{j}$$

sei und die Kurve C eine Ellipse

$$\frac{x^2}{2^2} + \frac{y^2}{3^2} = 1$$

umrandet.

Lösung: Zunächst muß die Ellipse parametrisiert werden (siehe Abschnitt 10.8):

$$x = 2\cos t,\ y = 3\sin t.$$

$\mathbf{G}(t) = 2\cos t\,\mathbf{i} + 3\sin t\,\mathbf{j}$ für t aus $[0;2\pi]$. In diesem Fall gilt $P = x$ und $Q = 2y$. Wir finden

$$\oint \mathbf{F} \cdot \mathbf{n}\, ds = \oint P\,dy - Q\,dx$$

$$= \int_{t=0}^{t=2\pi} x\,dy - 2y\,dx$$

$$= \int_0^{2\pi} (2\cos t)(3\cos t\,dt) - 2(3\sin t)(-2\sin t\,dt)$$

$$= \int_0^{2\pi} (6\cos^2 t + 12\sin^2 t)\,dt = 18\pi. \bullet$$

Beispiel 3: Sei $\mathbf{F} = x\mathbf{i} + xy\mathbf{j}$. C sei die geschlossene Kurve des Bildes 21.18. Die Kurve wird im Gegenuhrzeigersinn, beginnend bei $(0;0)$ längs der Parabel $y = x^2$ bis zum Punkt $(1;1)$ und zurück zum Punkt $(0;0)$ längs der Geraden $y = x$, durchlaufen.

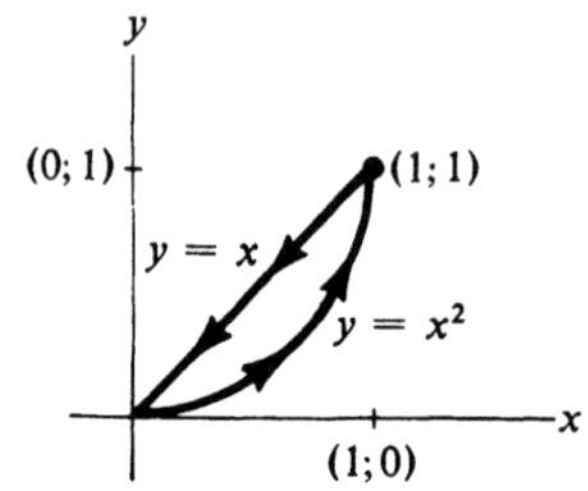

Bild 21.18

Man berechne

$$\oint_C \mathbf{F} \cdot \mathbf{n}\, ds.$$

Lösung:

$$\oint_C \mathbf{F} \cdot \mathbf{n}\, ds = \oint_C (x\mathbf{i} + xy\mathbf{j}) \cdot \left(\frac{dy}{ds}\mathbf{i} - \frac{dx}{ds}\mathbf{j}\right) ds$$

$$= \oint_C x\,dy - xy\,dx.$$

Dieses Integral muß in zwei Teile zerlegt werden, einerseits entlang der Parabel P von $(0;0)$ bis $(1;1)$ und andererseits entlang des geraden Abschnittes L von $(1;1)$ bis $(0;0)$.

Entlang der Parabel gilt

$$y = x^2 \quad \text{und} \quad dy = 2x\,dx.$$

Das Integral entlang der Parabel

$$\int_P x\,dy - xy\,dx.$$

reduziert sich auf

$$\int_0^1 x(2x\,dx) - x^3 dx = \int_0^1 (2x^2 - x^3)\,dx$$

$$= \left(\frac{2x^3}{3} - \frac{x^4}{4}\right)\Bigg|_0^1$$

$$= \frac{2}{3} - \frac{1}{4} = \frac{5}{12}.$$

Entlang der Geraden $y = x$ verwenden wir x als Parameter, der von 1 bis 0 variiert. Auf der Strecke von (1; 1) nach (0; 0) gilt

$$y = x \quad \text{und} \quad dy = dx.$$

Das Integral über den geraden Abschnitt des Weges ist gegeben durch

$$\int_L x\,dy - xy\,dx = \int_1^0 x\,dx - x^2\,dx$$

$$= \int_0^1 (-x + x^2)\,dx = -\frac{1}{6}.$$

Folglich ist

$$\oint \mathbf{F} \cdot \mathbf{n}\,ds = \frac{5}{12} - \frac{1}{6} = \frac{1}{4}. \bullet$$

Der Fluß einer Strömung durch eine ebene Kurve führte uns auf die Berechnung des Integrals $\oint \mathbf{F} \cdot \mathbf{n}\,ds$. Wir können genausogut den Fluß einer Strömung durch die Oberfläche S eines räumlichen Gebietes R – etwa eines Würfels oder einer Kugel – berechnen (Bild 21.19).

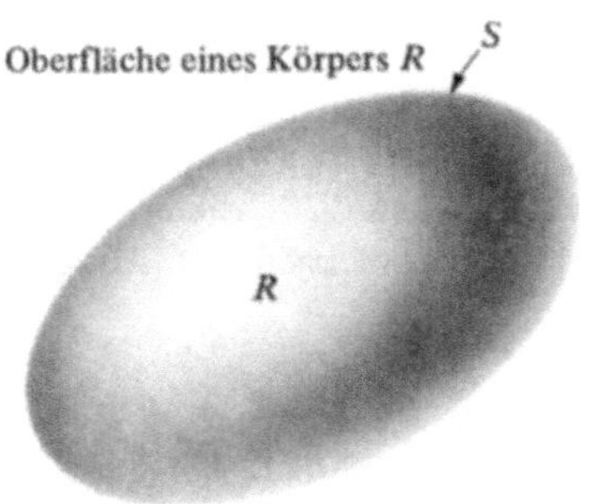

Bild 21.19

Man stelle sich eine solche Oberfläche S in einer Strömung vor. Da sie ja nur scheinbar vorhanden ist – und nicht materiell – kann Flüssigkeit durch diese Oberfläche ein- und austreten. $\mathbf{F}$ sei wieder der Fluß. Wieviel Flüssigkeit tritt pro Zeiteinheit in das Gebiet R ein oder aus ihm aus? Die Überlegung ist völlig analog der für ebene Gebiete.

Zuerst konstruieren wir in jedem Punkt senkrecht zur Oberfläche und nach außen den Einheitsvektor $\mathbf{n}$ (Bild 21.20). Die Flüssigkeitsmenge, die durch ein kleines

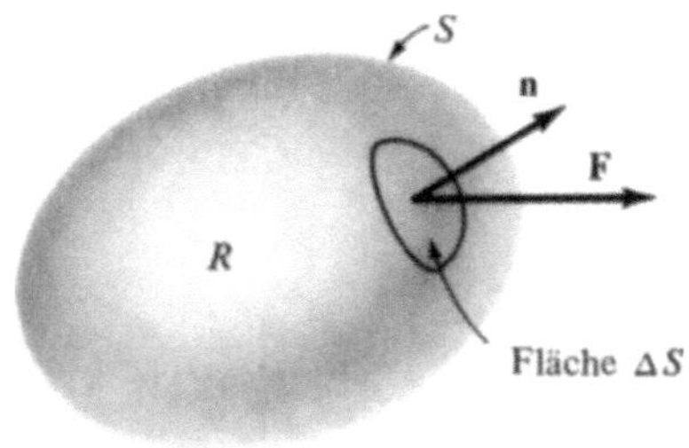

Bild 21.20

Oberflächenelement mit der Fläche ΔS austritt, ist proportional zu ΔS und näherungsweise durch

$$\mathbf{F} \cdot \mathbf{n}\,\Delta S$$

gegeben, wobei $\mathbf{F} \cdot \mathbf{n}$ in irgendeinem typischen Punkt dieses kleinen Oberflächenelementes berechnet wird. Somit gibt das Oberflächenintegral

$$\int_S \mathbf{F} \cdot \mathbf{n}\,dS$$

an, wieviel Flüssigkeit aus dem Gebiet R austritt.

Im nächsten Beispiel berechnen wir ein solches Oberflächenintegral.

Beispiel 4: Sei

$$\mathbf{F} = x\mathbf{i} + y\mathbf{j} + z\mathbf{k}$$

und S die Kugel

$$x^2 + y^2 + z^2 = 9.$$

Man berechne

$$\int_S \mathbf{F} \cdot \mathbf{n}\,dS.$$

Lösung: Da jeder Vektor vom Mittelpunkt der Kugel zu einem Punkt P der Kugeloberfläche auf dieser normal steht, ist der Vektor

$$x\mathbf{i} + y\mathbf{j} + z\mathbf{k}$$

ein Normalvektor der Oberfläche im Punkt $(x; y; z)$. Er weist aus der Kugel heraus, besitzt aber die Größe 3 und ist daher kein Einheitsvektor. Ein Einheitsnormalvektor ist durch

$$\mathbf{n} = \frac{x}{3}\mathbf{i} + \frac{y}{3}\mathbf{j} + \frac{z}{3}\mathbf{k}$$

gegeben.

Somit folgt

$$\int_S \mathbf{F}\cdot\mathbf{n}\,dS = \int_S (x\mathbf{i}+y\mathbf{j}+z\mathbf{k})\cdot\left(\frac{x}{3}\mathbf{i}+\frac{y}{3}\mathbf{j}+\frac{z}{3}\mathbf{k}\right)dS$$

$$= \int_S \left(\frac{x^2}{3}+\frac{y^2}{3}+\frac{z^2}{3}\right)dS.$$

Auf der Kugeloberfläche gilt $x^2+y^2+z^2=9$. Daher folgt

$$\int_S \mathbf{F}\cdot\mathbf{n}\,dS = \int_S \frac{9}{3}\,dS = 3\cdot\text{Kugeloberfläche}$$

$$= 3\cdot 4\pi 3^2 = 108\pi. \quad \bullet$$

Das Integral in Beispiel 4 war infolge der einfachen Beziehung zwischen **F** und der Kugel sehr leicht zu berechnen. Das nächste Beispiel ist etwas schwieriger.

Beispiel 5: Sei $\mathbf{F}=x\mathbf{i}+y\mathbf{j}+z\mathbf{k}$. Sei S die Oberfläche des Gebietes zwischen der Fläche $z=9-x^2-y^2$ und der xy-Ebene. Man berechne

$$\int_S \mathbf{F}\cdot\mathbf{n}\,dS.$$

Lösung: Die Fläche S hat einen gekrümmten oberen Teil und eine ebene Basis. Man bezeichnet den gekrümmten Teil mit S_1 und den ebenen mit S_2 (Bild 2.21).

Um das Integral $\int_S \mathbf{F}\cdot\mathbf{n}\,dS$ zu ermitteln, berechnen wir

$$\int_{S_1} \mathbf{F}\cdot\mathbf{n}\,dS \quad \text{und} \quad \int_{S_2} \mathbf{F}\cdot\mathbf{n}\,dS$$

und addieren die Ergebnisse.

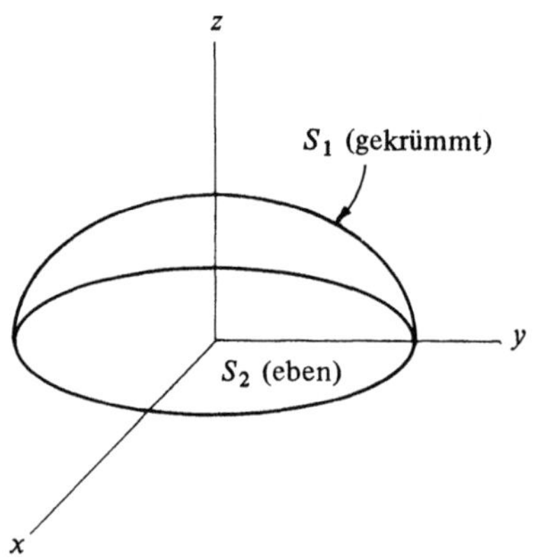

Bild 21.21

Zunächst betrachten wir das Integral

$$\int_{S_1} \mathbf{F}\cdot\mathbf{n}\,dS.$$

Um eine Normale auf S_1 zu konstruieren, schreiben wir die Gleichung in der Form

$$z+x^2+y^2=9.$$

Der Gradient von $z+x^2+y^2$ gibt eine Normale an, sie ist durch

$$2x\mathbf{i}+2y\mathbf{j}+\mathbf{k}$$

gegeben. Wie man sich leicht überlegen kann, zeigt dieser Vektor aus dem Gebiet heraus. Der Einheitsnormalvektor ist daher gleich

$$\mathbf{n} = \frac{2x\mathbf{i}+2y\mathbf{j}+\mathbf{k}}{\sqrt{4x^2+4y^2+1}}.$$

Daher gilt

$$\int_{S_1} \mathbf{F}\cdot\mathbf{n}\,dS = \int_{S_1} (x\mathbf{i}+y\mathbf{j}+z\mathbf{k})\cdot\frac{2x\mathbf{i}+2y\mathbf{j}+\mathbf{k}}{\sqrt{4x^2+4y^2+1}}\,dS$$

$$= \int_{S_1} \frac{2x^2+2y^2+z}{\sqrt{4x^2+4y^2+1}}\,dS.$$

Glücklicherweise wurde dieses Integral bereits in Beispiel 3 aus Abschnitt 20.7 berechnet (dort wurde es auf ein ebenes Integral zurückgeführt). Aus diesem Beispiel entnehmen wir

$$\int_{S_1} \mathbf{F}\cdot\mathbf{n}\,dS = \frac{243\pi}{2}.$$

Das zweite Integral über die Fläche S_2 ist wesentlich einfacher. Der nach außen zeigende Normalvektor ist gleich $\mathbf{n}=-\mathbf{k}$. Daher folgt

$$\mathbf{F}\cdot\mathbf{n} = (x\mathbf{i}+y\mathbf{j}+z\mathbf{k})\cdot(-\mathbf{k}) = -z.$$

Auf der Grundfläche gilt aber $z=0$. Daher erhalten wir

$$\int_{S_2} \mathbf{F}\cdot\mathbf{n}\,dS = \int_{S_2} 0\,dS = 0.$$

Insgesamt gilt also

$$\int_S \mathbf{F}\cdot\mathbf{n}\,dS = \frac{243\pi}{2}+0 = \frac{243\pi}{2}. \quad \bullet$$

Nebenbei bemerkt: Die beiden Integrale

$$\oint \mathbf{F} \cdot \mathbf{n}\, ds \quad \text{und} \quad \int_S \mathbf{F} \cdot \mathbf{n}\, dS$$

sind auch für die Theorie des Wärmeflusses von Wichtigkeit. In diesem Fall stellt $\mathbf{F}$ den Wärmestrom im Inneren eines materiellen Körpers dar. Das Integral beschreibt dann den Nettogewinn oder den gesamten Wärmeverlust durch die Oberfläche.

Übungen:

In den Übungen 1 bis 3 sind die Integrale $\oint \mathbf{F} \cdot \mathbf{T}\, ds$ und $\oint \mathbf{F} \cdot \mathbf{n}\, ds$ zu berechnen.

1. $\mathbf{F}(x;y) = 2x\mathbf{i}$; die Kurve C ist der Kreis: $\mathbf{G}(\theta) = 3\cos\theta\,\mathbf{i} + 3\sin\theta\,\mathbf{j}$, θ aus $[0; 2\pi]$.
2. $\mathbf{F}(x;y) = x\mathbf{i} + y\mathbf{j}$; die Kurve C ist die Ellipse: $\mathbf{G}(t) = a\cos t\,\mathbf{i} + b\sin t\,\mathbf{j}$, t aus $[0; 2\pi]$.
3. $\mathbf{F}(x;y) = 3x\mathbf{i} + 4y\mathbf{j}$; die Kurve C ist ein Kreis: $\mathbf{G}(\theta) = a\cos\theta\,\mathbf{i} + a\sin\theta\,\mathbf{j}$ mit θ aus $[0; 2\pi]$.
4. Man berechne $\oint_C -y\,dx + x\,dy$, wobei C die Ellipse

$$\left.\begin{array}{l} x = a\cos t \\ y = b\sin t \end{array}\right\} 0 \leq t \leq 2\pi$$

ist. (Im nächsten Abschnitt zeigen wir, daß $\oint -y\,dx + x\,dy$ stets gleich der zweifachen Fläche der begrenzten Region ist, wenn man die Kurve im Gegenuhrzeigersinn durchläuft.)

5. Der Flußvektor $\mathbf{F}$ einer Strömung sei im Punkt $(x;y)$ durch $(x+1)^2\mathbf{i} + y\mathbf{j}$ gegeben. C sei der Einheitskreis $x = \cos t$, $y = \sin t$, t aus $[0; 2\pi]$.
   (*a*) Man zeichne $\mathbf{F}$ in acht verschiedenen Punkten gleichen Abstandes entlang des Kreises ein.
   (*b*) Tritt in dieses Gebiet mehr Flüssigkeit ein als aus ihm austritt? Ist der gesamte Fluß positiv oder negativ? Man gebe die Antwort aufgrund des Diagramms aus (*a*).
   (*c*) Man berechne den gesamten Fluß mit Hilfe des Kurvenintegrals.
6. C sei die geschlossene Kurve $x = 2\cos t$, $y = 3\sin t$ mit t aus $[0; 2\pi]$.
   (*a*) Man zeichne den Graphen von C.
   (*b*) Man berechne $\int_C x^2\,dx + (y+1)\,dy$.
   (*c*) Man formuliere ein mechanisches Problem, dessen Gesamtarbeit durch das Integral aus (*b*) beschrieben wird.
   (*d*) Man formuliere ein Strömungsproblem, dessen Flußverlust gleich dem Integral aus (*b*) ist.
7. Sei $\mathbf{F}$ der Flußvektor einer Flüssigkeit. Aus welchem Grund nennt man $\int_C \mathbf{F} \cdot d\mathbf{R}$ die Zirkulation entlang der Kurve C?

In den Übungen 8 bis 11 ist die Relation

$$\int_R \nabla \cdot \mathbf{F}\, dA = \int_C \mathbf{F} \cdot \mathbf{n}\, ds$$

zu überprüfen, wobei C die Berandungskurve von R ist. (Diese Gleichung formuliert ein wichtiges Theorem des nächsten Abschnittes.)

8. $\mathbf{F}$ sei das Vektorfeld aus Beispiel 2 und R das elliptische Gebiet dieses Beispiels.
9. $\mathbf{F}$ sei das Vektorfeld von Beispiel 3 und R das Gebiet, das durch die angegebene geschlossene Kurve begrenzt wird.
10. $\mathbf{F}$ sei das Vektorfeld $2xy\mathbf{i} - x^2y\mathbf{j}$ und R ein Dreieck mit den Eckpunkten $(0;0)$, $(1;0)$ und $(1;1)$.
11. $\mathbf{F}$ sei das Vektorfeld $x^2\mathbf{i} + y^2\mathbf{j}$ und R das Gebiet zwischen den Kurven $y = x^2$ und $y = x^3$.

In den Übungen 12 bis 15 ist die Gleichung

$$\int_R \nabla \cdot \mathbf{F}\, dV = \int_S \mathbf{F} \cdot \mathbf{n}\, dS$$

zu überprüfen, wobei S die Berandung von R ist.

12. $\mathbf{F} = 3x\mathbf{i} + 2y\mathbf{j} + 6z\mathbf{k}$, und R ist der Tetraeder mit den Eckpunkten $(0;0;0)$, $(1;0;0)$, $(0;2;0)$ und $(0;0;3)$. (Siehe auch Beispiel 5 aus Abschnitt 20.7.)
13. $\mathbf{F} = x\mathbf{i} + y\mathbf{j} + z\mathbf{k}$; R ist durch die Fläche $z = 9 - x^2 - 2y^2$ und die xy-Ebene begrenzt. (Siehe auch Beispiel 7 aus Abschnitt 20.7.)
14. $\mathbf{F} = x^2\mathbf{i} + y\mathbf{j} + 3\mathbf{k}$; R sei der Würfel, den die drei Einheitsvektoren $\mathbf{i}, \mathbf{j}$ und $\mathbf{k}$ aufspannen.
15. $\mathbf{F} = 3z\mathbf{i} + xz\mathbf{j} + z\mathbf{k}$; R wird begrenzt durch die drei Koordinatenebenen, die Ebene $z = 2$ und die Ebene $x + y = 1$.

■

16. Sei $\mathbf{F} = xy^2\mathbf{i} + y\mathbf{j} + x\mathbf{k}$. S sei die Oberfläche eines Tetraeders mit den Eckpunkten $(0;0;0)$, $(1;0;0)$, $(0;2;0)$ und $(0;0;3)$. Man berechne:

$$\int_S (\text{rot}\,\mathbf{F}) \cdot \mathbf{n}\, dS.$$

Entsprechend einem allgemeinen Ergebnis des nächsten Abschnitts ist dieses Integral gleich Null.

17. Man überprüfe, ob

$$\oint_C -y\,dx + x\,dy$$

mit der zweifachen Fläche des von C begrenzten Gebietes übereinstimmt, wenn C gegeben ist durch:

(*a*) Umfang des Quadrates mit den Eckpunkten $(a;0)$, $(0;a)$, $(-a;0)$, $(0;-a)$ und zurück zu $(a;0)$;

(*b*) Umfang des Dreiecks $(0;0)$, $(a;0)$ und $(0;b)$ und zurück zu $(0;0)$. a und b seien positiv.

18. (*a*) Man berechne

$$\oint_C y\,dx + x\,dy$$

entlang der Berandungskurve des Gebietes zwischen der Kurve $y = x^3$ sowie den Geraden $x = a$ und $y = 0$. a sei positiv.

(*b*) Man berechne die Fläche des von diesen Kurven eingeschlossenen Gebietes.

19. a und b seien positive Zahlen. Man berechne

$$\oint_C -y\,dx + x\,dy,$$

wobei C durch ein Rechteck mit den Eckpunkten $(0;0)$, $(a;0)$, $(a;b)$ und $(0;b)$ gegeben ist.

20. (*a*) C sei eine beliebige geschlossene Kurve. Man zeige

$$\oint_C dx = 0 \quad \text{und} \quad \oint_C dy = 0.$$

(*b*) Man zeige

$$\oint_C \cos\phi\,ds = 0 \quad \text{und} \quad \oint_C \sin\phi\,ds = 0,$$

wobei ϕ den Winkel zwischen **T** und **i** angibt.

(*c*) Man zeige

$$\oint_C \mathbf{i}\cdot d\mathbf{R} = 0 \quad \text{und} \quad \oint_C \mathbf{j}\cdot d\mathbf{R} = 0.$$

21. Sei $\mathbf{F}(x;y) = x\mathbf{i} + y\mathbf{j} = \mathbf{R}$. Man berechne $\oint \mathbf{R}\cdot\mathbf{n}\,ds$ entlang des dreieckigen Weges von $(0;0)$ nach $(a;0)$, weiter nach $(0;b)$ und schließlich zurück nach $(0;0)$. (a und b seien positive Zahlen.)

22. Eine dünne Metallfolie hat die Gestalt eines konvexen ebenen Gebietes R. Durch diverse Heiz- und Kühlvorrichtungen wird die Temperatur entlang der Berandung konstant gehalten (unabhängig von der Zeit).

Weiter sei die Temperatur im Inneren von R stabilisiert. Sie werde im Gleichgewichtszustand im Punkt P mit $T(P)$ bezeichnet.

(*a*) Warum wird sich die Wärme in einem Punkt P der Metallschicht immer in der Richtung von $-\nabla T$ ausbreiten?

(*b*) Warum wird die pro Zeiteinheit durch den Punkt P strömende Wärmemenge proportional zu $|-\nabla T|$ sein?

(*c*) Sei C irgendeine geschlossene Kurve im Inneren von R. Warum gibt $\oint_C -\nabla T\cdot\mathbf{n}\,ds$ ein Maß für den Wärmeverlust durch C an?

(*d*) Warum ist $\int_C \nabla T\cdot\mathbf{n}\,ds = 0$ für jede beliebige geschlossene Kurve C in R?

■■

23. Sei $\mathbf{R} = \mathbf{G}(t)$ die Berandung eines konvexen Gebietes S. Liege ferner der Ursprung des Koordinatensystems im Inneren von S. In jedem Punkt der Kurve C sei $\mathbf{n}$ ein nach außen gerichteter Normalvektor auf der Begrenzungskurve. Man zeige durch Näherungssummen

$$\int_C \mathbf{R}\cdot\mathbf{n}\,ds = 2 \times \text{Fläche von } S.$$

24. In einem Punkt $(x;y;z)$ des Raumes wirkt auf einen Satelliten die Schwerkraft

$$\frac{-(x\mathbf{i} + y\mathbf{j} + z\mathbf{k})}{(\sqrt{x^2 + y^2 + z^2})^3}.$$

Die Schwerkraft verrichtet während eines Umlaufs des Satelliten keine Arbeit. Man zeige dies.

25. S sei die Oberfläche eines dreidimensionalen Gebietes R. Der Ursprung O liege innerhalb von R. Ferner sei $\mathbf{F}(P)$ gleich dem Ortsvektor $\overrightarrow{OP}$. Mit Hilfe von Näherungssummen und einer Skizze zeige man

$$\int_S \mathbf{F}(P)\cdot\mathbf{n}\,dS = 3 \times \text{Volumen von } R.$$

26. Für die Funktion $\mathbf{F}$ aus Übung 25 beweise man

$$\int_S \mathbf{F}\cdot\mathbf{n}\,dS = \int_R \nabla\cdot\mathbf{F}\,dV.$$

21.4 Konservative Vektorfelder

Wie wir bereits in Abschnitt 21.1 erwähnt haben, kann aus einem skalaren Feld f durch Bildung des Gradienten ∇f in einfacher Weise ein Vektorfeld $\mathbf{F}$ konstruiert werden. Dies gilt sowohl in der Ebene als auch im Raum. Im vorliegenden Abschnitt untersuchen wir die Kurvenintegrale eines Gradientenfeldes. Dieser Spezialfall von

Kurvenintegralen eines Vektorfeldes bezieht sich auch auf Integrale der Art

$$\int_C \nabla f \cdot \mathbf{T}\, ds.$$

Die wichtigste Eigenschaft eines Gradientenfeldes ∇f wird in Theorem 1 festgehalten: Das Integral

$$\int_C \nabla f \cdot \mathbf{T}\, ds$$

hängt nur von den Endpunkten der Kurve C ab und nicht vom Verlauf des Weges C zwischen diesen beiden Punkten. Ist beispielsweise f das Gravitationspotential, dann beschreibt ∇f die Schwerkraft. Theorem 1 sagt uns dann, daß die Arbeit der Schwerkraft an einer Masse unabhängig von dem Weg ist, den die Masse zwischen den gegebenen Punkten durchläuft.

Theorem 1: Sei f eine skalare Funktion und C eine Kurve, die vom Punkt A zum Punkt B führt. Dann gilt

$$\int_C \nabla f \cdot \mathbf{T}\, ds = f(B) - f(A).$$

Beweis: Der Einfachheit halber behandeln wir den ebenen Fall. C sei durch die Parameterdarstellung $\mathbf{R} = \mathbf{G}(t)$ mit t aus $[a; b]$ gegeben. Zu allererst gilt

$$\nabla f = f_x \mathbf{i} + f_y \mathbf{j}.$$

Sei $\mathbf{G}(t) = x(t)\mathbf{i} + y(t)\mathbf{j}$, dann gilt

$$\int_C \nabla f \cdot \mathbf{T}\, ds = \int_C f_x\, dx + f_y\, dy = \int_a^b \left(f_x \frac{dx}{dt} + f_y \frac{dy}{dt}\right) dt.$$

Der Integrand

$$f_x \frac{dx}{dt} + f_y \frac{dy}{dt}$$

erinnert an die Kettenregel aus Abschnitt 12.6. Wir führen daher eine Funktion

$$H(t) = f(x(t); y(t)) \quad \text{ein.}$$

Dann gilt aufgrund von Theorem 1 aus Abschnitt 12.6

$$\frac{dH}{dt} = f_x(x(t); y(t)) \frac{dx}{dt} + f_y(x(t); y(t)) \frac{dy}{dt}$$

und aufgrund des Hauptsatzes der Infinitesimalrechnung.

$$\int_a^b \left(f_x \frac{dx}{dt} + f_y \frac{dy}{dt}\right) dt = \int_a^b \frac{dH}{dt}\, dt = H(b) - H(a).$$

Nun ist

$$H(b) = f(x(b); y(b)) = f(B)$$

und analog

$$H(a) = f(A).$$

Daher gilt

$$\int_C \nabla f \cdot \mathbf{T}\, ds = f(B) - f(a)$$

und das Theorem ist bewiesen. •

Theorem 1 kann auch in der Form

$$\int_C \nabla f \cdot d\mathbf{R} = f(B) - f(A)$$

geschrieben werden. In dieser Gestalt erinnert es an den Hauptsatz der Infinitesimalrechnung

$$\int_a^b \frac{df}{dx}\, dx = f(b) - f(a)$$

und liefert dessen Verallgemeinerung von geraden Intervallen auf Kurven.

Beispiel 1: Sei $f(x; y) = xy$, und sei C eine Kurve, die in $(2; 3)$ beginnt und in $(4; 5)$ endet. Man berechne $\int_C \nabla f \cdot d\mathbf{R}$.

Lösung: $\nabla f = y\mathbf{i} + x\mathbf{j}$. Aufgrund von Theorem 1 gilt

$$\int_C \nabla f \cdot d\mathbf{R} = \int_C (y\mathbf{i} + x\mathbf{j}) \cdot d\mathbf{R} = f(4; 5) - f(2; 3) = 4 \cdot 5 - 2 \cdot 3 = 14.$$

Aus

$$\int_C (y\mathbf{i} + x\mathbf{j}) \cdot d\mathbf{R} = \int_C (y\mathbf{i} + x\mathbf{j}) \cdot (dx\mathbf{i} + dy\mathbf{j})$$

$$= \int_C y\,dx + x\,dy$$

folgt dann

$$\int_C y\,dx + x\,dy = 14$$

für jede Kurve zwischen den beiden Punkten (2;3) und (4;5). ●

Ist die Kurve C geschlossen, so nimmt das Theorem 1 folgende Form an:

Theorem 2: Sei f eine skalare Funktion, dann ist das Integral über das Vektorfeld ∇f entlang irgendeiner geschlossenen Kurve gleich Null:

$$\oint \nabla f \cdot \mathbf{T}\,ds = 0.$$

Beweis: Im Fall eines geschlossenen Weges fällt in Theorem 1 der Anfangspunkt A mit dem Endpunkt B zusammen. Daher gilt $f(B) - f(A) = 0$ und das Theorem ist bewiesen. ●

In der Theorie der Schwerkraft ist die skalare Funktion f

$$f(x;y;z) = \frac{-1}{\sqrt{x^2 + y^2 + z^2}}$$

von großer Bedeutung. Sie ist überall, den Ursprung ausgenommen, definiert und heißt *Gravitationspotential*. Dessen negativer Gradient wird *Kraftfeld* genannt. Eine kurze Rechnung zeigt:

$$-\nabla f = -\frac{x\mathbf{i} + y\mathbf{j} + z\mathbf{k}}{(\sqrt{x^2 + y^2 + z^2})^3}$$

$$= -\frac{\mathbf{R}}{|\mathbf{R}|^3},$$

wobei $\mathbf{R}$ der Ortsvektor $x\mathbf{i} + y\mathbf{j} + z\mathbf{k}$ ist. Wegen

$$-\nabla f = \frac{-\mathbf{R}}{|\mathbf{R}|^3}$$

zeigt $-\nabla f$ zum Ursprung und ist umgekehrt proportional zum Quadrat des Abstands zwischen dem Ursprung und dem Punkt $(x;y;z)$.

Es gilt nämlich

$$\left|\frac{-\mathbf{R}}{|\mathbf{R}|^3}\right| = \frac{|\mathbf{R}|}{|\mathbf{R}|^3} = \frac{1}{|\mathbf{R}|^2}.$$

Das Minuszeichen in der obigen Definition des Potentials entspricht einer unter Physikern allgemein üblichen Konvention.

Theorem 1 sagt dem Physiker folgendes: Bewegt sich ein Teilchen in einem Gravitationsfeld von einem Punkt zu einem anderen, so hängt die vom Gravitationsfeld verrichtete Arbeit nicht vom Weg ab. Theorem 2 sagt weiter: Die Arbeit des Gravitationsfeldes an einem Satelliten ist während jedes seiner Umläufe gleich Null (der Satellit bleibt beliebig lange in seiner Umlaufbahn).

Nun betrachten wir anstelle eines Gradientenfeldes ∇f irgendein Vektorfeld $\mathbf{F}$. Wenn auch für dieses Feld $\mathbf{F}$ das Integral $\int_C \mathbf{F} \cdot \mathbf{T}\,ds$ nur von den Endpunkten des Weges C abhängt, so wird es konservatives Feld genannt.

Definition des konservativen Vektorfeldes: Ein Vektorfeld $\mathbf{F}$ heißt konservativ, wenn für zwei beliebige Kurven C_1 und C_2 mit gleichen Endpunkten gilt

$$\int_{C_1} \mathbf{F} \cdot \mathbf{T}\,ds = \int_{C_2} \mathbf{F} \cdot \mathbf{T}\,ds.$$

Theorem 1 behauptet nun, daß jedes Feld $\mathbf{F} = \nabla f$ konservativ ist.

Ebenso folgt für ein konservatives Vektorfeld $\mathbf{F}$ und jede geschlossene Kurve $\oint \mathbf{F} \cdot \mathbf{T}\,ds = 0$. (Wie man leicht zeigen kann, ist diese Aussage zur Definition des konservativen Vektorfeldes äquivalent.)

Nun könnte man fragen „Ist jedes konservative Vektorfeld als Gradient irgendeiner skalaren Funktion darstellbar?“ Die Antwort lautet „ja“, sie wird im nächsten Theorem genau formuliert.

Theorem 3: Ist $\mathbf{F}$ konservativ, dann existiert eine skalare Funktion f mit $\mathbf{F} = \nabla f$.

Beweis: Der Einfachheit halber betrachten wir den ebenen Fall und definieren $\mathbf{F}$ in der gesamten Ebene:

$$\mathbf{F} = P(x;y)\mathbf{i} + Q(x;y)\mathbf{j}.$$

Nun führen wir folgende skalare Funktion $f(x;y)$ ein (Bild 21.22):

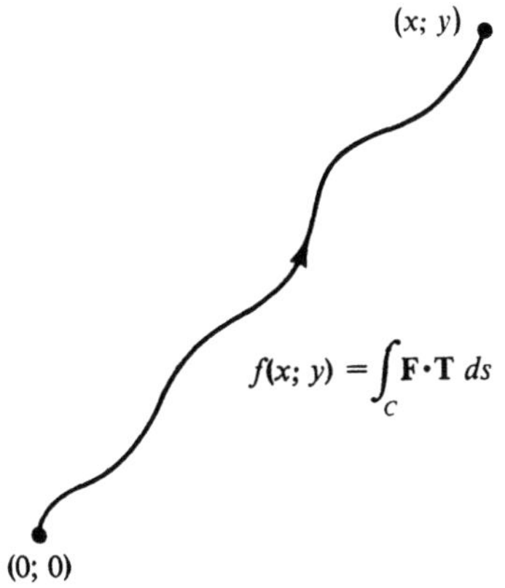

Bild 21.22

$(x;y)$ sei ein Punkt der Ebene. Man suche eine Kurve C, die in $(0;0)$ beginnt und in $(x;y)$ endet. Die Funktion $f(x;y)$ sei gleich dem Integral $\int_C \mathbf{F}\cdot\mathbf{T}\,ds$. Da $\mathbf{F}$ konservativ ist, hängt die Zahl $f(x;y)$ nur von dem Punkt $(x;y)$ und nicht von der Wahl des Weges C ab. Nun müssen wir nur noch $f_x = P$ und $f_y = Q$ zeigen. Wir beweisen dies nur für den ersten Fall. Der zweite Fall verläuft analog.

$(x_0;y_0)$ sei irgendein fester Punkt in der Ebene; dann betrachten wir den Quotienten in der Definition von $f_x(x_0;y_0)$, nämlich

$$\frac{f(x_0+h;y_0)-f(x_0;y_0)}{h}.$$

Untersuchen wir den Zähler

$$f(x_0+h;y_0)-f(x_0;y_0).$$

Sei C_1 eine Kurve von $(0;0)$ nach $(x_0;y_0)$ und C_2 der gerade Weg von $(x_0;y_0)$ nach $(x_0+h;y_0)$ (Bild 21.23). Als C wählen wir dann die Kurve von $(0;0)$ nach $(x_0+h;y_0)$, die sich aus C_1 und C_2 zusammensetzt.

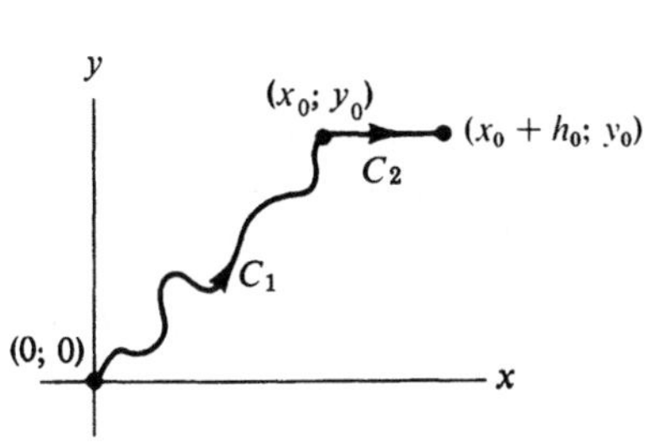

Bild 21.23

Es folgt

$$f(x_0;y_0) = \int_{C_1} \mathbf{F}\cdot\mathbf{T}\,ds$$

und

$$f(x_0+h;y_0) = \int_C \mathbf{F}\cdot\mathbf{T}\,ds = \int_{C_1} \mathbf{F}\cdot\mathbf{T}\,ds + \int_{C_2} \mathbf{F}\cdot\mathbf{T}\,ds.$$

Somit gilt

$$\frac{f(x_0+h;y_0)-f(x_0;y_0)}{h} = \frac{\int_{C_2} \mathbf{F}\cdot\mathbf{T}\,ds}{h} = \frac{\int_{C_2} P(x;y)\,dx + Q(x;y)\,dy}{h}.$$

Entlang C_2 aber ist y konstant, $y = y_0$. Daher gilt dort $dy = 0$. Wir erhalten weiter

$$\int_{C_2} P(x;y)\,dx = \int_{x_0}^{x_0+h} P(x;y_0)\,dx.$$

Nun gibt

$$\lim_{h\to 0} \frac{\int_{x_0}^{x_0+h} P(x;y_0)\,dx}{h}$$

die Definition der Ableitung von

$$\int_{x_0}^{t} P(x;y_0)\,dx$$

nach t an der Stelle x_0. Der zweite Hauptsatz der Infinitesimalrechnung setzt diese Ableitung gleich dem Wert des Integranden an der oberen Integrationsgrenze, nämlich gleich x_0:

$$\frac{d\int_a^t f(x)\,dx}{dt} = f(t).$$

Daher folgt

$$f_x(x_0;y_0) = P(x_0;y_0),$$

wie zu beweisen war.

Auf ähnliche Weise kann man zeigen:

$$f_y(x_0;y_0) = Q(x_0;y_0). \quad \bullet$$

Für ein ebenes oder räumliches Vektorfeld **F** sind daher folgende drei Eigenschaften äquivalent:

(1) **F** ist von der Form ∇f $\Longleftrightarrow$ (2) $\oint \mathbf{F}\cdot\mathbf{T}\,ds = 0$ für alle geschlossenen Kurven

(3) $\int_C \mathbf{F}\cdot\mathbf{T}\,ds$ hängt nur von den Endpunkten des Weges C ab.

Der Pfeil $\Rightarrow$ bedeutet „impliziert". Jede der drei Eigenschaften (1), (2) oder (3) beschreibt ein konservatives Feld. In unserer Darstellung wurde (3) zur Definition des konservativen Feldes herangezogen. Aufgrund unserer Überlegungen könnten aber genausogut die Aussagen (1) oder (2) zur Definition verwendet werden.

Der Einfachheit halber wurde angenommen, daß **F** in der gesamten Ebene (oder im gesamten Raum) definiert ist. Tatsächlich ist eine derart weitgehende Annahme für unseren Beweis nicht erforderlich. Sei $\mathbf{F}(x;y)$ im Gebiet R definiert, dann benötigen wir für den Beweis von Theorem 3 zwei Eigenschaften des Gebietes R: Erstens muß es in R einen Punkt P_0 geben, von dem aus jeder andere Punkt P aus R durch eine Kurve erreicht werden kann, die vollständig in R verläuft; zweitens muß mit jedem Punkt P von R eine kleine Kreisscheibe mit dem Mittelpunkt P ganz in R liegen. So kann R etwa aus allen Punkten innerhalb irgendeiner Begrenzungskurve bestehen. Oder R umfaßt die gesamte Ebene, ausgenommen eine endliche Anzahl von Punkten. Analoge Definitionen sind für räumliche Vektorfunktionen $\mathbf{F}(x;y;z)$ einzuführen.

Übungen:

1. C sei die Kurve $\mathbf{G}(t) = (t^4+t)\mathbf{i} + t^5\mathbf{j}$ mit t aus $[0;1]$. Man berechne $\int_C \nabla f\cdot d\mathbf{R}$ für
   (a) $f(x;y) = 3x^2 - 4y^2$;
   (b) $f(x;y) = \cos 2\pi xy$; (c) $f(x;y) = e^{x^3 y}$.
2. C sei die Kurve $\mathbf{G}(t) = \cos t\,\mathbf{i} + \sin t\,\mathbf{j} + (t-\pi)^2\mathbf{k}$ für t aus $[0;2\pi]$. Man berechne $\int_C \mathbf{F}\cdot\mathbf{T}\,ds$; **F** sei Gradient von
   (a) x^2yz, (b) $x^5+y^5+z^5$,
   (c) $e^{xz} + \tan xyz$.
3. (a) Sei $\mathbf{F} = P\mathbf{i} + Q\mathbf{j}$ ein Gradientenfeld, dann beweise man $P_y = Q_x$.
   (b) $\mathbf{F}(x;y) = x^2y\mathbf{i} - xy^2\mathbf{j}$ ist kein Gradientenfeld. Man beweise dies.

In den Übungen 4 bis 6 zeige man, daß das angegebene Vektorfeld nicht konservativ ist (siehe Übung 3).

4. $\mathbf{F} = e^x\cos y\,\mathbf{i} + e^x\sin y\,\mathbf{j}$
5. $\mathbf{F} = \ln y\,\mathbf{i} + (y/x)\mathbf{j}$
6. $\mathbf{F} = x^2\mathbf{i} + xy\mathbf{j}$

In den Übungen 7 bis 9 überprüfe man:

7. $\mathbf{F} = e^{-x}\cos y\,\mathbf{i} + e^{-x}\sin y\,\mathbf{j}$ ist gleich dem Gradienten von $-e^{-x}\cos y$.
8. $\mathbf{F} = \ln y\,\mathbf{i} + (x/y)\mathbf{j}$ ist gleich dem Gradienten von $x\ln y$.
9. $\mathbf{F} = y^2\mathbf{i} + 2xy\mathbf{j}$ ist gleich dem Gradienten von y^2x.
10. Man betrachte das Vektorfeld
    $$\mathbf{F} = \frac{-y}{x^2+y^2}\mathbf{i} + \frac{x}{x^2+y^2}\mathbf{j}$$
    das überall, ausgenommen im Ursprung, definiert ist.
    (a) Man beweise $\partial P/\partial y = \partial Q/\partial x$.
    (b) Man zeige $\oint_C \mathbf{F}\cdot\mathbf{T}\,ds = 2\pi$, wenn C ein Kreis vom Radius 1 und dem Mittelpunkt $(0;0)$ ist.
    (c) Man zeige, daß **F** kein Gradientenfeld ist.
11. Sei $\mathbf{F}(x;y;z)$ konservativ. Man zeige $\mathbf{rot}\,\mathbf{F} = \mathbf{0}$.

In den Übungen 12 bis 14 zeige man, daß das angegebene Feld **F** nicht konservativ ist. (Siehe Übung 11.)

12. $\mathbf{F} = x^2\mathbf{i} - xz\mathbf{j} + y^2\mathbf{k}$ 13. $\mathbf{F} = zx\mathbf{i} + y^2\mathbf{j} + z^5\mathbf{k}$
14. $\mathbf{F} = zy\mathbf{i} + 3\mathbf{j} + 5\mathbf{k}$
15. Man suche eine einfache Funktion $f(x;y;z)$ mit
    $$\nabla f = 2xyz\,\mathbf{i} + x^2z\,\mathbf{j} + x^2y\,\mathbf{k}.$$

■

16. Warum sind folgende zwei Eigenschaften eines Vektorfeldes **F** äquivalent: Das Integral über die Tangentialkomponente von **F** entlang einer geschlossenen Kurve ist 0 ($\oint \mathbf{F}\cdot\mathbf{T}\,ds = 0$); das Integral über die Tangentialkomponente von **F** entlang einer Kurve hängt nur von den Endpunkten der Kurve ab ($\int_C \mathbf{F}\cdot\mathbf{T}\,ds$ hängt nur von den Endpunkten des Weges C ab).

17. (*a*) Man beweise durch Angabe einer skalaren Funktion f mit $\mathbf{F} = \nabla f$, daß $\mathbf{F} = 2xy^2\mathbf{i} + 2x^2y\mathbf{j}$ konservativ ist.
(*b*) $\mathbf{F} = 2xy^2\mathbf{i} + x^2y\mathbf{j}$ ist nicht konservativ. Man zeige dies an Hand eines Integrals entlang einer geschlossenen Kurve, für die $\oint \mathbf{F} \cdot \mathbf{T}\, ds$ nicht gleich Null ist.

18. Man ergänze den Beweis von Theorem 2 und beweise

$$f_y(x_0; y_0) = Q(x_0; y_0).$$

19. Sei $\mathbf{F}(x; y) = x^2\mathbf{i} + y^2\mathbf{j}$. Man zeige:
(*a*) $\mathbf{F}$ ist konservativ, denn $\oint \mathbf{F} \cdot \mathbf{T}\, ds = 0$.
(*b*) Eine Funktion f mit $\mathbf{F} = \nabla f$ kann mit Hilfe der Konstruktion in Theorem 3 gefunden werden.

■■

20. Seien f und g skalare Funktionen, die im Raum definiert sind. Es gelte

$$\nabla f = \nabla g.$$

(*a*) Man zeige, daß f nicht gleich g sein muß.
(*b*) In welchem Zusammenhang stehen f und g?

Die Übungen 21 und 22 sind gemeinsam zu behandeln.

21. Wir betrachten Polygonzüge C, deren Segmente zur x- oder y-Achse parallel sind. Für die Vektorfunktion $\mathbf{F}(x; y)$ hängt das Integral $\int_C \mathbf{F} \cdot \mathbf{T}\, ds$ nur von den Endpunkten jedes der obigen Polygonzüge C ab. Man beweise dann, daß $\mathbf{F}$ konservativ ist.

22. Unter einer ebenen rechteckigen Kurve verstehen wir eine geschlossene Kurve, die durch den Umfang eines Rechtecks gegeben ist (Bild 21.24). Sei $\mathbf{F}$ ein ebenes Vektorfeld mit der Eigenschaft $\oint \mathbf{F} \cdot \mathbf{T}\, ds = 0$ für jede rechteckige Kurve mit Durchmesser höchstens gleich 1. Dann gilt $\oint \mathbf{F} \cdot \mathbf{T}\, ds = 0$ für jede rechteckige Kurve. Man zeige dies! *Hinweis:* Jedes Rechteck kann in kleinere Rechtecke zerlegt werden.

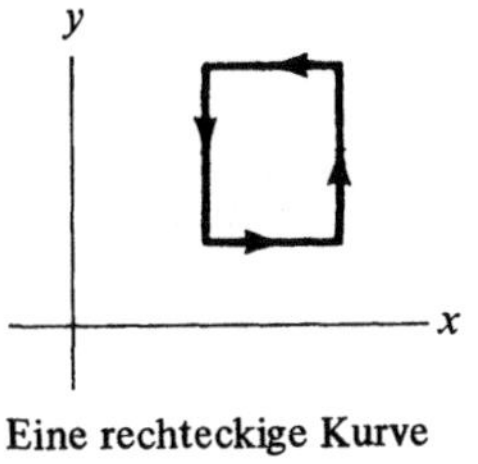

Bild 21.24
Eine rechteckige Kurve

23. Dieser Abschnitt behandelt $\int_C \nabla f \cdot \mathbf{T}\, ds$, nicht aber $\oint \nabla f \cdot \mathbf{n}\, ds$ (wobei $\mathbf{n}$ die äußere Normale an die Berandungskurve eines konvexen Gebietes ist). Man beweise

$$\oint \nabla f \cdot \mathbf{n}\, ds = \oint D_n f\, ds,$$

wobei $D_n f$ die Ableitung von f in der Richtung n angibt. Die Aussage ist selbstverständlich nicht so weitreichend wie Theorem 1.

24. Das elektrische Feld $\mathbf{E}$, das von einer Punktladung Q in $(0;0)$ im Punkt $(x;y)$ erzeugt wird, ist gegeben durch

$$\mathbf{E} = \frac{Q\mathbf{U}}{4\pi\epsilon r^2},$$

wobei r den Abstand der Ladung vom Punkt $(x;y)$ darstellt und der Einheitsvektor $\mathbf{U}$ von der Ladung zum Punkt $(x;y)$ weist. Man berechne die Arbeit, die das Feld verrichtet, wenn ein Teilchen von $(1;0)$ nach $(2;0)$ bewegt wird und zwar
(*a*) entlang der x-Achse,
(*b*) entlang eines rechteckigen Weges $(1;0)$, $(1;1/2)$, $(2;1/2)$, $(2;0)$. Stimmen die Ergebnisse von (*a*) und (*b*) überein?

21.5 Zusammenfassung

Ein Vektorfeld $\mathbf{F}$ ordnet einem Punkt in der Ebene (oder des Raumes) einen Vektor zu. Eine Funktion f, deren Werte im Bereich der reellen Zahlen liegen, heißt skalare Funktion, um sie von einer Vektorfunktion $\mathbf{F}$ zu unterscheiden. Ist f ein skalares Feld, so ist ∇f ein Vektorfeld Aus einem Vektorfeld $\mathbf{F}$ kann man durch Berechnung der „Divergenz" $\nabla \cdot \mathbf{F}$ oder $\operatorname{div}\mathbf{F}$ ein skalares Feld konstruieren. Ebenso kann man aus einem räumlichen Vektorfeld durch die Berechnung von $\operatorname{\mathbf{rot}}\mathbf{F} = \nabla \times \mathbf{F}$ ein anderes Vektorfeld erhalten.

Das Integral über ein skalares Feld f entlang einer Kurve ist definiert als Grenzwert von Näherungssummen

$$\sum_{i=1}^{n} f(P_i)\,\Delta s_i$$

und wird mit

$$\int_C f(P)\, ds$$

bezeichnet. Das Integral eines Vektorfeldes über eine Kurve ist definiert als

$$\int_C \mathbf{F} \cdot \mathbf{T}\, ds.$$

(Der Ausdruck $\mathbf{F} \cdot \mathbf{T}$ ist längs der Kurve C eine skalare Funktion.) Das Integral eines Vektorfeldes über eine Kurve ist als Integral der Tangentialkomponente von $\mathbf{F}$ definiert.

Eine andere Bezeichnung für dieses Integral lautet:

$$\int_C \mathbf{F} \cdot d\mathbf{R}.$$

Für $\mathbf{F} = P\mathbf{i} + Q\mathbf{j}$ wird das Kurvenintegral von $\mathbf{F}$ auch mit

$$\int_C P\,dx + Q\,dy$$

bezeichnet. Ist $\mathbf{F}$ die Kraft, so stellt das Integral $\int_C \mathbf{F} \cdot \mathbf{T}\,ds$ die Arbeit dar.

Ist C die Berandungskurve eines ebenen Gebietes R und $\mathbf{n}$ der nach außen zeigende Einheitsnormalvektor, so kann das Integral

$$\oint_C \mathbf{F} \cdot \mathbf{n}\,ds$$

zur Untersuchung von Strömungsvorgängen herangezogen werden. In diesem Fall bezeichnet $\mathbf{F}$ den Fluß der Strömung. $\mathbf{F}$ ist dann als Produkt aus Dichte (ein Skalar) und dem Geschwindigkeitsvektor definiert. Das Integral $\int_C \mathbf{F} \cdot \mathbf{n}\,ds$ gibt die Menge an, mit der Flüssigkeit pro Zeiteinheit aus dem Gebiet R entströmt.

Ist $\mathbf{F}$ der Fluß einer Strömung in einem räumlichen Gebiet R mit der Oberfläche S, so stellt das Oberflächenintegral

$$\int_S \mathbf{F} \cdot \mathbf{n}\,dS$$

den gesamten Fluß auf dem Gebiet R (oder durch die Oberfläche S) dar. Dabei ist $\mathbf{n}$ ein äußerer Einheitsnormalvektor auf der Oberfläche.

Ein Vektorfeld $\mathbf{F}$ heißt konservativ, wenn $\int_C \mathbf{F} \cdot \mathbf{T}\,ds$ nur von den Endpunkten des Weges C abhängt. Daher ist $\mathbf{F}$ dann und nur dann konservativ, wenn $\oint \mathbf{F} \cdot \mathbf{T}\,ds = 0$ für alle geschlossenen Kurven gilt. Ebenso ist $\mathbf{F}$ dann und nur dann konservativ, wenn $\mathbf{F}$ als Gradient einer skalaren Funktion f, $\mathbf{F} = \nabla f$, dargestellt werden kann.

In diesem Fall gilt

$$\int_C \mathbf{F} \cdot \mathbf{T}\,ds = f(B) - f(A),$$

wenn die Kurve von A nach B läuft.

Im nächsten Kapitel wird gezeigt, daß $\mathbf{F}$ konservativ ist, wenn für $\mathbf{F}$ im gesamten Raum $\mathbf{rot}\,\mathbf{F} = \mathbf{0}$ gilt. Daraus folgt für das konservative Vektorfeld $\mathbf{F}(x;y) = P\mathbf{i} + Q\mathbf{j}$ sofort $P_y = Q_x$.

Begriffe und Symbole

skalares Feld f

Vektorfeld $\mathbf{F}$

Gradient eines skalaren Felds ∇f

Divergenz eines Vektorfeldes $\nabla \cdot \mathbf{F}$, div $\mathbf{F}$

Rotation eines Vektorfelds $\nabla \times \mathbf{F}$, **rot F**

Kurvenintegral eines skalaren Feldes $\int_C f\,ds$

Kurvenintegral eines Vektorfeldes $\int_C \mathbf{F} \cdot \mathbf{T}\,ds$

Fluß

äußere Normale $\mathbf{n}$

geschlossene Kurve

Integral über eine geschlossene Kurve $\oint$ oder $\oint_C$

konservativ

Testaufgaben zu Kapitel 21

1. Sei $\mathbf{F}(x;y) = x^2y\mathbf{i} + 4x^3\mathbf{j}$. C sei das Rechteck mit den Eckpunkten (0; 0), (1; 0), (1; 2) und (0; 2); es werde im Gegenuhrzeigersinn durchlaufen.

   (*a*) Man berechne $\oint_C \mathbf{F} \cdot \mathbf{T}\,ds$.

   (*b*) Man berechne $\oint_C \mathbf{F} \cdot \mathbf{n}\,ds$, wobei $\mathbf{n}$ die äußere Normale ist.

2. Man bestimme die äußere Normale der Ellipse

   $$\mathbf{G}(t) = a \cos t\,\mathbf{i} + b \sin t\,\mathbf{j}, \quad 0 \leq t \leq 2\pi.$$

   (t ist kein Winkel, wie etwa im nächsten Problem.)

3. Sei R die Kreisfläche mit dem Rand C:

$$\mathbf{G}(t) = a \cos t\,\mathbf{i} + a \sin t\,\mathbf{j}, \quad 0 \leqslant t \leqslant 2\pi.$$

Sei $\mathbf{F}(x;y) = x\mathbf{i} + y\mathbf{j}$. Man beweise

$$\int_R \nabla \cdot \mathbf{F}\, dA = \int_C \mathbf{F} \cdot \mathbf{n}\, ds$$

und berechne dazu beide Seiten der obigen Gleichung.

4. Man zeige

(a) $\mathbf{F}(x;y) = y e^{xy}\mathbf{i} + x e^{xy}\mathbf{j}$ ist konservativ.

(b) $\mathbf{F}(x;y;z) = e^y\mathbf{i} + e^x\mathbf{j} + z^5\mathbf{k}$ ist nicht konservativ, denn das Integral $\oint \mathbf{F} \cdot \mathbf{T}\, ds$ entlang eines geeigneten Kreises ist nicht gleich Null.

5. Sei $f = x^3 y^2 z^4$ eine für alle Punkte im Raum definierte skalare Funktion.

(a) Man berechne ∇f.

(b) Man berechne die Divergenz von ∇f.

(c) Man berechne die Rotation von ∇f.

6. Sei $\mathbf{F} = P\mathbf{i} + Q\mathbf{j}$ ein Vektorfeld.

(a) Warum gibt $\int_C P\,dx + Q\,dy$ die Arbeit an, die von der Kraft $\mathbf{F}$ an einem entlang der Kurve C bewegten Teilchen verrichtet wird.

(b) Warum gibt $\int_C -Q\,dx + P\,dy$ die Flüssigkeitsmenge an, die aus einem von der geschlossenen Kurve C begrenzten konvexen Gebiet durch die Strömung mit dem Fluß $\mathbf{F}$ verlorengeht?

7. Mit Hilfe einer Skizze zeige man für eine ebene Kurve C, daß im Falle des Gegenuhrzeigersinnes durch

$$\frac{dy}{ds}\mathbf{i} - \frac{dx}{ds}\mathbf{j}$$

die äußere Normale von C mit der Länge 1 gegeben ist.

8. Man berechne $\oint_C \mathbf{F} \cdot \mathbf{T}\, ds$ für

$$\mathbf{F}(x;y;z) = xy\mathbf{i} + 3z\mathbf{j} + y\mathbf{k}$$

und den Polygonzug C von $(0;0;0)$ über $(1;1;1)$ nach $(0;1;1)$ und dann zurück nach $(0;0;0)$.

9. Man überprüfe

$$\int_R \nabla \cdot \mathbf{F}\, dV = \int_S \mathbf{F} \cdot \mathbf{n}\, dS,$$

wobei der Quader R durch die drei Koordinatenebenen und die drei Ebenen $x = a$, $y = b$ und $z = c$ ($a;b;c$ positiv) begrenzt wird. S sei die Oberfläche von R und

$$\mathbf{F}(x;y;z) = x^2\mathbf{i} + y^2\mathbf{j} + z^2\mathbf{k}.$$

Übungen zu Kapitel 21

Einige Übungen betreffen auch frühere Kapitel.

1. Man bestimme die von der Kraft

$$\mathbf{F}(x;y;z) = x\mathbf{i} - z\mathbf{j} + 2y\mathbf{k}$$

längs der in der Ebene $z = 2$ liegenden Parabel $y = 2x^2$ zwischen den Punkten $(0;0;2)$ und $(1;2;2)$ verrichteten Arbeit.

2. Man berechne folgende Integrale längs der Kurve C (im Uhrzeigersinn zu durchlaufen).

(a) $\int_C z\,dx + x\,dy + y\,dz$; C sei die Berandung des Dreiecks mit den Ecken $(2;0;0)$, $(0;2;0)$ und $(0;0;1)$.

(b) $\int_C \sin z\,dx - \cos x\,dy + \sin y\,dz$; C sei die Berandung des Rechtecks $0 \leqslant x \leqslant \pi$, $0 \leqslant y \leqslant 1$, $z = 2$.

3. Sei $\mathbf{R}$ der Ortsvektor eines Teilchens zur Zeit t. Sei s eine Bogenlänge.

(a) Ist $d\mathbf{R}/dt$ ein skalares Vielfaches von $d\mathbf{R}/ds$?

(b) Ist $d^2\mathbf{R}/dt^2$ ein skalares Vielfaches von $d^2\mathbf{R}/ds^2$?

4. $\mathbf{R}$ sei das Gebiet begrenzt durch $y = 0$, $x = 2$ und $y = x^2$; sei C die Berandungskurve von R (Durchlauf im Uhrzeigersinn).

$$\mathbf{F} = x^2\mathbf{i} + 3y\mathbf{j}.$$

Man beweise

$$\int_R \nabla \cdot \mathbf{F}\, dA = \int_C \mathbf{F} \cdot \mathbf{n}\, ds$$

durch Berechnung beider Seiten.

5. Ein bewegtes Teilchen erreicht seine maximale Geschwindigkeit zur Zeit $t = 3$. Muß dann für $t = 3$ der Beschleunigungsvektor $\mathbf{a} = \mathbf{0}$ sein?

6. Sei $\mathbf{F}(x;y;z) = x^3\mathbf{i} + y^3\mathbf{j} + z^3\mathbf{k}$. S sei die Kugelfläche $x^2 + y^2 + z^2 = 1$ und R die Kugel $x^2 + y^2 + z^2 \leqslant 1$. Man zeige durch Berechnung beider Seiten der Gleichung:

$$\int_R \operatorname{div} \mathbf{F}\, dV = \int_S \mathbf{F} \cdot \mathbf{n}\, dS.$$

7. Welches der folgenden ebenen Vektorfelder ist konservativ und welches nicht konservativ?

(a) $\mathbf{F}(x;y) = 3\mathbf{i} + 4\mathbf{j}$,

(b) $\mathbf{F}(x;y) = y \sin xy\,\mathbf{i} + x \cos xy\,\mathbf{j}$,

(c) $\mathbf{F}(x;y) = x\mathbf{i} + y\mathbf{j}$.

8. Sei $\mathbf{F} = z e^{xz}\mathbf{i} + x e^{xz}\mathbf{k}$.

(a) Man suche eine Funktion f mit $\mathbf{F} = \nabla f$.

(b) Man berechne $\int_C \mathbf{F} \cdot \mathbf{T}\, ds$ für die Kurve

$$\mathbf{R}(t) = t^2\mathbf{i} + \cos t\,\mathbf{j} + e^t\mathbf{k}, \quad 0 \leqslant t \leqslant 2\pi.$$

9. Die Vektorfunktion **F** sei auf allen Punkten einer Kurve C definiert, und es gelte $|\mathbf{F}| \leqslant M$ auf C für eine bestimmte positive Zahl M. Man zeige $\left|\int_C \mathbf{F}\cdot\mathbf{T}\,ds\right| \leqslant Ml$, wobei l die Länge von C ist.

10. Sei $\mathbf{F}(x;y;z) = 4xz\mathbf{i} - y^2\mathbf{j} + yz\mathbf{k}$. S sei die Oberfläche eines Würfels, der durch die drei Koordinatenebenen und die Ebenen $x = 1$, $y = 1$, $z = 1$ begrenzt ist. R sei der Würfel mit der Oberfläche S. Man beweise

$$\int_R \operatorname{div}\mathbf{F}\,dV = \int_S \mathbf{F}\cdot\mathbf{n}\,dS.$$

11. Sei $\mathbf{F}(x;y;z) = 3xy\mathbf{i} + 4\mathbf{j} + z\mathbf{k}$. C sei der geschlossene Polygonzug von $(0;0;0)$ über $(1;0;1)$, $(1;1;1)$ nach $(0;1;0)$ und wieder zurück zu $(0;0;0)$.

(*a*) Man berechne $\int_C \mathbf{F}\cdot\mathbf{T}\,ds$.

(*b*) Ist **F** konservativ?

12. Sei $\mathbf{A} = \mathbf{i} - 4\mathbf{j} + 3\mathbf{k}$ und $\mathbf{B} = \mathbf{i} + \mathbf{j} - \mathbf{k}$. Man schreibe **A** in der Form **C** + **D**, wobei **C** parallel zu **B** und **D** senkrecht zu **B** ist.

13. Sei C die Schraubenkurve

$$\mathbf{R}(t) = 2\cos t\,\mathbf{i} + 2\sin t\,\mathbf{j} + t\mathbf{k} \quad \text{mit} \quad 0 \leqslant t \leqslant 2\pi.$$

Sei

$$\mathbf{F}(x;y;z) = 2xy\mathbf{i} + x^2\mathbf{j} + (1 - \sin z)\,\mathbf{k}.$$

Man berechne $\int_C \mathbf{F}\cdot d\mathbf{R}$.

14. Sei C die Kurve, die in der xy-Ebene auf der Parabel $y^2 - 4y = x$ von $(0;0;0)$ nach $(0;4;0)$ verläuft. Ferner sei

$$\mathbf{F}(x;y;z) = x^2\mathbf{i} + y^2\mathbf{j} + xyz\mathbf{k}.$$

Man berechne $\int_C \mathbf{F}\cdot\mathbf{T}\,ds$.

15. (*a*) Man zeige, daß die Geraden

$$\frac{x-1}{2} = 3 - y = 2z \quad \text{und} \quad \frac{x-1}{3} = \frac{y-3}{4} = \frac{z}{5}$$

einander schneiden.

(*b*) Man bestimme den Winkel zwischen den Geraden.

16. Der Fluß eines Gases ist durch

$$\mathbf{F}(x;y;z) = -x\mathbf{i} + y\mathbf{j} + z\mathbf{k}$$

definiert. R sei eine Kugel mit dem Radius 3 und dem Mittelpunkt $(0;0;0)$. Nimmt die Gasmenge im Inneren von R zu oder ab?

■

17. Sei R der Zylinder mit den Punkten $(x;y;z)$ für $x^2 + y^2 \leqslant a^2$ $(a > 0)$ und $0 \leqslant z \leqslant h$ $(h > 0)$. S sei die Oberfläche von R. Sei $\mathbf{F}(x;y;z) = x\mathbf{i} + y\mathbf{j} + z\mathbf{k}$. Man beweise

$$\int_R \nabla\cdot\mathbf{F}\,dV = \int_S \mathbf{F}\cdot\mathbf{n}\,ds.$$

Man vergleiche Voraussetzungen und Aussagen der Übungen 18 und 19.

18. D bestehe aus den Punkten $(x;y;z)$, die nicht auf der z-Achse liegen. Sei

$$\mathbf{F}(x;y;z) = \frac{x\mathbf{i}}{x^2+y^2} + \frac{y\mathbf{j}}{x^2+y^2} + 0\mathbf{k}$$

für $(x;y;z)$ aus D. Sei ferner $f(x;y;z) = \ln(x^2 + y^2)$.

(*a*) Man zeige $\operatorname{div}\mathbf{F} = 0$.

(*b*) Man zeige $\operatorname{rot}\mathbf{F} = \mathbf{0}$.

(*c*) Man zeige $\mathbf{F} = \nabla f$.

(*d*) Ist **F** konservativ?

19. Sei D definiert wie in Übung 18. Es gelte

$$\mathbf{F}(x;y;z) = \frac{-y\mathbf{i}}{x^2+y^2} + \frac{x\mathbf{j}}{x^2+y^2}\,j + 0\mathbf{k}.$$

(*a*) Man zeige $\operatorname{div}\mathbf{F} = 0$.

(*b*) Man zeige $\operatorname{rot}\mathbf{F} = \mathbf{0}$.

(*c*) Sei $f(x;y;z) = \arctan(y/x)$. Ist $\mathbf{F} = \nabla f$?

(*d*) Man berechne $\int_C \mathbf{F}\cdot\mathbf{T}\,ds$, wobei C der Kreis $x^2 + y^2 = 1$ in der xy-Ebene ist.

(*e*) Man zeige, daß **F** nicht konservativ ist.

(*f*) Steht (*e*) im Widerspruch zu (*c*)?

20. Sei $f(x;y;z;t)$ die Dichte einer Flüssigkeit oder eines Gases im Punkt $(x;y;z)$ zur Zeit t. $R(t)$ sei ein Gebiet, das selbst von der Zeit abhängt und $S(t)$ seine Oberfläche. Sei $\mathbf{w}(x;y;z;t)$ zur Zeit t der Geschwindigkeitsvektor im Punkt $(x;y;z)$ von $S(t)$. Die Gleichung

$$\frac{d}{dt}\int_{R(t)} f(P)\,dV = \int_{R(t)} \frac{\partial f}{\partial t}\,dV - \int_{S(t)} f(P)\,(\mathbf{w}\cdot\mathbf{n})\,dS$$

ist in der Theorie der Flüssigkeiten als die allgemeine Transportgleichung bekannt. Man interpretiere physikalisch

(*a*) $\int_{R(t)} f(P)\,dV$, (*b*) $\frac{d}{dt}\int_{R(t)} f(P)\,dV$,

(*c*) $\frac{\partial f}{\partial t}$, (*d*) $\int_{R(t)} \frac{\partial f}{\partial t}\,dV$,

(*e*) $\int_{S(t)} f(P)\,(\mathbf{w}\cdot\mathbf{n})\,dS$.

(*f*) Welches ist die anschauliche Bedeutung der allgemeinen Transportgleichung?

■■

21. Es gelte für die Kugel R die Relation

$$\int_R (\nabla f \cdot \nabla f)\, dV = 0.$$

Was kann dann über f ausgesagt werden?

Die nächste Übung bereitet Übung 23 vor.

22. Ein Motorboot bewege sich in Bezug auf die Wasseroberfläche mit einer konstanten Geschwindigkeit v eine Strecke von 1 km vorwärts und wieder zurück. Die Zeit für die Hin- und Rückfahrt ist für ein ruhendes Wasser immer kleiner, als für eine Wasserfläche, die sich mit der konstanten Geschwindigkeit $\mathbf{w}$ in einer bestimmten Richtung bewegt. Man beweise dies! (Die Komponente von $\mathbf{w}$ entlang des Weges sei immer kleiner als v und größer als Null. Wäre nämlich die Komponente größer als v, so könnte das Boot den Zielpunkt nie erreichen.)

23. (Siehe Übung 22.) Ein Flugzeug macht bei konstanter Geschwindigkeit relativ zur Luft einen Rundflug oberhalb einer am Boden markierten Strecke. Die benötigte Zeit ist bei Windstille am kleinsten. Man zeige dies! (Die Windgeschwindigkeit sei konstant gleich $\mathbf{w}$, und $|\mathbf{w}|$ sei kleiner als v, damit das Flugzeug den Rundflug tatsächlich ausführen kann.)

24. Sei C die geschlossene Grenzkurve der Länge L für ein konvexes ebenes Gebiet R. Für jede Richtung ϕ mit $0 \leqslant \phi \leqslant 2\pi$ sei $l(\phi)$ der Abstand zwischen den beiden parallelen Tangenten an C, die den Winkeln ϕ und $\phi + \pi$ entsprechen. Man beweise, daß der Mittelwert von $l(\phi)$ gleich L/π ist. (Für einen Kreis mit Umfang L ist dies sehr leicht zu sehen). *Hinweis:* Man wähle den Urspung des Koordinatensystems im Inneren von R. $\mathbf{R}(\phi)$ sei der Ortsvektor zum Berührungspunkt jener Tangente, die dem Winkel ϕ entspricht. Sei $\mathbf{R}' = d\mathbf{R}/d\phi$.

(*a*) Man zeige $\displaystyle\int_0^{2\pi} (\mathbf{R}\cdot\mathbf{T})'\, d\phi = 0.$

(*b*) Mit Hilfe von (*a*) beweise man

$$\int_0^{2\pi} \mathbf{R}'\cdot\mathbf{T}\, d\phi = \int_0^{2\pi} \mathbf{R}\cdot\mathbf{n}\, d\phi,$$

wobei $\mathbf{n}$ die äußere Normale ist.

(*c*) Man zeige $\displaystyle\int_0^{2\pi} \mathbf{R}'\cdot\mathbf{T}\, d\phi = L.$

(*d*) Man zeige $\displaystyle\int_0^{2\pi} \mathbf{R}\cdot\mathbf{n}\, d\phi = \int_0^{\pi} l(\phi)\, d\phi.$

So zeigt sich, daß der über alle Richtungen gemittelte „Schatten" einer Kurve ihren Umfang bestimmt.

22 Die Greensche Formel und ihre Verallgemeinerungen

Der Hauptsatz der Infinitesimalrechnung verbindet das Integral einer Funktion über ein Intervall $[a; b]$ mit den Werten einer anderen Funktion an den Endpunkten des Intervalls:

$$\int_a^b F'(x)\,dx = F(b) - F(a).$$

Der erste Satz dieses Kapitels, die Greensche Formel, hat ähnlichen Inhalt. Er verbindet das Integral einer Funktion über ein ebenes Gebiet R mit dem Integral einer anderen Funktion über die Begrenzungskurve C von R; für ein Vektorfeld $\mathbf{F}$ gilt

$$\int_R \nabla \cdot \mathbf{F}\,dA = \oint_C \mathbf{F} \cdot \mathbf{n}\,ds$$

oder in Worten: „Das Integral der Divergenz eines Vektorfeldes $\mathbf{F}$ über ein ebenes Gebiet R ist gleich dem Integral der Normalkomponente von $\mathbf{F}$ über die Begrenzungskurve C von R“.

Ebenso wie der Hauptsatz der Infinitesimalrechnung kann auch die Greensche Formel durch intuitive Überlegungen plausibel gemacht werden. In Abschnitt 22.1 wird dies an Hand von Flüssigkeitsströmungen vorgeführt. Abschnitt 22.2 gibt dann einen exakten Beweis der Greenschen Formel.

Das Analogon zur Greenschen Formel im dreidimensionalen Raum lautet

$$\int_R \nabla \cdot \mathbf{F}\,dV = \int_S \mathbf{F} \cdot \mathbf{n}\,dS,$$

wobei S die Oberfläche eines Volumens R darstellt. Diese Formel ist als Gaußscher Satz oder Divergenztheorem bekannt und wird in Abschnitt 22.5 besprochen. Eine andere Verallgemeinerung der Greenschen Formel betrifft Integrale über räumliche Flächen, die von einer Kurve berandet sind. Diese Formel wird als Stokescher Satz in Abschnitt 22.6 diskutiert.

Der Leser möge sich bemühen, die wesentlichen Aussagen des Greenschen, des Gaußschen und des Stokesschen Satzes zu verstehen. Beim Studium der Flüssigkeitsmechanik oder des Elektromagnetismus sind diese Sätze von grundlegender Bedeutung. Praktische Berechnungen werden vor allem diese grundlegenden Konzepte veranschaulichen.

Studenten der Ingenieurwissenschaften sollten sich folgende Worte aus dem Vorwort von Stephen Whitakers „Einführung in die Strömungsmechanik“ einprägen. „Die vektorielle Bezeichnung wird in diesem Text nicht wegen ihrer Strenge oder ihrer Eleganz verwendet, sondern weil fundamentale Begriffe am besten in jener Form dargestellt werden können, die den Bezug zur Wirklichkeit erkennen läßt“.

22.1 Die Greensche Formel und ihre physikalische Bedeutung

Die wichtigste Aussage dieses Kapitels, die Greensche Formel, läßt sich wie folgt zusammenfassen:

R sei ein konvexes Gebiet in der Ebene und C seine Berandung, ferner sei $\mathbf{F}$ ein Vektorfeld in der Ebene. Dann gilt

$$\int_R \nabla \cdot \mathbf{F}\,dA = \oint_C \mathbf{F} \cdot \mathbf{n}\,ds,$$

wobei $\mathbf{n}$ der äußere Normalvektor ist. Die ausführliche Formulierung lautet dann wie folgt:

Greensche Formel: R sei ein konvexes Gebiet in der Ebene und C die im Gegenuhrzeigersinn orientierte Berandungskurve. Angenommen, die Funktionen P und Q besitzen auf R stetige partielle Ableitungen. Dann gilt

$$\int_R (P_x + Q_y)\,dA = \oint_C P\,dy - Q\,dx. \bullet$$

Diese Darstellung basiert auf der Definition der Divergenz

$$\nabla \cdot \mathbf{F} = \left(\frac{\partial}{\partial x}\mathbf{i} + \frac{\partial}{\partial y}\mathbf{j}\right) \cdot (P\mathbf{i} + Q\mathbf{j}) = P_x + Q_y$$

und der Definition von $\mathbf{F} \cdot \mathbf{n}$

$$\mathbf{F} \cdot \mathbf{n} = (P\mathbf{i} + Q\mathbf{j}) \cdot \left(\frac{dy}{ds}\mathbf{i} - \frac{dx}{ds}\mathbf{j}\right) = P\frac{dy}{ds} - Q\frac{dx}{ds}.$$

Der Rest dieses Abschnitts veranschaulicht die Greensche Formel an Hand der Strömungsmechanik. Der Ausdruck

$$\oint_C \mathbf{F} \cdot \mathbf{n}\, ds = \oint_C P\, dy - Q\, dx$$

wurde bereits in Abschnitt 21.3 mit dem Flüssigkeitsverlust durch die Berandungskurve C verwendet.

Man erinnere sich an die physikalische Situation. Die Flüssigkeit hat an der Oberfläche einer Strömung eine Geschwindigkeit $\mathbf{v}$ und eine Dichte f. Sowohl $\mathbf{v}$ als auch f können von Punkt zu Punkt variieren und außerdem noch von der Zeit abhängen. (Ist der Flüssigkeitsstrom wie etwa bei Wasser homogen, so ist f als Funktion der einzelnen Punkte in der gesamten Strömung konstant.) Das Vektorfeld $\mathbf{F} = f\mathbf{v}$, der Fluß, gibt Richtung und Größe der Geschwindigkeit an, mit der sich die Flüssigkeit von Punkt zu Punkt fortbewegt. Dabei nehmen wir an, daß die Flüssigkeit weder verdampft, noch von Nebel oder Regen beeinflußt wird: Die Flüssigkeitsmenge, die in das Gebiet R einströmt, kann nur durch die ebene Berandungskurve dieses Gebietes gekommen sein.

Daher ist auch der Flüssigkeitsverlust des Gebietes R gerade durch die Flüssigkeitsmenge gegeben, die durch die Oberfläche C austritt. Wir wollen zunächst den Flüssigkeitsverlust des Gebietes R betrachten. Untersuchen wir ein typisches kleines Rechteck aus dem Gebiet R mit den Seitenlängen Δx und Δy. Sein linker Eckpunkt A habe die Koordinaten $(a; b)$, die anderen Eckpunkte B, C, D sind in Bild 22.1 bezeichnet. Der Verlust in diesem kleinen Rechteck ist durch

$$\int_A^B P\, dy - Q\, dx + \int_B^C P\, dy - Q\, dx + \int_C^D P\, dy - Q\, dx + \int_D^A P\, dy - Q\, dx$$

gegeben, wobei sich die Integrale über gerade Linien erstrecken. Wir wollen diese Summe für kleine Δx und Δy ausrechnen.

Zunächst betrachten wir die Integrale über die parallelen Seiten AB und CD. Wir finden

$$\int_A^B P\, dy - Q\, dx = \int_A^B -Q\, dx$$

und

$$\int_C^D P\, dy - Q\, dx = \int_C^D -Q\, dx,$$

da y in beiden Fällen konstant und daher $dy\, [= dy/dt\, dt] = 0$ ist. So folgt

$$\int_A^B -Q\, dx = \int_a^{a+\Delta x} -Q(x; b)\, dx$$

und

$$\int_C^D -Q\, dx = \int_D^C Q\, dx = \int_a^{a+\Delta x} Q(x; b + \Delta y)\, dx.$$

Wir erhalten weiter

$$\int_A^B -Q\, dx + \int_C^D -Q\, dx = \int_a^{a+\Delta x} [Q(x; b + \Delta y) - Q(x; b)]\, dx. \tag{1}$$

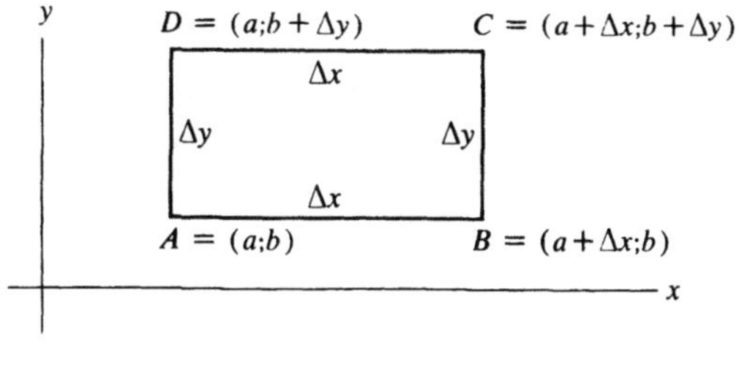

Bild 22.1

Aufgrund des Mittelwertsatzes finden wir

$$Q(x;b+\Delta y)-Q(x;b)=Q_y(x;Y)\,\Delta y$$

für irgendein Y mit $b<Y<b+\Delta y$.

Infolge der Stetigkeit von Q_y ist $Q_y(x;Y)$ etwa gleich $Q_y(a;b)$. Das Integral auf der rechten Seite von Gl. (1) ist dann näherungsweise durch

$$\int_a^{a+\Delta x} Q_y(a;b)\,\Delta y\,dx = Q_y(a;b)\,\Delta y\,\Delta x$$

gegeben. Für

$$\int_A^B P\,dy - Q\,dx + \int_C^D P\,dy - Q\,dx$$

ergibt sich approximativ

$$Q_y(a;b)\,\Delta y\,\Delta x.$$

Analog finden wir, daß

$$\int_B^C P\,dy - Q\,dx + \int_D^A P\,dy - Q\,dx$$

durch

$$P_x(a;b)\,\Delta x\,\Delta y$$

angenähert werden kann.

Der Flüssigkeitsverlust aus dem typischen kleinen Rechteck mit der Fläche $\Delta A = \Delta x\,\Delta y$ beträgt dann ungefähr

$$[P_x(a;b)+Q_y(a;b)]\,\Delta A.$$

Da der Flüssigkeitsverlust von R durch die Summe der Flüssigkeitsverluste aller kleinen Rechtecke gegeben ist, erwarten wir

$$\text{Flüssigkeitsverlust von } R = \int_R (P_x+Q_y)\,dA.$$

Nun gilt:

Flüssigkeitsverlust von R = Flüssigkeitsverlust über die Kurve C.

Daraus schließen wir

$$\int_R (P_x+Q_y)\,dA = \oint_C P\,dy - Q\,dx.$$

Dies war die Strömungsinterpretation der Greenschen Formel. Sie liefert uns auch eine physikalische Erklärung für $\nabla\cdot\mathbf{F}=P_x+Q_y$. Wie wir den vorangehenden Überlegungen entnehmen können, ist

$$\nabla\cdot\mathbf{F}=P_x+Q_y$$

ein lokales Maß des Flüssigkeitsverlusts oder der „Divergenz“ der Flüssigkeit.

Die Greensche Formel gilt für jedes Gebiet, das durch eine glatte Kurve oder einen Polygonzug begrenzt ist. In der Anwendung werden die meisten Gebiete konvex sein.

Zwei Beispiele sollen für den kritischen Leser die Greensche Formel weiter erläutern.

Beispiel 1: Sei $\mathbf{F}(x;y)=x\mathbf{i}+2y\mathbf{j}$ und C die Ellipse

$$\frac{x^2}{2^2}+\frac{y^2}{3^2}=1.$$

Man zeige

$$\int_R \nabla\cdot\mathbf{F}\,dA = \oint_C \mathbf{F}\cdot\mathbf{n}\,ds,$$

wobei R das Gebiet innerhalb der Ellipse ist.

Lösung: Zunächst berechnen wir die Divergenz

$$\nabla\cdot\mathbf{F}=\frac{\partial(x)}{\partial x}+\frac{\partial(2y)}{\partial y}=1+2=3.$$

Es gilt

$$\int_R \nabla\cdot\mathbf{F}\,dA = \int_R 3\,dA$$

$$= 3\cdot\text{Fläche von } R$$

$$= 3\cdot 6\pi = 18\pi.$$

(Die Fläche innerhalb einer Ellipse $x^2/a^2+y^2/b^2=1$ ist gleich πab. Siehe Übung 15 aus Abschnitt 10.8.)

Das Integral $\int_C \mathbf{F}\cdot\mathbf{n}\,ds$, bereits in Beispiel 2 von Abschnitt 21.3 berechnet, hat den Wert 18π. Somit ist die Greensche Formel für diesen Spezialfall verifiziert. ●

Beispiel 2: Sei $\mathbf{F}(x;y)=x\mathbf{i}+xy\mathbf{j}$. C sei die Kurve aus Bild 22.2 und R das umschlossene Gebiet. Man überprüfe die Greensche Formel.

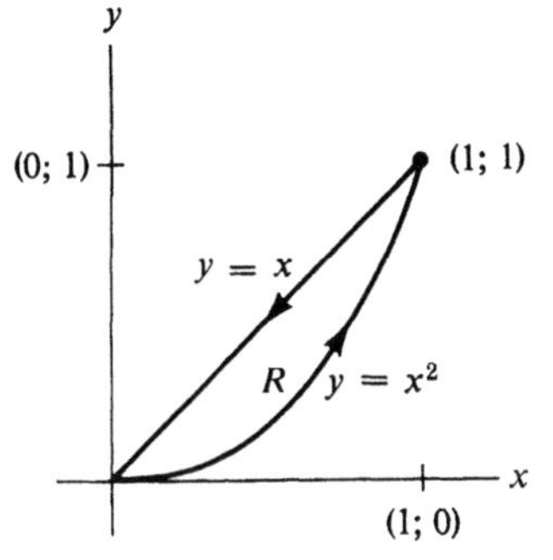

Bild 22.2

Lösung: Gemäß Beispiel 2 aus Abschnitt 21.3 gilt

$$\oint_C \mathbf{F}\cdot\mathbf{n}\,ds = \frac{1}{4}.$$

Um das Integral der Divergenz über R zu bestimmen, berechnen wir zuerst

$$\nabla\cdot\mathbf{F} = \frac{\partial(x)}{\partial x} + \frac{\partial(xy)}{\partial y} = 1 + x.$$

Daraus folgt

$$\int_R \nabla\cdot\mathbf{F}\,dA = \int_0^1 \left[\int_{x^2}^{x} (1+x)\,dy\right] dx.$$

Die erste Integration liefert

$$\int_{x^2}^{x} (1+x)\,dy = (1+x)\int_{x^2}^{x} dy = x - x^3,$$

und die zweite ergibt

$$\int_0^1 (x - x^3)\,dx = \frac{1}{4}.$$

Tatsächlich gilt

$$\int_R \nabla\cdot\mathbf{F}\,dA = \frac{1}{4} = \oint \mathbf{F}\cdot\mathbf{n}\,ds. \bullet$$

Übungen:

In den Übungen 1 bis 3 sind $\int_R \nabla\cdot\mathbf{F}\,dA$ und $\int_C \mathbf{F}\cdot\mathbf{n}\,ds$ zu berechnen, und es ist die Greensche Formel zu überprüfen.

1. $\mathbf{F} = 3x\mathbf{i} + 2y\mathbf{j}$; R sei die Kreisfläche mit dem Radius 1 und dem Mittelpunkt (0; 0).
2. $\mathbf{F} = 5y^3\mathbf{i} - 6x^2\mathbf{j}$; R sei die Kreisfläche mit dem Radius 2 und dem Mittelpunkt (0; 0).
3. $\mathbf{F} = xy\,\mathbf{i}$; R sei das Gebiet von Beispiel 2.
4. Man drücke die Greensche Formel in Worten und ohne Verwendung mathematischer Begriffe aus.
5. Sei $\mathbf{F} = x\mathbf{i} + y\mathbf{j}$. Mit Hilfe der Greenschen Formel zeige man, daß

   $$\oint_C x\,dy - y\,dx$$

   mit der doppelten, von der Kurve C eingeschlossenen Fläche übereinstimmt.
6. $\mathbf{F} = P\mathbf{i} + Q\mathbf{j}$ erfülle die Gleichung:

   $$P_x = -Q_y.$$

   Man zeige mit Hilfe der Greenschen Formel, daß

   $$\oint_C \mathbf{F}\cdot\mathbf{n}\,ds = 0$$

   für jede Kurve C gilt, die ein konvexes Gebiet begrenzt.
7. f sei eine skalare Funktion. Mit Hilfe der Greenschen Formel zeige man

   $$\int_R \left(\frac{\partial^2 f}{\partial x^2} + \frac{\partial^2 f}{\partial y^2}\right) dA = \oint_C \frac{\partial f}{\partial x}\,dy - \frac{\partial f}{\partial y}\,dx,$$

   wobei R ein konvexes Gebiet und C seine positiv durchlaufene Begrenzung ist.
8. f sei eine skalare Funktion. Mit Hilfe der Greenschen Formel zeige man

   $$\int_R \nabla\cdot(\nabla f)\,dA = \oint_C f_x dy - f_y dx,$$

   wobei C die im Gegenuhrzeigersinn durchlaufene Begrenzung von R darstellt.
9. R sei ein konvexes Gebiet und C seine Begrenzungskurve. $\mathbf{F}$ sei ein Vektorfeld, und $\mathbf{F}(P)$ sei in jedem Punkt P der Kurve C Tangente an diese Kurve. Man beweise dann

   $$\int_R \nabla\cdot\mathbf{F}\,dA = 0.$$

■

Übungen 10 bis 12 stehen im Zusammenhang.

10. Sei f ein stetiges skalares Feld und in der ganzen Ebene definiert. Für jede konvexe Region R gelte dann

$$\int_R f(P)\, dA = 0.$$

Warum muß $f(P)$ dann für alle Punkte P gleich Null sein?

11. Sei **F** ein Vektorfeld mit der Eigenschaft

$$\oint_C \mathbf{F} \cdot \mathbf{n}\, ds = 0$$

für jede geschlossene Kurve C. Man zeige dann, daß die Divergenz von **F** überall Null ist. *Hinweis:* Siehe Übung 10.

12. g sei ein skalares Feld mit der Eigenschaft

$$\oint_C \nabla g \cdot \mathbf{n}\, ds = 0$$

für alle geschlossenen Kurven. Dann beweise man

$$g_{xx} + g_{yy} = 0.$$

Hinweis: Siehe Übung 11.

13. **F** und **G** seien zwei Vektorfelder, und es gelte $\mathbf{F}(P) = \mathbf{G}(P)$ für alle Punkte P der Begrenzungskurve C eines konvexen Gebietes R. Man beweise dann

$$\int_R \nabla \cdot \mathbf{F}\, dA = \int_R \nabla \cdot \mathbf{G}\, dA.$$

■■

14. Man zeige, daß die Größe

$$\int_B^C P\, dy - Q\, dx + \int_D^A P\, dy - Q\, dx$$

durch $P_x(a;b)\,\Delta x\,\Delta y$ approximiert werden kann, wie wir dies in der Diskussion der Greenschen Formel vorausgesetzt haben.

15. $T(x;y)$ sei die Temperatur im Punkt $(x;y)$ einer Metallfolie. Die Temperatur sei von der Zeit unabhängig. Nun breitet sich die Wärme von jedem Punkt $(x;y)$ in der Richtung $-\nabla T$ und mengenmäßig proportional zur Größe von $|\nabla T|$ aus. Wenn nun der Gesamtverlust an Wärme über jede geschlossene Kurve gleich Null ist, dann erfüllt T die Laplacesche partielle Differentialgleichung $T_{xx} + T_{yy} = 0$. Man zeige dies. Übung 12 ist dabei sehr hilfreich.

16. Sei $\mathbf{F}(x;y) = Q^*(x;y)\,\mathbf{i} - P^*(x;y)\,\mathbf{j}$, wobei Q^* und P^* skalare Funktionen sind.

(*a*) Man leite aus der Greenschen Formel die Relation

$$\int_R (Q_x^* - P_y^*)\, dA = \oint_C P^* dx + Q^* dy$$

her, wobei C die im Gegenuhrzeigersinn durchlaufene Begrenzungskurve des Gebietes R darstellt.

(*b*) Für $\mathbf{F}(x;y) = P(x;y)\,\mathbf{i} + Q(x;y)\,\mathbf{j}$ zeige man

$$\int_R (Q_x - P_y)\, dA = \oint_C \mathbf{F} \cdot \mathbf{T}\, ds.$$

17. Sei $\mathbf{F}(x;y) = P(x;y)\,\mathbf{i} + Q(x;y)\,\mathbf{j}$ für alle Punkte $(x;y)$ der Ebene. Es gelte $P_y = Q_x$. Zu beweisen ist die Existenz einer skalaren Funktion f mit $\mathbf{F} = \nabla f$.

(*a*) Man zeige $\oint_C \mathbf{F} \cdot \mathbf{T}\, ds = 0$ für jede geschlossene Kurve C.

Hinweis: Siehe Übung 16.

(*b*) Man zeige aufgrund von (*a*), daß $\int_C \mathbf{F} \cdot \mathbf{T}\, ds$ nur von den Endpunkten der Kurve C abhängt.

(*c*) $f(x;y)$ sei gleich $\int_C \mathbf{F} \cdot \mathbf{T}\, ds$, wobei C irgendeine Kurve mit Anfangspunkt $(0;0)$ und dem Endpunkt $(x;y)$ ist. Man untersuche die Größe

$$\frac{f(x+\Delta x;y) - f(x;y)}{\Delta x}$$

und zeige $f_x = P$. Analog folgt dann $f_y = Q$

22.2 Der Beweis der Greenschen Formel

Der exakte Beweis der Greenschen Formel ist einfacher als die Überlegungen des vorigen Abschnitts. Trotzdem ist es vorteilhaft, sowohl den „reinen" als auch den „anschaulichen" Beweis zu kennen. Dieser Abschnitt liefert den mathematischen Gesichtspunkt. Man kann den Beweis von Theorem 1 überschlagen, ohne dabei das Studium der nächsten Kapitel zu beeinträchtigen. Auf jeden Fall sollte aber Theorem 2 behandelt werden, da es später wiederholt auftreten wird.

Theorem 1 (*Greensche Formel*): R sei ein konvexes Gebiet in der Ebene und C seine Begrenzungskurve (im Gegenuhrzeigersinn orientiert). Wenn die Funktionen P und Q in R stetige partielle Ableitungen besitzen, dann gilt

$$\int_R (P_x + Q_y)\, dA = \oint_C P\, dy - Q\, dx.$$

Beweis: Der Einfachheit halber wollen wir annehmen, daß die beiden zur y-Achse parallelen Tangenten die Kurve C in nur einem Punkt berühren.

Dann werden wir zeigen, daß

$$\int_R Q_y \, dA = \oint_C -Q \, dx. \tag{1}$$

Ein analoger Beweis führt dann auf

$$\int_R P_x \, dA = \oint_C P \, dy.$$

Die Greensche Formel ist eine unmittelbare Folge dieser beiden Gleichungen.

Das Gebiet R habe die folgende Beschreibung (Bild 22.3)

$$a \leqslant x \leqslant b, \quad y_1(x) \leqslant y \leqslant y_2(x).$$

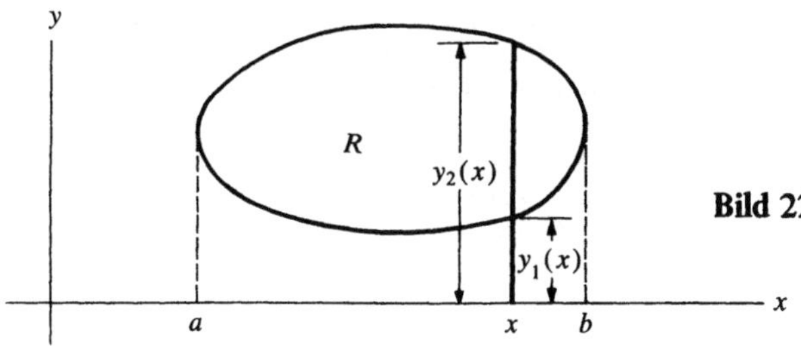

Bild 22.3

[Aufgrund unserer Annahme über C gilt $y_1(a) = y_2(a)$ und $y_1(b) = y_2(b)$.] Dann folgt

$$\int_R Q_y \, dA = \int_a^b \left[\int_{y_1(x)}^{y_2(x)} \frac{\partial Q}{\partial y} \, dy \right] dx.$$

Aufgrund des Hauptsatzes finden wir

$$\int_{y_1(x)}^{y_2(x)} \frac{\partial Q}{\partial y} \, dy = Q(x; y_2(x)) - Q(x; y_1(x))$$

und weiter

$$\int_R Q_y \, dA = \int_a^b [Q(x; y_2(x)) - Q(x; y_1(x))] \, dx. \tag{2}$$

Nun betrachten wir die rechte Seite von Gl. (1)

$$\oint_C -Q \, dx.$$

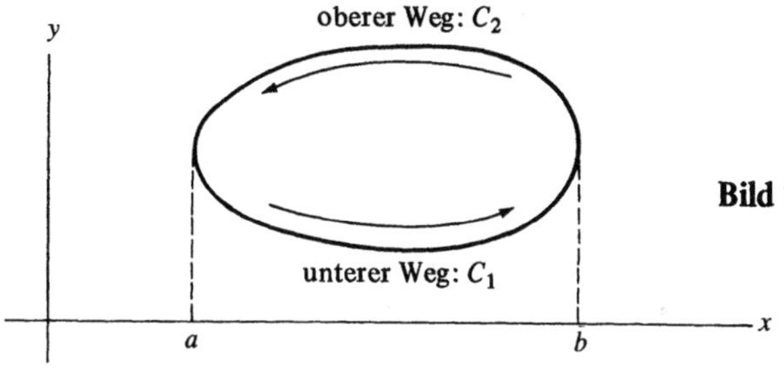

Bild 22.4

Wir zerlegen die geschlossene Kurve C in zwei Teile, einen unterhalb von R mit $y = y_1(x)$ und den anderen oberhalb von R mit $y = y_2(x)$. Wir nennen den unteren Weg C_1 und den oberen C_2 (Bild 22.4).

Dann gilt

$$\oint_C -Q \, dx = \int_{C_1} -Q \, dx + \int_{C_2} -Q \, dx. \tag{3}$$

Andererseits folgt

$$\int_{C_1} -Q \, dx = \int_{C_1} -Q(x; y_1(x)) \, dx = \int_a^b -Q(x; y_1(x)) \, dx$$

und

$$\int_{C_2} -Q \, dx = \int_{C_2} -Q(x; y_2(x)) \, dx = \int_b^a -Q(x; y_2(x)) \, dx = \int_a^b Q(x; y_2(x)) \, dx.$$

Aus Gl. (3) ergibt sich schließlich

$$\oint_C -Q \, dx = \int_a^b -Q(x; y_1(x)) \, dx + \int_a^b Q(x; y_2(x)) \, dx = \int_a^b [Q(x; y_2(x)) - Q(x; y_1(x))] \, dx.$$

Dies aber ist genau der Ausdruck (2), und der Beweis ist abgeschlossen. (Ein völlig analoges Argument zeigt uns

$$\int_R P_x \, dA = \oint_C P \, dy.) \bullet$$

Die Greensche Formel läßt sich auch auf Gebiete anwenden, die nicht konvex sind; wir wollen dies im folgenden stets annehmen.

Als wichtige Folgerung der Greenschen Formel ergibt sich folgendes Theorem.

Theorem 2: R sei ein ebenes Gebiet mit der Begrenzungskurve C (im Uhrzeigersinn orientiert). Dann gilt

$$\text{Fläche von } R = \frac{1}{2} \int_C -y \, dx + x \, dy.$$

Beweis: Man betrachte die Greensche Formel für den Spezialfall

$$P = x \quad \text{und} \quad Q = y.$$

Aus

$$\int_R \left(\frac{\partial P}{\partial x} + \frac{\partial Q}{\partial y}\right) dA = \oint_C P \, dy - Q \, dx$$

folgt

$$\int_R (1+1) \, dA = \oint_C x \, dy - y \, dx$$

und

$$2\,(\text{Fläche von } R) = \oint_C -y \, dx + x \, dy.$$

Damit ist das Theorem 2 bewiesen. •

Übungen:

1. Man verifiziere durch direkte Berechnung die Greensche Formel, wenn R eine Kreisfläche mit dem Radius 1 und dem Mittelpunkt (0; 0) ist und weiter gilt:
   (*a*) $P = x^2$, $Q = y^2$,
   (*b*) $P = y^2$, $Q = x^2$.
2. Man beweise $\int_C (a \, dx + b \, dy) = 0$ für beliebige Konstanten a und b
   (*a*) mit Hilfe der Greenschen Formel,
   (*b*) ohne Greensche Formel.
3. Das Trägheitsmoment eines Gebietes R bezüglich der z-Achse ist definiert durch
   $$\int_R (x^2 + y^2) \, dA. \text{ Dies ist gleich}$$
   $$\frac{1}{3} \int_C (-y^3 dx + x^3 dy),$$
   wobei C die Begrenzungskurve des in der xy-Ebene liegenden Gebietes R ist. Man beweise dies!
4. Mit Hilfe von Theorem 2 berechne man die Fläche des Gebietes, das durch die Gerade $y = x$ und die Kurve
   $$x = t^6 + t^4, \quad y = t^3 + t$$
   für t aus [0; 1] begrenzt ist.
5. Eine Kurve ist parametrisch gegeben durch $x = t(1 - t^2)$, $y = t^2(1 - t^3)$ mit t aus [0; 1].
   (*a*) Man zeichne die Punkte, die den Werten $t = 0; 0{,}2; 0{,}4; 0{,}6; 0{,}8$ und $1{,}0$ entsprechen und skizziere die Kurve.
   (*b*) Sei R das durch die Kurve eingeschlossene Gebiet. Welche Schwierigkeit tritt auf, wenn man die Fläche von R durch ein bestimmtes Integral über vertikale oder horizontale Schnitte von R berechnen will?
   (*c*) Man verwende Theorem 2, um die Fläche zu berechnen.
6. Man wiederhole Übung 5 für $x = \sin \pi t$ und $y = t - t^2$. In (*a*) sei $t = 0$; 1/4; 1/2; 3/4 und 1.
7. (*a*) Man beweise mit Hilfe der Greenschen Formel
   $$\oint_C x \, dy = A = -\oint_C y \, dx,$$
   wobei die Fläche A durch eine einfache geschlossene Kurve C begrenzt ist.
   (*b*) Warum liefert (*a*) eine Verallgemeinerung von Theorem 2?
8. Man wiederhole die Übung 7, ohne die Greensche Formel zu verwenden, wobei C ein Gebiet begrenzt, das den Voraussetzungen der Greenschen Formel entspricht. Man berechne also $\int_C x \, dy$ und $\int_C y \, dx$ mit Hilfe der Definition eines Kurvenintegrals.
9. (*a*) C sei ein Kreis mit dem Radius 1 und dem Mittelpunkt (0; 0). Mit Hilfe der Greenschen Formel berechne man:
   $$\oint_C (x^2 - y^3) \, dx + (y^2 + x^3) \, dy.$$
   Hinweis: Um $\int_R (P_x + Q_y) \, dA$ auszurechnen, führe man eine mehrfache Integration in Polarkoordinaten aus.
   (*b*) Man berechne das Kurvenintegral aus (*a*) direkt.

■

10. R sei das Gebiet, das durch den Ortsvektor

$$\mathbf{G}(t) = \frac{e^t + e^{-t}}{2}\mathbf{i} + \frac{e^t - e^{-t}}{2}\mathbf{j}$$

für t aus $[0;a]$ mit $a > 0$ überstrichen wird.

(*a*) Das Gebiet R ist durch die x-Achse, die rechte Hälfte der Hyperbel $x^2 - y^2 = 1$ und die Gerade begrenzt. Man zeige dies.

(*b*) Mit Hilfe von Theorem 2 zeige man, daß die Fläche von R gleich $a/2$ ist.

11. Man vervollständige den Beweis der Greenschen Formel und zeige

$$\int_R P_x\,dA = \oint_C P\,dy.$$

■■

12. Mit Hilfe von Theorem 2 stelle man die Fläche in Polarkoordinaten durch das Integral

$$\text{Fläche} = \frac{1}{2}\int_\alpha^\beta r^2\,d\theta$$

dar.

13. R sei ein Vieleck. Die Greensche Formel für ein solches Vieleck folgt aus der Greenschen Formel für den speziellen Fall eines Dreiecks. Man beweise dies.

Die Übungen 14 und 15 sind gemeinsam zu behandeln.

14. Ein Dreieck hat die Eckpunkte $A = (a_1;a_2)$, $B = (b_1;b_2)$ und $C = (c_1;c_2)$; dabei soll der Weg $ABCA$ im Gegenuhrzeigersinn verlaufen.

(*a*) Mit Hilfe von Theorem 2 bestimme man die Fläche des Dreiecks. *Hinweis:* Man verwende für jede Seite entweder x oder y als Parameter.

(*b*) Man überprüfe dieses Ergebnis mit der bekannten Flächenformel eines Dreiecks.

15. (Siehe Übung 14.)

(*a*) Wie kann man ohne Zeichnung nur aus der Kenntnis der Koordinaten von A, B und C entscheiden, ob der geschlossene Weg entlang des Dreiecks A, B, C (Reihenfolge A, B, C, A) im Uhrzeigersinn oder im Gegenuhrzeigersinn verläuft?

(*b*) Man überprüfe dieses Kriterium an drei nicht auf einer Geraden liegenden Punkten beliebiger Wahl.

16. $\mathbf{F}(x;y)$ sei ein ebenes Vektorfeld, und für alle geschlossenen Kurven der Länge kleiner gleich 1 gelte $\oint \mathbf{F}\cdot\mathbf{n}\,ds = 0$. Dann zeige man

(*a*) mit Hilfe der Greenschen Formel,

(*b*) ohne Greensche Formel,

daß für jede geschlossene Kurve C gilt $\int_C \mathbf{F}\cdot\mathbf{n}\,ds = 0$.

22.3 Abbildung einer Ebene in eine andere Ebene

Dieser Abschnitt führt eine neue Art von Funktionen ein. Ehe wir deren allgemeine Definition behandeln, erinnern wir uns an die bisherigen Funktionstypen und fassen sie in der folgenden Tabelle zusammen.

Symbol für die Funktion	*Was die Funktion leistet*
$y = f(x)$	ordnet jeder Zahl x eine Zahl y zu
$z = f(x;y)$	ordnet einem Punkt $(x;y)$ in der Ebene eine Zahl z zu
$u = f(x;y;z)$	ordnet jedem Punkt $(x;y;z)$ im Raum eine Zahl u zu
$\mathbf{R} = \mathbf{G}(t)$	ordnet jeder Zahl t (Zeit) einen Ortsvektor $\mathbf{R}$ zu
$\mathbf{F}(x;y) = P\mathbf{i} + Q\mathbf{j}$	ordnet jedem Punkt in der Ebene einen Vektor $P\mathbf{i} + Q\mathbf{j}$ zu
$\mathbf{F}(x;y;z) = P\mathbf{i} + Q\mathbf{j} + R\mathbf{k}$	ordnet jedem Punkt im Raum einen Vektor $P\mathbf{i} + Q\mathbf{j} + R\mathbf{k}$ zu

Nun führen wir eine neue Art von Funktionen ein. Sie ordnet jedem Punkt der Ebene wieder einen Punkt der Ebene zu. Derartige Funktionen nennen wir *Abbildung* und bezeichnen sie mit F. Es ist allgemein üblich, den Ausgangspunkt mit $(u;v)$ und den Bildpunkt mit $(x;y)$ zu bezeichnen, so daß

$$F(u;v) = (x;y)$$

gilt. Beide Werte x und y hängen von u und v ab. Wir können daher auch schreiben

$$x = f(u;v) \quad \text{und} \quad y = g(u;v)$$

oder

$$F(u;v) = (f(u;v);\, g(u;v)).$$

So ist F nur eine Abkürzung für ein Paar skalarer Funktionen f und g von zwei Variablen. Jede Abbildung von der uv-Ebene in die xy-Ebene wird durch ein Paar von solchen Funktion $x = f(u;v)$ und $y = g(u;v)$ beschrieben.

Beispiel 1: F sei die Abbildung, die jedem Punkt $(u;v)$ den Punkt $(2u;3v)$ zuordnet. Man beschreibe diese Abbildung geometrisch.

Lösung: In diesem Fall gilt $x = 2u$ und $y = 3v$. Die folgende Tabelle zeigt die Wirkung der Abbildung an vier typischen Punkten der uv-Ebene:

$(u;v)$	$(0;0)$	$(1;0)$	$(1;1)$	$(0;1)$
$(2u;3v)$	$(0;0)$	$(2;0)$	$(2;3)$	$(0;3)$

In der Bezeichnung $F(u;v) = (x;y)$ sehen diese Daten folgendermaßen aus:

$$F(0;0) = (2(0);3(0)) = (0;0),$$
$$F(1;0) = (2(1);3(0)) = (2;0),$$
$$F(1;1) = (2(1);3(1)) = (2;3),$$
$$F(0;1) = (2(0);3(1)) = (0;3).$$

Die erste Koordinate von $(x;y) = F(u;v)$ entspricht gemäß $x = 2u$ dem Zweifachen der ersten Koordinate von $(u;v)$: Die Abbildung vergrößert waagerechte Dimensionen um einen Faktor 2. Völlig analog streckt sie vertikale Dimensionen um einen Faktor 3. (Dies verursacht eine sechsfache Vergrößerung der Fläche.) Ist P ein Punkt im Inneren des Quadrates R mit den Eckpunkten

$$(0,0),\quad (1;0),\quad (1;1),\quad (0;1)$$

(Bild 22.5), dann liegt der Bildpunkt von P im Inneren des Rechteckes S mit den Eckpunkten

$$(0;0),\quad (2;0),\quad (2;3),\quad (0;3).$$

Denkt man sich $(u;v)$ als Punkt auf einem Dia und $(2u;3v)$ als Bildpunkt auf einer Projektionsleinwand, dann projiziert die Abbildung F das Quadrat R vom Dia auf das Rechteck S der Leinwand (Bild 22.6). ●

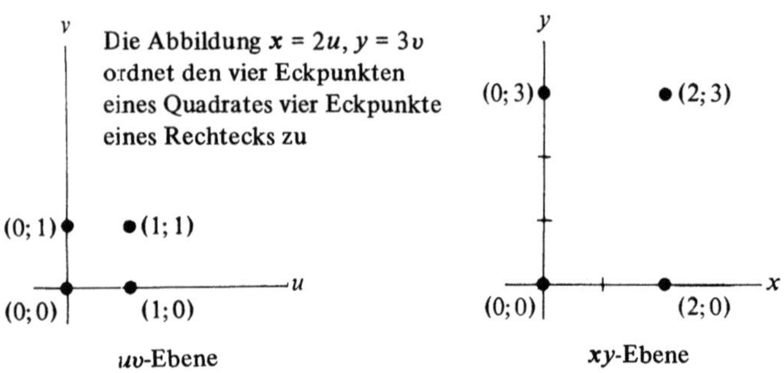

Bild 22.5

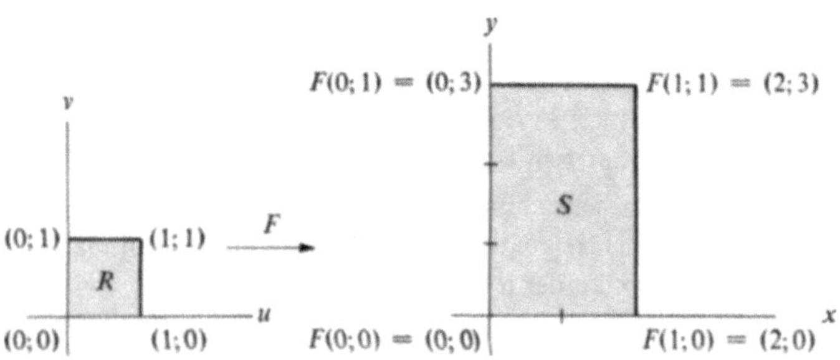

Bild 22.6

Beispiel 2: Wir wählen $F = (f;g)$ wie in Beispiel 1. Die Menge R von Punkten $(u;v)$ in der uv-Ebene (Dia) genüge der Ungleichung

$$u^2 + v^2 \leqslant 1.$$

Mit anderen Worten: R ist eine Kreisfläche mit dem Radius 1 und dem Mittelpunkt $(0;0)$. Welches Bild des Gebietes R ergibt sich in der xy-Ebene (auf der Leinwand)?

Lösung: Aus $x = 2u$ und $y = 3v$ folgt

$$u = \frac{x}{2} \quad \text{und} \quad v = \frac{y}{3}.$$

Die Ungleichung

$$u^2 + v^2 \leqslant 1$$

nimmt die Gestalt

$$\left(\frac{x}{2}\right)^2 + \left(\frac{y}{3}\right)^2 \leqslant 1 \quad \text{oder} \quad \frac{x^2}{4} + \frac{y^2}{9} \leqslant 1$$

an. Daher wird die Kreisfläche mit dem Radius 1 auf die Ellipsenfläche

$$\frac{x^2}{4} + \frac{y^2}{9} \leqslant 1$$

abgebildet. Das Bild des Kreises R ist die Ellipse S (Bild 22.7). ●

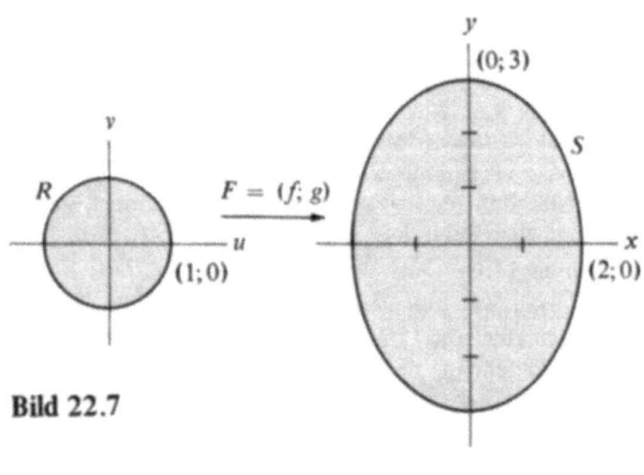

Bild 22.7

Wie wurde das Bild der Kurve $u^2 + v^2 = 1$ gefunden? Wir lösen u und v nach x und y auf und substituieren das Resultat in die Relation zwischen u und v. So erhalten wir eine Gleichung für x und y.

Beispiel 1 und 2 zeigten uns, warum eine Funktion der Form $F(u;v) = (f(u;v); g(u;v))$ „Abbildung" genannt wird. Man stelle sich die uv-Ebene als eine Gegend und die

xy-Ebene als eine Landkarte vor. Der Punkt $(x;y) = (f(u;v); g(u;v))$ auf der Landkarte entspricht dann gerade dem wirklichen Punkt $(u;v)$. (Selbstverständlich werden manche Funktionen ziemlich verzerrte Landkarten liefern.)

Beispiel 3: Sei $(x;y) = (uv;v)$. Wenn der Punkt $P = (u;v)$ auf der Geraden $v = u$ liegt, wo liegt dann $F(P) = (uv;v)$?

Lösung: In diesem Fall gilt

$$x = uv \quad \text{und} \quad y = v.$$

Um das Bild der Geraden $u = v$ zu bestimmen, suchen wir für Punkte $(x;y)$, die auf diesem Bild liegen, eine Relation zwischen x und y.

Zunächst erhalten wir

$$v = y \quad \text{und} \quad u = \frac{x}{v} = \frac{x}{y}.$$

Wir setzen in die Gleichung $u = v$ ein und erhalten

$$\frac{x}{y} = y \quad \text{oder} \quad x = y^2.$$

Wenn sich der Punkt $P = (u;v)$ längs der Geraden v bewegt, so wandert der Bildpunkt $(uv;v)$ entlang der Parabel $x = y^2$.

Um dies etwas deutlicher zu machen, berechnen wir $F(P)$ für einige Punkte der Geraden $v = u$. Zum Beispiel gilt für

$$P = (2;2) \text{ die Relation } F(P) = F(2 \cdot 2; 2) = (4;2).$$

Die folgende Tabelle faßt die Resultate einiger solcher Berechnungen zusammen. Bild 22.8 zeigt diese Daten. (Die gestrichelte Linie verbindet die Bildpunkte.)

P	Bild von P
$P_1 = (-2;-2)$	$(4;-2)$
$P_2 = (-1;-1)$	$(1;-1)$
$P_3 = (0;0)$	$(0;0)$
$P_4 = (1;1)$	$(1;1)$
$P_5 = (2;2)$	$(4;2)$
$P_6 = (3;3)$	$(9;3)$

Wie sich leicht zeigen läßt, führt die Abbildung

$$(f(u;v); g(u;v)) = (au + bv; cu + dv)$$

jede Gerade in eine Gerade über, wenn die Konstanten a, b, c, d die Bedingung $ad - bc \neq 0$ erfüllen (siehe Übung 15). Wir wollen dies bei der Lösung der Übungen annehmen.

Der nächste Abschnitt behandelt eine Formel für die Vergrößerung durch eine Abbildung. Die Vergrößerung kann von Punkt zu Punkt variieren. Die Funktionen in Beispiel 1 und 2, die sämtliche Flächen um einen Faktor 6 vergrößern, sind ungewöhnlich einfach. Der zugehörige Vergrößerungsfaktor wurde mit Hilfe elementarer Geometrie bestimmt.

Übungen:

1. Es sei $(f(u;v); g(u;v)) = (2u;3v)$.
   (*a*) Man ergänze die folgende Tabelle

$(u;v)$	$(x;y) = (2u;3v)$
$(0;0)$	
$(2;0)$	
$(1;1)$	

   (*b*) Man zeichne die drei Punkte in der linken Spalte der Tabelle (*a*) in der uv-Ebene ein.
   (*c*) Man zeichne die drei Punkte der rechten Spalte der Tabelle aus (*a*) in der xy-Ebene ein.
   (*d*) Man zeichne das dreieckige Gebiet R mit den Eckpunkten aus (*a*) in der uv-Ebene.
   (*e*) Man zeichne S, das Bild von R in der xy-Ebene.
   (*f*) Man berechne die Flächen von R und S und überprüfe, daß S sechsmal so groß wie R ist.
   (*g*) Man zeige, daß R, nicht aber S ein rechtwinkeliges Dreieck ist.
2. Es sei $(f(u;v); g(u;v)) = (2u;3v)$ wie in den Beispielen 1 und 2. Liegt $(u;v)$ auf der Geraden $5u + 4v + 7 = 0$, dann liegt das Bild von $(u;v)$ auf der Geraden

$$\frac{5x}{2} + \frac{4y}{3} + 7 = 0.$$

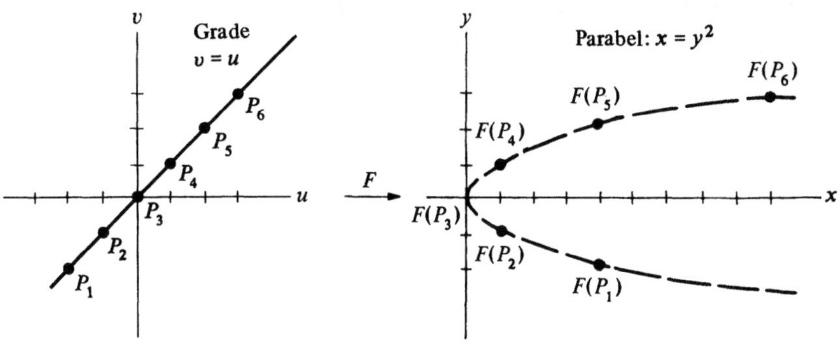

Bild 22.8

Man zeige dies!

3. Es sei $(f(u;v); g(u;v)) = (2u; 3v)$. Liegt $(u;v)$ auf der Geraden $au + bv + c = 0$, dann liegt das Bild $(x;y)$ auf der Geraden $3ax + 2by + 6c = 0$. Man zeige dies!

4. Es sei $(f(u;v); g(u;v)) = (uv; v)$, wie in Beispiel 3.
   (a) Man wähle vier Punkte P_1, P_2, P_3, P_4 auf der Hyperbel $uv = 1$.
   (b) Man berechne und zeichne die Bildpunkte von P_1, P_2, P_3, P_4 in der xy-Ebene.
   (c) Wenn sich $(u;v)$ längs der Hyperbel $uv = 1$ bewegt, welche Kurve beschreibt $(x;y) = (uv;v)$ in der xy-Ebene?

5. Es sei $(f(u;v); g(u;v)) = (uv; v)$ wie in Beispiel 3.
   (a) Wenn sich $(u;v)$ längs der Geraden $u = 0$ bewegt, welche Kurve beschreibt dann $(x;y) = (uv;v)$ in der xy-Ebene?
   (b) Wenn sich $(u;v)$ längs der Geraden $u + v = 1$ bewegt, welche Kurve durchläuft dann $(x;y = (uv;v)$ in der xy-Ebene?

6. Es sei $(f(u;v); g(u;v)) = (1/u; 1/v)$. (Diese Abbildung ist stets definiert, ausgenommen, wenn $(u;v)$ auf der u-Achse $(v = 0)$ oder auf der v-Achse $(u = 0)$ liegt.)
   (a) Wenn $(u;v)$ die Gerade $v = u$ durchläuft, welche Kurve beschreibt dann $(x;y) = (1/u; 1/v)$ *in der* xy-Ebene?
   (b) Wenn $(u;v)$ die Gerade $u + v = 1$ durchläuft, welche Kurve beschreibt dann $(x;y) = (1/u; 1/v)$ in der xy-Ebene?

7. Es sei $(f(u;v);g(u;v)) = (\sqrt{u}; v)$ für $u \geqslant 0$ und $v \geqslant 0$.
   (a) Man ergänze die folgende Tabelle:

$(u;v)$	$(x;y) = (\sqrt{u};v)$
$(0;0)$	
$(1;1)$	
$(2;2)$	
$(3;3)$	
$(4;4)$	

   (b) Man zeichne die fünf Punkte aus (a) in der uv-Ebene und die fünf entsprechenden Punkte der xy-Ebene.
   (c) Wenn sich $(u;v)$ längs der Geraden $v = u$ bewegt, welche Kurve durchläuft $(x;y) = (\sqrt{u};v)$ in der xy-Ebene?

8. Es sei $(f(u;v);g(u;v)) = (\sqrt{u};v)$ wie in Übung 7. Ferner sei das Gebiet R der uv-Ebene durch die Geraden $v = u$, $u + v = 1$ und $u = 0$ begrenzt.
   (a) Man zeichne R.
   (b) Man bestimme S, das Bild von R in der xy-Ebene.

9. Es sei $(f(u;v);g(u;v)) = (2u + 3v;u + v)$.
   (a) Man ergänze die folgende Tabelle:

$(u;v)$	$(x;y) = (2u + 3v;u + v)$
$(1;0)$	
$(0;1)$	
$(-1;0)$	
$(0;-1)$	

   (b) Wenn $(u;v)$ den Kreis $u^2 + v^2 = 1$ im Gegenuhrzeigersinn durchläuft, dann bewegt sich der Punkt $(x;y) = (2u + 3v;u + v)$ längs der Kurve C in der xy-Ebene. Wird C in der Abbildung im Uhrzeigersinn oder im Gegenuhrzeigersinn durchlaufen?

10. Es sei $(x;y) = (2u + 3v;u + v)$. Man bestimme $(u;v)$ für $(x;y) = (7;2)$.

11. Es sei $(x;y) = (u + v;u - 2v)$.
    (a) Man ergänze folgende Tabelle.

$(u;v)$	$(x;y) = (u + v;u - 2v)$
$(-1;0)$	
$(0;1)$	
$(1;2)$	
$(2;3)$	

    (b) Man zeichne die vier Punkte in der linken Spalte von (a) in die uv-Ebene ein.
    (c) Man zeichne die vier Punkte der xy-Ebene, die in (a) berechnet wurden.
    (d) Wenn $(u;v)$ auf der Geraden $v = u + 1$ liegt, dann liegt $(x;y) = (u + v;u - 2v)$ auf der Geraden $x + 2y + 3 = 0$. Man beweise dies. *Hinweis:* Man stelle u und v durch x und y dar.

12. Es sei $F(u;v) = (2u + 3v;u + v)$. Man bestimme $(u;v)$ für $F(u;v) = (x;y)$. (Man stelle die Antwort durch x und y dar.)

■

13. Es sei $(f(u;v); g(u;v)) = (u \cos v; u \sin v)$. Es sei R das folgende Rechteck in der uv-Ebene:

$$1 \leqslant u \leqslant 2, \quad 0 \leqslant v \leqslant 2\pi.$$

Es sei S das entsprechende Gebiet der xy-Ebene. Man zeichne S.

14. Es sei θ eine feste Zahl, und es sei

$$(f(u;v);g(u;v)) = (u \cos\theta - v \sin\theta; u \sin\theta + v \cos\theta).$$

Für zwei beliebige Punkte P_1 und P_2 in der uv-Ebene ist der Abstand zwischen $F(P_1)$ und $F(P_2)$ gleich dem Abstand zwischen P_1 und P_2. Man zeige dies.

■■

15. Es seien a, b, c und d Konstanten, und es gelte $ad - bc \neq 0$. Ferner sei

$$F(u;v) = (f(u;v);g(u;v)) = (au + bv;cu + dv).$$

    (a) F bildet jede Gerade in der uv-Ebene auf eine Gerade in der xy-Ebene ab. Man zeige dies.
    (b) F bildet jeden Kegelschnitt der uv-Ebene in einen Kegelschnitt in der xy-Ebene ab.

16. Die Abbildung F von der uv-Ebene auf die xy-Ebene sei „längentreu“: Für beliebige Paare von Punkten P und Q in der uv-Ebene ist der Abstand zwischen $F(P)$ und $F(Q)$ gleich dem Abstand zwischen P und Q.
    (a) Wenn P_1, P_2 und P_3 auf einer Geraden in der uv-Ebene liegen, dann liegen $F(P_1)$, $F(P_2)$ und $F(P_3)$ auf einer Geraden in der xy-Ebene. Man zeige dies.

(b) Wenn P_1, P_2 und P_3 Punkte in der uv-Ebene sind, dann ist der Winkel $\measuredangle F(P_1)F(P_2)F(P_3)$ gleich dem Winkel $\measuredangle P_1P_2P_3$. Man zeige dies.

22.4 Vergrößerungen in der Ebene: Die Jacobi-Determinante

In der Diskussion des linearen Dias und des linearen Projektionsschirmes in Abschnitt 3.1 wurde die Vergrößerung in einem bestimmten Punkt durch die Ableitung in diesem Punkt dargestellt. Dieser Abschnitt verallgemeinert das Konzept der Vergrößerung von Abbildungen auf ebene Mengen. Betrachten wir zunächst für einen Augenblick noch die Projektion des linearen Dias auf dem linearen Projektionsschirm (Bild 22.9). Die Koordinate auf dem Dia sei u, die Koordinate des Bildes auf dem Schirm sei x; $x = f(u)$. Die Vergrößerung an der Stelle u ist durch die Ableitung f' an der Stelle u gegeben. Aus $x = 2u$ folgt $dx/du = 2$ für alle u. Wir erhalten in allen Punkten eine Vergrößerung um den Faktor 2. Für $x = -2u$ beträgt die Vergrößerung in allen Punkten -2, das Minuszeichen entspricht der Vertauschung von links und rechts.

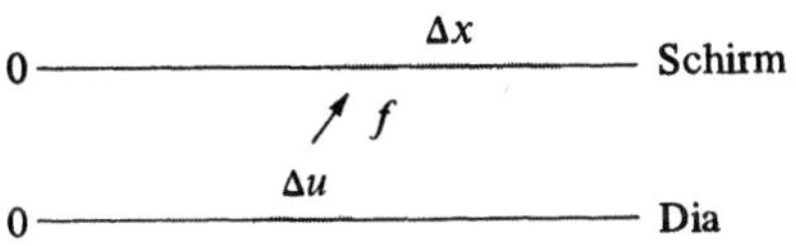

Das Bild eines kleinen Abschnitts Δu hat näherungsweise die Länge $\Delta x \approx f'(u)\,\Delta u$

Bild 22.9

Nun betrachten wir die analoge Vergrößerung für die allgemeinere Abbildung eines ebenen Dias auf einen ebenen Projektionsschirm. Das Dia entspricht der uv-Ebene; der Schirm entspricht der xy-Ebene. Die Abbildung F sei durch die Funktionen

$$x = f(u;v) \quad \text{und} \quad y = g(u;v)$$

gegeben. Die Fragestellung lautet: Wenn ein kleines Gebiet in der uv-Ebene die Fläche ΔA besitzt, welche Fläche nimmt dann ihr Bild in der xy-Ebene näherungsweise ein (Bild 22.10)?

Für die Abbildung aus Beispiel 1 des vorigen Abschnittes ist die Antwort einfach. Dort war

$$x = 2u \quad \text{und} \quad y = 3v.$$

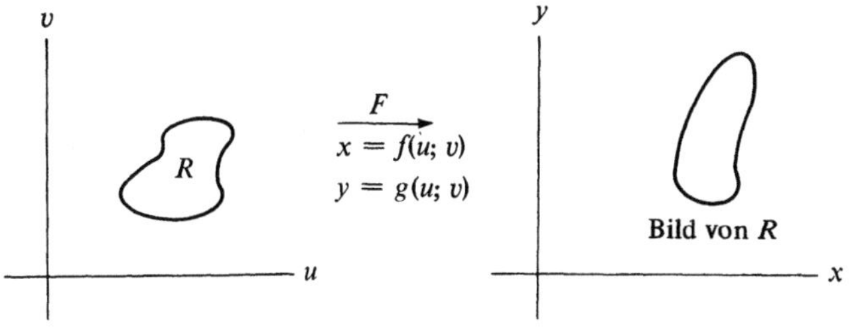

Bild 22.10

Diese Abbildung vergrößerte horizontale Abmessungen um den Faktor 2 und vertikale Maße um den Faktor 3. So vergrößert die Abbildung die Fläche aller Gebiete um den Faktor 6, ganz gleich ob diese Gebiete groß oder klein sind.

Für kompliziertere Abbildungen kann die Vergrößerung von Punkt zu Punkt variieren. Theorem 1 liefert die Grundlage für Theorem 2, durch das für die „lokale" Vergrößerung der Abbildung

$$x = f(u;v), \quad y = g(u;v)$$

die Formel

$$f_u g_v - f_v g_u$$

gegeben wird. Letzterer Ausdruck stimmt mit der folgenden Determinante überein:

$$\begin{vmatrix} f_u & f_v \\ g_u & g_v \end{vmatrix}.$$

Der Leser möge sich überzeugen, daß diese Formel für die Abbildung $x = 2u, y = 3v$ die richtige Antwort ergibt.

Theorem 1 (*Die Fläche eines Bildbereiches*): Das Gebiet R in der uv-Ebene sei durch die Kurve C_R begrenzt, das Gebiet S in der xy-Ebene durch die Kurve C_S. F sei eine eineindeutige Abbildung der uv-Ebene in die xy-Ebene, dargestellt durch die Formeln

$$x = f(u;v), \quad y = g(u;v).$$

Durch diese Abbildung werde das Gebiet R auf das Bild S projiziert. Dann gilt

$$\text{Fläche von } S = \int_R \begin{vmatrix} f_u & f_v \\ g_u & g_v \end{vmatrix} dA,$$

wenn $\begin{vmatrix} f_u & f_v \\ g_u & g_v \end{vmatrix}$ überall in R nichtnegativ ist. (Ist $\begin{vmatrix} f_u & f_v \\ g_u & g_v \end{vmatrix}$ überall in R nichtpositiv, dann ist die Fläche von S gleich

$$-\int\limits_R \begin{vmatrix} f_u & f_v \\ g_u & g_v \end{vmatrix} dA.)$$

Beweis: Wenn C_S im Gegenuhrzeigersinn durchlaufen wird, ergibt sich nach Theorem 2 aus Abschnitt 22.2 (Bild 22.11):

$$\text{Fläche von } S = \frac{1}{2} \oint\limits_{C_S} -y\,dx + x\,dy.$$

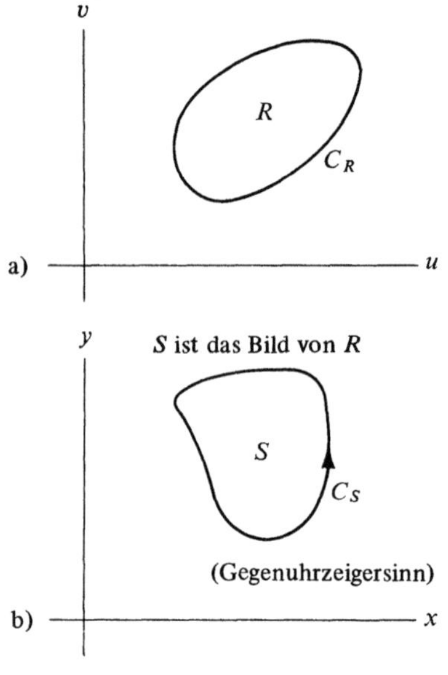

Bild 22.11

Wir werden

$$\oint\limits_{C_S} -y\,dx + x\,dy$$

als Integral über die Kurve C_R darstellen und für C_R und C_S den gleichen Parameter t verwenden.

Die Kurve C_R werde im Gegenuhrzeigersinn durchlaufen. Ihre Parameterdarstellung laute $u = p(t)$, $v = q(t)$ für t aus $[a; b]$. Dann lautet eine Parameterdarstellung für C_S

$$x = f(p(t); q(t)), \quad y = g(p(t); q(t))$$

für t aus $[a; b]$. (Am Ende des Beweises werden wir zeigen, warum die Parameterdarstellung von C_S ebenfalls im Gegenuhrzeigersinn verläuft. Diese Tatsache werden wir benötigen, um Theorem 2 aus Abschnitt 22.2 anzuwenden.) Mit Hilfe der Kettenregel erhalten wir

$$\frac{dx}{dt} = f_u(p(t); q(t))\frac{dp}{dt} + f_v(p(t); q(t))\frac{dq}{dt}$$

und

$$\frac{dy}{dt} = g_u(p(t); q(t))\frac{dp}{dt} + g_v(p(t); q(t))\frac{dq}{dt}.$$

Schreiben wir nun $(p(t); q(t))$ für $(u; v)$, dann ergibt sich

$$dx = f_u(u; v)\,du + f_v(u; v)\,dv$$

und

$$dy = g_u(u; v)\,du + g_v(u; v)\,dv.$$

Schließlich folgt

$$\oint\limits_{C_S} -y\,dx + x\,dy$$

$$= \int\limits_{C_R} [-g(f_u\,du + f_v\,dv) + f(g_u\,du + g_v\,dv)]. \tag{2}$$

Damit ist das Integral über die Kurve C_S durch ein Integral über die Kurve C_R dargestellt. Nun müssen wir das Integral über C_R auf ein Integral über R zurückführen. Dazu gehen wir von der Greenschen Formel aus.

Wir sammeln alle Terme und erhalten für Gl. (2)

$$\int\limits_{C_R} (-gf_u + fg_u)\,du + (fg_v - gf_v)\,dv. \tag{3}$$

Die Greensche Formel (wir ersetzen u und v durch x und y) lautet

$$\int\limits_{C_R} P\,dv - Q\,du = \int\limits_R (P_u + Q_v)\,dA.$$

Dem Ausdruck (3) entnehmen wir durch einen Vergleich mit der Greenschen Formel

$$-Q = -gf_u + fg_u \quad \text{und} \quad P = fg_v - gf_v$$

oder

$$Q = gf_u - fg_u \quad \text{und} \quad P = fg_v - gf_v.$$

Aufgrund der Greenschen Formel ist der Ausdruck (3) gleich

$$\int\limits_R \left[\frac{\partial(fg_v - gf_v)}{\partial u} + \frac{\partial(gf_u - fg_u)}{\partial v}\right] dA. \tag{4}$$

Wir berechnen die partiellen Ableitungen (4) und verwenden dabei die Identitäten $f_{uv} = f_{vu}$ und $g_{uv} = g_{vu}$. Es ergibt sich

$$\begin{aligned}\int\limits_R [(fg_{vu} + g_v f_u - gf_{vu} - f_v g_u) + \\ + (gf_{uv} + f_u g_v - fg_{uv} - g_u f_v)]\, dA \\ = \int\limits_R (g_v f_u - f_v g_u + f_u g_v - g_u f_v)\, dA \\ = 2\int\limits_R (f_u g_v - f_v g_u)\, dA. \quad (5)\end{aligned}$$

Der Vergleich von (1), (2), (3), (4) und (5) – also die schrittweise Ersetzung eines Integrals über die Kurve C_S durch ein Integral über das Gebiet R – zeigt uns

$$\text{Fläche von } S = \int\limits_R \begin{vmatrix} f_u & f_v \\ g_u & g_v \end{vmatrix} dA.$$

Damit ist das Theorem bewiesen. ●

Bemerkung: Warum verläuft die Parameterdarstellung von C_S ebenfalls im Gegenuhrzeigersinn? Wir haben angenommen, daß der Ausdruck $f_u g_v - f_v g_u$ nichtnegativ ist, daher ist

$$\int\limits_R (f_u g_v - f_v g_u)\, dA$$

positiv, wie dies für die Fläche von S der Fall sein muß. Würde nun C_S im Uhrzeigersinn durchlaufen, dann wäre

$$\frac{1}{2}\int\limits_{C_S} -y\, dx + x\, dy$$

das Negative der Fläche von S und daher eine negative Zahl. Unsere Berechnungen haben aber

$$\frac{1}{2}\oint\limits_{C_S} -y\, dx + x\, dy$$

auf die positive Zahl

$$\frac{1}{2}\int\limits_R (f_u g_v - f_v g_u)\, dA$$

zurückgeführt. Ist daher entsprechend unserer Annahme $f_u g_v - f_v g_u$ nichtnegativ, dann muß die Abbildung die Kurve C_R im Gegenuhrzeigersinn auf die Kurve C_S ebenfalls im Gegenuhrzeigersinn abbilden. Gleichermaßen wie das Vorzeichen von dx/du die Erhaltung oder die Vertauschung von rechts und links auf einer Geraden beschreibt, ebenso stellt das Vorzeichen von $f_u g_v - f_v g_u$ die Erhaltung oder die Vertauschung des Umlaufsinns einer ebenen Kurve dar.

Mit Hilfe von Theorem 1 werden wir in Beispiel 1 die Fläche eines Gebietes berechnen. Dabei ist die Abbildung ein Spezialfall der allgemeinen Formel

$$x = au + bv, \quad y = cu + dv,$$

wobei a, b, c, d Konstanten sind und $ad - bc \neq 0$ gilt. Jede solche Abbildung führt Geraden in Geraden über.

Beispiel 1: R sei das Dreieck der uv-Ebene mit den Eckpunkten $(0;0)$, $(1;0)$ und $(0;1)$. F sei die Abbildung

$$x = 2u - 3v, \quad y = 5u + 7v.$$

Man bestimme die Fläche des Gebietes, in das R durch diese Abbildung übergeführt wird.

Lösung: Es sei S das Bild von R. Aus Theorem 1 folgt

$$\text{Fläche von } S = \int\limits_R (f_u g_v - f_v g_u)\, dA.$$

Aus

$$f(u;v) = 2u - 3v \quad \text{und} \quad g(u;v) = 5u + 7v$$

(der Ausdruck $(f_u g_v - f_v g_u)$ sei positiv) erhalten wir

$$f_u = 2, \quad f_v = -3, \quad g_u = 5, \quad g_v = 7.$$

Somit ergibt sich

$$\begin{aligned}\text{Fläche von } S &= \int\limits_R [2\cdot 7 - (-3)5]\, dA \\ &= \int\limits_R (14 + 15)\, dA = \int\limits_R 29\, dA \\ &= 29 \cdot \text{Fläche von } R.\end{aligned}$$

Die Fläche von R beträgt $\frac{1}{2}\cdot$ Grundlinie $\cdot$ Höhe $=\frac{1}{2}$. Daher erhalten wir für die Fläche von S den Wert $\frac{29}{2}$.

Im übrigen führt die Abbildung Geraden in Geraden über, und S ist ebenfalls ein Dreieck. Wie sich leicht zeigen läßt, führt die Abbildung die drei Eckpunkte von R in die Punkte $(0;0)$, $(2;5)$, $(-3;7)$ der xy-Ebene über. Die Gebiete R und S sind in Bild 22.12 dargestellt. ●

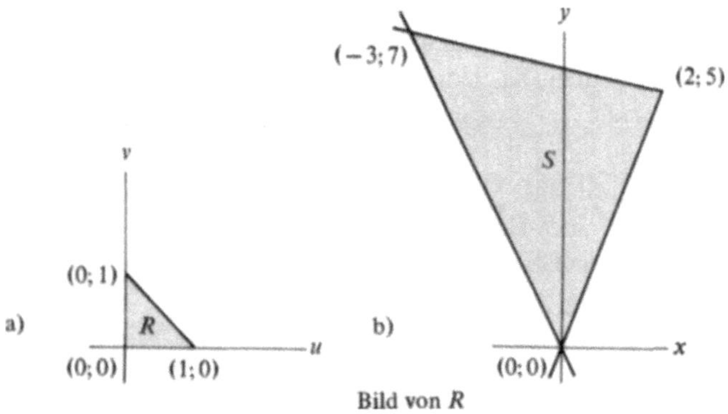

Bild 22.12

Definition der Jacobi-Determinante: Durch $x=f(u;v)$, $y=g(u;v)$ werde eine Abbildung der uv-Ebene in die xy-Ebene beschrieben. Die Funktion

$$f_u g_v - f_v g_u = \begin{vmatrix} f_u & f_v \\ g_u & g_v \end{vmatrix}$$

wird *Jacobi-Determinante* der Abbildung genannt und mit

$$\frac{\partial(f;g)}{\partial(u;v)} \quad \text{oder} \quad \frac{\partial(x;y)}{\partial(u;v)}$$

bezeichnet. Sie wurde im Jahre 1841 von Jacobi eingeführt.

Die Determinante des Beispiels 1 ist konstant und besitzt für alle Punkte $(u;v)$ den Wert 29. In Beispiel 2 ist die Jacobi-Determinante nicht konstant.

Beispiel 2: Es sei $x=uv$, $y=v$ die Abbildung aus Beispiel 3 des vorigen Abschnittes. Ferner sei R das Dreieck der uv-Ebene mit den Eckpunkten $(0;0)$, $(1;1)$ und $(0;1)$. S sei das Bild von R. Man bestimme die Fläche von S (Bild 22.13).

Lösung: Wie in Beispiel 3 des vorigen Abschnittes gezeigt wurde, führt die Abbildung den Punkt $(0;0)$ der uv-Ebene in den Punkt $(0;0)$ der xy-Ebene, den Punkt $(1;1)$ der

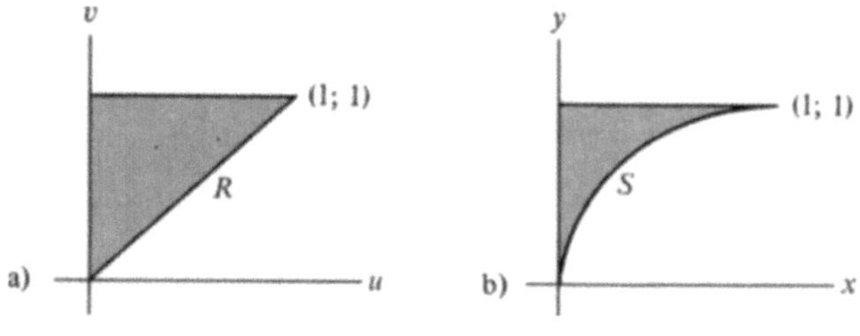

Bild 22.13

uv-Ebene in den Punkt $(1;1)$ der xy-Ebene, und die Gerade durch $(0;0)$ und $(1;1)$ in die Parabel $x=y^2$ über. Die Gerade $v=1$, die das Dreieck R oben begrenzt, geht in die Gerade $y=1$ über. Die Gerade $u=0$ geht in die Gerade $x=0$ über, denn es gilt $x=uv$.

Zunächst berechnen wir die Jacobi-Determinante und bestimmen ihr Vorzeichen. Es sei

$$f(u;v)=uv \quad \text{und} \quad g(u;v)=v.$$

Wir erhalten

$$f_u=v, \quad f_v=u, \quad g_u=0 \quad \text{und} \quad g_v=1.$$

Somit ergibt sich

$$\frac{\partial(f;g)}{\partial(u;v)}=\begin{vmatrix} v & u \\ 0 & 1 \end{vmatrix}=v.$$

Da im Gebiet R stets $v\geqslant 0$ gilt, ist die Jacobi-Determinante in ganz R nichtnegativ. Unsere Flächenformel führt zu

$$\text{Fläche von } S = \int_R \frac{\partial(f;g)}{\partial(u;v)}\,dA = \int_R v\,dA$$

$$=\int_0^1\left(\int_u^1 v\,dv\right)du=\int_0^1\left(\frac{1}{2}-\frac{u^2}{2}\right)du=\frac{1}{3}.$$

Wir hätten im übrigen die Fläche des einfachen Gebietes S auch direkt

$$\left(\int_0^1 y^2\,dy=\frac{1}{3}\right)$$

berechnen und unser obiges Resultat verifizieren können. ●

Nun soll die lokale Vergrößerung der Abbildung $x=f(u;v)$, $y=g(u;v)$ berechnet werden.

Theorem 2 (*Die Jacobi-Determinante als lokale Vergrößerung*): Im Punkt $P_0 = (u_0; v_0)$ sei die Jacobi-Determinante der Abbildung $x = f(u; v)$, $y = g(u; v)$ von Null verschieden und besitze den Wert J_0. Dann beträgt die Fläche für das Bild S eines kleinen Gebietes R in der Umgebung von P_0 näherungsweise

$$|J_0| \cdot \text{Fläche von } R$$

oder präziser

$$\lim_{\text{Durchmesser } R \to 0} \frac{\text{Fläche von } S}{\text{Fläche von } R} = |J_0|.$$

Beweis: Angenommen, J_0 sei positiv. Da die Jacobi-Determinante stetig ist, bleibt sie in ganz R positiv, wenn nur R einen genügend kleinen Durchmesser besitzt. Dann liegen auch die Werte der Jacobi-Determinante beliebig nahe bei J_0. Beispielsweise werden für hinreichend kleines R die Werte der Jacobi-Determinante zwischen $0{,}9\, J_0$ und $1{,}1\, J_0$ variieren. So erhalten wir aus

$$\text{Fläche von } S = \int_R \frac{\partial(f; g)}{\partial(u; v)}\, dA$$

für genügend kleinen Durchmesser von R die Ungleichung

$$0{,}9\, J_0 \cdot \text{Fläche von } R \leqslant \text{Fläche von } S \leqslant$$
$$\leqslant 1{,}1\, J_0 \cdot \text{Fläche von } R.$$

Mit anderen Worten: Für kleines R gilt

$$0{,}9\, J_0 \leqslant \frac{\text{Fläche von } S}{\text{Fläche von } R} \leqslant 1{,}1\, J_0.$$

Anstelle von 0,9 und 1,1 hätten wir beispielsweise zwei Zahlen 0,999 und 1,001 verwenden können, die noch näher bei 1 liegen. Wie sich daher zeigt, gilt

$$\frac{\text{Fläche von } S}{\text{Fläche von } R} \to J_0,$$

wenn der Durchmesser von R nach Null strebt. ●

Ebenso wie die Ableitung der Funktion $x = f(u)$ deren lokale Vergrößerung angibt, beschreibt die Jacobi-Determinante die lokale Vergrößerung der Abbildung $x = f(u; v)$, $y = g(u; v)$. Ist die Jacobi-Determinante an der Stelle $(u_0; v_0)$ positiv, dann führt die Abbildung eine Kurve im Gegenuhrzeigersinn um den Punkt $(u_0; v_0)$ wiederum in eine Kurve im Gegenuhrzeigersinn über – die Abbildung erhält die Orientierung der Kurve. Ist die Jacobi-Determinante negativ, so kehrt sich die Orientierung um. In beiden Fällen ist die Vergrößerung durch den Absolutbetrag der Jacobi-Determinante gegeben.

Die Jacobi-Determinante der Abbildung aus Beispiel 2 hat im Punkt $(u; v)$ den Wert v. Daher wird die Fläche eines kleinen Gebietes in der Umgebung von $(2; 5)$ durch die Abbildung näherungsweise verfünffacht. Die Fläche eines kleinen Gebietes in der Umgebung von $(2; -5)$ wird ebenfalls ungefähr verfünffacht. Das Bild einer Kurve im Gegenuhrzeigersinn wird in diesem Fall im Uhrzeigersinn durchlaufen.

Mit Hilfe der Jacobi-Determinante einer Abbildung kann nicht nur die Fläche eines Gebietes S dargestellt werden, vielmehr kann auch ein Integral über S auf ein Integral über R zurückgeführt werden. Das nächste Theorem behandelt diesen Vorgang genauer. Der Integrand des Theorems erhält die ungewöhnliche Bezeichnung h, da die Buchstaben f und g schon zur Beschreibung der Abbildung verwendet wurden. Ein typischer Punkt von S wird mit Q – nicht P – bezeichnet, da P einen typischen Punkt in R darstellt.

Theorem 2: F sei eine Abbildung der uv-Ebene in die xy-Ebene mit $x = f(u; v)$, $y = g(u; v)$. S sei das Bild (in der xy-Ebene) des Gebietes R (in der uv-Ebene). Die Funktion h sei auf S definiert. Dann gilt

$$\int_S h(Q)\, dS = \int_R h(F(P)) \left| \frac{\partial(f; g)}{\partial(u; v)} \right| dA.$$

Der Beweis dieses Theorems wird üblicherweise in speziellen Lehrbüchern beschrieben. Allerdings sollte das Theorem plausibel sein, denn die Fläche eines kleinen Gebietes in der xy-Ebene entspricht ungefähr dem Absolutbetrag der Jacobi-Determinante mal der Fläche des entsprechenden kleinen Gebietes in der uv-Ebene. dS wird mit anderen Worten durch |Jacobi-Determinante| $\cdot\, dA$ ersetzt.

Beispiel 3: Es sei S das Gebiet aus Beispiel 2. h sei die Funktion $h(x; y) = xy$. Mit Hilfe von Theorem 3 berechne man $\int_S h(Q)\, dS$.

Lösung: R ist das dreieckige Gebiet aus Beispiel 2. Es sei F die Abbildung

$$x = uv, \quad y = v$$

aus diesem Beispiel. Ihre Jacobi-Determinante war v. Aufgrund von Theorem 3 ergibt sich

$$\int_S h(Q)\,dS = \int_S xy\,dS = \int_R xyv\,dA = \int_R uv\cdot v\cdot v\,dA$$

$$= \int_0^1\left(\int_u^1 uv^3\,dv\right)du = \int_0^1\left(\frac{u}{4}-\frac{u^5}{4}\right)du$$

$$= \frac{1}{12}.\ \bullet$$

Theorem 3 liefert uns auch eine neue Erklärung für den Faktor r, der in der Formel für die Integration der Polarkoordinaten auftritt. Wie sich herausstellt, entspricht dieser Faktor r der Jacobi-Determinante einer bestimmten Abbildung. Um dies einzusehen, gehen wir von der Abbildung $x = u\cos v$ und $y = u\sin v$ aus. Diese Abbildung der uv-Ebene auf die xy-Ebene wird dann eineindeutig, wenn wir fordern: $u > 0$ und $0 \leqslant v < 2\pi$. Es sei R das folgende Gebiet in der uv-Ebene:

$$r_1 \leqslant u \leqslant r_2 \quad \text{und} \quad \alpha \leqslant v \leqslant \beta.$$

S sei das Bild von R in der xy-Ebene. Die Form von S in Bild 22.14 ergibt sich, wenn man $(u; v)$ als Polarkoordinaten $(r; \theta)$ in der xy-Ebene betrachtet. So folgt

$$x^2 + y^2 = (u\cos v)^2 + (u\sin v)^2 = u^2$$

und

$$u = \sqrt{x^2+y^2}.$$

Ebenso erhalten wir

$$\frac{y}{x} = \frac{u\sin v}{u\cos v} = \tan v.$$

Tatsächlich sind also $(u; v)$ die Polarkoordinaten des Punktes $(x; y)$.

Für die Jacobi-Determinante der Abbildung ergibt sich

$$\begin{vmatrix} \frac{\partial x}{\partial u} & \frac{\partial x}{\partial v} \\ \frac{\partial y}{\partial u} & \frac{\partial y}{\partial v} \end{vmatrix} = \begin{vmatrix} \cos v & -u\sin v \\ \sin v & u\cos v \end{vmatrix}$$

$$= u\cos^2 v + u\sin^2 v = u(\cos^2 v + \sin^2 v)$$
$$= u.$$

Aus Theorem 3 folgt dann weiter

$$\int_S f(Q)\,dS = \int_R f(u; v)\,u\,dA.$$

Man beachte den Faktor u im Integranden des Integrals über R. Nun gilt also

$$\int_R f(u; v)\,u\,dA = \int_\alpha^\beta\left[\int_{r_1}^{r_2} f(u; v)\,u\,du\right]dv.$$

Da aber u und v mit den Polarkoordinaten r und θ in der xy-Ebene zusammenfallen, können wir die Buchstaben u und v einfach durch r und θ ersetzen. Dies ergibt schließlich

$$\int_S f(x; y)\,dS = \int_\alpha^\beta\left[\int_{r_1}^{r_2} f(r; \theta)\,r\,dr\right]d\theta.$$

Der Faktor r im Integranden ist also tatsächlich gleich der zugehörigen Jacobi-Determinante.

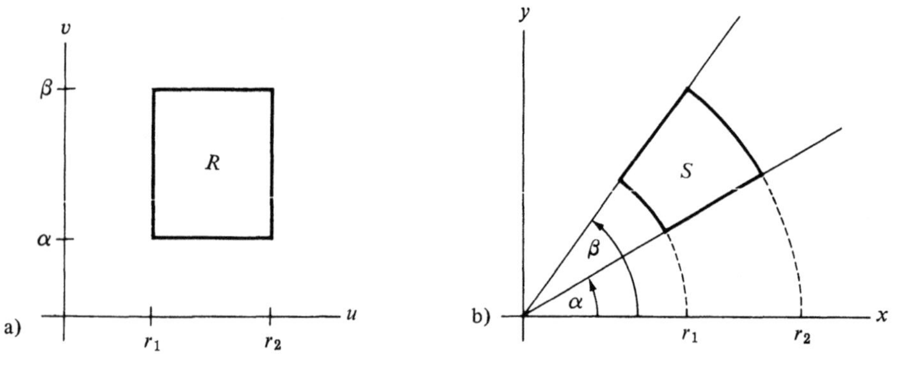

Bild 22.14

Wie in der höheren Mathematik gezeigt wird, ist der Übergang von rechtwinkeligen Koordinaten zu anderen Koordinatensystemen stets mit einem zusätzlichen Faktor im Integranden verbunden, der einer Jacobi-Determinante entspricht. Im Falle der sphärischen Koordinaten $(\rho;\phi;\theta)$ gehen wir von

$$x = \rho \sin\phi \cos\theta, \quad y = \rho \sin\phi \sin\theta, \quad z = \rho \cos\phi$$

aus. Für die Jacobi-Determinante

$$\begin{vmatrix} \frac{\partial x}{\partial \rho} & \frac{\partial x}{\partial \phi} & \frac{\partial x}{\partial \theta} \\ \frac{\partial y}{\partial \rho} & \frac{\partial y}{\partial \phi} & \frac{\partial y}{\partial \theta} \\ \frac{\partial z}{\partial \rho} & \frac{\partial z}{\partial \phi} & \frac{\partial z}{\partial \theta} \end{vmatrix}$$

ergibt sich nach längerer Rechnung $\rho^2 \sin\phi$. Diesen Ausdruck haben wir bereits in den Abschnitten 18.3 und 18.5 kennengelernt.

Übungen:

In den Übungen 1 bis 4 berechne man die Jacobi-Determinante der gegebenen Abbildung in den gegebenen Punkten.

1. $x = 2u, y = -3v$ in (*a*) (4; 5) und (*b*) (1; 7).
2. $x = 3v, y = 2u$ in (*a*) (1; 2) und (*b*) (2; 3).
3. $x = u^2 v, y = v/u$ in (*a*) (1; 2) und (*b*) (− 1; 3).
4. $x = 1/u, y = 1/v$ in (*a*) (1; 2) und (*b*) (3; 2).
5. Es seien a, b, c, d Konstanten, und es gelte $ad - bc \neq 0$. Ferner sei
$$x = au + bv, \quad y = cu + dv.$$
Man leite die Jacobi-Determinante dieser Abbildung in jedem Punkt $ad - bc$ her.
6. Die Jacobi-Determinante einer bestimmten Abbildung im Punkt (2; 4) sei 3. R sei ein kleines Gebiet in der Umgebung von (2; 4) mit der Fläche 0,05. Welche Größe wird das Bild von R ungefähr haben?
7. Die Abbildung
$$x = u \cos\theta - v \sin\theta, \quad y = u \sin\theta + v \cos\theta.$$
(θ sei eine beliebige Konstante) ist flächentreu. Eine flächentreue Abbildung führt jedes Gebiet R in ein Gebiet gleicher Fläche über.
8. (Siehe Übung 7.)
(*a*) Man zeige, daß die Abbildung
$$x = u - v^2 - 2u^2 v - u^4, \quad y = v + u^2 \quad \text{flächentreu ist.}$$
(*b*) Man zeichne das Bild des Quadrates mit den Eckpunkten (0; 0), (1; 0), (1; 1), (0; 1).
9. Es sei $x = u - v$, $y = 2u + v$. R sei das dreieckige Gebiet in der uv-Ebene mit den Eckpunkten (0; 0), (1; 0) und (0; 1). C_R sei die Begrenzung dieses Gebietes, S das Bild von R und C_S das Bild von C_R.
(*a*) Man zeichne die Bilder der drei Eckpunkte.
(*b*) In welchem Sinn wird C_S durchlaufen, wenn C_R im Gegenuhrzeigersinn orientiert ist?
(*c*) Man berechne die Jacobi-Determinante. Sind die Ergebnisse von (*b*) und (*c*) miteinander vereinbar?
10. (*a*) Die Abbildung $x = -u$, $y = v$ hat eine negative Jacobi-Determinante. Man zeige dies!
(*b*) Wenn P den Einheitskreis mit dem Mittelpunkt (0; 0) im Gegenuhrzeigersinn durchläuft, dann bewegt sich das Bild von P im Uhrzeigersinn. Man zeige dies!
11. Es sei $x = u^2$, $y = 2v$ eine Abbildung, und das Dreieck R werde von den Geraden $u = v$, $v = 0$ und $u = 1$ begrenzt. S sei das Bild von R.
(*a*) Man zeichne S.
(*b*) Man berechne die Fläche von S mit Hilfe des Theorems aus diesem Abschnitt.
(*c*) Man berechne die Fläche von S direkt.
12. Es sei $x = u^2 - v^2$ und $y = 2uv$ eine Abbildung und R das Quadrat mit den Eckpunkten (1; 0), (2; 0), (2; 1), (1; 1).
(*a*) Für $u = 1$ liegen die Bilder von $(u; v)$ auf der Kurve $x = 1 - (y/2)^2$. Man zeige dies.
(*b*) Für $u = 2$ liegen die Bilder von $(u; v)$ auf der Kurve $x = 4 - (y/4)^2$. Man zeige dies!
(*c*) Das Bild der Geraden $v = 0$ ist die positive x-Achse. Man zeige dies!
(*d*) Das Bild der Geraden $v = 1$ ist die Kurve $x = (y/2)^2 - 1$. Man zeige dies!
(*e*) Man zeichne S, das Bild von R. (S hat drei gekrümmte und eine gerade Begrenzungslinie.)
(*f*) Man bestimme die Fläche von S.
13. Man betrachte nur positive u, v, x, y und definiere eine Abbildung durch $x = u^{1/3} v^{2/3}$, $y = u^{2/3} v^{1/3}$.
(*a*) Man zeige $x^2 = vy$ und $y^2 = ux$.
(*b*) Das Rechteck R in der uv-Ebene sei durch die Geraden $u = 1$, $u = 2$, $v = 3$ und $v = 4$ begrenzt. Es sei S das Bild von R in der xy-Ebene. S ist durch die Parabeln $x^2 = y$, $x^2 = 2y$, $y^2 = 3x$ und $y^2 = 4x$ begrenzt. Man zeige dies!
(*c*) Man zeichne S.
(*d*) Man berechne S durch Integration der Jacobi-Determinante über das Gebiet R.
14. Wir entnehmen die Abbildung, sowie R und S, der Übung 11. Man berechne die Jacobi-Determinante, um das Integral $\int_S xy\, dA$ zu berechnen.

15. Man betrachte nur positive u, und es gelte $0 \leqslant v \leqslant \pi/2$.

(*a*) Für $x = u \cos v$ und $y = u \sin v$ beweise man $u = \sqrt{x^2 + y^2}$ und $v = \arctan(y/x)$.

(*b*) Man zeige $\partial(u;v)/\partial(x;y) = 1/\sqrt{x^2+y^2}$.

(*c*) Man zeige, daß $\partial(u;v)/\partial(x;y)$ der Kehrwert von $\partial(x;y)/\partial(u;v)$ ist.

(*d*) Warum ist das Ergebnis von (*c*) plausibel? (Man denke an die Optik.)

■

16. Es sei $x = 2u + v$, $y = 3u + 2v$ eine Abbildung der uv-Ebene in die xy-Ebene.

(*a*) Man zeige, daß die Abbildung flächentreu ist. (Obwohl sie die Formen der Gebiete verändert, wie sich in (*b*) zeigen wird.)

(*b*) Man zeichne das Bild S des Kreises $u^2 + v^2 = 1$.

(*c*) Das Gebiet R in der uv-Ebene sei durch den Kreis $u^2 + v^2 = 1$ begrenzt. Es sei S das Bild dieses Gebietes in der xy-Ebene. Man berechne

$$\int_S x^2\,dA.$$

Die Übungen 17 bis 19 behandeln die Abbildung $x = u + v$, $y = uv$ für nichtnegative u und v.

17. (*a*) Das Bild jeder horizontalen oder vertikalen Geraden in der uv-Ebene ist eine Gerade in der xy-Ebene. Man zeige dies.

(*b*) Das Bild der Geraden $u = v$ ist ein Teil der Parabel $y = x^2/4$. Man zeige dies.

18. (*a*) Wo ist die Jacobi-Determinante $\partial(x;y)/\partial(u;v)$ positiv? Wo ist sie negativ?

(*b*) Der dreieckige Weg in der uv-Ebene, der die Punkte $P_1 = (1;2)$, $P_2 = (2;3)$, $P_3 = (1;3)$ und $P_1 = (1;2)$ in dieser Reihenfolge verbindet, wird im Gegenuhrzeigersinn durchlaufen. Man zeichne den Weg in der xy-Ebene, der sich als Bild des dreieckigen Weges ergibt. Wird das Bild im Uhrzeigersinn oder im Gegenuhrzeigersinn durchlaufen?

(*c*) Der dreieckige Weg in der uv-Ebene, der die Punkte $P_1 = (2;1)$, $P_2 = (3;2)$, $P_3 = (2;2)$ und $P_1 = (2;1)$ in dieser Reihenfolge verbindet, wird im Gegenuhrzeigersinn durchlaufen. Man zeichne das Bild dieses dreieckigen Weges in der xy-Ebene. Wird das Bild im Uhrzeigersinn oder im Gegenuhrzeigersinn durchlaufen?

19. Das Gebiet R in der uv-Ebene sei durch die Parabel $v = u^2$ und die Gerade $v = u$ begrenzt. Man bestimme die Fläche des Bildes in der xy-Ebene.

20. Man betrachte die Abbildung $x = 2u + v$, $y = u + 2v$.

(*a*) Das Quadrat R mit den Eckpunkten $(0;0)$, $(1;0)$, $(1;1)$, $(0;1)$ wird auf ein Parallelogramm S abgebildet. Man zeige dies.

(*b*) Mit Hilfe von (*a*) berechne man $\int_S x^2\,dA$.

21. (*a*) Man berechne die am Ende dieses Abschnitts angegebene Jacobi-Determinante für sphärische Koordinaten. Als Resultat sollte sich $\rho^2 \sin \phi$ ergeben.

(*b*) Man führe die analoge Berechnung für zylindrische Koordinaten $(r;\theta;z)$ aus. Das Resultat sollte r lauten.

■■

22. Man beweise Theorem 1 dieses Abschnitts, wenn die Jacobi-Determinante in allen Punkten von R negativ ist.

22.5 Der Gaußsche Satz

Der Gaußsche Satz, auch Divergenztheorem genannt, ist das dreidimensionale Analogon zur Greenschen Formel in der Ebene. Der Gaußsche Satz betrachtet anstelle eines ebenen Gebietes und seiner Begrenzungskurve ein räumliches Gebiet und dessen Oberfläche.

Der Gaußsche Satz: R sei ein konvexes Gebiet im Raum und S seine Oberfläche. Dann gilt

$$\int_R \nabla \cdot \mathbf{F}\,dV = \int_S \mathbf{F} \cdot \mathbf{n}\,dS,$$

wobei $\mathbf{n}$ die äußere Flächennormale ist.

Genauso wie für die Greensche Formel in Abschnitt 22.1 werden wir auch hier das Theorem an Hand von Flüssigkeitsströmungen plausibel machen. Die Größe

$$\int_S \mathbf{F} \cdot \mathbf{n}\,dS$$

beschreibt den gesamten Fluß durch die Oberfläche S, wie wir bereits in Abschnitt 21.3 feststellten. Suchen wir nun den gesamten Flüssigkeitsverlust eines typischen kleinen Würfels aus R, so gehen wir ähnlich vor, wie bei der Berechnung des Flüssigkeitsverlustes aus dem kleinen Rechteck von Abschnitt 22.1 (Bild 22.15).

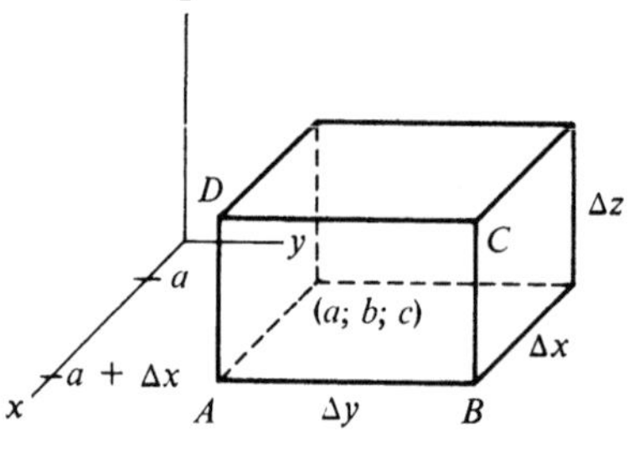

Bild 22.15

Sei $\mathbf{F}(x;y;z) = P\mathbf{i} + Q\mathbf{j} + R\mathbf{k}$. Man schätze den Flüssigkeitsverlust aus einem kleinen Würfel ab. Ein Eckpunkt habe die Koordinaten $(a;b;c)$, der gegenüberliegende Eckpunkt sei $(a+\Delta x; b+\Delta y; c+\Delta z)$. Das Volumen des Würfels ist $\Delta x\,\Delta y\,\Delta z$.

Wir wollen nun den Fluß durch die beiden zur yz-Ebene parallelen Ebenen abschätzen. Diese beiden Ebenen haben die Gleichungen $x = a$ und $x = a + \Delta x$.

Für die Ebene $x = a + \Delta x$ ist die äußere Flächennormale gleich $\mathbf{i}$. Der Flüssigkeitsverlust durch die Oberfläche ist daher gegeben durch

$$\begin{aligned}&[\mathbf{F}(a+\Delta x;b;c)\cdot\mathbf{i}]\cdot \text{Fläche von } ABCD\\ &= [P(a+\Delta x;b;c)\mathbf{i} + Q(a+\Delta x;b;c)\mathbf{j} +\\ &\quad + R(a+\Delta x;b;c)\mathbf{k}]\cdot\mathbf{i}\,\Delta y\,\Delta z\\ &= P(a+\Delta x;b;c)\,\Delta y\,\Delta z.\end{aligned}$$

Für die rechteckige Fläche in der Ebene $x = a$ ist die äußere Flächennormale gleich $-\mathbf{i}$. Aus analogen Überlegungen erhalten wir für den Gesamtfluß durch das Rechteck

$$-P(a;b;c)\,\Delta y\,\Delta z.$$

Der gesamte Fluß durch die beiden Wände entspricht daher

$$[P(a+\Delta x;b;c) - P(a;b;c)]\,\Delta y\,\Delta z$$

oder näherungsweise

$$[P_x(a;b;c)\,\Delta x]\,\Delta y\,\Delta z = P_x(a;b;c)\,\Delta x\,\Delta y\,\Delta z.$$

Analoge Betrachtungen für die anderen vier Grenzflächen liefern uns für den gesamten Flüssigkeitsverlust aus dem kleinen Würfel die Abschätzung

$$[P_x(a;b;c) + Q_y(a;b;c) + R_z(a;b;c)]\,\Delta x\,\Delta y\,\Delta z.$$

Da das Volumen des Würfels durch $\Delta x\,\Delta y\,\Delta z$ gegeben ist, erwarten wir für den Flüssigkeitsverlust aus einem Gebiet R den Wert

$$\int_R (P_x + Q_y + R_z)\,dV$$

oder äquivalent

$$\int_R \nabla\cdot\mathbf{F}\,dV.$$

Somit ist der gesamte Flüssigkeitsverlust gleich

$$\int_S \mathbf{F}\cdot\mathbf{n}\,dS = \text{Gesamtverlust} = \int_R \nabla\cdot\mathbf{F}\,dV,$$

wie der Gaußsche Satz behauptet.

Beispiel 1: Sei $\mathbf{F}(x;y;z) = x\mathbf{i} + 2y\mathbf{j} + 3z\mathbf{k}$. Ferner sei S die Oberfläche der Kugel mit dem Mittelpunkt $(1;1;1)$ und dem Radius 5. Man bestimme

$$\int_S \mathbf{F}\cdot\mathbf{n}\,dS.$$

Lösung: R sei die Kugel, die durch S begrenzt wird. Dann folgt aus dem Gaußschen Satz

$$\begin{aligned}\int_S \mathbf{F}\cdot\mathbf{n}\,dS &= \int_R \nabla\cdot\mathbf{F}\,dV\\ &= \int_R \left[\frac{\partial(x)}{\partial x} + \frac{\partial(2y)}{\partial y} + \frac{\partial(3z)}{\partial z}\right] dV\\ &= \int_R 6\,dV = 6\cdot\text{Volumen von } R\\ &= 6\cdot\frac{4\pi 5^3}{3} = 1000\pi. \bullet\end{aligned}$$

Das nächste Beispiel behandelt eine wichtige Anwendung des Gaußschen Satzes.

Beispiel 2: Auf der Oberfläche S eines Stücks Metall ist eine zeitlich konstante Temperaturverteilung vorgegeben (durch eine Mischung von Eiswürfeln, Heizspiralen usw.), die aber von Punkt zu Punkt unterschiedlich sein kann. Angenommen, die Temperaturverteilung im Inneren des Metalls erreicht einen stationären Zustand. $T(x;y;z)$ sei die Temperatur im Punkt $(x;y;z)$. Man zeige, daß T die partielle Differentialgleichung

$$T_{xx} + T_{yy} + T_{zz} = 0$$

erfüllt.

Lösung: In jedem Punkt des Metallkörpers zeigt ∇T in die Richtung des stärksten Temperaturanstiegs. Die Wärme strömt daher in die Richtung ∇T. Darüberhinaus nehmen wir an, daß sich der Wärmefluß proportional zum Betrag des Vektors $-\nabla T$ verhält.

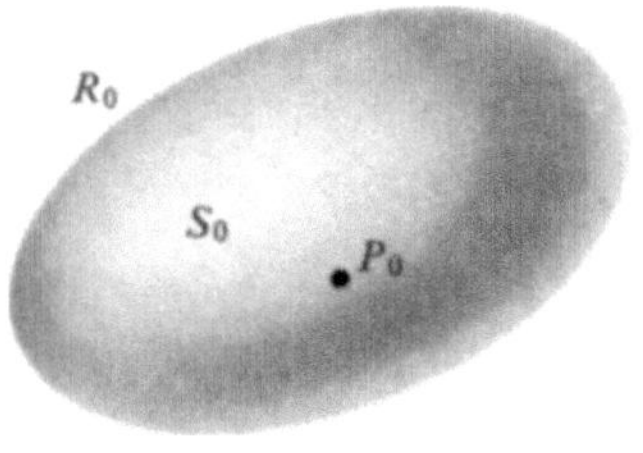

R_0 ist ein kleines Volumen
S_0 ist seine Oberfläche
P_0 liegt im Inneren von R_0

Bild 22.16

Man betrachte nun einen festen Punkt P_0 im Inneren des Metalls und ein kleines Gebiet R_0 um P_0 (Bild 22.16). Sei S_0 die Oberfläche von R_0.

Da die Temperaturverteilung im Inneren des Metalls stationär ist, kann sich in R_0 Wärme weder ansammeln noch kann sie dort verschwinden:

$$-\int_{S_0} \nabla T \cdot \mathbf{n}\, dS = 0.$$

Aufgrund des Gaußschen Satzes gilt

$$\int_{R_0} \nabla \cdot \nabla T\, dV = 0.$$

Nun erhalten wir

$$\begin{aligned} \nabla \cdot \nabla T &= \nabla(T_x\mathbf{i} + T_y\mathbf{j} + T_z\mathbf{k}) \\ &= \frac{\partial (T_x)}{\partial x} + \frac{\partial (T_y)}{\partial y} + \frac{\partial (T_z)}{\partial z} \\ &= T_{xx} + T_{yy} + T_{zz}. \end{aligned}$$

Daher gilt für jedes kleine Gebiet R_0 um P_0

$$\int_{R_0} (T_{xx} + T_{yy} + T_{zz})\, dV = 0,$$

und $T_{xx} + T_{yy} + T_{zz}$ ist tatsächlich im Punkt P_0 gleich Null. •

Der Beweis des Gaußschen Satzes verläuft völlig analog zu dem der Greenschen Formel aus Abschnitt 22.2; er wird in Übung 22 kurz skizziert.

Übungen:

1. Sei $\mathbf{F}(x;y;z) = x\mathbf{i} + y\mathbf{j} + z\mathbf{k}$. R sei die Kugel mit dem Radius a und dem Mittelpunkt $(0;0;0)$, und S sei ihre Oberfläche. Man verifiziere den Gaußschen Satz in diesem Fall.
2. Man erinnere sich an Beispiel 5 aus Abschnitt 21.3, wo das Integral $\int_S \mathbf{F} \cdot \mathbf{n}\, dS$ berechnet wurde. Man bestimme $\int_R \nabla \cdot \mathbf{F}\, dV$ und verifiziere den Gaußschen Satz.
3. $\mathbf{F}$ sei ein konstantes Vektorfeld und S die Oberfläche eines konvexen Festkörpers, dann beweise man
$$\int_S \mathbf{F} \cdot \mathbf{n}\, dS = 0.$$
4. Sei
$$\mathbf{F} = 2x\mathbf{i} + 3y\mathbf{j} + (5z + 6x)\mathbf{k}$$
und
$$\mathbf{G} = (3x + 4z^2)\mathbf{i} + (2y + 5x)\mathbf{j} + 5z\mathbf{k}.$$
Man beweise
$$\int_S \mathbf{F} \cdot \mathbf{n}\, dA = \int_S \mathbf{G} \cdot \mathbf{n}\, dS,$$
wobei die Fläche S ein konvexes Gebiet begrenzt.
5. Was kann dann über das Integral
$$\int_R \nabla \cdot \mathbf{F}\, dV$$
ausgesagt werden, wenn die Länge von $\mathbf{F}(P)$ für alle Punkte P auf der Oberfläche höchstens 5 beträgt?
6. Sei $\mathbf{F}(x;y;z) = x^3\mathbf{i} + y^3\mathbf{j} + z^3\mathbf{k}$. S sei die Kugel mit dem Radius a und dem Mittelpunkt $(0;0;0)$. Man verwende den Gaußschen Satz, um das Integral $\int_S \mathbf{F} \cdot \mathbf{n}\, dS$ zu berechnen.
7. Man erkläre folgende Schritte, die einem Lehrbuch der Hydrodynamik entnommen sind.

   (*a*) Aus
$$\int_R \frac{\partial f}{\partial t}\, dV + \int_S (f\mathbf{V} \cdot \mathbf{n})\, dS = 0$$
   folgt
$$\int_R \left[\frac{\partial f}{\partial t} + \nabla \cdot f\mathbf{V}\right] dV = 0.$$

(b) Da R beliebig klein gewählt werden kann und der Integrand

$$\frac{\partial f}{\partial t} + \nabla \cdot f\mathbf{V}$$

stetig ist, muß der Integrand überall gleich Null sein. Dies liefert die *fundamentale Kontinuitätsgleichung*

$$\frac{\partial f}{\partial t} + \nabla \cdot f\mathbf{V} = 0.$$

8. Man erkläre, warum der Fluß durch die beiden zur xz-Ebene parallelen Oberflächen tatsächlich gleich $Q_y \Delta x \Delta y \Delta z$ ist.
9. Man zeige, daß $\nabla \cdot \mathbf{F}$ im Punkt P_0 durch

$$\lim_{a \to 0} \frac{\int_S \mathbf{F} \cdot \mathbf{n}\, dS}{\text{Volumen von } R}$$

gegeben ist, wobei R als Kugel mit dem Radius a und dem Mittelpunkt P_0 gewählt wird.
10. Sei $\mathbf{R}(x;y;z) = x\mathbf{i} + y\mathbf{j} + z\mathbf{k}$. Man bezeichne $|\mathbf{R}|$ mit r. Sei S eine glatte Oberfläche, die einen konvexen Körper begrenzt. Der Ursprung liege außerhalb von S. Mit Hilfe des Gaußschen Satzes zeige man

$$\int_S \frac{\mathbf{R} \cdot \mathbf{n}}{r^3}\, dS = 0.$$

■

11. $g(P)$ sei eine im Raum stetige Funktion mit der Eigenschaft $\int_R g(P)\, dV = 0$ für alle Gebiete R. Dann zeige man $g(P) = 0$ für alle P.
12. Sei $\mathbf{F}(x;y;z) = \mathbf{R}/|\mathbf{R}|^3$, wobei $\mathbf{R} = x\mathbf{i} + y\mathbf{j} + z\mathbf{k}$ ist.
    (a) Man zeige, daß $\nabla \cdot \mathbf{F} = 0$.
    (b) Man zeige $\int_S \mathbf{F} \cdot \mathbf{n}\, dS \neq 0$, wobei S die Kugel mit dem Radius 1 und dem Mittelpunkt $(0;0;0)$ ist.
    (c) Widersprechen (a) und (b) dem Gaußschen Satz?

■■

13. (Siehe Übung 6.) Man bestimme $\int_S x^4\, dS$, wobei S die in Übung 6 beschriebene kugelförmige Oberfläche sei.
    (a) Warum ist

$$\int_S x^4\, dS = \int_S z^4\, dS = \frac{1}{3} \int_S (x^4 + y^4 + z^4)\, dS?$$

    (b) Man berechne $\int_R (x^2 + y^2 + z^2)\, dV$, wobei R die Kugel aus Beispiel 6 sei.
    (c) Man bestimme aus (a), (b) und dem Resultat von Übung 6 das Integral $\int_S x^4\, dS$.
14. Seien f und g skalare Funktionen, die im ganzen Raum definiert sind. S sei die Oberfläche eines konvexen Körpers R. Man beweise

$$\int_S f(\nabla g \cdot \mathbf{n})\, dS = \int_R (f\nabla^2 g + \nabla f \cdot \nabla g)\, dV,$$

wobei $\nabla^2 f$ eine Abkürzung für $\nabla \cdot (\nabla f)$ ist $(= f_{xx} + f_{yy} + f_{zz})$. ($\nabla^2$ wird als „Nabla-Quadrat“ gelesen.)
15. (Siehe Übung 14.) Seien $\nabla^2 f$ und $\nabla^2 g$ beide Null, dann beweise man

$$\int_S f(\nabla g \cdot \mathbf{n})\, dS = \int_S g(\nabla f \cdot \mathbf{n})\, dS.$$

16. In Beispiel 2 hatte die Temperaturverteilung einen stationären Zustand erreicht. Wenn diese Annahme nicht gilt, wie kann dann die Größe $T_{xx} + T_{yy} + T_{zz}$ physikalisch interpretiert werden? Was mißt diese Größe?
17. Ein stetiges Vektorfeld $\mathbf{F}$ habe die Eigenschaft, daß $\mathbf{F}(P)$ in jedem Punkt P mit dem Abstand 1 vom Ursprung Null senkrecht auf dem Vektor $\overrightarrow{OP}$ steht. Dann muß die Divergenz von $\mathbf{F}$ mindestens in einem Punkt gleich Null sein. Man zeige dies.
18. Wir haben den Gaußschen Satz für die Komponente $P\mathbf{i}$ bewiesen (da für diesen Fall das Diagramm sehr leicht zu zeichnen war). Man führe den Beweis für die Komponente $R\mathbf{k}$ durch.

Die Übungen 19 bid 21 behandeln ein Gebiet, dessen Oberfläche aus einem inneren und einem äußeren Teil besteht.

19. Das Gebiet R sei durch zwei getrennte Oberflächen S_1 und S_2 begrenzt (Bild 22.17). Die äußere Oberfläche sei S_2, die innere S_1. Warum gilt für ein Vektorfeld in R die Gleichung

$$\int_R \nabla \cdot \mathbf{F}\, dV = \int_{S_2} \mathbf{F} \cdot \mathbf{n}\, dS + \int_{S_1} \mathbf{F} \cdot \mathbf{n}\, dS?$$

Auf beiden Oberflächen zeigt der Normalvektor immer aus dem Gebiet R heraus.

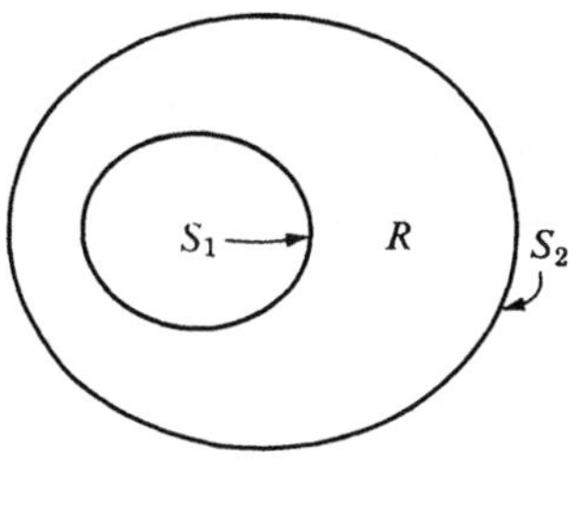

ein Gebiet zwischen zwei Oberflächen

Bild 22.17

20. (Fortsetzung von Übung 19.) Man nehme weiter an, daß $\nabla \cdot \mathbf{F} = 0$ in R gilt. Dann zeige man

$$\int_{S_2} \mathbf{F} \cdot \mathbf{n}\, dS = -\int_{S_1} \mathbf{F} \cdot \mathbf{n}\, dS.$$

21. Sei $\mathbf{F} = \mathbf{R}/|\mathbf{R}|^3$ wie in Übung 12. S_2 sei eine Oberfläche, die den Ursprung umfaßt. S_1 sei eine kleine Kugel mit dem Mittelpunkt im Ursprung. Dann zeige man

$$\int_{S_2} \frac{\mathbf{R} \cdot \mathbf{n}}{|\mathbf{R}|^3}\, dS = 4\pi.$$

Dieses Ergebnis ist für das Studium des elektrostatischen Feldes sehr wichtig.

22. Die folgende Übung skizziert einen Beweis des Gaußschen Satzes.

(*a*) Man rekapituliere den Beweis der Greenschen Formel aus Abschnitt 22.2.

(*b*) Sei $\mathbf{F} = P\mathbf{i} + Q\mathbf{j} + R\mathbf{k}$, wobei P, Q und R Funktionen von x, y und z sind. Die Oberfläche S sei Begrenzung eines zusammenhängenden Gebietes R. (Der Buchstabe R bezeichnet sowohl eine Funktion als auch ein Gebiet. Aus dem Zusammenhang sind Verwechslungen jedoch ausgeschlossen.) Man zeige, daß der Gaußsche Satz den drei folgenden Gleichungen äquivalent ist:

$$\int_R P_x\, dV = \int_S P\,(\mathbf{i} \cdot \mathbf{n})\, dS,$$

$$\int_R Q_y\, dV = \int_S Q\,(\mathbf{j} \cdot \mathbf{n})\, dS,$$

$$\int_R R_z\, dV = \int_S R\,(\mathbf{k} \cdot \mathbf{n})\, dS.$$

(*c*) Da das Diagramm für die dritte Gleichung in (*b*) am leichtesten zu zeichnen ist, soll gerade diese Gleichung bewiesen werden. Man teile S in eine obere und eine untere Fläche S_2 und S_1. Dann kann genauso wie in Abschnitt 22.2 argumentiert werden, wenn die diversen Integrale als Integrale über ein Gebiet R der xy-Ebene aufgefaßt werden.

22.6 Der Satz von Stokes

Eine weitere Verallgemeinerung der Greenschen Formel liefert der Satz von Stokes für ein räumliches Vektorfeld und dreidimensionale Flächen sowie Berandungskurven.

Sei S eine gekrümmte oder ebene Fläche mit der Berandungskurve C. Ferner sei S Teil der Oberfläche eines konvexen Körpers. Wir bezeichnen den äußeren Normalvektor der Oberfläche mit $\mathbf{n}$. Da C nicht in der xy-Ebene liegt, ist es gleichgültig, welchen Umlaufsinn die Kurve C besitzt. Wir wählen den Umlaufsinn von C derart (Rechte-Hand-Regel), daß $\mathbf{n}$ in Richtung des Daumens der rechten Hand zeigt, wenn die Finger der rechten Hand in Richtung des Umlaufsinns von C zeigen (Bild 22.18). Nun können wir den Satz von Stokes formulieren.

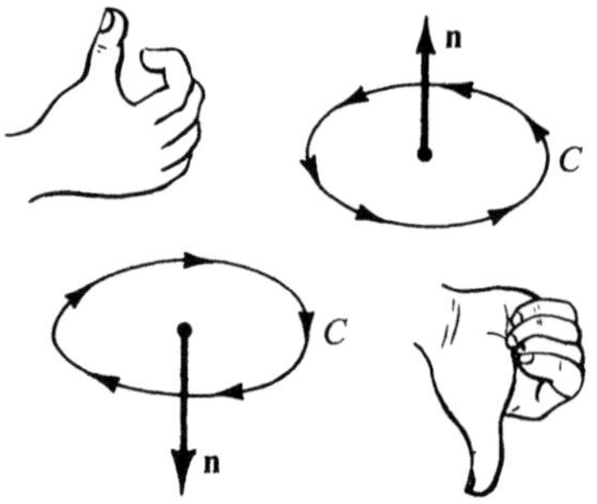

Bild 22.18

Theorem 1 (*Der Satz von Stokes*): S sei eine ebene oder gekrümmte Fläche im dreidimensionalen Raum und C die zugehörige Berandungskurve (Bild 22.19). In jedem Punkt von S sei $\mathbf{n}$ der äußere Normalvektor von S. C sei gemäß der „Rechten-Handregel" orientiert. Ferner sei $\mathbf{F}$ ein Vektorfeld im Raum. Dann gilt

$$\int_S (\operatorname{rot} \mathbf{F}) \cdot \mathbf{n}\, dA = \int_C \mathbf{F} \cdot \mathbf{T}\, dS.$$

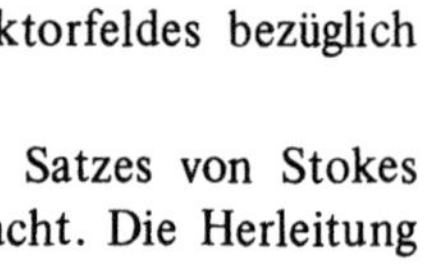

Bild 22.19

Der Satz von Stokes liefert eine Beziehung einerseits zwischen *Tangentialkomponente* eines Vektorfeldes entlang einer geschlossenen Kurve und andererseits der *Normalkomponente* der Rotation dieses Vektorfeldes bezüglich einer Fläche.

Ein mathematischer Beweis des Satzes von Stokes wird in den Übungen 19 bis 21 gebracht. Die Herleitung aus der Greenschen Formel vertieft zwar unser Verständnis der Greenschen Formel, bringt aber keine neuen Erkenntnisse über den Satz von Stokes. Aus diesem Grund werden wir uns in der Folge darauf konzentrieren, den Satz von Stokes zu veranschaulichen. Zuerst wollen wir ihn auf ein spezielles Beispiel anwenden.

Beispiel 1: Sei $\mathbf{F}(x; y; z) = y\mathbf{i} + xz\mathbf{j} + x^2\mathbf{k}$. Ferner sei S das Dreieck mit den Eckpunkten $(1; 0; 0)$, $(0; 1; 0)$ und $(0; 0; 1)$. Man wende den Stokesschen Satz auf diesen Fall an.

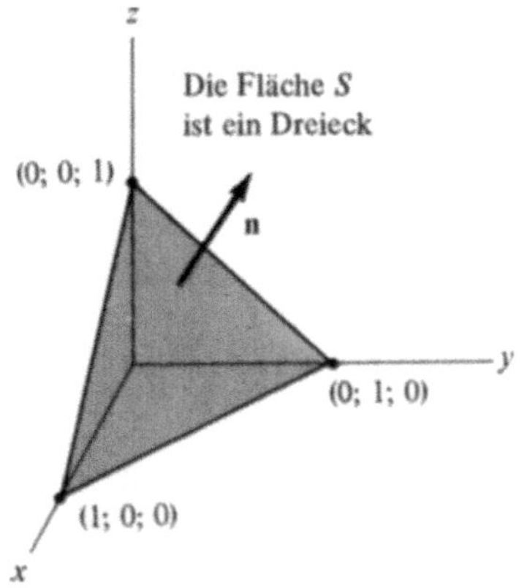

Bild 22.20

Lösung: Sei **n** der Normalvektor auf S (Bild 22.20). C sei die Berandungskurve in der Reihenfolge (1;0;0), (0;1;0), (0;0;1) und (1;0;0).

Aufgrund des Beispiels 6 aus Abschnitt 21.2 gilt

$$\oint_C \mathbf{F} \cdot \mathbf{T}\, ds = -\frac{5}{6}. \qquad (1)$$

Um nun

$$\int_S \mathbf{rot\, F} \cdot \mathbf{n}\, dS$$

zu berechnen, müssen wir **n** und **rot F** bestimmen.

Da S auf der Fläche $x + y + z = 1$ liegt, ist der Normalenvektor durch

$$\mathbf{n} = \frac{\mathbf{i} + \mathbf{j} + \mathbf{k}}{\sqrt{3}}$$

gegeben. Ferner gilt

$$\mathbf{rot\, F} = \begin{vmatrix} \mathbf{i} & \mathbf{j} & \mathbf{k} \\ \frac{\partial}{\partial x} & \frac{\partial}{\partial y} & \frac{\partial}{\partial z} \\ y & xz & x^2 \end{vmatrix} = \mathbf{i}(-x) - \mathbf{j}(2x) + \mathbf{k}(z-1)$$

und

$$\mathbf{rot\, F} \cdot \mathbf{n} = (-x\mathbf{i} - 2x\mathbf{j} + (z-1)\mathbf{k}) \cdot \frac{(\mathbf{i} + \mathbf{j} + \mathbf{k})}{\sqrt{3}} = \frac{-x - 2x + z - 1}{\sqrt{3}} = \frac{-3x + z - 1}{\sqrt{3}}.$$

Wir suchen das Integral

$$\int_S \mathbf{rot\, F} \cdot \mathbf{n}\, dS = \int_S \frac{-3x + z - 1}{\sqrt{3}}\, dS,$$

das mit dem Integral über das dreieckige Gebiet R in der xy-Ebene (begrenzt durch die Geraden $x = 0$, $y = 0$ und $x + y = 1$) übereinstimmt. Aufgrund des Theorems aus Abschnitt 20.7 gilt

$$\int_S \frac{-3x + z - 1}{\sqrt{3}}\, dS = \int_R \frac{-3x + z - 1}{\sqrt{3}} \sqrt{3}\, dA = \int_R (-3x + z - 1)\, dA. \qquad (2)$$

Man erinnere sich, daß z mit x und y durch die Gleichung der Ebene

$$x + y + z = 1$$

verbunden ist. Es folgt daraus

$$z = 1 - x - y,$$

und aus Gl. (2) ergibt sich:

$$\int_R [-3x + (1 - x - y) - 1]\, dA = \int_R (-4x - y)\, dA = \int_0^1 \left[\int_0^{1-x} (-4x - y)\, dy \right] dx = \int_0^1 \left(\frac{7x^2}{2} - 3x - \frac{1}{2} \right) dx = -\frac{5}{6}.$$

Dies stimmt mit dem Ergebnis (1) überein und bestätigt somit den Satz von Stokes. ●

Beispiel 1 gab einen ersten Eindruck vom Stokesschen Satz. Das nächste Beispiel zeigt einen anderen Aspekt und stellt den Satz von Stokes als eine Verallgemeinerung der Greenschen Formel dar.

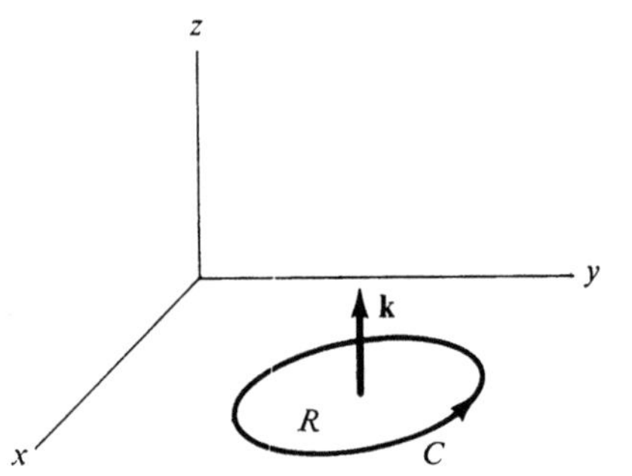

Bild 22.21

Beispiel 2: Man zeige, daß die Greensche Formel ein spezieller Fall des Stokesschen Satzes ist.

Lösung: R sei ein Gebiet der xy-Ebene, begrenzt durch die Kurve C (im Gegenuhrzeigersinn orientiert, Bild 22.21). In jedem Punkt von R verwende man als Einheitsnormale den Vektor $\mathbf{k}$. Dies ist mit der Rechten-Hand-Regel vereinbar. Nun sei

$$\mathbf{F}(x;y;z) = -Q(x;y)\,\mathbf{i} + P(x;y)\,\mathbf{j} + 0\mathbf{k}$$

Dann gilt

$$\mathbf{rot\,F} = \begin{vmatrix} \mathbf{i} & \mathbf{j} & \mathbf{k} \\ \dfrac{\partial}{\partial x} & \dfrac{\partial}{\partial y} & \dfrac{\partial}{\partial z} \\ -Q(x;y) & P(x;y) & 0 \end{vmatrix} =$$

$$= \mathbf{i}\cdot 0 - \mathbf{j}\cdot 0 + \mathbf{k}(P_x + Q_y) = (P_x + Q_y)\mathbf{k}$$

Der Satz von Stokes behauptet nun

$$\int_R \mathbf{rot\,F}\cdot\mathbf{k}\,dA = \int_C \mathbf{F}\cdot\mathbf{T}\,ds$$

oder

$$\int_R (P_x + Q_y)\mathbf{k}\cdot\mathbf{k}\,dA = \oint_C -Q\,dx + P\,dy$$

und

$$\int_R (P_x + Q_y)\,dA = \oint_C P\,dy - Q\,dx.$$

Dies aber ist genau die Greensche Formel aus Abschnitt 22.1. ●

Was sagt der Satz von Stokes über die Strömung einer Flüssigkeit? Welches ist insbesondere die physikalische Bedeutung von **rot F**? Wir wollen beide Fragen gemeinsam beantworten.

Bild 22.22

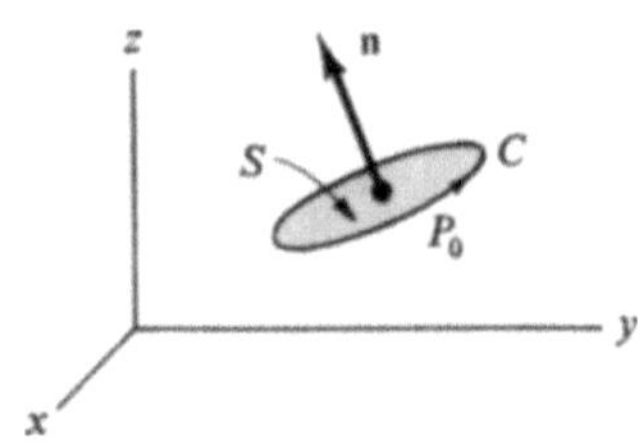

Man betrachte einen festen Punkt P_0 im Raum und eine kleine Kreisfläche S mit dem Mittelpunkt $\mathbf{P}_0$. C sei die Begrenzungskurve von S, und $\mathbf{n}$ sei nach der Rechten-Hand-Regel orientiert (Bild 22.22).

Nun untersuchen wir die beiden Seiten der Gleichung

$$\int_S (\mathbf{rot\,F})\cdot\mathbf{n}\,dS = \oint_C \mathbf{F}\cdot\mathbf{T}\,ds. \tag{3}$$

Die rechte Seite von Gl. (3) ist ein Maß für die Bewegung der Flüssigkeit entlang der Kurve C. So kann $\oint_C \mathbf{F}\cdot\mathbf{T}\,dS$ als „Zirkulation" oder „Wirbelgröße" der Flüssigkeit entlang C interpretiert werden. Für jeden beliebigen kleinen Kreis S um den Punkt P_0 – oder äquivalent – für jede beliebige Wahl des Einheitsvektors $\mathbf{n}$ gibt $\oint_C \mathbf{F}\cdot\mathbf{T}\,ds$ ein Maß für die entsprechende Zirkulation oder die Rotation eines Schaufelrades um die Achse $\mathbf{n}$ durch den Punkt P_0 (Bild 22.23). Damit ist die rechte Seite von Gl. (3), nämlich das Integral $\int_C \mathbf{F}\cdot\mathbf{T}\,ds$ veranschaulicht.

Bild 22.23

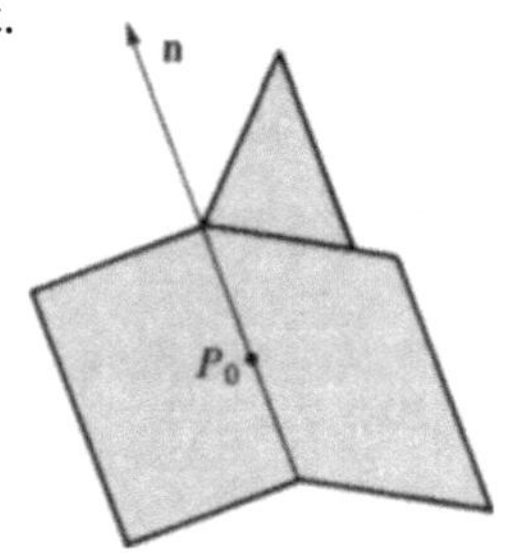

ein Schaufelrad in der Flüssigkeit

Nun betrachten wir die linke von Gl. (3). Ist S klein, so wird der Integrand etwa konstant sein, und das Integral ist näherungsweise gleich

$$(\mathbf{rot\,F})_{P_0}\cdot\mathbf{n}\cdot\text{Fläche von } S, \tag{4}$$

wobei $(\mathbf{rot\,F})_{P_0}$ die Rotation im Punkt P_0 bezeichnet.

Wir halten das Zentrum von S im Punkt P_0 fest und variieren den Vektor **n**. Für welchen Wert von **n** wird Gl. (4) den Maximalwert annehmen? Antwort: Für dasjenige **n**, das in die gleiche Richtung zeigt wie der feste Vektor $(\mathbf{rot\,F})_{P_0}$. Mit dieser Wahl von **n** wird aus Gl. (4)

$$|(\mathbf{rot\,F})_{P_0}| \text{ Fläche von } S.$$

Ein Schaufelrad, das man im Punkt P_0 in die Flüssigkeit einführt, *rotiert dann am schnellsten, wenn seine Achse mit der Richtung von* **rot F** *übereinstimmt*. Die *Größe von* **rot F** ist ein Maß für die *Rotation des Schaufelrades* an der Stelle P_0. Also ist **rot F** ein Maß für die Richtung und die Größe der maximalen Zirkulation im gegebenen Punkt P_0.

Stellen wir uns nun eine Fläche S mit der Berandungskurve C vor. Die Rotation werde durch die Drehung des Schaufelrades dargestellt. Wir wollen nun den umgekehrten Weg einschlagen und aus dieser Darstellung den Satz von Stokes begründen.

Man betrachte eine Unterteilung der Fläche S in die kleinen Flächen $S_1, S_2, \ldots, S_n$. Sei P_i ein Punkt auf der Fläche S_i mit $i = 1, 2, \ldots, n$. Sei $(\mathbf{rot\,F})_i$ die Rotation von **F** in P_i und sei $\mathbf{n}_i$ der Normalenvektor in P_i. Dann gibt

$$\sum_{i=1}^{n} (\mathbf{rot\,F})_i \cdot \mathbf{n}_i S_i \tag{5}$$

eine Näherungssumme für

$$\int_S (\mathbf{rot\,F}) \cdot \mathbf{n}\, dS.$$

Andererseits liefert

$$(\mathbf{rot\,F})_i \cdot \mathbf{n}_i S_i$$

eine Abschätzung für die Zirkulation von **F** – entsprechend unserem Schaufelrad – entlang der Begrenzung von S_i, also für

$$\int_{C_i} \mathbf{F} \cdot \mathbf{T}\, ds, \tag{6}$$

wobei C_i die Begrenzungskurve von S_i ist. Somit approximiert die Summe in Gl. (5) die Summe der Linienintegrale von Gl. (6) für $i = 1, 2, \ldots, n$. Diese Linienintegrale sind schematisch in Bild 22.24 gezeigt. Dort, wo sich die kleinen Integrationswege C_i berühren, sind die Richtungen der Inte-

Bild 22.24

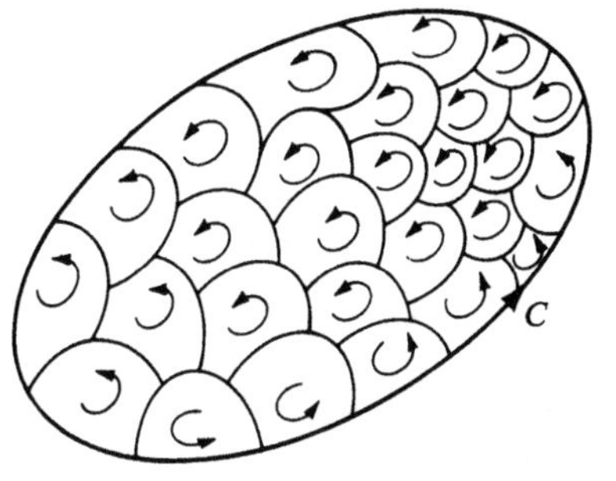

typische kleine Kurven C_i

gration einander entgegengesetzt, und die entsprechenden Beiträge heben sich im Integral weg. Daher gilt

$$\sum_{i=1}^{n} \int_{C_i} \mathbf{F} \cdot \mathbf{T}\, ds = \int_C \mathbf{F} \cdot \mathbf{T}\, ds. \tag{7}$$

Fassen wir die Gln. (5), (6) und (7) für kleine S_i zusammen, so kommen wir zur Gleichung

$$\int_S (\mathbf{rot\,F}) \cdot \mathbf{n}\, dS = \int_C \mathbf{F} \cdot \mathbf{T}\, ds;$$

dies ist genau der Stokessche Satz.

Bis jetzt haben wir den Satz von Stokes nicht bewiesen, sondern nur anhand unseres Schaufelrades veranschaulicht. Wie kann der Satz von Stokes nun angewendet werden?

Viele seiner Anwendungen beziehen sich auf *konservative* Vektorfelder. Für ein konservatives Vektorfeld **F** (siehe Abschnitt 21.4) hängt das Integral $\int_C \mathbf{F} \cdot \mathbf{T}\, ds$ nur von den Endpunkten der Kurve C ab (oder, was inhaltlich das Gleiche ist, $\oint_C \mathbf{F} \cdot \mathbf{T}\, ds = 0$ für geschlossene Kurven). Dementsprechend muß **F** der Gradient einer Skalarfunktion f sein.

Nun zeigt eine einfache Rechnung

$$\nabla \times \nabla f = 0.$$

Die Rotation eines konservativen Feldes **F** ist Null. Ist umgekehrt jedes Vektorfeld mit verschwindender Rotation konservativ? Wie Übung 19 in Abschnitt 21.5 gezeigt hat, ist dies nicht notwendigerweise der Fall. Das nächste Theorem zeigt, daß **F** jedenfalls dann konservativ ist, wenn überall **rot F** = 0 gilt.

Theorem 2: **F** sei ein im Raum definiertes Vektorfeld und **rot F** = 0. Dann ist **F** konservativ

Beweis: C sei irgendeine geschlossene Randkurve einer räumlichen Fläche S, die wiederum Teil der Oberfläche eines konvexen Gebietes ist. Dann folgt aus dem Stokesschen Satz

$$\oint_C \mathbf{F} \cdot \mathbf{T}\, ds = \int_S (\mathbf{rot\,F}) \cdot \mathbf{n}\, dS.$$

Wegen **rot F** = **0** gilt

$$\int_C \mathbf{F} \cdot \mathbf{T}\, ds = 0.$$

(In der höheren Infinitesimalrechnung zeigt man

$$\int_C \mathbf{F} \cdot \mathbf{T}\, ds = 0$$

für jede glatte Kurve.) Also ist **F** konservativ. ●

Beispiel 3: Man zeige, daß $\mathbf{F} = (y^3 + z^2)\mathbf{i} + 3xy^2\mathbf{j} + 2xz\mathbf{k}$ konservativ ist.

Lösung: **F** ist im gesamten Raum definiert. Aufgrund von Theorem 2 brauchen wir nurmehr zu überprüfen, ob überall **rot F** = **0** gilt. Wir erhalten

$$\mathbf{rot\,F} = \begin{vmatrix} \mathbf{i} & \mathbf{j} & \mathbf{k} \\ \frac{\partial}{\partial x} & \frac{\partial}{\partial y} & \frac{\partial}{\partial z} \\ y^3 + z^2 & 3xy^2 & 2xz \end{vmatrix}$$

$$= \mathbf{i}(0) - \mathbf{j}(2z - 2z) + \mathbf{k}(3y^2 - 3y^2) = \mathbf{0}.$$

Daher ist **F** konservativ. ●

In Theorem 2 wurde angenommen, daß **F** für den gesamten Raum definiert ist. Tatsächlich gilt das Theorem auch dann, wenn **F** für einen konvexen Körper oder allgemeiner für ein Gebiet R definiert ist, in dem jede geschlossene Kurve zu einem Punkt zusammengezogen werden kann, ohne dabei das Gebiet R zu verlassen. Die Menge der räumlichen Punkte unter Ausschluß der z-Achse haben die Eigenschaft nicht. Die geschlossene Kurve C (Bild 22.25) umschließt die z-Achse, kann aber nicht auf einen Punkt zusammengezogen werden, ohne dabei die z-Achse zu schneiden. Gerade deshalb muß auch das Vektorfeld in Übung 19 von Abschnitt 21.5 nicht konservativ sein.

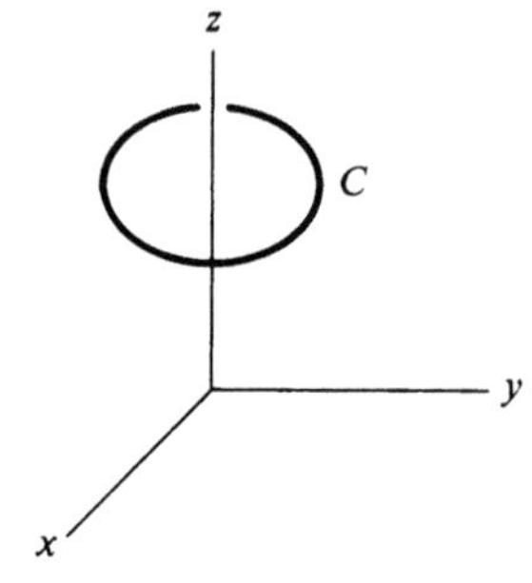

Bild 22.25

Übungen:

1. Man formuliere den Satz von Stokes in Worten.
2. S sei die obere Hälfte einer Kugel mit dem Radius 1 und dem Mittelpunkt (0; 0; 0) (Bild 22.26). C sei der Einheitskreis in der xy-Ebene mit dem Mittelpunkt (0; 0; 0) im Gegenuhrzeigersinn orientiert. Sei $\mathbf{F}(x;y;z) = y^2x\mathbf{i} + y^3\mathbf{j} + y^2z\mathbf{k}$. Man wende den Satz von Stokes an.

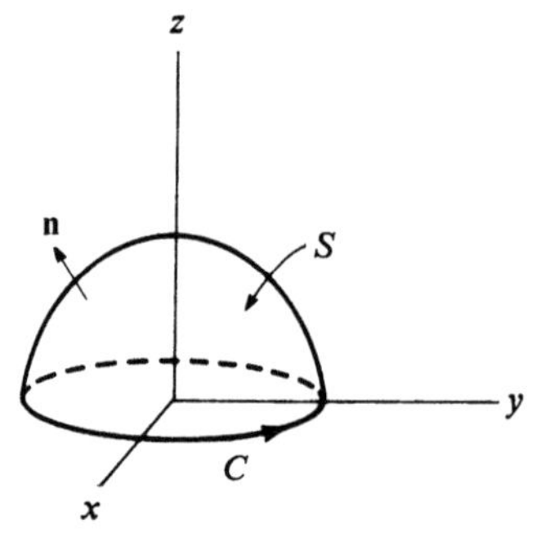

Bild 22.26

3. Man verifiziere den Satz von Stokes für den Spezialfall $\mathbf{F} = \nabla f$, wenn **F** also konservativ ist.
4. Sei $\mathbf{F} = P\mathbf{i} + Q\mathbf{j} + R\mathbf{k}$. Ein konvexes Gebiet hat seine Basis B in der xy-Ebene (Bild 22.27). Sei S der Teil der Fläche, der nicht in der xy-Ebene liegt. Man zeige

$$\int_S (\mathbf{rot\,F}) \cdot \mathbf{n}\, dS = \int_B (Q_x - P_y)\, dA.$$

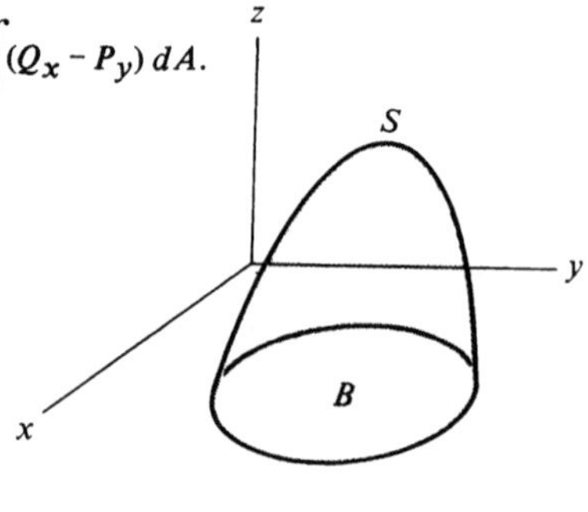

Bild 22.27

5. Man berechne unter Verwendung des Stokesschen Satzes

$$\int_S (\nabla \times \mathbf{F}) \cdot \mathbf{n}\, dS,$$

wobei $\mathbf{F} = (x^2 + y - 4)\mathbf{i} + 3xy\mathbf{j} + (2xz + z^2)\mathbf{k}$. S sei der Teil der Fläche $z = 4 - (x^2 + y^2)$, der oberhalb der xy-Ebene liegt.

6. Mit Hilfe des Satzes von Stokes berechne man $\int_C \mathbf{F} \cdot \mathbf{T}\, ds$ entlang des Kreises, der sich als Schnitt des Zylinders $x^2 + y^2 - 2y = 2$ und der Ebene $z = -1$ ergibt, wobei

$$\mathbf{F} = y\mathbf{i} + x\mathbf{j} + xyz^2\mathbf{k}$$

ist.

7. Man berechne auf einfachste Art $\int_S \mathbf{F} \cdot \mathbf{n}\, dS$, wobei S und $\mathbf{F}$ folgendermaßen definiert seien:

$$\mathbf{F}(x; y; z) = x\mathbf{i} - y\mathbf{j};$$

S ist die Oberfläche eines Würfels, der durch die drei Koordinatenebenen und die Ebenen $x = 1$, $y = 1$ und $z = 1$ begrenzt wird, wobei die Fläche mit $x = 1$ aus der Oberfläche S ausgespart ist.

8 Warum kann $\mathbf{F} = x\mathbf{i} + y\mathbf{j} + z\mathbf{k}$ nicht Rotation eines Vektorfeldes $\mathbf{G}$ sein?

9. Ist $\mathbf{F} = (y + 2x + z)\mathbf{i} + x\mathbf{j} + (1 + x + y)\mathbf{k}$ konservativ?

10. Sei $\mathbf{F}(x; y) = P(x; y)\mathbf{i} + Q(x; y)\mathbf{j}$ ein ebenes Vektorfeld mit $P_y = Q_x$. Man zeige, daß $\mathbf{F}$ konservativ ist. *Hinweis:* Man betrachte das räumliche Vektorfeld

$$\mathbf{G}(x; y; z) = P(x; y)\mathbf{i} + Q(x; y)\mathbf{j} + 0\mathbf{k}.$$

11. Sei $\mathbf{F}$ ein räumliches Vektorfeld mit der Eigenschaft, daß

$$\int_C \mathbf{F} \cdot \mathbf{T}\, ds$$

für jede Kurve C nur von deren Endpunkten A und B abhängt. Man zeige dann

$$\nabla \times \mathbf{F} = \mathbf{0}.$$

12. Sei $\mathbf{F}$ ein räumliches Vektorfeld, das in jedem Punkt P auf der Begrenzungskurve C einer Fläche S senkrecht steht. Was kann man dann über

$$\int_S (\mathrm{rot}\,\mathbf{F}) \cdot \mathbf{n}\, dS \quad \text{aussagen?}$$

13. S sei die Halbkugel $x^2 + y^2 + z^2 = 1$ mit $z \geqslant 0$. Sei

$$\mathbf{F}(x; y; z) = y\mathbf{i} + x\mathbf{j} + z\mathbf{k}.$$

Man berechne unter Verwendung des Stokesschen Satzes

$$\int_S (\nabla \times \mathbf{F}) \cdot \mathbf{n}\, dS.$$

14. Sei $\mathbf{F}(x; y; z) = P(x; y)\mathbf{i} + Q(x; y)\mathbf{j} + 0\mathbf{k}$ mit zwei skalaren Funktionen P und Q.
   (*a*) Man zeige, daß jeder Vektor $\mathbf{F}(x; y; z)$ parallel zur xy-Ebene ist.
   (*b*) Man zeige, daß $\mathrm{rot}\,\mathbf{F}$ parallel zur z-Achse ist.
   (*c*) Man interpretiere (*b*) an Hand einer Strömung und eines Schaufelrades.

15. Sei $\mathbf{F}(x; y; z) = x\mathbf{j}$. Bild 22.28 zeigt einige Werte von $\mathbf{F}$ in der Nähe von $(0; 0; 0)$.

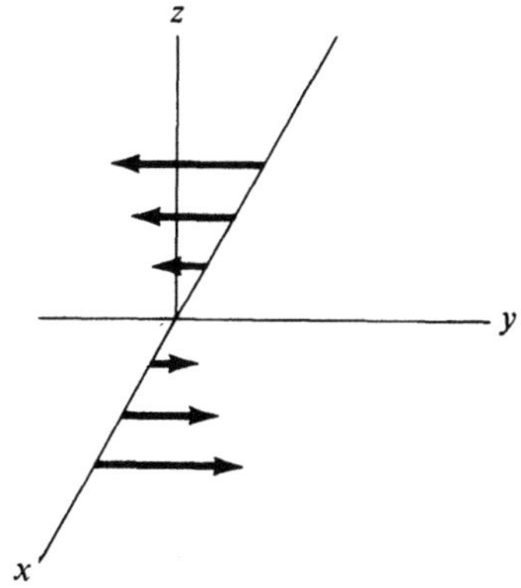

Bild 22.28

   (*a*) Das Diagramm zeigt $\mathbf{F}(x; y; z)$ für $z = 0$. Man skizziere $\mathbf{F}(x; y; z)$ für einige Fälle mit $z = 0{,}1$.
   (*b*) Mit Hilfe unseres Strömungsmodells überlege man sich, in welche Richtung die Achse eines Schaufelrades bei $(0; 0; 0)$ gerichtet sein soll, damit sich das Schaufelrad am schnellsten dreht.
   (*c*) Ist die Aussage von (*b*) mit dem Wert von $\mathrm{rot}\,\mathbf{F}$ in $(0; 0; 0)$ vereinbar?

■

16. Sei S die Oberfläche eines konvexen Gebietes R. Man betrachte einen kleinen Kreis C auf S. S_1 sei der größere Teil von S, der nicht innerhalb von C liegt (Bild 22.29). $\mathbf{F}$ sei ein räumliches Vektorfeld.

Bild 22.29

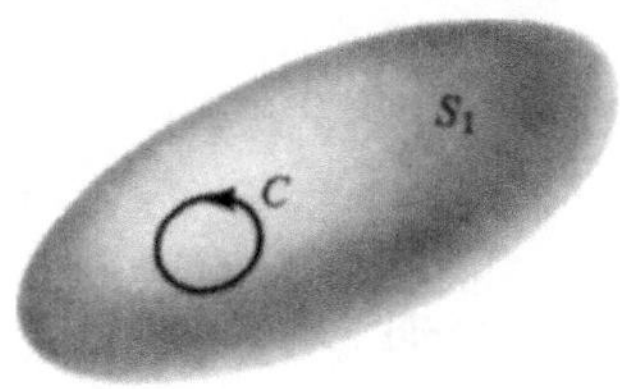

   (*a*) Man zeige

$$\int_{S_1} (\nabla \times \mathbf{F}) \cdot \mathbf{n}\, dS = \int_C \mathbf{F} \cdot \mathbf{n}\, ds.$$

   (*b*) Läßt man C beliebig klein werden, so zeige man

$$\int_S (\nabla \times \mathbf{F}) \cdot \mathbf{n}\, dS = 0.$$

(*c*) Man beweise

$$\int_R \nabla \cdot (\nabla \times \mathbf{F})\, dV = 0.$$

(*d*) Man zeige, daß die Divergenz der Rotation gleich Null ist.

17. Anhand einer Zeichnung zeige man, daß die Gültigkeit des Stokesschen Satzes für Flächen mit kleinem Durchmesser automatisch dessen Gültigkeit für beliebig große Flächen impliziert.

18. Sei $\mathbf{F}(x;y;z)$ ein räumliches Vektorfeld mit

$$|\mathbf{F}(x;y;z)| \leqslant (\sqrt{x^2+y^2+z^2})^{-3} \quad \text{für } (x;y;z) \neq (0;0;0).$$

Sei $g(r) = \int_R \nabla \cdot \mathbf{F}\, dV$, wobei R eine Kugel mit dem Radius r und dem Mittelpunkt $(0;0;0)$ ist. Man zeige $\lim_{r\to\infty} g(r) = 0$.

Die Übungen 19 bis 21 bringen einen Beweis des Stokesschen Satzes, wenn S ein Teil einer Fläche $z = f(x;y)$ ist.

19. Sei $F = P(x;y;z)\,\mathbf{i} + Q(x;y;z)\,\mathbf{j} + R(x;y;z)\,\mathbf{k}$ ein Vektorfeld im Raum. S sei eine Fläche auf dem Graphen $z = f(x;y)$ und C deren Berandungskurve. $\mathbf{n}$ sei der Normalvektor auf S mit *positiver* z-Komponente. Entsprechend der Rechten-Hand-Regel werde C im Gegenuhrzeigersinn orientiert (Bild 22.30).

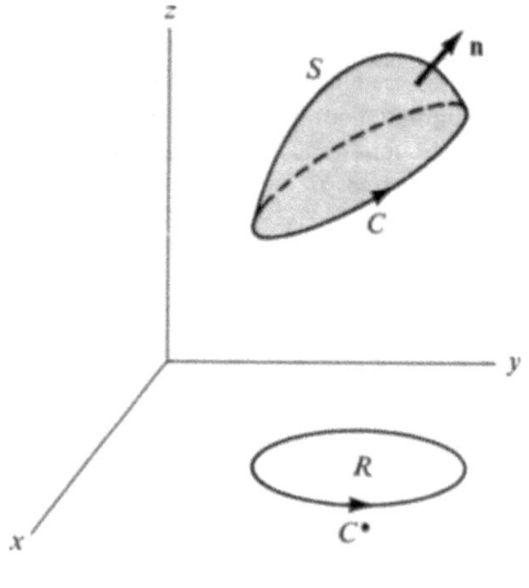

Bild 22.30

R sei die Projektion (der Schatten) von S auf die xy-Ebene, und C^* sei die Projektion von C (mit der gleichen Orientierung).

Man zeige dann

$$\int_S (\nabla \times \mathbf{F})\, dS = \oint_C \mathbf{F} \cdot \mathbf{n}\, dS,$$

wobei das erste Integral über R und das zweite Integral über C^* erstreckt wird. Die Detailrechnungen sind in dieser und in den Übungen 20 und 21 zu finden.

(*a*) Man zeige

$$\mathbf{n} = \frac{-f_x\mathbf{i} - f_y\mathbf{j} + \mathbf{k}}{\sqrt{1 + f_x^2 + f_y^2}}.$$

(*b*) Man zeige

$$\int_S (\nabla \times \mathbf{F}) \cdot \mathbf{n}\, dS = \int_R [(Q_z - R_y) f_x + (R_x - P_z) f_y + (Q_x - P_y)]\, dA.$$

20. Fortsetzung von Übung 19. Man zeige

$$\begin{aligned}\oint_C \mathbf{F} \cdot \mathbf{T}\, ds &= \int_C (P\,dx + Q\,dy + R\,dz)\\ &= \int_{C^*} [P(x;y;f(x;y))\,dx + Q(x;y;f(x;y))\,dy\\ &\quad + R(x;y;f(x;y))\,(f_x\,dx + f_y\,dy)]\\ &= \int_{C^*} [P(x;y;f(x;y)) + f_x R(x;y;f(x;y))]\;dx\\ &\quad + [Q(x;y;f(x;y)) + f_y R(x;y;f(x;y))]\,dy.\end{aligned}$$

21. Die Übungen 19 und 20 formulieren den Stokesschen Satz für ein Integral über einen ebenen Bereich R und eine ebene Berandungskurve C. Man verwende die Greensche Formel um den Beweis des Stokesschen Satzes zu vollenden. (Vorsicht bei der Berechnung von partiellen Ableitungen. So gilt etwa aufgrund der Kettenregel

$$\frac{\partial P(x;y;f(x;y))}{\partial x} = P_x + f_x P_z.$$

22.7 Zusammenfassung

In diesem Kapitel wurden drei Theoreme und ihre Anwendung besprochen. Diese drei Theoreme sind in der folgenden Tabelle zusammengefaßt.

Behauptung	*Voraussetzungen*
Greensche Formel	
$\int_R \nabla \cdot \mathbf{F}\, dA = \oint_C \mathbf{F} \cdot \mathbf{n}\, ds$	C begrenzt das ebene Gebiet R
$\int_R (P_x + Q_y)\, dA = \oint_C P\, dy - Q\, dx$	C im Gegenuhrzeigersinn orientiert
$\int (Q_x - P_y)\, dA = \int P\, dx + Q\, dy$	C im Gegenuhrzeigersinn orientiert
$\int_R (Q_x - P_y)\, dA = \int_C \mathbf{F} \cdot \mathbf{T}\, ds$	$\mathbf{F} = P\mathbf{i} + Q\mathbf{j}$
Gaußscher Satz	
$\int_R \nabla \cdot \mathbf{F}\, dV = \int_S \mathbf{F} \cdot \mathbf{n}\, dS$	S ist Berandung von R und $\mathbf{n}$ die äußere Normale
Stokesscher Satz	
$\int_S (\mathrm{rot}\,\mathbf{F}) \cdot \mathbf{n}\, dS = \int_C \mathbf{F} \cdot \mathbf{T}\, ds$	S ist Teil der Oberfläche eines Gebietes, Rechte-Hand-Regel

Wichtige Ergebnisse

Die Fläche eines ebenen Gebietes R beträgt $\frac{1}{2}\int_C -y\, dx + x\, dy$ (C im Gegenuhrzeigersinn orientiert). Die lokale Vergrößerung der Abbildung $x = f(u;v)$, $y = g(u;v)$ ist gleich dem Absolutwert von

$$\begin{vmatrix} f_u & f_v \\ g_u & g_v \end{vmatrix}$$

Abbildungen der Form $x = au + bv$, $y = cu + dv$ besitzen in allen Punkten die Jacobi-Determinante $ad - bc$. Für $ad - bc \neq 0$ ist die Abbildung eineindeutig und bildet Gerade auf Gerade und Kegelschnitte auf Kegelschnitte ab. Wenn eine Abbildung das Gebiet R der uv-Ebene auf das Gebiet S der xy-Ebene überträgt, so kann ein Integral über S durch ein Integral über R dargestellt werden:

$$\int_S h(x;y)\, dA = \int_R h(f(u;v); g(u;v)) \left| \frac{\partial(x;y)}{\partial(u;v)} \right| dA.$$

Das Vektorfeld $\nabla \times \mathbf{F}$ beschreibt die Richtung, in die man ein Schaufelrad legen sollte, damit es möglichst rasch rotiert. Wenn $\mathbf{F}$ im gesamten Raum definiert ist und überall **rot F = 0** gilt, dann ist $\mathbf{F}$ konservativ.

Die folgende Tabelle faßt einige Begriffe der Integralrechnung zusammen, wie sie für bestimmte Integrale über ebene Gebiete definiert werden.

f	$\int_R f(P)\, dA$
1	Fläche von R
Dichte	Masse von R
Divergenz $\nabla \cdot \mathbf{F}$	Fluß aus dem Gebiet R
Jacobi-Determinante der Abbildung von R auf S (wenn positiv)	Fläche von S

Begriffe und Symbole

äußere Normale $\mathbf{n}$

Greensche Formel

Gaußscher Satz

Stokesscher Satz

Abbildung $F = (f; g)$, $x = f(u;v)$, $y = g(u;v)$

Jacobi-Determinante $\frac{\partial(f;g)}{\partial(u;v)}$, $\frac{\partial(x;y)}{\partial(u;v)}$.

Testaufgaben zu Kapitel 22

1. (*a*) Man formuliere die Greensche Formel.
   (*b*) Wie lautet ihre physikalische Interpretation?
2. Warum ist $(dy/ds)\,\mathbf{i} - (dx/ds)\,\mathbf{j}$
   (*a*) ein Einheitsvektor;
   (*b*) ein äußerer Normalvektor?
   (Man formuliere die Annahmen.)
3. (*a*) Man definiere die Jacobi-Determinante.
   (*b*) Welche Information beinhaltet die Jacobi-Determinante?
4. (*a*) Man formuliere den Gaußschen Satz.
   (*b*) Wie lautet seine physikalische Interpretation?
5. (*a*) Man formuliere den Stokesschen Satz.
   (*b*) Wie lautet seine physikalische Interpretation?
6. Sei $\mathbf{F} = xy^2\mathbf{i} + y^2z\mathbf{j} + y^3\mathbf{k}$. Sei S die obere Hälfte der Kugelfläche $x^2 + y^2 + z^2 = 4$. Man bestimme

$$\int_S \nabla \times \mathbf{F} \cdot \mathbf{n}\, dS.$$

7. F sei die Abbildung $x = 2u + v$, $y = 3u - 2v$.
   (*a*) Man ergänze folgende Tabelle.

$(u; v)$	$(x; y)$
$(1; 0)$	
$(0; 1)$	
$(-1; 0)$	
$(0; -1)$	

   (*b*) Mit Hilfe von (*a*) skizziere man das Bild des Kreises $u^2 + v^2 = 1$ in der xy-Ebene.
   (*c*) Sei R die durch den Kreis in (*b*) begrenzte Fläche. Man bestimme die Fläche des Bildes S von R in der xy-Ebene.
   (*d*) Man berechne $\int_S x^2 \, dA$.

8. Man zeige, daß die Greensche Formel ein Spezialfall des Stokesschen Satzes ist.

Übungen zu Kapitel 22

1. Man überprüfe die Greensche Formel für
$$\mathbf{F} = (x - 5y)\,\mathbf{i} + xy\,\mathbf{j}$$
und das Gebiet R zwischen $y = x^2$ und $y = \sqrt{x}$.

2. R sei eine konvexe ebene Menge und C ihre Berandung (orientiert im Gegenuhrzeigersinn). $\mathbf{F}$ sei ein Vektorfeld in der Ebene. Man ergänze folgende Gleichungen:
   (*a*) $\oint_C \mathbf{F} \cdot \mathbf{n}\, ds = \int_R \rule{2cm}{0.4pt}$;
   (*b*) $\oint_C \mathbf{F} \cdot \mathbf{T}\, ds = \int_R \rule{2cm}{0.4pt}$.

3. Man ergänze folgende Behauptungen in Worten:
   (*a*) Das Integral ________ der Normalkomponente der Rotation eines Vektorfeldes über ________ ist gleich dem Integral von ________ über ________ .
   (*b*) Das Integral ________ der Normalkomponente eines räumlichen Vektorfeldes ist gleich dem Integral von ________ über ________ .

4. Man verifiziere den Stokesschen Satz für $\mathbf{F} = (ax + by + cz)\,\mathbf{i}$ und das Dreieck S mit den Eckpunkten $(0; 0; 0)$, $(1; 1; 1)$ und $(2; 3; 4)$.

5. Sei $\mathbf{F}(x; y; z) = xz\,\mathbf{i} + x^2\,\mathbf{j} + xy\,\mathbf{k}$. S sei die Oberfläche des in Bild 22.31 dargestellten Würfels mit Ausnahme der obersten Fläche. Man wende den Satz von Stokes an.

6. Sei $\mathbf{F}(x; y) = xy\,\mathbf{i} + y\,\mathbf{j}$. R sei das Gebiet zwischen der Parabel $y = x^2$ und der Geraden $y = 2x$. Man wende die Greensche Formel auf diesen Fall an.

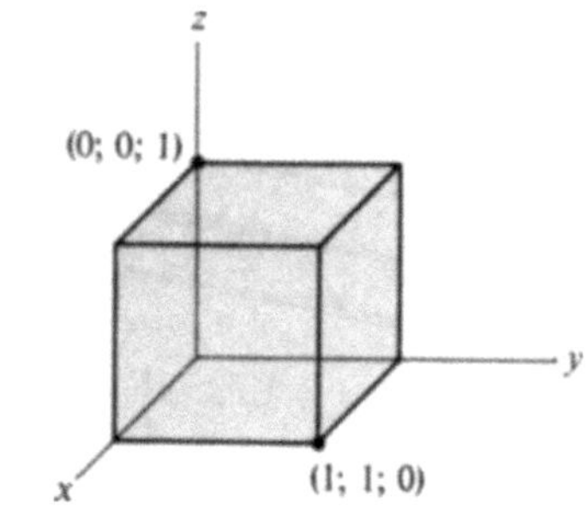

Bild 22.31

7. S sei das ebene Quadrat mit den Eckpunkten $(0; 0)$, $(1; 0)$, $(1; 1)$, $(0; 1)$. Ferner sei $x = (u + v)/2$, $y = (u - v)/2$ eine Abbildung der uv-Ebene auf die xy-Ebene.
   (*a*) Man skizziere das Gebiet R in der uv-Ebene, dessen Bild gleich S ist.
   (*b*) Mit Hilfe von (*a*) berechne man
$$\int_R (u + v)\, dA.$$

8. Man betrachte die Abbildung $x = au + bv$, $y = cu + dv$ für $ad - ca \neq 0$.
   (*a*) Man zeige, daß sie eineindeutig ist.
   (*b*) Man stelle u und v durch x und y dar und bestimme auf diese Weise die Abbildung der xy-Ebene auf die uv-Ebene.
   (*c*) Man zeige
$$\frac{\partial (x; y)}{\partial (u; v)} \cdot \frac{\partial (u; v)}{\partial (x; y)} = 1.$$
   (*d*) Warum ist das Ergebnis (*c*) zu erwarten?

9. Sei $\mathbf{F}(x; y) = \mathbf{R}/|\mathbf{R}|^n$, wobei $\mathbf{R} = x\,\mathbf{i} + y\,\mathbf{j}$. Gibt es Werte von n mit $\nabla \cdot \mathbf{F} = 0$?

10. Sei $\mathbf{F}(x; y; z) = \mathbf{R}/|\mathbf{R}|^n$, wobei $\mathbf{R} = x\,\mathbf{i} + y\,\mathbf{j} + z\,\mathbf{k}$. Gibt es Werte von n mit $\nabla \cdot \mathbf{F} = 0$?

Die Übungen 11 bis 14 sind gemeinsam zu behandeln.

11. R sei das ebene Gebiet zwischen den zwei Kurven C_1 und C_2, wie in Bild 22.32. Sei $\mathbf{F}(x; y) = P\,\mathbf{i} + Q\,\mathbf{j}$ ein Vektorfeld auf R. Warum ist die Relation
$$\int_R \nabla \cdot \mathbf{F}\, dA = \int_{C_2} \mathbf{F} \cdot \mathbf{n}\, ds + \int_{C_1} \mathbf{F} \cdot \mathbf{n}\, ds$$

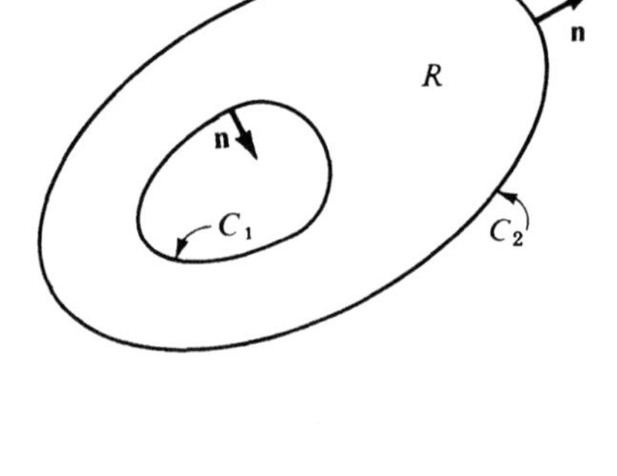

Bild 22.32

plausibel, wenn in beiden Integralen die Einheitsnormale n aus dem Gebiet R herauszeigt?

12. (a) Sei $\mathbf{F}(x;y) = \mathbf{R}/|\mathbf{R}|^2$, wobei $\mathbf{R}(x;y) = x\mathbf{i} + y\mathbf{j}$. Man zeige $\nabla \cdot \mathbf{F} = 0$.
    (b) Man zeige, daß für jede ebene Kurve C, die den Ursprung $(0;0)$ einschließt,
    $$\int_C \mathbf{F} \cdot \mathbf{n}\, ds = 2\pi$$
    gilt.
13. Sei $\mathbf{F}(x;y) = \mathbf{R}/|\mathbf{R}|^3$ mit $\mathbf{R}(x;y) = x\mathbf{i} + y\mathbf{j}$. Man betrachte eine ebene Kurve C, die den Ursprung einschließt. Ist das Integral $\int_C \mathbf{F} \cdot \mathbf{n}\, ds$ von C unabhängig?
14. Das Vektorfeld $\mathbf{F}(x;y)$ sei überall, ausgenommen im Ursprung, definiert. Der Wert von $\int_C \mathbf{F} \cdot \mathbf{n}\, ds$ sei für jede Kurve, die den Ursprung einschließt, derselbe (nicht notwendigerweise Null). Muß die Divergenz von $\mathbf{F}$ dann gleich Null sein?
15. In der Aussage $\int_R \nabla \cdot \mathbf{F}\, dA = \int_C \mathbf{F} \cdot \mathbf{n}\, ds$ (Greensche Formel) bleibt die Orientierung von C unberücksichtigt. Hingegen geht in die Aussage
    $$\int_R (P_x + Q_y)\, dA = \oint_C P\, dy - Q\, dx$$
    (ebenfalls die Greensche Formel) die Orientierung der Kurve ein. Warum? Ein Hinweis ist in Abschnitt 22.1 zu finden.
16. Sei $\mathbf{F} = x\mathbf{i} + y\mathbf{j} + z\mathbf{k}$. Sei S eine Kugel mit dem Radius 3 und dem Mittelpunkt $(4;5;6)$. Man berechne $\int_S \mathbf{F} \cdot \mathbf{n}\, dS$.
17. Sei $\mathbf{F}(x;y;z) = \mathbf{R}/|\mathbf{R}|^3$, wobei $\mathbf{R}(x;y;z) = x\mathbf{i} + y\mathbf{j} + z\mathbf{k}$.
    (a) S sei die Oberfläche eines Körpers. Der Ursprung liege außerhalb dieses Körpers. Man zeige $\int_S \mathbf{F} \cdot \mathbf{n}\, dS = 0$.
    (b) Wenn der Ursprung im Inneren des Körpers liegt, was folgt dann für $\int_S \mathbf{F} \cdot \mathbf{n}\, dS$? *Hinweis:* Siehe Übungen 11 bis 13.
18. Der folgende Text ist einem Physikbuch entnommen und bezieht sich auf elektrische Felder. Man erkläre die mathematischen Schritte: „Das Potential ϕ variiert wie $1/r$, wobei r der Abstand vom Ursprung ist; $|\nabla\phi|$ verhält sich wie $1/r^2$. Daher ist der Wert von
    $$\int_S \phi\, \nabla\phi \cdot \mathbf{n}\, dS$$
    über eine Kugel mit großem Radius sehr klein. Ist somit R eine Kugel mit großem Radius, so wird das Integral
    $$\int_R \nabla \cdot (\phi\, \nabla\phi)\, dV$$
    sehr klein und kann vernachlässigt werden."

■

19. Sei F eine Abbildung des Gebietes R der uv-Ebene auf das gesamte Gebiet S in der xy-Ebene. Dann sind x und y Funktionen von u und v; ebenso sind u und v Funktionen von x und y, also $(u;v) = F^{-1}(x;y)$.
    (a) Man zeige mit Hilfe der Kettenregel
    $$1 = x_u u_x + x_v v_x, \qquad 0 = x_u u_y + x_v v_y$$
    $$1 = y_u u_y + y_v v_y, \qquad 0 = y_u u_x + y_v v_x.$$
    (b) Man zeige mit Hilfe von (a), daß die Jacobi-Determinanten von F und F^{-1} zueinander reziprok sind.
    (c) Man formuliere (b) in Begriffen der Optik. War das Ergebnis aus (b) zu erwarten?
20. Sei F eine Abbildung der uv-Ebene in die xy-Ebene und G eine Abbildung der xy-Ebene in die st-Ebene. Dann ist $G \circ F$ eine Abbildung der uv-Ebene in die st-Ebene.
    (a) Warum wird die Jacobi-Determinante von $G \circ F$ gleich dem Produkt der Jacobi-Determinanten von F und G sein?
    (b) Man beweise diesen Satz.
    (c) Welches Theorem über Funktionen von einer Variablen wird durch (a) verallgemeinert?

In den letzten beiden Kapiteln wurden nur Integrale von skalaren Funktionen betrachtet. Integrale über Vektorfunktionen werden manchmal auftreten, und sie können sehr leicht definiert werden. Ist
$$\mathbf{F} = P\mathbf{i} + Q\mathbf{j} + R\mathbf{k}$$
in einem Gebiet R definiert, so definiert man
$$\int_R \mathbf{F}(x;y;z)\, dV$$
als
$$\left(\int_R P\, dV\right)\mathbf{i} + \left(\int_R Q\, dV\right)\mathbf{j} + \left(\int_R R\, dV\right)\mathbf{k}.$$
Um eine Vektorfunktion zu integrieren, integriert man also jede ihrer Komponenten. Diese Aussage ist Gegenstand der Übungen 21 bis 27.

21. Sei $\mathbf{F}(x;y;z) = f(x;y;z)(x\mathbf{i} + y\mathbf{j} + z\mathbf{k})$, wobei $f(x;y;z)$ die Dichte im Punkt $(x;y;z)$ des Körpers darstellt. Welche physikalische Bedeutung hat die Gleichung

$$\int_R \mathbf{F}(x;y;z)\,dV = 0?$$

22. Sei $\mathbf{F} = P\mathbf{i} + Q\mathbf{j} + R\mathbf{k}$ ein Vektorfeld und R ein zusammenhängendes Gebiet. Sei $\mathbf{c}$ ein fester Vektor. Man zeige, daß

$$\int_R \mathbf{c}\cdot\mathbf{F}\,dV = \mathbf{c}\cdot\int_R \mathbf{F}\,dV.$$

Ein ähnliches Theorem läßt sich für Flächenintegrale zeigen.

23. Für die Vektoren $\mathbf{A}$ und $\mathbf{B}$ gelte mit beliebigem Vektor $\mathbf{c}$ stets $\mathbf{c}\cdot\mathbf{A} = \mathbf{c}\cdot\mathbf{B}$. Man zeige dann: $\mathbf{A} = \mathbf{B}$.

24. Sei $\mathbf{c}$ ein fester Vektor, R ein zusammenhängendes Gebiet und S seine Oberfläche. f ist eine skalare Funktion in R.

(*a*) Man zeige $\displaystyle\int_R \nabla\cdot f\mathbf{c}\,dV = \int_S f\mathbf{c}\cdot\mathbf{n}\,dS.$

(*b*) Man zeige $\displaystyle\int_R \nabla\cdot f\mathbf{c}\,dV = \int_R \mathbf{c}\cdot\nabla f\,dV.$

(*c*) Man zeige $\displaystyle\mathbf{c}\cdot\int_R \nabla f\,dV = \mathbf{c}\cdot\int_S f\mathbf{n}\,dS.$

(*d*) Man beweise $\displaystyle\int_R \nabla f\,dV = \int_S f\mathbf{n}\,dS.$

25. S sei die Oberfläche eines zusammenhängenden Gebietes R. $\mathbf{c}$ sei ein fester Vektor.

(*a*) Man zeige $\displaystyle\int_S \mathbf{c}\cdot\mathbf{n}\,dS = 0.$

(*b*) Man beweise $\displaystyle\int_S \mathbf{n}\,dS = 0.$

26. (Siehe Übung 25.) Auf jeder der vier Flächen eines Tetraeders möge ein Vektor senkrecht stehen und nach außen weisen. Seine Größe sei gleich der Fläche der Wand. Man zeige, daß die Summe der vier Vektoren gleich Null ist.

27. Ist f ein skalares Feld, so gilt

$$\nabla^2 f = \nabla\cdot\nabla f = f_{xx} + f_{yy} + f_{zz}.$$

Für ein Vektorfeld $\mathbf{F} = P\mathbf{i} + Q\mathbf{j} + R\mathbf{k}$ definiert man $\nabla^2\cdot\mathbf{F}$ als

$$(\nabla^2 P)\,\mathbf{i} + (\nabla^2 Q)\,\mathbf{j} + (\nabla^2 R)\,\mathbf{k}.$$

(*a*) Man beweise

$$\nabla\times(\nabla\times\mathbf{F}) = \nabla(\nabla\cdot\mathbf{F}) - \nabla^2\mathbf{F}.$$

Dies zeigt, daß die Rotation einer Rotation nicht $\mathbf{0}$ sein muß.

(*b*) Man zeige

$$\nabla\times\nabla\times(\nabla\times\mathbf{F}) = -\nabla^2(\nabla\times\mathbf{F}).$$

28. Man betrachte einen Körper, der unter Wasser getaucht ist. Er verdrängt ein Gebiet R mit der Oberfläche S. Die Kraft $\mathbf{F}$, die das Wasser auf das Objekt ausübt, steht in jedem Punkt senkrecht zu dessen Oberfläche. Die Oberfläche des Wassers sei die xy-Ebene, also ist die z-Koordinate der Punkte unter der Wasseroberfläche negativ. Die Kraft auf eine kleine Teilfläche ΔS von S in der Tiefe z beträgt ungefähr $z\mathbf{n}\Delta S$, wobei $\mathbf{n}$ die äußere Flächennormale ist. Die z-Komponente dieser Kraft ist $cz\mathbf{k}\cdot\mathbf{n}\Delta S$, wobei c die Dichte von Wasser ist.

(*a*) Welches Integral über S stellt die vertikale Komponente der gesamten Kraft auf den untergetauchten Körper dar?

(*b*) Die vertikale Komponente der Kraft auf den Körper ist gleich dem Gewicht des verdrängten Wasservolumens. Man zeige dies!

(*c*) Die x- und y-Komponenten der Kraft auf das Objekt sind gleich Null. Man zeige dies.

29. Sei

$$x = a_1 u + a_2 v + a_3 w$$
$$y = b_1 u + b_2 v + b_3 w$$
$$z = c_1 u + c_2 v + c_3 w$$

eine Abbildung des uvw-Raums in den xyz-Raum. Die Determinante

$$\begin{vmatrix} a_1 & a_2 & a_3 \\ b_1 & b_2 & b_3 \\ c_1 & c_2 & c_3 \end{vmatrix}$$

sei nicht gleich Null.

(*a*) Man löse u, v, w nach x, y, z auf: Die Abbildung ist eineindeutig.

(*b*) Man zeige, daß die Abbildung eine Ebene in eine Ebene überführt.

(*c*) Das Bild eines Würfels ist ein Quader. Man beweise dies!

(*d*) R sei der Würfel mit dem Volumen 1 aus Bild 22.33. Man bestimme das Volumen seines Bildes (ein Quader) im xyz-Raum.

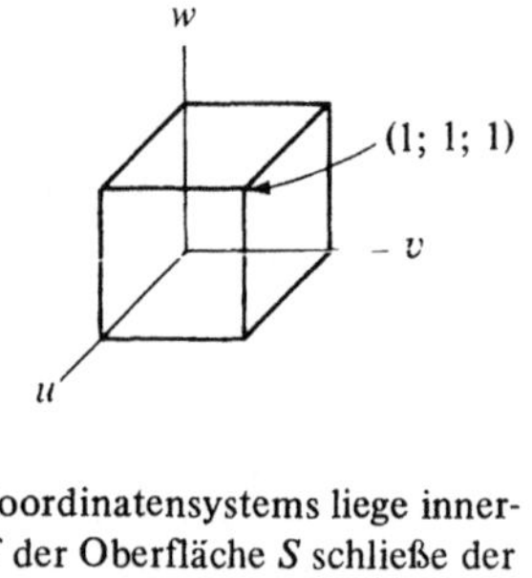

Bild 22.33

30. Der Ursprung $(0;0;0)$ des xyz-Koordinatensystems liege innerhalb von R. Für alle Punkte P auf der Oberfläche S schließe der Ortsvektor $\overrightarrow{OP}$ einen Winkel von höchstens $\pi/6$ Radiant mit der äußeren Normalen $\mathbf{n}$ ein.

Man beweise

$$\int_S r\,dA \leqslant 2\sqrt{3}\,V,$$

wobei $r = |\overrightarrow{OP}|$ und V das Volumen von R ist.

■■

31. Die lokale Vergrößerung der Abbildung $x = f(u;v)$, $y = g(u;v)$ ist durch die Jacobi-Determinante gegeben, wie mit Hilfe der Greenschen Formel aus Abschnitt 22.4 gezeigt wurde. Nun führt ein einfaches Plausibilitätsargument auf das gleiche Resultat. Man betrachte ein kleines Rechteck R in der uv-Ebene mit den Eckpunkten $(a;b)$, $(a+\Delta u;b)$, $(a+\Delta u;b+\Delta v)$, $(c;b+\Delta v)$ (Bild 22.34). S sei das Bild dieses Rechtecks in der xy-Ebene. Ferner sei $(A;B)$ der Bildpunkt zu $(a;b)$.

Bild 22.34

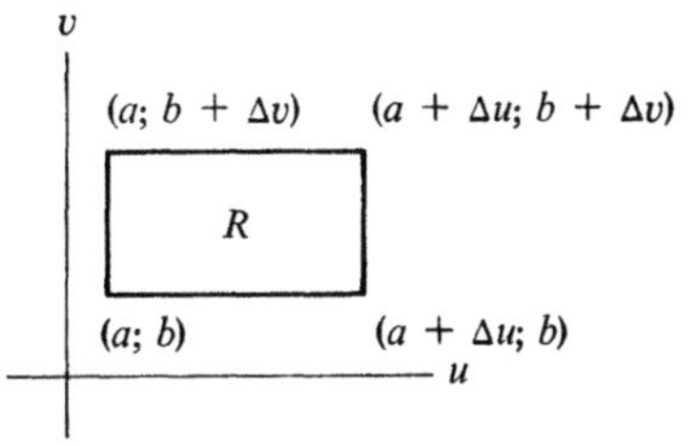

(*a*) Man definiere

$$dx = f_u\,\Delta u + f_v\,\Delta v$$
$$dy = g_u\,\Delta u + g_v\,\Delta v,$$

wobei die partiellen Ableitungen im Punkt $(a;b)$ zu berechnen sind. Warum wird die Fläche von S etwa gleich der Fläche des Parallelogramms mit den Eckpunkten $(A;B)$, $(A+dx;B)$, $(A+dx;B+dy)$, $(A;B+dy)$ sein?

(*b*) Man zeige, daß die Fläche des Parallelogramms in der xy-Ebene gleich ist

$$|f_u g_v - f_v g_u| \cdot \text{Fläche von } R.$$

32. Sei $x = f(u;v;w)$, $y = g(u;v;w)$, $z = h(u;v;w)$ eine Abbildung des uvw-Raums in den xyz-Raum. Ähnliche Argumente wie in Übung 31 zeigen, daß die lokale Vergrößerung der Abbildung gleich dem Absolutwert der Determinante

$$\begin{vmatrix} f_u & f_v & f_w \\ g_u & g_v & g_w \\ h_u & h_v & h_w \end{vmatrix} \quad \text{ist.}$$

Die Übungen 33 und 34 betreffen harmonische Funktionen. Eine Funktion f heißt harmonisch, wenn $\nabla^2 f = 0$ oder $f_{xx} + f_{yy} + f_{zz} = 0$ gilt.

33. R sei ein Gebiet und S dessen Oberfläche. f und g seien zwei skalare Funktionen aus R.

(*a*) Man zeige

$$\int_R \nabla(f\,\nabla g)\,dV = \int_R (f\,\nabla^2 g + \nabla f\cdot\nabla g)\,dV = \int_S (f\,\nabla g)\cdot\mathbf{n}\,dS.$$

(*b*) Man zeige

$$\int_R \nabla(g\,\nabla f)\,dV = \int_R (g\,\nabla^2 f + \nabla g\cdot\nabla f)\,dV = \int_S (g\,\nabla f)\cdot\mathbf{n}\,dS.$$

(*c*) Man beweise

$$\int_R (f\,\nabla^2 g - g\,\nabla^2 f)\,dV = \int_S [(f\,\nabla g - g\,\nabla f)\cdot\mathbf{n}]\,dS.$$

Dieses Resultat wird ebenfalls Greensche Formel oder auch zweite Greensche Formel genannt.

34. Die Funktionen f und g seien harmonisch auf R und stimmen auf S, der Oberfläche von R, überein. Diese Übung zeigt, daß sie dann auch in ganz R identisch sein müssen. Sei $h = f - g$.

(*a*) Mit Hilfe von Übung 33 (*a*) zeige man

$$\int_R h\,\nabla^2 h\,dV + \int_R \nabla h\cdot\nabla h\,dV = \int_S (h\,\nabla h)\cdot\mathbf{n}\,dS.$$

(*b*) Man beweise $\nabla h = \mathbf{0}$ in ganz R.

(*c*) Man beweise, daß h in R konstant ist.

(*d*) Man zeige $f = g$ in ganz R.

■■

35. Auf einer gewöhnlichen Landkarte ist die Fläche auf der Karte proportional zur dargestellten Fläche. Für Flugzeugpiloten aber gibt es Karten, die in der Nähe von Flughäfen einen größeren Maßstab besitzen. Man kann Karten so verzerren, daß sie bestimmte Größen genauer darstellen. So soll etwa eine Bevölkerungskarte die Städte groß und das flache Land klein darstellen. In einer Regenkarte würde London groß sein, während Italien sehr klein wäre.

Man betrachte ein quadratisches Gebiet R in der uv-Ebene und eine positive Funktion $Q(u;v)$. Sei $Q(u;v)$ beispielsweise die Niederschlagsmenge im Punkt $(u;v)$ pro Jahr in Zentimetern.

(*a*) Warum müssen wir eine Abbildung $x = f(u;v)$, $y = g(u;v)$ suchen, deren Jacobi-Determinante gleich $Q(u;v)$ ist?

(*b*) Seien die Eckpunkte des quadratischen Gebietes in der uv-Ebene gleich $(0;0)$, $(1;0)$, $(1;1)$, $(0;1)$. Man definiere

$$x = f(u;v) = \int_0^u \left[\int_0^1 Q(u_1;v_1)\,dv_1\right] du_1$$

und

$$y = g(u;v) = \frac{\int_0^v Q(u;v_1)\,dv_1}{\int_0^1 Q(u;v_1)\,dv_1}.$$

Man zeige

$$f_u(u;v) = \int_0^1 Q(u;v_1)\,dv_1$$

und $f_v(u;v) = 0$.

(*c*) Man zeige

$$g_v(u;v) = \frac{Q(u;v)}{\int_0^1 Q(u;v_1)\,dv_1}.$$

Dazu ist es nicht notwendig, g_u zu berechnen.

(*d*) Man zeige (wie gewünscht): $\partial(x;y)/\partial(u;v) = Q(u;v)$.

(*e*) Was ist das Bild von R?

36. Man betrachte eine Funktion, die jedem Punkt in der uv-Ebene einen Punkt im xyz-Raum zuordnet. Es existieren also drei skalare Funktionen $x = f(u;v)$, $y = g(u;v)$, $z = h(u;v)$. Sei $\mathbf{R}(u;v)$ der räumliche Ortsvektors $x\mathbf{i} + y\mathbf{j} + z\mathbf{k}$, der dem Punkt $(u;v)$ entspricht. Die Funktionen f, g, h seien „harmlos" (im speziellen sollen sie stetige partielle Ableitungen besitzen.) Wenn dann $(u;v)$ in der Region R variiert, so beschreibt $(x;y;z)$ eine glatte Fläche S.

Wird v festgehalten, so parametrisiert $\mathbf{R}(u;v)$ eine Kurve auf S. Dann ist $\partial\mathbf{R}/\partial u$ ein Tangentenvektor an diese Kurve. Analog ist $\partial\mathbf{R}/\partial v$ der Tangentenvektor an eine andere Kurve in S.

(*a*) Wie soll man einen Normalvektor auf S definieren?

(*b*) Man betrachte ein kleines Rechteck R in der uv-Ebene mit den Eckpunkten $(a;b)$, $(a+\Delta u;b)$, $(a;b+\Delta v)$; $(a+\Delta u;b+\Delta v)$. Man bestimme die Fläche des Bildes dieses Rechtecks auf S.

(*c*) Man stelle diese Fläche auf S durch ein Integral über R dar.

37. Sei $\mathbf{F} = P\mathbf{i} + Q\mathbf{j} + R\mathbf{k}$ ein Vektorfeld, dessen Divergenz im ganzen Raum gleich Null ist. Diese Übung konstruiert dann ein Vektorfeld $\mathbf{G}$ mit $\mathbf{F} = \mathbf{rot}\,\mathbf{G}$. Darüberhinaus wird $\mathbf{G}$ die Form $u\mathbf{i} + v\mathbf{j} + 0\mathbf{k}$ besitzen.

(*a*) Wir müssen Funktionen u und v mit

$$P = -v_z, \quad Q = u_z, \quad R = v_x - u_y$$

suchen. Warum?

(*b*) Man definiere $v(x;y;z) = -\int_0^z P(x;y;z_1)\,dz_1$ und zeige $P = -V_z$.

(*c*) Sei $A(x;y)$ eine Funktion von x und y, die später noch bestimmt werden wird. Man definiere

$$u(x;y;z) = \int_0^z Q(x;y;z_1)\,dz_1 + A(x;y)$$

und zeige $Q = u_z$.

(*d*) Man zeige $v_x - u_y =$

$$-\int_0^z [P_x(x;y;z_1) + Q_y(x;y;z_1)]\,dz_1 - A_y(x;y).$$

Dazu benötigt man das Theorem aus Abschnitt 23.2.

(*e*) Man erinnere sich an $\nabla\cdot\mathbf{F} = 0$ und zeige

$$v_x - u_y = \int_0^z R_z(x;y;z_1)\,dz_1 - A_y(x;y)$$
$$= R(x;y;z) - R(0;y;z) - A_y(x;y).$$

(*f*) Man definiere $A(x;y) = -\int_0^y R(x;y_1;0)\,dy_1$ und zeige $R = v_x - u_y$.

In Theorem 3 aus Abschnitt 22.6 wurde gezeigt, daß $\mathbf{F}$ der Gradient irgendeiner Funktion f ist, wenn $\mathbf{rot}\,\mathbf{F} = 0$ gilt. Die Übungen 38 und 39 leiten dieses Resultat ab, ohne den Stokesschen Satz zu verwenden.

38. Man studiere das Theorem aus Abschnitt 23.2.

(*a*) Sei $\mathbf{F}(x;y) = P(x;y)\mathbf{i} + Q(x;y)\mathbf{j} + 0\mathbf{k}$. Die Gleichung $\mathbf{rot}\,\mathbf{F} = 0$ ist äquivalent zu $P_y = Q_x$. Man zeige dies!

(*b*) Es sei $P_y = Q_x$. Man definiere eine skalare Funktion $f(x;y)$ durch

$$f(x;y) = \int_0^x P(t;y)\,dt + \int_0^y Q(0;u)\,du.$$

Man zeige $f_x = P$.

(*c*) Man zeige $f_y = Q$. Dazu benötigt man das Theorem aus Abschnitt 23.2.

(*d*) Man zeige $\nabla f = F$.

39. (*a*) Sei $\mathbf{F}(x;y;z) = P(x;y;z)\mathbf{i} + Q(x;y;z)\mathbf{j} + R(x;y;z)\mathbf{k}$. Die Gleichung $\mathbf{rot}\,\mathbf{F} = 0$ ist äquivalent den Gleichungen $R_y = Q_z$, $R_x = P_z$ und $Q_x = P_y$. Man zeige dies!

(*b*) Es sei $\mathbf{rot}\,\mathbf{F} = 0$. Man definiere eine skalare Funktion f durch

$$f(x;y;z) = \int_0^x P(t;y;z)\,dt + \int_0^y Q(0;u;z)\,du + \int_0^z R(0;0;v)\,dv$$

und zeige $\nabla f = \mathbf{F}$.

23 Das Vertauschen von Grenzwerten

In diesem Kapitel werden die Beweise für einige Theoreme nachgeholt, deren Gültigkeit zunächst vorausgesetzt wurde. In Abschnitt 23.1 wird die Gleichheit der gemischten partiellen Ableitungen f_{xy} und f_{yx} untersucht (siehe auch Abschnitt 12.4). Der dann folgende Abschnitt beschäftigt sich mit der Ableitung von $\int_a^b f(x;y)\,dx$ nach y (siehe die Übungen von Kapitel 22). Die gliedweise Differentiation und Integration einer Potenzreihe wird in Abschnitt 23.3 behandelt (siehe auch Abschnitt 14.7). Der Abschnitt 23.5 leitet zu weiterführenden Methoden über und illustriert die gemeinsamen Aspekte der ersten drei Abschnitte.

23.1 Die Gleichheit von f_{xy} und f_{yx}

Für die meisten Funktionen $f(x;y)$ gilt

$$\frac{\partial}{\partial y}\left(\frac{\partial f}{\partial x}\right)=\frac{\partial}{\partial x}\left(\frac{\partial f}{\partial y}\right)$$

in Worten:

„Die Reihenfolge der partiellen Ableitungen ändert nichts am Ergebnis." Diese Behauptung wird in folgendem Theorem verifiziert.

Theorem: Die Funktion f sei in der xy-Ebene definiert. Wenn die partiellen Ableitungen f_{xy} und f_{yx} existieren und in allen Punkten stetig sind, dann stimmen sie überein: $f_{xy}=f_{yx}$.

Beweis: Der Einfachheit halber zeigen wir $f_{xy}(0;0)=f_{yx}(0;0)$. Dasselbe Argument gilt dann für jeden Punkt $(a;b)$. Zunächst betrachten wir die Definition von $f_{xy}(0;0)$:

$$f_{xy}(0;0)=\left.\frac{\partial(f_x)}{\partial y}\right|_{(0;0)}=\lim_{k\to 0}\frac{f_x(0;k)-f_x(0;0)}{k}.$$

Aus der Definition der partiellen Ableitung f_x folgt

$$f_x(0;k)=\lim_{h\to 0}\frac{f(h;k)-f(0;k)}{h}$$

und

$$f_x(0;0)=\lim_{h\to 0}\frac{f(h;0)-f(0;0)}{h}.$$

Somit erhalten wir

$$\begin{aligned}f_{xy}(0;0)&=\lim_{k\to 0}\frac{f_x(0;k)-f_x(0;0)}{k}\\&=\lim_{k\to 0}\frac{\lim\limits_{h\to 0}\frac{f(h;k)-f(0;k)}{h}-\lim\limits_{h\to 0}\frac{f(h;0)-f(0;0)}{h}}{k}\\&=\lim_{k\to 0}\left\{\lim_{h\to 0}\frac{[f(h;k)-f(0;k)]-[f(h;0)-f(0;0)]}{hk}\right\}.\end{aligned}\tag{1}$$

Betrachten wir nun den Zähler des Ausdrucks (1):

$$\text{Zähler}=[f(h;k)-f(0;k)]-[f(h;0)-f(0;0)].\tag{2}$$

Der zweite Klammerausdruck entsteht aus dem ersten Klammerausdruck, wenn k durch Null ersetzt wird. Für festes h definieren wir die Funktion

$$u(y)=f(h;y)-f(0;y).\tag{3}$$

Dann vereinfacht sich Gl. (2) zu

$$u(k)-u(0).\tag{4}$$

Aufgrund des Mittelwertsatzes (siehe Abschnitt 6.2) erhalten wir für irgendein K zwischen Null und k nun

$$u(k)-u(0)=u'(K)\,k.\tag{5}$$

Die Definition (3) der Funktion u führt weiter zu

$$u'(K)=f_y(h;K)-f_y(0;K).\tag{6}$$

Wenden wir nun den Mittelwertsatz für jedes K auf die Funktion $f_y(x;K)$ an, so folgt für irgendein H zwischen Null und h

$$u'(K) = f_{yx}(H;K)\,h. \tag{7}$$

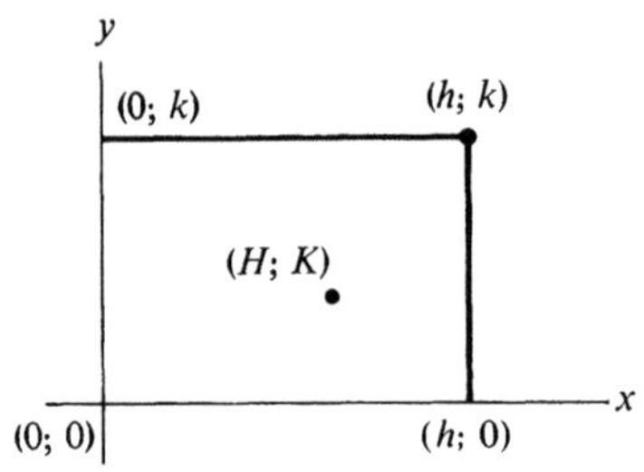

Bild 23.1

Für den Zähler (2) ergibt sich somit in einem bestimmten Punkt $(H;K)$ der Rechtecksfläche $(0;0)$, $(h;0)$, $(h;k)$ und $(0;k)$ (Bild 23.1) der Ausdruck

$$\text{Zähler} = f_{yx}(H;K)\,hk. \tag{8}$$

Nun formen wir Gl. (2) identisch um:

$$\text{Zähler} = [f(h;k) - f(h;0)] - [f(0;k) - f(0;0)]. \tag{9}$$

Der zweite Klammerausdruck folgt aus dem ersten, wenn h durch Null ersetzt wird. Wir wenden wiederum den Mittelwertsatz an und können zeigen:

$$\text{Zähler} = f_{xy}(H^*;K^*)\,kh. \tag{10}$$

Dabei liegt der Punkt $(H^*;K^*)$ im gleichen Rechteck wie vorher (Bild 23.2). Der Vergleich der Gln. (8) und (10) zeigt

$$f_{yx}(H;K) = f_{xy}(H^*;K^*). \tag{11}$$

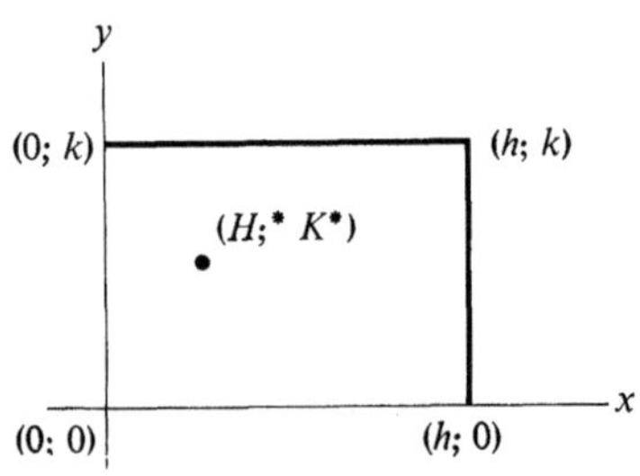

Bild 23.2

Wenn nun $(h;k) \to (0;0)$ strebt, so gilt aufgrund der Stetigkeit der partiellen Ableitungen f_{xy} und f_{yx} tatsächlich

$$f_{yx}(H;K) \to f_{yx}(0;0) \quad \text{und} \quad f_{xy}(H^*;K^*) \to f_{xy}(0;0),$$

und es folgt wie behauptet

$$f_{yx}(0;0) = f_{xy}(0;0). \bullet$$

In der höheren Analysis wird ein noch stärkeres Theorem bewiesen. f_{xy} muß nämlich für die Gültigkeit des Theorems nicht stetig sein. Beispiel 3 aus Abschnitt 23.4 behandelt eine Funktion, deren gemischte Ableitungen f_{xy} und f_{yx} im Punkt $(0;0)$ *nicht* übereinstimmen. In der Theorie der reellen Variablen wird folgendes gezeigt: Wenn die beiden gemischten Ableitungen einer Funktion auf einer Kreisfläche existieren, dann stimmen sie in mindestens einem Punkt dieser Kreisfläche überein.

Übungen:

1. Man beweise Gleichung (10).
2. Man beweise das Theorem, ohne dieses Kapitel zu verwenden.
3. Man beweise das Theorem für einen beliebigen Punkt $(a;b)$.

23.2 Die Ableitung von $\int_a^b f(x;y)\,dx$ nach y

Das Integral

$$\int_a^b f(x;y)\,dx$$

hängt von y ab. Wir definieren

$$F(y) = \int_a^b f(x;y)\,dx$$

und sprechen von der Ableitung der Funktion F nach y. Für viele gebräuchliche Funktionen f gilt

$$\frac{dF}{dy} = \int_a^b \frac{\partial f}{\partial y}\,dx$$

oder

$$\frac{d\left[\int_a^b f(x;y)\,dx\right]}{dy} = \int_a^b \frac{\partial f}{\partial y}\,dx.$$

Im allgemeinen kann also ein Integral durch Differentiation des Integranden differenziert werden.

Der Leser möge diese Behauptung zunächst für die Funktion $f(x;y) = x^3 + xy^2$ überprüfen und erst dann zum Beweis des Theorems übergehen.

Theorem: f sei auf der xy-Ebene definiert, f und f_y seien stetig. Ferner sei f_{yy} auf der xy-Ebene definiert und auf jedem Rechtecksbereich beschränkt. Wenn also R ein Rechteck ist, dann existiert eine Zahl M (die von R abhängt), so daß für alle $(x;y)$ aus R die Ungleichung

$$|f_{yy}(x;y)| \leqslant M$$

gilt. f sei definiert durch

$$F(y) = \int_a^b f(x;y)\,dx;$$

dann ist F differenzierbar, und es gilt

$$\frac{dF}{dy} = \int_a^b \frac{\partial f}{\partial y}\,dx.$$

Beweis: Zum Beweis von

$$\lim_{h\to 0} \frac{F(y+h)-F(y)}{h} = \int_a^b \frac{\partial f}{\partial y}\,dx$$

betrachten wir für festes y die Differenz

$$\frac{F(y+h)-F(y)}{h} - \int_a^b f_y(x;y)\,dx. \tag{1}$$

Sie ist aufgrund der Definition von F gleich

$$\frac{\int_a^b f(x;y+h)\,dx - \int_a^b f(x;y)\,dx}{h} - \int_a^b f_y(x;y)\,dx. \tag{2}$$

Nun können wir für den Ausdruck (2) schreiben:

$$\int_a^b \left[\frac{f(x;y+h)-f(x;y)}{h} - f_y(x;y)\right] dx. \tag{3}$$

Der Ausdruck (1) wird für $h \to 0$ ebenfalls nach Null streben, wenn der Integrand in Gl. (3) mit kleinem h klein wird. Wir nehmen daher in der Folge $|h| \leqslant 1$ an.

Zuerst ist der Ausdruck

$$\frac{f(x;y+h)-f(x;y)}{h}$$

im Integranden von Gl. (3) für irgendeine Zahl H zwischen Null und h aufgrund des Mittelwertsatzes gleich

$$\frac{hf_y(x;y+H)}{h} = f_y(x;y+H)$$

(H hängt von x, y und h ab).

Daher erhalten wir für den Integranden in Gl. (3)

$$f_y(x;y+H) - f_y(x;y). \tag{4}$$

Dies wieder ist aufgrund des Mittelwertsatzes für irgendeine Zahl H^* zwischen Null und H gleich

$$Hf_{yy}(x;y+H^*). \tag{5}$$

Wegen $|H^*| \leqslant |H| \leqslant |h| \leqslant 1$ liegt der Punkt $(x;y+H^*)$ in dem Rechteck mit den Eckpunkten

$$(a;y-1),\quad (a;y+1),\quad (b;y-1),\quad (b;y+1).$$

Nun gilt laut Annahme in diesem Rechteck $|f_{yy}| \leqslant M$. Aus den Gln. (4) und (5) folgt dann, daß der Integrand von Gl. (3) dem Absolutbetrag nach höchstens gleich

$$|H|\cdot M \leqslant |h|\cdot M$$

ist. Der Absolutwert von Gl. (3) ist daher höchstens

$$|h|M(b-a).$$

Dieser Ausdruck geht aber für $h \to 0$ ebenfalls gegen Null, da M und $b-a$ Konstanten sind. Damit ist das Theorem bewiesen. ●

Die Voraussetzung, daß f_{yy} in jedem Rechteck beschränkt bleibt, ist für stetige f_{yy} immer erfüllt. Daher umfaßt das Theorem alle gebräuchlichen Fälle. In der höheren Analysis wird dieses Theorem ohne jede Annahme über f_{yy} bewiesen.

Übungen:

1. Man verifiziere das Theorem dieses Abschnitts für $f(x;y) = x^3y^4$.
2. Man verifiziere das Theorem dieses Abschnitts für $f(x;y) = \cos xy$.

3. Für welche Werte von y hat die Funktion

$$F(y) = \int_0^{\pi/2} (y - \cos x)^2\, dx$$

ein Minimum? (Man verwende das Theorem dieses Abschnitts).

4. Sei $G(u; v; w) = \int_u^v f(w; x)\, dx$. Man bestimme

(*a*) $\partial G/\partial v$, (*b*) $\partial G/\partial u$, (*c*) $\partial G/\partial w$.

5. Sei $G(u) = \int_0^u f(u; x)\, dx$. Man bestimme $\partial G/\partial u$.

6. Sei $G(u; v) = \int_0^u e^{-vx^2} dx$. Man bestimme

(*a*) $\partial G/\partial u$, (*b*) $\partial G/\partial v$.

7. Laut Übung 59 aus Abschnitt 14.8 ist das Integral

$$\int_0^\infty [(\sin x)/x]\, dx$$

konvergent. Man ergänze die Teilschritte und suche alle Lücken und Annahmen im folgenden Beweis für

$$\int_0^\infty [(\sin x)/x]\, dx = \pi/2:$$

Man setze

$$F(y) = \int_0^\infty e^{-yx} [(\sin x)/x]\, dx.$$

Wir interessieren uns für $F(0)$. Differenziert man unter dem Integralzeichen, so ergibt sich

$$F'(y) = -\int_0^\infty e^{-yx} \sin x\, dx.$$

Dieses Integral ist aufgrund des Hauptsatzes der Infinitesimalrechnung gleich $-1/(1+y^2)$. Also gilt für irgendeine Konstante $F(y) = C - \arctan y$. Um nun C zu finden, berücksichtigen wir

$$0 = \lim_{y \to \infty} F(y) = C - \pi/2.$$

So folgt $C = \pi/2$ und $F(y) = (\pi/2) - \arctan y$. Für $y = 0$ ergibt sich schließlich $F(0) = \pi/2$.

8. Sei $F(y) = \int_0^1 [(x^y - 1)/\ln x]\, dx$ für $y \geq 0$.

(*a*) F sei unter dem Integralzeichen differenzierbar. Man zeige dann $dF/dy = 1/(1+y)$.
(*b*) Mit Hilfe von (*a*) zeige man $F(y) = \ln(1+y) + C$.
(*c*) Die Konstante C aus (*b*) ist gleich Null. Man zeige dies durch Betrachtung des Falles $y = 0$.

23.3 Differentiation und Integration von Potenzreihen

Wenn eine Funktion durch eine Potenzreihe dargestellt wird, so kann ihre Ableitung (oder das Integral) durch gliedweise Differentiation oder Integration gebildet werden (siehe auch Abschnitt 14.7). Dieser Abschnitt beweist vorstehende Behauptung. Wir beginnen den Beweis mit den beiden folgenden Lemmas:

Lemma 1: Wenn $\sum_{n=1}^{\infty} c_n$ konvergiert, so gilt mit einer bestimmten Zahl M für alle n:

$$|c_n| \leqslant M.$$

Beweis: Da die Summe konvergiert, gilt für den n-ten Term $c_n \to 0$ mit $n \to \infty$. Daher existiert eine ganze Zahl N mit

$$|c_n| \leqslant 1$$

für alle $n \geqslant N$. (Wir hätten anstelle von 1 jede andere positive Zahl auswählen können.) M sei die größte Zahl aus der Menge

$$|c_1|, |c_2|, \ldots, |c_{N-1}|, 1.$$

Dieses M erfüllt die Forderungen des Lemmas. •

Das nächste Lemma folgt aus der Ungleichung

$$|a_1 + a_2 + \ldots + a_n| \leqslant |a_1| + |a_2| + \ldots + |a_n|,$$

die für beliebige Zahlen $a_1, a_2, \ldots, a_n$ gültig ist. Der Beweis wird in Übung 1 geführt.

Lemma 2: Sei $f(x)$ stetig. Dann gilt für $b > a$

$$\left|\int_a^b f(x)\, dx\right| \leqslant \int_a^b |f(x)|\, dx.$$

Für $b < a$ ist die Ungleichung umzukehren.

Beweis: Man betrachte die Näherungssumme

$$\sum_{i=1}^{n} f(X_i)\,(x_i - x_{i-1})$$

für $\int_a^b f(x)\,dx$. Wir erhalten

$$\left|\sum_{i=1}^{n} f(X_i)\,(x_i - x_{i-1})\right| \leqslant \sum_{i=1}^{n} |f(X_i)\,(x_i - x_{i-1})|$$

$$= \sum_{i=1}^{n} |f(X_i)|\,|x_i - x_{i-1}|$$

$$= \sum_{i=1}^{n} |f(X_i)|\,(x_i - x_{i-1}).$$

Der letzte Ausdruck stellt eine Näherungssumme für $\int_a^b |f(x)|\,dx$ dar. Im Grenzübergang Maß $\to 0$ ergibt sich dann direkt das Lemma. ●

Das erste Theorem behauptet, daß durch gliedweise Differentiation einer konvergenten Potenzreihe wieder eine konvergente Potenzreihe entsteht. Über den Wert der differenzierten Reihe wird zunächst keine Aussage getroffen.

Theorem 1: Wenn die Reihe $\sum_{n=0}^{\infty} a_n x^n$ für $|x| < R$ konvergiert, so konvergiert auch die Reihe

$$\sum_{n=1}^{\infty} n a_n x^{n-1}$$

und zwar sogar absolut.

Beweis: Sei $|x| < R$. Für den Fall $x = 0$ folgt das Theorem unmittelbar. Wir nehmen daher $x \neq 0$ an. Wir suchen nun eine Zahl c mit (Bild 23.3)

$$|x| < c < R.$$

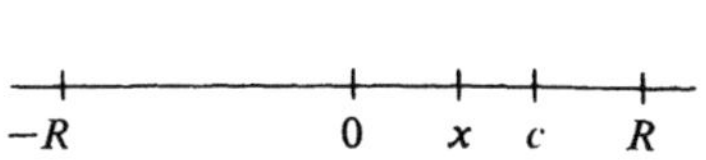

Bild 23.3

Aufgrund von Lemma 1 gilt mit einer bestimmten Zahl M

$$|a_n c^n| \leqslant M$$

für alle n. Wir schreiben nun

$$n a_n x^{n-1} = n\,\frac{a_n}{c}\,\frac{x^{n-1}}{c^{n-1}}\,c^n$$

und daher

$$|n a_n x^{n-1}| = \frac{|a_n c^n|}{|c|}\,n\left|\left(\frac{x}{c}\right)^{n-1}\right| \leqslant \frac{M}{|c|}\,n\left|\left(\frac{x}{c}\right)^{n-1}\right|.$$

Wegen $|x/c| < 1$ konvergiert die Reihe

$$\frac{M}{|c|}\sum_{n=1}^{\infty} n\left|\frac{x}{c}\right|^{n-1}$$

aufgrund des Quotientenkriteriums. Aus dem Vergleichstest ergibt sich dann die Konvergenz von

$$\sum_{n=1}^{\infty} |n a_n x^{n-1}|.$$

Aus dieser absoluten Konvergenz folgt dann die Konvergenz von

$$\sum_{n=1}^{\infty} n a_n x^{n-1},$$

die zu beweisen war.

Theorem 2 (*Stetigkeit von* $\sum_{n=0}^{\infty} a_n x^n$): Sei

$$f(x) = \sum_{n=0}^{\infty} a_n x^n$$

konvergent für $|x| < R$. Dann ist $f(x)$ stetig für $|x| < R$.

Beweis: Sei c eine Zahl im offenen Intervall $(-R; R)$. Wir wollen beweisen, daß für $x \to c$ auch $f(x) \to f(c)$ strebt. Dazu müssen wir $|f(x) - f(c)|$ untersuchen. Wir finden

$$|f(x) - f(c)| = \left|\sum_{n=0}^{\infty} a_n (x^n - c^n)\right| \leqslant \sum_{n=0}^{\infty} |a_n|\,|x^n - c^n|.$$

Aus dem Mittelwertsatz folgt für irgendein X_n zwischen c und x (Bild 23.4):

$$|x^n - c^n| = |n X_n^{n-1}(x - c)|.$$

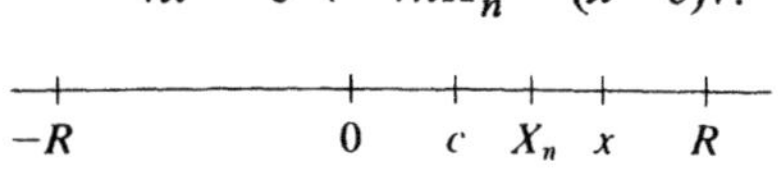

Bild 23.4

Nehmen wir nun eine Konstante k mit $k < R$, $k > |x|$ und $k > |c|$. Dann gilt für jedes n

$$|X_n| < k.$$

Wir erhalten somit

$$|f(x) - f(c)| \leqslant \sum_{n=1}^{\infty} |n a_n X_n^{n-1} (x - c)| \leqslant$$

$$\leqslant |x - c| \sum_{n=1}^{\infty} |n a_n k^{n-1}|. \tag{1}$$

Da $\sum_{n=1}^{\infty} n a_n k^{n-1}$ zu einem bestimmten festen Grenzwert konvergiert (siehe Theorem 1), strebt die rechte Seite von Gl. (1) für $x \to c$ nach Null. Für $x \to c$ ergibt sich daher

$$|f(x) - f(c)| \to 0. \bullet$$

Theorem 3 (*Gliedweise Integration einer Potenzreihe*): Sei $\sum_{n=0}^{\infty} a_n x^n$ konvergent für $|x| < R$ und $f(x) = \sum_{n=0}^{\infty} a_n x^n$. Dann gilt für $|t| < R$

$$\int_0^t f(x)\, dx = \sum_{n=0}^{\infty} \frac{a_n t^{n+1}}{n+1}.$$

Beweis: Da f stetig ist, existiert $\int_0^t f(x)\, dx$. So bleibt zu zeigen, daß

$$\left| \int_0^t f(x)\, dx - \sum_{n=0}^{\infty} \frac{a_n t^{n+1}}{n+1} \right| \tag{2}$$

für $m \to \infty$ nach Null strebt.

Wir betrachten den Fall $t > 0$ (Bild 23.5); der Beweis für $t < 0$ verläuft völlig analog.

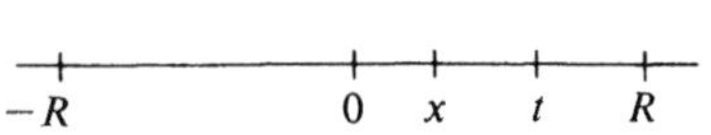

Bild 23.5

Es ergibt sich zunächst

$$\int_0^t f(x)\, dx - \sum_{n=0}^{m} \frac{a_n t^{n+1}}{n+1}$$

$$= \int_0^t f(x)\, dx - \int_0^t \left(\sum_{n=0}^{m} a_n x^n \right) dx$$

$$= \int_0^t \left(\sum_{n=0}^{\infty} a_n x^n - \sum_{n=0}^{m} a_n x^n \right) dx$$

$$= \int_0^t \left(\sum_{n=m+1}^{\infty} a_n x^n \right) dx.$$

Mit Hilfe von Lemma 2 folgt

$$\left| \int_0^t f(x)\, dx - \sum_{n=0}^{m} \frac{a_n t^{n+1}}{n+1} \right| \leqslant \int_0^t \left| \sum_{n=m+1}^{\infty} a_n x^n \right| dx. \tag{3}$$

Nun gilt

$$\left| \sum_{n=m+1}^{\infty} a_n x^n \right| \leqslant \sum_{n=m+1}^{\infty} |a_n x^n| \leqslant \sum_{n=m+1}^{\infty} |a_n t^n|.$$

Da die Reihe $\sum_{n=0}^{\infty} |a_n t^n|$ konvergiert, strebt $\sum_{n=m+1}^{\infty} |a_n t^n|$ für $m \to \infty$ nach Null. Folglich wird der Integrand auf der rechten Seite von Gl. (3) sehr klein, wenn m groß wird. Für $m \to \infty$ nähert sich daher die rechte Seite dem Wert Null. Daher strebt auch die linke Seite von Gl. (3) für $m \to \infty$ nach Null. Dann geht aber auch Gl. (2) für $m \to \infty$ nach Null. Damit ist der Beweis abgeschlossen. $\bullet$

Theorem 4 (*Gliedweise Differentiation einer Potenzreihe*): Sei $\sum_{n=0}^{\infty} a_n x^n$ konvergent für $|x| < R$. Sei

$$f(x) = \sum_{n=0}^{\infty} a_n x^n.$$

Dann konvergiert die Reihe

$$\sum_{n=1}^{\infty} na_n x^{n-1}$$

für $|x| < R$, und ihre Summe ist gleich $f^{(1)}(x)$.

Beweis: Wir wissen bereits aus Theorem 1, daß die Reihe $\sum_{n=1}^{\infty} na_n x^{n-1}$ für $|x| < R$ konvergiert. Wir bezeichnen diese Summe zunächst mit $g(x)$. Aufgrund von Theorem 2 ist $g(x)$ stetig. Es muß die Identität

$$f^{(1)}(x) = g(x)$$

nachgewiesen werden.

Da wir eine Potenzreihe Term für Term integrieren können, folgt für $|t| < R$

$$\int_0^t g(x)\,dx = \sum_{n=1}^{\infty} a_n t^n = \sum_{n=0}^{\infty} a_n t^n - a_0$$

oder

$$\int_0^t g(x)\,dx = f(t) - a_0.$$

Differenzieren wir beide Seiten dieser Gleichung, so ergibt sich

$$g(t) = f^{(1)}(t)$$

und das Theorem ist bewiesen. ●

Übungen:

1. (*a*) Man beweise $|a+b| \leqslant |a| + |b|$. *Hinweis:* $|x| = \sqrt{x^2}$.
   (*b*) Mit Hilfe von (*a*) zeige man

   $$|a_1 + a_2 + a_3| \leqslant |a_1| + |a_2| + |a_3|.$$

   Auf ähnliche Weise kann durch vollständige Induktion

   $$\left|\sum_{n=1}^{k} a_n\right| \leqslant \sum_{n=1}^{k} |a_n|$$

   gezeigt werden.

2. Seien $P(x)$ und $Q(x)$ zwei Polynome. Angenommen, es gibt keine positive ganze Zahl n mit $Q(n) = 0$. Wenn $\sum_{n=1}^{\infty} a_n x^n$ für $|x| < R$ konvergiert, so gilt dies unter obigen Voraussetzungen auch für

   $$\sum_{n=1}^{\infty} a_n P(n) x^n / Q(n).$$

3. Man zeige, daß die Reihen

   $$\sum_{n=0}^{\infty} a_n x^n, \quad \sum_{n=1}^{\infty} na_n x^{n-1} \quad \text{und}$$

   $$\sum_{n=0}^{\infty} a_n x^{n+1}/(n+1)$$

   den gleichen Konvergenzradius besitzen.

4. Man beweise für $f(x) = \sum_{n=0}^{\infty} a_n x^n$ mit $|x| < R$ die Relation

   $$f^{(2)}(x) = \sum_{n=2}^{\infty} n(n-1) a_n x^{n-2} \text{ mit } |x| < R.$$

In den Übungen 5 bis 8 ist das jeweilige Theorem auf Potenzreihen in $x - a$ zu verallgemeinern (*a*) und die Verallgemeinerung zu beweisen (*b*).

5. Theorem 1
6. Theorem 2
7. Theorem 3
8. Theorem 4

23.4 Das Vertauschen von Grenzwerten

Obwohl die Schlußfolgerungen dieses Kapitels bisher voneinander unabhängig waren, haben sie doch eine gemeinsame Wurzel, mit der sich jede Vorlesung der höheren Analysis befaßt: Wann können, so stellt sich die Frage, Grenzwerte miteinander vertauscht werden? Gehen wir nochmals zum Theorem des Abschnitts 23.1 zurück, durch das die Gleichheit der gemischten Ableitungen postuliert wird. Aus der Gl. (1) von Abschnitt 23.1 folgt

$$f_{xy}(0;0) = \lim_{k \to 0}\left[\lim_{h \to 0} \frac{f(h;k) - f(0;k) - f(h;0) + f(0;0)}{hk}\right].$$

Ebenso ergibt sich aus der Definition von f_{yx}

$$f_{yx}(0;0) = \lim_{h \to 0}\left[\lim_{k \to 0} \frac{f(h;k) - f(0;k) - f(h;0) + f(0;0)}{hk}\right].$$

Die beiden Quotienten sind zwar identisch, jedoch lautet die Reihenfolge der Grenzwerte für f_{xy}

$$\lim_{k \to 0} \left(\lim_{h \to 0} \right)$$

und für f_{yx}

$$\lim_{h \to 0} \left(\lim_{k \to 0} \right).$$

Spielt also die Reihenfolge der Grenzwerte keine Rolle? Dies ist nicht immer der Fall. (So muß f_{xy} nicht unbedingt gleich f_{yx} sein.) Wir stehen vor der allgemeinen Frage: „Wann kann die Reihenfolge von Grenzwerten vertauscht werden?" Beispiel 1 behandelt einen einfachen Fall, für den die Reihenfolge der Grenzwerte wesentlich ist.

Beispiel 1: Sei $f(x;y) = x^y$ für $x > 0$ und $y > 0$. Man berechne die beiden Grenzwerte

$$\lim_{y \to 0^+} \left(\lim_{x \to 0^+} x^y \right) \quad \text{und} \quad \lim_{x \to 0^+} \left(\lim_{y \to 0^+} x^y \right).$$

Lösung: Es gilt einerseits

$$\lim_{y \to 0^+} \left(\lim_{x \to 0^+} x^y \right) = \lim_{y \to 0^+} 0 = 0$$

und andererseits

$$\lim_{x \to 0^+} \left(\lim_{y \to 0^+} x^y \right) = \lim_{x \to 0^+} 1 = 1.$$

Die Reihenfolge der Grenzwerte kann also das Resultat drastisch beeinflussen. Nebenbei erkennen wir jetzt auch, warum das Symbol 0^0 sinnlos ist. ●

Das nächste Beispiel behandelt ebenfalls das Vertauschen von Grenzwerten. Beispiel 3 diskutiert dann eine Funktion, deren gemischte partielle Ableitungen f_{xy} und f_{yx} nicht überall gleich sind.

Beispiel 2: Sei

$$g(x;y) = \begin{cases} \dfrac{x^2 - y^2}{x^2 + y^2} & \text{für } (x;y) \neq (0;0), \\ 0 & \text{für } (x;y) = (0;0). \end{cases}$$

Man zeige

$$\lim_{x \to 0} \left[\lim_{y \to 0} g(x;y) \right] \neq \lim_{y \to 0} \left[\lim_{x \to 0} g(x;y) \right].$$

Lösung: Es gilt

$$\lim_{y \to 0} g(x;y) = \lim_{y \to 0} \frac{x^2 - y^2}{x^2 + y^2} = \frac{x^2}{x^2} = 1$$

und daher

$$\lim_{x \to 0} \left[\lim_{y \to 0} g(x;y) \right] = \lim_{x \to 0} 1 = 1.$$

Andererseits erhalten wir

$$\lim_{x \to 0} g(x;y) = \lim_{x \to 0} \frac{x^2 - y^2}{x^2 + y^2} = \frac{-y^2}{y^2} = -1$$

und schließlich

$$\lim_{y \to 0} \left[\lim_{x \to 0} g(x;y) \right] = \lim(-1) = -1. \; ●$$

Beispiel 3: Sei $f(x;y) = xyg(x;y)$, wobei die Funktion g aus Beispiel 2 zu entnehmen ist. Man zeige

$$f_{xy}(0;0) \neq f_{yx}(0;0).$$

Lösung: f_x, f_y, f_{xy} und f_{yx} existieren in jedem Punkt, wie der Leser zeigen möge (siehe Übung 8). Es gilt $g(x;y) = 0$ für x oder $y = 0$.

Aufgrund der Gl. (1) aus Abschnitt 23.1 folgt

$$\begin{aligned} f_{xy}(0;0) &= \lim_{k \to 0} \left\{ \lim_{h \to 0} \frac{[f(h;k) - f(0;k)] - [f(h;0) - f(0;0)]}{hk} \right\} \\ &= \lim_{k \to 0} \left[\lim_{h \to 0} \frac{f(h;k)}{hk} \right] \\ &= \lim_{k \to 0} \left[\lim_{h \to 0} g(h;k) \right] = -1. \end{aligned}$$

Aus Beispiel 2 ergibt sich analog

$$f_{yx}(0;0) = \lim_{h \to 0} \left[\lim_{k \to 0} g(h;k) \right] = 1$$

und daher tatsächlich

$$f_{xy}(0;0) \neq f_{yx}(0;0). \; ●$$

Auch das Theorem aus Abschnitt 23.2

$$\frac{d \left[\int_a^b f(x;y)\, dx \right]}{dy} = \int_a^b f_y(x;y)\, dx$$

hängt mit der Vertauschbarkeit von Grenzwerten zusammen; denn sowohl die Ableitung als auch das bestimmte Integral wurden als Grenzwerte definiert.

Die Theoreme aus Abschnitt 23.3 (Differenzieren und Integrieren von Potenzreihen) folgen letztlich ebenfalls aus der Vertauschbarkeit bestimmter Grenzwerte. So kann Theorem 3 (gliedweise Integration einer Potenzreihe) folgendermaßen umformuliert werden.

Theorem 1 (*Gliedweise Integration einer Reihe*): Sei

$$f(x) = a_0 + a_1 x + a_2 x^2 + \ldots$$

für x aus $(-R;R)$. Seien a und b Zahlen aus $(-R;R)$. Für jede positive ganze Zahl n sei

$$f_n(x) = a_0 + a_1 x + \ldots + a_n x^n.$$

Dann gilt

$$\int_a^b \lim_{n\to\infty} f_n(x)\,dx = \lim_{n\to\infty} \int_a^b f_n(x)\,dx. \quad \bullet$$

Der Leser möge diese Aussage mit dem Theorem über die gliedweise Integration vergleichen.

Theorem 1 erscheint zunächst wie ein Spezialfall eines universellen Satzes über Folgen von Funktionen $f_1(x)$, $f_2(x)$, $f_3(x)$ ..., die gegen eine Funktion $f(x)$ konvergieren. Das nächste Beispiel widerlegt diese allgemeine Vermutung und unterstreicht die spezielle Behauptung von Theorem 1.

Beispiel 4: Für jede positive ganze Zahl n definiere man folgende Funktion f_n: Das Schaubild von f_n besteht aus einem gleichschenkeligen Dreieck, dessen Basis durch das Intervall $[0; 1/n]$ und dessen Höhe durch n gegeben ist, ergänzt um den Teil der x-Achse außerhalb von $[0; 1/n]$.

Gilt

$$\lim_{n\to\infty} \int_0^1 f_n(x)\,dx = \int_0^1 \lim_{n\to\infty} f_n(x)\,dx?$$

Lösung: Für steigende n wird der dreieckige Teil des Schaubildes von f_n immer schmaler und höher (Bild 23.6), während die zugehörige Fläche stets gleich bleibt:

$$\text{Fläche des Dreiecks} = \frac{1}{2} \cdot \frac{1}{n} \cdot n = \frac{1}{2}.$$

Somit gilt für alle n

$$\int_0^1 f_n(x)\,dx = \frac{1}{2}.$$

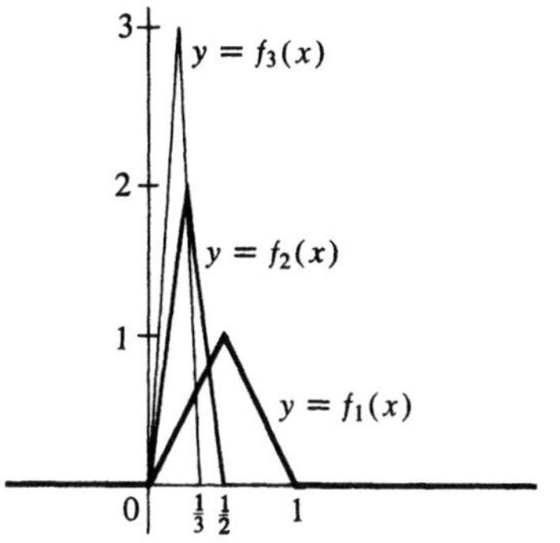

Bild 23.6

Ferner erhalten wir für jedes feste x

$$\lim_{n\to\infty} f_n(x) = 0,$$

da $f_n(x)$ für hinreichend große n verschwindet. Es folgt daher einerseits

$$\lim_{n\to\infty} \int_0^1 f_n(x)\,dx = \frac{1}{2}$$

und andererseits

$$\int_0^1 \lim_{n\to\infty} f_n(x)\,dx = 0.$$

Das Limeszeichen kann also nicht immer unter das Integral gezogen werden. Da das Integral ebenfalls als Grenzwert definiert ist, zeigt auch dieses Beispiel die Unvertauschbarkeit bestimmter Grenzwerte. ●

In der höheren Analysis wird ein sehr allgemeines Theorem formuliert, dessen Spezialfall unser Theorem 1 ist. Wenn nämlich das Schaubild von f_n für große n dem Schaubild von f sehr ähnlich wird, wenn also für stetige f_n und f in $[a;b]$ gilt

$$\lim_{n\to\infty} (\text{Maximum } |f(x) - f_n(x)| \text{ für } x \text{ aus } [a;b]) = 0,$$

dann läßt sich tatsächlich zeigen:

$$\int_a^b \lim_{n\to\infty} f_n(x)\,dx = \lim_{n\to\infty} \int_a^b f_n(x)\,dx.$$

Die Übungen geben mehrere Beispiele zur Vertauschbarkeit von Grenzwerten. Wie sich herausstellt, ist das Vertauschen von Grenzwerten zumeist eine heikle Angelegenheit. Glücklicherweise gibt es einige Theoreme, die unter bestimmten Voraussetzungen das Vertauschen von Grenzwerten für zulässig erklären. Ein Teil der höheren Analysis beschäftigt sich ausführlich mit solchen Theoremen.

Übungen:

1. Sei $f(x;y) = 1$ für $y \geqslant x$ und $f(x;y) = 0$ für $y < x$.
   (*a*) Man schraffiere den Teil der Ebene mit $f(x;y) \geqslant 1$.
   (*b*) Man zeige $\lim\limits_{x\to\infty} [\lim\limits_{y\to\infty} f(x;y)] = 1$.
   (*c*) Man zeige $\lim\limits_{y\to\infty} [\lim\limits_{x\to\infty} f(x;y)] = 0$.
2. Man zeige $\lim\limits_{x\to 0} [\lim\limits_{n\to\infty} nx/(1+nx)] = 1$ im Gegensatz zu $\lim\limits_{n\to\infty} [\lim\limits_{x\to 0} nx/(1+nx)] = 0$. (Es sei $x > 0$).
3. Sei $f_n(x) = nx/(1+n^2x^4)$. Man zeige
$$\int_0^\infty \lim_{n\to\infty} f_n(x)\,dx = 0$$
im Gegensatz zu
$$\lim_{n\to\infty} \int_0^\infty f_n(x)\,dx = \pi/4.$$
4. Man zeige, daß
$$\lim_{x\to 0} [\lim_{y\to 0} x^2/(x^2+y^2)]$$
nicht gleich ist
$$\lim_{y\to 0} [\lim_{x\to 0} x^2/(x^2+y^2)].$$
5. Sei $f_n(x) = n\pi \sin(n\pi x)$ für $0 \leqslant x \leqslant 1/n$ und sonst Null.
   (*a*) Man zeichne f_1, f_2 und f_3.
   (*b*) Man zeige $\lim\limits_{n\to\infty} \int_0^1 f_n(x)\,dx = 2$ im Gegensatz zu
$$\int_0^1 \lim_{n\to\infty} f_n(x)\,dx = 0.$$
6. Man vergleiche
$$\lim_{x\to\infty}\left(\lim_{y\to\infty} \frac{x^2}{x^2+y^2+1}\right)$$
und
$$\lim_{y\to\infty}\left(\lim_{x\to\infty} \frac{x^2}{x^2+y^2+1}\right).$$
7. Sei $f_n(x) = (1/n)\sin nx$ für alle x und alle positiven ganzen Zahlen n. Man zeige
$$\lim_{n\to\infty}\left\{\lim_{h\to 0} \frac{f_n(h)-f_n(0)}{h}\right\} = 1$$
im Gegensatz zu
$$\lim_{h\to 0}\left\{\lim_{n\to\infty} \frac{f_n(h)-f_n(0)}{h}\right\} = 0.$$
8. Für die „pathologische" Funktion f aus Beispiel 3 zeige man die Existenz von f_{xy} und f_{yx} in allen Punkten der Ebene.
9. (*a*) Theorem 2 aus Abschnitt 23.3 bezieht sich auf das Vertauschen von Grenzwerten. *Hinweis:* Man definiere $f_n(x)$ als
$$a_0 + a_1x + \dots + a_nx^n.$$
   (*b*) Mit Hilfe von Übung 7 zeige man, daß das Vertauschen von Grenzwerten in (*a*) nicht für jede Folge von Funktionen $f_1(x)$, $f_2(x)$, ..., $f_n(x)$, ... zulässig ist, die eine bestimmte Funktion $f(x)$ annähert.

■

10. Das Theorem aus Abschnitt 23.2 behauptet, daß
$$\lim_{n\to\infty}\left\{\lim_{k\to 0} \sum_{i=1}^{n} \frac{f(x_i;y+k)-f(x_i;y)}{kn}(b-a)\right\}$$
gleich ist
$$\lim_{k\to 0}\left\{\lim_{n\to\infty} \sum_{i=1}^{n} \frac{f(x_i;y+k)-f(x_i;y)}{kn}(b-a)\right\},$$
wobei
$$x_0 = a,\ x_1 = a + \frac{b-a}{n}, \dots, x_i = a + \frac{i(b-a)}{n}, \dots, x_n = b.$$
11. Sei $f_n(x)$ definiert für jedes x aus $[0;1]$ und jede positive ganze Zahl n. Ferner sei f_n stetig für jedes n. Der $\lim\limits_{n\to\infty} f_n(x)$ existiere für jedes x aus $[0;1]$. Man bezeichne diesen Grenzwert mit $f(x)$:
$$\lim_{n\to\infty} f_n(x) = f(x).$$
   (*a*) Die Behauptung, „f ist stetig an der Stelle a" ist äquivalent zur Gleichung
$$\lim_{n\to\infty}\left\{\lim_{x\to a} f_n(x)\right\} = \lim_{x\to a}\left\{\lim_{n\to\infty} f_n(x)\right\}.$$
   Man zeige dies.
   (*b*) Im Speziellen sei $f_n(x) = x^n$. Man zeige, daß in diesem Fall die beiden Grenzwerte in (*a*) nicht notwendigerweise gleich sind.

12. Sei $f_n(x) = x^{2n}/(1 + x^{2n})$.

(*a*) Sei $f(x) = \lim_{n \to \infty} f_n(x)$. Man zeichne f_4 und f.

(*b*) Für welche Werte von a gilt

$$\lim_{n\to\infty} [\lim_{x\to a} f_n(x)] = \lim_{x\to a} [\lim_{n\to\infty} f_n(x)]?$$

13. Man zeige

$$\int_0^\infty \left[\int_0^1 (2xy - x^2y^2)\, e^{-xy}\, dx\right] dy = 1$$

im Gegensatz zu

$$\int_0^1 \left[\int_0^\infty (2xy - x^2y^2)\, e^{-xy}\, dy\right] dx = 0.$$

14. Die Regel von de l'Hospital garantiert im „Null durch Null-Fall" die Gleichheit der folgenden zwei Grenzwerte:

$$\lim_{\Delta t\to 0} \left\{ \lim_{t\to a} \frac{f(t+\Delta t) - f(t)}{g(t+\Delta t) - g(t)} \right\}$$

und

$$\lim_{t\to a} \left\{ \lim_{\Delta t\to 0} \frac{f(t+\Delta t) - f(t)}{g(t+\Delta t) - g(t)} \right\}.$$

Man zeige dies.

■■

15. Man definiere f durch

$$f(x) = \lim_{n\to\infty} \{ \lim_{m\to\infty} [\cos(n!\,\pi x)]^{2m} \}.$$

Da π irrational ist, beweise man $f(x) = 1$ für rationale x und $f(x) = 0$ für irrationale x. (Die Funktion f, die für rationale x den Wert 1 und für irrationale x den Wert Null annimmt, kann als Grenzwert einer Folge von Funktionen dargestellt werden, die ihrerseits wieder Grenzwerte von Folgen stetiger Funktionen sind. Es kann gezeigt werden, daß f selbst nicht als Grenzwert einer Folge von stetigen Funktionen dargestellt werden kann.)

16. Man gebe das Beispiel einer Funktion f mit der Eigenschaft

$$\sum_{m=1}^\infty \sum_{n=1}^\infty f(m;n) = 0 \quad \text{aber} \quad \sum_{n=1}^\infty \sum_{m=1}^\infty f(m;n) = 1.$$

Hinweis: Man lege $f(m;n)$ in den Punkt $(m;n)$. Wir bezeichnen die Punkte $(m;n)$ für feste m als „Spalte m" und die für feste n als „Zeile n". Zuerst ergänze man die Zeile 1 derart, daß $\sum_{m=1}^\infty f(m;1) = \frac{1}{2}$. Dann wähle man $f(1;2)$ als das Negative von $f(1;1)$ und alle übrigen $f(1;n) = 0$; also $\sum_{n=1}^\infty f(1;n) = 0$.

Nun ergänze man Zeile 2 derart, daß ihre Summe gleich $\frac{1}{4}$ ist, und Spalte 2 derart, daß die Summe gleich Null ist. Wir können folgendermaßen beginnen:

$\cdot\, 0$	$\cdot\, 0$					
$\cdot\, 0$	$\cdot\, 0$					
$\cdot\, 0$	$\cdot\, 0$					
$\cdot\, 0$	$\cdot\, 0$					
$\cdot\, 0$	$\cdot\, -\frac{3}{8}$	....	....	....	....	
$\cdot\, -\frac{1}{4}$	$\cdot\, \frac{1}{4}$	$\cdot\, \frac{1}{8}$	$\cdot\, \frac{1}{16}$	$\cdot\, \frac{1}{32}$	...	Zeile 2
$\cdot\, \frac{1}{4}$	$\cdot\, \frac{1}{8}$	$\cdot\, \frac{1}{16}$	$\cdot\, \frac{1}{32}$	$\cdot\, \frac{1}{64}$	...	Zeile 1

Die Übungen 17 bis 23 behandeln einen Beweis von Euler für die Relation

$$\frac{1}{1^2} + \frac{1}{2^2} + \frac{1}{3^2} + \ldots = \frac{\pi^2}{6}.$$

17. Aus

$$\frac{1}{1^2} + \frac{1}{3^2} + \frac{1}{5^2} + \frac{1}{7^2} + \ldots + \frac{1}{(2n-1)^2} + \ldots = \frac{\pi^2}{8}$$

folgt

$$\frac{1}{1^2} + \frac{1}{2^2} + \frac{1}{3^2} + \ldots + \frac{1}{n^2} + \ldots = \frac{\pi^2}{6}.$$

Man zeige dies.

18. Man zeige

$$\int_0^1 \frac{\arcsin x}{\sqrt{1-x^2}}\, dx = \frac{\pi^2}{8}.$$

19. Mit Hilfe der Binominalentwicklung von Abschnitt 15.5 zeige man für $0 \leqslant t < 1$:

$$\frac{1}{\sqrt{1-t^2}} = 1 + \frac{1}{2}t^2 + \frac{1\cdot 3}{2\cdot 4}t^4 + \frac{1\cdot 3\cdot 5}{2\cdot 4\cdot 6}t^6 + \ldots.$$

20. (Siehe Beispiel 19.) Man zeige

$$\arcsin x = x + \frac{1}{2}\frac{x^3}{3} + \frac{1\cdot 3}{2\cdot 4}\frac{x^5}{5} + \frac{1\cdot 3\cdot 5}{2\cdot 4\cdot 6}\frac{x^7}{7} + \ldots$$

für $0 \leqslant x < 1$. Diese Gleichung gilt auch für $x = 1$.

21. Man zeige

$$\int_0^1 \frac{x^{2n+1}}{\sqrt{1-x^2}}\, dx = \int_0^{\pi/2} \sin^{2n+1}\theta\, d\theta.$$

22. Angenommen, die gliedweise Integration sei auch im Fall eines uneigentlichen Integrals zulässig. Man zeige dann

$$\int_0^1 \frac{\arcsin x}{\sqrt{1-x^2}}\, dx = \frac{1}{1^2} + \frac{1}{3^2} + \frac{1}{5^2} + \frac{1}{7^2} + \ldots + \frac{1}{(2n-1)^2} + \ldots.$$

23. Aus Übung 22 folgt

$$\sum_{n=1}^{\infty} n^{-2} = \frac{\pi^2}{6}.$$

Man zeige dies.

23.5 Zusammenfassung

In diesem Kapitel wurden einige grundlegende Annahmen aus früheren Kapiteln bewiesen, gleichzeitig wurde ein Ausblick in die höhere Analysis eröffnet. Die grundlegende Frage war: „Wann kann die Reihenfolge von Grenzwerten verändert werden, ohne daß dadurch das Endergebnis beeinflußt wird?"

Abschnitt 23.1 war der Gleichung

$$f_{xy}(a;b) = f_{yx}(a;b)$$

gewidmet. Sie ist immer dann gültig, wenn die gemischten partiellen Ableitungen stetig sind.

Abschnitt 23.2 behandelte die Relation

$$\frac{d}{dy}\int_a^b f(x;y)\,dx = \int_a^b f_y(x;y)\,dx.$$

Sie ist für die meisten gebräuchlichen Funktionen erfüllt.

Abschnitt 23.3 ging auf die Differentiation und Integration von Potenzreihen ein.

Alle diese Resultate wurden in Abschnitt 23.4 auf das generelle Problem der Vertauschbarkeit von Grenzwerten zurückgeführt. In diesem Abschnitt wurden auch die Risiken des Vertauschens von Grenzwerten gezeigt.

Anhang

Anhang A
Die reellen Zahlen

Dieser Teil des Anhangs beschreibt die Eigenschaften der reellen Zahlen, die im Text verwendet wurden. Die reellen Zahlen können aus den positiven ganzen Zahlen 1, 2, 3, 4, ... entwickelt werden. Eine Darstellung dieser Prozedur würde jedoch selbst ein kleines Buch füllen. Daher wollen wir hier die Existenz der reellen Zahlen voraussetzen und uns auf eine Zusammenfassung ihrer wichtigsten Eigenschaften beschränken.

A.1 Addition und Multiplikation (die Körperaxiome)

S sei die Menge der reellen Zahlen. In dieser Menge sind zwei Operationen definiert, die Addition (A), bezeichnet mit +, und die Multiplikation (M), bezeichnet mit $\cdot$; Diese Operationen erfüllen folgende Axiome:

A1. Für jedes a und b aus S liegt $a + b$ in S.

A2. Für jedes a und b aus S gilt $a + b = b + a$.

A3. Für jedes a, b und c aus S gilt $a + (b + c) = (a + b) + c$.

A4. Es existiert ein Element in S, bezeichnet mit 0, so daß $0 + a = a$ für alle a aus S gilt.

A5. Für jedes a und b aus S existiert ein eineindeutiges Element c in S, so daß $a + c = b$.

M1. Für jedes a und b aus S liegt auch $a \cdot b$ in S.

M2. Für jedes a und b aus S gilt $a \cdot b = b \cdot a$.

M3. Für jedes a, b und c aus S gilt $a \cdot (b \cdot c) = (a \cdot b) \cdot c$.

M4. Es existiert ein Element in S, bezeichnet mit 1, so daß $1 \cdot a = a$ für alle a aus S gilt.

M5. Für jedes Element a aus S (ausgenommen 0) und jedes Element b aus S existiert ein eineindeutiges Element c aus S, so daß $a \cdot c = b$ gilt.

D. Für jedes a, b und c aus S gilt $a \cdot (b + c) = a \cdot b + a \cdot c$.

Die ersten vier Axiome der Addition und der Multiplikation sind analog. Das zweite Axiom (A2 oder M2) heißt *kommutatives Gesetz*; das dritte Axiom heißt *assoziatives Gesetz*. Das Element c, dessen Existenz A5 garantiert, wird üblicherweise mit $b - a$ bezeichnet und heißt *Differenz von a und b*. Im speziellen wird $0 - a$ mit $-a$ bezeichnet und *additives inverses Element von a* genannt. Das Element c, dessen Existenz M5 garantiert, wird üblicherweise mit b/a bezeichnet und heißt *Quotient von b durch a*. Speziell heißt $1/a$ *Kehrwert* oder *multiplikatives inverses Element von a*. Jedes Element besitzt ein additives inverses Element. Jedes Element, ausgenommen 0, besitzt ein multiplikatives inverses Element. Das distributive Axiom D unterscheidet die Addition von der Multiplikation; es gibt kein analoges Axiom das $a + (b \cdot c)$ mit $a + b$ und $a + c$ verknüpft.

A.2 Die Ordnungsaxiome

Unter den reellen Zahlen gibt es eine Beziehung, die mit „>" bezeichnet und „größer als" gelesen wird. Sie erfüllt die folgenden Axiome.

O1. Wenn a nicht gleich Null ist, dann gilt $a > 0$ oder $-a > 0$, aber nicht beides.

O2. Wenn $a > b$ und $b > c$ gilt, dann gilt auch $a > c$.

O3. Wenn $a > b$ und $c > 0$ gilt, dann gilt $ca > cb$. Für beliebiges c gilt dann $c + a > c + b$.

Wenn $a > 0$ gilt, heißt a *positiv*. Ist $-a > 0$, heißt a *negativ*.

Wenn wir uns die reellen Zahlen als Punkte auf der Zahlengeraden vorstellen, dann bedeutet „$a > b$", daß a rechts von b liegt; „a ist positiv" bedeutet, daß a rechts von Null liegt; „a ist negativ", bedeutet, daß a links von Null liegt (Bild A.1).

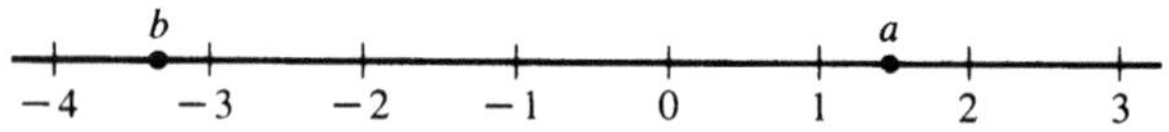

Im Bild ist $a > b$.
a ist positiv
b ist negativ

Bild A.1

Das Axiom O3 garantiert, daß die Multiplikation mit einer positiven Zahl Ungleichungen erhält. Die Multiplikation mit einer negativen Zahl kehrt Ungleichungen allerdings um: $4 > 3$, aber $(-5)(3) > (-5)(4)$. Analoge Aussagen gelten für die Division durch eine positive oder negative Zahl.

Der *Absolutbetrag von a* ist gleich a, wenn a positiv ist und gleich $-a$, wenn a negativ ist. Der Absolutbetrag von Null ist gleich Null. Auf der Zahlengeraden entspricht dem Absolutbetrag von a der Abstand des Punktes a vom Punkt Null. Der Absolutbetrag von a wird mit $|a|$ bezeichnet, also etwa $|3| = 3 = |-3|$.

Das Symbol $a \geqslant b$ bedeutet, daß $a > b$ oder $a = b$ gelten kann: $4 \geqslant 3$ und $3 \geqslant 3$. Das Symbol $a < b$ ist gleichbedeutend mit $b > a$. Das Symbol $a \leqslant b$ ist gleichbedeutend mit $b \geqslant a$. Es gilt $3 < 4, 3 \leqslant 4, 3 \leqslant 3$.

Der Absolutbetrag besitzt zwei wichtige Eigenschaften

$$|ab| = |a|\,|b| \quad \text{und} \quad |a+b| \leqslant |a| + |b|.$$

So gilt

$$|(-3)\cdot 7| = |-3|\,|7| \quad \text{und} \quad |(-3)+7| \leqslant |-3| + |7|$$

wie sich der Leser leicht überzeugen kann.

A.3 Rationale und irrationale Zahlen

Unter den reellen Zahlen sind bestimmte Zahlen ausgezeichnet: die *positiven ganzen Zahlen* 1, 2, 3, ... ; die *ganzen Zahlen* ... −3, −2, −1, 0, 1, 2, 3, ... ; und die *rationalen Zahlen a/b*, wobei a und b ganze Zahlen sind und $b \neq 0$ gilt. Auf der Zahlengeraden entsprechen den rationalen Zahlen Punkte, die man durch gleichmäßige Teilung eines Intervalls zwischen ganzen Zahlen erhält. So entspricht $\frac{7}{5}$ dem Punkt zwischen 1 und 2, der in Bild A.2 eingezeichnet ist. Jede ganze Zahl ist im übrigen auch eine rationale Zahl: $n = n/1$.

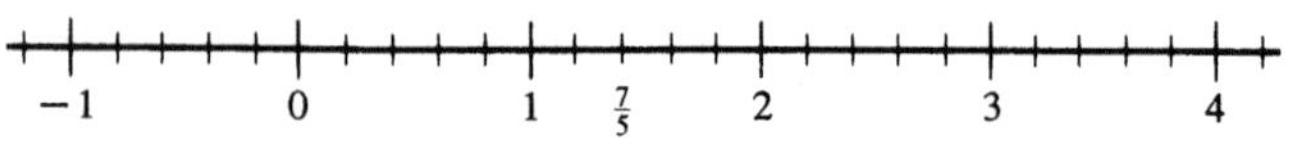

Bild A.2

Nicht jede reelle Zahl ist rational. Die Dezimaldarstellung einer rationalen Zahl ist immer periodisch: Von einem bestimmten Punkt an *wiederholen* sich die Zahlengruppen, z.B.

$$\frac{23}{14} = 1{,}6\overline{428571}\,\overline{428571}\,\overline{428571}\,\overline{428571}\ \ldots\,.$$

Umgekehrt stellt jede *periodische* Dezimalzahl eine rationale Zahl dar. Betrachten wir beispielsweise die Zahl

$$x = 0{,}5\overline{31}\,\overline{31}\,\overline{31}\ \ldots\,;$$

dann gilt

$$100x = 53{,}1\overline{31}\,\overline{31}\,\overline{31}\ \ldots\,;$$

subtrahiert man die erste Gleichung von der zweiten, so ergibt sich

$$100x - x = 52{,}6 \quad \text{oder} \quad 99x = 52{,}6.$$

Daraus folgt

$$x = \frac{52{,}6}{99} = \frac{526}{990}.$$

Daher kann $0{,}5\overline{31}\,\overline{31}\ldots$ als Quotient zweier ganzer Zahlen ausgedrückt werden und ist somit eine rationale Zahl. Das gleiche Argument kann auf jede periodische Dezimalzahl angewendet werden.

Eine reelle Zahl, die nicht rational ist, wird *irrational* genannt. Irrationale Zahlen (genauso wie rationale Zahlen) sind im Überfluß vorhanden. Jede nicht periodische Dezimalzahl wie etwa

$$0{,}12122122212222\ \ldots \qquad (1)$$

(in der die Zahl 1 mit zunehmenden Blöcken von 2ern alterniert) ist irrational, auch das Verhältnis zwischen Umfang und Durchmesser eines Kreises ist irrational, desgleichen $\sqrt{2}, \sqrt{3}, \sqrt{5}, \sqrt{6}$ und $\sqrt[3]{2}$.

Beispiel: Wie viele irrationale Zahlen liegen zwischen 0,12 und 0,13?

Lösung: Eine solche Zahl ist in Gl. (1) angegeben. Wir können eine unendliche Menge von irrationalen Zahlen zwischen 0,12 und 0,13 konstruieren, wenn wir z.B. eine einzige der Ziffern 1 oder 2 von der dritten Dezimalstelle an durch die Ziffer 3 ersetzen. Somit liegen die irrationalen Zahlen

0,12322122212222 ...
0,12132122212222 ...
0,12123122212222 ...
. . . .

alle zwischen 0,12 und 0,13. Also existiert eine unendliche Menge von irrationalen Zahlen zwischen 0,12 und 0,13. Entsprechend kann man durch Bilden immer neuer Dezimalzahlen, die mit 0,12 ... beginnen, zeigen, daß es eine unendliche Menge von rationalen Zahlen gibt. ●

Dieselbe Überlegung zeigt, daß sowohl rationale als auch irrationale Zahlen auf der Zahlengerade dicht liegen: *Zwischen je zwei reellen Zahlen existiert eine unendliche Menge von rationalen Zahlen und eine unendliche Menge von irrationalen Zahlen.*

Summe, Differenz, Produkt und Quotient zweier rationaler Zahlen sind ebenfalls rational:

$$\frac{3}{4}+\frac{5}{7}=\frac{3\cdot 7+5\cdot 4}{28}=\frac{41}{28};$$

$$\frac{3}{4}-\frac{5}{7}=\frac{3\cdot 7-5\cdot 4}{28}=\frac{1}{28};$$

$$\frac{3}{4}\cdot\frac{5}{7}=\frac{15}{28}; \qquad \frac{\frac{3}{4}}{\frac{5}{7}}=\frac{3}{4}\cdot\frac{7}{5}=\frac{21}{20}.$$

Die Menge der rationalen Zahlen erfüllt die Körperaxiome und die Ordnungsaxiome. Die Menge der irrationalen Zahlen erfüllt die Ordnungsaxiome aber nicht die Körperaxiome. So ist die Summe zweier irrationaler Zahlen nicht notwendigerweise irrational: $(\sqrt{2})+(-\sqrt{2})=0$.

Übungen:

1. (*a*) Seien a und b beide negativ oder beide positiv. Welche Relation besteht dann zwischen $|a+b|$, $|a|$ und $|b|$? Man gebe Beispiele an.
   (*b*) Aus $|a-b|<c$ folgt $|a|<|b|+c$. Man beweise dies. *Hinweis:* Man betrachte die Fälle a, b und $a-b$ positiv oder negativ.
2. Man bestimme die Dezimaldarstellung der folgenden rationalen Zahlen und zeige, daß sie in jedem Fall periodisch sind.
   (*a*) $\frac{4}{13}$; (*b*) $\frac{3}{7}$; (*c*) $\frac{5}{8}$; (*d*) $\frac{2}{17}$.
3. Welche der folgenden Zahlen ist rational, welche irrational?
   (*a*) -8, (*b*) $5\sqrt{2}/2$,
   (*c*) π, (*d*) $-3/(-7)$,
   (*e*) $\sqrt{4}$, (*f*) 5,238.
4. Man konstruiere mindestens vier irrationale Zahlen und mindestens vier rationale Zahlen zwischen 3,17 und 3,18.
5. Man bestimme ganze Zahlen m und n, für die gilt
   (*a*) $m/n = 6{,}2\overline{457}\,\overline{457}\,\overline{457}\ldots$
   (*b*) $m/n = 20{,}3\overline{65}\,\overline{65}\,\overline{65}\ldots$
6. Gibt es eine kleinste positive Zahl?

A.4 Vollständigkeit der reellen Zahlen

Wir kommen nun zu der Eigenschaft der reellen Zahlen, die für die höhere Mathematik am wichtigsten ist. Vorerst benötigen wir zwei Definitionen.

Definition der oberen Schranke: Sei X eine Menge von reellen Zahlen. Die Zahl u heißt *obere Schranke* für die Menge X, wenn für alle x aus X die Ungleichung $u \geqslant x$ gilt.

Für $X=\{1,2,3\}$ ist beispielsweise $u=17$, $u=6{,}2$ oder $u=3$ eine mögliche obere Schranke. Die Menge $X=\{1,2,3,4,\ldots\}$ besitzt keine obere Schranke. Die Menge $X=\{\frac{1}{2},\frac{2}{3},\frac{3}{4},\frac{4}{5},\frac{5}{6},\ldots\}$ hat etwa $u=1000$, $u=15$ und $u=1$ als obere Schranken. Jede Zahl $u\geqslant 1$ ist eine obere Schranke dieser Menge.

Definition der kleinsten oberen Schranke: Eine Zahl heißt *kleinste obere Schranke* einer Menge X, wenn sie eine obere Schranke von X ist und es keine kleinere obere Schranke von X gibt.

So hat die Menge $X=\{\frac{1}{2},\frac{2}{3},\frac{3}{4},\frac{4}{5}\ldots\}$ die kleinste obere Schranke 1. Die Menge $Y=\{1,\frac{1}{2},\frac{2}{3},\frac{3}{4},\frac{4}{5},\ldots\}$ hat dieselbe kleinste obere Schranke.

Mit diesen Definitionen ausgestattet, können wir die wichtigste Eigenschaft der reellen Zahlen formulieren.

Das Vollständigkeitsaxiom: *Jede Menge x von reellen Zahlen, für die eine obere Schranke existiert, besitzt auch eine kleinste obere Schranke.*

Die Menge der rationalen Zahlen erfüllt zwar die Körper- und die Ordnungsaxiome, nicht aber das Vollständigkeitsaxiom, wie im nächsten Beispiel gezeigt wird.

Beispiel: Die Menge $X=\{1;\ 1{,}7;\ 1{,}73;\ 1{,}732;\ldots\}$, die Menge der rationalen Dezimalnäherungen für $\sqrt{3}=1{,}732051\ldots$, besitzt keine rationale kleinste obere Schranke. Man zeige dies.

Lösung: Wegen $2^2>3$, ist 2 größer als jede Zahl in X, und X besitzt somit eine rationale obere Schranke. Allerdings existiert keine kleinste rationale obere Schranke für X. Für jede rationale obere Schranke r von X gilt $r>\sqrt{3}$. Zwischen $\sqrt{3}$ und r kann man irgendeine rationale Zahl r^* finden. Dann ist r^* ebenfalls obere Schranke von X, aber kleiner als r. Daher ist keine rationale Zahl r kleinste obere Schranke der Menge X. ●

Eine andere Version des Vollständigkeitsaxioms geht von Zahlenfolgen anstelle von Mengen aus und lautet etwa so:

Sei $a_1, a_2, a_3, \dots, a_n, \dots$ eine Folge von reellen Zahlen, und es gelte $a_1 \leqslant a_2 \leqslant a_3 \leqslant \dots \leqslant a_n \leqslant \dots$. Wenn es eine Zahl B gibt mit $a_n \leqslant B$ für alle n, so existiert eine Zahl L, der die a_n beliebig nahe kommen.

Übungen:

1. Kann eine Menge von irrationalen Zahlen eine rationale kleinste obere Schranke besitzen?
2. (*a*) Man zeige
$$\frac{1}{1\cdot 2}+\frac{1}{2\cdot 3}+\frac{1}{3\cdot 4}+\dots+\frac{1}{n(n+1)}=1-\frac{1}{n+1}.$$
Hinweis: Man verwende die Identität
$$\frac{1}{i}-\frac{1}{i+1}=\frac{1}{i(i+1)}.$$
(*b*) Man zeige, daß 1 eine obere Schranke für die Menge
$$X=\left\{\frac{1}{1\cdot 2},\frac{1}{1\cdot 2}+\frac{1}{2\cdot 3},\frac{1}{1\cdot 2}+\frac{1}{2\cdot 3}+\frac{1}{3\cdot 4},\dots\right\}$$
ist.
(*c*) Wie groß ist die kleinste obere Schranke von X?
(*d*) Mit Hilfe von (*b*) oder (*c*) bestimme man eine obere Schranke für die Menge
$$Y=\left\{\frac{1}{2\cdot 2},\frac{1}{2\cdot 2}+\frac{1}{3\cdot 3},\frac{1}{2\cdot 2}+\frac{1}{3\cdot 3}+\frac{1}{4\cdot 4},\dots\right\}.$$
Wie gezeigt werden kann, ist die kleinste obere Schranke von Y gleich $(\pi^2-6)/6$.
3. (*a*) Wie groß ist die kleinste obere Schranke der Menge der reellen Zahlen $x \leqslant 10$?
(*b*) Wie groß ist die kleinste obere Schranke der Menge der reellen Zahlen $x < 10$?
4. (*a*) Wie groß ist die kleinste obere Schranke der Menge aller negativen Zahlen?
(*b*) Ist 15 eine obere Schranke für die Menge aller negativen Zahlen?
(*c*) Ist -2 eine obere Schranke für die Menge aller negativen Zahlen?

Anhang B
Analytische Geometrie

Folgende 15 Abschnitte behandelten den Teil der analytischen Geometrie, der in der Infinitesimalrechnung gebraucht wird.

2.2 Die Wertetabelle und das Schaubild einer Funktion
2.3 Der Anstieg einer Geraden
10.1 Berechnung der Länge $c(x)$ des Schnittes
10.2 Berechnung der Querschnittsfläche $A(x)$
10.7 Polarkoordinaten
10.8 Gleichungen in Parameterdarstellung
11.5 Der Winkel zwischen einer Geraden und einer Tangente
12.1 Rechtwinkelige Koordinaten für den Raum
12.2 Der Graph einer Gleichung
12.3 Funktionen und ihre Graphen
13.2 Die Beschreibung ebener Gebiete durch Koordinaten
18.2 Die Beschreibung räumlicher Gebiete in rechtwinkelige Koordinaten
18.3 Die Beschreibung räumlicher Gebiete in Zylinderkoordinaten oder Kugelkoordinaten
19.4 Geraden und Ebenen
19.7 Das Vektorprodukt zweier räumlicher Vektoren

Für die meisten Anwendungen sind diese Abschnitte ausreichend. Die vier Abschnitte dieses Anhangs sollen eine gewisse Ergänzung geben.

1. Analytische Geometrie und die Abstandsformel: Die Einführung von Koordinaten in der Ebene und der Abstand als Funktion der Koordinaten.
2. Gleichung einer Geraden: Während in Abschnitt 2.2 die Gleichung einer Geraden durch Anstieg und y-Abschnitt ausgedrückt wurde, werden in diesem Abschnitt andere Formeln entwickelt, die für Beispiele und Übungen nützlich sind.
3. Kegelschnitt: In diesem Abschnitt werden die Kegelschnitte definiert und ihre Gleichungen in rechtwinkeligen Koordinaten aufgestellt.
4. Kegelschnitte in Polarkoordianten.

B.1 Analytische Geometrie und die Abstandsformeln

In der analytischen Geometrie werden die Zahlen an Hand von Koordinatensystemen in die Geometrie eingeführt. Zuerst definiert man eine Zahlengerade: Jeder Punkt auf der Geraden wird mit einer reellen Zahl x identifiziert. So wird etwa der Punkt P in Bild B.1 mit $x = 4{,}5$ identifiziert.

Nun wählen wir zwei Geraden in der Ebene aus, die vorteilhafterweise senkrecht zueinander stehen und mit je einer

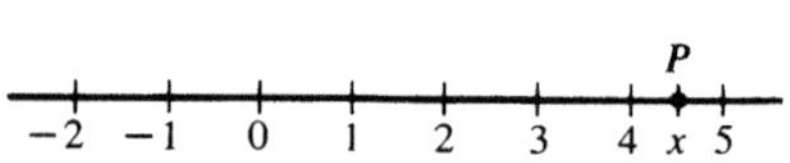

Bild B.1

Der Punkt P wird durch die Zahl x beschrieben

Zahlenskala ausgestattet sind. Man setze die Null auf jeder der Geraden in deren gemeinsamen Schnittpunkt und verwende die gleiche Zahlenskala. Die horizontale Gerade wird *x-Achse* genannt, die vertikale Gerade *y-Achse*. Der Schnittpunkt der beiden Achsen heißt *Ursprung*.

Die analytische Geometrie der Ebene ordnet jedem Punkt P in der Ebene mit Hilfe zweier aufeinander senkrechter Geraden (Bild B.2) *zwei reelle Zahlen zu*. Die vertikale Gerade durch einen Punkt P schneidet die x-Achse in einem Punkt, der zur Zahl x gehört; die horizontale Gerade durch P schneidet die y-Achse in einem Punkt, der zur Zahl y gehört. Wir nennen die Zahl x die *x-Koordinate* oder *Abszisse* von P und die Zahl y die *y-Koordinate* oder *Ordinate* von P. Man schreibt $P = (x; y)$; x und y sind die *rechtwinkeligen Koordinaten* von P.

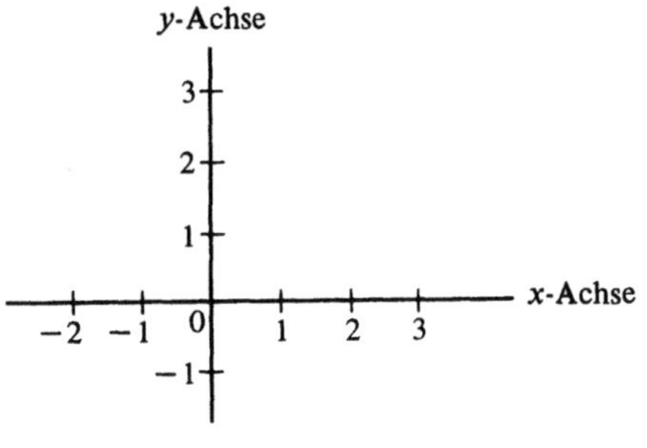

Bild B.2

Beispiel 1: Man zeichne die Punkte (0; 0), (0; 3), (2; 2), (6; 2) und (−5,5; 0) (Bild B.3).

Lösung: Ein Punkt $(x; 0)$ liegt auf der x-Achse und ein Punkt $(0; y)$ auf der y-Achse. Ist y positiv, so liegt der Punkt $(x; y)$ oberhalb der x-Achse. Ist y negativ, so liegt der Punkt unterhalb der x-Achse. Ist x positiv, so liegt der Punkt $(x; y)$ rechts von der y-Achse. Ist x negativ, so liegt er links von der y-Achse. ●

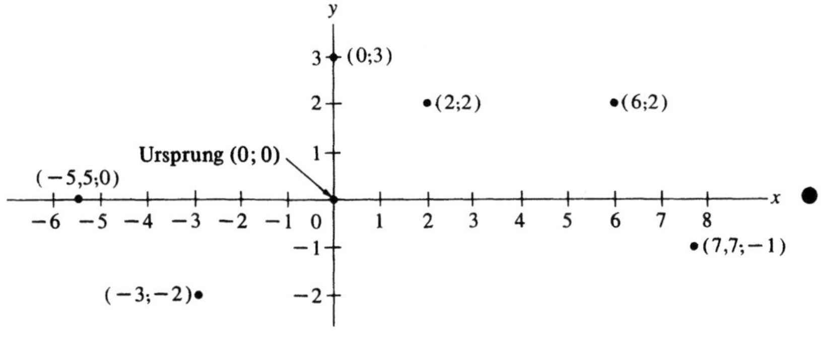

Bild B.3

Nun wollen wir den Abstand zweier Punkte ermitteln, deren Koordinaten bekannt sind. Beispiel 2 behandelt einen Spezialfall, anschließend folgt die allgemeine Formel.

Beispiel 2: Man bestimme den Abstand zwischen $P_1 = (1; 2)$ und $P_2 = (7; 4)$.

Lösung: Zunächst zeichne man die beiden Punkte. Dann skizziere man das rechtwinkelige Dreieck, dessen Katheten auf der horizontalen Geraden durch P_1 und auf der vertikalen Geraden durch P_2 liegen. Bild B.4 entnehmen wir für die horizontale Seite des Dreiecks die Länge

$$7 - 1 = 6$$

und für die vertikale Seite des Dreiecks die Länge

$$4 - 2 = 2.$$

d sei der Abstand zwischen P_1 und P_2. Mit Hilfe des pythagoräischen Lehrsatzes ist

$$d^2 = 2^2 + 6^2 = 4 + 36 = 40$$

und

$$d = \sqrt{40} \quad \text{oder} \quad 2\sqrt{10}. \; ●$$

Bild B.4

Die Methode dieses Beispiels kann für zwei beliebige Punkte in der Ebene verwendet werden. Um den Abstand d zwischen den Punkten $P_1 = (x_1; y_1)$ und $P_2 = (x_2; y_2)$ zu bestimmen, führt man ein rechtwinkeliges Dreieck ein, dessen Hypotenuse die Endpunkte P_1 und P_2 besitzt und dessen Katheten parallel zu den Achsen verlaufen (Bild B.5). Die horizontale Seite des Dreiecks hat die Länge $x_1 - x_2$ oder $-(x_1 - x_2)$, für $x_1 > x_2$ bzw. $x_1 < x_2$. In jedem Fall ist das Quadrat der Länge der horizontalen Seite gleich

$$(x_1 - x_2)^2.$$

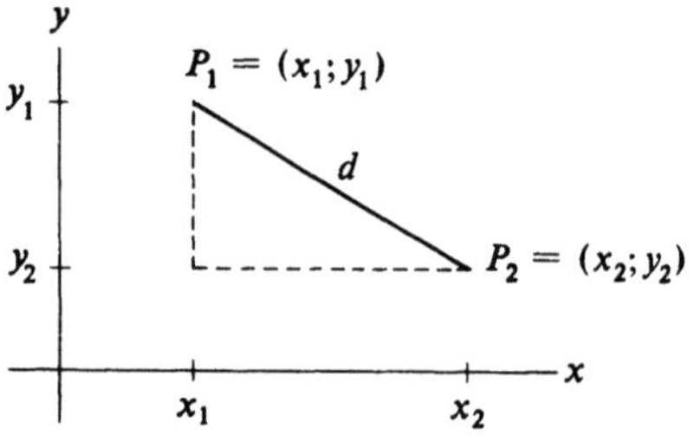

Bild B.5

Auf ähnliche Weise erhält man für die vertikale Seite die Länge $y_1 - y_2$ oder $-(y_1 - y_2)$. Der Pythagoräische Lehrsatz liefert dann

$$d^2 = (x_1 - x_2)^2 + (y_1 - y_2)^2.$$

Der Abstand zwischen den Punkten $(x_1; y_1)$ und (x_2, y_2) ist somit

$$d = \sqrt{(x_1 - x_2)^2 + (y_1 - y_2)^2}.$$

Wir haben also bisher als algebraisches Analogon des Punktes P ein Zahlenpaar $(x; y)$ und als algebraisches Analogon für den Abstand zweier Punkte die Formel

$$\sqrt{(x_1 - x_2)^2 + (y_1 - y_2)^2}$$

gewonnen. Nun wollen wir uns der algebraischen Beschreibung eines Kreises zuwenden. Ein Beispiel soll dies erläutern.

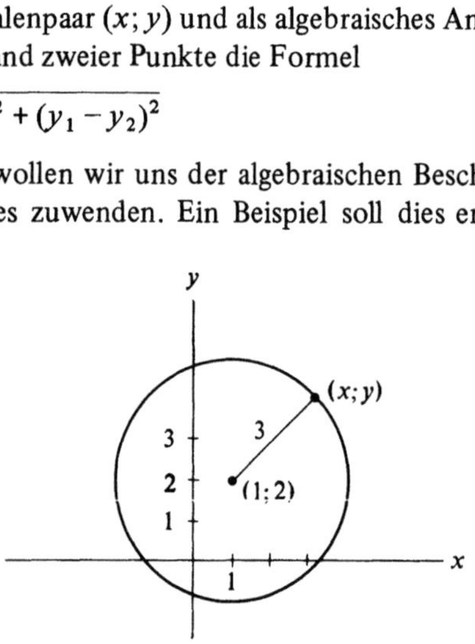

Bild B.6

Kreis mit dem Radius 3 und dem Mittelpunkt (1; 2)

Beispiel 3: Welche algebraische Bedingung müssen die Zahlen x und y erfüllen, wenn der Punkt $P = (x; y)$ auf einem Kreis mit dem Radius 3 und dem Mittelpunkt (1; 2) liegen soll (Bild B.6)?

Lösung: Der Abstand zwischen $(x; y)$ und $(1; 2)$ muß gleich 3 sein. Die Abstandsformel übersetzt diese Bedingung in die Gleichung

$$\sqrt{(x-1)^2 + (y-2)^2} = 3.$$

Um das Wurzelzeichen zu eliminieren und die Gleichung zu vereinfachen, werden beide Seiten quadriert; man erhält

$$(x-1)^2 + (y-2)^2 = 9.$$

Dies ist die Gleichung eines Kreises mit dem Radius 3 und dem Mittelpunkt (1; 2). Ein Punkt $(x; y)$ liegt dann und nur dann auf dem Kreis, wenn seine Koordinaten x und y diese Gleichung erfüllen. ●

Analoge Überlegungen ergeben für einen Kreis mit dem Mittelpunkt $(h; k)$ und dem Radius r die Gleichung

$$(x-h)^2 + (y-k)^2 = r^2.$$

Übungen:

1. (*a*) Man zeichne die Punkte (5; 8) und (− 7; 3).
   (*b*) Aus der Skizze bestimme man den Abstand zwischen ihnen.
   (*c*) Mit Hilfe der Abstandsformel berechne man den Abstand zwischen ihnen.
2. Man bestimme den Abstand zwischen den Punkten
   (*a*) (0; 0) und (− 5; 12),
   (*b*) (1; − 3) und (4; 1),
   (*c*) (5; − 11) und (− 19; 14).
3. (*a*) Man bestimme die Gleichung eines Kreises mit dem Radius 5 und dem Mittelpunkt (1; − 1).
   (*b*) Man zeichne den Kreis.
   (*c*) Liegt der Punkt (4,5; 2,5) auf diesem Kreis? Man überprüfe dies anhand der Zeichnung und dann mit Hilfe von (*a*).
4. (*a*) Man bestimme die Gleichung des Kreises mit dem Mittelpunkt (0; 0) und dem Radius 3.
   (*b*) Man zeichne den Kreis mit der Gleichung $x^2 + y^2 = 25$.
   (*c*) Man zeichne den Kreis mit der Gleichung $x^2 + y^2 = 5$.
5. (*a*) Man bestimme die Gleichung des Kreises mit dem Mittelpunkt (3; 0) und dem Radius 3.
   (*b*) Man vereinfache die Gleichung aus (*a*) auf
   $$x^2 - 6x + y^2 = 0.$$
6. (*a*) Wie lautet die Gleichung eines Kreises mit dem Mittelpunkt (− 3; − 4) und dem Radius 5?

(*b*) Man skizziere den Kreis mit der Gleichung

$$(x+2)^2+(y-1)^2=(\sqrt{7})^2.$$

7. (*a*) A, B und C seien Konstanten, dann ist der Ausdruck

$$x^2+y^2+Ax+By+C$$

äquivalent zu

$$\left(x+\frac{A}{2}\right)^2+\left(y+\frac{B}{2}\right)^2+C-\frac{A^2}{4}-\frac{B^2}{4}.$$

Man zeige dies.

(*b*) Für $A^2+B^2>4C$ beschreibt die Gleichung

$$x^2+y^2+Ax+By+C=0$$

einen Kreis mit dem Mittelpunkt $(-A/2;-B/2)$. Man zeige dies.

(*c*) Wie groß ist der Radius des Kreises aus (*b*)?

8. (*a*) Man zeichne die Punkte (1; 2), (10; 3) und (9; 6).
(*b*) Welcher Punkt liegt aufgrund der Zeichnung näher bei (1; 2): der Punkt (10; 3) oder der Punkt (9; 6)?
(*c*) Man entscheide mit Hilfe der Abstandsformel, ob der Punkt (10; 3) oder der Punkt (9; 6) näher bei (1; 2) liegt.

9. Ist das Dreieck mit den Eckpunkten (7; 2), (0; 0) und (2; 7) gleichseitig?

10. Das Dreieck mit den Eckpunkten (0; 0), (5; 3) und (2; 8) ist gleichschenkelig. Man zeige dies.

B.2 Die Gleichungen einer Geraden

Dieser Abschnitt ergänzt Abschnitt 2.3 und behandelt die verschiedenen Formen der Geradengleichung.

Abschnitt 2.3 liefert für eine Gerade mit dem Anstieg a und dem y-Abschnitt b die Gleichung (Bild B.7)

$$y=ax+b.$$

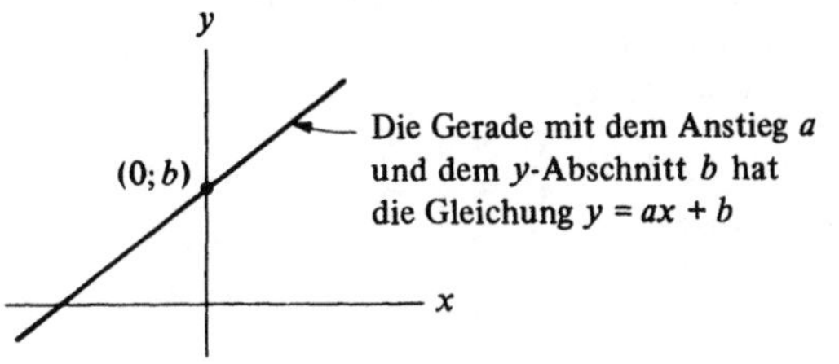

Bild B.7

(In der analytischen Geometrie wird häufig der Buchstabe m für den Anstieg verwendet. Die Gleichung einer Geraden mit dem Anstieg m und dem y-Abschnitt b hat die Form $y=mx+b$.)

Sehr oft muß die Gleichung einer Geraden aus anderen Informationen ermittelt werden. So können die Koordinaten von zwei Punkten P_1 und P_2 vorgegeben sein: Die Gleichung der Geraden durch diese beiden Punkte wird gesucht. Beispiel 1 zeigt, wie man in diesem Fall die Gleichung aufstellt.

Beispiel 1: Man bestimme die Gleichung der Geraden durch die Punkte $P_1=(1;2)$ und $P_2=(5;4)$ (Bild B.8).

Bild B.8

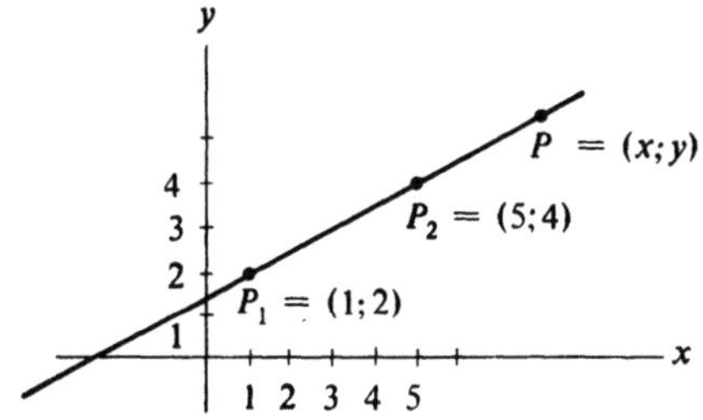

Lösung: $P=(x;y)$ sei ein Punkt auf der Geraden durch (1; 2) und (5; 4). Dann sind die Anstiege der Strecken $\overline{PP_1}$ und $\overline{P_2P_1}$ gleich:

$$\frac{y-2}{x-1}=\frac{4-2}{5-1}$$

oder

$$\frac{y-2}{x-1}=\frac{2}{4}=\frac{1}{2}.$$

Es folgt

$$2(y-2)=1\cdot(x-1)$$

oder

$$2y-4=x-1$$

und schließlich

$$x-2y+3=0. \bullet$$

Zweipunkteform: Die Methode von Beispiel 1 führt auf die folgende *Zweipunktform der Geradengleichung*. Die Gerade durch die Punkte $P_1=(x_1;y_1)$ und $P_2=(x_2;y_2)$ hat die Gleichung

$$\frac{y-y_1}{x-x_1}=\frac{y_2-y_1}{x_2-x_1},\quad \text{wenn } x_1 \neq x_2.$$

Abschnittsform: Wenn P_1 und P_2 auf der x- bzw. der y-Achse liegen, ergibt sich eine besonders einfache Form der Geradengleichung; sie ist als *Abschnittsform der Geradengleichung* bekannt. Seien a und b zwei von Null verschiedene Zahlen. Die Gleichung der Geraden durch die Punkte $(a; 0)$ und $(0, b)$ lautet

$$\frac{x}{a} + \frac{y}{b} = 1.$$

Die Zahl a wird x-Abschnitt, die Zahl b wird y-Abschnitt genannt.

Um diese Formel zu erhalten, wende man die Zweipunkteform der Geradengleichung auf den Fall $P_1 = (a; 0)$ und $P_2 = (0; b)$ an (Bild B.9). Man erhält die Gleichung

$$\frac{y-0}{x-a} = \frac{b-0}{0-a} \quad \text{oder} \quad \frac{y}{x-a} = -\frac{b}{a}$$

oder

$$ay = -b(x-a).$$

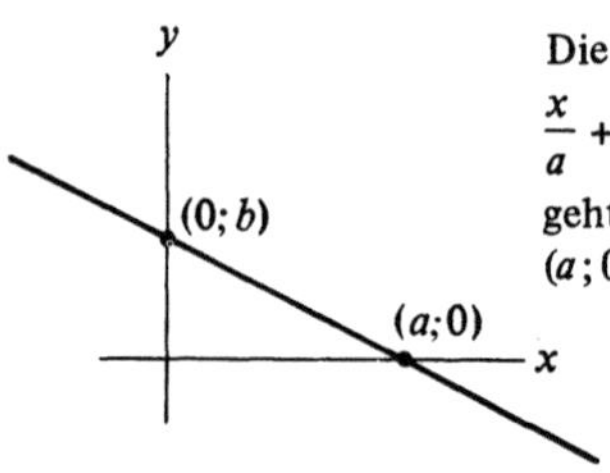

Die Gerade $\frac{x}{a} + \frac{y}{b} = 1$ geht durch die Punkte $(a; 0)$ und $(0; b)$

Bild B.9

Diese Gleichung läßt sich auf folgende Form bringen:

$$bx + ay = ab.$$

Division durch das Produkt $a \cdot b$ liefert dann

$$\frac{x}{a} + \frac{y}{b} = 1.$$

Beispiel 2: Man bestimme die Gleichung einer Geraden durch die Punkte $(2; 0)$ und $(0; 3)$.

Lösung: Die Gerade hat den x-Abschnitt $a = 2$ und den y-Abschnitt $b = 3$. Ihre Gleichung lautet daher

$$\frac{x}{2} + \frac{y}{3} = 1. \bullet$$

Eine Gleichung der Form

$$Ax + By + C = 0$$

beschreibt ebenfalls eine Gerade, sofern A und B nicht beide gleich Null sind. Das nächste Beispiel erläutert dies an einem Spezialfall.

Beispiel 3: Die Gleichung $-5x + 2y - 3 = 0$ beschreibt eine Gerade. Man bestimme ihren Anstieg und ihren y-Abschnitt.

Lösung: Man löse die Gleichung

$$-5x + 2y - 3 = 0$$

nach y auf. Dann folgt

$$y = \frac{5x+3}{2} \quad \text{oder} \quad y = \frac{5}{2}x + \frac{3}{2}.$$

Diese letzte Gleichung hat die Anstiegsform. Der Anstieg beträgt $\frac{5}{2}$ und der y-Abschnitt $\frac{3}{2}$. ●

Wenn B von Null verschieden ist, zeigt dieselbe Methode, daß der Gleichung

$$Ax + By + X = 0$$

eine Gerade mit Anstieg $-A/B$ entspricht. Für $B = 0$ lautet die Gleichung einfach

$$Ax + C = 0$$

oder

$$x = -\frac{C}{A}.$$

Dies ist die Gleichung einer vertikalen Geraden.

Übungen:

1. Man bestimme den Anstieg und den y-Abschnitt von folgenden Geraden:
   (*a*) $y = -2x + 3$; (*b*) $y = x + 1$;
   (*c*) $y = -x + 5$; (*d*) $y = 6x$.
2. Man bestimme die Gleichung der Geraden durch
   (*a*) $(-3; 1)$ und $(5; 3)$;
   (*b*) $(4; 0)$ und $(0; -2)$.
3. Wo schneidet die Gerade $\frac{x}{4} + \frac{y}{3} = 1$
   (*a*) die x-Achse,
   (*b*) die y-Achse?
4. Wo schneidet die Gerade $\frac{x}{2} - \frac{y}{3} = 1$
   (*a*) die x-Achse,
   (*b*) die y-Achse?
5. (*a*) Man bestimme die Gleichung der Geraden durch $(4; 1)$ und $(6; 0)$.
   (*b*) Wo schneidet die Gerade aus (*a*) die y-Achse?
6. Liegen die Punkte $(1; 2)$, $(5; 3)$ und $(18; 6)$ auf einer Geraden?

7. (*a*) Man bestimme die Gleichung der Geraden durch den Punkt (2; 5) mit dem Anstieg $-\frac{3}{2}$.
   (*b*) Man zeichne die Gerade.
   (*c*) Liegt der Punkt (4; 2) auf dieser Geraden?
8. Man bestimme den x- und y-Abschnitt der Geraden

   $$2x - 3y - 6 = 0$$

   durch Umschreiben der Gleichung auf die Form

   $$\frac{x}{a} + \frac{y}{b} = 1.$$
9. Man bestimme drei Punkte auf der Geraden

   $$2x - 3y + 5 = 0.$$
10. Man bestimme den Anstieg der Geraden

   $$2x + 4y + 7 = 0.$$

B.3 Kegelschnitte

Der Schnitt einer Ebene mit der Mantelfläche eines Doppelkegels wird *Kegelschnitt* genannt. Schneidet die Ebene den Kegel längs einer geschlossenen Kurve, so wird diese Kurve *Ellipse* genannt (Bild B.10). (Der Kreis ist ein Spezialfall der Ellipse.)

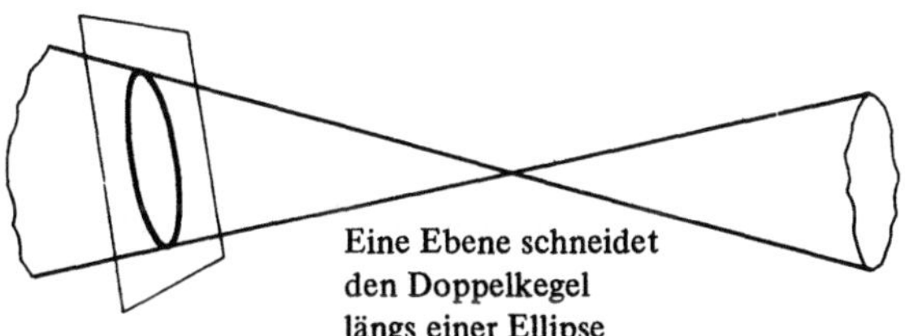

Bild B.10

Verläuft die Schnittebene parallel zu einer Mantellinie des Doppelkegels, entsteht als Schnitt eine *Parabel* (Bild B.11). Im Fall der Ellipse und der Parabel schneidet die Ebene im allgemeinen nur einen der beiden Kegel.

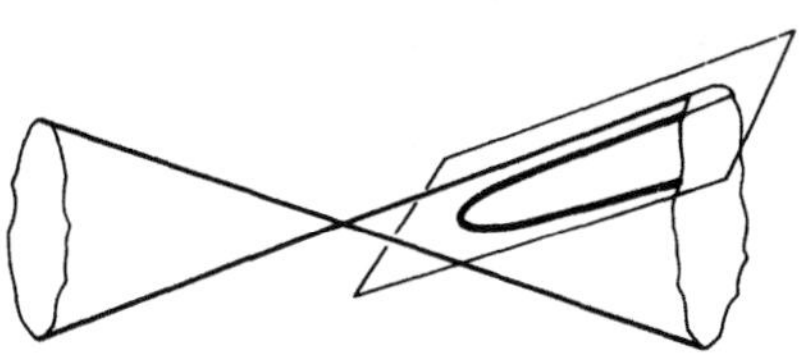

Bild B.11

Wenn die Ebene beide Teile des Kegels schneidet und nicht parallel zu einer Mantellinie verläuft, so wird der Schnitt *Hyperbel* genannt (Bild B.12). Die Hyperbel besteht aus zwei getrennten Teilen. Wie man zeigen kann, sind

Bild B.12

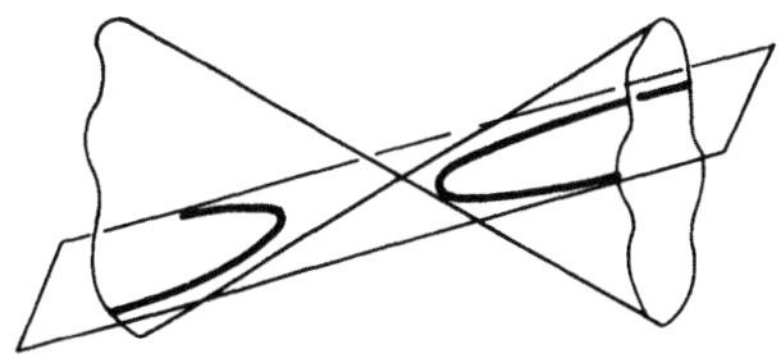

diese beiden Teile zueinander kongruent, nicht aber kongruent zu einer Parabel.

Der Einfachheit halber werden wir bei unserer Definition der Kegelschnitte nicht vom Kegel, sondern von der Geometrie der Ebene ausgehen. In Geometrievorlesungen wird die Äquivalenz der beiden Definitionen bewiesen.

Definition der Ellipse: Seien F und F' Punkte in der Ebene und sei die feste positive Zahl $2a$ größer als der Abstand zwischen F und F'. Ein Punkt P in der Ebene liegt dann und nur dann auf der *Ellipse*, die durch F, F' und $2a$ bestimmt ist, wenn $2a$ gleich der Summe der beiden Abstände von P nach F und von P nach F' ist. Die Punkte F und F' werden *Brennpunkte* der Ellipse genannt.

Um eine Ellipse zu konstruieren, setzt man zwei Reißnägel auf ein Stück Papier, befestigt an ihnen eine Schnur der Länge $2a$ und zieht die Kurve aus, wobei der Bleistift die Schnur gespannt hält (Bild B.13). Die Brennpunkte liegen an der Stelle der Reißnägel. Für $F = F'$ wird die Ellipse zu einem Kreis mit dem Radius a.

Bild B.13

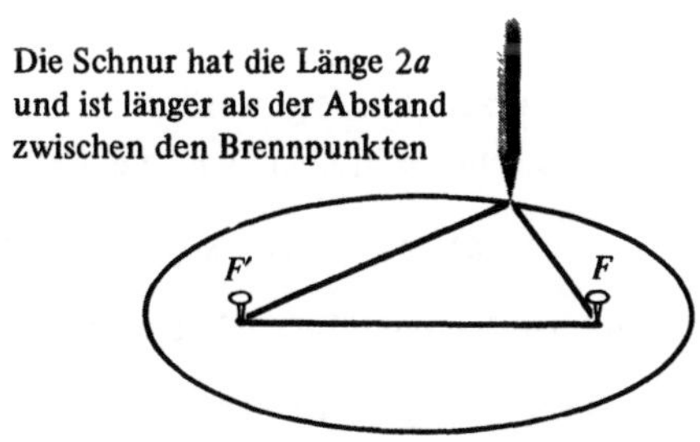

Die Gleichung eines Kreises mit dem Mittelpunkt (0; 0) und dem Radius a ist

$$x^2 + y^2 = a^2$$

oder

$$\frac{x^2}{a^2} + \frac{y^2}{a^2} = 1. \tag{1}$$

Nun wollen wir dieses Resultat verallgemeinern und die Gleichung einer Ellipse aufstellen. Der Einfachheit halber legen wir die x-Achse durch die Brennpunkte und den Ursprung genau in die Mitte zwischen ihnen (Bild B.14). Dann gilt $F = (c; 0)$ und $F' = (-c; 0)$ mit $c \geqslant 0$, $2c < 2a$ und daher $c < a$.

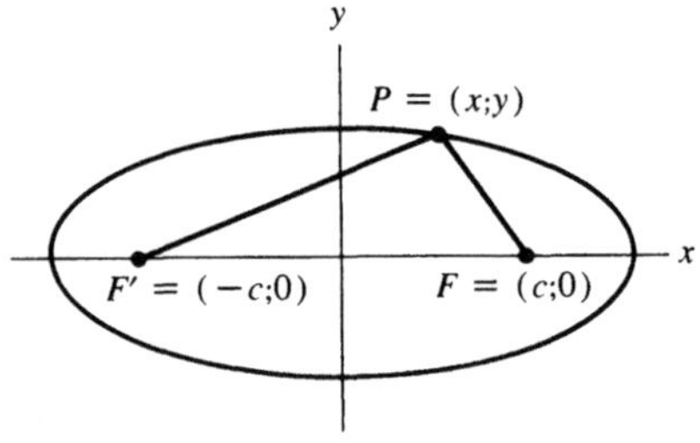

Bild B.14

Nun übersetzen wir folgende Behauptung in die Sprache der Algebra: Die Summe der Abstände von $P = (x; y)$ nach $F = (c; 0)$ und nach $F' = (-c; 0)$ ist gleich $2a$. Aufgrund der Abstandsformel ist der Abstand von P nach F gleich

$$\sqrt{(x-c)^2 + (y-0)^2}.$$

Analog ist der Abstand von P nach F' gleich

$$\sqrt{(x+c)^2 + (y-0)^2}.$$

Somit liegt der Punkt $(x; y)$ dann und nur dann auf der Ellipse, wenn gilt

$$\sqrt{(x-c)^2 + y^2} + \sqrt{(x+c)^2 + y^2} = 2a.$$

Mit Hilfe einiger algebraischer Umformungen können die Quadratwurzeln beseitigt werden.

Zunächst schreiben wir die Gleichung in der Form

$$\sqrt{(x+c)^2 + y^2} = 2a - \sqrt{(x-c)^2 + y^2}.$$

Dann quadrieren wir beide Seiten. Wir erhalten

$$(x+c)^2 + y^2 = 4a^2 - 4a\sqrt{(x-c)^2 + y^2} + (x-c)^2 + y^2$$

und weiter

$$x^2 + 2cx + c^2 + y^2$$
$$= 4a^2 - 4a\sqrt{(x-c)^2 + y^2} + x^2 - 2cx + c^2 + y^2.$$

Nach einigen Vereinfachungen folgt

$$2cx = 4a^2 - 4a\sqrt{(x-c)^2 + y^2} - 2cx$$

oder

$$4cx - 4a^2 = -4a\sqrt{(x-c)^2 + y^2}.$$

Diese Gleichung kann umgeschrieben werden in:

$$a^2 - cx = a\sqrt{(x-c)^2 + y^2}.$$

Quadrieren führt zum Verschwinden der letzten Wurzel:

$$a^4 - 2a^2cx + c^2x^2 = a^2(x^2 - 2cx + c^2 + y^2)$$

oder

$$a^4 - 2a^2cx + c^2x^2 = a^2x^2 - 2a^2cx + a^2c^2 + a^2y^2$$

oder

$$a^4 + c^2x^2 = a^2x^2 + a^2c^2 + a^2y^2.$$

Diese Gleichung kann folgendermaßen umgeformt werden:

$$(a^2 - c^2)\,x^2 + a^2y^2 = a^2(a^2 - c^2).$$

Dividiert man beide Seiten durch $a^2(a^2 - c^2)$ so ergibt sich die Gleichung

$$\frac{x^2}{a^2} + \frac{y^2}{a^2 - c^2} = 1. \tag{2}$$

Wegen $a^2 - c^2 > 0$ existiert eine Zahl b derart, daß

$$b^2 = a^2 - c^2, \quad b > 0.$$

Mit Hilfe von b kann Gl. (2) auf die kürzere Form

$$\frac{x^2}{a^2} + \frac{y^2}{b^2} = 1 \tag{3}$$

gebracht werden. Gl. (3) verallgemeinert die Kreisgleichung (1).

Setzen wir in Gl. (3) $y = 0$, so folgt $x = a$ oder $x = -a$; setzen wir in Gl. (3) $x = 0$, so ergibt sich $y = b$ oder $y = -b$. Die vier „Scheitelpunkte" der Ellipse haben daher die Koordinaten $(a; 0)$, $(-a; 0)$, $(0; b)$ und $(0; -b)$, wie auch aus Bild B.15 leicht abzulesen ist. Der Abstand F oder F' nach $(0; b)$ ist gleich der halben Länge der Schnur a. Dem rechtwinkeligen Dreieck entnehmen wir wiederum $b^2 = a^2 - c^2$. In der dargestellten Ellipse ist a größer als b. Die große Halbachse hat die Länge a; die kleine Halbachse die Länge b.

Bild B.15

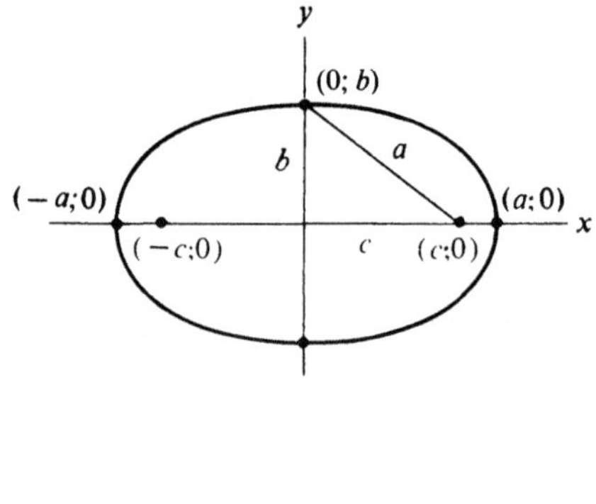

Beispiel 1: Man bestimme die Brennpunkte und die „Länge der Schnur“ für eine Ellipse mit der Gleichung

$$\frac{x^2}{25} + \frac{y^2}{9} = 1.$$

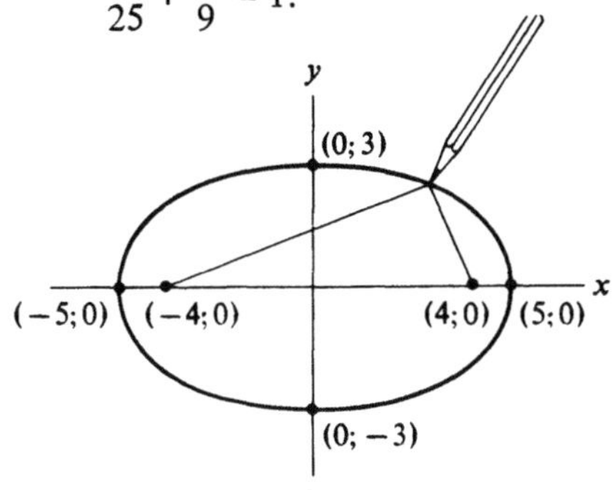

Bild B.16

Lösung: Da der größere Nenner bei der Zahl x^2 steht, liegen die Brennpunkte auf der x-Achse. In diesem Fall gilt $a = 5$ und $b = 3$ (Bild B.16). Die Länge der Schnur beträgt $2a$ oder 10. Die Brennpunkte befinden sich in einem Abstand

$$\sqrt{a^2 - b^2} = \sqrt{25 - 9} = 4$$

vom Ursprung. ●

Beispiel 2: Man bestimme die Brennpunkte und die Schnurlänge für die Ellipse mit der Gleichung

$$\frac{x^2}{9} + \frac{y^2}{25} = 1.$$

Lösung: Dieses Beispiel ist analog zu Beispiel 1, nur sind die Rollen von x und y vertauscht. Die Brennpunkte liegen an den Stellen $(0; 4)$ und $(0; -4)$; die Ellipse ist in der y-Richtung länger als in der x-Richtung. ●

Die Definition der Hyperbel entspricht der Ellipse.

Definition der Hyperbel: Seien F und F' Punkte in einer Ebene und sei die positive Zahl $2a$ kleiner als der Abstand zwischen F und F'. Ein Punkt P in der Ebene liegt dann und nur dann auf der durch F, F' und $2a$ definierten Hyperbel, wenn die Differenz der Abstände von P nach F und von P nach F' gleich $2a$ (oder $-2a$) ist (Bild B.17). Die Punkte F und F' werden *Brennpunkte* der Hyperbel genannt.

Eine Hyperbel besteht aus zwei getrennten Kurvenzügen. Längs der einen Kurve gilt $\overline{PF'} - \overline{PF} = 2a$; längs der anderen $\overline{PF'} - \overline{PF} = -2a$. (Der Einfachheit halber bezeichnen wir den Abstand zwischen den Punkten P und Q mit $\overline{PQ}$). Ist der Abstand $\overline{FF'}$ gleich $2c$, dann gilt $2a < 2c$ und $a < c$. Wieder legen wir die x-Achse durch die Brennpunkte und erhalten $F = (c; 0)$ und $F' = (-c; 0)$. $P = (x; y)$ sei ein typischer Punkt auf der Hyperbel. Dann erfüllen x und y die Gleichung

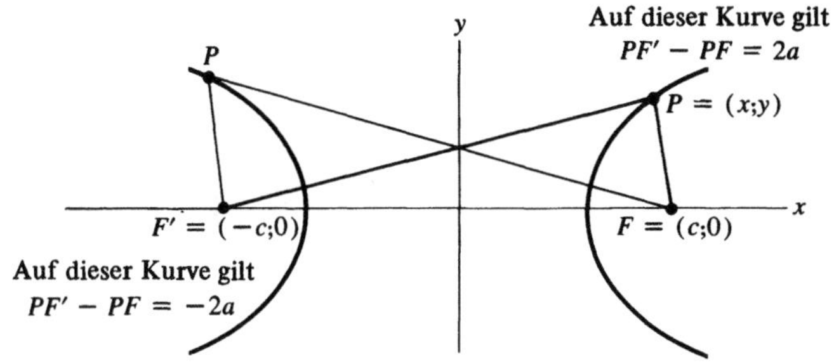

Bild B.17

$$\sqrt{(x-c)^2 + y^2} - \sqrt{(x+c)^2 + y^2} = \pm 2a. \tag{4}$$

Algebraische Umformungen führen Gl. (4) wie bei der Ellipse über in

$$\frac{x^2}{a^2} + \frac{y^2}{a^2 - c^2} = 1. \tag{5}$$

Nun ist aber $a^2 - c^2$ *negativ* und kann daher durch $-b^2$ mit einer geeigneten Zahl b ausgedrückt werden. Somit hat die Hyperbel die Gleichung

$$\frac{x^2}{a^2} - \frac{y^2}{b^2} = 1. \tag{6}$$

(Liegen die Brennpunkte auf der y-Achse, so lautet die Gleichung

$$\frac{y^2}{a^2} - \frac{x^2}{b^2} = 1.)$$

In beiden Fällen gilt $c^2 = a^2 + b^2$.

Beispiel 3: Man zeichne die Hyperbel

$$\frac{x^2}{9} - \frac{y^2}{16} = 1.$$

Lösung: Da das Minuszeichen bei y^2 auftritt, liegen die Brennpunkte auf der x-Achse. In diesem Fall gilt $a^2 = 9$ und $b^2 = 16$. Die Hyperbel schneidet die x-Achse in den Punkten $(3; 0)$ und $(-3; 0)$. Sie schneidet die y-Achse

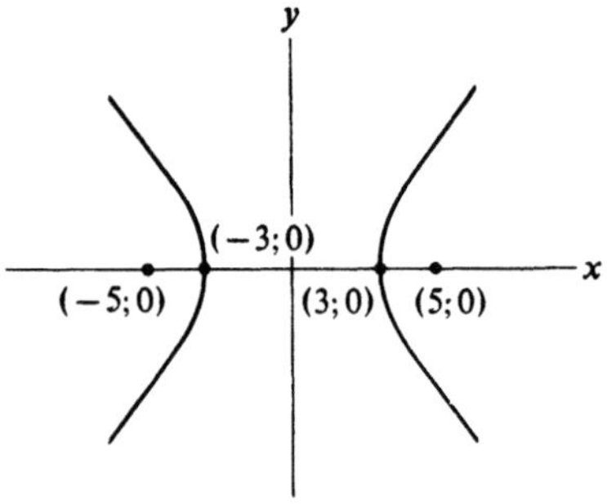

Bild B.18

nicht. Der Abstand c vom Ursprung zu einem der Brennpunkte wird durch die Gleichung

$$c^2 = 9 + 16 = 25$$

bestimmt, so folgt $c = 5$. Die Hyperbel

$$\frac{x^2}{9} - \frac{y^2}{16} = 1$$

ist in Bild B.18 dargestellt. •

Die Definition der Parabel setzt den Abstand von einem Punkt zum Abstand von einer Geraden in Relation.

Definition der Parabel: Sei L eine Gerade in der Ebene und F ein Punkt der Ebene, der nicht auf der Geraden liegt. Ein Punkt P der Ebene liegt dann und nur dann auf der durch F und L bestimmten *Parabel*, wenn der Abstand von P nach F gleich dem Abstand von P zur Geraden L ist. Der Punkt F heißt *Brennpunkt* der Parabel, die Gerade L heißt *Leitlinie*.

Um eine algebraische Gleichung für die Parabel herzuleiten, bezeichnen wir den Abstand vom Punkt F zur Geraden L mit c und wählen die Achsen derart, daß sich für $F = (c/2; 0)$ und für L die Gleichung $x = -c/2$ ergibt (Bild B.19). Der Abstand von P nach F ist gleich.

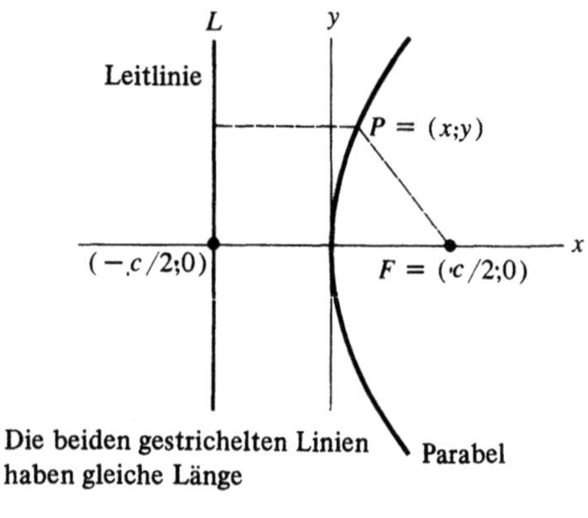

Bild B.19

$$\left(x - \frac{c}{2}\right)^2 + (y - 0)^2.$$

Wenn nun der Punkt $P = (x; y)$ auf der Parabel liegt, so ist c selbstverständlich nicht negativ. Der Abstand von P zur Geraden L ist daher durch $x + c/2$ gegeben. Für die Gleichung der Parabel folgt

$$\sqrt{\left(x - \frac{c}{2}\right)^2 + y^2} = x + \frac{c}{2}. \tag{7}$$

Quadrieren und Umformen reduziert Gl. (7) auf

$$y^2 = 2cx, \quad c > 0. \tag{8}$$

Dies ist die Standardform der Parabelgleichung.

Liegt der Brennpunkt bei $(0; c/2)$ und lautet die Gleichung der Leitlinie $y = -c/2$, so hat die Parabel die Gleichung $x^2 = 2cy$.

Beispiel 4: Man zeichne die Parabel $y = x^2$, ihren Brennpunkt und ihre Leitlinie.

Lösung: Die Gleichung $y = x^2$ ist äquivalent zu $x^2 = y$. Dies ist eine Gleichung der Form

$$x^2 = 2cy$$

mit $c = \frac{1}{2}$.

Der Brennpunkt liegt daher bei $(0; \frac{1}{4})$ auf der y-Achse (Bild B.20). Die Leitlinie hat die Gleichung $y = -\frac{1}{4}$. •

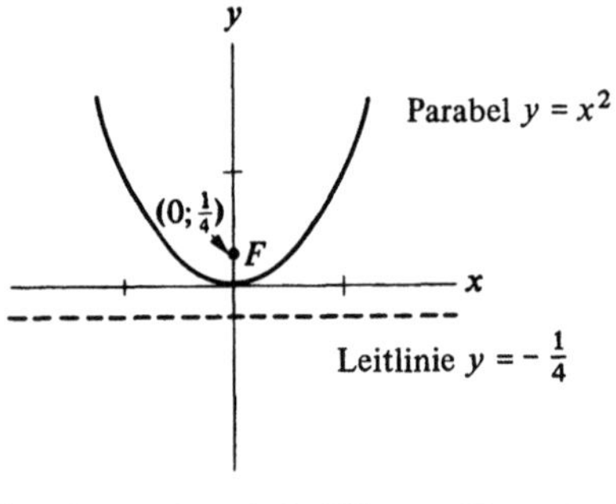

Bild B.20

Wie gezeigt werden kann, hat jede Ellipse, Hyperbel oder Parabel unabhängig von der Lage der Achsen oder Brennpunkte eine Gleichung der Form

$$Ax^2 + Bxy + Cy^2 + Dx + Ey + F = 0, \tag{9}$$

wobei A, B, C, D, E und F bestimmte Konstanten sind. Die Gl. (9) beschreibt für $B^2 - 4AC < 0$ eine Ellipse, und für $B^2 - 4AC > 0$ eine Hyperbel. Für $B^2 - 4AC = 0$ entspricht Gl. (9) einer Parabel. Das algebraische Äquivalent zu einem Kegelschnitt ist also eine quadratische Gleichung in x und y.

Die folgende Tabelle wiederholt die algebraische Beschreibung der geometrischen Begriffe, die in diesem Abschnitt entwickelt wurden.

Geometrischer Begriff	*Algebraisches Äquivalent*
Punkt in der Ebene	ein geordnetes Paar von Zahlen $(x;y)$
Abstand zwischen den Punkten P_1 und P_2 in der Ebene	$\sqrt{(x_2-x_1)^2+(y_2-y_1)^2}$
Kreis mit dem Mittelpunkt (0; 0) und dem Radius r	$x^2+y^2=r^2$
Gerade	Gleichung ersten Grades $Ax+By+C=0$
Kegelschnitt	Gleichung zweiten Grades $Ax^2+Bxy+Cy^2+$ $+Dx+Ey+F=0$
Ellipse in Normalform	$\frac{x^2}{a^2}+\frac{y^2}{b^2}=1;\quad a\geqslant b$ (Brennpunkte auf der x-Achse)
Hyperbel in Normalform	$\frac{x^2}{a^2}-\frac{y^2}{b^2}=1$ (Brennpunkte auf der x-Achse)
Parabel in Normalform	$y^2=2cx$ (Brennpunkt auf der x-Achse) $x^2=2cy$ (Brennpunkt auf der y-Achse) (c = Abstand von F zur Leitlinie)

Übungen:

1. Man skizziere die Ellipse
$$\frac{x^2}{49}+\frac{y^2}{25}=1$$
und ihre Brennpunkte.
2. Man skizziere die Ellipse
$$\frac{x^2}{4}+\frac{y^2}{36}=1$$
und ihre Brennpunkte.
3. Wie würde man einen elliptischen Garten in ein Rechteck mit den Abmessungen 8 mal 10 Meter einschreiben?
4. Man zeichne die Hyperbel $x^2-y^2=1$ und ihre Brennpunkte.
5. Man zeichne die Hyperbel $y^2-x^2=1$ und ihre Brennpunkte.
6. Man zeichne die Parabel $y=6x^2$, ihren Brennpunkt und ihre Leitlinie.
7. Man zeichne die Parabel $x=-6y^2$, ihren Brennpunkt und ihre Leitlinie.
8. (*a*) Mit Hilfe der Definition der Hyperbel leite man für die Hyperbel mit den Brennpunkten
$$(\sqrt{2};\sqrt{2}),\quad(-\sqrt{2};-\sqrt{2})\quad\text{und}\quad 2a=2\sqrt{2}$$
die Gleichung $xy=1$ her.
(*b*) Man zeichne das Schaubild von $xy=1$ und die zugehörigen Brennpunkte.
9. Man berechne Gl. (5) aus Gl. (4).
10. Man berechne Gl. (8) aus Gl. (7).
11. In der Definition der Hyperbel war $2a$ kleiner als der Abstand zwischen den Brennpunkten. Ist $2a$ größer als der Abstand zwischen den Brennpunkten, so gibt es keine zugehörigen Hyperbelpunkte. Man zeige dies.
12. Eine Ebene schneidet die Oberfläche eines geraden Kreiszylinders längs einer Kurve. Diese Kurve ist eine Ellipse, wie wir sie mit Brennpunkten und Abstandssumme definiert haben. Man beweise dies! *Hinweis:* Man betrachte die beiden dem Zylinder eingeschriebenen Kugeln, die die Ebene berühren und auf verschiedene Seiten der Ebene liegen. Sei $2a$ der Abstand zwischen den Äquatorlinien der Kugeln senkrecht zur Zylinderachse und seien F, F' die Punkte, wo die Ebene die Kugeln berührt.
13. (Diese Übung erleichtert das Zeichnen von Hyperbeln. Sie zeigt nebenbei, daß eine Hyperbel nicht aus zwei Parabeln besteht.) Sei a eine positive Zahl. Dann unterscheidet sich für große positive x (im Vergleich zu a) die Größe x^2-a^2 von x nur um einen kleinen Betrag. Dies wird in (*b*) verwendet werden.
(*a*) Man zeige: Aus $x^2/a^2-y^2/b^2=1$ folgt $y=\pm(b/a)\sqrt{x^2-a^2}$.
(*b*) Man zeige: Für große x liegt der Punkt $(x;y)$ auf der Hyperbel von (*a*) in der Nähe der Geraden $y=bx/a$ oder $y=-bx/a$.
(*c*) Mit Hilfe von (*b*) zeichne man das Schaubild der Hyperbel $x^2-y^2=1$.
In Hinblick auf (*b*) wird die Hyperbel in großer Entfernung vom Ursprung sehr gut durch die beiden Geraden
$$y=\pm\frac{b}{a}x$$
approximiert. Dies gilt nicht für eine Parabel.

B.4 Kegelschnitte in Polarkoordinaten

Dieser Abschnitt steht mit Abschnitt 10.7 in Zusammenhang. Um Kegelschnitte in Polarkoordinaten darzustellen, geht man am besten von Abstandsverhältnissen anstelle von Abstandssummen oder -Differenzen aus. (In der Parabeldefinition haben die beiden Abstände gleiche Länge und daher das Verhältnis 1.)

Wir untersuchen eine Ellipse mit den Brennpunkten $F = (c; 0)$ und $F' = (-c; 0)$ und der „Schnurlänge" $2a$. Für die Ellipsengleichung ergab sich im vorigen Abschnitt

$$a^2 - cx = a\sqrt{(x-c)^2 + y^2}.$$

Einige algebraische Umformungen dieser Gleichung führen die Ellipsendefinition auf das feste Verhältnis zwischen dem Abstand des Ellipsenpunktes P von einem Brennpunkt und von einer bestimmten Geraden zurück.

Zunächst folgt aus der Ellipsengleichung

$$a^2 - cx = a\overline{PF}$$

oder

$$\overline{PF} = a - \frac{c}{a}x.$$

Wir bezeichnen den Quotienten $c/a < 1$ mit e und nennen ihn *Exzentrizität* der Ellipse. (Für $e = 0$ ist die Ellipse ein Kreis.):

$$\overline{PF} = a - ex = e\left(\frac{a}{e} - x\right).$$

Diese Gleichung ist nur für $e \neq 0$ sinnvoll, wenn die Ellipse also kein Kreis ist. Nun ist $(a/e) - x$ der Abstand des Punktes P von der vertikalen Geraden durch $(a/e; 0)$, die wir mit L bezeichnen (Bild B.21). Es sei $Q = (a/e; y)$ der Schnittpunkt von L mit der horizontalen Geraden durch P. Dann finden wir

$$\overline{PF} = e\,\overline{PQ}.$$

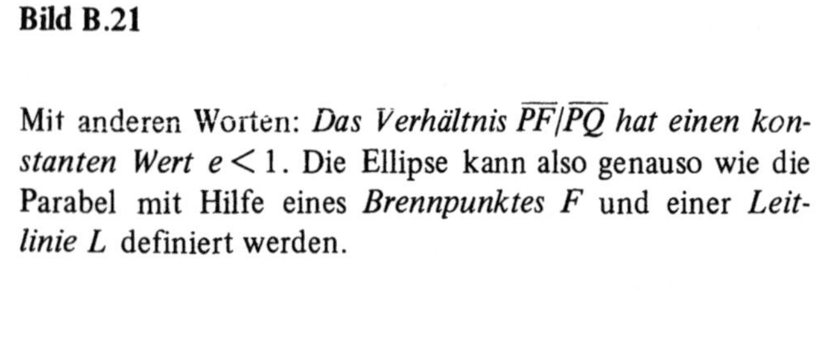

Bild B.21

Mit anderen Worten: *Das Verhältnis $\overline{PF}/\overline{PQ}$ hat einen konstanten Wert* $e < 1$. Die Ellipse kann also genauso wie die Parabel mit Hilfe eines *Brennpunktes* F und einer *Leitlinie* L definiert werden.

Beispiel 1: Man bestimme die Exzentrizität und zeichne die Leitlinie L für die Ellipse

$$\frac{x^2}{25} + \frac{y^2}{9} = 1.$$

Lösung: Für diese Ellipse gilt $a = 5$ und $b = 3$. Es folgt daraus:

$$c = \sqrt{a^2 - b^2} = \sqrt{25 - 9} = 4$$

und

$$e = \frac{c}{a} = \frac{4}{5}.$$

Die Gerade L hat die Gleichung (Bild B.22)

$$x = \frac{a}{e}$$

oder

$$x = \frac{5}{\frac{4}{5}} = \frac{25}{4} = 6{,}25.$$

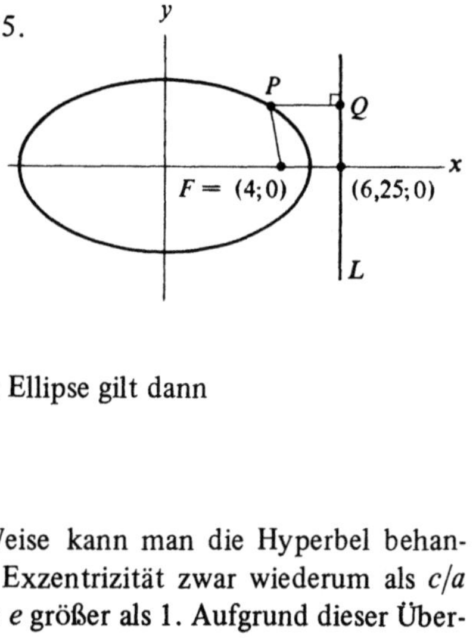

Bild B.22

Für jeden Punkt P der Ellipse gilt dann

$$\frac{\overline{PF}}{\overline{PQ}} = \frac{4}{5}. \bullet$$

Auf ähnliche Weise kann man die Hyperbel behandeln. Für sie ist die Exzentrizität zwar wiederum als c/a definiert, nun ist aber e größer als 1. Aufgrund dieser Überlegungen entwickeln wir einen neuen Zugang zu den Kegelschnitten und definieren sie durch das konstante Verhältnis bestimmter Abstände.

Definition des Kegelschnitts: Sei L eine Gerade und F ein Punkt in der Ebene, aber nicht auf der Geraden. e sei eine positive Zahl. Ein Punkt P in der Ebene liegt dann und nur dann auf dem durch F, L und e bestimmten Kegelschnitt, wenn gilt

$$\frac{\text{Abstand von } P \text{ nach } F}{\text{Abstand von } P \text{ nach } L} = e.$$

Für $e = 1$ ist der Kegelschnitt eine Parabel (dies war die Definition der Parabel im vorigen Abschnitt), für $e < 1$ eine Ellipse und für $e > 1$ eine Hyperbel. Der Punkt F heißt *Brennpunkt*, die Gerade L *Leitlinie*.

Um die einfachste Beschreibung eines Kegelschnitts in Polarkoordinaten zu ermitteln, legen wir den Pol des Koordinatensystems in den Brennpunkt F (Bild B.23). Die Polarachse schließe mit der Senkrechten zur Leitlinie einen Winkel B ein. Bild B.23 zeigt einen typischen Punkt $P = (r; \theta)$ auf dem Kegelschnitt sowie den Punkt Q auf der Leitlinie, der P am nächsten liegt. Der Abstand von F zur Leitlinie sei p. Unsere Definition liefert $\overline{PF}/\overline{PQ} = e$. Nun gilt $\overline{PF} = r$ und $\overline{PQ} = p - r\cos(\theta - B)$. Es folgt

$$\frac{r}{p - r\cos(\theta - B)} = e. \tag{1}$$

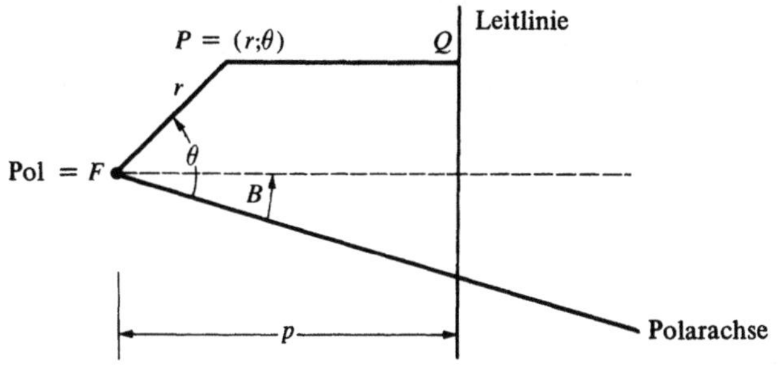

Bild B.23

Löst man Gl. (1) nach r auf, so erhält man als *Gleichung des Kegelschnitts in Polarkoordianten*

$$r = \frac{ep}{1 + e\cos(\theta - B)}. \tag{2}$$

Beispiel 2: Der Graph der Gleichung

$$r = \frac{8}{5 + 6\cos\theta}$$

ist ein Kegelschnitt. Man zeige dies.

Lösung: Man kann Zähler und Nenner dieser Gleichung durch 5 dividieren:

$$r = \frac{\frac{8}{5}}{1 + \frac{6}{5}\cos\theta} = \frac{(\frac{6}{5})(\frac{8}{6})}{1 + \frac{6}{5}\cos\theta}.$$

Damit ergibt sich eine Relation der Form (2), und der Graph ist ein Kegelschnitt mit $p = \frac{8}{6}$ und $e = \frac{6}{5}$. Wegen $e > 1$ erhalten wir eine Hyperbel.

Übungen:

1. (*a*) Man zeichne die vier Punkte auf dem Graphen von $r = 10/(3 + 2\cos\theta)$, die den Werten $\theta = 0, \pi/2, \pi, 3\pi/2$ entsprechen.
   (*b*) Mit Hilfe von Gl. (2) zeige man, daß die Kurve aus (*a*) eine Ellipse ist.
2. Man leite Gl. (2) aus Gl. (1) her.
3. Man bestimme die Exzentrizität folgender Kegelschnitte:
   (*a*) $r = 5/(3 + 4\cos\theta)$, (*b*) $r = 5/(4 + 3\cos\theta)$,
   (*c*) $r = 5/(3 + 3\cos\theta)$, (*d*) $r = 5/(3 - 4\cos\theta)$.
4. (*a*) Man zeige, daß $r = 8/[1 - (1/2)\cos\theta]$ die Gleichung einer Ellipse ist. *Hinweis:* $B = \pi$ in Gl. (2).
   (*b*) Man zeichne die Ellipse und ihre Brennpunkte.
   (*c*) Man bestimme a ($2a$ ist die konstante Summe der Abstände zwischen den Punkten auf der Ellipse und den Brennpunkten).
5. In rechtwinkeligen Koordinaten sei der Brennpunkt einer bestimmten Parabel $(-1; 0)$, und die Leitlinie sei die Gerade $x = 1$.
   (*a*) Man zeige, daß die Gleichung des Kegelschnitts $y^2 = -4x$ lautet.
   (*b*) Man bestimme die Gleichung dieser Parabel relativ zu einem Polarkoordinatensystem, dessen Pol in F und dessen Polarachse in der positiven x-Achse liegt.
   (*c*) Man bestimme die Gleichung dieser Parabel relativ zu einem Polarkoordinatensystem, dessen Pol im Ursprung des rechtwinkeligen Koordinatensystems und dessen Polarachse in der positiven x-Achse liegt.
6. Die Gleichung einer bestimmten Ellipse in rechtwinkeligen Koordinaten sei $x^2/a^2 + y^2/b^2 = 1$. Die Polarachse eines Polarkoordinatensystems sei mit der positiven x-Achse identisch (der Pol liegt dann im Mittelpunkt der Ellipse und nicht in einem Brennpunkt). Die Polargleichung der Ellipse lautet in diesem Fall
   $$r^2 = \frac{a^2 b^2}{b^2\cos^2\theta + a^2\sin^2\theta}$$
   (eine relativ komplizierte Gleichung). Man leite diese Gleichung her. *Hinweis:* Man erinnere sich an $x = r\cos\theta$ und $y = r\sin\theta$.
7. (*a*) $r = 3\cos\theta + 4\sin\theta$ ist die Gleichung eines Kreises. Man zeige dies.
   (*b*) $r = 1/(3\cos\theta + 4\sin\theta)$ ist die Gleichung einer Geraden. Man zeige dies.

Anhang C
Theorie der Grenzwerte

Dieser Anhang bringt die strenge Definition von Grenzwerten und verifiziert verschiedene Aussagen, die bisher im Text ohne Beweis verwendet wurden. Speziell wird gezeigt, daß jedes Polynom stetig ist. Der letzte Abschnitt ist vom übrigen Teil des Anhangs C unabhängig; er behandelt eine Funktion, die im Intervall [0; 1] überall stetig, aber nirgends differenzierbar ist.

C.1 Exakte Definition eines Grenzwertes

Drei Arten von Grenzwerten wurden im Text verwendet: Der Grenzwert einer Folge

$$\lim_{n \to \infty} a_n,$$

der Grenzwert einer Funktion in einer reellen Variablen

$$\lim_{x \to a} f(x)$$

und der Grenzwert von Näherungssummen

$$\lim_{\text{Maß} \to 0} \sum_{i=1}^{n} f(X_i)\,(x_i - x_{i-1})$$

(siehe die Definition des bestimmten Integrals).

Wir wollen die bisherigen Definitionen dieser drei Grenzwerte kurz wiederholen und die entsprechende genaue Fassung formulieren. Die exakte Definition wird in der höheren Mathematik zur Behandlung von Grenzwertproblemen benötigt, deren Schwierigkeitsgrad über die Fragestellungen dieses Buches hinausgeht.

Abschnitt 14.1 führt die folgende Definition des Grenzwerts einer Folge a_1, a_2, $a_3, \ldots, a_n, \ldots$ ein: Wenn sich a_n für sehr große n einer Zahl L nähert, dann heißt L der Grenzwert der Folge.

Was sagt nun diese Definition wirklich aus? Was bedeutet die Formulierung „n sehr groß"? Was bedeutet die Aussage „wird groß"? Was meinst man mit „nähert sich"? Um diese Konzepte exakter zu fassen, präzisieren wir die vorhergehende intuitive Definition in folgender Weise: Wenn a_n für hinreichend große n der Zahl L beliebig nahe kommt, dann heißt L „Grenzwert der Folge".

In dieser Definition wurde die Formulierung „nähert sich" durch den Begriff „beliebig nahe" ersetzt. Auch diese Definition benötigt noch eine exakte mathematische Fassung. (Der griechische Buchstabe ϵ, der in der folgenden Definition auftritt, wird *epsilon* gesprochen.)

Definition des Grenzwertes einer Folge: Die Zahl L heißt *Grenzwert einer Folge* $\{a_n\}$, wenn für jede positive Zahl ϵ (sie kann beliebig klein sein) eine positive ganze Zahl N existiert, so daß sich a_n von L um weniger als ϵ unterscheidet, wenn n größer ist als N. Die Zahl N kann von ϵ abhängen.

Diese Definition sollte man sorgfältig studieren. Man vergleiche sie mit den zwei vorangehenden und mehr intuitiven Definitionen. Vage Formulierungen wie „groß", „nähert sich" und „beliebig nahe" sind nun endgültig eliminiert.

Wir können uns ϵ als „Forderung" und N als „Antwort" vorstellen. Im allgemeinen wird N immer größer werden, je kleiner ϵ wird. Das folgende Beispiel veranschaulicht die exakte Definition des Grenzwertes einer Folge.

Beispiel 1: Mit Hilfe der exakten Definition des Grenzwerts einer Folge zeige man

$$\lim_{n \to \infty} \frac{1}{n} = 0.$$

Lösung: In diesem Fall ist $L = 0$. Die Differenz zwischen a_n und L beträgt

$$\left| \frac{1}{n} - 0 \right| = \frac{1}{n}.$$

Die Ungleichung

$$\frac{1}{n} < \epsilon$$

ist äquivalent zu

$$1 < n\epsilon \quad \text{oder} \quad n > \frac{1}{\epsilon}.$$

N sei eine ganze Zahl größer als $1/\epsilon$ ($1/\epsilon$ muß ja keine ganze Zahl sein). Dann folgt für n größer als N

$$\left| \frac{1}{n} - 0 \right| = \frac{1}{n} < \epsilon,$$

denn es gilt

$$\frac{1}{n} < \frac{1}{N} < \epsilon. \quad \bullet$$

Nun betrachten wir die Definition des Grenzwerts einer Funktion einer reellen Variablen, die in Abschnitt 4.3 gegeben wurde. f sei eine Funktion und a eine Konstante. Wenn sich $f(x)$ einer bestimmten Zahl L nähert, sobald sich x einer Zahl a im Definitionsbereich von f nähert, dann wird L Grenzwert von $f(x)$ im Falle x gegen a genannt.

Auch diese Formulierung läßt verschiedene Fragen offen: So hat etwa jede Zahl einen festen Platz auf der Zahlengeraden und kann sich daher nicht einer anderen Zahl nähern. Die exakte Definition umgeht diese Schwierigkeit wiederum durch Einführung des „Forderungs-“ und „Antwort“-Konzepts, das wir in die exakte Definition des Grenzwerts einer Folge eingeführt haben. Die „Forderung“ ist wieder durch ϵ angegeben, aber die Antwort wird nun δ heißen (griechischer Buchstabe *delta*).

Definition des Grenzwerts der Funktion einer reellen Variablen: Die Zahl L heißt der Grenzwert von $f(x)$ an der Stelle a, wenn es für jede positive Zahl ϵ (sie kann beliebig klein sein) eine positive Zahl δ gibt (sie hängt von ϵ ab), so daß sich $f(x)$ von L höchstens um ϵ unterscheidet, wenn sich x von a um höchstens δ unterscheidet. (Der Fall $x = a$ sei ausdrücklich ausgenommen, x möge stets im Definitionsbereich von f liegen.)

Im allgemeinen wird δ um so kleiner sein, je kleiner ϵ ist. Faßt man f als Projektion von einem Dia auf einen Projektionsschirm auf, dann liest sich die Definition wie folgt: Die Zahl L auf dem Schirm ist Grenzwert von $f(x)$ an der Stelle a des Dias, wenn es für jedes kleine offene Intervall um L auf dem Schirm von der Form

$$(L - \epsilon; L + \epsilon)$$

ein offenes Intervall

$$(a - \delta; a + \delta)$$

auf dem Dia gibt, das sich höchstens unter Ausnahme von Punkt a vollständig in dem Intervall

$$(L - \epsilon; L + \epsilon)$$

abbildet (Bild C.1). Beispiel 2 wendet diese Definition auf einen einfachen Fall an.

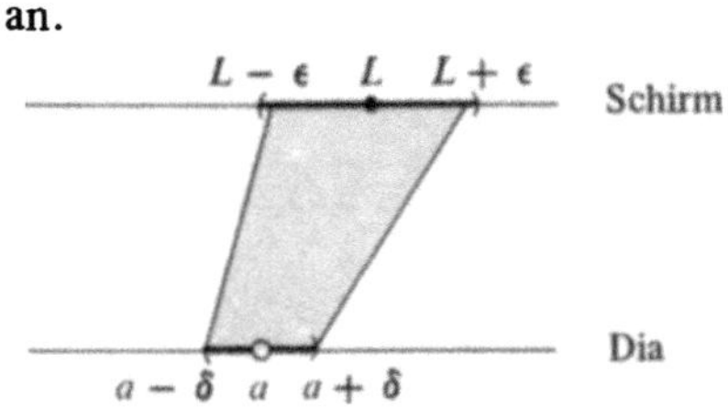

Bild C.1

Beispiel 2: Man beweise $\lim\limits_{x \to 3} 2x = 6$.

Lösung: Es sei eine positive Zahl ϵ vorgegeben. Wir suchen eine positive Zahl δ mit folgenden Eigenschaften: Wenn für $x \neq 3$

$|x - 3|$ kleiner als δ ist,

dann muß

$|2x - 6|$ kleiner als ϵ sein.

Nun ist die Ungleichung

$$|2x - 6| < \epsilon$$

äquivalent zu

$$2|x - 3| < \epsilon \quad \text{oder} \quad |x - 3| < \frac{\epsilon}{2}.$$

Daher wählen wir $\delta = \epsilon/2$. Dann gilt: Wenn immer

$$|x - 3| < \delta \quad \text{ist} \quad |2x - 6| < \epsilon.$$

Dies aber bedeutet aufgrund unserer Definition

$$\lim_{x \to 3} 2x = 6. \bullet$$

Die anschauliche Definition des bestimmten Integrals $\int_a^b f(x)\,dx$ wurde in Abschnitt 7.4 gegeben. Die exakte Definition beruht auf den exakten Definitionen der Grenzwerte $\lim\limits_{n \to \infty} a_n$ und $\lim\limits_{x \to a} f(x)$. Sie lautet:

Definition des bestimmten Integrals von f über das Intervall $[a; b]$. Die Zahl L heißt bestimmtes Integral von f über $[a; b]$, wenn folgende Bedingung gilt: Für jede positive Zahl ϵ (sie kann beliebig klein sein), existiert eine positive Zahl δ, die von ϵ abhängt und für die jede Näherungssumme

$$\sum_{i=1}^{n} f(X_i)(x_i - x_{i-1})$$

sich von L um weniger als ϵ unterscheidet, sofern das Maß der zugehörigen Unterteilung von $[a; b]$ kleiner als δ ist. (Dabei darf es nicht darauf ankommen, wo die X_i im Intervall $[x_{i-1}; x_i]$ gewählt werden.)

Beispiel 3: In Abschnitt 7.2 wurde gezeigt, daß sich jede Näherungssumme für das Integral der Funktion x^2 über das Intervall $[0; 3]$ von 9 um weniger als das neunfache Maß der Unterteilung unterscheidet. Man beweise daraus die Existenz von $\int_0^3 x^2\,dx$.

Lösung: Sei ϵ eine positive Zahl und $\delta = \epsilon/9$. Jede Näherungssumme, deren Maß kleiner als δ ist, unterscheidet sich von 9 um weniger als $9\delta = 9\epsilon/9 = \epsilon$. Damit ist die Bedingung der ϵ, δ-Definition erfüllt. ●

Übungen:

1. Man beweise $\lim\limits_{n\to\infty} \frac{1}{2n} = 0$.
2. Man beweise $\lim\limits_{n\to\infty} \frac{1}{n^2} = 0$.
3. Man beweise $\lim\limits_{n\to\infty} \frac{n}{n+1} = 1$.
4. Man beweise, daß $\lim\limits_{n\to\infty} (-1)^n$ nicht existiert. (Für $\epsilon = \frac{1}{2}$ existiert kein N.)
5. Man beweise $\lim\limits_{x\to 2} 3x + 1 = 7$.
6. Man beweise $\lim\limits_{x\to 0} x^2 = 0$.
7. Man beweise $\lim\limits_{x\to 1} x^2 = 1$.
8. Man beweise $\lim\limits_{n\to\infty} 2^{-n} = 0$.
9. Keine der folgenden Definitionen für den Grenzwert einer Folge ist brauchbar. (In jedem Fall ist das Beispiel einer Folge anzugeben, die aufgrund dieser Definition konvergieren sollte, tatsächlich aber keinen Grenzwert besitzt.)
   (*a*) Es gebe für jede positive ganze Zahl N eine positive Zahl ϵ, so daß sich a_n für n größer als N von L um weniger als ϵ unterscheidet: Dann heißt L Grenzwert der Folge $\{a_n\}$.
   (*b*) Es gebe eine positive ganze Zahl N und eine positive Zahl ϵ, so daß sich a_n für $n > N$ von L um weniger als ϵ unterscheidet: Dann heißt L Grenzwert der Folge $\{a_n\}$.
10. Im folgenden wird eine exakte Definition der Aussage: „$f(x)$ strebt für sehr große x gegen unendlich" gegeben: Sei $f(x)$ für alle x größer oder gleich einer bestimmten Zahl a definiert. Wenn es für jede Zahl b eine Zahl N gibt, so daß für alle $x > N$ stets $f(x) > b$ gilt, so sagen wir „$f(x)$ strebt für sehr große x gegen unendlich" und schreiben

    $$\lim_{x\to\infty} f(x) = \infty.$$

    (*a*) Man beweise $\lim\limits_{x\to\infty} x^2 = \infty$.
    (*b*) Gilt $\lim\limits_{x\to\infty} x^2 \sin x = \infty$?

C.2 Beweis einiger Theoreme über Grenzwerte

Mit Hilfe unserer exakten Definitionen (siehe voriger Abschnitt) ist es möglich, etwa die folgende Aussage zu beweisen: Aus

$$\lim_{x\to a} f(x) = A \quad \text{und} \quad \lim_{x\to a} g(x) = B$$

folgt

$$\lim_{x\to a} [f(x)\cdot g(x)] = A\cdot B,$$

$$\lim_{x\to a} [f(x) + g(x)] = A + B \quad \text{und}$$

$$\lim_{x\to a} f(x)/g(x) = A/B \quad (\text{für } B \neq 0)$$

Die Beweise folgen in Theorem 1 und 3 sowie in den Übungen 4 bis 7. Der Einfachheit halber mögen die Funktionen f und g für alle x definiert sein.

Theorem 1: Aus $\lim\limits_{x\to a} f(x) = A$ und $\lim\limits_{x\to a} g(x) = B$ folgt

$$\lim_{x\to a} [f(x) + g(x)] = A + B.$$

Beweis: Wir müssen untersuchen, ob es für jedes beliebig kleine $\epsilon > 0$ ein $\delta > 0$ gibt, so daß für $|x - a| < \delta$ und $x \neq a$ stets gilt

$$|[f(x) + g(x)] - (A + B)| < \epsilon. \tag{1}$$

Dabei hängt δ von ϵ ab.

Schreiben wir

$$[f(x) + g(x)] - (A + B)$$

als

$$[f(x) - A] + [g(x) - B].$$

Dies ist die Summe von zwei Größen, die in der Umgebung von $x = a$ klein werden. Da der Absolutwert der Summe zweier Zahlen nicht größer als die Summe ihrer Absolutwerte ist, erhalten wir

$$|[f(x) - A] + [g(x) - B]| \leqslant |f(x) - A| + |g(x) - B|. \tag{2}$$

Wegen $\lim\limits_{x\to a} f(x) = A$ existiert eine positive Zahl δ_1, so daß

$$|f(x) - A| < \frac{\epsilon}{2}$$

für $|x-a|<\delta_1$ und $x \neq a$. (Die Wahl von $\epsilon/2$ anstelle von ϵ wird in Kürze erklärt.) Völlig analog existiert eine positive Zahl δ_2, so daß

$$|g(x)-B|<\frac{\epsilon}{2}$$

für $|x-a|<\delta_2$ und $x \neq a$.

Nun sei δ die kleinere der beiden Zahlen δ_1 und δ_2. Für jedes x (ungleich a) mit $|x-a|<\delta$ gilt nun

$$|x-a|<\delta_1 \quad \text{und} \quad |x-a|<\delta_2.$$

Daraus folgt sowohl

$$|f(x)-A|<\frac{\epsilon}{2} \quad \text{als auch} \quad |g(x)-B|<\frac{\epsilon}{2}.$$

Kombinieren wir die Gln. (2) und (3), so erhalten wir für $|x-a|<\delta$ und $x \neq a$ stets

$$|[f(x)+g(x)]-(A+B)|<\frac{\epsilon}{2}+\frac{\epsilon}{2}=\epsilon.$$

Für jedes $\epsilon>0$ existiert also ein passendes $\delta>0$, das natürlich noch von ϵ, f und g abhängt. Damit ist der Beweis abgeschlossen. •

Theorem 1 ist Grundlage für das nächste Theorem.

Theorem 2: Die Summe zweier an der Stelle a stetiger Funktionen ist dort selbst stetig.

Beweis: Seien f und g bei a stetig. Bezeichnen wir ihre Summe mit h, also $h(x)=f(x)+g(x)$. Wir wollen untersuchen, ob h an der Stelle a stetig ist.

In Hinblick auf die Definition der Stetigkeit (siehe Abschnitt 4.7) müssen wir zeigen, daß $h(a)$ definiert ist und daß $\lim_{x\to a} h(x)=h(a)$.

Da f und g für $x=a$ definiert sind, ist auch h dort definiert: $h(a)=f(a)+g(a)$. Nun müssen wir noch

$$\lim_{x\to a}[f(x)+g(x)]=f(a)+g(a)$$

zeigen. Aus Theorem 1 folgt

$$\lim_{x\to a}[f(x)+g(x)]=\lim_{x\to a} f(x)+\lim_{x\to a} g(x).$$

Da f und g beide an der Stelle $x=a$ stetig sind, gilt

$$\lim_{x\to a} f(x)=f(a) \quad \text{und} \quad \lim_{x\to a} g(x)=g(a).$$

Damit ist der Beweis abgeschlossen. •

Theorem 3: Aus $\lim_{x\to a} f(x)=A$ und $\lim_{x\to a} g(x)=B$ folgt

$$\lim_{x\to a} f(x)g(x)=AB.$$

Beweisskizze: Wie wir wissen, ist $|f(x)-A|$ und $|g(x)-B|$ klein, wenn x in der Nähe von a liegt. Wir hoffen nun, daß auch $|f(x)g(x)-AB|$ klein ist, wenn x in der Nähe von a liegt. Die algebraische Identität

$$f(x)g(x)-AB=f(x)[g(x)-B]+B[f(x)-A] \tag{4}$$

ist dabei von Nutzen. Aus Gl. (4) und den Eigenschaften des Absolutbetrages folgt

$$|f(x)g(x)-AB| \leqslant |f(x)|\,|g(x)-B|+|B|\,|f(x)-A| \tag{5}$$

Nun ist $|B|$ konstant, $|f(x)-A|$ und $|g(x)-B|$ sind klein, wenn sich x in der Nähe von a befindet. Was wissen wir aber über $|f(x)|$? Diese Frage steht im Mittelpunkt des folgenden Beweises.

Beweis: Wir setzen zunächst $B \neq 0$. Sei $\epsilon>0$ gegeben. Dann sollte es eine Zahl $\delta>0$ geben, so daß $|f(x)g(x)-AB|<\epsilon$, wenn $|x-a|<\delta$ und $x \neq a$. nun gilt

$$\begin{aligned}|f(x)g(x)-AB| &= |f(x)[g(x)-B]+B[f(x)-A]| \\ &\leqslant |f(x)|\,|g(x)-B|+|B|\,|f(x)-A|.\end{aligned} \tag{6}$$

Wegen $\lim_{x\to a} f(x)=A$ existiert eine Zahl $\delta_1>0$, so daß

$$|f(x)-A|<\frac{\epsilon}{2|B|}$$

für $|x-a|<\delta_1$ und $x \neq a$. Somit ist der zweite Summand von Gl. (6) kleiner als

$$\frac{|B|\,\epsilon}{2|B|}=\frac{\epsilon}{2}.$$

Für x mit $|x-a|<\delta_1$ wird $f(x)$ nicht beliebig groß, denn es gilt

$$|f(x)-A|<\frac{\epsilon}{2|B|}.$$

Daraus aber folgt

$$|f(x)|<|A|+\frac{\epsilon}{2|B|}.$$

Nennen wir $A+\epsilon/2|B|$ nun „C", so ergibt sich $|f(x)|<C$ für $|x-a|<\delta_1$ und $x \neq a$. (Damit ist die Größe von $|f(x)|$ eingeschränkt.)

Wegen $\lim_{x \to a} g(x) = B$ existiert ein $\delta_2 > 0$, so daß $|g(x) - B| < \epsilon/(2C)$ für $|x - a| < \delta_2$ und $x \neq a$.

Nun sei δ die kleinere der beiden Zahlen δ_1 und δ_2. Aus $|x - a| < \delta$ folgt sowohl $|x - a| < \delta_1$ als auch $|x - a| < \delta_2$. Dann aber gilt auf Grund unserer Konstruktion

$$|f(x) - A| < \frac{\epsilon}{2|B|}, \quad |f(x)| < C$$

und

$$|g(x) - B| < \frac{\epsilon}{2C}.$$

Nach Gl. (6) erhalten wir dann für x mit $|x - a| < \delta$ und $x \neq a$ unmittelbar

$$|f(x)g(x) - AB| < C\frac{\epsilon}{2C} + |B|\frac{\epsilon}{2|B|} = \frac{\epsilon}{2} + \frac{\epsilon}{2} = \epsilon.$$

Damit ist der Beweis abgeschlossen. (Der Fall $B = 0$ ist wesentlich einfacher; er sei dem Leser überlassen.) ●

Theorem 4: Das Produkt zweier Funktionen, die an der Stelle a stetig sind, ist dort selbst stetig.

Der Beweis verläuft völlig analog zu dem von Theorem 2 und beruht auf Theorem 3 anstelle von Theorem 1.

Theorem 5: Die Funktion $f(x) = x$ ist überall stetig. Daher sind auch die Funktionen $x^2, x^3, x^4, \ldots$ für alle x stetig.

Beweis: Es gilt $f(a) = a$. Wir müssen untersuchen, ob $|f(x) - a|$ klein ist, wenn $|x - a|$ genügend klein ist. Es sollte für jedes $\epsilon > 0$ ein $\delta > 0$ existieren, so daß für $|x - a| < \delta$ gilt $|f(x) - a| < \epsilon$. Nun folgt aber aus $f(x) = x$ sofort $|f(x) - a| = |x - a|$. Nun sei $\epsilon = \delta$. Dann erhalten wir aus $|x - a| < \delta$ unmittelbar $|f(x) - a| < \epsilon$. Damit ist die Stetigkeit der Funktion bewiesen.

Da die Funktion x^2 als Produkt der Funktion x und der Funktion x aufgefaßt werden kann, impliziert Theorem 4 die Stetigkeit von x^2. Analog ist x^3 stetig, denn $x^3 = x^2 x$. Völlig analog kann die Stetigkeit von x^4 und x^5 gezeigt werden. Vollständige Induktion zeigt die Stetigkeit von x^n für alle positiven ganzen Zahlen n. ●

Theorem 6: Eine konstante Funktion ist überall stetig.

Beweis: Sei $f(x) = c$ für alle x. Fur jedes $\epsilon > 0$ wählen wir $\delta = 1{,}776$, eine schöne positive Zahl. Nun gilt $|f(x) - f(a)| = |c - c| = 0$ für jedes x und daher auch für x mit $|x - a| < 1{,}776$. Somit ist f für alle a stetig. ●

Theorem 7: Jedes Polynom ist überall stetig.

Beweis: Wir skizzieren den Beweis am Beispiel $6x^2 - 5x + 1$.

Aufgrund von Theorem 6 sind die Funktionen $f(x) = 6$, $f(x) = -5$ und $f(x) = 1$ überall stetig. Dies gilt nach Theorem 5 auch für die Funktionen x und x^2. Aufgrund von Theorem 4 sind die Funktionen $6x^2$ und $-5x$ stetig. Nach Theorem 2 ist somit auch die Funktion $6x^2 + (-5)x$ stetig, was schließlich nach Theorem 2 auch für die Funktion $6x^2 + (-5)x + 1$ gilt: Also ist auch $6x^2 - 5x + 1$ stetig. Eine völlig analoge Beweisführung läßt sich auf jedes Polynom anwenden. ●

Übungen:

1. Die Funktion $2x$ ist an der Stelle $x = 3$ stetig. Man beweise dies mit Hilfe der Definition der Stetigkeit.
2. Man verwende die Definition der Stetigkeit und beweise die Stetigkeit von $3x + 8$ an der Stelle $x = 2$.
3. Man verwende die Definition der Stetigkeit und beweise die Stetigkeit von x^2 an der Stelle $x = 3$.
4. Ist f an der Stelle a und ist g an der Stelle $f(a)$ stetig, dann ist die zusammengesetzte Funktion $g \circ f$ an der Stelle a stetig. Man beweise dies.
5. Man beweise, daß $1/x$ an jeder Stelle $a \neq 0$ stetig ist.
6. (*a*) Mit Hilfe der Übungen 4 und 6 leite man die Stetigkeit von $1/f(x)$ für alle a mit $f(a) \neq 0$ her.
   (*b*) Aus (*a*) und Theorem 4 leite man die Stetigkeit des Quotienten zweier stetiger Funktionen $g(x)/f(x)$ für a mit $f(a) \neq 0$ her.
   (*c*) $(x^3 + 1)/(x^2 + 1)$ ist überall stetig. Man beweise dies.
7. Man beweise Theorem 3 für den Fall $B = 0$.
8. (*a*) Man bestimme $\delta > 0$, so daß $|\sqrt{x} - \sqrt{9}| < 0{,}04$ für $|x - 9| < \delta$.
   (*b*) Man beweise die Stetigkeit von $\sqrt{x}$ für jedes $a \geq 0$. *Hinweis:* Man verwende die Identität
   $$\sqrt{b} - \sqrt{a} = (b - a)/(\sqrt{b} + \sqrt{a}).$$
9. Man bestimme $\delta > 0$ mit
   (*a*) $|x^2 - 4| < 1$ für $|x - 2| < \delta$,
   (*b*) $|x^2 - 4| < 0{,}1$ für $|x - 2| < \delta$,
   (*c*) $|x^2 - 4| < 0{,}01$ für $|x - 2| < \delta$,
   (*d*) $|x^2 - 4| < t$ für $|x - 2| < \delta$,
   (*e*) $|x^2 - 4| < \epsilon$ für $|x - 2| < \delta$.
   Hinweis: $|x^2 - 4| = |x - 2|\,|x + 2|$, man beschranke $|x + 2|$.
10. Man beweise, daß die Differenz zweier stetiger Funktionen stetig ist.

Anhang D
Partialbrüche

Dieser Anhang behandelt die algebraischen Sätze, die beim Aufsuchen von Stammfunktionen rationaler Funktionen in Abschnitt 9.7 verwendet, dort aber nicht bewiesen wurden. Der Anhang soll die Partialbruchzerlegung näherbringen.

D.1 Partialbruchzerlegung von rationalen Zahlen

Wir beginnen mit einigen Definitionen:

Eine ganze Zahl D *teilt* dann eine ganze Zahl A, wenn es eine ganze Zahl Q mit $A = DQ$ gibt. Die ganze Zahl D heißt *Divisor* von A.

Eine ganze Zahl A größer als 1 heißt *Primzahl*, wenn aus $A = BC$ (B und C seien ganze Zahlen) folgt, daß mindestens eine der beiden Zahlen B oder C den Absolutbetrag 1 besitzt: 2, 3, 5, 7, 11 und 13 sind Primzahlen; 1, 4, 6, 8, 9, 10 und 12 sind hingegen keine Primzahlen.

Mit ein wenig Arithmetik läßt sich zeigen

$$\frac{19}{24} = \frac{0}{2} + \frac{1}{2^2} + \frac{-1}{2^3} + \frac{2}{3}. \tag{1}$$

In Gl. (1) sind die Nenner Potenzen von Primzahlen, wobei diese Primzahlpotenzen Teiler des Nenners der linken Seite von Gl. (1) sind und die Zähler auf der rechten Seite von Gl. (1) alle einen kleinen Absolutbetrag besitzen. Dies ist eine Veranschaulichung des folgenden Theorems über rationale Zahlen. (Quotienten von ganzen Zahlen; wir werden weder Theorem 1 noch irgendein anderes Theorem dieses Anhangs beweisen.)

Theorem 1: *Partialbrüche für rationale Zahlen.* Seien a und b ganze Zahlen mit $|a| < |b|$ und $|b| \neq 1$. Dann kann die rationale Zahl a/b als Summe von rationalen Zahlen der Form N/p^e dargestellt werden, wobei p eine Primzahl, p^e Teiler von b ist und $|N| < p$ gilt.

Die Darstellung nach Theorem 1 heißt *Partialbruchzerlegung* von a/b; die Summanden N/p^e sind die *Partialbrüche* dieser Darstellung.

Für $a/b = 19/24$ teilen die Primzahlpotenzen 2, 2^2, 2^3 und 3 den Nenner b. Beispiel (1) basiert auf Theorem 1. Der Absolutbetrag des Zählers ist in jedem Partialbruch der rechten Seite von Gl. (1) kleiner als die jeweils im Nenner auftretende Primzahl.

Beispiel 1: Man untersuche die Partialbruchdarstellung von 37/10.

Lösung: Da 37 nicht kleiner als 10 ist, kann Theorem 1 nicht unmittelbar angewendet werden. In diesem Fall schreiben wir daher zunächst 37/10 als 3 + 7/10 und wenden nun Theorem 1 auf 7/10 an. Nach Theorem 1 gibt es ganze Zahlen N_1 und N_2 mit

$$\frac{7}{10} = \frac{N_1}{2} + \frac{N_2}{5} \quad \text{und} \quad |N_1| < 2,\ |N_2| < 5.$$

Nach einigen Versuchen findet man die Lösung $N_1 = 1$ und $N_2 = 1$:

$$\frac{37}{10} = 3 + \frac{1}{2} + \frac{1}{5}. \quad \bullet$$

Übungen:

1. Die folgenden Darstellungen erfüllen die Bedingungen von Theorem 1. Man beweise dies.
   (*a*) $\frac{18}{35} = \frac{4}{5} + \frac{-2}{7} = \frac{5}{7} + \frac{-1}{5}$,
   (*b*) $\frac{7}{27} = \frac{2}{9} + \frac{1}{27}$.
2. Man bestimme Partialbruchdarstellungen von
   (*a*) $\frac{1}{6}$, (*b*) $\frac{4}{15}$,
   (*c*) $\frac{1}{36}$, (*d*) $\frac{1}{15}$,
   (*e*) $\frac{7}{9}$, (*f*) $\frac{19}{27}$.
3. Sei a eine ganze Zahl mit $0 \leqslant a < 16$. Man beweise ohne Verwendung von Theorem 1 die Gleichung $a/16 = N_1/2 + N_2/4 + N_3/8 + N_4/16$, wobei jedes N_i entweder 0 oder 1 ist. *Hinweis:* Man stelle a in der 2-er Basis dar.

D.2 Partialbruchzerlegung von rationalen Funktionen

Ein Ausdruck der Form $a_0x^n + a_1x^{n-1} + ... + a_n$ (die Faktoren a_i sind reelle Zahlen) heißt *Polynom*. Ist $a_0 \neq 0$, so ist n der *Grad* des Polynoms. Eine *rationale Funktion* ist der Quotient von zwei Polynomen. Als *irreduzibles Polynom* bezeichnen wir ein Polynom vom Grad mindestens 1, das nicht als Produkt von Polynomen geringeren Grades darstellbar ist. Ein Polynom D *teilt* ein Polynom A, wenn es ein Polynom Q gibt mit $A = DQ$. Das Polynom D heißt dann *Divisor* von A.

Das Polynom $1x^4 + 1$ wird üblicherweise $x^4 + 1$ geschrieben und ist vom Grad vier. Es ist *nicht* irreduzibel, denn es gilt

$$x^4 + 1 = (x^2 + \sqrt{2}x + 1)(x^2 - \sqrt{2}x + 1),$$

wie man durch Multiplikation leicht überprüfen kann. Jedes Polynom vom Grad eins hat die Gestalt $ax + b$ und ist irreduzibel. $ax^2 + bx + c$ ist dann und nur dann irreduzibel, wenn $b^2 - 4ac < 0$ gilt. Wie man beweisen kann, ist *kein Polynom mit Grad größer 2 irreduzibel.*

So ist das Polynom $6x + 8$ irreduzibel, da sein Grad 1 ist. Das Polynom $x^2 + 2x + 1$ ist irreduzibel da

$$(\sqrt{2})^2 - 4(1)(1) = 2 - 4 < 0.$$

Das Polynom $x^3 + 1$ ist nicht irreduzibel, da sein Grad größer als 2 ist; tatsächlich finden wir

$$x^3 + 1 = (x + 1)(x^2 - x + 1).$$

Das folgende Theorem hilft uns, den Teiler ersten Grades eines bestimmten Polynoms aufzufinden.

Theorem 2 (*Faktor-Theorem*): Sei c eine reelle Zahl. Das Polynom $x - c$ teilt das Polynom f dann und nur dann, wenn $f(c) = 0$ gilt.

Sei $f(x) = x^3 + 1$. Wegen $f(-1) = (-1)^3 + 1 = 0$ sagt uns das Faktortheorem, daß $x + 1$ das Polynom $x^3 + 1$ teilt. In analoger Weise ist 2 eine Wurzel der Gleichung

$$4x^3 - 6x^2 - x - 6 = 0.$$

Daher wird $4x^3 - 6x^2 - x - 6$ von $x - 2$ geteilt.

Ebenso, wie jede ganze Zahl größer als 1 entweder eine Primzahl oder ein Produkt von Primzahlen ist, ist jedes Polynom vom Grad mindestens 1 entweder ein irreduzibles Polynom oder ein Produkt von irreduziblen Polynomen.

Beispiel 2: Man stelle $x^4 - 2x^3 + 2x^2 - 2x + 1$ als Produkt von irreduziblen Polynomen dar.

Lösung: Da eins eine Wurzel der Gleichung

$$x^4 - 2x^3 + 2x^2 - 2x + 1 = 0$$

ist, muß $x - 1$ ein Divisor von $x^4 - 2x^3 + 2x^2 - 2x + 1$ sein. Um den Quotienten zu bestimmen, müssen wir die Division ausführen:

$$\begin{array}{r|l}
 & x^3 - x^2 + x - 1 \\
x - 1 & x^4 - 2x^3 + 2x^2 - 2x + 1 \\
 & \underline{x^4 - x^3} \\
 & \quad - x^3 + 2x^2 \\
 & \quad \underline{- x^3 + x^2} \\
 & \qquad x^2 - 2x \\
 & \qquad \underline{x^2 - x} \\
 & \qquad\quad - x + 1 \\
 & \qquad\quad \underline{- x + 1} \\
 & \qquad\qquad 0
\end{array}$$

Somit gilt

$$\begin{aligned} & x^4 - 2x^3 + 2x^2 - 2x + 1 \\ & \quad = (x - 1)(x^3 - x^2 + x - 1). \end{aligned}$$

Nun ist aber 1 auch eine Wurzel von

$$x^3 - x^2 + x - 1 = 0$$

und $x - 1$ ist daher Teiler von $x^3 - x^2 + x - 1$. Nach Ausführung der Division erhalten wir

$$x^3 - x^2 + x - 1 = (x - 1)(x^2 + 1).$$

Der Ausdruck $x^2 + 1$ ist irreduzibel, die Darstellung von $x^4 - 2x^3 + 2x^2 - 2x + 1$ als Produkt von irreduziblen Polynomen lautet daher

$$x^4 - 2x^3 + 2x^2 - 2x + 1 = (x - 1)(x - 1)(x^2 + 1). \quad \bullet$$

Die irreduziblen Polynome, entsprechen den Primzahlen; das nächste Theorem zeigt uns, daß der Grad das Analogon des Absolutbetrages ist.

Theorem 3 (*Partialbrüche für rationale Funktionen*): Seien $A(x)$ und $B(x)$ Polynome, und sei der Grad von $A(x)$ kleiner als der von $B(x)$. Dann kann die rationale Funktion $A(x)/B(x)$ als Summe von rationalen Funktionen der Form $N(x)/[P(x)]^e$ dargestellt werden. $P(x)$ ist ein irreduzibles Polynom, $[P(x)]^e$ ein Teiler von $B(x)$, und der Grad von $N(x)$ ist kleiner als der Grad von $P(x)$; allenfalls sind die Koeffizienten von $N(x)$ alle gleich Null.

Die Darstellung nach Theorem 3 ist für vorgegebene $P(x)$ immer eindeutig. (Die Darstellung für rationale Zahlen in Theorem 1 ist nicht notwendigerweise eindeutig; so gilt $\frac{13}{35} = \frac{4}{5} + -\frac{3}{7} = -\frac{1}{5} + \frac{4}{7}$.)

Wir erhalten beispielsweise

$$\frac{2}{1-x^2} = \frac{1}{1-x} + \frac{1}{1+x}$$

$$\frac{x^2+4x-10}{(x-1)^3} = \frac{1}{x-1} + \frac{6}{(x-1)^2} - \frac{5}{(x-1)^3}$$

$$\frac{1}{x^4+1} = \frac{(\sqrt{2}/4)\,x + \frac{1}{2}}{x^2+\sqrt{2}x+1} + \frac{(-\sqrt{2}/4)\,x + \frac{1}{2}}{x^2-\sqrt{2}x+1}.$$

Da jedes irreduzible Polynom den Grad 1 oder 2 besitzt, kann Theorem 3 auch so formuliert werden:

Theorem 4 (*Partialbrüche für rationale Funktionen*): Seien $A(x)$ und $B(x)$ Polynome und sei der Grad von $A(x)$ kleiner als der Grad von $B(x)$. Dann kann die rationale Funktion $A(x)/B(x)$ als Summe von rationalen Funktionen der Form

$$\frac{k_i}{(ax+b)^i} \quad \text{und} \quad \frac{c_j x + d_j}{(ax^2+bx+c)^j}$$

dargestellt werden. Dabei ist ax^2+bx+c irreduzibel, $(ax^2+bx+c)^j$ und $(ax+b)^i$ sind Teiler von $B(x)$; k_i, c_j und d_i sind reelle Zahlen.

Ist $(ax+b)^n$ Teiler von $B(x)$, dann sind auch $(ax+b)^{n-1}$, $(ax+b)^{n-2}$ ... und $ax+b$ Teiler von $B(x)$.

Beispiel 3: Man stelle

$$\frac{4x-17}{x^2-x-6}$$

als Summe von Partialbrüchen dar.

Lösung: Entsprechend der Neufassung von Theorem 4 existieren reelle Zahlen a und b mit

$$\frac{4x-17}{x^2-x-6} = \frac{a}{x-3} + \frac{b}{x+2}. \qquad (1)$$

Um a und b zu finden, multiplizieren wir beide Seiten von Gl. (1) mit x^2-x-6 und erhalten

$$4x-17 = a(x+2) + b(x-3)$$

oder

$$4x-17 = (a+b)x + (2a-3b). \qquad (2)$$

Vergleichen wir den konstanten Term und den Koeffizienten von x auf beiden Seiten von Gl. (2), so ergibt sich

$$4 = a+b \quad \text{und} \quad -17 = 2a-3b.$$

Löst man diese Gleichungen nach a und b auf, so erhalten wir $a=-1$ und $b=5$. Somit gilt

$$\frac{4x-17}{x^2-x-6} = \frac{-1}{x-3} + \frac{5}{x+2}. \quad \bullet$$

Beispiel 4: Man stelle

$$\frac{6x^2+2x+1}{x^3-3x+2}$$

als Summe von Partialbrüchen dar.

Lösung: Man drücke $f(x) = x^3-3x+2$ als Produkt von irreduziblen Polynomen aus. Wegen $f(1)=0$ ist $x-1$ Divisor von x^3-3x+2. Die Division zeigt

$$x^3-3x+2 = (x-1)(x^2+x-2).$$

Nun ist x^2+x-2 nicht irreduzibel, denn es gilt

$$x^2+x-2 = (x-1)(x+2)$$

und

$$x^3-3x+2 = (x-1)^2(x+2).$$

Aufgrund von Theorem 4 ergibt sich

$$\frac{6x^2+2x+1}{x^3-3x+2} = \frac{a}{x-1} + \frac{b}{(x-1)^2} + \frac{c}{x+2}$$

mit bestimmten reellen Zahlen a, b und c. Wir multiplizieren beide Seiten dieser Gleichung mit x^3-3x+2 und erhalten

$$6x^2+2x+1 = a(x-1)(x+2) + b(x+2) + c(x-1)^2 \qquad (3)$$

Anstatt nun die rechte Seite von Gl. (3) auszumultiplizieren und Koeffizienten zu vergleichen (siehe Beispiel 3), wollen wir einen kürzeren Weg einschlagen.

Gl. (3) gilt für alle x, also auch für $x=1$, $x=-2$ und $x=0$. (Wir wählen 1, da 1 Wurzel von $x-1=0$ ist und -2, da -2 Wurzel von $x+2=0$ ist. Ferner wählen wir Null aus Gründen der Einfachheit. Wir benötigen drei Gleichungen, um die drei Unbekannten a, b, c zu ermitteln.) Substitution von $1, -2$ und Null in Gl. (3) ergibt

$$\begin{aligned} 9 &= 3b \quad \text{für } x=1 \\ 21 &= 9c \quad \text{für } x=-2 \\ 1 &= -2a+2b+c \quad \text{für } x=0. \end{aligned}$$

Damit erhalten wir $b = 3$ und $c = \frac{7}{3}$. Um a zu finden, ist die dritte Gleichung aufzulösen:

$$1 = -2a + 2 \cdot 3 + \tfrac{7}{3},$$

somit $a = \frac{11}{3}$ und

$$\frac{6x^2 + 2x + 1}{x^3 - 3x + 2} = \frac{\frac{11}{3}}{x-1} + \frac{3}{(x-1)^2} + \frac{\frac{7}{3}}{x+2}. \bullet$$

Beispiel 5: Man stelle

$$\frac{(3x^2 - 3x - 4)}{(x^2 - 1)}$$

als Summe von Partialbrüchen dar.

Lösung: Ebenso wie Theorem 1 nichts über $\frac{37}{10}$ (siehe Beispiel 1) aussagt, kann Theorem 4 nicht unmittelbar auf die Partialbruchzerlegung von $(3x^2 - 3x - 4)/(x^2 - 1)$ angewendet werden, da der Grad des Zählers nicht kleiner als der Grad des Nenners ist. Genauso wie in Beispiel 1 führen wir zuerst die Division aus:

$$\begin{array}{r|l} & \quad\quad\quad\quad 3 \\ x^2 - 1 & 3x^2 - 3x - 4 \\ & 3x^2 \quad\quad - 3 \\ \hline & \quad\quad -3x - 1 \end{array}$$

und erhalten

$$\frac{3x^2 - 3x - 4}{x^2 - 1} = 3 + \frac{-3x - 1}{x^2 - 1}.$$

Theorem 4 gilt nun für $(-3x - 1)/(x^2 - 1)$ und es folgt nach kurzer Rechnung

$$\frac{-3x - 1}{x^2 - 1} = \frac{-2}{x-1} + \frac{-1}{x+1}$$

sowie

$$\frac{3x^2 - 3x - 4}{x^2 - 1} = 3 + \frac{-2}{x-1} + \frac{-1}{x+1}. \bullet$$

Übungen:

1. Man zerlege in irreduzible Polynome und prüfe durch Multiplikation:
   (*a*) $2x^3 + 7x^2 + 4x - 4$. *Hinweis.* Man verwende Theorem 2.
   (*b*) $x^2 - 3x + 10$,
   (*c*) $2x^2 + x - 7$.
2. Man faktorisiere in irreduzible Polynome:
   (*a*) $x^3 - 8$, (*b*) $x^3 - 4$.
3. (*a*) Man beweise $x^4 + x^2 + 1 = (x^2 + x + 1)(x^2 - x + 1)$.
   (*b*) Man stelle $(6x + 1)/(x^4 + x^2 + 1)$ durch Partialbrüche dar.
4. Wie viele Konstanten brauchen wir zur Bestimmung der Partialbruchzerlegung von
   (*a*) $\dfrac{A(x)}{(x^2 - 3x + 2)^{10}}$;
   (*b*) $\dfrac{A(x)}{(x^2 + 2x + 3)^{10}}$,
   wenn der Grad von $A(x)$ kleiner als 20 ist.
5. Man bestimme a und b in Beispiel 2 durch Substitution zweier Werte von x in die Gleichung
   $$4x - 17 = a(x + 2) + b(x - 3).$$
6. Man bestimme die Partialbruchzerlegung für jede der folgenden rationalen Funktionen:
   (*a*) $\dfrac{2x^2 + 1}{(x-2)^3}$, (*b*) $\dfrac{x}{(x+1)^2}$,
   (*c*) $\dfrac{x^3 - 5x^2 + 9x + 1}{(x^2 + 1)(x - 3)^2}$.
7. Man stelle $1/(4x^3 - 6x^2 - x - 6)$ als Summe von Partialbrüchen dar. *Hinweis:* Man verwende Theorem 2.
8. Man stelle als Summe von Partialbrüchen dar:
   (*a*) $x^2/(x^2 + 3x + 1)^2$,
   (*b*) $x/(x - 1)^2 (x + 2)^2$.
9. Man stelle als Summe eines Polynoms und von Partialbrüchen dar:
   (*a*) $(x^5 + 1)/(x^3 + 1)$,
   (*b*) $x^4/(x^2 + 1)^2$.
10. Sei $ax^2 + bx + c$ ein Polynom vom Grad 2.
    (*a*) Für $b^2 - 4ac \geqslant 0$ ist das Polynom nicht irreduzibel. Man beweise dies.
    (*b*) Für $b^2 - 4ac < 0$ ist das Polynom irreduzibel. Man beweise dies.
11. (*a*) Man zeichne den Graphen eines Polynoms von ungeradem Grad. Warum hat es mindestens eine reelle Wurzel!
    (*b*) Man zeige mit Hilfe von (*a*), daß jedes Polynom mit ungeradem Grad größer als zwei nicht irreduzibel ist.
12. Man beweise Theorem 3 für den speziellen Fall $B(x) = x^{1000}$.
13. Man beweise den folgenden Spezialfall von Theorem 3. *Theorem:* Seien c und d zwei verschiedene Zahlen, dann existieren Zahlen a und b mit
    $$\frac{1}{(x+c)\ (x+d)} = \frac{a}{x+c} + \frac{b}{x+d}.$$

Anhang E
Unbestimmte Integrale, Stammfunktionen

1. $\int x^n\,dx = \frac{x^{n+1}}{n+1} \quad n \neq -1$

$\int \frac{dx}{x} = \ln x, x > 0 \quad \text{oder} \quad \ln|x|, x \neq 0$

2. $\int e^x\,dx = e^x$

3. $\int \sin x\,dx = -\cos x$

4. $\int \cos x\,dx = \sin x$

5. $\int \tan x\,dx = \ln|\sec x| = -\ln|\cos x|$

6. $\int \cot x\,dx = \ln|\sin x| = -\ln|\operatorname{cosec} x|$

7. $\int \sec x\,dx = \ln|\sec x + \tan x| = \ln\tan\left(\frac{x}{2} + \frac{\pi}{4}\right)$

8. $\int \operatorname{cosec} x\,dx = \ln|\operatorname{cosec} x - \cot x| = \ln\tan\frac{\pi}{2}$

9. $\int \frac{dx}{x^2 + a^2} = \frac{1}{a}\arctan\frac{x}{a}$

10. $\int \frac{dx}{\sqrt{a^2 - x^2}} = \arcsin\frac{x}{a} \quad a > 0$

Integrand enthält $ax + b$

11. $\int (ax+b)^n\,dx = \frac{1}{a(n+1)}(ax+b)^{n+1} \quad n \neq -1$

12. $\int \frac{dx}{ax+b} = \frac{1}{a}\ln|ax+b|$

13. $\int \frac{dx}{(ax+b)^2} = -\frac{1}{a(ax+b)}$

14. $\int \frac{x\,dx}{(ax+b)^2} = \frac{b}{a^2(ax+b)} + \frac{1}{a^2}\ln|ax+b|$

15. $\int \frac{dx}{x(ax+b)} = \frac{1}{b}\ln\left|\frac{x}{ax+b}\right|$

16. $\int \frac{dx}{x^2(ax+b)} = -\frac{1}{bx} + \frac{a}{b^2}\ln\left|\frac{ax+b}{x}\right|$

17. $\int \sqrt{ax+b}\,dx = \frac{2}{3a}\sqrt{(ax+b)^3}$

18. $\int x\sqrt{ax+b}\,dx = \frac{2(3ax-2b)}{15a^2}\sqrt{(ax+b)^3}$

19. $\int \frac{\sqrt{ax+b}}{x}\,dx = 2\sqrt{ax+b} + b\int \frac{dx}{x\sqrt{ax+b}}$

20. $\int \frac{dx}{\sqrt{ax+b}} = \frac{2\sqrt{ax+b}}{a}$

21. $\int \frac{dx}{x\sqrt{ax+b}} = \frac{1}{\sqrt{b}}\ln\left|\frac{\sqrt{ax+b}-\sqrt{b}}{\sqrt{ax+b}+\sqrt{b}}\right| \quad b > 0$

22. $\int \frac{dx}{x\sqrt{ax+b}} = \frac{2}{\sqrt{-b}}\arctan\sqrt{\frac{ax+b}{-b}} \quad b < 0$

23. $\int \frac{dx}{x^2\sqrt{ax+b}} = -\frac{\sqrt{ax+b}}{bx} - \frac{a}{2b}\int \frac{dx}{x\sqrt{ax+b}}$

24. $\int \sqrt{\frac{cx+d}{ax+b}}\,dx = \frac{\sqrt{ax+b}\sqrt{cx+d}}{a} + \frac{ad-bc}{2a}\int \frac{dx}{\sqrt{ax+b}\sqrt{cx+d}}$

Integrand enthält $ax^2 + c, ax^n + c, x^3 \pm p^2$ und $p^2 - x^2$

25. $\int \frac{dx}{p^2 - x^2} = \frac{1}{2p}\ln\left|\frac{p+x}{p-x}\right|$

26. $\int \frac{dx}{ax^2+c} = \frac{1}{\sqrt{ac}}\arctan\left(x\sqrt{\frac{a}{c}}\right), \quad a \text{ und } c > 0$

27. $$\int \frac{dx}{ax^2+c} = \begin{cases} \frac{1}{2\sqrt{-ac}}\ln\left|\frac{x\sqrt{a}-\sqrt{-c}}{x\sqrt{a}+\sqrt{-c}}\right| & a > 0, c < 0 \\ \frac{1}{2\sqrt{-ac}}\ln\left|\frac{\sqrt{c}+x\sqrt{-a}}{\sqrt{c}-x\sqrt{-a}}\right| & a < 0, c > 0 \end{cases}$$

28. $\int \frac{dx}{(ax^2+c)^n} = \frac{1}{2(n-1)c}\frac{x}{(ax^2+c)^{n-1}} + \frac{2n-3}{2(n-1)c}\int \frac{dx}{(ax^2+c)^{n-1}} \quad n > 1$

29. $\int x(ax^2+c)^n\,dx = \frac{1}{2a}\frac{(ax^2+c)^{n+1}}{n+1} \quad n \neq -1$

30. $\int \frac{x}{ax^2+c}\,dx = \frac{1}{2a}\ln|ax^2+c|$

31. $\int \sqrt{x^2 \pm p^2}\,dx = \frac{1}{2}[x\sqrt{x^2 \pm p^2}$
$\pm p^2 \ln|x + \sqrt{x^2 \pm p^2}|]$

32. $\int \sqrt{p^2 - x^2}\,dx = \frac{1}{2}\left(x\sqrt{p^2 - x^2} + p^2 \arcsin\frac{x}{p}\right)$

33. $\int \frac{dx}{\sqrt{x^2 \pm p^2}} = \ln|x + \sqrt{x^2 \pm p^2}|$

34. $\int \frac{dx}{\sqrt{p^2 - x^2}} = \arcsin\frac{x}{p}$

Integrand enthält $ax^2 + bx + c$

35. $\int \frac{dx}{ax^2 + bx + c} = \frac{1}{\sqrt{b^2 - 4ac}} \cdot$
$\cdot \ln\left|\frac{2ax + b - \sqrt{b^2 - 4ac}}{2ax + b + \sqrt{b^2 - 4ac}}\right| \qquad b^2 > 4ac$

36. $\int \frac{dx}{ax^2 + bx + c} = \frac{2}{\sqrt{4ac - b^2}} \arctan\frac{2ax + b}{\sqrt{4ac - b^2}} \qquad b^2 > 4ac$

37. $\int \frac{dx}{ax^2 + bx + c} = -\frac{2}{2ax + b} \qquad b^2 = 4ac$

38. $\int \frac{dx}{(ax^2 + bx + c)^{n+1}} = \frac{2ax + b}{n(4ac - b^2)(ax^2 + bx + c)^n} +$
$+ \frac{2(2n - 1)a}{n(4ac - b^2)} \int \frac{dx}{(ax^2 + bx + c)^n}$

39. $\int \frac{x\,dx}{ax^2 + bx + c} = \frac{1}{2a} \ln|ax^2 + bx + c| - \frac{b}{2a} \int \frac{dx}{ax^2 + bx + c}$

40. $\int \frac{dx}{\sqrt{ax^2 + bx + c}}$
$= \frac{1}{\sqrt{a}} \ln|2ax + b + 2\sqrt{a}\sqrt{ax^2 + bx + c}| \qquad a > 0$

41. $\int \frac{dx}{\sqrt{ax^2 + bx + c}} = \frac{1}{\sqrt{-a}} \arcsin\frac{-2ax - b}{\sqrt{b^2 - 4ac}} \qquad a < 0$

42. $\int \frac{x\,dx}{\sqrt{ax^2 + bx + c}} = \frac{\sqrt{ax^2 + bx + c}}{a} - \frac{b}{2a} \int \frac{dx}{\sqrt{ax^2 + bx + c}}$

43. $\int \sqrt{ax^2 + bx + c}\,dx = \frac{2ax + b}{4a} \sqrt{ax^2 + bx + c} +$
$+ \frac{4ac - b^2}{8a} \int \frac{dx}{\sqrt{ax^2 + bx + c}}$

Integrand enthält $\sin ax$

44. $\int \sin^2 ax\,dx = \frac{x}{2} - \frac{\sin 2ax}{4a}$

45. $\int \sin^3 ax\,dx = -\frac{1}{a} \cos ax + \frac{1}{3a} \cos^3 ax$

46. $\int \sin^n ax\,dx = -\frac{\sin^{n-1} ax \cos ax}{na} +$
$+ \frac{n - 1}{n} \int \sin^{n-2} ax\,dx \qquad n$ positive ganze Zahl

47. $\int \frac{dx}{1 \pm \sin ax} = \mp \frac{1}{a} \tan\left(\frac{\pi}{4} \mp \frac{ax}{2}\right)$

Integrand enthält $\cos ax$

48. $\int \cos^2 ax\,dx = \frac{x}{2} + \frac{\sin 2ax}{4a}$

49. $\int \cos^3 ax\,dx = \frac{1}{a} \sin ax - \frac{1}{3a} \sin^3 ax$

50. $\int \cos^n ax\,dx = \frac{\cos^{n-1} ax \sin ax}{na} + \frac{n - 1}{n} \int \cos^{n-2} ax\,dx$

Integrand enthält algebraische und trigonometrische Funktionen

51. $\int x \sin ax\,dx = \frac{1}{a^2} \sin ax - \frac{1}{a} x \cos ax$

52. $\int x \cos ax\,dx = \frac{1}{a^2} \cos ax + \frac{1}{a} x \sin ax$

53. $\int x^n \sin ax\,dx = -\frac{1}{a} x^n \cos ax + \frac{n}{a} \int x^{n-1} \cos ax\,dx$

54. $\int x^n \cos ax\,dx = \frac{1}{a} x^n \sin ax - \frac{n}{a} \int x^{n-1} \sin ax\,dx$
n positiv

55. $\int \sin ax \cos bx\,dx = -\frac{\cos(a - b)x}{2(a - b)} - \frac{\cos(a + b)x}{2(a + b)}$

Integrand enthält Exponentialfunktionen und logarithmische Funktionen

56. $\int x e^{ax}\,dx = \frac{e^{ax}}{a^2}(ax - 1),$

$\int x b^{ax}\,dx = \frac{x b^{ax}}{a \ln b} - \frac{b^{ax}}{a^2 (\ln b)^2} \qquad b > 0$

57. $\int x^n e^{ax}\,dx = \frac{1}{a}x^n e^{ax} - \frac{n}{a}\int x^{n-1} e^{ax}\,dx \qquad n \text{ positiv}$

58. $\int e^{ax}\cos bx\,dx = \frac{e^{ax}}{a^2+b^2}(a\cos bx + b\sin bx)$

59. $\int x^n \ln ax\,dx = x^{n+1}\left[\frac{\ln ax}{n+1} - \frac{1}{(n+1)^2}\right] \qquad n \neq -1$

Integrand enthält inverse trigonometrische Funktionen

60. $\int \arcsin ax\,dx = x\arcsin ax + \frac{1}{a}\sqrt{1-a^2x^2}$

61. $\int \arccos ax\,dx = x\arccos ax - \frac{1}{a}\sqrt{1-a^2x^2}$

62. $\int \operatorname{cosec}^{-1} ax\,dx = x\operatorname{cosec}^{-1} ax + \frac{1}{a}\ln|ax + \sqrt{a^2x^2-1}|$

63. $\int \sec^{-1} ax\,dx = x\sec^{-1} ax - \frac{1}{a}\ln|ax + \sqrt{a^2x^2-1}|$

64. $\int \arctan ax\,dx = x\arctan ax - \frac{1}{2a}\ln(1+a^2x^2)$

65. $\int \operatorname{arccot} ax\,dx = x\operatorname{arccot} ax + \frac{1}{2a}\ln(1+a^2x^2)$

Lösungen ausgewählter, ungeradzahliger Übungen und Testaufgaben

1 Die zwei Hauptprobleme der Infinitesimalrechnung

1.1 Die Berechnung der veränderlichen Geschwindigkeit

1. (*a*) 15 m/s (*b*) 10 m/s

3. (*a*) $(5(t_1)^2 - 5(1)^2)$ m (*b*) $(t_1 - 1)$ s
(*c*) $5(t_1 + 1)$ m/s (*d*) 10 m/s

5. $2t$ m/s

9. (*a*) 0,75 m/s (*b*) 3 m/s
(*c*) 12 m/s

13. (*a*) 0,2485 m/s (*b*) 0,25 m/s

15. (*a*) 4,1 m/s^2 (*b*) $(t_1 + 2)$ m/s^2
(*c*) 4 m/s^2

1.2 Die Berechnung des Weges bei veränderlicher Geschwindigkeit

1. $40 \leq d \leq 50$

3. (*a*) 5 m und 1 m (*b*) $\frac{15}{4}$ m und $\frac{7}{4}$ m
(*c*) $\frac{91}{27}$ m und $\frac{55}{27}$ m

5. $\frac{3}{8}, \frac{5}{8}$

7. (*a*) 4,146 m, 5,146 m (*b*) 4,411 m, 4,911 m

Testaufgaben zu Kapitel 1

1. (*a*) 0,728 m (*b*) 3,64 m/s

3. 29 m/s

4. (*a*) 2,1875 m, 5,6875 m (*b*) $\frac{8}{3}$ m, 5 m

Testfragen zur Algebra

1. (*c*) **2.** (*d*)
3. (*c*) **4.** (*b*)
5. (*c*) **6.** (*c*)
7. (*c*) **8.** (*d*)
9. (*d*) **10.** (*b*)
11. (*d*) **12.** (*b*)
13. (*c*) **14.** (*b*)
15. (*d*)

2 Funktionen und ihre Schaubilder; der Anstieg einer Geraden

2.1 Funktionen

1. (*a*) 16 (*b*) 16
(*c*) 2 (*d*) 0

3. (*a*) alle x (*b*) alle x
(*c*) $x \geq 0$ (*d*) $x \neq 0$
(*e*) alle x (*f*) $x \neq 0$, $x \neq -1$

5. (*a*) 5 (*b*) 6,05
(*c*) 1,05 (*d*) 10,5

7. (*a*) 0,2361 (*b*) 0,2485
(*c*) 0,2516

9. (*a*) 0,2 (*b*) − 0,5
(*c*) 10 (*d*) 0,4
(*e*) 0,5 (*f*) − 0,2

11. (*a*) 7 (*b*) $(x - 3)(x + 3)$
(*c*) 0,61 (*d*) 12

13. (*a*) 0,25 (*b*) 1
(*c*) 0,2 (*d*) − 0,05

15. (*a*) 0,245 48 (*b*) 0,246 95
(*c*) 0,248 46

17. (*a*)

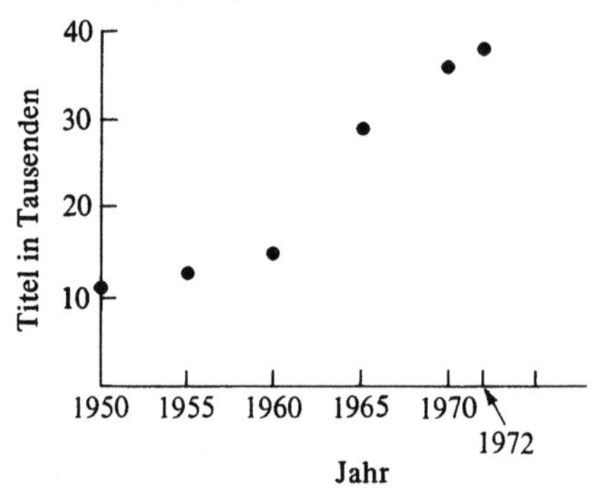

19. $t_1 + t$

21. (*a*) $(1)^2 = (-1)^2$ (*b*) 81
(*c*) $(x^2)^2 = x^4$

23. (*a*) $x \neq 1$ (*b*) $-1, \frac{1}{2}, 2$

25. (*a*), (*b*), (*d*) und (*f*)

2.2 Die Wertetabelle und das Schaubild einer Funktion

1. (*a*)

x	3	2	1	0	− 1	− 2	− 3
$f(x)$	36	16	4	0	4	16	36

(*b*)

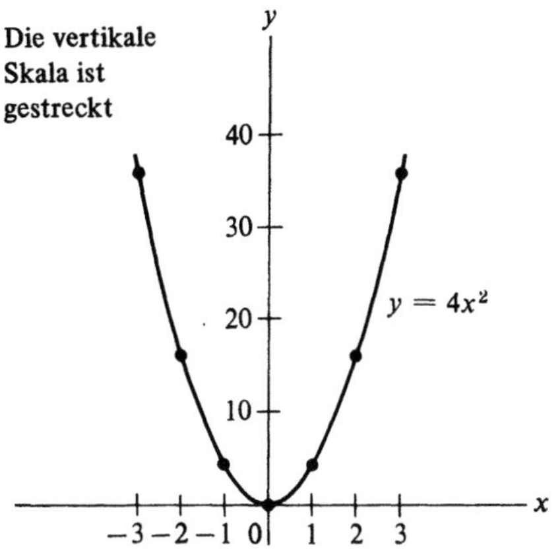

3. (*a*) $0, \frac{1}{8}, 1, 8, -\frac{1}{8}, -1, -8$
(*b*)

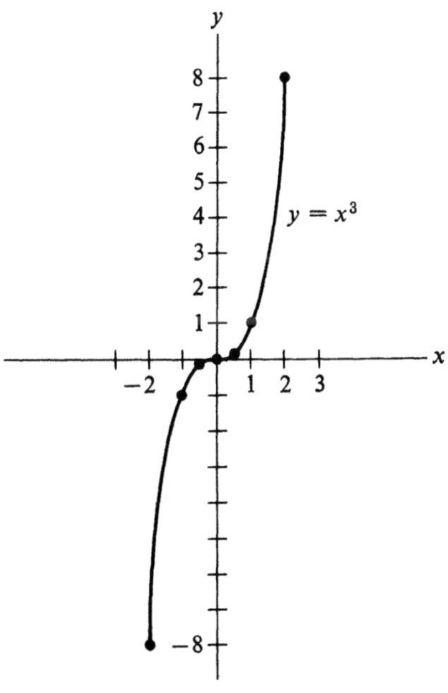

5. die Gerade durch die Punkte (0; 0) und (1; − 1)
7. (*a*) 0, 3, 6, 9 (*b*) 0, 3, 6, 9
(*c*) siehe die Zeichnung aus Beispiel 1
9. die Gerade durch die Punkte (0; 1) und (1; 5)
11. der Graph aus Beispiel 4 ($y = 1/x$) um eine Einheit nach links verschoben.
13. (*a*) $x = 0, x = 2$

(*b*)

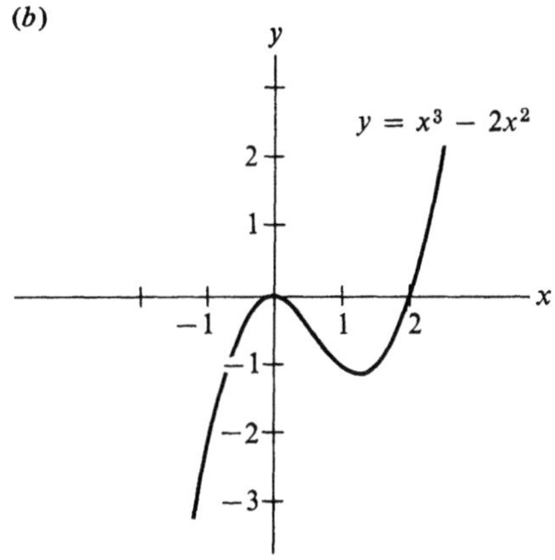

15. 1; 1,21; 0,81. Der Graph ähnlich dem in Beispiel 5, nur dieses Mal liegt er in der Umgebung des Punktes (1; 1).
17. Der Graph aus Beispiel 1 ($y = x^2$) wird um drei Einheiten nach rechts und 4 Einheiten nach oben verschoben.
21.

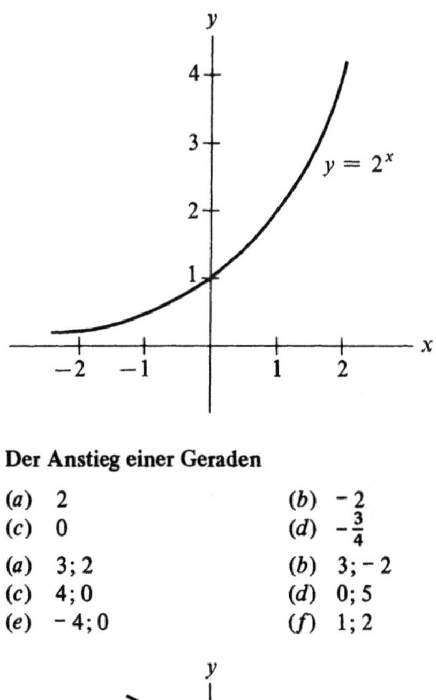

2.3 Der Anstieg einer Geraden

1. (*a*) 2 (*b*) − 2
(*c*) 0 (*d*) $-\frac{3}{4}$
3. (*a*) 3; 2 (*b*) 3; − 2
(*c*) 4; 0 (*d*) 0; 5
(*e*) − 4; 0 (*f*) 1; 2
5.

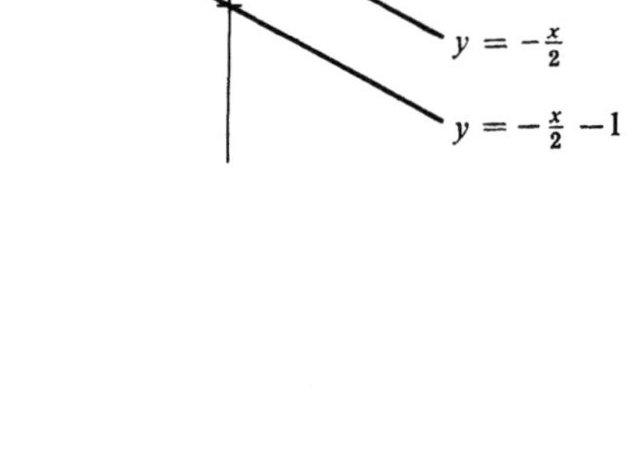

7. (*a*) $y = 5x - 1$ (*b*) $y = x + 2$
   (*c*) $y = 4$

9. $y = -x + 6$

11. Nein. Die Gerade durch $(1; -2)$ und $(4; 5)$ hat den Anstieg $\frac{7}{3}$, während die Gerade durch $(4; 5)$ und $(8; 13)$ den Anstieg 2 besitzt.

13. (*a*) Man suche den Schnittpunkt für $a_1 = a_2$ wie in Übung 12.

Testaufgaben zu Kapitel 2

1. (*a*) $x \geqslant -1$
   (*b*)

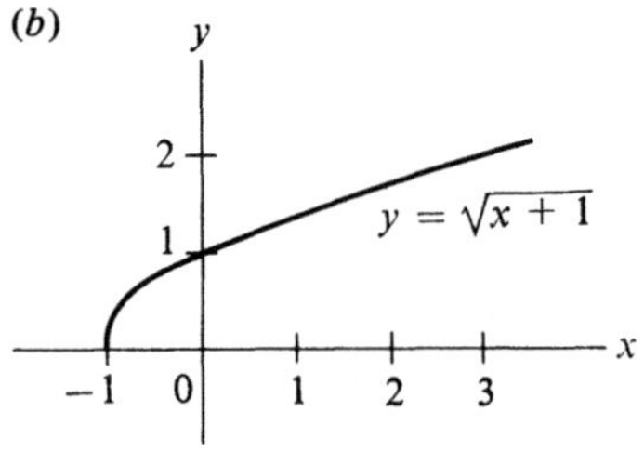

2. $\dfrac{y_2 - y_1}{x_2 - x_1} = \dfrac{ax_2 + b - ax_1 - b}{x_2 - x_1} = a$

3. (*a*) $-\frac{1}{3}$ (*b*) -1
   (*c*) 0

4. (*a*)

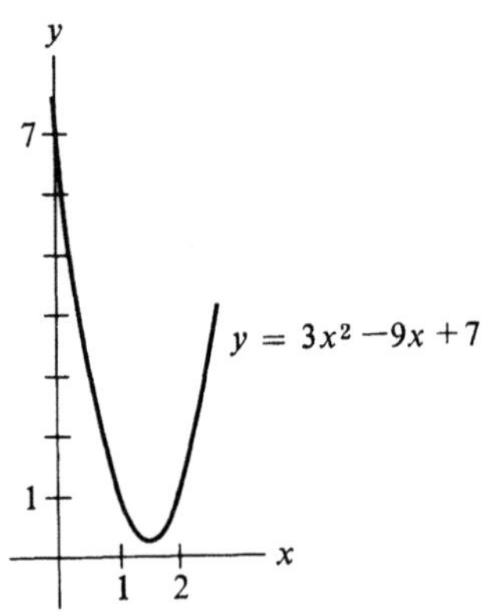

   (*b*) nein

5. (*a*) 9 (*b*) 5,31

6. (*a*) $2 + h$ (*b*) 8
   (*c*) $-5/(1 + h)$ (*d*) $5 + 3h + h^2$

7. (*a*) die Gerade durch $(0; -\frac{1}{4})$ und $(2; \frac{3}{4})$
   (*b*)

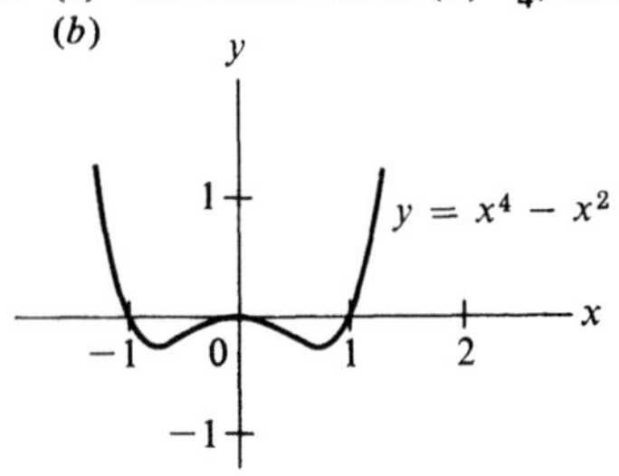

(*c*)

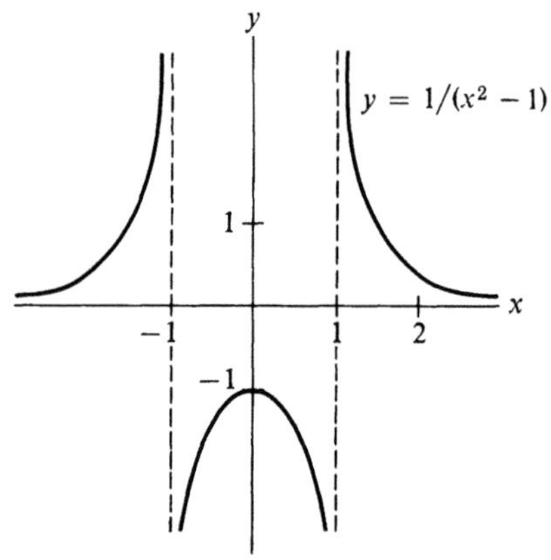

8. (*a*) ja (*b*) nein
   (*c*) ja

Übungen zu Kapitel 2

1. (*a*) $f(x) = 1/(x + 2)^2$
   (*b*)

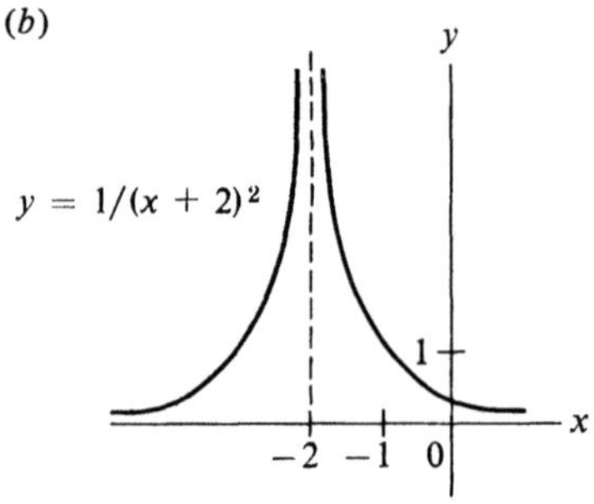

   (*c*) $x \neq -2$

3. (*a*)

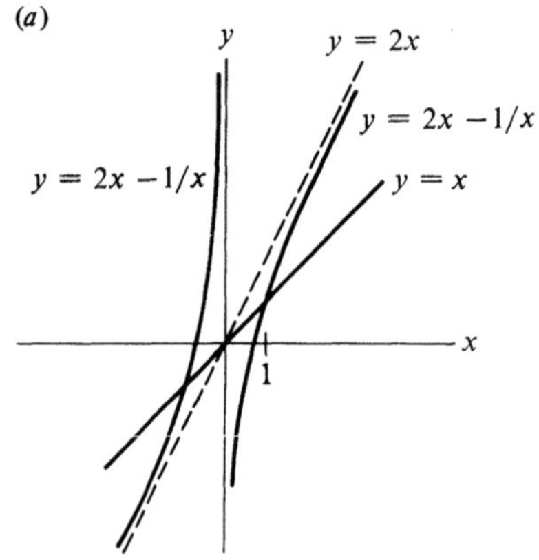

   (*b*) $(1; 1)$ und $(-1; -1)$

5. $(a + b)^2 = a^2 + b^2 + 2ab$

7. (*a*) $y = -x/2 + \frac{3}{2}$ (*b*) $y = 7x/2 - 2$

9. (*a*) $|a|$ ist groß (*b*) $|a|$ ist klein
(*c*) $a < 0$ (*d*) $a > 0$

11. (*a*) 2 (*b*) 2
(*c*) 5/2 (*d*) 10

13. (*a*) 2 (*b*) 4
(*c*) 5

3 Die Ableitung

3.1 Vier Variationen zu einem Thema

1. (*d*) 8,01 (*e*) 7,99

5. $2x$

7. (*a*) 6,1 (*b*) 6,1
(*c*) 6,01 g/cm

9. (*a*) $(2t + 3)$ m/s (*b*) 5 m/s

11. (*a*) $6x - 1$ (*b*) $(\frac{1}{6}, \frac{23}{12})$

13. (*b*) Die Schätzung sollte in der Nähe von Null liegen.
(*c*) Null

15. $\frac{3}{4}$

17. (*a*) 6,1 Millionen DM pro Jahr
(*b*) 6,01 Millionen DM pro Jahr
(*c*) 6 Millionen DM pro Jahr

19. (*a*) $(4 - \sqrt{7}; 23 - 8\sqrt{7})$
(*b*) $(-1; 1)$

21. (*a*) Der Graph geht durch die Punkte (1; 0) und (0; 0).
(*b*) $3x^2 - 1$
(*c*) $(\sqrt{3}/3; -2\sqrt{3}/9)$ und $(-\sqrt{3}/3; 2\sqrt{3}/9)$
(*d*) $(\sqrt{2/3}; -1/3\sqrt{2/3})$ und $(-\sqrt{2/3}; 1/3\sqrt{2/3})$

3.2 Die Ableitung eines Polynoms

1. (*a*) 6 (*b*) -4
(*c*) 80 (*d*) 0
(*e*) 12 (*f*) -224

3. (*a*) 15 (*b*) 1
(*c*) 8

5. -22

7. 76 m/s

9. 811 g/cm

11. (*a*) $(10t + 20)$ m/s (*b*) 20 m/s

13. (*a*) Man verwende das Ergebnis aus (*b*) und (*c*).
(*b*) $x = 0$, $x = \pm\sqrt[4]{5}$ (*c*) $(1; -4)$ und $(-1; 4)$

15. $y = \frac{1}{2}x - \frac{3}{16}$

17. (*a*) $8x + 4$ (*b*) $12x + 1$

19. (*a*) 4 (*b*) 3

3.3 Die Ableitung einer Funktion

1. $3/(2\sqrt{x})$

3. $12x + 3$

5. $-2/x^3$

7. (*a*) 6,1 (*b*) 6,01
(*c*) 5,9

9. $2 + 3/(2\sqrt{x})$

11. (*a*) 1 g/cm (*b*) $\frac{1}{2}$ g/cm

13. (*a*) siehe Beispiel 4 aus Abschnitt 2.2
(*c*) -1 (*d*) 135°

15. (*a*) Es gibt unendlich viele derartige Geraden.
(*b*) Die Tangente in (1; 1) schneidet den Graphen zweimal.
(*c*) Die Tangente ist die Gerade durch den Punkt, deren Anstieg mit der Ableitung der Funktion an der gegebenen Stelle übereinstimmt.

17. (*a*) ja (*b*) nein
(*c*) nein

19. (*a*) Die Rate, mit der das Wasser zur Zeit t versickert, in Metern pro Stunde.
(*b*) Die Rate ist klein.

Testaufgaben zu Kapitel 3

2. $\frac{13}{4}$

3. (*a*) 13 (*b*) -1
(*c*) 1

4. (*a*) Weg der Rakete, Zeit für diesen Weg, mittlere Geschwindigkeit in diesem Zeitintervall.
(*b*) Zuwachs der Bevölkerung, Zeitintervall für diesen Zuwachs, mittlere Zuwachsrate.
(*c*) Masse des Abschnittes, Länge des Abschnittes, mittlere Dichte des Abschnittes.
(*d*) Länge des Bildes der Strecke, Länge der Strecke, mittlere Vergrößerung der Strecke.

5. $4x^3$

Übungen zu Kapitel 3

1. (*a*) $5x^4 - 12x^3 + 2$ (*b*) $-1/x^2$
(*c*) $1/(2\sqrt{x})$ (*d*) $-2/x^3$

3. $4x^3 + 4x$

7. (*a*) 16,4
(*b*) mittlere Zuwachsrate des Gewinnes für das erste Zehntel des zweiten Jahres;
(*c*) Anstieg der Strecke von (2; 16) nach (2,1; 17,64);
(*d*) mittlere Geschwindigkeit während des Zeitintervalls (2; 2,1)

9. (*a*) 12,61 (*b*) 11,41
(*c*) 12

11. (*a*) $5(x_1^2 + x_1 + 1)$ (*b*) $-3(x_1 + 1)/x_1^2$
(*c*) 6 (*d*) $4x_1 + 3$

13. (*a*) Änderungsrate des Verkaufswertes;
(*b*) Verbilligung, Verteuerung, üblicherweise Verbilligung – ausgenommen der Wagen hat historischen Wert

15. (*a*) 0, 9, 24 (*b* 5, 15
(*c*) $9 \leq t \leq 24$ (*d*) $5 \leq t \leq 15$
(*e*) $0 \leq t \leq 5$, $15 \leq t \leq 24$ (*f*) 5, 15

17. (*a*) 5 (*b*) 5
19. $y = -x$
21. 32
23. (*a*) $3x^2 - 3$ (*b*) $|x| > 1$, $|x| < 1$, $|x| = 1$
25. geht nach Null
27. geht nach 0,5
29. ungefähr $\frac{1}{48}$

4 Grenzwerte und stetige Funktionen

4.1 Überblick über die Exponentialfunktion

1. (*a*) 8 (*b*) 4
   (*c*) $\frac{1}{4}$ (*d*) 16
   (*e*) $\frac{1}{32}$
3. (*a*) 0,1 (*b*) 0,053
   (*c*) 600,06
5. (*a*) 1 (*b*) 2
   (*c*) 4 (*d*) 8
   (*e*) $\frac{1}{2}$
7. (*a*) 2^2 (*b*) 2^{-3}
   (*c*) $2^{1/2}$ (*d*) 2^{-1}
   (*e*) 2^0 (*f*) $2^{1/3}$
   (*g*) 2^{-2} (*h*) $2^{3/2}$
9. (*a*) $b^{2/3}$ (*b*) b^{-2}
   (*c*) $b^{-1/2}$ (*d*) $b^{-1/3}$
   (*e*) b^{-5} (*f*) $b^{1/6}$
11. (*a*) 25 (*b*) 4
    (*c*) 9 (*d*) 4
21. (*a*) $0 < x < 1$ (*b*) $x > 1$
25. (*a*) 2,25 (*b*) 2,236
29. (*a*) 0,993 1 (*b*) 0,199 5; 1; 0

4.2 Die Zahl e

1. (*a*) 2,49 (*b*) 3,05
3. (*a*) 0,25 (*b*) 0,30
   (*c*) 0,32
5. (*a*) 1 (*b*) $\sqrt{e}$
9. e

4.3 Der Grenzwert einer reellen Funktion

1. $\frac{6}{5}$ 3. 0
5. $-\frac{1}{6}$ 7. 7
9. 0 11. -1
13. 12 15. $\frac{1}{4}$
17. $\lim_{x \to a} f(x)$ existiert für alle a
19. $\lim_{x \to a} f(x)$ existiert für alle a
21. $\lim_{x \to a} f(x)$ existiert für alle a ausgenommen $a = 1$
    $\lim_{x \to a^+} f(x)$ existiert für alle a
    $\lim_{x \to a^-} f(x)$ existiert für alle a, ausgenommen $a = 1$
23.

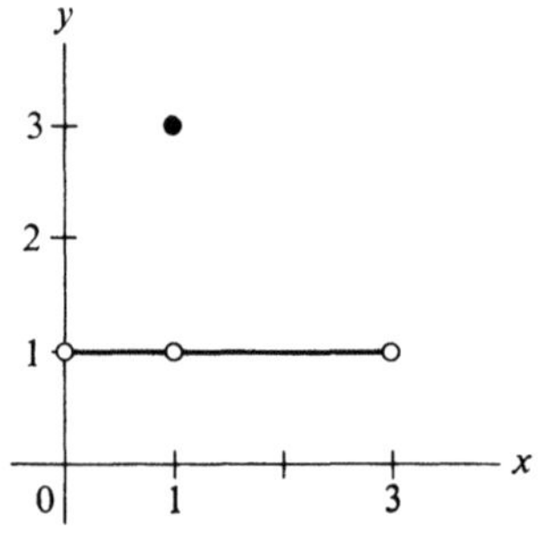

25.

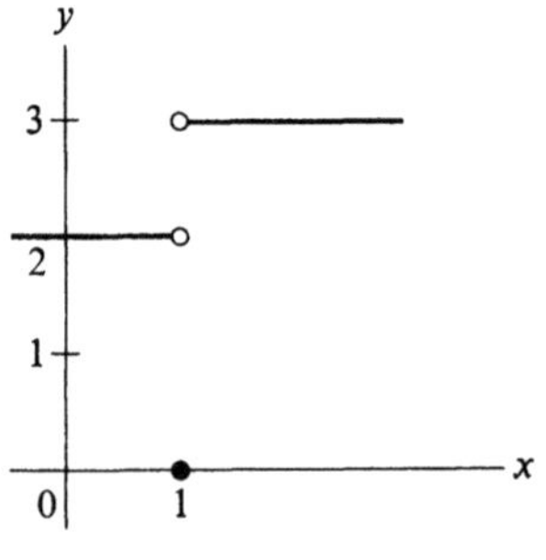

27. (*b*) ja (*c*) ja
    (*d*) alle a
29. (*a*) Man zeichne einige Punkte auf den Geraden $y = x$ und $y = -x$
    (*b*) nein (*c*) nein
    (*d*) ja (*e*) $a = 0$
31. 1

4.4 Mehr über Grenzwerte und die Zahl e

1. $\frac{5}{7}$ 3. $-\infty$
5. -1 7. $-\infty$
9. 0 11. ∞
13. 0 15. 0
17. ∞ 19. ∞
21. 1 23. 0
25. $\sqrt{2/3}$ 27. 2,37; 2,44; 2,49; 3,37; 3,16; 3,05
29. 1

31.

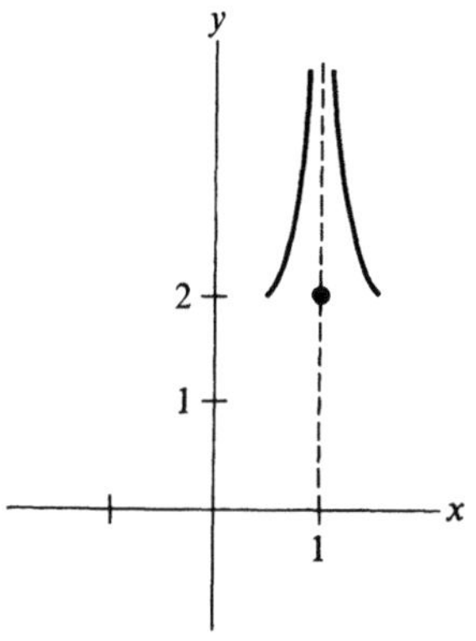

33.

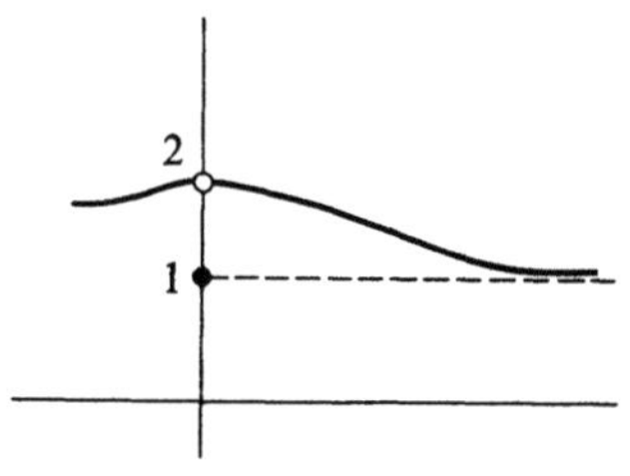

37. 1,271; 1,164; 1,121; ja

39. (*a*) 30,375; 97,656; 3,052; 0,0226
(*b*) geht nach Null

41. geht nach vier

4.5 Trigonometrische Grundbegriffe

1. (*a*) $\pi/2$ (*b*) $\pi/6$
(*c*) $2\pi/3$ (*d*) $3\pi/2$
(*e*) 2π

3. (*a*) $\frac{5}{3}$ rad (*b*) $300°/\pi \approx 95{,}5°$

5. (*a*) $540°/\pi \approx 171{,}9°$ (*b*) $\pi/180$ rad $\approx 0{,}0175$ rad

7. (*a*) Winkel von 114,59°
(*b*) Schnur von der Länge eines Durchmessers entlang des Umfangs

9. (*a*) 0; 1/2; $\sqrt{2}/2$; $\sqrt{3}/2$; 1; 0; −1; 0
(*b*) siehe im Text, wo der Graph dargestellt ist

13. (*a*) $\pi/4$ rad (*b*) 0,46 rad ($\approx 26{,}5°$)
(*c*) $3\pi/4$ rad (*d*) 1,107 rad ($\approx 63{,}5°$)
(*e*) $\pi/3$ rad

15. $\frac{1}{2}$, $\sqrt{3}/2$, $\sqrt{3}$

17. (*a*) $\frac{3}{2}$ (*b*) $5/\sqrt{2}$
(*c*) $4\sqrt{3}$

19. (*a*) 5 (*b*) $\sqrt{x^2+y^2}$
(*c*) $\sqrt{2-2\cos\theta}$

27. (*a*) 2, $\sqrt{2}$, $2/\sqrt{3}$; 1
(*b*)

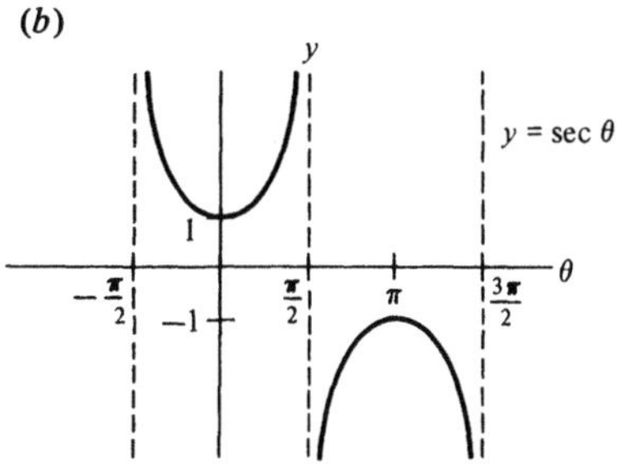

31. (*a*) 0,0166; 0,0171; 0,01736; 0,01743; 0,01745
(*b*) geht nach $\pi/180 \approx 0{,}0175$

4.6 Der Grenzwert von $\sin\theta/\theta$ für $\theta \to 0$

1. (*a*) $9\pi/4$ (*b*) $\theta/2$
(*c*) 2θ

3. 0,64; 0,90; 0,95

5. 0

7. $\frac{2}{3}$

9. ∞

11. ∞

13. (*a*) 0; 1; 0; −1; 0; 0,01 (näherungsweise)
(*b*)

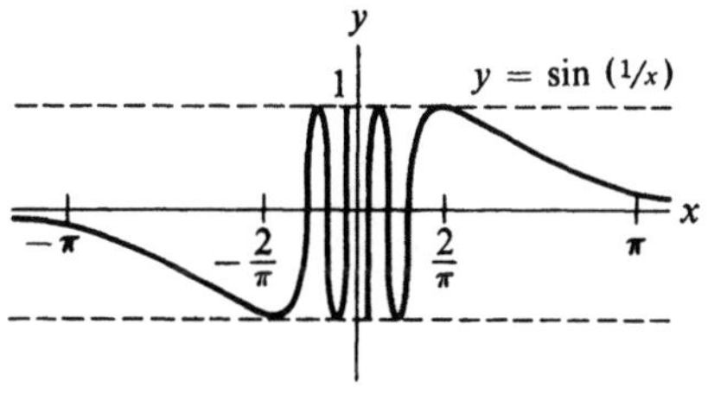

(*d*) 0

17. (*a*) $x \neq 0$ (*b*) 0,95; 0,64; 0; −0,21; 0
(*e*)

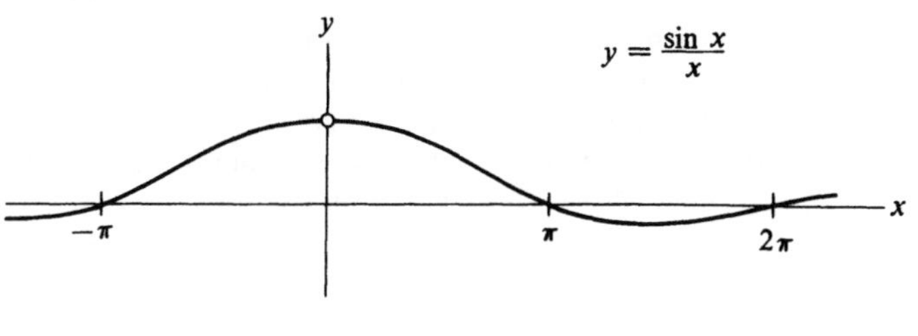

19. (*a*) $\lim\limits_{h\to 0} \dfrac{f(x+h)-f(x)}{h}$
(*b*) man verwende $\sin(x+h) = \sin x \cos h + \sin h \cos x$

21. ungefähr $\frac{1}{6}$

4.7 Stetige Funktionen

1. Stetig für alle x aus $[0; 1]$
3. $\frac{1}{2}$
5. 1
7. ja, man definiere $f(0) = 1$
9. (*a*) ja, es sei $f(0) = \mathrm{e}$ (*b*) nein
11. $\frac{5}{3}$
13. $\pi, 2\pi, 3\pi, 4\pi, 5\pi$
15. $\pi/3, 5\pi/3, 7\pi/3, 11\pi/3, 13\pi/3$
17. $-1; 0; 1$
19. Man berechne $x + \sin x$ für Null und $\pi/2$; man verwende den Mittelwertsatz.
21. Man betrachte das Intervall $[0; 1]$
23. ja
25. für $m = 1$, $X = -1$ oder 1, für $1 < m \leqslant 4$, $X = \sqrt{m}$
27. nur für $x = 0$
29. (*a*) $f(n) = f(1 + \ldots + 1) = f(1) + \ldots + f(1) = nf(1) = cn$ (n Summanden)
    (*b*) (n Summanden) $f(1/n) + \ldots + f(1/n) = nf(1/n) = f(1)$, daher $f(1/n) = c/n$. Man zeige $f(x) = cx$ für rationale x.
    (*c*) Man verwende die Stetigkeit.

Testaufgaben zur Exponentialfunktion

1. (*a*) 0,125 (*b*) 2,828
   (*c*) 4 (*d*) 1
   (*e*) 0,354 (*f*) 0,25
2. (*a*) $3^{1/2}$ (*b*) 3^{-1}
   (*c*) $3^{2/3}$ (*d*) 3^5
   (*e*) $3^{3/2}$ (*f*) 3^{35}
   (*g*) $3^{-1/2}$ (*h*) 3^{10}
3. 1,9
4. (*a*) b^2 (*b*) $b^{3/2}$
   (*c*) $b^{5/6}$ (*d*) $b^{-3/2}$
   (*e*) $b^{5/6}$ (*f*) $b^{15/2}$
5. (*a*) 625; 125 (*b*) $\sqrt[3]{5}$

Testaufgaben zur Trigonometrie

1. (*a*) $114{,}6°$ (*b*) $-0{,}42; 0{,}91$
2. (*a*) 5,2 cm (*b*) 10,4 cm^2
3. (*a*) Siehe den Graphen in Abschnitt 4.5.
   (*b*) Es handelt sich um das gleiche Schaubild, nur um $\pi/2$-Einheiten nach links verschoben.
4.

θ (Radiant)	$\pi/2$	$2\pi/3$	$3\pi/4$	$-\pi/4$	$-\pi/6$	$9\pi/4$
θ (Grad)	90°	120°	135°	−45°	−30°	405°
$\cos\theta$	0	$-1/2$	$-\sqrt{2}/2$	$\sqrt{2}/2$	$\sqrt{3}/2$	$\sqrt{2}/2$
$\sin\theta$	1	$\sqrt{3}/2$	$\sqrt{2}/2$	$-\sqrt{2}/2$	$-1/2$	$\sqrt{2}/2$

5. (*a*) $\pm 0{,}8$ (*b*) $53{,}2°; -53{,}2°$
6. (*a*) $(\sqrt{6} + \sqrt{2})/4$ (*b*) $(\sqrt{6} - \sqrt{2})/4$
   (*c*) $\sqrt{2 + \sqrt{2}}/2$
7. Siehe den Graphen aus Abschnitt 4.5

Testaufgaben zu Kapitel 4

1. (*a*) $\lim\limits_{n\to\infty} (1 + 1/n)^n$ (*b*) 2,718 (*c*) e
2. $c^5 - d^5 = (c - d)(c^4 + c^3d + c^2d^2 + cd^3 + d^4) < (c - d)(c^4 + c^4 + c^4 + c^4 + c^4) = 5c^4(c - d)$
3. (*a*) 2, (*b*) für keine
   (*c*) für keine (*d*) 2
   (*e*) $-1; 0; 2; 4; 5$
4. (*a*) $\frac{1}{2}$ (*b*) $\frac{3}{2}$
   (*c*) $3\cos(1) - 3 \approx -1{,}379$ (*d*) $\frac{1}{4}$
   (*e*) ∞ (*f*) e^3
5. (*d*) $f(x) = \sqrt{x}$ und $x = 4$
6. strebt nach 1, strebt nach 0
7. (*a*) $0; \sqrt{2}/2$ (*b*) Mittelwertsatz $0 < \frac{1}{2} < \sqrt{2}/2$
8. (*a*) z. B. der Graph von $f(x) = |x|$
   (*b*) der Graph von $f(x)$ mit $f(0) = 0$, $f(x) = 1$ für $x \neq 0$
   (*c*) der Graph von $f(x)$ mit $f(x) = 0$ für $x < 0$ und $f(x) = 1$ für $x \geqslant 0$

Übungen zu Kapitel 4

3.

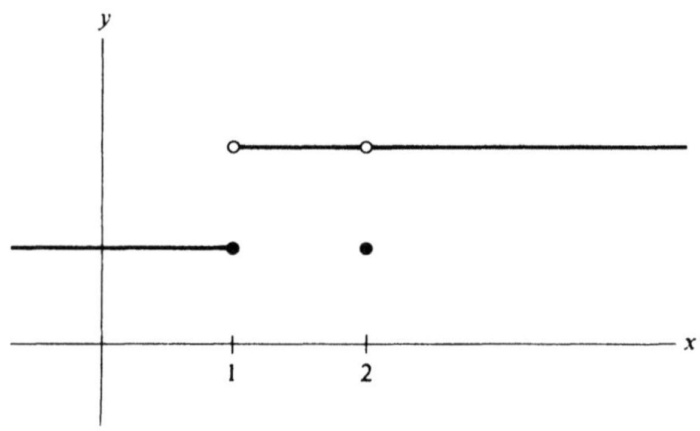

5. (*a*) falsch (*b*) richtig
   (*c*) richtig
7. (*a*) man multipliziere oben und unten mit $1 + \cos h$
   (*d*) innerhalb 0,0002; 0,00006; 0,0011
9. stetig für $-1; 0; 1$; differenzierbar für Null
11. (*a*) geht nach ∞ (*b*) geht nach $-\infty$
    (*c*) man verwende den Mittelwertsatz
13. (*a*)

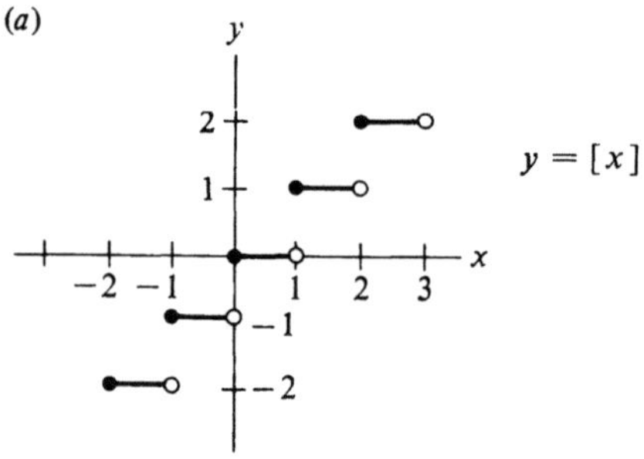

(*b*) f ist für keine ganze Zahl stetig

15. (*a*) $0; 1; \frac{1}{2}$ (*b*) alle x

(*c*) für $x \neq 1$; -1

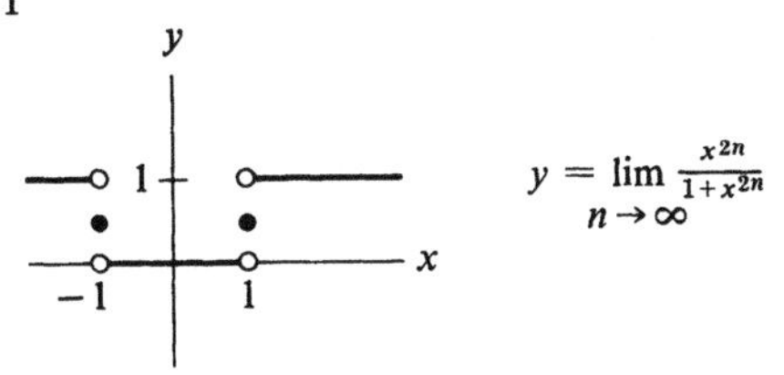

Übungen zu den Kapiteln 1 bis 4

1. (*a*) $\lim\limits_{x_1 \to x} \dfrac{f(x_1) - f(x)}{x_1 - x}$

(*b*) Geschwindigkeit, Dichte, Vergrößerung, Anstieg, Zuwachsrate, usw.

3. (*a*) 7,625 (*b*) 2,791

5. (*a*) $\frac{2}{3}$ (*b*) 6

7. Siehe die Lösung von Übung 17 (*e*) aus Abschnitt 4.6.

9. (*a*) $6x^2 + 6x - 12$

(*b*) Null für $x = -2; 1$, positiv für $x < -2; x > 1$, negativ für $-2 < x < 1$

11. (*a*) der Anstieg an der Stelle $x = 1$ beträgt 3

(*b*) die Geschwindigkeit zur Zeit $t = 1$ beträgt 3 m/s; ungefähr 0,03 m

(*c*) die Vergrößerung für $x = 1$ beträgt 3; 0,03

(*d*) die Dichte für $x = 1$ beträgt 3 g/cm; 0,03 g

13. (*a*) $18x^2 - 5$ (*b*) $12x + 36x^3$

(*c*) $-5/x^2$

15. (*a*) $|x| \geq 1$

(*b*)

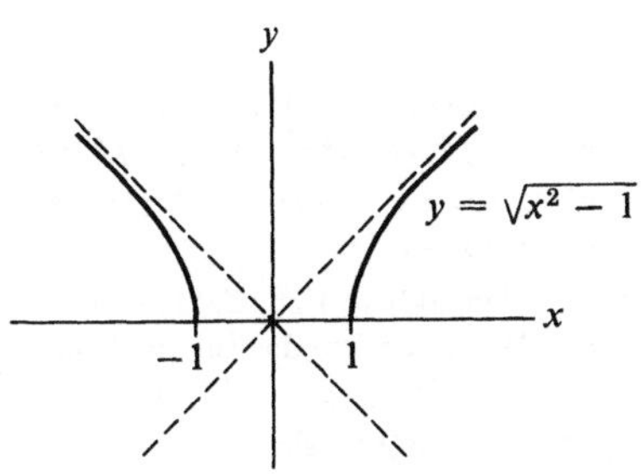

(*c*) ja

17. (*a*) $x \neq (2k + 1)\pi/2$, k eine beliebige ganze Zahl

19. (*a*) $\frac{1}{2}$ (*b*) 4

(*c*) $-\frac{17}{9}$

21. 0

23. (*a*) 1 (*b*) $\frac{1}{3}$

25. (*a*) $x^3 + 1$ (*b*) $x^3/3$

(*c*) $1/x - 18$ (*d*) $-1/x$

(*e*) $9x^4/4 + 2x^3 - 3x^2 + 2x - 4$

(*f*) $10\sqrt{x}$

27. $\sqrt[3]{x^2}/3$

29. Für alle x gelte $f(x) > x$. Dann folgt $x = f(f(x)) > f(x) > x$. Daher gilt für ein bestimmtes a die Ungleichung $f(a) - a \leq 0$. Ebenso gibt es ein b mit $f(b) - b \geq 0$. Man wende den Mittelwertsatz auf $g(x) = f(x) - x$ an.

33. $\frac{3}{2}$ 35. nein

37. -13 (keiner der beiden hat recht)

5 Berechnung von Ableitungen

5.1 Einige Bezeichnungen für die Ableitung

1. 21 3. $\frac{1}{6}$

5. $24u^3$ 7. $15x^4 - x$

9. $-1/u^2$ 11. 44

13. $t^3 + t^2 - t$ 15. $3u^2$

17. $4s^3 + 6s^2 + 2s$

19. (*a*) $-32t + 80$ (*b*) $t < \frac{5}{2}, t > \frac{5}{2}, t = \frac{5}{2}$

(*c*) 80 m/s

21. (*a*) $u^4/4 + 3$ (*b*) $2\sqrt{t}$

(*c*) $3x^2/2 + 5x + 1$ (*d*) $5t$

5.2 Die Ableitung einer Konstanten, sowie von Sinus und Kosinus

1. (*b*) $0 \leq x < \pi/2$ und $3\pi/2 < x \leq 2\pi$, $\pi/2 < x < 3\pi/2$, $x = \pi/2$ und $x = 3\pi/2$

(*c*) 0 und 2π

3. (*a*) $\frac{1}{2}$ (*b*) $-\sqrt{2}/2$

(*c*) 3 (*d*) 0

5. (*a*) $0; 1; 0; -1$ Zentimeter

(*b*) $1; 0; 0; -1$ Zentimeter pro Sekunde

(*c*) $1; 0; 0; 1$ Zentimeter pro Sekunde

11. man verwende $(\cos[4(x + h)] - \cos 4x)/h$

13. (*a*) $2\cos t$ Meter pro Stunde

(*b*) auf mittlerer Meereshöhe

15. bevor der übliche Quotient untersucht wird, entwickle man

$$\sin[(x + h)^2] = \sin(x^2 + 2xh + h^2).$$

5.3 Logarithmen im Überblick

1. (*a*) $\log_2 32 = 5$ (*b*) $\log_3 81 = 4$

(*c*) $\log_{10} 0{,}001 = -3$ (*d*) $\log_5 1 = 0$

(*e*) $\log_{1000} 10 = \frac{1}{3}$ (*f*) $\log_{49} 7 = \frac{1}{2}$

3. (*a*) $2; \frac{1}{2}$ (*b*) $3; \frac{1}{3}$ (*c*) $2; \frac{1}{2}$

5. (*a*) $2^x = 7$ (*b*) $5^s = 2$

(*c*) $3^{-1} = \frac{1}{3}$ (*d*) $7^2 = 49$

7. (*a*) -1 (*b*) $\frac{3}{2}$ (*c*) 0

9. (*a*) $\frac{7}{6}$ (*b*) $-\frac{1}{2}$ (*c*) $-\frac{1}{6}$

11. 1,1404

13. (*c*) 0,6309

15. (*a*)

x	0,01	0,1	1	2	3	4	10	100
$\lg x$	− 2	− 1	0	0,3010	0,4771	0,6021	1	2
$\lg x/x$	− 200	− 10	0	0,1505	0,1590	0,1505	0,1	0,02

(*b*)

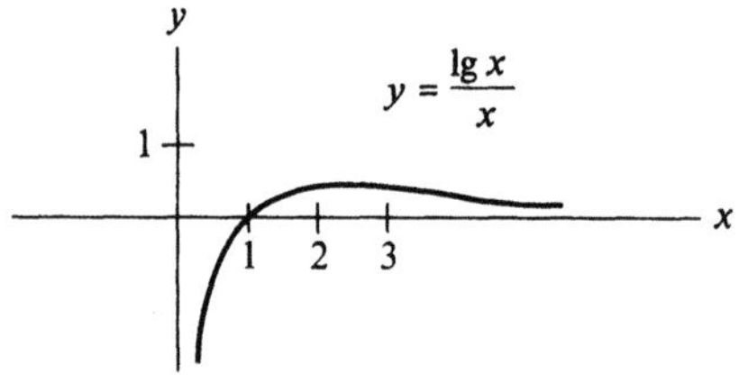

(*c*) e (siehe Kapitel 6)

23. (*b*) Der eine Graph geht durch Streckung aus dem anderen hervor

27. Es sei $\lg 3 = a/b$, dann gilt $2^a = 3^b$; dies ist für nichtverschwindende ganze Zahlen a und b unmöglich. (Warum?)

29. 1,465

5.4 Die Ableitung der Logarithmusfunktion

1. (*a*) $(\lg e)/x$ (*b*) $(\log_2 e)/x$ (*c*) $(\log_5 e)/x$ (*d*) $1/x$ (*e*) $1/x$
3. (*a*) $\frac{1}{2}$ (*b*) $\frac{1}{3}$ (*c*) 2
5. (*a*) Ähnlich dem Graphen von $y = \lg x$ aus Abschnitt 5.3, vertikal um einen Faktor von $\log_e 10 \approx 2{,}3$ gestreckt. (*b*) 45°
7. (*a*) $\frac{1}{2}$ (*b*) 0,04
9. (*b*) 0,69; 1,10; 1,94
11. (*a*) $\frac{1}{3}$ (*b*) 0,02
13. Es sei $f(x) = 1/x - \cos x$, $f(\pi) = 1/\pi + 1 > 0$. $f(2\pi) = 1/2\pi - 1 < 0$. Man verwende den Mittelwertsatz.

5.5 Die Ableitung der Summe, der Differenz und des Produktes von Funktionen

1. $-\sin x + \cos x$
3. $4/\sqrt{x}$
5. $3x^2 + 5\cos x$
7. $\cos x$
9. $1 - 1/x^2$
11. $x \cos x$
13. $12x^2 \sin x + 4x^3 \cos x$
15. $3\cos^2 x - 3\sin^2 x = 6\cos^2 x - 3$
17. $5/x - \cos x + x \sin x$
19. $(2 \ln x)/x$
21. $10/x$
23. $x \ln x$
25. $(\ln x)^2$
27. $3(\ln x)^2/x$
31. (*a*) $x^2/10$ (*b*) $\ln x^5$ (*c*) $x^2/2 - 3\ln x$ (*d*) $x^2/2 + 2x - \ln x$ (*e*) $2\sin x - 3\cos x$

5.6 Die Ableitung des Quotienten zweier Funktionen

1. $1/(3x + 2)^2$
3. $(1 - 2\ln x)/x^3$
5. $(24x^9 + 8x^7 + 3x^6 - 20x^5 + 5x^4 + 32x^3 - 2x^2 - 24x + 2)/(x^2 + 1)^2$
7. $(\tan x)/x + \ln x \sec^2 x$
9. $(\cos x + 1 - \tan^2 x)/(1 + \sec x)^2$
11. $\ln x \cos 2x + (\sin x \cos x)/x$
13. $(1 - \ln x)/x^2$
15. $(-2x - 15x^4)/(x^2 + 3x^5)^2$
17. $-64/x^9$
19. $(5x \sec^2 x - 15 \tan x)/x^4$
21. $-4 \operatorname{cosec} x \cot x - 3 \operatorname{cosec}^2 x$
25. (*a*) $1; 2/\sqrt{3}; \sqrt{2}; 2; -1; -\sqrt{2}; \sqrt{2}$ (*b*) $x \neq (2k + 1)\pi/2$, k ist ganzzahlig
27. (*a*) $\sqrt{3}; \sqrt{3}/3; 1; 0; -1$ (*b*) $\cot x \to +\infty$ (*c*) $\cot x \to -\infty$ (*d*)

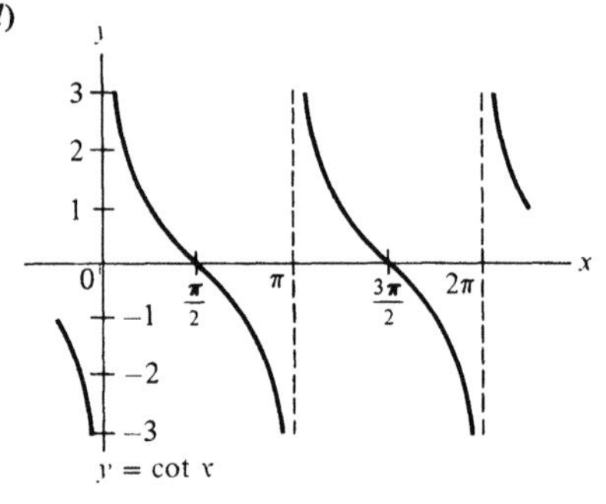

5.7 Zusammengesetzte Funktionen

1. $y = \cos u, u = x^2$
3. $y = u^3, u = \cos x$
5. $y = 3 + u^2, u = \ln x$
7. $y = \sec u, u = 5x$
9. $y = \sin u, u = 1 + \ln x$
11. $y = u^3, u = \sin v, v = 5x$
13. (*a*) $f \circ g(x) = \sin |x|, g \circ f(x) = |\sin x|$ (*b*) $f \circ g(x) = (\ln x)^2, g \circ f(x) = \ln(x^2)$ (*c*) $f \circ g(x) = (x^3)^2 = x^6, g \circ f(x) = (x^2)^3 = x^6$
15. (*a*) $g'(3) \approx 2$, $f'(4) \approx 3$, $h'(3) \approx 6$ (*b*) $h'(3) = g'(3) \cdot f'(4)$
17. (*a*) Man addiere 1 zur Zahl und quadriere das Resultat. (*b*) Man quadriere die Zahl und addiere 1 zum Resultat. (*c*) $(x + 1)^2$ (*d*) $x^2 + 1$
19. $f(x) = \lg x, g(x) = \sin x$
21. (*a*) $x; x$ (*b*) x, für $x > 0, x$

5.8 Die Ableitung einer zusammengesetzten Funktion

1. $8(2x^3 - 2x + 5)^3 (3x^2 - 1)$
3. $15 \sin^4 3x \cos 3x$
5. $10(1 + 2x)^4 \cos 3x - 3(1 + 2x)^5 \sin 3x$
7. $3(1 + \ln 2x)^2/x$
9. $[3(x^2 + 1)\cos 3x - 10x \sin 3x]/(x^2 + 1)^6$
11. $4\cos 3x \cos 4x - 3\sin 3x \sin 4x$
13. $(\sec^2 \sqrt{x})/(2\sqrt{x})$

15. $[-5(1+x^2)\operatorname{cosec}^2 5x - 2x \cot 5x]/(1+x^2)^2$

17. $(3 \cot 3x)/\ln 10$ 19. $-6x \operatorname{cosec} 3x^2 \cot 3x^2$

21. $x/\sqrt{x^2-1}$ 23. $x(1-x^2)^{-3/2}$

25. $x/(3x+5)$ 27. $1/[(x-3)\sqrt{2x+3}]$

29. $\sin^3 3x$ 31. $\sec 3x$

33. (*a*) Man zeichne $y = \ln x$ und spiegle den Graphen an der y-Achse.

35. (*b*) 35

5.9 Umkehrfunktionen

1.

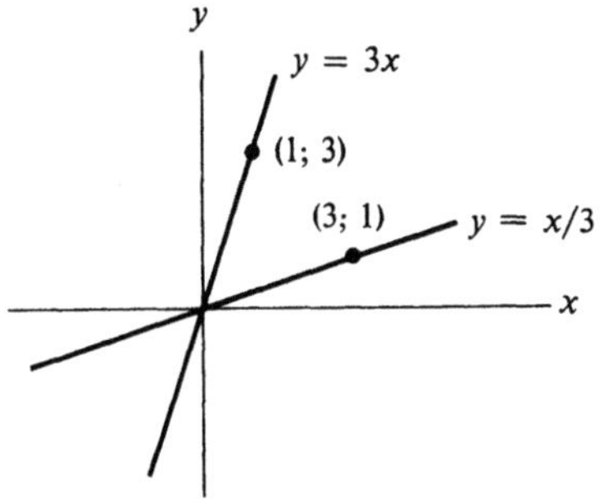

3.

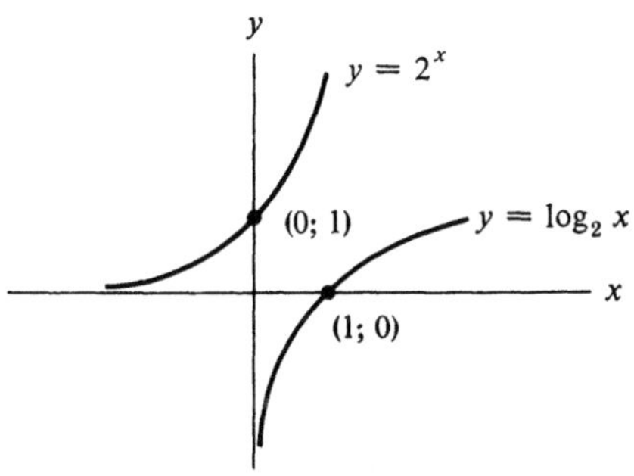

5.

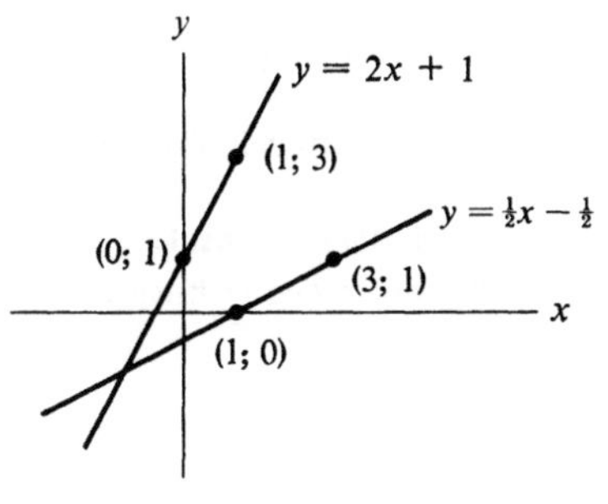

7. (*b*) $y = \sqrt[4]{x}$

9. (*b*) und (*c*)

11. (*a*) $\pi/2$ (*b*) $\pi/6$ (*c*) 0 (*d*) $-\pi/6$
(*e*) $-\pi/3$ (*f*) $-\pi/2$

15. $-4/(x^2\sqrt{4-9x^2})$

17. $10x(1+x^2)^4 \sin 3x + 3(1+x^2)^5 \cos 3x$

19. $-3\sin[\lg(3x+1)]/[\ln 10\,(3x+1)]$

21. $15/(5x+1) + 12/(6x+1) - 8/(2x+1)$

23. Die Punkte $(1; -2)$, $(3; 4)$, $(5; 8)$ liegen auf dem Graphen von f. Die Punkte $(-2; 1)$, $(4; 3)$, $(8; 5)$ liegen auf dem Graphen von f^{-1}.

25. $0; \frac{1}{2}; -\pi/2; 2\pi$

29. nein, denn einige Väter haben mehr als ein Kind

31. $|x|$

5.10 Die Ableitung von b^x und x^a

1. $15e^{3x}$ 3. $(3\ln 2)(2^{3x})$

5. $-e^{-x}$ 7. $x^2 e^x$

9. $[2x + (2x - 3x^2)e^{3x}]/(1+e^{3x})^2$

11. $\sqrt{2}x^{\sqrt{2}-1}$ 13. 0

15. xe^{3x} 17. $3x \cos 3x$

19. $(5 + 3e^{2x})^{-1}$ 21. $(\ln 5x)^2$

23. $(Ae^{kx})' = k \cdot Ae^{kx}$

25. (*a*) $0, e^{-\pi/2}, 0, -e^{-3\pi/2}, 0, e^{-5\pi/2}, 0, -e^{-7\pi/2}, 0$
(*b*)

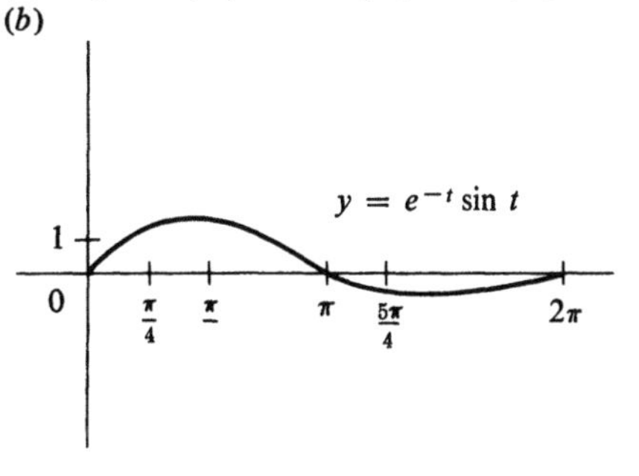

(*c*) $\pi/4$, $5\pi/4$

27. (*a*) $10x/(x^2+3)$ (*b*) $3e^{3x}/(1+e^{3x}) + 6/x$
(*c*) $1/(1+2x) + x^2/(1+x^3)$
(*d*) $10x/(x^2-2) + 5/x - x/(x^2+5)$

5.11 Die Ableitung der inversen trigonometrischen Funktionen

1. (*a*) 0,98 (*b*) 0,61 (*c*) −0,88 (*d*) 0,41
(*e*) −0,52 (*f*) 0,93

3. $\sqrt{2}/2$ 5. $\sqrt{3}$

7. -1 9. $5/\sqrt{1-25x^2}$

11. $3/(1+9x^2)$ 13. $1/(|x|\sqrt{9x^2-1})$

15. $\sqrt{2-x^2}$ 17. $1/(x\sqrt{3x^5-1})$

19. $\sqrt{(2-x)/(1+x)}$

21. (*a*) $1/\sqrt{x^2-9}$ (*b*) $1/\sqrt{9-x^2}$

23. (*a*) $1/(x\sqrt{2x^2+1})$ (*b*) $1/(|x|\sqrt{2x^2-1})$

25. $(\arcsin 2x)^2$

27. (*a*)

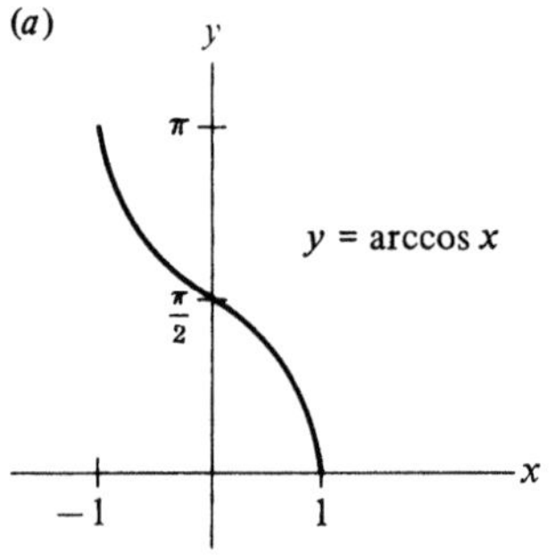

Testaufgaben zu Kapitel 5 (Rechnungen)

1. $-1/(2x\sqrt{x})$
2. (*a*) $6(x^3+x)^5(3x^2+1)$
   (*b*) $[6x(\sin 2x)^2\cos 2x - 4(\sin 2x)^3]/x^5$
   (*c*) $2x^2+6x^2\ln x$ (*d*) $15\sec^5 3x\tan 3x$
3. (*a*) $3x^2/(2\sqrt{1+x^3})$ (*b*) $-3\sin 6x$
   (*c*) $-3e^{-3x}$ (*d*) $3/\sqrt{1-9x^2}$
   (*e*) $2x\cdot 5^{x^2}\ln 5$ (*f*) $\frac{3}{2}\sqrt{x}$
4. (*a*) $e^x\sin 2x$ (*b*) $\arcsin x$
   (*c*) $\arctan x$
   (*d*) $3\,\text{arcsec}\,3x\sec 3x\tan 3x + \sec 3x/(|x|\sqrt{9x^2-1})$
5. (*a*) $-\pi/4$ (*b*) $\pi/3$ (*c*) $\pi/6$ (*d*) $2\pi/3$
   (*e*) π (*f*) $-\pi/2$

Testaufgaben zu Kapitel 5 (Begriffe)

2. (*b*) $(\lg e)/x = 1/(x\ln 10)$
3. (*a*) e^2 (*b*) $\ln 10$
6. (*a*) zur Vereinfachung der Ableitung trigonometrischer Funktionen
   (*b*) zur Vereinfachung der Ableitung der Logarithmusfunktion
   (*c*) zur Vereinfachung der Ableitung der Exponentialfunktion
7. (*a*) die Großmutter von x mütterlicherseits
   (*b*) die Großmutter von x väterlicherseits
   (*c*) der Großvater von x mütterlicherseits
   (*d*) Geschwister
   (*e*) Cousins ersten Grades
8. (*a*) e^x (*b*) $\ln x$ (*c*) $\sqrt[3]{x}$ (*d*) $x/3$
   (*e*) x^3 (*f*) $\sin x$
10. (*a*) 12 (*b*) $-\frac{1}{2}$ (*c*) 45 (*d*) 12
    (*e*) 90

Übungen zu Kapitel 5

1. $12x+3$
3. $\sin x + \sec x\tan x$
5. $-e^{-3x}(3\cos 2x + 2\sin 2x)$
7. (*a*) $3/x - 10/(1-2x)$ (*b*) $-(\tan x)/3$
9. $1/(9+x^2)$
11. $(\cos x)/(2\sqrt{\sin x})$
13. $1/\sqrt{x^2+1}$
15. $[6(x^2+x)\sin^2 2x\cos 2x - (2x+1)\sin^3 2x]/(x^2+x)^2$
17. $2xe^{-x}/(x^4+1) - e^{-x}\arctan x^2$
19. $6xe^{3x^2}$
21. $2/\sqrt{1-4x^2}$
23. $2x\lg e/(x^2+1)$
53. $[\ln(1+2x)]'$ für $x = 3$, dies ist gleich $\frac{2}{7}$
55. $(\sin\sqrt{x})'$ für $x = 3$, dies ist gleich $(\cos\sqrt{3})/(2\sqrt{3})$
57. (*a*) $-1/(2x^2)$ (*b*) $1 - 1/x$
    (*c*) $\ln 5x$
59. (*a*) $3y^2\,dy/dx$ (*b*) $-\sin y\,dy/dx$
    (*c*) $e^y\,dy/dx$ (*d*) $(-1/y^2)\,dy/dx$
61. $\frac{1}{60}$
63. (*a*) 2 (*b*) 3 (*c*) $\frac{1}{2}$ (*d*) 1
    (*e*) 3
65. (*b*) $2x\sin(1/x) - \cos(1/x)$
    (*c*) Man untersuche $\lim\limits_{x\to 0} f'(x)$
67. Durch $7^a = 3^b$ würde die eindeutige Primzahlzerlegung verletzt.

6 Anwendungen der Ableitung

6.1 Der Satz von Rolle

1. (*a*) Für ein bestimmtes X aus $(0; 2\pi)$, $-\sin X = 0$
   (*b*) π
3. $-1; 0; 1$
5. (*a*) $\sqrt{2}/2$ (*b*) $\pi/4;\ 7\pi/4$
   (*c*) nein (*d*) nein
7. (*a*) $f(0) = f(2) = 40$
   (*b*) Für einen bestimmten Zeitpunkt t aus $(0; 2)$ muß die Geschwindigkeit des Balles gleich Null sein.
9. Nein, $f'(x)$ existiert nicht für $x = 0$.
11. (*a*) Keine Aussage, f ist für $x = -\frac{1}{2}$ nicht definiert
    (*b*) für keinen Wert.
13. Man setze $g(x) = -f(x)$ und verwende Theorem 1.
15. (*b*) nein,
    (*c*) nein, f' existiert nicht für ganze Zahlen.
17. Die Ableitung eines Polynoms vom sechsten Grad ist ein Polynom vom fünften Grad.

6.2 Der Mittelwertsatz

1. $(1-\sqrt{7})/3;\ (1+\sqrt{7})/3$
3. alle x aus $(1; 3)$
5. $\pi;\ 2\pi;\ 3\pi$
7. $e^{1(e-1)}$
9. Wird das Intervall um einen Faktor M vergrößert, dann gibt es einen Punkt im Inneren des Intervalls, wo die Vergrößerung M beträgt.
11. $f'(x) = 2$ für ein bestimmtes X aus $(3; 8)$.
13. (*a*) $1/x;\ 1/x$ (*b*) $\ln\frac{3}{2}$

21. $x - x^2/2 + x^3/3 - \ldots + (-1)^{n+1}x^n/n < \ln(1+x) <$
$x - x^2/2 + x^3/3 - \ldots (-1)^n x^{n+1}/(n+1)$, für gerades n

6.3 Die relativen Größen von e^x, x^a, $\ln x$

1. 0 **3.** $-\infty$
5. ∞ **7.** 0
9. 0 **11.** $(\ln 3)/\ln 2$
13. 0
15. (*a*) 0,02; 0,003; 0,0004 (*b*) 0
17. (*a*) $-1/(3x^3)$ (*b*) $3x^{4/3}/4$
(*c*) $\ln x^3$ (*d*) $x^4/4 - 2x^3/3$
(*e*) $5 \arctan x$ (*f*) $\frac{3}{2}\ln(1+x^2)$
(*g*) $-1/(3+9x)$ (*h*) $\ln \sqrt[3]{1+3x}$
(*i*) $\frac{1}{2}\arcsin 2x$
23. (*b*) nur für $x_2 < 0 < x_1$
29. $e^x < 1 + x + x^2/2! + \ldots + x^{n-1}/(n-1)! + ex^n/n!$
31. 47,647
33. (*a*) 1,649 (*b*) 2,718

6.4 Natürliches Wachstum und natürlicher Zerfall

1. (*a*) 10 g (*b*) $\ln 3 = 1{,}0986$
(*c*) 200 %
3. 70 Jahre **5.** 1,435
7. 2064
9. (*a*) 25 % (*b*) 80 %
11. (*a*) $f'(t) = 10^t \ln 10 = f(t)\ln 10$
(*b*) nein, $10^t = e^{t \ln 10}$
13. (*a*) $\frac{11}{12}$ (*b*) $-0{,}087$
15. $f(t) = Ae^t$
25. 8,3 %
27. $y = \frac{1}{2}kt^2 + c$

6.5 Ableitung und Grenzwerte: Die graphische Darstellung von Funktionen

1.

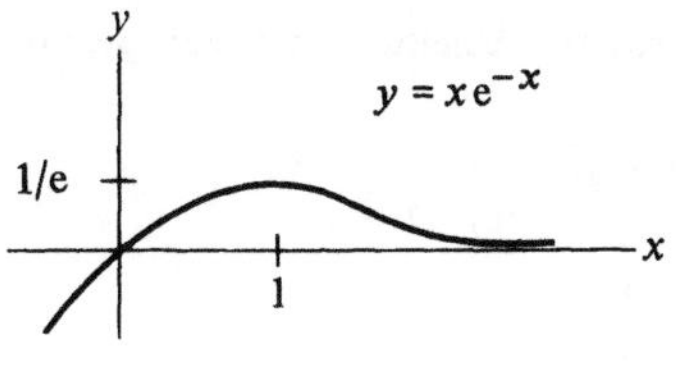

3. kritischer Punkt (0; 0), aber kein lokales Maximum oder Minimum

5.

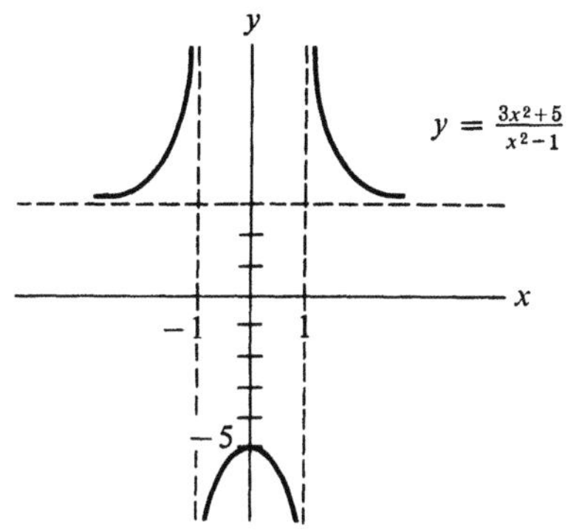

7.

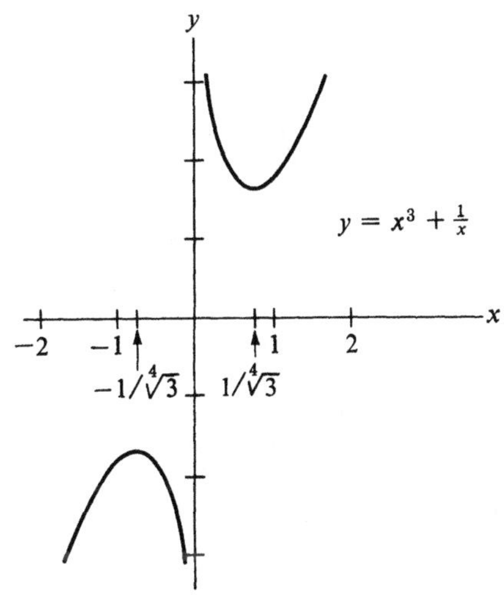

9.

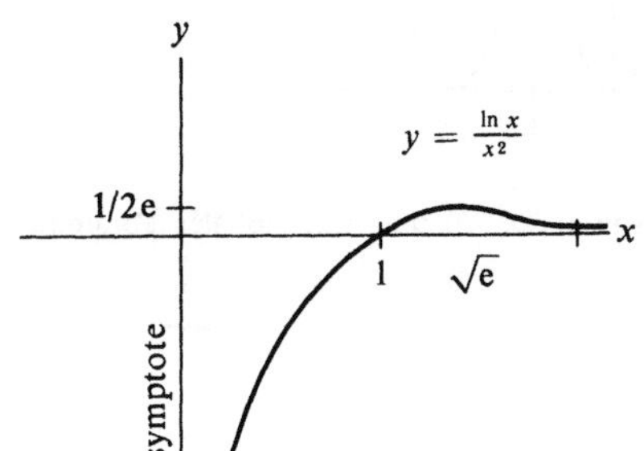

11.

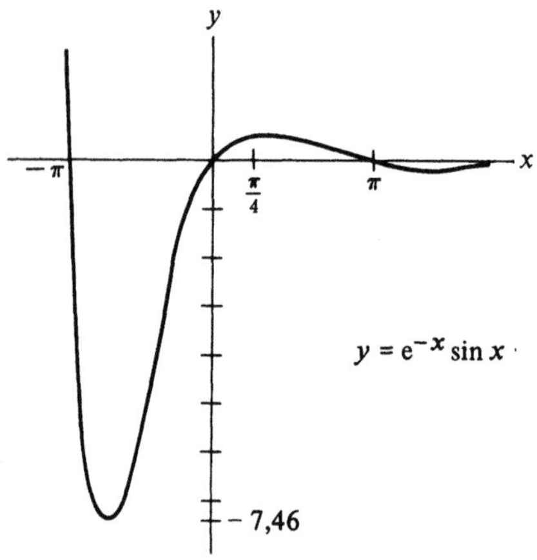

13.

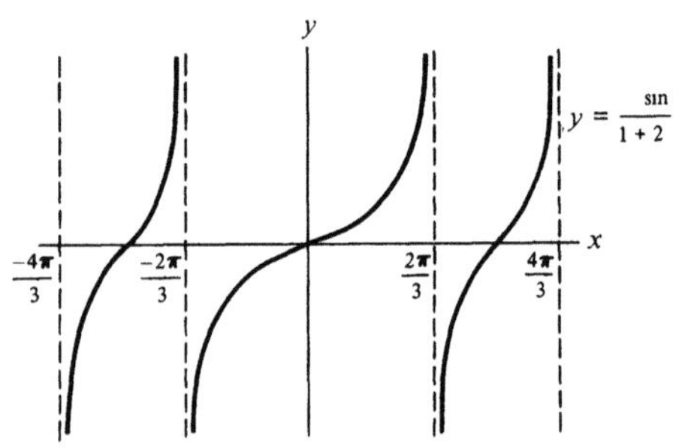

15. Man verschiebe den Graphen von $y = x^3$ um eine Einheit nach rechts und um eine Einheit nach oben. Der Punkt (1; 1) ist ein kritischer Punkt und ein Wendepunkt.

17. Im Punkt $((\ln 2)/2; 2\sqrt{2})$ liegt ein globales Minimum.

19.

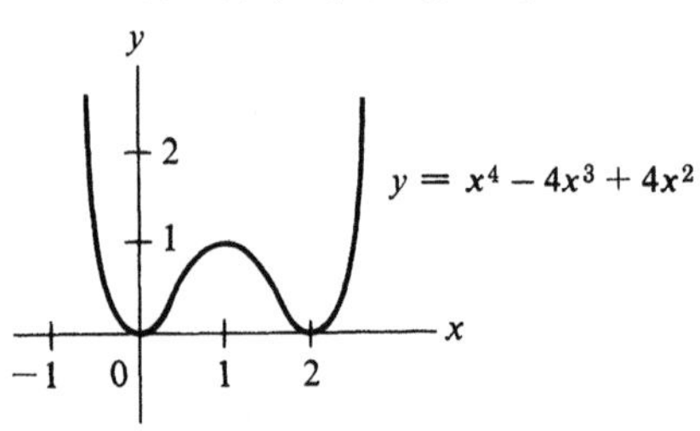

21. Abschnitte für $x = 0$ und -2; globales Minimum für $x = -1$.

23.

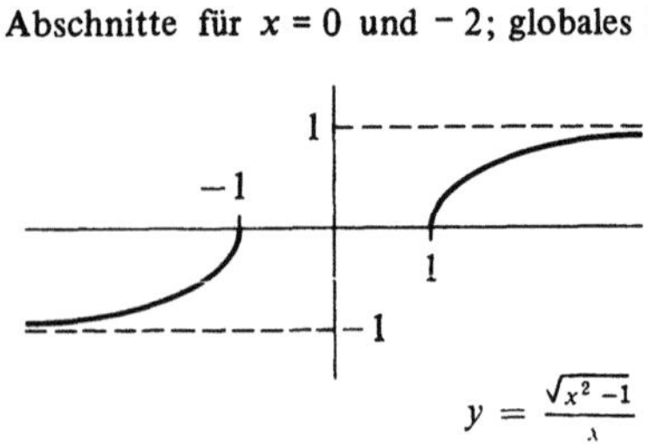

25. Maximum: 1/e, Minimum: 0

27. 3; 0

29. 24; − 8

31. $e^{-\pi/4}/\sqrt{2}; -e^{-5\pi/4}/\sqrt{2}$

33. (*a*) $\frac{2}{5}x^{-3/5}$
(*b*) $3x^2 \arcsin 3x + 3x^3/\sqrt{1-9x^2}$
(*c*) $e^{-2x}(-2\cos 5x - 5\sin 5x)$
(*d*) $1/[2(2x+1)^{1/2}(3x+2)^{3/2}]$
(*e*) $-15\,\text{cosec}^3\,5x \cot 5x$
(*f*) $x^{\arctan 2x}[2\ln x/(1+4x^2) + (\arctan 2x)/x]$

6.6 Die zweite Ableitung und das Studium von Bewegungen

1. (*a*) $f^{(1)}(x) = 3x^2 - 4x + 5$, $f^{(2)}(x) = 6x - 4$, $f^{(3)}(x) = 6$, $f^{(4)}(x) = 0$
(*b*) $f^{(n)}(x) = 0$, $n > 4$

3. $y' = 2/(1+4x^2)$, $y'' = -16x/(1+4x^2)^2$, $y''' = (192x^2 - 16)/(1+4x^2)^3$

5. $f^{(1)}(x) = (1+2x)^{-1/2}$, $f^{(2)}(x) = -(1+2x)^{-3/2}$, $f^{(3)}(x) = 3(1+2x)^{-5/2}$

7. $-2\,\text{cosec}\,2x \cot 2x$, $4\,\text{cosec}^3\,2x + 4\,\text{cosec}\,2x \cot^2 2x$, $-40\,\text{cosec}^3\,2x \cot 2x - 8\,\text{cosec}\,2x \cot^3 2x$

9. $e^{-t}(\pi^3 \sin \pi t + 3\pi^2 \cos \pi t - 3\pi \sin \pi t - \cos \pi t)$

15. $y = -5t^2 + 10t$, $v = -10t + 10$

17. $y = -5t^2 + 30$, $\sqrt{6}$ s $\approx 2{,}45$ s

19. Der Zeitpunkt, zu dem der Ball hätte vom Boden abgeschossen werden müssen, um die Kante des Riffs zur Zeit $t = 0$ mit einer Geschwindigkeit = 32 m/s zu erreichen.

21. (*a*) 77,5 m (*b*) rund 28 m
(*c*) rund 2,5 m

23. verlangsamt sich bis auf ungefähr 1 km/s

25. rund 10 km/s

27. (*a*) 1,623 km/s (*b*) 1,651 km/s

29. (*b*) 6 cm (*c*) $d^2y/dt^2 = -6y$
(*d*) für $y = 0$ (*e*) für $y = 6$ oder $y = -6$

31. (*b*) ja. Verschwindet die zweite Ableitung identisch, dann muß die erste Ableitung konstant gleich a sein; daher muß die Funktion gleich $ax + b$ sein.

33. (*a*) $ake^{-kt} - b$ (*c*) $-ak^2e^{-kt}$
(*b*) v strebt nach $-b$ (*d*) strebt nach Null

6.7 Das Vorzeichen der zweiten Ableitung und seine geometrische Bedeutung

1. (*a*) $3 - 2\sqrt{6}; 0; 3 + 2\sqrt{6}$
(*b*) $-1; 5$ (*c*) 2

3.

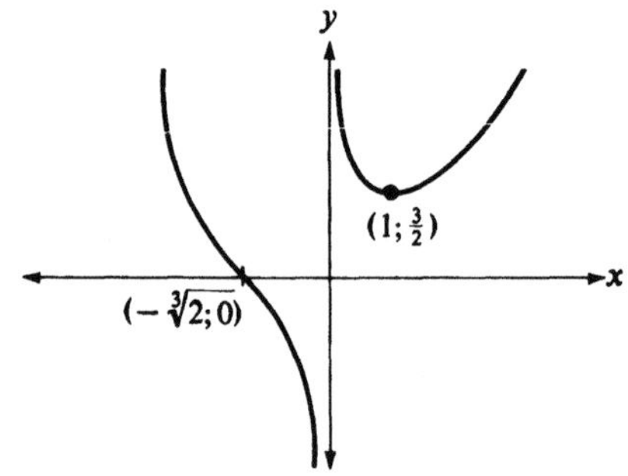

5. y' wechselt das Vorzeichen für $x = 0$; y'' wechselt das Vorzeichen für $x = \pm 1/\sqrt{3}$
7. Wendepunkte für $x = \pm \sqrt{2}/2$

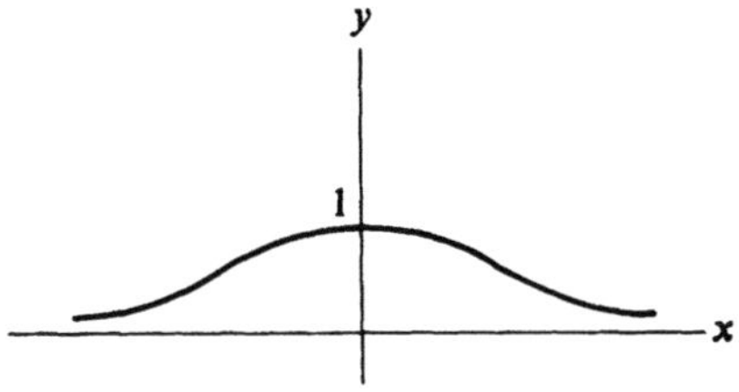

9. y' wechselt das Vorzeichen für $x = 1$; y'' wechselt das Vorzeichen für $x = 2$

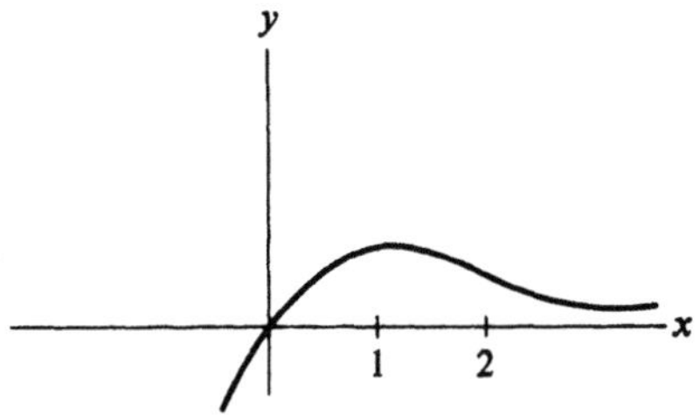

11. Wendepunkt für $x = 1$
13. (*a*) $1\frac{1}{3}; 2\frac{1}{3}; 3\frac{1}{2}; 4\frac{1}{2}$ (*b*) $x \leq 1\frac{1}{3}; 2\frac{1}{3} \leq x \leq 3\frac{1}{2}; x \geq 4\frac{1}{2}$
(*c*) $0; 2; 3; 4$ (*d*) $x \leq 0; 2 \leq x \leq 3; x \geq 4$
(*e*) $-1; 1\frac{1}{2}; 2\frac{1}{2}; 3\frac{1}{2}; 4\frac{1}{3}$
(*f*) $x \leq -1; 1\frac{1}{2} \leq x \leq 2\frac{1}{2}; 3\frac{1}{2} \leq x \leq 4\frac{1}{3}$
15. Maximum für $x = \pi/4 + 2\pi k$, Minimum für $x = 5\pi/4 + 2\pi k$. Wendepunkt für $x = 3\pi/4 + \pi k$, k ist eine ganze Zahl

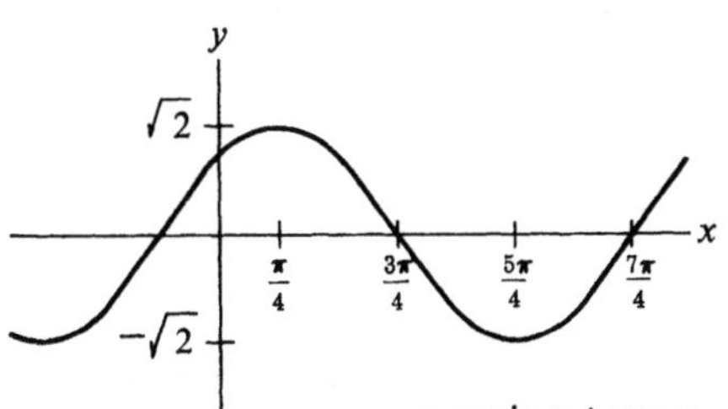

$y = \sin x + \cos x$

17. y' verschwindet nirgends; y'' verschwindet für $x = 1/\sqrt[4]{12}$
19. relatives Minimum für $(0; 0)$, relatives Maximum für $(2; 4e^{-2})$
21. relatives Maximum für $(5; 5^5 e^{-5})$
23. relatives Minimum für $(-\frac{3}{2}; -\frac{27}{16})$
25. relatives Minimum für $(1; 2)$, relatives Maximum für $(-1; -2)$
27. relatives Minimum für $x = (-1 + \sqrt{5})/2$, relatives Maximum für $x = (-1 - \sqrt{5})/2$
29. (*a*) $x < 1, x > 2$ (*b*) $1 < x < 2$
31. (*a*)

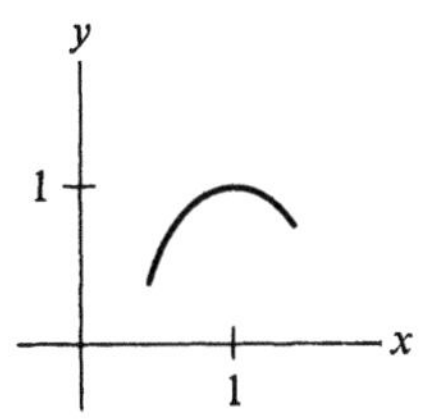

(*b*)

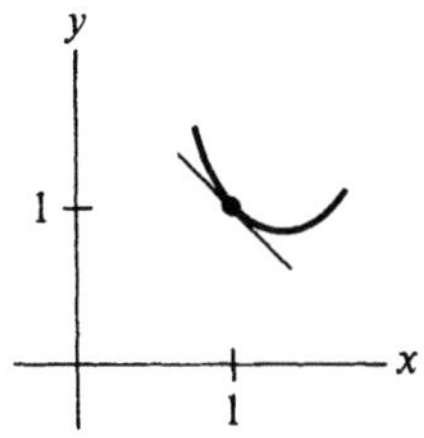

33. man zeige $d^2y/dt^2 = 0$ für $y = M/2$
35. es sei

$$g(t) = f(tx_1 + (1-t)x_2) - tf(x_1) - (1-t)f(x_2),$$

man beweise $g(t) \leq 0$ für alle t aus $[0; 1]$

6.8 Anwendungen der Maximum- und Minimumrechnung

1. (*c*) für andere Werte von x kann kein Behälter konstruiert werden
(*d*) $3 - \sqrt{3} \approx 1{,}268$
3. (*a*) $1\ \text{cm}^2$ (*b*) 4 cm
5. $\frac{2}{5}$ wird quadriert, $\frac{3}{5}$ kubiert
7. (*a*) $(36x - 3x^2)$ g/cm (*b*) an der Stelle $x = 6$ cm
9. (*a*) $t = 2$ s (*b*) 20 m
11. (*a*) $6\sqrt{3}$ Tausend DM
(*b*) $(\sqrt{11} - 1)/2$ DM und $(\sqrt{11} + 1)/2$ DM (1,16 DM und 2,16 DM)
13. Breite $= r$, Höhe $= \sqrt{3}\,r$
19. Für $s \leq 1/\sqrt{3}$ km lege man das Kabel auf einer Geraden zwischen dem Kraftwerk und der Fabrik. Für $s > 1/\sqrt{3}$ km lege man das Kabel $(s - 1/\sqrt{3})$ km entlang des Flußufers und dann direkt über dem Fluß zur Fabrik (oder umgekehrt).
21. $32\pi a^3/81$
23. $r = 100/(3\pi)$, $h = 100/3$
25. $h = \sqrt{8}r$
27. Die Höhe beträgt das Eineinhalbfache der Seitenkanten.
29. Höhe = doppelter Durchmesser oder $r = \sqrt[3]{25/\pi}$, $h = \sqrt[3]{1600\pi}$.
33. (*a*) $42D - D^2/3$ oder SD (*b*) 63
35. $13\sqrt{13} \approx 46{,}872$

6.9 Das Differential

1. $dy = 0{,}6$; $\Delta y = 0{,}69$
3. $dy = -0{,}3$; $\Delta y = -0{,}271$
5. $dy = -0{,}2$; $\Delta y = -0{,}223$
7. (*a*) $-0{,}02$
9. (*a*) $h/2$ (*c*) 1,105; 1,1; 0,005
11.

dy	Δy	$\Delta y/dy$
27	37	1,370
− 13,5	− 11,375	0,843
0,3	0,331	1,103
− 1,2	− 1,141	0,951

13. $dx/(1+x)$
15. $dx/(1+x^2)$
17. $3dx/\sqrt{1-9x^2}$
19. $2x\,2^{x^2}\ln 2\,dx$
21. 10 %
23. (*a*) $df = 2x\,\Delta x$, $\Delta f = 2x\,\Delta x + (\Delta x)^2$

(*b*)

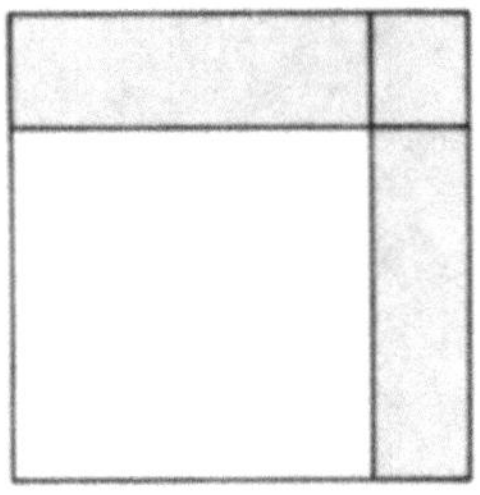

(*c*)

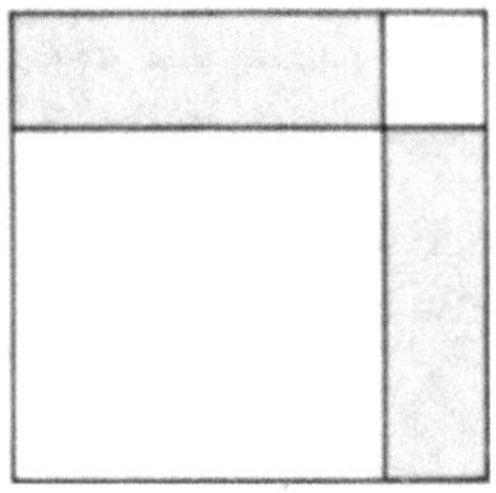

43. (*b*) $\frac{3}{4}$

6.10 Die Regel von de l'Hospital

1. 1
3. 3
5. 1
7. 1
9. $\frac{1}{2}$
11. 1
13. $\frac{2}{3}$
15. $\frac{1}{2}$
17. $-\infty$
19. 0
21. 17
23. $\ln\frac{5}{3}$
25. -1
27. e^6
29. 0
31. Existiert nicht
33. 1
35. 1
39. 1

Testaufgaben zu Kapitel 6

3. (*a*) Der Graph schneidet die x-Achse in $(a; 0)$; abnehmend.
   (*b*) An der Stelle a befindet sich ein Maximum.
   (*c*) An der Stelle a wechselt die Kurve von nach oben konkav auf nach unten konkav.
6. (*a*) $-\frac{1}{3}\cos 3x + c$
7. $\lg x$; x^{100}; $(1{,}001)^x$; 2^x
8. (*a*) $f'(x) = (7\ln 5 + 8\ln 6)\,f(x)$
   (*b*) nein, $f(x) = 6^3 e^{(7\ln 5 + 8\ln 6)x}$
9. (*a*) $dA = 2\pi r\,dr$ (*b*) $D(\pi r^2) = 2\pi r$
10. (*a*) $2; 5\frac{1}{2}$ (*b*) $-1; 4; 6$
    (*c*) $-1; 1; 4; 5\frac{1}{2}; 6$ (*d*) keine
    (*e*) -1
13. globales Maximum für $x = \sqrt{2}/2$, globales Minimum für $x = -\sqrt{2}/2$, Wendepunkte für $x = \pm\sqrt{3}/2$
14. (*a*) $(-\ln 2)/1600$ (*b*) 3200 Jahre
    (*c*) 3200 Jahre (*d*) 5313 Jahre
15. 283 g
16. $(4-\sqrt{7})/3$ wird quadriert, $(\sqrt{7}-1)/3$ wird kubiert.
17. Maximum für $x = 0$, Minimum für $r = 0$.
18. (*a*) 8,1
19. (*a*) 2 (*b*) 2 (*c*) 1
20. (*a*) $-125\,\mathrm{cosec}\,5x\cot^3 5x - 625\,\mathrm{cosec}^3\,5x\cot 5x$
    (*b*) $(4x^7 + 20x^3)/(1-x^4)^{5/2}$
    (*c*) $(2x^3 - 6x)/(1+x^2)^3$
    (*d*) $125\sec 5x\tan^3 5x + 625\sec^3 5x\tan 5x$
    (*e*) $e^{-\cos 2x}(8\sin^3 2x + 24\sin 2x\cos 2x - 8\sin 2x)$
    (*f*) 30
21. $(0; 0)$
22. 50 m × 100 m

Testaufgaben zu den Kapiteln 1 bis 6 (Berechnungen)

1. (*a*) $2; 8; \pi/3$ (*b*) $-1; 1/\sqrt{3}; \frac{1}{2}$
   (*c*) $\pi/6; -\pi/4; 2\pi/3$
2. (*a*) $180/\pi \approx 57{,}296°$ (*b*) $\theta r^2/2$
   (*c*) $\lim\limits_{n\to\infty}(1+1/n)^n$ (*d*) 2,718
3. 40
4. globales Maximum für $x = 0$; Wendepunkte für $x = \pm\sqrt{2}/2$; x-Achse ist Asymptote.
5. (*a*) $3e^{3x}$ (*b*) $-5\ln 10\cdot 10^{-5x}$
   (*c*) $3x^2\cos 3x + 2x\sin 3x$
   (*d*) $(-5x\sin 5x - 2\cos 5x)/x^3$
   (*e*) $\frac{5}{6}x^{-1/6}\arcsin x + x^{5/6}/\sqrt{1-x^2}$
   (*f*) $-2x\,\mathrm{cosec}^2\,x^2$
6. (*a*) $5x^4 - 2 + 2/(2x+3)$ (*b*) $1/(|x|\sqrt{9x^2-1})$
   (*c*) $10(x^7+x^2)^9(7x^6+2x)$ (*d*) $(2x+3x^2)/(1+3x)^2$
7. (*a*) $1/\sqrt{x^2+25}$ (*b*) $2\sqrt{6x-x^2}$
8. (*a*) $3\arctan x$ (*b*) $5\arcsin x$
   (*c*) $-6e^{-x}$ (*d*) $x^5/5$
   (*e*) $\arcsin x$ (*f*) $-1/x$
   (*g*) $\ln x$ (*h*) $-\sqrt{1-x^2}$
9. (*a*) $x^3 + x^2$ (*b*) $\sin x$
   (*c*) $\frac{1}{2}\sin 2x$ (*d*) $2\sqrt{x}$
   (*e*) $\ln\sqrt{2x+1}$
10. 4 %
11. (*a*), (*b*), (*d*), (*f*)
12. (*a*), (*b*)
14. (*a*) $f(x) = -e^{-x}$ zum Beispiel.
    (*b*) Für $f''(x) < 0$ gilt $f(x) < 0$ für ein bestimmtes x. *Hinweis:* Man zeichne eine Tangente.
    (*c*) $f(x) = e^x$ zum Beispiel.

Testaufgaben zu den Kapiteln 1 bis 6 (Begriffe)

1. (*b*) Man schreibe $x^4 = e^{4\ln x}$, usw.
2. (*a*) zur Vereinfachung der Ableitung trigonometrischer Funktionen
   (*b*) zur Vereinfachung der Ableitungen von Exponential- und logarithmischen Funktionen.
3. (*a*) $2\sqrt{2}/\pi$ (*b*) $\sqrt{2}/2$ (*c*) 0 (*d*) e^3
   (*e*) e^3 (*f*) $-\pi$ (*g*) 2 (*h*) $-\frac{1}{2}$

4. (*a*) 1. Es kann unendlich viele solcher Geraden geben.
 2. Man betrachte $y = x^3$ für $x = 0$; Tangente schneidet die Kurve.
5. nein; ja; man wende den Mittelwertsatz auf $h(x) = f(x) - g(x)$ an.
6. $f(3) \geqslant 3$
7. (*b*) 0,16 %; 0,2 %
8. $a = -1$
9. $y = x^3/6 + ax + b; a; b$ Konstanten

Übungen zu den Kapiteln 1 bis 6

1. (*a*) $1/(2\sqrt{x})$ (*b*) $-1/(2x^{3/2})$
3. $x/(3x+4)$
5. (*a*) $e^{\sqrt{x}}/(2\sqrt{x})$ (*b*) $e^{\sqrt{x}}$
7. (*a*) $2\sin 4x$ (*b*) $6\sin^2 2x \cos 2x$
9. (*a*) $-2x/(x^2+1)^2$ (*b*) $(1-x^2)/(x^2+1)^2$
11. (*a*) $10^x \ln 10$ (*b*) $(\lg e)/x$
13. (*a*) $2x \ln x + x$ (*b*) $(1 - 2\ln x)/x^3$
15. $x^2/(x+1)^2$
17. $\sqrt{15/2(5x+7)}$
19. $1/(3x)$
21. $\ln 10 - \cot x$
23. $\frac{2}{3}$
25. 3
27. $5x^4\,dx$
29. $5\sin 5x\,dx$
31. (*b*) 0,25 (*c*) 0,236
35. (*b*) 0,69 (*c*) 1,6 %
39. nein, ja (man betrachte die Faktorisierung von $f''(x)$ in irreduzible Polynome ersten und zweiten Grades); nein.
41. (*a*) $4\sqrt{3}l/(9+4\sqrt{3})$ für das Dreieck und $9l/(9+4\sqrt{3})$ für das Quadrat.
 (*b*) Man verwende den gesamten Draht für das Quadrat.
45. (*a*) 1,002 Milliarden (*b*) 0,0225
 (*c*) 2,28 %
49. $x = e^{-t} + at + b; a; b$ konstant
51. $d^2y/dx^2 = 6y\,dy/dt = (6y)(3y^2) = 18y^3$
55. Die Geraden $x = 0$, $x = 1$ und $y = 0$ sind Asymptoten
57. (*a*) $(-x; y)$ (*b*) $(-x; -y)$
 (*c*) Man zeichne den Graphen im ersten Quadranten und spiegele ihn für gerade Funktionen an der x-Achse; für ungerade Funktionen drehe man den Graphen um 180° um den Ursprung.
59. (*a*) 3
 (*b*) Näherungsweise $e^3 - 1 \approx 19{,}09$.
69. Die maximale Geschwindigkeit wird für 6 Blocks und 24 Sekunden aufrecht erhalten.
73. *b*
77. (*b*) führt auf (*a*), (*a*) führt auf (*c*).
79. Man zeichne zuerst $y = x$ und $y = \sin 2x$; dann addiere man die beiden Resultate.
83. (*a*) $y = \frac{3}{2}x + \frac{19}{4}$
 (*b*) auch die Gerade $x = \frac{5}{2}$ ist Asymptote
85. (*a*) $y = \pm(b/a)x$
 (*b*) obere Hälfte der Hyperbel $x^2/a^2 - y^2/b^2 = 1$
91. Die zwei Werte von X können sich unterscheiden.
95. Der Grenzwert ist gleich 1.

7 Das bestimmte Integral

7.1 Vier Abschätzungen

1. (*a*) 8,75 (*b*) 14 (*c*) größer
 (*d*) 5, kleiner
3. (*a*) 8,91 (*b*) 11,88 (*c*) 6,48
5. (*a*) 44,55 g (*b*) 59,4 g
 (*c*) 32,4 g
7. (*a*) $x^3 + x^2 - x + 5\ln x - 3/x$
 (*b*) $\frac{1}{3}\ln(x^3+1)$ (*c*) $x^2/2 - 1/x$
 (*d*) $\frac{1}{3}e^{3x}$ (*e*) $-\frac{1}{2}\cos 2x$
 (*f*) $xe^x - e^x$
9. 8,04; 40,22 g; 64,35 km; 8,04 m^3
11. (*b*) $8{,}9375\pi$ m^3
13. (*a*) 306 (*b*) 319,5
 (*c*) 225 (*d*) 441
15. $1881{,}805 \cdot 10^{-7}$ J
17. (*a*) 0,719; Rechtecke über der Kurve
 (*b*) 0,669; Rechtecke unter der Kurve

7.2 Die exakte Lösung der vier Probleme

1. $\frac{8}{3}$
3. (*a*) $a^3/3$ (*b*) $b^3/3$ (*c*) $(b^3 - a^3)/3$
5. $\frac{7}{3}$ g
7. weniger als 0,09
9. (*c*) $X_i^3(x_i - x_{i-1})$
 (*d*) $X_1^3(x_1 - x_0) + X_2^3(x_2 - x_1) + \ldots + X_n^3(x_n - x_{n-1})$
15. $b^3/3$ m^3
17. Volumen des Zeltes = $\frac{1}{3}$ Volumen des Würfels = $\frac{1}{3}b^3$
19. (*c*) logarithmische Funktionen

7.3 Summationszeichen

1. (*a*) 6 (*c*) 20 (*c*) 14
3. (*a*) 4 (*b*) 1 (*c*) 450
5. (*a*) $\sum_{i=0}^{100} 2^i$ (*b*) $\sum_{i=3}^{7} x^i$ (*c*) $\sum_{i=3}^{102} \frac{1}{i}$
 (*d*) $\sum_{i=2}^{100} \frac{1}{i}$ (*e*) $\sum_{i=1}^{5} \frac{1}{2i+1}$
 (*f*) $\sum_{i=1}^{51} \frac{1}{(2i-1)^2}$ oder $\sum_{i=0}^{50} \frac{1}{(2i+1)^2}$

9. (*a*) 64 (*b*) 16 (*c*) 20
11. (*d*) 5,050
13. (*b*) n^2 (*c*) $2i-1$ (*d*) $\sum_{i=1}^{n}(2i-1)$
17. (*a*) 1; 1,375; 1,625 (*b*) 1,988, $S_{20} \approx 1{,}999$
(*c*) strebt nach 2
19. (*a*) 1,5; 1,083; 0,95; 0,885
(*b*) S_n wächst, wenn n fällt. Es läßt sich zeigen $S_n \to \ln 2$
(*c*) $1/n + 1/(n+1) + \ldots + 1/2n > 1/2n + 1/2n + \ldots + 1/2n = n/2n = 1/2$

7.4 Das bestimmte Integral über ein Intervall

1. (*a*) 1 (*b*) 2 (*c*) 3
3. (*a*) Länge des i-ten Zeitintervalls
(*b*) Geschwindigkeit in einem bestimmten Augenblick im Inneren des i-ten Intervalls
(*c*) Näherungswert für den Weg während des i-ten Intervalls
(*d*) Näherungswert für den Weg zwischen der Zeit a und der Zeit b
(*e*) Weg zwischen der Zeit a und der Zeit b
5. (*a*) 6 (*b*) 30 (*c*) $\frac{152}{3}$
7. (*a*) $\frac{25}{12}$ (*b*) $\frac{77}{60}$
11. (*a*) $\int_0^2 x^3\,dx$ (*b*) 4 Millionen DM
(*c*) $\int_2^3 x^3\,dx$ (*d*) $\frac{65}{4}$ Millionen DM
13. 72
17. (*c*) 0,835 (*d*) 1,149
19. (*d*) 0,8337 und 0,7337

Testaufgaben zu Kapitel 7

1. (*a*) 28 (*b*) 18 750 000
(*c*) 90
2. (*a*) 39 (*b*) 10 (*c*) 72
(*d*) $\frac{31}{5}$
3. (*a*) $x_0^3(x_1-x_0)+x_1^3(x_2-x_1)+x_2^3(x_3-x_2)$
(*b*) $\int_2^4 x^3\,dx$ (*c*) kleiner
4. (*b*) 0,7456 (*c*) Überschätzung
(*d*) 0,6456 (*e*) Unterschätzung
5. (*a*) $\int_1^2 1/t\,dt$ (*b*) $0{,}645 < \int_1^2 1/t\,dt < 0{,}746$
7. (*a*) 0,7456 (*b*) 0,6456 (*c*) 0,6919
(*d*) $\int_1^2 1/x\,dx$

Übungen zu Kapitel 7

1. (*a*) $\frac{124}{3}$ (*b*) 12 (*c*) $\frac{99}{2}$ (*d*) 4
3. (*a*) 0,02 (*b*) $x_0 = 0; x_1 = 0{,}02; x_i = 0{,}02i$
(*c*) $X_1 = 0{,}01; X_2 = 0{,}03; X_i = 0{,}01\,(2i-1)$
5. (*a*) $(2^1-2^0)+(2^2-2^1)+\ldots+(2^{100}-2^{99}) = 2^{100}-1$
(*b*) $(2^1-2^0)+(2^2-2^1)+\ldots+(2^{101}-2^{100}) = 2^{101}-1$
(*c*) $(\frac{1}{1}-\frac{1}{2})+(\frac{1}{2}-\frac{1}{3})+\ldots+(\frac{1}{100}-\frac{1}{101}) = 1-\frac{1}{101} = \frac{100}{101}$
7. Bewegt sich ein Objekt zehnmal so rasch wie ein anderes, so wird es in der gleichen Zeit zehnmal so weit kommen.
9. (*a*) $-x+x^2-x^3+x^4$ (*b*) $x+x^2/2+x^3/3+x^4/4$
(*c*) $-x+x^2/4-x^3/9+x^4/16$
11. In Übung 10 sei $n = 100$
13. (*b*) $\frac{15}{32}$ (*c*) $\frac{1}{3}$ (*d*) $\frac{1}{3}$
15. (*a*) 20; 12 (*b*) 20; 12
17. Weg des Satelliten
21. (*a*) ja (*b*) nein (*c*) ja
(*d*) nein (*e*) ja (*g*) ja
Hinweis: Man untersuche die zweite Ableitung von $\ln(f+g)$; die Ungleichung $(g'-f')^2 \geq 0$ ist nützlich.

8 Die Hauptsätze der Infinitesimalrechnung

8.1 Der erste Hauptsatz der Infinitestimalrechnung

1. (*a*) $2x\,e^{x^2}$ (*b*) x^2 (*c*) $1/\sqrt{1-4x^2}$
(*d*) x^{-3} (*e*) $1/(x^2-1)$ (*f*) $1/(1+4x^2)$
(*g*) $x\cos x$ (*h*) $\sin x$ (*i*) e^{-x}
(*j*) $\sec x$ (*k*) $1/\sqrt{1+2x}$ (*l*) $1/x$
3. $\pi/4$
5. e^4-1
7. $\frac{5}{72}$
9. $\frac{1}{2}\ln 3$
11. 2
13. 1
15. (*a*) 1 (*c*) $(e-1)/(3e)$
17. (*b*) $\frac{3}{4}(2^{4/3}-1)$ (*c*) $\frac{3}{2}(2^{2/3}-1)$
19. (*c*) $4\pi r^3/3$

8.2 Der zweite Hauptsatz der Infinitesimalrechnung

1. $\int_0^x \sqrt{1+t^3}\,dt$
3. $\int_0^x \arctan t^2\,dt$
5. x^5
7. $\ln x$
9. e^{x^3}
11. $\frac{1}{2}\sqrt{(1-x)/x}$
13. $-3x^2+4x$
15. $f(x^2)\,2x$
17. $e^{x_1^2}$
19. (*a*) $1/x$

8.3 Beweis der beiden Hauptsätze

1. 0 **3.** -1

5. (*a*) $12 \leqslant \int_2^6 f(x)\,dx \leqslant 20$

(*b*) die Masse liegt zwischen 12 g und 20 g

7. $1/\sqrt{3}$ **9.** $2/\ln 2$

11. $x \ln x - x$ **15.** $2x$

17. (*a*) Weg während des Zeitintervalls $[t_1; t_2]$

(*b*) Beschleunigung zur Zeit t

8.4 Stammfunktionen

1. $\ln x$, $1 + \ln x$ zum Beispiel **3.** $\arcsin x$

5. $2x^3/3$ **7.** $2x^{1/2}$

9. $5 \sec^{-1}$ **11.** $\frac{1}{2} \sec 2x$

13. $x^5/5$ **15.** $-\frac{1}{2} \cos 2x$

17. Der Hauptsatz

19. (*a*) $\sqrt{2}/2$ (*b*) $\frac{1}{2} \ln 2$ (*c*) $\frac{3}{2}(2^{2/3} - 1)$

21. $x + C$ für jede beliebige Konstante C

23. (*a*) Funktion (*b*) Zahl (*c*) Zahl

25. ja

29. $2k\pi \pm \pi/3$, k ganzzahlig

31. (*a*) *Hinweis:* Man differenziere $\left[\int_0^t f(x)\,dx\right]^2$ und $\int_0^t [f(x)]^3\,dx$

(*b*) $f(x) = x$

Testaufgaben zu Kapitel 8

1. (*a*) richtig (*b*) richtig (*c*) richtig

2. (*a*) 9; 45; 72 (*b*) $\int_0^1 e^{-x^2}\,dx$

3. beide beschreiben den zurückgelegten Weg

4. (*a*) $x^2/2 + 6\sqrt{x}$ (*c*) $-e^{-3x}/3$

6. (*a*) $\frac{1}{2} \ln(2x + 3)$ (*b*) $-\frac{1}{2}(2x + 3)^{-1}$

(*c*) $\sqrt{2x + 3}$

7. $(4\sqrt{2} - 2 - \ln 8)/3$

8. (*a*) $3x^2 \sin 2x^3$ (*b*) $3x^2 \sin 2x^3$

9. (*a*) 2 (*b*) 0

(*c*) 0 (*d*) $(1 - e)/e$

Testaufgaben zu den Kapiteln 1 bis 8

1. (*a*) $-1/x^2$ (*b*) $-1/x$ (*c*) $\frac{3}{4}$

(*d*) $3\pi/4$

2. (*a*) $x/\sqrt{1 + x^2}$ (*b*) $\sqrt{1 + x^2}$ (*c*) 1

(*d*) 1 (*e*) 1 m

3. (*a*) $5x^4$ (*b*) $\frac{1}{2}/\sqrt{x}$ (*c*) $2/(1 - x^2)$

(*d*) $1/(1 + x^2)$

4. (*a*) $\frac{1}{2} \ln[(1 + x)/(1 - x)]$ (plus eine beliebige Konstante)

(*b*) $\arctan x$ (*c*) $x^5/5$ (*d*) $2\sqrt{x}$

5. (*a*) $\sqrt{9 - x^2}$ (*b*) $x^2/(2x + 3)^2$ (*c*) $3 \sec^2 3x - 3$

(*d*) $1/(3 + 2x^2)$ (*e*) $\sin^3 3x$ (*f*) $-x^2 e^{-2x}$

6. $1 + x/3$

7. $-\frac{1}{4} \sin 2x + c_1 x + c_2$

8. (*a*) $-3\sqrt{2}/2$ (*b*) $\frac{65}{4}$

10. Schnitt für $x = 0$; kritische Werte $(-1 \pm \sqrt{5})/2$; Asymptoten $y = 0$ und $x = -1$.

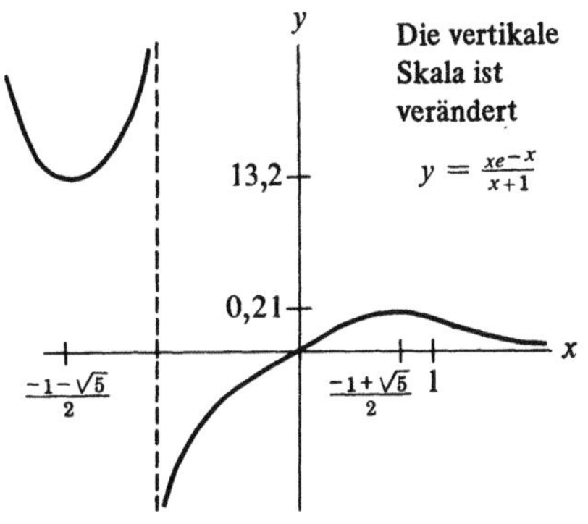

13. (*a*) $\frac{1}{2}$ (*b*) $\frac{1}{2}$

14. $200\pi/(\pi + 2)^2$

15. (*a*) e^{x^2} besitzt keine elementare Stammfunktion

16. Weg, Masse, Fläche eines Gebietes, Volumen eines Körpers

17. Geschwindigkeit, Dichte, Gleichung einer Kurve, Vergrößerung, Anstieg, Ausflußrate des Wassers

Übungen zu den Kapiteln 1 bis 8

1. (*a*) $e^{-x}(-2x^2 - 4x - 1)/(1 + 2x^2)^2$

(*b*) $-7/(9e)$, Vertauschung von links und rechts

(*c*) $-7/(9e)$

3. (*a*) $2x/(1 + x^2)$ (*b*) $\frac{1}{2} \ln \frac{5}{2}$

5. (*a*) $2x^{1/2}$; $-\frac{1}{2} x^{-3/2}$ (*b*) $-e^{-3x}/3$; $-3e^{-3x}$

(*c*) $5 \ln x$; $-5x^{-2}$

7. (*a*) $-3e^{-3x}/(1 + e^{-3x})$ (*b*) $5 \cos x$

(*c*) $5 \cos 5x$

9. (*a*) $x^{1/3}$ (*b*) 10^x

(*c*) x^2; $x \geqslant 0$

11. (*a*) $\sec x = 1/\cos x$; $\tan x = (\sin x)/\cos x$

25. (*a*) $\lim_{n \to \infty} (1 + 1/n)^n$ (*b*) 2,718

29. (*a*) $20x^3$ (*b*) $-2x^{-2}$ (*c*) $6(1 + x)^{-4}$

31. 1,7

33. $-4\sqrt{2}$

35. (*a*) x^3 (*b*) $1/(1+\sqrt{x})$

37. (*a*) $g(T)$ sind die Kosten für den Betrieb der Maschine pro Zeiteinheit bis zur Zeit T

(*b*) $[f(T) - g(T)]/T$

39. (*a*) $1 - e^{-b}$ (*b*) 1

41. (*a*) Der Graph oszilliert zwischen den Kurven $y = e^{-x}$ und $y = -e^{-x}$; er berührt die obere Kurve für $x = \pi/2 + 2n\pi$ und die untere Kurve für $x = 3\pi/2 + 2n\pi$. Lokale Maxima für $x = \pi/4 + 2n\pi$, lokale Minima für $x = 3\pi/4 + 2n\pi$.

(*b*) Schnitt $x = -1$, Asymptoten $x = 0$, $x = 3$ und $y = 0$, kritische Zahl 1 und -3.

49. (*a*) $a_1 = 0{,}250$; $a_2 = 0{,}347$; $a_3 = 0{,}391$

(*b*) $\sum_{k=1}^{n} \frac{1}{(1+k/n)^2}\,\frac{1}{n}$ (*c*) $\frac{1}{2}$

51. (*b*) ce^{kt}

53. $\sqrt{\ln t}$

55. (*a*) $e^{x^{3/2}}\,3x^2$ (*b*) $-3x^2 \sin x^{3/2}$

57. $\int_0^x e^{-t^2}\,dt$

59. in beiden Fällen die gleiche Regenmenge. (Man betrachte die Flächen geeigneter Parallelogramme.)

9 Berechnung von Stammfunktionen

9.1 Einige Grundtatsachen

1. $x^4/4$
3. $\frac{3}{4}x^{4/3}$
5. $6\sqrt{x}$
7. $-\frac{5}{2}e^{-2x}$
9. $6\sec^{-1} x$
11. $\frac{1}{4}\ln(1+x^4)$
13. $-\ln|1+\cos x|$
15. $\ln|x+x^2|$
17. $3\sin x - \arcsin x$
19. $\frac{1}{3}x^3 + \frac{3}{4}x^4$
21. $\frac{2}{7}x^{7/2}$
23. $\ln|x| + 2\sqrt{x}$
25. $\frac{1}{5}x^5 + 2x^3 + 9x$
27. x
29. $y = \frac{1}{168}(2x-1)^7 + cx + d$
31. 1
33. $\frac{1}{2}\arctan x^2$
35. beide

9.2 Die Substitutionsmethode

1. $\frac{1}{6}(1+3x)^6$
3. $e^{\sin\theta}$
5. $\frac{1}{3}(1+x^2)^{3/2}$
7. $-\frac{1}{2}(1+e^{2x})^{-1}$
9. $-e^{1/x}$
11. $-\frac{1}{5}\sqrt{2-5t^2}$
13. $-2\cos\sqrt{x}$
15. $-\cos(\ln x)$
17. $-\frac{1}{4}(x^2+1)^{-2}$
19. $-\sec\theta$
21. $-\frac{1}{3}\cos 3\theta$
23. $\sqrt{2x+5}$
25. $-\frac{1}{8}(4x+3)^{-2}$
27. $-\frac{1}{3}(x^2+3x+5)^{-3}$
29. $-(1+\sqrt{x})^{-2}$
31. $-e^{-x}$
33. $2e^{2x} + 16x - 8e^{-2x}$
35. $\frac{1}{2}\arctan x^2$
37. $\frac{1}{2}\arcsin x^2$
39. $\frac{1}{2}x - \frac{1}{12}\sin 6x$
41. $\frac{1}{5}(x^2-2)(3+x^2)^{3/2}$
43. $e^x - e^{-x}$
45. $\frac{1}{2}\arctan 2x$
47. nicht elementar
49. $(\ln x)^2$
51. $\frac{1}{3}(x^2-1)^{3/2}$

9.3 Die Verwendung einer Integraltafel

1. $\frac{1}{18}(3x+5)^6$
3. $\frac{1}{4}[\ln|2x-5| - 5/(2x-5)]$
5. $\frac{2}{15}\sqrt{(5x-7)^3}$
7. $\frac{2}{5}\sqrt{5x+4}$
9. $\sqrt{2}\arctan\sqrt{(3x-2)/2}$
11. $\frac{1}{3}\arctan(x/3)$
13. $\frac{1}{4}\ln|(2+x)/(2-x)|$
15. $(1/\sqrt{15})\arctan(x\sqrt{5/3})$
17. $\frac{1}{6}\ln(3x^2+1)$
19. $\frac{1}{2}[x\sqrt{x^2-1} - \ln(x+\sqrt{x^2-1})]$
21. $\frac{1}{2}[x\sqrt{x^2-3} - 3\ln(x+\sqrt{x^2-3})]$
23. $\frac{1}{4}\ln|2x^2+x+3| - (\sqrt{23}/46)\arctan[(4x+1)/\sqrt{23}]$
25. $\arcsin[(2x-3)/\sqrt{29}]$
27. $\sqrt{x^2+x-6} + \frac{5}{2}\ln(2x+1+2\sqrt{x^2+x-6})$
29. $-\frac{\sin^5 2x\cos 2x}{12} - \frac{5\sin^3 2x\cos 2x}{48} - \frac{5\sin 4x}{64} + \frac{5x}{16}$
31. $\frac{1}{5}\sin 5x - \frac{1}{15}\sin^3 5x$
33. $\frac{1}{5}\ln|\sec 5x + \tan 5x|$ oder $\frac{1}{5}\ln\tan(5x/2 + \pi/4)$
35. $\frac{1}{27}(9x^2\sin 3x + 6x\cos 3x - 2\sin 3x)$
37. $-e^{-x}(x^2+2x+2)$
39. $e^{-3x}(-3\sin 5x - 5\cos 5x)/34$
41. $x\arcsin 3x + \frac{1}{3}\sqrt{1-9x^2}$
43. $x\sec^{-1}4x - \frac{1}{4}\ln(4x+\sqrt{16x^2-1})$
45. $-\frac{1}{3}\tan(\pi/4 - 3x/2)$
47. $\frac{2}{45}(5x^3+2)^{3/2}$
49. $\frac{1}{2}\arctan[(\sin x)/2]$
51. $[(1+3x)/6]\sqrt{(1+3x)^2-5} - \frac{5}{6}\ln(1+3x+\sqrt{(1+3x)^2-5})$
53. $\frac{1}{4}x^2\sqrt{x^4+9} + \frac{9}{4}\ln(x^2+\sqrt{x^4+9})$

9.4 Substitution im bestimmten Integral

1. $[(e+1)^4 - 16]/4$
3. $\frac{1}{2}$
5. $\frac{1}{6}\ln\frac{10}{3}$
7. $\sqrt{125}/3$
9. $\frac{1}{8}$
11. $\pi/12$
13. $\frac{1}{4}$
15. $6 - 3\sqrt[3]{4}/2$
17. 0
21. Minimum bei $(1; -8)$
23. Peter

9.5 Partielle Integration

1. $e^{2x}(2x-1)/4$
3. $e^{2x}(4x^3-6x^2+6x-3)/8$
5. $\sin x - x\cos x$
7. $x\ln(4+x^2)-2x+4\arctan(x/2)$
9. $(x\ln x)^2/2-(x^2/2)\ln x+x^2/4$
11. $e^x(\sin x-\cos x)/2$
13. $(x/3)\tan 3x+\frac{1}{9}\ln\cos 3x$
15. $e^{ax}(a\sin bx-b\cos bx)/(a^2+b^2)$
17. (a) $-\frac{1}{2}\sin x\cos x+x/2$
    (b) $-\frac{1}{4}\sin^3 x\cos x-\frac{3}{8}\sin x\cos x+3x/8$
    (c) $-\frac{1}{6}\sin^5 x\cos x-\frac{5}{24}\sin^3 x\cos x-\frac{5}{16}\sin x\cos x+5x/16$

9.6 Berechnung der Integrale $\int\frac{dx}{(ax+b)^n}$, $\int\frac{dx}{(ax^2+bx+c)^n}$ und $\int\frac{x\,dx}{(ax^2+bx+c)^n}$

1. $\frac{1}{3}\ln|3x-4|$
3. $-5/[2(2x+7)]$
5. $\frac{1}{3}\arctan(x/3)$
7. $\ln(x^2+9)+\arctan(x/3)$
9. $(1/\sqrt{3})\arctan(x/\sqrt{3})$
11. $\frac{1}{4}\ln(2x^2+3)$
13. $\frac{1}{4}\ln|(2+x)/(2-x)|$
15. $\sqrt{3/32}\ln|(\sqrt{3}+\sqrt{2x})/(\sqrt{3}-\sqrt{2x})|$
17. (a) $2(x+2)^2-8$ (b) $5(x+1)^2-5$
    (c) $3(x-7/6)^2-49/12$
19. $-\frac{1}{2}(2x+1)^{-1}$
21. $(1/\sqrt{8})\arctan[(2x+1)/\sqrt{2}]$
23. $\frac{1}{4}\ln(2x^2+5)-(3/\sqrt{10})\arctan(\sqrt{2x}/\sqrt{5})$
25. $(1/\sqrt{10})\arctan[(2x+2)/\sqrt{10}]$
33. $\dfrac{-(13+4x)}{332(14x^2+8x+13)}-\dfrac{1}{83\sqrt{166}}\arctan\dfrac{14x+4}{\sqrt{166}}$

9.7 Integration von rationalen Funktionen: Partialbruchzerlegung

1. $k_1/(x+1)+k_2/(x+1)^2+k_3/(x+1)^3$
3. $x-1+k_1/(x-1)+k_2/(x+2)$
5. $(c_1x+d_1)/(x^2+x+1)+(c_2x+d_2)/(x^2+x+1)^2+$
   $+(c_3x+d_3)/(x^2+x+1)^3$
7. $x+3/(x+1)$
9. $x+\frac{1}{2}+\frac{5}{2}/(2x+1)$
11. $1/(x+1)+3/(x+1)^2$
13. $(x-3)+(4x+15)/(x^2+3x+5)$
15. $x+2/(x+2)+2/(x-2)$
17. $x+3\ln|x-3|$
19. $\ln|x-3|+2\ln|x+3|$
21. $2\ln|x+2|+3/(x+3)$
23. $x^2/2+x+\frac{27}{5}\ln|x-3|+\frac{8}{5}(x+2)$
25. $\frac{1}{2}\ln|(x^2-1)/x^2|$
27. $-4\ln|x-1|-2/(x-1)+2\ln(x^2+1)+2\arctan x$
29. $x-4/(x-2)-4\ln|x+2|$

9.8 Integration von rationalen Funktionen in sin θ und cos θ

1. $-\frac{1}{5}\sin^4\theta\cos\theta-\frac{4}{5}\cos\theta-\frac{4}{15}\cos^3\theta$
3. $\frac{1}{5}\tan^5\theta$
5. $\frac{1}{7}\cos^7\theta-(\frac{1}{5})\cos^5\theta$
7. $\ln|\sin\theta|$
9. $\frac{1}{3}\tan^3\theta+\theta-\tan\theta$
11. $-\frac{1}{7}\operatorname{cosec}^7\theta+\frac{1}{5}\operatorname{cosec}^5\theta$
13. $5\theta/2-\cos 2\theta+\frac{3}{4}\sin 2\theta$
15. $\sin\theta-\frac{1}{3}\sin^3\theta$
17. $-\frac{1}{6}\cot^6\theta-\frac{1}{4}\cot^4\theta$
19. $-\cot(\theta/2)$
23. $-\cos x+\frac{1}{3}\cos^3 x$
25. $\sec^2\theta+2\sec\theta\tan\theta+\tan^2\theta$
27. $\ln|\tan(\theta/2)|$
29. $\displaystyle\int\frac{2(1-u^2)^3-8u(1+u^2)^2}{(1+u^2)^3(1+2u-u^2)}\,du$
31. $(10/\sqrt{3})\arctan[\sqrt{3}\tan(\theta/2)]-\theta$

9.9 Trigonometrische und algebraische Substitutionen

1. $\displaystyle\frac{1}{2}\int\frac{\cos^2\theta\,d\theta}{\sin^3\theta}$
3. $\displaystyle\int\frac{\sec^3\theta\,d\theta}{2\sqrt{2}\tan\theta+5}$
5. $\displaystyle\int\frac{\sec\theta\tan^2\theta\,d\theta}{\sec\theta+2\tan\theta}$
7. $\displaystyle\frac{1}{9}\int(3\cos^3\theta+\sin\theta)\,d\theta$
9. $\displaystyle\int\frac{\sec^3\theta\,d\theta}{\sqrt{2}(1+\sec\theta)}$
11. $\sqrt{25-4x^2}+5\ln\left|\dfrac{\sqrt{25-4x^2}-5}{x}\right|$
13. $\dfrac{x^2\sqrt{4+9x^2}}{27}-\dfrac{8\sqrt{4+9x^2}}{243}$
15. $(64x^2-9)\sqrt{9-x^2}/(3x^3)+64\arcsin(4x/3)$
17. $\frac{1}{4}\ln(4x+\sqrt{16x^2-9})$
19. $-(1-4x^2)^{5/2}(x^4/36+x^2/252+1/2520)$
21. $\frac{1}{3}(9x^2-4)^{3/2}-4\sqrt{9x^2-4}+8\arctan(\frac{1}{2}\sqrt{9x^2-4})$
23. $\frac{1}{16}\int\sin^3\theta\,d\theta/\cos^5\theta$
25. $(2^{11}/3)\int\sec^{12}\theta\,d\theta$
31. Es sei $u=\sqrt[n]{(ax+b)/(cx+d)}$

Testaufgaben zu Kapitel 9

1. $\frac{1}{4}\ln(1+x^4)$
2. $(x/2)\sqrt{4-9x^2}+\frac{2}{3}\arcsin(3x/2)$
3. $\frac{1}{4}\ln|(x-1)/(x+1)|-\frac{1}{2}\operatorname{actan} x$
4. $\frac{1}{12}\tan^6 2x$

5. $x + \frac{1}{4} \ln|(x-1)/(x+1)| - \frac{1}{2} \arctan x$
6. $\frac{1}{3} \ln(3x + \sqrt{9x^2 + 16})$
7. $\sqrt{x} + \sqrt[4]{x} + \frac{1}{2} \ln|2\sqrt[4]{x} - 1|$
8. $(1/\sqrt{6}) \ln|(\sqrt{x+3} - \sqrt{6})/(\sqrt{x+3} + \sqrt{6})|$
9. $(\sqrt{3}/6) \ln|(\sqrt{3} + x)/(\sqrt{3} - x)|$
10. $-\frac{1}{2} \cos 2x + \frac{1}{3} \cos^3 2x - \frac{1}{10} \cos^5 2x$
11. $\frac{1}{5} e^x (\cos 2x + 2 \sin 2x)$
12. $-\frac{1}{12} \cos 3x/\sin^4 3x - \frac{1}{8} \cos 3x/\sin 3x + \frac{1}{8} \ln|\operatorname{cosec} 3x - \cot 3x|$
13. $\frac{1}{2}$ actan x^2
14. $\frac{1}{2} \ln|(\sqrt{4+x^2} - 2)/x|$
15. $\frac{1}{2} x\sqrt{x^2 - 9} + \frac{9}{2} \ln|x + \sqrt{x^2 - 9}|$
16. $(x/8)(-2x^2 + 45)\sqrt{9 - x^2} + (243/8) \arcsin(x/3)$
17. $(1/\sqrt{8}) \arctan[(\sqrt{8} \sin x)/(1 + 3 \cos x)]$
18. $-\sqrt{x^2 + 25}/(25x)$

Übungen zu Kapitel 9

1. (*a*) $\int_0^1 x^{3/2}\, dx$ (*b*) $\frac{2}{5}(4\sqrt{2} - 1)$
3. (*a*) 373/14 (*b*) 721/9
5. (*a*) $-1/(2x^2)$ (*b*) $2\sqrt{x+1}$
(*c*) $\frac{1}{5} \ln(1 + 5e^x)$
7. $(-\frac{1}{4})(1+x^2)^{-2} + \frac{1}{6}(1+x^2)^{-3}$
9. $\frac{1}{3}(x^3 + 1) \ln(1+x) + \frac{1}{2}(x+1)^2 - \frac{1}{9}(x+1)^3 - (x+1)$
11. $(1/\sqrt{8}) \ln|(\cos\theta - \sqrt{2})/(\cos\theta + \sqrt{2})|$
13. (*b*) $2 \sin\theta$ (*c*) $\sqrt{8} \sin(\theta/2)$
15. (*a*) $\frac{6}{11}$
17. $2/(x-1) + 1/(x^2 + x + 1)$
19. $-1/(x+1) + x/(x^2 - x + 1)$
21. $x/(x^2 + \sqrt{2}x + 1) - 1/(x^2 - \sqrt{2}x + 1)$
23. $5x + 6 + 1/x - 1/(x+1)$
25. (*a*) ungerades *m* (*b*) gerades *n*
(*c*) *m* oder *n* ungerade (*d*) *m* gerade oder *n* ungerade
(*e*) *n* gerade oder *m* ungerade
27. $\int (8\cos^3\theta + 1)/(64 \cos^6\theta + 5)\, d\theta$
29. $\int 5^7 \sqrt{5} \tan^{15}\theta \sec\theta/(5\sec^2\theta + 3 + \sqrt{5}\tan\theta)\, d\theta$
31. $$\int \frac{\left[\dfrac{12u^2}{(1-u^2)^2} + \dfrac{1+u^2}{1-u^2} + 1\right] \dfrac{2}{1+u^2}}{2 + \dfrac{2u}{1-u^2} + \dfrac{1-u^2}{1+u^2}}\, du$$
33. $(u = \sin\theta)$: $\frac{1}{12} \ln|u-2| - \frac{1}{24} \ln(u^2 + 2u + 4) +$
$+ [1/(4\sqrt{3})] \arctan[(u+1)/\sqrt{3}]$
37. $-\ln|3 + \cos x|$
39. $\frac{2}{9}(x^3 - 1)^{3/2}$
41. $\frac{1}{8} x/(4 + x^2) + \frac{1}{16} \arctan(x/2)$
45. $\frac{1}{9} \tan^3 3\theta - \frac{1}{3} \tan 3\theta + \theta$
47. $x^2/2 + \ln|x| - \frac{1}{2} x^{-2}$
49. $10^x/\ln 10$
51. $\frac{1}{4} x^2/(x^4 + 1) + \frac{1}{4} \arctan x^2$
53. $x/2 + \frac{1}{4} \sin 2x$
55. $\frac{1}{3}(x^2 + 4)^{3/2}$
57. $\frac{1}{3} \arctan x^3$
59. $-\frac{1}{3} \cos x^3$
61. $\frac{1}{5} x^5 (\ln x - \frac{1}{5})$
63. $2e^{\sqrt{x}}$
65. $(x-1)\ln|x^3 - 1| - 3x + \frac{3}{2} \ln(x^2 + x + 1) +$
$+ \sqrt{3} \arctan[(2x+1)/\sqrt{3}]$
67. $-1/(x^2 + 1)^{1/2}$
69. $-2/(x+1)^{1/2}$
71. $3 \arctan(x + 2)$
73. $\frac{3}{5} x^{5/3} - \frac{3}{4} x^{4/3} + x - \frac{3}{2} x^{2/3} + 3x^{1/3} - 3 \ln|1 + x^{1/3}|$
75. $(5x^6 - 6x^4 + 8x^2 - 16)\sqrt{x^2 + 1}/35$
77. $\ln x - \frac{1}{2} \ln(1 + x^2) - (\arctan x)/x$
79. $e^x (\sin 3x - 3 \cos 3x)/10$
81. $\frac{1}{4} x/\sqrt{4 - x^2}$
83. $\frac{1}{8} \ln|(x^2 - 3)/(x^2 + 1)|$
85. $(x-1)^{2/3} [\frac{3}{8}(x-1)^2 + \frac{6}{5}(x-1) + \frac{3}{2}]$
87. $\sqrt{x^2 + 4} - 2 \ln|(\sqrt{x^2 + 4} - 2)/x|$
89. $\frac{1}{5} \sec^5\theta$
91. $(-\frac{1}{3}) \ln|(3 + \sqrt{x^2 + 9})/x|$
93. $\frac{3}{8} x^{8/3} - \frac{6}{5} x^{5/3} + \frac{3}{2} x^{2/3}$
95. $(-\frac{4}{5}) \sin^5 x + \frac{4}{3} \sin^3 x$
97. $e^{2x}/2 - 2x - e^{-2x}/2$
99. $\frac{1}{2} x^2 \arcsin x^2 + \frac{1}{2}\sqrt{1 - x^4}$
101. $(-\frac{1}{5}) e^{-x} + \frac{1}{25} \ln(5 + e^x) - x/25$
103. $(36x + 14)(3x + 2)^{3/2}/135$
105. $\ln|x - 1| - 2/(x-1) - \frac{1}{2}/(x-1)^2$
107. $2 \ln|e^x - 1| - x$
109. $\frac{9}{5} x^5 + 2x^3 + x$
111. $x - \frac{1}{3} \ln|x + 1| + \frac{1}{6} \ln(x^2 - x + 1) -$
$- (1/\sqrt{3}) \arctan[(2x - 1)/\sqrt{3}]$
113. $\sqrt{2x + 1}$
115. $(\sqrt{17}/34) \ln|(2x^2 - 3 - \sqrt{17})/(2x^2 - 3 + \sqrt{17})|$
117. $\arctan e^x$
119. $\ln|(x+2)/(x+3)|$
121. $2 \ln|x^2 + 5x + 6|$
123. $(2/\sqrt{23}) \arctan[(4x + 5)/\sqrt{23}]$
125. $(1/\sqrt{73}) \ln|(4x + 5 - \sqrt{73})/(4x + 5 + \sqrt{73})|$
127. $-\cot x$
129. $-(\cot^3 x)/3 - \cot x$
131. $\arcsin(2x - 5)$
133. $x\sqrt{1/4 - x^2} + \frac{1}{4} \arcsin 2x$

135. $2\sqrt{x^2+1}$
137. $x + \ln|x+1| + 3\ln|x-1| + 4\arctan x$
139. $-1/(x+2) - 3\ln|x+1|$
141. $3\ln|x| + \arctan 2x$
143. $x^2 + \frac{5}{2}\ln|1-3x^2| - \frac{3}{2}\ln|(1+\sqrt{3}x)/(1-\sqrt{3}x)|$
145. $\frac{1}{3}\arcsin 3x$
147. (*a*) $\frac{1}{2}\ln|(x+1)/(x+3)|$
(*b*) $-1/(x+2)$
(*c*) $\arctan(x+2)$
(*d*) $(1/\sqrt{24})\ln|(x+2-\sqrt{6})/(x+2+\sqrt{6})|$
149. (*a*) $\frac{1}{4}\sin x/\cos^4 x + \frac{3}{8}[\tan x \sec x + \ln|\tan(x/2+\pi/4)|]$
(*b*) $\frac{1}{5}\sec^5 x$ (*c*) $\frac{1}{2}\sec^2 x$
151. $(x^2-2)\sqrt{x^2+1}/3$
153. (*a*) $\int 2(u^2-1)^2\,du$ (*b*) $\int[(u-1)^2/\sqrt{u}]\,du$
(*c*) $\int 2\tan^5\theta\sec\theta\,d\theta$
(*d*) $\frac{2}{5}(x+1)^{5/2} - \frac{4}{3}(x+1)^{3/2} + 2(x+1)^{1/2}$
155. (*a*) $x^2\sqrt{1+x^2} - \int 2x\sqrt{1+x^2}\,dx$
(*b*) $\int\tan^3\theta\sec\theta\,d\theta$ (*c*) $\int(u^2-1)\,du$
157. $\frac{2}{5}(1+x)^{5/2} - \frac{2}{3}(1+x)^{3/2}$
161. (*b*) $\frac{1}{2}\sin x - \frac{1}{10}\sin 5x$

10 Berechnung und Anwendung bestimmter Integrale

10.1 Berechnung der Länge $c(x)$ des Schnittes

1. (*b*) $x^2 - x^3$ (*c*) $y^{1/3} - y^{1/2}$
3. $\sqrt{9-x^2}+x,\ -\frac{3}{2}\sqrt{2} \leq x \leq \frac{3}{2}\sqrt{2},\ 2\sqrt{9-x^2},\ \frac{3}{2}\sqrt{2} \leq x \leq 3$
5. $c(y) = 3-2y,\ 0 \leq y \leq 1$
7. $e^x - x - 1,\ 0 \leq x \leq 2$
9. $\frac{2}{3}x - \frac{2}{3},\ 1 \leq x \leq 3,\ \frac{16}{3} - \frac{4}{3}x,\ 3 \leq x \leq 4$
11. (*b*) $x+1-x^2,\ \frac{1}{2}-\sqrt{5}/2 \leq x \leq \frac{1}{2}+\sqrt{5}/2$
(*c*) $2\sqrt{y},\ 0 \leq y \leq (3-\sqrt{5})/2,\ \sqrt{y}-y+1,$
$(3-\sqrt{5})/2 \leq y \leq (3+\sqrt{5})/2$
13. (*b*) $x/2,\ 0 \leq x \leq 1,\ 1-x/2,\ 1 \leq x \leq 2$
(*c*) $1-y,\ 0 \leq y \leq 1$
15. (*a*) $3y,\ 0 \leq y \leq 1$ (*b*) $3-3y,\ 0 \leq y \leq 1$
(*c*) $3y+3,\ -1 \leq y \leq 0$
17. (*b*) $3\sqrt{4-x^2},\ -2 \leq x \leq 2$
(*c*) $\frac{4}{3}\sqrt{9-y^2},\ -3 \leq y \leq 3$

10.2 Die Berechnung der Querschnittsfläche $A(x)$

1. (*a*) $s^2, k^2 s^2$ (*b*) k^2
(*c*) die Fläche ist proportional zum Quadrat der linearen Dimension
3. $\int_0^2 \frac{3}{2}x^2\,dx$
5. (*b*) $\pi a^2 x^2/h^2$ (*c*) $\int_0^h (\pi a^2 x^2/h^2)\,dx$
9. (*a*) $2\sqrt{a^2-x^2}$ (*b*) hx/a
(*c*) $2hx\sqrt{a^2-x^2}/a$ (*d*) $\int_0^a (2hx\sqrt{a^2-x^2}/a)\,dx$
(*e*) $2ha^2/3$
11. $h\sqrt{a^2-x^2}$
13. $\pi a^2 h/2$
15. (*b*) $\frac{1}{2}(a^2-x^2)\tan\theta$
17. $16\pi\sqrt{9-y^2}$

10.3 Berechnung von Flächen und Volumina mit Hilfe von Schnitten

1. 25π
3. $\frac{17}{3}$
5. $e^2 - 5$
7. (*a*) $5\sqrt{5}/6$
9. 6π
11. $\frac{2}{3}$
13. $\frac{3}{2} - 1/\ln 2$
15. $\pi/2 - \pi^2/8$
17. (*b*) $\frac{32}{3}$
19. $\pi/2$
21. $\pi/4 + \frac{1}{2}$
23. $2\pi/3 - \sqrt{3}/2$
25. $\pi/2$
27. $\pi a^2 h/3$
29. $2a^2 h/3$
31. 144
33. π
35. $422\pi/5$
37. $\pi/120$
39. $\pi(e-2)$
41. $\pi/10$
43. $\frac{2}{3}$

10.4 Die Berechnung des Volumens eines Rotationskörpers aus seinen Schalen

1. $\int_0^1 2\pi x^3\,dx$
3. $\int_0^1 2\pi y^3\,dy$
5. $\int_0^1 2\pi(2-x)x^2\,dx$
7. (*a*) $\pi/2$ (*b*) $\pi/5$
9. (*a*) 2π (*b*) $\pi^2/4$
11. $\pi(e-1)$
13. (*a*) $\pi(e^2+1)/2$ (*b*) $\pi(4-e)$
(*c*) πe
15. $4\pi a^3/3$
17. $\pi/10$
19. (*a*) 2π (*b*) $\pi^2/4$

10.5 Der Mittelwert einer Funktion über ein Intervall

1. $\frac{7}{3}$
3. $1/(e-1)$
5. $\ln\frac{3}{2}$
7. (*a*) 30 km/h (*b*) $31\frac{1}{9}$ km/h
9. (*a*) $\pi r/2$ (*b*) $4r/\pi$ (*c*) r
11. $\frac{45}{8}$
15. $f(a)$

10.6 Uneigentliche Integrale

1. $\frac{1}{2}$ **3.** 1

5. 0 **7.** divergent

9. divergent **11.** π

13. 0 **15.** 0

17. -1 **19.** divergent

21. $(\sin 1 + 2\cos 1)/5$

23. konvergent (siehe den Kommentar zu der vorangehenden Übung)

33. $6 \cdot 10^7$ J

10.7 Polarkoordinaten

1.

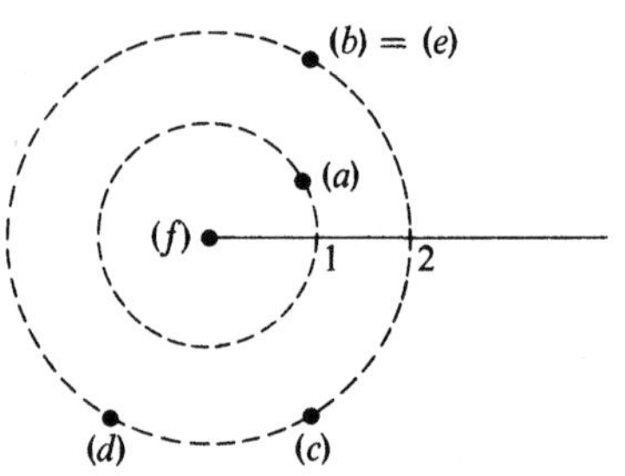

3. (*a*) $(3; 2k\pi + \pi/4)$, k beliebig ganzzahlig
(*b*) $(-3; 2k\pi + 5\pi/4)$, k beliebig ganzzahlig

5. $x^2 + y^2 = y$ **7.** $4x + 5y = 3$

9. $(x^2 + y^2)^{3/2} = 2xy$ **11.** $r = 3/(\cos\theta + 2\sin\theta)$

13. $r^2 = 2/\sin 2\theta$ **15.** $r = -2\sec\theta$

17.

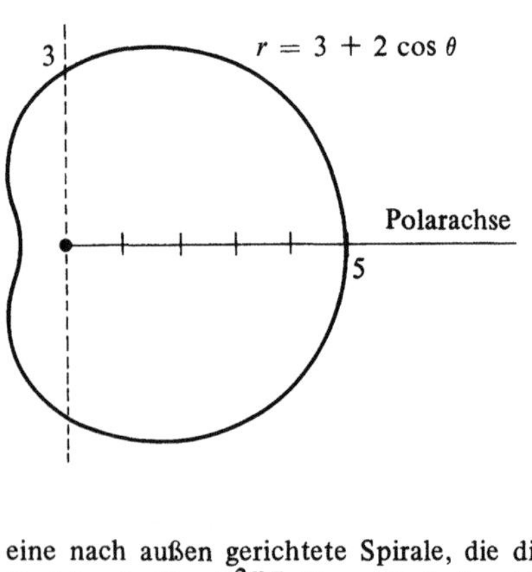

19. eine nach außen gerichtete Spirale, die die Polarachse in den Punkten $(r; \theta) = (e^{2n\pi}; 0)$, $n = 0, 1, 2 \ldots$ trifft

21. siehe die Antwort auf Übung 23 (*a*)

23. (*a*)

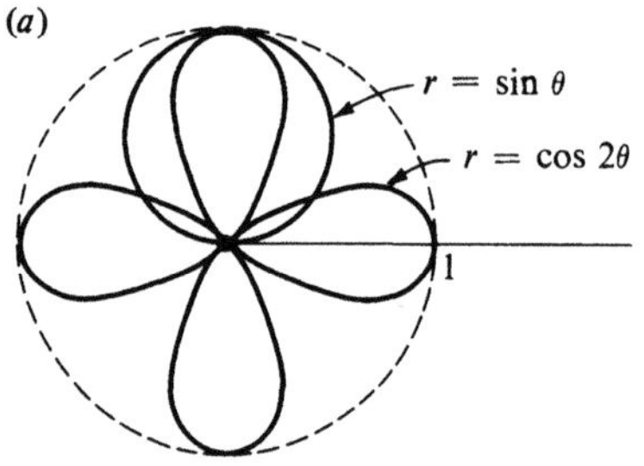

(*b*) der Pol und $(-1; 3\pi/2)$, $(\frac{1}{2}; \pi/6)$, $(\frac{1}{2}; 5\pi/6)$

25.

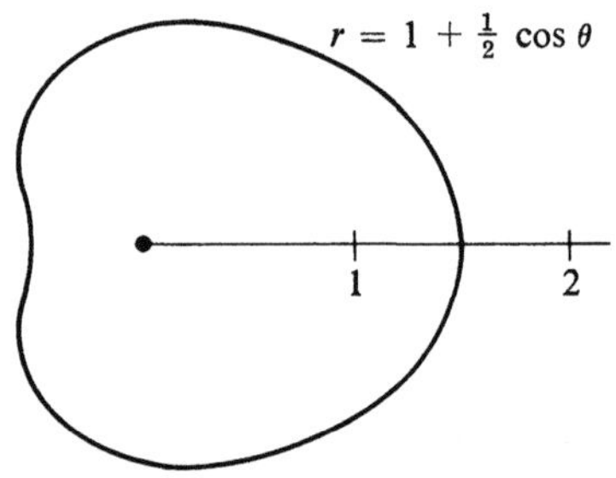

27. Die Kurve hat zwei Schleifen, die zwischen den Geraden $\theta = \pi/4$ und $\theta = -\pi/4$ liegen.

29. (*a*) eine Ellipse durch die Punkte mit den rechtwinkeligen Koordinaten $(2; 0)$, $(-\frac{2}{3}; 0)$, $(0; 1)$ und $(0; -1)$
(*b*) $3x^2 + 4y^2 - 4x = 4$

31. (*b*) Maximum für $\cos\theta = (-3 + \sqrt{17})/4$

10.8 Gleichungen in Parameterdarstellung

1. (*a*)

x	-3	-1	1	3	5
y	-3	-2	-1	0	1

(*b*) $x - 2y = 3$

3. (*a*)

x	9	4	1	0	1	4	9
y	6	2	0	0	2	6	12

(*d*) $x^2 + y^2 - 2xy - x = 0$

5. (*a*)

x	2	1,41	0	$-1,41$	-2	$-1,41$	0	1,
y	0	2,12	3	2,12	0	$-2,12$	-3	$-2,$

(*c*) eine Ellipse (*d*) $x^2/4 + y^2/9 = 1$
(*e*) nein

7. (*a*) π (*b*) 2π (*c*) 3π (*d*) 4π

9. $y = x^2$

11. (*a*) $(1 + e)/(5 + 2\pi)$

13. (*a*) $x = (1 + \cos\theta)(\cos\theta)$, $y = (1 + \cos\theta)(\sin\theta)$
(*b*) 1 (*c*) 0

15. (*b*) $k\pi/2$, k ganzzahlig (*c*) $\pi a b$

10.9 Bogenlänge und Geschwindigkeit

1. $\frac{59}{24}$
3. 10 m/s; $10\sqrt{2}$ m/s; $10\sqrt{5}$ m/s
5. (*a*) $(40^{3/2} - 13^{3/2})/27$ (*b*) $t\sqrt{4+9t^2}$
   (*c*) (1; 1), (4; 8) (*d*) $y = x^{3/2}$
7. (*a*) Diese Kurve heißt Kettenlinie und hat die Gestalt einer hängenden Kette, deren niedrigster Punkt in (0; 1) liegt.
   (*b*) $(e^b - e^{-b})/2$
9. $\sqrt{5}$
11. (*b*) $\sqrt{2}(e^{2\pi} - 1)$ (*c*) $\sqrt{2}(e^{4\pi} - e^{2\pi})$
13. 3π
15. (*b*) 10,004 (näherungsweise)
   (*c*) $\int_0^3 \sqrt{1+x^4}\,dx$
   (*d*) 14,593 (näherungsweise)
   (*e*) 6,537 (näherungsweise)
17. (*a*) $\frac{1}{3}\int_1^8 \sqrt{9+4x^{-2/3}}\,dx$ (*b*) $\frac{1}{2}\int_1^4 \sqrt{4+9y}\,dy$
   (*c*) $(40^{3/2} - 13^{3/2})/27$
19. (*c*) $\int_0^{2\pi} \sqrt{1+3\sin^2\theta}\,d\theta$

10.10 Fläche in Polarkoordinaten

1. $\pi^3/12$
3. $\pi/[(4+\pi)(2+\pi)]$
5. (*b*) $\frac{1}{2} - \pi/8$
7. (*b*) $(e^{4\pi} - 1)/4$
9. (*b*) $\frac{1}{2}$
11. $\pi/8$
13. $\pi/16$

10.11 Oberfläche eines Rotationskörpers

1. $\int_1^2 2\pi x^3 \sqrt{1+9x^4}\,dx$
3. $\int_1^8 2\pi y^{1/3} \sqrt{1+\frac{1}{9}y^{-4/3}}\,dy$
5. $\int_0^{\pi/2} 2\pi \sin 2\theta \sin\theta \sqrt{\sin^2 2\theta + 4\cos^3 2\theta}\,d\theta$
7. $\pi[e\sqrt{e^2+1} - \sqrt{2} + \ln(e+\sqrt{e^2+1}) - \ln(1+\sqrt{2})]$
9. $32\pi/5$
11. $\pi[-17^{3/2}/4 + 4\sqrt{17} + \ln(4+\sqrt{17}) + 2^{3/2} - \sqrt{2} - \ln(1+\sqrt{2})]$
13. $(2\pi/3)\int_1^8 x\sqrt{9+16x^{2/3}}\,dx$ (Es sei $u = \sqrt[3]{x}$)
   oder $(\pi/2)\int_1^{16} \sqrt{y}\sqrt{16\sqrt{y}+9}\,dy$ (Es sei $u = \sqrt{y}$)
15. $\pi(20 + \ln 3)$
17. $98\pi/3$
19. $2\sqrt{2}\pi(2e^{\pi} + 1)/5$
23. gleich
25. (*b*) nein
27. ein Gebiet zwischen zwei konzentrischen Kreisen und zwei Strahlen, die von deren Mittelpunkt ausgehen.

10.12 Die Abschätzung bestimmter Integrale

1. Linkspunkt, 3; Rechtspunkt, 5; Mittelpunkt, $\frac{1}{2}$; Trapez, 1; Simpson, 0.
3. $\frac{5}{6} - \ln 2$; $\ln 2 - \frac{7}{12}$; $\ln 2 - \frac{24}{35}$; $\frac{17}{24} - \ln 2$; $\frac{25}{36} - \ln 2$
5. (*a*) 0,75 (*b*) 0,7 (*c*) 0,6949
7. 0,0008 gegenüber 0,0023; 0,0018 gegenüber 0,0046; 0,00002 gegenüber 0,0001
9. (*a*) 0,2008 (*b*) 0,2078
   (*c*) 0,2030
11. (*a*) 37,326 (*b*) 40,240
   (*c*) 38,389
13. (*a*) 0,8834 (*b*) 0,8655
15. (*a*) 0,3981 (*b*) 0,3084
17. (*a*) $\sqrt{2/e}$ (*b*) $\sqrt{2/e}/10$

Testaufgaben zu Kapitel 10

1. (*a*) $\int_0^2 (2x - x^2)\,dx$ (*b*) $\int_0^4 (\sqrt{y} - y/2)\,dy$
2. $\int_{-3}^3 \frac{5}{6}(9 - x^2)\,dx$ oder $\int_0^3 \frac{10}{3} x\sqrt{9-x^2}\,dx$
3. $\int_1^2 (1/x)\sqrt{x^2+1}\,dx$
4. $\int_0^{\pi/2} \sin^2(\theta/3)\,d\theta$
5. $\int_0^{\pi/2} \sqrt{\sin^2 2\theta + 4\cos^2 2\theta}\,d\theta$
6. $\int_0^{\pi/2} 6\pi \sin^4 t \cos t\,dt$
7. $\int_0^{\pi} (2\pi\sin\theta)(2\cos\theta - 2\cos 2\theta) \times \sqrt{8 + 12\sin^2 2\theta - 8\cos\theta\cos 2\theta - 16\sin\theta\sin 2\theta}\,d\theta$

8. $\int_0^1 \pi y^2\, dy + \int_1^2 \pi y\,(2-y)\, dy$ 9. $\int_0^{\pi/2} 2\cos^4 t \sin t\, dt$

10. $-3\sqrt{3}/4$

11. (*a*) $a < -1$ (*b*) $\int_0^{\infty} [1/(2x^4]\, dx$

12. $\frac{1}{4}[\sin 1 + 2\sin\frac{9}{4} + 2\sin 4 + 2\sin\frac{25}{4} + 2\sin 9 + 2\sin\frac{49}{4} + \sin 16]$
$\frac{1}{6}[\sin 1 + 4\sin\frac{9}{4} + 2\sin 4 + 4\sin\frac{25}{4} + 2\sin 9 + 4\sin\frac{49}{4} + \sin 16]$

Übungen zu Kapitel 10

7. 24
9. (*a*) Hälfte (*b*) Viertel (*c*) Viertel
11. 8,883 13. divergent
17. (*b*) unendlich 23. $4\pi/3$
25. (*b*) $\frac{3}{4}$ 33. unendlich
35. $\sqrt{2}$
37. (*b*) $\frac{h(t)-h(a)}{g(t)-g(a)}; \frac{h'(t)}{g'(t)}$
(*c*) siehe die Regel von de l'Hospital
41. $-\frac{1}{25}$
43. (*a*) $\int_0^1 \sqrt{1+e^{2x}}\, dx,\ \int_0^1 2\pi e^x\sqrt{1+e^{2x}}\, dx,\ \int_0^1 2\pi x\sqrt{1+e^{2x}}\, dx$
(*b*) die ersten beiden sind elementar. (Es sei $u = e^x$.)

45. $0; -1$ 47. $-1; 0; 1$
49. (*a*) $0{,}15e^3 \approx 3$ (*b*) $0{,}00125e^3 \approx 0{,}025$
(*c*) $0{,}0025e^3 \approx 0{,}050$ (*d*) $0{,}00000167e^3 \approx 0{,}00003$
51. endlich 53. $x + 2y = 3$
55. (*a*) $\pi r^2 \sqrt{h}\,(2-\sqrt{2})$ (*b*) $2\pi r^2\sqrt{h}$
59. *Hinweis:* Man untersuche die Gleichung $\ln x/x = \ln y/y$ und zeichne die Funktion $\ln x/x$.
61. $y = \tan(\ln|1+x| + C)$

11 Anwendungen der Ableitung

11.1 Implizite Ableitung

1. -4 3. $-\frac{7}{15}$
5. $-\pi/2$ 7. $-\frac{3}{5}$
9. $(x^3-1)^{3/2}x^5\,[9x^2/(2x^3-2) + 5/x]$
11. $(\sqrt{\cos x}\,\sqrt[3]{\ln x})^5\,[-\frac{5}{2}\tan x + \frac{5}{3}/(x\ln x)]$
13. $(1+3x)^x\,[3x/(1+3x) + \ln(1+3x)]$
15. -1 17. (*a*) 1 (*b*) 4
19. $(-\frac{21}{10}, \frac{7}{10})$ 21. $h/r = 2\sqrt{2}$
23. $h = 2r$ 25. Höhe = Basiskante
27. $\frac{5}{8}$

11.2 Zusammenhang von Zuwachsraten

1. (*a*) $0{,}6\cdot\sqrt{5}$ m/s (*b*) $\frac{1}{2}$ m/s (ungefähr)
(*c*) 0,75 m/s (ungefähr)
3. $3\tan\theta = x$
5. (*a*) $4/9\pi$ m/g (*b*) $1/49\pi$ m/h
7. $27\sqrt{2}/4$ m²/s wachsend
13. (*a*) $25\cdot 10^{-6}$ m/s², sehr klein (*b*) $-0{,}26$ m/s², gerundet
15. (*a*) $y = x\tan\theta$
(*b*) $\dot{y} = \dot{x}\tan\theta + x\,\dot{\theta}\sec^2\theta$
(*c*) $\ddot{y} = \ddot{x}\tan\theta + \sec^2\theta\,[2\dot{x}\,\dot{\theta} + 2x\,\dot{\theta}^2\tan\theta + x\ddot{\theta}]$
17. $dy/dx = \frac{1}{2}$, $d^2y/dx^2 = \frac{3}{2}\,\ddot{x}/(\dot{x})^2$ (ungeeignete Information)

11.3 Zweite Ableitung und Krümmung einer Kurve

1. (*a*) $5\sqrt{5}/2$ (*b*) $17\sqrt{17}/2$
3. $e(1+e^{-2})^{3/2}$ 5. 2
7. (*a*) $4/(e^x+e^{-x})^2$, $(e^x+e^{-x})^2/4$
9. $|\sec x|$
11. Der Krümmungsradius beträgt $3|\cos\theta\sin\theta|$
13. $-\frac{1}{2}\ln 2$
17. $(a^2\sin^2\theta + b^2\cos^2\theta)^{3/2}/ab$
23. $2/a$

11.4 Das Newtonsche Näherungsverfahren zur Lösung einer Gleichung

3. 4,375; 4,359
5. (*a*) 3; 2,259 (*b*) 3; 2,259 (*c*) 1,917; 1,913
7. (*b*) $\frac{6}{7}$
9. (*c*) 1,146
13. (*d*) $x_2 \approx 2{,}207$ (*e*) $x_3 \approx 2{,}036$
15. (*b*) $x_2 \approx 0{,}3516$ und $x_3 \approx 0{,}3589$

11.5 Der Winkel zwischen einer Geraden und einer Tangente

1. $\pi/2$
3. Die Tangente ist nicht definiert; Winkel $\pi/2$
5. $-2\sqrt{2}/3$
7. undefiniert. (Die Kurven schneiden einander rechtwinkelig.)
9. $\gamma \approx 1{,}964$ rad, $\phi \approx 2{,}749$ rad
15. $f(\theta) = a\sin\theta$, a ist eine nichtverschwindende Konstante.
19. (*b*) a

11.6 Die hyperbolische Funktion

11. (*d*) 1
17. (*a*) alle x, ausgenommen Null
23. (*a*) $\cosh 1 \approx 1{,}54306$, $\cosh 2 \approx 3{,}756$
(*b*) genaue Werte: $\cosh 1 \approx 1{,}54308$, $\cosh 2 \approx 3{,}762$

Testaufgaben zu Kapitel 11

1. $-\frac{9}{4}; \frac{113}{32}$
2. $\frac{1}{4}\,[3 \tan x - \frac{2}{5}/(1 + 2x)]$
3. $h = r$
4. (*a*) abnehmend, $-5{,}2\pi/3$ m^3/s (*b*) nein
5. (*a*) 3 (*c*) $5\sqrt{10}/3$
7. (*a*) $x_{i+1} = (3x_i^4 + 7)/(4x_i^3)$ (*b*) 1,644
9. (*a*) $\pi - \arctan(-\frac{1}{2}) \approx 2{,}678$ rad (*b*) 3,463 rad
10. (*b*) 1

Übungen zu Kapitel 11

2. (*a*) $d\phi/ds$
5. $y' = (1 - 2\pi)/(1 + \pi^2)$, $y'' = [(y')^2 - 4\pi y' - 2]/(\pi^2 + 1)$, man setze den Wert von y' ein
7. $(-3 \cos 3t)/(2 \sin 2t)$, $-\frac{3}{4} \cos t/\sin^3 2t$
9. (*a*) $510/\sqrt{13}$ km/h (*b*) wachsend
11. $-\frac{1}{8}$
13. $(1 + x^2)^3 e^{x^2} (\sin^5 3x)\,[6x/(1 + x^2) + 2x + 15 \cot 3x]$
15. (*a*) $\frac{9}{14}$ m/s (*b*) $\frac{9}{14}$ m/s
17. (*a*) $22{,}5/\sqrt{251}$ m/s (*b*) abnehmend
19. $\frac{3\pi}{4}$ m/s, $3\sqrt{3}\,\pi/4$ m/s
21. (*a*) f' ist Null für mindestens drei Werte von x aus $[1; 4]$.
    (*b*) f'' ist Null für mindestens zwei Werte von x aus $[1; 4]$.
25. $(\dot{x}\ddot{y} - \dot{y}\ddot{x})/(\dot{x})^3$
27. (*a*) $2^x \ln 2 \sec^{-1} 3x + |x|\, 2^x/\sqrt{9x^2 - 1}$
    (*b*) $\operatorname{arccot} 4x/(2\sqrt{x}) - 4\sqrt{x}/(1 + 16x^2)$
    (*c*) $-e^{-x}(\cos 5x + 5 \sin 5x)$
    (*d*) $\frac{6}{5}/(1 + 2x) - \frac{9}{4}/(1 + 3x)$
    (*e*) $[(1 + 2x)^{3/5}/\sin^5 x]\,[\frac{6}{5}/(1 + 2x) - 5 \cot x]$
    (*f*) $2x^{2x} + 2x^{2x} \ln x$
33. 44° und 7° (näherungsweise)

12 Partielle Ableitungen

12.1 Rechtwinkelige Koordinaten für den Raum

1.

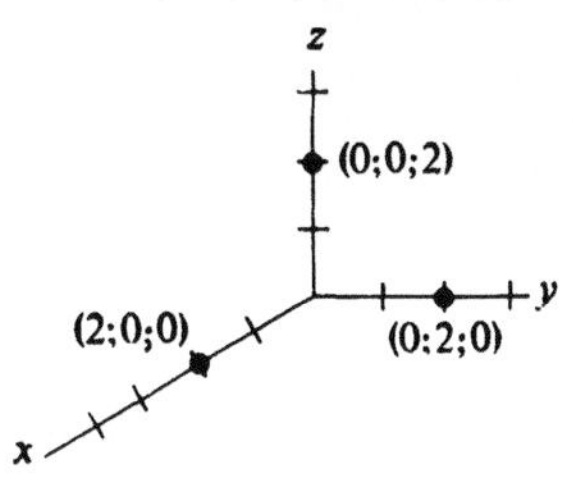

3. (*b*) (1; 6; 4), (1; 4; 7), (1; 6; 7), (5; 4; 4), (5; 6; 4), (5; 4; 7)
   (*c*) 24 (*d*) 52 (*e*) 36
5. (*a*) 7 (*b*) 11 (*c*) $\sqrt{3}$
7. $3\sqrt{37}$
9. (*a*) (± 7; 0; 0) (*b*) (0; ± 7; 0) (*c*) (0; 0; ± 7)
11. innerhalb

12.2 Der Graph einer Gleichung

1. Die Ebene parallel zur xz-Ebene geht durch den Punkt (0; 1; 0).
3.

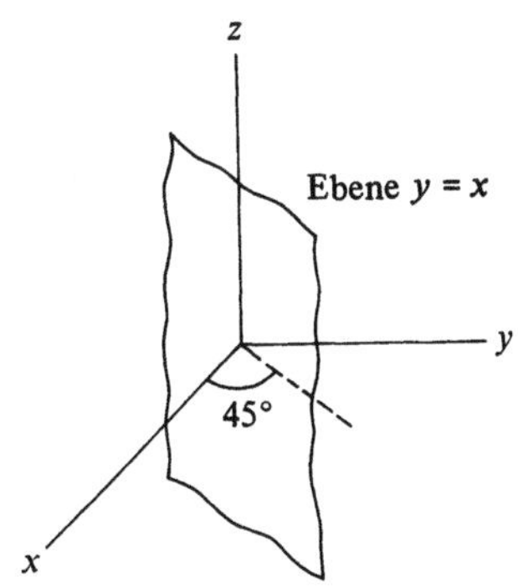

5. Die Ebene parallel zu der aus Übung 3 geht durch (0; 3; 0).
7.

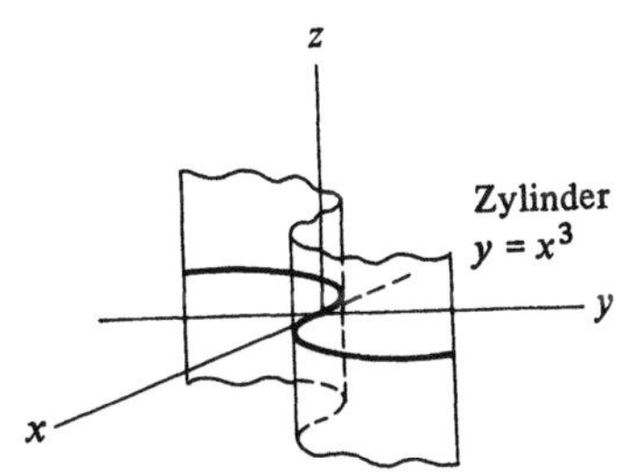

9.

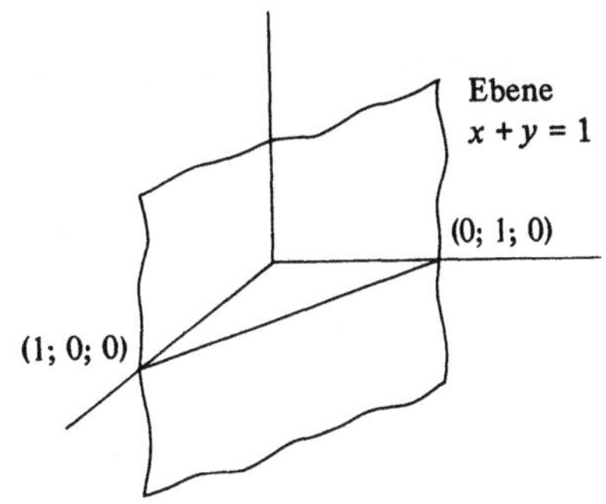

11.

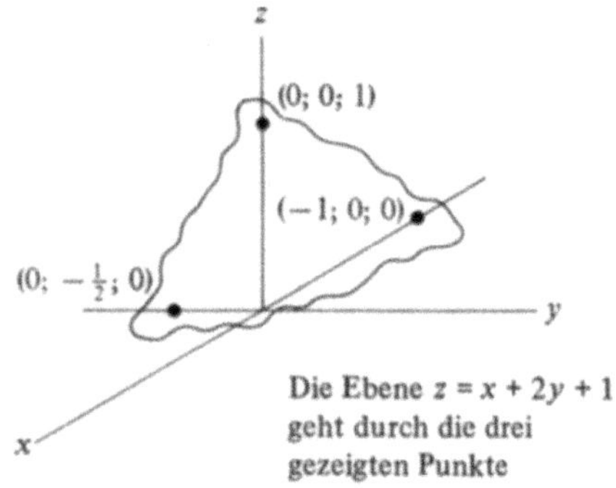

19. (*a*)

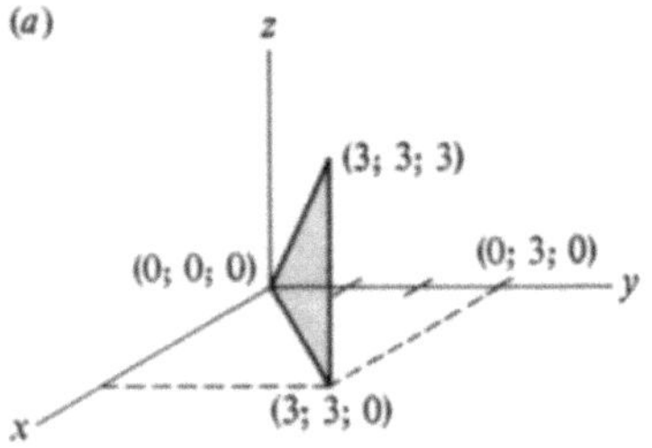

(*b*) (0; 0; 0), (3; 3; 3), (3; 3; 0) (*c*) $9\sqrt{2}/2$

12.3 Funktionen und ihre Graphen

1.

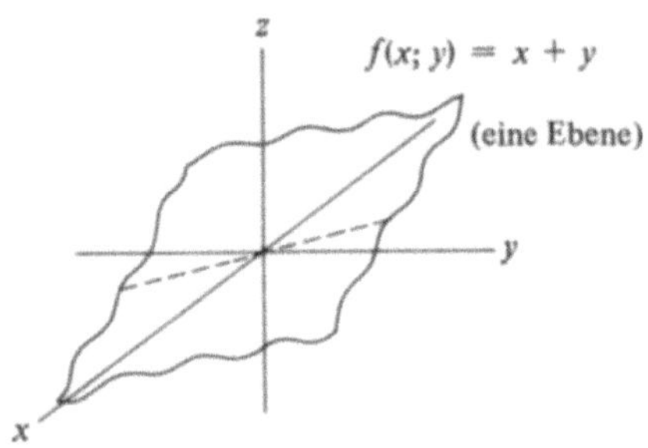

3. horizontale Ebene drei Einheiten oberhalb der xy-Ebene

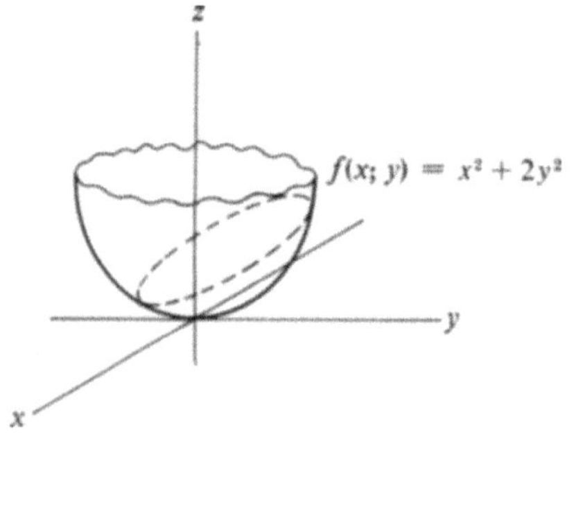

7. Dies ist die Sattelfläche aus Beispiel 3, die um 45° um die z-Achse gedreht wurde.

(*a*) die x- und y-Achse (*b*) die x-Achse
(*c*) die y-Achse (*d*) eine Hyperbel
(*e*) eine Gerade
(*f*)

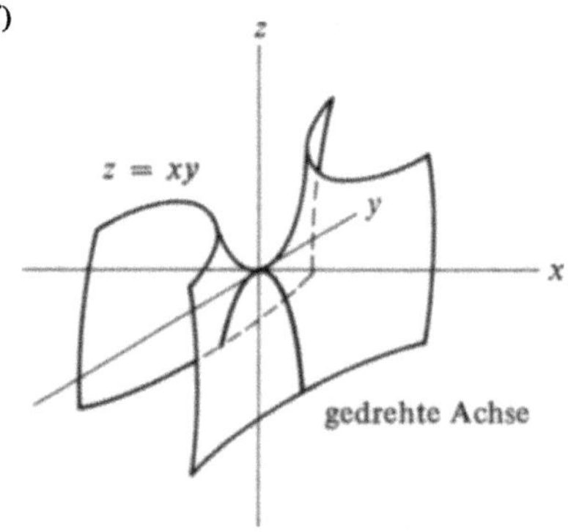

11. (*b*) obere Hälfte einer Kugel mit dem Radius 1 und dem Mittelpunkt (0; 0; 0),
(*c*) alle $(x;y)$ mit $x^2+y^2 \leqslant 1$.

13. (*a*) eine Gerade (*b*) eine Gerade
(*c*) eine Parabel

15. (*a*) Sind $(x_1;y_1)$ und $(x_2;y_2)$ gleich weit weg von (0; 0), dann gilt $f(x_1;y_1) = f(x_2;y_2)$.

12.4 Partielle Ableitungen

1. $3x^2y^4$, $4x^3y^3$
3. $1/y$, $-x/y^2$
5. $y^3\cos(xy^3)$, $3xy^2\cos(xy^3)$
7. $1+1/(2\sqrt{x})+y/(1+x^2y^2)$, $3+x/(1+x^2y^2)$
9. $e^{x/y}/y$, $-x e^{x/y}/y^2$
11. (*a*) $2xy^4$ (*b*) $4x^2y^3$
13. (*a*) $(y^2-x^2)/(x^2+y^2)^2$ (*b*) $-2xy/(x^2+y^2)^2$
15. 10; 12; − 3
17. $12x^2y^7$, $42x^4y^5$, $28x^3y^6$
19. $(2x^2-y^2)/(x^2+y^2)^{5/2}$, $(2y^2-x^2)/(x^2+y^2)^{5/2}$, $3xy/(x^2+y^2)^{5/2}$
23. (*a*) $-e^{x^2}$ (*b*) e^{y^2}
25. 1
27. 2
29. 0
31. (*a*) yx^{y-1} (*b*) $x^y\ln x$
33. $\cos(x+2y+1)-\cos(x+2y)$, $2\cos(x+2y+1)-2\cos(x+2y)$
35. $-g(x)$, $g(y)$

12.5 Die Differenz Δf und das Differential df

1. 0,72; 0,7
3. 0,625; 0,5
5. 0,036
7. 17 %

9. 17 %   11. $-8{,}1$

13. $\frac{13}{30}$

19. (*a*) $u = u(x + \Delta x; y + \Delta y; z + \Delta z) - u(x; y; z)$
$= [u(x + \Delta x; y + \Delta y; z + \Delta z) - u(x + \Delta x; y + \Delta y; z)]$
$+ [u(x + \Delta x; y + \Delta y; z) - u(x + \Delta x; y; z)]$
$+ [u(x + \Delta x; y; z) - u(x; y; z)]$

12.6 Die Kettenregeln

5. 31; 11

7. (*a*) $3r^2 \cos^3\theta + 2r \sin^2\theta$ (*b*) θ

9. $3x^2 - y \sin xy + ut, -x \sin xy, tx, ux$

13. $bf_1 + df_2$

25. $52\ \mathrm{m}^3/\mathrm{s}$

27. (*a*) nein   (*b*) $x^2y + y^3$

12.7 Kritische Punkte

1. (*b*) -18 3. $(1; \frac{1}{3})$

5. $\frac{1}{4}$ 7. $\frac{13}{4}$

15. (*b*) $\sqrt{2}/3$

12.8 Lokale Extreme und partielle Ableitungen zweiter Ordnung

1. keine   3. keine

5. lokales Minimum für $(-4; -2)$

7. lokales Minimum für $(0; 2)$

9. lokales Maximum für $(0; 0)$

11. lokales Minimum für $(1; -1)$

13. (*c*)   15. (*a*)

17. (*d*)   21. $\sqrt[3]{2} \cdot \sqrt[3]{2} \cdot \sqrt[3]{1/4}$

23. 15 von x, 20 von y, 2 von z

25. (*a*) 12; 15; 613; 1730; 2343
(*b*) 24/7; 6; 1033,06; 2229,22; 3262,29

Testaufgaben zu Kapitel 12

1. (*a*) Man drehe die Parabel $z = 2x^3$ in der xz-Ebene um die z-Achse.
(*b*)

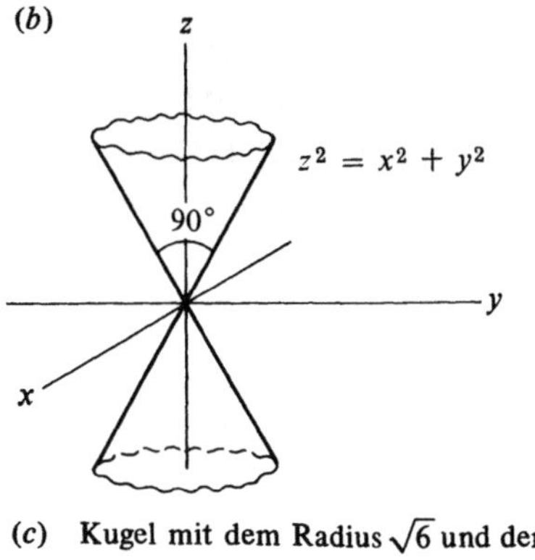

(*c*) Kugel mit dem Radius $\sqrt{6}$ und dem Mittelpunkt $(0; 0; 0)$.

(*d*)

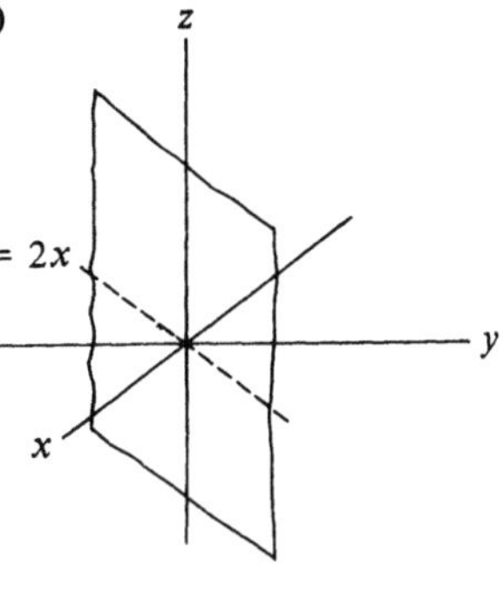

2. (*a*) $x/\sqrt{x^2 + y^2}$ (*b*) $2/y - 3/(3y + x)$
(*c*) $3x^2y^2 e^{x^3y}$ (*d*) $-6 \cos(2x + 3y)$
(*e*) $6/xy^3$
(*f*) $6y^2 \sin xy \cos^2 xy - 3y^2 \sin^3 xy$

3. (*a*) $(ye^y - e^y + 1)/y^2$ (*b*) $(ye^y - e^y + 1)/y^2$

6. $10\sqrt[3]{25} \cdot 10\sqrt[3]{25} \cdot 4\sqrt[3]{25}$

7. (*a*) 0,2206   (*b*) 0,2

8. 7 %   10. $-6 < k < 6$

11. 5,6

Übungen zu Kapitel 12

1. (*b*) Der Graph ist eine Sattelfläche, wie sie in Übung 7 aus Abschnitt 12.3 dargestellt wurde.

3. (*a*) auf der Geraden $x = y$ (*b*) 0 für $(1; 1)$

5. (*a*) keines von beiden   (*b*) relatives Minimum
(*c*) keines von beiden   (*d*) nicht genug Information

7. (*a*) $(x + y)^3 (x - y)^5, 3(x + y)^2 (x - y)^5 + 5(x + y)^3 (x - y)^4,$
$3(x + y)^2 (x - y)^5 - 5(x + y)^3 (x - y)^4$
(*b*) $3u^2v^5 + 5u^3v^4, 3u^2v^5 - 5u^3v^4$

9. (*a*) senkrecht zur xy-Ebene und durch die Punkte $(1; 0; 0)$, $(0; 1; 0)$
(*b*) Man zeichne die Punkte $(1; 0; 0)$, $(0; 1; 0)$, $(0; 0; 1)$. Sie bestimmen die Ebene.
(*c*) Man zeichne die Punkte $(2; 0; 0)$, $(0; 3; 0)$, $(0; 0; 4)$. Sie bestimmen die Ebene.

11. (*a*)

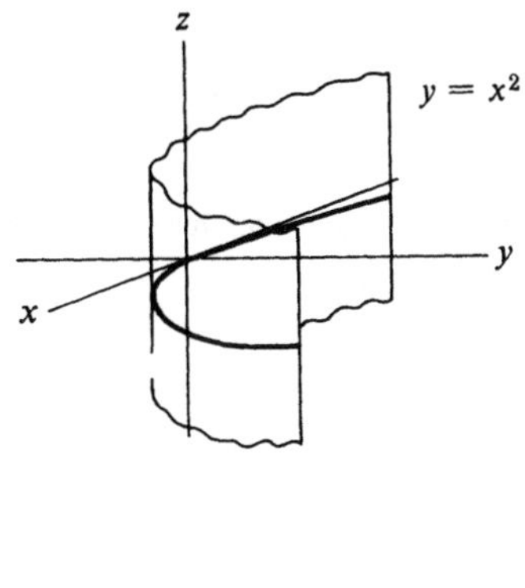

(b)

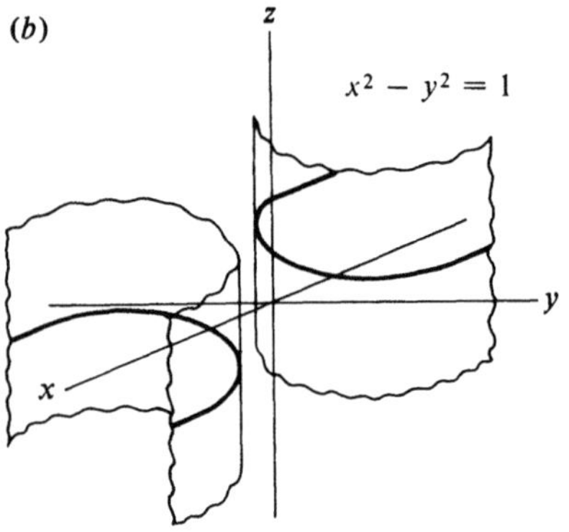

(c)

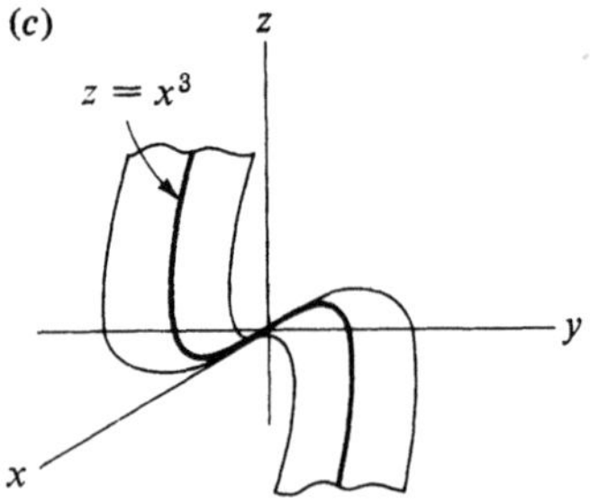

13. (c) $1-\sqrt{2} < m < 1+\sqrt{2}$
15. 0 für (0; 0)
19. (a) $2xy$ (b) $(3x^2+2x)\,u\,e^{3x}$
21. Ein Wechsel in t zeigt einen Wechsel in y, der ebenso wie der Wechsel in x einen Wechsel in z hervorruft.
35. Man zeige, daß f auf der Geraden $x+y=k$ konstant ist.

13 Bestimmte Integrale über ebene Gebiete

13.1 Das bestimmte Integral einer Funktion über ebene Gebiete

1. (a) 20 cm³ (b) 100 cm³
   (c) das Volumen liegt zwischen 20 cm³ und 100 cm³
3. (a) stets $5A$ (b) $5A$
7. Kreis
9. gleichseitiges Dreieck
13. (a) 0,758 (b) 1,184
15. (b) $\frac{2}{3}$

13.2 Die Beschreibung ebener Gebiete durch Koordinaten

1. (b) $0 \leqslant x \leqslant 2,\ x/2 \leqslant y \leqslant 1$
3. (b) $0 \leqslant x \leqslant 1,\ x^2 \leqslant y \leqslant x$
5. $-a \leqslant x \leqslant a,\ -\sqrt{a^2-x^2} \leqslant y \leqslant \sqrt{a^2-x^2}$
7. ein Dreieck mit den Eckpunkten (0; 0), (2; 4), (2; 6)
9. das Gebiet zwischen den Kurven $y=e^x$, $y=1$ und $x=1$
11. das Gebiet ist durch zwei konzentrische Kreisbögen und zwei Strahlen begrenzt
13. $0 \leqslant y \leqslant 4,\ y/3 \leqslant x \leqslant y/2$ und $4 \leqslant y \leqslant 6,\ y/3 \leqslant x \leqslant 2$
15. $0 \leqslant x \leqslant 1,\ 1 \leqslant y \leqslant e^x$
17. (b) $1 \leqslant y \leqslant 2,\ y \leqslant x \leqslant 3y$

13.3 Die Berechnung von $\int_R f(P)\,dA$ in rechtwinkeligen Koordinaten

1. 16
3. $\frac{3}{2}$
5. $(16\sqrt{2}-2)/21$
7. $(\pi^2-4)/(2\pi^3)$
9. $\frac{16}{3}$
11. 34
13. $2a^3/3$
15. $(\pi^2+4)/32$
17. $\frac{1}{2}\ln 2$
19. $\frac{4}{3}$
21. $\ln 2$
23. $1-\cos 3$

13.4 Der Schwerpunkt einer ebenen Schicht

1. $(\frac{2}{3}; \frac{1}{3})$
3. $(\frac{4}{3}; 2)$
5. $(0; \frac{12}{5})$
7. $(\frac{3}{4}; \frac{7}{8})$
9. $(3\pi/(36\pi+16); (48+3\pi)/(36\pi+16))$
11. $(\frac{57}{35}; \frac{75}{14})$
13. nein. Man betrachte die Figur aus Übung 1
15. (a) $\bar{x} = \dfrac{M_1\bar{x}_1 + M_2\bar{x}_2}{M_1+M_2}$, $\bar{y} = \dfrac{M_1\bar{y}_1 + M_2\bar{y}_2}{M_1+M_2}$

13.5 Die Berechnung von $\int_R f(P)\,dA$ in Polarkoordinaten

1. $\frac{1}{3}$
3. $\frac{8}{5}$
5. $\int_0^{\pi/2}\left(\int_1^{2+\cos\theta} r^2\,dr\right)d\theta$
7. $\int_0^{\pi/2}\left(\int_0^{1+\sin\theta} r^2 \sin\theta\,dr\right)d\theta$
9. $\frac{2}{3}$
11. $3\pi/16$
13. $5\pi/32$
15. (b) $5\pi/16$
17. $32/9\pi$
19. $35\pi/1{,}024$
21. $3\pi/64$
23. $5\pi a^4/4$
25. $\frac{1}{3}$
27. $\pi/64$
29. $\frac{1}{80} + 3\pi/256$
31. $\pi a^4/8$
33. (a) $f(P) = r\cos\theta$ (b) $f(P) = r$
35. $\frac{1}{4}$
37. $\frac{1}{6}$

Testaufgaben zu Kapitel 13

1. (a) $-a \leqslant x \leqslant a,\ 0 \leqslant y \leqslant \sqrt{a^2-x^2}$
   (b) $\pi/6 \leqslant \theta \leqslant \pi/4,\ 1/\cos\theta \leqslant r \leqslant 2/\cos\theta$
2. (a) $\frac{4}{3}$ (b) $\frac{4}{3}$

3. (a) $2a/3$ 4. $\pi a^5/10$
5. (a) $3\pi/64$ (b) $3\pi/64$ g
(c) $3\pi/64$ (d) $\frac{3}{8}$
6. (a) $2\pi(1-31/e^{30})\ \text{m}^3$ (b) $2\pi(1-16/e^{15})\ \text{m}^3$

Übungen zu Kapitel 13

1. (a) $-2 \leq x \leq 2,\ x^2 \leq y \leq 4$
(b) $0 \leq y \leq 4,\ -\sqrt{y} \leq x \leq \sqrt{y}$
3. (a) $x^4/2 + x^3 - x - \frac{1}{2}$ (b) $y^4/2 + y^3 - 3y^2/2$
5. (a) $0 \leq x \leq a,\ 0 \leq y \leq \sqrt{2a^2 - x^2}$
(b) $0 \leq x \leq a,\ 0 \leq y \leq a$ und $a \leq y \leq a\sqrt{2}$
$0 \leq x \leq \sqrt{2a^2 - y^2}$
(c) $0 \leq \theta \leq \pi/4,\ 0 \leq r \leq a \sec\theta$ und $0 \leq r \leq a\sqrt{2}$
$\pi/4 \leq \theta \leq \pi/2$
7. $\pi/12$
9. (b) $\int_0^{a/\sqrt{2}} \left(\int_x^{\sqrt{a^2-x^2}} y\, dy \right) dx$ (c) $a^3\sqrt{2}/6$
11. $\int_0^{a/\sqrt{2}} \left[\int_y^{\sqrt{a^2-y^2}} (x^2+y^2)\, dx \right] dy = a^4\pi/16$
13. (a) $\pi/4$ (b) $\frac{2}{3}$ (c) 0
(d) $\frac{4}{3}$
15. (a) $a^4/3$ (b) $a^4/12$
17. (a) $\frac{3}{5}(2^9)$ (b) $\frac{32}{3}$ (c) $2^5/3 + \frac{3}{5}(2^9)$
19. $(\pi^2+4)/32$
21. (a) $\pi/4$ (b) $4/9$ (c) $(0;\pi/8)$
23. $2\pi(1 - 2^{-a}a\ln 2 - 2^{-a})/(\ln 2)^2$
25. (a) $Mb^2/6$ (b) $Ma^2/6$
(c) $Ma^2b^2/[6(a^2+b^2)]$
27. $f(P)$ ist das Quadrat des Abstandes zwischen P und der y-Achse
29. $f(P)$ ist das Quadrat des Abstandes zwischen P und der y-Achse plus dem Abstand von der x-Achse
31. $f(P)$ ist der reziproke Abstand von P zum Pol
35. (a) aus Symmetriegründen
(b) $x^2+y^2=r^2$ (c) $\pi a^4/2$
(d) $\pi a^4/4$
37. $3\pi/8 + (\ln 2 - 3)/2$
47. (b) $4\pi/3;\ 2\pi - 32/9$ (c) am Rande der Stadt
49. $\pi(a^4 + 2a^2b^2)/2$
51. (a) 2,92 (b) 6,75
53. $V = \int_\alpha^\beta A(\theta)\, d\theta$ ist nicht richtig
55. (a) der Integrand ist nichtnegativ
57. Ist f überall stetig und von Null verschieden, dann muß f stets positiv oder stets negativ sein; daher gilt $\int_0^\pi f(\theta)\, d\theta \neq 0$. Angenommen, es gebe nur eine einzige Wurzel a, dann wechselt das Vorzeichen von $f(x)\sin(x-a)$ im Intervall $(0;\pi)$ nicht. Andererseits gilt

$$\sin(x-a) = \sin x \cos a - \cos x \sin a,$$

so daß $\int_0^\pi f(x)\sin(x-a)\, dx = 0$; dies ist unmöglich, wenn der Integrand konstantes Vorzeichen besitzt.
59. Nehmen wir $f(\theta) > 0$ an. Wegen $\int_0^{2\pi} f(\theta)\, d\theta = 0$ gibt es ein b aus $(0;2\pi)$ mit $f(b) < 0$. Daher existieren Zahlen a_1 und a_2 mit $0 < a_1 < b < a_2 < 2\pi$ und $f(a_1) = 0 = f(a_2)$
61. $\int_0^{2\pi} f(\theta)\, d\theta = [g^3(2\pi) - g^3(0)]/3 = 0$
Aus Übung 56 und partieller Integration folgt

$$\int_0^{2\pi} f(\theta)\sin\theta\, d\theta = 0 = \int_0^{2\pi} f(\theta)\cos\theta\, d\theta.$$

Aufgrund von Übung 60 verschwindet $g^2(\theta)g'(\theta)$ für mindestens vier verschiedene Zahlen; daher muß $g'(\theta)$ an vier Punkten verschwinden. $[g(\theta) \neq 0.]$ [Der Radius steht senkrecht auf der Kurve für $g'(\theta) = 0$.]

14 Reihen

14.1 Folgen

1. konvergiert nach Null 3. konvergiert nach Null
5. konvergiert nach Null 7. divergiert
9. konvergiert nach Null 11. konvergiert nach Null
13. divergiert 15. konvergiert nach Eins
17. 200 19. $\int_1^2 (1/x)\, dx = \ln 2$
21. (a) $\frac{1}{2};\frac{2}{3};\frac{3}{4};\frac{4}{5}$ (b) $n/(n+1)$
23. (a) $\frac{3}{4} = 0{,}75;\ \frac{2}{3} \approx 0{,}667;\ \frac{5}{8} = 0{,}625;\ \frac{3}{5} = 0{,}600$
(wie lautet eine einfache Formel für a_n?)
(b) $\frac{1}{2}$

25. (*a*) $a_7 \approx 1{,}9297$ (*b*) strebt nach 2
27. (*a*) $a_7 = \frac{85}{128}$ (*b*) $\frac{2}{3}$
29. größer oder gleich 1146 $\approx -5/\lg 0{,}99$

14.2 Reihen

1. 2 3. $\frac{1}{3}$
5. divergiert 7. konvergiert
9. divergiert 11. 10
15. $\sqrt{6}/4 + (\sqrt{6}/2)\sqrt{0{,}9}/(1-\sqrt{0{,}9})$
21. (*a*) 1; 0,2929; 0,8702; 0,3702; 0,8175; 0,4092

14.3 Der Test für alternierende Reihen

1. divergiert (n-ter Term geht nicht nach Null)
3. konvergiert
5. divergiert (schon die geraden Partialsummen divergieren)
11. divergiert (n-ter Term geht nicht nach Null)
13. konvergiert (geometrische Reihe mit Quotienten kleiner als Eins)
15. konvergiert (geometrische Reihe)
17. (*a*) $a_1 = x, a_2 = -x^3/6, a_3 = x^5/120$
19. $(-1)^{n+1}x^{2n-2}/(2n-2)!$
21. zum Beispiel $a_n = 1/n$

14.4 Der Integraltest

1. konvergiert 3. divergiert
5. divergiert 7. divergiert
9. divergiert 11. siehe Übung 10
17. (*a*) $(-\frac{1}{2})\cos x^2$
(*c*) $-x^2\cos x + 2x\sin x + 2\cos x$
(*e*) $(\ln x)^2/2$ (*f*) $-(1+\ln x)/x$

14.5 Der Vergleichstest und der Quotiententest

1. konvergiert (man vergleiche mit $\sum_{n=1}^{\infty} 1/n^2$)
3. konvergiert (Quotiententest)
5. konvergiert (Quotiententest)
7. konvergiert (Quotiententest, man denke an „e")
9. konvergiert (Vergleichstest in Grenzwertform mit $\sum_{n=1}^{\infty} 1/n^2$)
11. konvergiert (Quotienten- oder Vergleichstest)
13. konvergiert (Quotiententest)
15. konvergiert (Vergleichstest mit $\sum_{n=1}^{\infty} 2/n^2$)
17. konvergiert für $0 < x < 1$; divergiert für $x \geqslant 1$
19. (*b*) Es sei $c_n = 1/\sqrt{n}$ und $p_n = 1/n$; es sei $c_n = 1/n$ und $p_n = 1/n^2$?
23. (*a*) Man verwende Übung 19 (*a*).
(*b*) Es sei $a_n = (-1)^{n+1}/\sqrt{n}$, zum Beispiel.
25. Man verwende den Vergleichstest.

14.6 Absolute Konvergenz

1. konvergiert bedingt 3. konvergiert absolut
5. konvergiert absolut
7. konvergiert absolut für alle x, $R = \infty$
9. konvergiert absolut in $(-2; 2)$, konvergiert bedingt für $x = -2$, divergiert sonst, $R = 2$
11. absolut konvergent für $(-8; 2)$, sonst divergiert, $R = 5$
13. absolut konvergent in $(-1; 1)$, bedingt konvergent für $x = -1$, sonst divergent, $R = 1$
15. absolut konvergent für $(-2; 0)$, sonst divergent, $R = 1$
17. (*a*) keine Aussage (*b*) absolut konvergent
(*c*) absolut konvergent
19. $-1 < x < 7$

14.7 Operationen mit Potenzreihen

1. $x - x^3/3! + x^5/5!$ 3. $1 + x/2 - x^2/8$
5. $x - x^2/2 + x^3/3$ 11. $x + x^2 + x^3/3$
13. $1 - 3x/2 + 25x^2/24$ 15. ∞
17. $\frac{1}{2} + \sqrt{3}(x-\pi/6)/2 - (x-\pi/6)^2/4 - \sqrt{3}(x-\pi/6)^3/12 + (x-\pi/6)^4/48$
19. $e + e(x-1) + e(x-1)^2/2 + e(x-1)^3/3! + e(x-1)^4/4!$
21. (*a*) 2,70833
29. (*a*) 0,58779

Testaufgaben zu Kapitel 14

1. $\sum_{n=1}^{\infty} \frac{1}{n}$
2. die Summe wird beliebig groß
6. $\sum_{n=1}^{\infty} (-1)^n/n$
8. divergiert. (Man beachte den Zusammenhang zwischen S_{2n} und der Summe der harmonischen Reihe.)
10. (*a*) divergiert (n-tes Glied)
(*b*) konvergiert (Quotiententest)
(*c*) konvergiert (alternierende Reihe)
(*d*) divergiert (Integraltest)
(*e*) divergiert (man vergleiche mit (*d*))
(*f*) divergiert (n-tes Glied)
11. (*a*) 0,60417
12. 0,3421. (Man verwende die ersten drei nichtverschwindenden Glieder der Reihe für $\sin\sqrt{x}$.)
13. 0,1827

14. (*a*) -1 (*b*) $1/e$ (*c*) $\frac{1}{4}$
(*d*) $\ln\frac{4}{3}$ (*e*) $\ln\frac{3}{2}$
16. $x + x^3/3$
17. $\frac{1}{3}$

Übungen zu Kapitel 14

1. konvergiert nach $1/(e-1)$
3. divergiert (Integraltest)
5. konvergiert nach $-\frac{3}{7}$
7. konvergiert (alternierende Reihe)
9. divergiert (Quotiententest, n-tes Glied)
11. divergiert (n-tes Glied)
13. divergiert (Vergleichstest in Grenzwertform mit harmonischer Reihe)
15. divergiert (n-tes Glied)
17. konvergiert (Quotiententest)
19. konvergiert (Vergleichstest)
21. konvergiert nach $\sin(\pi/2) = 1$
23. konvergiert nur für $x = 0$
25. absolut konvergent für x aus $(-1;1)$, bedingte Konvergenz für $x = -1$, sonst divergent, $R = 1$
27. absolut konvergent für x aus $(-\frac{2}{3};2)$ nach $(3x-2)/(6-3x)$, sonst divergent, $R = \frac{4}{3}$
29. absolut konvergent für x aus $(-2;0)$, sonst divergent, $R = 1$
31. $2x - 8x^3/3! + 32x^5/5!$
33. (*a*) $n \geqslant 5$ (*b*) $n \geqslant 6$ (*c*) $n \geqslant 9$
(*d*) $n \geqslant 10$
35. -24 37. $0{,}7475$
39. $1{,}6054$ 43. $0{,}1048$
65. (*a*) $a_1 = 1, a_2 = 0{,}625, a_3 \approx 0{,}518, a_4 \approx 0{,}469$ (*b*) $\frac{1}{3}$

15 Taylorsche Reihe und der Zuwachs einer Funktion

15.1 Höhere Ableitungen und der Zuwachs einer Funktion

1. $0 \leqslant f(2) \leqslant \frac{10}{3}$
9. (*b*) $\frac{x^3}{3(1+X)^3} \leqslant \frac{(\frac{1}{2})^3}{3\cdot 1^3} = \frac{1}{24}$
11. $\frac{13}{2} \leqslant g(3) \leqslant 11$
23. $1 + x + \frac{x^2}{2} + \frac{x^3}{3} \leqslant f(x) \leqslant 1 + x + \frac{x^2}{2} + \frac{2x^3}{3}$

15.2 Taylorsche Reihe

1. $1 - x + x^2/2! - x^3/3! + x^4/4!$
3. $1 + 4(x-1) + 6(x-1)^2 + 4(x-1)^3 + (x-1)^4$
5. $x - x^3/3! + x^5/5!$
7. $(x-1) - (x-1)^2/2 + (x-1)^3/3$
9. $1 - x + x^2 - x^3 + x^4$
11. $1 - (x-\pi/2)^2/2! + (x-\pi/2)^4/4!$
17. (*a*) $x - x^3/3$
19. mit Hilfe von P_4 $(\frac{2}{3};0)$, ungefähr 1,9465
21. mit Hilfe von P_5 $(2;0)$, $\frac{1}{15}$
25. (*b*) $1 + 10x + 45x^2$ (*c*) $45x^8 + 10x^9 + x^{10}$
27. (*c*) ungefähr $x = 1{,}37$
29. (*a*) $1 - 2^2x^2/2! + 2^4x^4/4! - \ldots + (-1)^n 2^{2n}x^{2n}/(2n)! + \ldots$
(*b*) $1 - x/2! + x^2/4! - x^3/6! + \ldots + (-1)^n x^n/(2n)! + \ldots$
31. (*d*) Die Exponentialfunktion e^{-1/x^2} strebt rascher nach Null als jede Potenz von x. (Für $x \to 0$)
(*e*) Null (*f*) nur für $x = 0$

15.3 Die Differentialgleichung der harmonischen Bewegung

7. (*a*) c_1 (*b*) kc_2
9. Man betrachte den Punkt $(c_1;c_2)$ in der xy-Ebene.
11. $A, -A$
13. (*a*) die Kurve $y = \sin t$, vertikal dreifach gestreckt
(*b*) die Kurve $y = \sin 3t$, horizontal um den Faktor 2 geschrumpft
(*c*) 1

15.4 Der Fehler bei der Abschätzung eines bestimmten Integrals

7. 6e
9. (*a*) 0,005e (*b*) $\frac{19}{45}$ (0,0001e)

15.5 Das allgemeine Binomialtheorem

5. $1 + \frac{x}{2} - \frac{x^2}{8} + \frac{x^3}{16} - \frac{5x^4}{128}$
7. (*a*) $1 - 2x + 3x^2 - 4x^3 + 5x^4$ (*b*) $(-1)^n(n+1)$
15. (*a*) $1 - x^3/2 - x^6/8 - x^9/16$ (*b*) 0,492
17. (*a*) Man ersetze x durch $\frac{1}{2}$
(*b*) $1 + \frac{(r+1)}{2} + \frac{(r+2)(r+1)}{2^2\cdot 2!} + \frac{(r+3)(r+2)(r+1)}{2^3\cdot 3!} + \frac{(r+4)(r+3)(r+2)(r+1)}{2^4\cdot 4!}$

15.6 Die Taylorsche Reihe von $f(x;y)$

1. $f_{xxy} = f_{xyx} = f_{yxx} = 140x^4y^6$
$f_{xyy} = f_{yxy} = f_{yyx} = 210x^4y^5$
$f_{xxx} = 60x^2y^7, f_{yyy} = 210x^5y^4$
3. $f_{xyy} = f_{yxy} = f_{yyx} = 2/y^3$, $f_{yyy} = -6x/y^4$, andere Null
7. $1 + x + x^2/2 + y^2$
11. (*a*) $1 + x/3 + y/3$ (*b*) $\frac{13}{9}$

Testaufgaben zu Kapitel 15

2. (*a*) $1 + x + x^2/2$
3. näherungsweise 0,2389

4. $\frac{\sqrt{3}}{2}+\frac{1}{2}\left(x-\frac{\pi}{3}\right)-\frac{\sqrt{3}/2}{2!}\left(x-\frac{\pi}{3}\right)^2-\frac{\frac{1}{2}}{3!}\left(x-\frac{\pi}{3}\right)^3+\frac{\sqrt{3}/2}{4!}\left(x-\frac{\pi}{3}\right)^4+\ldots$

7. $4+2x-y+9x^2/2-xy+2y^2+5x^3/6+7x^2y/2-xy^2/3+y^3/2$

9. (*a*) $(-1)^n\binom{n+2}{n}x^n$ (*b*) $|x|<1$

Übungen zu Kapitel 15

1. (*a*) 1,1167 (*b*) 1,1
3. (*a*) 1,25 (*b*) Fehler kleiner als 1/(7!)
5. $(x-5)^2+11(x-5)+32$
7. zwischen 0,144 und 0,288
11. (*a*) 0 und 48 (*b*) 24 und 24
    (*c*) 0 und 0
13. (*a*) 1; 7; 21; 35; 35; 21; 7; 1
    (*b*) $1+7x+21x^2+35x^3+35x^4+21x^5+7x^6+x^7$
    (*c*) $a^7+7a^6b+21a^5b^2+35a^4b^3+35a^3b^4+21a^2b^5+7ab^6+b^7$
15. $1+x/2-x^2/8+x^3/16$
19. 1,3495
21. 0,30899
23. 0,005
25. 0,0004
27. 0,042
29. $-(x-\pi)+(x-\pi)^3/6-(x-\pi)^5/120$
33. (*a*) $48+67(x-2)+3(x-2)^2+4(x-2)^3$
    (*b*) man verwende zwei Terme: 54,7; 41,3
35. 0,15595
37. Man wende den Satz von Rolle mehrfach an
39. $f(3)\geqslant 9/2$
41. (*b*) ungefähr 0,79
    (*c*) zwischen $\frac{1}{13}$ und $\frac{1}{26}$ (Schätzung ist zu klein)
43. $\frac{29}{36}$
45. ungefähr 0,364
47. (*a*) $x^3-x^9/6+x^{15}/120-\ldots$ (*b*) $\frac{1}{64}$
    (*c*) weniger als $1/(60\cdot 2^{10})$
49. (*a*) $20\cdot 19\cdot 18\cdot 17\cdot 16x^{15}$
    (*b*) $50\cdot 49\cdot 48(x-1)^{47}$ (*c*) 83!
51. $2+3(x-1)+\frac{1}{2}(x-1)^2-\frac{1}{6}(x-1)^3$
53. $1+(x+1)+(x+1)^2/2+(x+1)^3/6+(x+1)^4/24$
55. (*a*) $1+3x+3x^2+x^3$ (*b*) $1+4x+6x^2+4x^3+x^4$
    (*c*) $1+5x+10x^2+10x^3+5x^4+x^5$
57. (*a*) 210 (*b*) 210
61. 3; 2; 5; 12; − 1; 10
63. $\frac{1}{3}$
65. (*a*) $3\cos 100\pi t+3\sin 100\pi t=3\sqrt{2}\sin(100\pi t+\pi/4)$
    (*b*) $3\sqrt{2}$ (*c*) 50
69. ungefähr 1,26
71. $x+x^3/6+9x^5/120$
73. $D^{20}[(\cos 3x+3\cos x)/4]$ kann leicht berechnet werden
79. $3+2x+5x^2/2+x^3/12$
89. zwischen 17,5 km und 22,5 km entfernt
93. Man verwende eine Potenzreihe für arctan x
    (*a*) 0 (*b*) 100!
95. Man untersuche die Taylorsche Reihe in der Umgebung einer Zahl aus $(a; b)$.
103. π^2 ist irrational.
105. Das Ergebnis ist für $k=1$ und 2 richtig. Gilt es auch für $k=2n$, so folgt das gleiche für $k=2n+1$. [Mit Hilfe des Satzes von Rolle und aufgrund von $(F_{2n+1})'=F_{2n}$.] Gilt das Resultat für $k=2n-1$, so gilt es auch für $k=2n$. (Man beachte $F_{2n}=F_{2n-1}+x^{2n}/(2n!)$ Der Graph von $y=F_{2n}(x)$ ist nach oben konkav. Hat $F_{2n}(x)$ genau eine Wurzel, α, dann ist $F_{2n-1}(\alpha)$ gleich Null. Man beweise dies. Hat $F_{2n}(x)$ zwei Wurzeln, dann ist $F_{2n-1}(\alpha)$ negativ für beide Wurzeln und dazwischen gleich Null und ansteigend.)
111. $b^2/2$ ist korrekt. In der zweiten Schätzung verwende man $e^{-b}\approx 1-b+b^2/2$, der dritte Summand ist für dieses Problem unerläßlich.

16 Das Moment einer Funktion

16.1 Arbeit

1. 2800 (1000) J
3. 1800 (1000) J
5. 10 000 (18 000) J
7. 10 000 (800/3) J
9. $(1+\sqrt{2})(\frac{4}{15})$
11. π
13. 10 000 $(810\,\pi/4)$ J

16.2 Die Kraft auf einen Damm

1. 10 000 (32) N
3. 10 000 $(640\,\pi)$ N
5. 10 000 $(\frac{58}{3})$ N
7. $\frac{1}{3}-\pi/4$
9. Der Mann übt den fünffachen Druck aus

16.3 Das Moment einer Funktion

1. ln 2
3. 1
5. (ln 2)/2
17. 14π
19. $36\pi(\pi-1)$
21. (*a*) $a/3$ (*b*) $b/3$
23. $\bar{x}=\frac{3}{2}$
25. $\bar{x}=2/(e^2-1)$
35. $\pi la, a=$ Radius, l Mantellinie

Testaufgaben zu Kapitel 16

1. $2a/(\pi+2)$
2. 10 000 $(10+15\pi)$ J
3. 10 000 $(6+\pi)$ J
5. (*a*) (sin 1)/2 (*b*) $\pi/2-1$

Übungen zu Kapitel 16

1. $\frac{2}{3}; \frac{2}{5}; \frac{2}{7}$
5. Die Ungleichung $M_1^2 \leq M_0 M_2$ bedeutet

$$\left[\int_0^a x h(x)\,dx\right]^2 \leq \int_0^a h(x)\,dx \int_0^a x^2 h(x)\,dx.$$

Dies ist die Schwarzsche Ungleichung für den Fall

$$f(x) = \sqrt{h(x)} \quad \text{und} \quad g(x) = \sqrt{x^2 h(x)}.$$

7. (*a*) $3W^2M/4$ (*b*) $W^2M/3$
   (*c*) Die Masse hat die Tendenz von der x-Achse weiter weg zu sein als von der y-Achse.
11. (*a*) Hat f in $(a; b)$ keine Wurzeln, dann bleibt das Vorzeichen von $f(x)$ unverändert und $\int_a^b f(x)\,dx$ ist entweder positiv oder negativ.
   (*b*) Ist c_1 die einzige Wurzel, so betrachte man

$$\int_a^b (x - c_1) f(x)\,dx.$$

Da der Integrand festes Vorzeichen besitzt, ist das Integral nicht gleich Null, sondern gleich

$$\int_a^b x f(x)\,dx - c_1 \int_a^b f(x)\,dx.$$

   (*c*) Sind c_1 und c_2 die einzigen Wurzeln, so betrachte man

$$\int_a^b (x - c_1)(x - c_2) f(x)\,dx;$$

die Überlegung verläuft analog zu (*b*).

17 Mathematische Modelle

17.1 Grundbegriffe der Wahrscheinlichkeitsrechnung

1. $\frac{1}{6}$ 3. $\frac{2}{9}$
5. $\frac{1}{2}$
7. (*a*) $\frac{1}{2}$ (*b*) $\frac{1}{4}$ (*c*) $\frac{1}{8}$ (*d*) $1/2^n$
9. $\sum_{k=1}^{\infty} k/2^k$ 11. (*c*) $\sum_{k=1}^{\infty} k\,2^{k-1}/3^k$
13. $\frac{9}{2}$ 15. $\frac{3}{8}$

17.2 Wahrscheinlichkeitsverteilungen

5. 5 7. (*b*) $\frac{1}{3}$
11. (*a*) $F(0) = 0$, $F(20) = 0{,}1$, $F(80) = 0{,}5$
13. $$\int_0^\infty tF'(t)\,dt = \lim_{b\to\infty}\left\{-t[1-F(t)]\Big|_0^b + \int_0^b [1-F(t)]\,dt\right\} = \int_0^\infty [1-F(t)]\,dt$$
15. (*a*) Der Bruchteil der Bevölkerung, der das Alter a erreicht, ist durch $1 - F(a)$ gegeben; von diesem Bruchteil haben etwa $F'(t)\,\Delta t$ zwischen $t - a$ und $t + \Delta t - a$ restliche Jahre.
   (*b*) Man integriere partiell mit $u = t - a$, $v = F(t) - 1$.

17.3 Die Exponentialverteilung (Poisson-Verteilung) des zufälligen Verkehrs

1. 0,002
3. (*a*) 0,14 (*b*) 0,28 (*c*) 0,28 (*d*) 0,31
5. (*a*) Voraussichtlich arbeitet die Fabrik stetig mit einer kleinen Unfallrate.
   (*b*) Bedingungen 1 und 2 genügen, um die Poisson-Verteilung zu garantieren.
   (*d*) $1/e^2$, $2/e$, $2/e^2$, $4/(3e^2)$, $2/(3e^2)$
7. (*a*) Annahmen 1 und 2 gelten; $k = 1$
   (*b*) $300\,P_0(1) \approx 40$ Seiten
9. (*a*) 0,223 (*b*) 0,050 (*c*) 0,00012
11. $1 - 5e^{-2} \approx 0{,}32$
13. $x^2 e^{kx} e^{-kx}$
19. Es sei $k = 1$; damit gilt $P_n(x) = x^n e^{-x}/n!$ Man verwende $e^x = e^x [P_0(x) + P_1(x) + \ldots]$
21. $1/k$

Testaufgaben zu Kapitel 17

1. (*a*) $\frac{1}{36}$ (*b*) 36 mal
2. (*a*) $\frac{1}{9}$ (*b*) $\frac{64}{729}$
3. $\frac{1}{5}$
4. (*a*) $e^{-2} \approx 0{,}135$ (*b*) $1 - 5e^{-2} \approx 0{,}325$
5. (*a*) $e^{-3} \approx 0{,}050$ (*b*) $3e^{-3} \approx 0{,}15$
   (*c*) $9e^{-3}/2 \approx 0{,}22$ (*d*) $9e^{-3}/2 \approx 0{,}22$
   (*e*) 0,36
6. $\frac{1}{4}$
7. (*a*) $\frac{1}{6}$ (*b*) $\frac{5}{6}$ (*c*) 6

Übungen zu Kapitel 17

1. (*a*) ein Maß für die Veränderung der ökonomischen Aktivität
   (*b*) Rate für die Veränderung der Veränderung in der ökonomischen Aktivität

(c) die Konstante A stellt die Gleichgewichtsrate der ökonomischen Aktivität dar. Die Gleichung beschreibt, wie eine Abweichung vom Gleichgewicht die Aktivität beeinflußt

3. (c) ja; durch das Springen (Vermeidung des elektrischen Schlages)
(d) beim zweiten Versuch mindestens $0{,}92 \cdot 0{,}08 + 0{,}08 = 0{,}1536$
(e) Es sei p_n die Wahrscheinlichkeit, beim n-ten Versuch den Schlag zu vermeiden. Dann ist $\{p_n\}$ eine wachsende beschränkte Folge mit dem Grenzwert $L \leqslant 1$. Aus $p_{n+1} \geqslant 0{,}92\, p_n + 0{,}08$ ergibt sich $L \geqslant 0{,}92L + 0{,}08$ und daher $L \geqslant 1$. Somit folgt $L = 1$.

18 Bestimmte Integrale über räumliche Gebiete

18.1 Das bestimmte Integral einer Funktion über einen dreidimensionalen Raum

1. Die Masse liegt zwischen 384 g und 1920 g
3. $20\pi r^3/3$
5. 960 g
7. $2\sqrt{6}$ cm
11. Da der Körper innerhalb eines Würfels mit der Seitenlänge 10 liegt, beträgt sein Volumen höchstens 10^3. (Dieses Ergebnis kann noch verbessert werden.)

18.2 Die Beschreibung räumlicher Gebiete in rechtwinkligen Koordinaten

1. $0 \leqslant z \leqslant 1,\ 0 \leqslant y \leqslant 1 - z,\ 0 \leqslant x \leqslant 1 - z - y$
3. $-1 \leqslant x \leqslant 1,\ -\sqrt{1-x^2} \leqslant y \leqslant \sqrt{1-x^2},\ 0 \leqslant z \leqslant x + y + 2$
5. (a) $0 \leqslant x \leqslant 2,\ 0 \leqslant y \leqslant 1 - x/2,\ 0 \leqslant z \leqslant 3x + 4y$
7. $-a \leqslant x \leqslant a,\ -\sqrt{a^2-x^2} \leqslant y \leqslant \sqrt{a^2-x^2}$,
$-\sqrt{a^2-x^2-y^2} \leqslant z \leqslant \sqrt{a^2-x^2-y^2}$
9. $-3 \leqslant x \leqslant 5$
$2 - \sqrt{16-(x-1)^2} \leqslant y \leqslant 2 + \sqrt{16-(x-1)^2}$
$3 - \sqrt{16-(x-1)^2-(y-2)^2} \leqslant$
$\leqslant z \leqslant 3 + \sqrt{16-(x-1)^2-(y-2)^2}$

11.

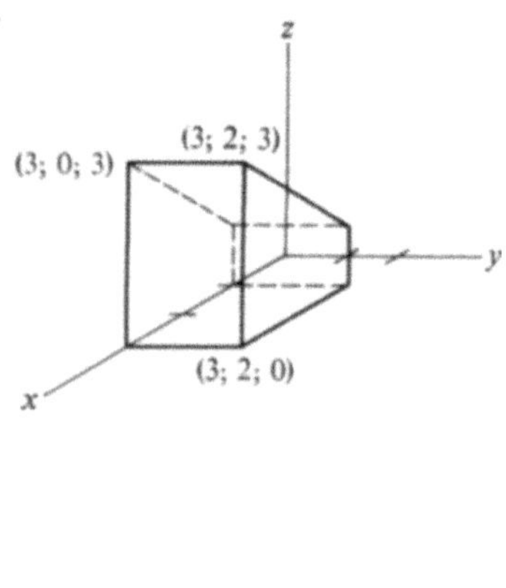

13.

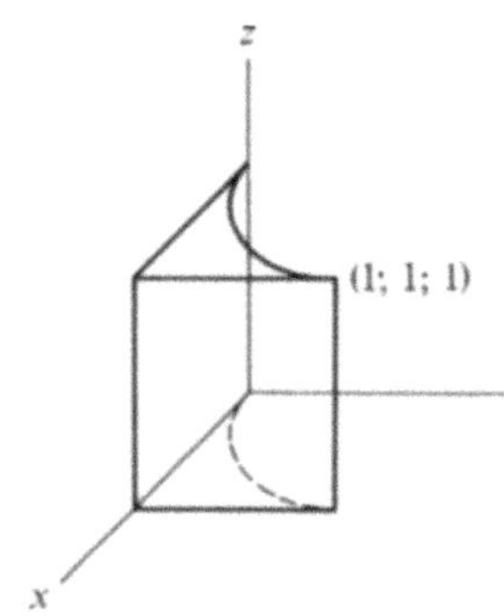

15.

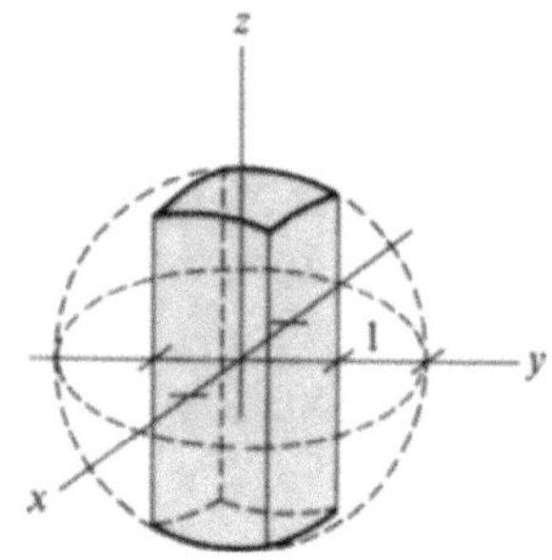

17. Der Querschnitt ist ein Quadrat

18.3 Die Beschreibung räumlicher Gebiete in Zylinderkoordinaten oder Kugelkoordinaten

1. Oberfläche eines geraden Kreiszylinders mit dem Radius 1
3. Ebene parallel zur xy-Ebene
5. Kugel mit dem Radius 3
9. $0 \leqslant \theta \leqslant 2\pi,\ 0 \leqslant r \leqslant a,\ -\sqrt{a^2-r^2} \leqslant z \leqslant \sqrt{a^2-r^2}$
11. (a) $(\sqrt{x^2+y^2}; \arctan(y/x); z)$. (Es gibt auch andere Beschreibungen von θ)
(b) $(r\cos\theta, r\sin\theta, z)$
13. (a) $z = 0$ (b) $\theta = \pi/4$ (c) $r = 0$
15. ein kegelförmiger Körper
17. ein Viertel eines Zylinders mit abgeschrägter Deckfläche (in der Ebene $z = x$)
19. Kugel mit dem Radius 2, Mittelpunkt im Ursprung
21. eine Halbebene von der z-Achse begrenzt
23. die obere Hälfte der z-Achse
25. $(\rho\sin\phi, \theta, \rho\cos\phi)$
27. $0 \leqslant \theta \leqslant 2\pi,\ 0 \leqslant \rho \leqslant a,\ 0 \leqslant \phi \leqslant \pi$ (in beliebiger Reihenfolge)
29. $0 \leqslant \theta \leqslant 2\pi,\ 0 \leqslant \phi \leqslant \pi/6,\ 0 \leqslant \rho \leqslant a$ (in beliebiger Reihenfolge)
31. $0 \leqslant \theta \leqslant 2\pi,\ 0 \leqslant \phi \leqslant \pi/6,\ 0 \leqslant \rho \leqslant (3a\sec\phi)/5$
37. $\rho = \sqrt{r^2+z^2},\ \theta,\ \phi = \arctan(r/z)$
39. $\rho = \sqrt{x^2+y^2+z^2},\ \phi = \arctan(\sqrt{x^2+y^2}/z),\ \theta = \arctan(y/x)$

18.4 Die Berechnung von $\int_R f(P)\,dV$ in rechtwinkeligen Koordinaten

1. (a) $\frac{1}{24}$ (b) $\frac{1}{4}$
3. $M/5$
5. $(b^2 + c^2)M/3$
7. 0
9. $\frac{1}{120}$

18.5 Die Berechnung von $\int_R f(P)\,dV$ in Zylinder- oder Kugelkoordinaten

1. $4\pi a^3/3$
3. $2Ma^2/5$
7. $3Ma^2/2$
9. $\pi a^4/16$
11. $3a/4$
13. $2Ma^2/5$
19. ja (Mittelwertsatz)

Testaufgaben zu Kapitel 18

2. $3(b^4 - a^4)/4(b^3 - a^3)$
4. (a) $(5; \arctan \frac{4}{3}; \pi/2)$ (b) $(0; 3 \sin 1; 3 \cos 1)$
 (c) $(\sqrt{8}; \pi/4; \pi/4)$
6. (a) r bzw. $\rho^2 \sin \phi$
8. $a^2/2 + h^2/12$
9. $(e - 1)/4$
10. (c) $M(3a^2/120 + 3h^2/5)$
11. (a) $\rho \cos \phi = 3$ (b) $x^2 + y^2 = 4$
 (c) $\rho \sin \phi = 2$ (d) $r^2 + z^2 = 9$
12. a^2

Übungen zu Kapitel 18

15. Man verwende den pythagoräischen Lehrsatz in der Form $x^2 + y^2 + z^2 = \rho^2$.

19 Vektoralgebra

19.1 Vektoralgebra

1. (a)

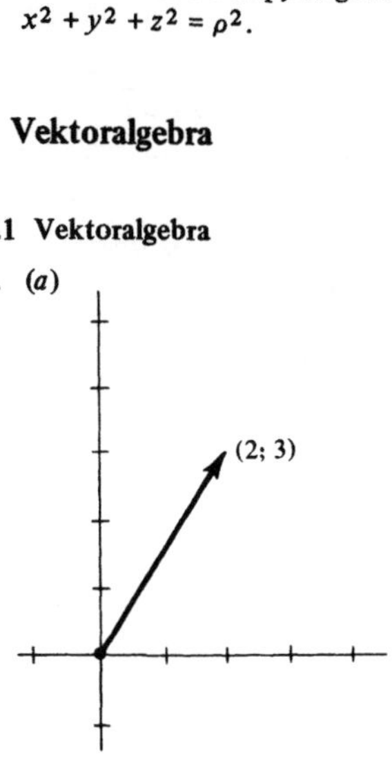

(b)

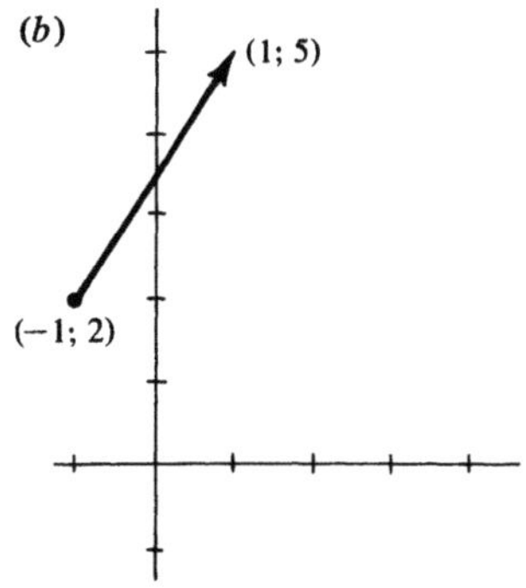

(c)

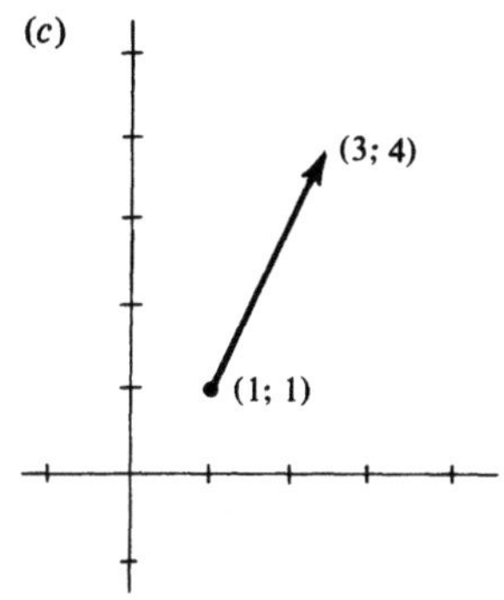

3. (a) $\overrightarrow{(3; 5)}$ (b) $\overrightarrow{(3; 1)}$
5. (a) $\overrightarrow{(2; 3)}$ (b) $\overrightarrow{(-2; 3)}$ (c) $\overrightarrow{(3; -3)}$
7. (a) 2 und 3 (b) 0 und − 3 (c) 0 und 3
 (d) − 6 und − 9
9.

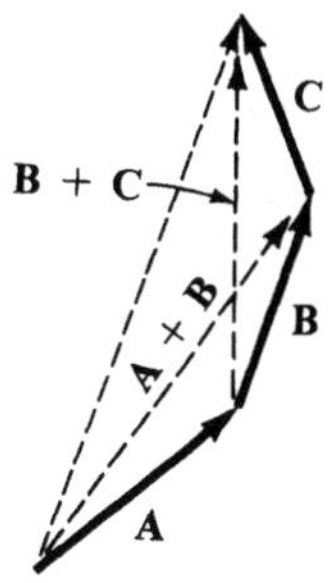

11. (a) $\overrightarrow{(1; -2; 4)}$ (b) $\overrightarrow{(3; 4; 2)}$ (c) $\overrightarrow{(-2; -1; 3)}$
13. (a) $\sqrt{59}$ (b) $\sqrt{11}$
15. (a) rund 104,4 km/h (b) rund 28,3° Südost
17. (a) Anfangspunkt P, Endpunkt R
 (b) Anfangspunkt Q, Endpunkt P
 (c) Anfangspunkt R, Endpunkt Q

19.2 Das Produkt eines Skalars mit einem Vektor

3. 3
5. (a) $-4\mathbf{i}$ (b) $5\mathbf{j}$ (c) $\mathbf{0}$
7. (a) $2\mathbf{i}$ (b) $2\mathbf{i}$ (c) $2\mathbf{i}$
 (d) $2\mathbf{i} + 2\mathbf{j}$
9. (a) 4 (b) $\mathbf{u}$
11. (a) $\frac{1}{2}\mathbf{i} + (\sqrt{3}/2)\mathbf{j}$
13. $1/\sqrt{10}$ und $3/\sqrt{10}$
15. (b) $\mathbf{i} = \frac{1}{2}\mathbf{u}_1 - (\sqrt{3}/2)\mathbf{u}_2$
17. Für $\mathbf{A} = \mathbf{0}$ gilt $1\mathbf{A} + 0\mathbf{B} + 0\mathbf{C} = \mathbf{0}$. Analog für $\mathbf{B} = \mathbf{0}$. Für $\mathbf{B} = x\mathbf{A}$ gilt $x\mathbf{A} - 1\mathbf{B} + 0\mathbf{C} = \mathbf{0}$. Sind $\mathbf{A}$ und $\mathbf{B}$ nicht parallel, zeichne man das Parallelogramm mit der Diagonale $\mathbf{C}$ und den Seiten parallel zu $\mathbf{A}$ und $\mathbf{B}$. Dann sind die Seiten $x\mathbf{A}$ und $x\mathbf{B}$ sowie $x\mathbf{A} + y\mathbf{B} - 1\mathbf{C} = \mathbf{0}$.
21. (g) eine Gerade

19.3 Das skalare Produkt zweier Vektoren

1. $6\sqrt{2}$
3. 0
5. 0
7. (*c*) Das skalare Produkt ist 3 und ist von Null verschieden.
9. $\arccos\frac{63}{65} = 14{,}25°$
15. $-\frac{1}{3}$
17. $\sqrt{15}/5$
19. $\frac{1}{3}$
21. $2\sqrt{5}/5$
23. -4
27. $\sqrt{3}$
29. (*d*) Es gibt einen Gewinn
31. $(-\sqrt{2}/2)\mathbf{u}_1 + 2\sqrt{2}\mathbf{u}_2 - 4\mathbf{u}_3$

19.4 Geraden und Ebenen

1. $4x + 5y = 23$
3. $2x + 3y = 23$
5. $2\mathbf{i} - 3\mathbf{j}$
7. $3\mathbf{i} - \mathbf{j}$
9. (*a*) 2 (*b*) $\frac{2}{13}$
11. $\sqrt{14}/14$
17. nein
19. $2/\sqrt{29}$; $-3/\sqrt{29}$; $4/\sqrt{29}$
21. 0; 0; −1
23. (*a*) $\frac{2}{7}; -\frac{3}{7}; \frac{6}{7}$ (*b*) 73,4°; 115,4°; 31,0°
25. (*a*) $12\sqrt{61}/61$ (*b*) $5\sqrt{26}/26$ (*c*) 0
27. Es sei $\mathbf{P} = \overrightarrow{P_0P_1}$. Der Abstand beträgt $\sqrt{|\mathbf{P}|^2 - (\mathbf{P}\cdot\mathbf{A}/|\mathbf{A}|)^2}$
31. nein
33. Es sei $\mathbf{A} = \overrightarrow{P_1P_2}$, $\mathbf{B} = \overrightarrow{P_1P_3}$ und $\mathbf{C}$ der Vektor wie in Übung 32. Der Abstand beträgt $|\overrightarrow{P_1P_0}\cdot\mathbf{C}|/|\mathbf{C}|$

19.5 Richtungsableitung und Gradient

1. 5
3. $\sqrt{2}/2$
5. −5
7. $(-\frac{3}{125})\mathbf{i} - (\frac{4}{125})\mathbf{j}$
9. $-e\mathbf{i}$
11. $2\mathbf{i} + 3\mathbf{j} + \mathbf{k}$
13. (*a*) 3 (*b*) 2 (*c*) 1 (*d*) −3 (*e*) $6/\sqrt{13}$
19. −3
23. $-\alpha\cos\alpha x\cos\beta y\,\mathbf{i} + \beta\sin\alpha x\sin\beta y\,\mathbf{j}$

19.6 Determinanten

1. −22
3. 22
5. 0
13. (*a*) $(\frac{28}{29}; -\frac{17}{29}; \frac{13}{29})$
17. (*b*) 0
19. (*a*) Fläche $OCEG = a_1b_2$, Fläche $OCD = \frac{1}{2}a_1a_2$, Fläche $DEF = \frac{1}{2}(b_2 - a_2)(a_1 - b_1)$, Fläche $OFG = \frac{1}{2}b_1b_2$

19.7 Das Vektorprodukt zweier räumlicher Vektoren

1. $-\mathbf{i}$
3. $-\mathbf{i} + \mathbf{j}$
7. $\sqrt{507}$
9. $-5x + 2y + 9z = 0$
11. Der Abstand beträgt Null

Testaufgaben zu Kapitel 19

1. (*a*) −3 (*b*) $\sqrt{6}$
(*c*) $\mathbf{i}/\sqrt{6} + 2\mathbf{j}/\sqrt{6} - \mathbf{k}/\sqrt{6}$ (*d*) $-\sqrt{6}/2$
(*e*) $-\mathbf{i}/2 - \mathbf{j} + \mathbf{k}/2$ (*f*) $-3/\sqrt{14}$
(*g*) $-3\sqrt{21}/42$ (*h*) rund 109,1°
(*i*) $5\mathbf{i} - 5\mathbf{j} - 5\mathbf{k}$ (*j*) $-5\mathbf{i} + 5\mathbf{j} + 5\mathbf{k}$ (oder der entgegengesetzte Vektor)
(*k*) $-\mathbf{i}/\sqrt{3} + \mathbf{j}/\sqrt{3} + \mathbf{k}/\sqrt{3}$
(*l*) $5\sqrt{3}$
3. $\frac{1}{3}; -\frac{2}{3}; \frac{2}{3}$
5. (*a*) 8
8. $(\frac{11}{3}; \frac{2}{3}; 1)$
9. (*a*) $\sqrt{14}$ (*b*) $2/\sqrt{14}$; $1/\sqrt{14}$; $3/\sqrt{14}$
(*c*) Ein solcher Vektor lautet $\mathbf{i}/\sqrt{5} - 2\mathbf{j}/\sqrt{5}$

Übungen zu Kapitel 19

1. (*b*) $a_1b_1 + a_2b_2 + a_3b_3$
3. (*a*) $-2\mathbf{i}$ (*b*) $3\mathbf{j}$
(*c*) $0{,}72\mathbf{i} + 0{,}96\mathbf{j}$ (*d*) $-92\mathbf{i}/41 + 115\mathbf{j}/41$
9. $(-\frac{12}{7}; \frac{6}{7}; -\frac{18}{7})$
15. $8/\sqrt{21}$
17. (*a*) beliebige Zahlen proportional zu −21; 5; 17
(*b*) $-21/\sqrt{755}$; $5/\sqrt{755}$; $17/\sqrt{755}$
(*c*) 139,8°; 79,5°; 51,8°
(*d*) Ein solcher Vektor ist $(\frac{8}{5}; 1; \frac{9}{5})$
19. $x = 1 + 9t$; $y = 1 + 3t$; $z = 2 - 5t$
21. ja
23. (*a*) $(\frac{72}{61}; \frac{48}{61}; \frac{36}{61})$ (*b*) $(-\frac{5}{61}; \frac{78}{61}; \frac{150}{61})$
25. Man untersuche, ob $Ax_1 + By_1 + C$ und $Ax_2 + By_2 + C$ das gleiche Vorzeichen haben.
27. $\dfrac{|A(x_1 - x_2) + B(y_1 - y_2) + C(z_1 - z_2)|}{\sqrt{A^2 + B^2 + C^2}}$
29. $90° - \arccos\frac{11}{15} = 47{,}2°$
31. (*b*) $\overrightarrow{(p_1; p_2; p_3; p_4; p_5)}$ und $\overrightarrow{(x_1; x_2; x_3; x_4; x_5)}$
35. Ein solcher Vektor lautet $4\mathbf{i} + \mathbf{j} - 5\mathbf{k}$
37. 3
53. (*a*) $\sqrt{x_1^2 + x_2^2 + \ldots}$ ist endlich (*b*) $\sqrt{3}/3$
55. Der Gewinn (oder Verlust) beträgt Null

20 Die Ableitung einer Vektorfunktion

20.1 Die Ableitung einer Vektorfunktion

1. (*c*) $\mathbf{V}(0) = 32\mathbf{i}$
$\mathbf{V}(1) = 32\mathbf{i} - 32\mathbf{j}$
$\mathbf{V}(2) = 32\mathbf{i} - 64\mathbf{j}$
3. (*d*) $\sqrt{0{,}971}$
9. (*c*) Beide sind konstant

11. (*b*) $\mathbf{R}(t) = \cos t^2\mathbf{i} + \sin t^2\mathbf{j}$
$\mathbf{V}(t) = -2t \sin t^2\mathbf{i} + 2t\cos t^2\mathbf{j}$
(*c*) $|\mathbf{V}(t)| = 2t$. Die Geschwindigkeit des Teilchens wird beliebig groß.

13. (*b*) $\mathbf{R}(10\sqrt{3}) = 1000\sqrt{3}\mathbf{i} + 1500\mathbf{j}$
$\mathbf{V}(10\sqrt{3}) = 100\mathbf{i}$
(*c*) $\mathbf{R}(20\sqrt{3}) = 2000\mathbf{i}$

17. (*b*) $\pi/4$

19. (*b*) $\arccos(10\sqrt{406}/203) \approx 6{,}98°$

20.2 Die Eigenschaften der Ableitung einer Vektorfunktion

1. (*b*) nein

7. *Hinweis:* Man arbeite mit jeder der Komponenten

9. (*a*) ja (*b*) nein

20.3 Der Beschleunigungsvektor

1. $\mathbf{R}(1) = \mathbf{i} + \mathbf{j}$
$\mathbf{V}(1) = 2\mathbf{i} + 3\mathbf{j}$
$\mathbf{A}(1) = 2\mathbf{i} + 6\mathbf{j}$

3. $\mathbf{R}(0) = \mathbf{0}$, $\mathbf{V}(0) = 4\mathbf{i}$, $\mathbf{A}(0) = -32\mathbf{j}$
$\mathbf{R}(1) = 4\mathbf{i} - 16\mathbf{j}$, $\mathbf{V}(1) = 4\mathbf{i} - 32\mathbf{j}$, $\mathbf{A}(1) = -32\mathbf{j}$
$\mathbf{R}(2) = 8\mathbf{i} - 64\mathbf{j}$, $\mathbf{V}(2) = 4\mathbf{i} - 64\mathbf{j}$, $\mathbf{A}(2) = -32\mathbf{j}$

5. (*a*) Teil der Hyperbel $xy = 1$, $x > 0$
(*b*) $\mathbf{R}(1) = \mathbf{i} + \mathbf{j}$, $\mathbf{V}(1) = \mathbf{i} - \mathbf{j}$, $\mathbf{A}(1) = 2\mathbf{j}$
(*c*) $\mathbf{V}(t) \to \mathbf{i}$, $\mathbf{A}(t) \to \mathbf{0}$
(*d*) $|\mathbf{V}(t)| \to 1$ ebenso $t \to \infty$

7. nein

9. (*a*) ja (*b*) nein

11. *Hinweis:* Man differenziere $\mathbf{V} \cdot \mathbf{V} = |\mathbf{V}|^2$

13. reduziert sich auf $ds/ds = 1$ oder

$$\left(\frac{ds}{ds}\right)^2 = \left(\frac{dx}{ds}\right)^2 + \left(\frac{dy}{ds}\right)^2$$

15. (*a*) $\mathbf{R} = \cos t^2\mathbf{i} + \sin t^2\mathbf{j}$
$\mathbf{V} = -2t\sin t^2\mathbf{i} + 2t\cos t^2\mathbf{j}$
$\mathbf{A} = (-2\sin t^2 - 4t^2\cos t^2)\mathbf{i} + (2\cos t^2 - 4t^2\sin t^2)\mathbf{j}$
(*b*) $\mathbf{R} \cdot \mathbf{A} = -4t^2$

17. 85,5 min; 88,7 min; 199,5 min

19. rund 300 km

21. $\mathbf{R}(t) = \cos t\,\mathbf{i} + \sin t\,\mathbf{j}$

23. *Hinweis:* Man vergleiche die Berechnungen dieses Abschnitts mit denen aus Abschnitt 10.6.

20.4 Die Einheitsvektoren T und N

1. richtig

3. (*a*) Parabel $y = x^2$
(*b*) $\mathbf{R}(1) = \mathbf{i} + \mathbf{j}$
$\mathbf{V}(1) = \mathbf{i} + 2\mathbf{j}$
$\mathbf{T}(1) = (\mathbf{i} + 2\mathbf{j})/\sqrt{5}$
$\mathbf{N}(1) = (-2\mathbf{i} + \mathbf{j})/\sqrt{5}$

5. (*b*) $\mathbf{R}(1) = \mathbf{i} + \mathbf{j}$
$\mathbf{V}(1) = 2\mathbf{i} + 3\mathbf{j}$
$\mathbf{T}(1) = (2/\sqrt{13})\mathbf{i} + (3/\sqrt{13})\mathbf{j}$
$\mathbf{N}(1) = (-3/\sqrt{13})\mathbf{i} + (2/\sqrt{13})\mathbf{j}$
(*d*) $\sqrt{13}$ (*e*) $22/\sqrt{13}$ (*f*) $6/\sqrt{13}$

7. $|\mathbf{V} \cdot \mathbf{T}|$ ist die Geschwindigkeit, $\mathbf{V} \cdot \mathbf{N} = 0$

9. 3

11. (*a*) $\mathbf{V}(1) = 32\mathbf{i} - 32\mathbf{j}$
(*b*) $\mathbf{V}(1) = 32\sqrt{2}\mathbf{T}(1) + 0\mathbf{N}(1)$
(*c*) $\mathbf{A}(1) = (32/\sqrt{2})\mathbf{T}(1) + (32/\sqrt{2})\mathbf{N}(1)$

20.5 Die skalaren Komponenten des Beschleunigungsvektors in Richtung von T und N

1. $A_T = 3$, $A_N = \frac{16}{5}$

3. $A_T = 0$, $A_N = \frac{1}{3}$

5. $A_T = 10\pi$, $A_N = 20\pi^2$

9. (*b*) verlangsamt, $A_T < 0$
(*d*) $A_T = -\frac{3}{13}$, $A_N = \frac{41}{13}$

11. $r = 3$

19. (*b*) $v = |\mathbf{V}| = \sqrt{13}$, $d^2s/dt^2 = \mathbf{A} \cdot \mathbf{T} = -6\sqrt{13}$
(*c*) $13\sqrt{13}/17$

20.6 Niveaukurven und Niveauflächen

1. Kreis mit dem Radius 13, Mittelpunkt (0; 0)

3. Hyperbel $xy = -1$

5. $10\mathbf{i} + 24\mathbf{j}$

7. $-\mathbf{i} + \mathbf{j}$

13. $4\mathbf{i} + 6\mathbf{j} + 8\mathbf{k}$

15. $18\mathbf{i} + 3\mathbf{j} + 2\mathbf{k}$

17. (*b*) (Die Parabel $z = x^2$ rotiert um die z-Achse)

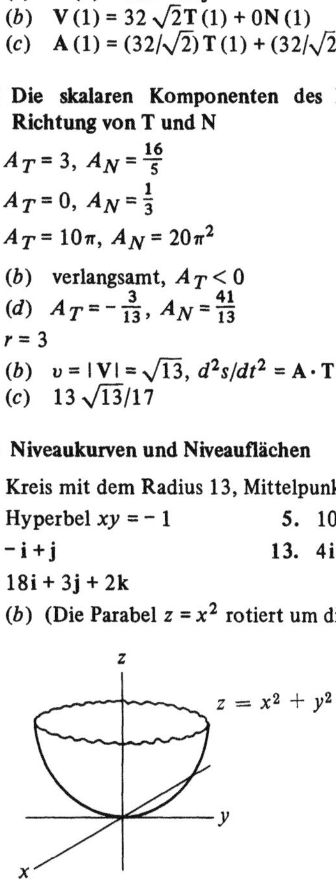

(*c*) $2\mathbf{i} + 2\mathbf{j} - \mathbf{k}$

19. (*d*) Stromlinien der Luftströmung

21. (*b*) $\cos\theta = 3\sqrt{11}$

23. $\arccos(57/\sqrt{161 \cdot 21}) \approx 11{,}4°$

20.7 Oberflächenintegrale

1. $\frac{1}{3}(5^{3/2} - 1)$

5. $\frac{91}{6}$

7. $162\pi/\sqrt{2}$

9. (*a*) $4\pi/3$ (*b*) $4\pi/3$

13. (*a*) Symmetrie der Kugel in x, y und z
(*b*) $4\pi a^4$ (*c*) $4\pi a^4/3$ (*d*) $20\pi a^4/3$

15. $8\pi a^4 M/3$, wenn die Masse der Kugel M ist

20.8 Lograngе-Multiplikator

1. 2
3. (*a*) 1 cm² (*b*) 4 cm
5. $h = \sqrt{8}r$
7. $(\frac{3}{7}; \frac{6}{7}; \frac{9}{7})$
9. $\frac{1}{27}$
11. $(0; \frac{1}{2}; 1)$
13. (*a*) $\frac{1}{n^n}$ (*b*) Es sei $x_i = \sqrt{a_i}/\sqrt{\sum_{i=1}^{n} a_i}$
15. $\sqrt{2}$

Testaufgaben zu Kapitel 20

1. (*a*) Man zeichne zunächst die Parabel $y = x^2$ in der xy-Ebene eines xyz-Koordinatensystems. Dann hebe man die Parabel um eine Einheit, um in die Ebene $z = 1$ zu kommen.
   (*b*) $\Delta\mathbf{R} = 0{,}1\mathbf{i} + 0{,}21\mathbf{j} + 0\mathbf{k}$
   (*c*) $\mathbf{i} + 2{,}1\mathbf{j} + 0\mathbf{k}$
3. (*a*) $\frac{2}{3}\mathbf{i} + \frac{2}{3}\mathbf{j} - \frac{1}{3}\mathbf{k}$ (*b*) $(1/\sqrt{14})(\mathbf{i} + 2\mathbf{j} + 3\mathbf{k})$
   (*c*) $\frac{1}{3}(x\mathbf{i} + y\mathbf{j} + z\mathbf{k})$
4. (*a*) 12 (*b*) $12/\sqrt{14}$
5. $\arccos(6/\sqrt{42})$
6. (*a*) $8x + 3y = 11$ (*b*) $2x + y + 2z = 5$
7. (*a*) $\mathbf{G}'(t)$ ist parallel. Es sei $\mathbf{T} = \mathbf{G}'/|\mathbf{G}'|$. Dann steht $d\mathbf{T}/dt$ senkrecht.
   (*b*) ∇f
   (*c*) Sind die Flächen $f(x;y;z) = 0$ und $g(x;y;z) = 0$, so stehen ∇f und ∇g senkrecht auf der Kurve, und $\nabla f \times \nabla g$ ist daher parallel zu ihr.
   (*d*) zum Beispiel $\mathbf{k} \times \mathbf{G}'(t)$
8. (*a*) verlangsamt
   (*c*) $A_T = -\sqrt{13}/13$, $A_N = 5\sqrt{13}/13$
   (*d*) $r = 13\sqrt{13}/5$
   (*e*) $\frac{3}{2}$ (*f*) $-\frac{5}{2}$
9. (*a*)

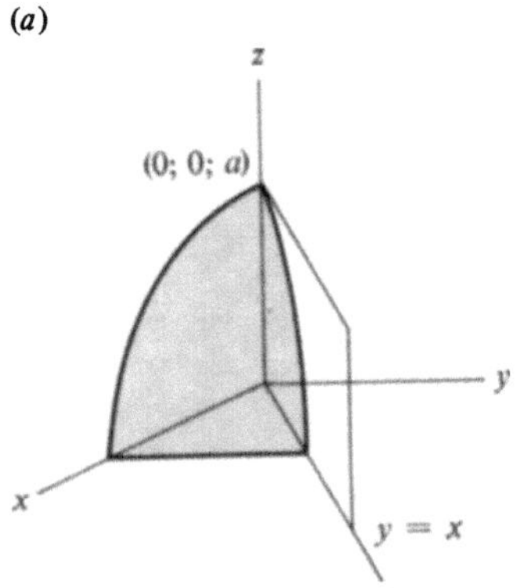

   (*b*) a^2
10. Siehe den Abschnitt über Lagrange-Multiplikatoren
11. (*c*) $(\frac{1}{2}; \frac{1}{4}; \frac{3}{8})$

Übungen zu Kapitel 20

1. (*a*) $2\mathbf{i} + 3\mathbf{j} - \mathbf{k}$
   (*b*) jeder Vektor senkrecht auf den aus (*a*), z.B. $3\mathbf{i} - 2\mathbf{j}$
3. (*b*) $\sqrt{3}$
5. (*b*) $A_T = \frac{\sqrt{2}(e^2 - e^{-2})}{2\sqrt{e^2 + e^{-2}}}$, $A_N = \sqrt{\frac{2}{e^2 + e^{-2}}}$
7. (*a*) $\mathbf{V}(1) = 3\mathbf{i} + e\mathbf{j}$
   $\mathbf{A}(1) = 6\mathbf{i} + e\mathbf{j}$
   (*b*) $v = \sqrt{9 + e^2}$, $A_T = (18 + e^2)/\sqrt{9 + e^2}$, $A_N = 3e/\sqrt{9 + e^2}$, $r = (9 + e^2)^{3/2}/(3e)$
9. (*b*) $\arccos 0{,}6 \approx 53°$
15. zum Beispiel $6\mathbf{i} + 3\mathbf{j} - 2\mathbf{k}$
17. (*b*) $\arccos[31/(\sqrt{26}\sqrt{37})] \approx 0°$
19. 0
23. (*c*) $\mathbf{i} + 3\mathbf{j} + 4\mathbf{k}$ (*d*) $\sqrt{26}$
25. $(2 + \frac{4}{3}t)\mathbf{i} + (5 + \frac{8}{3}t)\mathbf{j} + (7 + \frac{8}{3}t)\mathbf{k}$
31. (*a*), (*b*) $\sqrt{6}$

21 Integrale über skalare Felder und Vektorfelder

21.1 Vektorfelder und skalare Felder

1. 9
3. $y\cos xy - 2xy\sin xy^2$
5. Vektorfeld
7. 0
9. $-\mathbf{i} + y^2\mathbf{j} + (1 - 2yz)\mathbf{k}$
13. (*b*) $\mathbf{F} = 2x\mathbf{i} - y\mathbf{j} - z\mathbf{k}$

21.2 Kurvenintegrale über skalare Felder und Vektorfelder

1. 2
3. $\frac{19}{28}$
5. $\frac{3}{2}$
7. -10
9. (*a*) $\pi/4$ (*b*) $9\pi/4$
11. $\frac{4}{3}$
13. 1
15. (*a*) $\frac{2}{3}$ (*b*) $\frac{2}{3}$ (*c*) $\frac{3}{4}$ (*d*) $\frac{1}{2}$

21.3 Das Integral über die Normalkomponente eines Vektorfeldes

1. $0; 18\pi$
3. $0; 7\pi a^2$
5. (*b*) Flüssigkeit strebt nach außen (*c*) 3π
7. Das Integral mißt die Strömung der Flüssigkeit entlang der Kurve C; dies kann als „Zirkulation" aufgefaßt werden.
19. $2ab$
21. ab

21.4 Konservative Vektorfelder

1. (*a*) 8 (*b*) 0 (*c*) $e^8 - 1$
15. x^2yz
17. (*a*) x^2y^2
   (*b*) Zum Beispiel das Dreieck mit den Eckpunkten $(0;0)$, $(1;0)$, $(1;1)$.

Testaufgaben zu Kapitel 21

1. (*a*) $\frac{22}{3}$ (*b*) 2

2. $\dfrac{b\cos t\,\mathbf{i} + a\sin t\,\mathbf{j}}{\sqrt{b^2\cos^2 t + a^2\sin^2 t}}$

5. (*a*) $\nabla f = 3x^2y^2z^4\mathbf{i} + 2x^3yz^4\mathbf{j} + 4x^3y^2z^3\mathbf{k}$
(*b*) $6xy^2z^4 + 2x^3z^4 + 12x^3y^2z^2$ (*c*) 0

8. $\frac{5}{6}$

Übungen zu Kapitel 21

1. $-\frac{7}{2}$ 3. (*a*) ja (*b*) nein

5. nein

7. (*a*) konservativ (*b*) nicht konservativ
(*c*) konservativ

11. (*a*) $-\frac{3}{2}$ (*b*) nein

13. 2π

15. Sie schneiden einander in (1; 3; 0).

19. (*c*) ja (*d*) 2π (*e*) siehe (*d*)
(*f*) die *z*-Achse liegt nicht in dem Gebiet.

21. Der Integrand muß verschwinden, daher $f_x = 0$, usw. Also ist f konstant.

23. Es sei Z die Geschwindigkeit des Flugzeuges in bezug auf den Boden und θ der Winkel der Tangente. Dann gilt

$$v^2 = W^2 + Z^2 - 2WZ\cos\theta \text{ und } Z = W\cos\theta$$

und

$$Z = W\cos\theta \pm \sqrt{v^2 - W^2\sin^2\theta}.$$

Man wähle das Pluszeichen. Dann gilt

$$\int_C dS/Z = \int_C \frac{(W\cos\theta + \sqrt{v^2 - W^2\sin^2\theta})}{W^2 - v^2}\,ds$$

$$= \frac{1}{W^2 - v^2}\int_C \sqrt{v^2 - W^2\sin^2\theta}\,ds >$$

$$> \int_C \frac{ds}{\sqrt{v^2 - W^2}} > \int_C \frac{ds}{v^2}$$

22 Die Greensche Formel und ihre Verallgemeinerung

22.1 Die Greensche Formel und ihre physikalische Bedeutung

1. 5π 3. $\frac{5}{28}$

22.2 Der Beweis der Greenschen Formel

5. (*c*) $\frac{9}{40}$ 9. (*a*), (*b*) $3\pi/2$

15. (*a*) Man untersuche, ob die Formel eine positive oder negative Zahl ergibt.

22.3 Abbildung einer Ebene in eine andere Ebene

1. (*a*) (0; 0), (4; 0), (2; 3)

5. (*a*) $x = 0$ (*b*) Parabel $x = y - y^2$

7. (*a*) (0; 0), (1; 1), ($\sqrt{2}$; 2), ($\sqrt{3}$; 3), (2; 4)
(*c*) $\sqrt{y} = x$, eine Parabel

9. (*a*) (2; 1), (3; 1), (− 2; − 1), (− 3; − 1)
(*b*) im Uhrzeigersinn

11. (*a*) (− 1; − 1), (1; − 2), (3; − 3), (5; − 4)

15. (*b*) *Hinweis:* Ein Kegelschnitt in der *uv*-Ebene hat die Gleichung $Au^2 + Buv + Cv^2 + Du + Ev + F = 0$.

22.4 Vergrößerung in der Ebene: Die Jacobi-Determinante

1. (*a*) − 6 (*b*) − 6

3. (*a*) 6 (*b*) 9

9. (*b*) im Gegenuhrzeigersinn (*c*) 3, ja

11. (*b*) $\frac{4}{3}$ 13. (*d*) $\frac{1}{3}$ 19. $\frac{1}{60}$

22.5 Der Gaußsche Satz

3. Man verwende den Gaußschen Satz

5. Aufgrund des Gaußschen Satzes ist der Absolutbetrag nicht größer als 5 (Oberfläche)

7. (*a*) Aufgrund des Gaußschen Satzes
(*b*) Stetigkeit des Integranden wird angenommen

9. mit Hilfe des Gaußschen Satzes

11. Für $g(P_0) = a > 0$ würde es dann ein Gebiet R mit $g(P) \geqslant a/2$ geben. Dann ist $\int_R g(P)\,dV \neq 0$ mindestens gleich $(a/2)$ (Fläche von R)

13. (*a*) Symmetrie (*b*) $4\pi a^5/5$ (*c*) $4\pi a^6/5$

17. Mit Hilfe des Gaußschen Satzes.

19. Man verwende ein Strömungsargument.

22.6 Der Satz von Stokes

5. -4π

7. 1. Mit Hilfe des Gaußschen Satzes

9. nein 13. 0

15. (*b*) parallel zur *z*-Achse (*c*) $\operatorname{rot}\mathbf{F} = \mathbf{k}$

Testaufgaben zu Kapitel 22

6. 0

7. (*a*) (2; 3), (1; − 2), (− 2; − 3), (− 1; 2)
(*b*) eine Ellipse (*c*) 7π
(*d*) $35\pi/4$

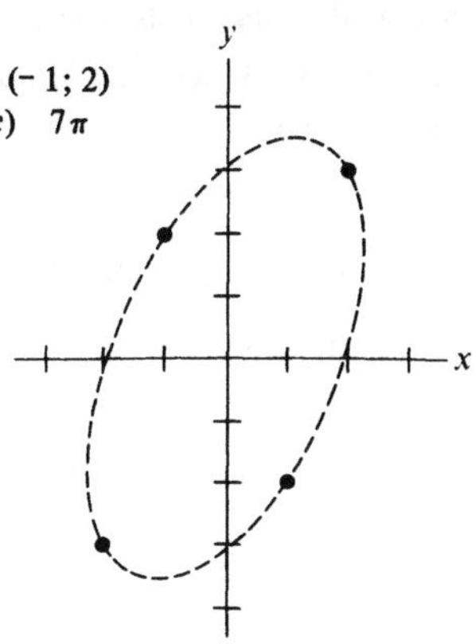

Übungen zu Kapitel 22

7. 2 9. 2
21. Der Schwerpunkt liegt im Ursprung.
29. (*d*) Volumen = $\pm \begin{vmatrix} a_1 & a_2 & a_3 \\ b_1 & b_2 & b_3 \\ c_1 & c_2 & c_3 \end{vmatrix}$
35. (*e*) ein Rechteck

23 Das Vertauschen von Grenzwerten

23.2 Die Ableitung $d\left(\int_a^b f(x;y)\,dx\right)/dy$

3. $2/\pi$ 5. $f(u;u) + \int_0^u f_u(u;x)\,dx$

23.3 Differentiation und Integration von Potenzreihen

3. Dies folgt direkt aus Übung 2, kann aber auch nach der Methode von Theorem 1 bewiesen werden.

23.4 Das Vertauschen von Grenzwerten

17. Man verwende die Gleichung

$$\frac{1}{1^2} + \frac{1}{2^2} + \frac{1}{3^2} + \ldots = \frac{1}{1^2} + \frac{1}{3^2} + \frac{1}{5^2} + \ldots + \frac{1}{4}\left(\frac{1}{1^2} + \frac{1}{2^2} + \frac{1}{3^2} + \ldots\right)$$

Anhang A. Die reellen Zahlen

A.3 Rationale und irrationale Zahlen

1. (*a*) Gleichheit
3. rational: (*a*), (*d*), (*e*), (*f*). Wie im Buch gezeigt wird, sind $\sqrt{2}$ und π irrational.
5. (*a*) 62 395/9 990 (*b*) 20 162/990

A.4 Vollständigkeit der reellen Zahlen

1. ja, zum Beispiel die Menge der negativen irrationalen Zahlen.
3. (*a*) 10 (*b*) 10

Anhang B. Analytische Geometrie

B.1 Analytische Geometrie und die Abstandsformeln

1. (*c*) 13
3. (*a*) $(x-1)^2 + (y+1)^2 = 25$ (*c*) nein
5. (*a*) $(x-3)^2 + y^2 = 9$
7. (*c*) $\sqrt{A^2/4 + B^2/4 - C}$
9. nein

B.2 Die Gleichungen einer Geraden

1. (*a*) $-2; 3$ (*b*) 1;1 (*c*) $-1; 5$
   (*d*) 6; 0
3. (*a*) (4; 0) (*b*) (0; 3)
5. (*a*) $y = -x/2 + 3$ (*b*) (0; 3)
7. (*a*) $y = -3x/2 + 8$ (*c*) ja

B.3 Kegelschnitte

1. Brennpunkte in $(\pm 2\sqrt{6}; 0)$
3. zwei Stäbe 3 m vom Mittelpunkt auf der Geraden, die durch den Mittelpunkt parallel zur Länge des Gartens verläuft
5. Brennpunkte in $(0; \pm\sqrt{2})$
7. Brennpunkt in $(-\frac{3}{2}; 0)$; Leitlinie $x = \frac{3}{2}$

B.4 Kegelschnitte in Polarkoordinaten

3. (*a*) $\frac{4}{3}$ (*b*) $\frac{3}{4}$ (*c*) 1 (*d*) $\frac{4}{3}$
5. (*b*) $r = 2/(1 + \cos\theta)$ (*c*) $r = -4\cos\theta/\sin^2\theta$
7. (*a*) Man multipliziere mit r und drücke alles durch x und y aus.

Anhang C. Theorie der Grenzwerte

C.1 Exakte Definition eines Grenzwertes

9. (*a*) Hätte die Folge $a_n = (-1)^n$ einen Grenzwert, etwa 0, so würde $\epsilon = 2$ für alle N genügen.
   (*b*) Die gleiche Folge wie aus (*a*) strebt mit $N = 1$ und $\epsilon = 10$ nach 8.

Anhang D. Partialbrüche

D.1 Partialbruchzerlegung von rationalen Zahlen

5. (*a*) $(x-2)(x^2 + 2x + 4)$
   (*b*) $(x - \sqrt[3]{4})(x^2 + \sqrt[3]{4}x + \sqrt[3]{16})$
7. $a = -1$, $b = 5$
9. (*a*) $2/(x-2) + 8/(x-2)^2 + 9/(x-2)^3$
   (*b*) $1/(x+1) - 1/(x+1)^2$
   (*c*) $1/(x-3)^2 + x/(x^2+1)$
11. in jedem Falle 20

D.2 Partialbruchzerlegung von rationalen Funktionen

1. (*a*) $(2x-1)(x+2)^2$ (*b*) irreduzibel
   (*c*) $2[x + (1 - \sqrt{57})/4][x + (1 + \sqrt{57})/4]$
3. (*b*) $\dfrac{x/2 - \frac{5}{2}}{x^2 + x + 1} + \dfrac{-x/2 + \frac{7}{2}}{x^2 - x + 1}$
7. $\dfrac{\frac{1}{23}}{x-2} - \dfrac{4x/23 + \frac{10}{23}}{4x^2 + 2x + 3}$
9. (*a*) $x^2 + \dfrac{1-x}{1 - x + x^2}$ (*b*) $1 - \dfrac{2}{x^2+1} + \dfrac{1}{(x^2+1)^2}$

Sachwortverzeichnis

GPSR Compliance

The European Union's (EU) General Product Safety Regulation (GPSR) is a set of rules that requires consumer products to be safe and our obligations to ensure this.

If you have any concerns about our products, you can contact us on ProductSafety@springernature.com

In case Publisher is established outside the EU, the EU authorized representative is:

Springer Nature Customer Service Center GmbH
Europaplatz 3
69115 Heidelberg, Germany

Batch number: 10593422

Printed by Printforce, the Netherlands